bibliotheca
hospes

ex libris

Pflanzenphysiologie

Peter Schopfer, Axel Brennicke

Pflanzenphysiologie

Begründet von Hans Mohr
7. Auflage

Spektrum
AKADEMISCHER VERLAG

Autoren
Prof. Dr. Peter Schopfer
Universität Freiburg
Institut für Biologie II, Botanik
Schänzlestr. 1
79104 Freiburg i. Br.

Prof. Dr. Axel Brennicke
Universität Ulm
Molekulare Botanik (Biologie II)
Albert-Einstein-Allee 11
89069 Ulm

Wichtiger Hinweis für den Benutzer
Der Verlag, der Herausgeber und die Autoren haben alle Sorgfalt walten lassen, um vollständige und akkurate Informationen in diesem Buch zu publizieren. Der Verlag übernimmt weder Garantie noch die juristische Verantwortung oder irgendeine Haftung für die Nutzung dieser Informationen, für deren Wirtschaftlichkeit oder fehlerfreie Funktion für einen bestimmten Zweck. Der Verlag übernimmt keine Gewähr dafür, dass die beschriebenen Verfahren, Programme usw. frei von Schutzrechten Dritter sind. Die Wiedergabe von Gebrauchsnamen, Handelsnamen, Warenbezeichnungen usw. in diesem Buch berechtigt auch ohne besondere Kennzeichnung nicht zu der Annahme, dass solche Namen im Sinne der Warenzeichen- und Markenschutz-Gesetzgebung als frei zu betrachten wären und daher von jedermann benutzt werden dürften. Der Verlag hat sich bemüht, sämtliche Rechteinhaber von Abbildungen zu ermitteln. Sollte dem Verlag gegenüber dennoch der Nachweis der Rechtsinhaberschaft geführt werden, wird das branchenübliche Honorar gezahlt.

Bibliografische Information der Deutschen Nationalbibliothek
Die Deutsche Nationalbibliothek verzeichnet diese Publikation in der Deutschen Nationalbibliografie; detaillierte bibliografische Daten sind im Internet über http://dnb.d-nb.de abrufbar.

Springer ist ein Unternehmen von Springer Science+Business Media
springer.de

7. Auflage 2010
© Spektrum Akademischer Verlag Heidelberg 2010
Spektrum Akademischer Verlag ist ein Imprint von Springer

10 11 12 13 14   5 4 3 2 1

Das Werk einschließlich aller seiner Teile ist urheberrechtlich geschützt. Jede Verwertung außerhalb der engen Grenzen des Urheberrechtsgesetzes ist ohne Zustimmung des Verlages unzulässig und strafbar. Das gilt insbesondere für Vervielfältigungen, Übersetzungen, Mikroverfilmungen und die Einspeicherung und Verarbeitung in elektronischen Systemen.

Planung und Lektorat: Merlet Behncke-Braunbeck, Martina Mechler
Satz: TypoDesign Hecker GmbH, Leimen
Umschlaggestaltung: SpieszDesign, Neu–Ulm
Titelfotografie: Hintergrundbild: © Alfred Koch; Fotolia.com
Kleines Bild: Keimlinge von *Sinapis alba* © Peter Schopfer

ISBN 978-3-8274-2351-1

Vorwort

Bei der Bearbeitung der 6. und 7. Auflage haben wir uns bemüht, dieses Lehrbuch inhaltlich zu erneuern und didaktisch weiter zu verbessern, ohne Anliegen und Stil früherer Auflagen wesentlich zu verändern. Durch Straffung und Zusammenlegung von Kapiteln konnte Platz geschaffen werden für die Berücksichtigung neuer Erkenntnisse und Veränderungen von Forschungsrichtungen, die sich insbesondere durch die verstärkte Anwendung molekularer und genetischer Methoden in nahezu allen Teilbereichen der Pflanzenphysiologie ergeben. Ausgehend von der Bedeutung der Pflanzenphysiologie als **integrierender Wissenschaft** mit einer Bandbreite von der molekularen Genetik bis zur experimentellen Ökologie standen drei konkrete Ziele im Vordergrund:

1. Vermittlung grundlegender Kenntnisse auf dem aktuellen Stand der Forschung in der Sprache und Terminologie der Wissenschaft,
2. Verdeutlichung der physikalisch-chemischen Hintergründe biologischer Gesetzmäßigkeiten,
3. Anregung zum Umgang mit experimentellen Daten und zum analytischen Denken bei der Hypothesen- und Theorienbildung.

Diese Ziele lassen sich weder mit einem lockeren, für rasches Lesen optimierten, noch mit einem primär auf die Vermittlung von Faktenwissen ausgerichteten Text erreichen. Sie erfordern vielmehr eine Darstellung, die zu einem intensiven Studium und einer gedanklichen Auseinandersetzung mit einer zu **erarbeitenden** Materie anregt. Unser Buch soll nicht nur prüfungstauglichen Lernstoff vermitteln, sondern darüber hinaus zu einer vertieften Beschäftigung mit den funktionellen Aspekten der Pflanzenpyhsiologie anregen und den Blick für die Systemeigenschaften pflanzlicher Lebewesen schärfen. Wir sind der Überzeugung, dass es für den Erwerb von biologischem **Verständnis** kein besseres didaktisches Hilfsmittel gibt als die Beschäftigung mit relevanten experimentellen Daten. Diese Einsicht vor Augen, haben wir uns bemüht, Text und Abbildungen so klar und durchsichtig wie möglich zu gestalten, ohne jedoch komplexen Sachverhalten auszuweichen, wenn sie uns für das Verständnis wichtiger Zusammenhänge notwendig erschienen. Vorausgesetzt werden elementare Kenntnisse in Physik, Chemie, Zellbiologie und Genetik, die jedoch in den einführenden Kapiteln zur Auffrischung zusammenfassend behandelt werden. Auf dieser Grundlage sollte es möglich sein, anhand der folgenden Kapitel zu einem wissenschaftlich fundierten Verständnis der Lebensvorgänge bei Pflanzen, ihren energetischen und stofflichen Umsetzungen, ihrer Entwicklung, ihrer Wechselwirkungen mit der Umwelt und ihres Potenzials für die menschliche Nutzung zu kommen. In locker eingestreuten Exkursen haben wir experimentelle Fallstudien und kurze Hintergrundanalysen eingefügt, die zur Vertiefung und Erweiterung des im laufenden Text behandelten Stoffes anregen. Das weitergehende Eindringen in einzelne Teilgebiete erschließt sich dem Leser durch die am Ende jeden Kapitels angeführten Monographien, Übersichtsartikel und Originalarbeiten, die die Brücke vom Lehrbuch zur aktuellen Forschung schlagen sollen. Wo immer angemessen, haben wir uns bemüht, die Physiologie als exakte Wissenschaft darzustellen, deren Gesetzmäßigkeiten sich auf quantitative experimentelle Daten beziehen. Daher spielen quantitative Darstellungen auch bei den Illustrationen eine dominierende Rolle. In der Regel wird der in einer Abbildung dargestellte Sachverhalt in einer ausführlichen Legende beschrieben und sollte daher unabhängig vom Text verständlich sein. Um Redundanz zu vermeiden, ergänzen sich Texte und Legenden und sollten daher mit derselben Aufmerksamkeit studiert werden. Alle dargestellten Daten lassen sich anhand der Quellenangaben am Ende der Kapitel bis zur Originalliteratur zurückverfolgen.

Wir bedanken uns bei allen Mitarbeitern und Kollegen, die uns bei der Herstellung des Manuskriptes und der Abbildungen geholfen haben, insbesondere bei Frau E. Laible-Schmid für die sorgfältige Textbearbeitung. Unser Dank gilt auch den beteiligten Mitarbeitern des Spektrum-Verlags für ihre sachkundige Beratung und redaktionelle Unterstützung.

Freiburg/Ulm, im Frühjahr 2010

Peter Schopfer
Axel Brennicke

Inhaltsverzeichnis

Vorwort *V*

1 Theoretische Grundlagen und Zielsetzung der Physiologie *1*
1.1 Das Selbstverständnis der Physiologie *1*
1.2 Gesetzesaussagen in der Biologie *2*
1.3 Systemtheorie *3*
1.4 Prinzipien wissenschaftlichen Arbeitens *4*
1.5 Das Kausalitätsprinzip in der Physiologie *5*
1.6 Das Problem der Komplexität *8*
1.7 Formulierung von Sätzen *12*
1.8 Merkmale und Variabilität *12*
1.9 Maßsystem und Bezugsgrößen *14*
1.10 Darstellung von Daten *15*

2 Die Zelle als morphologisches System *17*
2.1 Die meristematische Pflanzenzelle *17*
    2.1.1 Strukturelle Gliederung *17*
    2.1.2 Endoplasmatisches Reticulum *20*
    2.1.3 Zellkern (Nucleus) *20*
    2.1.4 Golgi-Apparat *21*
    2.1.5 Peroxisomen *21*
    2.1.6 Mitochondrien und Plastiden *22*
    2.1.7 Cytoskelett *22*
    2.1.8 Zellwand *23*
2.2 Zellteilung *30*
    2.2.1 Cytokinese und Karyokinese *30*
    2.2.2 Regulation des Zellcyclus *32*
    2.2.3 Determination der Teilungsebene *33*
2.3 Zelldifferenzierung *34*
2.4 Zell- und Organpolarität *39*
2.5 Die Evolution der Pflanzenzelle *42*
2.6 Vom einzelligen zum vielzelligen Organismus *44*

3 Die Zelle als energetisches System   47

3.1 Der 1. Hauptsatz der Thermodynamik   47

3.2 Der 2. Hauptsatz der Thermodynamik   48

3.3 Die Zelle als offenes System, Fließgleichgewicht   49

3.4 Chemisches Potenzial   50

3.5 Chemisches Potenzial von Wasser   51

3.6 Anwendung des Wasserpotenzialkonzepts auf den Wasserzustand der Zelle   53
- 3.6.1 Die Zelle als osmotisches System   53
- 3.6.2 Das Osmometermodell   54
- 3.6.3 Die Zelle als Osmometeranalogon   55
- 3.6.4 Das Matrixpotenzial   56
- 3.6.5 Nomenklatorische Schwierigkeiten   56
- 3.6.6 Das osmotische Zustandsdiagramm der Zelle (Höfler-Diagramm)   57
- 3.6.7 Die experimentelle Messung von π und ψ 58
- 3.6.8 Regulation des Wasserzustandes   60

3.7 Chemisches Potenzial von Ionen   61

3.8 Membranpotenzial   62

3.9 Energetik biochemischer Reaktionen   64

3.10 Phosphatübertragung und Phosphorylierungspotenzial   66

3.11 Redoxsysteme und Redoxpotenzial   67

4 Die Zelle als metabolisches System   71

4.1 Biologische Katalyse   71
- 4.1.1 Aktivierungsenergie   71
- 4.1.2 Enzymatische Katalyse   72
- 4.1.3 Enzymkinetik   73
- 4.1.4 Messung der Enzymaktivität   74
- 4.1.5 Modulation der Enzymaktivität   75

4.2 Metabolische Kompartimentierung der Zelle   76

4.3 Transportmechanismen an Biomembranen   77
- 4.3.1 Diffusion und Permeation   77
- 4.3.2 Spezifität des Membrantransports, Transportkatalyse   79
- 4.3.3 Transporter, Ionenpumpen und Ionenkanäle   80
- 4.3.4 Aquaporine   82
- 4.3.5 Passiver und aktiver Transport   82
- 4.3.6 *Shuttle*-Transport   83

4.4 ATP-Synthese an energietransformierenden Biomembranen   84

4.5 Stoffaufnahme in die Zelle   85
- 4.5.1 Ionenaufnahme   85
- 4.5.2 Aufnahme von Anelektrolyten   88
- 4.5.3 Akkumulation von Metaboliten und anorganischen Ionen in der Vacuole   89

4.6 Prinzipien der metabolischen Regulation *91*
    4.6.1   Ebenen der Regulation *91*
    4.6.2   Regulation des Enzymgehalts *92*
    4.6.3   Regulation des Aktivitätszustands bei konstantem Enzymgehalt *94*
    4.6.4   Intrazelluläre und interzelluläre Signaltransduktion *94*
    4.6.5   Die Integration der Regulationsmechanismen zum Kontrollsystem *96*

5 Die Zelle als wachstumsfähiges System *101*

5.1 Biophysikalische Grundlagen des Zellwachstums *101*
    5.1.1   Hydraulisches Zellwachstum *101*
    5.1.2   Messung der physikalischen Wachstumsparameter *104*

5.2 Wachstum und Zellwandveränderungen *105*
    5.2.1   Die strukturelle Dynamik der Primärwand *105*
    5.2.2   Diffuses Wachstum der Zellwand *106*
    5.2.3   Lokales Wachstum der Zellwand *109*

5.3 Integration des Zellwachstums in vielzelligen Systemen *112*
    5.3.1   Die Epidermiswand als zellübergreifende Organwand *112*
    5.3.2   Streckungs- und Kontraktionswachstum bei Wurzeln *114*

5.4 Zur Beziehung zwischen Zellwachstum und Zellteilung *116*

5.5 Regulation des Streckungswachstums *116*

6 Die Zelle als gengesteuertes System *119*

6.1 Das Gen – die Einheit der genetischen Information *119*

6.2 Die Organisation des Genoms *122*
    6.2.1   Die drei Genome der Pflanzenzelle *122*
    6.2.2   Genomstruktur im Zellkern *123*
    6.2.3   Das plastidäre Genom *126*
    6.2.4   Das mitochondriale Genom *129*

6.3 Die Transkriptionspromotoren, RNA-Polymerasen und RNA-Reifung *131*
    6.3.1   Transkription nucleärer Gene *131*
    6.3.2   Transkription plastidärer Gene *132*
    6.3.3   Transkription mitochondrialer Gene *137*
    6.3.4   RNA-*editing* *137*

6.4 Proteinsynthese (Translation) und Protein-*turnover* *137*
    6.4.1   Translation und Protein-*turnover* im Cytoplasma *137*
    6.4.2   Translation und Protein-*turnover* in Plastiden *138*
    6.4.3   Translation und Protein-*turnover* in Mitochondrien *140*

6.5 Die Zelle als regulatorisches Netzwerk der Genexpression *140*
    6.5.1   Regulation nucleärer Gene *140*
    6.5.2   Regulation plastidärer Gene *144*
    6.5.3   Regulation mitochondrialer Gene *146*
    6.5.4   Evolutionäre Adaption von Regulationsstrukturen *146*

7 Intrazelluläre Proteinverteilung und Entwicklung der Organellen 149

7.1 Proteinsortierung in der Pflanzenzelle 149
- 7.1.1 Prinzipien der Proteinsortierung 149
- 7.1.2 Proteinexport aus der Zelle und Import in die Vacuole 151
- 7.1.3. Proteintransport in die Mitochondrien 152
- 7.1.4 Proteintransport in die Plastiden 155
- 7.1.5 *Isosorting* – das gleiche Protein für Cytoplasma, Mitochondrien und Plastiden 156
- 7.1.6 Evolution der Proteintransportsysteme in Mitochondrien und Plastiden 156
- 7.1.7 Proteintransport in die Peroxisomen 156
- 7.1.8 Proteintransport in den Zellkern 157

7.2 Entwicklung der Mitochondrien 158

7.3 Entwicklung der Plastiden 160

7.4 Entwicklung der Peroxisomen 163

8 Photosynthese als Funktion des Chloroplasten 167

8.1 Photosynthese als Energiewandlung 167

8.2 Energiewandlung im Chloroplasten 171
- 8.2.1 Struktur der Chloroplasten 171
- 8.2.2 Struktur der Thylakoide 172
- 8.2.3 Photosynthesepigmente 175
- 8.2.4 Quantenmechanische Grundlagen der Lichtabsorption 176
- 8.2.5 Funktion der Pigmente 178
- 8.2.6 Energietransfer in den Pigmentkollektiven 180
- 8.2.7 Bildung von chemischem Potenzial 181
- 8.2.8 Funktionelle Verknüpfung der beiden Photosysteme 183

8.3 Die Pigmentsysteme der Rotalgen und Cyanobakterien 186

8.4 Photosynthetischer Elektronentransport 189
- 8.4.1 Offenkettiges System 189
- 8.4.2 Cyclisches System 193

8.5 Mechanismus der Photophosphorylierung 194

8.6 Der biochemische Bereich 195
- 8.6.1 Stoffwechselleistungen der Chloroplasten 195
- 8.6.2 Fixierung und Reduktion von CO_2 196
- 8.6.3 Reduktion und Fixierung von Nitrat und Sulfat 200
- 8.6.4 Photosynthetische H_2-Produktion 202
- 8.6.5 Photosynthetische N_2-Fixierung 202

8.7 Regulation der photosynthetischen Teilprozesse 203
- 8.7.1 Regulation der Energieverteilung zwischen PSI und PSII 203
- 8.7.2 Regulation der ATP-Synthase-Aktivität 204
- 8.7.3 Regulation der CO_2-Assimilation im Calvin-Cyclus 207
- 8.7.4 Koordination von C- und N-Assimilation 209
- 8.7.5 Fluoreszenzlöschung als Indikatorreaktion für die Effektivität der Photosynthese 210

8.8 Ein kurzer Blick auf die anoxygene Photosynthese der phototrophen Bakterien 211

9 Dissimilation *215*

9.1 Energiegewinnung bei der Dissimilation *215*

9.2 Dissimilation der Kohlenhydrate *216*
- 9.2.1 Freisetzung chemischer Energie *216*
- 9.2.2 Glycolyse *217*
- 9.2.3 Fermentation (alkoholische Gärung und Milchsäuregärung) *217*
- 9.2.4 Citratcyclus und Atmungskette *219*
- 9.2.5 Cyanidresistente Atmung *223*
- 9.2.6 Oxidative Phosphorylierung *224*
- 9.2.7 Elektronentransport an der Plasmamembran *226*
- 9.2.8 Oxidativer (dissimilatorischer) Pentosephosphatcyclus *226*

9.3 Photorespiration *227*
- 9.3.1 Lichtatmung und Dunkelatmung *227*
- 9.3.2 Photosynthese von Glycolat *228*
- 9.3.3 Metabolisierung des photosynthetischen Glycolats im C_2-Cyclus *228*
- 9.3.4 Glycolatstoffwechsel bei Grünalgen und Cyanobakterien *231*

9.4 Mobilisierung von Speicherstoffen in Speichergeweben *232*
- 9.4.1 Natur und Lokalisierung der Speicherstoffe *232*
- 9.4.2 Umwandlung von Fett in Kohlenhydrat *232*
- 9.4.3 Metabolismus von Speicherpolysacchariden *237*
- 9.4.4 Metabolismus von Speicherproteinen *239*

9.5 Regulation des dissimilatorischen Gaswechsels *241*
- 9.5.1 Atmung: CO_2-Abgabe und O_2-Aufnahme *241*
- 9.5.2 Der Respiratorische Quotient *242*
- 9.5.3 Regulation des Kohlenhydratabbaus durch Sauerstoff *243*
- 9.5.4 Induktion der Fermentation durch Enzymsynthese und Modulation der Enzymaktivität *246*
- 9.5.5 Wärmeerzeugung durch Atmung (Thermogenese) *248*
- 9.5.6 Klimakterische Atmung *249*
- 9.5.7 Weitere Oxidasen pflanzlicher Zellen *250*

9.6 Regulatorische Wechselbeziehungen zwischen Aufbau und Abbau von Kohlenhydraten *251*

10 Das Blatt als photosynthetisches System *255*

10.1 Wirkungsspektrum und Quantenausbeute *255*

10.2 Brutto- und Nettophotosynthese *257*
- 10.2.1 Messung der Photosyntheseintensität *257*
- 10.2.2 Der CO_2-Kompensationspunkt Γ *257*
- 10.2.3 Der Lichtkompensationspunkt (LK) *258*
- 10.2.4 Reelle und apparente Photosynthese *259*
- 10.2.5 Licht- und Dunkelatmung *260*

10.3 Begrenzende Faktoren der apparenten Photosynthese *261*
- 10.3.1 Die Photosynthese als Multifaktorensystem *261*
- 10.3.2 Die Verrechnung der Faktoren Lichtfluss und CO_2-Konzentration *261*
- 10.3.3 Quantitative Analyse von Lichtfluss-Effekt-Kurven *263*

10.4 Ökologische Anpassung der Photosynthese *264*

10.5 Temperaturabhängigkeit der apparenten Photosynthese *267*

10.6 Der Einfluss von Sauerstoff auf die apparente Photosynthese *269*

10.7 Die Regulation des CO_2-Austausches durch die Stomata *270*
    10.7.1 Physiologische Grundlagen *270*
    10.7.2 Lichtabhängige Steuerung der Stomaweite *272*
    10.7.3 Der H_2O-abhängige Regelkreis *273*
    10.7.4 Hydraulik der Stomabewegung *274*

11 C_4-Pflanzen, C_3–C_4-Pflanzen und CAM-Pflanzen *279*

11.1 Systematische Verbreitung der C_4-, C_3–C_4- und CAM-Pflanzen *279*

11.2 Das C_4-Syndrom *280*

11.3 Der C_4-Dicarboxylatcyclus *283*

11.4 Ökologische Aspekte des C_4-Syndroms *286*

11.5 Genphysiologische Aspekte des C_4-Syndroms *289*

11.6 C_3–C_4-Pflanzen, eine Vorstufe der C_4-Pflanzen? *289*

11.7 CAM, eine Alternative zur C_4-Photosynthese *291*

11.8 Isotopendiskriminierung bei der CO_2-Fixierung *294*

12 Stoffwechsel von Wasser und anorganischen Ionen *297*

12.1 Wasser *297*

12.2 Mineralernährung der Pflanze *299*

12.3 Essenzielle Mikroelemente *301*

12.4 Funktion der Nährelemente im Stoffwechsel *302*
    12.4.1 Makroelemente *302*
    12.4.2 Mikroelemente *304*

12.5 Interaktionen zwischen Wurzel und Boden bei der Nährstoffaneignung *305*

12.6 Salzexkretion bei Halophyten *306*

12.7 Sequestrierung von Schwermetallen durch Phytochelatine *308*

13 Ferntransport von Wasser und anorganischen Ionen *311*

13.1 Grundlegende Überlegungen *311*

13.2 Der Transportweg aus dem perirhizalen Raum in die Gefäße der Wurzel *313*

13.3 Der Transportweg im Xylem *316*

13.4 Die Abgabe von Wasser an die Atmosphäre *318*

13.5 Die treibende Kraft des Wassertransports im Xylem *320*

13.6 Wasserbilanz *324*

13.7 Analogiemodell für den Wassertransport in einer Pflanze *326*

13.8 Der Transport organischer Moleküle im Xylem *328*

14 Ferntransport von organischen Molekülen *333*

14.1 Grundlegende Überlegungen *333*

14.2 Die Leitbahnen *334*

14.3 Die Transportmoleküle *337*

14.4 Mechanismen des Phloemtransports *338*
    14.4.1 Beladung der Siebröhren *338*
    14.4.2 Entladung der Siebröhren *342*
    14.4.3 Die Druckstromtheorie *343*
    14.4.4 Die Volumenstromtheorie *344*

14.5 Regulation der Assimilatverteilung in der Pflanze *344*

15 Ökologische Kreisläufe der Stoffe und der Strom der Energie *347*

15.1 Die Kreisläufe von Kohlenstoff und Sauerstoff *347*

15.2 Der Kreislauf des Stickstoffs *350*

15.3 Der Strom der Energie *352*

16 Produkte und Wege des biosynthetischen Stoffwechsels – eine kleine Auswahl *355*

16.1 Primärer und sekundärer Stoffwechsel *355*

16.2 Biosynthese von Fettsäuren und Speicherlipiden *357*

16.3 Biosynthese der aromatischen Aminosäuren *359*

16.4 Biosynthese der Flavonoide *361*

16.5 Biosynthese des Lignins *363*

16.6 Biosynthese des Chlorophylls *366*

16.7 Biosynthese der Carotinoide *368*

17 Entwicklung der vielzelligen Pflanze *373*

17.1 Grundlegende Gesichtspunkte *373*
    17.1.1 Entwicklung als ontogenetischer Kreislauf *373*
    17.1.2 Das genetisch festgelegte Entwicklungsprogramm und der Einfluss der Umwelt *375*
    17.1.3 Entwicklung und Chromosomensatz *376*
    17.1.4 Generationswechsel *377*
    17.1.5 Alternative Entwicklungsstrategien des Gametophyten *379*

17.2 Wachstum *379*
    17.2.1 Definition von Wachstum *379*
    17.2.2 Messung des Wachstums *380*
    17.2.3 Allometrisches Wachstum *381*

17.3 Morphogenese als Musterbildung und Differenzierung *384*
    17.3.1 Musterbildung im Embryo *384*
    17.3.2 Steuerung von Musterbildung und Differenzierung im Embryo *387*
    17.3.3 Anlage der beiden primären Meristeme *388*
    17.3.4 Wachstum und Histodifferenzierung der Wurzel *390*
    17.3.5 Histodifferenzierung und Organogenese im Sprossmeristem *391*

17.3.6   Molekulargenetische Analyse der Meristemfunktionen   393
17.3.7   Blattinduktion und Phyllotaxis   395
17.3.8   Oben-unten-Polarität des Blattes   397
17.3.9   Blattentwicklung   397
17.3.10 Konstruktion der Sprossachse   401
17.3.11 Die Bedeutung der Reaktionsnorm   402
17.3.12 Korrelationen   403
17.3.13 Umdifferenzierungen   403

18 Chemoregulation im Organismus – Hormone und Hormonwirkungen   407

18.1 Definition und Eigenschaften der Hormone bei Pflanzen   407

18.2 Überblick über die Struktur und Funktion der Phytohormone   412
- 18.2.1   Auxin   412
- 18.2.2   Gibberelline   418
- 18.2.3   Cytokinine   422
- 18.2.4   Abscisinsäure   426
- 18.2.5   Ethylen   428
- 18.2.6   Brassinosteroide   432
- 18.2.7   Salicylsäure   435
- 18.2.8   Jasmonsäure   435
- 18.2.9   Systemin   436
- 18.2.10 Strigolactone   436

18.3 Molekulare Mechanismen der hormonellen Signaltransduktion   437
- 18.3.1   Auxin aktiviert responsive Gene durch den Abbau von Repressorproteinen   437
- 18.3.2   Negative Regulatoren sind zentrale Elemente in der Signaltransduktionskette der Gibberelline   438
- 18.3.3   Der Cytokininrezeptor CRE1 ist eine Zweikomponenten-Histidinkinase, die eine Phosphorelaiskaskade von Signalen in den Zellkern auslöst   440
- 18.3.4   Der Ethylenrezeptor ETR1 ist eine Zweikomponenten-Histidinkinase, die nicht als Histidinkinase wirksam wird   440

19 Die Wahrnehmung des Lichtes – Photosensoren und Photomorphogenese   445

19.1 Was ist Licht für die Pflanze?   445

19.2 Farbstoffe und Photosensoren   446

19.3 Wirkungsspektren   446

19.4 Wirkungen von UV-B-Strahlung   448

19.5 Photosensoren für den UV-Blau-Bereich   449
- 19.5.1   Cryptochrom   449
- 19.5.2   Phototropine   450

19.6 Photosensoren für den Rotlichtbereich   452
- 19.6.1   Licht als Signalgeber der Entwicklung   452
- 19.6.2   Photobiologische Eigenschaften der Phytochrome   454
- 19.6.3   Phytochrom A und Phytochrom B   457
- 19.6.4   Molekulare Eigenschaften des Phytochroms   459
- 19.6.5   Signaltransduktion zwischen Phytochrom und Genexpression   460
- 19.6.6   Phytochromregulierte Enzyme   462
- 19.6.7   Phytochromregulierte Plastidendifferenzierung   464
- 19.6.8   Phytochromregulierte Reaktionen von Zellen, Geweben und Organen   467
- 19.6.9   Phytochromregulierte Reaktionen älterer, grüner Pflanzen   467

19.7 Koaktion verschiedener Photosensoren *468*

20 Reifung und Keimung von Fortpflanzungs- und Verbreitungseinheiten *471*

20.1 Aufbau des Samens *471*

20.2 Entwicklung zum reifen Samen *472*
    20.2.1 Histodifferenzierung *472*
    20.2.2 Samenreifung *472*
    20.2.3 Steuerung der Samenreifung *475*

20.3 Keimung des gereiften Samens *476*
    20.3.1 Physiologische Analyse der Keimung *476*
    20.3.2 Biochemische Analyse der Keimung *480*
    20.3.3 Physikalische Analyse der Keimung *481*

20.4 Regulation der Genexpression während der Embryonalentwicklung *484*

20.5 Steuerung der Fruchtentwicklung durch den Samen *484*

20.6 Knospenruhe und Knospenkeimung *485*

20.7 Austrocknungstoleranz im vegetativen Stadium: Auferstehungspflanzen *487*

21 Endogene Rhythmik *489*

21.1 Der ursprüngliche Befund: Tagesperiodische Blattbewegungen *489*

21.2 Weitere ausgewählte Phänomene der circadianen Rhythmik *490*
    21.2.1 Tagesperiodische Bewegung von Blütenblättern *490*
    21.2.2 Tagesperiodischer Sporangienabschuss bei *Pilobolus* *490*
    21.2.3 Circadiane Rhythmik in Gewebekulturen *491*
    21.2.4 Endogene Rhythmik und Biolumineszenz *491*

21.3 Einige Experimente zur Analyse der endogenen Rhythmik *493*
    21.3.1 Auslösung der Rhythmik *493*
    21.3.2 Anpassungen der Rhythmik an Programmänderungen *493*
    21.3.3 Endogene Rhythmik und Zellatmung *494*
    21.3.4 Endogene Rhythmik und Zellkern *495*

21.4 Genetische Analyse des Oscillators bei *Arabidopsis* *495*

21.5 Verschiedene innere Uhren in verschiedenen Organismen *498*

22 Blütenbildung und Befruchtung *501*

22.1 Autonome Induktion des Blütenmeristems – die oberste Ebene der Blühkontrollgene *501*

22.2 Exogene Induktion der Blütenbildung – ebenfalls auf der obersten Ebene der Blühkontrollgene *503*
    22.2.1 Photoperiode und Kälte als exogene Auslöser *503*
    22.2.2 Kritische Tageslängen *504*
    22.2.3 Blätter als Receptororgane des Photoperiodismus *505*
    22.2.4 Blütenbildung und Gibberelline *506*
    22.2.5 Molekulare Receptoren beim Photoperiodismus *506*
    22.2.6 Photoperiodismus und circadiane Rhythmik *507*
    22.2.7 Photoperiodische Phänomene unabhängig von der Blütenbildung *508*
    22.2.8 Selektionsvorteil des Photoperiodismus *509*
    22.2.9 Thermoperiodismus *509*
    22.2.10 Vernalisation *510*

22.3 Steuerung der Blütensymmetrie, der Blütenzahl und der Abgrenzung der Blütenorgankreise –
die 2. Ebene der Blühkontrollgene   *511*

22.4 Die Identität der Blütenorgane – die 3. Ebene der Blühkontrollgene   *514*

22.5 Befruchtung bei den Blütenpflanzen   *516*
    22.5.1   Selbstinkompatibilität   *516*

23 Regulation von Altern und Tod   *525*

23.1 Seneszenz von Molekülen   *525*

23.2 Seneszenz von Zellen   *526*
    23.2.1   Programmierter Zelltod während der Entwicklung der vielzelligen Pflanze   *526*
    23.2.2   Programmierter Zelltod bei der Xylogenese   *526*
    23.2.3   Programmierter Zelltod der Suspensorzellen während der Embryonalentwicklung   *527*
    23.2.4   Programmierter Zelltod zur Bildung von Aerenchym   *527*

23.3 Seneszenz von Organen   *528*
    23.3.1   Physiologische Steuerung der Organseneszenz   *528*
    23.3.2   Anatomie des Blattfalles   *528*
    23.3.3   Abbau der Plastiden und des Chlorophylls   *528*
    23.3.4   Genaktivierung während der Seneszenz   *529*
    23.3.5   Physiologie der Blattalterung   *530*
    23.3.6   Wirkung von Außenfaktoren   *531*
    23.3.7   Herbstfärbung   *532*
    23.3.8   Alterung der Blütenblätter   *532*

23.4 Seneszenz von Organismen   *533*

24 Physiologie der Regeneration und Transplantation   *535*

24.1 Untersuchungen mit Organkulturen   *535*

24.2 Gewebekulturen und Zelldifferenzierung   *536*

24.3 Beweisführung für die Omnipotenz spezialisierter Pflanzenzellen   *538*
    24.3.1   Regenerationsexperimente an Farnprothallien   *538*
    24.3.2   Regenerationsexperimente an Begonienblättern   *538*
    24.3.3   Regeneration *in vitro* aus isolierten Einzelzellen   *538*
    24.3.4   Differenzierung und Regeneration   *540*
    24.3.5   Bildung („Regeneration") haploider Sporophyten aus Pollenkörnern   *540*
    24.3.6   Regeneration aus Protoplasten und Cybridisierung   *542*

24.4 Wundheilung   *543*

24.5 Regeneration ohne Kallusbildung   *544*
    24.5.1   Bildung von Adventivwurzeln   *544*
    24.5.2   Blütenbildung   *545*

24.6 Transplantation   *545*
    24.6.1   Pfropfen   *545*
    24.6.2   Chimären   *546*
    24.6.3   Intrazelluläre Chimären   *546*

25 Aktive Bewegungen von Zellen, Organen und Organellen *549*

25.1 Freie Ortsbewegungen *549*
  25.1.1 Phototaxis freilebender Algen *549*
  25.1.2 Chemotaxis von Geschlechtszellen *552*
  25.1.3 Feinstruktur und Funktion von Geißeln *552*

25.2 Orientierungsbewegungen von Organen *553*
  25.2.1 Grundphänomene *553*
  25.2.2 Gravitropismus des *Chara*-Rhizoids *553*
  25.2.3 Gravitropismus bei Keimwurzeln und Sprossorganen *555*
  25.2.4 Weitere tropische Reaktionen *562*
  25.2.5 Phototropismus bei höheren Pflanzen *562*
  25.2.6 Phototropismus des Farnsporenkeimlings *568*
  25.2.7 Phototropismus der *Phycomyces*-Sporangiophore *570*
  25.2.8 Osmotische Bewegungen von Zellen und Organen *570*
  25.2.9 Rankbewegungen *573*

25.3 Aktive intrazelluläre Bewegungen *575*
  25.3.1 Plasmaströmung *576*
  25.3.2 Chloroplastenbewegungen *576*

26 Stress und Stressresistenz *583*

26.1 Grundlegende Begriffe *583*

26.2 Mechanischer Stress *584*

26.3 Trockenstress *586*
  26.3.1 Konstitutive Trockenstressresistenz *586*
  26.3.2 Adaptative Trockenstressresistenz bei Mesophyten *588*
  26.3.3 Abhärtung gegen Trockenstress *591*
  26.3.4 Salzstress *592*

26.4 Temperaturstress *593*
  26.4.1 Resistenz gegen Hitzestress *593*
  26.4.2 Hitzeschockproteine *595*
  26.4.3 Resistenz gegen Kältestress *596*
  26.4.4 Resistenz gegen Froststress *598*

26.5 Oxidativer Stress *601*
  26.5.1 Warum ist O_2 giftig? *601*
  26.5.2 Entgiftungsreaktionen für reaktive Sauerstoffformen *603*

26.6 Licht- und UV-Stress *606*
  26.6.1 Photoinhibition der Photosynthese *606*
  26.6.2 Resistenz gegen UV-Schäden *607*

26.7 Stress durch ionisierende Strahlung *614*

27 Interaktionen mit anderen Organismen *617*

27.1 Symbiosen *617*
  27.1.1 Pflanzen und Pilze: Mykorrhiza *617*
  27.1.2 Pflanzen und Bakterien: Biologische N_2-Fixierung in Wurzelknöllchen *621*

27.2 Pathogenese *627*
    27.2.1 Infektionsabwehr durch konstitutive Barrieren und ihre Überwindung *628*
    27.2.2 Induzierte Abwehr, hypersensitive Reaktion *629*
    27.2.3 Der *oxidative burst:* Abwehr und Alarmsignal der Pflanze *630*
    27.2.4 Schwächung der Wirtspflanze durch Phytotoxine *631*
    27.2.5 Pflanzliche Antibiotica: Phytoalexine und fungitoxische Proteine *632*
    27.2.6 Induzierte Resistenz durch Immunisierung *633*
    27.2.7 Abwehr von Viren/Viroiden: RNAi *634*

27.3 Tumorbildung durch *Agrobacterium tumefaciens* *635*

27.4 Interaktionen zwischen Pflanzen und Insekten *639*
    27.4.1 Symbiosen zwischen Pflanzen und Carnivoren *639*
    27.4.2 Gallenbildung als pathologische Morphogenese *640*

27.5 Interaktionen zwischen Pflanzen und Pflanzen *641*

28 Ertragsbildung: Physiologie und Gentechnik *643*

28.1 Grundlegende Gesichtspunkte *643*
    28.1.1 Zur Situation *643*
    28.1.2 Zur Terminologie *644*
    28.1.3 Ertrag und Energie *644*
    28.1.4 Zielsetzung der Ertragsphysiologie *644*
    28.1.5 Systemsynthese, Produktsynthese *645*
    28.1.6 Bildung von Speicherstoffen *646*
    28.1.7 Produktionsfaktoren *647*

28.2 Ertragsgesetze *647*

28.3 Praktische Optimierung von Produktionsverfahren *649*
    28.3.1 Versorgung mit Stickstoff *649*
    28.3.2 Dämpfung von Antagonisten der Ertragsbildung: Herbizide *652*
    28.3.3 Synthetische Wachstumsretardanzien *656*

28.4 Verbesserung des Erbguts *656*
    28.4.1 Die Tradition *656*
    28.4.2 Klassische Züchtung *657*
    28.4.3 Gentechnik und Transformationsmethoden *660*
    28.4.4 Strategien zur Nutzung der gentechnischen Manipulation *664*

28.5 Gentechnische Ansätze in der molekularen Pflanzenphysiologie *666*
    28.5.1 Grundsätzliche methodische Einschränkungen *666*
    28.5.2 Hemmung der Pollenreifung für die Hybridzüchtung *667*
    28.5.3 Manipulationen im Kohlenhydratmetabolismus *668*
    28.5.4. Manipulationen zur Synthese neuer Produkte *669*
    28.5.5 Transgene Ansätze zur Virusresistenz *670*
    28.5.6 Gezielte Beeinflussung von ökonomisch interessanten Merkmalen *671*
    28.5.7 Gentechnisch veränderte Nahrungsmittel *673*

28.6 Ökologische Auswirkungen transgener Veränderungen bei Pflanzen *674*

Anhang Physikalische Messgrößen, Maßeinheiten, Umrechnungsfaktoren, Konstanten *677*

Index *681*

1 Theoretische Grundlagen und Zielsetzung der Physiologie

Das Bild der heutigen **Physiologie** im Rahmen der biologischen Wissenschaften erscheint reichlich verschwommen. Die Erfolge der Biochemie und der Molekularbiologie haben das Selbstbewusstsein der Physiologen gemindert und nicht selten eine Profilneurose verursacht, die sich bis zur Feststellung steigert, die Physiologie halte sich meist im Vorhof der Probleme auf. Die folgenden Bemerkungen sollen einen konstruktiven Beitrag zu der Frage leisten, welche Bedeutung heutzutage der Physiologie innerhalb der experimentellen Biologie zukommt und wie sich die Physiologie auch im Zeitalter der Biochemie und Molekularbiologie als **integrierende Disziplin** mit dem Anspruch einer **exakten Wissenschaft** begründen lässt. Dabei erlebt die Physiologie unter dem Namen **Systembiologie** eine Renaissance in ihrer Analyse komplexer Zusammenhänge im Organismus.

1.1 Das Selbstverständnis der Physiologie

Nach dem klassischen Selbstverständnis der Physiologie ist Aufgabe dieser biologischen Disziplin die Analyse und kausale Erklärung der Lebensvorgänge. Natürlich wussten auch die klassischen Physiologen, dass die Objekte der Physiologie, die lebendigen Systeme, ungeheuer komplex sind, und dass diese Komplexität nicht auf der Zahl der Elemente, sondern auf der Vielfalt der Wechselwirkungen zwischen den Elementen beruht. Die Physiologen konzentrierten sich deshalb auf die interaktiven Regulationsvorgänge. Und dabei ist es geblieben: **Physiologie ist die Wissenschaft von den Regulations- und Kontrollprozessen.**

Ihrem Selbstverständnis nach ist die Physiologie eine **quantitative** (oder **exakte**) Wissenschaft. Die Zielsetzung der Physiologie ist deshalb darauf gerichtet, quantitative Zusammenhänge („Funktionen") zu begründen, die das Verhalten des ins Auge gefassten Individuums oder der Art so zuverlässig beschreiben, dass auch im strengen Sinn quantitative Prognosen möglich werden. Dabei greift die Physiologie auf viele verschiedene Methoden zurück – von der mechanischen Physik bis zur Molekularbiologie – um die komplexen Eigenschaften des Organismus **umfassend** zu analysieren. Darüber hinaus versteht sich die Physiologie als **Gesetzeswissenschaft.** Sie möchte nicht nur quantitative Funktionstheorien für bestimmte Lebensvorgänge und bestimmte Lebewesen aufstellen, sondern auch – in Analogie zur Physik – generelle Sätze mit Gesetzescharakter formulieren.

Der so verstandenen Zielsetzung der Physiologie stellen sich gewaltige Widerstände entgegen. Die Objekte der Physiologie, die **lebendigen Systeme,** treten in einer historisch bedingten, riesigen Mannigfaltigkeit auf, und sie sind sehr viel komplizierter als die Objekte der Physik und Chemie, die **nichtlebendigen Systeme**. Daraus ergeben sich einige Konsequenzen.

Die Formulierung allgemeiner Gesetze (**Allsätze** im Sinn der Wissenschaftstheorie) ist wegen der großen Mannigfaltigkeit der lebendigen Systeme schwierig. Häufig formuliert die Physiologie deshalb **eingeschränkte (partikuläre) Allsätze,** das heißt solche Gesetzesaussagen, die lediglich für eine beschränkte Zahl von Arten (oder Sippen) Gültigkeit haben. Damit hängt natürlich die bereits klassische Einteilung der Physiologie in Human-, Tier- und Pflanzenphysiologie zusammen. Es ist indessen nicht nur die enorme Mannigfaltigkeit der Objekte, welche die Formulierung von Allsätzen erschwert; die Vielfalt der Methoden, die heute von der Molekularbiologie und Bioinformatik bis zur experimentellen Ökologie reicht, macht die integrierende Arbeit zu einem schwierigen, aber auch reizvollen Unternehmen.

Die Formulierung biologischer Gesetze erfordert eine durch Definitionen und Konventionen eindeutig festgelegte, **fachspezifische Terminologie** (Fachsprache), die weit über die Begrifflichkeit der Physik hinausreicht. Dies lässt sich nicht damit begründen, dass die lebendigen Systeme irgendwelche metaphysischen, der Wissenschaft nicht zugänglichen Komponenten enthielten. Die terminologische Eigenständigkeit der Physiologie ist vielmehr darauf zurückzuführen, dass lebendige Systeme so hochgradig kompliziert sind, dass für die Theorienbildung Begriffe gebraucht werden, welche in den Theorien der Physik, etwa in der Quantentheorie, keine Rolle spielen, z. B. die Begriffe „Reiz", „Kompartiment", „Enzym" und „Gen".

Man wird in der Physiologie (wie in der Chemie) bezüglich der Terminologie auch weiter so verfahren müssen, dass man die Reduktion auf physikalische Begrifflichkeit so weit wie möglich treibt. Jenseits der durch die praktische Vernunft gesetzten Grenzen soll man sich aber nicht scheuen, spezifisch **physiologische Begriffe** zu prägen, wenn nötig durch eine operationale Definition. Der grundsätzlichen Schwierigkeit, dass die Begriffe der einzelnen physiologischen Disziplinen häufig nicht ineinander übergeführt werden können, kann man durch Terminologiekommissionen kaum begegnen. Diese Schwierigkeit wird solange andauern, bis entweder die Physiologie definitiv in eine Vielzahl von Disziplinen zerfallen ist – von der Molekularphysiologie bis hin zur Verhaltensphysiologie –, die ihr jeweils eigenes Vokabular gebrauchen und nicht mehr ernsthaft miteinander kommunizieren, oder bis das Unternehmen einer „allgemeinen Physiologie" von Erfolg gekrönt ist. Mit allgemeiner Physiologie meinen wir jene Disziplin, deren Zielsetzung ausdrücklich auf die Formulierung von Allsätzen, auf die Formulierung von Gesetzesaussagen, gerichtet ist. Diese Zielsetzung impliziert eine weitgehende terminologische Einigung innerhalb der physiologischen Disziplinen; sie ist also *per definitionem* Einheit stiftend.

1.2 Gesetzesaussagen in der Biologie

Die Aussagen der Wissenschaft erfolgen durch singuläre Sätze, **Tatsachen,** oder durch generelle Sätze, **Gesetze.** Die höchste Stufe an Wissenschaftlichkeit ist dann erreicht, wenn generelle Sätze, die den logischen Charakter von Allsätzen haben, formuliert werden können. Allsätze sind solche Gesetzesaussagen, die universell gelten, das heißt für alle Systeme der Wirklichkeit. Die Erhaltungssätze der Physik sind z. B. solche Allsätze. Von **eingeschränkten (partikulären) Allsätzen** spricht man dann, wenn man anzeigen will, dass die Gesetzesaussagen lediglich für bestimmte Systeme (oder Systemklassen) Gültigkeit haben. Die Gesetzesaussagen der **vergleichenden Biologie** sind vortreffliche Beispiele für partikuläre Allsätze. Diese sind unter anderem dadurch ausgezeichnet, dass bei ihnen eine mathematische Formulierung nicht angemessen wäre. Erkenntnislogisch haben diese Allsätze durchaus die Qualität der Erhaltungssätze in der Physik. Es hat z. B. die Aussage, der Inhalt des Embryosacks der Blütenpflanzen stelle eine weibliche Geschlechtspflanze, einen weiblichen Gametophyten dar, durchaus Gesetzescharakter, da sie ganz allgemein für alle Blütenpflanzen gilt. Solche Beispiele könnten beliebig vermehrt werden. Aus ihnen kann man folgendes lernen: Das biologische Gesetz will etwas Allgemeines ausdrücken; es will eine Aussage machen, die für eine Vielzahl von Systemen verbindlich ist. Die Art, wie diese Aussage gemacht wird, ob z. B. mathematisch oder nicht, ist dabei zweitrangig, falls den logischen und semantischen Ansprüchen der Wissenschaft Genüge getan ist.

Wir haben uns längst daran gewöhnt, dass die Gesetze der Physik auch in der Biologie ohne Einschränkung gelten. Der Umstand, dass manche Gesetze der Physik für den Gebrauch in der Physiologie dem Sachverhalt nicht angemessen oder nicht optimal formuliert sind, schränkt diese prinzipielle Aussage nicht ein. Die Eigenständigkeit der Physiologie gegenüber der Physik erweist sich also vor allem darin, dass die Physiologie Allsätze formuliert, die mit den physikalischen Gesetzen voll vereinbar sind, aber in der Physik nicht benötigt werden. Als Beispiel für einen Allsatz, der sowohl in der Physik als auch in der Physiologie eine Rolle spielt, sei der Satz $\Delta G \neq 0$ angeführt ($\rightarrow$ S. 49). Dies ist ein Allsatz, der für alle **offenen Systeme** gilt. **Alle** lebendigen Systeme sind offene Systeme; aber nur **manche** physikalische Systeme sind offene Systeme. Der Satz $\Delta G \neq 0$ ist also in der Biologie ein Allsatz und in der Physik ein partikulärer Allsatz, da er hier nur für eine bestimmte Systemklasse gilt. Mit dem Satz $\Delta G \neq 0$ will man in der Physiologie zum Ausdruck bringen, dass sich lebendige Systeme grundsätzlich nicht im thermodynamischen Gleichgewicht befinden und sich diesem Gleichgewicht auch nicht etwa asymptotisch nähern. Jedes Reaktionsgeschehen in einem lebendigen System gehorcht, isoliert betrachtet, den Gesetzen der klassischen Thermodynamik; die einzelnen Reaktionen sind aber im Gesamtsystem derart miteinander verknüpft, dass es im lebendigen System zu keiner generellen Einstellung des thermodynamischen Gleichgewichts kommt. Die Ausschaltung jener Systemeigenschaften, die $\Delta G \neq 0$ ermöglichen, führt zum „Tod" (auch dies ein biologischer Begriff, der in der Physik nicht vorkommt).

Unter dem Gesichtspunkt der **Organisation** lässt sich der Sachverhalt folgendermaßen beschreiben: Ein lebendiges System ist durch „organisierte Komplexität" ausgezeichnet. Seine Komponenten sind also **nicht** zufallsmäßig zusammengefügt. Die bei der Entwicklung des lebendigen Systems, z. B. im Zuge der Zelldifferenzierung, investierte (genetische) Information steckt in der „organisierten Komplexität". Wird diese zerstört und erlaubt man anschließend eine völlige Durchmischung der Komponenten, so regeneriert sich das System nicht von selbst, da die hierfür notwendige Information bei der Zerstörung der **Systemeigenschaften** vernichtet wurde, auch wenn diese Zerstörung ohne jeden Verlust an stofflichen Komponenten geschah. Die „Selbstorganisation" (*self assembly*), die es z. B. manchen Proteinmolekülen oder Viruspartikeln ermöglicht, die funktionell korrekte räumliche Struktur einzunehmen, ist auf dem Niveau des komplexen Organismus nicht mehr möglich.

In der Zuordnung der Physiologie zu „lebendigen Systemen" ist der Gültigkeitsbereich der Physiologie in der Hierarchie der Wissenschaften abgesteckt. Die Allsätze der Physik als grundlegende Beschreibung der Eigenschaften und Verhaltensweisen der Materie (und damit auch der Energie) gelten für alle Prozesse, die irgendwie mit Energie in den verschiedenen Zustandsformen zu tun haben. Hierzu gehört natürlich auch die gesamte Chemie, in der allerdings komplexe Verhaltensweisen von Stoffen mit spezifischen „chemischen" Allsätzen beschrieben werden, die über die Allsätze der Physik hinausgehen. In der Physiologie gelten alle Allsätze der Physik und Chemie und zusätzlich spezifische physiologische Allsätze, die sich nicht aus den vorigen direkt und zwingend herleiten lassen und oft weit über sie hinausgehen. Die Gesetze der Physik und Chemie sind notwendig und hinreichend um die Zusammensetzung der DNA aus ihren Bestandteilen zu erklären. Aber erst die **Ordnung** der Basen ermöglicht die biologische Funktion der DNA als Träger genetischer Information und damit eine Systemeigenschaft mit Gesetzescharakter.

1.3 Systemtheorie

Der trivial anmutende Allsatz $\Delta G \neq 0$ ist natürlich einer Verfeinerung zugänglich. Bereits 1946 schlug Prigogine vor, bei der Thermodynamik biologischer Systeme von den Reversibilitäts- und Gleichgewichtsapproximationen der klassischen Thermodynamik abzugehen und statt dessen eine Thermodynamik irreversibler Vorgänge einzuführen. Prigogines Theorie ergab, dass bei einem offenen System (alle lebendigen Systeme sind offene Systeme) die Zunahme der Entropie pro Zeiteinheit ein Minimum darstellt, wenn sich das System im **Fließgleichgewicht** befindet ($\rightarrow$ S. 49). In generalisierter Form besagt der Allsatz von Prigogine, dass die gesamte Energieentwertung eines offenen Systems sich vermindert, wenn das System ein Fließgleichgewicht anstrebt, und dort am geringsten ist. (Dieses sog. Prigoginesche Theorem gilt nur für Zustände, die nicht allzuweit vom thermodynamischen Gleichgewicht entfernt sind.) Andererseits ist zu erwarten, dass beim Entwicklungsgeschehen eine konstitutive Abweichung vom Fließgleichgewicht auftritt. Dies bedeutet, dass die Energieentwertung unter diesen Umständen ansteigt. Die Erfahrungen bezüglich des energetischen Wirkungsgrads bei der Entwicklung stehen im Einklang mit dieser Schlussfolgerung. Mit diesem Beispiel wollten wir einen physiologischen Allsatz einführen und gleichzeitig herausstellen, welche immense Bedeutung die methodischen Ansätze und die Aussagen der **allgemeinen Systemtheorie** für die Physiologie besitzen. Mit den Worten von Francois Jacob: „Every object that biology studies is a system of systems." Innerhalb der Biologie ist die Physiologie die Systemwissenschaft *par excellence*. Die große Chance der Physiologie besteht in der konsequenten und umfassenden (das heißt über die Kybernetik hinausgehenden) Einbeziehung der systemtheoretischen Arbeitsweisen in ihr intellektuelles Methodenarsenal.

Ein **System** ist ein Gebilde aus Elementen (Komponenten), die miteinander in **Wechselwirkung** stehen (gemeint sind definierte Beziehungen). Die Wechselwirkung hat die Konsequenz, dass das System Eigenschaften zeigt, die an den isolierten Elementen nicht erkannt werden können. Diese Systemeigenschaften sind der Ausdruck „organisierter Komplexität". Man sieht unmittelbar ein, dass ein noch so genaues Studium der einzelnen Elemente *in vitro* eine Erkenntnis der Systemeigenschaften **nicht** erlaubt. Eine rigorose Analytik, welche die „organisierte Komplexität" zerstört, führt zum Verlust genau jener Eigenschaften, die es zu erkennen gilt. Die Molekularisierung der Elemente genügt also nicht; erst die komplementäre Erforschung der Systemeigenschaften *in vivo*, unter Erhaltung der „organisierten Komplexität", macht die Molekularisierung der Elemente physiologisch relevant. Dies zeigt sich beispielhaft in der derzeit zu beobachtenden Neuorientierung der genetischen Forschung: Der reduktionistische Ansatz, der z. B. bei der Formulierung der Mendelschen Vererbungsregeln oder der Aufklärung der DNA als Erbsubstanz sehr erfolgreich war, stößt an seine Grenzen. Er wird zunehmend abgelöst von neuen, systembiologischen Ansätzen, bei denen die Gesamtheit der Gene, **Genomik**, bzw. der Proteine, **Proteomik**, eines Organismus und deren Wechselwirkungen im Zentrum des Interesses stehen. Natürlich haben die Fortschritte der Computertechnologie und der Bioinformatik diese Forschungseinrichtungen massiv gefördert oder überhaupt erst möglich gemacht.

Im Folgenden sind jene Gesichtspunkte zusammengefasst, die bei der Niederschrift des vorliegenden Lehrbuchs eine besondere Rolle gespielt haben, auch wenn dies nicht in jedem Kapitel explizit zum Ausdruck kommt:

▶ Die Physiologie ist die auf quantitative Aussagen zielende Wissenschaft von den **Regulations- und Kontrollprozessen**.
▶ Die Modelle der Physiologie sollten anpassungsfähig sein. Damit meinen wir die Eigenschaft, dass sie durch die Änderung weniger Parameter eine quantitative Beschreibung der in **verschiedenen** lebendigen Systemen gegebenen Situationen erlauben. Dies würde den Weg zu einer **allgemeinen Physiologie** eröffnen.
▶ Regulierende Elemente (z. B. Phytochrom, Hormone, Regulatormetaboliten, Transkriptionsfaktoren) können in ihrer wirklichen Bedeutung nur erkannt werden, wenn man sie als Elemente von **Systemen** auffasst und untersucht. Ein und dasselbe regulierende Element kann auch im selben Organismus völlig verschieden wirken, je nachdem, in welche „organisierte Komplexität", in welches **System**, es eintritt.
▶ Bei *in-vitro*-Studien geht in der Regel der Systemcharakter mehr oder minder verloren. Die Entscheidung über die biologische Relevanz einer *in-vitro*-Studie fällt deshalb im **physiologischen Experiment**. Die Kunst, am intakten Organismus, d. h. bei voller Erhaltung der „organisierten Komplexität", sinnvolle Experimente anzustellen, bleibt die Grundlage der experimentellen Physiologie.

1.4 Prinzipien wissenschaftlichen Arbeitens

Prinzipiell geht der Weg der Erkenntnisgewinnung von experimentellen oder beobachteten **Daten** aus, die mit Hilfe genau definierter **Methoden** gewonnen werden. Diese Ausgangsdaten liefern die Grundlage für die Hypothesenbildung, **Induktion**. Die formulierte vorläufige Erklärung, **Hypothese**, gestattet verallgemeinernde Schlussfolgerungen, **Deduktion**. Die Schlussfolgerungen können im **Experiment** auf ihre Richtigkeit geprüft werden. Aus dem erfolgreichen Wechselspiel von Induktion, Deduktion und Experiment resultiert schließlich die gesicherte **Theorie** (Abbildung 1.1).

Die Grundlagen aller Erkenntnisgewinnung sind also **Beobachtungsdaten** und **experimentelle Daten**. Sind sie falsch, ist alles Weitere sinnlos. Charakteristisch für die wissenschaftliche Arbeit ist also, dass nur solche Daten berücksichtigt werden, die mit Hilfe **zuverlässiger** Methoden gewonnen wurden, **Fakten**. Die Methoden müssen so sicher beherrscht und beschrieben werden, dass Beobachtungen und experimentelle Resultate jederzeit **reproduziert** und damit **verifiziert** werden können. Wer absichtlich oder grob fahrlässig falsche „Fakten" für sicher ausgibt, scheidet aus der Wissenschaft aus. Die intellektuelle Ehrlichkeit gehört wesentlich zur wissenschaftlichen Arbeit.

Wichtig ist die Art der Frage, die wir im Experiment an das biologische System richten. Nur solche

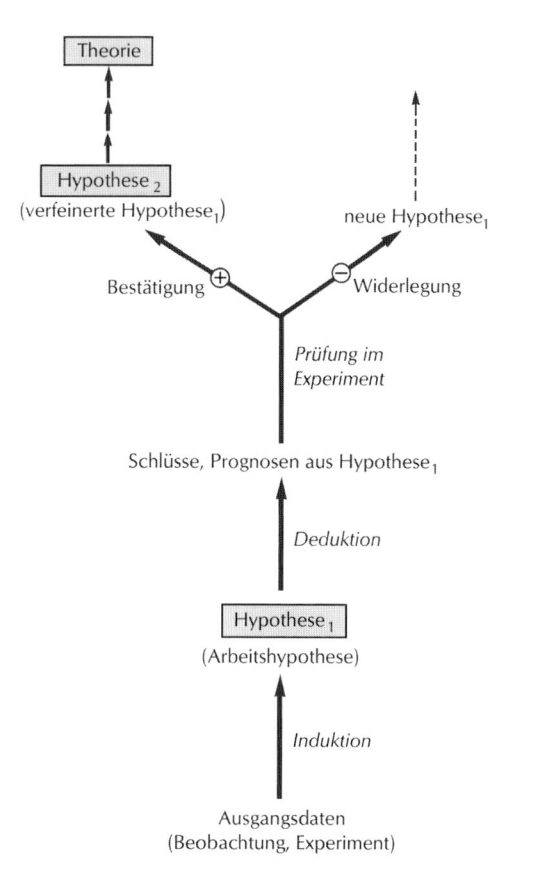

Abb. 1.1. Erkenntnisprozess der Wissenschaft. (Nach Mohr 1977)

▶ Wissenschaftliche Gesetze haben den Charakter von **Theorien**, d.h. sie verkünden keine unumstößlichen Wahrheiten, sondern sind durch vielfältige Verifikation gestützte, bewährte Hypothesen. Sie können jedoch durch neue Daten jederzeit falsifiziert werden.
▶ **Verifikation** und **Falsifikation** sind nicht gleichwertig hinsichtlich ihrer Auswirkung auf eine Hypothese. Durch Verifikation wird eine Hypothese weiter gestützt, aber nicht bewiesen. Hingegen reicht ein einziger falsifizierender Befund aus, um eine Hypothese zu widerlegen oder in ihrer Gültigkeit einzuschränken. Der Satz „Alle Pflanzen sind grün" wird durch das Auffinden vieler grüner Pflanzen weiter erhärtet, aber durch die Entdeckung einer einzigen nicht-grünen Pflanze definitiv falsifiziert.

Fragen sind „sinnvoll", die im Prinzip auch beantwortet werden können. Dabei können „sinnlose" Fragen durch einen Fortschritt der Technik zu „sinnvollen" werden.

Ein wichtiges heuristisches Prinzip bei der Formulierung von Hypothesen ist die dem im 14. Jahrhundert lebenden englischen Philosophen William Ockham zugeschriebene Regel („*Ockham's razor*"): Eine Erklärung von Fakten darf nicht komplizierter als notwendig und hinreichend sein. Oder, mit anderen Worten: Unter sonst gleichwertigen Hypothesen ist diejenige vorzuziehen, die mit den wenigsten Zusatzannahmen auskommt.

1.5 Das Kausalitätsprinzip in der Physiologie

Die Physiologie, so heißt es häufig, sei identisch mit biologischer Kausalforschung. Die logische Struktur dieser Kausalforschung wird aber meist nicht explizit erläutert. Abbildung 1.2 illustriert das Kausalitätsprinzip, wie es (in der Regel implizit) der biologischen Forschung zugrunde gelegt wird. Man kann es als „Wenn-dann-Satz" formulieren: Wenn x Faktoren ($F_1 \ldots F_x$) den Zustand U determinieren und aus U mit der Zeit W folgt, dann stellt sich die Wirkung W **mit Notwendigkeit** ein, wenn die Faktorkombination $F_1 \ldots F_x$ vorliegt. Biologische Kausalforschung ist also erkenntnislogisch stets eine **Faktorenanalyse**. Wir können in der biologischen Kausalforschung an einem gegebenen System nicht

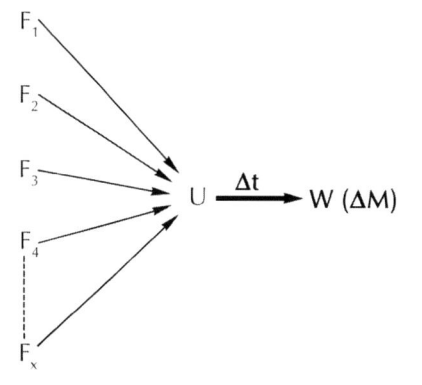

Abb. 1.2. Veranschaulichung des Kausalitätsprinzips, wie es bei der biologischen „Kausalforschung" (Faktorenanalyse) in der Regel zugrunde gelegt wird. $F_1 \ldots F_x$, determinierende Faktoren; *U*, Ursache; *W* (*ΔM*), Wirkung (Merkmalsänderung), die sich nach der Zeit *Δt* einstellt. (Nach Mohr 1977)

mehr tun, als einen oder mehrere Faktoren im Experiment zu variieren und die resultierenden Effekte anhand geeigneter Merkmale auf dem Niveau der Wirkung zu verfolgen. **Merkmale** sind solche Eigenschaften von Lebewesen, die man mit wissenschaftlichen Methoden bestimmen kann.

Der einfache Zusammenhang zwischen Ursache und Wirkung, wie er in Abbildung 1.2 illustriert ist, wird aufgehoben, wenn die Wirkung gleichzeitig auf die Ursache zurückwirkt. Solche **Rückkoppelungen** kommen in lebendigen Systemen häufig vor und erschweren die Kausalanalyse beträchtlich.

Wenn wir in Abbildung 1.2 z. B. den Faktor F_1 experimentell variieren und sich daraus eine Wirkung ΔM = Änderung des Merkmals M ergibt, so kann man, falls sich $F_2 \ldots F_x$ nicht ändern und keine Wechselwirkungen zwischen F_1 und $F_2 \ldots F_x$ vorliegen, ΔM als Funktion von F_1 betrachten, auch wenn wir den größten Teil der „Ursache" (den Einfluss von $F_2 \ldots F_x$) nicht kennen. Dies ist der einfachste Fall einer **Einfaktorenanalyse**. Ein Beispiel (Abbildung 1.3): Für die Synthese des roten Blütenfarbstoffs Anthocyan werden etwa 20 Enzyme, d. h. etwa 20 Gene, benötigt ($\rightarrow$ Abbildung 16.5), die als Faktoren $F_1 \ldots F_{20}$ die Ursache für dieses Merkmal bilden. Wenn durch einen experimentellen Eingriff, z. B. durch eine Mutation, die Transkription von Gen_4 vermindert wird und sich folglich eine hellere Blütenfärbung ergibt, so ist diese Merkmalsänderung eine Funktion von Gen_4, obwohl natürlich auch alle anderen Gene zur Anthocyansynthese beitragen und somit ursächlich an diesem Merkmal beteiligt sind. Ihr Beitrag tritt jedoch in diesem Experiment nicht in Erscheinung. Im Extremfall, wenn Gen_4 völlig inaktiviert wurde, fällt die Anthocyansynthese vollständig aus und damit erlischt auch die Bedeutung der übrigen Gene für die Merkmalsausprägung.

Eine **Mehrfaktorenanalyse** liegt vor, wenn im Experiment zwei oder mehr Faktoren gleichzeitig variiert werden. Hierbei wird die Kausalanalyse oft sehr kompliziert. Wir beschränken uns auf einige relativ einfach zu analysierende Fälle der **Zweifaktorenanalyse.** Wir betrachten den Einfluss von zwei experimentellen Faktoren F_1, F_2 auf das Merkmal M, dessen Änderung ΔM quantitativ bestimmt werden kann. Die Faktoren $F_3 \ldots F_x$, die nichtexperimentellen Variablen, sollen während des Experiments konstant bleiben. Anhand der gemessenen Dosis-Effekt-Kurven für die gemeinsame Wirkung, **Koaktion**, von F_1 und F_2 lassen sich vier eindeutig interpretierbare Fälle unterscheiden (Abbildung 1.4):

▶ **Kompetitive Koaktion** (= additive Interaktion der Faktoren). Diese Form der Koaktion ist immer dann zu erwarten, wenn die beiden Faktoren eine gemeinsame Wirkstelle besitzen und dort in Konkurrenz miteinander treten (Beispiel: ein Hormon und ein chemisch verwandtes, inaktives Molekül konkurrieren um die Bindungsstelle eines Hormonreceptors).

Es gilt: Wenn $\Delta M_1 = f(c_{F_1})$ und $\Delta M_2 = f(a\, c_{F_2})$, so ist

$$\Delta M_{1,2} = f(c_{F_1} \pm a\, c_{F_2}). \tag{1.1}$$

Diese Gleichung sagt aus, dass die Faktorkonzentrationen c_{F_1} und c_{F_2} im Fall gegenseitiger Förderung, **synergistische Wirkung**, addiert und im Fall gegenseitiger Hemmung, **antagonistische Wirkung**, subtrahiert werden (a = 1). Das Sys-

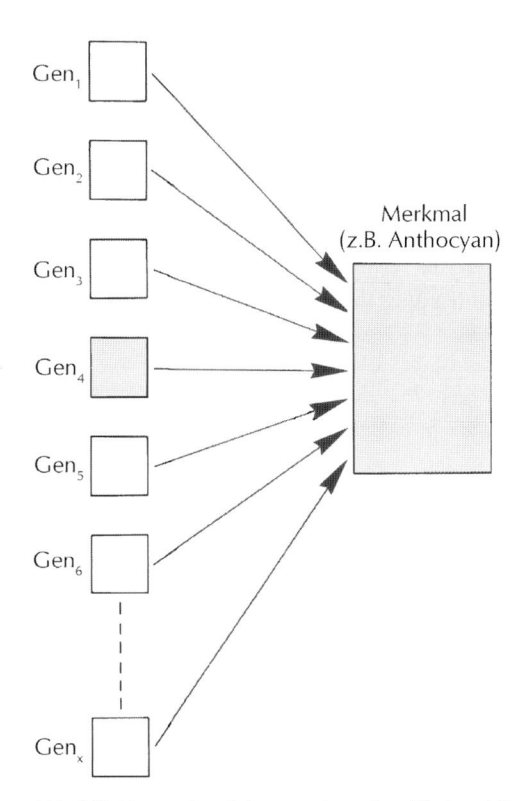

Abb. 1.3. Veranschaulichung der Gen-Merkmal-Beziehung. Der Begriff „Merkmal" wird hier im Sinn der klassischen Genetik gebraucht, z. B. ist die auf Anthocyansynthese beruhende Rotfärbung eines Blütenblattes ein Merkmal. (Nach Mohr 1970)

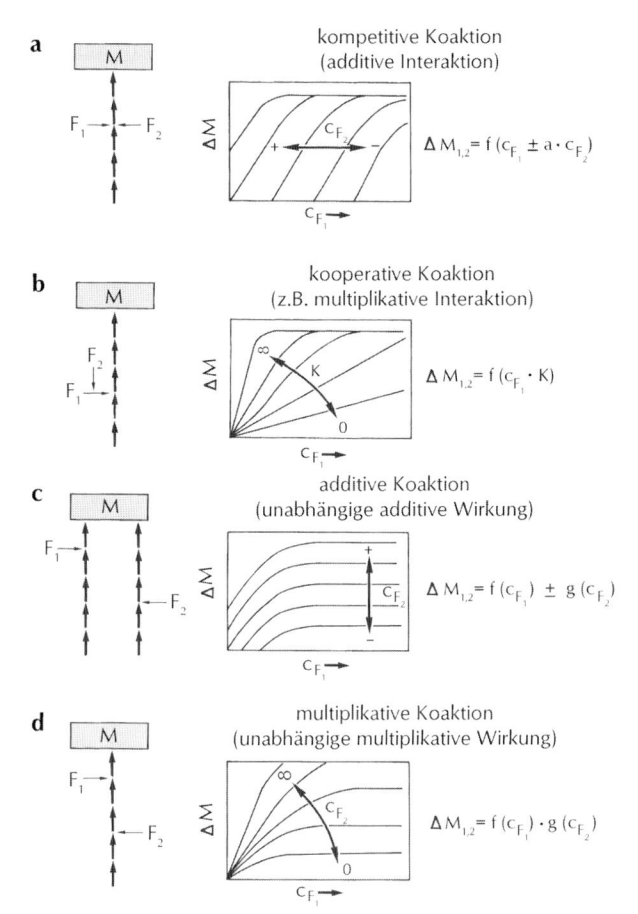

Abb. 1.4 a–d. Modelle für die kausale Verknüpfung von experimentellen Variablen (Faktoren F_1, F_2), welche gemeinsam auf ein Merkmal (M) wirken (*links*), und die zu erwartenden Dosis-Effekt-Kurven bei der Zweifaktorenanalyse (*rechts*). Die Pfeilreihen stellen Reaktionssequenzen dar, welche auf M wirken. c_{F_2}, c_{F_1} = molare Konzentrationen von F_1, F_2. **a** F_1 und F_2 konkurrieren um die gleiche Wirkstelle einer Reaktionssequenz. **b** F_2 beeinflusst die Wirksamkeit von F_1. **c** F_1 und F_2 wirken unabhängig auf getrennte Reaktionssequenzen. **d** F_1 und F_2 wirken unabhängig auf verschiedene Wirkstellen der gleichen Reaktionssequenz. (Nach Schopfer 1986)

tem reagiert also stets auf die Summe (Differenz) der Konzentrationen beider Faktoren. Der Koeffizient a ist $\neq 1$, wenn die molaren Wirksamkeiten F_1 und F_2 verschieden sind (Wirksamkeit von c_{F_1} = Wirksamkeit von a c_{F_2}).

▶ **Kooperative Koaktion** (z. B. multiplikative Interaktion der Faktoren). Diese Form der Interaktion tritt auf, wenn der eine Faktor die Effektivität verändert, mit der der andere Faktor wirken kann (Beispiel: eine Substanz erhöht oder erniedrigt die Affinität eines Hormonreceptors für Hormonmoleküle). Man spricht hier auch von **Sensibilisierung** bzw. **Desensibilisierung**. Es gilt:

$$\Delta M_{1,2} = f(c_{F_1} \cdot K), \quad (1.2)$$

wobei die Konstante K eine Funktion von c_{F_2} ist. Die Wirksamkeit von F_1 wird durch F_2 multiplikativ gefördert, wenn K > 1, und gehemmt, wenn K < 1 ist.

▶ **Additive Koaktion** (unabhängige additive Wirkung der Faktoren). In diesem Fall wirken die beiden Faktoren unabhängig voneinander auf dasselbe Merkmal, wobei der eine Faktor in Anwesenheit oder Abwesenheit des anderen Faktors die gleiche Wirkung erzeugt (Beispiel: Zwei Hormone wirken über zwei verschiedene Hormonreceptoren auf getrennten Wegen auf dasselbe Merkmal).

Es gilt: Wenn $\Delta M_1 = f(c_{F_1})$ und $\Delta M_2 = g(c_{F_2})$, so ist

$$\Delta M_{1,2} = f(c_{F_1}) \pm g(c_{F_2}). \quad (1.3)$$

Hier ist die gemeinsame Wirkung gleich der Summe (Differenz) der Einzelwirkungen (additive Verrechnung).

▶ **Multiplikative Koaktion** (unabhängige multiplikative Wirkung der Faktoren). Hier ändert sich die Wirkung des einen Faktors proportional zur Wirkung des anderen Faktors (Beispiel: Zwei

Hormone wirken auf zwei verschiedene Schritte in derselben Wirkkette).
Es gilt: Wenn $M_1 = f(c_{F_1})$ und $M_2 = g(c_{F_2})$, so ist

$$\Delta M_{1,2} = f(c_{F_1}) \cdot g(c_{F_2}). \tag{1.4}$$

In diesem Fall ergibt sich die gemeinsame Wirkung aus dem Produkt der Einzelwirkungen (multiplikative Verrechnung).

Durch die Bestimmung und mathematische Analyse der Dosis-Effekt-Kurven kann man also im Prinzip Rückschlüsse über die kausale Verknüpfung der Wirkstellen von zwei Faktoren erhalten. Die praktische Anwendung der Zweifaktorenanalyse wird allerdings dadurch eingeschränkt, dass sich kompliziertere Formen der Koaktion nicht mehr mit einfachen, anschaulichen Modellen interpretieren lassen. Immerhin aber sollte dieser Abschnitt über Zweifaktorenanalyse gezeigt haben, welche Bedeutung den strengen, quantitativen Modellen auch in der Physiologie bei der Erklärung von Sachverhalten zukommt. Indem sie sich an strengen, quantitativen Modellen orientiert, ersetzt die moderne physiologische Forschung allmählich das „theoretisch blinde" Experimentieren (die Sammlung quantitativer, aber theoretisch irrelevanter physiologischer Daten) durch den Versuch, in Analogie zur Physik im physiologischen Experiment partikuläre Allsätze auf ihre Gültigkeit hin zu prüfen. Nur wenn Theorie und Experiment generell in ein gesundes Verhältnis gebracht sind, darf man die Physiologie im strengen Sinn als quantitative und exakte Wissenschaft bezeichnen.

1.6 Das Problem der Komplexität

Ein bestimmtes Volumen Wasser, in ein Gefäß eingeschlossen, bezeichnen wir als ein **homogenes System**. Dasselbe gilt für eine wässrige Lösung, die z. B. Kochsalz oder Zucker enthält. Solche homogenen Systeme lassen sich verhältnismäßig leicht experimentell und theoretisch untersuchen. Es gibt aber kein lebendiges System, das man als homogenes System auffassen dürfte. Auch die einfachste Protocyte ist kein „mit Enzymen und Substraten gefüllter Sack". Alle lebendigen Systeme sind mehr oder minder **kompartimentiert.**

Dies hängt damit zusammen, dass die lebendigen Systeme eine Vielzahl komplizierter Moleküle

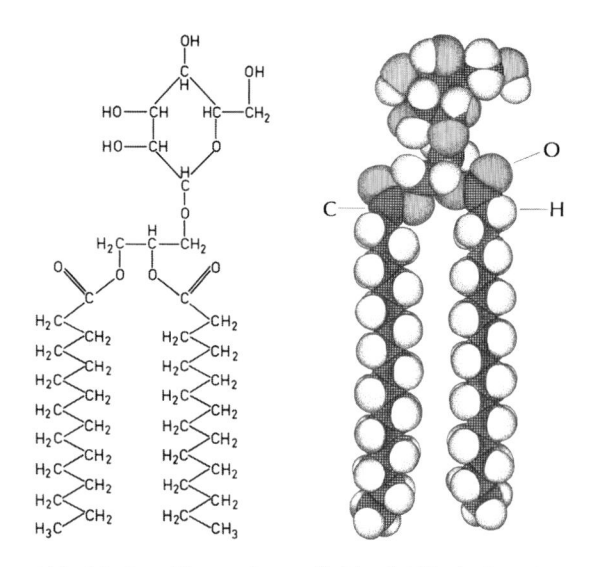

Abb. 1.5. Das Monogalactosyllipidmolekül als Prototyp eines mittelgroßen, biologisch bedeutsamen Moleküls. Es besteht aus zwei lipophilen Fettsäuremolekülen, die über ein Glycerolmolekül mit einem hydrophilen Galactosemolekül verbunden sind. Das Gesamtmolekül besitzt somit eine polare Struktur. Es ist deshalb für den Einbau in Biomembranen besonders geeignet. Die Thylakoidmembranen der Chloroplasten enthalten große Mengen an Mono- und Digalactosyllipiden. Um die Molekülstruktur zu veranschaulichen, ist sowohl die konventionelle Schreibweise *(links)* als auch das Atomkalottenmodell *(rechts)* dargestellt. Oben ist jeweils der ringförmige Galactoserest; die „Schwänze" der Fettsäuren sind nach unten gerichtet. (Nach Kreutz 1966)

enthalten (Abbildung 1.5, 1.6). Wir betrachten jetzt einige Stufen in der Skala steigender Komplexität. Die Bakterienzelle (Abbildung 1.7) enthält etwa 10^9 Moleküle, darunter eine große Zahl verschiedener Makromoleküle (z. B. Proteine, Nucleinsäuren, Mureine). Die im elektronenmikroskopischen Bild feststellbare Kompartimentierung ist zwar bescheiden; aber auch der Ungeübte erkennt leicht, dass eine Bakterie auf keinen Fall als homogenes System angesehen werden darf. Die Zelle der Eukaryoten (Abbildung 1.8) ist strukturell viel komplizierter als die Bakterienzelle. Eine solche Zelle enthält etwa 10^{12} Moleküle; die Kompartimentierung ist offensichtlich, selbst wenn man lediglich das Lichtmikroskop als Instrument der Strukturanalyse heranzieht. Wenn man im Rahmen einer biochemischen Analyse die Zelle „homogenisiert", verliert man sehr viel Information. Dies muss man bei der Bestimmung und Interpretation biochemischer Funktionsdaten stets im Auge behalten.

1.6 Das Problem der Komplexität

Die **Zelle** ist das kleinste, für sich lebens- und vermehrungsfähige biologische System und damit der elementare Baustein höherer biologischer Systeme. Die Zelle ist ein durch Abstraktion erzeugtes **Konstrukt**. Mit diesem Begriff aus der Wissenschaftstheorie bezeichnet man eine für die intellektuelle Organisation der realen Welt brauchbare geistige Erfindung. In der Wirklichkeit gibt es nicht „die Zelle", sondern eine große Zahl verschiedenartiger Zelltypen. Ihre gemeinsamen Züge bringt das Konstrukt zum Ausdruck. Das jeweilige Interesse des Wissenschaftlers bestimmt diejenigen Eigenschaften des Konstrukts, die besonders hervorgehoben werden. Eine Darstellung der pflanzlichen Zelle, die den Begriff „freier Diffusionsraum" erläutern soll, wird anders ausfallen als jene Darstellun-

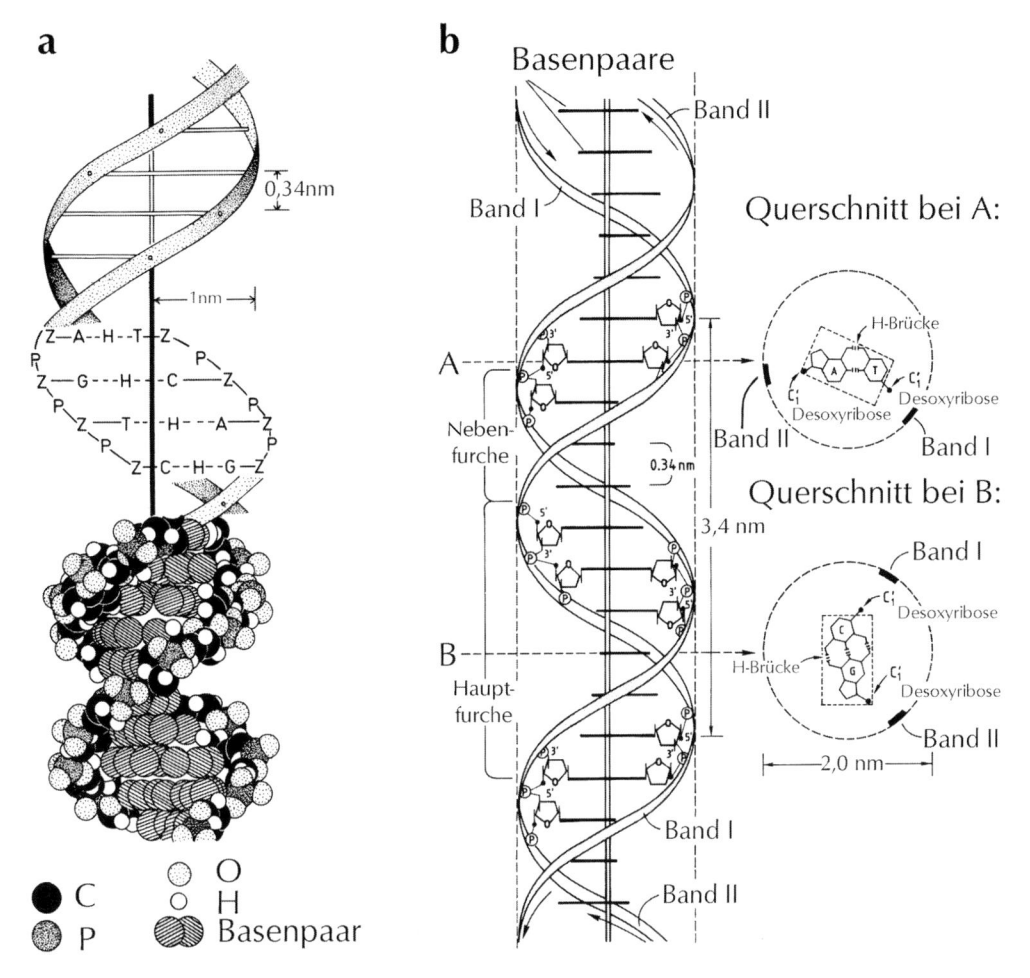

Abb. 1.6 a,b. Die DNA als Repräsentant der aperiodischen biologischen Makromoleküle. Die Teilchenmasse der nativen DNA liegt in der Größenordnung von 10^9 Da. **a** Drei verschiedene Möglichkeiten, die **Doppelhelixstruktur** der DNA im Modell wiederzugeben. *Oben*: Die Bänder repräsentieren die Phosphat-Zucker-Sequenz, die Querbalken repräsentieren die **Basenpaarung** zwischen A und T bzw. G und C. *Mitte*: Die Bausteine werden durch Buchstaben symbolisiert: *P*, Phosphat; *Z*, Desoxyribose; *A*, Adenin; *T*, Thymin; *G*, Guanin; *C*, Cytosin; *H*, Wasserstoff. *Unten*: Raumfüllendes Atomkalottenmodell. (Nach Swanson 1960). **b** Eine präzise Wiedergabe des Watson-Crick-Modells der DNA (hydratisierte B-Form des Moleküls). *Links*: Das Molekül ist in Seitenansicht gezeichnet, als wäre es in einen durchsichtigen Zylinder eingeschlossen *(gestrichelte Längslinien)*. Die Basenpaare *(stark ausgezogene Querlinien)* sind flache Moleküle, die den zentralen Bereich des Zylinders einnehmen. *Rechts*: Querschnitte durch das DNA-Molekül in der Ebene der Basenpaare. Die für die Basenpaarung essenziellen Wasserstoffbrücken sind in dieser Aufsicht erkennbar. Von der Seite gesehen, sind die Basenpaare jeweils 0,34 nm auseinander. Von oben gesehen, sind sie jeweils um 36° gegeneinander versetzt. Deshalb sind die stark ausgezogenen Linien, die in der Seitenansicht die Basenpaare repräsentieren, verschieden lang. An einigen günstig gelegenen Positionen ist die molekulare Zusammensetzung des Phosphat-Zucker-Rückgrats angedeutet. Die beiden Bänder sind um etwa 120° getrennt. Da die azimutale Distanz weniger als 180° beträgt, kommt es zur Bildung der alternierenden Haupt- und Nebenfurchen. (Nach Etkin 1973; Kelln und Gear 1980; verändert)

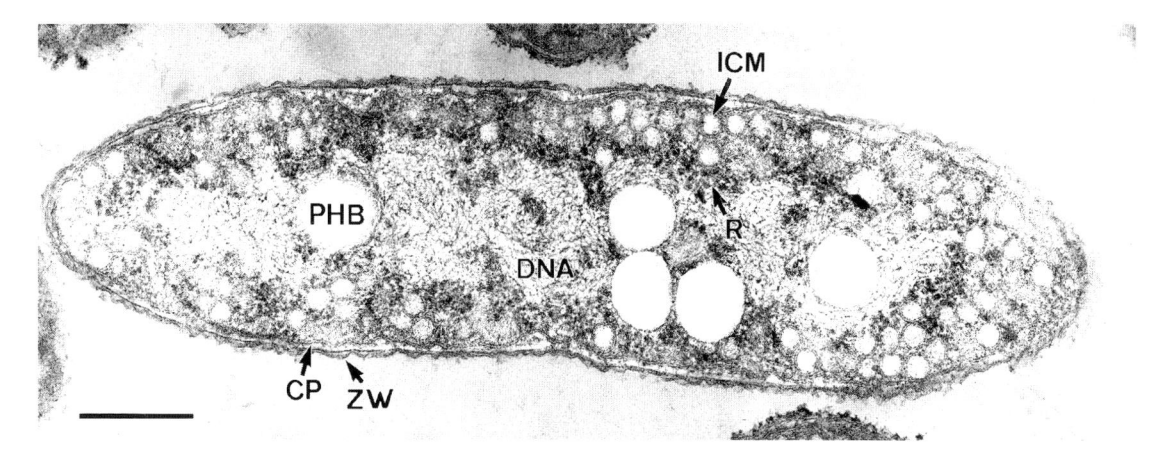

Abb. 1.7. Elektronenmikroskopische Aufnahme eines Längsschnittes durch eine prokaryotische Zelle. Objekt: *Rhodobacter capsulatus*, ein phototrophes Bacterium (Anzucht: anaerob im Licht). *ZW*, Zellwand mit Peptidoglycanschicht (dunkle Linie); *CP*, Cytoplasmamembran; *ICM*, intracytoplasmatische Membran (Thylakoidmembranvesikel); *PHB*, Polyhydroxybuttersäureeinschlüsse (Reservesubstanz); *DNA*, Nucleoplasma, bakterielles Genom; *R*, Ribosomen. Strich: 0,2 μm. (Aufnahme: J. R. Golecki)

gen, welche die osmotischen Eigenschaften oder das postembryonale Wachstum in den Vordergrund rücken (→ Abbildung 3.4, 5.1). Solche Darstellungen, welche selektiv einzelne Eigenschaften oder Funktionen einer Struktur hervorheben, bezeichnet man als **Modelle** (siehe z. B. die Molekülmodelle in Abbildung 1.5 und 1.6). Das Konstrukt Zelle tritt in zwei Subkonstrukten auf: **Eucyte** und **Protocyte**. Die Eucyte gilt für die Zellen der Flagellaten und aller aus ihnen im Laufe der Evolution entstandenen Pflanzen und Tiere, **Eukaryoten**. Die Protocyte gilt für die Zellen der Archaea, der Bakterien und Cyanobakterien, die man als **Prokaryoten** zusammenfasst. Die Zellen dieser primitiven Organismen sind wesentlich einfacher gebaut und wesentlich kleiner als die Zellen der Eukaryoten (Abbildung 1.9).

Die Zelle ist sehr groß im Vergleich zu den molekularen Dimensionen (→ Abbildung 1.9). Trotzdem kann es vorkommen, dass manche Molekülsorten nur in kleinen Zahlen vorhanden sind, z. B. Gene oder regulatorische Proteine. Die „makroskopischen" Gesetze der Chemie, die große Zahlen voraussetzen, gelten dann nicht mehr (Massenwirkungsgesetz, Thermodynamik, Kinetik). Auch der Konzentrationsbegriff wird häufig sinnlos, z. B. dann, wenn gewisse Substanzen an bestimmten Stellen der Zelle gehäuft vorkommen, sonst aber fehlen, z. B. das Chlorophyll. Die Ca^{2+}-Konzentration, über die Zelle gemittelt, liegt in der Größen-

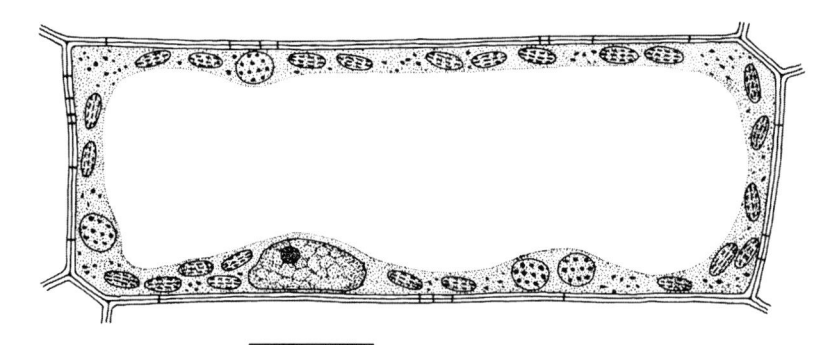

Abb. 1.8. Zweidimensionales Modell einer Pflanzenzelle (Assimilationsparenchym eines Blattes von *Vallisneria spiralis*). Eingetragen sind nur solche Strukturen, die man mit dem Lichtmikroskop erkennen kann: **Mittellamelle**, **Primärwand** mit **Plasmodesmen**, wandständiger **Protoplasmasack**, große, mit Zellsaft gefüllt **Vacuole**. Im Protoplasma: **Kern** mit **Nucleolus**, **Chloroplasten** mit **Grana**, **Mitochondrien**. Strich: 20 μm.

1.6 Das Problem der Komplexität

ordnung von 10^{-3} mol · l^{-1}, im Cytosol aber nur bei 10^{-7} mol · l^{-1}. Derartige Ungleichverteilungen sind in der Zelle die Regel. Manche Pflanzenzellen sind z. B. in der Lage, große Mengen an Nitrat im Zellsaft (Vacuole) zu speichern (bis 100 mmol · l^{-1}); der cytosolische Gehalt ist hingegen stets sehr niedrig.

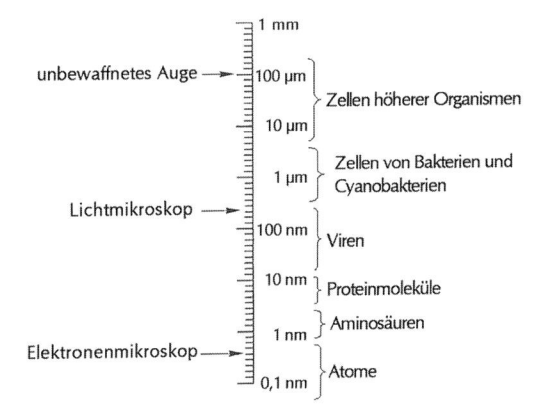

Abb. 1.9. Ein logarithmischer Maßstab zum Vergleich der Auflösungskraft von Auge, Lichtmikroskop und Elektronenmikroskop mit den Dimensionen von Zellen, Makromolekülen, einfachen Molekülen und Atomen.

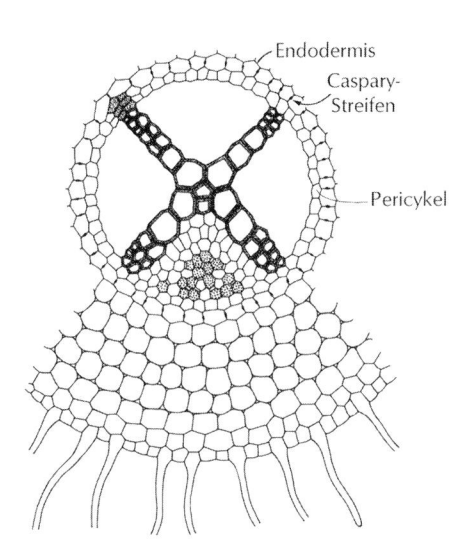

Abb. 1.10. Modellartige Darstellung eines aus mehreren Geweben aufgebauten pflanzlichen Organs (Querschnitt durch eine Wurzel). Man erkennt von außen nach innen: Rhizodermis mit Wurzelhaaren, sechs Cortexschichten (Rinde), *Endodermis* (mit *Caspary-Streifen*) als innerste Cortexschicht, *Pericykel* (äußerste Schicht des Zentralzylinders). Im Zentralzylinder sind Xylemplatten (*dunkel*) und Phloemstränge (*punktiert*) in Form eines radialen Leitbündels angeordnet.

Die höhere Pflanze und das höhere Tier enthalten Billionen von Zellen, die weder gleich, noch zufallsmäßig zusammengefügt sind. Die Zellen sind vielmehr **differenziert** und in einer **spezifischen** Weise zusammengefügt. Die Zellen bilden **Gewebe** und **Organe** (Abbildung 1.10); die Organe konstituieren den **Organismus**. Es ist eine triviale Forderung, dass die Untersuchungsmethoden der Physiologie die strukturelle Komplexität berücksichtigen müssen. Dieser Forderung kann man in der Praxis indessen nur selten wirklich nachkommen. Wenn man z. B. bei einer biochemischen Analyse *nolens volens* ein Wurzelsegment als homogenes System betrachtet, verzichtet man offensichtlich auf einen Großteil der Information, die in dem Wurzelsegment steckt. Drei weitere Momente vergrößern die Schwierigkeiten, vor denen wir stehen, wenn wir lebendige Systeme strukturell und funktionell verstehen wollen:

▶ Die lebendigen Systeme sind stets **offene Systeme**. Sie tauschen mit ihrer Umgebung beständig Materie, Energie und Information aus. Offene Systeme sind theoretisch sehr viel schwerer zu behandeln als geschlossene oder isolierte Systeme (→ S. 49).

▶ Die lebendigen Systeme sind in **beständiger Entwicklung befindliche Systeme**. Zumindest langfristig kann sich kein lebendiges System in einem zeitunabhängigen Zustand halten. Lebendige Systeme können deshalb nur durch ihren gesamten Entwicklungsgang, **Ontogenese**, vollständig charakterisiert werden, nicht durch einen Querschnitt an einer bestimmten Stelle der Ontogenese.

▶ **Die hierarchisch organisierten höheren lebendigen Systeme** können nicht voll verstanden werden, wenn man sich auf die Analyse der Elemente beschränkt. In einem höheren System muss ein bestimmter Satz von Elementen (z. B. Zellen) nicht nur an und für sich und im Hinblick auf die Frage studiert werden, was sich innerhalb der Elemente abspielt. Die ebenso wichtige Frage ist, in welcher Weise die Elemente in die höhere Einheit (z. B. in ein Blatt) integriert sind. Molekularbiologie und Zellbiologie sind deshalb jeweils ein Etappen- und nicht ein Endziel biologischer Forschung an höheren Systemen. Auch die Physiologie ist nur ein Element in der Hierarchie der wissenschaftlichen Disziplinen. In den Worten von Sir George Porter (englischer Physikochemiker; zusammen mit Nor-

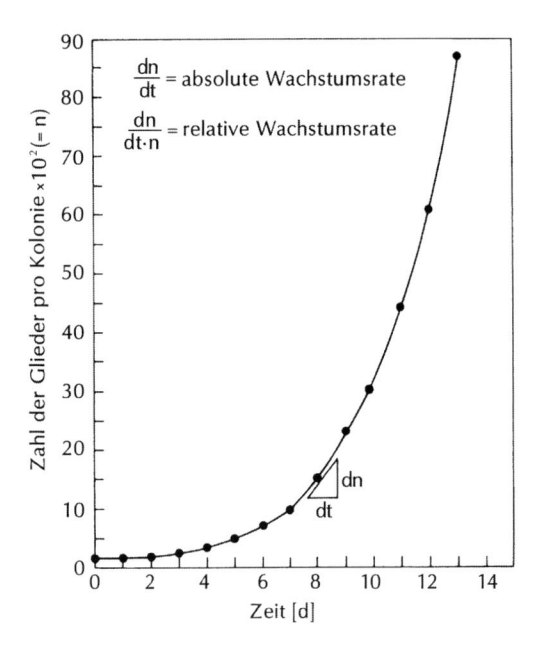

Abb. 1.11. Wachstumsverlauf einer Kolonie (eines Klons) der Wasserlinse (*Lemna minor*) unter konstanten Kulturbedingungen. Die Ausgangszahl der Sprossglieder (n_0) ist mit 100 angenommen. (Nach Wareing und Phillips 1970)

risch und Eigen erhielt er 1976 den Nobelpreis für Chemie): „*The highest wisdom has but one science, the science of the whole, the science explaining the creation and man's place in it*".

1.7 Formulierung von Sätzen

Die Aussagen der Wissenschaft erfolgen durch singuläre Sätze, **Tatsachen**, oder durch generelle Sätze, **Gesetze**. Die singulären Sätze werden in der Physiologie in der Regel dadurch zum Ausdruck gebracht, dass die Messdaten in geeigneten Koordinatensystemen angeordnet werden. Die in der Abbildung 1.11 wiedergegebene empirische Wachstumskurve ist zunächst nichts anderes als eine günstige Darstellung von Messdaten. Etwas „Gesetzhaftes" kommt aber darin zum Ausdruck, dass das Wachstum während der ganzen Versuchsdauer strikt einer exponentiellen Funktion folgt. Die mathematische Formel lautet:

$$n_t = n_0 e^{kt}, \quad (1.5)$$

wobei: n_t = Zahl der Glieder zum Zeitpunkt t; n_0 = Zahl der Glieder zum Zeitpunkt 0; k = Wachstumskonstante (= relative Wachstumsintensität). Die Gleichung ist ein mehr oder minder genereller Satz, da exponentielles Wachstum häufig und bei ganz verschiedenen Systemen vorkommt.

Bei vielen anderen biologischen Gesetzen wäre eine mathematische Formulierung nicht angemessen, z. B. bei den meisten Gesetzesaussagen der **vergleichenden Biologie** (→ S. 2). Die optimale Formulierung biologischer Gesetze, ob mathematisch oder nicht, ist ein Problem, das *ad hoc* und pragmatisch gelöst werden muss.

1.8 Merkmale und Variabilität

Die Aussagen der Physiologie sind in der Regel quantitative Aussagen über **Populationen**. Populationen sind Kollektive von Individuen (Zellen, Organen, Organismen), die sich in Bezug auf **Merkmale** gemeinsam behandeln lassen. Merkmale sind direkt messbare Eigenschaften lebendiger Systeme. In der Regel zeigen die Individuen einer Population ein bestimmtes Merkmal in verschiedenem Ausmaß. Dieses Phänomen nennt man **Variabilität** (oder **Variation**). Populationen lassen sich quantitativ durch **Merkmale** und deren **Häufigkeitsverteilung** charakterisieren.

Man unterscheidet unter dem Gesichtspunkt der Variabilität zwei Typen von Merkmalen: Alternativmerkmale (z. B. die Geschlechtstypen ♂ und ♀

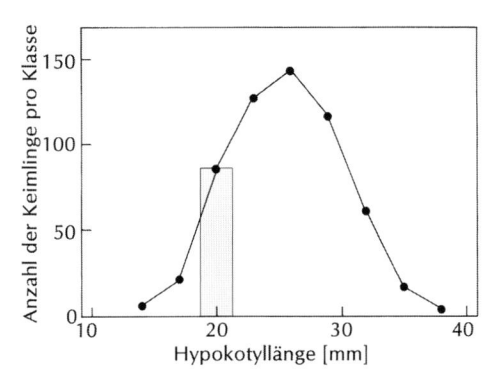

Abb. 1.12. Häufigkeitsverteilung der Hypokotyllänge bei einer Population von drei Tage alten Senfkeimlingen *(Sinapis alba)*. Die Merkmalsgröße (Hypokotyllänge, zwischen 13 und 38 mm) wurde in 3-mm-Klassen eingeteilt (z. B. 18,6 bis 21,5 mm: Klasse 20 mm; *dunkler Balken*) und die Häufigkeit der Individuen in den einzelnen Klassen gegen die Merkmalsgröße Hypokotyllänge aufgetragen. Die Verteilungsfunktion repräsentiert mit guter Näherung eine Normalverteilung (Gauß-Kurve). (Nach Mohr 1972)

1.8 Merkmale und Variabilität

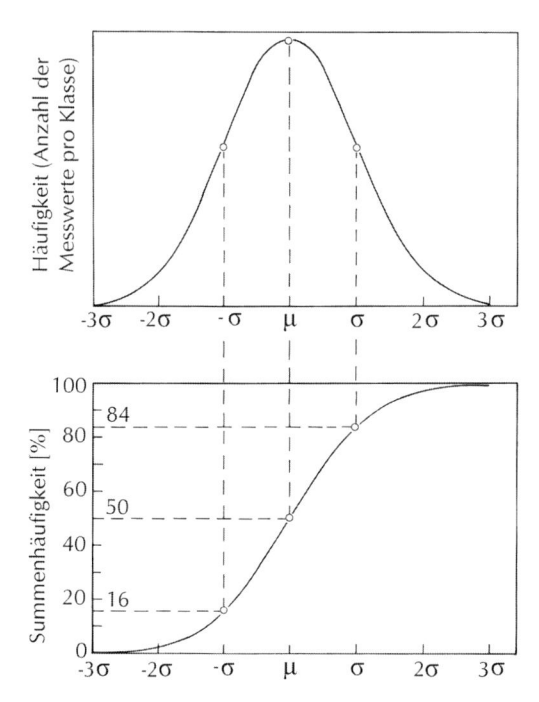

Abb. 1.13. Die Normalverteilung als Gauß-Glockenkurve (*oben*) und als Summenkurve (*unten*). Die Normalverteilung ist eine kontinuierliche Verteilung. Sie heißt **Gauß-Verteilung**, weil sie in der für die Naturwissenschaften grundlegenden Fehlertheorie des berühmten Mathematikers C. F. Gauß (1777 bis 1855) eine entscheidende Rolle spielt. Die Normalverteilung wird durch zwei Parameter, den **Mittelwert** $\mu = \dfrac{\sum x_i}{n}$ (das arithmetische Mittel) und die **Standardabweichung** $\sigma = \pm \sqrt{\dfrac{\sum (\mu - x_i)^2}{n-1}}$ charakterisiert. n ist die Zahl der Messwerte. Im Allgemeinen werden für die Parameter der theoretischen Verteilungsfunktion (für n = ∞) griechische Symbole (μ, σ), für ihre Schätzwerte (bei beschränkter Anzahl von Messwerten) lateinische (M, s) verwendet. Die Normalverteilung hat ihre Wendepunkte bei ± σ. Etwa zwei Drittel (68 %) der Messwerte liegen innerhalb dieser Grenzen.

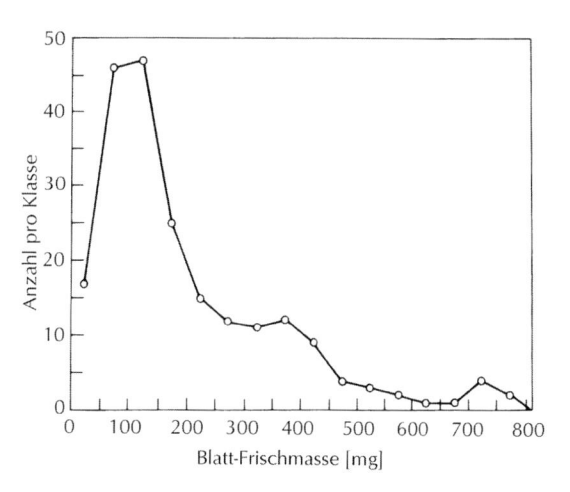

Abb. 1.14. Asymmetrische (schiefe) Verteilungsfunktion für Blattmasse. Objekt: *Cornus mas*. Bei 211 Blättern wurde die Frischmasse bestimmt. Einteilung der Klassen: 0 bis 50 mg, 50 bis 100 mg usw. Die Verteilungsfunktion ist extrem asymmetrisch. (Nach Bünning 1953)

und **gleitende Merkmale** (z. B. die Körpermasse). Die Häufigkeitsverteilung bei Alternativmerkmalen wird in der Regel durch Prozentangaben zum Ausdruck gebracht, z. B. 25 % Keimung, entsprechend 75 % Nichtkeimung von Samen. Die Variabilität eines gleitenden Merkmals in einer Population kann quantitativ durch die **Verteilungsfunktion** beschrieben werden. Diese erhält man, wenn man die Merkmalsgröße bei einer repräsentativen Stichprobe der Population misst, in Größenklassen einteilt, und die Häufigkeit der Individuen pro Klasse gegen die Merkmalsgröße aufträgt (Abbildung 1.12). Die hier dargestellte Verteilungsfunktion ist kontinuierlich, symmetrisch und glockenförmig, und damit der theoretischen Normalverteilung (Abbildung 1.13) recht ähnlich. Man erhält eine **Normalverteilung** (Gauß-Verteilung), so besagt die Theorie, immer dann, wenn an der Ausprägung eines Merkmals viele, unabhängig voneinander wirkende Faktoren beteiligt sind. Wenn die Verteilungsfunktion für ein Merkmal mit ausreichend guter Näherung der Gauß-Kurve folgt, kann die Population im Hinblick auf das gemessene Merkmal charakterisiert werden durch den **Mittelwert M** (das arithmetische Mittel) und durch die **Standardabweichung s**, die ein Maß ist für die Variabilität des Merkmals in der Population.

Die Erklärung der Variabilität kann nur aufgrund von Experimenten erfolgen. Man muss hierbei die Gesamtvariabilität in ihre Komponenten aufgliedern: genetische Variabilität, umweltbedingte Variabilität, altersbedingte Variabilität, Ungenauigkeit der Messung. Die genetische Variabilität lässt sich durch die Verwendung von Klonen eliminieren; die umweltbedingte Variabilität lässt sich in modernen Phytotronanlagen weitgehend ausschalten; die altersbedingte Variabilität ist gering, falls man eine hochgradige Synchronisation der Population erreicht. Die Variabilität quantitativer Daten („Streuung") wird in experimentellen Arbeiten häufig durch Fehlerbalken kenntlich gemacht, die

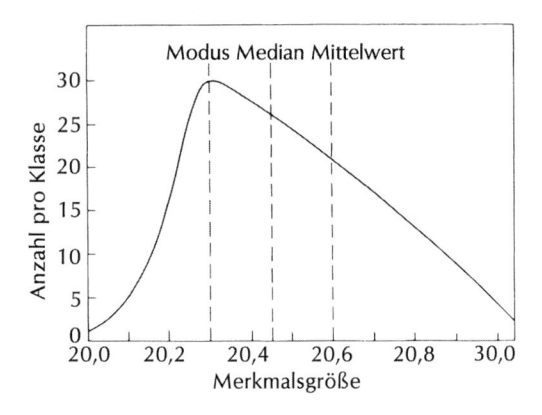

Abb. 1.15. Eine asymmetrische Verteilungsfunktion mit *Modus*, *Median* und *Mittelwert* (arithmetische Mittel), die jeweils einen verschiedenen Wert haben. Der **Modus** (= Dichtemittel) ist jener Wert der Merkmalsgröße, bei dem die größte Klassenhäufigkeit vorliegt. Der **Median** (= Zentralwert) ist jener Wert, der eine gleiche Zahl von Messwerten auf beiden Seiten hat. Im Fall einer symmetrischen Verteilung fallen Modus, Median und Mittelwert zusammen (→ Abbildung 1.13).

Tabelle 1.1. Körpermasse und Atmungsintensität verschiedener Säugetiere. (Nach Baker und Allen 1968)

Tierart	Körpermasse [g]	Atmungsintensität [µl $O_2 \cdot g^{-1} \cdot h^{-1}$]
Maus	25	1 580
Ratte	225	872
Kaninchen	2 200	466
Hund	11 700	318
Mensch	70 000	202
Pferd	700 000	106
Elefant	3 800 000	67

entweder den Bereich ± s (Standardabweichung der Einzelwerte, *standard deviation* = SD oder den Bereich ± S = ± s/√n (Standardabweichung des Mittelwertes, *standard error* = SE) darstellen.

Nicht immer sind die Verteilungsfunktionen normal oder doch wenigstens einigermaßen symmetrisch (Abbildung 1.14). Bei asymmetrischer Verteilung wird die Charakterisierung der Population schwierig, dabei kommen **Modus, Median** und **Mittelwert** als mögliche Maßzahlen in Frage (Abbildung 1.15). Der Mittelwert ist nur dann als Maßzahl für die Charakterisierung einer Population sinnvoll, wenn eine symmetrische Verteilung vorliegt. Die Berechnung von s oder S als Maß für Variabilität macht nur Sinn, wenn die Messwerte wenigstens näherungsweise normal verteilt sind. Die Kenntnis der Verteilungsfunktion ist deshalb eine unabdingbare Voraussetzung für die sachgerechte Verarbeitung von an Populationen gewonnenen Daten.

1.9 Maßsystem und Bezugsgrößen

Zur exakten Charakterisierung quantitativer Daten verwendet der Physiologe heute das **SI-System** kompatibler **physikalischer Einheiten**, das auch in diesem Buch wenn immer möglich Anwendung findet. Es ist im Anhang dargestellt (→ S. 677).

Eine **Bezugsgröße** (= Bezugssystem) ist ein Parameter, der hinsichtlich der jeweiligen Fragestellung das zu untersuchende System in geeigneter Weise repräsentiert. Messwerte, also Versuchsdaten, sind im Allgemeinen nur dann sinnvoll zu verwenden, wenn sie mit einer Bezugsgröße in Beziehung gebracht werden (z. B. Anthocyanmenge pro Kotyledonenpaar, Proteingehalt pro Gramm Trockenmasse des Gewebes). Die richtige Wahl des Bezugssystems ist daher entscheidend wichtig. Diese Wahl ist abhängig von der Fragestellung und von den Eigenschaften des untersuchten Objekts. Die Bezugsgröße sollte möglichst einfach und ohne wesentliche Versuchsfehler bestimmbar sein. Es gibt für ei-

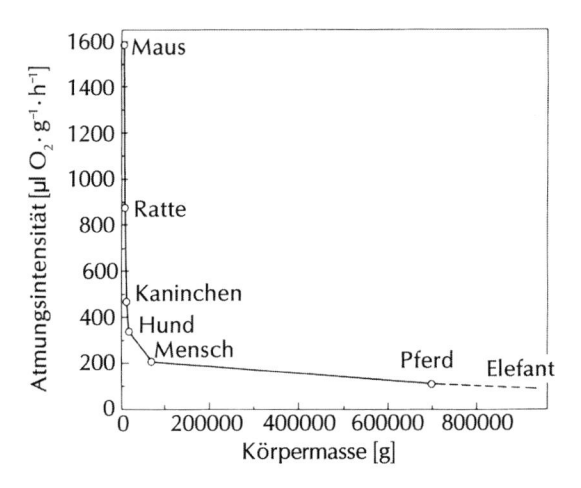

Abb. 1.16. Atmungsintensität verschiedener Säugetiere als Funktion ihrer Körpermasse (Daten aus Tabelle 1.1). Beide Koordinaten sind linear geteilt. (Nach Baker und Allen 1968)

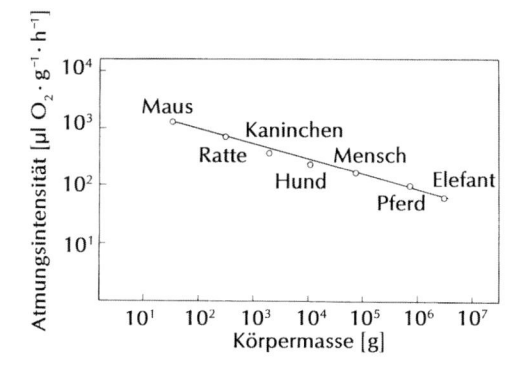

Abb. 1.17. Atmungsintensität verschiedener Säugetiere als Funktion ihrer Körpermasse (Daten aus Tabelle 1.1). Beide Koordinaten sind logarithmisch gestaucht. Diese Darstellung hat den Vorteil, dass auch ein extremer Bereich von Maßzahlen in einer Graphik vereinigt werden kann. Außerdem treten dabei manchmal Zusammenhänge in Erscheinung, die bei linear geteilten Koordinaten nicht unmittelbar auffallen. (Nach Baker und Allen 1968)

ne bestimmte Fragestellung theoretisch sinnvolle, wenig brauchbare und unsinnige Bezugssysteme. Unsinnig ist eine Bezugsgröße z. B. dann, wenn sie Veränderungen zeigt, die keinen unmittelbaren Zusammenhang mit der Messgröße aufweisen, z. B. Chlorophyllgehalt pro Gramm Frischmasse. Die Frischmasse, die zum größten Teil auf den Wassergehalt des Gewebes zurückzuführen ist, kann beispielsweise leicht tagesperiodische Schwankungen zeigen, die mit dem Chlorophyllgehalt nichts zu tun haben.

1.10 Darstellung von Daten

Welche Darstellung erfahren repräsentative Maßzahlen (z. B. M ± S) in der Physiologie? Wir wählen als Beispiel eine Serie von Maßzahlen, die Körpermasse und Atmungsintensität bei verschiedenen Säugetieren betreffen. In der tabellarischen Darstellung (Tabelle 1.1) sieht man, dass die (Durchschnitts-)Maus eine viel höhere Atmungsintensität besitzt als der (Durchschnitts-)Elefant und dass die übrigen Säugetiere dazwischen liegen. Die Darstellung als Kurvenzug mit linearen Koordinaten (Abbildung 1.16) ist anschaulicher, bringt aber keine weitere Erkenntnis. Erst die Darstellung im doppeltlogarithmischen Koordinatensystem (Abbildung 1.17) lässt erkennen, dass ein gesetzhafter Zusammenhang besteht und dass sich auch der Mensch in diesen Zusammenhang einfügt. Man sieht an diesem Beispiel, dass die Darstellung der Maßzahlen in der Physiologie häufig darüber entscheidet, ob aus Primärdaten und Maßzahlen eine Erkenntnis entsteht.

Weiterführende Literatur

Bertalanffy L von (1971) General system theory. Penguin, London
Bünning E (1949) Theoretische Grundfragen der Physiologie. Piscator, Stuttgart
Ehrenberg ASC (1986) Statistik oder der Umgang mit Daten. Verlag Chemie, Weinheim
Glansdorff P, Prigogine I (1971) Thermodynamic theory of structure, stability and fluctuations. Wiley Interscience, New York
Halbach U, Katzl F (1974) Die Ursachen der Variabilität. Biologie in unserer Zeit 4: 58–63
Hempel CG (1974) Philosophie der Naturwissenschaften. Piper, München
Horstmann D (2008) Mathematik für Biologen. Spektrum, Heidelberg
Hütt M-T (2001) Datenanalyse in der Biologie. Springer, Berlin
Jeffreys WH, Berger JO (1992) Ockham's razor and Bayesian analysis. Amer Sci 80: 64–72
Köhler W, Schachtel GA, Voleske P (2002) Biostatistik. Springer, Berlin
Kutschera U, Briggs WR (2009) From Charles Darwin's botanical country-house studies to modern plant biology. Plant Biol 11: 785–795
Mohr H (1981) Biologische Erkenntnis. Teubner, Stuttgart
Mohr H (2008) Einführung in (natur-)wissenschaftliches Denken. Springer, Berlin
Nachtigall W (1972) Biologische Forschung. Quelle & Meyer, Heidelberg
Pfeffer W (1897) Pflanzenphysiologie. Ein Handbuch der Lehre vom Stoffwechsel und Kraftwechsel in der Pflanze, 2. Aufl. Engelmann, Leipzig
Popper KR (1994) Logik der Forschung. 10. Aufl. Mohr, Tübingen
Sachs J (1887) Vorlesungen über Pflanzen-Physiologie. 2. Aufl. Engelmann, Leipzig
Sachs J (1892/1893) Gesammelte Abhandlungen über Pflanzen-Physiologie. Engelmann, Leipzig
Stockhausen M (1979) Mathematische Behandlung naturwissenschaftlicher Probleme, Teil 1. Steinkopff, Darmstadt
Trewavas A (2006) A brief history of systems biology. Plant Cell 18: 2420–2430
Vollmer G (1995) Biophilosophie. Reclam, Stuttgart

In Abbildungen und Tabellen zitierte Literatur

Baker JJW, Allen GE (1968) Hypothesis, prediction, and implication in biology. Addison-Wesley, Reading, MA
Bünning E (1953) Entwicklungs- und Bewegungsphysiologie der Pflanze. Springer, Berlin
Etkin W (1973) BioScience 23:652–653
Kelln RA, Gear JR (1980) BioScience 30:110–111

Kreutz W (1966) Umschau 66:806–813

Mohr H (1970) Beilage zu Naturwiss Rdsch, Stuttgart, Heft 7

Mohr H (1972) Lectures on photomorphogenesis. Springer, Berlin

Mohr H (1977) Lectures on structure and significance of science. Springer, Berlin

Schopfer P (1986) Experimentelle Pflanzenphysiologie, Bd 1: Einführung in die Methoden. Springer, Berlin

Swanson CP (1960) In: McElroy WD, Swanson CP (eds) The cell. Prentice Hall, Englewood Cliffs

Wareing PF, Phillips IDJ (1970) The control of growth and differentiation in plants. Pergamon, Oxford

2 Die Zelle als morphologisches System

Die Biochemie und Struktur der Eucyte ist im Gesamtbereich der Eukaryoten einheitlicher als man nach 4 Milliarden Jahren Evolution annehmen möchte. Die auffällige Einheitlichkeit der Zellstruktur im Tier- und Pflanzenreich erlaubt den Schluss, dass schon bei präkambrischen Flagellaten, von denen wahrscheinlich die genetische Evolution des Tier- und Pflanzenreichs ihren Ausgang nahm, die Grundstruktur der Zelle so ausgebildet war, dass sie im Verlauf der Evolution nur noch wenig verbessert werden konnte. Die Evolution geschah deshalb nicht in erster Linie als eine Angelegenheit der Zelle; vielmehr kamen die Fortschritte der Evolution dadurch zustande, dass **vielzellige Systeme** mit **Differenzierung** und **Arbeitsteilung** entstanden. Die relative Einheitlichkeit der **Zellstruktur** repräsentiert eine relative Einheitlichkeit der grundlegenden **Zellfunktionen**: Viele Vorgänge des Grundstoffwechsels, der Energieverarbeitung und der Informationsübertragung laufen in allen Eukaryotenzellen recht ähnlich ab. Immerhin bestehen hinsichtlich der Zellstruktur zwischen höheren Tieren und Pflanzen einige Unterschiede, die nicht nur evolutiv, sondern auch funktional von großer Bedeutung sind. Beispielsweise ist der **Wachstumsmodus** bei der typischen Pflanzenzelle völlig verschieden von dem typischer tierischer Zellen. Die Durchschnittsgröße ausgewachsener Pflanzenzellen liegt weit über jener von tierischen Zellen. Wegen der großen Unterschiede im osmotischen Druck zwischen Zellinhalt und extraprotoplasmatischem Raum benötigt die pflanzliche Zelle eine reissfeste **Zellwand**, um nicht zu platzen. Die tierische Zelle ist hingegen weitgehend isoosmotisch mit ihrer Umgebung und bedarf daher keiner mechanischen Stabilisierung. Bei ihr hat sich auch kein **Zellsaftraum** als Abladeplatz für **Exkrete** herausgebildet. Im ganzen gesehen sind jedoch die Unterschiede zwischen Tier- und Pflanzenzellen gering, besonders im Vergleich zu den oft sehr ins Auge fallenden Unterschieden zwischen Zellen ein und desselben Organismus, die im Zuge der **Differenzierung** für spezielle Funktionen auftreten. Dieses Kapitel gibt einen kurzen Überblick über die wichtigen Strukturelemente und Eigenschaften pflanzlicher Zellen.

2.1 Die meristematische Pflanzenzelle

2.1.1 Strukturelle Gliederung

Wir wählen als einfachsten Fall einer Pflanzenzelle zunächst eine embryonale, d. h. noch teilungsfähige Zelle, wie sie in den Spross- oder Wurzelvegetationspunkten einer Blütenpflanze vorkommt (Abbildung 2.1). Wir können das Zellmodell zunächst gliedern in **Zellwand** und **Protoplast**. Der Protoplast umfasst das Protoplasma und die darin eingeschlossenen Vacuolen. Nach dem klassischen, in erster Linie von der Cytogenetik geprägten Sprachgebrauch wird das Protoplasma gegliedert in **Zellkern (Nucleus)** und **Cytoplasma**. Heutzutage ist man dazu übergegangen, die Organellen **Plastide** und **Mitochondrion** aus dem Cytoplasma auszugliedern. Wir verwenden den Begriff Cytoplasma stets in diesem eingeengten Sinn. Das Cytoplasma kann man demnach aufteilen in **Partikel** (z. B. Ribosomen) und **Membransysteme** (z. B. das endoplasmatische Reticulum) einerseits und das **Grundplasma** andererseits. Als Grundplasma gilt heute jener Teil des Cytoplasmas, der auch im Elektronenmikroskop unstrukturiert erscheint. In der Biochemie verwendet man für die „Lösungsphase" des Cytoplasmas häufig den Begriff **Cytosol**.

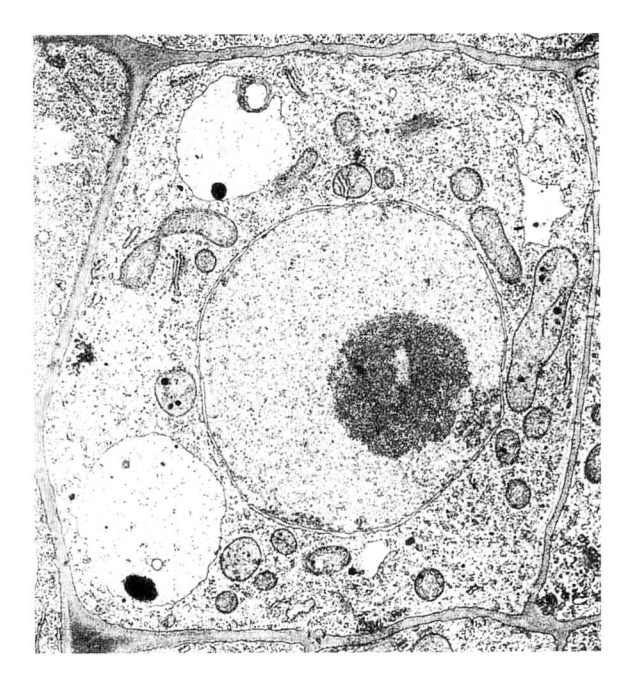

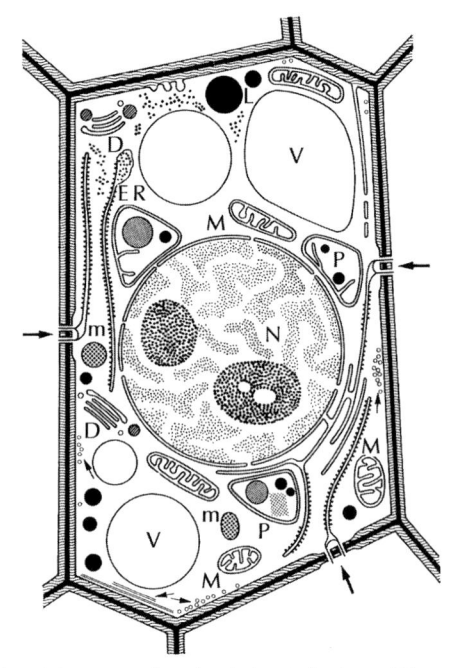

Abb. 2.1. Feinbau einer typischen meristematischen Pflanzenzelle. *Links:* elektronenmikroskopische Aufnahme (Wurzelspitze von *Arabidopsis thaliana*; Aufnahme von M. C. Ledbetter); *rechts:* Feinbauschema (nach Sitte 1965; verändert). *N*, Nucleus mit Chromatin und zwei Nucleolen, Kernhülle mit Kernporen; *ER*, endoplasmatisches Reticulum, stellenweise mit Ribosomenbesatz; *D*, Dictyosomen (Elemente des Golgi-Apparates); *V*, Vacuolen; *M*, Mitochondrien; *P*, Plastiden (hier als Proplastiden); *m*, Microbodies (Peroxisomen); *L*, Lipidkörper (Oleosomen). Der Protoplast ist von der Plasmamembran (Plasmalemma) begrenzt und von der primären Zellwand (schraffiert) umgeben. Die Mittellamelle (schwarz) verbindet die Zellwände benachbarter Zellen. Die kräftigen Pfeile deuten auf primäre Tüpfelfelder mit Plasmodesmen. Die dünneren Pfeile innerhalb der Zelle weisen auf Quer- und Längsschnitte von Mikrotubuli.

Darunter versteht man denjenigen Anteil der Zelle, der nach Homogenisation und Abzentrifugation aller Membranen und Partikel als Überstand erhalten wird. Grundplasma und Cytosol sind also auf verschiedene Weise **operational** definiert und daher grundsätzlich nicht bedeutungsgleich. Weder der eine noch der andere Begriff ist ideal, um die „Lösungsphase" der lebenden Zelle zu beschreiben. Obwohl dies nicht unproblematisch ist, wird der Begriff Cytosol häufig auch auf die lebende Zelle angewendet.

Der Protoplast ist nach außen, zur Zellwand hin, von der **Plasmamembran** (Plasmalemma) umschlossen. Die **Tonoplastenmembran** bildet die Grenze zwischen Protoplasma und Vacuole. Das Cytoplasma wird von weiteren Membranen durchzogen, welche alle den grundsätzlichen Aufbau einer Biomembran (Elementarmembran, 4–10 nm Querschnitt) besitzen. Im Elektronenmikroskop erscheint eine quer geschnittene Elementarmembran nach der üblichen Kontrastierung mit Osmium als dunkle Linie, bei guter Auflösung als Doppellinie (Abbildung 2.2). Diese Struktur wird als Lipiddoppelschicht interpretiert, in der polare Lipide (Phospholipide) mit ihren hydrophoben Acylketten zueinander orientiert vorliegen, während die hydrophilen Phosphoglycerolreste zur wässrigen Phase des Grundplasmas hingewandt sind (Abbildung 2.3). In diese Lipidmatrix sind globuläre Proteine als integrale Bestandteile eingefügt. Manche Proteine (z. B. „Tunnelproteine" oder „Kanalproteine") können die ganze Matrix durchdringen und somit einen „Proteinkontakt" zwischen dem Innenraum und der Außenwelt des von der Membran umschlossenen Kompartiments herstellen.

Zellkompartimente sind membranumschlossene Reaktionsräume. Es ist ein Charakteristikum der Eucyte, dass sie in Kompartimente gegliedert ist. Dieser Gliederung, die in ihrem vollen Umfang erst durch die Elektronenmikroskopie aufgedeckt wurde, liegt eine entsprechende Vielfalt von Elementarmembranen zugrunde. In die verwirrende Fülle der Kompartimente lässt sich eine gewisse Ordnung bringen, wenn man ihren Inhalt vergleicht. Es gibt

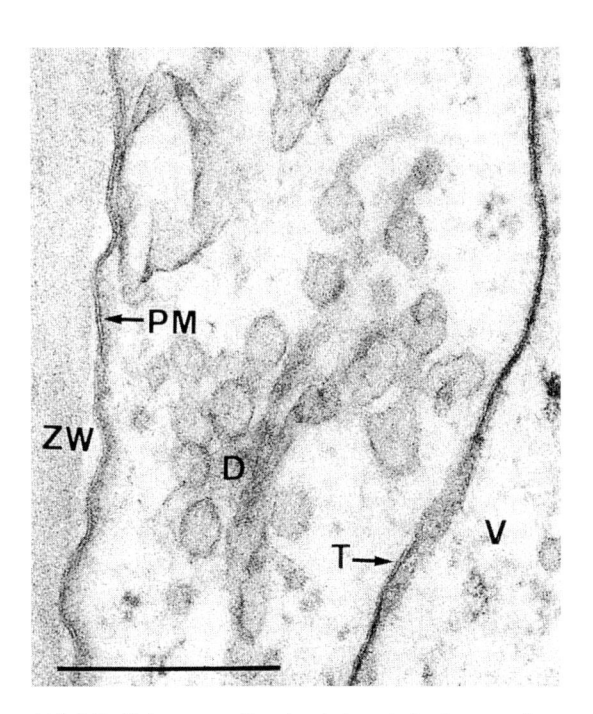

Abb. 2.2. Elektronenmikroskopische Aufnahmen eines Querschnitts durch den Protoplasten einer ausgewachsenen Epidermiszelle aus der Koleoptile von Mais (*Zea mays*). Das Bild zeigt einen Ausschnitt aus dem dünnen „Plasmaschlauch" zwischen Zellwand (*ZW*) und Vacuole (*V*). Man sieht deutlich die als Doppellinie erkennbaren Plasmagrenzmembranen Plasmamembran (*PM*) und Tonoplast (*T*). Im Cytoplasma ist die periphere Zone eines Dictyosoms (*D*) angeschnitten (→ Abbildung 2.5). *Strich*: 0,5 μm. (Aufnahme von R. Bergfeld)

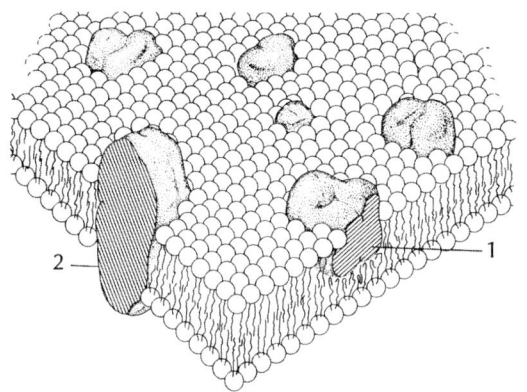

Abb. 2.3. Ein dreidimensionales Modell einer Biomembran, die aus einer Phospholipiddoppelschicht und darin eingebetteten Proteinen besteht. Die Proteine treten in zwei Typen auf: Einige liegen an oder nahe einer Membranoberfläche (*1*), andere durchdringen die Membran völlig (*2*). Die Lipiddoppelschicht muss als der strukturelle Rahmen der Membran angesehen werden, in der die Proteine (Glycoproteine) verankert sind. Funktionell können die Proteinmoleküle Strukturkomponenten, Enzyme, Receptoren oder Transportkatalysatoren sein. Die Verschiedenheit der Membranen beruht in erster Linie auf der Verschiedenheit der Membranproteine. (Nach Singer und Nicolson 1972). Dieses Modell wurde als *fluid-mosaic*-Modell bekannt. Das durch die Proteine bestimmte Mosaik wird weder als statisch noch als zufallsmäßig angesehen. Vielmehr wird die Membran mit einer zweidimensionalen viscosen „Lösung" verglichen, in der sowohl die Lipide als auch die Proteine eine erhebliche Bewegungsfreiheit besitzen. Das *fluid-mosaic*-Modell ist nicht universell anwendbar, denn es muss Zellmembranen geben, die viel starrer sind („kristalline" oder gelartige Lipidmatrix). Beispielsweise sind die Phänomene des Polarotropismus (→ S. 568) mit dem Konzept einer „flüssigen" Membran nicht zu vereinbaren.

plasmatische Kompartimente mit einem hohen Gehalt an Proteinen (Enzymen) und proteinarme, **nichtplasmatische Kompartimente**. Beispiele für nichtplasmatische Kompartimente liefern die Vacuolen, die Binnenräume des endoplasmatischen Reticulums (ER) und der Golgi-Cisternen sowie die Räume zwischen Außen- und Innenmembranen der Mitochondrien und Plastiden. Dagegen ist das innere Kompartiment der Mitochondrien und Plastiden (die Matrix) plasmatisch, ebenso natürlich das Grundplasma und das Karyoplasma.

Manche Kompartimente können nur aus ihresgleichen hervorgehen und bei Verlust nicht *de novo* aus anderen Kompartimenten regeneriert werden. Daher verfügen alle Eucyten in wenigstens qualitativ gleichartiger Weise über diese Kompartimente. Dennoch ist Zelldifferenzierung und -spezialisierung vielfach mit einer drastischen Verschiebung des Anteiles einzelner Kompartimente am Hyperkompartiment Zelle verbunden.

Die Kompartimentierung der Eucyte ist ein sichtbarer Ausdruck dafür, dass die Zelle kein homogenes System ist. In der Tat sind die einzelnen Molekültypen in der Zelle nicht gleichmäßig verteilt, obgleich die Dimension der Zelle (etwa 100 μm) eine Gleichverteilung durch Diffusion innerhalb weniger Sekunden ermöglichen würde. Einige Beispiele: Manche Moleküle kommen nur in den Plastiden vor, etwa das Chlorophyll, die Carotinoide oder die Enzyme des Calvin-Cyclus. Andere Molekültypen findet man nur in den Mitochondrien, z. B. die Cytochromoxidase. Anthocyanmoleküle werden zwar im Cytoplasma gebildet; akkumuliert werden sie jedoch ausschließlich in der Vacuole. Die meiste DNA der Zelle befindet sich im Kern, kleinere Anteile in den Plastiden und in den Mitochondrien.

Viele Moleküle sind und bleiben also auf bestimmte Kompartimente beschränkt. Dies wird auf zwei Wegen erreicht:

1. Die Membranen, von denen die Kompartimente umschlossen sind, erweisen sich für diese Moleküle als impermeabel. Beispielsweise kann Nicotinadenindinucleotid (NAD$^+$/NADH) die Innenmembran der Chloroplasten nicht durchdringen.
2. Die Moleküle sind innerhalb der Kompartimente an Strukturen gebunden. Die freie Diffusion wird dadurch unterbunden. Zum Beispiel sind die Chlorophyllmoleküle an Membranproteine der Thylakoide gebunden (Chlorophyll-Protein-Komplexe). Die Kompartimentierung der Moleküle macht die Anwendung des Begriffs **Konzentration** häufig unmöglich. Dieser Begriff ist lediglich für die Beschreibung homogener Systeme geeignet. Man sagt besser **Gehalt = Menge pro Zelle** (z. B. nmol · Zelle^{-1}) und macht zusätzliche Angaben über die Kompartimentierung.

2.1.2 Endoplasmatisches Reticulum

Das Cytoplasma meristematischer Zellen ist von einem dreidimensionalen System flächiger oder tubulärer Membranen durchzogen, das in seiner Gesamtheit als **endoplasmatisches Reticulum (ER)** bezeichnet wird. Die ER-Membranen umschließen einen gemeinsamen Hohlraum, der sich in viele unregelmäßig geformte, flächig ausgebreitete Cisternen gliedert. Dieses Membransystem bildet auch die von Poren durchbrochene **Kernhülle** (→ Abbildung 2.1). Röhrenförmige Fortsätze des ER ziehen durch die Plasmodesmen von Zelle zu Zelle (→ Abbildung 2.1). Die Annahme liegt nahe, dass der Innenraum der Röhren und Cisternen, ein nichtplasmatisches Kompartiment, im Dienst der schnellen, interzellulären Stoffleitung steht. Das ER ist darüber hinaus der Bildungsort einiger anderer Zellmembranen, z. B. leiten sich von ihm die Membranen des Golgi-Apparats, die Plasmamembran und die Tonoplastenmembran ab. Diese werden mit dem ER häufig zum **Endomembransystem** zusammengefasst.

Die äußere (plasmaseitige) Oberfläche des ER ist häufig mit kugeligen Partikeln von etwa 30 nm Durchmesser besetzt, die sich als **Ribosomen** identifizieren lassen. Im Flachschnitt erkennt man, dass die Ribosomen in spiralförmigen, 8- bis 12gliedrigen Ketten an der Membranoberfläche fixiert sind (Abbildung 2.4). Diese Strukturen bezeichnet man als **Polysomen**; sie stellen mRNA-Ribosomenkomplexe bei der Proteinsynthese (Translation) dar (→ Abbildung 6.12). Die an ihnen gebildeten Polypeptide werden unmittelbar nach Knüpfung der Peptidbindung, **cotranslational**, durch die Membran in das ER-Lumen transportiert (→ Abbildung 7.3). Die Funktion der membrangebundenen Proteinsynthese ist auf bestimmte Bereiche des ER beschränkt (**rauhes ER**, im Gegensatz zum **glatten ER**, das nicht mit Polysomen besetzt ist). Daneben findet im Cytoplasma die Synthese von Proteinen an „freien" Polysomen statt.

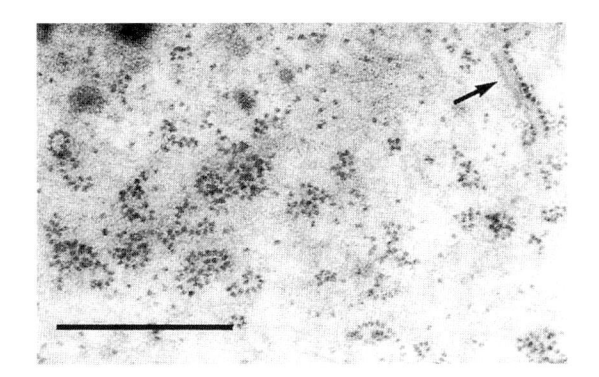

Abb. 2.4. Polysomenfeld auf der Oberfläche einer Cisterne des rauhen endoplasmatischen Reticulums (rER). Objekt: Epidermiszelle einer Maiskoleoptile (*Zea mays*). Da die Schnittebene parallel zur Ebene der Membran verläuft, ist diese nicht deutlich zu erkennen. *Rechts oben* (*Pfeil*) ist ein rER-Abschnitt senkrecht zur Membranebene getroffen. *Strich*: 0,5 µm. (Aufnahme von R. Bergfeld)

2.1.3 Zellkern (Nucleus)

Der von der Kernhülle umgebene Teil des Protoplasmas wird als **Nucleoplasma** bezeichnet; dieses steht über die Kernporen mit dem Cytoplasma in Verbindung (→ Abbildung 2.1). Genauere elektronenmikroskopische Untersuchungen ergaben, dass die Kernporen (Durchmesser 60–100 nm) eine komplizierte Superstruktur aus mehreren Proteinen, **Nucleoporinen**, aufweisen. Es handelt sich also nicht einfach um freie Öffnungen, sondern um Pforten in der Kernhülle, durch die ein kontrollierter Transport von Makromolekülen (RNA, Proteine) stattfindet. Das Nucleoplasma des Interphasekerns besteht vor allem aus **Chromatin**. Darunter versteht man die DNA-Protein-Komplexe der aufgelockerten („entspiralisierten") Chromosomen, die als solche in diesem Zustand nicht erkennbar sind. Lediglich diejenigen Bereiche, in denen die Synthese der ribosomalen RNA und die Biogenese der Ribosomen stattfindet, sind als **Nucleoli** strukturell hervorgehoben (→ Abbildung 2.1).

2.1.4 Golgi-Apparat

Unter dem **Golgi-Apparat** versteht man die Gesamtheit der **Dictyosomen** einer Zelle. Ein einzelnes Dictyosom besteht aus einem Stapel von 5–10 flachen, meist napfförmig eingewölbten Membransäckchen, **Golgi-Cisternen,** mit einem Durchmesser von etwa 1 μm (Abbildung 2.5). Diese komplizierten Membrankomplexe sind polar aufgebaut: Sie nehmen auf der Regenerationsseite von benachbarten ER-Cisternen produzierte Membranvesikel auf und geben auf der Sekretionsseite Vesikel ab, welche mit Sekreten gefüllt sind und die Fähigkeit besitzen, mit der Plasmamembran oder dem Tonoplast zu fusionieren und dabei ihren Inhalt in die von diesen Membranen abgegrenzten, nichtplasmatischen Kompartimente zu ergießen. Im Fall der Plasmamembran wird dieser Prozess als **Exocytose** bezeichnet. In der Pflanzenzelle steht der Golgi-Apparat im Dienst der Synthese und des Transports von Zellwandpolysacchariden (Pektine, Hemicellulosen). Diese Polymere werden innerhalb der Golgi-Cisternen synthetisiert und, in Golgi-Vesikel verpackt, zur Plasmamembran verfrachtet. Daneben übernehmen die Dictyosomen die von den ER-gebundenen Ribosomen produzierten sekretorischen Proteine. Es handelt sich dabei wahrscheinlich stets um glycosylierte Proteine, **Glycoproteine**, deren Kohlenhydratseitenketten im Golgi-Apparat noch einmal modifiziert werden, bevor sie in die sekretorische Transportbahn eintreten. Der Materialtransport durch die Dictyosomen ist mit einem **Membranfluss** vom ER zur Plasmamembran bzw. zum Tonoplasten verbunden; diese Organellen sind also hochgradig dynamische, in beständigem Umbau befindliche Strukturen. In meristematischen Zellen tritt die Funktion des Golgi-Apparats vor allem bei der Bildung neuer Zellwände im Verlauf der Zellteilung hervor (→ S. 31).

2.1.5 Peroxisomen

Als **Peroxisomen** (Microbodies) bezeichnet man Organellen, welche auf elektronenmikroskopischen Aufnahmen als rundliche, von einer einfachen Membran umgebene Membranvesikel mit ei-

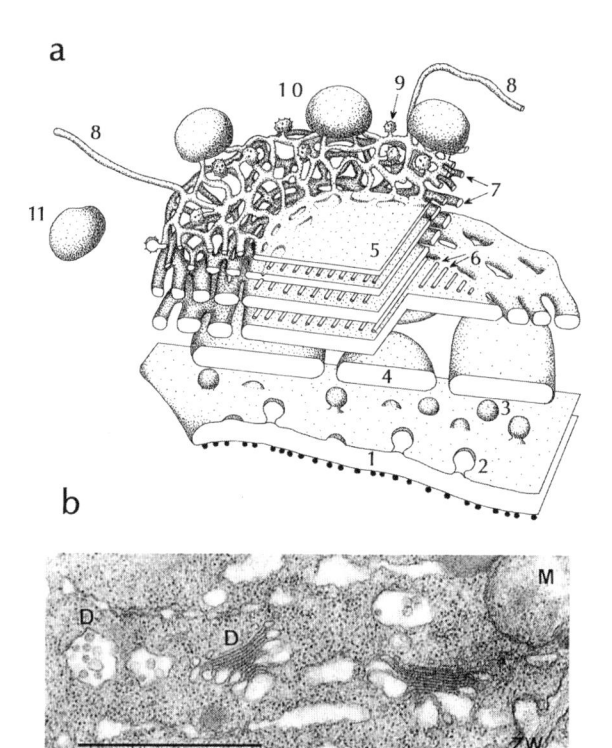

Abb. 2.5 a,b. a Räumliches Modell eines aktiven Dictyosoms mit 5 Golgi-Cisternen und einer Cisterne des endoplasmatischen Reticulums (ER). *1*, ER-Cisterne mit Ribosomen an der vom Dictyosom abgewandten Membranoberfläche; *2*, Bildung von ER-Vesikeln; *3*, freies ER-Vesikel; *4*, Kompartiment einer entstehenden Golgi-Cisterne an der Regenerationsseite des Dictyosoms; *5*, Golgi-Cisterne an der Sekretionsseite mit tubulär-netzförmiger Randpartie; *6*, intercisternale Fibrillen; *7*, anastomosierende Tubuli; *8*, weitreichende Tubuli; *9*, Bildung von kleinen Golgi-Vesikeln; *10*, Bildung von größeren Golgi-Vesikeln; *11*, reifer Golgi-Vesikel. Die Cisternenhöhe nimmt in Richtung zur Sekretionsseite ab. (Nach Sievers 1973). **b** Elektronenmikroskopische Aufnahme eines Schnittes durch eine meristematische Zelle aus der Wurzelspitze von *Sinapis alba*, in dem mehrere Dictyosomen parallel und quer zur Membranebene angeschnitten sind (*D*, Dictyosom, *M*, Mitochondrion; *ZW*, Zellwand). *Strich*: 1 μm. (Aufnahme von R. Bergfeld)

nem Durchmesser von etwa 1 µm erscheinen. Sie sind mit einer dichten, feingranulär erscheinenden Matrix gefüllt, welche im histochemischen Test eine starke biochemische Reaktion für Katalaseaktivität zeigt. Bei der biochemischen Analyse ergab sich, dass in diesen Vesikeln die Enzyme für bestimmte Reaktionswege des Grundstoffwechsels kompartimentiert sind, welche die Bildung von H_2O_2 einschließen. Peroxisomen liegen in Pflanzen in verschiedenen funktionellen Formen vor, welche mit der spezifischen Stoffwechselfunktion der jeweiligen Zellen in Zusammenhang stehen (→ Kapitel 7). Sie können allgemein als Entgiftungskompartimente für das cytotoxische H_2O_2 angesehen werden. Ihre Vermehrung in der Zelle erfolgt durch Knospung und Abschnürung von Tochtervesikeln. Man nimmt heute an, dass die Peroxisomenmembran nicht dem Endomembransystem der Zelle angehört, sondern eine Membran *sui generis* ist. Sie ist durch den Besitz von Porinen leicht durchlässig für Metaboliten. Als **Porine** bezeichnet man Proteinkomplexe, die in Membranen Poren mit einer Auskleidung durch hydrophile Aminosäurereste und einer Öffnungsweite von 1,5–3 nm bilden können. Wenn man bei isolierten Peroxisomen die Membran entfernt, bleibt der strukturelle Verbund zwischen den Matrixenzymen erhalten und die Umsetzung der Substrate läuft weiter ungestört ab. Die Kompartimentierung des Stoffwechselgeschehens erfolgt also hier nicht durch Membrangrenzen, sondern durch einen vorgegebenen Weg der Substrate entlang eines enzymatischen Fließbandes (Prinzip des **Multienzymkomplexes**).

2.1.6 Mitochondrien und Plastiden

Im Gegensatz zu den Microbodies besitzen die **Mitochondrien** und **Plastiden** zumindest bei den höheren Pflanzen eine doppelte Membranhülle, welche einen Intermembranraum als zusätzliches Kompartiment umschließt. Die äußere, an das Grundplasma grenzende Membran ist relativ einfach aufgebaut und durch den Besitz von **Porinen** leicht permeabel für Moleküle bis zu einer Partikelmasse von 6–10 kDa. Die selbst für kleine Ionen (z. B. H^+) weitgehend impermeable innere Mitochondrienmembran ist durch Einfaltung in ihrer Oberfläche stark vergrößert (Abbildung 2.6). Sie umschließt den Matrixraum, das plasmatische Kompartiment des Mitochondrions. Die Plastiden der meristematischen Zellen sind kleine, relativ

einfach aufgebaute Organellen ohne photosynthetische Aktivität. Die Matrix dieser **Proplastiden** wird nur von wenigen, unregelmäßigen Membranen durchzogen, welche als Einfaltung der inneren Hüllmembran aufgefasst werden können (→ Abbildung 7.13a). Diese Organellen sind Vorläufer der vielfältigen Plastidentypen ausdifferenzierter Zellen (z. B. **Chloroplasten, Leukoplasten, Chromoplasten**; → S. 161).

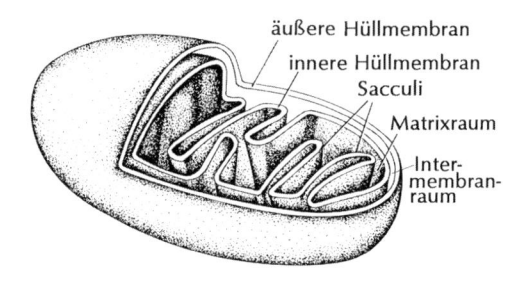

Abb. 2.6. Dreidimensionales Strukturmodell eines pflanzlichen Mitochondrions. Die Einstülpungen der inneren Membran, an der die respiratorische Energietransformation (Elektronentransport der Atmungskette, Phosphorylierung von ADP) stattfindet, haben die Gestalt von *Sacculi*. Man kennt auch Mitochondrien mit septumartigen, parallel angeordneten Falten (Cristae) oder röhrenförmiger Oberflächenvergrößerung (Tubuli).

Mitochondrien und Plastiden können nur durch Teilung bereits vorhandener Mitochondrien bzw. Plastiden vermehrt werden. Sie sind, neben dem Zellkern, die einzigen DNA-haltigen Organellen der Zelle. Sie verfügen darüber hinaus in ihrer Matrix über Ribosomen und alle anderen Komponenten der Genexpressionsmaschinerie und können einen beschränkten Anteil ihrer Proteine selbst synthetisieren (→ S. 138, 140). Die Genese und die metabolische Funktion dieser Organellen wird in späteren Kapiteln ausführlich behandelt.

2.1.7 Cytoskelett

Ähnlich wie die Zellen von eukaryotischen Einzellern und Tieren enthalten auch Pflanzenzellen in ihrem äußeren Cytoplasmabereich (Ectoplasma) ein Geflecht von **Mikrotubuli**. Darunter versteht man starre, hohle Stäbchen mit 25 nm Außendurchmesser, welche durch eine geordnete Aggregation *(self assembly)* des Proteins **Tubulin** im Cytoplasma entstehen (Abbildung 2.7). Mikrotubuli werden beständig auf- und abgebaut, wobei der Aufbau am einen Ende (Pluspol), der Abbau am anderen Ende (Minuspol) stattfindet. In der Zelle liegt ein dynamisches Gleichgewicht zwischen freiem und aggregiertem Tubulin vor. Die Mikrotubuli können eng mit der Plasmamembran verbunden sein (→ Abbildung 5.6). Sie legen in vielen wachsenden Zellen die Orientierung der neu gebildeten Cellulosefibrillen in der Zellwand fest (→ S. 106). Darüber hinaus besitzen Mikrotubuli zentrale Funktionen bei der Kernteilung und der Zellteilung (→ S. 31). Die antimitotische Wirkung von Colchicin, einem in den Blättern der Herbstzeitlose gebildeten Alkaloid, beruht darauf, dass diese Substanz spezifisch an das freie Tubulin bindet und dadurch das Wachstum der Mikrotubuli verhindert.

Generell dürfte das Mikrotubuliskelett bei Pflanzenzellen (deren äußere Form ja durch die Zellwand festgelegt wird) der mechanischen Stabilisierung des Ectoplasmas dienen und darüber hinaus Orientierungs- und Gleitschienen für den Transport von Organellen liefern. Hierbei sind außerdem kontraktile Zugfasern, **Actinfilamente**, beteiligt, welche ganz ähnlich wie das Actomyosinsystem der Muskelzellen als molekulare Motoren funktionieren können und für viele intrazelluläre Bewegungsvorgänge verantwortlich sind (→ S. 576).

2.1.8 Zellwand

Die Zellwand ist ein Sekretionsprodukt des Protoplasten. Sie legt Größe, Form und mechanische Stabilität der Pflanzenzelle fest. Wenn man in einem Gewebe die Zellwände durch Enzyme auflöst, erhält man nackte, kugelige **Protoplasten**, welche in einem hypoosmotischen Medium platzen, aber im isoosmotischen Medium überleben können und in der Regel sehr schnell eine neue Zellwand regenerieren. Die Wand der jungen Pflanzenzelle stellt ein äußerst reißfestes, dabei jedoch potenziell plastisch dehnbares **Verbundmaterial** aus amorphen, gelbildenden **Matrixpolymeren** und darin eingebetteten **Gerüstelementen (Cellulosefibrillen)** dar (Abbildung 2.8). Wie viele technische Verbundmaterialien besitzt die Zellwand ausgeprägte viscoelastische Eigenschaften, die sich als Hysterese im Dehnungsverhalten bemerkbar macht (→ Exkurs 2.1). Die Wand muss einerseits Turgordrücken von 0,5 bis 1,5 MPa standhalten und andererseits zu einem raschen, metabolisch kontrollierten Flächenwachstum befähigt sein. Dieser Aspekt wird in Kapitel 5 weiter verfolgt.

Die chemische Analyse pflanzlicher Zellwände ergibt eine verwirrende Fülle komplizierter Polysaccharide, die im wesentlichen durch glycosidi-

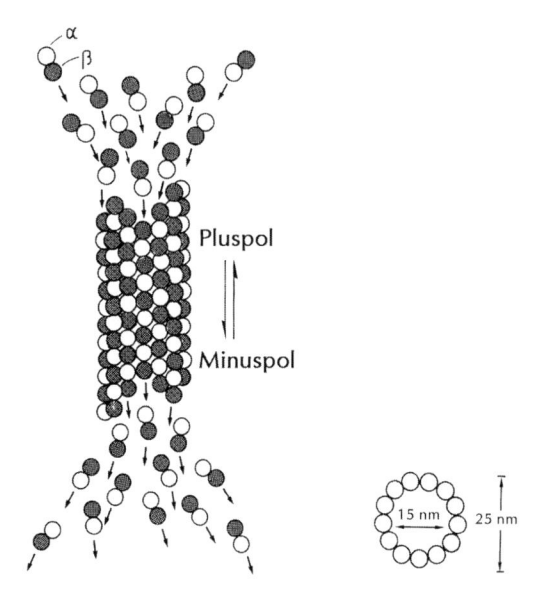

Abb. 2.7. Strukturmodell eines Mikrotubulus. Der Hohlzylinder besteht aus 13 Längsreihen (Protofilamenten) von Tubulinuntereinheiten. Da die Protofilamente leicht gegeneinander versetzt sind, ergibt sich eine helicale Superstruktur. Ein Heterodimer aus α- und β-Tubulin (jeweils 50 kDa) bildet den Grundbaustein der Protofilamente. Der Mikrotubulus kann am *Pluspol* durch Aggregation von Tubulindimeren verlängert, und am *Minuspol* durch Disaggregation verkürzt werden; er ist also eine dynamische, polare Struktur. Die Aggregation kann *in vitro* spontan ablaufen; *in vivo* erfolgt sie wahrscheinlich unter Hydrolyse von Guanidintriphosphat (GTP). Das Wachstum der Mikrotubuli wird durch das Verhältnis zwischen Aggregation (am Pluspol) und Disaggregation (am Minuspol) bestimmt. Die Oberfläche ist mit verschiedenen Proteinen besetzt (nicht eingezeichnet), welche vermutlich für den Kontakt mit anderen Cytoplasmabestandteilen wichtig sind. (Nach Sloboda 1980; verändert)

▶ Die Zellwand ist ein **essenzieller** Bestandteil der pflanzlichen Zelle. Entfernt man die Wand, so erhält man einen **Protoplasten**, dem wesentliche Eigenschaften der Zelle fehlen, z.B. der Schutz gegen ungehinderte osmotische Wasseraufnahme.

▶ Tierische Zellen besitzen keine Zellwand, sondern sind in eine kollagenhaltige Füllmasse (Glycokalyx) eingebettet, die auch als **extrazelluläre Matrix** bezeichnet wird. Die Verwendung dieses Begriffs für den Zellwandraum pflanzlicher Gewebe (Apoplast) ist offensichtlich nicht angemessen.

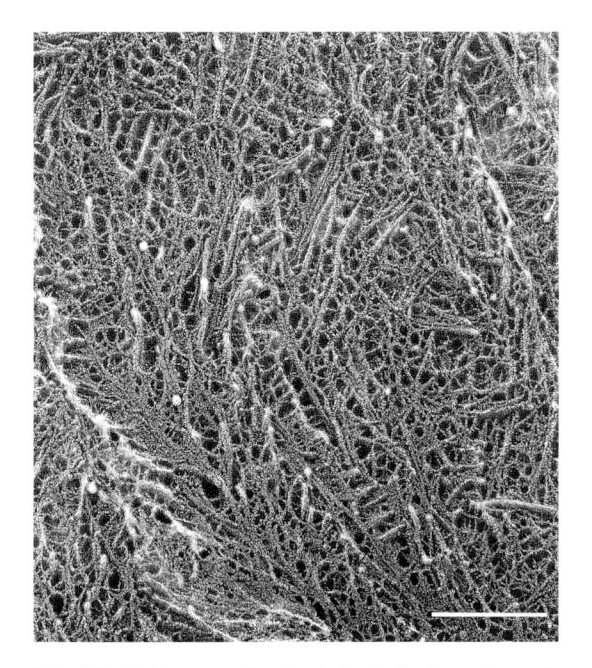

Abb. 2.8. Elektronenmikroskopische Aufnahme einer primären Zellwand (Abdruck nach Schockgefrieren und allseitiger Bedampfung mit Platin/Kohlenstoff). Objekt: Epidermiszelle aus der verdickten Blattbasis (Zwiebelschuppe) der Küchenzwiebel (*Allium cepa*). *Strich*: 0,2 μm. (Nach McCann und Roberts 1994)

Carboxylgruppen durch divalente Kationen (vor allem Ca^{2+}) zu einem Netzwerk verknüpft werden können (Abbildung 2.9). Nach der Extraktion kann man folgende Pektinfraktionen unterscheiden: **Homogalacturonane** (1,4-α-D-Galacturonane, Polygalacturonsäure), **Rhamnogalacturonane** (verzweigte Mischpolymere aus Galacturonsäure und Rhamnose mit verschiedenen zusätzlichen Zuckerresten), **Arabinane** (1,5-α-L-Arabinosylketten) und **Galactane** (1,4-β-D-Galactosylketten); → Tabelle 2.1). Da diese Komponenten oft erst nach Pektinasebehandlung aus der Zellwand freigesetzt werden, nimmt man an, dass sie dort zumindest teilweise covalent miteinander (oder mit anderen Polymeren) verknüpft sind und auf diese Weise ein umfangreiches, komplexes Netzwerk bilden. Pektine erzeugen in Gegenwart von Ca^{2+} durch ionische Quervernetzungen der Carboxylgruppen unlösliche Gele und dürften normalerweise in dieser Form in der Mittellamelle vorliegen (→ Abbildung 2.9).

sche Verknüpfung von nur 7 Hexose- und Pentosebausteinen zustande kommen: **D-Glucose, D-Galactose, D-Galacturonsäure, L-Rhamnose, L-Fucose, D-Xylose, L-Arabinose.** Außerdem treten in geringem Umfang (5 – 10 %) **Polypeptide** auf. Tabelle 2.1 zeigt eine Bestandsaufnahme der wichtigsten Zellwandpolymere. Aus der Aufstellung wird deutlich, dass die chemische Zusammensetzung der Zellwände im Pflanzenreich nicht einheitlich ist. So gibt es z. B. bei den Gräsern (Poales) massive Abweichungen von der typischen Dikotylenzellwand, die auch bei den meisten Monokotylen und den Gymnospermen vorkommt („Typ I-Zellwand" im Gegensatz zur „Typ II-Zellwand" der Gräser). Die Wände benachbarter Zellen werden durch die **Mittellamelle** verbunden, die im wesentlichen aus Pektin besteht. Unter **Pektin** versteht man operational alle diejenigen Polymere, die sich mit relativ milden Extraktionsmedien (z. B. heisses Wasser mit Komplexbildnern für divalente Kationen) oder nach Einwirkung bestimmter Enzyme (Pektinasen) aus der Zellwand herauslösen lassen. Chemisch handelt es sich um eine heterogene Gruppe meist saurer Polysaccharide, die aufgrund ihrer freien

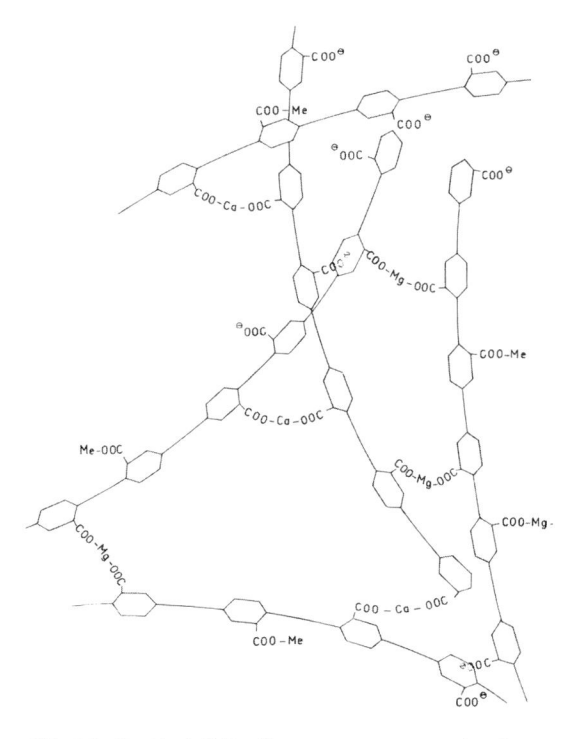

Abb. 2.9. Ein Modell für die Vernetzung von Polygalacturonsäuremolekülen. Ca^{2+} und Mg^{2+} halten die linearen Makromoleküle über Ionenbindungen zusammen. Ein variabler Anteil der Carboxylgruppen liegt methylverestert (*Me*) vor. Dies verhindert die Vernetzung und erhöht daher die Löslichkeit der Polymere. Im nativen Pektin liegen die Polygalacturonsäureketten nicht frei, sondern in covalenter Verknüpfung mit Rhamnogalacturonketten vor.

EXKURS 2.1: Die rheologischen Eigenschaften pflanzlicher Zellwände

Die **Rheologie** beschreibt die mechanischen Eigenschaften von Materialien unter Einwirkung einer deformierenden Kraft, wie sie z. B. mit einem **Extensiometer** gemessen werden können. In diesem Gerät wird ein Prüfkörper mit einer definierten Kraft belastet und die erzeugte Dehnung mit Hilfe eines elektronischen Wegaufnehmers gemessen (Abbildung A). Bei technischen Werkstoffen unterscheidet man **elastische, plastische** und **viscose** Materialien (oder Mischformen dieser Kategorien). Elastische Stoffe gehen nach einer Dehnung rasch in ihren Ausgangszustand zurück (z. B. Federstahl, Gummi). Bei plastischen Stoffen erfolgt die Verformung ebenfalls schnell, bleibt aber dauerhaft erhalten (z. B. Knetmasse). Viscose Stoffe verhalten sich wie Flüssigkeiten, d. h. sie fließen unter Belastung (z. B. Asphalt). **Viscoelastizität** ist eine Eigenschaft von **Verbundmaterialien**, bei denen reißfeste, steife Fasern in ein druckfestes, amorphes Material eingebettet sind (z. B. Fiberglas). Verbundmaterialien zeichnen sich durch hohe Festigkeit in Richtung der Faserelemente bei geringem Gewicht aus. Unter Belastung dehnen sich die Faserelemente elastisch innerhalb des Füllstoffs und gehen bei Entlastung langsam und oft unvollständig in ihren Ausgangszustand zurück, da ein Teil der mechanischen Energie in Reibungsenergie umgesetzt wird. Dies äußert sich als **Hysteresis**, d. h. die Kraft-Dehnungs-Kurven für Belastung und Entlastung sind nicht gleich, sondern bilden eine „Hysteresisschleife".

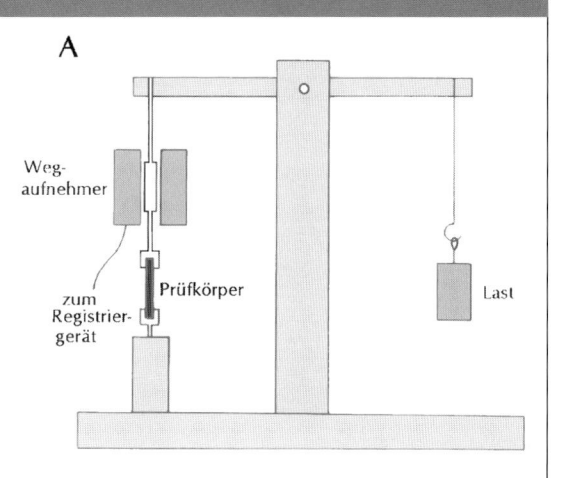

Verbundmaterialien sind bei biologischen Festigungselementen weit verbreitet, z. B. bei der pflanzlichen Zellwand. Abbildung B zeigt das typische Verhalten von Primärwänden bei ansteigender bzw. abfallender Belastung. Ein abgetötetes (turgorfreies) Segment aus der Koleoptile eines Roggenkeimlings *(Secale cereale)* wurde im Extensiometer stufenweise ansteigend mit 2 g-Lasten gedehnt, welche anschließend wieder stufenweise entfernt wurden *(links)*. Die aus der gemessenen Dehnung bzw. Schrumpfung abgeleitete Last-Dehnungs-Kurve zeigt die typische Form einer Hysteresisschleife *(rechts)*. (Nach Nolte und Schopfer 1997)

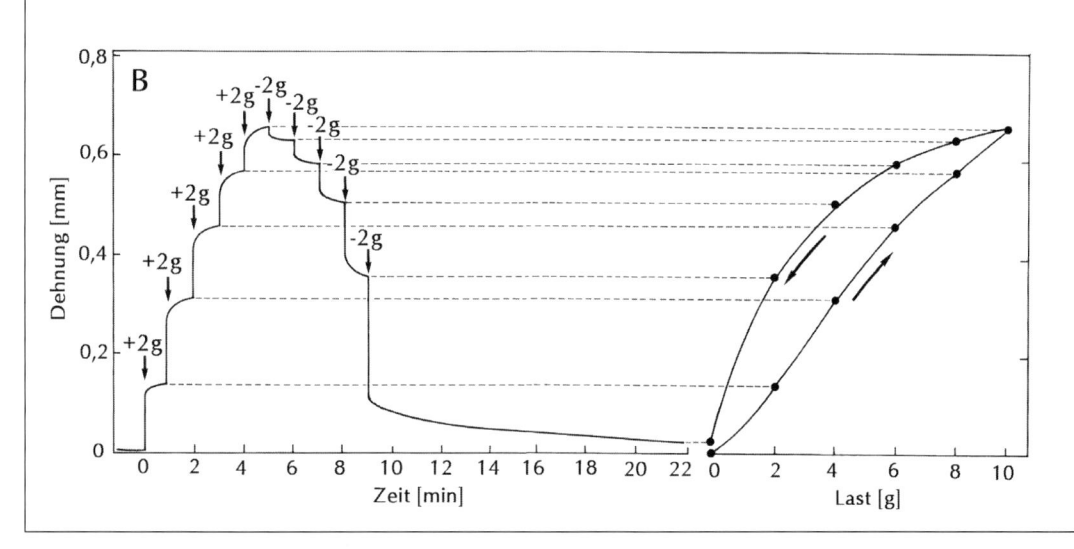

Tabelle 2.1. Zusammensetzung der primären Zellwand bei dikotylen Pflanzen und Gräsern (Poaceen). In der stark vereinfachten Aufstellung sind kleinere Bestandteile (z. B. Enzymproteine) nicht berücksichtigt. Glc = D-Glucose, Gal = D-Galactose, GlcA = D-Glucuronsäure, GalA = D-Galacturonsäure, Rha = L-Rhamnose, Fuc = L-Fucose, Api = D-Apiose, Man = D-Mannose, Xyl = D-Xylose, Ara = L-Arabinose, AceA = L-Acerinsäure, KDO = Ketodesoxyoctulosonsäure, Gly = L-Glycin, Pro = L-Prolin, Hyp = L-Hydroxyprolin, Ser = L-Serin, Ala = L-Alanin, Lys = L-Lysin, Thr = L-Threonin, Tyr = L-Tyrosin, Val = L-Valin, His = L-Histidin. p und f bezeichnen die Pyranose- bzw. Furanoseform der Zucker; α und β beziehen sich auf die sterische Orientierung der glycosidischen Bindung. (Nach Fry 1989; verändert)

Polymer	hauptsächliche Bausteine	ungefährer Anteil an der Trockenmasse der Zellwand [%]	
		Dikotylen	Gräser
Cellulose	β-Glc$p$	20–30	20–30
Hemicellulosen			
Xyloglucan	β-Glc$p$, α-Xyl$p$, α-Ara$f$, β-Gal$p$, α-Fuc$p$	25	2–5
Heteroxylan	β-Xyl$p$, αAra$f$, α-Glc$p$A, (β-Gal$p$)	2–5	20–30
1.3,1.4-verknüpftes β-Glucan	β-Glc$p$	0	15–30
Pektine			
Homogalacturonan	α-Gal$p$A	15	
Rhamnogalacturonan I	α-Gal$p$A, α-Rha$p$, β-Gal$p$, α-Ara$f$, (Fuc$p$, Xyl$p$)	15	5
Rhamnogalacturonan II	α-Gal$p$A, β-Rha$p$, α-Gal$p$, α-Fuc$p$, αAra$p$, αAra$f$, βGal$p$A, α-Rha$p$, Api$f$, β-Glc$p$A, KDO, Ace$f$A, Xyl$p$, Glc	5	
Arabinane	α-Ara$f$	wenig	?
Galactane	βGal$p$	wenig	?
Proteine			
Arabinogalactanprotein (AGP)	β-Gal$p$, αAra$f$, αAra$p$, Glc$p$A, Gal$p$A, (Rha, Man, Fuc); Hyp, Ser, Ala, Thr		
Hyp-reiches Glycoprotein (HRGP)	βAra$f$, αAra$f$, αGal$p$; Hyp, Lys, Ser, Tyr, Val, Lys, His	nur in bestimmten Zelltypen	
Pro-reiches Protein (PRP)	mit repetitiven Pro-Sequenzen		
Gly-reiches Protein (GRP)	ca. 40 % Glycin im Proteinanteil		
Lignin			
	Coniferyl-, Sinapyl-, 4-Cumarylalkohol	< 1	< 1

Der Mittellamelle wird von den angrenzenden Protoplasten beiderseits eine **Primärwand** von 0,1–1,0 μm Dicke aufgelagert. Dies ist das eigentliche, für die mechanischen Eigenschaften verantwortliche **Saccoderm** der Zelle. Die amorphe, stark hydratisierbare Grundsubstanz (Matrix) der Primärwand (etwa 70 % der Zellwandtrockenmasse) besteht hauptsächlich aus Hemicellulosen und Pektinen (→ Tabelle 2.1). Als **Hemicellulose** bezeichnet man operational diejenige Polymerfraktion, die sich mit Alkali aus der Zellwand herauslösen lässt. Es handelt sich wie beim Pektin um ein heterogenes Gemisch von Polysacchariden, dessen Zusammensetzung bei verschiedenen Pflanzen stark variieren kann. Bei der typischen Dikotylenwand besteht die Hemicellulosefraktion hauptsächlich aus **Xyloglucan** (1,4-β-verknüpfte Glucosylketten mit seitlichen 1,6-β-verknüpften Xylosylresten, welche weitere Substituenten tragen können). In den Zellwänden der Gräser kommen Xyloglucane nur in Spuren vor; sie sind dort durch **Heteroxylane** (1,4-β-verknüpfte Xylosylketten mit verschiedenen Seitenketten) und verzweigte **β-Glucane** (1,3- und 1,4-β-verknüpfte Glucosylketten) ersetzt (→ Tabelle 2.1). Als **Glycoproteine** kommen bei manchen Zelltypen saure **Arabino-Galactan-Proteine (AGPs)** und basische **Hydroxyprolin-reiche Glyco-Proteine (HRGPs)** vor. AGPs bestehen aus kurzen Polypeptidketten mit umfangreichen, büschelig verzweigten Polysaccharidseitenketten in O-glycosidischer Bindung an verschiedene Aminosäurereste. Der Kohlenhydratanteil dieser heterogenen **Proteoglycane** liegt bei 90–98 % (Galactose und Arabinose als Hauptkomponenten, außerdem Uronsäuren und einige andere Zucker). AGPs sind leicht wasserlösliche, stark quellbare Substanzen, die z. B. auch in pflanzlichen Schleimen enthalten sind. Die HRGPs (gelegentlich auch als „Extensine" bezeichnet) bestehen aus einem helicalen, stabförmigen Polypeptid von 80 nm Länge mit einer häufig wiederholten Pentapeptidsequenz (Ser-Hyp-Hyp-Hyp-Hyp). Ein Teil der Hydroxyprolin(Hyp)-Reste trägt O-glycosidisch gebundene Seitenketten aus 1–4 Arabinosylresten. Außerdem enthält das Molekül einzelne, an Serin (Ser) gebundene Galactosylreste. Insgesamt macht der Kohlenhydratanteil etwa 50 % aus. Diese Moleküle sind zumindest teilweise in der Zellwand durch Isodityrosinbrücken covalent zu einem Netzwerk verknüpft. Außerdem enthält die Primärwand oft kleine Mengen an **Lignin**, einem covalent verknüpften Netzwerk aus Phenylpropaneinheiten, das erst bei der Differenzierung sekundärer Zellwände in größerem Umfang in Erscheinung tritt (→ S. 38). Dies gilt auch für die **Prolin-reichen Proteine (PRPs)** und die **Glycin-reichen Proteine (GRPs),** die vor allem in Phloem- und Xylemzellwänden auftreten.

Der nach vollständiger Extraktion des Wandmaterials mit Alkali übrig bleibende Anteil besteht hauptsächlich aus **Cellulose** (1,4-β-D-Glucan). Die Cellulosemoleküle liegen gebündelt als kompakte Mikrofibrillen vor, welche durch viele inter- und intramolekulare Wasserstoffbrückenbindungen fest zusammengehalten werden und einen hohen Gehalt an kristallinen Regionen besitzen (Abbildung 2.10). Diese **Parakristallinität** bedingt eine extrem hohe Reissfestigkeit, die derjenigen von Stahl nicht erheblich nachsteht. Die bandförmigen Primärwandmikrofibrillen (Breite 3–20 nm; → Abbildung 2.11) bestehen aus 30–100 Einzelmolekülen mit einer Kettenlänge von 2000–6000 Glucosylresten (1–3 μm). Sie füllen etwa 15 % des Volumens der Primärwand aus. Im Gegensatz zum umgebenden Matrixmaterial sind sie aufgrund ihrer parakristallinen Struktur kaum hydratisiert.

Der molekulare Aufbau der Primärwand und ihre Biogenese während des Zellwachstums ist trotz vieler Bemühungen bis heute nur sehr unvollkommen bekannt. Die Synthese der Cellulose aus Uridindiphosphat-Glucose findet an einem Enzymkomplex, **Cellulosesynthase**, in der Plasmamembran statt. Dieser Komplex produziert gleichzeitig viele Glucanketten, die direkt in den Zellwandraum abgegeben werden und dort spontan zu Mikrofibrillen zusammentreten. Alle anderen Wandpoly-

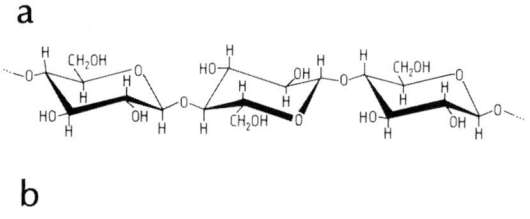

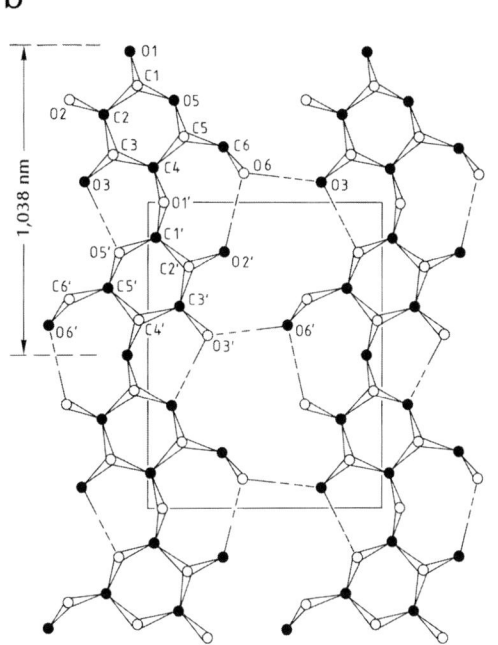

Abb. 2.10 a, b. Modelle zur Molekülstruktur der Cellulose und ihrer Verknüpfung durch Wasserstoffbrücken in den Mikrofibrillen der Zellwand. **a** Räumliche Darstellung der 1,4-β-D-Glucankette; die Glucosemoleküle sind in der energetisch begünstigten Sesselform gezeichnet. Da die Glucosereste jeweils um 180° gegeneinander gedreht sind, ist die Grundeinheit der Kette nicht die Glucose, sondern das Dimer, die **Cellobiose**. Die polar aufgebaute Kette besitzt ein nichtreduzierendes Ende (*links*) und ein reduzierendes Ende (*rechts*). **b** Verknüpfung von zwei Cellulosemolekülen durch **Wasserstoffbrücken**. Außerdem sind die möglichen intramolekularen Wasserstoffbrücken eingezeichnet. Der *Rahmen* umfasst die Einheitszelle des Kristallits. Die Glucanketten sind parallel angeordnet (reduzierendes Ende nach oben). Dies ist die native Celluloseform in den Mikrofibrillen der Zellwand (Cellulose I). Wenn man (z. B. bei der Herstellung von Kunstseide) Cellulosefasern durch spontane Zusammenlagerung zuvor gelöster Moleküle erzeugt, entsteht die noch stabilere Cellulose II mit antiparalleler Ausrichtung der Ketten. (Nach Zugenmeyer 1981; verändert)

mere werden im endoplasmatischen Reticulum (Polypeptidanteile der Glycoproteine) oder im Golgi-Apparat (Polysaccharidketten) synthetisiert und mit Hilfe sekretorischer Vesikel in die Zellwand exportiert (→ Abbildung 7.1). Die Xyloglucane können über Wasserstoffbrücken fest an Cellulose binden. Man nimmt an, dass diese Moleküle einen geschlossenen Mantel um die Mikrofibrillen bilden und daher auch den Kontakt zwischen den Mikrofibrillen und den anderen Matrixbestandteilen herstellen. Da die einzelnen Matrixfraktionen meist nur unter destruktiven Bedingungen aus der Zellwand isolierbar sind, kann man über den Grad der covalenten Quervernetzung zwischen verschiedenen Polymeren noch keine definitiven Aussagen machen. Lediglich bei HRGP und Lignin ist klar, dass es nach Ausschleusung der Monomere durch die Plasmamembran *in muro* enzymatisch zur Bildung von umfassenden, covalent verknüpften Netzwerken kommt, die zusammen mit dem Cellulosegerüst zur mechanischen Stabilität der Wand beitragen.

Die Anordnung der Cellulosefibrillen in der Primärwand unterliegt starken Veränderungen während der Entwicklung der Zelle. In der noch weitgehend isodiametrischen meristematischen Zelle sind die Fibrillen meist zufallsmäßig in der Ebene der Wand orientiert, **Streutextur.** Beim Übergang zum Streckungswachstum beobachtet man eine zunehmend parallele Ausrichtung der neu aufgelagerten Fibrillen, **Paralleltextur** (Abbildung 2.11). Zellen, die bevorzugt in einer Richtung wachsen, besitzen in aller Regel parallele Fibrillen mit einer Orientierung senkrecht zur Wachstumsrichtung (→ S. 106). Spezielle Zellen mit dicken Primärwänden haben oft einen vielschichtigen Aufbau, **polylamellate Wand** (→ Exkurs 2.2).

Mittellamelle und Primärwände sind von **Plasmodesmen** durchzogen, die häufig in Gruppen vorkommen (primäre Tüpfelfelder; → Abbildung 2.11). Ein Plasmodesmos ist eine röhrenförmige Aussparung in der Zellwand von etwa 50 nm Durchmesser, die von Plasmamembran ausgekleidet ist (Abbildung 2.12). Auf der Innenseite der Wände setzt sich diese Auskleidung in den Plasmamembranen der aneinander grenzenden Zellen fort. Entlang des Plasmodesmenkanals ist in die Zellwand **Callose** (1,3-β-D-Glucan) eingelagert, ein Polymer, das z. B. auch bei Verwundung oder Infektion von der Zelle gebildet wird (→ S. 629). Plasmodesmen sind häufig von einem strangarti-

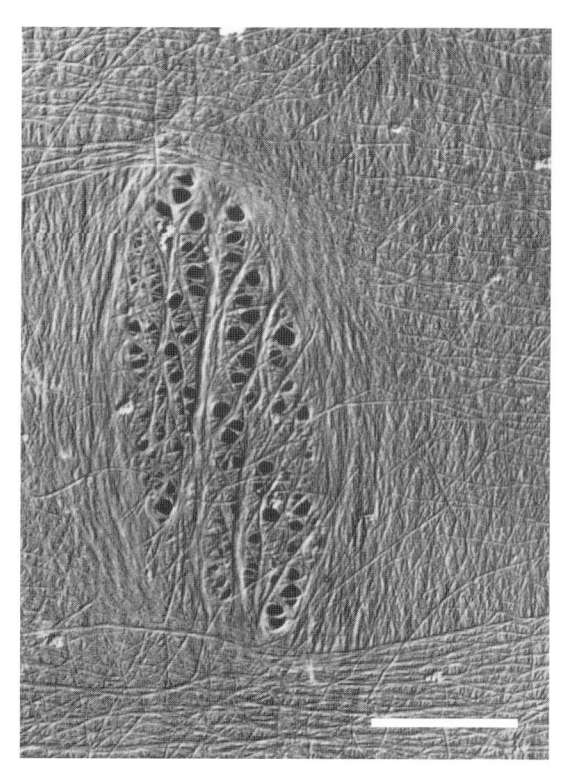

Abb. 2.11. Aufsicht auf die innere Oberfläche einer primären Zellwand. Objekt: Parenchymzelle aus der Koleoptile eines Haferkeimlings (*Avena sativa*). Man erkennt die Aussparungen für Plasmodesmen in einem ovalen Tüpfelfeld. Unten ist die jüngste Mikrofibrillenschicht mit ausgeprägter Paralleltextur sichtbar. *Strich:* 1 µm. (Nach Böhmer 1958)

gen Gebilde längs durchzogen. Nach der vorherrschenden Auffassung steht der zentrale Plasmastrang (Desmotubulus), der einen Plasmodesmos durchquert, in offener Verbindung mit dem endoplasmatischen Reticulum der angrenzenden Zellen und ist frei passierbar für Moleküle kleiner als 1 kDa. Durch spezifische Signale können Plasmodesmen auch für Makromoleküle und Viren passierbar gemacht werden (→ S. 634). Diese symplastischen Verbindungselemente entstehen entweder als ausgesparte Plasmabrücken in der neugebildeten Zellwand bei der Zellteilung, **primäre Plasmodesmen**, oder werden nachträglich in den sich dehnenden Zellen unter Durchbrechung der Zellwände neu angelegt, **sekundäre Plasmodesmen**. Hierbei bilden die Nachbarzellen jeweils eine Hälfte, die beim Aufeinandertreffen fusionieren. Im Zuge der Zelldifferenzierung können Plasmodesmen auch wieder durch Ablagerung von Zellwandmaterial (Callose) unterbrochen werden, z. B. bei der Aus-

EXKURS 2.2: Rhythmisch gesteuerte Mikrofibrillenorientierung: Die helicoidale Zellwand

Die Architektur der Zellwand ist viel dynamischer, als dies auf den ersten Blick erscheinen mag. Bei jungen Zellen erfolgt die Ablagerung der Mikrofibrillen in der Ebene der Zellwand zunächst ohne Vorzugsrichtung. Später aufgelagerte Schichten besitzen hingegen meist parallel angeordnete Mikrofibrillen in einer festgelegten Richtung, z. B. senkrecht zur Hauptwachstumsrichtung der Zelle. Die Orientierung der Mikrofibrillen kann also präzis gesteuert werden. Dies wird besonders deutlich bei den Zellwänden bestimmter zuglasttragender Gewebe, z. B. bei Collenchym- oder Epidermiszellen. In Querschnitten zeigen diese Wände ein hochgeordnetes, periodisches Muster halbkreisförmiger Bögen, das zunächst schwer in ein räumliches Modell umsetzbar erscheint. Abbildung A zeigt dieses Muster an einem elektronenmikroskopischen Schnitt durch die epidermale Außenwand in der Wachstumszone eines Hypokotyls der Mungbohne (*Phaseolus radiata*; Strich: 0,5 µm). Genauere Untersuchungen ergaben, dass solche Bilder bei schräger Schnittführung durch eine Abfolge von Wandschichten mit regelmäßig geänderter Mikrofibrillenorientierung zustande kommen (Abbildung B, C). Gesteuert durch eine innere Uhr ändert die Zelle die Richtung der neu aufgelagerten Mikrofibrillen kontinuierlich mit einer konstanten Winkelgeschwindigkeit (Abbildung D). Bei den Epidermiszellen des Mungbohnenhypokotyls dauert ein Umlauf dieser Uhr (360°) weniger als 4 h. Durch dieses **helicoidale** Bauprinzip erhält die Zellwand ähnlich wie Sperrholz eine in allen Richtungen der Fläche gleich hohe Stabilität. Durch wachstumsstörende Eingriffe, z. B. osmotischen Schock oder Ethylenbehandlung, kann die Uhr angehalten oder verzögert werden, was sich in einem geänderten Mikrofibrillenmuster nieder schlägt. Ähnlich wie Jahresringe bei einem Baum kann also die helicoidale Zellwand chronologische Information speichern. (A nach Reis et al. 1985; B, C nach Neville und Levy 1985; D nach Roland et al. 1987)

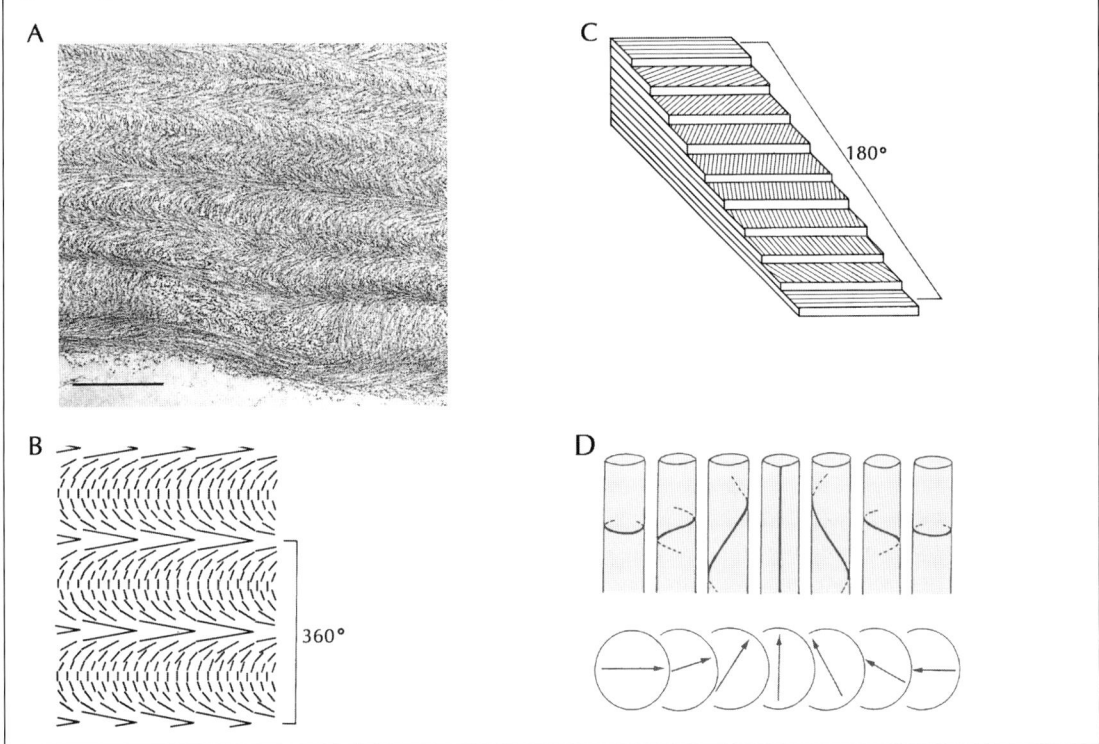

differenzierung der Schließzellen (→ S. 275). Plasmodesmenmodelle sind für die Theorie des symplastischen Stoff- und Signaltransports zwischen Pflanzenzellen ebenso wichtig wie für die systemische Ausbreitung von Viren (→ S. 634). Es gibt Hinweise, dass die Durchlässigkeit von Plasmodesmen durch bestimmte Außenfaktoren (z. B. Druck, Licht) reguliert werden kann.

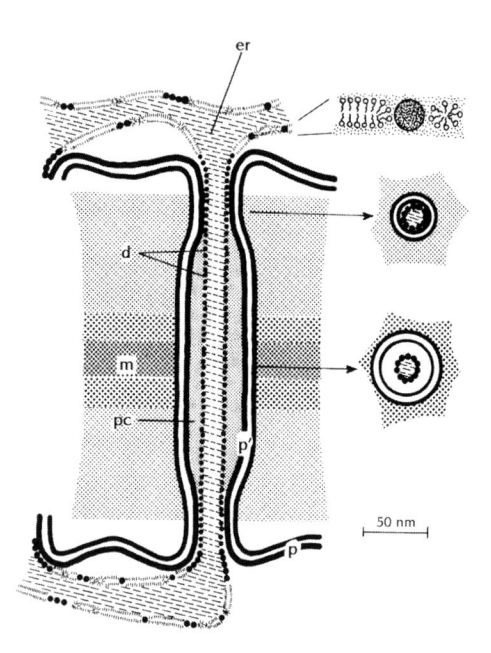

Abb. 2.12. Eine Interpretation der Ultrastruktur eines Plasmodesmos. Das Modell impliziert eine Kontinuität zwischen dem beiderseitigen endoplasmatischen Reticulum (ER) und dem Desmotubulus (zentraler Strang). Während das normale ER dem normalen Doppelschichtmodell einer Biomembran entspricht (→ Abbildung 2.3), soll die Membran des Desmotubulus ausschließlich aus globulären Proteinuntereinheiten bestehen. *d*, Desmotubulus; *er*, endoplasmatisches Reticulum; *p*, Plasmamembran; *p'*, Plasmamembran im Plasmodesmos; *pc*, Plasmodesmoshöhle; *m*, Mittellamelle zwischen den Zellwänden. (Nach Robards 1971)

2.2 Zellteilung

2.2.1 Cytokinese und Karyokinese

Die Vermehrung der Zellzahl im Organismus, **Zellproliferation**, durch mitotische Zellteilung, **Cytokinese**, ist besonders ausgeprägt während der Embryonalentwicklung, bleibt aber in speziellen Teilungsgeweben, den **Meristemen**, während der gesamten Lebensspanne einer Pflanze erhalten. Eine Zelle entsteht stets aus der Teilung einer Mutterzelle, wobei sich zunächst alle wesentlichen Zellbestandteile verdoppeln und das ganze System sich anschließend in zwei Hälften teilt, **Zellreplication.** Mit dem Begriff **autosynthetischer Zellcyclus** bezeichnet man die Vorgänge zwischen einer Zellreplication und der nächsten. Hierbei stehen in der Regel die Verdoppelung der DNA, der Chromosomen und des Zellkerns im Vordergrund. Diese Vorgänge bestimmen auch die Einteilung des Zellcy-

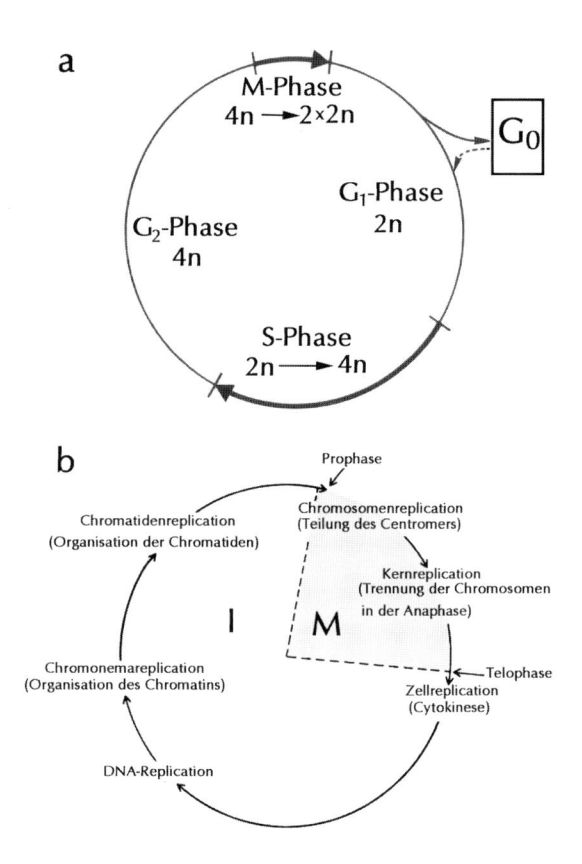

Abb. 2.13 a, b. Der mitotische Zellcyclus. **a** Einfaches Schema. Die **S-Phase** (DNA-Synthese) und die **M-Phase** (Mitose) sind durch eine präsynthetische G_1-*Phase* und eine postsynthetische G_2-*Phase* getrennt (G = *gap*). In der G_0-*Phase* befinden sich Zellen, die (zumindest vorübergehend) den Cyclus abgebrochen haben. Sie können unter dem Einfluss bestimmter Signale (z. B. Wundsignale) wieder in den Cyclus zurückkehren. Die Übergänge in die einzelnen Phasen verlaufen stets in der angegebenen Richtung und werden von Signalen (mitogene Faktoren, z. B. Auxin) gesteuert, wobei die Verweilzeit in den einzelnen Phasen stark variieren kann. In pflanzlichen Meristemen dauert ein Umlauf etwa 20–30 h, wovon die Mitose 1,5–3 h in Anspruch nimmt. Der Cyclus kann sowohl in der G_1- als auch in der G_2-Phase zeitweilig angehalten werden. **b** Die wesentlichen Ereignisse beim Zellcyclus. Die eigentliche Mitose (*M*) umfasst Veränderungen von Chromosomen, Nucleoli, Kernhülle und Teilungsspindel. Die Replication der DNA und der Chromosomenproteine und die Vereinigung der Komponenten zum funktionellen Chromatin erfolgen in den Phasen G_1 + S + G_2, die auch als **Interphase** (*I*) zusammengefasst werden. Bei der Chromatidenreplication entstehen zwei diskrete, in jeder Hinsicht gleiche Untereinheiten, die sich dann zu Beginn der Prophase zu den Tochterchromosomen kondensieren. Normalerweise folgt auf die Chromatidenreplication eine Kondensierung („Aufspiralisierung"); die Bildung von Riesenchromosomen zeigt aber, dass die Chromatidenreplication auch dann wiederholt erfolgen kann, wenn die Kondensierung der Chromatiden unterbleibt. Bei den Angiospermen desintegriert die Kernhülle in der späten Prophase; zur gleichen Zeit lösen sich die Nucleoli auf. (Nach Dyer 1976)

clus in verschiedene Phasen (Abbildung 2.13a). Wegen der großen Bedeutung des Kerngenoms erscheint diese Betonung gerechtfertigt. Man muss sich jedoch stets darüber im Klaren sein, dass der Zellcyclus neben dem besonders auffälligen Chromosomencyclus eine Reihe weiterer Prozesse einschließt (z. B. Kernhüllencyclus, Nucleolencyclus, Spindelcyclus, Zellwandsynthesecyclus). Der Mechanismus der Integration der verschiedenen Cyclen ist nicht klar; die vielen Beispiele für eine Entkoppelung der Teilprozesse (z. B. Endopolyploidie bei Hemmung des Spindelcyclus mit Colchicin) deuten darauf hin, dass die Verknüpfung relativ locker ist.

Als **Mitose** bezeichnet man den lichtmikroskopisch beobachtbaren Vorgang der äqualen Kernteilung, **Karyokinese**, der zu zwei gleichwertigen Tochterkernen führt. Hierbei treten die kompakten Transportformen der Chromosomen in Erscheinung. Die Strukturänderungen („Spiralisierung", „Entspiralisierung") und Bewegungen der Chromosomen sowie die Ausbildung der Teilungsspindel bestimmen die Einteilung des Mitoseablaufs in **Prophase, Metaphase, Anaphase, Telophase** (Abbildung 2.13b). Die Prophase wird durch die Zusammenlagerung der corticalen Mikrotubuli zum **Präprophaseband** eingeleitet, das die Teilungsebene festlegt (Abbildung 2.14). Die Verdoppelung der chromosomalen DNA (identische Chromatidenreplication) erfolgt **semikonservativ** während der **Interphase**. Die basischen Kernproteine, **Histone**, werden gleichzeitig mit der DNA synthetisiert, während die Vermehrung der übrigen Kernproteine bevorzugt beim Übergang von der Interphase in die Prophase stattfindet. Die „Verpackung" der DNA in Proteine (Bildung von Nucleosomen; → Abbildung 6.3) erfolgt so rasch, dass keine freie DNA zu beobachten ist.

In der Regel folgt auf die Kernteilung die Teilung des Cytoplasmas zwischen den Tochterkernen durch Einziehung einer neuen **Mittellamelle**. Die meisten Zellen einer Pflanze sind einkernig. **Polytänie** (Vervielfachung der DNA im Chromosom), **Polyploidie** (Vervielfachung der Chromosomen im Kern) und die Entstehung **mehrkerniger Zellen** (z. B. im Tapetum der Antheren) sind Abweichungen von dieser Regel, die zeigen, dass DNA-Replication, Mitose und Cytokinese nicht notwendigerweise miteinander gekoppelt sind. Die Trennung der zukünftigen Tochterzellen beginnt mit der Ausbildung des **Phragmoplasten** und der Zusammenlagerung von pektinhaltigen Golgivesikeln in der Äquatorialebene zur **Zellplatte** (Abbildung 2.15). Durch laterale Fusion der Golgivesikel entstehen kontinuierliche Plasmamembranen der Tochterzellen und dazwischen die Mittellamelle, auf die später cellulosehaltige Zellwandschichten aufgelagert werden. Der Transport der Vesikel entlang von Mikrotubuli des Phragmoplasten ist ein aktiver Prozess, der unter ATP-Verbrauch von Motorproteinen getrieben wird. Einige dieser Proteine wurden als GTP-bindende Proteine (→ S. 97) mit Ähnlichkeit zu entsprechenden tierischen Proteinen identifiziert. Der genaue Ablauf der Teilprozesse bei der Bildung der neuen Zellwände ist noch wenig erforscht. Durch das Studium von bestimmten Mu-

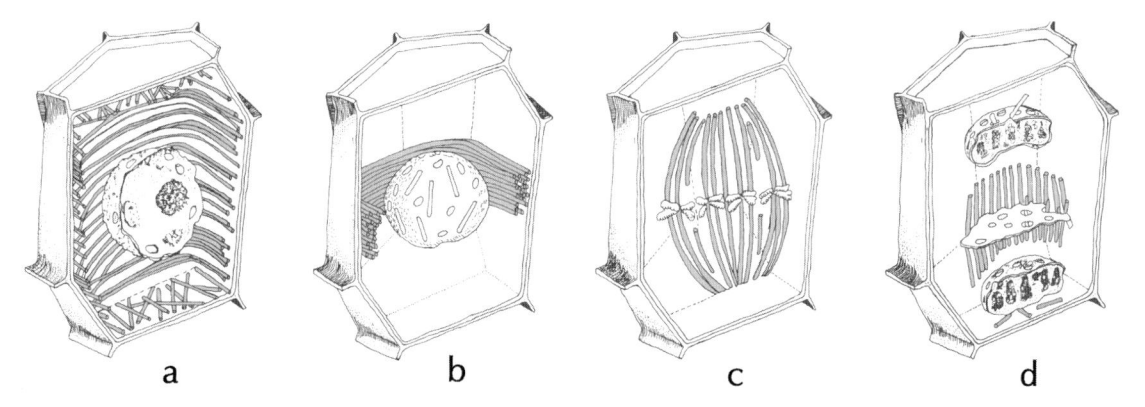

Abb. 2.14 a–d. Erscheinungsformen des Mikrotubulicytoskeletts in der Pflanzenzelle. **a** In der Interphasezelle dominieren die meist parallel orientierten **corticalen Mikrotubuli**, welche an der Innenseite der Plasmamembran ein korbartiges Geflecht bilden. **b** Bei der Einleitung der Mitose bildet sich ein **Präprophaseband** aus parallelen Mikrotubuli aus. **c** In der Metaphase der Mitose bilden die Mikrotubuli den **Spindelapparat**. **d** In der Telophase der Mitose ordnen sich Mikrotubuli zum **Phragmoplasten** an, in dem die Zellplatte gebildet wird. (Nach Goddard et al. 1994)

tanten weiss man, dass hierbei eine Reihe von regulatorischen Proteinen beteiligt ist. Mutationen in den Genen für diese Proteine bewirken Störungen der Cytokinese, z. B. verhindert bei *Arabidopsis* eine Mutation im Gen *KNOLLE* die ersten periklinen Zellteilungen im Proembryo und führt dadurch zu Missbildungen.

Die zwischen den Tochterzellen neu gebildeten Zellwände finden Anschluss an die Zellwand der Mutterzelle und werden dort fest verankert. Die später einheitlich erscheinende Primärwand der Zelle lässt nicht mehr erkennen, dass sie aus einem Mosaik einzelner, unabhängig voneinander entstandener Abschnitte besteht, die zu verschiedenen Zeiten im Verlauf von Zellteilungen angelegt wurden.

2.2.2 Regulation des Zellcyclus

In physiologischen Experimenten wurden Substanzen identifiziert, welche die Mitoseaktivität auslösen bzw. erhöhen. Mit Hilfe bestimmter Testsysteme, z. B. Gewebekulturen, lassen sich solche Substanzen nachweisen. Man entnimmt ein steriles Gewebestück aus dem Mark der Sprossachse einer Pflanze (z. B. Tabak) und bringt es auf Nähragar (Agar mit Nährsalzen, Vitaminen und geeigneten Zuckern als C-Quelle). Es erfolgt kein Wachstum. Fügt man dann bestimmte Substanzen hinzu, z. B. die Hormone Auxin und Kinetin (→ Abbildung 18.6, 18.19), so stellt sich üppiges Wachstum ein. Die Richtung der Teilungsebenen ist aber nicht reguliert; es entsteht somit ein amorphes Gewebe, ein **Kallus**. Wenn die Zellen mechanisch getrennt werden, entsteht eine **Zellsuspensionskultur**, in der die Zellteilung in Gegenwart von Auxin und Cytokinin unvermindert weiter ablaufen kann. Es ist sehr wahrscheinlich, dass das **Auxin**, das im Testsystem bereits in sehr geringen Konzentrationen teilungsauslösend wirkt, auch in der Pflanze als Mitosehormon fungiert (→ S. 414). Neben Auxin ist ein **Cytokinin** (z. B. Kinetin) als weiteres Phytohormon für die Zellteilung notwendig. Diese hormonellen Signalsubstanzen steuern in noch nicht genau bekannter Art und Weise einzelne Abschnitte des Zellcyclus, wobei regulatorische Proteine, **Cycline**, beteiligt sind. Cycline aktivieren **Cyclin-abhängige Proteinkinasen (CDKs)** durch Bildung von Cyclin-CDK-Komplexen, die an bestimmten

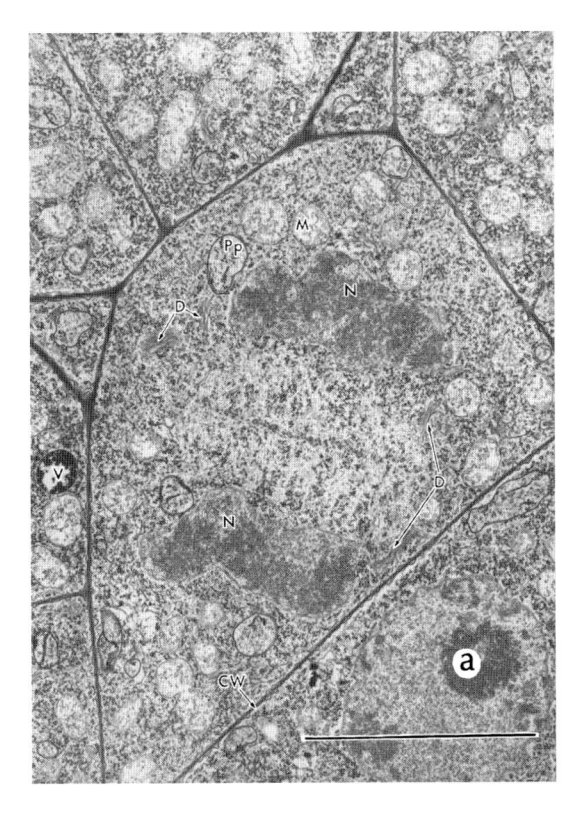

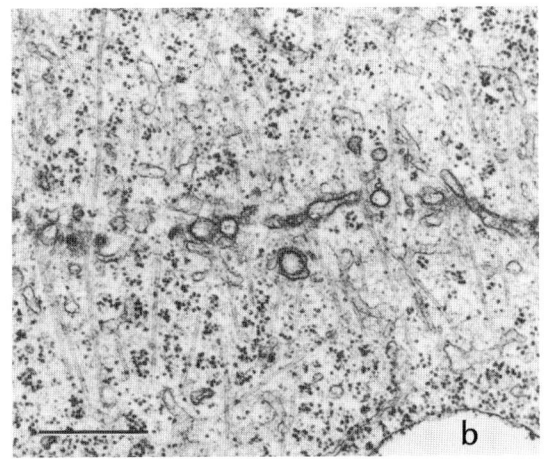

Abb. 2.15 a, b. Elektronenmikroskopische Schnitte durch eine sich teilende Zelle in der Telophase (a) und ein vergrößerter Ausschnitt, der die aus fusionierenden Golgivesikeln entstehende Zellplatte zeigt (b). Der helle Bereich zwischen den Tochterkernen in a repräsentiert den Phragmoplasten, dessen senkrecht zur Teilungsebene verlaufende Mikrotubuli in b erkennbar sind. *N*, Nucleus; *M*, Mitochondrion; *D*, Dictyosom; *V*, Vacuole; *CW*, Zellwand; *Pp*, Proplastide. Objekte: **a** Sporogenes Gewebe von *Saintpaulia ionantha*. (Nach Ledbetter und Porter 1970; Strich: 5 μm). **b** Wurzelspitze von *Phaseolus vulgaris*. (Nach Newcomb 1980; Strich: 0,5 μm)

Kontrollpunkten des Cyclus fördernd eingreifen, vor allem bei den Übergängen $G_1 \rightarrow S$ und $G_2 \rightarrow M$ (→ Abbildung 2.13a). Daneben hat man inhibitorische Proteine (**CKIs**) identifiziert, welche die CDKs inaktivieren. Durch ein Wechselspiel solcher regulatorischer Proteine wird die Expression von Zellcyclusgenen gesteuert und damit u. a. entschieden, ob eine Zelle eine weitere Teilungsrunde durchläuft oder den Cyclus verlässt und in der G_0-Phase zur Zelldifferenzierung übergeht. Unter dem Einfluss von Auxin und Cytokinin können Zellen wieder vom G_0- in den G_1-Zustand zurückkehren (→ Abbildung 18.20). In ruhenden Samen sind die meristematischen Zellen des Embryos in der G_1-Phase (oder in G_1 und G_2) arretiert, von wo sie nach der Keimung den Zellcyclus weiter durchlaufen. Die Dauer der G_1-Phase ist für die Teilungsaktivität im Meristem maßgebend; sie hängt entscheidend von der Expression bestimmter Cycline ab. Eine Überexpression dieser Cycline führt zu einer Verkürzung der G_1-Phase und damit zu einer gesteigerten Zellteilungsrate (→ Exkurs 2.3). Auxin und Cytokinin bewirken in Zellkulturen eine erhöhte Produktion von CDKs; die Angriffsorte dieser mitogenen Hormone sind jedoch noch nicht bekannt.

2.2.3 Determination der Teilungsebene

Die Lage der Teilungsebene ist bestimmt durch die Lage der Spindelpole: Die Zellplatte bildet sich in der durch die Lage des Präprophasebandes vorgegebenen Äquatorialebene senkrecht zur Spindelachse (→ Abbildung 2.14). Bei axial geformten Zellen erfolgt die Teilung meist senkrecht (seltener parallel) zur langen Zellachse. In den Fällen, in denen eine Zellpolarität nachweisbar ist (häufig erkennbar an einer sichtbaren Strukturasymmetrie der Mutterzelle; → Abbildung 2.21a), fallen Polaritätsachse und Spindelachse zusammen. Die Lage der Teilungsebene ist also durch die Axialität bzw. Polarität der Mutterzelle determiniert, und zwar bevor sich die Mitosespindel ausbildet. In günstigen Fällen lässt sich zeigen, dass die Polaritätsachse bei Einzelzellen durch Außenfaktoren (z. B. Licht) festgelegt wird (→ Abbildung 2.21b). Bei kompakten Meristemen ist die Frage nach der Festlegung der Teilungsebene kaum analysiert, zumal die sich teilenden meristematischen Zellen oft keine ausgeprägte Axialität aufweisen.

Auch in den ausgewachsenen Zellen pflanzlicher Organe ist die Orientierung der Zellachsen und da-

---

EXKURS 2.3: Überexpression eines Zellcyclus-regulierenden Cyclins führt zu gesteigertem Wurzelwachstum

In Wurzeln von *Arabidopsis thaliana* (→ S. 142) konnte eine Cyclin-abhängige Proteinkinase (CDC 2) identifiziert werden, die durch das Cyclin CYC1 aktiviert wird. Zur Überprüfung der Rolle dieses Cyclins wurden transgene *Arabidopsis*-Pflanzen erzeugt, welche das *CYC1*-Gen, gekoppelt an einen wurzelspezifischen Promotor, im Wurzelmeristem stark überexprimieren. Dies führt zu einem erhöhten Spiegel an CYC1-Protein und zu einer Steigerung der Zellteilungsrate im Meristem. Als Folge dieses genetischen Eingriffs beobachtet man ein verstärktes Längenwachstum der Wurzel. Abbildung A zeigt eine transformierte Pflanze *(rechts)* neben einer nicht-transformierten Kontrollpflanze *(links)*. Die Wirkung des erhöhten CYC1-Spiegels in der transformierten Pflanze tritt noch deutlicher hervor, wenn zusätzlich durch Auxin die Bildung von Seitenwurzeln stimuliert wird (Abbildung B). Diese Resultate zeigen, dass das CYC1-Protein ein begrenzender, und damit regulierender Faktor der Zellteilung im Wurzelmeristem ist. Ein Überangebot dieses Proteins beschleunigt den Zellcyclus und liefert damit mehr Zellen für das Wurzelwachstum, das aber weiterhin in geordneten Bahnen abläuft. (Nach Doerner et al. 1996)

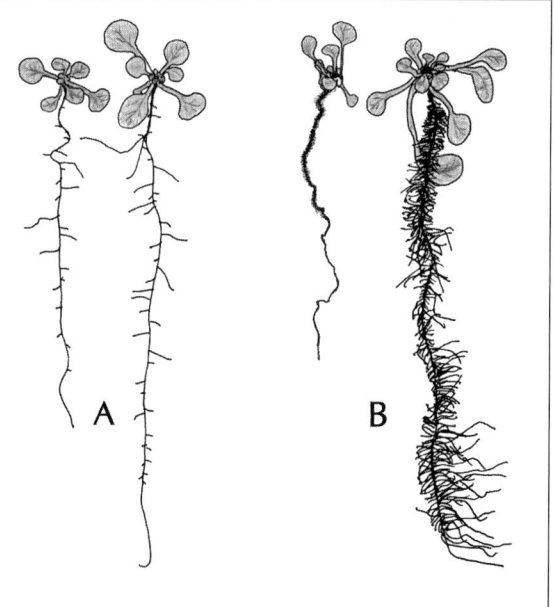

mit die Lage der Teilungsebene nicht starr fixiert. Dies wird am Beispiel der induzierten Zellteilung bei der Wundheilung deutlich. Nach Verletzung einer Wurzel ändern sich die Achsenverhältnisse in den Wundrandzellen in der Weise, dass die corticalen Mikrotubuli nicht mehr senkrecht zur Längsachse, sondern parallel zur Wundoberfläche orientiert sind. Dies hat zur Folge, dass bei der einsetzenden Zellteilung die neuen Zellwände ebenfalls parallel zur Wundoberfläche, d. h. optimal für den Wundverschluss durch Zellproliferation eingezogen werden.

In diesem Zusammenhang sind experimentelle Befunde an Protoplasten bedeutsam, die sich nach Entfernung der Zellwand abkugeln und ihre Axialität verlieren (→ Abbildung 24.7). Wenn man solche Protoplasten in ein Agarmedium einbettet, bilden sie eine neue Zellwand und teilen sich unter Ausbildung zufallsmäßig ausgerichteter Trennwände. Lässt man eine gerichtete mechanische Kraft auf die Protoplasten einwirken, so wird dadurch die Orientierung der Teilungsebene mit einer Vorzugsrichtung parallel zum dehnenden Kraftvektor ausgerichtet. Ähnlich verhält sich auch eine axial komprimierte Kalluskultur. Diese Resultate zeigen, dass mechanische Kräfte eine wichtige Rolle bei der Orientierung der Zellteilungsebene besitzen, und zwar auch dann, wenn die mütterliche Zellwand nicht mehr vorhanden ist.

2.3 Zelldifferenzierung

Aus den Zellen, die aus dem Zellcyclus ausscheiden (Übergang $G_1 \to G_0$; → Abbildung 2.13a), entwickeln sich die verschiedenen Typen von Körperzellen, die wir in vielfach modifizierter Form in der vielzelligen Pflanze vorfinden (Abbildung 2.16). Das Verschiedenwerden von Zellen während der Entwicklung nennt man der Tradition folgend **Zelldifferenzierung.** Das Resultat der Zelldifferenzierung ist eine Vielzahl diskreter Zellphänotypen, die in hochgeordneter Form die verschiedenen Gewebe und Organe der Pflanze aufbauen. Allgemein verwendet man den Begriff der Differenzierung für die Überführung eines Zellphänotyps in einen anderen. Daher ist z. B. auch die embryonale Zelle als differenziert aufzufassen. Sie repräsentiert den spezifischen Differenzierungszustand eines funktionell für die Zellteilung spezialisierten Zellphänotyps. Für die Änderung des Differenzierungszustands bei adulten Zellen verwendet man auch den Begriff **Umdifferenzierung.** Die gelegentlich vorkommende Umdifferenzierung einer adulten Zelle in eine embryonale Zelle nennt man auch **Reembryonalisierung.** Die zur Beschreibung des Differenzierungsgeschehens gebräuchliche Terminologie ist in Abbildung 2.17 zusammengestellt.

Grundsätzlich stellt sich die folgende Frage: Wie kann aus einer Keimzelle (Zygote, Spore) auf der Basis der gleichen genetischen Information die Mannigfaltigkeit an Zelltypen entstehen, die in der vielzelligen Pflanze zu einer funktionellen Einheit zusammengefasst sind? Auf diese zentrale Frage der Entwicklungsphysiologie gibt es bis heute noch keine umfassende Antwort. Wir können zwar die Differenzierung von Zellen sehr detailliert auf der feinstrukturellen und biochemischen Ebene beschreiben; die auslösenden Signale, ihre Entstehung und ihr Zusammenwirken sind jedoch noch weitgehend unbekannt. Der unscharfe Begriff „Milieu" (→ Abbildung 2.16) ist eine Metapher, die diesen Sachverhalt treffend zum Ausdruck bringt. Bei der Beantwortung dieser Frage müssen wir davon ausgehen, dass die Vermehrung der Zellen über mitotische Teilungen erfolgt. Dies bedeutet, dass zumindest die im Zellkern deponierte genetische Information der Mutterzelle streng **äqual** auf die Tochterzellen verteilt wird. Die durch Mitosen erzeugten Nachkommen einer Zelle bilden eine Abstammungsreihe oder **Zelllinie.** Da bei Pflanzen, im Gegensatz zu Tieren, die Zellen im Organismus nicht wandern

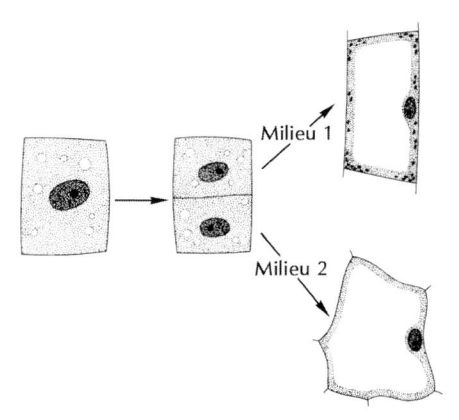

Abb. 2.16. Morphologisch äquale Teilung einer embryonalen Zelle aus einem Blattprimordium gefolgt von **Zelldifferenzierung**. Die verschiedenartigen Phänotypen der Tochterzellen (Assimilationsparenchymzelle bzw. Epidermiszelle) sind darauf zurückzuführen, dass verschiedenartige Faktoren auf die Tochterzellen einwirken (*Milieu 1* bzw. *Milieu 2*).

2.3 Zelldifferenzierung

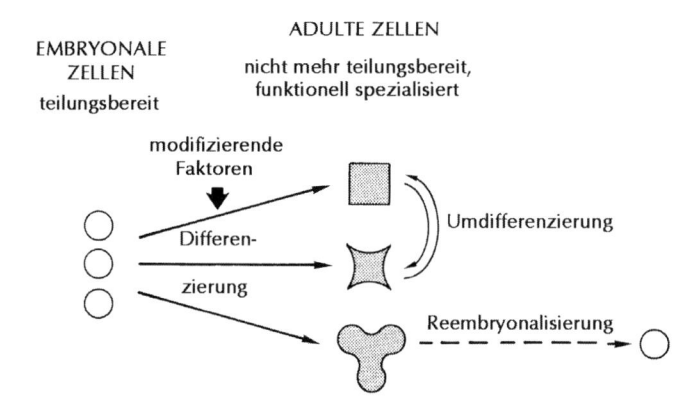

Abb. 2.17. Schema zum Begriff Differenzierung (Zelldifferenzierung). Embryonale, teilungsbereite Zellen gehen durch den Prozess der *Differenzierung* (unter dem Einfluss *modifizierender Faktoren*) in adulte, nicht mehr teilungsbereite Zellen mit distinkt verschiedenen morphologischen und funktionellen Eigenschaften über (diskrete Zellphänotypen). Auch adulte, differenzierte Zellen können unter bestimmten Bedingungen ihre phänotypische Ausprägung ändern (*Umdifferenzierung*) oder zum embryonalen Zustand zurückkehren (*Reembryonalisierung*). Auch dieser Schritt ist als Differenzierungsprozess aufzufassen. Das Gegenteil von „differenziert" ist „gleichartig", nicht „embryonal".

können, kann man die Zelllinien im Prinzip durch die räumliche Anordnung der Zellen erschließen. Diese **klonale Analyse** der Zellabstammung wird erheblich erleichtert, wenn die Ausgangszelle durch eine spontane oder experimentell erzeugte Mutation in einem für die Entwicklung unwichtigen Gen markiert ist und daher die Nachkommen von ihren Nachbarn phänotypisch unterscheidbar sind (z. B. durch das Fehlen oder die Bildung eines Farbstoffs). Auf diese Weise lässt sich die genealogische Abfolge der Nachkommen einer Zelle und ihr Entwicklungsschicksal vor dem Hintergrund des restlichen Gewebes eindeutig verfolgen.

Embryonale Zellen sind *per definitionem* omnipotent (= totipotent), d. h. sie besitzen noch die Fähigkeit, alle anderen Zelltypen aus sich hervorgehen zu lassen. Sie werden daher auch als **Stammzellen** bezeichnet. Die Meristeme am Spross- und Wurzelapex der Pflanze enthalten solche Stammzellen (→ S. 389). Im Verlauf der weiteren Entwicklung werden die Abkömmlinge dieser Zellen in verschiedene Differenzierungsbahnen gelenkt, wobei unter dem Einfluss „modifizierender Faktoren" unterschiedliche (oft überlappende) Bereiche der genetischen Information abgelesen und in entsprechende Merkmale umgesetzt werden. Hierbei interessiert die Frage, zu welchem Zeitpunkt das Entwicklungsschicksal einer Zelle festgelegt wird und wie stabil diese Festlegung ist. Mit anderen Worten: Wann und wie dauerhaft wird die Omnipotenz der Zellen bei ihrer Differenzierung eingeschränkt? Wir wissen aus vielen experimentellen Untersuchungen, z. B. mit Hilfe der klonalen Analyse von Zelllinien, dass pflanzliche Zellen in vielen Fällen eine erstaunlich hohe **Entwicklungsplastizität** besitzen. Darunter versteht man die Tatsache, dass der Differenzierungszustand zu keinem Zeit-

Wie kommt es zur Differenzierung verschiedener Zellphänotypen bei gleicher genetischer Information?
Das folgende, im Detail hypothetische Konzept stützt sich vor allem auf die Analyse von Entwicklungsmutanten, bei denen der Ausfall bestimmter Regulatorgene zu distinkten Änderungen der Zelldifferenzierung führt.

▶ Die genetische Information der Zelle gliedert sich in die für Stoffwechselproteine codierenden **Arbeitsgene** und die übergeordneten **Regulatorgene**, welche den Aktivitätszustand der Arbeitsgene steuern.

▶ Auf der Ebene der Regulatorgene sind auch die spezifischen **Muster** für die in den verschiedenen Zellphänotypen einer Pflanze aktiven Arbeitsgene einprogrammiert.

▶ Die Realisierung der verschiedenen Programme erfolgt durch „modifizierende Faktoren" (z. B. Hormone, Licht, Einflüsse von Nachbarzellen), welche von der Zelle über Receptoren perzipiert und in molekulare Steuersignale umgesetzt werden. Diese Signale rufen bestimmte Genaktivitätsprogramme aus dem Programmspeicher ab, die sich in entsprechenden Proteinmustern niederschlagen.

▶ Unterschiedliche Proteinmuster – und damit unterschiedliche Zellphänotypen – ergeben sich, wenn
1. „modifizierende Faktoren" auf gleichartige Zellen in unterschiedlicher Weise einwirken, oder
2. es zu Wechselwirkungen zwischen Genprogrammen kommt mit der Folge, dass ein bestimmter „modifizierender Faktor" in verschiedenen Zellen unterschiedlich wirksam wird.

punkt irreversibel festgelegt wird, sondern unter dem Einfluss veränderter „modifizierender Faktoren" in einen anderen Differenzierungszustand überführt werden kann (**Umdifferenzierung**; → Abbildung 2.17). Dieser Sachverhalt wird bei der Embryonalentwicklung der Blütenpflanzen genauer beleuchtet (→ S. 384). Im Folgenden sollen exemplarisch zwei adulte Zellphänotypen näher untersucht, und dabei einige wichtige Eigenschaften adulter Zellen behandelt werden.

Die Assimilationsparenchymzelle (→ Abbildung 1.8). Die Differenzierung einer embryonalen Zelle in eine photosynthetisch aktive Zelle des Assimilationsgewebes im Blatt ist mit einer starken Volumenzunahme durch Zellwandwachstum verbunden. **Zellwachstum** durch plastische Dehnung der Zellwand ist fast stets eine Begleiterscheinung der Zelldifferenzierung (→ S. 101). Hierbei wird, anders als bei tierischen Zellen, der plasmatische Anteil des Zellvolumens nicht erheblich vergrößert. Der neu hinzukommende Raum wird vielmehr durch eine Ausdehnung der **Zentralvacuole** ausgefüllt, welche durch Verschmelzen der bereits in der embryonalen Zelle vorliegenden, kleinen Vacuolen entsteht (→ Abbildung 5.1). Das Protoplasma bildet in diesem Stadium nur noch einen dünnen, von Plasmamembran und Tonoplast begrenzten Wandbelag (→ Abbildung 2.2).

Der in der Vacuole vorliegende **Zellsaft** ist eine konzentrierte Lösung von Ionen und organischen Molekülen, deren hohe osmotische Konzentration zusammen mit der reissfesten, elastisch dehnbaren Zellwand für die Ausbildung des Turgordrucks verantwortlich ist (→ S. 55). Außerdem übernimmt die Vacuole in der ausgewachsenen Zelle die Aufgaben eines **lytischen Kompartiments**, d. h. diejenigen Funktionen, die in der tierischen Zelle von den Lysosomen wahrgenommen werden. Der saure Zellsaft (pH 4 – 5) enthält lytische Enzyme (z. B. Proteinasen, Glycosidasen, Phosphatasen, Nucleasen), deren pH-Optima in der Regel im sauren Bereich liegen. Mit Hilfe dieser Enzyme können viele Moleküle nach ihrer Einschleusung in die Vacuole abgebaut werden. Darüber hinaus dient dieses Kompartiment zur Ablagerung von löslichen Speicherstoffen (z. B. Saccharose und Aminosäuren), Farbstoffen (z. B. Anthocyan) und von toxischen Stoffwechselprodukten, welche die Pflanze wegen des Fehlens einer aktiven Exkretion durch „Inkretion" aus dem Protoplasma entfernen muss. Die Konzentration des Zellsafts an gelösten Teilchen liegt bei $0{,}2 - 0{,}6 \; \text{mol} \cdot \text{l}^{-1}$. Dies entspricht einem osmotischen Druck von $0{,}5 - 1{,}5$ MPa.

Im Protoplasma der ausgewachsenen Assimilationsparenchymzelle findet man im Prinzip alle jene Organellen und Partikel, die wir bereits bei der meristematischen Zelle kennengelernt haben. Im Zuge der Zelldifferenzierung finden jedoch erhebliche strukturelle und funktionelle Veränderungen statt. Die Entwicklung der Zellorganellen wird daher in einem eigenen Kapitel behandelt (→ S. 158). An dieser Stelle sollen lediglich einige weitere, wesentliche Unterschiede zwischen der embryonalen und der ausgewachsenen Zelle kurz zusammengefasst werden. Im Cytoplasma der ausgewachsenen Zelle ist die Ribosomendichte und damit auch die Proteinsynthese deutlich verringert. Der nun nicht mehr kugelige, sondern linsenförmige Zellkern ist kleiner und weniger aktiv. Auch die Nucleoli, die Bildungsorte der ribosomalen RNAs, sind entsprechend geschrumpft. Die auffälligsten Veränderungen zeigen die Plastiden. Aus den kleinen Proplastiden (< 1 μm) sind große **Chloroplasten** (etwa 5 μm) entstanden, welche den Photosyntheseapparat der Zelle beherbergen (Abbildung 2.18). Zusammen mit den Chloroplasten tritt in der Assimilationsparenchymzelle eine spezielle Modifikation der Peroxisomen auf, das **Blattperoxisom** (→ S. 164). Demgegenüber zeigen die Mitochondrien beim Übergang zur ausdifferenzierten Zelle meist keine massiven

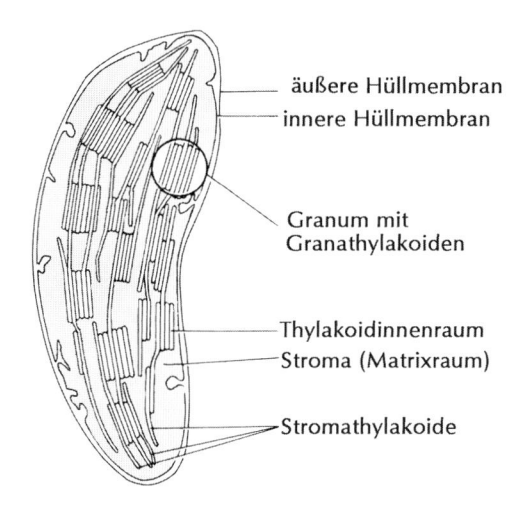

Abb. 2.18. Strukturmodell eines Chloroplasten aus dem Assimilationsgewebe einer höheren Pflanze. Das Modell beruht auf elektronenmikroskopischen Studien (→ Abbildung 8.6) an Längsschnitten durch Chloroplasten. Das Modell betont den Gesichtspunkt, dass der Innenraum der Thylakoide vom Matrixraum völlig getrennt ist. (Nach Trebst und Hauska 1974)

Veränderungen. Dies ist verständlich, da der in ihnen kompartimentierte Atmungsstoffwechsel ein essenzielles Element aller Zellen darstellt und daher keine tiefgreifenden Umgestaltungen im Zusammenhang mit der Zelldifferenzierung erfährt.

Die aus Cellulose und Matrixpolysacchariden aufgebaute Zellwand der adulten Zelle muß trotz ihrer hohen mechanischen Belastbarkeit als relativ lockeres Maschenwerk aufgefasst werden, das große Mengen von teils gebundenem, teils frei beweglichem Wasser enthält. Der für Wasser zugängliche Anteil des Zellwandvolumens liegt bei etwa 35 %. Permeabilitätsmessungen an Primärwänden haben ergeben, dass globuläre Partikel bis zu 7 nm Durchmesser in den Hohlräumen dieses Maschenwerks frei beweglich sind; dies entspricht bei globulären Proteinen einer Teilchenmasse von etwa 60 kDa. Die Poren der Zellwand sind also sehr viel größer als der Durchmesser von Teilchen wie z. B. H_2O (0,2 nm), hydratisiertem K^+ (0,35 nm) oder Saccharose (1,5 nm). Der Protoplast ist somit von einer geschlossenen Wassermasse umgeben, mit der sich an der Plasmamembran ein Diffusionsgleichgewicht bezüglich Wasser ausbildet. Aufgrund ihres hohen Gehalts an beweglichem Wasser ist die Zellwand ein Transportraum für niedermolekulare, wasserlösliche Substanzen. Man spricht in diesem Zusammenhang vom **freien Diffusionsraum** der Zellwand und meint damit denjenigen Volumenanteil, der von Wasser und kleinen ungeladenen Molekülen (z. B. Zuckermolekülen) frei erreichbar ist. Für geladene Moleküle und anorganische Ionen gilt dies nicht, da die Zellwandmatrix selbst geladene Gruppen („Ankerionen") an Proteinen und glucuronsäurehaltigen Polymeren trägt, welche mit gelösten Ionen in Wechselwirkung treten. Insgesamt besitzt die Zellwand aufgrund ihres Gehalts an polyanionischen Pektinen eine negative Nettoladung und kann daher erhebliche Mengen an Kationen unter Ausbildung eines Donnanpotentials (→ S. 63) reversibel binden („Austauschadsorption"). Dies ist die Ursache dafür, dass die Konzentration an Kationen in der wässrigen Phase der Zellwand scheinbar höher sein kann, als die Konzentration an elektrisch neutralen Molekülen. Man spricht daher auch von einem **apparent freien Diffusionsraum** für Ionen und schließt darin die Wechselwirkungen mit Ankerionen der Zellwand mit ein. In der englischsprachigen Literatur werden oft folgende Begriffe verwendet: *water free space* (*WFS*) + *Donnan free space* (*DFS*) = *apparent free space*

> - In der ausgewachsenen Zelle ist die Zellwand noch **elastisch**, aber nicht mehr **plastisch** dehnbar.
> - **Zellgröße** und **Zellform** werden durch die Zellwand festgelegt.
> - In einem pflanzlichen Gewebe kann man grundsätzlich zwei Räume unterscheiden: 1. die Gesamtheit der Protoplasten einschließlich der sie verbindenden Plasmodesmen = **Symplast** und 2. die Gesamtheit der extraprotoplasmatischen Räume = **Apoplast**.
> - Der Apoplast enthält die Zellwände, welche den Symplast als „Außenwelt" umgeben. Der Apoplast ist ein **Diffusionsraum** für Wasser und kleine bis mittelgroße Moleküle. Dieser kann durch lokale Einlagerung von Lignin und/oder Suberin in die Zellwände begrenzt werden.

(*AFS*). Für Anionen ist der apparente freie Diffusionsraum wegen der Abstoßungskräfte zwischen negativen Ladungen kleiner als für Anelektrolyte. Der kontrollierte Austausch von Molekülen (z. B. Photosyntheseprodukten) zwischen Protoplasma und Zellwandraum ist bei Assimilationszellen von zentraler Bedeutung.

Die verholzte Pflanzenzelle. In den meisten parenchymatischen Zellen behält die Zellwand auch im adulten Zustand den Charakter einer elastisch dehnbaren Primärwand mit den im vorigen Abschnitt geschilderten Eigenschaften als freier Diffusionsraum. In jenen Zellen, welche im Zuge der Differenzierung Festigungsgewebe bilden, wird nach Beendigung des Wachstums auf die primäre Zellwand eine oft mehrschichtige **Sekundärwand** aufgelagert. Diese enthält gegenüber der Primärwand einen erhöhten Anteil an Cellulose (50–90 %) und zusätzliche Matrixkomponenten, welchen der Wand eine hohe Stabilität bei verminderter Elastizität verleihen. In Speichergeweben von Samen, z. B. im Endosperm oder in Speicherkotyledonen, treten oft sekundär verdickte Zellwände auf, welche hauptsächlich aus **Galactomannanen** (1,4-β-verknüpfte Mannosylketten mit 1,6-α-gebundenen Galactosylresten) oder **Glucomannanen** bestehen. Diese Hemicellulosepolymere werden während der Samenreife abgelagert und nach der Keimung durch extraprotoplasmatische Enzyme wieder abgebaut; sie sind also als Kohlenhydratspeichermoleküle anzusprechen (→ S. 237).

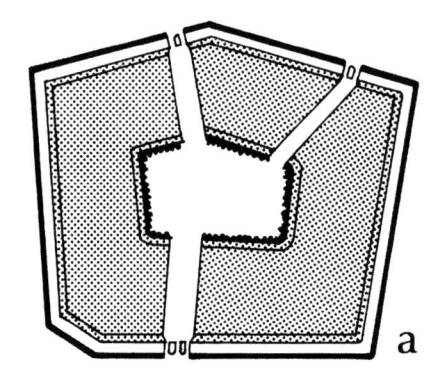

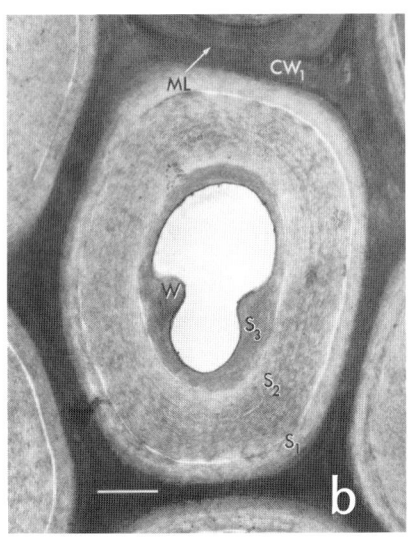

Abb. 2.19 a,b. Querschnitt durch die Wand einer Holzfaserzelle. **a** Die Schichtenfolge in der Zellwand von außen nach innen: Mittellamelle (*schwarz*), Primärwand (*weiß*), Sekundärwand (*punktiert*). In der Wand sind drei Tüpfelkanäle zu erkennen. Die gesamte Wand ist bei diesem Zelltyp mit Lignin inkrustiert. (Nach Kleinig und Sitte 1999). **b** Elektronenmikroskopischer Querschnitt durch eine Holzfaserzelle aus dem Stamm der Eibe (*Taxus canadensis*). CW_1, Primärwand; *ML*, Mittellamelle. In der **Sekundärwand** lassen sich folgende Schichten unterscheiden: Außen eine dünne Übergangsschicht (S_1), meist mit flacher Schraubentextur; die massive Hauptschicht mit mehr oder weniger steiler Schraubentextur (S_2); innen die dünne, aber besonders resistente Tertiärlamelle (S_3) mit wieder flacher Schraubentextur. Der S_3-Lamelle ist innen eine Warzenschicht (*W*) aufgelagert. Der Protoplast ist in dieser (abgestorbenen) Zelle nicht mehr vorhanden. *Strich*: 1 µm. (Nach Ledbetter und Porter 1970)

Die entscheidenden Voraussetzungen für die Evolution der Landpflanzen waren zwei physiologische Erfindungen. Die **Synthese des Lignins** und die **Inkrustation von Zellwänden mit Lignin**, die sogenannte **Verholzung**. Die dem Wasserferntransport und der Festigung des Vegetationskörpers dienenden Zellen (Tracheenelemente, Tracheiden, Holzfasern) bilden nach Abschluß des Zellwachstums eine Sekundärwand aus, die neben Cellulose, Pektinen und Hemicellulosen einen erheblichen Ligninanteil enthält (20 – 35 %). Auch Mittellamelle und Primärwand lagern Lignin ein. Die auf diese Weise „verholzten" Wände statten die Zellen mit einer extrem hohen Zug- und Bruchfestigkeit aus, wobei die Elastizität zum Teil erhalten bleibt. Die hohe Stabilität der lignifizierten Zellwand macht den Turgordruck als stabilisierendes Element der Zelle entbehrlich. Die Unbenetzbarkeit durch Wasser ist ein weiteres Charakteristikum ligninhaltiger Wände. Sie verlieren daher die Eigenschaft als freier Diffusionsraum. Derartige Zellen eignen sich besonders gut als Festigungselemente und als Leitelemente für den Wasserferntransport der Landpflanzen. Als Prototyp einer lignifizierten Zelle ist in Abbildung 2.19 eine Holzfaserzelle dargestellt.

Lignin ist ein amorphes, isotropes Mischpolymerisat, das im wesentlichen aus drei monomeren Bausteinen, den sekundären Phenylpropanen (Monolignolen) **Cumaryl-**, **Coniferyl-** und **Sinapylalkohol** aufgebaut ist (Abbildung 2.20). In geringen Mengen kommen aber auch die entsprechenden Zimtsäuren und Zimtaldehyde vor. Die bekannte Rotfärbung des Holzes mit Phoroglucin/HCl geht beispielsweise auf Zimtaldehyde zurück. Die Zusammensetzung des Lignins variiert bei den verschiedenen Pflanzengruppen erheblich. Zwar findet man stets alle drei Bausteintypen, aber in unterschiedlicher Relation: Laubholzlignin weist einen hohen Sinapylanteil auf, während das Lignin der Nadelhölzer überwiegend aus Coniferylbausteinen besteht. Die Biosynthese des Lignins aus den Monolignolen in der Zellwand wird in Kapitel 16 ausführlich behandelt.

Neben der Einlagerung von Lignin besitzt die höhere Pflanze weitere Möglichkeiten zur Herabsetzung der Permeabilität der Zellwand für Wasser und andere Moleküle (z. B. CO_2). Die **Cuticula**, welche die Epidermis aller Sproßorgane überzieht, kommt durch Imprägnierung der äußeren Wandschichten mit **Cutin** zustande, einem makromolekularen Material, das aus einer Mischung von Hydroxyfettsäuren, Fettsäureestern und Phenolen besteht. Diese Moleküle bilden durch esterartige Verknüpfung eine hydrophobe Matrix, die zudem noch außen mit einer wasserabweisenden Wachsschicht bedeckt ist. Im Caspary-Streifen der Wurzelendodermis (→ Abbildung 1.10) und in verkorkten Zellen wird ein ähnlicher Isolationseffekt durch die Einlagerung

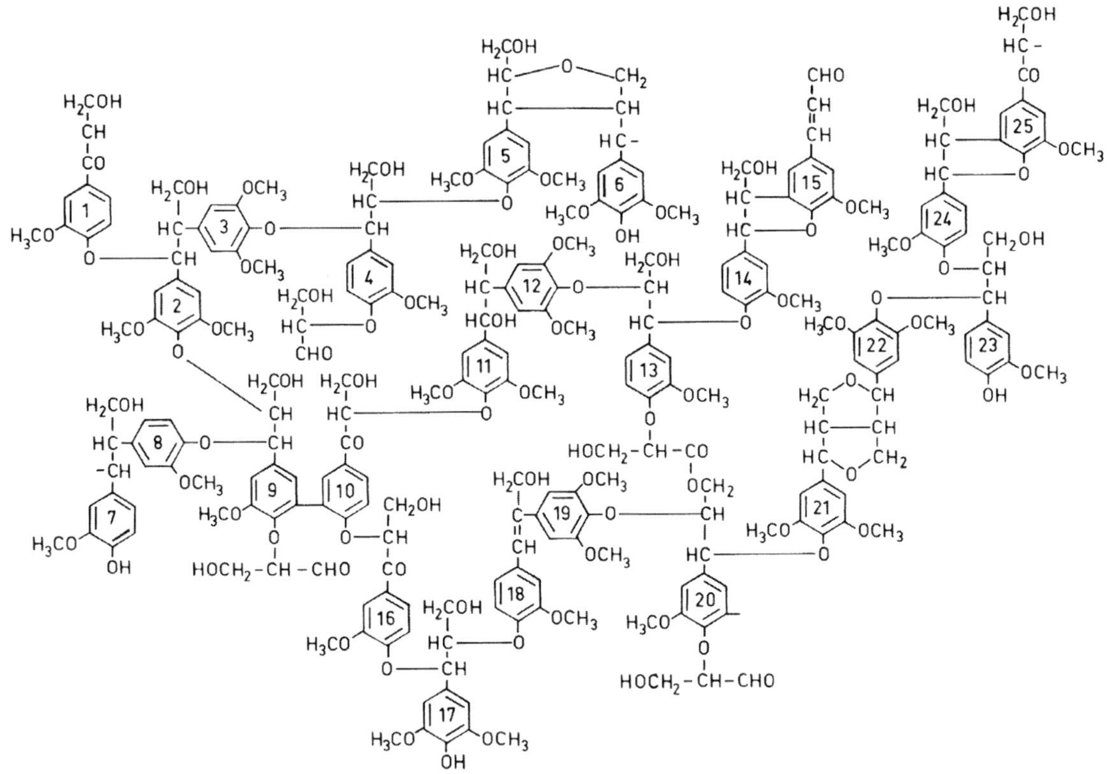

Abb. 2.20. Ein Konstitutionsschema für Buchenholzlignin. Das Schema zeigt einen repräsentativen Ausschnitt mit 25 C_9-Einheiten (Monolignole) aus einem etwa 10- bis 20mal größeren „Molekül", in dem die 10 Verknüpfungsarten der Monomere zufallsmäßig verteilt sind. Die Konstitution lässt sich durch die oxidative Kupplung eines Gemisches aus 14 Molekülen Coniferylalkohol, 10 Molekülen Sinapylalkohol und 1 Molekül 4-Cumarylalkohol erklären, wobei 59 Wasserstoffatome entfernt und 11 Moleküle Wasser addiert wurden. Eine Verknüpfung mit Zellwandpolysacchariden wäre z. B. an den C_9-Einheiten Nr. 6, 7 oder 25 möglich. (Nach Weissenböck 1976)

von **Suberin** und **Lignin** in die Zellwand erzielt. Suberin unterscheidet sich vom Cutin vor allem durch einen höheren Gehalt an langkettigen Dicarbonsäuren und ligninähnlich verknüpften Phenolen. In verkorkten Zellwänden treten dicke Schichten alternierender Suberin- und Wachslamellen auf. In diesem Zusammenhang muss schließlich auch noch das **Sporopollenin** erwähnt werden, ein strukturell noch nicht genau aufgeklärtes, phenolhaltiges Polymer, das der Exine der Pollenkornwand (Sporoderm) ihre außergewöhnlich hohe chemische Widerstandsfähigkeit verleiht.

2.4 Zell- und Organpolarität

Die meisten ausdifferenzierten Zellen einer Pflanze sind im Gegensatz zu den isodiametrischen Meristemzellen axial gestaltet, d. h. sie zeigen mehr oder minder ausgeprägte Längenunterschiede in den drei Richtungen des Raumes. Der einfachste Fall axialer Zellen sind die säulenförmigen Parenchymzellen im Cortexgewebe der Wurzel, bei denen die Längsachse um ein Vielfaches länger ist als die Querachsen (→ Abbildung 17.17). Dieses Beispiel zeigt, dass ein direkter Zusammenhang besteht zwischen Gestalt und räumlicher Orientierung einer Zelle im Organ. Die hier sichtbare **Axialität** darf nicht verwechselt werden mit einem anderen Phänomen, das bei axial geformten Zellen und Organen oft auftritt, der **Polarität.** Darunter versteht man den Sachverhalt, dass die Hauptachse eines Systems zwei ungleiche Enden (Pole) besitzt; sie wird dadurch zur **Polaritätsachse**. Bei allen Organismen gibt es ein Oben und Unten, oft auch ein Vorne und Hinten. Bei Pflanzen ist besonders die Orientierung in Oben (Spross) und Unten (Wurzel) augenfällig. Diese Polarität lässt sich in der Em-

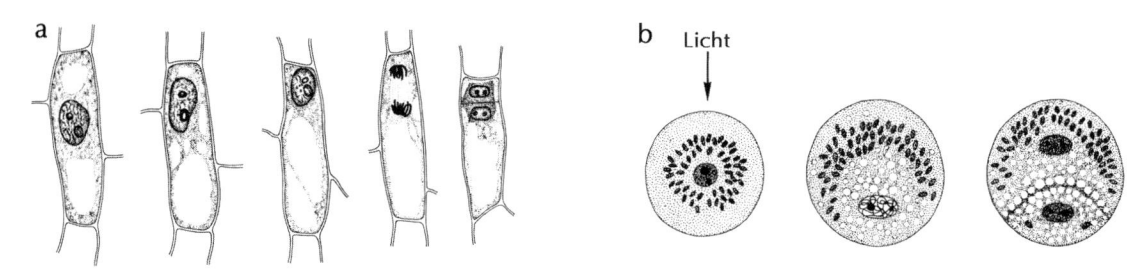

Abb. 2.21 a, b. Die Zellpolarität als Grundlage für die inäquale Zellteilung. **a** Inäquale Teilung bei der Bildung einer Spaltöffnungsmutterzelle aus einer Epidermiszelle im jungen Blatt der Küchenzwiebel (*Allium cepa*). Die polare Organisation des Protoplasmas lässt sich bereits vor der Teilung erkennen (*links*) (Nach Bünning 1958). **b** Die für die inäquale, erste Teilung der Schachtelhalm(*Equisetum*)-Spore maßgebliche Polaritätsachse wird durch einseitige Belichtung festgelegt. Die kleinere, das Rhizoid bildende Zelle entsteht an der Stelle der Mutterzelle, wo am wenigsten Licht absorbiert wird.

bryonalentwicklung bis zur Zygote zurückverfolgen, deren erste, **inäquale,** Teilung die Polaritätsachse der Pflanze festlegt (→ Abbildung 17.13). Solche inäqualen Teilungen sind auch im weiteren Verlauf der Entwicklung für die Bildung somatisch ungleicher Tochterzellen verantwortlich, z. B. bei der Bildung von Siebröhren/Geleitzellenkomplexen oder Spaltöffnungsmutterzellen (Abbildung 2.21a).

Bei der höheren Pflanze bestimmt die Lage der Eizelle im Embryosack die Polarität; diese wird also der Zelle von ihrer Umgebung aufgeprägt. Bei frei beweglichen Zellen determinieren meist gerichtete Umweltfaktoren die Polaritätsachse, z. B. orientiert sich die inäquale Teilung der Sporen des Schachtelhalms (*Equisetum*) an der Lichtrichtung. Bei der Keimung der ursprünglich kugelsymmetrischen Spore beobachtet man zunächst eine polare Verlagerung von Kern, Plastiden und Mitochondrien, gefolgt von einer inäqualen Zellteilung (Abbildung 2.21b). Die auf der lichtabgewandten Seite entstehende, kleinere Tochterzelle liefert später das Rhizoid des Sporenkeimlings. Bei keimenden Zygoten des Sägetangs (*Fucus*) konnte man zeigen, dass die Ausrichtung der Polaritätsachse bei der Rhizoidbildung von der Polarisierung des Lichts abhängt (→ Exkurs 2.4).

Die polaren Eigenschaften von Organen und Organismen sind das Resultat der Polarität von Zellen. Die Organpolarität (und damit auch die Zellpolarität) ist in der Regel sehr stabil. Ein klassisches Beispiel für stabile Organpolarität, das bereits Vöchting 1878 beschrieben hat, zeigt Abbildung 2.22. Ein Stück eines entblätterten, diesjährigen Weidenzweigs regeneriert unter günstigen Bedingungen Sprosse am morphologisch apikalen Ende und Wurzeln am morphologisch basalen Ende, unabhängig von der Orientierung zur Schwerkraft. Wird das Stück Weidenzweig in mehrere Teile zerschnitten oder in der Mitte geringelt, so wird jeder der

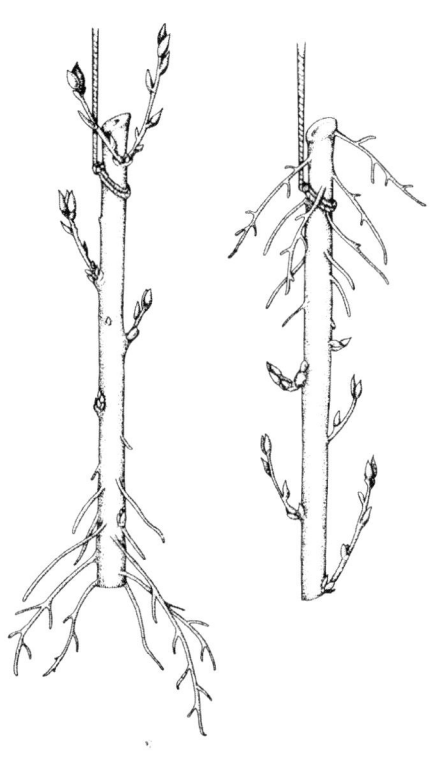

Abb. 2.22. Organpolarität bei den Regenerationsleistungen eines Weidenzweiges (*Salix spec.*) im Dunkeln. *Links*: Ein Stück Weidenzweig bei normaler Orientierung, aufgehängt in feuchter Luft. *Rechts*: Ein entsprechendes Stück in inverser Lage zur Schwerkraft. Das morphologisch basale Ende (Wurzelpol) bildet Wurzelregenerate, das morphologisch apikale Ende (Sprosspol) bildet Sprosse. Die gravitropische Orientierung der Regenerate richtet sich jeweils nach der Schwerkraft. (Nach Pfeffer 1904)

EXKURS 2.4: Polaritätsinduktion durch polarisiertes Licht bei der Zygotenkeimung des Sägetangs *(Fucus serratus)*.

Die marinen Braunalgen der Gattung *Fucus* entlassen Eizellen und Spermatozoen. Die Befruchtung erfolgt im Wasser. Die Zygoten und die Keimlinge lassen sich verhältnismäßig leicht experimentell handhaben. Die Zygote ist zunächst kugelsymmetrisch. Die Ausbildung der Zellpolarität kann ähnlich beschrieben werden wie bei der *Equisetum*-Spore (→ Abbildung 2.21b). Auch bei der *Fucus*-Zygote entsteht der Rhizoidpol an der dunkelsten Stelle der Zelle. Eine Vorwölbung am Rhizoidpol ist das erste sichtbare Zeichen für die Zygotenkeimung. Die erste Zellteilung ist inäqual; es entstehen eine prospektive Rhizoidzelle und eine primäre Thalluszelle (Apikalzelle). Unpolarisiertes, normales Licht induziert die Rhizoidbildung am dunklen Zellpol, unabhängig davon, ob der Lichtgradient in Lichtrichtung oder senkrecht dazu erzeugt wird (Abbildung A *links, Mitte*). Bei Einstrahlung von linear polarisiertem Licht (Schwingung des elektrischen Vektors parallel zur Zeichenebene) erfolgt die Rhizoidbildung seitlich in der Ebene der Schwingung (Abbildung A, *rechts*). Dieses Resultat lässt sich folgendermaßen deuten: Die Rhizoidbildung erfolgt auch hier an den Zellflanken geringster Lichtabsorption. Diese kommt zustande, weil stabförmige Photoreceptormoleküle, welche maximal absorbieren, wenn sie parallel zur Schwingungsebene des Lichts orientiert sind, in der Zellperiphere **oberflächenparallel** (aber zufallsmäßig in der Ebene) angeordnet sind. In diesem Fall ist die Lichtabsorption in der Zelle oben und unten (und hinten und vorne) stärker als an den Seiten.

Die Reaktion einer Pflanze auf polarisiertes Licht nennt man **Dichroismus**. Dieser wird generell auf eine geordnete, **dichroitische** Anordnung der verantwortlichen Photoreceptormoleküle zurückgeführt (→ S. 568).

Im Experiment kann die Polarität der *Fucus*-Zygote auch durch ein elektrisches Feld induziert werden, das eine Differenz des Membranpotenzials zwischen gegenüberliegenden Zellflanken erzeugt. Im Dunkeln und bei Abwesenheit künstlicher Signale von außen orientiert die Zygote ihre Polarität am Substrat, sofern dieses eine Diffusionsbarriere darstellt. Diese Orientierung (Rhizoidpol am Substrat) ist für die Festsetzung der *Fucus*-Keimlinge am natürlichen Standort (Felsen in der Brandung) entscheidend. In diesem Fall orientiert sich die Zygote mit Hilfe einer **Signalsubstanz**, die sie allseitig ins Wasser abscheidet (Abbildung B). Im stagnierenden Seewasser ist die Signalsubstanz symmetrisch um die Zygote verteilt. Im laminar strömenden Wasser ergibt sich ein gerichtetes Konzentrationsgefälle, da sich die Signalsubstanz im Strömungsschatten besser halten kann als an der übrigen Oberfläche. Auch eine Diffusionsbarriere führt zu einem Konzentrationsgefälle, da die Diffusion der Signalsubstanz in Richtung Barriere aufgehalten wird. Die Zygote legt den Rhizoidpol immer dort an, wo die relativ höchste Konzentration der Signalsubstanz herrscht. (Nach Bentrup 1971)

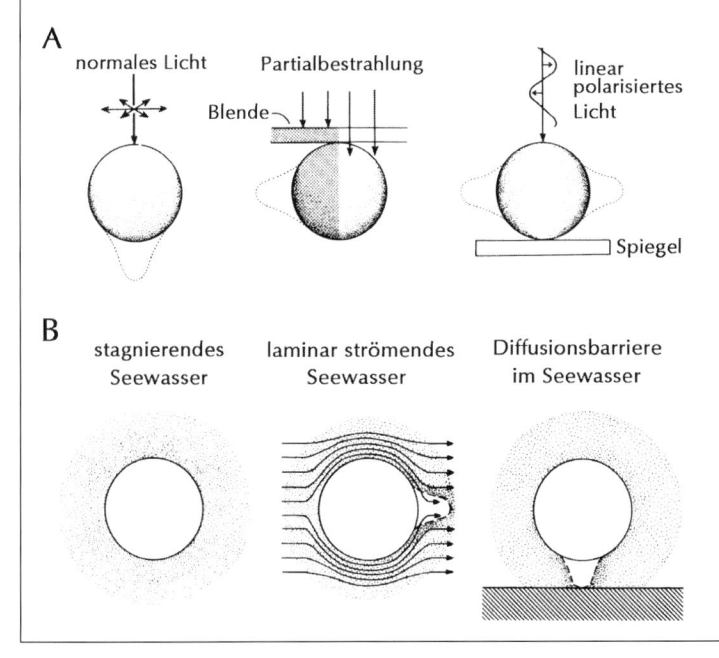

A normales Licht — Partialbestrahlung (Blende) — linear polarisiertes Licht / Spiegel

B stagnierendes Seewasser — laminar strömendes Seewasser — Diffusionsbarriere im Seewasser

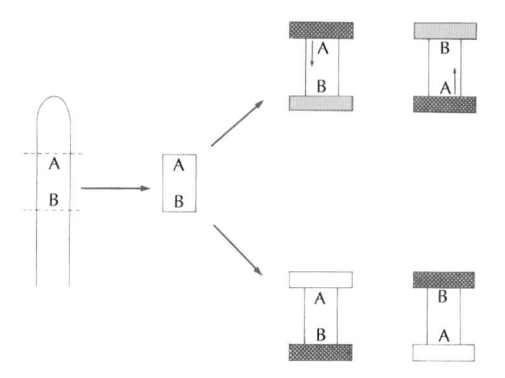

Abb. 2.23. Experiment zum Nachweis des polaren (basipetalen) Transports des „Wuchsstoffes" Auxin durch die Haferkoleoptile (*Avena sativa*) mit der Agarabfangmethode. (Entsprechende Versuche mit Sprossachsen führen zu ähnlichen Resultaten.) Ein subapikales Segment aus einer Koleoptile wird an der einen Schnittfläche mit einem auxinhaltigen Donorblock (*dunkel*) und an der anderen Schnittfläche mit einem auxinfreien Acceptorblock in Kontakt gebracht. *Rechts oben*: Auxin wandert in den Acceptorblock (*hellgrau*), wenn das Hormon an der apikalen Schnittfläche (*A*) angeboten wird (unabhängig von der Orientierung des Segments bezüglich der Schwerkraft!). *Rechts unten*: Bietet man Auxin jedoch an der basalen Schnittfläche (*B*) an, so kann anschließend im Acceptorblock (*hell*) kein Hormon nachgewiesen werden. (Nach Galston 1961)

Teile die polaren Regenerationsleistungen zeigen (Sprossregeneration am jeweils apikalen, Wurzelregeneration am jeweils basalen Ende). Vöchting konnte ausschließen, dass irgendwelche „äußeren Kräfte" für die qualitativ unterschiedlichen Regenerationsleistungen der Zweigenden verantwortlich sind. Er musste eine „innere Ursache" postulieren, die er „Polarität" nannte. Die Organpolarität ist nicht auf Sprossachsen beschränkt. Auch Wurzeln zeigen entsprechende, polare Regenerationsleistungen.

Auf der physiologischen Ebene ist die generell nachweisbare Polarität des **Auxintransports** ein charakteristisches Phänomen. Das in Abbildung 2.23 dargestellte klassische Experiment hat entscheidend zur Charakterisierung des Phytohormons Auxin als polar transportabler Botenstoff beigetragen (→ S. 412).

2.5 Die Evolution der Pflanzenzelle

Die Zelle, in der Form, in der sie uns heute als kleinste voll lebensfähige Einheit der vielzelligen Pflanze entgegentritt, ist im Verlauf der Evolution innerhalb von etwa 4 Milliarden Jahren entstanden. Die universelle Gültigkeit des genetischen Codes und Sequenzvergleiche an geeigneten, konservativ weitergegebenen Genen (z. B. den Genen für ribosomale RNAs) lassen den Schluss zu, dass die Zellen aller Organismen auf einen gemeinsamen Vorfahr, eine „Urzelle", zurückgehen. Die einfachste Form der Zelle finden wir heute in Form der **Protocyte** bei Bakterien vor. Diese prokaryotischen Organismen verfügen bereits über einen umfangreichen Grundstoffwechsel (z. B. über den Mechanismus zur ATP-Synthese mit Hilfe eines Protonengradienten) und die Fähigkeit zur Weitergabe von Erbsubstanz (DNA). Obwohl auch hier bereits eine Kompartimentierung durch Endomembranen auftritt, fehlen der Bakterienzelle definierte Organellen; z. B. liegt die DNA in Form einfacher Ringmoleküle im Cytoplasma vor. Die bei den Bakterien in der Regel vorhandene Zellwand besitzt keine Ähnlichkeit mit der pflanzlichen Zellwand und muss als funktionell analoge Struktur aufgefasst werden, die hier, wie bei allen in einer hypoosmotischen Umgebung lebenden Zellen, zwingend notwendig ist, um das Platzen des Protoplasten durch osmotische Wasseraufnahme zu verhindern.

Das typische Merkmal der **Eucyte** ist die Kompartimentierung der DNA in den Chromosomen des Nucleoplasmas, das von einer zweifachen Membranhülle umgeben ist und den **Zellkern** (**Nucleus**) bildet. Weitere Neuerwerbungen der Eucyte sind spezifische, von Endomembranen umschlossene Kompartimente (z. B. das **endoplasmatische Reticulum**), ein **Cytoskelett** und die wie der Kern von zwei Membranen umgebenen **Mitochondrien** und **Plastiden**. Nach der **Endosymbiontentheorie** sind diese beiden Organellen durch Symbiogenese entstanden: Die Mitochondrien evolvierten wahrscheinlich gemeinsam mit der Eucyte nach der Verschmelzung zweier in Symbiose lebender Zellen, einer prokaryotischen, aus der die Mitochondrien hervorgingen, und einer den Archaea verwandten Zelle, die die Ausstattung für Replication und Transkription der DNA im späteren Zellkern sowie für die Translation im Cytoplasma lieferte. Die Vorläufer der Plastiden wurden später als prokaryotische Endocytobionten in die eukaryotische Mutterzelle aufgenommen und im Laufe der Evolution genetisch und metabolisch in die Eucyte integriert (Abbildung 2.24). In der Tat weisen Mitochondrien und Plastiden eine große Zahl von Gemeinsamkeiten mit Prokaryoten auf, die eine starke Stütze für die Endosymbiontentheorie liefern

2.5 Die Evolution der Pflanzenzelle

(Tabelle 2.2). So ist z. B. der Kernbereich des Photosyntheseapparats der Cyanobakterien nahezu unverändert in den Chloroplasten der Pflanzenzelle wiederzufinden.

Tabelle 2.2. Einige prokaryotische Eigenschaften von Plastiden und Mitochondrien höherer Pflanzen. (Nach Maier et al. 1996)

Genom: meist circuläre DNA, an Membran angeheftet, ohne Histone und Nucleosomen, mehrere Kopien in Nucleoiden zusammengefasst, Gene teilweise mit Operonstruktur, repetitive Sequenzen selten (→ S. 126, 129)
Ribosomen: 70S-Typ, Chloramphenicol-sensitiv
Transkription: keine Cap-Struktur am 5'-Ende der mRNA, prokaryotisches Komplement von Initiationsfaktoren, prokaryotische RNA-Polymerase
Cytoskelett: in den Organellen nicht vorhanden
Fettsäuresynthese: mit Hilfe von prokaryotischen Acyl-Carrier-Proteinen (→ S. 357)
Membranlipide: Vorkommen von Cardiolipin in der inneren Hüllmembran der Mitochondrien

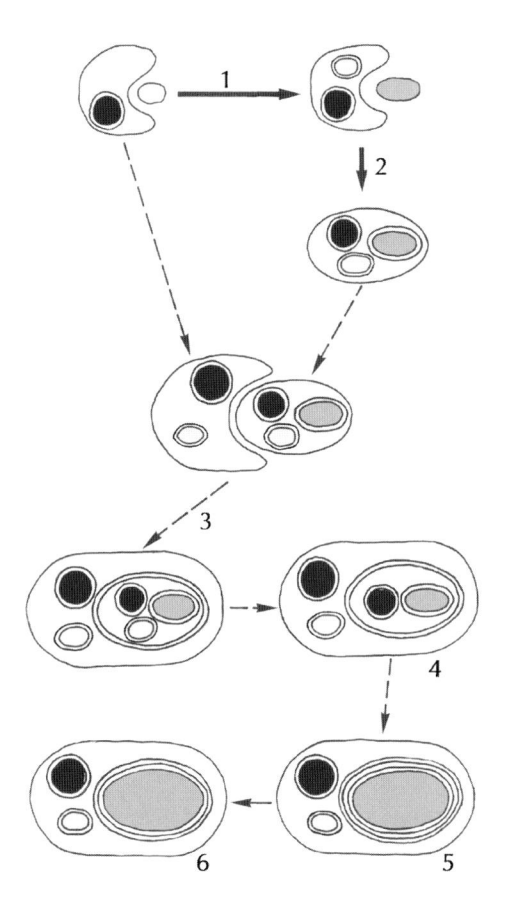

Abb. 2.24. Evolution eukaryotischer Pflanzenzellen nach der Endosymbiontentheorie. Prokaryotische Vorläuferzellen (atmende Bakterien (*1*) bzw. Cyanobakterien (*2*)) werden in die kernhaltige Urkaryotenzelle durch Endocytose aufgenommen und entwickeln sich durch Coevolution zu Mitochondrien und Plastiden (primäre Endocytobiose). Dabei wird die Plasmamembran des Prokaryoten zur inneren und die internalisierte Plasmamembran des Wirts zur äußeren Hüllmembran der Organellen. Dieses Stadium ist bei den Grünalgen und allen davon abgeleiteten Pflanzen zu finden. Sekundäre Endocytobiose eines photoautotrophen Symbionten mit einer heterotrophen Wirtszelle (verschiedene heterotrophe Flagellaten) führt zu komplexeren Systemen (*3*), aus denen sich die Algengruppen mit drei oder vier Plastidenhüllmembranen ableiten lassen. Die Stadien *4–6* zeigen hypothetische Zwischenstufen, die in verschiedenen recenten Algengruppen erhalten sind, z. B. bei den Cryptophyta (*4*), Heterokontophyta (z. B. Braunalgen, *5*) und Euglenophyta (*6*). Bei der zu den Cryptophyta gehörende Art *Rhodomonas salina* findet man zwischen den beiden äußeren und den beiden inneren der vier Plastidenhüllmembranen einen Cytoplasmasaum mit eukaryotischen Ribosomen (80S) und einen rudimentären Zellkern mit drei kleinen Chromosomen. (Nach Kleinig und Sitte 1999; verändert)

Die inneren Membranen von Plastiden und Mitochondrien sind zur ATP-Synthese mit Hilfe eines Protonengradienten befähigt; der hierfür verantwortliche ATP-Synthase-Komplex ist eng verwandt mit demjenigen der Prokaryoten. Es ist heute klar, dass die Plastiden von Vorläufern der Cyanobakterien und die Mitochondrien von Vorläufern atmender Purpurbakterien abstammen. Die Endosymbionten haben allerdings im Verlauf der Coevolution mit ihren Wirtszellen einen großen Teil ihrer genetischen Information, und damit ihre Selbständigkeit, eingebüßt. Die meisten ihrer Gene, wie z. B. die Gene für die Ausbildung einer Zellwand, waren überflüssig und gingen verloren. Ein anderer Teil der Gene wurde in den Zellkern verlagert und in die Chromosomen integriert. Die-

> ▶ Pflanzenzellen sind im Verlauf der Evolution aus **Endosymbiose-Systemen** entstanden, die sich zu einer neuen biologischen Einheit entwickelt haben.
> ▶ Pflanzenzellen sind daher **genetische Chimären**. Von den Genomen der Ausgangszellen sind in der Regel drei in veränderter Form erhalten geblieben (Kerngenom, Mitochondriengenom, Plastidengenom).
> ▶ Pflanzenzellen sind durch Endosymbiose-Ereignisse mehrfach unabhängig während der Evolution entstanden, wie sich an den verschiedenen recenten Algengruppen mit komplexen Plastiden ablesen lässt.

ser **intrazelluläre Gentransfer** bringt es mit sich, dass die meisten der in den Plastiden und Mitochondrien vorkommenden Proteine an cytoplasmatischen Ribosomen synthetisiert werden und mit Hilfe spezieller Transportmechanismen in die Organellen verfrachtet werden müssen (→ S. 152). Aber auch viele Gene für Proteine, die nicht in den Mitochondrien oder Plastiden lokalisiert sind, stammen aus den beiden Symbionten: Das Genom im Zellkern ist deshalb ein Mosaik aus Genen unterschiedlicher Herkunft.

2.6 Vom einzelligen zum vielzelligen Organismus

Bei Prokaryoten und einfachen Eukaryoten besteht der Organismus in der Regel aus einer einzigen Zelle, in der alle Lebensfunktionen vereinigt sind, **omnifunktionelle Zelle**. Im Verlauf der Evolution haben sich daneben vielzellige Organismen entwickelt, bei denen nur noch die Geschlechtszellen die einzellige Organisationsstufe repräsentieren. Aus der befruchteten Eizelle entwickelt sich ein vielzelliger Körper, **Kormus**, dessen einzelne Zellen zwar noch die volle genetische Information der Zygote besitzen, **genetische Omnipotenz**, davon jedoch nur einen bestimmten Teil zum Aufbau spezifischer Strukturen und Funktionen benützen, **selektiv funktionelle Zellen** (z. B. Epidermiszellen, Schließzellen, Siebröhrenglieder). Im vielzelligen Organismus werden die verschiedenen Lebensfunktionen (z. B. Photosynthese, Ionenaufnahme, Reproduktion) auf verschiedene Zelltypen verteilt, welche zu übergeordneten Einheiten (Gewebe, Organe) zusammengefasst sind.

Wie kann man sich den Übergang vom einzelligen zum vielzelligen Organismus verständlich machen? Zwei gegensätzliche Vorstellungen versuchen, hierauf eine Antwort zu geben (Abbildung 2.25):

▶ Die **Zelltheorie** geht davon aus, dass der vielzellige Organismus ursprünglich durch Aggregation von Einzelzellen entstand, wie sie z. B. bei manchen kolonienbildenden Algen (Volvocales) zu beobachten ist. Nach dieser Vorstellung ist der vielzellige Organismus eine Verbindung individueller Einzelzellen in einem „Superorganismus" oder „Zellstaat", in dem die einzelnen Teilorganismen arbeitsteilig spezielle Aufgaben übernommen haben, ohne ihre Selbständigkeit im Prinzip aufgeben. Der tierische Organismus mit seinen oft mobilen, autonomen Einzelzellen lässt sich mit dieser Vorstellung leicht in Übereinstimmung bringen.

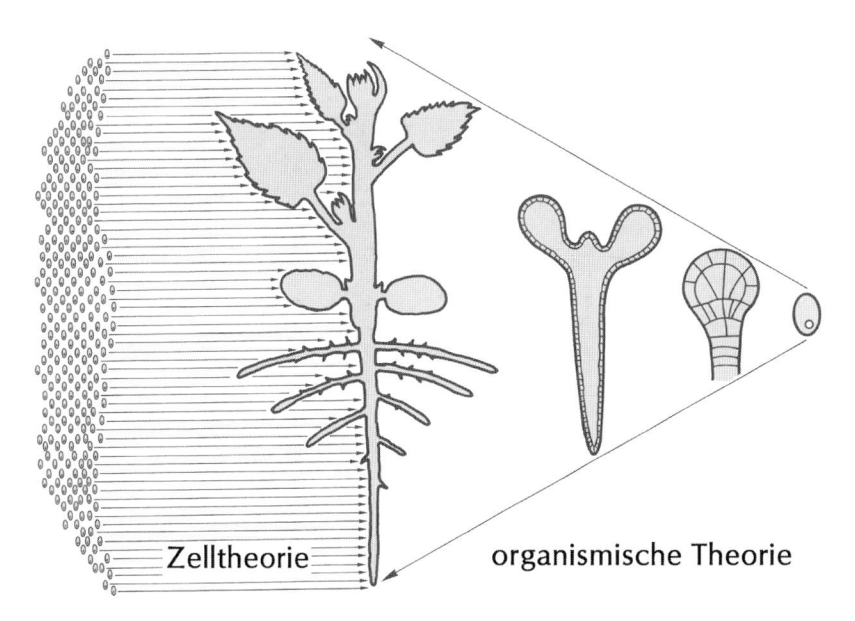

Abb. 2.25. Die Beziehung zwischen einzelligem und vielzelligem Organismus nach der *Zelltheorie* und der *organismischen Theorie* der Vielzelligkeit. Nach der Zelltheorie sind die Zellen der vielzelligen Pflanze homolog zu Einzelzellen, d. h. der Organismus wird als Aggregat aus individuellen Zellen betrachtet. Nach der organismischen Theorie ist die vielzellige Pflanze homolog zur Einzelzelle, aus der sie durch Untergliederung (Einzug von Zellwänden) hervorgeht. Dieser Ablauf wird bei der Embryonalentwicklung im Prinzip nachvollzogen. (Nach Kaplan 1992; verändert)

▶ Im Gegensatz hierzu postuliert die **organismische Theorie** die Homologie zwischen dem einzelligen und dem vielzelligen Organismus. Nach dieser Vorstellung entstand die Vielzelligkeit durch vielfache Kammerung der Einzelzelle in funktionell differenzierte Untereinheiten, die sekundär ein gewisses Maß an Selbständigkeit erlangten, z. B. einen eigenen Zellkern.

Nach der Zelltheorie ist die einzelne Zelle die wesentliche organisatorische Einheit des vielzelligen Organismus, nach der organismischen Theorie ist es der gesamte Organismus. In der pflanzlichen Entwicklung lassen sich für beide Vorstellungen Begründungen finden. Es ist jedoch unübersehbar, dass viele Eigenschaften der höheren Pflanze besonders gut mit der organismischen Theorie der Vielzelligkeit gedeutet werden können. Es ist daher durchaus möglich, dass die Vielzelligkeit bei Tieren und Pflanzen auf unterschiedliche Weise während der Evolution entstanden ist. Für eine organismische Vielzelligkeit bei Pflanzen spricht vor allem der andersartige Ablauf der Zellteilung und der Erhalt einer **symplastischen Einheit** zwischen den Zellprotoplasten. Auch die Wand der Mutterzelle bleibt als gemeinsame Hülle in der Wand der Tochterzellen erhalten. Daher geht z. B. die äußere Wand der Epidermis einer Pflanze zum größten Teil direkt auf die Wand der Eizelle zurück (→ Abbildung 2.25); lediglich bei der Wurzel ist diese Kontinuität unterbrochen, da beim Abtrennen des Suspensors eine Lücke entsteht, die durch Abkömmlinge der Hypophyse gefüllt wird (→ Abbildung 17.14). Viele Befunde deuten darauf hin, dass sich die Epidermiswand in ihrem Aufbau von den inneren Wänden stark unterscheidet. Sie spielt eine zellübergreifende Rolle bei der Morphogenese der Pflanze und ist daher eigentlich nicht als Zellwand, sondern als **Organwand** anzusprechen (→ S. 112).

Die Anwendung der organismischen Theorie fördert eine integrierte, holistische Betrachtung der höheren Pflanze. Sie erleichtert das Verständnis für viele Wachstums- und Differenzierungsprozesse, die nicht von den einzelnen Zellen ausgehen, sondern offenkundig Systemeigenschaften des vielzelligen Organismus sind. Diese Einsicht wurde bereits 1879 von dem Botaniker Anton de Bary prägnant zum Ausdruck gebracht: *Die Pflanze bildet Zellen, nicht die Zellen bilden Pflanzen.*

Der wichtigste Unterschied zwischen pflanzlichen und tierischen Zellen geht auf die Tatsache zurück, dass Pflanzenzellen eine **Zellwand** besitzen und durch osmotische Wasseraufnahme einen hydrostatischen Binnendruck, **Turgor**, entwickeln können. Daraus ergeben sich in Zusammenhang mit dem Übergang zur Vielzelligkeit weit reichende Konsequenzen:

▶ Die Zellteilung erfolgt durch Aufgliederung des Protoplasmas durch eine **intrazellulär neu gebildete Trennwand**. Dabei können Plasmabrücken, **Plasmodesmen**, erhalten bleiben. (Bei tierischen Zellen entstehen solche plasmatische Verbindungen, z. B. *gap junctions*, erst nachträglich zwischen getrennten Zellen.)
▶ Der plasmatische Anteil eines Gewebes steht als **Symplast** einem gekammerten **Apoplasten** gegenüber.
▶ Der Kormus kann (außer bei Holzgewächsen) ohne tragende Skelettelemente auskommen.
▶ Die Zellen sind im Kormus zeitlebens am Ort ihrer Entstehung **fixiert** und differenzieren sich **ortsabhängig**.
▶ Der Kormus ist „umweltoffen" konstruiert, mit einer großen Oberfläche, welche einen intensiven Kontakt mit der physikalischen Umgebung ermöglicht (z. B. bei der Absorption von Licht im Blatt oder der Aufnahme von Nährelementen in der Wurzel).

Weiterführende Literatur

Baker A, Graham IA (eds) (2002) Plant peroxisomes. Kluwer, Dordrecht
Battey NH, Blackbourn HD (1993) The control of exocytosis in plant cells. New Phytol 125: 307–338
Brett C, Waldron K (1996) Physiology and biochemistry of plant cell walls, 2. edn, Unwin Hyman, London
Carpita NC, Campbell M, Tierney M (eds) (2001) Plant cell walls. Plant Mol Biol (special issue) 47: 1–340
Erhardt DW, Shaw SL (2006) Microtubule dynamics and organization in the plant cortical array. Annu Rev Plant Biol 57: 859–875
Fowler JE, Quatrano RS (1997) Plant cell morphogenesis: Plasma membrane interactions with the cytoskeleton and cell wall. Annu Rev Cell Dev Biol 13: 697–743
Francis D (2007) The plant cell cycle – 15 years on. New Phytol 174: 261–278
Gould SB, Waller RF, McFadden GI (2008) Plastid evolution. Annu Rev Plant Biol 59: 491–517
Grebe M, Xu J, Scheres B (2001) Cell axiality and polarity in plants – adding pieces to the puzzle. Curr Opin Plant Biol 4: 520–526
Gunning BES, Steer MW (1996) Bildatlas zur Biologie der Pflanzenzelle. Struktur und Funktion. 4. Aufl. Fischer, Stuttgart

Haupt W (1962) Die Entstehung der Polarität in pflanzlichen Keimzellen, insbesondere die Induktion durch Licht. Erg Biol 25: 1–32

Inzé D (ed) (2007) Cell cycle control and plant development. Annu Plant Rev, Vol 32, Wiley-Blackwell, Oxford

Jürgens G (2005) Cytokinesis in higher plants. Annu Rev Plant Biol 56: 281–299

Kleinig H, Sitte P (1999) Zellbiologie. 4. Aufl. Urban & Fischer, Stuttgart

Larkin JC, Brown ML, Schiefelbein J (2003) How do plant cells know what they want to be when they grow up? Lessons from epidermal patterning in *Arabidopsis*. Annu Rev Plant Biol 54: 403–430

Larsson C, Møller IM (eds) (1990) The plant plasma membrane. Structure, function and molecular biology. Springer, Berlin

Ledbetter MC, Porter KR (1970) Introduction to the fine structure of plant cells. Springer, Berlin

Leigh RA, Sanders D (eds) (1997) The plant vacuole. Adv Bot Res Vol 25, Academic Press, San Diego

Lewis NG, Yamamoto E (1990) Lignin: Occurrence, biogenesis and biodegradation. Annu Rev Plant Physiol Plant Mol Biol 41: 455–496

Lindsey K (ed) (2004) Polarity in plants. Annu Plant Rev Vol 12, Blackwell, Oxford

Lucas WL, Lee J-Y (2004) Plasmodesmata as a supracellular control network in plants. Nature Rev Mol Cell Biol 5: 712–726

Lynch TM, Lintilhac PM (1997) Mechanical signals in plant development: A new method for single cell studies. Dev Biol 181: 246–256

Maier U-G, Hofmann, CJB, Sitte P (1996) Die Evolution von Zellen. Naturwiss 83: 103–112

Margulis L (1981) Symbiosis in cell evolution. Freeman, San Francisco

Nick P (ed) (2008) Plant microtubules. Development and flexibility. Plant Cell Monographs Vol 11, Springer, Berlin

Quatrano RS, Shaw SL (1997) Role of the cell wall in the determination of cell polarity and the plane of cell division in *Fucus* embryos. Trends Plant Sci 2: 15–21

Race HL, Herrmann RG, Martin W (1999) Why have organelles retained genomes? Trends in Genetics 15: 364–370

Roberts AG, Oparka KJ (2003) Plasmodesmata and the control of symplastic transport. Plant Cell Envir 26: 103–124

Robinson DG, Herranz M-C, Bubeck J, Pepperkok R, Ritzenthaler C (2007) Membrane dynamics in the early secretory pathway. Crit Rev Pl Sci 26: 199–225

Rose JKC (ed) (2003) The plant cell wall. Annu Plant Rev Vol 8, Blackwell, Oxford

Scheres B, Benfey PN (1999) Asymmetric cell division in plants. Annu Rev Plant Physiol Plant Mol Biol 50: 505–537

Sommerville C (2006) Cellulose synthesis in higher plant. Annu Rev Cell Devel 22: 53–78

Sommerville C et al. (2004) Toward a systems approach to understanding plant cell walls. Science 306: 2206–2211

Staehelin LA, Hepler PK (1996) Cytokinesis in higher plants. Cell 84: 821–824

Staehelin LA, Moore I (1995) The plant Golgi apparatus: Structure, functional organization and trafficking mechanisms. Annu Rev Plant Physiol Plant Mol Biol 46: 261–288

Stiller J W (2007) Plastid endosymbiosis, genome evolution and the origin of green plants. Trends Plant Sci 12: 391–396

Verma DP (2001) Cytokinesis and building of the cell plate in plants. Annu Rev Plant Physiol Plant Mol Biol 52: 751–784

Vöchting H (1878) Über Organbildung im Pflanzenreich. Cohen, Bonn

Wojtaszek P (2000) Genes and plant cell walls: A difficult relationship. Biol Rev 75: 437–475

Wojtaszek P (2001) Organismal view of a plant and a plant cell. Acta Biochim Polon 48: 443–451

In Abbildungen und Tabellen zitierte Literatur

Bentrup FW (1971) Umschau 71: 335–339

Böhmer H (1958) Planta 50: 461–497

Bünning E (1958) Protoplasmatologia Vol VIII/9a. Springer, Wien

Doerner P, Jørgensen J-E, You R, Steppuhn J, Lamb C (1996) Nature 380: 520–523

Dyer AF (1976) In: Yeoman MM (ed) Cell division in higher plants. Academic Press, London pp. 49–110

Fry SC (1989) In: Linskens HF, Jackson JF (eds) Modern methods of plant analysis NS, Vol 10. Springer, Berlin, pp 12–36

Galston AW (1961) The life of the green plant. Prentice-Hall, Englewood Cliffs

Goddard RH, Wick SM, Silflow CD, Snustad DP (1994) Plant Physiol 104: 1–6

Kaplan DR (1992) Int J Plant Sci 153: S28–S37

Kleinig H, Sitte P (1999) Zellbiologie. 4. Aufl. Urban & Fischer, Stuttgart

Ledbetter MC, Porter KR (1970) Introduction to the fine structure of plant cells. Springer, Berlin

Maier U-G, Hofmann CJB, Sitte P (1996) Naturwiss 83: 103–112

McCann MC, Roberts K (1994) J Exp Bot 45: 1683–1691

Neville AC, Levy S (1985) In: Brett CT, Hillman JR (eds) Biochemistry of plant cell walls. Cambridge Univ Press, Cambridge, pp 99–124

Newcomb EH (1980) In: Tolbert NE (ed) The biochemistry of plants. Vol 1. Academic Press, New York, pp 1–54

Nolte T, Schopfer P (1997) J Exp Bot 48: 2103–2107

Pfeffer W (1904) Pflanzenphysiologie. Engelmann, Leipzig

Reis D, Roland JC, Vian B (1985) Protoplasma 126: 36–46

Robards AW (1971) Protoplasma 72: 315–351

Roland JC, Reis D, Vian B, Satiat-Jeunemaitre B, Mosiniak M (1987) Protoplasma 140: 75–91

Sievers A (1973) In: Hirsch GC, Ruska H, Sitte P (eds) Grundlagen der Cytologie. Fischer, Jena, pp 281–296

Singer SJ, Nicolson GL (1972) Science 175: 720–731

Sitte P (1965) Bau und Feinbau der Pflanzenzelle. Fischer, Jena

Sloboda RD (1980) Amer Sci 68: 290–298

Trebst A, Hauska G (1974) Naturwiss 61: 308–316

Weissenböck G (1976) Biologie in unserer Zeit 6: 140–147

Zugenmeyer P (1981) In: Robinson DG, Quader H (eds) Cell wall '81. Wissensch Verlagsges Stuttgart, pp 57–65

3 Die Zelle als energetisches System

Alle Lebensprozesse sind mit energetischen Zustandsänderungen verknüpft. **Energie**, d. h. die Fähigkeit **Arbeit** zu leisten, tritt in der anorganischen Natur in verschiedenen Erscheinungsformen auf, z. B. als mechanische Energie, Lichtenergie, elektrische Energie oder Wärmeenergie. Im Rahmen der Physik beschreibt die **Thermodynamik** die Gesetzmäßigkeiten, nach denen die verschiedenen Energieformen ineinander umgewandelt werden können. Diese Gesetze und die dafür geprägten Begriffe wie **Enthalpie, freie Enthalpie, Entropie, chemisches Potenzial** usw. können im Prinzip auch auf die lebendigen Systeme angewandt werden. Die Auffassung erscheint berechtigt, dass sich lebendige und nicht-lebendige Systeme lediglich im Grad ihrer Komplexität unterscheiden und dass demgemäß alle Gesetze der Physik potenziell auch Gesetze der Biologie sind. Dies bedeutet allerdings nicht, dass die physikalischen Gesetze ausreichen, um die biologischen Systeme **erschöpfend** zu beschreiben. Gerade bei der Anwendung der Thermodynamik auf die Energetik lebendiger Systeme zeigen sich die enormen Schwierigkeiten, welche stets dann auftreten, wenn komplexe Systeme radikal vereinfacht werden müssen, um für eine gesetzhafte Beschreibung überhaupt zugänglich zu werden. Dieses Vorgehen hat zur Folge, dass die formalistische energetische Betrachtung biologischer Prozesse meist fiktive Resultate liefert, die häufig nur qualitative Aussagen über reale Prozesse zulassen. Trotz dieser gravierenden Einschränkung ist die **Bioenergetik** – die Thermodynamik lebendiger Systeme – ein sehr leistungsfähiges Instrument, um die Richtung und die energetische Ausbeute biologischer Reaktionen im Prinzip verständlich zu machen. Für diesen Zweck wird die Bioenergetik in den folgenden Kapiteln häufig herangezogen. Wir müssen uns daher in den folgenden Abschnitten kurz mit den Grundlagen dieser biophysikalischen Wissenschaft vertraut machen, wobei wir uns weitgehend auf den Bereich der **reversiblen** Thermodynamik beschränken. Wir verzichten also auf den Begriff der **Zeit** und betrachten lediglich **Gleichgewichtszustände**, genauer gesagt: **Unterschiede zwischen Gleichgewichtszuständen**. Zur Beschreibung der Triebkraft biochemischer oder biophysikalischer Prozesse werden Zustandsgrößen in Form von **Potenzialen** formuliert, z. B. **Wasserpotenzial, elektrochemisches Potenzial, Membranpotenzial, Redoxpotenzial**. Im folgenden Kapitel werden diese Potenziale aus der allgemeinen Gleichung des **chemischen Potenzials** abgeleitet und ihre Bedeutung für die Energetik physiologischer Prozesse besprochen.

3.1 Der 1. Hauptsatz der Thermodynamik

Nach dem, was wir uns über das Verhältnis von Physik und Biologie klargemacht haben, ist es selbstverständlich, dass dieser Hauptsatz, der Satz von der Erhaltung der Energie, ohne jede Einschränkung auch für lebendige Systeme gilt. Man kann ihn z. B. so formulieren:

$$\Delta U = \Delta A + \Delta Q, \tag{3.1}$$

d. h. die Änderung der **inneren Energie** U (genauer: die Energiedifferenz zwischen zwei Zuständen U_1, U_2) eines **geschlossenen Systems** (zeigt Austausch von Energie, aber nicht von Materie mit der Umgebung) lässt sich quantitativ wiederfinden in der Arbeitsleistung ΔA und/oder im Wärmeaustausch ΔQ. ΔA und ΔQ können positiv oder negativ sein. Die Zustandsgröße ΔU beschreibt die Änderung des Energiegehalts des Systems, völlig unabhängig davon, auf welche Weise und wie schnell diese Änderung zustande kommt. Verglichen werden lediglich Ausgangs- und Endzustand; über den Weg und den Mechanismus der Änderung wird nichts ausgesagt. Für ein **abgeschlossenes System** (**isoliertes System**, kein Austausch von Energie und Materie mit der Umgebung) ist $\Delta U = 0$, d. h. U = konst. Daher lässt sich der 1. Hauptsatz auch folgendermaßen formulieren: **Die Energie des Universums bleibt konstant.**

3.2 Der 2. Hauptsatz der Thermodynamik

Die Notwendigkeit dieses Satzes resultiert aus der Ungleichwertigkeit verschiedener Energieformen bezüglich der Fähigkeit, Arbeit zu leisten, oder genauer gesagt, aus der Tatsache, dass Energie, die sich gleichmäßig in einem abgeschlossenen System verteilt hat, keine Arbeit mehr leisten kann und daher „entwertete" Energie darstellt. Dies läßt sich anhand eines einfachen Gedankenexperiments veranschaulichen (Abbildung 3.1). An diesem Experiment können wir uns auch klar machen, dass jedes energetische Ungleichgewicht (Gefälle) **mit Notwendigkeit** einem Gleichgewichtszustand zustrebt, was einer „Entwertung" der Energie gleichkommt. Die Thermodynamik beschreibt diese „Entwertung" mit dem Begriff der **Entropiezunahme** (Zunahme der „ungeordneten" Energie). Die Wärmeenergie als sich leicht ausbreitende Energieform hat in diesem Zusammenhang eine große Bedeutung, weil bei allen realen Energieumwandlungen Reibungswärme und damit automatisch Entropie entsteht. Daher kann man z. B. elektrische oder chemische Energie mit einem Wirkungsgrad von 100 % in Wärmeenergie umwandeln; für den umgekehrten Vorgang ist ein 100%iger Wirkungsgrad dagegen ausgeschlossen. Der 2. Hauptsatz (der Satz von der beschränkten Umwandelbarkeit von Wärme in Arbeit) kann daher folgendermaßen formuliert werden: Bei einem spontan ablaufenden Vorgang erhöht sich in einem abgeschlossenen System stets die Zustandsgröße Entropie und strebt einem Höchstwert zu, **thermodynamisches Gleichgewicht**, oder: **Die Entropie des Universums nimmt zu.** Dieser Vorgang ist nicht umkehrbar. Daher laufen alle Prozesse, bei denen Energieumwandlungen beteiligt sind, freiwillig nur in einer (exakt vorhersagbaren) Richtung ab. Der Ablauf in der Gegenrichtung lässt sich nur erzwingen, indem (in einem nicht abgeschlossenen System) eine ausreichende Menge an arbeitsfähiger Energie von außen zugeführt wird.

Eine häufig gebrauchte Formulierung für den 2. Hauptsatz ist:

$$\Delta U = \Delta F + T \Delta S. \qquad (3.2)$$

In Worten: Jede Änderung der **inneren Energie** U besteht im Prinzip aus zwei Komponenten, einem arbeitsfähigen Teil ΔF (Änderung der **freien Energie**) und einem nicht zur Arbeit fähigen Teil $T \Delta S$ (Änderungen der **Entropie** S, multipliziert mit der absoluten Temperatur T).

Gleichung 3.2 wird verwendet für ein isothermes System konstanten Volumens, V, d. h. Volumenarbeit $P \Delta V$ findet nicht statt, und der Druck P stellt daher eine variable Größe dar. In der Biologie interessieren jedoch fast ausschließlich **isobare** Vorgänge. Daher ist es in diesem Fall sinnvoll, U durch eine andere Zustandsgröße, definiert für P = konst., zu ersetzen, in die man die für die Volumenarbeit aufgewendete Wärmemenge $q = P \Delta V$ einbezieht:

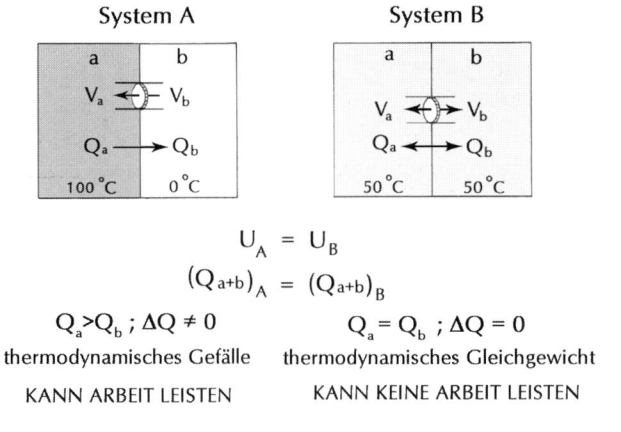

Abb. 3.1. Gedankenexperiment zur Veranschaulichung des 2. Hauptsatzes der Thermodynamik. Wir betrachten zwei abgeschlossene Systeme *A* und *B* mit gleichem Energieinhalt *U*. Beide Systeme bestehen aus zwei gleichartigen, geschlossenen Teilsystemen (*a, b*) welche bei A einen unterschiedlichen, bei B einen identischen Wärmeinhalt *Q* haben. Bei **gleichem** U kann im System A beim Temperaturausgleich ein Teil der Wärmeenergie als arbeitsfähige Energie (z. B. als Volumenarbeit, $P \Delta V$) erhalten werden, während dies in System B nicht möglich ist. System B befindet sich im **thermodynamischen Gleichgewicht.**

$$\Delta H = \Delta U + P \, \Delta V. \qquad (3.3)$$

H nennt man **Enthalpie**. Die Reaktionsenthalpie ΔH beschreibt den Energieumsatz einer Reaktion (z. B. einer Verbrennungsreaktion) einschließlich der zur Volumenarbeit unter isobaren und isothermen Bedingungen eingesetzten Wärmeenergie und ist daher synonym mit dem Begriff der „Wärmetönung" der Chemiker. Der arbeitsfähige Anteil der Enthalpie heißt **freie Enthalpie**[1] und wird mit dem Symbol G abgekürzt. Es gilt:

$$\Delta G = \Delta H - T \, \Delta S. \qquad (3.4)$$

In Worten: Die Differenz an freier Enthalpie ist derjenige Teil der Reaktionsenthalpie, der bei einem freiwillig ablaufenden Prozess in Arbeit umgesetzt werden kann.

Der Begriff der freien Enthalpie ist für die Bioenergetik von entscheidender Bedeutung. Im Gegensatz zu ΔH, welches lediglich angibt, ob eine Reaktion **exotherm** oder **endotherm** abläuft, liefert ΔG das Kriterium für die Fähigkeit zur Leistung von Arbeit (**exergonischer** oder **endergonischer** Ablauf) und damit das Kriterium für die Spontanität einer Reaktion. Obwohl ΔG und ΔH häufig gleiches Vorzeichen haben (und im Betrag ähnlich sind), gibt es auch viele endotherme Prozesse, die spontan, d. h. exergonisch ablaufen (etwa das Lösen von Kochsalz in Wasser).

3.3 Die Zelle als offenes System, Fließgleichgewicht

Die Hauptsätze der reversiblen Thermodynamik beschreiben zunächst definitionsgemäß den energetischen Zustand **geschlossener Systeme**. Demgegenüber sind lebendige Systeme jedoch thermodynamisch **offene Systeme**, d. h. sie stehen in einem beständigen Austausch von Energie **und Materie** mit ihrer Umgebung. Jede Zelle nimmt ununterbrochen Energie und Materie (z. B. in Form energiereicher organischer Moleküle) auf und gibt wieder Energie und Materie an die Umgebung ab. Im **stationären Zustand** (*steady state*) sind Zustrom und Abfluss von Energie und Materie gleich groß, d. h. der Zustand des Systems Zelle bleibt bezüglich dieser beiden Parameter konstant. Diesen stationären Zustand nennt man **Fließgleichgewicht**. Obwohl sich eine solche Zelle nicht merkbar verändert, hat dieser **Stoffwechsel** irreversible Konsequenzen: Freie Enthalpie wird in „entwertete" Energie (T ΔS) umgewandelt und aus energiereichen Nährstoffen werden energiearme Abfallprodukte. Auch wenn die Zelle nicht im stationären Zustand lebt (indem sie z. B. bestimmte biochemische oder morphogenetische Leistungen vollbringt), produziert sie als endergonisches System beständig Entropie, d. h. sie nimmt in der Bilanz stets mehr freie Enthalpie auf, als sie speichern kann. Im Fließgleichgewicht (ΔG ≠ 0) kann ein System beständig auf das thermodynamische Gleichgewicht (ΔG = 0) hinstreben – und daher Arbeit leisten – ohne diesen Zustand je zu erreichen. Bei Unterbrechung der Energiezufuhr bricht das Fließgleichgewicht zusammen; das System erreicht nach einiger Zeit unabwendbar das thermodynamische Gleichgewicht. Für lebendige Systeme bedeutet dies den Tod.

Wodurch werden Umsatz und stationäre Konzentrationen eines im Fließgleichgewicht befindlichen Systems bestimmt? Es ist offensichtlich, dass die klassische Gleichgewichtsthermodynamik für die energetische Beschreibung offener Systeme, bei der nicht Zustände, sondern Kräfte, Flüsse, Intensitäten („Geschwindigkeiten") und Widerstände eine entscheidende Rolle spielen, prinzipiell versagt. Ihre praktische Anwendung ist nur dann sinnvoll,

> ▶ Reaktionen laufen prinzipiell nur dann spontan (deswegen aber nicht unbedingt schnell!) ab, wenn die freie Enthalpie im System **verringert** (d. h. die Entropie gesteigert) wird (ΔG < 0, **exergonische** Reaktion; ΔG erhält ein **negatives** Vorzeichen). –ΔG gibt den Energiebeitrag an, der **maximal** für eine Arbeitsleistung zur Verfügung steht.
> ▶ Reaktionen, bei denen die freie Enthalpie im System **zunimmt**, bedürfen der Zufuhr an freier Enthalpie (ΔG > 0, **endergonische** Reaktion, ΔG erhält ein positives Vorzeichen). +ΔG gibt den Energiebeitrag an, der **mindestens** zur Durchführung der Reaktion zugeführt werden muss.
> ▶ Der Zustand ΔG = 0 charakterisiert den Zustand maximaler Entropie (ΔH = T ΔS), d. h. das **thermodynamische Gleichgewicht**.

---

[1] In der älteren Literatur wird G häufig irrtümlich als „freie Energie" bezeichnet. Die **freie Enthalpie** ist identisch mit der *Gibbs free energy* des angelsächsischen Schrifttums.

wenn sich ein biologischer Prozess wenigstens näherungsweise als ein reversibler Vorgang betrachten lässt. Die Einbeziehung der **Zeit** als Parameter macht die Theorie der Energetik offener Systeme mathematisch schwierig und unanschaulich. Eine bedeutsame Konsequenz dieser **Thermodynamik irreversibler Prozesse**, in welcher als wichtigste neue Größe die zeitliche Zunahme der Entropie (dS/dt) auftritt, ist z. B., dass der Zustand des Fließgleichgewichts durch ein Minimum an Entropieproduktion ausgezeichnet ist. Aber auch diese Theorie ist nur auf kleine Abweichungen vom Gleichgewichtszustand anwendbar, wie sie bei lebendigen Systemen nur selten realisiert sein dürften. Bis jetzt ist es jedenfalls nur in einfachen Fällen gelungen, die irreversible Thermodynamik auf biologische Prozesse anzuwenden.

Da die stationären Konzentrationen eines Fließgleichgewichts von der Umsatzrate (d. h. von den Reaktionskonstanten) abhängen, können sie durch Katalysatoren beeinflusst werden.

Bei einem im Fließgleichgewicht befindlichen Transportsystem interessieren nicht nur die stationären Konzentrationen, sondern auch andere Größen, z. B. der stationäre **Strom** I (Gesamtdurchsatz durch das System, $mol \cdot s^{-1}$) und der **Fluss** J (der auf den durchströmten Querschnitt bezogene Durchsatz, $mol \cdot m^{-2} \cdot s^{-1}$). Im Gegensatz zum querschnittsabhängigen Fluss ist der Strom an jeder Stelle entlang der Stoffbewegung derselbe. Der stationäre Strom ist eine typische **Systemeigenschaft**, die nicht einfach aus der Summation der Eigenschaften von Einzelelementen des Systems resultiert (→ S. 3). Wenn man also ein Fließgleichgewicht beschreiben will, genügt es nicht, die stationären Konzentrationen (*pool*-Größen) der Reaktanten zu bestimmen; man muss vielmehr auch wissen, wie schnell die Reaktanten umgesetzt werden. Erst wenn stationäre Konzentration und Umsatzintensität (*turnover*) bekannt sind, kann man sich eine Vorstellung davon machen, welche Rolle ein bestimmter Reaktant bzw. eine bestimmte Teilreaktion im Stoffwechsel spielt.

Die Anwendung der Theorie der Fließgleichgewichte auf lebendige Systeme ist schwierig. Zwar kann man heute bereits Teilsysteme der Zelle, z. B. die im Grundplasma lokalisierte Glycolyse oder die in den Mitochondrien lokalisierte Atmungskette, mit der Begrifflichkeit des Fließgleichgewichts beschreiben; es besteht aber noch keine Möglichkeit, eine ganze Zelle als Fließgleichgewicht darzustel-

len. Man muss sich weiterhin klar machen, dass zumindest vielzellige lebendige Systeme im allgemeinen nicht in einem idealen Fließgleichgewicht oder als quasistationäre Systeme vorliegen. Sie müssen vielmehr als in beständiger Entwicklung befindliche Systeme aufgefasst werden. Materie und Energie strömen beständig durch sie hindurch, Einstrom und Ausstrom sind aber nicht gleich.

3.4 Chemisches Potenzial

Für die Beschreibung des energetischen Zustandes offener chemischer Systeme ist der Begriff des **chemischen Potenzials** μ_j eine fundamentale Größe. Darunter versteht man die **freie Enthalpie pro mol** einer bestimmten chemischen Komponente j in einem Gemisch mehrerer solcher Komponenten, also z. B. diejenige von Na^+-Ionen in einer wässrigen Lösung von NaCl. Wir können μ_j gedanklich zerlegen in eine Reihe von Einzelpotenzialen, welche in ihrer Summe die freie Enthalpie dieser speziellen Teilchensorte ausmachen. Es gilt daher:

$$\mu_j = \underbrace{\mu_j^0}_{\substack{\text{konstanter}\\ \text{Bezugsterm}}} + \underbrace{\mathbf{R}\,T \ln a_j}_{\substack{\text{Konzentra-}\\ \text{tionsterm}}} +$$

$$\underbrace{P\,\bar{V}_j}_{\substack{\text{Druckterm}\\ (=n_j\,\mathbf{R}\,T)}} + \underbrace{\mathbf{F}\,E\,z_j}_{\substack{\text{elektrischer}\\ \text{Term}}} + \underbrace{g\,h\,m_j}_{\substack{\text{Gravita-}\\ \text{tionsterm}}}. \qquad (3.5)$$

Es bedeuten:
R, Gaskonstante ($= 8{,}314\ J \cdot mol^{-1} \cdot K^{-1}$);
T, absolute Temperatur;
a_j, relative Aktivität von j (unter idealen Bedingungen numerisch gleich der Konzentration c_j);
P, Druck;
$\bar{V}_j$, partielles Molalvolumen[2] von j;
F, Faraday-Konstante ($= 96{,}49\ kJ \cdot V^{-1} \cdot mol^{-1}$);
E, elektrische Spannung;
z_j, Ladungszahl von j;
g, Gravitationskonstante ($= 9{,}806\ m \cdot s^{-2}$);
h, Höhe;
m_j, Molmasse von j;
n_j, Molzahl von j.

---

[2] $\bar{V}_j$ ist definiert als diejenige Volumenzunahme eines Systems, welche durch Zugabe von einem mol j erzeugt wird. Wegen der bei der Mischung von Stoffen auftretenden nichtadditiven Volumenänderungen ist $\bar{V}_j$ nur näherungsweise gleich dem in der Praxis meist verwendeten Molvolumen von j.

Durch die Wahl der Konstanten erhält jeder Einzelterm die Dimension einer Energie pro mol. Da μ_j eine relative Größe ist, wird außerdem ein konstanter Referenzwert μ_j^0 erforderlich, der jedoch bei einer Differenzbildung herausfällt. Für die Zustandsänderung (-differenz) A → B gilt:

$(\mu_j)_A \to (\mu_j)_B$,

und daher auch:

$$\Delta \mu_j = (\mu_j)_B - (\mu_j)_A = \Delta (\mathbf{R} \, T \ln a_j) \\ + \Delta (P \, \bar{V}_j) + \Delta (\mathbf{F} \, E \, z_j) + \Delta (\mathbf{g} \, h \, m_j). \quad (3.6)$$

In Worten: Die Änderung des chemischen Potenzials von j ist bestimmt durch die Summe der Differenzen im **Konzentrationspotenzial, Druckpotenzial, Ladungspotenzial** und **Gravitationspotenzial.**

Damit haben wir einen einfachen Ausdruck für die vielseitige Arbeitsfähigkeit des Partialsystems j gewonnen, den wir nun auf verschiedene Prozesse anwenden können. Um verschiedene Partialsysteme quantitativ vergleichen zu können, ist es erforderlich, einheitliche **Standardbedingungen** zu definieren: Ein Partialsystem j befindet sich dann im **Standardzustand**, wenn $\mu_j = \mu_j^0$ ist, d. h. alle weiteren Summanden in Gleichung 3.5 gleich Null sind. Daraus folgt für den Standardzustand von j:

T ln a_j = 0, d. h. a_j = 1;
P $\bar{V}_j$ = 0, d. h. P = 0;
E z_j = 0, d. h. E = 0;
h m_j = 0, d. h. h = 0.

Für die Praxis sind folgende allgemeine Konventionen festgelegt: $a_j = 1$[3], P = 0 = Normaldruck (0,1 MPa = 1 bar), E = 0 Volt. Als Bezugsniveau für h kann z. B. der Meeresspiegel oder die Erdoberfläche dienen. Als Standardtemperatur ist 298 K (25 °C) festgelegt. Allerdings verzichtet man oft aus praktischen Gründen (z. B. beim Wasserpotenzial, s. u.) auf eine Standardtemperatur, wenn die Tem-

peratur nicht erheblich von 298 K abweicht und daher μ_j nur wenig beeinflusst.

Mit Hilfe dieser Konventionen lässt sich μ_j im Prinzip für jeden beliebigen Zustand relativ zu einem eindeutig definierten Standardzustand ausdrücken. μ_j hat die Dimension einer **Energie pro mol.** Die allgemeine Einheit für Energie ist **Joule** (J) = kg · m² · s⁻² = W · s. Für die Umrechnung der früher üblichen Energieeinheit cal in J gilt:

1 cal = 1/0,23885 J = 4,1868 J.

3.5 Chemisches Potenzial von Wasser

Wir betrachten Gleichung 3.5 für den Spezialfall j = H_2O. Da es sich um ein elektrisch neutrales Molekül handelt, fällt der elektrische Term heraus (z_{H_2O} = 0). Außerdem wird a_{H_2O} durch die Molfraktion von Wasser ersetzt.[4] Es gilt:

$$\mu_{H_2O} = \mu_{H_2O}^0 + \mathbf{R} \, T \ln N_{H_2O} + P \, \bar{V}_{H_2O} + \mathbf{g} \, h \, m_{H_2O}. \quad (3.7)$$

Diese Formel beschreibt den energetischen Zustand des Wassers als Summe seines Konzentrations-, Druck- und Gravitationspotenzials (bezogen auf den Standardzustand $\mu_{H_2O}^0$) in einem Gemisch von H_2O und beliebig vielen anderen Teilchen. $\mathbf{R}$, $\bar{V}_{H_2O}$[5], $\mathbf{g}$, m_{H_2O} sind Konstanten; man erkennt also, dass der Energieinhalt des Partialsystems H_2O von seiner Aktivität, von der Temperatur, vom Druck und von der Höhe abhängt. Für Wasser unter Standardbedingungen (N_{H_2O} = 1, P = 0, h = 0) ist $\mu_{H_2O} = \mu_{H_2O}^0$. Ein Anstieg von P über den normalen Luftdruck oder eine Erhöhung der Lage lassen μ_{H_2O} gegenüber dem Standardzustand ansteigen. Wird jedoch reines Wasser durch Zugabe anderer Teilchen verdünnt, so sinkt seine Molfraktion

---

[3] Die **relative Aktivität** a_j ist gleich dem Produkt der **Konzentration** c_j [mol · kg⁻¹] und dem **Aktivitätskoeffizienten** γ_j [kg · mol⁻¹] und daher dimensionslos. Das thermodynamisch korrekte Konzentrationsmaß für eine Lösung ist **molal** (d. h. mol j **pro kg Lösungsmittel**). Nur bei sehr verdünnten Lösungen ist molal ≈ molar (mol j **pro l Lösung**). Bei biochemischen Reaktionen in Lösung ist diese Näherung in der Regel mit vernachlässigbaren Fehlern verbunden.

[4] Die thermodynamisch wirksame Konzentration des Lösungsmittels H_2O wird hier, im Gegensatz zu der des Lösungsgutes i, nicht auf der Basis der molaren Aktivität ($a_{H_2O} = \gamma_{H_2O} \, c_{H_2O}$), sondern als **Molfraktion** [$N_{H_2O} = n_{H_2O}/(n_{H_2O} + \sum_i n_i)$] eingesetzt. Damit wird **reines Wasser** (N_{H_2O} = 1, aber $c_{H_2O} = 1/\bar{V}_{H_2O}$ = 55,5 mol · l⁻¹) als Standardbedingung definiert. Auch für verdünnte Lösungen ($n_{H_2O} \gg \sum_i n_i$) gilt $N_{H_2O} \approx 1$ mit hinreichend guter Näherung.

[5] Das **Molalvolumen** $\bar{V}_{H_2O}$ ist nur bei verdünnten Lösungen praktisch konstant (= 0,018 l · mol⁻¹). Diese Komplikation kann in den meisten Fällen unberücksichtigt bleiben.

und damit auch sein relativer Energieinhalt ab. Der Übergang von reinem Wasser zu einer Lösung bedeutet also eine Verminderung von μ_{H_2O} gegenüber $\mu^0_{H_2O}$. Umgekehrt bedeutet die Verdünnung einer Lösung mit Wasser eine Verminderung des Konzentrationspotenzials der gelösten Teilchen und eine Erhöhung des Konzentrationspotenzials von H_2O.

Für die folgende Ableitung des **Wasserpotenzials** geht man von einer verdünnten (idealen) Lösung der Teilchen i in H_2O aus. Der energetische Zustand einer solchen Lösung kann sowohl durch das Konzentrationspotenzial der Lösungsmittels als auch durch das Konzentrationspotenzial der gelösten Teilchen beschrieben werden. Da $N_{H_2O} + \sum_i N_i = 1$ gilt:

$$R\, T \ln N_{H_2O} = R\, T \ln(1 - \sum_i N_i). \quad (3.8)$$

Unter Verwendung der Näherung $\ln(1 - x) \approx -x$ für kleine Werte von x kann man schreiben:

$$R\, T \ln N_{H_2O} \approx - R\, T \sum_i N_i. \quad (3.9)$$

Da $\dfrac{\sum_i N_i}{\overline{V}_{H_2O}} \approx \sum_i c_i$, lässt sich dies vereinfachen:

$$R\, T \ln N_{H_2O} \approx - R\, T \sum_i c_i \overline{V}_{H_2O}. \quad (3.10)$$

Nach Van't Hoff ist der **osmotische Druck** einer Lösung:

$$\pi \approx R\, T \sum_i c_i. \quad (3.11)$$

Damit lässt sich die Gleichung 3.10 umformen:

$$R\, T \ln N_{H_2O} \approx - \pi \overline{V}_{H_2O}. \quad (3.12)$$

Mit Hilfe dieser Beziehung und der Umformung $m = \varrho\, V$ (ϱ = Dichte), lässt sich die Gleichung 3.7 vereinfachen:

$$\mu_{H_2O} = \mu^0_{H_2O} - \pi \overline{V}_{H_2O} + P\, \overline{V}_{H_2O} + g\, h\, \varrho_{H_2O} \overline{V}_{H_2O},$$

oder

$$\psi = \frac{\mu_{H_2O} - \mu^0_{H_2O}}{\overline{V}_{H_2O}} = P - \pi + g\, h\, \varrho_{H_2O}. \quad (3.13)$$

ψ wird definiert als das **Wasserpotenzial** einer Lösung. Diese Größe ist in der Pflanzenphysiologie von entscheidender Bedeutung: ψ beschreibt die **freie Enthalpie pro Einheitsvolumen Wasser** in einer Lösung, bezogen auf den Standardzustand von H_2O, als Summe von drei Teilpotenzialen: **hydrostatischer Druck** (P), **osmotischer Druck** (π) und **Gravitationspotenzial** (g h ϱ_{H_2O}). Die Kenntnis von $\Delta\psi$, der Wasserpotenzialdifferenz zwischen zwei Orten, erlaubt Aussagen über die Richtung der Wasserbewegung, welche durch Unterschiede in der Summe dieser Teilpotenziale getrieben werden kann.

> - Wasser strömt spontan (deswegen aber nicht unbedingt schnell!) nur von Orten mit **höherem** (positiverem) zu Orten mit **niedrigerem** (negativerem) ψ, d. h. entlang eines **abfallenden ψ-Gradienten**. Hierbei wird die freie Enthalpie des Wassers verringer (exergonischer Prozess).
> - Demgemäß kann Wasser nur unter Energieaufwand von einem Ort mit **niedrigerem** ψ zu einem Ort mit **höherem** ψ transportiert werden (endergonischer Prozess).
> - Zwischen Orten gleichen ψ-Werts findet kein Nettostrom von Wasser statt, d. h. es herrscht **thermodynamisches Gleichgewicht** (Wasserpotenzialgleichgewicht, $\Delta\psi = 0$).
> - Als Nullpunkt der ψ-Skala („Normalwasserpotenzial", $\psi = 0$) dient per Definition der Standardzustand des Wassers (reines H_2O bei Normaldruck und -niveau).
> - ψ wird durch eine Zunahme von P oder h erhöht und durch eine Zunahme von π erniedrigt.

P und π sind temperaturabhängig ($\rightarrow$ Gleichung 3.5, 3.11). Beide Größen steigen bei Temperaturerhöhung an. Dies bleibt jedoch hier unberücksichtigt, wenn ψ in Bezug auf einen Standardzustand gleicher Temperatur betrachtet wird. Bei Normaldruck und -niveau wird ψ alleine von π bestimmt und ist daher ≤ 0. Zur Veranschaulichung der Zusammenhänge zwischen ψ, P, π und h dient Abbildung 3.2.

ψ und alle Summanden in Gleichung 3.13 haben die Dimension einer **Energie · Volumen^{-1} = Kraft · Fläche^{-1} = Druck**; sie werden daher in Pascal gemessen (1 Pa = 1 N · m^{-2}). Für die Umrechnung der früher üblichen Einheiten Atmosphäre (at) oder bar gilt: 1 at = 1,01 bar = 0,101 Megapascal (MPa = 10^6 Pa).

Auch der Energiegehalt des Wasserdampfanteils der Luft kann durch das Wasserpotenzial beschrieben werden. Wenn Luft mit reinem Wasser im ther-

3.6 Anwendung des Wasserpotenzialkonzepts auf den Wasserzustand der Zelle

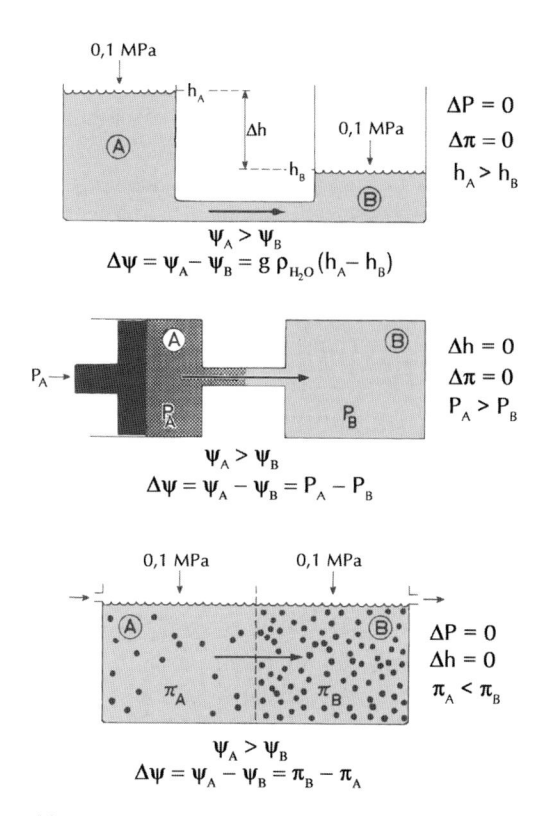

Abb. 3.2. Drei einfache Gedankenexperimente zur Veranschaulichung der Bedeutung des Wasserpotenzials für die spontane (exergonische) Strömung von Wasser (→ Gleichung 3.13). *Oben*: Wasser strömt von höherem auf niedrigeres Niveau. $\Delta\psi$ beruht auf einem Unterschied im Gravitationspotenzial zwischen *A* und *B*. *Mitte*: Wasser strömt von einem Ort höheren Drucks zu einem Ort niedrigeren Drucks. $\Delta\psi$ beruht auf einem Druckgefälle zwischen *A* und *B*. *Unten*: Wasser strömt (z. B. durch eine selektiv permeable Membran) von einer verdünnten zu einer konzentrierten Lösung. Diesen Vorgang nennt man **Osmose**. $\Delta\psi$ beruht auf einem Unterschied im osmotischen Druck π der Lösungen *A* und *B*. Allen drei Beispielen ist gemeinsam, dass der Wasserstrom dem Gefälle von ψ (in Richtung zu negativeren Werten) folgt und dass ein Zustand angestrebt wird, in den $\Delta\psi = 0$ ist (Gleichgewicht zwischen *A* und *B*) und daher kein Nettowasserstrom mehr erfolgt. Außerdem wird deutlich, dass es für den Wasserstrom nicht auf den Absolutwert von ψ, sondern auf $\Delta\psi$-Werte ankommt.

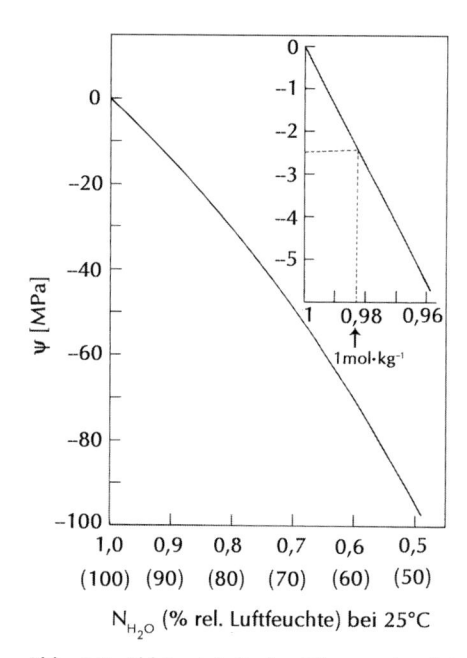

Abb. 3.3. Abhängigkeit des Wasserpotenzials der Luft von der Molfraktion des Wassers (N_{H_2O}) bzw. vom relativen Wasserdampfpartialdruck $p_{H_2O}/p^0_{H_2O}$ und der relativen Luftfeuchte (Werte in Klammern) bei 25 °C (→ Gleichung 3.14). Zum Vergleich ist in dem vergrößerten Ausschnitt (*rechts oben*) das Wasserpotenzial einer 1-osmolalen wässrigen Lösung eingetragen (−2,48 MPa).

modynamischen Gleichgewicht steht (100 % relative Luftfeuchte), ist ihr Wasserpotenzial per Definition gleich Null. Allgemein gilt:

$$\psi_{Luft} = \frac{RT}{\overline{V}_{H_2O}} \ln N_{H_2O} = \frac{RT}{\overline{V}_{H_2O}} \ln \frac{p_{H_2O}}{p^0_{H_2O}}$$
$$= \frac{RT}{\overline{V}_{H_2O}} \ln \frac{\text{rel. Luftfeuchte [\%]}}{100}. \quad (3.14)$$

wobei $RT/\overline{V}_{H_2O} = 138$ MPa bei 25 °C. Diese Funktion ist in Abbildung 3.3 für 25 °C dargestellt. Man erkennt, dass bereits sehr geringe Abweichungen von 100 % relativer Luftfeuchte zu einem starken Absinken von ψ_{Luft} führt. 50 % relative Luftfeuchte entspricht $\psi_{Luft}^{25\,°C} = -94$ MPa.

3.6 Anwendung des Wasserpotenzialkonzepts auf den Wasserzustand der Zelle

3.6.1 Die Zelle als osmotisches System

Da Pflanzen über keine aktiven Mechanismen zur Erhöhung des Wasserpotenzials („Wasserpumpen") verfügen, wird Wasser in ihnen ausschließlich passiv bewegt, d. h. es folgt einem abfallenden ψ-Gradienten. Wassertransport ist in der Pflanze also stets exergonisch, d. h. $\Delta\psi$ ist negativ (−$\Delta\psi$ in Analogie zu −ΔG).

Wir betrachten eine ausgewachsene Zelle, deren Wand elastisch, aber nicht plastisch verformbar ist.

Ein einfaches Modell dieses Systems (in dem lediglich solche Eigenschaften berücksichtigt sind, welche wir für ein Verständnis der **osmotischen** Eigenschaften dieser Zelle brauchen) besteht aus drei wesentlichen Elementen: **Zellwand, wandständiger Protoplasmabelag** und **Vacuole** (Abbildung 3.4). Die Wand einer solchen Zelle ist praktisch **omnipermeabel** (→ S. 36). Sie gestattet ohne wesentlichen Diffusionswiderstand eine Umspülung des Protoplasten mit einer wässrigen Lösung. Die Wand hat die Eigenschaften eines reißfesten, elastisch dehnbaren Korsetts. Wie kommt die Stabilität einer solchen Zelle zustande? Antwort: Durch das osmomechanische Zusammenwirken von Zellwand und Vacuole. Dieses Zusammenwirken wird durch bestimmte Eigenschaften des Protoplasten ermöglicht, der als mehr oder minder dünner, geschlossener Belag der Wand anliegt. Dieser Plasmasack kann nämlich in erster Näherung als **selektiv permeabel** („semipermeabel") angesehen werden, d. h. er stellt in beiden Richtungen eine unbedeutende Diffusionsbarriere für Wasser, hingegen eine sehr hohe Diffusionsbarriere für gelöste Moleküle und Ionen dar. Diese Eigenschaft ist eine Funktion der Plasmagrenzmembranen, vor allem der **Plasmamembran**. Der Zellsaftraum (Vacuole) enthält eine wässrige Lösung mit einer Vielzahl anorganischer und organischer Ionen und Moleküle. Die osmotisch wirksame Konzentration des Zellsafts kann entweder durch die **Osmolalität** (mol osmotisch aktive Teilchen pro kg Wasser) oder durch den **osmotischen Druck** angegeben werden (→ Gleichung 3.11; die Konzentration 1 osmol · kg^{-1} entspricht $\pi \approx 2,5$ MPa). Der osmotische Druck der Vacuolenflüssigkeit liegt meist im Bereich von 0,5 – 1,5 MPa. Da die Zellwand im allgemeinen eine sehr wenig konzentrierte Lösung (also praktisch reines Wasser) enthält, besteht in diesem System ein **π-Gradient** (→ Abbildung 3.2, *unten*), der potenzielle Energie zum Transport von Wasser darstellt.

3.6.2 Das Osmometermodell

Ein physikalisches System, welches nach diesem Prinzip funktioniert, ist das Osmometer, das in seiner einfachsten Form, **Pfeffersche Zelle**, in Abbildung 3.4 (*rechts*) modellhaft dargestellt ist. Dieses Gerät dient zur Bestimmung des osmotischen Drucks einer Lösung mittels Messung des hydrostatischen Drucks, den diese Lösung im Gleichgewicht mit reinem Wasser entwickeln kann. Dazu folgende Überlegung: das äußere Gefäß (Außenraum) des Osmometers enthalte reines Wasser unter Standardbedingungen, das innere Gefäß ist ein Tonzylinder, der eine selektiv permeable (praktisch nur für Wassermoleküle durchlässige) anorganische Membran trägt. Verschlossen ist der Tonzylinder mit einem Stopfen, der von einem Steigrohr durchbohrt ist. Wenn die Wasserkonzentration (mol H$_2$O pro Volumeneinheit) außen größer ist

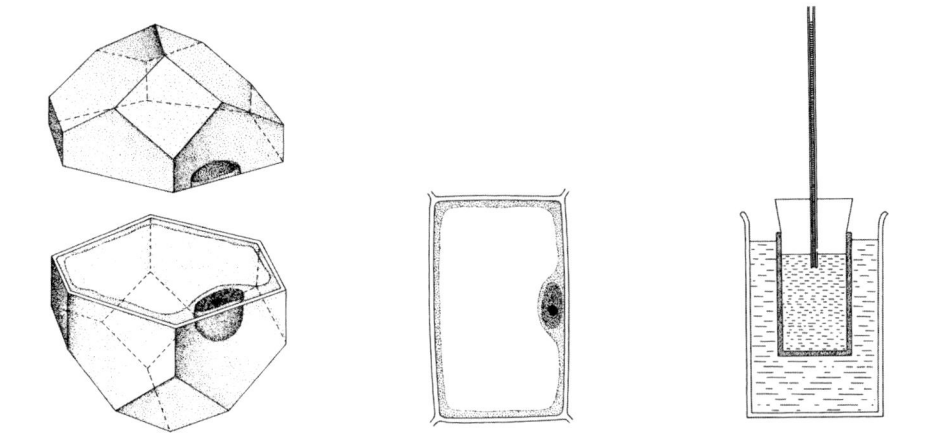

Abb. 3.4. Die Zelle als osmotisches System. *Links:* Räumliches Modell einer parenchymatischen Zelle (Zellhälften getrennt). Eingetragen sind lediglich Zellwand, wandständiger Plasmasack mit Zellkern und Vacuole (Zellsaftraum). *Mitte:* Modell einer turgeszenten Zelle im optischen Längsschnitt. Die Wände sind durch den Innendruck leicht elastisch nach außen gewölbt. *Rechts:* Osmometer (Pfeffersche Zelle) im Längsschnitt, bestehend aus Außenmedium (Wasser), Innenmedium (Lösung), porösem Gefäß mit selektiv permeablen Eigenschaften und Steigrohr. Dieses physikalische Analogiemodell repräsentiert das System Zelle (*Mitte*) hinsichtlich seiner osmotischen Eigenschaften erstaunlich gut.

als innen, besteht ein „Diffusionsdruck", der Wasser vom Außenraum in den Innenraum treibt. Präziser: Wasser diffundiert in Richtung des ψ-Gefälles. Der Nettostrom von Wasser kommt erst dann zum Erliegen, wenn der am Steigrohr ablesbare hydrostatische Druck die weitere Akkumulation von Wasser im Innenraum verhindert. Dann ist $\Delta\psi = 0$ bzw. $\pi = P$. Derjenige hydrostatische Druck im Innenraum (P), der das weitere Einströmen von Wasser verhindert, repräsentiert also den **osmotischen Druck** der Innenlösung. (Für genaue Messungen hält man das Volumen, und damit die Konzentration der Innenlösung, durch Anlegen eines Gegendrucks konstant. Der im Gleichgewicht notwendige Gegendruck ergibt dann genau π.)

Das Gesetz, nach dem das ideale Osmometer arbeitet, ist einfach. Es wird beschrieben durch Gleichung 3.13 unter Weglassung des hier bedeutungslosen Gravitationsterms (h = 0):

$$\psi = P - \pi. \qquad (3.15)$$

In Worten: Das Wasserpotenzial einer Lösung wird bestimmt durch den hydrostatischen Druck, unter dem die Lösung steht, und durch ihren osmotischen Druck. ψ wird durch P erhöht und durch π erniedrigt (verschiedene Vorzeichen!). Für $\psi = 0$ ist $\pi = P$.

Die Gleichung 3.15 gilt nur für ideal selektiv permeable Membranen. Im realen Fall muss berücksichtigt werden, dass auch viele gelöste Teilchen Biomembranen in einem gewissen Umfang passieren können. Dies wird durch den **Reflexionskoeffizienten** σ korrigiert:

$$\psi = P - \sigma\pi. \qquad (3.16)$$

Dieser Koeffizient liegt normalerweise zwischen 0 (Lösungsgut permeiert gleich gut wie H_2O) und 1 (keine Permeation des Lösungsgutes). Für Substanzen, die besser als H_2O permeieren, nimmt σ negative Werte an.

3.6.3 Die Zelle als Osmometeranalogon

Die sich entsprechenden Systemelemente der Zelle und des Osmometers ($\rightarrow$ Abbildung 3.4) sind in Tabelle 3.1 gegenübergestellt. Man erkennt, dass zwischen den beiden Systemen eine verblüffende funktionelle Analogie besteht. Man darf aber nicht übersehen, dass alle Eigenschaften der Zelle außer den osmotischen von diesem Analogiemodell völlig vernachlässigt werden.

Tabelle 3.1. Die Anwendung des Osmometer-Modells auf die parenchymatische Pflanzenzelle ($\rightarrow$ Abbildung 3.4).

Es entsprechen sich: Osmometer	Pflanzenzelle
Außenraum mit Wasser	Der praktisch mit Wasser gesättigte, freie Diffusionsraum der Zellwand
Innenraum mit Lösung	Vacuole mit Zellsaft
Anorganische, selektiv permeable Haut im Tonzylinder	Selektiv permeabler Protoplasmabelag
Wassersäule im Steigrohr (Manometer)	Reißfeste, aber elastisch dehnbare Zellwand

Frage: Wie lange kann die Vacuole aus der Umgebung Wasser aufnehmen? Antwort: Bis ψ_V ($\psi_{Vacuole}$) genauso groß geworden ist, wie ψ_W ($\psi_{Wandlösung}$). Wenn $\psi_W = 0$ gesetzt wird, ist auch $\psi_V = 0$ und daher $\pi_V = P_V$ ($\rightarrow$ Gleichung 3.15). Der in der Vacuole herrschende hydrostatische Druck P_V wird als **Turgor** bezeichnet. Er entspricht dem Druck, den die elastisch gespannte Zellwand auf Protoplasma und Vacuole ausübt und wird daher gelegentlich auch als „Wanddruck" bezeichnet. Der Turgor ist numerisch gleich groß wie der mechanische Dehnungsstress in der Zellwand. In der Zellwandflüssigkeit herrscht dagegen der gleiche Druck wie in der Umgebung der Zelle ($P_{außen}$), welcher definitionsgemäß gleich Null gesetzt ist (Normaldruck = 0,1 MPa Absolutdruck; $\rightarrow$ S. 51). Zwischen Protoplasma und Vacuole besteht praktisch kein Druckunterschied. Für die elastische Verformung der Zelle durch Wasseraufnahme gilt im Prinzip das Hookesche Gesetz, d. h. die relative Volumenänderung ($\Delta V/V$) erzeugt eine proportionale Druckänderung:

$$\frac{\Delta V}{V} = \frac{1}{\varepsilon}\Delta P. \qquad (3.17)$$

Der volumetrische **Elastizitätsmodul** ε ist eine Materialeigenschaft, welche die Steifigkeit der Zellwand charakterisiert. Der Wert von ε hängt vom Zellvolumen und vom Turgor ab und ist daher eine experimentell schwierig zu handhabende Größe, die in turgeszenten Zellen krautiger Pflanzen meist im Bereich von 1–20 MPa liegt (Abbildung 3.5).

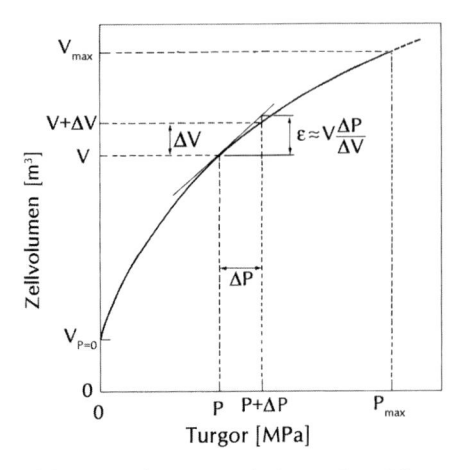

Abb. 3.5. Volumen-Druck-Kurve einer Pflanzenzelle zur Veranschaulichung des volumetrischen Elastizitätsmoduls ε (schematisch). $V_{P=0}$, Zellvolumen bei Grenzplasmolyse; V, Volumen der teilweise turgeszenten Zelle vor dem Druckanstieg ΔP; V_{max}, Volumen der vollturgeszenten Zelle (P_{max}). Aus der Steigung der Kurve lässt sich ε berechnen. Man erkennt, dass ε für die erschlaffte Zellwand (P = 0) den kleinsten Wert annimmt und mit steigendem Turgor zunimmt (d. h. die elastische Dehnbarkeit wird mit steigendem Turgor immer geringer). Messungen dieser Art können mit einer Miniaturdrucksonde an Einzelzellen durchgeführt werden (→ Exkurs 3.1). (Nach Steudle et al. 1977)

Für die Änderung des Zellvolumens durch elastisches Schrumpfen bzw. Schwellen bei einer bestimmten Änderung des Wasserpotenzials gilt:

$$\frac{\Delta V}{V} \approx \frac{1}{\varepsilon + \pi} \Delta \psi. \qquad (3.18)$$

Man kann dieser Gleichung entnehmen, dass kleine Werte von ε und/oder π notwendig sind, um für ein gegebenes $\Delta\psi$ eine große elastische Dehnung der Zelle zu ermöglichen. Für typische Werte von ε und π (z. B. 5 MPa bzw. 1 MPa) ist $\Delta V/V$ = 1/60 (2 %), wenn sich das Wasserpotenzial um 0,1 MPa ändert.

Die in Gleichung 3.15 gegebene Formulierung des Wasserpotenzials entspricht formal der klassischen, auf Pfeffer zurückgehenden Gleichung für die osmotischen Zustandsgrößen der Zelle:

$$S = O - W$$

(S = Saugspannung = „Saugkraft", O = osmotischer Druck, W = Wanddruck). Saugspannung und Wasserpotenzial unterscheiden sich im Prinzip nur im Vorzeichen: Eine **positive** Saugspannung entspricht einem **negativen** Wasserpotenzial. Außerdem muss man stets beachten, dass ψ auf den Standardzustand von Wasser (ψ = 0) bezogen ist. Eine Saugspannung zwischen zwei Orten herrscht immer dann, wenn eine **Differenz** im ψ-Wert vorliegt. Sie ist daher zu $-\Delta\psi$ homolog. Wir werden uns im Folgenden strikt an das thermodynamisch begründete Wasserpotenzialkonzept halten.

3.6.4 Das Matrixpotenzial

Wendet man Gleichung 3.15 auf die Zelle an, so ignoriert man die Komplikation, dass in diesem osmotischen System nicht nur gelöste Teilchen, sondern auch kolloidal gelöste Makromoleküle, Membranflächen und andere hydratisierte Strukturelemente das Wasserpotenzial beeinflussen können. So ist z. B. ψ_W keineswegs gleich Null, selbst dann nicht, wenn die Wandflüssigkeit aus reinem H_2O besteht. Der Beitrag der Wandstrukturen zum Wasserpotenzial besteht aus einer (negativen) Druckkomponente (Unterdruck im kapillar gebundenen Wasser) und in einer osmotischen Komponente (Wechselwirkungen zwischen H_2O und der Oberfläche hydrophiler Makromoleküle), die sich theoretisch in P bzw. π einbeziehen lassen. Aus praktischen Gründen fasst man diese Potenziale häufig auch zu einer eigenen Größe, dem Matrixpotenzial τ zusammen, welches separat neben P und π aufgeführt wird:

$$\psi = P - \pi - \tau. \qquad (3.19a)$$

Das Matrixpotenzial, das sich eindrucksvoll an einem Stück Filterpapier demonstrieren lässt, das mit seiner Unterkante im Wasser hängt, spielt z. B. eine große Rolle für das Wasserpotenzial im Boden (Bodenkolloide als Matrix) und im Protoplasma (Makromoleküle, Membranen, Ribosomen u. a. als Matrix). In der ausgewachsenen, vacuolisierten Zelle spielt das Matrixpotenzial von Protoplasma und Zellwand neben π_V eine untergeordnete Rolle und wird daher häufig vernachlässigt (→ Abbildung 3.7).

3.6.5 Nomenklatorische Schwierigkeiten

In der ökologischen Literatur hat es sich seit einigen Jahren eingebürgert, die Gleichung 3.19a wie folgt zu formulieren:

$$\psi_{gesamt} = \psi_P + \psi_\pi + \psi_\tau. \qquad (3.19b)$$

Nach dieser Formulierung setzt sich das Wasserpotenzial eines wässrigen Mischsystems additiv aus drei Komponenten zusammen, welche den Einfluss von P, π und τ auf den energetischen Zustand von Wasser beschreiben. Hierbei ist $\psi_P = P$, $\psi_\pi = -\pi$ und $\psi_\tau = -\tau$. In diesem Zusammenhang wird ψ_π auch als „osmotisches Potenzial" bezeichnet. Diese Formulierung ist insofern verwirrend, als es sich bei ψ_π nicht um das Konzentrationspotenzial des Osmoticums (= π; → Gleichung 3.11), sondern um die durch das Osmoticum bewirkte Komponente des Wasserpotenzials handelt. Entsprechend wird $\psi_\tau = -\tau$ auch als „Matrixpotenzial" bezeichnet. Korrekt wäre ψ_π und ψ_τ als **osmotisches** bzw. **matrikales Wasserpotenzial** zu bezeichnen. Wir bleiben hier bei den von der physikalischen Chemie her vertrauten, **positiven Potenzialen** π und τ, welche als positive Drücke gemessen werden können und (im Gegensatz zu P) einen negativen Beitrag zum Wasserpotenzial leisten (d. h. ψ erniedrigen). Um die Verwechselung von von π und −π zu vermeiden, verwenden wir für π den Begriff **osmotischer Druck** anstelle von osmotischem Potenzial. Hierbei muss man sich stets darüber klar sein, dass es sich bei π nicht um einen realen Druck, sondern um ein Konzentrationspotenzial handelt, das im Osmometer als hydrostatischer Druck gemessen werden kann.

3.6.6 Das osmotische Zustandsdiagramm der Zelle (Höfler-Diagramm)

Wir betrachten das Volumen des Protoplasten in Abhängigkeit vom Wasserpotenzial außerhalb des Protoplasten, welches sich durch Zugabe eines Osmoticums erniedrigen lässt. Die Volumenänderung kann z. B. mikroskopisch verfolgt werden (Abbildung 3.6). Eine Zelle wird als **vollturgeszent** bezeichnet, wenn $\psi_V = -\tau_W$, d. h. P_V maximal groß ($= \pi_V$) ist. Die vollturgeszente Zelle ist, ähnlich wie ein aufgepumpter Gummireifen, strukturell enorm stabil. Für die meisten Pflanzenzellen liegt π_V im Bereich von 0,5–1,5 MPa; es sind jedoch auch schon über 10 MPa gemessen worden (z. B. bei bestimmten Halophyten). Turgorverlust führt zum Welken und damit zum Stabilitätsverlust der Pflanze. Auf der Ebene der Zelle kann starkes Schrumpfen des Protoplasten zur **Plasmolyse** führen (Abbildung 3.6 b, c). Dieses Phänomen kann in geeigneten Zellen dadurch erzeugt werden, dass man sie in der Lösung eines niedermolekularen Osmoticums (z. B. Mannit) badet, deren osmotischer Druck wesentlich höher als π_V ist. Ist der Plasmasack für das Osmoticum undurchlässig, so strömt so lange Wasser aus der Vacuole in den mit der umgebenden Lösung im Gleichgewicht stehenden freien Diffusionsraum der Zellwand, bis sich die Wasserpotenziale im Außenraum (+ Zellwandraum) und in der Vacuole angeglichen haben. Die Vacuole verkleinert sich; der Plasmasack löst sich von der Zellwand ab. Die gerade beginnende Ablösung bezeichnet man als **Grenzplasmolyse** (Abbildung 3.6 b). Ersetzt man die Außenlösung anschließend durch Wasser, so tritt **Deplasmolyse** ein (Abbildung 3.6 d), weil nunmehr so lange Wasser von außen in die Vacuole einströmt, bis wieder die volle Turgeszenz erreicht ist. Starke Plasmolyse übersteht die Zelle jedoch nicht ohne irreversible Schädigung; z. B. reißen dabei häufig die Plasmodesmen.

Die Plasmolyse tritt ein, wenn $\pi_{Wandlösung} > \pi_V$ wird. Dies setzt voraus, dass das Osmoticum in den Zellwandraum eindringen kann, und daher die

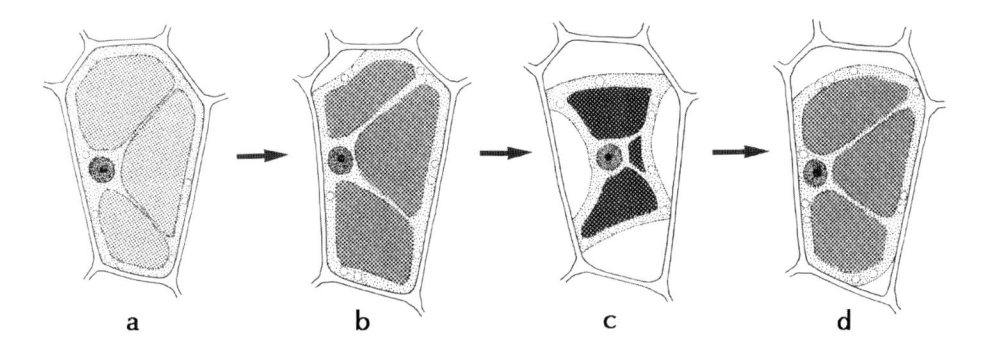

Abb. 3.6 a – d. Zellen aus der unteren Epidermis eines Blattes von *Rhoeo discolor*. Im Zellsaft sind Anthocyane gelöst. **a** Vollturgeszenz in Wasser; **b, c** Plasmolyse in 0,5 mol · l⁻¹ KNO₃ (frühes und spätes Stadium); **d** Deplasmolyse nach Übertragung in Wasser. (In Anlehnung an Schumacher 1962)

Grenzlinien zwischen $\psi_{außen}$ und ψ_{innen} an der Plasmamembran verläuft. Unter natürlichen Bedingungen dürfte diese Situation jedoch kaum vorkommen. Wenn eine Zelle an der Luft (oder in der Lösung eines Osmoticums, das nicht in die Zellwand eindringen kann, z. B. hochmolekulares Polyethylenglycol) unter Wasserabgabe schrumpft, verläuft die Grenzlinie zwischen $\psi_{außen}$ und ψ_{innen} an der Außenseite der Zellwand, d. h. Protoplast und Wand kollabieren, ohne sich voneinander zu trennen. Diesen Prozess, der z. B. beim Welken von Pflanzen regelmäßig auftritt, nennt man **Cytorrhyse**. Bei starker Cytorrhyse wölbt (oder faltet) sich die Zellwand nach innen ein. Hierbei können Wandspannungen und ein entsprechender **negativer Turgordruck** auftreten, der jedoch in der Regel weit unter 0,1 MPa liegt.

Mit Hilfe von Gleichung 3.19 lässt sich das reversible osmotische System Zelle hinsichtlich der Parameter ψ, P, π und τ quantitativ beschreiben und in der Form eines Zustandsdiagramms darstellen (Abbildung 3.7).

3.6.7 Die experimentelle Messung von π und ψ

Für eine hinreichend verdünnte Lösung kann π nach Gleichung 3.11 berechnet werden, indem man molale Konzentrationen einsetzt. Bei höheren Konzentrationen ist wegen der zunehmenden Differenz zwischen Konzentration und Aktivität eine empirische, indirekte Messung erforderlich (über den osmotischen Druck im Osmometer oder die Gefrierpunkt- bzw. Dampfdruckerniedrigung gegenüber

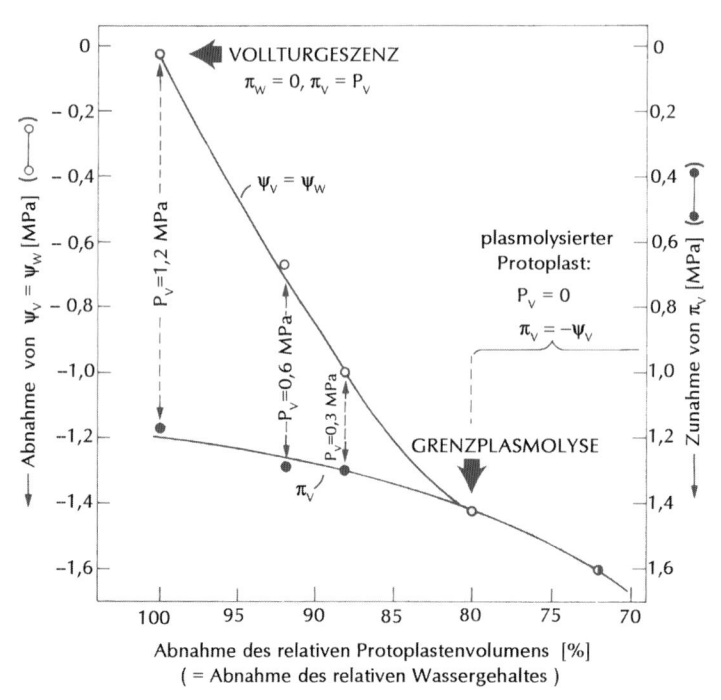

Abb. 3.7. Das osmotische Zustandsdiagramm der Zelle (Höfler-Diagramm). Objekt: Zellen aus dem Blattstiel von *Helianthus annuus*. Wir betrachten die zwei osmotischen Kompartimente **Zellwand** und **Vacuole**, welche durch den Protoplasmasack („selektiv permeable Membran") gegeneinander abgegrenzt sind. Das Wasserpotenzial der Wand kann durch die Zugabe eines Osmoticums zur Außenlösung experimentell variiert werden (ψ, Wasserpotenzial; π, osmotischer Druck; P, Turgordruck. Subskripte: V, Vacuole; W, Wand). Wir betrachten auf der Abszisse von links nach rechts die Abnahme des Protoplastenvolumens, welche durch eine experimentelle Verminderung von ψ_W (= $\psi_{Außenlösung}$) bewirkt wird. Alle Messwerte beziehen sich auf **Gleichgewichtszustände**, d. h. es ist stets $\psi_W = \psi_V$ (d. h. $\Delta\psi = 0$) eingestellt. Ausgehend vom Zustand der **Vollturgeszenz** (P_V maximal groß) nimmt ψ_V gemäß ψ_W ab. Dies erfolgt hauptsächlich auf Kosten von P_V. π_V nimmt leicht zu, da sich bei abnehmendem Volumen die Osmolalität in der Vacuole erhöht. Beim relativen Protoplastenvolumen 80 % ist die Zellwand voll entspannt ($P_V = 0$); es tritt **Grenzplasmolyse** (oder **Grenzcytorrhyse**) ein. Jede weitere Verminderung von $\psi_W = \psi_V$ führt zu einem entsprechenden Anstieg von π_V, da von nun an $\pi_V = -\psi_V$. Wenn sich bei der Cytorrhyse die Zellwand zusammen mit dem schrumpfenden Protoplasten einwölbt und dabei nach innen gespannt wird, treten negative Turgordrücke auf. In diesem Fall ist $\pi_V < -\psi_V$. (Nach Daten von Clark 1956; aus Lewitt 1969)

3.6 Anwendung des Wasserpotenzialkonzepts auf den Wasserzustand der Zelle

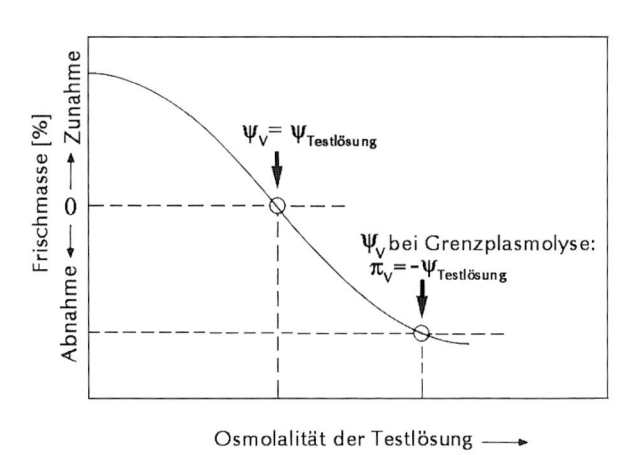

Abb. 3.8. Schematische Kurve für die Bestimmung des Wasserpotenzials und des osmotischen Drucks eines Gewebes. Im Prinzip geht man folgendermaßen vor: Man bringt die zu prüfenden Zellen (oder das Gewebestück) in Testlösungen verschiedener Osmolalität. Diejenige Testlösung, in der sich die Masse (oder das Volumen) der Zellen nicht ändert, besitzt das **gleiche Wasserpotenzial** wie die Zellen. Diejenige Testlösung, in der sich Grenzplasmolyse einstellt, besitzt den gleichen **osmotischen Druck** wie die Zellen ($P_V = 0$, $\pi_V = -\psi_V = -\psi_{Testlösung}$). (Nach Steward 1964)

reinem Wasser). Diese Methoden werden auch für π-Bestimmungen im extrahierten Zellsaft verwendet. *In-situ*-Messungen basieren auf der Beobachtung von Grenzplasmolyse oder Schrumpfungsmessungen mit einem definierten Osmoticum (Abbildung 3.8). Die hierbei erhaltenen Werte gelten exakt nur für die turgorfreie Zelle. In der vollturgeszenten Zelle (größeres Volumen; → Abbildung 3.7) liegen meist etwa 10–15 % niedrigere Werte vor.

Gleichung 3.15 gibt an, wie man $\psi_V = \psi_{Zelle}$ messen kann: Man bestimmt diejenige Osmolalität, welche eine Testlösung besitzen muss, um im osmotischen Gleichgewicht ($\psi_{Testlösung} = \psi_V$) mit dem Zellsaft zu stehen (Abbildung 3.8). Bei einer anderen Methode, welche z. B. zur Messung von ψ an intakten Blättern verwendet wird, setzt man das Objekt in einer Kammer, aus der nur der Blattstiel herausragt, langsam unter Druck (Scholander-Bombe, Abbildung 3.9). Derjenige Druck, der für das

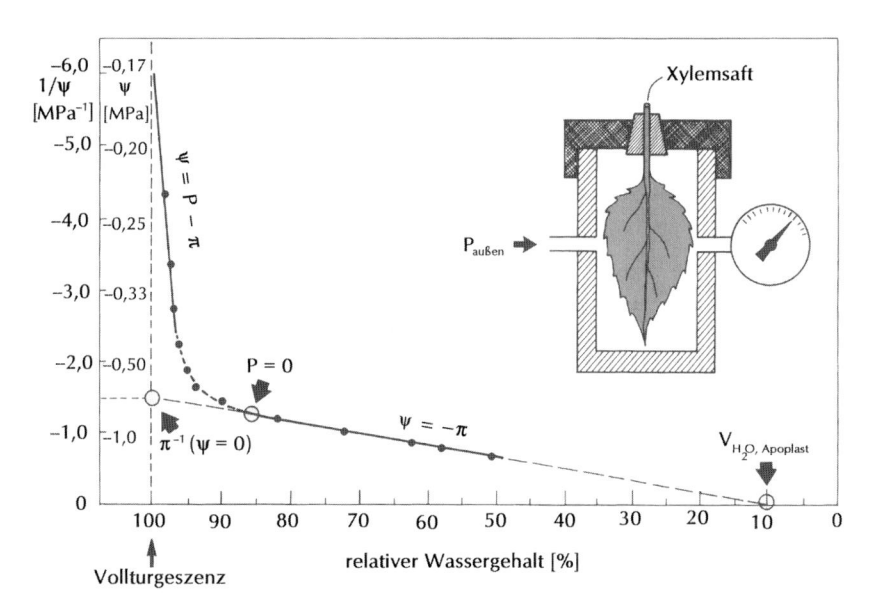

Abb. 3.9. Druck-Volumen-Kurve, wie sie an abgeschnittenen Pflanzenteilen mit der Scholander-Bombe (*rechts*) gemessen werden kann. Objekt: ausgewachsenes Blatt von *Helianthus annuus*. Durch Erhöhung des Umgebungsdrucks ($P_{außen}$) in definierten Schritten wird Xylemsaft an der Schnittfläche ausgepresst und damit der Wassergehalt des Blattes stufenweise vermindert (*Abszisse*). Die zugehörige Reduktion des Wasserpotenzials im Blatt kann an dem $P_{außen}$-Werten abgelesen werden ($\psi_{Blatt} = -P_{außen}$). Wenn man $1/\psi_{Blatt}$ gegen den relativen Wassergehalt aufträgt, erhält man eine Kurve mit zwei linearen Ästen. Durch Extrapolation lässt sich aus dem flachen Ast das π der vollturgeszenten Zellen (als Mittelwert der Blattzellen) ermitteln. Außerdem erhält man das Wasservolumen des Apoplasten. (Nach Jachetta et al. 1986)

Herauspressen einer gerade erkennbaren Menge Xylemsaft aus der (unter Normaldruck stehenden) Schnittfläche benötigt wird, entspricht dem Unterdruck, der zuvor im Xylem des Blattes geherrscht hat. Er wird als Maß für ψ verwendet ($\pi_{Xylem} \approx 0$). Wenn man anschließend durch stufenweise Druckerhöhung kleine Mengen Saft herauspresst und die Abnahme des Wassergehalts im Blatt misst, kann man eine **Druck-Volumen-Kurve** aufnehmen und daraus auch den osmotischen Druck des Zellsaftes entnehmen (Abbildung 3.9).

Der Turgor wird oft nicht experimentell gemessen, sondern aus π_V und ψ_V rechnerisch ermittelt (Gleichung 3.15). Bei geeigneten Objekten ist es neuerdings auch gelungen, den Turgor durch Anstechen von Zellen mit einer Mikrodrucksonde direkt zu messen ($\rightarrow$ Exkurs 3.1).

Ähnlich wie beim Wasserzustand der Zelle ist die Wasserpotenzialdifferenz ($\Delta\psi$) die treibende Kraft für alle anderen Wasserbewegungen in der Pflanze. Diese grundlegende Größe bestimmt die energetisch begünstigte Richtung der Wasserströmung zwischen Zellkompartimenten (z. B. zwischen Chloroplast und Cytoplasma) genauso, wie zwischen Wurzel und Krone eines Baumes. Man darf allerdings nie vergessen, dass ψ (bzw. $\Delta\psi$) per Definition nur für den **Gleichgewichtszustand** gilt, d. h. dieser Begriff ist ungeeignet für eine adäquate energetische Beschreibung **strömenden** Wassers.

Die kinetische Behandlung der Wasserströmung in einer Pflanze, die sich meist als Fließgleichgewicht beschreiben lässt, erfolgt in Kapitel 13.

3.6.8 Regulation des Wasserzustands

Der Transport von Wasser in die und aus der Zelle ist ein rein passiver Prozess, der ausschließlich vom Wasserpotenzialgradienten und der hydraulischen Leitfähigkeit der Transportstrecke abhängt. Da auch der Turgor keine direkt beeinflussbare Größe ist, kann die Zelle nur über eine Veränderung des osmotischen Drucks ihren Wasserzustand aktiv steuern ($\rightarrow$ Gleichung 3.15). In diesem Zusammenhang muss man zwei verschiedene Phänomene unterscheiden:

▶ Unter **Osmoregulation** versteht man die Nachregulation von π_{Zelle} mit dem Ziel, diese Größe bei einer Änderung von $\psi_{außen}$ trotz Wasseraufnahme oder -abgabe konstant zu halten. Dies geschieht entweder durch Aufnahme/Abgabe oder Produktion/Abbau osmotisch wirksamer Substanzen. Osmoregulation kommt z. B. bei einigen Frischwasseralgen vor, aber auch beim hydraulischen Zellwachstum ($\rightarrow$ S. 101).

EXKURS 3.1: Direkte Messung des Turgors mit einer Mikrodrucksonde

Von den drei Wasserzustandsgrößen ψ, π und P bereitet der Turgordruck P die größten messtechnischen Schwierigkeiten und wird daher oft mit indirekten Methoden ermittelt. Eine direkte Messung des hydrostatischen Drucks in einer Zelle ermöglicht die von Zimmermann und Steudle um 1970 entwickelte Mikrodrucksonde. Die Abbildung zeigt ein Schema der Messanordnung. Der zentrale Teil der Sonde besteht aus einer mit Silikonöl gefüllten Miniaturspritze, in die ein elektronischer Druckwandler eingebaut ist. Die Spritze läuft in eine Mikropipette aus Glas mit einem Spitzendurchmesser von 5 µm aus. Der Spritzenkolben lässt sich über eine Mikrometerschraube von einem Stellmotor bewegen. Mit Hilfe eines Mikromanipulators kann die Pipettenspitze in die Vacuole einer Zelle eingestochen werden, wobei sich eine druckdichte Versiegelung der Wundstelle ergibt. Nach dem Einstechen in eine turgeszente Zelle tritt zunächst Zellsaft in die Pipettenspitze aus. Unter dem Mikroskop kann man nun durch Erhöhung des Drucks in der Spritze die sichtbare Grenzlinie (Meniskus) zwischen Silikonöl und Zellsaft wieder bis zur Pipettenspitze zurückschieben. Der dann gemessene Druck entspricht dem ursprünglichen hydrostatischen Druck in der Zelle.

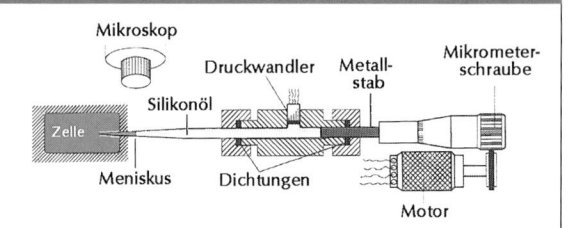

Aus der Relaxationskinetik, die auf einen injizierten Druckpuls folgt, kann man auch die hydraulische Leitfähigkeit (L_p) messen. Die Sonde eignet sich zudem für die Messung negativer Drücke im Xylem. Allerdings konnte hierbei die Grenze von -1 MPa bisher wegen Kavitation in der Sonde nicht unterschritten werden ($\rightarrow$ Exkurs 13.2). (Nach Steudle 2002)

▶ Von **osmotischer Adaptation** (*osmotic adjustment*) spricht man immer dann, wenn π_{Zelle} durch Erhöhung oder Verminderung der Menge osmotisch wirksamer Substanzen regulatorisch verändert wird. Viele Zellen reagieren z. B. auf Trockenstress (Abfall von $\psi_{außen}$) mit einem Anstieg von π_{Zelle}; hierdurch kann ein Abfall des Turgors verhindert oder gemildert werden (**Turgorregulation**; → S. 591). Bei manchen zellwandlosen Algen wird die osmotische Adaptation zur Konstanthaltung des Zellvolumens bei wechselndem $\psi_{außen}$ ausgenützt (**Volumenregulation**, Abbildung 3.10).

3.7 Chemisches Potenzial von Ionen

Gleichung 3.7 beschreibt das chemische Potenzial von Wasser und allen anderen elektrisch neutralen Molekülen eines stofflich heterogenen Systems. Wir betrachten nun das chemische Potenzial **geladener Teilchen**, also z. B. von Ionen in einer wässrigen Lösung. Da der energetische Zustand einer Ionenmenge auch wesentlich von ihrer elektrischen Ladung abhängt, müssen wir aus Gleichung 3.5 folgende Glieder berücksichtigen:

$$\mu_i = \mu_i^0 + R\,T \ln a_i + F\,E\,z_i. \tag{3.20}$$

Wir betrachten also das chemische Potenzial einer Ionensorte i unter den vereinfachenden Bedingungen P = 0 und h = 0. Die Variablen dieser Gleichung sind die Aktivität a_i, die elektrische Spannung E und die Ladungszahl z_i, welche positiv oder negativ sein kann. Die Faraday-Konstante **F** gibt die elektrische Ladung für ein mol Elektronen an (= 96490 Coulomb; 1 Coulomb · mol^{-1} = 1 J · V^{-1} · mol^{-1}). Der Ausdruck auf der rechten Seite von Gleichung 3.20 wird auch als **elektrochemisches Potenzial** bezeichnet. Es besitzt im Unterschied zum Wasserpotenzial (J · m^{-3}) die Dimension J · mol^{-1} (Standardbedingungen: → S. 51).

Das elektrochemische Potenzial bestimmt die Richtung der Ionenbewegung zwischen zwei Orten, z. B. zwischen zwei durch eine Membran getrennten Lösungen.

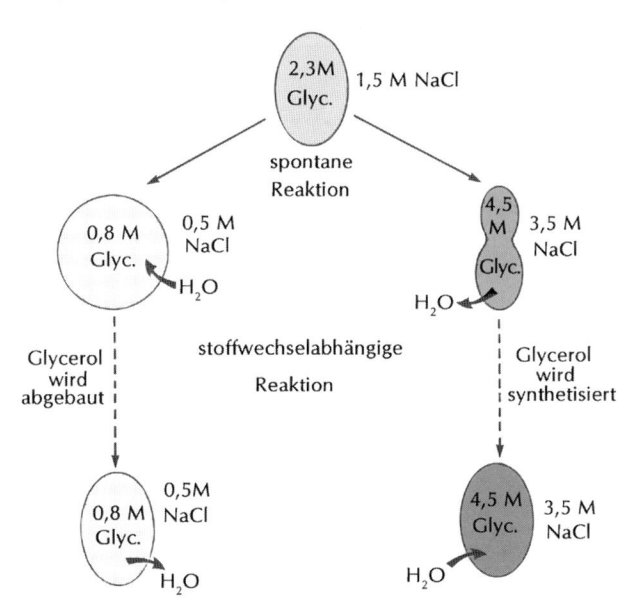

Abb. 3.10. Osmotische Adaptation bei der halotoleranten Grünalge *Dunaliella spec.* zur Aufrechterhaltung eines konstanten Zellvolumens bei wechselndem Wasserpotenzial im Medium. Die einzellige Alge kann in Salzlösungen von 0,5 bis 6 mol · l^{-1} gedeihen. Änderungen der Salzkonzentration im Medium werden durch Änderungen im Glycerolgehalt regulatorisch ausgeglichen. Beim Umsetzen in hypotonisches Medium (*links*) verhalten sich die (wandlosen) Zellen zunächst wie ideale Osmometer und schwellen durch spontane Wasseraufnahme an (osmotischer Schock). Anschließend setzt ein metabolischer Abbau von Glycerol ein; der osmotische Druck vermindert sich und Wasser strömt aus, bis (nach einigen Stunden) das ursprüngliche Volumen wieder hergestellt ist. Hierbei wird die intrazelluläre Glycerolkonzentration konstant gehalten (0,8 mol · l^{-1}). Beim Umsetzen in hypertonisches Medium (*rechts*) schrumpfen die Zellen zunächst und regulieren anschließend ihr ursprüngliches Volumen durch Glycerolsynthese wieder ein. Das Glycerol wird photosynthetisch produziert; es kann bis zu 80 % der Zelltrockenmasse ausmachen. (Nach Ben-Amotz et al. 1982)

- Ionen wandern spontan stets in die Richtung des abfallenden elektrochemischen Potenzialgradienten (**exergonischer Prozess**).
- Der umgekehrte Vorgang, das Pumpen von Ionen gegen das elektrochemische Potenzialgefälle, kann nur unter Zufuhr von freier Enthalpie vonstatten gehen (**endergonischer Prozess**).
- Ist die Differenz des elektrochemischen Potenzials einer Ionensorte zwischen zwei Orten gleich Null, so herrscht thermodynamisches Gleichgewicht ($\Delta G = 0$), auch wenn die Konzentrationen verschieden sind.

Sind zwei Lösungen des Ions i durch eine elektrisch isolierende Membran voneinander getrennt, so gilt:

Lösung I: $\mu_i^I = \mu_i^0 + RT \ln a_i^I + F E^I z_i$
MEMBRAN
Lösung II: $\mu_i^{II} = \mu_i^0 + RT \ln a_i^{II} + F E^{II} z_i$

$$\Delta\mu_i = \mu_i^{II} - \mu_i^I = RT \ln \frac{a_i^{II}}{a_i^I} + F z_i (E^{II} - E^I). \quad (3.21)$$

Für das thermodynamische Gleichgewicht gilt $\mu_i^I = \mu_i^{II}$ und daher auch:

$$RT \ln a_i^I + F E^I z_i = RT \ln a_i^{II} + F E^{II} z_i. \quad (3.22a)$$

Durch Umformung erhält man hieraus die **Nernstsche Gleichung**:

$$\Delta E_N = E^{II} - E^I = \frac{RT}{z_i F} \ln \frac{a_i^I}{a_i^{II}}. \quad (3.22b)$$

Man sieht, dass zwischen den beiden Lösungen eine elektrische Potenzialdifferenz ΔE (= elektrische Spannung) auftritt, falls $a_i^I \neq a_i^{II}$. Durch Zusammenfassung der Konstanten und Einführung des dekadischen Logarithmus erhält man aus Gleichung 3.22b die einfache Beziehung (25 °C):

$$\Delta E_N = \frac{0{,}059}{z_i} \lg \frac{a_i^I}{a_i^{II}} \; [V]. \quad (3.22c)$$

Anhand dieser Beziehung kann man sich leicht klarmachen, dass bei einem effektiven Konzentrationsunterschied zwischen den beiden Lösungen von 1 : 10 ($z_i = 1$) eine Spannungsdifferenz von 59 mV (= Nernst-Faktor) auftritt, d. h. es müsste eine Spannung dieses Wertes von außen (mit der richtigen Polung) angelegt werden, um das energetische Gleichgewicht einzustellen. Für zweiwertige Ionen beträgt der Nernst-Faktor $\pm 29{,}6$ mV.

3.8 Membranpotenzial

Innerhalb der Zelle bzw. innerhalb eines Gewebes treten membranbegrenzte Lösungsräume unterschiedlicher ionischer Zusammensetzung auf. Da die Biomembranen in der Regel eine extrem niedrige elektrische Leitfähigkeit (ihre elektrische Durchschlagsfestigkeit reicht bis ca. 300 kV · cm^{-1}) und eine sehr geringe Permeabilität für Ionen aufweisen, können elektrische Potenzialunterschiede zwischen diesen Lösungsräumen auftreten, die man allgemein als **Membranpotenziale** (eigentlich „Transmembranpotenziale") bezeichnet. Während das nach Gleichung 3.22b berechenbare Nernst-Potenzial (ΔE_N) per Definition einen Gleichgewichtszustand für einen bestimmtes Ion i beschreibt, ist das Membranpotenzial (ΔE_M) eine experimentelle Größe, welche sich aus der Summe der Potenziale vieler verschiedener Ladungsträger als aktuelles Mischpotenzial ergibt. Das Auftreten eines vom Nernst-Potenzial abweichenden Membranpotenzials bedeutet stets, dass für ein bestimmtes Ion **kein** elektrochemisches Gleichgewicht zwischen zwei durch eine Biomembran getrennten Lösungsräumen besteht. Ein Membranpotenzial von Null bedeutet meist, dass sich die positiven und negativen Einzelpotenziale gegenseitig kompensieren.

Membranpotenziale können drei Ursachen haben:

1. Wenn Anion und Kation eines Elektrolyten unterschiedlich schnell durch eine Membran diffundieren (ungleiche Permeabilitätskoeffizienten), ergibt sich eine elektrische Ladungsdifferenz, die man als **Diffusionspotenzial** bezeichnet. Für den – vor allem bei tierischen Zellen – häufigen Fall, dass hierbei hauptsächlich die Ionen K$^+$, Na$^+$ und Cl$^-$ beteiligt sind, lässt sich das Diffusionspotenzial nach der **Goldman-Gleichung** berechnen:

$$\Delta E_D = \frac{RT}{F} \ln \frac{P_{K^+} c_{K^+}^a + P_{Na^+} c_{Na^+}^a + P_{Cl^-} c_{Cl^-}^i}{P_{K^+} c_{K^+}^i + P_{Na^+} c_{Na^+}^i + P_{Cl^-} c_{Cl^-}^a} \quad (3.23)$$

(P, Permeationskoeffizienten; c^a, c^i, Außen- und Innenkonzentrationen der Ionen).

3.8 Membranpotenzial

2. Strukturgebundene Ionen (Ankerionen) binden entgegengesetzt geladene Ionen und führen daher zu einem Ladungsungleichgewicht, **Donnan-Potenzial**.

3. Aktiver Transport von Ionen durch Transporter (→ S. 79) führt zu Ladungsunterschieden, wenn kein Gegenion mittransportiert wird, **elektrogene Ionenpumpen**. Wenn das Donnan-Potenzial vernachlässigbar ist, gilt daher für das Membranpotenzial:

$$\Delta E_M = \Delta E_D + I_e R_M \tag{3.24}$$

(ΔE_D, Diffusionspotenzial; I_e, elektrischer Strom, den die elektrogenen Pumpen erzeugen; R_M, Ohmscher Widerstand der Membran bei blockierten Pumpen).

Die Messung von Membranpotenzialen an pflanzlichen Zellen erfolgt mit Mikroeinstichelektroden, welche vorsichtig in das Cytoplasma oder die Vacuole eingeführt werden. Als Referenzsystem dient in der Regel der Lösungsraum außerhalb der Zelle, der mit einer Bezugselektrode in Kontakt steht (Abbildung 3.11). Naturgemäß sind die coenoblastischen Riesenzellen mancher Algen, z. B. von *Nitella* (→ Abbildung 5.8) oder *Acetabularia* (→ Exkurs 17.6, S. 404) besonders günstige Objekte elektrophysiologischer Forschung. Messungen an derartigen Zellen haben regelmäßig ergeben, dass sowohl das Cytoplasma als auch der Vacuoleninhalt normalerweise ein gegenüber dem Außenmedium negatives Potenzial (meist im Bereich von –100 bis –200 mV) besitzen. Da die pflanzliche Zellwand die Eigenschaften eines Kationenaustau-

Tabelle 3.2. Membranpotenzialmessungen an einigen coenoblastischen Algenzellen. Man erkennt, dass das Vacuolenpotenzial E_V (zwischen Vacuole und Außenmedium) weitgehend auf die negative Spannung zwischen Cytoplasma und Außenmedium (E_C) zurückgeht, während zwischen Cytoplasma und Vacuole ($E_{V/C}$) in der Regel keine erhebliche Potenzialdifferenz auftritt. Es gilt: $E_V = E_C + E_{V/C}$. (Nach MacRobbie 1970; aus Lüttge 1973)

	E_V	E_C	$E_{V/C}$
	[mV]		
Süss- und Brackwasseralgen:			
Nitella flexilis	–155	–170	+15
Nitella translucens	–122	–140	+18
Chara corallina	–152	–170	+18
Hydrodictyon africanum	–90	–116	+26
Meeresalgen:			
Halicystis ovalis	–80	–80	0
Valonia ventricosa	+17	–71	+88
Acetabularia mediterranea	–174	–174	0

schers besitzt, bildet sie gegen verdünnte Salzlösungen ebenfalls ein negatives Potenzial aus (Donnan-Potenzial). Das an vacuolisierten Pflanzenzellen gemessene „Membranpotenzial" (Vacuolenpotenzial; → Abbildung 3.11) stellt also die Summe mehrerer Einzelpotenziale dar, die bei günstigen Objekten separat gemessen werden können (Tabelle 3.2).

ΔE_M gibt den aktuellen Spannungsabfall dE/dx zwischen zwei durch eine Membran getrennten Lösungen an und ist daher maßgebend für die treibende Kraft des spontanen Ladungsausgleichs. Dieser kann in der Regel nur durch Austausch von Ionen zwischen beiden Lösungen erfolgen. Jede beteiligte Ionensorte hat das Bestreben, sich derart auf die beiden Lösungsräume zu verteilen, dass Glei-

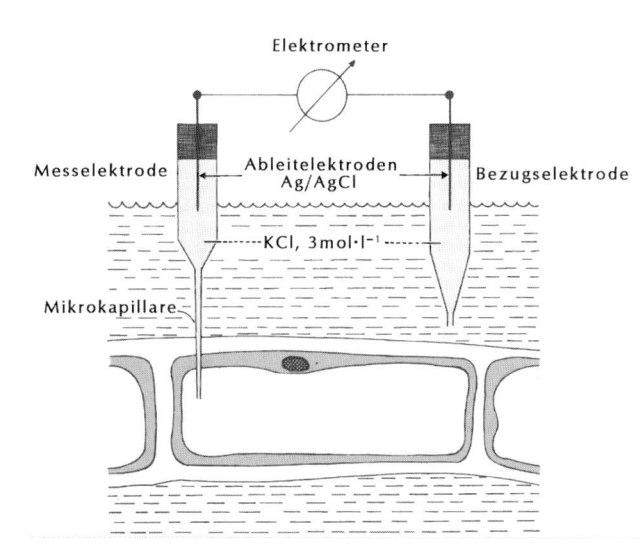

Abb. 3.11. Messanordnung zur Ableitung des Vacuolenpotenzials. Die Zelle wird mit der Spitze einer Mikroglaskapillare angestochen, wobei der Turgorverlust minimal gehalten werden muss. Über die konzentrierte KCl-Lösung (Salzbrücke) und die Ag/AgCl-Ableitelektrode besteht eine leitende Verbindung zwischen Vacuolensaft und Elektrometer. Über eine ähnlich aufgebaute Bezugselektrode wird der Kontakt zur extrazellulären Lösung hergestellt.

chung 3.22 erfüllt ist. Man kann sich anhand dieser Beziehung leicht klar machen, dass das Gleichgewicht für ein bestimmtes Ion i bei gegebenen ΔE_M nicht etwa beim Ausgleich der effektiven Konzentrationen ($a_i^I = a_i^{II}$), sondern beim Ausgleich der Summen von elektrischem und Konzentrationspotenzial gegeben ist. Dies ist bei der Verteilung a_i^I/a_i^{II} der Fall, welche $\Delta E_N = \Delta E_M$ einstellt. Man kann also durch Berechnung von ΔE_N aus den experimentell gemessenen Konzentrationswerten (Gleichung 3.22c) und Vergleich mit ΔE_M herausfinden, ob sich eine Ionensorte im elektrochemischen Gleichgewicht befindet. Dies ist immer dann zu erwarten, wenn das Ion, ähnlich wie H_2O, **passiv** (d. h. ausschließlich dem Potenzialgefälle folgend) durch die Membran permeieren kann ($\rightarrow$ Tabelle 4.4). Ist $\Delta E_N \neq \Delta E_M$, so folgt daraus entweder, dass die Membran impermeabel für dieses Ion ist, oder dass ein Mechanismus existiert, welcher das Ion beständig unter Energieaufwand von der einen nach der anderen Seite der Membran transportiert. $\Delta E_N - \Delta E_M$ ist dann ein Maß für den Energiebedarf dieser Ionenpumpe. Der elektrogene Ionentransport durch Pumpen ($\rightarrow$ S. 80) ist der wichtigste Faktor für die Aufrechterhaltung elektrischer Potenzialdifferenzen an Biomembranen ($\rightarrow$ Tabelle 3.2).

3.9 Energetik biochemischer Reaktionen

Wir haben Gleichung 3.5 bisher dazu benützt, die energetischen Verhältnisse bei der räumlichen Verteilung verschiedener Komponente in einem System zu verstehen. Der gleiche Formalismus lässt sich auch auf die Energetik chemischer Stoffumsetzung bei homogener Verteilung der Komponenten (Reaktanten) anwenden. Eine chemische Reaktion, z. B. die Reaktion $A + B \rightleftharpoons C + D$, läuft solange spontan ab, bis sich ein Gleichgewicht zwischen den Aktivitäten (a) der Reaktionspartner eingestellt hat, **Massenwirkungsgesetz**:

$$K = \frac{a_C \, a_D}{a_A \, a_B}. \qquad (3.25)$$

Die Gleichgewichtskonstante K gibt also an bei welcher Konzentrationsverteilung eine Mischung von Reaktionspartnern im thermodynamischen Gleichgewicht ($\Delta G = 0$) vorliegt. Jede Abweichung von K durch eine Konzentrationsänderung eines oder mehrerer Reaktionspartner bedeutet $\Delta G \neq 0$, d. h. die Reaktion wird so lange spontan in die eine oder andere Richtung laufen, bis K wieder erreicht ist. Es wird damit deutlich, dass in diesem Fall der Konzentrationsterm in Gleichung 3.5 (das Konzentrationspotenzial) jedes einzelnen Reaktanten für die Energetik der Reaktion maßgeblich ist, d. h. es gilt (P = 0, E = 0, h = 0)[6]:

$$\Delta G = -\mu_A - \mu_B + \mu_C + \mu_D,$$

oder ausführlicher:

$$\Delta G = -\mu_A^0 - \mu_B^0 + \mu_C^0 + \mu_D^0 \\ + \mathbf{R}\,T\,(-\ln a_A - \ln a_B + \ln a_C + \ln a_D).$$

Nach Umformung ergibt sich:

$$\Delta G = \Delta G^0 + \mathbf{R}\,T\,\ln\frac{a_C \, a_D}{a_A \, a_B}. \qquad (3.26)$$

In dieser Formel ist ΔG^0 die Summe der einzelnen chemischen Potenziale unter Standardbedingungen (μ^0), d. h. die freie Reaktionsenthalpie der Gesamtreaktion unter Standardbedingungen. ΔG^0 ist hier definiert als die Menge an freier Enthalpie, die umgesetzt wird, wenn 1 mol eines bestimmten Reaktanten gemäß der Summenformel bei 25 °C, 0,1 MPa Druck (Normaldruck) und unter Aufrechterhaltung der Standardaktivitäten aller Reaktanten in das entsprechende Produkt umgewandelt wird.

In der Biochemie ist es üblich, aus praktischen Gründen folgende Modifikationen an den Standardbedingungen anzubringen: 1. Es werden **molare** Konzentrationen (mol · l^{-1}) verwendet. 2. Die Standardkonzentration für Wasser ist 55,5 mol · l^{-1} (nicht 1 mol · l^{-1}). 3. Die Standardkonzentration für Gase ist in einer reinen Gasatmosphäre bei 0,1 MPa (Normaldruck) eingestellt. 4. Die Standardkonzentration für Protonen ist 10^{-7} mol · l^{-1}, d. h. pH = 7 (nicht 0). Die bei pH 7 gemessenen Werte der freien Reaktionsenthalpie werden meist durch das Symbol ′ kenntlich gemacht: $\Delta G'$, $\Delta G^{0\prime}$. Diese von den **physikalischen** Standardbedingun-

---

[6] 1. Die Vorzeichen sind hier (willkürlich) dadurch festgelegt, dass man die Reaktionsgleichung von links nach rechts liest: $A + B \rightarrow C + D$. Für diesen Fall wird ΔG durch **Erhöhung** von a_A oder a_B negativer, d. h. die Reaktion ist in Richtung des Pfeils exergonisch. 2. Die freie Enthalpie G wird hier, genauso wie μ_j, als **intensive** Größe verwendet und hat daher die Dimension einer **Energie pro mol** (J · mol^{-1}). In der klassischen Thermodynamik, z. B. im 2. Hauptsatz ($\rightarrow$ S. 48), wird G häufig als extensive Größe aufgefasst und hat dann die Dimension einer **Energiemenge** (J).

gen (pH = 0) abweichenden **physiologischen** Standardbedingungen (pH = 7) sind sinnvoll, da biochemische (enzymatische) Reaktionen meist in der Nähe des Neutralpunktes von statten gehen.

Gleichung 3.26 gibt die freie Enthalpie einer Reaktion in Abhängigkeit vom Verhältnis der effektiven Reaktantenkonzentrationen an. Setzt man in diese Gleichung Standardaktivitäten (1 mol · l^{-1}) ein, so wird $\Delta G = \Delta G^0$, d. h. das Reaktionsgemisch befindet sich im Standardzustand. Setzt man dagegen die Gleichgewichtsaktivitäten aus Gleichung 3.25 ein, so erhält man ($\Delta G = 0$):

$$\Delta G^0 = -\mathbf{R}\,T \ln K = -2{,}3\,\mathbf{R}\,T \lg K. \qquad (3.27)$$

Diese wichtige Beziehung zeigt, dass die freie Standardenthalpie einer Reaktion in einer einfachen Beziehung zur Gleichgewichtskonstanten steht. Gleichung 3.27 liefert eine einfache Methode zur experimentellen Bestimmung von ΔG^0-Werten. Tabelle 3.3 enthält K'- und $\Delta G^{0'}$-Werte für einige wichtige Stoffwechselreaktionen. Obwohl diese Werte wiederum keinerlei Aussage darüber zulassen, wie schnell und über welche Zwischenschritte eine Reaktion abläuft, sind sie für die Beurteilung des Stoffwechselgeschehens einer Zelle von großer Bedeutung. Wir erkennen z. B., dass Glucose als Substrat der oxidativen Dissimilation theoretisch etwa 10mal mehr freie Enthalpie liefern kann, als in der alkoholischen Gärung. Weiterhin haben $\Delta G^{0'}$-Werte große Bedeutung für die Beurteilung der Richtung **gekoppelter Reaktionen** (Reaktionsketten), wie sie für den Zellstoffwechsel charakteristisch sind. Es gilt grundsätzlich, dass eine Reihe gekoppelter Reaktionen nur dann ablaufen kann, wenn der Gesamtprozess in der Bilanz exergonisch ist. Dies lässt sich durch Addition der einzelnen ΔG-Werte (unter Beachtung der Vorzeichen) einfach berechnen. In einer derartigen, insgesamt exergonischen Reaktionskette können einzelne Schritte durchaus auch endergonisch sein; die Sprünge dürfen jedoch nicht so groß sein, dass eine unüberwindbare energetische Barriere entsteht. Aus Tabelle 3.3 lässt sich z. B. entnehmen, dass die Hydrolyse von Phosphoenolpyruvat energetisch gut ausreicht, um ADP zu phosphorylieren [$\Delta G^{0'}$ für den Ge-

> ▶ ΔG gibt nicht den Energieinhalt einer Substanz wieder, sondern beschreibt den Energieumsatz einer chemischen **Reaktion** in einer **definierten Richtung**.
> ▶ ΔG gibt den Betrag an Arbeit an, den ein chemisches Reaktionssystem unter definierten Bedingungen (isotherm, isobar) maximal leisten kann bzw. mindestens zugeführt bekommen muss.
> ▶ Eine Reaktion läuft in derjenigen Richtung spontan ab, für die ΔG negativ ist (**exergonische Reaktion**).
> ▶ Der Verlauf in der Gegenrichtung (ΔG positiv) ist nur unter Zufuhr von freier Enthalpie möglich (**endergonische Reaktion**).
> ▶ Bei Reaktionsgleichgewicht (K eingestellt) ist **$\Delta G = 0$**.
> ▶ Der Betrag der freien Standardenthalpie ($\pm \Delta G^0$) ist um so größer, je mehr das K des Reaktionssystems von 1 abweicht.

Tabelle 3.3. Gleichgewichtskonstanten und freie Standardenthalpiewerte (pH 7) für einige wichtige Stoffwechselreaktionen. Die $\Delta G^{0'}$-Werte beziehen sich auf einen Molumsatz des erstgenannten Reaktanten. Bei Umkehrung der Reaktionsrichtung muss das Vorzeichen entsprechend verändert werden (Ⓟ = Phosphat). (Nach Holldorf 1964)

Reaktion	K'	$\Delta G^{0'}$ [kJ · mol^{-1}]
ATP + H$_2$O → ADP + Ⓟ + H$^+$	$3{,}5 \cdot 10^5$	-32
Glycerol + Ⓟ → Glycerol-1-Ⓟ + H$_2$O	$2{,}9 \cdot 10^{-2}$	$+8{,}8$
Glucose-6-Ⓟ + H$_2$O → Glucose + Ⓟ	$2{,}6 \cdot 10^2$	-14
Glucose-6-Ⓟ → Glucose-1-Ⓟ	$5{,}7 \cdot 10^{-2}$	$+7{,}1$
Glucose-6-Ⓟ → Fructose-6-Ⓟ	$4{,}3 \cdot 10^{-1}$	$+2$
Phosphoenolpyruvat + H$_2$O → Pyruvat + Ⓟ	$6 \cdot 10^9$	-56
Glucose → 2 Ethanol + 2 CO$_2$	$5 \cdot 10^{45}$	-260
Glucose + 6 O$_2$ → 6 CO$_2$ + 6 H$_2$O	10^{506}	-2880
Glutamat + NH$_4^+$ → Glutamin + H$_2$O	$3{,}1 \cdot 10^{-3}$	$+14$
Glutamat + NH$_4^+$ + ATP → Glutamin + ADP + Ⓟ + H$_2$O	$1{,}4 \cdot 10^3$	-18
NAD(P)H + H$^+$ + 1/2 O$_2$ → NAD(P)$^+$ + H$_2$O	$1{,}2 \cdot 10^{38}$	-220

samtprozess ist $(-56) - (-32) = -24 \text{ kJ} \cdot \text{mol}^{-1}$]. Dies gilt in einem weiten Bereich um den Standardzustand. Die Hydrolyse von Glucose-6-phosphat hingegen würde nur bei unrealistisch niedrigem Produkt/Substrat-Quotienten eine ATP-Bildung unterhalten können. Andererseits kann die ATP-Hydrolyse in einem weiten Konzentrationsspielraum Glucose zu Glucose-6-phosphat phosphorylieren. Bei der Anwendung derartiger energetischer Überlegungen auf die Zelle darf man allerdings nie vergessen, dass dieses komplizierte System kein homogener Reaktionsraum ist und dass die thermodynamischen Standardbedingungen nicht (oder nur näherungsweise) erfüllt sind. Man muss daher im Einzelfall kritisch prüfen, ob ΔG-Werte sinnvoll zu verwenden sind oder nicht.

3.10 Phosphatübertragung und Phosphorylierungspotenzial

Ein Großteil der zellulären Energietransformationen verläuft über den Austausch von Phosphatgruppen; die Umsetzungen der organischen Phosphorsäureverbindungen spielen daher im Stoffwechsel und bei einer Vielzahl von zellulären Arbeitsleistungen eine grundlegende Rolle. Die freie Enthalpie der Hydrolyse der Phosphatester bzw. -anhydride bezeichnet man auch als **Phosphorylierungspotenzial**; es ist ein Maß für die Bereitschaft der Moleküle, Phosphatreste auf geeignete Acceptormoleküle zu übertragen. Je negativer das Phosphorylierungspotenzial, desto höher ist diese Bereitschaft. **ATP (Adenosintriphosphat)** liegt im mittleren Bereich der Phosphorylierungspotenzialskala (→ Tabelle 3.3). Das Adenylatsystem eignet sich daher in besonderem Maße, als energieübertragendes Cosubstrat zwischen exergonischen und endergonischen Bereichen des Stoffwechsels zu vermitteln. ATP ist die wichtigste „Energiewährung" der Zelle. Es wird vor allem im Zuge der oxidativen Dissimilation (respiratorische Phosphorylierung; → S. 224) – in autotrophen Zellen auch in der Photosynthese (Photophosphorylierung; → S. 194) – gewonnen und bei einer Vielzahl endergonischer Prozesse wieder verbraucht. So müssen viele organische Moleküle (z. B. Aminosäuren) mittels ATP in einen reaktionsbereiten Zustand versetzt werden, bevor sie als Bausteine für eine synthetische Reaktion (z. B. Proteinsynthese) verwendet werden können (Prinzip der **Substrataktivierung**). Die Hydrolyse von ATP liefert die Energie für den aktiven Transport von Ionen und Molekülen durch Biomembranen (→ S. 80) und für die Bewegungsprozesse, welche durch kontraktile Elemente (Muskelfasern, Geißeln) bewirkt werden (→ S. 552, 576). Die Rolle des ATP bei der energetischen Kopplung von metabolischen Reaktionen ist in Abbildung 3.12 veranschaulicht. Wegen seiner Funktion als „Transportmolekül" für Phosphorylierungspotenzial hat ATP in der Zelle einen enorm hohen Umsatz: Im menschlichen Körper werden täglich etwa 50 kg ATP produziert und wieder verbraucht. Seine stationäre Konzentration im Gewebe liegt jedoch bei nur $0,5 – 2,5 \text{ g} \cdot \text{kg}^{-1}$.

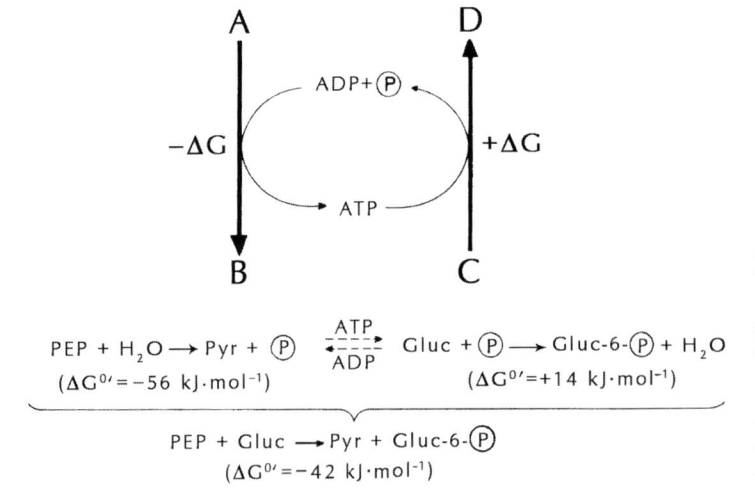

Abb. 3.12. Die Rolle des Adenylatsystems bei der Kopplung exergonischer und endergonischer Reaktionen, **Prinzip des gemeinsamen Zwischenprodukts**. Als quantitatives Beispiel ist die Kopplung der Hydrolyse von Phosphoenolpyruvat (*PEP*) zu Pyruvat (*Pyr*) mit der Phosphorylierung von Glucose (*Gluc*) zu Glucose-6-phosphat (*Gluc-6-*ⓅP) dargestellt.

Um den energetischen Zustand des Adenylatsystems in der Zelle integrierend zu erfassen, wurde der Begriff der **Energieladung**, definiert durch

$$\mathrm{EL} = \frac{c_{\mathrm{ATP}} + 0{,}5\, c_{\mathrm{ADP}}}{c_{\mathrm{ATP}} + c_{\mathrm{ADP}} + c_{\mathrm{AMP}}}, \tag{3.28}$$

geprägt. Dieser Quotient gibt die halbe mittlere Anzahl von anhydridartig gebundenen Phosphatgruppen pro Adeninmolekül in einer Mischung der drei Adeninnucleotide an. Die Energieladung unterscheidet sich vom Phosphorylierungspotenzial des Adenylatsystems vor allem durch die Ignorierung des anorganischen Phosphats. Sie ist daher eine empirische Größe, die energetisch nicht definierbar ist. In wachsenden Zellen mit aktivem Stoffwechsel liegt die Energieladung meist im Bereich von 0,7–0,9. Während der exponentiellen Wachstumsphase einer *Escherichia coli*-Kultur misst man z. B. Werte um 0,8. In der stationären Phase, wenn die Kohlenstoffquelle aufgebraucht ist, tritt ein Abfall auf 0,5 ein. Fällt die Energieladung unter 0,5, so kann die Stoffwechselhomöostasis normalerweise nicht mehr aufrecht erhalten werden. Die Zellen sterben ab, falls die Enzyme nicht, z. B. durch Dehydratisierung, in ihrer Aktivität gehemmt werden. Ruhende Zellen, z. B. Sporen, sind durch eine sehr niedrige Energieladung ausgezeichnet (um 0,1). In Erbsensamen steigt die Energieladung bei der Keimung von 0,25 (trockener Same) auf 0,6 (Same mit austretender Keimwurzel) an.

3.11 Redoxsysteme und Redoxpotenzial

Chemische Reaktionen, bei denen Elektronen (e^-) von einem Reaktanten auf einen anderen übertragen werden, bezeichnet man als **Redoxreaktionen**. Da die Fähigkeit zur Elektronenübertragung einfach gemessen werden kann (Abbildung 3.13), werden solche Reaktionen meist nicht durch ΔG, sondern durch das **Redoxpotenzial** charakterisiert.

Einen Elektronen abgebenden Reaktanten bezeichnet man als **Reduktant** („Reduktionsmittel"), einen Elektronen aufnehmenden Reaktanten als **Oxidant** („Oxidationsmittel"). Bei Redoxreaktionen werden häufig Elektronen gemeinsam mit Protonen übertragen. Man spricht dann von **aktivem Wasserstoff** ($e^- + H^+ = [H]$) und **Wasserstoffübertragung**. Bei dem Begriff **Reduktionsäquivalent** unterscheidet man nicht zwischen e^- und $[H]$.

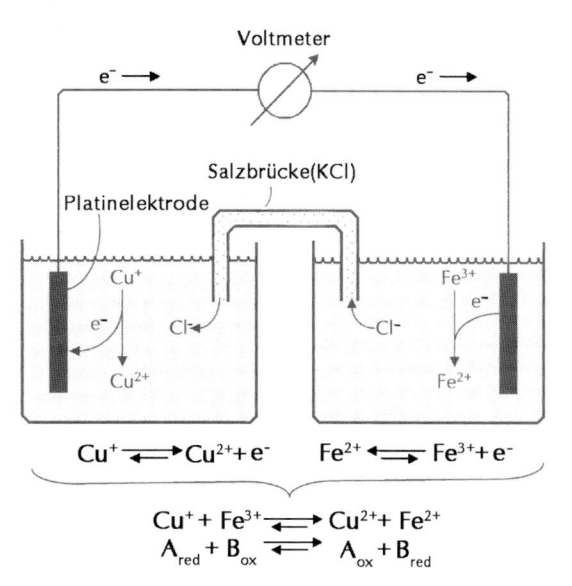

Abb. 3.13. Elektrochemische Zelle. In der linken Halbzelle befinden sich CuCl und $CuCl_2$ im Verhältnis 1 : 1; in der rechten Halbzelle eine entsprechende Lösung von $FeCl_2$ und $FeCl_3$. In beiden Lösungen tauchen chemisch inerte Elektroden (Platin) ein, welche über ein hochohmiges Spannungsmessgerät miteinander verbunden sind. Der Stromkreis wird durch eine konzentrierte Salzlösung (Salzbrücke) zwischen den Halbzellen geschlossen. Da Cu^+ eine stärkere Tendenz zur Abgabe von Elektronen besitzt als Fe^{2+}, laufen die Reaktionen in der durch die Pfeile angegebenen Richtung spontan ab. Das Voltmeter zeigt (bei stromfreier Messung) die Potenzialdifferenz ΔE (Differenz des „Elektronendrucks") an. ΔE ist proportional zur Menge an potenzieller elektrischer Arbeit, welche die Zelle maximal leisten kann. In einer homogenen Mischung der beiden Halbzellenlösungen würde die Redoxreaktion in gleicher Weise ablaufen; die dabei frei werdende Energie würde jedoch in Form von Wärme auftreten.

Redoxreaktionen können in einer elektrochemischen Zelle elektrische Arbeit leisten (Abbildung 3.13). Die Reaktanten in einer Halbzelle bezeichnet man als **Redoxsystem** (z. B. $Fe^{2+} \rightleftharpoons Fe^{3+} + e^-$, allgemein: Reduktant $\rightleftharpoons$ Oxidant + z e^-). Die Arbeitsfähigkeit eines Redoxsystems hängt ab vom Konzentrationsverhältnis zwischen Reduktant und Oxidant und von der elektrischen Potenzialdifferenz zur zweiten Halbzelle. Der energetische Zustand eines Redoxsystems wird daher durch das **elektrochemische Potenzial** beschrieben ($\rightarrow$ Gleichung 3.20). Die Veränderung der Konzentration eines Ladungsträgers bei einer Redoxreaktion ist energetisch dasselbe, wie die Veränderung der Konzentration eines Ladungsträgers bei der Diffusion durch eine elektrisch isolierende Membran ($\rightarrow$ S. 62). Daher gilt auch für ein Redoxsystem die Nernstsche Gleichung (→ Gleichung 3.22b) sinngemäß:

$$\Delta E = E_0 + \frac{RT}{zF} \ln \frac{a_{ox}}{a_{red}}. \qquad (3.29)$$

ΔE bezeichnet man als **Redoxpotenzial**. Die wirksamen Konzentrationen von Oxidant und Reduktant sind a_{ox} und a_{red}; z ist die pro Formelumsatz übertragende Anzahl von Elektronen. E_0 ist eine Stoffkonstante, die auf μ^0 zurückgeht (→ Gleichung 3.5). Sie beschreibt das Redoxpotenzial unter Standardbedingungen (siehe unten). Da in Gleichung 3.22b die Potenzialänderung nur für einen Stoff betrachtet wird, fällt diese Konstante dort heraus.

In der elektrochemischen Zelle (→ Abbildung 3.13) kann die elektrochemische Arbeitsfähigkeit eines Redoxsystems immer nur in Bezug auf ein zweites Redoxsystem bestimmt werden. Um Redoxsysteme auf einer einheitlichen Skala vergleichen zu können, benötigt man ein allgemeines Bezugsredoxsystem, dessen elektrisches Potenzial willkürlich gleich Null gesetzt wird. Nach einer Konvention wurde das Potenzial der „Standardwasserstoffelektrode" (Halbzelle mit oberflächenaktiviertem Platindraht, umspült von H_2-Gas bei 0,1 MPa Druck, pH 0, 25 °C) zum Nullpunkt der Redoxskala gewählt; die auf dieser Skala gemessenen Redoxpotenziale werden durch E_h gekennzeichnet[7]. Die elektrische Potenzialdifferenz, die sich für ein bestimmtes Redoxsystem unter Standardbedingungen (25 °C; a_{red}, a_{ox} = 1 mol · l^{-1}; bei Gasen 0,1 MPa Druck; pH 0) gegen die Standardwasserstoffelektrode einstellt, bezeichnet man als das **Standardredoxpotenzial** E_0. (Obwohl auch E_0 immer eine **Potenzialdifferenz** beschreibt, verzichtet man hier (wie beim Wasserpotenzial; → Gleichung 3.13) auf das Symbol Δ, da es sich um eine Differenz gegen den Nullpunkt der Redoxskala handelt.) Setzt man in Gleichung 3.29 Standardaktivitäten ein, so wird $\Delta E = E_0$.

In Abbildung 3.14 ist die Redoxskala anhand einiger Beispiele veranschaulicht.

Wenn an einem Redoxsystem Protonen beteiligt sind, ist das Redoxpotenzial pH-abhängig. Es ist daher sinnvoll, auch hier wieder auf die physiologi-

▶ Das Redoxpotenzial E_h ist ein Maß für den „Elektronendruck" eines Redoxsystems (allgemein: A ⇌ A$^+$ + e$^-$) gegen die Standardwasserstoffelektrode (1/2 H_2 ⇌ H$^+$ + e$^-$).
▶ Ein Redoxsystem mit negativem E_h kann Elektronen an die Standardwasserstoffelektrode abgeben (es wirkt **reduzierend**).
▶ Ein Redoxsystem mit positivem E_h kann Elektronen von der Standardwasserstoffelektrode aufnehmen (es wirkt **oxidierend**).
▶ Grundsätzlich kann ein **negativeres** Redoxsystem ein **positiveres** Redoxsystem reduzieren (über die Reaktionsgeschwindigkeit können wiederum keine Aussagen gemacht werden).

sche Standardbedingung pH = 7 überzugehen (→ S. 64). Da $RT F^{-1} \lg a_{H^+}$ = –0,059 pH (→ Gleichung 3.22c; z = 1; 25 °C), ist die Wasserstoffelektrode bei pH 7 um 7 · 59 = 420 mV negativer als die Standardwasserstoffelektrode (pH 0). Für pH-abhängige Redoxsysteme (AH ⇌ A + H$^+$ + e$^-$) gilt daher:

$$E_0' \text{ (pH 7)} = E_0 - 420 \text{ mV.} \qquad (3.30)$$

In Tabelle 3.4 sind E_0'-Werte einiger wichtiger biologischer Redoxsystem zusammengestellt.

Koppelt man zwei Redoxsysteme mit unterschiedlichem Redoxpotenzial zusammen, so gibt das negativere an das positivere System Elektronen ab, bis das thermodynamische Gleichgewicht erreicht ist. Für die Reaktion $A_{red} + B_{ox}$ ⇌ $A_{ox} + B_{red}$ gilt daher analog zu Gleichung 3.26:

$$\Delta E_h = \Delta E_0 + \frac{RT}{zF} \ln \frac{a_{(A_{ox})} \, a_{(B_{red})}}{a_{(A_{red})} \, a_{(B_{ox})}}, \qquad (3.31)$$

wobei $\Delta E_0 = E_0^A - E_0^B$ ist.

Da das Redoxpotenzial die elektrochemische Arbeitsfähigkeit pro Elektron bei einer elektronenübertragenden chemischen Reaktion beschreibt, steht es in einem einfachen Zusammenhang mit der freien Reaktionsenthalpie (→ Gleichung 3.20):

$$\Delta G = z F \Delta E_h. \qquad (3.32)$$

Im Zellstoffwechsel spielt die Übertragung von Elektronen bzw. [H] eine zentrale Rolle. Sowohl im Photosyntheseapparat der Chloroplasten als auch

---
[7] In der Praxis verwendet man heutzutage die experimentell viel leichter zu handhabende **Kalomelelektrode** (Hg/Hg_2Cl_2) oder die **Chlorsilberelektrode** ($Ag/AgCl$), welche gegenüber der Wasserstoffelektrode ein Standardpotenzial von +240 mV bzw. +210 mV besitzen (gesättigte KCl-Lösung, 25 °C).

3.11 Redoxsysteme und Redoxpotenzial

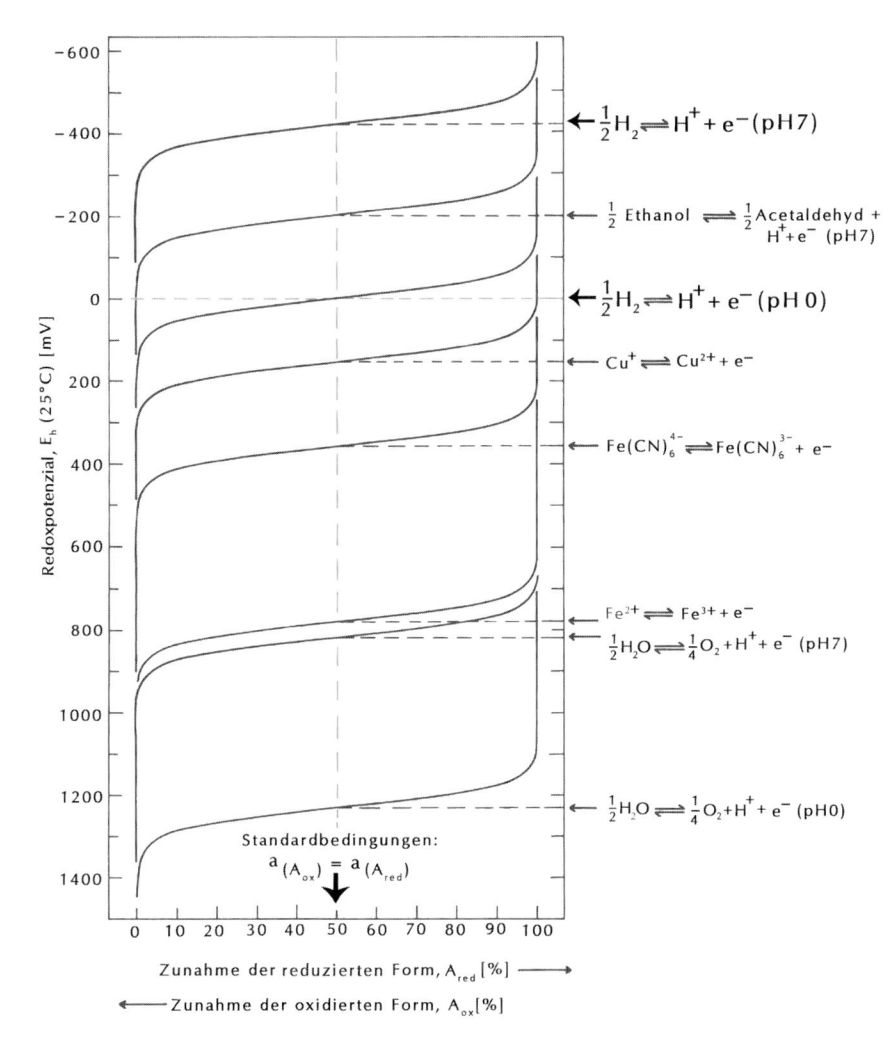

Abb. 3.14. Die Abhängigkeit des Redoxpotenzials E_h von E_0 und dem Verhältnis Oxidant/Reduktant nach der Nernstschen Gleichung (→ Gleichung 3.29). Im Wendepunkt der Kurven sind Standardbedingungen (E_0) gegeben. Änderung des pH-Wertes führt zu einer Parallelverschiebung der Kurven bei Redoxsystemen, an denen Protonen beteiligt sind. Man erkennt, dass Redoxsysteme um den Wendepunkt eine maximale Pufferkapazität besitzen. Eine 10fache (100fache) Erhöhung der Konzentration eines Partners verschiebt E_h um nur 59 (118) mV. Dies entspricht $\Delta G = 5{,}7$ (11,4) kJ · mol^{-1}. Alle Redoxsysteme sind als **Einelektronenübergänge** formuliert ($z = 1$). Für $z = 2$ ist die Steilheit im Wendepunkt auf die Hälfte reduziert (→ Gleichung 3.29).

im respiratorsichen Apparat der Mitochondrien liegen Ketten gekoppelter Redoxsysteme vor, welche an spezielle Biomembranen gebunden sind. Daneben arbeitet eine Vielzahl nicht strukturgebundener Redoxenzyme, **Oxidoreductasen**, in anderen Stoffwechselbereichen. Die zellulären Redoxsysteme überstreichen einen Bereich von ca. 2000 mV auf der Redoxskala (von $E_0' \approx -1200$ mV für das durch Lichtquanten angeregte Chlorophyll a_I bis $E_0' = 815$ mV für das System $H_2O/\frac{1}{2}O_2$; → Tabelle 3.4).

Sowohl die Photosynthese als auch die Dissimilation müssen als komplexe Redoxprozesse aufgefasst werden: Bei der Photosynthese wird Kohlenstoff von seiner maximal oxidierten Stufe (CO_2) mit Hilfe von Lichtenergie in stark reduzierte Verbindungen (z. B. Kohlenhydrate, $[CH_2O]_n$) überführt, welche bei der Dissimilation wieder unter Energiefreisetzung zurück zu CO_2 oxidiert werden können. In den beteiligten metabolischen Reaktionsketten sind an mehreren Stellen Elektronentransferreaktionen eingeschaltet (→ S. 189, 219). Als Transportmoleküle für Reduktionsäquivalente, welche zwischen reduzierenden und oxidierenden Reaktionen vermitteln, dienen vor allem **Nicotinadenindinucleotide** (NADH/NAD$^+$ bzw. NADPH/

Tabelle 3.4. Standardredoxpotenziale (E_0') einiger wichtiger biologischer Redoxsysteme. Chlorophyll $a_1 = P_{700}$ (→ S. 181). (Nach Holldorf 1964; Mahler und Cordes 1967)

Redoxsystem	E_0' oder E_m [mV] (pH 7)
Chlorophyll $a_{I(red)}$/Chlorophyll $a_{I(ox)}$ im lichtangeregten Zustand	≈ −1200
Ferredoxin$_{red}$/Ferredoxin$_{ox}$	−430
H_2 (0,1 MPa)/2 H^+	−420
2 Cystein/Cystin	−340
NAD(P)H/NAD(P)$^+$	−320
Riboflavin$_{red}$/Riboflavin$_{ox}$	−210
Lactat/Pyruvat	−190
Succinat/Fumarat	30
Ascorbat/Dehydroascorbat	80
H_2O_2/O_2 (0,1 MPa)	270
Chlorophyll $a_{I(red)}$/Chlorophyll $a_{I(ox)}$ im Grundzustand	490
H_2O (55,5 mol · l^{-1})/½O_2 (0,1 MPa)	815[8]
H_2O (55,5 mol · l^{-1})/½H_2O_2	1350

[8] Für Luft (21 Vol % O_2) ist E_h (pH 7) = 780 mV.

NADP$^+$), welche hier eine ganz ähnliche Funktion besitzen wie das Adenylatsystem beim Phosphattransfer.

Viele zelluläre Redoxsysteme (z. B. Cytochrome, Flavoproteine, NADH) ändern in charakteristischer Weise ihr Absorptionsspektrum, wenn sich der Redoxzustand ändert. Durch Titration mit einer geeigneten Redoxsubstanz bekannten Potenzials kann relativ einfach das **Mittelpunktpotenzial** E_m gemessen werden. (Das Symbol E_m verwendet man immer dann anstelle von E_0', wenn das System zwar zu 50 % reduziert vorliegt, die anderen Standardbedingungen jedoch aus experimentellen Gründen nicht exakt eingehalten werden können.) Kinetische Messungen der Absorptionsänderung von Redoxsystemen an isolierten Chloroplasten, Mitochondrien, oder an intakten Zellen haben grundlegende Einblicke in die physikalischen Teilprozesse der biologischen Energietransformation geliefert (→ Exkurs 8.2, S. 182; Exkurs 9.1, S. 223).

Weiterführende Literatur

Bertalanffy L von, Beier W, Laue R (1977) Biophysik des Fließgleichgewichts, 2. Aufl. Vieweg, Braunschweig
Broda E (1975) The evolution of the bioenergetic processes. Pergamon, Oxford
Cramer WA, Knaff DB (1990) Energy transduction in biological membranes. A textbook of bioenergetics. Springer, Berlin
Dainty J (1969) The water relations of plants. In: Wilkins MB (ed) The physiology of plant growth and development. McGraw-Hill, London, pp 419–452
Dainty J (1969) The ionic relations of plants. In: Wilkins MB (ed) The physiology of plant growth and development. McGraw-Hill, London, pp 453–485
Dainty J (1976) Water relations of plant cells. In: Lüttge U, Pitman MG (eds) Encycl Plant Physiology NS, Vol II A. Springer, Berlin, pp 12–35
Findlay GP, Hope AB (1976) Electrical properties of plant cells: Methods and findings. In: Lüttge U, Pitman MG (eds) Encycl Plant Physiology NS, Vol II A. Springer, Berlin, pp 52–92
Harold FM (1986) The vital force: A study of bioenergetics. Freeman, New York
Kramer PJ, Boyer JS (1995) Water relations of plants and soils. Academic Press, San Diego
Lange OL, Kappen L, Schulze E-D (1976) Water and plant life. Problems and modern approaches. Springer, Berlin (Ecological Studies Vol 19)
Latscha HP, Kazmaier U, Klein HA (2005) Chemie für Biologen. 2. Aufl, Springer, Berlin
Morris JG (1976) Physikalische Chemie für Biologen. Verlag Chemie, Weinheim
Nicholls DG, Ferguson SJ (1992) Bioenergetics 2. Academic Press, London
Nobel PS (2005) Physiochemical and environmental plant physiology, 3. ed. Elsevier, Academic Press, San Diego
Pelte D (2005) Physik für Biologen. Springer, Berlin
Prigogine I (1989) What is entropy? Naturwiss 76: 1–8
Steudle E (1989) Water flow in plants and its coupling to other processes: An overview. Methods in Enzymology 174: 183–225
Tomos AD, Leigh RA (1999) The pressure probe: A versatile tool in plant cell physiology. Annu Rev Plant Physiol Plant Mol Biol 50: 447–472
Walz D (1979) Thermodynamics of oxidation-reduction reactions and its application to bioenergetics. Biochim Biophys Acta 505: 279–353
Wieser W (1986) Bioenergetik. Energietransformation bei Organismen. Thieme, Stuttgart

In Abbildung und Tabellen zitierte Literatur

Ben-Amotz A, Sussman I, Avron M (1982) Experientia 38: 49–52
Holldorf AW (1964) In: Rauen HM (Hrsg) Biochemisches Taschenbuch, Bd 2. Springer, Berlin, pp 121–150
Jachetta JJ, Appleby AP, Boersma L (1986) Plant Physiol 82: 995–999
Lewitt J (1969) Introduction to plant physiology. Mosby, St. Louis
Lüttge U (1973) Stofftransport der Pflanzen. Springer, Berlin
Mahler HR, Cordes EH (1967) Biological chemistry. Harper & Row, New York
Schumacher W (1962) In: Lehrbuch der Botanik (Strasburger et al.) 28. Aufl. Fischer, Stuttgart
Steudle E, Zimmermann U, Lüttge U (1977) Plant Physiol 59: 285–289
Steudle E (2002) Nova Acta Leopoldina NF 85, Nr. 323: 251–278
Steward FC (1964) Plants at work. A summary of plant physiology. Addison-Wesley, Reading MA

4 Die Zelle als metabolisches System

Lebendige Systeme sind in ständiger Umsetzung befindliche Systeme. Die Moleküle und Molekülaggregate (Feinstrukturen), die eine Zelle aufbauen, haben eine Lebensdauer, die meist sehr viel kürzer ist als die der Zelle. Der beständige Aufbau und Abbau (**Umsatz,** *turnover*), der in einem stationären System durch **Fließgleichgewichte** beschrieben werden kann, macht die Zelle zu einem stofflich hochgradig dynamischen Gebilde. Darüber hinaus ist die Zelle durch die zeitabhängigen Eigenschaften **Wachstum, Differenzierung** und **Morphogenese** ausgezeichnet, welche eine kontrollierte Abweichung vom stationären Zustand bedingen und zusätzliche Anforderungen an die metabolische Leistungsfähigkeit und das Regulationsvermögen der Zelle stellen. Im folgenden Kapitel soll ein Überblick über die grundlegenden Mechanismen und Gesetzmäßigkeiten des **Stoffwechsels** und seiner Regulation gegeben werden. Zentrale Punkte sind hierbei die **enzymatische Katalyse** von metabolischen Reaktionen und die **Kompartimentierung** der Zelle in Reaktionsräume durch Membranen. Der Stoffaustausch zwischen den Zellkompartimenten wird durch **Transportkatalysatoren** gewährleistet, welche in Form von **einfachen Transportern, Ionenpumpen** und **Ionenkanälen** einen oft energieabhängigen und gerichteten Transport von Metaboliten und anorganischen Ionen durch Membranen ermöglichen. Sowohl Enzyme als auch Transportkatalysatoren werden in vielfältiger Weise zur **Regulation** und **Integration** des Stoffwechsels eingesetzt. Mechanismen zur **Aufnahme** und intrazellulären **Übertragung** von **Steuersignalen** sind die Voraussetzung für angemessene Reaktionen der Zelle auf Umweltfaktoren.

4.1 Biologische Katalyse

4.1.1 Aktivierungsenergie

Die klassische Energetik macht, wie wir bereits gesehen haben (→ S. 47), Aussagen über die **Spontaneität** einer chemischen Reaktion, nicht aber über ihre **Intensität** („Geschwindigkeit"). Tatsächlich laufen die wenigsten spontanen Reaktionen mit messbarer Intensität ab, wenn man die Reaktanten unter Standardbedingungen zusammenbringt. So ist z. B. die Wasserbildung aus den Elementen (die Knallgasreaktion $2\,H_2 + O_2 \rightleftharpoons 2\,H_2O$; $\Delta G^0 = -240$ kJ/mol H_2O) ein stark exergonischer Prozess. Ein Gemisch der beiden Gase ist jedoch **metastabil**, d. h. es reagiert erst dann, wenn man, z. B. durch Erwärmung, einen bestimmten Mindestbetrag an Energie, die **freie Enthalpie der Aktivierung** (ΔG^*), zuführt, um die Reaktanten in einen reaktionsbereiten („aktivierten") Zustand zu versetzen (Abbildung 4.1). Die Intensität chemischer Reaktionen ist daher eine Funktion der **Temperatur**.

Die Abhängigkeit der Reaktionskonstanten (k) von der Temperatur (T) wird durch die **Arrhenius-Gleichung** beschrieben:

$$k = k_0 \cdot e^{-AR^{-1}T^{-1}},$$

oder

$$\ln k = \ln k_0 - \frac{A}{RT}. \tag{4.1}$$

k_0 und A sind die empirisch zu ermittelnden Arrhenius-Konstanten, die ihrerseits wieder temperaturabhängig sind. Dies kann jedoch innerhalb kleiner Temperaturintervalle (z. B. ± 10 °C) in der Regel vernachlässigt werden. Die Konstante k_0 beinhaltet die Aktivierungsentropie ΔS^*. Die **Aktivierungsenergie** A wird vom Enthalpieglied bestimmt (A = $\Delta H^* + RT$, wobei $RT \approx 2{,}5$ kJ · mol^{-1} im physiolo-

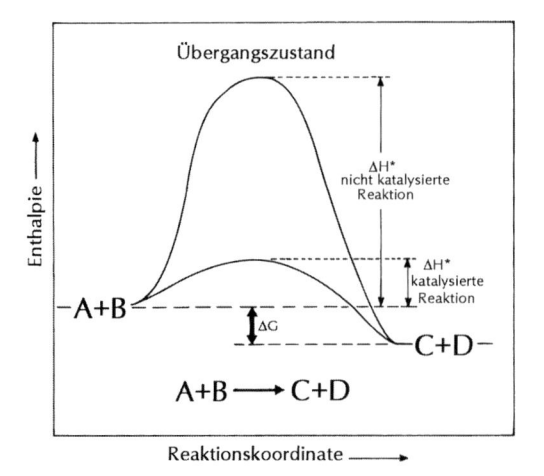

Abb. 4.1. Der Zusammenhang zwischen der Aktivierungsenthalpie (ΔH^*) und der freien Reaktionsenthalpie (ΔG) bei einer chemischen Reaktion (schematisch). Es wird die vereinfachende Annahme gemacht, dass die freie Aktivierungsenthalpie (ΔG^*) mit ΔH^* näherungsweise gleich gesetzt werden kann. Die exergonische Reaktion A + B → C + D kann nicht direkt unter Freisetzung von ΔG ablaufen, **metastabiler Zustand**. Erst nach Zufuhr von ΔH^* kann – durch Bildung aktivierter Zwischenstufen – der „Aktivierungsenergieberg" überwunden werden. Es wird deutlich, dass ΔH^* beim Reaktionsgeschehen wieder quantitativ freigesetzt wird. Enzyme beschleunigen eine Reaktion durch Erniedrigung von ΔH^* (→ Tabelle 4.1).

gischen Temperaturbereich ist.) Die nach Gleichung 4.1 definierte Aktivierungsenergie A bezieht sich also auf die Menge an **Wärmeenergie**, welche einem Reaktionsgemisch zur „Aktivierung" zugeführt werden muss.

Nach Gleichung 4.1 ergibt sich ein linearer Zusammenhang zwischen $\ln k$ und T^{-1}. Eine graphische Darstellung der Funktion

$$\ln k = -(A R^{-1}) T^{-1} + \ln k_0$$

(hat die Form y = – a x + b) kann zur Berechnung von k_0 und A verwendet werden (**Arrhenius-Diagramm;** → Abbildung 10.16). Die Temperaturabhängigkeit einer Reaktion ist um so stärker, je größer A ist.

In der Praxis wird die Temperaturabhängigkeit eines Prozesses häufig durch den **Temperaturquotienten** Q_{10} charakterisiert, der die empirisch gemessene Änderung der Reaktionsintensität (Reaktionskonstante k) bei einer Temperaturänderung um 10 °C angibt:

$$Q_{10} = \frac{k_{T+10}}{k_T}. \quad (4.2)$$

Der Q_{10}-Wert ist ebenfalls nur in erster Näherung temperaturunabhängig. Er steht mit der Arrhenius-Aktivierungsenergie in folgendem Zusammenhang:

$$\ln Q_{10} = \frac{A}{R}\left(\frac{1}{T} - \frac{1}{T+10}\right). \quad (4.3)$$

Normalerweise liegt der Q_{10} chemischer Reaktionen im Bereich von 2 bis 4 (physiologischer Temperaturbereich).

Nahezu alle organischen Moleküle sind im physiologischen Temperaturbereich **metastabil**. Ohne die Existenz des „Aktivierungsenergieberges" (→ Abbildung 4.1) wäre die Akkumulation organischer Materie und damit die Aufrechterhaltung des lebendigen Zustands (als ein vom thermodynamischen Gleichgewicht weit entfernter Zustand) in Anwesenheit von O_2 unmöglich. Die Schranke der Aktivierungsenergie schützt vor der spontanen Entladung der gespeicherten chemischen Energie durch Oxidation. Andererseits muss im Zellstoffwechsel die Möglichkeit bestehen, diese Barriere für bestimmte Umsetzungen gezielt zu überwinden, ohne dabei unphysiologische Methoden (z. B. Erhitzung) zu benützen. Dies ist die Aufgabe der **biologischen Katalyse**.

4.1.2 Enzymatische Katalyse

Durch einen Katalysator kann die Aktivierungsenergie eines chemischen Systems herabgesetzt werden. Fügt man z. B. dem Knallgasgemisch Platin in feinverteilter Form zu, so kann die H_2O-Bildung auch bei Zimmertemperatur ablaufen, weil die Gasmoleküle an der Platinoberfläche in einen so reaktionsfähigen Zustand versetzt werden, dass bereits die Zufuhr eines sehr kleinen Betrages an Aktivierungsenergie ausreicht, um das Reaktionsgeschehen in Gang zu setzen. Ebenso können fast alle biochemischen Reaktionen im physiologischen Temperaturbereich nur unter dem Einfluss von Biokatalysatoren, den **Enzymen**, mit messbarer Intensität ablaufen. Die Reduktion der Aktivierungsenergie durch Enzyme ist meist beträchtlich. So wird z. B. die Aktivierungsenthalpie (ΔH^*) der hydrolytischen Spaltung von Fett durch Lipase von 55 auf 18 kJ · mol^{-1} vermindert. Ein weiteres Beispiel ist in Tabelle 4.1 dargestellt. Enzyme sind also Katalysatoren, welche die Einstellung des thermodynamischen Gleichgewichts biochemischer Reaktionen **beschleunigen**, ohne seine Lage (Gleichge-

Tabelle 4.1. Der Zerfall von Wasserstoffperoxid (2 H_2O_2 → 2 H_2O + O_2, $\Delta G^{0'}$ = – 100 kJ/mol H_2O_2) unter dem Einfluss von Katalysatoren (vergleichbare Mengen). Katalase ist ein Hämoprotein (Protohäm als prosthetische Gruppe), welches das in der Zelle entstehende H_2O_2 sehr wirkungsvoll „entgiften" kann (→ S. 230, 235). (z. T. nach Gray 1971)

	Aktivierungs-enthalpie ΔH^* [kJ/mol H_2O_2]	k [rel. Einheiten]
Kein Katalysator	75	1
Mit anorganischem Katalysator *(Platin)*	49	10^4
Mit biologischem Katalysator *(Katalase)*	23	10^7

wichtskonstante K) zu verändern. ΔG ist daher unabhängig von der Anwesenheit eines Enzyms (→ Gleichung 3.27). Enzyme können lediglich die Intensität solcher Reaktionen erhöhen, die thermodynamisch möglich (d. h. exergonisch) sind.

Verglichen mit den anorganischen Katalysatoren (z. B. Platin) sind die Enzyme durch besondere Eigenschaften ausgezeichnet:

1. Enzyme sind **außerordentlich effektive Katalysatoren**. Unter optimalen Bedingungen können sie die Reaktionsintensität um den Faktor 10^7 – 10^{11} erhöhen (→ Tabelle 4.1). Die Umsatzzahl (Anzahl von umgesetzten Substratmolekülen pro Enzymmolekül pro Sekunde) liegt in der Regel im Bereich von 10^2, kann aber auch bis 10^5 betragen.

2. Die enzymatische Katalyse ist meist **hochgradig spezifisch** in Bezug auf Substrat und Reaktionstyp. Die meisten Enzyme sind in der Lage, kleine sterische Unterschiede zwischen organischen Molekülen (z. B. zwischen dem L-und D-Isomer eines Substrats) zu erkennen (es gibt allerdings auch Enzyme mit Spezifität für eine Gruppe verwandter Substrate). Ferner katalysiert ein bestimmtes Enzym meist nur **eine** der thermodynamisch möglichen Reaktionen seines Substrats. Die Spezifität des Enzyms ist im Prinzip durch die Aminosäuresequenz seiner Polypeptidketten determiniert und steht damit unter der Kontrolle der genetischen Information der Zelle.

4.1.3 Enzymkinetik

Jedes Enzymmolekül besitzt mindestens ein **aktives Zentrum**, an dem das Substrat zunächst gebunden und dann umgesetzt wird. Die enzymatische Katalyse verläuft also im Prinzip über folgende Schritte:

$$E + S \underset{k_{-1}}{\overset{k_{+1}}{\rightleftharpoons}} ES \xrightarrow{k_{+2}} E + P \qquad (4.4)$$

(E, Enzym; S, Substrat; ES, Enzym-Substrat-Komplex; P, Produkt; k_{+1}, k_{-1}, k_{+2}, Reaktionskonstanten). Man kann meist davon ausgehen, dass die Dissoziation des Enzym-Substrat-Komplexes die langsamste – und daher intensitätsbestimmende – Teilreaktion des Gesamtprozesses ist. Unter dieser Voraussetzung erhält man eine hyperbolische Sättigungskurve, wenn man die Reaktionsintensität (gemessen z. B. als mol umgesetztes Substrat [oder gebildetes Produkt] pro Sekunde unter stationären Bedingungen) als Funktion der Substratkonzentration aufträgt (Enzymkonzentration = konst., Abbildung 4.2a). Nach Michaelis und Menten lässt sich diese Substrat-Sättigungs-Kurve der Reaktionsintensität ($-dc_s/dt$) durch folgende einfache Beziehung beschreiben, welche formal der Langmuir-Adsorptionsisothermen entspricht:

$$\frac{-dc_s}{dt} = \frac{v_{max} \, c_s}{c_s + K_m}. \qquad (4.5a)$$

Das Minuszeichen charakterisiert die Reaktion als Substratabnahme. v_{max} ist die Reaktionsintensität bei Substratsättigung des Enzyms, c_s ist die Substratkonzentration. K_m nennt man **Michaelis-Konstante**. Nach Gleichung 4.5a gilt für $-dc_s/dt$ = 1/2 v_{max}:

$$1/2 \, v_{max} (c_s + K_m) = v_{max} c_s,$$

oder

$$K_m = c_s. \qquad (4.6)$$

K_m ist also definiert als diejenige Substratkonzentration, welche unter stationären Bedingungen (Fließgleichgewicht) das Enzym mit halbmaximaler Intensität arbeiten lässt. Diese dynamische Größe lässt sich experimentell einfach bestimmen (Abbildung 4.2b). Sie ist ein wichtiges Kriterium für die Beurteilung der kinetischen Leistungsfähigkeit eines Enzyms. Darüber hinaus lässt sich der Michaelis-Menten-Formalismus auch auf viele andere physiologische Vorgänge anwenden, die einer hyperbolischen Sättigungskurve folgen (→ Abbildung 10.12, 18.10). Für Enzymreaktionen liegt K_m meist im Bereich von 10^{-2} – 10^{-5} mol · l^{-1}.

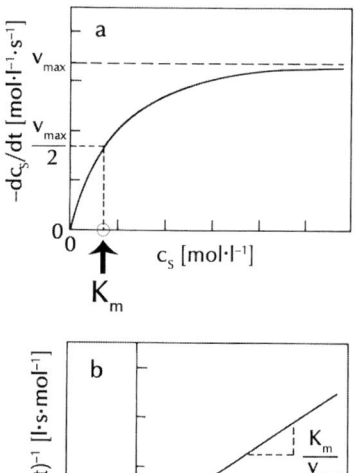

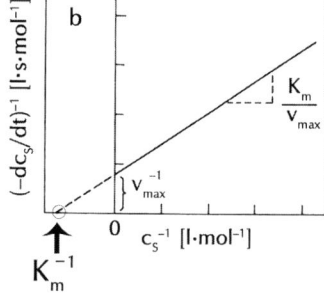

Abb. 4.2 a, b. Die Abhängigkeit einer enzymatisch katalysierten Reaktion von der Substratkonzentration c_s bei konstanter Enzymkonzentration. **a** Die **hyperbolische Sättigungskurve** kommt dadurch zustande, dass mit steigender Substratkonzentration immer mehr Enzymmoleküle in den ES-Komplex überführt werden. Dessen Zerfall ist der geschwindigkeitsbestimmende Prozess für die Gesamtreaktion. Die Reaktionsintensität wird maximal (und damit unabhängig von der Substratkonzentration), wenn das Enzym völlig mit Substrat gesättigt ist (v_{max}). Bei halbmaximaler Intensität ($v_{max}/2$) ist genau die Hälfte des Enzyms mit Substrat beladen, da die Reaktionsintensität stets proportional zur ES-Konzentration ist ($-dc_s/dt = k_{+2} c_{ES}$). Die **Michaelis-Konstante** K_m ist definiert als die Substratkonzentration bei $-dc_s/dt = v_{max}/2$. Für $|k_{-1}| \gg |k_{+2}|$ wird $K_m = K_s$, der Dissoziationskonstanten des ES-Komplexes. **b Lineweaver-Burk-Diagramm.** Trägt man die hyperbolische Sättigungskurve in doppeltreziproker Darstellung auf, so erhält man eine Gerade, aus deren Schnittpunkten mit den Koordinaten die Größen K_m und v_{max} ermittelt werden können. Umformung von Gleichung 4.5a ergibt:

$$\frac{1}{-\frac{dc_s}{dt}} = \frac{K_m}{v_{max}} \frac{1}{c_s} + \frac{1}{v_{max}}. \quad (4.5b)$$

Die Gleichung hat also die allgemeine Form $y = ax + b$.

4.1.4 Messung der Enzymaktivität

Dank ihrer spezifischen katalytischen Eigenschaften können Enzyme *in vitro* sehr präzis gemessen werden, auch wenn sie, wie z. B. in einem Rohextrakt aus Pflanzenmaterial, mit anderen Zellinhaltsstoffen stark verunreinigt sind. Man misst in der Regel die Reaktionsintensität bei sättigender

▶ Eine **große** Michaelis-Konstante bedeutet, dass das Enzym eine **hohe** Substratkonzentration braucht, um die halbmaximale Reaktionsintensität zu erreichen. Man sagt, das Enzym habe eine geringe „Affinität" zum Substrat. Eine **kleine** Michaelis-Konstante bedeutet demgemäß eine **große** „Affinität"[1] zum Substrat.
▶ K_m ist unabhängig von der Enzymkonzentration, kann jedoch durch Cofaktoren (z. B. durch **kompetitive Inhibitoren**; → Abbildung 4.3) beeinflusst werden. Sind an einer Reaktion mehrere Substrate beteiligt, so kann man für jedes Substrat einen eigenen K_m-Wert messen.

Substratkonzentration (v_{max}). Es ergibt sich eine Kinetik 0. Ordnung:

$$-dc_s/dt = {}^0k_{+2} \, [\text{mol} \cdot \text{l}^{-1} \cdot \text{s}^{-1}],$$

deren linearer Anstieg proportional zur Enzymaktivität ist. Die Standardeinheit der Enzymaktivität ist das **katal** (Symbol: **kat**; Umsatz von 1 mol Substrat pro Sekunde bei definierter Temperatur, meist 25 °C, und optimalen Reaktionsbedingungen, z. B. optimalem pH)[2]. Bei Enzymmessungen bewegt sich die Aktivität normalerweise im Bereich von nkat bis pkat ($10^{-9} – 10^{-12}$ kat).

Es gibt Fälle, wo sich die Enzymaktivität nicht in katal ausdrücken lässt, z. B. wenn die Reaktion mit einer Kinetik 1. Ordnung abläuft:

$$-dc_s/dt = {}^1k_{+2} \, c_s \, [\text{mol} \cdot \text{l}^{-1} \cdot \text{s}^{-1}].$$

In diesem Fall ist die Enzymaktivität gegeben durch ${}^1k_{+2} \, [\text{s}^{-1}]$ (→ z. B. Abbildung 7.9).

---

[1] Da K_m eine kinetisch abgeleitete Größe ist, bedeutet eine große „Affinität" hier nicht ohne weiteres eine hohe Festigkeit der Bindung zwischen Enzym und Substrat (→ Lehrbücher der Biochemie). Bei der Anwendung von Gleichung 4.5 auf komplexe physiologische Prozesse ergibt sich eine „apparente K_m", welche die kinetischen Eigenschaften des gesamten Reaktionssystems charakterisiert und daher nicht ohne weiteres mit einem bestimmten Reaktionsmechanismus (etwa einer Enzymreaktion) im Zusammenhang gebracht werden darf (→ z. B. Abbildung 10.12).
[2] In der älteren Literatur findet man auch andere Einheiten, z. B. „μmol Substrat (Produkt) pro min".

> Das **katal** beschreibt operational die (maximale) Enzymaktivität unter standardisierten Bedingungen *in vitro*. Es ist nur dann, wenn keine Komplikationen (z. B. Anwesenheit von Inhibitoren) auftreten, ein relatives Maß für die **Menge** an Enzymmolekülen in einer Extraktprobe. Die tatsächliche Aktivität des Enzyms in der lebenden Zelle liegt fast immer wesentlich niedriger. Sie kann durch verschiedene Faktoren (z. B. Substratkonzentration, pH, modulatorische Steuerfaktoren) modifiziert werden.

4.1.5 Modulation der Enzymaktivität

Die Aktivität der Enzyme wird durch das Reaktionsmilieu beeinflusst. Neben dem pH-Wert spielen häufig bestimmte Kationen (z. B. Mg^{2+}, Zn^{2+}, Mn^{2+}, Co^{2+}) als essenzielle Cofaktoren der katalytischen Aktivität eine Rolle. Auch organische Moleküle können mehr oder minder spezifisch Enzyme in ihrer Aktivität fördern, **Aktivatoren**, oder hemmen, **Inhibitoren**. Von **kompetitiver Inhibition** spricht man, wenn das aktive Zentrum eines Enzyms von einem Molekül reversibel besetzt wird, das nicht umgesetzt werden kann. Bei diesem Typ der Enzymhemmung wird K_m erhöht, während v_{max} unverändert bleibt (Abbildung 4.3). Kompetitive Inhibitoren sind den natürlichen Substraten meist sehr ähnlich (Strukturanaloge).

Eine Anzahl von Enzymen folgt nicht dem klassischen Michaelis-Menten-Formalismus, was man z. B. daran erkennt, dass die Substratabhängigkeit nicht einer hyperbolischen, sondern einer **sigmoiden** Sättigungskurve folgt (Abbildung 4.4). Der Verlauf der Kurve kann häufig durch niedermolekulare Aktivatoren oder Inhibitoren beeinflusst werden. Eine molekulare Erklärung für diese Phänomene ist die folgende: Die katalytische Aktivität dieser – stets aus mehreren (meist vier) Untereinheiten bestehenden – Enzyme wird durch niedermolekulare Effektoren beeinflusst, welche nicht am aktiven Zentrum, sondern an einer anderen Stelle des Moleküls, im **allosterischen Zentrum**, gebunden werden. Eine strukturelle Ähnlichkeit zwischen Substrat und Effektor ist daher nicht erforderlich. Man spricht in diesem Fall von **allosterischer Aktivierung** oder **Hemmung** bzw. von **allosterischen Enzymen**. Der gebundene **allosterische Effektor** bewirkt häufig eine Veränderung in der Proteinter-

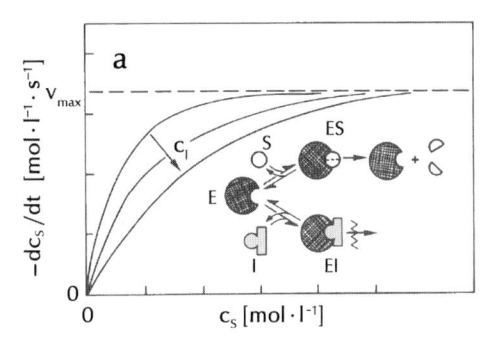

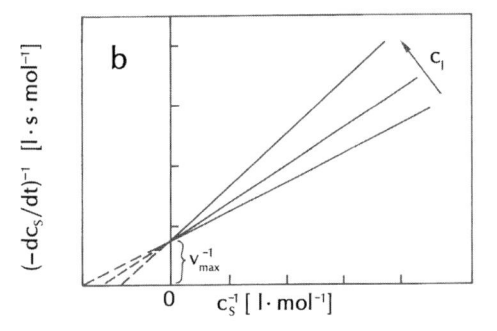

Abb. 4.3 a, b. Einfluss eines **kompetitiven Inhibitors** auf die Michaelis-Menten-Kurve (*E*, Enzym; *S*, Substrat; *I*, Inhibitor; *ES*, Enzym-Substrat-Komplex; *EI*, Enzym-Inhibitor-Komplex). S und I konkurrieren um das aktive Zentrum (die Substratbindungsstelle) des Enzyms; daher hängt die Enzymaktivität einer Population von Enzymmolekülen vom Verhältnis c_S/c_I ab. **a** Darstellung als hyperbolische Sättigungskurven. **b** Doppeltreziproke Darstellung nach Lineweaver-Burk (→ Abbildung 4.2b). Es wird deutlich, dass der Inhibitor K_m erhöht, aber v_{max} nicht beeinflusst.

tiärstruktur nicht nur in der betroffenen, sondern auch in den noch effektorfreien Untereinheiten. Dies geschieht in der Weise, dass die Bindung von weiteren Effektormolekülen an diese Untereinheiten erleichtert (oder erschwert) wird. Diese Wechselwirkung zwischen den Untereinheiten bezeichnet man als positive (oder negative) **Kooperativität**. Die Kooperativität ist um so höher, je steiler die sigmoide Sättigungskurve im Wendepunkt verläuft (→ Abbildung 4.4).

In manchen Fällen hat das Substrat selbst die Rolle eines allosterischen Effektors, **homotroper Effekt**; es fördert kooperativ die Umsetzung seinesgleichen. Die Folge ist eine mehr oder minder steile Schwelle in der Substrat-Sättigungs-Kurve des Enzyms (→ Abbildung 4.4). Solche Enzyme sind also unterhalb einer bestimmten Substratkonzentration praktisch inaktiv, werden aber durch ein geringfügiges Ansteigen der Substratkonzentration in einem ganz bestimmten Bereich auf volle Aktivität

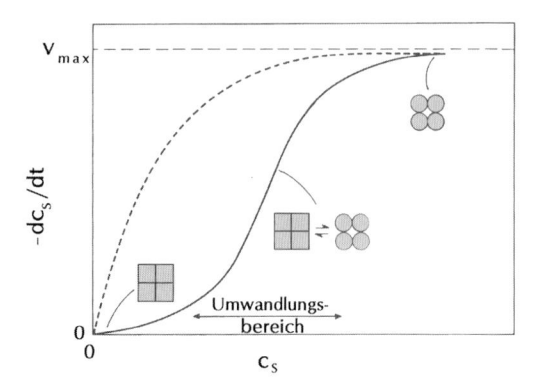

Abb. 4.4. Die Beziehung zwischen Substratkonzentration (c_s) und Reaktionsintensität ($-dc_s/dt$) bei einem **allosterischen Enzym**, das durch sein Substrat kooperativ aktiviert wird (homotroper Effekt). Zum Vergleich ist die Michaelis-Menten-Hyperbel (---) eingetragen. Die Untereinheiten des Enzyms können entweder in der enzymatisch inaktiven (*Quadrate*) oder in der enzymatisch aktiven (*Kreise*) Konformation vorliegen. Bei niedriger Substratkonzentration liegt nur inaktives Enzym vor. In einem relativ eng begrenzten Bereich von c_s bewirkt das Substrat eine **kooperative Konformationsänderung**, welche zur aktiven Enzymform führt.

4.2 Metabolische Kompartimentierung der Zelle

Die Zelle ist kein homogenes System. Die einzelnen Molekültypen sind in der Zelle nicht gleichmäßig verteilt, obgleich deren Dimension (etwa 100 µm) eine Gleichverteilung durch Diffusion innerhalb weniger Sekunden ermöglichen würde (Tabelle 4.2). Die Zelle ist also nicht einfach ein mit Enzymen und Substraten gefüllter Sack; sie ist vielmehr in ein kompliziertes System einzelner Reaktionsräume, **Kompartimente**, untergliedert, welche jedoch in kontrollierter Wechselwirkung miteinander stehen (→ S. 18). Unter einem metabolischen Zellkompartiment verstehen wir ganz allgemein einen Zellbereich, in dem für ein bestimmtes Molekül homogene Reaktionsbedingungen herrschen. Die Summe aller Moleküle eines bestimmten Typs in einem Kompartiment stellt also eine homogene Population dar; man bezeichnet sie als *pool*. Ein metabolisches Kompartiment muss nicht unbedingt membranumgrenzt sein; dieser Begriff ist daher nicht notwendigerweise den morphologischen Begriffen wie Organell, Vesikel, Cisterne usw. gleichzusetzen (→ Abbildung 2.1). Die meisten Organellen, z. B. die Chloroplasten oder die Mitochondrien, müssen in mehrere Kompartimente aufgegliedert werden. Auch das Innere und die Oberfläche von Membranen oder anderer Zellstrukturen (z. B. von Ribosomen oder Multienzymkomplexen) haben den Charakter von metabolischen Kompartimenten. Daher ist auch das Grundplasma der Zelle kein homogener Reaktionsraum.

gebracht. Wenn die Kurve um den Wendepunkt sehr steil ist, spricht man von einem **Schwellenwert** der Substratkonzentration, bei dessen Über- bzw. Unterschreiten die Enzymaktivität nach einem **Alles-oder-nichts-Mechanismus** durch das Substrat an- oder ausgeschaltet werden kann. Es ist evident, dass Enzyme mit solchen Eigenschaften eine große regulatorische Bedeutung im Zellstoffwechsel besitzen. Dasselbe gilt auch für Enzyme, die durch andere als Substratmoleküle spezifisch allosterisch in ihrer Aktivität moduliert werden, **heterotroper Effekt**. In diesem Fall erhält man eine sigmoide Abhängigkeit der Enzymaktivität von der Konzentration des **Effektors**, der z. B. ein Endprodukt der Stoffwechselbahn, in die das Enzym eingespannt ist, sein kann (→ Abbildung 4.17). Es gibt auch Fälle, in denen das Enzym durch den Einfluss eines allosterischen Effektors von der hyperbolischen zur sigmoiden Substratsättigungskurve übergeht.

Die Kompartimentierung ist ein allgemeines **funktionelles** Organisationsprinzip der Zelle, welches der Ordnung und Kanalisierung des Stoffwechselgeschehens dient. Durch die **Kompartimentierung der Enzyme** werden Reaktionswege voneinander isoliert und funktionelle Einheiten geschaffen, welche eine spezifische Leistung im Rahmen des Zellstoffwechsels vollbringen können (Beispiele: Die Kompartimentierung der Enzyme des Calvin-Cyclus oder des Citratcyclus in der Ma-

Tabelle 4.2. Die Diffusionsintensität des Farbstoffs Fluorescein (Molekülmasse 332 g · mol^{-1}) aus einer Lösung (10 g · l^{-1}) in reines Wasser (20 °C). Man sieht, dass die Diffusion bis zum mm-Bereich sehr schnell verläuft. Ihre Intensität ("Geschwindigkeit") nimmt jedoch mit zunehmender Strecke drastisch ab. (Nach Schumacher 1962)

Zeit	1 s	10 s	30 s	1 min	1 h	1 d	1 Monat
Strecke [mm]	0,09	0,28	0,48	0,68	5,2	26	140

trix der Chloroplasten bzw. Mitochondrien). Im Zellstoffwechsel treten nicht selten gegenläufig gerichtete Reaktionssequenzen auf, welche eine Separierung in getrennte Reaktionsräume unumgänglich machen (z. B. Fettsäuresynthese in den Plastiden, Fettsäureabbau in Peroxisomen). Häufig sind verschiedene Kompartimente durch den Besitz von **Isoenzymen** unterschiedlicher katalytischer Eigenschaften ausgezeichnet. (Unter Isoenzymen versteht man Enzyme eines Organismus, welche die gleiche Reaktion katalysieren, sich aber in anderen Eigenschaften, z. B. in der Michaelis-Konstante, unterscheiden und durch biochemische Methoden, z. B. durch Elektrophorese, getrennt werden können.)

Die **Kompartimentierung metabolischer Substrate und Produkte** erlaubt eine gezielte Speicherung bestimmter Moleküle, abgetrennt von den sie umsetzenden Enzymen. So können z. B. in der Vacuole große Mengen an organischen Säuren (z. B. Malat) oder sekundären Pflanzenstoffen (z. B. Anthocyan) deponiert werden, deren Konzentration tödlich für das Cytoplasma wäre. Auch die Zellwand dient gelegentlich als Deponie für giftige Produkte. Da die Pflanze im Gegensatz zum Tier nicht über ein Exkretionssystem verfügt, muss sie in der Regel durch Kompartimentierung mit ihren nicht gasförmigen Ausscheidungsprodukten fertig werden.

Die Kompartimentierung des Stoffwechsels hat zur Folge, dass ein und dieselbe Substanz in der Zelle in mehreren *pools* vorkommen kann, die in Bezug auf Größe und *turnover* sehr unterschiedlich sind. So können z. B. Aminosäuren in relativ großen, metabolisch weitgehend inaktiven *pools* (wahrscheinlich in der Vacuole) gespeichert werden, während im Cytoplasma kleine, aber hochaktive *pools* für die Proteinsynthese benutzt werden. Die quantitative Bestimmung der Aminosäurekonzentration eines Extraktes, der durch Homogenisierung ganzer Zellen hergestellt wurde, liefert unter diesen Bedingungen offensichtlich keine vernünftigen Resultate über die für die Proteinsynthese zur Verfügung stehenden Aminosäuremengen. Dieses Beispiel weist nachdrücklich darauf hin, dass die Zerstörung der Zellkompartimente bei biochemischen Analysen notwendigerweise mit einem beträchtlichen Verlust an Information über das untersuchte System verbunden ist. Aus ähnlichen Gründen sind auch Experimente zur Aufklärung von Stoffwechselwegen, bei denen den Zellen eine radioaktiv markierte Vorstufe von außen appliziert wird, mitunter sehr problematisch, da man nicht sicher ist, ob sie in verschiedenen *pools* unterschiedlich „verdünnt" wird. Die Kompartimentierung der Moleküle macht die Anwendung des Begriffs „Konzentration" auf die Zelle häufig wenig sinnvoll, da dieser Begriff im Grunde nur für homogene Systeme geeignet ist ($\rightarrow$ S. 20).

Kompartimente bzw. die in ihnen lokalisierten *pools* können in begrenztem Umfang kommunizieren. Biomembranen sind nicht nur isolierende Diffusionsbarrieren, sondern auch Vermittler eines kontrollierten, häufig gerichteten, selektiven Austausches von ungeladenen organischen Molekülen und Ionen.

4.3 Transportmechanismen an Biomembranen

4.3.1 Diffusion und Permeation

Den spontanen, lediglich durch das Konzentrationsgefälle (chemisches Potenzial) getriebenen Transport von Teilchen im Raum nennt man **Diffusion**. Diese gerichtete Bewegung einer Population von Teilchen beruht auf der zufallsmäßigen (ungeordneten) Wärmebewegung (Brownsche Molekularbewegung). Das **1. Ficksche Diffusionsgesetz** (Abbildung 4.5a) wird häufig für den **Fluss** J (die Diffusionsintensität = „Diffusionsgeschwindigkeit" bezogen auf den Querschnitt F [mol · m^{-2} · s^{-1}]), formuliert:

$$J = -D \frac{dc}{dl}. \quad (4.7)$$

Diese Gleichung hat die Struktur der allgemeinen Transportgleichung:

Teilchenfluss =
Leitfähigkeitskoeffizient · Potenzial, (4.8)

die im Prinzip für alle Transportprozesse durch Einsetzen der beteiligten Koeffizienten und Potenziale (treibende Kräfte) formuliert werden kann, z. B. als Ohmsches Gesetz für den Fluss von Elektronen in einem elektrischen Leiter oder als Hagen-Poiseuillesches Gesetz für den Volumenfluss durch eine Kapillare ($\rightarrow$ Gleichung 13.2).

Man erkennt aus Gleichung 4.7, dass die Diffusionsintensität direkt proportional zur Steilheit des

Konzentrationsgefälles – dc/dl [mol · m^{-3} · m^{-1}] ist. Der **Diffusionskoeffizient** D [m^2 · s^{-1}] ist definiert als diejenige Menge an Substanz, die unter definierten Bedingungen von Druck und Temperatur pro Zeiteinheit durch den Einheitsquerschnitt bei einem Konzentrationsgefälle von 1 mol · m^{-4} diffundiert. Ein Vergleich der Diffusionskoeffizienten (→ Lehrbücher der Physikalischen Chemie) zeigt, dass die Diffusion in Flüssigkeiten und Festkörpern sehr viel langsamer von statten geht als im Gasraum. Die Diffusionskoeffizienten im Gasraum sind bei gleicher Temperatur um den Faktor 10^4 größer als in Flüssigkeiten.

Das **2. Ficksche Diffusionsgesetz**, eine partielle Differenzialgleichung 2. Ordnung, macht Aussagen über die Konzentration c als Funktion der Zeit t und der Strecke l:

$$\left(\frac{\delta c}{\delta t}\right)_l = D \left(\frac{\delta^2 c}{\delta l^2}\right)_t. \qquad (4.9)$$

Aus Gleichung 4.9 folgt z. B.: $l^2 \sim D\,t$ (wobei l = Abstand vom Anfangsort). Man sieht, dass die zurückgelegte Strecke nicht der Zeit, sondern der Wurzel aus der Zeit proportional ist. Aus dem 2. Fickschen Gesetz resultieren zwei wichtige Konsequenzen (→ Tabelle 4.2):

1. In den Dimensionen der Zelle (10 – 100 µm) geht der Molekültransport durch Diffusion sehr schnell. Ein Glucosemolekül z. B. hat die Chance, innerhalb einer Sekunde vermittels der Diffusion von einem Zellende zum anderen zu gelangen. Ohne die Errichtung von Diffusionsbarrieren und ohne den Einbau von Molekülen in Strukturen wären daher in der Zelle stoffliche – und damit auch energetische – Ungleichgewichte nur im Sekundenbereich existent. Dies ist ein weiterer entscheidender Grund für die Notwendigkeit einer rigorosen intrazellulären Kompartimentierung.
2. Es wird deutlich, dass der Stofftransport in der flüssigen Phase über größere Strecken im Kormus keinesfalls durch Diffusion gewährleistet werden kann, sondern leistungsfähigere Transportmechanismen erfordert.

Die **Permeation** von Teilchen durch eine Membran, welche der Diffusion einen mehr oder minder großen Widerstand entgegensetzt, kann als Sonderfall der freien Diffusion aufgefasst werden (Abbildung 4.5 b). Es gilt für den Fluss von Teilchen durch eine Membran vernachlässigbarer Dicke mit einer nicht-begrenzenden Zahl von Durchlassstellen[3] in Abwandlung von Gleichung 4.7:

$$J = -P\,(c_1 - c_2). \qquad (4.10)$$

Im Gegensatz zu D [m^2 · s^{-1}] hat der **Permeabilitätskoeffizient** P die Dimension eines Leitfähigkeitskoeffizienten = Widerstandskoeffizient^{-1} [m · s^{-1}]. Diese empirisch z. B. nach Gleichung 4.10 zu messende Größe hat für den Transport durch Biomembranen eine große Bedeutung: Sie legt bei ge-

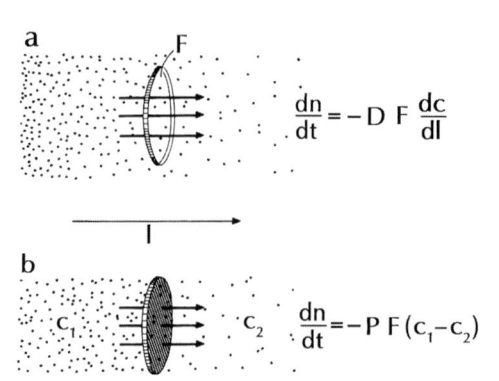

Abb. 4.5 a, b. Diese Skizzen sollen die Gesetze der Diffusion im freien Raum und durch eine Membran veranschaulichen. **a** Für die Diffusionsintensität im freien Raum (z. B. Gasmoleküle in Luft oder Zuckermoleküle in Wasser) gilt das 1. Ficksche Gesetz. Es bedeuten: dn/dt, Anzahl der Teilchen, die während des Zeitabschnittes dt durch die senkrecht zur Diffusionsrichtung gedachte Grenzfläche F diffundieren; dc/dl, Konzentrationsgradient entlang der Diffusionskoordinate l; D, Diffusionskoeffizient, eine Konstante, die bei isobaren und isothermen Bedingungen nur von der Natur der Teilchen (vor allem von der Größe) und vom Diffusionsmedium abhängt. Das *Minuszeichen* charakterisiert den exergonischen Charakter der Diffusion. **b** Diffusion durch eine als Diffusionsbarriere wirkende Membran. Ersetzt man die imaginäre Grenzfläche bei **a** durch eine Membran, so tritt an die Stelle des Diffusionskoeffizienten D der Permeabilitätskoeffizient P, der zusätzlich noch von Dicke und Aufbau der Membran abhängt. Für $P \ll D$ stellen sich in beiden Teilräumen Diffusionsgleichgewichte ein; die treibende Kraft der Membranpermeation ist dann die Konzentrationsdifferenz $c_1 - c_2$. (Bei realen Systemen müssen auch hier die Konzentrationen durch Aktivitäten ersetzt werden.) (In Anlehnung an Lüttge 1973)

---

[3] Gleichung 4.10 gilt nicht mehr für die **druckabhängige Massenströmung** durch eine Membran. Daher verwendet man für die durch hydrostatischen Druck bewirkte Permeation von H$_2$O (Volumenfluss) die allgemeinere, thermodynamisch abgeleitete Beziehung $J = -L_p\,\Delta\psi$, wobei L_p = hydraulischer Leitfähigkeitskoeffizient [m · s^{-1} · Pa^{-1}] (→ S. 102).

gebener Konzentrationsdifferenz die Intensität der Permeation einer Teilchensorte durch eine Membran fest.

4.3.2 Spezifität des Membrantransports, Transportkatalyse

Biomembranen sind funktionell vor allem dadurch ausgezeichnet, dass sie in Bezug auf die Permeation von Molekülen und Ionen hochgradig **selektiv** sind. Die für eine Vielzahl von Verbindungen bestimmten Permeabilitätskoeffizienten überstreichen eine Skala von acht Zehnerprozenten. Außerdem ist die Permeabilität der Biomembranen häufig **vektoriell** ausgerichtet, d. h. in der einen Richtung bevorzugt, und **stereospezifisch,** d. h. auf eines von mehreren Isomeren beschränkt. Diese Spezifität geht weit über diejenige artifizieller selektiv permeabler Membranen hinaus. Da biologische Membranen, etwa die Plasmamembran, für H_2O sehr viel leichter permeabel als für die allermeisten anderen Teilchen sind, kann man sie im Zusammenhang mit den osmotischen Zelleigenschaften trotzdem in guter Näherung in beiden Richtungen als selektiv permeabel betrachten; → S. 54).

Wie kann man die selektive Permeabilität biologischer Membranen verstehen? Die **Lipid-Filter-Theorie** versucht die Selektivität vor allem unter Berücksichtigung struktureller Parameter zu deuten. Diese Vorstellung geht von dem Aufbau der Membranen aus Lipid und Protein aus, welche ein Muster von hydrophilen und lipophilen „Poren" bilden sollen (→ Abbildung 2.3). Obwohl sich einige Befunde zwanglos durch die Lipid-Filter-Theorie deuten lassen (z. B. können Wasser und relativ apolare Moleküle besonders leicht permeieren, kleine Moleküle werden vor großen häufig bevorzugt), reicht der Siebeffekt nicht aus, um die hohe Selektivität des Membrantransports für viele Moleküle und Ionen verständlich zu machen. Man muss vielmehr annehmen, dass in die Membranen spezifische Transportstellen eingebaut sind, welche den Durchtritt ganz bestimmter Teilchen erleichtern. Man nennt diesen Vorgang, in Analogie zur Enzymkatalyse, **Transportkatalyse** (Abbildung 4.6). Die Katalysatoren des Membrantransports werden als **Transporter** (oder *carrier*, Translokatoren) bezeichnet. Es handelt sich hierbei um integrale Membranproteine oder -komplexe, welche auf beiden Seiten der Membran mit der wässrigen Phase in Kontakt stehen und mit 6 oder 12 transmembra-

Enzymkatalyse:
$$S + E \rightleftharpoons ES \rightleftharpoons E + P$$

Transportkatalyse:

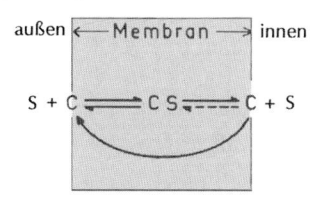

außen ← Membran → innen

$$S + C \rightleftharpoons CS \rightleftharpoons C + S$$

Abb. 4.6. Die Analogie zwischen der enzymatischen Katalyse durch ein Enzym *E* und der Transportkatalyse durch einen Transporter *C*. Der Transporter bindet das zu transportierende Molekül *S* auf der Membranaußenseite und verfrachtet es auf die Membraninnenseite, wo sich beide Komponenten wieder voneinander lösen. Der unbeladene Transporter geht wieder in die Ausgangsposition zurück. Diese grobe Modellvorstellung beschreibt den Mechanismus der Transportkatalyse nur in erster Näherung. In Wirklichkeit ist der Transporter ein immobiles Transmembranprotein, in dem formal eine Bindungsstelle für S wandern kann. Es ist jedoch evident, dass man auch auf diesen Prozess, ähnlich wie auf die enzymatische Katalyse, den Michaelis-Menten-Formalismus (→ S. 73) anwenden kann. K_m beschreibt in diesem Fall diejenige Konzentration von S, bei der gerade die Hälfte des Transporters beladen ist. In der Tat hat man viele biologische Transportprozesse gefunden, welche die Michaelis-Menten-Gleichung (hyperbolische Sättigungskurve; → Abbildung 4.2) erfüllen. Die Existenz von Transportern wurde bereits um 1900 von dem Pflanzenphysiologen Pfeffer postuliert.

nen α-Helixbereichen in der Membran verankert sind. Da die Transportproteine nur in begrenzter Zahl in der Membran vorliegen, erreicht der Transportfluss bei höheren Substratkonzentrationen einen Sättigungswert und folgt daher nicht mehr Gleichung 4.10, sondern Gleichung 4.5. Operationale Kriterien für den katalysierten Transport sind daher (neben der Spezifität) hyperbolische Sättigungskurven, welche durch eine Michaelis-Konstante charakterisiert werden können (→ Gleichung 4.5; → Abbildung 4.2), und kompetitive Hemmung durch Strukturanaloge (d. h. der Nachweis von Konkurrenz ähnlicher Moleküle oder Ionen um dieselbe Transportstelle; → Abbildung 4.3).

4.3.3 Transporter, Ionenpumpen und Ionenkanäle

In pflanzlichen Biomembranen, z. B. in der Plasmamembran und im Tonoplasten, konnten in den letzten Jahren eine große Zahl von Transportsystemen kinetisch charakterisiert werden, welche den Kriterien eines **Transporters** genügen (Abbildung 4.7). Neben der einfachen Transportkatalyse, **katalysierte Permeation, Uniport**, treten gekoppelte Systeme auf, z. B. der Cotransport von Substraten (Zucker, Aminosäuren) mit **Protonen**. Ionen werden häufig zusammen mit einem entgegengesetzt geladenen Ion cotransportiert, **Symport, Cotransport**, oder mit einem gleichsinnig geladenen Ion ausgetauscht, **Antiport, Gegentransport**. In beiden Fällen ist der Gesamtprozess elektroneutral, d. h. er hat keinen Einfluss auf das Membranpotenzial. Einfache Transporter (*carrier*) transportieren stets einzelne Ionen (Moleküle) durch die Membran, deren Permeabilität auf diese Weise auf das 10^6- bis 10^8fache gegenüber der reinen Lipiddoppelschicht erhöht wird.

Neben diesen Transportern im engeren Sinn gibt es in der Membran **Ionenpumpen**, d. h. Systeme, welche bestimmte Ionen unter Verbrauch von ATP transportieren können (Abbildung 4.7f). Sie gehören zu den ionentransportierenden ATPasen, von denen man drei funktionelle Gruppen kennt:

▶ **Plasmamembran-ATPasen** (P-ATPasen) bestehen meist aus einer in die Membran integrierten Polypeptidkette (etwa 100 kDa), welche sowohl die ATP-Hydrolyse als auch die H$^+$-Translocation durchführt. Sie pumpen H$^+$ aktiv aus der Zelle und sind für die Aufrechterhaltung des (innen negativen) Membranpotenzials und des Protonengradienten an der Plasmamembran verantwortlich.

▶ **Vacuolen-ATPasen** (V-ATPasen) setzen sich aus mehreren Untereinheiten zusammen (insgesamt etwa 750 kDa). H$^+$-Translocation und ATP-Hydrolyse sind getrennt voneinander in einem membranintegralen Teil bzw. in einem zum Cytoplasma gerichteten Kopfteil lokalisiert. Diese ATPasen pumpen H$^+$ aktiv aus dem Cytosol in die Vacuole und Binnenräume anderer Endomembrankompartimente (z. B. ER- und Golgi-Cisternen). Daneben gibt es im Tonoplast eine Diphosphat anstelle von ATP spaltende H$^+$-Diphosphatase (V-PPase).

▶ **F$_0$F$_1$-ATPasen** (Abbildung 4.8) bestehen aus einem hydrophoben, membranintegralen Teil (F$_0$) und einem hydrophilen, katalytisch aktiven Kopfteil (F$_1$), welche jeweils aus einer größeren Zahl von Untereinheiten aufgebaut sind (insgesamt etwa 500 kDa). Diese Komplexe sind in der inneren Mitochondrienmembran und in der Thylakoidmembran der Chloroplasten lokalisiert und katalysieren die ATP-Synthese in Abhängigkeit vom H$^+$-Gradienten, der dort durch vektoriellen Elektronentransport erzeugt wird, d. h. sie arbeiten als **ATP-Synthasen** ($\rightarrow$ S. 84).

a. freie Permeation
b. katalysierte Permeation
c. Symport mit entgegengesetzt geladenem Ion
d. Antiport mit gleichsinnig geladenem Ion
e. Symport mit H$^+$ ($\Delta\mu_{H^+}$-abhängig)
f. Protonenpumpe (ATP-abhängig)
g. Ionenkanal (ΔE_M-abhängig)

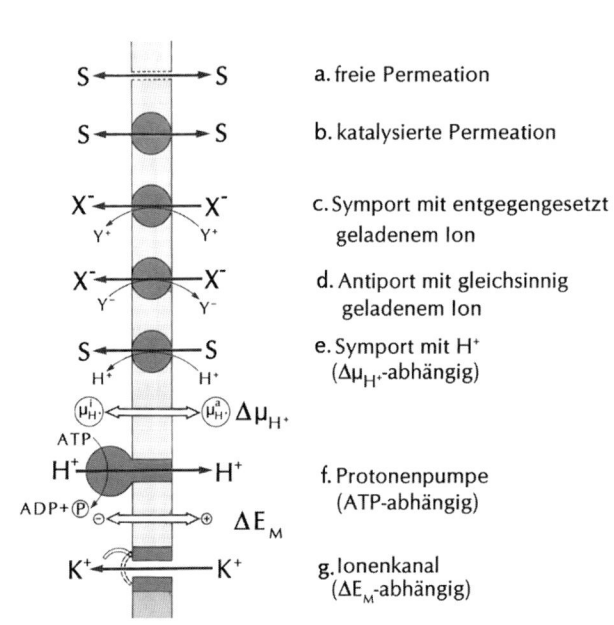

Abb. 4.7 a–g. Schematische Darstellung der wichtigsten Transportprozesse an Biomembranen. Mit Ausnahme der freien Permeation (**a**) erfordern alle Prozesse einen Transportkatalysator. **Transporter** (**b–e**) vermitteln einfache, **Uniport**, oder gekoppelte, **Symport, Antiport**, Transportprozesse von Ionen und Anelektrolyten (S). **Protonenpumpen** (**f**) erzeugen ein elektrochemisches Potenzial $\Delta\mu_{H^+}$, welches die Energie für H$^+$-gekoppelte Transportprozesse (**e**) liefert. Das gleichzeitig erzeugte Membranpotenzial (ΔE_M) ist die Energiequelle für die Diffusion von Ionen durch **Ionenkanäle** (**g**).

4.3 Transportmechanismen an Biomembranen

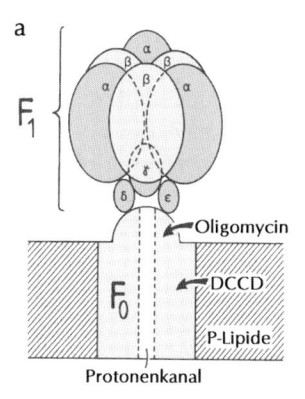

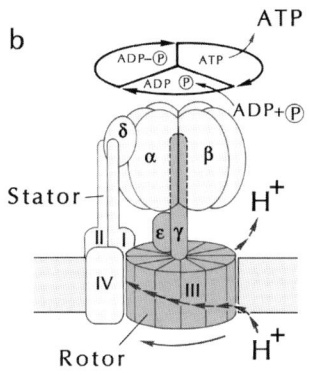

Abb. 4.8 a,b. a Einfaches Strukturmodell einer F_0F_1-ATPase (ATP-Synthase) der inneren Mitochondrienmembran oder Thylakoidmembran. Der Komplex besteht aus einem relativ leicht von der Membran ablösbaren, hydrophilen **Kopfteil** (F_1), der für die katalytische Aktivität verantwortlich ist (ATP-Bildung). Er besteht aus insgesamt 9 Untereinheiten (3α, 3β, γ, δ, ε). Der „Stiel" (δ, ε) verbindet den Kopfteil mit dem membranintegralen **Protonenkanal** (F_0, in Phospholipide eingebettet), der aus 4 verschiedenen Untereinheiten besteht (I, II, 9–12 III, IV; hier nicht eingetragen). Die ATP-Synthase-Hemmstoffe **Oligomycin** und **DCCD** (N,N'-Dicyclohexylcarbodiimid) hemmen an verschiedenen Stellen des Protonenkanals. (Nach Kagawa et al. 1979; verändert). **b** Neueres Funktionsmodell einer F_0F_1-ATPase, das den Mechanismus der ATP-Synthese illustriert. Nach diesem H$^+$-Turbinenmodell treibt der H$^+$-Strom beim Queren der Membran die Rotation eines aus den Untereinheiten III, ε und γ bestehenden **Rotors**. Die restlichen Untereinheiten bilden den **Stator**. Die Bewegung der zentralen γ-Untereinheit in dem Zylinder aus $α_3β_3$ führt zu energiespeichernden Konformationsänderungen in den α,β-Paaren. Die ATP-Synthese erfolgt in einem cyclischen katalytischen Prozess, bei dem man drei Stufen unterscheiden kann: 1. Bindung von ADP und Ⓟ, 2. Verknüpfung zu ATP, 3. Abspaltung von ATP. Pro Umdrehung werden 9–12 H$^+$ transportiert und 3 ATP gebildet (H$^+$: ATP = 3–4 : 1). Unter Verbrauch von ATP kann dieses System auch als molekularer Motor arbeiten, dessen Rotation unter dem Mikroskop beobachtet werden kann. Der Rotor dreht sich bei sättigender ATP-Konzentration mit etwa 130 Umdrehungen pro Sekunde. (Nach McCarty et al. 2000; verändert)

Allen ATPase-Typen ist gemeinsam, dass sie einen **elektrogenen Protonentransport** katalysieren und daher die Membran polarisieren oder depolarisieren. Sie sind daher zwangsläufig an andere membranpotenzial- und protonenpotenzialabhängige Reaktionen gekoppelt.

> ➤ ATP-verbrauchende Transportprozesse werden in der Regel indirekt durch ATP angetrieben, wobei z. B. ein durch H$^+$-Export aus dem Cytoplasma in den apoplastischen Raum aufgebauter **elektrochemischer H$^+$-Gradient** als Vermittler dient.
> ➤ Der elektrochemische H$^+$-Gradient wird durch die in der Plasmamembran arbeitende, H$^+$-pumpende **P-ATPase** erzeugt. Er besteht zu gleichen Teilen aus dem Konzentrationsunterschied an H$^+$ (ΔpH) und dem Ladungsunterschied (ΔE_M) (→ Gleichung 3.20).
> ➤ Elektrochemische H$^+$-Gradienten liefern die Energie für zahlreiche endergonische Transportprozesse an der Plasmamembran, z. B. bei der
> – Siebröhrenbeladung mit Zucker (→ S. 338),
> – Nährstoffaufnahme in reifende Embryonen (→ Exkurs 14.2, S. 343),
> – K$^+$-Aufnahme in öffnende Schließzellen (→ S. 275),
> – Ionenaufnahme in die Wurzel (→ S. 305),
> – symplastische Ionenpassage durch die Endodermis (→ S. 314).

Neuerdings konnte man in der Plasmamembran, in ER-Membranen und im Tonoplasten pflanzlicher Zellen auch **Ca^{2+}-pumpende ATPasen** nachweisen. Diese spielen offenbar für die Aufrechterhaltung einer niedrigen Ca^{2+}-Konzentration im Cytosol eine wichtige Rolle.

Für den Transport anorganischer Ionen durch Membranen sind häufig **Ionenkanäle** verantwortlich. Darunter versteht man komplexe Transmembranproteine, welche eine mit Wasser gefüllte Durchlassstelle (Pore) für die Diffusion bestimmter Ionen, z. B. K$^+$, in einer bestimmten Richtung besitzen. Ionenkanäle können durch Konformationsänderungen des Proteins geöffnet und geschlossen werden (Abbildung 4.7g). Ein einzelner geöffneter Kanal erlaubt den Durchtritt von bis zu 10^8 Ionen pro Sekunde; dies ist etwa 10^3-mal mehr, als der durch einfache Transporter vermittelte Transport leistet. Aufgrund ihrer großen Kapazität kann die

Funktion einzelner Ionenkanäle mit der *patch-clamp*-Technik an isolierten Membranfragmenten elektrisch gemessen werden (Abbildung 4.9). Derartige Messungen haben gezeigt, dass einzelne Ionenkanäle in unregelmäßigen Abständen öffnen und schließen (→ Abbildung 4.9c). Die mittlere Öffnungszeit kann von verschiedenen Faktoren beeinflusst werden, insbesondere vom anliegenden Membranpotenzial. Besonders gut untersucht wurden zwei K^+-durchlässige Ionenkanäle in der Plasmamembran von Schließzellen, von denen einer durch Depolarisierung der Membran auf > -40 mV aktiviert (geöffnet) wird und für den Ausstrom von K^+ aus der Zelle verantwortlich ist. Der andere K^+-Kanal wird durch Hyperpolarisierung der Membran auf < -80 mV aktiviert und bewirkt den Einstrom von K^+ in die Zelle (→ Abbildung 10.26). Auch bei anderen Zelltypen, z. B. in Wurzelzellen, Xylemparenchymzellen und Blattgelenkmotorzellen konnten spannungsabhängige K^+-Kanäle in der Plasmamembran nachgewiesen werden. Darüber hinaus fand man K^+-Kanäle auch im Tonoplasten bestimmter Zelltypen.

4.3.4 Aquaporine

Biomembranen sind für Wassermoleküle vergleichsweise leicht permeabel; daher ist der osmotische Wasseraustausch ein schneller Prozess und die Zelle meist im Wasserpotenzialgleichgewicht mit ihrer Umgebung (→ S. 57). Die hohe Wasserpermeabilität wurde bis vor kurzem auf eine unspezifische Durchlässigkeit der Membranen im Sinne der Lipid-Filter-Theorie zurückgeführt. Diese Vorstellung muss nach neueren Befunden revidiert werden. In der Plasmamembran und im Tonoplasten hat man Transportproteine gefunden, welche H_2O-selektive Kanäle (Poren) bilden und daher als **Aquaporine** bezeichnet werden. Diese Proteine (Tetramere aus 23–30 kDa großen Untereinheiten mit 6 membrandurchdringenden α-Helix-Domänen) gehören zu den *major intrinsic proteins* (MIPs), einer evolutionär alten Membranproteinfamilie, welche z. B. auch in Prokaryoten weit verbreitet ist und wahrscheinlich generell Transportfunktion besitzt. Die Aquaporine sind passiv arbeitende Transporter; sie erniedrigen die Aktivierungsenergie für den vom Wasserpotenzialgradienten getriebenen Durchtritt von H_2O durch die Membran. Ob die Wasserpermeabilität pflanzlicher Zellmembranen durch Aquaporine reguliert werden kann, ist noch nicht geklärt.

4.3.5 Passiver und aktiver Transport

Im einfachsten Fall bewirkt die Transportkatalyse eine Erhöhung der passiven Permeabilität für ein bestimmtes Teilchen; die Einstellung des energetischen Gleichgewichts wird beschleunigt. Dies ist das charakteristische Merkmal des passiven, katalysierten Membrantransports. Konzentrierungsarbeit kann ein solcher Transporter naturgemäß nicht leisten. Erst die Koppelung an eine energieliefernde Reaktion ermöglicht **endergonische** Transportprozesse, welche durch den Zellstoffwechsel **gesteuert** werden können. Dies sind die beiden wesentlichen Merkmale, welche den aktiven Membrantransport vom passiven unterscheiden.

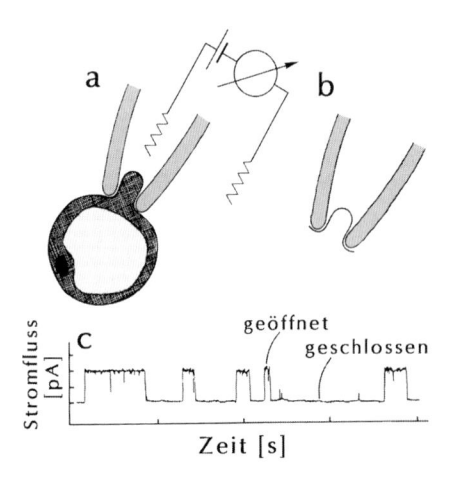

Abb. 4.9 a–c. Messung der Durchlässigkeit eines K^+-Kanals mit der *patch-clamp*-Technik. **a** Bei dieser Methode wird die feuerpolierte Spitze einer Glasmikropipette (Spitzendurchmesser etwa 1 μm) auf die Oberfläche eines Protoplasten aufgesetzt und die Plasmamembran durch Unterdruck angesaugt. Es entsteht eine elektrisch dichte Verbindung zwischen Membran und Glasoberfläche. Badmedium und Pipettenfüllung bestehen aus einer Elektrolytlösung (z. B. KCl). Nach Anlegen einer Spannung (z. B. 100 mV) kann der Ionenstrom (getragen von K^+) durch den abgegrenzten Membran-*patch* als Stromfluss gemessen werden. **b** Nach Abziehen der Pipettenspitze von der Protoplastenoberfläche bleibt das eingestülpte Membranfragment an der Öffnung zurück und erlaubt die Messung des Membranwiderstandes ohne Komplikation durch die intakte Zelle. **c** Messung des Stromflusses durch einen *patch* aus der Tonoplastenmembran einer *Chenopodium rubrum*-Zelle. Das wie bei **b** angeordnete Membranfragment enthielt einen einzigen (einwärts gerichteten) K^+-Kanal, dessen statistische Öffnung und Schließung in der Stromkurve deutlich zum Ausdruck kommt. (Nach Hedrich und Schroeder 1989; verändert)

▶ Anelektrolyte werden dann **aktiv** transportiert, wenn sie unter direktem Einsatz metabolischer Energie (meist freie Enthalpie der ATP-Hydrolyse) **gegen einen Konzentrationsgradienten** (Konzentrationspotenzial) bewegt werden.

▶ Entsprechend werden Elektrolyte dann **aktiv** transportiert, wenn sie **gegen einen Gradienten des elektrochemischen Potenzials** bewegt werden (→ S. 61).

Diese thermodynamischen Kriterien sind die einzigen, welche den aktiven Transport operational eindeutig charakterisieren. Für die freie Diffusion in einer wässrigen Lösung misst man in der Regel Q_{10}-Werte (→ Gleichung 4.2) von 1,2–1,5, während die Diffusion durch Membranen – ähnlich wie die enzymatische Katalyse – durch $Q_{10} = 2-4$ ausgezeichnet ist. Ein $Q_{10} > 1,5$ ist daher kein hinreichendes Kriterium für **aktiven Transport**. Auch andere Indikationen der Stoffwechselabhängigkeit (z. B. Hemmbarkeit durch metabolische Inhibitoren) sind alleine kein absolut zuverlässiger Nachweis. **Stoffwechselabhängiger Transport** kann im Prinzip auch durch die indirekte Wirkung metabolischer Effektoren (z. B. kompetitiver Inhibitoren) auf eine enzymatisch gekoppelte Reaktion zustande kommen.

Die Koppelung zwischen Transportprozess und energieliefernder Reaktion kann direkt oder indirekt erfolgen. Ein Beispiel für einen **direkt (primär) aktiven** Transport ist die Sekretion von H^+ an der Plasmamembran vieler Zelltypen durch eine **Protonenpumpe**. Im Gegensatz hierzu ist z. B. die Aufnahme von Zucker ein **indirekt (sekundär) aktiver** Transportprozess. Das Zuckermolekül wird, zusammen mit einem H^+, dem elektrochemischen Gefälle folgend, durch die Membran transportiert (→ Abbildung 4.7e). Dieser passive Prozess führt dann zu einer Akkumulation von Zucker in der Zelle, wenn gleichzeitig eine Protonenpumpe einen elektrochemischen Gradienten für H^+ aufbaut (→ Abbildung 4.7f). Auch Ionenkanäle sind grundsätzlich passiv arbeitende Transportsysteme; sie arbeiten unter Verbrauch von Membranpotenzial, das von den Ionenpumpen erzeugt wird.

4.3.6 *Shuttle*-Transport

Diese Form des indirekten metabolischen Transports spielt neben dem direkten Transport an den Grenzmembranen von Organellen eine bedeutende Rolle. Zum Beispiel sind intakte Mitochondrien für NAD^+ und NADH praktisch impermeabel. Trotzdem findet in intakten Zellen ein reger Austausch von Pyridinnucleotidwasserstoff zwischen Cytoplasma (Glycolyse) und Mitochondrien (Atmungskette) statt (→ Abbildung 9.2). Wie Abbildung 4.10 zeigt, wird in diesem Fall durch ein System gekoppelter Enzym- und Transportreaktion ein indirekter Transfer von NADH durch die Membran ermöglicht. Es liegt auf der Hand, dass derartige *shuttle*(= „Pendelverkehr")-Mechanismen ebenfalls leicht durch den Stoffwechsel reguliert werden können. Im Gegensatz zu NADH erfolgt der Transport von ATP aus den Mitochondrien direkt durch einen Transporter (→ Abbildung 9.9).

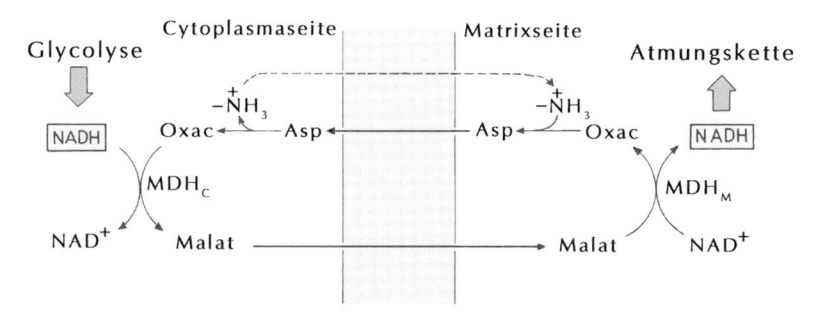

Abb. 4.10. Einer der drei bisher an der inneren Mitochondrienmembran nachgewiesenen *shuttle*-Transportmechanismen für Pyridinnucleotidwasserstoff. Auf der Cytoplasmaseite wird Oxalacetat (*Oxac*) mit *NADH* zum Transportmolekül *Malat* reduziert, welches auf der Matrixseite wieder unter NADH-Bildung reoxidiert wird. Zum Rücktransport muß *Oxac* zu Aspartat (*Asp*) aminiert werden. Die Aminogruppe wird durch einen gekoppelten Glutamat-Oxoglutarat-*shuttle* wieder in das Mitochondrion zurücktransportiert. Alle drei Membranüberquerungen werden durch Transporter vermittelt. MDH_C, MDH_M, cytoplasmatische bzw. mitochondriale Malatdehydrogenase.

4.4 ATP-Synthese an energietransformierenden Biomembranen

Der aktive Transport von Ionen und Anelektrolyten wird durch die Hydrolyse von ATP mit Energie versorgt, wobei Membran-ATPasen als Protonenpumpen eine zentrale Rolle bei der Transformation von Phosphorylierungspotenzial in elektrochemisches Potenzial spielen. Der gleiche Mechanismus kann an bestimmten Membranen, in umgekehrter Richtung ablaufend, zur **Synthese von ATP** dienen. Sowohl die innere Mitochondrienmembran als auch die Thylakoidmembran der Chloroplasten enthalten **ATP-Synthase-Komplexe** (F_0F_1- bzw. CF_0F_1-ATPasen; → S. 80), welche einen vektoriellen, elektrogenen Transport von H^+ durch die Membran katalysieren und die dabei freigesetzte Energie zur Phosphorylierung von ADP ausnützen können. Hierdurch wird das elektrochemische Potenzial eines Protonengradienten in Phosphorylierungspotenzial umgewandelt, ganz ähnlich wie in einem Wasserkraftwerk durch den Antrieb einer Turbine elektrische Energie erzeugt werden kann. ATP-Synthasen und ATP-getriebene Protonenpumpen katalysieren also im Prinzip dieselbe Reaktion, arbeiten jedoch in entgegengesetzter Richtung (mit dem, oder gegen das Potenzialgefälle der Protonen).

Der Aufbau des Protonengradienten an den energietransformierenden Membranen der Mitochondrien und Chloroplasten erfolgt durch **vektoriellen Elektronentransport**. In diesen Membranen laufen im Rahmen von Elektronentransportketten strukturgebundene Redoxreaktionen ab, welche mit einer Verlagerung von Elektronen, **Ladungstrennung**, quer zur Membran einhergehen (**dissimilatorischer** bzw. **photosynthetischer Elektronentransport**; → S. 221, 189). Die Ladungstrennung (elektrisches Potenzial) liefert die Energie für einen Protonentransport von der Innenseite auf die Außenseite der Membran. Ein gut untersuchtes Beispiel für eine elektronengetriebene Protonenpumpe ist die **Cytochromoxidase** der inneren Mitochondrienmembran. Dieses Enzym katalysiert als letztes Glied der Atmungskette auf der Innenseite der Membran die Reduktion von O_2 zu $2 H_2O$ (Cytochrom *c* als Elektronendonator), wobei gleichzeitig H^+ aus dem Matrixraum nach außen verlagert wird (→ Abbildung 9.7). In ähnlicher Weise arbeiten auch die Photosysteme der photosynthetischen Elektronentransportkette als elektronengetriebene Protonenpumpen (→ Abbildung 8.22).

Die Koppelung von Elektronentransport und ATP-Synthese durch Protonengradienten ist in Abbildung 4.11 schematisch dargestellt. Dieses Konzept der Energietransformation ist der wesentliche Inhalt der von Mitchell 1961 aufgestellten **chemiosmotischen Hypothese** zum Mechanismus der ATP-Synthese in Mitochondrien und Chloroplasten. Diese Hypothese konnte inzwischen experimentell weitgehend verifiziert werden und ist heute als allgemein gültige Theorie akzeptiert. Die freie Enthalpie des zwischen Elektronentransport und ATP-Synthese vermittelnden Protonengradienten lässt sich nach Gleichung 3.21 einfach als elektrochemisches Potenzial berechnen:

$$\Delta\mu_{H^+} = R\,T \ln \frac{a_{H^+}(\text{außen})}{a_{H^+}(\text{innen})} + F\,(E_{\text{außen}} - E_{\text{innen}}), \quad (4.11)$$

oder vereinfacht ($2{,}3\,R\,T\,F^{-1} = -0{,}059$ V bei 25 °C):

$$\Delta\mu_{H^+} = 0{,}059\,F\,\Delta pH + F\,\Delta E_M. \quad (4.12)$$

Daneben wird häufig auch das **Protonenpotenzial** (= *proton motive force, pmf*)

$$\Delta\mu_{H^+}/F = -0{,}059\,\Delta pH + \Delta E_M \ [V]$$

zur energetischen Charakterisierung eines Protonengradienten verwendet. Wenn z. B. an einer Thylakoidmembran pH(innen) = 8, pH(außen) = 5 und das Membranpotenzial $\Delta E_M = -150$ mV beträgt, so ergibt sich nach Gleichung 4.12: $\Delta\mu_{H^+} = -32$ kJ/mol H^+. Da die Phosphorylierung von ADP zu ATP unter Standardbedingungen 32 kJ · mol^{-1} erfordert (→ Tabelle 3.3), könnte also theoretisch 1 ATP synthetisiert werden, wenn 1 H^+ durch die ATP-Synthase fließt. Da jedoch im Chloroplasten keine Standardbedingungen herrschen, dürfte die Ausbeute eher bei 1 ATP/3 H^+ liegen. Auf jeden Fall macht diese Überlegung deutlich, dass die Koppelung zwischen Elektronentransport und ATP-Synthese nicht als starre, stöchiometrische Beziehung aufgefasst werden darf; die Energieausbeute des Übertragungssystems hängt vielmehr stark von den aktuellen Konzentrationen der beteiligten Komponenten ab.

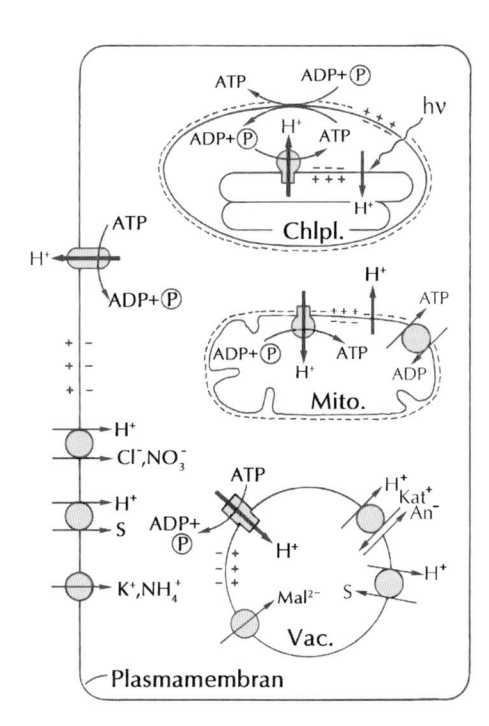

Abb. 4.11. Die Koppelung von ATP-Synthese und ATP-Hydrolyse an Protonentransportprozesse. Die an Elektronentransport gekoppelten **Protonenpumpen** in der Thylakoidmembran der Chloroplasten und in der inneren Mitochondrienmembran erzeugen elektrochemische Gradienten durch H^+-Transport aus dem Matrixraum der Organellen. Dies führt zu einer Ansäuerung des Thylakoidinnenraums bei Chloroplasten und des Außenraums (Grundplasma) bei Mitochondrien. Beim Rückstrom von H^+ durch vektoriell arbeitende **ATP-Synthasen** (F_0F_1-ATPasen) kann ATP im Matrixraum der Organellen gebildet werden. Dies ist der wesentliche Inhalt der **Mitchell-Hypothese**. ATP gelangt durch *shuttle*-Transport (Chloroplast; → Abbildung 8.27) oder über Antiport mit ADP (Mitochondrion; → Abbildung 9.9) ins Grundplasma. Die **ATPasen** in der **Plasmamembran** und im **Tonoplasten** (Vacuolenmembran) pumpen H^+ unter ATP-Verbrauch aus dem Grundplasma (primär aktiver Transport). Außerdem sind einige H^+-abhängige (sekundär aktive) und passive Transportprozesse eingetragen (S = Saccharose, Mal^{2-} = Malat^{2-}-Anion).

4.5 Stoffaufnahme in die Zelle

4.5.1 Ionenaufnahme

Die Zelle kann die Aufnahme und Abgabe von Ionen mit Hilfe der im letzten Abschnitt geschilderten Mechanismen in einem weiteren Umfang aktiv beeinflussen. Damit wird das Stoffwechselgeschehen weitgehend unabhängig vom chemischen Milieu der Umwelt. Für die Ionenaufnahme der typischen Pflanzenzelle müssen drei wesentliche Kompartimente berücksichtigt werden, welche durch geschlossene Membranen (Plasmamembran, Tonoplast) voneinander getrennt sind (→ S. 37):

1. Apparent freier Diffusionsraum der Zellwand,
2. Protoplasma,
3. Vacuole.

Die mehr oder minder vielfältige Untergliederung jedes dieser Großkompartimente kann hier unberücksichtigt bleiben. In Bezug auf den Stofftransport sind diese drei Kompartimente in Serie angeordnet. Die beteiligten Ionenflüsse kann man mit Hilfe der Isotopenaustauschkinetik sehr präzis und spezifisch messen (→ Exkurs 4.1). Aus der – im typischen Fall dreiphasigen – Kurve der Isotopenanreicherung im Medium lassen sich die Zeitkonstanten (bzw. Halbwertszeiten) für drei unterschiedlich schnelle, in Serie arbeitende Transportprozesse bestimmen, welche den drei oben angeführten Kompartimentgrenzen zugeordnet werden können. Die Halbwertszeiten für die Entleerung des apparent freien Diffusionsraumes der Zellwand ($\tau_{1/2}$ = Sekunden – Minuten), des Protoplasmas ($\tau_{1/2}$ = Minuten – Stunden) und der Vacuole ($\tau_{1/2}$ = Stunden – Tage) sind stark verschieden. Ähnliche Resultate erhält man auch bei der Messung der Beladungskinetik, welche in analoger Weise durchgeführt werden kann.

Für die Aufnahme eines Ions scheint es häufig mehrere Mechanismen in der Zelle zu geben, welche sich kinetisch unterscheiden lassen. Misst man die Ionenaufnahme über einen weiten Konzentrationsbereich, so erhält man manchmal komplexe Sättigungskurven mit mindestens zwei eindeutig verschiedenen Plateaus (Abbildung 4.12). Man muss daraus schließen, dass es mindestens zwei Aufnahmemechanismen (**System 1** und **System 2**) gibt. System 1 (v_{max} und K_m klein) arbeitet bereits bei sehr niedriger Ionenkonzentration (etwa ab 1 µmol · l^{-1} in Abbildung 4.12), hat also eine hohe Affinität für das Ion. System 2 (v_{max} und K_m groß) arbeitet nur bei hoher Konzentration (ab 1 mmol · l^{-1} in Abbildung 4.12), hat also eine geringe Affinität für das Ion. System 1 ist eine Funktion der Plasmamembran. Über die funktionellen Beziehungen zwischen System 1 und System 2 besteht noch keine Einigkeit. Folgende konkurrierende Hypothesen werden diskutiert:

▶ System 2 arbeitet neben System 1 in der Plasmamembran derselben Zellen.

> **EXKURS 4.1: Kompartimentanalyse durch Ionenauswaschkinetik**
>
> Die *pool*-Größen von transportablen Metaboliten oder Ionen in den verschiedenen Großkompartimenten von Zellen und Geweben und die einzelnen Flüsse an den Kompartimentgrenzen lassen sich sehr genau durch Messung einer **Auswaschkinetik** bestimmen. Als Beispiel ist in der Abbildung die komplexe Kinetik für die Auswaschung von K^+ aus isolierten Maiswurzeln (*Zea mays*) dargestellt. Die Wurzeln wurden zunächst in KCl-Lösung (0,2 mmol · l^{-1}) inkubiert, welche $^{86}Rb^+$ als radioaktiven Marker enthielt. (K^+ und Rb^+ können sich bezüglich der Aufnahme völlig ersetzen.) Nach dieser Aufladeperiode (Einstellung eines Fließgleichgewichts: Influx = Efflux) wurden die Wurzeln bei t = 0 in nichtmarkierte KCl-Außenlösung (0,2 mmol · l^{-1}, 3 °C) überführt und dort die Anreicherung von Radioaktivität verfolgt. Die drei Äste der Gesamtkinetik (a) lassen sich durch Serienschaltung von drei Effluxprozessen interpretieren: Vacuole $\xrightarrow{③}$ Protoplasma $\xrightarrow{②}$ apparent freier Diffusionsraum der Zellwand $\xrightarrow{①}$ Außenmedium. Durch Extrapolation des Astes ③ und Subtraktion von der Gesamtkinetik lässt sich die Kinetik der Äste ① + ② darstellen (b). Entsprechend erhält man die Kinetik des Astes ① (c). Die *pool*-Größen der drei Kompartimente für K^+ erhält man aus den extrapolierten Schnittpunkten mit der Ordinate. Aus der Größe des Zellwand-*pools* kann man außerdem das Volumen des apparent freien Diffusionsraumes berechnen (gleiche K^+-Konzentration!). Man erhält in der Regel Werte von 10–25 % des Gewebevolumens. (Nach Lüttge 1973; verändert)

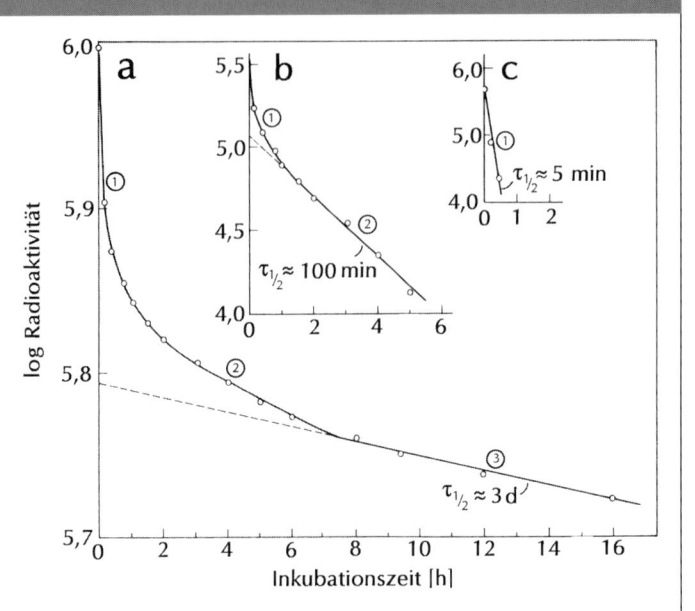

▶ In der Wurzel liegen zwei verschiedene Zelltypen vor, deren Plasmamembran jeweils eines der beiden Systeme enthält.

▶ Es gibt ein einziges Aufnahmesystem mit multiphasischen Eigenschaften, bei dem K_m und v_{max} beim Überschreiten diskreter Schwellenwertskonzentrationen regulatorisch verändert werden.

Die Konzentrationsabhängigkeit der Ionenaufnahme scheint allerdings nicht immer so kompliziert zu sein, wie in Abbildung 4.12 dargestellt. Beispielsweise lieferten Messungen der $K^+(Rb^+)$-Aufnahme in Maiswurzeln eine einfache Kurve ohne Diskontinuitäten (Abbildung 4.13). Aus dieser Abbildung geht auch hervor, dass man bei der Ionenaufnahme eine sättigbare (transportervermittelte) Komponente von einer nichtsättigbaren Komponente unterscheiden muss. Letztere repräsentiert offenbar eine nichtkatalysierte, linear mit der Konzentration ansteigende Permeation des Ions durch die Plasmamembran.

Die Tabelle 4.3 zeigt, dass die Ionenzusammensetzung der Vacuolenlösung stark von derjenigen des Außenmediums abweichen kann. Für die Entscheidung, ob ein bestimmtes Ion aktiv oder passiv in die Zelle transportiert wird, zieht man in der Regel das **Nernst-Kriterium** heran ($\rightarrow$ Tabelle 4.4)[4]. Entspricht das aus der gemessenen Konzentrationsverteilung eines Ions berechnete Nernst-Potenzial dem Membranpotenzial, so bedeutet dies eine passive Verteilung gemäß dem Gleichgewicht des elektrochemischen Potenzials ($\rightarrow$ S. 61). Eine Differenz zwischen ΔE_M und ΔE_N deutet auf aktiven Transport hin (wobei allerdings indirekt aktiv wirkende Mechanismen, z. B. Cotransport, nicht ausgeschlossen sind). Bei elektrophysiologischen Messungen an Algenzellen ($\rightarrow$ Abbildung 3.11) hat

---

[4] Man muss dabei allerdings berücksichtigen, dass diese Beziehung nur für den Gleichgewichtszustand streng gültig ist. Liegt ein ins Gewicht fallender Nettofluss vor, so muss die Ussing-Teorell-Beziehung herangezogen werden.

4.5 Stoffaufnahme in die Zelle

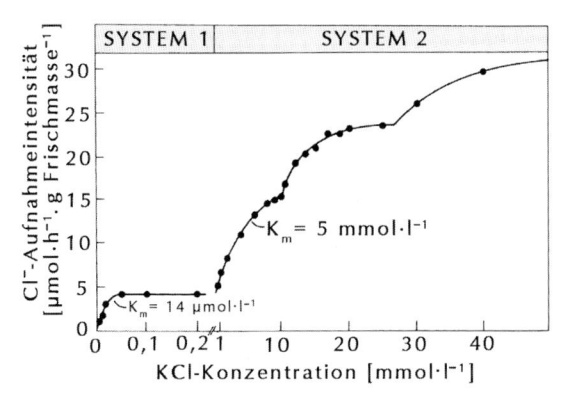

Abb. 4.12. Intensität der Cl⁻-Aufnahme als Funktion der KCl-Konzentration. Objekt: Isolierte Wurzeln der Gerste (*Hordeum vulgare*). Chloridverarmte Wurzeln wurden für 20 min bei 30 °C in KCl-Lösung inkubiert, welche ^{36}Cl⁻ als radioaktiven Marker enthielt. Aus der aufgenommenen Radioaktivität wurde die absolute Cl⁻-Aufnahme berechnet. Man beachte den unterschiedlichen Maßstab für System 1 und System 2 auf der Abzisse! Der diskontinuierliche Kurvenverlauf im Bereich des Systems 2 deutet darauf hin, dass es sich hierbei um drei verschiedene Aufnahmemechanismen mit abweichenden kinetischen Eigenschaften handelt. (Nach Elzam et al. 1964)

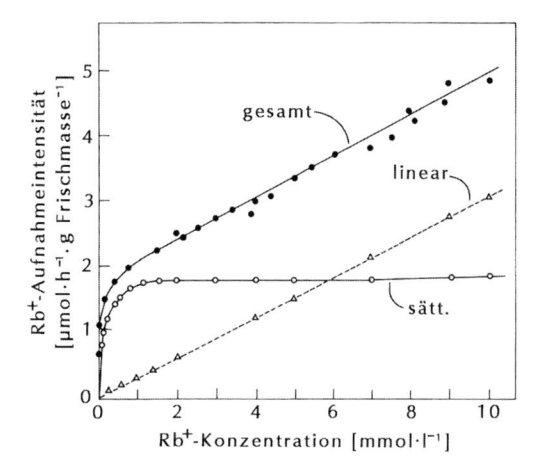

Abb. 4.13. Intensität der Rb⁺-Aufnahme als Funktion der RbCl-Konzentration. Objekt: Wurzelsegmente von Maiskeimlingen (*Zea mays*), die zuvor unter „Hochsalzbedingungen" (5 mmol · l⁻¹ KCl) gewachsen waren. Die Aufnahme wurde mit Hilfe von radioaktivem ^{86}Rb⁺ gemessen, das hier K⁺ vollwertig ersetzen kann. Die Daten repräsentieren daher die K⁺-Aufnahme der Wurzeln. Die gemessene Aufnahmekurve (*gesamt*) lässt sich rechnerisch in zwei Komponenten zerlegen: eine Sättigungskurve (*sätt.*) und eine Gerade (*linear*). Proteininaktivierende Hemmstoffe hemmen bevorzugt die sättigbare Komponente. Diese Daten lassen sich dahingehend interpretieren, dass die sättigbare Komponente auf einen K⁺-Transporter zurückgeht (K_m = 90 µmol · l⁻¹), während die lineare Komponente eine nichtkatalysierte Permeation von K⁺ (Rb⁺) durch die Plasmamembran repräsentiert. (Nach Kochian und Lucas 1982)

sich gezeigt, dass K⁺ meist passiv aufgenommen wird (Tabelle 4.4). Trotzdem sind die Zellen in der Lage, K⁺ **gegen** einen steilen Konzentrationsgradienten aufzunehmen (→ Tabelle 4.3). Die treibende Kraft dieser K⁺-Akkumulation ist das negative Membranpotenzial an der Plasmamembran (→ Tabelle 3.2). Die Tabelle 4.4 zeigt ferner, dass auch der K⁺-Transport durch den Tonoplasten im Allgemeinen passiv erfolgt.

Nach dem Nernst-Kriterium werden die Anionen Cl⁻, NO_3^-, $H_2PO_4^-$ und SO_4^{2-} aktiv in der Zelle akkumuliert. Ihre Aufnahme ist meist mit einer **Depolarisierung** der Plasmamembran verbunden, eine Indikatorreaktion für einen sekundär aktiven **Cotransport mit H⁺** (→ Exkurs 4.2). Wahrscheinlich gibt es für die Mehrzahl der Makronährelemente, die in Form von Anionen aufgenommen werden (→ S. 299), ebenso wie für die Exkretion von Anionen (→ S. 307) spezifische H⁺/Anion-Co-

transportmechanismen in der Plasmamembran. Dieser sekundär aktive Ionentransport schließt eine gleichzeitige, passive Permeation der Ionen nicht aus. Bis zu einem gewissen Grad sind Biomembranen für Ionen auch direkt permeabel (→ Abbildung 4.13). Man muss sich vorstellen, dass die Ionenpumpen beständig gegen einen passiven Gegenfluss arbeiten, wodurch die Möglichkeit für rasch regulierbare Fließgleichgewichte gegeben ist.

Die freie Enthalpie für die endergonische Ionenakkumulation wird durch die oxidative Dissimilation der Mitochondrien oder – in autotrophen Zellen – durch die Photosynthese bereitgestellt. Als

Tabelle 4.3. Die Ionenkonzentration im Vacuolensaft einer Grünalge (*Nitella clavata*) im Vergleich zum Außenmedium (weiches Süßwasser). (Nach Hoagland und Davis 1929)

	K⁺	Na⁺	Ca²⁺	Mg²⁺	Cl⁻	SO_4^{2-}	$H_2PO_4^-$	Summe
				Konzentration [mmol · l⁻¹]				
Außenmedium	0,51	1,2	2,6	6,0	1,0	1,34	0,008	12,7
Vacuolensaft	49,3	49,9	26,0	21,6	101,1	26,0	1,7	275,6

Tabelle 4.4. Nernst-Potenzial (ΔE_N, aus gemessenen Konzentrationen berechnet) für K^+ und Membranpotenzial (ΔE_M, elektrophysiologisch gemessen) an der Plasmamembran (Außenmedium/Protoplasma) und am Tonoplasten (Protoplasma/Vacuole) einiger coenoblastischer Algenzellen. Aus einer Übereinstimmung von ΔE_N und ΔE_M kann man schließen, das K^+ passiv durch die beiden Grenzmembranen transportiert wird. (Nach Higinbotham 1973)

	Plasmamembran		Tonoplast	
	ΔE_N	ΔE_M [mV]	ΔE_N	ΔE_M
Nitella flexilis	−179	−170	+11	+15
Nitella translucens	−171	−140	+12	+18
Chara corallina	−178	−173	+22	+18
Valonia ventricosa	−92	−71	−9	+88

biochemisches Bindeglied dient wahrscheinlich ausschließlich das Adenylatsystem. Die chemische Energie des ATP wird durch Protonenpumpen in elektrochemische Gradienten umgesetzt und steht in dieser Form als universelle Energiequelle für den Transport von Ionen und Anelektrolyten zur Verfügung. Bei Pflanzen ist der elektrogene H^+-Transport durch ATP-abhängige Protonenpumpen (neben dem elektronentransportabhängigen H^+-Transport) der bei weitem wichtigste primär aktive Transportprozess. Lediglich für Ca^{2+} und Cl^- gibt es bisher bei Pflanzen ebenfalls Hinweise für diese Form des Transports.

Die Koppelung des aktiven Transports an den Energiestoffwechsel lässt sich einfach nachweisen. Bringt man Zellen aus reinem Wasser in eine anorganische Nährlösung, so steigt ihre Atmungsintensität stark an (Abbildung 4.14). Diese „Salzatmung" steht häufig in einem linearen Zusammenhang mit der Ionenaufnahme.

Bei Algen findet man häufig eine starke Abhängigkeit der Ionenaufnahme vom **Licht**. Im Wirkungsspektrum dieses Effekts erweist sich Chlorophyll als das verantwortliche Photoreceptormolekül (→ Abbildung 8.12). Für mehrere Pumpen konnte man zeigen, dass sie allein vom Photosystem I der Photosynthese mit ATP versorgt werden können (cyclische Photophosphorylierung; → S. 193).

Auch die Zellen grüner Blätter verbrauchen im Licht photosynthetisch gebildetes ATP für die Ionenaufnahme. Die Lichtabhängigkeit von Ionenpumpen lässt sich besonders eindrucksvoll bei der Salzexkretion durch Drüsenzellen demonstrieren (→ Exkurs 4.3).

4.5.2 Aufnahme von Anelektrolyten

Im allgemeinen können auch die autotrophen pflanzlichen Zellen organische Moleküle (Zucker, Aminosäuren u.a.) gut aufnehmen und akkumulieren. Die Erfüllung der Kriterien für den aktiven

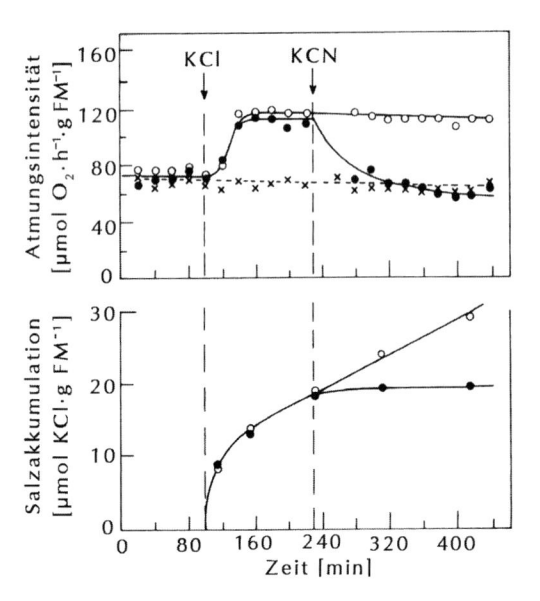

Abb. 4.14. Induktion der Sauerstoffaufnahme durch Ionenaufnahme („Salzatmung"). Objekt: Xylemparenchymscheiben von Karottenwurzeln (*Daucus carota*, 25 °C). Das isolierte Gewebe wurde zunächst für 115 h in Wasser inkubiert, um die Wundatmung abklingen zu lassen. x---x, Wasserkontrolle; ○—○, Zugabe von 10 mmol · l^{-1} KCl nach 100 min; ●—●, Zugabe von 10 mmol · l^{-1} KCl nach 100 min und von 1 mmol · l^{-1} KCN nach weiteren 130 min. Man erkennt, dass das Atmungsgift CN^- (→ Abbildung 9.7) die über die „Grundatmung" hinaus induzierte „Salzatmung" und gleichzeitig die Ionenaufnahme hemmt. Die Messwerte sind auf g Frischmasse (*FM*) bezogen. (Nach Robertson und Turner 1945)

EXKURS 4.2: Einfluss der Nitrataufnahme auf das Membranpotenzial

Für Experimente zur Untersuchung der Ionenaufnahme in die Pflanzen verwendet man häufig Wasserpflanzen, welche unter natürlichen Bedingungen in einer geeigneten Nährlösung inkubiert werden können. Ein solches Untersuchungsobjekt ist z. B. die Wasserlinse (*Lemna*), deren einfacher, scheibenförmiger Spross auf der Wasseroberfläche schwimmt und über die untergetauchte Wurzel mit dem Medium in Kontakt steht. Die Abbildung A zeigt Experimente, welche die Veränderung des Membranpotenzials bei der Induktion der Nitrataufnahme im Dunkeln und im Licht illustrieren. Das Membranpotenzial (Zahlen an den Kurven, mV) subepidermaler Zellen wurden mit einer Mikroeinstichelektrode gemessen (→ Abbildung 3.11). *Obere Kurve*: Nach Kultur auf einem N-freien Medium wurde die NO_3^--Aufnahme durch Zugabe von 2 mmol · l^{-1} KNO_3 ausgelöst (+ NO_3^-). Im Dunkeln führt NO_3^- zunächst zu einer starken Verminderung des (negativen) Membranpotenzials, **Depolarisierung**, die nach wenigen Minuten teilweise rückgängig gemacht wird. Eine spätere Unterbrechung der NO_3^--Aufnahme (– NO_3^-) löst eine **Hyperpolarisierung** aus. Diese Kinetik lässt sich mit einem NO_3^-/H$^+$-Cotransport erklären, bei dem NO_3^- mit mehr als einem H$^+$ durch die Plasmamembran nach innen wandert und daher die negative Nettoladung in der Zelle reduziert. Bereits 1–2 min später führt eine regulatorische Aktivierung der Plasmamembran-Protonenpumpe zu einer verstärkten H$^+$-Sekretion und damit zu einer teilweisen Repolarisierung. *Untere Kurve*: Im Licht beobachtet man unter den gleichen Bedingungen sehr viel schwächere Potenzialausschläge. Dies kann man damit erklären, dass hier die Protonenpumpe aufgrund des erhöhten ATP-Angebots von vornherein mit höherer Aktivität arbeitet.

Die durch NO_3^- im Dunkeln induzierte Depolarisierung zeigt eine direkte Abhängigkeit von der KNO_3-Konzentration im Medium (Abbildung B).

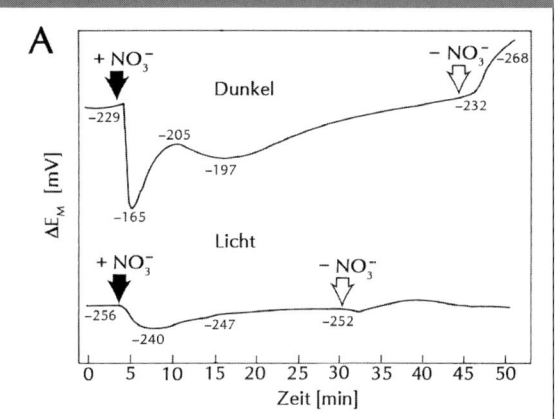

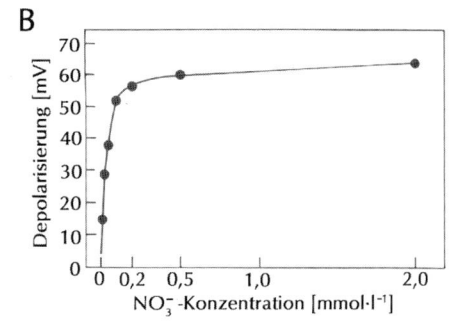

Die hyperbolische Substratsättigungskurve liefert einen K_m-Wert von etwa 0,1 mmol · l^{-1}. Die Anwesenheit von K$^+$ hatte keinen Einfluss auf die Daten.

Ähnliche Änderungen des Membranpotenzials werden z. B. auch bei der Aufnahme von $H_2PO_4^-$ oder von Zuckern beobachtet. Sie können bei Anionen und Anelektrolyten als operationales Kriterium für das Vorliegen eines elektrogenen Cotransports mit H$^+$ dienen. Bei Kationen (z. B. K$^+$, NH_4^+) ist der einfache Uniport mit einer ähnlichen Depolarisierung der Plasmamembran verbunden (→ Abbildung 4.11). (Nach Ullrich und Novacky 1981)

Transport (→ S. 82) und die häufig beobachtbare Stereospezifität der Aufnahme belegen auch hier die Beteiligung von Transportproteinen. Sowohl für Zucker als auch für Aminosäuren ist ein indirekt aktiver Transport (Symport mit H$^+$) durch spezifische Transporter experimentell gut belegt. Viele apolare Stoffe können jedoch auch ohne Vermittlung eines speziellen Transporters durch die Plasmamembran permeieren.

4.5.3 Akkumulation von Metaboliten und anorganischen Ionen in der Vacuole

Der von der Tonoplastenmembran gegen das Cytoplasma abgegrenzte Zellsaft enthält meist hohe Konzentrationen an Zuckern (z. B. Glucose, Saccharose), organischen Anionen (z. B. Malat, Citrat, Oxalat), Aminosäuren (z. B. Arginin, Glutamin-

EXKURS 4.3: Der Einfluss von Licht auf das Membranpotenzial salzakkumulierender Drüsenzellen

Die Lichtabhängigkeit von Ionenpumpen lässt sich besonders eindrucksvoll bei der Salzakkumulation in Drüsenzellen demonstrieren. Salzdrüsen als Emergenzen der Blattepidermis kommen z. B. bei vielen Halophyten vor und dienen zur aktiven Ausscheidung von NaCl aus dem Symplasten des Blattes. Die als „Salzhaare" ausgebildeten Salzdrüsen einiger halophytischer *Atriplex*-Arten besitzen eine apikale Blasenzelle mit einer großen Vacuole, in die Cl^- (+ Na^+) aus dem Mesophyll gegen einen hohen elektrochemischen Potenzialgradienten transportiert werden kann.

Dieser Prozess wurde bei *Atriplex spongiosa* genau untersucht. Bei Anzucht auf 250 mmol · l^{-1} NaCl kann die Salzkonzentration in den Blasenzellen bis 2 mol · l^{-1} ansteigen. Abbildung A zeigt schematisch den Transportweg von NaCl aus einer Mesophyllzelle in eine Blasenzelle, wobei vier kritische Stellen (Membranen) durch Pfeile markiert sind:

Übergang vom Apoplast in den Symplast (*a*), Überführung in die Vacuole der Epidermiszelle (*b*), Überführung von der Stielzelle in die Blasenzelle durch Stränge des ER, welche dort Vesikel abschnüren (*c*), Vereinigung der Vesikel mit dem Tonoplast der Blasenzelle (*d*). Es ist noch unklar, wo genau die für den aktiven Salztransport verantwortliche Ionenpumpe lokalisiert ist.

Die Akkumulation von NaCl in der Blasenzelle lässt sich mit Hilfe von radioaktiv markiertem Cl^- messen. Für das in Abbildung B dargestellte Experiment wurden Blattstreifen im Licht bzw. Dunkeln in KCl-Lösung (5 mmol · l^{-1}, mit $^{36}Cl^-$ markiert) inkubiert und die Anreicherung der Radioaktivität in den Salzhaaren gemessen. Die steigernde Wirkung des Lichts kann durch Photosynthesehemmer blockiert werden, ein Beleg dafür, dass die Energie für den Transport von Cl^- von den Chloroplasten der Mesophyllzellen bereit gestellt wird.

Die Abbildung C illustriert den Einfluss des Lichts auf die mit dem Salztransport einhergehenden Membranpotenzialänderungen, zusammen mit einer Skizze der Versuchsanordnung (*B*, Blasenzelle; *S*, Stielzelle; *Ep*, Epidermis; *Me*, Mesophyll; E_1, Meßelektrode; E_2, Bezugselektrode im Kontakt mit der Außenlösung, auf der das Blatt schwimmt). Wird das Blatt vom Licht ins Dunkle (*D*) gebracht, so fällt das Membranpotenzial auf weniger negative Werte ab (Depolarisierung), ein Zeichen dafür, dass der Import von Anionen (Cl^-) in die Blasenzelle reduziert wird. Beim Wiedereinschalten des Lichts (*L*) steigt das Potenzial wieder auf seinen ursprünglichen Wert an. Die Daten zeigen, dass der Einstrom von Cl^- in die Blasenzelle ein energiebedürftiger, d.h. aktiver Prozess ist und dass der passive Nachstrom von Kationen (Na^+) nicht ausreicht, um den aktiven Cl^--Einstrom elektrisch zu neutralisieren. (Nach Osmond et al. 1969)

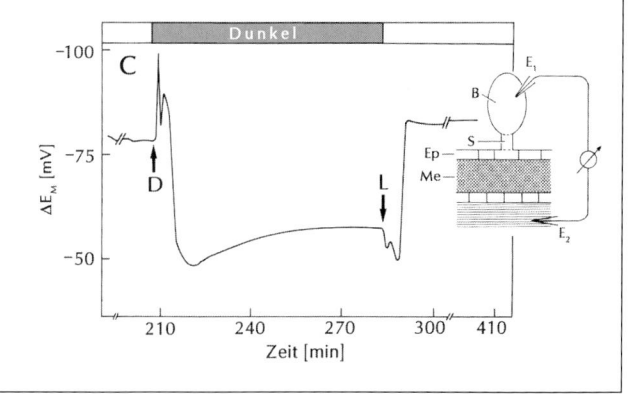

säure, Glutamin, Serin) und anorganischen Ionen (z. B. K^+, NO_3^-, Cl^-). Die Akkumulation dieser Stoffe in der Vacuole dient einerseits zur vorübergehenden Speicherung von Nährstoffen, andererseits zur Erzeugung eines hohen osmotischen Drucks für die Aufrechterhaltung des Turgors ($\to$ S. 55). Studien an intakt isolierten Vacuolen zeigen, dass der Tonoplast über einwärts gerichtete Protonenpumpen und H^+-abhängige Transportkatalysatoren verfügt ($\to$ Abbildung 4.11). Für die Akkumulation von **Saccharose** in den Vacuolen der zuckerspeichernden Zellen der Zuckerrübe (*Beta vulgaris* ssp. altissima) wird beispielsweise ein Saccharose/H^+-Antiporter verantwortlich gemacht, der das von der Protonenpumpe aufgebaute Protonenpotenzial ausnützt, um Saccharose im Austausch gegen H^+ in die Vacuole zu transportieren. Daneben gibt es ein Aufnahmesystem für Glucose, aus der anschließend Saccharose synthetisiert wird. Mit diesen Transportsystemen können die Vacuolen dieser Zellen bis zu $0{,}6 \text{ mol} \cdot l^{-1}$ Saccharose akkumulieren. Succulente Pflanzen speichern in ihren Vacuolen nachts mit Hilfe eines H^+-abhängigen Dicarboxylattransporters aktiv große Mengen **Malat** (bis 0,2 mol $\cdot$ l^{-1}), welches bei Tag wieder passiv ins Cytoplasma zurückfließt und CO_2 für die Photosynthese liefert (diurnaler Säurerhythmus; $\to$ S. 291). Die (Zwischen-)Speicherung anorganischer Ionen (z. B. von K^+, NO_3^-, Cl^-) in der Vacuole wird auf ähnliche Weise bewerkstelligt.

4.6 Prinzipien der metabolischen Regulation

4.6.1 Ebenen der Regulation

Der lebende Zustand der Zelle ist durch typische Systemeigenschaften wie **Fließgleichgewicht, Homöostasis**[5] und **Entwicklung** ausgezeichnet, welche eine hochgradige Ordnung des metabolischen Geschehens in Raum und Zeit unabdingbar machen. Diese Ordnung muss durch ein kompliziertes Netzwerk integrierter Kontrollmechanismen beständig überwacht und gesteuert werden. Nur durch eine rigorose Regulation aller metabolischen *pools* und aller Umsatz- und Transportintensitäten kann die Zelle als quasi-stabiles System existieren und als solches auf Änderungen der Umwelt angemessen reagieren. Einige essenzielle Voraussetzungen für die Regulierbarkeit des Zellmetabolismus, z. B. die dynamische Kompartimentierung und die Existenz von Fließgleichgewichten, haben wir bereits in früheren Abschnitten kennengelernt ($\to$ S. 76, 49). Es können hier nur die wichtigsten Elemente des metabolischen Kontrollsystems kurz behandelt werden.

Die zentralen Angriffspunkte der metabolischen Regulation sind die Träger katalytischer Aktivität, **Enzyme** und **Transportkatalysatoren**. Da die prinzipiellen Mechanismen bei beiden recht ähnlich sind, können wir uns hier auf die Enzyme beschränken. Die Aktivität eines Enzyms kann in der Zelle auf zweierlei Weise reguliert werden (Abb. 4.15):
1. Durch Veränderung der **Enzymkonzentration**,
2. durch Veränderung des **Aktivitätszustandes** (Modulation) der vorhandenen Enzymmoleküle.

Die beiden Typen der Regulation werden zu unterschiedlichen Zwecken eingesetzt. Die Erhöhung oder Erniedrigung der Enzymkonzentration ist ein relativ aufwendiger und zeitbedürftiger Prozess (Stunden); er dient der längerfristigen, „strategischen" Regulation, insbesondere bei der Genexpression im Rahmen der Zellentwicklung ($\to$ S. 34). Der Aktivitätszustand eines Enzyms kann demgegenüber sehr viel schneller (Sekunden) moduliert werden. Dieses Prinzip wird daher vor allem

---

[5] Unter **Homöostasis** versteht man die Gesamtheit der endogenen Regelvorgänge, die im Organismus (bzw. in der Zelle) ein stabiles Milieu gewährleisten.

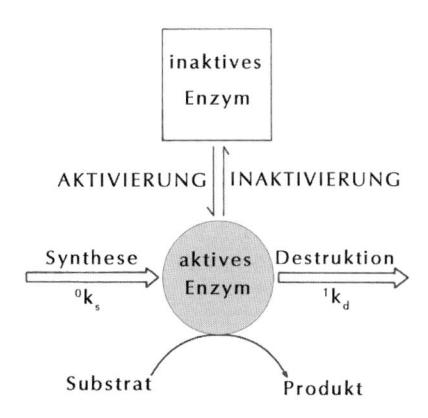

Abb. 4.15. Die prinzipiellen Angriffsstellen für die Regulation des aktiven Enzym-*pools* in der Zelle: **Synthese, Destruktion** und **Modulation des Aktivitätszustandes.**

für „taktische" Regulationsaufgaben eingesetzt. In der Regel beschränkt sich die Steuerung auf einzelne, an strategisch günstiger Stelle (z. B. nach einer Verzweigungsstelle) eingegliederte **Regulatorenzyme** („Schlüsselenzyme"), welche als Schrittmacher den metabolischen Strom durch einen Stoffwechselabschnitt determinieren.

4.6.2 Regulation des Enzymgehalts

Die *de-novo*-Synthese eines Enzyms kann auf zwei Ebenen reguliert werden: 1. bei der **Transkription** der mRNA bzw. deren Abbau, und 2. bei der **Translation** der mRNA in Enzymprotein. In der Regel geht man davon aus, dass die Bereitstellung der mRNA der regulierte Teilschritt der Genexpression ist. Eine umfassende Beschreibung der Regulationsprozesse ist jedoch erst möglich, wenn auch die weiteren beteiligten Faktoren bekannt sind, z. B. die Lebensdauer der mRNA.

Als Folge der differenziellen Genexpression verfügt jede Zelle über ein spezifisches, räumliches und zeitliches Enzymmuster. Die einzelnen Enzyme sind in der Regel nicht stabil, sondern befinden sich in einem beständigen *turnover*. Im Gegensatz zu den Mikroorganismen, welche Enzyme durch rasches Teilungswachstum innerhalb weniger Generationen stark verdünnen können, mussten die höheren Organismen spezifische Abbaumechanismen für Enzyme entwickeln, um steuerbare Fließgleichgewichte zu ermöglichen. Die Änderung der Konzentration c_E eines Enzym-*pools* mit der Zeit als Funktion von Synthese und Destruktion kann folgendermaßen formuliert werden:

$$\frac{dc_E}{dt} = {}^0k_S - {}^1k_d c_E, \quad (4.13)$$

wobei ^0k_S = Intensität (= Reaktionskonstante) der Enzymsynthese (Reaktion 0. Ordnung), $^1k_d c_E$ = Intensität der Enzymdestruktion (Reaktion 1. Ordnung).

Im Fließgleichgewicht ist $dc_E/dt = 0$, und daher

$$^0k_S = {}^1k_d c_E. \quad (4.14)$$

Man kann aus dieser Formulierung ablesen, dass – unabhängig davon, welche Zahlenwerte ^0k_S und ^1k_d annehmen – stets ein Gleichgewicht zwischen Synthese und Destruktion angestrebt wird. Die Lage dieses Fließgleichgewichts (d. h. die Größe des stationären Enzym-*pools*) hängt nicht von den Anfangsbedingungen, sondern nur vom Verhältnis der beiden Konstanten ab. Der Enzympegel ist daher z. B. durch eine Variation der Syntheseintensität leicht regulierbar: Bei einer Erhöhung (Erniedrigung) von k_S wird c_E auf ein entsprechend höheres (niedrigeres), wiederum **stationäres Niveau** eingestellt. Die Dauer der Umstellung und damit die Trägheit (Hysteresis) des Systems hängt von ^1k_d ab. Die **Lebensdauer** eines Enzyms im *turnover* kann durch die **Halbwertszeit** $\tau_{1/2}$ charakterisiert werden. Zwischen $\tau_{1/2}$ und ^1k_d besteht ein einfacher Zusammenhang:

$$\tau_{1/2} = \frac{\ln 2}{^1k_d}. \quad (4.15)$$

Obwohl nach Gleichung 4.14 die stationäre Konzentration eines Enzym-*pools* theoretisch auch über eine Änderung von ^1k_d reguliert werden kann, hat man in den meisten Fällen gefunden, dass Umsteuerungen über eine Veränderung von ^0k_S erfolgen (→ Exkurs 4.4). Als Auslöser der induzierten Enzymsynthese tritt eine Vielzahl von Metaboliten und Regulatormolekülen auf, welche direkt oder indirekt auf der Ebene der Transkription wirken. Beispielsweise findet man häufig, dass Substrate die Enzyme für ihre Weiterverarbeitung induzieren. So induziert z. B. NO_3^- die Nitratreductase; NH_4^+ reprimiert die Synthese des Enzyms. Bei fakultativ heterotrophen Algen induziert Glucose die Enzyme des Kohlenhydratkatabolismus und reprimiert die Enzyme des autotrophen Stoffwechsels. Acetat induziert in diesen Zellen die Glyoxylatcyclusenzyme (→ Abbildung 9.19). Bei der Grünalge *Chlorella* induziert Glucose die Bildung eines Hexosetransporters in der Plasmamembran. Beispiele für hormon- und phytochrominduzierte Enzymsynthesen werden auf S. 421 und S. 462 behandelt. Die hier erwähnten Auslöser der adaptiven Enzymsynthese können nur im operationalen Sinn als „Effektoren" bezeichnet werden, da sie, zumindest in vielen Fällen, nur indirekt auf die Enzymsynthese Einfluss nehmen.

Die **Lebensdauer** von Enzymen kann in ein- und derselben Zelle zwischen wenigen Stunden und vielen Tagen liegen. Dies führt zu der allgemeinen Frage, wie der proteolytische Abbau von Enzymen in der Zelle **spezifisch** reguliert werden kann. Die Erforschung dieser Frage hat zur Aufklärung eines hochkomplizierten, präzis gesteuerten Systems zur Proteindegradation geführt, das man in zwei Abschnitte gliedern kann:

EXKURS 4.4: Ein experimentelles Beispiel zum Zusammenwirken von Synthese und Destruktion bei der Regulation des Enzymgehalts

Das Enzym **Phenylalaninammoniaklyase** (PAL) setzt die Aminosäure Phenylalanin in *trans*-Zimtsäure um und ist damit ein Schlüsselenzym des Phenylpropanstoffwechsels (→ Abbildung 16.5). In vielen Pflanzen reguliert Licht den Gehalt an PAL. Die Wirkungsweise des Lichts konnte mit Experimenten an Senfkeimlingen (*Sinapis alba*) genauer analysiert werden. Als Auslöser der *de-novo*-Synthese dient hier das Phytochrom; daher kann ein Anstieg der Enzymaktivität in den Kotyledonen durch dunkelrotes Dauerlicht induziert werden (→ S. 456). Im Dunkeln hört die Induktion rasch auf. Die Abbildung zeigt die Kinetik dieses Anstiegs auf einer logarithmischen Skala. Die gemessene Enzymaktivität repräsentiert die Menge an Enzymmolekülen. Nach dem Abschalten des Lichts erfolgt ein rascher Abfall der PAL-Aktivität mit einer konstanten Steigung bei logarithmisch geteilter Skala, d. h. exponentiell (Reaktion 1. Ordnung). Aus der Steigung lässt sich die Halbwertszeit ($\tau_{1/2}$) der Enzymdestruktion berechnen (→ Gleichung 4.15).

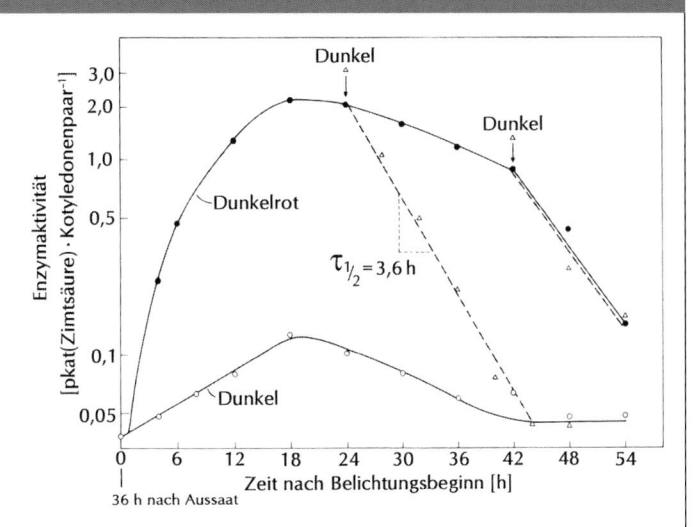

Im Bereich von 18–30 h ist $^0k_s \approx {^1k_d} c_E$. Nach 42 h ist die Synthese im Licht erloschen. Diese Daten zeigen, dass Licht (Phytochrom) den PAL-Gehalt der Kotyledonen durch eine Induktion der Enzymsynthese auf dem Hintergrund eines konstanten, exponentiellen Abbauprozesses reguliert (→ Gleichung 4.13). (Nach Tong 1975)

1. Markierung des Substratproteins mit **Ubiquitin** (UQ). Dies ist ein Polypeptid aus 76 Aminosäuren (8,5 kDa), das in einer ATP-abhängigen Reaktion am **SCF-Komplex** unter Beteiligung von mindestens drei Enzymen covalent an das abzubauende Proteinmolekül geknüpft wird (→ Abbildung 18.27). Dieses wird durch ein austauschbares **F-Box-Protein** im SCF-Komplex erkannt. Der UQ-Rest wird durch weitere Verknüpfung zur Poly-UQ-Kette verlängert. (Einfach ubiquitinierte Proteine werden in die Vacuole überführt und dort abgebaut.)
2. Einführung des mit mindestens 4 UQ-Resten markierten Substratproteins in den **26S-Proteasomkomplex.** Dies ist ein riesiges, tonnenförmiges Aggregat (2 MDa) mit 4 aufeinander liegenden 7gliedrigen Ringen im Zentrum, die im Inneren als multikatalytische **Proteinase** arbeiten. Das Substratprotein wird dort sukzessive in kurze Peptide zerlegt, die durch cytosolische Peptidasen weiter zu Aminosäuren abgebaut werden. Das UQ wird unverändert freigesetzt und kann wieder in den Abbaucyclus zurückkehren. Der Komplex wurde sowohl im Cytosol als auch im Zellkern nachgewiesen.

Weshalb sind in der selben Zelle manche Proteine sehr stabil, während andere schnell abgebaut werden? Weshalb werden Proteine nur in ganz bestimmten Stadien des Zellcyclus abgebaut? Mit anderen Worten: Wie wird die **Spezifität** und **zeitliche Ordnung** beim Proteinabbau erreicht? Auf diese Fragen gibt es keine einfache, einheitliche Antwort. In manchen Fällen sind posttranslationale Modifikationen (Phosphorylierung, Oxidation, Konformationsänderung) eine Voraussetzung für die Markierung mit UQ. In anderen Fällen entscheidet die Bindung an weitere Liganden über diesen Schritt.

Der ubiquitingesteuerte Proteinabbauweg ist von zentraler Bedeutung für die entwicklungsabhängige Einstellung einzelner zellulärer Proteinpegel. Dies wird z. B. wichtig, wenn während der Zellteilung Zellcyclus-regulierende Proteine zum „richtigen" Zeitpunkt entfernt werden müssen (→ S. 32). Auch bei der Eliminierung von Transkriptionsfaktoren oder anderen regulatorischen Proteinen ist dieser Mechanismus maßgeblich beteiligt.

4.6.3 Regulation des Aktivitätszustands bei konstantem Enzymgehalt

Wenn eine inaktive präformierte Enzymform durch einen irreversiblen Prozess (z. B. durch partielle Proteolyse) in das aktive Enzym überführt wird, spricht man von einer **Proenzym → Enzym-Konversion**. Manche Enzyme werden auch durch covalente Bindung von niedermolekularen Substanzen oder Öffnung intramolekularer Disulfidbrücken in ihrer katalytischen Aktivität modifiziert. Wenn diese Modifikationen wiederum enzymkatalysiert sind, ergibt sich die Möglichkeit, in einer **Enzymkaskade** mehrerer solcher Elemente eine stufenweise Verstärkung eines Eingangssignals zu erzeugen (analog den Vorgängen in einem Photomultiplier). Derartige Regelsysteme hat man neuerdings bei einer großen Zahl von Enzymen und Nichtenzymproteinen gefunden: Spezifische **Proteinkinasen** übertragen einen Phosphatrest von ATP (oder GTP, ADP) auf bestimmte Aminosäurereste eines Proteins, wodurch dessen Aktivität entweder gesteigert oder vermindert wird. Nach ihrer Substratspezifität unterscheidet man drei Klassen:

Serin/Threonin-Kinasen,
Tyrosin-Kinasen,
Histidin-Kinasen.

Proteinphosphatasen können die Phosphorylierung der Zielproteine wieder rückgängig machen. In vielen Fällen hat sich herausgestellt, dass die Aktivität der Proteinkinasen und -phosphatasen ihrerseits unter der Kontrolle anderer Steuerfaktoren steht (z. B. Licht, Hormone). Beide Enzymtypen liegen als umfangreiche Enzymfamilien vor, ein Anzeichen für die große Zahl von Zielenzymen, die durch Proteinphosphorylierung reguliert werden können.

Zusätzlich zur covalenten Proteinmodifikation spielt die Modulation der Enzymaktivität durch nicht-covalent gebundene Liganden eine große Rolle. Neben allgemeinen Mileufaktoren, wie pH, Redoxpotenzial und Ionenstärke treten besonders Kationen als Aktivitätsmodulatoren bei bestimmten Enzymen auf (→ S. 302). Spezifischer können kompetitive (isosterische) Inhibitoren wirken, welche das Substrat vom aktiven Zentrum des Enzyms verdrängen und dadurch zu einer Erhöhung der apparenten Michaelis-Konstante führen. Nichtkompetitiv wirken die **allosterischen Modulatoren**, welche entweder v_{max} oder K_m modifizieren. Die sigmoiden Substratsättigungskurven (→ Abbildung 4.4) mancher allosterisch regulierter Enzyme erweisen sich in diesem Zusammenhang regeltechnisch als sehr vorteilhaft. Durch eine kleine Konzentrationsänderung des allosterischen Effektors im richtigen Bereich kann eine starke Änderung der Enzymaktivität bewirkt werden. Allosterische Enzyme funktionieren also im Prinzip wie einen Elektronenröhre, wobei die Gitterspannung der Konzentration des allosterischen Effektors analog ist. Bei einem Enzym mit normaler, hyperbolischer Sättigungskurve muss sich die Effektorkonzentration um einen Faktor von 80 ändern, damit die Reaktionsgeschwindigkeit von 10 % auf 90 % des maximalen Wertes steigt. Bei Enzymen mit sigmoider Sättigungskurve wird dieser Regelbereich bereits bei 3- bis 6facher Konzentrationsänderung eines Effektors erreicht. Schwellenwertsmechanismen sind extreme Spezialfälle allosterischer Regulation.

Als isosterische bzw. allosterische Modulatoren (Effektoren) kommen eine große Zahl von Metaboliten in Frage. Eine dominierende Rolle spielen dabei die Glieder des Adenylatsystems (ATP, ADP, AMP, Phosphat) und die wasserstoffübertragenden Cosubstrate [$NAD(P)^+$, $NAD(P)H$], was mit der Regulation des Energiestoffwechsels (Vermeidung von Konflikten zwischen katabolischen und anabolischen Sequenzen) zusammenhängt.

In machen Fällen hat man zweistufige Regulationssysteme gefunden, bei denen covalente Proteinmodifikation und Aktivitätsmodulation durch Liganden synergistisch zusammenwirken. Hierbei wird das Zielenzym z. B. durch Reduktion einer Disulfidbrücke (1. Stufe) in eine Form gebracht, die eine erhöhte Empfindlichkeit für die Aktivierung durch einen Liganden (2. Stufe) aufweist. Auf diese Weise ist eine hierarchische Regulation der Enzymaktivität durch zwei verschiedene Steuerfaktoren möglich. Ein Beispiel hierfür wird in Abbildung 8.30 behandelt.

4.6.4 Intrazelluläre und interzelluläre Signaltransduktion

Pflanzenzellen sind in der Lage, eine Vielzahl von Umweltreizen („Signale") aufzunehmen und angemessen darauf zu reagieren. Diese Fähigkeit setzt Mechanismen zur **Signalperception** und **Signalleitung** zu zentralen Zellfunktionen, etwa zur Genexpression, voraus. So wird z. B. der Umweltfaktor Licht über bestimmte Photoreceptoren aufgenommen und in zelluläre Signale übersetzt, welche die Umstellung der Entwicklung vom Leben im Dunkeln zum Leben im Licht bewirken (→ S. 446).

Bereits Bakterien verfügen in ihrer Plasmamembran über Signalperceptionsmechanismen, mit denen sie nicht nur Licht, sondern z. B. auch Änderungen der osmotischen Konzentration oder des Nährstoffgehalts im Medium registrieren, und zur Steuerung ihrer Schwimmbewegung einsetzen können (→ S. 550). Neuerdings hat man homologe Sensorsysteme auch in Pflanzen gefunden, wo sie, in modifizierter Form, für die Perception von Hormonsignalen an der Plasmamembran Verwendung finden. Es handelt sich hierbei um sogenannte **Zweikomponentensysteme** mit einem modularen Aufbau aus mindestens zwei Elementen, einer **Sensor-Histidinkinase** mit einer variablen **Sensordomäne** und einem **Regulator** (*response regulator*) mit einer variablen **Signalabgabedomäne** (Abbildung 4.16). Bestimmte extraprotoplasmatische Liganden (chemische Signale) werden spezifisch an die von außen zugängliche Sensordomäne gebunden und dies aktiviert die nachfolgende, konservierte Kinasedomäne der Histidinkinase durch **Autophosphorylierung** eines bestimmten Histidinrests unter Verbrauch von ATP. Es handelt sich also um eine Proteinkinase, die sich selbst phosphorylieren kann. Der Phosphatrest wird anschließend auf einen bestimmten Aspartatrest des ebenfalls konservierten Regulatorproteins übertragen. (Als „konserviert" bezeichnet man in diesem Zusammenhang Proteinsequenzen, die während der Evolution wenig verändert wurden und daher eine hohe Ähnlichkeit bei verschiedenen Organismen aufweisen.) Im Bereich der Sensordomäne zeigen verschiedene Kinasen keine Ähnlichkeit; dort ist die jeweilige Spezifität für die Ligandenbindung festgelegt.

Bei bakteriellen Zweikomponentensystemen ist der Regulator im einfachsten Fall ein separates Protein, dessen Signalabgabedomäne DNA-bindende Aktivität besitzt und die Transkription bestimmter Zielgene reguliert (→ Abbildung 4.16a). Daneben gibt es kompliziertere Systeme, bei denen weitere Module in die Signalübertragung eingeschaltet sind. Abbildung 4.16b zeigt ein solches **Hybridhistidinkinase-System**, bei dem der Regulator mit der Histidinkinase fusioniert ist und seinen Phosphatrest auf ein kleineres, mobiles **Histidin-Phospho-**

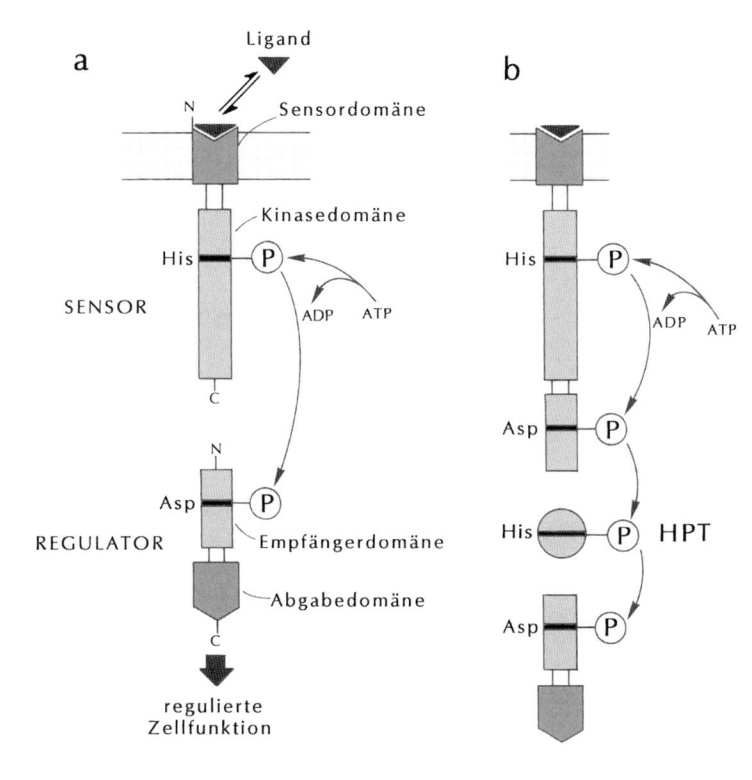

Abb. 4.16 a, b. Modelle von Zweikomponentensystemen für die Signaltransduktion. **a** Einfaches System mit einer in der Plasmamembran verankerten **Sensor-Histidinkinase** und einem separaten, cytosolischen **Regulator**. Die Bindung eines passenden Liganden (z. B. ein Hormonmolekül) in der Bindetasche der Sensordomäne führt zur Autophosphorylierung an einem bestimmten Histidinrest (*His*) in der Kinasedomäne, gefolgt vom Transfer der Phosphatgruppe an einen bestimmten Aspartatrest (*Asp*) des Regulators, der dadurch aktiviert wird. **b** Hybridsystem, bei dem ein primärer Regulator an die Histidinkinase gekoppelt ist und der Phosphatrest durch Vermittlung eines **Histidinphosphotransferproteins** (*HPT*) auf einen sekundären Regulator übertragen wird. (Nach Lohrmann und Harter 2002; verändert)

transferprotein (HPT) überträgt, welches diesen an einen zweiten Regulator weitergibt. HPT ist wahrscheinlich am Signaltransfer vom Cytosol in den Zellkern beteiligt, wo der zweite Regulator lokalisiert ist.

In manchen Fällen ist die Signaltransduktionskette mit der Aktivierung eines Regulators noch nicht abgeschlossen. Bei einem Osmosensorsystem der Hefe hat man z. B. gefunden, dass der Regulator nicht direkt als Transkriptionsfaktor wirksam wird, sondern eine **Phosphorylierungskaskade** mit weiteren Proteinkinasen in Gang setzt. MAPKKKs (mitogenaktivierte Serin/Threonin-Proteinkinasekinasekinasen) phosphorylieren MAPKKs, die ihrerseits MAPKs phosphorylieren, die ihrerseits Transkriptionsfaktoren phosphorylieren und damit die Genexpression steuern. Solche mehrstufigen Phosphorelais-Systeme erlauben eine lawinenartige Verstärkung des Eingangssignals. MAP-Kinasekaskaden kennt man von tierischen Zellen, wo sie, an verschiedene membrangebundene Receptorkinasen gekoppelt, an der Regulation von Wachstums- und Differenzierungsprozessen beteiligt sind.

Zweikomponentensysteme hat man bei Tieren bisher nicht entdeckt. In Pflanzen (und Pilzen) sind diese Signalsysteme vermutlich weit verbreitet, z. B. als Receptoren für die Hormone Cytokinin und Ethylen (→ S. 440). Auch die Phytochrome der Samenpflanzen lassen sich auf Histidinkinasen von Cyanobakterien zurückführen (→ Abbildung 19.17). Ursprünglich bei den Prokaryoten zur Perception von Milieufaktoren erfunden, wurden diese Systeme beim Übergang zur Vielzelligkeit für die Registrierung interzellulärer chemischer Signale weiterentwickelt. Im *Arabidopsis*-Genom findet man 17 Gene für Histidinkinase-ähnliche Proteine, 5 Gene für HPT-ähnliche Proteine und 23 Gene für Regulator-ähnliche Proteine. Erste Befunde deuten darauf hin, dass diese Elemente zu einem **regulatorischen Netzwerk** verschaltet sind, in dem verschiedene Eingangssignale nicht nur geleitet, sondern auch verrechnet und koordiniert werden können.

Neben den Zweikomponentensystemen gibt es bei Pflanzen eine weitere Familie von Receptorkinasen für chemische Signale, die von außen auf die Zelle treffen. Nur wenige dieser Proteine sind bisher funktionell analysiert; die meisten kennt man nur als Gene mit Gemeinsamkeiten in der erschlossenen Aminosäuresequenz. Bei *Arabidopsis* sind 417 solche *receptor-like kinases* (RLKs) bekannt.

Man unterscheidet in dieser Familie zwei Klassen mit unterschiedlicher Substratspezifität: Tyrosin-Kinasen und Serin/Threonin-Kinasen. Es handelt sich um Membranproteine mit einer nach außen reichenden Ectodomäne und einer cytoplasmatischen Kinasedomäne. Die Bindung des richtigen Liganden an die Ectodomäne führt zur Dimerisierung der zuvor inaktiven Monomere und ermöglicht damit die gegenseitige Phosphorylierung. Viele dieser Proteine besitzen in der Ectodomäne mehrfach wiederholte leucinreiche Sequenzabschnitte, wie man sie bei Proteinen kennt, die mit anderen Proteinen Wechselwirkungen eingehen. Eine weitere Untergruppe bindet spezifisch Kohlenhydratstrukturen (Lectinreceptoren).

Dieser Typ von Receptorkinasen spielt vor allem bei **Erkennungsreaktionen zwischen Zellen** eine Rolle, z. B. bei der Erkennung eigener Pollen auf der Narbe (Pollen/Stigma-Wechselwirkung; → S. 516) und bei der Erkennung von Krankheitserregern (Wirt/Pathogen-Wechselwirkung; → S. 629). Aber auch ein Hormonreceptor (für Brassinosteroide; → S. 434) und das entwicklungssteuernde CLAVATA3-Protein (→ S. 394) gehören zu dieser Familie. Über die Signalweiterleitung gibt es bei den bisher bekannten Mitgliedern dieser Receptorkinasen noch keine klaren Vorstellungen. Letztlich wird auch hier vor allem die Expression bestimmter Zielgene beeinflusst.

Es gibt eine ganze Anzahl weiterer zellulärer Komponenten, von denen eine Funktion bei der Signaltransduktion mehr oder minder gut belegt ist (→ Exkurs 4.5).

4.6.5 Die Integration der Regulationsmechanismen zum Kontrollsystem

Die Erforschung der Verschaltung metabolischer Steuermechanismen mit den Methoden der Systemtheorie und der Kybernetik ist bisher nicht über relativ kleine Teilbereiche hinausgekommen. Kybernetische Funktionsmodelle, die sich vorwiegend an der elektronischen Technik orientieren, sind, gemessen an der Realität, noch sehr grob. Ein wichtiges Prinzip bei der Steuerung metabolischer Reaktionsketten bzw. -netze ist die **Rückkoppelung** (*feedback*). Darunter versteht man die Steuerung eines Enzyms (durch Induktion/Repression der Synthese oder Modulation der Aktivität) durch das Produkt der betreffenden Synthesebahn (Abbildung 4.17a). Ein solches Regulationssystem erfüllt

EXKURS 4.5: Weitere Elemente der intrazellulären Signaltransduktion mit noch unsicherer funktioneller Einordnung

Auf die Zelle wirken unzählige physikalische und chemische Faktoren ein, werden durch Receptoren registriert und setzen im Zellinneren **Signaltransduktionsketten** in Gang, die man bis heute nur in Bruchstücken kennt. Diese Bruchstücke sind häufig Genprodukte (Proteine) deren Fehlen (z. B. durch Defektmutationen) bestimmte regulatorische Funktionen der Zelle außer Kraft setzen. Nach der Identifikation der Proteine lassen sich deren Eigenschaften *in vitro* analysieren. Ihre spezifischen Wechselwirkungen mit anderen regulatorischen Elementen und ihre Einordnung in bestimmte Signalketten (oder -netze) in der lebenden Zelle bleibt jedoch meist unsicher. Andererseits wissen wir, dass die Zelle über sehr leistungsfähige, präzis funktionierende Regulationssysteme verfügt und damit spezifisch und zweckmäßig auf Umweltfaktoren reagieren kann. Wir kennen auch eine Reihe von mutmaßlichen Elementen, die an diesen Systemen beteiligt sind. Eine systematische Analyse der funktionellen Verknüpfungen dieser Elemente und ihrer Stellung im regulatorischen Netzwerk der Zelle ist jedoch eine in der Zukunft zu lösende Aufgabe. Im Folgenden ist eine Anzahl solche Elemente zusammengestellt.

▶ Eine zentrale Rolle bei der Aufnahme und Weiterleitung von Signalen spielt die reversible Phosphorylierung von Proteinen durch Proteinkinasen/-phosphatasen. Hierbei sind oft weitere Proteine beteiligt, die als **14-3-3-Proteine** bekannt sind. Diese lagern sich an die phosphorylierten Zielproteine an und beeinflussen die Stabilität des aktiven bzw. inaktiven Zustands. Auf diese Weise wird z. B. die inaktive Form der Nitratreductase durch ein 14-3-3-Protein stabilisiert (→ S. 209). In anderen Fällen kann die Bindung aktivitätsbestimmender Liganden an ein Zielprotein durch 14-3-3-Proteine ermöglicht werden. Im *Arabidopsis*-Genom bilden diese Proteine eine Familie mit 15 Mitgliedern.

▶ **Heterotrimere G-Proteine** sind Guanosintriphosphat(GTP)-spaltende Enzyme (GTPasen), die aus drei verschiedenen Untereinheiten bestehen (G_α, G_β, G_γ). In tierischen Zellen sind sie im typischen Fall mit bestimmten Plasmamembran-Receptoren gekoppelt. Im inaktiven Zustand is GDP an G_α gebunden. Die Aktivierung des Receptors führt zum Austausch von GDP gegen GTP und zur Abspaltung von G_α aus dem Komplex. G_α (oder $G_\beta + G_\gamma$) bindet an ein Zielenzym und moduliert dessen Aktivitätszustand solange, bis durch die endogene GTPase-Aktivität GTP in GDP zurückverwandelt wurde und sich wieder der inaktive Zustand einstellte. Bei Hefe wird dieses System bei der pheromoninduzierten Konjugation eingesetzt. Das *Arabidopsis*-Genom enthält jeweils ein Gen für G_α und G_β und 2 Gene für $G\gamma$. Sichere Hinweise auf eine Funktion dieser Proteine in Pflanzen hat man bisher lediglich von Defektmutanten und transgenen Pflanzen, bei denen der Ausfall bzw. die Überexpression von G_α zu Störungen im Zellcyclus führen.

▶ Die sogenannten **kleinen G-Proteine** (21–30 kDa) sind monomere GTP-spaltende Enzyme mit Ähnlichkeit zu G_α. Sie bilden in Tieren und Pflanzen eine umfangreiche Familie, die im *Arabidopsis*-Genom mit 93 Mitgliedern vertreten ist. Diese GTPasen enthalten neben 4 GDP/GTP-Bindestellen eine Bindestelle für ein Effektorprotein. Bindung an einen hormonaktivierten Receptor oder ein anderes Effektorprotein induziert den Austausch GDP → GTP; das so aktivierte G-Protein verlässt den Receptor, wandert zu seinem Zielenzym und aktiviert dieses durch Konformationsänderung. Diese Eigenschaften machen kleine G-Proteine zu idealen **Signaltransmittern** zwischen Effektorproteinen und nachgeschalteten Proteinen in einer Signalkette. Sie sind offenbar an vielen zellulären Prozessen beteiligt, z. B. am Transport von Vesikeln vom ER zur Plasmamembran (Exocytose). In diesem Zusammenhang nimmt man an, dass sie unter anderem bei der Regulation des Wachstums von Pollenschläuchen und Wurzelhaaren eine Rolle spielen.

▶ Viele Untersuchungen deuten darauf hin, dass der **cytosolische Ca^{2+}-Spiegel** eine regulatorische Bedeutung besitzt. Manche Umweltstimuli (z. B. mechanischer Stress, → S. 585) induzieren in der Zelle eine rasche Freisetzung von Ca^{2+} aus intrazellulären Kompartimenten (Vacuole, Mitochondrien) ins Cytoplasma. Für die Umsetzung von Ca^{2+}-Signalen bieten sich Ca^{2+}-abhängige Proteinkinasen an oder das Protein **Calmodulin** (17 kDa), das 4 Ca^{2+}-Ionen spezifisch bindet und dabei Konformationsänderungen durchmacht, die an interagierende Proteine weitergegeben werden können (z. B. an Proteinkinasen). Das schubweise erfolgende Wachstum von Pollenschläuchen ist mit entsprechenden Oscillationen der cytosolischen Ca^{2+}-Konzentration korreliert. Auch die Schließbewegung der Stomata geht mit auffälligen Ca^{2+}-Verschiebungen einher (→ S. 276). Es gibt nur wenige signalgesteuerte Reaktionen in der Zelle, bei denen nicht Ca^{2+} eine Rolle als *second messenger* zugeschrieben wurde. Das Problem ist, wie Ca^{2+}-Signale, die

durch mehrere verschiedene Eingangssignale ausgelöst werden, auf der Empfängerseite wieder in distinkte, spezifische Ausgangssignale aufgeschlüsselt werden können.
➤ Ein ähnliches Problem besteht auch bei der vermuteten *second-messenger*-Funktion von **Inositol-1.4.5-triphosphat** (IP$_3$), das in tierischen Zellen die Freisetzung von Ca^{2+} aus intrazellulären Speichern reguliert. Die aus der hydrolytischen Spaltung des Phospholipids Phosphatidylinositol durch Phospholipasen hervorgehende Substanz ist auch in pflanzlichen Zellen zu finden. Eine Funktion bei der intrazellulären Signaltransduktion konnte jedoch noch nicht zweifelsfrei gezeigt werden.

---

die Kriterien eines **Regelkreises**: Eine „Störung" im Produkt-*pool* wird durch verstärkte oder verminderte Synthese wieder ausgeglichen. Es handelt sich also um einen Mechanismus zur Aufrechterhaltung der Homöostasis in einem begrenzten Stoffwechselbereich. Komplizierte Regelsysteme erhält man z. B. durch hierarchische oder sequenzielle Verknüpfung mehrerer Regelkreise (Abbildung 4.17 b,c). Diese Systeme ermöglichen **Homöostasis** in verzweigten und, bei kreuzweiser Verschaltung, zwischen getrennten Stoffwechselbahnen. Sie stehen im Dienste der Koordination parallel ablaufender metabolischer Sequenzen. Beispiele für solche Regelsysteme höherer Ordnung kennt man bisher vor allem aus dem Aminosäure- und Nucleotidstoffwechsel. Da die zellulären *pools* an Aminosäuren und Nucleotiden meist verschwindend klein sind, muss die Produktion dieser Bausteine für die Protein- bzw. Nucleinsäuresynthese sehr präzis ausbalanciert sein.

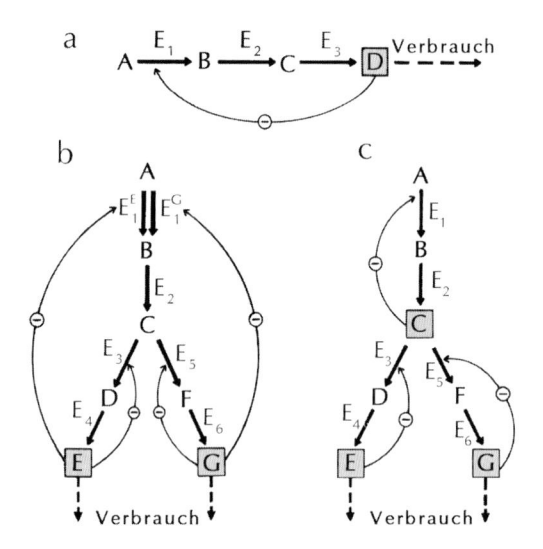

Abb. 4.17 a–c. Regelsysteme mit Endprodukthemmung. **a** Einfache Endprodukthemmung. Das Produkt *D* hemmt das erste Enzym seiner Synthesebahn. Es ergeben sich die Eigenschaften eines Regelkreises: Steigt *D* (z. B. durch eine Verminderung des Verbrauchs) über den „Sollwert" an, so reduziert es automatisch die Intensität seiner Bildung an der strategisch günstigsten Stelle. Entsprechend ergibt sich bei einem Abfall von *D* eine Ankurbelung seiner Bildung. Auf diese Weise kann der *pool* von *D* auch bei variablem Verbrauch – innerhalb des Regelbereichs des Systems – konstant gehalten werden. **b** Doppelte Regelung an einer Verzweigungsstelle. Die Endprodukte *E* und *G* hemmen sowohl unmittelbar nach der Verzweigung als auch am Anfang der Synthesebahn, wo zwei Isoenzyme jeweils durch *E* oder *G* reguliert werden können. Auf diese Weise können die Teilströme nach *E* und *G* trotz gemeinsamer Zwischenschritte individuell geregelt werden. **c** Regelung an einer Verzweigungsstelle. Beim Anstau von *E* wird der Strom nach *G* umgeleitet. Erst wenn dort ebenfalls Überfluss herrscht, wird *C* angehäuft und schaltet damit die ganze Sequenz ab. Sowohl Typ **b** als auch Typ **c** sind z. B. in Teilbereichen des biosynthetischen Aminosäurestoffwechsels als allosterische Mechanismen realisiert.

Weiterführende Literatur

– (2002) Special review issue on signal transduction. Plant Cell 14: S1–S417

Baiges I, Schäffner AR, Affenzeller MJ, Mas A (2002) Plant aquaporins. Physiol Plant 115: 175–182

Becraft PW (2002) Receptor kinase signaling in plant development. Annu Rev Cell Dev Biol 18: 163–192

Blatt MR (ed) (2004) Membrane transport in plants. Annu Plant Rev Vol 15, Blackwell, Oxford

Boyer JS (1985) Water transport. Annu Rev Plant Physiol 36: 473–516

Bunney TD, van den Wijngaard PWJ, de Boer AH (2002) 14-3-3 protein regulation of proton pumps and ion channels. Plant Mol Biol 50: 1041–1051

Dreher K, Callis J (2007) Ubiquitin, hormones and biotic stress in plants. Ann Bot 99: 787–822

Dugal BS (1973) Allosterie und Cooperativität bei Enzymen des Zellstoffwechsels. Biologie in unserer Zeit 3: 41–49

Gaxiola R, Palmgren MG, Schuhmacher K (2007) Plant proton pumps. FEBS Letters 581: 2204–2214

Grefen C, Harter K (2004) Plant two-component systems: Principles, functions, complexity and cross talk. Planta 219: 733–742

Hardie DG (1999) Plant protein serine/threonine kinases: Classification and functions. Annu Rev Plant Physiol Plant Mol Biol 50: 97–131

Harold FM (1986) The vital force: A study of bioenergetics. Freeman, New York

Hedrich R, Schroeder JI (1989) The physiology of ion channels and electrogenic pumps in higher plants. Annu Rev Plant Physiol Plant Mol Biol 40: 539–569

Hetherington AM, Brownlee C (2004) The generation of Ca^{2+} signals in plants. Annu Rev Plant Biol 55: 401–427

Ingvardsen C, Veierskov B (2001) Ubiquitin- and proteasome-dependent proteolysis in plants. Physiol Plant 112: 451–459

Kruger NJ, Hill SA, Ratcliffe RG (eds) (1999) Regulation of primary metabolic pathways in plants. Kluwer, Dordrecht

Lunn JE (2007) Compartmentation in plant metabolism. J Exp Bot 58: 35–47

Lüttge U, Higinbotham N (1979) Transports in plants. Springer, Berlin

Malhó R (1999) Coding information in plant cells: The multiple roles of Ca^{2+} as a second messenger. Plant Biol 1: 487–494

Matile P (1987) The sap of plant cells. New Phytol 105: 1–26

Morris JG (1976) Physikalische Chemie für Biologen. Verlag Chemie, Weinheim

Nicholls DG, Ferguson SJ (1992) Bioenergetics 2. Academic Press, London

Noji H, Yasuda R, Yoshida M, Kinosita Jr K (1997) Direct observation of the rotation of F1-ATPase. Nature 386: 299–302

Palmgren MG (2001) Plant plasma membrane H^+-ATPases: Powerhouses for nutrient uptake. Annu Rev Plant Physiol Plant Mol Biol 52: 817–845

Scheel D, Wasternack C (2002) Plant signal transduction. Oxford University Press, Oxford

Smalle J, Vierstra RD (2004) The ubiquitin 26S proteasome proteolytic pathway. Annu Rev Plant Biol 55: 555–590

Smallwood M, Knox JP, Bowles D (eds) (1996) Membranes: Specialized functions in plants. Bios Sci, Oxford

Sondergaard TE, Schulz A, Palmgren MG (2004) Energization of transport processes in plants. Roles of the plasma membrane H^+-ATPase. Plant Physiol 136: 2475–2482

Tester M (1990) Plant ion channels: Whole-cell and single-channel studies. New Phytol 114: 305–340

Ward JM (1997) Patch-clamping and other molecular approaches for the study of plasma membrane transporters demystified. Plant Physiol 114: 1151–1159

Yasuda R, Noji H, Yoshida M, Kinosita K, Itoh H (2001) Resolution of distinct rotational substeps by millisecond kinetic analysis of F_1-ATPase. Nature 410: 898–904

In Abbildungen und Tabellen zitierte Literatur

Elzam IE, Rains DW, Epstein E (1964) Biochem Biophys Res Comm 15: 273–276

Gray CJ (1971) Enzyme-catalyzed reactions. Van Nostrand Reinhold, London

Hedrich R, Schroeder JI (1989) Annu Rev Plant Physiol Plant Mol Biol 40: 539–569

Higinbotham N (1973) Bot Rev 39: 15–69

Hoagland DR, Davis AR (1929) Protoplasma 6: 610–626

Kagawa Y, Sone N, Hirata H, Yoshida M (1979) J Bioenerg Biomembr 11: 39–78

Kochian LV, Lucas WJ (1982) Plant Physiol 70: 1723–1731

Lohrmann J, Harter K (2002) Plant Physiol 128: 363–369

Lüttge U (1973) Stofftransport der Pflanzen. Springer, Berlin

McCarty RE, Evron Y, Johnson EA (2000) Annu Rev Plant Physiol Plant Mol Biol 51: 83–109

Osmond CB, Lüttge U, West KR, Pallaghy CK, Sacher-Hill B (1969) Aust J Biol Sci 22: 797–814

Robertson RN, Turner JS (1945) Aus J Exp Biol Med Sci 23: 64–73

Schumacher W (1962) In: Lehrbuch der Botanik (Strasburger et al.) 28. Aufl. Fischer, Stuttgart

Tong WF (1975) Dissertation, Universität Freiburg

Ullrich WR, Novacky A (1981) Plant Sci Lett 22: 211–217

5 Die Zelle als wachstumsfähiges System

Wachstum, d. h. irreversible Volumen- und Oberflächenvergrößerung, ist eine Grundeigenschaft der Zelle. Pflanzliche Zellen wachsen durch Wasseraufnahme, die durch eine irreversible (plastische) Dehnung der durch den Turgor elastisch gespannten Zellwand ermöglicht wird, **hydraulisches Wachstum**. Dieser Prozess lässt sich durch eine einfache Beziehung auf der biophysikalischen Ebene quantitativ beschreiben. Das Zellwachstum wird ausgelöst durch eine irreversible Relaxation der Wandspannung, also durch eine Veränderung der mechanischen Eigenschaften der Wand, **Zellwandlockerung**. Eine wichtige Rolle für die Richtung der Zellwanddehnung, und damit für die spezifische Zellform, spielt die **Orientierung der Cellulosemikrofibrillen** in der Wand, welche ihrerseits vom **corticalen Mikrotubulisystem** auf der Innenseite der Plasmamembran festgelegt wird. Die Zelldehnung erfolgt bevorzugt senkrecht zur Richtung der Mikrofibrillen. Werden die Mikrotubuli durch Colchicin zerstört, so kann die spezifische Zellgestalt beim Wachstum nicht mehr aufrecht erhalten werden; die Zelle strebt den Zustand niedrigster Energie, die Kugelgestalt, an. Bei vielzelligen Organen wird das Wachstum durch spezielle, wachstumslimitierende Gewebe kontrolliert, welche im Organverband zu **Gewebespannungen** führen. Bei Sprossorganen besitzt oft die **Epidermis** diese Funktion. **Organwachstum** ist nicht eine Eigenschaft der einzelnen Zellen, sondern eine Systemeigenschaft des vielzelligen Organs, in dem verschiedene Gewebe in geordneter Weise zusammenwirken. Dies wird z. B. beim Streckungswachstum von Internodien und Wurzeln und beim Kontraktionswachstum von Zugwurzeln deutlich.

5.1 Biophysikalische Grundlagen des Zellwachstums

5.1.1 Hydraulisches Zellwachstum

Das Wachstum der Zelle lässt sich physikalisch als **irreversible Volumenzunahme mit der Zeit** beschreiben. Dieser Prozess verläuft bei Pflanzen grundsätzlich anders als bei Tieren. Die tierische Zelle wächst primär durch eine Vermehrung des Protoplasmas, vor allem durch die Biosynthese von Zellprotein. Dagegen spielt beim Wachstum der pflanzlichen Zelle die Vermehrung des Protoplasmas eine untergeordnete Rolle. Ihre Volumenzunahme erfolgt vielmehr in erster Linie durch die Aufnahme von Wasser in die Vacuolen, die in der meristematischen Zelle aus dem Endomembransystem gebildet werden (→ Abbildung 2.1). Die sich vergrößernden Vacuolen vereinigen sich im Verlauf des Zellwachstums zur Zentralvacuole, welche schließlich über 90 % des Zellraums ausfüllt (Abbildung 5.1). Dieser Typ des Volumenwachstums wird durch den spezifischen Aufbau der Pflanzenzelle ermöglicht: Der Protoplast bildet zusammen mit der dehnbaren Zellwand ein hydromechanisches System, welches aufgrund osmotischer Potenzialunterschiede zwischen Vacuolenlösung und Zellwandlösung einen hydrostatischen Druck, **Turgor**, entwickelt (→ Abbildung 3.7). Der Turgor spannt die Zellwand und liefert die Voraussetzung für ihre plastische Dehnung bei der Wasseraufnahme in den Protoplasten. Dieses **hydraulische Wachstum** ermöglicht es, dass sich pflanzliche Zellen um das 10- bis 100fache ihres ursprünglichen Volumens vergrößern können, ohne dass hierzu eine entsprechende Vermehrung des Protoplasmagehalts erforderlich ist.

Die Rolle des **Turgors** beim Zellwachstum ist nicht einfach zu verstehen. Nach einer verbreiteten Vorstellung wird die Ausdehnung der Zelle durch

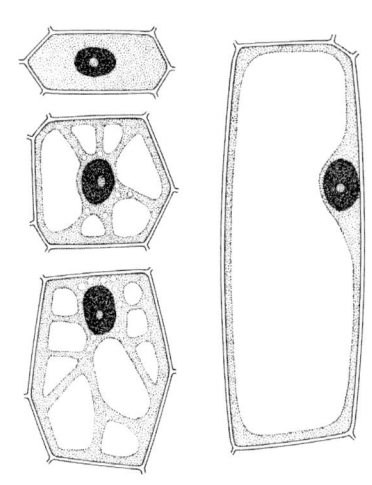

Abb. 5.1. Eine einfache Darstellung einer wachsenden pflanzlichen Zelle beim Übergang vom meristematischen (*oben links*) zum ausgewachsenen Zustand. Die Zellen sind im optischen Längsschnitt abgebildet („modelliert"). Es sind nur wenige Strukturelemente und Kompartimente eingetragen. Für das Streckungswachstum wichtig sind die mit konzentriertem Zellsaft gefüllte(n) **Vacuole(n)** (π_i = 0,5 – 1,5 MPa), das **Protoplasma** (mit selektiv permeablen **Grenzmembranen**) und die dehnbare **Zellwand**, welche in ihrem freien Diffusionsraum eine wässrige Lösung mit einer niedrigen Konzentration an gelösten Teilchen enthält ($\pi_a = \psi_a \approx$ 0 MPa, vollturgeszenter Zustand).

den Druck auf die Zellwand verursacht. Dies ist irreführend, da Wasser ein inkompressibles Medium ist, dessen Volumen sich nicht durch Erhöhung des Drucks vergrößern lässt. Eine Volumenzunahme kann ausschließlich durch **Aufnahme von Wasser** erfolgen. Die treibende Kraft hierfür ist der Wasserpotenzialgradient zwischen außen und innen: $\Delta\psi = \psi_a - \psi_i$. Als **Folge** der Wasseraufnahme steigt der Turgor an, macht ψ_i positiver ($\psi = P - \pi$) und **vermindert** damit die treibende Kraft des Wassereinstroms. Würde man in einer Zelle, ausgehend vom Gleichgewichtszustand ($\Delta\psi = 0$), den Turgor erhöhen, so würde Wasser aus dem Protoplasten austreten, d. h. die Zelle würde schrumpfen. Der Turgor ist also in diesem Zusammenhang ein wachstumshemmender Faktor. Auf der anderen Seite wird der Turgor für das Wachstum benötigt, um in der Zellwand eine mechanische Spannung als Triebkraft für die Wanddehnung zu erzeugen. Eine Zelle ohne elastisch gespannte Wand kann zwar Wasser aufnehmen und ihr Volumen **reversibel** vergrößern; Wachstum, d. h. **irreversible** Volumenzunahme, kann jedoch nur stattfinden, wenn die Wand gleichzeitig unter der Wandspannung **plastisch** gedehnt wird.

Wie kann man nach diesen Überlegungen das Zellwachstum in mathematischer Form beschreiben? Diese Frage lässt sich von zwei Seiten angehen. Wir betrachten hierzu folgende physikalische Größen (Abbildung 5.2): Wasserpotenzialgradient $\Delta\psi$, osmotischer Potenzialgradient $\Delta\pi = \pi_i - \pi_a$, Turgor P, Wandstress σ, Wanddehnbarkeit (Extensibilitätskoeffizient[1]) m, Wasserleitfähigkeit[2] L.

1. Wachstum, gemessen als Zunahme des Zellvolumens mit der Zeit, ist ein Wassertransportprozess und lässt sich daher durch eine entsprechend angepasste Transportgleichung beschreiben ($\rightarrow$ Gleichung 4.8):

$$\frac{dV}{dt} = L\,\Delta\psi, \text{ wobei } \Delta\psi = \psi_a - \psi_i. \quad (5.1)$$

2. Wachstum erfolgt durch plastische Dehnung der Zellwand und lässt sich daher als **mechanischer Prozess** durch das Produkt von Zellwanddehnbarkeit und Wandstress beschreiben: dV/dt = mσ. Da der Wandstress und der Turgor stets gleich groß sind (*actio = reactio*), kann man σ durch P ersetzen. Außerdem wird ein Turgorgrenzwert Y eingeführt, unterhalb dessen der Wandstress nicht ausreicht, um die Wand plastisch zu dehnen. Als „effektiver Turgor" steht daher nur der Betrag P – Y als treibende Kraft für die Wanddehnung zur Verfügung. Dann gilt:

$$\frac{dV}{dt} = m\,(P - Y), \text{ wobei } P \geqq Y. \quad (5.2)$$

Die Gleichungen 5.1 und 5.2 beschreiben beide die Volumenzunahme der wachsenden Zelle und können daher gleich gesetzt werden:

$$L\,\Delta\psi = m\,(P - Y). \quad (5.3)$$

Unter Verwendung der Beziehung $\Delta\psi = \Delta\pi - P$ und nach Auflösung nach P erhält man:

$$P = \frac{L\,\Delta\pi + m\,Y}{L + m}. \quad (5.4)$$

---

[1] Abweichend vom üblichen Sprachgebrauch bei Transportvorgängen ($\rightarrow$ S. 77) ist dieser „Koeffizient" nicht auf die Fläche bezogen und hat daher die Einheit einer Leitfähigkeit (m^3 · Pa^{-1} · s^{-1}). Es handelt sich um eine empirische Größe, in die z. B. auch die Zellgeometrie eingeht.
[2] L wird in der Einzelzelle praktisch nur von der Wasserleitfähigkeit der Plasmamembran (L_p) bestimmt; in vielzelligen Geweben geht jedoch auch die Wasserleitfähigkeit der Zellwände mit ein.

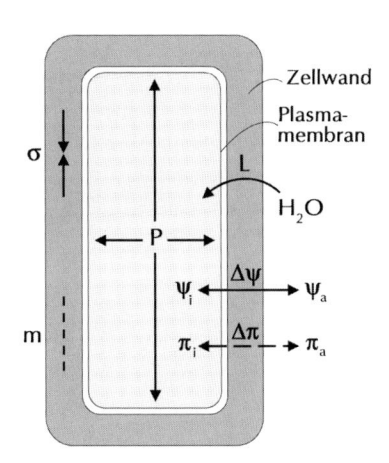

5.1 Biophysikalische Grundlagen des Zellwachstums

Abb. 5.2. Physikalisches Zellmodell zur Illustration der hydraulischen und mechanischen Wachstumsparameter (→ Abbildung 3.7). Der Turgor P = $\pi_i + \psi_i$ als allseitig gerichtete Größe erzeugt in der elastisch dehnbaren Zellwand eine mechanische Spannung S bzw. einen **Wandstress** σ = S/Wandquerschnitt. Die hierbei ausgeübten Kräfte sind entgegen gesetzt und gleich groß. Der Wassereinstrom ist eine Funktion des **Wasserpotenzialgradienten** $\Delta\psi = \Delta\pi - P$ und der **Wasserleitfähigkeit** L von Plasmamembran und Zellwand. Die plastische Dehnung der Zellwand ist eine Funktion von σ und der **Wandextensibilität** m. Um die Verdünnung des Zellsaftes als Folge der Wasseraufnahme auszugleichen, ist eine Erhöhung von π_i durch Osmoregulation notwendig.

Durch Einsetzen von Gleichung 5.4 in Gleichung 5.2 und Umformung ergibt sich:

$$\frac{dV}{dt} = \frac{m\,L}{m+L}(\Delta\pi - Y),$$

oder, da $\Delta\pi = \Delta\psi + P$:

$$\frac{dV}{dt} = \frac{m\,L}{m+L}(\Delta\psi + P - Y). \qquad (5.5)$$

Gleichung 5.5 ist die allgemeine, von Lockhart 1965 entwickelte Gleichung des hydraulischen Zellwachstums[3]. Sie sagt aus, dass die irreversible Volumenzunahme der Zelle unter stationären Bedingungen durch vier (bzw. fünf) physikalische Größen quantitativ beschrieben werden kann. Der **Wachstumskoeffizient** wird durch die Wandextensibilität und die Wasserleitfähigkeit bestimmt, während das **Wachstumspotenzial** die Summe von Wasserpotenzialdifferenz und effektivem Turgor darstellt.

Die entscheidende Voraussetzung für Wachstum ist die Ausbildung einer Wasserpotenzialdifferenz $\Delta\psi = \Delta\pi - P$. Diese kann theoretisch durch einen Anstieg von $\Delta\pi$, d. h. von π_i, oder durch einen Abfall von P erzeugt werden. Während beim reversiblen Wassereinstrom in Schließzellen und andere Motorzellen die Zunahme von π_i entscheidend ist (→ S. 275, 571), wird Wachstum in der Regel durch einen Abfall von P als Folge einer **Zellwandlockerung** bewirkt. Wenn in einer turgeszenten Zelle durch biochemische Prozesse eine Lockerung der Wandstruktur eintritt, erhöht sich m. Der Wandstress vermindert sich, **Stressrelaxation**, und parallel dazu auch zwangsläufig der Turgor, d. h. ψ_i fällt ab und $\Delta\psi = \psi_a - \psi_i$ wird größer.

$\Delta\psi$ treibt einen Einstrom von Wasser aus dem Zellwandraum (nach Maßgabe von L) und damit eine Vergrößerung des Zellvolumens und eine plastische Dehnung der Zellwand. Gleichzeitig werden Wandstress und Turgor wieder angehoben und begrenzen den Wassereinstrom. Wenn der Wassereinstrom in die Zelle nicht von einem Einstrom oder einer Freisetzung osmotisch wirksamer Substanzen begleitet wird, führt das Wachstum mit der Zeit zu einem Abfall von π_i und damit auch zu einem Abfall von $\Delta\psi$.

Man kann sich die grundlegende Bedeutung der Lockhartschen Wachstumsgleichung an zwei theoretischen Grenzfällen klar machen:
➤ Wird das Wachstum durch eine relativ geringe Wasserleitfähigkeit limitiert (L ≪ m), so geht P − Y gegen Null und m L/(m + L) gegen L, d. h. Gleichung 5.5 vereinfacht sich zu Gleichung 5.1.
➤ Wird hingegen das Wachstum durch eine relativ geringe Wandextensibilität limitiert (m ≪ L), so geht $\Delta\psi$ gegen Null und m L/(m + L) gegen m, d. h. Gleichung 5.5 vereinfacht sich zu Gleichung 5.2.

Für die von Wasser umgebene Einzelzelle ist der zweite Grenzfall mit guter Näherung gültig. Bei den vielzelligen Geweben der höheren Pflanze ist dies jedoch nicht mehr notwendigerweise gegeben. Je größer die Transportstrecken und -widerstände zwischen Zelle und Wasserquelle (in der Regel das Xylem der Leitbündel) sind, desto größer wird der

---
[3] Die Gleichungen 5.1, 5.2 und 5.5 sind hier der Einfachheit halber als lineare Gleichungen formuliert und gelten in dieser Form nur für kleine Änderungen des Zellvolumens. In allgemeiner Form werden diese Gleichungen für die **relative Wachstumsintensität** $\frac{dV}{dt\,V}$ formuliert, wobei sich die Einheit von m und L ändert ($s^{-1} \cdot Pa^{-1}$).

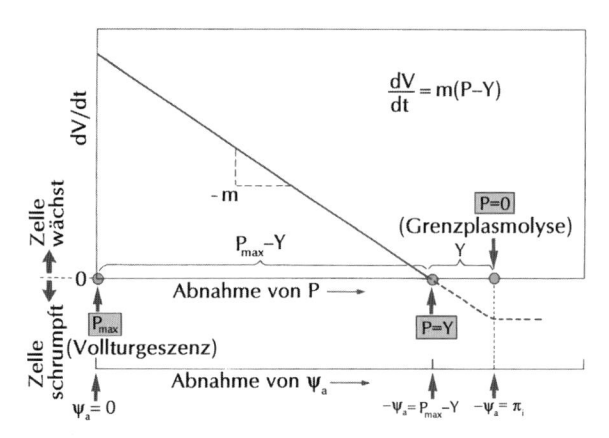

Abb. 5.3. Funktionaler Zusammenhang zwischen Wachstumsintensität (*dV/dt*) und Wachstumtspotenzial (*P–Y*) nach der Gleichung für das extensibilitätslimitierte Wachstum (→ Gleichung 5.2). Diese vereinfachte Wachstumsgleichung kann in aller Regel für Einzelzellen und dünne Gewebe mit guter Näherung verwendet werden. Zur Aufstellung der Kurve wird *dV/dt* unter konstanten Wachstumsbedingungen bei verschiedenen Turgordrücken (*P*) gemessen. Hierzu inkubiert man die Zelle (das Gewebe) in osmotischen Lösungen mit bekanntem Wasserpotenzial (ψ_a) und geht davon aus, dass hierdurch *P* um einen entsprechenden Betrag gesenkt wird (*Abszisse*). Diese Annahme setzt Wasserpotenzialgleichgewicht ($\psi_a = \psi_i$) und konstantes π_i voraus. Der **Extensibilitätskoeffizient** (*m*) kann aus der Steigung der Kurve entnommen werden. Der Abszissenabschnitt zwischen $\psi_a = 0$ und ψ_a für *dV/dt = 0* liefert *P–Y* des vollturgeszenten Pflanzenmaterials. Den Turgorschwellenwert für plastische Zellwanddehnung (*Y*) und P_{max} erhält man, wenn man zusätzlich π_i misst, z. B. durch Feststellung der Grenzplasmolyse (→ Abbildung 3.8). Abweichend von dieser vereinfachten Darstellung findet man in der Praxis oft eine gekrümmte Kurve, die mit abnehmendem P flacher wird. Dies bedeutet, dass m nicht konstant ist, sondern von P abhängt.

Einfluss von L und $\Delta\psi$ auf das Wachstum. Wenn diese Parameter nicht mehr vernachlässigt werden können, muss Gleichung 5.5 anstelle von Gleichung 5.2 für eine korrekte Beschreibung des Wachstums herangezogen werden.

> ➤ Zellwachstum ist ein **hydraulischer Prozess**, durch den das Wasservolumen des Protoplasten und die Oberfläche der Zelle irreversibel vergrößert werden.
> ➤ Die treibende Kraft dieses Prozesses ist ein gegenüber der Umgebung negatives Wasserpotenzial im Protoplasten: $\Delta\psi = \psi_a - \psi_i$.
> ➤ Das Volumen von Wasser ist eine druckunabhängige Größe. Der Turgor **spannt** die Zellwand, aber **dehnt** sie nicht.
> ➤ Da $\psi_i = P_i - \pi_i$, kann bei gegebenem ψ_a eine Absenkung von ψ_i durch **Abfall von P_i** oder **Anstieg von π_i** verursacht werden.
> ➤ In der Regel wird Wachstum durch einen **Abfall von P_i** als Folge von Stressrelaxation in der Zellwand bewirkt. In Sonderfällen, z. B. bei Trockenstress, kann auch ein Anstieg von π_i durch osmotische Adaptation eintreten und zur Erniedrigung von ψ_i beitragen.

5.1.2 Messung der physikalischen Wachstumsparameter

Nach Gleichung 5.5 kann man das Wachstumspotenzial und den Wachstumskoeffizienten im Prinzip experimentell bestimmen, indem man dV/dt unter stationären Bedingungen als Funktion von ψ_a (eingestellt z. B. durch osmotische Lösungen) misst. Diese Methode ist in Abbildung 5.3 für den einfacheren Fall des extensibilitätslimitierten Wachstums (→ Gleichung 5.2) schematisch dargestellt. Eine alternative Methode beruht auf der Messung der **Stressrelaxation**, welche die wachsende Zelle nach Unterbrechung der Wasserversorgung durchläuft (Abbildung 5.4). Wenn für das Wachstum Gleichung 5.5 herangezogen werden muss, ist zusätzlich die Messung von L und $\Delta\psi$ (oder $\Delta\pi$) erforderlich.

5.2 Wachstum und Zellwandveränderungen

5.2.1 Die strukturelle Dynamik der Primärwand

Die wachstumsfähige Zellwand wird als **Primärwand** bezeichnet. Sie besteht zu etwa 25 % der Trockenmasse (15 % des Volumens) aus Cellulose, welche in Form von teilweise kristallin aufgebauten Mikrofibrillen in eine gelartige Matrix aus Hemicellulose und Pektin eingebettet ist (→ S. 23). Ein Teil der Hemicellulose (Heteroxylane bei Monokotylen, Xyloglucane bei Dikotylen; → Tabelle 2.1) ist einerseits über Wasserstoffbrücken fest an die Cellulosefibrillen gebunden und andererseits über ihre Seitenketten in der amorphen Zellwandmatrix verankert. Diese enthält neben den Polysacchariden einen relativ hohen Anteil an Protein (etwa 10 %, Strukturproteine und Enzyme) und Lignin (etwa 1 %). Die Primärwand gleicht in ihren mechanischen Eigenschaften einem **Verbundmaterial** mit Fiberglasstruktur, ein Konstruktionsprinzip, das sich durch ungewöhnlich hohe Elastizität und Reissfestigkeit, aber auch durch plastische Verformbarkeit auszeichnet. Für die Bruchstärke dünner Primärwände wurden Werte im Bereich von 3 MPa (bei einem Turgor von 0,5 MPa) gemessen.

Beim perfekt stationären Zellwachstum nimmt die Primärwand an Fläche zu, ohne dabei dünner zu werden, d. h. ihre Dehnung und der Einbau von neuem Wandmaterial stehen in einem dynamischen Gleichgewicht. Die Biogenese der Wand ist ein komplexer Prozess. Die Cellulosemoleküle werden in Bündeln an Enzymkomplexen in der Plasmamembran synthetisiert (→ S. 27) und lagern sich spontan unter Ausbildung von Wasserstoffbrücken zu partiell kristallin geordneten Mikrofibrillen zusammen, welche auf die innere Wandoberfläche aufgelagert werden, **Apposition**. Die Matrix-Polysaccharide und -Proteine werden dagegen im ER und Golgi-Apparat synthetisiert und gelangen durch die Exocytose sekretorischer Vesikel in den Zellwandraum (→ Abbildung 7.1). Ihr Einbau erfolgt zumindest teilweise auch in die tiefer liegenden Wandschichten, **Intussuszeption**. In der wachsenden Zellwand findet ein beständiger enzymatischer Abbau von Hemicellulose statt; diese Moleküle unterliegen also – im Gegensatz zur Cellulose – einem *turnover*.

Die Wände der meisten Zellen sind bezüglich ihrer mechanischen Eigenschaften anisotrop und reagieren daher richtungsabhängig auf Belastung. Dafür gibt es zwei Gründe: 1. Die **Zellwandspannung** hängt von der Geometrie der Zelle ab. So ist z. B. in einer zylindrischen Zelle die Wandspannung in Querrichtung doppelt so hoch wie in Längsrichtung (→ Exkurs 5.1). 2. Die **Zellwandextensibilität** hängt von der Orientierung der Mikrofibrillen ab, welche meist in einer bestimmten Vorzugsrichtung in der Ebene der Wand angeordnet sind. Ähnlich wie Fiberglas besitzt die Wand eine maximale Festigkeit in Richtung der fibrillären Elemente und eine minimale Festigkeit senkrecht dazu. Daher kann sich eine zylindrische Zellwand mit transversaler Fibrillenorientierung in Längsrichtung sehr viel leichter als in Querrichtung dehnen. Ein Vergleich

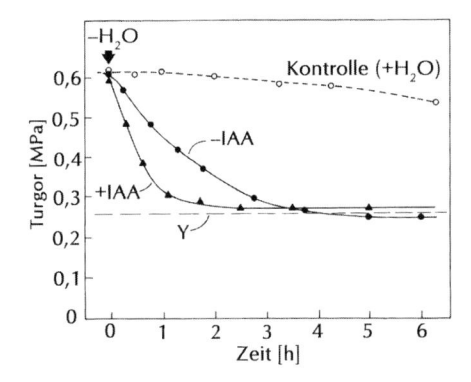

Abb. 5.4. Messung der Stressrelaxationskinetik von wachsenden Zellen mit oder ohne Auxin-Vorbehandlung. Objekt: Internodiensegmente von etiolierten Erbsenkeimlingen (*Pisum sativum*). In diesem Objekt ist L etwa 8mal größer als m und daher die Anwendung der Gleichung 5.2 gerechtfertigt. Die Segmente wuchsen zunächst unter Wasseraufnahme durch die Schnittstellen. Im einen Fall enthielt das Wasser 10 µmol · l^{-1} Auxin (*IAA*), wodurch die Wachstumsintensität auf das Doppelte erhöht war. Der Turgor einzelner Cortexzellen wurde mit einer Mikrodrucksonde direkt manometrisch gemessen (→ Exkurs 3.1, S. 60). Zur Zeit Null wurde die Wasserzufuhr an den Schnittflächen unterbrochen (nicht bei der Kontrolle). Unter diesen Bedingungen bleibt das Zellvolumen konstant, während sich die Zellwände weiter lockern und daher eine **Stressrelaxation** durchmachen, d. h. beständig an Spannung verlieren. Hierdurch fällt der Turgor ab, bis sich (nach etwa 3 h) ein konstanter Druck einstellt, bei dem keine weitere Relaxation der Wandspannung mehr möglich ist. Dieser Druck entspricht dem Turgorschwellenwert für irreversible Zellwanddehnung (*Y*). Aus der Halbwertszeit ($\tau_{1/2}$) des Turgorabfalls lässt sich der Extensibilitätskoeffizient m berechnen (m = ln2 ε^{-1} $\tau_{1/2}^{-1}$, wobei ε = volumetrischer Elastizitätsmodul = 0,95 MPa). Die Daten zeigen, dass eine Wachstumssteigerung durch Auxin mit einer Erhöhung von m einhergeht, während Y (etwa 0,26 MPa) nicht beeinflusst wird. (Nach Cosgrove 1985)

> **EXKURS 5.1: Warum ist in einer zylinderförmigen Zelle die Wandspannung in Querrichtung doppelt so groß wie in Längsrichtung?**
>
> Diese anisotrope Verteilung der Wandspannung gilt grundsätzlich für zylindrische Körper und ist z. B. die Ursache dafür, dass ein eingefrorenes Wasserrohr – oder ein zu lange gekochtes Siedewürstchen – stets in Längsrichtung platzt, d. h. der Binnendruck erzeugt eine maximale Kraft in Querrichtung. Dieser Sachverhalt lässt sich durch folgende Überlegung geometrisch ableiten: Wie in Abbildung A veranschaulicht, ist in einer Zelle mit der Länge l und dem Radius r die vom Turgor auf die Zellwand ausgeübte transversale Kraft F_p = Druck · Fläche = P · 2rl. Dieser Kraft steht eine gleich große Gegenkraft durch die gespannte Zellwand gegenüber: $F_{ZW} = \sigma_t \cdot 2dl$, wobei d = Wanddicke und σ_t = transversaler Wandstress. Durch Gleichsetzung ergibt sich $\sigma_t = Pr/d$. Abbildung B veranschaulicht die Situation in Längsrichtung: Die longitudinal wirksame Kraftkomponente des Turgors ist $F_p = P \cdot \pi r^2$, die Gegenkraft der Wand $F_{ZW} = \sigma_l \cdot 2\pi rd$ (Zahl $\pi = 3{,}1416$). Aus $P\pi r^2 = \sigma_l 2\pi rd$ ergibt sich für den longitudinalen Stress $\sigma_l = Pr/2d$, d. h. $\sigma_l = 1/2\ \sigma_t$. (Nach Nobel 1999)

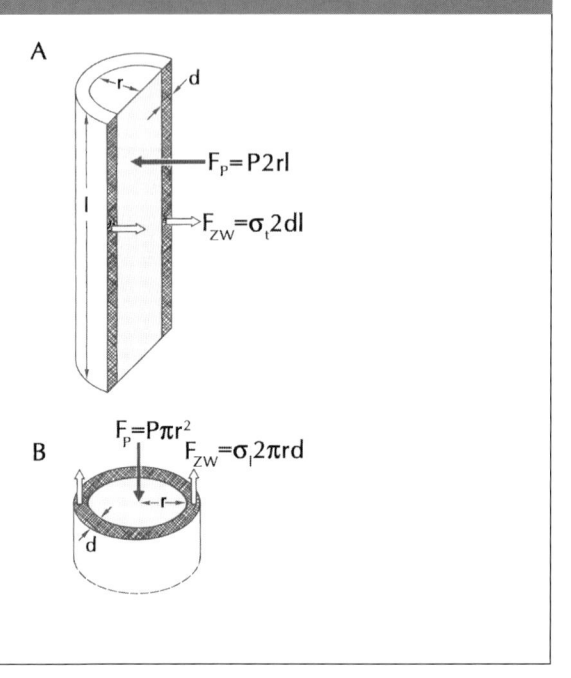

mit der longitudinalen oder der ungeordneten Fibrillentextur macht deutlich, dass die **transversale** Anordnung eine notwendige Voraussetzung für **Längenwachstum** darstellt (Abbildung 5.5). Die durch die Fibrillenorientierung in der Wand bewirkten Dehnbarkeitsunterschiede in den verschiedenen Richtungen des Raums sind dafür verantwortlich, dass die Zelle beim Wachstum in der Regel nicht die einfache Kugelform, sondern eine spezifische dreidimensionale Gestalt annimmt.

Die Frage, wie die Richtung der neugebildeten Cellulosefibrillen bei ihrer Anlagerung an die innere Wandoberfläche festgelegt wird, ist noch nicht vollständig geklärt. In vielen Fällen hat man festgestellt, dass die neugebildeten Fibrillen parallel zu Mikrotubuli verlaufen, welche an der Innenseite der Plasmamembran liegen, **corticale Mikrotubuli** (Abbildung 5.6; → Abbildung 2.14). Änderungen der Fibrillenorientierung, wie sie z. B. bei mehrschichtigen Zellwänden regelmäßig vorkommen (→ Exkurs 2.2, S. 29), sind oft von einer entsprechenden Umorientierung der Mikrotubuli begleitet. Eine Zerstörung der Mikrotubuli durch **Colchicin** (oder andere Mikrotubuligifte) hat keinen Einfluss auf die Cellulosesynthese an sich, führt jedoch häufig zu einer ungeordneten Fibrillenablagerung (zufallsmäßige Orientierung; → Abbildung 5.5, links). Aus diesen Befunden hat man geschlossen, dass die corticalen Mikrotubuli ein Leitsystem für die in der Plasmamembran beweglichen Cellulosesynthasekomplexe bilden, deren Bahnen beim „Ausspinnen" der Fibrillen auf diese Weise ausgerichtet werden können. Die Wanderung von Cellulosesynthesekomplexen entlang von Mikrotubulibahnen (mit einer Geschwindigkeit von 0,3 μm · min^{-1}) konnte direkt in vivo beobachtet werden. Allerdings hat man in manchen Fällen keine Übereinstimmung zwischen Mikrotubuli- und Cellulosefibrillenorientierung gefunden (z. B. beim Wachstum von Wurzelhaaren).

5.2.2 Diffuses Wachstum der Zellwand

Wenn die plastische Dehnung der Zellwand gleichmäßig über ihre gesamte Oberfläche verteilt ist, spricht man von **diffusem Wachstum**. Die diffus wachsende Wand ist strukturell und funktionell polar aufgebaut, z. B. ändert sich die Richtung der Cellulosefibrillen von innen nach außen, auch wenn diese ursprünglich in nur einer Richtung abgelagert wurden. Die Ursache hierfür ist leicht einzusehen: In der sich in Längsrichtung streckenden

Wand wird jede zunächst transversale Fibrillenschicht im Verlauf des Wachstums in die Länge gezogen und macht dabei – ähnlich wie ein Fischernetz mit anfänglich transvers gestreckten Maschen – eine kontinuierliche passive Umorientierung durch, bis ein disperser oder gar longitudinaler Fibrillenverlauf erreicht ist (Abbildung 5.7). Bei diesem Alterungsprozess werden die Fibrillenschichten von der Innenseite zur Außenseite der Wand verlagert. Sie werden durch die Streckung erheblich dünner und verlieren hierbei an Festigkeit. Dies ist der wesentliche Inhalt der **Multinetzhypothese** von Roelofsen und Houwink (1953), welche zur Beschreibung der mechanischen Dynamik der wachsenden Primärwand häufig zugrunde gelegt wird. Eine wichtige Konsequenz dieses Konzepts ist, dass der Wandstress nicht gleichmäßig über den Querschnitt der Wand verteilt ist, sondern vor allem auf den inneren Schichten lastet und nach außen stark abfällt. Daraus folgt, dass die Zellwandextensibilität vor allem von den **inneren** Bereichen der Wand kontrolliert werden muss.

Die großen Internodienzellen der Armleuchteralge *Nitella* stellen ein nahezu ideales Objekt zum Studium der Wandveränderungen während des Zellwachstums dar (Abbildung 5.8). Diese zylindrischen Zellen wachsen im Verlauf von wenigen Tagen von 30 μm auf eine Länge von 50.000 μm heran und vergrößern dabei ihre Wandfläche um den Faktor 10.000. Das Wachstum erfolgt gleichmäßig über die ganze Oberfläche der Längswand verteilt. Hierbei werden beständig neue Cellulosefibrillen in transversaler Orientierung an der Innenseite der Wand angelagert und in das gleichzeitig produzierte Matrixmaterial eingebettet. Die Mikrotubuli auf der Innenseite der Plasmamembran sind ebenfalls transversal angeordnet. Das Wachstum dieser Zellen ist kein eindimensionaler Prozess, sondern betrifft sowohl die Länge als auch den Durchmesser des Wandzylinders (→ Abbildung 5.8). Genaue Messungen haben ergeben, dass das Verhältnis von Längenwachstum zu Dickenwachstum, der **allometrische Quotient**, langfristig konstant bleibt: K = 4,5 : 1. Die Zelle wächst also 4,5mal schneller in der

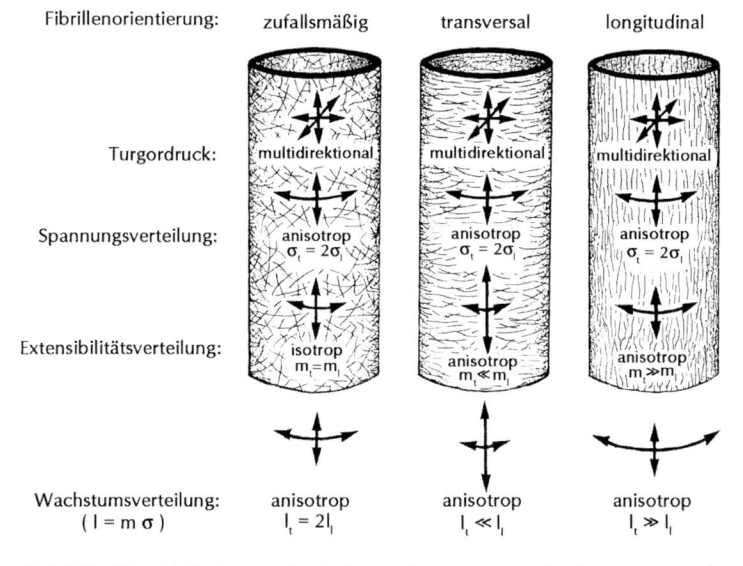

Abb. 5.5. Die Abhängigkeit der Zellwanddehnung von der Orientierung der Cellulosefibrillen am Beispiel einer zylinderförmigen Zelle (schematisch). Der allseitig (multidirektional) gerichtete *Turgordruck* erzeugt im Zellwandzylinder eine hierzu proportionale mechanische Spannung und damit einen Wandstress, dessen transversaler Vektor (σ_t) aus geometrischen Gründen doppelt so groß ist wie der longitudinale Vektor (σ_l); die **Spannungsverteilung** ist daher *anisotrop* zugunsten einer Dehnung in transversaler Richtung (→ Exkurs 5.1). Die **Extensibilitätsverteilung** hängt von der Orientierung der Fibrillen in der Ebene der Zellwand ab: Eine zufallsmäßige Verteilung (*links*) führt zu *isotroper* Dehnbarkeit (keine Vorzugsrichtung), während eine transversale (*Mitte*) bzw. longitudinale (*rechts*) Anordnung zu *anisotroper* Dehnbarkeit mit Bevorzugung der Längsrichtung (m_l) bzw. Querrichtung (m_t) führt. Die Dehnung der Wand in Längsrichtung (l_l) und Querrichtung (l_t) kann als Produkt der entsprechenden Vektoren des Stresses σ und der Extensibilität m beschrieben werden. (Die Existenz eines Grenzwertes Y wird hier ignoriert.) Bei *longitudinaler Fibrillenorientierung* ist demnach das Wachstum in Querrichtung stark bevorzugt; die Zelle strebt die Form einer Kugel an. Dies gilt aufgrund der anisotropen Spannungsverhältnisse auch für die *zufallsmäßige Fibrillenverteilung*. Lediglich bei *transversaler Fibrillenorientierung* ist eine Bevorzugung der Längsrichtung beim Wachstum möglich.

5.5, *links*): Die Zelle geht langsam vom Längenwachstum zum Dickenwachstum über; der allometrische Quotient fällt von 4,5 auf 0,2 und die Zelle strebt Kugelgestalt an (→ Abbildung 5.8). Diese Umorientierung zum isotropen Wachstum ist vollständig, wenn das innerste Viertel der Zellwand aus neuen (ungeordneten) Fibrillen besteht. Daraus kann man schließen, dass nur diese Zone der Zellwand für die Festlegung der Wachstumsrichtung verantwortlich ist. Die entscheidende Rolle der inneren Wandbereiche für die Stabilität der Zelle lässt sich auch an einem anderen Befund ermessen: Wenn man die Cellulosesynthese (nicht aber die Synthese von Matrixpolymeren) mit dem Inhibitor 2,6-Dichlorobenzonitril hemmt, läuft das Wachstum zunächst unverändert weiter. Wenn die neu gebildete (cellulosefreie) Wandschicht etwa ein Viertel der Wanddicke erreicht hat, führt der Turgor (0,6 MPa) jedoch zum Platzen der Zelle. Die theoretischen Voraussagen der Multinetzhypothese sind also in diesem Objekt überzeugend verifizierbar. Auch bei den Zellen höherer Pflanzen ließen sich entsprechende Befunde machen, z. B. bei einer Zellkultur (Abbildung 5.9). Eine mathematische Formulierung für das allometrische Wachstum eines vielzelligen Organs wird im Exkurs 5.2 am Bei-

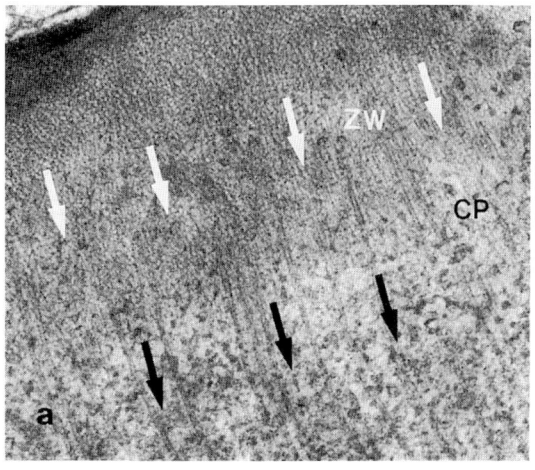

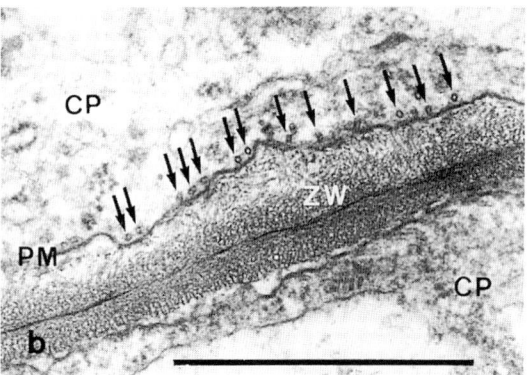

Abb. 5.6 a, b. Parallele Orientierung der Cellulosefibrillen (in der Zellwand) und der Mikrotubuli (auf der Innenseite der Plasmamembran). Objekt: junge Siebröhrenzellen in der Sprossspitze der Mangrove *Rhizophora mangle*. **a** Tangentialer Flachschnitt durch die Zellperipherie, in dem die Fibrillen der Zellwand (*helle Pfeile*) und das äußere Cytoplasma mit den corticalen Mikrotubuli (*dunkle Pfeile*) angeschnitten sind. (Die dazwischen liegende Plasmamembran ist wegen der schrägen Schnittführung nicht zu erkennen.) **b** Schnitt senkrecht zur Ebene der Zellwand. Die corticalen Mikrotubuli sind im Querschnitt getroffen (*Pfeile*). Die auf der anderen Seite der Plasmamembran liegenden Cellulosefibrillen verlaufen senkrecht zur Bildebene. *ZW*, Zellwand; *CP*, Cytoplasma; *PM*, Plasmembran. *Strich*: 1 µm. (Nach Behnke und Richter 1990)

Länge als im Durchmesser und ändert daher ihre Gestalt nach einer sehr einfachen Gesetzmäßigkeit. Die Anisotropie des Wachstums ist offensichtlich durch die anisotrope Zellwandarchitektur bedingt (→ Abbildung 5.5, *Mitte*). Wenn man die corticalen Mikrotubuli mit Colchicin oder ähnlich wirkenden Substanzen zerstört (→ S. 23), wird die parallele Anordnung der neugebildeten Cellulosefibrillen aufgehoben und die Wachstumsallometrie ändert sich, wie theoretisch zu erwarten (→ Abbildung

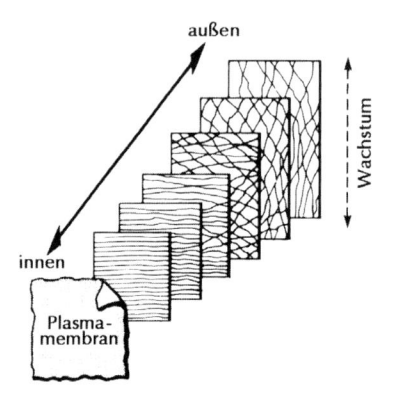

Abb. 5.7. Eine schematische Illustration zur Multinetzhypothese der Primärwandstruktur. Neue, kompakte Wandschichten mit parallelen Fibrillen (senkrecht zur Wachstumsrichtung) werden an der Plasmamembranseite auf die bestehende Wand aufgelagert, so dass deren Dicke gleich bleibt. Im Verlauf des Wachstums wird jede Schicht von einer jüngeren Schicht verdrängt und dabei passiv zur Außenseite der Wand hin verlagert. Sie wird dabei in Wachstumsrichtung kontinuierlich in die Länge gestreckt. Die Fibrillen erfahren eine Umorientierung zur Längsrichtung und verlieren dabei ihren Zusammenhalt. Die wachsende Zellwand ist nach dieser Vorstellung eine hochgradig dynamische Struktur, deren Stabilität vor allem von den inneren (jüngeren) Schichten abhängt. (Nach Roland und Vian 1979)

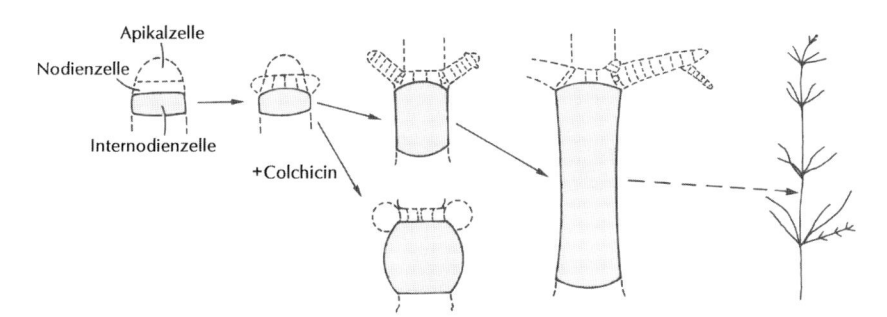

Abb. 5.8. Wachstum der Internodienzelle von *Nitella axillaris* (Characeae). Direkt nach der Teilung ist die Zelle etwa 30 µm lang und 100 µm dick (*links*). Im ausgewachsenen Zustand beträgt die Länge etwa 5 cm und die Dicke etwa 500 µm (*rechts*, verkleinert dargestellt). Diese Formveränderung (Morphogenese) wird durch **anisotropes Wachstum** bewirkt, wobei sich die Intensitäten des Wachstums in die Länge bzw. in die Dicke wie 4,5 : 1 verhalten. Die Wachstumsanisotropie ist eine Folge der anisotropen Anordnung der Cellulosefibrillen in der Längswand. Zerstörung der corticalen Mikrotubuli durch Colchicin hebt die Wachstumsanisotropie auf, da eine geordnete, anisotrope Fibrillenablagerung nicht mehr möglich ist. (Nach Green und King 1966; verändert)

spiel der Maiskoleoptile abgeleitet und auf die Umsteuerung der Allometrie durch Colchicin angewendet.

Es gibt gute Gründe für die Annahme, dass die Ausbildung spezifischer **Zellformen** im Rahmen der Zellmorphogenese durch die Anordnung der corticalen Mikrotubuli während der Wandbildung gesteuert wird. Befunde, wie z. B. die in Abbildung 5.10 dargestellten, lassen dies sehr plausibel erscheinen. Auch bei der Morphogenese von Schließzellen und Xylemelementen hat man eine ähnlich enge Korrelation zwischen lokalen Mikrotubulibändern und lokalen Zellwandversteifungen gefunden.

5.2.3 Lokales Wachstum der Zellwand

Viele fädige Zelltypen (z. B. Pollenschläuche, Wurzelhaare, Rhizoide, Moos- und Farnprotonemazellen) wachsen mit einer lokal begrenzten Wachstumszone am Zellapex, **Spitzenwachstum**. Beschränkt auf die halbkugelig geformte Zellspitze

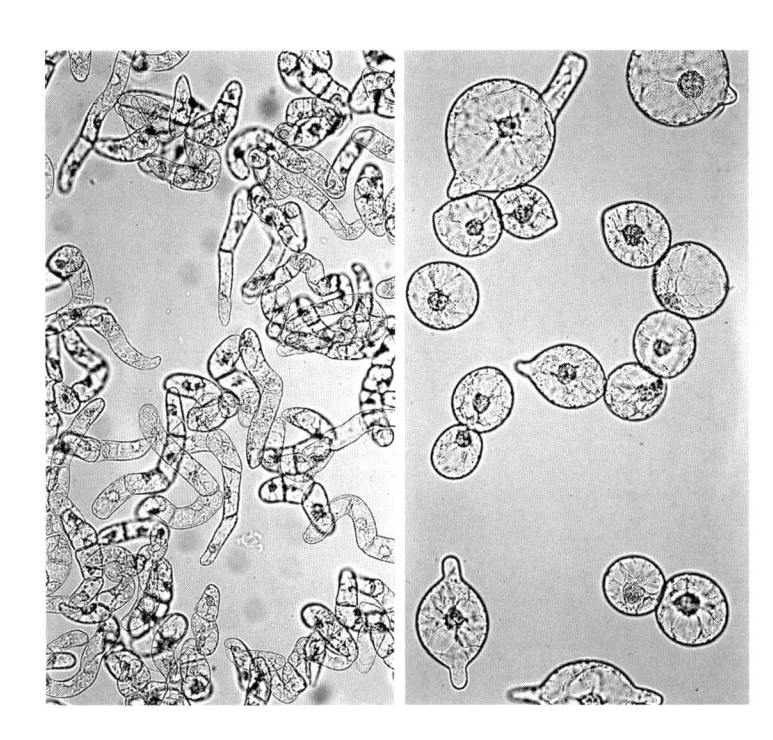

Abb. 5.9. Die Aufhebung der Wachstumsanisotropie bei Einzelzellen durch Zerstörung des Mikrotubulicytoskeletts. Objekt: Zellkultur von Tabak (*Nicotiana tabacum*). Bei den normalerweise in die Länge wachsenden Zellen (*links*) kann innerhalb von 6 d nach Depolymerisierung der Mikrotubuli mit Amiprophosmethyl (10 µg · ml^{-1}) Kugelwachstum ausgelöst werden (*rechts*). (Aufnahme von T. Hogetsu)

EXKURS 5.2: Das allometrische Wachstum der Organe eines Maiskeimlings und seine Störung durch Colchicin

Der Spross (Mesokotyl und Koleoptile) und die Wurzel eines im Dunkeln gehaltenen Maiskeimlings (*Zea mays*) zeigen ein anisotropes Wachstum mit starker Dominanz der Längsrichtung über die Querrichtung. Wie zu erwarten, führt die Zerstörung der corticalen Mikrotubuli durch Colchicin (→ S. 23) zu drastischen Veränderungen im Verhältnis von Längen- zu Dickenwachstum der Organe, die sich in ihren wachsenden Bereichen der Kugelform annähern (Abbildung A). Durch Messung von Länge und Durchmesser dieser Zonen während des Wachstums kann man den **allometrischen Quotienten** und seine Veränderung durch Colchicin quantitativ bestimmen. Abbildung B zeigt den Einfluss von Colchicin (2,5 mmol · l^{-1}; Zugabe 2 d nach der Aussaat, *Pfeil*) auf den zeitlichen Verlauf von Längen- und Dickenwachstum bei der Koleoptile. Eine mathematische Formulierung des allometrischen Wachstums lässt sich wie folgt ableiten:

Wir definieren den allometrischen Quotienten K als Verhältnis der relativen Wachstumsintensitäten in der Länge (L) und im Durchmesser (D):

$$K = \frac{dL}{dt\,L} \Big/ \frac{dD}{dt\,D}, \text{ oder } \frac{dL}{L} = K\frac{dD}{D}.$$

Durch Integration erhält man:

$\ln L = K \ln D + \ln c$ ($\ln c$ = Integrationskonstante).

Nach dieser Beziehung erhält man eine Gerade mit der Steigung K, wenn man $\ln L$ gegen $\ln D$ aufträgt. Wenn man die Messwerte der Abbildung B in dieser Weise darstellt, zeigt sich, dass diese Voraussage für das Wachstum der Koleoptile erfüllt ist (Abbildung C). Für K ergibt sich ein Wert von 6,7; d.h. das Wachstum in der Länge ist 6,7mal stärker als im Durchmesser. Colchicin führt nach einer Übergangszeit von etwa 24 h (→ Abbildung B) zu einem 27mal kleineren K-Wert. (Nach Schopfer 2000). Die hier abgeleitete Formel für das allometrische Wachstum lässt sich bei vielen Organen anwenden, z.B. auf das Wachstum von Früchten (→Exkurs 17.3, S. 383).

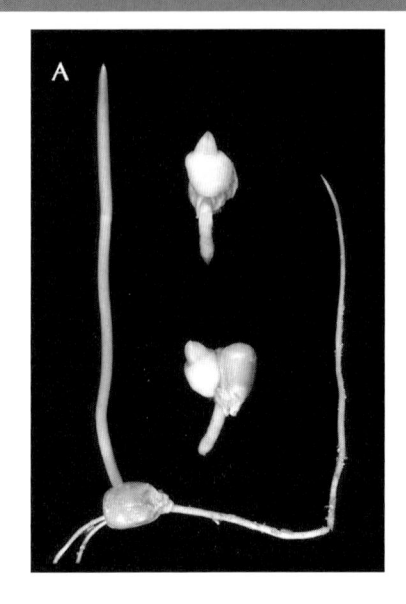

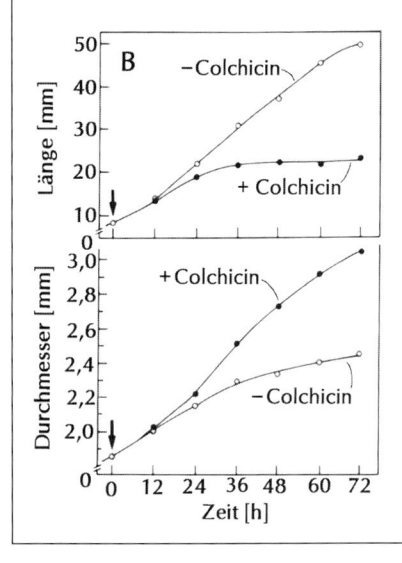

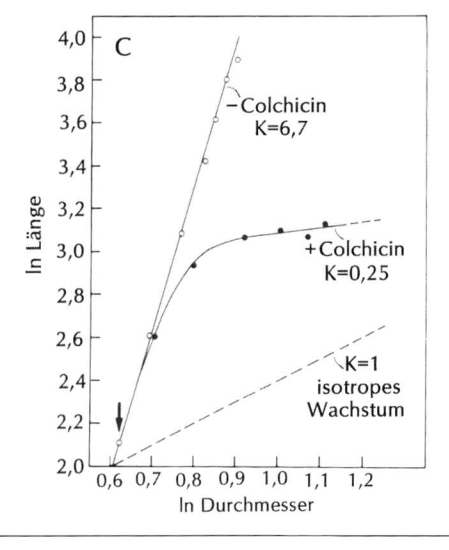

◀ **Abb. 5.10 a–c.** Zusammenhang zwischen Zellform und Mikrotubulianordnung beim Zellwachstum. Objekt: Mesophyllzellen von Weizenblättern (*Triticum aestivum*). Zellen verschiedener Entwicklungsstadien wurden isoliert und zur Sichtbarmachung der Mikrotubuli und Mikrofibrillen mit fluoreszenzmarkierten Tubulinantikörpern bzw. Calcofluor (führt zu einer spezifischen Fluoreszenz von Cellulose) angefärbt. **a** Junge Zellen zu Beginn der Streckungsphase; **b** ältere Zellen (Mikrotubulianfärbung jeweils *links*, Celluloseanfärbung *rechts*); **c** ausgewachsene Zellen in einem longitudinalen Blattanschnitt (rasterelektronenmikroskopische Aufnahme). Man erkennt, dass die wachsenden Zellen transversale Mikrofibrillenbänder (Versteifungsleisten der Zellwand) ausbilden, welche räumlich exakt mit dem Muster der Mikrotubuli übereinstimmen. Die Versteifungsleisten führen zu einer lokalen Behinderung des Dickenwachstums und damit zur charakteristischen, eingebuchteten Gestalt der ausgewachsenen Zellen (und damit zur Ausbildung umfangreicher Interzellularräume im Mesophyll). (Nach Jung und Wernicke 1990)

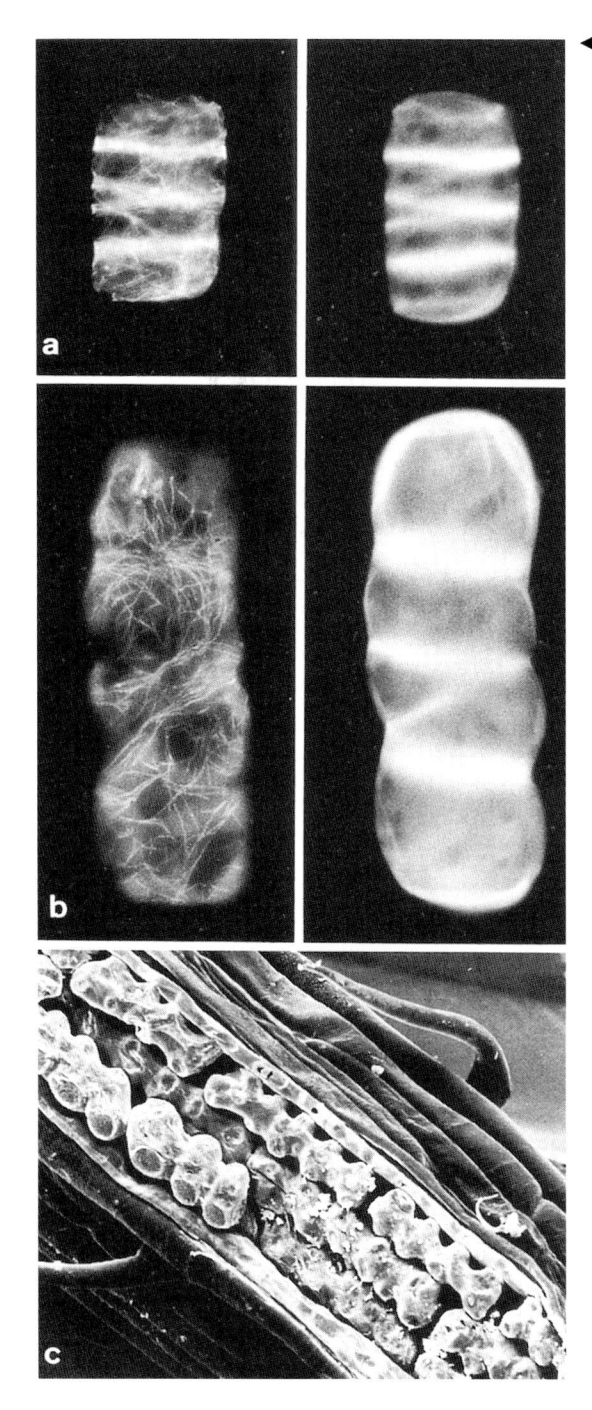

findet eine intensive Synthese und Ausschleusung von Wandmaterial (einschließlich Cellulosefibrillen) statt. Das Wandwachstum lässt sich als ein Fließgleichgewicht zwischen turgorabhängiger Wanddehnung und syntheseabhängiger Wandversteifung beschreiben. Damit Form und Dicke der Zellwand beim Wachstum konstant bleiben, müssen diese Prozesse nach einem streng festgelegten radiären und meridionalen Muster, ausgehend von einem „ruhenden Zentrum" an der Spitze über eine Zone maximaler Expansion bis zum Abschluss der Expansion an der Basis der apikalen Zellkalotte reguliert werden. Beim Spitzenwachstum von Wurzelhaaren, Pollenschläuchen, Rhizoiden oder Protonemazellen scheinen die corticalen Mikrotubuli keine ordnende Rolle bei der Ablagerung der Cellulosefibrillen zu spielen. Hingegen hat man bei Farnprotonemen zumindest in einem Fall Beobachtungen gemacht, die für eine derartige Rolle der Mikrotubuli sprechen.

Farngametophyten wachsen im Rotlicht als Zellfäden mit Spitzenwachstum und gehen im Blaulicht zum Flächenwachstum mit einer zweischneidigen Scheitelzelle über (→ Abbildung 17.8). Dieser Übergang beginnt nach etwa 2 h Blaulichtbestrahlung mit einer kugelförmigen Aufblähung der Protonemaspitze (Abbildung 5.11). Bereits vor der morphologischen Veränderung kann man bei *Adiantum* eine Umorientierung der Mikrotubuli, gefolgt von einer entsprechenden Umorientierung der neu gebildeten Cellulosefibrillen, in der kritischen Zone an der Basis der apikalen Zellkalotte feststellen.

Spitzenwachstum ist Ausdruck einer **polaren Zellorganisation** (→ S. 39); diese äußert sich in Gradienten einiger Cytoplasmakomponenten, welche am Wachstumsschwerpunkt ihre maximale Konzentration erreichen. Dazu gehört neben Golgivesikeln und Mitochondrien auch die cytosolische Ca^{2+}-Konzentration. An der wachsenden Zell-

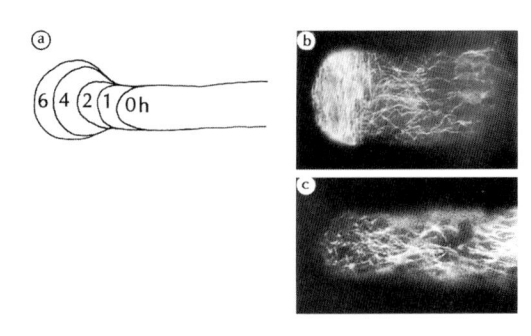

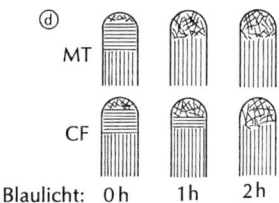

Abb. 5.11 a–d. Die Umorientierung von Mikrotubuli in der Spitze von Farnprotonemen beim Übergang vom eindimensionalen zum zweidimensionalen Wachstum. Objekt: apikale Protonemazellen des Gametophyten von *Adiantum capillus-veneris*. Die Protonemen wurden im Rotlicht aus Gonosporen angezogen. Sie wachsen unter diesen Bedingungen mit einer halbkugeligen Wachstumszone an der Spitze der apikalen Zelle. Blaulicht induziert den Übergang zum Flächenwachstum, das mit einer kugeligen Aufblähung des Zellapex beginnt (**a**, die Zahlen bedeuten Stunden im Blaulicht). Im Rotlicht besitzen die Zellen ein Band transversaler Mikrotubuli an der Basis der apikalen Kalotte (**b**). Dieses Band geht im Blaulicht in eine ungeordnete Verteilung über (**c**, nach 30 min Blaulicht). Die Mikrotubuli wurden durch *in-situ*-Markierung mit fluoreszenzmarkierten Antikörpern gegen Tubulin sichtbar gemacht. Das Muster der neugebildeten Cellulosefibrillen (*CF*) auf der Innenseite der wachsenden Zellwand folgt der Mikrotubuli(*MT*)-Umorientierung (**d**, schematische Darstellung). Die Zellwand unterhalb der apikalen Kalotte (longitudinale Fibrillenorientierung) ist nicht mehr dehnungsfähig. (Nach Murata und Wada 1989)

spitze bildet sich ein **Ca²⁺-Gradient** aus, der durch lokale Ca^{2+}-Aufnahme durch Ca^{2+}-Kanäle aufrecht erhalten wird. Diesem Gradienten spricht man eine wichtige Rolle bei der Steuerung des Spitzenwachstums zu. Dafür sprechen z. B. Befunde, nach denen der Wachstumsprozess erlischt, wenn man den Ca^{2+}-Gradienten mit Ca^{2+}-Kanalblockern aufhebt. Eine Verlagerung des Ca^{2+}-Einstroms von der Spitze zur Seite durch seitliche Applikation von Ca^{2+}-Ionophoren führt zur Verlagerung des Wachstumspols in Richtung des neu etablierten Ca^{2+}-Gradienten. Möglicherweise wird durch Ca^{2+} eine Ca^{2+}-abhängige Proteinkinase aktiviert, welche die Fusion sekretorischer Vesikel mit der Plasmamembran fördert. Auch die Zerstörung der corticalen Mikrotubuli kann zur Desorientierung des Wurzelhaarwachstums führen. Die genaue Funktion des Cytoskeletts beim Spitzenwachstum ist jedoch noch unklar.

5.3 Integration des Zellwachstums in vielzelligen Systemen

5.3.1 Die Epidermiswand als zellübergreifende Organwand

Die von Lockhart entwickelte Wachstumsgleichung (Gleichung 5.5) gilt zunächst nur für die isolierte Einzelzelle; sie wird jedoch auch häufig auf vielzellige Gewebe oder ganze Organe (z. B. Blätter oder Stängelabschnitte) angewandt. Man macht dabei die Annahme, dass sich alle Zellen dieser komplexen Objekte beim Wachstum physikalisch und physiologisch gleichartig verhalten. Diese Annahme ist in aller Regel nicht gerechtfertigt. Organe sind aus funktionell verschiedenartigen Geweben aufgebaut, welche häufig die Tendenz besitzen, mit unterschiedlicher Intensität zu wachsen. Da sie jedoch über ihre Zellwände fest miteinander verbunden sind, entwickeln sich hierbei mechanische Spannungen zwischen benachbarten Geweben. Diese **Gewebespannungen**, welche bereits 1859 von Hofmeister und 1865 von Sachs beschrieben wurden, sind in achsenförmigen Organen besonders auffällig. Wenn man eine junge Sprossachse oder Koleoptile der Länge nach halbiert, so krümmen sich die beiden Spalthälften spontan nach außen, ein Zeichen dafür, dass die peripheren Zellschichten eine relativ hohe Wandspannung und daher eine starke Tendenz zur Kontraktion aufweisen (Abbildung 5.12a). Die inneren Gewebe besitzen dagegen eine vergleichsweise niedrige Wandspannung; sie werden im intakten Organ von den äußeren Zellschichten komprimiert und expandieren daher (unter Wasseraufnahme), wenn man sie von dem mechanischen Zwang der äußeren Zellschicht befreit. Das Wachstum des intakten Organs wird von denjenigen Zellwänden mechanisch begrenzt, welche die höchste Spannung in Wachstumsrichtung aufweisen. Daraus folgt, dass in Sprossachsen die peripheren Zellschichten das Wachstum kontrollieren. In Übereinstimmung mit dieser Überlegung findet man, dass Auxin spezifisch das Wachstum der peripheren Zellschichten

5.3 Integration des Zellwachstums in vielzelligen Systemen

Abb. 5.12 a–c. Demonstration der longitudinalen Gewebespannung in einer Sprossachse sowie der gewebespezifischen Wirkung von Auxin beim Längenwachstum. Objekt: Wachstumsfähige Internodiensegmente junger, etiolierter Erbsenpflanzen (*Pisum sativum*). Die frisch isolierten Internodien wurden der Länge nach 3 cm weit eingeschnitten und in Wasser inkubiert. Die Gewebespannung (Zugspannung in der Peripherie, Kompression im Zentrum) relaxiert hierbei durch Kontraktion der Peripherie und Expansion des zentralen Gewebes, wodurch sich die Spalthälften spontan nach außen spreizen (**a**). Zugabe von 0,4 (**b**) oder 13 (**c**) µmol · l^{-1} Auxin induziert eine Einkrümmung der abgespreizten Enden (Wachstumszone des Internodiums). Die Schattenrisse wurden nach 12 h Inkubation aufgenommen. Diese Wachstumsreaktion kann als quantitativer Biotest für Auxin verwendet werden: Der Krümmungswinkel α ist proportional zum Logarithmus der Auxinkonzentration. (Nach Went und Thimann 1937; verändert)

anregt und daher bei Spalthälften eines Achsenorgans eine Einwärtskrümmung bewirkt (Abbildung 5.12b,c). Entfernt man bei einem Internodiensegment aus dem Spross von Erbsenpflanzen die äußeren drei Zellschichten, so dehnt sich das innere Gewebe unter Wasseraufnahme spontan aus, reagiert aber kaum mehr auf Auxin.

Bei Maiskoleoptilen konnte gezeigt werden, dass die äußere Epidermis das wachstumslimitierende Gewebe des Organs darstellt (Abbildung 5.13). Unter der Voraussetzung, dass die hohe Extensibilität der inneren Zellwände beim Wachstum aufrecht erhalten bleibt, hängt die Expansion des Organs praktisch ausschließlich von der Dehnbarkeit der dicken Außenwand der Epidermis ab. Daraus ergibt sich eine wichtige Einsicht: Wachstum ist in diesem Fall nicht eine Funktion der einzelnen Zellen, sondern eine integrale Funktion des Organs und wird durch die mechanischen Eigenschaften einer zellübergreifenden peripheren **Organwand** gesteuert. Die Parameter der Wachstumsgleichung (Gleichung 5.5) können daher nicht auf die einzelnen Zellen, sondern müssen auf das Organ als Ganzes angewendet werden (→ S. 44).

Das Streckungswachstum eines Organs ist in der Regel nicht gleichmäßig über seine Länge verteilt, sondern auf bestimmte **Wachstumszonen** beschränkt. Beim Hypokotyl liegt diese Wachstumszone meist im oberen Viertel des Organs. Auch die höheren Internodien der Sprossachse und die Wurzel wachsen mit einer apikalen Wachstumszone, während die Blätter der Gräser durch eine basale Wachstumszone (direkt auf das interkalare Blattmeristem folgend) ausgezeichnet sind.

Auch die Bildung der Blatt- oder Blütenprimordien am Sprossapex lässt sich als biomechanischer Prozess beschreiben. Um den zentralen Dom des Meristems werden die Blattanlagen als sich vorwölbende Gewebehöcker aus dem morphologisch homogenen Gewebe ohne Rücksicht auf Zellgrenzen ausgegliedert (→ Abbildung 17.19, 22.1). Wie es zur Anlage des sehr präzis nach geometrischen Regeln aufgebauten **Primordienmusters** und damit zur spezifischen Phyllotaxis der Pflanze kommt, ist noch weitgehend unklar (→ S. 395). Die Ausprägung des Primordienmusters erfolgt durch eine von außen nach innen fortschreitende, zellübergreifende Modellierung der wachsenden Meristemoberfläche. Es bildet sich ein Muster von regionalen Dehnungsinseln in der Epidermis heraus, die sich unter dem Einfluss des Wachstumsdrucks nach außen

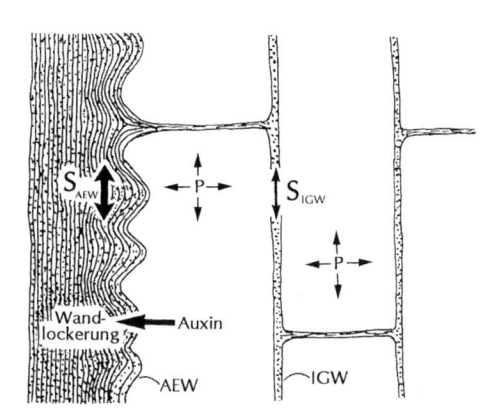

Abb. 5.13. Schematische Illustration der longitudinalen Gewebespannung zwischen der äußeren Epidermiswand (*AEW*) und den Wänden des inneren Gewebes (*IGW*) bei der Maiskoleptile (*Zea mays*). Die dicke *AEW* besitzt eine geringe Dehnbarkeit, die viel dünnere *IGW* dagegen eine relativ große Dehnbarkeit. Der Turgor (*P*) ist in allen Zellen gleich. Da die Zellen ein festes Verbundsystem darstellen, wird der Turgor vorwiegend in der *AEW* aufgefangen. Daher besitzt die *AEW* eine hohe Spannung (S_{AEW}), während die *IGW*s eine viel niedrigere Spannung (S_{IGW}) aufweisen. Da die Dehnung des gesamten Organs von der *AEW* mechanisch begrenzt wird, ist eine Extensibilitätserhöhung nur in dieser Wand notwendig, um Wachstum zu ermöglichen. Es ist angedeutet, dass Auxin eine (metabolisch kontrollierte) Lockerung der *AEW* bewirkt.

Abb. 5.14. Frühes Entwicklungsstadium der Infloreszenz der Sonnenblume (*Helianthus annuus*). Die Bildung und Ausdifferenzierung der Blüten erfolgt von außen nach innen (spiralige Phyllotaxis, Divergenzwinkel 137,5°; → S. 396), wobei kontinuierlich unstrukturierte Bereiche des apikalen Doms in die Primordienbildung einbezogen werden. *Strich*: 1 mm. (Nach Green 1992)

wölben (Abbildung 5.14). Auch hier konnte man einen Zusammenhang zwischen transverser Fibrillenorientierung und Richtung der Zellwanddehnung nachweisen. Das vorhandene Primordienmuster erzeugt in der vom Turgor gespannten Epidermis ein Muster an Zug- und Scherkräften, welches zum Zentrum des Meristems ausstrahlt und mit der Bildung weiterer Primordien in der gleichen Anordnung einhergeht, **Musterfortpflanzung** (→ Abbildung 5.14). Die genaue Analyse zeigt, dass jeweils die Positionen minimaler Zellwandspannung auf der Epidermisoberfläche zum Zentrum eines neuen Primordiums werden. Das Muster an mechanischen Kräften wird auch für die gleichzeitige Auslösung gerichteter Zellteilungen im Meristemgewebe unter den Primordien verantwortlich gemacht (→ S. 34). Durch die Einziehung neuer Zellwände wird dafür gesorgt, dass beim Volumenwachstum der Primordien eine konstante Zellgröße und -form eingehalten wird. Obwohl viele Einzelheiten der morphogenetischen Prozesse im Sprossapex noch unklar sind, wird deutlich, dass hier meristematische Zellen ohne festgelegtes Entwicklungsschicksal ortsabhängig nach einem übergeordneten, organismischen Bauplan in die Organbildung einbezogen werden. Die Formgebung geht offensichtlich von der Epidermis aus.

5.3.2 Streckungs- und Kontraktionswachstum bei Wurzeln

Das Streckungswachstum der Wurzel erfolgt in einer begrenzten, wenige Millimeter langen Wachstumszone im Anschluss an das Meristem der Wurzelspitze (→ Abbildung 17.17). Die Zellen durchlaufen die Wachstumszone innerhalb weniger Stunden und werden dabei massiv in die Länge gestreckt (→ Exkurs 5.3).

Die **Zugwurzeln** vieler Zwiebel- und Rhizompflanzen sind zur aktiven **Kontraktion** befähigt, wodurch die Speicherorgane in tiefere Bodenschichten gezogen und in einer optimalen Tiefe verankert werden können. Dieses erstaunliche Phänomen lässt sich z. B. bei Hyazinthen oder Narzissen gut beobachten, deren Zwiebeln im Laufe der Zeit durch Zugwurzeln tiefer in den Boden verfrachtet werden. Physikalische Messungen haben ergeben, dass hierbei Zugkräfte von etwa 1 N und Geschwindigkeiten von etwa $1 \text{ cm} \cdot \text{Monat}^{-1}$ erreicht werden können. Zugwurzeln verkürzen sich in einem aktiven Wachstumsprozess, der im einzelnen noch nicht genau aufgeklärt werden konnte. Da die äußeren Gewebe ziehharmonikaartig unter Ausbildung von Querfalten zusammengeschoben werden, muss das aktiv kontrahierende Gewebe im Inneren der Wurzel liegen. Histologische Untersuchungen haben komplexe Veränderungen im Wurzelcortex ergeben. Die Zellen der äußeren und mittleren Schichten expandieren radial, verkürzen sich hierbei und kollabieren schließlich teilweise. Die Kontraktion wird also offenbar durch eine Veränderung der Zellform in einem corticalen „Motorgewebe" erzeugt, dem die peripheren Gewebe, ebenso wie die Gewebe des Zentralzylinders, passiv folgen.

EXKURS 5.3: Die Bestimmung der lokalen Zellstreckung in der Wachstumszone der Maiswurzel

Die Wurzel der Samenpflanzen, z. B. beim Mais (*Zea mays*), besitzt einen polaren Aufbau mit aufeinander folgenden Zonen unterschiedlicher Zellfunktionen (→ Abbildung 17.17). In der **Teilungszone** (Meristem) werden durch transversale Teilungen ständig neue Zellen produziert und an die distal gelegene Kalyptra und die proximal gelegene **Wachstumszone** der Wurzel abgegeben. Die in proximaler Richtung abgegebenen Zellreihen durchlaufen diese Zone und werden dabei auf etwa 10fache Länge gestreckt, bevor sie in die anschließende **Differenzierungszone** eintreten. Dieses System ermöglicht im stationären Zustand, d. h. bei konstanten Intensitäten aller Teilprozesse, ein langfristig konstantes Wachstum.

Die genaue Lage der Wachstumszone und die Verteilung der Wachstumsintensität entlang der Wurzel kann man sehr genau experimentell bestimmen. Man bringt dazu in regelmäßigen Abständen (z. B. 1 mm) Markierungen auf der Wurzel an und misst die Geschwindigkeit, mit der sich die einzelnen Marken vom Wurzelapex entfernen (Abbildung A). Trägt man die Geschwindigkeiten gegen die Position auf, erhält man eine sigmoide Kurve, die das Integral über die Wachstumsintensität der gesamten Zone repräsentiert (Abbildung B). Die Ableitung dieser Kurve liefert die Verteilung der lokalen Wachstumsintensität entlang der Wurzel, das **Wachstumsprofil** (Abbildung C).

Bei der gut mit Wasser versorgten Primärwurzel von Maiskeimlingen ($\psi = 0$ MPa) reicht die Wachstumszone von etwa 1,5 bis 10 mm hinter den Apex. Die maximale relative Wachstumsintensität wird bei 5 mm erreicht und beträgt dort 0,5 h^{-1} (29 °C), d. h. die Zellen verlängern sich jede Stunde um 50 %. Insgesamt leistet die Wachstumszone einen Zuwachs von 3 mm · h^{-1} (→ Abbildung B). Weitere Messungen ergaben, dass der Turgor in allen Zellen dieser Region gleich und konstant ist (etwa 0,6 MPa); das Wachstumsprofil spiegelt die lokalen Unterschiede in der Zellwanddehnbarkeit wider.

Mit solchen Wachstumsmessungen ist es z. B. möglich, die Reaktion des Wurzelwachstums auf Umweltfaktoren zu bestimmen. Die gestrichelten Kurvenzüge in Abbildung B und C zeigen, wie sich die Wachstumszone ändert, wenn man die Wurzel unter Trockenstress setzt ($\psi = -1,6$ MPa für 100 h): Der Zuwachs wird auf 1 mm · h^{-1} reduziert und die Wachstumszone auf den distalen Bereich verkürzt, wo die volle Wachstumsintensität erhalten bleibt (obwohl der Turgor in der ganzen Wurzel auf 0,3 MPa abfällt). Das Wachstumspotenzial wird in diesem Fall durch eine massive Erhöhung der osmotischen Konzentration im Zellsaft, also durch osmotische Adaptation, bereitgestellt. Außerdem verringert sich der Wurzeldurchmesser und die Zellwanddehnbarkeit steigt. Aufgrund dieser regulatorischen Fähigkeiten kann die Wurzel noch unter Bedingungen wachsen, unter denen der Spross sein Wachstum bereits vollständig eingestellt hat. (Nach Sharp et al. 1988, 1990)

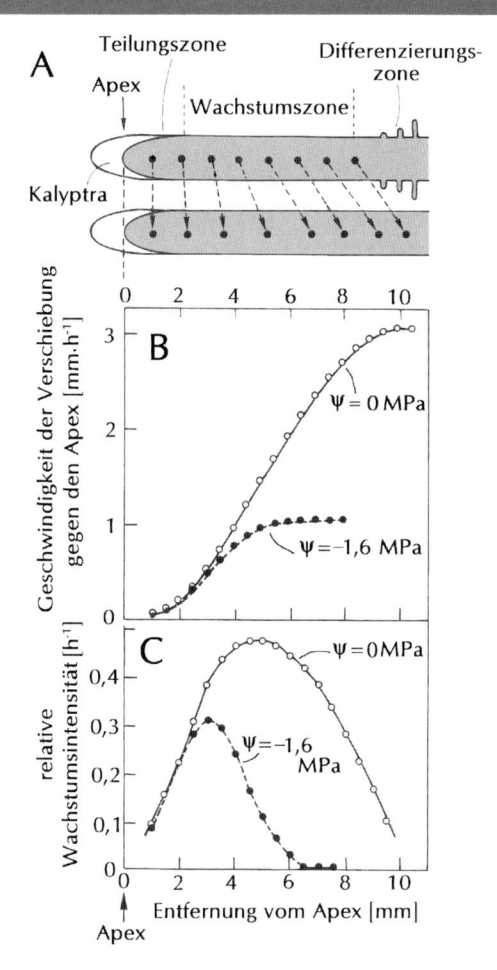

5.4 Zur Beziehung zwischen Zellwachstum und Zellteilung

Nach einer häufig wiedergegebenen These findet im vielzelligen Organismus sowohl „Streckungswachstum" als auch „Teilungswachstum" statt. Dies ist insofern irreführend, als die Teilung von Zellen *per se* nicht zu Wachstum führt. Eine Zelle, die durch mitotische Teilung in zwei Tochterzellen aufgegliedert wurde, ist dadurch nicht größer geworden. Erst wenn die Tochterzellen an Volumen und Oberfläche zunehmen, ergibt sich Wachstum. Daher ist auch das Wachstum eines vielzelligen Organs oder einer Zellkultur ausschließlich auf Zellexpansion zurückzuführen, unabhängig davon, ob gleichzeitig Zellteilungen stattfinden.

Zellteilung und Zellwachstum sind prinzipiell getrennte Ereignisse, treten aber oft gekoppelt auf. Dies wird z. B. sichtbar im Meristem der Wurzel, wo trotz beständiger Zellteilung die Größe der Zellen konstant bleibt; d. h. jede Zelle wächst zwischen den Teilungen auf die zweifache Größe heran, wodurch die Größe des Meristems unverändert bleibt (→ Abbildung 17.17). Diese Konstanz macht deutlich, dass die Zellgröße, bei der die Teilung eintritt, genau festgelegt ist. Nach dem Austritt aus dem Meristem setzt weiteres Wachstum ein, das keinerlei direkten Bezug mehr zur Zellteilung zeigt. So erfolgt z. B. das Wachstum der Graskoleoptile nach der Keimung in Abwesenheit von Zellteilungen. Die Unabhängigkeit des Organwachstums von der Zellteilung lässt sich auch durch experimentelle Befunde belegen. Beispielsweise verlaufen die Keimung und das frühe Keimlingswachstum normal, wenn die mitotische Aktivität zuvor in den Samen durch Röntgenbestrahlung ausgeschaltet wurde. Die später gebildeten Blätter wachsen zwar langsamer, sind aber normal geformt; d. h. die allometrischen Verhältnisse werden auch ohne Zellteilung eingehalten. Die Hemmung der Zellteilung durch Unterexpression einer Cyclin-abhängigen Proteinkinase (→ S. 32) in transgenem Tabak führt zu nahezu normal entwickelten Pflanzen mit weniger, aber größeren Zellen. Diese Resultate zeigen, dass Zellteilung und Zellwachstum entkoppelt werden können, in Übereinstimmung mit der organismischen Theorie der Vielzelligkeit (→ S. 45). Auf der anderen Seite sprechen manche Befunde für einen kausalen Zusammenhang zwischen Zellteilung und Zellwachstum. Bei der Wurzel von *Arabidopsis*-Keimlingen geht die durch Mutation ausgelöste Steigerung des Längenwachstums mit einer Verlängerung der Wachstumszone und einer gesteigerten Zellproduktion im Meristem einher. Da die Endlänge der Zellen sich nicht ändert, ist offenbar die erhöhte Zahl an wachsenden Zellen für das verstärkte Organwachstum verantwortlich. In Übereinstimmung damit führt die Überexpression eines teilungsfördernden Cyclins zu verstärktem Wurzelwachstum (→ Exkurs 2.3, S. 33).

Diese Resultate weisen darauf hin, dass das Wachstum von Pflanzenorganen durch Zellwachstum erfolgt, welches zwar prinzipiell unabhängig von der Zellteilung ist, jedoch durch die verminderte Nachlieferung neuer Zellen aus Meristemen kurzfristig oder längerfristig begrenzt werden kann.

5.5 Regulation des Streckungswachstums

Das Zellwachstum wird in der Pflanze durch äußere und innere Faktoren sehr präzis gesteuert, z. B. durch **Licht** (→ Abbildung 19.16) oder durch **Hormone** (→ Abbildung 18.2). Der Mechanismus dieser Steuerung ist bisher nur unvollkommen bekannt. Die hierbei in Frage kommenden physikalischen Wachstumsparameter sind in Gleichung 5.5 zusammengefasst. Bei einzelligen Objekten (z. B. Algenzellen), aber auch bei einfachen vielzelligen Objekten (z. B. Koleoptilen, Hypokotylen) können die Wassertransportparameter meist vernachlässigt werden ($L \gg m$). Das Wachstum hängt dann nach Gleichung 5.2 praktisch allein vom effektiven Turgor ($P - Y$, Wachstumspotenzial) und von der Zellwandextensibilität (m) ab. Wenn man die Wachstumsintensität einer turgeszenten Sprossachse durch Hormone steigert, bleibt der Turgor normalerweise unverändert; d. h. $P \approx \pi_i$ wird durch eine Aufnahme osmotischer Substanzen konstant gehalten, **Osmoregulation** (→ S. 60), oder fällt aufgrund einer fortlaufenden Verdünnung des Zellsafts durch die Wasseraufnahme sogar ab. Auch Y dürfte in der Regel konstant bleiben (→ Abbildung 5.4). Das Wachstum wird also unter diesen Bedingungen nicht über eine Erhöhung der treibenden Kraft ($P - Y$), sondern über eine Änderung der plastischen Dehnbarkeit der wachstumslimitierenden Zellwände (m) gesteuert. Hierfür gibt es viele überzeugende experimentelle Belege (→ z. B. Abbildung 5.4).

Die dominierende Rolle der Zellwandextensibilität für die Steuerung des Wachstums gilt natürlich nur bei optimaler Wasserversorgung. Da der Turgor direkt vom Wasserpotenzial der Zelle abhängt, führt bereits milder Trockenstress zu einer Reduktion von (P − Y) und damit zu einer entsprechenden Reduktion der Wachstumsintensität (→ Gleichung 5.2). Viele Pflanzen reagieren auf diese Bedingungen mit einer Akkumulation von Osmotica im Zellsaft, **osmotische Adaptation** (→ S. 61). In einigen Fällen hat man gefunden, dass das Wachstum gehemmt bleibt, selbst nachdem der Turgor durch osmotische Adaptation wieder auf seinen ursprünglichen Wert angestiegen ist. Man muss daher annehmen, dass Trockenstress auch eine regulatorische Verminderung der Zellwandextensibilität bewirken kann und auf diese Weise den wasserverbrauchenden Prozess des Wachstums an die Wasserverfügbarkeit in der Pflanze anpasst (→ Exkurs 26.2, S. 593). Es ist in diesem Zusammenhang bemerkenswert, dass das Stresshormon Abscisinsäure (→ S. 426) wachstumshemmend wirkt, und zwar durch eine Verminderung der Zellwandextensibilität.

Man hat lange Zeit angenommen, das Zellwachstum wäre eine Folge der Bildung neuen Zellwandmaterials (Cellulose, Hemicellulose, Pektin). Diese Vorstellung ließ sich jedoch experimentell nicht bestätigen. Beispielsweise hält das Zellwandwachstum im Hypokotyl von Dikotylenkeimlingen mit dem Längenwachstum nicht Schritt, so dass die Wandstärke beständig abnimmt. Umgekehrt läuft die Anlagerung neuer Wandschichten fast unverändert weiter, wenn das Streckungswachstum durch Licht drastisch gehemmt wird (→ Abbildung 17.10). Dies hat zur Folge, dass die Zellwände eines im Dunkeln (rasch) wachsenden Hypokotyls erheblich dünner ausfallen als diejenigen eines im Licht (langsam) wachsenden Hypokotyls. Zellwandbildung und Zellwachstum sind demnach weitgehend unabhängig regulierte Prozesse.

Aus den Zellwänden wachsender Sprossachsen konnte man Proteine isolieren, die im *in-vitro*-Test eine Lockerung von unter Dehnungsstress stehenden Zellwänden bewirken und daher als **Expansine** bezeichnet werden. Die wandlockernde Wirkung dieser relativ kleinen Proteine (29–30 kDa) erfordert einen sauren pH-Wert (Optimum bei pH 3,0–4,5) und ist mit keiner nachweisbaren enzymatischen Aktivität verbunden. Sie lässt sich z. B. auch an Filterpapier demonstrieren, das aus reiner Cellulose besteht. Es kommt hier offenbar zu einer Lockerung von nicht-covalenten intermolekularen Bindungen (Wasserstoffbrücken) zwischen lasttragenden Cellulosemolekülen oder, im Fall von Zellwänden, auch zwischen anderen Polymeren, und damit zu einer Verminderung der mechanischen Festigkeit. Expansine kommen in verschiedenen Formen auch in vielen nicht-wachsenden Organen vor, z. B. in Blüten und reifenden Früchten. Ihre Funktion *in vivo*, insbesondere die Frage, ob sie an der **Regulation** des Wachstums beteiligt sind, ist derzeit noch nicht geklärt.

Es erscheint naheliegend, polysaccharidspaltende Enzyme, z. B. Glucanasen, für die wachstumsauslösenden Lockerungsprozesse in der Zellwand verantwortlich zu machen. Obwohl solche Enzyme in der Zellwand nachweisbar sind, gibt es keinen Hinweis für eine dehnungsfördernde Wirksamkeit. Besser belegt ist die Hypothese, dass die Wandlockerung beim Wachstum durch **Hydroxylradikale** ($\dot{O}H$) bewirkt wird. Diese hochreaktiven, kurzlebigen Radikale können durch zellwandgebundene Peroxidasen in Anwesenheit von H_2O_2 und Superoxid ($\dot{O}_2^-$) gebildet werden und spalten Polysaccharide in einer nicht-enzymatischen Reaktion (→ Abbildung 26.16). Die experimentelle Erzeugung von $\dot{O}H$ in der Zellwand kann deren Dehnung ähnlich wie Expansine induzieren. Für eine *in-vivo*-Funktion von $\dot{O}H$ spricht weiterhin, dass sie im Apoplasten wachsender Gewebe nachweisbar sind und dass das Wachstum durch Radikalfänger für $\dot{O}H$ gehemmt werden kann (→ Exkurs 18.2, S. 416).

Weiterführende Literatur

Baskin TI (2001) On the alignment of cellulose microfibrils by cortical microtubules: A review and a model. Protoplasma 215: 150–171

Beemster GTS, Fiorani F, Inzé D (2003) Cell cycle: The key to plant growth control? Trends Plant Sci. 8: 154–158

Bergfeld R, Speth V, Schopfer P (1988) Reorientation of microfibrils and microtubules at the outer epidermal wall of maize coleoptiles during auxin-mediated growth. Bot Acta 101: 57–67

Carpita NC, Gibeaut DM (1993) Structural models of primary cell walls in flowering plants: Consistency of molecular structure with the physical properties of the walls during growth. Plant J 3: 1–30

Cosgrove DJ (1993) Water uptake by growing cells: An assessment of the controlling roles of wall relaxation, solute uptake, and hydraulic conductance. Int J Plant Sci 154: 10–21

Cosgrove DJ (1999) Enzymes and other agents that enhance cell wall extensibility. Annu Rev Plant Physiol Plant Mol Biol 50: 391–417

Green PB (1980) Organogenesis – a biophysical view. Annu Rev Plant Physiol 31: 51–82

Hepler P, Vidali L, Cheung AY (2001) Polarized cell growth in higher plants. Annu Rev Dev Biol 17: 159–187

Kerstens S, Decraemer WF, Verbelen J-P (2001) Cell walls at the plant surface behave mechanically like fiber-reinforced composite materials. Plant Physiol 127: 381–385

Kutschera U (1989) Tissue stresses in growing plant organs. Physiol Plant 77: 157–163

Lloyd CW (ed) (1991) The cytoskeletal basis of plant growth and form. Academic Press, London

Paradez, A, Wright A, Ehrhardt DW (2006) Microtubule cortical array organization and plant cell morphogenesis. Curr Opin Plant Biol 9:571–578

Pritchard J (1994) The role of cell expansion in roots. New Phytol 127: 3–26

Pütz N (1996) Development and function of contractile roots. In: Waisel Y, Eshel A, Kafkafi U (eds) Plant roots. The hidden half. 2. edn, Dekker, New York, pp 859–874

Pütz N, Froebe HA (1995) A re-evaluation of the mechanism of root contraction in monocotyledons using the example of *Arisarum vulgare* TARG.-TOZZ. (*Araceae*). Flora 190: 285–297

Schopfer P (2006) Biomechanics of plant growth. Amer J Bot 93:1415–1425

Schopfer P, Liszkay A, Bechtold M, Frahry G, Wagner A (2002) Evidence that hydroxyl radicals mediate auxin-induced extension growth. Planta 214: 821–828

Selker JML, Steucek GL, Green PB (1992) Biophysical mechanisms for morphogenetic progression at the shoot apex. Dev Biol 153: 29–43

Shaw SL, Dumais J, Long SR (2000) Cell surface expansion in polarly growing root hairs of *Medicago truncatula*. Plant Physiol 124: 959–969

Tomos AD, Malone M, Prichard J (1989) The biophysics of differential growth. Envir Exp Bot 29: 7–23

Verbelen J-P, Vissenberg C (eds) (2007) The expanding cell. Springer, Berlin

In Abbildungen und Tabellen zitierte Literatur

Behnke H-D, Richter K (1990) Bot Acta 103: 296–304

Cosgrove DJ (1985) Plant Physiol 78: 347–356

Green PB (1992) Int J Plant Sci 153: S59–S75

Green PB, King A (1966) Aust J Biol Sci 19: 421–437

Jung G, Wernicke W (1990) Protoplasma 153: 141–148

Murata T, Wada M (1989) Planta 178: 334–341

Nobel PS (1999) Physicochemical and environmental plant physiology. 2.edn, Academic Press, San Diego

Roland J-C, Vian B (1979) Int Rev Cytol 61: 129–166

Schopfer P (2000) In: Plant Biomechanics 2000. Spatz H-C, Speck T (eds) Thieme, Stuttgart, pp 218–228

Sharp RE, Silk WK, Hsiao TC (1988) Plant Physiol 87: 50–57

Sharp RE, Hsiao TC, Silk WK (1990) Plant Physiol 93: 1337–1346

Went FW, Thimann KV (1937) Phytohormones. Macmillan, New York

6 Die Zelle als gengesteuertes System

Die genetische Information der Pflanzenzelle ist in den DNA-Molekülen des Zellkerns (**nucleäres Genom**), der Plastiden (**plastidäres Genom**) und der Mitochondrien (**mitochondriales Genom**) niedergelegt. Die Genome der Plastiden und Mitochondrien leiten sich von Genomen prokaryotischer Organismen ab, die während der Evolution als Endosymbionten in die Eukaryotenzelle aufgenommen wurden, **Endosymbiontentheorie**. Diese Organellengenome, und die zugehörigen Mechanismen der Genexpression, zeichnen sich auch heute noch durch viele prokaryotische Merkmale aus. Andererseits unterscheiden sie sich von den heutigen Prokaryotengenomen z. B. dadurch, dass sie viele Gene an den Zellkern verloren haben, der in der Pflanzenzelle die dominierende Rolle bei der Replication und Transkription der genetischen Information übernommen hat und so viele Funktionen der Organellen steuert. Dieses Kapitel gibt einen Überblick über die Organisation der Genome und die komplexen Mechanismen der Informationsverarbeitung in der Pflanzenzelle, sowie die sich während der Evolution etablierten Abhängigkeitsverhältnisse und Kooperationen zwischen ihren drei genetischen Systemen. Unter **Genexpression** verstehen wir die Abfolge der molekularen Einzelschritte zwischen einem Gen und seinem reifen Genprodukt, z. B. einem funktionsfähigen Enzym. Dieser Begriff schließt also neben der **Transkription** (RNA-Synthese) auch die **Reifungsprozesse** auf der RNA-Ebene, die **Translation** (Proteinsynthese) und die Mechanismen der **Proteinmodifikation und -(in)aktivierung** ein. Die auf diesen verschiedenen Ebenen angreifende **Regulation** der Genexpression liefert die mechanistischen Grundlagen für die Steuerung der Zelldifferenzierung im vielzelligen Organismus und ist daher ein zentrales Thema der molekularen Pflanzenphysiologie.

6.1 Das Gen – die Einheit der genetischen Information

Von der Genetik ursprünglich als kleinste experimentell auflösbare Erbinformationseinheit definiert, bezeichnet der Begriff **Gen** heute den Bereich der DNA, in dem die in eine RNA umschreibbare Information codiert ist, und meistens auch die räumlich und funktionell dazugehörigen, nicht transkribierten Steuerabschnitte (Abbildung 6.1; Exkurs 6.1). Gene codieren ribosomale RNAs (rRNAs) und transfer-RNAs (tRNAs), die für die Proteinsynthese benötigt werden, oder ein Leseraster (ORF = *open reading frame*) für ein Protein, das über die Vermittlung einer messenger-RNA (mRNA) am Ribosom synthetisiert wird. Die Gesamtheit der in der Nachbarschaft zur genetischen Information liegenden Steuerabschnitte, *cis*-Elemente, inklusive der Bindungsstellen für die RNA-Polymerase werden unter dem Begriff **Promotor** zusammengefasst. Die ebenfalls regulativ wirkenden, weiter entfernt liegenden *cis*-Elemente werden bei positiver Wirkung auf die Genexpression als *enhancer*, bei negativer Wirkung als *silencer* bezeichnet. Die *cis*-Signalstrukturen werden von *trans*-**Faktoren** erkannt, meistens Proteine, die woanders im Genom codiert sind.

Die Basensequenz eines Gens wird nach allgemeiner Übereinkunft so dargestellt, dass für den nicht-transkribierten DNA-Strang und die transkribierte RNA das 5′-Ende (normalerweise mit einem Phosphatrest) auf der linken Seite, und das 3′-Ende (normalerweise mit einer OH-Gruppe) auf der rechten Seite liegen. Bei dieser Orientierung liegt der Ablesebeginn der genetischen Information auf der linken Seite. Auch die DNA-Replication er-

EXKURS 6.1: Wie identifiziert und isoliert man ein Gen?

DNA lässt sich mit einfachen Methoden weitgehend intakt aus Pflanzenmaterial isolieren. Für weitere Untersuchungen wird die hochmolekulare DNA mit Restriktionsenzymen (DNasen) an bestimmten Stellen geschnitten und auf diese Weise in definierte, einfacher handhabbare Fragmente zerlegt. Eine Grundvoraussetzung der molekularbiologischen Analytik ist die Möglichkeit, solche DNA-Fragmente in Plasmide von Bakterien, meist *Escherichia coli*, einzubauen und in beliebig großer Menge identisch zu vermehren, **Klonierung**. Dadurch lassen sich genügende Mengen einer bestimmten DNA-Sequenz erzeugen, um mit biochemischen Methoden die Nucleotidabfolge zu ermitteln, **Sequenzierung**. Ein erster Schritt bei der Analyse von Pflanzengenen ist daher der Einbau von DNA-Stücken in geeignete bakterielle Plasmide, die als Vektoren in Bakterienzellen eingeschleust werden können. Hierbei reicht ein einziges Plasmid pro Zelle aus, um unter geeigneten Bedingungen auf einer Agarplatte eine Kolonie transformierter Zellen zu erzeugen, die als genetisch einheitliche Zelllinie, **Klon**, weitergeführt werden kann.

Der gewaltige Größenunterschied zwischen der Genomgröße des Zellkerns von Pflanzen mit etwa 10^9 Nucleotiden und den in Plasmiden klonierten, direkt vollständig sequenzierbaren DNA-Fragmenten von etwa 10^3 Nucleotiden macht es erforderlich, dass zunächst in Zwischenstufen größere Fragmente mit geeigneten Verfahren kloniert werden müssen. Hierbei nutzt man die Möglichkeit zur Konstruktion künstlicher Chromosomen in Hefezellen mit vermehrbaren DNA-Stücken von 10^7 Nucleotiden (YAC = *y*east *a*rtificial *c*hromosome) und künstlicher Chromosomen in Bakterien (BAC = *b*acterial *a*rtificial *c*hromosome).

Die Sequenzanalyse genomischer DNA-Fragmente ergibt eine Abfolge von Nucleotiden, die es meist direkt ermöglicht, ein Gen anhand seiner charakteristischen Merkmale zu erkennen. Proteincodierende Regionen lassen sich durch das Translationsstartcodon ATG und das anschließende, in eine Aminosäuresequenz übersetzbare Leseraster von jeweils 3 Nucleotiden pro Aminosäure erkennen. Auf diese Weise lässt sich die Aminosäuresequenz des Proteins vorhersagen. Dabei ist allerdings die Anwesenheit von **Introns** zu berücksichtigen, von denen in Pflanzengenen durchschnittlich 3–5 vorkommen. Man kann diese Unterbrechungen des proteincodierenden Leserasters in der genomischen Sequenz anhand der konservierten Intronkriterien erkennen, z. B. der Identität der Grenznucleotidsequenzen und dem gerade bei Pflanzen erhöhten A/T-Gehalt. Aus der vollständigen Sequenzinformation eines Genoms sollte sich also theoretisch die Gesamtheit der darin codierten Aminosäuresequenzen vorhersagen lassen. Um diese grundlegende Information an einigen Pflanzenspezies beispielhaft zu ermitteln, haben sich weltweite Zusammenarbeiten zwischen einer Vielzahl von Wissenschaftlern gebildet, die die vollständige Nucleotidsequenz der Kerngenome ausgewählter Modellpflanzen analysieren. Neben der *Arabidopsis thaliana* (Ackerschmalwand, Brassicaceae) mit einem der kleinsten bisher bekannten Pflanzengenome (→ S. 123) ist bereits die wichtige Nutzpflanze Reis (*Oryza sativa*) vollständig sequenziert.

Die vergleichsweise sehr kleinen Genome der Plastiden und Mitochondrien wurden bereits in vielen Spezies vollständig analysiert, z. B. in den Dikotylen Tabak und *Arabidopsis*, der Monokotyle Mais und dem Lebermoos *Marchantia* (→ Abbildung 6.6). Solche genomischen Analysen ergeben zwar ein vollständiges Bild der codierten Aminosäuresequenzen, erlauben aber nur unvollständige Vorhersagen über die insgesamt enthaltenen Informationen, die teilweise nicht direkt aus der Aminosäuresequenz abgelesen werden können. Dazu gehört z. B. die Information über die Regulation der Genaktivität. Selbst wenn wir das offene Leseraster für ein Protein in der genomischen DNA identifizieren können, lassen sich daraus noch keine Rückschlüsse darauf ziehen, ob dieses Protein wirklich in der Pflanze gebildet wird, und, wenn ja, in welchen Zellen und in welchem Entwicklungszustand dieser Zellen diese Information genutzt wird.

Die in der Nucleotidsequenz der DNA niedergelegte genetische Information lässt sich auch ausgehend vom Endprodukt, dem Protein, aufklären. Man kann heute bereits bei sehr kleinen Mengen eines isolierten Proteins die Abfolge der Aminosäurereste in einem Teilstück bestimmen und daraus nach dem genetischen Code die möglichen Kombinationen von Nucleotidsequenzen vorhersagen, die für diesen Proteinabschnitt codieren. Damit kann die richtige Nucleotidsequenz in der genomischen DNA identifiziert werden. Alternativ können kurze Nucleotidabfolgen (Oligonucleotide) mit einer gewünschten Reihenfolge maschinell synthetisiert werden. Mit diesen künstlich hergestellten **Gensonden** lassen sich dann in Klonbanken diejenigen Bakterienlinien identifizieren, welche die entsprechende pflanzliche DNA-Sequenz enthalten.

Eine **Klonbank** (Klonbibliothek) ist die Gesamtheit der unterschiedlichen Bakterienkolonien, die jeweils ein bestimmtes DNA-Fragment aus dem Genom einer Pflanze enthalten. Dabei wird im ersten Klonierungsschritt die Gesamtheit der

DNA-Fragmente unsortiert kloniert. Bei einer Gesamtzahl von einigen Millionen verschiedener solcher Klone ist mit großer Wahrscheinlichkeit jedes beliebige Stück der genomischen DNA in mindestens einem Klon vorhanden.

Klonbanken lassen sich aber nicht nur von genomischer DNA, sondern auch ausgehend von der **mRNA-Population** ganzer Pflanzen oder einzelner Gewebe anlegen. Da die Isolierung einzelner Proteine in zur Sequenzanalyse ausreichenden Menge oft sehr schwierig, oder, wie z.B. im Fall seltener Proteine, fast unmöglich ist, bietet die mRNA eine Möglichkeit, aktiv transkribierte Gene zu identifizieren. Dazu muss die aus der Pflanze isolierte mRNA in die **komplementäre DNA** (cDNA) umgeschrieben werden. Man nutzt hierbei die Fähigkeit der **reversen Transkriptase**, eines Enzyms aus RNA-Viren, auch *in vitro* eine getreue DNA-Kopie einer vorgegebenen RNA-Matrize zu synthetisieren. Die cDNA kann wiederum in Bakterien kloniert werden und man erhält so eine cDNA-Bibliothek, in der in Form einzelner Klone alle mRNA-Typen der Pflanze vertreten sind. Die Sequenzanalyse der verschiedenen cDNA-Klone liefert dann ein umfassendes Bild aller in einer Pflanze oder einem Gewebe **aktiven Gene**. Der hierfür notwendige enorme Arbeitsaufwand wird derzeit wie die Genomanalysen von internationalen Konsortien verschiedener Laboratorien erbracht, die gemeinsam die Gesamtheit der exprimierten Sequenzbereiche (EST = *expressed sequence tags*) für Pflanzen wie *Arabidopsis*, Reis, Mais, Roggen und Sojabohne analysieren.

folgt in dieser Richtung. Bei proteincodierenden Genen geben auf der linken Seite in der RNA das Startcodon AUG (ATG im nicht-transkribierten Strang der DNA) und auf der rechten Seite das Stopcodon, z.B. UAA in der RNA (TAA in der DNA), die Grenzen der Translation an. Die Steuerzeichen für die Regulation der Transkription (Promotor) befinden sich meist vor der Initiationsstelle der Transkription. Wie bei der Transkription erfolgt dann auch die Translation in dieser Darstel-

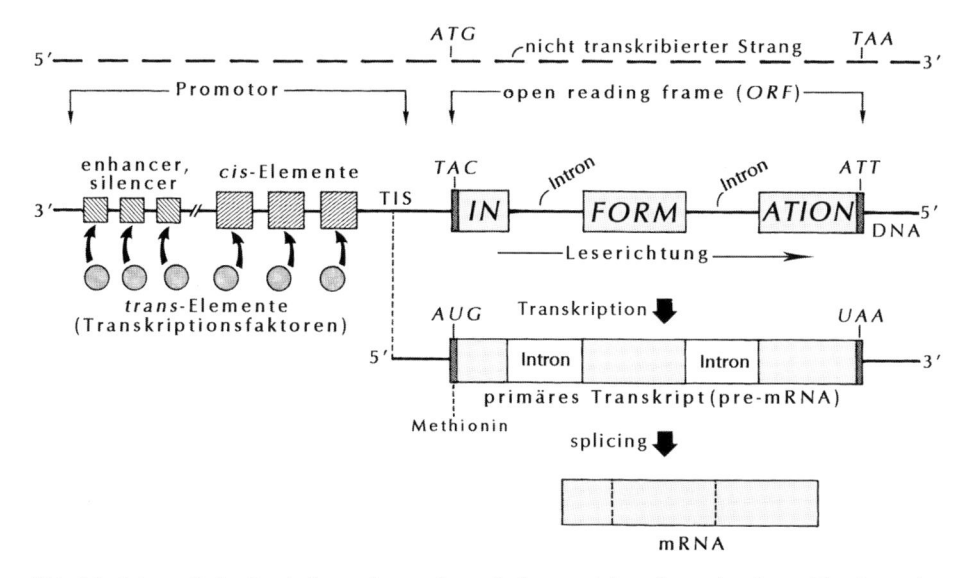

Abb. 6.1. Schematische Darstellung eines eukaryotischen proteincodierenden Gens. Die oft von Introns unterbrochene genetische Information der DNA (Summe der Exons) wird in RNA umgeschrieben. Das offene Leseraster (*open reading frame, ORF*) reicht vom Translationsstartcodon *AUG* bis zum Translationsstopcodon *UAA* (oder *UAG, UGA*). Der Beginn der Transkription (Transkriptionsinitiationsstelle, *TIS*) durch die RNA-Polymerase wird vom *Promotor* gesteuert, der fast beliebig viele *cis-Elemente* enthält. Diese werden von *trans-Elementen* (Transkriptionsfaktoren, DNA-bindenden regulatorischen Proteinen) erkannt und aktiviert oder inaktiviert. Aus dem primären Transkript (*pre-mRNA*) werden die Intronabschnitte herausgeschnitten (*splicing*). Die Summe der Exons liefert die mRNA und damit die Information für die Aminosäuresequenz bei der Translation. Zur Rekapitulation: In der DNA kommen die Basenpaare A-T (Adenin-Thymin) und G-C (Guanin-Cytosin) vor (→ Abbildung 1. 6). In der RNA tritt U (Uracil) an die Stelle von T. Der genetische Code bezeichnet die **Basentripletts in der RNA**, die für eine bestimmte Aminosäure codieren. Die entsprechenden Tripletts im abgelesenen Strang der DNA sind dazu komplementär. Bei der Beschreibung der DNA-Tripletts orientiert man sich konventionsgemäß am nicht-abgelesenen DNA-Strang.

lung von links nach rechts, also vom Translationsinitationscodon AUG zum Translationsterminationscodon UAA (oder UAG, UGA).

6.2 Die Organisation des Genoms

6.2.1 Die drei Genome der Pflanzenzelle

Als **Genom** bezeichnen wir normalerweise die Gesamtheit der genetischen Information einer Zelle bzw. eines Organismus. Diese Definition wird aber schon bei Bakterien schwierig, die neben dem eigentlichen Bakterienchromosom zusätzlich noch Plasmide enthalten. Bei der tierischen Zelle finden wir genetische Informationen im Zellkern und in den Mitochondrien. In der Pflanzenzelle unterscheiden wir drei Genome, das **nucleäre Genom** im Zellkern, das **plastidäre Genom** in den Plastiden und das **mitochondriale Genom** in den Mitochondrien. Die DNAs dieser drei Genome können aufgrund ihrer meist unterschiedlichen Dichte voneinander getrennt werden (Abbildung 6.2).

Die evolutionsgeschichtliche Herkunft der drei Genome der Pflanzenzelle erklärt die **Endosymbiontentheorie** (→ Abbildung 2.24). Die gastgebenden Vorläufer der Eukaryoten nahmen zuerst die prokaryotischen Vorläufer der Mitochondrien auf: Bakterien, die gemeinsame Vorfahren und entsprechende Ähnlichkeiten mit den heutigen α-Purpurbakterien (Proteobakterien) aufweisen. Zu dieser Gruppe gehören übrigens auch die heute mit Pflanzen eng vergesellschafteten Symbionten der Gattung *Rhizobium* und die Parasiten der Gattung *Agrobacterium* (→ S. 636). Die Plastiden entstanden deutlich später durch ein zweites endosymbiontisches Ereignis nach der Trennung der Evolutionswege zu den heterotrophen Eukaryoten, den Tieren, und den dann autotrophen Eukaryoten, den Pflanzen. Die Vorläufer der Plastiden sind in der Verwandtschaft der heutigen Bakterien mit oxygener Photosynthese vom Typ *Prochloron* und Cyanobakterien zu suchen. Die Genome in den Plastiden und Mitochondrien sind die Überreste dieser ehemals bakteriellen Genome. Das Genom des Zellkerns ist dagegen evolutionsgeschichtlich ein Mosaik aus Genen verschiedener Herkunft, aus Genen der gastgebenden Zelle und aus den im Laufe der Zeit aus den Plastiden und Mitochondrien zur besseren Informationsverwaltung transferierten prokaryotischen Genen. Der Zellkern und damit die eukaryotische Zelle entstand bei der Fusion der Wirtszelle und den ersten Gastzellen, den späteren Mitochondrien.

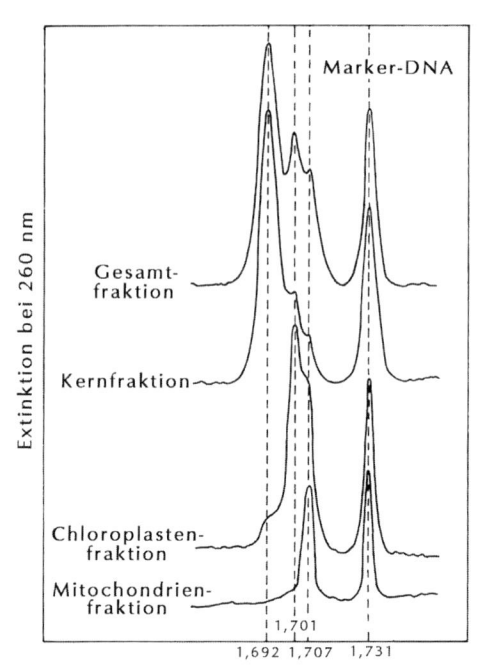

Abb. 6.2. Der biochemische Nachweis von nucleärer, plastidärer und mitochondrialer DNA. Objekt: Hypokotyl von Gurkenkeimlingen (*Cucumis sativus*). Die aus dem gesamten Gewebe bzw. aus Kern-, Chloroplasten und Mitochondrienfraktionen gewonnene DNA wurde, zusammen mit Marker-DNA aus *Micrococcus lysodeikticus* in einem isopyknischen CsCl-Dichtegradienten bis zur Gleichgewichtseinstellung zentrifugiert. Anschließend wurde das DNA-Profil optisch ausgemessen. Man erkennt bei der Gesamtfraktion eine Aufspaltung in drei überlappende Extinktionsgipfel unterschiedlicher Dichte, welche sich durch die spezifische Anreicherung in den verschiedenen Zellfraktionen als Kern-, Plastiden- bzw. Mitochondrien-DNA identifizieren lassen. Der Dichtewert der nucleären DNA variiert bei verschiedenen Arten, so dass sich nicht immer eine so klare Aufspaltung ergibt. Auch ist bei den meisten anderen Pflanzen der Kern-DNA-Gehalt sehr viel größer als hier (nur 0,7 pg pro haploidem Genom; → Tabelle 6.1), so dass die Organellen-DNA leicht überdeckt werden kann. (Nach Kadouri et al. 1975)

Außerdem sind neue Gene hinzugekommen, die durch die endosymbiontische Situation notwendig wurden, z. B. Gene für den Transport von Proteinen in die Organellen. Schließlich ist im Verlauf der Evolution auch noch genetische Informationen von anderen Organismen, z. B. parasitierenden oder symbiontischen Pflanzen, Bakterien oder Pilzen aufgenommen worden. Eindrucksvolle Beispiele für diesen sogenannten horizontalen Gentransfer sind die mobilen Elemente wie **Transposons** und **Retrotransposons**, die, nur auf ihre eigene Vermehrung bedacht, Kerngenome von Pflanzen, Tieren oder Pilzen infizieren können (→ Abbildung 6.5).

Entsprechend ihrer Herkunft sind die Genome der Pflanzenzelle unterschiedlich strukturiert, organisiert und reguliert. Die in diesen Genomen festgelegten genetischen Informationen werden unabhängig voneinander und auf unterschiedlichen Wegen zur nächsten Generation weiter gegeben. Während das Kerngenom nach den Mendelschen Regeln vererbt wird, werden die plastidären und mitochondrialen Genome nicht-mendelnd weitergegeben. Bei den Angiospermen dominiert die **maternale Vererbung** beider Genome über die Eizelle. In einigen Pflanzen, z. B. bei der Nachtkerze (*Oenothera*) kommt auch **paternale Vererbung** vor. In solchen **biparentalen Erbgängen** können Mitochondrien und Plastiden getrennt voneinander vererbt werden. Extreme Beispiele hierfür finden sich bei Coniferen, wo bei manchen Spezies Mitochondrien maternal und Plastiden paternal vererbt werden, während bei andern Arten die Erbgänge umgekehrt verlaufen. In wieder anderen Arten werden beide Organellen rein paternal weitergegeben.

Obwohl die drei Genome getrennt sind, ist es im Laufe der Evolution immer wieder zu Gentransfers gekommen, so dass sich Fragmente aus einem der Genome auch in einem der anderen Genome finden. Diese Rekombination findet auch noch laufend statt, wobei sogar Gentransfers zwischen verschiedenen Pflanzenspezies vorkommen. Besonders durch den engen Kontakt bei Wirt-Parasit-Kontakten scheinen solche DNA-Transfers begünstigt zu werden.

6.2.2 Genomstruktur im Zellkern

Wie in tierischen Zellen ist die DNA im Kern von Pflanzenzellen in mehrere lineare Moleküle aufgeteilt, die jeweils als Hyperstruktur ein **Chromosom** bilden. Die einzelnen DNA-Moleküle sind mit einer Ausdehnung von bis zu mehreren Metern viel zu lang, als dass sie in lockerer Form im Zellkern untergebracht werden könnten. Durch Assoziation mit bestimmten Proteinen (Histonen und Nicht-Histonen) wird die DNA in mehreren Stufen stark aufgeschraubt und gefaltet (Abbildung 6.3). Die maximale Verkürzung wird in der Form des Metaphasechromosoms während der Mitose erreicht. Die transkriptionsaktiven Interphasechromosomen liegen in einer vergleichsweise stark aufgelockerten Form vor, insbesondere diejenigen Bereiche, in denen Gene abgelesen werden. Die Verpackung der Chromosomen ist so konstruiert, dass der Zugriff zu den aktiven Genbereichen nicht wie z. B. bei einem Tonband linear abläuft, sondern, eher vergleichbar einer CD, abschnittsweise erfolgen kann. Die unterste Stufe der Verpackung, die für die Transkription geöffnet werden muss, ist das **Nucleosom**, in dem ein Abschnitt von etwa 200 Nucleotidpaaren der DNA mit 8 Histonmolekülen komplexiert ist (→ Abbildung 6.3). Die Grenzen der Nucleosomen auf dem DNA-Strang sind für DNasen relativ leicht zugänglich und lassen sich so identifizieren. Inaktive DNA-Regionen, z. B. in stillgelegten Bereichen des zweiten, homologen Chromosoms im diploiden Organismus, sind auch durch eine starke **Methylierung** der Basen gekennzeichnet.

Sehr viel häufiger als bei Tieren beobachtet man bei Pflanzen das Phänomen der **Polyploidie.** Diese tritt auch bei Nachkommen aus Kreuzungen nahe verwandter Arten hervor, die als Nutzpflanzen gezüchtet wurden. So enthalten z. B. der hexaploide Weizen und die tetraploide Kartoffel drei bzw. zwei diploide Genome der Vorfahren. Solche polyploiden Pflanzen sind meist kräftiger im Wuchs und höher im Ertrag. Diese Form der Polyploidie ist keine identische Vermehrung des Erbguts, da die Chromosomensätze aus verschiedenen Elterngenomen stammen, und hauptsächlich deshalb behalten werden, weil sie eben nicht mehr identisch zueinander sind. Solche Nichtidentitäten von Chromosomensätzen führen im Extremfall dazu, dass, wie z. B. in der Gattung *Oenothera*, selbst in einem diploiden Organismus die beiden Chromosomensätze so unterschiedlich sind, dass es bei der Meiose zu keiner Paarung, und damit auch zu keinem *crossover* zwischen den homologen Chromosomen kommt. Von dieser durch Kreuzung entstandenen Polyploidie zu unterscheiden ist die **Endopolyploidie**, d. h. die identische Vermehrung des diploiden Chromosomensatzes, die in bestimmten spezialisierten Zellen während der Entwicklung der vielzelligen Pflanze regelmäßig auftritt, z. B. in Drüsenzellen oder in den Geleitzellen der Siebröhren (→ S. 337), also in solchen Zellen, die eine besonders hohe Stoffwechselaktivität und Proteinsynthesekapazität aufweisen.

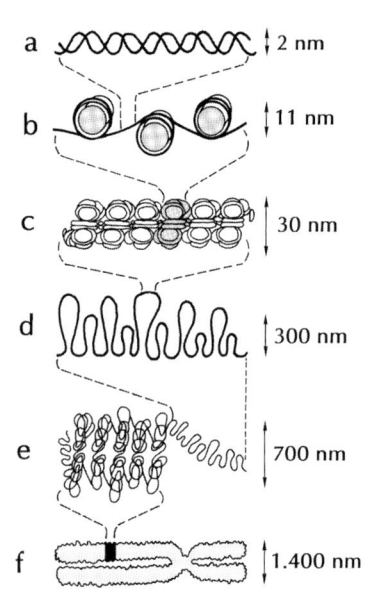

Abb. 6.3 a–f. Die Stufen der Chromatinkondensation in einem Chromosom. **a** gestrecktes DNA-Molekül. In dieser Form ist ein Chromosom mehrere Meter lang. **b** Verkürzung durch lokale Aufrollung um Histone zur Nucleosomenstruktur. **c** Verdichtete Nucleosomenstruktur. **d** Weitere Verkürzung durch Schleifenbildung. **e** Ausbildung einer Wendelstruktur, wie sie im maximal kondensierten Metaphasechromosom (**f**) vorliegt. In dieser Transportform (etwa 10 μm) ist die DNA nicht transkribierbar. Im Interphasekern liegt das Chromosom dagegen in einer zumindest partiell stark aufgelockerten Form vor, welche die Transkription einzelner Gene erlaubt. (Nach Lea und Leegood 1993; verändert)

Durch Amplifikation von proteincodierenden Genen sind im Verlauf der Evolution im Kerngenom viele **Genfamilien** entstanden, deren Mitglieder je nach Entstehungszeitpunkt und Selektionsdruck mehr oder weniger verschieden wurden. Evolutionärer Selektionsdruck auf die einzelnen Gene einer Genfamilie entsteht z. B. durch unterschiedliche Anforderungen an ihre Funktion in verschieden differenzierten Zellen. So gehören etwa Gene für verschiedene Formen des Photoreceptors Phytochrom zu einer Genfamilie, die in verschiedenen Entwicklungsstadien der Pflanze für spezifische Steuerfunktionen eingesetzt werden (→ Abbildung 19.17). Auch sehr häufige Proteine, z. B. das mengenmäßig häufigste Protein der Welt, das Enzym Ribulosebisphosphatcarboxylase/oxygenase (RUBISCO; → S. 466), werden oft durch Genfamilien codiert.

Die auffällig verschiedenen DNA-Gehalte verschiedener Pflanzen beruhen aber nur zu einem geringen Teil auf Unterschieden in der Menge an genetischer Information, wie sie z. B. beim Vergleich von Phagen, Bakterien und Eukaryonten offensichtlich sind (Tabelle 6.1). Bei Pflanzen finden wir selbst bei nahe verwandten Spezies oft stark schwankende DNA-Mengen pro haploidem Genom (Tabelle 6.2). Die DNA der Plastiden und Mitochondrien steuert meist weniger als 5 % zum DNA-Gehalt pflanzlicher Zellen bei. Die Unterscheidung in **nicht-repetitive Kern-DNA**, die die

Die Mengen an DNA im Zellkern schwanken nicht nur wegen der unterschiedlichen Ploidiegrade sehr stark zwischen einzelnen Pflanzenarten, sondern auch, und insbesondere, wegen des sehr unterschiedlichen Anteils an wiederholten (repetitiven) DNA-Sequenzen im Genom. Mehrfach vorkommende (amplifizierte) genetische Information betrifft zum einen nicht-codierende DNA, zum anderen codierende Regionen, z. B. die ribosomalen RNA-Gene (rDNA), die im Nucleolus in mehreren tausend Kopien vorliegen können. Dabei sind die meisten Kopien dieser Gene untereinander identisch; kleinere Unterschiede in der DNA-Sequenz finden sich in den wenig konservierten (variablen) Genbereichen und in der *spacer*-Region zwischen den Genen. Die große Zahl dieser Gene reflektiert den hohen Bedarf der Zelle an den entsprechenden Genprodukten, den ribosomalen RNAs, die in der Regel über 90 % der gesamten RNA der Zelle ausmachen (→ Exkurse 6.2 und 6.3).

Tabelle 6.1. Menge an DNA pro haploidem Genom. 1 pg (Picogramm) DNA entspricht 965 MB (Megabasenpaare = 10^6 Basenpaare). (Nach Rees 1976)

Organismus	DNA-Menge [pg]
T4-Phagen	0,00022
Escherichia coli	0,0045
Saccharomyces cerevisiae	0,026
Drosophila melanogaster	0,10
Maus	2,50
Mensch	3,20
Lathyrus angulatus	4,50
Lathyrus sylvestris	11,6
Salamander salamander[a]	32,0
Picea abies	50,0

[a] Nach Nagel (1976)

6.2 Die Organisation des Genoms

> **EXKURS 6.2: Wie isoliert man ein aktives Gen?**
>
> Während die Sequenzanalyse der **genomischen DNA** die insgesamt vorhandene genetische Information liefert, so erhält man aus der **cDNA-Sequenzanalyse** die in der Pflanze abgelesene Information. In den verschiedenen Geweben einer Pflanze wird jeweils ein teilweise unterschiedlicher Anteil der genetischen Information benötigt. Dies ist z. B. offensichtlich bei der spezifischen Synthese von Speicherproteinen in Samen, nicht aber in anderen Geweben der Pflanze. Die Abbildung zeigt die stadienspezifische Expression einiger mRNAs für Speicherproteine während der Entwicklung des Soja-Samens (*Glycine max*). Die massive gewebe- und entwicklungsspezifische Expression von Genen für Speicherproteine wird besonders deutlich während der Samenreifung. In Gesamt-RNA-Präparationen sind die ribosomalen RNAs die dominanten RNA-Moleküle, die bei der Größenfraktionierung durch Gelelektrophorese sichtbar werden, so z. B. in dem Bacterium *Escherichia coli* (*E. coli*) oder im Embryo der Sojabohne. In der Analyse der Poly(A)-enthaltenden mRNA-Moleküle wird in verschiedenen Stadien der Embryogenese die unterschiedliche Genaktivierung zwischen der frühen Stufe der Embryoentwicklung, dem Keimblattstadium, dem mittleren Reifungsstadium und dem späten Reifungsstadium deutlich. Die mRNAs für einige der Speicherproteine bzw. ihrer Untereinheiten lassen sich hier deutlich unterscheiden. (Nach Goldberg et al. 1989)
>
> An diesem Beispiel wird bereits auf der Ebene der mRNAs die stadienspezifische Aktivierung bestimmter Informationen deutlich. Sind die gewebe- oder zellspezifisch gebildeten mRNAs in solch hohen Mengen vorhanden wie im Fall von Samengeweben, so lassen sie sich direkt isolieren und nach Umschreibung in cDNAs in ihrer Sequenz analysieren. In vielen anderen Fällen sind jedoch die spezifisch aktivierten mRNAs, insbesondere die regulatorisch wirksamen mRNAs, nur in sehr geringer Menge vorhanden und müssen durch Eliminierung der Masse der unspezifisch aktiven mRNAs mit Hilfe von cDNA-Subtraktionsverfahren angereichert werden. Dies gelingt z. B. auf folgendem Weg: Um die durch Licht induzierten mRNAs einer Pflanze zu isolieren, stellt man cDNA-Populationen aus der gesamten mRNA lichtgewachsener bzw. dunkelgewachsener Pflanzen her. Wenn man nun die cDNA aus Dunkelpflanzen im Überschuss an ein unlösliches Trägermaterial bindet und die cDNA aus Lichtpflanzen damit inkubiert, werden alle sequenzgleichen Moleküle der cDNA aus Lichtpflanzen durch komplementäre Basenpaarung, **Hybridisierung**, an das Trägermaterial gebunden und können abgetrennt werden. Die restliche, nicht gepaarte cDNA enthält alle diejenigen Sequenzen, die nur in der mRNA der Lichtpflanzen vorliegen. Diese lassen sich dann in *E. coli* klonieren und anschließend sequenzieren. Für die Gene sehr seltener Proteine, z. B. Transkriptionsfaktoren oder anderer regulatorischer Proteine, die nur in wenigen Zellen der Pflanze und in kurzen Lebensphasen, z. B. bei der Blühinduktion im Meristem exprimiert werden, sind diese biochemischen Verfahren meist nicht ausreichend empfindlich. In diesem Fall müssen genetische Methoden herangezogen werden, um die Gene im Genom zu lokalisieren und anschließend zu isolieren.

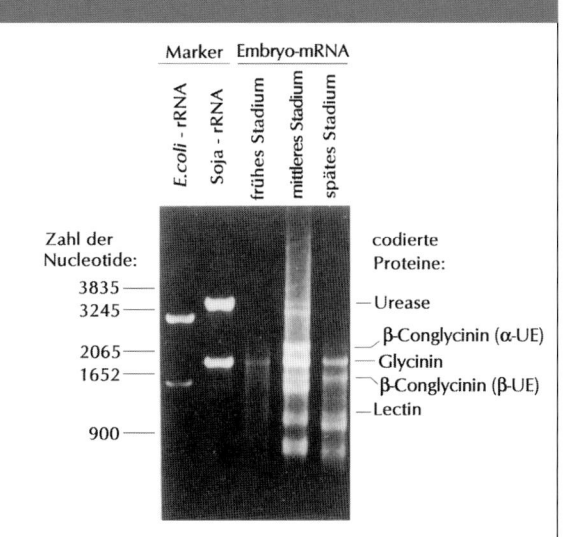

eigentlich wichtige, übersetzbare Information trägt, und in **repetitive Kern-DNA** zeigt, dass die Unterschiede hauptsächlich auf den variablen Anteil an repetitiver DNA zurückzuführen ist. Der für die Transkription nutzbare Anteil des pflanzlichen Kerngenoms ist auf einen engen Abschnitt im G + C-Profil der Gesamt-DNA beschränkt, deren G + C-Gehalt im Rahmen einer Verteilungskurve variiert (Abbildung 6.4). Die repetitive DNA besteht hauptsächlich aus stark amplifizierten DNA-Sequenzen meist unbekannter Funktion (Satelliten-DNA) und transposablen Elementen. Bei *Arabidopsis thaliana* mit einem der kleinsten bisher bekannten Kerngenome (0,15 pg/haploides Genom) findet man nur wenige Kopien solcher Sequenzen, während z. B. bei Lilien lange Transposons bzw. Retro-

> **EXKURS 6.3: Wie isoliert man ein Gen über Mutagenese?**
>
> Schwach transkribierte Gene, z. B. regulatorische Gene, kann man über **Mutationen** und die mit diesen Genstörungen einhergehenden Phänotypen isolieren. Hierzu werden große Pflanzenpopulationen mutagenisiert und die interessanten Phänotypen isoliert, um das betroffene Gen zu identifizieren und zu klonieren. Die Mutationen werden durch Behandlung von Samen oder Pollen mit chemischen Mutagenzien oder ionisierender Strahlung erzeugt und lassen sich dann mit klassischen genetischen Verfahren in Heterozygoten- und Homozygotenlinien in ihrer phänotypischen Ausprägung analysieren. Um das gestörte Gen zu isolieren, muss zunächst seine Lage auf einem Chromosom ermittelt, und innerhalb des Chromosoms immer feiner eingeengt werden, **Genkartierung**. Durch eine meist aufwendige Analyse von Koppelungsgruppen mit anderen Merkmalen lässt sich die Position einer Mutation bis auf einige 1000 Nucleotide genau eingrenzen. Dabei wird insbesondere die Koppelung mit oft zufällig ausgewählten Restriktionslängenpolymorphismen (RFLP = *restriction fragment length polymorphism*) und anderen kurzen Nucleotidabfolgen in *cross-over*-Experimenten genutzt. Die so definierte Region der einzelnen Mutation kann dann aus genomischen Klonbanken isoliert und analysiert werden.
>
> Andere Ansätze zur Isolierung mutierter Gene über ihren Phänotyp versuchen nicht einzelne Nucleotide zu verändern, die nur mit viel Mühe auffindbar sind, sondern ein Gen durch den Einbau eines DNA-Fragments zu stören. In dieser Form ist das mutierte Gen markiert und kann sehr elegant als links oder rechts angrenzende Sequenz direkt isoliert werden *(gene tagging)*. Für diesen Zweck wird z. B. die Fähigkeit mobiler DNA-Elemente, **Transposons,** genutzt, von einem Ort im Genom an einen anderen zu springen und sich dort in die DNA einzufügen. Mit diesem **Transposon-*tagging*** wurden z. B. Gene für die Biosynthese von Anthocyanen und deren Regulation in Mais und Löwenmäulchen erfolgreich isoliert. Ein Nachteil dieser Methode ist, dass Transposons bevorzugt in räumlich naheliegende Chromosomenbereiche springen, so dass die Insertionsorte nicht statistisch über das Genom verteilt sind.
>
> Ein alternativer Ansatz nutzt die Eigenschaft des Ti-Plasmids aus *Agrobacterium tumefaciens,* bei der Infektion einer Pflanzenzelle die T-DNA irgendwo in das nucleäre Genom zu integrieren (→ S. 637). Für die Modellpflanze *Arabidopsis* existieren weltweit nutzbare Populationen von Mutanten, bei denen die T-DNA an jeweils verschiedenen Stellen ins Genom integriert ist, und die nun anhand ihrer phänotypischen Defekte selektioniert werden können. Mit solchen **Insertionsmutanten** lassen sich sehr elegant diejenigen Gene identifizieren, die an der Ausprägung bestimmter Merkmale beteiligt sind. Außerdem kann man unter Umständen anhand solcher Mutantenpopulationen auch bereits die Funktion eines noch unbekannten Gens ableiten. Wird bei der genomischen Analyse ein offenes Leseraster als Kandidat für ein neues Gen identifiziert, so kann die Gesamtheit der Insertionsmutatnen daraufhin untersucht werden, ob eine Linie enthalten ist, in der dieses Gen verändert wurde. Findet man eine solche Linie, so erlaubt ihr Phänotyp Rückschlüsse auf die Funktion dieses Gens. Dabei taucht allerdings das Problem auf, dass sowohl bei der Transposonmutagenese als auch bei der T-DNA-Insertionsmutagenese in den betroffenen Zellen oft mehrere Einbauereignisse stattfinden, die anschließend einzeln weiter analysiert werden müssen, um einen klaren kausalen Zusammenhang zwischen Gen und Funktion herzustellen.

transposons (2–8 Kilobasenpaare, abgekürzt: kB) in mehr als 100.000 Kopien vorliegen (Abbildung 6.5).

Bei der durch Mitosen erfolgenden Vervielfachung des Kerngenoms während der Entwicklung einer Pflanze bleibt dieses inhaltlich unverändert. Dadurch erhalten sich die Zellen die genetische Omnipotenz, die Grundlage dafür, dass aus einzelnen Zellen potenziell wieder ein vollständiger Organismus regenerierbar ist. Als Ausnahme hat man bei Flachs (*Linum usitatissimum*) reversible Änderungen der Genomstruktur und des Gengehalts pro Zelle beobachtet, die durch unterschiedliche Düngung hervorgerufen werden können. In aller Regel kann man jedoch davon ausgehen, dass das Genom einer Pflanze während der Ontogenese konstant bleibt.

6.2.3 Das plastidäre Genom

Das Genom der Plastiden besteht aus ringförmigen oder linearen DNA-Molekülen ohne Histone oder andere, der Verpackung dienenden Proteine. Die Zellen der höheren Pflanzen enthalten 5–50 Plasti-

6.2 Die Organisation des Genoms

Tabelle 6.2. Menge an repetitiver und nichtrepetitiver DNA in pg pro haploidem Genom bei *Lathyrus*-Arten mit unterschiedlichen DNA-Mengen. (Nach Narayan und Rees 1976)

Art	Gesamt-DNA	nicht-repetitive DNA	repetitive DNA
L. articulatus	12,45	5,48	6,98
L. nissolia	13,20	5,41	7,78
L. clymenum	13,75	5,23	8,52
L. ochrus	13,95	5,58	8,37
L. aphaca	13,97	5,17	8,80
L. cicera	14,18	5,96	8,22
L. sativus	17,15	5,23	11,90
L. tingitanus	17,88	6,93	10,95
L. hirsutus	20,27	6,17	14,10

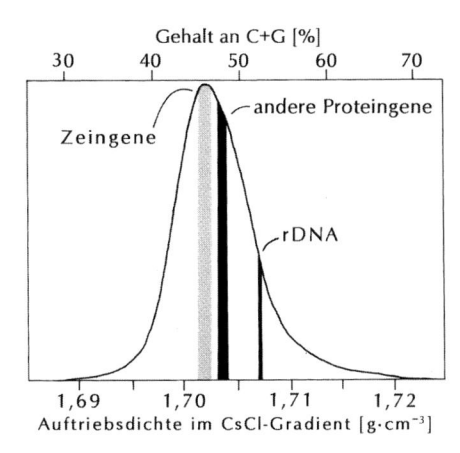

Abb. 6.4. Verteilung des G+C-Gehalts in der DNA von Mais *(Zea mays)*. Bei diesem Experiment wurden DNA-Fragmente von 50–150 kB in einem analytischen CsCl-Dichtegradienten aufgetrennt. Die für Proteine codierenden Abschnitte des Kerngenoms liegen überwiegend in einem engen Dichtebereich mit einem bestimmten G + C-Gehalt. Die Zeingene, die für die Speicherproteine im Maiskorn codieren, haben einen etwas geringeren G + C-Gehalt als die Mehrheit der proteincodierenden Gene. Bei der hier bestimmten Dichteverteilung ist zu berücksichtigen, dass in Mais wie in den meisten anderen Pflanzen ein Großteil der DNA stark methyliert vorliegt und daher zu niederen Dichtewerten verschoben ist. Im rDNA-Bereich liegen die Gene für die ribosomalen RNAs. Der Bereich der Gene für allgemeine Proteine repräsentiert den Durchschnitt aus 265 Maisgenen aus der Datenbank. Für die Zeingene wurden 41 Gene zugrunde gelegt. (Nach Carels et al. 1995)

den mit je 10–200 Genomkopien, d. h. sie sind bezüglich des Plastidengenoms hochgradig **polyploid**. Bei den meisten Pflanzen sind zusätzlich die rRNA-Gene und einige angrenzende DNA-Sequenzen dupliziert und liegen als *inverted repeats* vor (*IR*; Abbildung 6.6). Die Größenunterschiede zwischen den

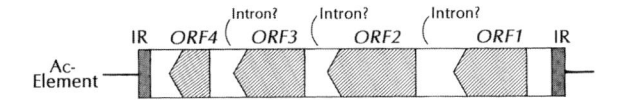

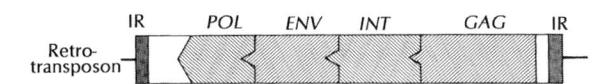

Abb. 6.5. Transposon- und Retrotransposonelemente im Kerngenom von Pflanzen. Neben vielen, oft nur wenige 100 B langen Sequenzwiederholungen tragen auch größere, häufig vorkommende DNA-Elemente zu den enormen Größenunterschieden zwischen den Kerngenomen verschiedener Pflanzenspezies bei. Das **transposable Element Ac** wird in der Praxis für die genetische Analyse insbesondere bei Mais, aber auch bei anderen Pflanzenspezies eingesetzt. Dieses Element springt im Genom von einer Position an eine andere, sobald es durch bestimmte zelluläre Bedingungen mobilisiert wird. Dabei kommt es zur Inaktivierung des betroffenen Gens. Zu der Grundstruktur solcher Transposons gehören Sequenzwiederholungen an den Enden (*inverted repeat, IR*) und verschiedene Leseraster (*ORF*), die möglicherweise unter Eliminierung von Intronsequenzen auf RNA-Ebene zusammengefügt werden. Funktionen der dort codierten Proteine beinhalten u. a. das korrekte Herausschneiden, die Mobilität und das Wiedereinsetzen dieses DNA-Segmentes. Ähnliche Funktionen sind auch auf den **Retrotransposonelementen** codiert, die in allen Pflanzen im Kerngenom gefunden werden. Retrotransposons sind vermutlich aus im Genom etablierten Retroviren entstanden und enthalten an ihren Enden ebenfalls wiederholte Sequenzabschnitte (*IR*). Die dort codierten Funktionen beinhalten eine RNA-abhängige DNA-Polymerase – die reverse Transkriptase (*POL*), ein Mobilitätsprotein (*GAG*), eine Integrasefunktion (*INT*) und ein Hüllprotein (*ENV*). Fragmente solcher mobiler Retrotransposons finden sich in Kopienzahlen bis zu mehreren Millionen im Zellkern verschiedener Pflanzenspezies. Teile solcher Retrotransposonelemente wurden auch im mitochondrialen Genom von Pflanzen identifiziert.

Plastidengenomen verschiedener Pflanzen (121 kB bei *Marchantia*, 156 kB bei Tabak) beruhen zum größten Teil auf dem unterschiedlichen Umfang dieser Duplikation. Variationen im Gengehalt finden sich zwischen den relativ weit voneinander entfernten Entwicklungslinien der Algen und höheren Pflanzen. Bei einer ganzen Reihe von Pflanzen, z. B. bei *Marchantia*, *Arabidopsis* und einigen Algenarten sind die Plastidengenome vollständig sequenziert und die Genprodukte identifiziert worden, so dass wir einen guten Überblick über ihren Informationsgehalt besitzen (Abbildung 6.6). Ein wesentlicher

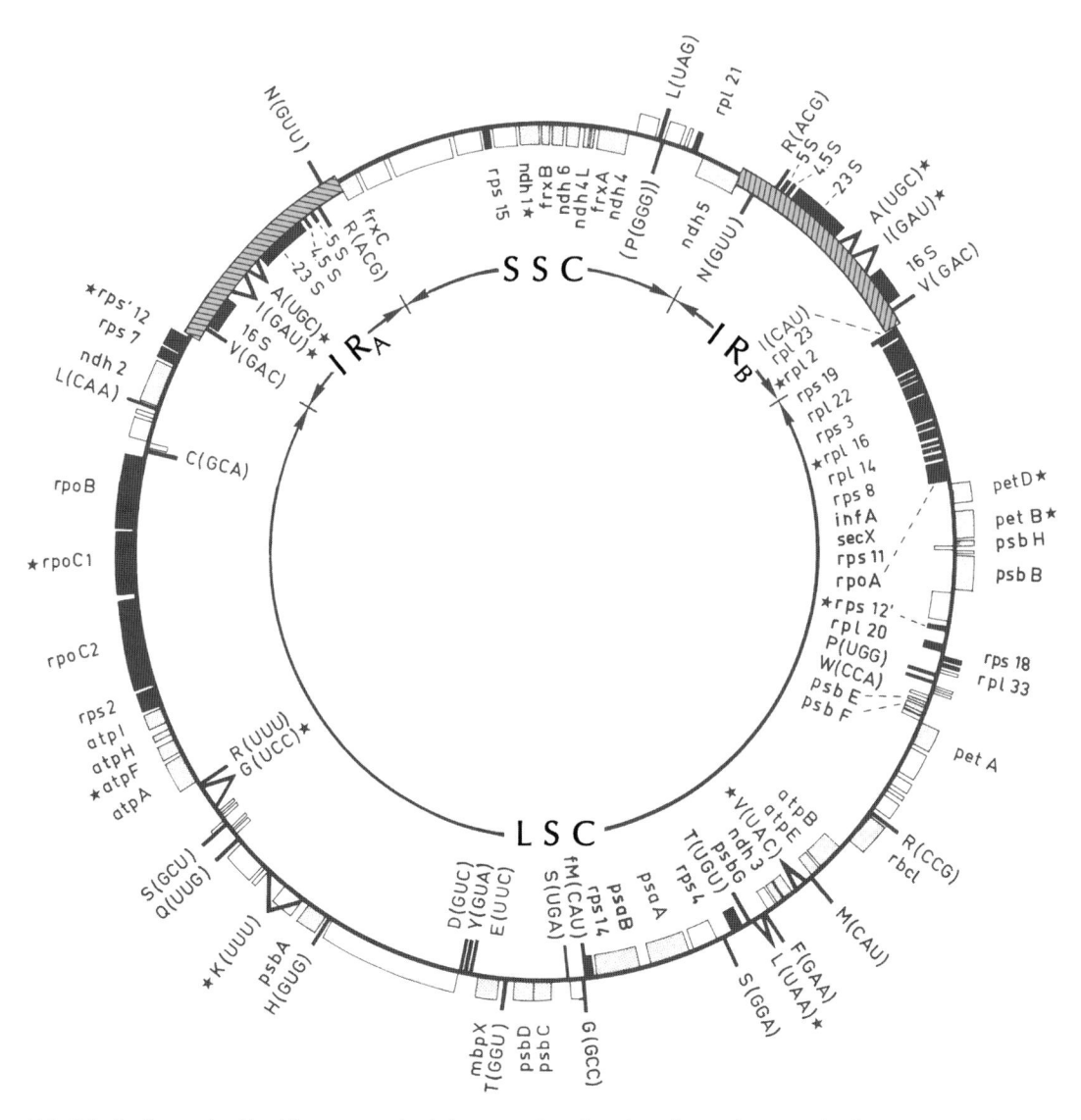

Abb. 6.6. Genkarte des Plastidengenoms im Lebermoos *Marchantia polymorpha*. Das circuläre DNA-Molekül umfasst 121 kB. Der innere Kreis gibt die beiden *inverted repeats* (IR_A, IR_B) und die *large single copy* (LSC)- und *small single copy* (SSC) Regionen wieder. Die Gene, die auf der Innenseite der Genkarte eingetragen sind, werden im Uhrzeigersinn, jene auf der Außenseite im Gegenuhrzeigersinn transkribiert. Gene für rRNAs sind durch 4,5S, 5S, 16S, 23S gekennzeichnet. Gene für tRNAs sind durch den jeweiligen Aminosäurecode (nichtmodifiziertes Anticodon) markiert. Identifizierte Proteingene sind durch Gensymbole gekennzeichnet (*punktierte Kästchen*: Gene des Photosyntheseapparates, *schwarze Kästchen*: Gene des Transkriptions- und Translationsapparats). Einige Beispiele: *rbcl*, große Untereinheit der Ribulosebisphosphatcarboxylase/oxygenase; *psa*, *psb*, Untereinheiten von Photosystem I bzw. II, *atp*, Untereinheiten der ATP-Synthase; *pet*, Untereinheiten des Cytochrom-b/f-Komplexes; *rps*, *rpl*, ribosomale Proteine; *rpo*, RNA-Polymerase. Die *offenen Kästchen* bezeichnen die bisher noch nicht aufgeklärten offenen Leseraster. Gene, die Introns enthalten, sind mit *Sternchen* markiert. (Nach Umesono und Ozeki 1987; verändert)

Teil des Plastidengenoms (etwa die Hälfte) codiert für Funktionen der Informationsverwaltung und -umsetzung in den Plastiden, z. B. für alle 4 rRNAs, alle 30 tRNAs, einem Drittel der ribosomalen Proteine und Teile einer RNA-Polymerase. Die andere Hälfte steht für die Codierung von etwa 20 Enzymproteinen zur Verfügung, vor allem für Untereinheiten von Proteinkomplexen des Photosyntheseapparats in den Thylakoiden, der RUBISCO und der plastidären ATP-Synthase.

Anders als im nucleären Genom, aber in Übereinstimmung mit dem Genom der Prokaryoten, sind die Gene im Plastidengenom oft zu funktionellen Einheiten, **Operons**, zusammengefasst, welche von einem gemeinsamen Promotor reguliert werden (Abbildung 6.7). Die hohe Gendichte unterliegt einem Selektionsdruck unbekannter Natur, der dafür sorgt, dass nicht unbedingt benötigte Information sehr schnell wieder aus dem Genom entfernt wird. Besonders drastische Beispiele hierfür sind sekundär parasitische Pflanzen, die keine Photosynthese mehr durchführen, sondern sich durch Anzapfen der Saftströme in den Wurzeln anderer Pflanzen heterotroph ernähren (→ S. 641). In den stark verkleinerten Plastidengenomen dieser Parasiten finden sich nur noch Gene, die für die Energieumsetzung im Dunkeln und die Aufrechterhaltung von Transkription und Translation notwendig sind, während die Gene für Photosynthesefunktionen weitgehend verschwunden sind.

Bei manchen Algen sind die heutigen Plastidengenome erst durch **sekundäre Endosymbioseereignisse** entstanden, z. B. bei den Cryptomonaden und Chlorarachniophyten (→ Abbildung 2.24). In diesen Evolutionslinien sind ganze eukaryotische, photosynthetisch aktive Algenzellen in andere Eukaryoten aufgenommen worden und haben anschließend einen Teil ihrer mitgebrachten genetischen Information verloren, bis hin zur völligen Aufgabe des eigenen Zellkerns. Die Zell- und Plastidenmembranen blieben jedoch teilweise erhalten, so dass jetzt die Plastiden von drei oder vier Hüllmembranen umgeben sind.

6.2.4 Das mitochondriale Genom

Der prokaryotische Ursprung des ebenfalls ringförmigen oder linearen mitochondrialen Genoms wird wie beim Plastidengenom an einer Reihe von Merkmalen deutlich, wobei aber auch charakteristische Unterschiede zwischen den beiden Organellen auftreten. Wie im Plastiden ist die Kopienzahl der mitochondrialen Genome pro Zelle variabel und vom Entwicklungsstadium abhängig (20–2.000 DNA-Moleküle pro Zelle). Vollständige Sequenzinformationen liegen derzeit von den Mitochondriengenomen des Lebermooses *Marchantia* und mehreren höheren Pflanzen, unter anderem *Arabidopsis*, vor. Die Mitochondriengenome verschiedener Pflanzenspezies unterscheiden sich in einzelnen Genen, z. B. für ribosomale Proteine. Ihre sehr unterschiedliche Größe (185 kB bei *Marchantia*, 369 kB bei *Arabidopsis*) ist nicht auf einen unterschiedlichen Informationsgehalt, sondern auf eine Vergrößerung der nichtcodierenden DNA-Bereiche bei *Arabidopsis* zurückzuführen (Tabelle 6.3). In dieser Hinsicht sind die Mitochondriengenome den Kerngenomen ähnlich; in beiden Fällen

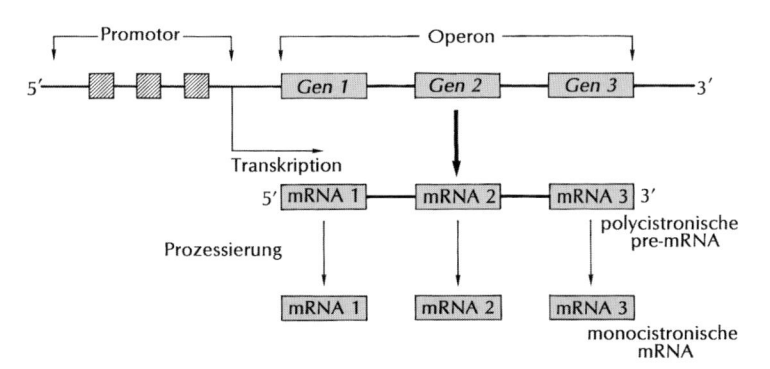

Abb. 6.7. Operonstruktur bei plastidären Genen. Im plastidären Genom liegen wie im prokaryotischen Genom oft mehrere Gene benachbart auf dem DNA-Strang und werden in eine polycistronische mRNA übersetzt, die anschließend in einzelne mRNAs zerlegt wird. Die Transkription dieser Gene wird über einen gemeinsamen Promotor reguliert. Derartig organisierte Operonstrukturen kommen in den heutigen Prokaryoten und in den aus eingewanderten Prokaryoten stammenden Genomen der Plastiden und Mitochondrien vor. Im Kerngenom ist die Operonstruktur auf die Gene für die ribosomalen RNAs beschränkt.

scheint ein nur geringer Selektionsdruck auf Größe und Informationsdichte zu herrschen. Unter den nicht-codierenden Sequenzen im mitochondrialen Genom finden sich auch Fragmente aus dem Plastidengenom und aus dem Kerngenom sowie Reste von Transposons und parasitischen RNA-Viren, die sonst nur bei phytopathogenen Pilzen gefunden werden (→ Exkurs 6.4). Der Umfang der Mitochondriengenome verschiedener Pflanzen reicht von etwa 200 kB bei einigen *Brassica*-Arten bis zu 2.500 kB beim Kürbis.

EXKURS 6.4: Wie erhält man Hinweise auf die Funktion eines Gens über Strukturähnlichkeiten mit anderen Genen?

Die genomische Identifizierung eines potenziell neuen Gens durch DNA-Sequenzierung oder Mutagenese erfordert weitere Analysen, um Hinweise auf die molekulare Funktion der darin codierten RNA bzw. des Proteins zu erhalten. Da weltweit alle neu identifizierten Gensequenzen und -funktionen in zentralen Datenbanken wie der Genbank in den USA und dem European Molecular Biology Laboratory (EMBL) eingespeichert werden, liegt dort eine laufend aktualisierte Sammlung aller bekannten Gensequenzen und häufig auch ihrer Funktion vor. Mit einer neu aufgefundenen, unbekannten Gensequenz lassen sich nun diese Datensammlungen auf ähnliche Sequenzen durchsuchen. Durch Vergleich mit der Vielzahl der inzwischen bekannten Gene ist es oft möglich, auf diesem Weg Hinweise auf die Funktion eines neu gefundenen Gens zu bekommen. Es ist z. B. möglich, dass ein strukturell ähnliches, evolutionär verwandtes Gen in einer anderen Organismusgruppe, sei es Tier, *Bacterium*, *Archaeon* oder einer anderen Pflanzenordnung, bereits aufgeklärt wurde. Dann kann das neue Gen direkt als evolutionäres Homolog gleicher oder ähnlicher Funktion charakterisiert werden.

Finden sich über Sequenzvergleiche keine solchen direkt homologen Gene, so lassen sich oft auch über partielle Ähnlichkeiten in der Aminosäuresequenz des Proteins wahrscheinliche Funktionen ableiten. Proteinregionen, die die Bindung bestimmter Cofaktoren wie z. B. Metallionen vermitteln oder an der Interaktion mit anderen Proteinen beteiligt sind, enthalten meist charakteristische Strukturen, die auch zwischen Proteinen verschiedener Funktion ähnlich sind. Dabei stellt sich heraus, dass nicht nur ganze Proteine bzw. Gene in ihrer Einheit in der Evolution erhalten geblieben sind, sondern auch einzelne Abschnitte als funktionelle Module neu gemischt wurden und so zur Entstehung neuer Gene führten.

Auch innerhalb eines Genoms findet man oft mehrere verwandte Gene, insbesondere für solche Proteine, die ähnliche Funktionen in verschiedenen Bereichen des Stoffwechsels oder in verschiedenen Entwicklungsstadien der Pflanzen erfüllen müssen. So findet man z. B. eine Familie von Genen für Phytochrome, die aus einem Gen durch Duplikation entstanden sind und sich im Verlauf der Evolution sowohl im codierenden Bereich als auch im Promotor so verändert haben, dass jetzt mehrere, leicht unterschiedliche Proteine auftreten, deren Gene spezifisch reguliert werden können (→ Abbildung 19.17).

Verwandte Gene lassen sich aber auch direkt experimentell identifizieren. Bei der **Southern-Analyse** (benannt nach Ed Southern, der diese Methode entwickelte) wird die energetisch recht stabile Basenpaarung zwischen einzelnen DNA-Molekülen komplementärer Sequenz ausgenützt, **DNA/DNA-Hybridisierung**. Zunächst wird die aus einem Gewebe isolierte DNA mit Restriktionsenzymen in unterschiedlich große Stücke zerlegt. Diese Fragmente werden dann durch Elektrophorese in einer Gelmatrix entsprechend ihrer Größe aufgetrennt, wobei die kleinsten Moleküle die größte Wanderungsgeschwindigkeit aufweisen. Die bisher noch doppelsträngige DNA wird dann durch eine Alkalibehandlung denaturiert, d. h. in Einzelstränge gespalten, vom Gel auf eine Membranfolie überführt und dort immobilisiert. Nun werden einzelsträngige Abschnitte des zu untersuchenden Gens in radioaktiv markierter Form als Sonde auf die Folie gebracht. Bei der Hybridisierungsreaktion suchen sich die Abschnitte die komplementären Sequenzen auf der Folie und werden dort festgehalten. Im Autoradiogramm lässt sich dann die Größe dieser Sequenzen anhand der Wanderungsstrecke im Gel bestimmen. Aus der Zahl der radioaktiv markierten Banden ergibt sich die Zahl gleicher oder ähnlicher Gene in dem analysierten Genom. Durch Absenkung der Hybridisierungstemperatur oder Veränderung der Salzkonzentration lassen sich die Hybridisierungsbedingungen so lockern, dass nicht nur gleiche, sondern auch ähnliche DNA-Sequenzen von der Sonde erkannt werden. Mit dieser Methode kann man also auch verwandte Gene identifizieren, z. B. lassen sich in der Mais-DNA homologe Gene mit Sonden aus *Arabidopsis*-DNA aufspüren. Auch der Umfang einer Genfamilie lässt sich mit einer solchen Southern-Analyse ermitteln.

Tabelle 6.3. Zusammensetzung des mitochondrialen Genoms von *Arabidopsis thaliana*

	prozentualer Anteil
identifizierte Gene	16
nicht-identifizierte, offene Leseraster	10
rekombinante und andere Sequenzwiederholungen	7
Sequenzen plastidären Ursprungs	1
Sequenzen nucleären Ursprungs	4
Sequenzen ungeklärter Funktion	62

Auch im Mitochondrion nimmt die Information für den eigenen genetischen Apparat einen großen Teil der codierenden Kapazität ein. Daneben codieren mitochondriale Genome für einige hydrophobe Untereinheiten der Atmungskettenkomplexe und der mitochondrialen ATP-Synthase (→ Abbildung 4.8). Obwohl genug Kapazität zur Verfügung stünde, sind nicht einmal alle mitochondrialen tRNAs im Mitochondrion selbst codiert und müssen daher teilweise aus dem Cytoplasma importiert werden.

Während wir in den verschiedenen Pflanzengruppen einschließlich der Algen ähnliche Anzahlen mitochondrialer Gene für rRNAs finden, treten bei den Genen für die ribosomalen Proteine deutliche Unterschiede auf. Bei der Analyse solcher Unterschiede zeigte sich, dass manche dieser Gene in späteren Phasen der Evolution aus dem mitochondrialen Genom in das Kerngenom transferiert wurden und daher jetzt bei einigen Pflanzen im Organell, bei anderen im Kern codiert sind (Abbildung 6.8).

6.3 Die Transkriptionspromotoren, RNA-Polymerasen und RNA-Reifung

6.3.1 Transkription nucleärer Gene

Die Umsetzung der genetischen Informationen von der DNA in die Aminosäuresequenz der Proteine erfordert als ersten Schritt die **Transkription** der Basenfolge in der DNA in die der mRNA (→ Exkurse 6.5 und 6.6). Die Startzeichen für diese Um-

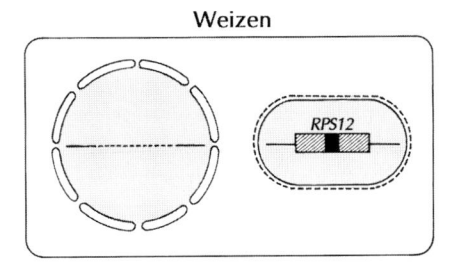

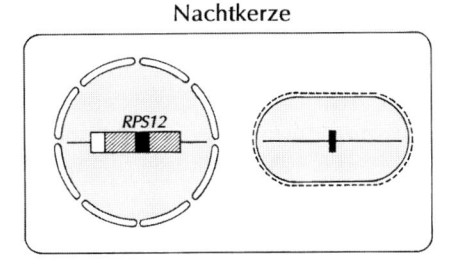

Abb. 6.8. Translokation eines Gens aus dem mitochondrialen Genom in den Zellkern. Das Gen für das Protein 12 der kleinen ribosomalen Untereinheit (*RPS12*) in den Mitochondrien ist beim Weizen *(Triticum)* im mitochondrialen Genom codiert. In der Nachtkerze *(Oenothera)* ist dagegen im mitochondrialen Genom nur noch ein kleines Fragment dieses Leserasters vorhanden; der andere Teil ging durch Rekombinationsereignisse verloren. Im Zellkern von Weizen findet sich, soweit bekannt, kein Gen für das Protein RPS12, während bei der Nachtkerze das vollständige Gen im Kern vorliegt. Dabei wurde am 5'-Ende eine zusätzliche Sequenz angehängt, so dass das Protein mit dieser Signalsequenz korrekt in die Mitochondrien importiert werden kann. Dieses Beispiel aus der relativ jungen Evolutionsgeschichte bestätigt die Endosymbiontentheorie, die genau solche Gentransferprozesse während der funktionellen Etablierung der Plastiden und Mitochondrien in der eukaryotischen Zelle postuliert.

schreibung werden durch den Promotor gegeben, der, unter Mithilfe verschiedener DNA-bindender Proteine, **Transkriptionsfaktoren**, als Ansatzpunkt für die RNA-Polymerase dient und unmittelbar vor dem Startpunkt der Transkription liegt (→ Abbildung 6.1).

Für die wichtigsten Genklassen finden wir im Zellkern drei verschiedene **RNA-Polymerasen**, die bei allen eukaryotischen Organismen den gleichen evolutionären Ursprung haben. Die **RNA-Polymerase I** schreibt spezifisch die ribosomalen RNA-Gene ab, während die **RNA-Polymerase II** für alle proteincodierenden Gene, und die **RNA-Polymerase III** für alle tRNA-Gene und andere kleine, meist nucleolär lokalisierte RNA-Sequenzen zuständig sind. Insbesondere die Transkription der proteincodierenden Gene bedarf einer spezifischen, vom Entwicklungsprogramm der Zelle abhängigen Regulation. Die Promotoren dieser Gene sind besonders variabel und kompliziert aufgebaut. Sie enthalten zusätzlich zu charakteristischen Sequenzen (TATA-Box, CAAT-Box; Abbildung 6.9), meist eine Vielzahl regulatorisch wirksamer *cis*-Elemente, die mit einer entsprechenden Anzahl von Transkriptionsfaktoren interagieren (Abbildung 6.10). Selbst bei den Genen für einzelne Untereinheiten eines Proteinkomplexes, die ähnlichen regulatorischen Anforderungen unterliegen, sind die Promotoren oft unterschiedlich aufgebaut. Es ist daher in vielen Fällen nicht möglich, einen einfachen, klaren Zusammenhang zwischen Promotorstruktur und der auf der mRNA- oder Proteinebene beobachteten Spezifität der Genexpression herzustellen.

Die frisch transkribierten RNA-Moleküle, **Primärtranskripte, pre-mRNAs,** müssen erst noch diverse Reifungsschritte, **Prozessierung,** durchlaufen, bevor sie funktionsfähig werden. Ein solcher Schritt ist das Herausschneiden der **Introns** aus den pre-mRNAs, *splicing*. In proteincodierenden Genen findet man im Schnitt 4–5 solcher Intronsequenzen mit einer Länge von 50–5.000 Basen. Sie sind durch einen relativ hohen AT-Gehalt und durch bestimmte Motive an den Enden gekennzeichnet, die ihre Faltung zu einer Lassostruktur und das Herausschneiden durch **Spliceosomen** ermöglichen. Die nach Entfernung der Introns zusammengefügten **mRNA-Exons** werden am 5′-Ende mit einer *Cap*-**Struktur** (7-Methylguanosyldiphosphat = m^{7}GPP) versehen, die dieses Ende vor dem Angriff durch Exonucleasen schützt. Das 3′-Ende des Transkripts wird durch Anfügen einer etwa 200-gliedrigen **Poly(A)-Kette** stabilisiert (→ Abbildung 6.14). Die so gereiften und stabilisierten

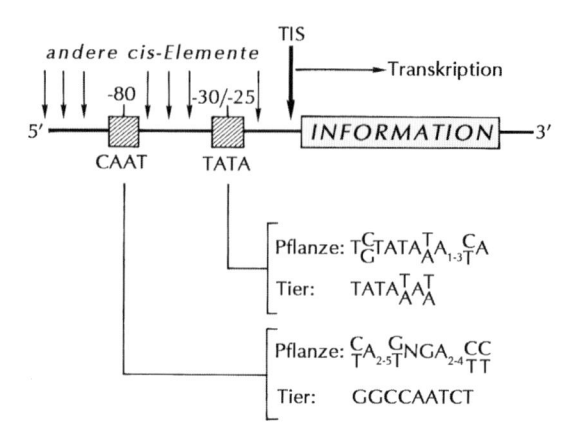

Abb. 6.9. Charakteristische Elemente in den Promotoren proteincodierender Gene im Zellkern. Bei Pflanzen sind, wie bei Tieren, im wesentlichen zwei Erkennungselemente (*cis*-Elemente) für Steuerfaktoren der Transkription (*trans*-Elemente) regelmäßig erkennbar. Das eine Element, die sog. *TATA-Box,* liegt 25–30 Nucleotide stromaufwärts vom ersten transkribierten Nucleotid (Transkriptionsinitiationsstelle, *TIS*). Das zweite Element, die sogenannte *CAAT-Box,* liegt weitere 50 Nucleotide stromaufwärts und ist bei Pflanzen wesentlich weniger gut konserviert als bei Tieren. Die Variationsmöglichkeiten in der Basensequenz sind durch alternative Buchstaben angegeben (N = beliebiges Nucleotid).

mRNAs werden vom Kern ins Cytoplasma entlassen, wo die Umsetzung ihrer Information bei der Proteinsynthese am Ribosom stattfindet.

6.3.2 Transkription plastidärer Gene

In den Plastiden wird die genetische Information der DNA von zwei verschiedenen RNA-Polymerasen in RNA überschrieben. Eine davon ist eine typische **prokaryotische RNA-Polymerase,** die im Plastidengenom selbst codiert ist. Entsprechend

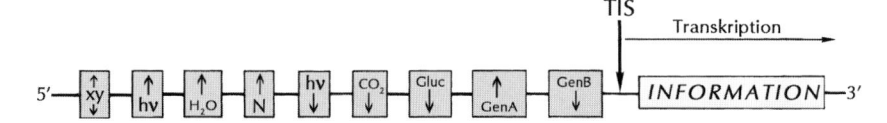

Abb. 6.10. Einige Beispiele für *cis*-Elemente im Promotor eines proteincodierenden Gens, die die Transkriptionsaktivität beeinflussen können. Die in der allgemeinen Genstruktur (→ Abbildung 6.1) als *cis*-Elemente bezeichneten Promotorabschnitte können über die Bindung spezifischer *trans*-Elemente durch ganz unterschiedliche Faktoren (Signale) beeinflusst werden. So kann z. B. die Transkription der genetischen Information durch die Aktivität anderer Gene (*Gen A* bzw. *Gen B*) verstärkt (↑) oder abgeschwächt (↓) werden. Metabolische oder physikalische Parameter wie die Konzentration an Glucose (*Gluc*), CO_2, Stickstoff (*N*), die verfügbare Feuchtigkeit (H_2O), das Licht (*hv*) oder noch unbekannte Faktoren (*x, y*) können die Expression eines Gens über derartige Wechselwirkung im Promotor verändern. Ein und derselbe Promotor kann, z. B. durch Licht, an verschiedenen *cis*-Elementen auch gegensätzlich beeinflusst werden. Die Gesamtheit der *cis-trans*-Wechselwirkungen im Promotor bestimmt die Intensität, mit der die RNA-Polymerase die Transkription durchführt.

EXKURS 6.5.: Wie analysiert man die Expression eines Gens in der Pflanze?

Die gewebespezifische Regulation der Genexpression kann am einfachsten über die Menge an gebildeten RNAs analysiert werden. Dazu isoliert man zunächst aus dem Gewebe die gesamte RNA. Aufgrund der Polyadenylierung am 3'-Ende lässt sich die cytoplasmatische mRNA-Fraktion von den nicht polyadenylierten tRNAs und rRNAs abtrennen, die den überwiegenden Anteil der Gesamt-RNA ausmachen. Man nützt hierzu die Basenpaarung zwischen dem Poly(A)-Schwanz der mRNAs und Oligodesoxythymidin (Oligo-dT)-Ketten aus, die an ein unlösliches oder magnetisches Trägermaterial gebunden sind und daher nach ihrer Beladung mit der Poly(A)-RNA leicht abgetrennt werden können. Die so gereinigten Poly(A)-RNA-Moleküle können nun durch Elektrophorese entsprechend ihrer Größe aufgetrennt, auf eine Membran übertragen und dort immobilisiert werden. Der nächste Schritt dieser, in Anlehnung an die Southern-Analyse auch als *northern*-Analyse bezeichneten Methode, ist die Hybridisierung der aufgetrennten mRNAs mit einer im Überschuss zugefügten, radioaktiv markierten DNA-Sonde, in der Regel ein Fragment des zu untersuchenden Gens, **DNA/RNA-Hybridisierung**. Die Sonde bindet an die zu ihr komplementäre mRNA und macht diese im Autoradiogramm als Schwärzung sichtbar. Dabei entspricht die Stärke der Schwärzung in etwa der Menge an vorhandener mRNA. Diese Art der Hybridisierung erlaubt auch die Identifizierung und mikroskopische Lokalisierung bestimmter mRNAs in Gewebeschnitten, *in-situ*-**Hybridisierung**. Damit lässt sich die Expression bestimmter Gene in einzelnen Geweben nachweisen. Als Beispiel ist in der Abbildung die Lokalisierung der mRNA für die Speicherproteine Vicilin (B) und Legumin (C) in einem Querschnitt durch die Kotyledonen von reifenden *Vicia faba* L.-Embryonen (A) gezeigt. Die Lokalisierung der spezifischen mRNA ist jeweils als helle Zone zu sehen. Die radioaktive ^{33}P-Markierung wurde mit einer Photoemulsion durch Dunkelfeldmikroskopie aufgenommen. Während die mRNAs für die beiden Speicherproteine hauptsächlich in den inneren Zellen der Kotyledonen exprimiert werden, ist die mRNA für den Saccharosetransporter VfSUT1 (D) in der morphologisch unteren Epidermis zu finden. (Aufnahmen von L. Borisjuk, 2005)

Die Aktivität eines Gens kann auch auf der Proteinebene untersucht werden, wenn passende Nachweismethoden dafür vorhanden sind. Als spezifische Proteinsonden verwendet man häufig **Antikörper**, die gegen das zu untersuchende Protein gerichtet sind. Die gesamte, aus einem Gewebe isolierte Proteinfraktion wird elektrophoretisch aufgetrennt, auf eine Membran übertragen und dort immobilisiert. Nach Reaktion mit einem Überschuss des spezifischen Antikörpers wird dieser auf der Membran sichtbar gemacht, z. B. durch Bindung eines zweiten, gegen den ersten gerichteten Antikörper, der mit einem Farbreagenz markiert ist oder mit einem Enzym gekoppelt ist, das eine Farbreaktion katalysiert. Aufgrund der hierbei erzielten Verstärkerwirkung sind solche Nachweismethoden in der Lage, Proteine im Picogramm-Bereich sichtbar zu machen. Voraussetzung für dieses, auch als *western*-**Analyse** bezeichnete Verfahren ist die Verfügbarkeit des reinen Proteins zur Erzeugung von Antikörpern in Kaninchen oder Mäusen. Zur Gewinnung des Proteins können auch das Gen oder die entsprechende cDNA als Ausgangsmaterial dienen. Die in einem Plasmid in *E. coli* klonierte genomische DNA oder cDNA kann mit bakteriellen Expressionssignalen versehen die Bakterien dazu veranlassen, das zugehörige Protein zu synthetisieren. Außerdem stehen heute auch zellfreie Transkriptions-Translations-Systeme zur Verfügung, z. B. auf der Basis von Weizenkeimextrakten, die alle Bestandteile der zellulären RNA- und Proteinsynthesemaschinerie enthalten und die Synthese eines Proteins anhand seiner DNA-Sequenz *in vitro* durchführen. Das gereinigte Protein wird dann in Tieren zur Antikörperproduktion eingesetzt. Analog zur DNA/RNA-Hybridisierung kann man Antikörper auch zur *in-situ*-Lokalisierung von Proteinen in Gewebeschnitten einsetzen und damit die Expressionsmuster eines Gens auf der Ebene der Translationsprodukte studieren. Die Verwendung von Antikörpersonden, an die elektronendichte Goldpartikel gebunden sind, erlaubt die Lokalisierung von Proteinen auch auf der elektronenmikroskopischen Ebene.

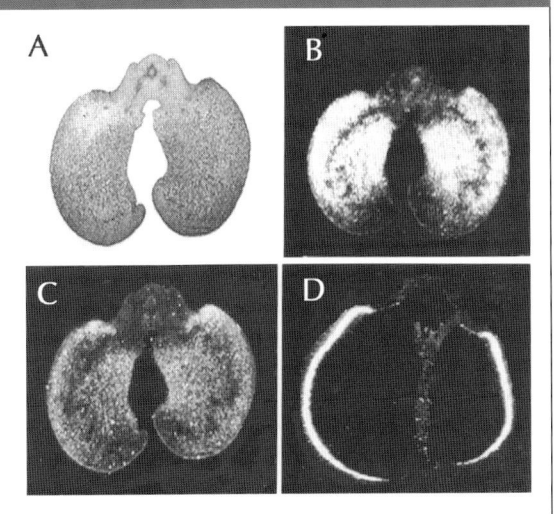

EXKURS 6.6: Wie analysiert man Expression und Funktion eines Gens mit transgenen Pflanzen?

Die experimentelle Möglichkeit, Pflanzen gezielt genetisch zu verändern, eröffnet verschiedene Wege, die Expression und Funktion von Genen zu analysieren. **Transgene Pflanzen** erhält man, indem man Fremdgene in pflanzliche Genome einbaut und dort zur Expression bringt. Die verschiedenen, heute zur Verfügung stehenden Verfahren zur Einschleusung von DNA in Pflanzenzellen und ihrer stabilen oder transienten Integration in das Kerngenom werden an anderer Stelle ausführlich behandelt (→ S. 659); hier wollen wir nur kurz auf einige Anwendungsmöglichkeiten in der Forschung eingehen, die die stabile Transformation von Pflanzenzellen eröffnet.

Mit der **Reportergenanalyse** lässt sich die Funktionsweise und Gewebespezifität von Promotoren bzw. einzelnen Promotorelementen, sowie von RNA-Stabilitätsfaktoren untersuchen. Hierbei wird die zu untersuchende Promotorsequenz vor ein **Reportergen** gesetzt und dieses Fusionsgen in das Genom einer Pflanze eingebaut. Unter einem Reportergen versteht man ein Gen, das in der Pflanze nicht vorkommt und dessen Produkt, das Protein, mit einer einfachen, spezifischen Testreaktion qualitativ, und gegebenenfalls auch quantitativ, nachgewiesen werden kann. Häufig wird zu diesem Zweck das Gen für eine bakterielle β-**Glucuronidase (GUS)** verwendet, das ein geeignetes Glucuronid unter Bildung eines unlöslichen blauen Farbstoffs spaltet und damit diejenigen Zellen durch Blaufärbung markiert, in denen der Promotor aktiv ist (siehe farbige Abbildung auf der Buchvorderseite). Abbildung A zeigt den *in-situ*-Nachweis des *GUS*-Reportergens, um gewebespezifische Genexpression sichtbar zu machen. Dazu wurde das *GUS*-Gen an Promotoren von Genen aus der AtBCAT-Genfamilie gekoppelt, die für Enzyme des Stoffwechsels verzweigtkettiger Aminosäuren codieren (*Arabidopsis thaliana branched-chain aminotransferases*) und das Konstrukt in das Genom von *Arabidopsis* eingebaut. Die im Bild dunkel erscheinende Blaufärbung in einem Rosettenblatt einer transformierten Pflanze (*unten*) weist auf entsprechende Promotoraktivitäten in den basalen Leitbündeln hin (*oben*: nicht transformierte Kontrolle). (Daten und Aufnahmen von Schuster und Binder, 2004)

Ein anderes oft benutztes Reportergen ist das **GFP-Gen** aus einer Quallenart. Das GFP-Protein (*green fluorescent protein*) kann durch Belichtung zur Emission von grünem Licht angeregt und auf diese Weise auch *in vivo* in der Pflanze sichtbar gemacht werden, ohne dass Stoffwechselstörungen durch eine chemische Reaktion zu

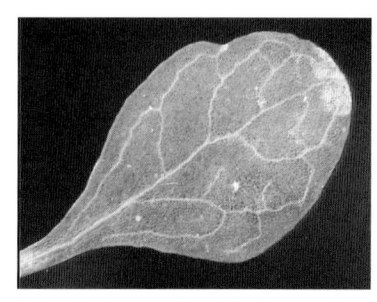

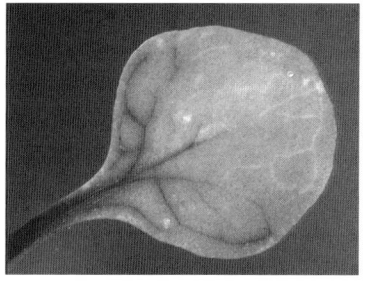

A

befürchten sind. Die geringe Diffusion dieses Proteins erlaubt es sogar, einzelne Zellareale oder Organellen mit dem Protein spezifisch zu markieren.

Beispielsweise ist es möglich, das GFP-Protein durch die Verknüpfung mit geeigneten Signalsequenzen in die Chloroplasten oder Mitochondrien importieren zu lassen und anhand der Fluoreszenz die Verteilung dieser Organellen in der Zelle zu studieren. Abbildung B zeigt eine solche transgene Expression des GFP zur spezifischen Markierung von bestimmten Organellen. In dieser transgenen Zelle einer Tabaksuspensionskultur wurde das Gen für das GFP-Protein mit einem mitochondrialen Signal versehen, das das fluoreszierende Protein spezifisch in diese Organellen importiert. In der Gesamtansicht der Zelle wird anhand der durch Belichtung induzierten Fluoreszenz die Verteilung der einzelnen Mitochondrien deutlich. *Strich*: 10 μm.

Mit der ***antisense*-Technik** ist es möglich, die Aktivität von bestimmten Genen zu hemmen. Dazu wird das aus der Pflanze isolierte Gen, meist in der Form einer cDNA-Sequenz, in **umgekehrter Orientierung** hinter den ursprünglichen oder einen anderen Promoter gesetzt und in das Genom eingebaut. Dies hat zur Folge, dass die Pflanze eine mRNA produziert, die komplementär zur (*sense*-)mRNA des eigenen Gens ist. *Antisense*- und *sense*-mRNA-Moleküle können nun durch Basenpaarung Hybride bilden und werden in dieser Form sehr viel schneller als die *sense*-mRNA abgebaut (→ Abbildung 28.14). Diese Technik erlaubt es also, die Bildung bestimmter Proteine in

6.3 Die Transkriptionspromotoren, RNA-Polymerasen und RNA-Reifung

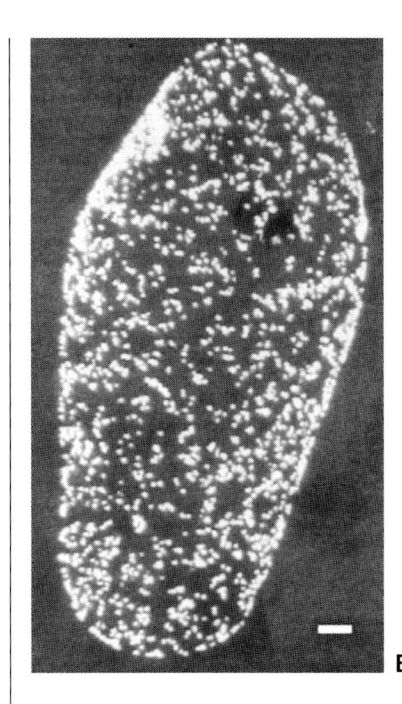

B

der Pflanze dauerhaft zu unterdrücken. Damit können z. B. einzelne enzymatische Reaktionen gezielt lahmgelegt und so Aufschlüsse über die Funktion der Enzyme für Entwicklung und Stoffwechsel erhalten werden.

Oft bessere (d. h. reproduzierbarere und stärkere) Abschaltungen von Genen lassen sich durch die Nutzung der endogenen **RNA-Interferenz-Maschine** (RNAi) erreichen (→ S. 398). Eigentlich zur Verteidigung gegen RNA- und DNA-Viren durch gezielten Abbau von kurzen doppelsträngigen Bereichen der entsprechenden RNA evolviert, werden auch andere als fremd erkannte RNAs abgebaut. Starke Überexpression eines zusätzlich eingebauten Gens lässt dieses als „fremd" erscheinen und induziert diesen Weg, **Cosuppression.** Abbildung C zeigt, wie die zu starke Aktivität eines zusätzlich eingebrachten Gens für die Chalconsynthase durch Cosuppression zur Unterbrechung der Anthocyansynthese und damit zu weißen Blütenblättern führt. Dabei induziert die hohe Menge an Chalconsynthase-mRNA den RNAi-Apparat, der die mRNA abbaut. Chalconsynthase ist ein Schlüsselenzym der Anthocyanbiosynthese (→ Abbildung 16.5). *Links*: Wildtypblüte. *Mitte*: Blüte einer transgenen Pflanze mit Bereichen stillgelegter Chalconsynthase-Bildung. *Rechts*: Vollständige Unterdrückung der Chalconsynthase-mRNA führt zu ungefärbten Blüten. (Nach Kuhlmann und Nellen, 2004). Durch Einbringen kurzer RNA-Fragmente (auch als DNA mit starkem Promotor) lassen sich so ganz gezielt einzelne Gene herunterregulieren oder sogar abschalten.

Die Fähigkeit, Gene in Pflanzen stabil einzubauen, eröffnet darüber hinaus viele Möglichkeiten zur Veränderung ihrer physiologischen Eigenschaften. Beispielsweise können Stoffwechselwege eingeführt werden, die normalerweise in der Pflanze nicht vorkommen. Die hierzu benötigten Gene können von anderen Pflanzen oder auch von Bakterien oder Tieren stammen. Auf die Verwendung von transgenen Pflanzen als Bioreaktoren für die Produktion von nutzbaren Pflanzeninhaltsstoffen wird im Kapitel 28 näher eingegangen.

C

dieser prokaryotischen Charakteristika sind auch die Promotoren, die dieses Enzym erkennt, ähnlich wie bakterielle Promotoren aufgebaut (Abbildung 6.11). Die dazugehörigen Transkriptionsfaktoren (Sigmafaktoren) sind jedoch im Kerngenom codiert und werden in die Plastiden importiert. Die Existenz einer zweiten RNA-Polymerase in den Plastiden wurde bei Gerstenmutanten gezeigt, in denen wegen des Ausfalls eines ribosomalen Proteins in den Plastiden keine funktionsfähigen Ribosomen entstehen. Obwohl diese Plastiden keine Proteine, also auch keine plastidencodierte RNA-Polymerase, bilden können, enthalten sie Transkripte verschiedener Plastidengene. Dafür ist eine **kerncodierte RNA-Polymerase** verantwortlich, die aus dem Cytoplasma importiert wird. Die große

Ähnlichkeit dieses Proteins und des entsprechenden Gens mit der RNA-Polymerase für die Mitochondrien zeigt, dass das Gen für die Plastidenform durch Duplikation entstanden ist. Die Verwandtschaft mit RNA-Polymerasen in Bakteriophagen wiederum belegt die prokaryotische Herkunft des Gens. Dieses Enzym transkribiert u. a. auch die Gene für die plastidencodierte RNA-Polymerase.

Die wie bei Prokaryoten in Gruppen eng beieinanderliegenden Gene des Plastidengenoms werden häufig in polycistronische mRNAs umgeschrieben, die anschließend in monocistronische Transkripte zerlegt werden (→ Abbildung 6.7). In den plastidären Operons können auch Gene für Proteine verschiedener Funktionen zusammengefasst sein; z. B. für das Chlorophyll-Apoprotein CP47, das 10-kDa-Phosphoprotein des Photosystems II und eine Untereinheit des Cytochrom-b/f-Komplexes (→ S. 183).

Wie die Kerngene sind auch viele Plastidengene durch Introns unterbrochen, die als prokaryotische Introns der Gruppen I und II klassifiziert werden. Zur Entfernung dieser Introns aus den Transkripten werden Proteinfaktoren benötigt, die meist kerncodiert sind und in die Plastide importiert werden müssen. Beim Gen für das ribosomale Protein S12 hat man gefunden, dass zwei der drei Exons weit voneinander entfernt und in umgekehrter Orientierung auf der Plastiden-DNA liegen; das Leseraster für das Protein kann also nicht durchgehend auf einem pre-mRNA Molekül lokalisiert sein. Die zusammengehörenden Exons werden in diesem Fall durch *trans-splicing* aus verschiedenen Primärtranskripten zusammengefügt. Die Erkennung erfolgt dabei über die an die Exons angrenzenden Abschnitte der Gruppe-II-Introns, die sich zusammenlegen und so die passenden Exonenden miteinander in Kontakt bringen können (→ Abbildung 6.1).

Wie in allen prokaryotischen Organismen bleiben auch in den Plastiden die mRNAs ohne *Cap*- und Poly(A)-Strukturen. Die Transkripte werden vielmehr durch Haarnadelstrukturen am 3′-Ende stabilisiert, die durch RNA-bindende Proteine erkannt werden. Die dort gebildeten RNA-Proteinkomplexe dienen als Marker für die Prozessierung und verhindern gleichzeitig das weitere Fortschreiten des RNA-Abbaus durch Exonucleasen. Teilweise leitet ganz ähnlich wie bei Bakterien das An-

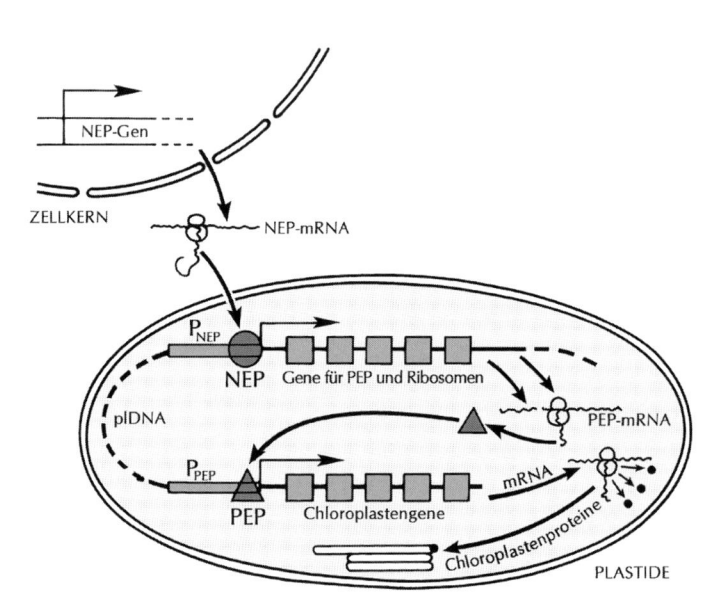

Abb. 6.11. Die Gene in der Plastiden-DNA werden von zwei verschiedenen RNA-Polymerasen abgelesen. Der im Kern codierte Typ ist eine Phagen-ähnliche Polymerase (*NEP* = *n*uclear *e*ncoded *p*olymerase), die andere ist Bakterien-ähnlich und zu einem großen Teil im Plastidengenom codiert (*PEP* = *p*lastid *e*ncoded *p*olymerase). Wie bei Bakterien besteht die PEP aus mehreren Untereinheiten, während die NEP nur aus einem Protein besteht. Zuerst wird die NEP an cytoplasmatischen Ribosomen synthetisiert und in die Plastiden transportiert. Dort transkribiert sie die Gene für PEP, ribosomale Proteine und rRNAs vermittelt von spezifischen Promotoren (P_{NEP}). Die PEP liest die Gene für die Photosynthese mit ihren PEP-Promotoren (P_{PEP}) ab und synthetisiert die mRNAs, die in den Plastiden translatiert werden können. Dadurch übt der Zellkern die Hauptkontrolle über das Genom in den Plastiden schon bei der Synthese der plastidären mRNA aus.

fügen von Oligo(A) an das 3′-Ende den Abbau dieser Moleküle ein.

Zwischen 20 und 40 Nucleotide in den mRNAs der Plastiden von Samenpflanzen stimmen nicht mit den genomisch vorgegebenen Codons überein. So wird während der RNA-Reifung z. B. ACG zum translationsinitiierenden AUG abgewandelt. Dieses Phänomen nennt man **RNA-*editing.*** Es führt dazu, dass in verschiedenen Genen einige genomisch vorhergesagte, und auch bei der Transkription in die RNA eingebaute, Cytosine in Uridine abgeändert werden.

6.3.3 Transkription mitochondrialer Gene

Obwohl in den Mitochondrien die einzelnen Gene auf der DNA meist sehr viel weiter voneinander entfernt liegen als in den Plastiden, werden auch hier einige Gengruppen in polycistronische mRNAs umgeschrieben, wobei ebenfalls funktionell komplexe Transkripte resultieren. In pflanzlichen Mitochondrien wurden zwei verschiedene Promotortypen gefunden, von denen einer eine stark konservierte, der andere eine relativ variable Struktur hat. Die mitochondriale RNA-Polymerase ist mit der kerncodierten plastidären RNA-Polymerase verwandt und muss aus dem Cytoplasma importiert werden. Bei der Reifung mitochondrialer mRNAs werden Introns entfernt und die Exons, u. U. durch *trans-splicing,* zum funktionsfähigen RNA-Molekül zusammengefügt. Beispielsweise entstehen mRNAs für einzelne Untereinheiten der Atmungskettenkomplexe aus Fragmenten, die in drei verschiedenen Genomregionen codiert sind. Mit dieser räumlichen Aufgliederung von Genteilen in der DNA verschwimmt auch die molekulare Definition des Gens, da die zusammenhängende genetische Information für ein Protein eigentlich erst auf der RNA-Ebene vorliegt.

6.3.4 RNA-*editing*

Das bei Plastiden selten beobachtete posttranskriptionale *editing* der RNA, d. h. die sekundäre Umwandlung von **Cytosin** in **Uridin** (oder umgekehrt) in RNA-Molekülen, ist in Mitochondrien höherer Pflanzen sehr viel stärker ausgeprägt. Hier kann kein einziges proteincodierendes Gen ohne massives *editing* seiner mRNA in ein funktionsfähiges Protein übersetzt werden.

Diese Veränderungen der RNA-Sequenz gegenüber der DNA-Sequenz können in Einzelfällen bis zu 20 % der Codons, und damit der Aminosäuren im Protein, betreffen. In den Mitochondrien höherer Pflanzen sind insgesamt 400–500 *editing*-Schritte erforderlich, um die RNA in die funktionell korrekte Form zu bringen. Die Auswahl der zu verändernden Cytosine erfolgt über spezifische RNA-Bindung durch einzelne PPR-Proteine. Die etwa 450 PPR-Proteine (**P**entatrico-**P**eptide-**R**epeat-Proteine) der Blütenpflanzen enthalten mehrere Kopien eines 35-Aminosäuren-Motivs und sind an vielen RNA-Reifungsprozessen wie Intron-*splicing* und RNA-*editing* in Plastiden und Mitochondrien beteiligt. Möglicherweise wird durch das RNA-*editing* eine weitere Kontroll- und Korrekturebene in die Genexpression eingeführt. Dafür spricht z. B. der Befund, dass einige tRNAs erst nach *editing* aus der *pre*-tRNA herausgeschnitten werden können. Auch manche Introns lassen sich erst nach *editing* durch Basenpaarung zu der Sekundärstruktur falten, die ein Herausschneiden ermöglicht.

Welche Enzyme an der Umwandlung des Cytosins zum Uridin in der RNA-Kette beteiligt sind, ist noch unklar. Dieser Mechanismus ist dort, wo er vorkommt, notwendig für die korrekte Genexpression. Andererseits konnte er bei Bakterien und niederen Pflanzen (Grünalgen bis hin zu den Characeen, Lebermoosen) nicht nachgewiesen werden. Offenbar hat sich dieser Eingriff in den normalen Ablauf der Informationsübertragung vom Gen zum Protein erst bei der Evolution der Landpflanzen in den Mitochondrien und Plastiden etabliert.

6.4 Proteinsynthese (Translation) und Protein-*turnover*

6.4.1 Translation und Protein-*turnover* im Cytoplasma

Die Synthese von Proteinen findet in den drei Zellkompartimenten Cytoplasma, Plastiden und Mitochondrien statt. Die Mechanismen der Translation im Cytoplasma sind bei allen Eukaryoten sehr ähnlich, während sie in den Plastiden und Mitochondrien abweichen und auch zwischen diesen beiden Kompartimenten prokaryotischen Ursprungs Unterschiede aufweisen. Mit wenigen Ausnahmen wird in allen drei genetischen Systemen der Pflanzenzelle der gleiche Code für die Umschreibung der RNA-Basensequenz in die Aminosäuresequenz der Proteine verwendet, wie er auch in allen anderen Bereichen der Lebewesen von den Bakterien bis zum Menschen gültig ist. Lediglich in einigen Algengruppen hat man kleinere Abweichungen von diesem „universellen" Code gefunden, z. B. codiert in den Mitochondrien der Rotalge *Chondrus crispus* TGA nicht, wie sonst üblich, für ein Stopcodon, sondern für die Aminosäure Tryptophan.

Die cytoplasmatischen **Ribosomen** (80S) enthalten die vier klassischen ribosomalen RNAs (25S, 18S, 5,8S und 5,5S), von denen die ersten drei in einem Operon codiert sind. Diese rRNAs werden durch etwa 70 Proteine zu einem kompakten, aus zwei Untereinheiten (60S, 40S) bestehenden, etwa 20 nm großen Partikel komplexiert, das im Elektronenmikroskop leicht zu identifizieren ist, insbesondere, wenn mehrere Ribosomen in Form eines **Polysoms** mit einer mRNA assoziiert sind (→ Abbildung 2.4). Normalerweise wird die Größe dieser Partikel durch ihre Sedimentationsgeschwindigkeit (S-Werte) charakterisiert. Für die Bindung der mRNA an das Ribosom und die Initiation und Elongation des entstehenden Proteins ist neben den Aminosäure-spezifischen tRNAs eine Vielzahl von Proteinen erforderlich. Dazu gehören z. B. das **Cap-bindende Protein** und das **Poly(A)-bindende Protein**, die als Initiationsfaktoren fungieren. Viele dieser Translationsfaktoren sind auch bei Pflanzen identifiziert; es handelt sich meist um Homologe der entsprechenden tierischen und pilzlichen Proteine, die gegenüber diesen ein hohes Maß an Konservierung aufweisen (Abbildung 6.12). Pflanzenviren nutzen die Translationsmaschinerie aus, um unter Benützung viruseigener und pflanzeneigener Translationsfaktoren extrem hohe Proteinsyntheseraten zu induzieren. Die genomische RNA des Tabakmosaikvirus enthält zwar eine *Cap*-Struktur am 5′-Ende, an die zelluläre Proteine gebunden werden können, aber keine Poly(A)-Kette am 3′-Ende, das zu einer Kleeblatt-artigen Struktur gefaltet ist (Abbildung 6.13). An dieser Stelle binden spezifische Proteine, die den Zugang zum Ribosom und die Interaktion mit den anderen Initiations- und Elongationsfaktoren herstellen.

Die neu synthetisierten Proteine durchlaufen in der Regel diverse Schritte der Reifung, Faltung, Zusammenlagerung und chemischen Modifikation bis die voll aktive Struktur erreicht ist. Neben solchen Modifizierungen dient die Kontrolle über die **Lebensdauer** der Proteine zur Regulation ihrer Aktivität (→ S. 92). Insbesondere Proteine mit regulatorischen Aufgaben, z. B. Transkriptionsfaktoren, sind durch einen relativ hohen *turnover* ausgezeichnet, wodurch eine rasche Reaktion auf Steuersignale ermöglicht wird. Außerdem können auf diese Weise defekte Proteine eliminiert werden. Im Cytoplasma und im Zellkern wird der proteolytische Abbau eines Proteinmoleküls durch Verknüpfung mit **Ubiquitin,** einem Polypeptid von 8,5 kDa eingeleitet (→ S. 93).

6.4.2 Translation und Protein-*turnover* in Plastiden

Der Translationsapparat der Plastiden ist deutlich prokaryotischer Herkunft. Sowohl die ribosomalen RNAs (23S, 16S, 5S und 4,5S), als auch die diversen ribosomalen Proteine, zeigen in ihren primären Sequenzen eine hohe Ähnlichkeit mit den homologen Molekülen in Bakterien. Dies gilt auch für die an der Translation beteiligten Proteine. Die plastidären Ribosomen (70S) bestehen wie die der Bakterien aus einer 50S- und einer 30S-Untereinheit. Bei den meisten plastidären proteincodierenden Genen findet sich eine klassische prokaryotische Ribosomenbindungssequenz 10–20 Nucleotide vor dem ersten translatierten AUG-Codon. Diese Sequenz ist komplementär zur Sequenz am 3′-Ende der 16S-rRNA und ist an der Bindung und Erkennung zwischen mRNA und Ribosom beteiligt. Mehrere ribosomale Proteine in den Plastiden sind nicht mehr die ursprünglich mit dem Endosymbionten eingewanderten Moleküle, sondern wurden im Laufe der Evolution durch Proteine aus der Wirtszelle ersetzt. Das jeweils entsprechende Gen wurde im Zellkern dupliziert, so dass heute je ein Gen für das cytoplasmatische und das plastidäre Protein codieren. Viele der mRNAs in den Plastiden sind nicht mit Ribosomen assoziiert, sondern werden durch RNA-bindende Proteine stabilisiert. Wie in Bakterien werden auch in den Plastiden freie RNAs sehr viel schneller abgebaut als bei der Translation aktive mRNAs.

In photosynthetisch aktiven Geweben enthalten die Chloroplasten bis zu 50 % der gesamten Proteinmenge der Zelle. Da durch die photochemischen Prozesse und die damit einhergehende Bildung aggressiver Sauerstoff-Spezies Proteine geschädigt werden können (→ S. 601), ist ein effizienter Mechanismus für den Abbau von defekten Prote-

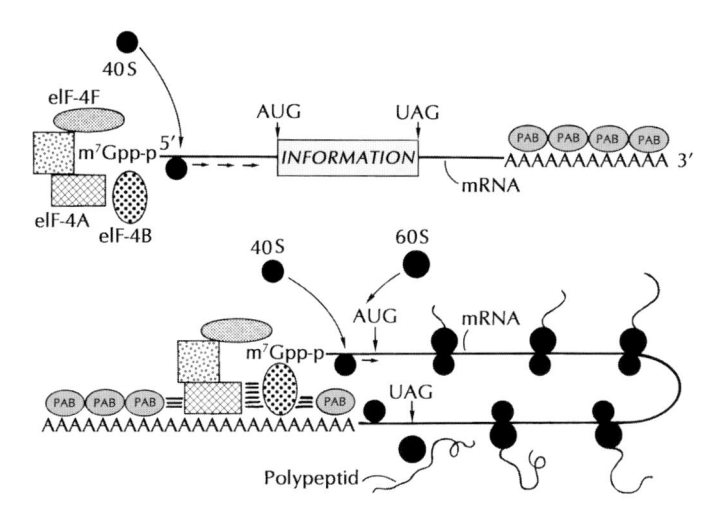

Abb. 6.12. Schematische Übersicht über die wichtigsten Teilprozesse der Translation durch cytoplasmatische Ribosomen und die daran beteiligten Proteinfaktoren (vergrößert dargestellt). *Oben*: Bei der **Initiation** wird eine *40S*-Ribosomenuntereinheit an das 5'-Ende der mRNA (*Cap* = *m⁷Gpp*) gebunden, ebenso verschiedene Elongationsfaktoren (*eIF*). Das Poly(A)-bindende Protein (*PAB*) lagert sich an den Poly(A)-Schwanz am 3'-Ende der mRNA an. Die 40S-Untereinheit wandert an der mRNA entlang, bis sie das Initiationscodon (*AUG*) gefunden hat. *Unten*: Während der **Translation** bildet die mRNA eine Schleife, die durch multiple Wechselwirkungen zwischen *mRNA*, *PAB*- und *eIF*-Proteinen stabilisiert wird. Die Translation startet, nachdem auch die ribosomale *60S*-Untereinheit assoziiert ist. Dabei werden die durch ihre spezifischen tRNAs gebundenen Aminosäurereste nach Maßgabe des mRNA-Codes verknüpft. Beim Erreichen des Stopcodons (*UAG*) dissoziieren die ribosomalen Untereinheiten von der mRNA ab, entlassen die neu synthetisierte Polypeptidkette und stehen für die nächste Runde der Translation zur Verfügung. An einem mRNA-Molekül können bis zu 10 Ribosomen gleichzeitig translatieren. (Nach Gallie 1996, verändert)

inen erforderlich. Einige der aufgeklärten plastidären Proteinasen sind Homologe bakterieller Enzyme. Der wichtigste plastidäre Proteinasekomplex besteht aus einer Serinproteinase und einer ATPase, die unter ATP-Hydrolyse Proteinsubstrate entfalten und abbauen können. Beide Proteine bzw. ihre Gensequenzen wurden in einer Vielzahl von Pflanzen identifiziert. Die Proteinase und die meisten ATPase-Untereinheiten sind im Plastidengenom codiert; lediglich für eine ATPase-Untereinheit liegt die genetische Information im Kerngenom. Das an cytoplasmatischen Ribosomen synthetisierte Protein wird in die Chloroplasten importiert. Auch die verschiedenen anderen plastidären Proteinasen sind kerncodiert, wobei allerdings Gene für einzelne Cofaktoren auch im Plastidengenom liegen können.

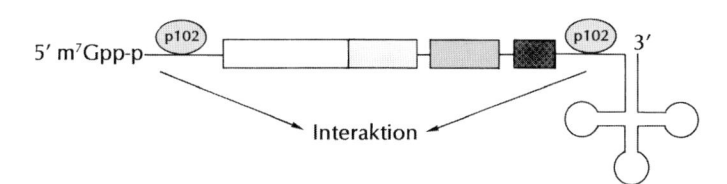

Abb. 6.13. Struktur der genomischen RNA (mRNA) des Tabakmosaikvirus (TMV). Viren benutzen zur effizienten Translation ihrer genetischen Information teils viruseigene, teils zelluläre Cofaktoren. Beim TMV bindet das viruseigene *p102*-Protein an die RNA und vermittelt die Anheftung an das Ribosom und die Initiation der Translation der Virus-RNA. Diese ist am 5'-Ende mit einer *Cap*-Struktur (*m⁷Gpp*) versehen, so dass das *Cap*-bindende Protein dieses Ende erkennen kann. Am 3'-Ende besitzt die RNA an Stelle eines Poly(A)-Schwanzes eine tRNA-ähnliche Struktur, die sich in mehrere Pseudoknoten auffalten kann und von dem *p102*-Protein zur Erkennung genutzt wird. Die Translation dieser RNA ist von der Interaktion der beiden Enden abhängig (→ Abb. 6.12). (Nach Gallie 1996)

6.4.3 Translation und Protein-*turnover* in Mitochondrien

Auch die Mitochondrien besitzen ihre eigenen Wege für die Synthese und den Abbau von Proteinen. Für die Translation werden auch hier prokaryotische Mechanismen vermutet. Bei Mitochondrien ist es bisher nicht gelungen, ein *in-vitro*-Translationssystem zu entwickeln, so dass die direkte Analyse der beteiligten Signal- und Steuerfaktoren noch aussteht. Die Ribosomen (78S) der Mitochondrien sind prokaryotischer Natur. Sie zeigen in den Primärsequenzen der rRNA und der ribosomalen Proteine eine eindeutige Ähnlichkeit mit den Entwicklungslinien der α-Purpurbakterien. Die ribosomalen RNAs von Mitochondrien sind mit 26S, 18S und 5S deutlich größer als die der Plastiden. Die zusätzlichen Sequenzen liegen in den nichtkonservierten, peripheren Regionen dieser Moleküle, unterscheiden sich aber von den typischen eukaryotischen Insertionen hinsichtlich Primärsequenz und damit Herkunft. Nur wenige ribosomale Proteine sind im mitochondrialen Genom codiert, während die überwiegende Zahl der proteincodierenden Gene im Laufe der Evolution in das Kerngenom abgewandert ist (→ Abbildung 6.8).

Auch in den Mitochondrien wird der Abbau von Proteinen durch spezifische Proteinasen katalysiert, die sich in ihrer evolutionären Herkunft und Spezifität eindeutig von den cytoplasmatischen und plastidären Proteinasen unterscheiden, aber noch nicht alle charakterisiert sind.

6.5 Die Zelle als regulatorisches Netzwerk der Genexpression

6.5.1 Regulation nucleärer Gene

Das genetische Programm, das in den DNAs in Zellkernen, Plastiden und Mitochondrien gespeichert ist, muss entsprechend der inneren und äußeren Anforderungen abgerufen werden. So müssen in verschiedenen Entwicklungsstadien bzw. in verschiedenen Zellen zur spezifischen Ausbildung einzelner Funktionen teilweise unterschiedliche Syntheseleistungen vollbracht werden, die unterschiedliche Enzyme benötigen und daher eine unterschiedliche Expression von Genen bedingen. Hierbei ist es erforderlich, die genetischen Leistungen der drei gentragenden Zellkompartimente präzise aufeinander abzustimmen. Die zentrale Kontrolle der Genexpression geht vom Zellkern aus, in dem nicht nur die meisten Strukturgene, sondern auch regulatorische Informationen lokalisiert sind und kontrolliert abgelesen werden können. Darüber hinaus gibt es im Verlauf der Umsetzung genetischer Information in die Sequenz der Aminosäuren in einem Protein viele weitere Teilprozesse, an denen durch bestimmte Faktoren regulierend eingegriffen werden kann (Abbildung 6.14).

Eine generelle Steuerungsmöglichkeit für die Ablesung der Gene liegt bei der **Verpackung** der DNA (→ Abbildung 6.3). Durch eine engere Aufwindung und einen gedrängteren Besatz mit Proteinen kann der Zutritt der RNA-Polymerasen zur DNA behin-

Tabelle 6.4. Zusammenstellung einiger unterschiedlicher Charakteristika zwischen Genexpressionssystemen prokaryotischer (Bakterien, Plastiden, Mitochondrien) und eukaryotischer (Zellkern) Evolutionslinien.

	Bakterien, Plastiden, Mitochondrien	Zellkern
Genome	polyploid, wenig eingepackt, an Membran gebunden	haploid/diploid, linear, in Chromosomen verpackt
Gene	Introns Typ II oder/und I, oft polycistronisch, *transsplicing*	Introns erfordern Spliceosomen, oft alternatives *splicing*, meist monocistronisch
Transkription	bakterielle RNA-Polymerase mit σ-Kofaktoren, Phagen-RNA-Polymerase	Kern-RNA-Polymerasen getrennt für mRNA, rRNA, tRNA
Translation	ähnliche rRNAs, keine 5,8S-rRNA, charakteristische ribosomale Proteine	typisch vergrößerte rRNAs, 5,8S-rRNA, eigene ribosomale Proteine
mRNA	ohne *Cap*, PolyA destabilisiert, RNA-editing	mit *Cap*, PolyA stabilisiert, Export aus Zellkern

dert, und damit ein Gen abgeschaltet werden. Für die Verpackungsdichte spielt die Aktivität von SARs (*scaffold attachment regions*), mit denen das DNA-Molekül an das nucleäre Proteingerüst angeheftet wird, eine wichtige Rolle. Darüber hinaus können DNA-Regionen durch **Methylierung** von Basen in ihrer Transkriptionsfähigkeit verändert werden. Eine dichtere Methylierung kann in einer Region des Genoms eine Aktivierung, in einer anderen Region eine Inaktivierung bewirken. Auch bei Pflanzen wird wahrscheinlich die Stilllegung paralleler Allele des zweiten Chromosomensatzes durch großräumige Methylierungen ermöglicht. Unklar ist bisher, wie die DNA-Regionen für die Methylierung ausgewählt werden. Wird experimentell, z. B. in transgenen *Arabidopsis*-Pflanzen, die generelle Methylierung durch *antisense*-Hemmung der Cytosinmethyltransferase behindert, so stellen sich phänotypische Störungen der Entwicklung ein. Diese führen z. B. zu einer Verlängerung der vegetativen Wachstumsphase und der Blütenentwicklung (Abbildung 6.15; → Exkurs 6.7; S. 142).

Die **spezifische** Regulation einzelner Gene setzt meist an **Promotor**- bzw. *enhancer*-Elementen an (→ Abbildung 6.1). Bei vielen Genen wird die Initiationsreaktion der Transkription als Schaltstelle für Ja/Nein-Entscheidungen benutzt. Durch gewebe- und stadienspezifisch aktivierte Transkriptionsfaktoren werden z. B. die Gene für Speicherproteine angeschaltet. In allen anderen Geweben und Entwicklungsstadien sind diese Gene inaktiv. Für die Initiation der Transkription eines Gens wirken in der Regel mehrere Promotor- bzw. *enhancer*-Elemente orchesterartig zusammen. Die beteiligten *enhancer*-Elemente können sowohl vor, als auch hinter oder innerhalb der eigentlichen codierenden Regionen und dem Translationsinitiationspunkt liegen. Die an die *enhancer*-Elemente bindenden Transkriptionsfaktoren können durch geeignete Faltung der DNA auch dann mit dem Transkriptionsinitiationskomplex interagieren, wenn sie eine relativ weite Strecke entfernt an den DNA-Strang binden.

Eine wichtige, bisher nur unbefriedigend beantwortbare Frage ist, wie die Transkriptionsfaktoren ihrerseits durch die auslösenden inneren oder äußeren Signale (z. B. Hormone, Licht) reguliert werden. In einer Reihe von Fällen hat sich gezeigt, dass diese Proteine nicht wiederum selbst auf der Ebene der Genexpression reguliert werden, sondern durch posttranslationale Modifikation (z. B. durch Phos-

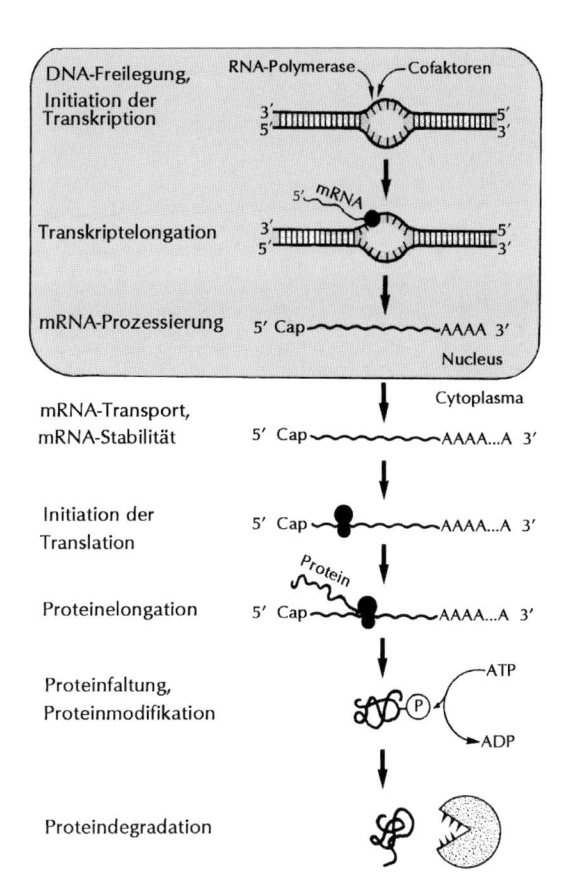

Abb. 6.14. Übersicht über die potenziellen Regulationsstellen bei der Genexpression. Dieses Schema zeigt die verschiedenen Angriffsmöglichkeiten für die Regulationsmechanismen bei der Umsetzung der Information von der DNA bis zum funktionsfähigen Protein. Im Einzelfall wird von diesen Regulationsmechanismen in unterschiedlicher Weise Gebrauch gemacht. Der wichtigste Regulationsschritt erfolgt bei der Initiation der Transkription durch die spezifischen Wechselwirkungen zwischen *cis*- und *trans*-Elementen im Promotorbereich des Gens (→ Abbildung 6.9).

phorylierung) Veränderungen in ihrer Bindungsfähigkeit an die DNA erfahren. Auf jeden Fall muss man eine biochemische **Signalkette** postulieren, die mit der Aufnahme des Signals durch einen spezifischen **Receptor** (z. B. einen Photoreceptor für Lichtsignale) beginnt und über eine mehr oder minder große Zahl von Zwischengliedern zur Aktivierung oder Inaktivierung eines oder mehrerer Transkriptionsfaktoren führt. Mit Hilfe genetischer Methoden gelang es in den letzten Jahren, erste Beispiele für solche Signalketten zumindest bruchstückhaft aufzuklären und einzelne Glieder daraus biochemisch zu identifizieren (→ S. 437–443). Dabei hat sich gezeigt, dass diese Signalketten kaskadenartig angeordnete Verstärkerstufen enthalten können, über die ein schwaches Eingangssignal vergrößert wird, bevor es auf der Genebene zur Wirkung kommt. Dies erklärt die oft extrem hohe Empfindlichkeit der Pflanze für Signale aus der Umwelt, z. B. für Licht.

EXKURS 6.7: Weshalb ist *Arabidopsis* eine bevorzugte Modellpflanze der genphysiologischen Forschung?

Arabidopsis thaliana (Ackerschmalwand, Brassicaceae) ist ein unscheinbares Ackerunkraut, das in wenigen Jahren zum dominierenden Objekt der molekularbiologischen und entwicklungsphysiologischen Forschung an höheren Pflanzen geworden ist. Dies hat verschiedene Gründe:

▶ *Arabidopsis* ist ein repräsentativer Vertreter der höheren Pflanzen, an dem sehr viele physiologische Eigenschaften dieser Organismengruppe studiert worden sind und weiter analysiert werden können.

▶ *Arabidopsis* besitzt eines der kleinsten bisher bei Pflanzen bekannten Kerngenome (25.498 Gene) mit etwa 120 MB bzw. 0,15 pg DNA in 5 Chromosomen des haploiden Satzes, was vor allem auf das geringe Vorkommen repetitiver Sequenzen zurückgeht (→ S. 124). Hierdurch wird der experimentelle Aufwand für genetische Mutantenanalysen und die molekularbiologische Identifizierung von Genen relativ gering gehalten. Solche Untersuchungen sind durch die vollständige Sequenzanalyse des *Arabidopsis*-Genoms erheblich erleichtert worden.

▶ Die Gesamtheit der bekannten und potenziellen Gene von *Arabidopsis* ist auf sogenannten Genchips verfügbar, mit denen Aktivitätsänderungen einzelner Gene bei verschiedenen Bedingungen untersucht werden können.

▶ Weltweit verfügbare Kollektionen von Mutanten in fast allen Genen erleichtern die Funktionsanalysen neuer Gene.

▶ *Arabidopsis* ist auch als blühende Pflanze relativ klein und kann einzeln auf Petrischalen oder in großen Zahlen auf begrenzter Gewächshausfläche angezogen werden.

▶ *Arabidopsis* besitzt eine sehr kurze Generationszeit von etwa 8 Wochen von der Samenkeimung bis zur Produktion reifer Samen. Genetische Analysen sind daher mit einem vergleichsweise geringen Zeitaufwand durchzuführen.

▶ *Arabidopsis* lässt sich sowohl im Samen- als auch Pollenstadium leicht mutagenisieren.

▶ *Arabidopsis*-Pollen werden nicht durch Wind übertragen; dies erleichtert die gezielte experimentelle Bestäubung. Die Pflanzen lassen sich leicht selbsten und besitzen eine hohe Reproduktionsrate (bis zu mehreren tausend Samen pro Pflanze).

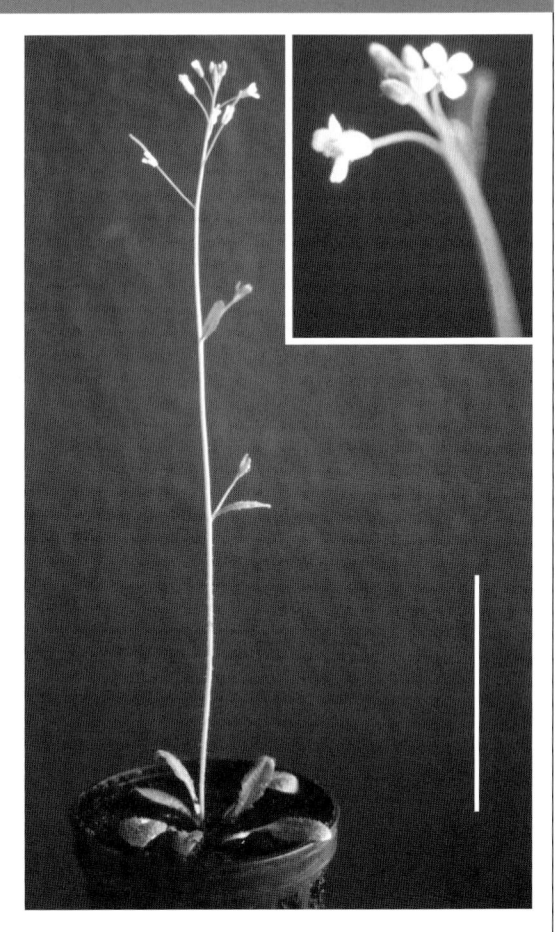

▶ *Arabidopsis*-Zellen bzw. -Pflanzen lassen sich leicht transformieren und anschließend zu transgenen Pflanzen regenerieren.

Die Kombination dieser Vorteile in einer Pflanze hat viele der jüngsten Fortschritte im Verständnis der genphysiologischen Grundlagen der pflanzlichen Entwicklung erst möglich gemacht. Daher wird auch in diesem und den folgenden Kapiteln oft auf Experimente mit *Arabidopsis* Bezug genommen. Die Abbildung zeigt eine 3 Wochen alte *Arabidopsis*-Pflanze, bei der in der untersten Blüte bereits das Fruchtwachstum eingesetzt hat. (*Strich*: 5 cm)

6.5 Die Zelle als regulatorisches Netzwerk der Genexpression

Abb. 6.15 a–f. Bedeutung der DNA-Methylierung für die Steuerung der Genaktivität. Die Methylierung von Basen in der DNA in bestimmten Bereichen des Kerngenoms ist für die normale Entwicklung der Pflanze wichtig. In diesem Experiment wurde die DNA-Methylierung im Kerngenom von *Arabidopsis thaliana* durch *antisense*-Unterdrückung des Enzyms Cytosinmethyltransferase gestört. Bei dieser Methode wird das fragliche Gen hinter einem in allen Zellen (konstitutiv) aktiven Promotor, z. B. dem 35S-Promotor des Blumenkohlmosaikvirus, in transgenen Pflanzen in umgekehrter Richtung zur Expression gebracht und damit das endogene Gen an der Expression gehindert (→ S. 665). Dies führt hier zu massiven Entwicklungsstörungen in den transgenen Pflanzen (**b, d, f**) gegenüber dem Wildtyp (**a, c, e**), die jedoch keine direkten Hinweise auf die Natur der beteiligten Gene oder die Spezifität der DNA-Methylierung bei der Beeinflussung der Transkription liefern. (Nach Ronemus et al. 1996)

Die biochemische Aufklärung der auf der Ebene der Genregulation mündenden Signaltransduktionsketten ist ein derzeit besonders intensiv verfolgtes Forschungsziel. Eine Methode für die Identifizierung der *cis*-Elemente, die bei der Steuerung eines Gens beteiligt sind, ist die **Deletionsanalyse** (Abbildung 6.16). Die auf diese Weise gefundenen regulatorisch wirksamen DNA-Regionen können nun als Hybridisierungssonden verwendet werden, um die zugehörigen DNA-bindenden Proteine zu isolieren und deren Gene aufzuspüren. Auf diese Weise wurden bereits zahlreiche derartige Proteine charakterisiert, die oft auch in homologer Form in tierischen Organismen als Transkriptionsfaktoren bekannt sind.

Die spezifische Modulation der Promotoraktivität ist die vielleicht wichtigste, aber nicht die einzige Form der Kontrolle über die Genexpression, die die Gesamtheit der Prozesse von der Transkription der DNA bis zur Produktion der funktionsfähigen Proteine umfasst (→ Abbildung 6.14). So können z. B. auch Introns, obwohl sie keine ablesbare Information tragen und aus der RNA herausgeschnitten werden, einen erheblichen Einfluss auf die Transkription und die Menge bzw. Stabilität der gebildeten mRNA ausüben. Künstlich in ein Gen eingefügte Introns haben erstaunlicherweise meist eine positive Wirkung auf die Genexpression. Entfernt man z. B. bei Mais aus einem Gen für die Alkoholdehydrogenase das erste Intron, so wird die Expression stark gehemmt. Der zusätzliche Einbau dieses Introns in andere Gene steigert deren Expression um den Faktor 100. Auch in anderen Fällen konnte gezeigt werden, dass Intronsequenzen *enhancer*-Elemente enthalten können.

Für die Stabilität, und damit die Menge der mRNA, die für die Translation zur Verfügung steht, sind Sequenzabschnitte in der 3′-Region der Transkripte wichtig, durch die die **Polyadenylierung** [Anknüpfung einer Poly(A)-Kette durch eine Poly(A)-Polymerase] gesteuert wird. Die Länge des Poly(A)-Schwanzes beeinflusst die Empfindlichkeit der mRNA gegenüber dem Abbau durch RNasen. Die bei Pflanzen in ihrer Länge variabler als bei Tieren und Pilzen aufgebauten Poly(A)-Ketten steuern also die Lebensdauer der mRNAs, die zwischen wenigen Minuten und vielen Stunden oder Tagen variieren kann.

Auch auf der Ebene der Translation gibt es mehrere Eingriffsmöglichkeiten für steuernde Faktoren, z. B. bei der Erkennung des Startcodons, bei der Geschwindigkeit oder dem Abbruch der

Elongation der Polypeptidkette (→ Abbildung 6.14). So kann z. B. die Translationsgeschwindigkeit eines Ribosoms zwischen weniger als 2 und mehr als 10 Aminosäureverknüpfungen pro Sekunde variieren.

Schließlich wird der Pegel an aktivem Protein, das Endprodukt der Genexpression, durch generell oder spezifisch angreifende **Proteinasen** reguliert, wodurch z. B. Enzyme eine definierte Lebensdauer in der Zelle haben. Diese kann zwischen wenigen Stunden und mehreren Tagen variieren (→ S. 92).

Die Vielzahl an potenziellen Regulationsstellen bedeutet nicht, dass diese immer zur Steuerung der Genexpression benützt werden. Es ist vielmehr notwendig, im Einzelfall genau zu prüfen, welche Teilprozesse als geschwindigkeitsbestimmende Schritte wirksam sind, da nur dort eine wirksame Regulation angreift. Es wird auch klar, dass man z. B. durch einen experimentellen Eingriff in einen nicht-geschwindigkeitsbestimmenden Teilprozess den Gesamtprozess lahmlegen kann, ohne dass dadurch Hinweise zum Mechanismus der Regulation gegeben werden. Dies bereitet bei der Aufklärung der bei der Genexpression im Organismus tatsächlich wirksamen Regulationsmechanismen große Schwierigkeiten.

6.5.2 Regulation plastidärer Gene

Im Gegensatz zu Kerngenen, die normalerweise nur in wenigen aktiven Kopien vorliegen, sind die Plastidengene in der Zelle in viel größerer Zahl vorhanden, die zudem sehr schwanken kann. So nimmt die Zahl der Plastidengenome pro Zelle bei der Entwicklung der Chloroplasten aus Proplastiden stark zu. Diese **Genamplifikation** erfolgt parallel zur Volumenvergrößerung und Teilung der Plastiden und reflektiert den gesteigerten Bedarf an Plastidenproteinen. Dies bedeutet auch einen entsprechend höheren Bedarf an solchen Plastidenproteinen, die im Kern codiert sind und im Cytoplasma synthetisiert werden. Es ist offensichtlich, dass eine wechselseitige Abstimmung der Expression von Kern- und Plastidengenen erforderlich ist, insbesondere wenn sie für solche Proteine codieren, die in ganz bestimmten Mengenverhältnissen in den Plastiden benötigt werden. Die Wirksamkeit einer solchen Abstimmung, z. B. die Steuerung der Transkription von Kerngenen für Plastidenenzyme durch Faktoren aus den Plastiden, ist experimentell belegt, aber molekular noch nicht aufgeklärt. Der Redoxzustand in den Plastiden spielt eine wichtige

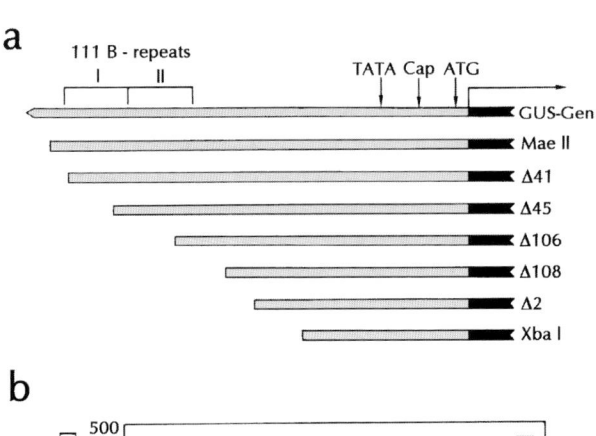

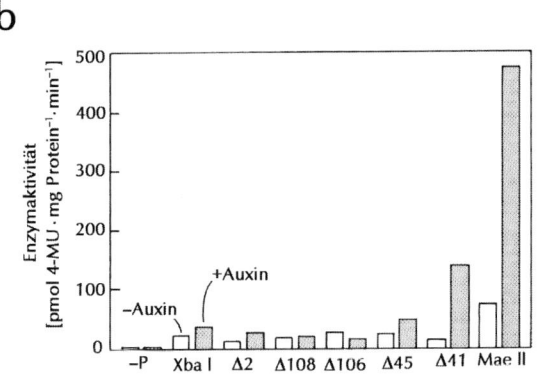

Abb. 6.16 a, b. Nachweis eines *cis*-Elements in der regulatorischen Sequenz (Promotorregion) eines auxininduzierbaren Gens (*PAR*-Gen). **a** Schematische Darstellung von chimären DNA-Konstrukten, die – eingebaut in eine Vektor-DNA – durch Elektroporation in Tabakprotoplasten eingeschleust wurden. Die Konstrukte bestehen aus der mehr oder minder stark verkürzten (deletierten) Promotorregion des *PAR*-Gens (*helle Balken*) und einem damit verknüpften Reportergen (*dunkle Balken*; *GUS*-Gen aus *Escherichia coli*, codiert für das Enzym β-Glucuronidase). Das längste Konstrukt (Mae II) besitzt eine Länge von 800 Basenpaaren (B). **b** Ausmaß der auxinabhängigen Expression des *GUS*-Gens in Protoplasten, in welche die verschieden stark deletierten Konstrukte eingeschleust wurden. Die enzymatische Aktivität der gebildeten GUS wurde anhand des Umsatzes von 4-Methylumbelliferon (4-MU) gemessen. –P = *GUS*-Gen ohne Promotorregion. Es wird deutlich, dass die Auxinwirkung auf die Expression des *GUS*-Gens zum Erliegen kommt, wenn ein 111 B langes, wiederholtes Segment im Promotor fehlt oder unvollständig ist. Dies deutet darauf hin, dass in dieser Region ein Auxin-reguliertes *cis*-Element lokalisiert ist. (Nach Takahashi et al. 1990)

Rolle als Signal, aber die Übertragungswege dieser Information zum Zellkern sind noch unklar.

Anders als im Zellkern hat die Transkriptionskontrolle durch den Promotor in Plastiden keine spezifische, sondern allenfalls eine generelle Funktion bei der Steuerung der Genexpression. Die wichtigere Kontrollstation liegt hier auf der Ebene der **mRNA-Stabilität.** Dies wird z. B. beim Vergleich der vorhandenen Transkriptmengen mit den Transkriptionsaktivitäten einzelner Gene deutlich (Abbildung 6.17). Die posttranskriptionale Regulation erfolgt durch einen kontrollierten Abbau der mRNAs. An den 3′-Enden der mRNAs binden genspezifisch verschiedene Proteinkomplexe, die RNA-schützende Proteine oder RNasen enthalten. Über bestimmte Steuersignale, z. B. ausgelöst durch Licht, werden einzelne Komponenten dieser Komplexe in ihrer Bindungsaktivität verändert und damit ein selektiver Abbau einzelner mRNAs ermöglicht. Der Vorteil dieser posttranskriptionalen Genregulation liegt vermutlich in der Schnelligkeit, mit der dieser Mechanismus auf Veränderungen in der Umwelt reagieren kann. Anderseits ist diese Form der Regulation mit einem hohen Aufwand an Syntheseleistung verbunden. Der hohe RNA-*turnover* in den Plastiden deutet darauf hin, dass energetische Rücksichtnahmen hier offenbar keine erhebliche Bedeutung besitzen.

Bei verschiedenen Plastiden-mRNAs hat man auch eine Beeinflussung der Genexpression über das Herausschneiden von Introns beobachtet. Prozessierungsaktivitäten, z. B. für die Entfernung von Introns aus Genen für Untereinheiten der ATP-Synthase oder der Photosysteme, scheinen gewebespezifisch reguliert zu werden. In den Plastiden dunkel gehaltener, junger Keimlinge findet im allgemeinen die Prozessierung der mRNAs langsamer statt. Die Prozessierungsrate nimmt jedoch zu, wenn die Differenzierung zu Chloroplasten vorbereitet wird.

Für einige in der Plastiden-DNA codierten Gene ist auch eine **translationale Kontrolle** der Genexpression nachgewiesen worden. In der einzelligen Grünalge *Chlamydomonas reinhardtii* wird z. B. die Translationseffizienz über die Bindung von Aktivatorproteinen an spezifische mRNAs reguliert. Die Bindungsstärke dieser Proteine wird unter anderem über den Redoxstatus des Photosyntheseapparats gesteuert, der wiederum ein Indikator für die photosynthetische Aktivität der Chloroplasten ist (→ S. 204). Die kerncodierten Aktivatorproteine interagieren mit der nicht-translatierten 5′-Region der mRNA und können dabei mit der Ribosomenbindungsstelle interagieren. Hierdurch wird der Zugang des Ribosoms zur mRNA selektiv begünstigt.

Auch der Abbau von Proteinen ist an der Regulation der Genexpression in den Plastiden potentiell beteiligt. Untereinheiten verschiedener Proteinkomplexe werden proteolytisch abgebaut, wenn sie nicht in den Komplex integriert sind. So werden z. B. die kerncodierten kleinen Untereinheiten der RUBISCO nach ihrem Import in die Plastiden abgebaut, wenn sie nicht mit den in den Plastiden synthetisierten großen Untereinheiten verknüpft werden können. Auch defekte Moleküle, z. B. Cytochrome, denen der Cofaktor Eisen fehlt, unterliegen einem raschen Abbau durch plastidäre Proteinasen.

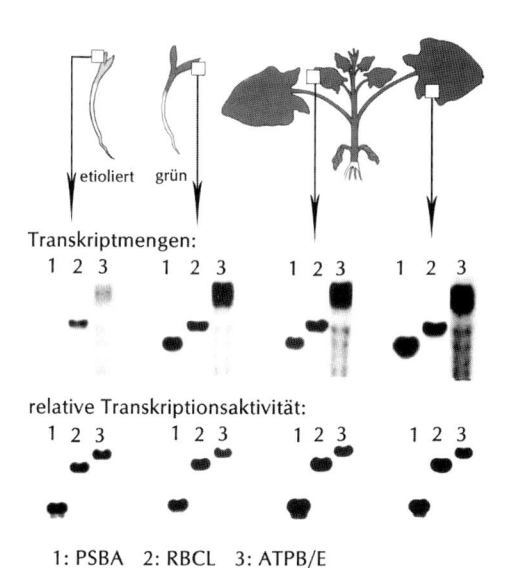

Abb. 6.17. Regulation der Genexpression in Plastiden über die Stabilität der mRNA. Während der verschiedenen **Entwicklungsstadien der Plastiden** in den Kotyledonen des etiolierten und des ergrünten Keimlings, bzw. in den jungen Folgeblättern von Bohnenpflanzen *(Phaseolus vulgaris,* (oben) liegen die mRNAs für drei verschiedene Gene (*1, 2, 3*) in unterschiedlichen Mengen vor. Die relativen Transkriptmengen sind am Schwärzungsgrad der Flecken nach elektrophoretischer Auftrennung und Hybridisierung mit einer radioaktiven Sonde erkennbar, (*Mitte*). Die **Transkriptionsaktivität**, sichtbar gemacht als Einbau radioaktiver Vorstufen bei der Synthese der mRNAs, ist jedoch in allen Entwicklungsstadien gleich (*unten*). Die Unterschiede in den Transkriptmengen gehen also nicht auf unterschiedliche Promoteraktivitäten, sondern auf unterschiedlichen Abbau der mRNAs zurück. Die drei plastidären Gene codieren für die Untereinheit A des Photoystems II (*PSBA*), die große Untereinheit der RUBISCO (*RBCL*) und die Untereinheiten B und E der ATP-Synthase (*ATPB/E*). (Nach Gruissem et al. 1988)

6.5.3 Regulation mitochondrialer Gene

Wie im Zellkern und in den Plastiden können auch in den Mitochondrien viele Ebenen der Genexpression potenziell zur Regulation benutzt werden. Auch in diesen Organellen scheint die Zahl der Genomkopien zumindest in einem groben Rahmen an die Anforderungen der Zelle für mitochondriale Aktivität angepasst zu werden. So nimmt z. B. die mitochondriale DNA-Menge pro Zelle in einem wachsenden Meristem zu, in einem ergrünenden Blatt aber bereits wieder ab. Unterschiedliche Promotoraktivitäten werden zwar bei einzelnen mitochondrialen Genen beobachtet; es scheint jedoch hier meist keine gewebespezifischen Unterschiede zu geben. Eine massive Aktivierung der gesamten mitochondrialen Genexpression ist während der Pollenreifung in den Tapetum- und Pollenmutterzellen der Antheren zu beobachten. In diesen Geweben ist aus bisher unbekannten Gründen eine extrem hohe Mitochondrienaktivität notwendig, um die Pollenreifung zu ermöglichen. Wie bei den Plastiden sind auch bei Mitochondrien die Transkriptmengen nicht mit den Transkriptionsaktivitäten korreliert. Dies lässt darauf schließen, dass auch hier posttranskriptionale Mechanismen an der Regulation der Genexpression beteiligt sind. Eine wie bei Plastiden bereits beschriebene Kontrolle über die Stabilität einzelner mRNAs durch Assoziation mit bestimmten Proteinen ist auch in Mitochondrien nachgewiesen. Desweiteren bietet das RNA-*editing* einen möglichen Ansatzpunkt für eine Regulation. Bei den bisher untersuchten Genen fand man allerdings nur kleinere Unterschiede im Ausmaß des *editing*, die mit gewebespezifischen Unterschieden in der mitochondrialen Aktivität in Zusammenhang zu bringen sind. Wenn auch halb- oder nicht-veränderte mRNAs in Proteine übersetzt werden, könnten sich diese Unterschiede allenfalls dort auswirken, wo die korrekte Aminosäuresequenz zum Tragen kommt, bei enzymatischen Aktivitäten oder beim Zusammenbau der Proteine zu Komplexen.

6.5.4 Evolutionäre Adaption von Regulationsstrukturen

Durch die endosymbiontische Aufnahme bakterieller Vorläufer, aus denen die heutigen Chloroplasten und Mitochondrien entstanden, wurden in die Pflanzenzelle in großem Umfang neue Informationen eingebracht, die neue Mechanismen für die integrative Kontrolle bei ihrer Realisierung notwendig machten. Ein großer Teil der endosymbiontisch erworbenen Information wurde im Verlauf der Evolution in den Zellkern transferiert und den dort etablierten Kontrollmechanismen unterstellt. Vergleichende Analysen der mitochondrialen Genome verschiedener Spezies zeigen, dass die Translocation von Genen aus dem Organell in den Kern auch heute noch nicht abgeschlossen ist. Unterschiedlich weit gediehene Gentransfers aus den Mitochondrien in den Kern finden sich z. B. bei dem Lebermoos *Marchantia*, wo das für die Untereinheit 7 der NADH-Dehydrogenase (Komplex I der Atmungskette) codierende *NAD7*-Gen im mitochondrialen Genom noch als unvollständige, inkorrekt prozessierte und nicht-translatierbare RNA zu finden ist, während das aktive Gen im Zellkern liegt. Das Gen für die Untereinheit 2 der Cytochromoxidase (*COX2*) ist in der Sojabohne im mitochondrialen Genom vollständig, aber nicht transkribiert vorhanden; bei der Erbse ist dieses Gen aus den Mitochondrien ganz verschwunden (Abbildung 6.18). Bei beiden Pflanzen findet man dieses Gen in aktiver Form im Zellkern. Das Gen für die ribosomale Untereinheit S12 ist bei Mais, Weizen und *Arabidopsis* im mitochondrialen Genom codiert, während dort bei *Oenothera* nur noch ein kleines Fragment vorliegt. Das funktionale Gen sitzt bei *Oenothera* im Kern (→ Abbildung 6.8). Bei der Analyse solcher relativ junger Gentransfers in den Zellkern zeigte sich, dass Promotorstrukturen und die dazugehörigen Regulationsmechanismen im Kern so anpassungsfähig sind, dass sie durch Duplikation von anderen Genen übernommen oder aus normalerweise nicht aktiven DNA-Bereichen neu gebildet werden können. Die Modifikation genetischen Materials bei dem Transfer aus den Mitochondrien in den Zellkern beinhaltet unter anderem auch den Verlust des RNA-*editing*, das im Kern nicht beobachtet wird. Möglicherweise findet der Transfer in den Kern in Form von korrekt gereifter RNA statt, die im Kern zurück in DNA umgeschrieben wird. Zusätzlich findet man im Kern aber auch viele Fragmente der Plastiden- und Mitochondrien-DNAs mit organellentypischen Introns, die zwar repliziert werden, aber keine erkennbare Funktion haben. Manche importierte DNA-Sequenzen haben auch eine funktionelle Umwidmung erfahren, z. B. ein 120 B langes mitochondriales Intronfragment, das bei *Arabidopsis*

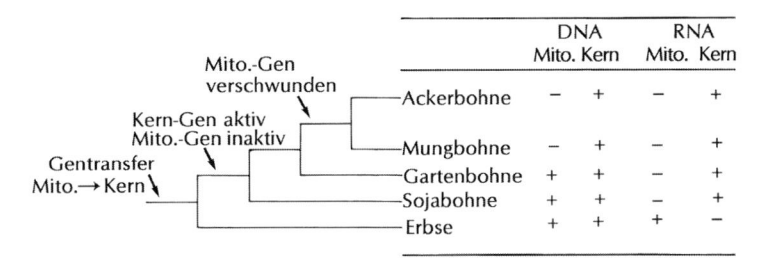

	DNA		RNA	
	Mito.	Kern	Mito.	Kern
Ackerbohne	−	+	−	+
Mungbohne	−	+	−	+
Gartenbohne	+	+	−	+
Sojabohne	+	+	−	+
Erbse	+	+	+	−

Abb. 6.18. Stadien auf dem Weg eines Gens aus dem Mitochondriengenom in das Kerngenom. Die Lokalisierung des Gens für die Untereinheit 2 des mitochondrialen Cytochromoxidasekomplexes (COX2) und seine Transkription wurde bei einzelnen Vertretern der Fabaceen vergleichend untersucht. Dieses Gen ist bei der Erbse *(Pisum sativum)* noch in den Mitochondrien in aktiver Form, aber auch bereits im Kern in inaktiver Form vorhanden. In der Sojabohne *(Glycine max)* und der Gartenbohne *(Phaseolus vulgaris)* sind ebenfalls beide Gentypen vorhanden, aber nur dasjenige im Kern wird transkribiert. In der Ackerbohne *(Vicia faba)* und der Mungbohne *(Vigna radiata)* liegt nur noch im Kern eine aktive Genkopie vor. (Nach Nugent und Palmer 1991)

Promotorfunktionen im Kern übernommen hat. Auch an diesem Beispiel zeigt sich die große Flexibilität des Kerngenoms und seiner regulatorischen Elemente.

Alle Proteine, deren Gene aus den Plastiden oder Mitochondrien in den Zellkern gewandert sind, und die daher im Cytoplasma synthetisiert werden, müssen von dort in die Plastiden und Mitochondrien importiert werden. Dazu ist zusätzliche Information für eine korrekte Adressierung an die Zielorganellen und den Durchtritt durch die Organellenhüllmembranen erforderlich. Die Struktur und Wirkungsweise solcher Adressen und Einschleusemechanismen werden im folgenden Kapitel behandelt.

Weiterführende Literatur

Arabidopsis Genome Initiative (2000) Analysis of the genome sequence of the flowering plant *Arabidopsis thaliana*. Nature 408: 796–815
Brennicke A, Grohmann L, Hiesel R, Knoop V, Schuster W (1993) The mitochondrial genome on its way to the nucleus: Different stages of gene transfer in higher plants. FEBS Lett 325: 140–145
Davis CC, Wardack KJ (2004) Host-to-parasite gene transfer in flowering plants: Phylogenetic evidence from Malpighiales. Science 305: 676–678
Lodish H, Berk A, Zipursky S, Lawrence S, Matsudaira P, Baltimore D, Darnell J (2001) Molekulare Zellbiologie. Spektrum, Heidelberg
Filipowicz W, Hohn T (eds) (1996) Post-transcriptional control of gene expression in plants. Kluwer, Dordrecht
Hagemann R (1999) Allgemeine Genetik. Spektrum, Heidelberg
Herrmann RG (1996) Eukaryotismus und seine Evolution. Nova Acta Leopoldina 42: 343–361
Knippers R (2006) Molekulare Genetik. Thieme, Stuttgart

Kidner CA, Martienssen RA (2005) The developmental role of microRNAs in plants. Curr Opin Plant Biol 8: 38–44
Lewin B (2009) Genes. Jones and Bartlett, Boston
Martin W, Embley TM (2004) Early evolution comes full circle. Nature 431: 134–136
Schmitz-Linneweber C, Small ID (2008) Pentatricopeptide repeat proteins: a socket set for organelle gene expression. Trends Plant Sci 13: 663–670
Seyffert, W (2003) Lehrbuch der Genetik. Spektrum, Heidelberg
Tielens AGM, Rotte C, van Hellemond JJ, Martin W (2002) Mitochondria as we don't know them. Trends Biochem 27: 564–570
Unseld M, Marienfeld JR, Brandt P, Brennicke A (1997) The mitochondrial genome of *Arabidopsis thaliana* contains 57 genes in 366,924 nucleotides. Nature Genet 15: 57–61
Weigel D, Glazebrook J (2002) *Arabidopsis*: A laboratory manual. Cold Spring Harbor Laboratory Press, Cold Spring Harbor
Westhoff P, Jeske H, Jürgens G, Kloppstech K, Link G (1996) Molekulare Entwicklungsbiologie der Pflanzen. Thieme, Stuttgart
Wobus U, Borisjuk L, Panitz R, Manteuffel R, Bäumlein H, Wohlfahrt T, Heim U, Weber H, Miséra S, Weschke W (1995) Control of seed storage protein gene expression: New aspects on an old problem. J Plant Physiol 145: 592–599
Zehrmann A, van der Merwe JA, Verbitskiy D, Brennicke A, Takenaka M (2009) A DYW-domain containing PPR-protein is required for RNA editing at multiple sites in mitochondria of Arabidopsis thaliana. Plant Cell 21: 558–567

In Abbildungen und Tabellen zitierte Literatur

Carels N, Barakat A, Bernardi G (1995) Proc Natl Acad Sci USA 92: 11057–11060
Gallie DR (1996) In: Filipowicz W, Hohn T (eds) Post-transcriptional control of gene expression in plants. Kluwer, Dordrecht
Goldberg RB, Barker SJ, Perez-Grau L (1989) Cell 56: 149–160
Gruissem W, Barkan A, Deng XW, Stern D (1988) Trends Genet 4: 258–263

Hajdukiewicz PTJ, Allison LA, Maliga P (1997) EMBO J 16: 4041–4048
Kadouri A, Atsmon D, Edelman M (1975) Proc Natl Acad Sci USA 72: 2260–2264
Kuhlmann M, Nellen W (2004) Biologie in unserer Zeit 34: 142–150
Lea PJ, Leegood RC (1993) Plant biochemistry and molecular biology. Wiley, New York
Narayan RKJ, Rees H (1976) Chromosoma 54: 141–154
Nugent JM, Palmer JD (1991) Cell 66: 473–481
Rees H (1976) Trends Biochem Sci 1: N250–N251
Ronemus MJ, Galbiati M, Ticknor C, Chen J, Dellaporta SL (1996) Science 273: 654–657
Takahashi Y, Niwa Y, Machida Y, Nagata T (1990) Proc Natl Acad Sci USA 87: 8013–8016
Umesono K, Ozeki H (1987) Trends Genet 3: 281–287
Westhoff P, Jeske H, Jürgens G, Kloppstech K, Link G (eds) (1996) Molekulare Entwicklungsbiologie. Thieme, Stuttgart

7 Intrazelluläre Proteinverteilung und Entwicklung der Organellen

Unter **Entwicklung** verstehen wir allgemein die Veränderung des Organismus mit der Zeit. Mit **Morphogenese** bezeichnet man die dabei eintretenden Veränderungen der spezifischen **Form** (Gestalt, Struktur, Organisation), und damit auch der **Funktionen** des Organismus. Entwicklung lässt sich auf verschiedenen Ebenen der Integration lebendiger Systeme beobachten. In diesem Kapitel beschäftigen wir uns mit Entwicklungs- und Morphogeneseprozessen innerhalb der Pflanzenzelle und ihren molekularen Grundlagen. Eine entscheidende Voraussetzung der intrazellulären Entwicklung ist die richtige Verteilung der im Cytoplasma synthetisierten Proteine an ihre verschiedenen Funktionsorte in der Zelle. Die Zelle als kleinste Einheit des Lebens gliedert sich in viele membranumgrenzte Kompartimente (Organellen), die während der Entwicklung strukturelle und funktionelle Veränderungen durchmachen. Dies erfordert nicht nur eine präzise, koordinierte Regulation bei dem Ablesen der genetischen Information in den drei Genomen der Zelle, sondern auch eine korrekte **Sortierung** der gebildeten Proteine in die verschiedenen Kompartimente über spezifische **Adressen.** Diese sind in bestimmten Abschnitten der Polypeptidsequenz niedergelegt und leiten die Proteine mit Hilfe von **Proteintransportapparaten** über Membrangrenzen hinweg in die vorgesehenen Zellräume oder dirigieren ihren Einbau in bestimmte Membranen. Einige dieser Transportwege entwickelten sich erst bei der endosymbiontischen Entstehung von Mitochondrien und Plastiden. Der Transport von Proteinen im Cytoplasma verläuft häufig über Membranvesikel, welche als Verpackung auch für andere Makromoleküle dienen und diese zu ihrem Bestimmungsort leiten. Darüber hinaus kann durch Vesikeltransport Material für das Flächenwachstum von Membranen geliefert werden. Die molekularen Mechanismen für die korrekte Adressierung, Sortierung und Inkorporation von Proteinen in die verschiedenen Kompartimente der Zelle konnten in den letzten Jahren zu einem großen Teil aufgeklärt werden.

7.1 Proteinsortierung in der Pflanzenzelle

7.1.1 Prinzipien der Proteinsortierung

Die spezifischen metabolischen Funktionen der einzelnen Zellkompartimente setzen eine entsprechend spezifische Verteilung der Enzymproteine voraus. Wenn man von der begrenzten Proteinsynthesekapazität der Mitochondrien und Plastiden absieht, sind die Ribosomen des Cytoplasmas der wesentliche Ort der Proteinsynthese in der Zelle. Von dort werden Proteine in alle cytoplasmatischen und nicht cytoplasmatischen Kompartimente transportiert (Abbildung 7.1). In einer Pflanzenzelle ist eine vielfältigere Adressierung von Proteinen als in einer tierischen Zelle erforderlich, da nicht nur diverse Zellmembranen, der Zellkern, die Mitochondrien und die Peroxisomen, sondern auch Plastiden und Vacuolen zur richtigen Zeit mit der richtigen Menge der richtigen Proteine versorgt werden müssen. Für den Transport von Proteinen zu ihren Bestimmungsorten sind **Proteintransportapparate** in den verschiedenen Membranen zuständig (Abbildung 7.2) Diese bestehen aus umfangreichen Proteinkomplexen, welche die zu transportierenden Proteine anhand bestimmter Aminosäuresequenzen erkennen und in entfalte-

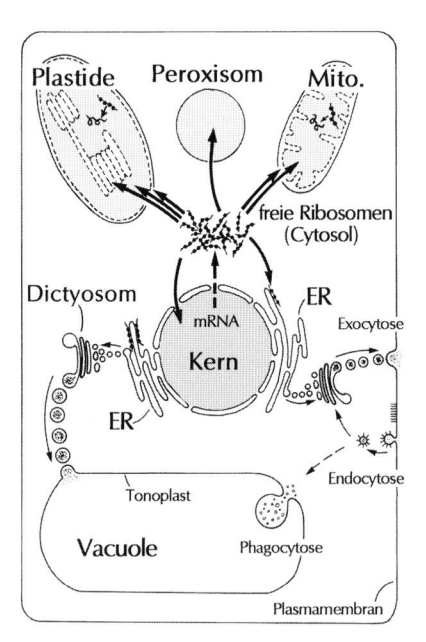

Abb. 7.1. Gerichteter Transport von organellenspezifischen Proteinen und Membranvesikeln zwischen den Kompartimenten der Zelle (schematisch). Die mRNA aus dem Kern wird im Cytosol (Grundplasma) an freien Ribosomen – oder nach Bindung der Translationskomplexe an die Oberfläche des ER – in die Aminosäuresequenz der Proteine umgeschrieben. Der Transport der Proteine (*dicke Pfeile*) durch die verschiedenen Membranen der Zellorganellen hindurch erfolgt mit Hilfe von spezifischen Signal- oder Transitsequenzen (Signalhypothese; → Abbildung 7.3). Vom ER aus erfolgt ein Transfer von Membranvesikeln (*dünne Pfeile*) zum Golgi-Apparat (Dictyosomen) und von dort zur Plasmamembran (apoplastische Sekretion, Exocytose) und zum Tonoplasten (vacuoläre Sekretion). Aus der Plasmamembran kann Membranmaterial durch Endocytose entnommen werden. Der Abbau von größeren Cytoplasmabestandteilen erfolgt nach Phagocytose in der Vacuole. Proteine werden auch bereits im Cytoplasma durch Proteasomen zerlegt (→ S. 93).

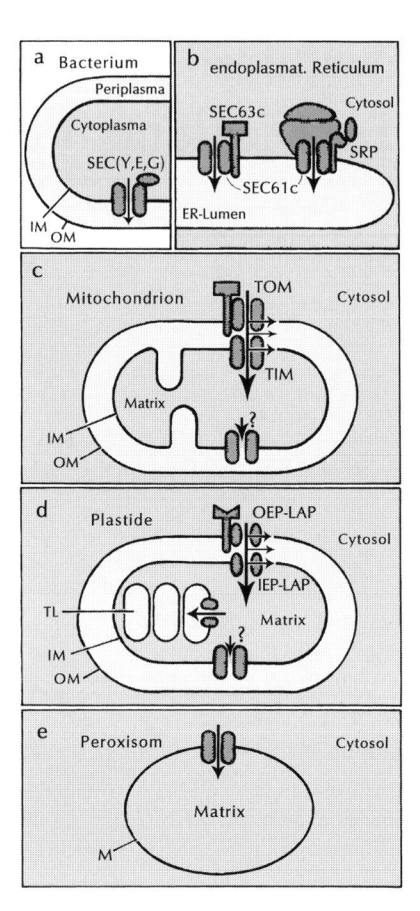

Abb. 7.2 a–e. Übersicht über die Mechanismen des Proteintransports zu den Zielorten in verschiedenen Zellkompartimenten (Organellen). **a Bakterien** exportieren Proteine durch einen Sekretionsapparat (*SEC*), einen Proteinkomplex aus den drei Proteinen *Y, E* und *G*. Dieser Transport erfolgt durch die innere Membran (*IM*) in das Periplasma und von dort ohne weitere Hilfe durch die sehr leicht permeable Zellwand ("äußere Membran", *OM*) nach außen. **b** In eukaryotischen Zellen werden Proteine über *signal recognition particles* (*SRPs*) in das **Lumen des endoplasmatischen Reticulum** (*ER*) transportiert. Manche Proteine werden auch über einen *SEC*-Apparat durch die Membran geschleust. **c** Der Proteinimport in die **Mitochondrien** erfolgt über Proteintransportkomplexe (*TOM* bzw. *TIM*) der äußeren Membran und der inneren Membran in die *Matrix*. Proteine, die in die innere Membran eingebaut werden müssen, gelangen durch einen speziellen Transportapparat an ihren Bestimmungsort. **d** Auch bei **Plastiden** finden sich Proteintransportkomplexe in der äußeren und inneren Hüllmembran (*OEP-LAP* bzw. *IEP-LAP*), die, wie bei Mitochondrien, an Kontaktstellen den Durchtritt in die Matrix (*Stroma*) gestatten. Der Weitertransport mancher Proteine in die **Thylakoide** bzw. deren Lumen (*TL*) erfolgt durch Proteinkomplexe, die teilweise von den bakteriellen SEC-Apparaten abgeleitet sind. Außerdem gibt es auch hier einen Transportapparat für den Einbau von Proteinen in die innere Hüllmembran. **e** Der Import von Proteinen in die **Peroxisomen** und deren Membran erfolgt durch noch unbekannte Transportmechanismen. (Nach Schatz und Dobberstein 1996; verändert)

tem Zustand durch die Membran schleusen oder in die Membran integrieren. Bereits bei den relativ wenig kompartimentierten Bakterienzellen sind ein Drittel aller Proteine in die Membran eingebettet. In Eukaryotenzellen wird etwa die Hälfte aller Proteine in Membranen eingebaut oder durch Membranen geschleust.

Die für die Mitochondrien und Plastiden bestimmten, im Cytoplasma synthetisierten Proteine werden **posttranslational,** d. h. erst nach ihrer Fertigstellung an freien cytoplasmatischen Ribosomen, in die Zielorganellen transportiert. Im Gegensatz hierzu werden die für das endoplasmatische Reticulum (ER) bestimmten Proteine **cotranslational,** d. h. bereits während ihrer Synthese an ER-gebundenen Ribosomen durch die – oder in die – Membran geschleust. In beiden Fällen dienen bestimmte, kurze Aminosäuresequenzen als Adressen, die sich meist am N- oder C-Terminus der Vorstufenpolypeptide, **Präproteine**, außerhalb der eigentlichen funktionellen Sequenz befinden und nach dem Transport in der Regel abgespalten werden. Diese Adressierungssequenzen werden als **Signalsequenzen** oder **Transitsequenzen** bezeichnet.

7.1.2 Proteinexport aus der Zelle und Import in die Vacuole

Die Abfolge der Einzelschritte beim cotranslationalen Import eines Proteins in das Lumen des ER ist in Abbildung 7.3 illustriert. Dieses Kompartiment ist meist nicht das Endziel der importierten Proteine, sondern eine Zwischenstation, in der die Proteine in Vesikel verpackt, und entweder über die weitere Station des Golgi-Apparates sekretiert werden (Export durch **Exocytose**) oder in die Vacuole gelangen (**Endocytose**; → Abbildung 7.1). Mit diesem Vesikeltransport ist ein Transport von Membranmaterial vom ER zur Plasmamembran und zu anderen cytoplasmatischen Membranen verbunden, **Membranfluss**. Die den Membranfluss zwischen Plasmamembran, ER, Golgi-Apparat und Vacuole vermittelnden Transportvesikel werden auch als **Endosomen** bezeichnet.

Die Membranen der Zellorganellen sind keine statischen Gebilde, sondern unterliegen einem beständigen Auf- und Abbau. Die genauere Untersuchung der Membranbiogenese (z. B. mit radioaktiven Phospholipiden) hat gezeigt, dass die meisten Organellengrenzmembranen ihren Ursprung im ER nehmen (→ Abbildung 7.1). Das ER, zu dem auch die Kernhülle zählt, liefert durch Knospung Membranvesikel (Primärvesikel), welche mit verwandten Membranen fusionieren können, z. B. mit der Plasmamembran und der Vacuolenmembran (Tonoplast). In der Regel erfolgt dieser Vesikeltransport nicht direkt, sondern über eine Passage durch den **Golgi-Apparat** (**Dictyosomen**; → Abbildung 7.1; → S. 21). Wegen ihres biogenetischen Zusammenhangs bezeichnet man die Gesamtheit dieser Membranen als **Endomembransystem**.

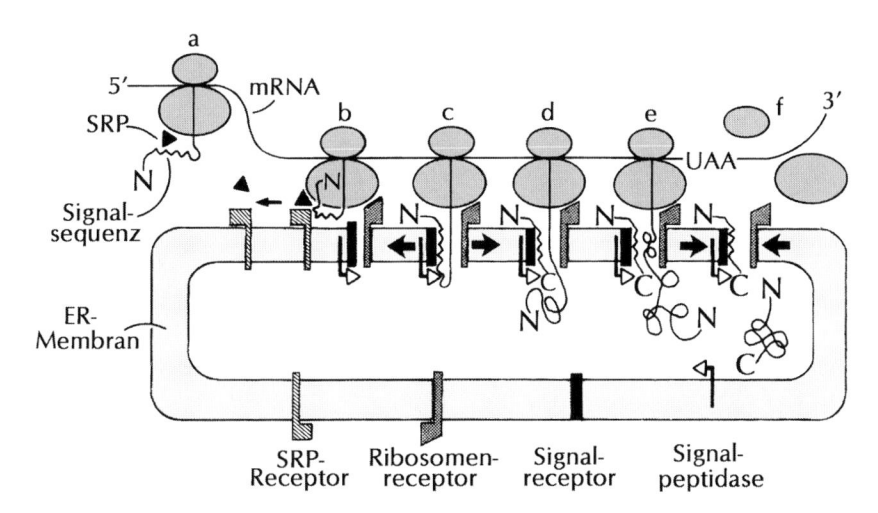

Abb. 7.3. Einzelschritte bei der cotranslationalen Translocation einer Polypeptidkette durch die ER-Membran nach der **Signalhypothese** (schematisch, vereinfacht). **a** Die Translation der mRNA setzt an einem freien cytoplasmatischen Ribosom ein. Nach Fertigstellung der **Signalsequenz** am N-Terminus der Polypeptidkette bindet ein **Signalerkennungspartikel** (*signal recognition particle*, *SRP*) an die Signalsequenz und stoppt die weitere Translation. **b** Das Ribosom wird über das SRP am **SRP-Receptor** der Membran verankert. Damit ist der *targeting*-Prozess abgeschlossen. Das SRP löst sich ab und die Bindung zwischen Ribosom und Membran wird von einem **Ribosomenreceptor** übernommen. **c** Die Signalsequenz wird an einem **Signalreceptor** gebunden; die Polypeptidkette wird weitersynthetisiert und dringt in eine sich öffnende, hydrophile Membranpore ein. **d** Die Signalsequenz wird auf der Innenseite der Membran von einer **Signalpeptidase** abgespalten. **e** Die wachsende Polypeptidkette wandert in das ER-Lumen ein und faltet sich zur Sekundärstruktur. (An dieser Stelle werden bei Glycoproteinen durch membrangebundene Enzyme Zuckerreste an bestimmte Aminosäuren gebunden.) **f** Nach Beendigung der Translation (Stopcodon *UAA*) dissoziieren die ribosomalen Untereinheiten, und die Komponenten der hydrophilen Membranpore verlieren ihren Zusammenhang, so dass sich der Lipidfilm der Membran wieder schließt. Im Fall von integralen Transportmembranproteinen bleibt die Polypeptidkette nach Abspaltung der Signalsequenz in der Membran verankert. (Nach Perara und Lingappa 1988; verändert)

Der Vesikelstrom vom ER zum Golgi-Apparat und von dort weiter zur Plasmamembran dient gleichzeitig dem Transport **sekretorischer Proteine** aus der Zelle. Der Export von apoplastischen Proteinen (z. B. von Zellwandproteinen oder Exoenzymen) verläuft vom ER über den Golgi-Apparat zur Plasmamembran (→ S. 21). Es handelt sich bei diesen sekretorischen Proteinen meist um Glycoproteine, deren komplex verzweigte Kohlenhydratketten bei der Passage durch die Dictyosomen noch einmal modifiziert werden. Auch der Transport der Polysaccharide der Zellwandmatrix (Hemicellulosen, Pektine) vom Syntheseort (Golgi-Apparat) zur Plasmamembran erfolgt über diese Route. Die Frage, wie die unterschiedlich beladenen Golgi-Vesikel zielsicher zur Plasmamembran bzw. zum Tonoplasten gelenkt und dort zur Fusion gebracht werden können, ist noch ungeklärt. Man vermutet, dass die Vesikelmembranen an ihrer Oberfläche mit spezifischen Glycoproteinen ausgestattet sind, welche durch Receptoren in der Zielmembran erkannt werden.

In den meisten Fällen dürfte die Menge an Membranmaterial, die mittels Membranfluss durch Golgi-Vesikel in die Plasmamembran eingeschleust wird, den Bedarf für das Membranwachstum weit übersteigen. Man hat berechnet, dass in sekretorischen Zellen 10 min ausreichen, um die gesamte Plasmamembran aus Golgi-Vesikeln neu zu bilden; in anderen Zellen dürfte diese Zeit bei 1–2 h liegen. Um die Membranfläche konstant zu halten, muss daher beständig eine dem Zufluss entsprechende Menge an Membranmaterial durch **Endocytose** entfernt werden (→ Abbildung 7.1). Die endocytotischen Vesikel sind häufig auf der Plasmaseite von einem hexagonalen Gerüstwerk eingehüllt, das aus dem Protein **Clathrin** besteht; sie werden dann als *coated vesicles* bezeichnet. Endocytotische Vesikel dienen der Rückführung (*recycling*) von Plasmamembranmaterial in den Golgi-Apparat (oder in die Vacuole, wo sie abgebaut werden). Man muss auf jeden Fall davon ausgehen, dass auch die Plasmamembran einem dynamischen Gleichgewicht zwischen Aufbau und Abbau (*turnover*) unterliegt.

Die zur Vacuole adressierten Proteine werden im ER anhand einer charakteristischen, N-terminalen oder C-terminalen Signalsequenz als solche erkannt. Die Importmaschinerie für Vacuolen muss nicht nur spezifisch, sondern auch hocheffizient sein, da z. B. Speicherproteine in reifenden Samen oder anderen Speichergeweben in großen Mengen in diesem Kompartiment deponiert werden müssen. Gleichzeitig importieren Vacuolen aber auch Proteinasen, die für den späteren Abbau der Speicherproteine benötigt werden. Die Speicherproteine und die Proteinasen besitzen verschiedene Signalsequenzen und werden durch sie in **zwei Vacuolentypen** dirigiert. Für Proteinasen ist die N-terminale Signalsequenz NPIR (Asparagin-Prolin-Isoleucin-Arginin) charakteristisch, während z. B. die Speicherproteine Prosporamin (Süßkartoffel) und Proaleurin (Gerste) C-terminale Signalsequenzen besitzen. Die beiden Vacuolentypen werden bereits in den jungen Speicherzellen angelegt und später aufgrund ihrer spezifischen Importeigenschaften mit verschiedenen Proteinen gefüllt. Der Speicherproteinabbau wird durch die Fusion der beiden Vacuolentypen ermöglicht, welche schließlich die große Zentralvacuole der Zelle bilden (→ Abbildung 5.1).

7.1.3. Proteintransport in die Mitochondrien

Mehr als 90 % aller in den Mitochondrien benötigten Proteine werden von Genen im Zellkern codiert, im Cytoplasma als Präproteine synthetisiert und posttranslational in die Mitochondrien importiert (→ Abbildung 7.1). Die ungefähr 50 im mitochondrialen Genom codierten Proteine sind essenzielle Komponenten der Proteinkomplexe in der Atmungskette, zu denen sie den hydrophoben, membranintegrierten Anteil liefern, sowie ribosomale Proteine (Abbildung 7.4). In der ursprünglichen, endosymbiotischen Situation gab es noch keinen Proteinimport, da die bakteriellen Vorläufer alle Proteine an der eigenen DNA bilden konnten. Mit fortschreitender Integration wurden immer mehr Gene in den Zellkern transferiert und machten damit einen Import in den Endosymbionten erforderlich. Die biochemischen Mechanismen dieses Imports sind also typische Neuentwicklungen in der eukaryotischen Zelle.

Die im Cytoplasma für die Mitochondrien synthetisierten Proteine tragen meist eine **N-terminale Signalsequenz** als Adresse. Diese wird schon vor dem Abschluss der Proteinsynthese an den Ribosomen von **Chaperonen** (Helferproteine; *chaperone* = Kindermädchen) erkannt. Die Chaperone binden an den N-Terminus dieser Proteine und transportieren sie, teilweise zusammen mit den Ribosomen, zum Mitochondrion (Abbildung 7.5). Außer-

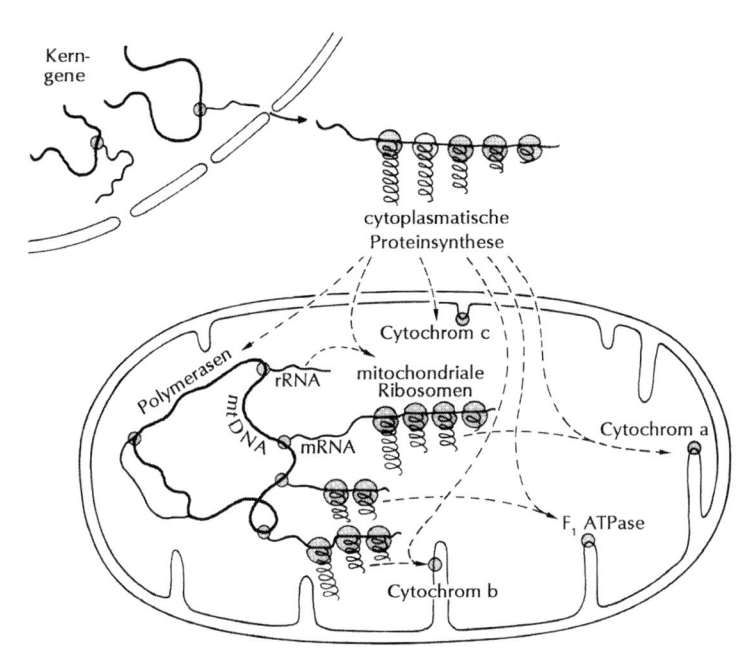

Abb. 7.4. Kooperation von Kern, Cytoplasma (Cytosol) und Mitochondrienmatrix bei der Transkription und Translation mitochondrialer Proteine (schematisch). Das Apoprotein des *Cytochrom c* stammt aus dem Cytoplasma, während die membrangebundenen Enzymkomplexe *Cytochrom a*, *Cytochrom b* und F_1-*ATPase* Untereinheiten cytoplasmatischen und mitochondrialen Ursprungs enthalten. (Nach Birkey 1976; verändert)

dem dienen die Chaperone dazu, die Proteine in einem entfalteten, flexiblen Zustand zur Mitochondrienmembran zu geleiten. An der äußeren Mitochondrienmembran sitzen spezifische Receptoren, die die Signalsequenz erkennen und den Transport durch die äußere und innere Membran einleiten und Kontaktstellen schaffen (Abbildung 7.6). Auf der Innenseite der inneren Membran sitzen **Prozessierungsenzyme** (Proteinasen), die die Signalsequenz abschneiden und das reife Protein in die Matrix entlassen (Abbildung 7.7). Proteine, die für die innere Mitochondrienmembran bestimmt sind, z. B. Untereinheiten der Atmungskettenkomplexe, werden teilweise zuerst durch beide Membranen in die Matrix transportiert und von dort in die Membran inseriert. Einige dieser Proteine weisen für diesen letzten Transportschritt noch eine zusätzliche Signalsequenz auf, die sich evolutionär wahrscheinlich vom Exportmechanismus der Bakterien ableitet. Solche prokaryotischen Signalse-

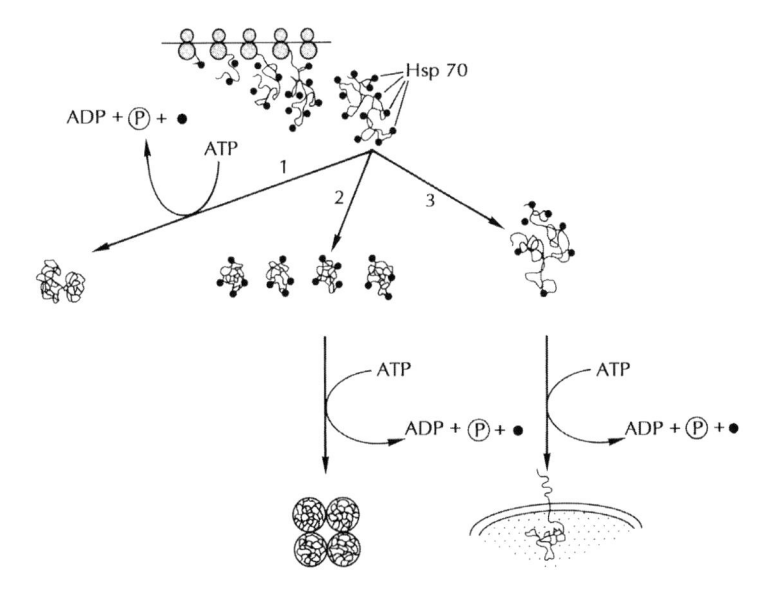

Abb. 7.5. Deskriptives Modell für die Wirkungsweise eines Chaperons. Dargestellt ist die Wechselwirkung zwischen dem Chaperon Hsp70 (*schwarze Punkte*) und neu synthetisierten Polypeptidketten. Diese falten sich unter Energieaufwand (*ATP*) entweder zu monomeren Proteinen (*1*), bilden oligomere Strukturen (*2*) oder werden vom Cytosol in die Organellen transportiert (*3*). Hsp70 wurde ursprünglich als **Hitzeschockprotein** beschrieben (→ S. 595). Heute weiß man, dass es auch ohne Hitzebehandlung in pflanzlichen und tierischen Zellen verbreitet ist. (Nach Beckmann et al. 1990)

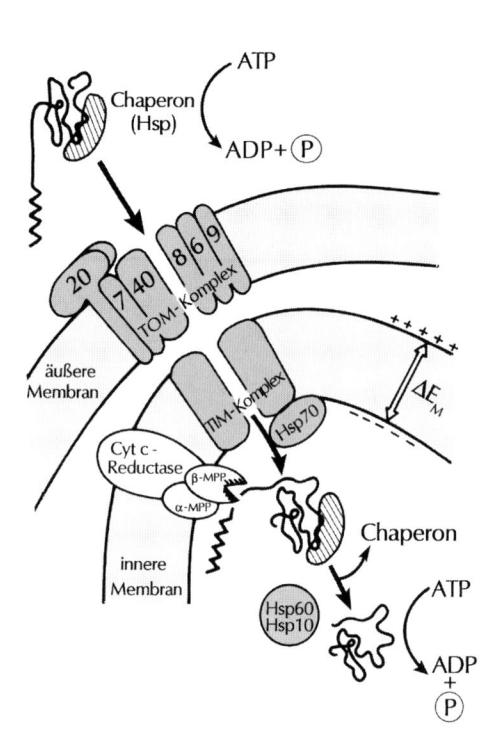

Abb. 7.6. Modell des Proteintransportapparates für den Durchtritt von Proteinen durch die beiden Mitochondrienmembranen. **Chaperone** halten die im Cytoplasma neu synthetisierten Proteine in einer lockeren Konformation und erlauben die vollständige Entfaltung während des Durchtritts durch die Membran. Die N-terminalen Signalsequenzen der für die Mitochondrien bestimmten Proteine werden an Kontaktstellen, an denen die *äußere Membran* und die *innere Membran* aneinander liegen, von Receptoren erkannt und, gefolgt vom angeschlossenen Protein, durch beide Membranen geschleust. Den Transport ermöglichen spezifische Proteinkomplexe in der äußeren (*TOM*) und inneren (*TIM*) Membran, die jeweils unterschiedliche Aufgaben haben. Für die Entfaltung, Loslösung von den Chaperonen und vielleicht auch für die Erkennung durch den Receptorteil im TOM-Komplex ist an der äußeren Membran Energiezufuhr in Form von ATP notwendig. An der inneren Membran ist oft ein elektrisches Potenzialgefälle (ΔE_M) am Transport beteiligt. Nach dem Durchtritt durch die innere Membran wird die Signalsequenz durch eine **M**atrix**p**rozessierungs**p**roteinase (*MPP*) abgeschnitten und das reife Protein, teilweise unter ATP-Verbrauch, von verschiedenen Chaperonen (meist Hitzeschockproteine Hsp10, Hsp60 und Hsp70; die Zahlen bezeichnen die jeweiligen Größen in kDa) korrekt gefaltet. (Nach einer Vorlage von H. P. Braun)

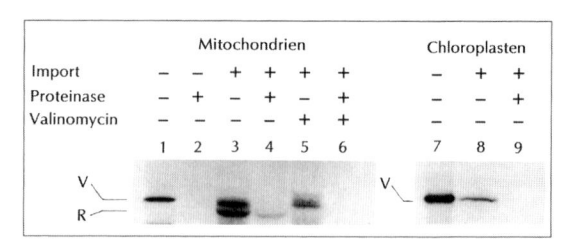

Abb. 7.7. Experiment zur Prozessierung (Reifung) eines Proteins beim Import in die Mitochondrien. Die N-terminale Signalsequenz (Präsequenz) von mitochondrialen Proteinen wird während des Durchtritts durch die Membran abgeschnitten. Dieser Verlust zeigt sich durch eine verringerte Größe des reifen, importierten Proteins bei der elektrophoretischen Auftrennung. Das in diesem Beispiel analysierte Protein, die 55-kDa-Untereinheit für den Komplex I der Atmungskette (NADH-Dehydrogenase), wurde *in vitro* von einem cDNA-Klon aus der Kartoffel als Vorstufe (*V*) synthetisiert (57 kDa, *Spur 1*). Wird dieses Protein mit Proteinase behandelt, so wird es vollständig abgebaut (*Spur 2*). Inkubation des *in vitro* radioaktiv synthetisierten Proteins mit aus Kartoffeln isolierten Mitochondrien zeigt, dass zusätzlich ein kleineres, reifes Protein entsteht (*R*, 55 kDa, *Spur 3*). Wird diese Mischung mit Proteinase behandelt, so wird das Vorstufenprotein vollständig abgebaut, während das reife, in die Mitochondrien importierte Protein vor der Proteinase geschützt ist (*Spur 4*). Zugabe von Valinomycin inhibiert den Import des Proteins (*Spur 5*), daher wird das Protein von der Proteinase abgebaut (*Spur 6*). Dieses mitochondriale Protein wird nicht in die Chloroplasten importiert (*Spuren 7 – 9*). Das Experiment zeigt, wie hochspezifisch die N-terminalen Signalsequenzen für die verschiedenen Kompartimente in der Pflanzenzelle sind. (Nach Grohmann et al. 1996)

quenzen finden sich auch bei einigen mitochondrial codierten Proteinen.

Die Länge der für pflanzliche Mitochondrien adressierenden Signalsequenzen variiert zwischen 10 und 80 Aminosäureresten, ähnlich wie bei Pilzen und Tieren. Bei den inzwischen identifizierten kerncodierten mitochondrialen Proteinen (etwa 100) lassen sich keine gemeinsamen Aminosäuresequenzen in den Signalsequenzen erkennen. Die Abgrenzung der mitochondrialen von anderen Signalsequenzen erfolgt über strukturelle Besonderheiten. **Mitochondriale Signalsequenzen** lassen sich fast immer zu einer ringförmigen Struktur falten, in der geladene Aminosäuren polar verteilt sind. Die diese verschiedenen Signalsequenzen erkennenden Receptoren in den Transportapparaten der Mitochondrienmembranen sind bei Pflanzen und Pilzen sehr ähnlich.

Bei Pflanzen müssen in die Mitochondrien nicht nur Proteine, sondern auch RNA-Moleküle importiert werden, da das mitochondriale Genom nicht für den vollständigen Satz von tRNAs codiert, die notwendig sind, um alle Codons in den proteincodierenden Genen der mitochondrialen DNA zu dechiffrieren. Dabei unterscheiden sich einzelne Pflanzenspezies in den ihnen fehlenden tRNAs. Während bei dem Lebermoos *Marchantia polymor-*

pha nur zwei tRNAs importiert werden müssen, sind es bei höheren Pflanzen zwischen 5 und 20 %. Diese fehlenden tRNAs werden von nucleären Genen abgeschrieben und in die Mitochondrien transferiert.

7.1.4 Proteintransport in die Plastiden

Obwohl im Genom der Plastiden mit gut 100 deutlich mehr Proteine codiert sind als in der mitochondrialen DNA, werden auch hier die allermeisten Polypeptide vom Zellkern codiert, im Cytoplasma als Präproteine synthetisiert und anschließend in die Plastiden importiert (Tabelle 7.1). Zusätzlich zu der auch bei Mitochondrien notwendigen Sortierung für die Zielorte Matrix, innere Membran und äußere Membran müssen bestimmte Proteine für die Membranen der Thylakoide adressiert werden. Wie bei Mitochondrien ist auch die Spezifizierung des Zielortes Plastide durch eine N-terminale Signalsequenz vor der Sequenz des reifen Proteins codiert. Diese Signalsequenz ist notwendig und hinreichend, um den Transport durch die beiden Hüllmembranen ins Stroma zu gewährleisten. Die Signalsequenzen plastidärer Proteine sind, bis auf die endständigen N-terminalen Aminosäuren, meist positiv geladen und enthalten einen hohen Anteil hydroxylierter Aminosäuren. Sie zeigen kaum Ähnlichkeiten untereinander, sind aber von den mitochondrialen Signalsequenzen aufgrund der strukturellen Differenzen zu unterscheiden.

Die Mechanismen bei dem Transport der Präproteine von den cytoplasmatischen Ribosomen zu den Plastiden und ihrer Durchschleusung an Kontaktpunkten der beiden Plastidenhüllmembranen

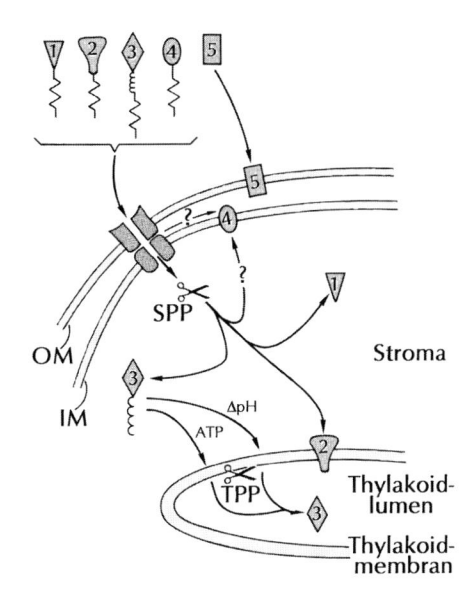

Abb. 7.8. Modell der Proteinsortierung in die verschiedenen Subkompartimente der Plastiden. Nach der Nucleotidtriphosphat-abhängigen Bindung an einen **Receptor** dirigiert die N-terminale **Signalsequenz** die verschiedenen Präproteine (*1–4*) aus dem Cytoplasma zu den Plastiden und durch die beiden Hüllmembranen (*OM, IM*). Hierzu ist eine höhere ATP-Konzentration, aber kein Membranpotenzial wie bei den Mitochondrien erforderlich. Diese Signalsequenz wird durch eine lösliche Stromaprozessierungsproteinase (*SPP*) abgeschnitten und das reife Protein von Hsp70-Chaperonen in Empfang genommen. Ein Teil der so importierten Proteine verbleibt im Stroma (*1*), ein Teil wird in die innere Hüllmembran inseriert (*4*) und ein weiterer Teil wird direkt in die Thylakoidmembran gebracht (*2*). Andere Proteine tragen noch eine zweite Signalsequenz, mit der sie mit zusätzlichen Faktoren (*ATP, ΔpH*) und einer Thylakoidprozessierungsproteinase (*TPP*) in das Thylakoidlumen gelangen (*3*). Eine Gruppe von Proteinen für die äußere Hüllmembran kann offenbar ohne Vermittlung durch eine Signalsequenz an ihr Ziel gelangen (*5*). (Nach Lübeck et al. 1997)

Tabelle 7.1. Beteiligung von Kern- und Plastidengenen an verschiedenen biochemischen Synthesewegen in den Plastiden.

Biochemische Prozesse	Syntheseprodukte	Lokalisation der beteiligten Gene
Terpenoidsynthese	Carotinoide, Phytol, Chinone	Kern
Tetrapyrrolsynthese	Häm, Chlorophyll	Kern + Plastide (tRNA^{Glu} als Cofaktor für 5-Aminolävulinat)
Lipidsynthese	Galacto-, Phospho-, Sulfolipid	Kern
Kohlenstoffspeicherung	Stärke	Kern
Kohlenstofffixierung	Triosen, Pentosen	Kern + Plastide

mit Hilfe von Chaperonen sind im Prinzip ähnlich wie bei den Mitochondrien (Abbildung 7.8). Anstelle eines negativen Membranpotenzials ist hier Energie in Form von ATP für den Transport durch die innere Hüllmembran notwendig. Auch alle für die Thylakoide bestimmten Proteine gelangen mit ihrer N-terminalen plastidären Signalsequenz zunächst in das Plastidenstroma. Nachdem diese Sequenz abgespalten ist, wird eine zusätzliche Signalsequenz wirksam, die auch innerhalb der Sequenz des reifen Proteins liegen kann, und sorgt dafür, dass diese Proteine in die Thylakoidmembranen eingebaut werden (z. B. Untereinheiten der photosynthetischen Lichtsammelkomplexe). Die dabei beteiligten Erkennungsproteine lassen sich evolutionär bis zu den Cyanobakterien zurückverfolgen. Nucleär codierte Proteine, die für das Thylakoidlumen bestimmt sind, besitzen ebenfalls doppelte Signalsequenzen.

Die zusätzliche Signalsequenz ist dabei ganz ähnlich aufgebaut wie bei sekretorischen Proteinen von Prokaryoten. Dieser Befund reflektiert die Entstehung der Thylakoidmembran durch Einfaltung und Abschnürung von der inneren Plastidenmembran, wie man sie bei niederen Pflanzen häufig beobachtet hat. Demnach entspricht der Thylakoidinnenraum entwicklungsgeschichtlich dem extraprotoplasmatischen Raum der Prokaryotenzelle.

7.1.5 *Isosorting* – das gleiche Protein für Cytoplasma, Mitochondrien und Plastiden

Die Signalsequenzen von Proteinen enthalten in seltenen Fällen Information für den Transport in mehrere Kompartimente der Zelle. So ist z. B. die von einem einzigen Kerngen codierte Glutathionreductase aufgrund einer mehrdeutigen Adressierung im Cytoplasma, in den Mitochondrien und in den Plastiden zu finden. Rekombinante Genkonstrukte, die die Signalsequenz der Glutathionreductase und ein C-terminal angeschlossenes Reportergen enthalten, lieferten den Beweis, dass diese Signalsequenz das fremde Protein sowohl in die Mitochondrien als auch in die Plastiden dirigiert. Eine der kerncodierten RNA-Polymerasen wird sowohl in die Plastiden als auch in die Mitochondrien importiert (→ S. 136). Andererseits bringen rekombinante Konstrukte mit hintereinander geschalteten mitochondrialen und plastidären Signalsequenzen die Spezifitäten der Importapparate teilweise durcheinander. Hier zeigt sich, dass die Adressierungen für die Mitochondrien und Plastiden zwar sehr variabel, gleichzeitig aber auch hochgradig spezifisch sind. Die Empfängerspezifität der Signalsequenzen wird auch bei Experimenten mit heterologen Systemen deutlich: Die Signalsequenz für das Plastidenkompartiment in einer Spezies bringt das nachgeschaltete Protein nicht notwendigerweise in die Plastiden einer anderen Spezies, sondern leitet es unter Umständen in ein falsches Kompartiment, z. B. in die Mitochondrien (*mistargeting*).

7.1.6 Evolution der Proteintransportsysteme in Mitochondrien und Plastiden

Die Umwandlung der prokaryotischen Endosymbionten in die Mitochondrien und Plastiden der Eukaryotenzelle erforderte die Etablierung zusätzlicher Proteintransportmechanismen. Diese erfolgte teilweise durch Modifikation der bereits existierenden Import- und Exportsysteme. Daneben wurden neue Proteintransportsysteme gebildet, parallel zu den im Laufe der Evolution durch die zunehmende Informationsverlagerung in den Kern bedingten, steigenden Anforderungen für intrazellulären Proteintransport. Wegen der unterschiedlichen Zeitpunkte der endosymbiontischen Etablierung von Mitochondrien und Plastiden entwickelten sich deren Proteintransportsysteme unabhängig voneinander. Die Transportsysteme der Mitochondrien scheinen bereits in den gemeinsamen eukaryotischen Vorläuferzellen von Pflanzen, Pilzen und Tieren entstanden zu sein und sind daher bei diesen Organismen auch heute noch sehr ähnlich.

7.1.7 Proteintransport in die Peroxisomen

Unter dem Oberbegriff **Peroxisomen** wird eine Familie strukturell einfacher Organellen mit verschiedenen metabolischen Funktionen zusammengefasst (→ S. 22). Diese Funktionen erfordern den Import von bestimmten, oft stark unterschiedlichen Sätzen von Enzymen. Alle bisher in Peroxisomen nachgewiesenen Enzyme sind im Kern codiert und werden im Cytoplasma synthetisiert. Als Adresse für den Transport dieser Proteine in die Peroxisomen dienen Signalsequenzen am C-Terminus der Polypeptide. Die Aminosäurefolge SKL (Serin-Lysin-Leucin) als C-Terminus ist, mit einigen Abweichungen, ein generelles Signal für den Import in die Peroxisomen (Tabelle 7.2). Die Receptoren für die Erkennung dieser Sequenzen in der Peroxisomenmembran sind noch unbekannt. Diese Membran besitzt relativ große Poren, welche z. B. auch Metallpartikel von 9 nm Durchmesser unter einer Beschichtung mit SKL-Peptid in die Peroxisomen eintreten lassen. Das SKL-Signal ist nicht nur bei allen Pflanzen konserviert, sondern dient auch bei Pilzen und Tieren als Importsignal für das Peroxisomenkompartiment. Diese Signalsequenz vermittelt den Import in alle Formen der Peroxisomen. Die Differenzierung in verschiedene Funktionstypen (z. B. Glyoxysomen, Uricosomen; → S. 233, S. 330) wird nicht über differenziellen Proteinimport, sondern über eine differenzielle Genexpression im Kern bewirkt. Obwohl nicht so offensichtlich wie bei den Peroxisomen, dürfte diese Feststellung grundsätzlich auch für die Differenzierung von Mitochondrien und Plastiden gültig sein. Die Mechanismen der intrazellulären Proteinsortierung ermöglichen eine geordnete Verteilung der an cytoplasmatischen Ribosomen synthetisierten Proteine in die verschiedenen Zellkompartimente, werden aber nicht zur **Steuerung** der Proteinausstattung der Kompartimente eingesetzt. Nach allen bisher vorliegenden Erkenntnissen wird die qualitative und quantitative Ausstattung der Zellorganellen mit Proteinen zentral über die Ablesung der genetischen Information im Kern festgelegt, der auch die Kontrolle über die Transkription der Gene in den Mitochondrien und Plastiden übernommen hat.

7.1.8 Proteintransport in den Zellkern

In den Zellkern werden hauptsächlich regulatorische Proteine importiert, weniger solche, die für metabolische Prozesse als Enzyme notwendig sind. An den komplexen Strukturen der Verpackung, Reparatur und Aktivierung von DNA sowie an der Umsetzung in RNA-Moleküle sind eine Vielzahl von hochspezialisierten Proteinen beteiligt. Diese werden bei Pflanzen durch ähnliche Mechanismen von den Proteinimportkomplexen in den Kernporen eingeschleust wie bei Pilzen und Säugetieren. Die sogenannte **nucleäre Lokalisationssequenz** NLS (*nuclear localisation sequence*) besteht entweder aus einem kurzen Bereich von basischen Aminosäuren, oder aus zwei basischen Domänen, die durch eine anders geladene Aminosäuresequenz getrennt sind. Die NLS wird von einem spezifischen Receptorkomplex an der Kernpore erkannt und gebunden. Die Translokation des Proteins durch die Kernpore ist von Energie abhängig, die meist in Form von GTP geliefert wird. An dem eigentlichen Proteinimport sind wiederum mindestens vier Proteine beteiligt, die Importine Alpha und Beta, das Protein P10 und die kleine GTPase RAN. Die RAN-GTPasen und Importine sind in ihrer Struktur zwischen Pflanzen und Tieren recht ähnlich und daraus abgeleitet auch in ihrer Funktion. So ist bei Pflanzen wie bei Tieren der Import von Proteinen in den Zellkern streng abhängig von der nucleären Lokalisierungssequenz.

Die vielfältigen, bisher noch unvollständig aufgeklärten Mechanismen für den Transport von Proteinen an verschiedene Funktionsorte in der Zelle sind in Exkurs 7.1 zusammengestellt.

Tabelle 7.2. Adressierung peroxisomaler Proteine durch **C-terminale Sequenzmotive**. Die Sequenzen SKL (Serin, Lysin, Leucin) und SRL (Serin, Arginin, Leucin) sowie Variationen dieser Motive an den C-terminalen Enden von Proteinen dienen als Adresse für den Import in Peroxisomen. Sie werden nach dem Import nicht abgespalten. Verglichen sind hier die Sequenzen von Proteinen für Peroxisomen verschiedener Differenzierungsstadien und Pflanzenspezies. Die Malatsynthase (*MS*) von *Ricinus*, *Cucumis*, *Zea*, die Isocitratlyase (*ICL*) in *Brassica* und die Monodehydroascorbatreductase (*MDAR*) von *Pisum* werden in die Blattperoxisomen importiert, die Uratoxidase (*URI II*) aus *Glycine* in den Wurzelknöllchen dieser Leguminosen in die spezifisch differenzierten Uricosomen (→ Abbildung 7.15). Interessanterweise ist die in *Arabidopsis* identifizierte Glutaryl-CoA-Dehydrogenase (*GCDH*) in Tieren ein mitochondriales Protein, das aber in Pflanzen mit Hilfe der C-terminalen SRL-Sequenz in die Peroxisomen importiert wird. (Nach einer Vorlage von Binder)

		C-Terminus
GCDH	*Arabidopsis thaliana*	…SFKPATR**SRL**
MS	*Ricinus communis*	…IHYPKGS**SRL**
MS	*Cucumis sativa*	…IHHPREL**SKL**
MS	*Zea mays*	…HHPGASP**CKL**
URI II	*Glycine max*	…ASLSRLW**SKL**
MDAR	*Pisum sativum*	…EEGLSKFA**SKI**
MDAR	*Cucumis sativa*	…KEGISFA**SKV**
ICL	*Brassica napus*	…TSLVVAK**SRM**

EXKURS 7.1: Sortierung von Proteinen in der Pflanzenzelle

Bestimmungsort	Signal	Translokation
Cytoplasma	kein spezifisches	Ordnung durch Interaktionen
ER	N-terminale Signalsequenz	SRP (*signal recognition particle*), cotranslationaler Membrandurchtritt, Abspaltung der Signalsequenz, Anker für Verbleib in Membran
ER-Membran	Stop-Transfer-Signal	
Golgi		posttranslationaler Weitertransport
Export, Plasmamembran	keines	„default pathway"
Lysosom	Mannose-6-phosphat Oligosaccharid	Receptorproteine, Vesikelabschnürung
ER-Membran	C-terminal KDEL	Receptoren
Nucleus (Import)	interner basischer Bereich: NLS = *nuclear localisation signal*	Kernporenkomplex, Andocken an Importin, Transport via RAN-GTPase
Nucleus (Export)	Leucinmuster, intern NES = *nuclear export signal*	Nucleoporine
Mitochondrion (Matrix)	N-terminal, geladene Helix	Transportkomplexe TOM/TIM, Abspaltung der Signalsequenz
Mitochondrion (innere Membran, Intermembranraum)	zweites N-terminales Signal	Erkennungsreceptoren, Abspaltung
Plastide (Matrix)	N-terminal intern intern	Transportkomplexe, OM/JM, Abspaltung der Signalsequenz, Receptoren
Plastide (Thylakoide)	zweites N-terminales Signal	prokaryotische Receptoren, Prozessierung
Peroxisom	C-terminal SKL	spezifische Receptoren (?)
Vacuole	N-terminal oder C-terminal	spezifische Receptoren (?)

7.2 Entwicklung der Mitochondrien

Die Mitochondrien sind die Orte der Energiegewinnung bei der oxidativen Dissimilation (→ S. 219). Daneben besitzen sie eine Reihe weiterer metabolischer Funktionen, z. B. im Zusammenhang mit dem photosynthetischen Glycolatstoffwechsel (→ Abbildung 9.15). Während der Zellentwicklung vermehren sich die Mitochondrien durch Teilung, welche wie bei Bakterien durch eine Durchschnürung des Organells zustande kommt (→ Exkurs 7.2). Wachstum erfolgt durch Vergrößerung der Membranfläche (interkalarer Einbau neuer Komponenten), Zunahme der Matrixproteine und Replication der mitochondrialen DNA (mtDNA).

Etwa 95 % der im Mitochondrion vorliegenden Proteine werden durch cytoplasmatische Ribosomen an kerncodierten mRNAs synthetisiert und posttranslational in das Organell transportiert (→ Abbildung 7.4). Die Entwicklung des voll funktionstüchtigen Mitochondrienkompartiments setzt eine enge, präzis regulierte Kooperation zwischen den beiden genetischen Systemen voraus. Der Kern steuert bei dieser Kooperation nicht nur den Hauptteil der genetischen Information bei, sondern übt wahrscheinlich auch weitgehend die Kontrollfunktion aus. Bei *Saccharomyces cerevisiae* hat man Mutanten isoliert, welche die Fähigkeit zur Synthese einer funktionstüchtigen mtDNA eingebüßt haben (*petite*-Mutanten). Diese Zellen bilden trotzdem morphologisch nahezu normal erscheinende Mitochondrien aus, bei welchen allerdings Atmungsdefekte auftreten. Andererseits kennt man verschiedene Kernmutanten, bei denen trotz intakter mitochondrialer Proteinsynthese die normale Akkumulation der mitochondrialen Produkte gestört ist.

Mitochondrien sind morphologisch vielgestaltete Organellen. Hefen und *Euglena* besitzen unter bestimmten Bedingungen ein einziges, irregulär verzweigtes Mitochondrion, welches die ganze Zelle in Form eines Netzwerks durchzieht. Dieses Riesenorganell kann sich wieder in viele kleine Mitochondrien aufspalten. In höheren Pflanzen treten in der Regel kleine, ei- bis zigarrenförmige Formen mit irregulär angeordneten Einstülpungen (Sacculi) der inneren Hüllmembran auf (→ Abbildung 2.6). Die relative Oberfläche der inneren Membran (Sitz der Atmungskette und der Phosphorylierung; → Abbildung 9.7) ist mit der Stoffwechselaktivität der Zellen korreliert. Daher treten in verschiedenen Geweben des Organismus auch morphologisch verschieden differenzierte Mitochondrien auf, **Mitochondrienpolymorphismus**. Ein ausgedehntes inneres Membransystem ist ein charakteristisches Merkmal der Mitochondrien stark atmender

---

EXKURS 7.2: Wie vermehren sich Plastiden und Mitochondrien?

Die beiden Organellen mit eigener DNA, Plastiden und Mitochondrien, vermehren sich unabhängig von der Teilung der ganzen Zelle. Abhängig von Zelltyp, Entwicklungsstadium und äußeren Bedingungen sind die Zahlen der Mitochondrien und Plastiden pro Zelle sehr unterschiedlich. Ausnahmen von dieser Regel sind natürlich einzellige Algen wie die Grünalge *Chlamydomonas reinhardtii* oder die Rotalge *Cyanidioschyzon merolae*, die jeweils nur einen Chloroplasten und letztere sogar auch nur ein Mitochondrion pro Zelle besitzen.

In dieser einfachen Rotalge sind an den Teilungen der Plastide und des Mitochondrions Proteine bakterieller wie auch eukaryotischer Herkunft beteiligt: Zuerst bildet sich ein Ring aus prokaryotischen Proteinen um die zukünftige Teilungsstelle, dann lagert sich außen ein Ring von Dynamin-ähnlichen Proteinen an. **Dynamine** sind bei Eukaryoten an vielen Membranabschnürungsprozessen beteiligt und wurden bei der Endocytose entdeckt, bei der sich Vesikel von der Plasmamembran abschnüren und in das Cytoplasma aufgenommen werden. Die bakteriellen Teilungsproteine sind dagegen mit den Tubulinen verwandt, die wahrscheinlich aus diesen prokaryotischen Vorgängern entstanden sind.

Die Dynamine wie auch die bakteriellen Teilungsproteine sind GTPasen, die sich spontan zusammenlagern und erst unter Energieverbrauch wieder dissoziieren. In der Rotalge sind spezielle Formen von Dynaminen und bakteriellen Proteinen für den Chloroplasten und das Mitochondrion zuständig. Den höheren Pflanzen und Tieren scheinen dagegen für die Mitochondrienteilung die ursprünglichen Bakterien-ähnlichen Proteine verloren gegangen zu sein und die eukaryotischen Dynamine führen hier die Membranabschnürung durch. Für die Teilung der Chloroplasten ist dagegen auch bei Blütenpflanzen das von Bakterien stammende Protein notwendig, das zusammen mit dem Dynamin mehrere Ringe um die Teilungsstelle bildet. Möglicherweise sind diese beiden Typen von Teilungsproteinen zusammen mit den beiden Membranen um die Chloroplasten erhalten geblieben: Die äußere Membran stammt nach der Endosymbiontentheorie von der Plasmamembran der eukaryotischen Zelle, während die innere Membran von den eingewanderten Prokaryoten herrührt.

Noch ist unklar, ob bei der dynamischen Veränderung der Mitochondrien ein Zusammenhang mit dem Verlust des prokaryotischen Teilungsproteins besteht. Mitochondrien fusionieren und teilen sich wieder und liegen partiell als Netzwerk von mitochondrialen Röhren vor, die das ganze Zellumen durchziehen. Ebenso unklar ist auch die Bildung und Abschnürung der Verbindungen zwischen einzelnen Plastiden in höheren Pflanzen. Diese sogenannte *stromules* sind Röhren umgeben von den beiden äußeren Plastidenmembranen, die so das Stroma zweier Plastiden verbinden. Die Röhren vergrößern damit die Membranoberflächen der Plastiden. Sie bewegen sich entlang des Actin/Myosin-Skeletts durch das Cytoplasma und sind hochgradig dynamisch.

Zellen, z. B. in jungen Wurzeln oder im reifen Spadix von *Arum maculatum* (→ Abbildung 9.26).

Bei höheren Pflanzen treten einige spezialisierte Mitochondrientypen auf, z. B. im Embryo zum Abschluss der Samenreifung (Desiccationsphase; → S. 473), wo sich die zuvor respiratorisch aktiven Mitochondrien zu kleineren, wenig strukturierten Promitochondrien rückbilden. Nach der Keimung des Samens entstehen daraus wieder hochorganisierte Organellen, welche den steilen Atmungsanstieg des jungen Keimlings vermitteln (→ Abbildung 9.22). Beim Senfkeimling (*Sinapis alba*) kann Licht über die Bildung von photomorphogenetisch aktivem Phytochrom (→ S. 453) eine steuernde Rolle ausüben. Diese Umsteuerung betrifft sowohl die Bildung aktiver Atmungsenzyme (Abbildung 7.9), als auch strukturelle Aspekte der Mitochondrienmorphogenese (Abbildung 7.10). Ähnliche Phänomene konnten auch bei der Adaptation der fakultativ anaerob lebensfähigen Koleoptile von Reis (*Oryza sativa*) an O_2-Mangelbedingungen beobachtet werden. Dieses Organ kann sich bei der normalerweise unter Wasser ablaufenden Keimung der Karyopse auch unter völligem O_2-Abschluss normal entwickeln (→ Exkurs 9.4, S. 245). Es entstehen dabei spezifisch differenzierte Mitochondrien mit gestapelten Crista-Membranen, welche einen stark verminderten Gehalt an Cytochromen aufweisen. In Gegenwart von O_2 bilden sich dagegen normale, sacculäre Mitochondrien aus. Die funktionelle Bedeutung dieser strukturellen Modifikation im inneren Membransystem durch Dunkelheit bzw. Anaerobiosis ist noch unbekannt.

Eine spezielle Differenzierung der Mitochondrien liegt bei der **Pollenbildung** in hochspezialisierten Zelltypen vor. In den Tapetummutterzellen und einigen angrenzenden, spezifisch differenzierten Zellen fällt den Mitochondrien eine besondere Funktion zu. Jede auch nur leichte Störung in der Funktionsfähigkeit der Mitochondrien dieser Zellen wirkt sich auf die Bildung von funktionsfähigem, reifem Pollen aus. Nichtletale Mutationen in mitochondrialen Genen oder in Kerngenen für mitochondriale Proteine haben oft keine phänotypisch sichtbare Wirkung auf das vegetative Wachstum von Pflanzen, stören jedoch die Bildung von funktionsfähigem Pollen so massiv, dass es zu **männlicher Sterilität** kommt.

> **Männliche Sterilität** können sowohl mitochondriale Mutationen („cytoplasmatisch" vererbte männliche Sterilität; *cms*) wie auch Mutationen in verschiedenen Kerngenen (nukleär vererbte männliche Sterilität; *nms*) hervorrufen. Die Mutationen im Zellkern werden nach den Mendelschen Regeln weitergegeben, während solche im Mitochondrion meist maternal, also mit den Mitochondrien und dem Cytoplasma der Eizelle vererbt werden.

Die physiologischen und biochemischen Hintergründe für die Notwendigkeit, bei der Pollenreifung auf eine optimierte mitochondriale Leistungsfähigkeit zurückgreifen zu können, sind bisher noch unklar. Das Pollenmuttergewebe und die umgebenden Zellen scheinen die einzigen Differenzierungszustände im Entwicklungscyclus zu sein, bei denen sich derartig defekte Mitochondrien letal auswirken.

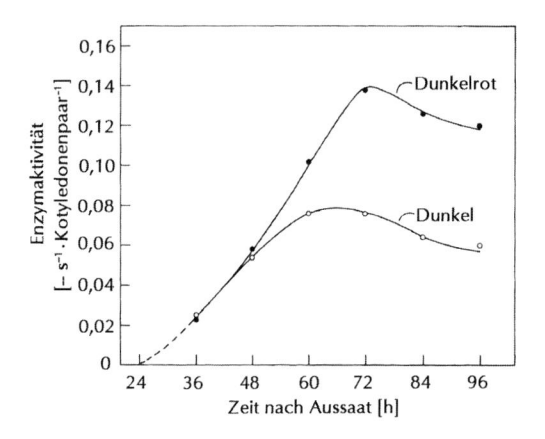

Abb. 7.9. Das Auftreten des Mitochondrienenzyms **Cytochromoxidase** (= Cyt aa_3) während der frühen Keimlingsentwicklung. Objekt: Kotyledonen von Senfkeimlingen (*Sinapis alba*). Dunkelrotes Licht, welches über die Hochintensitätsreaktion des Phytochromsystems wirksam wird (→ S. 456), steigert die Bildung dieses Enzyms. Auch Succinatdehydrogenase und Fumarase verhalten sich ähnlich. Im ungekeimten Samen liegt die Enzymaktivität unter der Nachweisgrenze. Die Enzymaktivität wurde hier als Reaktionskonstante 1. Ordnung (^1k_s [–s^{-1}]) gemessen (→ S. 74; Abbildung 9.7). (Nach Bajracharya et al. 1976)

7.3 Entwicklung der Plastiden

In den verschiedenen Geweben der höheren Pflanzen treten Plastiden sehr unterschiedlicher Struktur und Funktion auf. Diese phänotypischen Modifikationen sind in vielfacher Weise ineinander umwandelbar. Die Plastide der grünen Blätter ist der **Chlo-**

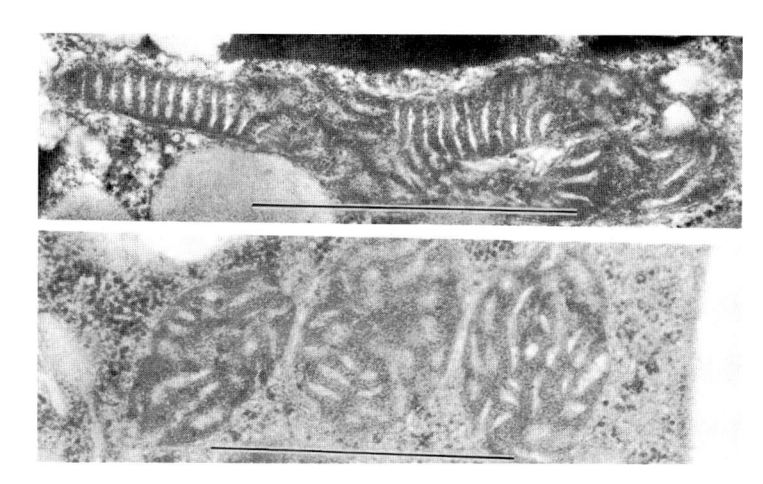

Abb. 7.10. Die strukturelle Entwicklung der Mitochondrien in etiolierenden und im Licht wachsenden Kotyledonen. Objekt: 4–5 d alte Senfkeimlinge. Die Keimlinge wurden entweder bei völliger Dunkelheit angezogen (*oben*) oder nach 36 h Anzucht im Dunkeln für 84 h mit dunkelrotem Licht zur Aktivierung des Phytochromsystems bestrahlt (*unten*). Unter diesen Bedingungen (wie auch im Weißlicht) entstehen Mitochondrien des sacculären Typs, wie sie auch für andere Pflanzenzellen typisch sind. In den etiolierten Kotyledonen treten dagegen Mitochondrien mit parallel ausgerichteten Cristae (→ Abbildung 2.6) auf. *Strich*: 1 µm. (Nach Schopfer et al. 1975)

roplast (→ Abbildung 2.18). Plastiden können nur durch Teilung aus ihresgleichen entstehen (→ Exkurs 7.2). Im ruhenden Embryo des Samens überdauern die Plastiden in Form strukturell rückgebildeter **Proplastiden**, welche nach der Keimung in den ergrünenden Organen (z. B. in den Kotyledonen) zu Chloroplasten differenziert werden (Abbildung 7.11). Die Proplastiden der Embryonalorgane ruhender Samen (→ Abbildung 7.13a) unterscheiden sich von den Proplastiden meristematischer Zellen dadurch, dass sie direkt durch Rückbildung aus Chloroplasten entstanden sind. Die jungen Embryonen vieler Pflanzen entwickeln zunächst Chloroplasten, welche zu einer aktiven Photosynthese befähigt sind. Während der späten Stadien der Samenreifung findet dann ein Abbau des Chlorophylls und der Thylakoide statt (→ Abbildung 9.20; Exkurs 20.1, S. 474). Dieser (regressive) Differenzierungsprozess kann nach der Keimung wieder in umgekehrter Richtung vollzogen werden.

In heterotrophen Geweben (z. B. in der Wurzel) entstehen pigmentlose **Leukoplasten**, welche in der Form von **Amyloplasten** als Depot für die Stärkeablagerung Verwendung finden. Auch Chloroplasten können unter Reduktion der Thylakoide zu Leukoplasten werden. Die Synthese von Stärke ist in der höheren Pflanze stets an das Plastidenkompartiment gebunden. Auch die stärkefreien Leukoplasten erfüllen in der Zelle wichtige Aufgaben, z. B. die Synthese von Fettsäuren. Im Verlauf der Seneszenz von Laub- und Blütenblättern oder Früchten werden Chloroplasten häufig in carotinoidreiche **Chromoplasten** umgewandelt, welche eine gelbe bis rote Färbung dieser Organe hervorrufen. Hierbei akkumulieren Carotinoide (membrangebunden, in Plastoglobuli konzentriert oder als Kristalle), während das Chlorophyll abgebaut wird. Man kennt eine ganze Reihe morphologisch verschiedener Chromoplastentypen (Abbildung 7.12). Auch dieser Weg der Plastidendifferenzierung ist im Prinzip keine Einbahnstraße; zumindest manche Chromoplastenformen können wieder zu Chloroplasten umdifferenziert werden.

Im Gegensatz zu den allermeisten niederen Pflanzen (bis hin zu den Gymnospermen) ist die Ausbildung funktionstüchtiger Chloroplasten bei den Angiospermen strikt lichtabhängig. Bei diesen Pflanzen treten in etioliertem, ergrünungsfähigem Gewebe **Etioplasten** auf (Abbildung 7.13b). Die Etioplasten enthalten bereits fast alle molekularen Bestandteile des Chloroplasten (wenn auch nur in geringer Menge), außer Chlorophyll. An dessen Stelle findet man **Protochlorophyllid**, das in einer lichtabhängigen Reaktion in Chlorophyll umgewandelt werden kann (→ S. 368).

Nach erfolgter Photokonversion des Pigments beobachtet man eine Desorganisation des Prolamellarkörpers und eine Reorganisation des Materials zu Membranen (→ Abbildung 7.13c). Es ist noch unklar, ob dieser Prozess allein durch die Pigmentumwandlung ausgelöst wird, oder ob eine zusätzliche Lichtreaktion beteiligt ist. Die Tubuli verschmelzen zu anfangs noch perforierten Doppelmembranen, die man **Primärthylakoide** nennt. Aus diesen entstehen durch Einbau weiterer Proteine und Lipide schließlich die Thylakoide, welche sich durch lokales Flächenwachstum und Überschiebung zu Granastapeln aufschichten können (→ Abbildung 8.7). Bereits kurze Zeit nach Belichtungsbeginn lässt sich in günstigen Fällen das Einsetzen des photosynthe-

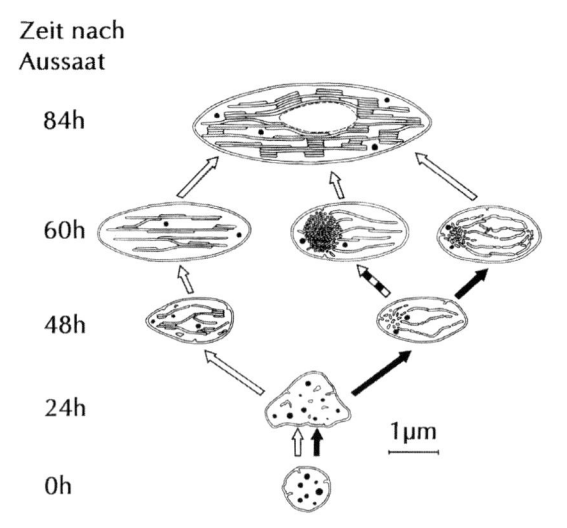

Abb. 7.11. Die Morphogenese der Plastiden in der jungen Keimpflanze. Objekt: Kotyledonen von Senfkeimlingen. *Helle Pfeile*: Entwicklung im Weißlicht (7.000 lx); *dunkle Pfeile*: Entwicklung im Dunkeln; *unterbrochener Pfeil*: Entwicklung in Dunkelheit nach 4 Lichtpulsen (Hellrot, nach 36, 40, 44, 48 h). Das durch die Hellrotpulse aktivierte Phytochrom bewirkt u. a. eine auffällige Vergrößerung des Prolamellarkörpers. Nach Überführung dieser „Superetioplasten" ins Weißlicht (welches den Block bei der Chlorophyllsynthese beseitigt) beobachtet man eine gegenüber dem Etioplasten stark beschleunigte Granabildung. Dunkelrotes Licht (756 nm) unmittelbar nach dem Hellrot gegeben revertiert die Hellrotwirkung (→ S. 465). (Nach Mohr 1977)

der Kapazität der Chlorophyllsynthese (welche erst mit Weißlicht sichtbar wird) werden Komponenten des photosynthetischen Elektronentransportsystems (z. B. Ferredoxin und Plastocyan), Lipide (Galactosyllipide, Carotinoide) und Enzyme des Calvin-Cyclus unter dem Einfluss von dunkelrotem Licht stark vermehrt. Hellrote Lichtpulse oder Dauerbestrahlung mit dunkelrotem Licht um 720 nm, welches über die Hochintensitätsreaktion des Phytochroms wirksam wird (→ S. 456), führen zur Entstehung von voluminösen „Superetioplasten" mit großen Prolamellarkörpern und einem erhöhten

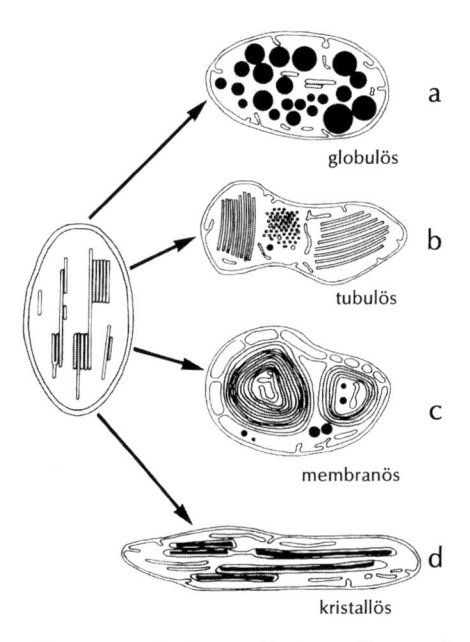

Abb. 7.12 a–d. Die verschiedenen Chromoplastentypen der Spermatophyten. Chromoplasten von Blüten und Früchten entstehen in der Regel aus frühen Chloroplastenentwicklungsstadien. Ihre Differenzierung geht häufig mit Teilung, stets aber mit der Neusynthese von Membranelementen, Carotinoiden und anderen Komponenten einher. Als Carotinoidträgerstrukturen können dienen: Plastoglobuli (Lipidtropfen; **a**; z. B. Blüte von *Ranunculus*, Herbstlaub), gebündelte Tubuli (**b**; z. B. Blüten von *Tropaeolum* und *Chelidonium*), konzentrische Membrankonvolute (**c**; z. B. Blüte der gelbblütigen Form von *Narcissus*) und membranumschlossene Carotinoidkristalle (**d**; z. B. roter Ring der Nebenkrone der weißblütigen Form von *Narcissus*, Wurzel von *Daucus*). Die Typen sind in der Reihenfolge ihrer Häufigkeit im Pflanzenreich dargestellt; am häufigsten treten globulöse Chromoplasten auf. Lediglich im Falle der Herbstlaubchromoplasten ist die Vorstellung berechtigt, Chromoplasten seien Seneszenzprodukte ehemaliger Chloroplasten. In diesem Fall beobachtet man keine erhebliche biogenetische Aktivität, sondern vielmehr einen Abbau von Membranen, Ribosomen, Matrixproteinen, Chlorophyllen usw. Die Carotinoide bleiben jedoch weitgehend erhalten und sammeln sich in den Plastoglobuli an. (Nach einer Vorlage von P. Sitte)

tischen Elektronentransports und der Photophosphorylierung messen; die Organisation der ersten funktionsfähigen Photosysteme (→ S. 464) muss also außerordentlich rasch erfolgen (Abbildung 7.14). Die volle Photosyntheseaktivität erreichen die Chloroplasten jedoch meist erst nach vielen Stunden, wenn die Photosysteme voll mit Antennenpigmenten ausgestattet sind.

Wenn die Chloroplastenentwicklung von vornherein im starken Licht abläuft, unterbleibt die Bildung eines Prolamellarkörpers. Dieser bildet sich jedoch stets dann, wenn die Photokonversion des Protochlorophyllids nicht rasch genug ablaufen kann, d. h. wenn sich Protochlorophyllid und andere Membrankomponenten anstauen (z. B. im Dämmerlicht). Der Prolamellarkörper ist also als Zwischenstufe der Thylakoidbildung mit Speicherfunktion für Membranelemente aufzufassen, welche im Licht übersprungen werden kann (→ Abbildung 7.11).

Phytochrom greift in vielfältiger Weise regulierend in die Chloroplastenentwicklung ein. Neben

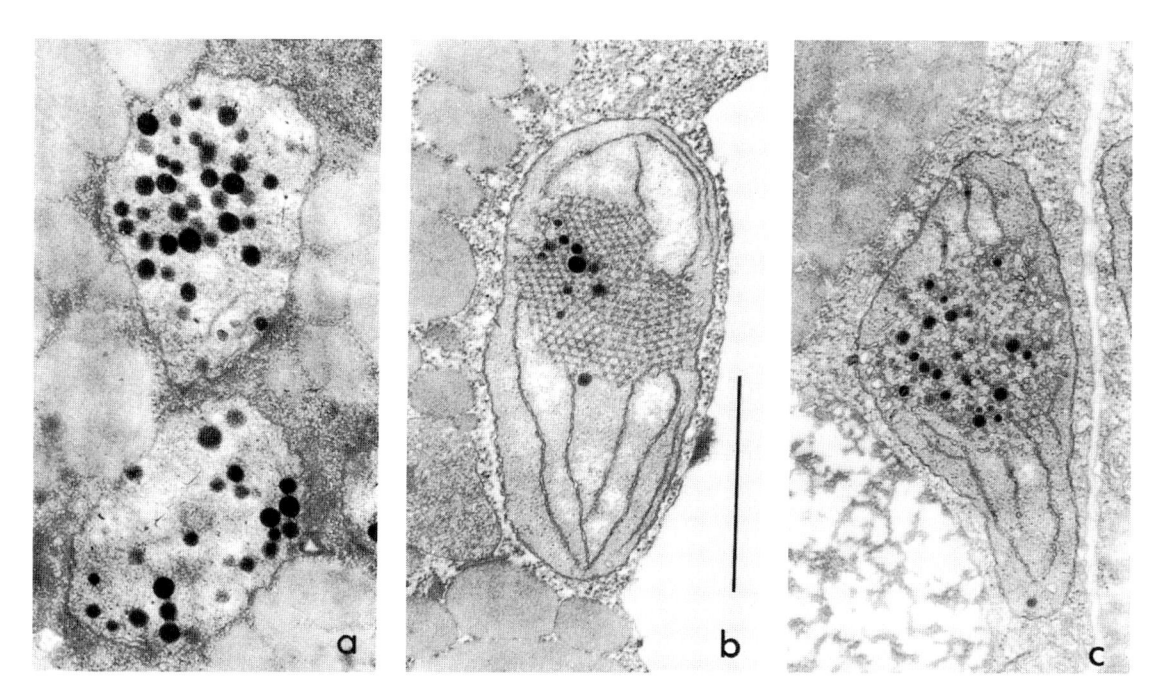

Abb. 7.13 a–c. Die Bildung von Etioplasten aus Proplastiden im Dunkeln und der Zerfall der parakristallinen Struktur des Prolamellarkörpers von Etioplasten nach Belichtung. Objekt: Kotyledonen von Senfkeimlingen. **a** Proplastiden mit vielen Plastoglobuli aus einer gerade gekeimten Pflanze. **b** Etioplast einer für 3 d in völliger Dunkelheit angezogenen Pflanze. Man erkennt den hochgeordneten, aus tubulären Strukturen zusammengesetzten **Prolamellarkörper**. Ein erheblicher Teil des Materials der Tubuli besteht aus Protochlorophyllidholochrom. **c** Nach einer kurzen Belichtung mit intensivem Weißlicht geht die parakristalline Struktur verloren, und die Umorganisation der Tubuli zu Membranen wird eingeleitet. *Strich*: 1 µm in allen drei Teilabbildungen. (Aufnahmen von R. Bergfeld)

Gehalt an Ribosomen und Enzymprotein, aber ohne ins Gewicht fallenden Mengen an Chlorophyll und daher ohne funktionsfähigen Photosyntheseapparat (→ Abbildung 7.11). Durch die Verwendung von dunkelrotem Licht (720 nm) können Phytochromwirkung und Chlorophyllbildung (bei 600 bis 700 nm), welche im Weißlicht gleichzeitig auftreten, getrennt werden (→ Abbildung 19.24). Auch die Entwicklung des photosynthetischen Elektronentransports während der Ergrünung im Weißlicht (Abbildung 7.14) wird nicht über (Proto-)Chlorophyll, sondern über Phytochrom gesteuert. Die Regulation der lichtabhängigen Chloroplastenentwicklung wird in Kapitel 19 ausführlicher behandelt.

7.4 Entwicklung der Peroxisomen

Peroxisomen sind kleine, meist kugelige Organellen, welche von einer **einfachen** Membran umgeben sind und in ihrer Matrix Katalase, eine oder mehrere Oxidasen und eine Reihe anderer Enzymen enthalten. Diese, von den Elektronenmikroskopikern auch als **Microbodies** bezeichneten Organellen sind mit Enzymen gefüllte Zellkompartimente ohne eigene DNA und ohne eigenen Proteinsyntheseapparat. Der gemeinsame Nenner der Peroxisomen ist die Fähigkeit, bestimmte Metaboliten oxidativ unter Peroxidbildung abzubauen. Dazu dienen stets Flavin-(oder Cu^{2+}-) haltige Oxidasen, welche O_2 nicht zu H_2O, sondern zu H_2O_2 reduzieren. Katalase zersetzt dieses starke Zellgift zu $H_2O + 1/2\ O_2$. Dieser Typ katabolischer Prozesse ist wahrscheinlich stets in Peroxisomen kompartimentiert. Die physiologische Bedeutung der peroxisomalen H_2O_2-Entgiftungsreaktion wird bei Katalasemangelmutanten der Gerste deutlich: Diese Pflanzen bilden in den Blättern Peroxisomen mit einem normalen Gehalt an dem H_2O_2-produzierenden Enzym Glycolatoxidase aus, während die Katalaseaktivität um 90 % reduziert ist. Die Blätter dieser Mutanten werden im Licht nach kurzer Zeit chlorotisch und sterben ab. Eine Hemmung der photorespiratorischen Glycolatbildung durch hohe CO_2-Konzentration verhindert diese Schäden vollständig (→ S. 228).

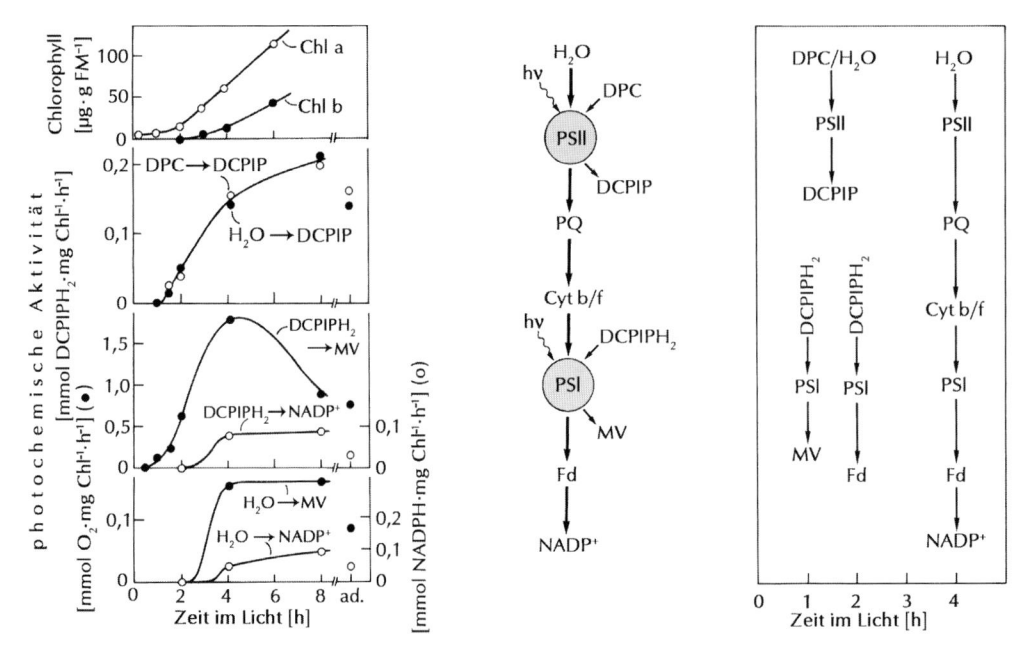

Abb. 7.14. Entwicklung des photosynthetischen Elektronentransports während der Ergrünung. Objekt: Etiolierte Blätter von 5 d alten Gerstenkeimlingen (*Hordeum vulgare*). Nach unterschiedlich langer Bestrahlung mit Weißlicht wurden aus den Blättern Plastiden isoliert und daran die Aktivität verschiedener Teilreaktionen des lichtabhängigen Elektronentransports (*Mitte*) und die Bildung von Chlorophyll *a* und *b* gemessen (DPC = 1,5-Diphenylcarbazid, ein Elektronendonator für Photosystem II = *PSII*; DCPIP(H$_2$) = 2,6-Dichlorophenolindophenol, ein Elektronenacceptor für PSII und Elektronendonator für Photosystem I = *PSI*; *MV* = Methylviologen, ein Elektronenacceptor für PSI). Von der Redoxkette sind nur Plastochinon (*PQ*), Cytochrom *b/f* (*Cyt b/f*) und Ferredoxin (*Fd*) eingetragen. Man erkennt aus den Kinetiken (*links*) und aus der schematischen Darstellung (*rechts*), dass PSI (Elektronenübertragung von DCPIPH$_2$ auf MV) bereits nach 1 h Belichtung nachzuweisen ist, während PSII (Elektronenübertragung von H$_2$O auf DCPIP) deutlich später einsetzt. Der vollständige Elektronentransport ist nach 4 h messbar (*ad.*, adulte, voll ergrünte Blätter). Die Kinetiken der Chlorophyllakkumulation (*oben links*; *FM*, Frischmasse) zeigen eine *lag*-Phase von 2 h, während der nur die kleine Menge an Chlorophyll *a* vorliegt, welche bei Lichtbeginn aus dem vorhandenen Protochlorophyllid gebildet wurde (→ S. 368). Dieses Chlorophyll *a* reicht aus, um aktive Photosysteme zu bilden. Die Antennenkomplexe werden erst später mit Chlorophyll *a* und *b* aufgefüllt. (Nach Daten von Ohashi et al. 1989)

Eine ganze Reihe funktionell verschiedener Peroxisomenformen sind bekannt, welche in der Regel nur in bestimmten Phasen der Zellentwicklung auftreten und in direkter Beziehung zu der jeweiligen metabolischen Zellfunktion stehen. Die wichtigsten peroxisomalen Stoffwechselwege sind in Abbildung 7.15 zusammengefasst.

Die Enzyme dieser Wege sind wahrscheinlich im Prinzip in allen Peroxisomentypen vorhanden, allerdings in stark unterschiedlichen Mengenverhältnissen. In Fettspeicherzellen treten während des Fettabbaus Peroxisomen auf, in denen die Enzyme der β-Oxidation und des Glyoxylatcyclus über andere peroxisomale Funktionen dominieren; sie werden daher auch als **Glyoxysomen** bezeichnet (→ Abbildung 9.19). In photosynthetisch aktiven Zellen findet sich ein Peroxisomentyp, in dem die Enzyme des oxidativen Glycolatabbaus dominieren (**Blattperoxisomen**; → Abbildung 9.15). Bestimmte Zellen in den Wurzelknöllchen mancher Fabaceen enthalten Peroxisomen mit Enzymen des oxidativen Purinabbaus (**Uricosomen**; → Abbildung 13.22), welche in dieser Hinsicht große Ähnlichkeit mit den Peroxisomen in der Säugerleber aufweisen. In Pilzen bildet z. B. die Hefe *Candida boidinii* einen Peroxisomentyp aus, der Alkoholoxidase (→ Tabelle 9.2) und Katalase enthält, wenn man die Zellen auf Methanol wachsen lässt.

Peroxisomen sind cytoplasmatische Organellen, die sich durch Teilung vermehren können und daher wahrscheinlich nicht *de novo*, sondern nur aus ihresgleichen entstehen. Die entwicklungsabhängige Integration der Peroxisomenfunktion in den Zellstoffwechsel wird besonders bei der Bildung von Glyoxysomen und Blattperoxisomen deutlich. Glyoxysomen entstehen als typische Peroxisomen

7.4 Entwicklung der Peroxisomen

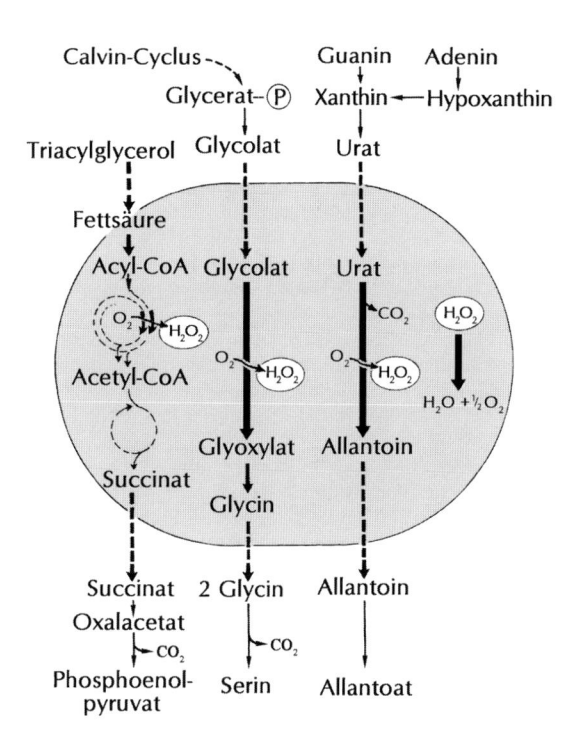

Abb. 7.15. Die wichtigsten peroxisomalen Stoffwechselfunktionen in höheren Pflanzen: **Fettsäureabbau** über β-Oxidation und Glyoxylatcyclus zu *Succinat* im Rahmen der Fettmobilisierung (**glyoxysomale Funktion;** → S. 233), **Glycolatabbau** zu *Glycin* im Rahmen der Photorespiration (**blattperoxisomale Funktion;** → S. 228), **Urat(Harnsäure)-Abbau** zu *Allantoin* im Rahmen der Stickstofftranslocation in Wurzelknöllchen (**uricosomale Funktion;** → S. 330). In den Peroxisomen der Fettspeicherzellen, Blattmesophyllzellen und nichtinfizierten Cortexzellen von Wurzelknöllchen ist jeweils eine dieser Funktionen dominant ausgeprägt. Allen peroxisomalen Abbauwegen ist gemeinsam, dass sie einen oxidativen Schritt enthalten, der als Nebenprodukt **Wasserstoffperoxid (H_2O_2)** erzeugt. Dieses starke Zellgift wird durch die stets in sehr hoher Konzentration vorliegende **Katalase** vernichtet. Peroxisomen können daher generell als Entgiftungsorganellen für H_2O_2 angesehen werden. (Nach Schopfer und Apel 1983)

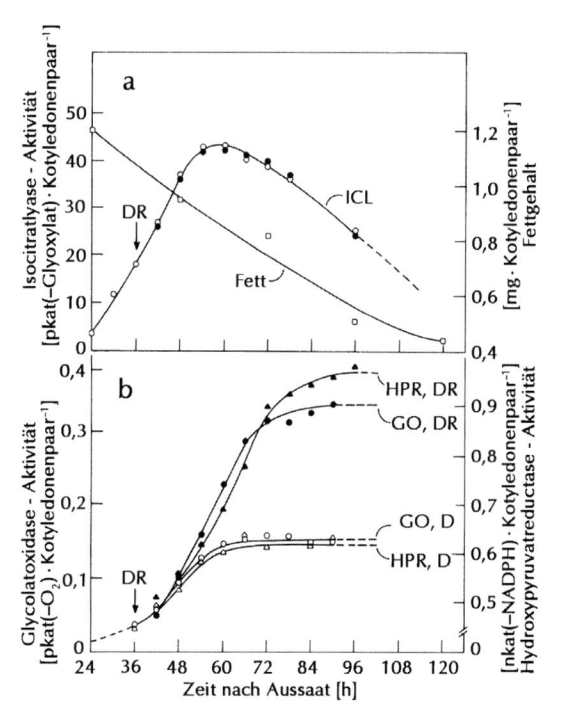

Abb. 7.16 a, b. Entwicklung von Peroxisomenenzymen während der frühen Keimlingsentwicklung. Objekt: Kotyledonen von Senfkeimlingen. **a** Die Entstehung und das Verschwinden des glyoxysomalen Leitenzyms **Isocitratlyase** (*ICL*; → Abbildung 9.19) erfolgt unabhängig vom Licht. Das gilt auch für den Fettabbau. **b** Die blattperoxisomalen Enzyme **Glycolatoxidase** (*GO*) und **Hydroxypyruvatreductase** (*HPR*; → Abbildung 9.15) treten erst später auf; ihre Bildung wird durch dunkelrotes Dauerlicht (*DR*, ab 36 h nach der Aussaat) stark gefördert. *D*, Dunkelkontrolle (offene Symbole). (Nach Schopfer et al. 1975)

fettabbauender Gewebe im Endosperm (oder in fettspeichernden Kotyledonen) nach der Keimung des Samens, ohne dass hierfür Licht erforderlich ist (Abbildung 7.16a). Hingegen ist die Ausbildung typischer Blattperoxisomen lichtabhängig. Als Photoreceptorpigment für die Induktion der blattperoxisomalen Enzyme dient wie bei der Chloroplastenentwicklung das Phytochrom (Abbildung 7.16b). Dieses zentrale, photomorphogenetische Effektormolekül koordiniert also die Plastiden- und Peroxisomendifferenzierung im Blatt.

Eine interessante Situation ergibt sich in solchen Kotyledonen, welche nach der Mobilisierung des Speicherfetts im Licht zu grünen Blättern umdifferenziert werden können (z. B. bei *Helianthus*, *Cucumis*, *Sinapis* und vielen anderen Dikotylen). Die Kotyledonen dieser Pflanzen bilden zunächst (unabhängig vom Licht) Glyoxysomen und später (durch Phytochrom induziert) Blattperoxisomen aus. In der Übergangsphase treten Peroxisomen auf, welche beide Funktionen in sich vereinen (Abbildung 7.17). Offenbar wird in der Zelle von einem bestimmten Zeitpunkt an die Produktion von glyoxysomalen Enzymen langsam auf die Produktion von blattperoxisomalen Enzymen umgestellt, wobei Phytochrom einen stimulierenden Einfluss hat. Der Ersatz der glyoxysomalen Funktion durch die blattperoxisomale Funktion lässt sich durch Messung der jeweiligen Enzymaktivität verfolgen (→ Abbildung 7.16b). Wie es im Verlauf dieser Umstellung zur Inaktivierung der glyoxysomalen Enzyme kommt, ist noch ungeklärt.

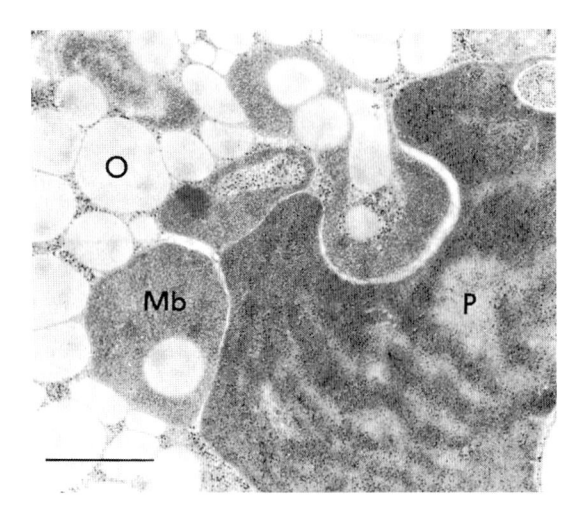

Abb. 7.17. Peroxisomen (Microbodies) aus der Übergangsphase von glyoxysomaler zu blattperoxisomaler Funktion in ergrünungsfähigen Fettspeicherkotyledonen. Objekt: Kotyledonen von Senfkeimlingen. Die Keimlinge wurden nach 36 h Anzucht im Dunkeln für 48 h mit dunkelrotem Licht bestrahlt. Man erkennt, dass individuelle Microbodies (*Mb*) sowohl mit Oleosomen (*O*, Lipidkörper) als auch mit der Plastide (*P*) räumlich eng assoziiert sind. Dies kann als Indiz für ihre gleichzeitige Funktion als Glyoxysomen und Blattperoxisomen angesehen werden (→ Abbildung 9.19; 9.15). *Strich*: 1 µm. (Nach Schopfer et al. 1976)

Weiterführende Literatur

Baker A, Graham J (2002) Plant Peroxisomes. Kluwer, Dordrecht
Beech PL et al. (2000) Mitochondrial FtsZ in a chromophyte alga. Science 287: 1276–1279
Bolender N, Sickmann A, Wagner R, Meisinger C, Pfanner N (2008) Multiple pathways for sorting mitochondrial precursor proteins. EMBO Rep 9: 42–49
Braun H-P, Schmitz UK (1995) Are the 'core' proteins of the mitochondrial bc_1 complex evolutionary relics of a processing protease? Trends Biochem Sci 20: 171–175
Chrispeels MJ (1991) Sorting of proteins in the secretory system. Annu Rev Plant Physiol Plant Mol Biol 42: 21–53
Cline K, Dabney-Smith C (2008) Plastid protein import and sorting: Different paths to the same compartments. Curr Opin Plant Biol 11: 585–592
Eckardt NA (2003) Dynamic trio: FtsZ, plastid-dividing and dynamin rings control plastid division. Plant Cell 15: 577–579
Gray JC et al. (2001) Stromules: Mobile protrusions and interconnections between plastids. Plant Biol 3: 223–233
Hanton SL, Matheson LA, Brandizzi F (2006) Seeking a way out: Export of proteins from the plant endoplasmatic reticulum. Trends Plant Sci 11: 335–343
Haucke V, Schatz G (1997) Import of proteins into mitochondria and chloroplasts. Trends Cell Biol. 7: 103–108
Hörmann F, Soll J, Bölter B (2007) The chloroplast protein import machinery: A review. Meth Mol Biol 390: 179–194
Igamberdiev AU, Lea PJ (2002) The role of peroxisomes in the integration of metabolism and evolutionary diversity of photosynthetic organisms. Phytochemistry 60: 651–674
López-Juez E (2007) Plastid biogenesis, between light and shadows. J Exp Bot 58: 11–26
Lübeck J, Heins L, Soll J (1997) Protein import into chloroplasts. Physiol Plant 100: 53–64
Maple J, Moeller SG (2005) An emerging picture of plastid division in higher plants. Planta 223: 1–4
Merkle T, Nagy F (1997) Nuclear import of proteins. Trends Plant Sci. 2: 458–464
Millar AH, Whelan J, Small I (2006) Recent surprises in protein targeting to mitochondria and plastids. Curr Opin Plant Biol 9: 610–615
Møller SG (ed) (2005) Plastids. Annu Plant Rev Vol 13, Blackwell, Oxford
Paris N, Stanley CM, Jones RL, Rogers JC (1996) Plant cells contains two functionally distinct vacuolar compartments. Cell 85: 563–572
Pracharoenwattana I, Smith SM (2008) When is a peroxisome not a peroxisome? Trends Plant Sci 13: 522–525
Schatz G, Dobberstein B (1996) Common principles of protein translocation across membranes. Science 271: 1519–1526
Schnell DJ, Blobel G (1997) A consensus nomenclature for the protein-import components of the chloroplast envelope. Trends Cell Biol 7: 303–304
Schopfer P, Apel K (1983) Intracellular photomorphogenesis. In: Shropshire W, Mohr H (eds) Encycl Plant Physiol NS, Vol XVI A, Springer, Berlin, pp 258–288
Stern DB, Hanson MR, Barkan A (2004) Genetics and genomics of chloroplast biogenesis. Trends Plant Sci 9: 293–301
Werhahn W, Niemeyer A, Jänsch L, Kruft V, Schmitz UK, Braun HP (2001) Purification and characterization of the preprotein translocase of the outer mitochondrial membrane from *Arabidopsis thaliana*: Identification of multiple forms of TOM20. Plant Physiol 125: 943–954
Whelan J, Glaser E (1997) Protein import into plant mitochondria. Plant Mol Biol 33: 771–789

In Abbildungen und Tabellen zitierte Literatur

Bajracharya D, Falk H, Schopfer P (1976) Planta 131: 252–261
Beckmann RP, Mizzen LA, Welch WJ (1990) Science 248: 850–854
Birky CW (1976) Bioscience 26: 26–33
Grohmann L, Rasmusson AG, Heiser V, Thieck O, Brennicke A (1996)
Lübeck J, Heins L, Soll J (1997) Physiol Plant 100: 53–64
Mohr H (1977) Endeavour, New Series 1: 107–114
Ohashi K, Tanaka A, Tsuji H (1989) Plant Physiol 91: 409–414
Perara E, Lingappa VR (1988) In: Das RC, Robbins PW (eds) Protein transfer and organelle biogenesis. Academic Press, San Diego, pp 3–47
Schatz G, Dobberstein B (1996) Science 271: 1519–1526
Schopfer P, Apel K (1983) Encycl Plant Physiol NS, Vol XVI A, Springer, Berlin pp 258–288
Schopfer P, Bajracharya D, Falk H, Thien W (1975) Ber Deutsch Bot Ges 88: 245–268
Schopfer P, Bajracharya D, Bergfeld R, Falk H (1976) Planta 133: 73–80

8 Photosynthese als Funktion des Chloroplasten

Die Photosynthese ist der zentrale **Energiewandlungsprozess** in der Biosphäre, der Lichtenergie in Stoffwechselenergie umsetzt und damit die Lebensgrundlage für alle autotrophen und heterotrophen Organismen schafft. Bereits auf der Entwicklungsstufe der Archaea treten einfache Pigmentmembransysteme auf, welche die zentralen Elemente eines photosynthetischen Energiewandlers aufweisen: ein lichtabsorbierendes **Pigment** (Bacteriorhodopsin), das elektronische Anregungsenergie in einen transmembranen **Protonengradienten** ($\Delta\mu_{H^+}$) umsetzen kann, und eine protonengetriebene **ATP-Synthase**, die $\Delta\mu_{H^+}$ zur Verknüpfung von ADP mit anorganischem Phosphat ausnutzen kann. Dieses Grundprinzip wird in der Thylakoidmembran der Chloroplasten höherer Pflanzen weiter ausgebaut und wesentlich verfeinert. Als Pigmente treten Chlorophylle auf, die, an Proteine gebunden, zu komplizierten **Photosystemen** mit speziellen **Antennenpigmenten** zusammen gefasst sind. In der Thylakoidmembran sind zwei verschiedene Photosysteme Glieder in einer vielstufigen **Elektronentransportkette**, welche auf der einen Seite H_2O zu O_2 oxidiert und auf der anderen Seite $NADP^+$ zu NADPH reduziert, **oxygene Photosynthese**. Parallel zur Produktion von Reduktionspotenzial wird, wie in den ursprünglicheren, anoxygenen Photosynthesesystemen, ein **Protonengradient** aufgebaut und daraus ATP gebildet. Damit ist die Umwandlung von Lichtenergie in metabolisch nutzbare, chemische Energie abgeschlossen. Im anschließenden, biochemischen Abschnitt der Photosynthese werden mit Hilfe von NADPH und ATP aus CO_2 und anderen anorganischen Substraten (NO_3^-, SO_4^{2-}) **Kohlenhydrate** und **Aminosäuren** synthetisiert und in Form von speziellen Exportmolekülen ins Cytoplasma transportiert. Im Gesamtbereich der Photosynthese sorgen diffizile **Regelmechanismen** für eine optimale Abstimmung der einzelnen Reaktionen auf das umweltabhängige Angebot an Lichtenergie und anorganischen Substraten. Hierbei spielt unter anderem die Aktivitätskontrolle bestimmter Enzyme durch **Proteinreductasen** und **Proteinkinasen** eine zentrale Rolle. Diese Mechanismen ermöglichen eine schnelle, flexible Anpassung der Photosynthese an variable Umweltfaktoren und eine Optimierung der Quantenausbeute, die unter geeigneten Bedingungen fast den theoretischen Wert erreicht (1 CO_2 fixiert bzw. 1 O_2 abgegeben pro 8 absorbierten Lichtquanten).

8.1 Photosynthese als Energiewandlung

Die universelle Energiequelle der Biosphäre ist die Sonne. Bei den in der Sonne ablaufenden Kernfusionsprozessen wird Materie in Energie umgewandelt (z. B. 4 H → 1 He + 2e$^+$ + 2 Neutrinos + 44 · 10^{-13} J), welche in Form von elektromagnetischer Strahlung (hν) in den Weltraum abgegeben wird. Die Energieverteilung der Sonnenstrahlung entspricht in erster Näherung dem kontinuierlichen Emissionsspektrum eines schwarzen Körpers bei einer Temperatur von 5.800 K. Durch Streuverluste und selektive Absorption von Quanten in der Erdatmosphäre wird das Sonnenspektrum modifiziert, wobei der Energiefluss der Strahlung von 1,4 kW · m^{-2} (Solarkonstante) auf $\leq$ 0,9 kW · m^{-2} (auf Meeresniveau) reduziert wird (Abbildung 8.1). Etwa die Hälfte davon entfällt auf den Spektralbereich von 300 bis 800 nm (das „optische Fenster" der Atmosphäre), welcher mitten in dem Bereich photochemisch wirksamer Strahlung (ca. 100 bis 1.000 nm) liegt.

Die **Quantenenergie** lässt sich nach der Formel

$$E = h\nu = hc\lambda^{-1} \tag{8.1}$$

leicht berechnen (**h** = 6,626 · 10^{-34} J · s, Plancksche Konstante; ν, Frequenz [s^{-1}]; **c** = 3 · 10^8 m · s^{-1}, Lichtgeschwindigkeit; λ, Wellenlänge [m]). Danach entspricht der Wellenlängenbereich 300 bis 800 nm einem Quantenenergiebereich von 400 bis 150 kJ · mol^{-1}. Aus Gleichung 3.32 folgt, dass mit dieser Energie theoretisch 1 mol Elektronen auf der Redoxskala um 4,0 bis 1,5 V in negativer Richtung verschoben werden könnte (1 kJ · mol Quanten^{-1} entspricht 1,036 · 10^{-2} eV · Quant^{-1}).

Durch die Photosynthese der autotrophen Pflanzen kann die Energie des auf die Erdoberfläche fallenden Sonnenlichts (maximal 500 W · m^{-2}, geliefert von einem Quantenfluss von 2 mmol · m^{-2} · s^{-1}), in biologisch nutzbare Energie (chemisches Potenzial) transformiert werden. Die Pflanzen verbrauchen dafür weit weniger als 1 % der auftreffenden Strahlungsenergie. Diese wird von **Pigmenten** absorbiert und in **elektrochemisches Potenzial** umgewandelt, welches über mehrere Stufen (Elektronentransport, Protonentransport, Redoxreaktionen, Phosphatübertragungen) die Energie für die Synthese energiereicher organischer Moleküle liefert:

anorganische Moleküle (z. B. H$_2$O, CO$_2$)

↓ Energie des Lichts

organische Moleküle (z. B. Zucker). (8.2)

Man hat geschätzt, dass auf diesem Weg global jährlich 3 · 10^{18} kJ an chemischer Energie, gebunden an 2 · 10^{11} t fixierten Kohlenstoff, aus Lichtenergie erzeugt werden. Das sind weniger als 0,1 % der in einem Jahr auf die Erdoberfläche fallenden Strahlungsenergie (→ Abbildung 15.6). Trotz der geringen Ausbeute ist die photosynthetische Energietransformation der grundlegende energieliefernde Prozess der Biosphäre. Mit Ausnahme der photo- und chemoautotrophen Bakterien (→ S. 211) hängt alles Leben mittelbar oder unmittelbar von der Photosynthese der Pflanzen ab. Diese Abhängigkeit erstreckt sich bis zur Rohstoff- und Energieversorgung der modernen Technik: Kohle, Erdöl und Erdgas sind Photosyntheseprodukte der Pflanzen früherer Erdepochen. Die Energie, die unsere Autos antreibt, wurde ursprünglich einmal von Pflanzen aus dem Sonnenlicht gewonnen.

Im Gegensatz zu anderen pflanzlichen Photoreceptorsystemen, welche nicht zur Energietransformation, sondern zur Informationsübertragung dienen (**Lichtsensorfunktion**, z. B. Phytochrom; → S. 453), besitzt der Photosyntheseapparat die typischen Eigenschaften eines **Lichtwandlers**: Die Pigmentmoleküle sind in dichter Packung in Membranen angeordnet, wo ihre Anregungsenergie mit hohem Wirkungsgrad in chemisches Potenzial überführt werden kann. Hierfür ist insbesondere wichtig, dass die Schnelligkeit der energieübertragenden Prozesse von 10^{-15} s (Absorption) schrittweise auf das Niveau biochemischer Reaktionen (10^{-1} s) herunter transformiert wird.

Das einfachste biologische Lichtwandlersystem, das bisher bekannt geworden ist, besitzt das halophile Archaeon *Halobacterium halobium*. Dieser

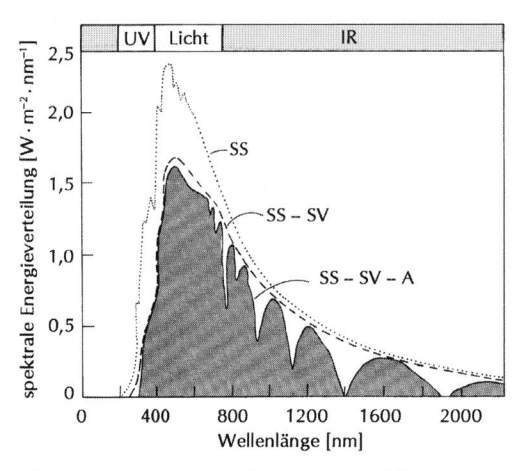

Abb. 8.1. Das Spektrum der Sonnenstrahlung. *SS*, Solarstrahlung (vor Filterung durch die Erdatmosphäre); *SS-SV*, Solarstrahlung minus Streuverlust (*SV*) in der Atmosphäre; *SS-SV-A*, die auf die Erdoberfläche (Meeresniveau) auftreffende Strahlung, welche zusätzlich durch selektive Absorption (*A*) in der Atmosphäre reduziert ist. Diese Kurve (λ_{max} = 470 nm) gilt für wolkenlosen Himmel bei senkrechter Einstrahlung (90°). Für flachere Einstrahlwinkel verschiebt sich der Gipfel zu längeren Wellenlängen (für 10° ist λ_{max} ≈ 650 nm). Die Täler bei 900, 1.100, 1.400 und 1.900 nm gehen auf die Absorption durch Wasserdampf und CO$_2$ zurück. Die Ozonschicht in der Stratosphäre ist für die Eliminierung des kurzwelligen UV-Anteils (λ < 300 nm) der Solarstrahlung verantwortlich (→ Abbildung 26.23). Nur der für den Menschen sichtbare Bereich (etwa 400 bis 760 nm) wird als **Licht** bezeichnet. (Nach Nielsen 1971)

Was bedeuten die verschiedenen **Messgrößen** und **Einheiten** für Licht? Die in der photobiologischen Literatur verwendeten Größen und Einheiten für biologisch wirksame elektromagnetische Strahlung führen gelegentlich zur Verwirrung, insbesondere, da hierfür oft verschiedene Bezeichnungen für die selbe Größe vorkommen. Dies hat vor allem zwei Gründe: 1. Licht tritt in der Regel nicht als Strahlung mit einer einheitlichen Wellenlänge, sondern als Mischung vieler Wellenlängen auf (polychromatische Strahlung). 2. Es gibt grundsätzlich verschiedene Messverfahren für Licht, die zu unterschiedlichen Einheiten führen und oft nicht ohne Weiteres kompatibel sind. (Eine systematische Zusammenstellung ist im Anhang auf S. 677 zu finden.)

▶ Licht lässt sich messen als **Energie**, die auf einen Empfänger fällt, der Strahlungsenergie nach Umwandlung in Wärmeenergie misst, z. B. ein Thermoelement. Man erhält den **Energiestrom** [W = J · s^{-1}] bzw. als abgeleitete Größe den **Energiefluss** [W · m^{-2} = J · m^{-2} · s^{-1}] der Strahlung.

▶ Licht lässt sich messen als **Quantenmenge**, die auf einen Empfänger fällt, der Quanten zählen kann, z. B. ein Photomultiplier. Man erhält den **Quantenstrom** [mol · s^{-1}], bzw. den **Quantenfluss** [mol · m^{-2} · s^{-1}]. Für monochromatische Strahlung bekannter Wellenlänge lässt sich die Energie nach Gleichung 8.1 leicht berechnen. Für polychromatische Strahlung, z. B. Sonnenlicht, muss man über die spektrale Energieverteilung des Quantenstroms integrieren (→ Abbildung 8.1). Eine abgeleitete physiologische Größe ist die **photosynthetisch aktive Strahlung** (PAR, *photosynthetically active radiation*), die den Energie- oder Quantenfluss auf den Bereich 400 bis 700 nm eingrenzt.

▶ Licht lässt sich messen als **Leuchtstärke** einer Lichtquelle. Diese empirische, aus der Beleuchtungstechnik stammende Größe wird üblicherweise mit einer Photozelle gemessen, deren spektrale Empfindlichkeit der Helligkeitsempfindung des menschlichen Auges für Weißlicht entspricht. Man erhält den **Lichtstrom** [Lumen] bzw. den **Lichtfluss** = **Beleuchtungsstärke** [lux = Lumen · m^{-2}]. Diese Einheiten lassen sich offenkundig nicht in [W · m^{-2}] oder [mol · m^{-2} · s^{-1}] umrechnen. Helles Tageslicht liefert eine PAR von etwa 0,3–0,4 kW · m^{-2} (1,5–2,0 mmol · m^{-2} · s^{-1}) oder 80–100 klux (klx).

▶ Zu allem Überfluss sind oft bedeutungsgleiche Bezeichnungen in Gebrauch, z. B. Quantenfluss = „Quantenstromdichte" (*quantum flux density = quantum irradiance*) oder Lichtfluss = „Lichtintensität". 1 mol Quanten wird gelegentlich als 1 „Einstein" bezeichnet. Klarheit schafft im Einzelfall nur die genaue Kenntnis der Einheiten, der Lichtquelle und des Gerätetyps, mit der das Licht gemessen wurde.

BSP.

zellwandlose Organismus bildet im Licht unter anaeroben Bedingungen in seiner Zellmembran großflächige, violett pigmentierte Zonen, **Purpurmembran**, aus, welche zu 25 % aus Lipid und zu 75 % aus dem Retinal-Protein-Komplex **Bacteriorhodopsin** bestehen. Das in einer hexagonalen Gitterstruktur angeordnete Chromoprotein unterscheidet sich nur geringfügig vom Rhodopsin, dem Sehpigment der Tiere. Wie dieses kann das Bacteriorhodopsin bei Belichtung reversibel gebleicht werden: Durch eine lichtinduzierte Isomerisierung des Retinals (all-*trans* → 13-*cis*) verschwindet der Absorptionsgipfel bei 568–570 nm und dafür tritt ein schwächerer Gipfel bei 412 nm auf (Abbildung 8.2). Diese Veränderung des Spektrums wird bei Verdunkelung innerhalb weniger Millisekunden spontan wieder rückgängig gemacht. Da die Dunkelreaktion viel schneller abläuft als die Lichtreaktion, liegt das Photogleichgewicht bei diesem **photochemischen Cyclus** auch bei hohen Lichtintensitäten stark auf der Seite des 570-nm-Komplexes. Bei intakten, anaerob gehaltenen Zellen tritt simultan mit der Lichtbleichung des Pigments ein Transport von Protonen aus der Zelle auf, der als pH-Abfall im Außenmedium gemessen werden kann (Abbildung 8.3). Pro absorbiertem Lichtquant wird ein H$^+$ aus der Zelle transportiert. Das bei Lichtsättigung erzeugte **Protonenpotenzial** (→ S. 84) liegt bei −280 mV. Der Protonengradient bricht bei Verdunkelung, oder bei Zugabe von „Entkopplern" (Protonophoren; Substanzen, welche die Permeabilität der Membran für H$^+$ erhöhen; → S. 224), wieder zusammen.

BSP

Offensichtlich arbeitet das Bacteriorhodopsin in diesem Organismus als vektorielle (auswärts gerichtete) **Protonenpumpe** (→ S. 80). Sie setzt die Energie des Licht unmittelbar in einen Protonengradienten um. Durch eine **ATP-Synthase**, welche ebenfalls vektoriell in der Zellmembran orientiert ist, kann das elektrochemische Potenzial des Proto-

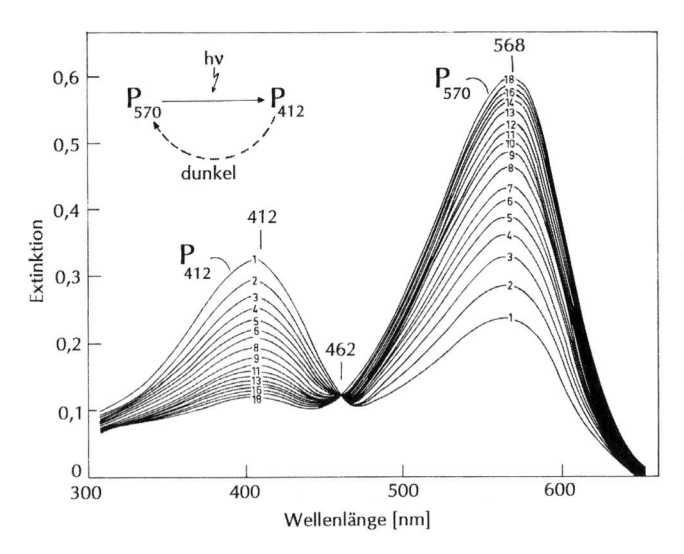

Abb. 8.2. Die photochemische Bleichung des Bacteriorhodopsins in isolierten Purpurmembranen von *Halobacterium halobium*. Zur Anreicherung der gebleichten Form wurde die Dunkelreversion mit Hilfe einer ethergesättigten Salzlösung stark verlangsamt. Unmittelbar nach einer starken Belichtung zeigt das Spektrum eine maximale Absorption bei 412 nm (Kurve 1). Die folgenden Kurven wurden jeweils im Abstand von etwa 3 s im Dunkeln gemessen. Man erkennt, dass P_{570} (mit einer Kinetik 1. Ordnung, $\tau_{1/2} \approx 15$ s) spontan aus P_{412} regeneriert wird (isosbestischer Punkt bei 462 nm). Unter natürlichen Bedingungen beträgt die Cyclusdauer bei Lichtsättigung etwa 15 ms. (Nach Oesterhelt 1974)

nengradienten (Protonenpotenzial) zur Synthese von ATP ausgenützt werden (Abbildung 8.4). Bei konstanter Belichtung stellt sich ein Fließgleichgewicht zwischen dem photochemischen Cyclus und der Phosphorylierung ein. Dieser Mechanismus ist einer der überzeugendsten Belege für die **chemiosmotische Hypothese** der Phosphorylierung (→ S. 84). Er zeigt in beispielhafter Weise die essenziellen Elemente eines Lichtwandlersystems.

Im Vergleich zu *Halobacterium* ist der Photosyntheseapparat der chlorophyllhaltigen Organismen wesentlich komplizierter, aber auch leistungsfähiger. Hier sind z. B. stets mehrere Pigmente als Photoreceptoren wirksam. Außerdem verläuft die Energietransformation über einen membrangebundenen **Elektronentransport**, wobei Reduktionsäquivalente (neben ATP) für den Stoffwechsel geliefert werden können (Abbildung 8.5). Bei den Pflanzen wird H_2O als universeller Elektronendonator des photosynthetischen Elektronentransports verwendet, **Photolyse des Wassers**:

$$H_2O \xrightarrow{\text{Licht}} 2\,e^- + 2\,H^+ + 1/2\,O_2. \tag{8.3}$$

Daher ist diese Photosynthese stets mit der Bildung von **Sauerstoff** verbunden, **oxygene Photosynthese**. Die photosynthetische Sauerstoffproduktion ist die einzige natürliche Quelle für O_2 auf der Erde. Schließlich besitzen die Pflanzen spezielle biochemische Mechanismen zur Fixierung von CO_2 und dessen Umwandlung in Kohlenhydrate. Die Pflanzen liefern auf diese Weise sowohl die energiereichen Substrate für den Stoffwechsel (die organischen „Nährstoffe" der heterotrophen Organismen) als auch den Sauerstoff für die oxidativen Prozesse bei der Dissimilation (Atmung).

Wir werden uns, von einigen Exkursen abgesehen, in den folgenden Abschnitten mit der Photosynthese der Pflanzen beschäftigen, die **Chloro-**

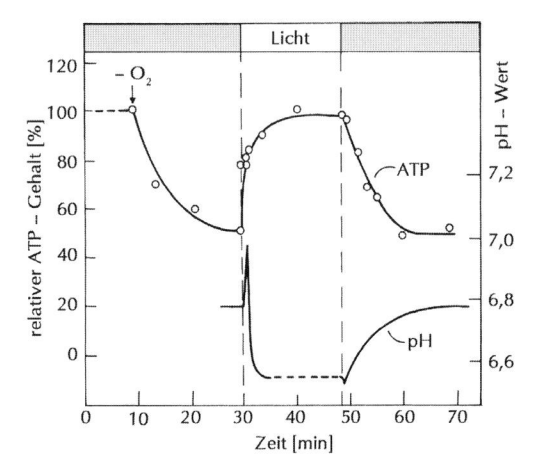

Abb. 8.3. Die Kinetiken der Photophosphorylierung und der pH-Änderung im Außenmedium bei *Halobacterium halobium* im Licht-Dunkel-Wechsel. Die Bakteriensuspension wurde im Dunkeln durch Sauerstoffentzug anaerob gemacht (Hemmung der respiratorischen Protonenpumpe; $-O_2$). Bei Belichtung wird (nach einem kurzen Überschießen) der H^+-Gradient aufgebaut und gleichzeitig setzt eine Intensivierung der ATP-Bildung ein (gemessen als Vergrößerung des stationären ATP-*pools*). Nach etwa 5 min hat sich ein neues Fließgleichgewicht des H^+-Transports und der Phosphorylierung eingestellt. Bei Verdunkelung gehen die Fließgleichgewichte wieder in ihre ursprüngliche Lage zurück. (Nach Oesterhelt 1974; verändert)

Abb. 8.4. Der Lichtwandler von *Halobacterium halobium*. Das Pigment der Purpurmembran (Bacteriorhodopsin) wird durch Absorption von Lichtquanten reversibel von der P_{570}- in die P_{412}-Form umgewandelt („gebleicht"). Mit dieser Umwandlung ist ein auswärts gerichteter Transport von H^+ (1 H^+ pro absorbiertem Quant) verbunden, **Protonenpumpe**. Das elektrochemische Potenzial des damit erzeugten Protonengradienten kann von einer einwärts gerichteten ATP-Synthase zur ATP-Bildung ausgenützt werden, **Photophosphorylierung**. Das Bacteriorhodopsin übernimmt die Energieversorgung der Zelle nur unter anaeroben Bedingungen. Bei Anwesenheit von O_2 erzeugt eine durch die Atmung angetriebene Protonenpumpe den H^+-Gradienten. Außerdem kann H^+ auch passiv rückdiffundieren. Dieser Prozess wird durch „Entkoppeler" ($\rightarrow$ S. 224) stark gefördert. (Nach Oesterhelt 1974; verändert)

plasten als spezielle Photosyntheseorganellen besitzen. Dabei verwenden wir den Begriff „Photosynthese" im Sinne der Gleichung 8.2, d. h. wir schließen neben der eigentlichen Energiewandlung auch die biochemischen Folgeprozesse mit ein, die zur Synthese organischer Moleküle führen ($\rightarrow$ Abbildung 8.5).

8.2 Energiewandlung im Chloroplasten

8.2.1 Struktur der Chloroplasten

Im Lichtmikroskop (maximale Auflösung ca. 250 nm) zeigen sich die Chloroplasten als grüngefärbte, meist plankonvexe bis linsenförmige Partikel mit einem maximalen Durchmesser von 5–10 μm. Bei höchster Auflösung erkennt man ein

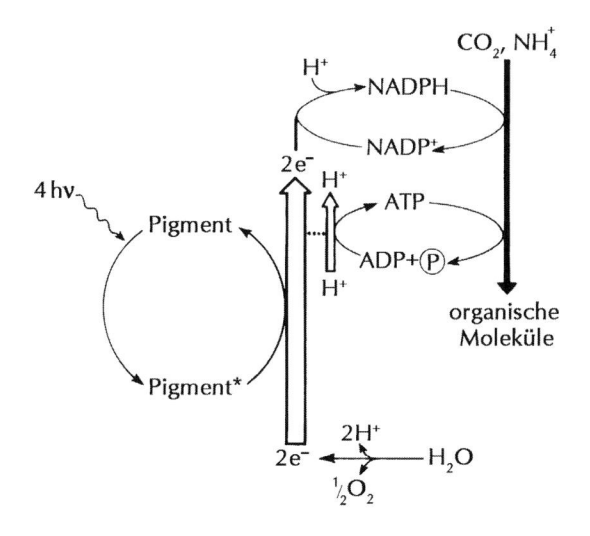

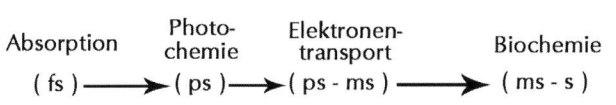

Abb. 8.5. Übersichtsschema, welches die vier funktionellen Bereiche der pflanzlichen Photosynthese zeigt. Die Bereiche sind durch eine stufenweise Zunahme der Reaktionszeiten charakterisiert (1 fs = 10^{-15} s, 1 ps = 10^{-12} s, 1 ns = 10^{-9} s, 1 ms = 10^{-3} s).

Muster von dunkelgrünen Zonen, **Grana**, auf hellerem Untergrund. Die Feinstruktur der Chloroplasten kennt man erst seit der Erfindung des Elektronenmikroskops. Bei einer maximalen Auflösung von 0,2 nm liefert das Elektronenmikroskop Abbilder einer komplexen inneren Struktur (Abbildung 8.6). Man erkennt die beiden Membranen der **Chloroplastenhülle**, welche das Chloroplastenlumen gegen das Cytoplasma abgrenzt. Der Binnenraum wird von einem komplizierten Membrankörper durchzogen, welcher in eine feingranuläre Matrix, **Stroma**, eingebettet ist. Üblicherweise gliedert man dieses Membransystem in zwei Bereiche: Die aus flachgedrückten Blasen (Cisternen) aufgebauten Stapel nennt man **Granathylakoide** (ein solcher Stapel entspricht einem Granum des lichtmikroskopischen Abbildes). Die großflächigen, nicht gestapelten Membranbereiche, welche eine vielfache Verbindung zwischen den Grana herstellen, nennt man **Stromathylakoide**. Alle Thylakoidflächen sind parallel zur Ebene des maximalen Chloroplastenquerschnitts ausgerichtet.

Durch sorgfältige Analyse aufeinander folgender Ultradünnschnitte eines Chloroplasten kann man sich eine Vorstellung von der dreidimensionalen Struktur des Thylakoidsystems machen (Abbildung 8.7). Die Stroma- und Granathylakoidmembranen eines Chloroplasten umschließen einen gemeinsamen, vielfach gegliederten, elektronenoptisch leeren Hohlraum. Die Frage nach der funktionellen Bedeutung des komplizierten Thylakoidmembrankörpers ist nicht leicht zu beantworten. Bei den Chloroplasten vieler niederer Pflanzen ist das innere Membransystem wesentlich einfacher organisiert (keine deutliche Trennung in Grana- und Stromathylakoide), ohne dass dies zu einem erkennbaren Nachteil führt. Auch bei höheren Pflanzen kommen als Sonderfall granafreie Chloroplasten vor, welche allerdings auch funktionell eine Sonderstellung einnehmen (→ S. 281).

8.2.2 Struktur der Thylakoide

Die 7 nm dicke Thylakoidmembran ist der Ort der photosynthetischen Lichtreaktionen und der sich anschließenden Transformation der Anregungsenergie in chemische Energie. Sie beherbergt neben den Photosynthesepigmenten alle Elemente der Elektronentransportbahn von H_2O zum $NADP^+$, des Protonentransports und der Umsetzung des Protonenpotenzials in ATP. Diese vielfältigen Funktionen bedingen einen komplizierten Aufbau der

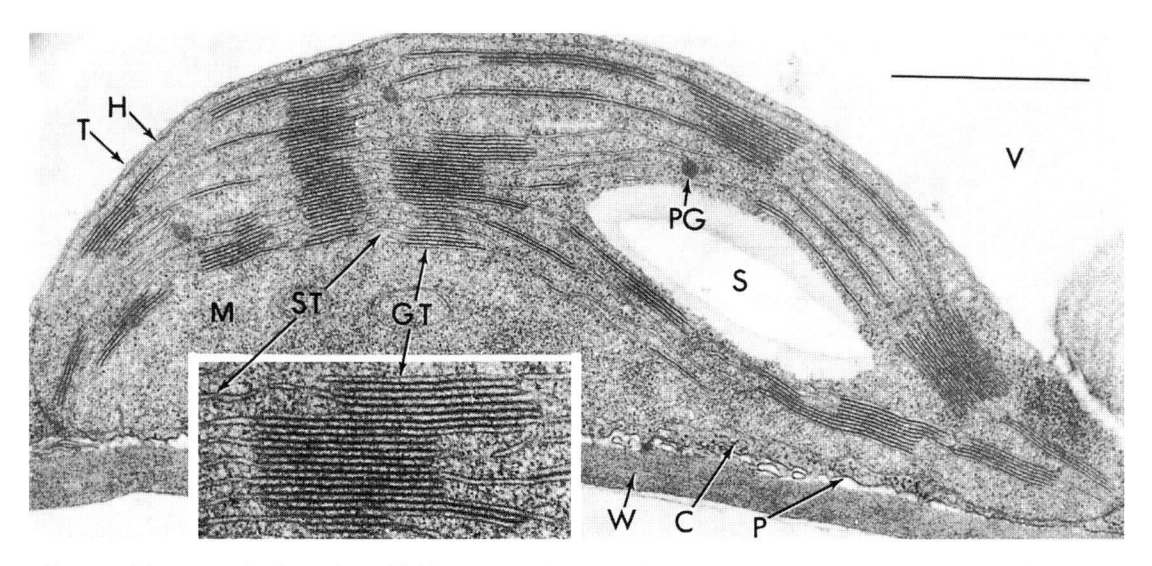

Abb. 8.6. Elektronenmikroskopisches Abbild eines typischen granahaltigen Chloroplasten im Querschnitt. Objekt: Mesophyllzelle des Spinatblattes (*Spinacia oleracea*). *GT*, Granathylakoide; *ST*, Stromathylakoide; *C*, Cytoplasma mit Cytoribosomen; *H*, Chloroplastenhülle (2 Membranen); *M*, Chloroplastenmatrix (Stroma) mit Plastidenribosomen; *P*, Plasmamembran; *PG*, Plastoglobulus; *S*, Stärkekorn; *T*, Tonoplast; *V*, Vacuole; *W*, Zellwand. Die Aufnahme zeigt einen Ausschnitt aus der Protoplasmaschicht zwischen Wand und Zentralvacuole einer ausdifferenzierten Palisadenparenchymzelle. Das Cytoplasma ist hier auf eine hauchdünne Schicht um die Organellen reduziert. *Strich*: 1 µm. (Aufnahme von H. Falk)

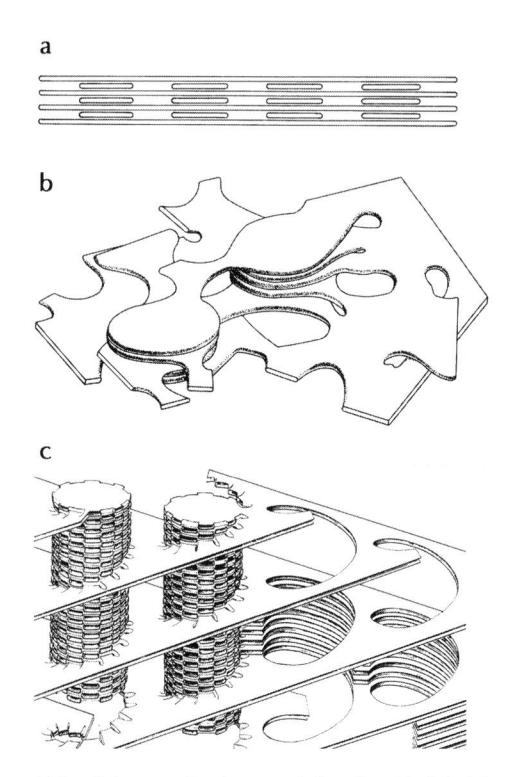

Abb. 8.7 a–c. Strukturmodelle des Thylakoidsystems. **a** Einfaches zweidimensionales Modell. (Nach Menke 1960). **b** Einfaches dreidimensionales Modell, welches zeigt, wie man sich die Granabildung durch lokales Membranwachstum, Ausstülpung und lokale Überschiebung verständlich machen kann. (Nach Wehrmayer 1964). **c** Kompliziertes Modell, welches durch Ausmessung von Serienschnitten bei verschiedenen Angiospermenchloroplasten gewonnen wurde. Im Gegensatz zu Modell **b** besitzt hier jedes Granathylakoid regelmäßig zu 8 Stromathylakoiden eine offene Verbindung. Da jedes Stromathylakoid schraubig (stets rechtsdrehend) um die Grana angeordnet ist, ergibt sich ein wendeltreppenartiger Verlauf der aufeinanderfolgenden Verbindungsgänge einer Stromathylakoidfläche zu den einzelnen Granathylakoiden. In der linken Hälfte ist nur jeder 8. Stromathylakoidausschnitt (= eine kontinuierliche Fläche) eingezeichnet. Rechts sind alle Stromathylakoide eingezeichnet und die Granathylakoide weggelassen. Das Modell ist, um das architektonische Prinzip zu zeigen, stark idealisiert. Normalerweise zeigt das Thylakoidsystem einen weit geringeren geometrischen Ordnungsgrad (→ Abbildung 8.6). (Nach Paolillo 1970)

Thylakoidmembran. Die quantitative Analyse ergibt eine Zusammensetzung aus etwa 50 % Protein und 50 % Lipid. Die Lipidfraktion besteht zu 20 % aus Chlorophyll (→ Abbildung 8.9) und zu 60 % aus Mono- und Digalactosyllipiden (→ Abbildung 1.5). Der Rest verteilt sich auf Sulfolipide, Phospholipide und Carotinoide (→ Abbildung 8.9). Der Proteinanteil besteht aus Pigment-Protein-Komplexen und Enzymkomplexen, welche entweder fest in die Membran integriert oder oberflächlich gebunden vorliegen.

Die genaue Kenntnis des molekularen Aufbaus der Thylakoidmembran ist für das Verständnis ihrer vielfältigen Funktionen von entscheidender Bedeutung. Die sehr detaillierten Strukturmodelle gehen auf den kombinierten Einsatz biochemischer und strukturanalytischer Methoden zurück:

▶ Schonende **Desintegration** der Membran mit Detergenzien und Analyse der erhaltenen Proteinkomplexe hinsichtlich ihrer photochemischen und enzymatischen Funktionen.

▶ Analyse der Elektronendichteverteilung in der Membran mit Hilfe der **Röntgenbeugung**. Röntgenstrahlen werden an periodischen Strukturen (z. B. Kristallgittern) in charakteristischer Weise abgelenkt. Aus den erhaltenen Beugungsdiagrammen lässt sich die Elektronendichteverteilung ablesen. Auf diese Weise konnte bereits sehr früh gezeigt werden, dass die Thylakoidmembran einen im Querschnitt asymmetrischen Aufbau besitzt.

▶ Darstellung des Verteilungsmusters von Proteinkomplexen („Partikeln") in der Membran mit Hilfe der **Gefrierbruch-** und **Gefrierätztechnik**. Bei dieser Methode werden in Wasser tiefgefrorene Membranpräparate mechanisch aufgebrochen. Nach Absublimieren einer dünnen Eisschicht („Ätzung") lässt sich das Relief der Bruchflächen als Abdruck abnehmen und im Elektronenmikroskop analysieren. Mit dieser Methode gewonnene Bilder haben den asymmetrischen Aufbau der Thylakoidmembran bestätigt und darüber hinaus zu der Erkenntnis geführt, dass die Stroma- und Granabereiche ein unterschiedliches Mosaik an verschieden großen Partikeln besitzen, welche mehr oder weniger tief in die Membranmatrix eintauchen (Abbildung 8.8). Die Bruchfläche EF zeigt im Granabereich (EF_s) einen viel dichteren Besatz an großen Partikeln als in den Stromathylakoiden (EF_u), während die kleinen Partikel der komplementären Flächen PF_s und PF_u keine so deutliche Differenzierung aufweisen.

▶ Lokalisierung von Membranbestandteilen durch Bindung spezifischer **Antikörper**. Nachdem es gelungen war, die Proteine aus der Thylakoidmembran herauszulösen, stand der Weg offen für die Herstellung spezifischer, gegen definierte Proteine (und andere Membranbestandteile) ge-

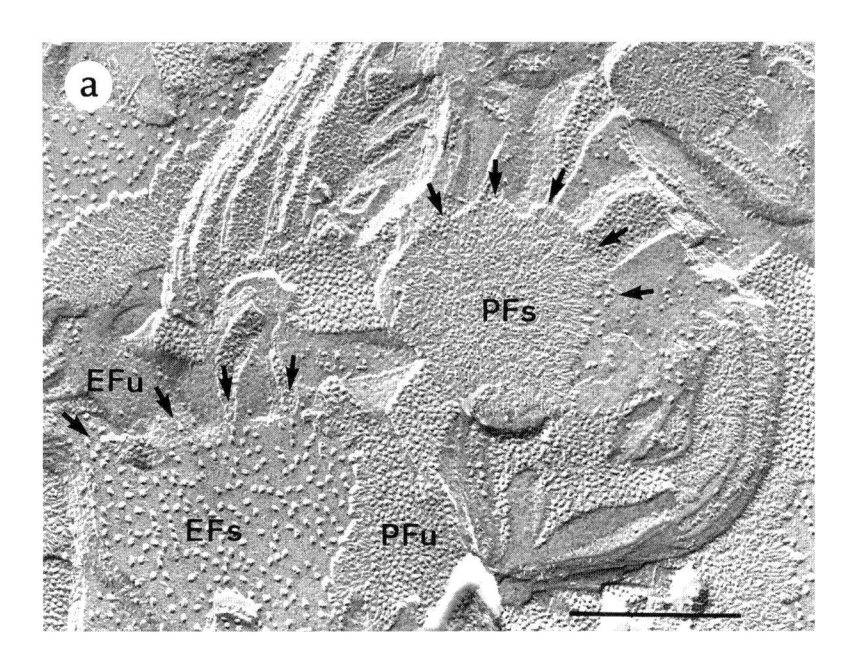

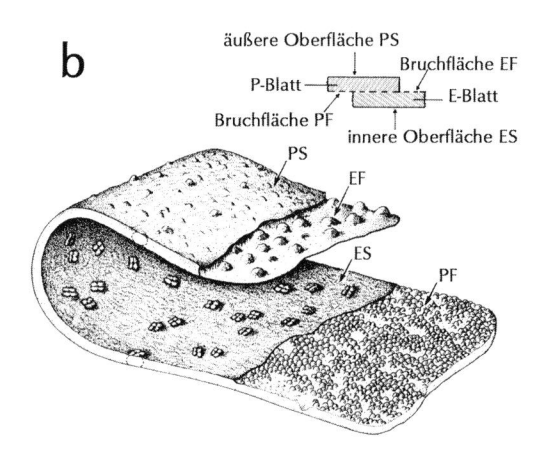

Abb. 8.8 a, b. Struktur der Thylakoidmembran, ermittelt nach Gefrierbruchprofilen. **a** Abbildung verschiedener Membranflächen nach dem Brechen von in Wasser eingefrorenen Membranpräparaten. Die Bruchkanten verlaufen bevorzugt in der Ebene der Membran, vor allem entlang der zentralen, hydrophoben Innenzone der Lipiddoppelschicht. Dadurch entstehen Reliefbilder der **Innenseiten** der Membran. Die komplementären Flächen PF_s/EF_s (Granathylakoide) bzw. PF_u/EF_u (Stromathylakoide) sind deutlich verschieden strukturiert. Die Pfeile markieren Verbindungsgänge zwischen Stroma- und Granathylakoiden. *Strich*: 0,5 µm. (Thylakoide aus Erbsenblättern, *Pisum sativum*; nach Staehelin und Van der Staay 1996). **b** Das idealisierte Modell eines Stromathylakoids illustriert, dass diese Membran von unterschiedlich großen Partikeln mit den Dimensionen von Proteinmolekülen oder -komplexen durchsetzt ist, welche beim Bruch entweder an der oberen oder an der unteren Membranhälfte verbleiben. (Nach Park und Pfeifhofer 1969)

richteter Antikörper, welche als molekulare Sonden zum chemischen Abtasten der Membranoberfläche eingesetzt werden können. Da ein Antikörper wegen seiner Größe nur dann mit seinem membrangebundenen Antigen reagieren kann, wenn dieses von außen zugänglich ist, kann auf diese Weise zwischen oberflächlichen und tiefer liegenden Komponenten unterschieden werden. Eine erfolgreiche Antigen/Antikörper-Reaktion lässt sich durch Agglutination der Membranen, Hemmung der katalytischen Funktion des Antigens oder durch Sichtbarmachung im Elektronenmikroskop mit Hilfe von antikörpergebundenen Goldpartikeln zeigen. Mit dieser Methode ließ sich z.B. nachweisen, dass die für die $NADP^+$-Reduktion und ATP-Synthese verantwortlichen Proteine auf der an das Stroma grenzenden Membranoberfläche (PS) lokalisiert sind. Die im Granabereich angereicherten, oft in tetramerer Form auftretenden, großen Partikel an der inneren Membranoberfläche (→ Abbildung 8.8) enthalten die Enzyme für die O_2-Freisetzung aus H_2O. Diese spezifische räumliche Orientierung bestimmter Teilreaktionen ist für den Mechanismus der Photosynthese von großer Bedeutung (→ Abbildung 8.21).

Man darf sich die Thylakoidmembran auf keinen Fall als starres, unveränderliches Gebilde vorstellen. Sie ist vielmehr ein sehr dynamisches System, dessen molekulare Zusammensetzung und morphologische Ausgestaltung (einschließlich der räumlichen Verteilung seiner Komponenten in verschiedenen Domänen) einem raschen Wechsel unterliegen können. Diese Flexibilität geht jedoch einher mit einer hochgradigen Ordnung beim Ablauf der energietransformierenden Prozesse. Die energietransformierenden Funktionseinheiten müssen daher als hochgeordnete Komplexe innerhalb der dynamischen Membran angesehen werden.

8.2.3 Photosynthesepigmente

In den Thylakoiden kommen die Pigmente **Chlorophyll a**, **Chlorophyll b** und mehrere **Carotinoide** vor (Abbildung 8.9). Extinktionsspektren geben darüber Auskunft, in welchem Spektralbereich diese Moleküle bevorzugt Quanten absorbieren (Abbildung 8.10). Die Pigmente treten in der Thylakoidmembran in gebundener Form auf. Man kann z. B. mit verschiedenen Methoden der Membranfraktionierung (Ultraschall, Auflösen in Detergenzien usw.) pigmenthaltige Membranbruchstücke isolieren, welche noch einzelne Teilreaktionen der Photosynthese durchführen können. Diese Fragmente enthalten eine Reihe von **Chlorophyll-Protein-Komplexen** mit unterschiedlichem Chlorophyll-a/b-Verhältnis und leicht voneinander abweichenden Extinktionsspektren (Abbildung 8.11). Letzteres rührt daher, dass die Porphyrinringe der Chlorophylle im Inneren der Proteinmoleküle liegen und dort in Wechselwirkung mit unterschiedlich polaren Gruppen treten. In ähnlicher Weise ändert reines Chlorophyll sein Extinktionsspektrum in Abhängigkeit von der Polarität des Lösungsmittels.

Welchen Beitrag leisten die einzelnen Pigmente zur photosynthetischen Energietransformation? Diese Frage kann anhand von **Wirkungsspektren** beantwortet werden (→ S. 446). Man misst die Photosyntheseintensität in Form der O_2-Produktion oder CO_2-Aufnahme bei einem Quantenfluss $[mol \cdot m^{-2} \cdot s^{-1}]$, welcher für alle verwendeten Wellenlängen im linearen Ast der Lichtfluss-Effekt-Kurven liegt (→ Abbildung 10.1). Dies ist die wichtigste Bedingung dafür, dass die **Quantenwirksamkeit** auf die Photosyntheseintensität bei der Wellenlänge λ proportional zur Absorptionswahrscheinlichkeit und damit zum Extinktionskoeffizienten $ε_λ$ des absorbierenden Pigments ist.

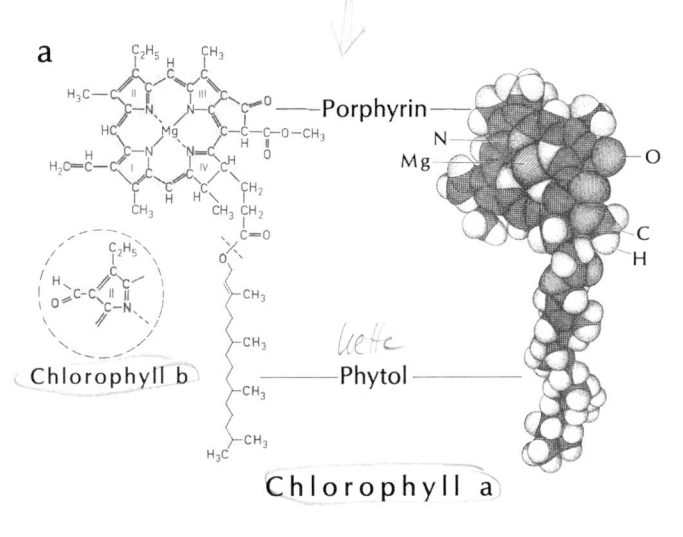

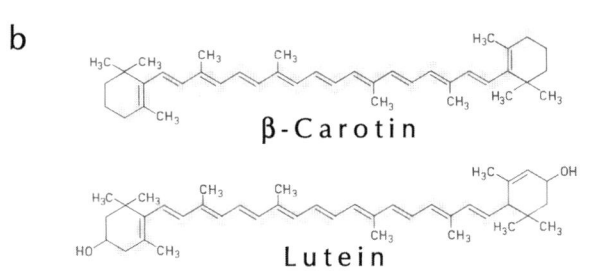

Abb. 8.9 a, b. Pigmente der Thylakoidmembran. **a** Die **Chlorophylle a** und **b** bestehen aus einem hydrophilen Porphyrin-„Kopf" (Mg^{2+} als Zentralatom, charakteristischer Cyclopentanonring am Pyrrolring III) und einem lipophilen Phytol-„Schwanz" am Ring IV. **b** Die weitgehend symmetrisch aufgebauten **Carotinoide** sind stark lipophile Moleküle. Sie bestehen aus Isopreneinheiten (C_5; → Abbildung 16.10) und tragen oft terminale Ringsysteme (Jononringe). Neben den Hauptkomponenten **β-Carotin** und **Lutein** (ein Vertreter der **Xantophylle**, mit Hydroxylgruppe am Ringsystem) kommen in der Thylakoidmembran vor allem **Violaxanthin** und **Neoxanthin** vor. Die Bereiche konjugierter Doppelbindungen sind hervorgehoben. (z. T. nach Kreutz 1966)

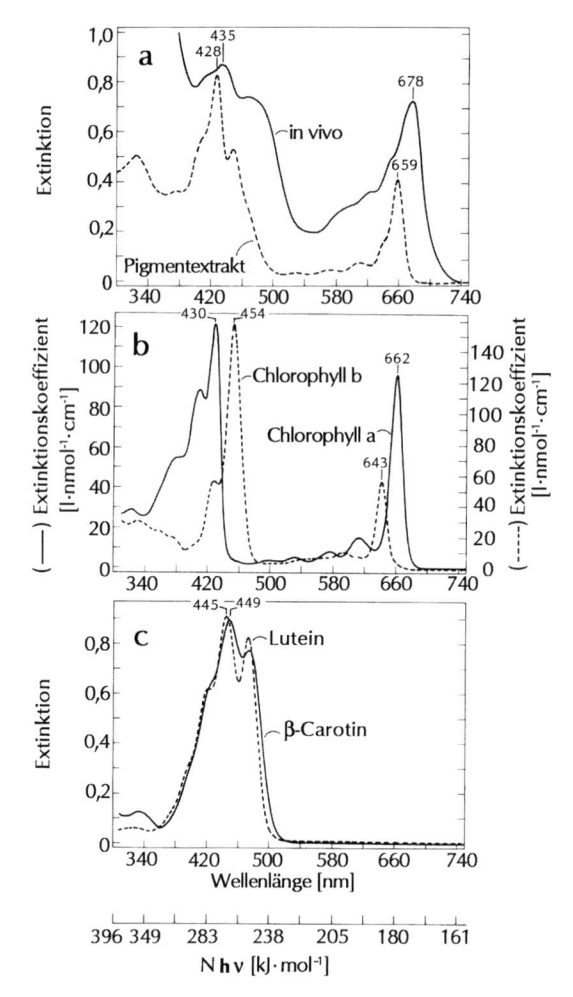

Abb. 8.10 a–c. Spektroskopische Eigenschaften der Photosynthesepigmente. Objekt: Blatt der Zimmerlinde (*Sparmannia africana*). **a** Extinktionsspektren eines intakten Blattes (*in vivo*) und eines Rohextraktes der Photosynthesepigmente (*Pigmentextrakt*). **b** Extinktionsspektren von chromatographisch gereinigtem Chlorophyll *a* und Chlorophyll *b*. In den Thylakoiden kommen die beiden Chlorophylle im Verhältnis Chl *a* : Chl *b* = 2,3 : 1 vor. **c** Extinktionsspektren von β-Carotin und Lutein, den beiden hauptsächlichen Carotinoiden der Chloroplasten. Als Lösungsmittel diente Diethylether.

Abbildung 8.12 zeigt, dass das Photosynthesewirkungsspektrum im roten Spektralbereich recht gut mit dem *in-vivo*-Absorptionsspektrum übereinstimmt. Die Auflösung des Wirkungsspektrums reicht allerdings nicht aus, um auch hier zwischen verschiedenen Chlorophyllformen unterscheiden zu können. Im dunkelroten (> 690 nm) und blauen (< 500 nm) Spektralbereich ist die Wirkung geringer, als man aufgrund der Absorption erwarten würde. Die Ursache dafür ist im langwelligen Bereich der Emerson-Effekt (→ S. 184), im kurzwelligen Bereich vor allem die schlechte Ausnutzung der von Carotinoiden absorbierten Lichtquanten für die Photosynthese (Ausbeute etwa 30 %, → Abbildung 8.15).

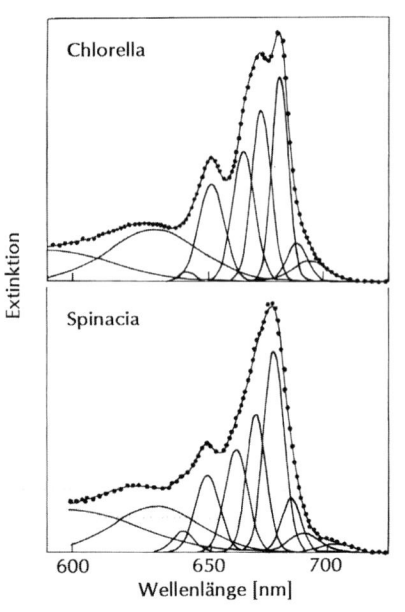

Abb. 8.11. Der spektroskopische Nachweis mehrerer Chlorophyll-Protein-Komplexe in den Thylakoiden. Objekte: *Chlorella vulgaris* und *Spinacia oleracea*. Zur besseren Auflösung wurden die Extinktionsspektren (••••) der Thylakoidpräparationen bei −196 °C gemessen, wobei durch „Einfrieren" molekularer Bewegungen (Rotation, Translation; → Abbildung 8.13) eine Schärfung der einzelnen Banden auftritt. Diese Spektren wurden mit Hilfe eines Computerprogramms in eine Reihe von Gaußschen Verteilungskurven unterschiedlicher Form und Position zerlegt, welche addiert (ausgezogene Linie durch die Punkte) gerade die experimentelle Kurve ergeben. Man kann mit dieser Methode bei höheren Pflanzen und Grünalgen regelmäßig vier Chlorophyll-*a*-Banden (Gipfel bei 662, 670, 677, 684 nm) und zwei Chlorophyll-*b*-Banden (Gipfel bei 640, 650 nm) identifizieren. Daneben treten meist noch ein bis zwei längerwellige, schwache Banden (ebenfalls Chlorophyll *a*) auf. (Nach French et al. 1972)

8.2.4 Quantenmechanische Grundlagen der Lichtabsorption

Pigmentmoleküle (Photoreceptormoleküle für den sichtbaren Spektralbereich) sind stets durch ausgedehnte π-Elektronensysteme ausgezeichnet (→ Abbildung 8.9). Da nach Gleichung 8.1 jeder Wellenlänge eine bestimmte Quantenenergie zugeordnet ist (→ Abbildung 8.10), kann man dem Extinktionsspektrum eines Pigments direkt die energeti-

8.2 Energiewandlung im Chloroplasten

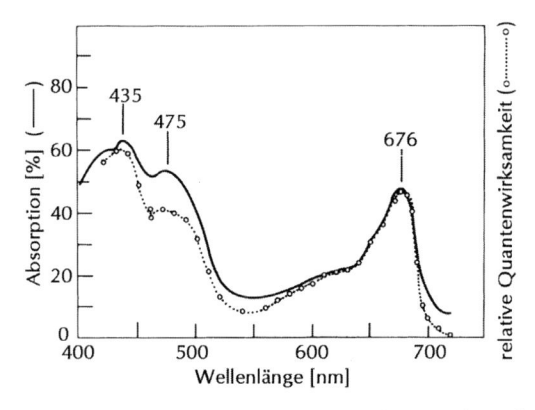

Abb. 8.12. Wirkungsspektrum der photosynthetischen O_2-Produktion. Objekt: *Chlorella pyrenoidosa*. Zum Vergleich ist das *in-vivo*-Absorptionsspektrum der Algensuspension eingezeichnet, welches durch die Absorption von Chlorophyll a und b bzw. Carotinoiden geprägt ist (→ Abb. 8.10). Theoretisch müsste das **Extinktionsspektrum** mit dem Wirkungsspektrum verglichen werden (→ S. 447). Bei geringer Zelldichte treten jedoch keine erheblichen Unterschiede zwischen Extinktion und Absorption auf (Extinktion = lg [1 – Absorption]$^{-1}$). (Nach Haxo 1980)

Absorption (A) und **Extinktion (E**, „Auslöschung") sind zentrale Begriffe für die photometrische Messung der Lichtabsorption durch Pigmente. Sie sind physikalisch verschieden definiert und daher nicht bedeutungsgleich. Im englischsprachigen Schrifttum wird die Extinktion oft als *absorbance* (A) bezeichnet, was zu Verwechselungen Anlass gibt.

▶ Im Photometer wird eine Pigmentlösung mit einem monochromatischen Lichtfluss der Wellenlänge λ durchstrahlt und das Verhältnis zwischen eingestrahltem Lichtfluss J_0 und durch Absorption geschwächtem Lichtfluss J gemessen.

▶ Die Lichtschwächung durch das Pigment lässt sich auf zweierlei Weise bestimmen:
1. als **Absorption** $A_\lambda = (J_0 - J) \cdot J_0^{-1} \cdot 100$ [%], oder
2. als **Extinktion** $E_\lambda = \lg \frac{J_0}{J}$ (dimensionslos).

E_λ steht nach dem Lambert-Beerschen Gesetz in einem linearen Zusammenhang mit der Pigmentkonzentration c [mol · l^{-1}] und der Schichtdicke d [cm]: $E_\lambda = \varepsilon_\lambda \cdot c \cdot d$, wobei ε_λ [l · mol^{-1} · cm^{-1}] = **molarer Extinktionskoeffizient** eine Materialkonstante ist, die E_λ bei c = 1 mol · l^{-1} und d = 1 cm angibt. Zwischen E_λ und A_λ besteht folgender Zusammenhang:

$$E_\lambda = \lg \frac{100}{100 - A_\lambda}.$$

---

sche Lage der möglichen Anregungszustände entnehmen. Wir betrachten hier stellvertretend das Anregungsschema des **Chlorophyll a** (Abbildung 8.13). Dieses Pigment wird nur durch Quanten aus dem roten und violetten Spektralbereich elektronisch so angeregt, dass delokalisierte Außenelektronen (π-Elektronen) auf höhere Orbitale, **Singulettzustände**, angehoben werden (π → π*). Das für die violette Absorptionsbande verantwortliche Singulett (S_2) ist so instabil, dass die beim $S_2 \to S_1$-Übergang frei werdende Energie vollkommen als Wärme verloren geht. Unabhängig von der Wellenlänge der Anregung befinden sich alle angeregten Moleküle wegen der sehr kurzen Lebensdauer der Vibrations- und Rotationsanregung nach etwa 1 ps im tiefsten Rotationsterm des S_1-Zustandes. Bei dem viel langsameren $S_1 \to S_0$-Übergang konkurrieren mehrere energietransformierende Prozesse miteinander, wobei naturgemäß derjenige mit der kürzesten Halbwertszeit dominiert. Für die Photosynthese bedeutsam sind die Erzeugung eines elektrisch polarisierten Zustandes (**Ladungstrennung** gefolgt von der Abgabe „energiereicher" Elektronen, Initiation einer **Redoxreaktion**) und der **Energietransfer**, welcher eine extrem schnelle Energiewanderung innerhalb einer Gruppe dichtgepackter Pigmentmoleküle ermöglicht. Da der angeregte **Triplettzustand** noch wesentlich stabiler als der S_1-Zustand ist, kann er theoretisch mit viel besserem Wirkungsgrad für die relativ langsamen photochemischen Prozesse ausgenützt werden. In der Tat ist z. B. bei der photochemischen Reaktion mit (Triplett-)O_2, welche durch Chlorophyll in Lösung vermittelt wird, stets der Triplettzustand beteiligt (→ S. 604). In der intakten Thylakoidmembran ist jedoch Triplettchlorophyll unter normalen physiologischen Bedingungen praktisch nicht nachweisbar, während sich der S_1-Zustand durch die Fluoreszenz deutlich zu erkennen gibt.

Die als Fluoreszenzlicht abgegebene Energie ist für die Photosynthese verloren. Die **Fluoreszenzausbeute** (Φ_F = Anzahl emittierter Quanten/Anzahl absorbierter Quanten) steht daher in direktem Zusammenhang mit dem energetischen Wirkungsgrad der Photosynthese. Es gilt:

$$\Phi_F = \frac{k_F}{k_F + k_W + k_P} \tag{8.4}$$

(k_F, k_W, k_P, Reaktionskonstanten der am 1. Singulett angesetzten Prozesse: Fluoreszenz, strahlungsloser Übergang unter Wärmebildung, photo-

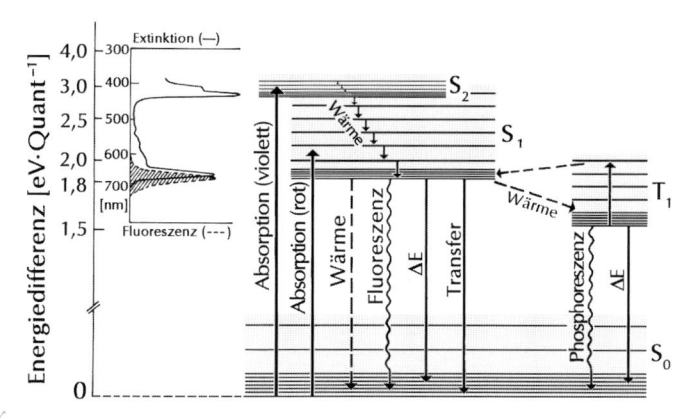

Abb. 8.13. Termschema von Chlorophyll a (vereinfacht). Das Pigment kann, entsprechend seinem Extinktionsspektrum, durch Quanten aus dem roten und dem violetten Spektralbereich vom **Grundzustand** (S_0) in distinkte **elektronische Anregungszustände** (Abstand ≈ 1 eV) überführt werden ($\pi \to \pi^*$–Übergänge; $\tau_{1/2} \approx 10^{-15}$ s), die man **1.** und **2. Singulett** (S_1 bzw. S_2) nennt. Jeder dieser elektronischen Terme besteht aus mehreren **Vibrationstermen** (Abstand ≈ 0,1 eV), welche ihrerseits wieder aus mehreren **Rotationstermen** (Abstand ≈ 0,01–0,001 eV) zusammengesetzt sind (nur jeweils beim tiefsten Vibrationsterm angedeutet). S_1 und S_2 unterscheiden sich stark in ihrer Lebensdauer. Der Übergang $S_2 \to S_1$ ist wegen der gegenseitigen Überlappung so schnell ($\tau_{1/2} \approx 10^{-12}$ s), dass die Energiedifferenz ausschließlich in **Wärme** umgewandelt werden kann. Dasselbe gilt für die Übergänge innerhalb der elektronischen Terme. Der Übergang $S_1 \to S_0$ ($\tau_{1/2} \approx 10^{-9}$ s) ist ausreichend langsam (keine Überlappung), um auch andere Energieumwandlungen zu gestatten: Emission eines Lichtquants = **Fluoreszenz**; Emission eines energiereichen Elektrons = **photochemische Redoxreaktion**, ΔE; strahlungsloser **Energietransfer** zum Nachbarmolekül. Der Übergang zum angeregten **Triplett** ($S_1 \to T_1$) ist mit einer Umkehrung des Elektronenspins verbunden. Da dieser „verbotene Übergang" nur langsam rückgängig gemacht werden kann, ist T_1 ein sehr stabiler Term; der Übergang $T_1 \to S_0$ $\tau_{1/2} \approx 10^{-2}$ s) liefert daher eine relativ lang anhaltende Lichtemission (= **Phosphoreszenz**, $\lambda_{max} \approx 750$ nm). Wegen der starken Überlappung von S_1 und T_1 ist (unter Verbrauch von Vibrationsenergie) auch der Übergang $T_1 \to S_1$ möglich. Die Folge $S_1 \to T_1 \to S_1$ führt zu einer **verzögerten Fluoreszenz**. Neben dem Extinktionsspektrum ist das – etwas zu geringerer Energie verschobene – Fluoreszenzemissionsspektrum eingezeichnet (schraffiert). 1 eV (Energieeinheit der Atomphysik) = 1,60202 · 10^{-19} J.

chemische Reaktion). Bei einer Chlorophylllösung ($k_P = 0$) liegt Φ_F bei etwa 0,3, während im intakten Chloroplasten unter optimalen Photosynthesebedingungen Werte um 0,03 gemessen werden können. Offensichtlich konkurrieren hier photochemische Prozesse sehr erfolgreich um die Anregungsenergie. Man bezeichnet diese Verminderung der Fluoreszenzausbeute als *quenching* (Löschung; → S. 210). Störungen der Photosynthese, welche sich auf die photochemischen Primärreaktionen auswirken, führen zu einem geringeren *quenching* und damit zu einer höheren Fluoreszenzausbeute. Dies lässt sich z. B. mit Photosynthesehemmstoffen leicht zeigen. Die Tatsache, dass man bei der Messung der optimalen photosynthetischen **Quantenausbeute** ganz in die Nähe des theoretischen Wertes kommt (1 mol O_2/8 mol absorbierte Quanten; → S. 193), zeigt, dass die Thylakoidmembran unter geeigneten Bedingungen fast jedes absorbierte Quant photochemisch nützen kann, d. h. $k_P \gg k_F + k_W$. Dies wiederum setzt einen hochgradig geordneten, auf schnellen Energietransfer und Ladungstrennung optimierten photochemischen Apparat voraus, der in dieser Hinsicht Eigenschaften besitzt, wie man sie von kristallinen Festkörpern (Halbleitern) kennt.

Die experimentell vielfach belegte Konkurrenz zwischen den photochemischen Prozessen und der Fluoreszenzemission spricht eindeutig für das 1. Singulett als den für die photosynthetische Energietransformation relevanten Term. Daraus folgt, dass von jedem absorbierten Quant – auch aus dem Blaubereich – ein konstanter Betrag von etwa 1,8 eV (174 kJ · mol^{-1}, entsprechend einer Wellenlänge von 680 nm) für die Photosynthese zur Verfügung steht.

8.2.5 Funktion der Pigmente

Aus Messungen der Quantenausbeute bei Blitzlichtexperimenten weiß man, dass die Chlorophyllmoleküle der Thylakoidmembran auch funktionell uneinheitlich sind (→ Abbildung 8.11). Emerson und Arnold führten bereits 1932 mit *Chlorella*-Zel-

8.2 Energiewandlung im Chloroplasten

> Bei photochemischen Reaktionen muss man zwischen zwei leicht zu verwechselnden Größen unterscheiden:
> - Die **Quantenausbeute** Φ ist definiert als gemessene Wirkung – hier die photosynthetische O_2-Produktion – pro mol **absorbierter** Quanten, d. h. Φ gibt an, wie effektiv die Quantenenergie nach der Absorption für Folgeprozesse nutzbar gemacht wird (→ Abbildung 8.15). Φ ist theoretisch unabhängig von der Wellenlänge. $1/\Phi$ wird auch als Quantenbedarf bezeichnet.
> - Die **Quantenwirksamkeit** W_λ ist definiert als gemessene Wirkung pro mol **eingestrahlter** Quanten, d. h. hier geht die Absorptionswahrscheinlichkeit ein. W_λ gibt an, wie effektiv verschiedene Wellenlängen für eine photobiologische Reaktion absorbiert werden können. Die Darstellung der Funktion $W_\lambda = f(\lambda)$ nennt man **Wirkungsspektrum** (action spectrum; → Abbildung 8.12). Es gibt (bei Φ = konstant) das Extinktionsspektrum des verantwortlichen Photoreceptors wieder. (Für andere Definitionen der Quantenwirksamkeit → S. 447)

len ein sehr einfaches, aber ungemein bedeutsames Experiment durch, das zur Annahme von mindestens zwei funktionell verschiedenen Chlorophylltypen zwingt, welche in **Pigmentkollektiven** kooperieren. In diesen Experimenten wurde die **Quantenausbeute** der Photosynthese (mol O_2/mol **absorbierte** Quanten) bei einem Lichtblitz gemessen, welcher so kurz war (10 µs), dass das Chlorophyll in dieser Zeit nur einmal durch einen photochemisch wirksamen Anregungscyclus gehen konnte. Wenn die Blitzstärke ausreichend groß war, um alle Chlorophyllmoleküle **gleichzeitig** anzuregen, ergab sich der sehr niedrige Wert von 1/2.400 O_2-Molekülen pro absorbierendem Chlorophyllmolekül. Bei Verringerung der Blitzstärke wurde die Quantenausbeute zunehmend besser und näherte sich schließlich bei sehr schwachen Blitzen dem theoretischen Wert 1/8 (→ S. 193). Aus diesem Experiment folgt, dass nur bei ausreichend niedrigem Quantenfluss die Energie aller absorbierter Quanten für die photosynthetische Dunkelreaktion verwendet werden kann. Bei hohem Quantenfluss kann nur noch jedes 300. absorbierte Quant (2.400/8) ausgenützt werden, d. h. es kommen unter diesen Bedingungen auf jedes photochemisch aktive Chlorophyllmolekül 300 **absorbierende**, aber **photochemisch inaktive** Chlorophyllmoleküle, welche ihre Anregungsenergie auf andere Weise (z. B. als Wärme oder durch Fluoreszenz) abgeben. Dieses zunächst widersprüchlich erscheinende Resultat lässt sich folgendermaßen deuten (Abbildung 8.14): Es gibt in der Thylakoidmembran **funktionelle Pigmentkollektive**, welche aus photochemisch aktiven Chlorophyllmolekülen, **Reaktionszentren**, und photochemisch inaktiven Chlorophyllmolekülen, **Antennenpigmenten**, zusammen gesetzt sind, und zwar in einem mittleren Verhältnis von 1 : 300. Bei ausreichend niedrigem Quantenfluss wird die Energie jedes irgendwo im Kollektiv absorbierten Quants zum Reaktionszentrum geleitet, welches dann für einige Zeit besetzt ist, d. h. keine weitere Energie aufnehmen kann. Mit zunehmendem Quantenfluss wird die Wahrscheinlich immer größer, dass das Reaktionszentrum während der rund 1 ns, welche nach der Absorption durch ein Antennenpigment zur Verfügung steht, gerade nicht aufnahmebereit ist. Bei sättigendem Quantenfluss ist das Reaktionszentrum dauernd besetzt (saturiert); daher sinkt die Quantenausbeute auf 1/300 des op-

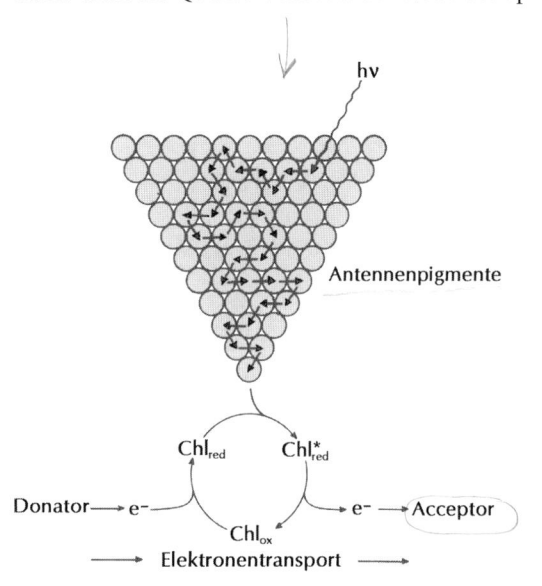

Abb. 8.14. Stark vereinfachtes Modell eines photosynthetischen Pigmentkollektivs. Die Energie der im Bereich der Antennenpigmente absorbierten Quanten wird (nach Verlust eines kleinen Anteils in Form von Wärme; → Abbildung 8.13) durch strahlungslose Energiewanderung zu einem photochemisch aktiven **Reaktionszentrum** geleitet, welches als **Elektronenpumpe** in einer Elektronentransportkette funktioniert: Es nimmt in einem Kreislauf „energiearme" Elektronen von einem Donator auf und gibt „energiereiche" Elektronen an einen Acceptor ab (Ladungstrennung).

> **EXKURS 8.1: Energieübertragung im photosynthetischen Pigmentkollektiv: Bestimmung der Totzeit des photochemischen Cyclus**
>
> Die Wanderung der absorbierten Quantenenergie im Kollektiv der Antennenpigmente durch Resonanztransfer ist ein extrem schneller Prozess (10^{-12} s), der nahezu verlustfrei abläuft. Hingegen ist der photochemische Cyclus wegen der Beteiligung von Elektronen-übertragenden Schritten sehr viel langsamer und wird damit zum geschwindigkeitsbestimmenden Schritt bei der Transformation von Lichtenergie in Redoxenergie. Der Zeitbedarf des photochemischen Cyclus, d. h. die Zeitspanne, die benötigt wird um das Redox-Chlorophyll im Reaktionszentrum nach einer Anregung wieder in den aufnahmebereiten Zustand zu versetzen, lässt sich durch Experimente mit periodischem Blitzlicht bestimmen, bei denen die Dunkelzeit zwischen den Blitzen variiert und die Quantenausbeute anhand der O_2-Produktion bestimmt wird. Ein klassisches Experiment dieser Art aus der Anfangszeit der photobiologischen Photosyntheseforschung ist in der Abbildung dargestellt. Zellen der Grünalge *Chlorella* wurden mit einer Folge kurzer, intensiver Blitze (0,5 ms) bestrahlt, welche zur Anregung aller Chlorophyllmoleküle führten. Es wird deutlich, dass unter diesen Bedingungen die gemessene Quantenausbeute stark von der Dauer der Dunkelintervalle abhängt. Die Quantenausbeute pro Blitz ist bei sehr schneller Blitzfolge niedrig und erreicht einen maximalen Wert bei Dunkelintervallen von >100 ms. Diese Zeitspanne reicht also aus, um das Reaktionszentrum nach einer Anregung wieder voll zu regenerieren. Als Halbwertszeit ergibt sich etwa 5 ms. Dies ist ein relativ hoher Wert. Bei Spinatchloroplasten hat man eine Halbwertszeit von 0,6 ms gemessen. (Nach Kok 1956). Anmerkung: In diesem Experiment wird nur das im Vergleich zu Photosystem II langsame Photosystem I erfasst.

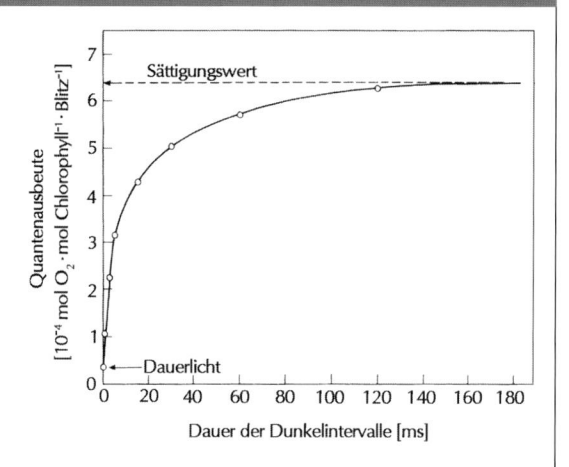

timalen Wertes ab. Die Folgeprozesse (Dunkelreaktionen) im Reaktionszentrum (einschließlich der zur O_2-Bildung führenden Reaktionen) sind also offenbar sehr viel langsamer als die Photoreaktionen im Kollektiv. Die Dauer des langsamsten Schrittes bei der Regeneration (Totzeit) des Reaktionszentrums kann ebenfalls mit Hilfe von Blitzlichtexperimenten gemessen werden ($\rightarrow$ Exkurs 8.1).

In einem normalen grünen Blatt, das dem vollen Sonnenlicht (ca. 2 mmol Quanten $\cdot$ m^{-2} $\cdot$ s^{-1}) ausgesetzt ist, absorbiert jedes Chlorophyllmolekül etwa 50 Quanten $\cdot$ s^{-1}. Durch eine einfache Rechnung lässt sich abschätzen, dass die Quantenausbeute der Photosynthese jedoch wegen der begrenzten Kapazität der Dunkelprozesse weit unter dem optimalen Wert bleibt. Obwohl die Photosynthese unter diesen Bedingungen auf Hochtouren läuft, kann nur etwa jedes 25. absorbierte Lichtquant ausgenützt werden. Andererseits wird deutlich, dass der Photosyntheseapparat mit unverminderter Intensität weiter arbeiten kann, wenn die Einstrahlung um den Faktor 25 erniedrigt wird. Bei niedrigen Quantenflüssen, wenn das einzelne Chlorophyllmolekül im Mittel nur alle paar Sekunden von einem Lichtquant getroffen wird, wirkt sich die Lichtsammelfunktion der Antennenpigmente im Kollektiv voll aus.

Carotinoide (in unterschiedlicher Zusammensetzung) sind obligatorische Bestandteile aller Chlorophyll-Protein-Komplexe und können dort ebenfalls als Antennenpigmente genutzt werden. Wichtiger ist jedoch ihre Schutzfunktion bei Lichtüberangebot. Überschüssige Lichtenergie, die von den Antennen absorbiert, aber nicht an die Reaktionszentren abgegeben werden kann, wird von den Carotinoiden über Triplett- oder Singulettanregung übernommen und in unschädliche Wärmeenergie umgewandelt ($\rightarrow$ Abbildung 26.18).

8.2.6 Energietransfer in den Pigmentkollektiven

Die angeführte Deutung für die Quantenflussabhängigkeit der Quantenausbeute impliziert eine praktisch verlustfreie (d.h. extrem schnelle) Wanderung der Quantenenergie innerhalb eines Pigmentkollektivs, welche beim Reaktionszentrum endet. Dieser zwischenmolekulare Energietransfer kann in der Tat direkt experimentell gezeigt werden: Bestrahlt man Thylakoide mit Wellenlängen, welche bevorzugt von Chlorophyll *b* (oder Carotin) absorbiert werden, so tritt Fluoreszenz von Chlorophyll *a* auf.

Für die gerichtete, schnelle ($\tau_{1/2} \leq 100$ ps) Energiewanderung kommt vor allem Resonanztransfer auf der Ebene der S_1-Anregung in Frage (→ Abbildung 8.13). Hierbei wird durch das oscillierende elektrische Feld des angeregten Elektrons ein Elektron des im S_0-Zustand befindlichen Empfängermoleküls in Resonanz versetzt, was eine Anhebung auf S_1 zur Folge hat. Voraussetzung hierfür ist eine präzise Orientierung der elektrischen Dipole und eine Überlappung der Elektronenwolken beider Moleküle, d.h. eine äußerst dichte, hochgeordnete Packung (Abstand von wenigen nm zwischen den Molekülzentren). Außerdem müssen sich die beteiligten Anregungszustände energetisch stark überlappen (sichtbar an einer Überlappung des Fluoreszenzemissionsspektrums des abgebenden mit dem Absorptionsspektrum des aufnehmenden Pigments). Da bei diesem Transfer stets ein kleiner Energiebetrag als Wärme verloren geht (→ Differenz zwischen Absorptions- und Fluoreszenzspektrum von Chlorophyll *a* in Abbildung 8.13), erfolgt die Energieübertragung bevorzugt auf Pigmente mit etwas geringerer Anregungsenergie (längerwellige Absorptionsbande). Statistisch gesehen erfolgt daher die Energiewanderung zwangsläufig gerichtet, und zwar zu demjenigen Chlorophyll mit dem langwelligsten Absorptionsgipfel im Kollektiv, welches dadurch die Rolle einer **Energiefalle** zugewiesen bekommt.

Man kann aus Thylakoiden einen Chlorophyll-*a*-Protein-Komplex isolieren, dessen S_1-Absorptionsbande bis nach 698–703 nm verschoben ist und der daher als **P$_{700}$** bezeichnet wird. Das Chlorophyll dieses Komplexes hat offensichtlich die Eigenschaften einer Energiefalle im Kollektiv. Darüber hinaus unterscheidet sich dieses Pigment von anderen Chlorophyllformen durch das Fehlen von Fluoreszenz. Dafür zeigt das P$_{700}$ eine lichtinduzierte Änderung des Absorptionsspektrums (Bleichung), wie sie für photochemisch aktive Pigmente charakteristisch ist (→ Abbildung 8.2).

8.2.7 Bildung von chemischem Potenzial

Die vom P$_{700}$ bewirkte photochemische Reaktion ist ein **Redoxprozess**. Im Grundzustand kann das P$_{700}$ Elektronen von einem geeigneten Donator-Redox-System aufnehmen; im angeregten Zustand kann es Elektronen an einen Acceptor mit einem 1,7 V negativeren Potenzial abgeben (→ Abbildung 8.14):

Grundzustand:
$$\text{Chl}_{ox} + e^- \rightarrow \text{Chl}_{red}, \quad E_m = 490 \text{ mV}, \quad (8.5)$$

angeregter Zustand:
$$\text{Chl}^{\star}_{red} \rightarrow \text{Chl}_{ox} + e^-, \quad E_m \approx -1200 \text{ mV}. \quad (8.6)$$

Im Dunkeln liegt das P$_{700}$ in der reduzierten Form (Chl$_{red}$) vor. Im Licht befindet sich stets ein Teil in der oxidierten (gebleichten) Form (Chl$_{ox}$). Aufgrund dieser spezifischen spektroskopischen Eigenschaft kann P$_{700}$ in Chloroplasten selektiv gemessen werden, obwohl es nur einen winzigen Bruchteil des Gesamtchlorophylls der Thylakoide ausmacht (→ Exkurs 8.2). Geeignete Redoxsubstanzen (z.B. Ferricyanid) oxidieren das P$_{700}$ auch im Dunkeln. Belichtung oder chemische Oxidation erzeugen ein charakteristisches Elektronenspinresonanz(ESR)-Signal, welches auf das Auftreten ungepaarter Spins bei der Oxidation des P$_{700}$ zum P$_{700}^+$-Radikal zurückgeht. Die Anregungsenergie führt also zu einer **Ladungstrennung** zwischen P$_{700}$ und dem primären Elektronenacceptor A (P$_{700}^{\star}$ A → P$_{700}^+$ A$^-$). Dieser kurzlebige Zustand wird durch Elektronentransport (Reduktion von P$_{700}^+$ und Oxidation von A$^-$) stabilisiert.

P$_{700}$ ist also ein lichtabhängiges Redoxenzym und besitzt damit auch die **chemischen** Eigenschaften eines Reaktionszentrums (→ Abbildung 8.14). Es handelt sich um ein **Chlorophyll-*a*-Dimer** („*special pair*") mit einem gemeinsamen π-Elektronensystem. Die zugehörigen Antennenpigmente sind hauptsächlich verschiedene, proteingebundene Chlorophyll-*a*-Formen, welche möglicherweise kaskadenartig (gemäß der Lage ihrer roten Absorptionsbande; → Abbildung 8.11) angeordnet sind, um einen gerichteten Energietransfer zu begünstigen.

Das Redoxpotenzial des angeregten P$_{700}$ reicht bei weitem aus, um das elektronegativste Redoxsystem der Chloroplasten, das **Ferredoxin** ($E'_0 = -430$ mV), zu reduzieren. Anderseits kann P$_{700}$

EXKURS 8.2: Identifizierung der Reaktionszentren von Photosystem I (P_{700}) und Photosystem II (P_{680}) durch repetitive Blitzlichtspektroskopie

Das Grundprinzip dieser Methode ist theoretisch einfach, aber bei der praktischen Umsetzung technisch aufwändig. Sie kann auf lebende Zellen – oder isolierte Chloroplasten – angewendet werden, um schnelle, spektroskopisch erfassbare Veränderungen von lichtabsorbierenden Molekülen in ihrem intakten funktionellen Umfeld zu bestimmen. Zu diesem Zweck bringt man das Untersuchungsmaterial in zwei gleiche Küvetten, von denen eine mit einem sehr kurzen Lichtblitz (z. B. 10 ns) bestrahlt wird. Das Gerät misst mit Hilfe eines schwachen, kontinuierlichen Messlichts die **Absorptionsdifferenz ΔA** zwischen den beiden Küvetten als Funktion der Zeit, d. h. es werden nur die durch den Blitz ausgelösten Absorptionsänderungen ohne Störung durch die Masse der nicht beteiligten Pigmente erfasst. Um Größe und zeitlichen Verlauf dieser Änderungen genau zu bestimmen, wiederholt man die Messung in schneller Folge so oft (z. B. 1.000 mal), bis sich durch Mittelwertsbildung ein klares Bild ergibt. Auf diese Weise konnte man an isolierten Chloroplasten zahlreiche Absorptionsänderungen unterschiedlicher Größe und Kinetik messen, die verschiedenen photosynthetischen Teilreaktionen zuzuordnen sind. Beispiele solcher Signale, die in verschiedenen Zeitfenstern aufgefangen werden konnten, sind zusammen mit den ermittelten Zerfallszeiten in Abbildung A dargestellt.

Durch Messung der Signalhöhe bei verschiedenen Wellenlängen des Messlichts kann man das **Differenzspektrum** [$\Delta A = A_{red} - A_{ox} = f(\lambda)$] der beteiligten Komponente bestimmen, z. B. von Cytochrom f oder Plastochinon. Die Anwendung dieses Verfahrens auf zwei Signale mit 20 ms bzw. 0,2 ms Zerfallszeit lieferte die in Abbildung B dargestellten Differenzspektren. Sie gehen auf die Bleichung (negative Absorptionsgipfel!) von P_{700} bzw. P_{680} zurück, die diese Chlorophylle bei der Oxidation im photochemischen Cyclus erleiden ($\rightarrow$ Abbildung 8.14). (Nach Witt 1971)

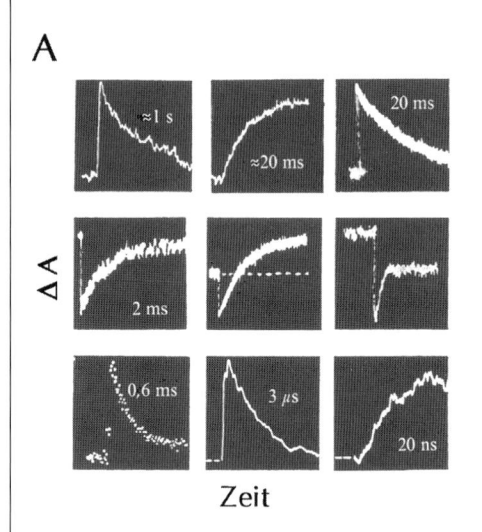

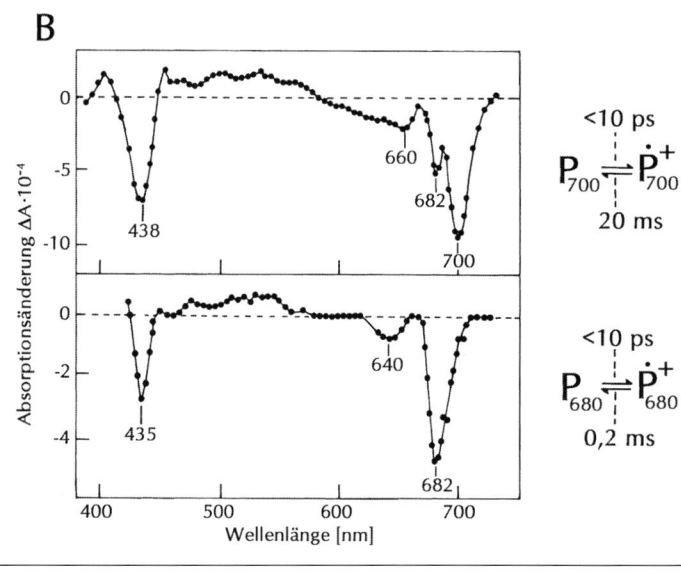

$$P_{700} \underset{20\ ms}{\overset{<10\ ps}{\rightleftharpoons}} \dot{P}_{700}^+$$

$$P_{680} \underset{0{,}2\ ms}{\overset{<10\ ps}{\rightleftharpoons}} \dot{P}_{680}^+$$

aufgrund seines relativ wenig positiven Redoxpotenzials im Grundzustand (490 mV) keine Elektronen von H_2O (E'_0 = 815 mV) übernehmen. Dieser Teilbereich des Elektronentransports wird von einem zweiten Photosystem angetrieben, dessen Reaktionszentrum durch proteingebundenes Chlorophyll a mit einer Absorptionsbande um 682 nm (P_{680}) gebildet wird. P_{680} ist ein Redoxsystem, das im Grundzustand ausreichend positiv ist ($E_m \approx$ 1.200 mV), um Elektronen von H_2O zu übernehmen. Auf der reduzierenden Seite reicht das P_{680} bis $\leq$ –200 mV. Die im Kollektiv mit dem P_{680} kooperierenden Antennenpigmente enthalten Chlorophyll a, Chlorophyll b und Carotinoide.

8.2.8 Funktionelle Verknüpfung der beiden Photosysteme

Man nennt die beiden Pigmentkollektive **Photosystem I** (PSI; P_{700} im Reaktionszentrum) und **Photosystem II** (PSII; P_{680} im Reaktionszentrum). Beide Photosysteme sind als **lichtgetriebene Elektronenpumpen** aufzufassen, welche in zwei verschiedenen, aber überlappenden Bereichen der Redoxskala arbeiten. Wegen ihrer unterschiedlichen Pigmentzusammensetzung zeigen die beiden Systeme eine ungleiche spektrale Abhängigkeit: PSI absorbiert noch gut im dunkelroten Bereich (um 700 nm), während PSII wegen der relativ starken Beteiligung von Chlorophyll b um 650 nm besser absorbiert.

Mit Hilfe membranauflösender Detergenzien kann man 4 verschiedene Pigment-Protein-Komplexe aus den Thylakoiden isolieren (Chl = Chlorophyll):

▶ **PSI-Kernkomplex**; enthält das Reaktionszentrum P_{700}, die Elektronenacceptoren A_0 (Chl a), A_1 (Phyllochinon), Eisen-Schwefelzentren [4Fe · 4S], mehrere β-Carotin- und etwa 100 Chl-a-Moleküle (PSI-Kernantennen).

▶ **PSII-Kernkomplex**; enthält das Reaktionszentrum P_{680}, Phäophytin, Plastochinon und, in zwei separaten Proteinen (CP43 und CP47), mehrere β-Carotin- und etwa 50 Chl-a-Moleküle (PSII-Kernantennen).

▶ **LHCI** und **LHCII** (*light-harvesting*-Komplexe der Photosysteme I und II); enthalten die Hauptmasse der Chl-a- und Chl-b-Antennen, β-Carotin, Lutein, Violaxanthin und Neoxanthin; Oligomere aus bis zu 6 Untereinheiten.

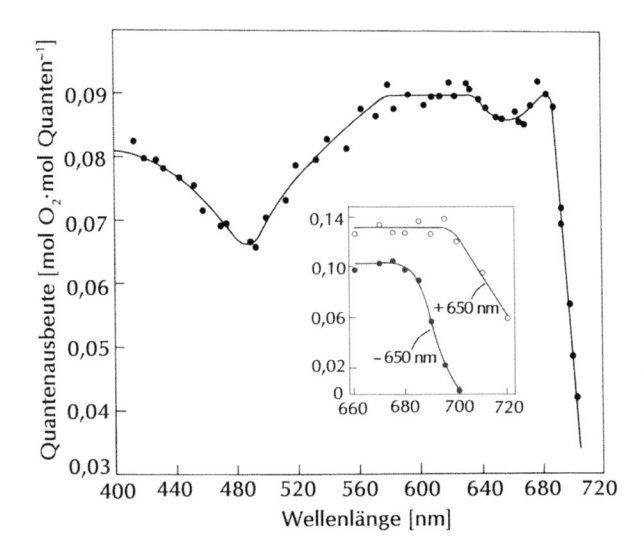

Abb. 8.15. Die Abhängigkeit der maximalen photosynthetischen Quantenausbeute (Φ_{max} = mol O_2/mol absorbierte Quanten unter optimalen Bedingungen) von der Wellenlänge bei monochromatischer Bestrahlung. Objekt: *Chlorella pyrenoidosa*. Es wurde die Abhängigkeit der stationären O_2-Entwicklung von der Wellenlänge unter Bedingungen gemessen, bei denen alle eingestrahlten Quanten absorbiert und mit maximaler Ausbeute zur O_2-Produktion genutzt werden können (minimaler Quantenfluss!). Der maximal erreichte Wert von 0,09 O_2 pro Quant (= 11 Quanten pro O_2) liegt etwas unter dem theoretischen Wert von 0,12 (8 Quanten pro O_2; → S. 193), wahrscheinlich weil die Photorespiration unberücksichtigt blieb (→ S. 227). Die Verminderung der Quantenausbeute im Bereich < 550 nm geht vor allem auf die Absorption von photosynthetisch wenig aktiven Carotinoiden zurück. (Nach Emerson und Lewis 1943; verändert). Das eingesetzte Diagramm zeigt die Steigerung der Quantenausbeute (Verschiebung des Rotabfalls) durch ein Zusatzlicht von 650 nm. (Nach Emerson et al. 1957)

Durch hochauflösende Röntgenstrukturanalyse von kristallisierten PSI- und PSII-Komplexen konnte in den letzten Jahren die Proteinstruktur der Photosysteme und die räumliche Anordnung der Chlorophylle, Chinone, Eisen-Schwefel-Zentren usw. sehr genau ermittelt und in Modellen dargestellt werden (→ Exkurs 8.3).

PSII mit seinen umfangreichen Antennen (Chl *a/b*-Verhältnis etwa 1 : 1) ist in den Kontaktzonen der Granathylakoide konzentriert, während PSI mit seinen relativ kleinen Antennen (Chl *a/b*-Verhältnis etwa 4 : 1) weitgehend auf die an das Stroma grenzenden Thylakoidbereiche beschränkt ist (→ Abbildung 8.8). LHCs sind für die Photosynthese nicht absolut erforderlich. Es gibt z. B. Mutanten, die diese Komplexe nicht ausbilden und trotzdem photosynthetisch aktiv sind. Die Menge an LHCs pro Reaktionszentrum ist bis zu einem gewissen Grad variabel; sie hängt z. B. von den Lichtverhältnissen ab, unter denen die Pflanze wächst.

PSII und PSI sind hintereinander in der vom H_2O zum $NADP^+$ führenden Elektronentransportkette angeordnet. Dies folgt z. B. aus dem **Emerson-Effekt**: Bestrahlt man Chloroplasten mit Licht längerer Wellenlängen (> 690 nm), so fällt die sonst recht konstante Quantenausbeute stark ab (Abbildung 8.15). Bestrahlt man jedoch gleichzeitig mit 700 und 650 nm, so wird die Quantenausbeute wieder auf einen hohen Wert angehoben. Die Fluoreszenzausbeute verhält sich komplementär dazu. Dieser von Emerson 1957 entdeckte **Steigerungseffekt** bei der photosynthetischen Quantenausbeute (Abbildung 8.15) beruht darauf, dass absorbiertes, dunkelrotes Licht nur dann (über PSI) optimal für die O_2-Entwicklung ausgenützt werden kann, wenn kürzerwelliges Licht, das von PSII absorbiert wird, zugegen ist. Der Steigerungseffekt tritt auch auf, wenn die beiden Wellenlängen nacheinander gegeben werden, vorausgesetzt die Dunkelpause ist ausreichend kurz, **Blinks-Effekt**. Die Hill-Reaktion mit DCPIP und die cyclische Photophosphorylierung (→ S. 193) zeigen keinen Emerson-Effekt. Dieser tritt aber prinzipiell dann auf, wenn die gemessene Reaktion von der Funktion beider Photosysteme abhängt (z. B. bei der Hill-Reaktion mit $NADP^+$). Der Emerson-Effekt kann dazu verwendet werden, die Wirkungsspektren von PSI und PSII zu messen (Abbildung 8.16).

Mit Hilfe der Blitzlichtspektroskopie (→ Exkurs 8.2) konnte gezeigt werden, dass dunkelrotes Licht (720 nm) das P_{700} in die oxidierte Form verschiebt; anschließende Hellrotbestrahlung (638 nm) reduziert das P_{700} wieder zum Teil. Die Chlorophyllfluoreszenz *in vivo* (λ_{max} = 685 nm), welche fast aus-

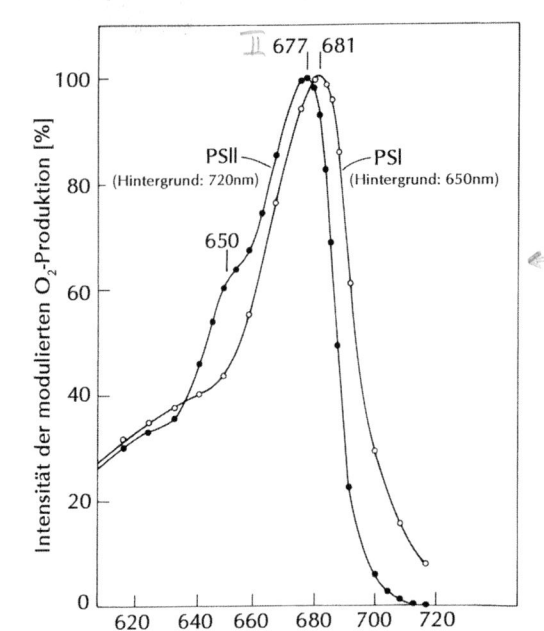

Abb. 8.16. Wirkungsspektren der beiden Photosysteme (*PSI, PSII*) welche auf der Basis des **Emerson-Effekts** ausgearbeitet wurden. Objekt: isolierte Chloroplasten von Spinat (*Spinacia oleracea*). Die Kurve mit einem Gipfel bei 677 nm wurde folgendermaßen erhalten: Die Reaktionszentren der beiden Photosysteme wurden durch ein konstantes, starkes Hintergrundlicht von 720 nm in einem bestimmten stationären Zustand gehalten. Man erhält unter diesen Bedingungen eine konstante O_2-Produktion. Zusätzlich wurde ein mit 90 Hertz moduliertes, schwaches Zusatzlicht mit Wellenlängen aus dem Bereich von 610 bis 720 nm eingestrahlt. Bei der polarographischen Messung der O_2-Produktion wurde nur der modulierte Anteil gemessen, welcher direkt die durch das Zusatzlicht bewirkte Steigerung der O_2-Produktion repräsentiert. Das Ausmaß der Steigerung ist abhängig von der Absorption im Photosystem II. Die Beteiligung von Chlorophyll *b* an diesem Photosystem wird durch die Schulter bei 650 nm angezeigt. In entsprechender Weise erhält man bei 650-nm-Hintergrundlicht, welches bevorzugt im Photosystem II absorbiert wird, und variablem, moduliertem Zusatzlicht eine modulierte O_2-Produktion, die das Wirkungsspektrum von Photosystem I ergibt (Gipfel bei 681 nm). (Nach Joliot et al. 1968)

EXKURS 8.3: Molekulare Strukturmodelle der Photosysteme

Zur Aufklärung der dreidimensionalen Struktur von Makromolekülen dient die **Röntgenstrukturanalyse**, die z. B. auch die Entdeckung der Doppelhelix-Struktur der DNA durch Watson und Crick (1953) ermöglicht hat. Inzwischen wurde diese Methode weiter verfeinert, so dass, bei einer Auflösung von 0,5 nm, auch die räumliche Anordnung und Orientierung einzelner Aminosäurereste in einem Protein ermittelt werden können. Voraussetzung (und häufig schwierigster Schritt) bei dieser Methode ist die Erzeugung von Proteinkristallen, in denen die Moleküle eine hochgeordnete, periodische Gitterstruktur einnehmen. Bei gerichteter Bestrahlung solcher Kristalle mit Röntgenstrahlen erhält man ein durch Beugung an den Atomen erzeugtes Muster von Sekundärstrahlungsreflexen, aus dem man die räumliche Elektronendichteverteilung, und daraus die Proteinstruktur, rekonstruieren kann.

Mit diesem röntgenkristallographischen Verfahren konnte in den letzten Jahren auch die räumliche Struktur der Photosysteme und anderer Proteinkomplexe des Elektronentransports aufgeklärt werden [siehe z. B. die Sammlung von räumlichen Modellen bei Cogdell und Lindsay (2000) New Phytol 145: 167–196, oder Ke, B (2001): Photosynthesis. Photobiochemistry and Photobiophysics. Kluwer, Dordrecht.] Als Beispiel ist in Abbildung A ein relativ grobes Modell des Photosystems II dargestellt, das die räumliche Anordnung der Liganden widergibt, während die Polypeptidstruktur aus Gründen der Übersichtlichkeit nicht dargestellt ist. Der Kernkomplex von Photosystem II ist ein Dimer mit je 19 Proteinen, 36 Chlorophyll a- und 7 Carotinoid-Molekülen pro Untereinheit. Das stark vereinfachte Modell zeigt die zentralen Proteine D_1 und D_2 des Monomers, welche die zwei Chlorophylle P_{D1}, P_{D2} des Reaktionszentrums P_{680} (+ zwei zusätzliche Chlorophylle Chl_{D1} Chl_{D2}) und die funktionell benachbarten Cofaktoren enthalten. Der Weg der Elektronen verläuft vom wasserspaltenden Mn-Zentrum zu einem Tyrosinrest von D_1 (4) und von dort zum P_{680} (3), welches nach erfolgter Anregung das Elektron an Phäophytin Ph_{D1} (1) und weiter an Q_A (2) und Q_B (5) schickt. Tyr_D und Ph_{D2} sind am Elektronentransport nicht beteiligt. (Nach Rutherford und Boussac 2004)

Abbildung B zeigt ein Strukturmodell einer Untereinheit des trimeren LHCII-Antennenkomplexes, bei dem auch die Polypeptidstruktur dargestellt ist. Das Monomer (ca. 25 kDa) enthält 8 Chlorophyll a-, 7 Chlorophyll b- und 2 Lutein-Moleküle. Drei hydrophobe, transmembrane α-Helices verankern das Protein in der Thylakoidmembran. Drei Chlorophyllmoleküle sind in dem Modell nicht sichtbar. (Nach Kühlbrandt et al. 1994)

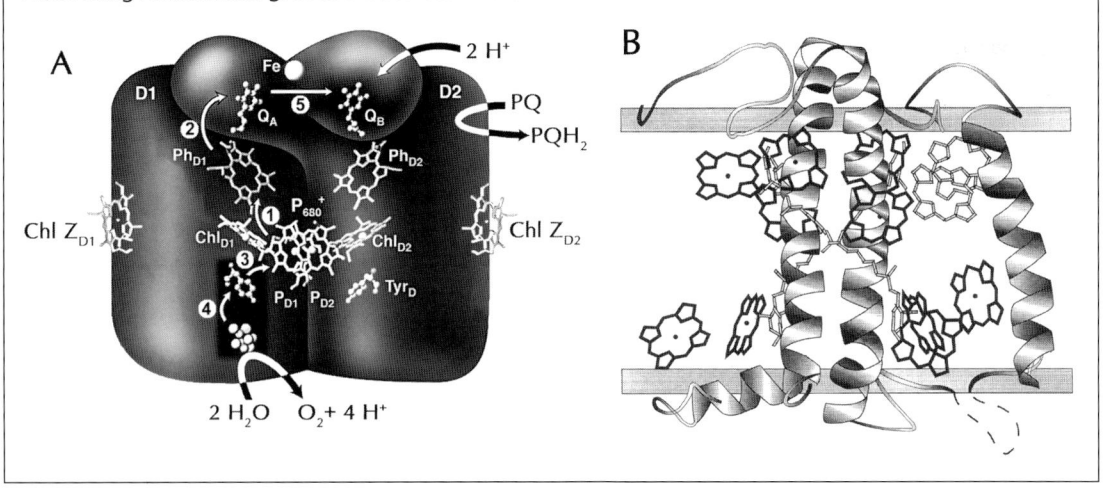

schließlich auf PSII zurück geht, kann durch selektive Anregung von PSI gelöscht werden. Diese Experimente zeigen direkt die Kooperation (Serienschaltung) der beiden Photosysteme im Elektronentransport.

8.3 Die Pigmentsysteme der Rotalgen und Cyanobakterien

Wir wollen an dieser Stelle kurz einen Seitenblick auf zwei Gruppen autotropher Organismen werfen, bei denen der photochemische Teil des Photosyntheseapparates in charakteristischer Weise modifiziert ist. Die **Cyanobacteria** sind prokaryotische Organismen, welche keine Chloroplasten, sondern einen „offenen" Photosyntheseapparat besitzen. Die einfachen Thylakoidmembranen sind meist konzentrisch in der Zellperipherie angeordnet. Die Plastiden (Rhodoplasten) der eukaryotischen Rotalgen, **Rhodophyta**, sind ebenfalls von einzeln liegenden Thylakoiden durchzogen (Abbildung 8.17). Bei beiden Algengruppen tragen die Photosynthesemembranen ein regelmäßiges Muster von Partikeln mit etwa 40 nm Durchmesser. Man nennt diese Strukturen **Phycobilisomen**.

Die Phycobilisomen (Abbildung 8.18) können von den Thylakoiden abgelöst und isoliert werden. Die weitere Untersuchung ergab, dass diese Partikel zum größten Teil aus verschiedenen **Biliproteinen** aufgebaut sind. Das Chlorophyll a (Chlorophyll b kommt bei diesen Algen nicht vor), und die Carotinoide sind dagegen auf die Membran beschränkt. Biliproteine, zu denen auch das Phytochrom gehört (→ S. 459), bestehen aus einem offenkettigen Tetrapyrrol (**Phycobilin**; Abbildung 8.19) als Chromophor, welches covalent an Protein gebunden ist. Die Molekülmasse verschiedener Biliproteine liegt zwischen 50 und 270 kDa; sie liegen im Phycobilisom als Homotrimere vor. Es treten stets zwei Typen von Untereinheiten (α, β, 12–20 kDa) mit je 1–2 Chromophoren auf. Die Phycobiline sind strukturell mit den Gallenfarbstoffen verwandt; ihr Biosyntheseweg zweigt nach dem Protoporphyrin von der Porphyrinbiosynthese ab (→ Abbildung 16.8). In den Phycobilisomen kommen, in unterschiedlicher Zusammensetzung, die Biliproteine **Phycoerythrin** (rot), **Phycocyan** (blau) und **Allophycocyan** (blau) vor. Bei einzelnen Arten treten im Proteinanteil modifizierte Formen dieser drei Pigmentklassen auf. Allophycocyan ist stets nur in relativ kleinen Mengen vorhanden. Die Biliproteine können über 40 % des gesamten Zellproteins bzw. 25 % der Zelltrockenmasse ausmachen.

Biliproteine besitzen vergleichsweise einfach strukturierte Extinktionsspektren mit Gipfeln im grünen bis hellroten Spektralbereich (Abbildung 8.20). Dies ist gerade derjenige Wellenlängenbereich, der von den grünen Pflanzen als „optisches Fenster" ausgespart wird. Rotalgen und Cyanobakterien besiedeln häufig tiefere Wasserzonen (unter-

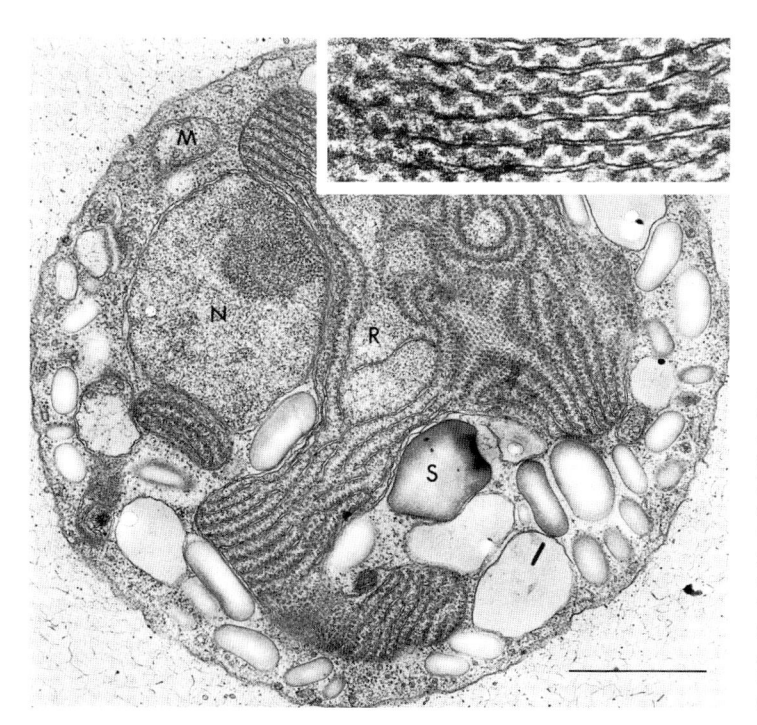

Abb. 8.17. Der Photosyntheseapparat der Rotalgen. Objekt: *Porphyridium cruentum*. Die elektronenmikroskopische Aufnahme zeigt eine Zelle mit Zellkern (*N*), Rhodoplasten (*R*, mit phycobilisomentragenden Thylakoiden) und Mitochondrien (*M*). Diese Organismen bilden Assimilationsstärke (Florideenstärke, *S*) nicht in den Plastiden, wie die meisten anderen Pflanzen, sondern im Cytoplasma. *Strich*: 1 µm. Der Ausschnitt zeigt Thylakoide mit regelmäßig angeordneten Phycobilisomen. (Nach Gantt und Conti 1966)

8.3 Die Pigmentsysteme der Rot- und Blaualgen

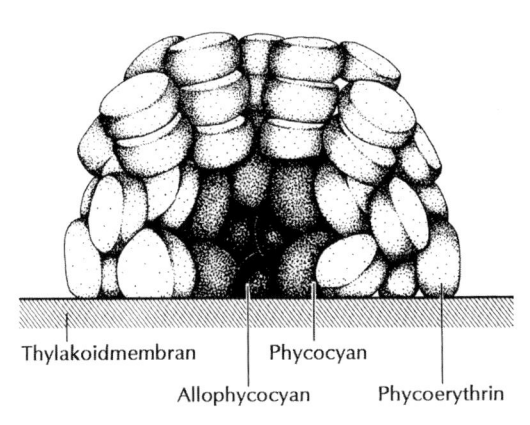

Abb. 8.18. Modell eines angeschnittenen **Phycobilisoms** der Rotalge *Porphyridium cruentum*. Im Zentrum (*schwarz*) liegt ein Allophycocyankern, welcher direkt mit dem Chlorophyll a der Thylakoidmembran in Verbindung steht. Nach außen ist dieser Kern von einer Phycocyanschale (*dunkler punktiert*) und einer Phycoerythrinschale (*heller punktiert*) umgeben. Die Biliproteine sind durch spezielle *linker*-Proteine miteinander verknüpft. Jedes Scheibchen entspricht einem Biliproteinhomotrimer. Dieses Modell konnte durch differenzielles Ablösen der beiden Schalen und Charakterisierung der exponierten Komponenten mit Hilfe von Antikörpern experimentell verifiziert werden. Die Phycobilisomen der untersuchten Kultur bestanden aus 84 % Phycoerythrin, 11 % Phycocyan und 5 % Allophycocyan. (Nach Gantt et al. 1976)

Abb. 8.19 a, b. Struktur der Chromophore (Phycobiline) der Biliproteine **Phycocyan (Allophycocyan)** und **Phycoerythrin**. a Phycocyanobilin, b Phycoerythrobilin. Die Chromophore sind am Ring *A* über Thioetherbindungen an Cysteinreste des Proteins gebunden. Die Bereiche konjugierter Doppelbindungen sind hervorgehoben. (Nach Sidler 1984)

halb der Zone der Grün- und Braunalgen), in welche bevorzugt grünes Licht vordringt.

Wirkungsspektren der Photosynthese zeigen, dass die Biliproteine als periphere Antennenpigmente der Pigmentkollektive von Rotalgen und Cyanobakterien aufzufassen sind (→ Exkurs 8.4). Die Chromophore der einzelnen Moleküle sind in den Phycobilisomen so dicht zusammengelagert, dass ein effektiver Energietransfer (> 80 % Ausbeute) in der Richtung Phycoerythrin → Phycocyan → Allo-

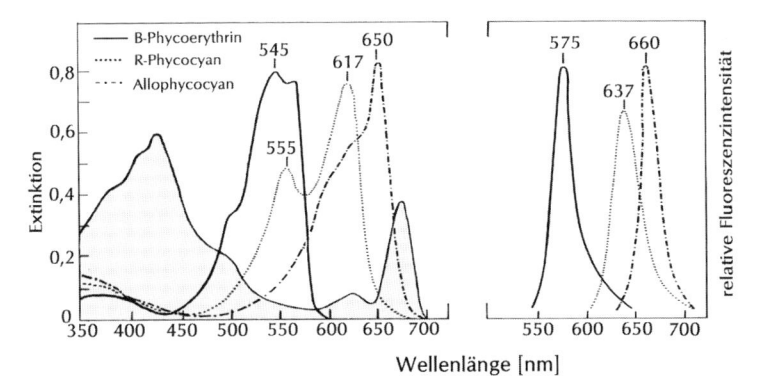

Abb. 8.20. Extinktionsspektren (*links*) und Fluoreszenzemissionsspektren (*rechts*) der Biliproteine aus den Phycobilisomen einer Rotalge. Objekt: *Porphyridium cruentum* (Phosphatpuffer pH 6,8; nicht aggregierte Formen). Zum Vergleich ist das Extinktionsspektrum eines Gemisches aus Chlorophyll a und Carotinoiden eingezeichnet (*dunkel*). Man erkennt, dass sich Extinktions- und Fluoreszenzspektren benachbarter Pigmente in einem weiten Bereich überschneiden. Die Phycobiline der Cyanobakterien (C-Phycobiline) zeigen etwas abweichende Absorptionsbanden. Das Phycocyan der Rotalgen (R-Phycocyan) enthält sowohl Phycocyanobilin als auch Phycoerythrobilin. (Nach Gantt und Lipschultz 1974)

phycocyan stattfinden kann. Die drei Pigmente liegen im Phycobilisom in drei aufeinander folgenden Schalen vor. Das Zentrum wird durch Allophycocyan gebildet, welches direkt der Thylakoidmembran aufliegt und seine Anregungsenergie an Chlorophyll-a-Antennenpigmente abgeben kann ($\rightarrow$ Abbildung 8.18). Dieses Modell wird auch durch spektroskopische Daten gestützt. Isolierte Phycobilisomen von *Porphyridium cruentum* fluoreszieren bei 675 nm (aggregiertes Allphycocyan), wenn sie bei 545 nm (Phycoerythrin) angeregt werden. Bei intakten Cyanobakterienzellen kann Chlorophyll-a-Fluoreszenz durch Anregung von Phycocyan erzeugt werden.

Die durch die Biliproteine aufgefangene Quantenenergie wird hauptsächlich zum Reaktionszentrum des Photosystems II geleitet. Das Photosystem I besteht vorwiegend aus Chlorophyll-a-Pigmenten und Carotinoiden. Da sich die beiden Pigmentkollektive in ihren Absorptionsspektren viel weniger als bei den grünen Pflanzen überschneiden ($\rightarrow$ Abbildung 8.16), macht sich der Emerson- bzw. Blinks-Effekt bei den Rotalgen und Cyanobakterien besonders drastisch bemerkbar. Diese Pflanzen sind daher besonders günstige Objekte für die Erforschung der Interaktion zwischen den beiden Photosystemen.

EXKURS 8.4: Phycobiliproteine als Antennenpigmente bei Cyanobakterien: Nachweis durch Wirkungsspektroskopie

Das Wirkungsspektrum der Photosynthese liefert den Beleg dafür, dass Chlorophylle die wesentlichen Photosynthesepigmente grüner Pflanzen sind ($\rightarrow$ Abbildung 8.12). Unter Ausnützung des Emerson-Effekts lassen sich sogar die geringfügigen Unterschiede zwischen Photosystem I und II herausarbeiten ($\rightarrow$ Abbildung 8.16). Diese Form der physiologischen Identifizierung der Pigmentfunktion kann man auch auf Rotalgen und Cyanobakterien erfolgreich anwenden. In dem hier dargestellten Beispiel wurde das Cyanobacterium *Aphanocapsa* verwendet, welches bei normaler Kultur große Mengen an Phycoerythrin (49 %), Phycocyan (41 %) und Allophycocyan (10 %) enthält. Abbildung A zeigt das Extinktionsspektrum der Zellen bei Anzucht im Licht auf einem stickstoffhaltigen Nährmedium. Zur Messung wurden die Zellen bei $-196\,°C$ eingefroren, um die Auflösung der Gipfel zu verbessern, die sich folgendermaßen zuordnen lassen: 570 nm: Phycoerythrin, 619 nm: Phycocyan, 626 und 645 nm: Allophycocyan, 670–710 nm: Chlorophyll a.

Abbildung B zeigt das Wirkungsspektrum der photosynthetischen O_2-Produktion zusammen mit dem Extinktionsspektrum bei 25 °C. Es wird deutlich, dass die photosynthetisch wirksame Strahlung vorwiegend durch die drei Biliproteine absorbiert wird; Chlorophyll a erscheint im Wirkungsspektrum nur als kaum erkennbare Schulter, obwohl es im Extinktionsspektrum deutlich hervortritt.

Wenn die Zellen für drei Tage auf stickstofffreiem Medium kultiviert werden, gehen sie zum Hungerstoffwechsel über und bauen ihre Biliproteine zum großen Teil ab. Abbildung C zeigt, dass in solchen Zellen die Funktion der Biliproteine als Antennenpigmente weitgehend verschwindet, während diejenige des Chlorophyll a nun deutlich sichtbar wird. (Nach Lemasson et al. 1973)

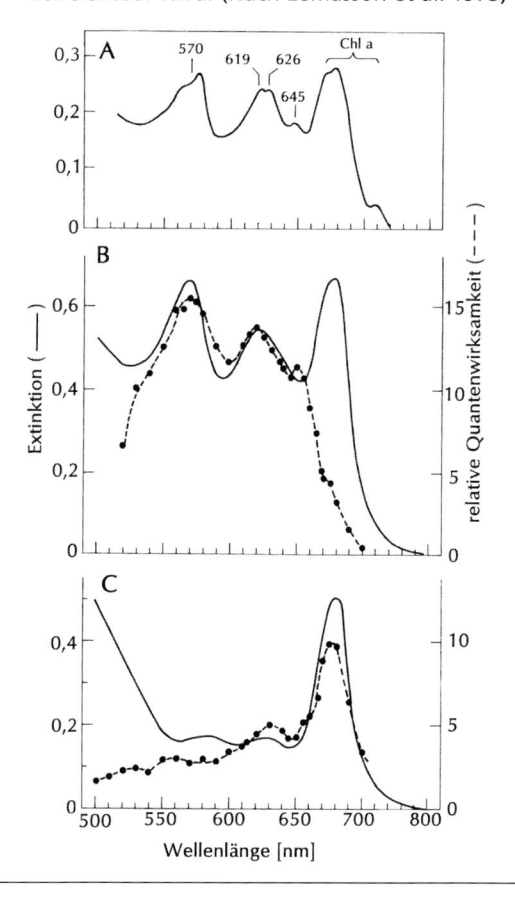

Die Pigmentzusammensetzung der Phycobilisomen wird durch Licht gesteuert. Hellrotes Licht fördert die Bildung von Phycocyan, während im grünen Licht die Bildung von Phycoerythrin bevorzugt wird, **chromatische Adaptation**. Chlorophyll *a* und die Carotinoide sind in die Steuerung nicht einbezogen. Bei dem Cyanobacterium *Tolypothrix tenuis* wurde gezeigt, dass die Umorganisation im Bereich der Antennenpigmente durch einen kurzen Lichtpuls induzierbar ist und dann im Dunkeln abläuft. Die Wirkungsspektren für die Umorganisation zeigen einen Gipfel bei 660 nm (Phycocyaninduktion) und 550 nm (Phycoerythrininduktion). Lichtpulse der beiden Wellenlängen revertieren ihre Wirkung gegenseitig. Dieses wahrscheinlich ebenfalls auf Biliproteine zurückgehende sensorische Photoreaktionssystem wird in ähnlicher Weise auch bei der Photomorphogenese von Cyanobakterien wirksam und ist offenbar ein Vorläufer der Phytochrome der höheren Pflanzen (→ Abbildung 19.17).

8.4 Photosynthetischer Elektronentransport

8.4.1 Offenkettiges System

Die beiden Photosysteme sind in der Thylakoidmembran in eine Sequenz elektronenübertragender Reaktionen eingegliedert, die man als **offenkettige (nicht-cyclische) Elektronentransportkette** bezeichnet. Die mit den Antennenkomplexen assoziierten photochemisch aktiven Chlorophylle der Reaktionszentren sind integrale Bestandteile von umfangreichen Proteinkomplexen, in denen auch die auf die Chlorophyllanregung folgenden, primären Elektronentransportschritte ablaufen (Abbildung 8.21). Im **PSI-Kernkomplex** werden die energiereichen Elektronen vom P_{700}, einem Chlorophyll-*a*-Dimer, auf die Acceptoren A_0 (monomeres Chlorophyll *a*), A_1 (Phyllochinon) und drei [4 Fe · 4 S] (Eisen-Schwefel-Zentren) übertragen. Der **PSII-Kernkomplex** enthält neben dem P_{680} (ebenfalls Chlorophyll *a*) als primären Acceptor Phäophytin (Phe, Chlorophyll *a* ohne Mg^{2+}), das die Elektronen über ein gebundenes Plastochinon (Q_A) an ein dissoziierbares Plastochinon (Q_B) weiterleitet. Der **H_2O-spaltende Enzymkomplex** ist an das PSII gebunden. Er enthält im katalytischen Zentrum eine Gruppe von 4 Manganionen, welche dem Wasser 4 Elektronen entziehen können und dabei 1 O_2 aus 2 H_2O bilden (→ Exkurs 8.5).

Die **intermediäre Redoxkette** verbindet die beiden Photosysteme: Q_B liefert Elektronen an den mobilen **Plastochinon-*pool***, der ein Verbindungsglied zwischen mehreren Elektronentransportketten darstellt. Von dort können Elektronen zum **Cytochrom-b_6/f-Komplex** übergehen, der neben den beiden Cytochromen auch ein [2 Fe · 2 S]-Protein (Rieske-Protein) enthält. **Plastocyan**, ein an der Innenseite der Membran mobil assoziiertes Cu-Protein, verbindet den Cytochrom-b_6/f-Komplex mit der Acceptorseite des PSI, das auf der Außenseite der Membran das ebenfalls eisen- und schwefelhaltige **Ferredoxin** (Fd) reduziert. Eine flavinhaltige **Ferredoxin-$NADP^+$-Oxidoreductase** überträgt die Elektronen schließlich auf den Endacceptor $NADP^+$.

Der Elektronentransport vom H_2O zum $NADP^+$ ist mit einem Transmembrantransport von H^+ in den Innenraum der Thylakoide verbunden. Hierzu tragen drei Teilreaktionen bei (→ Abbildung 8.21):
1. Bei der Wasserspaltung auf der Innenseite der Membran wird 1 H^+ pro e^- freigesetzt.
2. Bei der $NADP^+$-Reduktion auf der Außenseite der Membran wird 1 H^+ pro e^- verbraucht.
3. Der Elektronentransport durch den Plastochinon-*pool* (PQ) ist mit einem Protonentransfer durch die Thylakoidmembran gekoppelt. PQ übernimmt bei seiner Reduktion durch Q_B auf der Außenseite H^+ und entlässt bei seiner Oxidation durch den Cytochrom-b_6/f-Komplex H^+ auf der Innenseite. Dieser Prozess wird durch den **Q-Cyclus** unter Beteiligung von Cytochrom b_6 (*low-potential*- und *high-potential*-Form) katalysiert. Formal können damit 2 H^+ mit Hilfe eines Elektrons durch die Membran geschleust werden.

In der Bilanz werden also für jedes von H_2O zum $NADP^+$ wandernde Elektron formal 3 H^+ in den Thylakoidinnenraum gepumpt. Das auf diese Weise aufgebaute Protonenpotenzial liefert die energetische Grundlage für die photosynthetische ATP-Bildung (**Photophosphorylierung**) durch die ATP-Synthase der Thylakoidmembran.

Abbildung 8.21 zeigt ein Modell des Elektronentransportsystems, das die räumliche Orientierung der einzelnen Elemente in und an der Membran veranschaulicht. Das von Hill und Bendall 1960 aufgestellte „Z-Schema" des Elektronentransports

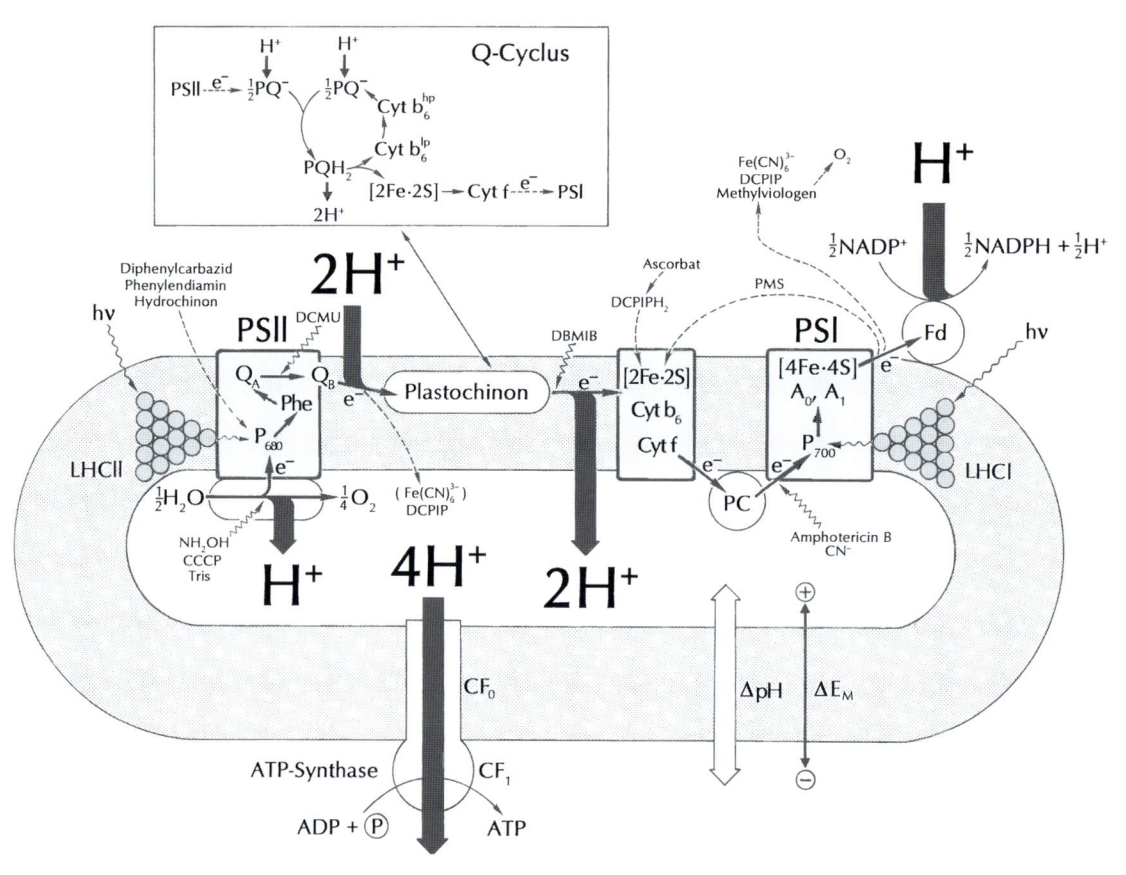

Abb. 8.21. Schematische Übersicht über den photosynthetischen (offenkettigen) Elektronentransport in der Thylakoidmembran. Die **Wasserspaltung** (O_2-Freisetzung) erfolgt an der Membraninnenseite und liefert Elektronen an das P_{680} im **PSII-Kernkomplex** (mit angeschlossener Antenne *LHCII*). Vom *PSII* werden energiereiche Elektronen über den membranmobilen **Plastochinon-*pool*** auf den **Cytochrom-b_6/f-Komplex** (*Cyt b_6*, *Cyt f*) übertragen. **Plastocyan** (*PC*) vermittelt die Verbindung zum P_{700} im **PSI-Kernkomplex** (mit angeschlossener Antenne *LHCI*), welcher über Ferredoxin (*Fd*) den Endacceptor *NADP*$^+$ reduziert. In dem Kasten ist der **Q-Cyclus** dargestellt, mit dem nach der heutigen Vorstellung ein aktiver Protonentransport durch die Membran bewerkstelligt wird. Hierbei wird in der Bilanz jedes Elektron zweimal benützt, um H^+ über PQH_2 zu leiten. Der vektorielle Transport von Elektronen und Protonen durch die Membran führt zum Aufbau eines **elektrischen Feldes** (ΔE_M) und eines **Protonengradienten** (ΔpH). Das so erzeugte Protonenpotenzial wird in der vektoriell in die Membran integrierten **ATP-Synthase** zur Bildung von ATP ausgenützt. Weitere Details im Text. Eingetragen sind auch die Wirkstellen einiger **Hemmstoffe** (*Tris*, Tris(hydroxymethyl)aminomethan; *CCCP*, Carbonylcyanidchlorophenylhydrazon; *DCMU*, 3(3,4-Dichlorphenyl)-1,1-dimethylharnstoff; *DBMIB*, Dibromothymochinon), **Elektronendonatoren** (*DCPIPH$_2$*, 2,6-Dichlorphenolindophenol) und **Elektronenacceptoren**. *PMS* (Phenazinmethosulfat) katalysiert einen cyclischen Elektronentransport mit PSI.

erhält man, wenn man die Photosysteme und Elektronenüberträger in ein **Redoxpotenzialdiagramm** einträgt (Abbildung 8.22). Dieser Darstellung kann man entnehmen, dass der Elektronentransport von einem stark positiven Potenzialniveau (815 mV) ausgeht und in einem ersten Energieschub durch das PSII bis in den Bereich von −600 mV verschoben wird. Im Verlauf der intermediären Redoxkette wird das Potenzial zunächst wieder auf 400 mV zurückgesetzt. Der zweite Energieschub durch das PSI hebt das Potenzial wieder weit in den negativen Bereich, so dass Ferredoxin (−430 mV) und NADP$^+$/NADPH (−320 mV) ohne Schwierigkeiten reduziert werden können. Außerhalb der Photosysteme folgt der Elektronentransport stets einem mehr oder minder starken Gefälle zu positiveren Potenzialwerten und ist daher exergonisch. Die maximal zur Verfügung stehende freie Enthalpie der Lichtreaktionen (ca. 2mal 1,8 eV · Quant^{-1}) kann etwa zur Hälfte in chemischer Form aufgefangen werden.

3. **Aufgliederung des Systems in Teilsequenzen mit Hilfe spezifischer Inhibitoren und künstlicher Elektronendonatoren bzw. -acceptoren.** Nach jahrelanger, intensiver Suche stehen heute eine beträchtliche Zahl von Substanzen zur Verfügung, welche den Elektronentransport an definierten Stellen unterbrechen. In den Teilsequenzen kann dann der Elektronentransport, u. U. nach Zusatz unphysiologischer elektronenabgebender bzw. -aufnehmender Substanzen, weiter ablaufen.

Artifizielle Redoxsysteme wurden im Prinzip erstmalig 1937 von Hill für die Untersuchung des Elektronentransports eingesetzt. Hill zeigte, dass aufgebrochene Chloroplasten im Licht Fe^{3+}-Salze zu Fe^{2+}-Salzen reduzieren können, wobei kein CO_2 verbraucht, aber in stöchiometrischer Menge O_2 entwickelt wird, z. B.:

$$4Fe^{III}(CN)_6^{3-} + 2H_2O \xrightarrow[\text{Thylakoide}]{h\nu}$$
$$4Fe^{II}(CN)_6^{4-} + 4H^+ + O_2. \quad (8.7)$$

Dieses Experiment, das als **Hill-Reaktion** in die Geschichte der Photosyntheseforschung eingegangen ist, charakterisierte die Photosynthese erstmalig als Elektronentransportprozess, der seinen Ausgang nicht von CO_2, sondern von H_2O nimmt. Heute kennt man eine Vielzahl von ähnlich wirksamen „Hill-Reagenzien", welche an unterschiedlichen Stellen der Kette Elektronen entnehmen können, z. B. **DCPIP** (Dichlorophenolindophenol). Ebenso ist an verschiedenen Stellen eine Elektroneninjektion durch Redoxsubstanzen möglich. Maßgebend für die experimentelle Einschleusung bzw. Abzweigung von Elektronen durch Redoxsubstanzen ist neben einem passenden Redoxpotenzial eine ausreichend hohe Reaktionsintensität. Einige gebräuchliche Hemmstoffe bzw. Elektronendonatoren und -acceptoren sind in Abbildung 8.21 eingetragen. Ein besonders häufig verwendeter Hemmstoff ist **DCMU** [3(3,4-Dichlorophenyl)-1,1-dimethylharnstoff], der die Elektronenabgabe durch den PSII-Komplex blockiert. Aufgrund dieser spezifischen Reaktion ist DCMU ein sehr wirksames Herbizid. Im Experiment kann man PSI alleine arbeiten lassen, wenn man den Elektronentransport im PSII durch DCMU unterbricht und als Ersatz $DCPIPH_2$ (+ Ascorbat) zusetzt. Als Acceptor kann endogenes Ferredoxin oder Methylviologen dienen. Mit dieser Testreaktion für PSI-Aktivität konnte man in desintegrierten (mit Ultraschall, Detergenzien u. a.) Thylakoidpräparationen Partikel nachweisen und isolieren, welche nur noch PSI und die zugehörigen Redoxenzyme enthielten. Entsprechend gelang die Isolierung von PSII-angereicherten Partikeln. Eine Rekonstruktion der Funktion des gekoppelten Systems (Elektronentransport von Diphenylcarbazid zum $NADP^+$) kann erreicht werden, wenn beide Partikelfraktionen unter Zugabe von Plastocyan, Ferredoxin, Ferredoxin-$NADP^+$-Oxidoreductase und Lecithin (als Bindemittel) wieder zusammengefügt werden.

Durch diese und viele andere experimentelle Resultate ist das Z-Schema sehr gut begründet worden. Es steht auch in guter Übereinstimmung mit der experimentell gemessenen Quantenausbeute (Φ = 1 mol O_2 pro 8–10 mol absorbierten Lichtquanten unter optimalen Bedingungen): Für jedes abgegebene O_2 müssen 4 Elektronen je zweimal die Energie eines Lichtquants zugeführt bekommen. Dies ist doppelt so viel, wie aus thermodynamischen Gründen notwendig wäre.

8.4.2 Cyclisches System

Arnon, auf den die Entdeckung der Photophosphorylierung in isolierten Chloroplasten zurückgeht (1954), konnte zeigen, dass in den Thylakoiden auch ein **cyclischer Elektronentransport** stattfindet, der von nur einem Photosystem angetrieben wird und ebenfalls ATP liefern kann. Als Redoxsysteme sind Ferredoxin und Cytochrom b_6 beteiligt ($\rightarrow$ Abbildung 8.22). Offensichtlich werden in diesem Fall die Elektronen vom Ferredoxin wieder über einige Zwischenstationen zum P_{700} zurückgeleitet, wobei natürlich keine Reduktionsäquivalente, sondern nur Protonenpotenzial gewonnen werden kann. Dieses cyclische System, das spezifisch durch Antimycin A, nicht aber durch DCMU hemmbar ist, zeigt das Wirkungsspektrum des PSI und eine relativ niedrige Lichtsättigung. In isolierten, aufgebrochenen Chloroplasten geht die Fähigkeit zum cyclischen Elektronentransport (offenbar wegen des Verlustes von leicht auswaschbarem Ferredoxin) verloren, kann aber durch Zusatz von Ferredoxin oder eines geeigneten artifiziellen Redoxkatalysators (z. B. PMS; $\rightarrow$ Abbildung 8.21) wieder hergestellt werden.

Die Beziehungen zwischen offenkettigem und cyclischem Elektronentransport sind bis heute noch nicht ganz klar. Der cyclische Weg könnte z. B.

durch einen Kurzschluss im Bereich des PSI innerhalb des nichtcyclischen Systems zustande kommen. Dies würde bedeuten, dass die beiden alternativen Wege am Ferredoxin um die Elektronen konkurrierten. Nach einer anderen Hypothese sind die beiden Elektronentransportsysteme räumlich getrennt und arbeiten mit zwei verschiedenen PSI-Pigmentkollektiven. Beim Ergrünen von Blättern im Licht tritt bereits nach kurzer Zeit (Minuten) cyclischer Elektronentransport auf. Das O_2-produzierende, offenkettige System folgt erst einige Zeit später, parallel zur Akkumulation von Chlorophyll b und zur Entstehung der Granastapel (→ Abbildung 7.14).

Die physiologische Bedeutung des cyclischen Elektronentransports liegt offenbar in der zusätzlichen Bereitstellung von Protonenpotenzial für die ATP-Synthese, vor allem in Situationen, wo Reduktionsäquivalente (NADPH) im Überschuss vorhanden sind (z. B. wenn unter anaeroben Bedingungen die respiratorische Phosphorylierung gehemmt ist). Eine unmittelbare Abhängigkeit von dieser ATP-Quelle ("cyclische Photophosphorylierung") wurde bei vielen endergonischen Transportprozessen, z. B. bei der lichtabhängigen Aufnahme von Ionen (→ S. 88) und Anelektrolyten nachgewiesen. Außerdem liefert die cyclische Phosphorylierung, zumindest unter anaeroben Bedingungen, ATP für die Hexose → Stärke-Umwandlung (→ Abbildung 8.27) und für die N_2-Fixierung (→ S. 202) und die Photokinese (→ S. 550) photosynthetisierender Prokaryoten. Die Kohlenhydratsynthese aus CO_2, welche sowohl NADPH als auch ATP benötigt (→ S. 196), kann dagegen auch mit der nicht-cyclischen Photophosphorylierung auskommen; sie wird jedoch durch das cyclische System zusätzlich gefördert.

Ein "pseudocyclischer" Elektronentransport mit Phosphorylierung kommt zustande, wenn das Ferredoxin des offenkettigen Systems Elektronen auf O_2 überträgt (1/2 O_2 + 2 e^- + 2 H^+ → H_2O). Auch hierdurch kann die ATP-Bildung von der $NADP^+$-Reduktion entkoppelt werden. Die Reaktion verläuft über zwei Schritte:

1. $O_2 + 2\,e^- + 2\,H^+ \to H_2O_2$ (Mehler-Reaktion)

und

2. $H_2O_2 + NADPH + H^+ \to 2\,H_2O + NADP^+$. (8.8)

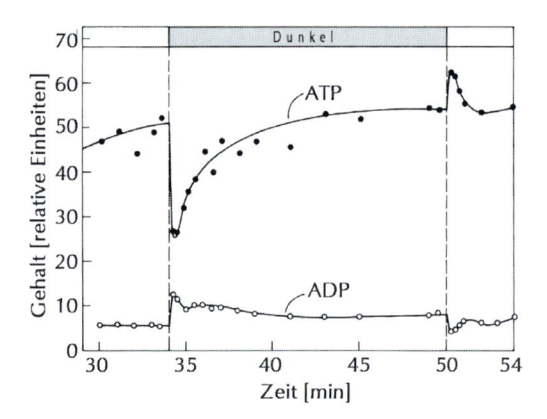

Abb. 8.23. Kinetik des zellulären ATP-Gehaltes bei Umstellung von Licht- auf Dunkelstoffwechsel. Objekt: *Chlorella pyrenoidosa*. Man erkennt, dass der ATP-Gehalt nach Blockierung der Photophosphorylierung durch Verdunkelung zunächst kurz absinkt, jedoch bereits nach 10 min (durch verstärkte respiratorische Phosphorylierung) wieder auf den ursprünglichen Wert eingestellt wird. Die „Energieladung" der Zelle (→ S. 67) ist also offenbar unabhängig vom Licht-Dunkel-Wechsel. Bei erneuter Belichtung beobachtet man ein Überschießen in der anderen Richtung. Derartige Übergangsreaktionen sind charakteristisch für Regelvorgänge bei *pools* mit raschem *turnover*. Der ADP-Gehalt verhält sich komplementär zum ATP-Gehalt. (Nach Bassham und Kirk 1968)

Die verschiedenen Mechanismen zur ATP-Bildung im Rahmen der Photosynthese und der Respiration unterliegen einer strikten, übergeordneten Kontrolle. Dies zeigt sich, wenn eine Änderung äußerer Bedingungen (z. B. aerob → anaerob, Licht → Dunkel) ein Umschalten zwischen verschiedenen Mechanismen erforderlich macht. Bei derartigen Umstellungen wird der zelluläre ATP-*pool* durch rasch wirksame Regelprozesse weitgehend konstant gehalten (Abbildung 8.23). Unterschiedliche Produktionsintensität (bzw. wechselnder Bedarf) von Phosphorylierungspotenzial in verschiedenen Stoffwechselsituationen wird in der Regel durch Anpassung des ATP-*turnovers* bei konstant gehaltenem *pool* bewerkstelligt (Stoffwechselhomöostasis; → S. 98).

8.5 Mechanismus der Photophosphorylierung

Die Thylakoide werden durch Licht in einen energiereichen Zustand versetzt, der, vermittelt durch einen Protonengradienten, zur Erzeugung von **Phosphorylierungspotenzial** ausgenützt werden

EXKURS 8.5: Der Mechanismus der photosynthetischen Wasserspaltung im Photosystem II

H_2O ist ein chemisch extrem stabiles Molekül, das nur unter hohem Energieaufwand in H_2 und $1/2\ O_2$ gespalten werden kann. Um 1 O_2 zu erzeugen, müssen 4 Elektronen aus 2 H_2O mit einem starken Oxidationsmittel entfernt werden (E'_0 für $H_2O/1/2\ O_2$ liegt bei 815 mV). Da die oxidierende Seite des PSII bis etwa 1200 mV reicht, erfüllt es die energetischen Voraussetzungen zur Durchführung dieser Reaktion. Es bleibt jedoch die Frage, wie das PSII als 1-Elektronenüberträger einen 4-Elektronenübergang bewältigen kann.

Die Antwort auf diese Frage geht zurück auf Experimente, die 1969 von Joliot und Mitarbeitern durchgeführt wurden. Diese Forscher belichteten dunkeladaptierte Algenzellen oder isolierte Chloroplasten mit einer Serie kurzer, sättigender Lichtblitze ($\approx$ 10 µs im Abstand von 0,3 s), welche das PSII jeweils 1 mal anregten. Die hierdurch ausgelöste O_2-Produktion wurde mit einem schnell ansprechenden Polarographen gemessen. Abbildung A zeigt das Resultat eines solchen Experiments: Der 1. und der 2. Blitz erzeugten sehr wenig, aber der 3. Blitz extrem viel O_2; weitere Blitze ergaben ein oszillierendes Muster mit einem Gipfel der O_2-Produktion nach jeweils 4 Blitzen.

Wie lassen sich diese überraschenden Befunde verstehen? Kok und Mitarbeiter schlugen 1970 vor, dass das wasserspaltende System des PSII als eine Art Akkumulator funktioniert, der in der Lage ist, 4 nacheinander eintreffende positive Ladungen zu speichern und anschließend gemeinsam einzusetzen, um aus 2 H_2O-Molekülen 4 Elektronen zu entfernen. Diese zunächst kühn erscheinende Erklärung hat sich in der Folgezeit glänzend bestätigen lassen. Wir wissen heute, dass die wasserspaltende Untereinheit des PSII ein Zentrum aus 4 eng benachbarten Mn-Ionen enthält und 4 Redoxzustände einnehmen kann (S_0 bis S_4; S_0, S_1, S_2 sind durch Elektronenspinresonanz identifizierbar). Elektronenentzug durch das oxidierte P_{680} führt in einem 4-stufigen, cyclischen Prozess im S_4-Zustand zur Ansammlung von 4 Oxidationsäquivalenten, welche zur Freisetzung von 1 O_2 aus 2 H_2O dienen (wobei ein Tyrosinrest im Protein als Redoxsystem Z beteiligt ist). Ein Modell dieses **Kok-Joliot-Cyclus** ist in Abbildung B dargestellt. Die Zustände S_2 und S_3 sind relativ instabil und fallen bei längerer Dunkelheit auf den stabilen Zustand S_1 zurück. Dies ist der Grund dafür, dass der erste Gipfel in Abbildung A bereits nach dem 3. Blitz auftritt. (Nach Ke 2001; verändert)

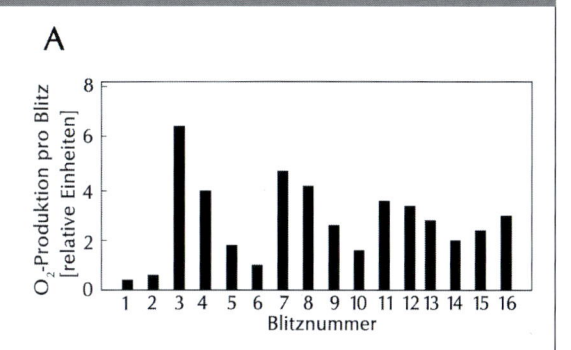

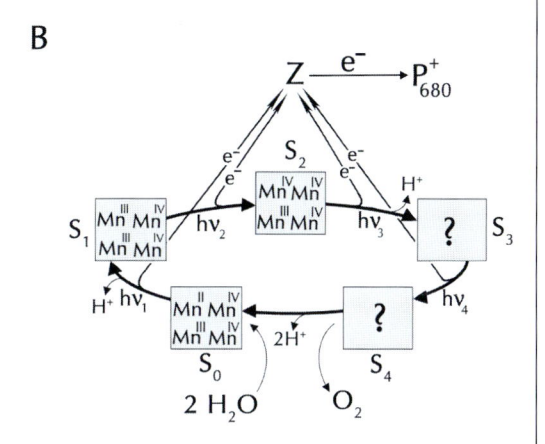

Beiden Elektronentransportmodellen (Abbildung 8.21, 8.22) ist gemeinsam, dass die laterale Lokalisierung der Photosysteme in der Thylakoidmembran nicht korrekt wieder gegeben wird. Es wird ignoriert, dass PSII vor allem auf die Kontaktzonen der Granastapel beschränkt ist, während PSI (wie auch die ATP-Synthase) nur in denjenigen Membranbereichen vorliegt, die an den Matrixraum der Chloroplasten (Stroma) grenzen. Die räumliche Trennung muss durch mobile Elektronenüberträger überbrückt werden. Diese Funktion übernimmt vor allem das leicht lösliche **Plastocyan**. Der Cytochrom-b_6/f-Komplex kommt in allen Membranzonen vor, dürfte aber am Übergang zwischen Grana- und Stromathylakoiden konzentriert sein.

Bei der Aufklärung der photosynthetischen Elektronentransportkette, insbesondere bei der funktionellen Reihung der einzelnen Elemente dieses linearen Systems, wurden verschiedene biophy-

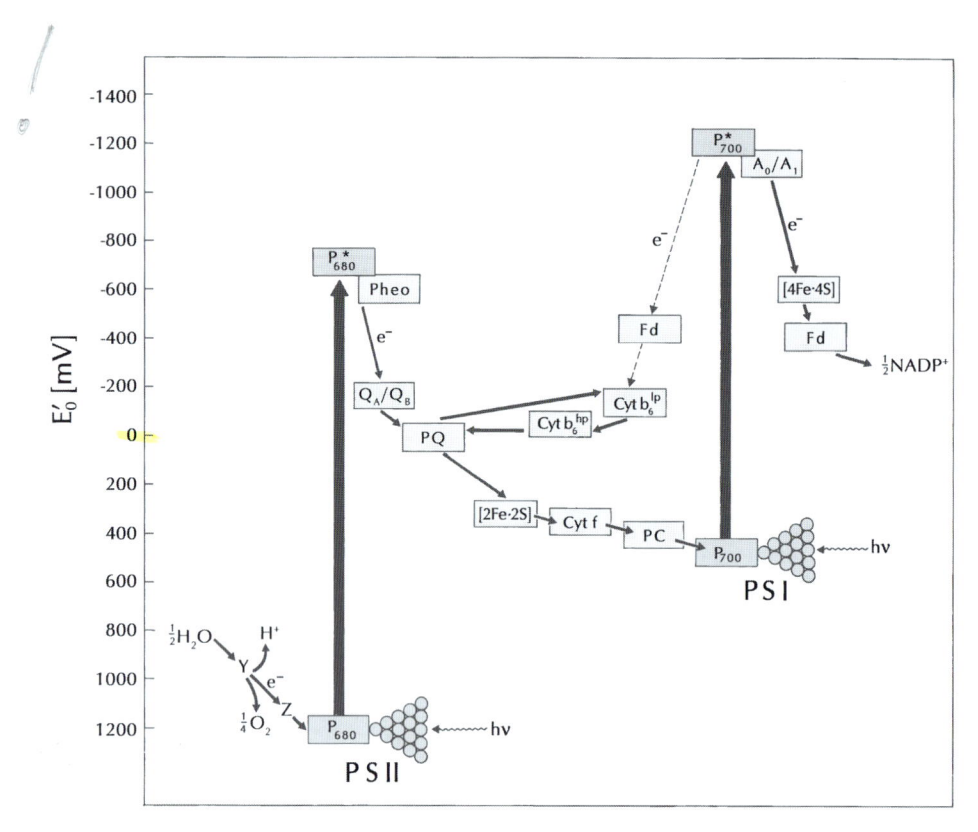

Abb. 8.22. Z-Schema des photosynthetischen Elektronentransports. Die Länge der dicken Pfeile gibt die Potenzialdifferenz zwischen angeregtem und nichtangeregtem Reaktionszentrum (P_{680} im Photosystem II, P_{700} im Photosystem I) an. Die einzelnen Redoxsysteme sind auf der Höhe ihres Standardpotenzials (E'_0 oder E_m; → S. 70) eingetragen. Neben dem offenkettigen Weg ist der cyclische Elektronentransportweg dargestellt (unterbrochene Pfeile). Y, wasserspaltender Komplex; Z Elektronendonator des P_{680}; Pheo, Phäophytin a (Elektronenacceptor des P_{680}); Q_A, Q_B, im PSII gebundene Plastochinone, PQ, mobiler Plastochinon-pool, Knotenpunkt mehrerer Elektronentransportketten; Cyt b_6, Cytochrom b_6 (high-potential- und low-potential-Form); [2Fe · 2S], Rieske-Eisen-Schwefel-Zentrum; Cyt f, Cytochrom f; PC, Plastocyan; A_0, A_1, Elektronenacceptoren des P_{700}; [4Fe · 4S], Eisen-Schwefel-Zentren im PSI; Fd, Ferredoxin. Dieses Schema stellt die funktionellen, nicht die räumlichen Zusammenhänge im Elektronentransport dar.

sikalische und biochemische Wege eingeschlagen, welche hier nur im Prinzip angeführt werden können:

1. **Wirkungsspektren für die Oxidation bzw. Reduktion von Elektronenüberträgern.** Nach dem Z-Schema (→ Abbildung 8.22) muss man erwarten, dass die intermediäre Redoxkette zwischen den beiden Photosystemen durch PSI oxidiert und durch PSII reduziert wird. Wirkungsspektren ergaben z. B. für das Cytochrom f, dessen Redoxzustand anhand des Differenzspektrums in isolierten Chloroplasten leicht gemessen werden kann, dass eine Anregung von PSI zur Oxidation, eine Anregung von PSII dagegen zur Reduktion dieser Komponente führt. Ein ähnliches Resultat wurde für Plastochinon und P_{700} gefunden.

2. **Messung der Kinetiken für Oxidation/Reduktion einzelner Elektronenüberträger mit der repetitiven Blitzlichtspektroskopie** (→ Exkurs 8.2). Mit dieser Methode lässt sich der Weg der Elektronen direkt kinetisch verfolgen. So wurde z. B. aufgrund einer PSII-induzierten Absorptionsänderung bei 320 nm, welche genauso schnell ($\tau_{1/2}$ = 0,6 ms) wie die Löschung der Chlorophyllfluoreszenz, und damit schneller als die induzierte Absorptionsänderung des Plastochinon-pools ($\tau_{1/2}$ = 20 ms) erfolgt, die Existenz des Redoxsystems Q gefolgert. Heute weiß man, dass es sich hierbei ebenfalls um Plastochinon handelt, das in einer fest und einer locker gebundenen Form im PSII-Komplex vorliegt (Q_A bzw. Q_B).

kann. Die Anregung von Elektronen durch die Photosysteme ist mit einem ebenso schnellen (< 20 ns) Aufbau eines elektrischen Feldes (10^5 V · cm^{-1}) quer zur Thylakoidmembran (Matrixseite negativ) verbunden, welches mit Hilfe der repetitiven Blitzlichtspektroskopie von Witt und Mitarbeitern 1967 entdeckt wurde. Dieses Feld, das kurzfristig ein Membranpotenzial von bis zu –100 mV erzeugen kann, ist ein Ausdruck des energetisierten Zustandes der Membran. Es konnte gezeigt werden, dass PSI und PSII in gleicher Weise zur Erzeugung des Feldes beitragen. Diese Befunde weisen auf eine funktionelle Ausrichtung der Photosysteme in der Membran hin (elektronenabgebende Seite nach außen), wie sie auch aufgrund struktureller Daten postuliert wird.

Während der Zerfallszeit des Feldes nach einem kurzen Blitz (Transport von einem Elektron durch die Redoxkette) baut sich mit einer Halbwertszeit von 20 ms ein **pH-Gradient** quer zur Membran auf, der im Dunkeln wieder mit $\tau_{1/2} \approx 1$ s nivelliert wird. Zwischen Elektronen- und Protonentransport besteht unter diesen Bedingungen ein stöchiometrischer Zusammenhang: Pro Elektron werden drei Protonen in entgegengesetzter Richtung transportiert (H$^+$/e$^-$ = 3; → Abbildung 8.21). Unter Dauerlichtbedingungen stellt sich an der Thylakoidmembran eine Differenz ΔpH ≈ 3 ein (z. B. innen pH 5, wenn außen pH 8 aufrecht erhalten wird), d. h. ein H$^+$-Konzentrationsunterschied von 1 : 1.000. Der H$^+$-Gradient wird durch einen entgegengesetzt gerichteten Gradienten divalenter Kationen (Mg^{2+}) elektrisch partiell kompensiert; das resultierende Membranpotenzial liegt bei etwa –20 mV. Diese experimentellen Befunde werden von dem Elektronentransportmodell gedeutet, welches in Abbildung 8.21 dargestellt ist. Im Fall des cyclischen Elektronentransports ist nur das PSI am Aufbau des Protonengradienten beteiligt.

Wie kann dieser lichtinduzierte, elektrisch energetisierte Zustand der Membran, das **Protonenpotenzial**, in **Phosphorylierungspotenzial** transformiert werden? Eine Antwort auf diese Frage liefert die Mitchell-Hypothese (→ S. 84), welche eine durch das elektrochemische Potenzial eines Protonengradienten angetriebene Phosphorylierung an einer vektoriell in der Membran arbeitenden **ATP-Synthase** postuliert. Ein solches Enzym liegt in Form eines F$_0$F$_1$-ATP-Synthase-Komplexes (CF$_0$F$_1$) vor, dessen katalytische Untereinheit (CF$_1$, **Koppelungsfaktor**) zum Stroma orientiert ist (→ Abbildung 4.11). Die ATP-Synthase ist, ähnlich wie das PSI, auf die an das Stroma grenzenden Bereiche der Thylakoide konzentriert. Man konnte zeigen, dass die Anlegung eines künstlichen Protonengradienten (ΔpH = 3,5) an Thylakoide eine ATP-Bildung im Dunkeln hervorruft. Ebenso lässt sich die ATP-Synthase durch ein künstliches, transmembranes elektrisches Feld bewerkstelligen. Die Phosphorylierung funktioniert nur mit geschlossenen Thylakoiden. Eine Erhöhung der Membranpermeabilität für H$^+$ durch „Entkoppeler" (z. B. Carbonylcyanid-p-trifluormethoxyphenylhydrazon = FCCP, Gramicidin oder anderer Protonophoren) führt zu einer Blockierung der Photophosphorylierung ohne Beeinträchtigung des Elektronentransports (→ S. 225).

Im sättigenden Dauerlicht, in dem sich ein Fließgleichgewicht zwischen H$^+$-Influx und H$^+$-Efflux einstellt, ist für die Phosphorylierung von ADP in den Chloroplasten $\Delta G \approx 60$ kJ · mol^{-1} bestimmt worden. Die freie Enthalpie der energetisierten Thylakoidmembran lässt sich nach Gleichung 4.12 berechnen: Für $\Delta E_M = -20$ mV und ΔpH = 3 ergibt sich ein Protonenpotenzial von –197 mV, d. h. –20 kJ pro mol H$^+$, welches in den Matrixraum zurückfließt. Neuere Messungen haben gezeigt, dass unter diesen Bedingungen etwa 4 H$^+$ durch die ATP-Synthase zurückfließen müssen, um 1 ATP zu synthetisieren. Wenn man für den nicht-cyclischen Elektronentransport H$^+$/e$^-$ = 3 annimmt, ergibt sich theoretisch eine Ausbeute von knapp 1 ATP pro transportiertem Elektron. Dieses Verhältnis wird jedoch bei kleineren ΔE_M- und ΔpH-Beträgen ungünstiger, da sich dann die Koppelung zwischen H$^+$-Transport und Phosphorylierung energetisch verschlechtert. Der Befund, dass bei niederen Quantenflüssen das Verhältnis zwischen ATP-Bildung und NADPH-Bildung absinkt, dürfte damit in Zusammenhang stehen.

8.6 Der biochemische Bereich

8.6.1 Stoffwechselleistungen der Chloroplasten

Die energiereichen Produkte des photosynthetischen Elektronen- und Protonentransports, NADPH und ATP, fallen auf der Matrixseite der Thylakoidmembran an (→ Abbildung 8.21) und stehen damit für alle endergonischen Reaktionen zur Verfügung, für welche im Plastidenkompartiment Enzyme und Substrate vorhanden sind. Diese Reaktionen spielen sich im Stroma ab, das zum größten Teil aus Enzymproteinen (und Ribosomen) besteht. An isolierten Chloroplasten lässt sich zeigen, dass dieser anabolische Stoffwechsel prinzipiell auch im Dunkeln ablaufen kann, wenn ausreichende Mengen an NADPH und ATP aus anderen Quellen zur Verfügung stehen. Es handelt sich also um biochemische Vorgänge, welche nur mittelbar von der photosynthetischen Energiewandlung abhängen und daher im Prinzip auch in nicht-grünen Pflanzenteilen (z. B. in der Wurzel) ablaufen können, dort allerdings unter Aufwendung von dissimilatorisch bereitgestellter freier Enthalpie. Der photosynthetische Stoffwechsel der Chloroplasten ist also weniger durch die Art seiner Produkte charakterisiert, als vielmehr durch den Umstand, dass er nicht auf Kosten zellulärer Energiereserven abläuft und daher zu einer **Nettoproduktion** organischer Moleküle führt.

Der anabolische Stoffwechsel der Chloroplasten ist außerordentlich vielseitig; er umfasst praktisch alle Stoffgruppen des zellulären Grundstoffwechsels. Dies wird besonders während der Chloroplastenentwicklung deutlich, z. B. in einem jungen, ergrünenden Blatt. In ihrer Wachstums- und Differenzierungsphase synthetisieren die Chloroplasten für ihren eigenen Bedarf große Mengen an Lipiden, Proteinen, RNA, DNA, Chlorophyll und Carotinoiden. Obwohl die meisten Proteine der Chloroplasten im Cytoplasma synthetisiert werden (→ S. 155), ist die Proteinsyntheseleistung wachsender Chloroplasten wegen der Massenproduktion weniger Polypeptidspezies sehr hoch. Das sog. „Fraktion-I-Protein" der Chloroplasten kann bis zu 50 % des gesamten löslichen Zellproteins grüner Blätter ausmachen. Dieses in der Natur bei weitem häufigste Protein ist identisch mit dem Enzym Ribulose-1,5-bisphosphatcarboxylase/oxygenase (→ S. 208), dessen große Untereinheiten in den Chloroplasten codiert sind und auch dort synthetisiert werden (→ Abbildung 19.25).

Die Vielfalt der von Chloroplasten hergestellten Photosyntheseprodukte hängt von ihrem Entwicklungszustand und den äußeren Lebensbedingungen der Pflanze ab. In den reifen Chloroplasten ausgewachsener Zellen verlagert sich die Syntheseleistung auf wenige Massenprodukte, welche ins Cytoplasma exportiert werden. Es sind dies vor allem Kohlenhydrate (Triosen), Glycolat und Aminosäuren. Da ATP und ADP, im Gegensatz zu NADPH/NADP$^+$, relativ leicht durch *shuttle*-Mechanismen (→ S. 83) durch die Chloroplastenhülle verfrachtet werden können, kommunizieren die Adenylat-*pools* der Chloroplasten und des Cytoplasmas miteinander, kaum jedoch die der Pyridinnucleotide. Daher kann auch ATP als Exportmolekül photosynthetisch aktiver Chloroplasten angesehen werden. Die Wirksamkeit dieser direkten Energieversorgung des Cytoplasmas zeigt sich z. B. bei der lichtabhängigen ATP-getriebenen Aufnahme von Ionen und ungeladenen Molekülen in die Zelle (→ S. 88). Außerdem ermöglicht die Adenylat-Kommunikation zwischen den Kompartimenten eine homöostatische Regulation der oxidativen ATP-Produktion in den Mitochondrien (→ Abb. 8.23). Der selektive Transport von Metaboliten spielt sich an der inneren Chloroplastenhüllmembran ab, welche über entsprechende Transportersysteme verfügt. Die äußere Hüllmembran ist dagegen für kleine Moleküle weitgehend unspezifisch permeabel. Sie enthält ein porenbildendes Protein, **Porin**, welches Moleküle bis zu einer Teilchenmasse von 10 kDa passieren lässt.

8.6.2 Fixierung und Reduktion von CO_2

Die Biosynthese von **Kohlenhydraten** ist der mengenmäßig bei weitem wichtigste biochemische Prozess in den Chloroplasten. Die klassische Formulierung der Photosynthese lautet daher:

$$CO_2 + 2\,H_2O \rightarrow [CH_2O] + H_2O + O_2$$
$$(\Delta G^{0'} \approx 480\ \text{kJ/mol}\ CO_2). \tag{8.9}$$

Hinter dieser summarischen Formel verbirgt sich ein komplizierter biochemischer Mechanismus, mit dessen Hilfe CO_2 unter Verbrauch von ATP und NADPH in Zucker umgewandelt wird:

$$CO_2 + 3\,ATP + 2\,NADPH + 2\,H^+ \rightarrow$$
$$[CH_2O] + H_2O + 3\,ADP + 3\,\text{\textcircled{P}} + 2\,NADP^+. \tag{8.10}$$

Die Aufklärung dieses Mechanismus gelang zu Beginn der 50er Jahre des letzten Jahrhunderts einem Team um M. Calvin. Diese Forscher verwendeten Suspensionen von Grünalgen (z. B. *Chlorella*; → Abbildung 17.1) und fütterten diese im Licht mit radioaktiv markiertem CO_2 ($^{14}CO_2$), welches erst wenige Jahre zuvor in die biochemische Forschung eingeführt worden war. Nachdem es später

8.6 Der biochemische Bereich

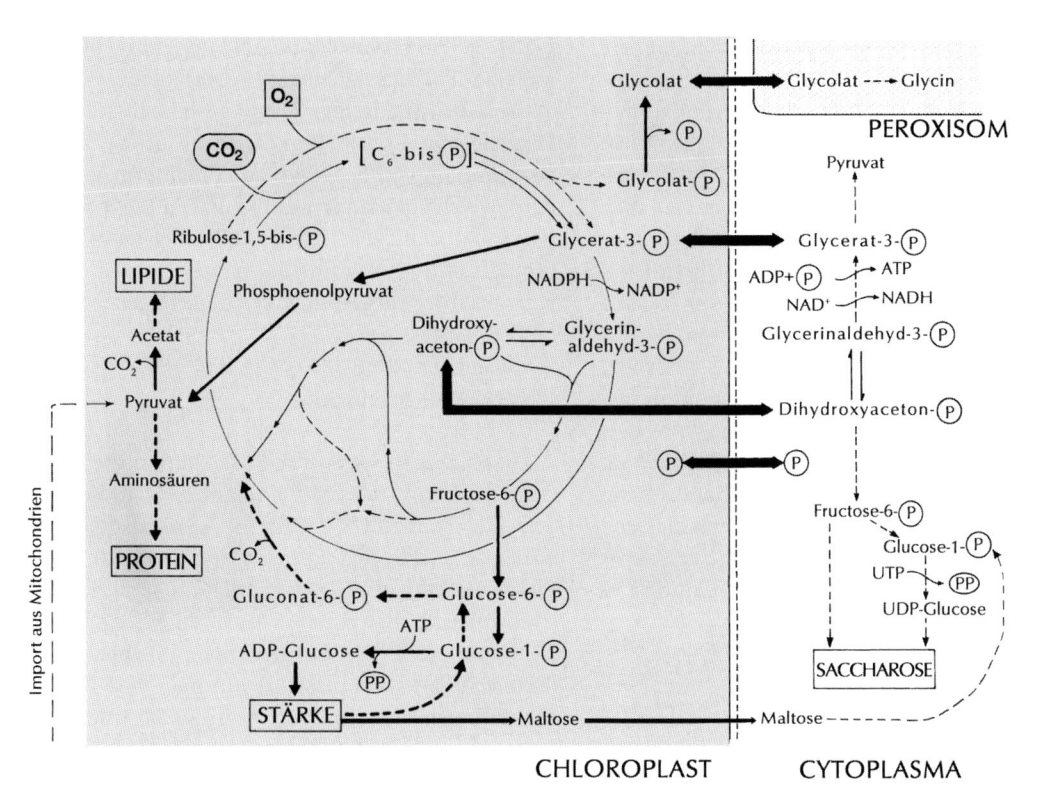

Abb. 8.27. Metabolismus und Translocation der im Calvin-Cyclus gebildeten Photosyntheseprodukte. Aus dem Cyclus können an verschiedenen Stellen Metaboliten abgezogen werden. Der Chloroplast kann u. a. **Polysaccharide, Aminosäuren** und **Fettsäuren** selbständig synthetisieren, wie sich z. B. an isolierten belichteten Chloroplasten demonstrieren lässt. Der Zuckerexport aus den Chloroplasten ins Cytoplasma erfolgt im wesentlichen über **Triosephosphat** (als *Dihydroxyacetonphosphat*). Ein **Phosphattransporter** („Triosephosphat-Translocator") transferiert Triosephosphat im Austausch mit anorganischem Phosphat durch die innere Hüllmembran nach außen. C_4- bis C_7-Zuckerphosphate (z. B. Glucosephosphat) können dagegen den Chloroplasten nicht verlassen. **ATP** und in Grenzen **NAD(P)H** werden indirekt durch *shuttle*-Mechanismen transloziert, vor allem durch den Kreislauf von Triosephosphat und Glyceratphosphat zwischen Chloroplast und Cytoplasma, der ebenfalls durch den Phosphattransporter katalysiert wird. (Triosephosphat kann im Cytoplasma im Rahmen der Glycolyse unter ATP- und NADH-Bildung in *Glyceratphosphat* umgesetzt werden; → Abbildung 9.4). Außerdem ist die Translocation von *Glycolat*, dem Produkt der Oxygenasereaktion der Ribulosebisphosphatcarboxylase (→ S. 228), in die Peroxisomen eingetragen. Der Glycolatexport der Chloroplasten (an einem **Glycolat-Glycerat-Austauschtransporter**) spielt eine große Rolle für die Photorespiration (→ S. 228). Auch ein Dicarboxylattransporter (für Malat, Oxalacetat, 2-Oxoglutarat, Aspartat, Glutamat) wurde in der inneren Hüllmembran nachgewiesen. Die **Stärke** dient als Speicherform für Kohlenhydrate im Chloroplasten. Als aktivierte Zwischenstufe der Stärkesynthese dient *ADP-Glucose*; bei der Saccharosesynthese im Cytosol wird hingegen *Uridindiphosphat(UDP)-Glucose* verwendet. Die transitorisch deponierte Stärke kann nach phosphorolytischer Spaltung zu *Glucose-1-phosphat* wieder in den Chloroplastenmetabolismus eingeführt werden. Der Zuckerexport ins Cytoplasma erfolgt im Dunkeln primär über **Maltose**, die durch hydrolytische Spaltung (Amylasen) aus Stärke freigesetzt wird.

portmetaboliten für den Export des Kohlenhydrats ins Cytoplasma. Die Triose kann dort in den Zuckerstoffwechsel eingeschleust werden. Auch Glyceratphosphat kann leicht zwischen Chloroplast und Cytoplasma verschoben werden. Es gibt also offensichtlich mehrere metabolische Verbindungswege zwischen Calvin-Cyclus und Glycolyse (Abbildung 8.27). Ein Teil des frisch gebildeten Assimilats wird im Chloroplasten gespeichert, vor allem durch die Synthese von **Assimilationsstärke** (→ Abbildung 8.6), wobei für die Aktivierung der Glucosebausteine zusätzlich ATP verbraucht wird.

Die bei Tag akkumulierte Depotstärke kann bei Nacht wieder mobilisiert werden, **transitorische Stärke** (→ Abbildung 8.27). Amylasen spalten die Stärke in das Disaccharid **Maltose**, welche unter diesen Bedingungen als wichtigstes Exportmolekül für die Versorgung des Cytoplasmas dient. Daneben entsteht wieder Glucose-6-phosphat, welches durch Glucose-6-phosphatdehydrogenase zu Gluconat-6-phosphat oxidiert und dann in andere Intermediärprodukte, z. B. Triosen und Glyceratphosphat, umgesetzt werden kann. Diese dissimilatorischen Reaktionen spielen sich ebenfalls in den Chloroplasten ab, wobei ein Teil der Calvin-Cyclus-Enzyme in „umgekehrter" Richtung benützt werden kann. Der Kohlenhydratexport aus den Chloroplasten erlaubt der Pflanze auch während der Nacht ihren Stoffwechsel (und damit ihr Wachstum) ohne Unterbrechung weiterzuführen.

Die Stärke kann nach Abbau zu Hexosephosphat auch über die Glycolyse zu Triosephosphat umgesetzt werden. Die entsprechenden Enzyme, einschließlich der Phosphofructokinase, konnten in Spinatchloroplasten in ausreichend hoher Aktivität nachgewiesen werden. Dieser Weg vermeidet den beim Abbau über Gluconatphosphat unausweichlichen Kohlenstoffverlust durch CO_2-Bildung (→ Abbildung 8.27).

8.6.3 Reduktion und Fixierung von Nitrat und Sulfat

Die Makronährelemente N und S werden wie C von der Pflanze normalerweise in maximal oxidierter Form (NO_3^-, SO_4^{2-}) aufgenommen (→ S. 303). Da sie in organischen Molekülen nur als NH_3- bzw. SH-Gruppen (in Sulfolipiden auch als Sulfonsäuregruppen) Verwendung finden, müssen diese Nährelemente zunächst in ihre maximal reduzierte Form umgewandelt werden. Die Fähigkeit zur biologischen Nitrat- und Sulfatreduktion ist auf das Pflanzenreich (einschließlich vieler Bakterien) beschränkt, welches auch in dieser Hinsicht die Existenzgrundlage aller übrigen Organismen bildet. In heterotrophen Organen, z. B. in der Wurzel, können diese Reduktionen mit Hilfe von dissimilatorisch gewonnenen Reduktionsäquivalenten durchgeführt werden. In grünen Pflanzen wird der überwiegende Anteil an reduziertem N und S in den Blättern unter Verwendung von Lichtenergie gewonnen.

Die Umwandlung des **Nitrats** in **Aminostickstoff** erfolgt in drei Stufen (Abbildung 8.28, *links*):

1. NO_3^- + NAD(P)H + H$^+$ →
NO_2^- + NAD(P)$^+$ + H_2O. (8.11)

Diese Reaktion wird durch die **Nitratreductase** katalysiert, welche im Cytoplasma lokalisiert ist und einen Enzymkomplex aus 2 oder 4 identischen Untereinheiten darstellt. Jede Untereinheit besteht aus einer Polypeptidkette (100 kDa) mit den redoxaktiven prosthetischen Gruppen **Flavin-Adenin-Dinucleotid** (FAD), **Häm** (Cytochrom-b_{557}-ähnliche Domäne) und **Molybdän** (an Pterin gebunden), welche einen **intramolekularen Elektronentransport** von NADH (oder NADPH) zum NO_3^- ermöglichen. Die Synthese des Enzyms wird durch NO_3^- induziert und durch NH_4^+ reprimiert.

2. NO_2^- + 6 Ferredoxin(red) + 8 H$^+$ →
NH_4^+ + 6 Ferredoxin(ox) + 2 H_2O. (8.12)

Dieser Schritt wird durch das Hämoprotein **Nitritreductase** katalysiert (Sirohäm, FAD und Eisen-Schwefel-Zentrum, [4 Fe · 4 S], als prosthetische Gruppen). Die Reaktion ist spezifisch für den Elektronendonator Ferredoxin, und läuft in der Chloroplastenmatrix ab. Auch hier regulieren NO_3^- und NH_4^+ die Enzymsynthese. In intakt isolierten Spinatchloroplasten kann man eine Nitritreduktion mit der im Blatt gemessenen Intensität (etwa 10–20 µmol NO_2^- · mg Chlorophyll^{-1} · h^{-1}) durch Belichtung auslösen. DCMU hemmt diese Reaktion (→ Abbildung 8.21). Die Nitritreduktion ist also energetisch an den nichtcyclischen Elektronentransport gekoppelt. Die Summengleichung der assimilatorischen Nitratreduktion lautet:

NO_3^- + H_2O + 2 H$^+$ → NH_4^+ + 2 O_2
($\Delta G^{0'}$ = 347 kJ/mol NO_3^-). (8.13)

In Wurzeln und anderen heterotrophen Organen ist die Nitritreduktion in Leukoplasten lokalisiert. Sie läuft dort ganz ähnlich wie in den Chloroplasten des Blattes ab, wird allerdings über eine **Ferredoxin-NADP$^+$-Oxidoreductase** aus dem oxidativen Pentosephosphatcyclus mit Reduktionsäquivalenten (NADPH) versorgt (→ Abbildung 8.21).

Bei den Cyanobakterien ist auch die Nitratreductase ein ferredoxinabhängiges Enzym, welches an die Thylakoidmembran gebunden ist. Bei diesen Organismen ist also die gesamte Reduktion von NO_3^- zu NH_4^+ direkt an den photosynthetischen Elektronentransport gekoppelt. Man konnte aus *Anacystis nidulans* eine Membranfraktion präparieren, welche ohne weitere Zusätze im Licht NO_3^- zu NH_4^+ unter O_2-Entwicklung reduziert. Diese „Hill-Reaktion" eignet sich also im Prinzip zu einer Biokonversion von Lichtenergie in chemische Energie.

gelang, voll intakte Chloroplasten aus Spinatblättern zu isolieren, wurden die Experimente mit prinzipiell gleichem Resultat auch an diesem Objekt durchgeführt. Die Algen wurden nach verschieden langen Zeiten mit kochendem Ethanol extrahiert und das erhaltene Metabolitengemisch mit papierchromatographischen Methoden aufgetrennt. Die Messung der Radioaktivität in den einzelnen Metaboliten als Funktion der Einbauzeit lieferte Kinetiken, welche es erlaubten, das anfängliche Stück des Weges, den der Kohlenstoff des CO_2 nimmt, aus der Reihenfolge abzulesen, mit welcher die verschiedenen Metaboliten-*pools* markiert wurden. Es zeigte sich, dass das frühest fassbare Produkt der CO_2-Fixierung das **Glyceratphosphat** ist (mit der radioaktiven Markierung in der Carboxylgruppe). Nach 1 s Einbauzeit befindet sich die aufgenommene Radioaktivität noch zu über 70 % an dieser Stelle. Anschließend verteilt sie sich immer mehr auf andere Metaboliten (Abbildung 8.24). Bereits nach weiteren 30 s findet man mehr als 20 Substanzen markiert, darunter mehrere Zucker (**Triosen** [C_3], **Tetrosen** [C_4], **Pentosen** [C_5], **Hexosen** [C_6], **Heptosen** [C_7], welche stets in Form von Mono- oder Bisphosphaten vorliegen. Die *pools*

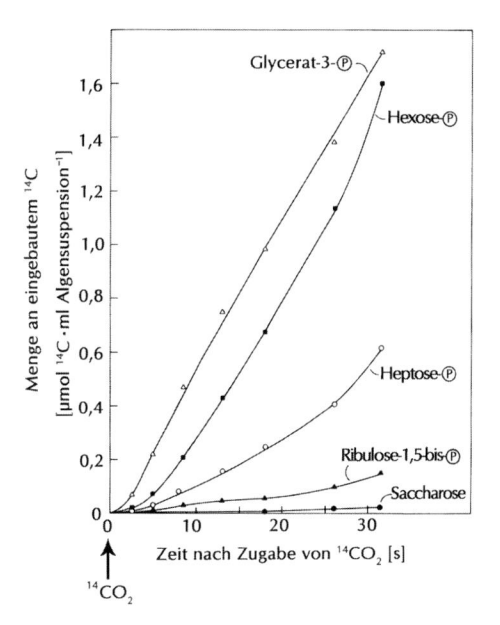

Abb. 8.24. Kurzzeitmarkierung photosynthetischer Intermediärprodukte mit ^{14}C bei stationärer Photosynthese. Objekt: *Chlorella pyrenoidosa* (25 °C). Die belichteten Zellen wurden zur Zeit Null mit $^{14}CO_2$ versetzt. In den folgenden 30 s wurde das Auftauchen des radioaktiven Kohlenstoffs in den verschiedenen Verbindungen gemessen. In den Analysen wurden 70–80 % des aufgenommenen CO_2 erfasst. (Nach Daten von Bassham und Kirk 1960)

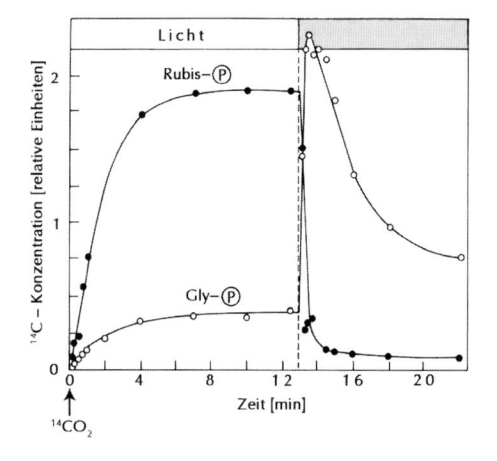

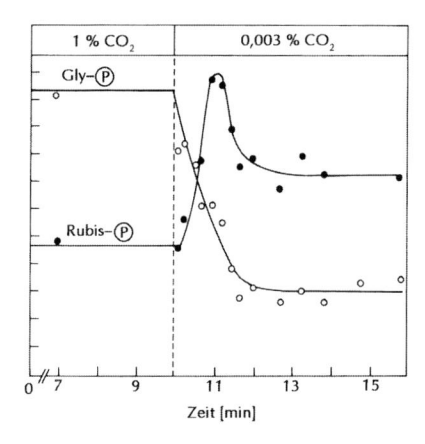

Abb. 8.25. Die Verschiebung der *pool*-Größen von Glyceratphosphat (*Gly*-Ⓟ) und Ribulosebisphosphat (*Rubis*-Ⓟ), ausgelöst durch Unterbrechung der photosynthetischen Lichtreaktion bzw. der CO_2-Versorgung. Die Resultate dieser Experimente werden durch die Funktion der beiden Verbindungen im Calvin-Cyclus erklärt (→ Abbildung 8.26). *Links*: Licht → Dunkel-Übergang. Objekt: *Chlorella pyrenoidosa* (25 °C, Begasung mit 400 µl · l^{-1} CO_2). Der Algensuspension wurde zur Zeit Null $^{14}CO_2$ zugesetzt. Beide *pools* erreichten konstante Radioaktivität nach etwa 4 min. Nach 13 min wurde das Licht abgeschaltet. Rubis-Ⓟ fällt rasch auf einen niedrigen Wert ab, kann also in einer lichtunabhängigen Reaktion weiterverarbeitet werden. Gly-Ⓟ steigt zunächst an und fällt erst später langsam ab, kann also im Dunkeln noch eine Zeitlang gebildet werden, während seine (schnelle) Weiterverarbeitung sofort gehemmt wird (die langsame Abnahme des Gly-Ⓟ-*pools* geht auf oxidativen Abbau und Umwandlung in Alanin zurück). (Nach Pedersen et al. 1966). *Rechts*: Übergang von 10 ml · l^{-1} CO_2 auf 30 µl · l^{-1} CO_2. Objekt: *Scenedesmus obliquus* (6 °C, Dauerlicht). In diesem Fall verhalten sich die beiden *pools* umgekehrt. Offensichtlich ist die Bildung von Gly-Ⓟ eine CO_2-unabhängige Reaktion, nicht jedoch seine Weiterverarbeitung. Rubis-Ⓟ wird CO_2-unabhängig gebildet und unter CO_2-Mangel angestaut. (Nach Bassham et al. 1954)

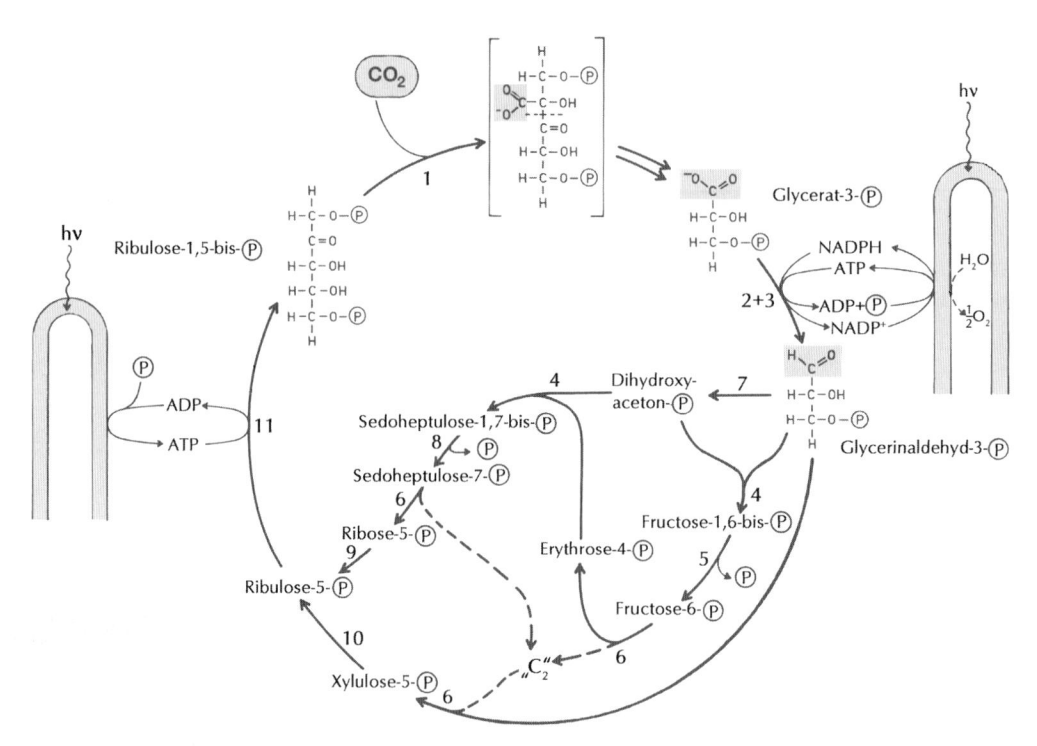

Abb. 8.26. Calvin-Cyclus (reduktiver Pentosephosphatcyclus). Pro Umlauf werden 1 CO_2 fixiert (**Ribulosebisphosphatcarboxylase**, *1*) und 2 NADPH + 3 ATP verbraucht. Drei Umläufe sind für die Nettosynthese einer Triose nötig. Die energieumsetzenden Reaktionen des Kreislaufs sind an die Lichtreaktionen in den Thylakoiden gekoppelt (**Glyceratphosphatkinase + Glycerinaldehydphosphatdehydrogenase**, *2 + 3*). In der unteren Hälfte sind die verschiedenen Umbaureaktionen auf der Ebene der Zuckerphosphate dargestellt. Kondensation (**Aldolase**, *4*), Kettenverlängerung (**Transketolase**, *6*), Hydrolyse von Phosphatestern (**Phosphatasen**, *5, 8*), Phosphorylierung (**Ribulosephosphatkinase**, *11*) und intramolekulare Umlagerung (**Triosephosphatisomerase**, *7*; **Pentosephosphatisomerasen**, *9, 10*). Die Produktion von Glycolat (→ Abbildung 8.27) ist in diesem Schema nicht berücksicht. (In Anlehnung an Bassham 1971)

dieser primären Intermediärprodukte sind im Fließgleichgewicht nach 2 – 4 min durchmarkiert (→ Abbildung 8.25, *links*), erkennbar an der konstanten spezifischen Radioaktivität (Radioaktivität pro Substanzmenge). Deutlich später (> 10 min) erreichen die sekundären Produkte wie Saccharose und verschiedene Aminosäuren einen Sättigungswert an ^{14}C. Weitere Informationen lieferten Experimente, bei denen die Änderung der *pool*-Größen beteiligter Metaboliten nach einer Störung des photosynthetischen Fließgleichgewichts gemessen wurde (Abbildung 8.25).

Durch eine systematische kinetische Analyse nach den in Abbildung 8.24 und 8.25 dargestellten Prinzipien konnte schließlich der **reduktive Pentosephosphatcyclus (Calvin-Cyclus)** formuliert werden (Abbildung 8.26). Die energetischen Schlüsselreaktionen in diesem Kreislauf sind erstens die Reduktion der Carboxylgruppe zur Aldehydgruppe auf der C_3-Stufe (Synthese einer **Triose** durch die Glycerinaldehydphosphatdehydrogenase) unter Verbrauch von ATP und NADPH ($\Delta G^{0'}$ = 18 kJ · mol^{-1}; *in vivo* stellt sich jedoch wegen des hohen Angebots an ATP und NADPH im Licht ein stationäres Gleichgewicht bei $\Delta G \leqq -7$ kJ · mol^{-1} ein) und zweitens die Phosphorylierung des Ribulosephosphats zum CO_2-Acceptor **Ribulosebisphosphat**. Die CO_2-Fixierung durch die **Ribulosebisphosphatcarboxylase** erfolgt in einer ATP- und NADPH-unabhängigen Reaktion ($\Delta G^{0'} = -35$ kJ · mol^{-1}; *in vivo* $\Delta G \approx -40$ kJ · mol^{-1}), wobei über eine extrem instabile C_6-Verbindung zwei Glycerat-3-phosphat-Moleküle entstehen. Dieses C_3-Molekül dient nicht nur als Ausgangspunkt für die Kohlenhydratsynthese, sondern auch für die Fettsäure- und Aminosäurebildung (→ Abbildung 8.27).

Im Gegensatz zu früheren Vorstellungen dienen nicht Hexosephosphate, sondern **Triosephosphate** (vor allem **Dihydroxyacetonphosphat**) als Trans-

8.6 Der biochemische Bereich

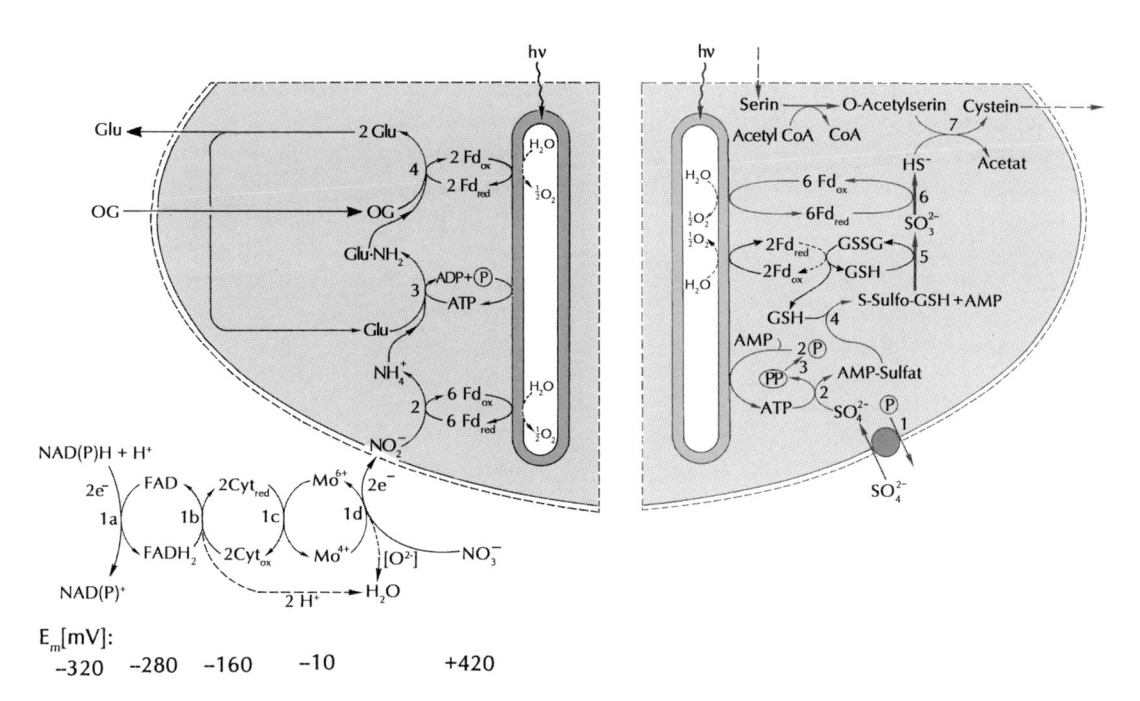

Abb. 8.28. Die photosynthetische Reduktion und Fixierung von Stickstoff und Schwefel. *Links*: Die Reduktion des Nitrats zum Nitrit durch die intramolekulare Redoxkette der **Nitratreductase** (*1 a – d*) verläuft im Cytoplasma. [Die Mittelpunktspotenziale der Redoxsysteme (E_m, pH 7) wurden an der Nitratreductase von *Chlorella* ermittelt, *FAD* = Flavin-Adenin-Dinucleotid]. Nitrit wird im Chloroplasten durch **Nitritreductase** (*2*) unter Oxidation von Ferredoxin (*Fd*) zum Ammoniumion reduziert. Dieses wird durch **Glutaminsynthetase** (*GS, 3*) an Glutamat (*Glu*) gebunden, wobei ATP verbraucht wird. Glutamin (*Glu · NH$_2$*) wird mit 2-Oxoglutarat (*OG*) durch **Glutamatsynthase** (**GOGAT**, *4*) zu zwei Molekülen Glutamat umgesetzt, wobei wiederum reduziertes Ferredoxin notwendig ist (reduktive Aminierung). In der Bilanz entsteht ein Molekül Glutamat, welches die Aminogruppe durch Transaminierung innerhalb und außerhalb des Chloroplasten an andere 2-Oxosäuren weitergeben kann. Für den Austausch von Glutamat gegen 2-Oxoglutarat sorgen zwei Dicarboxylattransporter in der inneren Hüllmembran, die Malat als gemeinsames Gegensubstrat benützen. In Chloroplasten kommt neben diesem **GS/GOGAT-Cyclus** auch eine **Glutamatdehydrogenase(NADP$^+$)** vor; ihre Aktivität ist jedoch relativ gering. (In Anlehnung an Lea und Miflin 1974, Solomonson und Barber 1990). *Rechts*: Sulfat wird z. B. durch Antiport mit anorganischem Phosphat in den Chloroplasten aufgenommen (*1*) und durch die **ATP-Sulfurylase** (*2*) mit AMP zum Adenosinphosphosulfat (*AMP-Sulfat* = APS) verknüpft. Das hierbei entstehende Diphosphat wird durch **Diphosphatase** (*3*) gespalten und dadurch das Gleichgewicht in Richtung zur APS-Bildung verschoben. Eine **APS-Reductase** (*4*) verknüpft APS mit reduziertem Glutation (*GSH*) und spaltet AMP ab. Das gebildete S-Sulfoglutathion wird, wahrscheinlich in einer nicht-enzymatischen Reaktion, unter weiterem Verbrauch von GSH zu freiem SO$_3^{2-}$ reduziert (*5*). Das hierbei anfallende oxidierte Glutathion (*GSSG*) muss, indirekt vermittelt über Ferredoxin, wieder zu GSH reduziert werden. Die für die weitere Reduktion zum Sulfid notwendigen 6 Elektronen werden direkt vom Ferredoxin geliefert (**Sulfitreductase**, *6*). Die Fixierung des Sulfids erfolgt durch die **O-Acetylserin(thiol)lyase** (*7*), welche SH$^-$ auf den Serinrest überträgt und so Cystein bildet. Cystein ist die Ausgangssubstanz für alle anderen Sulfhydrylverbindungen in der Zelle. (In Anlehnung an Leustek und Saito 1999)

3. $NH_4^+ + 2\text{-Oxoglutarat} + 2\,[H] + ATP \rightarrow$
   $Glutamat + H_2O + H^+ + ADP + \text{\textcircled{P}}.$ \hfill (8.14)

Die Überführung des Ammoniumions in organische Bindung erfolgt im Chloroplasten vorwiegend durch eine zweistufige, Ferredoxin- und ATP-abhängige (und damit indirekt lichtabhängige) Reaktion, in welcher Glutamin als Zwischenprodukt auftritt. Das produzierte Glutamat kann als Aminogruppendonor für verschiedene 2-Oxosäuren (z. B. Oxalacetat) im und außerhalb des Chloroplasten dienen (Transaminierung).

Auch in diesem Stoffwechselbereich ist man auf homöostatische Kontrollmechanismen gestoßen. Bei *Chlorella*, welche bis zu 30 % des fixierten CO_2 über Glyceratphosphat und Pyruvat für die Synthese von Alanin und anderen Aminosäuren verwenden kann, fand man eine starke Förderung der Pyruvatkinase (Phosphoenolpyruvat → Pyruvat; → Abbildung 8.27) bei gleichzeitiger Hemmung der

Saccharosesynthese durch NH_4^+. Dieses Regulationssystem steuert offenbar die Verteilung des fixierten Kohlenstoffs zwischen Protein- und Kohlenhydratsynthese.

Chloroplasten reduzieren im Licht **Sulfat** zu **Sulfid** nach der Summenformel:

$$SO_4^{2-} + 8\,e^- + 9\,H^+ \rightarrow HS^- + 4\,H_2O. \qquad (8.15)$$

Diese Reaktion erfolgt in drei Teilschritten:

1. $SO_4^{2-} + 2\,e^- + 2\,H^+ + ATP \rightarrow$
   $SO_3^{2-} + H_2O + AMP + \text{\textcircled{PP}}, \qquad (8.16)$

2. $SO_3^{2-} + 6\,e^- + 7\,H^+ \rightarrow HS^- + 3\,H_2O, \qquad (8.17)$

3. $HS^- + \text{Serin} \xrightarrow{(2\,ATP)} \text{Cystein}. \qquad (8.18)$

Als Zwischenprodukt tritt **Adenosinphosphosulfat** (APS) auf, von wo der Sulfatrest auf das Tripeptid Glutathion (GSH) übertragen wird (Abbildung 8.28, *rechts*). GSH liefert auch die Elektronen für die Reduktion zum Sulfit, das durch die **Sulfitreductase** unter Verbrauch von 6 Ferredoxin(red) zu Sulfid weiter reduziert wird. Dieses Enzym enthält wie die Nitritreductase Sirohäm und [4 Fe · 4 S]-Zentren. Das gebildete Sulfid wird mit O-Acetylserin zur Aminosäure Cystein verknüpft, wobei der Acetatrest wieder freigesetzt wird. Cystein ist die Ausgangsverbindung für alle anderen Sulfhydrylverbindungen.

Daneben kann SO_4^{2-} auch ohne Reduktion in bestimmte organische Moleküle eingebaut werden. In diesem Fall verläuft die Reaktion über die Bildung von **Phosphoadenosinphosphosulfat** (PAPS, „aktives Sulfat") durch eine APS-Kinase. Von PAPS kann der Sulfatrest z. B. auf Flavonole oder Glucosinolate übertragen werden.

8.6.4 Photosynthetische H_2-Produktion

Viele primitive Grünalgen (z. B. *Chlamydomonas* und *Scenedesmus*) und Cyanobakterien können (wie auch manche heterotrophe Bakterien) ein Enzym bilden, welches molekularen Wasserstoff aktiviert:

$$2\,H^+ + 2\,e^- \xrightleftharpoons{\text{Hydrogenase}} H_2. \qquad (8.19)$$

Die **Hydrogenase**, welche durch O_2 inaktiviert wird, ist in diesen Organismen funktionell an Ferredoxin gekoppelt und eröffnet somit zwei interessante metabolische Möglichkeiten:

1. Der Elektronentransport wird unter anaeroben Bedingungen zur Produktion von H_2 benützt. Diese Reaktion, welche bei O_2-Mangel offenbar der Entledigung überschüssiger Reduktionsäquivalente dient, lässt sich *in vitro* auch mit Spinatchloroplasten plus Bakterienhydrogenase durchführen. Sie ermöglicht theoretisch die biologisch katalysierte Konversion von Sonnenenergie in hochwertigen „sauberen" Brennstoff ($H_2O \xrightarrow{h\nu} H_2 + 1/2\,O_2$).

2. H_2 wird über die Vermittlung von Ferredoxin als Elektronenquelle für die $NADP^+$-Reduktion verwendet und ermöglicht damit in einer H_2-haltigen Atmosphäre eine Kohlenhydratsynthese ohne O_2-Entwicklung. Dieser als „Photoreduktion" bekannte Prozess setzt nur die Aktivität des Photosystems I voraus. Die Lichtabhängigkeit betrifft daher wahrscheinlich nur die Bereitstellung von ATP durch die cyclische Photophosphorylierung. Die Photoreduktion durch Hydrogenase dürfte eine große Rolle gespielt haben, als die Erdatmosphäre noch reich an H_2 und frei von O_2 war, d. h. vor der Evolution des O_2-produzierenden Photosyntheseapparats.

8.6.5 Photosynthetische N_2-Fixierung

Manche Cyanobakterien besitzen (wie gewisse Bakterien; → S. 621) einen Enzymkomplex, der die Reduktion und damit die Fixierung von molekularem Stickstoff ermöglicht:

$$N_2 + 8\,e^- + 10\,H^+ \xrightarrow[\text{(16 ATP)}]{\text{Nitrogenase}} 2\,NH_4^+ + H_2. \qquad (8.20)$$

$\qquad\qquad\qquad\qquad\qquad\downarrow$ 2-Oxosäuren

$\qquad\qquad\qquad\qquad\qquad$ Aminosäuren

Die sehr O_2-empfindliche **Nitrogenase**, welche *in vitro* auch die Reduktion von Acetylen zu Ethylen katalysieren kann, übernimmt die erforderlichen Elektronen vom **Ferredoxin**. Der Bedarf an ATP kann über die Photophosphorylierung gedeckt werden. Bei den nicht photosynthetisierenden N_2-Fixierern (z. B. bei den Knöllchenbakterien; → S. 621) wird die N_2-Fixierung mit Hilfe dissimilatorisch freigesetzter Energie durchgeführt. Da Nitrogenase auch Hydrogenaseaktivität besitzt, produzieren die N$_2$-Fixierer auch H$_2$ ($\rightarrow$ Gleichung 8.20).

Die N$_2$-Fixierung läuft in den **Heterocysten** mit hoher Intensität ab. Dies sind besonders differenzierte Zellen vieler fädiger Cyanobakterien, welche bezeichnenderweise kein aktives Photosystem II besitzen und daher kein O$_2$ produzieren. Man muss annehmen, dass das an der Nitrogenasereaktion beteiligte Ferredoxin über eine stark exergonische Reaktion reduziert wird, welche ihrerseits von der Photosynthese der Nachbarzellen energetisch gespeist wird. Als Transportmolekül dient wahrscheinlich Maltose, welche in den Heterocysten dissimiliert wird. Generell gilt, dass sowohl die N$_2$-Fixierung als auch die H$_2$-Bildung ein streng anaerobes Milieu voraussetzen und daher nicht in Zellen mit photosynthetischer O$_2$-Produktion ablaufen können. N$_2$ (als einzige Stickstoffquelle) induziert die Ausbildung von Heterocysten durch Umdifferenzierung normaler Zellen im Zellfaden; hierbei wird der H$_2$O-spaltende Apparat des Photosystems II inaktiviert.

Viele Cyanobakterien bilden keine Heterocysten aus, d. h. photosynthetische O$_2$-Produktion und N$_2$-Fixierung finden in den selben Zellen statt, jedoch in zeitlich getrennten Phasen: Photosynthese bei Tag, N$_2$-Fixierung bei Nacht. In diesen Arten wird die Nitrogenaseaktivität durch eine endogene Uhr tagesperiodisch an- und abgeschaltet ($\rightarrow$ Kapitel 21).

Das Cyanobacterium *Anabaena azollae*, welches als Symbiont in Blatthöhlen des Wasserfarns *Azolla caroliniana* lebt, fixiert und exportiert Stickstoff, wenn der Farn auf N-armem Substrat wächst. Ihre Nitrogenase kann jedoch zu einer intensiven photosynthetischen H$_2$-Produktion umfunktioniert werden, wenn man den Farn reichlich mit Nitrat versorgt. Die Blatthöhlen sind mit einer membranartigen Hülle ausgekleidet, welche von Haarzellen des Wirts durchbrochen wird. Auch dieses System bietet sich theoretisch zur biotechnologischen Energiespeicherung an.

8.7 Regulation der photosynthetischen Teilprozesse

Um die einzelnen Abschnitte der Photosynthese auch bei wechselnden Umweltbedingungen optimal aufeinander abzustimmen und ihre harmonische Verknüpfung mit dem restlichen Zellstoffwechsel zu gewährleisten, ist ein umfangreiches System regulatorischer Rückkoppelungssysteme erforderlich. Besondere Bedeutung besitzt in diesem Zusammenhang die Abstimmung der Enzymaktivitäten bei Veränderungen der Intensität oder Qualität des **Lichts**. Im Folgenden sind beispielhaft einige besonders gut erforschte Regulationssysteme dargestellt, welche in verschiedenen Bereichen des Photosyntheseapparats für eine schnelle Anpassung des Energieflusses an den Faktor Licht sorgen.

8.7.1 Regulation der Energieverteilung zwischen PSI und PSII

Der Emerson-Effekt impliziert eine weitgehende Unabhängigkeit der beiden Photosysteme bei der Lichtabsorption durch die zugeordneten Antennen LHCI und LHCII ($\rightarrow$ S. 184). Dies ist, wie man heute weiß, nur mit Einschränkung richtig. Ein Teil des LHCII kann wahlweise Lichtenergie an PSI oder PSII abgeben und damit zu einer ausgeglicheneren Auslastung der beiden Photosysteme führen, wenn eines der beiden Photosysteme den Elektronenfluss limitiert. Da PSI und PSII im Thylakoidsystem räumlich getrennt vorliegen ($\rightarrow$ S. 184), müssen die LHCII-Komplexe in der Membran beweglich sein. Der Mechanismus dieser Regulation konnte weitgehend aufgeklärt werden. Beim Übergang vom Dunkeln zu starkem Licht, das bevorzugt vom PSII absorbiert wird (650 nm) beobachtet man zunächst nur eine schwache O$_2$-Produktion, verbunden mit einer starken Fluoreszenz des PSII-Chlorophylls, da die Aktivität des PSI begrenzend wirkt. Innerhalb weniger Minuten steigt jedoch die O$_2$-Produktion an und die Fluoreszenz fällt ab, ein Anzeichen dafür, dass nun das PSI verstärkt mit Lichtenergie versorgt wird. Die Lichtenergie kann also durch eine regulatorische Umsteuerung besser auf die beiden Photosysteme verteilt werden. Dies kommt dadurch zustande, dass ein mobiler Anteil des LHCII (etwa 30 %) vom PSII (in den Granathylakoiden) zum PSI (in den Stromathylakoiden) wandert und dessen Antenne vergrößert (Abbildung 8.29). Die Umverteilung des mobilen LHCII wird durch eine **reversible Phosphorylierung** des LHCII-Apoproteins ausgelöst, welche ihrerseits unter der Kontrolle des **Redoxzustands der intermediären Redoxkette** steht ($\rightarrow$ Abbildung 8.22). Überreduktion von **Plastochinon** führt zur Aktivierung einer spezifischen **Serin/Threonin-Proteinkinase**, welche LHCII unter ATP-Verbrauch

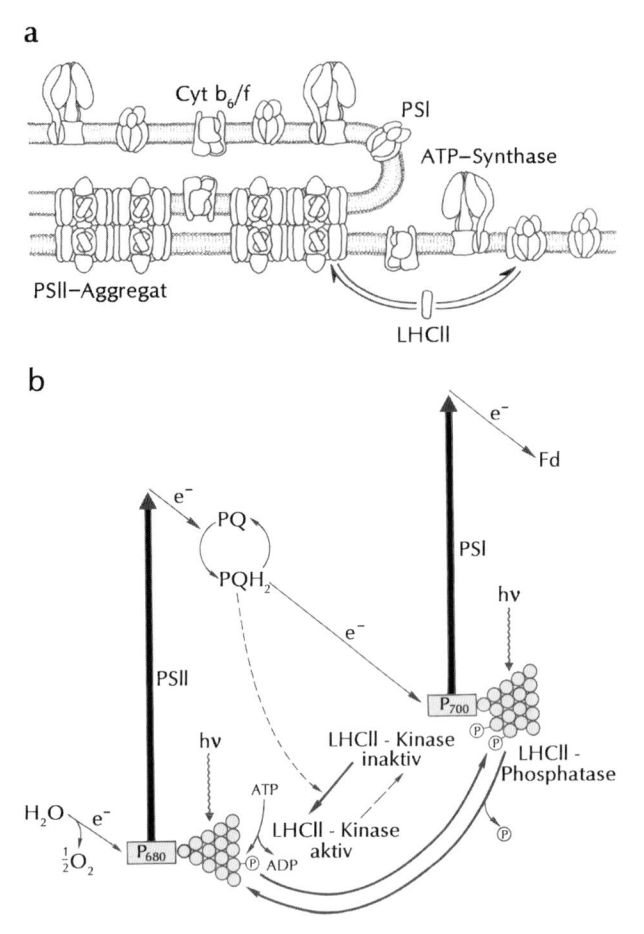

Abb. 8.29 a, b. Die lichtabhängige Umverteilung (*state transition*) von Antennenpigmentkomplexen zwischen den Photosystemen. **a** Modellhafte Darstellung eines Ausschnitts aus dem Thylakoidsystem, das die ungleiche Verteilung der Photosynthesekomponenten zwischen aneinander gelagerten (*links unten*) und frei ans Stroma grenzenden Membranabschnitten zeigt. Die PSII-Komplexe bilden in den Kontaktzonen membranübergreifende Aggregate, während die kleineren PSI-Komplexe, ebenso wie die ATP-Synthase, einzeln in den an das Stroma grenzenden Membranbereichen lokalisiert sind. Der Cytochrom-b_6/f-Komplex ist in beiden Bereichen zu finden. LHCII kann reversibel vom PSII zum PSI verlagert werden. (Nach Allen und Forsberg 2001; verändert). **b** Die Verlagerung vom LHCII wird vom Licht über den Reduktionszustand des **Plastochinons** (PQ/PQH_2) reguliert. Wenn eine starke Reduktion dieses Redoxsystems signalisiert, dass PSI zu wenig Elektronen abnimmt, wird eine *LHCII-Kinase* aktiviert, welche LHCII am PSII phosphoryliert. PQH_2 aktiviert das Enzym reversibel, vermutlich über die Reduktion einer Disulfidbrücke zwischen zwei Cysteinresten. LHCII-Ⓟ wandert zum PSI und verstärkt dessen Antenne (*state 2*). Ein Abfall der PQ-Reduktion führt zur Inaktivierung der Kinase und zur Dephosphorylierung von LHCII-Ⓟ am PSI. LHCII wandert dann zurück zum PSII (*state 1*).

phosphoryliert. Eine **Proteinphosphatase** sorgt dafür, dass dieser Prozess reversibel ist, wenn der Elektronendruck in den Redoxsystemen nachlässt. Auf diese Weise kann mit Hilfe eines **redoxgesteuerten Regelkreises** die Antennengröße bei Fluktuationen der Belichtung dem Bedarf schnell angepasst werden. Außerdem wird das PSII vor Lichtüberlastung im Starklicht geschützt. Lediglich im dunkelroten Spektralbereich ist kein vollständiger Ausgleich möglich und es kommt zu einem Emerson-Effekt (→ Abbildung 8.15).

Die schnelle Umverteilung des LHCII-Proteins zwischen PSI und PSII ist nicht alleine für die Optimierung der Auslastung der Photosysteme mit Licht verantwortlich. Längerfristig kommt es z. B. auch zu Anpassungen im Verhältnis von Grana- zu Stromathylakoiden und zu einer Induktion der Genexpression bei Antennenpigmentkomplexen (→ Exkurs 8.6).

8.7.2 Regulation der ATP-Synthase-Aktivität

Ein weiterer neuralgischer Punkt der photosynthetischen Energietransformation ist die Umsetzung des Protonengradienten in ATP am ATP-Synthase-Komplex an der Außenseite der Stromathylakoide (→ Abbildung 8.21). Die ATP-Synthese ist ein reversibler Prozess, d. h. das Enzym kann im Prinzip in beiden Richtungen arbeiten und daher auch als ATPase in der Chloroplastenmatrix ATP spalten, wobei Protonen in den Thylakoidinnenraum transportiert werden. Da auch im Dunkeln ATP im Chloroplasten vorliegt, würde eine ungeregelte ATP-Synthase/ATPase unter diesen Bedingungen chemisch nutzbare Energie vernichten. Dies wird durch ein metabolisches Regelsystem verhindert, das die katalytische Aktivität des Enzyms nach Maßgabe des photosynthetischen Elektronen- und Protonentransports steuert. Zu dieser Einsicht haben folgende Beobachtungen geführt:

EXKURS 8.6: Lichtabhängiger Umbau der photosynthetischen Reaktionszentren durch differenzielle Transkription plastidärer Gene

Die Untereinheiten der Reaktionszentren von PSI und PSII sind im Plastidengenom codiert und werden an Plastidenribosomen synthetisiert. Am Beispiel der Untereinheit psaAB (PSI) und psbA (PSII) konnte gezeigt werden, dass die Transkription der Gene für diese Proteine einer Regulation durch den Redoxzustand des **Plastochinons** unterliegt, wobei das gleiche Prinzip wie bei der Umverteilung von LHCII in Erscheinung tritt: die Einjustierung einer optimalen Verteilung der Lichtabsorption auf die beiden Photosysteme.

Die in der Abbildung dargestellten Daten stammen von Experimenten mit Kotyledonen von 7 d alten Senfkeimlingen (*Sinapis alba*), welche nach Anzucht in *PSI-Licht* (regt bevorzugt PSI an) oder *PSII-Licht* (regt bevorzugt PSII an) in die jeweils andere Lichtbedingung umgesetzt wurden (Zeit Null). Zur Messung der Transkriptionsaktivität der beiden Gene wurden die Chloroplasten nach verschiedenen Zeiten isoliert und, nach Auflösung der Membranen mit einem Detergenz, der Einbau von radioaktiven Nucleotiden in die beiden mRNAs gemessen (*run-on*-Transkription). Die Daten zeigen, dass die Umstellung von PSI-Licht auf PSII-Licht die Transkription des PSI-Gens erhöht und diejenige des PSII-Gens erniedrigt (*offene Symbole*). Die Umstellung von PSII-Licht auf PSI-Licht führt zu spiegelbildlichen Effekten (*geschlossene Symbole*). Diese Reaktionen sind bereits 15–30 min nach der Umstellung messbar. Weitere Experimente zeigten, dass die Transkription des Gens für psaAB durch DCMU gehemmt, und durch DBMIB gesteigert werden kann. Diese Hemmstoffe blockieren die Reduktion (DCMU) oder die Oxidation (DBMIB) von Plastochinon (→ Abbildung 8.21). Auch in diesem Fall liefert demnach der Redoxzustand des Plastochinons das Signal für die Anpassung der Elektronentransportkapazität der Photosysteme, wenn eines der beiden den Elektronenfluss limitiert. (Nach Pfannschmidt et al. 1999; verändert)

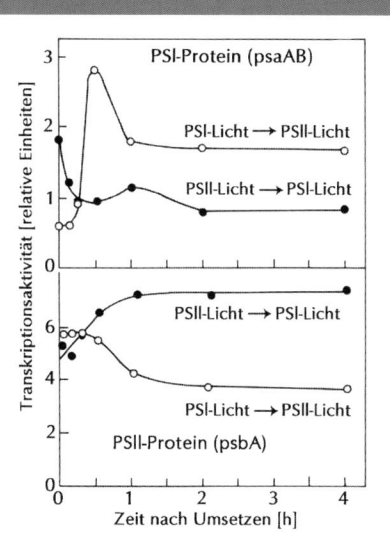

▶ Isolierte Thylakoidmembranen besitzen im Dunkeln eine sehr niedrige ATPase-Aktivität. Setzt man belichteten Membranen Verbindungen zu, welche Disulfidbrücken in Proteinen reduzieren (SH-Reagenzien, z. B. Cystein oder Glutathion), so wird dadurch ihre Fähigkeit zur ATP-Spaltung im Dunkeln erhöht. Das Enzym wird also offenbar durch Reduktion in eine aktivere Form verwandelt.

▶ Die Aktivität des reduzierten Enzyms wird darüber hinaus durch das Protonenpotenzial ($\Delta\mu_{H^+}$) der Thylakoidmembran reguliert. Erzeugt man (durch Belichtung oder auf chemischem Weg) einen Protonengradienten, so kann die Enzymaktivität dadurch mehr als 100fach gesteigert werden. Protonophoren verhindern diesen Effekt.

▶ Die beiden Aktivierungsreaktionen zeigen eine hierarchische Interaktion: In der reduzierten Form ist ein wesentlich schwächerer Protonengradient als in der oxidierten Form erforderlich, um das Enzym maximal zu aktivieren. Die Reduktion steigert also die Empfindlichkeit des Enzyms für $\Delta\mu_{H^+}$ (→ Exkurs 8.7).

Diese zweistufige Regulation beruht auf der synergistischen Wirkung von zwei Steuerfaktoren, welche die Aktivität der ATP-Synthase mit den photosynthetischen Primärreaktionen verknüpfen. Der katalytisch wirksame Kopfteil des Enzyms besteht aus insgesamt 9 Proteinuntereinheiten (3 α, 3 β, γ, δ, ε; → Abbildung 4.8). Die zentrale γ-Untereinheit besitzt zwei räumlich nahe benachbarte Cysteinreste, welche durch eine Proteinoxidoreductase aus der Familie der **Thioredoxine** reversibel von der Disul-

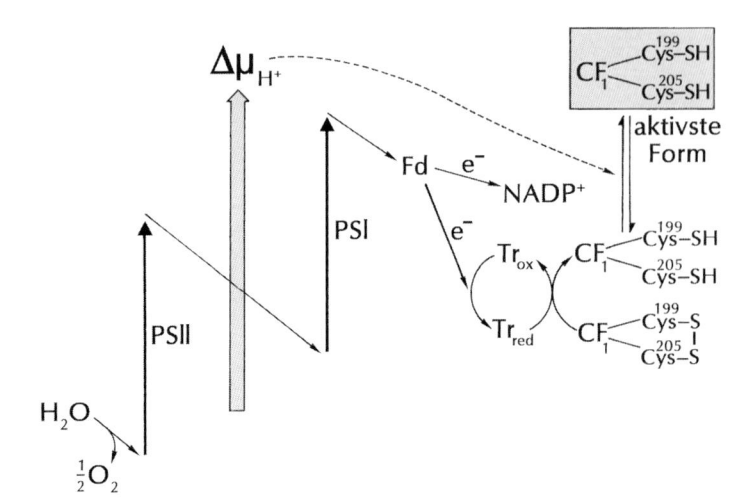

Abb. 8.30. Aktivitätsregulation der plastidären ATP-Synthase durch den photosynthetischen Elektronen- und Protonentransport. Photosynthetisch reduziertes **Ferredoxin** (*Fd*) reduziert die Proteinoxidoreductase **Thioredoxin** (*Tr*) mit Hilfe einer Ferredoxin-Thioredoxin-Oxidoreductase. Thioredoxin überführt die Cysteinreste 199 und 205 der zentralen **γ-Untereinheit** im Kopfteil (CF_1) des Enzyms (→ Abbildung 4.8) von der Disulfid- in die Dithiolform (Öffnung einer S-S-Brücke). In der reduzierten Form besitzt der CF_1-Komplex eine stark erhöhte Empfindlichkeit gegenüber der aktivierenden Wirkung des Protonengradienten ($\Delta\mu_{H^+}$), der in der zweiten Stufe maximal aktives Enzym bildet.

fid- in die Dithiolform überführt werden können (Abbildung 8.30). Diese Cysteinreste fehlen in den ATP-Synthasekomplexen der Prokaryoten und Mitochondrien. Die plastidären Thioredoxine sind kleine Redoxproteine (12 kDa, $E_m \approx -300$ mV) deren Cysteinreste in der redoxaktiven Struktur (Trp-**Cys**-Gly-Pro-**Cys**-) durch Ferredoxin ($E_m = -430$ mV) reversibel unter Öffnung einer S-S-Brücke reduziert werden können; d. h. der Reduktionszustand der γ-Untereinheit folgt, vermittelt über Thioredoxin und Ferredoxin, dem Reduktionszustand der Elektronentransportkette. $\Delta\mu_{H^+}$ aktiviert

---

EXKURS 8.7: Experimente zur Aufklärung der Aktivitätszustände der plastidären ATP-Synthase

Das Verhältnis von aktiven zu inaktiven Enzymmolekülen in der photosynthetisch aktiven Thylakoidmembran kann durch Messung der Enzymaktivität bei sättigenden Substratkonzentrationen bestimmt werden. Inkubiert man eine Thylakoidpräparation aus Spinatblättern (*Spinacia oleracea*) mit einem Überschuss an ADP und Phosphat bei pH 7 im Dunkeln, so liegt das Enzym in der inaktiven Form vor. Die Aktivierung durch einen **Protonengradienten** $\Delta pH = pH_{außen} - pH_{innen}$ bzw. durch die **Reduktion** der γ-Untereinheit des Proteinkomplexes ist in der Abbildung dargestellt. In diesen Experimenten wurde das inaktive (oxidierte) Enzym (E_i^{ox}) für 30 s in einem sauren Puffer (pH 4,0 bis 6,0) vorinkubiert, um den Innenraum der Thylakoide auf einen entsprechenden pH-Wert zu bringen, und anschließend schnell in einen Puffer mit pH 8,2 überführt. Die Messung der ATP-Synthesekapazität erfolgte innerhalb von 200 ms nach dem Umsetzen, d. h. bevor der pH-Gradient durch Diffusion abflacht. Die *rechte Kurve* zeigt, dass das Enzym durch einen Gradienten im Bereich von $\Delta pH = 2,5$ bis 4,0 vom inaktiven in den aktiven Zustand versetzt werden kann ($E_i^{ox} \rightarrow E_a^{ox}$). Dieses Experiment wurde mit belichteten Thylakoiden in Gegenwart eines Reduktionsmittels (Dithiothreitol) wiederholt. Die *linke Kurve* zeigt, dass das reduzierte Enzym bereits im Bereich $\Delta pH = 1,5$ bis 3,0 vom inaktiven in den aktiven Zustand wechselt ($E_i^{red} \rightarrow E_a^{red}$). ΔpH für 50 % aktiviertes Enzym wurde durch die Reduktion von 3,4 auf 2,2 erniedrigt, d. h. die Aktivierung erfordert im reduzierten Zustand eine deutlich niedrigere Energetisierung der Membran durch ΔpH. (Nach Junesch und Gräber 1987)

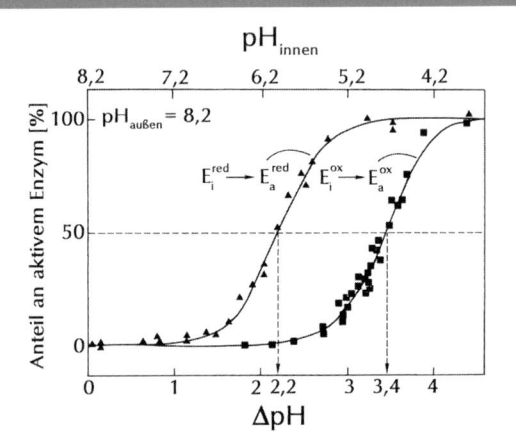

CF$_1$ durch Protonierung bestimmter, noch nicht näher bekannter Säure-Base-Gruppen und koppelt so die ATP-Synthaseaktivität an den Protonengradienten. Im Prinzip kann sowohl die oxidierte, als auch die reduzierte Form des Enzyms durch $\Delta\mu_{H^+}$ aktiviert werden; durch die Reduktion wird jedoch der **Schwellenwert** für die Wirksamkeit von $\Delta\mu_{H^+}$ zu niedrigeren Werten verschoben. Bei $\Delta pH \leqq 1{,}2$, d. h. im Dunkeln, sind beide Formen inaktiv und die aus respiratorischen Quellen mit ATP gespeisten Stoffwechselreaktionen der Zelle werden nicht beeinträchtigt. Nach Anlaufen der Photosynthese wird das Enzym erst dann aktiviert, wenn die Energetisierung der Thylakoidmembran ausreicht, um das Enzym in Richtung der ATP-Synthese arbeiten zu lassen.

8.7.3 Regulation der CO$_2$-Assimilation im Calvin-Cyclus

Nach dem vorstehend Gesagten zur Regulation der ATP-Synthese ist es nicht verwunderlich, dass auch bei der biochemischen Weiterverarbeitung der photosynthetischen Primärprodukte im Calvin-Cyclus ähnliche Kontrollmechanismen anzutreffen sind. So hat man z. B. bei der **NADPH-abhängigen Glycerinaldehydphosphatdehydrogenase** (GAPDH) eine lichtabhängige Aktivierung gefunden: Das Enzym liegt im Dunkeln in einer wenig aktiven Form vor und wird im Licht innerhalb weniger Minuten reversibel in eine aktivierte Form verwandelt. Auch bei drei weiteren Schlüsselenzymen des Calvin-Cyclus hat man ähnliche Befunde gemacht (Abbildung 8.31). Umgekehrt wird die plastidäre **Glucose-6-phosphatdehydrogenase**, welche Glucose-6-phosphat von der zur Stärke füh-

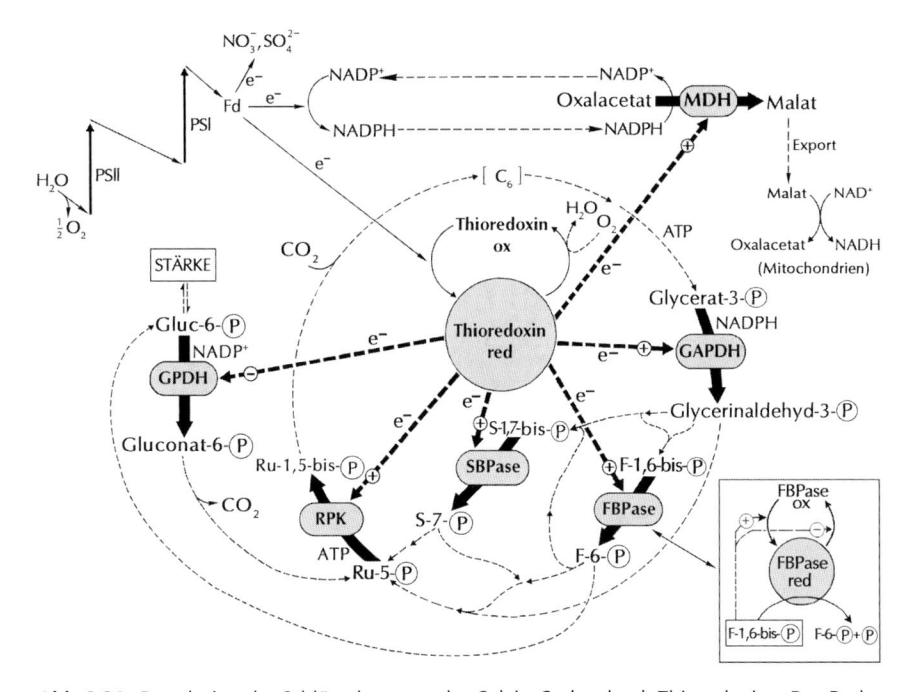

Abb. 8.31. Regulation der Schlüsselenzyme des Calvin-Cyclus durch Thioredoxine. Der Redoxzustand der photosynthetischen Elektronentransportkette (*links oben*) wird am Ferredoxin (*Fd*) durch **Thioredoxine** abgegriffen, die als Proteinoxidoreduktasen eine Reihe von Enzymen durch Reduktion von einem wenig aktiven in den voll aktiven Zustand versetzen. Da Thioredoxin durch O$_2$ reoxidiert werden kann und die Zielenzyme durch oxidiertes Thioredoxin wieder reoxidiert werden, entsteht ein schnell auf den Reduktionszustand des Ferredoxins reagierendes Fließgleichgewicht. **Glycerinaldehydphosphatdehydrogenase** (*GAPDH*), **Fructosebisphosphatase** (*FBPase*), **Sedoheptulosebisphosphatase** (*SBPase*) und **Ribulosephosphatkinase** (*RPK*) werden durch Reduktion aktiviert ($\oplus$), während die dem oxidativen Pentosephosphatcyclus zuzurechnende **Glucosephosphatdehydrogenase** (*GPDH*) durch Reduktion inaktiviert wird ($\ominus$). Außerdem aktiviert Thioredoxin die plastidäre **Malatdehydrogenase** (*MDH*). Dieses Enzym kann überschüssiges NADPH verbrauchen und ermöglicht den Export von Reduktionsäquivalenten über einen Malat-*shuttle* („Malatventil"). Die Feinregulation der einzelnen Enzyme erfolgt durch substratgesteuerte metabolische Regelkreise, z. B. fördert Fructosebisphosphat die Reduktion und hemmt die Oxidation von Fructosebisphosphatase durch Thioredoxin (*rechts unten*). Abkürzungen: → Abbildung 8.26). (Nach Scheibe 1994; verändert)

renden Synthesebahn abzweigt und in den oxidativen Pentosephosphatcyclus einschleust, im Licht inaktiviert (Abbildung 8.31). Der Kohlenhydratstoffwechsel in der Chloroplastenmatrix wird also offenbar von einem System lichtabhängig gesteuerter Enzyme kontrolliert, welches den Calvin-Cyclus im Dunkeln abschaltet und im Licht einen unnützen Kreislauf (*futile cycle*) von CO_2 und Zuckern zwischen assimilatorischen und dissimilatorischen Bahnen verhindert.

Auch hier hat sich gezeigt, dass die Lichtwirkung auf die Enzymaktivität über die photosynthetischen Primärreaktionen vermittelt wird, wobei wiederum **Thioredoxine** als Informationsüberträger zwischen Ferredoxin und den Zielenzymen fungieren. Da das reduzierte Thioredoxin durch O_2 beständig reoxidiert werden kann, stellt sich im Licht ein Fließgleichgewicht zwischen oxidierter und reduzierter Form ein. Thioredoxin steht also als Proteinoxidoreductase im Redoxgleichgewicht mit den betroffenen Zielenzymen und bestimmt als Glied einer **regulatorischen Elektronentransportkette** deren Aktivitätszustand. Auch hier gibt es noch eine zweite Ebene der Regulation für die individuelle Abstimmung der einzelnen Enzymaktivitäten an den metabolischen Fluss. Bei jedem der betroffenen Enzyme hat man eine zusätzliche Aktivitätsregelung durch die unmittelbaren Substrate gefunden. Diese können als positive oder negative Effektoren die Elektronenübertragung von Thioredoxin auf das Zielenzym erleichtern bzw. erschweren (Abbildung 8.31, Kasten), oder, ähnlich wie im Fall der ATP-Synthase, das reduzierte Zielenzym (z. B. GAPDH) mit gesteigerter Empfindlichkeit aktivieren. Die Redoxmodifikation der Enzyme durch Thioredoxin ist also eher als Mechanismus zur Grobregulation (Ein- und Ausschalten) des Calvin-Cyclus aufzufassen; die Feinabstimmung wird im Einzelfall durch zusätzliche metabolische Regelkreise durchgeführt.

Zu den durch Thioredoxin regulierten Enzymen gehört auch die plastidäre **Malatdehydrogenase**, welche im aktivierten Zustand Oxalacetat mit NADPH zu Malat umsetzt und so einen *shuttle*-Transport von Reduktionsäquivalenten von den Chloroplasten in das Cytoplasma und die Mitochondrien ermöglicht ($\rightarrow$ Abbildung 8.31). Über dieses „Malatventil" kann das NADPH/ATP-Verhältnis im Chloroplasten auf den Bedarf der davon abhängigen synthetischen Prozesse (z. B. Calvin-Cyclus, Nitritreduktion) flexibel eingestellt werden.

Ein zentraler, offensichtlich regulationsbedürftiger Schritt im Calvin-Cyclus ist die Fixierung von CO_2 an Ribulosebisphosphat durch die **Ribulosebisphosphatcarboxylase**, ein aus 8 großen und 8 kleinen Untereinheiten aufgebauter Enzymkomplex (560 kDa). Da dieser Komplex auch die Oxygenierung von Ribulosebisphosphat katalysiert, wird er heute allgemein als **Ribulosebisphosphatcarboxylase/oxygenase (RUBISCO)** bezeichnet ($\rightarrow$ S. 228). An den großen Untereinheiten (55 kDa) findet die katalytische Reaktion statt, während die kleinen Untereinheiten (15 kDa) für die Stabilisierung des Komplexes wichtig sind. RUBISCO gehört ebenfalls zur Gruppe der durch Licht aktivierbaren Enzyme des Calvin-Cyclus. Die Aktivierung, von der die Carboxylase- und die Oxygenaseaktivität in gleicher Weise betroffen sind, verläuft jedoch nach einem völlig anderen Mechanismus als bei den oben besprochenen Enzymen. Bei der Aktivierung der RUBISCO wirken mehrere Faktoren zusammen, die auf verschiedenen Ebenen wirksam werden. Im isolierten Chloroplasten kann das Enzym durch CO_2, ATP, Mg^{2+} und alkalischen pH (pH 8) reversibel in seiner Aktivität gesteigert werden. Den Auslöser für die Aufklärung der Aktivierungsreaktion lieferte eine Photosynthesedefektmutante von *Arabidopsis thaliana*, bei der das Enzym auch im Licht in der relativ inaktiven Form vorliegt und die daher nur bei stark erhöhter CO_2-Konzentration assimilieren kann. Der Mutante fehlt ein Protein, das im Reagenzglas die inaktive RUBISCO in Gegenwart von CO_2 in einer ATP-, pH- und Mg^{2+}-abhängigen Reaktion in die aktive Form umwandeln kann. Durch diese **RUBISCO-Aktivase** wird CO_2 covalent an einen Lysinrest (Lys_{201}) im katalytischen Zentrum gebunden:

$$\begin{array}{l}---\text{Lys}-NH_3^+ \quad \text{(wenig aktive Form)} \\ \quad \Big\downarrow +CO_2 \\ \quad \quad (ATP, pH>7) \\ \quad \quad \quad \quad O \\ ---\text{Lys}-NH-\overset{\|}{C}O-O^- \\ \quad \Big\downarrow +Mg^{2+} \\ \quad \quad \quad \quad O \\ ---\text{Lys}-NH-\overset{\|}{C}-O^-Mg^{2+} \quad \text{(aktive Form)} \end{array}$$

Diese **Carbamylierungsreaktion** ist im Chloroplasten nur im Licht möglich, wobei mehrere Faktoren zusammenwirken dürften. Die Aktivaseaktivität steigt bei alkalischem pH an und Mg^{2+} stabilisiert das Carbamat in der aktiven Enzymform durch Chelatbildung. Belichtung führt durch Protonentransport in den Thylakoidinnenraum zu einer Alkalisierung des Stromas und zu einem Import von Mg^{2+} aus dem Cytoplasma; d. h. auch diese Faktoren sind, neben ATP, potenziell in der Lage, die Aktivierung der RUBISCO an den photosynthetischen Elektronentransport zu koppeln. Eine RUBISCO-Aktivase aus *Arabidopsis* kann *in vitro* mit reduziertem Thioredoxin aktiviert werden. Obwohl viele Details dieses Regulationssystems noch unbekannt sind, ist auch hier das Grundprinzip klar: Die biochemischen Folgereaktionen der energieliefernden Primärprozesse der Photosynthese werden an den aktuellen Bedarf angepasst, wobei geeignete Zwischenprodukte, z. B. der pH-Wert im Stroma, als Steuersignale dienen.

Im Rahmen der längerfristig wirksamen Entwicklungskontrolle reguliert das Licht auch die **Synthese** der Calvin-Cyclus-Enzyme, wobei Phytochrom als steuerndes Photoreceptormolekül dienen kann (→ S. 462). Dies gilt auch für die meisten anderen Elemente des Photosyntheseapparats einschließlich der Pigmentkomplexe und Redoxsysteme in der Thylakoidmembran.

8.7.4 Koordination von C- und N-Assimilation

In der Pflanze muss die Synthese von Kohlenhydraten und Aminosäuren in einem ausgewogenen Verhältnis erfolgen, um den synthetischen Stoffwechsel bedarfsgerecht mit Bausteinen zu versorgen. Dies wird auf zwei Ebenen bewerkstelligt: 1. durch Induktion/Repression der Transkription beteiligter Enzyme und 2. durch ein komplexes Netzwerk metabolischer Rückkoppelungssysteme, durch das die Aktivität von Schlüsselenzymen schnell herauf- oder herunterreguliert werden kann. Die Intensitäten von C- und N-Assimilation reagieren z. B. sehr empfindlich auf das Angebot von CO_2 und NO_3^-. Eine Erniedrigung der CO_2-Konzentration führt nicht nur zu einer Reduktion der CO_2-Fixierung, sondern auch zu einer koordinierten Verminderung der NO_3^--Reduktion durch Herunterregulierung der **Nitratreductase**-Aktivität. Das Enzym wird dabei durch Phosphorylierung von Serinresten mit ATP durch eine **Proteinkinase** in eine weniger aktive Form verwandelt (Abbildung 8.32). Die Inaktivierung tritt erst ein, wenn zusätzlich ein 14-3-3-Protein an das Enzym gebunden wird (→

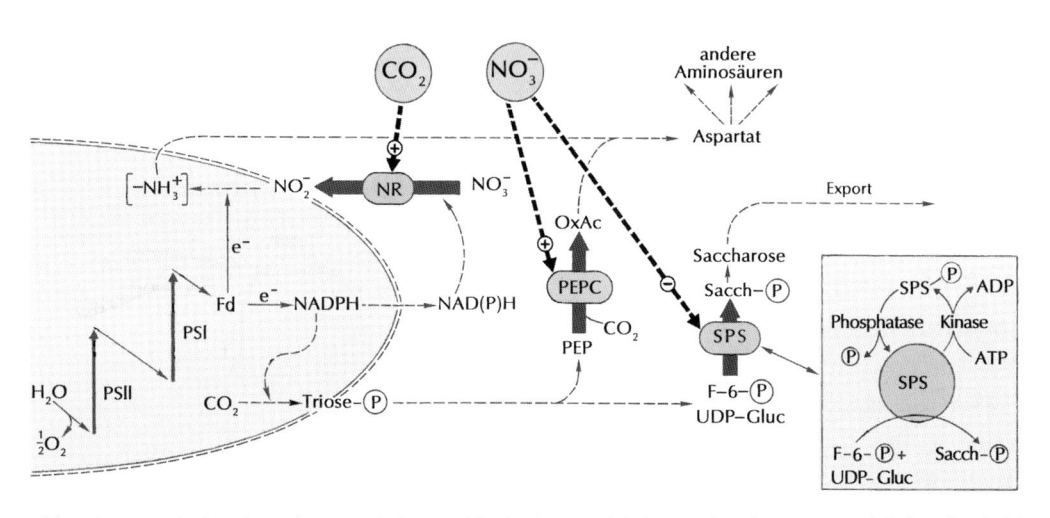

Abb. 8.32. Regulation der Balance zwischen Kohlenhydratproduktion und Aminosäureproduktion durch CO_2 und NO_3^-. Der photosynthetische Elektronentransport versorgt sowohl die C-Assimilation (Calvin-Cyclus) als auch die N-Assimilation mit Reduktionsäquivalenten (*links*). Zur bedarfsgerechten Bereitstellung von C-Gerüsten aus der C-Assimilation für die Bildung von N-Verbindungen (Aminosäuren) wird die Aktivität der **Nitratreductase** (*NR*), der **Phosphoenolpyruvatcarboxylase** (*PEPC*) und der **Saccharosephosphatsynthase** (*SPS*) durch CO_2 und NO_3^- aktiviert (⊕) bzw. inaktiviert (⊖). Die Enzyme können durch **Phosphorylierung** (Proteinkinase) bzw. **Dephosphorylierung** (Proteinphosphatase) reversibel von einer wenig aktiven Form in eine aktivere Form transformiert werden. Bei der *NR* (dephosphorylierte Form aktiv) wird unter dem Einfluss von CO_2 die Dephosphorylierung gefördert und die Phosphorylierung gehemmt. Bei PEPC (phosphorylierte Form aktiv) und *SPS* (dephosphorylierte Form aktiv, *Kasten*) wird die Phosphorylierung durch NO_3^- gefördert. Die von CO_2 und NO_3^- ausgehenden unterbrochenen Pfeile sollen andeuten, dass die biochemischen Details der Signalleitung noch unbekannt sind. Die Enzyme unterliegen außerdem einer Feinkontrolle durch Metaboliten (nicht eingetragen). *PEP*, Phosphoenolpyruvat, *OxAc*, Oxalacetat. (Nach Foyer et al. 1995; verändert)

Exkurs 4.5; S. 97). Erhöhung der CO_2-Konzentration führt zur Dephosphorylierung durch eine **Proteinphosphatase** und so zur Aktivierung des Enzyms. Zwei zentrale Enzyme des Kohlenhydratstoffwechsels unterliegen einer ähnlichen Kontrolle durch NO_3^-:

Die **Saccharosephosphatsynthase** wird durch Phosphorylierung inaktiviert (Abbildung 8.32). NO_3^- fördert die Inaktivierung durch Förderung der Phosphorylierungsreaktion. Das Enzym wird also durch NO_3^- abgeschaltet, der Abfluss von Kohlenhydrat (Saccharose) aus der Zelle gedrosselt und so die Verfügbarkeit von C-Gerüsten für die Aminosäuresynthese erhöht.

Die **Phosphoenolpyruvatcarboxylase** ist ein Schlüsselenzym für die Bereitstellung von 2-Oxosäuren (z. B. Oxalacetat) für die Aminosäuresynthese. Dieses Enzym wird durch Phosphorylierung reversibel aktiviert. NO_3^- schaltet das Enzym durch Förderung der Phosphorylierung an (Abbildung 8.32).

Alle drei Enzyme werden darüber hinaus durch Licht reguliert. Belichtung der Zelle führt zu einer Hemmung der Phosphorylierung bei der Nitratreductase und der Saccharosephosphatsynthase und zu einer Förderung der Phosphorylierung bei der Phosphoenolpyruvatcarboxylase, d. h. die Enzyme werden beim Einsetzen des photosynthetischen Elektronentransports koordiniert eingeschaltet. Alle drei Enzyme sind im Cytoplasma lokalisiert. Der Chloroplast greift also auch in den extraplastidären Stoffwechsel der Zelle regulierend ein. Die biochemische Natur der hierbei wirksamen Steuersignale ist noch unbekannt.

8.7.5 Fluoreszenzlöschung als Indikatorreaktion für die Effektivität der Photosynthese

Zur Beurteilung der Energieumsetzung im Photosyntheseapparat und zur Bestimmung der Schnelligkeit der dabei beteiligten regulatorischen Prozesse wird heute vor allem die Messung der **Chlorophyllfluoreszenz** eingesetzt. Das vom Chloroplasten im Licht emittierte, variable Fluoreszenzlicht geht praktisch vollständig auf die Antennenchlorophylle des PSII zurück. Da die Fluoreszenz durch die PSII-Antennen einerseits mit den photochemischen Prozessen im Reaktionszentrum und andererseits mit der Energiedissipation durch Wärmeproduktion konkurriert, kann man photochemische und nichtphotochemische Einflüsse auf die Fluoreszenzausbeute unterscheiden (→ S. 177). Bringt man ein dunkeladaptiertes Blatt in sättigendes Licht, so ist die variable Fluoreszenz zunächst hoch und fällt dann in einer komplexen Kinetik im Verlauf weniger Minuten auf einen minimalen *steady-state*-Wert ab (Kautsky-Effekt). Dieser Abfall ist ein Maß für **Fluoreszenzlöschung** (*quenching*) durch die

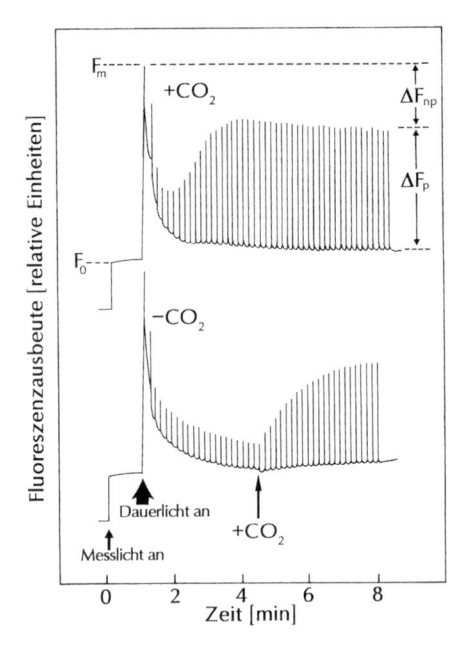

Abb. 8.33. Abhängigkeit der photochemischen Fluoreszenzlöschung (*quenching*) von der CO_2-Assimilation. Objekt: Dunkeladaptiertes Spinatblatt (*Spinacia oleracea*). Zur Messung der Fluoreszenzausbeute dient ein schwaches, moduliertes Messlicht, das ein Fluoreszenzsignal F_0 erzeugt. Nur dieses modulierte Signal wird gemessen; die durch eine zusätzliche Belichtung erzeugte Fluoreszenz bleibt unberücksichtigt. Beim Einschalten des photosynthetisch wirksamen Dauerlichts steigt die durch das Messlicht erzeugte Fluoreszenz von F_0 auf F_m an und fällt innerhalb von wenigen Minuten wieder auf einen niedrigen Wert ab. Dieses Phänomen wird als **Kautsky-Effekt** bezeichnet. Der Fluoreszenzabfall geht auf zwei Teilreaktionen zurück: 1. Mit einer Serie kurzer, starker Lichtpulse (1 s), welche das PSII absättigen, lässt sich die Änderung des **photochemischen** *quenching* (ΔF_p) verfolgen (Höhe der auf die Basiskurve aufgesetzten Ausschläge). 2. Der durch die Lichtpulse nicht aufhebbare Anteil des Fluoreszenzabfalls geht auf das **nichtphotochemische** *quenching* (ΔF_{np}) zurück. In Gegenwart von CO_2 steigt ΔF_p als Folge der einsetzenden CO_2-Assimilation rasch an (*oben*). In Abwesenheit von CO_2 bleibt ΔF_p niedrig (und ΔF_{np} hoch), da es in der Elektronentransportkette zu einem Rückstau an Elektronen kommt und das Reaktionszentrum von PSII geschlossen bleibt (*unten*). (Nach Schreiber et al. 1993)

verzögert einsetzenden photosynthetischen Folgereaktionen, z. B. die Aktivierung der lichtregulierten Enzyme und die Einstellung optimaler Metabolitenkonzentrationen im Calvin-Cyclus. Mit geeigneten Methoden kann man zwei kinetisch unterscheidbare Komponenten der variablen Fluoreszenz identifizieren (Abbildung 8.33):

▶ **Photochemisches** *quenching* kommt dadurch zustande, dass der Elektronentransport vom PSII zum Plastochinon in Gang kommt. Hierdurch wird das zunächst reduziert vorliegende Q_A oxidiert und das P_{680} für die Übernahme von Anregungsenergie geöffnet (→ Abbildung 8.21). Die von den Antennen absorbierte Lichtenergie kann nun maximal für den Elektronentransport ausgenützt werden. Im starken Licht, oder bei Störungen im weiteren Verlauf der Photosynthese, die zu einem Rückstau an Elektronen führen, ist Q_A stark reduziert. P_{680} ist dann weitgehend geschlossen und die Antennen geben mehr Anregungsenergie in Form von Fluoreszenz ab. Das photochemische *quenching* ist also ein Maß für die photosynthetische Quantenausbeute des PSII.

▶ **Nichtphotochemisches** *quenching* geht auf die Energieableitung in Form von Wärme zurück. Es lässt sich messen, wenn man Q_A maximal reduziert hält und damit das photochemische *quenching* ausschließt. Der zugrunde liegende Reaktionsmechanismus ist noch nicht abschließend geklärt. Viele Befunde sprechen dafür, dass das nichtphotochemische *quenching* zumindest teilweise durch einen O_2-abhängigen „pseudocyclischen" Elektronentransport (→ S. 194) unter Beteiligung von PSII bewirkt wird, der ein starkes ΔpH an der Thylakoidmembran erzeugt. Dies begünstigt den Energietransfer von PSII-Antennen auf Carotinoide und führt zur Ableitung überschüssiger Lichtenergie in Form von Wärme (→ Abbildung 26.18).

Mit Hilfe der Fluoreszenzmessung ist es heute möglich geworden, die photochemische Aktivität des PSII und ihre Beeinflussung durch Umweltfaktoren (z. B. Lichtfluss, Temperatur, CO_2-Versorgung) an Blättern intakter Pflanzen auch im Freiland sehr genau zu bestimmen. Diese Methode spielt daher eine wichtige Rolle für ökophysiologische Untersuchungen zur Photosynthese, z. B. für die Analyse von Stressphänomenen (→ Abbildung 26.10).

8.8 Ein kurzer Blick auf die anoxygene Photosynthese der phototrophen Bakterien

Die Purpurbakterien (**Rhodospirillaceae, Chromatiaceae**) und die grünen Schwefelbakterien (**Chlorobiaceae**) zählen zu den photosynthetisierenden (phototrophen) Organismen. Sie bilden unter anaeroben Bedingungen im Licht pigmenthaltige Membransysteme aus, welche die Funktion von Thylakoiden besitzen. Als Antennenpigmente treten Bacteriochlorophylle und Carotinoide auf. Die chemische Struktur der Bacteriochlorophylle weicht nur wenig von der der Chlorophylle ab. Deutlich verschieden sind dagegen die Absorptionsspektren, welche bei den Bacteriochlorophyllen *a* und *b* weit in den infraroten Bereich reichen (langwelliger Gipfel *in vivo* im Bereich von 800 bis 890 bzw. um 1.000 nm). In den grünen Bakterien kommen die Bacteriochlorophylle *c, d, e* mit einem langwelligen Gipfel bei 715–760 nm vor.

Auch hier sind die Pigmente in Photosystemen organisiert. Im Gegensatz zu den Cyanobakterien und den Chloroplasten der eukaryotischen Pflanzen verfügen jedoch die phototrophen Bakterien nur über ein Photosystem, das in zwei Versionen auftritt. Grüne Schwefelbakterien besitzen Typ-I-Reaktionszentren mit [4Fe·4S]-Zentren als terminale Elektronenacceptoren im Kernkomplex; Purpurbakterien besitzen Typ-II-Reaktionszentren, die Elektronen auf Bacteriophäophytin und Chinone (Q_A, Q_B) übertragen. Beide Reaktionszentren enthalten ein Bacteriochlorophyll-*a*-Dimer als photochemisch aktives Redoxpigment. Es wird heute angenommen, dass die bakteriellen Typ-I- und Typ-II-Kernkomplexe als Vorläufer der entsprechenden Kernkomplexe im zweistufigen Elektronentransport der Pflanzen aufzufassen sind und während der Evolution auf der Entwicklungsstufe der Cyanobakterien vereinigt wurden.

Das Redoxpotenzial (E_m) der bakteriellen Reaktionszentren im nichtangeregten Zustand liegt bei etwa 400 mV und ist damit nicht ausreichend positiv, um H_2O als Elektronendonator zu verwenden (→ Abbildung 8.22). Die phototrophen Bakterien betreiben vielmehr eine **anoxygene Photosynthese** und sind durch eine meist obligat anaerobe Lebensweise ausgezeichnet. Die bakteriellen Photosysteme führen einen cyclischen Elektronentransport über einen Cytochrom-*b*/*c*-Komplex durch, der als Elektronenpumpe arbeitet und, vermittelt über einen transmembranen Protonengradienten, Photophosphorylierung ermöglicht.

Außerdem ist formal auch ein offenkettiger Elektronentransport möglich, welcher Elektronen von geeigneten Substraten (z. B. H_2S, Thiosulfat, Succinat, Propionat u. a.) auf NAD^+ übertragen kann. Man neigt heute zu der Vorstellung, dass es sich hierbei um Teilabschnitte der respiratorischen Elektronentransportkette (Atmungskette) handelt, welche unter Nutzung des lichtinduzierten Protonenpotenzials in umgekehrter Richtung zur Reduktion von NAD^+ eingesetzt werden kann. Bei Chlorobiaceae ist auch ein offenkettiger Elektronentransport von reduzierten Schwefelverbindungen zum NAD^+ nachgewiesen.

Unabhängig davon, wie der Weg der Elektronen durch die Redoxsysteme der Thylakoidmembran verläuft, gilt auch für die photosynthetische Kohlenhydratsynthese der phototrophen Bakterien (welche meist wie die Chloroplasten über den Calvin-Cyclus verfügen):

$$CO_2 + 2\,H_2A \xrightarrow{h\nu} [CH_2O] + H_2O + 2\,A. \quad (8.21)$$

Im Falle der Chloroplasten und Cyanobakterien steht A für Sauerstoff, im Falle der Bakterien für Schwefel oder einen entsprechenden Donatorrest. Diese bereits 1931 von Van Niel aufgestellte Beziehung bringt das gemeinsame Grundprinzip der beiden Photosynthesesysteme zum Ausdruck. Die phototrophen Bakterien repräsentieren einen ursprünglichen, phylogenetisch alten, an eine O_2-arme Umgebung angepassten Photosynthesetyp, der nach der Evolution des wasserspaltenden Photosyntheseapparats als Relikt in bestimmten ökologischen Nischen (z. B. in anaeroben Zonen stehender Gewässer) erhalten blieb.

Weiterführende Literatur

Adir N (2005) Elucidation of the molecular structures of components of the phycobilisome: Restructuring a giant. Photosynth Res 85: 15–32

Allen JF (2003) Cyclic, pseudocyclic and noncyclic photophosphorylation: New links in the chain. Trends Plant Sci 8: 15–19

Amunts A, Drory O, Nelson N (2007) The structure of a plant photosystem I supercomplex at 3.4 Å resolution. Nature 447: 58–63

Andersson I, Backlund A (2008) Structure and function of Rubisco. Plant Physiol Biochem 46: 275–291

Aro E-M, Andersson B (eds) (2001) Regulation of photosynthesis. Advances in photosynthesis and respiration. Kluwer, Dordrecht

Baker NR (2008) Chlorophyll fluorescence: A probe of photosynthesis in vivo. Annu Rev Plant Biol 59: 89–113

Calvin M, Bassham JA (1962) The photosynthesis of carbon compounds. Benjamin, New York

Chitnis PR (2001) Photosystem I: Function and physiology. Annu Rev Plant Physiol Plant Mol Biol 52: 593–626

Emerson R (1958) The quantum yield of photosynthesis. Annu Rev Plant Physiol 9: 1–24

Esper B, Badura A, Rögner M (2006) Photosynthesis as a power supply for (bio-)hydrogen production. Trends Plant Sci 11: 543–549

Flügge U-I (2000) Metabolite transport across the chloroplast envelope of C_3 plants. In: Leegood RC, Sharkey TD, Caemmerer S von (eds) Photosynthesis: Physiology and metabolism. Kluwer, Dordrecht

Foyer CH, Ferrario-Méry S, Huber SC (2000) Regulation of carbon fluxes in the cytosol: Coordination of sucrose synthesis, nitrate reduction and organic acid and amino acid biosynthesis. In: siehe Flügge (2000); pp 177–203

Frank HA, Young AJ, Britton G, Cogdell RJ (1999) The photochemistry of carotenoids. Kluwer, Dordrecht

Govindjee, Gest H (2002/2003) Historical highlights of photosynthesis research I/II. Photosynth Res 73: 1–308/79: 1–450

Haldrup A, Jensen PE, Lunde C, Scheller HV (2001) Balance of power: A view of the mechanism of photosynthetic state transitions. Trends Plant Sci 6: 301–305

Haraux F, de Kouchkovsky Y (1998) Energy coupling and ATP synthase. Photosynth Res 57: 231–251

Harold F (1986) The vital force: A study of bioenergetics. Freeman, New York

Horton P, Ruban A (2005) Molecular design of the photosystem II light harvesting antenna: Photosynthesis and photoprotection. J Exp Bot 56: 365–373

Iverson TM (2006) Evolution and unique bioenergetic mechanisms in oxygenic photosynthesis. Curr Opin Chem Biol 10: 91–100

Ke B (2001) Photosynthesis. Photobiochemistry and Photobiophysics. Adv Photosynth Vol 10, Kluwer, Dordrecht

Kopriva S (2006) Regulation of sulfate assimilation in *Arabidopsis* and beyond. Ann Bot 97: 479–495

Kramer DM, Avenson TJ, Edwards GE (2004) Dynamic flexibility in the light reactions of photosynthesis governed by both electron and proton transfer reactions. Trends Plant Sci 9: 349–357

Krause GH, Weis E (1991) Chlorophyll fluorescence and photosynthesis: The basics. Annu Rev Plant Physiol Plant Mol Biol 42: 313–349

Lu Y, Sharkey TD (2006) The importance of maltose in transitory starch breakdown. Plant Cell Environ 29: 353–366

Martin W, Scheibe R, Schnarrenberger C (2000) The Calvin cycle and its regulation. In: siehe Flügge (2000); pp 9–51

Mullineaux CW (2005) Function and evolution of grana. Trends Plant Sci 10: 521–525

Nelson N, Yocum CF (2006) Structure and function of photosystems I and II. Annu Rev Plant Biol 57: 521–565

Oesterhelt D, Tittor J (1989) Two pumps, one principle: Light-driven ion transportation in halobacteria. Trends Biochem Sci 14: 57–61

Ort DR, Yocum CF (eds) (1999) Oxygenic photosynthesis. The light reactions. Kluwer, Dordrecht

Pfannschmidt T (2003) Chloroplast redox signals: How photosynthesis controls its own genes. Trends Plant Sci 8: 33–41

Rögner M, Boekema EJ, Barber J (1996) How does photosystem 2 split water– The structural basis of efficient energy conversion. Trends Biochem Sci 21: 44–49

Schürmann P, Jacquot J-P (2000) Plant thioredoxin systems revisited. Annu Rev Plant Physiol Plant Mol Biol 51: 371–400

Witt HT (1979) Energy conversion in the functional membrane of photosynthesis. Analysis by light pulse and electric pulse methods. The central role of the electric field. Biochim Biophys Acta 505: 355–427

Xiong J, Bauer CE (2002) Complex evolution of photosynthesis. Annu Rev Plant Biol 53: 503–521

In Abbildungen und Tabellen zitierte Literatur

Allen JF, Forsberg J (2001) Trends Plant Sci 6: 317–326

Bassham JA (1971) Science 172: 526–534

Bassham JA, Benson AA, Kay LD, Harris AZ, Wilson AT, Calvin M (1954) J Amer Chem Soc 76: 1760–1770

Bassham JA, Kirk M (1960) Biochim Biophys Acta 43: 447–464

Bassham JA, Kirk M (1968) In: Shibata K, Takamiya A, Jagendorf AT, Fuller RC (eds) Comparative biochemistry and biophysics of photosynthesis. Univ Tokyo Press, Tokyo, pp 365–378

Emerson R, Lewis CM (1943) Amer J Bot 30: 165–178

Emerson R, Chalmers R, Cederstrand C (1957) Proc Natl Acad Sci USA 43: 133–143

Foyer CH, Valadier MH, Ferrario S (1995) In: Smirnoff N (ed) Environment and plant metabolism. Bios Sci, Oxford, pp 17–43

French CS, Brown JS, Lawrence MC (1972) Plant Physiol 49: 421–429

Gantt E, Conti SF (1966) J Cell Biol 29: 423–434

Gantt E, Lipschultz CA (1974) Biochemistry 13: 2960–2966

Gantt E, Lipschultz CA, Zilinskas B (1976) Biochim Biophys Acta 430: 375–388

Haxo FT (1960) In: Allen MB (ed) Comparative biochemistry of photoreactive systems. Academic Press, New York, pp 339–360

Joliot P, Joliot A, Kok B (1968) Biochim Biophys Acta 153: 635–652

Junesch U, Gräber P (1987) Biochim Biophys Acta 893: 275–288

Ke B (2001) Photosynthesis: Photobiochemistry and Photobiophysics. Kluwer, Dordrecht

Kok B (1956) Biochim Biophys Acta 21: 245–258

Kreutz W (1966) Umschau 66: 806–813

Kühlbrandt W, Wang DN, Fujiyoshi Y (1994) Nature 367: 614–621

Lea PJ, Miflin BJ (1974) Nature 251: 614–616

Lemasson C, Demarsac NT, Cohen-Bazire G (1973) Proc Natl Acad Sci USA 70: 3130–3133

Leustek T, Saito K (1999) Plant Physiol 120: 637–643

Menke W (1960) Experientia 16: 537–538

Nilsen KN (1971) Hort Science 6: 26–29

Oesterhelt D (1974) In: Jaenicke L (ed) Biochemistry of sensory functions. Springer, Berlin, pp 55–77

Paolillo DJ (1970) J Cell Sci 6: 243–255

Park RB, Pfeifhofer AO (1969) J Cell Sci 5: 299–311

Pedersen TA, Kirk M, Bassham JA (1966) Physiol Plant 19: 219–231

Pfannschmidt T, Nilsson A, Allen JF (1999) Nature 397: 625–628

Rutherford AW, Boussac A (2004) Science 303: 1782–1784

Scheibe R (1994) Naturwiss 81: 443–448

Schreiber U, Bilger W, Neubauer C (1993) In: Schulze E-D, Caldwell MM (eds) Ecophysiology of photosynthesis. (Ecological Studies, Vol 100). Springer, Berlin, pp 49–70

Sidler WA (1994) In: Bryant DA (ed) The molecular biology of cyanobacteria. Kluwer, Dordrecht, pp 139–216

Solomonson LP, Barber MJ (1990) Annu Rev Plant Physiol Plant Mol Biol 41: 225–253

Staehelin LA, Van der Staay GWM (1996) In: Ort DR, Yocum CF (eds) Oxygenic photosynthesis: The light reactions: Kluwer, Dordrecht, pp 11–30

Wehrmeyer W (1964) Planta 63: 13–30

Witt HT (1971) Quarterly Rev Biophys 4: 365–477

9 Dissimilation

Die bei der Photosynthese unter Aufwand von Lichtenergie aufgebauten, energiereichen Moleküle dienen nur teilweise als Bausteine für das weitere Wachstum der Pflanze. Ein erheblicher Anteil der Assimilate wird vielmehr in geeigneter Form und an geeignetem Ort gespeichert, um zu gegebener Zeit unter Freisetzung von Energie wieder **dissimiliert** zu werden. Auf diese Weise kann die autotrophe Pflanze für eine begrenzte Zeit unabhängig von der Energiezufuhr durch die Sonne leben. Ihr Stoffwechsel gleicht unter diesen Bedingungen weitgehend dem der heterotrophen Organismen. In der Tat kann man auf der Ebene der Gewebe bzw. Zellen auch bei der – als Ganzes – autotrophen Pflanze von **Heterotrophie** sprechen. So sind z. B. die meisten Epidermiszellen des Blattes und die Gewebe der Wurzel in der Regel völlig auf die Ernährung durch die photosynthetisch aktiven Zellen angewiesen. Im Gegensatz zur Assimilation ist die Dissimilation nicht auf bestimmte Gewebe beschränkt, sondern eine Eigenschaft aller lebenden Zellen einer Pflanze. Spezielle, z. T. recht komplizierte Stoffwechselbahnen dienen dazu, **Kohlenhydrate** unter O_2-**Verbrauch** zu CO_2 abzubauen und dabei metabolisch nutzbare Energie, letztlich in Form von **ATP**, zu gewinnen. Gegenüber dem Tier besitzen Pflanzen eine Reihe von metabolischen Besonderheiten, die mit ihrer autotrophen, immobilen Lebensweise zusammenhängen, z. B. einen speziellen **lichtabhängigen Atmungsweg** und diffizile Regulationsmechanismen zur Abstimmung zwischen photosynthetischer und dissimilatorischer Energiegewinnung. Als Anpassungen an O_2-arme Biotope treten fakultativ anaerobe Dissimilationsreaktionen, **Gärungen**, auf. Bei der Samenkeimung dient oft **Fett** als Substrat der Dissimilation, das in den Speichergeweben in einem komplexen Umbauprozess in transportierbares Kohlenhydrat umgewandelt wird. Eine weitere pflanzliche Besonderheit ist der **cyanidresistente Atmungsweg**, der von manchen Pflanzen zur Wärmeproduktion eingesetzt werden kann.

9.1 Energiegewinnung bei der Dissimilation

Bei der Dissimilation werden grundsätzlich energiereiche Moleküle unter Freisetzung von Energie in mehr oder minder große Bruchstücke zerlegt. Ein großer Teil der freien Enthalpie dieses exergonischen Prozesses kann mit Hilfe von molekularen Energieüberträgern [NAD(P)H oder andere Redoxsysteme, Adenylatsystem] aufgefangen und den endergonischen, **anabolischen** Stoffwechselbereichen zugeführt werden. Dabei wird ein Großteil der organischen Moleküle wieder in die anorganischen Ausgangsstoffe zerlegt (Abbildung 9.1):

$$\text{organische Moleküle (z. B. Zucker)} \xrightarrow{-\Delta G} \text{anorganische Moleküle (z. B. } CO_2, H_2O\text{).} \quad (9.1)$$

Dies ist die Umkehrung der allgemeinen Photosynthesegleichung ($\rightarrow$ Gleichung 8.2). Ähnlich wie die Photosynthese verläuft auch die dissimilatorische Energietransformation über eine Vielzahl enzymkatalysierter Einzelreaktionen, die zu komplizierten Stoffwechselbahnen zusammengefügt sind. Letztere bilden in ihrer Gesamtheit den **katabolischen** Bereich des Zellstoffwechsels. Man kann die Dissimilation formal in zwei Abschnitte gliedern:

1. Die Freisetzung von Reduktionsäquivalenten ($e^- + H^+ = [H]$) aus wasserstoffreichen, organischen Substraten unter CO_2-Bildung:

$$C_xH_yO_z \rightarrow y\, e^- + y\, H^+ + x\, CO_2. \quad (9.2)$$

2. Die Reduktion von O_2 durch [H] unter Bildung von H_2O:

$$2\,e^- + 2\,H^+ + 1/2\,O_2 \rightarrow H_2O. \qquad (9.3)$$

Die Reduktionsäquivalente liegen hierbei nicht frei vor, sondern sind stets an Redoxsysteme (z. B. NAD⁺/NADH) gebunden. Beide Abschnitte sind exergonisch und können daher zur Gewinnung von Phosphorylierungspotenzial (ATP) ausgenützt werden. Den dissimilatorischen Gaswechsel (CO_2-Abgabe bzw. O_2-Aufnahme) bezeichnet man als **Atmung (Respiration)**. Gleichung 9.3 liefert eine einfache Formulierung für den dissimilatorischen Elektronentransport, die **Atmungskette**. Dieser quantitativ dominierende energieliefernde Prozess ist mit einem Verbrauch von O_2 aus der Atmosphäre verbunden, das hier die Funktion eines Elektronenacceptors übernimmt. Auch aus den Gleichungen 9.2 und 9.3 geht die Beziehung der Dissimilation zur Photosynthese direkt hervor (→ Gleichung 8.3). Außer dieser **aeroben Dissimilation** gibt es in der Zelle auch eine Reihe **anaerober Dissimilationsbahnen**, welche jedoch mit relativ beschränkter Ausbeute an metabolisch nutzbarer Energie arbeiten. Grundsätzlich ist die höhere Pflanze ein obligater Aerobier; sie kann aber mit Hilfe eines O_2-unabhängigen Stoffwechsels eine begrenzte Toleranz gegen anaerobe Umweltbedingungen entwickeln.

Neben freier Enthalpie können aus den dissimilatorischen Reaktionsbahnen auch an vielen Stellen Moleküle entnommen werden, welche als Bausteine für die Synthese von Zellmaterial dienen. Katabolischer und anabolischer Metabolismus sind daher eng miteinander verzahnt (→ Abbildung 16.2).

Die Teilabschnitte der Dissimilation laufen in verschiedenen Kompartimenten der Zelle ab, welche in zweckmäßiger Weise miteinander kooperieren. Zum Verständnis des Gesamtprozesses ist daher nicht nur die Sequenz der einzelnen Reaktionsschritte, sondern auch die **Kompartimentierung** der beteiligten Enzyme (bzw. Enzymkomplexe) und der **Transport** von Metaboliten über die Kompartimentgrenzen von entscheidender Bedeutung (→ S. 76).

9.2 Dissimilation der Kohlenhydrate

9.2.1 Freisetzung chemischer Energie

Bei den meisten Pflanzen sind Kohlenhydrate mit der allgemeinen Zusammensetzung $[CH_2O]_n$ die mengenmäßig wichtigsten Substrate der Dissimilation. Der vollständige (aerobe) Abbau der Kohlenhydrate lässt sich formal als Umkehrung der Photosynthese von Glucose formulieren (→ Gleichung 8.9):

$$[CH_2O] + H_2O + O_2 \rightarrow CO_2 + 2\,H_2O$$
$$(\Delta G^{0'} \approx -480\text{ kJ/mol } CO_2),$$

oder:

$$C_6H_{12}O_6 + 6\,H_2O + 6\,O_2 \rightarrow 6\,CO_2 + 12\,H_2O$$
$$(\Delta G^{0'} \approx -2880\text{ kJ/mol Glucose}). \qquad (9.4)$$

Der quantitativ dominierende Abbauweg für **Glucose** (und alle zu Glucose abbaubaren Kohlenhydrate) ist die **Glycolyse**, welche zum **Pyruvat** führt (Abbildung 9.2). Daneben kann Glucosephosphat über den **oxidativen Pentosephosphatcyclus** zu Pentosen und CO_2 abgebaut werden. In Abwesenheit von O_2 tritt **Fermentation** ein, wobei das Pyruvat aus der Glycolyse in die Gärungsprodukte **Ethanol** oder **Lactat** umgewandelt wird (Abbildung 9.3a). Die bisher erwähnten Prozesse spielen sich im Grundplasma der Zelle ab. In Gegenwart von O_2 wird das glycolytische Pyruvat in den Mitochondrien über den **Citratcyclus** mit der angekoppelten Atmungskette vollends zu CO_2 und H_2O zerlegt. Die bei diesen insgesamt stark exergo-

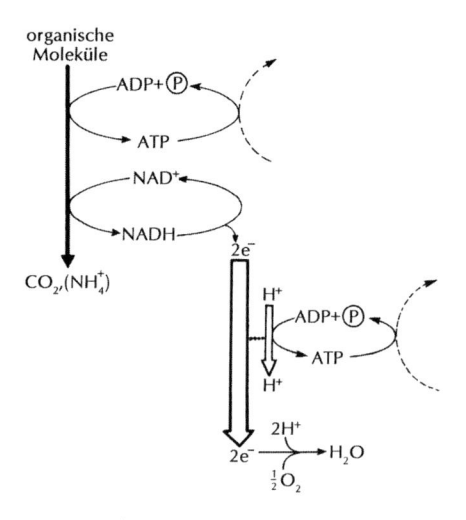

Abb. 9.1. Übersicht über die Energietransformation bei der oxidativen Dissimilation (→ Abbildung 8.5). Der dicke Pfeil symbolisiert den Elektronentransport durch die Atmungskette; die unterbrochenen Pfeile symbolisieren den endergonischen Stoffwechsel.

9.2 Dissimilation der Kohlenhydrate

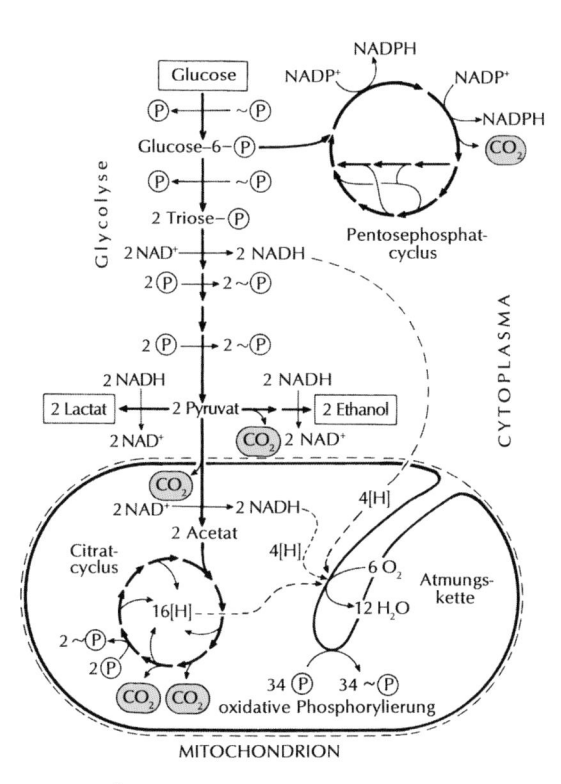

Abb. 9.2. Übersicht über die Dissimilation von Kohlenhydrat (Glucose), unter besonderer Hervorhebung der **Reduktions-** und **Phosphorylierungspotenzial** produzierenden Reaktionen. ~℗ = energiereiche Phosphatbindung im ATP. (Für weitere Details → Abbildung 9.4, 9.5, 9.6, 9.10)

nischen Prozessen stufenweise freigesetzte Energie kann zu einem erheblichen Teil als Phosphorylierungspotenzial (ATP) aufgefangen werden, wobei das NAD$^+$/NADH-Redoxsystem als wichtigster Vermittler beteiligt ist (Abbildung 9.3b).

9.2.2 Glycolyse

Diese im Grundplasma ablaufende Reaktionssequenz zerlegt Glucose (und damit auch alle in Glucose transformierbaren Kohlenhydrate) in zwei Moleküle Pyruvat[1]:

$C_6H_{12}O_6 + 2\ ADP + 2\ ℗ + 2\ NAD^+ \rightarrow$
$2\ C_3H_4O_3 + 2\ ATP + 2\ NADH + 2\ H^+$
$(\Delta G^{0'} = -80\ kJ/mol\ Glucose).$ (9.5)

Bei dem vielstufigen Prozess werden insgesamt 2 ATP verbraucht und 4 ATP produziert (Abbildung 9.4). In der Bilanz werden also 2 ATP pro Glucose gewonnen; man spricht daher von der glycolytischen **Substratkettenphosphorylierung**. Außerdem tritt ein stark exergonischer Oxidationsschritt auf (Glycerinaldehydphosphat → Gylceratphosphat + 2 [H], wobei NAD$^+$ als [H]-Acceptor dient. Auch in anderen Details ist – unter Berücksichtigung der Richtungsumkehr – die Ähnlichkeit mit Reaktionen des Calvin-Cyclus unverkennbar (→ Abbildung 8.26). Obwohl die glycolytische Phosphorylierung an Oxidationsreaktionen gekoppelt ist, verläuft sie ohne Beteiligung von O$_2$. Die freigesetzten Reduktionsäquivalente werden auf NAD$^+$ übertragen. Es ist evident, dass die Glycolyse nur dann kontinuierlich ablaufen kann, wenn das gebildete NADH durch Koppelung an eine [H]-verbrauchende Reaktion beständig wieder zu NAD$^+$ regeneriert wird.

9.2.3 Fermentation (alkoholische Gärung und Milchsäuregärung)

Unter O$_2$-Mangel können die bei der Glycolyse anfallenden Reduktionsäquivalente nicht zur Gewinnung von Phosphorylierungspotenzial ausgenützt werden. An die Stelle der Wasserbildung treten andere Abfangreaktionen für [H], welche stets eine relativ stark reduzierte organische Verbindung liefern, die unter den gegebenen Bedingungen nicht weiter metabolisiert werden kann und sich daher anhäuft. Dies ist die allgemeine Definition einer **Fermentation** oder **Gärung**. Während Mikroorganismen eine große Zahl verschiedener Gärungsprodukte liefern können, sind es bei den höheren Pflanzen im wesentlichen **Ethanol** oder/und **Lactat**, die unter anaeroben Bedingungen in den Zellen akkumulieren. Beide Verbindungen entstehen im Grundplasma aus Pyruvat, dem Endprodukt der Glycolyse (→ Abbildung 9.3a, 9.4). Als drittes Gärungsprodukt tritt bei Pflanzen oft **Alanin** auf, das durch Aminierung von Pyruvat entsteht. Die anaerobe Dissimilation von Glucose zu Ethanol bzw. Lactat lässt sich folgendermaßen formulieren:

$C_6H_{12}O_6 + 2\ ADP + 2\ ℗ \rightarrow$
$2\ C_2H_5OH + 2\ ATP + 2\ CO_2$
$(\Delta G^{0'} = -160\ kJ/mol\ Glucose).$ (9.6)

---
[1] Wir folgen hier dem neueren Sprachgebrauch. Ursprünglich wurde der Begriff „Glycolyse" für den Abbau von Glucose zu Lactat geprägt.

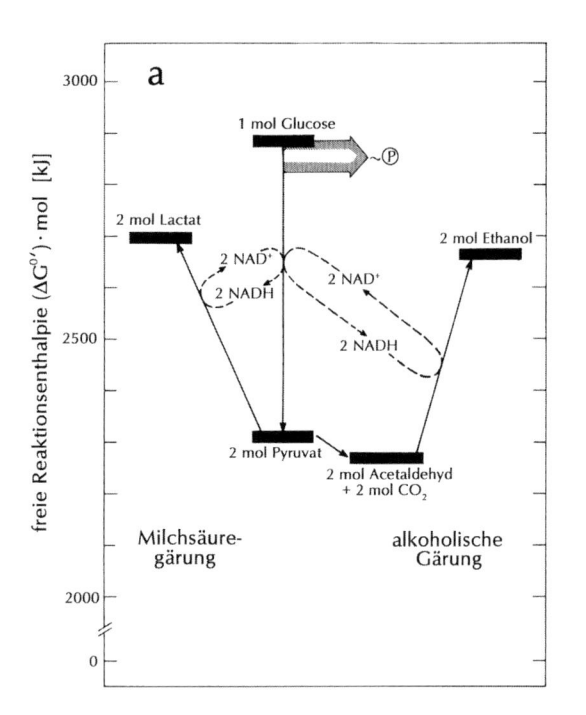

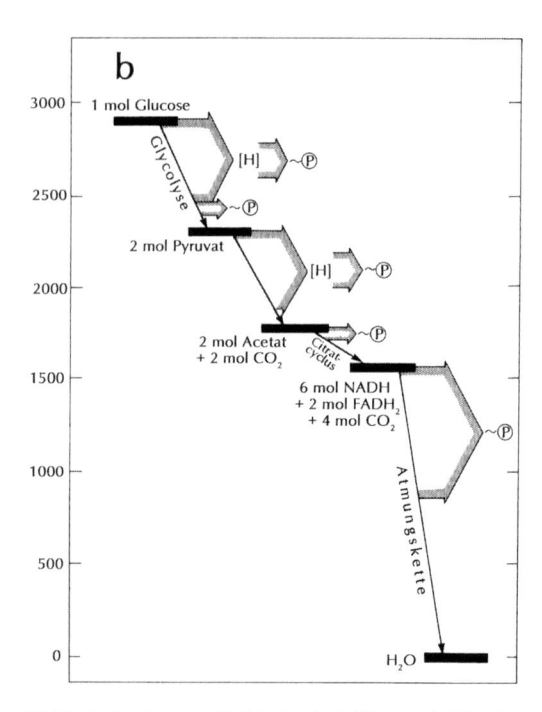

Abb. 9.3 a, b. Energieprofil der anaeroben (**a**) und der aeroben (**b**) Dissimilation von Kohlenhydrat (Glucose). Die einzelnen Energieniveaus (*schwarze Balken*) repräsentieren die freien Reaktionsenthalpien (unter physiologischen Standardbedingungen, $\Delta G^{0'}$) der Zerlegung der Moleküle in CO_2 und H_2O (Nullniveau). Bei NADH und $FADH_2$ ist die freie Reaktionsenthalpie der Oxidation zu NAD^+ bzw. FAD zugrunde gelegt. Die Dicke der horizontalen Pfeile repräsentiert den Anteil von $\Delta G^{0'}$, der unter Standardbedingungen in Form von Reduktionsäquivalenten ([H]) bzw. ATP(~℗) aufgefangen werden könnte. Da *in vivo* keine Standardbedingungen herrschen, können diese Modelle nicht quantitativ auf die Zelle übertragen werden.

$$C_6H_{12}O_6 + 2\ ADP + 2\ ℗ \rightarrow$$
$$2\ C_3H_6O_3 + 2\ ATP$$
$$(\Delta G^{0'} = -120\ kJ/mol\ Glucose). \tag{9.7}$$

Die in der Glycolyse freigesetzten Reduktionsäquivalente (NADH) werden quantitativ für die Bildung von Ethanol bzw. Lactat verbraucht; sie treten daher in den Bilanzgleichungen nicht auf. Da die ATP-Ausbeute der Glycolyse relativ bescheiden ist, beide Prozesse aber stark exergonisch sind, laufen sie unter erheblicher Wärmefreisetzung ab. Das Energieprofil der Fermentation (→ Abbildung 9.3a) veranschaulicht diese Zusammenhänge auf der Basis von ΔG-Werten unter Standardbedingungen.

Die mit der Freisetzung von CO_2 verbundene **alkoholische Gärung** ist besonders von den fakultativen Anaerobiern der Pilzgattung *Saccharomyces* (Hefe) bekannt. Diese Organismen sind seit der bahnbrechenden Entdeckung Buchners (1897), der die alkoholische Gärung in einem zellfreien Hefeextrakt nachwies und das aktive Prinzip „Zymase" nannte, zu einem Standardobjekt der Enzymologie geworden („Enzym" heißt „in Hefe"). Viele Hefezellen können ihren gesamten ATP-Bedarf durch anaeroben Abbau von Zucker zu Ethanol decken, der als reduziertes Abfallprodukt ausgeschieden wird. Besonders gut adaptierte Hefestämme können bis zu 120 g · l^{-1} Ethanol im Medium ertragen. Auch die Zellen der höheren Pflanzen sind bei O_2-Mangel zur alkoholischen Gärung befähigt; ihre Toleranzgrenze für Ethanol liegt jedoch meist unter 30 g · l^{-1}.

Die **Milchsäuregärung** liefert kein CO_2. Dieser Weg (→ Abbildung 9.4), der z. B. im Muskel in großem Umfang zur anaeroben ATP-Gewinnung benutzt werden kann, ist auch bei vielen Pflanzen nachgewiesen worden (z. B. in Kartoffelknollen und Gramineen-Wurzeln). Er spielt jedoch meist eine quantitativ geringere Rolle als die alkoholische Gärung. Die Fähigkeit zur Milchsäuregärung ist bei vielen fakultativ oder obligat anaeroben Bakterien verbreitet (z. B. *Lactobacillus*, *Streptococcus*). Darü-

9.2 Dissimilation der Kohlenhydrate

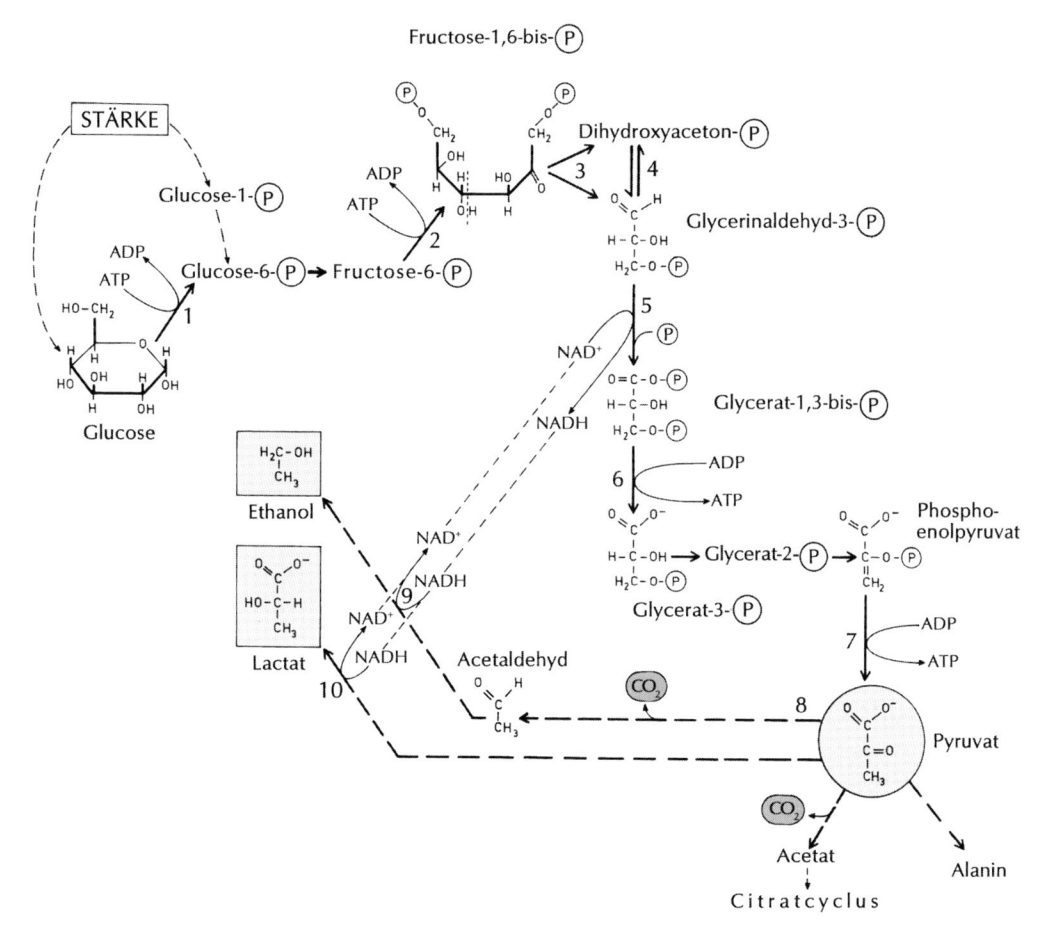

Abb. 9.4. Die Glycolyse (Embden-Meyerhof-Weg) einschließlich alkoholischer Gärung und Milchsäuregärung. Man kann diese Reaktionssequenz in fünf Abschnitte gliedern: 1. Aktivierung der Hexose mit 2 ATP (**Hexokinase, 1-Phosphofructokinase**, *1, 2*; neben der ATP-abhängigen Phosphofructokinase gibt es in Pflanzen eine cytosolische diphosphatabhängige Form des Enzyms, → Abbildung 9.27). 2. Spaltung der Hexose in zwei isomere Triosen (**Aldolase**, *3*), welche leicht ineinander umwandelbar sind (**Triosephosphatisomere**, *4*). 3. Oxidation eines Aldehyds zur Säure (NAD$^+$-abhängige **Glycerinaldehydphosphatdehydrogenase**, *5*). 4. Stufenweise Hydrolyse energiereicher Phosphatbindungen unter ATP-Bildung (**Phosphoglyceratkinase, Pyruvatkinase**, *6, 7*). 5. Das Produkt Pyruvat kann entweder im Citratcyclus zu CO_2 abgebaut werden (**aerobe** Dissimilation; → Abbildung 9.5), oder es wird im Rahmen der Fermentation (**anaerobe** Dissimilation) zu Acetaldehyd decarboxyliert (**Pyruvatdecarboxylase**, *8*), der weiter zu Ethanol reduziert wird (**Alkoholdehydrogenase**, *9*). Als Alternative kann Pyruvat zu Lactat reduziert werden (**Lactatdehydrogenase**, *10*). Beide Gärungsprozesse verbrauchen die zuvor im Schritt 5 freigesetzten Reduktionsäquivalente wieder quantitativ.

ber hinaus treten bei Bakterien eine Vielzahl weiterer Gärungsprodukte auf (z. B. Propionsäure, Butanol, Ameisensäure, Buttersäure, Aceton, H_2). Die Umsetzung von Ethanol zu Acetat („Essigsäuregärung") durch *Acetobacter* ist eine **aerobe** Fermentation, welche mit einem hohen Energiegewinn verbunden ist ($\Delta G^{0'} = -760$ kJ/mol Ethanol). Viele dieser mikrobiellen Prozesse werden technologisch ausgenützt (z. B. zur Produktion von Ethanol, Milchsäure oder Essigsäure).

9.2.4 Citratcyclus und Atmungskette

Unter aeroben Bedingungen verläuft der Abbau des Pyruvats in den Mitochondrien, deren innere Hüllmembran über einen Pyruvattransporter verfügt (→ Abbildung 9.9). Die äußere Hüllmembran ist ähnlich wie bei Chloroplasten durch **Porine** frei permeabel für die meisten Metaboliten. Die Mitochondrien enthalten die Enzyme zur vollständigen Zerlegung des Pyruvats in CO_2. Die dabei freigesetzten Reduktionsäquivalente werden in einem membrangebundenen **Elektronentransportsystem (Atmungskette)** zur ATP-Gewinnung ausgenützt und schließlich mit O_2 zur Reaktion gebracht, **Endoxidation**. Auch das in der Glycolyse entstehende [H] kann mit Hilfe eines *shuttle*-Transportmechanismus (→ Abbildung 4.10) in die Mitochondrien verfrachtet und dort zu H_2O oxidiert werden. Da die Umwandlung der Redoxenergie in Phosphorylierungspotenzial mit einem außerordentlich hohen Umsatz an freier Enthalpie verbunden ist (→ Abbildung 9.3b), hat man die Mitochondrien auch als „Kraftwerke der Zelle" bezeichnet.

Nach der oxidativen Decarboxylierung des Pyruvats zum Acetat entzieht der **Citratcyclus** den eingeschleusten aktivierten Acetateinheiten (Acetyl-CoA) unter Verbrauch von Wasser alle verfügbaren Reduktionsäquivalente; außerdem wird 1 ATP gebildet (Abbildung 9.5):

$$CH_3CO\text{-}SCoA + ADP + ⓟ + 3\,H_2O \rightarrow$$
$$2\,CO_2 + 8\,[H] + ATP + CoA\text{-}SH$$
$$(\Delta G^{0'} \approx -100\text{ kJ/mol Acetyl-CoA}). \qquad (9.8)$$

Die Änderung der freien Enthalpie ist bei dieser Bilanzgleichung relativ gering (→ Abbildung 9.3b),

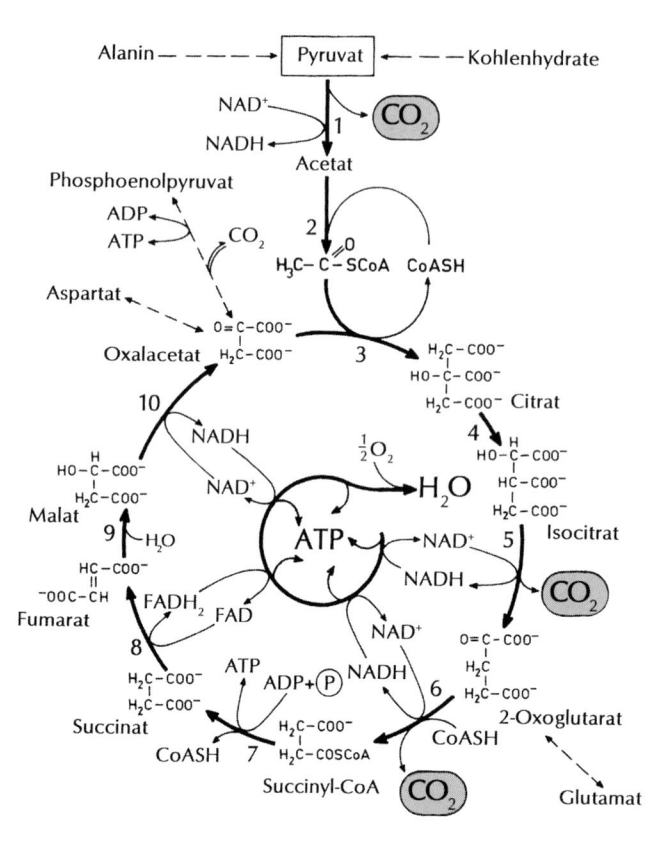

Abb. 9.5. Der Citratcyclus (Krebs-Cyclus, Tricarbonsäurecyclus) einschließlich oxidativer Phosphorylierung. Durch oxidative Decarboxylierung entsteht am Multienzymkomplex der **Pyruvatdehydrogenase** (*1, 2*) aus Pyruvat Acetat und, durch Bindung an Coenzym A, dessen aktivierte Form Acetyl-CoA, welches durch Verknüpfung mit Oxalacetat in den Cyclus eingeschleust wird (**Citratsynthase**, *3*). Das entstehende Citrat wird nach Isomerisierung (**Aconitase**, *4*) unter Reduktion von NAD^+ zu 2-Oxoglutarat decarboxyliert (**Isocitratdehydrogenase**, *5*). Nach weiterer Decarboxylierung und NAD^+-Reduktion entsteht in einer komplizierten Reaktionsfolge, in der Succinyl-CoA als Zwischenprodukt auftritt (**Multienzymkomplex** *6, 7*), Succinat, welches mit Hilfe von FAD zu Fumarat oxidiert wird (**Succinatdehydrogenase**, *8*). Durch Wasseranlagerung an Fumarat (**Fumarathydratase**, *9*) entsteht Malat, aus dem unter NAD^+-Reduktion das Acceptormolekül für Acetat, Oxalacetat, regeneriert wird (**Malatdehydrogenase**, *10*). In der Bilanz wird in einem Umlauf Acetat zu 2 CO_2 abgebaut, wobei an vier Stellen Reduktionsäquivalente auf NAD^+ bzw. FAD übertragen werden. Außerdem entsteht 1 ATP (Schritt 7). NADH und $FADH_2$ liefern den Wasserstoff an die Atmungskette (→ Abbildung 9.6), wo die Reduktionsäquivalente zur Gewinnung von ATP ausgenützt und schließlich auf O_2 übertragen werden. 2-Oxoglutarat und Oxalacetat sind die wichtigsten Knotenpunkte für kommunizierende Stoffwechselbahnen.

d. h. es geht innerhalb des Cyclus nur wenig Energie ungenützt verloren. Außer der Fähigkeit zur Freisetzung von Reduktionsäquivalenten besitzt der Citratcyclus eine wichtige Funktion für die Bereitstellung der C-Gerüste von Stoffwechselbausteinen, vor allem von Aminosäuren. Da diese Metaboliten andererseits auch in den Kreislauf eingeschleust werden können, bezeichnet man den Citratcyclus auch als „Sammelbecken" für Stoffwechselzwischenprodukte.

Während die meisten Enzyme des Citratcyclus in der Mitochondrienmatrix vorliegen, ist die Atmungskette im inneren Membransystem dieser Organellen lokalisiert (→ Abbildung 9.7). Die von der Matrixseite her als NADH angelieferten Reduktionsäquivalente werden über eine Kaskade von Redoxenzymen geleitet und schließlich mit O_2 zu H_2O vereinigt. Da Succinatdehydrogenase (→ Abbildung 9.5) selbst fest in die Membran eingebaut ist, kann der im Citratcyclus entstehende, an FAD gebundene Wasserstoff direkt in die Atmungskette eingeschleust werden. Die respiratorische Elektronentransportkette (Abbildung 9.6) der inneren Mitochondrienmembran besitzt eine nicht nur äußerliche Ähnlichkeit mit der Redoxkette zwischen den beiden photosynthetischen Reaktionszentren (→ Abbildung 8.22). Auch hier spielen **Cytochrome** eine zentrale Rolle als Elektronenüberträger, wobei das Fe-Zentralatom des Porphyrins zwischen dem zweiwertigen (reduzierten) und dem dreiwertigen (oxidierten) Zustand pendelt. Man konnte bisher in der Membran 3–4 Flavoproteine (mit FMN oder FAD als prosthetischer Gruppe), etwa ebenso viele Cytochrome vom b-Typ, je 2 Cytochrome vom

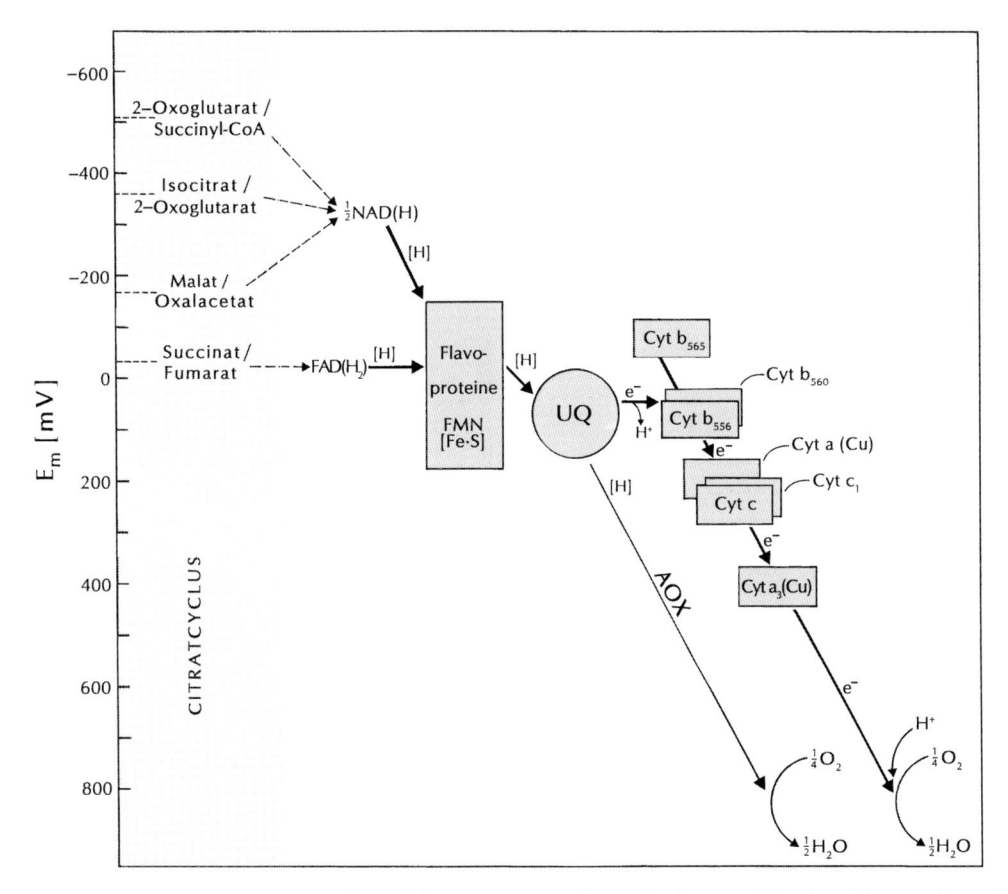

Abb. 9.6. Schema der respiratorischen Elektronentransportkette der inneren Mitochondrienmembran. Die im Verlauf des Citratcyclus freigesetzten Reduktionsäquivalente (*links*) werden in Form von NADH oder $FADH_2$ in die Kette eingespeist. Als Acceptoren für [H] fungieren mehrere *Flavoproteine* (in einem Potenzialbereich von −160 bis 170 mV), welche die Elektronen über Ubichinon (*UQ*) und verschiedene Cytochrome (*Cyt b, c, a*) zum O_2 leiten. Weiterhin ist für Pflanzen ein CN^--resistenter Nebenweg charakteristisch, welcher vom Ubichinon direkt zum O_2 führt (alternative Oxidase, *AOX*). (Nach Daten von Storey 1980)

a- und *c*-Typ, Ubichinon und eine Reihe von Eisen-Schwefel-Proteinen nachweisen.

Diese Redoxenzyme sind zu 4 Multiproteinkomplexen zusammengefasst, über welche der Elektronentransport von NADH und Succinat zum O_2 läuft (Abbildung 9.7). Die **Komplexe I**, **III** und **IV** haben die Funktion von **Protonenpumpen**; sie setzen die beim Elektronentransport anfallende Energie in einen zur Cytoplasmaseite gerichteten Transmembrantransport von H^+ um. **Komplex II** dient zur Einschleusung der bei der Reduktion von Succinat anfallenden Reduktionsäquivalente in die Kette.

Ubichinon dient als mobiler [H]-Überträger und -Speicher zwischen den Komplexen I, II und III und verbindet die Elektronentransportketten in der Membran; es besitzt also eine ähnliche Funktion wie das Plastochinon bei der Photosynthese (→ Abbildung 8.21). Auch **Cytochrom *c*** muss als mobiler Elektronenüberträger zwischen den Komplexen III und IV angesehen werden. Die Cu^{2+}-haltige Cytochromoxidase (Komplex IV) enthält die Cytochrome *a* und a_3 und katalysiert mit ihrer Hilfe die tetravalente Reduktion des O_2 zu H_2O (Endoxidation).

Die Identifizierung und quantitative Bestimmung der Komponenten des Elektronentransports erfolgt auch hier meist durch Messung der charakteristischen Absorptionsspektren. Die Cytochrome als intensiv rot-braun gefärbte Substanzen eignen sich hierzu besonders gut. An intakt isolierten Mitochondrien kann man den Elektronentransport nach Zugabe verschiedener Substrate (z. B. Succinat oder Malat) anhand der O_2-Aufnahme oder der Absorptionsänderung der Redoxsysteme *in vitro* studieren. Ähnlich wie bei Chloroplasten (→ S. 193) dienen spezifische Hemmstoffe, welche den Elektronentransport an definierten Stellen blockieren, und artifizielle Elektronendonatoren und -acceptoren als weitere Hilfsmittel für die Aufklärung des Elektronentransportweges (→ Abbildung 9.7). Mit Ausnahme von Cytochrom *c* lassen sich die Redoxenzyme meist nicht leicht in nativer Form aus der Mitochondrienmembran herauslösen. Ihre funktionellen Eigenschaften sind jedoch auch in gebundener Form gut messbar (→ Exkurs 9.1). Die

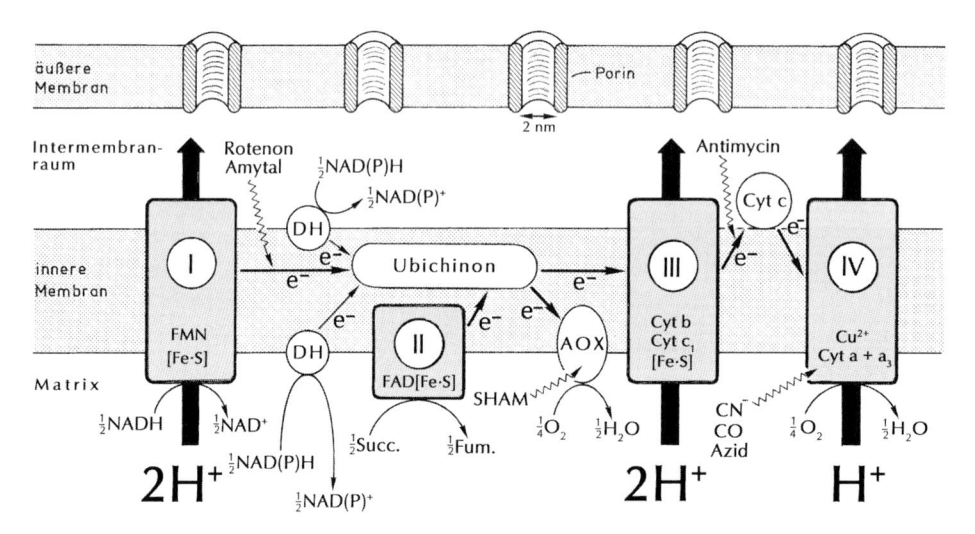

Abb. 9.7. Modell der Atmungskette in der inneren Mitochondrienmembran, welches den Weg der Elektronen über die 4 **Multiproteinkomplexe I (NADH:Ubichinon-Oxidoreductase)**, **II (Succinat:Ubichinon-Oxidoreductase)**, **III (Ubichinon: Cytochrom-*c*-Oxidoreductase)** und **IV (Cytochrom-*c*-Oxidase)** illustriert. Jeder Komplex enthält mehrere Polypeptide mit verschiedenen Redoxcosubstraten (FMN, FAD, Häm, [Fe·S] = Eisen-Schwefel-Zentrum). Neben dem Hauptweg (NADH → I → III → IV → O_2 bzw. Succinat → II → III → IV → O_2) gibt es in pflanzlichen Mitochondrien zusätzliche Dehydrogenasen (*DH*), welche eine Oxidation von NADH oder NADPH auf beiden Seiten der Membran ermöglichen, wobei Komplex I umgangen wird. Ubichinon dient als Sammelstelle für Elektronen zwischen den Komplexen I, II und III. Die alternative Oxidase (*AOX*, **Ubichinonoxidase**) leitet Elektronen vom Ubichinon unter Umgehung von Komplex III und IV auf O_2 (CN^--resistenter Nebenweg). Die Komplexe I, III und IV setzen das Redoxgefälle der transportierten Elektronen in einen Protonengradienten um („Protonenpumpen"). Die Hemmstoffe *Rotenon, Amytal,* Salicylhydroxamat (*SHAM*), *Antimycin, CN^-, CO, Azid* blockieren den Elektronentransport an definierten Stellen. Die mitochondriale Außenmembran besitzt porenbildende Proteine (*Porine*) und ist daher für Moleküle bis 3 kDa leicht permeabel. (Nach Siedow und Umbach 1995; verändert)

EXKURS 9.1: Die Verwendung von Cytochrom *c* als Redoxsonde zur Messung der Cytochromoxidaseaktivität in der Mitochondrienmembran

Cytochrom *c* ist ein kleines, leicht lösliches Protein (13 kDa). Es enthält als prosthetische Gruppe ein Häm, dessen Fe-Zentralatom unter Abgabe eines Elektrons reversibel vom zweiwertigen in den dreiwertigen Zustand übergehen kann. Das Standardpotenzial E_m liegt bei 260 mV. Daher ist Cytochrom *c* gut geeignet, um an die Cytochromoxidase (Cyt a_3, E_m = 520 mV) Elektronen abzugeben. Mit O_2 reagiert Cytochrom *c* als Einelektronenüberträger nur sehr langsam. Die Oxidation von Cytochrom *c* ist mit charakteristischen Änderungen im Extinktionsspektrum verbunden, welche eine photometrische Messung der Reaktion ermöglichen. In dem in der Abbildung dargestellten Experiment wurden isolierte Mitochondrien aus der Wurzel der Gartenerbse (*Pisum sativum*) in Phosphatpuffer mit reduziertem Cytochrom *c* in Gegenwart von O_2 inkubiert. Da die Mitochondrien in diesem Medium aufbrechen, wird die Innenseite der (inneren) Membran für das Cytochrom *c* zugänglich. Die Änderung des Cytochrom-*c*-Spektrums wurde mehrfach im Abstand von 30 s gemessen. Der Extinktionsabfall bei 520 und 550 nm erfolgt nach einer Reaktion 1. Ordnung; die Halbwertszeit $\tau_{1/2} = \ln 2 / k$ ist ein Maß für die Aktivität der Cytochromoxidase. Die Pfeile deuten auf isosbestische Punkte der Spektren (Punkte gleicher Extinktion der reduzierten und oxidierten Form). (Nach einer Vorlage von L. O. Björn)

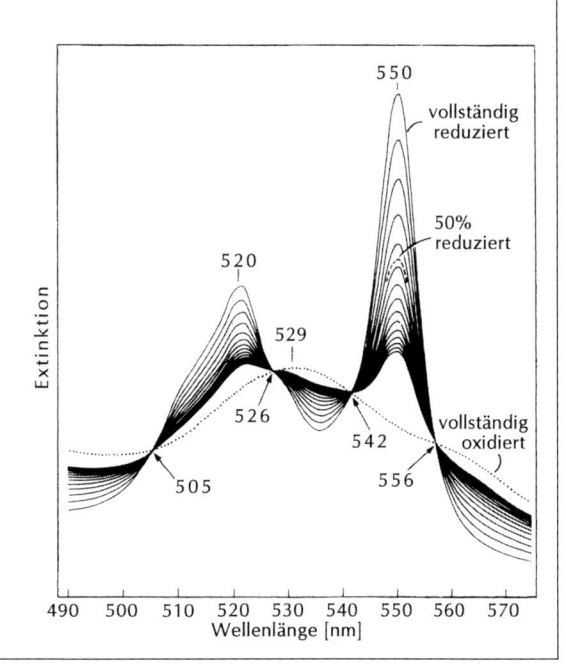

Identifizierung der Cytochromoxidase als Endglied der Atmungskette durch Warburg und Negelein (1928) ist ein klassisches Beispiel der quantitativen Wirkungsspektrometrie (→ S. 446). Bei diesem Experiment wurde die Hemmung der Cytochromoxidase durch Kohlenmonoxid ausgenutzt. CO bildet, kompetitiv zu O_2, mit dem Fe^{2+} des Häms einen labilen Komplex, der bei Absorption eines Lichtquants wieder gespalten wird. Das Wirkungsspektrum für die Aufhebung der CO-Hemmung der O_2-Aufnahme gibt daher das Extinktionsspektrum des reduzierten Cytochromoxidase-CO-Komplexes wieder (Abbildung 9.8).

9.2.5 Cyanidresistente Atmung

Ein außerordentlich wirksamer Inhibitor der Cytochromoxidase ist CN^- (→ Abbildung 9.7), welches einen stabilen Komplex mit dem Hämeisen (Fe^{3+}) eingeht, dessen Valenzwechsel verhindert und damit den Elektronentransport in der gesamten Atmungskette zum Erliegen bringt. Im Gegensatz zu den meisten Tieren gibt es jedoch bei Pflanzen einen zusätzlichen Nebenweg für Elektronen, der durch CN^- nicht gehemmt werden kann. Die Abzweigung des **CN^--resistenten Elektronentransportweges** erfolgt beim Ubichinon (→ Abbildung 9.6). Die CN^--unempfindliche Endoxidase dieses Weges, die **Ubichinonoxidase** (= „alternative Oxidase", AOX) ist ebenfalls in der inneren Mitochondrienmembran lokalisiert (→ Abbildung 9.7). Mit Ausnahme des reifen Spadix vieler Araceen, wo er zur Wärmeproduktion verwendet wird (→ S. 248), ist die metabolische Funktion dieses Nebenweges noch unklar. In vielen Geweben wird er offenbar nur dann in erheblichem Umfang benützt, wenn der Ubichinon-*pool* stark reduziert, d. h. die Atmungskette mit Elektronen gesättigt ist. Da der Nebenweg die Komplexe III und IV umgeht, führt er zu einer partiellen Entkoppelung von Elektronen- und Protonentransport, d. h. die umgesetzte Energie (70 kJ/mol Elektronen) wird voll-

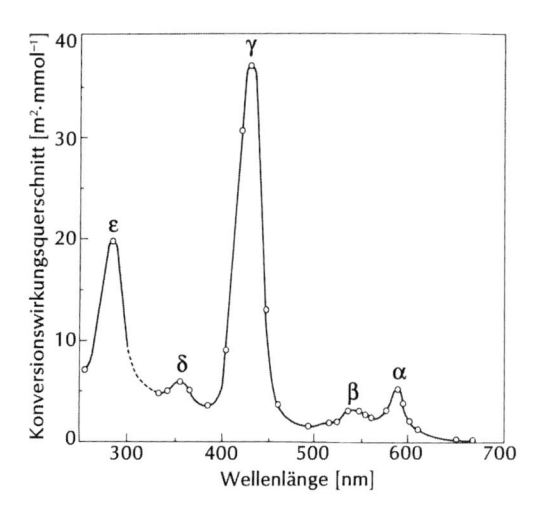

Abb. 9.8. Wirkungsspektrum der Spaltung des Cytochromoxidase-CO-Komplexes durch Licht. Objekt: Suspension der Hefe *Torula utilis*. Auf der Ordinate ist die Quantenwirksamkeit (in Form des Konversionswirkungsquerschnitts) für die Aufhebung der CO-Vergiftung der O_2-Aufnahme durch Licht unter stationären Bedingungen dargestellt. CO und O_2 konkurrieren an den O_2-Bindungsstellen des Cyt a_3. Die Gleichgewichtskonstante für die Bildung des Cyt a_3-CO-Komplexes wird durch elektronische Anregung des Porphyrins erniedrigt. Daher erhöhen die vom Porphyrin absorbierten Lichtquanten die Zugänglichkeit der Bindungsstellen für O_2, was sich in einer Steigerung der O_2-Aufnahmeintensität auswirkt. Unter der (hier gegebenen) Voraussetzung, dass die Quantenausbeute unabhängig von der Wellenlänge (λ) ist, besteht ein linearer Zusammenhang zwischen Konversionswirkungsquerschnitt und ϵ_λ, dem Extinktionskoeffizienten des absorbierenden (reduzierten) Cyt a_3-CO-Komplexes. Die Absorptionsspektren von Cyt a_3 und seinem CO-Komplex unterscheiden sich geringfügig. (Nach Warburg 1932)

ständig als Wärme frei. Auf diese Weise könnte dieser Weg als eine Art „Überlaufventil" zur Eliminierung überschüssiger Reduktionsäquivalente dienen. Für diese Deutung spricht z. B. der Befund, dass die CN^--resistente Komponente der Atmung ansteigt, wenn man in der Pflanze eine Überproduktion von Kohlenhydraten erzwingt, z. B. durch Photosynthese bei stark erhöhter CO_2-Konzentration. Allerdings wird die Affinität der AOX für reduziertes Ubichinon durch Pyruvat stark erhöht; d. h. das Enzym kann unter diesen Bedingungen auch bei nichtgesättigter Atmungskette arbeiten. Außerdem kann die AOX, ähnlich wie einige Enzyme des Calvin-Cyclus (→ S. 207), durch Überführung in eine reduzierte Form mittels Thioredoxin aktiviert werden. Diese Eigenschaften machen es schwierig, den Beitrag des CN^--resistenten Nebenwegs zur Atmung zu beurteilen.

Die Kapazität des CN^--resistenten Elektronentransports ist bei verschiedenen Pflanzen recht unterschiedlich. Während dieser Seitenweg bei jungen Geweben, z. B. in Keimlingen, meist wenig entwickelt ist, zeigen ruhende Samen und alternde Gewebe häufig eine starke CN^--resistente Komponente der O_2-Aufnahme. Bei Wurzeln ist nur die CN^--sensitive Atmungskomponente mit der Ionenaufnahme korreliert, nicht jedoch die CN^--resistente „Grundatmung" (→ Abbildung 4.14).

Blätter von Tabakpflanzen, in denen durch Einführung eines AOX-*antisense*-Gens (→ Exkurs 6.6, S. 134) die Bildung von AOX unterdrückt wurde, zeigen keine erkennbaren Symptome. Wird aber zusätzlich der terminale Bereich der Atmungskette mit Antimycin gehemmt (→ Abbildung 9.7), so häuft sich Ethanol an und die Blätter sterben ab. In nichttransformierten Kontrollpflanzen mit normalem AOX-Gehalt hat Antimycin keine entsprechende Wirkung.

9.2.6 Oxidative Phosphorylierung

Der Mechanismus der oxidativen Phosphorylierung war lange Zeit strittig, ist aber heute zugunsten der **Mitchell-Hypothese** entschieden (→ S. 84). Viele experimentelle Befunde lassen sich mit dieser Hypothese einfach deuten (→ Abbildung 4.11):

▶ Die innere Mitochondrienmembran ist für H^+ und OH^- relativ impermeabel.

▶ Der Elektronentransport durch die Atmungskette führt zu einer Anreicherung von H^+ auf der Außenseite der Membran, d. h. zu einem **Protonengradienten**. An den H^+-transportierenden Komplexen I, III und IV werden jeweils 1 oder 2 H^+ pro e^- nach außen transloziert. Für Succinat als Substrat der Atmungskette liegt das H^+/e^--Verhältnis, wie zu erwarten, um ein Drittel niedriger als für NADH. Messungen des Protonenpotenzials an der inneren Mitochondrienmembran haben Werte um -250 mV ergeben, wobei etwa 80 % auf ΔE_M (Matrixseite negativ) zurückgehen.

▶ Substanzen, die als **Entkoppler** bekannt sind, erhöhen die Permeabilität der Membran für H^+ und verhindern damit den Aufbau eines H^+-Gradienten.

▶ In der Membran liegt eine mit dem Kopfteil zur Matrix orientierte **ATP-Synthase** vor (F_0F_1-ATPase, F_1 = mitochondrialer Koppelungsfaktor), die den Einwärtstransport von Protonen zur ATP-Synthese ausnützt. Die Stöchiometrie liegt wahrscheinlich bei 3 H$^+$/ATP[1].

▶ Durch Anlegen eines **künstlichen H$^+$-Gradienten** kann man in isolierten Mitochondrien ATP-Synthese bewirken.

Ähnlich wie bei den anderen membrangebundenen Phosphorylierungen (→ S. 84, 194) vermitteln auch hier Protonenpumpen durch Transportarbeit die Umwandlung von Reduktionspotenzial in Phosphorylierungspotenzial.

Die ATP-Ausbeute bei der Oxidation verschiedener Substrate wird durch das stöchiometrische Verhältnis zwischen ATP-Bildung und O$_2$-Verbrauch wiedergegeben, **P/O-Quotient**. Dieser Quotient gibt an, wieviel ATP pro 2 e$^-$ (1/2 O$_2$) gebildet wird. Er liegt theoretisch für Succinat bei 2 und für alle durch das NAD$^+$/NADH-System (Komplex I) reduzierbaren Substrate bei 3 (→ Abbildung 9.6, 9.7). Bei der CN$^-$-resistenten Atmung ist P/O = 1 (Malat als Substrat) oder = 0 (Succinat als Substrat), da hier allenfalls eine Protonenpumpe benützt wird. Der P/O-Quotient ist also ein Maß für die Kopplung zwischen Elektronenfluss und Phosphorylierung. Mit schonend isolierten Mitochondrien kann man in der Regel 50–75 % des theoretischen Wertes erreichen. Das Ausmaß der Kopplung lässt sich auch daran ablesen, inwieweit das Verhältnis ADP/ATP den Elektronenfluss (und damit den O$_2$-Verbrauch) steuert, **respiratorische Kontrolle**. Bei streng gekoppelter Phosphorylierung lässt sich durch Zusatz von ATP die O$_2$-Aufnahme isolierter Mitochondrien hemmen oder sogar eine Umkehrung des Elektronentransports erzwingen. Andererseits kann man durch Entkoppler (z. B. 2,4-Dinitrophenol) die Kontrolle des Elektronenflusses durch das Adenylatsystem der Mitochondrien aufheben. Diese Substanzen bewirken daher eine starke Beschleunigung des Elektronentransportes und der O$_2$-Aufnahme.

In aktiven Mitochondrien findet ein intensiver Import und Export von Metaboliten statt. Während die äußere Hüllmembran aufgrund ihrer großen Poren für die meisten Moleküle frei permeabel ist, besitzt die innere Membran mehrere Transportsysteme für Intermediärprodukte des Citratcyclus und für Adenylate (Abbildung 9.9). Man kennt z. B. einen spezifischen Transporter, der Phosphat durch Gegentransport mit OH$^-$ durch die Membran schleust. Ein Adeninnucleotidantiporter tauscht ADP gegen ATP aus. Daneben können Mono-, Di- und Tricarboxylate mit Hilfe bestimmter Transporter durch die Membran geschleust werden.

---

[1] Die experimentell ermittelten Werte für das H$^+$/ATP-Verhältnis schwanken zwischen 2 und 5. Heute geht man von einem Wert von 3 bei Mitochondrien und 4 bei Chloroplasten aus.

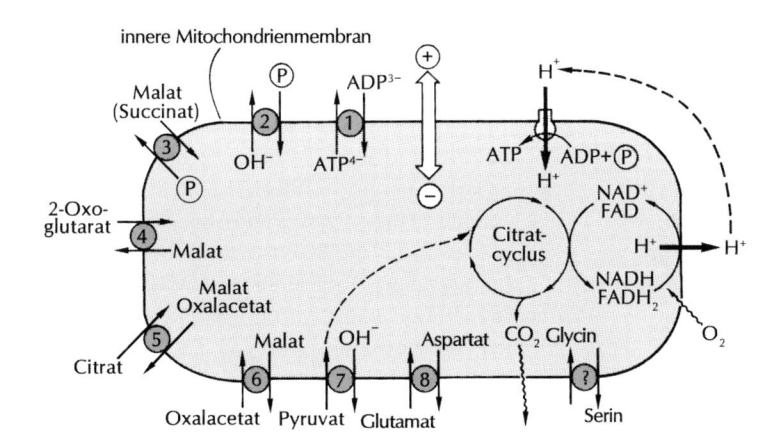

Abb. 9.9. Die wichtigsten Transportkatalysatoren der inneren Mitochondrienmembran. Der an der oxidativen Phosphorylierung beteiligte Protonentransport (H$^+$-Export durch die Atmungskette, H$^+$-Import durch die ATP-Synthase) ist durch dicke Pfeile hervorgehoben. Die anderen Transportprozesse werden durch Transporter ermöglicht, welche einen anelektrogenen **Antiport** mit einem zweiten Substrat katalysieren (Ⓟ = anorganisches Phosphat; → Abbildung 4.7): **ATP/ADP-T.** (*1*), **Phosphat-T.** (*2*), **Dicarboxylat-T.** (*3*), **Oxoglutarat-T.** (*4*), **Citrat-T.** (*5*), **Oxalacetat-T.** (*6*), **Pyruvat-T.** (*7*), **Glutamat/Aspartat-T.** (*8*). Lediglich der Antiport von ADP mit ATP ist elektrogen (Import einer positiven Ladung) und zehrt daher neben der ATP-Synthase vom Membranpotenzial. Die äußere Mitochondrienmembran ist für alle Substrate leicht permeabel. (Nach Harold 1986; modifiziert nach Heldt 1996)

Der Wasserstoff der Pyridinnucleotide kann theoretisch auf indirektem Weg, über einen *shuttle*-Mechanismus, in die Mitochondrien transportiert werden (→ Abbildung 4.10). Allerdings besitzen pflanzliche Mitochondrien (im Gegensatz zu tierischen) auch an der Außenseite ihrer inneren Membran NAD(P)H-Dehydrogenasen und können mit diesen Enzymen exogenes NAD(P)H direkt oxidieren. Der anfallende Wasserstoff wird in diesem Fall auf Ubichinon übertragen (→ Abbildung 9.7).

Für die Dissimilation von Pyruvat über Citratcyclus und Atmungskette kann man, unter Voraussetzung von Standardbedingungen und P/O-Quotient = 3, folgende Rechnung aufmachen (→ Abbildung 9.5):

$$C_3H_4O_3 + 2{,}5\ O_2 + 3\ H_2O \rightarrow 3\ CO_2 + 5\ H_2O$$
$(\Delta G^{0'} = -1150\ \text{kJ/mol Pyruvat}).$ (9.9)

$$15\ ADP + 15\ \text{\textcircled{P}} \rightarrow 15\ ATP$$
$(\Delta G^{0'} = 440\ \text{kJ/15 mol ATP}).$ (9.10)

Summe:
$$C_3H_4O_3 + 2{,}5\ O_2 + 15\ ADP + 15\ \text{\textcircled{P}} \rightarrow$$
$$3\ CO_2 + 2\ H_2O + 15\ ATP$$
$(\Delta G^{0'} = -710\ \text{kJ/mol Pyruvat}).$ (9.11)

Es können also theoretisch rund 40 % der freien Enthalpie dieses komplexen Prozesses in Phosphorylierungspotenzial überführt werden.

Unter Berücksichtigung der in der Glycolyse und bei der Pyruvatdecarboxylierung freigesetzten Reduktionsäquivalente und der Substratkettenphosphorylierung liefert der oxidative Abbau von Glucose über Glycolyse, Citratcyclus und Atmungskette nach dieser Rechnung theoretisch 38 ATP. Das ist etwa 20mal mehr als bei der Fermentation (→ Gleichung 9.6, 9.7). Es ist daher leicht verständlich, warum Gärungen in der Regel sehr viel intensiver als die Atmung ablaufen (starke CO_2- und Wärmeproduktion!).

9.2.7 Elektronentransport an der Plasmamembran

In der pflanzlichen Plasmamembran liegen Redoxenzyme vor, die einen Elektronentransport von NAD(P)H zu einem externen Elektronenacceptor (möglicherweise zu O_2) ermöglichen. Bisher konnten eine NAD(P)H-Dehydrogenase, eine NADH-Cytochrom-*c*-Reductase, mehrere Flavoproteine und Cytochrome vom *b*-Typ und eine O_2-verbrauchende NAD(P)H-Oxidase in isolierter Plasmamembran sicher nachgewiesen werden. Zur Messung dieser Elektronentransportkette verwendet man meist Ferricyanid als artifiziellen Elektronenacceptor, der in intakte Zellen nicht eindringt, aber auf der Außenseite der Plasmamembran reduziert werden kann. Die Reaktion ist nicht mit einer ATP-Synthese verbunden und durch CN^- und andere Cytochromoxidaseinhibitoren nicht hemmbar.

Die physiologische Funktion dieser Elektronentransportkette ist noch nicht bekannt. Möglicherweise handelt es sich um eine NAD(P)H-abhängige Elektronenübertragung auf O_2, welche zur Bildung von Superoxidradikalen ($\dot{O}_2^-$) führt (→ S. 601). Nach einer anderen Vorstellung dient dieses System dazu, extraprotoplasmatisch Fe^{3+} zu Fe^{2+} zu reduzieren und auf diese Weise in eine resorbierbare Form zu bringen. Diese Hypothese stützt sich vor allem auf die Beobachtung, dass die Aktivität der Plasmamembranredoxkette in der Wurzel bei Eisenmangel stark ansteigt.

9.2.8 Oxidativer (dissimilatorischer) Pentosephosphatcyclus

Dieser Kreislauf (Abbildung 9.10) ist über weite Strecken eine Umkehrung des Calvin-Cyclus (→ Abbildung 8.26), der in der Tat durch Stilllegung bzw. Aktivierung weniger Enzyme auch in oxidativer Richtung, d. h. zur Dissimilation der Chloroplastenstärke eingesetzt werden kann (→ Abbildung 8.27). Die Enzyme des oxidativen Pentosephosphatcyclus sind außer in den Chloroplasten auch im Grundplasma pflanzlicher Zellen vorhanden. Die Aufgabe dieses Cyclus ist weniger die Freisetzung von Energie, sondern 1. die Produktion verschiedener Zucker, z. B. **Pentosen**, für synthetische Zwecke und 2. die Bereitstellung von **NADPH**. Im Gegensatz zum NADH dient NADPH bevorzugt als Lieferant von Reduktionsäquivalenten für reduktive Biosynthesen (z. B. von Fettsäuren und Aromaten; → Abbildung 16.3, 16.4). Der oxidative Pentosephosphatcyclus des Cytoplasmas steht also weitgehend im Dienste des anabolischen Stoffwechsels.

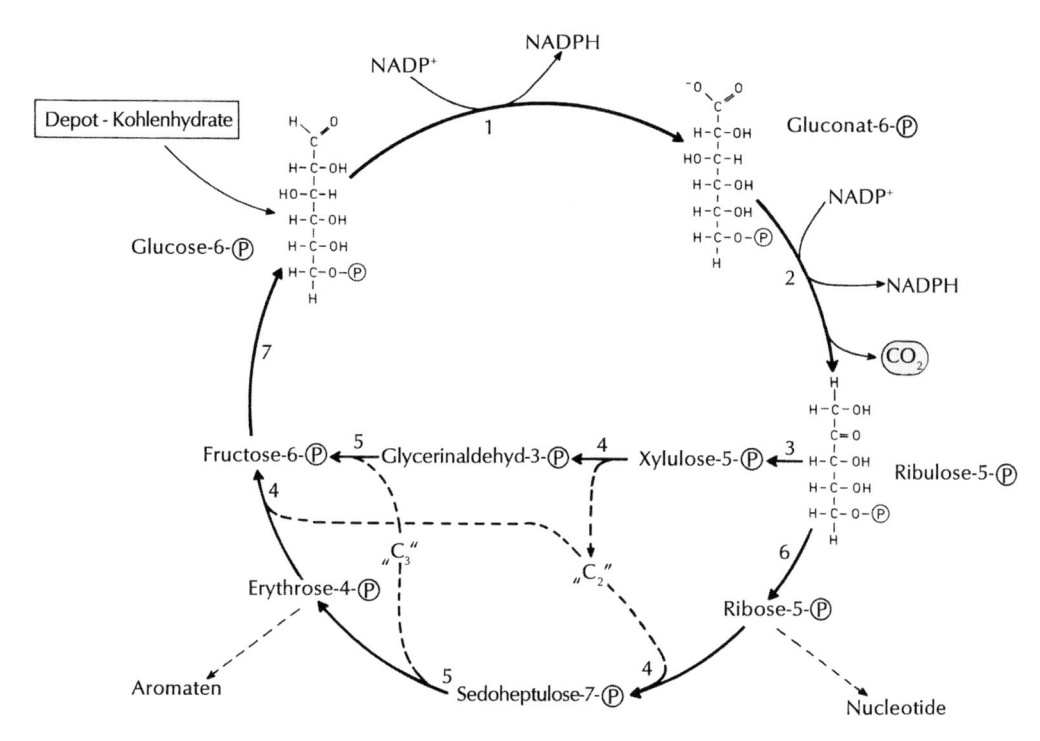

Abb. 9.10. Oxidativer Pentosephosphatcyclus. Pro Umlauf wird ein CO_2 gebildet (**Gluconat-6-phosphatdehydrogenase**, *2*). Außerdem werden an zwei Stellen Reduktionsäquivalente in Form von NADPH freigesetzt (**Glucose-6-phosphatdehydrogenase**, *1*, und Reaktion *2*). In der unteren Hälfte sind die verschiedenen Umbaureaktionen auf der Ebene der Zuckerphosphate dargestellt: Epimerisierung (**Ribulosephosphat-3-epimerase**, *3*), Kettenverlängerung ($C_5 + C_5 = C_7 + C_3$; **Transketolase**, *4*), Umbau ($C_7 + C_3 = C_6 + C_4$; **Transaldolase**, *5*), Isomerisierung (**Ribosephosphatisomerase**, *6*; **Glucosephosphatisomerase**, *7*). Formal ergeben 6 Umläufe den schrittweisen Abbau von einer Hexose zu 6 CO_2, wobei 12 $NADP^+$ reduziert werden. Der Cyclus hat jedoch keine vorwiegend dissimilatorische Funktion, sondern liefert vor allem Zuckerbausteine (z. B. Pentosen für Nucleinsäuren und Erythrose für Aromaten; → Abbildung 16.4) und NADPH für den anabolischen Stoffwechsel.

9.3 Photorespiration

9.3.1 Lichtatmung und Dunkelatmung

Der dissimilatorische Stoffwechsel der grünen Pflanzen ist nicht, wie man lange Zeit glaubte, unabhängig vom Licht. Vielmehr ist bei den meisten autotrophen Pflanzen die Atmung (CO_2-Abgabe und O_2-Aufnahme) im Licht um ein Mehrfaches höher als im Dunkeln. Dies lässt sich z. B. aus dem Befund schließen, dass in zuvor belichteten Blättern sofort nach dem Abstoppen der CO_2-Aufnahme durch Verdunkelung einige Minuten lang ein verstärkter Ausstoß von CO_2 gemessen werden kann. Diesen lichtabhängigen Gaswechsel nennt man **Photorespiration** oder **Lichtatmung**. Der auf assimilierende Zellen beschränkte Atmungsprozess unterscheidet sich grundsätzlich von den bisher besprochenen CO_2-bildenden und O_2-verbrauchenden Reaktionen der Mitochondrien, z. B. durch eine viel geringere Affinität zu O_2. Die mitochondriale O_2-Aufnahme der meisten Gewebe ist wegen der relativ niedrigen $K_m(O_2)$ der Cytochromoxidase (→ Tabelle 9.2) bereits bei ≈ 10 ml · l^{-1} O_2 in der Atmosphäre gesättigt, die Photorespiration dagegen kaum in reiner O_2-Atmosphäre. Außerdem ist die Photorespiration durch DCMU vollständig hemmbar, nicht aber durch CN^- (→ Abbildung 8.21). Auch CO_2 hemmt diesen Prozess stark, während O_2 ihn fördert. Untersucht man dagegen die Atmung grüner Blätter im Dunkeln, so findet man alle Merkmale der mitochondrialen Atmungsvorgänge, welche auf Citratcyclus und Atmungskette zurückgehen. Es muss sich also bei der Photorespiration um einen grundsätzlich anderen biochemischen Vorgang als bei der Dunkelatmung handeln.

9.3.2 Photosynthese von Glycolat

Die Photorespiration steht, wie die Hemmung durch DCMU andeutet, in engem Zusammenhang mit der Photosynthese. Durch Experimente mit $^{14}CO_2$ konnte man in der Tat zeigen, dass das Substrat der photorespiratorischen CO_2-Bildung unmittelbar aus der Photosynthese stammt. Da die Dunkelatmungsprozesse wegen der Konkurrenz um ADP im Licht mehr oder minder gehemmt sein dürften ($\rightarrow$ Abbildung 10.7, 10.18), geht der Atmungsgaswechsel im belichteten Blatt weitgehend auf die Photorespiration zurück. Der größte Teil des gebildeten CO_2 stammt aus der Carboxylgruppe von **Glycolat**, welches ein schnell markierbares Produkt des Calvin-Cyclus ist (Abbildung 9.11). Die Ribulosebisphosphatcarboxylase besitzt eine Doppelfunktion: Sie katalysiert neben der CO_2-Fixierung auch die Spaltung von Ribulosebisphosphat unter O_2-Verbrauch zu Glycolat-2-phosphat plus Glycerat-3-phosphat und ist daher vollständig als **Ribulosebisphosphatcarboxylase/oxygenase** (RUBISCO) zu bezeichnen:

$$\text{Rubis-}\textcircled{P} \xrightarrow[\text{Carboxylase}]{+CO_2} [C_6] \rightarrow 2 \text{ Glycerat-}\textcircled{P}. \quad (9.12)$$

$$\text{Rubis-}\textcircled{P} \xrightarrow[+O_2]{\text{Oxygenase}} \text{Glycolat-}\textcircled{P} + \text{Glycerat-}\textcircled{P}. \quad (9.13)$$

Die beiden Reaktionen sind nicht unabhängig: CO_2 ist ein kompetitiver Inhibitor der Oxygenasereaktion bezüglich O_2, während O_2 die Carboxylasereaktion entsprechend hemmt (Abbildung 9.12). Niedrige O_2- und hohe CO_2-Konzentrationen fördern daher die Carboxylierung und hemmen die Oxygenierung von Ribulosebisphosphat. Bei den O_2- und CO_2-Konzentrationen normaler Luft liegt das Verhältnis der Intensitäten von Oxygenase- und Carboxylasereaktion bei etwa 0,4:1 (25 °C). Die $K_m(O_2)$ des Enzyms liegt im Bereich von 200 bis 600 μmol $\cdot$ l^{-1}; luftgesättigtes Wasser enthält 260 μmol $O_2 \cdot$ l^{-1}. Eine weitere regulatorisch wichtige Eigenschaft der RUBISCO ist die unterschiedliche Temperaturabhängigkeit der beiden Reaktionen, welche dazu führt, dass die Oxygenasereaktion bei höheren Temperaturen überproportional gefördert wird (Abbildung 9.13). Dies steht in Übereinstimmung mit der Beobachtung, dass die Intensität der Photorespiration bei Temperaturerhöhung stärker zunimmt als die Intensität der lichtgesättigten Photosynthese ($\rightarrow$ S. 267).

Es muss jedoch betont werden, dass die Oxygenasereaktion der RUBISCO möglicherweise nicht die einzige Quelle für photosynthetisches Glycolat ist. Man kann z. B. auch unter O_2-Abschluss eine lichtabhängige Glycolatproduktion beobachten.

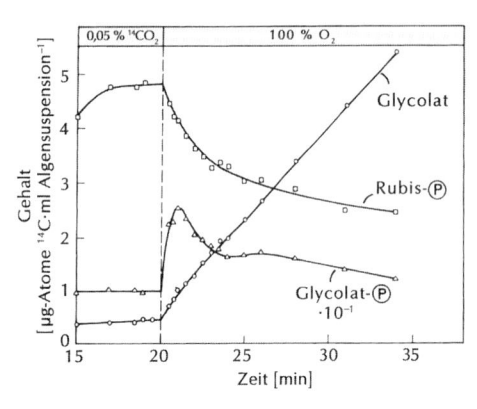

Abb. 9.11. Der Einfluss von O_2 auf die Synthese von Glycolat durch den Calvin-Cyclus. Objekt: *Chlorella pyrenoidosa*. Die Algenkultur wurde zunächst bei 20 °C im Licht durch Begasung mit $^{14}CO_2$-haltiger Luft gefüttert, um alle photosynthetischen Intermediärprodukte mit ^{14}C durchzumarkieren. Dann wurde die Begasung schlagartig von Luft auf reines O_2 umgestellt. Nach chromatographischer Auftrennung des Algenextraktes wurden die Konzentrationsverschiebungen von *Glycolat, Glycolatphosphat* und Ribulose-1,5-bisphosphat (*Rubis-*$\textcircled{P}$) anhand der Radioaktivität gemessen ($\rightarrow$ Abbildung 8.25). Da die CO_2-Fixierung unterbrochen wurde, unterbleibt die Nachlieferung von Rubis-$\textcircled{P}$. Gleichzeitig mit dessen Abfall steigt das Intermediärprodukt Glycolat-$\textcircled{P}$ vorübergehend, und das Produkt Glycolat stetig an. Die Kinetiken stehen qualitativ in Übereinstimmung mit der Sequenz Rubis-$\textcircled{P}$ $\rightarrow$ Glycolat-$\textcircled{P}$ $\rightarrow$ Glycolat. Allerdings ist die Intensität der Glycolatsynthese in O_2 etwa doppelt so hoch, wie man aufgrund der stationären Glycolat-$\textcircled{P}$-Konzentration (bei 30–34 min) erwarten würde. Dies deutet darauf hin, dass – zumindest in 100 % O_2 – Rubis-$\textcircled{P}$ nicht die einzige Quelle für Glycolat ist. (Nach Bassham und Kirk 1973)

9.3.3 Metabolisierung des photosynthetischen Glycolats im C$_2$-Cyclus

Das im Licht in großen Mengen synthetisierte Glycolat kann in den Chloroplasten nicht weiter verarbeitet werden. Seine Metabolisierung erfolgt bei den höheren Pflanzen in einem speziellen Typ von Peroxisom, welcher für assimilierende Blattzellen typisch ist und daher als **Blattperoxisom** bezeichnet wird ($\rightarrow$ S. 164). Diese Microbodies sind von den Glyoxysomen der Fettspeicherzellen ($\rightarrow$ Abbil-

9.3 Photorespiration

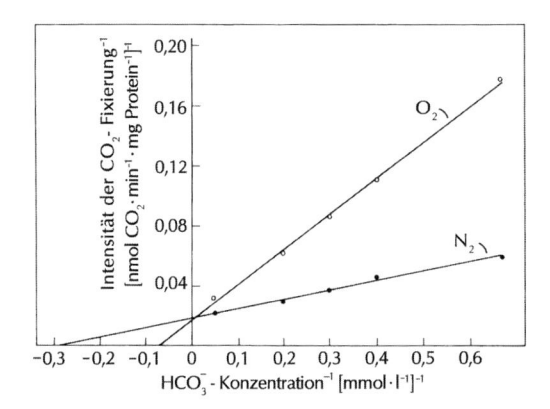

Abb. 9.12. Der Einfluss von O_2 auf die CO_2-fixierende Aktivität der RUBISCO *in vitro* (gereinigtes Enzym aus Blättern der Sojabohne, *Glycine max*, 25 °C). Die Substratsättigungskurven sind in der Lineweaver-Burk-Darstellung gezeichnet ($\rightarrow$ Abbildung 4.2). Man erkennt, dass v_{max} unter N_2 und O_2 identisch ist (gleicher Ordinatenabschnitt!), während K_m (HCO_3^-) durch O_2 stark erhöht wird (unterschiedlicher Abszissenabschnitt!). Dies sind die Kriterien für eine kompetitive Hemmung der CO_2-Fixierung durch O_2 ($\rightarrow$ Abbildung 4.3). Die hemmende Wirkung von O_2 geht darauf zurück, dass es als Substrat für die **Oxygenasereaktion** dieses Enzyms dient ($\rightarrow$ Abbildung 9.15), welche ihrerseits kompetitiv durch CO_2 gehemmt wird. CO_2 und O_2 konkurrieren also als Substrate um die selbe Bindungsstelle, welche jedoch eine etwa 20- bis 60mal geringere Affinität (20- bis 60mal größeres K_m) für O_2 als für CO_2 besitzt. Für das unmittelbare Substrat des Enzyms, CO_2, ergibt sich eine etwa 100mal kleinere K_m als für HCO_3^-. (Nach Laing et al. 1974)

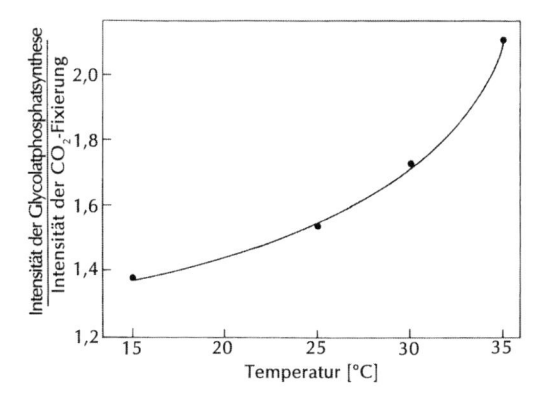

Abb. 9.13. Der Einfluss der Temperatur auf das Verhältnis Oxygenaseaktivität/Carboxylaseaktivität der RUBISCO *in vitro* (gereinigtes Enzym aus Blättern der Sojabohne, *Glycine max*, O_2-gesättigte Lösung mit 2,5 mmol · l^{-1} HCO_3^-, pH 8,5). Der Anstieg der Oxygenaseaktivität gegenüber der Carboxylaseaktivität bei höheren Temperaturen geht vor allem auf einen relativ starken Anstieg von K_m (HCO_3^-) mit der Temperatur zurück. (Nach Laing et al. 1974)

dung 9.18) strukturell nicht unterscheidbar, besitzen aber eine teilweise abweichende Enzymzusammensetzung und sind in auffälliger Weise eng an Chloroplasten angelagert (Abbildung 9.14). Die wesentlichsten enzymatischen Funktionen der Blattperoxisomen sind:

1. Die Oxidation von Glycolat mit O_2 zu Glyoxylat durch die **Glycolatoxidase** (wobei H_2O_2 entsteht, das durch **Katalase** unschädlich gemacht wird), und
2. die anschließende Aminierung des Glyoxylats zu **Glycin** (Abbildung 9.15).

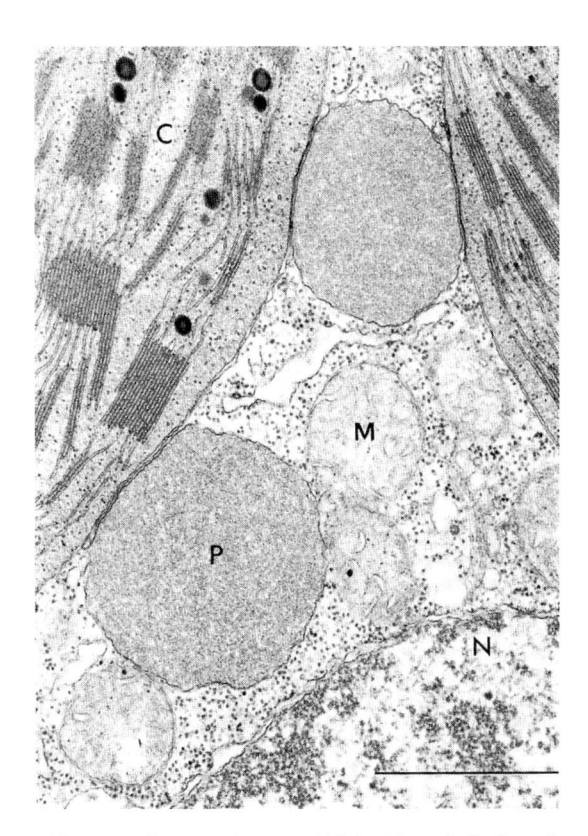

Abb. 9.14. Blattperoxisomen. Objekt: Mesophyllzellen eines Tabakblattes (*Nicotiana tabacum*). Die Peroxisomen sind eng an die äußere Hüllmembran von Chloroplasten angelagert. Die Kontaktstellen dienen wahrscheinlich dem Import von Glycolat aus dem Chloroplastenstroma. Man erkennt deutlich die **einfache Hüllmembran** und die homogene, feingranuliert erscheinende **Matrix** der Peroxisomen. Außerdem wird die enge räumliche Beziehung zwischen Peroxisomen und Mitochondrien deutlich. Die Größenunterschiede zwischen den (als schwarze Punkte hervortretenden) cytoplasmatischen und plastidären Ribosomen treten deutlich hervor. *N*, Nucleus; *C*, Chloroplast, *P*, Peroxisom; *M*, Mitochondrion. Strich: 1 µm. (Nach Frederick und Newcomb 1969)

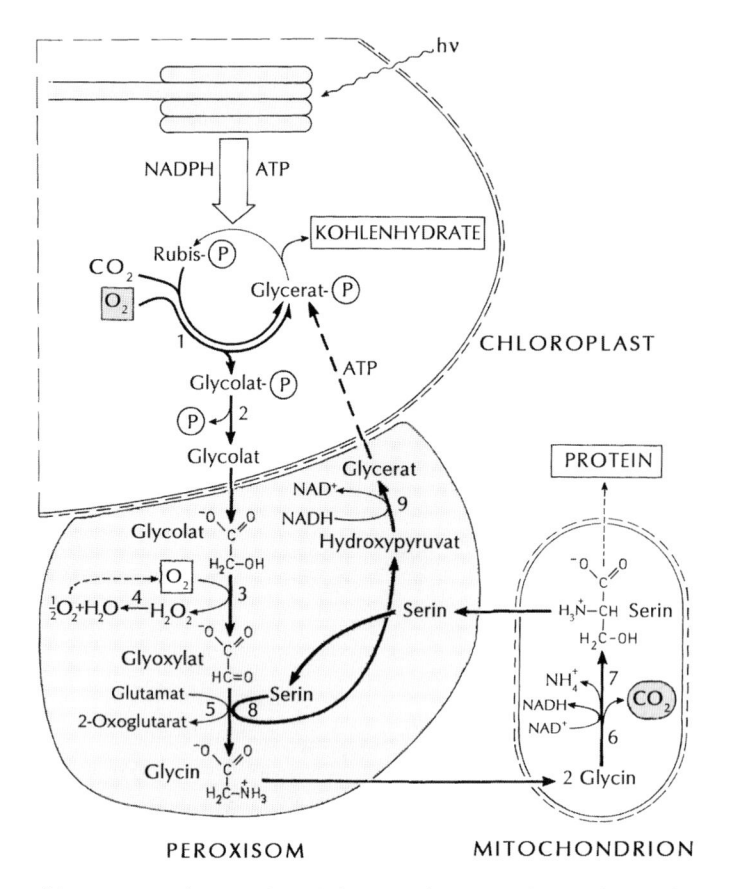

Abb. 9.15. Der photorespiratorische C$_2$-Cyclus. Der Calvin-Cyclus produziert im Licht über die Oxygenasereaktion der RUBISCO (*1*) Glycolat-2-phosphat, welches durch eine **Phosphoglycolatphosphatase** (*2*) dephosphoryliert wird. Glycolat wird aus den Chloroplasten in die Peroxisomen exportiert und dort durch Glycolatoxidase (FMN als prosthetische Gruppe, *3*) mit O$_2$ zu Glyoxylat oxidiert, wobei H$_2$O$_2$ entsteht, das durch Katalase (*4*) gespalten wird. Glyoxylat wird durch Transaminierung (**Glutamat-Glyoxylat-Aminotransferase**, *5*) zu Glycin umgesetzt, welches in die Mitochondrien exportiert wird. Dort entsteht aus 2 Glycin unter Desaminierung und Decarboxylierung Serin (**Glycindecarboxylase + Serin-hydroxymethyltransferase**, *6 + 7*). Diese Aminosäure kann für die Proteinsynthese dienen oder wird (zum größten Teil) in den Peroxisomen über Hydroxypyruvat (**Serin-Glyoxylat-Aminotransferase**, *8*) und Glycerat (**Hydroxypyruvatreductase**, *9*) wieder in den Kohlenhydratstoffwechsel der Chloroplasten eingeschleust. Gleichzeitig wird die Aminogruppe des Serins in den Cyclus zurückgeführt. An der inneren Chloroplastenhüllmembran konnte ein Transporter identifiziert werden, der Glycolat im Austausch mit Glycerat transportiert. Die Anwesenheit von **Malatdehydrogenase** in Peroxisomen und Mitochondrien spricht für die Möglichkeit eines Malat-Oxalacetat-*shuttles* für den Transfer von [H] zwischen den beiden Organellen (→ Abbildung 4.10). In ausgewachsenen Blättern kann über 30 % des photosynthetisch fixierten Kohlenstoffs durch diese Nebenschleife des Calvin-Cyclus wieder als CO$_2$ abfließen. (In Anlehnung an Tolbert 1971)

Das Glycin wird in die Mitochondrien weiter verfrachtet, wo es durch zwei Enzyme zu **Serin** verarbeitet werden kann: Die **Glycindecarboxylase** ist ein Multienzymkomplex, der in Blattmitochondrien bis zu 50 % des löslichen Proteins ausmachen kann. Die 4 Untereinheiten des Enzyms katalysieren die Decarboxylierung des Glycins, den Transfer der verbleibenden C$_1$-Gruppe auf Tetrahydrofolat, die Desaminierung, und die Reduktion von NAD$^+$. Die Glycindecarboxylierung liefert das bei der Photorespiration freigesetzte CO$_2$. Die **Hydroxymethyltransferase** bildet Serin, indem sie die C$_1$-Gruppe auf ein zweites Glycinmolekül überträgt. Das Serin kann zur Proteinsynthese verwendet oder, wie man wiederum von Markierungsexperimenten mit ^{14}C weiß, über Glycerat in Zucker umgewandelt werden. Diese **Gluconeogenese** verläuft in den Peroxisomen und Chloroplasten.

Die Photorespiration beruht also vorwiegend auf einem lichtgetriebenen metabolischen Kreislauf von organischer Substanz, wobei an zwei Stellen O_2 verbraucht und an einer Stelle CO_2 gebildet wird. Jedes vierte C-Atom, das in den Kreislauf eintritt, wird als CO_2 abgegeben. Dieser **oxidative photorespiratorische C_2-Cyclus** bringt eine erhebliche Einbuße in der Energieausbeute der Photosynthese mit sich; er wird daher auch treffend als das „Leck" des Calvin-Cyclus bezeichnet. In vielen Pflanzen kann die Nettofixierung von CO_2 durch O_2-Entzug um 20 % (bei 25 °C) – 60 % (bei 35 °C) gesteigert werden (→ Tabelle 11.2). Dieser Effekt geht zum größten Teil auf die Hemmung der beiden O_2-verbrauchenden Reaktionen bei der Photorespiration zurück. Zwar weiß man, dass das bei der Glycinoxidation gebildete NADH als Substrat in der Atmungskette verwertet werden kann; stellt man jedoch den Verbrauch von NADH bei der Reduktion von Hydroxypyruvat im Peroxisom in Rechnung, so ergibt sich kein Nettogewinn an Reduktionsäquivalenten. Die Funktion dieses Weges wird deutlich, wenn man berücksichtigt, dass die Oxygenaseaktivität der RUBISCO, und damit die Glycolatproduktion, eine unvermeidbare Eigenschaft dieses Enzyms ist. In der Tat hat man die Doppelfunktion der RUBISCO bisher bei allen Pflanzen einschließlich der phototrophen Bakterien gefunden. Der C_2-Weg ist demnach als zwingend notwendiger Entgiftungsmechanismus für Glycolat anzusehen. Diese Deutung wird durch Untersuchungen mit Mutanten untermauert, denen einzelne Enzyme des C_2-Cyclus fehlen. Solche Mutanten gedeihen normal, wenn die Oxygenasereaktion der RUBISCO unterdrückt wird (z. B. bei hoher CO_2- oder niedriger O_2-Konzentration). Ohne derartige Vorkehrungen (z. B. an normaler Luft) sterben die Pflanzen wegen der Akkumulation toxischer Mengen an Glycolat.

Die Entgiftung von Glycolat in den Peroxisomen ist mit der Produktion eines anderen Zellgifts, H_2O_2, verbunden, das durch **Katalase** beseitigt werden muss. Die essenzielle Funktion dieses Enzyms im Zusammenhang mit der Photorespiration wird durch folgenden Befund deutlich: Bei einer katalasedefizienten Gerstenmutante treten beim Wachstum an normaler Luft massive Schäden in den Mesophyllzellen auf, insbesondere eine Disorganisation der Chloroplasten und Peroxisomen. Diese Defekte können vermieden werden, wenn die Photorespiration durch Erhöhung der CO_2-Konzentration auf 2 ml · l^{-1} gehemmt wird. Interessant ist auch der Befund, dass bei der RUBISCO der höheren Pflanzen das Verhältnis von carboxylierender zu oxygenierender Aktivität 5mal größer ist als bei der RUBISCO der phototrophen Bakterien. Offenbar hat während der Evolution eine Optimierung des Enzyms stattgefunden.

Mit der Photorespiration ist ein massiver Kreislauf von Stickstoff verbunden: Das bei der Decarboxylierung von Glycin freigesetzte NH_4^+ wird in den Chloroplasten durch Glutaminsynthetase reassimiliert und zur Synthese von Glutamat aus Oxoglutarat verwendet (→ Abbildung 8.28). Der Kreis schließt sich, da im Peroxisom Glutamat wieder desaminiert und die Aminogruppe in den photorespiratorischen Cyclus eingeschleust wird (→ Abbildung 9.15). Auch die bei der Desaminierung von Serin frei werdende Aminogruppe wird durch eine peroxisomale Serin-Glyoxylat-Aminotransferase wieder in den Kreislauf zurückgeleitet. Man hat berechnet, dass der Fluss von N durch diesen Kreislauf, der durch Ferredoxin und ATP aus der Photosynthese angetrieben wird, ein Vielfaches der assimilatorischen Nitratreduktion ausmacht.

9.3.4 Glycolatstoffwechsel bei Grünalgen und Cyanobakterien

Auch Grünalgen und Cyanobakterien produzieren im Licht große Mengen an Glycolat, welches, besonders bei guter Versorgung mit CO_2, ins Medium ausgeschieden wird, **photosynthetische Glycolatexkretion**. Bei geringem CO_2-Angebot bilden diese Organismen adaptiv eine Glycolatdehydrogenase (ebenfalls mit Flavin als prosthetischer Gruppe), welche die Metabolisierung des Glycolats erlaubt. Dieses Enzym kann nicht O_2, sondern einen anderen, noch nicht genau identifizierten Elektronenacceptor reduzieren. Das Enzym ist bei *Euglena* zumindest teilweise in den Mitochondrien lokalisiert und dort in die Atmungskette eingegliedert (ähnlich wie Succinatdehydrogenase; → Abbildung 9.7). Der P/O-Quotient für Glycolat beträgt 1,7. Der Elektronentransport vom Glycolat zu O_2 wird durch Antimycin und CN^- gehemmt (→ Abbildung 9.7). Bei Cyanobakterien ist das Enzym an die Thylakoidmembran gebunden, in welcher, ähnlich wie bei den phototrophen Bakterien, Funktionen des photosynthetischen und dissimilatorischen Elektronentransports vereinigt sind.

9.4 Mobilisierung von Speicherstoffen in Speichergeweben

9.4.1 Natur und Lokalisierung der Speicherstoffe

In bestimmten Stadien ihrer Ontogenese (z. B. bei der Entwicklung von Knospen, Samen, Knollen und anderen Überdauerungsorganen) bildet die Pflanze Vorräte an bestimmten Speichermolekülen. Diese dienen dazu, bei ihrem Abbau in späteren Entwicklungsphasen für einige Zeit ein von der Photosynthese unabhängiges Wachstum zu ermöglichen. Die wichtigsten Speicherstoffe sind **Triacylglycerole (Fette)**, **α-Glucane (Stärke)** und **Speicherproteine**. Diese Stoffe werden in speziellen **Speichergeweben (Speicherorganen)** als indirekte Assimilationsprodukte gebildet und dort in speziellen **Speicherorganellen** in großen Mengen akkumuliert. Während der Füllungsperiode sind diese Gewebe bzw. Organe starke Attraktionszentren, *sinks*, für den Stofftransport innerhalb der Pflanze (→ S. 333). Die Ausdifferenzierung von Speichergeweben ist in der Regel die Vorstufe zu einem physiologischen Ruhezustand (→ S. 473). Die in Samen und Knollen deponierten Speicherstoffe liefern die Grundlage für die menschliche und tierische Ernährung; sie sind daher für die Ertragsphysiologie von zentraler Bedeutung (→ Kapitel 28).

Besonders auffällig ist die Akkumulation von Speicherstoffen im reifenden Samen. Nach der Lokalisierung des Speichermaterials kann man im Prinzip zwei Typen von Samen unterscheiden (Abbildung 9.16):
1. Samen mit **Endospermspeicherung** (z. B. bei Gymnospermen, Cocospalme, Tomate und den Caryopsen der Gräser; in Sonderfällen tritt auch ein **Perisperm** auf).
2. Samen mit **Kotyledonenspeicherung** (z. B. bei vielen Fabaceen, Brassicaceen und Asteraceen).

Es gibt auch Arten, bei denen beide Möglichkeiten realisiert sind. Im Prinzip kommen bei allen Samen nebeneinander Fett, Polysaccharide und Speicherproteine vor, allerdings in sehr unterschiedlichen Proportionen. So speichern z. B. die Gräser im Endosperm ihrer Karyopsen vorwiegend Stärke. In den Kotyledonen vieler Fabaceen überwiegt Speicherprotein, während die Brassicaceen typische Vertreter der Arten mit vorwiegend fetthaltigen Kotyledonen sind.

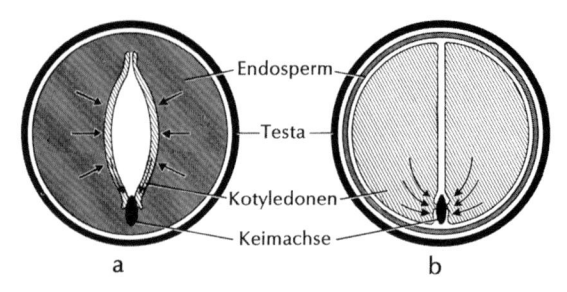

Abb. 9.16 a, b. Die beiden Typen der Stoffspeicherung bei Samen (Dikotylen). **a** Endospermspeicherung (z. B. bei *Ricinus*); **b** Kotyledonenspeicherung (z. B. bei *Pisum*). Bei **a** besitzen die Kotyledonen während der Speicherstoffmobilisierung im Endosperm die Funktion von **Saugorganen**, welche Saccharose und Aminosäuren aus dem Endosperm aktiv resorbieren und in die Keimlingsachse transportieren (→ Exkurs 14.2, S. 343). Die Endospermspeicherung ist wahrscheinlich der evolutionär ältere Typ. Dieses Stadium wird bei **b** während der Samenreifung auf der Mutterpflanze durchgemacht. Bei beiden Samentypen muss das Speichermaterial nach der Keimung von den Speichergeweben in die wachsenden Achsenorgane Hypokotyl und Radicula transportiert werden (*Pfeile*).

Die Samenspeicherstoffe werden nach der Keimung mobilisiert, die Bruchstücke in die wachsenden Organe des jungen Keimlings transportiert und dort verbraucht. Die Pflanze muss von diesen Vorräten so lange leben, bis sie ihren Photosyntheseapparat aufgebaut hat und dadurch zur Autotrophie befähigt wird. Es ist leicht einzusehen, dass die ökonomische Herstellung und Verwertung der Speicherstoffe eine entscheidende Voraussetzung für das Überleben des Keimlings im Dunkeln darstellt und daher während der Evolution einem starken Selektionsdruck ausgesetzt war.

9.4.2 Umwandlung von Fett in Kohlenhydrat

Fette (in Form von Ölen, Triacylglycerole mit verschiedenen, meist ungesättigten Fettsäuren, → Abbildung 16.3) bilden bei den Samen vieler höherer Pflanzen den weitaus überwiegenden Teil des Speichermaterials (bis zu 50 % der Trockenmasse). Dies hängt wahrscheinlich damit zusammen, dass Fett wegen seiner hydrophoben Eigenschaften und seinem extrem niedrigen Sauerstoffgehalt (→ Gleichung 9.20) ein idealer Speicherstoff ist, der dem Samen ein Maximum an Energiereserven bei minimalem Gewicht ermöglicht. Die **Energiedichte**, d. h. die freisetzbare Energiemenge pro Masseneinheit, ist bei Fett mehr als doppelt so groß wie bei

9.4 Mobilisierung von Speicherstoffen in Speichergeweben

den Kohlenhydraten. Im Endosperm (bzw. in den Kotyledonen) liegt das Speicherfett in kugeligen, von einer einfachen (nicht-membranösen) Hülle umschlossenen Fetttröpfchen vor, die man als **Oleosomen** bezeichnet (→ Abbildung 9.18). Diese spezifischen Fettspeicherorganellen entstehen wahrscheinlich im Cytoplasma *de novo*, indem sich ein spezielles Strukturprotein, **Oleosin**, an der Oberfläche von Fetttröpfchen mit Phospholipiden zu einer Grenzschicht verbindet. Oleosin steht für eine Familie basischer Proteine (15–26 kDa), welche das Zusammenlaufen der Öltröpfchen verhindern und die Bindung der Lipase beim Fettabbau vermitteln.

Wegen der Notwendigkeit eines Langstreckentransports über die Leitbündel des jungen Embryos muss auch das Speicherfett zunächst in den Transportmetaboliten Saccharose umgewandelt werden. Diese **Fett → Kohlenhydrat-Transformation** spielt sich in allen fettspeichernden Zellen in prinzipiell gleicher Weise ab. Ein beliebtes Objekt für die Untersuchung der komplexen biochemischen Vorgänge ist das Endosperm des keimenden Samens von *Ricinus communis* (Abbildung 9.17, 9.18). Ein reifer *Ricinus*-Same enthält etwa 260 mg Fett und 15 mg Kohlenhydrate. Zwei Tage nach der Quellung setzt eine intensive Fettverdauung im Endosperm ein, welche nach etwa 5 d ihr Optimum erreicht (25 °C). Zu diesem Zeitpunkt werden etwa 2 mg Saccharose · h^{-1} von den Kotyledonen des Embryos resorbiert. Bereits nach weiteren 4 d ist der Fettvorrat weitgehend erschöpft (50 mg); dafür enthält der Keimling nun 230 mg Kohlenhydrate. In diesen wenigen Tagen macht das Endosperm eine dramatische Entwicklung durch. Es werden zunächst große Mengen an Ribosomen neu gebildet und daran neu synthetisierte mRNAs für die dissimilatorischen Enzyme translatiert. Parallel dazu entstehen metabolisch aktive Zellorganellen (→ Abbildung 9.18). Bereits 4 d nach der Aussaat wird dieser Apparat wieder abgebaut. Proteine, Nucleinsäuren u. a. werden gespalten und die Bausteine (z. B. Aminosäuren) von den Kotyledonen resorbiert. Nach 4–5 d streifen die Kotyledonen die absterbenden Endospermreste ab, ergrünen und entwickeln sich zu normalen Laubblättern.

Der biochemische Weg des Umbaus der Fette in Saccharose ist in Abbildung 9.19 dargestellt. Während der ersten Tage nach der Quellung des *Ricinus*-Samens findet im Endosperm ein außerordentlich aktiver Stoffwechsel statt. Das Fett der Ole-

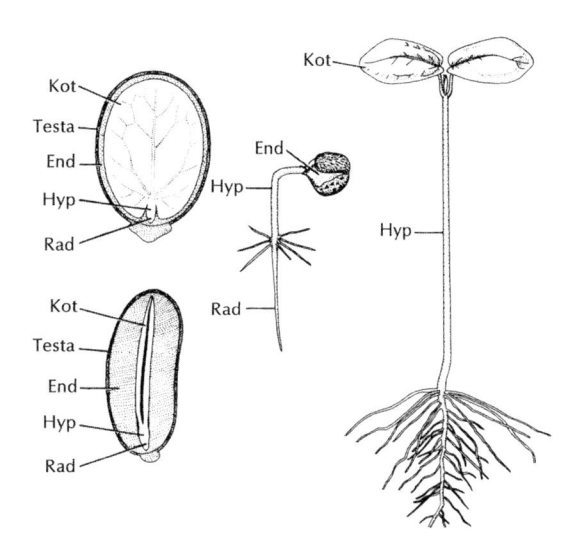

Abb. 9.17. Die frühe Keimlingsentwicklung von *Ricinus communis* (Wunderbaum, *Euphorbiaceae*). *Links*: Mediane Schnitte durch den ungekeimten Samen. Die häutigen, großflächigen Kotyledonen stehen in direktem Kontakt zum Endosperm. *Mitte*: Stadium maximaler Fettmobilisierung im Endosperm (ca. 6 d nach der Quellung des Samens, 25 °C). *Rechts*: Nach Übergang zum autotrophen Wachstum (ca. 10 d nach der Samenquellung). Die Samen sind gegenüber den Keimlingen 5fach vergrößert dargestellt. *End*, Endosperm; *Hyp*, Hypokotyl; *Kot*, Kotyledonen; *Rad*, Radicula. (Nach Troll 1954; verändert)

osomen wird zunächst durch eine an die Oleosine in der Proteinhülle dieser Organellen gebundene **Lipase** in die wasserlöslichen Komponenten Glycerol (= Glycerin) und Fettsäuren gespalten. Das freigesetzte Glycerol kann über Glycerolphosphat leicht zum Aldehyd oxidiert werden und bekommt damit unmittelbaren Anschluss an die Glycolyse. Die mengenmäßig viel gewichtigeren Fettsäuren werden durch **β-Oxidation** schrittweise in C_2-Einheiten (Acetat) zerlegt, welche dann im **Glyoxylatcyclus** zur C_4-Säure Succinat zusammengefügt werden. Die Enzyme der **β-Oxidation** und des Glyoxylatcyclus sind in speziellen Organellen, den **Glyoxysomen**, lokalisiert. Dieser für fettverdauende Gewebe charakteristische Peroxisomentyp (→ S. 164) wurde 1967 im *Ricinus*-Endosperm entdeckt. Wegen der allgemein für Peroxisomen charakteristischen hohen Schwebedichte ($\varrho \approx 1,25$ kg · l^{-1}) im Saccharosegradienten konnte man Glyoxysomen von den anderen Zellorganellen (Mitochondrien, Plastiden) trennen und ihre Enzymausstattung ermitteln (→ Exkurs 9.2). Die Glyoxysomen treten während des Fettabbaus in engen Membrankontakt mit den Oleosomen (→ Abbildung 9.18). Das bei

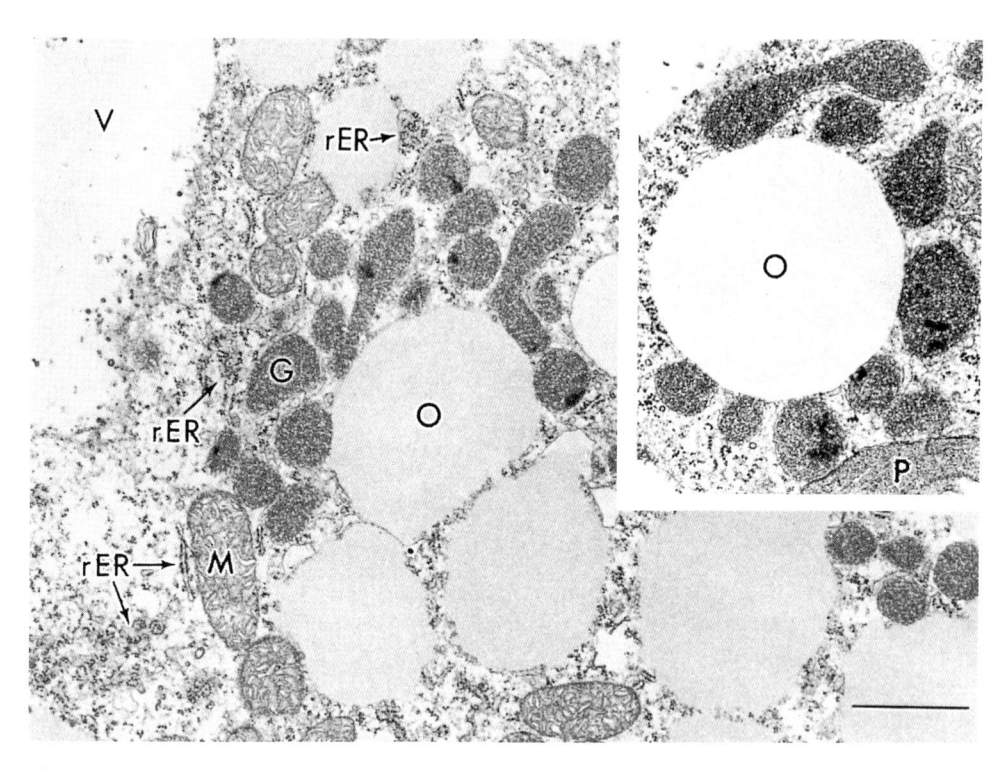

Abb. 9.18. Feinstruktur der Endospermzellen keimender Samen von *Ricinus communis*. In ungekeimten Samen wird das Zelllumen zum größten Teil von dicht gepackten Lipidkörpern, **Oleosomen** (*O*), ausgefüllt. Während der Keimung entstehen **Glyoxysomen** (*G*), welche sich an die Oleosomen anlagern (*Ausschnitt oben rechts*) und die „Verdauung" der freigesetzten Fettsäuren durchführen (→ Abbildung 9.19). Die elektronenmikroskopische Aufnahme stammt von 6 d alten Keimpflanzen (25 °C), in deren Endosperm der Fettabbau in vollem Gang ist. Neben Glyoxysomen und Oleosomen findet man im Endosperm Mitochondrien (*M*), Proplastiden (*P*), Vacuolen (*V*) und Cisternen des endoplasmatischen Reticulums mit Ribosomenbesatz (rauhes ER, *rER*), welches in Aufsicht spiralige Polysomen erkennen lässt (z. B. *links unten*). Strich: 1 µm. (Nach Vigil 1970)

der β-Oxidation anfallende H_2O_2 wird durch die in Peroxisomen stets reichlich vorhandene **Katalase** beseitigt. Im keimenden *Ricinus*-Endosperm ist die β-Oxidation ausschließlich in den Glyoxysomen lokalisiert. In anderen Fällen hat man diesen Weg auch in den Mitochondrien nachweisen können. (Auch tierische Zellen, z. B. Leberzellen, bauen Fettsäuren in Peroxisomen und Mitochondrien ab.) Die weitere Verarbeitung des aus den Glyoxysomen ausgeschiedenen Succinats erfolgt in den Mitochondrien, wo aus Succinat Oxalacetat entsteht, das nach Ausschleusung ins Cytoplasma Phosphoenolpyruvat liefert. Nachdem auf diese Weise mit Hilfe von ATP und einem Decarboxylierungsschritt die Einschleusungsreaktion von Pyruvat in den Citratcyclus umgangen wurde (→ Abbildung 9.5), kann die Reaktionsfolge der Glycolyse – in umgekehrter Richtung – bis zur Hexosephosphatstufe durchlaufen werden, **Gluconeogenese**. Durch regulatorische Maßnahmen wird hierbei der Rückfluss von Phosphoenolpyruvat zum Citratcyclus verhindert (→ Abbildung 9.27). Unter weiterem Verbrauch von Phosphorylierungspotenzial entsteht schließlich das Disaccharid **Saccharose**. Als Bilanz ergibt sich folgende Summengleichung (berechnet für das Fett Triolein):

$$C_{57}H_{104}O_6 + 36{,}5\ O_2 \rightarrow \quad (9.14)$$
$$3{,}625\ C_{12}H_{22}O_{11} + 13{,}5\ CO_2 + 12{,}125\ H_2O.$$

Aus dieser Formulierung wird deutlich, dass die Umwandlung von Fett in Kohlenhydrat einer partiellen oxidativen Dissimilation des Fetts gleichkommt, wobei jedes vierte C-Atom der Fettsäuren veratmet wird. Es fallen dabei erhebliche Mengen an Reduktionspotenzial (vorwiegend in Form von NADH) an, welches zum Teil über die Atmungskette zur ATP-Synthese genutzt werden kann. Für die

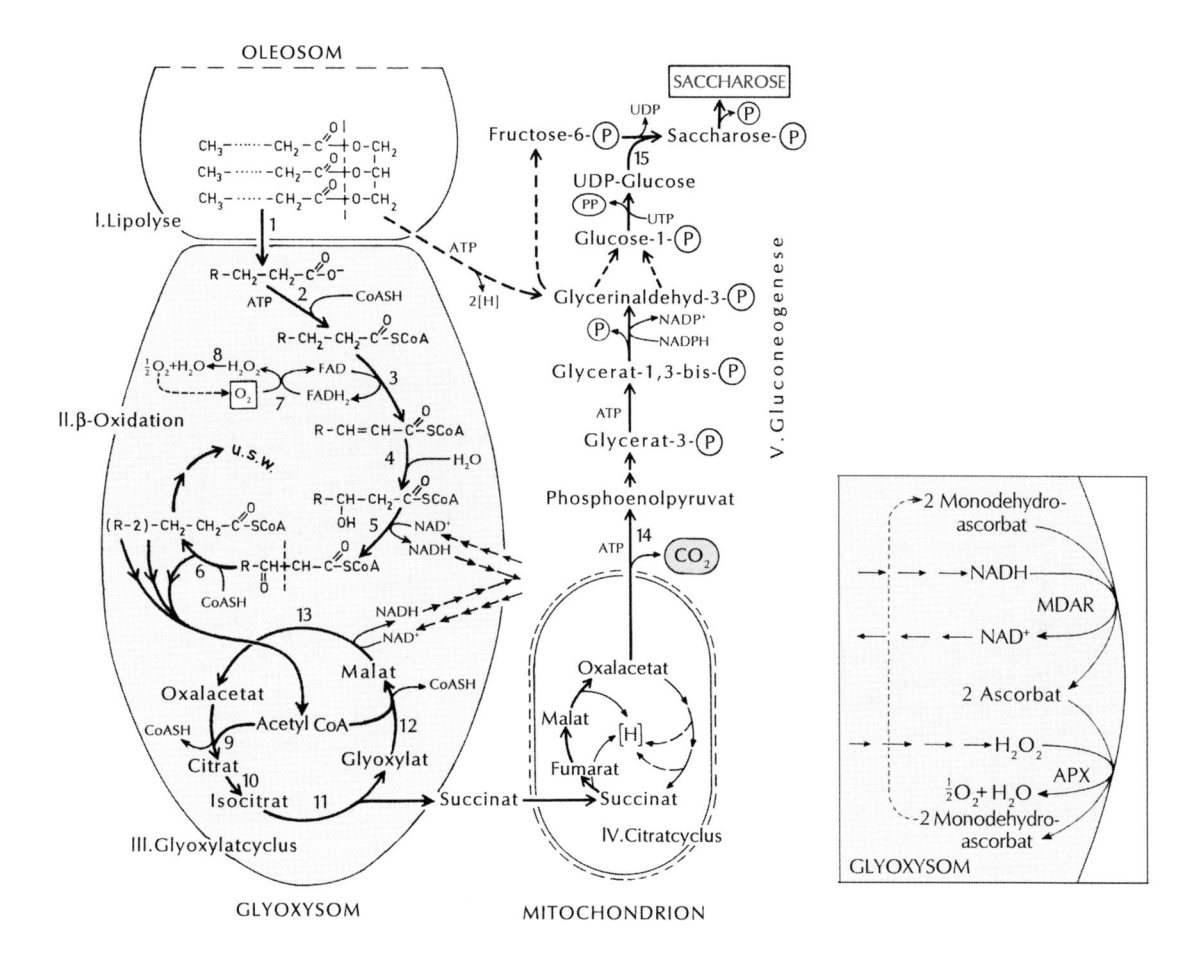

9.4 Mobilisierung von Speicherstoffen in Speichergeweben

Abb. 9.19. Der Umbau von Fett in Kohlenhydrat (Saccharose) im Fettspeichergewebe von Samen. Dieser Weg lässt sich in 5 Teilbereiche gliedern:

I. **Lipolyse**: Spaltung von Fett (Triacylglycerol) in Fettsäuren und Glycerol (= Glycerin) durch **Lipase** (*1*) an der Oleosomenhülle.

II. **β-Oxidation der Fettsäuren** (an der Innenseite der Glyoxysomenmembran): Der Acylrest wird mit CoA aktiviert (**Acyl-CoA-Synthetase**, *2*). Nach Wasserstoffentzug durch FAD (**Acyl-CoA-Oxidase**, *3 + 7*) wird H_2O an die Doppelbindung angelagert (**Enoylhydratase**, *4*), nochmals Wasserstoff entzogen (**Hydroxyacyldehydrogenase**, *5*) und schließlich zwischen dem 2. und 3. C-Atom gespalten (**Ketoacylthiolase**, *6*). Der um ein C_2-Stück verkürzte Fettsäurerest kann erneut in den Cyclus eintreten. Das im Schritt 3 gebildete $FADH_2$ wird durch O_2 reoxidiert (*7*). Das hierbei entstehende H_2O_2 wird durch **Katalase** (*8*) gespalten. Daneben sind eine in der Glyoxysomenmembran liegende **Monodehydroascorbatreductase** (*MDAR*) und eine **Ascorbatperoxidase** (*APX*) am H_2O_2-Abbau beteiligt (*Ausschnitt rechts unten*).

III. **Glyoxylatcyclus** (in der Glyoxysomenmatrix): Zwei Acetatreste aus der β-Oxidation werden in diesem Cyclus zu Succinat umgewandelt. Die Schritte 9 und 10 verlaufen wie im Citratcylcus (→ Abbildung 9.5). Schlüsselenzyme sind **Isocitratlyase** (*11*), welche Isocitrat in Glyoxylat und Succinat spaltet und **Malatsynthase** (*12*), welche Glyoxylat mit einem weiteren Acetylrest zu Malat vereinigt. Durch Oxidation (**Malatdehydrogenase**, *13*) entsteht daraus wieder der Acetatacceptor Oxalacetat. Die Reoxidation des in der β-Oxidation und im Glyoxylatcyclus gebildeten NADH erfolgt außerhalb der Glyoxysomen, entweder im Cytoplasma (Bildung von Glycerinaldehydphosphat) oder in den Mitochondrien.

IV. Über Teilreaktionen des **Citratcyclus** in den Mitochondrien wird Succinat zu Oxalacetat oxidiert (→ Abbildung 9.5).

V. **Gluconeogenese** (im Grundplasma): Oxalacetat wird durch **Phosphoenolpyruvatcarboxykinase** (*14*) zu Phosphoenolpyruvat decarboxyliert, welches im Prinzip über die glycolytische Reaktionskette zu Hexosephosphaten führt (→ Abbildung 9.4, 9.27). Die Verknüpfung von Fructose und Glucose führt zur Saccharose über Uridindiphosphatglucose (**Saccharosephosphatsynthase**, *15*). In fettspeichernden Kotyledonen beobachtet man häufig auch eine transitorische Stärkebildung (→ Abbildung 9.20).

> **EXKURS 9.2: Auftrennung von Glyoxysomen und Mitochondrien aus dem Endosperm keimender *Ricinus*-Samen**
>
> Wenn sich Zellorganellen in ihrer Dichte ϱ [kg · l^{-1}] ausreichend unterscheiden, kann man sie durch Zentrifugation auf einem **Dichtegradienten** voneinander trennen. Als Gradientenmedium eignet sich z. B. Saccharose, welche wegen ihrer guten Wasserlöslichkeit Lösungen bis ϱ > 0,8 kg · l^{-1} ermöglicht. Wenn man ein Organellengemisch, z. B. ein schonend hergestelltes Zellhomogenat, in einem Zentrifugenbecher auf einen Saccharosegradienten mit kontinuierlich von oben nach unten ansteigender Dichte schichtet und anschließend ausreichend lange zentrifugiert, sedimentieren die einzelnen Organellen bis zu der Position im Gradienten, wo ihre eigene Dichte („Schwebedichte") herrscht. Nach Fraktionierung kann man die Verteilung der Proteine und charakteristischer Enzyme im Gradienten bestimmen.
>
> Im vorliegenden Beispiel (Abbildung) wurde eine solche **Gleichgewichtszentrifugation** mit einem schonend hergestellten Homogenat aus dem Endosperm 5 d bei 30 °C angekeimter *Ricinus*-Samen durchgeführt. Die Suspension wurde auf einen Gradienten mit linear ansteigender Saccharosekonzentration (0,3 bis 0,6 kg · l^{-1}) geschichtet und für 4 h bei 100.000 × ***g*** zentrifugiert. Nach der Fraktionierung wurde die Verteilung der Proteine (**a**) und einiger Glyoxysomen- und Mitochondrienenzyme (**b–g**) gemessen (→ Abbildung 9.19). Die gemessenen Gradientenprofile zeigen, dass die Mitochondrien bis zu einer Dichte von 1,19 kg · l^{-1}, und die Glyoxysomen bis zu einer Dichte von 1,25 kg · l^{-1} sedimentieren. Die Verteilung der Enzymaktivitäten entspricht der Darstellung in Abbildung 9.19. Anmerkung: Die erstaunlich hohe Dichte der Glyoxysomen ist teilweise dadurch bedingt, dass ihre Hüllmembran für Saccharose leicht permeabel ist. (Nach Daten von Breidenbach et al. 1968)

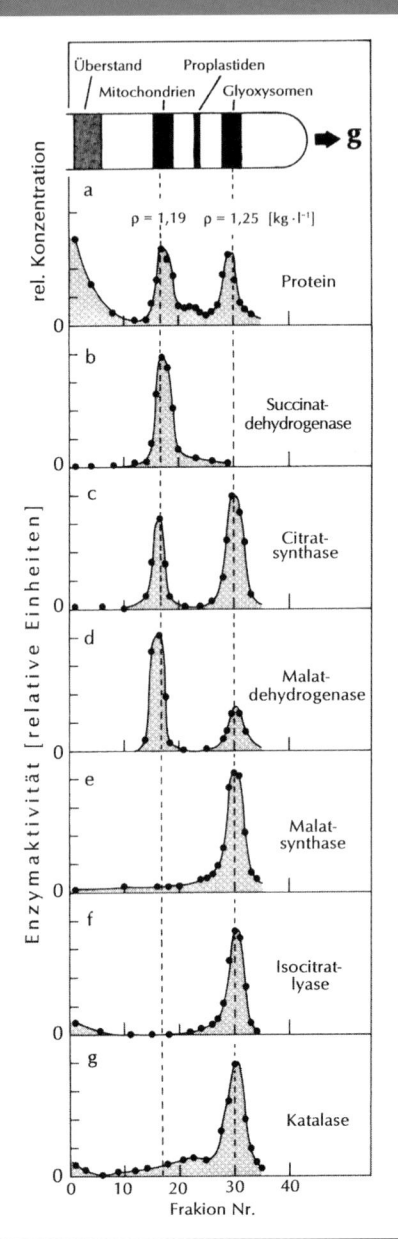

Aktivierung von Intermediärprodukten werden knapp 60 ATP pro Fettmolekül verbraucht. Diese Zahlen veranschaulichen den enormen Energieumsatz, der mit der Fettmobilisierung verbunden ist. Außerdem wird verständlich, warum fetthaltige Samen bei der Keimung ganz besonders auf eine ausreichende Zufuhr an O_2 angewiesen sind.

Die Glyoxysomen mit ihrem spezifischen Satz von Enzymen werden bei der Keimung aus Vorstufen gebildet. In der Karyopse der Gräser geht vom keimenden Embryo ein Hormonsignal (Gibberellin) aus, welches die Bildung von Glyoxysomen in den fetthaltigen Aleuronzellen des Endosperms induziert (→ Abbildung 18.17). Dieses Signal veranlasst dort gleichzeitig die Synthese und Ausschüttung von Hydrolasen, z. B. von Amylase zur Verdauung der Stärke. Beim *Ricinus*-Endosperm hat man keinen Hinweis dafür gefunden, dass ein Hormonsignal des Embryos zur Einleitung der Glyoxysomengenese notwendig wäre.

Abschließend sei erwähnt, dass viele Grünalgen in der Lage sind, mit Hilfe des Glyoxylatcyclus Acetat als Kohlenstoffquelle zu nutzen. Da meist außerdem noch Licht benötigt wird, spricht man hier von **photoheterotrophem** Wachstum, im Gegensatz zum **photoautotrophen** Wachstum auf CO_2. Setzt man diese Zellen von CO_2-Medium auf ein Acetatmedium um, so steigen innerhalb weniger Stunden die Enzyme des Glyoxylatcyclus auf einen hohen Pegel an. Man hat heute gute Anhaltspunkte dafür, dass diese substratinduzierte Enzymsynthese auf einer koordinierten Derepression der zugehörigen Gene beruht. Die Synthese der RUBISCO (→ S. 228) wird in diesen Organismen durch Acetat reprimiert, steigt jedoch beim Umsetzen auf CO_2-Medium im Licht drastisch an. Es handelt sich hier um einen typischen Fall metabolischer Anpassung an die Umwelt durch differenzielle Enzymsynthese, gesteuert auf der Ebene der Transkription.

9.4.3 Metabolismus von Speicherpolysacchariden

Kohlenhydrate werden von Pflanzen in der Regel in Form hochmolekularer **α-Glucane** gespeichert. Nur in Sonderfällen können andere Polysaccharide, z. B. **Fructane**, diese Aufgabe übernehmen. In Samen dienen manchmal auch Zellwandhemicellulosen, z. B. **Galactomannane** im Endosperm einiger Fabaceen, oder **1,3-β,1,4-β-Glucane** im Aleuronegewebe der Poaceen, als Kohlenhydratspeicher, die nach der Keimung enzymatisch abgebaut werden. Die wichtigste Speichersubstanz für Kohlenhydrate bei höheren Pflanzen ist die **Stärke**, ein unlösliches Gemisch aus etwa 25 % unverzweigter **Amylose** (1,4-α-Glucan) und etwa 75 % **Amylopektin**, das durch zusätzliche 1,6-α-glycosidische Bindungen einen verzweigten Aufbau besitzt. Die Biosynthese der Stärke erfolgt im Plastidenkompartiment, wo sie in Form kompakter, semikristalliner Partikel (Stärkekörner) abgelagert wird (Abbildung 9.20). Als Ausgangssubstanz der Stärkesynthese dient Glucose-1-phosphat, das z. B. aus dem Calvin-Cyclus entnommen und durch ADP-Glucose-Diphosphorylase mit ATP zur ADP-Glucose umgesetzt wird (→ Abbildung 8.27). Die auf diese Weise energetisch aktivierte Glucose kann durch die **Stärkesynthase** am nichtreduzierten Ende der Glucankette durch Transglycosylierung angefügt werden:

$$(Glucosyl)_n + ADP\text{-}Glucose \rightarrow$$
$$(Glucosyl)_{n+1} + ADP. \tag{9.15}$$

Die 1,6-Bindungen im Amylopektin werden durch ein **Verzweigungsenzym** geknüpft, welches eine 1,4-Bindung spaltet und eines der Spaltstücke in einer 1,6-Bindung an einen intakten Strang fixiert. Die Verzweigung erfolgt nicht zufällig, sondern in einem Abstand von etwa 20 Glucoseresten. In Speichergeweben erfolgt die Stärkesynthese in der Regel in chlorophyllfreien **Amyloplasten** unter Verwendung von Glucose, welche unzerlegt (d. h. nicht über die Triosephosphatstufe) aus dem Grundplasma übernommen wird. In der Hüllmembran dieser Organellen findet sich ein **Adenylattransporter**, welcher ADP-Glucose im Austausch mit ATP aus dem Grundplasma importiert. Diese Alternative zu dem in Abbildung 8.27 dargestellten Weg der Stärkebildung ist nach neueren Befunden auch bei Chloroplasten möglich.

Für den Abbau der Stärke stehen im Prinzip mehrere Enzyme zur Verfügung: **α-Amylase** hydrolysiert als Endoglucanase 1,4-α-glycosidische Bindungen innerhalb der Glucankette. **β-Amylase** ist eine Exoglucanase, die vom nichtreduzierenden Ende der Glucankette einzelne Disaccharid-Einheiten (Maltose) abspaltet. Daneben gibt es spezifische **1,6-α-Glucanasen** für die Eliminierung der Verzweigungsstellen im Amylopektin. Stärkekörner müssen zunächst durch α-Amylase angegriffen werden, bevor die beiden anderen Enzyme die weitere Zerlegung der Oligosaccharidketten übernehmen. Im Endosperm der gekeimten Getreidekaryopse wird die α-Amylase durch ein hormonelles Signal aus dem Embryo im Scutellum und in den (lebendigen) Aleuronzellen induziert und in die (toten) Zellen des inneren Endosperms sezerniert (→ Abbildung 18.17). Parallel dazu geben die Aleuronzellen eine spezifische Proteinase ab, welche eine teilweise als inaktives Proenzym im inneren Endosperm vorliegende β-Amylase durch partielle Proteolyse in die aktive Form verwandelt. Die 1,6-α-Glucanase entsteht ähnlich wie die α-Amylase durch Neusynthese im Aleurongewebe. Durch die

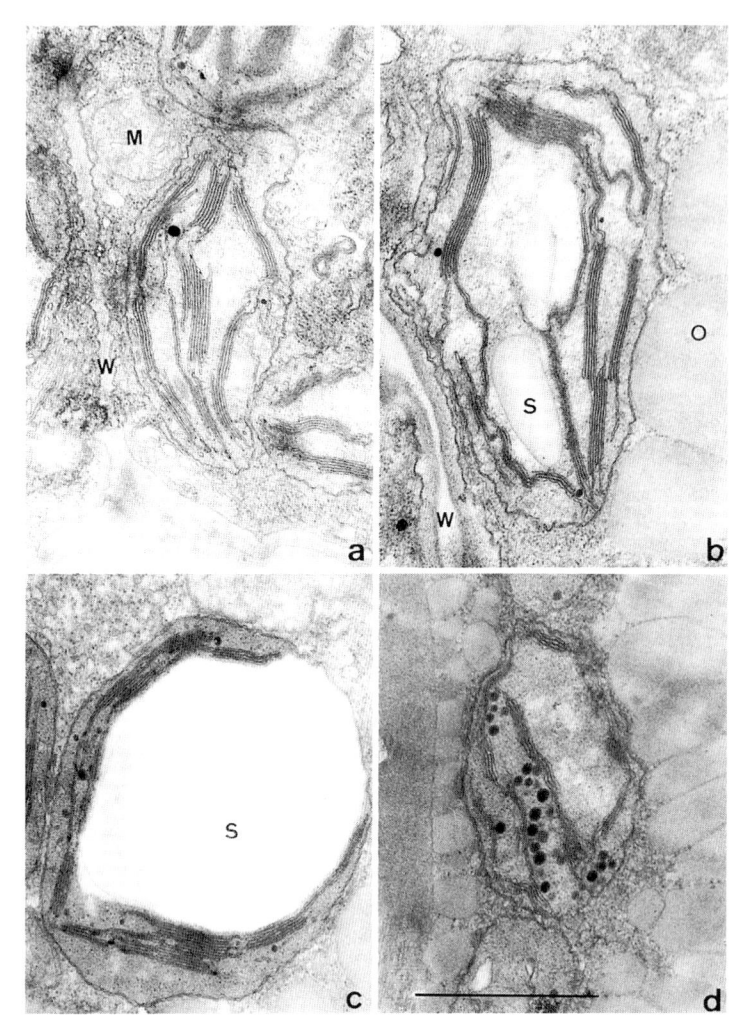

Abb. 9.20 a–d. Akkumulation und Abbau von Stärke im Embryo des reifenden Samens von Brassicaceen (→ Exkurs 20.1, S. 474). Objekt: Weißer Senf (*Sinapis alba*). In den Speicherkotyledonen des Embryos liegen zu Beginn der Reifungsperiode Chloroplasten vor (**a**, 16 d nach der Bestäubung), welche zunächst kleine Stärkekörner ablagern (**b**, 16 d n.d.B.). In der Mitte der Reifungsperiode enthalten die Plastiden (Chloramyloplasten) sehr große Stärkekörner. (**c**, 24 d n.d.B.), die gegen Ende der Reifungsperiode wieder vollständig abgebaut werden (**d**, 36 d n.d.B.). Die Plastiden nehmen anschließend den Charakter von Proplastiden an, aus denen nach der Keimung wieder Chloroplasten entstehen können (→ Abbildung 7.11). Die beim Stärkeabbau freigesetzten Zucker werden zur Synthese von Fett verwandt, das (neben Speicherproteinen) die wesentliche Speichersubstanz im reifen Samen darstellt. *M*, Mitochondrion; *O*, Oleosom; *S*, Stärke; *W*, Zellwand. *Strich:* 1 µm. (Aufnahmen von R. Bergfeld; → Fischer et al. 1988)

konzertierte Aktion der drei Enzyme können die Stärkekörner in den inneren Endospermzellen vollständig aufgelöst werden. Diese „Stärkeverzuckerung" wird beim Mälzen angekeimter Getreidekaryopsen technisch ausgenützt.

Während man über den Stärkeabbau durch Glucanasen im Getreideendosperm gut Bescheid weiß, sind die entsprechenden Vorgänge in den Chloroplasten bzw. Amyloplasten lebender Speichergewebe weit weniger gut bekannt. Ähnlich wie grüne Blätter enthalten stärkehaltige Kotyledonen dikotyler Pflanzen (z.B. der Erbse) ebenfalls α- und β-Amylasen, deren Pegel nach der Keimung durch Neusynthese stark ansteigen. In den Kotyledonen des Senfkeimlings wird die β-Amylase durch Licht induziert, wobei Phytochrom als Auslöser der Enzymsynthese dient (→ S. 462). Die intrazelluläre Lokalisierung der Amylasen gibt noch einige Rätsel auf. α-Amylase ist neben 1,6-α-Glucanase in den Chloroplasten lokalisiert und dort für die Degradation der Stärkekörner verantwortlich. Paradoxerweise ist jedoch die meist ebenfalls in hoher Aktivität vorliegende β-Amylase hauptsächlich in den Vacuolen oder im Cytosol zu finden und hat daher offenbar keinen Zugang zu ihrem Substrat. Die Funktion der extraplastidären β-Amylase ist daher noch ungeklärt. Beim Stärkeabbau im Chloroplasten entstehen unverzweigte, kürzerkettige Oligosaccharide, welche zum Disaccharid **Maltose** abgebaut, oder durch eine plastidäre **Stärkephosphorylase** unter Verbrauch von anorganischem Phosphat phosphorolytisch gespalten werden:

(Glucosyl)$_n$ + ⓟ →

(Glucosyl)$_{n-1}$ + Glucose-1-phosphat. (9.16)

Das Hexosephosphat könnte theoretisch zu Triosephosphat umgebaut werden und dieses über den Phosphattransporter ins Cytoplasma gelangen. Dieser Weg scheint jedoch weitgehend auf den Zuckerexport während des Tages beschränkt zu sein. Der nächtliche Stärkeabbau liefert hauptsächlich **Maltose**, welche durch einen speziellen **Maltosetransporter** der Chloroplastenmembran ins Cytoplasma exportiert, und dort nach Umbau in Glucose-1-phosphat und Fructose-6-phosphat zur Saccharosesynthese eingesetzt wird (→ Abbildung 9.27). Bei Amyloplasten scheint der Export von Zucker – ebenso wie der Import – vorwiegend auf der Hexoseebene abzulaufen.

9.4.4 Metabolismus von Speicherproteinen

Als **Speicher-** oder **Reserveproteine** bezeichnet man eine Gruppe spezieller Proteine, welche keine enzymatische Aktivität oder strukturelle Funktion besitzen, sondern ausschließlich zur Speicherung von Aminosäurebausteinen im Endosperm oder funktionell verwandten Geweben dienen. Ihre Synthese wird in bestimmten Stadien der Ontogenese, insbesondere bei der Samenreifung, durch eine massive Synthese der zugehörigen mRNAs ausgelöst (→ Exkurs 6.2, S. 125). Die Speicherproteine der höheren Pflanzen bestehen aus einem Gemisch verschiedener Polypeptide, welche häufig zu hochmolekularen Komplexen zusammengefügt sind. Die typischen Speicherproteine der Getreidekaryopsen, **Prolamine** und **Gluteline**, sind in Wasser schwer löslich; sie benötigen z. B. 70 % Ethanol oder stark alkalische Medien zur Extraktion. Das Prolamin **Glutenin** (in Weizen und Roggen) bildet in Wasser ein hochmolekulares Netzwerk, das nach Hitzeeinwirkung und Trocknung erhalten bleibt. Diese Eigenschaft ist für die Backfähigkeit des Mehls verantwortlich. Gerste, Hafer, Mais und Reis bilden kein Glutenin und sind daher als Brotgetreide nicht geeignet. Die **Albumine** und die mengenmäßig dominierenden **Globuline** in den Samen dikotyler Pflanzen lösen sich hingegen bereits in Wasser oder wässrigen Salzlösungen. Man unterscheidet bei den Globulinen nach der Sedimentationsgeschwindigkeit in der Ultrazentrifuge zwei Komplexe, einen größeren **11-12S-Komplex** und einen kleineren **7-8S-Komplex**, welche häufig mit pflanzenspezifischen Namen belegt werden (z. B. **Legumin** und **Vicilin** bei Fabaceen). Speicherproteine sind im Zellkern codiert, werden an ER-gebundenen Polysomen synthetisiert, unter Abspaltung einer Signalsequenz in das ER-Lumen sezerniert und dort häufig mit Kohlenhydratketten verknüpft (→ S. 151). Über den Golgi-Apparat erfolgt der Transport in Clathrin-beschichteten Vesikeln (*coated vesicles*) zur Vacuole (→ Abbildung 7.1). Die Füllung der Vacuole(n) mit diesen Proteinen lässt sich z. B. an reifenden Embryonen mit dem Elektronenmikroskop verfolgen Abbildung 9.21). Die Proteinkomplexe (z. B. das Legumin) werden erst in der Vacuole aus kleineren Vorstufen zusammengefügt und aggregieren dort zu dichten Klumpen. Nach vollständiger Füllung bestehen die Proteinspeichervacuolen aus einer kompakten Masse aggregierten Proteins, das von einer Membran (Tonoplast) gegen das Grundplasma abgegrenzt ist. Diese Partikel werden als **Aleuronkörper** (*protein bodies*) bezeichnet. Sie können in den Speichergeweben reifer Samen bis zu 30 % der Trockenmasse ausmachen. Man findet diese bereits lichtmikroskopisch leicht identifizierbaren Speicherorganellen auch in Knospen und in den Markstrahlen von Bäumen während der winterlichen Ruheperiode.

Speicherproteine liefern etwa 70 % der Proteinversorgung der Menschheit. Ihre Aminosäurezusammensetzung ist jedoch meist für die Ernährung des Menschen nicht ausgewogen (arm an Lysin, Threonin, Tryptophan, Methionin). Eine Steigerung des Gehalts an diesen essenziellen Aminosäuren ist daher ein wichtiges Züchtungsziel (→ S. 656).

Der Abbau des Speicherproteins nach der Keimung des Samens erfolgt innerhalb der Aleuronkörper durch ein Gemisch von Endo- und Exopeptidasen, welche ein charakteristisches Wirkoptimum bei pH 4–5 besitzen („saure" Proteinasen). Unter den **Exopeptidasen** (spalten terminale Aminosäuren des Proteins ab) treten sowohl **Aminopeptidasen** (spalten am Aminoterminus), als auch **Carboxypeptidasen** (spalten am Carboxyterminus) auf. Der Proteinabbau wird wahrscheinlich durch **Endopeptidasen** (spalten innerhalb der Polypeptidkette) eingeleitet. Es entstehen kleinere Polypeptide, welche dann von Exopeptidasen vollends in Aminosäuren oder kleinere Oligopeptide zerlegt werden. Die Endprodukte der Proteolyse

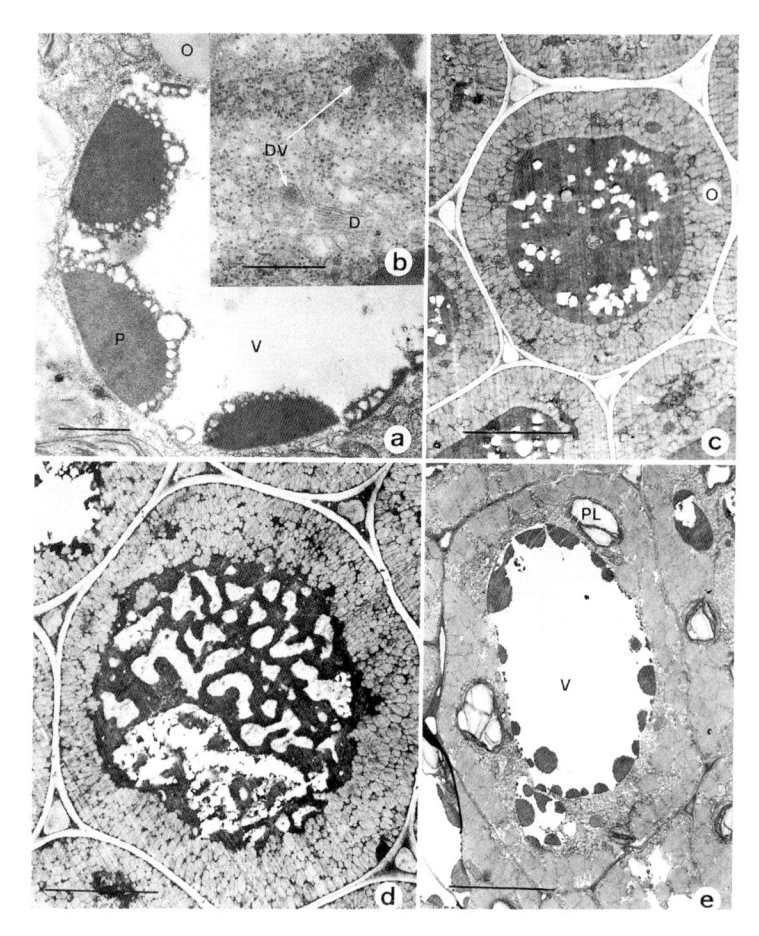

Abb. 9.21 a–e. Akkumulation und Abbau von Speicherprotein im reifenden bzw. keimenden Embryo von Brassicaceen (→ Exkurs 20.1, S. 474). Objekt: Weißer Senf (*Sinapis alba*). In den Speicherkotyledonen des reifenden Embryos werden Vesikel mit Speicherproteinaggregaten von Dictyosomen produziert und in die Vacuole entleert (**a, b**, 18 d nach der Bestäubung; → Abbildung 7.1). Am Ende der Reifungsperiode sind die Vacuolen vollständig mit Speicherprotein angefüllt (**c**, reifer Same; die weißen Flächen sind durch das Herausbrechen von Proteinkristallen während der Präparation bedingt). Nach der Keimung setzt der proteolytische Abbau des Speicherproteins ein (**d**, 2 d nach der Aussaat des reifen Samens). Kurze Zeit später enthält die Vacuole nur noch Reste an Protein; sie wird zur Zentralvacuole der ausgewachsenen Zelle (**e**, 3 d n.d.A.). *D*, Dictyosom; *DV*, von Dictyosom abknospendes Vesikel mit Speicherproteinfüllung; *P*, Speicherprotein; *PL*, Plastide mit Stärkekörnern; *O*, Oleosomen; *V*, Vacuole. *Strich*: 0,5 µm (a, b) bzw. 5 µm (c–e). (Nach Bergfeld et al. 1980)

können durch die Grenzmembran der Aleuronkörper ins Cytoplasma transportiert und dort in den Aminosäurestoffwechsel eingeschleust bzw. (in Form von Glutamin und Asparagin) aus dem Speichergewebe in die wachsenden Teile des jungen Keimlings exportiert werden.

Ein Teil der am Speicherproteinabbau beteiligten Proteinasen wird bereits während der Samenreifung gebildet und zusammen mit ihrem Substrat in die Aleuronkörper eingeschleust. Nach der Keimung kommt der Abbau des Speicherproteins jedoch erst dann in Gang, wenn zusätzlich weitere Proteinasen neu synthetisiert und in die Aleuronkörper transportiert werden. Hierbei handelt es sich wahrscheinlich um Endopeptidasen, die zur Initiation der Proteolyse benötigt werden.

Eine weitergehende Dissimilation der Aminosäuren findet normalerweise nicht statt. Lediglich bei extremem Mangel an Kohlenhydraten (Hungerstoffwechsel) kann man in pflanzlichen Zellen eine Desaminierung von Aminosäuren zu Oxosäuren und deren Veratmung zu CO_2 im Citratcyclus beobachten. Mit Ausnahme dieser speziellen Situation liefern also Aminosäuren keinen direkten Beitrag zum Energiestoffwechsel, sondern werden als Bausteine für Biosynthesen, vor allem für die Synthese neuer Proteine, eingesetzt.

In den längerlebigen Speichergeweben (z. B. in Kotyledonen) fusionieren die Aleuronkörper nach dem Abbau der Speicherproteine und bilden auf diese Weise die **Zentralvacuole**, welche auch in späteren Entwicklungsstadien der Zelle als „lytisches Kompartiment" für den Abbau von Proteinen und anderen Makromolekülen dient (→ S. 36).

9.5 Regulation des dissimilatorischen Gaswechsels

9.5.1 Atmung: CO_2-Abgabe und O_2-Aufnahme

Wie beim Tier bezeichnet man auch bei der Pflanze den dissimilatorischen Gasaustausch (CO_2-Abgabe und O_2-Aufnahme) mit der Umgebung als **Atmung**. Die vorigen Abschnitte haben gezeigt, dass es sich hierbei keineswegs um einen einheitlichen biochemischen Prozess handelt. Es gibt vielmehr eine ganze Reihe unabhängiger Stoffwechselreaktionen, bei denen O_2 als Substrat benötigt wird. Ebenso treten mehrere unabhängige Decarboxylierungsschritte auf ($\rightarrow$ Abbildung 9.2, 9.15, 9.19). Da man nicht erwarten kann, dass grundsätzlich konstante, stöchiometrische Beziehungen zwischen O_2-Aufnahme und CO_2-Abgabe herrschen, ist es nicht gleichgültig, ob man die Atmung anhand der CO_2-Abgabe oder der O_2-Aufnahme bestimmt. Die „Atmung" ist daher ein physiologisch zweideutiger Begriff, den man nie ohne Klarstellung, welcher der beiden Gasaustauschvorgänge gemeint ist, benützen sollte. Auch die Ausbeute an konservierter freier Enthalpie ist bei den verschiedenen Dissimilationswegen recht unterschiedlich, so dass es nicht statthaft ist, von der Intensität der Atmung unmittelbar auf die Ausbeute an Nutzenergie zu schließen. Das Beispiel der Milchsäuregärung ($\rightarrow$ Gleichung 9.7) zeigt, dass Dissimilation keineswegs notwendigerweise mit Atmung verbunden sein muss.

Man bestimmt die Atmung entweder als Intensität der CO_2-Abgabe [mol $CO_2 \cdot s^{-1}$] oder der O_2-Aufnahme [mol $O_2 \cdot s^{-1}$]. Zum Vergleich verschiedener Gewebe benutzt man in der Regel die Trockenmasse als Bezugssystem ($\rightarrow$ Tabelle 9.1). Beide Atmungsparameter, welche heute sowohl in geschlossenen Systemen als auch im Durchfluss an intakten Pflanzen kontinuierlich gemessen werden können, sind komplexe physiologische Größen. Sie sind nicht nur von der Aktivität verschiedener Stoffwechselwege, sondern auch von den Transportverhältnissen zwischen Pflanze und Umwelt bezüglich CO_2 und O_2 abhängig. Trotzdem liefert die Analyse der Atmungsprozesse intakter Pflanzen bzw. ihrer Organe oder Gewebe wichtige Informationen über das quantitative Ausmaß verschiedener Dissimilationsbahnen *in vivo* und die hierbei wirksamen Regulationsmechanismen.

Tabelle 9.1. Atmungsintensitäten verschiedener Pflanzen, bezogen auf die Trockenmasse. Temperatur: um 25 °C. Zum Vergleich sind zwei tierische Gewebe angeführt. Bei manometrischen Messungen wird die CO_2-Abgabe meist in μl (bei 0,1 MPa) statt in μmol angegeben ($\rightarrow$ S. 257). (Nach verschiedenen Autoren)

Objekt	Intensität der CO_2-Abgabe [μl $CO_2 \cdot h^{-1} \cdot$ mg Trockenmasse^{-1}]
Pisum sativum (trockener Same)	$1,2 \cdot 10^{-4}$
Cladonia rangiferina (Thallus)	$8 \cdot 10^{-2}$
Solanum tuberosum (Knolle)	1
Chlorella pyrenoidosa (Zellsuspension)	1
Spinacia oleracea (Blatt)	5
Sinapis alba (3 d alte Keimlinge ohne Wurzel)	5
Zea mays (Wurzelspitze)	9
Lilium spec. (Pollen)	25
Saccharomyces cerevisiae (aerobe Zellsuspension)	60–100
Arum maculatum (Appendix des Spadix, aufblühende Infloreszenz)	200–400
Ratte, Leber	7
Ratte, Gehirn	11

Die Atmung der Pflanze hängt naturgemäß von einer Vielzahl äußerer und innerer Faktoren ab und ist daher quantitativ sehr variabel (Tabelle 9.1). Hohe Atmungsintensitäten treten nicht nur bei rasch wachsenden Geweben auf, sondern auch als Folge von Umweltstress (z. B. bei Frost, Verwundung, Infektion) oder als Seneszenzphänomen ($\rightarrow$ S. 533). Verschiedene Gewebe einer Pflanze atmen meist sehr verschieden intensiv, abhängig von der speziellen Arbeitsleistung der Zellen. So ist z. B. die O_2-Aufnahme der Wurzel mit der aktiven Aufnahme von Nährsalzen korreliert („Salzatmung"; $\rightarrow$ Abbildung 4.14). Dieses Beispiel zeigt außerdem, dass die Atmung ein außerordentlich dynamischer Prozess ist, der sehr rasch reguliert werden kann. Auch der Entwicklungszustand der Pflanze beeinflusst die Atmung. Ruhende Samen führen im getrockne-

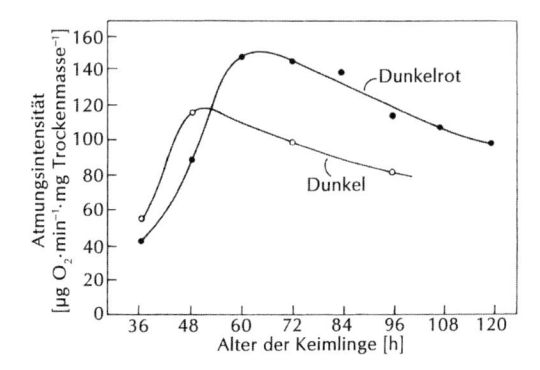

Abb. 9.22. Der Einfluss von Phytochrom auf die „Große Periode der Atmung" (O_2-Aufnahme) bei der Keimlingsentwicklung. Objekt: Kotyledonen von *Sinapis alba*. Die Anzucht der Keimlinge (25 °C) erfolgte entweder im Dunkeln oder unter kontinuierlicher Bestrahlung mit dunkelrotem Licht. Man erkennt, dass die O_2-Aufnahme durch Phytochrom (→ S. 453) etwas verzögert wird, jedoch ein höheres Maximum erreicht. (Nach Hock und Mohr 1964)

ten Zustand einen sehr geringen, aber messbaren Gaswechsel durch. Nach der Keimung steigt die Intensität der Atmungsvorgänge kurzfristig steil an. Sie erreicht nach wenigen Tagen ein Optimum und fällt dann wieder auf einen niedrigeren Wert ab. Dieser für junge Keimlinge typische Atmungsverlauf, der auf die vorübergehende Mobilisierung und Metabolisierung der Speicherstoffe zurückgeht, wird als „Große Periode der Atmung" bezeichnet. Ihr Verlauf kann durch **Licht** beeinflusst werden, wobei **Phytochrom** als Photoreceptormolekül dient (Abbildung 9.22). Hierbei wird jedoch sowohl der ATP-*pool* als auch die „Energieladung" (→ S. 67) im Rahmen der Stoffwechselhomöostasis konstant gehalten.

9.5.2 Der Respiratorische Quotient

Das Verhältnis zwischen CO_2-Abgabe und gleichzeitig gemessener O_2-Aufnahme bezeichnet man als **Respiratorischen Quotienten**. Er ist folgendermaßen definiert:

$$RQ = \frac{\text{mol } CO_2 \cdot \Delta t^{-1}}{\text{mol } O_2 \cdot \Delta t^{-1}}. \tag{9.17}$$

Der RQ kann indirekte Anhaltspunkte über die Natur des veratmeten Substrats und die relative Intensität konkurrierender Dissimilationsprozesse liefern. Dies lässt sich einfach anhand der Summenformeln verschiedener CO_2-produzierender und O_2-verbrauchender Stoffwechselwege demonstrieren:

1. Vollständige Dissimilation von Kohlenhydrat:

$$C_6H_{12}O_6 + 6\,O_2 \rightarrow 6\,CO_2 + 6\,H_2O;$$
$$RQ = \frac{6}{6} = 1{,}00. \tag{9.18}$$

2. Vollständige Dissimilation von organischen Säuren (z. B. Citrat):

$$C_6H_8O_7 + 4{,}5\,O_2 \rightarrow 6\,CO_2 + 4\,H_2O;$$
$$RQ = \frac{6}{4{,}5} = 1{,}33. \tag{9.19}$$

3. Vollständige Dissimilation von Fett (z. B. Triolein):

$$C_{57}H_{104}O_6 + 80\,O_2 \rightarrow 57\,CO_2 + 52\,H_2O;$$
$$RQ = \frac{57}{80} = 0{,}71. \tag{9.20}$$

4. Partielle Dissimilation von Kohlenhydraten (alkoholische Gärung):

$$C_6H_{12}O_6 \rightarrow 2\,CO_2 + 2\,C_2H_5OH;$$
$$RQ = \infty. \tag{9.21}$$

5. Umbau von Fett in Kohlenhydrat (→ Gleichung 9.14):

$$RQ = \frac{13{,}5}{36{,}5} = 0{,}37. \tag{9.22}$$

Bei den meisten Geweben misst man unter Normalbedingungen einen RQ nahe bei 1, was auf eine oxidative Dissimilation von Kohlenhydrat (Gleichung 9.18) als dominierenden Prozess schließen lässt. Abweichungen von dieser Situation treten z. B. bei reifen Früchten auf, welche O-reiche (= H-arme) organische Säuren dissimilieren (Gleichung 9.19). Keimpflanzen machen oft während der „Großen Periode der Atmung" ein vorübergehendes Stadium mit RQ < 1 durch. Die RQ-Erniedrigung ist besonders drastisch bei Samen mit hohem Fettgehalt. Im *Ricinus*-Endosperm beobachtet man einen RQ um 0,4 in Übereinstimmung mit Gleichung 9.22. Bei einem 60 h alten Senfkeimling (→ Abbildung 9.22) misst man Werte um 0,6, welche sich durch Überlagerung von Gleichung 9.22 (Kotyledonen) mit Gleichung 9.18 (Restkeimling) ergeben (Gleichung 9.20). Andere Samen durchlaufen in der frühen Phase der Keimung wegen der ungenügenden Permeation von O_2 durch die Testa eine partiell anaerobe Phase mit Gärungsstoffwechsel. Dies führt vorübergehend zu RQ-Werten von 1,3–1,5 (Gleichungen 9.18 und 9.21).

Auch der anabolische Stoffwechsel beeinflusst den RQ, insbesondere, wenn dabei Reduktionsäquivalente aus der Dissimilation abgezweigt werden und sich damit die O_2-Aufnahme verringert. So zeigen z. B. Wurzeln mit aktiver NO_3^--Reduktion RQ-Werte bis 1,7. Auch fettsynthetisierende Gewebe (z. B. in Samenanlagen) zeigen ähnlich hohe Werte.

9.5.3 Regulation des Kohlenhydratabbaus durch Sauerstoff

Die Michaeliskonstante der Cytochromoxidase für O_2 liegt bei 140 nmol · l^{-1}. Dies entspricht einem O_2-Gehalt der Luft von 0,01 Vol%. Daraus folgt, dass die Mitochondrien von Landpflanzen auch ohne ausgeprägte Interzellularen im Kormus normalerweise durch Diffusion ausreichend mit O_2 aus der Luft (21 Vol% O_2) versorgt werden können, auch wenn sich in der Pflanze eine verminderte O_2-Konzentration, **Hypoxie**, einstellt. Ein spezielles Transportsystem für O_2, wie z. B. der Blutkreislauf der Tiere, ist nicht erforderlich. Da der Diffusionskoeffizient für O_2 im Wasser etwa 10^4 mal kleiner ist als in Luft, trifft dies jedoch für partiell submers wachsende Wasserpflanzen (z. B. Seerosen) nicht zu. Diese Formen bilden in den Sprossen oder Blattstielen ein Leitgewebe für Gase (**Aerenchym**, Abbildung 9.23) aus, welches die untergetaucht lebenden Organe nach dem Schnorchelprinzip mit Luftsauerstoff versorgt.

Damit die Diffusion von O_2 in das Innere eines Organs nicht zu einem begrenzenden Faktor wird, darf eine bestimmte Intensität des O_2-Verbrauchs nicht überschritten werden. Da der Q_{10} (→ S. 72) für die Diffusion nahe bei 1, für die respiratorische O_2-Aufnahme dagegen im Bereich von 2–3 liegt, kann es in intensiv atmenden Organen bei höheren Temperaturen auch in Luft zu einem O_2-Defizit kommen (→ Exkurs 9.3). Eine ähnliche Situation tritt bei der Keimung vieler Samen auf, wenn die geringe Permeabilität der Samenschale eine ausreichende O_2-Versorgung des aktiv atmenden Gewebes nicht zulässt. Genaue Messungen haben ergeben, dass die O_2-Konzentration in keimenden Samen oder im Zentrum von wachsenden (stark atmenden) Kartoffelknollen auf 2–5 Vol% abfallen kann. Gleichzeitig fällt der ATP-Spiegel, ein Zei-

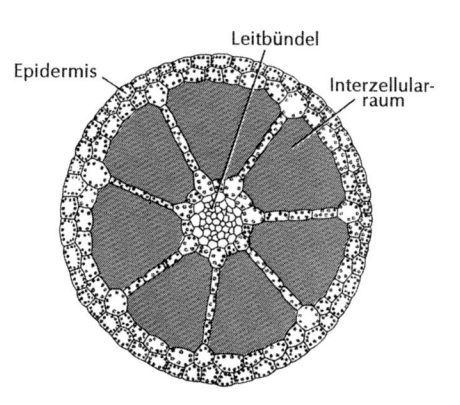

Abb. 9.23. Querschnitt durch das Aerenchym (Durchlüftungsgewebe) einer Wasserpflanze. Objekt: *Elatine alsinastrum* (Stängel). Die Epidermis besitzt Chloroplasten, aber keine Stomata und keine Cuticula. (Nach Schoenichen und Reinke; aus Stocker 1952)

chen dafür, dass die Atmung gehemmt wird, obwohl die Cytochromoxidase noch mit O_2 gesättigt ist. Auch das NADH/NAD$^+$-Verhältnis bleibt unverändert und es treten keine Gärungsprodukte auf; d. h. der aerobe Stoffwechsel könnte im Prinzip voll aufrecht erhalten werden. Viele Befunde dieser Art zeigen, dass Pflanzen hypoxische Bedingungen im Bereich von 1–15 Vol% O_2 registrieren, und mit einer regulatorischen Hemmung der oxidativen Dissimilation und des biosynthetischen Stoffwechsels beantworten können. Der regulatorische Charakter dieser Reaktion wird auch dadurch belegt, dass Pflanzen bei 2–4 Vol% O_2 eine erhöhte Toleranz gegen noch niedrigere O_2-Konzentrationen erwerben können, **Hypoxieakklimatisation**, die von einer gesteigerten Expression bestimmter Gene begleitet wird. Der biochemische Mechanismus dieses Sensor- und Regulatorsystems ist noch unbekannt.

Wenn die O_2-Konzentration im Gewebe deutlich unter 1 Vol% fällt, wird in vielen Pflanzen(organen) die **Fermentation** induziert. Dies äußert sich in einem Anstieg der Glycolyse und des NADH/NAD$^+$-Verhältnisses. Gleichzeitig treten Gärungsprodukte (Ethanol oder/und Lactat) auf. Die im Exkurs 9.3 dargestellten Gaswechseldaten zeigen ein solches Unterschreiten eines Grenzwerts der internen O_2-Konzentration und die Umstellung von der oxidativen Dissimilation zur Fermentation.

Der fermentative Abbau von Zuckern ist als eine Anpassung an extreme O_2-Mangelbedingungen aufzufassen, welche es der Zelle erlaubt, ihre ATP-Produktion zumindest einige Zeit lang aufrecht zu

EXKURS 9.3: Induktion der aeroben Fermentation durch Temperaturerhöhung

Normalerweise ist die O_2-Konzentration in den Mitochondrien ausreichend hoch, um die Cytochromoxidase mit O_2 zu sättigen. Erst bei stark verminderter O_2-Versorgung wird die Atmungskette durch O_2 limitiert und damit die Bedingung geschaffen, die zur Induktion der Fermentation führt. Diese Situation lässt sich z. B. durch Verminderung der O_2-Konzentration in der Luft herbeiführen. Einen ganz ähnlichen Effekt kann man bei intensiv atmenden Geweben auch an normaler Luft durch Erhöhung der Temperatur erzeugen, welche die Atmung so massiv steigert, dass die O_2-Konzentration in der Umgebung der Cytochromoxidase unter den Sättigungswert fällt. Unter diesen Bedingungen gehen z. B. Wurzeln zur alkoholischen Gärung über.

Im vorliegenden Experiment wurden die O_2-Aufnahme und die CO_2-Abgabe von Wurzelspitzen (5 mm) der Küchenzwiebel (*Allium cepa*) gemessen. Die O_2-Abhängigkeit der Gaswechselprozesse wurde als Funktion der O_2-Konzentration in der Luft (0–1 Liter O_2 pro Liter Luft) bestimmt. Teilabbildung **a** zeigt die Sättigungskurven der O_2-Aufnahme bei *15, 20, 30, 35 °C*. In **b** ist die gleichzeitig gemessene CO_2-Produktion dargestellt. Es wird deutlich, dass die O_2-Diffusion aus normaler Luft ins Gewebe bei > 20 °C nicht mehr ausreicht, um die O_2-Aufnahme mit O_2 zu sättigen. Die CO_2-Abgabe ist – im Gegensatz zur O_2-Aufnahme – bei niedrigen O_2-Konzentrationen relativ wenig beeinträchtigt und steigt bei > 20 °C stark an. Die unterschiedlichen Reaktionen auf O_2-Mangel werden deutlicher, wenn man aus diesen Daten die Veränderung des RQ berechnet (**c**). Im Bereich RQ > 1 geht die CO_2-Abgabe mehr oder minder stark auf Fermentation zurück. Der Grenzwert der O_2-Konzentrationen, bei dem die Kurven RQ = 1 erreichen, nennt man den **Extinktionspunkt** der Fermentation. Dieser Wert steigt bei Temperaturerhöhung drastisch an. Bei 30 °C findet bereits in normaler Luft eine messbare Fermentation statt; bei 35 °C ist die Fermentation selbst in reiner O_2-Atmosphäre nicht ausgeschaltet, da die Cytochromoxidase nicht sättigend mit O_2 versorgt werden kann. Dieses Experiment zeigt beispielhaft die regulatorische Umsteuerung des dissimilatorischen Stoffwechsels durch die Verfügbarkeit von O_2. (Nach Daten von Berry und Norris 1949)

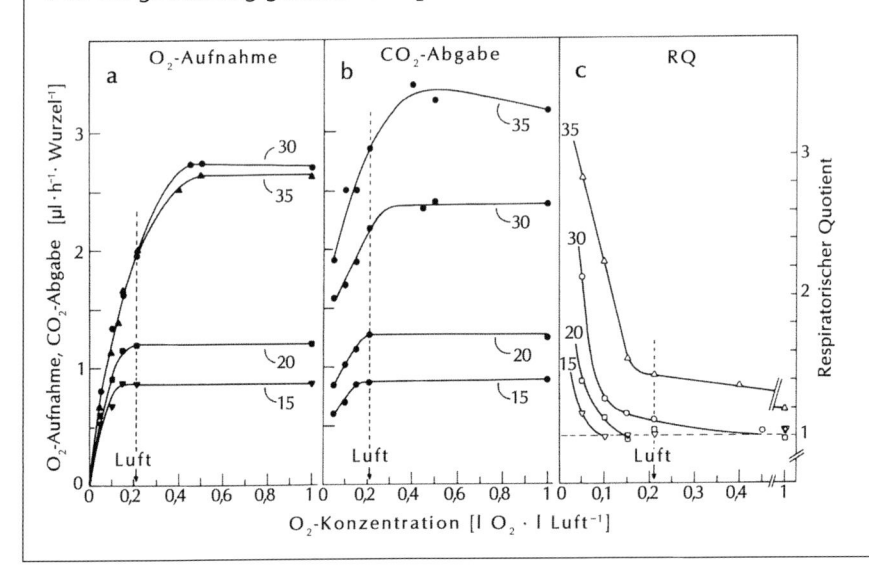

erhalten, auch wenn die Atmungskette nicht – oder nur unzureichend – arbeiten kann. Allerdings ist diese anaerobe Dissimilation nicht nur energetisch ineffektiv, sondern auch mit der Hypothek einer Anhäufung reduzierter Abfallprodukte (Ethanol, Lactat) belastet. Wenn diese Stoffe nicht abgeführt werden können, führt die Fermentation nach einiger Zeit unweigerlich zur Selbstvergiftung der Zellen. Obwohl aus diesen Gründen der Ausnützung der Fermentation zur Energiegewinnung bei den Landpflanzen enge Grenzen gesetzt sind, können spezialisierte Arten immerhin tagelang in O_2-freier Atmosphäre, unter **Anoxie**, mit Hilfe der Fermentation überleben.

9.5 Regulation des dissimilatorischen Gaswechsels

EXKURS 9.4: Unterschiedliche Toleranz gegen O_2-Mangel bei zwei Getreidearten, Reis und Weizen

Reis (*Oryza sativa*) und Weizen (*Triticum vulgare*) sind an Standorte mit unterschiedlicher O_2-Verfügbarkeit angepasst. Während Reispflanzen im typischen Fall unter Wasser keimen und wachsen können, ist dies bei Weizen nur an der Luft möglich. Dieser genetisch bedingte Unterschied in der Fähigkeit zur hypoxischen Lebensweise hat Konsequenzen für den Anbau dieser wichtigen Getreidearten: Reis gedeiht in überfluteten Feldern, Weizen benötigt gut durchlüftete Böden für optimales Wachstum.

Im folgenden Experiment wurden diese Unterschiede in der Toleranz gegen O_2-Mangel physiologisch untersucht. Karyopsen beiden Arten wurden parallel ausgesät und an Luft mit 0 bis 200 ml O_2 pro l Luft bei 30 °C kultiviert. In der Abbildung sind Keimverhalten (**a**), Embryowachstum (nach 4,5 d, **b**), O_2-Aufnahme (nach 30 h, **c**) und CO_2-Abgabe (nach 30 h, **d**) auf einer logarithmisch geteilten Skala der O_2-Konzentration vergleichend dargestellt. Die Ordinatenwerte sind jeweils auf die Werte an normaler Luft (= 100 %) normiert. Die höhere Hypoxietoleranz beim Reis zeigt sich besonders deutlich bei der Keimung. Auch beim anschließenden Wachstum schneidet der Reis deutlich besser ab. Die Gaswechseldaten geben Aufschluss über die physiologischen Hintergründe dieser Anpassung. Während die O_2-Aufnahme – wie zu erwarten – bei beiden Arten gleichartig von der O_2-Konzentration abhängt, treten bei der CO_2-Abgabe große Unterschiede auf: O_2-Mangel bewirkt eine Hemmung beim Weizen und eine Förderung beim Reis (RQ ≫ 1; in normaler Luft liegt der RQ für Reis bei 0,96 und für Weizen bei 0,92). Die Unterschiede zwischen Reis und Weizen gehen offensichtlich mit einer unterschiedlichen Fähigkeit zur Fermentation (alkoholische Gärung) einher. (Nach Daten von Taylor 1942)

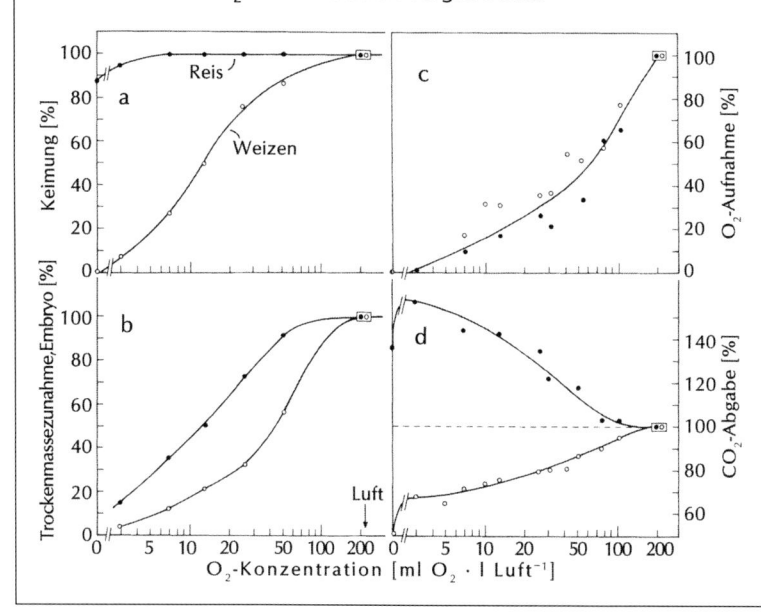

Im Wasser lebende Pflanzen und Pilze sind meist sehr gut an anaerobe oder semiaerobe Bedingungen angepasst und können notfalls ihre gesamte Entwicklung durch Fermentation bestreiten (z. B. manche Hefen). Auch Sumpfpflanzen, deren Samen in anaeroben Wasserzonen zur Keimung kommen, können in diesem Lebensabschnitt ausschließlich von der fermentativen Energieversorgung existieren. Ein gut untersuchtes Beispiel hierfür ist der Reis, dessen Karyopsen auch unter völligem Ausschluss von O_2 normal keimen (→ Exkurs 9.4). Der Reisembryo bildet eine lange, dünne Koleoptile aus, welche nach Erreichen der Wasseroberfläche als Schnorchel dient. Erst dann werden in der Koleoptile funktionstüchtige Mitochondrien ausgebildet (→ S. 160). Wenn der Embryo ausreichend mit O_2 versorgt werden kann, beginnt auch die auf aeroben Stoffwechsel eingestellte Keimwurzel kräftig zu wachsen. Das Längenwachstum der Koleoptile wird zu diesem Zeitpunkt abrupt eingestellt, und der Keimling bildet ergrünende Blätter aus, welche durch die Koleoptile nach oben wachsen. Lässt man Reiskaryopsen in Luft keimen, bleibt der Stoffwechsel aerob, und auch die Entwicklung gleicht der des Weizens oder anderer Gräser. Das rasche Längenwachstum submerser Reiskoleoptilen wird durch das Hormon Ethylen induziert ($\rightarrow$ Exkurs 18.6, S. 433).

9.5.4 Induktion der Fermentation durch Enzymsynthese und Modulation der Enzymaktivität

Die für die Umstellung zwischen oxidativer Dissimilation und Fermentation verantwortlichen regulatorischen Mechanismen konnten bei der Bäckerhefe (*Saccharomyces cerevisiae*) im Detail aufgeklärt werden. Als fakultativer Anaerobier bildet die Bäckerhefe in Abwesenheit von O_2 Gärungsenzyme, in Anwesenheit von O_2 hingegen die Enzyme der Atmungskette. Auch die höheren Pflanzen sind im Prinzip befähigt, durch selektive Induktion der Synthese der jeweils benötigten Enzymausstattung ihre Dissimilation an die Verfügbarkeit von Sauerstoff anzupassen. Als Beispiel zeigt Abbildung 9.24 die reversible Induktion der **Lactatdehydrogenase** durch O_2-Mangel in der Wurzel. Die Synthese des Enzyms geht auf eine Induktion der mRNA-Synthese, d. h. auf eine Genaktivierung zurück.

Neben dieser längerfristigen Regulation der Synthese spezieller Enzyme kann die Umschaltung zwischen oxidativer und fermentativer Energiegewinnung auch kurzfristig im Rahmen der metabolischen Homöostasis bewerkstelligt werden. Führt man z. B. einer gärenden Hefesuspension O_2 zu, so wird die Fermentation innerhalb von wenigen Sekunden gehemmt, und der Verbrauch von Glucose vermindert sich. Dieses ebenso rasch reversible Phänomen, das sich drastisch auf den RQ auswirkt ($\rightarrow$ Gleichung 9.21), bezeichnet man nach seinem Entdecker als **Pasteur-Effekt**. Die Abhängigkeit der RQ-Erniedrigung von der O_2-Konzentration ($\rightarrow$ Exkurs 9.3) charakterisiert die Fähigkeit einer fakultativ anaeroben Pflanze, unter den gegebenen Umweltbedingungen die Fermentation zugunsten der oxidativen Dissimilation zu unterdrücken. Bei 25 °C liegt der **Extinktionspunkt** der Fermentation für die meisten pflanzlichen Gewebe im Bereich von 10–50 ml $O_2 \cdot$ l Luft^{-1}. Bei der stark gärenden Bierhefe hingegen wird der Extinktionspunkt selbst bei Begasung mit reinem O_2 nicht erreicht, **aerobe Fermentation**.

In keimenden Samen tritt häufig ein Pasteur-Effekt auf, besonders bei kohlenhydratspeichernden

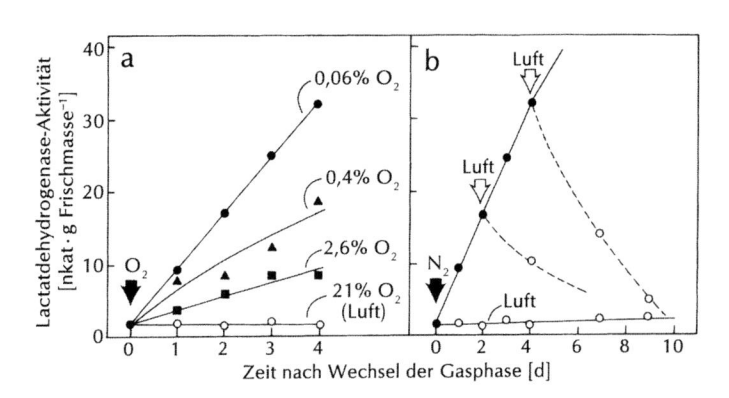

Abb. 9.24 a, b. Reversible Induktion der Synthese von Lactatdehydrogenase durch Anaerobiose. Objekt: Wurzel von Gerstenpflanzen (*Hordeum vulgare*). Zur Erzeugung unterschiedlich starken O_2-Mangels wurde das Wurzelmedium (Nährlösung) der im Tageslicht wachsenden Pflanzen mit verschiedenen N_2/O_2-Mischungen begast. **a** Abhängigkeit der Enzymsynthese von der O_2-Konzentration. **b** Revertierung des Aktivitätsanstiegs (Stopp der Enzymsynthese) durch Wechsel von N_2 zu Luft bzw. von Luft zu N_2. Das Enzym wird mit einer Halbwertszeit von etwa 3 d abgebaut ($\rightarrow$ S. 92). Neben der Lactatdehydrogenase wird auch die Alkoholdehydrogenase durch O_2-Mangel induziert. Die anaerob gehaltenen Wurzeln produzieren als Gärungsprodukte Lactat und Ethanol, die zum größten Teil ins Medium ausgeschieden werden. Die adaptive Bildung von Gärungsenzymen ist die Hauptursache für die relativ große Toleranz vieler Wurzeln gegenüber Anaerobiose, wie sie z. B. bei Bodenüberflutung auftritt. (Nach Hoffmann et al. 1986)

9.5 Regulation des dissimilatorischen Gaswechsels

Arten. Fetthaltige Samen zeigen keinen ausgeprägten Pasteur-Effekt. Bei diesem Samentyp bleibt die CO_2-Produktion in Abwesenheit von O_2 aus verständlichen Gründen gehemmt (→ Abbildung 9.19).

Der bei Hefe genau untersuchte Pasteur-Effekt beruht nicht auf einer direkten Hemmwirkung von O_2 auf die Fermentation, sondern auf einer **multiplen metabolischen Rückkopplung** zwischen Atmungskette und Glycolyse durch das Adenylat- und das $NADH/NAD^+$-System. Dies folgt z. B. aus dem Befund, dass eine Entkopplung von Elektronentransport und Phosphorylierung durch Dinitrophenol ebenso wie eine Vergiftung der Cytochromoxidase mit CN^- (→ Abbildung 9.7) auch in Gegenwart von O_2 eine Fermentation induzieren kann. Ein wesentliches Stellglied in diesem Regelsystem ist die Aktivität der ATP-abhängigen **Phosphofructokinase** (→ Abbildung 9.4), welche multivalente regulatorische Eigenschaften besitzt (→ S. 75). Das Enzym wird unter anderem durch ATP kooperativ allosterisch gehemmt und durch ADP und anorganisches Phosphat aktiviert. Daher fällt die Aktivität dieses **Schrittmacherenzyms** der Glycolyse ab, sobald die cytoplasmatische Konzentration von ATP über einen kritischen Wert („Schwellenwert") steigt bzw. die Konzentration von ADP und Phosphat unter einen kritischen Wert fällt. In ähnlicher Weise drosselt in einer zweiten Stufe das sich anstauende Glucose-6-phosphat die **Hexokinase** und damit den Glucoseverbrauch. Auch die **Pyruvatkinase** (→ Abbildung 9.4) wird durch ATP gehemmt, allerdings nicht kooperativ. Da Phosphoenolpyruvat ein allosterischer Inhibitor der Phosphofructokinase ist, besteht die Möglichkeit zur sequenziellen Regulation beider glycolytischer Schlüsselreaktionen. Im Endeffekt sorgt dieses Regelsystem dafür, dass der metabolische Fluss durch die Glycolyse dem Bedarf an ATP angepasst wird: Bei gehemmter Atmungskette, wenn nur 2 ATP pro Glucose aus der Substratkettenphosphorylierung zur Verfügung stehen, wird der Abbau von Glucose drastisch gesteigert. Sobald jedoch O_2 ausreichend vorhanden ist, kann rund 20mal mehr ATP pro Glucose gebildet werden und die Glycolyse wird entsprechend gedrosselt.

Die Glycolyse ist also ein Beispiel für ein integriertes modulatorisches System von metabolischen Regelkreisen, welches offensichtlich die Aufgabe besitzt, die Konzentrationen des Adenylatsystems – und damit das Phosphorylierungspotenzial –

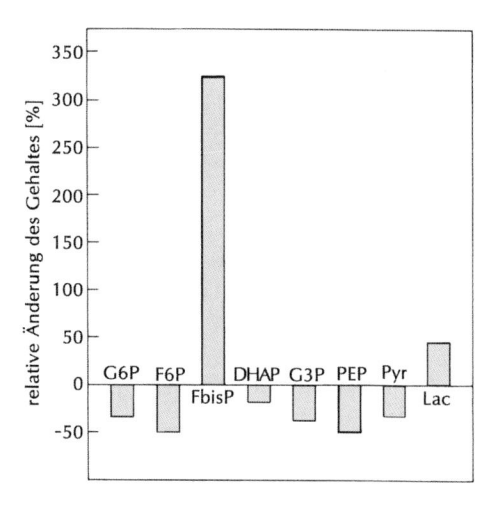

Abb. 9.25. Verschiebungen in den Metaboliten-*pools* der Glycolyse beim Übergang von aeroben zu anaeroben Bedingungen (Luft → N_2). Objekt: gealterte, sterile Wurzelscheiben der Karotte (*Daucus carota*; 30 °C). (Frisch geschnittene Gewebescheiben zeigen keinen Pasteur-Effekt.) Die nach 20 min N_2-Begasung gemessenen Metabolitenkonzentrationen sind als prozentuale Änderung des Ausgangswertes (in Luft) eingetragen. Die Anordnung von *links* nach *rechts* entspricht der Reihenfolge in der Glycolyse (Glucose-6-Ⓟ → Fructose-6-Ⓟ → Fructose-1,6-bis-Ⓟ → Dihydroxyaceton-Ⓟ → Glycerat-3-Ⓟ → Phosphoenolpyruvat → Pyruvat → Lactat; → Abbildung 9.4). Bei dieser Art der Auftragung geben sich Regulationsstellen (Schrittmacherenzyme) durch starke, entgegengesetzt gerichtete Konzentrationssprünge zu erkennen (*Cross-over*-Theorem). (Nach Daten von Faiz-Ur-Rahman et al. 1974)

in der Zelle konstant zu halten (oder zumindest größere Ausschläge zu dämpfen), wenn sich Bedarf oder Produktion kurzfristig ändern. Tatsächlich beobachtet man bei der Umstellung aerob atmender Zellen auf anaerobe Bedingungen meist keine drastischen Änderungen des ATP-Spiegels, obwohl der glycolytische Fluss um ein Mehrfaches ansteigt. Wie zu erwarten, fällt der stationäre Spiegel von Fructose-6-phosphat ab, während derjenige von Fructosebisphosphat steil ansteigt (Abbildung 9.25).

Eine weitere Regulationsstelle liegt bei der Verteilung des Pyruvats zwischen oxidativem und fermentativem Kanal. Hier ist es die Konkurrenz um das gemeinsame Cosubstrat NADH, welche bei aktiver Atmungskette den fermentativen Weg zugunsten des oxidativen Weges versiegen lässt (→ Abbildung 9.2). Die Michaeliskonstanten der am Pyruvat angreifenden Enzyme für Pyruvat unterscheiden sich deutlich (**Pyruvatdecarboxylase:** ca. 1 mmol · l^{-1}, **Pyruvatdehydrogenase:** ca. 0,1 mmol · l^{-1}).

Außerdem ist NADH ein kompetitiver Inhibitor (bezüglich NAD$^+$) der Pyruvatdehydrogenase (→ Abbildung 9.5). Dieser umfangreiche Enzymkomplex besitzt ebenfalls multiregulatorische Eigenschaften. Durch Phosphorylierung eines Serinrestes in einer bestimmten Untereinheit mit ATP durch eine spezifische Proteinkinase wird das Enzym inaktiviert; Dephosphorylierung durch eine Proteinphosphatase führt zur Reaktivierung. Die Regulation durch **reversible Phosphorylierung** wird eingesetzt, um die Enzymaktivität in photosynthetisch aktiven Geweben im Licht zu drosseln und im Dunkeln zu steigern (Anpassung an die photosynthetische Energiegewinnung). Neben dieser Grobregulation durch covalente Proteinmodifikation unterliegt das Enzym einer vielfältigen Feinregulation durch Metaboliten, z. B. sind neben NADH auch Acetyl-CoA und Pyruvat effektive Inhibitoren.

Die Fermentation führt wegen der erhöhten Produktion organischer Säuren zu einer erheblichen Ansäuerung des Cytoplasmas, **Acidose**, insbesondere, wenn es zur Akkumulation von Lactat kommt (z. B. von pH 7,2 auf pH 6,5).

9.5.5 Wärmeerzeugung durch Atmung (Thermogenese)

Unter thermodynamischen Standardbedingungen wäre die Ausbeute an chemisch konservierter Energie bei der oxidativen Dissimilation von Hexosen ca. 40 % (→ S. 226). In der lebenden Zelle dürfte dieser Wert in der Regel eher unter- als überschritten werden. Dies bedeutet, dass bei der Dissimilation als Nebenprodukt stets erhebliche Wärmemengen entstehen (unter Standardbedingungen wären es 1660 kJ/mol Glucose). Wegen der umweltoffenen Konstruktion der poikilothermen höheren Pflanze wird diese Wärme normalerweise rasch abgeleitet und führt daher nicht zu einer wesentlichen Erwärmung der atmenden Organe über die Umgebungstemperatur hinaus. In einigen Fällen jedoch wird die Dissimilation geradezu zur Aufheizung von Organen eingesetzt. Ein solcher Fall ist der keulenförmige Fortsatz (Appendix) des Spadix vieler Araceeninfloreszenzen, z. B. bei der Kesselfallenblume von *Arum maculatum* (Abbildung 9.26). Vor der Öffnung der Spatha werden im Appendix große Mengen an Stärke deponiert. Auf ein photoperiodisch gesteuertes, hormonelles Signal („Calorigen") der noch unreifen staminaten Blüten hin

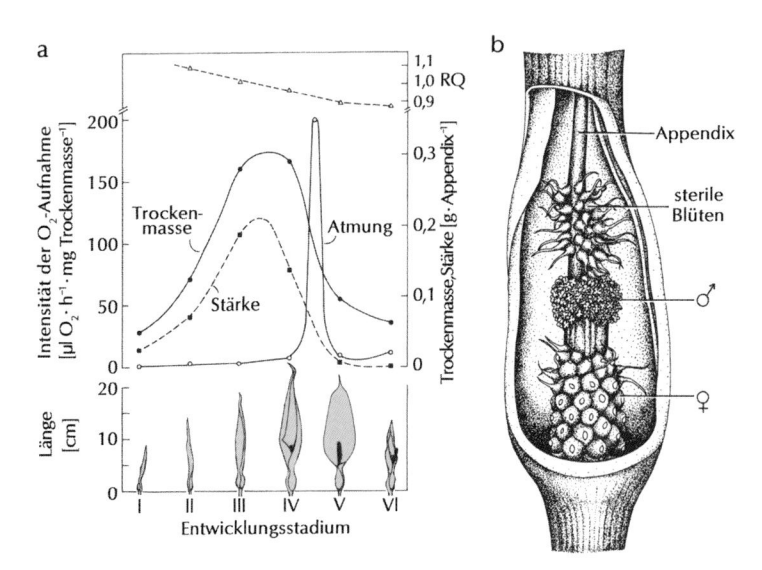

Abb. 9.26 a, b. Atmung des Spadix der Araceeninfloreszenz während der Thermogenese. Objekt: Gefleckter Aronstab (*Arum maculatum*). **a** Auf der Abzisse sind verschiedene Entwicklungsstadien der Infloreszenz aufgetragen. Atmung und Trockensubstanzgehalt wurden am isolierten Appendix von im Freiland gesammelten Exemplaren gemessen (20 °C). Bis zum Stadium III dauert die Entwicklung etwa 2 Wochen. Der Anstieg der Trockenmasse vor diesem Zeitpunkt geht vor allem auf eine starke Synthese von Stärke zurück. Die Stadien IV und V dauern nur 1 d bzw. 2–3 d. Die Periode starker Wärmeentwicklung (≦ 0,5 d) liegt zwischen den Stadien IV und V. Der **Respiratorische Quotient** (*RQ*) bleibt stets in der Nähe von 1. (Nach Daten von James und Beevers 1950; Lance 1972). **b** Anordnung der Blüten an der Basis des Spadix.

setzt im Appendix ein dramatischer Anstieg der Atmung ein, während sich gleichzeitig die Spatha öffnet. Bei der Araceenart *Sauromatum guttatum (voodoo lily)* konnte das Calorigen als **Salicylsäure** identifiziert werden. Der Spiegel dieser Substanz steigt im Spadix kurz vor dem Atmungsanstieg um das 100fache an. Innerhalb eines halben Tages werden bei *Arum* 75 % der Trockensubstanz des Organs „verheizt", wobei Spitzenwerte der CO_2-Abgabe von 100 ml $\cdot$ h^{-1} $\cdot$ Organ^{-1} auftreten (25 °C). Der RQ liegt nahe bei 1; es ist also keine Fermentation beteiligt. Die freie Enthalpie dieses Dissimilationsprozesses wird fast vollständig in Wärmeenergie umgesetzt. Die Temperatur im Appendix liegt 5–15 °C über der Umgebungstemperatur. Bei Abwesenheit von O_2 unterbleiben der Atmungsanstieg und die Wärmeproduktion.

Die metabolische Aufheizung des Appendix, welche am späten Nachmittag sonniger Tage einsetzt, erreicht in den Abendstunden ihr Maximum. Sie dient dazu, gleichzeitig produzierte Duftstoffe (NH_3 und Aasgeruch verbreitende Amine oder Indol) zu verdampfen. Diese locken bestimmte Insekten an, welche in den Blütenkessel gleiten und dort die zu diesem Zeitpunkt empfänglichen Narben mit mitgebrachtem Pollen bestäuben. (Die staminaten Blüten werden erst später reif, kurz bevor die von sterilen Blüten gebildeten Reusenhaare abtrocknen und den Weg nach außen freigeben. Der Appendix stirbt anschließend ab). Die Thermogenese beruht also auf einem exakt im Entwicklungsablauf der Infloreszenz einprogrammierten, regulierten Seneszenzvorgang, der im Dienst der geschlechtlichen Fortpflanzung steht.

Während der Entwicklung des Appendix tritt eine starke Erhöhung der Mitochondrienzahl pro Zelle ein. Außerdem nehmen die Mitochondrien an Volumen zu, und ihr Lumen wird dichter von Cristae durchzogen ($\rightarrow$ S. 160). Die Enzyme des Citratcyclus und der Atmungskette steigen ebenfalls steil an. Insbesondere die alternative Oxidase zeigt einen dramatischen Anstieg, der auf Genaktivierung beruht. Obwohl im Appendix auch während der Thermogenese Cytochromoxidase nachweisbar ist, kann die O_2-Aufnahme des Gewebes durch Antimycin, CO oder CN^- nicht gehemmt werden. Auch in den isolierten Mitochondrien ist die O_2-Aufnahme resistent gegen diese Inhibitoren der Atmungskette. Hemmstoffe der CN^--resistenten Atmung sind dagegen sehr wirksam. Offenbar wird in diesen Mitochondrien ausschließlich der CN^--un-empfindliche Nebenweg des Elektronentransports zum O_2 benützt, welcher die frei werdende Redoxenergie, wegen der Umgehung der 2. und 3. Protonenpumpe in der Atmungskette, unmittelbar in Wärmeenergie verwandelt. ($\rightarrow$ Abbildung 9.7).

Auch Lotusblüten (*Nelumbo nucifera*) sind während der empfängnisbereiten Periode der Narbe zur Thermogenese befähigt. Die Temperatur am Fruchtknoten wird im Bereich von 30–35 °C konstant gehalten, auch wenn die Außentemperatur zwischen 10 und 30 °C schwankt. Dieser bemerkenswerte Fall von **Thermoregulation** bei Pflanzen dient wahrscheinlich ebenfalls der Attraktion von bestäubenden Insekten, welche die warmen Blüten bevorzugt aufsuchen und dort auch kopulieren.

9.5.6 Klimakterische Atmung

Viele Früchte, z. B. Äpfel, Bananen und Tomaten, zeigen einige Zeit nach der Ernte ein **Klimakterium**, das sich durch einen 2- bis 3fachen Anstieg der Atmung (CO_2-Abgabe und O_2-Aufnahme) ankündigt. Dieses zeitlich ebenfalls genau programmierte Seneszenzphänomen (der „Anfang vom Ende"; $\rightarrow$ S. 533) ist mit einer Reihe biochemischer Veränderungen im Fruchtfleisch verbunden, z. B. mit einer Auflösung der Pektine in der Zellwand („mehlig werden" von Äpfeln) und einer Hydrolyse von Stärke in Zucker. Durch **Ethylen** kann der Eintritt des Klimakteriums (in dessen Verlauf die Frucht selbst Ethylen ausscheidet; $\rightarrow$ S. 431) beschleunigt werden, während CO_2 diesen Entwicklungsschritt hemmt.

Auch in diesem Fall beobachtet man bei O_2-Entzug meist keine Fermentation, sondern lediglich eine Unterdrückung des Klimakteriums. CN^- hemmt die klimakterische Atmung nicht, sondern führt sogar in vielen Früchten zu einer Steigerung von O_2-Aufnahme und CO_2-Abgabe, einschließlich einer Intensivierung des glycolytischen Abbaus von Kohlenhydraten. Dies wird verständlich, wenn man daran denkt, dass bei der Benützung des CN^--resistenten Elektronentransportweges allenfalls die erste Protonenpumpe der Atmungskette benützt wird. Die physiologische Bedeutung der CN^--resistenten Atmung bei Früchten ist noch weitgehend unklar. Das seneszenzbeschleunigende Hormon Ethylen wirkt in verblüffend ähnlicher Weise wie CN^- steigernd auf die klimakterische Atmung. Man vermutet daher, dass der CN^--resistente Elektro-

Tabelle 9.2. Einige Oxidasen pflanzlicher Zellen, welche extramitochondriale O_2-verbrauchende Reaktionen katalysieren. Ihre Affinität zu O_2 ist viel niedriger (größere Michaelis-Konstante) als die der Cytochromoxidase. EC = *Enzym Code*. (Nach verschiedenen Autoren)

Enzym	EC	K_m (O_2) [mol · l^{-1}], 25 °C	Prosthetische Gruppe
Ascorbatoxidase	1.10.3.3	$3 \cdot 10^{-4}$	Cu
Phenoloxidasen	1.10.3.1/2	ca. 10^{-5}	Cu
Uratoxidase	1.7.3.3	ca. $2 \cdot 10^{-4}$	Cu
Glycolatoxidase	1.1.3.1	ca. 10^{-4}	FMN[a]
D-Aminosäureoxidase	1.4.3.3	$2 \cdot 10^{-4}$	FAD[b]
Glucoseoxidase (in Pilzen)	1.1.3.4	$2 \cdot 10^{-4}$	FAD
Alkoholoxidase (in Pilzen)	1.1.3.13	?	FAD
Oxalatoxidase (in Gräsern)	–	?	Flavin
Cytochromoxidase	1.9.3.1	$1{,}4 \cdot 10^{-7}$	Häm mit Fe, Cu

Die O_2-Konzentration einer mit Luft (209 ml · l^{-1} O_2) gesättigten, wässrigen Lösung beträgt 260 µmol · l^{-1} (25 °C, 0,1 MPa).

[a] Flavin-**M**ono-**N**ucleotid, [b] Flavin-**A**denin-**D**inucleotid

nentransport ein Angriffspunkt dieses gasförmigen Hormons bei Früchten ist.

9.5.7 Weitere Oxidasen pflanzlicher Zellen

Neben der Cytochromoxidase und der Endoxidase des CN$^-$-resistenten Atmungsweges treten bei Pflanzen eine ganze Reihe weiterer Oxidasen auf, deren physiologische Funktion meist nur unzureichend geklärt ist. Sie stehen jedoch alle nicht in Verbindung zur oxidativen Phosphorylierung. Obwohl häufig, *in-vitro*-Messungen zufolge, jedes einzelne dieser Enzyme in ausreichender Aktivität vorliegt, um theoretisch den gesamten O_2-Verbrauch der Zelle zu katalysieren, dürfte ihr tatsächlicher Beitrag zur Atmung in den meisten Geweben nicht sehr hoch sein. Es handelt sich um Kupfer- oder Flavoproteine, deren Affinität zu O_2 deutlich geringer ist als die der Cytochromoxidase (Tabelle 9.2). Mit Ausnahme von Ascorbatoxidase und Phenoloxidase reduzieren alle aufgeführten Enzyme das O_2 zu **H_2O_2** und nicht zu H_2O; bei vielen ist die Lokalisierung (zusammen mit Katalase) in **Peroxisomen** nachgewiesen. Einige dieser Oxidasen stehen im Dienste des Katabolismus spezieller Substrate, welche nicht über die üblichen Wege abgebaut werden können (z. B. Uratoxidase, D-Aminosäureoxidase). Glycolatoxidase ist ein Schlüsselenzym der photorespiratorischen Glycolatdissimilation in den Blattperoxisomen (→ Abbildung 9.15).

Die Gruppe der **Phenoloxidasen** setzt eine Vielzahl von Monophenolen und/oder Diphenolen zu den entsprechenden Chinonen um, welche dann in einer nichtenzymatischen Reaktion zu hochmolekularen, meist braun bis schwarz gefärbten **Melaninen** kondensieren können. Diese Reaktion spielt sich beim Absterben von Zellen ab, wenn die bevorzugt in der Zellwand lokalisierten Enzyme mit dem Zellsaft in Kontakt kommen. Darauf beruhen die lokalen Verfärbungen bei beschädigten Äpfeln, Kartoffeln, Bananen oder manchen Pilzen. Diese Reaktion ist wahrscheinlich primär als Infektionsabwehrmechanismus aufzufassen, der z. B. in Blättern eine rasche Isolation von Krankheitsherden erlaubt (→ S. 629). Die Verfärbung von Tee- oder Tabakblättern bei der so genannten „Fermentation" geht nicht auf Mikroorganismen zurück, sondern auf eine Umsetzung von Tanninen (komplexe Phenole) durch die pflanzlichen Phenoloxidasen.

Außerdem gibt es auch in Pflanzen eine Reihe von **Oxygenasen** (Enzyme, welche O_2 in ein Substrat einbauen). Ein Beispiel ist die pflanzenspezifische **Lipoxygenase**, welche z. B. in fetthaltigen Samen während der Keimung auftritt und eine Hydroperoxidgruppe in bestimmte ungesättigte Fettsäuren einführt (→ S. 462).

9.6 Regulatorische Wechselbeziehungen zwischen Aufbau und Abbau von Kohlenhydraten

Aufgrund ihrer Enzymausstattung sind pflanzliche Zellen grundsätzlich dazu befähigt, einfache und längerkettige Kohlenhydrate aufzubauen, **Gluconeogenese**, und abzubauen, **Glycolyse**. Da beide Prozesse unter teilweiser Benützung derselben Reaktionsbahnen ablaufen, ist hierbei eine präzise bedarfsabhängige Kontrolle der Richtung des Substratflusses erforderlich. Die wesentlichen Zusammenhänge sind in Abbildung 9.27 zusammengefasst.

Folgende drei Situationen sind zu unterscheiden:
1. Im **Licht** wird Triosephosphat, das Nettoprodukt des Calvin-Cyclus, vom Chloroplasten ins Cytoplasma abgegeben und dort zum Aufbau von **Saccharose** verwendet (→ Abbildung 8.27). Die Saccharose wird aus der Zelle exportiert oder in der Vacuole gespeichert. Bei Übersätti-

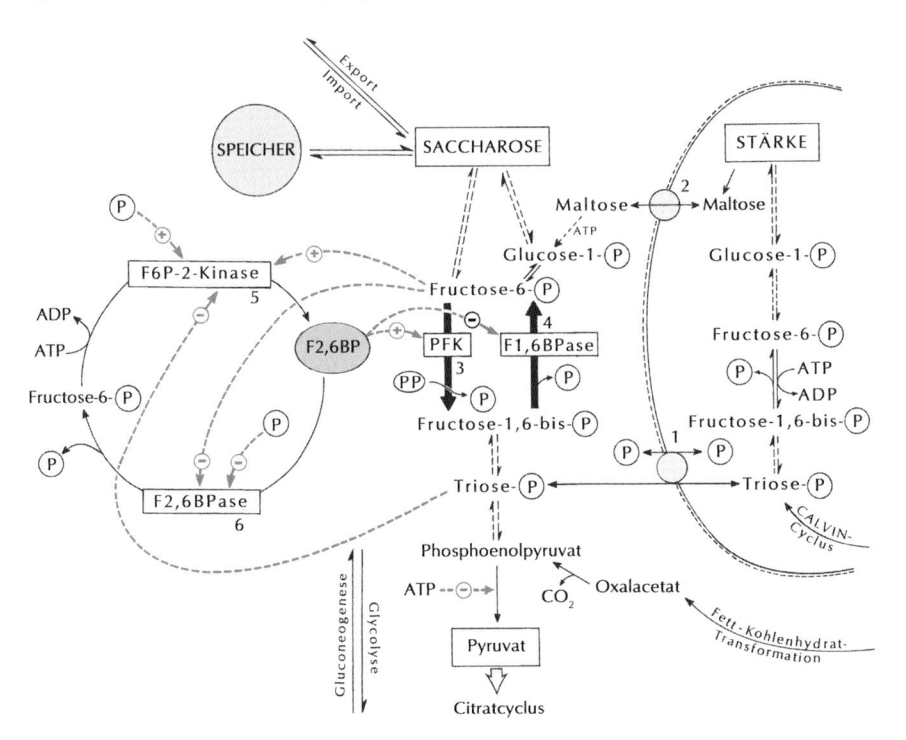

Abb. 9.27. Kanalisierung des aufbauenden und abbauenden Kohlenhydratstoffwechsels durch **Fructose-2,6-bisphosphat** (*F2,6BP*) im Cytoplasma (vereinfachtes Schema). In der autotrophen Pflanzenzelle ist der Kohlenhydratmetabolismus im Cytoplasma und in den Chloroplasten kompartimentiert, welche beide über die Enzyme der Glycolyse verfügen. Der Transfer von Zucker zwischen Chloroplast und Cytoplasma im Licht erfolgt durch den **Phosphattransporter** (Antiport von Triosephosphat mit anorganischem Phosphat, *1*). Daneben wurde ein **Maltosetransporter** (*2*) nachgewiesen, der für den Export von Zucker aus dem Stärkeabbau im Dunkeln dient. Die Umwandlung von Fructose-6-phosphat in Fructose-1,6-bisphosphat durch die cytosolische (diphosphatabhängige) **Phosphofructokinase** (*PFK*, *3*) und die Umkehrung dieses Schrittes durch die **Fructose-1,6-bisphosphatase** (*F1,6BPase*, *4*) sind die zentralen Ansatzpunkte der Regulation durch den Effektor **Fructose-2,6-bisphosphat** (*F2,6BP*), dessen Synthese (**Fructose-6-phosphat-2-kinase**, *5*) bzw. Abbau (**Fructose-2,6-bisphosphatase**, *6*) durch Triosephosphat, Fructose-6-phosphat und anorganisches Phosphat reguliert werden kann (Förderung: ⋯⊕⋯▸ , Hemmung: ⋯⊖⋯▸). Es wird deutlich, dass ein hoher F2,6BP-Pegel die Glycolyse, ein niedriger F2,6BP-Pegel hingegen die Gluconeogenese begünstigt. Niedrige Triosephosphatkonzentration und hohe Fructose-6-phosphatkonzentration lenken den metabolischen Fluss in Richtung **Pyruvat**; bei der umgekehrten Situation erfolgt eine Umlenkung in Richtung **Saccharose**. Hohe Triosephosphatkonzentration bei gesättigter Saccharosesynthese und gehemmter Pyruvatbildung führt zum Anstau von Zuckern im Chloroplasten und damit zur Synthese von **Stärke**. Es gibt in diesem Stoffwechselbereich mehrere zusätzliche Regulationsschritte, die in dem Schema nicht berücksichtigt sind, z. B. die allosterische Regulation der **Saccharosephosphatsynthase** (UDP-Glucose + Fructose-6-phosphat → UDP + Saccharose-phosphat; → Abbildung 9.19) durch Glucose-6-phosphat (Aktivierung) und anorganisches Phosphat (Inaktivierung).

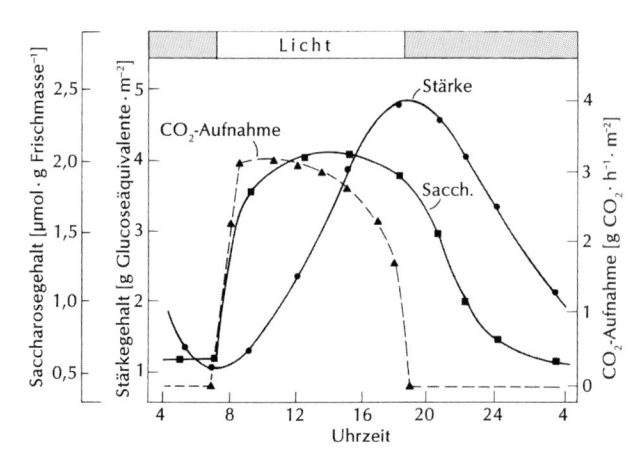

Abb. 9.28. Oscillationen des Saccharose- und Stärkegehalts im Blatt während des täglichen Tag-Nacht-Wechsels. Objekt: Ausgewachsene Blätter intakter Sojapflanzen (*Glycine max*). Die Akkumulation von Saccharose (Speicherung in der Vacuole) setzt gleichzeitig mit der CO_2-Fixierung bei Tagesbeginn ein. Die Akkumulation von Stärke (im Chloroplasten) beginnt erst, wenn der (etwa 30mal kleinere) Saccharosespeicher gefüllt ist. Nachdem die CO_2-Fixierung am Abend aufhört, wird zunächst der Saccharosespeicher entleert; der Stärkeabbau setzt erst ein, wenn die Saccharose deutlich abgesunken ist. Beide Kohlenhydrat-*pools* werden bis zum Morgen vollständig abgebaut und (als Saccharose) aus dem Blatt abtransportiert. (Nach Rufty et al. 1983)

gung dieses Weges mit Triosephosphat erfolgt eine Umlenkung des Assimilatstroms zur Synthese von **Stärke** im Chloroplasten. Es ist offensichtlich, dass unter diesen Bedingungen die Glycolyse gehemmt sein muss, um eine Dissimilation von frischem Assimilat und damit eine unnütze Zirkulation von Kohlenstoff zwischen Photosynthese und Dissimilation zu vermeiden.

2. Im **Dunkeln** ändert sich die Situation grundlegend: Saccharose (importiert oder aus dem vacuolären Speicher entnommen) wird über die Glycolyse zu Pyruvat abgebaut. Falls ein Überangebot an Zucker auftritt, muss dieses durch Stärkesynthese aufgefangen werden. Beim Versiegen der Saccharosezufuhr ist ein Umschalten auf den Abbau von Stärke in den Chloroplasten erforderlich, um die Glycolyse weiter mit Substrat zu versorgen. Das Stärkedepot der Chloroplasten dient also offensichtlich zur Zwischenlagerung von Assimilat in Zeiten aktiver Photosynthese. Der Abbau dieser **transitorischen Stärke** erlaubt die Aufrechterhaltung des Energiestoffwechsels während der täglichen Dunkelperiode. Auf- und Abbau von Saccharose und Stärke führen zu charakteristischen, tagesperiodischen Oscillationen dieser Kohlenhydrate im Blatt (Abbildung 9.28).

3. Auch in Geweben mit aktivem Fettabbau treten im Prinzip die oben geschilderten Verteilungsprobleme auf (→ Abbildung 9.19): Aus Phosphoenolpyruvat muss – bei gehemmter Glycolyse – durch Gluconeogenese Saccharose für den Export gebildet werden. Falls hierbei ein Überangebot an Zucker auftritt, steht wiederum das Stärkedepot zur Zwischenspeicherung zur Verfügung.

Man weiß heute, dass die Verteilungsprobleme im Überschneidungsbereich von anabolischem und katabolischem Kohlenhydratstoffwechsel mit Hilfe eines komplizierten Systems metabolischer Regelkreise gelöst werden können (→ Abbildung 9.27). Der zentrale Angriffspunkt der Regulation ist die Umsetzung von Fructose-6-phosphat zu Fructose-1,6-bisphosphat durch die cytoplasmatische (diphosphatabhängige) **Phosphofructokinase** und die Umkehrung dieser Reaktion durch die **Fructose-1,6-bisphosphatase**. Beide Enzyme werden durch den Effektor **Fructose-2,6-bisphosphat** (F2,6BP) allosterisch reguliert. Dieses Molekül ist kein Stoffwechselintermediärprodukt, sondern besitzt ausschließlich regulatorische Funktion in einem komplizierten Regelsystem, dessen wesentliche Eigenschaften sich wie folgt zusammenfassen lassen:

▶ F2,6BP aktiviert die cytosolische Phosphofructokinase und inaktiviert die Fructose-1,6-bisphosphatase. Hohe F2,6BP-Konzentration fördert daher die Glycolyse; niedrige F2,6BP-Konzentration fördert die Gluconeogenese und die Bildung von Saccharose.

▶ Der Pegel an F2,6BP im Cytosol hängt von seiner Synthese durch eine Fructose-6-phosphat-2-kinase und seinem Abbau durch eine F2,6BP-Phosphatase ab. Die beiden Enzyme werden ihrerseits durch bestimmte Metaboliten reguliert. Durch diese Zweistufigkeit ergibt sich eine Kaskade von Reaktionen, über die ein kleines Eingangssignal verstärkt werden kann.

▶ Die Fructose-6-phosphat-2-kinase wird durch Fructose-6-phosphat und anorganisches Phosphat aktiviert und durch Triosephosphat inaktiviert. Die F2,6BP-Phosphatase wird durch Fructose-6-phosphat und anorganisches Phosphat gehemmt.

Dieses Regelsystem koordiniert die Synthese von Saccharose und Stärke mit der Bildung von photosynthetischem Triosephosphat: Ein Anstieg von Triosephosphat im Cytoplasma erniedrigt F2,6BP und schaltet vom glycolytischen Abbau auf die Synthese von Saccharose um. Steigt die Saccharosekonzentration im Cytoplasma über einen kritischen Wert, so steigt auch F2,6BP; Triosephosphat staut sich an und wird im Chloroplasten zu Stärke verarbeitet. Unter diesen Bedingungen ist der Abfluss von Triosephosphat zum Pyruvat gehemmt (vermutlich über die Hemmung der Pyruvatkinase durch den hohen ATP-Pegel). Die Einschleusung von Phosphoenolpyruvat aus dem Fettabbau führt zu einer ähnlichen Situation. Der Weg der aus dem Stärkeabbau im Dunkeln stammenden Zucker ins Cytoplasma erfolgt entweder über einen Maltosetransporter oder – in geringerem Umfang – über einen Hexosetransporter.

Weiterführende Literatur

Baker A, Graham IA (eds) (2002) Plant peroxisomes: Biochemistry, cell biology and biotechnological applications. Kluwer, Dordrecht

Bermadinger-Stabentheiner E, Stabentheiner A (1995) Dynamics of thermogenesis and structure of epidermal tissues in inflorescences of Arum maculatum. New Phytol 131: 41–50

Diamond J (1989) Hot sex in voodoo lilies. Nature 339: 258–259

Douce R, Neuburger M (1989) The uniqueness of plant mitochondria. Annu Rev Plant Physiol Plant Mol Biol 40: 371–414

Drew MC (1997) Oxygen deficiency and root metabolism: Injury and acclimation under hypoxia and anoxia. Annu Rev Plant Physiol Plant Mol Biol 48: 223–250

Dudkina NV, Heinemeyer J, Sunderhaus S, Boekma EJ, Braun H-P (2006) Respiratory chain supercomplexes in the plant mitochondrial membrane. Trends Plant Sci 11: 232–240

Eastmond PJ, Graham IA (2001) Re-examining the role of the glyoxylate cycle in oilseeds. Trends Plant Sci 6: 72–77

Foyer CH, Bloom AJ, Queval G, Noctor G (2009) Photorespiratory metabolism: Genes, mutants, energetics, and redox signaling. Annu Rev Plant Biol 60: 455–484

Frandsen GI, Mundy J, Tzen JTC (2001) Oil bodies and their associated proteins. Physiol Plant 112: 301–307

Geigenberger P (2003) Response of plant metabolism to too little oxygen. Curr Opin Plant Biol 6: 247–256

Gerhart B (1992) Fatty acid degradation in plants. Progr Lipid Res 31: 417–446

Graham IA (2008) Seed storage oil mobilization. Annu Rev Plant Biol 59: 115–142

Igamberdiev AU, Lea PJ (2002) The role of peroxisomes in the integration of metabolism and evolutionary diversity of photosynthetic organisms. Phytochem 60: 651–674

Koch KE (1996) Carbohydrate-modulated gene expression in plants. Annu Rev Plant Physiol Plant Mol Biol 47: 509–540

Krömer S (1995) Respiration during photosynthesis. Annu Rev Plant Physiol Plant Mol Biol 46: 45–70

Kruger NJ, von Schaewen A (2003) The oxidative pentose pathway: Structure and organisation. Curr Opin Plant Biol 6: 236–246

Lambers H, Ribas-Carbo M (2005) Plant respiration. From cell to ecosystem. Advances in photosynthesis and respiration Vol 18, Springer, Berlin

Leegood RC, Lea PJ, Adcock MD, Häusler RE (1995) The regulation and control of photorespiration. J Exp Bot 46: 1397–1414

Martin C, Smith AM (1995) Starch biosynthesis. Plant Cell 7: 971–985

Masterson C, Wood C (2000) Mitochondrial β-oxidation of fatty acids in higher plants. Physiol Plant 109: 217–224

Millenaar FF, Lambers H (2002) The alternative oxidase: In vivo regulation and function. Plant Biol 5: 2–15

Møller IM, Rasmusson AG (1998) The role of NADP in the mitochondrial matrix. Trends Plant Sci 3: 21–27

Müntz K (2007) Protein dynamics and proteolysis in plant vacuoles. J Exp Bot 58: 2391–2407

Noctor G, De Paepe R, Foyer CF (2007) Mitochondrial redox biology and homeostasis in plants. Trends Plant Sci 12: 125–134

Plaxton WC (1996) The organization and regulation of plant glycolysis. Annu Rev Plant Physiol Plant Mol Biol 47: 185–214

Seymour RS, Schultze-Motel P (1996) Thermoregulating lotus flowers. Nature 383: 307

Shewry PR, Napier JA, Tatham AS (1995) Seed storage proteins: Structures and biosynthesis. Plant Cell 7: 945–956

Smith AM, Zeeman SC, Smith SM (2005) Starch degradation. Annu Rev Plant Biol 56: 73–98

Stitt M (1990) Fructose-2,6-bisphosphate as a regulatory molecule in plants. Annu Rev Plant Physiol Plant Mol Biol 41: 153–185

Thorneycroft D, Sherson SM, Smith SM (2001) Using gene knockouts to investigate plant metabolism. J Exp Bot 52: 1593–1601

Tolbert NE (1997) The C_2 oxidative photosynthetic carbon cycle. Annu Rev Plant Physiol Plant Mol Biol 48: 1–25

Vedel F, Lalanne E, Sabar M, Chétrit P, De Paepe R (1999) The mitochondrial respiratory chain and ATP synthase complexes: Composition, structure and mutational studies. Plant Physiol Biochem 37: 629–643

Wang TL, Bogracheva TY, Hedley CL (1998) Starch: As simple as A, B, C? J Exp Bot 49: 481–502

Zeeman SC, Smith SM, Smith AM (2007) The diurnal metabolism of leaf starch. Biochem J 401: 13–28

In Abbildungen und Tabellen zitierte Literatur

Bassham JA, Kirk M (1973) Plant Physiol 52: 407–411
Bergfeld R, Kühnl T, Schopfer P (1980) Planta 148: 146–156
Berry LJ, Norris WE (1949) Biochim Biophys Acta 3: 593–606
Breidenbach RW, Kahn A, Beevers H (1968) Plant Physiol 43: 705–713
Faiz-Ur-Rahman ATM, Trewavas AJ, Davies DD (1974) Planta 118: 195–210

Fischer W, Bergfeld R, Plachy C, Schäfer R, Schopfer P (1988) Bot Acta 101: 344–354
Frederick SE, Newcomb EH (1969) J Cell Biol 43: 343–353
Harold FM (1986) The vital force: A study of bioenergetics. Freeman, New York
Heldt HW (1996) Pflanzenbiochemie. Spektrum, Heidelberg
Hock B, Mohr H (1964) Planta 61: 209–228
Hoffman NE, Bent AF, Hanson AD (1986) Plant Physiol 82: 658–663
James WO, Beevers H (1950) New Phytol 49: 353–374
Laing WA, Ogren WL, Hageman RH (1974) Plant Physiol 54: 678–685
Lance C (1972) Ann Sci nat Bot 12e Sér Vol XIII, 477–495
Rufty TW, Kerr PS, Huber SC (1983) Plant Physiol 73: 428–433
Siedow JN, Umbach AL (1995) Plant Cell 7: 821–831
Stocker O (1952) Grundriss der Botanik. Springer, Berlin
Storey BT (1980) In: Davies DD (ed) The biochemistry of plants, Vol II. Academic Press, New York London, pp 125–194
Taylor DL (1942) Amer J Bot 29: 721–738
Tolbert NE (1971) Annu Rev Plant Physiol 22: 45–74
Troll W (1954) Praktische Einführung in die Pflanzenmorphologie. Fischer, Jena
Vigil EL (1970) J Cell Biol 46: 435–454
Warburg O (1932) Angew Chemie 45: 1–6

10 Das Blatt als photosynthetisches System

Der Übergang vom System **Chloroplast** zum System **Blatt** bring eine erhebliche Zunahme des Komplexitätsgrades mit sich, was sich in einer charakteristischen, physiologischen Methodik und Begrifflichkeit niederschlägt. Außerdem treten z. T. drastische Unterschiede zwischen verschiedenen Pflanzen auf, welche auch hier eine **vergleichend** physiologische Betrachtung notwendig machen. Die Landpflanzen haben sich während der Evolution physiologisch an eine Vielzahl verschiedener Biotope angepasst, welche sehr unterschiedliche Anforderungen in Bezug auf die Überlebenstüchtigkeit stellen. Hierbei wurde der Photosyntheseapparat rigoros auf eine hohe Effektivität unter den jeweiligen Umweltbedingungen optimiert. In diesen Optimierungsprozess ist auch der Transport von CO_2 in das Blatt und seine Regelung durch die **Stomata** einbezogen. Im Kapitel 8 wurde die Photosynthese als eine Funktion des Systems „Chloroplast" betrachtet, wobei naturgemäß die vielfachen Wechselbeziehungen zwischen dem engeren Photosynthesegeschehen und den anderen Bereichen des Stoffwechsels der Zelle (z. B. der Dissimilation) ausgeklammert blieben. Ebenso wenig fanden die im einzelnen recht komplizierten Zusammenhänge zwischen der Photosynthese und der strukturellen Organisation der höheren Pflanze Berücksichtigung. Diese physiologischen Aspekte der Photosynthese sollen nun nachgeholt werden. Das Photosyntheseorgan der Kormophyten ist das **Blatt**. In diesem Organ spielen sich sowohl assimilatorische als auch dissimilatorische Vorgänge ab, die sich gegenseitig beeinflussen. Eine entscheidende Frage ist daher, welcher Anteil des Bruttoassimilats nach Abzug der Atmungsverluste im Licht als Nettogewinn zur Verfügung steht, und wie die **Bilanz** zwischen den produzierenden und den konsumierenden Stoffwechselbereichen reguliert wird. Die photosynthetische CO_2-Aufnahme aus der Atmosphäre geht zwangsläufig mit einem Wasserverlust durch Transpiration einher. Dies erfordert eine enge regulatorische Abstimmung der Photosynthese mit dem **Wasserhaushalt** der Pflanze.

10.1 Wirkungsspektrum und Quantenausbeute

Abbildung 10.1 zeigt das typische Photosynthesewirkungsspektrum eines Blattes, wobei deutliche quantitative Unterschiede gegenüber dem *Chlorella*-Wirkungsspektrum sichtbar werden (→ Abbildung 8.12). Der wichtigste Unterschied ist die vor allem bei dickeren Blättern stark ins Gewicht fallende **Lichtstreuung** im Gewebe, welche zu einer gesteigerten optischen Weglänge und damit zu einer erhöhten Absorptionswahrscheinlichkeit für die eingestrahlten Quanten führt. Da sich dieser Effekt naturgemäß besonders stark im Bereich geringer Pigmentabsorption auswirkt, beobachtet man eine mehr oder minder starke Nivellierung von Absorptions- und Wirkungsspektrum. Das Blatt ist also ein sehr viel effektiverer Lichtabsorber als eine Chlorophylllösung vergleichbarer Konzentration und Dicke (→ Exkurs 10.1). Auch die photosynthetische Quantenausbeute des Blattes zeigt eine gegenüber *Chlorella* quantitativ abweichende Wellenlängenabhängigkeit (vgl. Abbildung 10.2 und 8.15). Der charakteristische Rotabfall der Quantenausbeute ist aber auch hier offensichtlich.

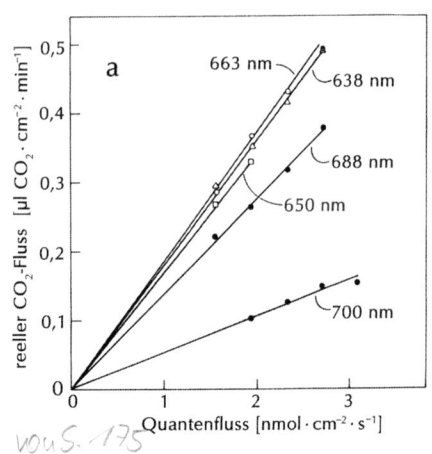

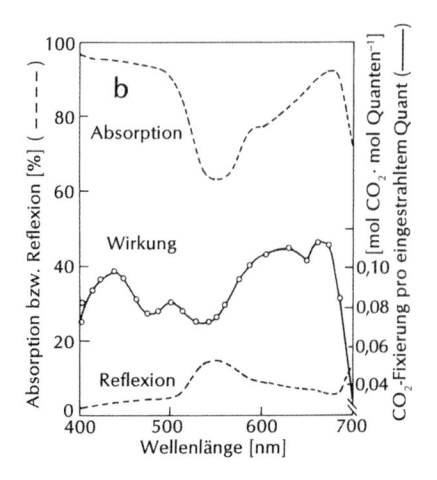

Abb. 10.1a,b. Typisches Photosynthesewirkungsspektrum eines Blattes. Objekt: Gartenbohne (*Phaseolus vulgaris*). **a** Einige typische Quantenfluss-Effekt-Kurven (linearer Bereich der Lichtkurve; → Abbildung 10.10). **b** Aus der Steigung derartiger Kurven berechnetes Wirkungsspektrum im Vergleich mit dem Absorptions- und dem Reflexionsspektrum. Absorptions- und Wirkungsspektrum weisen wegen der multiplen Lichtstreuung im Blatt keine so markante Depression zwischen dem Blau- und dem Rotgipfel auf, wie dies bei *Chlorella* gefunden wurde (→ Abbildung 8.12). (Nach Balegh und Biddulph 1970)

EXKURS 10.1: Das Blatt als effektiver Lichtabsorber

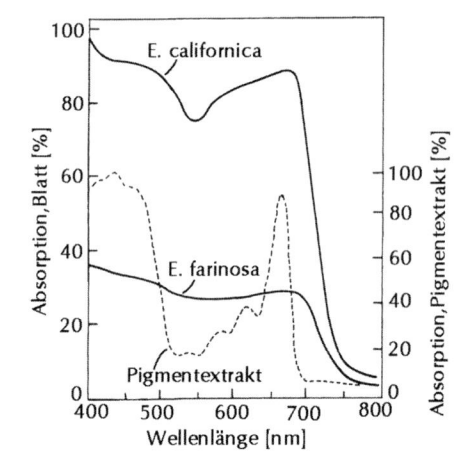

Nach dem Lambert-Beerschen Gesetz ist die Absorption von parallelem Licht durch eine optisch klare Pigmentlösung eine einfache Funktion der Pigmentkonzentration (→ S. 177). Dies gilt nicht mehr, wenn das eingestrahlte Licht in der Probe nicht nur absorbiert, sondern auch **gestreut** wird. Die Ablenkung des Lichts an Zellwänden und intrazellulären Partikeln eines Blattes kann die optische Weglänge eines Lichtstrahls auf ein Vielfaches der Probendicke erhöhen und dies führt zu einer entsprechend erhöhten Absorptionswahrscheinlichkeit durch das Pigment. Daher absorbieren Blätter den Rot- und Blauanteil des Lichts praktisch zu 100 %; selbst in der „Grünlücke" der Chlorophyllabsorption beträgt die Absorption noch über 60 % (→ Abbildung 10.1b).

Die Verstärkung der Lichtabsorption durch Streuung lässt sich einfach demonstrieren, indem man einer klaren Pigmentlösung ein streuendes, nicht absorbierendes Material zusetzt (z. B. feines Cellulosepulver). Ganz ähnlich wirkt sich bei einem Blatt der Besatz mit einem weißen Haarfilz aus. Die Abbildung zeigt dieses physikalische Phänomen am Vergleich zweier nahe verwandter Arten der Gattung *Encelia* (Asteraceae). Die Blätter von *E. californica*, einer Pflanze milder, semiarider Standorte mit kahlen Blättern zeigt ein Absorptionsspektrum, das dem in Abbildung 10.1b dargestellten Spektrum eines Bohnenblattes sehr ähnlich ist. Die Glättung der Absorption im mittleren Spektralbereich im Vergleich zu einem klaren Pigmentextrakt (Chlorophyll + Carotinoide) aus einem Blatt (gestrichelte Linie) ist evident. *E. farinosa* bewohnt heiße, extrem aride Standorte in der californischen Wüste und bildet dort auf beiden Seiten der Blätter einen dichten weißen Haarfilz aus. Beide Arten zeigen im Starklicht eine hohe Photosyntheseleistung bei gleicher Quantenausbeute. Der Chlorophyllgehalt der Blätter beträgt bei beiden Arten etwa 40 µg · cm^{-2}. Während *E. californica* 80–90 % des auf das Blatt fallenden Lichtes absorbiert, wird bei *E. farinosa* etwa 70 % reflektiert. Wichtiger ist der Befund, dass die Wellenlängenabhängigkeit der Chlorophyllabsorption aufgrund der erhöhten Lichtstreuung praktisch vollständig aufgehoben ist. (Nach Ehleringer und Björkman 1978; verändert)

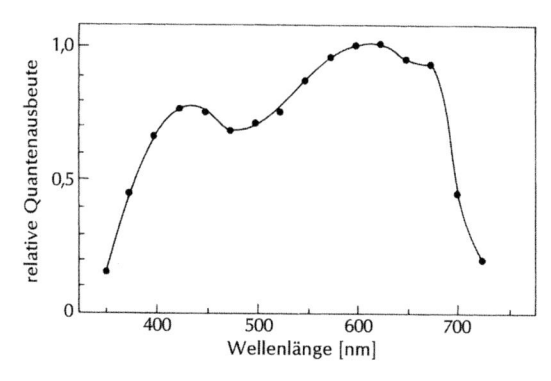

Abb. 10.2. Die maximale photosynthetische Quantenausbeute Φ_{max} (CO_2-Aufnahme) von Blättern als Funktion der Wellenlänge. Die Kurve stellt Mittelwerte von 22 Arten höherer Pflanzen dar. Der Wert 1 entspricht der Quantenausbeute $\Phi_{max} = 0{,}07-0{,}08$ mol $CO_2 \cdot$ mol absorbierte Quanten^{-1}. (Nach Daten von McCree; aus Björkman 1973)

> Die photosynthetische Aktivität eines Blattes wird entweder als CO_2-Aufnahme, oder als O_2-Abgabe gemessen und als **Gasstrom** I [z. B. mol $CO_2 \cdot s^{-1}$] bzw. als Gasstrom bezogen auf die Blattfläche, **Gasfluss** J [z. B. mol $CO_2 \cdot m^{-2} \cdot s^{-1}$], angegeben.

> Anstelle der Einheit mol werden auch häufig Volumeneinheiten verwendet, z. B. µl $CO_2 \cdot m^{-2} \cdot s^{-1}$. Da 1 mol Gas bei Normaldruck und 25 °C ein Volumen von 24,8 l einnimmt ($\rightarrow$ S. 679), sind diese Einheiten im Prinzip konvertibel. Es ist jedoch zu beachten, dass sich hierbei in Abhängigkeit von Luftdruck und Temperatur verschiedene Werte ergeben können. Unter Normalbedingungen gilt: 1 µPa $\cdot$ Pa^{-1} ≙ 1 µl $\cdot$ l^{-1} ≙ 0,040 µmol $\cdot$ l^{-1}.

10.2 Brutto- und Nettophotosynthese

10.2.1 Messung der Photosyntheseintensität

Die Grundgleichung der Photosynthese lautet vereinfacht:

$$CO_2 + H_2O \rightarrow [CH_2O] + O_2. \tag{10.1}$$

Für die Messung dieses Prozesses kommen demnach drei Größen in Frage: **CO_2-Aufnahme, O_2-Abgabe** und **Akkumulation von organischem Material** (Trockenmasse). Die CO_2-Aufnahme repräsentiert im Wesentlichen die Aktivität des Calvin-Cyclus, während die O_2-Abgabe die Aktivität des offenkettigen Elektronentransports widerspiegelt. Die Trockenmassezunahme ist ein integrierendes Maß für die Nettoproduktion an organischen Molekülen. Da die chemische Natur des Assimilats variieren kann, liefern die drei Messgrößen nicht notwendigerweise gleichartige Resultate. Der **Assimilatorische Quotient**

$$AQ = \frac{\text{mol } O_2^\nearrow \cdot \Delta t^{-1}}{\text{mol } CO_2^\swarrow \cdot \Delta t^{-1}} \tag{10.2}$$

weicht daher mehr oder minder stark vom theoretischen Wert 1,0 ab; er liegt bei Blättern häufig um 1,3.

10.2.2 Der CO_2-Kompensationspunkt (Γ)

Auch die photoautotrophen Mesophyllzellen des Blattes verfügen über die Enzyme für die oxidative Dissimilation organischer Moleküle. Der hierdurch bedingte respiratorische Gaswechsel (O_2-Aufnahme und CO_2-Abgabe; $\rightarrow$ S. 241) lässt sich an verdunkelten Blättern ohne Schwierigkeiten messen. Auch im Licht findet im Blatt beständig Dissimilation statt, welche sich dem photosynthetischen Stoffwechsel überlagert. Hält man ein Blatt in einem abgeschlossenen Luftvolumen bei sättigendem Lichtfluss, so wird zunächst die CO_2-Konzentration im Gasraum durch die Photosynthese vermindert. Dieser Prozess kommt jedoch lange vor Erschöpfung des CO_2-Gehaltes im Gefäß zum Erliegen. Es stellt sich eine bestimmte CO_2-Konzentration ein, welche sich auch langfristig nicht mehr ändert, obwohl das Blatt weiterhin beständig CO_2 fixiert (Abbildung 10.3). Der gleiche Wert pendelt sich in Luft ein, welche man durch das Interzellularensystem eines belichteten Blattes leitet. Es muss also unter diesen Bedingungen ein Gleichgewichtszustand zwischen Photosynthese (CO_2-Aufnahme) und Atmung (CO_2-Abgabe) herrschen, d. h. beide Prozesse laufen mit gleicher Intensität ab. Die sich einstellende Gleichgewichtskonzentration an CO_2 bezeichnet man als **CO_2-Kompensationspunkt** Γ (Gamma). Diese stark temperaturabhängige Größe ($\rightarrow$ Abbildung 10.18) ist von entscheidender Bedeutung für die Beurteilung der photosynthetischen Leistungsfähigkeit eines Blattes hinsichtlich der Ausnützung des CO_2-Reservoirs der Atmosphäre. Ein niedriges Γ bedeutet eine hohe Effektivität der CO_2-Fixierung gegenüber der CO_2-Ausscheidung (d. h. eine relativ hohe „Affinität" des Blattes für CO_2). Ein hohes Γ lässt dagegen auf eine niedrige Effektivität des CO_2-fixierenden Systems – im Verhältnis zur Atmungseffektivität – schließen (Abbildung 10.4a). Die maximale CO_2-Konzentrationsdifferenz zwischen dem Blattinnern und der Außenluft ist 390 minus Γ ($\mu l \cdot l^{-1}$). Bei den meisten höheren Pflanzen liegt Γ bei 25 °C im Bereich von 30 bis 60 $\mu l \cdot l^{-1}$, d. h. bei 10 bis 20 % der natürlichen CO_2-Konzentration der Luft, und steigt mit der Temperatur exponentiell an. In speziellen Fällen hat man jedoch auch viel niedrigere, temperaturunabhängige Γ-Werte (< 10 $\mu l \cdot l^{-1}$) gemessen ($\rightarrow$ Abbildung 11.3).

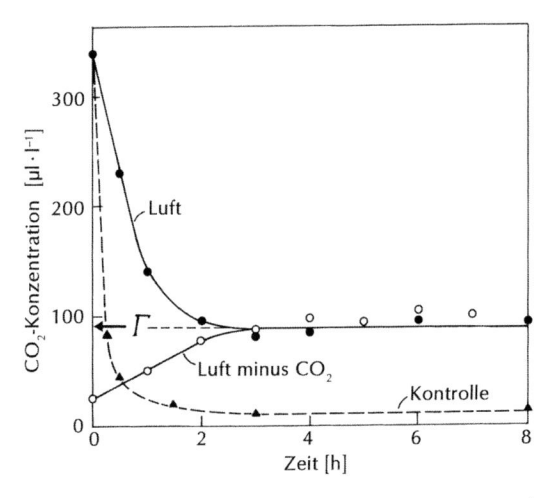

Abb. 10.3. Die Einstellung des CO_2-Kompensationspunktes (Γ) in einem abgeschlossenen Gasraum. Objekt: Blätter des Schwarzen Holunders (*Sambucus nigra*; 10.000 lx Weißlicht, 24–28 °C). Die Blätter (30 cm²) wurden zur Zeit Null in einem Glasgefäß (6 l) mit Luft oder CO_2-verarmter Luft eingeschlossen. In einem Kontrollexperiment wurde die CO_2-Absorption durch ein KOH-getränktes Filterpapierstück in Luft verfolgt. (Nach Gabrielsen 1948)

10.2.3 Der Lichtkompensationspunkt (LK)

Ein Gleichgewicht zwischen photosynthetischem und dissimilatorischem CO_2-Gaswechsel lässt sich auch durch Variation des Lichtfaktors erzielen. Man hält ein Blatt bei konstanter CO_2-Konzentration (Luft) und bestimmt denjenigen Lichtfluss, bei dem die CO_2-Aufnahme gerade gleich der CO_2-Ab-

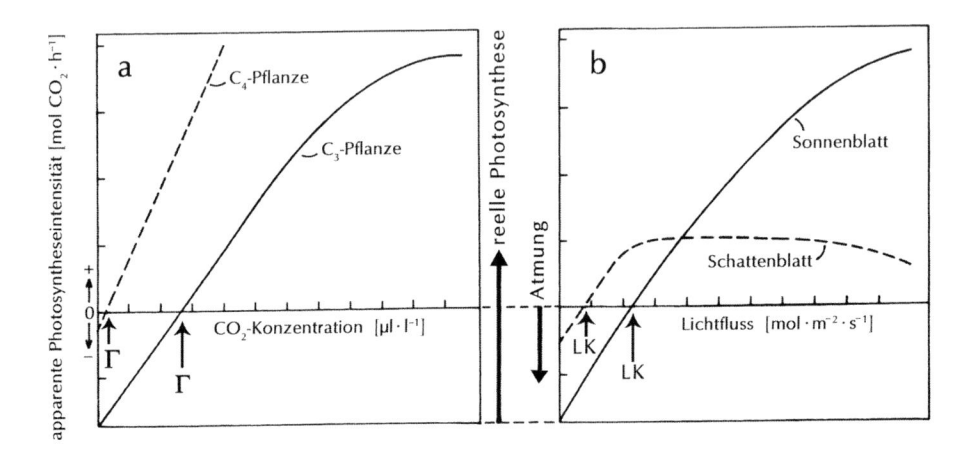

Abb. 10.4a,b. Zur Definition der **reellen** bzw. **apparenten** Photosynthese und der beiden Kompensationspunkte (schematisch). **a** Der **CO_2-Kompensationspunkt** (Γ) gibt an, bei welcher **CO_2-Konzentration** die reelle Photosynthese gleich der Atmung, d. h. die apparente Photosynthese gleich Null ist. Dieser Wert stellt sich in der Atmosphäre eines abgeschlossenen Gasraumes bei lichtgesättigter Photosynthese ein, wenn ein Fließgleichgewicht des Gaswechsels herrscht. Im Gegensatz zu den meisten Arten, welche einen gut messbaren Γ-Wert zeigen (*C_3-Pflanzen*), sind die *C_4-Pflanzen* durch $\Gamma \approx 0$ ausgezeichnet ($\rightarrow$ S. 280). **b** Der **Lichtkompensationspunkt** (*LK*) gibt an, bei welchem **Lichtfluss** die reelle Photosynthese gleich der Atmung, d. h. die apparente Photosynthese gleich Null ist. Dieser Lichtfluss stellt in Luft (ca. 390 μl $CO_2 \cdot l^{-1}$) ein Fließgleichgewicht der beiden gegenläufigen Prozesse ein. *Schattenblätter* (Schattenpflanzen) unterscheiden sich von *Sonnenblättern* (Sonnenpflanzen) durch einen niedrigeren LK-Wert, eine niedrigere Atmungsintensität im Dunkeln (Ausgangspunkt der Kurven auf der Ordinate) und eine höhere apparente Photosyntheseintensität bei niedrigen Lichtflüssen. Außerdem liegt das Maximum der apparenten Photosynthese wesentlich niedriger. Bei starker Bestrahlung ist häufig eine Lichthemmung zu beobachten (Photoinhibition; $\rightarrow$ S. 606).

gabe (oder die O_2-Abgabe gerade gleich der O_2-Aufnahme) ist. Dieser Lichtfluss wird als **Lichtkompensationspunkt** (LK) der Photosynthese definiert. Besitzt eine Pflanze einen hohen Lichtkompensationspunkt, so benötigt sie relativ viel Licht, um ihre Atmung durch Photosynthese auszugleichen. Umgekehrt kann eine Pflanze mit niedrigem Lichtkompensationspunkt noch bei relativ geringem Lichtfluss eine ausgeglichene photosynthetisch kompensierte Kohlenstoffbilanz aufrecht erhalten. Diese Größe charakterisiert also die Leistungsfähigkeit der Pflanze hinsichtlich der Ausnützung des Lichts. Sie gibt den minimalen Lichtfluss für das langfristige Überleben einer photoautotrophen Pflanze im Dauerlicht an.

Der Lichtkompensationspunkt variiert innerhalb weiter Grenzen. In der Regel misst man bei Pflanzen lichtarmer Standorte (Schattenpflanzen) niedrigere Werte (um 5–20 µmol · m^{-2} · s^{-1}), während lichtliebende Pflanzen (Sonnenpflanzen) hohe Werte 20–100 µmol · m^{-2} · s^{-1} zeigen (Abbildung 10.5). Häufig unterscheiden sich auch Schatten- und Sonnenblätter einer Pflanze (z. B. eines Baumes) gravierend. Bei dichter Belaubung kann der Lichtfluss im Inneren einer Baumkrone selbst bei intensivem Sonnenschein unter dem Kompensationspunkt liegen, was meist zu einer frühzeitigen Seneszenz der dort lokalisierten Blätter führt (→ S. 530).

10.2.4 Reelle und apparente Photosynthese

Nach dem oben Gesagten ist klar, dass die Nettophotosyntheseleistung des Blattes nicht mit der tatsächlichen Produktionsintensität des Photosyntheseapparats in den Chloroplasten identisch ist. Es kommt vielmehr darauf an, welcher Anteil des Bruttophotosyntheseprodukts nach Abzug der Atmungsverluste übrig bleibt. Man bezeichnet die Brutto- und Nettophotosynthese auch als **reelle** (wahre) bzw. **apparente** (in Erscheinung tretende) Photosynthese: Es gilt:

$$\left(\frac{\text{mol } CO_2\nwarrow}{\Delta t}\right)_{\text{app.}} = \left(\frac{\text{mol } CO_2\nwarrow}{\Delta t}\right)_{\text{reell}} - \left(\frac{\text{mol } CO_2\nearrow}{\Delta t}\right). \quad (10.3)$$

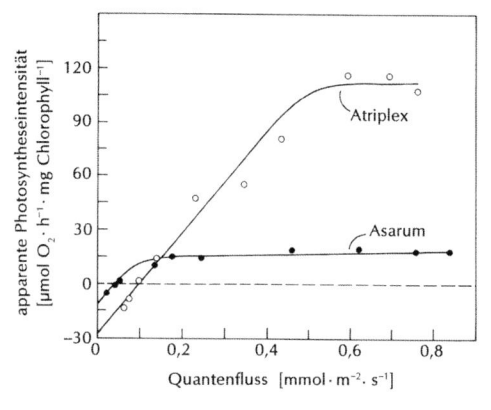

Abb. 10.5. Lichtfluss-Effekt-Kurven der apparenten Photosynthese einer Sonnenpflanze (*Atriplex patula*) und einer Schattenpflanze (*Asarum caudatum*). Die Messung der photosynthetischen O_2-Produktion wurde an **isolierten Blattzellen** der beiden Arten durchgeführt (25 °C). Die Differenzen im Lichtkompensationspunkt und im Sättigungsniveau der Photosynthese zwischen beiden Arten sind daher nicht auf anatomische Unterschiede (z. B. Blattdicke, Stomatadichte) zurückzuführen, sondern liegen im Photosyntheseapparat selbst begründet. (Nach Harvey 1980)

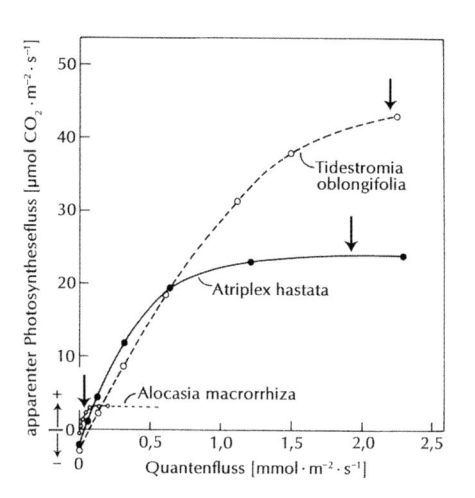

Abb. 10.6. Die Lichtabhängigkeit des apparenten Photosyntheseflusses bei drei an verschiedene Standorte angepassten Arten. Objekte: *Tidestromia oblongifolia* (besiedelt extrem heiße und trockene Geröllhalden, z. B. im Death Valley, USA; gehört zu den C_4-Pflanzen; → Abbildung 11.2), *Atriplex hastata* (besiedelt helle Standorte der gemäßigten Zone), *Alocasia macrorrhiza* (besiedelt den extrem lichtarmen Boden des tropischen Regenwaldes). Die Pfeile geben den durchschnittlichen Quantenfluss während der Lichtperiode am Wuchsort an. Man erkennt, dass **hohe Lichtsättigung** mit einem höheren **Lichtkompensationspunkt** gekoppelt ist. Daher hätten die beiden lichtliebenden Arten am Standort der extremen Schattenpflanze *Alocasia* trotz ihrer potenziell hohen photosynthetischen Leistungsfähigkeit eine negative apparente Photosynthese und wären daher dort längerfristig nicht lebensfähig. *Tidestromia* ist die photosynthetisch **leistungsfähigste**, *Alocasia* die photosynthetisch **effektivste** der drei Arten. (Nach Björkman; aus Berry 1975)

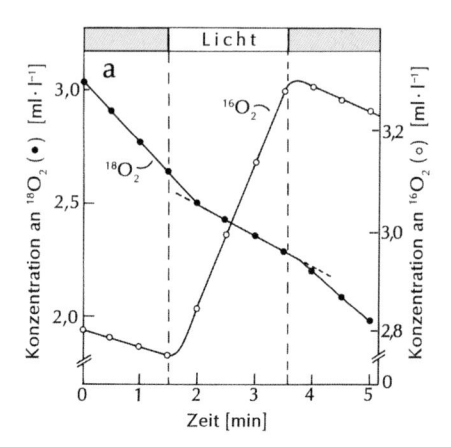

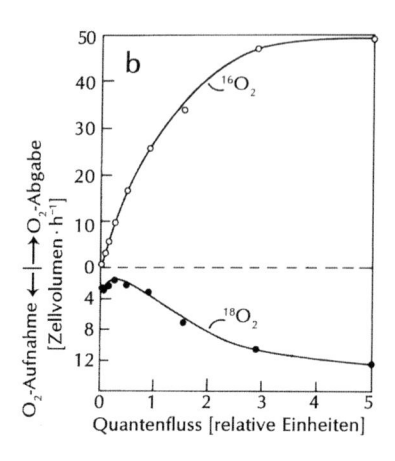

Abb. 10.7a,b. Getrennte Bestimmung der respiratorischen O_2-Aufnahme und der photosynthetischen O_2-Abgabe. Objekt: Zellsuspension des Cyanobacteriums *Anacystis nidulans* (bei ungefähr der O_2-Konzentration luftgesättigten Wassers, 30 °C). Die Zellen wurden vor der Messung in natürlichem $H_2{}^{16}O$ mit O_2 begast, welcher mit dem schweren Isotop ^{18}O markiert war. Die Konzentrationen von $^{16}O_2$ und $^{18}O_2$ im Medium wurden mit Hilfe eines Massenspektrometers gemessen, das über eine O_2-durchlässige Membran direkt an das Reaktionsgefäß angeschlossen war. **a** Kinetik der beiden Prozesse beim Übergang Dunkel → Schwachlicht → Dunkel. Man erkennt, dass die O_2-Aufnahme unter diesen Bedingungen im Licht **gehemmt** wird, **Kok-Effekt**. **b** Quantenfluss-Effekt-Kurven der beiden Prozesse. Man erkennt, dass die Intensität der O_2-Aufnahme nur bei niedrigen Quantenflüssen gehemmt wird. Bei höheren Quantenflüssen tritt dagegen eine starke **Förderung** auf, welche eine ähnliche Lichtabhängigkeit wie die O_2-Abgabe zeigt. DCMU (→ Abbildung 8.21) hemmt nur die fördernde Wirkung hoher Quantenflüsse. Daraus kann man schließen, dass Lichthemmung und Lichtförderung der O_2-Aufnahme auf zwei verschiedene Reaktionen zurückgehen: **Atmungskette** bzw. **Photorespiration**. (Nach Hoch et al. 1963)

An den Kompensationspunkten der Photosynthese für CO_2 bzw. Licht ist die apparente Photosynthese gleich Null, unabhängig davon, wie groß die reelle Photosynthese und die Atmung sind. Die Zusammenhänge sind in Abbildung 10.4 schematisch erläutert. Abbildung 10.6 zeigt quantitative „Lichtkurven" der Blätter von drei Arten, welche an verschiedene Umweltbedingungen angepasst sind.

10.2.5 Licht- und Dunkelatmung

Das Verhältnis zwischen reeller und apparenter Photosynthese hängt von einer großen Zahl von Faktoren ab und ist daher sehr variabel. Eine wichtige Frage in diesem Zusammenhang ist, welchen Umfang die respiratorische CO_2-Produktion der Pflanze im Licht annimmt. Man kann wohl bei den meisten Pflanzen davon ausgehen, dass die mitochondriale Atmung (Citratcyclus, Atmungskette) im belichteten Blatt mehr oder minder stark gehemmt ist, **Kok-Effekt**. Dafür sprechen z. B. Untersuchungen, in denen mit Hilfe von Isotopenmarkierung der photosynthetische und der respiratorische Gaswechsel getrennt gemessen wurden (Abbildung 10.7). An die Stelle der mitochondrialen Atmung tritt im hellen Licht die 2- bis 5mal intensivere **Photorespiration** (→ S. 227), welche bis zu

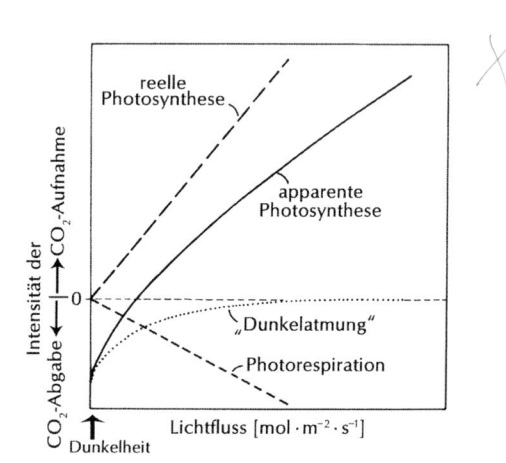

Abb. 10.8. Der prinzipielle Verlauf der Lichtfluss-Effekt-Kurve der apparenten Photosynthese in Nullpunktnähe (schematisch). *Reelle Photosynthese* und *Photorespiration* steigen von Null proportional mit dem Lichtfluss an. Die mitochondriale Atmung („Dunkelatmung") ist im Dunkeln maximal und wird mit zunehmendem Lichtfluss gehemmt. Durch Addition der drei Kurven erhält man die Lichtfluss-Effekt-Kurve der **apparenten Photosynthese**. Der relative Beitrag der einzelnen Gaswechselprozesse zur apparenten Photosyntheseintensität dürfte bei verschiedenen Pflanzen stark variieren.

60 % (bei 35 °C) des frisch gebildeten Photosyntheseprodukts wieder in die anorganischen Komponenten zerlegen kann. In Abbildung 10.8 ist die Überlagerung der beteiligten Gaswechselprozesse schematisch dargestellt.

10.3 Begrenzende Faktoren der apparenten Photosynthese

10.3.1 Die Photosynthese als Multifaktorensystem

Die Intensität der apparenten Photosynthese des Blattes unter natürlichen Bedingungen wird durch eine Vielzahl äußerer und innerer (organismuseigener) Faktoren beeinflusst: **Licht, CO_2-Konzentration, O_2-Konzentration, Temperatur, Luftzirkulation, Wasserzustand, Ionenversorgung, Entwicklungszustand, Blattmorphologie, Chlorophyllgehalt, Aktivität der photosynthetischen und respiratorischen Enzyme, Diffusionswiderstand für Gase an der Epidermis** usw. Diese Faktoren zeigen nicht nur eine unterschiedlich ausgeprägte zeitliche Variabilität, sondern häufig auch komplexe gegenseitige Wechselwirkungen. Es ist daher praktisch unmöglich, dieses **Multifaktorensystem**, welches treffend als ein *circulus vitiosus* voneinander abhängiger Engpässe" bezeichnet wurde, als Ganzes quantitativ zu erfassen. Realisierbar ist dagegen der folgende prinzipielle Ansatz: 1. Man hält alle Faktoren konstant, mit Ausnahme eines einzigen, welcher als experimentelle Variable dient. 2. Man bestimmt unter **steady-state-Bedingungen** den quantitativen Zusammenhang zwischen der Dosis des variierten Faktors und der erzielten physiologischen Wirkung (**Dosis-Effekt-Kurve**) auf dem Hintergrund der Wirkung der anderen (konstanten) Faktoren. 3. Man versucht, anhand dieser Kurve zu einer möglichst einfachen mathematischen Gleichung für die Dosis-Effekt-Beziehung zu kommen, in welcher nur solche Größen vorkommen, die physiologisch relevant und operational definierbar sind. Diese Beziehung, welche das Verhalten des Systems bei beliebiger Dosis quantitativ beschreibt, gilt natürlich zunächst nur unter den Bedingungen, welche durch die konstant gehaltenen Faktoren festgelegt sind. Eine weitergehende Gültigkeit der aufgestellten Beziehung – und damit ein zunehmender Gesetzescharakter – kann erreicht werden, wenn es gelingt, weitere Faktoren als Variable in die Gleichung einzubeziehen. Das Ziel dieses systemanalytischen Ansatzes (→ S. 3) ist es, eine quantitative Beschreibung (meist in Form einer mathematischen Formel) zu finden, welche es erlaubt, das Verhalten des Systems unter einem veränderten Satz von Faktoren zu berechnen. Außerdem gibt diese Beschreibung wertvolle Hinweise über die möglichen Wechselwirkungen zwischen verschiedenen Faktoren.

Die Aufstellung einer allgemeinen Gleichung für das System Blatt, welche die Photosyntheseintensität als Funktion auch nur der wichtigsten äußeren und inneren Faktoren beschreibt, erscheint – zumindest heute noch – als praktisch unlösbares Problem. Wir müssen uns hier darauf beschränken, das Prinzip der Faktorenanalyse (→ S. 6) auf zwei einfache Beispiele anzuwenden.

10.3.2 Die Verrechnung der Faktoren Lichtfluss und CO_2-Konzentration

Die Dosis-Effekt-Kurven für diese beiden Faktoren sind in den Abbildungen 10.9 und 10.10 in prinzipieller Form dargestellt. In beiden Fällen ergeben sich typische **Sättigungskurven**, die hier nur qualitativ analysiert werden sollen. Anhand von Abbildung 10.9 kann man sich klarmachen, dass die Photosyntheseintensität bei hohem Lichtfluss (Starklicht) in einem weiten Bereich praktisch proportional zur CO_2-Konzentration ansteigt, dann zunehmend von der Geraden abbiegt und schließlich in den horizontalen Sättigungsbereich übergeht. Die normale CO_2-Konzentration der Luft (ca. 390 µl · l^{-1} = 16 µmol · l^{-1} bei Normaldruck) ist bei den meisten Pflanzen nicht ausreichend, um die apparente Photosynthese zu sättigen (→ Abbildung 10.9). (Man kann deshalb in solchen Fällen erfolgreich mit CO_2 düngen.) Misst man die **CO_2-Konzentrations-Effekt-Kurve** bei niedrigem Lichtfluss (Schwachlicht), so zeigt sich bei sehr geringer CO_2-Konzentration keine Abweichung von der Starklichtkurve; der lineare Ast der Schwachlichtkurve ist jedoch wesentlich kürzer. Demgemäß wird auch die CO_2-Sättigung bei niedrigerer CO_2-Konzentration erreicht. In Abbildung 10.10 ist der Lichtfluss als Variable auf der Abszisse aufgetragen, **Lichtfluss-Effekt-Kurve** (→ Abbildung 10.6); die CO_2-Konzentration wird konstant gehalten. Für verschiedene CO_2-Konzentrationen erhält man eine ähnliche Kurvenschar wie in Abbildung 10.9. Es ergibt sich aus Abbildung 10.10, dass die apparente

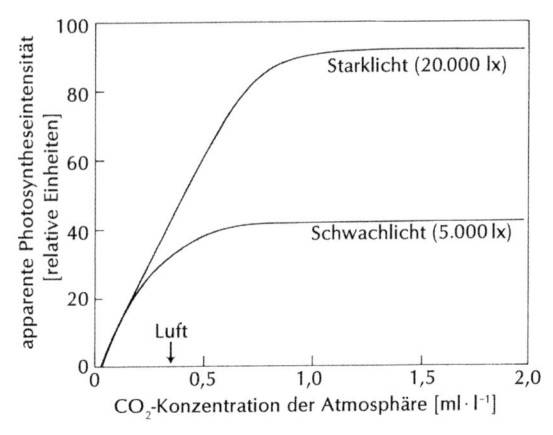

Abb. 10.9. CO_2-Konzentrations-Effekt-Kurven der apparenten Photosynthese. Diese Kurven zeigen in prinzipieller Form die Begrenzung der Photosyntheseintensität durch die CO_2-Konzentration bei hohem und niedrigem Lichtfluss. (Nach French 1962; verändert) *Anmerkung*: Der Lichtfluss wurde in diesen Experimenten als „Beleuchtungsstärke" mit einem Luxmeter gemessen, das verschiedene Wellenlängenbereiche des weißen Lichts nach ihrem Helligkeitswert gewichtet. Diese technische Lichteinheit lässt sich nicht ohne weiteres in die Einheit mol Quanten · m^{-2} · s^{-1} umrechnen (→ S. 169). Als grober Anhaltspunkt gilt: Tageslicht liefert maximal 100 klx bei einem Energiefluss von 0,5 kW · m^{-2} und einem Quantenfluss von 2 mmol · m^{-2} · s^{-1} im sichtbaren Spektralbereich.

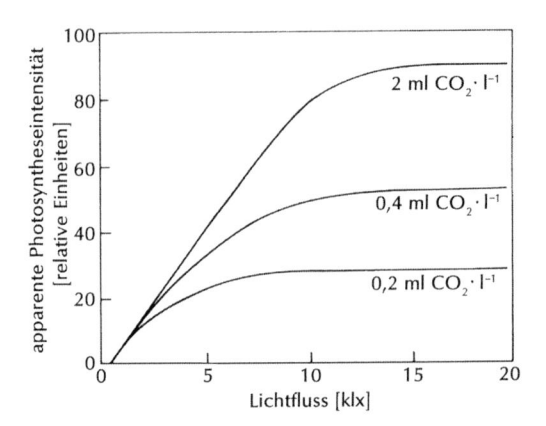

Abb. 10.10. Lichtfluss-Effekt-Kurven der apparenten Photosynthese. Diese Kurven zeigen in prinzipieller Form die Begrenzung der Photosyntheseintensität durch den Lichtfluss bei drei verschiedenen CO_2-Konzentrationen. (Nach French 1962; verändert)

Photosyntheseintensität nur bei hoher CO_2-Konzentration über einen weiten Bereich proportional mit dem Lichtfluss ansteigt. Die Steigung im linearen Ast der Kurven hängt vom Verhältnis reelle Photosynthese/Photorespiration ab und ist – unter sonst optimalen Bedingungen – ein Maß für die **Quantenausbeute** der apparenten Photosynthese (→ Abbildung 10.2).

Wie kann man die in Abbildung 10.9 und 10.10 dargestellten Zusammenhänge deuten? Blackman hat 1905 auf diesen Sachverhalt das ursprünglich von Liebig für die Abhängigkeit des pflanzlichen Wachstums von der Ionenversorgung aufgestellte **Prinzip des limitierenden (= begrenzenden) Faktors** angewandt. Dieses Prinzip sagt aus, dass die Intensität eines physiologischen Prozesses, auf den mehrere Faktoren einwirken, stets von demjenigen Faktor bestimmt (limitiert) wird, der sich gerade im relativen Minimum befindet. Vergrößert man diesen Faktor, so steigt die Intensität des Prozesses unter seinem Einfluss an, bis **plötzlich** ein anderer Faktor ins relative Minimum gerät und damit **abrupt** das weitere Ansteigen der Dosis-Effekt-Kurve unterbricht. Danach müssten die Lichtfluss-Effekt-Kurven der Photosynthese also den in Abbildung 10.11 dargestellten prinzipiellen Verlauf haben.

Bereits Harder hat 1921 gezeigt, dass die Dosis-Effekt-Kurven der Photosynthese im mittleren Bereich stets eine **allmähliche** Krümmung aufweisen und das Prinzip vom limitierenden Faktor daher nur für Grenzsituationen gilt. Abbildung 10.10 zeigt dies deutlich: Nur in der Nähe des Nullpunktes ist Licht der einzige limitierende Faktor. Sobald sich die Kurven aufspalten, hängt die Photosyn-

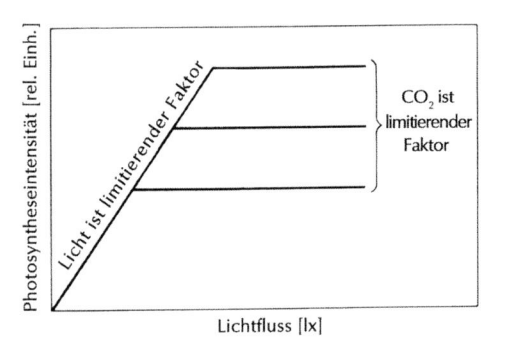

Abb. 10.11. Theoretischer Verlauf der Lichtfluss-Effekt-Kurven bei Zugrundelegung des Blackman-Liebig-Prinzips vom limitierenden Faktor. Im proportional ansteigenden Ast ist der Lichtfluss der limitierende und damit intensitätsbestimmende Faktor. Die Kurven brechen abrupt ab, wenn der Lichtfluss die durch die jeweilige CO_2-Konzentration gesetzte Schwelle übersteigt; d.h. der Lichtfluss wird als limitierender Faktor von der CO_2-Konzentration **ohne Übergang** abgelöst. Im Gegensatz zu diesen theoretischen Kurven ergibt sich jedoch in der Realität ein breiter Übergangsbereich, in dem **beide Faktoren** die Photosynthese limitieren (→ Abbildung 10.10).

theseintensität **auch** von der CO_2-Konzentration ab, welche **zunehmend** an Einfluss gewinnt und schließlich nach Erreichen der Lichtsättigung zum einzigen limitierenden Faktor werden kann. Fazit: Die Photosyntheseintensität hängt in einem weiten Bereich von **beiden** Faktoren ab, welche **gemeinsam** begrenzend wirken, wobei sich die absolute Wirkung eines Faktors nach der jeweiligen Konzentration (Intensität) des anderen Faktors richtet. Daraus folgt allgemein, dass ein physiologischer Prozess, auf den n Faktoren einwirken, theoretisch auch durch n Faktoren gleichzeitig limitiert, d. h. in seinem Ausmaß kontrolliert, werden kann. Die einzelnen Wirkungen der n Faktoren werden nach einem zunächst unbekannten Modus im reagierenden System miteinander **verrechnet** (→ S. 6). Nur in extremen Grenzfällen dominiert ein einzelner Faktor so stark, dass er als **der** limitierende Faktor angesehen werden kann.

10.3.3 Quantitative Analyse von Lichtfluss-Effekt-Kurven

Dosis-Effekt-Kurven der Photosynthese lassen sich häufig mit guter Näherung als Hyperbeln beschreiben, auf welche formal die **Michaelis-Menten-Formel** anwendbar ist (→ Gleichung 4.5). Für die Abhängigkeit der Photosyntheseintensität v von der Lichtintensität I gilt dann:

$$v = \frac{v_{max} \, I}{I + K_I}, \qquad (10.4)$$

wobei v_{max} hier die Photosyntheseintensität bei Lichtsättigung repräsentiert. Die Lichtintensität (= Lichtstrom) wird hier analog zur Substratkonzentration eingesetzt. K_I ist eine Systemkonstante, welche, analog zur Michaelis-Konstante, diejenige Lichtintensität charakterisiert, für welche $I = v_{max}/2$ ist (→ Gleichung 4.6). In Abbildung 10.12 wird diese Beziehung auf Dosis-Effekt-Kurven angewendet, welche sich ausschließlich bezüglich der Anzuchtbedingungen (Starklicht oder Schwachlicht) des Pflanzenmaterials unterscheiden. Abbildung 10.12a zeigt ein für viele lichtliebende Arten charakteristisches Phänomen: Individuen, die im Starklicht herangewachsen sind, zeigen eine wesentlich höhere Photosynthesekapazität als solche aus einer lichtarmen Umgebung. Die doppeltreziproke Darstellung nach Lineweaver-Burk (Abbildung 10.12b) ergibt Geraden, welche sich hinsichtlich der Schnittpunkte mit der Ordinate (v_{max}) und der Abszisse ($-K_I^{-1}$) unterscheiden (→ Abbildung 4.2b). Man kann also dieser Darstellung unmittelbar entnehmen, dass die Starklichtpflanzen nicht nur eine höhere Lichtsättigung (v_{max}) erreichen, sondern auch einen höheren K_I-Wert, d. h. sie besitzen eine geringere „Affinität" für Licht. Die beiden Kurven verrechnen daher nicht einfach multiplikativ. Dieser Verrechnungstyp wäre dann gege-

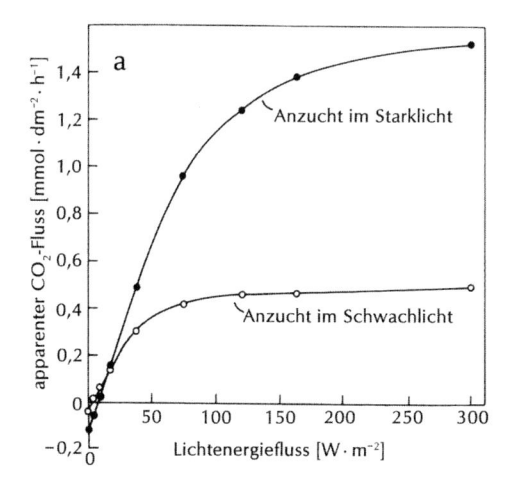

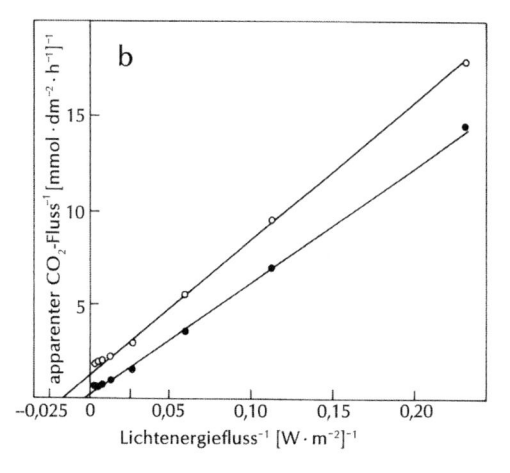

Abb. 10.12a,b. Die funktionelle Adaptation des Photosyntheseapparats an die Lichtbedingungen während der Anzucht. Objekt: Blätter von Weißem Senf (*Sinapis alba*) (16 h Licht / 8 h Dunkel, 23/18 °C). Genetisch gleiche Pflanzen wurden bei 90 W · m^{-2} (*Starklicht*) bzw. 5 W · m^{-2} (*Schwachlicht*) angezogen. **a** Energiefluss-Effekt-Kurven der apparenten Photosynthese. **b** Doppeltreziproke Auftragung der beiden Sättigungskurven nach Lineweaver-Burk (→ Abbildung 4.2 b), nach Korrektur bezüglich der Dunkelatmung. (Nach Daten von Grahl und Wild 1972)

ben, wenn lediglich v_{max} unterschiedlich wäre (→ Abbildung 1.4d) Unter Berücksichtigung der Tatsache, dass die CO_2-Konzentration der Luft normalerweise der gewichtigste limitierende Faktor der Photosynthese ist (→ Abbildung 10.9), kann man die Daten der Abbildung 10.12 wie folgt interpretieren: Bei der Starklichtmodifikation ist die Kapazität für die Aufnahme und Bindung von CO_2 wesentlich erhöht. Daher wirkt sich der CO_2-Faktor hier weniger stark limitierend aus als in der Schwachlichtmodifikation. Andererseits wird offenbar der Photosyntheseapparat im Schwachlicht stärker in Hinsicht auf die Ausnützung der auffallenden Lichtquanten optimiert und erreicht daher eine halbmaximale Lichtsättigung bereits bei relativ niedrigem Lichtfluss. Zu ganz ähnlichen Schlüssen hat die Besprechung der Kompensationspunkte geführt (→ S. 257).

10.4 Ökologische Anpassung der Photosynthese

Die heutigen Landpflanzen existieren mit Hilfe ihres Photosyntheseapparates in Regionen der Erdoberfläche, welche Quantenflüsse zwischen 20 und 7.000 µmol · cm^{-2} · d^{-1}, Temperaturen zwischen −30 und +50 °C und Wasserpotenzialwerte zwischen 0 und −10 MPa (ψ_{Boden}) bzw. weniger als −100 MPa (ψ_{Luft} bei 50 % relativer Luchtfeuchte) aufweisen. Die enorme Spannweite dieser zentralen Umweltfaktoren, die zudem weitgehend unabhängig voneinander variieren, bedingt eine Vielzahl von ökologischen Abwandlungen des Photosynthesesystems „Blatt". Diese Abwandlungen betreffen praktisch nie den photochemischen Bereich der Photosynthese. So ist z. B. die Zusammensetzung der Pigmentkollektive bei den meisten Pflanzen relativ ähnlich. Die Modifikationen liegen vielmehr vor allem im Bereich des **Elektronentransports**, der **CO_2-Fixierung** und der **strukturellen Organisation** des Photosyntheseapparates im Blatt. Dazu gehört neben der Anordnung der assimilierenden Zellen und ihrer Verbindung zu den Leitungsbahnen des Stofftransports auch die Steuerung der CO_2-Zufuhr durch die Epidermis, welche zwangsläufig mit der Abgabe von Wasserdampf an die Atmosphäre verbunden ist. Eine ausreichende Versorgung des Photosyntheseapparats mit Substrat ist nicht zuletzt deshalb ein erhebliches physiologisches Problem, weil das Verhältnis von CO_2 zu

O_2 in der Atmosphäre hierfür sehr ungünstig ist (0,39 ml · l^{-1} zu 209 ml · l^{-1} = 1 : 580).

Die ökologischen Anpassungen des Photosyntheseapparats können in zwei Kategorien eingeteilt werden: 1. **Genetisch fixierte Merkmale**, welche im Lauf der Evolution erworben wurden. 2. **Phänotypische Modifikationen**, welche – innerhalb der genetisch festgelegten Reaktionsbreite – als direkte, adaptive Reaktion auf Umweltfaktoren aufzufassen sind. Als Beispiel für genetische Anpassung zeigt Abbildung 10.13 die unterschiedliche Ausgestaltung der Stomata bei einer hydrophytischen und einer xerophytischen Pflanze. Bei vielen Pflanzen besitzt der Photosyntheseapparat auch eine außeror-

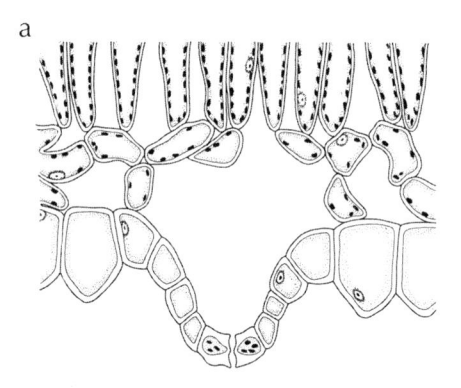

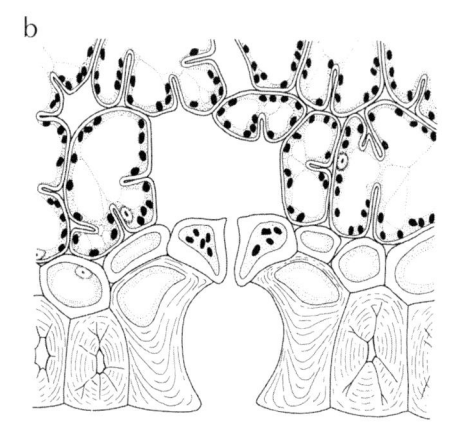

Abb. 10.13a,b. Genetische Adaptation des Stomaapparates an die Verfügbarkeit von Wasser am Wuchsort. **a** Die tropische, hydrophytische Schattenpflanze *Ruellia* besitzt vorgewölbte Spaltöffnungen, welche aus dem Windschatten der Blattfläche (Grenzschicht; → S. 270) herausragen. **b** Die xerophytische Schwarzkiefer (*Pinus nigra*) besitzt Stomata, welche tief in die sklerenchymatische Epidermis eingesenkt sind. Dadurch wird der durch Turbulenz bewirkte Luftaustausch vor dem Spalt stark eingeschränkt und der Diffusionswiderstand durch Aufbau einer Grenzschicht erhöht. (Nach Linder, aus Czihak et al. 1992)

dentlich große modifikatorische Plastizität, welche eine kurzfristige **Akklimatisation** an wechselnde Umweltbedingungen gestattet. In diesem Fall ist es die **Fähigkeit zur Adaptation**, welche sich während der Evolution als genetisches Merkmal herausgebildet hat.

Abbildung 10.12 liefert einen ersten experimentellen Beleg für eine umweltabhängige Modifikation des Photosyntheseapparats. Es handelt sich hierbei um einen komplexen morphogenetischen Prozess, der eine Vielzahl funktioneller und struktureller Merkmale des Blattes umfasst (Abbildung 10.14). Dazu einige weitere experimentelle Fakten: Starklicht verschiebt den Lichtkompensationspunkt zu höheren Werten (→ Abbildung 10.12a) und steigert den Gehalt an Photosyntheseenzymen (z. B. den der RUBISCO und der ATP-Synthase) um ein Mehrfaches. Die Chlorophyllmenge pro Blattfläche ändert sich nicht wesentlich. Schattenpflanzen weisen aber meist eine stärkere Stapelung der Thylakoide auf. Die photochemische Aktivität des Reaktionszentrums von Photosystem II und die Menge an Cytochrom f sind reduziert, während die Menge an Lichtsammelkomplexen (LHCII; → S. 183) erhöht ist; bei Schattenpflanzen liegen also weniger, aber stärker mit Antennenpigmenten bestückte Photosystem-II-Einheiten vor. Im Photosystem I sind keine entsprechenden Modifikationen zu beobachten. Bei vielen Pflanzen ist die Stomatadichte der Blattepidermis, und damit der Diffusionswiderstand des Blattes für CO_2, eine Funktion der Lichtbedingungen. Tomatenblätter besitzen im Schwachlicht (20 W · m^{-2}) hypostomatische Blätter (ca. 100 Stomata · mm^{-2} in der unteren Epidermis). Im Starklicht (100 W · m^{-2}) werden zusätzlich auch in der oberen Epidermis Stomata ausgebildet (ca. 30 Stomata · mm^{-2}). Die Umstellung kann in einem jungen, wachsenden Blatt bereits 3 d nach dem Wechsel der Lichtbedingungen beobachtet werden. Die anatomischen Unterschiede zwischen Stark- und Schwachlichtphänotyp sind in Abbildung 10.14 am Beispiel von *Sinapis alba* dargestellt. Bei dieser Pflanze hat man auf der biochemischen Ebene folgende typische Befunde gemacht: Bei Starklichtpflanzen liegt, bezogen auf die Blattfläche, die Photosyntheseintensität bei Lichtsättigung dreimal höher als bei Schwachlichtpflanzen, obwohl der Gehalt an Chlorophyll und Carotinoiden etwa gleich groß ist. Das Chlorophyll/P$_{700}$-Verhältnis ist ebenfalls sehr ähnlich. Jedoch kommt in der Starklichtpflanze rechnerisch eine nichtcyclische Elektronentransportkette auf ein P$_{700}$-Molekül (d. h. auf ein Reaktionszentrum), gegenüber 0,3 Ketten in der Schwachlichtpflanze. Offenbar ist die cyclische Photophosphorylierung in der Schwachlichtpflanze besonders ausgeprägt. Es ist evident, dass die Akklimatisierung der Pflanze an den Lichtfaktor auch im molekularen Bereich tiefgreifende Veränderungen nach sich zieht. Spinatblätter bilden in den lichtexponierten Palisadenzellen „Starklichtchloroplasten", und in den stärker abgeschatteten Schwammparenchymzellen „Schwachlichtchloroplasten" aus. Wenn das Blatt für einige Tage mit der Unterseite zum Licht orientiert wird, nehmen die Chloroplasten die umgekehrten Eigenschaften an.

Die adaptiven Fähigkeiten einer Pflanze, d. h. ihre Reaktionsbreite gegenüber Umwelteinflüssen, sind in der Regel genetisch streng festgelegt (→ S. 375). Dies trifft nicht nur auf der Ebene der Arten zu, sondern auch auf Ökotypen ein und derselben Art, welche im Verlauf der Evolution an bestimmte Umweltbedingungen genetisch angepasst wurden (→ Exkurs 10.2). Genetische Schwachlichtpflanzen haben meist eine geringere Adaptationsfähigkeit.

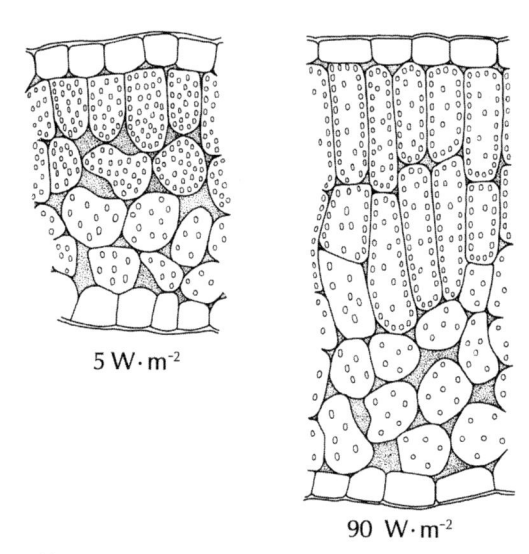

Abb. 10.14. Die morphogenetische Adaptation des Blattes an die Lichtbedingungen während der Anzucht. Objekt: Weißer Senf (*Sinapis alba*). Die Schwachlichtmodifikation (5 W · m^{-2}) zeigt ein einschichtiges Palisadenparenchym, dessen Zellen sich nur wenig von denen des Schwammparenchyms unterscheiden. Im Starklicht (90 W · m^{-2}) sind die beiden Gewebe wesentlich stärker differenziert. Die Umstellung vom Schwach- auf den Starklichtphänotyp erfolgt innerhalb von 5 d. (Nach Grahl und Wild 1973)

EXKURS 10.2: Genetische und modifikatorische Anpassung der Photosynthese an die Standortverhältnisse

Die beiden funktionellen Ebenen der Anpassung des Photosynthesesystems „Blatt" an unterschiedliche Umweltbedingungen werden in einer experimentellen Studie deutlich, die mit verschiedenen Ökotypen des Bittersüßen Nachtschattens *(Solanum dulcamara)* durchgeführt wurde. Mit dem Begriff Ökotyp bezeichnet man ökologische Rassen einer Art, die sich aufgrund genetischer Merkmale unterscheiden lassen.

Abbildung A: Der Ökotyp *Mb 1* stammt aus einem schattigen Schilfbestand bei Frankfurt, *Fe 2* von einer offenen Sanddüne der Insel Fehmarn. Klone beider Ökotypen wurden unter sonst gleichen Bedingungen im Starklicht (110 W · m^{-2}) bzw. Schwachlicht (24 W · m^{-2}) angezogen. Die an den Blättern gemessenen Licht-Effekt-Kurven lassen erkennen, dass *Fe 2* ein hohes Maß an Anpassungsfähigkeit an die Lichtbedingungen zeigt, nicht aber *Mb 1*. Diese Unterschiede spiegeln sich auch in der Blattanatomie wider: *Fe 2* bildet im Starklicht ein dreischichtiges, im Schwachlicht ein einschichtiges Palisadenparenchym aus (→ Abbildung 10.14). *Mb 1* besitzt unter beiden Bedingungen ein bis zwei Palisadenschichten.

Abbildung B: Der Ökotyp *Sh 2* stammt von einem Erlenbruch bei Frankfurt, *Yu 5* von einer trockenen Geröllhalde bei Rovinji (Kroatien). Klone beider Ökotypen wurden unter sonst gleichen Bedingungen im vollen Sonnenlicht bei guter Wasserversorgung *(feucht)* bzw. um 70 % verminderter Wasserversorgung *(trocken)* angezogen. Die an den Blättern gemessenen Licht-Effekt-Kurven lassen erkennen, dass *Yu 5* eine etwas geringere Photosyntheseleistung zeigt, die jedoch durch Trockenstress nicht beeinflusst wird. Im Gegensatz dazu weist *Sh 2* bei guter Bewässerung eine deutlich höhere Photosyntheseleistung auf, reagiert aber mit einer drastischen Hemmung der Photosynthese bei Trockenheit.

Diese Resultate zeigen in beispielhafter Weise das Ineinandergreifen von genetischer und modifikatorischer Adaptation von Pflanzen an die Umweltfaktoren Licht bzw. Wasserverfügbarkeit. Auf der genetischen Ebene ist die **Fähigkeit zur Anpassung** (hoch bei *Fe 2* und *Sh 2*, niedrig bei *Mb 1* und *Yu 5*) festgelegt und damit die **Reaktionsbreite**, innerhalb der die **modifikatorische Anpassung (Akklimatisation)** auf der phänotypischen Ebene erfolgen kann. (Nach Daten von Gauhl 1969)

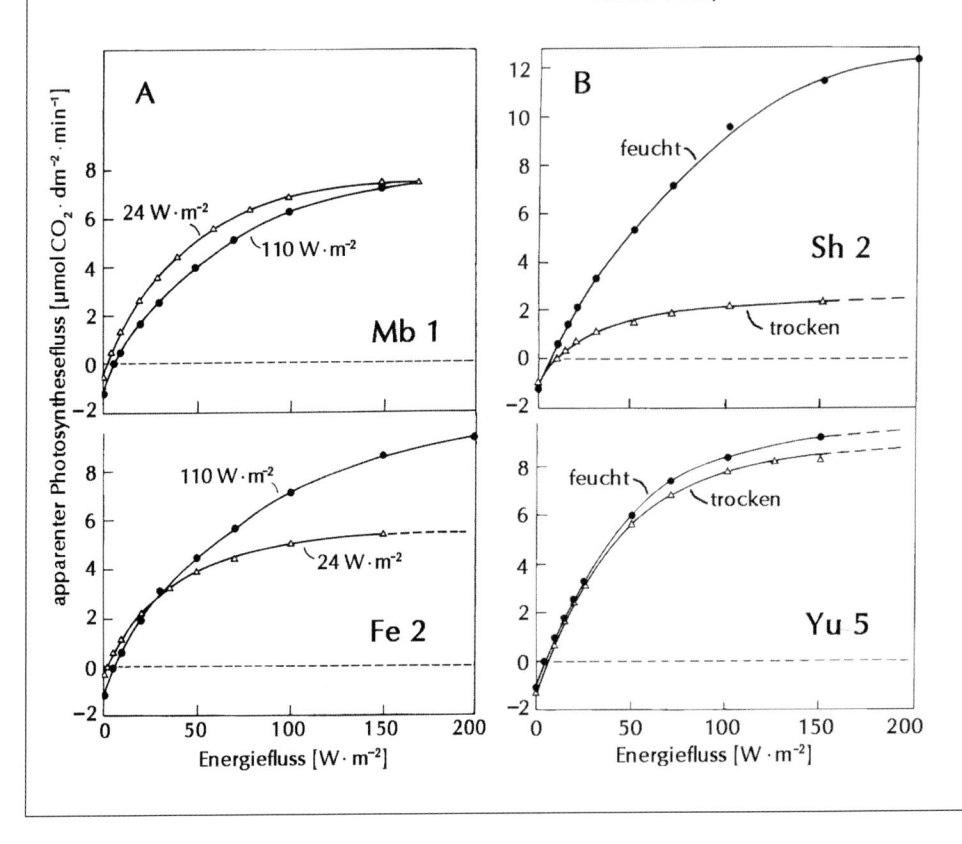

10.5 Temperaturabhängigkeit der apparenten Photosynthese

Die Temperatur des Blattes ist ein wesentlicher Faktor der Photosyntheseintensität. Sie hängt ihrerseits in komplizierter Weise von äußeren und inneren Faktoren ab (z. B. von der Lufttemperatur, dem Lichtfluss, der Luftturbulenz und der Transpirationsintensität). Abweichungen von ± 10 °C zwischen Blatt- und Umgebungstemperatur sind daher nicht ungewöhnlich. Eine Belichtung bringt stets auch eine thermische Belastung der Pflanze mit sich, die sich, insbesondere bei schwacher Konvektion, als Übertemperatur äußert (→ Exkurs 10.3).

Für photochemische Reaktionen und Diffusionsprozesse liegt der Q_{10}-Wert in der Regel nahe bei 1. Biochemische Reaktionen sind dagegen stark temperaturabhängige Vorgänge ($Q_{10} \gtreqqless 2$; → S. 71). Daraus folgt, dass die Temperaturabhängigkeit der reellen Photosynthese mit zunehmender Lichtsättigung zunimmt. Dies führt zwischen 0 und etwa 30 °C zu einer Steigerung der apparenten Photosyntheseintensität im Starklicht, nicht jedoch im Schwachlicht (Abbildung 10.15). Versorgt man ein Blatt saturierend mit Licht und CO_2, so begrenzt die Aktivität der Enzyme des Photosyntheseapparats (vor allem der RUBISCO) die Intensität der CO_2-Fixierung. Temperaturkurven der Photosynthese zeigen unter diesen Bedingungen ein ausgeprägtes Optimum (Abbildung 10.15). Die Lage dieses Optimums und des Temperaturkompensationspunktes unterliegen einer ganz ähnlichen (modifikatorischen und genetischen) Anpassung an die Umwelt wie wir sie beim Lichtfluss kennengelernt haben (→ Abbildung 26.11). Bei höheren Pflanzen arktischer Regionen liegt das Photosyntheseoptimum um 15 °C. Wüstenpflanzen erreichen dagegen Werte bis 47 °C (→ Exkurs 11.2, S. 288).

Die Temperaturabhängigkeit eines physiologischen Prozesses lässt sich durch die **Aktivierungsenergie** A charakterisieren, welche in einem einfachen Zusammenhang mit dem Q_{10}-Wert steht (→ Gleichung 4.3). Man erhält A, indem man die Temperaturkurve als **Arrhenius-Diagramm** darstellt (Abbildung 10.16). Vergleichende Untersuchungen haben gezeigt, dass die Aktivierungsenergie der lichtgesättigten Photosynthese etwa 70 kJ · mol CO_2^{-1} beträgt, was ziemlich genau dem Wert für die Carboxylierungsreaktion der RUBISCO entspricht.

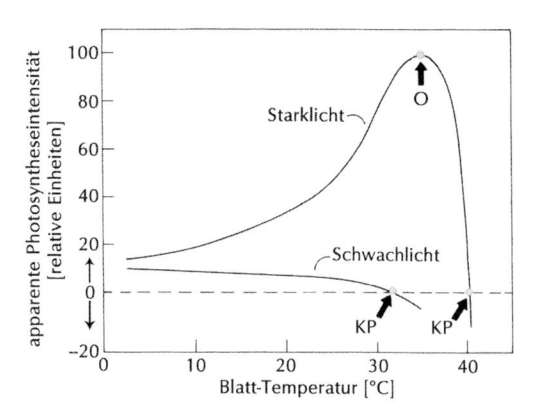

Abb. 10.15. Temperaturkurven der apparenten Photosynthese im Stark- und Schwachlicht bei sättigender CO_2-Konzentration (schematisch). Im Bereich von 0 bis 30 °C steigt die Photosyntheseintensität im Starklicht progressiv an (bei einer Temperaturerhöhung von 10 °C um mehr als das Doppelte, $Q_{10} > 2$). Oberhalb des **Temperaturoptimums** (O; 35 °C) fällt die apparente Photosyntheseintensität steil ab. Der (obere) **Temperatur-Kompensationspunkt** (KP) wird bei etwa 40 °C unterschritten. Im Schwachlicht ist die **reelle** Photosynthese kaum temperaturabhängig. Die **apparente** Photosynthese nimmt jedoch wegen der Steigerung der Atmung bei Temperaturerhöhung ab. Irreversible Schäden durch Denaturierung von Enzymen spielen meist erst über 40 °C eine Rolle (→ S. 593).

Starke artspezifische Unterschiede treten jedoch in der **Länge des linearen Astes** der Arrhenius-Kurve auf. Pflanzen warmer Standorte sind dadurch ausgezeichnet, dass die Kurve erst bei höheren Temperaturen von der Geraden abweicht, d. h. dass das Optimum erst bei höherer Temperatur erreicht wird.

Wie kann man diese Zusammenhänge molekular deuten? Zunächst muss man aus der einheitlichen Aktivierungsenergie der photosynthetischen CO_2-Fixierung den Schluss ziehen, dass die RUBISCO und wahrscheinlich auch die anderen Photosyntheseenzyme in allen Pflanzen die selben Temperaturabhängigkeiten besitzen, d. h. die Enzyme selbst sind nicht an unterschiedliche Temperaturbedingungen adaptierbar. Die spezifischen Unterschiede in der Lage des Temperaturoptimums könnten theoretisch auf spezifische Unterschiede in der Wärmestabilität der Enzyme zurückzuführen sein. In der Regel ist jedoch die Inaktivierung von Enzymen erst bei wesentlich höheren Temperaturen ein ins Gewicht fallender Faktor. Ein entscheidender Grund für das Abbiegen der Arrhenius-Kurven ist vielmehr in der Tatsache zu suchen, dass bei höheren Temperaturen die Intensität der

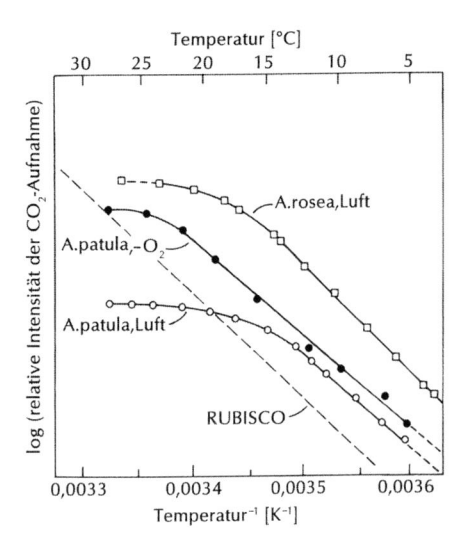

Abb. 10.16. Temperaturabhängigkeit (Blatt-Temperatur) des apparenten Photosyntheseflusses bei zwei *Atriplex*-Arten (sättigender Lichtfluss, 320 µl · l^{-1} CO$_2$, Anzucht bei 20–25 °C). Zum Vergleich ist die Temperaturkurve der Ribulosebisphosphatcarboxylasereaktion bei optimaler CO$_2$-Konzentration eingezeichnet (*RUBISCO*). Die Kurven sind als Arrhenius-Diagramm gezeichnet (log Reaktionsintensität pro Blattfläche gegen T^{-1}). Nach der **Arrhenius-Gleichung** (→ Gleichung 4.1) ergibt sich bei dieser Auftragung theoretisch eine Gerade, deren Steigung proportional zur Aktivierungsenergie A ist. Man erkennt, dass die experimentellen Kurven bei niedrigen Temperaturen der Arrhenius-Gleichung perfekt folgen. Hieraus kann man einen einheitlichen Wert für A (ca. 70 kJ/mol CO$_2$; entspricht $Q_{10} \approx 3$) berechnen. Die Kurven biegen bei unterschiedlichen Temperaturen von der Geraden ab. *A. rosea* erreicht demnach ein höheres Temperaturoptimum als *A. patula*. Bei reduzierter O$_2$-Konzentration (15 ml · l^{-1}; –O$_2$) wird das Optimum bei *A. patula* zu höheren Temperaturen verschoben. *A. patula* ist eine C$_3$-Pflanze, während *A. rosea* eine C$_4$-Pflanze ist (→ Abbildung 11.3). (Nach Björkman und Pearcy 1971)

EXKURS 10.3: Die thermische Belastung des Blattes im Licht und ihre Reduktion durch Transpiration

Bei der Belichtung eines Blattes wird ein Teil der absorbierten Strahlungsenergie in Wärmeenergie umgewandelt, die zu einer erheblichen Temperaturerhöhung im Gewebe führen kann. Die Blatt-Temperatur weicht unter diesen Bedingungen deutlich von der Lufttemperatur in der Umgebung ab. Eine elegante, sehr empfindliche Methode zur berührungslosen Messung der Temperatur in einem Blatt ist die **Thermographie**. Hierbei wird die vom Blatt abgegebene Infrarotstrahlung (λ = 8 bis 14 µm) mit einer geeigneten Kamera registriert und mit Hilfe eines Computerprogramms als Falschfarbenbild des Blattes dargestellt, aus dem die lokale Oberflächentemperatur quantitativ abgelesen werden kann. Diese Methode eignet sich auch zur Analyse des Wärmehaushalts von Pflanzenbeständen und seiner Beeinflussung durch Umweltfaktoren (z. B. Pathogenbefall).

Im folgenden Experiment wurde mit dieser Methode die Temperaturänderung beim Übergang vom Dunkeln ins Licht (570 µmol · m^{-2} · s^{-1}) bei Blättern der Sonnenblume (*Helianthus annuus*) gemessen. Die Lufttemperatur betrug konstant 25,0 ± 0,1 °C. Die Abbildung zeigt oben den zeitlichen Verlauf der Blatt-Temperatur in einem Messfeld von 30 mm Durchmesser (*dunkle Fläche*) in einem Blatt einer optimal bewässerten Pflanze (*intakt*) bzw. einer Pflanze, der 2 h vorher zur Erzeugung von Trockenstress 40 % des Wurzelsystems entfernt worden war (–*Wurzel*). Parallel dazu wurde die photosynthetische CO$_2$-Aufnahme der Blätter gemessen (*unten*). Das Einschalten des Lichts (*Pfeil*) verursacht einen raschen Temperaturanstieg von 25,0 auf 28,5 °C. Nach 5 min fällt die Temperatur wieder ab, da nach Öffnung der Stomata die einsetzende Transpiration zu einer effektiven Kühlung durch Erzeugung von Verdunstungskälte führt. Bei unzureichender Wasserversorgung kann dieser Effekt nicht aufrecht erhalten werden; die Stomata schließen sich nach kurzer Zeit teilweise und die Blatt-Temperatur steigt wieder auf einen höheren Wert an.

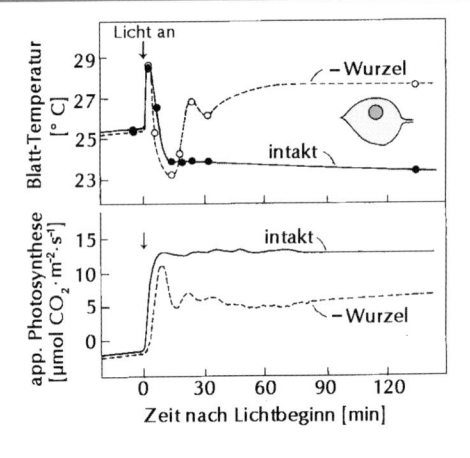

Diese Resultate zeigen, dass die durch Licht bewirkte Erwärmung des Blattes mit Hilfe der Transpiration verhindert werden kann, und dass dieser Effekt in einem direkten Zusammenhang mit der Wasserversorgung der Pflanze steht. (Nach Hashimoto et al. 1984)

Photorespiration wesentlich stärker zunimmt als die der reellen Photosynthese (→ Abbildung 9.13). (Aus diesem Grund ist auch der CO_2-Kompensationspunkt stark temperaturabhängig; → Abbildung 10.18.) Eine Hemmung der Photorespiration durch Entzug von O_2 führt daher zu einer Erhöhung des Temperaturoptimums der apparenten Photosynthese (→ Abbildung 10.16). Wärmeliebende Pflanzen zeichnen sich offenbar durch eine besonders geringe relative Photorespiration aus. Auch hier stoßen wir wieder auf das Verhältnis zwischen reeller Photosynthese und Atmung als einen zentralen Parameter bei der Anpassung des Photosyntheseapparats an die Umwelt. Bei hohen Temperaturen können auch der durch Stomataverschluss (Trockenstress!) bedingte, hohe Diffusionswiderstand und die erniedrigte Wasserlöslichkeit für CO_2 als limitierende Faktoren der Photosynthese in Erscheinung treten.

10.6 Der Einfluss von Sauerstoff auf die apparente Photosynthese

In einer O_2-freien Atmosphäre läuft die apparente Photosynthese der meisten Pflanzen (C_3-Pflanzen; → Tabelle 11.1) 1,5- bis 2mal intensiver ab als in normaler Luft (209 ml $O_2 \cdot l^{-1}$), und zwar sowohl bei hohem als auch bei niedrigem Lichtfluss. O_2 **vermindert** also die apparente Photosyntheseintensität. Dieses Phänomen, das man nach seinem Entdecker **Warburg-Effekt** nennt, hat wahrscheinlich mehrere biochemische Ursachen. Einmal ist es möglich, dass O_2 als Elektronenacceptor am Ferredoxin auftritt, was zu einem Kurzschluss des nichtcyclischen Elektronentransports führt (pseudocyclischer Elektronentransport; → S. 194). Wichtiger sind in normaler Luft wohl zwei Wirkstellen im Bereich des Kohlenhydratstoffwechsels: 1. O_2 ist ein Substrat für die Glycolatphosphatsynthese und ein kompetitiver Inhibitor der CO_2-Fixierung durch die RUBISCO (→ Abbildung 9.12). 2. O_2 ist ein Substrat der Glycolatoxidase, welche die partielle Dissimilation photosynthetisch gebildeten Glycolats einleitet. Diese beiden Reaktionen sind die O_2-verbrauchenden Schritte im Rahmen der **Photorespiration** (→ Abbildung 9.15). Man kann daher den Warburg-Effekt bei der CO_2-Assimilation als eine O_2-bedingte **Förderung** der Photorespiration auf Kosten der reellen Photosynthese beschreiben.

Bei den meisten Pflanzen führt der Warburg-Effekt unter natürlichen Bedingungen zu einer massiven, bei höheren Temperaturen drastisch zunehmenden Verminderung der photosynthetischen Effektivität (messbar z. B. als Verminderung der Quantenausbeute der CO_2-Nettofixierung von ca. 0,08 auf ca. 0,05 mol $O_2 \cdot$ mol absorbierter Quanten^{-1} bei 30 °C; → S. 179). Durch Reduktion der O_2-Konzentration in der Luft kann man daher die Assimilationsleistung vieler Pflanzen erheblich steigern (Abbildung 10.17). Dieser Sachverhalt lässt sich auch an der Beziehung zwischen O_2-Konzentration und CO_2-Kompensationspunkt ablesen, der ja ein Maß für die „Affinität" des Blattes für CO_2 darstellt. Abbildung 10.18 zeigt, dass diese Beziehung durch eine Gerade dargestellt werden kann, deren Steigung von der Temperatur abhängt. Pflanzen, die von Natur aus ein sehr niedriges Γ zeigen, sind vom Warburg-Effekt praktisch nicht betroffen (→ Tabelle 11.1). Weiterhin wird in Abbildung 10.18 deutlich, dass die Effektivität der

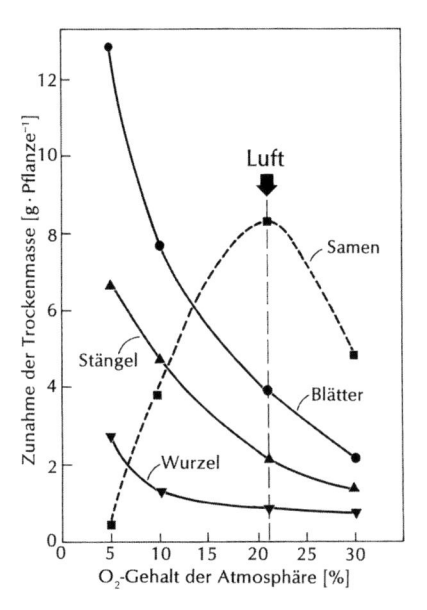

Abb. 10.17. Abhängigkeit der photosynthetischen Stoffproduktion von der O_2-Konzentration in der Atmosphäre. Objekt: Soja (*Glycine max*). Die Pflanzen wurden im Sprossbereich für 8 Wochen in einer Atmosphäre mit 300 µl · l^{-1} CO_2 und variablem O_2-Gehalt (5 bis 30 Vol %) gehalten. Man erkennt, dass das Wachstum der vegetativen Organe (*Blätter, Stängel, Wurzel*) bei reduzierter O_2-Konzentration gefördert wird, sich aber nicht in einer entsprechenden Wachstumsförderung der reproduktiven Organe (*Samen*) niederschlägt. (Nach Quebedaux et al. 1975)

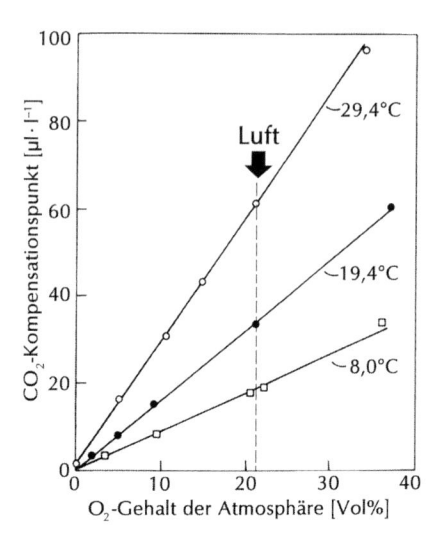

Abb. 10.18. Der Zusammenhang zwischen O_2-Konzentration und CO_2-Kompensationspunkt der Photosynthese bei drei verschiedenen Blatt-Temperaturen. Objekt: Blätter von *Atriplex patula* (100 W · m^{-2} bei 400 bis 700 nm). Die Geraden extrapolieren gegen den Nullpunkt. Dies ist ein weiterer experimenteller Beleg für die Lichthemmung der mitochondrialen CO_2-Produktion („Dunkelatmung"), welche normalerweise bereits bei < 5 Vol % mit O_2 gesättigt ist (→ S. 243). (Nach Björkman et al. 1970)

photosynthetischen CO_2-Fixierung durch niedrige Temperaturen wesentlich gesteigert wird. Ebenso wirkt eine Erhöhung der CO_2-Konzentration, da hierdurch die hemmende Wirkung des O_2 sehr wirksam zurückgedrängt werden kann.

10.7 Die Regulation des CO_2-Austausches durch die Stomata

10.7.1 Physiologische Grundlagen

Die Diffusion des photosynthetischen Substrats CO_2, das in relativ geringer Konzentration (derzeit etwa 390 µl · l^{-1}) in der Atmosphäre vorkommt, zum Ort seines Verbrauchs in den Chloroplasten ist ein entscheidender Teilprozess des Photosynthesegeschehens. Bei stationärer Photosynthese entwickelt sich auf dieser Strecke ein **CO_2-Konzentrationsgradient**, dessen Steilheit von der Photosyntheseintensität abhängt. Entlang dieses Gradienten erfolgt im Licht ein **Diffusionsfluss** von CO_2. Anders als bei der Cytochromoxidase der Mitochondrien (→ Tabelle 9.2) ist die Affinität der RUBISCO für ihr Substrat CO_2 im Verhältnis zum CO_2-Angebot in der Atmosphäre sehr gering ($K_m \approx 10$ µmol · l^{-1} bei pH 7,9 und 25 °C im voll aktivierten Zustand). In Wasser, welches mit Luft im Gleichgewicht steht, lösen sich bei 25 °C und 0,1 MPa nur 13 µmol · l^{-1} = 290 µl · l^{-1} CO_2. Da die der Blattepidermis aufgelagerte Cuticula weitgehend undurchlässig für CO_2 ist, erfolgt der CO_2-Einstrom praktisch ausschließlich durch die **Stomata**, welche in einem spezifischen Muster entweder nur auf der Blattunterseite (**hypostomatische** Blätter) oder auf beiden Blattflächen (**amphistomatische** Blätter) angeordnet sind.

Dem Nettostrom von CO_2 (I_{CO_2}) in ein Blatt mit der Fläche F stehen mehrere Diffusionsbarrieren im Wege. Nach dem 1. Fickschen Gesetz (→ Gleichung 4.10; Abbildung 4.5b) erhält man:

$$I_{CO_2} = -P \, F \, \Delta c_{CO_2} \qquad (10.5a)$$

bzw.

$$I_{CO_2} = -\frac{(c_{CO_2})_{\text{Atmosphäre}} - (c_{CO_2})_{\text{Chloroplast}}}{r}, \qquad (10.5b)$$

wobei $r = P^{-1} F^{-1}$ als **Diffusionswiderstand** (Dimension: s · m^{-3}) definiert ist (r^{-1}, die **Leitfähigkeit**, entspricht dem Produkt aus Blattfläche mal Permeabilitätskoeffizient P; → Gleichung 4.10). Diese Formulierung des 1. Fickschen Gesetzes ist direkt analog zum Ohmschen Gesetz. In Anbetracht der komplexen Situation im Blatt ist es sinnvoll, den Gesamtdiffusionswiderstand (r_{total}) in eine Summe von Einzelwiderständen aufzulösen. Dies kann z. B. folgendermaßen geschehen:

$$r_{total} = r_a + r_l + r_w + r_k. \qquad (10.6)$$

Abbildung 10.19 veranschaulicht den Diffusionsweg des CO_2 unter Einbeziehung der Atmungsprozesse. Der **äußere Widerstand** r_a ist durch die Dicke der **CO_2-Grenzschicht** an der Blattoberfläche bedingt. Diese bis zu mehreren Millimetern dicke, CO_2-verarmte Luftschicht vor den Stomata kann die Diffusion von CO_2 bei ruhiger Luft erheblich behindern. Sie hängt stark vom Wind, der Blattgestalt und der Morphologie der Blattoberfläche (z. B. Behaarung) im Bereich der Stomata ab (→ Abbildung 10.13). Der **Stomatawiderstand** r_l ist eine Funktion der Anzahl und Öffnungsweite der Stomata. r_w ist der Widerstand, den das CO_2 beim Übergang von der Gasphase der

10.7 Die Regulation des CO$_2$-Austausches durch die Stomata

Interzellularen in die wässrige Phase (10^4 mal kleineres D!) der Zellwände zu überwinden hat. Die Diffusionswiderstände der Zellmembranen und des Cytoplasmas sind meist vernachlässigbar klein. Obwohl nicht direkt am Diffusionsprozess beteiligt (und daher nicht dem 1. Fickschen Gesetz, sondern der Michaelis-Menten-Gleichung unterworfen), pflegt man auch den durch die Aktivität der enzymatischen CO$_2$-Fixierung bedingten **„chemischen Widerstand"** r_k einzubeziehen. Die Summe $r_w + r_k$ wird auch als **Mesophyllwiderstand** r_m bezeichnet. Während r_w und r_k für ein bestimmtes Blatt bei sättigenden Lichtbedingungen als konstant angesehen werden können, sind r_a und r_l hochgradig variabel. Der maßgebende Teilwiderstand bei ruhiger Luft ist r_a. Andererseits kann r_l den Gesamtwiderstand bei bewegter Luft maßgeblich bestimmen. Bei Stomataverschluss ist $r_l \approx r_{total} \approx \infty$. Damit werden die Stomata zu den entscheidenden Pforten, an denen unter natürlichen Bedingungen der Nettofluss von CO$_2$, J_{CO_2}, in das Blatt (und zwangsläufig damit gekoppelt, der Nettofluss von H$_2$O, J_{H_2O}, aus dem Blatt) reguliert werden kann.

Der stomatäre Diffusionswiderstand ist nicht grundsätzlich der begrenzende Faktor für die Intensität der CO$_2$-Fixierung. Abbildung 10.20 zeigt, dass der Leitfähigkeitskoeffizient der Epidermis bei turgeszenten Blättern sehr gut an die maximal mögliche Photosyntheseintensität angepasst sein kann. Man kann daher in der Regel davon ausgehen, dass bei angepassten Pflanzen unter normalen Bedingungen (bewegte Luft, gute Wasserversorgung, mittlere Lichtflüsse) die CO$_2$-Konzentration der Interzellularen nur wenig von derjenigen der Außenluft abweicht und dass nicht r_l, sondern die Kapazität der enzymatischen Reaktionen in den Chloroplasten (d. h. r_k) den Flaschenhals der Photosynthese darstellen. Bei Pflanzen mit niedrigem Γ

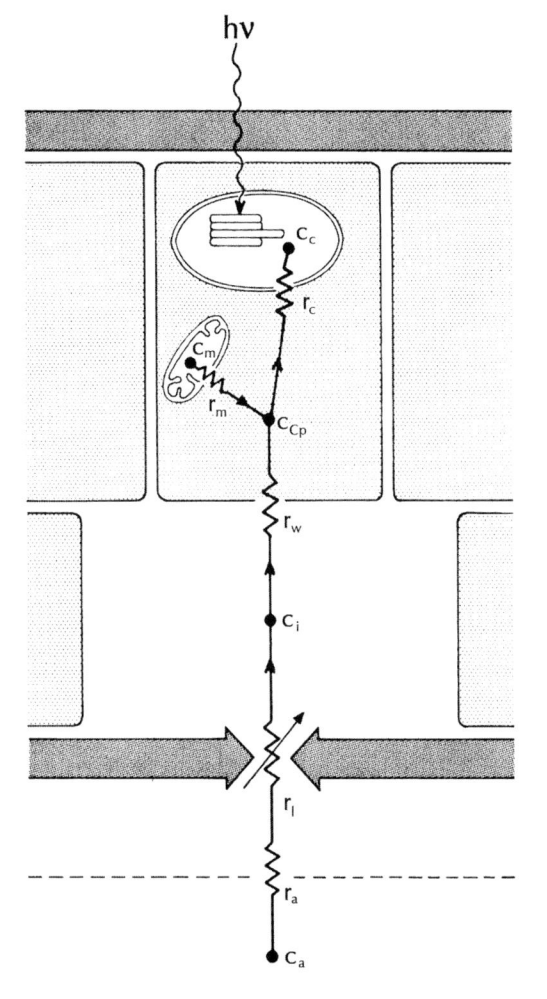

Abb. 10.19. Einfaches Modell des photosynthetischen CO$_2$-Transports von der Außenluft in die Chloroplasten des Blattes unter Berücksichtigung der Atmungsvorgänge. Der CO$_2$-Strom ist in Analogie zum Strom von Elektrizität in einem System von Widerständen dargestellt. r_a, r_l, r_w, r_c, r_m, Diffusionswiderstände an Grenzfläche, Epidermis, Zellwand, Chloroplastenhülle, Mitochondrienhülle; c_a, c_i, c_{Cp}, c_c, c_m, CO$_2$-Konzentrationen von Außenluft, Atemhöhle, Cytoplasma, Chloroplast, Mitochondrion. Die Transportwiderstände an den Membranen sind verhältnismäßig klein und werden daher meist vernachlässigt. (In Anlehnung an Larcher 2001)

(C$_4$-Pflanzen; → S. 280) beobachtet man erwartungsgemäß eine deutliche Begrenzung des CO$_2$-Einstromes durch die Stomata.

Die Regulation der stomatären Öffnungsweite dient offenbar bei einer turgeszenten Pflanze vor allem dazu, r$_l$ der jeweiligen Photosyntheseintensität anzupassen, d. h. nicht unnötig groß werden zu lassen. Eine wichtige Rolle spielt hierbei die Tatsache, dass die Wasserdampfdiffusion in einer linearen Beziehung zur stomatären Leitfähigkeit (r$_l^{-1}$) steht (analog zu Gleichung 10.5b), während die photosynthetische CO$_2$-Aufnahme eine Sättigungskurve für CO$_2$ zeigt. Daher wird, zumindest bei höheren CO$_2$-Konzentrationen im Blatt, die Transpiration durch ein hohes r$_l$ viel stärker eingeschränkt als die Photosynthese. Auf diese Weise kann ein optimaler Kompromiss zwischen CO$_2$-Assimilation und transpiratorischem Wasserverlust erzielt werden. Der **Wasserökonomiequotient** $J_{CO_2} \cdot J_{H_2O}^{-1}$ ist dann maximal. Bei Blättern unter Trockenstress gilt dies nicht mehr. In diesem Fall wird r$_l$ u. U. weit über den Wert angehoben, der einen noch sättigenden CO$_2$-Einstrom erlaubt, d. h. r$_l$ wird dann zum limitierenden Faktor der Photosynthese. Es ist daher verständlich, dass die Photosyntheseintensität und der Wasserzustand des Blattes die Öffnungsweite der Stomata vermittels getrennter Kontrollsysteme beeinflussen.

10.7.2 Lichtabhängige Steuerung der Stomaweite

Im turgeszenten Blatt besteht bei nichtsättigenden Lichtbedingungen eine enge Korrelation zwischen stomatärer Öffnungsweite und Photosyntheseintensität. Abbildung 10.21 zeigt, dass die Halbwertszeit für die Öffnungs- und Schließbewegung nach Änderung des Lichtflusses beim Maisblatt nur wenige Minuten beträgt. Das Wirkungsspektrum für die photonastische Stomaöffnung spiegelt im Prinzip das Absorptionsspektrum der Photosynthesepigmente wider. Auch im Dunkeln kann man die Stomata zur Öffnung veranlassen, indem man die Interzellularen des Blattes mit CO$_2$-freier Luft spült. Ein ähnliches Resultat erhält man mit isolier-

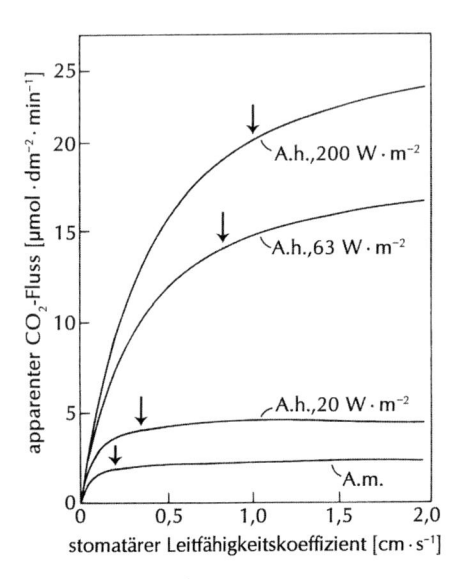

Abb. 10.20. Der apparente Photosynthesefluss bei Blättern in normaler Luft bei Lichtsättigung als Funktion des stomatären Leitfähigkeitskoeffizienten für CO$_2$. Objekte: *Alocasia macrorrhiza* (A.m.), eine extreme Schattenpflanze des tropischen Regenwaldes, die dort unter stark lichtlimitierten Bedingungen wächst; *Atriplex patula ssp. hastata* (A.h.), eine Sonnenpflanze, welche bei drei verschiedenen Lichtenergieflüssen angezogen wurde. Die Kurven wurden durch indirekte Messungen ermittelt. Die Pfeile bezeichnen die Leitfähigkeitskoeffizienten, die sich in vollturgeszenten Blättern bei sättigendem Lichtfluss in Luft tatsächlich einstellen. Die maximalen Photosyntheseflüsse variieren in Abhängigkeit von genetischen bzw. umweltbedingten Faktoren (→ Abbildung 10.12). Man erkennt, dass der Diffusionswiderstand der Epidermis unter den gegebenen Bedingungen in keinem Fall ein ins Gewicht fallender limitierender Faktor ist (d. h. eine weitere Erhöhung der Leitfähigkeit würde keine wesentliche Verbesserung mehr bringen). (Nach Björkman 1973)

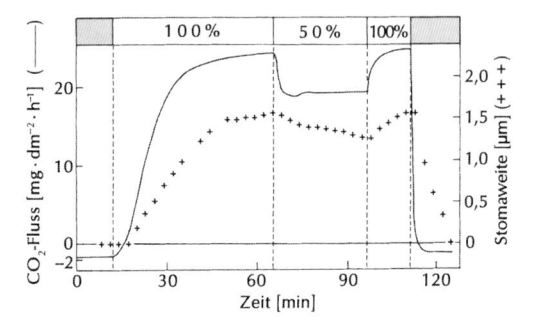

Abb. 10.21. Die Veränderung der mittleren Stomaweite und der CO$_2$-Aufnahme eines Blattes im Licht-Dunkel-Wechsel. Objekt: Mais (*Zea mays*). Die Stomaweite wurde rechnerisch aus Leitfähigkeitsmessungen ermittelt (linearer Zusammenhang) welche mit Hilfe eines Porometers durchgeführt wurden. Dieses Gerät misst den Gasfluss, den man durch Anlegen einer bestimmten Druckdifferenz (hier 10 cm Wassersäule) durch das Blatt pressen kann. Die amphistomatischen Blätter von Mais sind naturgemäß für solche Messungen besonders geeignet. Man erkennt, dass die Stomaweite mit einer leichten Verzögerung auf die Änderung des Lichtflusses (z. B. von 100 % auf 50 %) reagiert. (Nach Raschke 1966)

10.7 Die Regulation des CO₂-Austausches durch die Stomata

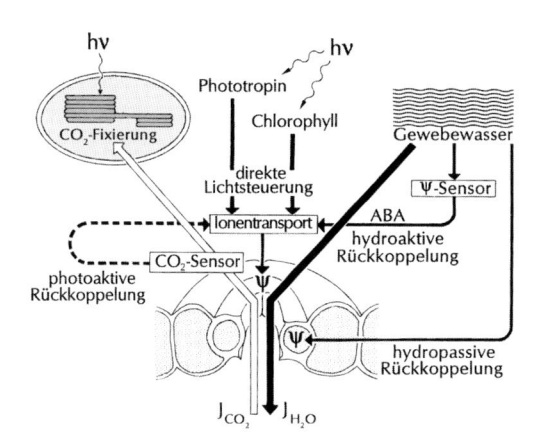

Abb. 10.22. Modell der Regelung bzw. Steuerung des stomatären Gastransports (Flüsse J_{CO_2}, J_{H_2O}) durch Licht, CO_2 und Wasserpotenzial im Blatt. Der „CO_2-Sensor" der Schließzellen („Stellglieder") misst die CO_2-Konzentration („Regelgröße") in der Atemhöhle, welche durch eine variable „Störgröße" (z. B. Licht) beeinflusst wird, und regelt durch Ionenimport oder -export das Wasserpotenzial ψ der Schließzellen (und damit Stomaweite und CO_2-Fluss) auf einen vorgegebenen konstanten „Sollwert" der CO_2-Konzentrationen ein (*photoaktive Rückkoppelung, links*). Wichtiger bei normalem Tageslicht ist die Steuerung durch Lichtsignale, die in den Schließzellen durch *Chlorophyll* und den Blaulichtphotoreceptor *Phototropin* aufgenommen werden (*direkte Lichtsteuerung, oben*). Das *hydroaktive Rückkoppelungssystem* regelt die Stomaweite nach Maßgabe des Wasserpotenzials im Mesophyll, wobei das Hormon Abscisinsäure (ABA; → S. 426) als Signalüberträger beteiligt ist (*rechts*). Eine *hydropassive Rückkoppelung* besteht zwischen dem Wasserzustand der Schließzellen und dem des gesamten Blattes. (In Anlehnung an Raschke 1975)

ten Epidermisstreifen, welche bei manchen Pflanzen ohne Beschädigung des Stomaapparats gewonnen werden können und daher günstige Untersuchungsobjekte für manche Fragestellungen sind. Der entscheidende Faktor für die Regulation der Stomaweite ist bei diesen Experimenten nicht das Licht direkt, sondern die CO_2-Konzentration im Gasraum des Blattes, welche durch einen **Regelkreis** an die wechselnde Intensität der photosynthetischen CO_2-Fixierung angepasst werden kann (Abbildung 10.22). Von daher ist auch die bezüglich des Lichtfaktors inverse Stomaregulation bei den CAM-Pflanzen verständlich (→ S. 292).

Der in Abbildung 10.22 dargestellte CO_2-Regelkreis ist wahrscheinlich nur bei sehr niedrigen und sehr hohen Lichtflüssen von Bedeutung. Bei normalem Tageslicht beeinflusst die CO_2-Konzentration die Stomaweite relativ wenig. Unter diesen Bedingungen übernehmen **Lichtsteuerungssysteme** in den Schließzellen selbst die Kontrolle über die Stomaweite, wobei zwei Photoreaktionssysteme zusammenwirken. Ein System wird durch Lichtabsorption im **Chlorophyll** aktiviert (z. B. durch rotes Licht) und schließt daher offenbar photosynthetische Reaktionen in den Schließzellenchloroplasten ein. Ein zweites, wesentlich empfindlicheres System arbeitet mit einem **Blaulichtphotoreceptor** (Phototropin; → S. 450). Die Art und Weise, wie diese beiden Steuerungssysteme gemeinsam eine Anpassung der CO_2-Aufnahme an den lichtabhängig variierenden Bedarf des Photosyntheseapparats gewährleisten, ist noch nicht geklärt.

10.7.3 Der H₂O-abhängige Regelkreis

Im allgemeinen sind Stomata unempfindlich für Änderungen des Wasserpotenzials im Blatt, solange ein bestimmter Schwellenwert von ψ (meist zwischen −0,5 und −1,8 MPa) nicht unterschritten wird (→ Abbildung 26.9). Sinkt ψ auf negativere Werte ab, so schließen sich die Stomata schnell und meist vollständig, weitgehend unabhängig von der Intensität der Photosynthese. Unter diesen Bedingungen übernimmt der **hydroaktive Regelkreis** die Kontrolle über die Stomaweite (Abbildung 10.22). Dieses System hat offenbar die Funktion eines Sicherheitsventils für die Transpiration. Auch hier ist der Sensormechanismus noch unbekannt. Für die Signalübertragung spielt das Hormon **Abscisinsäure** (ABA; → S. 426) eine entscheidende Rolle. Im Experiment lässt sich durch ABA-Zufuhr ein rascher und vollständiger Spaltenverschluss erzielen, der bei Entfernung von ABA wieder voll reversibel ist. Beim Unterschreiten des ψ-Schwellenwerts geben die Mesophyllzellen bereits wenige Minuten später wirksame Mengen von ABA in den Apoplasten ab. Die ABA-Receptoren der Schließzellen sind sehr wahrscheinlich an der Außenseite der Plasmamembran lokalisiert und daher vom apoplastischen Raum aus direkt zugänglich.

Bei einigen Pflanzen hat man Anhaltspunkte dafür gefunden, dass der CO_2-Regelkreis und der H_2O-Regelkreis über ABA funktionell verknüpft sind. Der CO_2-Regelkreis schließt die Stomata bei Erhöhung der CO_2-Konzentration nur dann, wenn eine geringe (im hydroaktiven System unterschwellige) ABA-Konzentration im Transpirationsstrom vorliegt, d. h. ABA macht die Stomata für CO_2 empfindlich. Umgekehrt sensibilisiert CO_2 die ABA-abhängige Schließbewegung. Es ist offensichtlich, dass dadurch die Flexibilität des gesamten Regelsystems wesentlich erweitert wird. ABA hat hier nicht nur die Rolle eine Botenstoffes beim Transpirationsschutz, sondern auch eine übergeordnete endokrine Funktion bei der gegenseitigen Abstimmung von Photosynthese und Wasserhaushalt. In der Tat ließ sich experimentell zeigen, dass ein Zusatz von ABA zum Transpirationsstrom die „Wasserausbeute" der Photosynthese, die man in diesem Zusammenhang durch den **Wasserökonomiequotienten** ($J_{CO_2} \cdot J_{H_2O}^{-1}$) definiert, wesentlich steigern kann.

Der Wasserzustand der Epidermis (bzw. des ganzen Blattes) hat bei ins Gewicht fallender cuticulärer Transpiration auch einen direkten Einfluss auf die Stellung der Schließzellen. Eine **hydropassive Öffnung** (Abbildung 10.22) tritt z. B. dann auf, wenn der Druck der Nachbarzellen nachlässt. Diese passiven Effekte sind jedoch häufig von kurzer Dauer, da sie durch die aktiven Regelsysteme wieder ausgeglichen werden.

Neben den physiologischen Steuersignalen Licht, CO_2 und ABA wirken im Experiment viele pharmakologische Faktoren auf die Stomabewegung, z. B. Auxin (Öffnung), Phytotoxine (Öffnung oder Schließung), Jasmonat (Schließung), H_2O_2 (Schließung), SO_2 und O_3 (Schließung). ABA und Jasmonat induzieren in Schließzellen die Bildung von H_2O_2. Ob diese Faktoren auch unter nicht-experimentellen Bedingungen an der Stomaregulation beteiligt sind, ist eine noch offene Frage.

10.7.4 Hydraulik der Stomabewegung

Stomata müssen funktionell als hydraulische Ventile aufgefasst werden. Ihre Bewegungsmechanik erfüllt die Kriterien einer **Nastie** (→ S. 570). Ein selektiver Anstieg des Wasservolumens in den Schließzellen führt zur Öffnung. Die Schließung erfolgt, wenn die Volumenzunahme durch Wasserausstrom wieder rückgängig gemacht wird (elastische Kontraktion). Häufig sind die Schließzellen von zwei relativ großen Nebenzellen begleitet, welche mit ihnen zusammen den **Stomaapparat** bilden. Die Nebenzellen haben meist Speicherfunktion für Ionen bzw. H_2O und bilden ein nachgiebiges Widerlager für die Schließzellen. Im Laufe der Evolution haben sich verschiedene Typen von Stomaapparaten herausgebildet, welche sich in anatomischen und mechanischen Eigenschaften unterscheiden. Bei den Gräsern z. B. haben die Schließzellen hantelförmige Gestalt; die mittleren englumigen Zellbereiche, die den Spalt bilden, werden durch eine starke Volumenzunahme der blasebalgartig erweiterungsfähigen Zellenden auseinander gedrückt. Ein bei Dikotylen häufiger Typ ist in Abbildung 10.23 dargestellt.

Bei allen Stomaapparaten wird die Öffnungsbewegung durch ein Absenken des Wasserpotenzials in den Schließzellen relativ zur Umgebung ausgelöst, was einen passiven Einstrom von Wasser, und damit eine Volumenvergrößerung, zur Folge hat. Der ψ-Abfall geht auf eine entsprechende Zunahme des osmotischen Drucks (π; → S. 103) unter dem Einfluss der Öffnungssignale (Licht, niedrige CO_2-Konzentration) zurück. Plasmolytische Messungen (→ Abbildung 3.8) haben ergeben, dass π in den Schließzellen bei der Öffnung auf 4–6 MPa ansteigen kann. Umgekehrt führen Schließungssignale (z. B. ABA) zu einem entsprechenden π-Abfall (ψ-Anstieg) und folglich zu einem Wasserausstrom aus den Schließzellen (Abbildung 10.24).

Wie erfolgt die π-Regulation in den Schließzellen? Bereits 1856 hat von Mohl die Hypothese be-

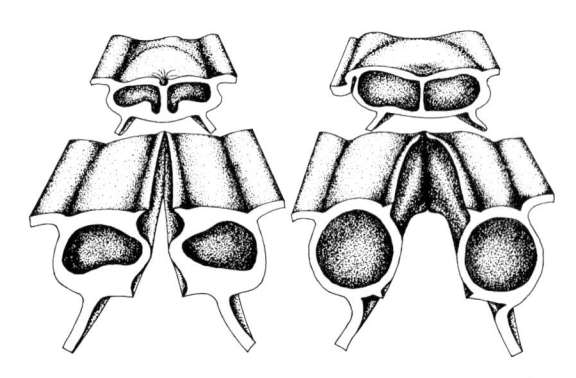

Abb. 10.23. Die Formveränderung der Schließzellen bei der Öffnungsbewegung. Objekt: Blatt der Ackerbohne (*Vicia faba*). Die in der Aufsicht bohnenförmigen Zellen öffnen zwischen sich einen Spalt, wenn die Zellwand durch die Volumenzunahme in **Längsrichtung** des Stomas gedehnt wird. Die Struktur der Zellwand lässt eine Ausdehnung nur in Richtung der gekrümmten Längsachsen der Schließzellen zu. Die Krümmung nimmt bei der Verlängerung zu; die Schließzellen weichen seitlich auseinander; der Spalt weitet sich. Es wird deutlich, dass hierbei die (sehr pektinreiche) Zellwand, die im geschlossenen Zustand etwa 50 % des Zellvolumens einnimmt, an Dicke stark abnimmt. Zwischen Änderung der Spaltweite und Änderung des Schließzellenlumens besteht ein linearer Zusammenhang: Öffnung des Spalts von 2 auf 12 µm Weite entspricht ungefähr einer Verdoppelung des Zelllumens (von 2,6 auf 4,8 pl). Außerdem besteht eine lineare Beziehung zwischen Spaltweite und -fläche und daher auch zwischen Spaltweite und Stomatawiderstand^{-1}. (Nach einer Vorlage von Raschke und Dickerson)

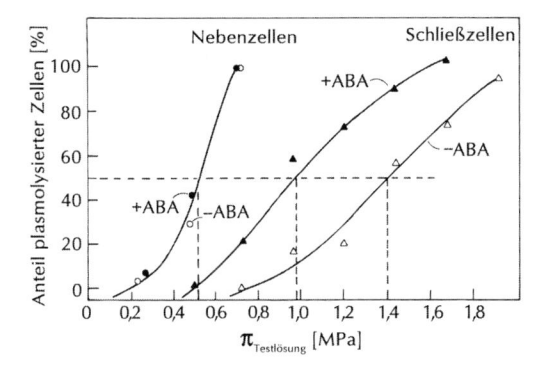

10.7 Die Regulation des CO$_2$-Austausches durch die Stomata

Abb. 10.24. Die Wirkung von Abscisinsäure (*ABA*) auf den osmotischen Druck in Schließzellen und Nebenzellen. Objekt: isolierte Blattepidermis von *Commelina communis*. Die Stomata öffnen sich maximal, wenn man die Epidermisstreifen z. B. auf einer NaNO$_3$-Lösung im Licht schwimmen lässt. Zusatz von 100 µmol · l^{-1} ABA führt zum Verschluss der Spalten. Der osmotische Druck der geöffneten bzw. geschlossenen Stomata wurde durch mikroskopische Feststellung der Grenzplasmolyse (50 % plasmolysierte Zellen) in einer Reihe osmotischer Testlösungen bestimmt (Mannit als Osmoticum; → Abbildung 3.8). Es wird deutlich, dass die ABA-abhängige Stomataschließung mit einer π-Reduktion von 1,4 auf 1,0 MPa einhergeht. (In den isolierten Epidermisstreifen ist π$_{Schließzelle}$ etwa dreimal niedriger als im intakten Blatt.) In den parallel gemessenen Nebenzellen (π = 0,5 MPa) besitzt ABA keine Wirkung. (Nach Mansfield und Jones 1971)

▶ **Schließzellen** sind hydraulisch bewegte **Motorzellen**, deren Zellwände durch eine hohe **elastische Dehnbarkeit**, d. h. durch einen niedrigen Elastizitätsmodul ε ausgezeichnet sind. Dies ermöglicht eine starke **Volumenzunahme** nach der Gleichung:

$$\frac{\Delta V}{V} \approx \frac{1}{\varepsilon + \pi}(\Delta\psi) \, (\to \text{S. 56}).$$

▶ Die treibende Kraft der Öffnungsbewegung ist **nicht** der Turgoranstieg, der hierbei stattfindet. Vielmehr führt nach der obigen Gleichung die Erhöhung des osmotischen Drucks π durch Ionenimport zu einer Absenkung des Wasserpotenzials (Δψ), welche ihrerseits den passiven Einstrom von Wasser bewirkt.

▶ Der Turgor steigt als **Folge** des Wassereinstroms an und stoppt diesen, wenn P = π, d. h. ψ = 0 erreicht ist.

gründet, dass bei der photoaktiven Öffnung osmotisch aktive Moleküle (Zucker) in den Schließzellen synthetisiert und in ihrer Vacuole akkumuliert würden. Später wurde die Hydrolyse von Stärke in Zucker als der wesentliche Prozess angesehen (Lloyd 1908). Als wichtigstes Indiz diente dabei die auffällige Ausbildung aktiver, stärkeakkumulierender Chloroplasten in den Schließzellen. (Normale Blattepidermiszellen besitzen in der Regel sehr kleine, rudimentäre Chloroplasten.) Tatsächlich hat man häufig im Zusammenhang mit der Öffnung einen Abbau der Stärkekörner in den Schließzellenchloroplasten und einen Anstieg von Saccharose im Cytoplasma beobachten können. Die Freisetzung von Zuckern ist jedoch völlig unzureichend, um den π-Anstieg quantitativ zu erklären. Heute weiß man, dass hier nicht Zucker, sondern **Ionen** die Hauptrolle bei der π-Erhöhung spielen. In mehr als 50 Arten konnte man einen schnellen Transport von K$^+$ zwischen Schließzellen und Nachbarzellen nachweisen (Abbildung 10.25), ähnlich wie er auch bei der nastischen Blattbewegung gefunden wurde (→ S. 570). Die Elektroneutralität kann beim Maisstoma etwa zur Hälfte durch eine gleichzeitige Aufnahme von Cl$^-$ gewährleistet werden. Die Nebenzellen dienen hierbei als Speicher für K$^+$ und Cl$^-$. Bei *Vicia faba* hat man keine derartige Verschiebung von Cl$^-$ gefunden. Hier übernehmen vorwiegend organische Säureanionen (vor allem Malat^{2-}), welche die Schließzellen selbst produzieren, die elektrische Neutralisation des einströmenden K$^+$. Es ist also die Akkumulation von **KCl** oder **K$_2$-Malat**, die für die zur Öffnung führende π-Erhöhung in den Schließzellen dieser Pflanzen hauptsächlich verantwortlich ist.

Im adulten Zustand gibt es keine funktionsfähigen Plasmodesmen zwischen Schließ-, Neben- und normalen Epidermiszellen; der K$^+$-Transport muss daher durch den Apoplasten (Zellwandraum) erfolgen. Die Steuerung des Ionentransports in die, und aus den, Schließzellen ist bisher nur bruchstückhaft bekannt (Abbildung 10.26). Der schnelle Import bzw. Export von K$^+$ wird durch K$^+$-selektive, spannungsabhängige **Ionenkanäle** ermöglicht, die an Schließzellprotoplasten bzw. isolierten Plasmamembranen mit der *patch-clamp*-Methode direkt nachgewiesen werden konnten (→ Abbildung 4.9). Öffnungssignale, z. B. Licht, induzieren eine Öffnung von einwärts gerichteten K$^+$-Kanälen durch **Hyperpolarisierung**, Schließsignale eine Öffnung von auswärts gerichteten K$^+$-Kanälen durch **Depolarisierung** der Plasmamembran. Die der lichtinduzierten Öffnungsbewegung vorangehende Hyperpolarisierung geht mit einer gleichzei-

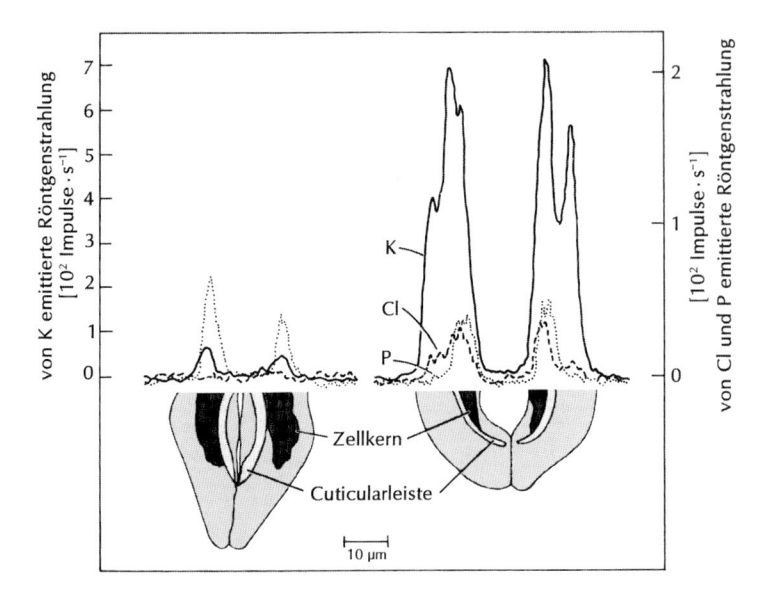

Abb. 10.25. Die spezifische Akkumulation von K$^+$ in den Schließzellen bei der Öffnungsbewegung. Objekt: Isolierte, untere Epidermis von Blättern der Ackerbohne (*Vicia faba*). Die relativen Konzentrationen der Elemente *K*, *Cl* und *P* wurden nach Gefriertrocknung der Zellen mit Hilfe einer Elektronenstrahlmikrosonde (Strahl von 0,5 µm Durchmesser) gemessen. Bei dieser Methode werden die einzelnen Elemente durch energiereiche Elektronenstrahlung zur Emission einer charakteristischen Röntgenstrahlung angeregt, deren Intensität in erster Näherung proportional zur Konzentration der Elemente ist. Die Kurven zeigen Konzentrationsprofile quer zur langen Achse des geschlossenen (*links*) und geöffneten (*rechts*) Stomas. Während sich die Konzentrationen an P (dessen Profil vor allem durch die Zellkerne bestimmt wird) und Cl nur wenig verändern, steigt K bei der Öffnungsbewegung drastisch an (die Relativwerte der drei Elemente sind untereinander nicht direkt vergleichbar; die Kurven sind jedoch ungefähr im richtigen Verhältnis gezeichnet). In absoluten Einheiten: K steigt im Stoma von 0,2 auf 4,2 pmol (0,9 mol · l^{-1}) an, Cl von 0 auf 0,2 pmol. (Nach Humble und Raschke 1971)

tigen Ausscheidung von H$^+$ in das Außenmedium einher. Dies hat zu der Vorstellung geführt, dass am Anfang der Wirkkette für die Öffnungsbewegung die Aktivierung einer **Protonenpumpe** (Plasmamembran-ATPase) steht, welche die K$^+$-Influxkanäle durch Absenkung des Membranpotenzials öffnet und gleichzeitig das elektrochemische Potenzial für den passiven Einstrom von K$^+$ liefert. Dafür gibt es heute in der Tat gute experimentelle Belege. Besonders überzeugend ist der Befund, dass das Phytotoxin **Fusicoccin**, ein pharmakologischer Aktivator pflanzlicher Plasmamembran-H$^+$-ATPasen (→ S. 631), bei isolierten Schließzellen H$^+$-Sekretion, Hyperpolarisierung und K$^+$-Influx verursacht. Im intakten Blatt ist dieser Wirkstoff ein sehr effektiver Induktor der Stomataöffnung.

Beim ABA-induzierten Stomataverschluss kommt es zu einer Öffnung von auswärts gerichteten, und zur Schließung von einwärts gerichteten K$^+$-Kanälen in der Plasmamembran der Schließzellen (→ Abbildung 10.26). An der Umsetzung des ABA-Signals in diese Permeabilitätsänderungen der K$^+$-Kanäle sind offenbar **regulatorische Anioneneffluxkanäle** beteiligt, die auf Veränderungen des cytosolischen **Ca^{2+}-Spiegels** reagieren. Diese noch nicht abschließend geklärten, sehr komplexen Zusammenhänge werden durch Befunde nahegelegt, die vor allem auf *patch-clamp*-Experimente zurückgehen:

▶ Die Öffnung der K$^+$-Effluxkanäle kann durch eine **Depolarisierung** des Membranpotenzials ausgelöst werden.
▶ Eine hierfür ausreichende Depolarisierung kann durch **Anionenefflux** (z. B. von Cl$^-$ und Malat^{2-}), ausgelöst durch eine Aktivierung von Anionenkanälen, bewirkt werden. Die Blockierung dieser Kanäle durch „Anionenkanalblocker" hemmt die ABA-induzierte Schließbewegung.
▶ Die Anionenkanäle der Plasmamembran können durch einen Anstieg der Ca^{2+}-Konzentration im Cytoplasma aktiviert werden.
▶ ABA kann in der Schließzelle die Abgabe von Ca^{2+} aus Speicherkompartimenten (z. B. der Vacuole) in das Cytoplasma bewirken.

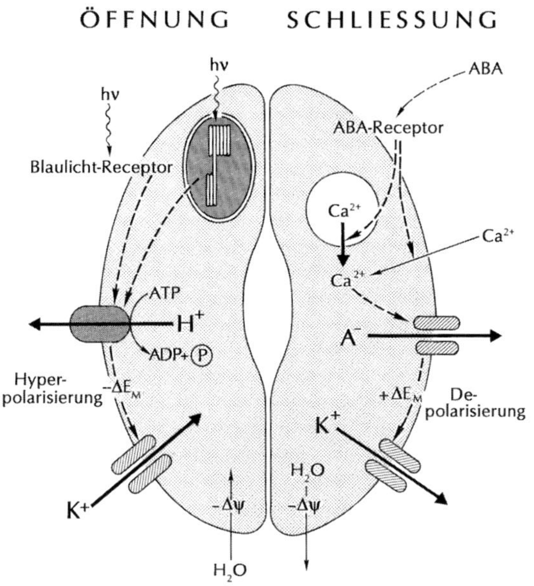

Abb. 10.26. Regulation der Ionentransportprozesse an der Plasmamembran der Schließzellen bei der lichtinduzierten Öffnungsbewegung und der ABA-induzierten Schließbewegung. Das vereinfachte, teilweise hypothetische Modell fasst die derzeit bekannten elektrochemischen Prozesse an der Plasmamembran zusammen. Bei der lichtinduzierten Öffnungsbewegung (*links*) führen die vom Chlorophyll bzw. einem *Blaulicht-Receptor* (Phototropin) aufgenommenen Lichtsignale zur Aktivierung einer Protonenpumpe. Dadurch wird das Membranpotential in negativer Richtung verschoben, **Hyperpolarisierung**. Dieses elektrische Signal öffnet spannungsabhängige K^+-Influxkanäle. K^+ strömt, dem elektrochemischen Gradienten folgend, in die Zelle ein. Bei der ABA-induzierten Schließbewegung (*rechts*) kommt es durch intrazelluläre Freisetzung (und Import) von Ca^{2+} zu einem Anstieg des cytoplasmatischen Ca^{2+}-Spiegels. Dieses Signal öffnet Ca^{2+}-abhängige Anioneneffluxkanäle. Durch Efflux von Anionen (A^-) wird das Membranpotenzial heraufgesetzt, **Depolarisierung**. Dieses elektrische Signal öffnet spannungsabhängige K^+-Effluxkanäle. Gleichzeitig kommt es zu einer Schließung der K^+-Influxkanäle und einer Hemmung der Protonenpumpe durch Ca^{2+} (nicht dargestellt). K^+ strömt, dem elektrochemischen Gradienten folgend, aus der Zelle. Diese Wirkkette dürfte auch für den Stomaverschluss bei hohen CO_2-Konzentrationen verantwortlich sein.

Die für die osmotische Adaptation verantwortlichen Ionentransportprozesse stehen im engen Zusammenhang mit dem besonderen Kohlenhydratstoffwechsel der Schließzellen. In den Chloroplasten dieser Zellen fehlen die Enzyme des Calvin-Cyclus oder sind zumindest teilweise inaktiv. Der Import von Zucker aus dem Mesophyll erlaubt jedoch die Synthese von Stärke. Anstelle der nur in Spuren vorhandenen RUBISCO kommt in den Schließzellen cytoplasmatische **Phosphoenolpyruvatcarboxylase** vor, welche eine lichtunabhängige Fixierung von CO_2 ermöglicht. Das Reaktionsprodukt Oxalacetat wird anschließend zu Malat reduziert. (Diese Form der CO_2-Fixierung spielt auch im Rahmen des C_4-Cyclus der C_4- und CAM-Pflanzen eine zentrale Rolle; → Abbildung 11.7, 11.11). Bei der Öffnungsbewegung wird Stärke in den Schließzellen über die Glycolyse zu Phosphoenolpyruvat abgebaut (→ Abbildung 9.4) und daraus unter CO_2-Aufnahme Malat synthetisiert, dessen Pegel um ein Vielfaches ansteigt. Die Bildung von H_2-Malat (Äpfelsäure) über diesen Weg hat zwei wichtige Aufgaben: 1. die Bereitstellung von Malat^{2-} als Gegenion für das aufgenommene K^+ und 2. die Nachlieferung von H^+ für die Protonenpumpe (intrazelluläre pH-Regulation).

Weiterführende Literatur

Anderson JM, Chow WS, Goodchild DJ (1988) Thylakoid membrane organization in sun/shade acclimation. Aust J Plant Physiol 15: 11–26

Atkin OK, Millar AH, Gardeström P, Day DA (2000) Photosynthesis, carbohydrate metabolism and respiration in leaves of higher plants. In: Leegood RC, Sharkey TD, Caemmerer S von (eds) Photosynthesis: Physiology and metabolism. Kluwer, Dordrecht, pp 153–175

Baker NR (ed) (1976) Photosynthesis and the environment. Kluwer, Dordrecht

Berry J, Björkman O (1980) Photosynthetic response and adaptation to temperature in higher plants. Annu Rev Plant Physiol 31: 491–543

Björkman O (1981) Responses to different quantum flux densities. In: Lange OL, Nobel PS, Osmond CB, Ziegler H (eds) Encycl Plant Physiol NS, Vol XII A. Springer, Berlin, pp 57–107

Caemmerer S von, Quick WP (2000) Rubisco: Physiology in vivo. In: siehe Atkin et al. (2000), pp 85–113

Fitter AH, Hay RKM (2002) Environmental physiology of plants. Academic Press, San Diego

Lambers H, Chapin FS, Pons TL (1998) Plant physiological ecology. Springer, Berlin

Larcher W (2001) Ökophysiologie der Pflanzen. 6. Aufl. Ulmer, Stuttgart

Outlaw WH (2003) Integration of cellular and physiological functions of guard cells. Crit Rev Plant Sci 22: 503–529

Schulze E-D, Caldwell MM (eds) (1994) Ecophysiology of photosynthesis. Ecol Studies, Vol 100. Springer, Berlin

Sharkey TD (1985) Photosynthesis in intact leaves of C_3 plants: Physics, physiology and rate limitations. Bot Rev 51: 53–105

Shimazaki K, Doi M, Assmann SM, Kinoshita T (2007) Light regulation of stomatal movement. Annu Rev Plant Biol 58: 219–247

Vogelmann T (1993) Plant tissue optics. Annu Rev Plant Physiol Plant Mol Biol 44: 231–251

Walker D (1992) Excited leaves. New Phytol 121: 325–345

Willmer C, Fricker M (1996) Stomata. 2. ed, Chapman & Hall, London

In Abbildungen und Tabellen zitierte Literatur

Balegh SE, Biddulph O (1970) Plant Physiol 46: 1–5
Berry JA (1975) Science 188: 644-650
Björkman O (1973) In: Giese AC (ed) Photophysiology, Vol VIII. Academic Press, New York, pp 1–63
Björkman O, Gauhl E, Nobs MA (1970) Carnegie Inst Year Book 68: 620–633
Björkman O, Pearcy RW (1971) Carnegie Inst Year Book 70: 511–520
Czihak G, Langer H, Ziegler H (Hgb) (1992) Biologie. 5. Aufl. Springer, Berlin
Ehleringer JR, Björkman O (1978) Oecologia 36: 151–162
French CS (1962) In: Johnson WH, Steere WC (eds) This is life. Holt, Rinehart & Winston, New York, pp 3–38
Gabrielsen EK (1948) Nature 161: 138–139
Gauhl E (1969) Carnegie Inst Year Book 67: 482–487
Grahl H, Wild A (1972) Z Pflanzenphys 67: 443–453
Grahl H, Wild A (1973) Ber Deutsch Bot Ges 86: 341–349
Harvey GW (1980) Carnegie Inst Year Book 79: 160–164
Hashimoto Y, Ino T, Kramer PJ, Naylor AW, Strain BR (1984) Plant Physiol 76: 266–269
Hoch G, Owens OVH, Kok B (1963) Arch Biophys 101: 171–180
Humble GD, Raschke K (1971) Plant Physiol 48: 447–453
Larcher W (2001) Ökologie der Pflanzen, 6. Aufl. Ulmer, Stuttgart
Mansfield TA, Jones RL (1971) Planta 101: 147–158
Quebedeaux B, Havelka UD, Livak KL, Hardy RWF (1975) Plant Physiol 56: 761–764
Raschke K (1966) Planta 68: 111–140
Raschke K (1975) Annu Rev Plant Physiol 26: 309–340

11 C_4-Pflanzen, C_3–C_4-Pflanzen und CAM-Pflanzen

Die photosynthetische Leistungsfähigkeit einer Pflanze kann man z. B. durch die Menge an organischer Substanz definieren, welche unter optimalen Umweltbedingungen pro Flächen- und Zeiteinheit akkumuliert wird. Hierbei spielen die ökologischen Bedingungen des Standorts, an den die Pflanze angepasst ist, eine entscheidende Rolle. Dies gilt insbesondere für den Faktor **Licht**. Sonnenpflanzen, welche noch die höchsten natürlichen Lichtflüsse ausnützen können, besitzen theoretisch eine besonders hohe photosynthetische Leistungsfähigkeit. Nun sind allerdings Standorte mit hohen Lichtflüssen häufig auch durch hohe Wärmebelastung (fördert die Photorespiration; → S. 227) und gravierenden Wassermangel (erfordert einen hohen Diffusionswiderstand für H_2O an den Stomata; → S. 270) ausgezeichnet. Letzteres gilt auch für salzreiche Standorte, wo die hohe osmotische Konzentration (niedriges Wasserpotenzial) der Bodenlösung einen Trockenstress begünstigt. Beide Bedingungen behindern also im Prinzip eine optimale Ausnützung des Lichts durch die Photosynthese. Unter den xerophytischen Bewohnern (semi-)arider oder salzreicher Biotope gibt es drei Gruppen von Pflanzen, welche durch bemerkenswerte strukturelle und funktionelle Anpassungen des Photosyntheseapparats an die speziellen Anforderungen ihrer warm/trockenen Umwelt hervortreten. Die **C_4-Pflanzen** besitzen die Fähigkeit, die Photorespiration durch einen zusätzlichen, äußerst effektiven Fixierungsmechanismus für CO_2 unwirksam zu machen. Dies gilt auch, in abgeschwächter Form, für die **C_3– C_4-Pflanzen**. Die **CAM-Pflanzen** sind in der Lage, CO_2-Fixierung und CO_2-Assimilation zeitlich getrennt durchzuführen. Allen drei Gruppen von Photosynthesespezialisten liegt das selbe Prinzip zugrunde: Die im Überfluss zur Verfügung stehende Lichtenergie wird für eine effektivere, d. h. wassersparendere, Aneignung von CO_2 ausgenützt.

11.1 Systematische Verbreitung der C_4-, C_3–C_4- und CAM-Pflanzen

Alle drei Gruppen enthalten Vertreter aus verschiedenen Pflanzenfamilien, d. h. die oft verblüffenden anatomischen, physiologischen und biochemischen Gemeinsamkeiten müssen als **konvergente** Entwicklungen angesehen werden. Wie auch in anderen Fällen, z. B. bei der Entwicklung von baumförmigen Pflanzen, hat der Selektionsdruck durch die ökologischen Zwänge spezifischer Biotope unabhängig zu ganz ähnlichen genetischen Anpassungen in verschiedenen Familien geführt.

Die **C_4-Pflanzen** umfassen z. B. fast alle panicoiden und chloridoid-eragrostoiden Gräser (u. a. die Kulturpflanzen Mais, Zuckerrohr, *Sorghum*), die gesamten Amaranthaceen, manche Cyperaceen, Chenopodiaceen, Euphorbiaceen und Portulacaceen. In der Gattung *Atriplex* kommen nebeneinander C_4-Arten und Arten mit konventioneller Photosynthese (C_3-Arten) vor, welche sogar miteinander kreuzbar sind. Insgesamt konnten inzwischen mehrere tausend Arten aus 19 Angiospermenfamilien (etwa 5 % aller Arten) als C_4-Pflanzen identifiziert werden. Die **C_3– C_4-Pflanzen** sind eine kleine Gruppe (bisher 25 Arten aus 8 Familien, z. B. Brassicaceen, Asteraceen, Poaceen) mit einer ebenfalls (sub-)tropischen Verbreitung. Die **CAM-Pflanzen** (etwa 10 % aller Angiospermenarten, in 33 Familien) umfassen z. B. die sukkulenten Formen der Crassulaceen, Cactaceen, Asteraceen, Euphorbiaceen und Liliaceen; aber auch die Bromeliaceen *Tillandsia usneioides* und *Ananas comosus* oder die Gymnosperme *Welwitschia mirabilis*. In der Gattung *Euphorbia* sind neben C_3-Pflanzen sowohl C_4-Pflanzen als auch CAM-Pflanzen vertreten. Die Gattung *Flaveria* (Asteraceae) enthält C_3-, C_3–C_4- und C_4-Pflanzen.

11.2 Das C_4-Syndrom

Die C_4-Pflanzen zeichnen sich durch eine Reihe anatomischer, physiologischer und biochemischer Unterschiede gegenüber ihren „normalen" Verwandten aus. Diese Besonderheiten werden im **C_4-Syndrom** zusammengefasst (Tabelle 11.1). Sie sind teilweise schon lange bekannt; ihre biologische Deutung gelang jedoch erst um 1960, als der photosynthetische CO_2-Stoffwechsel dieser Pflanzen näher erforscht wurde. Anlass dazu war der zunächst verwirrende Befund, dass in den Blättern einiger Gräser mit außergewöhnlich hoher Stoffproduktion (z. B. Mais, Zuckerrohr) nicht wie sonst die **C_3-Verbindung Glyceratphosphat** (→ Abbildung 8.24), sondern die **C_4-Verbindung Malat** (plus Aspartat und Oxalacetat) als erstes CO_2-Fixierungsprodukt auftritt (Abbildung 11.1). Dieses Resultat begründet die Unterscheidung von **C_3-Pflanzen** und **C_4-Pflanzen**.

Neben der meist ungewöhnlich hohen apparenten Photosyntheseintensität, verbunden mit hoher Lichtsättigung (→ Abbildung 10.6), besitzen die C_4-Pflanzen eine außerordentlich hohe Affinität (niedrige „Michaelis-Konstante") für CO_2 (Abbildung 11.2) und einen niedrigen, weitgehend temperaturunabhängigen CO_2-Kompensationspunkt (Abbildung 11.3), der häufig unter der Nachweisgrenze liegt. Dies hängt damit zusammen, dass ihre Blätter nach außen keine messbare Photorespiration zeigen. Daher ist hier die apparente gleich der

Tabelle 11.1. Die wichtigsten physiologischen und strukturellen Unterschiede zwischen C_4-Pflanzen und C_3-Pflanzen. (Die Zahlen geben Durchschnittswerte an, welche in Sonderfällen auch unter- oder überschritten werden können.)

	C_4-Pflanzen	C_3-Pflanzen
1. Erstes fassbares CO_2-Fixierungsprodukt	C_4-Verbindungen (Malat, Aspartat, Oxalacetat)	C_3-Verbindung (Glyceratphosphat)
2. Apparenter Photosynthesefluss	hoch (60–100 mg $CO_2 \cdot dm^{-2} \cdot h^{-1}$)	niedrig ($\leq$ 30 mg $CO_2 \cdot dm^{-2} \cdot h^{-1}$)
3. Lichtsättigung des apparenten Photosyntheseflusses	hoch (400–600 W $\cdot m^{-2}$)	niedrig ($\leq$ 200 W $\cdot m^{-2}$)
4. CO_2-Kompensationspunkt (Γ)	niedrig, temperaturunabhängig (< 10 µl $CO_2 \cdot l^{-1}$)	hoch, temperaturabhängig (30–60 µl $CO_2 \cdot l^{-1}$)[a]
5. Photorespiration (Blatt)	nicht nachweisbar	vorhanden (bis 30 % der reellen Photosynthese, temperaturabhängig)
6. Warburg-Effekt (Blatt)	nicht nachweisbar	vorhanden
7. Temperaturoptimum der apparenten Photosynthese	30–45 °C	10–25 °C
8. Blattanatomie	Kranztyp	Schichtentyp
9. Chloroplastendimorphismus	vorhanden (bei Gräsern)	fehlt
10. $^{13}C / ^{12}C$-Verhältnis des Assimilats	relativ hoch ($\delta^{13}C \approx -14$ ‰)[b]	relativ niedrig ($\delta^{13}C \approx -28$ ‰)[b]

[a] Bei den meisten einheimischen C_3-Pflanzen liegt Γ bei etwa 40 µl $CO_2 \cdot l^{-1}$ (25 °C). 1 µl $\cdot l^{-1}$ entspricht einem Partialdruck von 1 µPa $\cdot Pa^{-1}$ oder, bei Normalluftdruck, einer Konzentration von 0,040 µmol $\cdot l^{-1}$.

[b] $\delta^{13}C = \left(\dfrac{(^{13}C/^{12}C)_{Probe}}{(^{13}C/^{12}C)_{Standard}} - 1 \right) \cdot 10^3$ [‰] (→ S. 294).

Als Standard dient ein Kalkstein aus der Kreidezeit.

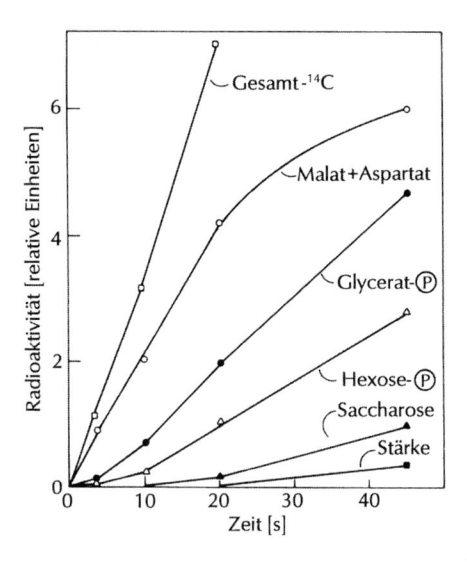

Abb. 11.1. Kurzzeitmarkierung photosynthetischer Intermediärprodukte mit ^{14}C bei stationärer Photosyntheseintensität im Blatt einer C_4-Pflanze. Objekt: Zuckerrohr (*Saccharum officinarum*). Es wird deutlich, dass das fixierte ^{14}C in den ersten 5 s nach Beginn der $^{14}CO_2$-Begasung praktisch ausschließlich in den C_4-Verbindungen *Malat* und *Aspartat* auftaucht. (Oxalacetat konnte wegen seines kleinen *pools* und seiner Instabilität hier nicht erfasst werden.) Glyceratphosphat und die daraus über den **Calvin-Cyclus** gebildeten Folgeprodukte Hexosephosphat, Saccharose und Stärke werden anschließend mit zunehmender Verzögerung markiert (→ Abbildung 8.24). (Nach Hatch 1971)

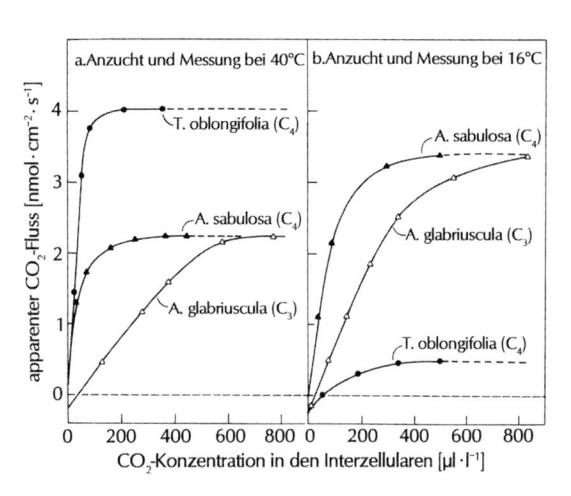

Abb. 11.2 a, b. CO_2-Konzentrations-Effekt-Kurven der apparenten Photosynthese bei C_3- und C_4-Pflanzen. Objekte: *Tidestromia oblongifolia* (besiedelt extrem heiße Geröllhalden, z. B. im Death Valley, USA; → Abbildung 10.6), *Atriplex sabulosa*, *Atriplex glabriuscula* (besiedeln humide, kühlere Küstenregionen um den Nordatlantik). **a** Die Pflanzen wurden bei einer Blatt-Temperatur von 30–40 °C (entspricht dem Wüstenstandort) angezogen. Die Messung der CO_2-Aufnahme erfolgte bei 40 °C und einem Lichtfluss von 1,6 mmol Quanten $\cdot$ m^{-2} $\cdot$ s^{-1} in Luft mit experimentell variierter CO_2-Konzentration in den Interzellularen des Blattes (d. h. der Stomatawiderstand war als limitierender Faktor des CO_2-Flusses ausgeschaltet). **b** Anzucht und Messung bei einer Blatt-Temperatur von 16 °C, sonst identische Bedingungen wie bei **a**. Die extrem hohe Affinität der beiden C_4-Arten für CO_2 (Steilheit des Kurvenanstiegs) tritt bei der hohen Temperatur klar hervor. Die Wüstenpflanze entwickelt jedoch nur bei ihrer ursprünglichen Standorttemperatur das charakteristische, extrem hohe Sättigungsniveau der Photosynthese für CO_2. Bei niedrigen Temperaturen verkümmert diese Art. (Nach Björkman et al. 1975)

reellen Photosynthese und eine Hemmung durch O_2 (Warburg-Effekt) entfällt. Es ist auch verständlich, dass das Temperaturoptimum der apparenten Photosynthese unter diesen Bedingungen höhere Werte annehmen kann, als in Gegenwart der Photorespiration (→ Abbildung 10.16).

Die C_4-Pflanzen sind auch anatomisch leicht zu erkennen. Der Blattquerschnitt zeigt hier einen grundsätzlich andersartigen Aufbau des Assimilationsgewebes als bei den C_3-Pflanzen: Anstelle der zwei Schichten Palisadenparenchym und Schwammparenchym findet man bei den C_4-Pflanzen um die Leitbündel eine konzentrische Anordnung von zwei Zellagen, einer inneren **Leitbündelscheide** mit großen, stärkereichen Chloroplasten und einem äußeren Kranz kleinerer, locker stehender **Mesophyllzellen** (Abbildung 11.4). Diesen röhrenartigen Aufbau des Assimilationsparenchyms bezeichnet man als **Kranztyp**. Bei manchen Gräsern unter den C_4-Pflanzen tritt außerdem ein auffälliger **Chloroplastendimorphismus** auf. Die Chloroplasten der Scheidenzellen sind durch das

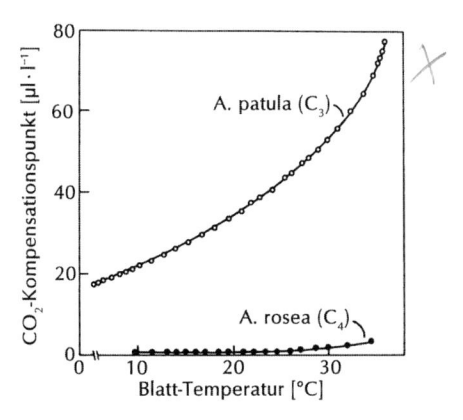

Abb. 11.3. Die Temperaturabhängigkeit des CO_2-Kompensationspunktes bei C_3- und C_4-Pflanzen. Objekte: *Atriplex patula* (C_3; → Abbildung 10.18) und *Atriplex rosea* (C_4; → Abbildung 10.16). Beide Arten wurden unter identischen Bedingungen angezogen (Lichtfluss: 100 W $\cdot$ m^{-2} bei 400 bis 700 nm, Atmosphäre: Luft). (Nach Björkman et al. 1970)

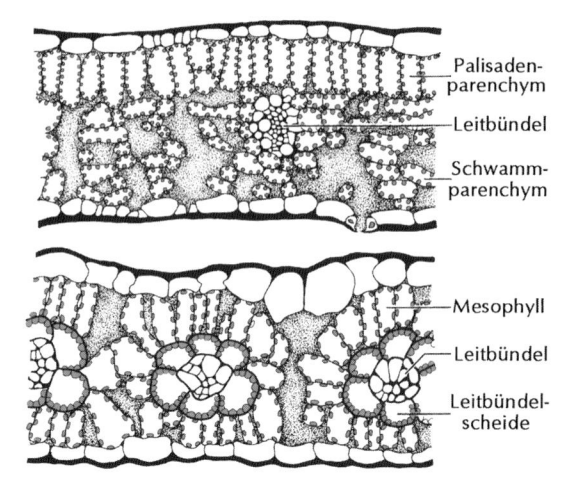

Abb. 11.4. Blattaufbau (Querschnitt) bei typischen C$_3$- und C$_4$-Pflanzen. Objekte: Nieswurz (*Helleborus purpurescens*; C$_3$, *oben*), Mais (*Zea mays*, C$_4$, *unten*). C$_3$-Pflanzen besitzen eine zweischichtige, tafelförmige Anordnung des Assimilationsparenchyms und kleine, meist chlorophyllfreie Scheidenzellen um die Leitbündel. Bei den C$_4$-Pflanzen ist das ebenfalls zweischichtige Assimilationsparenchym konzentrisch um die Leitbündel angeordnet: Die **Leitbündelscheide** besteht aus großen Zellen mit auffällig voluminösen Chloroplasten. Dieses röhrenförmige Gewebe ist außen mit locker stehenden, schraubig angeordneten **Mesophyllzellen** besetzt. Haberlandt hat bereits 1896 den Begriff „Kranztyp" für diese Anordnung geprägt. (Nach Aufnahmen von H. Falk)

weitgehende Fehlen von Granastapeln und durch einen mehr oder minder reduzierten nicht-cyclischen Elektronentransport von H$_2$O zum NADP$^+$ ausgezeichnet. Auch die Hill-Reaktion ($\rightarrow$ S. 193) verläuft viel schwächer als in den Mesophyllzellen, was darauf hindeutet, dass die Aktivität des Photosystems II spezifisch vermindert ist. Im belichteten Blatt findet man jedoch in den Scheidenchloroplasten große Mengen an Stärke, im Gegensatz zu den normal mit Grana ausgestatteten Mesophyllchloroplasten (Abbildung 11.5). Beide Chloroplastentypen besitzen ein aktives Photosystem I.

Die hohe photosynthetische Effektivität der C$_4$-Pflanzen lässt sich durch folgendes Experiment drastisch demonstrieren. Man hält eine C$_4$- und eine C$_3$-Pflanze zusammen in einem abgeschlossenen Gasvolumen unter sättigenden Lichtbedingungen. Nach kurzer Zeit hat die C$_4$-Pflanze die CO$_2$-Konzentration der Atmosphäre unter den Kompensationspunkt der C$_3$-Pflanze gedrückt. Dies führt zu einer **negativen apparenten Photosynthese** und bald darauf zum Tod der C$_3$-Pflanze (Abbildung 11.6). Andererseits kann man die Photosynthese der C$_3$-Pflanzen wesentlich steigern (bis in den Bereich der C$_4$-Pflanzen), indem man diese bei

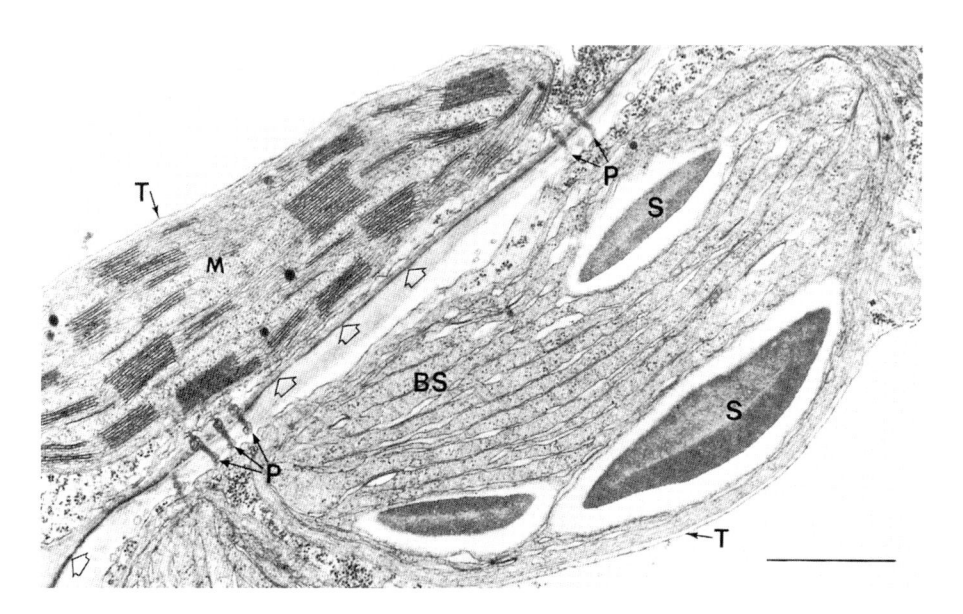

Abb. 11.5. Der Chloroplastendimorphismus im Blatt der C$_4$-Gräser. Objekt: Mais (*Zea mays*). Die elektronenmikroskopische Aufnahme zeigt einen Ausschnitt entlang der diagonal im Bild verlaufenden Zellwand zwischen einer Mesophyllzelle (*links*) und einer Leitbündelscheidenzelle (*rechts*). Die *breiten Pfeile* bezeichnen eine suberinisierte Grenzschicht in der Zellwand, welche von zwei Gruppen von Plasmodesmen (*P*) durchbrochen wird. Links ein granahaltiger, stärkefreier Mesophyllchloroplast (*M*); rechts ein granafreier, stärkehaltiger (*S*) Bündelscheidenchloroplast (*BS*). Beide Chloroplasten sind nur durch eine sehr dünne Cytoplasmaschicht gegen den die Vacuole begrenzenden Tonoplasten (*T*) abgesetzt. *Strich*: 1 μm. (Nach Gunning und Steer 1975)

erhöhter CO_2-Konzentration oder verminderter O_2-Konzentration hält (Tabelle 11.2). Durch beide experimentellen Kunstgriffe werden die spezifischen Nachteile der C_3-Pflanzen gegenüber den C_4-Pflanzen aufgehoben.

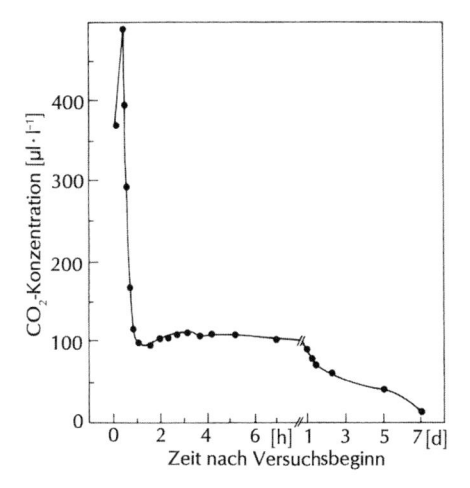

Abb. 11.6. Konkurrenz um CO_2 zwischen einer C_3-Pflanze und einer C_4-Pflanze. Objekt: Soja (*Glycine max*, C_3) und Mais (*Zea mays*, C_4). Die beiden Pflanzen wurden zusammen in ein Plexiglasgefäß (7 l Luft) bei 33 °C und einem Lichtfluss von 20 klx gasdicht eingeschlossen. Anschließend wurde die CO_2-Konzentration im Gasraum zu verschiedenen Zeiten gemessen. Man erkennt, dass die CO_2-Konzentration nach 1 h zunächst auf ca. 100 µl · l^{-1} (Γ von *Glycine max*) abfällt. Nach 1 d setzt ein weiterer Abfall ein, der schließlich bis in die Nähe des Nullpunkts (Γ von *Zea mays*) führt. In dieser zweiten Phase macht die C_4-Pflanze noch eine positive Nettophotosynthese, während die C_3-Pflanze eine positive Nettoatmung macht und daher ständig Kohlenstoff an die C_4-Pflanze verliert. Während die C_4-Pflanze weiter wächst, treten bei der C_3-Pflanze vom 3. d an Anzeichen von **Seneszenz** (Vergilbung, Proteinabbau, Blattabwurf) auf. Entzieht man der Atmosphäre das O_2, so tritt keine Seneszenz ein. (Nach Widholm und Ogren 1969)

Tabelle 11.2. Die Wirkung geringer O_2-Konzentrationen auf das Wachstum von C_3- und C_4-Pflanzen (24–29 °C, 320 µl · l^{-1} CO_2, Lichtfluss 50–70 W · m^{-2}). (Nach Daten von Björkman et al. 1968, 1969)

	Zunahme der Trockenmasse [mg · d^{-1} · Pflanze^{-1}]	
	210 ml O_2 · l^{-1}	25–40 ml O_2 · l^{-1}
Zea mays (C_4)	127	147
Phaseolus vulgaris (C_3)	56	118

11.3 Der C_4-Dicarboxylatcyclus

Die verschiedenen, scheinbar unzusammenhängenden Besonderheiten der C_4-Pflanzen werden funktionell verständlich, wenn man den metabolischen Weg des photosynthetisch fixierten CO_2 verfolgt. Dabei ist es von entscheidender Bedeutung, Mesophyllzellen und Scheidenzellen (bzw. ihre Chloroplasten) gesondert zu betrachten. Mit schonenden Aufschlussmethoden gelingt es, beide Zelltypen intakt zu isolieren und daraus die jeweiligen Chloroplasten zu gewinnen. Bei enzymatischen Untersuchungen an Mais und ähnlichen C_4-Pflanzen zeigte sich, dass die **Ribulosebisphosphatcarboxylase/oxygenase** (RUBISCO) und andere Enzyme des Calvin-Cyclus ausschließlich in den Scheidenchloroplasten lokalisiert sind. Die Mesophyllzellen enthalten dafür eine im Cytoplasma lokalisierte, hochaktive **Phosphoenolpyruvatcarboxylase** (PEP-Carboxylase), welche HCO_3^- plus Phosphoenolpyruvat unter Phosphatabspaltung zu Oxalacetat umsetzt ($\Delta G^{0'} = -30$ kJ/mol CO_2). Dieses wird unter Verbrauch von photosynthetisch produziertem NADPH im Chloroplasten zu **Malat** reduziert, wo auch der HCO_3^--Acceptor Phosphoenolpyruvat unter Verbrauch von photosynthetisch produziertem ATP aus Pyruvat regeneriert werden kann (Abbildung 11.7). Sowohl die PEP-Carboxylase als auch die PEP-regenerierende Pyruvat, Phosphat-Dikinase werden im Licht durch Phosphorylierung von Serinresten im Protein reversibel aktiviert (→ Abbildung 8.32). Die Malatdehydrogenase wird durch Licht über Thioredoxin aktiviert (→ Abb. 8.31).

Die photosynthetische CO_2-Fixierung der Mesophyllzellen führt also zunächst nicht zur Synthese von Kohlenhydraten. Das fixierte CO_2 bleibt vielmehr als terminale Carboxylgruppe (C_4) des Malats erhalten. Das so gebildete Malat wird durch die Kanäle der Plasmodesmen in die Scheidenzellen transportiert. Deren Chloroplasten besitzen eine sehr aktive, **decarboxylierende Malatdehydrogenase** („Malatenzym"), welche das importierte Malat wieder in CO_2 und Pyruvat spaltet. Letzteres gelangt zurück in die Mesophyllzellen und schließt damit den Kreislauf.

Der C_4-Cyclus zeigt bei verschiedenen Gruppen Modifikationen, welche mit dem polyphyletischen Ursprung der C_4-Pflanzen zusammenhängen (→ Exkurs 11.1). So dient z. B. bei den meisten panicoiden Gräsern **Malat**, bei den eragrostoiden Gräsern

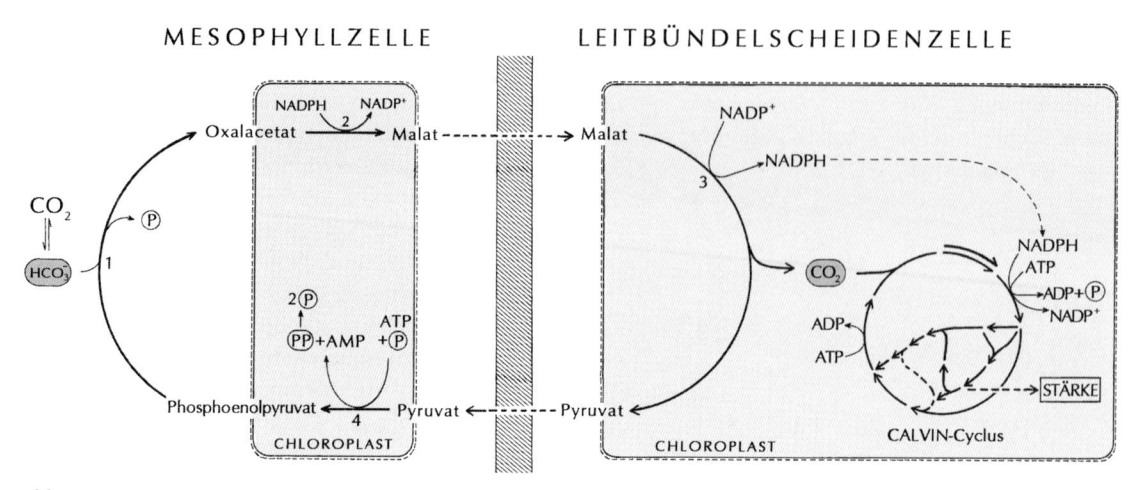

Abb. 11.7. Der C$_4$-Dicarboxylatcyclus (Hatch-Slack-Cyclus), wie er bei vielen C$_4$-Gräsern realisiert ist. Die Reaktionen des Cyclus erstrecken sich über zwei benachbarte, miteinander kooperierende Zelltypen. In den Mesophyllzellen wird HCO$_3^-$ (welches aus dem CO$_2$-*pool* der Interzellularen unter Beteiligung von **Carboanhydrase** nachgeliefert wird) im Cytoplasma durch die **Phosphoenolpyruvatcarboxylase** (*1*) an Phosphoenolpyruvat gebunden. Das entstehende Oxalacetat wird im Chloroplasten durch **Malatdehydrogenase** (*2*) unter Verbrauch von NADPH zu Malat reduziert, welches als Transportmolekül in die Scheidenzellen gelangt, in deren Chloroplasten durch eine NADP$^+$-abhängige **decarboxylierende Malatdehydrogenase** („Malatenzym", *3*) wieder CO$_2$ freigesetzt wird. Auf diese Weise kann der Calvin-Cyclus verstärkt mit Substrat versorgt werden; außerdem werden zwei Reduktionsäquivalente aus der Photosynthese der Mesophyllzellen beigesteuert. Das verbleibende Pyruvat gelangt zurück in die Chloroplasten der Mesophyllzellen, wo es unter ATP-Verbrauch (**Pyruvat,Phosphat-Dikinase**, *4*) das HCO$_3^-$-Acceptormolekül Phosphoenolpyruvat regeneriert. Dies ist die energieverbrauchende Reaktion des Cyclus, welche von der Photophosphorylierung der Mesophyllchloroplasten unterhalten wird. Ein weiterer (nicht eingetragener) Metabolitaustausch ist der Transfer von Glyceratphosphat aus den Scheidenzellen in die Mesophyllzellen und der Rücktransport als Triosephosphat; der Syntheseschritt zum Kohlenhydrat findet also in beiden Zelltypen statt. Der Transport der beteiligten Metaboliten erfolgt durch Plasmodesmen (→ Abbildung 11.5); in den (inneren) Chloroplastenhüllmembranen sind hierfür spezifische Transporter vorhanden.

dagegen **Aspartat** als hauptsächliches Transportvehikel für CO$_2$. Man unterscheidet daher „Malatbildner" und „Aspartatbildner". Auch bei den Dikotylen treten diese beiden Typen von C$_4$-Pflanzen auf. Die Malatbildner transportieren pro CO$_2$ auch 2 [H] zum Calvin-Cyclus. Damit dürfte die nur bei diesen Arten beobachtete Reduktion des nichtcyclischen Elektronentransports der Scheidenchloroplasten in Zusammenhang stehen.

Im Prinzip dient der C$_4$-Dicarboxylatcyclus nicht zur Nettofixierung von Kohlenstoff, sondern zum Sammeln von CO$_2$ im Bereich der Mesophyllzellen („CO$_2$-Antenne"). Das CO$_2$ wird, gebunden in einer C$_4$-Säure, in den Einzugsbereich der RUBISCO transportiert und dort **konzentriert**. Mit Hilfe von ^{14}CO$_2$ konnte man in der Tat zeigen, dass dieser lichtgetriebene „CO$_2$-Kompressor" eine bis zu 20fache Steigerung der CO$_2$-Konzentration (auf etwa 70 μmol · l^{-1}) liefern kann. Da die RUBISCO bei der CO$_2$-Konzentration luftgesättigten Wassers (13 μmol · l^{-1} bei 25 °C) nicht annähernd mit CO$_2$ gesättigt ist [K$_m$(CO$_2$) = 30–60 μmol · l^{-1}

bei C$_4$-Pflanzen], hat dieser Konzentrierungseffekt einen drastischen Einfluss auf die Intensität des Calvin-Cyclus, nicht zuletzt deswegen, weil eine hohe CO$_2$-Konzentration die K$_m$(CO$_2$) des Enzyms erniedrigt (→ Abbildung 9.12). Andererseits wird die CO$_2$-Konzentration im gaserfüllten Interzellularraum des Blattes durch den C$_4$-Dicarboxylatcyclus auf einem sehr niedrigen Wert gehalten. Im Extremfall ist es möglich Γ ≦ 10 μl CO$_2$ · l^{-1} aufrecht zu erhalten, was einer Gleichgewichtskonzentration von ≦ 6,7 μl CO$_2$ · l^{-1} (bei 30 °C) in Wasser entspricht. Für die nicht CO$_2$, sondern HCO$_3^-$ umsetzende PEP-Carboxylase hat man *in vitro* im pH-Optimum K$_m$(HCO$_3^-$) = 30 μmol · l^{-1} gemessen. Dies entspricht bei pH 7 einer CO$_2$-Konzentration von 6,4 μmol · l^{-1}. Dieser Wert liegt deutlich unter der K$_m$(CO$_2$) von RUBISCO.

In den Mesophyllzellen wird das Gleichgewicht CO$_2$ ⇌ HCO$_3^-$ durch **Carboanhydrase** eingestellt. Das Enzym fehlt in den Scheidenchloroplasten. Dies ist von Bedeutung, da bei dem dort herrschenden pH von ≈ 8 eine Gleichgewichtseinstellung zu

11.3 Der C₄-Dicarboxylatcyclus

EXKURS 11.1: Variationen des Themas C₄-Photosynthese

Die Gene für die Enzyme des C_4-Dicarboxylatcyclus sind bereits im Genom der C_3-Pflanzen vorgegeben. Man geht heute davon aus, dass sich das C_4-Syndrom auf dieser genetischen Basis zu Beginn des Tertiärs als Anpassung an die fallende CO_2-Konzentration in der Atmosphäre in mindestens 45 Angiospermenlinien unabhängig herausgebildet hat. Die Existenz von verschiedenen Typen von C_4-Pflanzen, bei denen unterschiedliche Lösungen für dieses klimatische Problem gefunden wurden, ist daher nicht verwunderlich. Man klassifiziert heute im Wesentlichen drei Typen, die sich hinsichtlich der hauptsächlichen Transportmoleküle für den CO_2-Transfer und der Enzyme für die CO_2-Freisetzung in den Scheidenzellen unterscheiden:

1. Der **NADP⁺-Malatenzym-Typ** (viele C_4-Gräser) ist in Abbildung 11.7 illustriert.
2. Beim **NAD⁺-Malatenzym-Typ** (viele dikotyle C_4-Pflanzen) wird im Cytoplasma der Mesophyllzellen das gebildete Oxalacetat zur **Aspartat** aminiert, das als C_4-Transportmolekül in die Scheidenzellen dient und dort in den **Mitochondrien** über die Zwischenstufen Oxalacetat und Malat mit Hilfe eines **NAD⁺-abhängigen Malatenzyms** die Freisetzung von CO_2 ermöglicht. Das hierbei entstehende Pyruvat wird nach Aminierung zu **Alanin** zurück in die Mesophyllzellen verfrachtet und dort durch Desaminierung wieder freigesetzt.
3. Auch beim **PEP-Carboxykinase-Typ** (z. B. manche Hirsearten) verläuft der CO_2-Transfer zum größten Teil über **Aspartat** (und zu einem kleineren Teil über Malat). Das Aspartat wird im **Cytoplasma** der Scheidenzellen desaminiert und durch eine **PEP-Carboxykinase** unter ATP-Verbrauch zu Phosphoenolpyruvat + CO_2 umgesetzt. Außerdem gibt es die Freisetzung von CO_2 durch ein NAD⁺-Malatenzym in den Mitochondrien.

Bei allen drei Typen sind auch die Mesophyllzellen an der Synthese von Kohlenhydrat beteiligt, da sie Glyceratphosphat aus den Scheidenzellen importieren und nach Reduktion zu Triosephosphat wieder dorthin exportieren.

Auch auf der zellulären Ebene hat man in den letzten Jahren einige überraschende Abwandlungen des C_4-Photosynthesesystems gefunden. Diese stellen das „Dogma" in Frage, dass die beiden Carboxylierungsreaktionen zwingend in zwei verschiedenen Zelltypen stattfinden müssen, um eine Konkurrenzsituation zu vermeiden. Die fakultative C_4-Art *Hydrilla verticillata* (Hydrocharitaceae), eine Wasserpflanze, besitzt einfache Blätter aus zwei Schichten gleichartiger Zellen, in denen die in Abbildung 11.7 dargestellten Reaktionen gemeinsam ablaufen. Die PEP-Carboxylase fixiert HCO_3^- im Cytoplasma; Malat wird in den Chloroplasten decarboxyliert und dies führt dort zu einer massiven Konzentrierung von CO_2. (Es ist hier zu berücksichtigen, dass die Abgabe von CO_2 aus dem Blatt im Wasser stark eingeschränkt ist.) Auch die sukkulente, halophytische C_4-Landpflanze *Borszczowia aralocaspica* (Chenopodiaceae) benützt den C_4-Weg auf der Basis von gleichartigen Assimilationszellen. Diese säulenförmigen Zellen sind in einer Schicht radial (speichenförmig) um das zentrale Wasserspeichergewebe und die Leitbündel angeordnet und grenzen außen an den Gasraum des Blattes. PEP-Carboxylase ist im gesamten Cytoplasma der Zellen zu finden. An den nach innen gerichteten Zellenden befinden sich große, stärkehaltige Chloroplasten mit RUBISCO und Mitochondrien mit NAD⁺-Malatenzym. Im äußeren Zellbereich liegen kleinere, RUBISCO-freie Chloroplasten mit hoher Pyruvat,Phosphat-Dikinaseaktivität. Zentrale „Bündelscheiden-Reaktionen" sind also im inneren und „Mesophyll-Reaktionen" im äußeren Zellbereich konzentriert. Dazwischen liegt eine große Vacuole, die eine räumliche Trennung der Reaktionen begünstigt.

Aus diesen Beobachtungen wird deutlich, dass die Kranzanatomie für die C_4-Photosynthese offenbar nicht essenziell ist. Dies ist von großer Bedeutung für die Frage, welche Änderungen der Genaktivitäten durch gentechnische Eingriffe minimal notwendig wären, um eine C_3-Pflanze, z. B. Weizen oder Kartoffel, zu einer C_4-Pflanze mit der hohen Assimilationsleistung von Mais zu machen. Diese Frage wird zur Zeit intensiv erforscht.

---

einem 50fachen Übergewicht von HCO_3^- führen würde.

Der durch den C_4-Cyclus vermittelte Vorteil der C_4-Pflanzen wird auch durch folgende Überlegung deutlich: Die RUBISCO arbeitet im Blatt der C_3-Pflanzen nur mit etwa 25 % ihrer maximal möglichen Aktivität (v_{max}) und wird daher in großen Mengen bereitgestellt (etwa 50 % des gesamten löslichen Zellproteins; dieses Enzym ist daher das mengenmäßig dominierende Protein auf der Erde!). Bei C_4-Pflanzen arbeitet die RUBISCO hingegen bei sättigender CO_2-Konzentration, d. h. es wird eine viel geringere Enzymmenge für die gleiche Assimilationsleistung benötigt (etwa 15 % des löslichen Zellproteins). Für die Enzyme des C_4-Cyclus müssen lediglich etwa 7 % des Zellproteins zusätzlich aufgewendet werden. C_4-Pflanzen investieren also deutlich weniger Protein in ihren Photosyntheseapparat und sind dadurch zu einer höheren Stickstoffausnützung befähigt. Dies dürfte wesentlich zu ihrer höheren Wachstumsleistung beitragen.

Bei biochemischen Untersuchungen hat sich herausgestellt, dass auch in Blättern der C_4-Pflanzen eine an den Calvin-Cyclus gekoppelte Photorespiration abläuft, allerdings meist in geringerem Ausmaß als bei den C_3-Pflanzen. Die peroxisomalen Enzyme und die mitochondriale Glycindecarboxylase (→ Abbildung 9.15) sind jedoch weitgehend auf die Scheidenzellen beschränkt. Es ist evident, dass das photorespiratorische CO_2 im Bereich der Mesophyllzellen praktisch vollständig abgefangen und wieder in die Scheidenzellen zurückgepumpt werden kann. Dies erklärt das Fehlen einer außerhalb des Blattes messbaren Photorespiration und das Fehlen des Warburg-Effekts bei den C_4-Pflanzen.

Der C_4-Dicarboxylatcyclus erfordert zusätzliche Energie von der „Lichtreaktion" der Photosynthese, wie folgende Bilanz zeigt (→ Abbildung 11.7):

Mesophyllzellen:

$$CO_2^{\swarrow} + \text{Pyruvat} + \text{NADPH} + H^+ + 2\,\text{ATP} \rightarrow$$
$$\text{Malat} + \text{NADP}^+ + 2\,\text{ADP} + 2\,\text{\textcircled{P}} \qquad (11.1)$$

Scheidenzellen:

$$\text{Malat} + \text{NADP}^+ \rightarrow$$
$$\text{Pyruvat} + \text{NADPH} + H^+ + CO_2^{\nearrow} \qquad (11.2)$$

Summe:

$$CO_2^{\swarrow} + 2\,\text{ATP} \rightarrow 2\,\text{ADP} + 2\,\text{\textcircled{P}} + CO_2^{\nearrow}. \qquad (11.3)$$

Die Transport- und Konzentrierungsarbeit des C_4-Dicarboxylatcyclus erfordert also zusätzlich zu den 3 mol ATP im Calvin-Cyclus weitere 2 mol ATP pro mol fixiertem CO_2. Dieser Verminderung des energetischen Wirkungsgrades stehen bei den C_3-Pflanzen die Einbußen durch die Photorespiration gegenüber. Messungen der photosynthetischen Quantenausbeute (mol CO_2 fixiert/mol Quanten absorbiert) unter limitierenden Lichtbedingungen bei 30 °C ergaben für C_4-Pflanzen Werte um 0,05–0,06 im Vergleich zu 0,08 bei C_3-Pflanzen, bei denen die Photorespiration durch niedrige O_2- oder hohe CO_2-Konzentration ausgeschaltet war. In normaler Luft fällt die Quantenausbeute wegen der Photorespiration bei C_3-Pflanzen auf etwa 0,05 ab.

Bei den Malatbildnern unter den C_4-Pflanzen ist auch die Photosynthese von Stickstoffverbindungen (→ Abbildung 8.28) einseitig in die Mesophyllchloroplasten verlagert. Nitratreductase und Nitritreductase sind hier ausschließlich in den Mesophyllzellen lokalisiert. Dieser Befund steht in Übereinstimmung mit der verminderten Photosystem-II-Kapazität der granalosen Scheidenchloroplasten und dokumentiert die weitgehende funktionelle Arbeitsteilung der beiden Chloroplastentypen.

11.4 Ökologische Aspekte des C_4-Syndroms

Die Photosynthese der C_3-Pflanzen ist normalerweise durch die Kapazität der CO_2-Fixierung mittels RUBISCO limitiert. Bei den C_4-Pflanzen wird hingegen die Diffusion von CO_2 in das Blatt zum limitierenden Schritt der Photosynthese gemacht. Aus dem vorigen Abschnitt geht hervor, dass die C_4-Pflanzen im Prinzip besonders gut geeignet sind, bei hohen Lichtflüssen und hohen Temperaturen die heutige niedrige CO_2-Konzentration der Luft zu einer hohen photosynthetischen Stoffproduktion zu nutzen. Dies lässt sich in der Tat an C_4-Pflanzen wie Mais und Zuckerrohr beispielhaft beobachten. Vor allem bei den Bewohnern arider Biotope findet der C_4-Dicarboxylatcyclus darüber hinaus Verwendung als Mechanismus zur Verminderung des Wasserverlustes durch die stomatäre Transpiration, welche ja zwangsläufig an die CO_2-Aufnahme ins Blatt gekoppelt ist (→ S. 273).

Der Angelpunkt dieses Teilaspekts des C_4-Syndroms ist wiederum der niedrige Γ-Wert im Gasraum des Blattes. Wegen der erhöhten Effektivität des Photosyntheseapparats bei der CO_2-Fixierung kann der Diffusionswiderstand für CO_2 – und damit auch für H_2O – an den Stomata entsprechend erhöht werden, ohne die Intensität der CO_2-Fixierung gegenüber einer C_3-Pflanze zu beeinträchtigen. In der Tat ist auch der Regelbereich der CO_2-Konzentration für die Einstellung der Stomaweite bei den C_4-Pflanzen verändert. Die zuvor mit CO_2-freier Luft geöffneten Stomata des belichteten Maisblattes schließen sich bereits, wenn die CO_2-Konzentration der Außenluft 100 µmol · l^{-1} erreicht. Dagegen bleiben die Stomata der C_3-Pflanze

11.4 Ökologische Aspekte des C_4-Syndroms

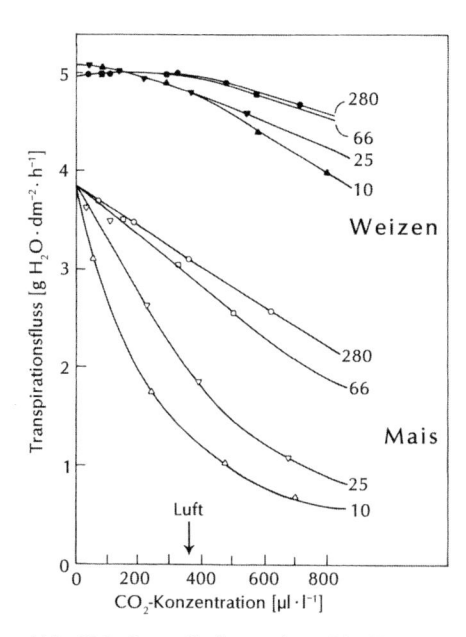

Abb. 11.8. Der Einfluss der CO_2-Konzentration der Außenluft auf die Transpiration bei einer C_3- und einer C_4-Pflanze im Licht. Objekte: Isolierte Blätter von Weizen (*Triticum aestivum*, C_3) und Mais (*Zea mays*, C_4), 30,5 °C. Zunächst wurden die Stomata durch Begasung mit CO_2-freier Luft im Licht maximal geöffnet. Gemessen wurde der stationäre Transpirationsfluss, der sich anschließend bei Bestrahlung mit Weißlicht (10, 25, 66, 280 W · m^{-2} im Bereich 400 bis 700 nm) und Begasung mit Luft verschiedener CO_2-Konzentrationen einstellt. Man erkennt, dass die Schließbewegung der Stomata bei der C_4-Pflanze viel empfindlicher auf eine Erhöhung der CO_2-Konzentration und des Energieflusses reagiert als bei der C_3-Pflanze. (Nach Akita und Moss 1972)

Weizen unter den gleichen Bedingungen selbst bei der natürlichen CO_2-Konzentration der Luft noch voll geöffnet (Abbildung 11.8). Während durchschnittliche C_3-Pflanzen etwa 600 g Wasser transpirieren müssen, um 1 g Trockenmasse zu bilden, benötigen C_4-Pflanzen dafür meist weniger als die Hälfte. Im Extremfall kann der C_4-Dicarboxylatcyclus sogar ausschließlich der Konservierung von Wasser dienen (Tabelle 11.3). Er trägt dann nicht zur Steigerung der Wachstumsintensität bei, sondern zur Erhöhung der Überlebensfähigkeit bei Dürrebelastung.

Es ist sicher kein Zufall, dass die Geröllhalden im Death Valley (Kalifornien), dem heißesten Platz der westlichen Hemisphäre (tägliche Durchschnittstemperatur im Juli 39 °C), praktisch ausschließlich von C_4-Pflanzen besiedelt sind. Für die dort vorkommende Amaranthacee *Tidestromia oblongifolia* hat man ein Temperaturoptimum der apparenten Photosynthese von 47 °C gemessen (was nur noch von den Cyanobakterien heißer Quellen übertroffen wird). Selbst bei dieser hohen Temperatur ist die CO_2-Aufnahme am natürlichen Standort (Energiefluss ca. 900 W · m^2) noch nicht mit Licht gesättigt ($\rightarrow$ Abbildung 10.6). Da die tiefgründigen Wurzeln die Pflanze einigermaßen mit Wasser versorgen können, dürfte in diesem Fall nicht die Dürrebelastung, sondern vor allem die Optimierung des Kohlenstoffhaushalts im Vordergrund stehen ($\rightarrow$ Abbildung 11.2). Die im Winter im Ruhezustand verharrende Pflanze kann im Sommer ihre Trockenmasse durch Photosynthese alle 3 d verdoppeln.

Unter den derzeit herrschenden klimatischen Bedingungen stellt aber der C_3-Weg der Photosynthese in den kühleren, humiden Vegetationszonen der Erde die ökonomisch günstigere Alternative dar. Die spezifischen Eigenschaften der C_4-Pflanzen bieten heute offensichtlich nur unter ariden Klimabedingungen deutliche Vorteile. Diese Feststellung gilt jedoch nur für die derzeitige CO_2-Konzentration in der Atmosphäre. Bereits bei einer 2- bis 3fach höheren CO_2-Konzentration wäre die Überlegenheit der C_4-Pflanzen ausgelöscht ($\rightarrow$ Exkurs 11.2). Während der Kreidezeit (minus 100 Millionen Jahre) lag die CO_2-Konzentration 10mal höher als heute und nahm bis zum Beginn des Tertiärs durch die Massenentwicklung der Angiospermen dramatisch ab ($\rightarrow$ Abbildung 15.4). Vermutlich hat diese klimatische Veränderung den Selektionsdruck für die Evolution der C_4-Pflanzen geliefert, deren erste fossile Nachweise aus dem später Miocän (minus 10 Millionen Jahre) datieren. Der nach der letzten Eiszeit (minus 10.000 Jahre) erfolgte, starke Anstieg der CO_2-Konzentration von 180 auf 280 µl · l^{-1} hat die Begünstigung der C_4-Pflanzen wieder deutlich reduziert und dürfte für die heutige Dominanz der C_3-Pflanzen auf der Erde verantwortlich sein.

Anhang: CO_2-Konzentrierungsmechanismus bei Wasserpflanzen

Höhere Süßwasserpflanzen führen normalerweise ebenso wie Grünalgen und Cyanobakterien ihre Photosynthese nach dem C_3-Prinzip durch. Trotzdem besitzen sie in der Regel einen sehr niedrigen CO_2-Kompensationspunkt, verbunden mit fehlender Photorespiration. Als Anpassung an die geringe Verfügbarkeit von CO_2 im Wasser (langsame Diffu-

Tabelle 11.3. Das Verhältnis von Photosynthese und Transpiration bei zwei *Atriplex*-Arten, welche zur Gruppe der C_4-Pflanzen bzw. C_3-Pflanzen gehören. Die Pflanzen wurden für 6 Wochen unter gleichen Bedingungen bei 20–32 °C im Gewächshaus angezogen. (Nach Daten von Slatyer 1970)

	Atriplex spongiosa (C_4)	*Atriplex hastata* (C_3)
	Natürlicher Wuchsort:	
	semiaride Wüstenzonen Australiens (endemisch)	humide Küstenregionen Australiens (aus Europa eingeschleppt)
Apparente Photosynthese [mg $CO_2 \cdot dm^{-2} \cdot h^{-1}$]	44	45
Photorespiration des Blattes [mg $CO_2 \cdot dm^{-2} \cdot h^{-1}$]	0	15
Nächtliche Dunkelatmung [mg $CO_2 \cdot dm^{-2} \cdot h^{-1}$]	7	6
Γ [μl $CO_2 \cdot l^{-1}$]	0	86
Transpiration [g $H_2O \cdot dm^{-2} \cdot h^{-1}$]	2,5	6,6
Stomatärer Diffusionswiderstandskoeffizient für CO_2, r_l [s · cm^{-1}]	2,0 ⎫ 3,2	0,6 ⎫ 3,2
Mesophyllwiderstandskoeffizient für CO_2, r_m [s · cm^{-1}]	1,2 ⎭	2,6 ⎭
Photosynthetischer Wasserökonomiequotient $J_{CO_2} \cdot J_{H_2O}^{-1}$ [mg $CO_2 \cdot$ g H_2O^{-1}]	18	6,8

EXKURS 11.2: Der ökonomische Vorteil der C_4-Pflanzen wird durch erhöhte CO_2-Konzentration in der Luft aufgehoben

C_4-Pflanzen unterscheiden sich von C_3-Pflanzen durch einen Konzentrierungsmechanismus für CO_2 und haben daher eine potenziell höhere photosynthetische Leistungsfähigkeit, wenn CO_2 ein Mangelfaktor der apparenten Photosynthese ist. Diese Situation ist insbesondere dann gegeben, wenn die apparente Photosynthese der C_3-Pflanzen durch hohe Temperaturen beeinträchtigt wird. Wenn diese Schlussfolgerung richtig ist, sollte man erwarten, dass die Unterschiede in der Temperaturabhängigkeit der apparenten Photosynthese zwischen C_3- und C_4-Pflanzen durch Anhebung der CO_2-Konzentration auf das Sättigungsniveau der C_3-Pflanzen aufgehoben werden.

Diese Voraussage wurde in folgendem Experiment überprüft. Zwei strauchförmige Bewohner der heißen Trockenwüste im Death Valley (Kalifornien), *Tidestromia oblongifolia* (C_4) und *Larrea divaricata* (C_3) wurden bei 45 °C Tagtemperatur im Starklicht angezogen. Die Abbildung zeigt die Temperaturabhängigkeit der apparenten Photosynthese dieser Pflanzen bei 330 bzw. 1.000 μl $CO_2 \cdot$ l Luft^{-1}. Bei der natürlichen CO_2-Konzentration (*oben*) zeigt die C_4-Pflanze erwartungsgemäß eine bis zu 3fach höhere Photosyntheseleistung und ein höheres Temperaturoptimum. Bei dreifach höherer CO_2-Konzentration (*unten*) verhält sich die C_3-Pflanze sehr ähnlich wie die C_4-Pflanze. Diese Resultate liefern die physiologische Bestätigung dafür, dass der CO_2-Konzentrierungsmechanismus der C_4-Pflanzen in der Tat die entscheidende Ursache für das bessere Abschneiden dieser Pflanzen bei natürlicher CO_2-Konzentration ist. (Nach Osmond et al. 1980)

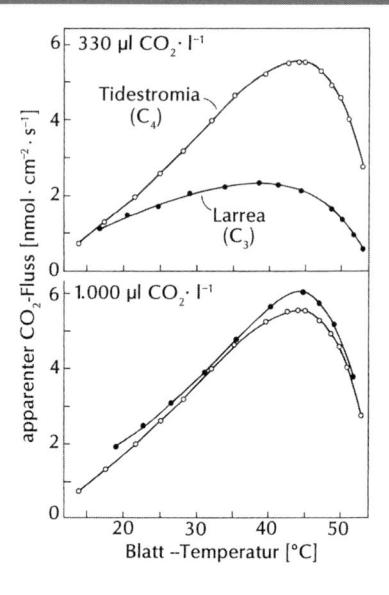

sion durch unbewegte Schichten an der Blattoberfläche) haben Wasserpflanzen ebenso wie die Algen chemiosmotische Aufnahmemechanismen für HCO_3^- entwickelt, die eine starke Anreicherung von CO_2 ermöglichen. Die Blätter sezernieren mittels einer von photosynthetischem ATP getriebenen Protonenpumpe H^+ ins Medium. Der so aufgebaute **Protonengradient** wird für die Aufnahme von HCO_3^- durch die Plasmamembran ausgenützt. In den Zellen kann durch **Carboanhydrase** wieder CO_2 freigesetzt werden ($HCO_3^- + H^+ \rightleftharpoons CO_2 + H_2O$). Dieses Enzym liegt in Wasserpflanzen in hoher Aktivität vor und scheint ein essenzieller Bestandteil der CO_2-Pumpe dieser Pflanzen zu sein.

11.5 Genphysiologische Aspekte des C_4-Syndroms

Die Ausbildung des C_4-Syndroms ist genetisch programmiert, wie sich z. B. durch Kreuzungsexperimente zwischen C_3- und C_4-Arten innerhalb der Gattung *Atriplex* zeigen lässt (intermediäre F1- und aufspaltende F2-Generation; die einzelnen Merkmale des C_4-Syndroms werden unabhängig vererbt). Dies bedeutet jedoch nicht, dass sich C_3- und C_4-Pflanzen in ihrem Bestand an Strukturgenen wesentlich unterscheiden. Die meisten der Enzyme des C_4-Weges kommen in anderem funktionellem Zusammenhang auch bei C_3-Pflanzen vor (z. B. PEP-Carboxylase anstelle von RUBISCO in den Stomata; → S. 277). Die Ausprägung des C_4-Syndroms wird vielmehr durch übergeordnete **Regulatorgene** kontrolliert, welche darüber bestimmen, ob und wo die für das C_4-Syndrom verantwortlichen Strukturgene exprimiert werden oder inaktiv bleiben. Dies wird am Beispiel der Cyperacee *Eleocharis vivipara* deutlich: Diese amphibische Art entwickelt an Land einen terrestrischen Phänotyp mit allen Merkmalen des C_4-Syndroms, während im Wasser ein submerser Phänotyp mit klassischer C_3-Photosynthese ausgebildet wird.

Auch die unterschiedliche Entwicklung von Mesophyllzellen und Scheidenzellen mit ihren funktionell differenzierten Chloroplasten erfolgt vor dem Hintergrund identischer Genbestände im Kern- und Plastidengenom. Bei Mais bildet sich z. B. der Chloroplastendimorphismus erst einige Zeit nach dem Ergrünen der Keimpflanze aus. Junge Blätter besitzen gleich gestaltete (granahaltige) Chloroplasten in beiden Zelltypen. Auch die mRNAs für die (kerncodierte) kleine Untereinheit und die (plastidencodierte) große Untereinheit der RUBISCO werden zunächst in beiden Zelltypen transkribiert und führen zur Bildung des Enzyms in beiden Chloroplastentypen. Die spezifische Ausprägung der C_4-Merkmale erfolgt erst im Zuge der **Photomorphogenese** des Blattes (→ S. 452). Das bei Belichtung gebildete aktive Phytochrom (P_{fr}) reprimiert spezifisch in den Mesophyllzellen die Expression der RUBISCO-Gene und induziert die Expression der C_4-Cyclus-Gene. Gleichzeitig erfolgt in den Scheidenzellen ein Umbau des Thylakoidsystems, bei dem die Granastapel verschwinden.

In diesem Zusammenhang ist auch folgender Befund interessant: Die Leitbündel im Stängel der C_3-Pflanzen (z. B. Tabak) sind von einer photosynthetisch aktiven Bündelscheide umgeben, die derjenigen im C_4-Blatt sehr ähnlich ist: Die Scheidenzellen entnehmen aus dem Xylemwasserstrom (neben CO_2) von der Wurzel produziertes Malat und setzen daraus CO_2 für die RUBISCO frei.

11.6 C_3–C_4-Pflanzen, eine Vorstufe der C_4-Pflanzen?

Bei der systematischen Suche nach C_4-Pflanzen unter den Angiospermen entdeckte man 1974 eine kleine Gruppe von Arten, die in einigen physiologischen Eigenschaften eine intermediäre Stellung zwischen C_3- und C_4-Pflanzen einnehmen und daher als **C_3–C_4-Pflanzen** bezeichnet wurden. Solche Arten treten neben normalen C_3-Arten z. B. in den subtropisch verbreiteten Gattungen *Moricandia* (Brassicaceae), *Flaveria* (Asteraceae), *Salsola* (Chenopodiaceae) und *Panicum* (Poaceae) auf und zeichnen sich durch folgende Gemeinsamkeiten aus:

▶ Γ (10–30 µmol · l^{-1}) liegt zwischen dem der C_3- und der C_4-Pflanzen und steigt bei niedrigem Lichtfluss und erhöhter O_2-Konzentration an (bei C_4-Pflanzen konstant niedrig!); am Lichtkompensationspunkt ist Γ so hoch wie bei C_3-Pflanzen.
▶ Es gibt einen deutlichen Warburg-Effekt.
▶ Die Zellen des Assimilationsparenchyms enthalten gleichartige Chloroplasten mit normalen Pegeln an RUBISCO.
▶ Der C_4-Dicarboxylatcyclus ist nicht nachweisbar.
▶ Die Mesophyllzellen sind wie im Blatt der C_3-Pflanzen in Schichten angeordnet. Die Leitbün-

del sind jedoch von einer chloroplastenreichen Scheide umgeben, die an die C_4-Pflanzen erinnert.

Wie lässt sich diese Kombination von Merkmalen deuten? Den Schlüssel für das Verständnis des C_3–C_4-Syndroms lieferte die Beobachtung, dass die Leitbündelscheidenzellen bei diesen Pflanzen neben Chloroplasten und Peroxisomen eine auffällig große Zahl von **Mitochondrien** enthalten, welche oft in einer Schicht an den zentripetalen, dem Leitbündel benachbarten Zellwänden konzentriert sind. Weiterhin zeigte sich, dass das CO_2-freisetzende Enzym der Photorespiration, die **Glycindecarboxylase** (→ Abbildung 9.15), in den Scheidenmitochondrien in hoher Aktivität vorliegt, aber in den Mesophyllmitochondrien fehlt. Damit ergibt sich für den CO_2-Haushalt der C_3–C_4-Pflanzen folgendes Bild (Abbildung 11.9): Das photorespiratorisch produzierte Glycin muss zur Decarboxylierung in die Mitochondrien der Scheidenzellen transportiert werden. Das dort freigesetzte CO_2 wird von den Scheidenchloroplasten abgefangen und der RUBISCO zugeführt. Zur Aufrechterhaltung der Kohlenstoff- und Stickstoffbalance muss ein Produkt des mitochondrialen Stoffwechsels, wahrscheinlich Serin, in die Mesophyllzellen zurückverfrachtet werden. Bei diesem Photosynthesetyp dient also **Glycin** als Transportmolekül für CO_2 zum Calvin-Cyclus, um den Verlust von photorespiratorischem CO_2 in den Mesophyllzellen zu verhindern und die Bedingungen für die CO_2-Fixierung in den Scheidenzellen zu verbessern. Es handelt sich demnach nicht, wie der Name „C_3–C_4-Pflanze" irrtümlich suggeriert, um eine biochemisch intermediäre Situation zwischen C_3- und C_4-Photosynthese, sondern um eine eigenständige, einfachere Form eines CO_2-Pumpmechanismus.

In der Gattung *Flaveria* kommen neben C_3-, C_4- und C_3–C_4-Arten auch Arten vor, welche sowohl den C_3–C_4-Weg, als auch den C_4-Weg zur CO_2-Konzentrierung verwenden können. Ähnlichkeitsvergleiche der Aminosäuresequenz von Schlüssel-

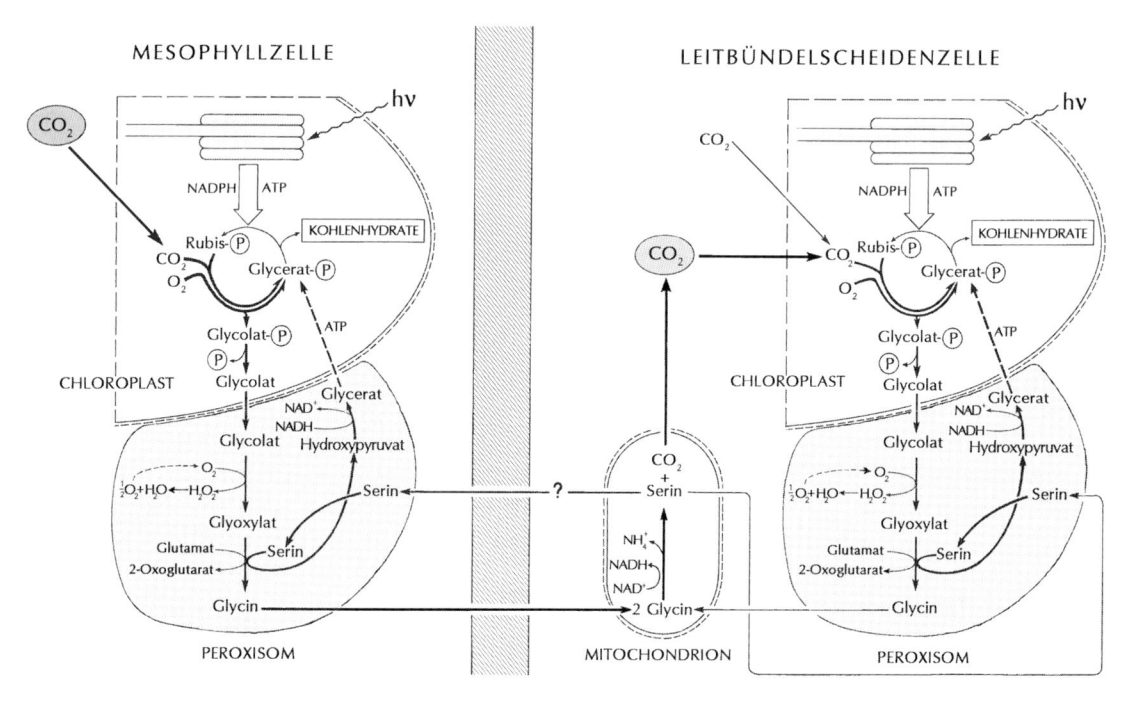

Abb. 11.9. CO_2-Konzentrierungsmechanismus bei den C_3–C_4-Pflanzen. In den Mesophyllzellen kann das im Zuge der Photorespiration gebildete Glycin nicht weiter verarbeitet werden, da in den Mitochondrien dieser Zellen die **Glycindecarboxylase** und die assoziierte **Serinhydroxymethyltransferase** weitgehend fehlen (→ Abbildung 9.15). Das photorespiratorische Glycin wird in die photosynthetisch aktiven Scheidenzellen transportiert und durch den dort stark exprimierten mitochondrialen **Glycindecarboxylasekomplex** zu CO_2 und Serin umgesetzt. Das freigesetzte CO_2 wird in den Scheidenchloroplasten assimiliert. Ob der Kreislauf durch Rückführung von Serin oder einem daraus gebildeten Folgeprodukt geschlossen wird, ist noch nicht geklärt.

enzymen dieser Wege deuten darauf hin, dass der C_3–C_4-Weg der phylogenetisch ältere von beiden ist. Interessanterweise ist auch bei klassischen C_4-Pflanzen die Glycindecarboxylierung auf die Mitochondrien der Scheidenzellen beschränkt. Diese Befunde haben zu der Vorstellung geführt, dass die Evolution von C_4-Pflanzen über die C_3–C_4-Stufe erfolgte und dass die heute existierenden C_3–C_4-Pflanzen Repräsentanten dieser phylogenetischen Zwischenstufe sind.

11.7 CAM, eine Alternative zur C_4-Photosynthese

CAM ist eine Abkürzung für *Crassulacean Acid Metabolism*. Diese Bezeichnung geht auf den schon seit langem bekannten Befund zurück, dass viele Sukkulenten in ihren fleischigen Blättern oder Sprossen große Mengen an Säuren, vor allem **H$_2$-Malat** (Äpfelsäure), speichern können. Da der leicht am pH-Wert des Presssaftes messbare Säuregehalt bei Nacht stark ansteigt und bei Tag wieder abfällt, spricht man auch vom **diurnalen Säurerhythmus** der Sukkulenten. Der Kohlenhydratgehalt der Blätter verändert sich genau gegenläufig zum Säuregehalt. Erst in jüngster Zeit konnte eine befriedigende Erklärung für dieses lange als Kuriosum betrachtete Phänomen gefunden werden. Die CAM-Pflanzen können nämlich den carboxylierenden Abschnitt des C_4-Dicarboxylatcyclus während der Nacht dazu benützen, CO_2 im Dunkeln zu fixieren (Abbildung 11.10). Die dazu benötigten großen Mengen an Phosphoenolpyruvat werden durch Dissimilation von Stärke bereit gestellt. Das gebildete Malat wird in den stets großen Zellvacuolen deponiert, wobei Konzentrationen von etwa 0,1 mol · l^{-1} (pH 3,5) erreicht werden. Für den aktiven Transport von H$^+$ durch die Tonoplastenmembran ist eine einwärts gerichtete Protonenpumpe verantwortlich; das Malat^{2-}-Anion folgt passiv dem hierdurch aufgebauten elektrochemischen Gradienten (Abbildung 11.11). Der fleischige Charakter der meisten CAM-Pflanzen hängt wahrscheinlich vor allem mit der Notwendigkeit einer hohen Speicherkapazität für Malat im Zellsaft zusammen. Bei Tag wird der Malatspeicher wieder durch den decarboxylierenden Abschnitt des C_4-Dicarboxylatcyclus geleert und das dabei freigesetzte CO_2 dem Calvin-Cyclus zugeführt (Abbildung 11.11). Wegen der hohen CO_2-Konzentration im Chloroplasten (bis 40 ml · l^{-1}) bleibt die Photorespiration unter diesen Bedingungen gehemmt (→ S. 228). Man unterscheidet heute zwei Gruppen von CAM-Pflanzen, die entweder (1) CO_2 durch ein Malatenzym freisetzen und Stärke speichern, oder (2) CO_2 durch Phosphoenolpyruvatcarboxykinase freisetzen und Hexosen speichern. Die energetischen Kos-

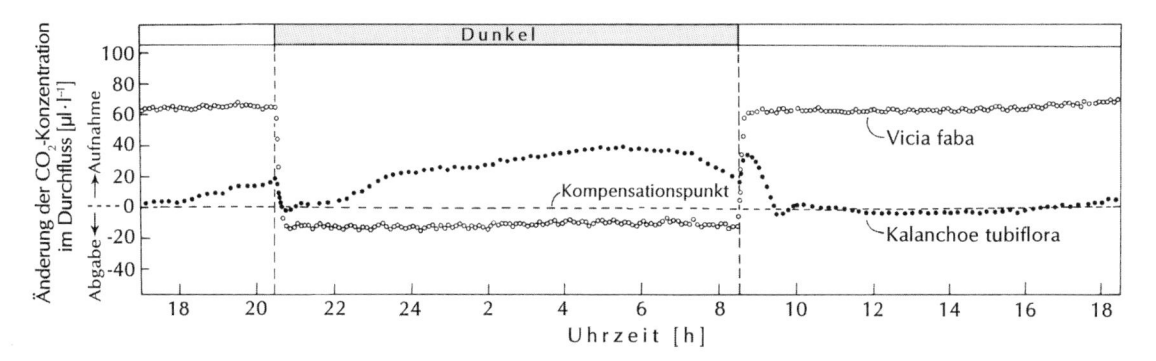

Abb. 11.10. Der tagesperiodische Verlauf des apparenten CO_2-Gaswechsels bei einer CAM-Pflanze und einer C_3-Pflanze. Objekte: *Kalanchoe tubiflora* (Crassulaceae, CAM) und *Vicia faba* (Fabaceae, C_3). Auf der Ordinate ist die Abnahme bzw. Zunahme der CO_2-Konzentration der Luft nach Passieren einer Assimilationsküvette mit dem entsprechenden Pflanzenmaterial aufgetragen. Die CO_2-Konzentration im Gasstrom wurde kontinuierlich mit einem Infrarotabsorptionsschreiber (IRAS) über 24 h hinweg gemessen. Man erkennt, dass sich die beiden Pflanzen invers verhalten: Die C_3-Pflanze gibt nachts CO_2 ab und nimmt tagsüber CO_2 auf. Die CAM-Pflanze macht nachts (ab 22 Uhr) eine Netto-Aufnahme von CO_2 und bleibt die meiste Zeit des Tages auf dem Kompensationspunkt stehen. Ab 18 Uhr setzt jedoch auch im Licht wieder eine CO_2-Aufnahme ein. Auch das Nachlaufen der CO_2-Aufnahme nach dem Ende der Dunkelperiode zeigt, dass der CAM-Gaswechsel nicht einfach durch das Ein- und Ausschalten des Lichts, sondern auch **endogen** gesteuert wird. Zu Beginn und am Ende der Lichtperiode sind wahrscheinlich einige Stunden lang beide Carboxylierungssysteme bei geöffneten Stomata aktiv. (Nach Daten von M. Kluge)

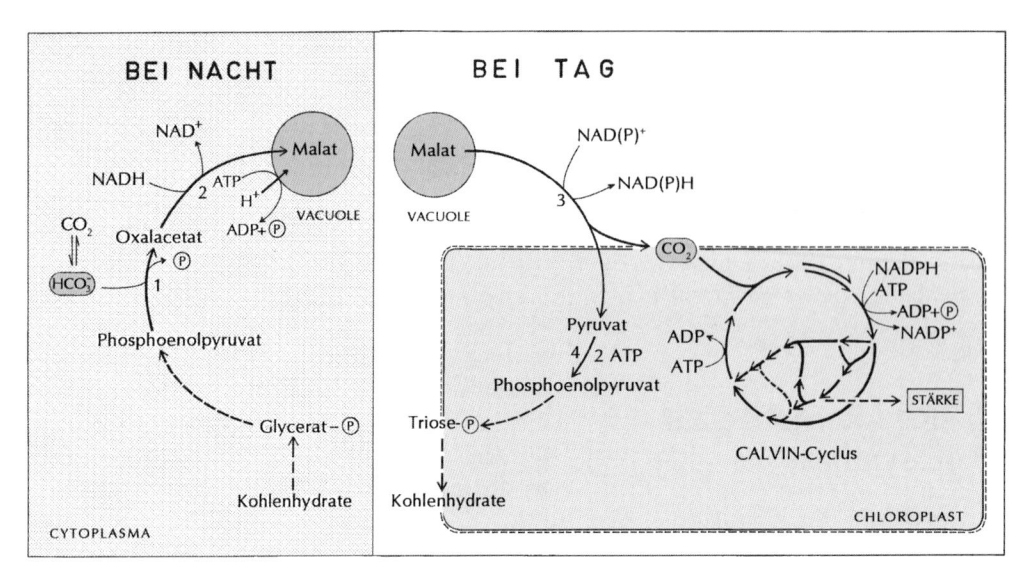

Abb. 11.11. Der Mechanismus der CO_2-Fixierung bei den CAM-Pflanzen (→ Abbildung 11.7). **Bei Nacht** (Calvin-Cyclus inaktiv) wird HCO_3^- im Cytoplasma durch **Phosphoenolpyruvatcarboxylase** (*1*) an Phosphoenolpyruvat gebunden, welches durch den Abbau von Kohlenhydraten (Stärke, Hexosen) zur Verfügung gestellt wird. Das entstehende Oxalacetat wird durch **Malatdehydrogenase** (*2*) zu Malat reduziert und in der Zellvacuole akkumuliert. **Bei Tag** erfolgt eine Entleerung des Malatspeichers in das Cytoplasma, wo durch eine **decarboxylierende Malatdehydrogenase** („Malatenzym", *3*) CO_2 freigesetzt wird, welches den Calvin-Cyclus mit Substrat versorgt. Alternativ kann die CO_2-Freisetzung auch, wie bei manchen C_4-Pflanzen, durch eine **Phosphoenolpyruvatcarboxykinase** erfolgen (→ Exkurs 11.1). Das entstehende Pyruvat wird durch eine plastidäre **Pyruvat,Phosphat-Dikinase** (*4*) zu Phosphoenolpyruvat umgesetzt, aus dem wieder Kohlenhydrate entstehen.

ten belaufen sich auf etwa 6 ATP pro gespeichertem CO_2.

Parallel zu diesen metabolischen Prozessen verläuft konsequenterweise eine **inverse Rhythmik** der Stomaregulation. Die Stomata sind während der kühleren Nacht (geringere Wasserpotenzialdifferenz zur Atmosphäre, daher geringe Transpiration) geöffnet, aber während der photosynthetisch aktiven Tagesperiode geschlossen. Die Regelung erfolgt über die CO_2-Konzentration in den Atemhöhlen des Blattes (nachts niedrig, tags hoch; → S. 272). Auf diese Weise kann eine erhebliche Drosselung des Wasserverlusts erzielt werden, ohne dass dadurch eine entsprechend große Einbuße bei der CO_2-Fixierung hingenommen werden muss. Die CAM-Pflanzen haben also auf einem anderen Weg als die C_4-Pflanzen die zwangsläufig erscheinende Koppelung von CO_2-Aufnahme und Transpiration durchbrochen. Während die C_4-Pflanzen die beiden Abschnitte des C_4-Dicarboxylatcyclus **gleichzeitig**, aber **räumlich getrennt** in zwei verschiedenen Zelltypen ablaufen lassen können (und damit eine Verbesserung des Verhältnisses zwischen CO_2-Fixierung und Transpiration erreichen), sind bei den CAM-Pflanzen CO_2-Fixierung und Photosynthese **zeitlich getrennt**. Hierdurch wird eine noch wesentlich effektivere Konservierung von Wasser erreicht. Im Tagesmittel transpiriert eine durchschnittliche, an Trockenheit angepasste CAM-Pflanze pro g erzeugter Trockenmasse etwa 50–100 g H_2O, d.h. rund 10mal weniger als eine vergleichbare C_3-Pflanze.

Die Mechanismen für die regulatorische Abstimmung zwischen der Dunkelfixierung von CO_2 und der Malatdecarboxylierung bzw. der photosynthetischen CO_2-Fixierung im Licht sind erst bruchstückhaft bekannt. Malat ist *in vitro* ein effektiver Inhibitor der PEP-Carboxylase (Endprodukthemmung; → Abbildung 4.17). Daher nimmt man an, dass während der Lichtperiode die Konkurrenz zwischen den beiden Carboxylasen, welche ja bei den CAM-Pflanzen im Gegensatz zu den C_4-Pflanzen in den selben Zellen lokalisiert sind, auch *in vivo* durch einen Anstieg der Malatkonzentration im Cytoplasma zugunsten der RUBISCO entschieden wird, welche ihrerseits im Dunkeln inaktiv ist (→ S. 208). Neben der allosterischen Hemmung durch Malat wird die PEP-Carboxylase durch covalente Modifikation reguliert: Die Phosphorylierung von Serinresten durch eine spezifische Proteinkinase wandelt das Enzym bei Nacht von einer malatsensitiven in eine malatinsensitive Form um. Diese Aktivierung wird bei Tag durch Dephosphorylierung wieder rückgängig gemacht. Das Enzym wird also bei den CAM-Pflanzen, im Gegensatz zu den C_3- und C_4-Pflanzen, im Licht inaktiviert (→ S. 210). Die Steuerung des Malattransports in die und aus der Vacuole (aktiver Import bei Nacht, passiver Export bei Tag) dürfte auf spezielle, durch Effektoren modulierbare Transportermechanismen im Tonoplasten zurückgehen. Möglicherweise ist das Umschalten von Import auf Export nach Erreichen der Malatspeicherkapazität der Vacuole der Grund für die Reduktion der CO_2-Fixierung vor Beendigung der Dunkelperiode (→ Abbildung 11.10). Das Einsetzen einer Netto-CO_2-Aufnahme einige Stunden vor dem Ende der Lichtperiode dürfte mit der Erschöpfung des Malatspeichers zusammenhängen (→ Abbildung 11.10).

Überführt man eine zuvor im natürlichen Licht-Dunkel-Wechsel periodisch nachts CO_2 fixierende Pflanze von *Kalanchoe blossfeldiana* in konstantes Dauerlicht, so wird die Rhythmik der CO_2-Fixierung, Gewebeansäuerung und Stomabewegung für eine Reihe von Tagen fortgesetzt. Auch die Aktivierung der PEP-Carboxylase und des Malatenzyms oszillieren unter diesen Bedingungen mit 12 h gegeneinander versetzter Phase weiter. Diese Befunde zeigen, dass bei der Steuerung des CAM-Stoffwechsels auch eine „innere Uhr" beteiligt ist, welche in ähnlicher Weise bei vielen tagesperiodischen Phänomenen eine Rolle spielt (→ Kapitel 21).

Der Beitrag des C_4-Dicarboxylatcyclus zur CO_2-Fixierung kann bei vielen CAM-Pflanzen in einem erstaunlich weiten Umfang variieren. Bei vielen Vertretern dieser Gruppe konnte man zeigen, dass die Ausbildung eines diurnalen Säurerhythmus unmittelbar von den ökologischen Gegebenheiten des Standorts bestimmt wird. Trockenheit, kurze Tage, kühle Nächte und Salzbelastung fördern das Auftreten einer nächtlichen CO_2-Fixierung. Häufig führen dieselben Pflanzen unter gemäßigteren Bedingungen eine normale CO_2-Fixierung bei geöffneten Stomata während des Tages durch. CAM ist also, zumindest bei vielen Arten dieser Gruppe, eine **fakultative Eigenschaft**, deren quantitative Ausprägung von der Umwelt gesteuert wird. Man kann daher nicht ohne weiteres von Sukkulenz auf das Auftreten des CAM schließen.

Bei dem Halophyten *Mesembryanthemum crystallinum* lassen sich die CAM-Symptome durch Gießen mit einer NaCl-Lösung (0,4 mol · l^{-1}) innerhalb von wenigen Tagen induzieren. Hierbei steigt der Wasserökonomiequotient (→ Tabelle 11.3) von 7 auf 16 mg CO_2 · g H_2O^{-1} an. Die Wüstenpflanzen *Opuntia basilaris* und *Agave deserti* halten unter extrem trockenen Bedingungen ($\psi_{Boden} \ll \psi_{Pflanze}$) ihre Stomata ständig geschlossen, was zu einem inneren Zirkulieren des CO_2 zwischen Atmung und Photosynthese ohne Nettogewinn an Kohlenstoff führt. Dieser in Bezug auf das Wachstum stationäre Zustand („Nullwachstum") wird nur nach einem Regen für wenige Tage unterbrochen, in denen die Pflanzen CAM und damit kurzfristig eine Nettophotosynthese durchführen können. Dies ist wohl das extremste Beispiel für die Ausnützung des CAM hinsichtlich der Überlebensfähigkeit einer Pflanze unter Bedingungen, wo Wasser der dominierende begrenzende Faktor für die Existenz von Leben ist. Andererseits konnte gezeigt werden, dass länger dauernde Bewässerung (12 Wochen lang $\psi_{Boden} \approx 0$ MPa) *Agave deserti* in eine normale C_3-Pflanze umfunktioniert, welche ihre Stomata bei Tag öffnet und bei Nacht schließt. Das Wasserpotenzial im Boden hat hier offensichtlich einen entscheidenden regulatorischen Einfluss auf den Mechanismus der photosynthetischen CO_2-Fixierung.

Bei einer Varietät der von der Blühinduktion her als Kurztagpflanze bekannten Crassulacee *Kalanchoe blossfeldiana* steht die Ausprägung des CAM unter der Kontrolle der Tageslänge. Diese Pflanze lebt unter Langtagbedingungen als normale C_3-Pflanze und geht beim Unterschreiten einer kritischen Tageslänge zum CAM über (→ Exkurs 11.3).

Eine interessante Variante bei der ökologischen Ausnützung der CAM wurde kürzlich bei submers lebenden Arten der zu den Farnpflanzen gehörenden Gattung *Isoetes* aufgeklärt. Diese Pflanzen leben am Grund von Gewässern, in denen die CO_2-Konzentration aufgrund der Photosynthese (tags) und der Atmung (nachts) anderer Pflanzen starken Schwankungen unterliegt. Die Verlegung der CO_2-Fixierung in die nächtliche Dunkelperiode ermöglicht es den *Isoetes*-Arten diesen vergleichsweise CO_2-armen Standort zu besiedeln.

> **EXKURS 11.3: Umsteuerung von C₃-Photosynthese auf CAM-Photosynthese durch die tägliche Lichtperiode bei einer sukkulenten Kurztagpflanze**
>
> Im Gegensatz zu den meisten C_4-Pflanzen sind viele CAM-Pflanzen in der Lage, zwischen C_3-Photosynthese und CAM zu wechseln. In der Regel wird diese Umstellung durch die Verfügbarkeit von Wasser am Wuchsort ausgelöst. Bei der aus Madagaskar stammenden Sukkulente *Kalanchoe blossfeldiana*, var. Tom Tumb (Crassulaceae) hat man jedoch gefunden, dass nicht Wassermangel, sondern die Veränderung der **Tageslänge** das Signal für die Ausbildung des CAM darstellt. Diese Art gehört zu den **Kurztagpflanzen**, d. h. ihre Blütenbildung wird ausgelöst, wenn die tägliche Lichtperiode unter eine kritische Länge abfällt (→ S. 504). Das Beispiel zeigt, dass darüber hinaus auch andere adaptive Eigenschaften der Pflanze durch die Lichtperiode gesteuert, und somit der Jahreszeit angepasst werden können.
>
> In dieser Studie wurden genetisch einheitliche Pflanzen der Varietät Tom Tumb von *K. blossfeldiana* bei guter Wasserversorgung für 6 Wochen bei täglich 8 h Licht/16 h Dunkelheit (Kurztag) kultiviert. Um Langtagbedingungen bei gleicher Photosyntheseperiode zu simulieren, erhielt die Hälfte der Pflanzen täglich in der Mitte der Dunkelperiode ein Störlicht von 15 min (→ S. 506). Wie zu erwarten, blieben diese Pflanzen vegetativ, während die Pflanzen im Kurztag blühten.
>
> Die Abbildung zeigt den zeitlichen Verlauf des CO_2-Austausches mit der Umgebungsluft während ein 24-h-Tages. Es wird deutlich, dass die Pflanzen unter Kurztagbedingungen zum CAM übergehen, während unter Langtagbedingungen normale C_3-Photosynthese abläuft (→ Abbildung 11.10). Messungen der Wasserbilanz ergaben im Kurztag einen 3fach niedrigeren Wasserverlust durch Transpiration. (Nach Zabka und Chaturvedi 1975)

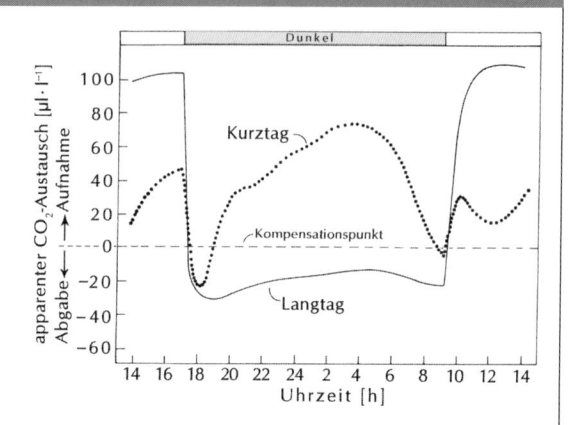

11.8 Isotopendiskriminierung bei der CO₂-Fixierung

Das CO_2 der Atmosphäre enthält zu 1,1 % das stabile Kohlenstoffisotop ^{13}C. Bei der photosynthetischen CO_2-Fixierung werden $^{13}CO_2$ und $^{12}CO_2$ mit verschiedener Intensität verwendet, offenbar weil sie wegen der Massendifferenz bei der Carboxylierungsreaktion nicht in gleicher Weise als Substrat akzeptierbar sind. Wegen dieses **Isotopeneffekts** besitzen alle organischen Substanzen, welche auf die Photosynthese zurückgehen, einen gegenüber dem CO_2 der Luft verminderten ^{13}C-Gehalt (dies gilt in noch stärkerem Maße für das noch schwerere Isotop ^{14}C). Die Diskriminierung zwischen ^{13}C und ^{12}C kann sehr empfindlich mit einem Massenspektrometer gemessen werden. Sie wird in Form des $\delta^{13}C$-Wertes ausgedrückt (→ Tabelle 11.1). Das CO_2 der Luft besitzt einen $\delta^{13}C$-Wert von $-8‰$. Bei der Diffusion von CO_2 durch die Stomata wird dieser Wert durch Benachteiligung von $^{13}CO_2$ auf etwa $-12‰$ reduziert.

Das organische Material verschiedener Pflanzen ist bezüglich seines Gehaltes an ^{13}C nicht identisch. Auf diese Tatsache stieß man zunächst bei archäologischen Studien, als die Radiocarbondatierungsmethode bei fossilen Resten von Maispflanzen ein scheinbar geringeres Alter als bei Holzproben der gleichen Fundstelle lieferte. Systematische Untersuchungen zeigten daraufhin, dass in der Tat charakteristische Unterschiede im $\delta^{13}C$-Wert bei verschiedenen Photosynthesetypen auftreten (Abbildung 11.12). C_4-Pflanzen sind stets durch einen relativ hohen (= wenig negativen) $\delta^{13}C$-Wert (ca. -10 bis $-18‰$) ausgezeichnet. Dies beruht auf dem geringen Diskriminierungsvermögen der PEP-Carboxylase zwischen $H^{13}CO_3^-$ und $H^{12}CO_3^-$ ($-2‰$). Normale C_3-Pflanzen, und auch die C_3-C_4-Pflanzen, liefern dagegen wesentlich niedrigere $\delta^{13}C$-Werte (ca. -24 bis $-34‰$), welche auf die starke Diskriminierung zwischen $^{13}CO_2$ und $^{12}CO_2$ durch die RUBISCO zurückgehen ($-30‰$). Ein relativ hoher $\delta^{13}C$-Wert des Photosyntheseprodukts kann daher als sehr zuverlässiges diagnostisches Kriterium da-

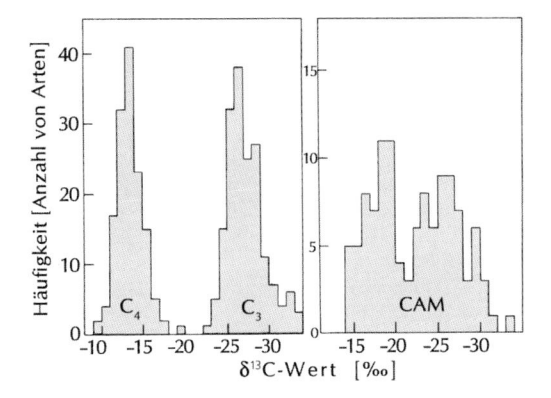

Abb. 11.12. $\delta^{13}C$-Werte bei C_4-Pflanzen, C_3-Pflanzen und CAM-Pflanzen. Die massenspektroskopische Bestimmung des relativen ^{13}C-Gehaltes erfolgte an getrocknetem Material ganzer Pflanzen von Arten, welche sich aufgrund ihrer physiologischen Merkmale eindeutig einem der drei Photosynthesetypen zuordnen ließen. Die Häufigkeitsdiagramme (Verteilungsfunktionen) zeigen, dass, trotz einiger Schwankungen um die Mittelwerte, C_4-Pflanzen und C_3-Pflanzen getrennte Populationen bezüglich des $\delta^{13}C$-Wertes darstellen. Im Gegensatz dazu ergeben sich bei den sehr viel heterogener erscheinenden CAM-Pflanzen Andeutungen für eine Aufspaltung in zwei Teilpopulationen. Da die analysierten CAM-Pflanzen unter sehr verschiedenen Standortbedingungen aufgewachsen waren, steht dieses Resultat in Übereinstimmung mit der fakultativen Verwendung des C_4-Fixierungsweges für CO_2 bei dieser Gruppe von Pflanzen. (Nach Osmond und Ziegler 1975)

für verwendet werden, dass dem Calvin-Cyclus ein akzessorisches CO_2-Fixierungssystem durch die PEP-Carboxylase vorgeschaltet ist.

Die Bestimmung des $\delta^{13}C$-Wertes hat vielfältige Anwendung im Bereich der Systematik, Ökologie und Nahrungsmittelanalytik gefunden. So kann man z. B. ohne Schwierigkeit feststellen, ob eine Probe chemisch reiner Saccharose aus Zuckerrüben oder aus Zuckerrohr gewonnen wurde (oder ob Honig, der auf Nektar von C_3-Pflanzen zurückgeht, mit Rohrzucker „gestreckt" wurde). Wenn Tiere sich vorwiegend von C_4-Pflanzen ernähren, nimmt ihre Körpersubstanz ebenfalls einen relativ hohen $\delta^{13}C$-Wert an, der sich u. U. auch in der Nahrungskette weiter fortpflanzt.

Bei CAM-Pflanzen verschiedener Standorte hat man eine große Variationsbreite des $\delta^{13}C$-Wertes gefunden (-14 bis -33 ‰; Abbildung 11.12), wie man es aufgrund der physiologischen Flexibilität dieser Pflanzen erwarten muss. Der $\delta^{13}C$-Wert kann in diesem Fall Information über den Umfang der nächtlichen CO_2-Vorfixierung durch den C_4-Dicarboxylatweg liefern. Die Kurztagpflanze *Kalanchoe blossfeldiana* produziert im Langtag organisches Material mit $\delta^{13}C = -23$ ‰, im Kurztag dagegen mit $\delta^{13}C = -13$ ‰ ($\rightarrow$ Exkurs 11.3). In ähnlichem Ausmaß kann sich ein niedriger Wert des Wasserpotenzials im Boden (z. B. durch Trockenheit oder Salzbelastung) unter sonst konstanten Umweltbedingungen auf den $\delta^{13}C$-Wert auswirken.

Weiterführende Literatur

Ainsworth EA, Rogers A (2007) The response of photosynthesis and stomatal conductance to rising [CO_2]: Mechanisms and environmental interactions. Plant Cell Environ 30: 258–270

Brugnoli E, Farquhar GD (2000) Photosynthetic fractionation of carbon isotopes. In: Leegood RC, Sharkey TD, von Caemmerer S (eds) Photosynthesis: Physiology and metabolism. Kluwer, Dordrecht, pp 399–434

Caird MA, Richards JH, Donovan LA (2007) Nighttime stomatal conductance and transpiration in C_3 and C_4 plants. Plant Physiol 143: 4–10

Cole DR, Monger HC (1994) Influence of atmospheric CO_2 on the decline of C_4 plants during the last deglaciation. Nature 368: pp 533–536

Cushman JC, Taybi T, Bohnert HJ (2000) Induction of crassulacean acid metabolism – molecular aspects. In: siehe Brugnoli et al. (2000) pp 551–582

Dengler NG, Taylor WC (2000) Developmental aspects of C_4 photosynthesis. In: siehe Brugnoli et al. (2000) pp 471–495

Dodd AN, Borland AM, Haslam RP, Griffiths H, Maxwell K (2002) Crassulacean acid metabolism: Plastic, fantastic. J Exp Bot 53: 569–580

Edwards GE, Franceschi VR, Voznesenskaya EV (2004) Single cell C_4 photosynthesis *versus* the dual-cell (Kranz) paradigm. Annu Rev Plant Biol 55: 173–196

Furbank RT, Hatch MD, Jenkins CLD (2000) C_4-Photosynthesis: Mechanism and regulation. In: siehe Brugnoli et al. (2000) pp 435–457

Hatch MD (1992) C_4 photosynthesis: An unlikely process full of suprises. Plant Cell Physiol 33: 333–342

Leegood RC (1997) The regulation of C_4 photosynthesis. Adv Bot Res 26: 251–316

Leegood RC (2002) C_4 photosynthesis: Principles of CO_2 concentration and prospects for its introduction into C_3 plants. J Exp Bot 53: 581–590

Lüttge U (2004) Ecophysiology of crassulacean acid metabolism (CAM). Ann Bot 93: 629–652

Majeran W, van Wijk KJ (2009) Cell-type-specific differentiation of chloroplasts in C_4 plants. Trends Plant Sci 14: 100–109

Matsuoka M, Furbank RT, Fukayama H, Miyao M (2001) Molecular engineering of C_4 photosynthesis. Annu Rev Plant Physiol Plant Mol Biol 52: 297–314

McKown AD, Dengler NG (2007) Key innovations in the evolution of Kranz anatomy and C_4 vein pattern in *Flaveria* (Asteraceae). Amer J Bot 94: 382–399

Monson RK, Rawsthorne S (2000) CO_2 assimilation in C_3–C_4 intermediate plants. In: siehe Brugnoli et al. (2000) pp 533–550

Nobel PS (1991) Achievable productivities of certain CAM plants: Basis for high values compared with C_3 and C_4 plants. New Phytol 119: 183–205

Rawsthorne S (1992) C_3–C_4 intermediate photosynthesis: Linking physiology to gene expression. Plant J 2: 267–274

Sage RF (2002) C_4 photosynthesis in terrestrial plants does not require Kranz anatomy. Trends Plant Sci 7: 283–285

Sage RF (2004) The evolution of C_4 photosynthesis. New Phytol 161: 341–370

Sage RF, Kubien DS (2007) The temperature response of C_3 and C_4 photosynthesis. J Exp Bot 30: 1086–1106

Sage RF, Monson RK (1999) C_4 plant biology. Academic Press, San Diego

Ueno O (1998) Induction of Kranz anatomy and C_4-like biochemical characeristics in a submerged amphibious plant by abscisic acid. Plant Cell 10: 571–583

Winter K, Smith JAC (eds) (1996) Crassulacean acid metabolism: Biochemistry, ecophysiology and evolution. Ecol Studies Vol 114, Springer, Berlin

In Abbildungen und Tabellen zitierte Literatur

Akita S, Moss DN (1972) Crop Sci 12: 789–793

Björkman O, Hiesey WM, Nobs MA, Nicholson F, Hart RW (1968) Carnegie Inst Year Book 66: 228–232

Björkman O, Gauhl E, Hiesey WM, Nicholson F, Nobs MA (1969) Carnegie Inst Year Book 67: 477–479

Björkman O, Gauhl E, Nobs MA (1970) Carnegie Inst Year Book 68: 620–633

Björkman O, Mooney HA, Ehleringer J (1975) Carnegie Inst Year Book 74: 743–748

Gunning BES, Steer MW (1975) Plant cell biology. An ultrastructural approach. Arnold, London

Hatch MD (1971) In: Hatch MD, Osmond CB, Slatyer RO (eds) Photosynthesis and photorespiration. Wiley, New York, pp 139–152

Osmond CB, Björkman O, Anderson DJ (1980) Physiological processes in plant ecology. Ecol Studies, Vol 36, Springer, Berlin

Osmond CB, Ziegler H (1975) Naturwiss Rdsch 28: 323–328

Slatyer RO (1970) Planta 39: 175–189

Widholm JM, Ogren WL (1969) Proc Natl Acad Sci USA 63: 668–675

Zabka GG, Chaturvedi SN (1975) Plant Physiol 55: 532–535

12 Stoffwechsel von Wasser und anorganischen Ionen

Neben den aus der Atmosphäre zur Verfügung stehenden Elementen Kohlenstoff (als CO_2) und Sauerstoff (als O_2) benötigt der pflanzliche Stoffwechsel mindestens 15 weitere Elemente, die in Form von Wasser (H_2O) und den darin gelösten anorganischen Nährstoffen (mineralische Nährsalze) aufgenommen werden müssen. Aufgrund ihres unterschiedlichen Bedarfs im Stoffwechsel unterscheidet man zwischen **Makroelementen** (neben C, H, O: **N, S, P, K, Cu, Mg**) und **Mikroelementen** (**Fe, Cl, B, Mn, Zn, Cu, Mo, Ni**). Eine wässrige Lösung, die diese **essenziellen Nährelemente** (in der Regel in Form anorganischer Ionen) in ausgewogenen Konzentrationen enthält, kann als **Nährlösung** im Prinzip alle mineralischen Bedürfnisse der Pflanze befriedigen. Bei den höheren Pflanzen erfolgt die Aufnahme mineralischer Nährstoffe aus der Bodenlösung durch die **Wurzel**, welche für diese Aufgabe mit speziellen physiologischen Fähigkeiten ausgestattet ist. In den wurzelnahen Bodenbereichen, der **Rhizosphäre**, finden vielschichtige chemische Wechselwirkungen zwischen der Wurzel und den anorganischen und organischen Bodenbestandteilen statt. Durch enzymatische Aktivitäten und Exsudation bestimmter Substanzen kann die Wurzel aktiv auf die **Mobilisierung** und **chemische Aufbereitung** von Nährstoffen einwirken. Eine wichtige Rolle spielen in dieser Wechselbeziehung Bakterien und Pilze, welche mit der Wurzel in mehr oder minder engen symbiontischen Stoffaustausch treten. Pflanzen salzreicher Standorte nehmen NaCl im Übermaß auf, können diese Belastung aber durch spezielle **Exkretionsmechanismen**, z. B. in Salzdrüsen, auf einem tolerablen Stand halten. Dasselbe gilt für toxische Schwermetallionen, welche durch **Sequestrierung** in der Zellvacuole entgiftet werden können.

12.1 Wasser

Metabolisch aktive Gewebe bestehen zu 85–95 % aus Wasser. Diese Substanz besitzt einzigartige physikalisch-chemische Eigenschaften, welche durch die lebendigen Systeme in vielfältiger Weise ausgenutzt werden. Wasser ist im physiologischen Temperaturbereich eine Flüssigkeit mit relativ geringer Viscosität, hoher Dielektrizitätskonstanten (Dissoziationskonstante = 10^{-14}) und minimaler Quantenabsorption unterhalb 850 nm. Wegen seiner geringen Größe und seiner Dipolnatur ist H_2O ein hervorragendes Lösungsmittel für ein außergewöhnlich breites Spektrum stark polarer bis mäßig apolarer Teilchen, besonders für **Ionen**. Der polare Aufbau des H_2O-Moleküls (Abbildung 12.1, *oben*) ermöglicht die **Hydratisierung** von Kationen und Anionen, einschließlich der Makromoleküle wie Proteine, Nucleinsäuren usw. Das Lösungsmittel Wasser ist chemisch relativ inert und auch von daher ein ideales Medium für die Diffusion und die chemischen Wechselwirkungen anderer Teilchen. Seine extrem hohe Verdampfungswärme (44 kJ · mol^{-1} bei 25 °C), seine hohe Wärmekapazität und seine hohe Leitfähigkeit für Wärme machen Wasser darüber hinaus zu einem idealen Medium für die Thermoregulation. Schließlich wird die fehlende Kompressibilität des Wassers bei der osmotischen Erzeugung von hydrostatischem Druck ausgenützt (die Pflanze als „hydraulisches" System; → S. 54). Viele der besonderen Eigenschaften des Wassers hängen mit seiner Fähigkeit zur Ausbildung von **Wasserstoffbrückenbindungen** zusammen (Abbildung 12.1, *unten*). Beim Schmelzen von kristallinem Wasser (Eis) bei 0 °C werden unter Aufnahme von 6 kJ · mol^{-1} etwa 15 % der Wasserstoffbrücken gespalten. Bei 25 °C sind noch etwa 80 % der Wasserstoffbrücken intakt (semikristalline Struktur). Es sind 32 kJ · mol^{-1} (= 73 % der Verdampfungswärme) erforderlich, um diese Bindungen bei der Verdampfung zu lösen. Eine weitere Konsequenz der Wasserstoffbrücken ist die hohe **Kohäsion** (Zerreissfestigkeit), welche zusammen mit der **Adhäsion** an geladene Oberflächen (Benetzungsfähigkeit) entscheidende Bedeutung für den Massentransport des Wassers in den kapillaren Gefäßen des Xylems besitzt (→ S. 320).

Neben seinen verschiedenen Funktionen im physikalisch-chemischen Bereich des Stoffwechsels ist Wasser auch direkt als Reaktionspartner an vielen biochemischen Umsetzungen beteiligt. Das H_2O/O_2-Redoxsystem markiert das positive Ende der biologischen Redoxskala (→ Abbildung 3.14) und dient in dieser Eigenschaft bei der Photosynthese und bei der Atmungskette als energetischer Antipode zu den stark negativen Redoxsystemen der Zelle wie Ferredoxin, NADH/NAD$^+$ usw. Die Trennung von Protonen und Hydroxylionen an Biomembranen durch Protonenpumpen führt zum Aufbau von Protonengradienten, welche als Zwischenspeicher für chemische Energie bei der photosynthetischen und bei der respiratorischen Energietransformation dienen (→ Abbildung 4.11). Die Phosphorylierung von ADP (z. B. $[ADP]^{3-}$ + HPO_4^{2-} + H^+ → $[ATP]^{4-}$ + H_2O) ist im Grunde eine **Dehydratisierung** des ATP-Moleküls. Bei der Rückreaktion, der **Hydrolyse** des ATP, wird wieder H_2O verbraucht. Auch in vielen anderen Stoffwechselbereichen spielen Hydrolysen eine wichtige Rolle, z. B. bei der Zerlegung von Makromolekülen wie Stärke, Proteine oder Nucleinsäuren in ihre niedermolekularen Bausteine. Diese durch die Gruppe der **Hydrolasen** katalysierten, katabolischen Reaktionen spielen sich außerhalb des eigentlichen Energiestoffwechsels ab; die freigesetzte Energie kann nicht gespeichert werden. Diese wenigen Beispiele zeigen, dass H_2O auch als Metabolit eine nahezu universelle Bedeutung in der Zelle besitzt. Schließlich sei noch an die Rolle der Protonenkonzentration als Milieufaktor für die Stoffumsetzung des Protoplasmas erinnert. Der jeweils „richtige" pH ist bei vielen Enzymen die wichtigste Voraussetzung für katalytische Aktivität.

Die höheren Landpflanzen nehmen das Wasser in der Regel über die Wurzel aus dem Boden (in seltenen Fällen bei hoher Luftfeuchtigkeit auch durch Sprossteile oder Luftwurzeln aus der Atmosphäre) auf. Es besteht eine ununterbrochene Verbindung vom Bodenwasser im Bereich der Wurzel über den Spross bis hin zu den Orten der Transpiration an den Blättern. Die Energie für den gerichteten Strom von Wasser durch die Pflanze entstammt der Wasserpotenzialdifferenz zwischen Boden und Atmosphäre (→ S. 313). Auch die Aufnahme von Wasser in den Protoplasten, der im freien Diffusionsraum der Zellwand allseitig von einem wässrigen Milieu umgeben ist, erfolgt ausschließlich durch **Osmose**, energetisch angetrieben durch $-\Delta\psi$ (→ S. 53). Man hat bisher keinerlei Anhaltspunkte dafür gefunden, dass H_2O-Moleküle aktiv über Membranbarrieren hinweg gepumpt werden. Der stoffwechselabhängige Kurzstreckentransport von Wasser erfolgt vielmehr stets indirekt durch aktiven Transport eines Osmoticums (z. B. eines Kations), welches durch die lokale Erniedrigung von ψ das Wasser passiv nachzieht. Der meist sehr niedrige Diffusionswi-

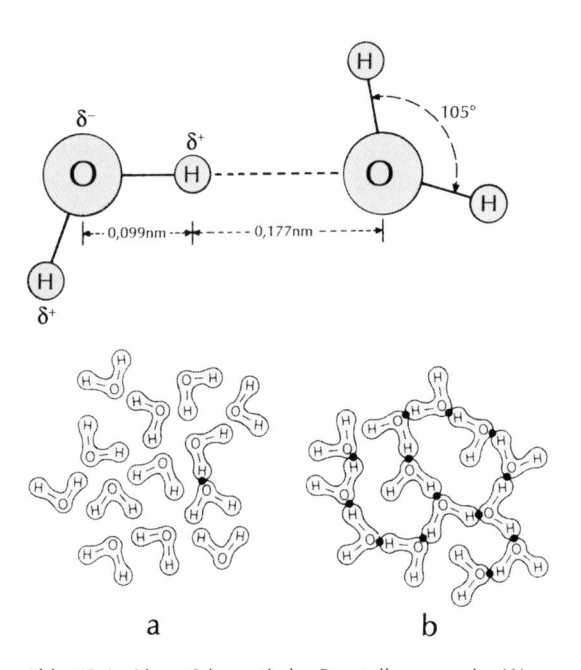

Abb. 12.1. *Oben:* Schematische Darstellung zweier Wassermoleküle, welche durch eine Wasserstoffbrücke verknüpft sind. Diese elektrostatische Bindung beruht auf dem Dipolcharakter der Moleküle (positive Überschussladung am H, negative Überschussladung am O). Sie besitzt eine wesentlich geringere Bindungsenergie (ca. 20 kJ · mol^{-1}) als die covalente Bindung (ca. 400 kJ · mol^{-1}). *Unten:* Struktur des Wassers nahe bei 100 °C (**a**) bzw. nahe bei 0 °C (**b**). Die **H-Brücken** sind als schwarze Punkte hervorgehoben. (Nach Nobel 1999, Meidner und Sheriff 1976; verändert)

derstand der Membranen für H_2O wird durch **Aquaporine** gewährleistet ($\rightarrow$ S. 82).

Die **Regulation** der Wasserversorgung der Kormophyten erfolgt normalerweise durch eine ψ-abhängige Einstellung des Diffusionswiderstandes für Wasserdampf an den Stomata der Blätter, in Abstimmung mit dem photosynthetischen CO_2-Transport ($\rightarrow$ S. 273). Außerdem werden viele physiologische Prozesse vom Wasserstatus der Pflanze direkt oder indirekt beeinflusst (Abbildung 12.2). Ein besonders eindrückliches Beispiel für eine regulatorische Umsteuerung des Stoffwechsels als Anpassung an die Verfügbarkeit von Wasser ist die Induktion des CAM bei Sukkulenten ($\rightarrow$ S. 293).

Aufgrund der vielfältigen physikalischen und chemischen Funktionen von H_2O ist ein hoher Wassergehalt eine essenzielle Eigenschaft aller stoffwechselaktiven Zellen. Bereits eine Reduktion des relativen Wassergehalts auf 70–80 % führt bei den meisten Pflanzenzellen zur Hemmung zentraler Stoffwechselfunktionen (z. B. der Atmung und der Photosynthese; $\rightarrow$ Abbildung 26.5). Austrocknung auf weniger als 50–60 % relativen Wassergehalt führt in der Regel zum Zelltod. In speziellen Fällen besitzen pflanzliche Zellen jedoch eine extreme **Austrocknungstoleranz**, welche vorübergehend ein Überleben im lufttrockenen Zustand (2–5 % relativer Wassergehalt) ohne wesentliche Schäden gestattet. Die Zellen dieser **poikilohydren** Pflanzen (z. B. viele Flechten und Moose) und der Samen von höheren Pflanzen besitzen die Fähigkeit, ihr Protoplasma im weitgehend dehydratisierten Zustand intakt zu konservieren, wobei der Stoffwechsel praktisch eingestellt wird, **metabolischer Ruhezustand**, **Kryptobiose**. Bei ausreichender Wasserzufuhr können diese Zellen innerhalb weniger Minuten vom Zustand des „latenten Lebens" wieder zum metabolisch aktiven Zustand zurückkehren ($\rightarrow$ S. 487).

12.2 Mineralernährung der Pflanze

Bei der Behandlung der Photosynthese und der Dissimilation organischer Moleküle hatten wir es im Wesentlichen mit dem Stoffwechsel von Kohlenstoff, Wasserstoff und Sauerstoff zu tun. Neben diesen mengenmäßig dominierenden Elementen (90–95 % der Trockenmasse) spielen in der Pflanze eine große Zahl weiterer Elemente eine Rolle, welche ebenfalls in anorganischer Form aufgenommen und verwertet werden können. Diese mineralischen **Nährelemente** stehen der Pflanze als **Ionen**, gelöst in einem wässrigen Medium (z. B. im Meerwasser) zur Verfügung. Die Landpflanzen nehmen anorganische Ionen normalerweise über die Wurzel aus der Bodenlösung auf. Die unlöslichen Bestandteile des Bodens (Quarz, Tonmineralien, Humus) haben häufig Speicherfunktion für Ionen, sind jedoch selbst keine essenziellen Voraussetzungen für das Pflanzenwachstum. Diese Erkenntnis verdanken wir Sachs, der um 1860 die **hydroponische Kultur** von Pflanzen in Lösungen anorganischer Salze einführte (Abbildung 12.3).

Der Pflanzenphysiologe Knop entwickelte kurz darauf die erste, empirisch vielfach getestete und bewährte Rezeptur einer **Nährlösung** (Tabelle 12.1 a). Die klassische „Knopsche Nährlösung" enthielt alle Komponenten, welche die Pflanze normalerweise für ihr Wachstum benötigt. Die in Tabelle 12.1 a aufgeführten Kationen und Anionen repräsentieren die mineralischen **Makroelemente** der Pflanzenernährung, d. h. sie gehören neben C, H und O zu denjenigen Elementen, welche in erheblichen, leicht messbaren Mengen benötigt werden. Darüber hinaus sind für eine vollständige Entwicklung der Pflanze eine Anzahl weiterer Ele-

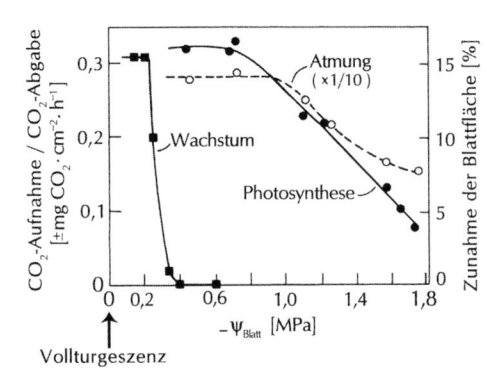

Abb. 12.2. Der Einfluss des Wasserpotenzials (ψ) auf Wachstum, Atmung und Photosynthese des Blattes. Objekt: Junge Blätter der Sonnenblume (*Helianthus annuus*). Wasserpotenzial, Flächenwachstum, apparente Photosynthese (CO_2-Aufnahme im Licht) und Atmung (CO_2-Abgabe im Dunkeln) wurden an Blättern intakter Pflanzen gemessen, deren Wasserpotenzial nach Unterbrechung der Wasserzufuhr unterschiedlich stark abgesunken war. Diese Experimente zeigen, dass das Wachstum sehr viel empfindlicher als der Gaswechsel auf ein Wasserdefizit im Blatt reagiert. Die Atmungswerte sind 10mal überhöht dargestellt. (Nach Boyer 1970)

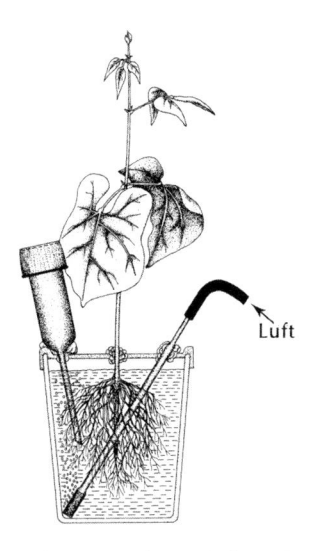

Abb. 12.3. Hydroponische Kultur einer Landpflanze. Eine sterile wässrige Lösung, welche alle essenziellen anorganischen Ionen in geringer Konzentration enthält und ausreichend belüftet wird, kann das natürliche Substrat „Boden" vollwertig ersetzen. Da die Zusammensetzung der Nährlösung im Experiment einfach verändert und kontrolliert werden kann, eignet sich diese Anzuchtmethode besonders für das Studium der Ionenaufnahme und -verwertung. Der Trichter *links* dient zum Nachfüllen von H_2O bzw. Nährlösung. (Nach Epstein 2005; verändert)

mente unentbehrlich, die nur in relativ geringen Quantitäten angeboten werden müssen und die daher in den zu Knops Zeiten zur Verfügung stehenden Chemikalien alle in ausreichender Menge als Verunreinigungen enthalten waren. Erst die Herstellung hochgereinigter Chemikalien ermöglichte eine genaue Festlegung der Liste von **Mikroelementen** (Spurenelementen) der Pflanzenernährung, welche heutzutage den modernen Nährlösungen gesondert beigegeben werden (Tabelle 12.1 b).

Die Liste der allgemeinen, essenziellen Nährelemente umfasst insgesamt 9 Makro- und 8 Mikroelemente, welche in sehr unterschiedlichen Mengen von der Pflanze benötigt werden (Tabelle 12.2). Darüber hinaus treten bei manchen Pflanzen zusätzliche Bedürfnisse auf, z. B. für SiO_2 als Gerüstsubstanz bei Diatomeen, Gräsern und Schachtelhalmen oder für Co bei allen Pflanzen, welche auf eine Symbiose mit N_2-fixierenden Bakterien angewiesen sind ($\rightarrow$ S. 621). Co ist ein Bestandteil des hierbei essenziellen **Cobalamins** (bei Menschen: Vitamin B_{12}). Auch Na und Se müssen in speziellen Fällen als Mikroelemente angesehen werden. Bei ei-

Tabelle 12.1. Die Nährelemente der Pflanze und ihre Verwendung in künstlichen Nährlösungen. Die Grenze zwischen Makro- und Mikroelementen ist weitgehend willkürlich. (a) **Knopsche Nährlösung.** Dieses Rezept wurde um 1860 unter Verwendung unvollständig gereinigter Chemikalien in Unkenntnis der Mikroelemente entwickelt. (b) **Hoaglandsche Nährlösung** Nr. 2 (Nach Hoagland und Arnon 1950). Hier wurden die Mikroelemente berücksichtigt. Außerdem wird Fe als Chelat angeboten, um seine Aufnahme zu erleichtern. Als Lösungsmittel dient destilliertes Wasser.

Makroelemente: C, H, O, N, S, P, K, Ca, Mg
Mikroelemente: Fe, Cl, B, Mn, Zn, Cu, Mo, Ni

(a) Nährlösung nach Knop	$[g \cdot l^{-1}]$	(b) Nährlösung nach Hoagland	$[g \cdot l^{-1}]$	$[mmol \cdot l^{-1}]$
$Ca(NO_3)_2$	1,00	KNO_3	0,606	6
$MgSO_4 \cdot 7 H_2O$	0,25	$Ca(NO_3)_2$	0,657	4
KH_2PO_4	0,25	$NH_4H_2PO_4$	0,115	1
KNO_3	0,25	$MgSO_4 \cdot 7 H_2O$	0,241	2
KCl	0,12			
$FeSO_4$	Spur	H_3BO_3	0,00286	0,0463
	(pH 5,7)	$MnCl_2 \cdot 4 H_2O$	0,00181	0,00915
		$CuSO_4 \cdot 5 H_2O$	0,00008	0,00032
		$ZnSO_4 \cdot 7 H_2O$	0,00022	0,00077
		MoO_3	0,000016	0,00011
		komplexgebundenes Fe^{3+} (z. B. 5 mg $\cdot$ l^{-1} Fe^{3+}-Tartrat)	(pH 5,8)	

Tabelle 12.2. Der Gehalt an Nährelementen in normal entwickelten Kulturpflanzen (Durchschnittswerte). (Nach Epstein 1965)

Element	Gehalt [mmol · kg Trockenmasse^{-1}]	[g · kg Trockenmasse^{-1}]	Relative Anzahl an Atomen (bezogen auf Mo)
Makroelemente:			
H	60.000	60	60 · 10^6
C	35.000	450	35 · 10^6
O	30.000	450	30 · 10^6
N	1.000	15	1 · 10^6
K	250	10	0,25 · 10^6
Ca	125	5	0,13 · 10^6
Mg	80	2	0,08 · 10^6
P	60	2	0,06 · 10^6
S	30	1	0,03 · 10^6
Mikroelemente:			
Cl	3	0,1	3.000
B	2	0,02	2.000
Fe	2	0,1	2.000
Mn	1	0,05	1.000
Zn	0,3	0,02	300
Cu	0,1	0,006	100
Mo	0,001	0,0001	1

ner künstlichen Nährlösung kommt es nicht nur auf die Vollständigkeit bezüglich aller benötigter Ionen, sondern auch auf die Gesamtionenstärke, den pH-Wert, die Pufferkapazität und das Verhältnis zwischen den einzelnen Ionen, die **Ionenbalance**, an. Die Pflanze kann zwar im Prinzip in der Wurzelrinde selektiv und aktiv Ionen auch aus einer sehr verdünnten Lösung akkumulieren ($\rightarrow$ S. 87); ein ungünstiges Verhältnis zwischen den angebotenen Ionen schränkt jedoch diese Fähigkeit mehr oder minder ein, z. B. dadurch, dass eine Ionenart durch eine antagonistische (um dieselbe Transportstelle konkurrierende) Ionenart verdrängt wird. In der Regel ergibt sich für die Abhängigkeit des pflanzlichen Wachstums von der Konzentration eines Nährelements eine hyperbolische Sättigungskurve, wobei das Erreichen der Sättigung von der relativen Konzentration der anderen Nährelemente abhängt. Die Verrechnung unabhängiger, limitierender Faktoren, welche gemeinsam auf einen physiologischen Prozess einwirken, haben wir bereits bei der Besprechung der Photosynthesefaktoren Licht und CO_2 kennengelernt ($\rightarrow$ S. 261). Auch bei der Ionenaufnahme treten nicht selten Interaktionen zwischen verschiedenen Faktoren auf, wodurch der Verrechnungsmodus sehr kompliziert werden kann.

12.3 Essenzielle Mikroelemente

Ein Element wird als **essenziell** für die pflanzliche Ernährung bezeichnet, wenn
▶ die Pflanze ohne dieses Element ihren Lebenscyclus nicht vollständig durchführen kann, oder

▶ das Element als unersetzbarer Bestandteil von Molekülen bekannt ist, welche im Stoffwechsel der sich normal entwickelnden Pflanze unbedingt benötigt werden.

Die Erfüllung eines der beiden Kriterien reicht aus, um ein chemisches Element als essenzielles Nährelement zu klassifizieren. Die Entdeckung der Mikroelemente gelang meist mit Hilfe des ersten Kriteriums, welches besonders einfach operationalisierbar ist: Man hält eine Pflanze auf einer Nährlösung, welche alle Elemente mit Ausnahme des zu testenden Ions enthält. Ist das ausgelassene Element essenziell, so macht sich dies an einer oder mehreren Stellen der Ontogenese in charakteristischen, durch ähnliche Elemente nicht behebbaren **Mangelsymptomen** gegenüber der auf Vollmedium wachsenden Kontrollpflanze bemerkbar. Man muss dabei neben einer ausreichenden Reinheit der verwendeten Chemikalien berücksichtigen, dass viele Pflanzen auch Mikroelemente in ihren Samen speichern können. Daher treten gelegentlich Mangelsymptome erst dann klar hervor, nachdem die endogenen Vorräte im Verlauf mehrerer, auf dem Mangelmedium angezogener Generationen stark verdünnt wurden. Auf der anderen Seite treten z. B. bei landwirtschaftlich intensiv genutzten Böden gelegentlich Mangelsituationen durch das unterkritische Angebot eines Mikroelements auf, welche sich unmittelbar in drastischen Krankheitsbildern ausdrücken. Mangel an Mikroelementen führt also meist nicht nur zu einer Verminderung des Wachstums bzw. des Ertrags, sondern darüber hinaus zu spezifischen Stoffwechsel- und Entwicklungsdefekten, welche häufig als Indikatoren für das Fehlen bestimmer Mikroelemente im Boden herangezogen werden können. So erzeugt z. B. Zn-Mangel bei Obstbäumen **Zwergwuchs** der Blätter und Internodien, was zu einer sehr charakteristischen Rosettenbildung an den Zweigenden führt. Fe-, Mn- und Mo-Mangel führen bei vielen Pflanzen zu **Blattchlorosen**, d. h. zum Verschwinden des Chlorophylls. Da dieser Defekt bevorzugt die Intercostalbereiche der Blätter betrifft, treten die Blattadern als grünes Netzwerk auffällig hervor. B-Mangel führt zum Absterben der Sprossspitzen und verleiht dem Gewebe einen ungewöhnlich harten, brüchigen Charakter, der auf Störungen im Zellwandaufbau (Pektinquervernetzung) zurückgeht. Diese Mangelkrankheiten können durch geeignete Mineraldüngung verhindert werden, wobei es natürlich auf die richtige Zusammenstellung und Dosierung der „Nährsalze" entscheidend ankommt. Ein guter Dünger soll die limitierenden Faktoren bei der mineralischen Ernährung der Pflanzen beseitigen, ohne zu einer unerwünschten Anreicherung anderer Bodenkomponenten zu führen und ohne das mikrobielle Leben im Boden nachteilig zu verändern. Dies gilt für Makro- und Mikroelemente gleichermaßen. Die Mineraldüngung ist ein außerordentlich wichtiger Aspekt der **Ertragsphysiologie**, welche sich mit der Optimierung der Ertragsleistung von Nutzpflanzen beschäftigt (→ Kapitel 28).

12.4 Funktionen der Nährelemente im Stoffwechsel

12.4.1 Makroelemente

Neben C, H und O besitzen auch die anderen Makroelemente eine zentrale Bedeutung als Bestandteile biologischer Moleküle oder Molekülkomplexe. N, S und P sind z. B. in Aminosäuren bzw. Nucleotiden und den daraus zusammengesetzten Makromolekülen (Proteine, DNA, RNA) enthalten. Fe ist Bestandteil der Hämoproteine, des Ferredoxins (neben S) und anderer Enzyme. Mg ist Bestandteil des Chlorophylls. K liegt wahrscheinlich immer als freies Kation vor. Es ist das mengenmäßig dominierende anorganische Ion in der Pflanzenzelle ($0,1 - 0,2$ mol $\cdot$ l^{-1} im Cytoplasma, bis 6 % der pflanzlichen Trockenmasse). K^+ ist als „Milieufaktor" des Protoplasmas aufzufassen, der, zusammen mit dem antagonistisch wirkenden Ca^{2+} (≤ 1 µmol $\cdot$ l^{-1} im Cytoplasma), den kolloidalen Quellungszustand des Plasmas beeinflusst. Außerdem besitzt K^+ Bedeutung als mobiler Träger positiver Ladungen, als Cofaktor von Enzymen (z. B. bei der Proteinsynthese und der Glycolyse) und als transportierbares Osmoticum für osmotische Bewegungen (→ S. 275, 570). Ca^{2+} ist, zusammen mit Mg^{2+}, ein Bestandteil der Pektine in der Zellwand (→ Abbildung 2.9) und ein wichtiger Faktor für die funktionelle und strukturelle Integrität von Biomembranen. Dies ist z. B. auch der Grund dafür, dass Wurzeln in Ca^{2+}-freier Nährlösung keine normale Ionenaufnahme durchführen können, sondern mehr oder minder toxische Effekte davontragen.

Die Makroelemente stehen der Pflanze unter natürlichen Bedingungen meist in ihrer maximal oxidierten Form (CO_2, H_2O, NO_3^-, SO_4^{2-}, $H_2PO_4^-$, K^+, Ca^{2+}, Mg^{2+}, Fe^{3+}) zur Verfügung. Wenn man vom Valenzwechsel des Fe in den Cytochromen und anderen Redoxenzymen absieht, behalten alle angeführten Kationen diesen Redoxzustand auch nach Aufnahme in die Zelle bei. Dasselbe gilt auch für Phosphat. Hingegen müssen Nitrat und Sulfat, ähnlich wie das CO_2, zunächst reduziert werden, bevor die Elemente N und S in organische Moleküle eingebaut werden können. Die Reduktion von NO_2^- zu NH_4^+ und von SO_4^{2-} zur SH-Gruppe kann im Blatt im Rahmen der Photosynthese erfolgen (→ Abbildung 8.28). Daneben können diese Reaktionen aber auch mit Hilfe von Reduktionsäquivalenten aus dem dissimilatorischen Stoffwechsel bewerkstelligt werden (z. B. in der Wurzel). Das Produkt der Sulfatreduktion ist das **Sulfidion**, das, gebunden im **Cystein**, als Ausgangssubstanz für andere S-haltige organische Moleküle dient. Das Produkt der Nitratreduktion ist das **Ammoniumion**, das ebenfalls durch Verknüpfung mit einem Acceptormolekül fixiert werden muss. Dazu dient im Chloroplasten der photosynthetische GS/GOGAT-Cyclus (→ Abbildung 8.28). Auch in heterotrophen Zellen wird NH_4^+ vorwiegend über ein GS/GOGAT-Enzymsystem assimiliert, das jedoch aus der Dissimilation mit Reduktionsäquivalenten und ATP versorgt wird. Die daneben vorkommende **Glutamatdehydrogenase** ist im Prinzip ebenfalls in der Lage, 2-Oxoglutarat reduktiv zu aminieren:

$$2\text{-Oxoglutarat} + NH_4^+ + NADH \rightleftharpoons$$
$$\text{Glutamat} + NAD^+ + H_2O. \qquad (12.1)$$

Dieses Enzym wird jedoch in der Zelle normalerweise für die gegenläufige Reaktion eingesetzt, also zur **oxidativen Desaminierung** von Glutamat zu 2-Oxoglutarat, welches unter Kohlenhydratmangelbedingungen zur Auffüllung des Citratcyclus mit C-Skeletten dient (→ Abbildung 9.5).

Vom Glutamat kann die Aminogruppe durch eine Vielzahl spezifischer **Aminotransferasen** durch **Transaminierung** auf andere 2-Oxosäuren (z. B. Pyruvat, Succinat, Oxalacetat) zur Bildung der meisten anderen Aminosäuren übertragen werden.

Die Amide der Dicarbonsäuren **Glutamat** und **Aspartat** dienen in der Pflanze häufig als Speicher- und Transportmoleküle für N. Ihre Synthese erfolgt durch Addition einer weiteren Aminogruppe am terminalen C-Atom der Aminosäuren unter Verbrauch von ATP (→ Abbildung 8.28):

$$\text{Glutamat} + NH_4^+ + ATP \xrightleftharpoons{\text{Glutaminsynthetase}, Mg^{2+}}$$
$$\text{Glutamin} + ADP + \text{\textcircled{P}} + H_2O. \qquad (12.2)$$

Die Stickstoffversorgung der Pflanze kann im Prinzip auch durch NH_4^+-Aufnahme gedeckt werden, wobei eine erhebliche Einsparung an metabolischer Energie möglich ist (Gleichung 8.13). Da NH_4^+ an der Wurzel mit H^+ ausgetauscht wird, ist die Ammoniumaufnahme mit einer Ansäuerung der Rhizosphäre verbunden. Das aufgenommene NH_4^+ muss unmittelbar in der Wurzel in Form von Glutamin fixiert werden. Kommt es – bei Überangebot im Boden – zu einer Akkumulation von freiem NH_4^+ in der Pflanze, treten starke Vergiftungserscheinungen auf, **Ammoniumtoxizität**. NH_4^+ ist ein starkes Zellgift, es wirkt z. B. als Entkoppler der Photophosphorylierung im Chloroplasten (→ S. 195).

Neben anderen Ionen kann vor allem Phosphat, das als Ester- bzw. Anhydridbildner eine wichtige Rolle im Energiestoffwechsel der Zelle spielt, im Samen gespeichert werden. Dies geschieht in Form von **Phytin**, dem Ca,Mg-Salz der **Phytinsäure** (Abbildung 12.4).

Die im Samen deponierten Nährelemente werden nach der Keimung remobilisiert und in die wachsenden Organe des jungen Keimlings, vor allem in die Blätter, transportiert. Später, nach der Blütenbildung, findet eine weitere Umverteilung von den Blättern in die Früchte und Samen statt. Nährelemente sind also in der Pflanze **mobil**; sie

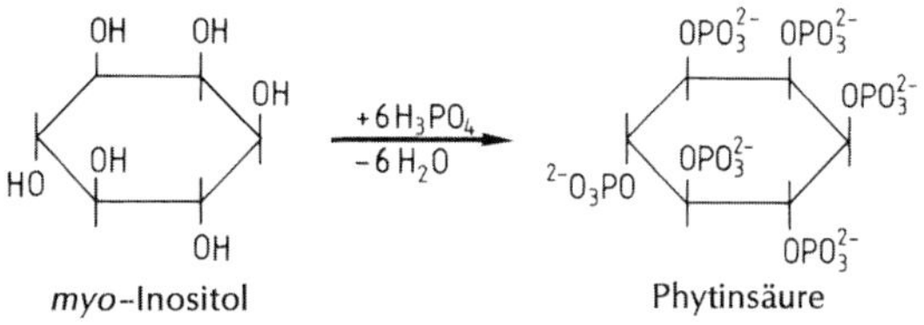

Abb. 12.4. Bildung von Phytinsäure, einem Speichermolekül für Phosphor, aus dem cyclischen Alkohol *myo*-Inositol. Die Phytinsäure liegt in Speichergeweben meist in Form kleiner Kristalle aus schwerlöslichem Ca- oder Mg-Phytat (**Phytin**) vor, welche in das Speicherprotein der Aleuronkörper eingebettet sind (→ S. 239). Daneben können auch K^+, Zn^{2+} und Fe^{2+} an Phytinsäure gebunden werden. (Aufgrund dieser Eigenschaft kann ein hoher Phytinsäuregehalt in der Nahrung beim Menschen zu Fe- und Zn-Mangelsymptomen führen.)

abnehmende Stickstoff-Versorgung

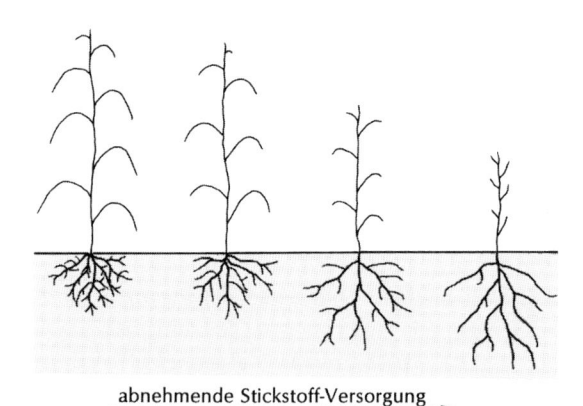

Abb. 12.5. Die Verschiebung des Spross-Wurzel-Verhältnisses von Getreidepflanzen bei reduzierter Versorgung mit Stickstoff, ein typisches N-Mangelsymptom (schematisch). Dieses Phänomen lässt sich als Anpassung an den suboptimalen N-Gehalt im Boden auffassen, durch welche die Aufnahmekapazität der Wurzel für NO_3^- erhöht wird. (Nach Marschner 1986; verändert)

Energieeinsatz verbunden ist. Man muss davon ausgehen, dass die Pflanze in der Regel über keine erheblichen Speicherkapazitäten für Nährelemente verfügt und daher auf eine beständige Aufnahme von außen angewiesen ist. Dies gilt insbesondere für Makroelemente wie N und P. Das Fehlen dieser Elemente im Wurzelmedium führt bereits nach kurzer Zeit zu morphologischen und physiologischen Mangelsymptomen (Abbildung 12.5; → Exkurs 12.1). Hingegen können nitrophile Pflanzen (z. B. Spinat) große Mengen an NO_3^- (bis 100 mmol · l^{-1}) in den Vacuolen der Blattzellen speichern und sind dann relativ unabhängig von einer kontinuierlichen N-Zufuhr.

12.4.2 Mikroelemente

Diese stets nur in Spuren notwendigen Elemente haben in der Regel katalytische Funktionen als essenzielle Cofaktoren von Enzymen. Viele Enzyme enthalten ein oder mehrere Metallionen als fest eingebaute Komponenten des aktiven Zentrums, z. B. Zn^{2+} in Lactat- und Alkoholdehydrogenase, Cu^{2+} in verschiedenen Oxidasen (→ Tabelle 9.2), **Mo**-Ionen (zusammen mit **Fe**-Ionen) in Nitratreductase (→ Abbildung 8.28). Mo-Mangelpflanzen kön-

können nach dem *source-sink*-Prinzip zwischen den Organen verschoben werden (→ S. 333). Dies ist ein Ausdruck der ökonomischen Ausnutzung dieser Elemente, deren Aufnahme und biochemische Aufbereitung für die Pflanze mit einem hohen

---

EXKURS 12.1: Stickstoffmangel begünstigt den Verschluss der Stomata bei Trockenstress

Die Unterversorgung der Pflanze mit Stickstoff führt zu einem komplexen Syndrom von Mangelerscheinungen auf der morphologischen und physiologischen Ebene. Ein Teilaspekt ist eine erhöhte Empfindlichkeit für Trockenstress, die sich in einer Verminderung der Transpiration äußert.

Die funktionellen Zusammenhänge bei dieser Reaktion konnten in einer Studie mit Baumwollpflanzen (*Gossypium hirsutum*) im Prinzip aufgeklärt werden. Die Versuchspflanzen wurden mit modifizierten Nährlösungen nach Hoagland (→ Tabelle 12.1, ohne NH_4^+) angezogen, in denen der NO_3^--Gehalt auf 0,31, 1,25 und 5 mmol · l^{-1} eingestellt war. Zu Versuchsbeginn wurde die Wasserversorgung unterbrochen und der einsetzende Trockenstress anhand der Absenkung des Wasserpotenzials ψ im Blatt verfolgt. Die Abbildung zeigt die Zunahme des Diffusionswiderstands der Blätter für H_2O, d. h. die zunehmende Schließung der Stomata, als Funktion des abfallenden Wasserpotenzials bei Pflanzen, die mit sehr wenig, wenig, oder viel Stickstoff versorgt waren. Der ψ-Schwellenwert für den hydroaktiven Stomataver-

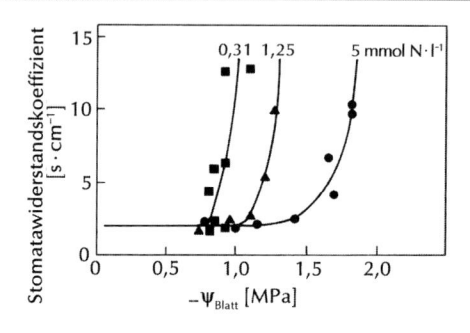

schluss wird durch Stickstoffmangel zu weniger negativen Werten verschoben. Die gleichzeitige Analyse des Abscisinsäuregehaltes der Blätter ergab einen erhöhten Anstieg dieses Stomataschließenden Hormons (→ S. 273) in den Blättern der Stickstoffmangelpflanzen. Dieses Beispiel zeigt, dass zwischen Stickstoffernährung und Trockenstress eine enge Interaktion besteht: Gute Stickstoffversorgung macht die Pflanzen robuster gegenüber Mängeln bei der Wasserversorgung. (Nach Radin und Ackerson 1981)

nen keine aktive Nitratreductase bilden und entwickeln daher N-Mangelsymptome, die durch NH_4^+-Gaben größtenteils ausgeglichen werden können. Mn^{2+} ist wie auch das Makroelement Mg^{2+} als dissoziabler Cofaktor für die Aktivität vieler Enzyme unentbehrlich (z. B. bei Kinasen). Ni^{2+} ist ein Bestandteil der z. B. in den Samen von Fabaceen in hoher Aktivität vorliegenden Urease. Auch Phosphat und Sulfat sind als Enzymaktivatoren bekannt. **Mn-Ionen** und Cl^- besitzen eine katalytische Funktion beim Photosystem II der Photosynthese (→ Exkurs 8.5, S. 191). Die metabolische Funktion von **Borat** war lange Zeit völlig unbekannt. Neuerdings glaubt man, dass dieses Anion eine wichtige Rolle bei der Regulation des Kohlenhydrat- und Phenolstoffwechsels spielt. Borat bildet *cis*-diol-Komplexe mit Zuckern und Phenolen und hemmt z. B. den oxidativen Pentosephosphatcyclus (→ Abbildung 9.10), indem es einen solchen Komplex mit Gluconat-6-phosphat eingeht. Dieser Cyclus läuft in B-Mangelpflanzen mit anomal hoher Intensität ab. Erwartungsgemäß hat B bereits bei relativ geringem Überangebot stark toxische Wirkungen.

12.5 Interaktionen zwischen Wurzel und Boden bei der Nährstoffaneignung

Während Wasserpflanzen anorganische Nährstoffe über den Diffusionsraum des Apoplasten an ihrer gesamten Oberfläche aufnehmen können, ist diese Funktion bei den Landpflanzen auf die **Wurzel** konzentriert. Dieses Organ ist in vielfältiger Weise für die Aufgabe der Wasser- und Ionenaufnahme spezialisiert. Durch rasches Wachstum sind die peripheren Wurzelbereiche in der Lage, die Nährstoffdepots der Rhizosphäre aufzusuchen und erschöpfend auszubeuten (Abbildung 12.6). Hierbei werden spezielle Mechanismen eingesetzt, mit denen die Wurzel aktiv auf die anorganischen und organischen Bodenbestandteile einwirken kann. Eine zentrale Rolle spielt z. B. die Fähigkeit zur **Säureexsudation** durch die Rhizodermis, welche durch pH-Absenkung im Boden die Mobilisierung gebundener Ionen und ihre Aufnahme durch Antiport (Kationen) oder Symport (Anionen) mit H^+ fördert (→ S. 80). An der Oberfläche solcher Wurzeln lassen sich pH-Werte um 5 messen; dies reicht aus, um z. B. K^+ an den Tonmineralien gegen H^+ auszutauschen und Gesteinsbestandteile (z. B. $CaCO_3$)

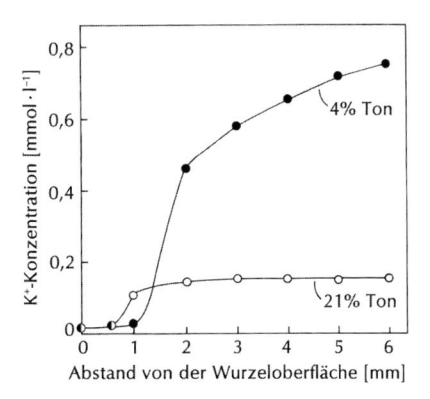

Abb. 12.6. Konzentrationsgradient für K^+ in der wurzelnahen Bodenlösung. Objekt: Junge Maispflanzen (*Zea mays*). Der konzentrisch um die apikale Resorptionszone der Wurzel ausgebildete Gradient hängt stark vom Gehalt an K^+-bindenden Tonmineralien im Boden ab. Bei hohem Tongehalt (21 %) ist die Konzentration an freiem K^+ in der Bodenlösung wesentlich niedriger und die Kapazität zur K^+-Nachlieferung wesentlich höher als bei niedrigem Tongehalt (4 %). Die Wurzeln reduzieren die K^+-Konzentration an ihrer Oberfläche unter beiden Bedingungen auf 2–3 µmol · l^{-1}. (Nach Claassen und Jungk 1982)

zu lösen. Mangel an Fe, Zn oder P steigert die Kapazität der Wurzel zur Säureausscheidung. Diese Ansäuerungsreaktion geht wahrscheinlich meist auf eine Aktivierung der H^+-ATPase in der Plasmamembran der Rhizodermiszellen zurück. In manchen Pflanzen hat man auch eine Ausscheidung undissoziierter organischer Säuren, z. B. von Citronensäure oder Apfelsäure, durch die Wurzel beobachtet (Abbildung 12.7).

Die Aufnahme von Fe wird durch eine NAD(P)H-abhängige Fe^{3+}-Reductase in der Plasmamembran der Rhizodermiszellen stimuliert, welche Fe^{3+} zur aufnehmbaren Form Fe^{2+} reduziert. Dieses Redoxenzym wird durch Fe-Mangel induziert. In den Wurzeln der Gräser steigert Fe-Mangel die Ausscheidung von **Phytosiderophoren**. Darunter versteht man organische Komplexbildner mit Aminosäurestruktur, z. B. **Mugineinsäure**, welche Fe^{3+} binden und als Chelat mit Hilfe eines spezifischen Transportproteins durch die Plasmamembran schleusen können (Abbildung 12.8).

Neben organischen Säuren und Phytosiderophoren scheiden Wurzeln auch Zucker, Aminosäuren, Phenole, H_2O_2, Proteine (Enzyme) und Polysaccharide (Schleime) aus und nehmen damit Einfluss auf die Lebensbedingungen anderer bodenbewohnender Organismen, insbesondere von Bakterien und Pilzen. Mehr oder minder enge stoff-

Abb. 12.7 a–c. Induktion der Säureexsudation von Wurzeln durch Phosphatmangel. Objekt: Weiße Lupine (*Lupinus albus*). Die Pflanzen wurden in Gefäßen mit abnehmbarer Seitenwand auf kalkreichem Lehmboden (pH 7,5) mit oder ohne Zusatz von Ca-Phosphat (– P, + P) für 13 Wochen angezogen. Die lokalen pH-Unterschiede wurden durch Auflegen einer Agarschicht mit dem pH-Indikator Bromkresolpurpur [Farbumschlag von rot (*dunkler Hintergrund*) nach gelb (*helle Zonen um die Wurzeln*) bei pH < 6,0] sichtbar gemacht (**a, b**). Die Lupine bildet bei P-Mangel an Seitenwurzeln charakteristische Wurzelbüschel, **Proteoidwurzeln**, aus, welche eine hohe Kapazität zur Säureausscheidung besitzen (**b**). An älteren Proteoidwurzeln kann man die Ablagerung, **Rhizodeposition**, von Ca-Citrat-Partikeln beobachten (**c**). Proteoidwurzeln (wie auch die Wurzeln vieler anderer Pflanzen) scheiden Citronensäure aus, welche mineralisches Ca-Phosphat löst. Nach Resorption des Phosphats durch die Wurzel sammelt sich schwerlösliches Ca-Citrat in der Rhizosphäre an. Auch die Aufnahme anderer Elemente (z. B. Fe, Mn, Zn) wird durch Citronensäureexsudation gefördert. Die adaptive Bildung von Proteoidwurzeln bei manchen Pflanzenfamilien (z. B. Proteaceen) ist als spezifische Anpassung an nährstoffarme Böden aufzufassen. (Nach Dinkelaker et al. 1989)

liche Wechselwirkungen ergeben sich durch die Abgabe von Wirkstoffen durch Mikroorganismen an die Wurzel. Zum Beispiel fördern bestimmte diazotrophe Bodenbakterien (*Azotobacter, Azospirillum* und andere Arten) das Wurzelwachstum durch Lieferung von Nährstoffen und Hormonen (Auxin, Cytokinin) oder durch Unterdrückung von Pathogenen. Die Bakterien nehmen hierfür Substanzen aus dem Wurzelexsudat auf, z. B. Tryptophan für die Auxinsynthese und Adenin für die Cytokininsynthese. Die weitestgehende **Symbiose** dieser Art gehen die Wurzelknöllchen-bildenden Fabaceen ein, welche ihre zur N_2-Fixierung befähigten Rhizobienpartner durch Ausscheidung von Flavonoiden (z. B. **Luteolin**) anlocken (→ Exkurs 27.2, S. 623).

Die vielfältigen Stoffaustauschprozesse zwischen Wurzel und Boden sind auf die subapikale Wurzelzone (5–20 mm hinter der Spitze, Wurzelhaarzone; → Abbildung 17.17) beschränkt, wo der Wurzelapoplast ohne erhebliche Diffusionsbarriere mit großer Oberfläche an die Bodenmatrix grenzt. Diese Zone wird im Verlauf des Längenwachstums der Wurzel beständig erneuert. Weiter basalwärts ist die Wurzel durch Ausbildung einer Exodermis mit suberin- und lignifizierten Zellwänden oder Korkschichten im Cortex hermetisch gegen die Umgebung abgedichtet. Der **Transport** von Wasser und Ionen in der Wurzel wird uns im nächsten Kapitel beschäftigen.

12.6 Salzexkretion bei Halophyten

Pflanzen salzreicher Standorte (Salzsümpfe, Salzwüsten) zeichnen sich durch eine Reihe spezieller Eigenschaften aus, welche in direktem Zusammenhang mit der physiologischen Anpassung an die Salzbelastung stehen. Landbewohnende Halophyten nehmen in der Regel erhebliche Mengen an NaCl aus der Bodenlösung in den Transpirationsstrom auf, offenbar vor allem deswegen, weil sonst

12.6 Salzexkretion bei Halophyten

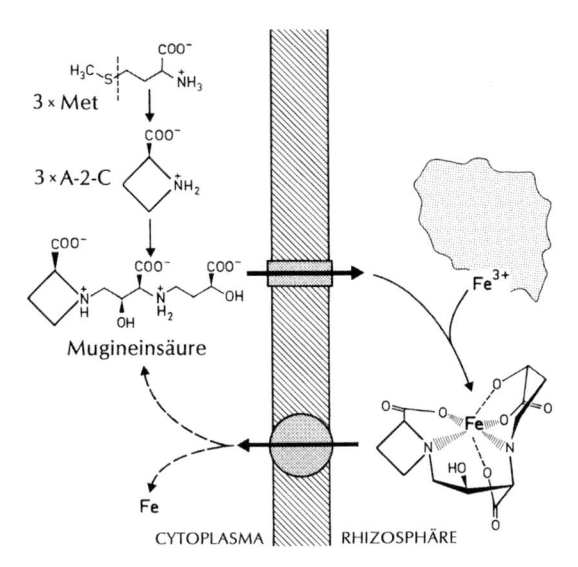

Abb. 12.8. Aneignung von Fe^{3+} aus der Rhizosphäre durch die Wurzeln von Gerste (*Hordeum vulgare*). Die Synthese der komplexen Aminosäure **Mugineinsäure** aus Methionin (*Met*) über das Zwischenprodukt Azetidin-2-carboxylsäure (*A-2-C*) wird durch Fe-Mangel in der Wurzel induziert. Die aktive Exsudation erfolgt im apikalen Wurzelbereich mit einer tagesperiodischen Rhythmik (jeweils etwa 3 h lang nach Sonnenaufgang) und ist an eine äquimolare Ausscheidung von K^+ gekoppelt. Mugineinsäure löst Fe^{3+} aus den Bodenpartikeln in der Rhizosphäre durch Bildung eines Komplexes, in dem Fe^{3+} 6fach gebunden vorliegt. Dieser Komplex wird durch einen spezifischen **Transporter** in der Plasmamembran aufgenommen. In anderen Gräsern dienen leicht modifizierte Formen der Mugineinsäure als Phytosiderophoren (z. B. Desoxymugineinsäure in Weizen). (Nach Ma und Nomoto 1996)

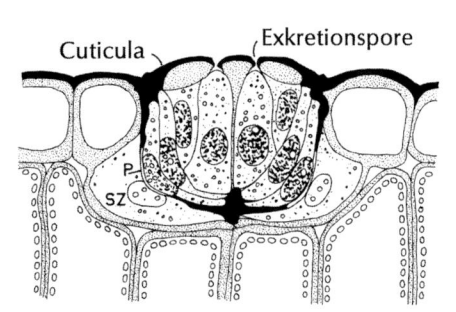

Abb. 12.9. Salzdrüse im Querschnitt. Blatt von *Limonium gmelini* (Plumbaginaceae). Die relativ komplexen Drüsen bestehen aus 16 zentralen **Drüsenzellen**, welche über 4 **Sammelzellen** (*SZ*) mit den chloroplastenhaltigen Mesophyllzellen in symplastischem Kontakt stehen. Die Drüsenzellen sind sowohl an der Blattoberfläche, als auch gegen die Nachbarzellen von einer für Ionen impermeablen Cutinschicht (schwarz gezeichnet) abgedichtet, welche nur an bestimmten Stellen durch Poren (*P*) unterbrochen ist. Die Analogie zum Caspary-Streifen der Wurzelendodermis ist offensichtlich (→ Abbildung 1.10). Bei höherer Auflösung (Elektronenmikroskop) erkennt man, dass die Drüsenzellen ein dichtes, organellenreiches Plasma ohne Zentralvacuole und ohne Chloroplasten enthalten. Auffällig sind die großen Zellkerne, die große Zahl an Mitochondrien und die zahlreichen Invaginationen der Plasmamembran, welche offenbar zur Vergrößerung der sekretorisch aktiven Oberfläche dienen. (Nach Ruhland 1915; verändert)

der Wasserpotenzialgradient zu ungünstig für die Aufnahme von H_2O wäre. Insoweit kann die Salzakkumulation als adaptive Reaktion auf Salzstress angesehen werden. Viele dieser Salzpflanzen besitzen darüber hinaus Mechanismen zur Eliminierung von überschüssigem NaCl aus den Geweben des Sprosses, insbesondere des Blattes. Bei halophytischen Plumbaginaceen, Tamarisken und bei verschiedenen Mangrovepflanzen treten meist mehrzellige **Salzdrüsen** auf (Abbildung 12.9). Diese epidermalen Zellkomplexe entziehen den darunter liegenden Mesophyllzellen, mit denen sie durch zahlreiche Plasmodesmen verbunden sind, NaCl, um es in konzentrierter Form an der Blattoberfläche zu sezernieren, wo sich ein Belag von Salzkristallen bildet. Die Sekretion erfolgt aktiv, d. h. gegen den Gradienten des elektrochemischen Potenzials, wie sich durch elektrophysiologische Messungen zeigen lässt. Bei der Plumbaginacee *Limonium* fand man, dass die Drüsenzellen Cl^- nach außen pumpen; der Na^+-Transport erfolgt als passiver Uniport (→ S. 80). Die Energie (ATP) für diese Ionenpumpe, welche wahrscheinlich in der Plasmamembran lokalisiert ist, wird durch die besonders aktive Atmung der Drüsenzellen bereit gestellt. *Limonium* ist ein fakultativer Halophyt. Bringt man eine auf salzfreiem Medium angezogene Pflanze auf Salzmedium, so bildet sie innerhalb von etwa 3 h die Fähigkeit zur aktiven Cl^--Exkretion aus.

Manche halophytischen Chenopodiaceen besitzen auf ihrer Blattepidermis **Salzhaare** mit einer endständigen Blattzelle, deren große Vacuole als Depot für NaCl dient. Bei mehrjährigen Arten sterben die Haare nach ihrer Beladung ab und werden durch neue ersetzt. Bei der einjährigen Art *Atriplex spongiosa* bleiben diese keulenförmigen Protuberanzen während der nur wenige Wochen währenden Lebensspanne eines Blattes erhalten. Der Transport von Cl^- in die Vacuole der Blasenzelle erfolgt aktiv und wird durch Licht stark stimuliert. Dieses Objekt eignet sich naturgemäß besonders gut für die elektrophysiologische Untersuchung der Ionenakkumulation (→ Exkurs 4.3, S. 90).

12.7 Sequestrierung von Schwermetallen durch Phytochelatine

Die Pflanzen nehmen über ihre Wurzeln zwangsläufig auch toxische Schwermetallionen (vor allem Cd, Pb, Cu, Hg, Zn, Ni) auf, welche sich im Lauf der Zeit in relativ hohen Mengen in den Zellen anreichern können. Die Giftigkeit dieser Elemente im Cytoplasma beruht auf ihrer hohen Affinität für reduzierte Schwefelgruppen und der daraus resultierenden Inaktivierung von Enzymen mit freien SH-Gruppen. Bei Tier und Mensch dienen **Metallothioneine**, spezielle niedermolekulare Proteine mit hohem Cysteingehalt, zur Bindung dieser Ionen. Hierdurch kann der Pegel an freien Metallionen im Cytoplasma erniedrigt werden, Detoxifikation durch **Sequestrierung**. Bei Pflanzen hat man neben Metallothioneinen ein weiteres Entgiftungssystem für Schwermetalle gefunden, insbesondere bei schwermetalltoleranten Arten, welche z. B. auf Erzabraumhalden gedeihen und dort hohe Konzentrationen an Zn, Pb, Cu oder anderen toxischen Metallen akkumulieren können (bis 1 % der Trockenmasse). Diese hohe Toleranz geht auf die Bildung einer Familie von Peptiden mit repetitiven γ-Glutamylcysteinyl-Einheiten zurück, welche als **Phytochelatine** bezeichnet werden:

$$(\gamma\text{-Glu-Cys})_n\text{-Glycin} \quad (n = 2 - 7).$$
$$|$$
$$\text{SH}$$

An die SH-Gruppen der Cysteinreste werden Schwermetallionen als stabile Thiolate komplexiert, wobei eine besonders hohe Affinität für Cd, Cu und Pb besteht. Zn wird relativ schwach gebunden. Durch Aggregation entstehen höhermolekulare Komplexe von 3–10 kDa. Die Entgiftungsfunktion der Phytochelatine für toxische Metallionen wird durch Experimente mit Zellkulturen untermauert. Auf Cd-Resistenz selektionierte Zellkulturen von Tomate und Stechapfel bilden unter Schwermetallbelastung bis zu 10mal mehr Phytochelatine als die Cd-sensitiven Ausgangskulturen. Die Synthese dieser speziellen Peptide erfolgt nicht durch Translation einer mRNA, sondern durch Übertragung von γ-Glu-Cys-Resten auf das Tripeptid **Glutathion** (γ-Glutamylcysteinglycin) durch eine Transpeptidase, **Phytochelatinsynthase**. Die katalytische Aktivität dieses Enzyms steht unter der Kontrolle des cytosolischen Schwermetallspiegels. Eine Erhöhung der Schwermetallkonzentration im Cytoplasma führt zu einer Aktivierung der Phytochelatinsynthase und damit zu einer gesteigerten Sequestrierung der Metallionen (Abbildung 12.10). Das System arbeitet also als metabolischer Regelkreis zur Vermeidung überkritischer (toxischer) Metallionenkonzentrationen in der Zelle. Bei Verarmung des Cytoplasmas an wichtigen Schwermetallen (z. B. Cu, Zn) können diese Ionen auch wieder aus dem Phytochelatin-Speicher freigesetzt werden. Dieses adaptive Abfangsystem hat also neben der Entgiftung auch eine homöostatische Funktion für die bedarfsabhängige Versorgung des Stoffwechsels mit Spurenelementen. Es dürfte bei höheren Pflanzen und Algen universell verbreitet sein. Die Bedeutung der Phytochelatine für die Schwermetalltoleranz der Pflanzen wird durch Mutanten von *Arabidopsis thaliana* mit einer pathologisch hohen Empfindlichkeit gegen Cd belegt. Dieser Defekt konnte auf den genetischen Ausfall der Phytochelatinsynthase zurückgeführt werden.

Auch **Aluminium** ist für viele Pflanzen ein stark toxisches Element, da es vor allem das Wurzelwachstum massiv hemmt. Die Freisetzung von Al^{3+} aus Al-Silikaten in sauren Böden, die 30–40 % der ackerbaulich nutzbaren Landfläche auf der Erde ausmachen, beeinträchtigt daher den Anbau vieler Kulturpflanzen gravierend. Die Erzeugung Al-tole-

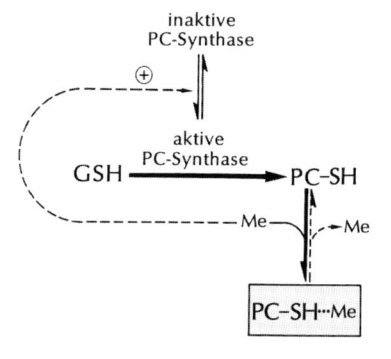

Abb. 12.10. Metabolischer Regelkreis zur Sequestrierung (Ablagerung) von toxischen Schwermetallen durch Komplexierung mit Phytochelatinen (*PC*). Diese cysteinreichen Peptide werden durch Übertragung eines oder mehrerer γ-Glutamylcysteinylreste auf Glutathion (*GSH*) durch eine Transpeptidase (*PC-Synthase*) gebildet. In Abwesenheit von Schwermetallionen (*Me*) ist das Enzym inaktiv, wird jedoch durch Cd, Pb, Hg, Cu, Ni, Zn und einige andere Metallionen in einen aktiven Zustand versetzt. Beim Abfall des Pegels an freien Schwermetallionen sinkt die Aktivität des Enzyms wieder ab. Diese Reaktionen spielen sich im Cytoplasma ab. (Nach Grill und Zenk 1989)

ranter Sorten von Mais, Reis u. a. ist folglich ein wichtiges Züchtungsziel, das jedoch bisher mit konventionellen Methoden nicht befriedigend erreicht werden konnte. Die Beobachtung, dass natürlicherweise Al-tolerante Pflanzen zu einer Al-induzierbaren Ausscheidung von Al-Komplexbildnern (**Citrat, Malat, Oxalacetat, Acetat**) durch die Wurzel befähigt sind, hat zu einer gentechnischen Lösung des Problems geführt: Es wurden transgene Luzernepflanzen konstruiert, deren Wurzeln durch Einführung von Genen für Malatdehydrogenase und Phosphoenolpyruvatcarboxylase zu einer erhöhten Ausscheidung von Citrat und anderen Carbonsäuren befähigt sind. Diese Pflanzen besitzen eine deutlich gesteigerte Toleranz gegen erhöhte Al-Konzentrationen in der Bodenlösung.

Weiterführende Literatur

BassiriRad H (ed) (2005) Nutrient acquisition by plants – an ecological perspective. Springer, Berlin

Blevius DG, Lukaszewski KM (1998) Boron in plant structure and function. Annu Rev Plant Physiol Plant Mol Biol 49: 481–500

Cobbett C, Goldbrough P (2002) Phytochelatins and metallothioneins: Roles in heavy metal detoxification and homeostasis. Annu Rev Plant Biol 53: 159–182

Crawford NM, Glass ADM (1998) Molecular and physiological aspects of nitrate uptake in plants. Trends Plant Sci 3: 389–395

Dinkelaker B, Hengeler C, Marschner H (1995) Distribution and functions of proteoid roots and other root clusters. Bot Acta 108: 183–200

Enstone DE, Peterson CA, Ma F (2003) Root endodermis and exodermis: Structure, function and responses to the environment. J Plant Growth Regul 21: 335–351

Grossmann A, Takahashi H (2001) Macronutrient utilization by photosynthetic eukaryotes and the fabric of interactions. Annu Rev Plant Physiol Plant Mol Biol 52: 163–210

Hall JL (2002) Cellular mechanisms for heavy metal detoxification and tolerance. J Exp Bot 53: 1–11

Hänsch R, Mendel RR (2009) Physiological functions of mineral micronutrients (Cu, Zn, Mn, Fe, Ni, Mo, B, Cl). Curr Opin Plant Biol 12: 259–266

Kirkham MB (2005) Principles of soil and water relations. Elsevier, Amsterdam

Kochian LV, Hoekenga OA, Pineros MA (2004) How do crop plants tolerate acid soils? Mechanisms of aluminium tolerance and phosphoros efficiency. Annu Rev Plant Biol 55: 459–493

Lösch R (2003) Wasserhaushalt der Pflanzen. 2. Aufl, Quelle & Mayer, Wiebelsheim

Kramer PJ, Boyer JS (1995) Water relations of plants and soils. Academic Press, San Diego

Maathuis FJM (2009) Physiological functions of mineral macronutrients. Curr Opin Plant Biol 12: 250–258

Marschner H (1995) Mineral nutrition of higher plants, 2. ed, Academic Press, London

McCully ME (1999) Roots in soil: Unearthing the complexities of roots and their rhizospheres. Annu Rev Plant Physiol Plant Mol Biol 50: 695–718

Mengel K, Kirkby EA (2001) Principles of plant nutrition. 5. ed, Kluwer, Dordrecht

Neumann G, Martiwoia E (2002) Cluster roots – an underground adaptation for survival in extreme environments. Trends Plant Sci 7: 162–167

Nobel PS (2005) Physicochemical and environmental plant physiology. 3. ed, Elsevier, Academic Press, San Diego

Pinton R, Varanini Z, Nannipieri P (eds) (2001) The rhizosphere. Biochemistry and organic substances at the soil-plant interface. Dekker, New York

Ryan PR, Delhaize E, Jones DL (2001) Function and mechanism of organic anion exudation from plant roots. Annu Rev Plant Physiol Plant Mol Biol 52: 527–560

Sattelmacher B (2001) The apoplast and its significance for plant mineral nutrition. New Phytol 149: 167–192

Thomson WW, Faraday CD, Oross JW (1988) Salt glands. In: Baker DA, Hall JL (eds) Solute transport in plant cells and tissues. Longman, Harlow, pp 498–537

Waisel Y, Eshel A, Kafkafi U (eds) (1996) Plant roots: The hidden half, 2. ed, Dekker, New York

In Abbildungen und Tabellen zitierte Literatur

Boyer JS (1970) Plant Physiol 46: 233–235

Claassen N, Jungk A (1982) Z Pflanzenernähr Bodenk 145: 513–525

Dinkelaker B, Röhmheld V, Marschner H (1989) Plant Cell Environ 12: 285–292

Epstein E (1965) In: Bonner J, Varner JE (eds) Plant biochemistry. Academic Press, New York, pp 438–466

Epstein E (2005) Mineral nutrition of plants: Principles and perspectives. 2. ed, Sinauer, Sunderland

Grill E, Zenk MH (1989) Chemie in unserer Zeit 23: 193–199

Hoagland DR, Arnon DI (1950) The water-culture method for growing plants without soil. Circular 347, Calif Agr Exp Station, Berkeley

Ma JF, Nomoto K (1996) Physiol Plant 97: 609–617

Marschner H (1986) Mineral nutrition of higher plants. Academic Press, London

Meidner H, Sheriff DW (1976) Water and plants. Blackie, Glasgow

Nobel PS (2005) Physicochemical and environmental plant physiology. 3. ed, Elsevier, Academic Press, San Diego

Radin JW, Ackerson RC (1981) Plant Physiol 67: 115–119

Ruhland W (1915) Jahrbuch Wiss Bot 55: 408–498

13 Ferntransport von Wasser und anorganischen Ionen

Bedingt durch ihr Leben am Land, d. h. an Luft mit einem normalerweise stark negativen Wasserpotenzial, verliert die Pflanze im Sprossbereich beständig Wasser durch **Transpiration.** Diesem Problem wurde im Verlauf der Evolution durch die Entwicklung eines Transportsystems für Wasser im **Xylem** begegnet, das gleichzeitig auch für den Ferntransport von anorganischen Ionen aus der Wurzel Verwendung findet. In diesem Kapitel betrachten wir die anatomischen, physikalischen und physiologischen Prinzipien, die diesem Transportsystem zugrunde liegen. Wasser und Ionen werden durch das ausgedehnte Feinwurzelsystem aus der Bodenlösung zunächst in den **Apoplasten** aufgenommen, an der **Endodermisbarriere** in den **Symplasten** der Wurzel überführt und von dort in die Tracheen und Tracheiden im Xylem der Leitbündel weitergeleitet. Die **Kohäsionstheorie** besagt, dass in den Kapillaren des Xylems ununterbrochene, unter negativem Druck stehende Wasserfäden vom **Transpirationssog** zu den Blättern gezogen werden. Als Triebkraft für diesen Transportprozess wird demnach die Verdunstung von Wasser in den Atemhöhlen des Blattes und die Abgabe von Wasserdampf an die Atmosphäre ausgenützt. Diese Theorie ist zwar nicht unumstritten, wird aber durch die meisten experimentellen Befunde gestützt. Vielfältige Messungen haben gezeigt, dass sowohl die Beweglichkeit und Zerreißfestigkeit des Wassers in den Gefäßen als auch die strukturellen Eigenschaften der Gefäße hinreichend sind, um den Wassertransport in die Krone hoher Bäume (bis 120 m) zu erklären. In krautigen Pflanzen oder Bäumen des tropischen Regenwalds ist darüber hinaus auch **osmotisch angetriebener Xylemtransport** nachweisbar, der in Erscheinung tritt, wenn die Transpiration durch hohe Luftfeuchte zum Erliegen kommt. In Sonderfällen können auch organische Substanzen im Xylem transportiert werden, z. B. Stickstoffverbindungen aus den N_2-fixierenden Wurzelknöllchen der Fabaceen.

13.1 Grundlegende Überlegungen

Die frühe Evolution der Pflanzen erfolgte in wässrigem Milieu, das gleichzeitig auch als Quelle für anorganische Ionen zur Verfügung stand. Dieses Entwicklungsstadium ist uns auch heute noch in Form einfacher Grünalgen geläufig. Die Protoplasten dieser Pflanzen nehmen Wasser und darin gelöste Stoffe durch die Plasmamembran aus dem Zellwandraum, **Apoplast**, auf, der für das Außenmedium frei zugänglich ist (Abbildung 13.1a). Auch die Plasmamembran ist in der Regel für H_2O leicht permeabel, wobei spezifische Wasserkanäle, **Aquaporine**, eine wichtige Rolle spielen dürften (→ S. 82). Die hohe Leitfähigkeit der Plasmamembran für H_2O erlaubt eine rasche Einstellung des Wasserpotenzialgleichgewichts $\psi_{innen} \rightleftharpoons \psi_{außen}$ ($\Delta\psi = 0$), wobei ψ_{innen} (bei niedriger Ionkonzentration im Medium) nur wenig unter dem Nullpunkt liegt. Hingegen ist die Leitfähigkeit der Plasmamembran für Ionen vergleichsweise sehr niedrig. Die dort vorhandenen Transportkatalysatoren ermöglichen eine metabolisch kontrollierte, selektive Aufnahme von Ionen, sodass die Ionenzusammensetzung des Protoplasmas weitgehend unabhängig von der Konzentration dieser Ionen im Außenmedium eingestellt werden kann (→ Tabelle 4.3, S.87). Die Plasmamembran ist also eine entscheidende Kontrollstation für die Ionenaufnahme in den Protoplasten.

In einer kormophytischen Landpflanze liegen wesentlich kompliziertere Rahmenbedingungen für die Aufnahme von Wasser und Ionen vor. Der im Vergleich meist sehr viel niedrigere molare Wassergehalt der Atmosphäre bedingt eine große Differenz im Wasserpotenzial zwischen dem wässrigen Milieu und dem Luftraum (ψ_{Luft} = −14 MPa bei 90 % relativer Luftfeuchte und −94 MPa bei 50 % relativer Luftfeuchte; → Abbildung 3.3). Dies war ein zentrales Problem beim Übergang der Pflanzen vom Wasser- zum Landleben, das nur mit einem Kompromiss gelöst werden konnte: Die Landpflanzen sind mit ihrer Wurzel weiterhin mit dem wässrigen Milieu des Bodens in Kontakt, können von dort Wasser und Ionen aufnehmen und ermöglichen damit die Aufrechterhaltung eines wässrigen Milieus im Apoplasten des Sprosses, aus dem auch die Ionenversorgung der Zellen erfolgen kann. Der sich in den Luftraum erstreckende Spross ist durch eine wasserdichte Beschichtung, **Cuticula**, gegen Wasserverlust an die Atmosphäre geschützt. Allerdings ergibt sich hier ein neues Problem durch die Notwendigkeit, CO_2 für die Photosynthese aus der Luft aufzunehmen und dafür den Gasraum der Blätter offen zu halten. Die zwangsläufige Kopplung von CO_2-Aufnahme und Wasserdampfabgabe, **Transpiration**, an den Stomata verursacht einen unvermeidbaren Verlust von Wasser an die Atmosphäre, der durch Nachlieferung aus dem Boden ausgeglichen werden muss. Dies erfordert ei-

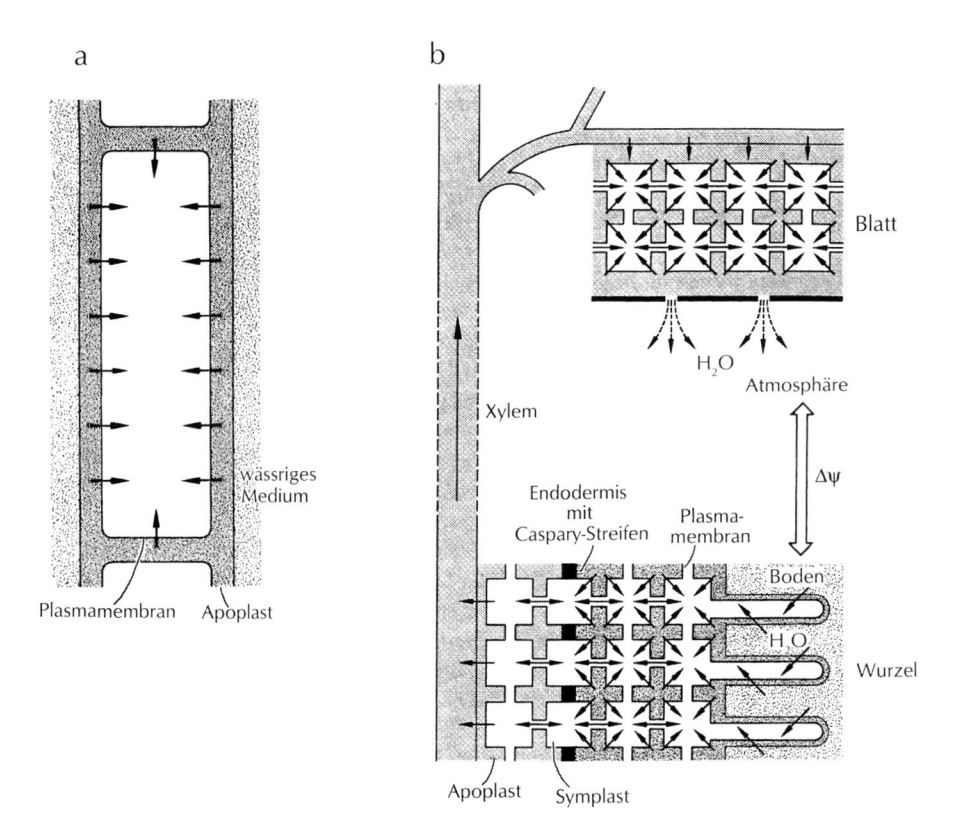

Abb. 13.1 a, b. Aufnahme und Transport von Wasser und anorganischen Ionen bei einer aquatischen Algenzelle (**a**) bzw. einer höheren Landpflanze (**b**). Der *Apoplast* der **Algenzelle** bildet mit dem Außenmedium einen weitgehend homogenen Lösungsraum. Der Transport von gelösten Stoffen (Ionen) in den Protoplasten wird an dessen *Plasmamembran* kontrolliert. Auch die Protoplasten im Blatt einer **Landpflanze** nehmen Wasser und Ionen aus der Apoplastenlösung durch die Plasmamembran auf. Die Nachlieferung erfolgt durch **Langstreckentransport** in den Gefäßen der Leitbündel (*Xylem*). Dieser wird gespeist durch den Wassereinstrom in die Wurzel, mit dem auch Ionen aus der Bodenlösung zunächst unkontrolliert in den Apoplasten gelangen. Am *Caspary-Streifen* der *Endodermis* endet der freie Diffusionsraum des Apoplasten (punktiert). Wasser tritt in den *Symplasten* von Rhizodermis und Cortex über und wird im Leitbündel wieder an den Apoplasten abgegeben. Mit diesem symplastischen Wassertransport geht ein Transport von Ionen einher, der beim Queren der Endodermisbarriere durch Plasmamembran-Transporter kontrolliert werden kann. Auf diese Weise ist eine selektive Anreicherung von Ionen auf der Xylemseite der Endodermis möglich. Die Energie für den Wasserstrom von der Wurzel in die Blätter wird vom Wasserpotenzialgradienten ($\Delta\psi$) zwischen Boden und Atmosphäre geliefert.

nen gerichteten **Massenstrom** von Wasser durch ein leistungsfähiges Langstecken-Leitungssystem zwischen Wurzel und peripheren Sprossorganen. Dieser Wasserstrom steht zugleich als Trägerstrom für den Transport von Ionen zur Verfügung und ermöglicht eine Kühlung der Blätter (→ Exkurs 10.3, S. 268). Jedoch ist, zumindest bei krautigen Pflanzen, die Transpiration kein begrenzender Faktor für den Ionentransport von der Wurzel in den Spross. Der Transpirationsstrom erfolgt hauptsächlich im Apoplasten, enthält aber auch eine symplastische Teilstrecke in der Wurzel (Abbildung 13.1b). Der wegen der Transpiration notwendige, enge Kontakt zwischen Wurzel und Bodenwasser ist nicht zuletzt ein zwingender Grund für die immobile Lebensweise der Landpflanzen.

Aus dieser Sicht besitzt die Transpiration keine lebensnotwendige Funktion für die Pflanze, sondern kann vielmehr als Defekt aufgefasst werden, der sich aus der Nutzung von CO_2 aus der Luft für die Photosynthese zwangsläufig ergibt. Dieser Defekt wurde im Laufe der Evolution durch die Ausbildung eines Transportsystems für Wasser mehr oder minder wirksam überwunden. Als Energiequelle für den Wassertransport steht der Wasserpotenzialgradient zwischen Boden und Atmosphäre zur Verfügung, der letztlich durch Sonnenenergie erzeugt wird. Der Wassertransport erfordert daher keinen Aufwand an metabolischer Energie. Normalerweise herrscht im Boden ein im Vergleich zur Atmosphäre hohes (= wenig negatives) Wasserpotenzial. Von dort strömt das Wasser durch die Wurzel in den Spross, und vom Spross in die Atmosphäre, entlang eines abfallenden Wasserpotenzialgradienten, der beim Übergang zur nicht wasserdampfgesättigten Atmosphäre eine sprunghafte Änderung zu stark negativen Werten aufweist (Abbildung 13.2). Die Pflanze stellt in diesem **Boden-Pflanze-Atmosphäre-Kontinuum** gewissermaßen eine Verlängerung des hohen Wasserpotenzials im Boden in den trockenen Luftraum dar. Es ist daher verständlich, dass die Transpirationsregulation an den Stomata eine entscheidende Bedeutung für den Wasserhaushalt der Pflanze besitzt (→ S. 273).

Das Wassertransportsystem der höheren Pflanzen lässt sich in drei Bereiche gliedern, die in den folgenden Abschnitten genauer betrachtet werden sollen:
1. Aufnahme in die Wurzel und Abgabe an das Xylem der Leitbündel,

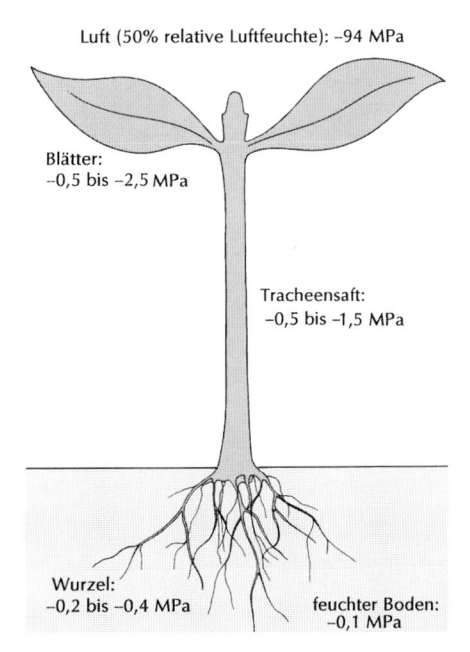

Abb. 13.2. Einige repräsentative Werte für das Wasserpotenzial entlang der Wasserbahn im Boden-Pflanze-Atmosphäre-Kontinuum (25 °C). Die Werte können natürlich je nach den Bedingungen variieren. Auf jeden Fall hat aber die nicht mit Wasserdampf gesättigte Luft stets ein relativ niedriges, d. h. stark negatives Wasserpotenzial. Selbst bei feuchter Luft (90 % relative Luftfeuchte) beträgt die Wasserpotenzialdifferenz zwischen einem feuchten Boden und der Atmosphäre rund 14 MPa (→ Abbildung 3.3). Das Wasserpotenzial in einem wassergesättigten Boden liegt in der Regel zwischen 0 und −0,1 MPa. (In Anlehnung an Price 1970)

Luft (50% relative Luftfeuchte): −94 MPa
Blätter: −0,5 bis −2,5 MPa
Tracheensaft: −0,5 bis −1,5 MPa
Wurzel: −0,2 bis −0,4 MPa
feuchter Boden: −0,1 MPa

2. hydraulischer Langstreckentransport in den Leitbahnen des Xylems,
3. Abgabe an die Zellen der Sprossorgane und die Atmosphäre.

13.2 Der Transportweg aus dem perirhizalen Raum in die Gefäße der Wurzel

Die Wurzel ist ein unterirdisches, für die Aufnahme von Wasser und Ionen aus dem Boden spezialisiertes Saugorgan der Pflanze. Diese Funktionen sind vor allem in der **Wurzelhaarzone** (→ Abbildung 17.17) lokalisiert, in der ein großflächiger Kontakt ohne Cuticulabarriere zwischen den hydratisierten Bodenpartikeln und dem Apoplasten der Wurzel hergestellt wird (Abbildung 13.3). **Wurzelhaare** sind bis zu 2 mm lange Ausstülpungen von Rhizodermiszellen, die in den Hohlräumen des Bodens

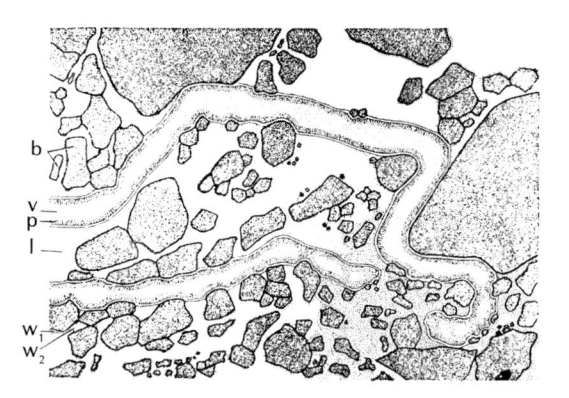

Abb. 13.3. Wurzelhaare im Boden. Die Wurzelhaare sind im optischen Längsschnitt mit Plasmaschlauch (*p*) und Zellsaftraum (Vacuole, *v*) dargestellt. *b*, feste Bodenteilchen; w_1, Hydratationswasser; w_2, Kapillarwasser; *l*, Lufträume. Auf der *linken* Seite der Abbildung ist das der Wurzel zugängliche Wasser fast völlig aufgenommen, auf der *rechten* Seite befinden sich noch Wasservorräte. (Nach Stocker 1952). Wurzelhaare vergrößern nicht nur die Wurzeloberfläche, sondern verbessern auch den Kontakt zwischen Wurzel und Boden. Sie verhindern beispielsweise, dass bei Wasserentnahme aus dem Boden lufterfüllte Hohlräume zwischen Wurzeln und Bodenpartikeln entstehen, welche eine Barriere für die Wasserbewegung zur Wurzel darstellen würden.

den Wasservorräten und den darin gelösten mineralischen Ionen nachwachsen. Für den radialen Transport von Wasser zu den Gefäßen des Zentralzylinders (Stele) stehen im Prinzip drei parallele Wege zur Verfügung: die **apoplastische** Route, die **symplastische** Route und die **transzelluläre** Route, welche auch die mehrfache Durchquerung von Membrangrenzen einschließt (Abbildung 13.4). Die Kontinuität des apoplastischen Weges wird begrenzt vom **Caspary-Streifen**, ein mit Suberin und Lignin durchsetztes Band durch die radialen Zellwände der **Endodermis** (→ Abbildung 1.10, 13.4), das in einigem Abstand von der Wurzelspitze einsetzt.

Weiter basalwärts werden die radialen Endodermiswände von Suberinlamellen abgedichtet. Dies unterbleibt in einzelnen, in der Nähe von Xylemsträngen ausgebildeten **Durchlasszellen**, in denen der Kontakt zwischen Plasmamembran und Apoplastenflüssigkeit aufrecht erhalten wird. Die Fähigkeit zur Aufnahme von H_2O und Ionen wird jedoch zunehmend eingeschränkt (Abbildung 13.5). Viele Pflanzen bilden zusätzlich zur Endodermis eine ähnlich strukturierte **Exodermis** mit Durchlasszellen in der Subepidermis der Wurzel aus. Die Exodermis dient nach dem Absterben der Rhizodermis als wasserdichtes Abschlussgewebe der Wurzel. Spätestens an der Endodermis wird der apoplastische Wasserstrom in den Symplasten umgelenkt, von wo er im Zentralzylinder wieder in den Apoplasten wechselt. Der Caspary-Streifen behindert natürlich auch den radialen apoplastischen Wasserstrom in der Gegenrichtung, also von innen

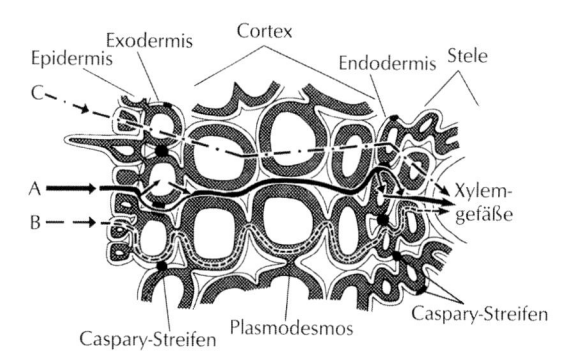

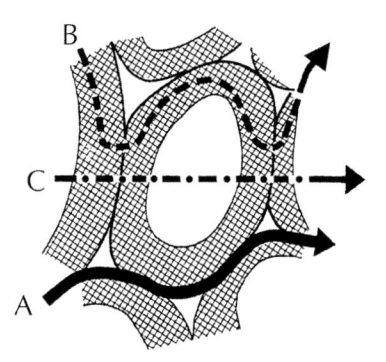

Abb. 13.4. Die radialen Transportwege des Wassers von der Wurzeloberfläche zu den Gefäßen des Zentralzylinders (*Stele*). Apoplastische Barrieren existieren in Form der *Caspary-Streifen* in der *Exodermis* und der *Endodermis*. Sie behindern den Wasserdurchtritt durch die Zellwände, blockieren ihn aber nicht vollständig. Der **apoplastische Weg** (*A*) besitzt die größte Leitfähigkeit für Wasser, hat aber den geringsten Querschnitt zur Verfügung und wird lokal durch die Caspary-Streifen eingeschränkt. Der **symplastische Weg** (*B*) umgeht die Caspary-Streifen, erfordert aber den Durchtritt durch Plasmodesmen. Der **transzelluläre Weg** (*C*) geht, bei maximaler Querschnittsfläche, von Zelle zu Zelle und hängt daher primär von der Wasserleitfähigkeit der Membranen ab. Es ist angedeutet, dass die Hauptwege auch Querverbindungen aufweisen können. Die *rechte Abbildung* illustriert die drei parallelen Wege durch eine Cortexzelle. Die relativen Beiträge dieser Wege zum Wassertransport in das Xylem der Stele können in verschiedenen Pflanzen stark variieren und hängen z. B. von der Verfügbarkeit von Wasserkanälen (Aquaporinen) in den Plasmamembranen ab. (Nach Steudle 2002; verändert)

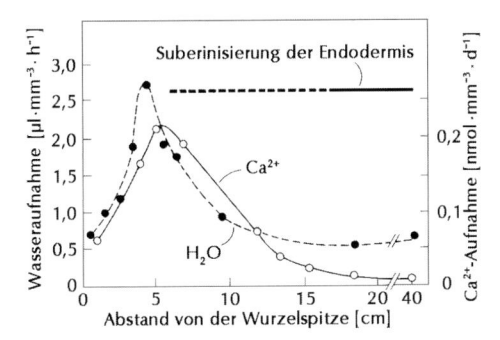

Abb. 13.5. Die Kapazität zur Aufnahme von Wasser und die Translokation von Ca^{2+}-Ionen in den Zentralzylinder in der apikalen Wurzelzone. Objekt: Keimwurzeln der Gerste (*Hordeum vulgare*). Der Balken repräsentiert das Ausmaß der Suberineinlagerung in die Endodermis. (Nach Clarkson 1988; verändert)

nach außen. Dies ist eine Voraussetzung für die Ausbildung eines positiven hydrostatischen Druckes im Xylem.

Eine zentrale Funktion der Wurzel ist, neben der Wasseraufnahme, die Extraktion und Aufnahme von mineralischen Ionen („Nährsalzen") aus der Bodenlösung, die meist eine ungünstige Zusammensetzung und eine sehr niedrige Konzentration dieser Ionen enthält (in der Größenordnung von 10^{-4} mol · l^{-1}). Der parallel zum radialen Wassertransport ablaufende Ionentransport vom Boden in die Gefäße muss daher nicht nur selektiv, sondern meist auch akkumulativ sein und erfordert daher einen hohen Aufwand von Energie, die durch die Wurzelatmung bereitgestellt werden muss („Salzatmung"; → Abbildung 4.14). Energieaufwändig und damit metabolisch beeinflussbar ist auch die aktive Sekretion von Protonen in die Rhizosphäre durch die Plasmamembran-H^+-ATPase in der Wurzelhaarzone, die für die Freisetzung von Nährelementen aus den Bodenkolloiden sorgt (→ S. 305).

Die Aufnahme der Ionen in den Symplasten durch Plasmamembrantransporter erfolgt diffus im gesamten Wurzelgewebe außerhalb der Endodermis und führt zu einer massiven Anreicherung im Cytoplasma. Der noch wenig erforschte Transfer in den Zentralzylinder verläuft durch die Plasmodesmen zwischen den Endodermiszellen und den Zellen des benachbarten Pericykel, und von dort in die (lebenden) Xylemparenchymzellen, von wo die Sekretion in das Lumen der Gefäße (Apoplast) erfolgt. Es gibt Hinweise, dass auch dieser Schritt an der Plasmamembran metabolisch kontrolliert werden kann. Eine Anreicherung von Ionen, z. B. bei eingeschränktem Abtransport, kann im Zentralzylinder zu einer deutlichen Erhöhung der osmotischen Konzentration und damit zu einer Erniedrigung des Wasserpotenzials gegenüber dem umgebenden Gewebe führen. Der dadurch ausgelöste Nachstrom von Wasser erzeugt einen hydrostatischen Überdruck im Xylem, der als **Wurzeldruck** bezeichnet wird und bis 0,3 MPa betragen kann. Das Auftreten von Wurzeldruck belegt, dass auch die osmotische Komponente des Wasserpotenzials als treibende Kraft am Wassereinstrom in die Wurzel beteiligt sein kann. Bei hinreichend großer Transpiration überwiegt jedoch die hydrostatische Sogwirkung, d. h. das negative Druckpotenzial im Xylem als Motor des Wassertransports. Eine extreme Austrocknung des Bodens kann dazu führen, dass sich der Wasserpotenzialgradient umkehrt, sodass die Wurzel Wasser an den Boden abgibt.

Die anatomische und morphologische Ausprägung der Wurzel ist ebenso genetisch determiniert, und im Verlauf der Evolution hinsichtlich der spezifischen Standortfaktoren optimiert, wie die Gestalt des oberirdischen Sprosses (Abbildung 13.6). Darüber hinaus besitzt die Wurzel meist eine hohe phänotypische Plastizität, die eine Anpassung an die aktuelle Verfügbarkeit von Wasser und Nährelementen erlaubt. So ist z. B. die Verzweigung und räumliche Ausdehnung des Wurzelsystems von der Bodenfeuchtigkeit abhängig (Spross/Wurzel-Verhältnis; → Abbildung 26.6). Bei der Ausmessung des Wurzelsystems einer einzeln wachsenden, 4 Monate alten Roggenpflanze ergab sich eine gesamte Länge, Wurzelhaare eingeschlossen, von mehr als 10.000 km; die gesamte Oberfläche betrug etwa 1 km^2.

Die funktionelle Optimierung der Wurzel hinsichtlich der Exploration des Bodens für Wasser und mineralische Nährstoffe wird auch daran sichtbar, dass ihr Wachstum durch gravitropische und hydrotropische Ausrichtung zu den noch unerschlossenen Bodenregionen gelenkt wird (→ S. 555; Exkurs 25.3, S. 563): Wurzeln wachsen den Wasservorräten und Mineralstoffen des Bodens hinterher.

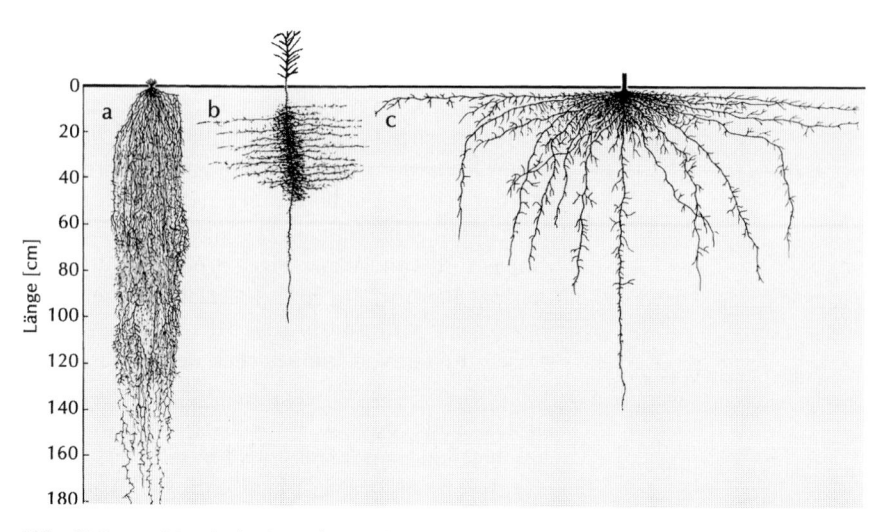

Abb. 13.6 a–c. Morphologie und Verteilung des Wurzelsystems verschiedener Pflanzen im Boden. **a** Wurzelsystem des Weizens (*Triticum aestivum*) gegen Ende der Vegetationsperiode; **b** Wurzelsystem einer 3 Monate alten Keimpflanze von *Gleditsia triacanthos*; **c** Wurzelsystem einer 2,5 Monate alten Sonnenblumenpflanze (*Helianthus annuus*). (Nach Weaver 1926)

13.3 Der Transportweg im Xylem

Der Ferntransport des Wassers in der Pflanze geschieht im **Xylem** der Leitbündel bzw. im Holz (Abbildung 13.7). Die leitenden Elemente bezeichnet man als Gefäße (**Tracheen, Tracheiden**)[1]. Sie haben die Dimension von **Kapillaren**. Von den Zellen, welche die Gefäße bilden, sind im funktionsfähigen Zustand lediglich die mehr oder minder kompliziert versteiften Zellwände erhalten. Bei den Tracheen werden während der Zelldifferenzierung auch die Querwände aufgelöst, sodass sie im fertigen Zustand lange Röhren kapillarer Dimension darstellen (Abbildung 13.8), die von den Wurzelspitzen bis in die letzten Verzweigungen der Leitbündel der Blätter kontinuierliche Wasserleitungsbahnen bilden (Abbildung 13.9). In den seitlichen Kontaktzonen kann der Austausch von Wasser durch Tüpfelverbindungen stattfinden.

Die Gefäße wurden im Laufe der Evolution der Landpflanzen nach verschiedenen Kriterien optimiert. Die reine **Kapillarkraft**, die zum Aufsteigen einer benetzenden Flüssigkeit in einer offenen Kapillare führt, wirkt sich um so stärker aus, je kleiner der Radius r der Kapillare ist (die kapillare Steighöhe h ist proportional zu r^{-1}). Beispielsweise steigt reines Wasser bei r = 20 µm 75 cm hoch. Eine Optimierung auf größtmögliche Wirksamkeit der Kapillarität würde also dahin tendieren, die Leitbahnen möglichst eng zu machen. Dieser Tendenz steht aber die starke Zunahme des **Reibungswiderstands** beim Volumenfluss in enger werdenden Gefäßen entgegen. Hales hat bereits um 1725 experimentell gezeigt, dass Kapillarkräfte allein keine Er-

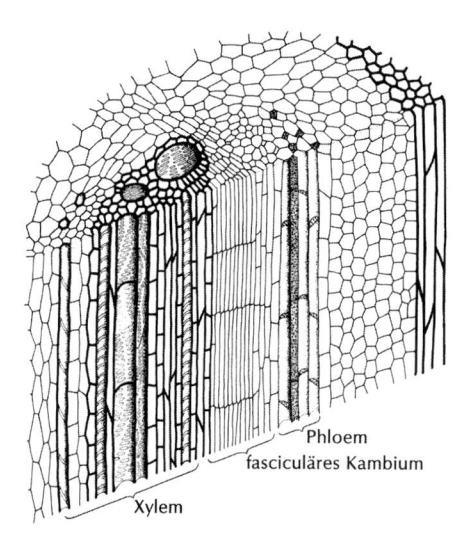

Abb. 13.7. Ausschnitt aus der Sprossachse von *Aristolochia spec.* zu Beginn des sekundären Dickenwachstums. Es soll vor allem die Struktur eines offenen kollateralen Leitbündels demonstriert werden.

---

[1] Der Begriff „Gefäß" wird häufig nur für Tracheen verwendet. Hier schließen wir der Einfachheit halber die Tracheiden mit ein.

13.3 Der Transportweg im Xylem

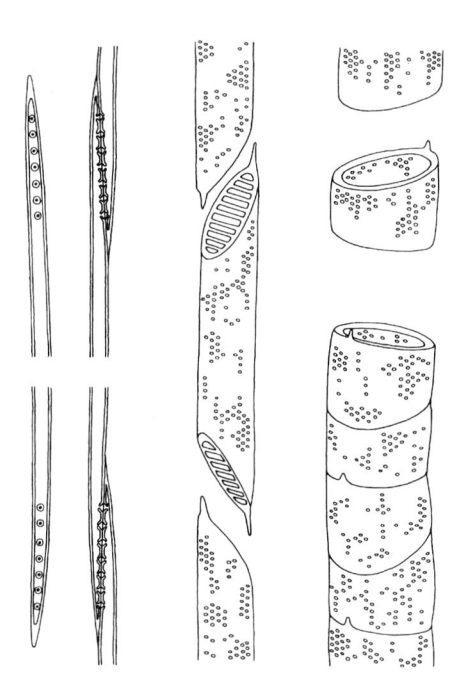

Abb. 13.8. *Links:* Bei der Kiefer (Repräsentant der Gymnospermen) führen in der Längsrichtung des Stammes angeordnete **Tracheiden** (spindelförmige, mit verbindenden Hoftüpfeln versehene, tote Zellen) die Wasserleitung durch. Der innere Durchmesser der Tracheiden liegt in der Größenordnung von 10 μm. *Mitte:* Bei der Birke (Angiospermen; Repräsentant der zerstreutporigen Hölzer) erfolgt die Wasserleitung durch tote **Tracheen** mit teilweise aufgelösten Endwänden. *Rechts:* Bei der Eiche (Angiospermen; Repräsentant der weit- oder ringporigen Hölzer) sind im fertigen Zustand die Endwände der **Tracheenelemente** völlig verschwunden. Das Wasser strömt durch eine lange, stabile Kapillare, die aus vielen toten Elementen zusammengesetzt ist. Die lichte Weite der Tracheen liegt in diesem Fall in der Größenordnung von 100–500 μm. Die Wände benachbarter Tracheen stehen über Tüpfelkanäle in Verbindung, die meist in Feldern angeordnet sind. (In Anlehnung an Zimmermann 1963)

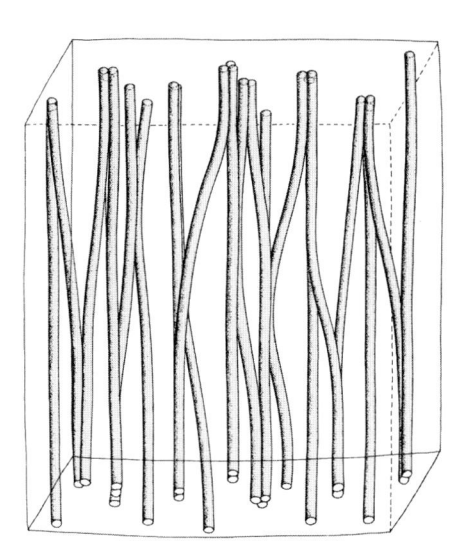

Abb. 13.9. Ausschnitt aus dem dreidimensionalen Tracheengeflecht einer Pappel (*Populus spec.*). Das Modell soll die Vernetzung zu einem **Leitungssystem** veranschaulichen. (Nach Braun 1959)

klärung für den aufsteigenden Saftstrom in der Pflanze abgeben. Er erkannte bereits die entscheidende Bedeutung der **Transpiration** für den Volumenstrom des Wassers in der Pflanze.

Für den Volumenstrom (= Strömungsintensität) in einer Kapillare gilt das **Hagen-Poiseuillesche Gesetz**:

$$I_V = \frac{dV}{dt} = -\frac{\pi r^4}{8\eta} \frac{dP}{dl}, \quad (13.1)$$

wobei $\pi = 3{,}1416$, η die Viscosität des Wassers, r der Radius der Kapillare und $-dP/dl$ das Druckgefälle entlang der Kapillare sind. Für den mittleren Volumenfluss (Volumenstrom pro Kapillarenquerschnitt F) ergibt sich daher (vgl. 1. Ficksche Gesetz; → Gleichung 4.7):

$$J_V = \frac{dV}{dtF} = -\frac{r^2}{8\eta} \frac{dP}{dl}. \quad (13.2)$$

Man erkennt, dass sowohl der **Strom** als auch der **Fluss** des Wassers um so kleiner werden, je geringer der Radius der Gefäße ist. Eine Verringerung von r muss also durch eine unverhältnismäßig große Steigerung der Zahl der Gefäße pro Achsenquerschnitt kompensiert werden. Im Lauf der Evolution der Landpflanzen hat sich ein Kompromiss zwischen **Gefäßradius** und **Gefäßzahl** herausgebildet, wobei $r = 10–200 \,(-500) \,\mu m$ beträgt. Die weitesten Gefäße findet man erwartungsgemäß bei Lianen, wo Strömungsgeschwindigkeiten von $150 \, m \cdot h^{-1}$ möglich sind (Normalwerte: $1–50 \, m \cdot h^{-1}$).

Der Forstbotaniker Huber entwickelte 1935 ein Verfahren, um die **Geschwindigkeit** des aufsteigenden Saftstroms in Bäumen zu messen (→ Exkurs 13.1). Besonders wichtig war sein Befund, dass am Morgen der aufsteigende Saftstrom zuerst in den Zweigen beschleunigt wird. Erst später greift die Wasserbewegung auch auf den Stamm über. Am Nachmittag, wenn die Photosyntheseaktivität der Blätter nachlässt und sich die Stomata schließen, lässt der Transpirationsstrom zuerst in den Zweigen nach und erst später auch im Stamm. Dieser Befund zeigt, dass der „Motor" des aufsteigenden Saftstroms in der Krone eines Baumes lokalisiert ist

> **EXKURS 13.1: Thermoelektrische Messung der Geschwindigkeit des Wassertransports in Bäumen**
>
> Um die Geschwindigkeit des Wasserstroms in einem geschlossenen System zu messen, benötigt man einen Marker, dessen Bewegung von außen verfolgt werden kann. Bei der von Huber entwickelten Methode verwendet man als Marker einen Wärmepuls, der von einem in die wasserführenden Bereiche des Holzes eingepflanzten elektrischen Heizelement erzeugt wird (Abbildung *links*). Ein Heizpuls von wenigen Sekunden erwärmt den Xylemsaft, und die aufsteigende Wärmewelle kann mit einem oberhalb der Heizstelle angebrachten Thermofühler registriert werden. Der zeitliche Abstand zwischen den beiden Ereignissen ist ein Maß für die Geschwindigkeit des aufsteigenden Saftstroms. Die gemessenen Werte hängen von der Position der Messsonde im Holz ab, dessen Wegsamkeit von der Peripherie zur Stammmitte stark abnimmt. Durch zusätzliche, neben der Heizstelle angebrachte Thermofühler kann man prüfen, ob Diffusion und Konvektion von Wärme diese Werte beeinflussen. Die Abbildung *rechts* zeigt ein theoretisch wichtiges Resultat solcher Messungen: Der Vergleich der beiden Kurvenzüge ergibt, dass am Morgen die Geschwindigkeit des Saftstroms zuerst in den Zweigen zunimmt und erst etwas später im Stamm. Ab Mittag vermindert sich die Geschwindigkeit zuerst in den Zweigen. (Nach Zimmermann 1963)

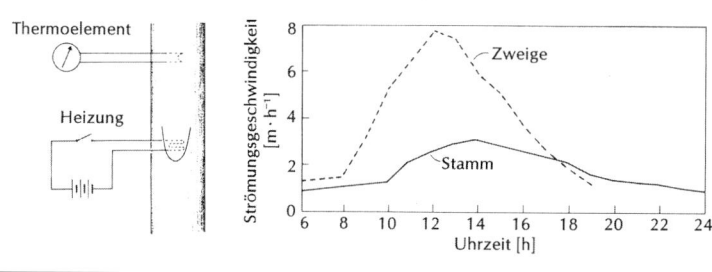

und nicht etwa im Wurzelsystem. Aufgrund dieser Daten lag es nahe, den **Transpirationssog**, den die nicht mit Wasserdampf gesättigte Atmosphäre auf die Blätter ausübt, für den aufsteigenden Saftstrom verantwortlich zu machen.

Mit der thermoelektrischen Methode Hubers ließ sich auch die besonders interessante Geschwindigkeitsverteilung des aufsteigenden Saftstroms innerhalb eines Baumes bei stationärer Transpiration messen (Abbildung 13.10). Im Gegensatz zum Blutkreislauf (Schlagadern, Kapillaren) ist das Wasserleitungssystem der Pflanzen auf der ganzen Strecke aus annähernd gleichartigen Elementen aufgebaut (→ Abbildung 13.8). Im Prinzip gilt, dass an jeder Astgabel die Querschnittssumme der ableitenden Gefäße gleich der Querschnittssumme der zuleitenden Gefäße ist (Querschnittsregel).

13.4 Die Abgabe von Wasser an die Atmosphäre

Die Leitbahnen des Xylems reichen bis in die äußerste Peripherie des Pflanzenkörpers, vor allem in die Blätter, die von einem feinmaschigen Netzwerk aus Leitbündeln („Blattadern") durchzogen sind. Der Xylemsaft erreicht den apoplastischen Raum des Blattes ohne wesentliche Widerstände und umspült die Protoplasten der Blattzellen mit einer Nährlösung, aus der sie Wasser und Ionen nach Bedarf entnehmen können. Der größte Teil des angelieferten Wassers verlässt die Blätter in Form von Wasserdampf, **Transpiration**. Der Übergang des Wassers von der flüssigen in die gasförmige Phase an den Zelloberflächen erfordert eine Zufuhr von Energie (Verdampfungswärme: 44 kJ · mol^{-1}), die jedoch von dem in aller Regel sehr niedrigen Wasserpotenzial der Atmosphäre problemlos geliefert werden kann. Darüber hinaus erzeugt die Entnahme von Wasser aus den Blättern einen Unterdruck in den Leitbahnen, der sich als **Transpirationssog** bis in die Wurzel fortsetzen kann. Abbildung 13.11 illustriert den Transportweg des Wassers in einem transpirierenden Blatt.

Die auf die Epidermis aufgelagerte **Cuticula** besitzt einen hohen Diffusionswiderstand für H$_2$O; trotz der großen Oberfläche beträgt die **cuticuläre Transpiration** weniger als 10 % der Gesamttranspiration. Das meiste Wasser verlässt die Pflanze über die Stomata, **stomatäre Transpiration**, ob-

13.4 Die Abgabe von Wasser an die Atmosphäre

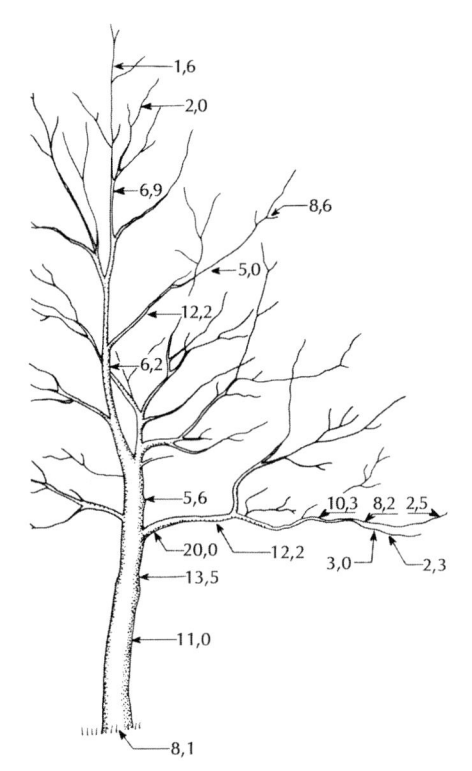

Abb. 13.10. Geschwindigkeitsverteilung des aufsteigenden Saftstroms in einer Eiche. Die eingetragenen Maßzahlen [m · h^{-1}] sind Mittelwerte der mittäglichen Höchstgeschwindigkeiten. (Nach Huber 1956)

gleich diese meist weniger als 1 % der Blattfläche ausmachen (dies sind bei einem Maisblatt immerhin 10^4 Stomata/cm^2 Blattfläche). Die Stomata funktionieren als regelbare Gasventile, die dazu dienen, den Einstrom von CO$_2$ für die Photosynthese zu ermöglichen und dabei den Wasserverlust durch Transpiration auf das unvermeidbare Minimum zu beschränken (→ S. 272). Bei ruhiger Luft (stabile Grenzschicht an der Blattoberfläche) wirkt sich die Spaltenweite jedoch erst bei kleiner Öffnung gravierend auf den Diffusionswiderstand aus (Abbildung 13.12). Nur bei starker Luftturbulenz, d. h. bei beständiger Störung der Grenzschicht, ist die Stomaweite über einen weiten Bereich hinweg ein begrenzender Faktor der Transpiration, der einer Regulation durch den hydroaktiven Regelkreis unterliegt (→ S. 273).

Es hat die Physiologen immer wieder irritiert, dass auch erhebliche Änderungen in der Intensität der Transpiration weder die Ionenaufnahme durch die Wurzel noch die Versorgung des Sprosses mit Nährelementen signifikant beeinflussen. Bei Mais- und Gerstenpflanzen z. B. kann sich die Menge an Wasser, die durch die Pflanze strömt, um den Faktor 2–4 ändern, ohne dass sich der Mineralgehalt im Spross ändert. Bei Sonnenblumenpflanzen ließ sich (bei nährstofflimitiertem Wachstum) auch bei einer 15fach verminderten Transpiration kein vermindertes Wachstum nachweisen. Wir können davon ausgehen, dass in der Wurzel der Einstrom von Ionen in das Xylemwasser unabhängig vom Ausmaß der Transpiration erfolgt. Die Pflanze reguliert somit die Ionenmenge, die pro Zeitintervall in das Xylemwasser gelangt, unabhängig davon, mit welcher Intensität sich der Wasserstrom bewegt, in

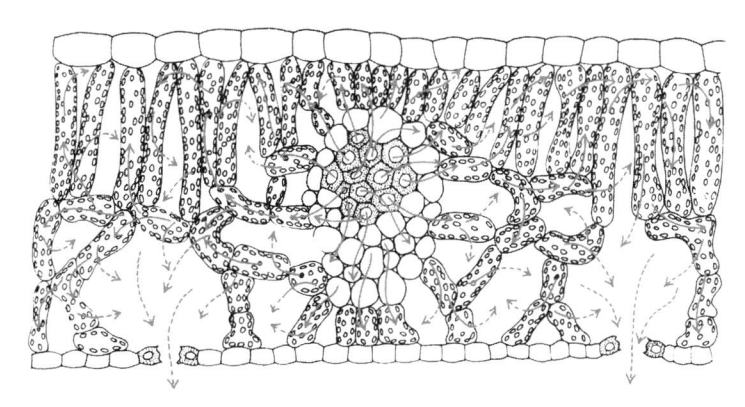

Abb. 13.11. Diese Darstellung (Querschnitt durch ein bifaciales, hypostomatisches Laubblatt) soll den Weg des Wassers vom Xylem des Leitbündels bis in die äußere Atmosphäre veranschaulichen. *Ausgezogene Pfeile*, flüssiges Wasser; *gestrichelte Pfeile*, Wasserdampf. Die meist nur geringe cuticuläre Transpiration ist vernachlässigt. Es wird angenommen, dass der Wasserdampf das Blatt lediglich über die Stomata verlassen kann. Im Blatt der Angiospermen gibt es meist keine ausgeprägten Caspary-Streifen in der Leitbündelscheide. Das Wasser kann sich also weitgehend ungehindert im freien Diffusionsraum nach Maßgabe der Wasserpotenzialdifferenzen fortbewegen (*ausgezogene Pfeile*). (In Anlehnung an Sinnot und Wilson 1963)

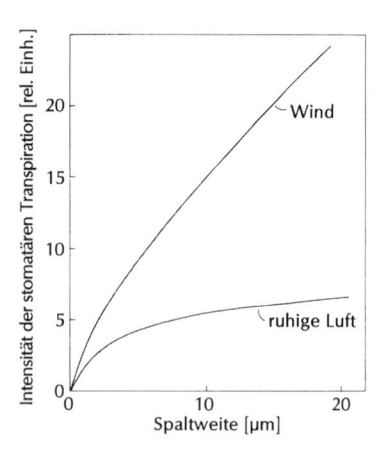

Abb. 13.12. Der Zusammenhang zwischen stomatärer Transpiration und Stomaweite bei ruhiger und bewegter Luft. Objekt: Blatt von *Zebrina spec.* (Nach Strafford 1965)

dem die Ionen abtransportiert werden. Offensichtlich ist nur ein Bruchteil der normalen Transpiration notwendig, um den Ionentransport zu gewährleisten. Diese Strategie macht die Versorgung der Pflanze mit Nährelementen weitgehend unabhängig von den Wechselfällen der Transpiration.

13.5 Die treibende Kraft des Wassertransports im Xylem

Die Frage, ob das Wasser durch die Pflanze gezogen oder geschoben wird, hat die Pflanzenphysiologen seit über 300 Jahren beschäftigt und ist auch heute noch Thema kontroverser Diskussionen. Diese Frage stellt sich in besonders scharfer Form beim Wassertransport in die Krone hoher Bäume, wo im Extremfall eine Höhe von über 100 m überwunden werden muss. (Die höchsten Bäume der Welt, einzelne Exemplare von *Sequoia sempervirens* in Kalifornien, messen über 110 m.) Da ein Unterdruck von 0,1 MPa (rund 1 Atmosphäre) eine Wassersäule 10 m hoch ziehen kann, müsste zur Überwindung von 100 m eine Saugspannung von 1 MPa aufgebracht werden. Hierbei wird jedoch vernachlässigt, dass die Wasserströmung im Xylem auch einen hohen, flussabhängigen Reibungswiderstand der Gefäße zu überwinden hat, der zusätzlich bis zu 2 MPa (0,02 MPa · m^{-1}) an Saugspannung erfordert. In diesem Fall müsste also im Xylem eines 100 m hohen Baumes durch die Transpiration ein Unterdruck von mindestens 3 MPa erzeugt und permanent aufrecht erhalten werden, um eine kontinuierlichen Wasserstrom von der Wurzel in die Krone zu gewährleisten. Eine Wasserpotenzialdifferenz dieser Größe gegenüber reinem Wasser würde bereits bei einer relativen Luftfeuchte von 98 % (25 °C) in der Atmosphäre erreicht (→ Abbildung 3.3). Die entscheidende Frage ist jedoch, ob die **Zerreißfestigkeit** des Wassers im Xylem hinreichend groß ist, um dem geforderten Unterdruck standzuhalten. Dazu folgende Überlegung: Bei dem normalen Luftdruck auf der Erdoberfläche (0,1 MPa) würde ein Vacuum über einer Wasserfläche eine Saugspannung erzeugen, die ausreicht, das Wasser 10 m in die Höhe zu ziehen. Dieser Wert kann durch weitere Erhöhung der Saugspannung nicht gesteigert werden, da Wasser (25 °C) dann normalerweise zu sieden beginnt, d. h. die durch intermolekulare Wasserstoffbrücken bedingte Kohäsion zwischen den H_2O-Molekülen reicht nicht mehr aus, um ihren Übertritt in die Gasphase zu verhindern. (Es ist daher z. B. bei einem Brunnen nicht möglich, Wasser mit einer Saugpumpe aus einer Tiefe von mehr als 10 m hoch zu ziehen.) In einem 100 m hohen Baum wären jedoch nach der obigen Modellrechnung bis zu 3 MPa, d. h. ein **negativer Druck** von 2,9 MPa auf der absoluten Druckskala erforderlich, um Wasser durch die Transpiration der Blätter in die Krone zu transportieren.

Dieses Problem wurde Ende des 19. Jahrhunders unabhängig von Böhm und Dixon in heute klassischen Modellexperimenten untersucht. Mit der in Abbildung 13.13 dargestellten Versuchsanordnung ließ sich zeigen, dass in einem mit einem verdunstenden Körper verbundenen Kapillarrohr der Quecksilberfaden sehr viel höher gesaugt werden kann (z. B. 100 cm), als dies ein Vacuum vermag (ca. 76 cm). Damit ist experimentell erwiesen, dass in der Kapillare die Kohäsion zwischen den Wassermolekülen und die Adhäsion zwischen Wasser und Glaswand bzw. Wasser und Quecksilber ausreicht, um den unter dem Transpirationssog stehenden Wasserfaden nicht abreißen zu lassen, zumindest in den Grenzen des Experiments. Böhm hat aus diesen Experimenten bereits um 1900 den Schluss gezogen: „An den verdunstenden Blattzellen hängen kontinuierliche Wasserfäden, die mit dem Bodenwasser in Verbindung stehen".

Die auf diesen Experimenten fußende **Kohäsionstheorie** (Böhm 1893, Dixon und Joly 1894) besagt, dass das in den benetzbaren Kapillaren des Xylems nach oben strömende Wasser unter einer Zugspannung steht, welche diejenige übertrifft, die

13.5 Die treibende Kraft des Wassertransports im Xylem

Der Umgang mit der physikalischen Größe Druck bereitet in der Biologie gelegentlich Schwierigkeiten. Dafür gibt es zwei Gründe:
1. Für Druck sind verschiedene Einheiten in Gebrauch, die z. T. wenig anschaulich sind. Die nach der SI-Konvention korrekte Einheit ist das **Pascal [Pa]** (→ S. 677). Das ist diejenige Kraft [N], die auf der Erde von der Masse 1 kg auf die Fläche 1 m^2 ausgeübt wird. Da dieser Wert sehr klein ist, wird meist die Einheit MPa = 10^6 Pa verwendet. Anschaulicher ist die Einheit bar = 0,1 MPa, die ungefähr der alten Einheit Atmosphäre [at] entspricht (1 at = 760 mm Hg-Säule = 10 m Wassersäule = 1,013 bar = 1,013 · 10^5 Pa).
2. Der Druck, den die Atmosphäre auf die Erdoberfläche ausübt (der Luftdruck, rund 1 at oder 0,1 MPa auf Meeresniveau), wird häufig als Nullpunkt der Druckskala definiert (→ S. 51). Der Nullpunkt der **absoluten** Druckskala ist der Druck in einem Vacuum. Dieser kann im Gasraum naturgemäß nicht unterschritten werden, jedoch in Festkörpern oder Flüssigkeiten ausreichend hoher Festigkeit, die unter Zugspannung stehen. Man spricht dann von einem **negativen (absoluten) Druck**. Die Flüssigkeit Wasser verliert diese Festigkeit bei 25 °C normalerweise, wenn der Luftdruck auf ≤ 0,0023 MPa sinkt, d. h. knapp über dem absoluten Nullpunkt (Siedepunkt des Wassers). Durch großflächige Adhäsion an Oberflächen von Festkörpern kann das Sieden verhindert werden und dann sind auch im Wasser negative Drücke möglich. Sowohl die Kohäsion der Wassermoleküle als auch ihre Adhäsion an Oberflächen gehen auf Wasserstoffbrücken zurück.

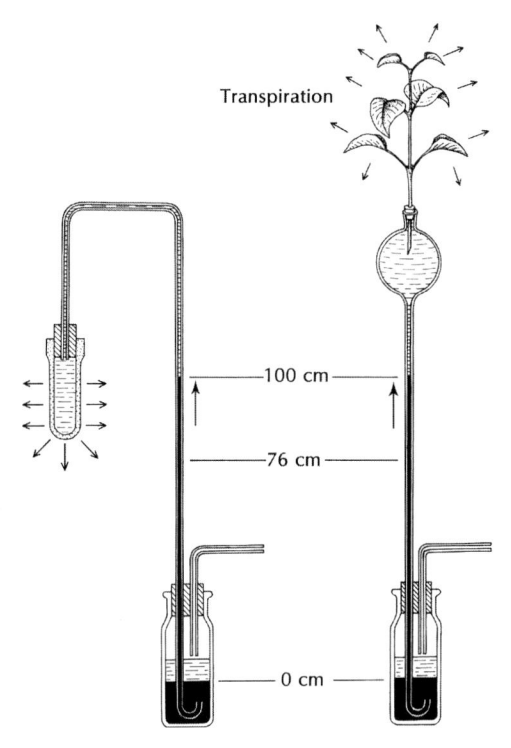

Abb. 13.13. Demonstrationsexperimente zur Rolle von **Kohäsion** und **Adhäsion** in wassergefüllten Kapillaren. Die Verdunstung von Wasser (aus dem porösen Tonzylinder, *links*, oder aus den Blättern, *rechts*) bewirkt, dass das Wasser in der Kapillare hochsteigt. Es zieht das Quecksilber mit und zwar **wesentlich höher als 76 cm**. Bis zu dieser Höhe würde der äußere Luftdruck das Quecksilber im Vacuum hochtreiben. (Es sei daran erinnert, dass Quecksilber eine (schwache) Kapillardepression zeigt. Das Aufsteigen der Quecksilbersäule beruht also nicht auf Kapillarität.) Bilden sich irgendwo im System Gasblasen, so fällt die Quecksilbersäule unter Ausbildung eines wasserdampferfüllten Raumes sofort auf den normalen Barometerstand (ca. 76 cm) zurück. Deshalb sind die Experimente, insbesondere mit dem Zweig und bei höheren Spannungen, nicht leicht auszuführen. (Zum Teil nach Zimmermann 1963)

durch ein Vacuum erzeugt wird. Unter diesem **negativen Druck** wird das Wasser in einen metastabilen Zustand versetzt, der zwar theoretisch das Abreißen des Wasserfadens, **Kavitation**, begünstigt, jedoch durch die **Kohäsion** zusammen mit der **Adhäsion** der Wassermoleküle an die Wand der Gefäße langfristig aufrecht erhalten werden kann. In der Tat konnte durch Zentrifugationsexperimente mit Glaskapillaren gezeigt werden, dass die Zerreißfestigkeit von Wassersäulen in der Dimension von Kapillaren unter optimalen Bedingungen bis zu 25 MPa beträgt. Dieser Wert hängt allerdings stark von der Oberflächenstruktur der Kapillaren und der Reinheit des Wassers ab. Bereits mikroskopisch kleine Gasbläschen reichen aus, um als Auslöser der Kavitation den metastabilen Zustand zusammenbrechen zu lassen. In den Gefäßen des Xylems rechnet man daher mit einer Zerreißfestigkeit des Wassers von nicht mehr als 2–5 MPa.

Nach diesen Überlegungen sind die physikalischen Voraussetzungen für die Gültigkeit der Kohäsionstheorie zumindest im Prinzip erfüllt. Damit ist jedoch noch nicht die Frage beantwortet, ob sich die Vorgänge im Stamm eines transpirierenden Baumes tatsächlich so abspielen, wie es diese Theorie postuliert. Im Kern geht es um die Frage, ob im

Xylem wirklich ein Unterdruck in der geforderten Größenordnung herrscht. Dafür gibt es bisher nur indirekte Evidenzen. Der qualitative Nachweis für die Existenz eines Unterdrucks im Stamm eines transpirierenden Baumes wurde durch Experimente erbracht, die Friedrich 1897 zum ersten Mal durchführte. Mit Hilfe eines Dendrometers (dies ist ein empfindliches Instrument zur Messung der Änderungen im Durchmesser eines Baumstammes) konnte er zeigen, dass sich die oberen Bereiche eines Baumstammes am Morgen, wenn die Photosynthese beginnt und die Stomata sich öffnen, etwas früher zusammenziehen, als die tiefer gelegenen Bereiche (Abbildung 13.14). Dies lässt sich dahingehend deuten, dass der Wasserverlust durch Transpiration etwas intensiver erfolgt als der Nachschub, sodass in den wassergefüllten Leitbahnen hydrostatische Spannungsunterschiede auftreten, die von oben nach unten fortschreitend zu einer Volumenkontraktion des Stammes führen. Quantitative Daten zur Größe des Unterdrucks im Xylem wurden von Scholander 1965 durch indirekte Messungen mit der von ihm konstruierten Druckbombe (→ Abbildung 3.9) an isolierten Zweigen von einer 80 m hohen Douglasie gewonnen. Er erhielt bei maximaler Transpiration um die Mittagszeit Werte bis zu −2,3 MPa. Spätere Messungen an Pflanzen unter Trockenstress ergaben Werte bis −10 MPa. Die direkte Bestimmung der Druckverhältnisse im Xylem intakter Pflanzen mit einer Drucksonde liefern gute Resultate bei krautigen Pflanzen (→ Exkurs 13.2). Wegen technischer Schwierigkeiten bei stark negativem Druck hat diese Methode bisher aber keine schlüssigen Resultate für Bäume erbracht. Es gibt daher derzeit keine direkte, definitive Evidenz dafür, dass die Kohäsionstheorie ausreicht, um den Wassertransport in hohe Bäume **vollständig** zu erklären. Obwohl es bei dieser Theorie noch einige ungelöste methodische Probleme gibt, liefert sie derzeit die einzige plausible Erklärung für den Ferntransport von Wasser in transpirierenden Pflanzen einschließlich Bäumen.

Bei starker Transpiration kann man im Xylem Kavitationsereignisse als Klick-Geräusche akustisch nachweisen. Außerdem kann es durch Einsaugen von Luft durch Tüpfel oder Poren in den Gefäßwänden zu Embolien durch *air seeding* kommen. Wenn diese Störungen nicht rückgängig gemacht werden, können Gefäße auf Dauer funktionsunfähig werden. Zumindest bei den ringporigen Hölzern scheinen die Gefäße ohnehin nur in der ersten Vegetationsperiode nach ihrer Bildung für den Wassertransport in Frage zu kommen. Später dürften sie in der Regel durch Gasblasen oder durch Einstülpungen aus benachbarten Parenchymzellen, **Thyllen**, verstopft sein. Das quantitative Studium dieser Erscheinung hat artspezifische Unterschiede deutlich gemacht, die mit dem Angepasstsein an Trockenstress zusammenhängen. Bei *Abies balsamea* z. B. setzte die Embolienbildung bereits bei Saugspannungen zwischen 2 und 3 MPa ein und hatte bei 4 MPa alle Gefäße erfasst; bei *Juniperus virginiana* hingegen traten Embolien erst bei 4 MPa auf und bei 10 MPa waren noch 10 % der Wasserleitbahnen intakt. Das Auftreten von Embolien unter natürlichen Bedingungen deutet darauf hin, dass die Pflanzen hier an die Grenze ihrer physikalischen Möglichkeiten kommen, Wasser mit

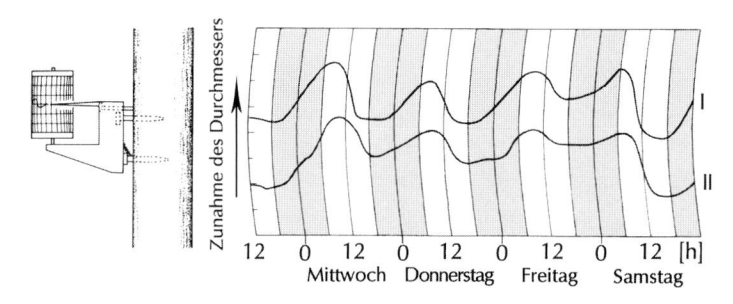

Abb. 13.14. Ein **Dendrometer** (*links*) registriert die täglichen Schwankungen im Durchmesser eines Baumstammes. Diese Schwankungen sind auf reversible Volumenkontraktionen der wasserleitenden Elemente zurückzuführen. Wenn man gleichzeitig an verschiedenen Höhen am Baumstamm Dendrometermessungen ausführt (*rechts*), so findet man Anzeichen dafür, dass die am Vormittag einsetzende Kontraktion des Stammes im oberen Stammbereich (*I*) etwas früher einsetzt als im unteren Bereich (*II*). Dies ist darauf zurückzuführen, dass die am Morgen mit der Öffnung der Stomata einsetzende Transpiration das Wasser aus dem oberen Stammbereich rascher abzieht als es von den Wurzeln her nachgeliefert werden kann. Die aus der Transpiration resultierende **hydrostatische Spannung** (Unterdruck) ist vorübergehend im oberen Stammbereich stärker als weiter unten. (Nach Zimmermann 1963)

13.5 Die treibende Kraft des Wassertransports im Xylem

Hilfe der Transpiration durch den Kormus zu transportieren.

Abweichend von der Kohäsionstheorie sind zwei bemerkenswerte Sonderfälle bekannt, bei denen nicht der Transpirationssog, sondern ein **positiver Druck** in den Gefäßen für den Wassertransport verantwortlich ist:

1. Bei sehr hoher Luftfeuchtigkeit, d. h. bei geringer oder fehlender Transpiration, kann man bei manchen krautigen Pflanzen die Extrusion von Wassertropfen, **Guttation**, am Blattrand beobachten (Abbildung 13.15). Das Wasser wird dort durch **Hydathoden** (umgewandelte Stomata) aus dem Blatt herausgepresst, d. h. das Xylemwasser steht unter einem positiven Druck. In ähnlicher Weise kann man bei vielen Pflanzen beobachten, dass nach dem Abschneiden des Sprosses am Wurzelstumpf Wasser herausgedrückt wird. Dieser **Wurzeldruck**, der auch für die Guttation verantwortlich ist, geht auf die aktive Akkumulation von Ionen in den Gefäßen der Wurzel zurück, ist also osmotischen Ursprungs (→ S. 55). Der Wurzeldruck erreicht meist weniger als 0,3 MPa und ist daher in Anwesenheit von Transpirationssog in der Regel vernachlässigbar. Guttation findet auch bei Bäumen des tropischen Regenwaldes statt, wo unter humiden Bedingungen auf diese Weise „Regen" erzeugt werden kann. Bei manchen krautigen Pflanzen, z. B. bei Gräsern, kann die Guttation aber auch bei einer Luftfeuchte < 100 % erheblich ins Gewicht fallen. Neuere Messungen zeigen, dass z. B. bei Maispflanzen bei einer Luftfeuchte von 50 % ein beträchtlicher Teil (bis 25 %) der Wasserabgabe aus dem Spross in flüssiger Form geschieht. Man kann also davon ausgehen, dass in einer Maispflanze auch bei einer Luftfeuchte <100 % das Xylemwasser häufig unter positivem Druck steht.

Abb. 13.15. Guttation an den Blattzähnen eines Erdbeerblattes (*Fragaria spec.*). An jedem Blattzahn befindet sich eine Hydathode (Wasserspalte), die eine Öffnung der Epidermis für den Durchtritt von flüssigem Wasser aus einem dort endenden Xylemstrang bildet. (Nach Sinnot und Wilson 1963)

2. Einige Laubbäume transportieren im Frühjahr erhebliche Mengen an Zucker und anderen or-

---

EXKURS 13.2: Messung von negativen Drücken im Xylem einer transpirierenden Pflanze

In dem in der Abbildung dargestellten Experiment wurde eine **Mikrodrucksonde** (→ Exkurs 3.1, S. 60) in ein Xylemgefäß im Blatt einer Maispflanze eingestochen, die an einen Lichtfluss von 150 µmol · m^{-2} · s^{-1} adaptiert war. In der Sonde stellte sich rasch ein Unterdruck von absolut −0,26 MPa ein. Eine Steigerung der Transpiration durch Erhöhung des Lichtflusses auf 200 bzw. 260 µmol · m^{-2} · s^{-1} (größere Öffnung der Stomata) führte zur weiteren Absenkung des Xylemdrucks auf −0,34 bzw. −0,46 MPa. Experimente dieser Art zeigen, dass im Xylem transpirierender Pflanzen ein **negativer absoluter Druck** herrscht und dass sich dieser Druck in Abhängigkeit von der Transpirationsintensität einstellt, wie von der Kohäsionstheorie gefordert. Leider versagt die Drucksonde wegen Kavitation im Messsystem bei Drücken < −1 MPa, sodass damit bisher keine Messungen an hohen Bäumen möglich sind. (Nach Wei et al. 1999)

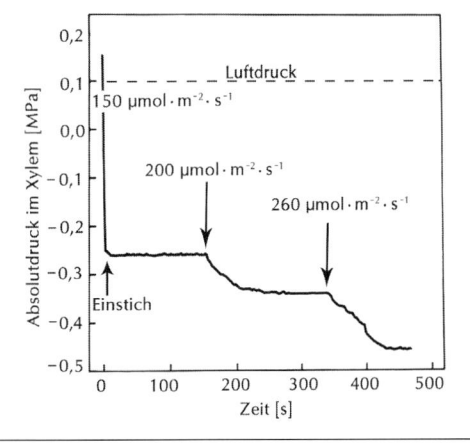

ganischen Stoffen in den Gefäßen des Xylems. Wenn man z. B. einen Zuckerahorn (*Acer saccharum*) noch vor dem Knospenaustrieb anbohrt, fließt ein zuckerreicher „Blutungssaft" (bis 2 % Saccharose) aus dem Holz. Auch bei anderen Holzgewächsen, z. B. bei der Birke oder der Weinrebe, ist das „Frühjahrsbluten" aus Wunden ein vertrautes Phänomen. Auch in diesen Fällen wird ein positiver Druck durch Freisetzung osmotisch aktiver Substanzen aus den Speicherzellen des Holzes im Stamm oder in der Wurzel erzeugt. Dieser ermöglicht den Transport von Nährstoffen zu den austreibenden Knospen bevor transpirierende Blätter zur Verfügung stehen.

13.6 Wasserbilanz

Die Pflanzen geben durch Transpiration große Mengen an Wasser an die Atmosphäre ab und müssen entsprechend große Mengen aus dem Boden aufnehmen. Bei ausgeglichener Wasserbilanz müssten Wasserabgabe und Wasseraufnahme gleich groß sein. Dieser stationäre Zustand ist jedoch selten realisiert. Selbst bei optimaler Bewässerung überwiegt bei Tag die Abgabe und bei Nacht die Aufnahme; d. h. ein ausgeglichener Wasserhaushalt ist nur bei Integration über eine 24-h-Periode möglich. Gleichzeitige Messungen der Transpiration und der Wasseraufnahme durch die Wurzel zeigen, dass die Wasseraufnahme erst einige Stunden nach dem Transpirationsgipfel ihren Höhepunkt er-

EXKURS 13.3: Warum Bäume nicht in den Himmel wachsen

Der höchste derzeit auf der Erde lebende Baum ist ein Mammutbaum (*Sequoia sempervirens*) im Humboldt Redwoods State Park in Kalifornien mit einer im Jahr 2004 gemessenen Stammhöhe von 112,7 m. Dieser Wert wird knapp übertroffen von einer 126 m hohen Douglasie (*Pseudotsuga douglasii*), dem höchsten zuverlässig vermessenen Baum früherer Zeiten. Die Frage, welche physikalischen und physiologischen Faktoren das Höhenwachstum von Bäumen begrenzen, beschäftigt die Wissenschaft seit vielen Jahrzehnten. Neue Einsichten zu diesem Problem liefert eine kürzlich an 5 der höchsten Mammutbäume (>110 m) durchgeführte, quantitative Studie (Koch et al., 2004; Nature 428: 851-854). Messungen der Saugspannung mit der Scholanderschen Druckbombe an abgeschnittenen, beblätterten Zweigen aus dem Bereich von 50 bis 110 m Höhe bei niedriger Transpiration ergaben einen von unten nach oben linear abfallenden Gradienten des Xylemdrucks (P_x) mit einem Gefälle von $-9,6 \pm 0,7$ kPa · m^{-1}, d. h. ziemlich genau den Wert, der nach der Kohäsionstheorie auf die Schwerkraft zurückgeht ($-9,8$ kPa · m^{-1}). Bei erhöhter Transpiration ergab sich ein etwas steilerer Gradient mit $-10,6 \pm 2,2$ kPa · m^{-1}. In 108 m Höhe wurde unter diesen Bedingungen $P_x = -1,84 \pm 0,04$ MPa gemessen. Die Blätter unterliegen also in dieser Höhe einem entsprechend hohen Wasserpotenzialdefizit, d. h. sie stehen unter einem massiven Trockenstress (→ S. 586).

Die physiologischen Folgen dieser Situation zeigten sich in begleitenden Untersuchungen an Blättern aus verschiedenen Höhenzonen der Krone. Der Turgor der Blattzellen fiel von 0,93 MPa bei 50 m auf 0,48 MPa bei 110 m ab. Auch die Größe der Blätter nahm kontinuierlich ab; an der Kronenspitze waren nur noch kurze, schuppenförmige Nadeln ausgebildet. Diese zeigten im sättigenden Licht einen stark erhöhten Diffusionswiderstand für CO_2 an den Stomata, eine erniedrigte CO_2-Konzentration in den Interzellularen und eine sehr geringe Photosynthesekapazität bezogen auf die Blattmasse (16 % bei 110 m gegenüber 100 % bei 50 m).

Durch Extrapolation lässt sich aus diesen Daten ableiten, dass die Photosyntheseleistung pro Blattmasse in einer Höhe von mehr als 125 m unter Null fallen würde; d. h. die Kohlenstoffbilanz würde negativ. Auch die Extrapolation anderer physiologischer Parameter führte zu Grenzwerten zwischen 120 und 130 m für die maximale Höhe, in der Blätter dieser Bäume langfristig selbstversorgend lebensfähig sind. Die hier untersuchten Exemplare hatten diese Höhe noch nicht erreicht; sie zeigten noch einen jährlichen Zuwachs von bis zu 25 cm.

Diese Untersuchungen machen deutlich, dass der Höhe von Bäumen eine natürliche Grenze gesetzt ist, welche sich aus der abnehmenden Photosyntheseleistung bei zunehmendem Trockenstress ergibt. Darüber hinaus dürfte diese Grenze auch durch das mit der Höhe zunehmende Risiko für irreparable Xylemembolien bedingt sein, die insbesondere bei Trockenperioden zur Unterbrechung der Wasserversorgung in der Baumspitze und damit zu deren Absterben führen können. Nahezu alle der hier untersuchten Bäume hatten mehrere Spitzen, die durch Übergipfelung von abgestorbenen Spitzen entstanden waren. Erste Anzeichen für eine Unterbrechung der Wasserleitung in Zweigen auf 109 m Höhe konnten beobachtet werden, wenn P_x auf $\leq -1,9$ MPa absank.

13.6 Wasserbilanz

reicht und auch während der Nacht noch mit geringer Intensität andauert (Abbildung 13.16). Offensichtlich werden die bei Tag teilweise geleerten Wasserspeicher bei Nacht wieder aufgefüllt. Bei Bäumen ist dieses Phänomen besonders ausgeprägt; die Wasseraufnahme kann hier zwischen 18 Uhr und 6 Uhr 25 – 30 % der gesamten täglichen Wasseraufnahme ausmachen. Bei wachsenden Pflanzen übersteigt die Aufnahme die Abgabe um die Wassermenge, die zur Füllung des neu hinzu kommenden Wasservolumens erforderlich ist. In dem in Tabelle 13.1 zusammengefassten Experiment nahm eine junge Maispflanze in Hydrokultur innerhalb von vier Wochen etwa 5 l Wasser auf. Aber weniger als 10 % des Wassers verblieben in der Pflanze (entweder als H_2O im Symplasten und in den Zellwänden, oder es wurde als Substrat der Photosynthese oder als Reaktionspartner im Stoffwechsel verbraucht). Das meiste Wasser wurde von der Pflanze wieder abgegeben, entweder in flüssiger Form (Guttation; < 25 %) oder als H_2O-Dampf bei der Transpiration.

Die Ausnutzung des Wassers für das Wachstum kann in Form des **Wasserökonomiequotienten** quantitativ erfasst werden. Darunter versteht man das Verhältnis zwischen der gebildeten Biomasse und der im gleichen Zeitraum transpirierten Wassermasse. Dieser Quotient ist ein Maß für die Fähigkeit einer Pflanze sparsam mit Wasser zu haushalten; er liegt erwartungsgemäß bei Xerophyten, insbesondere bei CAM-Pflanzen, besonders hoch (Tabelle 13.2; → S. 292).

Eine langfristig ausgeglichene Wasserbilanz setzt voraus, dass Wasser im Boden ausreichend zur Verfügung steht. Bei zunehmender Austrocknung des Bodens ist dies immer weniger möglich; in der Pflanze entwickelt sich dann ein Wasserdefizit, das schließlich zur Welke führt (→ Abbildung 26.4).

Tabelle 13.1. Wasserbilanz während einer vierwöchigen Wachstumsperiode in Hydrokultur (→ S. 299) bei einer relativen Luftfeuchtigkeit von 50 %. Die Zahlen stehen für jeweils zwei Pflanzen am Ende des Experiments. Anfangswerte (15 cm hohe Keimpflanzen): Frischmasse: 4,3 g, Trockenmasse: 0,39 g, Asche: 38 mg. (Nach Tanner und Beevers 1990)

Frischmasse [g]	
Wurzel	303
Spross	578
Gesamt	881
Trockenmasse [g]	
Wurzel	22
Spross	65
Gesamt	87
Aschegehalt [g]	
Wurzel	2,3
Spross	5,9
Gesamt	8,2
Wasserverlust [g] (Transpiration, Guttation)	8.875
Wasserökonomiequotient [g Trockenmasse gebildet/kg Wasser verbraucht]	9,8

Tabelle 13.2. Wasserökonomiequotient einiger Pflanzen, gemessen über einen längeren Zeitraum, in der Regel eine Vegetationsperiode. (Nach Daten von Polster 1967; Simpson 1981)

	Wasserökonomiequotient [g Trockenmasse gebildet/ kg Wasser verbraucht]
Sonnenblume	1,7
Gartenbohne	1,9
Weizen	2,3
Eiche	2,9
Kiefer	3,3
Mais (C_4-Pflanze)	4,0
Fichte	4,3
Buche	5,9
Opuntie (CAM-Pflanze)	10

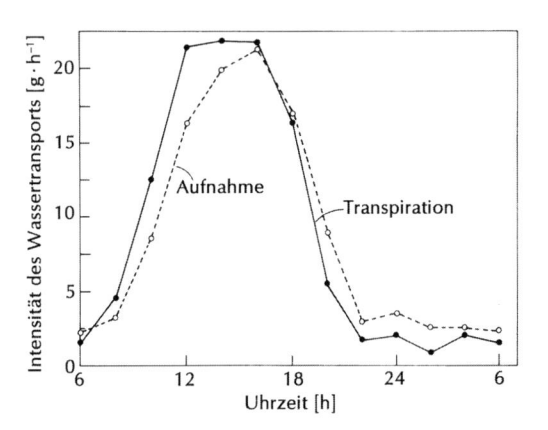

Abb. 13.16. Die Intensität von Wasseraufnahme und Transpiration bei einer Sonnenblume (*Helianthus annuus*) im Freiland im Verlauf eines Sommertages. (Nach Ray 1963)

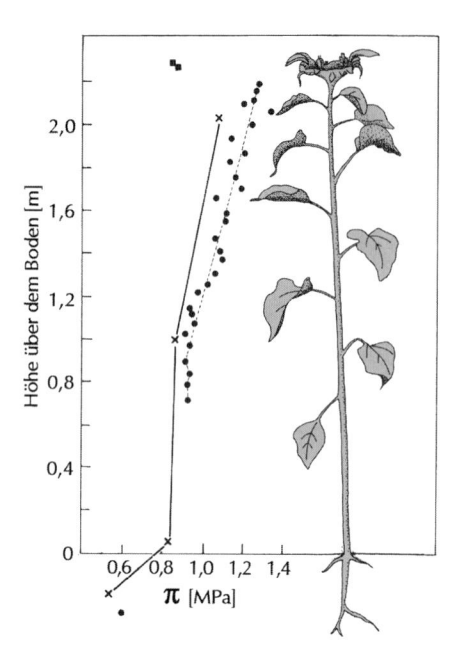

Abb. 13.17. Die Höhe des osmotischen Drucks (π) in den verschiedenen Teilen einer turgeszenten Sonnenblume (*Helianthus annuus*). Die Messung von π erfolgt mit Presssaft der Seitenwurzeln bzw. Laubblätter (14. bis 45. Blatt, ●) des Stängels (x) und der Hüllblätter bzw. Blüten (■). (Nach Walter 1947)

Bei einer Sonnenblume kann der turgeszente Zustand nicht mehr aufrecht erhalten werden, wenn das Wasserpotenzial im Boden auf etwa −1,5 MPa abgesunken ist. Unter diesen Umständen bleibt die Pflanze auch in feuchter Atmosphäre welk, **permanenter Welkepunkt**. Sie kann sich aber rasch erholen, sobald man durch Wasserzufuhr das Wasserpotenzial im Boden weniger negativ macht. Der permanente Welkepunkt zeigt an, dass die pflanzenverfügbaren Wasservorräte im Boden erschöpft sind und die Pflanze daher auch nachts ihren Turgor nicht mehr regenerieren kann, d. h. das Wasserpotenzial in der Pflanze bleibt, bei geschlossenem Stomata, auf dem Wert des osmotischen Drucks stehen (Grenzcytorrhyse: $P = 0$, $\psi = -\pi$; → S. 58). Bei der Sonnenblume liegt der mittlere Wert des osmotischen Drucks im turgeszenten Zustand bei etwa 1,2 MPa und steigt im welken Zustand auf etwa 1,5 MPa an (Abbildung 13.17).

Der osmotische Druck – und damit (mit negativem Vorzeichen) der permanente Welkepunkt – ist in einem gewissen Umfang durch osmotische Adaptation an Trockenheit regulierbar und liegt erwartungsgemäß bei Xerophyten höher (bis 10 MPa) als bei Mesophyten (um 1,5 MPa). Wird ψ_{Boden} negativer als $\psi_{Pflanze}$, so fließt theoretisch das Wasser aus der Pflanze in den Boden. An Trockenheit angepasste Pflanzen schützen sich in dieser Situation durch Reduktion ihres Wurzelsystems (z. B. bei Kakteen) und/oder durch Verschluss des Apoplasten mit einem wasserdichten Abschlussgewebe. Sie können auf diese Weise auch längere Trockenperioden im turgeszenten Zustand überdauern. Entscheidend für das Überleben der Pflanze ist nicht der Transpirationsstrom, der durch sie hindurchfließt; entscheidend ist vielmehr, ob sich die Zellen mit ihrem vorgegebenen π-Wert aus diesem Wasserstrom ausreichend versorgen können.

13.7 Analogiemodell für den Wassertransport in einer Pflanze

Der Wassertransport in einer Pflanze kann durch ein Analogiemodell repräsentiert werden, in dem Potenziale, Kapazitäten, Widerstände und Ströme eine Rolle spielen (Abbildung 13.18). Der Vorteil eines Analogiemodells liegt in erster Linie darin, dass es die **Systemeigenschaften** deutlich macht und wenigstens näherungsweise eine Berechnung des Systemverhaltens erlaubt. Wir richten unser besonderes Augenmerk auf die Vielzahl der Widerstände. Beim **Transport in der flüssigen Phase** liegt der Hauptwiderstand in der Wurzel. Die Wasserpotenzialdifferenz (Δψ) zwischen den Gefäßen des Zentralzylinders und dem perirhizalen Raum beträgt 0,1–0,3 MPa. Nach der gängigen Auffassung blockieren die **Caspary-Streifen** der radialen Wände der Endodermis den Wasserdurchtritt im freien Diffusionsraum der Zellwände. An dieser Zellschicht läuft der größte Teil des Wasserstroms gegen einen beträchtlichen Widerstand durch den Protoplasten (Symplast).

Der **Widerstand im Boden** ist natürlich nicht konstant. Wenn bei starker Transpiration der perirhizale Bodenraum austrocknet, nimmt der Widerstand zu, den der Boden der kapillaren, durch Matrixpotenzialdifferenzen angetriebenen Wasserbewegung entgegensetzt. Auch **Temperaturänderungen im Boden** wirken sich erheblich auf den Wurzelwiderstand aus, insbesondere im Bereich niedriger Temperaturen (< 10 °C; Abbildung 13.19). Man nimmt zwar allgemein an, dass Temperaturunterschiede innerhalb der Pflanze den

13.7 Analogiemodell für den Wassertransport in einer Pflanze

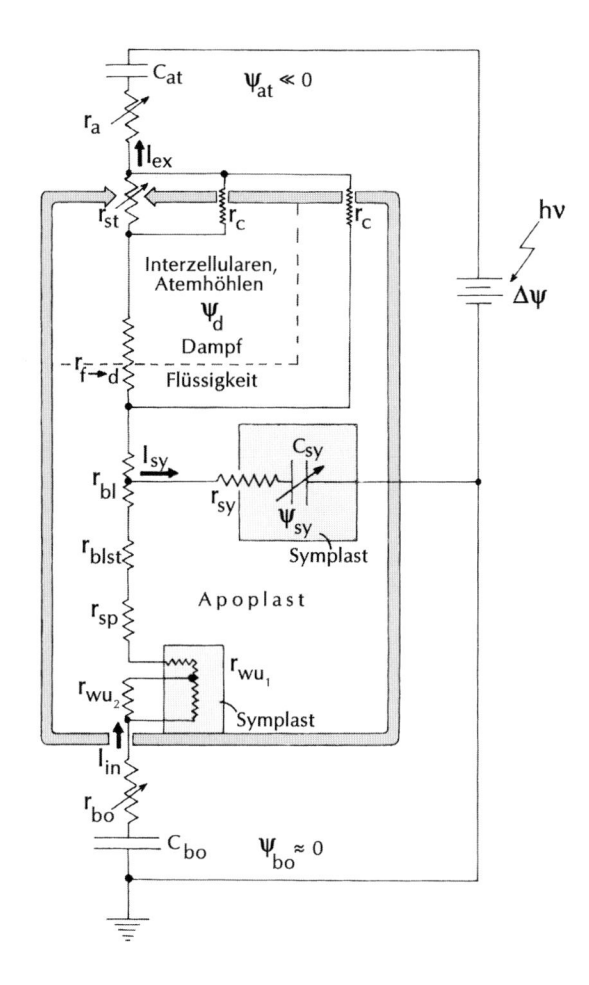

Abb. 13.18. Ein elektrisches Analogiemodell für den Wassertransport in einer Pflanze (beispielsweise in einer Sonnenblume; → Abbildung 13.17). **Kapazitäten:** C_{bo}, Wasserkapazität im (perirhizalen) Boden; C_{sy}, variable Kapazität des wachsenden Symplasten (Blatt); C_{at}, Kapazität der Atmosphäre. Die Wasserkapazitäten des Apoplasten und des Symplasten der Wurzelrinde sind nicht eigens symbolisiert. Kapazität ist definiert als Aufnahmefähigkeit für Wasser pro Pa Druckänderung ($\Delta V/\Delta P$). **Widerstände im Symplasten:** r_{wu_1}, Widerstand des Wurzelcortex einschließlich Endodermis; r_{sy}, Widerstand von Plasmamembran und Tonoplast. **Widerstände im Apoplasten:** r_{wu_2}, Wurzel; r_{sp}, Spross; r_{blst}, Blattstiel; r_{bl}, Blatt; $r_{f \rightarrow d}$, Übergang flüssig → dampfförmig; r_{st}, Stomata; r_c, Cuticula; **Äußere Widerstände:** r_{bo}, Widerstand des Bodens gegen Wasserbewegung; r_a, äußerer Widerstand gegen den Transpirationsstrom. Die *schrägen Pfeile* deuten an, welche Widerstände variabel sind. **Potenziale:** ψ_{bo}, Wasserpotenzial im Boden; ψ_{sy}, im Symplasten; ψ_d, in den Interzellularen des Blattes; ψ_{at}, in der Atmosphäre. Das Symbol $h\nu$ soll andeuten, dass die Wasserpotenzialdifferenz $\Delta \psi$ zwischen Boden und Atmosphäre letztlich von der Sonnenenergie aufrecht erhalten wird. **Ströme:** I_{in}, Aufnahmestrom; I_{sy}, Wasserstrom in den wachsenden Symplasten einschließlich Vacuolen; I_{ex}, Wasserdampfstrom in die Atmosphäre (Transpirationsstrom). Es gilt: I = JF, wobei J = Wasserfluss, F = Querschnitt. Bei gegebenem $\Delta \psi$ ist bei niedrigen Strömen der Gesamtwiderstand natürlich höher als bei hohen Strömen. Die Widerstandsänderung geschieht in erster Linie am Teilwiderstand r_{st}. Der Widerstand r_{sy} ist relativ hoch. Nimmt r_{st} ab, so tritt die Wasserbewegung durch die Zellen zurück gegenüber der Wasserbewegung im apoplastischen Raum, dessen Widerstand viel geringer ist (→ Abbildung 13.4).

Wasserpotenzialgradienten nur minimal beeinflussen, andererseits ist aber bekannt, dass eine Abkühlung des Wurzelraums auf wenige Grade über Null zu Trockenstress in den oberirdischen Teilen der Pflanze führen kann, der sich in einem Stomataverschluss und entsprechender Transpirationsverminderung äußert (→ Abbildung 26.13).

Die Wasserpermeabilität der Wurzel kann auch durch bestimmte **Inhibitoren** vermindert werden. Dazu zählen z. B. Hg-Salze, die durch Bindung an SH-Gruppen in Cysteinresten der **Aquaporine** zu einem reversiblen Verschluss dieser Wasserkanäle in der Plasmamembran führen. Auch **Hydroxylradikale** (ȮH) haben eine ähnliche Wirkung. Das Phytohormon **Abscisinsäure** (→ S. 426) erhöht die Wasserpermeabilität der Wurzel, möglicherweise ebenfalls über eine Wirkung auf die Aquaporine.

Beim **Wassertransport in der Gasphase** (Transpirationsstrom) liegt der Hauptwiderstand (r_{st}) im Bereich der Stomata (→ Abbildung 13.18). Der stomatäre Widerstandskoeffizient liegt bei den meis-

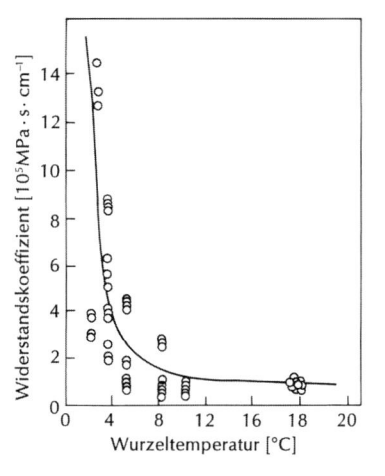

Abb. 13.19. Abhängigkeit des Wurzelwiderstands für Wasser von der Temperatur. Objekt: Sonnenblume (*Helianthus annuus*). Intakte, 4 Wochen alte Pflanzen wurden mit der Wurzel in einer Nährlösung gehalten, deren Temperatur auf die angegebenen Werte eingestellt war. Die Lufttemperatur im Sprossbereich betrug 20 °C. Die gemessenen Werte des Widerstandskoeffizienten stellten sich nach etwa 2 h Kältebehandlung ein. Bei ≤ 6 °C setzte Welke ein, da die Transpiration zunächst nicht verändert war. (Nach Ameglio et al. 1990)

ten Mesophyten im Bereich von 0,5–5 s · cm^{-1}. Während unsere Kulturpflanzen in der Regel relativ niedrige Widerstandskoeffizienten aufweisen (und deshalb viel Wasser verbrauchen), zeigen manche Xerophyten selbst bei geöffneten Stomata noch Werte bis 20 s · cm^{-1}. Diese Anpassung an arides Klima wird noch verstärkt, wenn die Stomata eingesenkt sind oder in anderer Weise eine äußere Atemhöhle zustande kommt (→ Abbildung 10.13). Durch diese Hilfsstrukturen kommt ein weiteres Glied in Serie mit r_{st} dazu, wodurch der Austritt von Wasserdampf aus dem Blattinnern zusätzlich stark behindert wird.

Die **Schwächen des elektrischen Analogiemodells** sind offensichtlich. Es vernachlässigt beispielsweise den wichtigen Umstand, dass beim Wassertransport in den Gefäßen, **Volumenstrom**, das Hagen-Poiseuillesche Gesetz (→ Gleichung 13.2) die angemessene Beschreibungsart darstellt, während der durch Diffusion getriebene Wassertransport aus den Stomata in Anlehnung an das 1. Ficksche Gesetz zu beschreiben ist (→ Gleichung 4.7). Dies hat zur Folge, dass sowohl die treibenden Kräfte des Wasserstroms als auch die Bedeutung der Widerstände in verschiedenen Bereichen des Modells verschieden sind. Es gilt vereinfacht für den Transport im Xylem (flüssige Phase):

$$I_V = \frac{\Delta V}{\Delta t} = -\frac{\Delta P}{r}, \quad (13.3)$$

wobei r die Dimension [s · Pa · m^{-3}] hat. Für den Transport an der Blattoberfläche gilt hingegen:

$$I_V = \frac{\Delta n}{\Delta t} = -\frac{\Delta c}{r}, \quad (13.4)$$

wobei: r [s · m^{-3}], n [mol H$_2$O], c [mol H$_2$O · m^{-3}]. Da jedoch in beiden Fällen der Widerstand unabhängig von I_V bzw. Δc oder ΔP ist, kann r analog zum Ohmschen Widerstand eines elektrischen Leiters aufgefasst werden.

13.8 Der Transport organischer Moleküle im Xylem

Die Transportströme von Wasser (+ anorganische Ionen) und organischen Substanzen (Assimilaten) erfolgen normalerweise in getrennten, gegenläufigen Leitungssystemen: im **Xylem** bzw. **Phloem** der Leitbündel, oder im **Holz** bzw. **Bast** bei sekundärem Dickenwachstum. Diese Trennung ist jedoch nicht so strikt, wie man auf den ersten Blick meinen könnte. In speziellen Fällen kann auch der Wasserstrom im Xylem als Transportmedium für organische Stoffe aus der Wurzel in den Spross eingesetzt werden. Das „Xylemwasser" ist normalerweise eine stark verdünnte Lösung anorganischer Ionen aus dem Boden (K$^+$, Ca^{2+}, Mg^{2+}, HPO$_4^{2-}$, NO$_3^-$ u. a.), der in der Wurzel kleine Mengen an organischen Stoffwechselprodukten zugefügt werden (z. B. Malat, Glucose, Saccharose, Glutamin, zusammen meist < 2 mmol · l^{-1}, pH 5,5–6,5). Die Konzentration dieser Substanzen unterliegt starken jahreszeitlichen Schwankungen mit Spitzenwerten im März bis April. Nur in Ausnahmefällen erreicht die Konzentration an organischen Stoffen im Xylem relativ hohe Werte (bis 10–50 mmol · l^{-1}), etwa im Blutungssaft mancher Pflanzen vor dem Knospenaustrieb (→ S. 323).

Das Zusammenspiel der beiden Transportsysteme im Xylem und Phloem kann man sich besonders gut am Beispiel des Stickstofftransports deutlich machen (Abbildung 13.20). Die Gefäße des Xylems sind die hauptsächliche Route für den

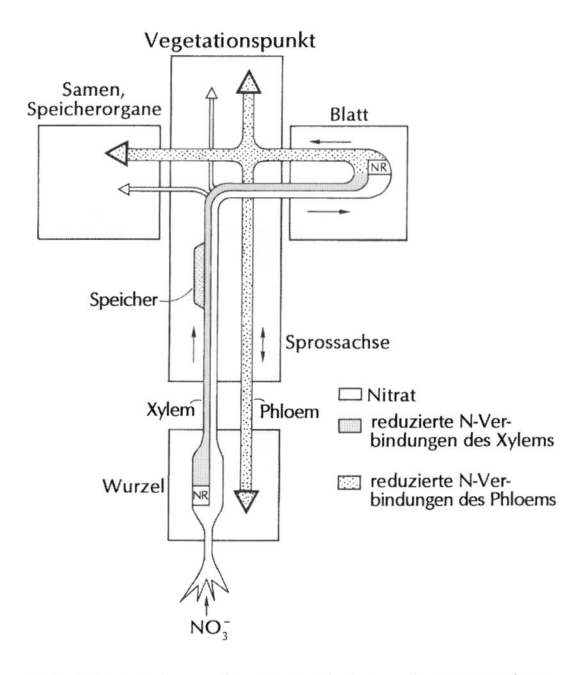

Abb. 13.20. Schema für die Leitbahnen der N-Translocation in höheren Pflanzen. *NR*, Nitratreductase, die entweder in der Wurzel oder im Blatt die Bildung organischer N-Verbindungen einleitet (→ S. 200). Die Speicherung betrifft sowohl das Nitrat als auch organisch gebundenen Stickstoff, z. B. in Form von Glutamin, Asparagin, Arginin. (Nach Lewis 1986)

Transport des **anorganischen Stickstoffs** (in der Regel Nitrat, seltener Ammonium) von der Wurzel in den Spross. Aber auch organische Stickstoffprodukte, Ergebnisse des Wurzelstoffwechsels, werden über das Xylem transportiert (Abbildung 13.21). Die Siebröhren des Phloems sind zuständig für die Translocation jener N-haltigen **organischen Moleküle**, die in den Blättern entstehen. Dies gilt nicht nur für den Export in die Samen (Früchte), Vegetationspunkte und vegetativen Speicherorgane, sondern auch für den Weg zurück in die Wurzel, die im Durchschnitt weit mehr N-haltige organische Substanz aus dem Sprosssystem empfängt, als sie dorthin über das Xylem exportiert. Die Mechanismen des Phloemtransports werden in Kapitel 14 genauer behandelt.

Eine faszinierende Beobachtung, die die subtile Interaktion von Xylem und Phloem beleuchtet, wurde bei der Weißen Lupine (*Lupinus albus*) gemacht. Der Phloemsaft, der in den Früchten und Vegetationspunkten dieser Pflanzen ankommt, besitzt eine weit höhere Konzentration an N-haltigen organischen Substanzen (Amide, Aminosäuren) als der Phloemsaft, der das Blatt verlässt. Durch Markierung mit ^{15}N konnte gezeigt werden, dass die Anreicherung durch Amide und Aminosäuren aus dem Xylemsaft zustande kommt. Dieser Übertragungseffekt, der über spezielle Transferzellen geschieht, ist teleonomisch verständlich. Auf diese Weise wird die N-Versorgung jener Regionen verbessert, die eine besonders intensive Proteinsynthese durchführen, aber nur einen sehr beschränkten Zugang zu den Substanzen des Transpirationsstromes haben, da ihre Transpiration gering ist.

Die Natur der N-haltigen Verbindungen im Xylemsaft ist von Pflanze zu Pflanze unterschiedlich (→ Abbildung 13.21). Im Fall von *Xanthium* macht Nitrat > 95 % des Gesamt-N aus, im Fall von *Lupinus* hingegen wird das Nitrat fast völlig in der Wurzel assimiliert, und der Stickstoff wird in reduzierter organischer Form in den Spross transportiert. Die meisten Pflanzen jedoch führen die Nitratreduktion sowohl in der Wurzel als auch in den Blättern durch (→ S. 200), und demgemäß findet man bei ihnen sowohl Nitrat als auch organisch gebundenen Stickstoff im Xylemsaft.

Die einzelnen organischen N-Verbindungen im Xylemsaft sind charakteristisch für die jeweilige Spezies. Dies gilt auch für das Verhältnis von Aminosäuren, Amiden (Glutamin, Asparagin) und Ureiden (→ Abbildung 13.21). Auch nicht-proteinogene Aminosäuren wie Homoserin oder Citrullin kommen vor. Bei manchen Arten findet man auch erhebliche Mengen an Alkaloiden im Xylemsaft.

Bei den Fabaceen mit Wurzelknöllchen ist der Xylemsaft besonders reich an N-haltigen organischen Molekülen. Man unterscheidet hier **Amidpflanzen** (Amide, insbesondere **Asparagin** als Transportform für N) und **Ureidpflanzen** (Ureide, insbesondere **Allantoin(säure)** als Transportform

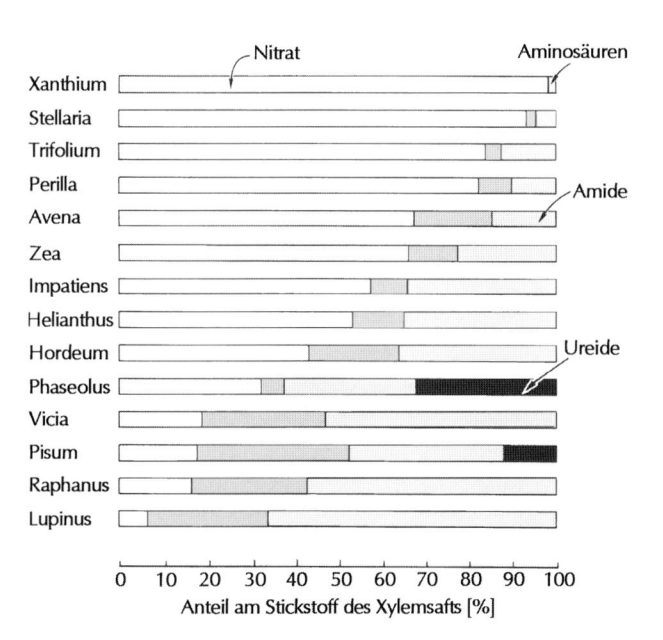

Abb. 13.21. Die Zusammensetzung der N-haltigen Substanz im Xylemsaft („Blutungssaft") verschiedener Pflanzen. Das Bezugssystem ist Gesamt-N. (Nach Lewis 1986)

für N). Bei den Ureidpflanzen (z. B. *Glycine, Phaseolus*), welche im Gegensatz zu den Amidpflanzen (z. B. *Pisum, Lupinus*) meist tropischen Ursprungs sind, wird das in den Knöllchen produzierte Ammonium zur Synthese von **Purin** eingesetzt. Hieraus entstehen über mehrere Schritte Ureide, wobei die Schlüsselreaktion, die Oxidation von Harnsäure zu Allantoin, in speziellen Peroxisomen, den **Uricosomen** abläuft (Abbildung 13.22; → Abbildung 7.15). Die Verwendung von Ureiden als N-Transportmoleküle von der Wurzel zu den N-*sinks* des Sprosses ist auch bei einigen Familien ohne Wurzelknöllchen nachgewiesen, z. B. bei Aceraceen und Boraginaceen. Sie dürfte eine besonders ökonomische Form des N-Transports darstellen (hohes N/C-Verhältnis im Molekül!).

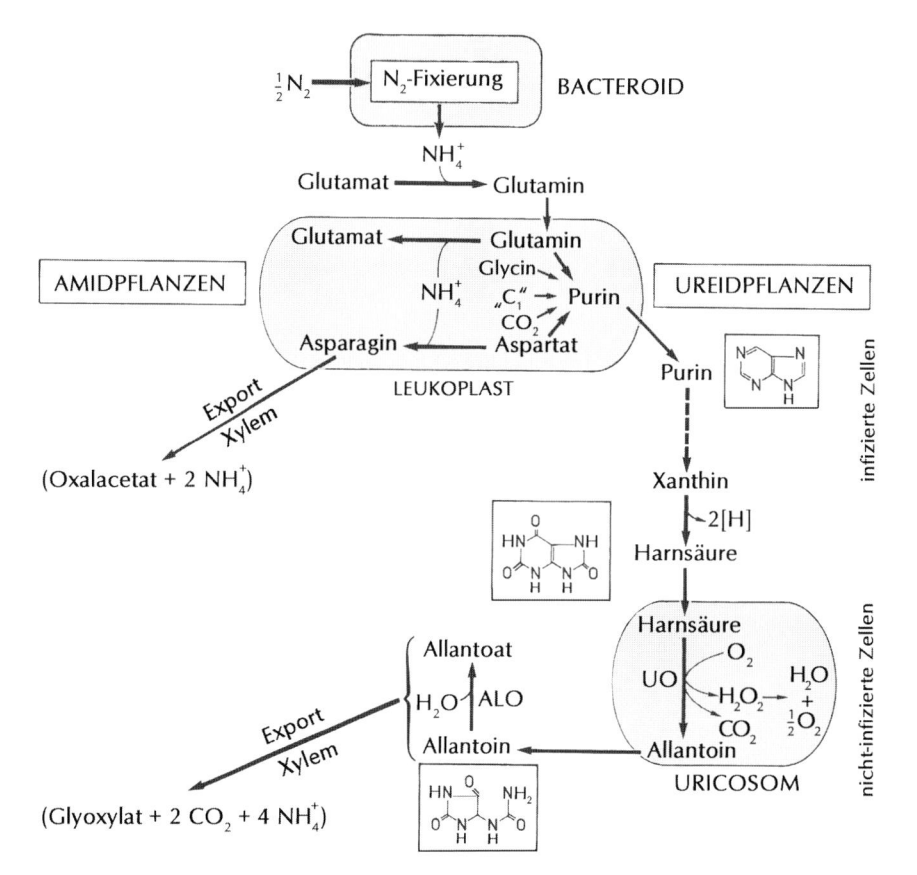

Abb. 13.22. Der Weg des Stickstoffs von den Wurzelknöllchen zu den Verbrauchsorten im Spross bei Amid- und Ureidtransportierenden Fabaceen. Die N_2-Fixierung durch die Nitrogenase der Bacteroide führt zur Ausscheidung von NH_4^+ in den infizierten Cortexzellen der Knöllchen (→ Abbildung 27.6), gefolgt von dessen Assimilation in Form von Aminosäuren (Glutamat, Aspartat) und Amiden (Glutamin, Asparagin). Die hierfür benötigten Enzyme (z. B. GS/GOGAT; → Abbildung 8.28) sind größtenteils in den Plastiden (*Leukoplasten*) dieser Zellen lokalisiert. Bei den **Amidpflanzen** wird *Asparagin* an die Xylembahnen der Wurzel abgegeben und dient als hauptsächliche Transportform für N in den Spross. Bei den **Ureidpflanzen** enthält das Cortexgewebe der Knöllchen neben den größeren *infizierten Zellen* (mit stark ausgeprägten Plastiden) kleinere *nicht-infizierte* Zellen (mit stark ausgeprägten Peroxisomen). In den Plastiden der infizierten Zellen wird aus N-Assimilat *Purin de novo* synthetisiert. Hieraus entsteht durch partielle Oxidation *Xanthin* und daraus *Harnsäure*, die in den nichtinfizierten Zellen zu *Allantoin* oxidativ decarboxyliert wird. (Der interzelluläre Transport findet wahrscheinlich auf der Stufe des Xanthins statt.) Die **Uratoxidase** (*UO*) produziert als Nebenprodukt H_2O_2, das durch **Katalase** (*KAT*) beseitigt wird. Diese beiden Enzyme sind in den Peroxisomen (*Uricosomen*) der nicht-inifizierten Zellen kompartimentiert (→ Abbildung 7.15). Allantoin und das hieraus durch **Allantoinase** (*ALO*) gebildete *Allantoinat* sind die hauptsächlichen Transportformen für N in den Spross, wo diese Ureide durch einen speziellen Abbauweg schrittweise zu Glyoxylat, CO_2 und NH_4^+ zerlegt werden können. (Nach Boland et al. 1982; verändert)

Weiterführende Literatur

Böhm J (1893) Capillarität und Saftsteigen. Ber Dtsch Bot Ges 11: 203–212

Boyer JS (1985) Water transport. Annu Rev Plant Physiol 36: 473–516

De Boer AH, Volkov V (2003) Logistics of water and salt transport through the plant: Structure and functioning of the xylem. Plant Cell Envir 26: 87–101

Fukuda H (1996) Xylogenesis: Initiation, progression, and cell death. Annu Rev Plant Physiol Plant Mol Biol 47: 299–325

Gregory PJ (2006) Plant roots. Growth, activity and interaction with soils. Blackwell, Oxford

Holbrook NM, Zwieniecki MA (eds) (2005) Vascular transport in plants. Elsevier, Acad Press, Amsterdam

Koch GW, Sillett SC, Jennings GM, Davis SD (2004) The limits to tree height. Nature 428: 851–854

Kramer PJ, Boyer JS (1995) Water relations of plants and soils. Academic Press, San Diego

Lösch R (2001) Wasserhaushalt der Pflanzen. Quelle & Meyer, Wiebelsheim

Peterson CA, Enstone DE (1996) Functions of passage cells in the endodermis and exodermis of roots. Physiol Plant 97: 592–598

Ryan MG, Yoder BJ (1997) Hydraulic limits to tree weight and tree growth. BioScience 47: 235–242

Smith PMC, Atkins CA (2002) Purine biosynthesis. Big in cell division, even bigger in nitrogen assimilation. Plant Physiol 128: 793–802

Steudle E (2001) The cohesion-tension mechanism and the acquisition of water by plant roots. Annu Rev Plant Physiol Plant Mol Biol 52: 847–875

Steudle E, Peterson CA (1998) How does water get through roots? J Exp Bot 49: 775–788

Tanner W, Beevers H (2001) Transpiration, a prerequisite for long-distance transport of minerals in plants? Proc Natl Acad Sci USA 98: 9443–9447

Tyerman SD, Bohnert HJ, Maurel C, Steudle E, Smith JAC (1999) Plant aquaporins: Their molecular biology, biophysics and significance for plant water relations. J Exp Bot 50: 1055–1071

Tyree MT, Ewers FW (1991) The hydraulic architecture of trees and other woody plants. New Phytol 119: 345–360

Tyree MT, Zimmermann MH (2002) Xylem structure and the ascent of sap. 2. ed, Springer, Berlin

Wei C, Steudle E, Tyree MT (1999) Water ascent in plants: Do ongoing controversies have a sound basis? Trends Plant Sci 4: 372–375

Zimmermann U, Schneider H, Wegner LH, Haase A (2004) Water ascent in tall trees: Does evolution of land plants rely on a highly metastable state? New Phytol 162: 575–615

In Abbildungen und Tabellen zitierte Literatur

Ameglio T, Morizet J, Cruiziat P, Martignac M (1990) Agronomie 10: 331–340

Boland MJ, Hanks JF, Reynolds PHS, Blevin DG, Tolbert NE, Schubert KR (1982) Planta 155: 45–51

Braun HJ (1959) Z Bot 47: 421–434

Clarkson DT (1988) In: Baker DA, Hall JL (eds) Solute transport in plant cells and tissues. Longman, Burnt Mill, pp 251–304

Huber B (1956) Die Saftströme der Pflanzen. Springer, Berlin

Koch GW, Sillett SC, Jennings GM, Davis SD (2004) Nature 428: 851–854

Lewis OAM (1986) Plants and nitrogen. Arnold, London

Polster H (1967) In: Lyr H, Polster H, Fiedler H-J (eds) Gehölzphysiologie. Fischer, Jena, p 181

Price CA (1970) Molecular approaches to plant physiology. McGraw-Hill, New York

Ray PM (1963) The living plant. Holt, Rinehart & Winston, New York

Simpson GM (1981) Water stress on plants. Praeger, New York

Sinnot EW, Wilson KS (1963) Botany: Principles and problems. McGraw-Hill, New York

Steudle E (2002) Nova Acta Leopoldina NF 85, 323: 251–278

Stocker O (1952) Grundriß der Botanik. Springer, Berlin

Strafford GA (1965) Essentials of plant physiology. Heinemann, London

Tanner W, Beevers M (1990) Plant Cell Environ 13: 745–750

Walter H (1947) Grundlagen des Pflanzenlebens. Ulmer, Stuttgart

Weaver JE (1926) Root development of field crops. McGraw-Hill, New York

Wei C, Steudle E, Tyree MT (1999) Trends Plant Sci 4: 372–375

Zimmermann MH (1963) Sci Amer 208 (March issue): 132–142

14 Ferntransport von organischen Molekülen

Pflanzen produzieren organische Moleküle in den photosynthetisch aktiven Blättern. Von dort müssen die Assimilate (vor allem Kohlenhydrate in Form von Saccharose und Stickstoffverbindungen in Form von Aminosäuren und Amiden) zu allen Verbrauchsorten im Kormus transportiert werden. Solche Verbrauchsorte sind insbesondere heterotroph wachsende Organe wie z. B. Knospen, Wurzeln und Speicherknollen, aber auch grüne Organe, die (noch) als Nettokonsumenten für ihr Wachstum mehr Assimilate verbrauchen als produzieren. Dies erfordert ein Transportsystem für organische Moleküle, das sich über den gesamten Kormus erstreckt und eine bedarfsabhängige, regulierbare Beladung und Entladung von Saccharose und Stickstoffverbindungen zulässt. Von Ausnahmen abgesehen, erfolgt der Massentransport organischer Moleküle im **Phloem** der **Leitbündel**, bei sekundärem Dickenwachstum im **Bast**. Das Phloem enthält **Siebröhren**, ein umfangreiches, den ganzen Pflanzenkörper durchziehendes Leitungssystem aus lebenden Zellen, die jedoch im Zuge der Differenzierung ihren Kern und andere Organellen verloren haben und daher genphysiologisch und metabolisch von den benachbarten **Geleitzellen** abhängen, mit denen sie eine funktionelle Einheit bilden. Die Siebröhren werden an den Orten der Assimilatproduktion, in der Regel in den Blättern, mit Saccharose beladen und geben diese an den Orten des Verbrauchs, z. B. in den Wurzeln, wieder ab. Der Ferntransport in den Siebröhren ist eine direkte Konsequenz der Prozesse, die sich bei der Beladung und Entladung in den **Siebröhren-Geleitzellen-Komplexen** abspielen. Die hierbei beteiligten Transportproteine konnten in jüngster Zeit mit molekularbiologischen Methoden im Prinzip aufgeklärt werden. Die Mechanismen der Phloembeladung zeigen eine erstaunliche Vielfalt im Pflanzenreich, die sich jedoch evolutionär erklären lässt.

14.1 Grundlegende Überlegungen

Der Transport von Assimilaten in der Pflanze muss von den Orten der **Produktion** (*sources*) zu den Orten des **Verbrauchs** (*sinks*) erfolgen, d. h. in der Regel von den Blättern zur Wurzel oder zu wachsenden Sprossorganen wie Blüten oder Früchten. Der zumeist in der Gegenrichtung orientierte Wasserstrom im Xylem ist daher prinzipiell nicht geeignet, den Assimilattransport zu übernehmen. Da es sich um einen **Langstreckentransport**, bei Bäumen über viele Meter, handelt, wäre auch die Diffusion völlig unzureichend, um diese Transportleistung zu bewältigen. Es ergibt sich also die Notwendigkeit für ein eigenes, für den **Massentransport** von organischen Molekülen geeignetes Leitungssystem, das die Produktionsorte mit den Verbrauchsorten verbindet und vom Transpirationsstrom weitgehend abgeschirmt ist. Da sich die Orte von Produktion und Verbrauch während der Vegetationsperiode ändern, muss das Transportsystem für organische Moleküle bezüglich der Transportrichtung flexibel auf die jeweiligen Bedürfnisse reagieren können. Die Orte des Bedarfs, die den Strom der organischen Moleküle „anziehen", sind auswachsende Knospen, junge Blätter, Wurzeln, Speicherorgane, reifende Samen und Früchte. Beispielsweise geht der Assimilattransport in einer Kartoffelpflanze bevorzugt **basipetal**, d. h. von den Blättern zu den Wurzeln und Knollen (Abbildung 14.1). Wenn hingegen aus der keimenden Knolle eine Sprossachse auswächst, geht die Stoffleitung in umgekehrter Richtung, d. h. **acropetal**. Junge, wachsende Blätter sind auf den Import von organischen Stoffen angewiesen; bei ausgewachsenen

Abb. 14.1. Eine Kartoffelpflanze (*Solanum tuberosum*) mit unterirdischen Sprossknollen. Die Speichermoleküle, die in den Knollen mit hoher Intensität akkumuliert werden (z. B. Stärke), gehen auf Photosyntheseprodukte zurück. Das Phänomen eines Massentransports organischer Substanzen über weite Strecken ist evident. Dixon und Ball haben bereits 1922 festgestellt, dass der spezifische Massentransport in eine einzelne Kartoffelknolle hinein etwa 4,5 g Trockenmasse $\cdot$ h^{-1} $\cdot$ cm^{-2} Phloemquerschnitt beträgt. Dies entspricht dem Strom einer 10%igen Saccharose-Lösung in der Größenordnung von 40 cm $\cdot$ h^{-1} durch denselben Querschnitt. (Daten aus Canny 1973)

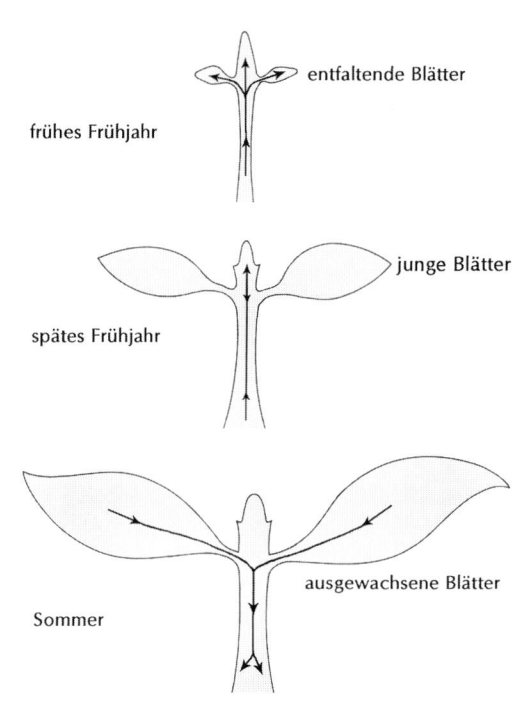

Abb. 14.2. Richtungsänderung des Phloemtransports an der Zweigspitze eines laubwerfenden Baums während einer Vegetationsperiode. Die Transportrichtung für organische Moleküle (*Pfeile*) ist stets von den Orten der Produktion (bzw. den Orten früherer Speicherung; *sources*) zu den Orten des Verbrauchs (*sinks*). *Oben*: Im Phloemparenchym gespeicherte Kohlenhydrate strömen in die Knospen. *Mitte:* In diesem Zustand erfolgt kein Nettotransport von oder zu den Blättern. *Unten*: Kohlenhydrate strömen von den photosynthetisch aktiven Blättern in das Speichergewebe der Sprossachsen (Phloemparenchym). (In Anlehnung an Price 1970)

Blättern dominiert der Export von neu gebildeten Photosyntheseprodukten (Abbildung 14.2).

Diese Anforderungen werden von einem zur Außenwelt **geschlossenen, symplastischen** Leitungssystem erfüllt, das als **Überdrucksystem** arbeitet und seine Triebkraft in Form von hydrostatischem oder osmotischem Druck selbst erzeugt. Um auch in einer Umgebung mit stark negativem Wasserpotenzial funktionsfähig zu sein (z. B. benachbart zum Xylem), muss der osmotische Druck die Saugkraft des umgebenden Gewebes übersteigen. Dies erfordert einerseits die Bereitstellung von Stoffwechselenergie und ermöglicht andererseits eine metabolische Kontrolle des Transports, insbesondere dessen Richtung. Die Unterschiede zum Wasserleitungssystem im Xylem sind offensichtlich: Letzteres arbeitet als **offenes, apoplastisches Unterdrucksystem**, in dem die Saugkraft der Atmosphäre für einen zwangsgerichteten Transport ausgenützt wird. Die toten Gefäße im Xylem und die lebenden Siebröhren im Phloem der Leitbündel sind also komplementäre Leitungssysteme, deren grundlegenden strukturellen und funktionellen Unterschiede sich aus ihren unterschiedlichen Aufgaben erschließen lassen. Allerdings haben neuere Untersuchungen gezeigt, dass die Aufgabentrennung (Wassertransport im Xylem, Assimilattransport im Phloem) nicht so streng ist, wie man früher angenommen hat.

14.2 Die Leitbahnen

Dem **Ferntransport** organischer Moleküle dienen bei den Angiospermen die Siebröhren, bei den Gymnospermen die Siebzellenstränge und bei den großen Braunalgensporophyten die Siebschläuche.

14.2 Die Leitbahnen

Wir beschränken unsere Behandlung auf die **Siebröhren**. Diese verlaufen im **Phloem** der Leitbündel bzw. im Bast (sekundäre Rinde) bei Pflanzen mit sekundärem Dickenwachstum (→ Abbildung 13.7). Der Nachweis des Zuckertransports im Bast von Holzgewächsen lässt sich einfach führen (Abbildung 14.3). Der jeweils aktive Bast stellt nur eine hauchdünne Zone von meist weniger als 0,5 mm Dicke dar („Safthaut"). Die Siebröhren bilden ein verzweigtes, kommunizierendes System, das die ganze Pflanze durchzieht. In den üblichen Abbildungen, z. B. Abbildung 13.7, werden nur die Bahnen in den Internodien abgebildet. In den Knoten ist die Anatomie viel komplizierter. Aber auch zwischen den primären Leitbündeln von Internodien bilden sich bei vielen Pflanzenarten **Phloemanastomosen** aus (Abbildung 14.4). Man darf davon ausgehen, dass über diese Anastomosen die azimutale Verteilung von Transportmolekülen in der Sprossachse erfolgt. Die Bewegung der Transportmoleküle lässt sich anhand der Translokation von radioaktiv markiertem Assimilat sehr genau verfolgen. Die auf diese Weise gemessenen Transportgeschwindigkeiten liegen im Bereich von 20 bis 100 (maximal 300) cm · h^{-1} (Abbildung 14.5). Die Werte

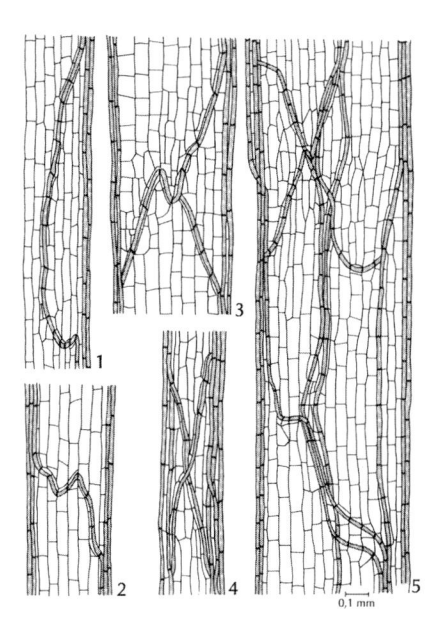

Abb. 14.4. Phloemanastomosen in ausgewachsenen Internodien. Objekt: *Coleus blumei*-Hybride. *1*, eine Siebröhre zweigt zwar ab, kehrt aber zum gleichen Leitbündel zurück; *2*, einfache Anastomose; *3*, verzweigte Anastomose; *4*, zwei sich ohne Kontakt überkreuzende Anastomosen; *5*, komplexe Anastomosen. (Nach Aloni und Sachs 1973)

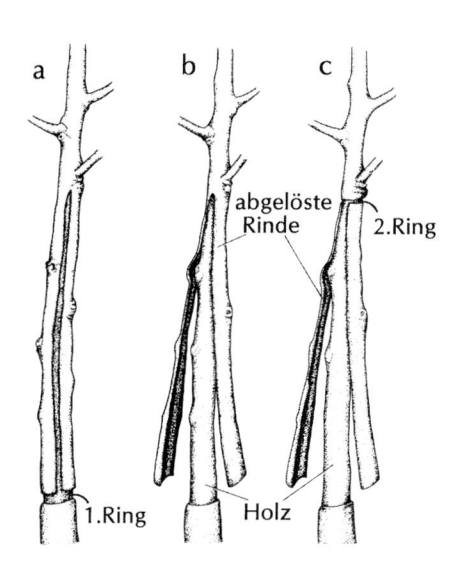

Abb. 14.3 a–c. Mit diesem Experiment wurde seinerzeit bewiesen, dass der Bast das Gewebe ist, in dem sich der Ferntransport der Kohlenhydrate bei einer Holzpflanze vollzieht. Im Laufe eines Tages nahm der Kohlenhydratgehalt (Zucker + Stärke) in dem abgelösten Rindenstück bei **b** genauso wie bei **a** zu, d. h. der Einstrom aus dem oberen Zweigteil erfolgte auch ohne Kontakt zum Holzkörper. Wenn das Rindenstück jedoch durch einen 2. Ring vom oberen Zweigteil isoliert wurde (**c**), fiel sein Kohlenhydratgehalt stark ab. (Nach Mason und Maskell 1928)

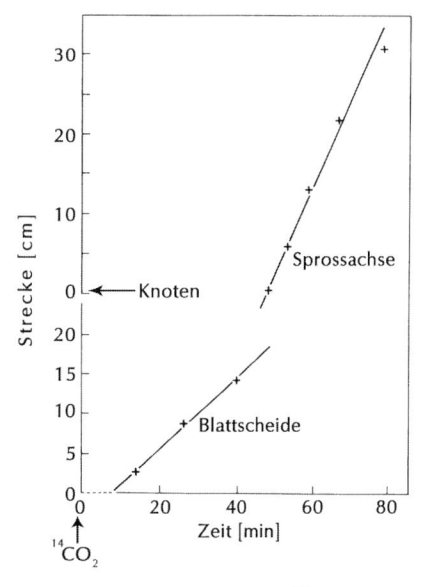

Abb. 14.5. Die Bewegung von ^{14}C-markierten Assimilaten vom Fahnenblatt bis zur Ähre einer Weizenpflanze (*Triticum aestivum*). Der belichteten Pflanze wurde an der Spreite des Fahnenblattes ^{14}CO$_2$ verabreicht. Dann wurde die Abwärtsbewegung des assimilierten ^{14}C in der Blattscheide des Fahnenblatts und die Aufwärtsbewegung in der zur Ähre führenden Sprossachse (Halm) gemessen. Der Startpunkt t = 0 ist der Startpunkt der ^{14}CO$_2$-Applikation. Die Geschwindigkeit, mit der die ^{14}C-Front vorrückt, beträgt in der Blattscheide etwa 30 cm · h^{-1} und im Halm etwa 60 cm · h^{-1}. (Nach Canny 1973)

für den bei verschiedenen Pflanzen gemessenen Fluss der mitgeführten Saccharose variieren zwischen 0,5 und 15 g · h^{-1} · cm^{-2} Siebröhrenquerschnitt.

Die langen **Siebröhren** bestehen aus **Siebröhrengliedern** (**Siebelementen**, Durchmesser 10–20 µm), die über **Siebporen** miteinander verbunden sind (Abbildung 14.6). Die Siebporen lassen sich phylogenetisch und ontogenetisch auf Plasmodesmen bzw. Plasmodesmenaggregate zurückführen. Die Siebröhrenglieder sind im funktionsfähigen Zustand **lebende** Zellen. Sie sind turgeszent (Turgordrücke bis 2 MPa) und plasmolysierbar, besitzen also eine selektiv permeable Plasmamembran. Allerdings machen die Siebröhrenglieder bei der Differenzierung charakteristische, irreversible Veränderungen durch, **selektive Autolyse**, die mit einem Verlust an genetischer Omnipotenz verbunden sind: **Der Zellkern der Siebröhrenglieder zerfällt**. Zuerst desintegrieren die Chromosomen,

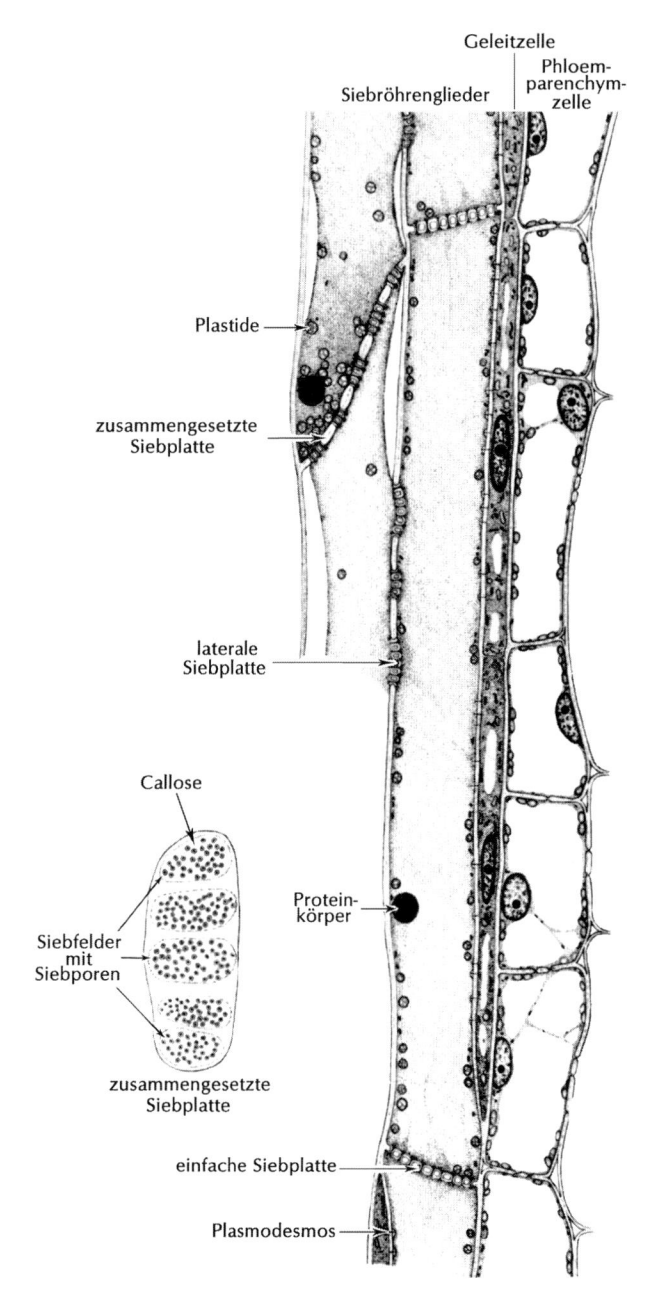

Abb. 14.6. Längsschnitt durch das Phloem eines Leitbündels. Objekt: *Passiflora caerulea*. Die Siebröhre *links oben* zeigt ein beim Anschneiden regelmäßig auftretendes Artefakt: Abhebung des wandständigen Protoplasten und Ansammlung des Zellinhalts vor der Siebplatte. In der *rechten*, unverletzten Siebröhre sind die Protoplasten (nach Rückbildung des Tonoplasten) im Zelllumen gleichmäßig verteilt; die Zellorganellen sind im wandnahen Plasmabereich angeordnet. Bemerkenswert sind ferner die unterschiedliche Dichte des Zellplasmas und die unterschiedliche Organellenverteilung bei Siebröhrengliedern und Geleitzellen bzw. Phloemparenchymzellen. (Zeichnung von R. Kollmann)

dann die Kernhülle. Am längsten ist der Nucleolus noch nachweisbar. Das Cytoplasma geht bei diesem eigenartigen Reifungsprozess nicht zugrunde, wohl aber verschwinden Dictyosomen, Ribosomen, Microtubuli und Mikrofilamente. Das ER wird umorganisiert (es durchzieht jetzt den Protoplasten bevorzugt in Längsrichtung); Mitochondrien und Plastiden verschwinden oder werden umstrukturiert. Das **P-Protein** („Phloem-Protein"), bislang nur von Siebröhren angiospermer Pflanzen bekannt, wird gebildet; die Plasmodesmen der primären Tüpfelfelder entwickeln sich zu Siebporen in Siebplatten und Siebfeldern. Der Tonoplast ist nicht mehr lückenlos vorhanden. Er fehlt auf jeden Fall stets an den Querwänden. Eine klare Grenze zwischen Cytoplasma und Vacuole ist somit nicht mehr gegeben. Man spricht deshalb besser von „**Lumen**" statt von „Vacuole". Dieser eigenartige Entwicklungsprozess kann als eine Art von partiellem programmiertem Zelltod aufgefasst werden (→ S. 526). Im funktionstüchtigen Siebröhrenglied begegnen wir schließlich einer Zelle mit einem dünnen, der Zellwand fest anhaftenden Plasmabelag, der wenige Mitochondrien, Plastiden und lokale ER-Komplexe einschließt (→ Abbildung 14.6).

Zu jedem Siebröhrenglied gehören eine oder mehrere **Geleitzellen** (→ Abbildung 14.6). Im typischen Fall entstehen die Siebröhrenglieder und die Geleitzellen aus einer gemeinsamen Mutterzelle durch eine inäquale Teilung. Die Siebröhrenglieder sind durch viele verzweigte Plasmodesmen mit den Geleitzellen eng verbunden. Offensichtlich bilden Siebröhrenglieder und Geleitzellen eine funktionelle Einheit, die man als **Siebröhren-Geleitzellen-Komplex** bezeichnet. Die eigentliche Transportleistung erfolgt in den Siebröhren; die Geleitzellen sind aber für die Funktion der Siebröhrenglieder unentbehrlich. Die enge symplastische Verbindung durch Plasmodesmen zeigt dies bereits strukturell an. Die Struktur der Geleitzellen deutet auf ihre hohe Aktivität hin. Sie haben einen großen, stark färbbaren Zellkern mit hohem Endopolyploidiegrad. Ihr umfangreiches Plasma enthält viele Ribosomen und Mitochondrien (die Mitochondriendichte ist etwa 10mal höher als in meristematischen Zellen). Der an der Beladung der Siebröhren mit Saccharose beteiligte Saccharosetransporter SUT1 (→ S. 340) konnte in der Plasmamembran der Geleitzellen, nicht aber in der Plasmamembran der Siebröhrenglieder nachgewiesen werden. In den Leitbündeln von Blättern sind die Siebröhren-Geleitzellen-Komplexe von Phloemparenchymzellen umgeben und oft durch eine Bündelscheide gegen die Mesophyllzellen abgegrenzt.

Meist arbeitet eine bestimmte Siebröhre auch bei Holzpflanzen nur über eine Vegetationsperiode hinweg. Dann geht sie zugrunde und wird in der Regel zerdrückt. Bei der alternden Siebröhre werden die Siebporen durch die Anlagerung von **Callose** (1,3-β-Glucan; → S. 28) verengt und schließlich geschlossen. Die Funktion des P-Proteins ist unklar. Vermutlich handelt es sich um ein spezifisches Strukturprotein, das im Bedarfsfall, etwa bei verletzungsbedingtem Druckabfall, rasch in die Siebporen gezogen wird und diese verschließt.

14.3 Die Transportmoleküle

Um die Natur der Transportmoleküle festzustellen, benötigt man reinen Siebröhrensaft. Man gewinnt ihn am Besten mit Hilfe von Blattläusen (Aphiden), die mit ihrem haarfeinen Saugrüssel das Lumen einzelner Siebröhrenglieder gezielt anzustechen vermögen. Trennt man eine saugende Blattlaus mit einem Schnitt vom Saugrüssel, so läuft durch diese Mikrokanüle der Siebröhreninhalt aus. Der Antrieb erfolgt durch den Turgor der Siebröhren (bis 1,5 MPa). In dem derart gewonnenen Saft, in der Regel eine 0,5- bis 1molare wässrige Lösung, überwiegen die **Kohlenhydrate**. Sie repräsentieren etwa 90 % der organischen Moleküle. Das Hauptkohlenhydrat ist **Saccharose** (100–300 g·l^{-1}). Seltener sind die Oligosaccharide **Raffinose, Stachyose** und **Verbascose** (Saccharose mit einem oder mehreren D-Galactosemolekülen). Noch seltener kommen Zuckeralkohole wie **Mannit** oder **Sorbit** vor. Das Tripeptid **Glutathion** (= γ-Glutamylcysteylglycin) dient in seiner reduzierten Form (GSH) neben SO_4^{2-} als Transportmolekül für Schwefel. NO_3^- ist nicht phloemmobil (→ S. 329). Bemerkenswert ist, dass weder Hexosen noch Polysaccharide als Transportmoleküle eine Rolle spielen. Auch Kationen (K^+, Mg^{2+}, aber nur Spuren von Ca^{2+} und Na^+) hat man im Siebröhrensaft gefunden. Charakteristisch für den Phloemsaft ist sein **hoher pH-Wert** (7,4–8,0) und der relativ **hohe K^+-Gehalt.**

Der Phloemsaft enthält eine sehr viel höhere Konzentration an N-haltiger Substanz als der Xylemsaft (bis zu 40 g N·l^{-1}; → S. 329). Genaue Zahlen sind indessen mit Vorsicht zu gebrauchen, da die Gewinnung von reinem Phloemsaft schwierig ist. Der

Grund liegt darin, dass sich die Siebröhren, wahrscheinlich mit Hilfe des P-Proteins, selbst versiegeln, sobald sie verletzt werden. Mit der Aphiden-Technik und durch die Benützung von Pflanzen, die nach einem Einschnitt ihre Siebröhren relativ langsam versiegeln (Erbse, Lupine, *Ricinus*, Gurke), ist es aber neuerdings gelungen, genügende Mengen reinen Phloemsaftes für die Analyse zu gewinnen. Es zeigte sich, dass die N-haltigen organischen Verbindungen im Phloemsaft vorwiegend aus **Aminosäuren** und **Amiden** (Glutamat/Glutamin oder Aspartat/Asparagin, $5 - 40\ g \cdot l^{-1}$) bestehen. Nitrat und Ammonium fehlen hingegen. Es gibt gute Hinweise, dass z. B. im Stamm von Bäumen ein radialer Transport von N-Verbindungen vom Xylem ins Phloem (und umgekehrt) stattfinden kann, der in den Markstrahlen verläuft.

Nach neueren Befunden werden auch viele **Proteine** in den Siebröhren transportiert. Wenn in den Geleitzellen transgener Tabak- oder *Arabidopsis*-Pflanzen ein grün-fluoreszierendes Markerprotein (GFP, 27 kDa) mit Hilfe eines geleitzellspezifischen Promotors exprimiert wird, wandert es in die Siebröhren, wird dort in der ganzen Pflanze verbreitet und an den *sinks* entladen. Man geht heute davon aus, dass die meisten der in den Siebröhren vorliegenden Proteine aus den Geleitzellen stammen und dass durch die Siebröhren auch Makromoleküle (Proteine, RNAs) und Viren in der Pflanze verbreitet werden können. Auch der Ferntransport von **Hormonen** (z. B. Gibberelline, Cytokinine) und anderer Signalmoleküle dürfte über das Siebröhrensystem möglich sein.

14.4 Mechanismen des Phloemtransports

14.4.1 Beladung der Siebröhren

An den Orten der Produktion bzw. Mobilisierung organischer Moleküle werden die Siebröhren mit löslichen Kohlenhydraten (bevorzugt **Saccharose**) und Stickstoffverbindungen (**Aminosäuren** und **Amide**) beladen. Dabei treten hohe Stoffflüsse in das Phloem der Leitbündel auf, z. B. hat man beim Saccharosefluss durch die Plasmamembran der Siebröhren bis zu $0{,}1\ mmol \cdot m^{-2} \cdot s^{-1}$ gemessen; im Vergleich dazu liegt der Fluss von Ionen bei 10^5fach niedrigeren Werten. Wir beschränken uns hier auf die besonders gut untersuchte Beladung der Siebröhren, genauer gesagt, der **Siebröhren-Geleitzellen-Komplexe**, mit Saccharose, die hauptsächlich in den peripheren (feinsten) Leitbündeln exportierender Blätter stattfindet, **Sammelphloem**. Diese vereinigen sich flussabwärts von der „Quelle" zu immer dickeren Strängen und münden zusammengefasst im Blattstiel in die Leitbündel des Stängels, **Transportphloem** (Abbildung 14.7). Für die Transportstrecke zwischen den photosynthetisch aktiven Mesophyllzellen und den Siebröhren stehen im Prinzip zwei Routen zur Verfügung: der **symplastische Weg** durch Plasmodesmen und der **apoplastische Weg** durch den Zellwandraum.

1. *Symplastische Phloembeladung* (Abbildung 14.8a). Nach dieser Vorstellung erfolgt der Transport von Saccharose von den Mesophyllzellen bis in die Siebröhren über die plasmatischen Kanäle der **Plasmodesmen**, deren Durchlässigkeit für Moleküle bis 1 kDa vielfach belegt ist (→ S. 28) und die z. B. auch zwischen den Mesophyllzellen enge symplastische Kontakte herstellen. In der Tat findet man bei manchen Pflanzen eine hohe Plasmodesmendichte zwischen Mesophyll- und Phloemzellen bis hin zu den Siebröhren, die ein symplastisches Kontinuum herstellen. Ein Problem ergibt sich hier allerdings für die Erklärung eines aktiven, d. h. gegen einen Konzentrationsgradienten an Saccharose gerichteten Transport, da die Plasmodesmen nach allen bisherigen Erkenntnissen keine Pumpeigenschaften besitzen. Diese Schwierigkeit kann umgangen werden, wenn man die symplastische Transportroute auf Fälle beschränkt, in denen die exportierenden Mesophyllzellen eine höhere Saccharosekonzentration als die zu beladenen Siebröhren aufweisen und daher ein osmotischer „Transportdruck" entsteht. Nach einer anderen Hypothese wird die in die Siebröhren-Geleitzellen-Komplexe aufgenommene Saccharose durch Umbau in Oligosaccharide (z. B. das Trisaccharid Raffinose) abgefangen, für die der symplastische Weg zurück zum Mesophyll versperrt ist.

2. *Apoplastische Phloembeladung* (Abbildung 14.8b). Bei vielen Pflanzen hat man zwischen Phloem und Mesophyll – oder zwischen den Siebröhren-Geleitzellen-Komplexen und den benachbarten Phloemparenchymzellen – eine sehr geringe Plasmodesmendichte gefunden, die für die gemessenen hohen Transportraten nicht ausreichend erscheint. Dies nötigt zu der An-

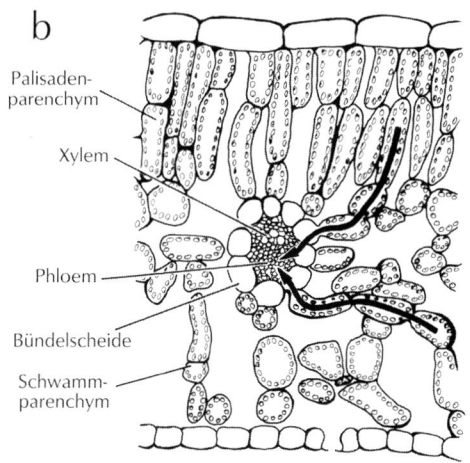

Abb. 14.7 a, b. Struktur des Leitbündelsystems im Blatt. **a** Leitbündelsystem (Blattnervatur) im Blatt des wilden Weins (*Parthenocissus tricuspidata*; Aufnahme von P. Sitte). **b** Querschnitt durch ein bifaciales Blatt, der die Transportwege des Assimilats aus den Mesophyllzellen (*Palisadenparenchym*, *Schwammparenchym*) in das Sammelphloem eines kleinen Leitbündels illustriert. Der Transport durch die Mesophyllzellen verläuft hauptsächlich über Plasmodesmen. (Nach Schobert et al. 2000; verändert)

nen Konzentrationsgradienten bei der Phloembeladung kann zwanglos erklärt werden. Die Passage durch den Apoplasten kann zwischen Mesophyll und Phloem (z. B., falls vorhanden, an der Leitbündelscheide) erfolgen oder erst unmittelbar vor der Aufnahme in den Siebröhren-Geleitzellen-Komplex.

Für eine apoplastische Teilstrecke auf dem Weg zwischen Mesophyll und Siebröhren spricht die Existenz eines aktiven **Saccharose-Aufnahmesystems** in der Plasmamembran des Siebröhren-Geleitzellen-Komplexes. So fand man im Phloem vieler Pflanzen einen hohen Gehalt an **Saccharose/H^+-Cotransporter** und einer auswärts gerichteten **H^+-ATPase** (Protonenpumpe), die zusammen eine indirekt aktive Aufnahme von Saccharose unter ATP-Verbrauch ermöglichen (→ S. 80). Die Beladung des Phloems mit Saccharose ist von einem Einstrom von Protonen aus dem Apoplasten und einer Depolarisierung der Phloemzellen begleitet, ein Zeichen, dass dieses Aufnahmesystem in der vorgesehenen Richtung arbeitet. Außerdem kann der Phloemtransport mit dem Sulfhydryl-Blocker PCMBS (Parachlormercuribenzosulfonsäure), einem Hemmstoff der aktiven Saccharoseaufnahme an der Plasmamembran, unterbunden werden. Aktivierung der Protonenpumpe mit Fusicoccin (→ S. 631) fördert die Saccharoseaufnahme.

Auch für Aminosäuren hat man im Phloem Transporter gefunden; diese Stoffklasse dürfte ebenfalls über den apoplastischen und/oder symplastischen Weg in die Siebröhren geladen werden. Im *Arabidopsis*-Genom finden sich mehrere Genfamilien für Aminosäuretransporter; einige davon arbeiten in einem Cotransport mit H^+.

Die apoplastische Route der Phloembeladung konnte durch Experimente mit transgenen Pflanzen bzw. Hefezellen überzeugend gestützt werden. Hierzu zwei Beispiele:
1. In Tabak-, Tomaten- und Kartoffelpflanzen wurde das Gen für eine apoplastische **Invertase** (spaltet Saccharose in Glucose und Fructose) aus Hefe eingeführt. Die Überexpression dieses Gens führte zu einem starken Anstieg der Invertaseaktivität im Apoplasten der Blätter. Da Hexosen nicht gut in die Siebröhren aufgenommen werden können, sollte dies zu einer Störung der apoplastischen Phloembeladung führen, jedoch keine Auswirkung auf die symplastische Route haben. Tatsächlich zeigten die transformierten

nahme, dass die Saccharose auf der Strecke zwischen Mesophyll und Siebröhren in den Apoplasten sezerniert und anschließend wieder in den Symplasten aufgenommen wird. Hierdurch ergibt sich die Möglichkeit zu einem **aktiven Transport** durch die Plasmamembran der aufnehmenden Zellen, d. h. der Transport gegen ei-

Pflanzen starke phänotypische Veränderungen, z. B. reduziertes Wachstum und eine Akkumulation von löslichen Zuckern und Stärke in den Blättern.

2. **Der Saccharose-H⁺-Cotransporter** SUT1 konnte durch einen originellen gentechnischen Komplementationsansatz identifiziert werden. Es wurde eine Defektmutante von Hefe verwendet, der die Aufnahmemechanismen für Saccharose fehlen und die daher auf Saccharose nicht wachsen kann. Diese Zellen wurden mit einer aus Pflanzen hergestellten cDNA-Genbank (unter der Kontrolle eines Hefe-Promotors) transformiert und Transformanten selektiert, welche wieder auf Saccharose wachsen konnten, da sie das pflanzliche Transportprotein bildeten. Mit Hilfe dieser transgenen Hefezellen konnten die biochemischen Eigenschaften des Transporters im Detail studiert und auch das zugehörige Gen isoliert werden. In Kartoffelpflanzen wird dieses Gen besonders stark im Phloem kleiner Leitbündel ausgewachsener *source*-Blätter exprimiert; in jungen *sink*-Blättern ist seine Expression deutlich geringer. Eine mit gentechnischen Methoden erzeugte Verminderung der Expression führt zu charakteristischen Wachstumsdefekten ($\rightarrow$ Exkurs 14.1). SUT1 ist nur einer von mehreren Saccharosetransportern, die bei verschiedenen Arten im Phloem gefunden wurden.

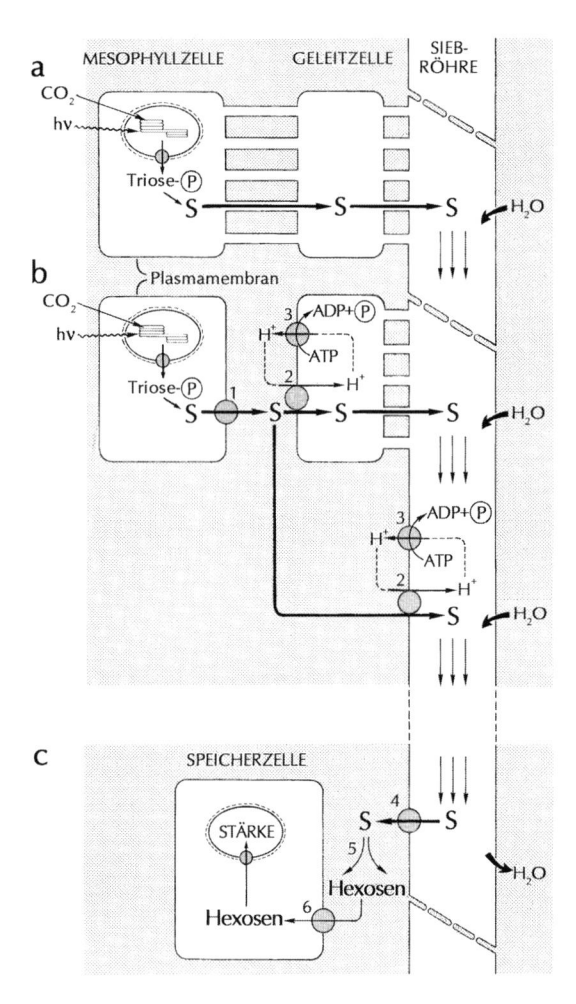

Abb. 14.8 a–c. Transportwege der Saccharose bei der Beladung und Entladung des Phloems (stark vereinfachtes Schema). **a Symplastische Beladung**: Saccharose (*S*) strömt von den photosynthetisch aktiven Mesophyllzellen bis in die Siebröhren durch **Plasmodesmen**. Es existiert ein symplastisches Kontinuum zwischen Mesophyll und Siebröhre, das aus energetischen Gründen nur einen Transport in Richtung eines abfallenden Konzentrationsgradienten zulässt. **b Apoplastische Beladung**: Saccharose wird von den Mesophyllzellen über einen **Saccharosetransporter** (*1*) in den Apoplasten abgegeben und von dort über einen **Saccharose-H⁺-Cotransporter** (*2*) in den Symplasten des Siebröhren-Geleitzellen-Komplexes aufgenommen. Ein **Protonengradient**, erzeugt von einer **H⁺-ATPase** (*3*), liefert die Energie für einen sekundär aktiven Transport. Dieses Enzympaar kann in den Geleitzellen und/oder in den Siebröhren selbst lokalisiert sein. **c** Ein Weg für die **apoplastische Entladung**: Saccharose wird über einen **Saccharosetransporter** (*4*) in den Apoplasten abgegeben, dort durch **Invertase** (*5*) in Hexosen (Glucose + Fructose) gespalten und in dieser Form über einen **Hexosetransporter** (*6*) in die *sink*-Zellen aufgenommen. Dieser Weg dürfte neben der symplastischen Entladung z. B. in importierenden Speichergeweben wichtig sein. Mit den lokalen Änderungen der Saccharosekonzentration in den Siebröhren ist eine osmotische Aufnahme bzw. Abgabe von Wasser aus dem benachbarten Xylem verbunden. (Nach Frommer und Sonnewald 1985; verändert)

Symplastische und apoplastische Phloembeladung schließen sich nicht gegenseitig aus, sondern müssen als Grenzfälle eines breiten Spektrums an Mischformen aufgefasst werden. Vergleichende Studien an den beladungsaktiven kleinen Leitbündeln verschiedener Pflanzenfamilien haben zu folgender Grobklassifizierung geführt:

▶ **Pflanzen mit hoher Plasmodesmendichte um den Siebröhren-Geleitzellen-Komplex.** Die Geleitzellen sind hier als plasmareiche **Intermediärzellen** mit umfangreichen ER-Cisternen ausgebildet (Abbildung 14.9a). Im Phloemsaft treten neben Saccharose auch Oligosaccharide der Raffinosefamilie auf. Die Phloembeladung wird durch PCMBS nicht gehemmt und ist daher offenbar rein symplastisch. Hierzu gehören etwa 70 % der bisher untersuchten Arten, z. B. die meisten Holzpflanzen, aber auch die krautigen Cucurbitaceen.

14.4 Mechanismen des Phloemtransports

> **EXKURS 14.1: Wachstumsstörungen bei transgenen Kartoffelpflanzen, bei denen die Bildung eines Saccharosetransporters durch *antisense*-Hemmung beeinträchtigt wurde**
>
> Die Kartoffel (*Solanum tuberosum*) besitzt den Saccharose-H$^+$-Cotransporter SUT1, der primär im Phloem ausgewachsener (exportierender) Blätter exprimiert wird, und von dem man vermutete, dass er dort an der Phloembeladung beteiligt ist. Um diese Hypothese mit einem *in-vivo*-Experiment zu überprüfen, wurde eine *antisense*-Kopie des Gens hergestellt und in damit transformierten Kartoffelpflanzen zur Transkription gebracht. Man erhielt transgene Nachkommen, in denen die SUT1-mRNA durch die Wirkung der experimentell erzeugten *antisense*-mRNA mehr oder minder stark reduziert war (→ Exkurs 6.6, S. 134). Darüber hinaus war in den Blättern der *antisense*-Pflanzen der Gehalt an Stärke 5fach, und der Gehalt an löslichen Kohlenhydraten 20fach erhöht. Die Abbildungen zeigen an 4 Beispielen, dass außerdem das Sprosswachstum, und insbesondere das **Knollenwachstum**, stark gehemmt waren. Abbildung A: 4 Wochen alte Pflanzen; *obere Reihe, von links nach rechts*: Pflanze 43, Pflanze 13, Kontrolle (Wildtyp); *untere Reihe*: Pflanze 5, Pflanze 34. Abbildung B: Knollen der Pflanzen 43, 13, Kontrolle; bei den Pflanzen 5 und 34 war die Knollenbildung völlig gehemmt. Diese Resultate belegen die essenzielle Funktion von SUT1 für den Assimilattransport. Außerdem wird beispielhaft deutlich, wie mit gentechnischen Eingriffen die physiologische Funktion eines Proteins festgestellt werden kann. (Nach Riesmeier et al. 1994)

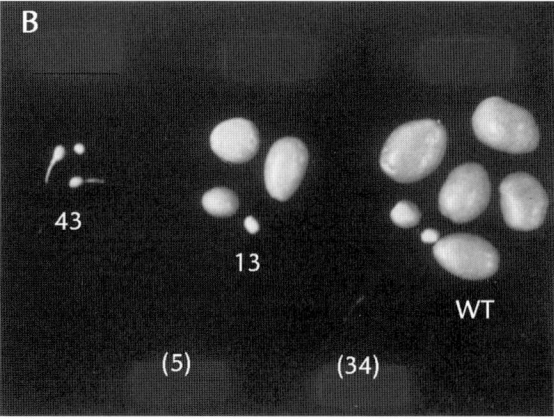

▶ **Pflanzen mit wenigen oder keinen Plasmodesmen um den Siebröhren-Geleitzellen-Komplex.** Die Geleitzellen sind als **Transferzellen** mit zahlreichen Zellwandauswüchsen auf der Innenseite ausgebildet (Abbildung 14.9b). Im Phloemsaft treten keine Oligosaccharide auf. Die Phloembeladung wird durch PCMBS gehemmt und schließt daher offenbar einen Transmembrantransport, d. h. apoplastische Beladung, ein. Hierzu gehören vor allem Familien mit krautigen Pflanzen (z. B. Brassicaceen, Fabaceen, Solanaceen).

▶ **Mischtypen**, bei denen gleichzeitig beide Formen der Phloembeladung möglich sind, z. B. in verschiedenen Zonen eines Leitbündels oder in verschiedenen Bereichen eines Blattes. Wenn der Zuckertransport über die Geleitzellen läuft, ist der letzte Transportschritt, der Übergang von der Geleitzelle in die Siebröhre, stets symplastisch.

Bei diesen Gruppen sind gewisse ökophysiologische Präferenzen erkennbar: Symplastische Beladung ist bei Pflanzen (Bäumen) des tropischen Regenwaldes vorherrschend, während apoplastische Beladung vor allem bei Pflanzen der gemäßigten Klimazone zu finden ist. Dies dürfte damit zusammenhängen, dass der symplastische Transport bei niedrigen Temperaturen (< 10 °C) stark gehemmt ist. Während der Evolution der Landpflanzen wurde vermutlich zunächst die symplastische Beladung entwickelt, die dann später unter dem Einfluss des Selektionsfaktors Kältestress durch die effektivere apoplastische Beladung ergänzt oder ersetzt wurde.

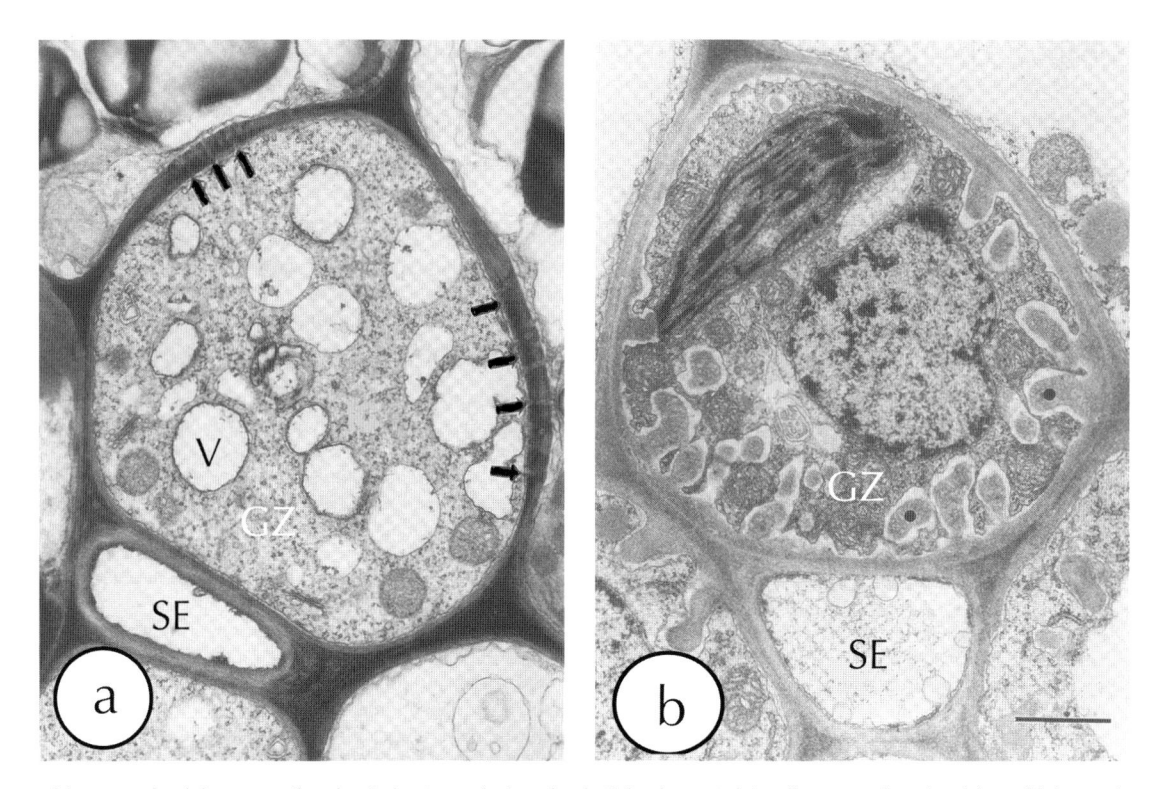

Abb. 14.9 a, b. Elektronenmikroskopische Querschnitte durch Siebröhren-Geleitzellen-Komplexe im Phloem kleiner Leitbündel (Sammelphloem). **a** Die Geleitzelle (*GZ*) ist bei der symplastisch beladenden Art *Cucurbita pepo* (Kürbis) als **Intermediärzelle** mit auffälligen Plasmodesmenbrücken (nicht deutlich sichtbar, *Pfeile*) zu benachbarten Phloemparenchymzellen ausgebildet (*V*, Vacuole; *SE*, Siebelement). **b** Bei der apoplastisch beladenden Art *Zinnia elegans* (Zinnie) ist die Geleitzelle als **Transferzelle** mit auffälligen Zellwandauswüchsen (●) ausgebildet. *Strich*: 1 µm. (Aufnahmen von S. Dimitrovska und A.J.E. van Bel, aus Oparka und Turgeon 1999)

14.4.2 Entladung der Siebröhren

Die Beladung der Siebröhren an den Orten der Produktion hat ihr Gegenstück in der Entladung der Siebröhren an den Orten des Verbrauchs (*sinks*). Da die Saccharose in den Siebelementen meist sehr viel höher konzentriert vorliegt als im umgebenden Apoplasten, kann sie im **Abgabephloem** theoretisch passiv durch Plasmodesmen oder über katalysierten Transmembrantransport unter Einschluss des Apoplasten verfrachtet werden. Wahrscheinlich gibt es auch hier keinen einheitlichen Transportweg. In den knollenbildenden Stolonen der Kartoffel erfolgt die Phloementladung während des Längenwachstums apoplastisch; sobald aber das Knollenwachstum einsetzt, wird auf symplastische Entladung umgestellt. Bei der Versorgung der Embryonen in den sich entwickelnden Samen erfolgt der Transport von Saccharose und Aminosäuren auf jeden Fall über den Apoplasten, da der Embryo keinerlei symplastische Verbindungen zur mütterlichen Pflanze besitzt. Vermutlich wird die Saccharose vom mütterlichen Gewebe (bzw. vom Endosperm) über einen Saccharosetransporter ausgeschieden und vom Embryo wieder über einen Cotransport mit H^+ aufgenommen (→ Exkurs 14.2). In anderen *sink*-Geweben erfolgt die Zuckeraufnahme offenbar über einen Hexosetransporter. Die entladene Saccharose wird im Apoplasten durch eine zellwandgebundene Invertase in Glucose und Fructose gespalten und auf diese Weise eine Rückladung in die Siebröhren verhindert (Abbildung 14.8c). Die Überexpression von Hefe-Invertase im Apoplasten der Kartoffelknolle führt zu einem Anstieg der Hexosekonzentration und einem gesteigerten Knollenwachstum; eine Steigerung der Stärkebildung konnte nicht beobachtet werden. Dieser Befund zeigt jedoch, dass der Weg des Zuckers bei der Entladung durch den Apoplasten führt. In jungen Blättern und Wurzeln erfolgt die Phloementladung wahrscheinlich rein symplastisch.

14.4.3 Die Druckstromtheorie

Bereits 1930 postulierte Münch einen Mechanismus der Translocation, bei dem der Fluss durch das Phloem aus einer Differenz im osmotischen Druck an den Enden des Translocationssystems resultiert. Nach dieser Auffassung führt die Differenz im osmotischen Druck durch den dadurch bewirkten Einstrom von Wasser zu einem entsprechenden hydrostatischen **Druckgradienten**, welcher einen **Poiseuille-Fluss** (→ Gleichung 13.2) in den Siebröhren antreibt. Dem Einstrom von Wasser an den Orten hohen osmotischen Drucks entspricht ein Ausstrom von Wasser aus dem Phloem an den Orten niederen osmotischen Drucks (→ Abbildung 14.8). Durch die Verbindung mit dem in der Regel entgegengerichteten Wasserstrom im Xylem kann sich demnach in den Leitbahnen ein osmotisch getriebener **Wasserkreislauf** ausbilden.

Die Druckstromtheorie, die eine Massenströmung von Wasser + Gelöstem impliziert, erscheint plausibel. Die zentrale Frage bleibt aber, ob der hydrostatische Druckgradient zwischen *source* und *sink* (nicht mehr als einige Zehntel MPa) unter allen Bedingungen, also z. B. auch im Stamm eines hohen Baumes ausreicht, um den Widerstand der Siebröhren, insbesondere der Siebplatten, gegen eine Massenströmung auch über weite Strecken zu überwinden. Der kritische Punkt hierbei ist, inwieweit die Siebporen für eine strömende Lösung wegsam sind. In der Tat muss die Druckstromtheorie davon ausgehen, dass die Siebporen praktisch offen sind und der Strömungswiderstand der Siebröhren insgesamt relativ niedrig ist. Dem steht die Auffassung mancher Phloemforscher entgegen,

---

EXKURS 14.2: Lokale Expression eines Saccharosetransporters in der unteren Epidermis der Kotyledonen von *Ricinus*-Keimlingen

Bei endospermhaltigen Samen müssen in den ersten Tagen nach der Keimung große Mengen von Zucker und Aminosäuren aus dem Nährgewebe in den wachsenden Embryo aufgenommen werden, wobei die Überquerung einer zellfreien Grenze notwendig wird. Dieser Transport wurde z. B. bei keimenden *Ricinus*-Samen genauer untersucht. Bei diesen Pflanzen sind die Kotyledonen des Embryos als **Saugorgane** ausgebildet, welche mit ihrer unteren Epidermis dem Endosperm anliegen und dort die aus den Fettreserven synthetisierte Saccharose resorbieren können (→ S. 233). Diese Leistung wird mit Hilfe des **Saccharose-H$^+$-Cotransporters** SUT1 erbracht, der nach der Keimung spezifisch in der unteren Epidermis exprimiert wird.

Zu diesem Ergebnis kam man durch Experimente, bei denen die zelluläre Lokalisation von SUT1-mRNA mit Hilfe der **in-situ-Hybridisierung** untersucht wurde. Bei dieser Methode werden Gewebeschnitte mit einer spezifischen *antisense*-mRNA als Sonde unter Bedingungen inkubiert, welche die Bildung von Doppelsträngen aus *antisense*-mRNA und der im Gewebe vorliegenden komplementären mRNA erlauben (→ Exkurs 6.6, S. 134). Das Hybridisierungsprodukt kann dann mit einem immunologischen Farbtest sichtbar gemacht werden. Im vorliegenden Fall war die Sonde ein *in vitro* hergestelltes *antisense*-Transkript eines cDNA-Fragments des SUT1-Gens. Die Abbildung zeigt einen Querschnitt durch die Kotyledone eines drei Tage alten *Ricinus*-Keimlings nach Behandlung mit der SUT1-Sonde. Die dunkle Anfärbung der unteren Epidermis zeigt, dass die SUT1-mRNA spezifisch in diesem Gewebe vorliegt (die dunkel erscheinenden Zellen im Zentrum sind nicht angefärbte Xylemzellen). Daneben konnte die SUT1-mRNA im Phloem der Leitbündel von Kotyledonen und Spross lokalisiert werden (hier nicht deutlich sichtbar). Die Zellen in der unteren Epidermis der Kotyledonen sind als Transferzellen mit dichtem Plasma und Zellwandauswüchsen ausgebildet (→ Abbildung 14.9b). Dieses Gewebe besitzt also die funktionellen und strukturellen Eigenschaften eines Resorptionsepithels. *Strich*: 100 µm. (Nach Bick et al. 1998)

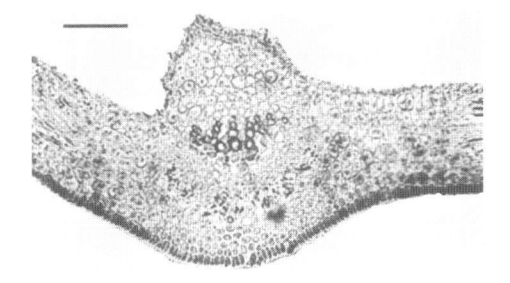

dass die Siebporen auch im Leben mit fibrillärem Material mehr oder minder dicht erfüllt sind. Dieser Situation wird die **Volumenstromtheorie** eher gerecht.

14.4.4 Die Volumenstromtheorie

Diese von Eschrich (1972) formulierte Alternative zur Druckstromtheorie geht davon aus, dass sich osmotische Prozesse entlang der gesamten Transportstrecke abspielen können. Nach dieser Vorstellung kann eine Siebröhre im Prinzip an jeder beliebigen Stelle mit Saccharose be- oder entladen werden. Der daraufhin stattfindende osmotische Nachstrom von Wasser sorgt für eine lokale Volumenzunahme bzw. -abnahme der Binnenlösung und für eine entsprechende Bewegung der Zuckermoleküle weg von oder hin zu dieser Stelle. Da Wasser durch Diffusion jederzeit frei zwischen Apoplast und Lumen ausgetauscht werden kann, wandern die bei der Beladung aufgenommenen Wassermoleküle nicht gemeinsam mit den Zuckermolekülen durch die Siebröhre, sondern bleiben praktisch stationär. Es kommt also zu keiner longitudinalen Massenströmung von Wasser + Saccharose, sondern lediglich zu einer Längsbewegung der Saccharose ohne Druckgradient. Die Volumenstromtheorie ersetzt also den longitudinalen Druckgradienten durch viele transversale osmotische Gradienten und ist daher mit einem hohen Strömungswiderstand der Siebröhren eher verträglich. Neuere Befunde belegen, dass auch im Transportphloem eine Aufnahme und Abgabe von Saccharose stattfinden kann. Der Saccharosetransporter SUT1 ist auch hier vorhanden.

Druckstrom- und Volumenstromtheorie schließen sich nicht gegenseitig aus, sondern sind als die beiden Extremfälle eines durch Wasserpotenzialgradienten ($\Delta\psi = \Delta P - \Delta\pi$) angetriebenen Transports anzusehen, wobei entweder die Druckkomponente (ΔP) oder die osmotische Komponente ($\Delta\pi$) als die alleinige Triebkraft postuliert wird. In vielen Fällen dürfte in einer Siebröhre eine Kombination von Druckstrom und Volumenstrom vorliegen. Die Ergebnisse thermoelektrischer Messungen sind ein Beleg dafür, dass es in den Siebröhren zu Massenströmungen von Wasser kommen kann; andererseits deuten Experimente mit markiertem Wasser darauf hin, dass die Wasserphase in der Siebröhre auch unter Bedingungen, unter denen Saccharose transportiert wird, weitgehend stationär bleiben kann.

14.5 Regulation der Assimilatverteilung in der Pflanze

Die Produkte der Photosynthese (vor allem Zucker und Aminosäuren) werden aus den exportierenden Blättern meist auf mehrere Empfängerorgane verteilt. Die Richtung und quantitative Aufteilung des Assimilatstroms (*assimilate partitioning*) ist nicht konstant, sondern unterliegt einer **bedarfsabhängigen Regulation**. Die hochgradige Flexibilität der beteiligten Regelsysteme während des Lebenscyclus lässt sich z. B. an einer Kartoffelpflanze verdeutlichen (→ Abbildung 14.1): Beim Austreiben des Sprosses aus der Speicherknolle erfolgt der Stofftransport von der Knolle (*source*) in den Spross (*sink*), bis sich dieser soweit entwickelt hat, dass er mit seinen Blättern eine Nettoproduktion von Assimilat durchführen kann. Dann werden die Blätter zu *sources*, von denen ein Stofftransport acropetal in die sich entwickelnden Blüten und Früchte und basipetal in die sich entwickelnden Knollen erfolgt. Die hierbei stattfindenden *source-sink*-Umstellungen sind eng mit den Entwicklungsvorgängen im Lebenscyclus der Pflanze verknüpft und stehen damit letztlich unter genetischer Kontrolle. Bei Nutzpflanzen ist von entscheidender Bedeutung, welcher Anteil des während der Vegetationsperiode gebildeten Assimilats in den geernteten Pflanzenteilen landet (Ertragsgut; → S. 644). Dieser Anteil konnte bei vielen Nutzpflanzen durch Züchtung erheblich gesteigert werden. Moderne Kartoffelsorten z. B. speichern etwa 80 % der insgesamt netto produzierten Trockenmasse in den Knollen, gegenüber etwa 7 % bei Wildkartoffeln. Diese Steigerung wird vor allem darauf zurückgeführt, dass es gelang, die Kartoffel von einer im Kurztag blühenden Pflanze in eine im Langtag blühenden Pflanze zu verwandeln (→ S. 504).

Die Regulation der *source-sink*-Umstellungen auf der molekularen Ebene ist, wie zu erwarten, außerordentlich kompliziert und bisher nur bruchstückhaft bekannt. Man muss mit einem hochkomplexen System von vernetzten metabolischen Rückkoppelungsprozessen rechnen, welche die Mechanismen der Produktion, des Transports und der Weiterverarbeitung von organischen Molekülen in das Entwicklungsgeschehen einbinden. Hierbei

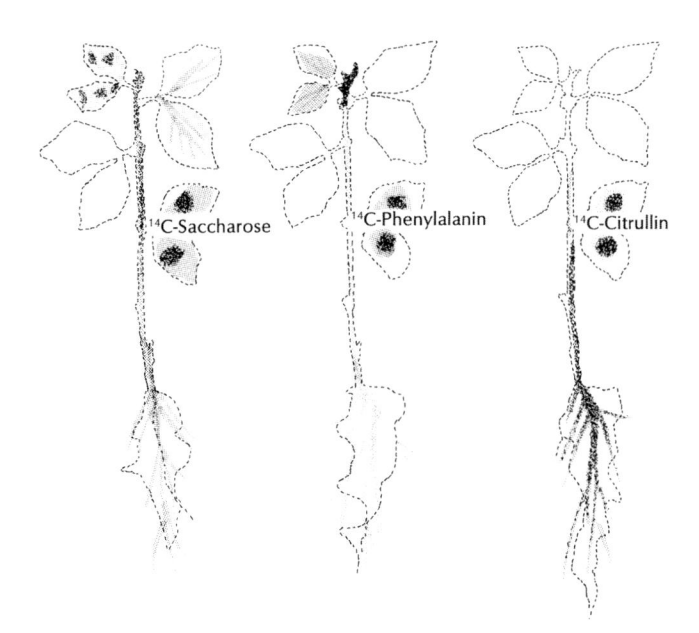

Abb. 14.10. Demonstration des Ferntransports von radioaktiv markierten Substanzen durch Autoradiographie. Objekt: Ackerbohne (*Vicia faba*). Die ^{14}C-markierten Verbindungen wurden an aufgerauhten Flächen der Primärblätter (unterstes Blattpaar) appliziert. Die Schwärzungen innerhalb der *gestrichelt umrandeten*, vor der Auswertung gepressten Pflanzen zeigen Verteilung und relative Dichte der Markierung. Ein Xylemtransport erscheint ausgeschlossen, da der Export aus den behandelten Blättern nur über das Siebröhrensystem möglich ist. (Nach Eschrich 1989)

spielt vermutlich **zuckerregulierte Genexpression** eine wichtige Rolle. Man hat gefunden, dass z. B. viele Photosyntheseenzyme bei einer Verminderung der Zuckerkonzentration im Blatt vermehrt gebildet werden. Umgekehrt führt eine hohe Zuckerkonzentration im Gewebe zu einer Repression der Photosyntheseenzyme und zu einer Steigerung der an der Bildung von Speicherstoffen beteiligten Enzyme. Auch die Gene der für die Phloembeladung und -entladung verantwortlichen Transporter sind in dieses System koordiniert gesteuerter Genexpression einbezogen. So wird z. B. der Saccharose-H$^+$-Cotransporter im Phloem des Blattes erst dann in großer Menge gebildet, wenn dieses zum Export von Zucker übergeht. In *sink*-Geweben tritt dieses Protein meist nur in sehr geringen Mengen auf. Hier bietet sich ein weites Feld für gezielte genetische Eingriffe mit molekularbiologischen Methoden zu einer weiteren Optimierung von Nutzpflanzen. Dieser Aspekt wird im Kapitel 28 aufgegriffen.

Auch die Abgabe der verschiedenen anderen, im Phloem translocierten Moleküle unterliegt einer bedarfsabhängigen Kontrolle. Werden einer Pflanze im Blatt ^{14}C-markiertes Phenylalanin oder Citrullin (eine Argininvorstufe) anstelle markierter Saccharose angeboten, verteilt sich die Markierung jeweils nach einem anderen Muster (Abbildung 14.10): *Sinks* für Phenylalanin sind hauptsächlich die Sprossspitzen und die jüngsten Blätter. Citrullin hingegen wandert fast ausschließlich zu den Wurzeln. Wie können die mit der Saccharose im selben Siebröhrensaft gelösten und nach dem Druck- oder Volumenstromprinzip transportierten Substanzen derart unterschiedlich verteilt werden? Die Antwort kann nur lauten: Es gibt keinen differenziellen Transport, sondern nur eine **differenzielle Phloementladung**. Im Fall der Saccharose haben wir gelernt, dass nur dann ein aktiver *sink* vorliegt, wenn Saccharose oder – nach Invertasespaltung – ihre Hydrolyseprodukte verbraucht werden. Analog darf man annehmen, dass es auch bei den Aminosäuren nur dann zu einer Entladung kommt, wenn diese an einem bestimmten Ort gebraucht (verbraucht) werden.

Weiterführende Literatur

Behnke H-D (1990) Siebelemente – Kernlose Spezialisten für den Stofftransport in Pflanzen. Naturwiss 77: 1–11

Eschrich W (1984) Untersuchungen zur Regulation des Assimilattransports. Ber Deutsch Bot Ges 97: 5–14

Fischer W-N, André B, Rentsch D, Krolkiewicz S, Tegeder M, Breitkreuz K, Frommer WB (1998) Amino acid transport in plants. Trends Plant Sci 3: 188–195

Frommer WB, Sonnewald U (1995) Molecular analysis of carbon partitioning in solanacean species. J Exp Bot 46: 587–607

Hammond JP, White PJ (2008) Sucrose transport in the phloem: Integrating root responses to phosphorus starvation. J Exp Bot 59: 93–109

Koch KE (1996) Carbohydrate-modulated gene expression in plants. Annu Rev Plant Physiol Plant Mol Biol 47: 509–540

Kehr J, Buhtz (2008) Long distance transport and movement of RNA through the phloem. J Exp Bot 59: 85–92

Lalonde S, Wipf D, Frommer WB (2004) Transport mechanisms for organic forms of carbon and nitrogen between source and sink. Annu Rev Plant Biol 55: 341–372

Münch E (1930) Die Stoffbewegungen in der Pflanze. Fischer, Jena

Offler CE, McCurdy DW, Patrick JW, Talbot MJ (2002) Transfer cells: Cells specialized for a special purpose. Ann Rev Plant Biol 54: 431–454

Oparka KJ, Santa Cruz S (2000) The great escape: Phloem transport and unloading of macromolecules. Annu Rev Plant Physiol Plant Mol Biol 51: 323–347

Roberts AG, Oparka KJ (2003) Plasmodesmata and the control of symplastic transport. Plant Cell Envir 26: 103–124

Schmitt B, Stadler R, Sauer N (2008) Immunolocalization of solanaceous SUT1 proteins in companion cells and xylem parenchyma: New perspektives for phloem loading. Plant Physiol 148: 187–199

Thompson GA, Schulz A (1999) Macromolecular trafficking in the phloem. Trends Plant Sci 4: 354–360

Turgeon R (2006) Phloem loading: How leaves gain their independence. Bioscience 56: 15–24

Turgeon R, Wolf S (2009) Phloem transport: Cellular pathways and molecular trafficking. Annu Rev Plant Biol 60: 207–221

Van Bel AJE, Hess P (2003) Kollektiver Kraftakt zweier Exzentriker. Biologie in unserer Zeit 33: 220–230

Van Bel AJE (2003) The phloem, a miracle of ingenuity. Plant Cell Envir 26: 125–149

Williams LE, Lemoine R, Sauer N (2000) Sugar transporters in higher plants – a diversity of roles and complex regulation. Trends Plant Sci 5: 283–290

Yeo AR, Flowers TJ (eds) (2007) Plant solute transport. Wiley-Blackwell, Oxford

Zanski E, Schaffer AA (eds) (1996) Photoassimilate distribution in plants and crops. Source-sink relationships. Marcel Dekker, New York

In Abbildungen und Tabellen zitierte Literatur

Aloni R, Sachs T (1973) Planta 113: 345–353

Bick J-A, Neelam A, Smith E, Nelson SJ, Hall JL, Williams LE (1998) Plant Mol Biol 38: 425–435

Canny MJ (1973) Phloem translocation. Cambridge University Press, Cambridge

Eschrich W (1989) Stofftransport in Bäumen. Sauerländer, Frankfurt aM

Frommer WB, Sonnewald U (1995) J Exp Bot 46: 587–607

Mason TG, Maskell EJ (1928) Ann Bot 42: 189–253

Oparka KJ, Turgeon R (1999) Plant Cell 11: 739–750

Price CA (1970) Molecular approaches to plant physiology. McGraw-Hill, New York

Riesmeier JW, Willmitzer L, Frommer WB (1994) EMBO J 13: 1–7

Schobert C, Lucas WJ, Franceschi VR, Frommer WB (2000) In: Leegood RC, Sharkey TD, von Caemmerer S (eds) Photosynthesis: Physiology and metabolism. Kluwer, Dordrecht, pp 249–274

15 Ökologische Kreisläufe der Stoffe und der Strom der Energie

Wie die **Zelle** oder der **Organismus** sind auch die höheren Kategorien der belebten Natur, die Ökosysteme, durch beständigen Aufbau und Abbau gekennzeichnet. Die treibende Kraft des Stoffumsatzes ist hier wie dort die irreversible Umwandlung von freier Enthalpie (Sonnenenergie) in Entropie (Wärmebewegung der Materie). Der Ort der ökologischen Stoffumwälzung ist die **Biosphäre**, eine im Vergleich zu den Abmessungen der Erdkugel hauchdünne Schicht von allenfalls 20 km Mächtigkeit an den Kontaktzonen von Litho-, Hydro- und Atmosphäre. Für das Ökosystem Erde lässt sich dieser Stoffwechsel in Form von **Kreisläufen** der Elemente beschreiben, welche die lebendigen und die nichtlebendigen Bereiche der Natur zu **quasistationären Systemen** zusammenfassen. „Quasistationär" bedeutet in diesem Zusammenhang, dass diese Kreisläufe innerhalb geologisch kurzer Zeiträume mit guter Näherung als Fließgleichgewichte mit stationären *pool*-Größen betrachtet werden können. Längerfristig ergeben sich jedoch nicht zu übersehende Abweichungen vom Zustand des Fließgleichgewichts (z. B. die langfristige Akkumulation organischer Moleküle), d. h. auch das Ökosystem Erde zeigt das Phänomen der **Entwicklung**. Diese war in den vergangenen Erdepochen eng mit der biologischen Evolution verknüpft. Neuerdings beeinflusst außerdem die energieverbrauchende menschliche **Technik** diese Entwicklung in steigendem Umfang.

15.1 Die Kreisläufe von Kohlenstoff und Sauerstoff

Die einfachsten Summenformeln von Photosynthese und Dissimilation (→ Gleichungen 8.2, 9.1) bringen bereits zum Ausdruck, wie sich in der Natur Auf- und Abbau organischer Moleküle bzw. Bildung und Verbrauch von O_2 und CO_2 zu einem stationären System zusammenfügen (Abbildung 15.1, 15.2). Tatsächlich sind die *pool*-Größen an CO_2 und O_2 in der Atmosphäre weitgehend konstant, obwohl der Umsatz hoch ist. Etwa 10 % des CO_2-Vorrats der Atmosphäre (10^{11} t) werden jährlich in den Photosyntheseprozess einbezogen. Ohne die beständige Dissimilation organischer Moleküle durch die heterotrophen Organismen wäre der CO_2-Vorrat der Atmosphäre, bei gleich bleibender Rate, theoretisch in etwa 20 Jahren durch die Pflanzen aufgebraucht. Für die vollständige Erneuerung des Luftsauerstoffs durch die Photosynthese werden hingegen 13.000 Jahre veranschlagt. Bei einem vollständigen Verbrauch des biosphärischen CO_2-*pools* durch Photosynthese würde sich der O_2-Gehalt der Atmosphäre um weniger als 1 % ändern. Der Photosyntheseprozess verbraucht jährlich mindestens $2,3 \cdot 10^{11}$ t H_2O. Da der gesamte Wasservorrat der Erde etwa $1,5 \cdot 10^{18}$ t beträgt, kann man abschätzen, dass der H_2O-*pool* in den vergangenen 400 Millionen Jahren, seit der Massenentwicklung der Landpflanzen, bereits etwa 60mal zersetzt und wieder regeneriert worden ist. Die photosynthetische Primärproduktion von organischem Material liegt global bei etwa $2 \cdot 10^{11}$ t pro Jahr. Für die Gesamtmenge an organischem Material wird ein Wert von etwa 10^{12} t geschätzt (Tabelle 15.1).

Durch die moderne Technik kehrt auch der in früheren Erdepochen deponierte, fossile Kohlenstoff (Kohle, Erdöl, Erdgas) in verstärktem Maß in den CO_2-*pool* der Atmosphäre zurück. Diese CO_2-

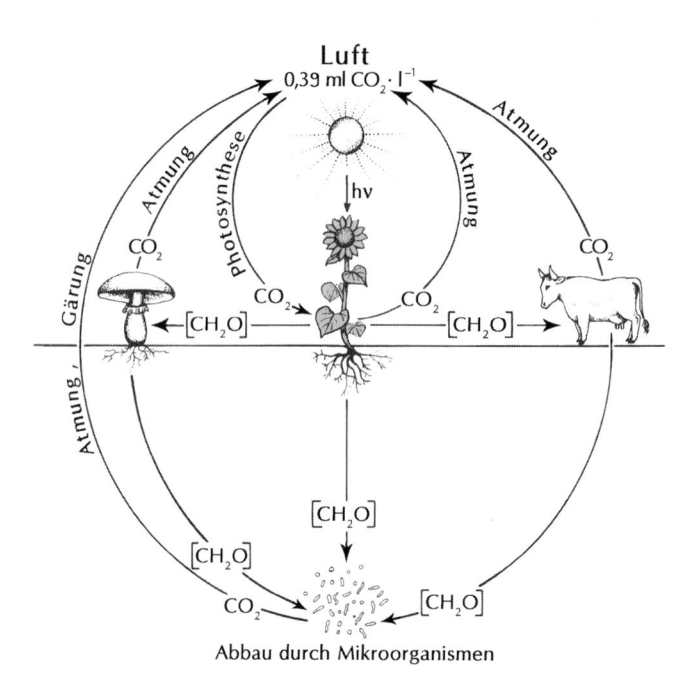

Abb. 15.1. Der Kreislauf des Kohlenstoffs im Fließgleichgewicht zwischen der photoautotrophen Pflanzenwelt und der heterotrophen Welt der Tiere und Mikroorganismen. Der endgültige Abbau (Mineralisation) der in den lebendigen Systemen festgelegten organischen Materie erfolgt in erster Linie durch Bakterien und Pilze, wobei neben der aeroben Dissimilation häufig fermentative Abbauwege (Gärungen) eingeschaltet sind. Neben CO_2, das in die Atmosphäre zurückkehrt, wird Kohlenstoff in Form von Carbonaten im Meerwasser deponiert. Messungen des $^{13}C/^{12}C$-Verhältnisses ($\rightarrow$ S. 294) haben ergeben, dass mindestens 20 % des Kohlenstoffs in den Sedimentgesteinen biogenen Ursprungs sind.

Tabelle 15.1. Die jährliche Nettoprimärproduktion der Landflächen der Erde (Assimilationsgewinn minus Atmungsverlust) und ihre Nutzung durch den Menschen. Biomasse = organische Trockenmasse. Der Unterschied zwischen potenzieller und aktueller Nettoprimärproduktion ist darauf zurückzuführen, dass infolge der Eingriffe des Menschen in die Vegetation die von Natur aus möglichen Werte nicht mehr erreicht werden. (Nach Vitousek et al. 1986)

	Biomasse [t] (Schätzwerte)
Globale Biomasse	$1.250 \cdot 10^9$
Aktuelle terrestrische Nettoprimärproduktion	$132 \cdot 10^9$
Potenzielle (berechnete) terrestrische Nettoprimärproduktion	$150 \cdot 10^9$
Inanspruchnahme der aktuellen terrestrischen Nettoprimärproduktion durch den Menschen	$58 \cdot 10^9$ (44 %)

Bildung erreicht bereits etwa ein Siebtel des Wertes, den man für die CO_2-Assimilation durch die Landpflanzen annimmt. Da die CO_2-Konzentration ein wichtiger limitierender Faktor der Photosynthese ist ($\rightarrow$ S. 262), könnte die CO_2-Produktion durch die Technik theoretisch zu einer durchaus ins Gewicht fallenden Steigerung der Assimilation führen. Allerdings besitzen die Weltmeere mit ihrem riesigen Vorrat an $CaCO_3$ und $Ca(HCO_3)_2$ eine hohe Pufferkapazität für CO_2, die sich stabilisierend auf den CO_2-Partialdruck in der Atmosphäre auswirkt. Aufgrund der langsamen Durchmischung des Meerwassers kann jedoch nur ein Teil (etwa 30 %) des anthropogen erzeugten CO_2 auf diese Weise gebunden werden und die CO_2-Konzentration der Atmosphäre (im Jahr 2010: 390 µl · l^{-1}) steigt daher derzeit jährlich um etwa 2 µl · l^{-1} an (Abbildung 15.2). Vor der um 1850 einsetzenden industriellen Revolution waren es noch 270 µl · l^{-1}. Für das Jahr 2050 rechnet man mit einem Anstieg auf 550 µl · l^{-1}. Die Frage, wie die Vegetation der Erde auf diese prognostizierten Veränderungen der CO_2-Konzentration in der Atmosphäre reagiert, ist nicht einfach zu beantworten. Einerseits sollten sich günstigere Bedingungen für die CO_2-Fixierung durch die RUBISCO ergeben, die (bei C_3-Pflanzen) in der gegenwärtigen Atmosphäre nicht mit CO_2 gesättigt ist ($\rightarrow$ S. 270, 284). Andererseits weiß man, dass viele Pflanzen auf eine erhöhte CO_2-Konzentration in der Luft mit einer Reduktion der stomatären Öffnungsweite reagieren, was den Förderungseffekt an der RUBISCO wieder beseitigen könnte. Diese Probleme lassen sich nur mit langfristig angelegten, derzeit in Europa und USA initiierten Versuchsprogrammen klären, in denen z. B. Bäume im Freiland erhöhten CO_2-Konzentrationen ausgesetzt werden.

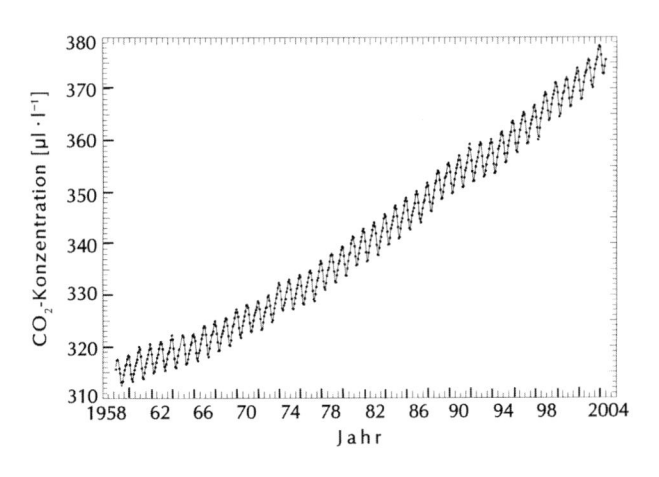

Abb. 15.2. Zunahme des CO_2-Gehalts in der Erdatmosphäre im Verlauf der letzten 50 Jahre nach monatlichen Messungen des Mauna Loa-Observatorium (Hawaii). Die jahresperiodische Rhythmik beruht auf Schwankungen im CO_2-Austausch zwischen der Atmosphäre und terrestrischen Ökosystemen. (Nach Keeling und Whorf 2004)

Der Kreislauf des Sauerstoffs in der Natur ist komplementär zum Kreislauf des Kohlenstoffs aufgebaut (Abbildung 15.3). Im Gegensatz zum CO_2 als Substrat der Photosynthese ist O_2 wegen seiner relativ hohen Konzentration in der Atmosphäre für landbesiedelnde Ökosysteme heutzutage kein global in Gewicht fallender limitierender Faktor der Dissimilation. Im Wasser kann dagegen der O_2-Bedarf für die vollständige Mineralisierung abgestorbener Lebewesen häufig nicht mehr gedeckt werden, was zur Ablagerung von organischem Material führt. Der heutige O_2-*pool* der Atmosphäre und die von ihm herrührenden anorganischen Oxidationsprodukte (z. B. Eisenoxide, Sulfate) sind zum allergrößten Teil biogenen Ursprungs. Erst das Auftreten von Pflanzen mit oxygener Photosynthese auf der Organisationsstufe der Cyanobakterien vor mehr als 3 Milliarden Jahren ermöglichte eine Umwandlung der ursprünglich **reduktiven Biosphäre** (mit einem auf Gärungen und anaerober Photosynthese basierenden Stoffwechsel) in eine **oxidative Biosphäre**, in der sich die lebendigen Systeme als örtliche Ansammlungen reduzierter Kohlenstoffmoleküle beständig gegen die Energienivellierung durch Oxidation behaupten müssen. Außerdem ermöglichte die Anreicherung der Atmosphäre mit O_2 die Evolution der oxidativen Dissimilation („Atmung") als Mechanismus zur kontrollierten Oxi-

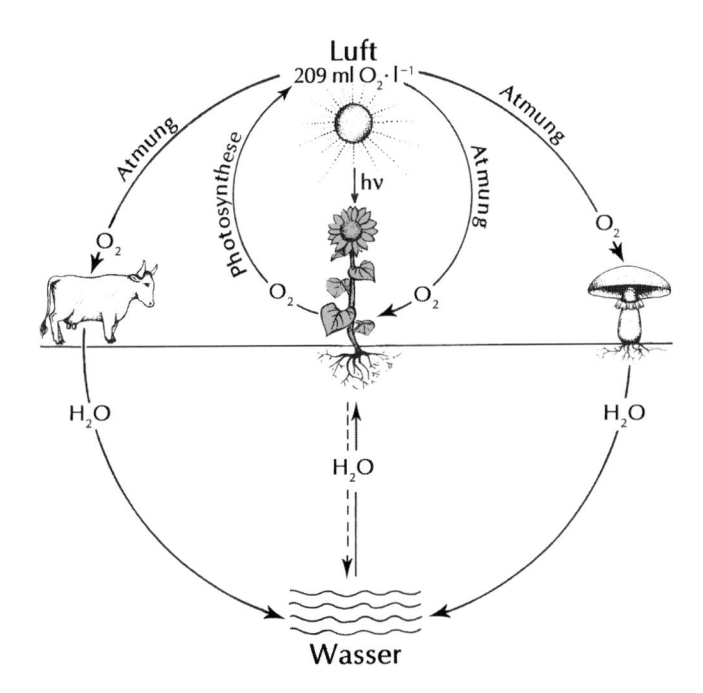

Abb. 15.3. Der Kreislauf des Sauerstoffs in der Natur (→ Abbildung 15.1). Der O_2-Verbrauch durch die bakterielle Nitrifikation (→ S. 350) ist hier nicht berücksichtigt; er dürfte etwa 20 % des O_2-Verbrauchs durch die Atmungsprozesse ausmachen.

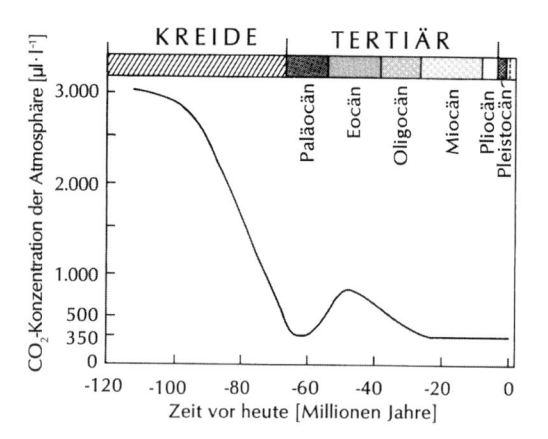

Abb. 15.4. Veränderung der CO_2-Konzentration in der Atmosphäre seit der Kreidezeit. Die Kurve basiert auf Modellrechnungen anhand geologischer Daten. Der steile Abfall der CO_2-Konzentration in der oberen Kreide geht auf die Massenentwicklung der Angiospermen zurück. Nach einem vorübergehenden leichten Anstieg im Eocän und Oligocän stellte sich die heutige, niedrige CO_2-Konzentration ein. (Nach Ehleringer et al. 1991)

dation der durch die Photosynthese erzeugten, reduzierten Verbindungen zum Zweck der Energiefreisetzung und -nutzung. Auch der Ozongürtel der oberen Atmosphäre, der durch Absorption der harten UV-Strahlung die Ausbreitung des Lebens auf dem Land möglich machte (→ Abbildung 26.23), ist indirekt das Produkt der Photosynthese grüner Pflanzen (→ S. 168). Andererseits wurde die ursprünglich viel höhere CO_2-Konzentration durch die Photosynthese bereits während der Kreidezeit weitgehend ausgeschöpft (Abbildung 15.4). Erst um die Mitte des Tertiärs haben sich die heute herrschenden, quasistationären Konzentrationen mit einem hohen O_2-Pegel und einem sehr niedrigen CO_2-Pegel eingestellt. Diese weichen erheblich von den Werten ab, welche eine optimale photosynthetische Substanzproduktion erlauben würden (→ S. 261, 287).

15.2 Der Kreislauf des Stickstoffs

Auch der ökologische Umsatz anderer biologisch relevanter Elemente lässt sich in Form von Kreisläufen beschreiben. Hier soll lediglich der Kreislauf des wichtigen Makroelements **Stickstoff** kurz skizziert werden (Abbildung 15.5). Dieses Element liegt in der Zelle in seiner maximal reduzierten Form vor (Ammoniumverbindungen). Es wird von der Pflanze normalerweise als NO_3^- aufgenommen und zum Ammoniumion reduziert. Der riesige Vorrat an N_2 in der Atmosphäre kann von den Pflanzen nicht unmittelbar ausgenützt werden. Die **assimilatorische Nitratreduktion** ist eine spezifische Leistung der N-autotrophen Pflanzen und Mikroorganismen (Bakterien, Pilze; → S. 200):

$$NO_3^- + 8\,e^- + 10\,H^+ \rightarrow NH_4^+ + 3\,H_2O. \quad (15.1)$$

$$\downarrow \longleftarrow \text{2-Oxosäure}$$
$$\text{Aminosäure}$$

Alle anderen Organismen sind N-heterotroph, d. h. auf die Zulieferung organischer N-Verbindungen (vor allem Protein) durch die N-Autotrophen unabdingbar angewiesen.

Die Mineralisierung des organischen Stickstoffs im Boden erfolgt durch den Prozess der **Nitrifikation**, der sich an die Freisetzung des Ammoniumions aus Aminosäuren, Harnstoff usw. beim mikrobiellen Abbau organischer Substanz anschließt:

Aminosäure
$$\downarrow$$
$$NH_4^+ + 1{,}5\,O_2 \rightarrow NO_2^- + 2\,H^+ + H_2O \quad (15.2)$$
$$(\Delta G^{0\prime} = -272\ \text{kJ/mol}\ NH_4^+)$$
$$NO_2^- + 0{,}5\,O_2 \rightarrow NO_3^- \quad (15.3)$$
$$(\Delta G^{0\prime} = -76\ \text{kJ/mol}\ NO_2^-)$$

insgesamt:
$$NH_4^+ + 2\,O_2 \rightarrow NO_3^- + 2\,H^+ + H_2O. \quad (15.4)$$

Diese stark exergonischen Reaktionen werden von den chemoautotrophen (= chemolithotrophen) Bakteriengattungen *Nitrosomonas* (Gleichung 15.2) und *Nitrobacter* (Gleichung 15.3) zur aeroben Energiegewinnung ausgenützt. Beide Gattungen kommen in gut durchlüfteten Böden regelmäßig vor und arbeiten dort „Hand in Hand", so dass sich kein NO_2^- anhäuft.

Die chemoautotrophen Organismen, zu denen z. B. auch die Knallgasbakterien und eine Reihe schwefel- und eisenoxidierender Bakterien gehören, erzeugen ihre Stoffwechselenergie nicht durch Photosynthese, sondern durch **Chemosynthese**, d. h. durch Oxidation anorganischer Moleküle mit Luft-O_2. Sie sind in der Lage, mit der gewonnenen Redoxenergie CO_2 über den Calvin-Cyclus zu fixieren. Heutzutage hängt dieser primitive autotrophe

15.2 Der Kreislauf des Stickstoffs

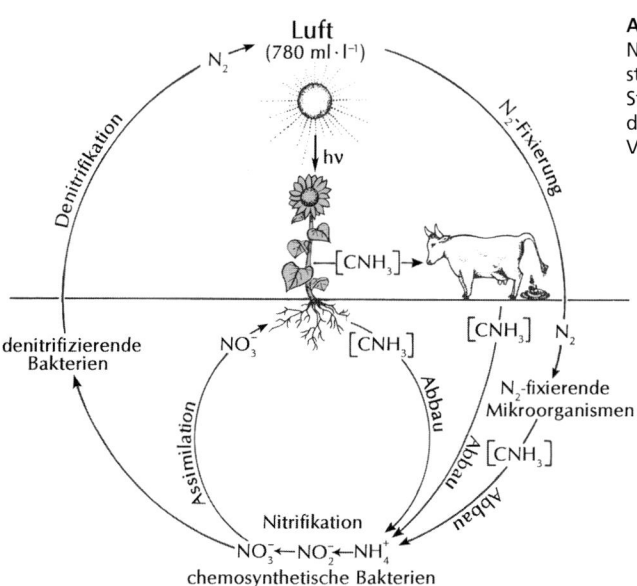

Abb. 15.5. Der Kreislauf des Stickstoffs in der Natur. Der Kreislauf zwischen organischen Stickstoffverbindungen ([CNH$_3$]) und anorganischem Stickstoff (NO$_3^-$) steht über die Denitrifikation und die N$_2$-Fixierung mit dem N$_2$ in der Atmosphäre in Verbindung.

Stoffwechseltyp in der Regel indirekt von der photosynthetischen Produktion reduzierter anorganischer Moleküle (H$_2$S, H$_2$, NH$_4^+$) ab. Wegen der Abhängigkeit von O$_2$ kann diese Art der Chemoautotrophie erst nach dem Auftreten photoautotropher Organismen entstanden sein. Wahrscheinlich gehen die großen fossilen Salpeterlager an der chilenischen Küste auf die Tätigkeit nitrifizierender Bakterien zurück.

Die phototrophen Pflanzen, die heterotrophen Organismen und die nitrifizierenden Bakterien bilden einen Kreislauf für Stickstoff. Dieser Kreislauf ist jedoch nicht geschlossen; er steht vielmehr über die **Denitrifikation** und die **N$_2$-Fixierung** mit dem N$_2$-*pool* der Atmosphäre in Verbindung (→ Abbildung 15.5). Als Denitrifikation oder **dissimilatorische Nitratreduktion** bezeichnet man einen mikrobiellen Prozess, bei dem NO$_3^-$ anstelle von O$_2$ als Elektronenacceptor einer Nitratatmungskette dient, wobei der Stickstoff entweder zu NH$_4^+$ reduziert, oder als N$_2$ freigesetzt wird:

$$NO_3^- + 8\,e^- + 10\,H^+ \rightarrow NH_4^+ + 3\,H_2O, \quad (15.5)$$

oder

$$2\,NO_3^- + 10\,e^- + 12\,H^+ \rightarrow N_2\uparrow + 6\,H_2O. \quad (15.6)$$

Gleichung 15.6 fasst eine Folge von 4 enzymatischen Reaktionen zusammen, durch welche NO$_3^-$ zu N$_2$ umgesetzt wird:

$$NO_3^- \rightarrow NO_2^- \rightarrow NO \rightarrow N_2O \rightarrow N_2.$$

Bei Koppelung an die Kohlenhydratdissimilation ergeben sich stark exergonische Reaktionen, z. B. (in nichtstöchiometrischer Schreibweise):

$$NO_3^- + [CH_2O] \rightarrow N_2\uparrow + CO_2\uparrow + H_2O. \quad (15.7)$$

Eine ähnliche Reaktion (Oxidation von Kohlenstoff und Schwefel durch Nitrat) spielt sich bekanntlich bei der Explosion von Schwarzpulver ab.

Im Gegensatz zur assimilatorischen Nitratreduktion kommt es den betreffenden, stets heterotrophen Organismen (z. B. *Micrococcus*, *Aerobacter*, manche *Bacilli*) nicht auf die Gewinnung von reduziertem Stickstoff, sondern auf die Eliminierung von Reduktionsäquivalenten nach ihrer Ausnutzung für die oxidative Phosphorylierung an. Diese „Nitratatmung" ist also ein der aeroben Dissimilation entsprechender Vorgang. Alle Denitrifikanten können alternativ NO$_3^-$ oder O$_2$ als terminalen Elektronenacceptor verwenden. Die Denitrifikation führt, besonders leicht bei O$_2$-Mangel (z. B. Staunässe, Bodenverdichtung) und hohem Nitratgehalt, zu einer Verarmung des Bodens an Stickstoff und besitzt daher u. U. erhebliche landwirtschaftliche Bedeutung.

Unter den weißen Schwefelbakterien (*Thiobacilli*) findet man Nitratatmer, welche Energie aus folgender (nicht stöchiometrisch geschriebener) Reaktion freisetzen:

$$H_2S + NO_3^- \rightarrow SO_4^{2-} + N_2\nearrow + H_2O. \tag{15.8}$$

In diesem Fall sind Oxidant und Reduktant anorganische Moleküle.

Dem Entzug von Stickstoff aus dem Boden wird mit der Assimilation von Luftstickstoff, **N_2-Fixierung**, durch bestimmte prokaryotische Organismen entgegengewirkt. Im Vergleich zur biologischen N_2-Fixierung besitzt die durch elektrische Entladungen in der Atmosphäre bewirkte NO_3^--Bildung keine wesentliche Bedeutung. Die Umwandlung von N_2 in Ammoniumionen ist häufig an die Photosynthese gekoppelt (→ S. 202). Außer vielen Cyanobakterien (z. B. *Nostoc, Anabaena*) sind eine Reihe von Bakterien zur N_2-Fixierung befähigt (z. B. *Azotobacter, Clostridium* [heterotroph] und *Chromatium, Chlorobium, Rhodobacter* [photoautotroph]). Neben diesen freilebenden N_2-Fixierern spielen die symbiontischen Bakterien, z. B. die Gattung *Rhizobium* (Knöllchenbakterien) eine wichtige Rolle (→ S. 621). Die als Bacteroide in den Wurzelknöllchen vieler Leguminosen in einem anaeroben Milieu lebenden Bakterien können (in Abwesenheit von NO_3^-) den N-Bedarf der Wirtspflanze vollständig decken. Bei der Verwesung der Pflanze gelangt dieser Stickstoff als NH_4^+ in den allgemeinen Kreislauf.

Im Rahmen der Agrikultur werden dem Stickstoffkreislauf heutzutage relativ große Mengen an NO_3^- zugeführt. Auch dieser Stickstoff stammt größtenteils aus dem N_2 der Atmosphäre (NH_3-Synthese nach dem Haber-Bosch-Verfahren; → Abbildung 27.4). Die Ausnützung des fossilen Nitrats (Salpeterlagerstätten) für die Mineraldüngung spielt heute praktisch keine Rolle mehr. Trotz des Aufschwungs der industriellen N_2-Bindung dürften auch heute noch schätzungsweise zwei Drittel oder mehr der gesamten N_2-Assimilation (jährlich $175 \cdot 10^6$ t) auf Bakterien und Cyanobakterien zurückgehen. Da die Atmosphäre etwa $3,8 \cdot 10^{15}$ t N_2 enthält, ist der *turnover* des N_2 sehr viel langsamer als der des O_2. Es ergibt sich jedoch aus diesen Zahlen, dass während der Evolution auch der N_2-*pool* der Atmosphäre oftmals in der Biosphäre assimiliert und wieder freigesetzt wurde.

15.3 Der Strom der Energie

Die Energiequelle der Erde ist letztlich die von der Sonne beständig produzierte **Kernenergie**, die in Form von elektromagnetischer Strahlung, **Sonnenenergie**, auf die Erde fällt und dort zu etwa 50 % potenziell für die Photosynthese zur Verfügung steht. Tatsächlich ist der Verbrauch von Sonnenenergie durch die Pflanzen sehr gering. Man hat berechnet, dass nur etwa 0,1 % ($2,5 \cdot 10^{18}$ J) der auf der Erdoberfläche ankommenden Sonnenenergie von den Pflanzen zur Produktion von Biomasse verbraucht wird (Abbildung 15.6).

Die lebendigen Systeme sind aktiv an der beständig auf der Erde ablaufenden thermodynamischen Entwertung von Energie beteiligt. Die irreversible Umwandlung von negativer Entropie (freier Enthalpie) in positive Entropie im Sinne des 2. Hauptsatzes der Thermodynamik ist der Motor des Lebens schlechthin. Wegen des gerichteten Ablaufs dieses fundamentalen Prozesses kann man die energetischen Umsetzungen in der Biosphäre nicht wie die stofflichen Flüsse als Kreislauf beschreiben. Sie müssen vielmehr als **Strom** beschrieben werden, in welchen Gefällestrecken und Staubecken eingefügt sind. Dieser Strom beginnt bei den photoautotrophen Pflanzen und Bakterien, welche die einzigartige Fähigkeit besitzen, Lichtenergie in chemische Energie umzuwandeln (Abbildung 15.7). Die freie Enthalpie der beim Photosyntheseprozess aufgebauten organischen Moleküle ist die

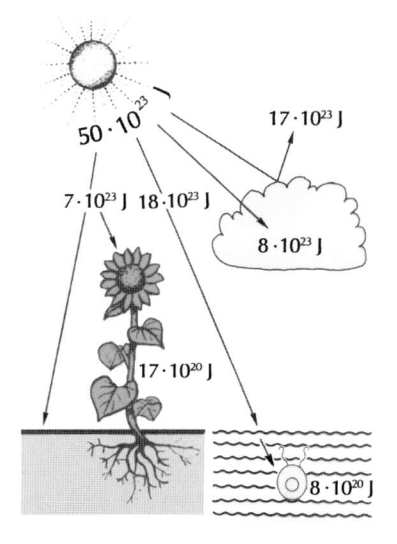

Abb. 15.6. Energiebudget der auf die Erde fallenden Sonnenenergie (Schätzwerte). Von den jährlich $50 \cdot 10^{23}$ J eingestrahler Energie ($1,4 \cdot 10^{18}$ kWh) werden rund 50 % in der Atmosphäre absorbiert oder reflektiert. Etwa 15 % fallen auf die Landflächen und 35 % auf die Ozeane. Die Landpflanzen absorbieren etwa 0,22 % der auf das Land, das Phytoplankton etwa 0,05 % der auf die Wasserflächen fallenden Energie. (Nach Ke 2001; verändert)

energetische Grundlage für die Existenz auch aller anderen lebendigen Systeme, einschließlich des Menschen. Die stufenweise Freisetzung der chemischen Energie zur Leistung von biologischer Arbeit in vielfältiger Form geht mit einer Zerlegung der organischen Moleküle in ihre anorganischen Komponenten einher. Die Arbeitsfähigkeit, der thermodynamische Wert, einer einmal als Lichtquant vom Chlorophyll absorbierten Energiemenge nimmt beim Durchgang durch die lebendigen Systeme beständig ab. Letztlich wird alle Energie, die auf diese Weise Eingang in die lebendigen Systeme gefunden hat, als Wärme bei niedriger Temperatur, d. h. als nicht mehr arbeitsfähige, entwertete Energie in die anorganische Umwelt abgegeben und an das Weltall abgestrahlt. Dies geschieht u. U. erst nach längerer Speicherung, z. B. beim Abbau der Makromoleküle im Laufe der Verwesung oder beim Betrieb einer mit fossilen Brennstoffen beheizten Wärmekraftmaschine.

Die lebendigen Systeme können als energetisch und stofflich offene Systeme der natürlichen Tendenz zur Nivellierung aller energetischer Unterschiede – d. h. zur Einstellung des thermodynamischen Gleichgewichts ($\Delta G = 0$) – nur durch beständige Vernichtung negativer Entropie entgehen. Die einzige, natürliche Quelle für negative Entropie, welche hierfür zur Verfügung steht, sind die Lichtquanten, welche von der Sonne in die Biosphäre einfallen.

Weiterführende Literatur

Beerling DJ, Woodward FI (1996) Palaeo-ecophysiological perspectives on plant responses to global change. Trends Ecol Evol 11: 20–23

Culotta E (1995) Will plants profit from high CO_2? Science 268: 654–656

Dale VH (ed) (1993) Effects of land-use changes on atmospheric CO_2 concentrations. Springer, Berlin

Delwiche CC (1983) Cycling of elements in the biosphere. In: Läuchli A, Bieleski RL (eds) Inorganic plant nutrition. Springer, Berlin (Encycl Plant Physiol NS, Vol XV A), pp 212–238

Ferguson SJ (1987) Denitrification: A question of the control and organization of electron and ion transport. Trends Biochem Sci 12: 354–357

Frank HG, Stadelhofer JW (1988) Sauerstoff und Kohlendioxid – Schlüsselverbindungen des Lebens. Naturwiss 75: 585–590

Larcher W (2001) Ökophysiologie der Pflanzen. 6. Aufl. Ulmer, Stuttgart

Lea PJ, Morot-Gaudry J-F (eds) (2001) Plant nitrogen. Springer, Berlin

Lewis OAM (1986) Plants and nitrogen. Arnold, London

Long SP, Ainsworth EA, Rogers A, Ort DR (2004) Rising atmospheric carbon dioxide: Plants FACE the future. Annu Rev Plant Biol 55: 591–628

Post WM, Peng TH, Emanuel WR, King AW, Dale VH, De Angelis DL (1990) The global carbon cycle. Amer Sci 78: 310–326

Remmert H (1992) Ökologie, 4. Aufl. Springer, Berlin

In Abbildungen und Tabellen zitierte Literatur

Ehleringer JR, Sage RF, Flanagan LB, Pearcy RW (1991) Trends Ecol Evol 6: 95–99

Ke B (2001) Photosynthesis. Photobiochemistry and Photobiophysics. Kluwer, Dordrecht

Keeling CD, Whorf TP (2004) In: Trends: A compendium of data on global change. Carbon dioxide information analysis center, Oak Ridge National Laboratory, U.S. Dept. of Energy

Vitousek PM, Ehrlich PR, Ehrlich AH, Matson PA (1986) BioScience 36: 368–373

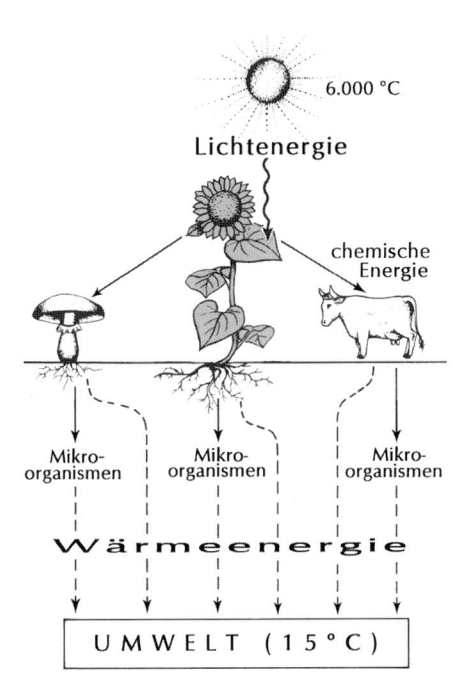

Abb. 15.7. Der Strom der Energie durch die Biosphäre. Die Energie der Lichtquanten, welche von der Sonne (einem schwarzen Strahler bei etwa 6.000 °C) abgegeben werden, wird durch die Photosynthese der grünen Pflanzen in den Bereich der lebendigen Systeme eingeführt. Die Energie verlässt, z. T. nach vielfachen Umwandlungen, die Biosphäre wieder als Wärmeenergie im physiologischen Temperaturbereich, letztlich als Wärmestrahlung eines schwarzen Strahlers bei etwa 15 °C (mittlere Temperatur der Erdoberfläche).

16 Produkte und Wege des biosynthetischen Stoffwechsels – eine kleine Auswahl

In früheren Kapiteln zur Stoffwechselphysiologie standen die assimilatorischen und die dissimilatorischen Reaktionsbahnen des Stoffwechsels im Vordergrund. Dieser Bereich wird auch mit dem Begriff **Energiestoffwechsel** gekennzeichnet. Daneben umfasst das Stoffwechselgeschehen eine riesige Fülle synthetischer Prozesse, welche hier nur an einigen Beispielen behandelt werden können. Nicht nur die wachsende Pflanze muss beständig eine Vielzahl organischer Verbindungen neu aufbauen. Da viele Moleküle, z. B. die RNA und die Enzymproteine, einem mehr oder minder raschen Umsatz unterworfen sind, muss die Pflanze auch dann einen aktiven, synthetischen Stoffwechsel durchführen, wenn keine Nettozunahme der Körpersubstanz erfolgt. Die **anabolischen** (aufbauenden) Stoffwechselprozesse sind im Gegensatz zu **katabolischen** (abbauenden) Reaktionsbahnen stets **endergonisch**, d. h. sie verlaufen unter Verbrauch meist großer Mengen an photosynthetisch oder dissimilatorisch bereitgestellter freier Enthalpie. Als Energieüberträger dienen vorwiegend Phosphatanhydride (meist ATP) und Reduktionsäquivalente (meist NADPH). Die Bausteine für die biogenetischen Stoffwechselprozesse sind in der Regel einfache Metabolite aus der Glycolyse, dem Citrat- und dem Pentosephosphatcyclus. Es handelt sich vor allem um Carbonsäuren (z. B. Acetat, Pyruvat, 2-Oxoglutarat und die daraus abgeleiteten Aminosäuren) und verschiedene Zucker (Triosen, Pentosen, Hexosen). Man pflegt diesen Bereich, in dem katabolische und anabolische Reaktionsbahnen zusammenlaufen, auch als **Intermediärstoffwechsel** zu bezeichnen. Im grünen Blatt sind die **Chloroplasten** in erheblichem Umfang am anabolischen Stoffwechsel beteiligt. Diese Organellen verfügen über eine hohe Kapazität zur Synthese von Aminosäuren, Proteinen, Fettsäuren und Lipiden. Die Synthesen können hier direkt von der Photosynthese mit freier Enthalpie (über NADPH und ATP) versorgt werden. Neben den essenziellen Bestandteilen des zellulären Stoffhaushalts, **Primärstoffwechsel**, können Pflanzen im Rahmen der **Sekundärstoffwechsels** eine Fülle von Syntheseprodukten erzeugen, die nicht für jede Zelle, aber für den Organismus als Ganzes Bedeutung haben (z. B. Farbstoffe, Duftstoffe, Alkaloide) und die als „Naturstoffe" vom Menschen in vielfältiger Weise genutzt werden.

16.1 Primärer und sekundärer Stoffwechsel

Die Biogenese der essenziellen Zellbestandteile läuft in allen Organismen in sehr ähnlicher Weise ab. Im Gegensatz zum Tier ist jedoch die Pflanze zur Synthese einer riesigen Zahl weiterer Verbindungen befähigt. Die Naturstoffchemie, welche sich mit der Isolierung biologischer Substanzen und der Aufklärung ihrer Biogenese beschäftigt, ist daher weitgehend Pflanzenbiochemie. Die allermeisten dieser Produkte gehören nicht zur molekularen Grundausstattung der Pflanzenzelle, **Primär**- oder **Grundstoffwechsel**, sondern werden nur in ganz bestimmten Geweben (oder Organen) und in ganz bestimmten Entwicklungsstadien gebildet. Diese Verbindungen werden als **sekundäre Pflanzenstoffe** bezeichnet. Demnach ist beispielsweise Chlorophyll ein sekundärer Pflanzenstoff, da es nur in den photosynthetisch aktiven Zellen der Pflanze vorkommt. Dagegen ist etwa das Häm im Cytochrom *c* ein unentbehrlicher Bestandteil jeder Zelle und muss daher dem Primärstoffwechsel zugerechnet werden. In manchen Fällen ist die Grenze zwischen Primär- und Sekundärstoffwechsel nicht eindeutig zu ziehen. Obwohl für sie in der **Zelle** kein unmittelbarer Bedarf besteht, wäre es falsch, die sekundären Pflanzenstoffe als im Prinzip entbehrliche „Luxusmoleküle" aufzufassen. Die physiologische Bedeutung dieser Substanzen tritt vielmehr in aller Regel auf der Ebene des **Organismus** klar hervor. Dieser wichtige Gesichtspunkt ist beim Chlorophyll unmittelbar deutlich, gilt aber z. B. auch für die Blütenfarbstoffe, den Holzstoff Lignin oder die Phytoalexine (→ S. 632). Die Bildung sekundärer Pflanzenstoffe ist also eine integrale Leistung der **differenzierten** Pflanze. Von daher ist auch verständlich, dass bei den höheren Pflanzen praktisch jede Art ein spezifisches Spektrum an sekundären Inhaltsstoffen besitzt, während der Grundstoffwechsel kaum verschieden ist. Die Fähigkeit zur Bildung bestimmter sekundärer Pflanzenstoffe kann aus diesem Grund häufig als taxonomisches Merkmal verwendet werden, **Chemotaxonomie**. Beispielsweise sind die **Betalaine** (z. B. **Betacyan**, der Farbstoff der Roten Rübe, *Beta vulgaris*) charakteristisch für die meisten Familien der Caryophyllales (mit Ausnahme der Caryophyllaceen und Molluginaceen), während die roten und blauen Farben anderer höherer Pflanzen auf **Anthocyane** (Flavonoide) zurückgehen. Auch unter den Pigmenten des Fliegenpilzes (*Amanita muscaria*) treten Betalaine auf. Betalaine und Flavonoide sind chemisch völlig verschiedene Verbindungsklassen (Abbildung 16.1). Beide Pigmente können (in der Regel als Glycoside) z. B. in den Vacuolen von Blütenblattzellen in hoher Konzentration akkumuliert werden und dienen dort als Signalfarbstoffe für die Anlockung von Bestäubern. Der biosynthetische Stammbaum der Flavonoide ist in der Abbildung 16.5 dargestellt.

Im Gegensatz zur Bildung der Komponenten des Primärstoffwechsels ist die Synthese und Akkumulation sekundärer Pflanzenstoffe ein Aspekt der im Zuge der Differenzierung eintretenden **Zellspezialisierung**. Die Kapazität einer Pflanze zur Bildung dieser Substanzen folgt daher einem distinkten, räumlichen und zeitlichen Muster (→ S. 384) und unterliegt häufig der Kontrolle durch Umweltfaktoren (z. B. Licht). Beispielsweise ist die Fähigkeit eines Senfkeimlings zur Synthese von Jugendanthocyan unter allen Bedingungen auf die Epidermiszellen der Kotyledonen und die Subepidermiszellen des Hypokotyls beschränkt (→ Abbildung

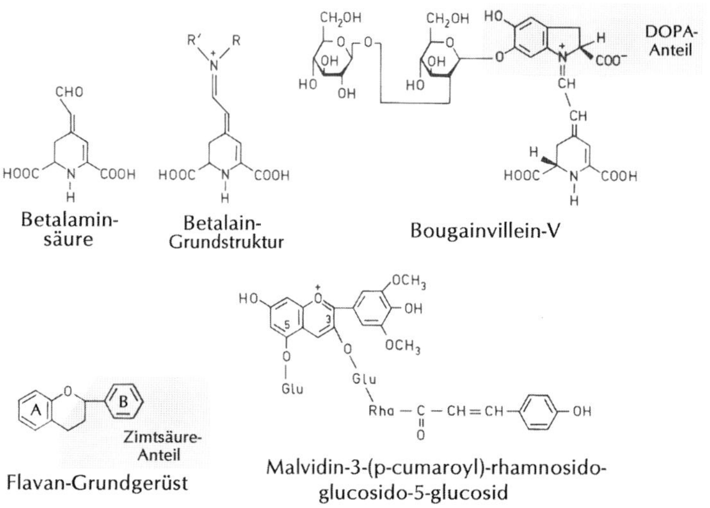

Abb. 16.1. Struktur der Betalaine und Flavonoide. *Oben*: Die **Betalaine** (rot bis violett gefärbte **Betacyane** und gelb gefärbte **Betaxanthine**) sind Immoniumderivate der *Betalaminsäure*. Bei den Betacyanen ist das konjugierte π-Elektronensystem durch Cyclo-3,4-dihydroxyphenylalanin (*DOPA*) erweitert, wodurch der Absorptionsgipfel von gelb nach rot verschoben wird. Als Beispiel für ein Betacyan dient das *Bougainvillein-V* (ein Betanidin-6-O-Glycosid mit Sophorose als Zuckerkomponente). (Nach Reznik 1975). *Unten*: Das Flavangrundgerüst der **Flavonoide** entsteht aus der vom Phenylalanin abgeleiteten *Zimtsäure* (Ring *B*). Der Ring *A* wird durch Ankondensation von drei Acetateinheiten aufgebaut (→ Abbildung 16.5). Die meisten Flavonoide treten als Glycoside auf. Als Beispiel für ein acyliertes Anthocyan dient ein *Malvidinglycosid* aus den Petalen der Petunie (*Glu*, Glucose; *Rha*, Rhamnose). In vielen Arten treten auch nichtacylierte Anthocyane auf. (Nach Hess 1964)

19.27). Licht kann (über Phytochrom) die Anthocyansynthese spezifisch in diesen beiden Geweben auslösen, allerdings nur in einem zeitlich eng begrenzten Abschnitt der Ontogenese (27 bis 72 h nach der Aussaat, bei 25 °C; → Abbildung 19.23). Diese Stoffwechselleistung lässt sich auf eine differenzielle Induktion der Synthese bestimmter Enzyme zurückführen (→ S. 462). Das Beispiel illustriert die allgemeine Erfahrung, dass die Synthesewege sekundärer Pflanzenstoffe hervorragende Modellsysteme für die Erforschung der molekularen Vorgänge bei der Zelldifferenzierung abgeben.

Viele sekundäre Pflanzenstoffe haben große praktische Bedeutung für den Menschen. Zu den pharmakologisch bedeutsamen Verbindungen gehören, neben den von Bakterien und Pilzen gebildeten Antibiotica, vor allem die **Alkaloide**: N-haltige, meist basische Heterocyclen, welche auf den tierischen Organismus starke, bei höherer Dosis toxische Wirkungen ausüben (z. B. **Nicotin, Cocain, Morphin, Strychnin**). Die Fähigkeit zur Biosynthese dieser sehr heterogenen Gruppe von Verbindungen (bisher sind über 10.000 bekannt) tritt besonders in einigen Pflanzenfamilien gehäuft auf (etwa bei den **Solanaceae, Papaveraceae, Apiaceae**; aber auch bei vielen Pilzen, z. B. bei *Claviceps purpurea*, dem Mutterkornpilz).

Die sekundären Pflanzenstoffe zweigen an ganz verschiedenen Stellen vom Grundstoffwechsel ab (Abbildung 16.2). Für eine detaillierte Darstellung der Zusammenhänge zwischen Primär- und Sekundärstoffwechsel muss auf die am Ende des Kapitels aufgeführte Literatur verwiesen werden. Aus der Fülle der in Pflanzen vorkommenden Biosynthesewege sind im folgenden einige repräsentative Beispiele herausgegriffen.

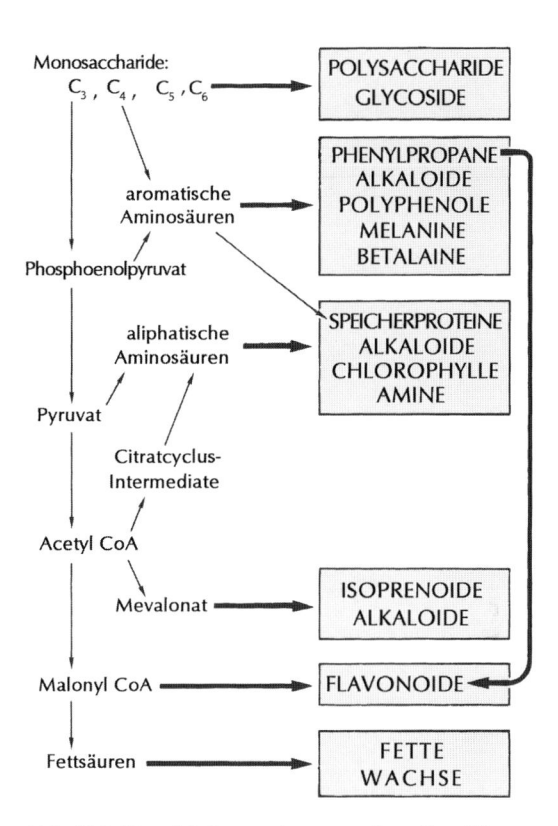

Abb. 16.2. Die wichtigsten Gruppen sekundärer Pflanzenstoffe und ihre Ableitung aus dem Primärstoffwechsel.

16.2 Biosynthese von Fettsäuren und Speicherlipiden

Der Biosyntheseweg, der vom **Acetat** zu **Fettsäuren** und den daraus gebildeten Lipiden führt, ist ein typisches Beispiel für einen komplexen anabolischen Prozess. Er ist in weiten Bereichen dem Primärstoffwechsel zuzuordnen, führt aber auch zu sekundären Produkten, z. B. **Speicherlipiden**. Neutralfette, **Triacylglycerole**, stellen in vielen Samen und manchen Früchten die Hauptspeicherform für Kohlenstoff und Energie dar (→ S. 232). Ihre Biosynthese im reifenden Samen erfolgt durch das Zusammenwirken von mehreren Zellkompartimenten (Abbildung 16.3). Eine dominierende Rolle spielen hierbei die Plastiden, in denen Fettsäureketten aus Acetatbausteinen an dem **Fettsäuresynthasekomplex** unter Führung eines **Acyl-Carrier-Proteins** (ACP) aufgebaut werden. In den Fettspeichergeweben von Samen und Früchten wird das Acetat vorwiegend durch glycolytischen Abbau von importierten Kohlenhydraten (Saccharose) gewonnen. In den Chloroplasten der Blätter steht hierfür Triosephosphat aus dem Calvin-Cyclus zur Verfügung (→ Abbildung 8.27). Aus den Primärprodukten des Fettsäuresynthesecyclus, **Palmitinsäure** (C_{16}) und **Stearinsäure** (C_{18}), können durch Kettenverlängerung, Hydroxylierung, Oxygenierung oder Desaturierung (1, 2 oder 3 Doppelbindungen) **abgeleitete Fettsäuren** gebildet werden, welche durch Veresterung mit Glycerol eine große Zahl von apolaren und polaren Lipidverbindungen liefern, darunter auch die dem Primärstoffwechsel zuzurechnenden Membranlipide: **Phospholipide, Glycolipide, Sulfolipide**. Demgegenüber sind die

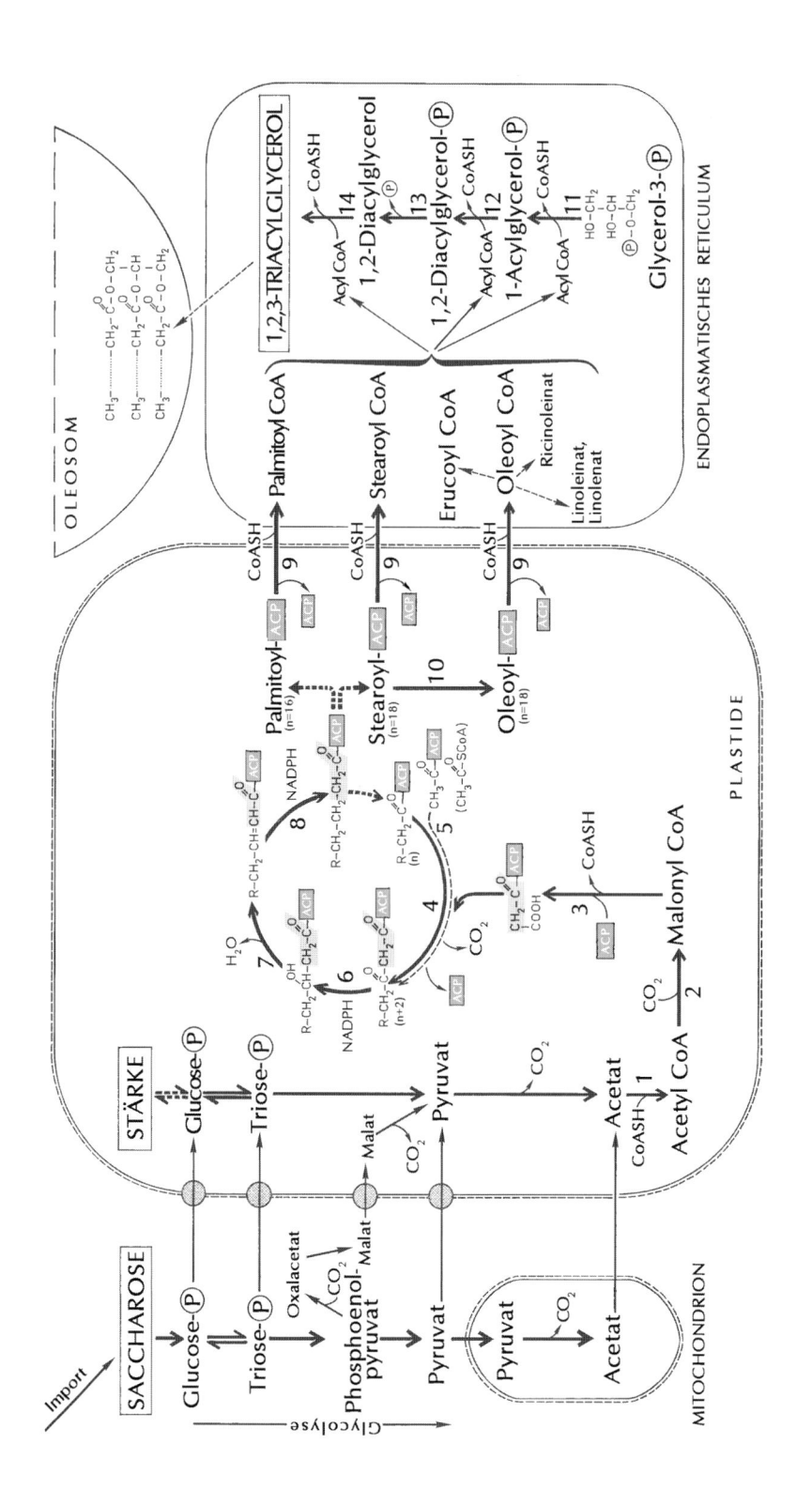

358   16 Produkte und Wege des biosynthetischen Stoffwechsels – eine kleine Auswahl

nur in Fettspeichergeweben vorkommenden **Triacylglycerole** als sekundäre Stoffwechselprodukte aufzufassen.

In den Chloroplasten der grünen Blätter ist die Fettsäuresynthese eine photosynthetische Folgereaktion. Eine zentrale regulatorische Funktion besitzt hierbei die plastidäre **Acetyl-CoA-Carboxylase** (→ Abbildung 16.3). Dieses Enzym verlängert den Acetylrest zum Malonylrest, der an ACP gebunden in den Fettsäure-verlängernden Cyclus eingeführt werden kann.

Fettspeichernde Samen und Früchte (z. B. von Raps, Sonnenblume, Kokosnuss, Soja, Erdnuss) liefern die Grundlage für die landwirtschaftliche Erzeugung von Fetten, Ölen und einer großen Zahl von abgeleiteten industriellen Produkten (z. B. Detergenzien, Kunststoffe, Farben, Treibstoffe). Die Verwertbarkeit der Triacylglycerole für die Ernährung oder technische Anwendungen hängt entscheidend von ihrer Fettsäurezusammensetzung ab. So führt z. B. ein höherer Gehalt an ungesättigten Fettsäuren zu einer Erniedrigung der Viscosität, d. h. zu Ölen. Der hohe Gehalt an **Ricinoleinsäure**, einer einfach ungesättigten, hydroxylierten C_{18}-Fettsäure, macht Ricinusöl zu einem wertvollen Schmiermittel mit hoher Temperaturbeständigkeit. Anderseits ist z. B. die von Brassicaceen bevorzugt in Triacylglycerole eingebaute **Erucasäure** wegen ihrer Kettenlänge (C_{22}) für Ernährungszwecke ungünstig. Bei der großen ökonomischen Bedeutung dieser Naturstoffe liegt es nahe, durch genetische Veränderungen die Biosynthese von Fetten mit optimierten Eigenschaften für bestimmte Verwendungszwecke zu erreichen. Dies ist z. B. durch konventionelle Züchtung beim Raps gelungen, sodass heute Sorten mit niedrigem Erucasäuregehalt als eine Hauptquelle für die Erzeugung von Nahrungsfetten dienen.

Die Aufklärung der an der Biosynthese der Triacylglycerole beteiligten Enzyme (→ Abbildung 16.3) erlaubt heute auch den Zugriff auf die zugehörigen Gene und deren gezielte gentechnische Veränderung (→ S. 664). Diese Strategie hat in der Modellpflanze *Arabidopsis* bereits zu Erfolgen geführt; z. B. konnte durch Einführung eines ACP-Thioesterase-Gens, gekoppelt an einen samenspezifischen Promotor, die Produktion von Triacylglycerolen mit verkürzten Fettsäureketten (**Laurinsäure**, C_{12}) bewirkt werden. Diese Fettsäure wird derzeit in großem Umfang aus Palmkernöl gewonnen und dient als Ausgangsstoff für die Herstellung von Detergenzien (Waschmittel, Kosmetika).

16.3 Biosynthese der aromatischen Aminosäuren

Die Biosynthesekette, welche vom **Erythrosephosphat** und **Phosphoenolpyruvat** zu den Aromaten

Abb. 16.3. Biosynthese von Fettsäuren und ihre Verarbeitung zu Speicherfett (Triacylglycerol) in Fettspeichergeweben (z. B. in den Kotyledonen reifender Rapsembryonen; vereinfachtes Schema). Den reifenden Speicherzellen wird Kohlenhydrat in Form von *Saccharose* zugeführt, welche in die Glycolyse eingeschleust wird (→ Abbildung 9.4). Für die Zwischenprodukte *Glucosephosphat, Triosephosphat, Malat* und *Pyruvat* bestehen Transportverbindungen zur plastidären Glycolyse bzw. Stärkebildung (→ Abbildung 9.27). *Acetat* kann aus den Mitochondrien ohne Vermittlung eines Transporters in die Plastiden gelangen. Die Synthese von Fettsäuren verläuft ausschließlich im Plastidenkompartiment (an kerncodierten Enzymen). Acetat wird zu *Acetyl-CoA* verestert (**Acetyl-CoA-Synthetase**, 1) und zu *Malonyl-CoA* carboxyliert (**Acetyl-CoA-Carboxylase**, 2). Der Aufbau der Fettsäure erfolgt durch schrittweise Verlängerung einer Acylkette um C_2-Einheiten (Acetat), die durch Decarboxylierung aus dem Malonylrest freigesetzt werden (**Ketoacyl-ACP-Synthase**, 4). Die Reaktionspartner sind hierbei an ein **Acyl-Carrier-Protein** (*ACP*) gebunden (**Malonyl-CoA-ACP-Transacylase**, 3). Als Acceptormolekül für die Startreaktion (5) dient Acetyl-ACP (oder Acetyl-CoA). Die verlängerte Kette wird in drei Schritten zu $-CH_2-CH_2-\overset{O}{\overset{\|}{C}}-$ reduziert (**Ketoacyl-ACP-Reductase**, 6; **Hydroxyacyl-ACP-Dehydratase**, 7; **Enoyl-ACP-Reductase**, 8). Der ganze Kreislauf (Reaktionen 4 – 8) erfolgt an einem Enzymkomplex aus 6 dissoziierbaren Polypeptiden (**Fettsäuresynthasekomplex**). Er wird durch die Abspaltung des ACP durch die **Acyl-ACP-Thioesterase** (9) bei n = 16 oder n = 18 abgebrochen. Aus *Stearoyl-ACP* kann durch Einfügen einer Doppelbindung zwischen C_9 und C_{10} das *Oleoyl-ACP* gebildet werden (**Stearoyl-ACP-Desaturase**, 10). Nach Verknüpfung mit Coenzym A gelangen die Fettsäuren ins Endoplasmatische Reticulum (ER) und ins Cytosol, wo aus *Oleoat* mehrfach ungesättigte Fettsäuren (z. B. *Linoleinat, Linolenat*), verlängerte Fettsäuren (z. B. *Erucoylat*, n = 22) oder hydroxylierte Fettsäuren (z. B. *Ricinoleinat*) entstehen können. Aus diesem Acyl-CoA-*pool* werden weitere Fettsäuren entnommen. Im ER wird durch sequenzielle Acylierung der drei C-Atome des *Glycerolphosphats Triacylglycerol* gebildet (**Acyltransferasen**, 11 – 14). Hierbei erfolgt die Verteilung verschiedener Fettsäuren auf die drei Positionen des Glycerols nicht zufallsmäßig, sondern mit bestimmten Prioritäten. Auch die Synthese von Membranlipiden (z. B. Phospholipiden) zweigt an dieser Stelle ab. In den Plastiden existiert ein unabhängiger, prokaryotischer Weg zur Synthese von Membranlipiden aus *Palmitoyl-* und *Stearoyl-CoA* (nicht eingetragen). Der Transport des Triacylglycerols aus dem ER in die Fettspeicherorganellen (Oleosomen) ist noch unklar. (Nach Murphy et al. 1993; verändert)

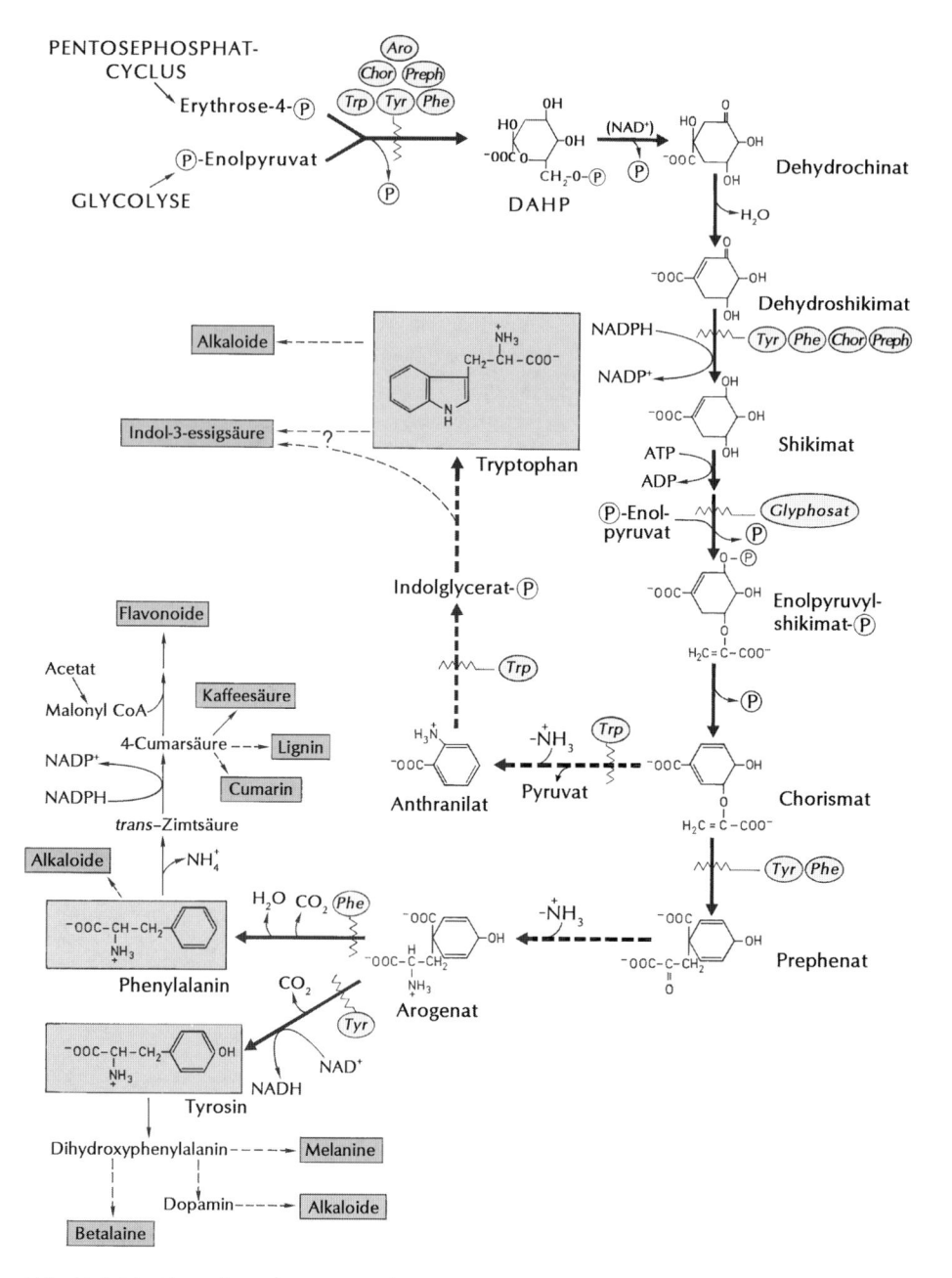

Abb. 16.4. Die Biosynthese der aromatischen Aminosäuren (*Tyrosin, Phenylalanin, Tryptophan*) und einige davon abzweigende sekundäre Stoffwechselwege (vereinfachte Übersicht). Die Synthese des Benzolringsystems aus *Erythrosephosphat* und *Phosphoenolpyruvat* durch den **Shikimat-Arogenat-Weg** (*dicke Pfeile*) ist eine spezifische Stoffwechselleistung der Pflanzen und Bakterien. Diese dem Primärstoffwechsel zuzurechnende Biosynthesekette zeigt in typischer Weise, wie unter Aufwand von freier Enthalpie durch spezifische Enzyme komplexe Moleküle aufgebaut werden können. Die drei Aminosäuren dienen als Ausgangsstoffe für eine Reihe sekundärer Pflanzeninhaltsstoffe wie *Lignin* (→ Abbildung 16.6), *Flavonoide* (→ Abbildung 16.5) oder *Alkaloide*. Phenylalanin (Phe), Tyrosin (Tyr), Tryptophan (Trp), Chorismat (Chor), Arogenat (Aro) und Prephenat (Preph) greifen an verschiedenen Enzymen als *feed-back*-Inhibitoren modulierend in den (bakteriellen) Syntheseweg ein und ermöglichen so eine bedarfsabhängige Regulation des metabolischen Flusses (→ Abbildung 4.17). Die **Enolpyruvylshikimatphosphatsynthase** wird spezifisch durch *Glyphosat* (N-Phosphonomethylglycin) gehemmt. Diese Substanz eignet sich daher als pflanzenspezifisches Gift (Herbizid; → Tabelle 28.4). DAHP = Desoxy-arabino-heptulosonat-7-phosphat.

führt, wurde an Bakterien aufgeklärt; sie ist jedoch auch im Primärstoffwechsel der Pflanzen in ähnlicher Weise realisiert (**Shikimat-Arogenat-Weg**; Abbildung 16.4). Ausgehend von einem C_7-Zucker erfolgt der Ringschluss zum Hexanon (Dehydrochinat) unter [H]-Entzug und Phosphatabspaltung. Anschließend werden schrittweise unter Verbrauch von freier Enthalpie Doppelbindungen in den Ring eingeführt. Die C-Gerüste werden schließlich durch Transaminierung in die Aminosäuren **Tyrosin**, **Phenylalanin** und **Tryptophan** umgewandelt. Diese „essenziellen Aminosäuren" sind die Hauptquelle für aromatische Moleküle im tierischen Organismus. Der Shikimat-Arogenat-Weg läuft in den Plastiden, möglicherweise auch im Cytoplasma pflanzlicher Zellen ab.

Der metabolische Durchfluss in dieser Reaktionskette wird durch Modulation der Aktivität von Schlüsselenzymen an den wechselnden Bedarf angepasst (→ S. 96). Beispielsweise wirken bei Bakterien die Endprodukte Tyrosin, Phenylalanin und Tryptophan als Inhibitoren der Aldolasereaktion, welche zum Heptulosonatphosphat führt (erste Reaktion der Sequenz). Die Bildung von Anthranilat aus Chorismat wird spezifisch durch Tryptophan gehemmt, während die zum Prephenat führende Reaktion durch Tyrosin und Phenylalanin spezifisch gehemmt wird.

Vor allem **Phenylalanin** und **Tyrosin** bilden Ausgangspunkte für eine große Zahl sekundärer Pflanzenstoffe. Aus Phenylalanin (manchmal in geringem Umfang auch aus Tyrosin) entstehen nach Eliminierung der Aminogruppe durch Phenylalaninammoniaklyase (→ Exkurs 4.4, S. 93) bzw. Tyrosinammoniaklyase die **Zimtsäuren** und ihre Derivate, zu denen z. B. auch die phenolischen Alkohole des **Lignins** (→ Abbildung 16.6) und die **Flavonoide** (→ Abbildung 16.5) gehören. Die dunklen **Melaninpigmente**, manche **Alkaloide** und die **Betalaine** gehen auf Tyrosin zurück. Die Aminosäuren Phenylalanin, Tryptophan, Lysin und Ornithin dienen als weitere Ausgangspunkte für die Alkaloidbiosynthese.

16.4 Biosynthese der Flavonoide

Der Biosyntheseweg der Flavonoide ist einer der am besten untersuchten, aber keineswegs vollständig aufgeklärten Teile des pflanzlichen Sekundärstoffwechsels. Er wird von zwei Zwischenprodukten des Primärstoffwechsels gespeist: **Acetat** und **Phenylalanin** (→ Abbildung 16.2, 16.4). Nach Zusammenfügen der C-Gerüste dieser beiden Bausteine zum C_6-C_3-C_6-Skelett durch die **Chalconsynthase** können eine Vielzahl von abgeleiteten tricyclischen Molekülen gebildet werden, von denen in Abbildung 16.5 nur einige wichtige Vertreter berücksichtigt sind. Die meisten Enzyme der Flavonoidbiosynthese (und ihre Gene) sind inzwischen bekannt; sie liegen zumindest teilweise in einem membrangebundenen Multienzymkomplex vor.

Die pflanzenspezifische Stoffklasse der Flavonoide umfasst nicht nur gelbe, rote oder blaue Farbstoffe von Blüten und Früchten, sondern auch eine große Zahl von Substanzen, deren Funktion in der Abwehr von Stresseinflüssen im Organismus liegt. So dienen z. B. bei Fabaceen artspezifische **Flavone, Flavanone** und **Isoflavone** als Signalstoffe für symbiontische Bakterien (Rhizobien; → Exkurs 27.2, S. 623) und **Isoflavone** als Abwehrstoffe, **Phytoalexine**, gegen Pathogene (→ S. 632). Im kurzwelligen Bereich absorbierende Flavonoide (z. B. das Flavon **Apigenin**) dienen oft als epidermale Schutzpigmente gegen UV-Strahlung (→ Abbildung 26.30). Auch das bei vielen Pflanzen zu beobachtende „Jugendanthocyan" ist als Schutzpigment gegen Strahlungsbelastung bei Keimlingen oder Jungtrieben aufzufassen.

Die Flavonoide werden zwar im Grundplasma synthetisiert, sind aber meist nur in der Vacuole in messbaren Mengen zu finden, wo sie sich in relativ hohen Konzentrationen anreichern können. Der Mechanismus dieser auffälligen Sequestrierung konnte vor kurzem aufgeklärt werden. Die bronzefarbene *bz2*-Mutante von Mais unterscheidet sich vom rot gefärbten Wildtyp dadurch, dass sie Cyanidin-3-glucosid nicht in der Vacuole, sondern im Cytoplasma akkumuliert. Der genetische Defekt geht auf den Ausfall einer **Glutathion-S-Transferase** zurück. Diese Enzyme sind dafür bekannt, dass sie heterocyclische Giftstoffe (Xenobiotica, z. B. Herbizide) covalent an **Glutathion** binden (→ S. 308). Die Konjugate werden anschließend in einem aktiven Transportprozess (ATP-abhängige Glutathionpumpe) in die Vacuole verfrachtet und so unschädlich gemacht. Da die Transferase auch mit Anthocyan entsprechende Konjugate bildet, kann man schließen, dass dieser Weg für die Sequestrierung von Flavonoiden in die Vacuole verantwortlich ist.

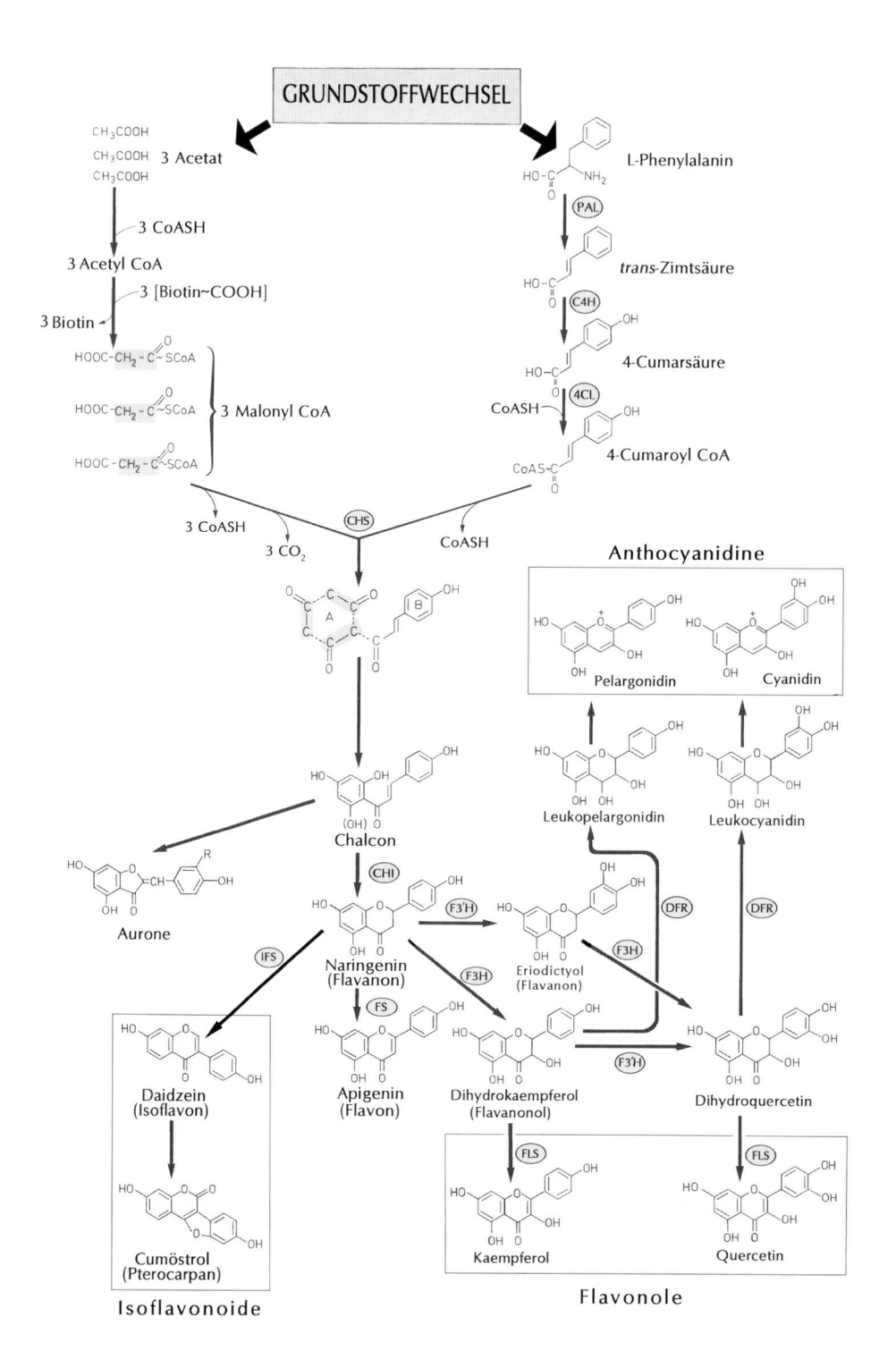

362 16 Produkte und Wege des biosynthetischen Stoffwechsels – eine kleine Auswahl

Die höheren Pflanzen synthetisieren in ihren Blüten meist ein Gemisch verschiedener Flavonoide, wodurch sehr variable Farbtöne und -muster zustande kommen. Die Farbe der Anthocyane (rot bis blau) wird darüber hinaus vom pH-Wert des Zellsafts und durch Komplexierung mit Metallionen beeinflusst. Änderungen dieser Faktoren sind z. B. für die entwicklungsabhängigen Farbverschiebungen mancher Blüten verantwortlich. Ein Blick auf den komplexen Biosyntheseweg (→ Abbildung 16.5) macht klar, dass auch Mutationen in einzelnen Schritten dieses Weges zu Änderungen der Blütenfärbung führen können; so bewirkt z. B. der Ausfall des Chalconsynthasegens weiße Blüten. Die sich hier ergebenden vielfältigen Eingriffsmöglichkeiten werden bei der Züchtung von Farbvarianten bei Tulpen, Rosen und vielen anderen Zierpflanzen ausgenützt. Neuerdings ist es auch möglich geworden, durch spezielle gentechnische Eingriffe neue Blütenfarbvarianten zu erzeugen.

16.5 Biosynthese des Lignins

Holz besteht zu 15 – 35 % aus einem hochpolymeren, quervernetzten phenolischen Material mit ungewöhnlichen chemischen und physikalischen Eigenschaften, das als **Lignin** (von lat. *lignum* = Holz) bezeichnet wird (→ S. 38). Die Fähigkeit zur Lignifizierung von Zellwänden, auf der Entwicklungsstufe der Farne erstmals sicher nachweisbar, war eine wichtige Voraussetzung für die Evolution der höheren Landpflanzen. Erst die „Erfindung" des Lignins ermöglichte es den Pflanzen, Wassertransportgewebe (**Xylem**) zwischen Wurzel und Blättern mit versteiften Sekundärwänden auszubilden. Eine massive Xylementwicklung im Zusammenhang mit sekundärem Dickenwachstum der Sprossachse führte in vielen Gruppen der höheren Pflanzen zur Evolution von **Bäumen**, der pflanzlichen Wuchsform mit der weitestgehenden morphologischen Anpassung an das Landleben. Heute ist Lignin nach der Cellulose der mengenmäßig zweithäufigste Naturstoff auf der Erde.

Lignin verleiht den Zellwänden nicht nur eine ungewöhnlich hohe mechanische Festigkeit, sondern ist auch chemisch einer der stabilsten Stoffe, die die Natur hervorgebracht hat. Da das hochkomplexe Lignin nicht unzerstört aus Zellwänden isoliert werden kann, ist seine chemische Struktur nur aus Bruchstücken bekannt. Darüber hinaus hat sich gezeigt, dass Lignine verschiedener Pflanzen (oder verschiedener Gewebe einer Pflanze) erhebliche Unterschiede in der Zusammensetzung aufweisen können. Lignine kommen nicht nur in „verholzenden" Sekundärwänden vor, sondern sind auch in den Primärwänden krautiger Pflanzen in kleineren Mengen nachzuweisen. Ihre Synthese (und chemische Zusammensetzung) wird durch Umweltfaktoren gesteuert, z. B. durch Licht. Auch als Abwehrbarriere gegen Pathogenbefall ist die induzierte Lignifizierung von Zellwänden von großer Bedeutung (→ S. 629).

Lignin ist ein kompliziert aufgebautes Mischpolymerisat aus den Monolignolen **Cumaryl-, Coniferyl-** und **Sinapylalkohol** mit kleineren Anteilen an Phenylpropanaldehyden und -säuren (→ Abbildung 2.20). Die drei Monolignole entstammen dem allgemeinen Phenylpropanstoffwechsel, der bei der Aminosäure Phenylalanin (oder Tyrosin) vom Grundstoffwechsel abzweigt (→ Abbildung 16.4). Aus *trans*-Zimtsäure entstehen durch Hydroxylierung und Methylierung **Cumar-, Ferula-** und **Sinapinsäure**, die über die Aldehydstufe zu den entsprechenden Alkoholen reduziert werden (Abbildung 16.6a). Nach Ausschleusung durch die

◂ **Abb. 16.5.** Biosyntheseweg der Flavonoide (vereinfacht). Als Ausgangsstoffe dienen die Bausteine *Acetat* und *L-Phenylalanin* aus dem Grundstoffwechsel. Die **Phenylalaninammoniaklyase** (*PAL*) desaminiert das Phenylalanin zur *trans*-Zimtsäure, welche durch zwei weitere Enzyme (**Zimtsäure-4-Hydroxylase**, *C4H*, und **4-Cumarat-CoA-Ligase**, *4CL*) in *Cumaroyl-CoA* umgewandelt wird. Diesen Abschnitt bezeichnet man als „allgemeinen Phenylpropanbiosyntheseweg", der neben dem *Ring B* der Flavonoide auch viele andere aromatische Verbindungen liefern kann (z. B. Ferula-, Sinapin-, und Kaffeesäure; → Abbildung 16.6). Im eigentlichen Flavonoidbiosyntheseweg wird zunächst durch die **Chalconsynthase** (*CHS*) ein Molekül Cumaroyl-CoA nacheinander mit drei aus Acetat gebildeten Molekülen *Malonyl-CoA* unter CO_2-Abspaltung zum *Tetrahydrochalcon* zusammenkondensiert. Auf diese Weise entsteht der *Ring A* des Flavangrundgerüsts. Die **Chalconisomerase** (*CHI*) isomerisiert das *Chalcon* zum *Flavanon*, der Ausgangssubstanz für eine große Zahl verschiedener *Flavone, Isoflavonoide, Anthocyanidine* (z. B. *Cyanidin*) und *Flavonole* (z. B. *Kaempferol* und *Quercetin*), von denen nur eine kleine Auswahl eingezeichnet ist (*DFR,* **Dihydroflavonol-4-reductase**; *F3H,* **Flavonoid-3-hydroxylase**; *FLS,* **Flavonolsynthase**; *FS,* **Flavonsynthase**; *IFS,* **Isoflavonsynthase**). Die meist gelb, rot oder blau gefärbten Pigmente liegen fast immer in Form von Glycosiden (verknüpft mit Glucose oder anderen Zuckern) in der Zellvacuole gelöst vor (→ Abbildung 16.1). In der Abbildung sind nur Aglyca dargestellt. (Nach Winkel-Shirley 2001; verändert)

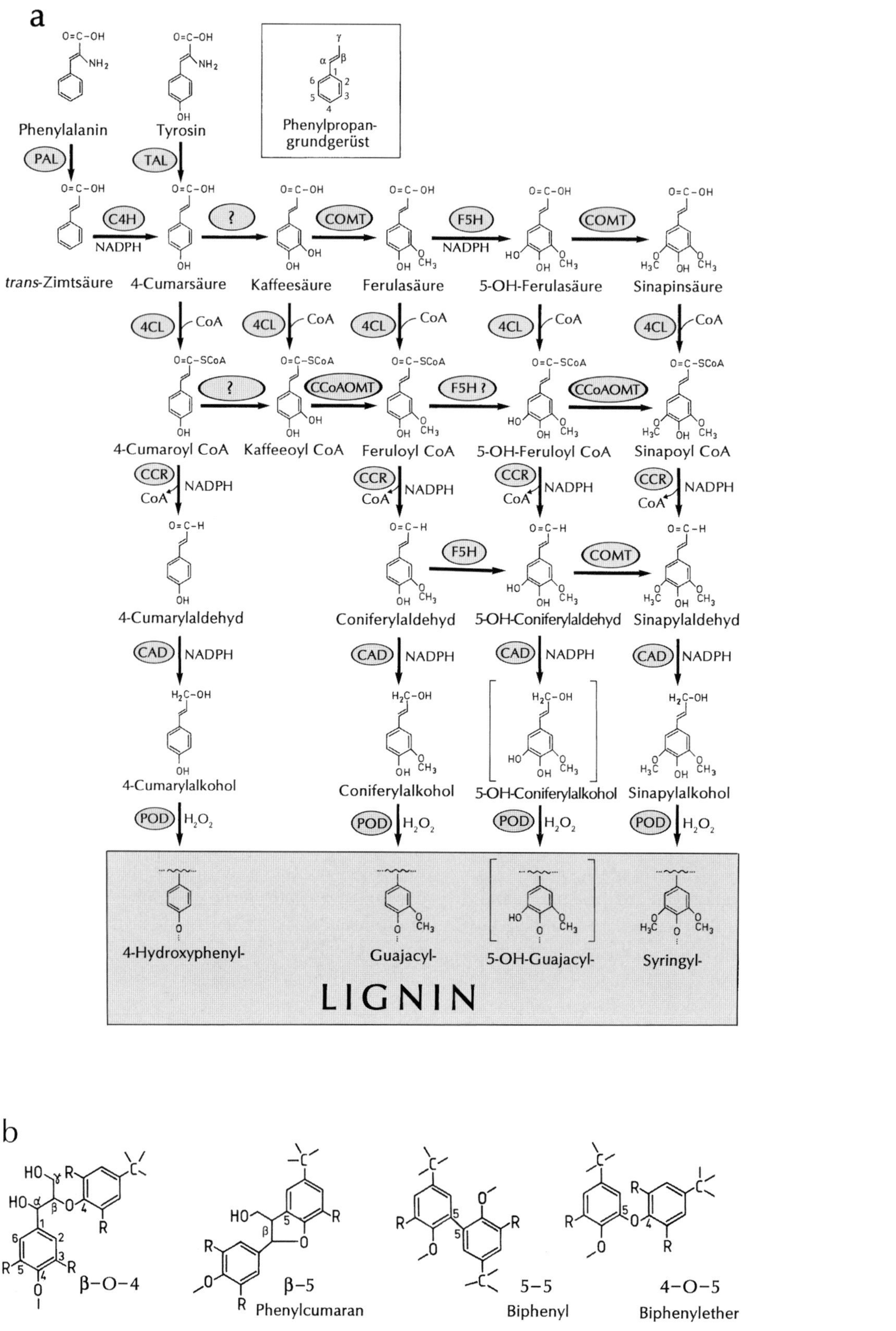
a
Phenylalanin
Tyrosin
Phenylpropan-grundgerüst
PAL
TAL
C4H
NADPH
?
COMT
F5H
trans-Zimtsäure
4-Cumarsäure
Kaffeesäure
Ferulasäure
5-OH-Ferulasäure
Sinapinsäure
4CL
CoA
CCoAOMT
F5H ?
4-Cumaroyl CoA
Kaffeeoyl CoA
Feruloyl CoA
5-OH-Feruloyl CoA
Sinapoyl CoA
CCR
4-Cumarylaldehyd
Coniferylaldehyd
5-OH-Coniferylaldehyd
Sinapylaldehyd
CAD
4-Cumarylalkohol
Coniferylalkohol
5-OH-Coniferylalkohol
Sinapylalkohol
POD
H_2O_2
4-Hydroxyphenyl-
Guajacyl-
5-OH-Guajacyl-
Syringyl-
LIGNIN
b
β-O-4
β-5
Phenylcumaran
5-5
Biphenyl
4-O-5
Biphenylether

16.5 Biosynthese des Lignins

◀ **Abb. 16.6 a, b.** Überblick über die Biosynthese des Lignins. **a** *Phenylalanin* wird durch **Phenylalaninammoniaklyase** (*PAL*) zur *trans-Zimtsäure* desaminiert und diese durch **Zimtsäure-4-hydroxylase** (*C4H*) zur *4-Cumarsäure* umgesetzt. Bei Gräsern tritt auch eine **Tyrosinammoniaklyase** (*TAL*) auf. Durch Hydroxylierung am C_4, C_3, C_5 und anschließende Methylierung am C_3 und C_5 des Rings (**Kaffeeat-O-Methyltransferase**, *COMT*; **Ferulat-5-hydroxylase**, *F5H*) entstehen *Kaffeesäure*, *Ferulasäure*, *5-Hydroxyferulasäure* und *Sinapinsäure*. 4-Cumarsäure und ihre Derivate werden durch **4-Cumarat-CoA-Ligase** (*4CL*) zu den Coenzym-A-Thioestern umgewandelt und es kommt zur Reduktion der Säuren zu den entsprechenden Aldehyden durch **Zimtsäure-CoA-Reductase** (*CCR*). Neben diesem klassischen Weg gibt es in manchen Pflanzen auch einen alternativen Methylierungsweg, bei dem die Hydroxylierung/Methylierung auf der Stufe der CoA-Thioester realisiert wird (**Kaffeeoyl-CoA-O-Methyltransferase**, *CCoAOMT*). Ob diese beiden Wege gemeinsam oder alternativ in verschiedenen Pflanzen vorkommen, ist noch nicht abschließend geklärt. Die freien Cumaryl-, Coniferyl- und Sinapylaldehyde werden durch **Zimtalkoholdehydrogenase** (*CAD*) weiter zu den entsprechenden Alkoholen (Monolignolen) reduziert, welche nach der Polymerisation durch **Peroxidase** (*POD*) zu drei typischen phenolischen Resten im Lignin führen. 5-Hydroxyguajacylreste wurden nach Hemmung der *COMT* im Lignin gefunden. **b** Die 4 wesentlichen Formen der Monolignolverknüpfung im Lignin. (Nach Boerjahn et al. 2003; verändert)

Plasmamembran, wahrscheinlich in Form von Glucosiden, findet die Verknüpfung der freien Monolignole zum potenziell unbegrenzten Makromolekül innerhalb des Zellwandgerüsts statt. Die **oxidative Polymerisation** wird durch zellwandgebundene Peroxidasen unter Verbrauch von H_2O_2 (oder durch Phenoloxidase mit O_2) katalysiert, wobei eine Reihe mesomerer **Aroxylradikale** als Zwischenprodukte auftreten (Abbildung 16.7). Es ergeben sich insgesamt 4 verschiedene Verknüpfungsmöglichkeiten unterschiedlicher Festigkeit (Abbildung 16.6b). Nur die vergleichsweise schwachen β-O-4-Etherbindungen können (z. B. durch alkalische Hydrolyse) relativ leicht gespalten werden, während die C-C-Bindungen (z. B. C_5-C_5-Biphenyl) sehr viel stabiler sind. Der nur am C_3 methoxylierte Coniferylalkohol bietet wesentlich günstigere Voraussetzungen für eine Quervernetzung als der Sinapylalkohol, bei dem auch das C_5 durch eine Methoxygruppe blockiert ist. In der Zellwand ist das Lignin oft über Ferulasäurebrücken (Ether-Ester-Verknüpfung) an Polysaccharide gebunden, wodurch ein covalent verknüpftes, heteropolymeres Matrixmaterial hoher Festigkeit entsteht. Durch Variation der Monomerzusammensetzung und der Bindungstypen ergibt sich eine Fülle von Ligninen mit unterschiedlichen Eigenschaften. So ist z. B. das vorwiegend aus Guajacylresten aufgebaute, fest verknüpfte Coniferenlignin sehr viel schwerer abbaubar als das Guajacyl-Syringyl-Lignin der typischen Angiospermenhölzer oder das Guajacyl-Syringyl-Hydroxyphenyl-Lignin der Gramineen.

In der Natur kann Lignin lediglich durch einige aerobe, holzzersetzende Mikroorganismen (z. B. Weißfäulepilze) abgebaut werden. Die Entfernung des Lignins aus Holz bei der Celluloseherstellung erfordert einen hohen chemischen Aufwand, insbesondere bei Coniferenholz. Zudem bestehen für die hierbei anfallenden Ligninabbauprodukte (Lignosulfonsäuren) bisher kaum industrielle Verwendungsmöglichkeiten. Die Erzeugung genetisch veränderter Nutzholzpflanzen mit weniger oder leichter abbaubarem Lignin ist daher eine interessante biotechnologische Aufgabe, die zur Zeit intensiv bearbeitet wird (→ Exkurs 16.1). Auch für die Verdaubarkeit von Futterpflanzen (Gräsern) ist ein niedriger Ligningehalt wünschenswert. Für Mais und *Sorghum* sind Mutanten mit reduziertem Gehalt und veränderter Zusammensetzung des Lignins bekannt.

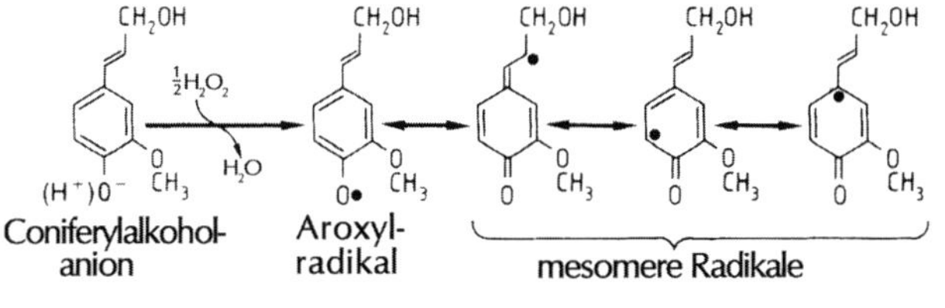

Abb. 16.7. Mesomere Formen eines Aroxylradikals, die nach Angriff der Peroxidase auf das 4-Hydroxyl des Coniferylalkohols gebildet werden. Die Polymerisation zum Lignin erfolgt durch spontane Verknüpfung an den Atomen mit ungepaarten Elektronen (schwarze Punkte). (Nach Brett und Waldron 1996)

EXKURS 16.1: Modifizierung der Ligninbiosynthese in transgenen Pflanzen

Lignin ist ein Massenprodukt des pflanzlichen Stoffwechsels, für das, im Gegensatz zu Cellulose, wenig Verwendungsmöglichkeiten als Rohstoff bestehen. Vielmehr muss Lignin, z. B. bei der Papierherstellung aus Holz, mit chemisch aufwändigen, potenziell umweltbelastenden Methoden von der Cellulose abgetrennt werden und wird in der Regel anschließend verbrannt. In dieser Situation versucht man schon seit vielen Jahren in die Ligninbiosynthese von Nutzpflanzen genetisch einzugreifen, mit dem Ziel, Bäume mit weniger, oder leichter abbaubarem Lignin zu erzeugen. Der Biosyntheseweg bietet hierzu theoretisch viele Angriffspunkte (→ Abbildung 16.6). Eine zunächst probat erscheinende Strategie wäre z. B. die Aktivitätsverminderung der Eingangsenzyme PAL oder C4H durch die *antisense*-Technologie (→ Exkurs 6.6, S. 134). Verschiedene Versuche in dieser Richtung führten erwartungsgemäß zu Pflanzen mit reduziertem Lignigehalt, aber auch zu massiven Defekten bei der Ausbildung des Xylems (Kollabierung der Gefäße) und anderen unerwünschten Nebeneffekten. Diese Resultate beleuchten ein grundsätzliches Problem bei genetischen Manipulationen dieser Art: Die biosynthetischen Leistungen der Pflanzen sind im Verlauf der Evolution offensichtlich so weit optimiert worden, dass Eingriffe in lebenswichtige Synthesewege nicht ohne weiteres tolerierbar sind.

Ein weniger grober gentechnischer Ansatz war, die Aktivität der COMT zu vermindern, um die Synthese von Syringyl-haltigem Lignin zu reduzieren (→ Abbildung 16.6). Auch dieser Eingriff erwies sich versuchstechnisch als erfolgreich. Im Lignin der so transformierten Pflanzen war der Syringylanteil stark reduziert, aber an Stelle von Syringylresten traten 5-Hydroxyguajacylreste (→ Abbildung 16.6), und dies stellte sich als nachteilig für den technischen Abbau des Lignins heraus. Syringylreste im Lignin bieten weniger freie OH-Gruppen für die Quervernetzung an; daher ist z. B. Buchenlignin leichter abbaubar als Coniferenlignin. Ausgehend von dieser Überlegung wurde in einer Studie mit Tabak und Pappel versucht, durch **Überexpression** der F5H den Syringylanteil im Lignin zu erhöhen. Dieses Enzym setzt nicht nur Ferulasäure, sondern auch Coniferylaldehyd und Coniferylalkohol zu den entsprechenden Hydroxylierungsprodukten um (→ Abbildung 16.6). Ein F5H-Gen aus *Arabidopsis* wurde, gekoppelt an den ligninspezifischen Promotor des C4H-Gens (→ Abbildung 16.6), in das Tabakgenom eingeschleust. Die Nachkommen verschiedener Linien transformierter Pflanzen zeigten eine unterschiedlich gesteigerte Expression der F5H und, wie in der Abbildung illustriert, einen damit korrelierten Anstieg des Syringylgehalts im Lignin des Stängels (jeweils 4 Exemplare der Linien *E – K* wurden analysiert). Die Ausbildung des Xylems war in diesen Pflanzen nicht sichtbar gestört. Unerwarteterweise war der Ligningehalt gegenüber dem Wildtyp (*WT*) um etwa 15 % erniedrigt. Ähnliche Resultate wurden auch mit transformierten Pappelpflanzen erhalten. Diese Befunde deuten darauf hin, dass F5H ein Schlüsselenzym im Ligninbiosyntheseweg ist und dass ein vergleichsweise subtiler genetischer Eingriff, die Erleichterung des Übergangs von der Ferula- zur Sinapylreihe des Biosyntheseweges, zu einer erwünschten Veränderung in der Ligninstruktur führen kann. (Nach Franke et al. 2000)

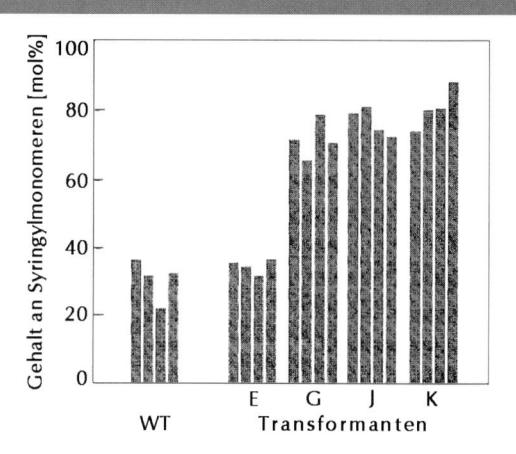

16.6 Biosynthese des Chlorophylls

Die Biosynthese der cyclischen Tetrapyrrole erfolgt in allen Organismen in prinzipiell gleicher Weise aus der Aminosäure **5-Aminolävulinat**, das in Tieren, Pilzen und einigen Purpurbakterien aus Succinyl-CoA und Glycin gebildet werden kann. In den meisten Bakterien, in Cyanobakterien und in den eukaryotischen Pflanzen entsteht 5-Aminolävulinat in drei Schritten aus dem Kohlenstoffgerüst des **Glutamats**, wobei – ähnlich wie bei der Proteinsynthese – **Glutamyl-tRNA** als Zwischenstufe eingeschaltet ist (C_5-Weg; Abbildung 16.8). Die einzellige Alge *Euglena* verfügt über beide Synthesewege, wobei für die Bildung des Chlorophylls in den Plastiden der Weg über Glutamat eingeschlagen wird. Die wichtigsten Schritte des weiteren Weges vom

16.6 Biosynthese des Chlorophylls

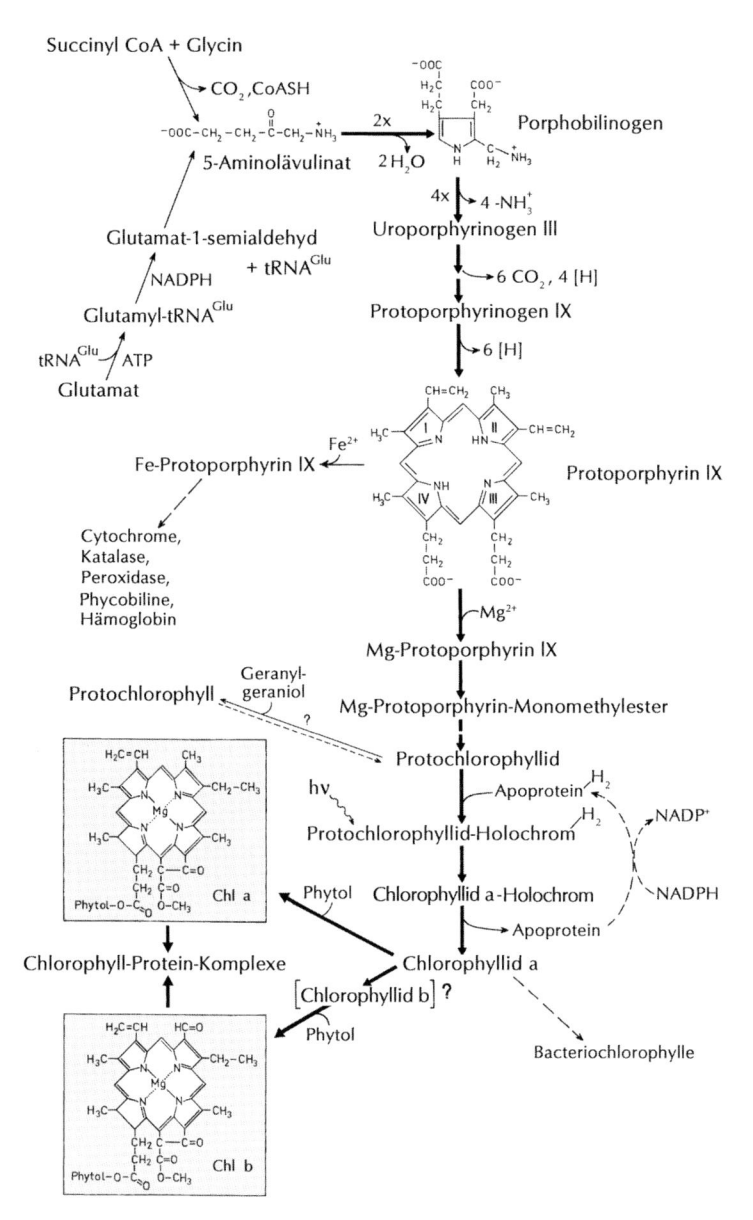

Abb. 16.8. Die Biosynthese der Chlorophylle und einiger anderer Tetrapyrrole (vereinfachtes Schema). Die Ausgangssubstanz, *5-Aminolävulinat*, wird in Chloroplasten über den **C₅-Weg** aus *Glutamat* gebildet, wobei *Glutamyl-tRNA^{Glu}* als Zwischenstufe dient. Die beteiligte *tRNA^{Glu}* ist im Plastidengenom codiert, während die Enzyme dieses Weges, wie wahrscheinlich alle anderen Enzyme der Chlorophyllsynthese, im Zellkern codiert sind und aus dem Cytoplasma importiert werden. Bei Purpurbakterien dienen *Succinyl-CoA* und *Glycin* als Vorstufen für 5-Aminolävulinat. Zwei 5-Aminolävulinat-moleküle werden unter Wasserabspaltung zum **Pyrrolring** (*Porphobilinogen*) zusammengefügt. Aus 4 Porphobilinogenmolekülen wird durch stufenweise Desaminierung der **Tetrapyrrolring** (*Uroporyphyrinogen III*) aufgebaut, aus dem durch Decarboxylierung von Seitenketten und Oxidation das rot gefärbte *Protoporphyrin IX* entsteht. Dessen Grundgerüst dient als gemeinsame Vorstufe aller abgeleiteten Tetrapyrrole einschließlich des Häms und der *Phycobiline* (offenkettige Tetrapyrrole; → Abbildung 8.19, 19.18). Die zum Chlorophyll führende Abzweigung beginnt mit der Einführung von Mg^{2+} in den Protoporphyrinring und der Methylierung der Propionatseitenkette am Ring III, welche zur Knüpfung des Pentanonrings führt (→ Abbildung 8.9). Es entsteht das hellgrüne *Protochlorophyllid* (und, durch Veresterung mit Geranylgeraniol, auch *Protochlorophyll*). Die Reduktion des Protochlorophyllids zum *Chlorophyllid a* durch Hydrierung der Doppelbindung am Ring IV ist bei den Angiospermen eine strikt lichtabhängige Reaktion (→ Abbildung 16.9), die an einem *Protochlorophyllid-Holochrom*-Komplex abläuft. Ein Teil des *Chlorophyll a* wird zu *Chlorophyll b* umgesetzt, indem die Methylgruppe am Ring II durch eine Formylgruppe ersetzt wird. Bei beiden Pigmenten entsteht die Phytolseitenkette am Ring IV durch Veresterung mit dem Diterpen *Phytol* (oder Geranylgeraniol, das anschließend in 3 Schritten zum Phytolrest reduziert wird; → Abbildung 8.9). Die nun fertiggestellten *Chlorophylle a* und *b* werden, zusammen mit Carotinoiden, in die verschiedenen *Pigment-Protein-Komplexe* der Thylakoidmembran eingebaut. Die Synthese der dazu erforderlichen Proteinkomponenten ist streng mit der Synthese der Chlorophylle korreliert.

5-Aminolävulinat zu den Chlorophyllen sind in Abbildung 16.8 dargestellt.

Bakterien, Algen, Moose und Farne können Protochlorophyllid im Dunkeln zu Chlorophyllid *a* reduzieren. Bei Gymnospermen tritt zusätzlich ein neues, ebenfalls im Kern codiertes Enzym auf, das diese Reaktion nur im Licht katalysiert. Die Angiospermen benützen ausschließlich diese lichtbedürftige **NADPH:Protochlorophyllid-Oxidoreductase** zur Chlorophyllsynthese (Abbildung 16.9). Die Ergrünung dieser Pflanzen ist daher ein strikt lichtabhängiger Prozess, der regulatorisch in die lichtgesteuerte Chloroplastenentwicklung integriert ist (→ S. 161, 464). Die lichtabhängige Reductase tritt in zwei verschiedenen Formen auf: Die im Dunkeln gebildeten Etioplasten enthalten in ihrem Prolamellarkörper große Mengen eines Isoenzyms, das bei Belichtung das dort gespeicherte (und kurzfristig nachgelieferte) Protochlorophyllid in Chlorophyllid *a* transformiert und so eine rasche Einleitung der Ergrünung ermöglicht. Im Dauerlicht verschwindet dieses Isoenzym innerhalb weniger Stunden durch Abbau und Hemmung der Gentranskription. Die weitere Chlorophyllsynthese wird von einem zweiten, konstitutiv exprimierten und auch im Licht stabilen Isoenzym durchgeführt. Junge Coniferenkeimlinge enthalten sowohl das evolutionär ältere, lichtunabhängige Enzym, als auch die beiden lichtabhängigen Isoenzyme. Die Kotyledonen dieser Pflanzen ergrünen daher in geringem Umfang auch im Dunkeln; in den später gebildeten Nadeln ist die Chlorophyllsynthese jedoch nur im Licht möglich. Als Ausnahme unter den niederen Pflanzen besitzt auch der alternativ autotroph oder heterotroph lebende Einzeller *Euglena* eine lichtabhängige Chlorophyllsynthese.

Bei den höheren Pflanzen ist die Chlorophyllsynthese nicht nur direkt über die lichtabhängige Protochlorophyllidreduktion, sondern auch durch einen steuernden Einfluss des **Phytochroms** an den Umweltfaktor Licht gekoppelt. Das aktive Phytochrom erhöht bei jungen Keimlingen die Kapazität der zum Protochlorophyllid führenden Synthesebahn durch eine gesteigerte Expression geschwindigkeitsbestimmender Enzyme, z. B. der für die Synthese von 5-Aminolävulinat verantwortlichen Enzyme des C_5-Weges (→ Abbildung 16.8).

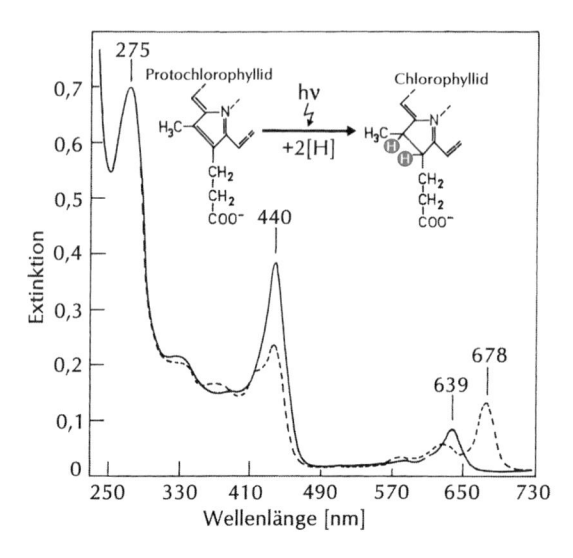

Abb. 16.9. Umsetzung von Protochlorophyllid zu Chlorophyllid *a* durch Photoreduktion einer Doppelbindung am Ring IV im isolierten Holochromkomplex. Der hochmolekulare Komplex wurde nach Desintegration des Prolamellarkörpers der Etioplasten mit einem Detergenz aus dunkel gewachsenen Bohnenblättern isoliert und mit proteinchemischen Methoden unter Lichtausschluss gereinigt. Er enthält neben Protochlorophyllid und NADPH das lichtinstabile Isoenzym der Protochlorophyllid-Oxidoreductase. Die 275-nm-Absorptionsbande geht auf den Proteinanteil zurück. Durch Belichtung mit einem Blitz lässt sich das Protochlorophyllid (—, Absorptionsgipfel bei 639 nm) in Chlorophyllid *a* (- - -, Absorptionsgipfel bei 678 nm) transformieren. Diese Phototransformation kann man auch an intakten etiolierten Blättern spektroskopisch verfolgen. Das Wirkungsspektrum dieser Reaktion zeigt, dass das wirksame Licht vom Protochlorophyllid selbst absorbiert wird. (Nach Schopfer und Siegelman 1968)

16.7 Biosynthese der Carotinoide

Die Carotinoide sind eine Gruppe gelb bis rot gefärbter, lipophiler Farbstoffe, die bei Pflanzen stets in Plastiden lokalisiert sind. Das charakteristische Absorptionsspektrum zeigt drei Gipfel im blauen Spektralbereich (→ Abbildung 8.10). Während die Farbe der Carotinoide im grünen Blatt meist von Chlorophyll überdeckt ist, tritt sie in nichtgrünen Pflanzenteilen oft deutlich hervor, z. B. in der Wurzel der Karotte, welche diesen Pigmenten ihren Namen gegeben hat. Auch die gelb-orangen Farbtöne mancher Blütenblätter oder des Herbstlaubs gehen auf Plastiden mit hohem Gehalt an Carotinoiden zurück (**Chromoplasten**; → Abbildung 7.12).

Das aus 40 C-Atomen bestehende Grundgerüst der Carotinoide kommt formal durch Aneinanderfügen von 8 C_5-Einheiten im Rahmen des

16.7 Biosynthese der Carotinoide

Tabelle 16.1. Übersicht über die Terpenoidfamilie (= Prenyllipide, Isoprenoide), die durch stufenweise Verknüpfung von C_5-Einheiten („aktives Isopren") zustande kommt.

Klasse	Summenformel	Beispiele (einschließlich abgeleiteter Produkte)
Semiterpene	C_5H_8	Isopentenyldiphosphat, „aktives Isopren" (Isopren, Cytokinine)
Monoterpene	$C_{10}H_{16}$	Geraniol (Menthol, Kampfer, Pinen, Citronellal)
Sesquiterpene	$C_{15}H_{24}$	Farnesol (Zingiberen, Ubichinon, Plastochinon, Rishitin)
Diterpene	$C_{20}H_{32}$	Geranylgeraniol (Phytol, Tocopherol, Gibberellinsäure, Fusiococcin)
Triterpene	$C_{30}H_{48}$	Squalen (Steroide, Saponine, Brassinolide)
Tetraterpene	$C_{40}H_{64}$	Phytoen, Carotine, (Abscisinsäure)
Polyterpene	$(C_5H_8)_n$	Kautschuk, Guttapercha

Terpenoidstammbaumes zustande. Als **Terpene (Prenyllipide, Isoprenoide)** bezeichnet man eine Großfamilie mit über 20.000 bekannten Vertretern, die durch modulare Verknüpfung von **Isoprenbausteinen** (C_5H_8) aufgebaut werden und vielfältige Funktionen in der Pflanze besitzen (Tabelle 16.1). Die Biosynthese dieser Stoffklasse geht vom **Isopentenyldiphosphat** bzw. dem isomeren **Dimethylallyldiphosphat** aus. Für dieses „aktive Isopren" gibt es bei Pflanzen zwei getrennte Synthesewege.

Im **Cytoplasma** verläuft die Isoprensynthese nach dem klassischen **Mevalonatweg**, der auch von Hefe oder der Säugerleber bekannt ist (insgesamt 6 Schritte):

$$3 \text{ Acetyl-CoA} \xrightarrow[-3\text{CoASH}]{\text{ATP}} \text{Mevalonat-5-diphosphat}$$
$$\xrightarrow[-\text{CO}_2]{\text{ATP}} \text{Isopentenyldiphosphat.}$$

Durch mehrfache Verknüpfung von C_5-Einheiten entstehen im Cytoplasma **Sesquiterpene** (C_{15}) und **Triterpene** (C_{30}).

Im **Plastidenkompartiment** ist ein ursprünglicher prokaryotischer Syntheseweg konserviert, in dem das Isoprengerüst aus Pyruvat und Glycerinaldehydphosphat über das Zwischenprodukt Desoxyxylulosephosphat in insgesamt 7 Schritten aufgebaut werden kann, **Methylerythriolphosphatweg** (Abbildung 16.10). Dieser Weg liefert bei Pflanzen **Mono-, Di-** und **Tetraterpene**. Die „Kopf-Schwanz"-Verknüpfung von 4 C_5-Einheiten durch Prenyltransferasen führt zum C_{20}-Molekül Geranylgeranyldiphosphat, aus dem durch „Kopf-Kopf"-Verknüpfung die symmetrische C_{40}-Kette des **Phytoens** gebildet werden kann. Auf dem weiteren Weg zu den Carotinoiden folgen 4 Desaturierungsschritte, welche das für die Färbung verantwortliche konjugierte Doppelbindungssystem in der Acylkette erzeugen (Abbildung 16.10). Das so gebildete, rote **Lycopin** wird durch symmetrische Cyclisierung der Kettenenden (Bildung von Jononringen) zum **β-Carotin** umgesetzt, das als Ausgangssubstanz für alle anderen **Carotinoide** und **Xanthophylle** (sauerstoffhaltige Carotinoide, z. B. Violaxanthin; → Abbildung 26.20) dient. Durch Spaltung von Xanthophyllen kann das Hormon **Abscisinsäure** gebildet werden (→ Abbildung 18.21). Alle Enzyme der Carotinoidbiosynthese sind im Zellkern codiert und werden posttranslational aus dem Cytoplasma in die Plastiden importiert (→ S. 155). Während der Chloroplastenentwicklung im jungen Blatt wird neben der Chlorophyllsynthese auch die Carotinoidsynthese durch **Phytochrom** reguliert, wobei eine strenge Koordination beim Einbau der beiden Pigmente in die photosynthetischen Antennenkomplexe zu beobachten ist.

Da der Carotinoidbiosyntheseweg im tierischen Organismus fehlt, ist er ein Angriffspunkt für pflanzenspezifische Gifte, **Herbizide**. Besondere Bedeutung besitzen hierbei Substanzen, welche die Phytoendesaturierung, und damit die Bildung gefärbter Carotinoide (und von Abscisinsäure) hemmen (z. B. Norflurazon; → Abbildung 28.10). Dies hat für die Pflanze gravierende Folgen: Das Fehlen der als Lichtschutzpigmente notwendigen Carotinoide in den Photosystemen führt im Licht zur photooxidativen Zerstörung der Thylakoide; die Blätter bleichen aus und sterben schließlich den Lichttod (→ S. 655). Die Wirkung dieser Herbizide zeigt auf drastische Weise die essenzielle Funktion der Carotinoide beim Schutz gegen Lichtstress. Daneben fungieren Carotinoide als photosynthetische

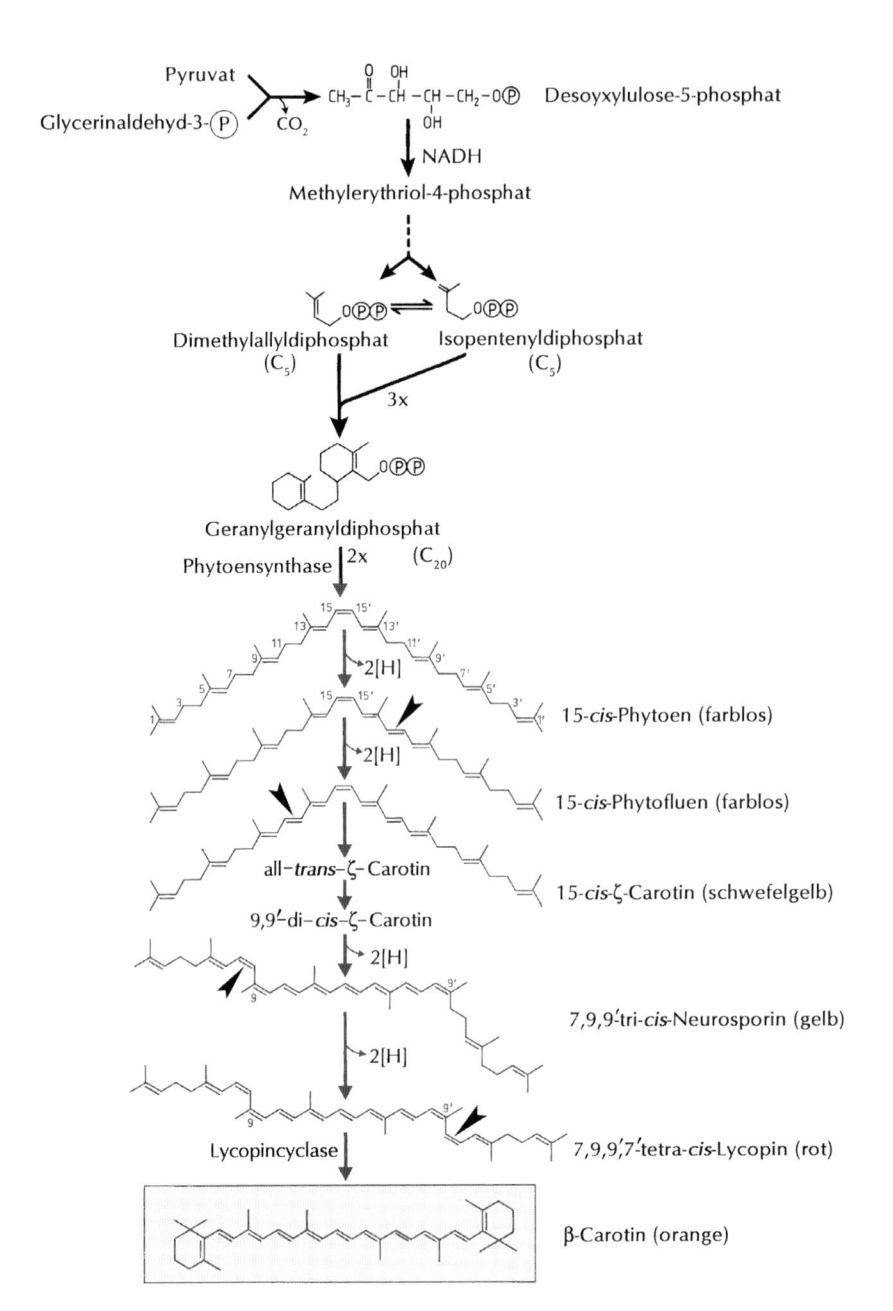

Abb. 16.10. Biosynthese der Carotinoide über den plastidären **Methylerythriolphosphatweg** (vereinfacht). Der Abschnitt von den Ausgangsverbindungen *Pyruvat* und *Glycerinaldehydphosphat* bis zum C_5-Molekülpaar *Isopentenyldiphosphat/Dimethylallyldiphosphat* umfasst 7 Schritte, deren Enzyme heute alle bekannt sind. Der folgende, zu den Carotinoiden führende Weg beginnt mit der Verknüpfung von 4 C_5-Einheiten zum C_{20}-Molekül *Geranylgeranyldiphosphat*, aus dem durch Verdoppelung das erste, noch farblose Carotinoid, *Phytoen*, mit einer zentralen 15-15'-Doppelbindung entsteht. In 4 aufeinander folgenden Desaturierungsschritten (*Pfeilspitzen*), begleitet von der Isomerisierung der 15-*cis*- zur all-*trans*- und der 9,9'-*trans*- zur 9,9'-*cis*-Konfiguration, wird das konjugierte Doppelbindungssystem der gefärbten, linearen Carotinoide (ζ-Carotin, Neurosporin, Lycopin) aufgebaut. Während in Bakterien und Pilzen eine einzige Desaturase für alle 4 Desaturierungsschritte (H-Eliminierung mit NADP⁺) verantwortlich ist, gibt es bei Cyanobakterien und eukaryotischen Pflanzen eine Phytoendesaturase und eine ζ-Carotindesaturase für den 1. und 2. bzw. den 3. und 4. Schritt. Beide Enzyme verwenden O_2 als Elektronenendacceptor und liegen in den Plastidenmembranen als Enzymkomplex vor. Einige als „Bleichherbizide" wirksame Substanzen (z. B. Norflurazon, Difunon, Fluridon) stören die Bildung gefärbter Carotinoide durch Hemmung einer der beiden Desaturasen. Aus Lycopin bildet die *Lycopincyclase* das mit endständigen β-Jononringen versehene *β-Carotin*, das, neben dem isomeren α-Carotin, als Ausgangsubstanz für die Synthese weiterer Carotinoide und oxygenierter Carotinoide (Xanthophylle, z. B. Lutein, Violaxanthin) dient.

Lichtsammelpigmente im blauen Spektralbereich (→ S. 180).

Die Lichtschutz- und Lichtsammelfunktion der Carotinoide ist auf grüne Pflanzenorgane beschränkt. In Blütenblättern und reifenden Früchten (z. B. Tomate, Paprika) besitzen intensiv rot oder gelb gefärbte Carotinoide, oft gemeinsam mit Flavonoiden, die Funktion von **Signalfarbstoffen** zur Anlockung von Pollen oder Samen verbreitender Tiere. Die Wahrnehmung optischer Signale in den Lichtsinnesorganen der Tiere geschieht durch den Photoreceptor **Rhodopsin**, dessen Chromophor, das C_{20}-Molekül **Retinal**, durch Spaltung der zentralen Doppelbindung aus Carotin hervorgeht.

Carotin (Provitamin A) ist daher ein essenzieller Bestandteil auch der menschlichen Nahrung. Carotinarme Ernährung, z. B. auf der Basis von Reis, kann vor allem bei Kindern zu Blindheit und anderen irreparablen Schäden führen. Man hat daher in den letzten Jahren erfolgreich daran gearbeitet, den Carotingehalt der Reisfrüchte durch gentechnische Maßnahmen zu erhöhen (→ Exkurs 16.2).

EXKURS 16.2: Der „goldene Reis", eine Errungenschaft der grünen Gentechnik

Vitamin-A-Mangel führt, vor allem bei Kindern, zur Erblindung und zu verminderter Resistenz gegen Infektionskrankheiten. In vielen Ländern Asiens, Afrikas und Südamerikas besteht eine gravierende Unterversorgung der Bevölkerung mit Provitamin A (Carotin), die hauptsächlich auf die einseitige Ernährung mit (geschältem) Reis zurückgeht. Man schätzt, dass in diesen Ländern jährlich 1 – 2 Millionen Todesfälle bei Kindern auf Vitamin-A-Mangel zurückgehen. Obwohl auch im Reisgenom alle Enzyme der Carotinsynthese vorhanden sind – und z. B. in den Blättern auch Carotine normal gebildet werden – ist es nicht gelungen, durch konventionelle Züchtung Sorten zu erzeugen, welche auch im Endosperm der Reiskörner Carotine bilden. Dieses Gewebe besitzt in den Plastiden zwar alle Enzyme des Carotinoidsyntheseweges bis zum Geranylgeranyldiphosphat; die Bildung der anschließend notwendigen Phytoensynthase, der Desaturasen und der Lycopincyclase ist jedoch irreversibel blockiert (→ Abbildung 16.10).

Zur Lösung dieses Problems bietet sich die moderne Gentechnik an. In der Tat gelang es zwei Forschergruppen, die fehlenden Enzymaktivitäten durch Einführung entsprechender Fremdgene in das Reisgenom zu ergänzen. Durch *Agrobacterium*-vermittelte Transformation (→ S. 660) wurden die Gene für Phytoensynthase und Lycopincyclase aus der Narzisse (gekoppelt an den Endosperm-spezifischen Glutelin-Promotor; → S. 239) und ein bakterielles Phytoendesaturasegen (gekoppelt an den 35S-Blumenkohlmosaikvirus-Promotor) erfolgreich in das Reisgenom übertragen. Alle drei Gene enthielten Sequenzen für Transitpeptide für die Lokalisierung der Enzyme in den Plastiden. Es konnten transgene Nachkommen isoliert werden, welche alle drei Gene im Endosperm exprimierten. Da die bakterielle Phytoendesaturase alle notwendigen Desaturierungsschritte katalysiert, war damit die Biosynthesekette bis zum β-Carotin geschlossen. Die ausgereiften Körner dieser (heterozygoten) Transformanten enthalten ein gelb gefärbtes Endosperm mit einem β-Carotingehalt von bis zu $1{,}6\ \mu g \cdot g^{-1}$. Dieser Wert konnte mittlerweile um das mehr als 10fache gesteigert werden und sollte ausreichen, den Tagesbedarf des Menschen beim Verzehr üblicher Reismengen zu decken, ohne in die wenig flexiblen Essgewohnheiten der Konsumenten einzugreifen. Die in der Abbildung dargestellte chromatographische Auftrennung eines Endospermextraktes aus transformierten Pflanzen zeigt, dass neben β-Carotin auch kleinere Mengen an Lutein, Zeaxanthin und α-Carotin auftreten. Die transgenen Reispflanzen wurden nationalen und internationalen Forschungsinstitutionen für die Einkreuzung in lokale Reissorten zur Verfügung gestellt. (Nach Ye et al. 2000)

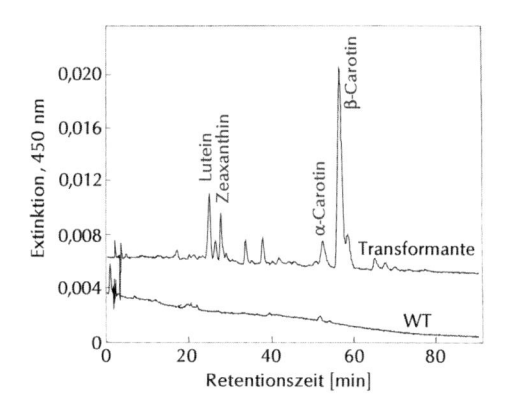

Weiterführende Literatur

Al-Babili S, Beyer P (2005) Golden rice – five years on the road – five years to go? Trends Plant Sci 10: 565–573

Anterola AM, Lewis NG (2002) Trends in lignin modification: A comprehensive analysis of the effects of genetic manipulations/mutations on lignification and vascular integrity. Phytochemistry 61: 221–294

Apel K (2001) Chlorophyll biosynthesis – Metabolism and strategies of higher plants to avoid photooxidative stress. In: Aro E-M, Andersson B (eds) Regulation of photosynthesis. Kluwer, Dordrecht, pp 235–252

Bartley GE, Scolnik PA (1995) Plant carotenoids: Pigments for photoprotection, visual attraction, and human health. Plant Cell 7: 1027–1038

Boerjahn W, Ralph J, Baucher M (2003) Lignin biosynthesis. Annu Rev Plant Biol 54: 519–546

Bohm BA (2000) Introduction to flavonoids. Chemistry and biochemistry of organic natural products, Vol. 2, Harwood, Amsterdam

Boudet AM, Kajita S, Grima-Pettenati J, Goffner D (2003) Lignins and lignocellulosics: A better control of synthesis for new and improved uses. Trends Plant Sci 8: 576–581

Cunningham FX, Gantt E (1998) Genes and enzymes of carotenoid biosynthesis in plants. Annu Rev Plant Physiol Plant Mol Biol 49: 557–583

Ellis BE, Kuroki GW, Stafford HA (eds) (1994) Genetic engineering of plant secondary metabolism. Rec Adv Phytochem, Vol XXVIII, Plenum, New York

Facchini PJ (2001) Alkaloid biosynthesis in plants: Biochemistry, cell biology, and metabolic engineering applications. Annu Rev Plant Physiol Plant Mol Biol 52: 29–66

Harbourne JB (1995) Ökologische Biochemie. Spektrum, Heidelberg

Heldt H-W, Piechulla B (2008) Pflanzenbiochemie. 4. ed, Spektrum, Heidelberg

Herrmann KM, Weaver LM (1999) The shikimate pathway. Annu Rev Plant Physiol Plant Mol Biol 50: 473–503

Kirby J, Keasling JD (2009) Biosynthesis of plant isoprenoids: Perspectives for microbial engineering. Annu Rev Plant Biol 60: 335–355

Kopsell DA, Kopsell DE (2006) Accumulation and bioavailability of dietary carotenoids in vegetable crops. Trends Plant Sci 11: 499–507

Napier JA (2007) The production of unusual fatty acids in transgenic plants. Ann Rev Plant Biol 58: 295–319

Neuhaus HE, Emes MJ (2000) Nonphotosynthetic metabolism in plastids. Annu Rev Plant Physiol Plant Mol Biol 51: 111–140

Ohlrogge J, Browse J (1995) Lipid biosynthesis. Plant Cell 7: 957–970

Reinbothe S, Reinbothe C (1996) Regulation of chlorophyll biosynthesis in angiosperms. Plant Physiol 111: 1–7

Rhodes MJC (1994) Physiological roles for secondary metabolites in plants: Some progress, many outstanding problems. Plant Mol Biol 24: 1–20

Roberts MF, Wink M (eds) (1998) Alkaloids. Biochemistry, ecology, and medical applications. Plenum, New York

Rodríguez-Concepción M, Boronat A (2002) Elucidation of the methyl-erythriol phosphate pathway for isoprenoid biosynthesis in bacteria and plastids. A metabolic milestone achieved through genomics. Plant Physiol 130: 1079–1089

Römer S, Fraser PD (2005) Recent advances in carotenoid biosynthesis, regulation and manipulation. Planta 221: 305–308

Seigler DS (1998) Plant secondary metabolism. Kluwer, Dordrecht

Sommerville C, Browse J (1991) Plant lipids: Metabolism, mutants, and membranes. Science 252: 80–87

Strack D, Vogt T, Schliemann W (2003) Recent advances in betalain research. Phytochemistry 62: 247–269

Tanaka R, Tanaka A (2007) Tetrapyrrole biosynthesis in higher plants. Annu Rev Plant Biol 58: 321–346

Thomas H (1997) Chlorophyll: A symptom and a regulator of plastid development. New Phytol 136: 163–181

Whetten RW, MacKay JJ, Sederoff RR (1998) Recent advances in understanding lignin biosynthesis. Annu Rev Plant Physiol Plant Mol Biol 49: 585–609

Winkel-Shirley B (2001) Flavonoid biosynthesis. A colourful model for genetics, biochemistry, cell biology, and biotechnology. Plant Physiol 126: 485–493

Ziegler J, Facchini PJ (2008) Alkaloid biosynthesis: Metabolism and trafficking. Annu Rev Plant Biol 59: 735–769

In Abbildungen und Tabellen zitierte Literatur

Boerjahn W, Ralph J, Baucher M (2003) Annu Rev Plant Biol 54: 519–546

Brett CT, Waldron KW (1996) Physiology and biochemistry of plant cell walls. 2. ed, Chapman and Hall, London

Franke R, McMichael CM, Meyer K, Shirley AM, Cusumano JC, Chapple C (2000) Plant J 22: 223–234

Hess D (1964) Umschau 64: 758–762

Murphy DJ, Rawsthorne S, Hills MJ (1993) Seed Sci Res 3: 79–95

Reznik H (1975) Ber Dtsch Bot Ges 88: 179–190

Schopfer P, Siegelmann HW (1968) Plant Physiol 43: 990–996

Winkel-Shirley B (2001) Plant Physiol 126: 485–493

Ye X, Al-Babili S, Klöti A, Zhang J, Lucca P, Beyer P, Potrykus I (2000) Science 287: 303–305

17 Entwicklung der vielzelligen Pflanze

Lebendige Systeme müssen als in beständiger Entwicklung befindliche Systeme aufgefasst werden. Diese Feststellung gilt für die Einzelzelle ebenso wie für das vielzellige System. Kurz zusammengefasst besteht Entwicklung aus **Wachstum, Differenzierung, Musterbildung** und **Morphogenese**. Die Entwicklung der Pflanze wird einerseits durch ihre **Gene** dirigiert, andererseits aber auch in oft drastischer Weise durch die **Umwelt** modifiziert. Pflanzen sind auch bezüglich ihrer Entwicklung **umweltoffene Systeme** und unterscheiden sich in dieser Hinsicht grundsätzlich von den Tieren. Das Zusammenwirken von Erbgut und Umwelt bei der pflanzlichen Entwicklung ist ein wichtiges Thema der **Entwicklungsphysiologie**. Daneben steht die bei Pflanze und Tier gleichermaßen grundlegende Frage nach der Steuerung des Entwicklungsgeschehens von den Keimzellen bis zum fortpflanzungsfähigen Organismus durch die Gene. Alle Zellen der Pflanzen stammen über mitotische Teilungen von der befruchteten Eizelle (Zygote) ab. Obwohl sie über die gleiche genetische Information verfügen, entstehen im Verlauf der Entwicklung distinkt verschiedene Zelltypen, welche sich zu geordneten höheren Einheiten (Gewebe, Organe) zusammenfügen. Die Aufklärung der hierbei wirksamen Entwicklungsprogramme und ihrer Umsetzung bei der Merkmalsausprägung steht im Vordergrund des Interesses der entwicklungsbiologischen Forschung, bei der heute vor allem eine Kombination genetischer, biochemischer und histologischer Methoden eingesetzt wird. Obwohl hier noch viele Fragen offen sind, zeichnen sich doch erste Konturen einer komplexen **Hierarchie von Genen** ab, welche teilweise, abhängig von organismuseigenen Faktoren und Signalen aus der Umwelt, das Entwicklungsschicksal der einzelnen Zellen festlegen und diese zu einem harmonisch gegliederten, funktionell und strukturell organisierten Ganzen integrieren. Für die Erforschung des Entwicklungsgeschehens bieten zunächst niedere Pflanzen (z.B. Farne) viele Vorteile, da bei ihnen praktisch alle Entwicklungsstadien für die Untersuchung leicht zugänglich sind. Die Einführung genetischer und molekularbiologischer Methoden hat auch die höheren Pflanzen einer Kausalanalyse leichter zugänglich gemacht und, neben der Bestätigung vieler klassischer Befunde, eine Fülle neuer Einsichten gebracht, die in diesem Kapitel dargestellt werden.

17.1 Grundlegende Gesichtspunkte

17.1.1 Entwicklung als ontogenetischer Kreislauf

Wenn man einen Organismus kennzeichnen will, muss man seine gesamte Individualentwicklung, **Ontogenese**, ins Auge fassen. Eine Ontogenese kann einfach sein, wie z. B. die mit vegetativer Fortpflanzung verbundene Ontogenese der einzelligen Grünalge *Chlorella vulgaris* (Abbildung 17.1), oder kompliziert, wie z. B. die durch einen Generationswechsel (Sporophyt/Gametophyt) ausgezeichnete Ontogenese einer bedecktsamigen Blütenpflanze (Abbildung 17.2). Die Ontogenese einer solchen Pflanze nimmt von der Zygote im Embryosack ihren Ausgang. In der Zygote ist die gesamte genetische Information enthalten, die sich während der Individualentwicklung manifestiert. Der tatsächliche Ablauf der Ontogenese wird durch das genetische Programm und durch modifizierende Umweltfaktoren festgelegt.

Betrachten wir zunächst das Entwicklungsgeschehen auf der Ebene der Zellen. Lediglich im Zustand der Zygote ist der **Sporophyt** einer Blüten-

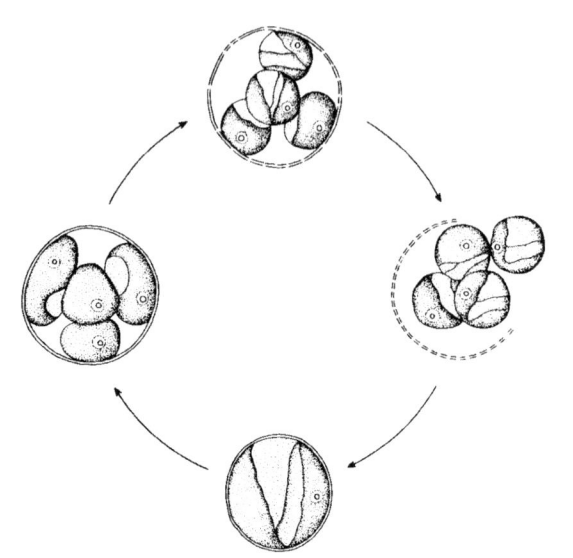

Abb. 17.1. Die Ontogenese der einzelligen Grünalge *Chlorella vulgaris*. Bei der vegetativen Fortpflanzung werden innerhalb der Zellwand der Mutterzelle Autosporen gebildet. Diese sind von vornherein der Mutterzelle isomorph und wachsen nach der Freisetzung zur Größe der Mutterzelle heran. Im Verlauf dieser Ontogenese kommen nur mitotische Zellteilungen vor. Sexualität, d. h. Meiosis und Befruchtung, hat man bei *Chlorella* nie beobachtet. (In Anlehnung an Oltmanns 1922)

Abb. 17.2. Stadien aus der Ontogenese einer dikotylen Samenpflanze. Objekt: Weißer Senf (*Sinapis alba*). Eingetragen sind lediglich Stadien der Sporophytenentwicklung. Die Gametophyten entwickeln sich als reifer Embryosack und als Pollenschlauch. Die Samenkeimung (*links unten*) und die Blütenbildung (*oben*) sind Kardinalpunkte der Sporophytenentwicklung.

pflanze einzellig. Mitotische Zellteilungen führen bereits im Embryosack zur Vielzelligkeit. Jede Zelle des vielzelligen Systems besitzt die gesamte genetische Information der Zygote. **Somatische Mutationen** schränken diese „Bewahrung der genetischen Omnipotenz" freilich ein. Da die Pflanzen, im Gegensatz zu den höheren Tieren, keine distinkte Keimbahn besitzen, können sich bei ihnen somatische Mutationen akkumulieren und potenziell auch auf die nächste Generation übergehen. In den Meristemen der Pflanzen werden sich mit zunehmendem Alter immer mehr Mutationen anhäufen. Die Pflanzen haben Strategien entwickelt, um der drohenden Akkumulation solcher somatischen Mutationen entgegenzuwirken. Sie reservieren häufig bestimmte Meristeme (Kurztriebe) oder Teile von Meristemen (*méristème attente*, Ruhezentrum; → Abbildung 17.16) mit reduzierter mitotischer Aktivität für die Reproduktion, eine Analogie zur Keimbahn der höheren Tiere. Trotzdem muss man damit rechnen, dass langlebige Pflanzen mehr Mutationen in ihren reproduktiven Meristemen anhäufen als kurzlebige. Beim Mangrovebaum *Rhizophora mangle* wurde z. B. eine 25fach höhere Mutationsrate je Generation beobachtet als bei den annuellen Arten Gerste und Buchweizen. Die Lebensdauer der Pflanze ist somit für Ontogenese und Evolution eine wichtige Größe.

Die Ontogenese eines vielzelligen Systems ist ein in Raum und Zeit geordnet ablaufender Prozess. Die Zellen werden also nicht zufallsmäßig, sondern in einer bestimmten **Ordnung** zusammengefügt. Das Ziel der Entwicklungsphysiologie ist die **kausale** Erklärung der Entwicklung. Das Geschehen, das mit dem phänomenologischen Begriff **Entwicklung** bezeichnet wird, ist derart komplex, dass es einem unmittelbaren Zugriff nicht zugänglich erscheint. Vielmehr muss man das Entwicklungsgeschehen in passende Teilaspekte aufgliedern. Dafür braucht man analytische Begriffe. In der Entwicklungsbiologie bewährt haben sich die Bezeichnungen **Wachstum, Differenzierung, Musterbildung** und **Morphogenese** (Abbildung 17.3).

17.1 Grundlegende Gesichtspunkte

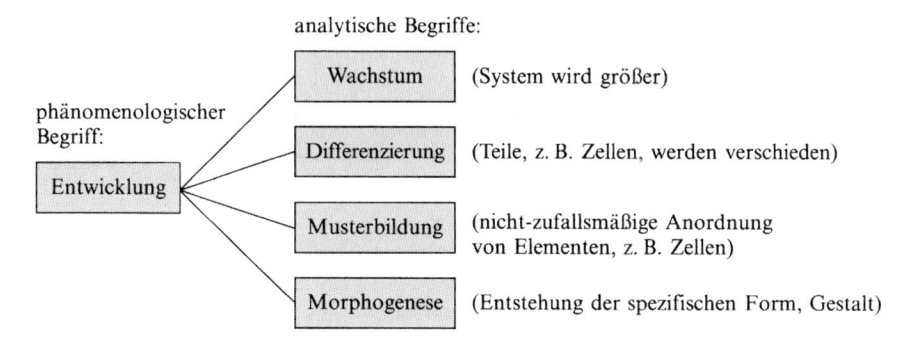

Abb. 17.3. Die wichtigsten analytischen Begriffe, die sich bei der wissenschaftlichen Behandlung des Entwicklungsgeschehens bewährt haben.

phänomenologischer Begriff: **Entwicklung**

analytische Begriffe:
- **Wachstum** (System wird größer)
- **Differenzierung** (Teile, z. B. Zellen, werden verschieden)
- **Musterbildung** (nicht-zufallsmäßige Anordnung von Elementen, z. B. Zellen)
- **Morphogenese** (Entstehung der spezifischen Form, Gestalt)

17.1.2 Das genetisch festgelegte Entwicklungsprogramm und der Einfluss der Umwelt

Die Ontogenese einer Samenpflanze erfolgt in distinkten Phasen: **Embryogenese, Samenbildung, Samenkeimung, vegetative Entwicklung, reproduktive Entwicklung, Seneszenz, Tod** (→ Abbildung 17.2). Die einzelnen Phasen sind unterschiedlich stark durch die Umwelt beeinflussbar. Obwohl aufgrund endogener Steuervorgänge ein präzis in Raum und Zeit geordneter Entwicklungsrahmen festgelegt ist, so geht die Entwicklung doch nicht starr von statten. Der Entwicklungsprozess kann vielmehr in vielen Fällen sehr elastisch auf äußere Störungen reagieren und bei gleichem Genotyp zu stark abgeänderten Phänotypen führen. Die Umwelt kann aber keinen spezifischen Einfluss auf den Entwicklungsablauf ausüben, sie kann beispielsweise die morphogenetischen Muster nicht verändern. Insbesondere wird dies in der frühen Embryonalentwicklung deutlich. Die Zahl und Art der Zellteilungen sind im genetischen Programm bis ins kleinste festgelegt, sodass zwischen Individuen einer Art in diesem Stadium keine Unterscheidung möglich ist. Erst bei der späteren Entwicklung der Gestalt, der Morphogenese der adulten Pflanze, wird der Einfluss der Umwelt auf den Phänotyp bei einzelnen Individuen deutlich wenn sie unterschiedlichen Umweltbedingungen ausgesetzt werden. Zwar ist die Embryonalentwicklung bei höheren Pflanzen zwischen den einzelnen Spezies leicht abgewandelt (Abbildung 17.4), aber zwischen Individuen einer Spezies identisch. Die früheste Weichenstellung durch Umwelteinflüsse ist die Ausrichtung der **Polarität** der befruchteten Eizelle am Beginn der Embryonalentwicklung.

In der Entwicklungsbiologie der Pflanzen determiniert ähnlich wie bei Tieren der **Genotyp**, das genetisch festgelegte Programm, mehr oder weniger streng den **Phänotyp**, die Summe der Merkmale. Unter den diversen beeinflussenden Umweltfaktoren greift bei Pflanzen besonders das **Licht** dirigierend in die Entwicklung ein. Einige dieser Umweltfaktoren sind wie z. B. die Tag-Nacht-Rhythmen relativ verlässlich, andere, wie starke Stürme oder Trockenheit dagegen nicht genau vorhersehbar. Die

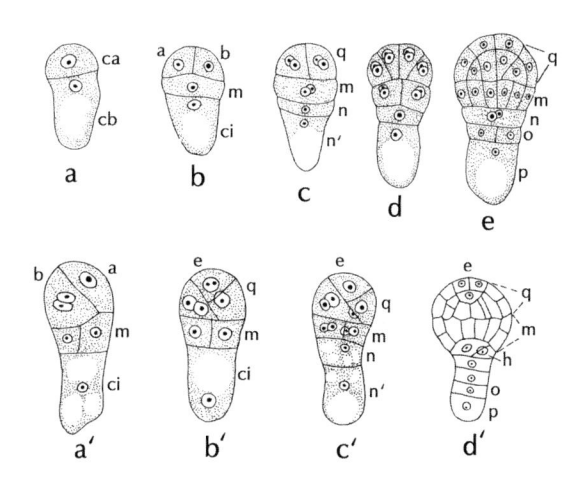

Abb. 17.4. Embryonalentwicklung bei Angiospermen. a–e, Astereentyp (*Senecio*-Variation, *Lactuca sativa*); a'–d', Astereentyp (*Geum*-Variation, *Geum urbanum*). Die sich entsprechenden Zellen sind mit gleichen Buchstaben gekennzeichnet. Die Entwicklung von *ca* (*cellule apicale*) ist bei den beiden Variationen charakteristisch verschieden. Hingegen ist die Entwicklung von *cb* (*cellule basale*) bei beiden Variationen gleich. (Nach Rutishauser 1969)

Entwicklungsphasen, die überwiegend durch das genetische Programm reguliert werden, laufen oft abgeschirmt von spezifischen Einflüssen der Umwelt ab. Beispiele dafür sind die Entwicklung des Embryos im Embryosack und die Musterbildung in den Meristemen. Manchmal sind auch verschiedene Programme parallel im Genom einer Pflanze vorgegeben, die durch unterschiedliche Umweltbedingungen alternativ abgerufen werden können. So können z. B. Keimpflanzen im Dunkeln den Entwicklungsweg der **Skotomorphogenese** einschlagen, wobei viele morphologische und physiologische Merkmale stark von der normalen Entwicklung im Licht, **Photomorphogenese**, abweichen (→ Abbildung 17.8, 17.29; → S. 453). Solche phänotypischen Anpassungen werden auf der Ebene der Genexpression gesteuert und sind nach Wegfall des auslösenden Umweltfaktors meist schnell reversibel.

Die strenge Koppelung zwischen Genotyp und Phänotyp wird nicht nur durch äußere Umwelteinflüsse, sondern auch durch eine endogene Komponente, das sogenannte „ontogenetische Restrauschen", aufgelockert. Auch unter identischen Umweltbedingungen entwickeln sich genetisch identische Pflanzen nicht völlig gleich. Selbst eine perfekte Standardisierung der Versuchspflanzenhaltung beseitigt nicht alle Schwankungen der Merkmalsausprägung zwischen Individuen reiner Linien oder gar bei Klonen. Dieses „ontogenetische Restrauschen" beruht auf Zufallsereignissen im molekularen Bereich, dem sogenannten deterministischen Chaos. Alle Organismen, auch Pflanzen, sind so konstruiert, dass sie durch eine entsprechende Regulation in der Genexpression das Restrauschen dort dämpfen können, wo es notwendig ist, so z. B. bei der Ausprägung lebensentscheidender Muster, bei denen die genetische Determinierung weder durch das Restrauschen noch durch äußere Umwelteinflüsse verändert werden darf.

17.1.3 Entwicklung und Chromosomensatz

Karyologische Untersuchungen an Gewebekulturen haben gezeigt, dass die Grundfunktionen der Zelle mit einer Variation der Chromosomenzahl verträglich sind. Die in Raum und Zeit geordnete Entwicklung eines vielzelligen Organismus stellt hingegen viel höhere Anforderungen an die Konstanz des Chromosomensatzes. Zwar ist auch bei den höheren, normalerweise diploiden Pflanzen eine weitgehend normale Entwicklung sowohl mit einem haploiden als auch mit einem polyploiden Chromosomensatz möglich (→ S. 123); ein Verlust der Balance im Chromosomenbestand, z. B. **Aneuploidien**, führt jedoch in der Regel zu mehr oder minder ausgeprägten Entwicklungsstörungen. Der **monosomische Zustand** (ein Chromosom fehlt in einem Exemplar) ist oft letal, auch wenn bei diploiden Organismen eines der beiden homologen Chromosomen noch vorhanden ist.

Auch bei überzähligen Chromosomen, beispielsweise **Trisomien** ($2n + 1$), findet man Störungen oder zumindest Abweichungen der Entwicklung. Beim Stechapfel (*Datura*) mit seinen 2 x 12 Chromosomen wurden alle 12 möglichen Trisomien cytologisch gefunden und ihr Einfluss auf die Entwicklung, letztlich auf den Phänotyp, festgestellt. Auch beim Mais (*Zea mays*) mit 2 x 10 Chromosomen wurden entsprechende Beobachtungen gemacht. Die verhängnisvollen Auswirkungen von Trisomien auf die Entwicklung des Menschen, z. B. die zum Down-Syndrom (Mongolismus) führende Trisomie 21, sind allgemein bekannt.

Die **Endopolyploidie** (eine durch Endomitosen verursachte Vervielfachung des normalen Chromosomensatzes in bestimmten Geweben, z. T. verbunden mit starken Vergrößerungen des Zellkerns) kommt bei Pflanzen häufig vor. Es handelt sich um einen normalen Prozess, der mit der funktionellen Spezialisierung der Zellen während der Entwicklung des Organismus zusammenhängt.

In der Evolution und Etablierung der höheren Pflanzen hat Polyploidie eine sehr wichtige Rolle gespielt. Die meisten Blütenpflanzen, und insbesondere fast alle Nutzpflanzen sind polyploid. Vervielfachung des Genoms führt dabei oft zu einem verstärkten somatischen Wachstum, so dass polyploide Pflanzen größer, kräftiger und auch oft ertragreicher sind. In der Landwirtschaft und in der Pflanzenzüchtung wird dieses Phänomen seit tausenden von Jahren genutzt, sodass heute die meisten Kulturpflanzen polyploid sind, wie z.B. der Weizen (hexaploid) und die Kartoffel (tetraploid). In der Natur sind aber auch viele polyploide Pflanzen durch die Verschmelzung von fremden, nicht durchgehend homologen Chromosomensätzen in den Zellkernen entstanden. Diese **allopolyploiden** Pflanzen sind manchmal nur sehr schwer zu erkennen. So wurde erst kürzlich festgestellt, dass der Mais, der sich in allen cytologischen und cytogenetischen Studien wie eine diploide Pflanze verhält, eigentlich zwei distinkte Genome enthält und deshalb allotetraploid ist. Die gewollte Kombination von positiven Eigenschaften aus verschiedenen Spezies durch Allopolyploidie war in der Pflanzenzüchtung bisher erst einmal systematisch erfolgreich, nämlich bei der neuen Spezies *Triticale*, die die Genome von Weizen *(Triticum)* und Roggen *(Secale)* miteinander vereinigt. Bisher ist noch unklar, wie und welche diploiden Chromosomensätze miteinander im Zellkern verträglich sind und wie sie erfolgreich kombiniert werden können.

17.1.4 Generationswechsel

Die Ontogenese der höheren Pflanzen (Pteridophyten und Spermatophyten) ist generell durch einen **heterophasischen Generationswechsel** (Sporophyt/Gametophyt) charakterisiert. Wenn man diesen Generationswechsel entwicklungsphysiologisch studieren will, muss man solche Systeme wählen, bei denen beide Generationen experimentell leicht zugänglich sind, etwa Farne. Die Spermatophyten sind nicht günstig, weil sich bei ihnen die extrem reduzierten Gametophyten experimentell kaum bearbeiten lassen (→ Abbildung 17.2). Die Abbildung 17.5 zeigt Stadien aus der Ontogenese von *Dryopteris filix-mas*, einem charakteristischen Vertreter der leptosporangiaten Farne. Bei diesen Organismen sind sowohl der **Gametophyt** als auch der **Sporophyt** selbständige, autotrophe Generationen, die sich wesentlich unterscheiden: Der Gametophyt ist ein **Thallus** (4), der Sporophyt ein **Kormus** (6). Die Organisation (der „Bauplan") der beiden Generationen ist also fundamental verschieden. Der prinzipielle Unterschied in der Organisation von Gametophyt und Sporophyt hat aber nichts mit dem Unterschied in der **Kernphase** (haploid – diploid) zu tun, obwohl eine solche Annahme nahe liegt, weil sich üblicherweise Gametophyt (n) und Sporophyt (2n) in der Kernphase unterscheiden. Dass eine solche Annahme nicht berechtigt ist, beweisen bereits vergleichend-entwicklungsgeschichtliche Daten.

Die Abbildung 17.6 (*oben*) zeigt diagrammatisch den normalen, mit Befruchtung und Meiose verbundenen Generationswechsel der Farne. Im allgemeinen gehen 16 Sporenmutterzellen (2n) aus einer Archesporzelle (2n) mitotisch hervor. Jede Sporenmutterzelle bildet meiotisch 4 Gonosporen (Meiosporen, n). Die Abbildung 17.6 (*Mitte*) zeigt

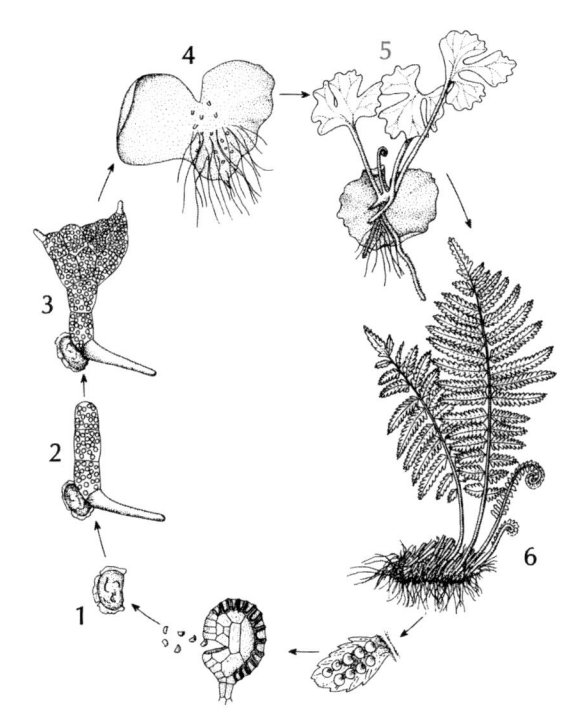

Abb. 17.5. Repräsentative Stadien aus der Ontogenese des leptosporangiaten Wurmfarns (*Dryopteris filix-mas*). Aus der haploiden **Gonospore** (*1*) entsteht das **Protonema** (*2*). Die Sporenkeimung erfolgt nur in Gegenwart von aktivem Phytochrom (P_{fr}; → S. 453). Unter normalen Lichtbedingungen (d. h. Weisslicht mit erheblichem Lichtfluss) wird das fädige Protonemastadium (*2*) rasch von einem flächigen *Prothallium* (*3*, *4*) abgelöst. Der Übergang von *2* nach *3* geht nur vonstatten, wenn das eingestrahlte Licht genügend **Blaulicht** enthält.

den nicht seltenen Generationswechsel mit **obligatorischer Apogamie**. Hierbei entstehen die Sporophyten aus vegetativen Zellen des Prothalliums ohne Geschlechtszellen und Befruchtung. Die Meiose tritt aber ein. Die Chromosomenzahl wird dadurch in Ordnung gehalten, dass bei der Bildung der Sporenmutterzellen eine Verdoppelung der Chromosomen auftritt. Es entstehen aus einer Archesporenzelle (2n) acht Sporenmutterzellen (4n). Die Meiose liefert 32 Gonosporen (2n). Bei diesem Typ von Generationswechsel sind also alle Zellen, die während der Ontogenese auftreten, diploid, abgesehen von den Sporenmutterzellen. Die Abbildung 17.6 (*unten*) ist ein Extremfall, bei dem die Meiose entfällt. Es gibt in der ganzen Ontogenese nur noch Mitosen. Die Teilungen der Sporenmutterzellen sind mitotisch. Die entstehenden Sporen sind keine Gonosporen. Die Sexualität ist völlig aufgehoben; eine Umkombination des Erbguts findet nicht

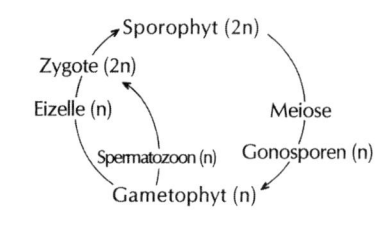

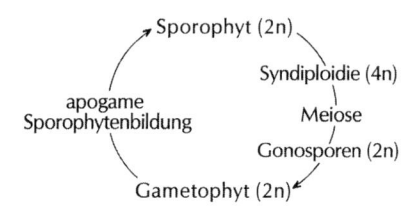

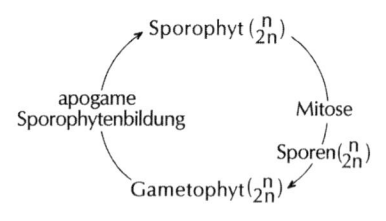

Abb. 17.6. Drei Typen des Farngenerationswechsels. (Nach Evans 1964)

mehr statt. Bezüglich des Ploidiegrads (n oder 2n) bestehen verschiedene Auffassungen. Dies ist für den Schluss, den wir aus der Abbildung 17.6 ziehen wollen, irrelevant, da auf jeden Fall die **apogame Sporophytenbildung** den **gleichen** Ploidiegrad von Sporophyt und „Gametophyt" zur Folge hat. Die für uns wichtige Beobachtung ist, dass selbst in diesem Fall der morphologische Unterschied zwischen Sporophyt und Gametophyt genauso ausgeprägt ist, wie bei der normalen, mit Befruchtung und Meiose verknüpften Ontogenese. Ohne Experimente haben wir somit gelernt, dass der **Generationswechsel** nicht ursächlich mit dem **Kernphasenwechsel** zusammenhängt.

Wie kommt es dann, dass ein und dieselbe genetische Information einmal einen Gametophyten hervorbringt und einmal einen Sporophyten? Dies hängt offensichtlich damit zusammen, dass in den verschiedenen Phasen der Ontogenese unabhängig vom Ploidiegrad zwei alternative Programme verwendet werden, die verschiedene Anteile der genetischen Information beinhalten. Die Frage ist, welche Faktoren jeweils darüber bestimmen, welcher Anteil der genetischen Information aktiv zu sein hat und welcher nicht. Für die Umsteuerung vom Sporophytenprogramm auf das Gametophytenprogramm sind offensichtlich Faktoren verantwortlich, die den Sporen bzw. Gameten von den jeweiligen Mutterpflanzen mitgegeben werden. Eine „molekulare" Antwort auf diese Frage ist noch nicht möglich, da die übergeordneten Genschalter noch nicht bekannt sind. Einige Hinweise seien kurz behandelt.

Der Baumfarn *Alsophila australis* und der Rhizomfarn *Dryopteris filix-mas* unterscheiden sich in der Sporophytengeneration grundlegend. Die Gametophyten der beiden Arten hingegen lassen sich nur mit Mühe auseinanderhalten. Sie reagieren auch im physiologischen Experiment (z. B. bei photomorphogenetischen Beeinflussungen) sehr ähnlich. Diese Ähnlichkeit hängt offenbar damit zusammen, dass während der Gametophytenentwicklung der Farne in erster Linie solche Gene in

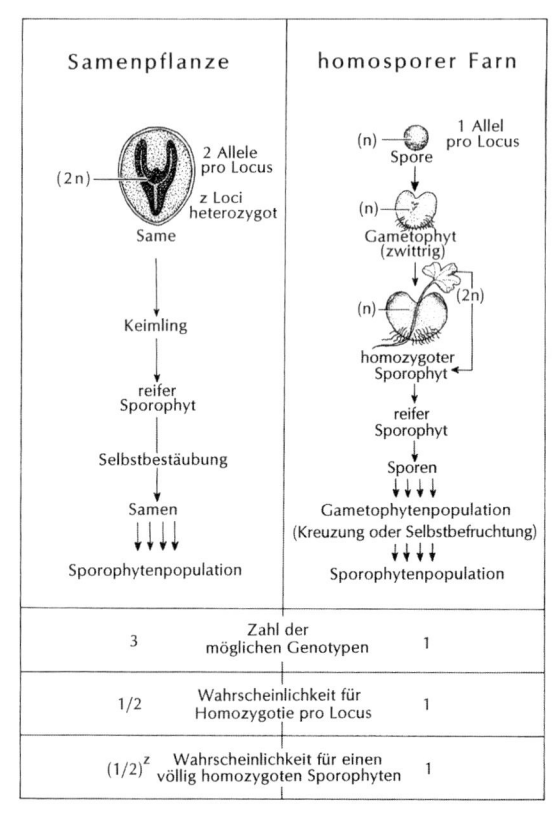

Abb. 17.7. Genetischer Vergleich von Sporophytenpopulationen, die aus einem einzelnen **Samen** oder einer einzelnen **Meiospore** im Fall von Selbstbestäubung bzw. Selbstbefruchtung hervorgehen. Während die Samenpflanze ihre Heterozygotie aufrecht erhalten kann, wird die homospore Farnpflanze bereits innerhalb einer Generation völlig homozygot. (Nach Klekowski 1972)

Funktion treten, die zum phylogenetisch alten Bestand gehören, die also sehr vielen Farnarten gemeinsam sind. Erst bei der Sporophytenentwicklung werden dann auch jene Gene in Funktion gesetzt, welche die Verschiedenheit der Sporophyten bedingen. Nach dieser Ansicht haben alle leptosporangiaten Farne einen Grundstock gemeinsamer Gene, die in erster Linie die Prothallienentwicklung bestreiten.

In Abbildung 17.7 sind eine **Samenpflanze** und eine **homospore Farnpflanze** mit zwittrigem Prothallium einander gegenübergestellt. Man sieht, dass bei der Farnpflanze bereits innerhalb einer Generation mit Selbstbefruchtung komplette Homozygotie auftritt. Die homosporen Farne haben im Lauf der Evolution auf diese Schwierigkeit mit einer Modifikation der Meiose reagiert, die es der homozygoten Sporenmutterzelle erlaubt, **genetisch ungleiche Meiosporen** hervorzubringen. Im Prinzip ist hier die Paarung der homologen Chromosomen ersetzt durch eine Paarung innerhalb homologer Chromosomensätze, die durch Polyploidisierung entstanden sind.

17.1.5 Alternative Entwicklungsstrategien des Gametophyten

Als Beispiel wählen wir wieder den leptosporangiaten Wurmfarn (*Dryoperis filix-mas*, → Abbildung 17.5). Wir richten unser Augenmerk auf die Entwicklung des jungen Gametophyten, die unter natürlichen Lichtverhältnissen durch den raschen Übergang vom fädigen Protonema zum flächigen Prothallium charakterisiert ist. Diese normale Entwicklung kann nur vonstatten gehen, wenn der Keimling (= junger Gametophyt) genügend kurzwelliges Licht (Blaulicht) erhält. Es handelt sich also um eine **obligatorische Photomorphogenese** (Abbildung 17.8). Man sieht, dass die Entwicklung im Dunkeln und die Entwicklung im Hellrot recht ähnlich ablaufen: Es entsteht ein Zellfaden. Im Blaulicht hingegen bildet sich – wie im Weißlicht – das normale Prothallium. Diese Unterschiede in der Morphogenese bleiben in der Regel auch erhalten, wenn man die Kultur über längere Zeit fortsetzt.

Dem Genbestand nach sind das fädige System und das Prothallium identisch. Offensichtlich sind jedoch jeweils verschiedene Teile des Genoms aktiv. Der morphogenetisch wirksame Photoreceptor, **Phytochrom**, wird in einem späteren Kapitel behandelt (→ S. 453).

17.2 Wachstum

17.2.1 Definition von Wachstum

Bei den höheren Tieren und beim Mensch bedeutet Wachstum ein streng begrenztes Systemwachstum auf der Basis einer vorgegebenen Körpergrundgestalt. Die Sporophyten der höheren Pflanzen hingegen wachsen nach dem Prinzip der Metamerie oder modularen Konstruktion (→ Abbildung 17.31). Als Grundeinheit, die immer wiederholt wird, **Modul** gleich **Phytomer**, kann man den Knoten mit seinen Anhangsgebilden und das zugehörige Internodium auffassen (Abbildung 17.9). Der Abschluss des Systemwachstums ist bei den perennierenden Holzpflanzen nur locker endogen determiniert. Die Forschung zielt darauf ab, Wachstumsvorgänge kausal zu erklären. Der Weg dahin führt über folgende Stufen: **Definition** von Wachstum, **Messung** von

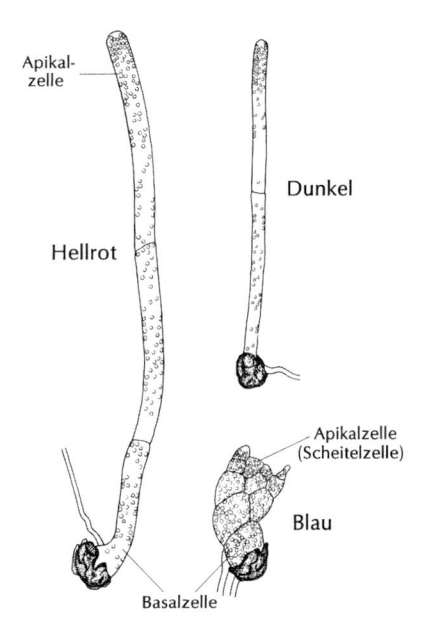

Abb. 17.8. Typische Sporenkeimlinge des Wurmfarns (*Dryopteris filix-mas*) nach 6tägiger Kultur auf mineralischer Nährlösung. Die Keimung wurde mit hellrotem Licht induziert (Bildung von aktivem Phytochrom, P_{fr}). Die Kultur erfolgte im Dunkeln bzw. im Hellrot- oder Blaudauerlicht bei praktisch gleichem Quantenfluss (etwa 1 W · m^{-2}). Die Photosynthese kann daher unter beiden Lichtbedingungen mit etwa gleicher Intensität ablaufen. (Nach Mohr und Ohlenroth 1962)

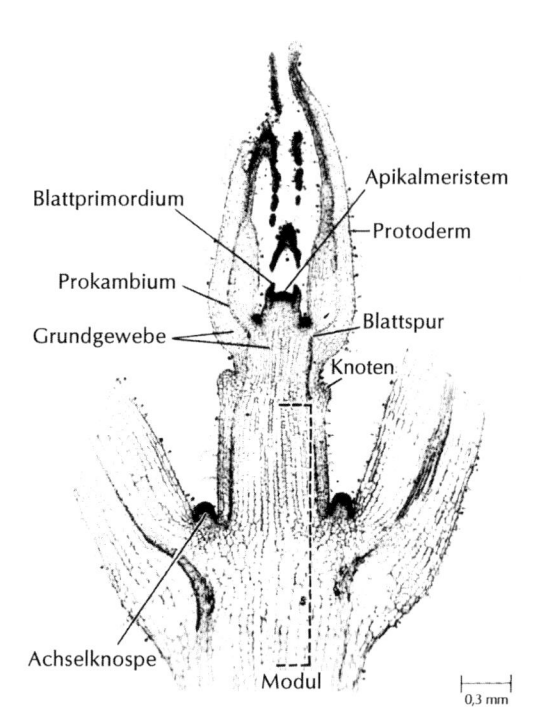

Abb. 17.9. Längsschnitt durch eine Sprossspitze mit dekussierter Blattstellung (*Coleus spec.*). Die Anlage der modularen Konstruktion der Pflanze in Phytomere (→ Abbildung 17.31) tritt bereits am apikalen Vegetationspunkt deutlich in Erscheinung.

Wachstum, **quantitative Beschreibung** von Wachstum. Wachstum lässt sich definieren als irreversible Zunahme eines **Wachstumsparameters** mit der Zeit. Die konkrete Wahl des Parameters hängt vom Objekt, den methodischen Möglichkeiten und der Fragestellung ab. Beispiele für die Messung und quantitative Beschreibung von Wachstumsvorgängen sind in den Exkursen 17.1, 17.2 und 17.3 dargestellt.

Man registriert Wachstum als:
➤ Zunahme der Länge,
➤ Zunahme des Durchmessers,
➤ Zunahme des Volumens,
➤ Zunahme der Zellzahl,
➤ Zunahme der Frischmasse,
➤ Zunahme der Trockenmasse,
➤ Zunahme der Gesamtproteinmenge,
➤ Zunahme der DNA-Menge.

Für die angestrebte kausale **Erklärung** muss man **essenzielle Faktoren** (Voraussetzungen für Wachstum) und tatsächlich **regulierende Faktoren** (Wachstumsregulatoren) strikt unterscheiden. Im Fall des auf Zellwachstum beruhenden Organwachstums eines Hypokotyls oder einer Koleoptile (→ Abbildung 19.16) ist z. B. das ATP ein essenzieller Faktor des Wachstums, aber kein regulierender Faktor. Natürlich benötigt das Wachstum große Mengen an ATP, und das Wachstum bleibt stehen, sobald man die ATP-Bildung hemmt. Aber die Pflanze reguliert die Intensität des Wachstums nicht über ATP. Regulierende Faktoren sind vielmehr Hormone und Licht.

17.2.2 Messung des Wachstums

Wachstum geht einher mit der irreversiblen Zunahme von Merkmalsgrößen. Die Wahl des geeigneten Merkmals für Wachstum hängt von den spezifischen Eigenschaften des lebendigen Systems und von dem Interesse des Beobachters ab. Einige Beispiele zeigen, wie schwierig oft die Wahl eines geeigneten Merkmals ist: Bedeutet die Zunahme der DNA eines Organs auch dann Wachstum, wenn Endopolyploidisierung vorliegt? Ist die Konstanz oder gar Abnahme der Trockenmasse ein Zeichen dafür, dass kein Wachstum erfolgt? Offensichtlich nicht, denn ein Dunkelkeimling (→ Abbildung 19.8), der ohne Frage Wachstum ausführt, verliert beständig Trockensubstanz. Vor derselben Schwierigkeit stehen natürlich auch der Human- und der Tierphysiologe. Ein Beispiel: Welche Möglichkeiten für Wachstumsmessung stehen zur Verfügung, wenn man etwa bei menschlichen Populationen das Wachstum verfolgen will? In diesem Fall darf der Organismus nicht geschädigt werden, ferner

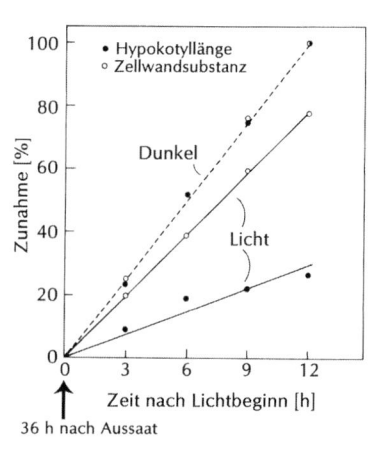

Abb. 17.10. Die Zunahme der Hypokotyllänge und der Zellwandsubstanz (gemessen als Trockenmasse) des Hypokotyls im Dunkeln und im Licht (Dauerdunkelrot). Objekt: Senfkeimlinge (*Sinapis alba*). (Nach Daten von A. Steiner)

EXKURS 17.1: Quantitative Beschreibung von Wachstum: Das Hypokotylwachstum des Senfkeimlings

Unter Hypokotyl verstehen wir den Achsenabschnitt vom Wurzelansatz bis zum Kotyledonarknoten eines Dikotylenkeimlings. Im Samen ist dieses Organ etwa 2 mm lang. Nach der Keimung wächst dieser Achsenabschnitt gewaltig in die Länge. Das Ausmaß des Längenwachstums wird durch Licht reguliert. Die Wachstumskurven in der Abbildung A gelten für Keimlinge, die unter genau kontrollierten Bedingungen im Dunkeln oder im Dauerlicht heranwachsen. Alle Bedingungen sind gleich, abgesehen vom Lichtfaktor. Sowohl im Dunkeln als auch im Licht zeigen die Wachstumskurven (Zunahme der Hypokotyllänge mit der Zeit) einen sigmoiden Verlauf (geringes Wachstum → starkes Wachstum → Abnahme des Wachstums → Endwert). Das Licht beeinflusst den Endwert und die Wachstumsintensität (= „Wachstumsgeschwindigkeit" = Zunahme der Hypokotyllänge pro Zeiteinheit). Die Abbildung B zeigt die Wachstumsintensität in Abhängigkeit von der Zeit. Formal sind die Kurvenzüge der Abbildung B jeweils die 1. Ableitung der Wachstumskurven. Man sieht deutlich, dass das Steigen und Fallen der Wachstumsintensität des Hypokotyls im Licht stets geringer ist als im Dunkeln. Die Endlänge erreicht das Hypokotyl im Licht hingegen später als im Dunkeln (Nach Daten von Feger).

Den sigmoiden Verlauf der Wachstumskurve beobachtet man ganz allgemein beim Wachstum von Organen, z. B. bei Primärwurzeln, Internodien, Blättern oder Früchten und beim Wachstum von Organismen, wie in Abbildung C am Beispiel einer Maispflanze (*Zea mays*) dargestellt. (Nach Kimball 1965.) Diese Zusammenhänge hat schon Julius Sachs in der zweiten Hälfte des 19. Jahrhunderts richtig erkannt. Auf seinen Vorschlag hin nennt man die maximale Intensität des Wachstums die „Große Periode des Wachstums".

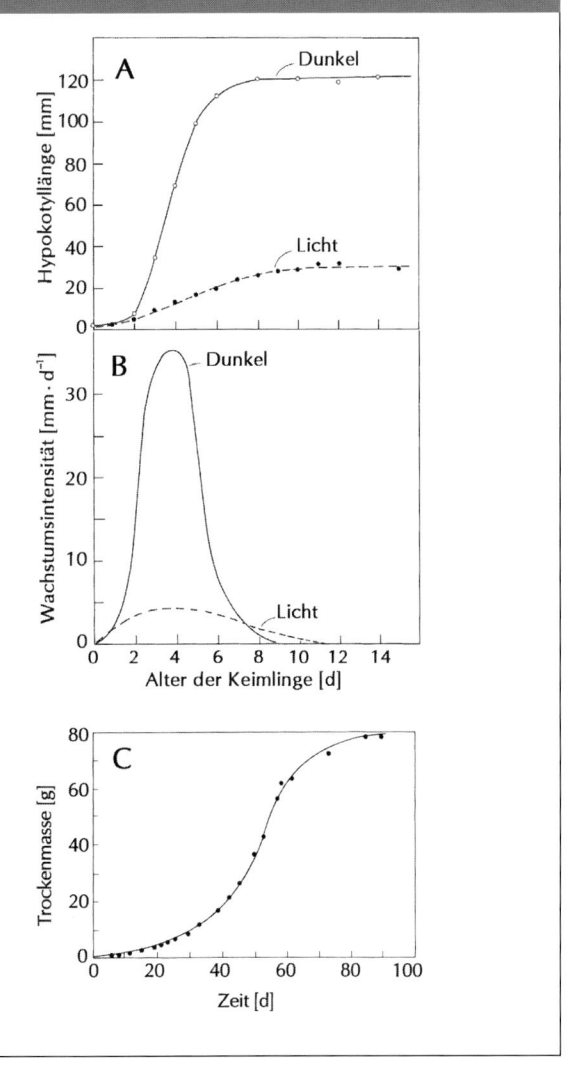

---

sollten die Messungen genau sein und rasch erfolgen. Man misst deshalb meist die Zunahme der (Frisch-)Masse mit der Zeit und die Zunahme der Körperlänge mit der Zeit. Dabei kann man oft in Schwierigkeiten kommen, z. B. nehmen Kinder in einem bestimmten Zeitraum an Körperlänge zu und an Gewicht ab. Sind sie nun gewachsen? Auch bei Pflanzen ist die Zunahme der Frischmasse häufig kein geeignetes Maß für das Wachstum.

Die fehlende Übereinstimmung zwischen verschiedenen potenziellen Wachstumsparametern lässt sich auch am Beispiel des Hypkotylwachstums illustrieren (Abbildung 17.10). Das Längenwachstum dieses Organs beruht fast ausschließlich auf Zellstreckung und wird durch Licht reguliert (→ Exkurs 17.1). Man würde daher erwarten, dass die Zunahme an Zellwandmaterial parallel zur Zunahme der Organlänge erfolgt. Dies ist jedoch nur beim Wachstum im Dunkeln zu beobachten. Im Licht wird die Zellstreckung stark reduziert, obwohl die Zunahme an Zellwandmaterial nahezu wie im Dunkeln weiterläuft.

17.2.3 Allometrisches Wachstum

Wenn man bei zwei- oder dreidimensionalen Systemen das Wachstum quantitativ beschreiben will, kommt es häufig darauf an, die Intensität des

Wachstums in den verschiedenen Dimensionen zu erfassen. Die Entstehung der spezifischen Form des Organismus kann nur auf diese Weise quantitativ beschrieben werden. Es ist deshalb von großem Interesse, das relative Wachstum eines lebendigen Systems in den verschiedenen Dimensionen zu messen. Diese Untersuchungen gehören in den Bereich der **Allometrie** (→ Exkurs 5.2, S. 110).

EXKURS 17.2: Das Wachstum einer Zellsuspension

Wie lässt sich das Wachstum einer Zellsuspension, z. B. einzelliger Algen, Hefen oder Bakterien quantitativ erfassen? Im Fall einer Zellsuspension ist es vernünftig, eine Zunahme der Zellzahl pro Volumeneinheit als „Wachstum" zu bezeichnen. Diese Größe lässt sich meist leicht und schnell bestimmen. Wenn man den Logarithmus der Zellzahl pro Volumeneinheit in Abhängigkeit vom Alter der Kultur aufträgt, erhält man im allgemeinen den in der Abbildung dargestellten Kurvenverlauf für das Wachstum einer Population einzelliger Algen (*Chlorella vulgaris*). Man erkennt, dass nach einer **Anlaufphase (= *lag*-Phase)** der Zuwachs pro Zeiteinheit eine Zeit lang proportional zu der bereits vorhandenen Zellzahl ist (**exponentielle = logarithmische Phase = *log*-Phase**). Dann sinkt die relative Wachstumsintensität und geht schließlich gegen Null. Damit ist die **stationäre Phase** erreicht. Die Erschöpfung des Mediums, die starke Schwächung des Lichts in dichten Suspensionen und die steigende Konzentration hemmender Ausscheidungsprodukte sind dafür verantwortlich, dass die relative Wachstumsintensität sinkt. Die folgende Beobachtung zeigt, dass in der Tat die Anreicherung hemmender Ausscheidungsprodukte eine wesentliche Rolle spielt: Entnimmt man eine Probe aus einer Suspension in der stationären Phase und bringt sie in ein neues Medium, so beginnen die Algen nicht sofort mit dem logarithmischen Wachstum; sie brauchen vielmehr eine gewisse Zeit der Anpassung (*lag*-Phase).

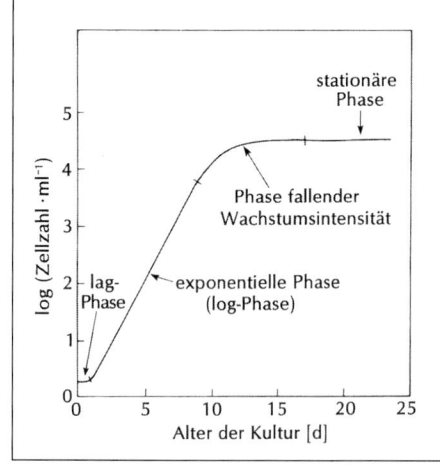

Die Phase des logarithmischen Wachstums lässt sich formal stets in gleicher Weise beschreiben, unabhängig vom System (→ Abbildung 1.11): Der Zuwachs dn/dt sei proportional der bereits vorhandenen Menge n; die relative Wachstumsintensität dn/(dt · n) sei also konstant. Dann wird der Sachverhalt durch die folgende Differenzialgleichung 1. Ordnung beschrieben:

$$\frac{dn}{dt} = k\,n, \quad (17.1a)$$

wobei: k = Wachstumskonstante (relative Wachstumsintensität). Diese Gleichung ist durch Trennung der Variablen leicht zu lösen:

$$n = n_0\, e^{kt}. \quad (17.1b)$$

n_0 ist die Zellzahl pro Volumeneinheit zu Beginn des logarithmischen Wachstums. Die Gleichung 17.1b ist ein **partikulärer Allsatz**, da logarithmisches (exponentielles) Wachstum häufig und bei ganz verschiedenen Systemen vorkommt (→ S. 1).

Man hat immer wieder versucht, auch das Wachstum komplexerer Systeme mit einfachen Formeln näherungsweise zu beschreiben. Ein Beispiel ist die **exponentielle Wachstumsgleichung** für junge Bäume:

$$n = c\, a^w, \quad (17.2)$$

wobei: n = Gesamtzahl der Zweige pro Baum, c = Konstante (für den betreffenden Baum bzw. für die klonierte Population), a = Alter des Baumes (in Jahren), w = exponentieller Wachstumsfaktor (bezüglich der Zweige pro Jahr).

Diese einfache Gleichung funktioniert nur, solange der Verlust an Zweigen keine Rolle spielt. Die Gleichung ignoriert auch den oft auffälligen und wichtigen Unterschied zwischen Lang- und Kurztrieben.

EXKURS 17.3: Das Wachstum einer Kürbisfrucht

Das Wachstum der Frucht von *Cucurbita pepo* (Beere, häufig parthenokarp) lässt sich am einfachsten dadurch verfolgen, dass man die Zunahme des Durchmessers mit der Zeit misst. Da die Früchte vom Fruchtknoten bis zur reifen Frucht allometrisch wachsen (→ Exkurs 5.2; S. 110), gewinnt man aus der Messung einer Dimension bereits einen guten Anhaltspunkt für das Wachstum der ganzen Frucht. Wie die Abbildung A zeigt, findet man bei linear geteilten Koordinaten eine sigmoide Wachstumskurve. Durch eine logarithmische Teilung der Ordinate transformiert man den vorderen Teil dieser Kurve (bis zum 10. d, *Pfeil*) in eine Gerade (Abbildung B). Die Gerade hat die Form:

$$\ln D = k\,t + \ln D_0, \tag{17.3a}$$

wobei: D_0 = Durchmesser zu Beginn der Messungen, k = Steigung. Man kann die Gleichung 17.3a auch schreiben:

$$D = D_0\, e^{kt} \tag{17.3b}$$

und erhält damit Gleichung 17.1b für das logarithmische Wachstum. Im Bereich des logarithmischen Wachstums ist der Zuwachs der Kürbisfrucht also proportional dem bereits vorhandenen Durchmesser. Damit hat man sicherlich ein Charakteristikum des Wachstumsvorgangs erfasst, obgleich man keine Ahnung davon hat, wie das logarithmische Wachstum der Kürbisfrucht auf der Ebene der Zellen und Moleküle zustande kommt. (Nach Sinnot 1960)

Die weitere Frage ist, welche mathematischen Funktionen geeignet sind, einen sigmoiden Wachstumsverlauf von dem Typ der Abbildung B und in Exkurs 17.1 über den ganzen Verlauf hinweg wenigstens näherungsweise zu beschreiben. Die sogenannte **logistische Wachstumsfunktion** hat sich hier besonders bewährt. Sie beschreibt das Abflachen der Wachstumskurve und die asymptotische Annäherung an einen oberen Grenzwert.

Die logistische Wachstumsfunktion

$$n_t = \frac{K}{1 + \left(\dfrac{K}{n_0} - 1\right) e^{-rt}} \tag{17.4}$$

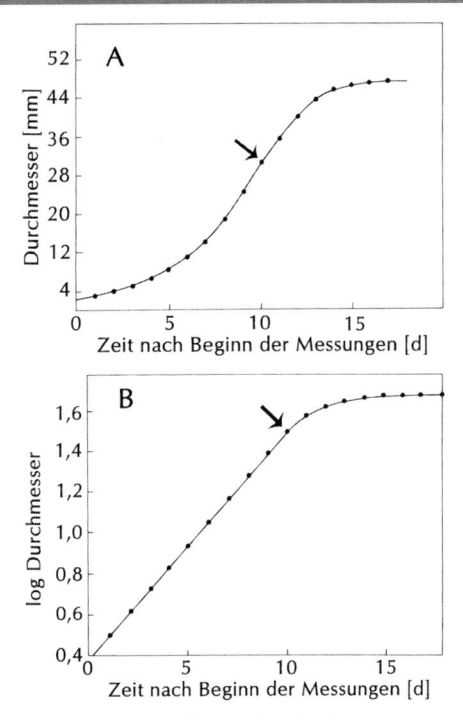

geht auf die Differenzialgleichung

$$\frac{dn}{dt} = r n\, \frac{K-n}{K} \tag{17.5}$$

zurück, wobei: n = bereits vorhandene Menge, r = Wachstumskonstante, K = Grenzwert. Während man empirisch bestimmte, sigmoide Wachstumskurven (beispielsweise jene in der Abbildung im Exkurs 17.1) mit der logistischen Wachstumsfunktion im nachhinein recht gut approximieren kann, ist die Verwendung dieser Funktion für Prognosen stets riskant. Beispielsweise hat sich die 1936 auf der Basis des logistischen Wachstumsmodells von Demographen gestellte Prognose, die Weltbevölkerung werde sich bis zum Jahr 2100 auf eine stationäre Zahl von 2,64 Milliarden Menschen einpendeln, als völlig falsch erwiesen. Im Jahr 1990 war die 5,5-Milliarden-Grenze bereits überschritten. Die Zunahme der Weltbevölkerung zeigt immer noch die Merkmale eines logarithmischen Wachstums. In manchen Regionen der Erde ist das Wachstum sogar „hyperexponentiell". Damit meint man, dass die relative Wachstumsintensität k mit der Zeit zunimmt.

17.3 Morphogenese als Musterbildung und Differenzierung

17.3.1 Musterbildung im Embryo

Der Begriff **Musterbildung** bezeichnet die Entstehung der räumlichen Gliederung eines vielzelligen Organismus in Gewebe und Organe. Bei Tieren findet die Musterbildung hauptsächlich während der frühen Embryogenese statt, sodass die erwachsene Form des Individuums durch die Körperstruktur des Embryos weitgehend vorgegeben ist. Bei Pflanzen hingegen findet die Musterbildung für die adulte Lebensform auch noch viel später statt; fast immer ist der Phänotyp der erwachsenen Pflanze deutlich verschieden von der Jugendform, dem Keimling. Für den Keimling wird die Musterbildung während der **Embryogenese** eingeleitet und bezüglich Körpergrundgestalt und der Grundgewebe abgeschlossen. An den entgegengesetzten Polen der Körperachse werden zwei Gruppen von **Stammzellen** angelegt, die **primären Meristeme** von Spross und Wurzel, aus denen später die erwachsene Pflanze heranwächst. Diese Bildungszentren für Zellen bleiben während des ganzen Lebens der Pflanze im embryonalen Differenzierungszustand. Die von den Meristemen abgegliederten Körperzellen durchlaufen eine Differenzierung zu anderen Zelltypen, die zu einem geordneten Muster an morphologisch und funktionell spezialisierten Geweben führt.

Die zentralen Begriffe, die für die Beschreibung des Entwicklungsgeschehens verwendet werden, sind in Abbildung 17.11 zusammengestellt. Grundsätzlich stellt sich die folgende Frage: Wie kann aus einer Keimzelle (Zygote, Spore) auf der Basis der gleichen genetischen Information die Mannigfaltigkeit an Zelltypen entstehen, die in der vielzelligen Pflanze zu einer funktionellen Einheit zusammengefasst sind?

Das entlang der Zelllinien erfolgende, funktionelle und strukturelle Verschiedenwerden von Zellen nennt man **Differenzierung** (→ S. 34). Die Entwicklungsphysiologie beschäftigt sich insbesondere mit der Frage, inwieweit die **Zelldifferenzierung** zellautonom erfolgt – und z. B. bereits im Meristem festgelegt wird – oder durch Faktoren aus der Umgebung der Zelle im späteren Verlauf der Entwicklung beeinflusst werden kann. Dieses Problem soll im folgenden bei der Embryonalentwicklung der Blütenpflanzen genauer untersucht werden. Der erste Differenzierungsschritt in der Entwicklung einer Pflanze ist die **Festlegung der Polarität** bei der inäqualen Teilung der befruchteten Eizelle, die, soweit bekannt, ähnlich wie bei der Braunalge *Fucus*, durch äußere Faktoren induziert wird (→ S. 41). Bei Blütenpflanzen sind dies normalerweise Ein-

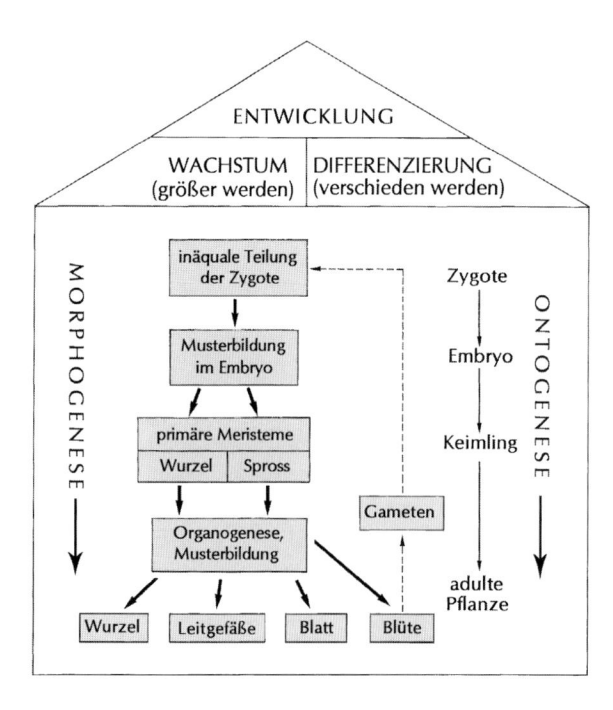

Abb. 17.11. Die wichtigsten Begriffe und Stadien, die bei der Analyse des Entwicklungsgeschehens vielzelliger Pflanzen auftreten.

17.3 Morphogenese als Musterbildung und Differenzierung

flüsse der umgebenden Zellen der Samenanlage oder andere gerichtete Einflüsse der Mutterpflanze. Zusätzlich zu dieser ersten Polaritätsachse (**longitudinale Achse**, Oben-Unten-Orientierung der Pflanze) kommt später die senkrecht dazu orientierte Ebene der **radialen Achse** hinzu (Abbildung 17.12). Die Etablierung dieser beiden Entwicklungsachsen wird durch verschiedene Gene gesteuert; sie können z. B. durch einzelne Mutationen unabhängig beeinflusst werden. Die longitudinale Achse legt den polaren Aufbau des Pflanzenkörpers fest, indem, von oben nach unten, Sprossmeristem, Kotyledonen (Keimblätter), Hypokotyl (Keimstängel), Radicula (Keimwurzel) und Wurzelmeristem angelegt und später ausgebildet werden (Abbildung 17.12). Bereits auf dieser frühen Stufe finden wir einen grundlegenden Unterschied zwischen Pflanze und Tier. Während sich beim Tier sehr früh die generative Zelllinie von der somatischen (vegetativen) Zelllinie trennt, gibt es bei Pflanzen keine solche separate Keimbahn. Vielmehr erfolgt die Gametenbildung in einer späteren Phase, oft erst am Ende der individuellen Lebensphase der Pflanze. Daraus ergibt sich, dass die zu den Gameten führenden Zelllinien zuvor an vielen somatischen Zellteilungen beteiligt waren und daher eine besonders hohe Präzision bei der unveränderten Weitergabe der genetischen Information bei der Mitose gewährleistet sein muss (→ S. 35).

Die **Meristeme** enthalten die für Teilungsaktivität spezialisierten, und damit gewissermaßen für den embryonalen Zustand differenzierten Zellen, aus denen die verschiedenen Gewebe der adulten Pflanze hervorgehen. Zwischen der ersten Zygotenteilung und den voll ausgebildeten Meristemen im Herzstadium des Embryos (Abbildung 17.13) findet bereits eine ganze Reihe von differenziellen Genaktivitätsänderungen statt, die sich in der Expression verschiedener Proteinmuster zu erkennen geben. Da die Embryonen sehr klein und experimentell schwer zugänglich sind, ist dieser Entwicklungsabschnitt dem direkten Zugriff mit physiologischen oder biochemischen Methoden weitgehend entzogen. Um die entscheidenden Weichenstellungen von der differenziellen Aktivierung einzelner Gene bis zur sichtbaren Zelldifferenzierung zu verstehen, hat sich eine Kombination von genetischen und histologischen Verfahren als experimentell sinnvoller Ansatz erwiesen, wobei sich die Modellpflanze *Arabidopsis thaliana* auch hier als günstiges Untersuchungsobjekt erwiesen hat (→ Exkurs 6.7, S. 142).

Wie die Abbildung 17.13 zeigt, ist der junge Embryo im Embryosack, dem weiblichen Gametophyten, in der Samenanlage mit dem Wurzelpol zur Mikropyle ausgerichtet. Nach der ersten Zygotenteilung entsteht aus der kleineren, apikalen Tochterzelle der **Proembryo**, während die größere, basale Tochterzelle den **Suspensor** liefert, der den heranwachsenden Embryo im Nährgewebe verankert und später degeneriert. Auch die weitere Entwicklung erfolgt in einer geordneten Abfolge von Teilungsschritten, die eine genaue Zuordnung der entstehenden Gewebe zu den Ausgangszellen ermöglicht (Abbildung 17.14). Entlang der longitudinalen Achse entstehen zwischen den beiden Meristemen die Keimlingsorgane Kotyledonen, Hypokotyl und Radicula. Die in diesen Organen, unter Beteiligung weiterer Zellteilungen ausdifferenzierten Grundgewebe lassen sich am besten anhand des radialen Musters im Bereich von Hypokotyl und Radicula aufzeigen. Es entstehen, von innen nach außen, das **zentrale Leitgewebe** (**Xylem**, **Phloem**, umgeben vom **Pericykel**) und die konzentrisch angeordneten Ringe von **Endodermis**, **Cortex** und **Epidermis**. Diese Phase der Zellteilung und **Histodifferenzierung** ist im Torpedostadium weitgehend abgeschlossen. Der Embryo hat seine Körpergrundgestalt erreicht und geht nun in die Reifungsphase über, in der er unter Einlage-

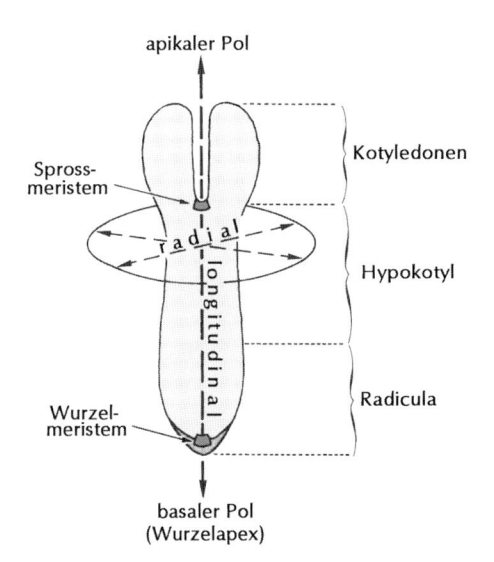

Abb. 17.12. Verdeutlichung der verschiedenen Achsen und Pole, die sich bei der Musterbildung im Dikotylenembryo ergeben. Der *basale Pol* des Embryos ist der *apikale Pol* der Wurzel.

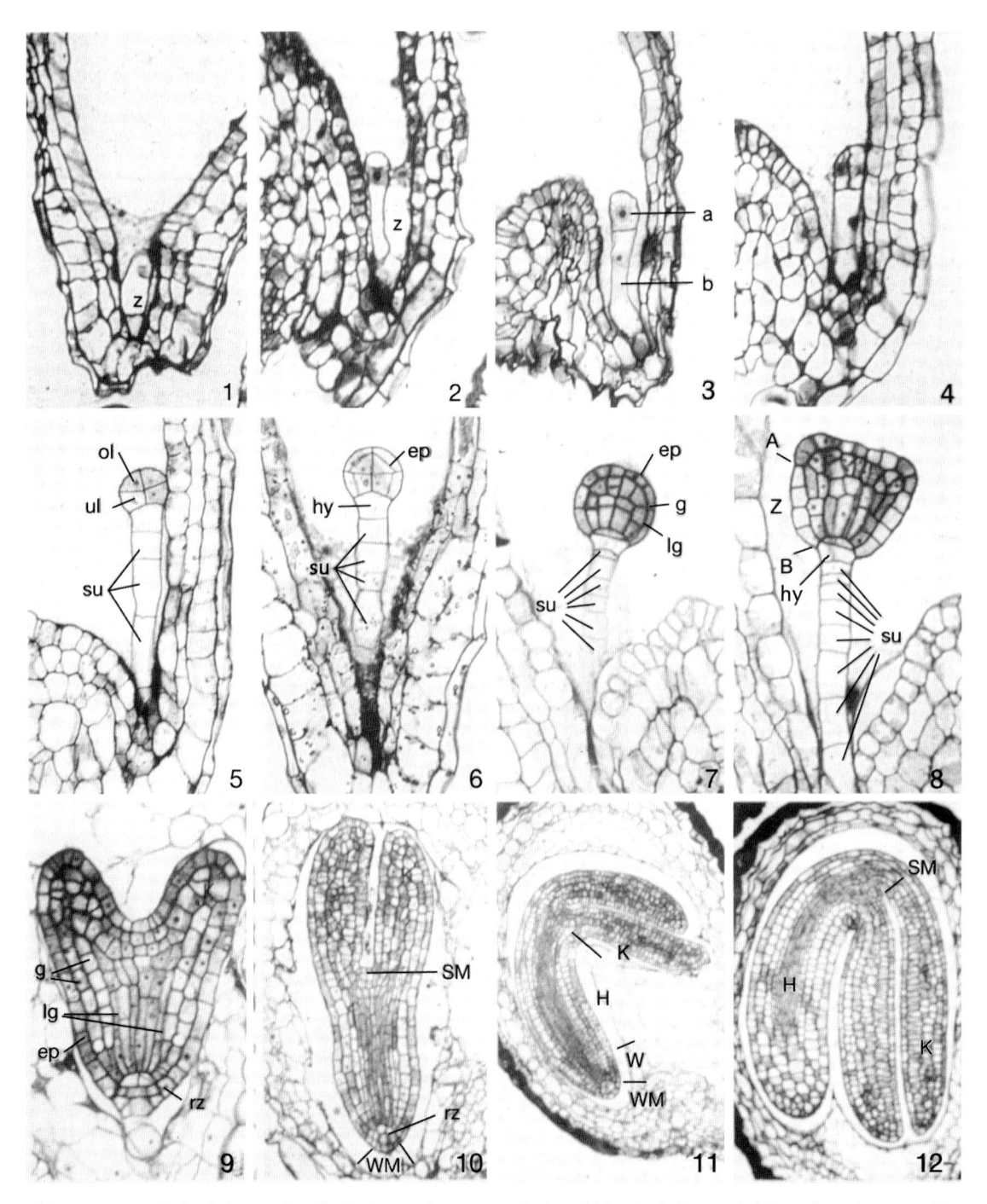

Abb. 17.13. Morphologische Analyse der frühen Embryogenese bei *Arabidopsis thaliana*. Die hier aufgezeigten Stadien sind: *1.* Zygote, *2.* gestreckte Zygote, *3.* Einzellstadium, *4.* Zweizellstadium, *5.* Oktantstadium, *6.* Dermatogenstadium, *7.* Mittleres Kugelstadium, *8.* Trianguläres Stadium, *9.* Mittleres Herzstadium, *10.* Mittleres Torpedostadium, *11.* Stadium mit gekrümmten Keimblättern, *12.* Reifer Embryo. *a* und *b* sind die apikalen und basalen Tochterzellen der Zygote (*z*); *A, Z, B*, apikale, zentrale und basale Embryoregionen; *ep*, Anlage der Epidermis; *g*, Grundgewebe; *H*, Hypokotyl; *hy*, Hypophyse; *K*, Keimblatt; *lg*, Anlage des Leitgewebes; *ol, ul*, obere und untere Lage des Oktantproembryos; *rz*, ruhendes Zentrum des Wurzelmeristems *(WM)*; *SM*, Sprossmeristem; *su*, Suspensorzellen; *W*, Wurzel. (Nach Westhoff et al. 1996)

rung von Speicherstoffen weiter heranwächst und schließlich in einen vorübergehenden Ruhezustand eintritt (→ S. 473).

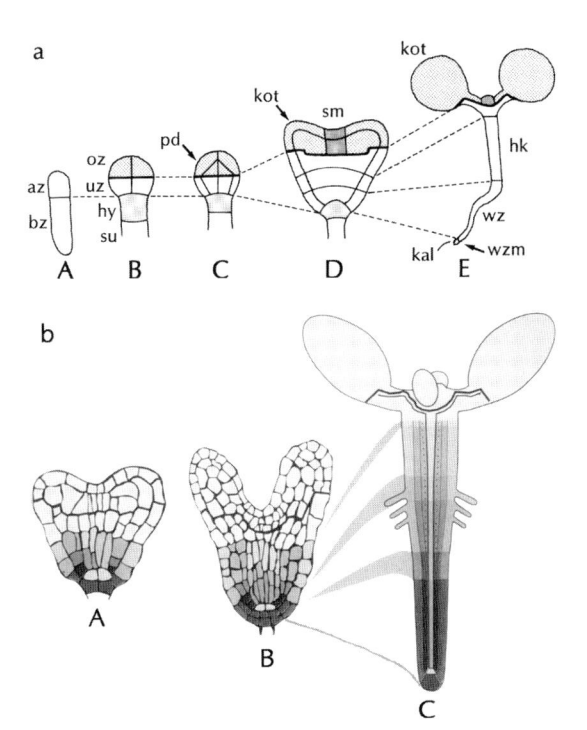

Abb. 17.14 a, b. a Schematische Darstellung der Zellschicksale im Bauplan von *Arabidopsis thaliana*. Die dargestellten Embryostadien *A–D* entsprechen den mikroskopischen Bildern der Entwicklungsstadien *3, 5, 6, 8* in Abbildung 17.13. *A*, Einzelstadium. Die kleine Proembryozelle (Apikalzelle, *az*) und die größere basale Zelle (*bz*) sind durch asymmetrische Teilung der Zygote entstanden. *B*, Oktantstadium. Die apikale Zelle hat sich geteilt in vier Zellen in der oberen Zellschicht (*oz*) und vier Zellen in der unteren Zellschicht (*uz*). Die basale Zelle hat sich geteilt in die Hypophyse (*hy*) und den Suspensor (*su*). *C*, Dermatogenstadium. Tangentiale Zellteilungen haben die Protodermschicht (*pd*) von den inneren Zellen abgegrenzt. *D*, Herzstadium. Die apikale Domäne, entstanden aus der oberen Zellschicht (*oz*) von B, hat sich jetzt in die Kotyledonenanlagen (*kot*) und das Sprossmeristem (*sm*) unterteilt. Die untere Zellschicht (*uz*) aus *B* hat sich jetzt in drei Zellschichten unterteilt. *E*, Keimling. Das Hypokotyl (*hk*), die Wurzel (*wz*) und das Wurzelmeristem (*wzm*) entstehen aus den bei *D* angelegten drei Zellschichten. Außerdem werden Abkömmlinge der Hypophyse in das Wurzelmeristem einbezogen, welche die Kalyptra (*kal*, Wurzelhaube) bilden. (Nach Laux und Jürgens 1997). **b** Zelllinien (Abstammung der Zellen) im Hypkotyl- und Wurzelbereich. Entsprechende Zelllinien im frühen Herzstadium des Embryos (*A*), dem späten Herzstadium des Embryos (*B*) und im Keimling (*C*) sind mit entsprechenden Grautönen markiert. Das Schicksal der Zellen ist meist nicht starr fixiert; vielmehr können sich einzelne Zellen auch in die Entwicklungslinien von Nachbarzellen sekundär eingliedern, wenn diese durch Zerstörung ausgefallen sind. (Nach Scheres et al. 1994)

17.3.2 Steuerung von Musterbildung und Differenzierung im Embryo

Die Zelldifferenzierung während der Embryogenese, d.h. die Ausbildung verschiedener Zelltypen in einem geordneten Muster, wird durch die Expression unterschiedlicher Gene – oder Sätzen von Genen – bewirkt. Diese lapidare Feststellung führt zwangsläufig zu der Frage: Wie kommt es zu dieser differenziellen, zellspezifischen Genexpression in den genetisch omnipotenten Abkömmlingen ursprünglich gleicher Zellen, sodass eine geordnete Differenzierung in funktionell spezialisierte Gewebe zustandekommt? Dies ist die zentrale Frage der Entwicklungsphysiologie. In den letzten Jahren hat man durch geschickt angelegte Experimente wichtige Hinweise erhalten, die zu einer Klärung dieser Frage beitragen können. So konnte man z.B. bei *Arabidopsis* eine ganze Reihe von recessiven (homozygot letalen) Mutanten mit spezifischen Defekten in der Embryonalentwicklung isolieren, die zu Störungen in der Musterbildung führen (**homöotische Gene**; → S. 514).

In der Mutante *gnom* steht am Anfang der Embryogenese eine äquale anstelle einer inäqualen Teilung der Zygote. Auch die folgenden Teilungen sind teilweise irregulär. Dies hat, bei unbeeinflusstem radialen Differenzierungsmuster, eine massive Störung der longitudinalen Musterbildung zur Folge, z.B. entfällt die Anlage des Apikalmeristems und der Wurzel. Dadurch erhält der Embryo eine zwerghaft verkürzte Gestalt. Das in der *gnom*-Mutante gestörte Gen codiert für ein Protein, das über GDP/GTP-Austausch mit kleinen G-Proteinen den Vesikeltransport im Cytoplasma reguliert. Eines der wichtigsten hiervon betroffenen Proteine ist der Auxintransporter PIN1 (→ S. 396). Als Folge der Mutation ist in der *gnom*-Mutante die polare Lokalisation von PIN1 und damit die gerichtete Verteilung von Auxin gestört. Dieser Befund deutet darauf hin, dass das Hormon Auxin eine zentrale Rolle für die Polaritätsinduktion bei der ersten Zellteilung und damit der Etablierung der ersten, der longitudinalen, Achse hat (→ Abbildung 17.14). Man kann daraus den Schluss ziehen, dass **formative Zellteilungen**, d.h. Teilungen, die zwei verschiedenartige Tochterzellen hervorbringen, eine wichtige Voraussetzung für die Entstehung eines Differenzierungsmusters sind. Zum gleichen Schluss führt die Analyse vieler anderer Mustermutanten (z.B. *monopteros, keule, gurke, knolle*), bei denen andere Aspekte der Musterbildung betroffen sind.

Wird also die Differenzierung durch schrittweise, stabile Veränderung des Genaktivitätsmusters bei der Bildung ungleicher Tochterzellen bewirkt? Experimente, bei denen mit einem Laserstrahl gezielt bestimmte Zellen des Embryos abgetötet wurden, zeigten, dass deren Platz und Funktion problemlos von Nachbarzellen übernommen werden können, welche eine **Umdifferenzierung** (→ Abbildung 2.17) durchmachen und sich in die unterbrochene Zelllinie einfügen. Dies bedeutet, dass das Entwicklungsschicksal der Zellen nicht definitiv bei vorausgegangenen Teilungen festgelegt wird, sondern unmittelbar von der **Lage** der Zelle, d. h. durch Einflüsse der Nachbarzellen, in reversibler Weise eingestellt wird. Diese Einflüsse müssen offenbar permanent einwirken, um die Zelle in ihrem Differenzierungszustand zu halten. Dies nennt man einen **Positionseffekt**. Die Differenzierung kann also noch umgestimmt werden, nachdem die Zelle bereits eine bestimmte Entwicklungsrichtung eingeschlagen hat und scheinbar für ein bestimmtes Entwicklungsschicksal determiniert ist. Diese Erkenntnis bestätigt das Diktum von Vöchting (1898), dass das Schicksal einer Pflanzenzelle durch die **Position** bestimmt wird, in die sie innerhalb der Pflanze gelangt, und nicht durch ihre **Herkunft**. Diese flexible Form der Festlegung wird als **Regulationsentwicklung** bezeichnet. Sie ist auch für viele „ausdifferenzierte" Zellen der adulten Pflanze charakteristisch. Selbst im fortgeschrittenen Stadium der Differenzierung können viele Zellen der Pflanze durch Signale aus ihrer Umgebung zur Umdifferenzierung gebracht werden und neue, distinkte Differenzierungszustände einnehmen. Viele indirekte Hinweise machen es wahrscheinlich, dass **Hormone** (z. B. Auxin, Cytokinin) an der Steuerung der Zelldifferenzierung maßgeblich beteiligt sind (→ S. 407).

Bei der tierischen Embryonalentwicklung, z. B. bei *Drosophila*, wurde das Konzept entwickelt, nach dem die bei der Zelldifferenzierung jeweils spezifisch aktiven Gensätze über **Mastergene** geschaltet werden, die ihrerseits für **Transkriptionsfaktoren** codieren. Werden diese übergeordneten Mastergene angeschaltet, so aktivieren ihre Produkte die Promotoren von solchen Genen, die in einem speziellen Zelltyp zur Merkmalsausprägung benötigt werden. Das dabei aktivierte Set von Genen ist relativ klein; der weitaus größte Teil der in der Zelle aktiven Gene sind Haushalts- und Stoffwechselgene, die überall für die Grundfunktionen der Zellen benötigt werden. Obwohl auch bei *Arabidopsis* bereits einige Mastergene mit genetischen Methoden identifiziert werden konnten, ist ihre genaue Wirkungsweise und ihre Verschaltung noch weitgehend unverstanden. Die bisher über Entwicklungsmutanten (z.B. *gnom*) identifizierten Gene codieren überraschenderweise meist nicht für Transkriptionsfaktoren, sondern für allgemein benötigte Proteine, z. B. Proteine für den Vesikeltransport in der Zelle, die Ausbildung von Zellwänden und für andere Funktionen bei der Zellteilung. Dies steht in Kontrast zu den bei *Drosophila* identifizierten homöotischen Genen, die fast generell die Information für Transkriptionsfaktoren tragen.

17.3.3 Anlage der beiden primären Meristeme

Das **Sprossmeristem** des Keimlings ist wie bei der adulten Pflanze in Oberflächenzonen und Schichten gegliedert (Abbildung 17.15). Störungen dieser Organisation, z. B. durch Mutationen, bestätigen die große Bedeutung des Positionseffekts für das Entwicklungsschicksal der Zellen. Bereits im Embryo kann man eine zentrale und eine periphere Meristemzone unterscheiden. Die zentrale Zone setzt sich direkt in das Apikalmeristem der adulten Pflanze fort. Aus der peripheren Zone gehen später die Blattprimordien hervor. Die Entwicklung der bereits im Embryo angelegten Keimblätter (→ Abbildung 17.13, 17.14) wird über andere Mastergene als die der Folgeblätter koordiniert. Mutationen, die die Entwicklung der Folgeblätter stören, beeinflussen jedoch auch oft die Ausbildung der Keimblätter. Im reifen Embryo sind die ersten beiden Folgeblattprimordien meist schon – im rechten Winkel zu den Keimblättern – angelegt. Dies bedeutet, dass die Lage der Keimblätter als räumliches Bezugssystem für die Anordnung der Folgeblätter dient. Mutationen, die die Anordnung und Zahl der Keimblätter verändern, beeinflussen oft auch die Anordnung der Blätter der adulten Pflanze (**Phyllotaxis**; → S. 395). Wenn z. B. zusätzliche Keimblätter gebildet werden, kommt es zu einer Störung bei der Positionierung der folgenden Blätter, da die Referenzpunkte der Keimblätter keine korrekten Vorgaben liefern.

Die Zelllinien und die Bedeutung von Determination bzw. positionsabhängiger Regulationsent-

17.3 Morphogenese als Musterbildung und Differenzierung

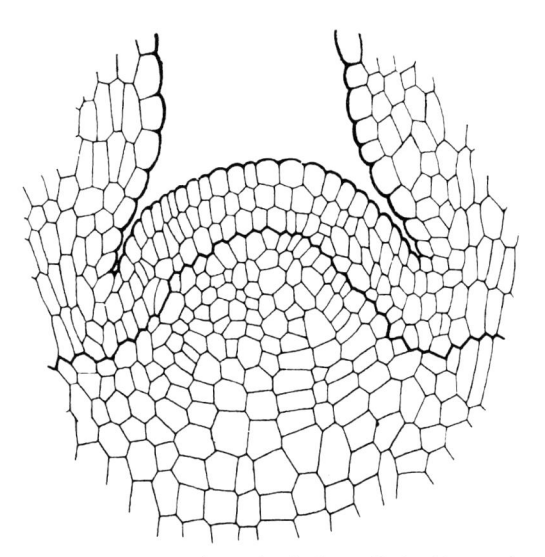

Abb. 17.15. Längsschnitt durch den apikalen Vegetationspunkt des Immergrüns (*Vinca minor*). Man erkennt am apikalen Dom die dreischichtige Tunica und darunter den Corpus. (Nach Sinnot 1960)

wicklung lassen sich beim **Wurzelmeristem** sehr viel einfacher als beim Sprossmeristem verfolgen. Dies liegt vor allem an der wesentlich geringeren Komplexität des Wurzelmeristems, das nur ein Organ und viel weniger Zelltypen bildet. In günstigen Fällen lassen sich bei histologischen Analysen der Wurzel die Zelllinien bis zu den Initialzellen, **Stammzellen**, im Meristem zurückverfolgen. Die Anlage der Wurzelhaube, **Kalyptra**, während des späten Herzstadiums wird als Beginn der Meristemaktivität angesehen (→ Abbildung 17.14).

Die histologische Zurückverfolgung der embryonalen Zelllinien, **klonale Analyse** hat ergeben, dass das Wurzelmeristem aus Abkömmlingen der **Hypophyse** und des **Proembryos** zusammengesetzt ist (→ Abbildung 17.14). Die Hypophyse liefert das **ruhende Zentrum**, eine Gruppe von Zellen, die auch später noch eine sehr geringe Teilungsaktivität zeigen, und die Stammzellen für die **Columella**, den zentralen Bereich der Kalyptra. Die an das ruhende Zentrum proximal anschließenden Stammzellen, von denen die gestreckten Zellreihen der eigentlichen Wurzel ausgehen, leiten sich von der unteren Zellschicht des Proembryos ab (Abbildung 17.16). Das Wurzelmeristem ist also bipolar aufgebaut; es liefert proximal die Zellen für das Längenwachstum des Organs und distal den Nachschub an Zellen für die verschleimende Kalyptra, an deren Oberfläche beständig Zellen abschilfern.

Was sind Stammzellen?

▶ Die Meristeme von Spross und Wurzel produzieren durch Zellteilung beständig neue Zellen, die durch Wachstum (Volumenvergrößerung) zu den submeristematischen Gewebezonen verschoben werden. Obwohl im gesamten Meristem Zellteilungen stattfinden, finden sich die eigentlichen **Stammzellen** (Initialen) nur in einem kleinen Bereich. Stammzellen besitzen die einzigartige Fähigkeit, sich selbst zu erneuern, d. h. beständig wieder Stammzellen zu produzieren ohne ihre Lage zu verändern. Daneben liefern sie, ähnlich wie die peripheren Meristemzellen, vom Meristem sich entfernende Tochterzellen, welche in die Zelldifferenzierungsbahnen eintreten. Operational definiert man Stammzellen als solche Meristemzellen, die sich durch klonale Analyse als Ursprung einer Zelllinie identifizieren lassen.

▶ Die Omnipotenz, d. h. die Fähigkeit, alle anderen Zelltypen aus sich hervorgehen zu lassen, ist kein ausreichendes Kriterium für Stammzellen. Diese Eigenschaft kommt bei Pflanzen auch vielen ausdifferenzierten Zellen zu (Reembryonalisierung, → Abbildung 2.17), z. B. den Pericykelzellen bei der Anlage von Seitenwurzelmeristemen. Wenn man die Stammzellen durch Laserablation abtötet, werden neue Stammzellen von den benachbarten Zellen regeneriert.

▶ Im Sprossmeristem bilden die Stammzellen eine einheitliche Population von wenigen Zellen in der L1-, L2- und L3-Schicht. Das Gen *CLAVATA3* wird ausschließlich in diesen Zellen exprimiert und kann daher als molekularer Marker dienen.

▶ Im Wurzelmeristem sind die Stammzellen um das „ruhende Zentrum" angeordnet. Sie geben durch inäquale Teilung Tochterzellen distal an die Kalyptra, und proximal an den Wurzelapex ab.

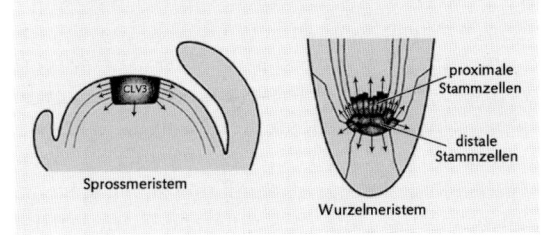

Trotz der heterogenen, hierarchisch geordneten Herkunft dieses Komplexes teilungsfähiger Zellen aus zwei Zelllinien, die sich bereits bei der ersten

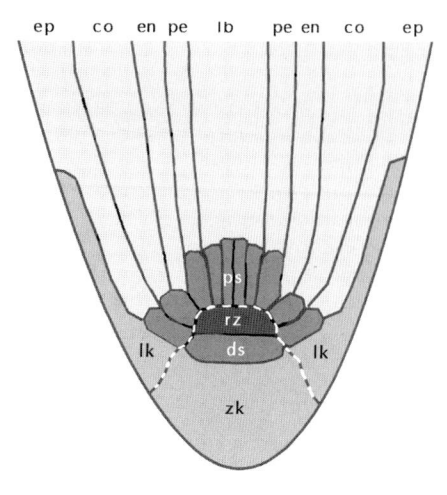

Abb. 17.16. Übersicht der Zelllinien in der Wurzelspitze. In diesem Schema sind die verschiedenen konzentrischen Zellschichten im medianen Längsschnitt dargestellt. Vom ruhenden Zentrum (*rz*) nach proximal sind dies die proximalen Stammzellen (*ps*) und die daraus hervorgehenden Zellen von zentralem Leitbündel (*lb*), Pericykel (*pe*), Endodermis (*en*), Cortex (*co*) und Epidermis (*ep*). Distal vom ruhenden Zentrum liegen die distalen Stammzellen (*ds*) für den zentralen Bereich der Wurzelhaube (*zk*). Der laterale Bereich der Wurzelhaube (*lk*) wird durch tangentiale Teilungen der Epidermis gebildet. Die klonale Abstammung der verschiedenen Zelltypen von der apikalen bzw. basalen Tochterzelle der Zygote ist durch die unterbrochene Linie hervorgehoben. (Nach Bäurle und Laux 2003)

Zygotenteilung trennen, zeigen diese Zellen einen geradezu perfekten **Positionseffekt** während der postembryonalen Entwicklung. Zerstört man z. B. das ruhende Zentrum durch einen mikrochirurgischen Eingriff (Laserablation), so wird ihr Platz von den proximal liegenden Meristemzellen, die normalerweise Leitgewebe liefern, eingenommen. Gleichzeitig wird das Genaktivitätsprogramm „Leitgewebe" auf das Programm „Kalyptra" umgestellt. Dieses Experiment zeigt beispielhaft die zentrale Bedeutung der Lagebezeichnungen zwischen den Zellen für die Festlegung des Zellschicksals bei der Differenzierung. Hierbei können auch Klongrenzen aufgehoben werden.

Das Differenzierungsmuster in der Wurzelspitze wird also durch die beständige Einwirkung von **spezifischen Signalen** auf die einzelnen Zelltypen aufrechterhalten. Über den Ursprung dieser Signale gaben Experimente Auskunft, bei denen einzelne Zellen in der Differenzierungszone der Wurzel durch Abtöten von Nachbarzellen **teilweise isoliert** wurden. Dabei zeigte sich, dass diese Signale von den älteren, bereits weiter entwickelten Zellen gleichen Typs ausgehen und in den einzelnen Gewebe-ringen homogen verbreitet werden. Dies bedeutet, dass das Differenzierungsmuster in der Wurzelspitze nicht im Meristem erzeugt, sondern durch **Musterfortpflanzung** den aus dem Meristem abgegebenen, „jungfräulichen" Zellen von den älteren Zellen aufgeprägt wird.

17.3.4 Wachstum und Histodifferenzierung der Wurzel

Die Wurzel ist insgesamt einfacher und übersichtlicher aufgebaut als der Spross. Ausgehend vom Wurzelmeristem werden longitudinale Zellreihen gebildet, welche, zur Wurzelbasis hin fortschreitend, eine bei *Arabidopsis* 2–5 mm lange Wachstums- und Differenzierungszone durchlaufen. Etwa 5 mm hinter der Spitze ist die longitudinale und radiale Zelldifferenzierung im Wurzelkörper abgeschlossen. Entlang dieser 5 mm langen Strecke lässt sich der zeitliche Fortgang der Zellentwicklung bis hin zum ausgewachsenen und ausdifferenzierten Zustand anhand der räumlichen Entfernung vom Meristem leicht verfolgen (Abbildung 17.17). Das im Querschnitt sichtbare Differenzierungsmuster bleibt im gesamten Abschnitt praktisch unverändert; es ist durch die radiale Anordnung der verschiedenen Initialzellen im Meristem festgelegt. Mutanten mit Defekten im radialen Differenzierungsmuster (z. B. in der Organisation der Leitgewebe oder der Endodermis) deuten darauf hin, dass an der radialen Musterbildung gewebespezifische Mastergene beteiligt sind.

Für den Erhalt und die Funktion des Wurzelmeristems ist wie für das Sprossmeristem (→ S. 391) ein fein ausbalancierter Auxingradient notwendig. Dieser ist sehr komplex und von den verschiedenen Transportmolekülen für Auxin abhängig. In der Wurzelspitze gibt es sowohl akropetalen Auxintransport im Zentralzylinder (hin zur Spitze) als auch basipetalen Transport in der Peripherie (hin zur Wurzelbasis), wobei jeweils verschiedene **PIN-Proteine** beteiligt sind (→ Exkurs 25.2, S. 561). Wird der akropetale Transport des Hormons zum Meristem unterbrochen, so stellt dieses die Zellteilungen ein. Eine solche Störung des Auxintransportes bewirkt z. B. die Überexpression des PID-Proteins (**PINOID**, → S. 396), da der Auxintransporter (PIN) nicht mehr auf der zur Wurzelspitze gerichteten Zellseite lokalisiert ist und das Hormon daher nicht an das Meristem weiter geben kann.

17.3 Morphogenese als Musterbildung und Differenzierung

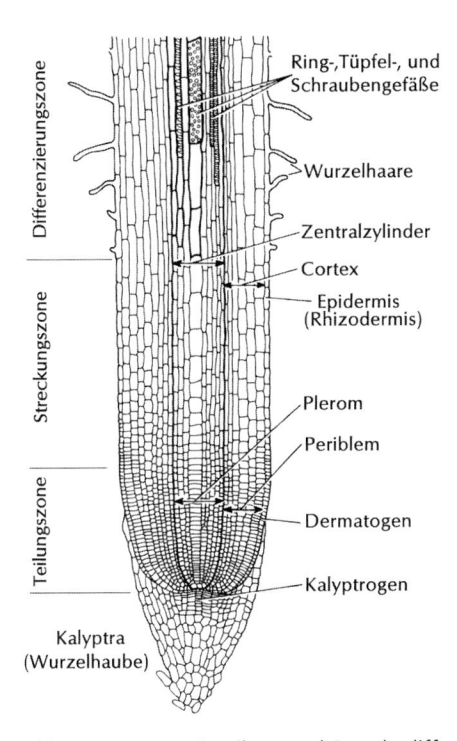

Abb. 17.17. Zoneneinteilung und Gewebedifferenzierung im Spitzenbereich der Wurzel (allgemeines Schema). In diesem Längsschnitt wird die Zonierung entlang der Längsachse des Organs deutlich. Hier lassen sich neben der *Zellteilungszone* (Meristem) die *Zellstreckungszone* und die *Zelldifferenzierungszone* unterscheiden Die ältere Differenzierungszone, die sekundäres Dickenwachstum einschließt, ist in der Darstellung nicht erfasst. (Nach Oehlkers 1956)

Bei dikotylen Pflanzen laufen im älteren Teil der Wurzel weitere Zelldifferenzierungen ab, die zur Ausbildung eines **Kambiums** und zum **sekundären Dickenwachstum** führen. Die Steuerung dieses Entwicklungsabschnitts ist bisher kaum untersucht worden. Es ist jedoch anzunehmen, dass hier im Prinzip die gleichen Mechanismen der Musterbildung wirksam sind wie bei der primären Ausfertigung der Wurzel.

Eine spezielle Differenzierungsleistung der Wurzelepidermis ist die Ausbildung von **Wurzelhaaren**, die bei vielen Pflanzen in einem spezifischen Muster angelegt werden (→Exkurs 17.4).

17.3.5 Histodifferenzierung und Organogenese im Sprossmeristem

Aus den Stammzellen im domförmigen, apikalen Meristembereich, der bereits während der Embryogenese an der Spitze der longitudinalen Achse angelegt wird, entstehen alle Gewebe und Organe des oberirdischen Teils der Pflanze. Im Sprossmeristem werden nicht nur kontinuierlich Organe gebildet, sondern auch deren radiale Position und Identität festgelegt. Dieser Prozess findet seinen Abschluss bei der Ausbildung von Blütenorganen (→ S. 501). Welche genetischen Programme dabei ablaufen, und wie die Differenzierung der einzelnen Zellen nach diesem Programm realisiert wird, sind zentrale, noch weitgehend offene Fragen.

Der Spross bewahrt seine Fähigkeit, Organe zu bilden, indem im Kern des Sprossmeristems eine Gruppe von Stammzellen aufrecht erhalten wird. Der zentralen Scheitelzelle der Pteridophyten entspricht bei den Gymnospermen und Angiospermen eine nicht genau abgrenzbare Gruppe von zentralen Meristemzellen, in der man verschiedene Schichten unterscheiden kann (Abbildung 17.18).

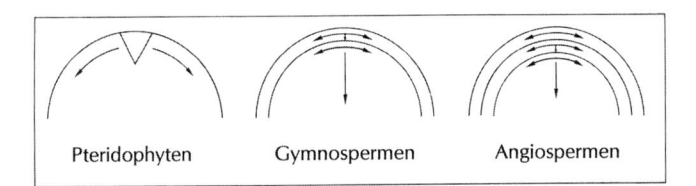

Abb. 17.18 a–c. Eine schematische Darstellung der drei Typen von Zellteilungsmustern im Sprossmeristem der Pteridophyten, Gymnospermen und Angiospermen. Die meisten **Pteridophyten** besitzen eine große Scheitelzelle, auf deren Teilungsaktivität die Sprossgewebe zurückzuführen sind. Bei den meisten **Gymnospermen** findet sich keine Scheitelzelle mehr. Sie haben vielmehr zwei distinkte Zellschichten an der Oberfläche des Vegetationskegels. Die Zellen an der Peripherie teilen sich vor allem **antiklin** und bilden somit eine einzige diskrete Zellschicht (Dermatogen). **Perikline** Teilungen sind seltener, kommen aber noch vor. In der subepidermalen Zellschicht teilen sich die Zellen nicht regelmäßig. Bei den **Angiospermen** hingegen formen sich zwei oder drei diskrete Zellschichten (Tunica) um einen Corpus von unregelmäßig arrangierten Zellen (→ 17.15). Die Tunica-Corpus-Organisation kommt also dadurch zustande, dass sich nahe der Oberfläche des Meristems (fast) ausschließlich antikline Zellteilungen abspielen, während im Zentrum des Meristems die Teilungsebene nicht vorgegeben ist. (Nach Poethig 1989)

> **EXKURS 17.4: Positionsabhängige Ausbildung von Wurzelhaaren bei *Arabidopsis***
>
> Eine auffällige Differenzierungsleistung der Epidermiszellen ist die im Anschluss an die Wachstumszone einsetzende Ausbildung von **Wurzelhaaren**, die als lokale Ausstülpungen der äußeren Zelloberfläche entstehen (→ Abbildung 17.17). Diese sekundären Auswüchse entstehen nur an bestimmten Epidermiszellen, **Trichoblasten**, verteilt in einer Population von Epidermiszellen, die keine Haare bilden können, **Atrichoblasten**. Bei *Arabidopsis* und anderen Brassicaceen wird ein spezifisches, positionsabhängiges Muster von Trichoblasten und Atrichoblasten eingehalten. Die Abbildung zeigt *links* in der schematischen Außenansicht in der Wurzelhaardifferenzierungszone die Ausbildung von in Reihen angeordneten Trichoblasten und Atrichoblasten. Der Querschnitt (*rechts*) zeigt, dass die Trichoblastenreihen (grau hervorgehoben) jeweils über den Radialwänden der Cortexzellen liegen. Im Schnitt sind nur drei der insgesamt acht Wurzelhaare getroffen. (Nach Schiefelbein et al. 1997)
>
> Auch hier haben Mustermutanten Aufschlüsse über die genetische Steuerung der Zelldifferenzierung gegeben. Interessant ist z. B. eine Mutante, die Wurzelhaare an allen Epidermiszellen bildet. Da diese (recessive) Mutante auf einen Gendefekt zurückgeht, muss man schließen, dass das intakte Gen im Wildtyp die Haarbildung unterdrückt, und zwar in den Zellen, die über einer Cortexzelle liegen (**Positionseffekt**). Schon vor 50 Jahren war gezeigt worden, dass auch die Atrichoblasten zur Haarbildung veranlasst werden können, wenn man sie von den Cortexzellen ablöst. Auch das Phytohormon **Ethylen** kann die Umsteuerung von Atrichoblasten in Trichoblasten auslösen. Durch diese negativen und positiven Signale werden in den Epidermiszellen Gene inaktiviert bzw. aktiviert, die für Transkriptionsfaktoren codieren und so ein Set von „Wurzelhaargenen" anschalten können. Diese Gene sind nicht nur in der Wurzel aktiv, sondern steuern auch die Haarbildung an Epidermiszellen des Stängels und der Blätter.

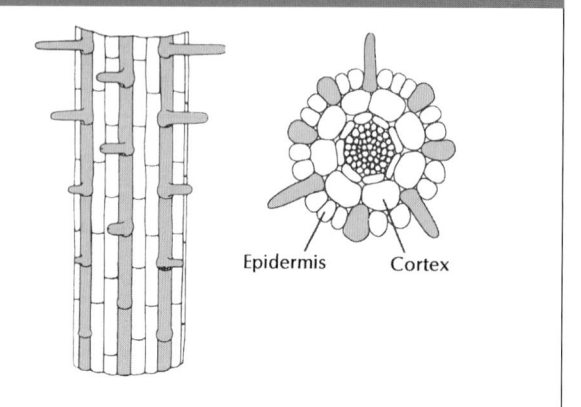

Das Sprossmeristem der meisten Angiospermen lässt sich in die drei Zelllagen L1, L2 und L3 gliedern. Die L1-Schicht, die spätere Epidermis, wächst nach Einzug von antiklinen (senkrecht zur Oberfläche orientierten) Zellwänden. In der darunter liegenden L2-Schicht, die mit der L1-Schicht zur **Tunica** zusammengefasst wird, und vor allem in der tiefer liegenden L3-Schicht, **Corpus**, finden Zellteilungen in verschiedenen Richtungen statt (→ Abbildung 17.15). Alle drei Schichten enthalten Stammzellen im Zentrum. Diese Schichtung bleibt im Prinzip auch in den **Organprimordien** erhalten. So entstehen z. B. im Blatt die Epidermis aus L1, das Mesophyll aus L2 und die Leitgewebe aus L3.

In der radialen Ebene des Sprossmeristems lassen sich die **zentrale Zone** der noch völlig embryonalen Zellen und die peripheren Zonen der **Organanlage** und **Organdifferenzierung** unterscheiden (Abbildung 17.19). Die Zellen der zentralen Zone teilen sich deutlich langsamer als die der peripheren Zone. Die zentrale Zone enthält bei *Arabidopsis* in den Schichten L1, L2 und L3 jeweils 2–3 Stammzellen, die von einer peripheren Zone aus etwa 4 Zellen umgeben sind. Insgesamt umfasst also der innere, morphologisch noch ungegliederte Meristembereich dieser für die Brassicaceen repräsentativen Spezies ungefähr 20 Zellen. Das gesamte, während der Embryogenese angelegte Meristem enthält zwischen 60 und 100 Zellen. Die Differenzierung der peripheren Meristemzellen erfolgt entlang eines kontinuierlichen, radialen Gradienten von innen zum äußeren Rand, an dem die Organanlagen (Blattprimordien) als Gewebehöcker sichtbar werden (→ Abbildung 17.19). Auch hier lässt sich die Musterbildung formal als eine von außen nach innen gerichtete **Musterfortpflanzung** beschreiben. Die nach außen verlagerten Zellen werden sukzessive in die Organbildung einbezogen, die mit der Entstehung von lokalen Zellteilungszentren einhergeht. Parallel zum Wachstum der Primordien er-

17.3 Morphogenese als Musterbildung und Differenzierung

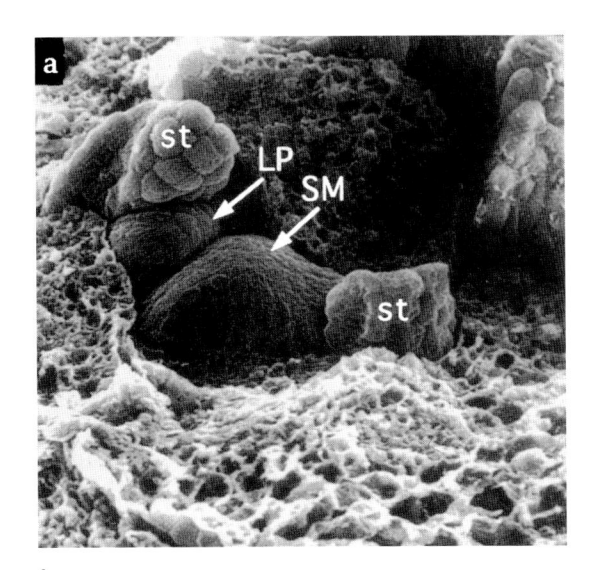

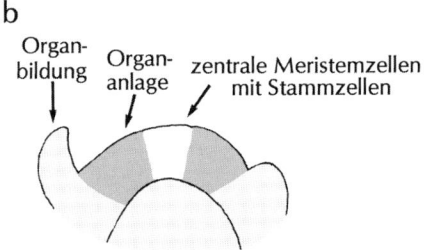

Abb. 17.19 a, b. Das apikale Sprossmeristem von *Arabidopsis thaliana*. **a** In der rasterelektronenmikroskopischen Aufnahme sind der apikale Dom des Sprossmeristems (*SM*), die Lage der Blattprimordienanlagen (*LP*) und die maßgebenden, sich bereits differenzierenden Blattprimordien (*st*) zu sehen. **b** Im Längsschnitt durch ein solches Sprossmeristem lassen sich die funktionalen Regionen unterscheiden, zum einen die noch einheitlichen, embryonalen Zellen im Zentrum, **Stammzellen**, daneben die Regionen der Organanlagen und der sichtbaren Organbildung. Diese Bereiche lassen sich auch hinsichtlich ihrer Zellteilungsaktivität unterscheiden. In der zentralen Zone finden nur wenige, langsame Zellteilungen statt, während in den Zonen der Organanlage und Organentwicklung zunehmend häufigere Zellteilungen auftreten. (Nach Clark 1997)

folgt die Differenzierung der Grundgewebe des Blattes aus den einzelnen Zellschichten. Auch hier steht die spezifische Zelldifferenzierung unter der permanenten Kontrolle von Faktoren aus der Umgebung der Zelle, **Positionseffekt**. Das Entwicklungsschicksal der Zellen wird nicht definitiv festgelegt („determiniert"), sondern reversibel eingestellt. Dies gilt auch noch für Zellen außerhalb von Meristemen. So ist es in vielen Fällen möglich, selbst „ausdifferenzierte" Zellen adulter Organe durch eine Änderung in der Umgebung zur Umdifferenzierung in einen anderen Zelltyp zu veranlassen. Ein besonders eindrucksvolles Beispiel ist die Umdifferenzierung von isolierten, ausdifferenzierten Mesophyllzellen zu Xylemzellen, die *in vitro* durch eine Änderung in der Hormonzusammensetzung des Inkubationsmedium ausgelöst werden kann (→ Abbildung 17.34).

Die hochgradige **Plastizität** der Entwicklung ist die Grundlage für die ungewöhnlichen **Regenerationsleistungen**, die man generell bei pflanzlichen Zellen beobachten kann. Die nichtverholzten Gewebe einer Pflanze lassen sich durch Verdauung der Zellwände mit einem Gemisch aus Cellulasen und Pektinasen in eine Suspension zellwandloser, kugelförmiger **Protoplasten** verwandeln (→ S. 543). In einem geeigneten Inkubationsmedium umgeben sich diese Protoplasten bereits nach wenigen Stunden wieder mit einer Zellwand und können durch Hormonbehandlung zur Teilung angeregt werden. Die bereits „ausdifferenzierten" Zellen können also durch Umdifferenzierung auf den Phänotyp einer embryonalen Zelle zurückgeführt werden (**Reembryonalisierung**; → Abbildung 2.17). Es entstehen Zellaggregate, an denen unter günstigen Bedingungen **somatische Embryonen** und daraus vollständige Pflanzen regeneriert werden können (→ Abbildung 24.7). Diese Methode wird heute in großem Umfang zur Klonierung, z. B. bei der Herstellung von transgenen Pflanzen, genutzt (→ Exkurs 28.3, S. 661).

17.3.6 Molekulargenetische Analyse der Meristemfunktionen

Obwohl das Sprossmeristem während der gesamten vegetativen Entwicklung einer Pflanze scheinbar unverändert bleibt, ist es eine sehr dynamische Struktur, in der beständig Zellteilung, Zellwachstum, Zelldifferenzierung und Organbildung stattfinden. Räumlich werden die von den Stammzellen abgegebenen Tochterzellen durch Wachstum vom Meristemzentrum zur Zone der Organbildung verschoben, zeitlich differenzieren sich verschiedene Zellidentitäten entlang der entstehenden Zelllinien (Abbildung 17.20a–c). Die Stammzellen sind relativ klein (etwa 5 μm Durchmesser) und enthalten ein dichtes Cytoplasma mit etwas größeren Vacuolen (→ Abbildung 2.1); ansonsten findet man jedoch keine auffälligen histologischen Unterschiede zwischen den zentralen und den peripheren Meristemgeweben (→ Abbildung 17.15).

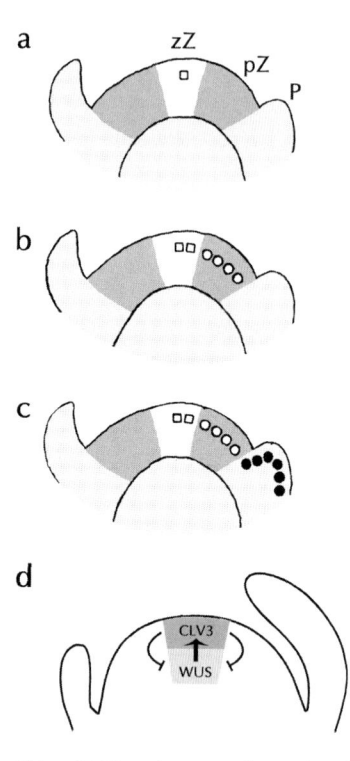

Abb. 17.20 a–d. Dynamik und Zelldifferenzierung im Sprossmeristem. **a** Eine einzelne Stammzelle (*Quadrat*) teilt sich in der zentralen Zone (*zZ*). **b, c** Nachkommen dieser Zelle werden aus der zentralen Zone in die periphere Zone (*pZ*) und weiter bis in die Primordien (*P*) verlagert. Dabei gelangen die Zellen von der zentralen Zone mit geringer Teilungsaktivität in die periphere Zone mit hoher Teilungsaktivität und differenzieren sich entlang der zu den Blattprimordien führenden Zelllinien. (Nach Clark 1997). **d** Funktionelles Modell zur Interaktion des *CLAVATA3*-Gens (*CLV3*) und des *WUSCHEL*-Gens (*WUS*) bei der Regulation der Größe des Stammzellen-*pools*. Weitere Erklärungen im Text. (Nach Bäurle und Laux 2003; verändert)

Große Fortschritte bei der Aufklärung der Zelldifferenzierung im Meristem konnten in den letzten Jahren mit Hilfe molekularbiologischer Ansätze in Verbindung mit histochemischen Methoden zur Sichtbarmachung von spezifischen Genexpressionsmustern erzielt werden. So ließen sich z. B. in den histologisch embryonal erscheinenden Zellen der Blattprimordien lokal unterschiedliche Aktivitäten von blattspezifischen Entwicklungsgenen zeigen. Ähnliches gilt auch für die Expression blütenspezifischer Regulatorgene wie z. B. *LEAFY* und *APETALA1*, welche nach Induktion der Blütenbildung nur in den peripheren Meristembereichen und den Primordien beobachtet werden kann. Eine transgen erzwungene Expression dieser Gene in den Zellen der zentralen Meristemzone beendet den embryonalen Zustand dieser Zellen und programmiert sie für das Ziel Blütenbildung. Dieser Abschnitt der pflanzlichen Ontogenese wird im Kapitel 22 ausführlich behandelt.

Im Fall des vegetativen Sprossmeristems ließen sich Gene für die **Meristeminduktion** und die **Meristemerhaltung** identifizieren. Die Wildtypgene der bei den *Arabidopsis*-Mutanten *shoot-meristemless* und *wuschel* defekten Gene, *STM* bzw. *WUS*, sind für die Ausbildung und den Erhalt des Sprossmeristems notwendig. Ist eines dieser Gene mutiert, so fehlt das Sprossmeristem bereits im Embryo, während das Wurzelmeristem und die Kotyledonen normal ausgebildet werden. *STM* codiert für ein Protein mit einer DNA-bindenden Domäne und ist daher vermutlich ein Transkriptionsfaktor. *STM* bei *Arabidopsis* entspricht *KNOTTED* (*KNOX*) bei Mais, das in dieser Pflanze ähnliche Funktionen besitzt. Das Gen *ZWILLE* (*ZLL*) ist bei *Arabidopsis* für die Induktion des apikalen Sprossmeristems notwendig, nicht aber für die Ausbildung sekundärer Meristeme in den Blattachseln. *Zwille*-Mutanten bilden daher keinen Hauptspross, sondern nur Nebensprosse aus den Achseln der Kotyledonen. Die Gene *CLAVATA1–3* (*CLV1–3*) sind nicht für die Induktion, sondern für die Aufrechterhaltung des Sprossmeristems notwendig. Ist eines dieser Gene mutiert, so wird im Embryo ein Sprossmeristem angelegt, bei dem später die Teilungsrate der Stammzellen stark erhöht ist. Die *CLV*-Gene sind daher offenbar neben *WUS* an der Steuerung der Teilungsaktivität der Stammzellen beteiligt.

Folgende Befunde werfen ein Licht auf die funktionelle Rolle dieser Gene für die Aufrechterhaltung der Meristemaktivität:

1. *WUS* wird nur in einer kleinen Zone unmittelbar unterhalb der Stammzellen exprimiert, die als **Organisationszentrum** bezeichnet wird. Das Genprodukt ist ein Transkriptionsfaktor. Verstärkte Expression von *WUS* hemmt die Organbildung und steigert die Expression von *CLV3* in den Stammzellen. Bei gehemmter WUS-Expression (*wus*-Mutante) wird *CLV3* nicht exprimiert.
2. Die drei *CLV*-Gene werden nur in den Stammzellen exprimiert. Sie sind gemeinsam an einem Signaltransduktionsweg beteiligt. *CLV1* codiert für ein Membranprotein mit Eigenschaften einer Receptorkinase (→ S. 95), *CLV2* für ein da-

zu ähnliches Protein und *CLV3* für ein kleines Peptid, das vermutlich als Ligand an einen *CLV1/CLV2*-Komplex binden kann und Signalfunktion besitzt. Mutative Ausschaltung eines der drei *CLV*-Gene führt zu einer verstärkten *WUS*-Expression in einem vergrößerten Organisationszentrum und zu einer Akkumulation von Stammzellen. Eine verstärkte Expression von *CLV3* hemmt die Transkription von *WUS*.

Diese Befunde haben zur Aufstellung eines molekularen Regulationsmodells geführt, das in Abbildung 17.20d skizziert ist. In diesem Modell reprimiert das durch die Bildung des CLV3-Peptids in den Stammzellen ausgelöste Signal die Transkription von *WUS* im benachbarten Organisationszentrum. Umgekehrt induziert *WUS* die Expression von *CLV3* und damit eine Vergrößerung des *pools* an Stammzellen. Wenn, z. B. ausgelöst durch eine exogene Störung, die Zahl der Stammzellen zu sehr ansteigt, wird *WUS* durch das verstärkte *CLV3*-Signal herunterreguliert und die Teilungsaktivität der Stammzellen reduziert. Im umgekehrten Fall induziert eine Hochregulation von *WUS* eine gesteigerte Teilungsaktivität der Stammzellen. Die *WUS*-*CLV3*-Interaktion hat also die Form eines dynamischen, selbst-stabilisierenden Regelkreises, durch den die Größe der Stammzellpopulation konstant gehalten werden kann und ist damit ein Beispiel für einen molekularen Mechanismus der Entwicklungshomöostase.

Weitere, bereits früher genutzte Hilfsmittel für die Untersuchung der Zelldifferenzierung im Sprossapex sind **Periklinalchimären**, d. h. Pflanzen, in denen sich die Zelllagen im Meristem genetisch unterscheiden. Solche Chimären entstehen z. B. bei Pfropfungen (→ S. 545) oder durch spontane bzw. induzierte Mutationen (z. B. durch ionisierende Bestrahlung oder Einbau eines inaktivierenden Transposons). Als leicht beobachtbares phänotypisches Merkmal dient oft die fehlende Ergrünungsfähigkeit, die durch einen Defekt in einem der vielen Kerngene für die Chloroplastenentwicklung verursacht wird. Dieses Merkmal erlaubt es, das Schicksal der betroffenen Zellen und ihrer Nachkommen während der Entwicklung zu verfolgen, z. B. die direkte Abstammung des Blattmesophylls von der L2-Schicht des Meristems. Auch bei komplexeren genetischen Mosaiken konnte man von dieser genetischen Zellmarkierung Gebrauch machen, um durch eine **klonale Analyse** die vom Meristem ausgehenden Zelllinien und ihre Differenzierungsprodukte während der Organentwicklung aufzuklären. Chimären mit Ergrünungsstörungen werden oft in der Zierpflanzenzüchtung selektiert, wenn sie ein ornamental attraktives Muster aus grünen und farblosen Bereichen zeigen.

17.3.7 Blattinduktion und Phyllotaxis

Der Begriff **Phyllotaxis** (Blattstellung) bezeichnet die artspezifischen Muster der Blätter an einer Sprossachse (Abbildung 17.21). Die Anordnung der Blätter um den Stamm wird bereits bei der Positionierung der Blattprimordien im Sprossmeristem festgelegt. Damit fällt im apikalen Sprossmeristem nicht nur die Entscheidung, dass ein Blatt gebildet werden soll, sondern auch an welcher Stelle dieses Blatt relativ zu den vorhergehenden Blättern positioniert sein wird. Neben der Position des Blattes werden damit auch gleichzeitig die Positionen von Seitenmeristemen und damit die spätere Ausbildung von Verzweigungen festgelegt.

Die Unempfindlichkeit gegen Außenfaktoren hat dazu beigetragen, dass bei der Phyllotaxis schon früh eine mathematische Behandlung der Phänomene versucht wurde. Ein Beispiel: Die in der Abbildung 17.21 wiedergegebene Rosette von *Plantago major* zeigt eine 3/8-Phyllotaxis. Um vom Blatt 1 (links) zu dem nächsten, genau darüber stehenden

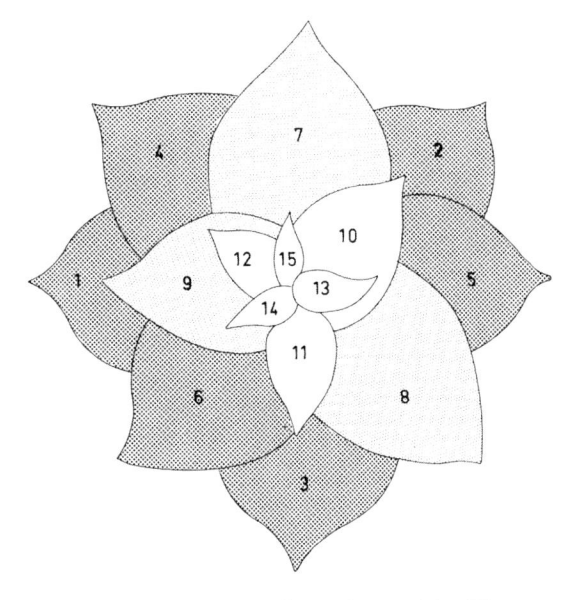

Abb. 17.21. Die Rosette des Breitwegerichs (*Plantago major*) als Modellfall für eine 3/8-Phyllotaxis. (Nach Sinnot 1963)

Blatt (Nummer 9) zu gelangen, muss man die Sprossachse dreimal umfahren und berührt dabei 8 Blätter. Bei einer 3/8-Phyllotaxis beobachtet man demgemäß 8 **Orthostichen** (Längszeilen) und einen **Divergenzwinkel** zwischen zwei aufeinanderfolgenden Blättern von 135°. Das Verhältnis 3/8 nennt man den **Divergenzbruch**. Schimper und Braun haben die empirisch gefundenen Divergenzbrüche in eine Hauptreihe geordnet: 1/2, 1/3, 2/5, 3/8, 5/13, 8/21, 13/34 usw. Das Prinzip dieser Reihe ist, dass sich Zähler und Nenner der aufeinanderfolgenden Divergenzbrüche jeweils aus der Summe der Zähler bzw. Nenner der beiden vorangegangenen Divergenzbrüche ergeben. Sowohl Zähler als auch Nenner bilden somit einen Teil der **Fibonacci-Reihe**: 0, 1, 1, 2, 3, 5, 8, 13, 21, 34 … . In dieser Reihe ist jedes Glied die Summe der beiden vorangehenden. Die Hauptreihe führt schließlich zu einem Grenzwert, den man als **Limitdivergenzwinkel** (137° 30') bezeichnet. Dieser Grenzwinkel teilt den Kreisbogen nach dem Goldenen Schnitt.

Jede Blattanlage ist in der Knospe an zwei ältere Blattanlagen – ihre „Kontakte" – angelehnt. Beispielsweise sind in Abbildung 17.21 die Blattanlagen 4 und 6 die Kontakte der Blattanlage 9. Folgt man mit dem Auge der Abfolge der Kontakte von Blatt zu Blatt, so sieht man ebenfalls Spiralen (Schrägzeilen, **Parastichen**). Da jedes Blatt zwei Kontakte hat, ergeben sich zwei Sätze von Parastichen. Die oft auffälligen Parastichen, z. B. in den Infloreszenzen der Compositen oder an den Zapfen der Coniferen, lassen sich ebenfalls mit Hilfe der Fibonacci-Reihe mathematisch beschreiben. Das für den Physiologen wichtige Resultat dieser Studien besagt, dass die spiralige Blattstellung am einfachsten mit der Annahme erklärt werden kann, dass jeweils zwei bereits etablierte Blattanlagen (die künftigen Kontakte) die Position eines neuen Blattprimordium am expandierenden Vegetationskegel festlegen.

Neuere Untersuchungen zeigen, dass die Verteilung des Hormons Auxin eine wichtige Rolle bei der Induktion der neuen Blattanlagen im Rahmen der phyllotaktischen Anordnung spielt (Abbildung 17.22). Das von den jungen Blättern produzierte Auxin wird in der Epidermis zu den gerade festgelegten und auswachsenden Blattprimordien geleitet. Dort wird es abgebaut bzw. in die inneren Zellschichten des Sprossmeristems umgeleitet. Das Primordium verringert dadurch die Konzentration von Auxin in seiner Umgebung. Eine Mindestkonzentration von Auxin ist aber notwendig, um eine neue Blattanlage zu induzieren: Diese wird erst wieder in einem bestimmten Abstand zu dem jüngsten Blattprimordium erreicht. Dabei wird die Verteilung von Auxin durch den Efflux-Carrier PIN reguliert, dessen korrekte Lokalisation innerhalb der einzelnen Zellen im Meristem wiederum durch Gradienten anderer Proteine kontrolliert wird (z. B. PID; → S. 390). PIN ist dabei Teil eines autoregulatorischen Kreises, indem es auf das phyllotaktische Signal Auxin sowohl durch Umverteilung reagiert, als auch dessen Konzentrationsgradienten einstellt. Ist PIN mutiert, so werden keine Blattprimordien induziert und es wächst ein „pin", ein nadelförmiger Stängel ohne Verzweigungen aus dem Meristem aus (→ Exkurs 25.2, S. 561). Der eigentliche Signalgeber für die phyllotaktischen **Muster** ist aber noch unbekannt.

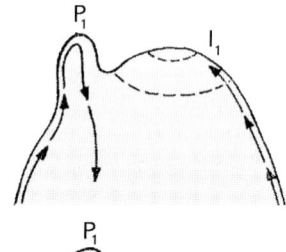

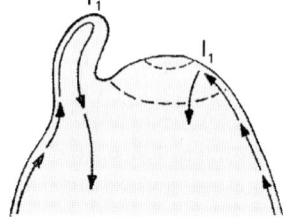

Abb. 17.22. Modell für die Beteiligung von Auxin an der Phyllotaxis. In diesem hypothetischen Schema zeigen die Pfeile die Transportwege des an den jungen Blättern zur Wachstumszone des apikalen Meristems geleiteten Auxins. Das sich entwickelnde Blattprimordium P_1 leitet den Auxinstrom in tiefer liegende Zellschichten um (*oberes Bild*). Dadurch bleibt die Konzentration des Hormons in der Umgebung des Blattprimordiums unter der kritischen Schwelle, die für die Ausbildung einer neuen Blattanlage notwendig ist. Erst in einer gewissen Entfernung, bei I_1, wird diese Auxinkonzentration wieder erreicht und ein neues Primordium induziert. Dieses wiederum leitet dann den Auxintransport um (*unteres Bild*) und verhindert seinerseits die Entstehung neuer Blattanlagen in seiner Umgebung. Im einfachsten Fall entstehen so Blätter jeweils gegenüber mit 180° Winkelabstand. Die komplexeren Phyllotaxien mit z. B. 137° entstehen wahrscheinlich durch die Überlagerung der Auxinumleitung von mehreren Blattprimordien. Noch unverstanden ist die Anlage der allerersten Blattprimordien und die Änderung der Phyllotaxis während des Sprosswachstums. (Nach Reinhardt et al. 2003)

17.3 Morphogenese als Musterbildung und Differenzierung

Die phyllotaktischen Muster von Pflanzen sind im allgemeinen sehr stabil, können aber unter bestimmten Bedingungen während der Ontogenese abgeändert werden. Neben den morphologischen Veränderungen von Blattstruktur und -aufbau während der Alterung einer Pflanze (Abbildung 17.23) wird manchmal auch das phyllotaktische Muster beim Übergang von der Jugend- zur Adultphase auf andere Winkel umgeschaltet. Die Dauer der juvenilen Phase scheint dabei über eine entwicklungsspezifische Uhr gemessen zu werden, die eher die Zeitspanne von der Keimung an berücksichtigt als die Zahl der Blätter. Dieser Schluss ergibt sich aus der Beobachtung, dass Mutationen in der Zahl der Blätter in verschiedenen Pflanzenspezies nicht den Zeitpunkt der Umschaltung von Jugendform auf adulte Form verändern.

17.3.8 Oben-unten-Polarität des Blattes

Fast alle Blätter besitzen unterschiedliche Ober- und Unterseiten, die während der Entwicklung frühzeitig festgelegt werden müssen. Dies geschieht bereits beim Übergang der morphologisch nicht erkennbaren Blattanlage zum auswachsenden Blattprimordium. Dabei wird die dem Apex zugewandte Seite (adaxial) gegenüber der abgewandten Seite (abaxial) durch Stoffgradienten abgegrenzt. Ein vom Meristem ausgehendes Signal ist eine **microRNA**, die miRNA 165, die zur mRNA des Gens *PHABULOSA* komplementär ist und mit dieser hybridisieren kann. Die so entstandenen Doppelstränge werden dann durch den RISC-RNase-Komplex abgebaut. Die Prinzipien dieser Signalverarbeitung über microRNAs sind im Exkurs 17.5 erläutert.

Die miRNA 165 wird in den abaxialen Bereich der Primordien transportiert, sodass die phabulosa-mRNA dort gezielt abgebaut wird. Der so entstehende Gradient von PHABULOSA-Protein steuert dann wahrscheinlich direkt über Genregulation und Interaktion mit anderen Proteinen die Expression einer zweiten Ebene von Entwicklungsgenen. Dazu gehören in den abaxialen Zellen die Gene der so genannten *YABBY*-Familie, in den adaxialen Zellen Gene wie *PHANTASTICA*. Werden diese Gene einzeln konstitutiv aktiviert und können nicht mehr reguliert werden, so entstehen jeweils radiärsymmetrische Blattanlagen mit nur abaxialen bzw. nur adaxialen Zellen.

17.3.9 Blattentwicklung

Das Blattlängenwachstum der Dikotylen folgt zunächst einer exponentiellen Funktion, an die sich eine Phase abnehmender Wachstumsintensität anschließt. Dies ist charakteristisch für Organe mit begrenztem Wachstum (→ Exkurs 17.3).

Auch das Flächenwachstum des Blattes folgt in den frühen Stadien einer einfachen, exponentiellen Funktion. Trotzdem ist das Blattwachstum ein komplizierter und physiologisch wenig verstandener Vorgang. Die genaue Analyse zeigt nämlich, dass die verschiedenen Teile der Lamina verschiedenes Wachstum aufweisen, in Abhängigkeit vom Abstand zur Blattspitze und vom Alter des Blattes. Offensichtlich ist die Wachstumsintensität an der Blattspitze am geringsten und an der Blattbasis am größten (Abbildung 17.24). Dadurch ändert sich die **Blattgestalt** im Laufe der Entwicklung. Diese Änderungen sind im wesentlichen auf differenzielles Wachstum der Blattzellen zurückzuführen. Die Zunahme der Zellzahl pro Blatt geht bereits früh,

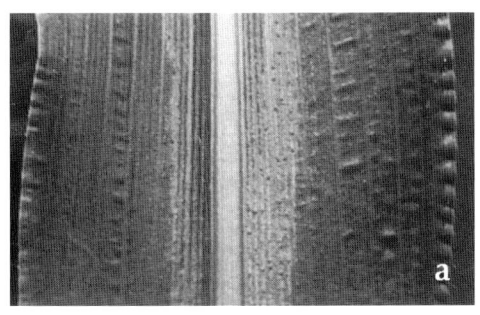

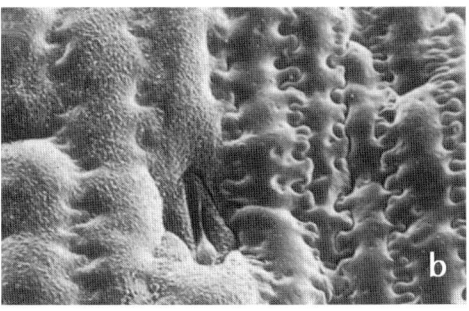

Abb. 17.23 a, b. Jugendform und Erwachsenenform von Epidermiszellen in Maisblättern lassen sich anhand verschiedener Kriterien deutlich unterscheiden. **a** Übergangsphase vom jugendlichen zum erwachsenen Blattgewebe, wobei das jugendliche Gewebe entlang des Blattrandes (*dunklere Zone*) und das erwachsene im Zentrum lokalisiert sind. **b** Grenze zwischen den jugendlichen (*links*) und den erwachsenen Blattteilen (*rechts*) in einem solchen Übergangsblatt. Die Wände der älteren Zellen sind sehr viel stärker ineinander verzahnt als die der jugendlichen Zellen. (Nach Poethig 1990)

> **EXKURS 17.5: MicroRNAs, eine neu entdeckte RNA-Klasse mit regulatorischer Funktion**
>
> Die sogenannten microRNAs sind eine Klasse von 18–25 Nucleotide langen RNAs, die komplementär sind zu bestimmten Ziel-RNAs. Letzere sind häufig mRNAs für Proteine, die eine entscheidende Rolle in der Organentwicklung bei Pflanzen und Tieren besitzen. Durch die Paarung mit der Ziel-mRNA entsteht eine doppelsträngige RNA, die von dem RISC-RNase-Komplex (Dicer-ähnlich; → Abbildung 27.12) erkannt wird, der die mRNA zerschneidet und dem vollständigen Abbau zuleitet. Alternativ dient dieser doppelsträngige Bereich als Blockade der Translation und reguliert so die Menge an Proteinprodukt. Assoziiert mit dem RISC (*RNA interference silencing complex*) spielen die sogenannten ARGONAUTE-ähnlichen Proteine eine wichtige Rolle. Sind diese mutiert, so sind eine ganze Reihe von Entwicklungsstörungen zu beobachten, u. a. die auf S. 397 beschriebenen Defekte bei der Ausbildung der Blattpolarität. Dieser Phänotyp wird dadurch erklärt, dass die ARGONAUTE-Proteine für die Einstellung der richtigen Konzentrationen derjenigen microRNA wichtig sind, die wiederum die mRNAs für die Proteine PHABULOSA und PHAVOLUTA kontrollieren. Letztere sind notwendig für die richtige Ausbildung der Blattober- und -unterseiten.
>
> Ein anderer Entwicklungsschritt bei der Ausbildung der Blätter wird von den microRNAs des *JAW*-Locus gesteuert: Diese binden an verschiedene mRNAs von Transkriptionsfaktoren. Einer davon ist das CINCINNATA-Protein, das die Zellteilung im Blatt so reguliert, dass eine ebene Fläche entsteht. Wird das *CINCINNATA*-Gen mutiert, so entstehen wellige Blätter mit vielfach gezackten Blatträndern. Mutationen im *JAW*-Locus führen zu dem gleichen Phänotyp, wenn zu viel microRNA gebildet wird und damit die Menge an Cincinnata-mRNA nicht mehr ausreicht. Die direkte Kontrolle von CINCINNATA durch *JAW*-microRNAs wurde elegant nachgewiesen, indem Nucleotidaustausche in der dritten Codonposition in der Cincinnata-mRNA durchgeführt wurden. Diese verändern nicht das codierte Protein, aber erlauben der *JAW*-microRNA keine Paarung mehr. Die mit diesem mutierten *CINCINNATA*-Gen transformierten Pflanzen zeigten ebenfalls wellige und fehlgeformte Blätter – Nachweis für die entscheidend wichtige Rolle der JAW-microRNA bei der Kontrolle der Blattentwicklung. Kontrolle bedeutet hierbei die genaue Einstellung der richtigen Konzentration der Cincinnata-mRNA in den richtigen Zellen. Diese Feineinstellung wird sowohl durch zu viel als auch durch zu wenig microRNA gestört, da dadurch entsprechend zu wenig bzw. zu viel Cincinnata-mRNA verbleibt.

bei *Arabidopsis* bei $1,5 \cdot 10^5$ Zellen, bei Mais bei 10^8 Zellen, gegen Null. Die etwa 100 Zellen des Primordiums teilen sich solange aktiv, bis ungefähr 1/3 der endgültigen Blattfläche erreicht ist. Die restlichen 2/3 der Blattgröße werden durch Streckungswachstum hinzugewonnen (Abbildung 17.25). Die Entwicklung der Chloroplasten ist dabei mit der Blattentwicklung gekoppelt.

Bei der Entwicklung aus dem apikalen Sprossmeristem dehnt sich das Blatt lateral aus, sodass die zweidimensionale Struktur entsteht. Dies geschieht einmal durch zusätzliche Aufnahme von Zellen aus dem Meristem und zum zweiten durch Zellteilung und Zellstreckung an den lateralen Enden des Primordiums. In einigen Spezies wächst das Primordium um den gesamten Umfang des Stängels, wodurch röhrenförmige Strukturen entstehen können, wie die Blattscheiden von einigen Monokotylen, z. B. bei Gräsern oder Lauch (Porree). In anderen Spezies ist die laterale Ausdehnung des Primordiums beschränkt auf die peripheren Teile der Lamina, sodass sich dort die volle flache Blattspreite ausbildet. Durch lokale Ausdehnung können komplex zusammengesetzte Blätter entstehen (Abbildung

Abb. 17.24. Die Veränderung der Blattgestalt bei der Spitzklette (*Xanthium strumarium*) im Laufe der Entwicklung. Von *links* nach *rechts*: oberes, mittleres und unteres Blatt der Sprossachse. Die verschiedenen Teile der Lamina wachsen mit verschiedener Intensität, in Abhängigkeit vom Abstand von der Spitze und vom Alter des Blattes. Ein basipetales Wachstumsmuster ist offensichtlich. (Nach Makysmowych 1973)

17.3 Morphogenese als Musterbildung und Differenzierung

versal angeordnete Cellulosemikrofibrillen verhindert werden muss, dass sie sich lateral ausdehnt (→ Abbildung 5.5). Es ist offensichtlich, dass die komplexen artspezifischen Blattformen eine sehr präzise räumliche Steuerung der Zellteilungsaktivität und des anisotropen Zellwachstums voraussetzen. Unterschiedliche Blattformen treten aber nicht nur bei verschiedenen Spezies, sondern auch innerhalb einer Pflanze auf (Abbildung 17.27). Goethe schlug bereits 1790 vor, dass alle blattähnlichen Organe inklusive der Blütenorgane Transformationen von Blättern, also eigentlich nur Variationen eines einzigen Organes sind. Erst kürzlich identifizierte Mutanten von *Arabidopsis* bestätigen diese 200 Jahre alte Vorstellung und zeigen, dass nur eine relativ kleine Zahl von Genen tatsächlich für die Ausbildung aller verschiedenen Formen von Blättern, inklusive der Blütenblätter notwendig sind.

Auch bei der Ausbildung von zusammengesetzten Blättern wie bei der Tomate sind einzelne Gene ausschlaggebend (→ Abbildung 17.26). Diese Gene bestimmen, ob ein zusammengesetztes, oder ob, wie bei der Sonnenblume, ein einfaches Blatt aus dem apikalen Sprossmeristem entsteht. Durch Fehlexpression eines einzelnen Genes lässt sich bereits die Umschaltung auf ein komplexes zusammengesetztes Blatt auslösen. Analysen mit transgenen Pflanzen zeigen, dass bei der Entstehung des zusammengesetzten Blattes der Tomate das zum *KNOTTED*-Gen (Mais) und *SHOOTMERISTEMLESS*-Gen *(Arabidopsis)* orthologe Gen der entscheidende Auslöser ist. In normalen Tomatenpflanzen ist dieses Gen in anderen Zellen aktiv als bei *Arabidopsis*, das einfachere Blätter bildet (Abbildung 17.28). Während bei *Arabidopsis* und

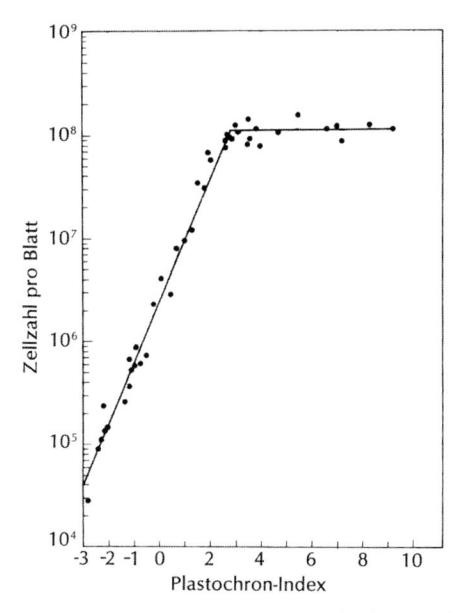

Abb. 17.25. Die Zunahme der Zellzahl mit dem Plastochron-Index (PI) in den Blättern der Spitzklette. Die Zunahme der Zellzahl erfolgt zunächst exponentiell. Bei PI = 3 hören die Zellteilungen auf. Hier ist etwa ein Drittel der endgültigen Blattgröße erreicht. Mit **Plastochron** bezeichnet man das Intervall zwischen der Anlage zweier aufeinander folgender Blätter. Der **Plastochron-Index** gibt das Alter der Pflanze in Plastochroneinheiten an. Diese biologische Zeitskala hat Vorteile gegenüber der Altersangabe in physikalischer Zeit. Pflanzen, die bei verschiedenen Temperaturen heranwachsen, lassen sich auf der Plastochronskala sinnvoll vergleichen. Das ausgewachsene Blatt besitzt etwa $116 \cdot 10^6$ Zellen. (Nach Makysmowych 1973)

17.26). Die Ausdehnung einer solchen flachen Struktur wie der Lamina, der Blattspreite, ist ein viel komplizierterer Prozess als die Streckung einer zylindrischen Struktur, bei der lediglich durch trans-

Abb. 17.26 a–d. Verschiedene Blattformen. **a** Das ganzrandige Blatt der Sonnenblume, **b** das fiederschnittige Blatt der Roteiche und **c** das zusammengesetzte Blatt der Tomate illustrieren die Vielfalt der Blattarchitektur im Pflanzenreich. In **d** ist ein „supergefiedertes" Blatt einer transgenen Tomatenpflanze gezeigt, in der das *KNOTTED*-Gen aus Mais im apikalen Meristem und in den Blattprimordien überexprimiert ist. (Nach Jackson 1996)

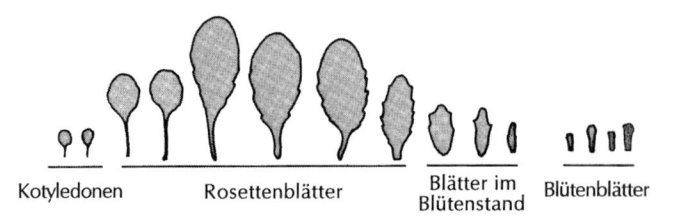

Abb. 17.27. Die verschiedenen morphologischen Ausprägungen der Blattanlage entlang der Sprossachse am Beispiel von *Arabidopsis*. Jüngste Untersuchungen bestätigen die von Goethe bereits 1790 formulierte Vorstellung, dass die Keimblätter, die jugendlichen und die erwachsenen Blätter und schließlich auch die Blütenblätter unterschiedliche morphologische Modifikationen der gleichen entwicklungsgenetischen Grundstruktur sind. (Nach Poethig 1997)

Mais die mRNA von *SHOOT-MERISTEMLESS* bzw. *KNOTTED* nur im apikalen Meristem, aber nicht in den Blattprimordien zu finden ist, wird dieses Gen bei der Tomate an den Rändern des Blattprimordiums transkribiert und zwar dort, wo später die einzelnen Blättchen initiiert werden. Erhöht man in transgenen Tomatenpflanzen die Aktivität des *KNOTTED*-Gens, besonders im apikalen Sprossmeristem, so entstehen noch viel stärker aufgegliederte Blattstrukturen als beim Wildtyp (→ Abbildung 17.26d). Die einzelnen Blättchen in solch einem zusammengesetzten Blatt zeigen eigentlich fast alle Charakteristika eines einzelnen Blattes. So bleiben bei der Entwicklung von zusammengesetzten Blättern Teile des Blattprimordiums soweit aktiv, dass als Unterstrukturen fast wie eigenständige, normale Blätter wirkende Blattteile induziert werden können. Damit scheinen die Blattprimordien für zusammengesetzte, komplexe Blätter mit vollständiger Blattspreite und Leitgefäßen noch ein höheres Differenzierungspotenzial zu haben als die Primordien für einfache Blätter. Dies wird auch von Untersuchungen an Farnen bestätigt, wo mikrochirurgisch manipulierte Primordien für zusammengesetzte Blattstrukturen sogar noch in der Lage sind, die Funktion des apikalen Meristems zu übernehmen und Stängelstrukturen mit allen Geweben auszubilden.

Die Entwicklung der Blätter ist aber nicht nur genetisch programmiert, sondern auch stark umweltabhängig. Der maßgebende Umweltfaktor ist das **Licht**. Die beiden Kartoffelpflanzen der Abbildung 17.29 sind genetisch identisch. Sie sind insofern in einem verschiedenen Milieu herangewachsen, als die eine Pflanze von der „Augenkeimung" an im Dunkeln, die andere hingegen im Licht gehalten wurde; alle übrigen Milieufaktoren, insbesondere auch die Ernährungsfaktoren, waren gleich. Die **Photomorphogenese**, die Beeinflussung der Merkmalsausprägung durch Licht, ist der wohl eindrucksvollste Milieueffekt, den man kennt. Der Effekt betrifft die **Ausprägung** von Mustern, deren **Anlage** lichtunabhängig ist. Das Muster der Blattanlagen ist bei der etiolierten Kartoffelpflanze dasselbe wie bei der normalen Pflanze (→ Zahlen in Abbildung 17.29); die Entwicklung der Blattanlagen zu Blättern erfolgt hingegen nur im Licht (→ S. 453).

Ein quantitatives Beispiel, die Bildung von Blattprimordien bei der Gartenerbse, dokumentiert ebenfalls die Bedeutung des Lichts. Dieser Prozess erfolgt im Licht und im Dunkeln mit derselben Intensität („Geschwindigkeit"); ohne Licht hört die Bildung von Blattanlagen jedoch mit Blatt 12 auf,

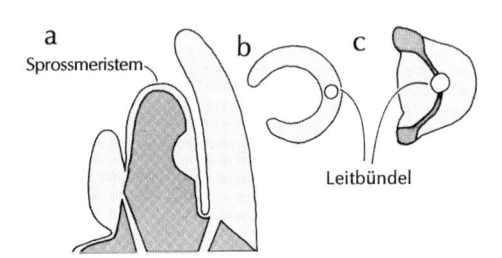

Abb. 17.28 a–c. Schematische Darstellung der unterschiedlich lokalisierten Transkription des *KNOTTED*-Gens (dunkle Zonen) im apikalen Sprossmeristem bei der Induktion verschiedener Blattformen. **a** Im Längsschnitt des apikalen Sprossmeristems von Mais zeigt sich, dass bei der Ausprägung eines einfachen Blattes das *KNOTTED*-Gen nur im zentralen Bereich des apikalen Sprossmeristems aktiv ist, während in den Blattprimordien keinerlei Aktivität zu beobachten ist. **b** Auch im Querschnitt der isolierten Blattprimordien lässt sich keine mRNA des *KNOTTED*-Gens nachweisen. **c** In der Tomate dagegen, die komplex zusammengesetzte Blätter ausbildet, ist *KNOTTED* in den Blattprimordien aktiv. In diesem Querschnitt wird deutlich, dass besonders an den Rändern des Blattprimordiums knotted-mRNA dort nachzuweisen ist, wo die Blattfiedern initiiert werden. Diese Befunde deuten darauf hin, dass das *KNOTTED*-Gen an der Ausbildung der Blattgestalt über die Steuerung der Zellteilungsaktivität beteiligt ist. (Nach Jackson 1996)

17.3 Morphogenese als Musterbildung und Differenzierung

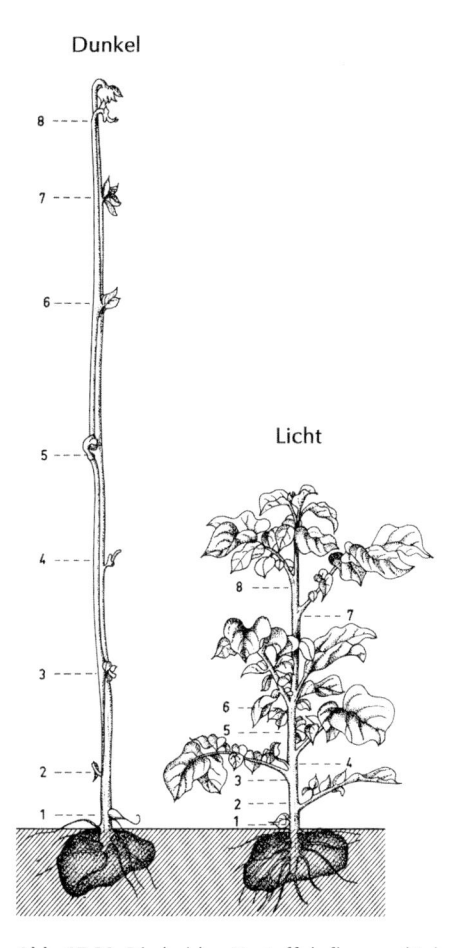

Abb. 17.29. Die beiden Kartoffelpflanzen (*Solanum tuberosum*) sind genetisch identisch. *Links*: Eine etiolierte Dunkelpflanze; *rechts*: die normale Lichtpflanze. (Nach Pfeffer 1904). Als **Skotomorphogenese = Etiolement** bezeichnet man die charakteristische Entwicklung einer Pflanze unter Lichtabschluss; **Photomorphogenese** nennt man die alternative Entwicklung im Licht. Die Zahlen zeigen die in dieser Reihenfolge entstandenen Module an, die **Phytomere**.

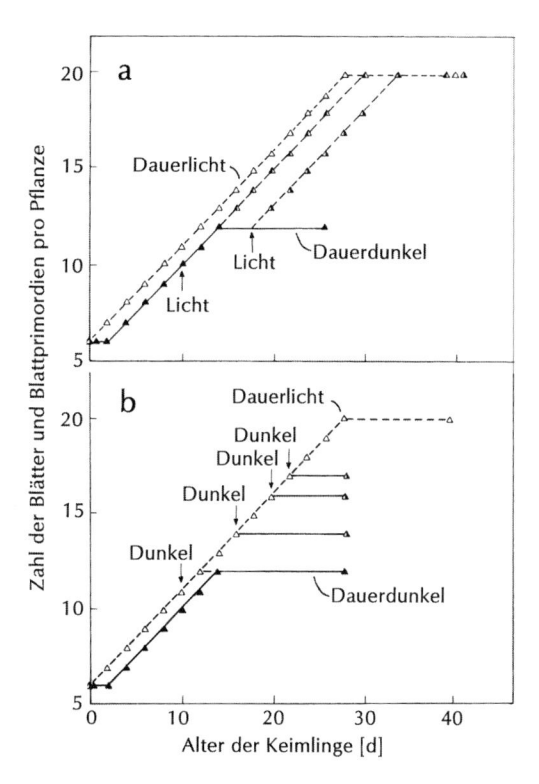

Abb. 17.30 a, b. Die Bildung von Blattprimordien bei der Gartenerbse (*Pisum sativum*, cv. Telephone) im *Dauerdunkel* ▲, im *Dauerlicht* △ und bei Dunkel→Licht-Transfer nach 10 und 17 d (a; ▲) bzw. Licht→Dunkel-Transfer nach 10, 16, 20 und 22 d (b; ▲). Die Erbsen enthalten 6 Blattprimordien im Samenzustand. (Nach Low 1971)

obgleich zu diesem Zeitpunkt die Nährstoffreserven in den Speicherkotyledonen noch keineswegs erschöpft sind (Abbildung 17.30). Bringt man Dunkelpflanzen ins Licht, so setzen die apikalen Vegetationspunkte die Bildung von Blattprimordien fort. Bringt man Lichtpflanzen ins Dunkle, so stellen sie die Bildung von Blattprimordien ein, falls Blatt 12 bereits angelegt ist. Es ist offensichtlich, dass der Lichtfaktor ab einem bestimmten Zeitpunkt darüber entscheidet, ob überhaupt noch Blattprimordien angelegt werden. Mit anderen Worten: Das Entwicklungsgeschehen ist zwar durch einen streng geregelten Ablauf charakterisiert; ob aber Entwicklung stattfindet oder nicht, bestimmt der Lichtfaktor.

17.3.10 Konstruktion der Sprossachse

Die Sprossachse besitzt eine modulare Konstruktion, die am apikalen Vegetationspunkt angelegt wird (→ S. 391). Das einzelne Modul, die repetitive Einheit, ist das **Phytomer** (→ Abbildung 17.29, die jeweiligen Phytomere sind nummeriert). Ein Phytomer besteht aus Knoten, Internodium, Blattanlagen, Achselknospen. Es ist nicht nur die in der Phyllotaxis erfasste Musterbildung, die dem Spross seine Gestalt gibt; auch beim interkalaren (d. h. auf bestimmte Zonen beschränkten) Wachstum der Internodien sind klare Muster erkennbar. Ein Beispiel ist die Verteilungsfunktion der Internodienlänge entlang der Sprossachse, die einer Gauß-Verteilung ähnelt (Abbildung 17.31). Hinsichtlich des

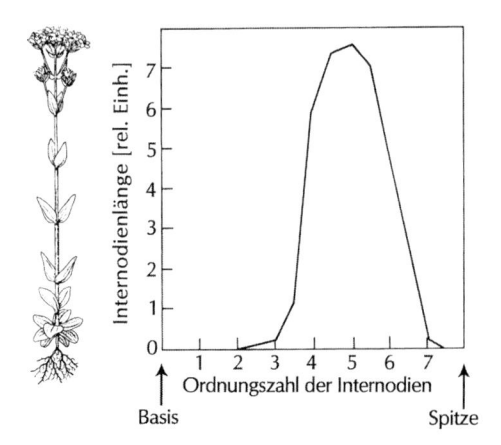

Abb. 17.31. *Rechts*: Verteilungsfunktion für die Internodienlänge entlang der Sprossachse des Tausendgüldenkrauts (*Centaurium erythraea*). *Links*: blühende Pflanze mit basaler Blattrosette. (Nach Troll 1959)

interkalaren Wachstums sind die einzelnen Internodien offenbar streng aufeinander abgestimmt. Dies zeigt, dass die aufeinanderfolgenden Phytomermodule in ein Entwicklungsprogramm des Sprosses eingebunden sind, was sich nicht nur in der Variation der Internodienlänge, sondern häufig auch in der sich von unten nach oben verändernden Blattgestalt manifestiert ($\rightarrow$ Abbildung 17.24, 17.27).

Das Muster der Leitbündel in der Sprossachse ist erwartungsgemäß festgelegt, obgleich die Größe der Bündel (Querschnitt) durch den Lichtfaktor in erheblichem Maße reguliert wird.

Nicht nur innerhalb der Sprossachse sind die Entwicklungsleistungen der einzelnen Module miteinander korreliert; auch zwischen den Parametern, die Spross- und Wurzelentwicklung charakterisieren (z. B. Sprosslänge, Sprosstrockenmasse, Wurzellänge, Wurzeltrockenmasse), ergeben sich oft strenge Korrelationen. Diese artspezifischen Zusammenhänge sind einerseits genetisch vorgegeben, können andererseits auch durch die Umwelt beeinflusst werden ($\rightarrow$ Abbildung 26.6).

17.3.11 Die Bedeutung der Reaktionsnorm

Die genetische Information (der Genotyp) bestimmt die **Reaktionsnorm (Reaktionsbreite)** der Merkmale. Innerhalb der Reaktionsnorm bestimmen **Umweltfaktoren (Außenfaktoren)** die tatsächliche Ausprägung der Merkmale. Die Breite der Reaktionsnorm ist ein Ausdruck für die potenzielle Umweltvariabilität eines Merkmals. Von allgemeiner Bedeutung ist die Erkenntnis, dass die Umweltfaktoren nur innerhalb der genetisch vorgegebenen Reaktionsnorm die Ausprägung der Merkmale determinieren können. Kein Lebewesen kann über seinen „genetischen Schatten" springen. Die Möglichkeiten eines jeden Lebewesens werden durch seinen Genotyp definitiv begrenzt. Die Sporophyten der höheren Pflanzen ($\rightarrow$ Abbildung 17.2) gelten als besonders „offene", durch die Umwelt stark beeinflussbare Systeme. In der Tat ist die Reaktionsnorm vieler Merkmale bei Pflanzen wesentlich breiter als bei höheren Tieren oder beim Menschen. Hierzu ein weiteres Beispiel (Abbildung 17.32): Die drei recht verschieden aussehenden Enzianpflanzen sind genetisch weitgehend identisch. Die Variation der Pflanzen beruht also auf Umwelteinflüssen. Die Pflanzen wuchsen von der Samenkeimung an unter verschiedenen Umweltbedingungen heran. Man sieht, dass manche Merkmale, z. B. die Blattgröße oder die Internodienlänge, sehr unterschiedlich ausgeprägt sind. Andere Merkmale, z. B.

Abb. 17.32. Die morphologischen Unterschiede zwischen diesen drei Exemplaren des Feldenzians (*Gentiana campestris*) sind allein durch die unterschiedliche Meereshöhe des Standorts bedingt. (Nach Kühn 1961)

die Phyllotaxis und die Größenverhältnisse bei der Blüte, unterliegen keinen Veränderungen. Anhand der Blütenmerkmale kann man unter allen Umweltbedingungen einen Feldenzian von jeder anderen Enzianart eindeutig unterscheiden.

Aus dieser Beobachtung folgt, dass eine weitere Reaktionsnorm (hohe Umweltvariabilität) bei einem Merkmal (z. B. Blattgröße) keinen Rückschluss auf die Breite der Reaktionsnorm (Ausmaß der Umweltvariabilität) bei einem anderen Merkmal oder bei einer anderen Merkmalsgruppe (z. B. Blütengestalt) erlaubt.

17.3.12 Korrelationen

Die pflanzlichen Organe besitzen eine weitgehende morphogenetische Autonomie, die sich im Regenerationsexperiment offenbart (→ Abbildung 24.5). Andererseits muss man damit rechnen, dass im intakten System die Entwicklungs- und Funktionsleistungen eines Organs durch die beständige Wechselwirkung mit den übrigen Teilen der Pflanze beeinflusst werden. Die Wechselwirkungen innerhalb einer Pflanze nennt man **Korrelationen.**

Ein eindrucksvolles Beispiel für eine solche Korrelation liefert die **apikale Dominanz**. Mit diesem Ausdruck bezeichnen wir die Tatsache, dass eine intakte Endknospe den Wachstumsmodus des Sprosses reguliert. Das übliche Beispiel für apikale Dominanz ist die Hemmwirkung, die von der Endknospe auf die Achselknospen ausgeübt wird (→ Abbildung 18.11).

Bei Verlust der apikalen Dominanz (Entfernung der Endknospe, Dekapitation) kommt es zu einem Auswachsen von bislang ruhenden Seitenknospen. Dieser Prozess ist mit einer massiven Änderung der Genexpression verbunden. Die auswachsende Seitenknospe gleicht ihr Proteinmuster rasch dem einer Endknospe an. In Abbildung 17.33 ist der komplizierte Fall dargestellt, dass bei *Solanum andigenum* die Endknospe und die Achselknospen an den oberirdischen Sprossteilen die Entwicklung der Stolone maßgebend beeinflussen. Horizontal wachsende Stolone, die lediglich Schuppenblätter tragen, entwickeln sich dann, wenn die oberirdischen Sprossteile intakt sind. Entfernt man alle oberirdischen Knospen, so richten sich die Spitzen der Stolone auf (negativ gravitropische Reaktion) und fangen an, normale Blätter zu bilden. Die apikale Dominanz wird mit Hilfe von Hormonen ausgeübt (vor allem Auxin; → S. 417).

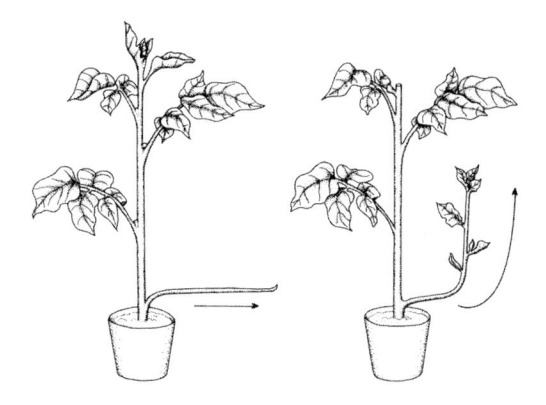

Abb. 17.33. Darstellung eines Experiments, das zeigt, dass bei *Solanum andigenum* die Sprossknospen das Verhalten der Stolone maßgebend beeinflussen. Ist die Pflanze intakt, so wachsen die Stolone horizontal und bilden nur Schuppenblätter (*links*). Wenn man die Endknospe und die Achselknospen entfernt (*rechts*), wachsen die Stolone aufwärts und bilden Laubblätter. (Nach Booth 1959)

17.3.13 Umdifferenzierungen

Mit diesem Begriff bezeichnen wir Übergänge von Zellen von einem adulten Zellphänotyp in einen anderen (→ Abbildung 2.17). Multiple Umdifferenzierungen kommen in der normalen Entwicklung bei Pflanzen häufig vor; sie können auch durch experimentelle Eingriffe hervorgebracht werden. Ein eindrucksvolles Beispiel ist die Regeneration von Xylemzellen aus Mesophyllzellen von *Zinnia*-Pflanzen (Abbildung 17.34). Große, vacuolisierte Mesophyllzellen werden zu retikulaten Xylemelementen (Tracheiden) umdifferenziert. Man kann diese Umdifferenzierung an der Ausbildung der tracheidalen Wandverdickungen besonders gut verfolgen.

Umdifferenzierungen der eben geschilderten Art gehören bei der Pflanze zum „normalen" Entwicklungsablauf. Man kann aus diesen einfachen Beispielen bereits den Schluss ziehen, dass Zelldifferenzierungen reversibel sein können und von Faktoren aus der Umgebung der Zelle bestimmt werden. Die jeweils wirkenden determinierenden Faktoren bestimmen den entsprechenden Differenzierungszustand einer Zelle oder eines Gewebes innerhalb der genetisch vorgegebenen Reaktionsnorm.

Bei der Umdifferenzierung kommt es unter der Kontrolle des Zellkerns zu Veränderungen im Muster relevanter Proteine im Cytoplasma. Die hierbei ablaufenden biochemischen Prozesse sind uns im Prinzip heute geläufig. Ein experimentelles System,

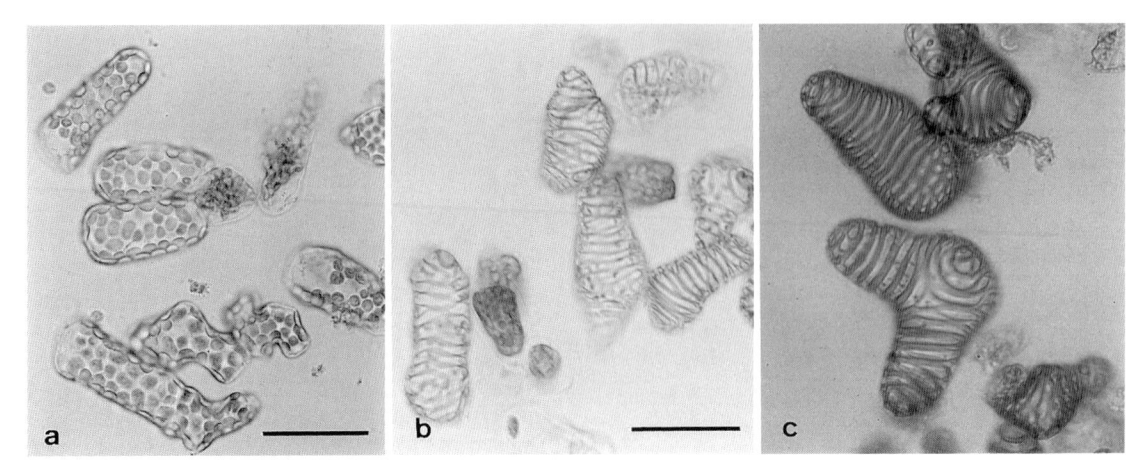

Abb. 17.34 a–c. Umdifferenzierung isolierter Mesophyllzellen in Xylemelemente. Die aus einem Blatt von *Zinnia elegans* isolierten Mesophyllzellen (**a**) machen in einem Auxin und Cytokinin enthaltenden Kulturmedium innerhalb von 3 d ohne Einschaltung von Zellteilungen eine Umwandlung zu Xylemelementen mit charakteristischen, bandförmigen Sekundärwandleisten durch (**b**). Dieser Umdifferenzierungsprozess endet, ähnlich wie bei den Gefäßen im Xylem intakter Pflanzen, mit einer Autolyse des Zellinhalts im späteren Stadium (**c**; programmierter Zelltod; → S. 527). Auch bei der experimentell induzierten Bildung von Xylemzellen werden die Sekundärwandleisten durch Einlagerung von Lignin versteift. *Striche*: 50 µm; die Zellen in **c** sind etwa zweifach größer dargestellt. (Nach Fukuda 1994)

EXKURS 17.6: Das experimentelle System *Acetabularia*

Die im Mittelmeer und anderen südlichen Meeren vorkommenden siphonalen Grünalgen der sessilen Gattung *Acetabularia* (Dasycladales) sind interessante Objekte für das Studium der Beziehungen zwischen Kern und Plasma.

Die **Ontogenese** der repräsentativen Art *Acetabularia mediterranea*, die von Hämmerling 1931 in die physiologische Forschung eingeführt wurde, ist in groben Zügen in der Abbildung A dargestellt. Die Zygote entsteht durch die Fusion von zwei Isogameten (*rechts*). Sie keimt zu einem ungegliederten, zylindrischen Stiel aus. Dieser besitzt an seinem unteren Ende ein gelapptes Rhizoid, das den einzigen Kern der siphonalen Pflanze enthält. Der größte Teil des Stielvolumens wird von einer Vacuole eingenommen. Der periphere Plasmaschlauch enthält viele Chloroplasten. Am apikalen Pol bildet der Stiel vergängliche Haarwirtel und schließlich einen „Hut". Dieser Hut (= Schirm) ist im ausgewachsenen Zustand in etwa 75 Strahlen („Kammern") gegliedert, die Cystenbehälter darstellen. Die Cysten sind Gametangien homolog. Der Stiel wächst zunächst sowohl in die Länge als auch in die Breite, beides exponentiell. Der maximale Durchmesser von 0,3–0,4 mm ist einige Zeit vor der Hutbildung erreicht. Danach wächst der Stiel bis zur Hutbildung nur noch in die Länge. Die Endlänge des Stiels beträgt 30–60 mm. Sie wird unter günstigen experimentellen Bedingungen in etwa drei Monaten erreicht. Für die Hutbildung ist ein weiterer Monat notwendig. Der Hut erreicht etwa 10 mm Durchmesser. Das Volumen des üblicherweise im Rhizoid liegenden **Primärkerns** beträgt unmittelbar vor der Hutbildung etwa 10^{-3} mm^3. Das Kernvolumen hat während des Wachstums um den Faktor 10^6 zugenommen. Ist der Hut „reif", so teilt sich der Riesenkern noch im Rhizoid mitotisch in viele (etwa 7.000–15.000) **Sekundärkerne**. Diese werden durch eine gerichtete Plasmaströmung in die Hutstrahlen transportiert, wo einkernige Cysten (= Ruhestadien) gebildet werden. Nach einer Ruheperiode und weiteren mitotischen Kernteilungen öffnen sich die Cysten und die inzwischen gebildeten Gameten werden frei. Sie können paarweise kopulieren. Die Zygote wächst unmittelbar zum Keimschlauch aus, während sich substratwärts das Rhizoid bildet.

Teile des siphonalen Systems (auch kernlose Teile) zeigen eine ungewöhnliche **Regenerationsfähigkeit**. Man kann verhältnismäßig leicht Propfungen durchführen, d. h. Teile einer Pflanze auf eine andere transplantieren. Der Primärkern kann einer Pflanze entnommen und einer anderen implantiert werden, **Kerntransplantation**. Primärkerne lassen sich auch zwischen verschiedenen Arten übertragen, z. B. von *A. mediterranea* nach *A. crenulata* und umgekehrt.

Detaillierte Experimente mit Hilfe von Inhibitoren zeigen, dass die für die Differenzierung des Hutes verantwortlichen Gene lange vor Beginn der Hutbildung aktiv sind, und zwar gleichzeitig mit den für die Stiel- und Wirtelbildung verantwortlichen Genen. Im Cytoplasma liegen also in Form von mRNAs – von Hämmerling seinerzeit als „morphogenetische Substanzen" bezeichnet – alle Informationen (für Stiel-, Wirtel-, Hutbildung) gleichzeitig vor. Sofort realisiert wird aber nur die Information für Stiel- und Wirtelbildung, die Information für Hutbildung wird zunächst in inaktiver Form gespeichert. Die Realisierung dieser Information beginnt erst einige Wochen später. Die zeitliche Aufeinanderfolge von Stiel-, Wirtel- und Hutbildung beruht also nicht darauf, dass die für diese Prozesse verantwortlichen Gene nacheinander aktiv werden, sondern darauf, dass die in Form von mRNAs im Plasma gleichzeitig vorhandenen Informationen nacheinander abgerufen werden. Wann Hutbildung stattfindet, wird also auf der Ebene der **Translation** entschieden. Der Mechanismus dieser Regulation ist zur Zeit noch unbekannt. Man nimmt heute an, dass der stabile *messenger* jeweils in Form von RNP-Partikeln (mRNA, gebunden an Protein) vorliegt. Die auf Vorrat synthetisierte mRNA wird durch die Proteinbindung vorübergehend stabilisiert (z. B. gegen die Wirkung von Nucleasen abgeschirmt) und zeitlich geordnet in die Translation eingebracht. In einem kernlos gemachten Stück *Acetabularia* ist die Lebensdauer des *messenger*-Systems unnatürlich lang. Ist ein Kern vorhanden, also unter natürlichen Bedingungen, so ist die Lebensdauer viel geringer.

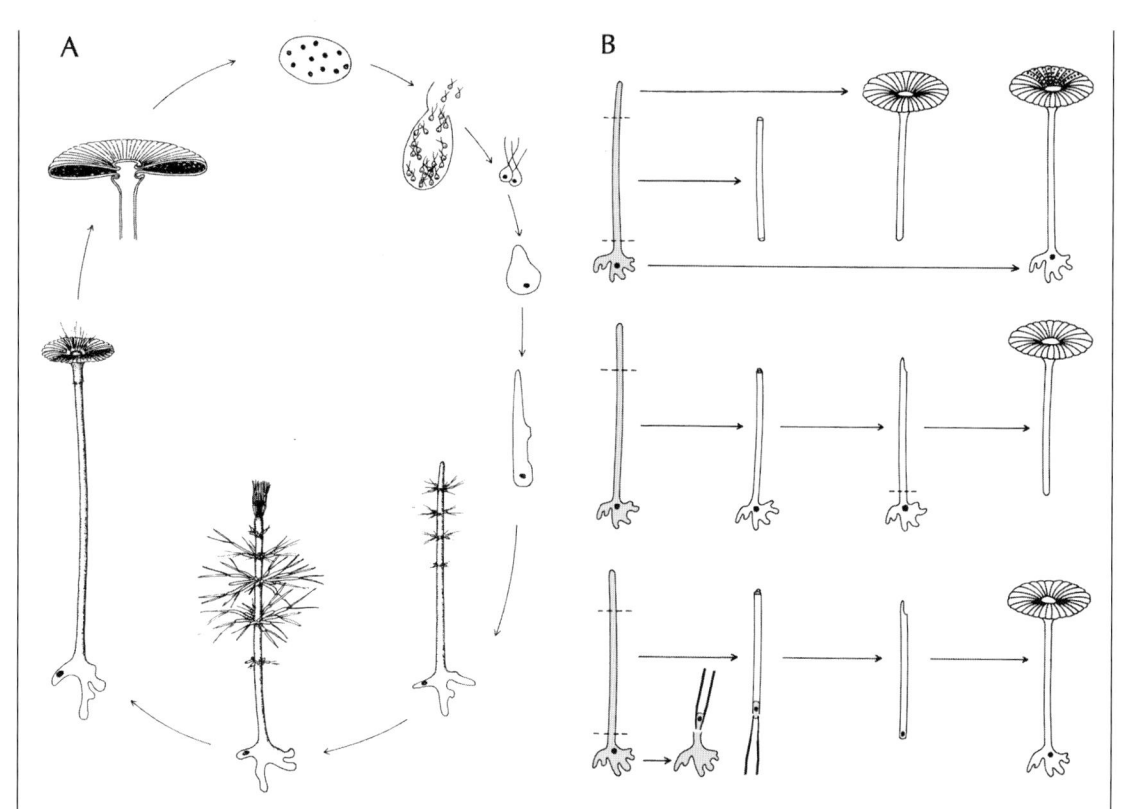

Die Abbildung B zeigt einige Experimente mit *Acetabularia mediterranea*, die die Wirkung des Primärkerns auf das Plasma demonstrieren. *Oben*: Das isolierte mittlere Stielstück bleibt am Leben, wächst aber nicht. Das apikale Stück entwickelt einen Hut. Das kernhaltige Rhizoid regeneriert eine normale Pflanze. *Mitte*: Man schneidet die Stielspitze, welche die „morphogenetischen Substanzen" für die Hutbildung enthält, ab. Wenn man nun einige Tage wartet und erst dann das mittlere Stielstück abtrennt, ist dieses zur Hutbildung fähig. Offenbar haben sich in der Zwischenzeit „morphogenetische Substanzen" in diesem Stielstück angereichert. *Unten*: Implantiert man dem mittleren Stielstück einen aus dem Rhizoid entnommenen Primärkern, setzt nach einigen Tagen die Regeneration zu einer normalen Pflanze ein. (Nach Gibor 1966)

Obwohl *Acetabularia* durch die ungewöhnliche Zellgröße viele Vorteile hat, ist sie doch in der Molekularbiologie nur beschränkt nutzbar. Hauptprobleme bereitet die sehr kostspielige Anzucht der Algenzellen und die geringe Menge an Material, das zur Isolierung von DNA, RNA und Protein für die Analytik meistens nicht ausreicht. Die große Bedeutung von *Acetabularia* für die Entwicklungsphysiologie besteht darin, dass diese einzellige Alge grundlegende Einsichten in die Mechanismen der Differenzierung geliefert hat, lange bevor direkte Analysen mit genetischen und molekularbiologischen Methoden möglich waren.

das lange vor der Entdeckung von DNA und RNA erfolgreich zur Erforschung der Kern-Plasma-Beziehungen bei der Zelldifferenzierung eingesetzt wurde, wird im Exkurs 17.6 vorgestellt.

Weiterführende Literatur

Barleth T, Scarpella E, Prusinkiewicz P (2007) Towards the systems biology of auxin-transport-mediated patterning. Trends Plant Sci 12: 151–159

Bäurle I, Laux T (2003) Apical meristems: The plant's fountain of youth. BioEssays 25: 961–970

Benková E, Michniewicz M, Sauer M, Teichmann T, Seifertová D, Jürgens G, Friml J (2003) Local, efflux-dependent auxin gradients as a common module for plant organ formation. Cell 115: 591–602

Blilou I et al. (2005) The PIN auxin efflux facilitator network controls growth and patterning in *Arabidopsis* roots. Nature 433: 39–44

Chen X (2004) A MicroRNA as a translational repressor of APETALA2 in *Arabidopsis* flower development. Science 303: 2022–2025

Dolan L, Freeling M (eds) (2005) Growth and development. Curr Opin Plant Biol 8: 2–112

Friml J, Vieten A, Sauer M, Weijers D, Schwarz H, Hamann T, Offringa R, Jürgens G (2003) Efflux-dependent auxin gradients establish the apical-basal axis of *Arabidopsis*. Nature 426: 147–153

Geldner N (2003) GNOM – ein Protein für endosomalen Transport, Gewebepolarität und Pflanzenentwicklung. BIOspektrum 6: 739–740

Goethe JW (1790) Versuch, die Metamorphose der Pflanzen zu erklären. C.W. Ettinger, Gotha

Hämmerling J (1963) Nucleo-cytoplasmic interactions in *Acetabularia* and other cells. Annu Rev Plant Physiol 14: 65–92

Hay A, Barkoulas M, Tsiantis M (2004) PINning down the connections: Transcription factors and hormones in leaf morphogenesis. Curr Opin Plant Biol 7: 575–581

Hochholdinger F, Zimmermann R (2008) Conserved and diverse mechanisms in root development. Curr Opin Plant Biol 11: 70–74

Jones-Rhoades M, Bartel D, Bartel B (2006) MicroRNAs and their regulatory roles in plants. Annu Rev Plant Biol 57: 19–53

Jürgens G (1995) Axis formation in plant embryogenesis: Cues and clues. Cell 81: 467–470

Kaplinsky NJ, Barton MK (2004) Plant acupuncture: Sticking PINs in the right places. Science 306: 822–823

Kepinski S, Leyser O (2003) An axis of auxin. Nature 426: 132–135

Kidner CA, Martienssen RA (2004) Spatially restricted mico RNA directs leaf polarity through ARGONAUTE1. Nature 428: 81–84

Kuhlemeier C (2007) Phyllotaxis. Trends Plant Sci 12: 143–159

Laux T (2004) The stem cell concept in plants: A matter of debate. Cell 113: 281–283

Leitch I, Bennett MD (1997) Polyploidy in angiosperms. Trends Plant Sci 2: 470

Lindsey K (ed) (2004) Polarity in plants. Blackwell, Cambridge

Mayer U, Torres Ruiz RA, Berleth T, Miséra S, Jürgens G (1991) Mutations affecting body organization in the *Arabidopsis* embryo. Nature 353: 402–407

Nakayama N, Kuhlemeier C (2009) Leaf development: Untangling the spirals. Curr Biol 19: R71–R74

Palatnik JF, Allen E, Wu X, Schommer C, Schwab R, Carrington JC, Weigel D (2003) Control of leaf morphogenesis by microRNAs. Nature 425: 257–263

Reinhardt et al. (2003) Regulation of phyllotaxis by polar auxin transport. Nature 426: 255–260

Reinhardt D, Kuhlemeier C (2002) Plant architecture. EMBO Rep 3: 846–851

Vandenbusche F, Van der Straeten D (2004) Shaping the shoot: A circuitry that integrates multiple signals. Trends Plant Sci 9: 499–506

Walter A, Silk WK, Schurr U (2009) Environmental effects on spatial and temporal patterns of leaf and root growth. Annu Rev Plant Biol 60: 279–304

Weigel D, Doerner P (1996) Cell-cell interactions: Taking cues from the neighbours. Curr Biol 6: 10–12

Westhoff P, Jeske H, Jürgens G (2001) Molecular plant development. Oxford University Press, Oxford

In Abbildungen und Tabellen zitierte Literatur

Bäurle I, Laux T (2003) BioEssays 25: 961–970
Booth A (1959) J Linnean Soc (Bot) 56: 166–169
Brennicke A (2004) Biologie unserer Zeit 34: 135
Clark SE (1997) Plant Cell 9: 1067–1076
Evans AM (1964) Science 143: 261–263
Fukuda H (1994) Int J Plant Sci 155: 262–271
Jackson D (1996) Curr Biol 6: 917–919
Kimball JW (1965) Biology. Addison-Wesley, Palo Alto
Klekowski EJ (1972) Ann Missouri Bot Garden 59: 138–151
Kühn A (1961) Grundriss der Vererbungslehre, 2. Aufl. Quelle & Meyer, Heidelberg
Laux T, Jürgens G (1997) Plant Cell 9: 989–1000
Low VHK (1971) Aust J Biol Sci 24: 187–195
Maksymowych R (1973) Analysis of leaf development. Cambridge University Press, London
Mohr H, Ohlenroth K (1962) Planta 57: 656–664
Oehlkers F (1956) Das Leben der Gewächse. Springer, Berlin
Oltmanns F (1922) Morphologie und Biologie der Algen. Fischer, Jena
Pfeffer W (1904) Pflanzenphysiologie. Engelmann, Leipzig
Poethig RS (1989) Trends Genet 5: 273–277
Poethig RS (1990) Science 250: 923–930
Poethig RS (1997) Plant Cell 9: 1077–1087
Reinhardt D, Pesce E-R, Stieger P, Mandel T, Baltensperger K, Bennett M, Traas J, Friml J, Kuhlemeier C (2003) Nature 426: 255–260
Rutishauser A (1969) Embryologie und Fortpflanzungsbiologie der Angiospermen. Springer, Wien
Scheres B, Wolkenfelt H, Willemsen V, Terlouw M, Lawson E, Dean C, Weisbeek P (1994) Development 120: 2475–2487
Schiefelbein JW, Masucci JD, Wang H (1997) Plant Cell 9: 1089–1098
Sinnot EW (1960) Plant morphogenesis. McGraw-Hill, New York
Sinnot EW (1963) The problem of organic form. Yale University Press, New Haven
Troll W (1959) Allgemeine Botanik. Ein Lehrbuch auf vergleichend-biologischer Grundlage. Enke, Stuttgart
Westhoff P, Jeske H, Jürgens G, Kloppstech K, Link G (1996) Molekulare Entwicklungsbiologie. Thieme, Stuttgart

18 Chemoregulation im Organismus – Hormone und Hormonwirkungen

Hormone sind stoffliche Faktoren, die im vielzelligen Organismus zur Übermittlung von Steuersignalen dienen. Sie sind sowohl für die Koordination von Stoffwechsel- und Entwicklungsprozessen als auch für die Übermittlung von Umweltreizen zuständig. Chemisch gesehen handelt es sich um eine heterogene Gruppe von meist niedermolekularen Substanzen, die sich in 11 Klassen einteilen lassen: 1. **Auxine**, 2. **Gibberelline**, 3. **Cytokinine**, 4. **Abscisinsäure**, 5. **Ethylen**, 6. **Brassinosteroide**, 7. **Salicylsäure**, 8. **Jasmonate**, 9. **Systemin**, 10. **Strigolactone**, 11. **Florigen** (Blühhormon, ein Protein, das in Kapitel 22 behandelt wird). Mit Ausnahme des Systemins können diese Substanzen wahrscheinlich in allen höheren Pflanzen gebildet und für eine Vielzahl von Regulationsaufgaben in verschiedenen Stadien der Ontogenese eingesetzt werden. Sie aktivieren, nach Bindung an einen **Hormonreceptor** in den kompetenten Zellen des Zielgewebes, eine oder mehrere **Signaltransduktionskette(n)**, welche zu spezifischen Hormonwirkungen führen, z. B. zum Öffnen von Ionenkanälen oder zur Aktivierung bzw. Inaktivierung der Transkription bestimmter Gene. Für die Aufklärung der Biosynthese, der Receptoren und der von den Receptoren aktivierten Signaltransduktionsketten werden heute oft **Mutanten** und **transgene Pflanzen** eingesetzt. Die physiologische und molekularbiologische Analyse der hierbei erzeugten Eingriffe in die Bildung und Wirkung von Hormonen hat in den letzten Jahren zu wichtigen neuen Einsichten in ihren Wirkmechanismus geführt.

18.1 Definition und Eigenschaften der Hormone bei Pflanzen

Vielzellige Organismen bestehen aus einer großen Zahl spezialisierter Organe und Gewebe, welche zu einer funktionellen Einheit zusammengefügt sind. Zur Koordination der verschiedenen Teile des Organismus werden chemische Botenstoffe eingesetzt, für die der Begriff **Hormon** geprägt wurde. Im Tier werden Hormone in der Regel in speziellen Drüsen gebildet und über die Blutbahn im Organismus verbreitet. Sie erreichen auf diese Weise das reaktionsbereite Ziel- oder Erfolgsgewebe und lösen dort spezifische Steuerungsprozesse aus (Abbildung 18.1a). Dieses klassische, ursprünglich für tierische Organismen entwickelte Hormonkonzept wurde nach der Entdeckung des „Wuchsstoffes" der Haferkoleoptile, **Auxin**, auch auf die vielzelligen Pflanzen ausgeweitet. Hierfür gab es zunächst gute Gründe: Auxin wird von der selbst nicht wachstumsfähigen Koleoptilspitze sezerniert, basipetal in die Wachstumszone des Organs transportiert und reguliert dort die Zellstreckung (→ Abbildung 2.23, 18.2). Die hier zutage tretende Analogie zwischen dem Phytohormon Auxin und typischen tierischen Drüsenhormonen und die darauf gegründete Übertragung des tierischen Hormonkonzepts auf Pflanzen hat in der Folgezeit zu erheblicher Verwirrung geführt, da es zu der Annahme verleitet, die Phytohormone müssten sich widerspruchsfrei in das tierische Hormonkonzept einordnen lassen. Heute, 85 Jahre nach der Entdeckung des Auxins, weiß man jedoch, dass das in Abbildung 18.1a dargestellte Schema die Wirkungsweise der pflanzlichen Hormone in vielen Fällen nicht adäquat beschreibt. Pflanzen besitzen keine echten, morphologisch abgegrenzten Hormondrüsen. Das Auxin (wie alle später entdeckten Phytohormone) kann in vielen Bereichen des Kormus gebildet werden. Oftmals wird ein bestimmtes Organ oder Gewebe erst durch Umweltfaktoren zur Hormonsynthese angeregt. Noch gravierender ist der Umstand, dass bei pflanzlichen Hormonen oft keine obligatorische Trennung zwischen Bildungs- und Wirkort festzustellen ist; sie können gegebenenfalls in denselben Zellen (Geweben) wirken, in denen sie entstehen. Man muss davon ausgehen, dass diese Substanzen nicht nur als Botenstoffe im Kormus dienen, sondern darüber hinaus weitere regulatorische Aufgaben erfüllen. Zwischen pflanzlichen und tierischen Hormonen besteht keine Homologie; es handelt sich vielmehr um funktionell allenfalls **analoge** Substanzen.

Eine allgemeine Definition, die den vielseitigen Funktionen der pflanzlichen Hormone gerecht wird, ist die folgende:

a
```
Ort(e) der Hormonsynthese
          ↓
   Hormontransport
          ↓
Ort(e) der Hormonwirkung
(Ziel- oder Erfolgsgewebe)
          ↓
     Hormonabbau
    (Inaktivierung)
```

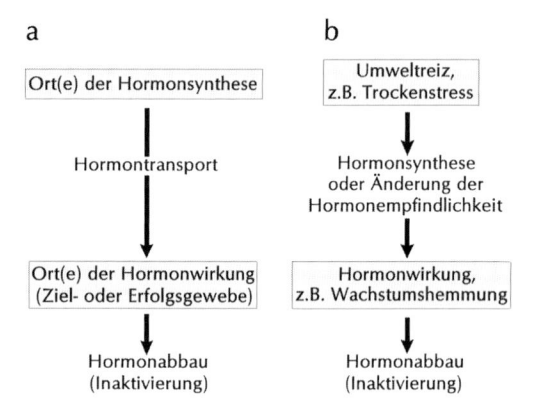

b
```
    Umweltreiz,
z.B. Trockenstress
          ↓
   Hormonsynthese
  oder Änderung der
 Hormonempfindlichkeit
          ↓
    Hormonwirkung,
z.B. Wachstumshemmung
          ↓
     Hormonabbau
    (Inaktivierung)
```

Abb. 18.1 a, b. Zwei allgemeine Schemata zur Funktion pflanzlicher Hormone. **a** Nach diesem Konzept, das zunächst für Tiere entwickelt wurde, sind Hormone regulatorische Botenstoffe im vielzelligen Organismus, die an einem bestimmten **Bildungsort** synthetisiert werden (dort aber nicht wirken) und über Transportbahnen zu bestimmten **Wirkorten** mit spezifischer Reaktionsbereitschaft für das Hormon, **Kompetenz**, gelangen. Obwohl dieses Konzept in bestimmten Fällen auch auf Pflanzen anwendbar ist, beschreibt es die Funktion pflanzlicher Hormone – ebenso wie die der tierischen Gewebehormone – nur unvollkommen. **b** Die Hormone der Pflanzen besitzen häufig die Funktion von **autochthonen Signalüberträgern** innerhalb eines Gewebes oder Organs. Bildungsort und Wirkort sind in diesem Fall nicht verschieden. Das Hormon wird unter dem Einfluss eines Umweltreizes gebildet und setzt in den Zellen regulatorische Prozesse in Gang, welche zu einer Reaktion auf den Umweltreiz führen. Alternativ zur **Hormonsynthese** kann eine **Empfindlichkeitsänderung** für das Hormon der regulatorisch wichtige Schritt in der Signalkette sein. Für beide Hormonkonzepte gilt, dass das Hormon einem raschen Abbau (oder einer Ausscheidung) unterliegt. Hierdurch wird verhindert, dass es sich am Wirkort anhäuft, d. h. die wirksame Konzentration kann gegebenenfalls über die Hormonsynthese rasch reguliert werden.

Hormone sind niedermolekulare Substanzen, die in der Pflanze gebildet werden und – in sehr niedriger Konzentration – spezifische, meist zellübergreifende Steuerfunktionen ausüben, ohne hierbei chemisch verändert zu werden. Diese „katalytische" Wirkung kommt durch Bindung an spezifische Receptoren zustande, die hierdurch in einen aktivierten Zustand versetzt werden.

Hormone sind Werkzeuge der Stoffwechsel- und Entwicklungshomöostasis im vielzelligen Organismus. Sie erfüllen ihre koordinierende und integrierende Funktion auf zweierlei Weise:
➤ Sie können, ganz im Sinn des klassischen tierischen Hormonkonzepts, als **transportierbare Botenstoffe** dem Informationsaustausch zwischen Organen und Geweben dienen (Abbildung 18.1a).
➤ In vielen Fällen übernehmen sie jedoch auch eine Funktion als **autochthone** (ortsgebundene) **Signalüberträger** bei der Reaktion der Pflanze auf Umwelteinflüsse (Abbildung 18.1b).

Beide Funktionsweisen setzen ein zeitliches und räumliches **Kompetenzmuster** voraus, d. h. die Hormone dienen als **Realisatoren** eines in den reaktionsbereiten (kompetenten) Zellen bereits vorher festgelegten **Reaktionsmusters**. Die bei der Photomorphogenese gültige Logik (räumliche und zeitliche Kompetenzmuster, Trennung von Anlage und Ausprägung bei der Musterbildung; → S. 454) gilt sinngemäß auch für die Hormonwirkungen.

In diesem Zusammenhang ist es wichtig, zwischen einem **Regulator** und einem notwendigen – aber nicht regulierenden – **Faktor** zu unterscheiden. Beispielsweise hat das Auxin nur dann die Funktion eines **Wachstumsregulators**, wenn es am Wirkort in nichtsättigender Konzentration vorliegt und daher der Wachstumsprozess auf Änderungen der Auxinkonzentration anspricht. Liegt das Auxin in sättigender Konzentration vor, so ist es zwar noch ein notwendiger („permissiver") **Wachstumsfaktor**, besitzt aber unter diesen Bedingungen keinerlei **regulierende** Funktion. Die Wirkung eines Hormons als Regulator wird im Experiment häufig dadurch herbeigeführt, dass man mit isolierten Organen oder Organsegmenten arbeitet, welche nach der Entnahme aus der Pflanze rasch an endogenen Hormonen verarmen und daher sehr empfindlich auf eine exogene Applikation von Hormonen reagieren. In diesem Fall wird also das Hormon durch einen experimentellen Kunstgriff zu einem **limitierenden** Faktor, d. h. zu einem Regulator, gemacht. Ob dies in gleicher Weise auch in der intakten Pflanze gilt, lässt sich allerdings hierdurch in keiner Weise beurteilen.

Ähnlich wie Phytochrome bei der Induktion der Photomorphogenese besitzen Hormone eine **multiple Wirksamkeit**, d. h. ein und dasselbe Hormon kann in verschiedenen Zellen verschiedene physiologische Reaktionen bewirken (→ Abbildung 18.9). Nach der Informationstheorie sind für Regulationsprozesse Informationsträger erforderlich, deren Informationsgehalt mindestens demjenigen der regulierten Prozesse entspricht. Die bekannten Phytohormone sind jedoch relativ einfache Moleküle mit einer sehr geringen Kapazität zur Speicherung von Information. Wie können diese einfachen Moleküle (z. B. das Ethylen, C_2H_4) als Informationsüberträger für die Regulation der ungeheuer vielfältigen und komplexen Prozesse im Organismus dienen? Die Antwort auf diese Frage ist einfach: Die Phytohormonmoleküle steuern tatsächlich nur sehr wenig Information zum Regulationsgeschehen bei. Sie müssen lediglich so viel Information mitbringen, dass sie die Spezifität der Wechselwirkung mit den im Zielgewebe vorhandenen Receptormolekülen gewährleisten. Die Bildung des Hormon-Receptor-Komplexes entspricht dem Umlegen eines Schalters von der Aus- in die An-Position, ein Vorgang, der nur 1 bit an Information erfordert. Alle weitere Information, die zur Durchführung der vielfältigen Folgeprozesse in der Pflanze benötigt wird, ist nicht im Hormonmolekül, sondern in der **spezifischen Programmierung** der reagierenden Zellen enthalten. Hormone sind also weitgehend **wirkungsunspezifische Auslöser** von zellspezifisch vorgegebenen Reaktionsmustern und benötigen daher selbst nur eine geringe Speicherkapazität für Information.

Die Funktion eines Hormons als Signalauslöser setzt voraus, dass es von den kompetenten Zellen spezifisch erkannt wird. Dies geschieht durch Bindung des Hormons an einen **Receptor**. Hormonreceptoren sind durch zwei Kriterien funktionell definiert: 1. durch die Fähigkeit, Hormonmoleküle **spezifisch** und mit **hoher Affinität** in einer **reversiblen Reaktion** zu binden, und 2. durch die Fähigkeit, über die Bildung eines **Hormon-Receptor-Komplexes** in der Zelle eine biochemische Signalkette in Gang zu setzen, welche zu physiologischen Folgereaktionen führt:

$$\text{Hormon} + \text{Receptor} \xrightleftharpoons{\text{Bindung}} \text{Hormon-Receptor-Komplex},$$

$$\text{Hormon-Receptor-Komplex} \xrightleftharpoons{\text{Signaltransduktion}} \text{spezifische Folgereaktion(en)}.$$

Die Bindungsreaktion sollte im Prinzip der Michaelis-Menten-Beziehung (Gleichung 4.5) gehorchen, d. h. bei Variation der Hormonkonzentration eine **hyperbolische Sättigungskurve** liefern. Die für eine halbmaximale Bindung notwendige Hormonkonzentration sollte theoretisch mit derjenigen Hormonkonzentration übereinstimmen, welche für eine halbmaximale physiologische Folgereaktion benötigt wird. Weiterhin ist zu erwarten, dass das Hormon bei der Bindungsreaktion – und ebenso hinsichtlich der physiologischen Folgereaktion – durch inaktive Analoga kompetitiv verdrängt werden kann.

Die Signaltransduktionsketten hormongesteuerter Entwicklungsprozesse schließen in der Regel die Mechanismen der **Genexpression** ein. Es gibt inzwischen für alle bekannten Phytohormone Beispiele, bei denen eine Aktivierung der Transkription spezifischer Gene, gefolgt vom Auftreten neuer mRNAs und der darin codierten Proteine, nachgewiesen werden konnte. Obwohl der funktionelle Zusammenhang zwischen dem Auftreten bzw. Verschwinden bestimmter Proteine und den physiologischen Reaktionen in der Zelle oft noch nicht genau bekannt ist, erscheint die Annahme berechtigt, dass Hormone Entwicklungsprozesse generell durch spezifische Veränderungen im Muster der aktiven Gene steuern. Ähnlich wie bei der Entwicklungssteuerung durch Phytochrom (→ S. 460) wird man jedoch erst dann zu einem vollen Verständnis der Wirkungsweise von Hormonen kommen, wenn die beiden folgenden Fragen beantwortet werden können: 1. Über welche biochemischen Mechanismen wird das Signal vom Hormon-Receptor-Komplex zu den Genen geleitet? 2. Wie wird das Muster der durch ein bestimmtes Hormonsignal aktivierbaren bzw. reprimierbaren Gene festgelegt? Beide Fragen werden derzeit intensiv erforscht.

Die physiologische Wirksamkeit eines Hormons hängt von der Konzentration an zugeführten Hormonmolekülen und von der Empfindlichkeit der reagierenden Zelle für das Hormon ab. Letztere ist durch mehrere Faktoren bestimmt, z. B. durch die Anzahl von Receptormolekülen, deren Affinität für das Hormon und durch die Effektivität der vom

Hormon-Receptor-Komplex in Gang gesetzten Signaltransduktionskette. Bei tierischen Hormonen geht man in der Regel davon aus, dass ihre Wirksamkeit durch Erhöhung oder Erniedrigung des Hormonspiegels im Zielgewebe reguliert wird. Dies impliziert die Annahme, dass sich die Empfindlichkeit der Zielzellen für das Hormon zumindest kurzfristig nicht ändert. Im Fall der Pflanzenhormone ist diese Annahme nicht *a priori* gerechtfertigt. Die bisher vorliegenden Untersuchungen zeigen, dass die Regulation auf zwei Ebenen stattfinden kann: 1. durch Variation des Hormonspiegels, oder 2. durch Variation der Empfindlichkeit. Eine Unterscheidung zwischen diesen beiden Regulationsprinzipien ist experimentell nicht einfach zu treffen und daher in vielen Fällen noch offen. Die physiologische Analyse der Hormonregulation ist unter anderem deswegen so schwierig, weil sowohl die endogenen Hormonspiegel als auch die Hormonempfindlichkeit in der intakten Pflanze experimentell oft schwer beeinflussbar sind, und weil die Wirksamkeit (oder Unwirksamkeit) zugesetzter Hormone die in den Zellen vorliegenden Wirkkonzentrationen meist nicht korrekt widerspiegeln. Eine sehr elegante Möglichkeit zur experimentellen Beeinflussung des endogenen Hormonspiegels (oder anderer Elemente der gesamten Wirkkette) eröffnen **Hormonmutanten**, welche in den letzten Jahren bei einer Reihe von Pflanzenarten experimentell erzeugt werden konnten (z. B. bei *Zea mays, Arabidopsis thaliana, Pisum sativum* und *Lycopersicon esculentum*). Nach mutagener Behandlung umfangreicher Pflanzenpopulationen ließen sich vier Typen von (meist recessiven) Einzelgenmutanten isolieren:

▶ Mutanten mit fehlender (oder reduzierter) Fähigkeit zur Hormonbildung, **Hormonmangelmutanten**. Dieser Defekt beruht meist auf der Inaktivierung eines Enzyms im Biosyntheseweg des Hormons. (Eine entsprechende Situation kann auch mit einem spezifischen Hemmstoff der Hormonsynthese experimentell herbeigeführt werden.) Die im Phänotyp dieser Pflanzen auftretenden Ausfallserscheinungen (z. B. Zwergwuchs) können Aufschluss darüber geben, an welchen Entwicklungsschritten das Hormon im Wildtyp beteiligt ist. Die Defekte der Mutante lassen sich durch experimentelle Applikation des Hormons heilen, **Substitutionstherapie**.

▶ Mutanten mit überhöhtem Hormonspiegel, **hormonüberproduzierende Mutanten**. Hierfür ist entweder eine gesteigerte Synthese oder eine Blockierung im Abbau des Hormons verantwortlich. Beides macht sich in abnorm erhöhten physiologischen Hormonwirkungen bemerkbar (z. B. Riesenwuchs), falls das Hormon nicht bereits im Wildtyp in sättigenden Mengen vorliegt.

▶ Mutanten mit fehlender (oder reduzierter) Empfindlichkeit für ein Hormon, **hormoninsensitive Mutanten**. Diese Pflanzen enthalten zwar normale Hormonspiegel, zeigen aber trotzdem ähnliche phänotypische Defekte (z. B. Zwergwuchs) wie die Hormonmangelmutanten. Sie lassen sich von letzteren dadurch unterscheiden, dass die Defekte durch Hormonapplikation nicht aufgehoben werden können.

▶ Mutanten mit überhöhter Empfindlichkeit für ein Hormon, **hormonübersensitive Mutanten**. Im Phänotyp dieser Pflanzen treten abnorm erhöhte physiologische Wirkungen auf (z. B. Riesenwuchs), obwohl das verantwortliche Hormon nicht vermehrt produziert wird. Eine Verminderung des Hormonspiegels durch Inhibitoren hat meist keine erheblichen Auswirkungen auf den Phänotyp. In extremen Fällen kann man die Biosynthese des Hormons vollständig hemmen, ohne den Phänotyp zu verändern, d. h. die physiologische Reaktion ist nicht mehr unter der Kontrolle des Hormons; der Receptor – oder ein nachgeschaltetes Glied der Signaltransduktionskette – ist so mutiert, dass das Signal dauernd auf „An" steht, **hormonkonstitutive Mutanten**.

Die verschiedenen Mutantenklassen sind wichtige Hilfsmittel für die Aufklärung der Biosynthese und der molekularen Wirkungsweise von Hormonen. Von besonderem Interesse für die Forschung sind die Sensitivitätsmutanten, bei denen der Hormonreceptor – oder ein nachgeschaltetes Glied der Signaltransduktionskette – funktionell verändert sind. Solche Mutanten eröffnen einen Zugang zu den derzeit oft noch unbekannten biochemischen Mechanismen der Hormon-Receptor-Wechselwirkung und der anschließenden Schritte der Signaltransduktionskette.

Neben der Selektion geeigneter Mutanten (→ Exkurs 18.1) gibt es heute auch die Möglichkeit, gezielte genspezifische Eingriffe in das Genom zu machen. Bei der Herstellung **transgener Pflanzen** werden einzelne Gene aus beliebigen anderen Organismen mit molekularbiologischen Verfahren im pflanzlichen Genom stabil integriert (→ S. 660). An

EXKURS 18.1: Wie erzeugt und selektioniert man eine Hormonmutante?

Mutanten sind wichtige Hilfsmittel zur Aufklärung der Funktion von Hormonen und anderen entwicklungssteuernden Faktoren. Sie gehen auf zufällige Störungen in der Genstruktur (Basensequenz der DNA) zurück, deren Häufigkeit man künstlich durch mutagene Agenzien steigern kann, z. B. durch Ethylenmethansulfonat (EMS), das Guanin ethyliert und dadurch *G* in *A* umwandelt. Bei geeigneten Objekten, z. B. *Arabidopsis thaliana*, kann man Mutationen auch gentechnisch erzeugen, z. B. durch Einbau eines Gen-zerstörenden DNA-Fragments, das zudem die Lokalisierung der so markierten Mutationen sehr vereinfacht. Die Veränderung eines Gens führt meist zu einer **recessiven Mutation**, da im heterozygoten Zustand die Aktivität des noch intakten Partnergens ausreicht, um den ursprünglichen Phänotyp zu erhalten. Die Mutagenese sollte **sättigend** sein, d. h. mindestens ein Allel von allen zu einem bestimmten Phänotyp führenden Genen treffen. Im einfachsten Fall mutagenisiert man Samen, deren Embryonen nach dem Auskeimen Pflanzen bilden, in denen einzelne Zelllinien die Mutation heterozygot tragen und weitergeben. Nur wenn dies auch zu mutierten Keimzellen führt, wird die Mutation an die folgende Samengeneration vererbt. Da *Arabidopsis* selbst-bestäubend ist, können in einer von mutierten Zellen gebildeten Blüte mutierte Keimzellen Embryonen bilden, die homozygote oder heterozygote Träger der Mutation sind.

Nach Aussaat einer **großen Zahl** ($10^4 – 10^5$) von so gewonnenen Samen kann man mit einigem Glück Pflanzen finden, die eine bestimmte Mutation phänotypisch ausprägen, z. B. Zwergwuchs. Die durch Selbstung erhaltenen Nachkommen einer solchen Pflanze, **Mutantenlinie**, werden einer **Segregationsanalyse** unterzogen, in der sie mehrere Passagen von Rückkreuzung mit dem Wildtyp (F1) plus anschließender Selbstung (F2) und erneuter Auslese durchlaufen. Dabei zeigt sich, ob die Mutation recessiv oder (semi)dominant vererbt wird. Außerdem wird die Mutante von unerwünschten, parallel entstandenen Mutationen separiert. Eine recessive Mutante kann dann als homozygote **Ein-Gen-Mutante** klassifiziert werden, wenn sie in der F1 (Rückkreuzung) nicht, und in der F2 (Selbstung) zu 25 % phänotypisch in Erscheinung tritt. Eine dominante Mutante (homozygot und heterozygot gleicher Phänotyp) ist dann homozygot, wenn sie bei weiterer Selbstung keine Wildtyp-Phänotypen mehr hervorbringt. Weitere Selektionskriterien, z. B. die Aufhebung des Zwergwuchses durch Besprühen mit Hormon, erlauben eine genauere Charakterisierung des Mutantentyps (z. B. hormondefizient/hormoninsensitiv).

Das von der Mutation betroffene Gen kann nun mit molekulargenetischen Methoden im Genom lokalisiert und seine Sequenz aufgeklärt werden, heute bereits durch Abgleich mit der Gendatei des inzwischen vollständig sequenzierten *Arabidopsis*-Genoms.

Wie bei anderen Methoden gibt es auch bei der Mutantenanalyse Einschränkungen, die eine einfache Interpretation erschweren oder verhindern können:

▶ Der Ausfall eines Merkmals durch Ausfall eines Gens zeigt lediglich, dass das Produkt dieses Gens für das Wildtypmerkmal **notwendig** ist. Dies bedeutet nicht, dass das Genprodukt an der **Regulation** des Merkmals beteiligt ist.

▶ Manche Mutationen führen nicht zu vollständig inaktiven Proteinen („*knock-out*"-Mutanten), sondern zu noch teilweise aktiven Proteinen (die Mutation ist „*leaky*") und wirken sich daher nur abgeschwächt phänotypisch aus. Es können auch völlig neue Eigenschaften auftreten, z. B. wenn ein Enzym eine bisher nicht vorhandene Substratspezifität annimmt.

▶ Wenn ein Hormon eine zentrale, unverzichtbare Funktion in der Pflanze besitzt, führen „*knock-out*"-Mutationen der Hormonsynthese oder -wirkung bei Homozygotie bereits in der frühen Embryogenese zur Letalität, sodass sich keine Nachkommen für eine phänotypische Analyse finden lassen. Dieses Problem ist wahrscheinlich dafür verantwortlich, dass es bisher nicht gelang, Mutanten mit fehlender Auxinsynthese zu isolieren.

▶ Nicht selten sind für eine Funktion nicht nur ein, sondern mehrere, parallel wirksame Gene/Proteine vorhanden, **genetische Redundanz**. Dies hat zur Folge, dass die Ausschaltung eines Proteins durch funktionsgleiche Proteine kompensiert werden kann und dann phänotypisch nicht in Erscheinung tritt.

▶ Mutanten erzeugen in der Regel Veränderungen (Defekte), die sich potenziell in allen Zellen der Pflanze und in allen Entwicklungsstadien auswirken. Es ist daher nicht immer einfach, vom Phänotyp auf die Funktion des mutierten Gens zu schließen. So kann z. B. Zwergwuchs auf eine Hemmung des aktuellen Streckungswachstums, aber auch auf eine gehemmte Zellteilung in einer früheren Entwicklungsphase zurück gehen.

Zur Terminologie: Ein-Gen-Mutanten werden in der Regel nach einem spezifischen phänotypischen Merkmal benannt, z. B. *slender*, abgekürzt *sln* (kursiv und klein geschrieben), für Hochwüchsigkeit. Das zugehörige Wildtypgen erhält dann die Bezeichnung *SLN* und das Wildtypprotein die Bezeichnung SLN.

einen „starken" und konstitutiv aktiven Promotor gekoppelt, wird das Fremdgen in allen Zellen der transgenen Pflanze kräftig exprimiert. Durch Wahl eines spezifisch regulierten Promotors kann auch eine selektive Expression in bestimmten Geweben und/oder in bestimmten Entwicklungsstadien festgelegt werden. Die Einführung von eigenen Genen in der *antisense*-Konfiguration (→ Exkurs 6.6, S. 134) ermöglich die Inaktivierung der Expression bestimmter Gene und damit die Herstellung von Pflanzen mit entsprechenden funktionellen Ausfällen. In manchen Fällen führt überraschenderweise auch die Einführung einer *sense*-Kopie eines eigenen Gens zum gleichen Resultat, **Cosuppression** (→ Exkurs 6.6, S. 135).

Mutierte und transgene Pflanzen haben in den letzten Jahren zu einer sprunghaften Zunahme unseres Wissens über die Bildung und Funktion von Phytohormonen geführt.

18.2 Überblick über die Struktur und Funktion der Phytohormone

18.2.1 Auxin

Die Entdeckung des Auxins geht ursprünglich auf eine Beobachtung Darwins zurück, der um 1880 die phototropische Krümmung der Koleoptile von Graskeimlingen untersuchte. Er zog aus Partialbelichtungsexperimenten den Schluss, dass die seitlich belichtete Organspitze einen „Krümmungswachstum verursachenden Einfluss" auf den unteren Organbereich ausübt. Der holländische Pflanzenphysiologe Went führte dann 1926 die klassischen Experimente durch, die zum physiologischen Nachweis des Auxins als pflanzlichem „Wuchsstoff" führten (Abbildung 18.2). Went verwendete für seine Versuche die Koleoptile des Haferkeimlings (*Avena sativa*), ein zu raschem Streckungswachstum befähigtes Jugendorgan, das auch heute noch ein Standardobjekt der Auxinforschung ist (Abbildung 18.3).

Das in Abbildung 18.2 im Prinzip illustrierte Experiment belegt nicht nur die Existenz eines wachstumsauslösenden stofflichen Faktors, sondern zeigt auch paradigmatisch die Trennung zwischen **inkompetentem Bildungsort** und **kompetentem Wirkort** des Faktors.

Der „Wuchsstoff" der Haferkoleoptile konnte mit Hilfe eines von Went entwickelten, empfindlichen **Biotests** spezifisch nachgewiesen und quantitativ bestimmt werden (Abbildung 18.4, 18.5). Es zeigte sich bald, dass dieser Wirkstoff auch in anderen Pflanzen in „abfangbarer" Form produziert wird. Da die hierbei enthaltenen Mengen jedoch extrem niedrig sind, konnte die wirksame Komponente zunächst nicht chemisch identifiziert werden. Um 1934 wurde die den Chemikern schon seit 1904 bekannte Verbindung **Indol-3-essigsäure (IAA)** aus Urin und Hefe isoliert und nachgewiesen, dass diese Substanz im Biotest als „Wuchsstoff" wirkt. Erst 1941 gelang der eindeutige Nachweis, dass IAA auch in höheren Pflanzen vorkommt und identisch mit dem von Went physiologisch charakterisierten „Wuchsstoff" ist.

Obwohl in manchen Pflanzen auch andere Auxine in Spuren nachgewiesen wurden (z. B.

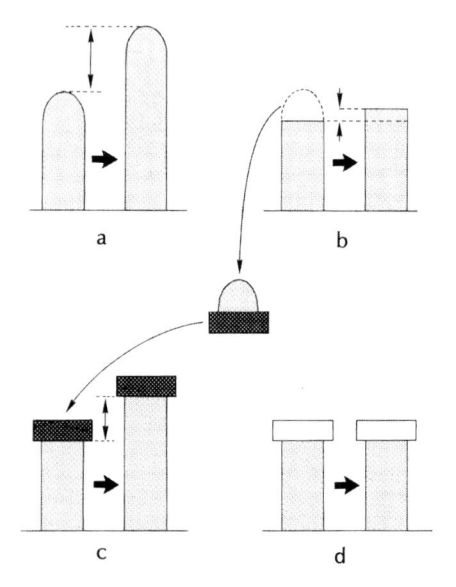

Abb. 18.2 a–d. Physiologischer Nachweis von Auxin als wachstumsfördernder Faktor in der Koleoptile von Haferkeimlingen (*Avena sativa*; schematisch). **a** Die intakte Koleoptile führt ein rasches Längenwachstum durch Zellstreckung im subapikalen Bereich durch. **b** Schneidet man die (nicht wachsende) Spitze ab, wird das Wachstum des dekapitierten Organs stark reduziert. **c** Setzt man die isolierte Spitze für einige Stunden auf einen Agarblock und bringt diesen anschließend auf die Schnittfläche einer dekapitierten Koleoptile, so findet rasches Wachstum statt. **d** Ein unbehandelter Kontrollblock bringt keine Wachstumsförderung hervor. Aus diesen Resultaten kann man den Schluss ziehen, dass die Organspitze einen „Wuchsstoff" sezerniert, der in Agar eindiffundieren und von dort an den Koleoptilstumpf abgegeben werden kann. (Nach Galston 1961)

18.2 Überblick über die Struktur und Funktion der Phytohormone

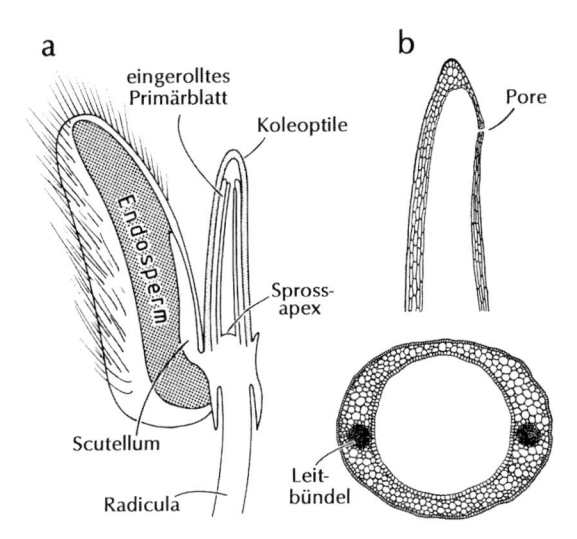

Abb. 18.3 a, b. a Längsschnitt durch einen jungen Haferkeimling (*Avena sativa*, etwa 2 d nach der Aussaat). Nach diesem Zeitpunkt finden in der *Koleoptile* keine Zellteilungen mehr statt. Das Organ wächst durch Zellstreckung in die Länge und erreicht dabei eine Wachstumsintensität von etwa 1 mm · h^{-1}. Die Ernährung der wachsenden Zellen wird durch den Abbau von Speicherstoffen im *Endosperm* gewährleistet, wobei das *Scutellum* für den Transport der Produkte (vor allem Zucker und Aminosäuren) in die Leitbahnen der Koleoptile verantwortlich ist. **b** Längs- und Querschnitt durch eine ältere Koleoptile (bei verschiedener Vergrößerung, ohne das im Innenraum befindliche *Primärblatt*). Die Koleoptile kann als **blatthomologes Organ** aufgefasst werden. Das Mesophyll ist von zwei *Leitbündeln* durchzogen und von einer äußeren und einer inneren Epidermis (beide mit Stomata) begrenzt. Durch die sich erweiternde *Pore* tritt später das Primärblatt aus. Das Organ zeigt eine bilaterale Symmetrie. (Nach Went und Thimann 1937)

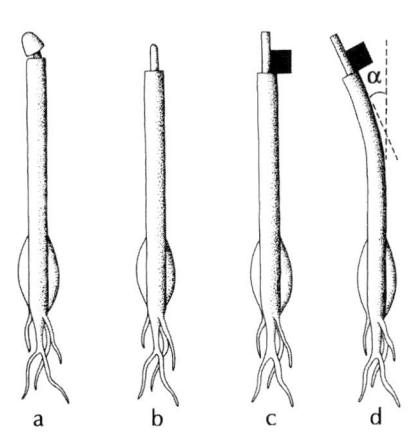

Abb. 18.4 a–d. Koleoptilkrümmungstest nach Went als **Biotest** für Auxin. Die Koleoptile eines Haferkeimlings wird nach Dekapitation (**a**) für einige Stunden an endogenem Auxin verarmt. Das oben freigelegte Primärblatt (**b**) wird einige Millimeter herausgezogen (es reißt dabei an der Basis ab) und ebenfalls dekapitiert. Ein mit der Testlösung (z. B. Pflanzenextrakt) getränkter Agarblock wird seitlich auf den Koleoptilstumpf gesetzt, wobei das Primärblatt als Stütze dient (**c**). Der nach einer bestimmten Zeit (z. B. 90 min) erreichte Krümmungswinkel α wird gemessen (**d**) und mit einer Eichkurve (→ Abbildung 18.5) verglichen. Die Resultate derartiger Biotests sind allerdings nur dann eindeutig interpretierbar, wenn die Testlösung keine Substanzen enthält, die mit der Hormonwirkung interferieren (z. B. Wachstumshemmer). (Nach Bonner und Galston 1952)

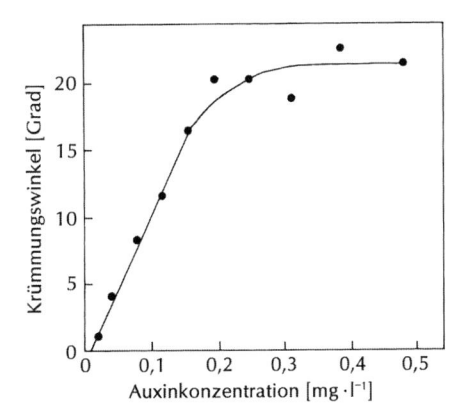

Abb. 18.5. Konzentrationsabhängigkeit des Koleoptilkrümmungstests für Auxin (reine Indol-3-essigsäure). Die Durchführung des Tests ist in Abbildung 18.4 illustriert. Es ergibt sich eine lineare Abhängigkeit des Krümmungswinkels von der Auxinkonzentration im Bereich von 0,01 bis 0,2 mg · l^{-1}. Bei höheren Konzentrationen ist die Reaktion mit Auxin gesättigt. (Nach Daten von Went und Thimann 1937)

4-Cl-Indol-3-essigsäure, Indol-3-buttersäure, Phenylessigsäure), ist IAA das universelle Auxin der höheren Pflanzen. Daneben kennt man eine ganze Palette mehr oder minder eng verwandter Verbindungen, die im Biotest ähnlich wie IAA wirksam sind, aber in der Natur nicht vorkommen (Abbildung 18.6). Diese synthetisch leicht herstellbaren „künstlichen Auxine" (z. B. das 2,4-D) weisen meist eine höhere Lebensdauer in der Pflanze auf und werden daher vielfach für experimentelle und biotechnologische Zwecke eingesetzt.

Die Biosynthese der IAA zweigt aus dem Indolstoffwechsel ab (→ Abbildung 16.4). Der Hauptweg verläuft vom **Tryptophan** über Indolpyruvat und Indolacetaldehyd zur Indolessigsäure. Daneben hat man in verschiedenen Pflanzen weitere Wege identifiziert, die zusätzlich oder alternativ zum Hauptweg auftreten (Abbildung 18.7). Die Regulation der IAA-Biosynthese ist bis heute noch nicht geklärt. Das im Biotest erfasste Auxin („diffusible IAA") ist stets **freie** (nichtkonjugierte) IAA. Daneben kann man mit geeigneten Methoden aus vielen Pflanzengeweben auch **gebundene** (konjugierte) IAA extrahieren, z. B. IAA-Glycosylester oder IAA-Peptide. Es dürfte sich hierbei vor allem um Speicher- oder Inaktivierungsformen des Hormons handeln. IAA kann in der Pflanze rasch durch oxidative Decarboxylierung irreversibel zerstört werden. Hierfür macht man Peroxidasen mit IAA-Oxidase-Aktivität verantwortlich, welche verschiedene Abbauprodukte liefern, z. B. 3-Methylenoxindol und Indol-3-carboxylsäure (Abbildung 18.7). Durch den Abbau der IAA wird dafür gesorgt, dass der Hormonspiegel im Gewebe von einer beständigen Neusynthese abhängt und hierdurch reguliert werden kann.

Bereits 1932 konnte Went mit der in Abbildung 18.2 illustrierten Methode zeigen, dass IAA strikt polar vom Apex zur Organbasis wandert (→ Abbildung 2.23), wobei sich das Hormon nicht über den Organquerschnitt verteilt (→ Abbildung 18.4). Der mit einem auxininduzierbaren Reportergen geführte Nachweis des polaren Auxintransports in einem Blatt ist in Abbildung 18.8a illustriert. Die Transportgeschwindigkeit in der Koleoptile beträgt etwa 10 mm · h^{-1}, kann also nicht mit einer einfachen Diffusion erklärt werden. Es handelt sich um einen zumindest indirekt aktiven Prozess, der z. B. durch eine Hemmung der Atmung blockiert wird (→ S. 82). Spätere Untersuchungen haben ergeben, dass der IAA-Transport durch eine basipetal gerichtete Weitergabe des Hormons von Zelle zu Zelle über den Zellwandraum erfolgt, **Parenchymtransport**. Die Polarität des Transports ist eine Manifestation der Zellpolarität (→ Abbildung 2.23). Ein Schema zum Mechanismus des polaren Transports von IAA durch die Zelle ist in Abbildung 18.8b dargestellt. Das IAA-Anion wird durch den elektrochemischen H$^+$-Gradienten zwischen Apoplast und Cytoplasma durch die Plasmamembran verfrachtet, wobei **Auxininfluxtransporter** beteiligt sein können. Der Ausstrom in den Apoplasten erfolgt gezielt an der basalen Zellflanke durch **Auxinefluxtransporter**, deren polare Lokalisierung in der Plasmamembran durch Markierung mit Antikörpern direkt gezeigt werden konnte (PIN-Proteine; → Exkurs 25.2, S. 561).

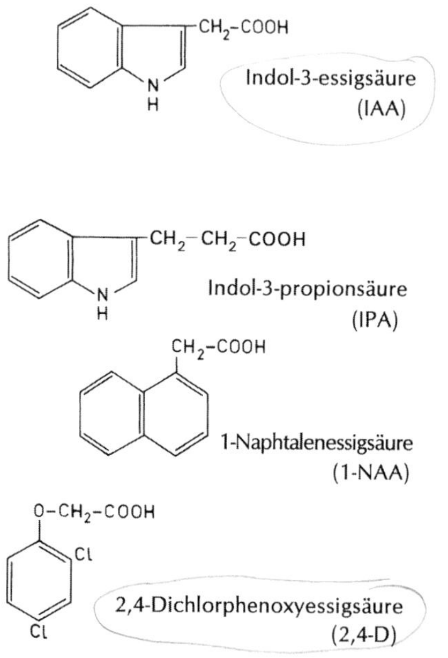

Die IAA wird vor allem im Sprossapex der Pflanze (Apikalknospe und junge Blätter) gebildet. Selbst bei der gut untersuchten Koleoptile der Gräser ist noch nicht definitiv geklärt, ob die in der Spitze stattfindende Bildung der freien IAA auf einer Neusynthese oder einer Freisetzung aus einer gebundenen Form (*myo*-Inositol-IAA-Komplex) beruht, die im Endosperm synthetisiert und in die Organspitze transportiert wird. Daneben sind auch Blüten, Früchte und junge Samen als Produktionsorte des Hormons nachgewiesen.

Die bisher bekannten Wirkungen der IAA in der Pflanze sind außerordentlich vielfältig. Das Hormon steuert insbesondere **Wachstumsprozesse**, wobei die verschiedenen Wirkorte (Organe) qualitativ verschiedene Kompetenzen aufweisen (Abbildung 18.9). Hierzu gehören auch die **Tropismen** von Sprossachse und Wurzel (→ S. 555). Im Exkurs 18.2 wird der Frage nach dem biochemischen Mechanismus der Wachstumsreaktion nachgegangen. Die Sensitivität eines Wachstumsprozesses für IAA lässt sich in Form einer apparenten Michaelis-Konstanten ausdrücken (Abbildung 18.10).

Eine wichtige, integrative Rolle im Kormus spielt die IAA bei der Unterdrückung des Austreibens von Seitenknospen (Aufrechterhaltung der **apikalen Dominanz**) (Abbildung 18.11; → S. 403) und bei der **Fruchtentwicklung** (→ S. 484). Neben Wachstumsprozessen wird auch die **Mitoseaktivität** mancher Gewebe durch Auxin stimuliert (z. B. im Kambium oder in Gewebekulturen; → Abbildung 18.20). Eine weitere wichtige Funktion des Auxins

Abb. 18.6. Das natürliche Auxin, *Indol-3-essigsäure* (IAA), und drei in Forschung und Praxis häufig verwendete synthetische Auxine. *2,4-Dichlorphenoxyessigsäure* (2,4-D) findet auch als selektives Herbizid Verwendung (→ S. 655).

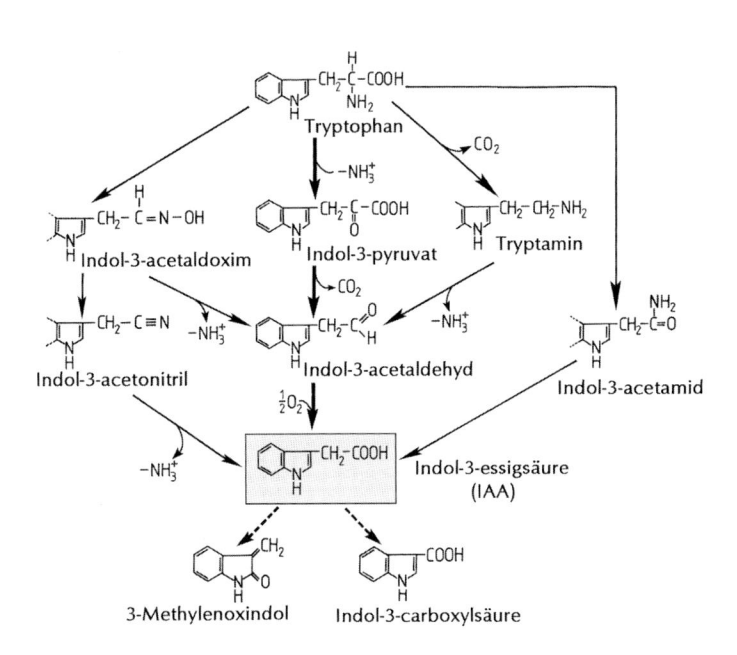

18.2 Überblick über die Struktur und Funktion der Phytohormone

Abb. 18.7. Biosynthese von *Indol-3-essigsäure* (IAA) aus *Tryptophan*. Der Nebenweg über *Tryptamin* hat wahrscheinlich geringe Bedeutung. In Brassicaceen verläuft die Biosynthese über *Indolacetaldoxim* und *Indolacetonitril* (*links*). Der Weg über *Indolacetamid* wird bei der durch *Agrobacterium tumefaciens* ausgelösten Tumorbildung eingeschlagen (*rechts*; → S. 636). Außerdem gibt es, z.B. bei Mais, die Möglichkeit, IAA aus Indolglycerolphosphat anstelle von Tryptophan zu bilden (→ Abbildung 16.4). *3-Methylenoxindol* und *Indol-3-carboxylsäure* sind Zwischenformen des IAA-Abbaus ohne Auxinaktivität.

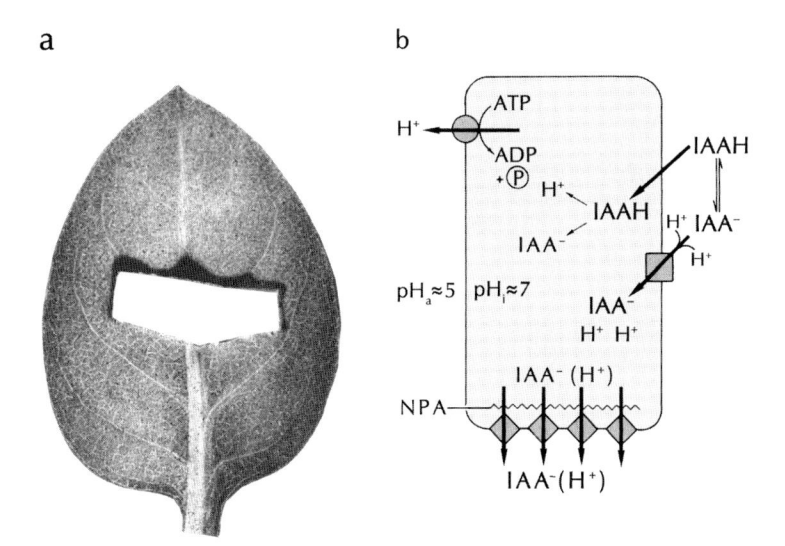

Abb. 18.8 a, b. Experimenteller Nachweis und Funktionsmodell zum polaren (basipetalen) Auxintransport. **a** In einem jungen Tabakblatt (*Nicotiana tabacum*) mit einem ausgeschnittenen Fenster sammelt sich das von der Spitze angelieferte Auxin selektiv am basalen Geweberand an (dunkle Färbung am oberen Rand des Fensters). Zum Nachweis des Auxins wurden transgene Pflanzen verwendet, welche das Genkonstrukt *GH3-Promotor/GUS* als auxininduzierbares Reportergen enthielten. *GH3* ist ein Gen, dessen Expression spezifisch durch Auxin induziert werden kann. Diese gentechnische Methode zum Auxinnachweis im Gewebe ist im Exkurs 25.1 (→ S. 560) genauer beschrieben. (Nach Li et al. 1999). **b** Modell zum polaren Auxintransport. IAA kann entweder durch Diffusion des ungeladenen Moleküls oder über einen elektrogenen Symport von IAA^- mit 2 H^+ (indirekt aktiver Transport) mit Hilfe eines **Influxtransporters** aus dem Apoplasten in den Protoplasten aufgenommen werden. In der Apoplastenflüssigkeit (pH um 5) liegt IAA (pK = 4,8) teilweise in undissoziierter Form vor. Bei dem stärker alkalischen intrazellulären pH (um 7) bildet sich bevorzugt die geladene Form (IAA^-), welche die Plasmamembran nicht passieren kann. Es kommt daher zu einer Akkumulation von IAA^- in der Zelle („Ionenfalle"). Der pH-Gradient wird durch eine Protonenpumpe aufrechterhalten (→ S. 80). IAA^- kann durch einen spezifisch an der unteren Zellflanke lokalisierten **Effluxtransporter** wieder in den Apoplasten sezerniert werden. Dieser Prozess lässt sich durch IAA-Transporthemmer (z.B. Naphthylphtalamsäure, *NPA*) spezifisch hemmen. Die geschilderten Influx- und Effluxmechanismen sind durch Transportmessungen mit radioaktiver IAA an isolierten Plasmamembranvesikeln experimentell gut belegt. Durch vielfache Wiederholung von Influx und basalem Efflux entlang einer Zellreihe ergibt sich ein **basipetal gerichteter Transport** durch das Gewebe. (In Anlehnung an Hertel 1986)

EXKURS 18.2: Der Mechanismus des auxininduzierten Streckungswachstums – ein kontrovers diskutiertes Thema

Die auffälligste Funktion des Auxins in der Pflanze ist die Steuerung des Zellstreckungswachstums bei Achsenorganen, die sich an dem klassischen Objekt der Koleoptile von Haferkeimlingen (*Avena sativa*) oder Maiskeimlingen (*Zea mays*) studieren lässt. Ein subapikales Maiskoleoptilsegment verarmt nach dem Herausschneiden rasch an IAA; sein Wachstum wird nach etwa 1 h vollständig abhängig von exogener IAA-Zufuhr, die nach einer *lag*-Phase von 15 min erneut starkes Wachstum auslöst. Abbildung A zeigt die mit einem elektronischen Wegaufnehmer gemessene Kinetik des Wachstums nach Zugabe (+*IAA*) bzw. Entfernen (–*IAA*) von 10 µmol · l^{-1} IAA im Medium. (Nach Edelmann und Schopfer 1989). Die nach dem Entfernen des Hormons rasch reversible Wachstumsinduktion geht, wie im Fall von Erbsenspross-Segmenten (→ Abbildung 5.4), auf eine Erhöhung der **Zellwanddehnbarkeit** zurück. Die Suche nach dem hierbei wirksamen „wandlockernden Faktor" (WLF) hat bis heute noch zu keinem allgemein akzeptierten Ergebnis geführt. Hierzu einige Daten und Hypothesen:

Das auxininduzierte Wachstum geht mit der Freisetzung von Polysaccharidbruchstücken aus der Zellwand einher. Man konnte jedoch trotz intensiver Suche kein polysaccharidspaltendes Enzym identifizieren, das Zellwandlockerung verursachen kann. Die „Säurewachstumshypothese" nimmt an, dass **Protonen** als WLF in der Zellwand wirksam werden, z. B. durch die Aktivierung von **Expansinen**. Dies sind Zellwandproteine, die bei pH < 5,0 nicht-covalente Bindungen zwischen Cellulose und Hemicellulose lösen und auf diese Weise Wandlockerung ohne Zellwandabbau bewirken können (→ S. 117). Diese Hypothese stützt sich im Wesentlichen auf drei Befunde:
1. IAA induziert eine Exkretion von H$^+$ in die Zellwand.
2. Durch experimentelle Ansäuerung der Zellwand (z. B. mit einem Puffer von pH 3,5) lässt sich Wachstum ähnlich wie mit IAA induzieren.
3. Neutrale oder alkalische Puffer hemmen das IAA-induzierte Wachstum teilweise.

Kritiker dieser Hypothese wenden ein, dass es bisher keinen Beleg für eine Ansäuerung der Zellwand auf pH-Werte < 5,0 (in den Aktivitätsbereich der Expansine) beim Einsetzen des IAA-induzierten Wachstums gibt. Indirekte Messungen haben bei maximaler Wachstumsinduktion einen pH-Wert von 5,0 für die Zellwand ergeben. Ein weiteres kritisches Experiment ist in Abbildung B illustriert: Wenn in Koleoptilsegmenten zunächst „Säurewachstum" mit einem Puffer von pH 3,5 erzeugt wird (**b**), lässt sich die durch IAA induzierbare Wachstumsreaktion (**a**) ungeschmälert zusätzlich auslösen (**c**). (Bei a diente Mannitol zur osmotischen Kompensation des Puffers.) Im Widerspruch zur „Säurewachstumshypothese" ist

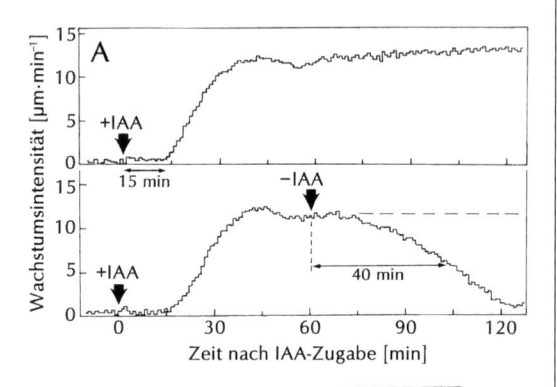

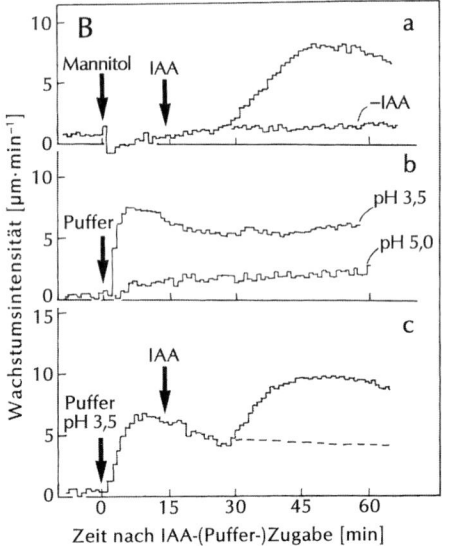

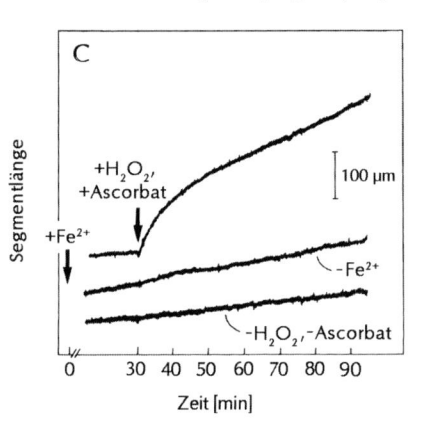

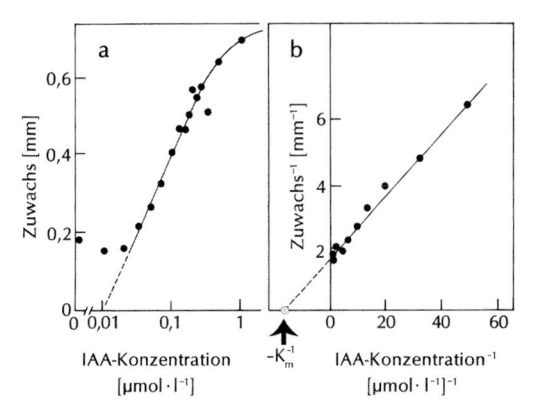

Abb. 18.10 a, b. Die Abhängigkeit des Koleoptilstreckungswachstums von der Auxinkonzentration. Objekt: Subapikale Segmente aus Haferkoleoptilen (*Avena sativa*). Die auxinverarmten Segmente (5 mm) wurden mit verschiedenen IAA-Konzentrationen für 150 min inkubiert. Der in dieser Zeitspanne induzierte Zuwachs ergibt bei Auftragung gegen die IAA-Konzentration eine Sättigungskurve (**a**, hinterer Teil nicht dargestellt), die sich durch doppeltreziproke Darstellung (Lineweaver-Burk-Diagramm, → Abbildung 4.2 b) in eine Gerade transformieren lässt (**b**). Aus dem Schnittpunkt mit der Abszisse erhält man als Wert für die apparente Michaelis-Konstante $K_m = 60$ nmol · l^{-1}. (Bei sehr niedrigen IAA-Konzentrationen zeigen die Segmente ein endogenes Wachstum, das bei der Berechnung nicht berücksichtigt wurde.) (Nach Daten von Cleland 1972)

18.2.2 Gibberelline

Die **Gibberelline** (GAs) wurden um 1926 von japanischen Phytopathologen als Phytotoxine entdeckt. Der pathogene Pilz *Gibberella fujikuroi* (= *Fusarium moniliforme*) befällt Reispflanzen und veranlasst diese durch Ausscheidung eines Wirkstoffes zu einem pathologischen Längenwachstum (*Bakanae*, "Krankheit der verrückten Keimlinge"). In den Jahren 1935 bis 1938 gelang japanischen Forschern die Isolierung und Kristallisation der aktiven Substanz, die als **Gibberellin** bezeichnet wurde. Die Strukturaufklärung der **Gibberellinsäure** (GA$_3$) aus dem Kulturfiltrat des Pilzes gelang erst 1954/55 in England und den USA, nachdem man dort auf die älteren japanischen Arbeiten aufmerksam wurde. Aufgrund der in den Folgejahren einsetzenden intensiven Forschung wurde bald klar, dass Gibberelline auch von höheren Pflanzen gebildet werden können und dort eine wichtige Funktion bei der Steuerung von Wachstums- und Differenzierungsprozessen besitzen.

Zum Nachweis von GA in Pflanzenextrakten standen zunächst nur Biotests zur Verfügung (z. B. die Förderung des Streckungswachstums von isolierten Hypokotylen oder die Förderung der Samenkeimung). Als besonders ergiebige Quellen für "Substanzen mit GA-Aktivität" erwiesen sich unreife Samen und Früchte. Nach Entwicklung verfeinerter analytischer Trenn- und Nachweismethoden stellte sich bald heraus, dass GAs in höheren Pflanzen universell verbreitet sind und in einer verwirrenden Fülle chemisch ähnlicher Formen vorkommen. Das Grundgerüst der bis heute (2010) identifizierten über 120 GAs ist das tetracyclische Ringsystem des ***ent*-Gibberellans** (Abbildung 18.12 a) mit zwei 6- und zwei 5-gliedrigen Ringen, oft ergänzt durch einen zusätzlichen Lactonring. Manche GAs treten in konjugierter Form auf (z. B. als Glucoside oder Glucosylester). Gibberelline sind Diterpene; sie leiten sich vom ***ent*-Kauren** ab, das durch Cyclisierung aus Geranylgeranyldiphosphat entsteht (Abbildung 18.12b).

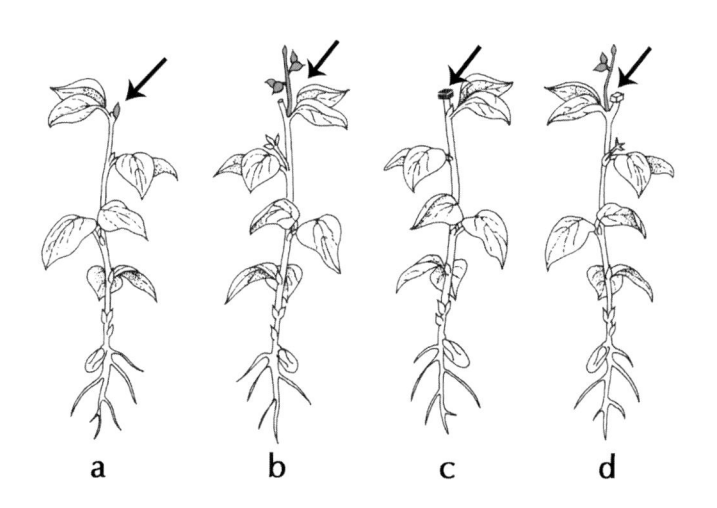

Abb. 18.11 a–d. Experiment zur Steuerung der apikalen Dominanz durch Auxin. Objekt: Ackerbohne (*Vicia faba*). Nach Entfernung der apikalen Endknospe (**a**) wachsen Seitenknospen in tiefer liegenden Blattachseln aus (**b**). Bedeckt man die apikale Schnittfläche mit einem IAA-haltigen Agarblock, so bleiben die Seitenknospen gehemmt (**c**). Ein Kontrollblock (ohne IAA) hat keine entsprechende Wirkung (**d**). IAA kann also die Endknospe hinsichtlich der apikalen Dominanz ersetzen. (In Anlehnung an Bonner und Galston 1952)

also IAA auch dann noch voll wirksam, wenn in der Zellwand ein stark saurer pH vorliegt, der ein „Säurewachstum" vergleichbarer Intensität auslöst. (Nach Schopfer 1989)

Als Alternative zur „Säurewachstumshypothese" bietet sich ein neues Konzept an, in dem polysaccharidspaltende **Hydroxylradikale** (ȮH) die Rolle des WLF übernehmen (→ S. 117). Hierfür sprechen folgende Befunde:

1. Experimentell in der Zellwand erzeugtes ȮH bewirkt Polysaccharidspaltung, erhöhte Dehnbarkeit und Wachstum. Abbildung C zeigt die Wachstumsreaktion von Koleoptilsegmenten, in deren Zellwand die Bildung von ȮH durch Zugabe von Ascorbat + H_2O_2 in Gegenwart von Fe^{2+} (Fenton-Reagenz) ausgelöst wurde. (Nach Schopfer et al. 2002)
2. Koleoptilen produzieren ȮH (und die Vorstufen $\dot{O}_2^-$ und H_2O_2; → Abbildung 26.16) in einer durch IAA stimulierbaren Reaktion.
3. Zellwandgebundene Peroxidasen katalysieren *in vitro* die Bildung von ȮH in Gegenwart von $\dot{O}_2^-$ und H_2O_2.
4. Substanzen, die als Radikalfänger ȮH oder $\dot{O}_2^-$ eliminieren können, hemmen das IAA-induzierte Wachstum.

Diese Befunde liefern erste Hinweise dafür, dass **reaktive Sauerstoffspezies**, die im Zellinneren drastische oxidative Schäden verursachen (→ S. 602), in der Zellwand eine für die Pflanze nützliche Funktion beim Zellstreckungswachstum ausüben können.

---

ist die Induktion der Differenzierung von **Xylem-** und **Phloemzellen**, welche in einem bestimmten Abstand hinter dem Meristem wachsender Organe einsetzt und basipetal (parallel zum Auxintransport) fortschreitet. Bei abgeschnittenen Sprossabschnitten (Stecklingen) führt eine Behandlung mit IAA in vielen Fällen zur Bildung von **Adventivwurzeln**, was in der gärtnerischen Praxis ausgenützt wird. Die **multiple Wirkung** der IAA in der Pflanze (→ Abbildung 18.9) ist ein eindrucksvoller Beleg für die These, dass Hormone als relativ unspezifische Auslöser organ- oder gewebespezifischer Reaktionsmuster funktionieren, wobei die **Kompetenz**, d. h. die spezifische Reaktionsbereitschaft am Wirkort, über die Art der jeweiligen Reaktion entscheidet.

Ein Membrangemisch aus pflanzlichen Zellen bindet IAA in einer sättigbaren Reaktion, und dieser Effekt hat zur Aufklärung eines **IAA-Bindeproteins** (ABP1) geführt, das zum größten Teil im ER lokalisiert ist. Überexpression des dimeren Glycoproteins (2 · 22 kDa) in transgenen Tabakpflanzen führt zu einer erhöhten Kapazität für IAA-induzierbares Zellwachstum. *Antisense*-Repression führt zum entgegengesetzten Resultat. Bei einer letalen ABP1-Defektmutante von *Arabidopsis* unterbleibt das Wachstums des Embryos nach dem Kugelstadium. Dies sind erste Hinweise, dass es sich bei ABP1 um einen IAA-Rezeptor handeln könnte. Neuerdings konnte gezeigt werden, dass das F-Box-Protein TIR1 Eigenschaften eines Auxinreceptors besitzt (→ Abbildung 18.27).

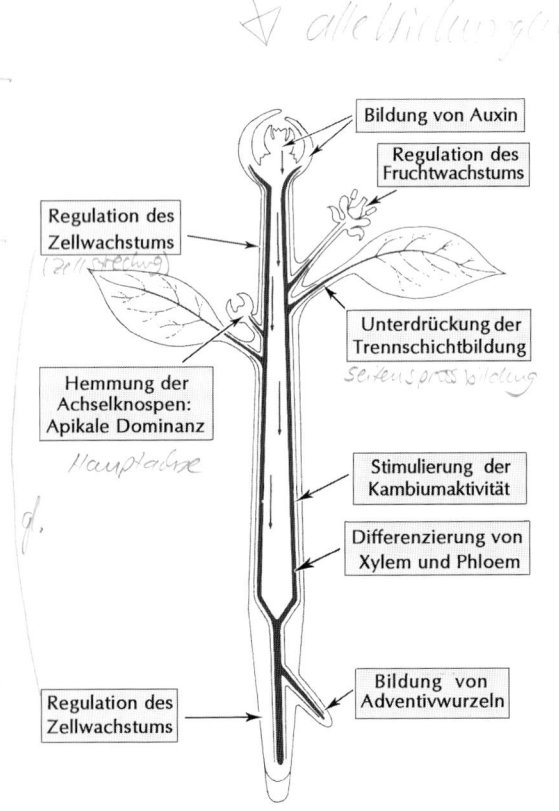

Abb. 18.9. Die multiple Wirkung des Auxins in höheren Pflanzen. Das Hormon wird vor allem an der Sprossspitze gebildet und von dort in die verschiedenen Organe transportiert. Gemäß ihrer vorgegebenen Kompetenz für Auxin reagieren verschiedene Wirkorte mit spezifischen Wachstums- und Differenzierungsprozessen. (Nach Steward 1964; verändert.) Viele der aufgelisteten Auxinwirkungen konnten in den letzten Jahren durch Konstruktion transgener Pflanzen mit erhöhtem oder erniedrigtem IAA-Pegel bestätigt werden.

18.2 Überblick über die Struktur und Funktion der Phytohormone

Die meisten Pflanzen enthalten komplexe Gemische mehrerer GAs, welche in Biotests eine unterschiedliche Aktivität besitzen. Die Frage, warum diese Hormonklasse eine so große strukturelle Heterogenität aufweist, lässt sich bis heute nicht befriedigend beantworten. Viele der isolierten Formen dürften biosynthetische Zwischenstufen darstellen. In den letzten Jahren mehren sich die Hinweise, dass zumindest bei vielen Pflanzen GA_1 das wesentliche native, biologisch aktive GA ist.

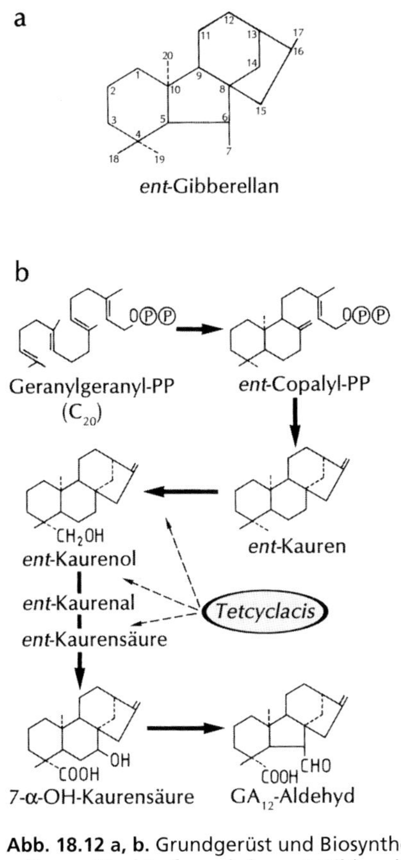

Der Biosyntheseweg vom Geranylgeranyldiphosphat zum GA_1 konnte mit Hilfe von **Biosynthesemangelmutanten** aufgeklärt werden (Abbildung 18.13). Die beteiligten Enzyme und Gene sind inzwischen weitgehend bekannt. Die Synthese aktiver GAs erfolgt dezentral, z. B. in Sprossspitzen, jungen Blättern, Inloreszenzen und reifenden Samen. GAs dürften in der Pflanze generell leicht transportierbar sein; sie konnten sowohl im Phloemsaft als auch im Xylemsaft nachgewiesen werden (z. B. im Blutungssaft von Bäumen). Über den Abbau der GAs ist noch sehr wenig bekannt.

Während der Entwicklung der Pflanze treten charakteristische Änderungen im GA-Gehalt verschiedener Gewebe und Organe auf. Ein hoher GA-Pegel ist in der Regel mit Phasen aktiven Wachstums korreliert. Die Bedeutung von GA für die Normalentwicklung wird besonders an Mutanten deutlich, welche die Fähigkeit zur Bildung aktiver GA-Spezies verloren haben. Solche Mutanten, die z. B. von Mais und Erbse bekannt sind, fallen zunächst durch **Zwergwuchs** auf, der durch GA-Applikation aufgehoben werden kann (Abbildung 18.14). GA-defiziente Pflanzen sind in der Regel **steril**. Es kommt zwar zum Ansatz von Blüten, aber nicht zur Ausbildung funktionsfähiger Sexualorgane; sowohl die Mikro- als auch die Megasporogenese sind blockiert. Wird diese Blockade durch eine Behandlung mit GA überwunden, so läuft die Samenbildung normal ab; allerdings sind die reifen Samen ohne GA-Zufuhr oft nicht keimfähig. Die Rolle von GA bei der Steuerung der **Samenkeimung** wird in Kapitel 20 ausführlich behandelt. Auch bei der Auslösung der **Blütenbildung** wird GA eine Funktion zugewiesen, insbesondere bei Rosettenpflanzen, bei denen die Blütenbildung mit einem Schossen der Sprossachse verbunden ist. Eine Behandlung solcher Pflanzen am Sprossapex mit GA_3 induziert ein starkes Streckungswachstum der Internodien, d. h. ein vorzeitiges Schossen (Abbildung 18.15). Bei der Kartoffel (*Solanum tuberosum*) fördert GA_3 das Längenwachstum des Sprosses und hemmt die Bildung von Knollen. Dabei handelt es sich jedoch zunächst um pharmakologische Effekte, welche keine direkten Rückschlüsse auf eine Beteiligung von endogenem GA zulassen. Klarheit kann auch hier die Analyse von Mutanten liefern. Bei Rübsen konnte eine Mutante erzeugt werden, in welcher eine Überproduktion

Abb. 18.12 a, b. Grundgerüst und Biosynthese der Gibberelline. **a** Strukturformel des *ent*-Gibberellans. **b** Biosyntheseweg vom *Geranylgeranyldiphosphat* zum GA_{12}-Aldehyd (→ Abbildung 16.10). Dieser Weg wurde in unreifen Samen von Angiospermen gefunden (z. B. im Endosperm von Kürbissamen). Die ersten Schritte laufen im Plastidenkompartiment ab; die Umsetzung von *ent*-Kauren zum GA_{12}-Aldehyd findet hingegen im endoplasmatischen Reticulum statt. Die drei oxidativen Schritte von *ent*-Kauren zur *ent*-Kaurensäure werden durch eine Cytochrom-P-450-abhängige Monooxygenase (Kaurenoxygenase) katalysiert, welche durch bestimmte Pyrimidinverbindungen gehemmt werden kann. Diese Verbindungen (z. B. *Tetcyclacis*, Ancymidol) unterbinden die GA-Synthese und sind daher sehr wirksame **Wachstumsretardanzien** (→ S. 656). GA_{12}-Aldehyd ist die Ausgangssubstanz für eine große Zahl weiterer Gibberelline (→ Abbildung 18.13). Nach einer Konvention werden die Gibberelline nicht nach ihrem biosynthetischen Zusammenhang, sondern in der Reihenfolge ihrer Entdeckung durchnummeriert.

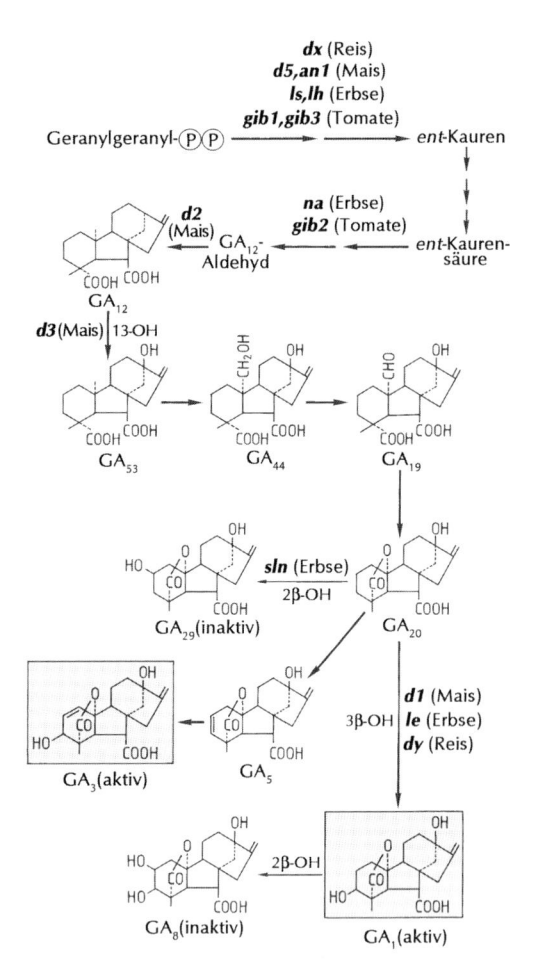

Abb. 18.13. Der über die 13-Hydroxylierung von GA_{12} verlaufende Biosyntheseweg zum GA_1. Dieser Weg dürfte in höheren Pflanzen weit verbreitet sein. Seine Aufklärung gelang mit Hilfe verschiedener Biosynthesemangelmutanten, bei denen einzelne Schritte durch Ausfall des verantwortlichen Enzyms blockiert sind. Einige Mutanten sind an den jeweiligen Blockierungsstellen eingetragen. Bei *Arabidopsis* wurden zahlreiche weitere Mutanten isoliert. GA_1 ist zumindest in Mais- und Erbsenpflanzen das wesentliche, native Gibberellin mit biologischer Aktivität. Für die Applikation in physiologischen Experimenten wird meist das besonders leicht herstellbare GA_3 (Gibberellinsäure) eingesetzt, das sich vom GA_1 nur durch den Besitz einer Doppelbindung zwischen den C-Atomen 1 und 2 unterscheidet. Erst vor kurzem konnte gezeigt werden, dass GA_3 auch von höheren Pflanzen gebildet werden kann. Die meisten Mutationen in der Gibberellinbiosynthesekette sind recessiv und führen zu Zwergwuchs. Bei der hochwüchsigen *sln*-Mutante (*slender*) der Erbse ist die Umwandlung von GA_{20} in das inaktive GA_{29} gehemmt. Dies führt zu einer Anhäufung von GA_{20} im Samen. Die hieraus entwickelte Pflanze besitzt eine erhöhte Kapazität zur Bildung von GA_1 und zeigt daher den Phänotyp eines GA-Überproduzierers. (Nach Reid 1990; verändert)

Abb. 18.14. Zwergwuchs bei einer GA-Mangelmutante und seine Aufhebung durch GA-Applikation. Objekt: homozygot recessive *dwarf5*-Mutante (*d5/d5*) und Wildtyp von Mais (*Zea mays*). Die Mutante erhielt insgesamt 250 µg GA_3 auf den Apex appliziert in 2- bis 5tägigen Intervallen vom Keimlingsstadium an. Von *links* nach *rechts*: Wildtyp, unbehandelt (*WT, –GA*); Wildtyp behandelt (*WT, +GA*); Mutante, unbehandelt (*Mut, –GA*); Mutante behandelt (*Mut, +GA*). Die genauere Analyse zeigte, dass der Zwergwuchs auf dem Ausfall eines Gens beruht, das die Cyclisierung von Copalyldiphosphat zum *ent*-Kauren kontrolliert (→ Abbildung 18.12, 18.13). Der phänotypische Defekt kann daher z. B. auch durch Applikation von *ent*-Kauren behoben werden. (Nach Phinney und West 1960)

von GA stattfindet. Diese Pflanzen unterscheiden sich vom Wildtyp vor allem durch ein drastisch gesteigertes Internodienwachstum (Abbildung 18.16). Damit ist gezeigt, dass das Sprossachsenwachstum beim Wildtyp durch endogenes GA **limitiert**, d. h. **reguliert** wird.

Bei den Poaceen ist GA an der Steuerung der Speicherstoffmobilisierung im Korn im Anschluss an die Keimung beteiligt. Die im Endosperm der Poaceenkaryopse deponierten Speicherstoffe werden nach der Keimung durch spezielle Enzyme zu löslichen, transportierbaren Molekülen abgebaut. Es entstehen vor allem Disaccharide und Aminosäuren, welche, nach Resorption durch das Scutellum, der Ernährung der jungen Pflanze dienen. Die enzymatische Speicherstoffmobilisierung setzt erst ein, nachdem der Keimling eine gewisse Größe erreicht hat und ist daher nicht der Keimung, sondern der anschließenden Keimlingsentwicklung zuzuordnen (→ Abbildung 20.1). Die zeitliche Koordination von Keimlingsentwicklung und Spei-

18.2 Überblick über die Struktur und Funktion der Phytohormone

Abb. 18.15. Induktion des Internodienwachstums bei Rosettenpflanzen durch Applikation von Gibberellin. Objekt: Weißkohl (*Brassica oleracea*, var. *capitata*). Der Apex der *rechten* Pflanze wurde im Keimlingsstadium an in regelmäßigen Abständen mit GA$_3$-Lösung behandelt; *links*: unbehandelte Kontrolle. GA induziert in diesem Fall nicht nur das Internodienwachstum, sondern auch die Blütenbildung, d. h. physiologische Reaktionen, wie sie auch beim natürlichen Schossen der Pflanze auftreten. Daraus lässt sich jedoch nicht ohne weiteres ableiten, dass diese Prozesse durch einen Anstieg des endogenen GA-Pegels ausgelöst werden. (Nach Galston 1961)

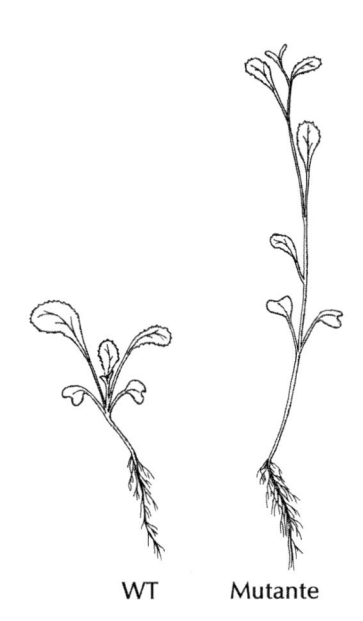

Abb. 18.16. Riesenwuchs bei einer GA-überproduzierenden Mutante. Objekt: *ein*-Mutante (*ein/ein*) und Wildtyp von Rübsen (*Brassica rapa*) nach 11 d Anzucht. Im Vergleich zum Wildtyp (*links*) konnte bei der Mutante (*rechts*) etwa 4mal mehr GA$_1$ und 10mal mehr GA$_{20}$ (bezogen auf Trockenmasse) aus der Sprossachse extrahiert werden. Das gesteigerte Streckungswachstum lässt sich durch Hemmstoffe der GA-Synthese vollständig unterdrücken. Der Anstieg des endogenen GA-Pegels ist also die Ursache des gesteigerten Wachstums. Bei *Brassica rapa* ist auch eine GA-Mangelmutante bekannt (*ros/ros*), bei der der GA-Gehalt auf etwa 10 % gegenüber dem Wildtyp reduziert ist. Diese Mutante zeigt Rosettenwachstum, das durch GA-Applikation aufgehoben werden kann. (Nach Rood et al. 1990)

cherstoffmobilisierung wird durch ein hormonelles Signal des Keimlings an das Endosperm gewährleistet (Abbildung 18.17). Es handelt sich hierbei um ein GA, wahrscheinlich GA$_1$. Dieses Signal löst zunächst im Scutellumepithel, später auch in der Aleuronschicht des Endosperms, die Produktion einer Gruppe von Hydrolasen aus, z. B. von **α-Amylase, Proteinase, RNase, DNase** und **1,3-β-Glucanase**. Ein Teil dieser Enzyme wird von den Aleuronzellen in die inneren Bereiche des Endosperms sezerniert. Hierzu gehört vor allem die **α-Amylase**, welche die Hydrolyse der Stärke zu Maltose einleitet (→ S. 237).

Die Induktion der α-Amylase im Aleurongewebe durch GA gilt als Musterbeispiel einer hormongesteuerten **differenziellen Genexpression**. Im kompetenten Aleurongewebe setzt die Zunahme der α-Amylaseaktivität 6–8 h nach der Zugabe von GA$_3$ ein. Parallel zu dem Auftreten der Enzymaktivität steigt die Menge an translatierbarer **α-Amylase-mRNA** an. Aus der Übereinstimmung von mRNA-Akkumulation und Anstieg der Enzymaktivität (Abbildung 18.18) kann man schließen, dass die Induktion der Enzymaktivität durch GA eine direkte Folge einer vermehrten mRNA-Bildung ist. Dies belegt auch die Messung der induzierten Synthese der α-Amylase-mRNA in isolierten Zellkernen aus GA-behandeltem Aleurongewebe. Die Analyse der Genexpression wird dadurch erschwert, dass man es bei der α-Amylase nicht mit einem einheitlichen Protein, sondern mit zwei Isoenzymgruppen (Familien) zu tun hat, deren Gene auf zwei verschiedenen Chromosomen liegen und die charakteristische Abweichungen bei der Regulation aufweisen (z. B. unterschiedliche Empfindlichkeit für GA und unterschiedliche Abhängigkeit von Ca^{2+}). Für die α-Amylase2-Genfamilie konnte der Nachweis geführt werden, dass die In-

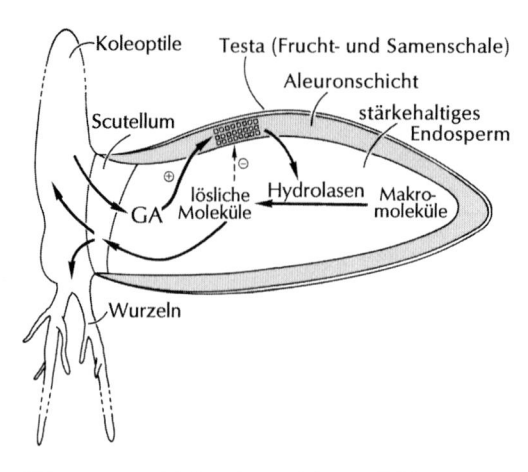

Abb. 18.17. Induktion des Speicherstoffabbaus im Endosperm der Gerstenkaryopse (*Hordeum vulgare*) durch ein hormonelles Signal (*GA*) des jungen Keimlings (schematisch). GA wird vom jungen Keimling produziert und in das Endosperm sezerniert. Dieses Speicherorgan besteht im reifen Gerstenkorn aus zwei Geweben, dem toten *stärkehaltigen Endosperm*, das von einer lebenden *Aleuronschicht* (bei Gerste drei Zelllagen) umgeben ist. Das Hormon gelangt in die Aleuronzellen und löst dort die Synthese hydrolytischer Enzyme (z. B. α-Amylase) aus. Diese *Hydrolasen* bauen die Speicherstoffe im Aleurongewebe (vor allem Protein) und im stärkehaltigen Endosperm (vor allem Stärke) ab. Die Produkte (Zucker und Aminosäuren) werden vom *Scutellum* aktiv aufgenommen und in den wachsenden Keimling transportiert. Der quantitativ wichtigste Abbauprozess ist die Hydrolyse der Stärke durch α-Amylase, die in den Aleuronzellen synthetisiert und von dort in das stärkehaltige Endosperm sezerniert wird. Durch Entfernung der embryohaltigen Karyopsenhälfte vor der Keimung erhält man ein experimentelles System, in dem sich die Enzyminduktion durch exogene GA steuern lässt. (Nach Matile 1975; verändert)

18.2.3 Cytokinine

Die Vermutung, dass die Mitoseaktivität pflanzlicher Meristeme durch endogene Faktoren reguliert wird, stammt aus dem 19. Jahrhundert. Die Suche nach zellteilungsfördernden Hormonen war jedoch erst erfolgreich, als es gelang, aseptische **Gewebekulturen** herzustellen. Um 1955 machten amerikanische Forscher die Beobachtung, dass eine autoklavierte (bis 120 °C erhitzte) Probe von Hering-DNA in einer Tabakkalluskultur die Zellteilung stark förderte. Dieser Effekt war nicht, wie zunächst vermutet, auf die DNA zurückzuführen, sondern auf ein beim Autoklavieren in Spuren gebildetes DNA-Abbauprodukt, das als **Kinetin** bezeichnet wurde. Es handelt sich dabei um die Verbindung 6-(2-Furfuryl)-aminopurin (Abbildung 18.19), die durch Erhitzen aus DNA entstehen

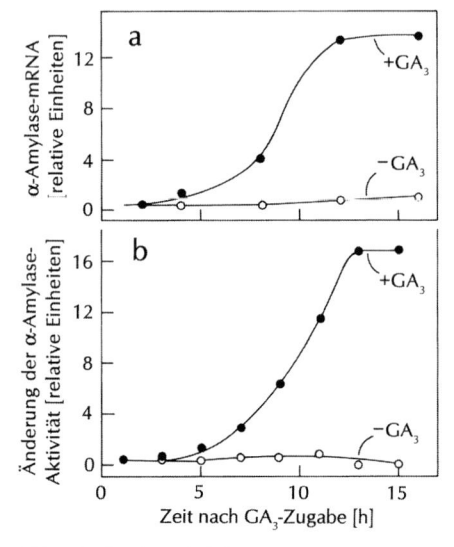

Abb. 18.18 a, b. Induktion von translatierbarer mRNA und Enzymaktivität der α-Amylase durch GA_3 im Aleurongewebe. Objekt: isolierte Aleuronschichten von Gerstenkaryopsen (*Hordeum vulgare*). Aleurongewebe wurde bei 25 °C mit oder ohne 1 μmol · l^{-1} GA_3 inkubiert. **a** GA_3-induzierter Anstieg der mRNA für α-Amylase, gemessen als Stimulation der Synthese von α-Amylaseprotein durch den Zusatz von Gesamt-mRNA [Poly(A)-haltige Fraktion] aus Aleurongewebe zu einem zellfreien Proteinsynthese-Testsystem. Diese aus Weizenkeimen hergestellte Reaktionsmischung enthält alle Bestandteile des zellulären Proteinsyntheseapparats außer mRNA und translatiert daher zugesetzte mRNA in die zugehörigen Polypeptide. Die relative Menge eines hierbei synthetisierten Polypeptids kann als Maß für die relative Menge der zugesetzten mRNA dienen. **b** GA_3-induzierter Anstieg der α-Amylase-Aktivität *in vivo*, gemessen als Änderung der extrahierbaren enzymatischen Aktivität pro 2 h. (Nach Higgins et al. 1976)

duzierbarkeit der Genexpression durch GA-spezifische regulatorische Sequenzen in der Promotorregion vermittelt wird: Ein künstlich hergestelltes Fusionsgen, bestehend aus dem α-Amylase2-Promotor und einem Reportergen wird nach Einschleusung in Aleuronprotoplasten GA-abhängig exprimiert (→ Exkurs 18.3).

Alle Formen des Enzyms sind monomere Polypeptide, die mit einer Signalsequenz an ER-gebundenen Polysomen synthetisiert und cotranslational in das ER-Lumen transportiert werden (→ S. 150). Von dort erfolgt der Weitertransport in Vesikeln zum Golgi-Apparat, gefolgt von der Exocytose durch sekretorische Vesikel an der Plasmamembran der Aleuronzellen (→ Abbildung 7.1).

Der vor kurzem identifizierte GA-Rezeptor GID1 und seine molekulare Wirkungsweise werden auf S. 438 behandelt.

18.2 Überblick über die Struktur und Funktion der Phytohormone

> **EXKURS 18.3: Transgene Expression eines Reportergens belegt die funktionelle Übereinstimmung der α-Amylase-Promotoren von Hafer und Weizen**
>
> Die GA-abhängige Expression der α-Amylasegene im Aleurongewebe dürfte bei allen Poaceen zu finden sein. Inwieweit die hierbei beteiligten *cis*- und *trans*-Elemente bei verschiedenen Gattungen übereinstimmen, d. h. **konserviert** sind, kann mit Experimenten wie dem folgenden ermittelt werden.
>
> Ein **Fusionsgen**, bestehend aus der **Promotorregion** des α-Amylase2-Gens aus Weizen und einem **Reportergen** (*GUS*-Gen, codiert für das Enzym β-Glucuronidase = GUS aus Bakterien; → Abbildung 6.16), wurde in isolierte Protoplasten aus Haferaleurongewebe eingeschleust. Die transformierten Protoplasten wurden anschließend über 5 d mit oder ohne GA_3 (1 µmol · l^{-1}) inkubiert und ihr Gehalt an GUS bestimmt. Zum Vergleich ist in der Abbildung der GA_3-induzierte Anstieg der α-Amylase in den selben Zellen dargestellt. Dieses Experiment erlaubt drei wichtige Schlüsse: 1. Das künstliche DNA-Konstrukt unterliegt der gleichen regulatorischen Kontrolle hinsichtlich der zeitlichen Wirkung des Hormonsignals wie das endogene α-Amylasegen. 2. Die für das Anschalten des α-Amylasegens durch GA_3 verantwortlichen **cis-Elemente** sind vollständig in der übertragenen Promotorsequenz enthalten. 3. Die regulatorischen Proteine (Transkriptionsfaktoren, *trans*-Elemente), welche an der Übermittlung des Hormonsignals an den Promotor beteiligt sind, sind bei Weizen und Hafer wirkungsgleich. (Nach Lazarus 1991)

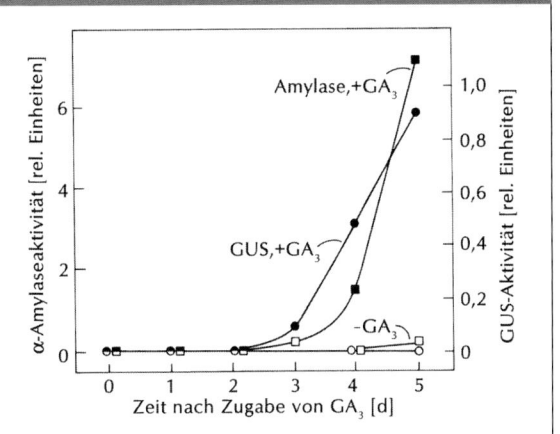

kann. Kinetin ist seit dieser Zeit ein essenzieller Bestandteil von Gewebekulturmedien. Einige andere adeninverwandte Verbindungen, z. B. 6-Benzyladenin, haben eine dem Kinetin sehr ähnliche physiologische Wirksamkeit. Diese Substanzen wurden daher als **Cytokinine** bezeichnet (CKs, von Cytokinese = Zellteilung).

Der erste Nachweis eines nativen pflanzlichen CK gelang 1963 durch die Isolierung von **Zeatin** aus Maiskaryopsen (Abbildung 18.19). In der Folgezeit zeigte sich, dass Zeatin auch in vielen anderen Pflanzen vorkommt, entweder in freier Form, gebunden als Ribosid oder phosphoryliert als Ribotid. Es ließ sich z. B. die schon lange bekannte zellteilungsfördernde Wirkung von Cocosnussmilch (flüssiges Endosperm) auf die Anwesenheit von Zeatinribosid zurückzuführen. Neben Zeatin sind inzwischen zahlreiche weitere natürliche N^6-substituierte Adeninverbindungen mit Kinetinaktivität bekannt geworden.

Die Biosynthese des Zeatins in der Pflanze erfolgt durch Verknüpfung von Isopentenyldiphosphat (→ Abbildung 16.10) mit Adenylaten (ATP, ADP oder AMP) durch **Isopentenyltransferasen**. In vielen Geweben treten CK-Konjugate (z. B. Glucosylzeatin) auf, die als Speicher-, Transport- oder Inaktivierungsformen interpretiert werden. Für den Abbau der CKs wird die **Cytokininoxidase** verantwortlich gemacht, die das Molekül in Adenin und N^6-Seitenkette spaltet. Dieses Enzym greift künstliche CKs wie Kinetin nicht an, wodurch sich die langanhaltende Wirkung dieser Substanzen in Zellkulturen erklärt.

Interessanterweise kommen CKs auch als „seltene Basen" in manchen tRNAs bei Pflanzen und Tieren vor, und zwar stets im Anschluss an das 3'-Ende des Anticodons. Es gibt jedoch keine Anhaltspunkte dafür, dass ihr Vorkommen in tRNAs etwas mit der Hormonfunktion der CKs zu tun hat.

Als Syntheseorte für CKs dienen in der Regel Gewebe mit hoher meristematischer Aktivität, z. B. Kambium, Vegetationspunkte und junge Blätter. Hohe Konzentrationen treten z. B. im Xylemsaft von Bäumen während des Frühjahrs auf. In jungen Keimlingen ist der Wurzelapex der Hauptbildungsort des Hormons, das von dort über die Leitbündel in den Spross transportiert wird. Nach Entfernen der Wurzel kann man im Spross Veränderungen im Entwicklungsgeschehen beobachten, die Aufschlüsse über die physiologischen Funktionen der

Abb. 18.19. Chemische Struktur der Cytokinine. *Kinetin* wurde als künstlich erzeugtes Abbauprodukt von DNA entdeckt. Es kommt in Pflanzen nicht vor, kann jedoch als pharmakologische Substanz die pflanzeneigenen Cytokinine sehr effektiv substituieren. *Zeatin* ist ein natürlich vorkommendes Cytokinin, das zuerst aus Maiskaryopsen isoliert wurde.

CKs liefern. Die Entfernung der „Hormondrüse" Wurzel bewirkt eine starke Hemmung des Streckungswachstums der Blätter (Kotyledonen), verbunden mit einigen spezifischen Effekten auf der Zellebene. Besonders auffällig ist die Hemmung der Synthese von Chlorophyll, Calvin-Cyclus-Enzymen und anderen Chloroplastenkomponenten.

Diese Mangelsymptome können durch CK-Applikation verhindert werden. Man kommt aufgrund solcher Befunde zu dem Schluss, dass CKs nicht nur für die Zellteilung, sondern auch für das Zellwachstum und die Entwicklung funktionsfähiger Chloroplasten notwendig sind.

Mit der Wirkung von CKs auf die Chloroplastenentwicklung dürfte auch ein anderer Effekt dieser Hormone zusammenhängen: Die in isolierten Blättern rasch einsetzende Vergilbung durch Abbau von Chlorophyll kann durch CK-Applikation aufgehalten werden. Entsprechende Effekte erzielt man auch an Blättern intakter Pflanzen, welche im Rahmen der **Seneszenz** ihre Chloroplasten abbauen. Bei isolierten Blättern kann man die Degradation der Chloroplasten und alle anderen Seneszenzphänomene auch dadurch verhindern, dass man durch eine IAA-Behandlung die Bildung von Adventivwurzeln am Blattstiel induziert (→ S. 417) und dadurch eine Quelle für endogenes CK schafft. Die seneszenzverhindernde Wirkung der CKs hat zu der Vorstellung geführt, dass der Alterungs- und Absterbeprozess bei Blättern mit einer Absenkung des CK-Spiegels zusammenhängt (→ S. 530). Transgene Tabakpflanzen, in die ein Gen für Isopentenyltransferase eingeführt worden war, zeigen einen erhöhten CK-Spiegel und eine stark gehemmte Blattseneszenz.

Die Apikaldominanz monopodial wachsender Pflanzen kann durch CK-Applikation aufgehoben werden. Auch die Steigerung der endogenen CK-Produktion, z. B. durch Einführung geeigneter Gene, hat einen ähnlichen Effekt. Dies weist darauf hin, dass CK als Gegenspieler von IAA bei der Steuerung der **Verzweigung** der Sprossachse wirkt.

Wie andere Phytohormone, z. B. Gibberelline, können auch CKs von phytopathogenen Mikroorganismen gebildet und als spezifische Signalstoffe in der Wechselwirkung mit der Wirtspflanze eingesetzt werden. Ein bekanntes Beispiel ist der Actinomycet *Rhodococcus fascians*, der bei Erbsen durch CK-Ausscheidung ein abnormes, büscheliges Wachstum durch gleichzeitiges Austreiben vieler Seitenknospen erzeugt. In diesem Fall ist die Apikaldominanz offenbar völlig aufgehoben. Möglicherweise liegt auch den durch den Pilz *Taphrina* bei Holzgewächsen verursachten „Hexenbesen" eine ähnliche Ursache zugrunde.

Pflanzliche Gewebe lassen sich unter aseptischen Bedingungen leicht auf einem Nährmedium kultivieren, welches alle Stoffe enthält, die für die Ernährung der Zellen notwendig sind (meist Saccharose, anorganische Nährsalze, einige Aminosäuren und Vitamine; → S. 536). Trotz vollwertiger Ernährung entwickeln sich solche Gewebe jedoch in aller Regel nicht weiter, da sie nicht in der Lage sind, die hierzu außerdem notwendigen Hormone selbst zu bilden. Gewebe- oder Zellsuspensionskulturen sind daher ideale Testsysteme zur Untersuchung von Hormonwirkungen auf die Zellentwicklung. Fügt man z. B. einer Gewebekultur aus Tabakmarkparenchym relativ hohe Konzentrationen an **Auxin** und **Kinetin** zu, so findet rasche Zellvermehrung statt. Die Zellen wachsen, ohne dabei ihren Differenzierungszustand zu ändern. Die Richtung der Zellteilung ist zufallsmäßig; es entsteht ein amorphes Gewebe, ein **Kallus** (Abbildung 18.20). Keines der beiden Hormone hat, einzeln appliziert, eine entsprechende Wirkung. IAA und CK limitieren also gemeinsam die Mitoseaktivität im Ausgangsgewebe; sie sind daher als Zellteilungs**regulatoren** aufzufassen (im Gegensatz zu den Nährstoffen, die als Zellteilungs**faktoren**, d. h. als Voraussetzungen für Zellteilung, anzusprechen sind; → S. 408). Es ist sehr wahrscheinlich, dass IAA und CK auch in den Meristemen der intakten Pflanzen als Zellteilungsregulatoren wirksam sind.

Ein in diesem Zusammenhang sehr aufschlussreiches Naturexperiment ist die durch *Agrobacterium tumefaciens* an höheren Pflanzen verursachte **Tumorbildung** (→ S. 636). Hierbei kommt es zur Übertragung bakterieller Gene für die IAA- und CK-Synthese in das pflanzliche Genom. Durch Expression dieser Gene werden die transformierten Pflanzenzellen zu einer pathologisch überhöhten Synthese der beiden Hormone angeregt und dauerhaft in proliferierende, amorph wachsende Kalluszellen (Tumorzellen) transformiert.

Ein Kallus kann durch Subkultivierung auf IAA + CK-Medium beliebig lange im Zustand des amorphen Wachstums gehalten werden. Variiert man jedoch das IAA/CK-Verhältnis in geeigneter Weise, so lässt sich hierdurch die Bildung von **Organen** induzieren. Eine relativ hohe IAA-Konzentration fördert die Wurzelbildung, eine relativ hohe CK-Konzentration hingegen die Sprossbildung (Abbildung 18.20). Dieser Befund deutet darauf hin, dass das **Verhältnis** der beiden Hormone darüber bestimmt, welcher Weg bei der Entwicklung eingeschlagen wird. Experimente mit genetisch transformierten Pflanzen unterstützen diese Vorstellung: Agrobakterien mit einem defekten IAA-Synthese-Gen induzieren in infizierten Pflanzen Tumoren mit sprossähnlicher Morphologie. Umgekehrt erzeugen Agrobakterien mit defektem CK-Synthese-Gen Tumoren mit wurzelähnlicher Morphologie. Dieses Gen (*IPT*; codiert für die **Isopentenyltransferase**, ein Schlüsselenzym der CK-Biosynthese) wurde isoliert, kloniert und – mit einem starken Promotor gekoppelt – über Agrobakterien in Tabakpflanzen eingeschleust. Die Überexpression des *IPT*-Gens bewirkte einen starken Anstieg des CK-Pegels in den transformierten Zellen in der Umgebung der Infektionsstelle. Gleichzeitig wurden in diesem Bereich Büschel von Adventivsprossen ausgebildet.

Agrobacterium rhizogenes, der Erreger der Haarwurzelkrankheit, induziert nicht Tumoren, sondern veranlasst das Auswachsen vieler morphologisch normaler Adventivwurzeln aus dem befallenen Gewebe (*hairy-root-Syndrom*, → Abbildung 27.13). Auch hier erfolgt ein Eingriff in den pflanzlichen Hormonhaushalt durch eine plasmidvermittelte Übertragung einer Gruppe von Genen (*ROL A–D*) in das Wirtsgenom, deren genaue Funktion noch unbekannt ist. Jedes einzelne dieser Gene verursacht, nach experimenteller Übertragung in Pflanzen, spezifische Entwicklungsstörungen. Die Expression des *ROL-B*-Gens fördert z. B. die Bildung neuer Meristeme und bewirkt eine gesteigerte Empfindlichkeit für IAA. Die Expression des *ROL-C*-Gens führt hingegen zu Zwergwuchs, reduzierter Apikaldominanz, Induktion von Adventivwurzeln und verstärktem Saccharosetransport zur Infektionsstelle, d. h. zu phänotypischen Veränderungen, wie sie auch durch CK hervorgerufen werden.

Die Induktion der Wurzel- bzw. Sprossbildung durch IAA/CK wird in der Praxis häufig ausgenützt, um kultivierte Zellen zur Regeneration ganzer Pflanzen zu veranlassen (→ Abbildung 24.8). Tumorzellen sind, wie zu erwarten, hormonautonom, d. h. sie proliferieren und wachsen auch ohne Zusatz von IAA und CK.

Das IAA/CK-Verhältnis spielt vermutlich auch für die Organbildung in der intakten Pflanze eine

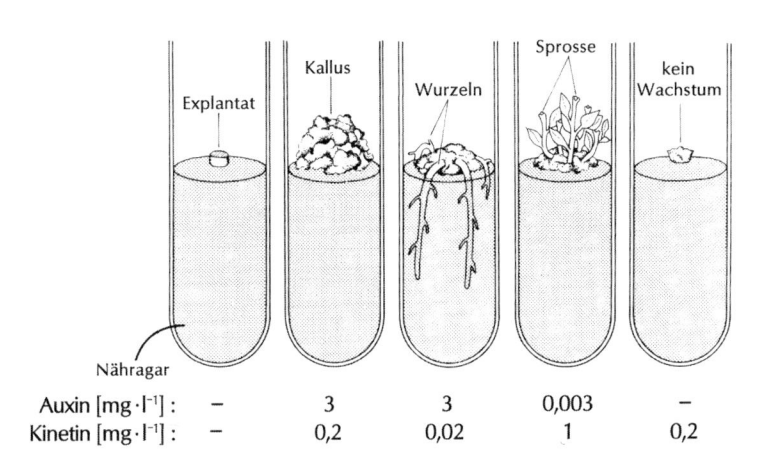

	Explantat	Kallus	Wurzeln	Sprosse	kein Wachstum
Auxin [mg·l⁻¹] :	–	3	3	0,003	–
Kinetin [mg·l⁻¹] :	–	0,2	0,02	1	0,2

Abb. 18.20. Auxin und Cytokinin (Kinetin) als begrenzende Faktoren der Mitoseaktivität und der Organbildung in einer Gewebekultur. Objekt: Explantat aus dem Stängelmark einer Tabakpflanze (*Nicotiana tabacum*). Relativ hohe IAA- und Kinetinkonzentrationen führen nach einigen Wochen zur Bildung eines *Kallus*. Die Entwicklung kann zur Bildung von *Wurzeln* oder *Sprossen* umgelenkt werden, indem man das IAA/Kinetin-Verhältnis entweder erhöht oder erniedrigt. (Nach Ray 1963)

wichtige integrative Rolle. So wird z. B. die Kontrolle der Verzweigung im Spross auf die antagonistische Wirkung der beiden Hormone zurückgeführt. Zum monopodialen Wachstum, **apikale Dominanz** (→ S. 417), kommt es, wenn die IAA-Wirkung, vermittelt über Strigolactone, gegenüber der CK-Wirkung überwiegt (→ S. 436).

Ähnlich wie IAA und GA entfalten auch CKs ihre entwicklungssteuernde Wirkung über die Expression kompetenter Gene. So geht z. B. die Förderung der Zellteilung auf eine Aktivierung von Cyclingenen zurück (→ S. 33).

Die molekulare Analyse der CK-insensitiven *Arabidopsis*-Mutante *cre1* hat zur Identifizierung des CK-Receptors CRE1 geführt. Es handelt sich um eine **Zweikomponenten-Histidinkinase** vom Hybridtyp (→ Abbildung 4.16b). Die Aktivierung der CRE1-Sensordomäne durch Bindung von CK löst eine Proteinphosphorylierungskaskade aus, die zur Expression von Transkriptionsfaktoren für CK-responsive Gene führt. Die bisher bekannten Details dieser Signaltransduktionskette sind auf S. 440 genauer dargestellt. Neben CRE1 gibt es in *Arabidopsis* noch zwei weitere, offensichtlich redundante Receptoren dieses Typs.

18.2.4 Abscisinsäure

Die **Abscisinsäure** (ABA) wurde bereits als Signalsubstanz im Rahmen der hydroaktiven Regelung der Stomaweite bei Trockenstress vorgestellt (→ S. 273). Dieses Hormon wurde um 1960 von zwei verschiedenen Arbeitsgruppen aufgrund von zwei unterschiedlichen physiologischen Funktionen entdeckt: 1. als „Abscisin", das die Fruchtabscission bei Baumwolle bewirkt und 2. als „Dormin", das bei Ahorn und Birke die Knospenruhe (Dormanz) einleitet. Als sich 1965 herausstellte, dass es sich bei „Abscisin" und „Dormin" um die selbe Substanz handelte, wurden diese Namen zugunsten der Bezeichnung Abscisinsäure aufgegeben.

ABA ist eine Sesquiterpenverbindung (C_{15}); ihre Synthese geht also vom **Isopentenyldiphosphat** aus (→ Abbildung 16.10). Nach neueren Befunden wird das ABA-Molekül jedoch nicht wie andere Sesquiterpene direkt durch stufenweise Verknüpfung von drei C_5-Körpern gebildet, sondern entsteht durch Spaltung des Tetraterpengerüsts der **Carotinoide** (Abbildung 18.21). ABA kann in vielen Teilen der Pflanze gebildet werden, vor allem in Blättern, Wurzeln und reifenden Früchten. Das Hormon wird von den Zellen in den Apoplasten ausgeschieden und ist daher in der Pflanze relativ leicht transportierbar. Es konnte sowohl im Xylemsaft als auch im Phloemsaft nachgewiesen werden.

ABA spielt in der Pflanze generell die Rolle eines **Stresshormons**, dessen Synthese durch verschiedene stresserzeugende Umweltfaktoren ausgelöst werden kann. Besonders gut untersucht ist die Induktion bei **Trockenstress** (Abbildung 18.22). Nach Beendigung der Stressperiode wird der erhöhte ABA-Pegel wieder rasch abgebaut, wobei **Phaseinsäure** und **Dihydrophaseinsäure** als Zwischenprodukte auftreten (→ Abbildung 18.21). Die vielfältigen physiologischen Wirkungen der ABA stehen in aller Regel in Zusammenhang mit der Abwehr von Stressfolgen in verschiedenen Stadien der Entwicklung. Ein typisches Beispiel hierfür ist ihre Beteiligung an der Umstellung der CO_2-Fixierung vom C_3-Weg auf den C_4-Weg der Photosynthese unter dem Einfluss von Dürrebelastung bei CAM-Pflanzen (→ S. 293). Bei der fakultativ halophytischen CAM-Pflanze *Mesembryanthemum crystallinum* konnte gezeigt werden, dass bei Salzstress das CAM-Syndrom, einschließlich der Neusynthese der hierfür erforderlichen Enzyme, durch ABA induziert wird. Außerdem vermittelt dieses Hormon die Reduktion des Sprosswachstums bei gesteigertem Wurzelwachstum (→ Abbildung 26.6), die Hemmung der stomatären Transpiration bei Trockenstress (→ S. 273), die Förderung der Kälte- und Frostresistenz (→ S. 596) und die Aufrechterhaltung von stressresistenten Ruhezuständen in Samen und Knospen (→ S. 475, 485). ABA hemmt in diesem Zusammenhang auch die GA-induzierte Induktion der α-Amylasesynthese im Gerstenaleuron (→ S. 421). Ein interessanter, durch ABA vermittelter morphogenetischer Stresseffekt wird im Exkurs 18.4 geschildert.

Die Dormanz-fördernden ABA-Wirkungen sind mit dem Auftreten zahlreicher neuer Proteine (und deren mRNAs) verbunden. Dies hat zu der Vorstellung geführt, dass ABA hier über die Aktivierung von bestimmten „Stressgenen" wirksam wird. Die Rolle der ABA bei der Reifung und Dormanz von Samen und Knospen wird in Kapitel 20 ausführlich behandelt. Die Wirkung dieses Hormons auf die Abscission von Früchten und Blättern erfolgt wahrscheinlich indirekt über die Induktion der Ethylenbildung (→ S. 431).

Zahlreiche ABA-defiziente oder ABA-insensitive Mutanten (z. B. bei Tomate, Mais, *Arabidopsis*) zeigen typische Defekte, z. B. Hemmung des Stomataverschlusses bei Trockenstress (Welke), Viviparie während der Samenreifung und Hemmung der Expression ABA-induzierbarer Gene. Wenn diese Ausfallerscheinungen auf einer Hemmung der ABA-Synthese beruhen, können sie durch Besprü-

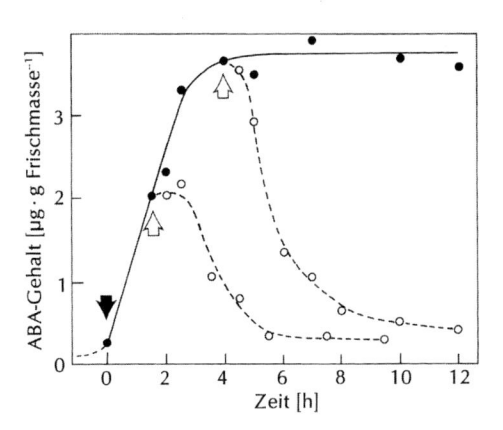

Abb. 18.22. Induktion der Abscisinsäuresynthese durch Trockenstress. Objekt: Blatt der Spitzklette (*Xanthium strumarium*). Abgeschnittene, vollturgeszente Blätter wurden bei 0 h rasch von 100 % auf 90 % Wassergehalt getrocknet (*dunkler Pfeil*) und nach 1,5 bzw. 4 h durch Untertauchen in Wasser wieder auf volle Turgeszenz gebracht (*helle Pfeile*). Der rasche Anstieg des ABA-Pegels (*lag*-Phase < 1 h) geht auf Neusynthese des Hormons zurück. Nach Beendigung der Stressperiode wird der ABA-Pegel durch Abbau innerhalb weniger Stunden wieder auf den niedrigen Ausgangswert reduziert. Ähnliche Veränderungen treten in den Blättern intakter (transpirierender) Pflanzen auf, deren Wasserpotenzial durch Hemmung der Wasseraufnahme in die Wurzel abgesenkt wurde. (Nach Zeevart 1980)

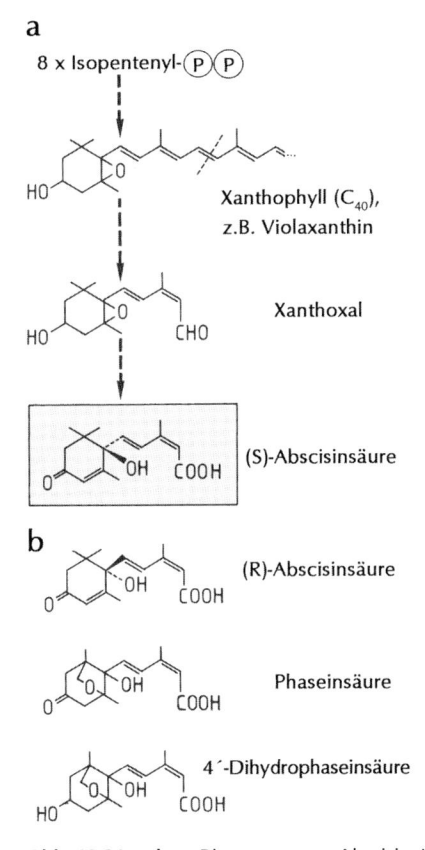

Abb. 18.21. a, b. a Biogenese von Abscisinsäure (ABA) aus dem Grundgerüst der Carotinoide. Von dem Xanthophyll (Epoxicarotinoid) *Violaxanthin* ist nur eine Molekülhälfte gezeichnet; → Abbildung 26.20). Durch oxidative Spaltung unter Beteiligung von Lipoxygenase entsteht *Xanthoxal*, das über Abscisinaldehyd zu *Abscisinsäure* umgesetzt wird. Dieser indirekte Biosyntheseweg (anstelle der direkten Synthese aus Farnesyldiphosphat; → Abbildung 16.10) wird z. B. dadurch belegt, dass die Bildung von ABA durch Hemmstoffe der Carotinoidsynthese (z. B. Fluridon; → Exkurs 20.2, S. 476) blockiert werden kann und dass Mutanten mit defekter Xanthophyllsynthese auch keine ABA bilden. Die Einzelschritte dieses Weges sind noch nicht vollständig bekannt; sie verlaufen vermutlich im Plastidenkompartment. Bei einigen ABA-defizienten Mutanten ist der Übergang vom Abscisinaldehyd zur Abscisinsäure blockiert, z. B. bei *flacca* (Tomate), *aba3* (*Arabidopsis*). **b** *(R)-Abscisinsäure* kommt neben der natürlichen *(S)-Abscisinsäure* im synthetisch erzeugten Hormon (Racemat) vor. In der Regel sind beide Enantiomere physiologisch aktiv. *Phaseinsäure* (oft ebenfalls physiologisch aktiv) und *4´-Dihydrophaseinsäure* treten als Abbauprodukte *in vivo* auf.

hen der Pflanzen mit ABA behoben werden (z. B. die Welkesymptome bei der *flacca*-Mutante der Tomate). Bei den *Arabidopsis*-Mutanten *abi1* und *abi2* (**AB**A-**i**nsensitiv) sind Gene für Serin/Threonin-Proteinphosphatasen betroffen, die als negativ wirksame Elemente bei der Signaltransduktion mitwirken, d. h. ihre Eliminierung durch Mutation führt zu einem konstitutiven Phänotyp. Bei den Mutanten *abi4* und *abi5* sind Proteine verändert, die Ähnlichkeit mit Transkriptionsfaktoren aufweisen. Eine kürzlich beschriebene Familie von löslichen **ABA-Receptorproteinen** (PYR/PYL/RCAR) bewirkt die Inaktivierung der Proteinphosphatase PP2C durch Bildung eines Receptor-ABA-Phosphatase-Komplexes. Hierdurch wird die Aktivierung (Autophosphorylierung) der Proteinkinase SnRK2 möglich, die ihrerseits durch Phosphorylierung Transkriptionsfaktoren für ABA-responsive Gene aktiviert. Zumindest im Fall der schnellen Effekte auf die Stomataöffnungsweite muss man aber davon ausgehen, dass ABA auch Ionentransportprozesse ohne Beteiligung der Genexpression steuern kann.

Im Exkurs 18.5 ist ein Beispiel für den Fall dargestellt, dass nicht der ABA-Pegel im Gewebe,

> **EXKURS 18.4: Regulation des Blattdimorphismus bei semiaquatischen Pflanzen durch Abscisinsäure**
>
> Viele teilweise submers wachsende Pflanzen haben die Fähigkeit zur Ausbildung von verschiedenen Blattformen unter bzw. über der Wasseroberfläche, **adaptive Heterophyllie**. Morphologie und Anatomie der Wasserblätter und der Luftblätter sind deutlich verschieden. Der zunächst submers wachsende Spross bildet Wasserblätter aus. Nach Durchbrechen der Wasseroberfläche wird die Morphogenese jedoch sehr schnell auf die Bildung von Luftblättern umgestellt. Diese Pflanzen besitzen also offenbar für ihre Blattentwicklung zwei alternative, genetisch festgelegte Programme, wobei Umweltfaktoren darüber entscheiden, welches von beiden phänotypisch zur Ausprägung kommt. Im Experiment kann diese Entscheidung durch verschiedene Behandlungen beeinflusst werden, z. B. durch Trockenstress (erzeugt durch hohe Osmoticumkonzentration im Wasser) oder Temperaturstress. Viele Befunde deuten darauf hin, dass hierbei Hormone eine Rolle als Signalübermittler spielen. So kann z. B. durch **ABA** auch unter Wasser die Ausbildung von „Luftblättern" ausgelöst werden. Die Abbildung zeigt die Blattmorphologie (*links*) und die Histologie der Blattepidermis (*rechts*) bei der semiaquatischen Hahnenfußart *Ranunculus flabellaris* (*oben*: unter Wasser gebildetes Wasserblatt, *Mitte*: über der Wasseroberfläche gebildetes Luftblatt, *unten*: unter Wasser nach Zusatz von 25 µmol ABA · l^{-1} gebildetes „Luftblatt"). (Nach Young et al. 1987). Wie bei vielen anderen Experimenten mit applizierten Hormonen stellt sich auch hier natürlich die Frage, ob man aus solchen Befunden auf eine entsprechende Funktion der endogenen Hormone bei der Steuerung der Blattentwicklung schließen darf, oder ob hier lediglich ein unbekannter Steuerfaktor pharmakologisch substituiert wird. Im Fall der ABA gibt es gute Hinweise für eine entsprechende Funktion des endogenen Hormons in der Pflanze: Stressbedingungen, welche in vielen Pflanzen zur Synthese von ABA führen, wirken bei semiaquatischen Arten ähnlich wie eine ABA-Behandlung. Durch direkte Messungen an der ganz ähnlich reagierenden semiaquatischen Art *Hippuris vulgaris* konnte bestätigt werden, dass die Sprosse an der Luft – ebenso wie in Wasser mit Osmoticum – einen erhöhten ABA-Gehalt aufweisen. Die kausalen Zusammenhänge erscheinen nach diesen Resultaten ziemlich klar: Der Spross semiaquatischer Pflanzen gerät an der Luft aufgrund der erhöhten Transpiration unter Trockenstress. Der Abfall des Wasserpotenzials löst folgende Sequenz von Ereignissen aus: Abfall des Turgors → Induktion der ABA-Synthese → Umsteuerung der Morphogenese von Wasser- auf Luftblätter. Auch dieses Beispiel lässt sich zwanglos mit der Funktion der ABA als Stresshormon vereinbaren, die auch hier die Rolle eines autochthonen Signalüberträgers für einen Umweltreiz spielt.

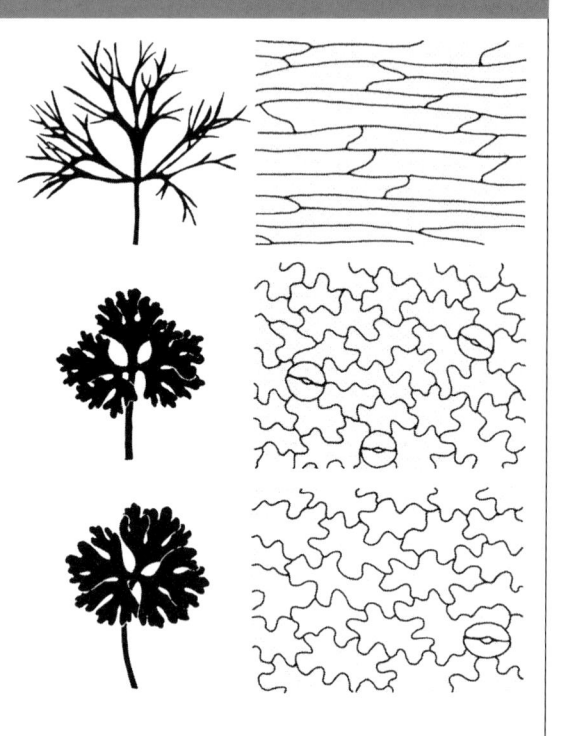

sondern die veränderliche Empfindlichkeit für ABA die entscheidende Rolle beim Wirksamwerden des Hormons spielt.

18.2.5 Ethylen

Das gasförmige **Ethylen** (Ethen, C_2H_4) nimmt eine Sonderstellung unter den Phytohormonen ein. Obwohl schon lange bekannt war, dass z. B. ethylenhaltiges Leuchtgas drastische Effekte auf verschiedene Entwicklungsprozesse in der Pflanze hat, konnte erst 1935 gezeigt werden, dass Ethylen ein natürliches Produkt des pflanzlichen Stoffwechsels ist, in physiologisch wirksamen Konzentrationen in Pflanzen vorkommt und von ihnen ausgeschieden wird. Trotz dieser Befunde konnte sich die Einreihung des Ethylens unter die Phytohormone nur langsam durchsetzen. Dies änderte sich erst nachdem (etwa ab 1960) mit Hilfe gaschromatographischer Verfahren zuverlässige Messungen niedriger Ethylenkonzentrationen möglich wurden und damit die vielseitige Rolle dieser Substanz als endogener Regulator von Entwicklungsprozessen nachgewiesen werden konnte.

Ethylen diffundiert im Wasser nur langsam und kommt daher praktisch nur im lufterfüllten Interzellularraum des Kormus in messbaren Konzentrationen vor (meist $< 1\ \mu l \cdot l^{-1}$). Auch die Wirkkonzentrationen bei der Auslösung physiologischer Effekte sind in der Regel sehr niedrig (meist in Bereich von 0,01 bis 10 $\mu l \cdot l^{-1}$). Begasungsexperimente mit Pflanzen werden dadurch erschwert, dass die Luft häufig physiologisch wirksame Mengen an Ethylen aus industriellen und anderen Verbrennungsprozessen enthält. Das Gas wird im Interzellularraum der Pflanze durch Diffusion sehr schnell verbreitet; es ist daher prädestiniert, eine integrative Rolle bei der Regulation der Entwicklung in der vielzelligen Pflanze zu spielen. Allerdings scheint der Transport über größere Strecken im Spross nur relativ langsam zu erfolgen, weil die lateralen Diffusionsverluste über die axiale Diffusion dominieren. Man muss daher damit rechnen, dass Ethylen zwischen den Organen der Pflanze normalerweise kaum ausgetauscht wird. Erst wenn man im Experiment die Abgabe nach außen verhindert (z. B. durch Inkubation unter Wasser), verbreitet sich das Gas in der Pflanze rasch von Organ zu Organ. Wegen seines lipophilen Charakters kann Ethylen Membranen leicht passieren.

Die Biosynthese des Ethylens in höheren Pflanzen erfolgt aus der Aminosäure **Methionin** (Abbildung 18.23). Als unmittelbare Vorstufe dient eine cyclische Aminosäure ungewöhnlicher Struktur (1-Aminocyclopropan-1-carboxylsäure = ACC), aus der durch **ACC-Oxidase** $CH_2=CH_2$ freigesetzt wird. Die Bildung von Ethylen in der Pflanze wird wahrscheinlich durch die **ACC-Synthase** reguliert. Die Aktivität des Enzyms steigt z. B. in reifenden (oder verletzten) Früchten durch *de-novo*-Synthese stark an. Neben Früchten können viele andere Teile der Pflanze Ethylen synthetisieren, wobei insbesondere Stressfaktoren (vor allem Verwundung, Pathogenbefall) eine induzierende Funktion zukommt. Bei Früchten, Blüten und Blättern fällt der Übergang zur Seneszenz häufig mit einem starken Anstieg der Ethylensynthese zusammen (→ S. 532).

Über einen spezifischen Abbaumechanismus für Ethylen ist nichts bekannt; das Gas wird offensichtlich durch Abgabe an die Außenluft beständig aus der Pflanze entfernt. Als lipophile Substanz kann Ethylen relativ leicht durch Wachsschichten (z. B. an der Apfelschale) diffundieren.

Die physiologischen Wirkungen von Ethylen in der Pflanze sind außerordentlich vielfältig. Bei ihrer Erforschung macht man sich den Umstand zunutze, dass das Gas in $Hg(ClO_4)_2$-Lösung nahezu quantitativ absorbiert wird und auf diese Weise aus einer Atmosphäre – und den Interzellularen einer darin wachsenden Pflanze – entfernt werden kann.

Die Funktionen dieses Hormons in der Pflanze betreffen vor allem zwei Bereiche:

1. *Beschleunigung der Fruchtreife und anderer Seneszenzprozesse.* Bei klimakterischen Früchten (z. B. bei Äpfeln und Tomaten; → S. 249) steigt der Ethylenpegel nach dem Abschluss der Wachstumsphase steil an. Hierdurch werden spezifische Reifungsprozesse induziert, z. B. der Abbau von Chlorophyll, die Steigerung der Atmung, die enzymatische Auflösung der Zellwände, die Bildung von Zucker, Aromastoffen und Farbstoffen. Diese Effekte gehen auf die Induktion der Synthese bestimmter Reifungsenzyme zurück; man kann daher die Fruchtreifung durch Hemmstoffe der Proteinsynthese blockieren. Oft fördert Ethylen auch seine eigene Synthese, was zu einer Beschleunigung und räumlichen Synchronisation der biochemischen Reifungsvorgänge in der Frucht führt. Diese Form der positiven Rückkoppelung kommt dadurch zustande, dass Ethylen die Expression des ACC-Synthase-Gens und damit seine eigene Bildung fördert. Die Funktion des Ethylens als Reifungshormon wird bei der Lagerung von Früchten nach der Ernte in großem Stil technisch ausgenützt: Äpfel, Bananen u. a. können im unreifen Zustand in ethylenarmer, CO_2-reicher Atmosphäre lange Zeit gelagert werden. Begasung mit Ethylen führt in wenigen Tagen zu reifen, verkaufsfähigen Früchten. Auch die Förderung des Frucht-(oder Blatt-)abwurfs durch Ethylen wird bei der Ernte gelegentlich ausgenützt. Man besprüht z. B. Baumwollpflanzen mit (2-Chlorethyl)phosphonsäure (Ethephon), einer Substanz, die nach der Aufnahme in die Pflanze Ethylen freisetzt. Die hierdurch erzielte Entlaubung erleichtert die maschinelle Ernte der Früchte. Andere „Defolianten", z. B. das künstli-

EXKURS 18.5: Regulation der Hormonempfindlichkeit bei der Induktion der Knospenruhe durch kurze Photoperioden

Die physiologische Wirksamkeit eines Hormons hängt nicht zuletzt von der **Empfindlichkeit** des Zielgewebes für das Hormon ab. Viele Studien haben gezeigt, dass sich diese Empfindlichkeit während der Entwicklung der Pflanze erheblich ändern kann. Das folgende Beispiel illustriert, wie die Hormonempfindlichkeit eines Organs unter dem Einfluss von Umweltfaktoren drastisch ansteigt.

Die Blatt- und Blütenknospen von Holzgewächsen durchlaufen nach ihrer Bildung häufig eine mehrmonatige Ruheperiode, während der endogene Faktoren das Austreiben auch unter optimalen Umweltbedingungen verhindern. Als Auslöser der **Knospendormanz** dient in vielen Fällen die Verkürzung der täglichen Lichtperiode im Herbst (→ S. 485). Da auch das Besprühen der Knospen mit ABA den Knospenaustrieb verhindern kann, hat man dem Hormon eine Mittlerrolle bei der Induktion der Knospenruhe zugeschrieben. Diese Problematik wird an anderer Stelle ausführlicher behandelt (→ S. 485); hier interessiert uns die Frage nach dem Regulationsprinzip, das in diesem Fall verwirklicht ist.

Der funktionelle Zusammenhang zwischen Tageslänge, ABA Gehalt und Knospendormanz wurde am Beispiel der Korbweide (*Salix viminalis*) genauer untersucht. Im Langtag treiben die Knospen dieser Pflanze ohne Ruheperiode aus, während eine längere Folge von Kurztagen zu einer vollständigen Hemmung des Austriebs führt. Hormonbestimmungen ergaben jedoch, dass der ABA-Gehalt der Knospen während der Ausbildung der Dormanz nicht ansteigt, sondern sogar deutlich vermindert wird. Der zunächst nahe liegende Schluss, ABA wäre in diesem Fall an der Dormanzinduktion nicht beteiligt, ist jedoch voreilig. Dies geht aus der folgenden experimentellen Studie hervor.

Weidenpflanzen wurden entweder im **Kurztag** (*KT*, 8 h Starklicht / 16 h Dunkel) oder im **Langtag** (*LT*, jeweils 4 h Schwachlicht vor und nach 8 h Starklicht / 8 h Dunkel) gehalten. Zu den verschiedenen Zeiten nach Beginn der KT- bzw. LT-Behandlung wurden Knospen isoliert und unter aseptischen Bedingungen auf einem Nährmedium mit oder ohne ABA-Zusatz (1 µmol · l^{-1}) im LT kultiviert. Die Abbildung zeigt die Intensität des Knospenaustriebs als Funktion der Dauer der KT- bzw. LT-Behandlung der Pflanzen vor der Knospenentnahme. Der Austriebindex Σ_{75} repräsentiert die Anzahl der austreibenden Knospen mit Gewichtung der Schnelligkeit des Austriebs (für Knospen, die am Tag, 1, 2, 3 ... 75 austreiben, ist Σ_{75} = 74, 73, 72 ... 0). Unter den gegebenen Bedingungen treiben die von LT-Pflanzen isolierten Knospen mit oder ohne ABA sehr rasch aus; d.h. es besteht **keine Empfindlichkeit** für das Hormon. Die von KT-Pflanzen isolierten Knospen treiben auf einem ABA-freien Medium ebenfalls aus. Gleichzeitig beobachtet man jedoch eine mit der Anzahl der Kurztage zunehmende Hemmung des Austriebs durch ABA, d.h. die KT-Behandlung erzeugt eine stetig **zunehmende Empfindlichkeit** für das Hormon. Die in den Knospen parallel bestimmten Pegel an endogener ABA waren im KT und LT nicht verschieden. (Nach Barros und Neill 1986)

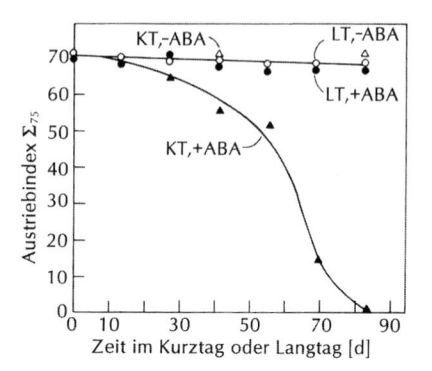

Diese Daten lassen sich wie folgt interpretieren: Die Knospen von LT-Pflanzen sind nicht dormant und lassen sich auch durch ABA nicht in den Ruhezustand versetzen; sie sind offenbar **unempfindlich** für das Hormon. Die Knospen der KT-Pflanzen (welche im Kontakt mit der Pflanze nicht austreiben) werden durch die Isolation von dem Einfluss des dormanzerzeugenden Faktors (leicht auswaschbare ABA) befreit und treiben daher auf einem ABA-freien Medium ebenfalls aus. Bei Übertragung auf ein ABA-haltiges Medium zeigt sich jedoch, dass diese Knospen mit steigender Anzahl von KT eine zunehmende Empfindlichkeit für ABA entwickeln, die schließlich zu einer vollständigen Dormanz führt. Aus diesen Befunden lässt sich schließen, dass die durch KT induzierte Knospenruhe an der intakten Pflanze nicht durch eine Steigerung des ABA-Pegels, sondern durch eine Steigerung der **ABA-Empfindlichkeit** der Knospen reguliert wird. Der ABA-Pegel der Knospen ist in diesem Fall unerheblich, zumindest solange ein kritischer Wert nicht unterschritten wird.

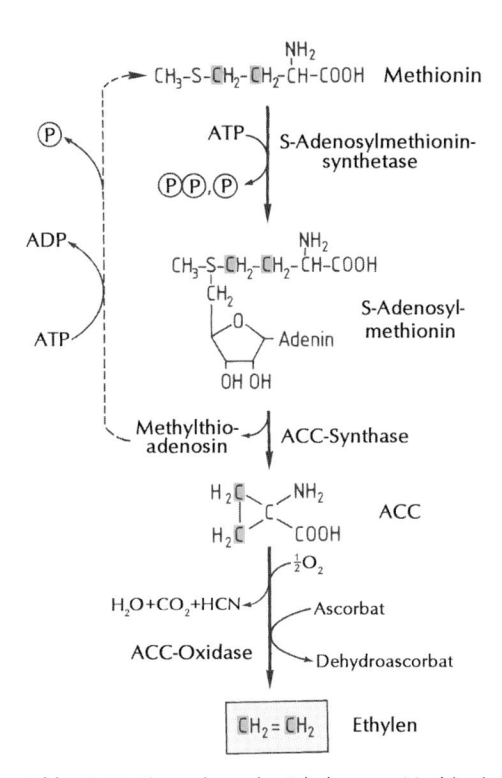

18.2 Überblick über die Struktur und Funktion der Phytohormone

Abb. 18.23. Biosynthese des Ethylens aus Methionin in höheren Pflanzen. Dieser Weg wurde vor allem an reifenden Früchten (z. B. Apfel, Tomate) aufgeklärt. *ACC* = 1-Aminocyclopropan-1-carboxylsäure. Aus *Methylthioadenosin* kann in einer mehrstufigen Reaktion wieder *Methionin* gebildet werden. Die *ACC-Synthase* wird als das geschwindigkeitsbestimmende Enzym der Kette angesehen. Durch Überexpression des ACC-Synthase-Gens mit einem konstitutiven Promotor in transgenen Tomatenpflanzen wird der Ethylenspiegel 100fach gesteigert, während die Expression des Gens in der *antisense*-Konfiguration zu einer drastischen Erniedrigung der Ethylenproduktion führt.

che Auxin 2,4-D (→ Abbildung 18.6), werden über die Induktion der Ethylensynthese in der Pflanze wirksam. Die mit der Alterung der Pflanze einhergehende Blattseneszenz wird durch einen Anstieg der endogenen Ethylenproduktion eingeleitet (Abbildung 18.24). Die Rolle des Ethylens bei der Seneszenz von Blüten wird im Kapitel 23 ausführlich behandelt.

2. *Auslösung von Stressreaktionen.* Verschiedene Stressfaktoren, z. B. Überflutung (O_2-Mangel), Verwundung oder Infektion mit Krankheitserregern führen in Pflanzen zur Bildung von „Stressethylen". In vielen Fällen konnten funktionelle Zusammenhänge zwischen Ethylenbildung und Stressreaktion aufgezeigt werden, z. B. bei der Synthese von Abwehrenzymen gegen pathogene Pilze (→ S. 633) oder bei der Reaktion auf mechanische Belastung (→ S. 584). Druck, Biegung, Reibung oder andere mechanische Einflüsse lösen in Sprossachsen und Wurzeln Ethylenbildung aus, gefolgt von einer Hemmung des Längen- und einer Förderung des Dickenwachstums (→ Abbildung 26.2). Eine Begasung mit Ethylen bewirkt nahezu identische Effekte. Die Sprossachse etiolierter Keimlinge reagiert auf Ethylen mit der sog. **Triple-Reaktion**: 1. Reduktion des Längenwachstums, 2. Steigerung des Dickenwachstums, 3. Umstellung vom vertikal zum horizontal ausgerichteten Wachstum. Außerdem wird beim Dikotylenkeimling die Krümmung des Hypokotyl- bzw. Epikotylhakens verstärkt (Abbildung 18.25). Durch diese Wachstumsänderungen erhalten die Pflanzen ein charakteristisch verkrüppeltes Aussehen, das als diagnostisches Merkmal für die Ethylenwirkung dienen kann, z. B. bei der Identifizierung des Ethylenrezeptors (→ S. 441). Im Gegensatz hierzu induziert Ethylen in vielen submers wachsenden Pflanzen das Längenwachstum und wird als Signalgeber zur Anpassung der Sprosslänge an den Wasserspiegel verwendet (→ Exkurs 18.6).

Die physiologischen Wirkungen von Ethylen werden durch hohe Konzentrationen an CO_2 (5 Vol%) in der Luft und durch Ag^+-Ionen oder Methylcyclopropan (MCP) gehemmt, wobei es zu einer Blockierung der Receptoren kommt. Diese Inhibitoren sind daher z. B. geeignet, die Blattseneszenz oder Fruchtreife zu verzögern. Ein pharmakologischer Hemmstoff der Ethylenbiosynthese ist Aminoethoxyvinylglycin (AVG), das die ACC-Synthasereaktion blockiert. Ähnlich wirkt sich auch die biotechnologische Ausschaltung der ACC-Synthase in transgenen Pflanzen durch *antisense*-Repression aus (→ Exkurs 6.6, S. 134). Es bestehen also zahlreiche Möglichkeiten, über die Steuerung der Ethylenbildung oder -wirksamkeit in die Reife- und Seneszenzprozesse bei Pflanzen einzugreifen. Hiervon wird in der Landwirtschaft und im Gartenbau Gebrauch gemacht.

Ähnlich wie bei allen bisher besprochenen Hormonen hat man auch bei Ethylen zahlreiche Effekte auf der Ebene der Genexpression gefunden. So werden z. B. bei der Induktion der Fruchtreifung Reifungsenzyme gebildet, die für die Umwandlung von Stärke in Zucker und Fruchtsäuren oder den

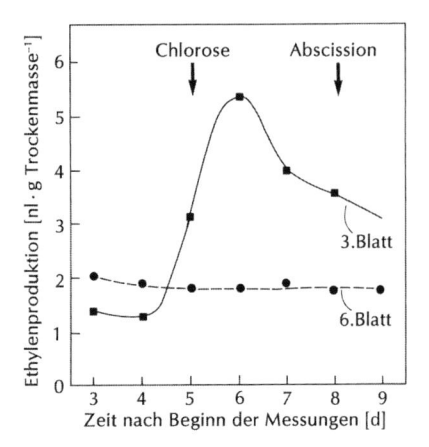

Abb. 18.24. Induktion der Ethylensynthese während der Blattseneszenz. Objekt: Blätter einer intakten Baumwollpflanze (*Gossypium hirsutum*). Ein älteres und ein jüngeres Blatt (3. bzw. 6. Blatt von unten) wurden in Gasdurchflussküvetten eingeschlossen, in denen die Ethylenkonzentration in der Luft kontinuierlich gemessen werden konnte. Im *3. Blatt* setzt etwa 1 d vor dem Auftreten einer sichtbaren Chlorophyllentfärbung (*Chlorose*) und 3–4 d vor dem Abfall (*Abscission*) ein steiler Anstieg der Ethylenproduktion ein. Bei Fortführung der Messungen ergab sich eine ähnliche Abfolge der Ereignisse im *6. Blatt*. (Nach Morgan et al. 1992)

Abbau von Zellwandpolysacchariden verantwortlich sind.

Einblicke in die Signaltransduktion haben auch in diesem Fall **insensitive** und **konstitutive Mutanten** geliefert. Ein Musterbeispiel für den erfolgreichen Einsatz solcher Mutanten war die molekulargenetische Identifizierung des Ethylenreceptors ETR1 bei *Arabidopsis* als erste **Zweikomponenten-Histidinkinase** bei Pflanzen (→ S. 441). Heute kennt man bei dieser Pflanze 5 Ethylenreceptoren dieses Typs, der auch bei anderen Arten (z. B. Tomate) durch verwandte Formen, **Orthologe**, vertreten ist.

18.2.6 Brassinosteroide

Bei Tieren sind Steroidverbindungen in vielfältiger Weise als entwicklungssteuernde Hormone wirksam, z. B. als Häutungshormon (Ecdyson) bei Insekten oder als männliches Geschlechtshormon (Testosteron) bei Säugern. Ähnliche Steroide sind auch bei Pflanzen weit verbreitet, allerdings in äußerst geringen Konzentrationen. Mit hochempfindlichen Methoden konnten 1979 aus 40 kg Rapspollen 4 mg eines neuartigen Steroids isoliert und seine Struktur aufgeklärt werden. Nach seinem

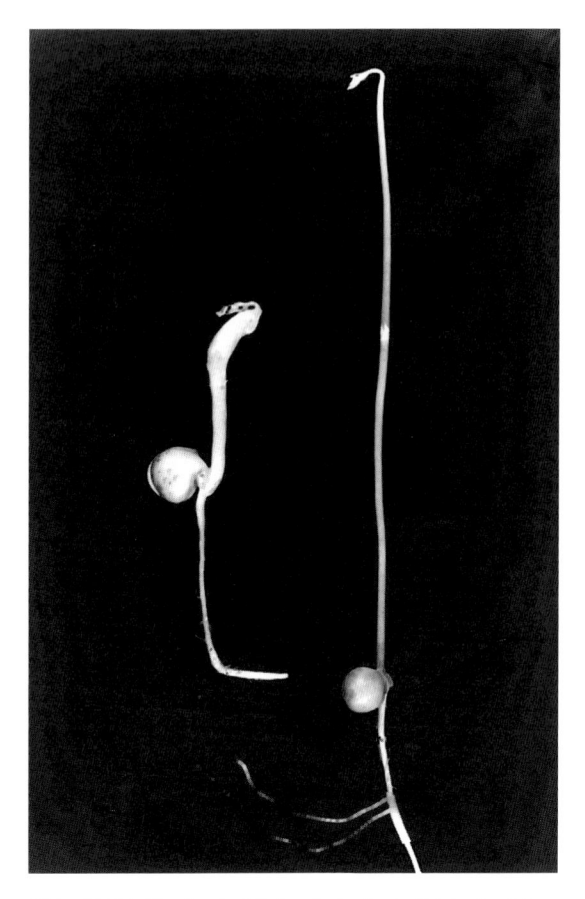

Abb. 18.25. Die durch Ethylen induzierte Triple-Reaktion von Keimpflanzen. Objekt: etiolierte Erbsenkeimlinge (*Pisum sativum*). *Rechts*: 10 d alte Pflanze ohne Ethylenbehandlung. *Links*: Pflanze, die vom 3. bis 10. d nach der Aussaat mit Ethylen behandelt wurde.

Vorkommen in *Brassica*-Arten erhielt diese Verbindung den Namen **Brassinolid** (Abbildung 18.26). Inzwischen sind Vertreter einer Gruppe von über 40 verschiedenen **Brassinosteroiden** (BRs) mit ähnlicher Grundstruktur auch in vielen anderen Pflanzenfamilien gefunden worden, sodass über die universelle Verbreitung dieser Substanzen kein Zweifel mehr besteht.

Der naheliegende Verdacht, dass BRs auch bei Pflanzen entwicklungssteuernde Funktionen besitzen, wurde zunächst durch klassische Wachstumstests erbracht. In verschiedenen biologischen Testsystemen (z. B. dem Epikotylstreckungstest), die ursprünglich für den Nachweis von IAA, GA oder CK entwickelt wurden, erwiesen als BRs als hochaktive, meist wachstumsfördernde Wirkstoffe, die, bei oft wesentlich niedrigeren Konzentrationen, die Wirkung der klassischen Hormone simulierten.

EXKURS 18.6: Hormonelle Regulation des Internodienwachstums beim Tiefwasserreis

Viele Wasserpflanzen, die ihre Blätter und Blüten normalerweise über die Wasseroberfläche hinaus erheben, können einen Anstieg des Wasserspiegels mit einem entsprechend schnellen Sprosswachstum ausgleichen. Diese Anpassungsreaktion ist z. B. bei bestimmten Reisvarietäten ausgeprägt, die in Südostasien in Überflutungsgebieten kultiviert werden, wo der Wasserstand während der Monsunzeit innerhalb kurzer Zeit um mehrere Meter ansteigen kann. Der „Tiefwasserreis" besitzt die Fähigkeit, durch Induktion eines schnellen Längenwachstums (bis zu 25 cm · d^{-1}) die Position seiner apikalen Blätter der steigenden Wasseroberfläche anzupassen und kann dabei eine Länge von bis zu 7 m erreichen. Hierzu wurden die in den Abbildungen A–D dargestellten Experimente durchgeführt.

Junge Reispflanzen (*Oryza sativa* cv. Habiganj Aman II) wurden in einem Behälter mit Wasser kultiviert, dessen Spiegel täglich 10 cm anstieg (A). Dies löste in den jungen, submersen Internodien eine Wachstumsreaktion aus, welche den Anstieg des Wasserspiegels gerade ausglich (B). Die nicht submers kultivierten Kontrollpflanzen zeigten kein Wachstum (B). In den lufterfüllten Interzellularräumen (Aerenchym) untergetauchter Internodien stieg die Ethylenkonzentration auf etwa 1 µl · l^{-1} an (C). An der Luft (D) löste eine Begasung mit Ethylen (0,4 µl · l^{-1}, ●) die Wachstumsreaktion aus. (Nach Métraux und Kende 1983; verändert)

Weitere Experimente zeigten, dass in den untergetauchten Internodien die O$_2$-Konzentration stark vermindert war und dass eine O$_2$-arme Atmosphäre (Luft mit 3 Vol% O$_2$) bei nicht untergetauchten Pflanzen die Synthese von Ethylen durch Induktion der ACC-Synthase auslöste (→ Abbildung 18.23).

Diese Resultate führen zu der folgenden Kausalkette:
1. **Überflutung** verursacht eine Behinderung der O$_2$-Zufuhr in den untergetauchten Bereichen des Halms. Durch O$_2$-Verbrauch (Atmung) kommt es zu einer Absenkung des O$_2$-Pegels im Gewebe.
2. **O$_2$-Mangel** (Hypoxie) dient als Signal für die Induktion der Synthese von Ethylen, das sich wegen seiner langsamen Diffusion in Wasser in den submersen Pflanzenteilen anhäuft.
3. **Ethylen** löst in jüngeren (kompetenten) Internodien unter der Wasseroberfläche Streckungswachstum aus. Sobald ein Internodium an die Luft kommt, steigt der O$_2$-Pegel im Gewebe wieder an; das Ethylen verflüchtigt sich durch Diffusion und das Wachstum stoppt.

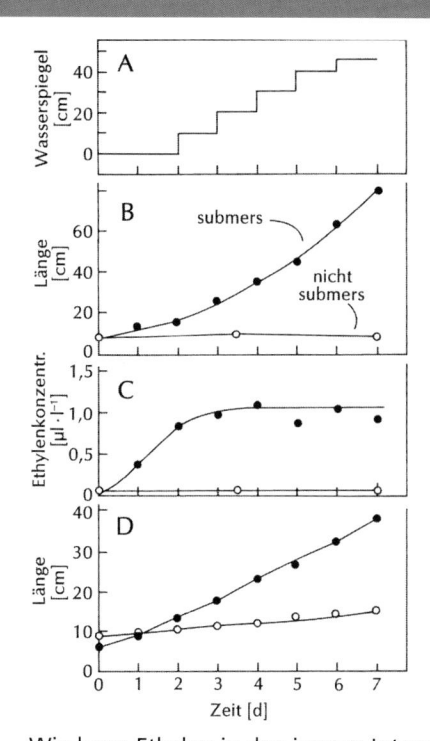

Wie kann Ethylen in den jungen Internodien das Streckungswachstum fördern? Eine überraschende Antwort auf diese Frage ergab sich, als man das bekanntermaßen bei Reis sehr wirksame wachstumsfördernde Hormon **Gibberellin** (GA; → S. 418) in die Untersuchung einbezog: 1. Ein Inhibitor der GA-Biosynthese (**Tetcyclacis**; → Abbildung 18.12) hemmt die durch Überflutung – oder durch Ethylenbegasung an Luft – ausgelöste Wachstumsreaktion, und diese Hemmung ist durch Applikation von GA$_3$ revertierbar. Ethylen ist also offenbar nur in Anwesenheit von GA wirksam. 2. GA$_3$ kann bei hoher Konzentration Wachstum auch in Abwesenheit von Ethylen induzieren; in Gegenwart von Ethylen gelingt dies bereits bei wesentlich niedrigeren Konzentrationen. Ethylen bewirkt demnach Wachstum, indem es die **Empfindlichkeit** für GA$_3$ erhöht. 3. Ethylen induziert nur in Tiefwasserreis die Expression der Gene *SNORKEL1* und *2*, die für die GA-Wirkung auf das Wachstum verantwortlich sind. Diese Resultate führen also zu dem Schluss, das der eigentliche wachstumsstimulierende Faktor endogene GA ist. Dieses Beispiel illustriert in sehr anschaulicher Weise eine komplexe regulatorische Signaltransduktionskette, in der zwei Hormone in Serie funktionell verknüpft sind. Außerdem wird die Funktion von Hormonen als autochthone Signalüberträger bei der Verarbeitung von Umwelteinflüssen auf die pflanzliche Entwicklung deutlich.

Heute weiß man, dass die BRs allgemein das Wachstum und die Teilung pflanzlicher Zellen ähnlich wie IAA, GA oder CK fördern, ohne dabei mit diesen Hormonen direkt zu interferieren. Darüber hinaus zeigen BRs ein breites Spektrum weiterer Wirkungen, unter anderem auch auf der Ebene der Genexpression. Es handelt sich also um eine neue Klasse von Wachstumsregulatoren mit eigenständiger Wirkungsweise.

Experimente mit Defektmutanten haben auch im Fall der BRs wichtige und teilweise überraschende neue Einsichten zur physiologischen Funktion geliefert. Bei *Arabidopsis* konnten im Zusammenhang mit photomorphogenetischen Studien Mutanten isoliert werden, die auch im Dunkeln den für lichtgewachsene Pflanzen charakteristischen Phänotyp aufweisen, z.B. ein stark gehemmtes Hypokotylwachstum und entfaltete Kotyledonen (→ Abbildung 19.5). Bei einer dieser **Deetiolementmutanten** (*det2*) wurde das entsprechende Wildtypgen identifiziert und strukturell aufgeklärt. Die abgeleitete Aminosäuresequenz des DET2-Proteins zeigte eine hohe Übereinstimmung mit einer Steroid-5-α-reductase aus Säugern, die dort für die Synthese aktiver Steroidhormone notwendig ist. Dies trifft offenbar auch für die BR-Synthese in Pflanzen zu. Durch Zusatz von BR gelang es bei der Mutante, den Phänotyp der Wildtyppflanzen (lange Hypokotyle und gefaltete Kotyledonen im Dunkeln) wieder herzustellen. Ein ähnlicher Effekt konnte weder mit IAA, noch mit GA erzielt werden. In unabhängigen Studien mit einer Reihe anderer Deetiolementmutanten ergaben sich nahezu identische Resultate, mit dem Unterschied, dass der Defekt in diesen Fällen andere Gene des BR-Synthesewegs betraf (z.B. ein Steroidhydroxylasegen). Bei längerer Kultur im Licht zeigt dieser Mutantentyp ein extremes Zwergwachstum und bildet männlich sterile Blüten aus. Applikation von BR stellt auch hier wieder den Phänotyp der Wildtyppflanzen her, führt aber nicht zum Etiolement im Licht. Auch im Wildtyp kann die Photomorphogenese im Licht durch BR nicht beeinflusst werden. Der Biosyntheseweg für BR konnte inzwischen mit Hilfe einer ganzen Reihe von BR-defizienten Mutanten weitgehend aufgeklärt werden.

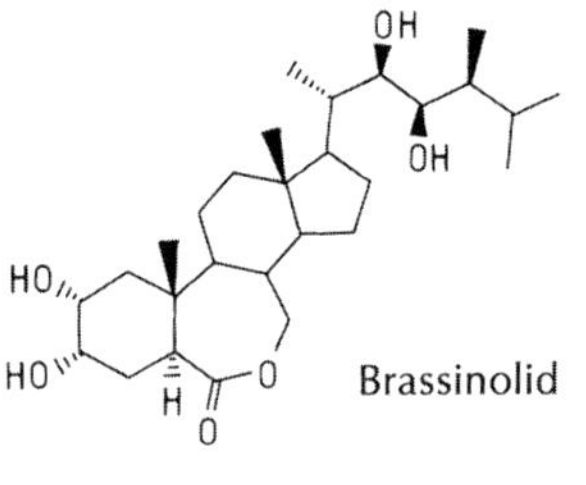

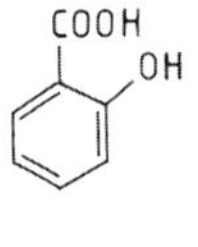

Bei *Arabidopsis* wird das Wurzelwachstum durch BR gehemmt. Durch Selektion mutagenisierter Pflanzen, die in Gegenwart von BR normal lange Wurzeln ausgebildeten, gelang die Isolierung einer **BR-insensitiven Mutante** (*bri1*). Der Phänotyp dieser Pflanzen gleicht demjenigen der *det2*-Mutanten, lässt sich aber im Gegensatz zu diesem nicht durch BR-Applikation normalisieren. Das Wachstum der Mutante reagiert jedoch völlig normal auf IAA, GA, CK, ABA und Ethylen.

Bei der *bri1*-Mutante ist ein Gen aus der umfangreichen Familie der **LRR-RLKs** (LEUCINE RICH REPEAT-RECEPTOR LIKE KINASES, über 170 Vertreter bei *Arabidopsis*) verändert (→ S. 96). Das BRI1-Protein ist mit einer Transmembrandomäne in der Plasmamembran verankert. Der in den Apoplasten ragende N-terminale Teil enthält 25 leucinreiche Wiederholungen (LRRs) und die mutmaßliche Bindestelle für BR. Bindung von BR induziert in dem ins Cytoplasma reichenden C-terminalen Teil die Autophosphorylierung von mindestens 12 Serin(Threonin)-Resten in der Kinasedomäne. Als weiteres Glied der Signalkette konnte mit Hilfe der BR-insensitiven *bin2*-Mutante eine cytoplasmatische Serin/Threonin-Proteinkinase identifiziert werden. Die folgenden Schritte der Signaltransduktion sind noch wenig bekannt, führen aber letztlich zur Induktion oder Repression spezifischer Genaktivitäten im Kern. BRI1 liegt in der Plasmamembran als Dimer vor. Manche Experimente sprechen dafür, dass auch Heterodimere mit anderen LRR-RLKs möglich sind, und so z.B. die Sensitivität des Receptors verändert werden kann. Ein möglicher Kandidat hierfür ist z.B. BAK1 (**BRI1-A**SSOCIA-

Abb. 18.26. Chemische Struktur von *Brassinolid, Salicylsäure* und *(–)-Jasmonsäure*, drei in den letzten Jahren neu als Phytohormone identifizierte Substanzen.

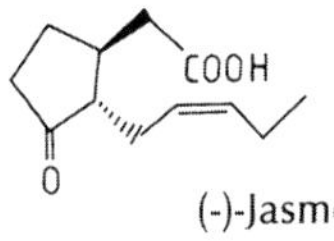

TED RECEPTOR KINASE 1), ein weiterer BR-Receptor, der mit BRI1 funktionell interagiert.

Die hier skizzierten Resultate von Experimenten mit Mutanten sind in mehrfacher Hinsicht von großer Bedeutung. Zunächst liefern sie den Beweis, dass BRs essenzielle **endogene Steuerfaktoren** der pflanzlichen Entwicklung sind. Darüber hinaus wird deutlich, dass diese Hormone für die spezifische Entwicklung der höheren Pflanzen im Dunkeln, für die **Skotomorphogenese**, notwendig sind. Für die alternative Entwicklungsstrategie, die Photomorphogenese, spielen die BRs jedoch keine Rolle.

Die bisher vorliegenden Befunde haben die zunächst nahe liegende Übereinstimmung in der Wirkungsweise tierischer und pflanzlicher Steroidhormone nicht bestätigt. Im tierischen Organismus gelangen diese Hormone ins Cytoplasma und werden dort an Receptoren gebunden. Die Hormon-Receptor-Komplexe wandern dann in den Kern und steuern als Transkriptionsfaktoren direkt die Aktivität von Genen. Im Gegensatz dazu ist BRI1 in der Plasmamembran verankert, wird von außerhalb durch das Hormon aktiviert und gibt sein Signal im Cytoplasma an eine noch nicht genau bekannte Signalkette ab, die im Kern an den hormongesteuerten Genen endet.

18.2.7 Salicylsäure

Bereits im Altertum war bekannt, dass ein Wirkstoff aus der Rinde der Weide (*Salix*) schmerzstillende und fiebersenkende Wirkung besitzt. Diese pharmakologischen Effekte gehen auf Salicin zurück, ein Glucosid des Salicylalkohols. Seit über 100 Jahren wird für diesen Zweck in großem Umfang synthetische **Salicylsäure** eingesetzt, eine Substanz, die, in der besser verträglichen Form der Acetylsalicylsäure, auch unter dem Namen Aspirin bekannt ist. Überraschenderweise stellte sich vor einigen Jahren heraus, dass die Salicylsäure in der höheren Pflanze regulatorische Funktionen als Signalmolekül besitzt und daher heute unter die Phytohormone eingereiht wird.

Salicylsäure (2-Hydroxybenzoesäure, Abbildung 18.26) wird in Pflanzen durch Hydroxylierung des Zimtsäureabkömmlings Benzoesäure synthetisiert und kann durch Decarboxylierung zu Catechol abgebaut werden. Sie liegt normalerweise zum größten Teil in der inaktiven, glucosylierten Form vor. Erste Hinweise, dass die freie Säure hormonelle Funktionen haben könnte, ergaben Experimente, in denen eine Applikation dieser Substanz unter bestimmten Bedingungen einen fördernden Einfluss auf die Blütenbildung hatte. Das Interesse der Pflanzenphysiologen für Salicylsäure stieg schlagartig an, als 1987 gezeigt wurde, dass das seit über 50 Jahren vergeblich gesuchte „Calorigen" der Araceeninfloreszenz mit Salicylsäure identisch ist. Im Zusammenhang mit der Funktion als Kesselfalle besitzt der keulenförmige Fortsatz (Appendix) des Blütenstands dieser Pflanzen die Fähigkeit zur Wärmeproduktion durch Einschaltung der CN^--resistenten Atmung ($\rightarrow$ S. 248). Ein Extrakt aus thermisch aktivem Appendixgewebe induziert die Thermogenese in einem unreifen Appendix. Die wirksame Komponente des Extrakts erwies sich als Salicylsäure, die bei einer Konzentration von 10^{-5} mol · l^{-1} maximale Wirkung entfaltet. Die Salicylsäure wird von den staminaten Blüten produziert, gelangt von dort in den Appendix und aktiviert hier die Genexpression der CN^--resistenten Oxidase ($\rightarrow$ Abbildung 9.6).

Eine weitere wichtige Signalfunktion besitzt die Salicylsäure bei der Induktion von Abwehrreaktionen gegen pathogene Mikroorganismen und Viren. Nach Infektion einer Pflanze mit pathogenen Pilzen, Bakterien oder Viren steigt der Salicylsäurepegel 10- bis 100fach an. Dies dient als Alarmsignal für die Auslösung verschiedener biochemischer Abwehrreaktionen, welche der Pflanze Resistenz gegen das eindringende Pathogen verleihen. Auf diese gesundheitsfördernde Aufgabe der Salicylsäure bei Pflanzen wird im Kapitel 27 näher eingegangen.

18.2.8 Jasmonsäure

Der Methylester der **Jasmonsäure** ist als Duftstoff des Jasmins bekannt. Bereits sehr niedrige Konzentrationen dieser flüchtigen Verbindung lösen in Pflanzen physiologische Reaktionen aus, z. B. reagieren Tomatenpflanzen mit der Synthese von Proteinen mit Proteinaseinhibitoraktivität. Die freie (−)-Jasmonsäure (Abbildung 18.26) und eine Reihe nahe verwandter Verbindungen konnten in den letzten Jahren in vielen höheren Pflanzen und Pilzen nachgewiesen werden. Ihre Biosynthese erfolgt im Prinzip durch oxidative Cyclisierung der Linolensäure. Bei exogener Applikation (10^{-6}–10^{-4} mol · l^{-1}) bewirken die Jasmonate charakteristische Effekte auf die pflanzliche Entwicklung; sie hemmen z. B. die Embryonalentwicklung, die Samenkeimung und das Streckungswachstum von Keimlingen. Bei älteren Pflanzen fördern Jasmonate die Blattseneszenz (Vergilbung), den Blattabwurf und die Fruchtreife. Diese entwicklungsbeschleunigenden Effekte werden möglicherweise durch Ethylen hervorgerufen, dessen Synthese durch Jasmonate stimuliert werden kann. Ähnlich wie ABA scheinen Jasmonate vor allem im Bereich von Stressreaktionen physiologisch wirksam zu werden. Besonderes Interesse haben in den letzten Jahren die **Jasmonat-induzierten Proteine** (JIPs) gefunden, deren Expression in vielen Pflanzen, z. B. durch Begasung mit Methyljasmonat, ausgelöst werden kann. Es handelt sich hierbei teilweise um dieselben Proteine, die auch durch ABA, Trockenstress oder Verwundung induziert werden. Die Funktion der JIPs ist erst in wenigen Fällen genauer bekannt. Eine klare funktionelle Bedeutung lässt sich bisher vor allem im Fall der induzierbaren **Proteinaseinhibitoren** erkennen. Diese relativ kleinen, auf herbivore Insekten giftig wirkenden Proteine häufen sich nach Verwundung oder Jasmonatbehandlung in den Blättern von Tomatenpflanzen und anderen Solanaceen an und schützen diese vor einem weiteren Angriff durch Fraßfeinde.

Von Mutantenstudien weiß man, dass Jasmonate nach Verknüpfung mit der Aminosäure Isoleucin an die Komponente eines SCF-Komplexes binden (→ S. 92). Damit wird, ähnlich wie durch den Auxinrezeptor TIR1 (→ Abbildung 18.27), der Abbau von Repressoren (JAZ-Proteinen) für Transkriptionsfaktoren ausgelöst.

18.2.9 Systemin

Wird die Expression der Proteinaseinhibitorgene in der Tomatenpflanze durch Verwundung (Insektenfraß) ausgelöst, so erfolgt diese Induktion nicht nur im betroffenen Blatt, sondern, nach einigen Stunden, auch in den restlichen Blättern. Die Pflanze wird auf diese Weise **systemisch immunisiert** (→ S. 633). Als mobiles Wundsignal für die Auslösung der systemischen Reaktion konnte ein aus 18 Aminosäuren bestehendes Oligopeptid identifiziert werden, das die Bezeichnung **Systemin** erhielt. Es handelt sich hierbei um den ersten bekannten Fall eines Peptids mit Hormonfunktion bei Pflanzen.

Systemin wird im verwundeten Blatt aus einem größeren Protein (Prosystemin, 200 Aminosäurereste) freigesetzt und im Phloem in die unverwundeten Blätter transportiert. Die Rolle des Systemins als Botenstoff für die Ausbreitung der systemischen Reaktion in der Tomatenpflanze konnte in jüngster Zeit durch den Einsatz molekularbiologischer Methoden überzeugend untermauert werden:

▶ Transformierte Pflanzen, in denen ein *antisense*-Prosystemingen zur Expression gebracht wurde, zeigen eine stark reduzierte systemische Reaktion.
▶ Überexpression des Prosystemins durch Transformation mit einem Genkonstrukt, das das Prosystemingen zusammen mit einem „starken" Promotor (35S-Promotor aus Blumenkohl-Mosaikvirus; → S. 634) enthält, führt zu einer massiven Proteinaseinhibitorbildung auch ohne Verwundung.
▶ Wird auf eine so transformierte Pflanze der Spross einer nichttransformierten Pflanze gepfropft, so bildet auch dieser Proteinaseinhibitor. Bei Kontrollpfropfungen (nichttransformierter Spross auf nichttransformierte Unterlage) tritt keine entsprechende Reaktion auf.

Auch in anderen Solanaceen wurden inzwischen Systemin-ähnliche Peptide nachgewiesen, die über eine Induktion von Proteinaseinhibitoren wirksam werden. Ob Jasmonate eine obligatorische Rolle bei der Systeminwirkung im Tomatenblatt spielen, konnte noch nicht abschließend geklärt werden. Bei exogener Applikation lösen Jasmonate auch in vielen anderen Pflanzen (z. B. in Mais) die Bildung von Proteinaseinhibitoren aus. Neben dieser Form des induzierbaren Fraßschutzes haben Pflanzen eine Fülle weiterer Abwehrstrategien gegen ihre Fraßfeinde entwickelt, z. B. durch eine induzierte systemische Bildung von bestimmten flüchtigen Terpenoiden, welche als Lockstoffe für Schlupfwespen dienen, die in den fressenden Insektenraupen parasitieren (→ S. 639). In anderen Fällen konnte gezeigt werden, dass Pflanzen durch spezifische Lockstoffe Raubmilben zu Hilfe rufen, um sich ihrer Fraßfeinde zu erwehren.

18.2.10 Strigolactone

Hierbei handelt es sich um eine Klasse terpenoider Substanzen, welche die Keimung pflanzenparasitierender Pflanzen (z. B. *Striga*; → S. 641) und die Mykorrhizabildung in Wurzeln fördern. Strigolactone werden in Wurzeln vieler Pflanzen unter dem Einfluss von Auxin gebildet und von dort als sekundäre Botenstoffe in den Spross transportiert wo sie als

Antagonisten von Cytokinin an der Hemmung des Seitenknospenaustriebs, **apikale Dominanz**, beteiligt sind.

18.3 Molekulare Mechanismen der hormonellen Signaltransduktion

Nach dem heutigen Kenntnisstand üben Hormone viele – wenn auch nicht alle – Funktionen in der Pflanze über eine Steuerung von Genaktivitäten aus. Die Abfolge der molekularen Schritte zwischen der Perception des Hormonsignals am Receptor und der induzierten oder reprimierten Transkription kompetenter Gene, **Signaltransduktion**, ist derzeit Gegenstand intensiver molekulargenetischer Forschung. Obwohl bisher noch kein hormoneller Signaltransduktionsweg vollständig bekannt ist, zeichnen sich gemeinsame molekulare Elemente und Regeln für ihre Funktionieren ab, die im Folgenden an einigen Beispielen illustriert werden.

18.3.1 Auxin aktiviert responsive Gene durch den Abbau von Repressorproteinen

Nach Applikation von IAA an Sprosssegmente von Keimpflanzen treten zahlreiche neue Proteine auf, deren Struktur – und die Struktur der zugehörigen Gene – mit molekularbiologischen Methoden aufgeklärt werden konnte. Ihre biochemischen Funktionen bei Wachstum und Differenzierung der Pflanze sind hingegen noch kaum bekannt. Dafür konnte man in den letzten Jahren bei *Arabidopsis* für einige dieser Proteine eine Rolle bei der Signaltransduktion zwischen Auxinreceptor und Genexpression im Zellkern nachweisen und einen ersten Einblick in die Mechanismen der auxingesteuerten Genregulation gewinnen.

Im Promotor auxininduzierbarer Gene ist die Konsensussequenz 5'-TGTCTC-3' als **Aux**in-**R**esponse-**E**lement (*AuxRE*) enthalten. Von besonderem Interesse ist die ***Aux/IAA***-Genfamilie, die für eine Gruppe von 29 kleinen Kernproteinen mit ungewöhnlich kurzer Lebensdauer codiert (Halbwertszeit zwischen 6 und > 80 min). Die Funktion dieser Proteine wird anhand von zwei genetischen Befunden erkennbar:

▶ Mutationen in diesen Genen führen zu Wachstumshemmung, wie sie für IAA-Mangel oder mangelhafte IAA-Wirkung typisch ist. Gleichzeitig wird die Lebensdauer der Aux/IAA-Proteine **verlängert**; d. h. für die Hemmung des Wachstums ist eine **Anhäufung** dieser Proteine verantwortlich. Mit anderen Worten: Für das Wachstum ist ein **Abbau** der Proteine notwendig.
▶ Manche Mutationen, die Insensitivität für Auxin erzeugen, haben sich als Defekte der Ubiquitin-abhängigen Proteolyse in den Proteasomen herausgestellt; d. h. für die Übertragung des Auxinsignals ist eine funktionsfähige Proteinabbaumaschinerie notwendig (→ S. 93).

Diese Erkenntnisse haben zu dem Konzept geführt, dass die Aux/IAA-Proteine **negativ wirksame** Transkriptionsfaktoren (Repressoren) sind, die unter dem Einfluss von IAA **abgebaut** werden. Der Auxinreceptor TIR1 (**T**RANPORT **I**NHIBITOR **R**ESPONSE **1**) aktiviert als Bestandteil eines SCF-Komplexes (F-Box-Protein) nach Bindung von Auxin die Ubiquitinierung von Aux/IAA-Proteinen und induziert damit deren Abbau durch 26S-Proteasomen (→ S. 93). Man weiß heute, dass Aux/IAA-Proteine nicht direkt an die DNA binden, sondern erst nach Bildung eines Heterodimers mit einem Protein aus der Familie der **A**uxin-**R**esponse-**F**aktoren (ARFs), welche eine DNA-Bindedomäne mit Spezifität für Promotoren mit AuxRE-Motiven besitzen. ARFs (22 Gene) können als Homodimere aktivierende oder reprimierende Wirkung an Promotoren entfalten und werden hierbei durch die Verknüpfung mit Aux/IAA-Proteinen gehemmt. Da die Aux/IAA-Proteine selbst zu den IAA-induzierbaren Proteinen gehören, ergibt sich ein Rückkoppelungseffekt: Indem IAA ihren Abbau fördert, wird gleichzeitig ihre Bildung stimuliert. Für die Regulation der Promotoraktivität ist offenbar die schnell änderbare Einstellung des Gleichgewichts zwischen Synthese und Abbau dieser Repressoren entscheidend.

Dieses teilweise noch hypothetische Konzept (Abbildung 18.27) gibt einen Eindruck von der Komplexität der molekularen Vorgänge, die an der Signaltransduktion zwischen Hormonreceptoren und regulierten Genen beteiligt sein können.

18.3.2 Negative Regulatoren sind zentrale Elemente in der Signaltransduktionskette der Gibberelline

Obwohl GAs auf vielfältige Weise Wachstum und Entwicklung der Pflanze beeinflussen, sind sie für deren Überleben, zumindest in der vegetativen Phase, nicht absolut notwendig. Dies ist wahrscheinlich der entscheidende Grund dafür, dass man bei diesem Hormon besonders viele nicht-letale Mutanten mit diagnostisch nutzbaren Merkmalsänderungen isolieren konnte. Für die Aufklärung der Signaltransduktion sind vor allem solche Mutanten interessant, welche typische GA-abhängige Veränderungen ohne Zusammenhang mit der GA-Biosynthese zeigen: **GA-insensitive Mutanten** zeigen Zwergwuchs, obwohl die GA-Biosynthese nicht gestört ist; **GA-konstitutive** Mutanten wachsen ähnlich wie der Wildtyp, obwohl GA fehlt (→ S. 410).

Bei *Arabidopsis* wurden mehrere GA-insensitive oder GA-konstitutive Mutanten beschrieben, von denen drei hier genauer betrachtet werden sollen:

▶ Die semidominante *gai1*-Mutante (*GA insensitive 1*) zeigt Zwergwuchs, der durch GA-Zugabe nicht behoben werden kann. Die GA-Synthese ist nicht gehemmt sondern sogar leicht gefördert. Es handelt sich also um eine typische **Insensitivitätsmutante**.

▶ Die recessive *rga*-Mutante wächst ähnlich wie der Wildtyp, auch wenn die GA-Synthese blockiert ist. Sie wurde erhalten, indem man bei einer Mutante mit defekter GA-Synthese (*ga1*) nach einer zusätzlichen Mutation suchte, durch die der Zwergwuchs wieder aufgehoben wird (*rga* = *repressor of ga*). Da die Zerstörung der Funktion des *RGA*-Gens die Wachstumshemmung aufhebt, muss man schließen, dass dieses Gen in seiner intakten Form für die **Hemmung** des Wachstums verantwortlich ist, d. h. das RGA-Protein ist ein **negativer Regulator** (Repressor) in der Signalkette.

▶ Die recessive Insensitivitätsmutante *gid1* (*GA insensitive dwarf 1*) zeigt Zwergwuchs, der ebenfalls durch GA-Zugabe nicht behoben werden kann. Das GID1-Protein ist ein lösliches Protein, das spezifisch biologisch aktive GAs bindet, d. h. die Funktion eines **GA-Receptors** besitzt. Der GID1-GA-Komplex bindet im Zellkern an GAI/RGA-Proteine und leitet deren Abbau

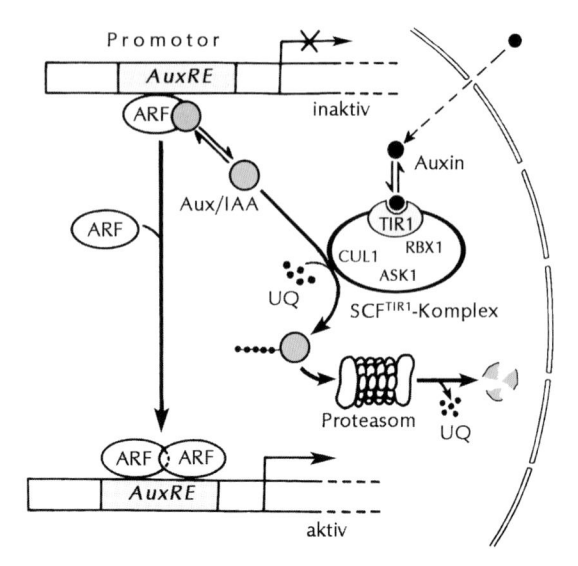

Abb. 18.27. Schema zur Signaltransduktion bei der Aktivierung Auxin-responsiver Gene (vereinfacht). Diese Gene besitzen einen Promotor mit dem Erkennungsmotiv (*cis*-Element) *AuxRE*, an das der Transkriptionsfaktor *ARF* bindet. Die transkriptionsfördernde Aktivität von *ARF* wird durch die Bindung des *Aux/IAA*-Proteins reprimiert (*oben*). Auxin bindet an die *TIR1*-Untereinheit eines *SCF-Komplexes* (*SCF^{TIR1}*-Ubiquitin-Protein-Ligase) und induziert die Verknüpfung von Aux/IAA mit Ubiquitin (*UQ*) und somit den spezifischen Abbau von Aux/IAA durch das *26S-Proteasom*. Hierdurch wird die Transkription des Gens frei gegeben (*unten*). Die Ausschaltung der SCF-Untereinheiten (*TIR1, ASK1, CUL1, RBX1*) durch Mutationen führt zu Insensitivität gegen Auxin, da die Ubiquitinierung von Aux/IAA-Proteinen nicht mehr stattfinden kann. Auch Mutationen in Aux/IAA-Genen führen zu verminderter Reaktion auf Auxin, da die mutierten Aux/IAA-Proteine nicht mehr ausreichend schnell abgebaut werden können. Das F-Box-Protein *TIR1* hat hier die Funktion eines **Auxinreceptors**. F-Box-Proteine sind für die Erkennung der Substratproteine im SCF-Komplex verantwortlich. (Nach Frugis und Chua 2002; verändert)

durch den 26S-Proteasomkomplex ein (→ S. 93).

Nach der Identifizierung und Klonierung der betroffenen Gene zeigte sich, dass bei *gai1* und *rga* nahe verwandte Mitglieder einer hochkonservierten Proteinfamilie mutiert sind, die als **DELLA-Proteine** bezeichnet werden. Sie sind im Zellkern lokalisiert und besitzen dort eine Funktion als Transkriptionsfaktoren bei der Steuerung von GA-responsiven Genen. Ihr wichtigstes gemeinsames Merkmal ist eine **DELLA-Domäne** nahe am N-Terminus (nach den Kurzbezeichnungen der ersten 5 von 17 Aminosäuren: **D** = Asparginsäure, **E** = Glutaminsäure, **L** = Leucin, **A** = Alanin). Mutationen in die-

18.3 Molekulare Mechanismen der hormonellen Signaltransduktion

Allgemein gilt:
- Ein **negativer Regulator** blockiert die Signalleitung, und diese Blockade wird durch das Eingangssignal aufgehoben (→ GA induziert Wachstum im Wildtyp). Mutationen in einem negativen Regulator (Repressor) können zwei gegensätzliche Effekte haben:
- Eine Zerstörung der **Signalaufnahmedomäne** erzeugt Unwirksamkeit des Eingangssignals; die Signalleitung bleibt auch in Gegenwart des Eingangssignals blockiert (→ insensitive Mutante, GA induziert kein Wachstum). Solche Mutationen sind **(semi)dominant**, da im heterozygoten Zustand die halbe Menge an Repressor nicht inaktiviert werden kann.
- Eine Zerstörung der **Signalabgabedomäne** – oder ein Totalausfall des Proteins – hebt die Blockade in der Signalleitung auf (→ konstitutive Mutante, starkes Wachstum auch ohne GA). Solche Mutanten sind **recessiv**, da im heterozygoten Zustand auch die halbe Menge an Repressor noch ausreicht, um die Signalleitung in Abwesenheit von GA zu blockieren.

ser Domäne führen zu GA-Insensitivität (so wie z. B. bei *gai1*). Mutationen im C-terminalen Bereich inaktivieren die Funktion dieser Proteine als negative Regulatoren und führen daher zu stärkerem Wachstum (so wie z. B. bei *rga*). Zur vollständigen Aufhebung der Zwergwüchsigkeit ist es notwendig, beide Gene auszuschalten, d.h. die Proteine GAI und RGA können sich nicht vollständig gegenseitig ersetzen, sondern interagieren bei ihrer Wirkung als Repressoren.

Zusätzliche molekulare und cytologische Analysen ergaben folgende Befunde: Die DELLA-Proteine liegen bei Abwesenheit von GA in relativ hoher Konzentration im Zellkern vor und werden durch Interaktion mit dem GID1-GA-Komplex inaktiviert und später abgebaut. Bei der GA-insensitiven *sly1*-Mutante (*sleepy 1*, Zwergwuchs) ist die Ubiquitinierung von RGA im SCF-Komplex blockiert, daher häuft sich RGA auch in Gegenwart von GA an. Die DELLA-Proteine gehören zur Überfamilie der etwa 30 GRAS-Proteine, die sich durch starke Sequenzhomologien im C-terminalen Bereich bei variablen Domänen nahe des N-Terminus auszeichnen. Sie besitzen eine Dimerisierungsdomäne, aber keine DNA-Bindedomäne und sind daher ver-

mutlich nur in Kombination mit einem Cofaktor bei der Steuerung der Transkription wirksam.

In Abbildung 18.28a,b ist die durch die molekulargenetischen Analysen derzeit verfügbare Information zur Signaltransduktionskette von GA in einem teilweise hypothetischen Funktionsmodell zusammengefasst. Nach diesem Modell induziert GA die Aktivierung von wachstumsfördernden Genen indem es formal als Repressor eines Repressors wirkt. Die Proteine GAI und RGA sind molekulare Schal-

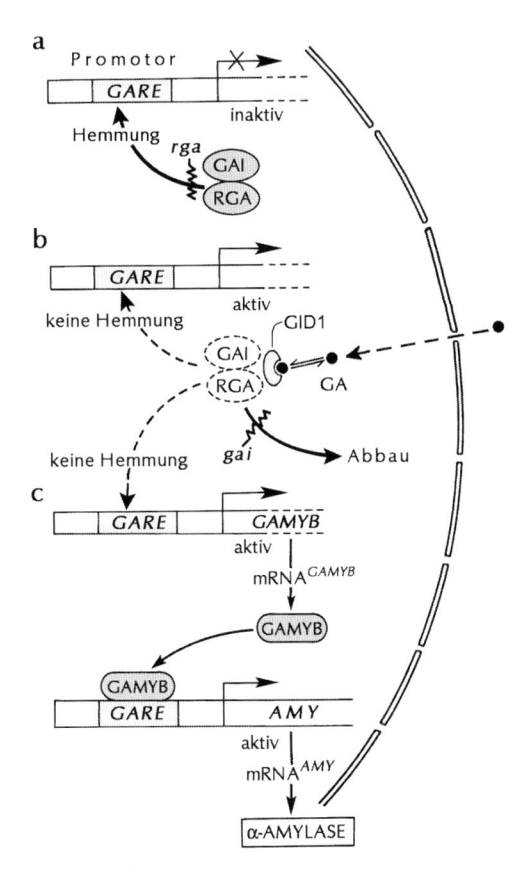

Abb. 18.28 a–c. Schema zur Signaltransduktion bei der Aktivierung Gibberellin-responsiver Gene (vereinfacht). Diese Gene besitzen einen Promotor mit dem Erkennungsmotiv (cis-Element) *GARE* (**GA-R**esponse-**E**lement). **a** Die DELLA-Proteine GAI und RGA sind negative Regulatoren der Signalkette, die, wahrscheinlich unter Beteiligung weiterer Faktoren, den Promotor inaktivieren und damit die Transkription hemmen. Diese Hemmung wird durch die Mutation *rga* verhindert. **b** GA inaktiviert DELLA-Proteine, indem es nach Bindung an den Rezeptor GID1 deren Abbau induziert. Diese Inaktivierung wird durch die Mutation *gai* verhindert. **c** Erweiterung für den Fall der Amylaseinduktion im Gerstenaleuron (→ Abbildung 18.17). Hier wird zunächst das Gen *GAMYB* aktiviert. Das Protein GAMYB ist ein Transkriptionsfaktor aus der MYB-Familie, der das α-Amylase-Gen (*AMY*) aktiviert.

ter, die durch GA von der Aus- in die An-Stellung gebracht werden. Dies geschieht dadurch, dass sie ähnlich wie Aux/IAA (→ Abbildung 18.27) unter dem Einfluss von GA unwirksam gemacht werden. Dieses Modell dürfte auch für die Induktion der α-Amylasesynthese im Gerstenaleuron gültig sein, wobei in diesem Fall zunächst die Bildung eines Transkriptionsfaktors aus der MYB-Familie induziert wird, der seinerseits das α-Amylasegen aktiviert (Abbildung 18.28c).

Das in Abbildung 18.28a, b skizzierte Modell wurde im Wesentlichen anhand von Reis und *Arabidopsis*-Mutanten entwickelt. Da man jedoch z. B. auch bei Mais, Gerste, Weizen und Erbse entsprechende Mutanten kennt, dürfte es auch auf andere Arten anwendbar sein. Die zu *gai* orthologen *rht*-Mutanten (*reduced height*) bei Weizen besitzen große Bedeutung für die Züchtung kurzhalmiger Sorten, die vor einigen Jahrzehnten weltweit zu einer enormen Ertragssteigerung bei Weizen beigetragen haben („grüne Revolution"; → S. 643).

Hinweise für eine hormoninduzierte, durch Ubiquitin vermittelte Degradation von Signaltransduktionsproteinen wurden neuerdings auch bei Cytokinin-, Abscisinsäure-, Jasmonsäure- und Ethylen-gesteuerten Entwicklungsprozessen gefunden. Dieses Regulationsprinzip dürfte weiter verbreitet sein, als derzeit experimentell eindeutig belegbar ist.

18.3.3 Der Cytokininrezeptor CRE1 ist eine Zweikomponenten-Histidinkinase, die eine Phosphorelaiskaskade von Signalen in den Zellkern auslöst

Die semidominante, CK-insensitive *Arabidopsis*-Mutante *cre1* (*cytokinin response 1*) wurde anhand des Phänotyps „keine Induktion der Zellteilung durch CK" isoliert. Das betroffene Gen codiert für eine **Hybridhistidinkinase**, die mit zwei Transmembrandomänen in der Plasmamembran verankert ist (→ Abbildung 4.16b). Der Nachweis, dass es sich hierbei um einen CK-Rezeptor handelt, gelang durch **heterologe Komplementation**: Hefezellen verfügen über das Zweikomponentensystem SLN, das als Osmosensor dient, um bei osmotischem Stress die Zellteilung zu hemmen. Hefemutanten mit defektem SLN sind letal. Wenn man jedoch ins Genom solcher Zellen das *CRE1*-Gen einbaut, kann die Letalität rückgängig gemacht werden, aber nur, wenn gleichzeitig CK zugeführt wird. Durch CK aktiviertes CRE1-Protein kann also SLN als Signalgeber in der Hefezelle ersetzen.

Sensorische Histidinkinasen in der Plasmamembran stehen am Anfang eines modular aufgebauten Phosphotransfersystems aus unterschiedlich vielen Gliedern (→ S. 95). Die Bindung eines Liganden an die nach außen exponierte **Bindedomäne** aktiviert die Autophosphorylierung der ins Cytoplasma reichenden **Histidinkinasedomäne**, welche den Phosphatrest an den **Regulator** weitergibt. Dieser ist im einfachsten Fall ein Transkriptionsfaktor für bestimmte Zielgene. Im vorliegenden Fall ist die Signaltransduktionskette allerdings erheblich komplizierter. Bei der Analyse weiterer CK-insensitiver *Arabidopsis*-Mutanten fand man, dass hier mindestens drei weitere Module beteiligt sind und eine Phosphorylierungskaskade bilden, die an CK-responsiven Genen im Zellkern endet (Abbildung 18.29). Der primäre Regulator überträgt den Phosphatrest zunächst auf ein **Phosphotransferprotein HPT** (5 Gene in *Arabidopsis*), das anschließend in den Kern wandert und dort die Aktivierung von zwei Klassen von sekundären Regulatoren (ARRs, *A*rabidopsis-*R*esponse-*R*egulatoren) mit unterschiedlicher Funktion veranlasst. **B-ARRs** induzieren nach Phosphorylierung durch HPT die Transkription und Translation von **A-ARRs**, welche, nach Phosphorylierung durch HPT, als Transkriptionsfaktoren bei nachgeschalteten CK-responsiven Genen wirken. Sowohl A-ARRs als auch B-ARRs regulieren als Transkriptionsfaktoren CK-responsive Gene. Beide ARR-Familien sind im *Arabidopsis*-Genom mit je etwa 10 Mitgliedern vertreten, welche nicht alle durch CK aktiviert werden. Aber auch andere Faktoren, z. B. Kälte oder Salzstress, führen zur Aktivierung von einzelnen oder mehreren ARRs. Wie diese verschiedenen Eingangssignale auf der Genebene sortiert oder verrechnet werden, ist derzeit noch unklar.

18.3.4 Der Ethylenrezeptor ETR1 ist eine Zweikomponenten-Histidinkinase, die nicht als Histidinkinase wirksam wird

Auch bei der (noch nicht abgeschlossenen) Aufklärung der Signaltransduktion des Ethylens spielen **insensitive Mutanten** von *Arabidopsis* eine zentrale

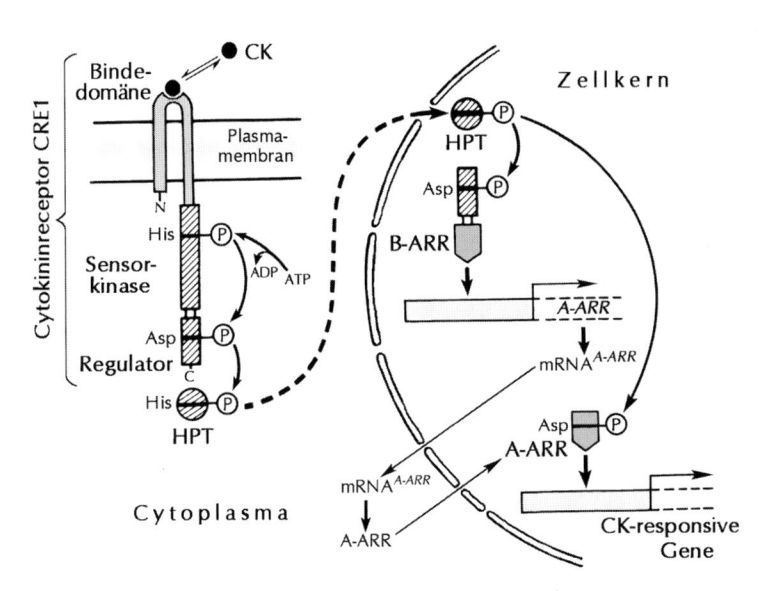

18.3 Molekulare Mechanismen der hormonellen Signaltransduktion

Abb. 18.29. Schema zur Signaltransduktion bei der Aktivierung Cytokinin-responsiver Gene (vereinfacht). Die Signalleitung besteht aus einer Abfolge von Proteinphosphorylierungsschritten, beginnend mit dem *Cytokininreceptor CRE1* (wahrscheinlich ein Dimer), der auf der Außenseite der Plasmamembran das Hormon bindet und sich daraufhin als autokatalytische Proteinkinase selbst an einem Histidinrest (*His*) phosphoryliert. Nach Übertragung auf einen Aspartatrest (*Asp*) im Regulatorsegment wird der Phosphatrest auf ein mobiles Phosphotransferprotein (*HPT*) übertragen, das in den Zellkern wandert und dort zur Phosphorylierung von Responseregulatoren vom Typ A und Typ B (*A-ARR* bzw. *B-ARR*) führt. Da CK die Expression von A-ARRs, nicht aber von B-ARRs induziert, wird in diesem Modell angenommen, dass B-ARRs als Transkriptionsfaktoren für die Bildung von A-ARRs wirken. Neben A-ARRs sind auch B-ARRs Transkriptionsfaktoren für nachgeschaltete CK-responsive Gene (nicht eingetragen).

Rolle. Solche Mutanten sind anhand des Phänotyps „keine Triple-Reaktion bei Ethylenbegasung" bereits im Keimlingsstadium leicht zu erkennen (→ Abbildung 18.25). Eine Gruppe von ethyleninsensitiven Mutanten betrifft eine Familie von 5 Proteinen mit Homologie zu bakteriellen Zweikomponenten-Histidinkinasen (→ S. 95). Diese Proteine (ETR1, ETR2, ERS1, ERS2, EIN4) besitzen am N-Terminus eine Domäne für die Bindung von Ethylen und drei Transmembranabschnitte, mit denen sie als Dimere in ER-Membranen verankert sind. Punktmutationen in der Ethylenbindedomäne sind dominant, verhindern die Bindung von Ethylen und führen daher zu normalwüchsigen Keimlingen in Gegenwart von Ethylen (insensitiver Phänotyp). Andere (recessive) Mutationen, die den Totalausfall dieser Proteine zur Folge haben, erzeugen einen **konstitutiven** Phänotyp, d. h. die Keimlinge zeigen eine Triple-Reaktion auch in Abwesenheit von Ethylen. Dies ist das genetische Kriterium für **negative Regulatoren** (→ S. 439). Folglich sind diese Proteine als Ethylenreceptoren anzusprechen, die in Abwesenheit von Ethylen ein Signal abgeben (Schalterstellung auf „an") und damit die Triple-Reaktion verhindern. Bindung von Ethylen stoppt die Signalabgabe (Schalterstellung auf „aus") und führt daher zur Triple-Reaktion.

Der zuerst entdeckte, und daher auch am besten bekannte Ethylenreceptor bei *Arabidopsis* ist ETR1, das Produkt des bei der der Mutante *etr1* (***et**hylene **r**esistant 1*) defekten Gens *ETR1*. Ihm entspricht das *NR* (***NE**VER **R**IPE*)-Gen bei der Tomate. In Analogie zu den bakteriellen Zweikomponentensystemen nahm man zunächst an, dass auch ETR1 durch Autophosphorylierung eines Histidinrests, gefolgt von Phosphotransfer auf einen Aspartatrest, wirksam wird (→ S. 95, 440). Überraschenderweise erwies sich dies als Irrtum. ETR1 enthält zwar eine enzymatisch aktive Histidinkinase, jedoch kann man diese Domäne durch Mutation ausschalten, ohne dass die Receptorfunktion massiv beeinträchtigt wird. Bei den ähnlich wirksamen Receptoren ETR2, ERS2 und EIN4 ist die Histidinkinasedomäne degeneriert. Proteinphosphorylierungsreaktionen wie z. B. beim CK-Receptor sind demnach bei den Ethylenreceptoren am Mechanismus der Signalweiterleitung zumindest nicht zwingend beteiligt.

Die recessive *ctr1*-Mutante (*constitutive triple response 1*) von *Arabidopsis* bildet den Triple-Phänotyp aus, ohne dass Ethylen zugegen ist; CTR1 ist also ebenfalls ein **negativer Regulator**, der durch das Hormonsignal abgeschaltet wird. Die Doppelmutante *etr1/ctr1* zeigt den *ctr1*-Phänotyp, d. h. das *CTR1*-Gen ist **epistatisch** gegenüber dem *ETR1*-Gen und CTR1 ist daher in der Signalkette „flussabwärts" von ETR1 angeordnet. *CTR1* codiert für ein Protein mit Homologie zu **Serin/Threonin-Proteinkinasen** vom Raf-Typ, die bei Tieren gut bekannt sind und dort mitogenaktivierbare Phosphorylierungskaskaden (MAP-Kinasesysteme) zur Signalverstärkung bilden (→ S. 96). Ob auch CTR1 eine solche Funktion besitzt, ist experimentell noch nicht sicher belegt. Biochemischen Fraktionierungsexperimenten zufolge kann CTR1 einen Komplex mit ETR1 an der ER-Membran bilden. Dies hat zu der Hypothese geführt, dass CTR1 im aktiven (reprimierenden) Zustand an ETR1 gebunden vorliegt und durch Dissoziation von ETR1 inaktiviert wird.

Das bei der *ein2*-Mutante (*ethylen insensitiv 2*) ausgeschaltete Gen codiert für ein Protein, das mit 12 Transmembranabschnitten in die ER-Membran eingelagert ist und aufgrund von genetischen Daten „flussabwärts" von CTR1 angeordnet wird. EIN2 schützt die **Transkriptionsfaktoren** EIN3 im Zellkern vor dem Abbau im Proteasom. Die Familie der *EIN3*-Gene codiert für mindestens 6 ähnliche Proteine, die als Homodimere an DNA binden und durch Hemmung ihres Abbaus hochreguliert werden. Zielgene dieser primären Transkriptionsfaktoren sind die *EREBP*-Gene, die für eine zweite Gruppe von Transkriptionsfaktoren (**E**thylen-**R**esponse-**E**lement-**B**inde-**P**roteine) codieren, die ihrerseits an die *ERE*-Domäne im Promotor Ethylenresponsiver Gene binden und damit die Signaltransduktionskette abschließen. In Abbildung 18.30 sind die heute anhand von genetischen und biochemischen Untersuchungen an *Arabidopsis*-Mutanten gewonnenen Resultate zu einem unvollständigen Funktionsmodell zusammengefasst. Da Orthologe für einige der bei *Arabidopsis* identifi-

---

Wegen des mehrfachen Vorzeichenwechsels in der Signaltransduktionskette sind die Schlussfolgerungen aus den geschilderten Mutantenstudien nicht einfach zu durchschauen. Die Logik bei der Einordnung der einzelnen Elemente lässt sich anhand der folgenden Überlegungen nachvollziehen:

1. **Wildtyp**
   - Ethylen: ETR1 aktiv $\xrightarrow{\text{Signal}}$ CTR1 aktiv $\xrightarrow{\text{kein Signal}}$ EIN2 usw. inaktiv ---> keine Triple-Reaktion
   + Ethylen: ETR1 inaktiv $\xrightarrow{\text{kein Signal}}$ CTR1 inaktiv $\xrightarrow{\text{Signal}}$ EIN2 usw. aktiv ---> Triple-Reaktion

2. **ETR1-Sensormutante (keine Bindung von Ethylen, insensitiv)**
   - Ethylen: ETR1 aktiv $\xrightarrow{\text{Signal}}$ CTR1 aktiv $\xrightarrow{\text{kein Signal}}$ EIN2 usw. inaktiv ---> keine Triple-Reaktion
   + Ethylen: ETR1 aktiv $\xrightarrow{\text{Signal}}$ CTR1 aktiv $\xrightarrow{\text{kein Signal}}$ EIN2 usw. inaktiv ---> keine Triple-Reaktion

3. **ETR1-Regulatormutante (Protein funktionslos, konstitutiv)**
   - Ethylen: ETR1 inaktiv $\xrightarrow{\text{kein Signal}}$ CTR1 inaktiv $\xrightarrow{\text{Signal}}$ EIN2 usw. aktiv ---> Triple-Reaktion
   + Ethylen: ETR1 inaktiv $\xrightarrow{\text{kein Signal}}$ CTR1 inaktiv $\xrightarrow{\text{Signal}}$ EIN2 usw. aktiv ---> Triple-Reaktion

4. **CTR1-Mutante (Protein funktionslos, konstitutiv)**
   - Ethylen: ETR1 aktiv $\xrightarrow{\text{Signal}}$ CTR1 inaktiv $\xrightarrow{\text{Signal}}$ EIN2 usw. aktiv ---> Triple-Reaktion
   + Ethylen: ETR1 inaktiv $\xrightarrow{\text{kein Signal}}$ CTR1 inaktiv $\xrightarrow{\text{Signal}}$ EIN2 usw. aktiv ---> Triple-Reaktion

5. **EIN2 (EIN3, EREBP)-Mutante (Protein funktionslos, insensitiv)**
   - Ethylen: ETR1 aktiv $\xrightarrow{\text{Signal}}$ CTR1 aktiv $\xrightarrow{\text{kein Signal}}$ EIN2 usw. inaktiv ---> keine Triple-Reaktion
   + Ethylen: ETR1 inaktiv $\xrightarrow{\text{kein Signal}}$ CTR1 inaktiv $\xrightarrow{\text{Signal}}$ EIN2 usw. inaktiv ---> keine Triple-Reaktion

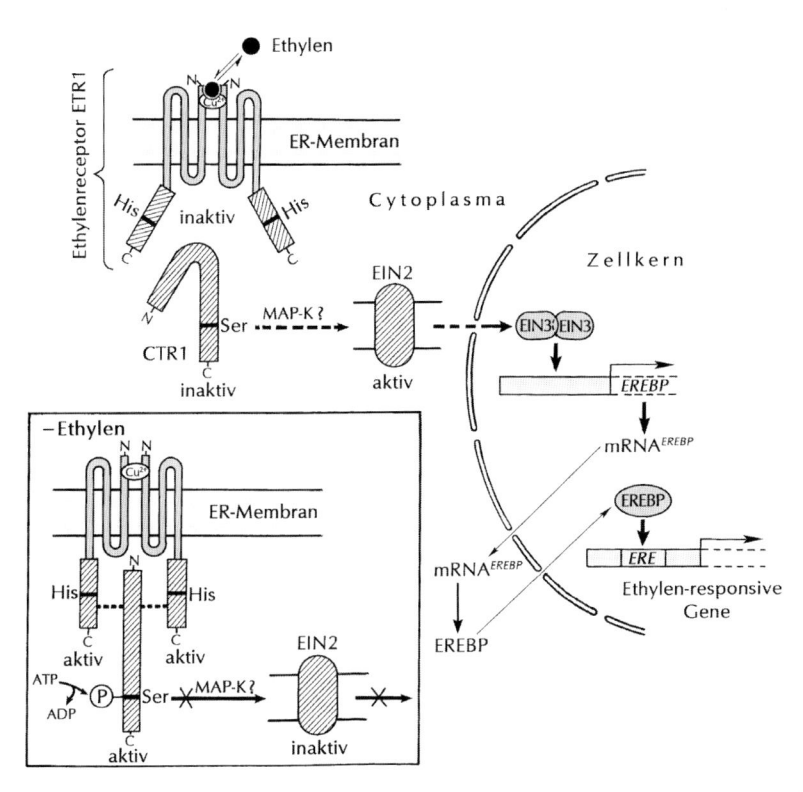

Abb. 18.30. Schema zur Signaltransduktion bei der Aktivierung von Ethylen-responsiven Genen (vereinfacht). Der *Ethylenreceptor ETR1* ist eine dimere Sensor-Histidinkinase in der *ER-Membran*. In der Bindedomäne wird *Ethylen* angelagert, wobei Cu^{2+}-Ionen als Cofaktoren beteiligt sind. *ETR1* ist ein **negativer Regulator**, der durch die Bindung von Ethylen von der aktiven in die inaktive Form überführt wird. In dem Modell wird die – noch hypothetische – Annahme gemacht, dass gebundenes Ethylen Konformationsänderungen im *ETR1*-Protein bewirkt, die zur Abspaltung von *CTR1* führen. *CTR1* ist ebenfalls ein **negativer Regulator**, eine Serin/Threonin-Proteinkinase, die bei ihrer Abspaltung von *ETR1* durch Konformationsänderungen inaktiviert wird und damit die Weiterleitung des Signals an *EIN2* ermöglicht. Alle folgenden Elemente sind **positive Regulatoren**. *EIN2* ist ein Membranprotein, das die Transkriptionsfaktoren *EIN3* vor dem Abbau schützt. Aktivierung von *EIN2* führt so zur Aktivierung der primären Transkriptionsfaktoren *EIN3* im Kern und damit zur Expression der *EREBP*-Proteine, die als sekundäre Transkriptionsfaktoren für nachgeschaltete Ethylen-responsive Gene dienen. (Nach Guo und Ecker 2004; verändert)

zierten Glieder dieser Kette inzwischen auch bei Tomate, Tabak und Petunie gefunden wurden, dürfte dieses Konzept im Prinzip allgemeine Gültigkeit besitzen.

Weiterführende Literatur

Adams-Phillips L, Barry C, Giovannoni J (2004) Signal transduction systems regulating fruit ripening. Trends Plant Sci 9: 331–338

Abeles FB, Morgan PW, Saltveit ME (1992) Ethylene in plant biology. 2. ed, Academic Press, San Diego

Benjamins R, Scheres B (2008) Auxin: The looping star in plant development. Annu Rev Plant Biol 59: 443–465

Bethke PC, Schuurink R, Jones RL (1997) Hormonal signalling in cereal aleurone. J Exp Bot 48: 1337–1356

Binder BM (2008) The ethylene receptors: Complex perception for a simple gas. Plant Sci 175: 8–17

Davies AJ, Jones AG (eds) (1991) Abscisic acid: Physiology and biochemistry. Bios Scientific, Oxford

Davies PJ (ed) (2005) Plant hormones: Biosynthesis, signal transduction, action! 3. ed, Kluwer, Dordrecht

Delker C, Raschke A, Quint M (2008) Auxin dynamics: The dazzling complexity of a small molecule's message. Planta 227: 929–941

Delseny M, Charng Y, Wang K L-C (eds) (2008) Retrospect and prospect on ethylene biology. Special Issue, Plant Sci 175: 1–196

Dun EA, Brewer PB, Beveridge CA (2009) Strigolactones: Discovery of the elusive shoot branching hormone. Trends Plant Sci 14: 364–372

Etheride N, Hall BP, Schaller GE (2006) Progress report: Ethylene signaling and responses. Planta 223: 387–391

Fleming AJ (ed) (2005) Intercellular communication in plants. Annu Plant Rev Vol 16, Blackwell, Oxford

Friml J, Palme K (2002) Polar auxin transport – old questions and new concepts? Plant Mol Biol 49: 273–284

Fujii H et al. (2009) *In vitro* reconstruction of an abscisic acid signalling pathway. Nature 462: 660–664

Fujioka S, Yokota T (2003) Biosynthesis and metabolism of brassinosteroids. Annu Rev Plant Biol 54: 137–164

Harberd NP, Belfield E, Yasumura Y (2009) The angiosperm gibberellin-GID1-DELLA growth regulatory mechanism: How an "inhibitor of an inhibitor" enables flexible response to fluctuating environments. Plant Cell 21: 1328–1339

Hattori Y et al. (2009) The ethylene response factors *SNORKEL1* and *SNORKEL2* allow rice to adapt to deep water. Nature 460: 1026–1030

Hedden P, Thomas SG (eds) (2006) Plant hormone signaling. Blackwell, Oxford

Himmelbach A, Yang Y, Gill E (2003) Relay and control of abscisic acid signaling. Curr Opin Plant Biol 6: 470–479

Hirayama T, Shinozaki K (2007) Perception and transduction of abscisic acid signals: Key to the function of the versatile plant hormone ABA. Trends Plant Sci 12: 343–351

Karssen CM (1995) Hormonal regulation of seed development, dormancy, and germination studied by genetic control. In: Kigel J, Galili G (eds) Seed development and germination. Dekker, New York, pp 333–350

Kazan K, Manners JM (2008) Jasmonate signaling: Toward an integrated view. Plant Physiol 146: 1459–1468

King RW, Evans LT (2003) Gibberellins and flowering of grasses and cereals: Prizing open the lid of the "florigen" black box. Annu Rev Plant Biol 54: 307–328

Lange MJP, Lange T (2006) Gibberellin biosynthesis and the regulation of plant development. Plant Biol 8: 281–290

Li J, Jin H (2006) Regulation of brassinosteroid signaling. Trends Plant Sci 12: 37–41

Matsubayashi Y, Sakagami Y (2006) Peptide hormones in plants. Annu Rev Plant Biol 57: 649–674

Minorsky PV (2003) Heterophylly in aquatic plants. Plant Physiol 133: 1671–1672

Nilsson O, Olsson O (1997) Getting to the root: The role of the *Agrobacterium rhizogenes rol* genes in the formation of hairy roots. Physiol Plant 100: 463–473

Roberts LW, Gahan PB, Aloni R (eds) (1988) Vascular differentiation and plant growth regulators. Springer, Berlin

Sakakibara H (2006) Cytokinius: Activity, biosynthesis, and translocation. Annu Rev Plant Biol 57: 431–449

Santner A, Estelle M (2009) Recent advances and emerging trends in plant hormone signalling. Nature 459: 1071–1078

Sauter M (2000) Rice in deep water: "How to take heed against a sea of troubles". Naturwiss 87: 289–303

Schwechheimer C, Willige BC (2009) Shedding light on gibberellic acid signaling. Curr Opin Plant Biol 12: 57–62

Takahashi N, Phinney BO, MacMillan J (eds) (1991) Gibberellins. Springer, Berlin

To JPC, Kieber JJ (2008) Cytokinin signaling: Two-components and more. Trends Plant Sci 13: 85–92

Ueguchi-Tanaka M et al. (2005) *GIBBERELLIN INSENSITIVE DWARF1* encodes a soluble receptor for gibberellin. Nature 437: 693–698

Wasternack C (2007) Jasmonates: An update on biosynthesis, signaltransduction and action in plant stress response, growth and development. Ann Bot 100: 681–697

Zeevaart JAD, Creelman RA (1988) Metabolism and physiology of abscisic acid. Annu Rev Plant Physiol Plant Mol Biol 39: 439–473

In Abbildungen und Tabellen zitierte Literatur

Barros RS, Neill SJ (1986) Planta 168: 530–535

Bonner J, Galston AW (1952) Principles of plant physiology. Freeman, San Francisco

Cleland R (1972) Planta 104: 1–9

Edelmann H, Schopfer P (1989) Planta 179: 475–485 (und unpublizierte Daten)

Frugis G, Chua N-H (2002) Trends Cell Biol 12: 308–311

Galston AW (1961) The life of the green plant. Prentice-Hall, Englewood Cliffs

Guoh H, Ecker-JR (2004) Curr Opin Plant Biol 7: 40–49

Hertel R (1986) In: Bopp M (ed) Plant growth substances 1985. Springer, Berlin, pp 214–217

Higgins TJV, Zwar JA, Jacobsen JV (1976) Nature 260: 166–169

Lazarus CM (1991) In: Grierson E (ed) Developmental regulation of plant gene expression. Blackie, Glasgow, pp 42–74

Li Y, Wu YA, Hagen G, Guilfoyle T (1999) Plant Cell Physiol 40: 675–682

Matile P (1975) The lytic compartment of plant cells. Springer, Wien (Cell biology monographs, Vol I)

Métraux JP, Kende H (1983) Plant Physiol 72: 441–446

Morgan PW, He C-J, Drew MC (1992) Plant Physiol 100: 1587–1590

Phinney BO, West CA (1960) In: Rudnick D (ed) Developing cell systems and their control. Ronald, New York, pp 71–92

Ray PM (1963) The living plant. Rinehart & Winston, New York

Reid JB (1990) J Plant Growth Regul 9: 97–111

Rood SB, Williams PH, Pearce D, Murofushi N, Mander LN, Pharis RP (1990) Plant Physiol 93: 1168–1174

Schopfer P (1989) In: Plant water relations and growth under stress. Yamada Science Foundation, Osaka, 301–308

Schopfer P, Liszkay A, Bechtold M, Frahry G, Wagner A (2002) Planta 214: 821–828

Steward FC (1964) Plants at work. A summary of plant physiology. Addison-Wesley, Reading MA

Went FW, Thimann KV (1937) Phytohormones. Macmillan, New York

Young JP, Dengler NG, Horton RF (1987) Ann Bot 60: 117–125

Zeevart JAD (1980) Plant Physiol 66: 672–678

19 Die Wahrnehmung des Lichtes – Photosensoren und Photomorphogenese

Licht spielt für die Pflanze nicht nur als Energiequelle, sondern auch als Informationsquelle eine entscheidende Rolle. Die über das Lichtklima der Umwelt informierenden Signale können von mehreren Photosensoren (Photoreceptoren) wahrgenommen werden, die verschiedene Spektralbereiche des Sonnenlichts erkennen. Neben den blaulichtempfindlichen **Cryptochromen** und **Phototropinen** sind die **Phytochrome** die wichtigsten Photosensoren für die Steuerung der pflanzlichen Entwicklung durch Licht. Phytochrome werden durch hellrotes Licht aktiviert und durch dunkelrotes Licht inaktiviert. Die Steuerung der Entwicklung höherer Pflanzen durch Licht ist besonders auffällig im Keimlingsstadium. Im Dunkeln, z. B. unter der Erdoberfläche, folgt die Keimlingsentwicklung der Strategie der **Skotomorphogenese**, die darauf abzielt, durch schnelles Streckungswachstum des Sprosses die Spitze der Pflanze ans Licht zu bringen, bevor die begrenzten Vorräte an Speicherstoffen durch die heterotrophe Lebensweise erschöpft sind. Dabei werden alle Entwicklungsprozesse unterdrückt, die nur für das Leben im Licht erforderlich sind. Die alternative Entwicklungsstrategie der **Photomorphogenese**, die im Licht befolgt wird, ist darauf ausgerichtet, die Vorräte der Pflanze möglichst rasch in die Ausbildung jener Strukturen und Funktionen zu investieren, die für die photosynthetische Energiegewinnung und andere lichtabhängige Prozesse notwendig sind. Die Skotomorphogenese ist eine Neuerwerbung der Samenpflanzen, mit der die postembryonale Entwicklung des Sporophyten optimiert wurde. Im Phytochrom wird das Lichtsignal in ein chemisches Signal umgewandelt, das über eine oder mehrere biochemische Signaltransduktionsketten die Aktivierung oder Inaktivierung bestimmter Gene veranlasst. Der zeitliche und räumliche Rahmen, in dem diese Genregulation in den verschiedenen Zellen der Pflanze stattfindet, wird durch ein endogen vorgegebenes Kompetenzprogramm festgelegt.

19.1 Was ist Licht für die Pflanze?

Licht, in der Natur meist das Sonnenlicht, ist für die Pflanze nicht nur eine Energiequelle sondern dient auch als Signal für die Steuerung einer Vielzahl von Entwicklungsprozessen (Abbildung 19.1). Helles Sonnenlicht liefert auf der Erdoberfläche einen Energiefluss von etwa 500 $W \cdot m^{-2}$. Für die pflanzliche Photosynthese kann der Bereich von 1 bis 500 $W \cdot m^{-2}$ genutzt werden. In seiner Eigenschaft als Signalgeber kann Licht auch noch in sehr viel niedrigeren Intensitätsbereichen wirksam werden, die weit unter der Sehgrenze des Menschen liegen ($\rightarrow$ Exkurs 19.1).

Mit dem Ausdruck Licht bezeichnet man normalerweise jenen Bereich des elektromagnetischen Spektrums mit Wellenlängen zwischen 400 und 760 nm, der vom menschlichen Auge wahrgenommen wird. Die Pflanzenphysiologie dehnt den Bereich des „Lichts" auf die Wellenlängen von **320 nm (UV-A) bis 760 nm** aus. Photonen (Quanten) aus diesem Spektralbereich (380 bis 150 $kJ \cdot mol$ Photonen^{-1} bzw. 3,8 bis 1,5 $eV \cdot Photon^{-1}$) können in der Pflanze nur von einigen wenigen Molekültypen absorbiert werden, die durch ausgedehnte π-Elektronensysteme (konjugierte Doppelbindungen) ausgezeichnet sind, z. B. Chlorophylle oder Carotinoide ($\rightarrow$ Abbildung 8.9). Die meisten anderen Moleküle, die in der Zelle vorkommen – Wasser,

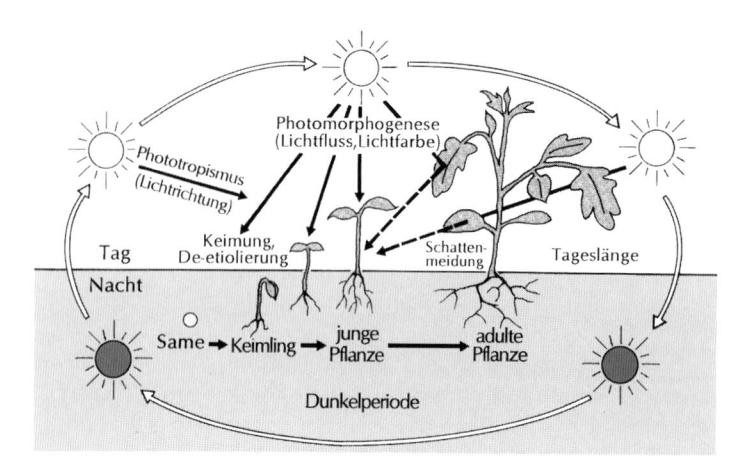

Abb. 19.1. Die wichtigsten, nichtphotosynthetischen Lichtwirkungen auf Pflanzen. Das sich beständig ändernde Lichtklima liefert der Pflanze u. a. Informationen über ihre Lage im Boden, ihre Beschattung durch Nachbarpflanzen, den Sonnenstand (Lichtrichtung) und die Länge der täglichen Photoperiode. Im Rahmen der Photomorphogenese steuern Lichtsignale die Entwicklung vom Samen zur autotroph lebensfähigen Pflanze. (Nach Quail 1994; verändert)

Proteine, Nucleinsäuren, Lipide, Kohlenhydrate – können in dem Spektralbereich zwischen 320 und 760 nm keine Photonen absorbieren, die zu einer elektrochemischen Anregung führen. Dazu brauchen diese Moleküle wesentlich energiereichere Photonen, die nur kürzerwellige elektromagnetische Strahlung innerhalb oder unterhalb des UV-Bereiches liefern kann. Die Frage, welche Moleküle das bei einem photobiologischen Prozess wirksame Licht absorbieren, kann z. B. mit Hilfe von **Wirkungsspektren** beantwortet werden. Andere experimentelle Ansätze nutzen Mutanten mit definierbaren Phänotypen zur Identifizierung der beteiligten Gene bzw. Genprodukte.

19.2 Farbstoffe und Photosensoren

Als **Farbstoffe** (**Pigmente**) bezeichnen wir solche Moleküle, die im Wellenlängenbereich zwischen 320 und 760 nm selektiv Photonen absorbieren und dabei eine elektronische Anregung erfahren. Die Farbstoffe der höheren Pflanzen haben verschiedene Funktionen, unterteilbar in Lichtmessung, Lichtschutz und Lichtnutzung. Zur Lichtnutzung gehören die Absorption und Übertragung von Energie für den Betrieb des Photosyntheseapparates, **Lichtsammelfunktion** ($\rightarrow$ S. 179), und die Herstellung der optischen Kommunikation zwischen Pflanze und Tier durch Farbstoffe in Blüten, Samen und Früchten, **Signalfunktion**. Schutz vor schädlicher Strahlung bieten verschiedene Farbstoffe durch die Absorption dieser unerwünschten Energie, **Lichtfilterfunktion**. Die Bedeutung der Jugendanthocyane z. B. dürfte darin bestehen, die Flavine und Porphyrine des Keimlings gegen die photooxidative Wirkung hoher Lichtflüsse zu schützen. Für diese beiden Funktionen ist eine relativ hohe Konzentration der Pigmente erforderlich. Wir bezeichnen diese Farbstoffe deshalb als **Massenpigmente** (z. B. die grünen Chlorophylle, die roten Anthocyane und die gelben Carotinoide).

Zur Lichtmessung bilden die Pflanzen neben den Massenpigmenten auch **Sensorpigmente** in geringen Konzentrationen. Ihre Funktionen können folgendermaßen charakterisiert werden: 1. Optimierung der pflanzlichen Entwicklung und Reproduktion in dem durch die Gene vorgegebenen Rahmen; 2. optimale Modulation des pflanzlichen Verhaltens (Photonastien, Phototropismen, intrazelluläre Bewegungen). Zu den Sensorpigmenten rechnen wir vier Photoreceptortypen, die in verschiedenen Spektralbereichen wirksam sind:

▶ **UV-B-Photoreceptor** (280 bis 350 nm),
▶ **Cryptochrom** (UV-A und Blaulicht, 340 bis 520 nm),
▶ **Phototropin** (UV-A und Blaulicht, 340 bis 520 nm),
▶ **Phytochrom** (vor allem Hellrot- und Dunkelrotlicht, 660 bzw. 730 nm).

19.3 Wirkungsspektren

Das **Reciprocitätsgesetz** besagt, dass die für die Erzielung einer bestimmten Reaktionsgröße a notwendige Photonenfluenz (F_a) entweder mit hohem Photonenfluss (J) und kurzer Bestrahlungszeit (t)

19.3 Wirkungsspektren

EXKURS 19.1: Wie groß ist der biologische Wirkungsbereich des Lichts auf der Energieskala?

Photomorphogeneseforscher wissen, dass „Dunkelheit" bei Experimenten mit Pflanzen ein relativer Begriff sein kann, und dass selbst schwaches „Sicherheitslicht" (z. B. grünes Licht, das von den bekannten Photoreceptorpigmenten kaum absorbiert wird) deutlich messbare Effekte auf die Entwicklung von Pflanzen hat. Dies beruht auf der enormen Lichtempfindlichkeit der pflanzlichen Photosensorsysteme, speziell des Phytochroms, die diejenige des menschlichen Auges weit übertreffen kann. Die Tabelle gibt eine Übersicht über einige lichtabhängige Reaktionen von Pflanzen und ihre Einordnung in eine 12 Zehnerpotenzen umfassende Skala der Lichtempfindlichkeit. (Nach verschiedenen Autoren)

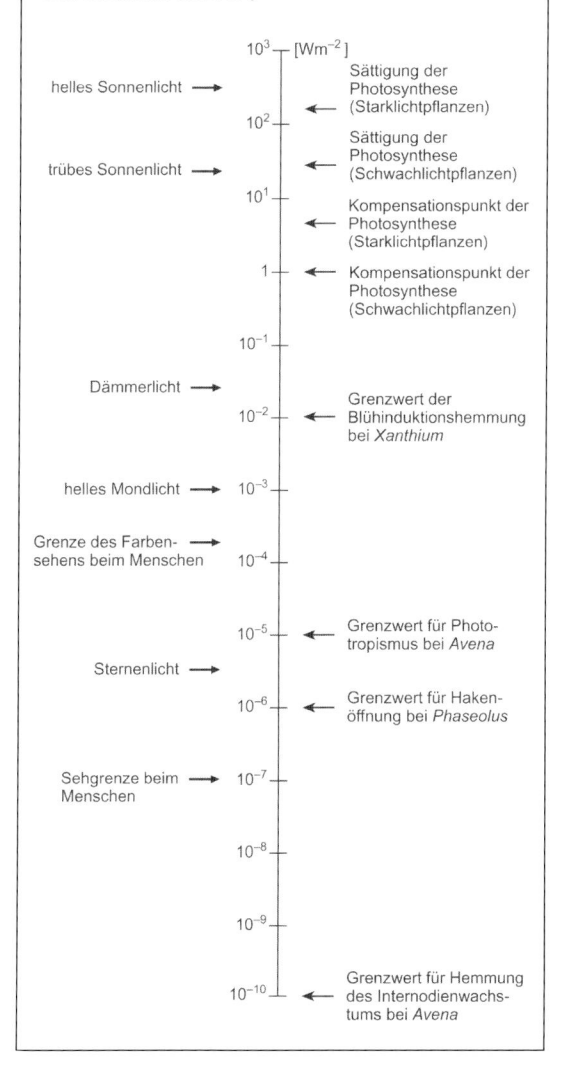

Lichtquelle	$[Wm^{-2}]$	Reaktion
	10^3	Sättigung der Photosynthese (Starklichtpflanzen)
helles Sonnenlicht →	10^2	Sättigung der Photosynthese (Schwachlichtpflanzen)
trübes Sonnenlicht →	10^1	Kompensationspunkt der Photosynthese (Starklichtpflanzen)
	1	Kompensationspunkt der Photosynthese (Schwachlichtpflanzen)
	10^{-1}	
Dämmerlicht →	10^{-2}	Grenzwert der Blühinduktionshemmung bei *Xanthium*
helles Mondlicht →	10^{-3}	
Grenze des Farbensehens beim Menschen →	10^{-4}	
	10^{-5}	Grenzwert für Phototropismus bei *Avena*
Sternenlicht →	10^{-6}	Grenzwert für Hakenöffnung bei *Phaseolus*
Sehgrenze beim Menschen →	10^{-7}	
	10^{-8}	
	10^{-9}	
	10^{-10}	Grenzwert für Hemmung des Internodienwachstums bei *Avena*

oder mit langer Bestrahlungszeit und entsprechend niedrigem Photonenfluss appliziert werden kann:

$$F_a = J\,t.$$

Ist Reciprocität gewährleistet, so bestimmt man bei möglichst vielen Wellenlängen die Abhängigkeit der ins Auge gefassten Reaktionsgröße von der eingestrahlten **Photonenfluenz** (Photonenfluenz-Effekt-Kurven; Abbildung 19.2, *oben*). Dann berechnet man, welche Photonenfluenzen bei den verschiedenen Wellenlängen gebraucht werden, um ein und dieselbe Reaktionsgröße, z. B. dieselbe Anthocyanmenge oder denselben Prozentsatz an Keimung, zu erzielen. Wir nennen diese Größe F_λ. Ihr Kehrwert, $1/F_\lambda$, die **Photonenwirksamkeit** als Funktion der Wellenlänge, nennt man **Wirkungsspektrum** (→ Abbildung 19.2, *unten*). Es repräsentiert unter gewissen Annahmen das Extinktionsspektrum der wirksam absorbierten Substanz (Photoreceptorpigment). Beispiele für die funktio-

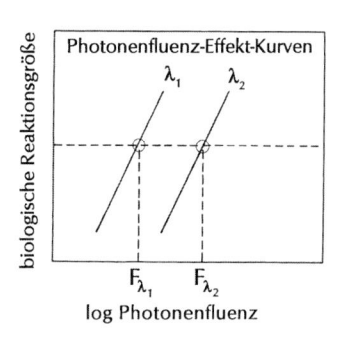

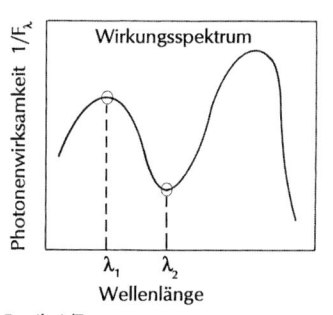

Es gilt: $1/F_\lambda \sim \varepsilon_\lambda$

Abb. 19.2. Die Ausarbeitung eines Wirkungsspektrums vollzieht sich in zwei Stufen. Man bestimmt zunächst experimentell Photonenfluenz-Effekt-Kurven (*oben*), dann berechnet man die Photonenwirksamkeit als Funktion der Wellenlänge (*unten*). Die Photonenfluenz-Effekt-Kurven sind häufig näherungsweise linear, wenn man die Reaktionsgröße gegen log Photonenfluenz aufträgt. Dies besagt indessen noch nichts über den Mechanismus der Lichtwirkung. Auch hyperbolische Funktionen liefern bei logarithmischer Auftragung oft in erster Näherung Geraden.

nelle Identifizierung lichtabsorbierender Moleküle durch Wirkungsspektrometrie haben wir in Abbildung 8.12 und 9.8 kennengelernt. Außer der Gültigkeit der Reciprocität müssen bei (einfachen) Modellbetrachtungen zur Wirkungsspektrometrie einschränkende Annahmen gemacht werden, z. B. niedrige Konzentration der funktionellen Pigmente (d. h. Selbstbeschattung ist zu vernachlässigen), Beschattung durch Fremdpigmente vernachlässigbar, photochemische Wirksamkeit absorbierter Photonen (Quantenausbeute) nicht wellenlängenabhängig, homogene Verteilung des Pigments, kein Dichroismus. Will man sich bei den Modellbetrachtungen keine Einschränkungen bezüglich der Pigmentkonzentration und der Beschattungssituation auferlegen, so gestaltet sich die Theorie der Wirkungsspektrometrie kompliziert. Obwohl die einschränkenden Bedingungen meist nicht befriedigend erfüllt sind, geben die Wirkungsspektren häufig zumindest die Lage der Absorptionsgipfel der jeweils wirksamen Pigmente richtig wieder.

Unter *steady-state*-Bedingungen liefert ein bestimmter eingestrahlter **Photonenfluss** eine bestimmte Intensität eines biologischen Prozesses, z. B. Photosyntheseintensität. Man misst die Intensität des Prozesses bei möglichst vielen Wellenlängen als Funktion des stationären Photonenflusses (Photonenfluss-Effekt-Kurven). Liegt diese Information vor, so berechnet man das Wirkungsspektrum, indem man die Wirkung W_λ, also z. B. die Steigung dieser Kurven als Funktion der Wellenlänge aufträgt ($\rightarrow$ Abbildung 10.1). In anderen Fällen berechnet man, welcher Photonenfluss bei den verschiedenen Wellenlängen notwendig ist, um eine bestimmte Intensität des biologischen Prozesses zu erreichen. Wir nennen diese Größe N_λ. Ihr Kehrwert, $1/N_\lambda$, als Funktion der Wellenlänge liefert das Wirkungsspektrum. Auch in diesem Fall geht man aufgrund der oben angedeuteten Modellbetrachtungen davon aus, dass das Wirkungsspektrum das Extinktionsspektrum der wirksam absorbierenden Substanzen repräsentiert.

Häufig werden Wirkungsspektren nur näherungsweise bestimmt; beispielsweise stellt man die Reaktionsgröße fest, wenn bei den verschiedenen Wellenlängen gleiche Photonenmengen bzw. gleiche Photonenflüsse verabreicht werden. Diese Wirkungsspektren geben in der Regel die Lage der Wirkungsgipfel richtig wieder ($\rightarrow$ Abbildung 19.3, 19.4); für eine weitergehende Analyse bieten sie aber meist keine ausreichende Basis.

19.4 Wirkungen von UV-B-Strahlung

UV-Strahlung mittlerer Wellenlängen, in der medizinisch orientierten Terminologie als **UV-B** bezeichnet, umfasst den Wellenlängenbereich von 280 bis 320 nm. Der längerwellige Teil (ab etwa 295 nm) ist auch in der auf die Erde fallenden Sonnenstrahlung enthalten und erreicht, insbesondere in höheren Lagen, Pflanzen und Tiere. Diese Strahlung kann z. B. von Nucleinsäuren und Proteinen absorbiert werden und vor allem in der DNA Schäden erzeugen, die zu Fehlern bei der Replication und somit zu Mutationen führen. Die schädigende Wirkung dieser Strahlung hat schon früh in der Evolution zur Entwicklung von vielfältigen Schutzmechanismen geführt, z. B. zur Ausbildung von Schutzpigmenten, etwa den Melaninen in der menschlichen Haut, und hochwirksamen Reparaturmechanismen für die Eliminierung von DNA-Schäden. Diese Reaktionen zur Vermeidung von UV-Stresseffekten werden in Kapitel 26 ausführlicher behandelt ($\rightarrow$ S. 606). Darüber hinaus gibt es bei Pflanzen experimentelle Befunde, die auch eine nichtschädigende Wirkung von UV-B-Strahlung belegen. Ein Beispiel hierfür ist die Induktion der

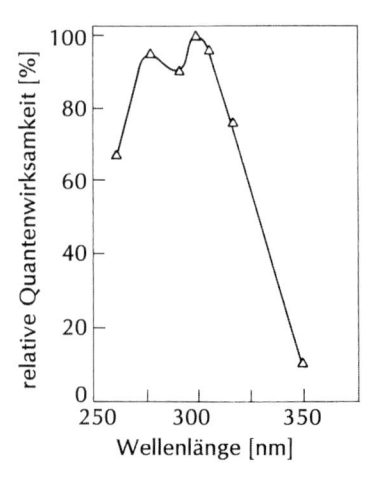

Abb. 19.3. Ein grobes Wirkungsspektrum für die UV-induzierte Anthocyansynthese in der Koleoptile von etiolierten Maiskeimlingen (*Zea mays*, cv. Inra). Bestrahlungsprogramm: 30 min monochromatisches UV (Quantenfluss 10 µmol · m^{-2} · s^{-1}) gefolgt von 5 min hellrotem Licht, um das Phytochromphotogleichgewicht [φ_{HR} = 0,8] einzustellen, da die Anthocyansynthese auch phytochromkontrolliert ist. Nach weiteren 24 h im Dunkeln wurde das Anthocyan bestimmt. (Nach Beggs und Wellmann 1985)

Anthocyansynthese in Maiskeimlingen, bei der nur Wellenlängen unterhalb von 350 nm wirksam sind (Abbildung 19.3). Befunde dieser Art haben zu der Vorstellung geführt, dass im UV-B-Bereich ein spezieller Typ von Photoreceptor bestimmte Reaktionen in der Pflanze steuert. Die molekulare Identität dieses Photoreceptors ist allerdings noch völlig offen. Es ist auch nicht ausgeschlossen, dass es sich bei den positiven Effekten der UV-B-Strahlung um sekundäre Folgen subletaler UV-Schäden handelt und dass auch in diesen Fällen die Strahlungsabsorption über Nucleinsäuren erfolgt. Das Wirkungsspektrum der Abbildung 19.3 muss also sehr vorsichtig interpretiert werden, da es wahrscheinlich, vor allem im kurzwelligen Bereich, auch von der schädigenden Wirkung der UV-Strahlung beeinflusst wird.

19.5 Photosensoren für den UV-Blau-Bereich

Bei Pflanzen muss das langwellige UV (**UV-A**, 320 bis 400 nm) mit Blaulicht (400 bis 520 nm) zu einem photobiologisch einheitlich wirksamen Spek-

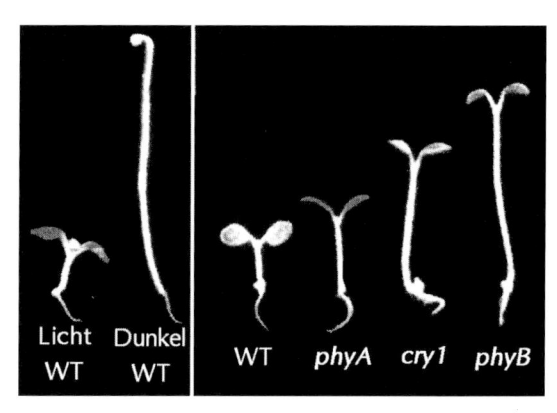

Abb. 19.5. Identifizierung photomorphogenetischer Mutanten bei *Arabidopsis thaliana*. *Links:* Die Wildtypkeimlinge besitzen im Licht ein kurzes Hypokotyl und große, entfaltete Kotyledonen (Photomorphogenese). Im Dunkeln streckt sich das Hypokotyl und die Kotyledonen bleiben klein und gefaltet (Skotomorphogenese). *Rechts:* Drei Mutanten, die im weißen Licht mehr oder minder stark die phänotypischen Merkmale von Dunkelkeimlingen ausprägen. Es handelt sich um Photoreceptormutanten mit einem Defekt in einem Cryptochrom (*cry1*) oder im Phytochrom A *(phyA)* bzw. Phytochrom B *(phyB)*. Der Unterschied zwischen WT- und *cry1*-Phänotyp wird auch im Blaulicht ausgeprägt (→ Abbildung 19.16a). (Nach Chory et al. 1996)

tralbereich zusammengefasst werden. In diesem Abschnitt der elektromagnetischen Strahlung absorbieren viele Biomoleküle, z. B. Chlorophylle, Cytochrome, Carotinoide und Flavine, welche theoretisch als Sensorpigmente in Frage kommen. Die eindeutige Identifizierung der im UV-A-Blau-Bereich photosensorisch wirksamen Moleküle war und ist daher ein schwieriges Problem.

19.5.1 Cryptochrom

Viele anhand von Wirkungsspektren beschriebenen UV-A-Blau-Effekte zeigen 4 Wirkungsmaxima im Bereich von 350 bis 500 nm, die dem Absorptionsspektrum eines „verborgenen" Photoreceptors namens **Cryptochrom** zugeschrieben wurden (Abbildung 19.4). Dieser Name wurde auch für die später molekular identifizierten Photoreceptormoleküle dieses Typs bei Pflanzen (CRY1 und CRY2) beibehalten.

Eine weit verbreitete blaulichtabhängige Reaktion ist die Hemmung des Längenwachstums im Hypokotyl und anderen Sprossorganen. Der beim Längenwachstum wirksame UV-A-Blau-Photoreceptor konnte mit Hilfe von *Arabidopsis*-Mutanten identifiziert werden, welche einen blaulichtblinden

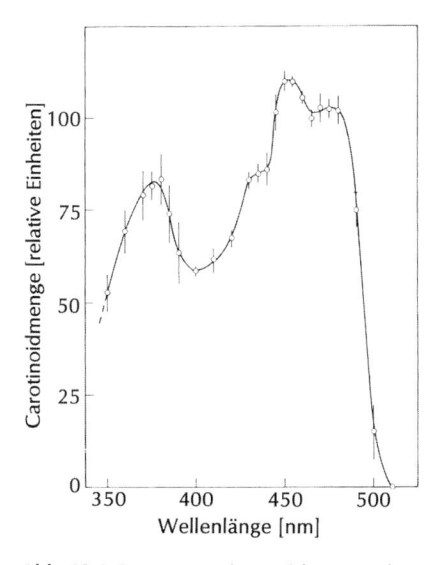

Abb. 19.4. Repräsentatives Wirkungsspektrum eines Cryptochroms. In diesem Fall wurde die lichtinduzierte Carotinoidsynthese im Mycel des Pilzes *Fusarium aquaeductuum* untersucht. Die Menge an Carotinoiden, die von einer Photonenfluenz von 4,2 mmol · m^{-2} induziert wird, ist als Funktion der Wellenlänge aufgetragen. Da Pilze über kein Phytochrom verfügen, lässt sich bei ihnen das Wirkungsspektrum des Cryptochroms ohne Störung durch Phytochrom messen. (Nach Rau 1967)

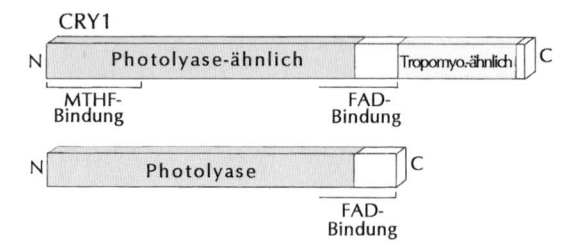

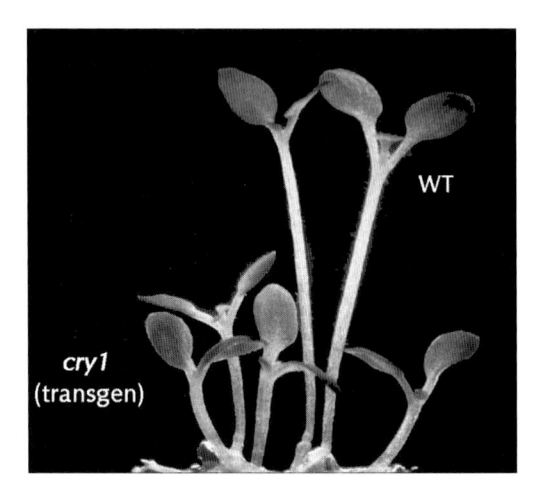

Abb. 19.6. *Oben:* Struktur des Cryptochroms CRY1 im Vergleich zu der bakteriellen Photolyase. Die Cryptochromstruktur, wie sie von der Gensequenz abgeleitet werden kann, zeigt im N-terminalen Bereich deutliche Ähnlichkeiten mit der Photolyase, besitzt aber eine zusätzliche Bindestelle für den Chromophor Methylenyltetrahydrofolat (*MTHF*). Im zentralen Teil des Moleküls wird wie bei der Photolyase das Flavin FAD gebunden. Am C-terminalen Ende besitzt das CRY1 eine Extension mit Ähnlichkeit zum tierischen Tropomyosin. *Unten:* Phänotyp von transgenen *Arabidopsis*-Keimlingen, in denen eine zusätzliche Kopie des *CRY1*-Gens hinter einem konstitutiven Promotor überexprimiert wurde. Die transgenen Keimlinge zeigen im schwachen Blaulicht eine im Vergleich zum Wildtyp stärkere Hemmung des Hypokotylwachstums. (Nach Whitelam 1995)

Phänotyp aufweisen (Abbildung 19.5). Das entsprechende Wildtypgen ($CRY1 = HY4$) codiert für ein Protein von 76 kDa mit Bindungsstellen für zwei verschiedene Chromophore, ein Flavin (FAD) und ein Pterin (Methylenyltetrahydrofolat). Das Pterin ist hauptsächlich für die Absorption im UV-Bereich verantwortlich. Die Sequenzanalyse des *CRY1*-Gens zeigte eine überraschende evolutionäre Herkunft dieses Photoreceptors: Das Protein weist eine hohe Übereinstimmung mit bakteriellen und pilzlichen **Photolyasen** auf (Abbildung 19.6). Diese auch bei Pflanzen vorkommenden Enzyme sind seit langem als FAD-haltige DNA-Reparaturenzyme bekannt, die unter Absorption von Blaulicht Thymindimere in der DNA spalten (→ S. 609). Das CRY1-Protein besitzt aber keine Photolyaseaktivität. Neben dem Photolyase-ähnlichen Teil trägt das CRY1-Protein eine C-terminale Extension mit Ähnlichkeit zum tierischen Tropomyosin. Mutationen in diesem Bereich inaktivieren das *CRY1*-Gen. Die *cry1*-Mutationen führen beim Streckungswachstum zur Blaublindheit. Die betroffenen Pflanzen zeigen aber einen normalen Phototropismus und eine normale Blaulichtreaktion der Stomata (→ S. 273). Diese Befunde deuten auf die Existenz weiterer Blaulicht-Photoreceptorsysteme hin.

Bei vielen Pflanzen, z. B. bei der Petersilie (*Petroselinum hortense*) wird die Synthese von Flavonoidglycosiden durch UV-A-Blau-Photoreceptoren induziert. Die im Zellsaft gelösten Flavonoide dienen wahrscheinlich vor allem als Schutzpigmente gegen schädigende UV-Strahlung (→ Abbildung 26.30). Auch eine aus Petersilienpflanzen gewonnene Zellkultur zeigt diese Induktion. Dieses experimentelle System eignet sich besonders gut für die Aufklärung der an der Flavonoidbiosynthese beteiligten biochemischen Reaktionen und hat wesentlich zum heutigen Bild des komplexen Flavonoidbiosynthesewegs beigetragen (→ Abbildung 16.5).

UV-A-Blaulicht-Photoreceptoren sind auch bei niederen Pflanzen (Algen, Moose, Farne) und Pilzen weit verbreitet und steuern dort ein breites Spektrum von physiologischen Reaktionen, z. B. die Synthese von Carotinoiden als Lichtschutzpigmente (→ Abbildung 19.4). Lichtsensoren vom Cryptochromtyp sind offenbar entwicklungsgeschichtlich alte Systeme, die zumindest zum Teil aus der UV-A-Blau-absorbierenden Photolyase hervorgegangen sind und heute in mehrfacher Ausfertigung für die Steuerung verschiedener lichtabhängiger Prozesse in der Pflanze genützt werden.

19.5.2 Phototropine

Einer der durch UV-A-Blaulicht gesteuerten Prozesse ist die **phototropische Reaktion** der Sprossorgane der höheren Pflanze, durch die das Wachstum zum Sonnenlicht ausgerichtet wird (→ Abbildung 25.14, 25.16). Der für diese lichtabhängige Wachstumsreaktion verantwortliche Photoreceptor wurde kürzlich durch die Analyse phototropisch insensitiver Mutanten von *Arabidopsis* identifiziert. Wegen seiner Funktion beim Phototropismus er-

19.6 Photosensoren für den UV-Blau-Bereich

hielt er den Namen **Phototropin**. Später stellte sich heraus, dass dieser Photoreceptor in zwei Formen vorkommt, **Phot1** und **Phot2**, und dass sich diese Formen in ihren Funktionen teilweise überlappen und ergänzen (Abbildung 19.7). Wegen der Redundanz bei der Auslösung der phototropischen Reaktion war es nicht möglich, die Funktionen der Phot-Gene an Ein-Gen-Mutanten zu identifizieren; erst Doppelmutanten mit Defekten in beiden Phototropinen ergaben einen eindeutigen Phänotyp, d. h. ein völliges Ausbleiben der phototropischen Reaktionen. Phototropine sind nicht nur für den Phototropismus zuständig, sondern steuern auch die phototaktische Orientierungsbewegung der Chloroplasten und die photonastische Öffnung der Stomata als Reaktion auf Blaulicht ($\rightarrow$ S. 577, 273).

Phototropine sind ebenso wie die Cryptochrome evolutionär alte Proteine, die aus verwandten Molekülen in Bakterien entstanden sind. Die Phototropine (etwa 120 kDa) enthalten zwei so genannte LOV-Domänen von jeweils 110 Aminosäuren Länge (LOV = *light*, *oxygen*, *voltage*), die in sensorischen Proteinen bei allen Organismen vorkommen, so z. B. in den Sauerstoff-Sensorproteinen bei Stickstoff-fixierenden Bakterien. Die Phototropine können zwei Flavin-Cofaktoren (FMN) binden, die für die Lichtperception essenziell sind. Diese Flavine binden jeweils an eine der beiden LOV-Domänen und verändern bei Blaulichtbestrahlung deren Struktur reversibel. Die im Grundzustand nicht-covalent an die LOV-Domänen gebundenen FMN-Moleküle gehen nach Absorption eines Lichtquants in ein gebleichtes, relativ langlebiges Zwischenprodukt über ($\rightarrow$ Abbildung 19.7b, c). Diese strukturellen Umlagerungen aktivieren die Autophosphorylierung von bis zu 8 Serinresten mit ATP durch eine Serin/Threonin-Proteinkinase-Domäne am C-terminalen Ende des Proteins ($\rightarrow$ S. 94).

Verwandte Proteine mit LOV-Domänen aus der ZEITLUPE-Familie sind als Blaulicht-Photoreceptoren an der Modulation der Blüteninduktion beteiligt. Die Lichtaktivierung verändert bei diesen Proteinen die Interaktion mit einer Ubiquitin-E3-Ligase (F-Box-Protein), die über den Abbau eines Repressors das Gen für das CONSTANS-Protein aktiviert ($\rightarrow$ S. 503).

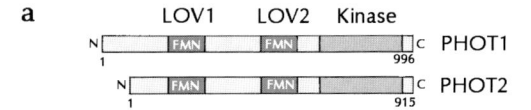

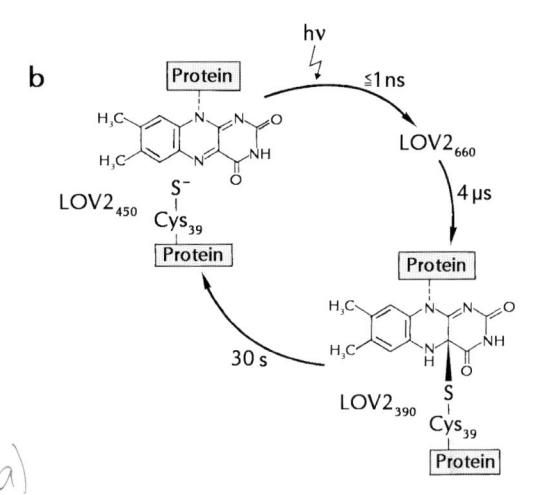

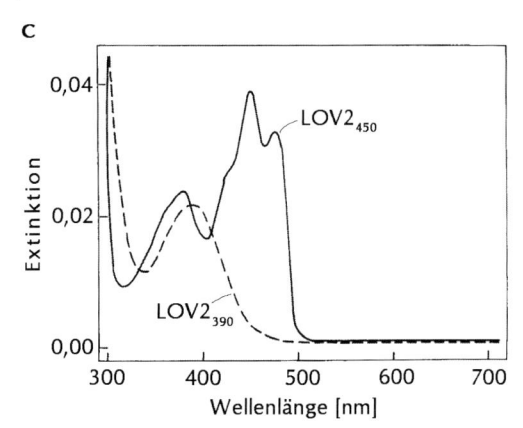

Abb. 19.7 a–c. Struktur und photochemische Eigenschaften von Phototropinen. **a** Die funktionellen Domänen von Phototropin 1 (PHOT1) und Phototropin 2 (PHOT2). **b** Der photochemische Anregungscyclus (LOV2-Domäne von PHOT1 aus *Avena sativa*; nach *in-vitro*-Messungen, teilweise hypothetisch). Nach der Anregung erfolgt im Zustand LOV2$_{390}$ eine covalente Verknüpfung mit einem benachbarten Cysteinrest (Cys$_{39}$) in der LOV2-Domäne, die sich beim Übergang zum Grundzustand (LOV2$_{450}$) wieder löst. LOV2$_{660}$ ist eine kurzlebige Zwischenstufe. **c** Extinktionsspektren des Pigments im Grundzustand und im angeregten (gebleichten) Zustand. (Nach Briggs et al. 2005; verändert)

19.6 Photosensoren für den Rotlichtbereich ③

19.6.1 Licht als Signalgeber der Entwicklung

Die Entwicklung niederer Pflanzen bis hin zu den Farnen vollzieht sich im Dunkeln ähnlich wie im Licht, wenn man von der Notwendigkeit des Lichts als Energiequelle für die Photosynthese absieht. Dies gilt z. B. auch für die Ergrünung, d. h. die Ausbildung funktionsfähiger Chloroplasten. Erstmals bei den Gymnospermen beobachtet man, dass die Chlorophyllsynthese partiell der Kontrolle durch das Licht unterstellt wird; bei den Angiospermen ist die Chlorophyllsynthese schließlich obligat lichtabhängig (→ S. 368). Diese Pflanzen besitzen außerdem die Fähigkeit, in Abwesenheit von Licht die Ausbildung von Funktionen zu blockieren, welche nur im Licht benötigt werden. Andererseits werden Funktionen gefördert, die, wie das Streckungswachstum, das Erreichen des Lichtraums begünstigen. Diese Entwicklungsstrategie zielt darauf ab, die Sprossspitze nach der Keimung im Boden ans Licht zu bringen, bevor die begrenzten Vorräte an Speicherstoffen erschöpft sind. Diese Überlebensstrategie wird als **Etiolement** (Vergeilung) oder **Skotomorphogenese** bezeichnet. Sobald der Spross eines Dikotylenkeimlings mit seinem U-förmig gebogenen, das Meristem beim Durchtritt durch den Boden schützenden Apikalhaken die Erdoberfläche erreicht und ans Licht kommt, wird auf die alternative Entwicklungsstrategie der **Photomorphogenese** umgestellt: Das Streckungswachstum wird stark reduziert, der Haken öffnet sich, die Blätter wachsen und entfalten sich unter

---

EXKURS 19.2: Eine historisch interessante Beschreibung der pflanzlichen Photomorphogenese und ihre Interpretation

Die erste wissenschaftliche Beschreibung der Lichtwirkung auf die Entwicklung von Pflanzen findet sich in dem berühmten Lehrbuch *Vorlesungen über Pflanzen-Physiologie* (1. Auflage 1882) von Julius Sachs, dem Begründer der systematisch experimentell forschenden Pflanzenphysiologie im 19. Jahrhundert. Sachs beschrieb hier seine Beobachtungen an Pflanzen, die er für einige Zeit ganz oder teilweise in einem verdunkelten Raum wachsen ließ, wodurch auffällige Veränderungen beim Wachstum von Sprossachse und Blättern ausgelöst wurden. Im Gegensatz zur normalen Entwicklung im Licht führte eine längerfristige Verdunkelung zum „Vergeilen", d. h. zu einem verstärkten Längenwachstum des Stängels und zu einem reduzierten Flächenwachstum und zur Vergilbung der Blätter. Eines der von Sachs beschriebenen Experimente ist in der Abbildung wiedergegeben.

Am 25. Juli 1881 führte Sachs die Sprossspitze einer Kürbispflanze durch ein Loch (*unten*) in einen lichtdichten Kasten und nach 5 Wochen Wachstum im Dunkeln wieder durch ein Loch (*oben*) heraus ans Licht. Seine Zeichnung zeigt die Situation am 7. Oktober 1881. Im Dunkeln entwickelten sich lange Internodien und kleine chlorophyllfreie Blätter. Der verdunkelte Sprossabschnitt produzierte (nach künstlicher Bestäubung) eine Kürbisfrucht mit 3 kg Frischmasse und 64 keimfähigen Samen. Daraus schloss Sachs, dass der im Dunkeln veränderte Wachstumsmodus nicht auf dem Fehlen der Assimilation beruht. Er interpretierte diese Veränderungen vielmehr als Symptome einer durch Lichtmangel ausgelösten Krankheit, die durch erneute Belichtung wieder geheilt werden konnte. Diese Interpretation ist, wie wir heute wissen, überholt, war aber zu Sachs Zeiten logisch korrekt und plausibel. (Nach Sachs 1887)

19.6 Photosensoren für den Rotlichtbereich

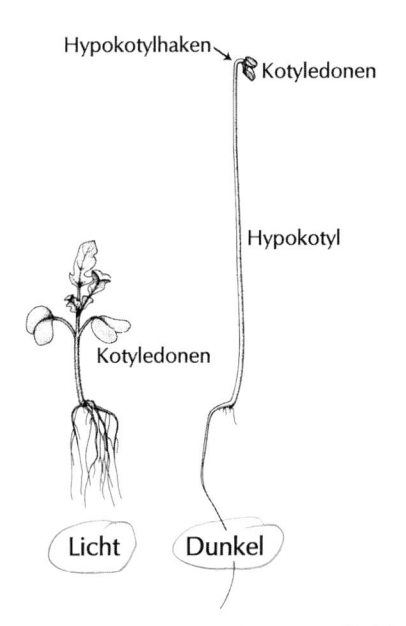

Abb. 19.8. Photomorphogenese (*links*) und Skotomorphogenese (*rechts*) beim Senfkeimling (*Sinapis alba*). Die beiden Keimlinge sind genetisch praktisch identisch. Die Unterschiede in der Entwicklung sind ausschließlich auf das Licht (2 Wochen Weißlicht nach der Keimung) zurückzuführen. Die Abbildung betont den wichtigen Punkt, dass das Licht die Kotyledonen dazu veranlasst, sich aus kleinen, kompakten Speicherorganen (*rechts*) in großflächige, photosynthetisch aktive Blätter umzuwandeln (*links*). Die Phototransformation der Kotyledonen erfolgt ohne weitere Zellteilungen. Auch die Menge an DNA pro Organ nimmt nicht signifikant zu. (Nach Mohr 1972)

gleichzeitiger Ausbildung photosynthetisch aktiver Chloroplasten (Abbildung 19.8). Die Skotomorphogenese ist also als spezifische Anpassungsstrategie der höheren Pflanzen zur Optimierung des Wachstums im Dunkeln aufzufassen (→ Exkurs 19.2). Hierbei wird die Photomorphogenese, d. h. die Normalentwicklung, aktiv unterdrückt. Die Funktion des Lichts besteht darin, diese Repression wieder aufzuheben. Für diese Betrachtung sprechen z. B. die de-etiolierenden Mutanten von *Arabidopsis* (*det-* und *cop-*Mutanten), bei denen durch den Ausfall eines Gens die Skotomorphogenese aufgehoben werden kann; d. h. die Dunkelpflanzen entwickeln sich, als wären sie im Licht, **konstitutive Photomorphogenese**.

Die alternativen Entwicklungsstrategien Skotomorphogenese und Photomorphogenese illustrieren besonders eindrucksvoll die im Vergleich zu Tieren extrem ausgeprägte Umweltabhängigkeit der pflanzlichen Entwicklung (→ S. 401). Bei gleichem Bestand an Genen und gleichem Grundbauplan kann die Pflanze im Dunkeln und im Licht zwei drastisch verschiedene Modifikationen ausbilden. Unter dem Einfluss der Umwelt kommt es zu tiefgreifenden Veränderungen vieler Genaktivitäten und, in deren Folge, zu Veränderungen von Proteinmustern, Stoffwechselleistungen und morphologischen Merkmalen in praktisch allen Stadien der Ontogenese von der Samenkeimung bis zur Ausbildung reifer Samen der nächsten Generation.

Für diese Aufgabe muss die Pflanze über wirksame Mechanismen zur Perception von Licht und zur Weiterleitung des vom Licht ausgelösten Signals an die spezifisch an- bzw. auszuschaltenden Gene verfügen. Die Perception des photomorphogenetisch wirksamen Lichts erfolgt in erster Linie über den Photoreceptor **Phytochrom**, der Lichtsignale im gesamten sichtbaren Spektralbereich absorbiert, aber in seinen beiden Formen P_r und P_{fr} insbesondere auf rotes Licht anspricht. Das Chromoprotein Phytochrom kommt in mehreren molekular ähnlichen Formen vor, die von einer kleinen Genfamilie codiert werden. Die bisher am besten erforschten Formen sind **Phytochrom A (PhyA)** und **Phytochrom B (PhyB)**, welche sich hinsichtlich ihrer Stabilität in der Zelle und ihrer Funktion deutlich unterscheiden. Darüber hinaus konnten bei *Arabidopsis* Gene für die Phytochrome C, D und E identifiziert werden. Die Funktion dieser PhyB-ähnlichen Formen ist bisher kaum untersucht; wir beschränken uns daher auf eine Besprechung der Eigenschaften von PhyA und PhyB. Der Empfindlichkeitsbereich der Phytochrome umfasst einen weiten Bereich an Lichtflüssen; er reicht von der Intensität des Mondlichts bis zum vollen Sonnenlicht (→ Exkurs 19.1). Dabei ist die Quantenausbeute der Phototransformationen $P_r \rightarrow P_{fr}$ und $P_{fr} \rightarrow P_r$ relativ niedrig (etwa 0,15 bzw. 0,06 bei PhyA). Dies wird damit erklärt, dass diese Reaktionen über verlustreiche Zwischenschritte verlaufen. Im Gegensatz dazu ist z. B. die Quantenausbeute für die lichtabhängige Reaktion der Photolyasen, von denen sich die Cryptochrome ableiten, nahe beim theoretischen Wert von 1. Die erstaunlich hohe Lichtempfindlichkeit bei photomorphogenetischen Reaktionen kommt in erster Linie dadurch zustande, dass sich die Phytochrome im kontinuierlichen Licht mit der Zeit in der physiologisch wirksamen Form ansammeln können. Aufgrund ihrer speziellen Eigenschaften sind die Phytochrome geeignet, verschiedenartige Informationen über das Lichtklima ihrer Umgebung zu liefern. Sie wer-

den insbesondere für folgende Aufgaben eingesetzt (→ Abbildung 19.1):
▶ Messung der Tageslänge (→ S. 507),
▶ Messung der Lichtintensität,
▶ Messung der spektralen Zusammensetzung des Lichts,
▶ Messung der Beschattung durch andere Pflanzen.

Als Informationsquelle dient in der Natur das auf die Pflanze fallende, polychromatische Sonnenlicht. Bei experimentellen Studien zur Aufklärung der Phytochromeigenschaften verwendet man aus Vereinfachungsgründen meist monochromatische Strahlung definierter Wellenlänge, z. B. hellrotes oder dunkelrotes Licht.

19.6.2 Photobiologische Eigenschaften der Phytochrome

Phytochrome sind blaugrüne Chromoproteine mit photochromen Eigenschaften, d. h. sie ändern ihre Farbe unter dem Einfluss von Licht. Sie kommen in zwei Formen vor, P_r und P_{fr} (Abbildung 19.9). Im Dunkeln wird nur P_r, die physiologisch inaktive Form, gebildet. Unter dem Einfluss von Licht wandelt sich P_r in P_{fr}, die physiologisch aktive Form, um. Die Photokonversion $P_r \rightleftharpoons P_{fr}$ ist photoreversibel; sie folgt in beiden Richtungen einer Kinetik 1. Ordnung ($^1k_1$, $^1k_2$). Das durch Licht induzierte Signal wird von P_{fr} aus weitergegeben, **Signaltransduktion**, und von den für dieses Signal **kompetenten Zellfunktionen** empfangen, z. B. von den Promotorregionen kompetenter Gene (→ Abbildung 6.10). Die **Spezifität** der Photoantworten ist durch das räumliche und zeitliche **Kompetenzmuster** für P_{fr} vorbestimmt. Auf die Entstehung der Kompetenz hat das Licht (P_{fr}) keinen Einfluss.

Phytochrome sind relativ hydrophile Chromoproteine, die sich leicht aus der Zelle isolieren lassen.

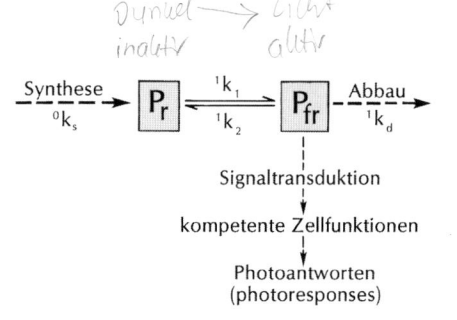

Abb. 19.9. Schema zum Phytochromsystem ($P_r = P_{red}$, $P_{fr} = P_{far-red}$).

Da ihre spektroskopischen Eigenschaften sehr ähnlich sind, lassen sie sich zusammenfassend darstellen. Das Absorptionsmaximum von P_r liegt *in vitro* bei 665 nm, also im Hellrot (HR), das von P_{fr} bei 730 nm, also im Dunkelrot (DR). Da sich die Absorptionsspektren im ganzen physiologisch interessanten Spektralbereich überlappen (Abbildung 19.10), stellt sich bei saturierender Bestrahlung ein wellenlängenabhängiges **Photogleichgewicht** zwischen den beiden Formen des Phytochromsystems ein. Man kann es durch den Quotienten

$$\varphi_\lambda = [P_{fr}]_\lambda / [P_{tot}]$$

charakterisieren, wobei $[P_{tot}] = [P_r] + [P_{fr}]$ ist.

Die Abbildung 19.11 zeigt das Photogleichgewicht des Phytochromsystems *in vivo* als Funktion der Wellenlänge. Man sieht, dass z. B. bei 660 nm (HR) etwa 80 % des Gesamtphytochroms (P_{tot}) als P_{fr} vorliegen, bei 730 nm (DR) hingegen lediglich 2–3 %. In Kurzform: $\varphi_{HR} \approx 0{,}8$; $\varphi_{DR} \approx 0{,}02$.

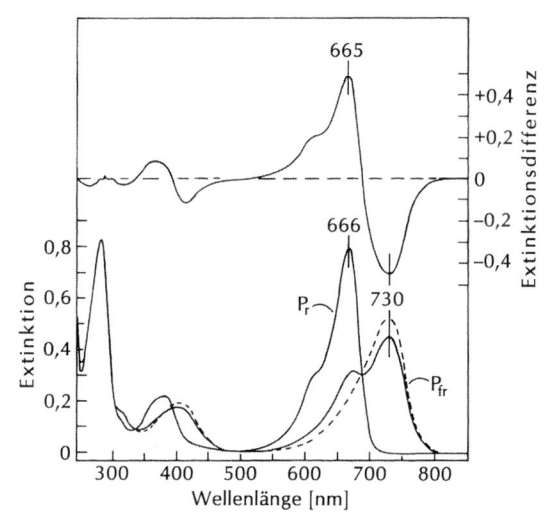

Abb. 19.10. Extinktionsspektren (*unten*) und Differenzspektrum (*oben*) von gereinigtem Phytochrom (PhyA, 124 kDa) aus etiolierten Haferkeimlingen (*Avena sativa*). Das Differenzspektrum entsteht dadurch, dass man das nach einer saturierenden Bestrahlung mit Hellrot gemessene Spektrum P_{fr} von dem nach saturierenden Bestrahlung mit Dunkelrot gemessenen Spektrum P_r abzieht. Differenzspektren zeigen die Absorptionsgipfel der photochromen Pigmentformen besonders genau an. Die gestrichelte Linie gibt das Spektrum von P_{fr} wieder, wenn man für den Beitrag von P_r im Photogleichgewicht ($\varphi = 0{,}8$) korrigiert. PhyA und PhyB zeigen *in vitro* keine spektroskopisch erkennbaren Unterschiede. (Nach Rüdiger 1986)

19.6 Photosensoren für den Rotlichtbereich

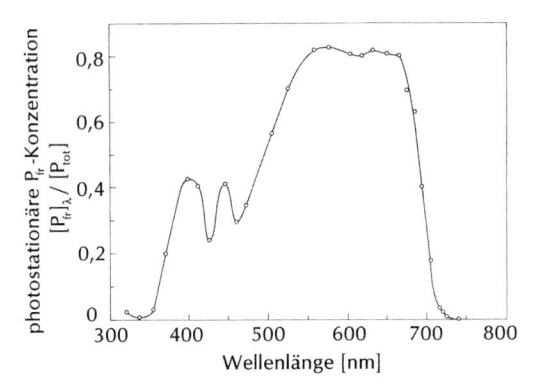

Abb. 19.11. Der im Photogleichgewicht vorhandene Bruchteil an P_{fr} als Funktion der Wellenlänge. Das Bezugssystem ist Gesamtphytochrom $[P_{tot}]$. Es handelt sich um in-vivo-Messungen, durchgeführt mit dem Hypokotylhaken des Senfkeimlings (*Sinapis alba*; → Abbildung 19.8) bei 25 °C. Als Randbedingung wird davon ausgegangen, dass im HR (660 nm) ein Photogleichgewicht mit 80 % P_{fr} vorliegt. (Nach Daten von Hartmann und Spruit; aus Hanke et al. 1969)

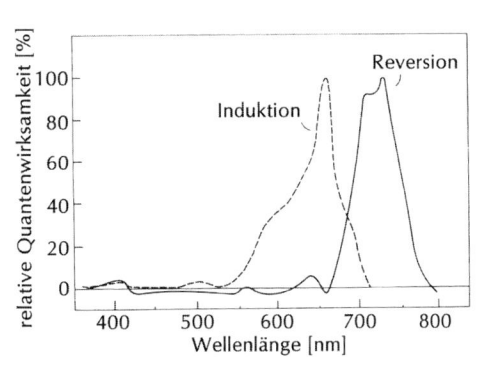

Abb. 19.13. Wirkungsspektren für die *Induktion* einer Photoantwort durch einen Lichtpuls und für die Reversion dieser Induktion (HR, 660 nm) durch einen unmittelbar nachfolgenden zweiten Lichtpuls (*Reversion*). Diese besonders genauen Spektren wurden für die lichtabhängige Öffnungsbewegung des Hypokotylhakens bei Bohnenkeimlingen (*Phaseolus vulgaris*) bestimmt. Sie repräsentieren allgemein die Wirkungsspektren von Photoantworten, die vom Phytochromsystem unter Induktionsbedingungen bewirkt werden, z. B. das der Keimung von *Lactuca*-Achänen (→ Exkurs 20.3, S. 479). (Nach Withrow et al. 1957)

Das Photogleichgewicht des Phytochromsystems stellt sich bei den üblicherweise verwendeten Photonenflüssen im HR und DR auch *in situ* innerhalb von 5 min ein (Lichtpulse). Damit lässt sich das **operationale Kriterium** für die Beteiligung eines Phytochroms an einer durch Licht ausgelösten Reaktion (Photoantwort) der Pflanze wie folgt definieren: Wenn die durch einen HR-Puls bewirkte Induktion einer Merkmalsänderung durch einen unmittelbar nachfolgenden DR-Puls auf das Niveau der DR-Wirkung reduziert werden kann, dann ist die Lichtwirkung auf ein Phytochrom zurückzuführen. Ein klassisches Beispiel ist die Induktion der Anthocyansynthese durch Lichtpulse (Abbildung 19.12). Im Dunkeln bildet sich kein P_{fr}, also erfolgt keine Anthocyansynthese. Die Einstellung des Photogleichgewichts durch einen HR-Puls führt zu einem relativ hohen Gehalt an P_{fr}. Bestrahlt man jedoch nach dem HR mit einem DR-Puls, so senkt man den P_{fr}-Gehalt auf den relativ niedrigen Wert ab, der für das Photogleichgewicht des Phytochromsystems im DR charakteristisch ist.

Die Wirkungsspektren für die Induktion einer Photoantwort und für die Reversion der Induktion zeigen erwartungsgemäß eine große Ähnlichkeit mit den Absorptionsspektren von P_r und P_{fr} (Abbildung 19.13). Die relativ sehr geringe Quantenwirksamkeit im kurzwelligen Spektralbereich ist auf die starke Absorption der Strahlung < 520 nm durch Carotinoide und Flavonoide zurückzuführen. Die Wirkungsspektren für die $P_r \rightleftharpoons P_{fr}$-Photokonversionen *in vitro* stimmen mit den *in-vivo*-Wirkungsspektren im Bereich < 520 nm überein (Abbildung 19.14). Dies ist ein überzeugender Beleg dafür, dass sich die Lichtpulse ausschließlich auf die Photokonversion der Phytochrome ($^1k_1$, $^1k_2$ in Abbildung 19.9) auswirken.

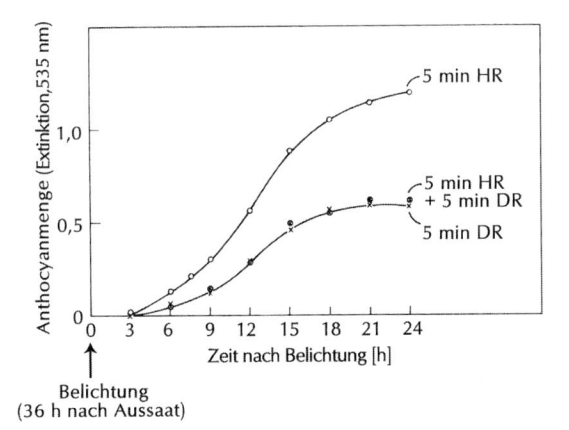

Abb. 19.12. Kinetik der Anthocyanakkumulation im Senfkeimling nach kurzen Belichtungen (jeweils 5 min) mit *HR*, *DR* oder *HR* unmittelbar gefolgt von *DR*. Die Belichtungen wurden zum Zeitpunkt 0 (36 h nach Aussaat) durchgeführt. Man erkennt, dass die Anthocyanbildung sehr empfindlich auf kleine P_{fr}-Gehalte reagiert: DR (2,3 % P_{fr}) wirkt selbst bereits halb so stark wie HR (80 % P_{fr}). (Nach Lange et al. 1971)

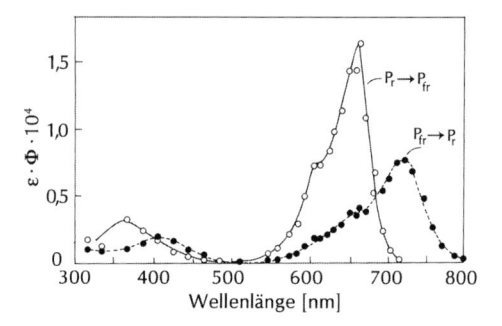

Abb. 19.14. Wirkungsspekten für die photochemische Transformation von P_r und P_{fr} *in vitro*. Der molare Extinktionskoeffizient (ε) ist in $l \cdot mol^{-1} \cdot cm^{-1}$ angegeben und die Quantenausbeuten (Φ) in mol transformierte Pigmentmoleküle $\cdot$ mol absorbierte Photonen^{-1}. (Nach Butler et al. 1964)

Bei länger andauernder Belichtung wie unter naturnahen Bedingungen genügt es nicht, nur das Photogleichgewicht der Phytochrome in Betracht zu ziehen. Vielmehr kommt hier eine andere Systemeigenschaft der Phytochrome, das **Fließgleichgewicht**, zusätzlich ins Spiel. Ein Fließgleichgewicht liegt dann vor, wenn die Syntheseintensität von P_r (^0k_s, Reaktion 0. Ordnung) gleich der Abbauintensität von P_{fr} (^1k_d, Reaktion 1. Ordnung) ist ($\rightarrow$ Gleichung 4.14, Abbildung 19.9):

$$^0k_s = [P_{fr}]_\lambda \, ^1k_d.$$

Die Menge an P_{fr}, die im Fließgleichgewicht (*photo steady state*) vorhanden ist, $[P_{fr}]_\lambda = \, ^0k_s/^1k_d$, hängt also vom Verhältnis zweier Reaktionskonstanten ab, die nichts unmittelbar mit den Lichtreaktionen ($P_r \rightleftharpoons P_{fr}$) zu tun haben. In der Tat ließ sich mit Senfkeimlingen zeigen, dass sich sowohl im HR als auch im DR beim lichtlabilen PhyA der gleiche P_{fr}-Pegel einstellt, wenn man die Keimpflanzen bis zur Einstellung des Fließgleichgewichts nach mehreren Stunden im Dauerlicht hält. Der P_{tot}-Gehalt ist natürlich im DR sehr viel höher als im HR ($\varphi_{HR} \approx 0{,}8$; $\varphi_{DR} \approx 0{,}02$; $[P_{fr}] = \varphi_\lambda[P_{tot}]$).

Entgegen den Erwartungen ergaben die Wirkungsspektren keineswegs, dass HR und DR im **Dauerlicht** gleich wirksam sind. Vielmehr zeigte sich, dass bei etiolierten Keimpflanzen, die man erstmals ins Dauerlicht bringt, das **dunkelrote Licht** besonders wirksam ist. Hellrotes Licht hat unter diesen Bedingungen eine weit geringere Wirksamkeit. Das Ausmaß der photomorphogenetischen Reaktion erweist sich auch nach der Einstellung des Fließgleichgewichts als wellenlängen- und energieflussabhängig (Abbildung 19.15). Diese **Hochintensitätsreaktion (HIR),** wird durch das Phytochrommodell der Abbildung 19.9 nicht erklärt. Obwohl eindeutig gezeigt werden konnte, dass die dunkelrote Wirkungsbande der HIR auf Phytochrom zurückzuführen ist, kann sie bis heute noch nicht befriedigend aus den bekannten Eigenschaften des Phytochromsystems abgeleitet werden. Für die Erforschung der photomorphogenetischen Folgeprozesse ist die HIR sehr nützlich gewesen. Diese Systemeigenschaft des Phytochroms (PhyA) machte es möglich, die Photomorphogenese etiolierter Keimpflanzen im Dauerdunkelrot zu studieren, das im Rahmen der HIR sehr stark photomorphogenetisch wirkt, ohne dass sich erhebliche Mengen an Chlorophyll bilden ($\rightarrow$ S. 368). Auf diese Weise konnte man auch im Langzeitexperiment Photomorphogenese und Photosynthese elegant trennen und gleichzeitig die Phytochromwirkung unter *steady-state*-Bedingungen $[P_{fr}] = \, ^0k_s/^1k_d$) quantitativ studieren.

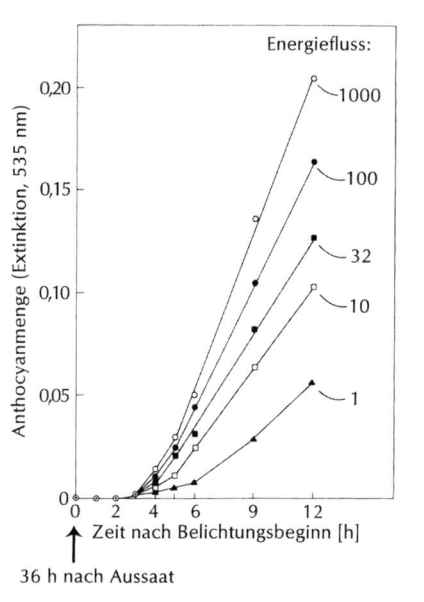

Abb. 19.15. Kinetik der Anthocyanakkumulation im Senfkeimling im dunkelroten Dauerlicht bei verschiedenen Energieflüssen. Der Energiefluss 1000 entspricht $3{,}5 \, W \cdot m^{-2}$. Beginn der Belichtung 36 h nach Aussaat. Bemerkenswert ist, dass die Dauer der initialen *lag*-Phase (3 h) unabhängig vom Energiefluss ist. (Nach Lange et al. 1971)

19.6.3 Phytochrom A und Phytochrom B

Die unterschiedliche spektrale Wirksamkeit des Phytochroms unter Lichtpulsbedingungen (HR optimal wirksam, DR revertiert HR-Wirkung; → Abbildung 19.12) und Dauerlichtbedingungen (DR optimal wirksam, Wirkung bei konstantem Photogleichgewicht intensitätsabhängig; → Abbildung 19.15) hat lange Zeit große Verwirrung in der Phytochromforschung erzeugt. Heute wissen wir, dass diese beiden Wirkungsformen auf zwei verschiedene Phytochrome zurückgehen:

▶ Die HR-DR-reversiblen Lichtpulseffekte werden primär über das **lichtstabile P_{fr}** des **PhyB** vermittelt, das nicht nur im Samen und Keimling, sondern auch im adulten Stadium vorliegt und für die meisten Photoantworten der normal im Licht wachsenden Pflanzen verantwortlich ist. Die P_{fr}-Form des PhyB wird in einer Dunkelreaktion mehr oder minder langsam (Stunden) in P_r zurückverwandelt und verliert dabei ihre Wirksamkeit, **Dunkelreversion**.
▶ Die Wirkung von dunkelrotem Dauerlicht wird primär über das **lichtlabile P_{fr}** des **PhyA** vermittelt, das die dominierende Phytochromform im jungen Keimling darstellt und dort hauptsächlich für die Verhinderung der Skotomorphogenese verantwortlich ist. Die P_{fr}-Form wird in einer Reaktion 1. Ordnung (^1k_d; → Abbildung 19.9) mit einer Halbwertszeit von 30–60 min proteolytisch abgebaut. Da das Photogleichgewicht $[P_{fr}]_\lambda/[P_{tot}]$ im Dauerlicht beständig eingestellt wird, vermindert sich $[P_{tot}]$ durch die Destruktion von P_{fr} mit der Rate $[P_{fr}]_\lambda\,^1k_d$. Diese Verminderung erfolgt rasch bei hohem $[P_{fr}]$ – also im HR – und langsam bei niedrigem $[P_{fr}]$ – also im DR –, bis sich Abbau- und Syntheserate auf niedrigem P_{fr}-Niveau kompensieren ($^0k_s = [P_{fr}]_\lambda\,^1k_d$).

PhyA ist hauptsächlich in der Jugendphase der Pflanze wirksam, insbesondere nachdem es sich im Dunkeln durch Synthese der stabilen P_r-Form anreichern konnte. Das lichtstabile PhyB ist potenziell während der gesamten Lebensspanne der Pflanze wirksam. Man unterscheidet 3 Typen von physiologischen Reaktionen, die durch unterschiedliche Intensitätsbereiche charakterisiert werden können:

▶ **Niedrigstintensitätsreaktionen** (*very low fluence reactions*, VLFR), die bereits mit DR-Pulsen < 1 µmol Photonen · m^{-2} gesättigt werden können (daher nicht mit DR revertierbar sind) und auf PhyA zurückgehen,
▶ **Niederintensitätsreaktionen** (*low fluence reactions*, LFR), die mit HR-Pulsen im Bereich von 1 bis 1000 µmol Photonen · m^{-2} gesättigt werden können (daher mit DR revertierbar sind) und auf PhyB zurückgehen, und
▶ **Hochintensitätsreaktionen** (*high irradiance reactions*, HIR), die DR-Dauerlicht > 1 µmol · m^{-2} · s^{-1} benötigen (daher mit DR nicht revertierbar sind) und auf PhyA zurückgehen.

Entsprechend seiner Funktion wird das PhyA-Gen im etiolierten Keimling stark exprimiert und PhyA akkumuliert in der P_r-Form. In diesem Zustand ist der Keimling besonders für Reaktionen der Kategorien VLFR und HIR vorbereitet. Längere Belichtung führt nicht nur zum Abbau von PhyA, sondern reprimiert auch dessen Transkription. In dem Maß, wie PhyA verschwindet, übernimmt PhyB die Photoreceptorfunktion, wobei sich nicht nur die spektrale Empfindlichkeit, sondern teilweise auch die Spezifität der Photoantworten ändert (Abbildung 19.16).

Für die Klärung der Frage, welche Rolle PhyA und PhyB bei der Steuerung einzelner Photoantworten spielen, sind Mutanten mit Defekten in einem der beiden Phytochrome von großer Bedeutung. Bei *Arabidopsis* konnten solche Mutanten in den letzten Jahren in größerer Zahl erzeugt werden. Man unterscheidet folgende Typen (Abbildung 19.16a):

▶ Mutanten mit defektem PhyA-Gen (PhyA-Protein nicht nachweisbar, PhyB-Protein vorhanden): Die Keimlinge wachsen im DR-Dauerlicht ähnlich wie im Dunkeln, werden jedoch durch HR-Dauerlicht zur Photomorphogenese umgestimmt,
▶ Mutanten mit defektem PhyB-Gen (PhyB-Protein nicht nachweisbar, PhyA-Protein vorhanden): Die Keimlinge wachsen im HR-Dauerlicht ähnlich wie im Dunkeln (da PhyA im HR rasch abgebaut wird), zeigen aber im DR-Dauerlicht normale Photomorphogenese,
▶ Mutanten mit defekten PhyA- und PhyB-Genen (Doppelmutante, weder PhyA- noch PhyB-Protein nachweisbar): Die Keimlinge wachsen im HR- und DR-Dauerlicht wie im Dunkeln; sie sind „rotlichtblind".

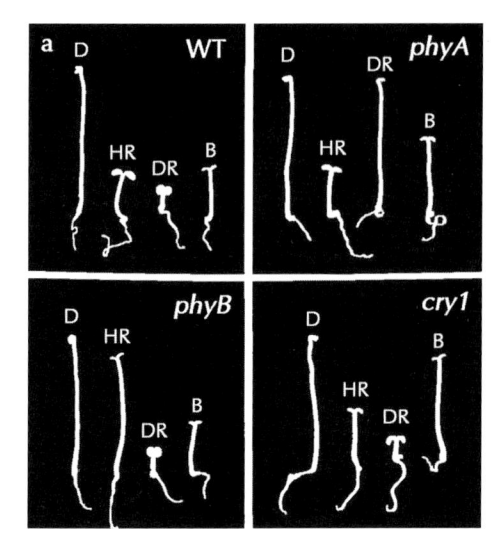

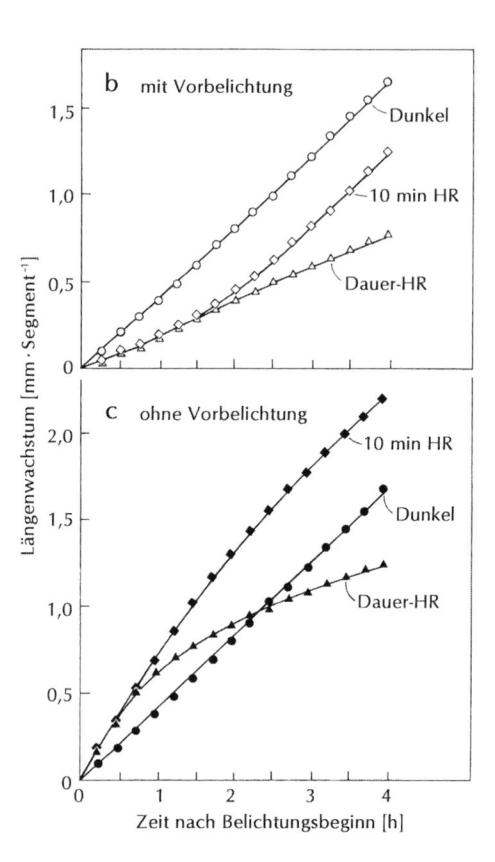

Abb. 19.16 a–c. Gleichartige bzw. unterschiedliche Wirkungen von PhyA und PhyB auf das Streckungswachstum. **a** Phänotypen von *Arabidopsis*-Mutanten mit Defekten im PhyA-Gen (*phyA*) bzw. PhyB-Gen (*phyB*). Zum Vergleich ist die Blaulichtreceptormutante *cry1* dargestellt. Die Keimlinge wurden entweder im Dunkeln (*D*), im hellroten (*HR*), im dunkelroten (*DR*) oder im blauen (*B*) Licht angezogen. Man erkennt, dass das Hypokotylwachstum durch beide Phytochromtypen gehemmt wird. (Nach Whitelam und Devlin 1998). **b, c** Die unterschiedliche Wirkung von photostabilem Phytochrom (PhyB) und photolabilem Phytochrom (PhyA) auf das Wachstum von Maiskoleoptilsegmenten (*Zea mays*). Die Segmente wurden Keimlingen entnommen, in denen das PhyA durch 3 h Vorbelichtung mit HR eliminiert wurde (**b**) oder sich im Dunkeln anhäufen konnte (**c**). Im vorbelichteten Segment (PhyA entfernt, PhyB wirksam) wird das Wachstum nach Puls- oder Dauerbelichtung mit HR gehemmt, wobei die hemmende Wirkung des Lichts langsam wieder erlischt, wenn P_{fr} im Dunkeln zu P_r zurückverwandelt wird. Hingegen wird im dunkel angezogenen Segment (PhyA vorhanden) das Wachstum unter den gleichen Bedingungen gefördert. Im Dauer-HR geht diese Förderung jedoch nach 1 h in eine Hemmung über, da das PhyA seine Wirkung durch Abbau verliert und die Wachstumssteuerung auf das hemmende PhyB übergeht. In diesem Objekt haben also PhyA und PhyB antagonistische Wirkungen auf das Wachstum. (Nach Fischer und Schopfer 1997)

Auch mit transgenen Pflanzen, in denen entweder PhyA oder PhyB überexprimiert wird, erhielt man die theoretisch zu erwartenden Resultate. Diese Befunde belegen auf der genphysiologischen Ebene die individuelle spektrale Lichtempfindlichkeit der beiden Phytochrome. Eine unterschiedliche Rolle hinsichtlich der Spezifität der Photoantworten ist in diesem Fall nicht zu beobachten, da sich beide Typen bei ihrer physiologischen Funktion weitgehend überlappen. In anderen Fällen kann man einzelne Photoantworten einem bestimmten Phytochromtyp zuordnen (Abbildung 19.16 b, c).

Die phylogenetische Entwicklung der Phytochrome während der Evolution der Pflanzen lässt sich anhand einer Ähnlichkeitsanalyse der Aminosäuresequenzen aufzeigen (Abbildung 19.17). Die PhyA-Sequenzen verschiedener Gruppen von Samenpflanzen, z. B. von Monokotylen und Dikotylen, sind untereinander stärker verwandt als die Sequenzen von PhyB (C, D, E) bei einzelnen Spezies. Dies deutet darauf hin, dass die Trennung der Gene für die beiden Phytochromtypen bereits früh während der Evolution erfolgte. Das PhyA ist wahrscheinlich erst bei der Entwicklung der Samen-

19.6 Photosensoren für den Rotlichtbereich

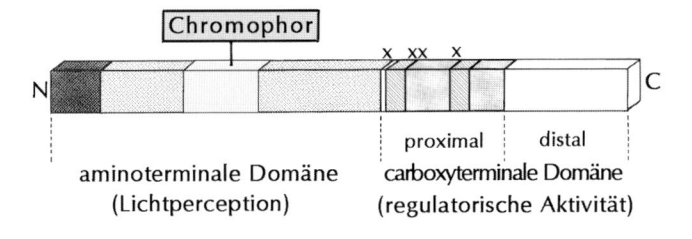

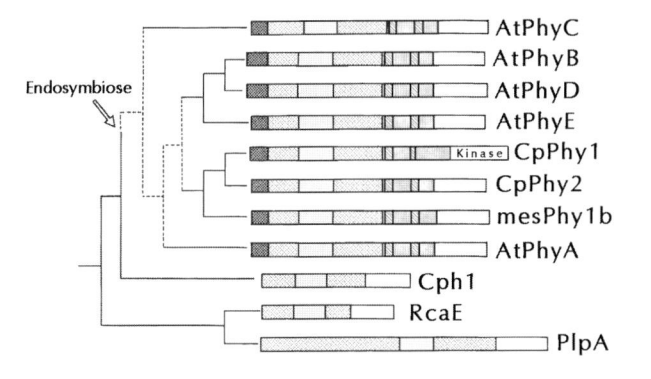

Abb. 19.17. Proteinstruktur und Evolution der Phytochrome. *Oben*: Die verallgemeinerte Struktur der Samenpflanzenphytochrome (z. B. *PhyA, PhyB*) zeigt den modularen Aufbau dieser Chromoproteine. Stellen von Mutationen, die zum Verlust der regulatorischen Aktivität führen, sind mit x markiert. *Unten*: Stammbaum in Form eines Cladogramms, der die relativen Ähnlichkeiten der Phytochromsequenzen bei Samenpflanzen (*Arabidopsis thaliana*, At), Moosen (*Ceratodon purpureus*, Cp), Grünalgen (*Mesotaenium cladariolus*, mes) und den prokaryotischen Receptorproteinen *RcaE* und *PlpA* bei Cyanobakterien (*Synechocystis,* sp. PC6803) aufzeigt. Es wird deutlich, dass die Phytochrome B, D, E untereinander relativ ähnlich sind, sich aber von den Phytochromen A und C relativ stark unterscheiden. Die ursprünglich prokaryotischen Gene wurden durch Endosymbiose mit den Vorläufern der Plastiden in das eukaryotische Genom eingebracht. (Nach Pepper 1998; verändert)

pflanzen entstanden, d. h. im Zusammenhang mit der Erfindung der Skotomorphogenese. Hingegen sind die Phytochrome vom B-Typ bereits bei Grünalgen, Moosen und Farnen zu finden, wo sie der Steuerung von Wachstums- und Bewegungsreaktionen dienen (→ S. 568, 579). Ein Protein mit PhyB-homologen Abschnitten tritt bereits bei dem Cyanobacterium *Synechocystis* auf; es handelt sich also hier um eine sehr alte Familie von Lichtsensorproteinen prokaryotischen Ursprungs, die offenbar durch die Inkorporation des Genoms endosymbiontischer Plastidenvorläufer in die Pflanzen gelangt sind.

19.6.4 Molekulare Eigenschaften des Phytochroms

Phytochrom ist ein 120 kDa großes Chromoprotein, das in der Zelle als Dimer vorliegt. Es wird als P_r synthetisiert, das *in vivo* eine Halbwertszeit von

Abb. 19.18. Struktur von Phytochromobilin (Phytochromchromophor) in der P_r-Form (*links*) und in der P_{fr}-Form (*rechts*). Die Photokonversion des Phytochroms beinhaltet die *cis-trans*-Isomerisierung des Chromophors an der Doppelbindung zwischen den Pyrrolringen C und D. Dadurch klappt die Methinbrücke zwischen Ring C und D um. Die *Pfeile* bezeichnen die (vermutete) Bewegung von Ring D bei der Photoumwandlung. Die Konformationsänderungen des Apoproteins sind eine Folge der Photoumwandlung des Chromophors. *Oben*: Ausschnitt aus der Polypeptidkette im Bereich der chromophoren Domäne (→ Abbildung 19.17). (Nach einer Vorlage von Rüdiger)

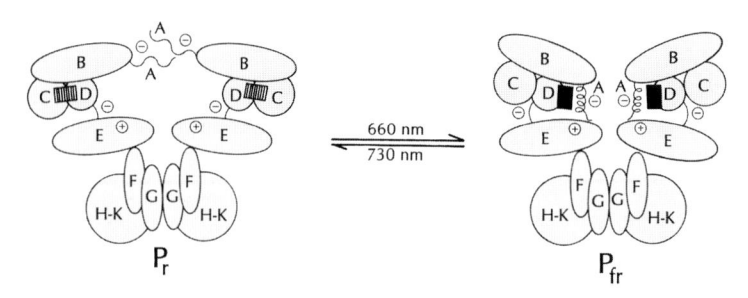

Abb. 19.19. Strukturmodell des Phytochromdimers. Die chromophore Domäne enthält die Regionen *A* bis *E*, die nichtchromophore Domäne die Regionen *G* bis *K*. *F* ist die *linker*-Region. Das Rechteck soll den Chromophor symbolisieren. Der Chromophor ändert bei der Photokonversion seine Lage innerhalb der Domäne. Die resultierenden Änderungen in der Polypeptidkette sind für die physiologische Wirkung entscheidend. ⊕ und ⊖ deuten auf Regionen hin, in denen sich positive und negative Ladungen in der Polypeptidkette konzentrieren. (Nach Parker et al. 1991)

> 100 h hat, also relativ sehr stabil ist. Durch die Photokonversion zu P_{fr} steigt bei PhyA die Abbaurate um das 100fache. Die Degradation von P_{fr} geht einher mit dem Auftreten von Ubiquitin-Phytochrom-Konjugaten. Dies deutet darauf hin, dass P_{fr} über einen ubiquitinabhängigen proteolytischen Prozess selektiv abgebaut wird (→ S. 93).

Die chromophore Gruppe von Phytochrom, ein lineares Tetrapyrrol (**Phytochromobilin**), ist covalent über eine Schwefelbrücke (– S –) an ein Cystein des 120-kDa-Apoproteins gebunden (Abbildung 19.18). Das im Kerngenom codierte Apoprotein wird an den 80S-Ribosomen im Cytoplasma synthetisiert. Das Phytochromobilin wird in den Plastiden aus ringförmigen Tetrapyrrolen erhalten (→ Abbildung 16.8); es ist nahe verwandt mit den Phycobilinen von Rotalgen und Cyanobakterien (→ Abbildung 8.19). Die Verknüpfung mit dem Apoprotein erfolgt autokatalytisch nach dem Übertritt des Phytochromobilins ins Cytoplasma. Das Strukturmodell (Abbildung 19.19) gliedert die Polypeptidkette des Apoproteins in zwei Domänen und 11 strukturelle Untereinheiten. Die chromophore Domäne (A bis E) und die nichtchromophore Domäne (G bis K) bilden zusammen mit der *linker*-Region F die Grundstruktur (→ Abbildung 19.17).

Der modulare Aufbau des Phytochroms aus zwei Domänen ist bereits bei dem prokaryotischen Vorläuferprotein angelegt. Im N-terminalen Bereich liegt die Chromophor-Bindestelle. Sie ist durch die *linker*-Region vom C-terminalen Abschnitt getrennt, der für die Dimerisierung und die Signalweitergabe verantwortlich ist. Die isolierten Proteindomänen haben keine biologische Aktivität; sie können jedoch zu aktiven, chimären Phytochromen zusammengefügt werden, bei denen z. B. die N-terminale Region von PhyA und die C-terminale Region von PhyB (oder umgekehrt) vereinigt sind. Der Aufbau des Phytochrommoleküls ähnelt stark dem modularen Aufbau bakterieller Signaltransmittermoleküle, wie er z. B. auch beim Ethylenrezeptor vorgefunden wird (→ Abbildung 18.30). In der Tat finden sich auch im C-terminalen Bereich der Phytochrome Ähnlichkeiten mit Histidin-Proteinkinasen. Ob dieser Befund eine funktionelle Bedeutung für die Signalweiterleitung besitzt, ist derzeit noch nicht abschließend geklärt. Auf jeden Fall zieht die photochemische Umwandlung des Chromophors Konformationsänderungen im Phytochrommolekül nach sich, die für die physiologische Wirksamkeit entscheidend sind.

19.6.5 Signaltransduktion zwischen Phytochrom und Genexpression

Während der Photomorphogenese von Keimpflanzen werden über 200 Enzympegel verändert (erhöht oder erniedrigt). Dieser Umsteuerung auf der Proteinebene liegen ähnlich umfangreiche Umsteuerungen der Gentranskription zugrunde. Der Frage nach den Gliedern der **Signalkette** zwischen den aktiven Phytochromen (P_{fr}) und den regulatorischen Bereichen kompetenter Gene wurde mit verschiedenen experimentellen Ansätzen nachgegangen, von denen Untersuchungen an Mutanten mit Veränderungen in der Signalkette am erfolgreichsten waren.

Pflanzen mit Mutationen in phytochromabhängigen Signalketten geben sich phänotypisch dadurch zu erkennen, dass sie zwar normale Mengen an aktiven Phytochromen bilden, aber entweder im

19.6 Photosensoren für den Rotlichtbereich

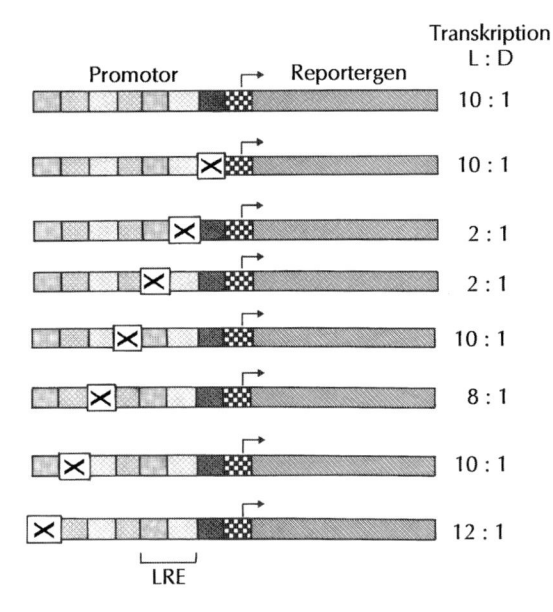

Abb. 19.20. Der Aufbau lichtregulierter Promotoren, ermittelt durch Promotordeletionsanalyse (schematisch). Der Einfluss einzelner Abschnitte in einem Promotor für die Transkription des nachgeschalteten Gens kann durch Deletion bestimmter Ausschnitte (mit *x* markierte Boxen) analysiert werden. Der Vergleich der relativen Transkriptionsraten im Licht (L) und Dunkel (D) gibt dann einen Hinweis auf die Bedeutung der betroffenen, lichtregulierten Elemente *(LREs)* in diesem Promotor. Als Reportergen wird in solchen Konstrukten oft das *GUS*-Gen oder das Gen für ein leicht *in vivo* nachweisbares grün fluoreszierendes Protein (GFP) verwendet. Die Promotoren lichtregulierter Gene enthalten neben Modulen für die Lichtsteuerung *(LREs)* oft noch weitere regulatorische Elemente für die Vermittlung von anderen Umwelteinflüssen wie Ionenkonzentrationen, Temperatur u. a. (Nach einer Vorlage von S. Binder)

Licht Skotomorphogenese-Merkmale, oder im Dunkeln Photomorphogenese-Merkmale aufweisen. Von beiden Typen konnte man bei *Arabidopsis* Vertreter isolieren. Es handelt sich stets um recessive Mutationen, um **Defekte** in Genen, deren Produkte entweder für den Ablauf der Phytochromsignalkette notwendig sind, **positive Regulatoren**, oder die Photomorphogenese reprimieren, **negative Regulatoren**. Von besonders großem theoretischem Interesse sind einige Mutanten des zweiten Typs, die als *constitutive photomorphogenetic (cop)-* oder *de-etiolated (det)*-Mutanten bekannt sind. Es sind pleiotrope Mutanten, die auch im Dunkeln viele morphologische Merkmale lichtgewachsener Pflanzen zeigen. Daraus lässt sich schließen, dass die Photomorphogenese in den Wildtyppflanzen im Dunkeln aktiv unterdrückt wird. Bei der *cop1*-Mutante ließ sich der Nachweis führen, dass das Produkt des von der Mutation ausgeschalteten Wildtypgens ein Repressor der Photomorphogenese ist, der sich im Dunkeln im Zellkern anreichert und im Licht wieder aus dem Kern verschwindet. In transgenen Pflanzen mit einer Überexpression des COP1-Proteins fehlt die Fähigkeit zur Photomorphogenese. Das COP1-Protein ist eine Ubiquitinligase, die im SCF-Komplex Proteine für den Abbau im 26S-Proteasom markiert (→ S. 92). In Verbindung mit jeweils verschiedenen Aktivatoren, darunter auch das Cryptochrom, destabilisiert COP1 eine ganze Reihe von positiv wirksamen Transkriptionsfaktoren und beeinflusst so z. B. die Homöostase des für die Blüteninduktion wichtigen Proteins CONSTANS (→ S. 503). In einer Rückkopplungsschleife kann COP1 auch zum Abbau von (auto-)phosphoryliertem P_{fr} beitragen. Damit ist im Prinzip gezeigt, dass an der vom P_{fr} ausgehenden Signalkette die aktive Ausschaltung von Repressoren des Photomorphogeneseprogramms beteiligt ist. Am anderen Ende dieser Signalkette zeigen Untersuchungen, dass es in den Promotoren verschiedener P_{fr}-regulierter Gene mehrere, zum Teil ähnliche *light-responsive elements* (LREs) gibt (Abbildung 19.20). Wahrscheinlich ist eine Kombination von verschiedenen LREs notwendig, um einen bestimmten Promotor zu aktivieren. Diese Vielfalt könnte aber auch eine Äußerung der komplexen Vernetzung von Signalketten verschiedenen Ursprungs sein, wie man sie in Systemen mit multiplen Steuereingängen erwarten muss.

Einzelne LREs werden von Transkriptionsfaktoren erkannt, die Phytochrome unabhängig vom Signalweg über das COP1-Protein direkt regulieren können. Um die Transkription solcher lichtbeeinflusster Gene zu steuern, gelangen die Phytochrome in der P_{fr}-Form in den Zellkern. Dort binden PhyA-P_{fr} und PhyB-P_{fr} mit unterschiedlicher Affinität an die Mitglieder einer Familie von Transkriptionsfaktoren (**PHYTOCHROME INTERACTING FACTORS**, PIF1-7), welche ihrerseits in verschiedenen Kombinationen als Homo- oder Heterodimere an das G-Box-Motiv (5'-CACGTG-3') im Promotor der Zielgene binden. Das Ausschalten einzelner PIFs durch Mutation führt zu unterschiedlichen Effekten bei der Photomorphogenese bzw. der Skotomorphogenese. So ist z. B. bei der *pif1*-Mutante die Lichtabhängigkeit der Keimung aufgehoben. Bei der *pif3*-Mutante ist die Hemmung des Hypokotylwachstums durch Licht begünstigt. Die bisher bekannten spezifischen Funktionen der PIFs deuten an, dass PIFs als Transkriptionsfaktoren in der Regel **positive Regulatoren** der **Skotomorphogenese** sind. Sie sind im Dunkeln stabil und fördern die Transkription ihrer Zielgene für den Entwicklungsweg der Skotomorphogenese. Sie verlieren jedoch ihre Wirkung, wenn sie als Folge der Verknüpfung mit P_{fr} phosphoryliert, und in dieser Form durch den SCF-26S-Proteasomweg abgebaut werden (→ S. 92). Die Eliminierung von PIFs durch die Interaktion mit P_{fr} ermöglicht also die Freischaltung des photomorphogenetischen Entwicklungsprogramms. Interessanterweise hat man gefunden, dass auch DELLA-Proteine mit PIFs interagieren und ihre Wirksamkeit als positive Regulatoren der Skotomorphogenese hemmen können. DELLA-Proteine sind bekannt als negative Regulatoren der Gibberellin-Signalkette (→ S. 439), sodass sich eine antagonistische Wirkung von Licht und Gibberellin bei der Umstellung auf Photomorphogenese ergibt.

Diese molekulare Verknüpfung von licht- und hormongesteuerten Signalketten erklärt die Hemmung des Hypokotylwachstums beim Übergang von der Skotomorphogenese auf die Photomorphogenese: Im Dunkeln sorgt Gibberellin für den Abbau der DELLA-Proteine, sodass die PIF-Proteine aktiv bleiben. Da Phytochrom im Dunkeln, also bei der Keimung unter der Erdoberfläche, in der inaktiven Form vorliegt und daher unwirksam bleibt, können die PIFs die Gene für Zellstreckung aktivieren. Kommt der Keimling ans Licht, werden die PIFs unter dem Einfluss von P_{fr} abgebaut und das Hypokotylwachstum wird gehemmt. Zusätzlich werden einige PIFs durch die circadiane Uhr so gesteuert, dass die Zellstreckung des Hypokotyls im Tagesverlauf in der Lichtphase unterdrückt und in der Dunkelphase aktiviert wird (→ S. 495).

19.6.6 Phytochromregulierte Enzyme

Die Regulation der Genexpression durch Phytochrom wirkt sich natürlich auch auf der Ebene der Enzyme aus und steuert damit letztendlich die komplexen Umdifferenzierungen der Gewebe und Organe bei der lichtabhängigen Entwicklung. Die Veränderungen von Enzymaktivitäten als Folge von Genumsteuerungen durch Phytochrom lassen sich besonders gut an jungen Keimlingen studieren, die alternativ im Dunkeln oder Licht angezogen werden und unter diesen Bedingungen eine ausgeprägte Skotomorphogenese bzw. PhyA-gesteuerte Photomorphogenese durchmachen (→ Abbildung 19.8). Um die Effekte des Phytochroms auf der Enzymebene genauer zu studieren, verwendet man oft eine Dauerbestrahlung mit DR-Licht, das über die HIR wirksam wird. Auf diese Weise kann gewährleistet werden, dass ein langfristig konstanter Pegel an aktivem P_{fr} eingestellt wird (→ S. 455). Als gutes Untersuchungsobjekt haben sich die Kotyledonen des Senfkeimlings erwiesen, die eine konstante Zellzahl und einen konstanten Kern-DNA-Gehalt aufweisen und daher ein stabiles Bezugssystem liefern. Aus der Vielfalt der an diesem Objekt beobachteten P_{fr}-gesteuerten Phänomene seien zwei Beispiele herausgegriffen.

Ein biochemisches Modellsystem für eine P_{fr}-gesteuerte Stoffwechselbahn ist die Biosynthese der Flavonoide, insbesondere des Anthocyans (→ Ab-

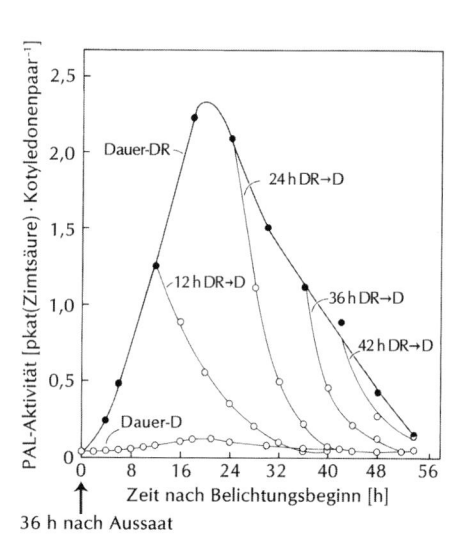

Abb. 19.21. Die Induktion des Enzyms Phenylalaninammoniaklyase (PAL) in den Kotyledonen des Senfkeimlings im *Dunkeln* (*Dauer-D*; ○) und unter dem Einfluss von P_{fr} (*Dauer-DR*; ●). Zusätzlich sind einige Abschaltkinetiken (DR → D) eingetragen, die man nach Eliminierung des restlichen P_{fr} mit einem 5-min-Puls von 756-nm-Licht erhält ($\varphi_{756} < 0{,}01$). Die Abschaltkinetik nach 12 h DR zeigt unmittelbar, dass das Effektormolekül P_{fr} beständig gebraucht wird, um einen Anstieg des PAL-Pegels zu gewährleisten. Die Abschaltkinetik nach 24 h DR zeigt außerdem, dass der PAL-Pegel nach einer Reaktion 1. Ordnung mit einer Halbwertszeit von 3,6 h absinkt (→ Exkurs 4.4, S. 93). Die scheinbar längere Halbwertszeit nach 12 h DR ist darauf zurückzuführen, dass eine erhebliche PAL-Synthese auch nach der Entfernung von P_{fr} erhalten bleibt. Die Abnahme des PAL-Pegels im Dauer-DR nach 20 h ist darauf zurückzuführen, dass die Syntheseintensität selbst in Gegenwart des Effektormoleküls allmählich nachlässt. (Nach Tong 1975)

19.6 Photosensoren für den Rotlichtbereich

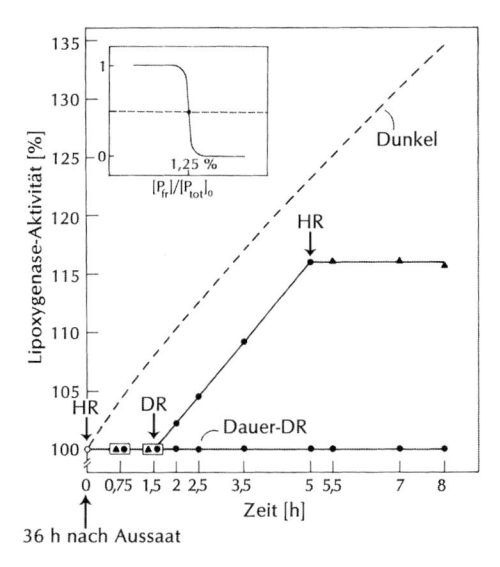

Abb. 19.22. Kinetik des Anstiegs der Lipoxygenaseaktivität in den Kotyledonen des Senfkeimlings im *Dunkeln*, im *Dauer-DR* und unter der Belichtungsfolge 1,5 h *HR* → 3,5 h *DR* → 3 h *HR*. *Einsatz*: Anschauliche Darstellung der Schwellenwertsreaktion über die das P_{fr} den Anstieg des Enzyms reguliert. $[P_{tot}]$ bedeutet Gesamtphytochrom zum Zeitpunkt Null (= 36 h nach Aussaat). Dieser Phytochromgehalt (100 %) dient als Bezugssystem für den relativen Gehalt an P_{fr}. Der Schwellenwert an P_{fr}, bei dessen Überschreiten der Aktivitätsanstieg gestoppt wird, liegt bei 1,25 %. Die Veränderungen des P_{fr}-Gehalts wurden durch photometrische Messungen *in vivo* bestimmt. (Nach Oelze-Karow und Mohr 1974)

bildung 16.5). Alle bisher untersuchten Enzyme dieses Weges stehen im jungen Keimling unter Phytochromkontrolle. Als Beispiel ist in Abbildung 19.21 die Induktionskinetik der **Phenylalaninammoniaklyase** (PAL), des Eingangsenzyms der Phenylpropanbiosynthese, dargestellt. P_{fr} steuert – über die Induktion der Transkription – die Synthese des Enzyms, das gleichzeitig einem Abbau mit einer Halbwertszeit von 3,6 h unterliegt. Außerdem wird deutlich, dass sich die Kapazität der Enzymsynthese mit dem Keimlingsalter ändert. Ein ähnliches, kinetisches Verhalten hat man auch bei der **Chalconsynthase** gefunden, die allerdings eine wesentlich größere Halbwertszeit aufweist. Der aktive Pegel beider Enzyme wird durch die Induktion der Enzymsynthese auf den Hintergrund eines P_{fr}-unabhängigen Enzymabbaus reguliert. Das schnelle An- und Abschalten der Enzymsynthese setzt mindestens ebenso schnelle Umschaltprozesse auf der Ebene der Gentranskription und kurzlebige mRNAs voraus. Die Induktion der PAL ist wie die Anthocyanbildung graduell von der Aktivität des Phytochroms abhängig; sie steigt z. B. kontinuierlich mit der Erhöhung des Lichtflusses im DR an, **graduierte Reaktion** (→ Abbildung 19.15).

Ein völlig anderes Verhalten zeigt die P_{fr}-gesteuerte **Lipoxygenase** (LOG) in den Kotyledonen des Senfkeimlings. Die Synthese dieses stabilen Enzymes erfolgt im Dunkeln mit hoher Rate und wird durch P_{fr} in Minutenschnelle arretiert (Abbildung 19.22). In diesem Fall beobachtet man eine typische **Schwellenwertsreaktion**, d. h. die Umschaltung erfolgt, wenn ein bestimmter Pegel an P_{fr} (hier 1,25 % bezogen auf den P_{tot}-Gehalt der Kotyledonen des 36 h alten Keimlings) über- oder unterschritten wird. Demgemäß wird die LOG-Synthese sowohl im HR ($\varphi_{660} = 0,8$), als auch im DR ($\varphi_{730} = 0,023$) vollständig gehemmt. Wenn man jedoch im Dauer-HR eine Verminderung des P_{tot}-Pegels durch P_{fr}-Destruktion abwartet (nach 1,5 h von 100 % auf 32 %), so kann anschließend der Schwellenwert mit DR unterschritten werden ($[P_{fr}] = 0,023 \cdot 32 = 0,74$ %) und die Enzymsynthese startet sofort wieder mit voller Intensität. Dieser Anstieg kann, wie zu erwarten, durch Überschreiten des Schwellenwertes mit HR wieder gestoppt werden. Die erstaunlich steile Schwelle kann nur verstanden werden, wenn man annimmt, dass irgendwo in der Reaktionskette zwischen P_{fr} und Enzymsynthese ein Schritt stark kooperativ ist. An welcher Stelle der Signalkette diese Kooperativität wirksam wird, ist noch unklar.

Während die Induktion der Enzyme der Anthocyansynthese eine zellautonome Reaktion ist, beobachtet man bei der LOG eine organüberschreitende Fernsteuerung durch das Phytochromsystem im Hypokotylhaken. Obwohl die LOG nur in den Kotyledonen des Senfkeimlings gebildet wird, hat eine Partialbelichtung der Kotyledonen keine Wirkung auf die Synthese dieses Enzyms. Vielmehr muss ein eng begrenzter Abschnitt im apikalen Bereich des Hypokotyls belichtet werden, um die LOG-Synthese in den Kotyledonen zu hemmen. Schneidet man diese Hakenregion ab, so unterbleibt die Lichtwirkung. Belässt man die obersten 3 mm des Hypokotyls an den Kotyledonen, so tritt die Repression der LOG-Synthese durch P_{fr} ein. Weitere Experimente zeigten, dass das vom Haken stammende Signal in den Kotyledonen nicht gespeichert werden kann. Die Signalübertragung zwischen Hypokotyl und Kotyledonen erfolgt erstaunlich schnell und präzise. Es ist noch unklar, ob es sich hierbei um ein chemisches oder ein physikalisches Signal handelt.

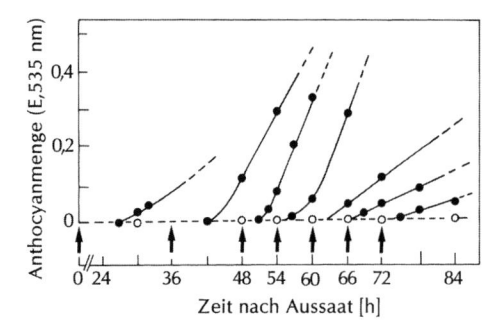

Abb. 19.23. Die zeitliche Änderung der Empfindlichkeit (*responsiveness*) bei der Anthocyansynthese eines Senfkeimlings gegenüber der Hochintensitätsreaktion des Phytochroms. Die Keimlinge wurden zu verschiedenen Zeitpunkten nach der Aussaat (*Pfeile*) ins DR-Dauerlicht verbracht und die einsetzende Anthocyansynthese wurde gemessen. ○, Dunkelkontrolle; ●, DR. (Nach Schopfer 1984)

Aktivität des Phytochromsystems im Licht manifestieren sich als Umsteuerungen zellulärer Funktionen, z. B. auch auf der Ebene der Zellorganellen. Wir beschränken uns hier auf eine exemplarische Behandlung der phytochromgesteuerten Prozesse bei der Ausbildung der Chloroplasten.

19.6.7 Phytochromregulierte Plastidendifferenzierung

Der vielleicht wichtigste Teilprozess der Photomorphogenese ist die Induktion des Photosyntheseapparats für die Nutzbarmachung des Lichts zur Erzeugung von Stoffwechselenergie. In den ergrünungsfähigen Organen der Pflanze, vor allem in den Blättern, treten zwei spezifisch differenzierte Plastidenformen auf: die **Etioplasten** im Dunkeln und die **Chloroplasten** im Licht (→ Abbildung 7.11). Die Etioplasten sind dadurch ausgezeichnet, dass sie sich bei Belichtung rasch in Chloroplasten umwandeln können. An diesem lichtabhängigen

Bei etiolierten, dikotylen Keimpflanzen kommt der Hakenregion im Hypokotyl (bzw. Epikotyl bei hypogäisch keimenden Arten) eine besondere Rolle für die Aufnahme von Lichtsignalen zu. Dies ist leicht einzusehen: In der Regel findet die Keimung im Boden, also im Dunkeln statt. Mit dem unter diesen Bedingungen ausgebildeten Apikalhaken bohrt sich der Keimling durch die Erde und erreicht das Licht (→ Abbildung 19.8). Der Haken enthält besonders viel Phytochrom. Er öffnet sich unter dem Einfluss von P_{fr} durch gesteigertes Wachstum auf der Innenseite. Das P_{fr} im Haken steuert darüber hinaus andere photomorphogenetische Reaktionen im Keimling, z. B. die Hemmung des Hypokotylwachstums.

Das aktive P_{fr} kann also als **Auslöser** einer Vielzahl unabhängiger Reaktionen auf der Gen- bzw. Enzymebene dienen, deren Spezifität von anderen Entwicklungsfaktoren festgelegt wird. Die Gesamtheit dieser Faktoren fasst man unter dem Begriff **Kompetenz** zusammen. Das Kompetenzmuster im Keimling legt die Wirksamkeit des P_{fr} in den einzelnen Geweben und Organen bei den verschiedenen Entwicklungsstadien fest. Die Photomorphogenese ist also das Produkt eines genetisch vorgegebenen Kompetenzprogramms, dessen einzelne Punkte durch Licht über den Photosensor Phytochrom realisiert werden. Das zeitliche Fenster, das durch dieses Programm z. B. für die phytochrominduzierte Synthese von Jugendanthocyan im Senfkeimling vorgegeben ist, zeigt Abbildung 19.23.

Die Veränderungen enzymatischer Aktivitäten als Antwort auf quantitative Veränderungen der

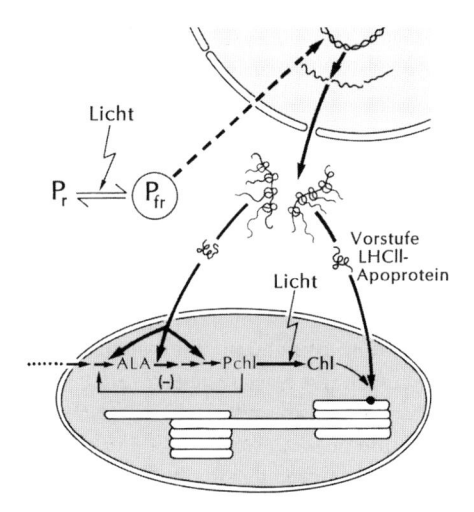

Abb. 19.24. Doppelte Lichtregulation bei der Bildung von Chlorophyll-Protein-Komplexen während der Chloroplastengenese. Das Schema soll verdeutlichen, dass hierbei zwei photochemische Reaktionen beteiligt sind: 1. die Photoreduktion von Protochlorophyllid (*Pchl*) zu Chlorophyllid a (*Chl*) und 2. die Phototransformation von inaktivem Phytochrom (P_r) zu aktivem Phytochrom (P_{fr}). P_{fr} löst im Kern die Transkription bestimmter Gene aus, deren im Cytoplasma synthetisierte Translationsprodukte (Proteine) in die Plastide importiert werden. Dazu gehören Enzyme aus der Biosynthesekette des Chlorophylls (z. B. Enzyme für die Synthese von 5-Aminolävulinat = *ALA*; → Abbildung 16.8) und die Proteinkomponenten (*Apoproteine*) der Pigmentkomplexe (z. B. *LHCII*). Auch für viele andere Plastidenproteine ist eine Regulation durch Phytochrom nachgewiesen. Außerdem ist die *feedback*-Hemmung der ALA-Synthese durch *Pchl* angedeutet.

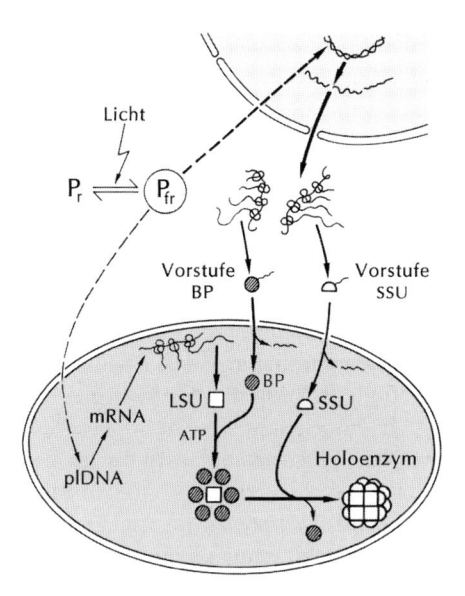

Abb. 19.25. Schema zur Bildung der Ribulosebisphosphatcarboxylase/oxygenase (*Holoenzym*). Die Synthese der beiden Untereinheiten *SSU* und *LSU* wird durch Phytochrom auf der Ebene der Transkription reguliert. An der Bildung des Holoenzyms ist ein Bindungsprotein (Chaperon 60, *BP*) beteiligt, das, ebenso wie *SSU*, im Cytoplasma als Vorstufe mit einer Signalsequenz für den Import in Plastiden gebildet wird. (In Anlehnung an Ellis und Hemmingsen 1989; Roy 1989)

Differenzierungsschritt, der sich äußerlich als Ergrünung bemerkbar macht, ist das Phytochromsystem maßgeblich beteiligt. Im etiolierten Keimling ist wieder vor allem PhyA für diese Reaktion verantwortlich.

Die Synthese von Chlorophyll wird bei der höheren Pflanze in zweifacher Weise durch Licht kontrolliert: einmal durch die Photoreduktion von Protochlorophyllid *a* zu Chlorophyllid *a* (→ Abbildung 16.9) und zum zweiten durch eine phytochromvermittelte Kapazitätssteigerung der zum Protochlorophyllid führenden Synthesebahn (Abbildung 19.24).

Diese Regulation erfolgt vor allem bei der Bildung der Vorstufe 5-Aminolävulinat (ALA) aus Glutamat (→ Abbildung 16.8). Außer den Lichtkontrollen ist in die Chlorophyllsynthese eine **feedback-Hemmung** eingebaut, die vom Protochlorophyllid ausgeht und auf die ALA-Synthese wirkt. Diese Kontrolle ist sehr effektiv: Auch wenn man aktives Phytochrom stetig und stark in Abwesenheit von Chlorophyllsynthese wirken lässt (Dauerdunkelrot, HIR; → S. 456), kommt es nicht zu einer Anhäufung von Protochlorophyllid.

Chlorophyll wird nicht als solches in der Plastide akkumuliert, sondern im Verband von stöchiometrisch dazu aufgebauten Holokomplexen, bestehend aus Chlorophyll, Carotinoiden und Strukturproteinen (Apoproteine; → Abbildung 16.18). Es ist wahrscheinlich, dass es in den Photosynthesemembranen (Thylakoiden) zumindest 5 verschiedene Holokomplexe mit jeweils charakteristischen Relationen zwischen den einzelnen Komponenten gibt. Als Beispiel für die Regulation soll hier die Bildung des Chlorophyll-*a/b*-Antennenkomplexes vom Photosystem II (LHCII = CAB; → S. 183), herausgegriffen werden. Man kann dabei eine Grob- und eine Feinregulation unterscheiden. Die Grobregulation bei der Bildung des Apoproteins erfolgt durch Phytochrom, das die Transkription der im Zellkern lokalisierten Apoproteingenfamilie stimuliert (→ Abbildung 19.24). Das im Cytoplasma gebildete Apoprotein (genauer, dessen höhermolekulare Vorstufe) wird in die Plastide importiert, wo es in die Holokomplexbildung einbezogen oder proteolytisch abgebaut wird, falls nicht genügend Chlorophyll bereit steht. Sowohl die Intensität der Apoproteinsynthese als auch die Kapazität der Chlorophyllsynthese werden durch P_{fr} reguliert und grob aufeinander abgestimmt. Die Feinregulation geschieht durch die Proteolyse überschüssigen Apoproteins. Erst die Bindung an Chlorophyll schützt das Apoprotein gegen die intraplastidäre Proteolyse.

Die Konstituenten der Holokomplexe treten in konstanten Verhältnissen auf (z. B. Chlorophyll *a*/Chlorophyll *b* oder Chlorophyll/Carotinoide). Während der Mechanismus hinter der stöchiometrischen Akkumulation der Chlorophylle unbekannt ist, konnte für die Regulation der Carotinoidbildung ein Modell aufgestellt und experimentell begründet werden. Demnach läuft die Biosynthese der Carotinoide im Dunkeln nur bis zu einem gewissen Grad ab und wird dann durch eine negative *feedback*-Kontrolle gehemmt. Die Kapazität zur Carotinoidbildung wird, analog zur Protochlorophyllid-Synthese (→ Abbildung 19.24), unter dem Einfluss von P_{fr} stark erhöht. Die Phytochromwirkung kann sich aber wegen des negativen *feedbacks* kaum manifestieren. Erst wenn zusätzlich Chlorophyll gebildet und damit der Einbau der Carotinoidmoleküle in die Holokomplexe möglich wird, kommt es zur Aufhebung der *feedback*-Kontrolle. Diese kombinierte Regulation (wobei ein kleiner *pool* für das negative *feedback* ausreicht) ist ökonomisch und gewährleistet gleichzeitig einen verlässlichen Schutz der Holokomplexe gegen Photooxidation durch neu gebildetes Chlorophyll. Es ist lange bekannt, dass Chlorophyllmoleküle photooxidativ wirken, wenn sie nicht mit Carotinoiden vergesellschaftet sind (→ S. 604).

Neben dem Aufbau funktionsfähiger Photosysteme und Elektronentransportenzyme in den Thylakoiden wird die Bildung der Enzyme für die photosynthetischen Folgereaktionen in der Chloroplastenmatrix durch Phytochrom induziert. So werden z. B. sämtliche Enzyme des Calvin-Cyclus erst unter dem Einfluss von P_{fr} in größeren Mengen gebildet. Auch diese Proteine sind in der Regel im Zellkern codiert, werden im Cytoplasma synthetisiert und anschließend in die Plastiden importiert. Eine Ausnahme ist die aus je 8 großen und 8 kleinen Untereinheiten aufgebaute Ribulosebisphosphatcarboxylase/oxygenase (RUBISCO; → S. 228), deren kleine Untereinheiten im Kerngenom und deren große Untereinheiten im Plastidengenom codiert sind. Die Transkription der beiden Gene ist über Phytochrom koordiniert; die Feinregulation erfolgt wahrscheinlich beim Zusammenfügen der Untereinheiten zum Holoenzym unter der Mitwirkung eines Chaperons (Abbildung 19.25).

Auch in anderen Zellkompartimenten hat die Umsteuerung zur Photomorphogenese Auswirkungen auf die Enzymausstattung. Beispiele hierfür sind die peroxisomalen Enzyme, die in der photosynthetisch aktiven Pflanze für den photorespiratorischen Stoffwechselweg wichtig sind (→ Abbildung 7.16b, 9.15). Demgegenüber wird die Bildung der Enzyme von Stoffwechselbereichen ohne Bezug zum Licht durch Phytochrom nicht beeinflusst (z. B. die Enzyme der glyoxysomalen Funktion der Peroxisomen; → Abbildung 7.16a, 9.19). Dies ist ebenfalls eine Manifestation des konstitutiven Kompetenzprogramms, das den Rahmen der durch Phytochrom gesteuerten Gene festlegt.

Im Gegensatz zur Genese der Chloroplasten ist die Bedeutung des Lichts als Steuerfaktor für den optimalen Betrieb des reifen Chloroplasten nicht eingehend erforscht. Es gibt Anhaltspunkte dafür, dass im reifen Chloroplasten zusätzlich zum Phytochrom auch die Photosysteme I und II als Lichtsensoren beteiligt sind, um die Stöchiometrie der Chloroplastenkomponenten an die jeweiligen Lichtverhältnisse anzupassen (→ Exkurs 8.6, S. 205). Als bewiesen gilt, dass die Größe der Chloroplasten sowie ihr Gehalt an Chlorophyll über Phytochrom (nach-)reguliert werden. Ein Beispiel: Beim Senfkeimling hat nach dem Abschluss der Chloroplastenentwicklung das Phytochrom zunächst über 48 h hinweg keinen Einfluss mehr auf den Pegel an Chlorophyll. Wenn Senfkeimlinge aber über längere Zeit (> 48 h) im Dunkeln gehalten werden, beginnt ein deutlicher Abbau des Chlorophylls und anderer Komponenten des Photosyntheseapparates (Abbildung 19.26). Dieser Abbau kann als Indikator für das Zurückschalten von Photo- auf Skotomorphogenese angesehen werden. Er ist in der Literatur als „dunkelinduzierte Seneszenz" bekannt.

19.6.8 Phytochromregulierte Reaktionen von Zellen, Geweben und Organen

Bringt man einen 36 h alten, im Dunkeln angezogenen Senfkeimling ins Dauerlicht, so stoppt das Längenwachstum des Hypokotyls nach 15 min. Nach 2 – 3 h setzt in den subepidermalen Zellen des Hypokotyls die Synthese von Anthocyan ein. Gleichzeitig wachsen aus manchen Zellen (Trichoblasten) der Epidermis Haare aus (Abbildung 19.27). Die Kotyledonen vergrößern ihre Fläche durch Zellstreckung, entfalten sich und werden durch die Öffnung des Hypokotylhakens mit ihrer

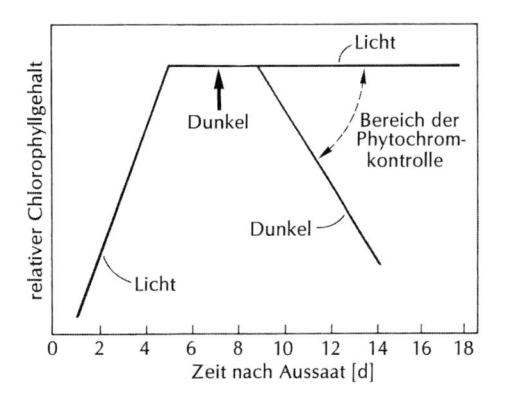

Abb. 19.26. Der prinzipielle Verlauf von Bildung und Abbau des Chlorophylls in einem Blatt. Objekt: Kotyledonen des Senfkeimlings (*Sinapis alba*). Wenn die Keimlinge 7 d nach Aussaat, also nach völliger Reifung der Chloroplasten, ins Dunkle gebracht werden, beginnt die Seneszenz nach weiteren zwei Tagen. Sie wird aufgehalten, wenn die Keimlinge während der Dunkelphase mit einigen kurzen Lichtpulsen bestrahlt werden. Durch entsprechende Experimente ist nachgewiesen, dass die Lichtwirkung ausschließlich über die Bildung von physiologisch aktivem Phytochrom (P_{fr}) abläuft. (Nach Biswal et al. 1983)

Fläche senkrecht zur Lichtrichtung ausgerichtet. In den epidermalen Zellen dieser Organe setzt die Synthese von Anthocyan ein, während sich im inneren Gewebe Speicherzellen zu photosynthetisch aktiven Mesophyllzellen umdifferenzieren. Diese Reaktionen werden über Phytochrom ausgelöst. Die Umsetzung des Lichtsignals in die morphogenetischen Veränderungen verläuft über komplizierte Steuerungsprozesse in den beteiligten Zellen, die auch bis heute noch weitgehend unklar sind.

Offensichtlich ist jedoch das unterschiedliche **Kompetenzmuster** der auf P_{fr} reagierenden Gewebe. So wachsen z. B. in der Epidermis des Hypokotyls Zellen zu Haaren aus, während in der benachbarten subepidermalen Zellschicht Anthocyan gebildet wird. Beide Zelltypen werden jedoch gleichartig durch P_{fr} in ihrem Streckungswachstum gehemmt ($\to$ Abbildung 19.27). Die gleichen Veränderungen im Phytochrom lösen also in verschiedenen Zellen ein unterschiedliches Muster an Genaktivitätsänderungen aus. Diese distinkten, sich teilweise überlappenden Reaktionen auf Licht lassen sich formal mit der Annahme erklären, dass die Zellen unterschiedlich kompetent für P_{fr} sind, und dass diese Unterschiede bereits existieren, bevor P_{fr} in den Zellen gebildet wird. Die molekularen Grundlagen des unterschiedlichen Kompetenzmusters und die Frage nach dem Verlauf einzelner Signalketten und ihren Wechselwirkungen auf der Ebene der LRE-Sequenzen multiregulatorischer Promotoren sind derzeit noch ungelöste Probleme ($\to$ Abbildung 19.20).

19.6.9 Phytochromregulierte Reaktionen älterer, grüner Pflanzen

In der im Licht heranwachsenden, grünen Pflanze spielt PhyA wegen seiner Instabilität und der Hemmung seiner Synthese im Licht eine untergeordnete Rolle. Die in dieser Lebensphase zu beobachtenden photomorphogenetischen Reaktionen werden hauptsächlich über das lichtstabile PhyB (und PhyC – D) vermittelt. Mit Hilfe dieses Photoreceptors kann die Pflanze z. B. die Dauer der täglichen Lichtperiode messen und die Information, nach Abgleich mit der inneren Uhr, zur jahreszeitgerechten Induktion der Blütenbildung benutzen (**Photoperiodismus**; $\to$ S. 504). Darüber hinaus steht auch das vegetative Wachstum der Pflanze unter der Kontrolle von PhyB. Im Experiment lässt sich z. B. mit einer *end-of-day*-Bestrahlung mit HR- bzw. DR-Pulsen zeigen, dass die Anwesenheit von Phytochrom in der P_{fr}-Form während der Nacht eine

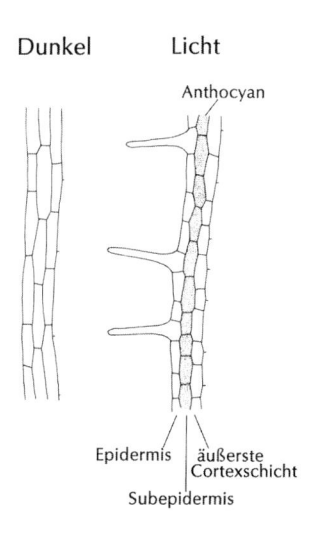

Abb. 19.27. Die Zeichnungen repräsentieren die drei äußeren Zellschichten des Hypokotyls eines Senfkeimlings ($\to$ Abbildung 19.8) im Längsschnitt. *Links*: Dunkelkeimling; *rechts*: Keimling, der 24 h im dunkelroten Licht gehalten wurde. (Nach Mohr 1972)

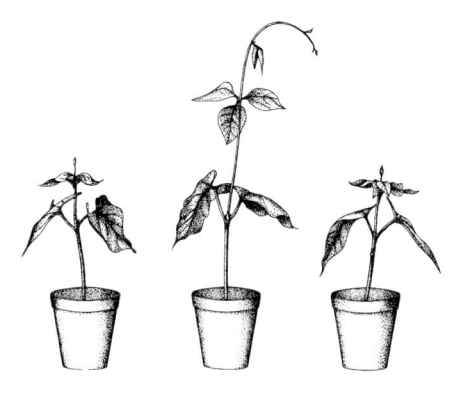

Abb. 19.28. Klassische Experimente zum Nachweis der Funktion des Phytochroms in grünen Pflanzen. Objekt: Gartenbohne (*Phaseolus vulgaris*, cv. Pinto). Alle Pflanzen erhielten eine tägliche Lichtperiode von 8 h Weißlicht aus Fluoreszenzlampen, in dem zwar HR aber praktisch kein DR vorhanden ist. Die Pflanze *links* wurde nach dieser täglichen Weißlichtperiode sofort ins Dunkle gebracht; die Pflanze *in der Mitte* wurde nach dem Weißlicht 4 min mit DR bestrahlt und dann ins Dunkle gebracht; die Pflanze *rechts* erhielt nach dem DR noch 4 min HR. Die Behandlung mit dem Zusatzlicht erfolgte über 4 d hinweg; dann blieben alle Pflanzen zur weiteren Entwicklung noch 3 Tage bei 8 h Weißlicht pro Tag ohne Zusatzlicht. (Nach Hendricks 1964)

Hemmung des Streckungswachstums bewirkt (Abbildung 19.28). Die Pflanze kann also in Abwesenheit von P_{fr} wieder zum Etiolement zurückkehren. Diese Fähigkeit spielt in der Natur eine entscheidende Rolle, wenn sich benachbarte Pflanzen während der Wachstumsphase beschatten. Viele Pflanzen reagieren in dieser Situation mit einer **Schattenmeidungsreaktion** (*shade avoidance*), welche vom DR-Anteil des Lichts abhängt. Da die Blätter der Beschatter HR stark durch Chlorophyll absorbieren und DR transmittieren oder reflektieren, ist ein hoher DR-Anteil des auf die Pflanze fallenden Lichts ein zuverlässiger Indikator für benachbarte Konkurrenten um Licht (→ Abbildung 19.1). Die Pflanze reagiert auf die Verminderung des HR/DR-Verhältnisses im Tageslicht mit verstärktem Wachstum der Sprossachse mit dem Ziel, ihren Blättern eine günstigere Position im Licht zu verschaffen. Gleichzeitig wird das Flächenwachstum der Blätter reduziert und die Verzweigung gehemmt. Es handelt sich also um eine offensichtlich ökonomisch sinnvolle Anpassungsstrategie für das Leben in einer Gemeinschaft mit Konkurrenzpflanzen. Sie kann im Experiment ausgelöst werden, indem dem Tageslicht DR-Licht zugemischt wird.

Bei Experimenten mit transgenen, PhyB-überexprimierenden Pflanzen zeigte sich, dass die Schattenmeidungssreaktion stark abgeschwächt werden kann und damit ein dichteres Auspflanzen ohne unerwünschte Vergeilung möglich wird. Diese Pflanzen bilden offenbar auch bei hohem DR-Anteil des Lichts mehr P_{fr}. Dieser Befund eröffnet theoretisch eine Möglichkeit zur Ertragssteigerung und spannt damit den Bogen von der Grundlagenforschung zur praktischen Anwendung ihrer Erkenntnisse.

Die durch Licht ausgelöste Keimung von *Lactuca*-Achänen geht auf eine Phytochrom-induzierte Bildung von Gibberellin zurück (→ Exkurs 20.3, S. 479). Man hat daher oft vermutet, dass P_{fr} generell über die Änderung von Hormonpegeln in der Pflanze wirksam wird. Diese Vorstellung ließ sich jedoch nicht bestätigen. Selbst in solchen Fällen, in denen P_{fr} auf Hormonspiegel oder auf die Dosis-Effekt-Kurven von Hormonen Einfluss nimmt, liegt kein Grund zur Annahme vor, das P_{fr} bewirke die Photomorphogenese über die Vermittlung von Hormonen. Die über Phytochrom und Hormone ausgelösten Steuersignale wirken offenbar in der Regel unabhängig voneinander, auch wenn sie auf der Ebene der Genaktivierung teilweise zusammenlaufen.

19.7 Koaktion verschiedener Photosensoren

Um auf die wechselnden Lichtverhältnisse in der Umgebung optimal reagieren zu können, benötigen die höheren Pflanzen mehrere Sensorpigmente, die parallel oder interaktiv wirksam werden können. Im natürlichen Weißlicht wirken in der Regel Phytochrome und Cryptochrome zusammen und es ist oft nicht einfach, die Photoantworten bestimmten Photoreceptoren zuzuordnen. Dies ist vor allem im kurzwelligen Spektralbereich schwierig, der sowohl von Cryptochromen und Phototropinen als auch von Phytochromen absorbiert werden kann (→ Abbildung 19.4, 19.10, 25.16). Zusätzlich ist der photomorphogenetische Beitrag der Cryptochrome bei einzelnen Pflanzenspezies sehr unterschiedlich ausgeprägt. Beim Senfkeimling z. B. lässt sich die Wirkung weißen Lichts vollständig durch HR ersetzen; eine spezifische Wirkung von Blaulicht ist also nicht nachweisbar. Das andere Extrem findet sich bei der Induktion der Anthocyansynthese im Mesokotyl des Keimlings der Mohrenhirse *(Sorghum bicolor)*, wo HR und DR

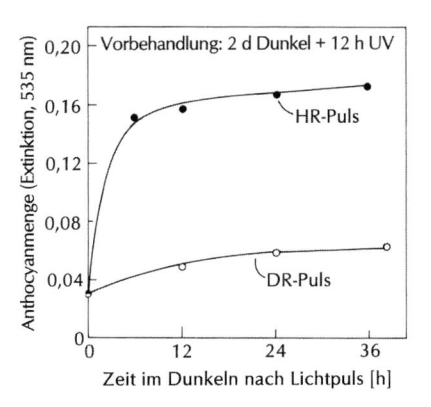

Abb. 19.29. Anthocyanakkumulation in der Weizenkoleoptile (*Triticum aestivum*, cv. Schirokko) im Dunkeln nach einer 12stündigen UV-Vorbestrahlung. Das UV war hauptsächlich UV-A, mit einer kleiner Menge an UV-B (Gesamtenergiefluss 12,6 W · m^{-2}). Nach der Vorbelichtung, also unmittelbar vor dem Transfer ins Dunkle, wurde entweder ein saturierender HR-Puls (φ_{HR} = 0,8) oder ein saturierender DR-Puls ($\varphi_{756\,nm}$ < 0,01) verabreicht. (Nach Mohr und Drumm-Herrel 1983)

ohne jede Wirkung bleiben, während UV-Blau dieselbe Wirkung wie Weißlicht entfaltet. Bestrahlt man diese Keimlinge zunächst für 3 h mit UV-Blau, so lässt sich die Anthocyansynthese anschließend mit 5 min DR hemmen. Diese Hemmung wird durch einen darauf folgenden Puls mit 5 min HR wieder revertiert. Die Manifestation der UV-Blau-Wirkung unterliegt also der Kontrolle durch Phytochrom, das auch durch UV-Blau aktiviert werden kann. Ähnliche Resultate erhielt man z. B. auch bei Koleoptilen der Weizenvarietät Schirokko (Abbildung 19.29). In diesen Fällen kommt es zu einer synergistischen Interaktion zwischen den beiden Sensorpigmenten in der Weise, dass die Absorption von UV-Blau-Strahlung über ein Cryptochrom notwendig ist, um Phytochrom in einen wirkungsbereiten Zustand zu versetzen. Entsprechende Studien auf der Ebene der Gentranskription haben ergeben, dass die synergistische Wirkung der Sensorpigmente bereits vor dieser Stufe, d. h. im Bereich der Signalketten, z. B. über die PIF- und COP1-Proteine, stattfindet. Möglicherweise interagieren die Cryptochrom- und Phytochrommoleküle direkt miteinander und bilden lichtabhängig hochmolekulare Komplexe aus, die direkt die Transkription im Zellkern bei ausgewählten Genen steuern. Ein Phototropin-Phytochrom-Hybridphotorezeptor wurde vor kurzem identifiziert (→ S. 569).

Weiterführende Literatur

Bae G, Choi G (2008) Decoding of light signals by plant phytochromes and their interacting proteins. Annu Rev Plant Biol 59: 281–311

Banerjee R, Batschauer A (2005) Plant blue-light receptors. Planta 220: 498–502

Chory J (1997) Light modulation of vegetative development. Plant Cell 9: 1225–1234

Christie KA (2007) Phototropin blue-light receptors. Annu Rev Plant Biol 58: 21–45

Demarsy E, Fankhauser C (2009) Higher plants use LOV to perceive blue light. Curr Opin Plant Biol 12: 69–74

Feng S et al. (2008) Coordinated regulation of Arabidopsis thaliana development by light and gibberellins. Nature 451: 475–479

Fischer K, Schopfer E (1997) Separation of photolabile-phytochrome and photostable-phytochrome actions on growth and microtubule orientation in maize coleoptiles. Plant Physiol. 115: 511–518

Franklin KA (2008) Shade avoidance. New Phytol 179: 930–944

Furuya M, Schäfer E (1996) Photoperception and signalling of induction reactions by different phytochromes. Trends Plant Sci. 1: 301–307

Henriques R, Jang I-C, Chua N-H (2009) Regulated proteolysis in light-related signaling pathways. Curr Opin Plant Biol 12: 49–56

Huq E, Al-Sady B, Hudson M, Kim C, Apel K, Quail PH (2004) Phytochrome-interacting factor 1 is a critical bHLH regulator of chlorophyll biosynthesis. Science 305: 1937–1941

Josse E-M, Foreman J, Halliday KJ (2008) Paths through the phytochrome network. Plant Cell Environ 31: 667–678

Kang C-Y, Lian H-L, Wang F-F, Huang J-R, Yang H-Q (2009) Chryptochromes, phytochromes and COP1 regulate light controlled stomatal development in Arabidopsis. Plant Cell 21: 2624–2641

Montgomery BL, Lagarias JC (2002) Phytochrome ancestry: Sensors of bilins and light. Trends Plant Sci 7: 357–366

Nagy F, Schäfer E (2002) Phytochromes control photomorphogenesis by differentially regulated, interacting signaling pathways in higher plants. Annu Rev Plant Biol 53: 329–355

Rockwell NC, Su Y-S, Lagarias JC (2006) Phytochrome structure and signaling mechanisms. Annu Rev Plant Biol 57: 837–858

Schäfer E, Nagy FY (eds) (2005) Photomorphogenesis in plants and bacteria: Function and signal transduction mechanisms. 3. ed, Springer, Berlin

Sellaro R, Hoecker U, Yanovsky M, Chory J, Casal JJ (2009) Synergism of red and blue light in the control of Arabidopsis gene expression and development. Curr Biol 19: 1216–1220

In Abbildungen und Tabellen zitierte Literatur

Beggs CJ, Wellmann E (1985) Photochem Photobiol 41: 481–486

Biswal UV, Bergfeld R, Kasemir H (1983) Planta 157: 85–90

Briggs WR, Christie JW, Swartz TE (2005) In: Schäfer E, Nagy FY (eds) Photomorphogenesis in plants and bacteria: Function and signal transduction mechanisms. 3. ed, Springer, Heidelberg, pp 225–254

Butler WL, Hendricks SB, Siegelman HW (1964) Photochem Photobiol 3: 521–527

Chory J et al. (1996) Proc Natl Acad Sci USA 93: 12066–12071

Ellis RJ, Hemmingsen SM (1989) Trends Biochem Sci 14: 339–342

Fischer K, Schopfer P (1997) Plant Physiol 115: 511–518

Hanke J, Hartmann KM, Mohr H (1969) Planta 86: 235–249

Hendricks SB (1964) In: Giese AC (ed) Photophysiology, Vol 1. Academic Press, New York, pp 305–331

Lange H, Shropshire W, Mohr H (1971) Plant Physiol 47: 649–655

Mohr H (1972) Lectures on photomorphogenesis. Springer, Berlin

Mohr H, Drumm-Herrel H (1983) Physiol Plant 58: 408–414

Oelze-Karow H, Mohr H (1974) Photochem Photobiol 20: 127–131

Parker W, Romanowski M, Pill-Soon S (1991) In: Thomas B, Johnson CB (eds) Phytochrome properties and biological action. Springer, Berlin, pp 85–112

Pepper AE (1998) Curr Biol 8: R117–R120

Quail PH (1994) Curr Opin Genet Devel 4: 652–661

Rau W (1967) Planta 72: 14–28

Roy H (1989) Plant Cell 1: 1035–1042

Rüdiger W (1986) In: Kendrick RE, Kronenberg GMH (eds) Photomorphogenesis in plants. Martinus Nijhoff, Dordrecht, pp 17–33

Sachs J (1887) Vorlesungen über Pflanzen-Physiologie. 2. Aufl. Engelmann, Leipzig

Schopfer P (1984) In: Wilkins MD (ed) Advanced plant physiology. Pitman, London Marshfield Melbourne, pp 380–407

Tong WF (1975) Dissertation. Universität Freiburg

Whitelam GC (1995) Curr Biol 5: 1351–1353

Whitelam GC, Devlin PF (1998) Plant Physiol Biochem 36: 125–133

Withrow RB, Klein WH, Elstadt V (1957) Plant Physiol 32: 453–462

20 Reifung und Keimung von Fortpflanzungs- und Verbreitungseinheiten

Pflanzen bilden während ihrer Ontogenese verschiedene Formen von Fortpflanzungs- und Verbreitungseinheiten aus, die unter dem allgemeinen Begriff **Diaspore** zusammengefasst werden. Typische Diasporen sind **Samen (Früchte), Pollen** und **Sporen**, aber auch rein vegetative Einheiten wie z. B. **Brutknospen, Brutknollen** und **Turionen** (Brutknospen von Wasserpflanzen). Diasporen stehen primär im Dienst der Vermehrung und Ausbreitung. Außerdem dienen sie in vielen Fällen dem Überleben unter ungünstigen Umweltbedingungen. Aufgrund dieser Aufgaben besitzen Diasporen einige typische physiologische Gemeinsamkeiten: 1. Sie enthalten meist große Mengen an **Speicherstoffen**. 2. Sie können in einen mehr oder minder stark **dehydratisierten Zustand** übergehen, in dem der Stoffwechsel auf ein Minimum reduziert ist, **physiologischer Ruhezustand**. 3. Sie besitzen im dehydratisierten Zustand eine hohe **Resistenz gegen ungünstige Umweltbedingungen** (z. B. Hitze, Kälte, Trockenheit). Beim Eintreten günstiger Bedingungen kann der Ruhezustand durch die **Keimung** abgebrochen werden; die Diaspore entwickelt sich weiter zu einer Keimpflanze. Das Diasporenstadium ist eine flexible Zäsur im ontogenetischen Entwicklungskreislauf, das der Pflanze ein hohes Maß an Anpassungsfähigkeit an ihre Umwelt verleiht. Die hierbei wichtigen physiologischen Eigenschaften werden in diesem Kapitel am Beispiel des Samens der höheren Pflanzen betrachtet.

20.1 Aufbau des Samens

Der **Same** ist ein aus einer Samenanlage entstandenes Verbreitungsorgan, das einen vorübergehend ruhenden Embryo enthält, der von einer Samenschale, **Testa**, umgeben ist und häufig noch ein besonderes **Nährgewebe** besitzt. Das Nährgewebe ist entweder ein **Endosperm** (entspricht bei den Gymnospermen einem haploiden Megaprothallium, ist bei Angiospermen wegen der doppelten Befruchtung triploid), oder ein rein mütterliches Gewebe, **Nucellus** (entspricht einem Megasporangium, diploid). Die Testa entsteht aus den **Integumenten**; sie ist also ebenfalls rein mütterlicher Herkunft. Der reifende Same steht über das Samenstielchen, **Funiculus**, mit der Mutterpflanze in Verbindung. Viele Samen sind auch im reifen Zustand noch von den Fruchtblättern, **Pericarp**, umgeben (z. B. die Achänen der Asteraceen und die Karyopsen der Poaceen). Die Samen (Früchte) der höheren Pflanzen sind also komplex aufgebaute Gebilde, in denen Gewebe verschiedener genetischer Herkunft vereinigt sind. Die Befruchtung ist zur Auslösung der Samenentwicklung nicht unbedingt erforderlich. Bei manchen Pflanzen können sich auch (diploide) Zellen der Samenanlage ähnlich wie die befruchtete Eizelle zum Embryo entwickeln, **Apomixis**.

Die Rolle des Samens im ontogenetischen Kreislauf der Pflanze ist in Abbildung 20.1 illustriert. Die Abfolge der einzelnen Entwicklungsschritte in diesem Sektor der Ontogenese wird in vielfältiger Weise durch **Hormone** gesteuert. Vor allem durch neuere Untersuchungen mit Hormonmangelmutanten hat sich gezeigt, dass die Samenreifung durch **Abscisinsäure** (ABA; → S. 426) und die Samenkeimung durch **Gibberellin** (GA; → S. 418) kontrolliert werden.

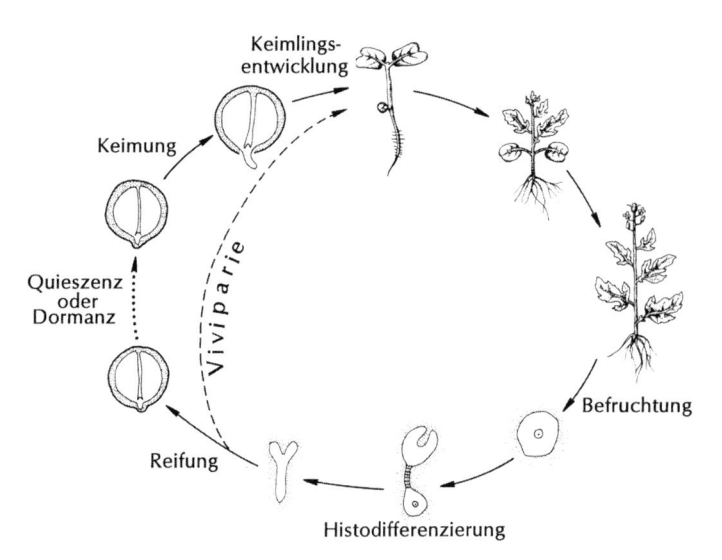

Abb. 20.1. Samenbildung und Samenkeimung im Entwicklungskreislauf einer höheren Pflanze. Aus der **Zygote** (*rechts unten*) entsteht durch Zellteilung und -differenzierung der junge Embryo, der bereits alle Organanlagen des Keimlings (Kotyledonen, Hypokotyl, Radicula) besitzt. Dieser Abschnitt wird als **Histodifferenzierung** bezeichnet. Anschließend folgt die **Reifungsphase**, in der der Embryo ohne weitere Zellteilungen durch Einlagerung von Speicherstoffen in die Kotyledonen stark heranwächst. (In manchen Samen erfolgt die Speicherstoffeinlagerung nicht nur innerhalb des Embryos, sondern auch in einem umgebenden Nährgewebe, dem Endosperm oder dem Perisperm.) Die Reifungsphase wird durch die **Desiccation** abgeschlossen, während der Same 90–95 % seines Wassergehalts verliert. Der trockene Same befindet sich in einem Ruhezustand, der im einfachsten Fall durch erneute Wasserzufuhr aufgehoben werden kann (**Quieszenz**). Von **Dormanz** spricht man, wenn der Abbruch des Ruhezustands eine zusätzliche keimungsstimulierende Behandlung erfordert (z. B. eine Kältebehandlung). Die **Keimung** erfolgt durch Austritt der Radicula aus der Samenschale (Testa); sie leitet die Entwicklung des Embryos zum Keimling ein. Wenn die Normalentwicklung des Embryos dadurch abgekürzt wird, dass der Embryo vor (oder während) der Reifung bereits auf der Mutterpflanze auskeimt, spricht man von **Viviparie**.

20.2 Entwicklung zum reifen Samen

20.2.1 Histodifferenzierung

Die Körpergrundgestalt der Pflanze wird bereits in den frühen Stadien der Embryonalentwicklung im Embryosack festgelegt (Abbildung 20.2). Bereits kurz nach dem **Torpedostadium** sind die Anlagen der Keimlingsorgane (Kotyledonen, Hypokotyl, Radicula) gut erkennbar. An den beiden Entwicklungspolen (Sprossapex, Wurzelapex) bilden sich Meristeme aus (→ Abbildung 17.12). Im späten Torpedostadium ist die Zellteilung im Embryo größtenteils abgeschlossen. Die physiologischen Vorgänge während der **Histodifferenzierung** sind noch weitgehend unerforscht, da der Embryo in dieser Phase experimentell sehr schwer zugänglich ist. Stoffliche Gradienten, sowohl von Hormonen (Gibberellin, Auxin) als auch von mRNAs und Proteinen verschiedener Entwicklungsgene, sind bei der Differenzierung einzelner Gewebe- und Zelltypen maßgeblich beteiligt (→ Kapitel 17). Die Histodifferenzierung kann auch außerhalb des Embryosacks stattfinden. Unter geeigneten experimentellen Bedingungen kann man z. B. die (vegetativen) Zellen einer Suspensionskultur zur Entwicklung von Embryonen veranlassen, **somatische Embryogenese** (→ Abbildung 24.6), welche sich morphologisch und physiologisch von den zygotisch entstandenen Embryonen kaum unterscheiden.

20.2.2 Samenreifung

Nach Abschluss der Zellteilungen im Embryo geht die Samenanlage in die **Reifungsphase** über, die je nach Art einen unterschiedlichen Verlauf nehmen kann. Bereits während der Histodifferenzierung des Embryos bildet sich im Embryosack ein **Endosperm**. In manchen Pflanzen wächst dieses Gewebe unter Speicherstoffeinlagerung stark heran und wird nach der Keimung als Nährgewebe abgebaut (Samen mit Endospermspeicherung; z. B. bei *Pinus*,

20.2 Entwicklung zum reifen Samen

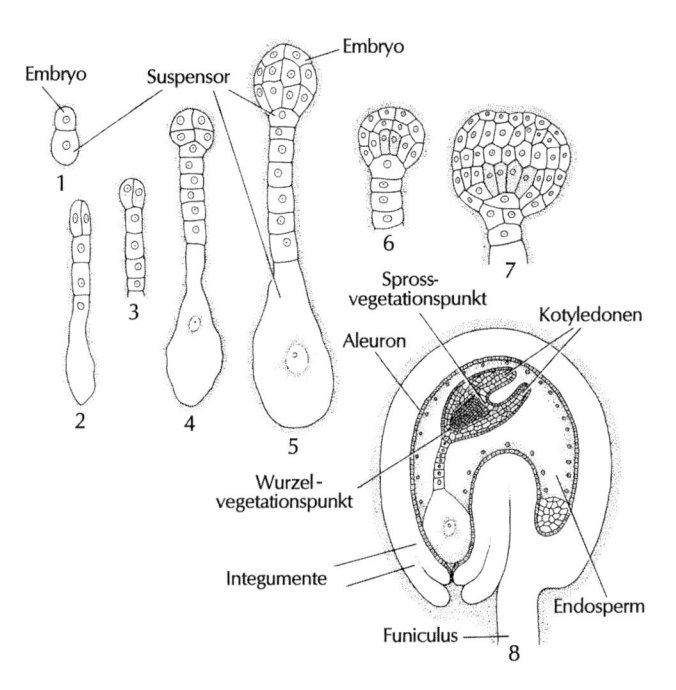

Abb. 20.2. Stadien der frühen Embryonalentwicklung bei einer dikotylen Samenpflanze (→ Abbildung 17.13). Objekt: Hirtentäschel (*Capsella bursa-pastoris*). Die Entwicklung vollzieht sich im Embryosack. Die Teilabbildung *8* zeigt, bei reduzierter Vergrößerung, einen Längsschnitt durch die Samenanlage mit einem Embryo im frühen Torpedostadium. Die Aleuronschicht (Endothel) ist bei den Brassicaceen ein Teil des inneren Integuments. (Nach Holman und Robbins 1939; verändert)

Ricinus, Cocospalme und den Karyopsen der Gräser). In selteneren Fällen bildet der **Nucellus** ein funktionell entsprechendes Nährgewebe, **Perisperm** (z. B. bei *Agrostemma*). Bei den meisten dikotylen Pflanzen üben Endosperm und Nucellus die Funktion als Nährgewebe jedoch nur vorübergehend während der frühen Embryonalentwicklung aus und werden anschließend aufgelöst. In Abwesenheit eines dauerhaften, extraembryonalen Nährgewebes erfolgt die Speicherstoffeinlagerung im Embryo selbst, vor allem in den Kotyledonen (Samen mit Kotyledonenspeicherung, z. B. bei Fabaceen und Brassicaceen). Als Speicherstoffe dienen **Speicherpolysaccharide** (meist **Stärke**), **Fette (Triacylglycerole)** und **Speicherproteine**. Die Biosynthese dieser Stoffe und ihre Ablagerung in speziellen Speicherorganellen erfolgt in allen Samenspeichergeweben in sehr ähnlicher Weise (→ Abbildung 9.18, 9.20, 9.21). Dem Samen werden in diesem Stadium große Mengen an Assimilaten aus der Mutterpflanze durch die Leitbündel des Funiculus zugeführt, vor allem Zucker und Aminosäuren.

Aufgrund ihres einfacheren morphologischen Aufbaus sind Arten mit Kotyledonenspeicherung bevorzugte Objekte zum Studium der physiologischen Vorgänge bei der Samenreifung (→ Exkurs 20.1).

Die Reifungsphase wird durch eine kontrollierte Austrocknung, **Desiccation**, des Samens beendet. Diese wird durch die Unterbrechung der Wasser- und Nährstoffzufuhr durch den Funiculus eingeleitet (Ausbildung eines Trenngewebes) und der Wassergehalt sinkt auf 5–10 Gewichtsprozente ab. Bereits beim Unterschreiten der 20 %-Grenze geht das Wasser in einen glasartigen Zustand über, **Vitrifikation**. Unterhalb von 10 % sind die H_2O-Moleküle relativ fest durch Wasserstoffbrücken an andere Moleküle assoziiert („**gebundenes Wasser**") und verlieren ihre Eigenschaft als Lösungsmittel. Die Zellen der Testa sterben ab (mit Ausnahme der Aleuronschicht; → Abbildung 20.2). Mit der Dehydratisierung des Protoplasmas geht eine Verminderung der metabolischen Aktivität im Embryo einher; der Same geht in den **Ruhezustand** über. Dieser Schritt ist allerdings keine obligatorische Voraussetzung für die Keimfähigkeit des Samens. Bei vielen Pflanzen kann man auch die unreifen Samen zur Keimung bringen, wenn man sie von der Mutterpflanze isoliert. Die ungereiften Samen besitzen jedoch noch nicht die Fähigkeit, eine Austrocknung lebend zu überstehen (Abbildung 20.3).

Die Toleranz gegen Austrocknung, ein entscheidendes Merkmal des normal gereiften Samens, wird erst gegen Ende der Reifungsphase erworben. Hierbei kommt es zu auffälligen strukturellen Veränderungen in den Zellen, z. B. zu einer Umwandlung von Chloroplasten in strukturarme Proplastiden (→ Abbildung 9.20). Die zuvor akkumulierte Stärke wird meist vollständig abgebaut. Dafür steigt

EXKURS 20.1: Embryowachstum und Speicherstoffeinlagerung während der Samenreifung beim Weißen Senf

Die meisten Brassicaceen (z. B. *Brassica, Raphanus, Arabidopsis*) besitzen Samen mit reiner Kotyledonenspeicherung; die dominierenden Speichermoleküle im reifen Samen sind Fett (Triacylglycerole) und Speicherproteine, die in Form von Oleosomen bzw. Aleuronkörpern die Zellen der Kotyledonen fast vollständig ausfüllen (→ Abbildung 9.21). Die Synthese dieser Speicherstoffe in der frühen Reifungsphase setzt 1–2 Wochen nach der Bestäubung ein und ist nach etwa 5 Wochen abgeschlossen. Anschließend trocknet der Same aus und erreicht nach 6–8 Wochen den ausgereiften Zustand. Die wichtigsten stofflichen Veränderungen während der Samenreifung wurden beim Weißen Senf (*Sinapis alba*) unter kontrollierten Bedingungen in der Klimakammer (20 °C, Dauerlicht) genauer untersucht und sind in der Abbildung zusammengestellt. Abbildung A zeigt den Verlauf des Anstiegs der Frisch- und Trockenmasse, und, als Differenz zwischen beiden Größen, des Wassergehalts im Embryo. Die Atmung durchläuft ein Maximum während der Phase der Fett- und Proteinsynthese (Abbildung C). Abbildung B zeigt einen unerwarteten Befund: Die jungen Embryonen durchlaufen 2 bis 5 Wochen nach der Bestäubung ein grünes Zwischenstadium, in dem sie photosynthetisch aktive Chloramyloplasten mit großen Stärkekörnern ausbilden, die anschließend zu rudimentären, kleinen Proplastiden zurückgebildet werden (→ Abbildung 9.20). Die zwischenzeitlich gebildete Stärke wird vollständig in Fett umgesetzt. Die kleine Menge an löslichen Zuckern (Disaccharide) dient zur Anschubversorgung des Energiestoffwechsels während der Keimung; die Hauptspeicherstoffe Fett und Speicherprotein werden erst in nachfolgenden Keimlingsstadien angegriffen. (Nach Fischer et al. 1988; verändert)

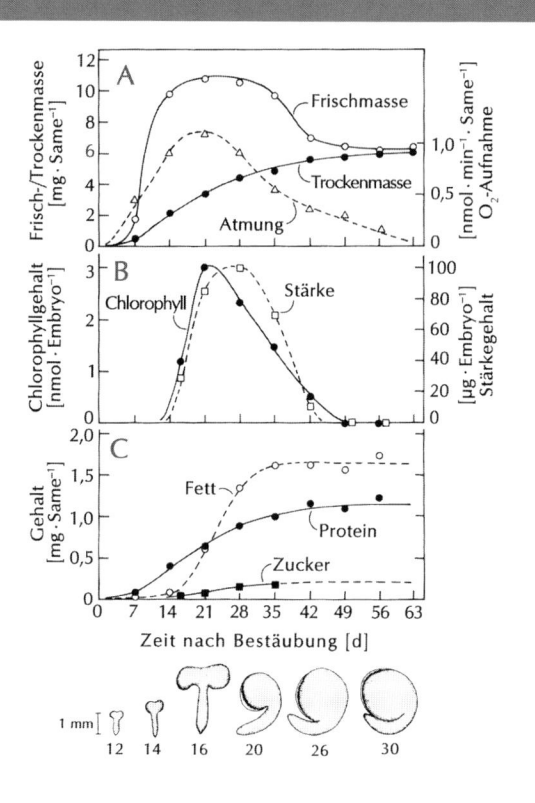

---

der Gehalt an löslichen Zuckern (vor allem von *Saccharose* und *Trehalose*) im Cytoplasma an. Diesen Verbindungen wird eine Schutzfunktion für die Membranen bei der Zelldehydratisierung zugeschrieben. Die Vacuolen sind vollständig verschwunden. Das Cytoplasma besteht zum größten Teil aus Aleuronkörpern und Oleosomen (→ Abbildung 9.21c). Auch auf der mRNA/Protein-Ebene zeigen sich charakteristische Veränderungen. Im Zuge der Desiccation wird die Expression einer Gruppe von Genen induziert und die zugehörigen Proteine werden akkumuliert. Diese im Proteinmuster markant hervortretenden Polypeptide werden als LEA (*late embryogenesis abundant*)-Proteine bezeichnet. Ihre biochemische Funktion ist noch unbekannt. Die Synthese der LEA-Proteine kann auch in der gekeimten Pflanze durch Trockenstress oder ABA-Applikation ausgelöst werden. Dies deutet auf einen funktionellen Zusammenhang mit dem Erwerb von Austrocknungstoleranz hin.

Bei Wasserentzug tritt keine Plasmolyse, sondern eine **Cytorrhyse** auf, d. h. die Zellen schrumpfen ohne Ablösung des Protoplasten von der Zellwand (→ S. 58). Dies scheint eine wichtige Voraussetzung für die erstaunliche Austrocknungsfähigkeit reifer Samen zu sein. Ein hiervon abweichendes Verhalten zeigen die „unorthodoxen" Samen mancher Arten (z. B. Hasel, Kastanie, Eiche, Kokosnuss), welche nur mit einem relativ hohen Wassergehalt keimfähig bleiben, möglicherweise wegen einer unzureichenden ABA-Produktion während der Reifungsphase.

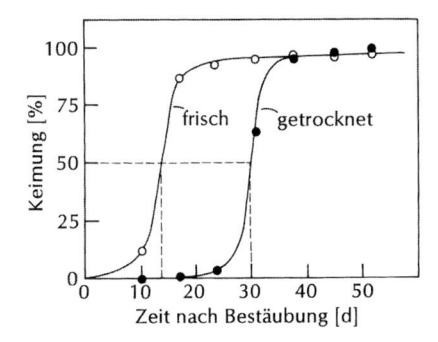

Abb. 20.3. Erwerb der Keimfähigkeit und der Austrocknungstoleranz während der Samenreifung. Objekt: Weißer Senf (*Sinapis alba*). Reifende Samen wurden zu verschiedenen Zeiten nach der Bestäubung aus den Früchten herauspräpariert und ihre Keimfähigkeit wurde entweder direkt (*frisch*) oder nach raschem Zurücktrocknen auf 5 % Wassergehalt (*getrocknet*) bestimmt. Man erkennt, dass die unreifen Samen bereits 14 d nach der Bestäubung zu 50 % keimfähig sind. Die Austrocknungstoleranz wird jedoch erst nach etwa 30 d erworben. (Nach Fischer et al. 1988)

Die Dauer der Keimfähigkeit reifer Samen variiert zwischen wenigen Monaten (bei „unorthodoxen" Samen) und vielen Jahren; sie hängt sehr stark von den Umweltbedingungen ab. Im trockenen, tiefgekühlten Zustand dürften die meisten Samen nahezu beliebig lange keimfähig bleiben. In der natürlichen Samenbank im Boden erlischt die Keimfähigkeit meist auch bei „orthodoxen" Samen spätestens nach 30–50 Jahren. Der älteste zuverlässig datierte Fund keimfähiger Samen geht auf archäologische Arbeiten am Toten Meer zurück, bei denen in einem trockenen Sediment etwa 2.000 Jahre alte, noch voll keimfähige Samen der Dattelpalme (*Phoenix dactylifera*) entdeckt wurden.

20.2.3 Steuerung der Samenreifung

In manchen Samen kann die Samenruhe umgangen werden, d. h. der Embryo entwickelt sich direkt auf der Mutterpflanze bis zum Keimling (z. B. bei Mangroven). Dieses Phänomen nennt man **Viviparie** (→ Abbildung 20.1). Auch Getreide kann auf dem Halm auskeimen, wenn es während der Reife hoher Feuchtigkeit ausgesetzt wird. Die Samenreifung ist kein starr vorprogrammierter Entwicklungsprozess, sondern unterliegt einer Steuerung durch Außenfaktoren. Dieser Schluss wird auch durch den Befund nahegelegt, dass unreife Samen häufig keimfähig sind, wenn man sie von der Mutterpflanze isoliert (→ Abbildung 20.3). Der Embryo ist also bereits vor der Reifungsphase potenziell in der Lage, sich zum Keimling weiterzuentwickeln, wird aber offenbar durch die Mutterpflanze daran gehindert, diesen Weg einzuschlagen. Durch welche Einflüsse kann die Mutterpflanze die Viviparie verhindern? Es gibt viele experimentelle Hinweise dafür, dass dies durch einen starken Anstieg von **ABA** im Embryo bewirkt wird. Die Anwesenheit dieses Hormons scheint insbesondere während der frühen Reifungsphase für die Unterdrückung der vorzeitigen Keimung verantwortlich zu sein. Darüber hinaus induziert ABA eine dauerhafte Keimhemmung, **Dormanz**, während der späteren Reifungsphase (→ Exkurs 20.2). Mutanten von Mais und Tomate, welche die Fähigkeit zur ABA-Synthese verloren haben, zeigen Viviparie, können jedoch durch Besprühen mit ABA-Lösung zur normalen Samenentwicklung gebracht werden. Bei isolierten, unreifen Samen bewirkt ABA die Weiterführung der Reifungsentwicklung einschließlich der Synthese von Speicherstoffen. Auch nach abgeschlossener Reifung hemmt ABA noch die Kei-

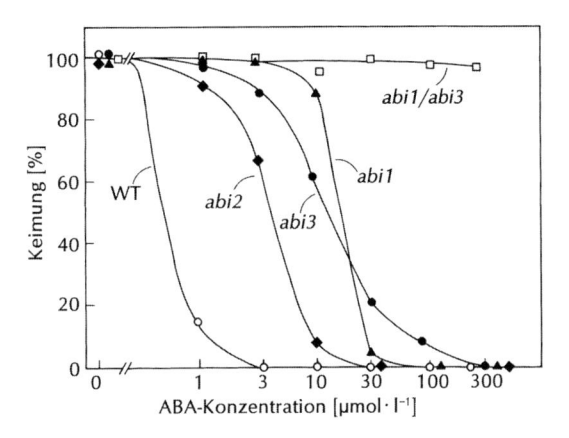

Abb. 20.4. Die Wirkung von Abscisinsäure (ABA) auf die Samenkeimung von Mutanten mit verminderter Empfindlichkeit für ABA. Objekt: Samen von *Arabidopsis thaliana*, Wildtyp (*WT*) und die nichtallelischen Mutanten *abi1*, *abi2*, *abi3*, *abi1/abi3* (Doppelmutante). Die Keimfähigkeit wurde nach 4 d Inkubation in ABA-Lösungen verschiedener Konzentrationen ermittelt. Die Mutanten (*abi1*: dominant, *abi2* und *abi3*: homozygot rezessiv) zeigen eine unterschiedlich stark erniedrigte Empfindlichkeit gegen ABA. Erst die Ausschaltung von zwei Genloci führt zum maximal insensitiven Phänotyp. Dies deutet darauf hin, dass ABA die Samendormanz über mindestens zwei unabhängige Wege bewirkt. Die Produkte der *ABI1*-Gene und *ABI2*-Gene konnten als **Serin/Threonin-Proteinphosphatasen** identifiziert werden (→ S. 94). (Nach Finkelstein und Sommerville 1990)

mung, wobei Mutationen in verschiedenen Genen eine relative Insensitivität gegen das Hormon erzeugen (Abbildung 20.4). Diese Befunde machen deutlich, dass das Hormon ABA eine zentrale Rolle beim normalen Ablauf der Samenreifung auf der Mutterpflanze spielt.

Im reifenden Samen wird neben ABA auch **GA** gebildet. Dieses Hormon scheint eine antagonistische Funktion gegenüber ABA zu besitzen. So wird z. B. in ABA-Mangelmutanten von Mais die Viviparie unterdrückt, wenn zusätzlich die GA-Synthese durch Mutation oder Inhibitoren ausgeschaltet ist. GA besitzt also eine Viviparie-fördernde Wirkung, die jedoch normalerweise von ABA verhindert wird.

20.3 Keimung des gereiften Samens

20.3.1 Physiologische Analyse der Keimung

Wenn ein trockener (keimbereiter) Same bei günstiger Temperatur und ausreichender Sauerstoffversorgung mit Wasser in Kontakt kommt, setzt der Embryo seine zeitweilig unterbrochene Entwicklung fort. Man kann hierbei zwei aufeinanderfolgende Phasen unterscheiden (Abbildung 20.5):
1. Die **Quellungsphase**, während der der Embryo (und, wenn vorhanden, das Endosperm) Wasser bis zur Sättigung des Wasserpotenzialdefizits aufnimmt. Dies ist ein rein physikalischer Prozess, der z. B. auch bei niedrigeren Temperaturen abläuft. Durch Expansion der inneren Gewebe kommt es dabei gelegentlich schon zur Sprengung der Sa-

---

EXKURS 20.2: Experimente zur Funktion der Abscisinsäure während der Samenreifung bei der Sonnenblume

Das Phytohormon Abscisinsäure (ABA) hat eine zweifache hemmende Wirkung während der Samenreifung. 1. die **Unterdrückung der Viviparie**, d. h. die Aufrechterhaltung der Entwicklungsruhe und der Speicherstoffeinlagerung und 2. die **Erzeugung von Keimdormanz**, die auch dann noch anhält, wenn keine ABA mehr vorhanden ist. Diese beiden Wirkungen können aus den in Abbildung A–C dargestellten Resultaten abgelesen werden.

Sonnenblumenpflanzen (*Helianthus annuus*) wurden im Freiland bestäubt, um die Samenentwicklung einzuleiten. Diese ist nach 40 d abgeschlossen. Bei einer Gruppe von Pflanzen wurden die Samenanlagen vom 8. d an mit *Fluridon*, einem Hemmstoff der ABA-Synthese behandelt (→ Abbildung 18.21). Abbildung A zeigt die Änderung von Frisch- und Trockenmasse während der Reifung. In dieser Phase steigt der ABA-Gehalt im Embryo vorübergehend steil an. Dies unterbleibt in Gegenwart von Fluridon (Abbildung B). Abbildung C zeigt die Veränderung der Keimfähigkeit der mit oder ohne Anwesenheit von ABA reifenden Embryonen. Hierzu wurden die Embryonen zu verschiedenen Zeiten aus den Achänen isoliert und ihre Keimfähigkeit auf einem Agarmedium getestet. Es wird deutlich, dass die unreifen Embryonen ihre Keimbereitschaft einbüßen, wenn die ABA-Bildung nicht durch Fluridon gehemmt ist: **Verhinderung der Viviparie durch ABA**. Diese Embryonen bleiben dormant, auch wenn die ABA nach 25 d wieder verschwunden ist: **Erzeugung von Dormanz im reifen Zustand**. Dagegen sind die in Abwesenheit von ABA gebildeten Embryonen auch dann noch voll keimfähig. (Nach LePage-Degivry et al. 1990)

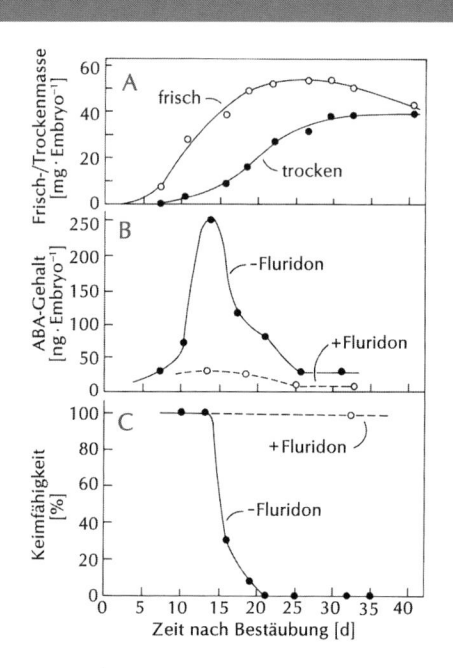

20.3 Keimung des gereiften Samens

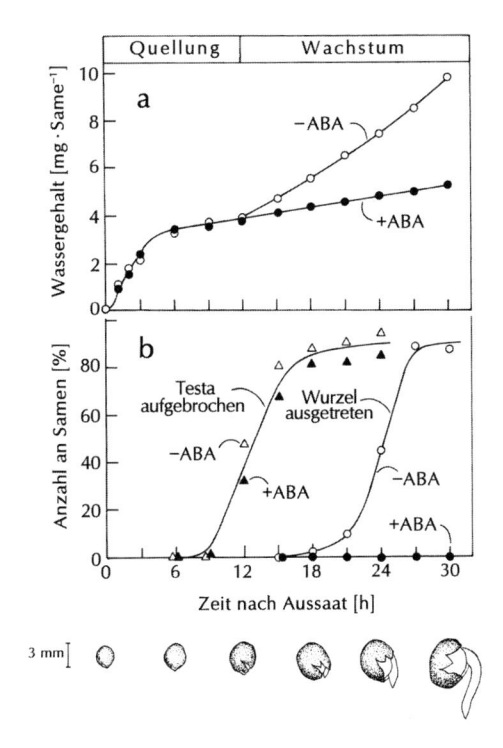

Abb. 20.5 a, b. Die Quellungsphase und die Wachstumsphase der Keimung. Objekt: Raps (*Brassica napus*). Trockene Samen wurden bei 25 °C an Luft auf angefeuchtetes Filterpapier mit oder ohne Abscisinsäure (*ABA*, 100 µmol · l^{-1}) ausgelegt. **a** Während der **Quellungsphase** nehmen die Samen rasch Wasser auf und verharren dann einige Stunden im voll gequollenen Zustand. Nach etwa 12 h setzt die **Wachstumsphase** ein, erkennbar an einem erneuten Anstieg der Wasseraufnahme. Das keimungshemmende Hormon ABA hemmt spezifisch den Übergang zur Wachstumsphase, **Induktion der Dormanz**. **b** Die Ruptur der Testa durch den expandierenden Embryo setzt bei diesen Samen bereits während der Quellungsphase ein (unbeeinträchtigt durch ABA). Der etwa 12 h später beobachtbare Wurzelaustritt wird durch ABA vollständig gehemmt. Die Samen können durch ABA in gequollener Form für lange Zeit im Zustand der Dormanz gehalten werden. Sie sind dann noch vollständig austrocknungstolerant (→ Abbildung 20.6). Nach Auswaschen des Hormons geht der Same sofort in die Wachstumsphase über und verliert seine Austrocknungstoleranz innerhalb weniger Stunden. *Unten:* Stadien der Keimung im Wasser (ohne ABA). (Nach Schopfer und Plachy 1984)

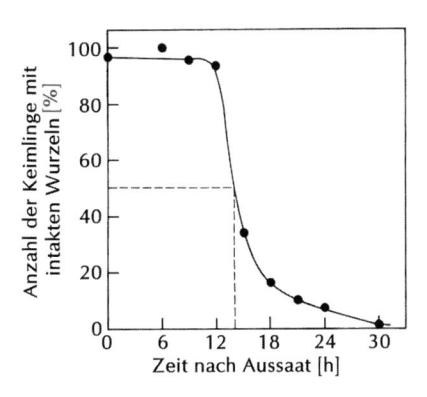

Abb. 20.6. Verlust der Austrocknungstoleranz während der Keimung. Objekt: Raps (*Brassica napus*). Samen wurden wie in Abbildung 20.5 zur Keimung ausgelegt. Nach verschiedenen Zeiten (*Abszisse*) wurde der Keimungsprozess durch rasches Zurücktrocknen auf 5 % Wassergehalt abgebrochen und die Wachstumsfähigkeit der Radicula nach Wiederaussaat bestimmt. Man erkennt, dass die Austrocknungstoleranz der Radicula 12 h nach der Aussaat steil abfällt. Nach 14 h ist die Radicula bei 50 % der Samen nicht mehr ohne Schädigung austrockenbar (*point of no return*). (Nach Schopfer und Plachy 1984)

menschale, **Testaruptur** (Abbildung 20.5b). Die Vorgänge während der Quellungsphase sind noch weitgehend reversibel, d. h. der Same kann ohne Beeinträchtigung seiner Keimfähigkeit wieder zurückgetrocknet werden. 2. Die **Wachstumsphase**, während der der Embryo unter weiterer Wasseraufnahme zum aktiven Streckungswachstum übergeht. Dies äußert sich zunächst in einer Verlängerung der Radicula, welche nun sichtbar aus der Testa austritt (Abbildung 20.5b). Dieses Ereignis dient in der Regel zur operationalen Definition der erfolgreichen Keimung. Es zeigt an, dass im Embryo nicht nur reversible Wasseraufnahme, sondern auch **irreversible Wachstumsprozesse** eingesetzt haben. Dieser kann nun nicht mehr ohne gravierende Schäden zurückgetrocknet werden und hat damit irreversibel den *point of no return* beim Übergang zur Keimlingsentwicklung überschritten (Abbildung 20.6).

Der im vorigen Abschnitt geschilderte Ablauf gilt für Samen, die lediglich durch das Fehlen von Wasser, Sauerstoff oder günstiger Temperatur an der Keimung gehindert werden (**keimbereite** oder **quieszente** Samen, bei vielen Kulturpflanzen erst durch Züchtung erzeugt). Bei den meisten Wildpflanzen sind die reifen Samen hingegen **dormant**, d. h. sie keimen selbst unter optimalen Bedingungen bezüglich Wasser, Sauerstoff und Temperatur nicht, sondern benötigen einen zusätzlichen Stimulus, um von der Quellungsphase in die Wachstumsphase überzugehen. Die Dormanz kann alleine vom Embryo ausgehen; in diesem Fall keimt der Embryo auch dann nicht, wenn man ihn aus dem Samen isoliert. Bei vielen dormanten Samen kann jedoch die Keimung durch Entfernung der Hüllgewebe (Testa, Endosperm, Pericarp) ausgelöst werden, d. h. diese Gewebe sind an der Keimblockade zumindest mitbeteiligt (z. B. durch Hemmung der Wasseraufnahme, als mechanische Barriere für die Embryoexpansion oder durch den Besitz von keimhemmenden Substanzen). Die Dormanz entwickelt sich in der Regel erst gegen Ende der Samenreifung auf der Mutterpflanze; ihre Tiefe hängt sehr stark von den Umweltbedingungen in dieser Periode ab. Hemmung der ABA-Synthese während der Samenreifung kann die Dormanz verhindern, ein Hinweis dafür, dass ABA während der Reifungsperiode für die Induktion der Dormanz verantwortlich ist (→ Exkurs 20.2). Die Abbildung 20.7 zeigt ein Beispiel für die Steuerung der Samendormanz durch die **Photoperiode** während der Reifung. Manche Samen können erst nach der Aussaat durch bestimmte Umwelteinflüsse dormant gemacht werden, z. B. durch längere Belichtung oder durch hohe Temperaturen, **sekundäre Dormanz**. Im Experiment kann man auch reife Samen mit ABA in den dormanten Zustand versetzen (→ Abbildung 20.5). Dies scheint jedoch eine Reminiszenz aus der Samenentwicklung zu sein; in natürlicherweise dormanten Samen lässt sich meist kein erhöhter ABA-Gehalt nachweisen. Ein wirkungsvolles Mittel um die Dormanz aufzuheben ist **GA**. Dieses Hormon dürfte auch unter natürlichen Bedingungen an der Auslösung der Keimung maßgeblich beteiligt sein.

In manchen Fällen verliert sich die Dormanz langsam im Verlauf der Samenalterung. Häufig sind jedoch spezifische Umwelteinflüsse für die Wiedererlangung der Keimfähigkeit verantwortlich. Die wichtigste Rolle spielt hierbei, neben der Entfernung oder Beschädigung der Hüllgewebe, die Einwirkung einer Kälteperiode, **Stratifikation**, (z. B. einige Tage oder Wochen bei 5 °C). Die ökologische Bedeutung der Samendormanz ist offensichtlich: Der reife Same keimt nicht sofort nach dem Abwurf von der Mutterpflanze, sondern erst nach einer bestimmten Zeit, z. B. wenn die hemmenden Einflüsse der Hüllgewebe durch Witterungseinflüsse ausreichend geschwächt sind, oder wenn die Temperatur nach einer längeren Kälteperiode wieder ansteigt. In Klimazonen mit ausgeprägten Winter ist die Verzögerung der Keimung vom Herbst in das folgende Frühjahr eine entscheidende Voraussetzung für das Überleben der Art. Bei *Arabidopsis* konnte gezeigt werden, dass eine im Wildtyp Keimung induzierende Kältebehandlung, die die Synthese von GA fördert, bei GA-Mangelmutanten wirkungslos bleibt.

Neben Kälte wirkt bei vielen Samen auch **Licht** als dormanzbrechender Umweltfaktor („Lichtkeimer"). Beim Kopfsalat (*Lactuca sativa*) kann die Keimung der gequollenen Achänen bereits durch einen Lichtpuls von 1 min ausgelöst werden. An diesem Objekt wurde das **Phytochromsystem** entdeckt (→ S. 454): Hellrotes Licht (um 660 nm) fördert die Keimung ebenso wie weißes Licht, während dunkelrotes Licht (um 730 nm) die Keimung hemmt. Ein unmittelbar nach einem Hellrotpuls gegebener Dunkelrotpuls revertiert die Keiminduktion. Damit wurden die operationalen Kriterien für die Induktionswirkung des Phytochromsystems bei photomorphogenetischen Reaktionen etabliert, lange bevor es gelang, das Pigment zu isolieren und seine lichtabhängige Umwandlung im Reagenzglas zu studieren (→ Exkurs 20.3).

Ähnlich wie bei *Lactuca*-Achänen ist auch die Keimung vieler Sporen durch Phytochrom gesteuert, z. B. die der Meiosporen des Wurmfarns (*Dryopteris filix-max*; → Abbildung 17.5). In manchen Samen wird die Keimung durch Licht gehemmt („Dunkelkeimer"). Insbesondere eine längere Bestrahlung mit dunkelrotem Licht (Hochintensitätsreaktion des Phytochroms) führt in solchen Samen zu einer Verhinderung oder Verzögerung der Keimung (→ Abbildung 20.11).

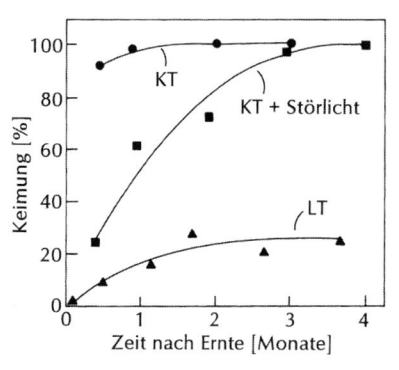

Abb. 20.7. Festlegung der Dormanz durch die Tageslänge während der Samenreifung auf der Mutterpflanze. Objekt: Weißer Gänsefuß (*Chenopodium album*). Die Pflanzen wurden nach der Blütenbildung im **Kurztag** (*KT*, 8 h Licht/16 h Dunkel), **Langtag** (*LT*, 18 h Licht/6 h Dunkel) oder im **Kurztag + Störlicht** (8 h Licht/7,5 h Dunkel/1 h hellrotes Licht/7,5 h Dunkel) gehalten. Nach Abschluss der Reife wurde die Keimfähigkeit der Samen (in Dunkelheit) über eine Periode von 4 Monaten getestet. Der Befund, dass auch durch Kurztag + Störlicht eine (wenn auch kürzer anhaltende) Dormanz bewirkt wird, demonstriert die Beteiligung des **Phytochroms** bei der Registrierung der Tageslänge (→ S. 453). (Nach Karssen 1970)

EXKURS 20.3: Förderung und Hemmung der Keimung durch Licht bei Achänen des Kopfsalats, ein historisch bedeutsames Experiment

Die Früchte (Achänen) bestimmter Sorten des Kopfsalats (*Lactuca sativa*) keimen nur, wenn sie im gequollenen Zustand kurz belichtet werden. Dieses Phänomen wurde bereits um 1935 von Flint und McAllister photobiologisch analysiert, u. a. auch hinsichtlich der Wellenlängenabhängigkeit der Keiminduktion. Diese Forscher belichteten gequollene Achänen zunächst mit einem nicht-sättigenden Hellrot-Lichtpuls, der gerade 50 % Keimung bewirkte. Anschließend stellten sie die Achänen kurz in verschiedene Abschnitte eines Spektrums, das durch Zerlegung des weißen Lichts in seine Spektralfarben mit Hilfe eines Prismas erzeugt wurde. Die Bestimmung der Keimrate (nach 1 d im Dunkeln) als Funktion der Wellenlänge ergab ein einfaches „Wirkungsspektrum" der Lichtwirkung (Abbildung A). Es wurde deutlich, dass vor allem hellrotes Licht (HR, 600 bis 700 nm) die Keimung induziert, während dunkelrotes Licht (DR, 700 bis 800 nm) die zuvor mit HR ausgelöste Induktion rückgängig macht. (Nach Flint und McAllister 1935, 1937)

Um 1952 wurde die Lichtwirkung auf die Keimung von *Lactuca*-Achänen von Borthwick und Mitarbeitern erneut untersucht. Diese Forscher entdeckten, dass die keimungsinduzierende Wirkung eines HR-Pulses durch einen nachfolgenden DR-Puls annulliert werden kann, und dass die antagonistische Wirkung von HR und DR auch bei vielfacher Wiederholung dieser Pulsfolge erhalten bleibt (Abbildung B). Dieser Befund, der implizit bereits in dem „Wirkungsspektrum" von Flint und McAllister enthalten ist, führte zur Charakterisierung des bei Pflanzen universell verbreiteten „reversiblen Hellrot/Dunkelrot-Photoreaktionssystems", das einige Jahre später „Phytochrom" getauft wurde (→ S. 453). (Nach Borthwick et al. 1952)

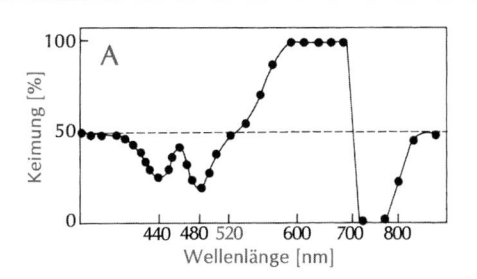

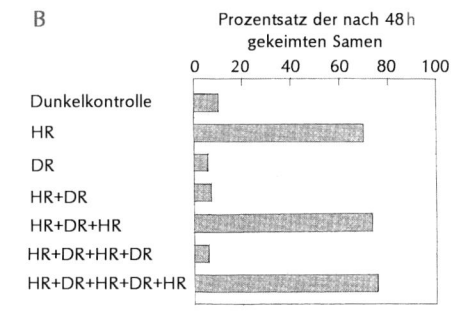

Der Mechanismus der Phytochromwirkung bei der Keiminduktion oder -repression von Samen ist trotz vieler Bemühungen noch nicht voll aufgeklärt. Im Experiment kann die Lichtinduktion durch GA-Applikation vollwertig ersetzt werden. Kurze Hellrotbestrahlung induziert – und nachfolgende Dunkelrotbestrahlung revertiert – in *Lactuca*-Achänen einen Anstieg des Gehaltes an GA_1. Weitere Belege für die Beteiligung dieses Hormons an der Auslösung der Keimung liefern Experimente mit GA-Mangelmutanten (→ S. 419). Die von diesen Pflanzen gebildeten Samen sind – im Gegensatz zu den Wildtypsamen – dormant, können jedoch durch Zufuhr von GA zur Keimung gebracht werden (Abbildung 20.8). Dieser Befund ist ein starkes Indiz dafür, dass GA bei der Keimungsauslösung natürlicherweise beteiligt ist.

Bei manchen Samen (Früchten) beruht die mangelnde Keimbereitschaft nicht auf Dormanz im engeren Sinn, sondern auf einer Nachreifebedürftigkeit des Embryos. In diesem Fall ist der Embryo zum Zeitpunkt des Samenabwurfs noch nicht voll ausgereift und benötigt daher noch einige Zeit (meist einige Monate), um auf Kosten des Endosperms zur Endgröße heranzuwachsen. Ein bekanntes Beispiel hierfür ist die Esche, deren Früchte erst nach einer halbjährigen Nachreifeperiode einen ausgewachsenen Embryo enthalten (Abbildung 20.9). Während dieser Zeit entwickelt sich in den Eschenfrüchten eine Dormanz, die erst durch eine anschließende Kälteperiode überwunden werden kann.

Eine technische Methode zur Förderung der Keimbereitschaft bei keimträgen Samen von Kulturpflanzen wird im Exkurs 20.4 erläutert.

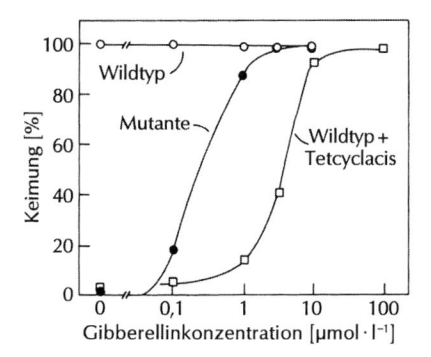

Abb. 20.8. Gibberellinbedürftigkeit der Keimung bei genetischer Gibberellindefizienz. Objekt: *ga1*-Mutante und Wildtyp von *Arabidopsis thaliana*. Durch einen Defekt am *GA1*-Locus ist die Synthese von Gibberellin (GA) blockiert. Die Samen wurden im Licht in verschiedenen Konzentrationen von GA_{4+7} zur Keimung ausgelegt. Während der Wildtyp auch ohne GA zu 100 % keimt, ist die Keimung der Mutante vollständig GA-abhängig. Dieser Effekt kann auch dadurch erzielt werden, dass man Wildtypsamen mit einem Hemmstoff der GA-Synthese (*Tetcyclacis*; → Abbildung 18.12) behandelt. (Nach Daten von Karssen et al. 1989)

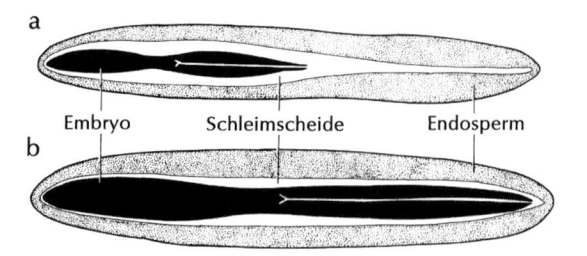

Abb. 20.9 a, b. Embryoentwicklung während der Nachreife. Objekt: Frucht (einsamige Nuss) der Esche (*Fraxinus excelsior*; Längsschnitte; die Hüllschichten außerhalb des Endosperms sind nicht eingezeichnet). **a** Zum Zeitpunkt des Fruchtabwurfs, **b** nach sechsmonatiger Lagerung in feuchter Erde. Die Schleimschicht entsteht aus den innersten Schichten des Endosperms. (Nach Ruge 1966)

20.3.2 Biochemische Analyse der Keimung

Der Abbau der Samenspeicherstoffe (Stärke, Fett, Speicherprotein) setzt erst während der frühen Keimlingsentwicklung ein (→ Abbildung 7.16, 9.21) und ist daher für den Keimungsstoffwechsel

---

EXKURS 20.4: Steigerung der Keimfähigkeit von Samen durch Vorbehandlung mit osmotischen Lösungen (*osmopriming*)

Viele Samen keimen auch unter optimalen Umweltbedingungen nur sehr zögerlich und inhomogen. Unter natürlichen Verhältnissen hat dies den Vorteil, dass die Samenbank im Boden längerfristig – manchmal jahrelang – über keimbereite Samen verfügt. Bei Kulturpflanzen ist diese Eigenschaft unerwünscht. Man hat daher Verfahren entwickelt, die Keimung von Saatgut zu „verbessern", d. h. zu beschleunigen und zu synchronisieren. Ein solches Verfahren besteht darin, die Samen vor der Aussaat für einige Tage in einer osmotischen Lösung zu inkubieren, die eine beschränkte Wasseraufnahme, aber keine Keimung ermöglicht. In diesem Zustand werden im Samen für die Keimung notwendige biochemische Prozesse aktiviert, z. B. die RNA- und Proteinsynthese, ohne dass es zum Wachstum des Embryos und damit zur Keimung kommt. Derartig vorbehandelte Samen keimen anschließend deutlich schneller und einheitlicher als nicht behandelte Kontrollsamen. Die Abbildung zeigt dieses Phänomen am Beispiel von Tomatensamen (*Lycopersicon esculentum*), die vor der Aussaat in reines Wasser für 3 d bei 25 °C in einer Lösung des hochmolekularen, chemisch inerten Osmoticums Polyethylenglycol 6.000 mit einem Wasserpotenzial von –0,6 MPa inkubiert worden waren. Bei unbehandelten Samen setzt die Keimung bei 10 °C nach 8 d ein und benötigt weitere 8 d um 100 % zu erreichen. Vorbehandelte Samen keimen unter den gleichen Bedingungen vollständig innerhalb von 1 d nach der Aussaat. Dieser Effekt ist besonders deutlich unter suboptimalen Keimbedingungen, z. B. bei niedrigen Temperaturen oder bei Samen, deren Keimung durch Dormanz beeinträchtigt ist. (Nach Liptay und Schopfer 1983)

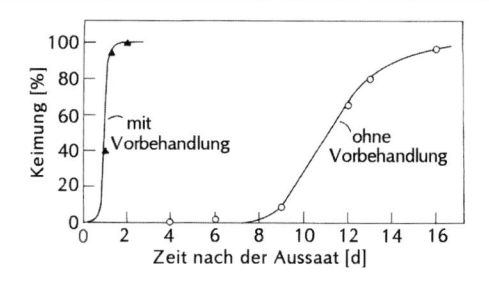

ohne Belang. Der reife, ausgetrocknete Same enthält funktionsfähige Mitochondrien, welche sofort nach der Hydratisierung der Embryozellen in der Quellungsphase einen Atmungsstoffwechsel auf der Basis von Zuckerreserven ermöglichen. Der Übergang zur Wachstumsphase ist mit einer starken Erhöhung der metabolischen Aktivität des Embryos verbunden, die z. B. als Anstieg der Atmung oder des ATP-Pegels gemessen werden kann (Abbildung 20.10). Dies scheint jedoch eher eine Folge als eine Ursache der Keimung zu sein. Auch im dormanten Samen wird die Dissimilation während der Quellungsphase voll aktiviert; die Blockierung der Keimung kann daher nicht auf eine Hemmung des Energiestoffwechsels zurückgeführt werden. Ähnlich wie die Atmung werden auch die Protein- und RNA-Synthese des Embryos bereits während der Quellungsphase aktiviert, wobei wiederum keine quantitativen Unterschiede zwischen dormanten und keimbereiten Samen festzustellen sind. Die Ursachen der Dormanz und ihrer Aufhebung dürften demnach nicht im Bereich des Grundstoffwechsels zu suchen sein. Die biochemischen Mechanismen der Keimungsauslösung in dormanten Samen sind bis heute noch weitgehend unbekannt.

20.3.3 Physikalische Analyse der Keimung

Die Expansion des keimenden Embryos zu Beginn der Wachstumsphase, insbesondere die Streckung seiner Radicula, setzt DNA-Synthese und Zellteilung nicht voraus. Dies folgt z. B. aus dem Befund, dass *Lactuca*-Achänen, deren Teilungsaktivität durch Röntgenbestrahlung eliminiert wurde, normal keimen. Das spätere Wurzelwachstum des jungen Keimlings stoppt erst, wenn es von der Nachlieferung neuer Zellen durch das Meristem abhängig wird. Keimung beruht also auf der Ausdehnung vorhandener Zellen. Dieser Prozess kann als **hydraulisches Wachstum** beschrieben werden, auf das die von Lockhart entwickelte Wachstumsgleichung (Gleichung 5.5) anwendbar ist (→ S. 101). Diese Gleichung besagt, dass die Wachstumsintensität im Prinzip von einem **Wachstumspotenzial**

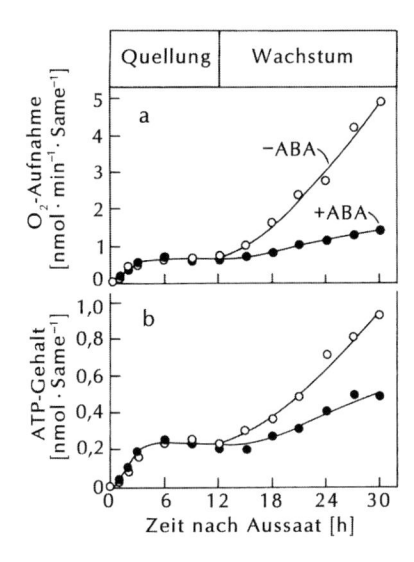

Abb. 20.10 a, b. Atmung (O_2-Aufnahme) und ATP-Gehalt während der Keimung. Objekt: Raps (*Brassica napus*). Trockene Samen wurden bei 25 °C an Luft auf angefeuchtetes Filterpapier mit oder ohne Abscisinsäure (+/−ABA, 100 µmol · l^{-1}) ausgelegt. **a** Die Atmungsintensität steigt bereits 1 h nach der Aussaat an und bleibt während der Quellungsphase auf einem konstanten, niedrigeren Wert stehen. Zu Beginn der Wachstumsphase setzt ein starker Atmungsanstieg ein. Das dormanzinduzierende Hormon ABA hat keinen Effekt während der Quellungsphase, hemmt jedoch den Atmungsanstieg (und die Keimung) während der anschließenden Wachstumsphase (→ Abbildung 20.5). **b** Der ATP-Gehalt der Samen ändert sich parallel zur Atmungsintensität. Da die Samenhülle (Testa) keinen wesentlichen Beitrag leistet, gehen die gemessenen Veränderungen praktisch vollständig auf den Embryo zurück. (Nach Schopfer und Plachy 1984)

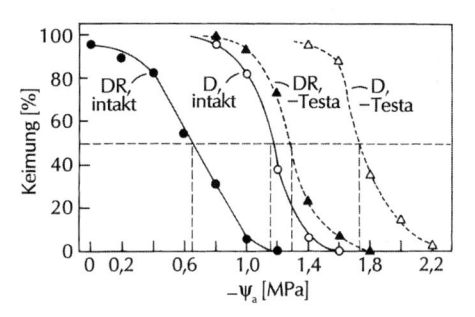

Abb. 20.11. Einfluss des äußeren Wasserpotenzials (ψ_a) auf die Keimung. Objekt: Rettich (*Raphanus sativus*). Die Samen wurden in osmotischen Lösungen (Polyethylenglycol 6.000) bei 25 °C im Dunkeln (*D*) und im dunkelroten Licht (*DR*) zur Keimung ausgelegt. DR (Hochintensitätsreaktion des Phytochroms; → S. 456) übt bei diesen Samen einen hemmenden Einfluss auf die Keimung aus. Bei weiteren Ansätzen wurde die Samenschale vor der Aussaat entfernt (*−Testa*). Der Prozentsatz gekeimter Samen wurde als Endwert nach 3 d bestimmt. Man erkennt, dass DR den ψ_a-Wert für 50 % Keimung mit und ohne Testa um 0,5 MPa erhöht, während die Entfernung der Testa diesen Wert in D und DR um 0,6 MPa erniedrigt. Man kann aus diesen Daten schließen, dass das Wachstumspotenzial der Embryonen durch DR um 0,5 MPa erniedrigt wird. Zusätzlich ergibt sich eine, in beiden Fällen gleich große, Erniedrigung des Wachstumspotenzials um 0,6 MPa durch die einengende Wirkung der Testa. (Nach Schopfer und Plachy 1993)

(treibende Kraft) und einem **Wachstumskoeffizienten** (Geschwindigkeitskoeffizienten) abhängt. Die Rolle des Wachstumspotenzials kann man sichtbar machen, indem man keimbereite Samen in einer Reihe osmotischer Lösungen mit abgestuftem Wasserpotenzial (ψ_a) aussät und anschließend denjenigen ψ_a-Wert bestimmt, der die Keimung zu 50 % unterdrückt (Abbildung 20.11). An diesem Punkt ist offensichtlich ein Gleichgewicht zwischen ψ_a und dem Wachstumspotenzial des durchschnittlichen Samens eingestellt.

Eine physikalisch exaktere Methode zur Bestimmung des Wachstumspotenzials (und des Wachstumskoeffizienten) ist die Messung der Volumenänderung von Samen (dV/dt) als Funktion von ψ_a. Diese Methode ist in Abbildung 5.3 illustriert, für den einfachen Fall, dass die Wasseraufnahme in die Zellen nicht geschwindigkeitsbestimmend ist [d. h. es gilt dV/dt = m (P−Y); → S. 103]. Messungen an keimenden Samen mit diesem Verfahren sind in Abbildung 20.12 dargestellt. Aus den Daten ergibt sich, dass dunkelrotes Licht die Keimung durch eine Erniedrigung des Wachstumspotenzials (P−Y) hemmt. Da hierbei keine messbare Erniedrigung von P auftritt, kann diese Hemmung auf eine **Erhöhung** von Y, dem Turgorschwellenwert für irreversible Zellwanddehnung, zurückgeführt werden. Mit dieser Methode konnte am Beispiel von Rapssamen auch nachgewiesen werden, dass das Wachstumspotenzial des Embryos während der Keimung im Dunkeln stark ansteigt. Dies geht nicht auf einen Anstieg von P, sondern auf einen entsprechenden **Abfall** von Y zurück. Gleichzeitig steigt auch der Extensibilitätskoeffizient m stark an. Die Keimung ist also, physikalisch betrachtet, eine Folge der Änderungen in den mechanischen Eigenschaften der dehnungsbegrenzenden Embryozellwände bei unverändertem Turgordruck (und unverändertem osmotischem Druck). ABA hemmt die Keimung, indem sie sowohl den Abfall von Y, als auch den Anstieg von m blockiert. Dagegen hemmt Phytochrom die Keimung vorwiegend durch eine Verhinderung des Abfalls von Y, wodurch das Wachstumspotenzial auf einem niedrigeren Niveau gehalten wird (→ Abbildung 20.11). Diese Resultate führen also zu der Vorstellung, dass die Keimung primär über Veränderungen in der **Zellwanddehnbarkeit** reguliert wird: Eine über einen kritischen Schwellenwert hinaus erhöhte Dehnbarkeit (durch Abnahme von Y) führt bei unverändertem Turgordruck zur Wasseraufnahme und damit zur Expan-

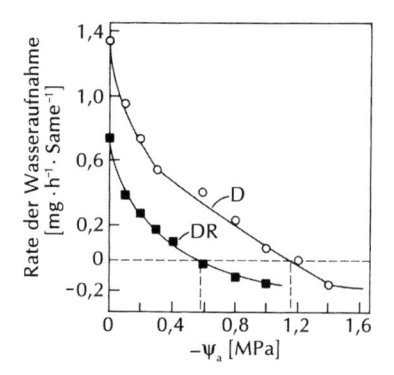

Abb. 20.12. Bestimmung des Wachstumspotenzials und des Wachstumskoeffizienten von keimenden Samen. Objekt: Rettich (*Raphanus sativus*). Für diese Samen kann im Prinzip die vereinfachte Wachstumsgleichung dV/dt = m (P−Y) angewendet werden (→ Abbildung 5.3). Die Samen wurden für 15 h im Dunkeln (*D*) bzw. im dunkelroten Licht (*DR*) auf Wasser angekeimt (25 °C). Anschließend wurden sie in osmotischen Lösungen (Polyethylenglycol 6.000) inkubiert und ihre Wasseraufnahmerate (als Maß für dV/dt) gravimetrisch bestimmt. Es wird deutlich, dass die keimungshemmende Vorbehandlung mit DR (→ Abbildung 20.11) zu einer Verminderung des Wachstumspotenzials (P−Y, Schnittpunkte der Kurven mit der Nulllinie der Wasseraufnahme) um 0,6 MPa führt, den Wachstumskoeffizienten (= Extensibilitätskoeffizient m, Anfangssteigerung der Kurven) jedoch nicht beeinflusst. (Im Gegensatz zu der theoretischen Kurve in Abbildung 5.3 treten hier gekrümmte Kurven auf, da sich m mit fallendem Turgordruck vermindert. Diese Komplikation hat jedoch keinen Einfluss auf die Interpretation). (Nach Schopfer und Plachy 1993)

▶ Keimung ist die Folge von **Wechselwirkungen** zwischen expandierendem Embryo und retardierender Samenhülle (Testa, Endosperm, Pericarp).
▶ Die Entwicklung von Expansionskraft im Embryo geht auf einen **Wachstumsprozess** zurück, der nur dann zur Keimung führt, wenn diese Kraft einen bestimmten Schwellenwert übersteigt, der durch den mechanischen Widerstand der Samenhülle gegeben ist.
▶ Auf diese Weise wird ein gradueller Wachstumsprozess in eine Alles-oder-Nichts-Reaktion umgewandelt, die phänomenologisch durch den Austritt der wachsenden Keimwurzel aus der gesprengten Samenhülle erfasst werden kann.
▶ In der Keimrate einer Samenpopulation kommt die **Synchronisierung** der einzelnen Keimungsereignisse, d. h. die Einheitlichkeit der Samen bezüglich ihrer Keimfähigkeit zum Ausdruck.

EXKURS 20.5: Auslösung der Keimung bei Samen der Tomate durch Gibberellin-induzierte Lockerung der Endospermfestigkeit

Mechanisch gesehen kommt es zur Keimung, wenn die durch den wachsenden Embryo entwickelte Expansionskraft die Reißfestigkeit der Samenhülle übersteigt. Wie in der Abbildung skizziert, ist der kreisförmig gekrümmte Embryo im Samen der Tomate (*Lycopersicon esculentum*) in ein Endosperm (*E*) eingebettet. Das über dem Wurzelapex ausgebildete, feste Endospermgewebe ist die mechanisch maßgebliche Schicht der Samenhülle; die dünne Testa (*T*) ist in diesem Zusammenhang vernachlässigbar. Die Keimung ist ein strikt Gibberellin(GA)-abhängiger Prozess: Intakte Samen einer GA-defizienten Mutante (*gib1*; → Abbildung 18.13) keimen nur dann, wenn sie künstlich mit GA versorgt werden. Die Keimung erfolgt aber auch ohne GA-Zufuhr, wenn man das Endosperm über dem Wurzelapex entfernt. Diese Befunde lassen zwei Deutungen zu: Die endogen im Wildtyp erzeugte GA bewirkt entweder eine Steigerung der Expansionskraft des Embryos, oder eine Verminderung der Reißfestigkeit des Endosperms. Die in der Abbildung dargestellten Daten zeigen, dass die zweite dieser beiden Möglichkeiten zutrifft.

In der hier vorgestellten Studie wurde die Reißfestigkeit des Endosperms an der Durchbruchstelle der Wurzel mit einem mechanischen Test gemessen. Man bestimmt hierbei diejenige Kraft, die notwendig ist, um das Endospermgewebe mit einer der Wurzel nachgeformten Nadel zu durchstoßen (siehe *Skizze*). Die Daten illustrieren, dass die Keimung beim Wildtyp (▲) einsetzt, wenn die Reißfestigkeit des Endosperms beginnt abzufallen (etwa 16 h nach Aussaat). Bei der Mutante (○, ●) ist hierfür exogene GA (10 µmol · l⁻¹ GA$_{4+7}$) notwendig. In weiteren Experimenten konnte gezeigt werden, dass die Abnahme der Reißfestigkeit im wurzelnahen Endosperm auch im Wildtyp exogene GA erfordert, wenn man den Embryo zuvor entfernt. (Nach Daten von Groot und Karssen 1987)

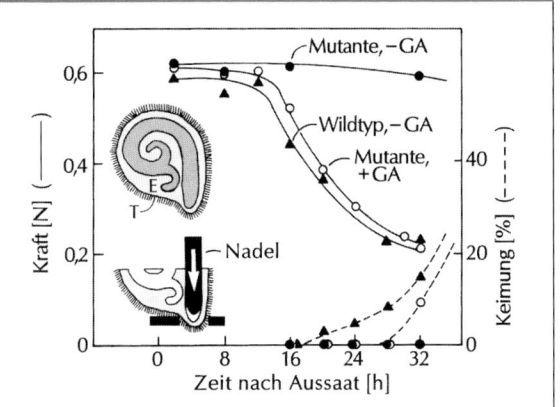

Insgesamt ergibt sich aus diesen Resultaten, dass der Embryo die Keimung durch eine Erniedrigung der Endospermreißfestigkeit bewirkt, wobei GA als hormonelles Signal dient.

---

sion des Embryos. Die gleichzeitige Stoffwechselaktivierung dürfte durch die zunehmende Hydratisierung des Cytoplasmas bewirkt werden.

Neben der Dehnungsfähigkeit der embryonalen Zellwände spielt in den meisten Samen auch die mechanische Behinderung der Embryoexpansion durch die Samenschale eine erhebliche Rolle. In dem in Abbildung 20.11 dargestellten Beispiel vermindert die Testa das Wachstumspotenzial um etwa 0,6 MPa. (Dieser Betrag lässt sich formal als konstanter Anteil in den Turgorschwellenwert Y einbeziehen.) Bei Samen mit Endosperm liefert dieses (lebende) Gewebe häufig den Hauptbeitrag zum mechanischen Widerstand, der vom Embryo bei der Keimung überwunden werden muss. Bei den Samen der Tomate wird die Bruchfestigkeit des Endosperms an der Durchbruchstelle der Radicula durch ein hormonelles Signal aus dem Embryo reguliert. Genauere Untersuchungen haben gezeigt, dass der Embryo GA sezerniert, welche im Endosperm die Synthese zellwandauflösender Enzyme induziert (→ Exkurs 20.5). Durch die Hydrolyse von Hemicellulosen kommt es zu einer lokalen Verminderung der mechanischen Stabilität des Gewebes. Dies ist ein weiteres Beispiel für die zentrale Rolle von GA bei der Steuerung der Samenkeimung.

Bei Samen der Gartenkresse (*Lepidium sativum*) wurde neuerdings gezeigt, dass der Durchbruch der Radicula durch das Endosperm mit einer Zellwandlockerung durch Hydroxylradikale (ȮH) einhergeht (→ S. 117). Die ȮH-Bildung in den Zellwänden der Wurzelspitze und des benachbarten Endosperms wird durch ABA gehemmt und durch GA gefördert.

20.4 Regulation der Genexpression während der Embryonalentwicklung

Während der Entwicklung der jungen Pflanze vom frühen Embryo bis zum Keimling kommt es zu drastischen Änderungen im Muster der transkribierten Gene. Durch den Einsatz molekularbiologischer Methoden konnten – neben konstitutiv aktiven Genen – stadienspezifisch exprimierte Gene nachgewiesen werden. So erfolgt z. B. die Transkription der Speicherproteingene nur während der Reifungsphase (→ Exkurs 6.2, S. 125; Exkurs 6.5, S. 133). Die hierfür vorübergehend in großen Mengen gebildeten mRNAs ermöglichen während eines begrenzten Zeitraums eine Massensynthese von Speicherproteinen (→ Abbildung 9.21) und werden während der anschließenden Austrocknungsphase wieder abgebaut. Andere Gene werden erst im gekeimten Embryo aktiviert und in Form keimlingsspezifischer Proteine exprimiert (z. B. die Enzyme für den Abbau der Speicherstoffe). Durch die Analyse der Transkriptionsprodukte von isolierten Zellkernen aus verschiedenen Entwicklungsstadien konnte man direkt zeigen, dass der Übergang von der Samenreifung zur Samenkeimung mit der Repression bzw. Induktion bestimmter Gengruppen einhergeht.

Die spezifischen Veränderungen im Genaktivitätsmuster des reifenden und des keimenden Embryos unterliegen einer Kontrolle durch extraembryonale Faktoren. Dies kann wiederum am Beispiel der Speicherproteingene besonders deutlich demonstriert werden. Wenn man z. B. Rapsembryonen während der Reifungsperiode von der Mutterpflanze isoliert und auf einem Nährmedium weiterkultiviert, wird die Transkription dieser Gene eingestellt. Gleichzeitig kommt es zu einer vorzeitigen Keimung. Setzt man dem Medium ABA (oder ein Osmoticum) zu, so bleibt die Expression der Speicherproteingene erhalten und die Keimung unterbleibt. Hoher ABA-Gehalt (oder die Einstellung eines niedrigen Wasserpotenzials) sind diejenigen Faktoren, welche auch auf der Mutterpflanze für die Aufrechterhaltung der Reifungsprozesse im Embryo sorgen und eine vorzeitige Keimung (Viviparie) verhindern (→ S. 475).

20.5 Steuerung der Fruchtentwicklung durch den Samen

Die Entwicklung von Same und Frucht erfolgt streng koordiniert. In der Regel entwickelt sich ein Fruchtknoten nicht weiter, wenn die Befruchtung und damit die Entwicklung von Embryonen in der Samenanlage unterbleibt (Abbildung 20.13). Die Koordination der Samen- und Fruchtentwicklung wird durch hormonelle Signale ermöglicht, welche vom reifenden Samen ausgehen. Darauf deutet z. B.

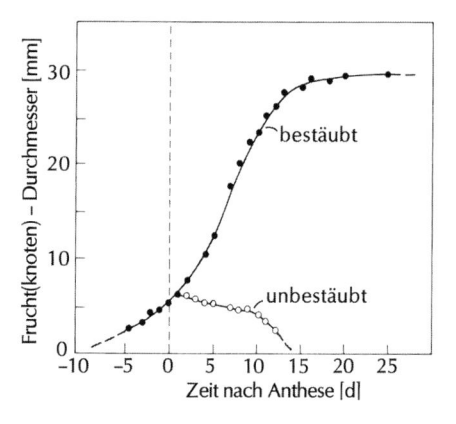

Abb. 20.13. Der Einfluss der Bestäubung auf das Fruchtwachstum. Objekt: *Cucumis anguria*. Fruchtknoten unbestäubter Blüten entwicklen sich nicht mehr weiter; sie schrumpfen und werden nach kurzer Zeit abgeworfen. Hingegen zeigen die Fruchtknoten bestäubter Blüten einen typischen sigmoiden Wachstumsverlauf. (Nach Nitsch 1952)

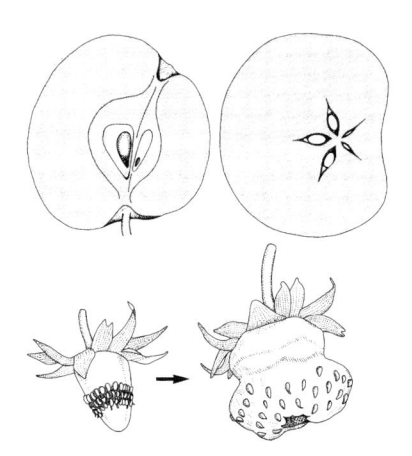

Abb. 20.14. *Oben*: Ungleiche Entwicklung der Hälften eines Apfels (*links*: im Längsschnitt; *rechts*: im Querschnitt). Die Entwicklung der Sammelbalgfrucht ist mit der Samenentwicklung räumlich korreliert. *Unten*: Entwicklung der Blütenachse (Receptaculum) zur fleischigen Sammelnussfrucht bei einer Erdbeere, bei der die sich entwickelnden Nüsschen im frühen Stadium teilweise entfernt wurden. Auch hier wird deutlich, dass die Samen (Nüsschen) einen lokalen Einfluss auf die Fruchtentwicklung ausüben. (Nach Molisch 1918; Nitsch 1950)

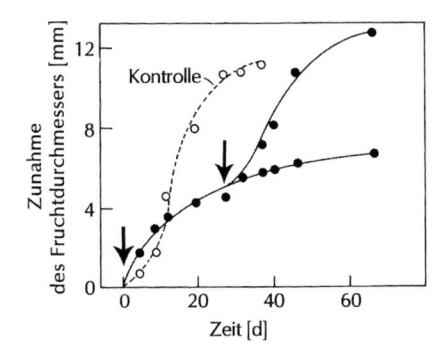

Abb. 20.15. Induktion der Fruchtentwicklung durch Auxin in Abwesenheit der Samenentwicklung. Objekt: Erdbeere (*Fragaria magna*). Aus den Blüten wurden im unreifen Zustand die Antheren entfernt, um eine Befruchtung zu verhindern. Unter diesen Bedingungen entwickelt sich das Receptaculum nicht weiter. Zur Zeit Null wurden die Blüten für 10 s in eine Auxinlösung getaucht (erster Pfeil). Eine weitere Auxingabe führte erneut zu Fruchtwachstum (zweiter Pfeil). Die Kontrolle zeigt die normale Entwicklung des Receptaculums zur Frucht bei bestäubten Blüten. (Nach Mudge et al. 1981)

die Beobachtung hin, dass die einzelnen Samen die ihnen räumlich zugeordneten Bereiche einer Frucht kontrollieren (Abbildung 20.14). Da man bei manchen Arten parthenokarpe Früchte durch Applikation von Auxin oder Gibberellin erzeugen kann, nimmt man an, dass diese Hormone auch während der Normalentwicklung für die Koppelung zwischen Samen- und Fruchtentwicklung verantwortlich sind.

Ein physiologisch gut untersuchtes Beispiel ist die Induktion der Fruchtentwicklung bei der Erdbeere. Die Entwicklung des Receptaculums zur Sammelfrucht wird bei dieser Pflanze durch die sich entwickelnden Nüsschen kontrolliert (→ Abbildung 20.14). Nach Entfernung der Nüsschen unterbleibt das weitere Wachstum dieses Organs, kann aber durch Zufuhr von Auxin wieder angeregt werden. Auxin induziert die Fruchtentwicklung in unbestäubten Blüten (Abbildung 20.15). Außerdem konnte nachgewiesen werden, dass die reifenden Nüsschen, im Gegensatz zum Receptaculumgewebe, große Mengen an Auxin produzieren.

20.6 Knospenruhe und Knospenkeimung

Knospen sind gestauchte, end- oder achselständige Sprossabschnitte, die eine größere Zahl von Blatt- oder Blütenanlagen enthalten und meist von Schuppenblättern umhüllt sind. Die in der Knospe angelegten Organe und Meristeme befinden sich in einem vorübergehenden Ruhezustand, der vor dem Eintritt ungünstiger Umweltbedingungen (z. B. Frost, Trockenheit) eingeleitet und nach deren Beendigung wieder aufgehoben wird. Knospen enthalten also junge, dormante Blatt- oder Blütentriebe. Bei manchen Pflanzen lösen sich Knospen regelmäßig vom Kormus und dienen dann auch als vegetative Fortpflanzungs- und Verbreitungseinheiten (z. B. Turionen bei Lemnaceen, Brutknospen bei manchen Liliaceen). Bei den meisten perennierenden Pflanzen dienen die Knospen allerdings nicht der Fortpflanzung im engeren Sinn, sondern dem Überleben von Meristemen an der Pflanze zwischen den Vegetationsperioden (z. B. die Knospen von Holzgewächsen oder die Knospen von Knollen und Rhizomen). Die physiologischen Prozesse bei der Ausbildung und dem Austrieb (Keimung) der verschiedenen Knospentypen sind sehr ähnlich und zeigen auffällige Analogien zu den entsprechenden Vorgängen in Samen.

Für die überwinternden Pflanzen der gemäßigten Breiten ist es wichtig, sich auf die kalte Jahreszeit einzustellen, bevor die ungünstigen Umweltbedingungen tatsächlich eintreten. Bei vielen Holz-

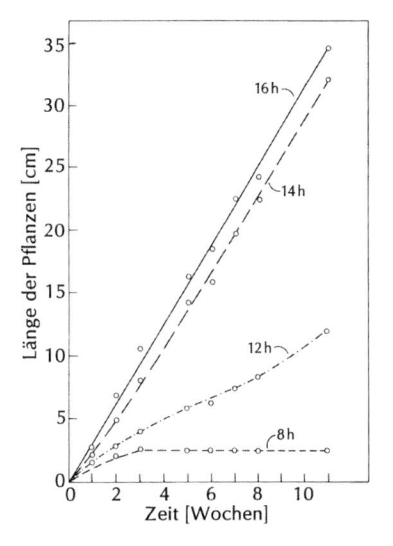

Abb. 20.16. Der Einfluss der Tageslänge auf das Wachstum von Holzpflanzen mit photoperiodisch gesteuerter Dormanz. Objekt: junge Pflanzen von *Catalpa bignonioides*. Die Pflanzen wurden bei vier verschiedenen Photoperioden (*16, 14, 12, 8* h Licht pro 24-h-Tag) gehalten. Beim Unterschreiten einer kritischen Tageslänge von etwa 13 h gehen die Pflanzen in den dormanten Zustand über: Das Längenwachstum wird gehemmt und es entstehen Ruheknospen. (Nach Downs und Borthwick 1956)

pflanzen wird hierzu die **Abnahme der Tageslänge** im Herbst als exogener Signalgeber für die Einleitung der Dormanz benützt. Das Unterschreiten einer kritischen Tageslänge, **Kurztag**, löst tiefgreifende Umsteuerungen in der Entwicklung aus: In den Blättern wird die Seneszenz und Abscission eingeleitet (→ S. 528), das Wachstum der Zweige wird eingestellt und die Vegetationspunkte gehen zur Bildung von Knospen über. Daneben können auch Kälte, Trockenstress und niedriger Lichtfluss eine fördernde Rolle spielen. Vielfach kann die normalerweise im Spätherbst eintretende Dormanz einschließlich der Knospenbildung durch Aufrechterhaltung von Langtagbedingungen experimentell verhindert oder zumindest verzögert werden (Abbildung 20.16). Wie bei anderen durch die Photoperiode gesteuerten Entwicklungsprozessen ließ sich auch hier zeigen, dass die Tageslänge über das **Phytochromsystem** wahrgenommen wird (→ S. 506). Da die Registrierung des photoperiodischen Signals in der Regel in den Blättern erfolgt, muss man eine Signalübertragung von den Blättern in die Vegetationspunkte postulieren. Genetische Studien an Pappeln und Tannen haben gezeigt, dass Gene mit Homologie zu den bei *Arabidopsis* identifizierten Blühgenen *FT* und *CO* in entsprechender Weise auch an der Umstellung auf Knospendormanz beteiligt sind (→ S. 503).

Die Ausbildung von Ruheknospen bei der Birke und einigen anderen Holzgewächsen lässt sich auch im Langtag erzwingen, wenn man die Vegetationspunkte mit ABA behandelt. Außerdem konnte gezeigt werden, dass es unter Kurztagbedingungen in den Knospen zu einem Anstieg des ABA-Pegels kommt. Diese Befunde haben zu der Vorstellung geführt, dass ABA für die Auslösung und Aufrechterhaltung der Knospendormanz verantwortlich ist. Es ist jedoch bis heute noch nicht klar, inwieweit dieses an wenigen Arten (Birke, Ahorn, Buche) erarbeitete Konzept allgemeine Gültigkeit beanspruchen kann (→ Exkurs 18.5, S. 430).

Auf der zellulären Ebene äußert sich der Ruhezustand bei Knospen in ganz ähnlicher Weise wie bei reifen Samen. In den inneren Geweben (Blattanlagen) werden während der Knospenentwicklung Speicherstoffe (Stärke, Fett, Speicherprotein) eingelagert. Anschließend verringert sich die Atmung auf ein Minimum und die Zellen verlieren einen Großteil ihres Wassergehalts. Die starke Dehydratisierung verleiht den Knospen eine hohe Toleranz gegen Austrocknung und Frost (→ S. 590, 598). Eine Hülle aus festen, stark cutinisierten Schuppenblättern dient als zusätzlicher Schutz gegen Umwelteinflüsse (z. B. gegen das Eindringen von Wasser). Die typischen Merkmale dormanter Zellen (Speicherstoffeinlagerung, stark reduzierte Atmung, stark reduzierter Wassergehalt) finden sich auch im Bast und in den lebenden Zellen des Holzes während der jährlichen Ruhephase.

Bei der Birke und beim Ahorn kann die durch Kurztage induzierte Dormanz ohne weiteres durch den Übergang zu Langtagen aufgehoben werden. Die meisten anderen Holzpflanzen (z. B. Apfel, Kirsche und andere Obstbäume) benötigen jedoch eine **Kälteperiode** bei < 5 °C, um anschließend in der Wärme (> 15 °C) auszutreiben, wobei die Knospen direkt der niedrigen Temperatur ausgesetzt werden müssen, **Vernalisation** (Abbildung 20.17). Im Experiment kann in vielen Fällen auch durch GA ein Abbruch der Knospenruhe bewirkt werden. Bei der Birke fällt der endogene GA-Pegel zu Beginn der Dormanzperiode. Weiterhin hat man in manchen Fällen einen Anstieg des GA-Gehalts vor und während des Knospenaustriebs beobachtet. Es wird daher vermutet, dass dieses Hormon (als Gegenspieler von ABA?) eine wichtige Rolle bei der Aktivierung ruhender Knospen spielt. Oft kann man im Experiment auch mit Cytokininen die Knospen-

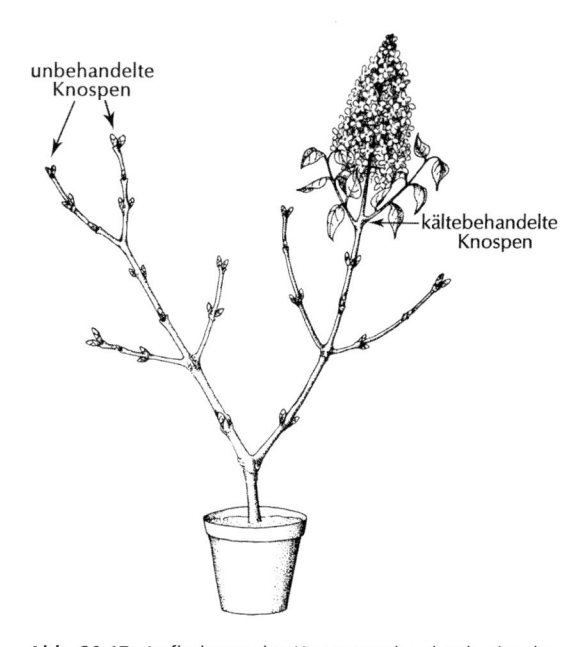

Abb. 20.17. Aufhebung der Knospenruhe durch eine lokale Kältebehandlung. Objekt: Flieder (*Syringa vulgaris*). Die Knospen am Ende des rechten Zweiges wurden einer dormanzbrechenden Kältebehandlung unterzogen. (Nach Kimball 1965)

dormanz brechen. Beim Austrieb der Knospen gehen die Blattanlagen unter Wasseraufnahme und Verbrauch von Speicherstoffen zu einem raschen Streckungswachstum über. Sie verlieren dabei ihre Toleranz gegen Austrocknung und Frost und gleichen auch in dieser Beziehung dem Embryo des keimenden Samens.

Auch bei einjährigen Pflanzen tritt das Phänomen der Knospenruhe auf. In den Blattachseln werden regelmäßig Knospen ausgebildet, welche jedoch häufig durch organismuseigene Entwicklungssignale (Hormone) im Zustand der Dormanz gehalten oder aus diesem Zustand entlassen werden. Die Steuerung der **Apikaldominanz** ($\rightarrow$ S. 414) und der **Verzweigung** ($\rightarrow$ S. 424) durch die Repression bzw. Induktion des Knospenaustriebs ist ein wichtiger Aspekt der Entwicklungsintegration im Kormus.

20.7 Austrocknungstoleranz im vegetativen Stadium: Auferstehungspflanzen

Bei den meisten höheren Pflanzen ist die Fähigkeit zum Überleben im getrockneten Zustand auf das späte Embryonalstadium beschränkt. Eine interessante Ausnahme von dieser Regel bildet eine Reihe von krautigen Wüstenpflanzen, die auch im vegetativen Stadium eine Austrocknung bis zu einem heuartigen Zustand (< 5 % Wassergehalt) tolerieren, und in dieser Form Trockenperioden langfristig überdauern können. Bei Wiederbewässerung quellen die vergilbten, scheinbar toten Pflanzen schnell auf und regenerieren sich innerhalb von wenigen Stunden wieder zum frisch grünen, physiologisch voll aktiven Zustand. Diese erstaunliche Fähigkeit, die als Anpassung an extreme Dürreperioden aufzufassen ist, hat zu dem Namen **Auferstehungspflanzen** geführt. Hierzu gehört z. B. die in Südafrika beheimatete Rosettenpflanze *Craterostigma plantagineum* (Scrophulariaceae), welche in den letzten Jahren physiologisch und molekularbiologisch genauer untersucht wurde. Die Blätter der *Craterostigma*-Pflanze trocknen in einer wasserfreien Umgebung in wenigen Tagen vollständig aus und können später durch Einlegen in Wasser innerhalb von 24 h zur vollen physiologischen Aktivität „wiedererweckt" werden (Abbildung 20.18). Genphysiologische Untersuchungen haben gezeigt, dass sich in den austrocknenden Blättern Verände-

Abb. 20.18 a–c. Austrocknung und „Wiedererweckung" der Auferstehungspflanze *Craterostigma plantagineum*. Die vollturgeszente Pflanze (**a**) kann innerhalb einiger Tage bis auf < 5 % Wassergehalt getrocknet werden (**b**) und lässt sich anschließend durch Bewässerung innerhalb eines Tages wieder in den physiologisch voll aktiven, hydratisierten Zustand zurückversetzen (**c**). (Aufnahmen von D. Bartels)

rungen abspielen, die eine große Ähnlichkeit mit der Desiccationsphase am Ende der Samenreifung aufweisen:

➤ Während der Dehydratation steigt der ABA-Pegel an.
➤ Gleichzeitig treten über 100 neue mRNAs und die zugehörigen Proteine auf, darunter eine große Zahl von LEA-Transkripten/Proteinen ($\rightarrow$ S. 474).
➤ Die Expression dieser Gene kann im turgeszenten Blatt auch durch ABA induziert werden.
➤ Nach Wiederbewässerung verschwinden die induzierten Proteine wieder.

Obwohl ihre biochemische Funktion bisher nicht bekannt ist, besitzen die LEA-Proteine offenbar eine generelle Bedeutung für die Erzeugung von Austrocknungstoleranz bei Pflanzen. Dafür spricht der folgende Befund: Eine aus *Craterostigma*-Pflanzen hergestellte Gewebekultur wird bei der Austrocknung normalerweise abgetötet. Durch Zusatz von ABA zum Kulturmedium wird die Bildung von LEA-Proteinen induziert und die Zellen erwerben nach 4 d die gleiche Austrocknungstoleranz wie man sie bei Blättern findet. Diese Ergebnisse bekräftigen eine generelle Schlussfolgerung: Die für die Austrocknungstoleranz verantwortliche genetische Information ist offensichtlich in höheren Pflanzen universell vorhanden; sie wird jedoch normalerweise nur unter bestimmten Bedingungen, z. B. nur im späten Embryonalstadium, mit Hilfe des Signals ABA abgerufen. Auferstehungspflanzen unterscheiden sich von ihren austrocknungsintoleranten Verwandten nicht durch den Besitz zusätzlicher genetischer Information, sondern durch den unterschiedlichen Gebrauch, den sie von ihrer Information während der Ontogenie machen.

Weiterführende Literatur

Bernacchia G, Furini A (2004) Biochemical and molecular responses to water stress in resurrection plants. Physiol Plant 121: 175–181

Bewley JD (1995) Physiological aspects of desiccation tolerance. A retrospect. Int J Plant Sci 156: 393–403

Bewley JD, Black M (1994) Seeds. Physiology of development and germination. 2. ed, Plenum Press, New York

Bradford KB, Nonogaki H (eds) (2007) Seed development, dormancy and germination. Annu Plant Rev Vol 27, Wiley-Blackwell, Oxford

Chaudhury AM, Koltunow AM, Payne T, Luo M, Tucker MR, Dennis ES, Peacock WJ (2001) Control of early seed development. Annu Rev Cell Devel Biol 17: 677–699

Copeland LO, McDonald MF (2001) Principles of seed science and technology. 4. ed, Kluwer, Boston

Finch-Savage WE (2006) Seed dormancy and the control of germination. New Phytol 171: 501–523

Finkelstein R, Reeves W, Ariizumi T, Steber C (2008) Molecular aspects of seed dormancy. Annu Rev Plant Biol 59: 387–415

Gillaspy G, Ben-David H, Gruissem W (1993) Fruits: A developmental perspective. Plant Cell 5: 1439–1451

Hilhorst HWM, Groot SPC, Bino RJ (1998) The tomato seed as a model system to study seed development and germination. Acta Bot Neerl 47: 169–183

Holdsworth MJ, Bentsink L, Soppe WJJ (2008) Molecular networks regulating *Arabidopsis* seed germination, afterripening, dormancy and germination. New Phytol 179: 33–54

Horvath DP, Anderson JV, Chao WS, Foley ME (2003) Knowing when to grow: Signals regulating bud dormancy. Trends Plant Sci 8: 534–540

Ingram J, Bartels D (1996) The molecular basis of dehydration tolerance in plants. Annu Rev Plant Physiol Plant Mol Biol 47: 377–403

Kigel J, Galili G (eds) (1995) Seed development and germination. Dekker, New York

Koltunow AM (1993) Apomixis: Embryo sacs and embryos formed without meiosis or fertilization in ovules. Plant Cell 5: 1425–1437

Larins BA, Vasil IK (eds) (1997) Cellular and molecular biology of plant seed development. Kluwer, Dordrecht

Leprince O, Hendry GAF, McKersie BD (1993) The mechanisms of dessication tolerance in developing seeds. Seed Sci Res 3: 231–246

Lopes MA, Larkins BA (1993) Endosperm origin, development, and function. Plant Cell 5: 1383–1399

Müller K, Linkies A, Vreeburg RAM, Fry SC, Krieger-Liszkay A, Leubner-Metzger G (2009) *In vivo* cell wall loosening by hydroxyl radicals during cress (*Lepidium sativum L.*) seed germination and elongation growth. Plant Physiol 150: 1855–1865

Olsen O-A (2001) Endosperm development: Cellularization and cell fate specification. Annu Rev Plant Physiol Plant Mol Biol 52: 233–267

Seymour G, Poole M, Manning K, King GJ (2008) Genetics and epigenetics of fruit development and ripening. Curr Opin Plant Biol 11: 58–63

Shimizu-Sato S, Mori H (2001) Control of outgrowth and dormancy in axillary buds. Plant Physiol 127: 1405–1413

In Abbildungen und Tabellen zitierte Literatur

Borthwick HA, Hendricks SB, Parker MW, Toole EH, Toole VK (1952) Proc Natl Acad Sci USA 38: 662–666

Down RJ, Borthwick HA (1956) Bot Gaz 117: 310–326

Finkelstein RR, Sommerville CR (1990) Plant Physiol 94: 1172–1179

Fischer W, Bergfeld R, Plachy C, Schäfer R, Schopfer P (1988) Bot Acta 101: 344–354

Flint LH, McAllister ED (1935) Smithonian Misc Coll 94: 1–11

Flint LH, McAllister ED (1937) Smithonian Misc Coll 96: 1–8

Groot SPC, Karssen CM (1987) Planta 171: 525–531

Holman RM, Robbins WW (1939) A textbook of general botany. Wiley, New York

Karssen CM (1970) Acta Bot Neerl 19: 81–94

Karssen CM, Zagorski S, Kepczynski J, Groot SPC (1989) Ann Bot 63: 71–80

Kimball JW (1965) Biology. Addison-Wesley, Palo Alto

LePage-Degivry M-T, Barthe P, Garello G (1990) Plant Physiol 92: 1164–1168

Liptay A, Schopfer P (1983) Plant Physiol 73: 935–938

Molisch H (1918) Pflanzenphysiologie als Theorie der Gärtnerei. Fischer, Jena

Mudge KW, Narayanan KR, Poovaiah BB (1981) J Amer Soc Hort Sci 106: 80–84

Nitsch JP (1950) Amer J Bot 37: 211–215

Nitsch JP (1952) Quart Rev Biol 27: 33–57

Ruge U (1966) Angewandte Pflanzenphysiologie. Ulmer, Stuttgart

Schopfer P, Plachy C (1984) Plant Physiol 76: 155–160

Schopfer P, Plachy C (1993) Plant Cell Envir 16: 223–229

21 Endogene Rhythmik

Als **circadiane Rhythmen** bezeichnet man endogene biologische Schwingungen (Oscillationen) mit einer Periodenlänge von etwa 24 h (*circadian*: von *circa* und *dies* = Tag). Die circadiane Rhythmik ist eine Eigenschaft der Zelle. Der **molekulare Oscillator**, die „innere Uhr", wird bei Pflanzen hauptsächlich durch Lichtsignale über Phytochrom und einen Blaulichtreceptor auf eine Periodenlänge von 24 h eingestellt. Unterbleibt diese Einstellung durch die Umwelt, so läuft die Uhr mit einer vergrößerten (z. B. 27 statt 24 h) oder verkleinerten (z. B. 22 statt 24 h) Periodenlänge. Dies ist eine charakteristische Eigenschaft der frei schwingenden, **endogenen Rhythmik**. Die Zeigerstellung der Uhr steuert die diversen rhythmischen Vorgänge von der Blütenöffnung und der Blattstellung bis zur Transkription von Genen des Photosyntheseapparates. Der molekulare Mechanismus der Uhr ist derzeit Gegenstand intensiver Forschung mit molekularbiologischen Methoden. Ein Teil des schwingenden Systems besteht wahrscheinlich auch bei Pflanzen aus einem Regelkreis von Proteinen, die die Aktivitäten ihrer eigenen Gene regulieren.

21.1 Der ursprüngliche Befund: Tagesperiodische Blattbewegungen

Die tagesperiodische Bewegung von Laubblättern unter natürlichem Licht-Dunkel-Wechsel, **diurnale Rhythmik**, ist seit langem bekannt. Bei der Feuerbohne z. B. kann man eine Nachtstellung und eine Tagstellung unterscheiden (Abbildung 21.1). Auch die Nachtstellung ist eine Anpassung. Es ist wahrscheinlich die verringerte Abstrahlung, also der Schutz vor Wärmeverlust, der zur Evolution dieser Bewegung geführt hat.

Für den Mechanismus der Bewegung ist ein Gelenk, **Pulvinus**, verantwortlich, das sich am Übergang von der Blattspreite zum Blattstiel befindet. Die antagonistischen Änderungen der Wasseraufnahme der Zellen in der Ober- und Unterseite des Gelenks führen zu den Bewegungen der Lamina (→ S. 571). Wenn man diese Bewegung aufzeichnet (indem man etwa die Blattspitze mit einem Registriergerät koppelt), erhält man Kurven, welche die Tagesperiodizität der Bewegung deutlich machen (Abbildung 21.2). Der zeitliche Abstand von einem Extrempunkt zum entsprechenden nächsten wird

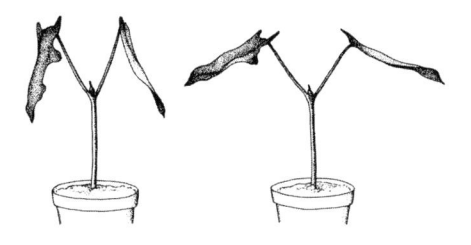

Abb. 21.1. Die Primärblätter der Feuerbohne (*Phaseolus coccineus*) führen tagesperiodische Bewegungen aus. *Links*: Nachtstellung; *rechts*: Tagstellung. Die Nachtstellung ist durch eine Senkung der Blattspreiten und eine Hebung der Blattstiele gekennzeichnet. Der obere Teil des Sprosses wurde entfernt. (Nach Bünning 1953)

als **Periodenlänge** bezeichnet. Man sieht, dass die Periodenlänge 24 h beträgt. Solche diurnalen („täglichen") Schwingungen physiologischer Leistungen sind für das Leben der Pflanze charakteristisch, von den Blattbewegungen angefangen bis hinunter zu der molekularen Dimension (Abbildung 21.3).

Zunächst sieht es so aus, als sei die Bewegung eine direkte Folge des üblichen tagesperiodischen Licht-Dunkel-Wechsels. Bringt man jedoch die Bohnenpflanze unter konstante Bedingungen, z. B. in eine Klimakammer ins Dauerdunkel oder ins schwache Dauerlicht, so läuft die rhythmische Be-

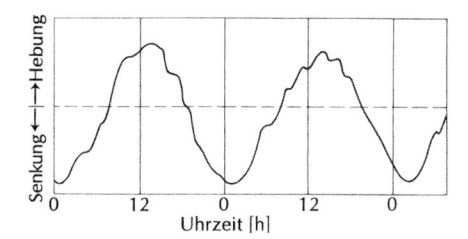

Abb. 21.2. Die tagesperiodische Bewegung der Lamina eines Primärblattes der Feuerbohne (*Phaseolus coccineus*) im natürlichen Licht-Dunkel-Wechsel, **diurnaler Rhythmus**. (Nach Bünning 1953)

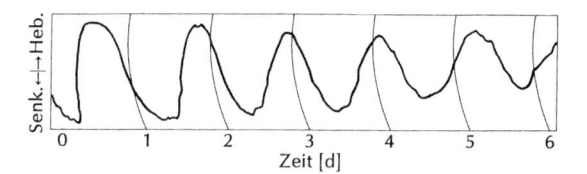

Abb. 21.4. Die endogene Bewegung der Lamina eines Primärblattes der Feuerbohne (*Phaseolus coccineus*). Aufgezeichnet wurde der typische Verlauf tagesperiodischer Blattbewegungen im konstanten schwachen Dauerlicht. Die Periodenlänge beträgt in diesem Fall etwa 27 h. Innerhalb von 6 d erfolgt demgemäß gegenüber dem normalen Tagesablauf eine Phasenverschiebung um etwa 17 h. (Nach Bünning und Tazawa 1957)

wegung weiter (Abbildung 21.4). Die beobachtete Rhythmik der Blattbewegung ist demnach eine **endogene Rhythmik**. Einer der Beweise dafür, dass es sich tatsächlich um eine endogene Rhythmik handelt und nicht um Nachschwingungen einer durch die vorangegangenen Umweltschwankungen verursachten Periodizität, ist die Tatsache, dass die Periodenlänge der endogenen Rhythmik erheblich von 24 h abweichen kann. Anders ausgedrückt: Die physiologische Uhr geht „falsch", sobald sie von den periodisch sich ändernden Umweltfaktoren nicht mehr präzis eingestellt wird. Die Bohnenpflanze zeigt z. B. eine endogene Periodenlänge von etwa 27 h (Abbildung 21.4). Diese Eigenschaft wird vererbt und während der Ontogenese festgehalten. Die Periodenlänge wird durch tagesperiodische Umweltfaktoren auf genau 24 h eingestellt ($\rightarrow$ Abbildung 21.2). Die endogene Periodenlänge kommt aber sofort wieder zum Vorschein, sobald man die Pflanze in eine konstante Umwelt bringt. Man erwartet, dass die Periodenlänge der circadianen Rhythmik weitgehend temperaturunabhängig ist, da eine starke Temperaturabhängigkeit der Periodenlänge die Existenz der Pflanze unter natürlichen Bedingungen erschweren würde. In der Tat zeigt die Bohnenpflanze in dem physiologisch besonders interessanten Temperaturbereich (10 bis 30 °C) für die endogene Periodenlänge $Q_{10} = 1$.

21.2 Weitere ausgewählte Phänomene der circadianen Rhythmik

21.2.1 Tagesperiodische Bewegung von Blütenblättern

Viele Blüten öffnen sich bekanntlich am Morgen und schließen sich gegen Abend. Dieses ökologisch sinnvolle Verhalten beruht auf antagonistischen Schwankungen der Wachstumsintensität oder asymmetrischer Wasseraufnahme auf den Ober- und Unterseiten der Blütenblätter. Auch diese circadianen Bewegungen setzen sich unter konstanten Bedingungen (z. B. Dauerdunkel) fort und gehen daher auf eine endogene Rhythmik zurück.

21.2.2 Tagesperiodischer Sporangienabschuss bei *Pilobolus*

Auch bei verhältnismäßig einfachen Pilzen, z. B. bei der Phycomycetengattung *Pilobolus* ($\rightarrow$ Abbildung 25.34) finden sich leicht beobachtbare Manifestationen einer endogenen, circadianen Rhythmik,

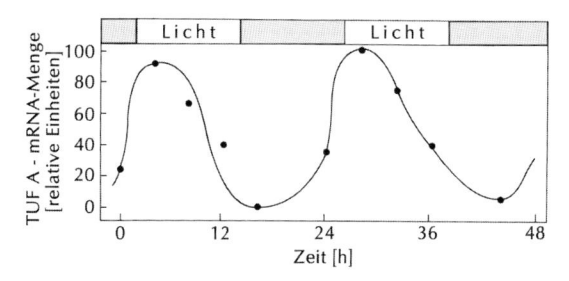

Abb. 21.3. Die Genexpression kann nicht nur im Zellkern, sondern auch in den Chloroplasten durch die circadiane Uhr reguliert werden. Die Transkription des Transkriptionselogationsfaktors A *(TUF A)* zeigt in der Grünalge *Chlamydomonas reinhardtii* eine deutliche tägliche Oscillation. Zu Beginn des Lichtcyclus erreicht die Transkription die höchste Rate. Dies ist sinnvoll, da TUF A während der Lichtphase die Transkription der anderen in den Chloroplasten codierten Gene, insbesondere für die Komponenten des Photosyntheseapparates, in erhöhtem Maß gewährleisten muss. (Nach Hwang et al. 1996)

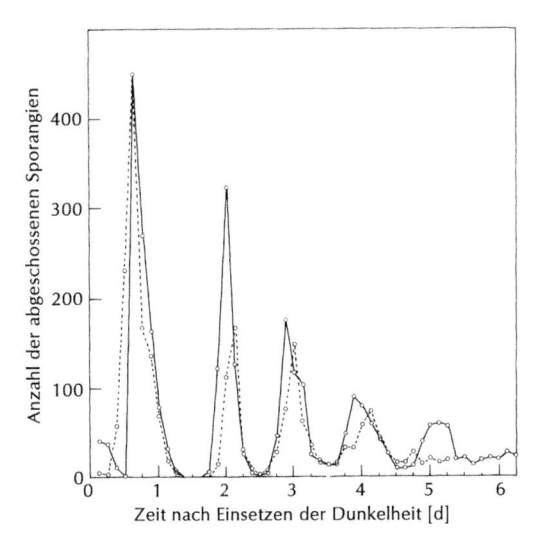

Abb. 21.5. Abschussrhythmik der Sporangien bei *Pilobolus sphaerosporus*. *Ausgezogene Kurve*: Sporangienabschuss im Dauerdunkel nach einem 12:12 h-Licht-Dunkel-Wechsel; *gestrichelte Kurve*: Sporangienabschuss im Dauerdunkel nach einem 15:15 h-Licht-Dunkel-Wechsel. (Nach Schmidle 1951)

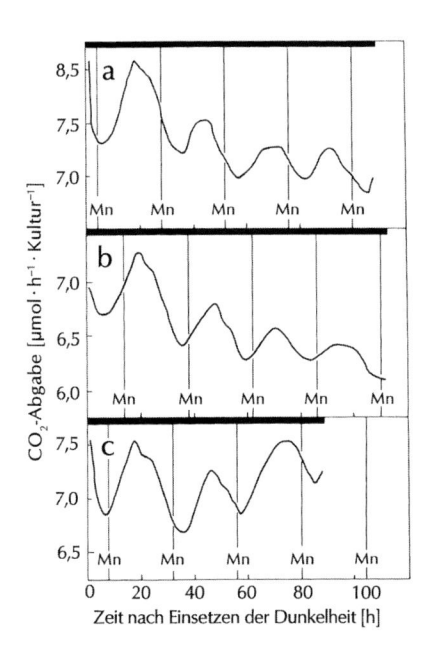

Abb. 21.6 a–c. Rhythmik der CO_2-Abgabe bei Blattkalluskulturen von *Kalanchoe daigremontiana*. Die Kulturen wurden im normalen Licht-Dunkel-Wechsel angezogen und entweder um 20 Uhr (**a**) oder um 16 Uhr (**c**) ins Dauerdunkel gebracht (dunkle Balken, 23 °C). Im Fall (**b**) wurden zwei inverse Licht-Dunkel-Perioden gegeben, bevor die Pflanzen um 10 Uhr ins Dauerdunkel gelangten. Die Phasenlage wird stets durch den Zeitpunkt der Verdunkelung festgelegt. Der erste Gipfel der Rhythmik erscheint etwa 20 h nach Beginn der Dunkelheit. Die mittlere Periodenlänge beträgt 25,5 ± 0,3 h. *Mn*, Mitternacht. (Nach Wilkins und Holowinsky 1965)

z. B. beim Abschuss der Sporangien, **Turgorschleuderbewegung**. Wenn man die Pilzkultur im 12:12 h-Licht-Dunkel-Wechsel hält, werden die meisten Sporangien im Zeitraum 18 bis 24 h nach Lichtbeginn abgeschossen, also in der 2. Hälfte der Dunkelphase. Bringt man das Mycel ins Dauerdunkel, bleibt die Abschussrhythmik erhalten, solange überhaupt Sporangien abgeschossen werden (Abbildung 21.5). Da die Abschussrhythmik nach einer Vorbehandlung im 12:12 h-Licht-Dunkel-Wechsel ganz ähnlich ist wie nach einer Vorbehandlung im 15:15 h-Licht-Dunkel-Wechsel, kann die Periodizität des Abschusses nicht als Nachschwingung aufgefasst werden.

21.2.3 Circadiane Rhythmik in Gewebekulturen

Lässt sich eine endogene, circadiane Rhythmik in amorphen Gewebekulturen nachweisen, so ist der Beweis erbracht, dass die Rhythmik von der Organisation der Gewebe und Organe unabhängig ist. An Kallusgewebe konnte in der Tat beobachtet werden, dass die CO_2-Abgabe nach Anzucht im 12:12 h-Licht-Dunkel-Wechsel im anschließenden Dauerdunkel rhythmisch erfolgt (Abbildung 21.6). Die Gewebekultur zeigt somit eine ganz ähnliche endogene Rhythmik der CO_2-Abgabe wie ein intaktes Blatt, das unter konstanten Bedingungen ins Dauerdunkel gebracht wurde.

21.2.4 Endogene Rhythmik und Biolumineszenz

Experimente mit dem marinen Dinoflagellaten *Gonyaulax polyedra* (Abbildung 21.7) zeigen, dass die physiologische Uhr auch in einzelligen Eukaryoten tickt. Hierbei wird die Eigenschaft dieses Einzellers ausgenützt, auf eine mechanische Reizung mit Biolumineszenz zu reagieren. An diesem Objekt sind eine ganze Reihe weiterer circadianer Rhythmen erforscht worden (z. B. bei der Zellteilung, Chloroplastenverteilung, Photosyntheseintensität, Motilität und Proteinsynthese); die Biolumineszenz erwies sich jedoch für die experimentelle Analyse der physiologischen Uhr als besonders günstig.

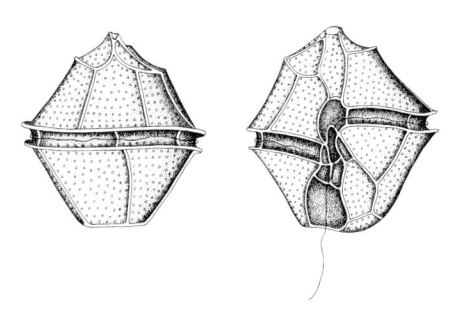

Abb. 21.7. Dorsalansicht (*links*) und Ventralansicht (*rechts*) des Dinoflagellaten *Gonyaulax polyedra*. (In Anlehnung an Schussnig 1954 und an elektronenmikroskopische Aufnahmen von Hastings)

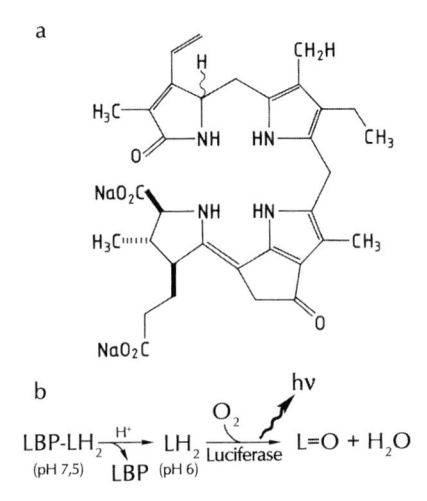

Abb. 21.8 a, b. a Das Luciferin der Dinoflagellaten ist ein Tetrapyrrol mit einem Fluoreszenzmaximum bei 475 nm. **b** Der Reaktionsmechanismus für die Biolumineszenz in der Alge *Gonyaulax* zeigt, dass nur das ungebundene, bei pH 6 vom *LBP* (Luciferin-bindendes Protein) abgespaltene Luciferin (LH_2) an der lichtaussendenden Reaktion beteiligt ist. Das bei pH 7,5 an LBP gebundene Luciferin ist nicht aktiv. (Nach Morse et al. 1990)

Biolumineszenz ist eine bei manchen Tieren, Bakterien, Flagellaten und Pilzen vorkommende Lichtemission; sie erfolgt im Zusammenhang mit einer durch das Enzym **Luciferase** katalysierten Oxidation von **Luciferin** durch O_2. Das elektronisch angeregte Reaktionsprodukt führt beim Rückgang in den Grundzustand die Lichtemission aus. Die verschiedenen Typen lumineszierender Organismen besitzen chemisch ganz verschiedene Lumineszenzsysteme; „Luciferin" und „Luciferase" sind daher Bezeichnungen für ganze Klassen chemischer Substanzen. Luciferin aus dem Glühwürmchen *Photinus pyralis* ist ein Benzothiazolderivat. Das Luciferin wird in diesem Fall an die Luciferase gebunden, in Anwesenheit von Mg^{2+} durch ATP adenyliert und dann oxidiert. Das Luciferin der Bakterien hingegen ist reduziertes Flavinmononucleotid. Außerdem ist hier ein aliphatischer Aldehyd an dem Geschehen beteiligt. Bei *Gonyaulax* geht die Biolumineszenz von kleinen, nahe der Vacuole lokalisierten Organellen, **Scintillonen**, aus. Das Luciferin ist ein offenkettiges Tetrapyrrol, dessen Oxidation durch eine spezifische Luciferase katalysiert wird. Auch bei diesem Organismus wird das Luciferin nicht-covalent an ein Luciferinbindendes Protein (LBP) gebunden (Abbildung 21.8).

Gonyaulax kann an der amerikanischen Westküste in riesigen Populationen auftreten und ein phantastisches Meeresleuchten verursachen, da die Flagellaten auf jede starke mechanische Reizung mit einer Lichtemission reagieren. Die Fähigkeit zur Biolumineszenz ist aber nicht konstant. Sie verändert sich periodisch, und zwar auch dann, wenn man die Kulturen im schwachen Dauerlicht hält (Abbildung 21.9). Die endogenen, tagesperiodischen Änderungen in der Kapazität der Biolumineszenz hängen mit Änderungen in der Aktivität der Komponenten des Biolumineszenzsystems zusammen. Sowohl die Konzentrationen von Luciferin und LBP als auch der Gehalt an Luciferase zeigen entsprechende tagesperiodische Schwankungen (Abbildung 21.10).

Die Biolumineszenzrhythmik von *Gonyaulax* zeigt allgemein bedeutsame Charakteristika: Man kann z. B. die Periodenlänge auf 14 h herunterdrücken, wenn man die Kulturen einem 7 : 7 h-Licht-Dunkel-Wechsel aussetzt. Sobald man jedoch die Zellen unter konstante Bedingungen bringt (z. B. schwaches Dauerlicht), tritt die „natürliche" **circadiane** Periodenlänge (etwa 23 h) wieder in Erscheinung, selbst dann, wenn man eine Kultur viele Monate im 7 : 7 h-Licht-Dunkel-Wechsel gehalten hat. Lernvermögen oder Adaptation gibt es nicht!

Über den Mechanismus der Uhr gibt es auch bei *Gonyaulax* begründete Vorstellungen. Luciferin, Luciferase und LBP werden tagesperiodisch auf- und abgebaut. Auch die Scintillonen machen dieses Auf und Ab mit. Es gibt in der Nacht, auf dem Gipfel der Biolumineszenz, etwa 400 Scintillonen pro Zelle, während des Tages nur etwa 40. Die Theorie der physiologischen Uhr geht davon aus, dass (hypothetische) *clock proteins*, die integrale Bestandtei-

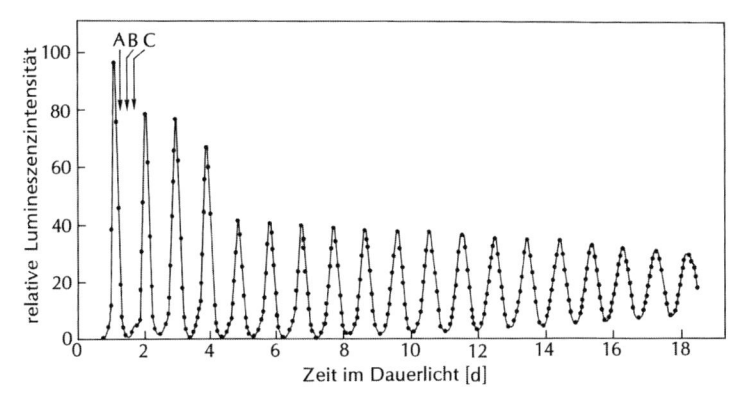

Abb. 21.9. Der circadiane Rhythmus der Biolumineszenz bei der Alge *Gonyaulax polyedra*. Deutlich wird der endogene Rhythmus des Leuchtens. Andere zelluläre Prozesse in dieser Alge zeigen einen ähnlichen Rhythmus, haben aber ihr Maximum zu verschiedenen Zeiten im 24 h-Cyclus, wie durch die *Pfeile* angezeigt: Zellteilung (*A*), Photosynthese (*B*) und Zellaggregation (*C*). Zellen von *Gonyaulax* wurden für 20 d in einem 12:12 h-Licht-Dunkel-Rhythmus gehalten und zur Zeit Null in kontinuierliches Schwachlicht überführt. Während die Amplitude der Lumineszenzreaktion abnimmt, bleibt die Periodenlänge konstant. (Nach Morse et al. 1990)

le der Uhr sind, das Auf und Ab derjenigen Proteine regeln, die für die Biolumineszenz zuständig sind. Als Ebene der Regulation wird die Translation (an 80S-Ribosomen) angesehen. Im Gegensatz zu einigen Befunden bei höheren Pflanzen (→ Abbildung 21.3), konnte bei *Gonyaulax* keine Oscillation von relevanten mRNA-Pegeln (z. B. für LBP) festgestellt werden.

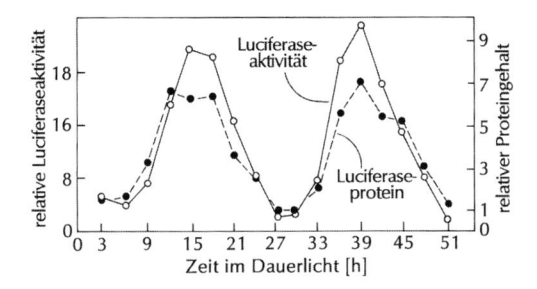

Abb. 21.10. Oscillation des Luciferasegehaltes in den Zellen von *Gonyaulax polyedra*. Die Kulturen wuchsen zunächst im 12 : 12 h-Licht-Dunkel-Wechsel und wurden zur Zeit Null in konstantes, schwaches Dauerlicht überführt. Die Enzymaktivität ändert sich parallel zur Menge des Enzymproteins. (Nach Morse et al. 1990)

21.3 Einige Experimente zur Analyse der endogenen Rhythmik

21.3.1 Auslösung der Rhythmik

In arhythmischen *Gonyaulax*-Zellen, die im Dauerlicht über drei Jahre hinweg gehalten wurden, kann mit einer einzigen Änderung des Lichtflusses die charakteristische endogene Rhythmik der Biolumineszenz ausgelöst werden. Entsprechendes gilt auch für Kormophyten: Eine Bohnenpflanze, die von der Samenkeimung an in einer Klimakammer im schwachen Dauerlicht gezogen wird, zeigt keine periodische Blattbewegung. Bringt man die Pflanze für einige Stunden in einen hohen Lichtfluss, so löst man die endogene Rhythmik aus, die sich in der circadianen Blattbewegung im nachfolgenden schwachen Dauerlicht manifestiert.

21.3.2 Anpassungen der Rhythmik an Programmänderungen

Wenn man das Umweltprogramm ändert, passt sich eine bestehende Rhythmik mehr oder minder schnell dem neuen Programm an. Bei *Chenopodium amaranticolor* z. B. gehen die entsprechenden Umstellungen innerhalb der tagesperiodischen Blattbewegungen von 2 d vonstatten. Die Anpassungsfähigkeit der endogenen Rhythmik an andere als 24-h-Perioden ist hingegen nur begrenzt möglich. Unterwirft man z. B. *Canavalia ensiformis* ei-

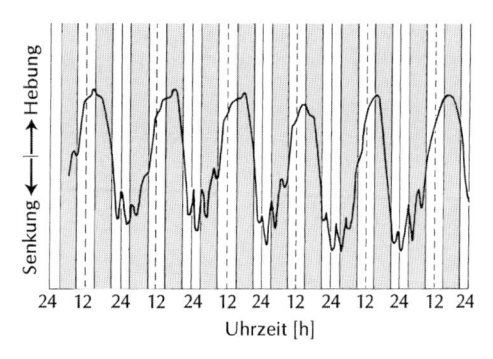

Abb. 21.11. Tagesperiodische Blattbewegungen bei der Schwertbohne (*Canavalia ensiformis*) im 6 : 6 h-Licht-Dunkel-Wechsel. Die physiologische Rhythmik kann dieser raschen Periodizität nicht folgen, sondern zeigt die „Eigenfrequenz". Die Dunkelperioden sind grau markiert. (Nach Bünning 1953)

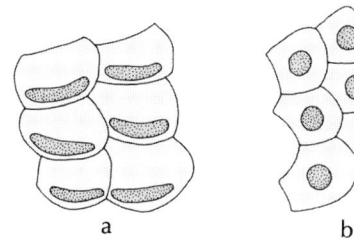

Abb. 21.12 a, b. Form- und Lageänderungen der Chloroplasten von *Selaginella serpens*. **a** Tagesform; **b** Nachtform der jugendlichen Chloroplasten, dargestellt in der Aufsicht auf Epidermiszellen. (Nach Busch 1953)

nem 6 : 6 h-Licht-Dunkel-Wechsel, so kann die Pflanze diesem raschen Programm nicht folgen. In den Blattbewegungen manifestiert sich vielmehr die endogene circadiane Rhythmik (Abbildung 21.11).

Die Chloroplasten in den Epidermiszellen von *Selaginella serpens* verändern im natürlichen Licht-Dunkel-Wechsel Form und Lage (Abbildung 21.12). In der Lichtphase ist der Chloroplast flächig und liegt der seitlichen Zellflanke an. Während der Dunkelphase ist der Chloroplast kugelförmig und liegt in der Mitte der Zelle an der Außenwand. Die Änderungen der Chloroplastenform und -lage erfolgen im 12 : 12 h-Licht-Dunkel-Wechsel perfekt tagesperiodisch. Sowohl im Dauerdunkel als auch im Dauerlicht setzt sich die Formänderung nach diesem Muster für 2 – 3 d fort. Bei der Anwendung von Kurzcyclen (z. B. 6 : 6 h-Licht-Dunkel-Wechsel) verkürzt sich die Periodenlänge entsprechend. Im nachfolgenden Dauerdunkel erscheinen Maxima und Minima im Abstand von 6 h in wechselnder Amplitudenhöhe. Gleichzeitig tritt aber eine circadiane Rhythmik in Erscheinung. Offensichtlich überlagert sich eine Nachschwingung mit der endogenen Rhythmik.

21.3.3 Endogene Rhythmik und Zellatmung

Die endogene Rhythmik der Zelle läuft auch dann weiter, wenn die Manifestationen der Rhythmik unterbunden werden. Hierfür ein Beispiel: Die fädigen Grünalgen der Gattung *Oedogonium* zeigen eine endogene Sporulationsrhythmik. Wenn man mit Cyanid die Zellatmung unterbindet (CN^- blockert das Fe-Zentralatom der Cytochromoxidase; → S. 223), bleiben die Algen zwar am Leben, es findet aber keine Sporulation mehr statt. Sobald das CN^- aus der Kultur entfernt wird, setzt die Sporulation wieder ein, und zwar mit derselben Phasenlage wie bei den Kontrollen (Abbildung 21.13). Die CN^--Vergiftung hat sich also auf den Gang der physiologischen Uhr nicht ausgewirkt.

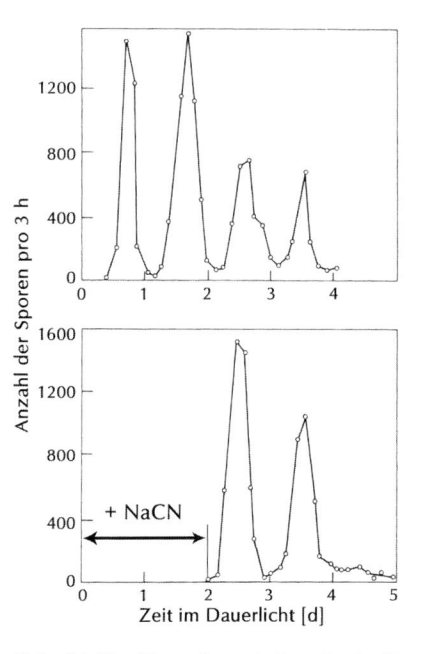

Abb. 21.13. *Oben:* Sporulationsrhythmik von *Oedogonium spec.* im Dauerlicht. Solange die Sporulation erfolgt, geschieht sie rhythmisch. *Unten:* Unter der Einwirkung von NaCN tritt eine völlige Unterdrückung der Sporulation ein. Sobald man das Gift entfernt, kommt es wieder zur rhythmischen Sporulation, und zwar ohne Phasenverschiebung gegenüber der Kontrolle. (Nach Bühnemann 1955)

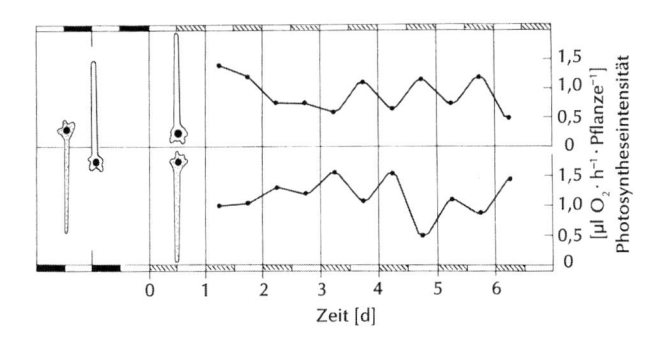

Abb. 21.14. Experimente, die zeigen, dass der Zellkern die Phasenlage der endogenen Rhythmik der Photosyntheseintensität bei *Acetabularia* bestimmt. Rhizoid (mit Primärkern) und Stiel wurden zunächst entgegengesetzten Licht-Dunkel-Wechseln unterworfen (*links*). Zum Zeitpunkt Null wurden die Algen unter konstanten Bedingungen ins Dauerlicht gebracht und die Photosyntheseintensität verfolgt. (Nach Schweiger et al. 1964)

21.3.4 Endogene Rhythmik und Zellkern

Bei der einzelligen Alge *Acetabularia* (→ Exkurs 17.6, S. 404) wurde der Zusammenhang zwischen Zellkern und endogenem Rhythmus untersucht. Zwischen Pflanzen mit und solchen ohne Zellkern zeigt sich kein Unterschied bezüglich der endogenen Rhythmik der Photosyntheseintensität. Die rhythmische Änderung der Chloroplastengestalt (länglich in der Mitte der Lichtperiode, nahezu sphärisch in der Mitte der Nacht) geht ebenfalls nach der Entfernung des Kerns ungestört weiter. Der Zellkern ist also offenbar für den Gang der Uhr nicht notwendig. Man hat festgestellt, dass auch Änderungen der endogenen Rhythmik, z. B. die Wiederherstellung der Rhythmik in arhythmisch gemachten, kernlosen *Acetabularia*-Pflanzen, in Abwesenheit des Kerns möglich sind. Andererseits geht die Rhythmik verloren, wenn man intakte, kernhaltige *Acetabularia*-Pflanzen mit Actinomycin D (einem Inhibitor der Transkription) behandelt. Bei entkernten Algen hingegen hat der Inhibitor keinen Einfluss auf die Photosynthese- und Chloroplastenrhythmik. Wie ist dieses Paradoxon zu erklären? Eine plausible Erklärung lautet: In entkernten Acetabularien, die über lange Zeit hinweg weiterleben und ihre endogene Rhythmik unverändert beibehalten, ist die mRNA stabilisiert. Dies gilt sowohl für die mRNA, die mit der Rhythmik zu tun hat, als auch für die mRNA, die an der Morphogenese beteiligt ist (→ Exkurs 17.6, S. 404). In Anwesenheit des Kerns ist die für die Rhythmik zuständige mRNA labil. Der Kern kann jeweils innerhalb kurzer Zeit dem Plasma seine eigene Rhythmik aufprägen, jedenfalls dann, wenn die Transkription intakt ist. Dies zeigen Experimente mit Acetabularien, deren Stiel und Rhizoid (mit Primärkern) entgegengesetzten Licht-Dunkel-Programmen ausgesetzt waren. Anschließend wurden die Algen ins Dauerlicht gebracht und die Photosyntheseintensität verfolgt. Wie die Abbildung 21.14 zeigt, beobachtet man nach einigen Tagen eine Rhythmik der Photosyntheseintensität im Stiel, die dem Licht-Dunkel-Programm entspricht, das der Zellkern im Rhizoid vor dem Zeitpunkt Null erhalten hatte. RNA, vermutlich solche vom *messenger*-Typ, dürfte auch im Fall der Rhythmiksteuerung (Bestimmung der Phasenlage) die Vermittlerrolle zwischen Kern und Plasma spielen.

21.4 Genetische Analyse des Oscillators bei *Arabidopsis*

Um die molekularen Komponenten des circadianen Oscillators in höheren Pflanzen zu identifizieren, wurde ein experimenteller Ansatz für die Modellpflanze *Arabidopsis thaliana* entworfen, in dem eine „genetische Falle" Mutationen in Genen der Uhr markieren soll. Eine unabhängige Identifizierung von Elementen der Uhr und deren Gene ist für höhere Pflanzen erforderlich, da die in Tieren und Pilzen gefundenen Komponenten der inneren Uhr mit denjenigen der Pflanzen so wenig übereinstimmen, dass sie sich nicht über Homologien bestimmen lassen. Über die Phänomenologie hinaus lassen sich aber die genetische Grundlage ebenso wie die biochemische Natur des Oscillators nur über einen solchen molekularen Ansatz genauer untersuchen. Aus den Beobachtungen der circadianen Rhythmen bei der Transkription und der Translation verschiedener Gene ist nicht notwendigerweise eine molekulare Uhr zu postulieren, der eine Regulation auf der Ebene von Nucleinsäuren zugrunde liegt. Die Identifizierung von genetisch festgelegten Eigenschaften der inneren Uhr, z. B. die **Vererbung der Periodenlänge** nach den Mendelschen Regeln,

Tabelle 21.1. Gene in *Arabidopsis thaliana*, die durch die innere Uhr reguliert werden.

Genname	Ebene der Regulation
CAB (Chlorophyll-a/b-bindendes Protein)	transkriptional, posttranskriptional
CCR (Glycin-reiches, potenziell RNA-bindendes Protein)	nicht bekannt
FEDA (Ferredoxin)	nicht bekannt
RBCS (RUBISCO, kleine Untereinheit)	nicht bekannt
RCA (RUBISCO-Aktivase)	transkriptional
CAT (Katalase)	nicht bekannt
NIR (Nitratreductase, Apoprotein)	posttranskriptional

deutet jedoch ganz klar eine genetische, DNA-vermittelte Komponente der inneren Uhr an. Für die Suche nach Mutationen in den verschiedenen Komponenten der inneren Uhr bei Pflanzen war der entscheidende Schritt die Entwicklung eines leicht identifizierbaren phänotypischen Merkmales. Dies gelang auf folgende Weise: Bei der Analyse der circadian regulierten Gene (Tabelle 21.1) zeigte sich, dass zumindest einige davon, z. B. die Gene der Chlorophyll-*a/b*-bindenden Proteine (CABs), über eine circadian schwankende Promotoraktivität reguliert werden. Nach Verknüpfung der Promotorregion eines solchen *CAB*-Gens mit einem Reportergen wird dieses ebenfalls nach einem circadianen Rhythmus reguliert. Um intakte Pflanzen auf einen circadianen Rhythmus des Reportergens leicht untersuchen zu können, wurde ein *CAB*-Gen-Promotor mit einem Luciferase-Gen aus

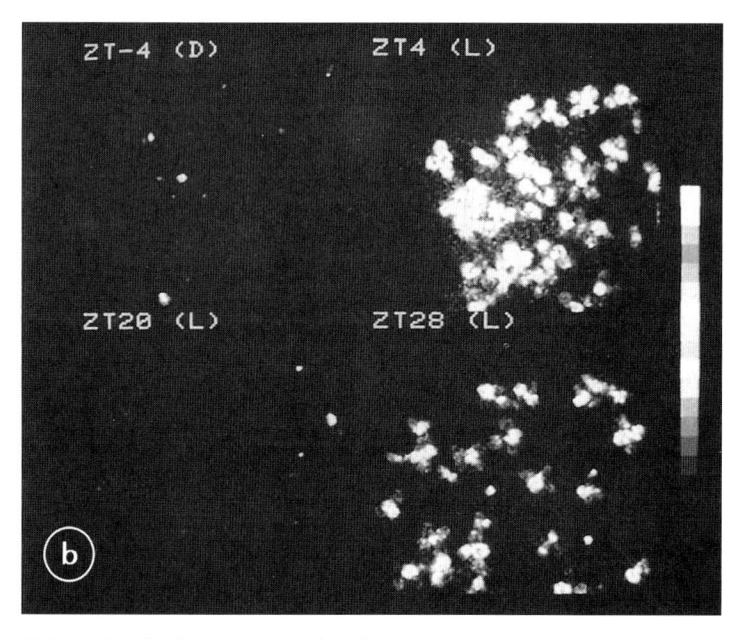

Abb. 21.15 a, b. Phänotypische Identifizierung von *Arabidopsis*-Mutanten mit Veränderungen der Rhythmik. **a** Genkonstrukt, bestehend aus der Promotorregion des circadian gesteuerten *CAB*-Gens und einem Luciferase-Reportergen eines Leuchtkäfers. Dieses Genkonstrukt wurde in das Kerngenom von *Arabidopsis* transformiert und fest eingebaut. Nach Zufuhr von Luciferin kann seine zeitabhängige Expression als Indikatorreaktion für den Lauf der inneren Uhr verwendet werden. **b** Expression des Reportergens, sichtbar gemacht durch Videoaufnahmen der Lumineszenz von ausgepflanzten transgenen Keimlingen. *Oben:* Eine Gruppe von Pflanzen wurde im Licht-Dunkel-Wechsel angezogen und nach 4 h im Dunkeln *(links)* bzw. 4 h im Licht *(rechts)* abgebildet. *Unten:* Eine Gruppe von Pflanzen wurde nach dem Licht-Dunkel-Wechsel ins Dauerlicht überführt und nach 20 h (endogene Nachtzeit, *links*) bzw. 28 h (endogene Tageszeit, *rechts*) abgebildet. Bei den meisten Pflanzen ist das Reportergen wegen der rhythmischen Regulation des Promotors nur während der subjektiven Tageszeit angeschaltet (Wildtyp, *rechts*). Einige wenige Pflanzen zeigen ein abweichendes Verhalten (Mutanten, *links*). (Nach McClung und Kay 1994)

21.4 Genetische Analyse des Oscillators bei *Arabidopsis*

Leuchtkäfern verknüpft und dieses Fusionsgen in das Genom von *Arabidopsis*-Pflanzen eingeführt (Abbildung 21.15). Die Lumineszenz kann mit einer empfindlichen Videokamera auch in einer großen Population von transgenen Pflanzen automatisch rund um die Uhr verfolgt werden. Dabei erscheinen Pflanzen, in denen das Gen aktiviert ist, als leuchtende Punkte in der Videoaufnahme. Eine große Zahl von Samen aus dieser Pflanzenlinie wurde mutagenisiert und zur Keimung gebracht. Auf den Videoaufnahmen wurden nun Individuen gesucht, die sich in ihrem rhythmischen Verhalten vom Wildtyp unterscheiden. Mit diesem Versuchsansatz konnten *Arabidopsis*-Mutanten gefunden werden, in denen die Periodenlänge der Reportergenexpression verkürzt oder verlängert war, oder solche, in denen die Amplitude deutlich verringert war (Abbildung 21.16). Durch die so erzeugten Mutationen werden aber nicht nur solche Gene betroffen sein, die direkt an der Oscillation der inneren Uhr beteiligt sind, sondern möglicherweise auch Gene, die an der Übertragung der Information von der Uhr bis zur Genexpression mitwirken. Man kann daher im Moment noch nicht sicher sagen, ob diese Experimente den Zugang zum Mechanismus des Oscillators eröffnen.

Die transgenen *Arabidopsis*-Pflanzen mit dem *CAB*-Promotor und Luciferase-Reportergen können auch genutzt werden, um festzustellen, welche der verschiedenen Lichtreceptoren in Pflanzen an der Einstellung der Uhr beteiligt sind. Wird eine Mutation in der Phytochromsynthese in eine solche Pflanze eingekreuzt, so verschwindet die Lichtwirkung auf den circadianen Rhythmus nicht vollständig, sondern lediglich im Phytochrom-vermittelten roten Spektralbereich. Dieses Ergebnis zeigt erstens, dass Phytochrom auf jeden Fall an der Einstellung der inneren Uhr beteiligt ist und zweitens, dass auch noch andere Komponenten des Tageslichts die Uhr stellen können. Ein analoges Kreuzungsexperiment mit Blaulichtreceptormutanten zeigt, dass auch ein Blaulichtreceptor in der Lage ist, die Uhr einzustellen. Entsprechend wirken sich auch Mutationen in den Signalübertragungskaskaden vom Phytochrom bzw. vom Blaulichtreceptor auf die Einstellungen der inneren Uhr aus. So sind wahrscheinlich der Calcium/Calmodulin-abhängige Signalweg und möglicherweise auch der cGMP/GMP-Signalweg an der Einstellung der Uhr auf den 24-h-Rhythmus beteiligt (→ S. 97). Nur wenige chemische Verbindungen beeinflussen das Ticken

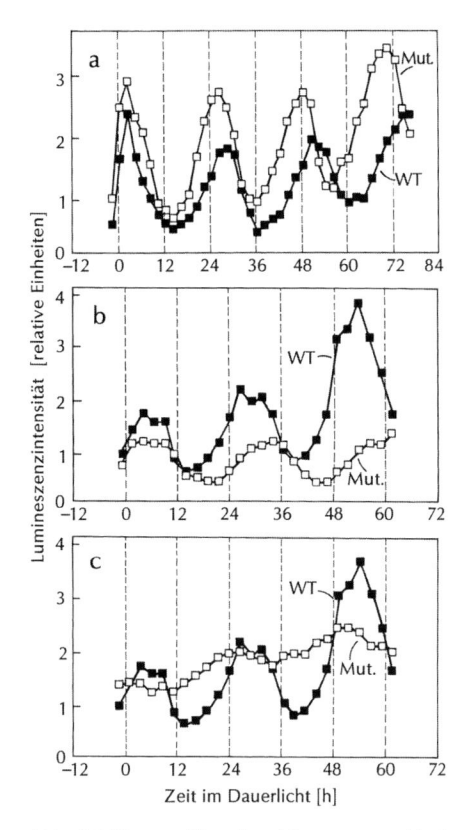

Abb. 21.16 a–c. Charakterisierung verschiedener *Arabidopsis*-Mutanten anhand der zeitabhängigen Expression des *CAB*-Promotor-Luciferase-Genkonstrukts im Dauerlicht. *WT*, Wildtyp; *M*, Mutante. **a** Mutante mit verkürzter Periodenlänge von ca. 21 h, **b** Mutante mit verlängerter Periodenlänge von etwa 28 h, **c** Mutante mit fast normaler Periodenlänge, aber deutlich verringerter Amplitude. (Nach Millar et al. 1995)

der inneren Uhr; die bekanntesten sind Theophyllin und Lithiumsalze. Die Wirkung der letzteren scheint ubiquitär verbreitet zu sein, da Lithiumpräparate auch bei Tieren und Menschen den Gang der inneren Uhr verändern können. Dies macht man sich pharmakologisch zu Nutze; z. B. enthalten Präparate zur Milderung des „Jetlags" bei Transkontinentalflügen sehr oft Lithium.

Eine exakte Tageslängenmessung ist auch eine Voraussetzung für die Voraussage, wann die Sonne auf- oder untergeht. Theoretisch könnten auch die Akkumulation oder der Verbrauch von einem bestimmten Produkt, RNA, Protein, Zucker oder Lipid, als einfacher, linearer Zeitmesser dienen (Sanduhrprinzip), aber dies könnte nicht die komplexen Effekte erklären, die z. B. Störlicht in der Dunkelphase hat. Der Vergleich der inneren Uhr mit dem tatsächlichen Zeitpunkt vom Sonnenauf- und -untergang liefert der Pflanze wichtige Informationen über die Jahreszeit. Damit ist die innere Uhr essenziell an der Tageslängenmessung beteiligt, die bei den meisten Pflanzenspezies über die Induktion der Blütenbildung entscheidet (→ S. 504). Der Sensor für die Länge der Lichtperiode ist ein spezieller Photoreceptor mit Ähnlichkeiten zu den Phototropinen (→ S. 508). Dieses FKF1-Protein (**F**LAVIN-BINDING, **K**ELCH REPEAT, **F**-BOX PROTEIN) ist ein Blaulichtreceptor, der die Menge des Proteins CONSTANS moduliert, das ursächlich an der Blüteninduktion beteiligt ist (→ S. 503).

21.5 Verschiedene innere Uhren in verschiedenen Organismen

Circadiane Rhythmen kontrollieren wichtige Reaktionen und Verhaltensmuster nicht nur in Pflanzen, sondern auch in Cyanobakterien, Tieren und Pilzen. Während bei den Algen *Gonyaulax* und *Acetabularia* der Oscillator auf der Translationsebene zu arbeiten scheint, sind in *Drosophila*, Maus und dem Pilz *Neurospora crassa* Rückkoppelungssysteme identifiziert worden, die Genregulation als Teil des Uhrwerkes benutzen. Die an diesem Oscillator beteiligten Gene und Proteine zeigen keine evolutionäre Verwandtschaft, außer in der sog. PAS-Domäne, die an Protein-Protein-Wechselwirkungen beteiligt ist. Diese Domäne findet sich sowohl in dem Gen *PERIOD* bei *Drosophila*, in dem Gen *CLOCK* der Maus wie auch in den Genen *WHITE COLLAR 1* und *2* bei *Neurospora*. Bei diesem Pilz sind die *WHITE COLLAR*-Gene an der Expression des Gens *FREQUENCY* beteiligt, das wiederum durch Licht gesteuert werden kann. Wie bei Pflanzen stellt auch hier Licht die Periodenlänge des circadianen Rhythmus auf 24 h ein. Bei *Neurospora* wird als leicht verfolgbares physiologisches Merkmal die auf eine bestimmte Tageszeit festgelegte Sporulation genutzt (→ Abbildung 21.5).

In *Neurospora* scheint das *FREQUENCY*-System zumindest teilweise dem Uhrwerk zu entsprechen, wobei aber der volle Ablauf der Genexpression noch auf die 24-h-Periode eingestellt werden muss. In diesem molekularen Rückkoppelungssystem werden von dem Gen *FREQUENCY* die entsprechende RNA und das Protein synthetisiert. Dieses Protein bindet im Zellkern den Promotor im Gen *FREQUENCY* und stoppt beim Erreichen eines Schwellenwertes die weitere Synthese von mRNA und Protein. Das Protein FREQUENCY wird nun im Zellkern langsam abgebaut, so dass das Gen *FREQUENCY* wieder aktiv wird und den 24-h-Kreis schließt.

In Pflanzen hat man selbst bei intensiven Untersuchungen bisher noch keine eindeutig homologen Gene für *FREQUENCY*, *WHITE COLLAR 1* und *2* aus dem Pilz *Neurospora* oder für die Gene *PERIOD* und *CLOCK* von Tieren finden können. Erst die molekulare Aufklärung der verschiedenen Rückkoppelungssysteme und oscillierenden Reaktionen in Pflanzen wird zeigen können, ob im Laufe der Evolution in den verschiedenen Organismengruppen unterschiedliche Strategien für einen solchen, für chemische Reaktionen sehr langsamen, Oscillator entwickelt wurden oder ob ein einheitliches Oscillatorsystem vorliegt, das so flexibel ist, dass verschiedene Proteine sich daran beteiligen können, so lange das regelmäßige Ticken und Schlagen der Uhr gewährleistet ist (Abbildung 21.17).

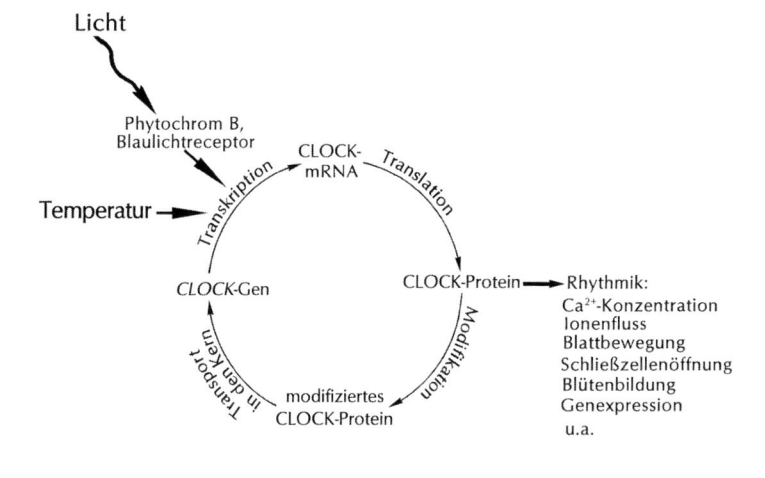

Abb. 21.17. Arbeitsmodell für den molekularen Zeitgeber der circadianen Uhr in Pflanzen. In Analogie zu den identifizierten Komponenten des Oscillators in *Drosophila*, Maus und *Neurospora* wird ein Cyclus von Transkription/Translation-Autoregulation der noch unbekannten Uhrgene auch bei Pflanzen angenommen. (Nach Anderson und Kay 1996)

Neuere Untersuchungen deuten darauf hin, dass bei Pflanzen, zumindest bei *Arabidopsis*, drei ineinander greifende Rückkoppelungsschleifen den zuverlässigen Gang der Uhr garantieren. Umwelteinflüsse wie Licht, Temperatur und andere Faktoren greifen an verschiedenen Stellen dieser Zeitschleifen ein, die exakten Schalterstellen werden derzeit untersucht. Je mehr physiologische und molekulare Vorgänge betrachtet werden, umso mehr Einfluss der inneren Uhr wird beobachtet, als direkte oder als sekundäre Folge dieser Rhythmik. Bis zu 90 % aller Transkripte in *Arabidopsis* scheinen rhythmische Schwankungen im Tagesverlauf durchzumachen, Beleg für die enorme Anpassungsfähigkeit der Pflanzen auch an relativ kurzfristige Veränderungen wie den Tag/Nacht-Wechsel.

Weiterführende Literatur

Anderson SL, Kay SA (1996) Illuminating the mechanism of the circadian clock in plants. Trends Plant Sci. 1: 51-57

Bünning E (1977) Die physiologische Uhr. 3. Aufl. Springer, Berlin

Fukushima A, Kusano M, Nakamichi N, Kobayashi M, Hayashi N, Sakakibara H, Mizuno T, Saito K (2009) Impact of clock-associated Arabidopsis pseudo-response regulators in metabolic coordination. Proc Natl Acad Sci USA 106: 7251–7256

Harmer S (2009) The circadian system in higher plants. Annu Rev Plant Biol 60: 357–377

Imaizumi T, Tran HG, Swartz TE, Briggs WR, Kay SA (2003) FKF1 is essential for photoperiodic-specific light signalling in *Arabidopsis*. Nature 426: 302-306

Mancuso S, Shabala S (eds) (2007) Rhythms in plants. Phenomenology, mechanisms, and adaptive significance. Springer, Berlin

McClung CR (2001) Circadian rhythms in plants. Annu Rev Plant Physiol Plant Mol Biol 52: 139-162

Michael TP, Breton G, Hazen SP, Priest H, Mockler TC, Kay SA, Chory J (2008) A morning-specific phytohormone gene expression program underlying rhythmic plant growth. PLoS Biol 6: e225. doi: 10.1371/journal.pbio.0060225

Millar AJ (1999) Biological clocks in *Arabidopsis thaliana*. New Phytol 141: 175–197

Mockler TC et al. (2007) The DIURNAL project: DIURNAL and circadian expression profiling, model-based pattern matching and promoter analysis. Cold Spring Harb Symp Quant Biol 72: 353–363

Penfield S, Hall A (2009) A role for multiple circadian clock genes in the response to signals that break seed dormancy in *Arabidopsis*. Plant Cell 21: 1722–1732

In Abbildungen und Tabellen zitierte Literatur

Anderson SL, Kay SA (1996) Trends Plant Sci 1: 51–57

Bühnemann F (1955) Biol Zbl 74: 691–705

Bünning E (1953) Entwicklungs- und Bewegungsphysiologie der Pflanze. Springer, Berlin

Bünning E, Tazawa M (1957) Planta 50: 107–121

Busch G (1953) Biol Zbl 72: 598–629

Hwang S, Kawazoe R, Herrin DL (1996) Proc Natl Acad Sci USA 93: 996–1000

McClung CR, Kay SA (1994) In: Meyerowitz EM, Somerville CR (eds) Arabidopsis, Cold Spring Harbor Laboratory, pp 615–637

Millar AJ, Carré IA, Strayer CA, Chua NH, Kay SA (1995) Science 267: 1161–1166

Morse DS, Fritz L, Hastings JW (1990) Trends Biochem Sci 15: 262–265

Schmidle A (1951) Arch Microbiol 16: 80–100

Schussnig B (1954) Grundriss der Protophytologie. Fischer, Jena

Schweiger E, Walraff HG, Schweiger HG (1964) Science 146: 658–659

Wilkins MB, Holowinsky AM (1965) Plant Physiol 40: 907–909

22 Blütenbildung und Befruchtung

Die Ausbildung von Blüten markiert bei den höheren Pflanzen die Umsteuerung von der vegetativen zur **generativen Entwicklung**, die Bildung von Blütenorganen anstelle von vegetativen Blattorganen, die schließlich zur Produktion von Nachkommen führt. Dieser Schritt wird in vielen Pflanzen durch bestimmte Umweltfaktoren angestoßen, z. B. durch die **Tageslänge** oder durch **Kälteperioden**, und damit in eine bestimmte Jahreszeit gelegt. Die Umsteuerung ist in der Regel irreversibel und setzt ein weitgehend von Umwelteinflüssen abgeschirmtes Programm genetisch gesteuerter Prozesse in Gang, das in den letzten Jahren mit Hilfe von Mutantenstudien in groben Zügen aufgeklärt werden konnte. Die bisher bekannten Blühkontrollgene lassen sich als Hierarchie von drei Ebenen darstellen, auf denen bestimmte Stufen auf dem Weg zur Blütenbildung überschritten werden. Diese reichen von der allgemeinen Auslösung des Blühprogrammes über die Festlegung der Blütensymmetrie bis zur spezifischen Ausgestaltung der einzelnen Blütenorgane. Die molekulargenetische Analyse der Blütenbildung erlaubt erstmals einen Einblick in die prinzipielle Wirkungsweise der beteiligten Gene und ihrer Wechselwirkungen bei der Steuerung komplexer morphogenetischer Prozesse. Blüten enthalten **Geschlechtsorgane**, in denen die Bildung und Verschmelzung von Gameten stattfindet. Der Ablauf der Befruchtung, von der Pollenkeimung auf der Narbe bis zur Bildung der Zygote, wird durch chemische Signale präzis gesteuert, deren genetische Basis und molekulare Wirkung teilweise aufgeklärt werden konnten. Von besonderem Interesse sind hierbei die Strategien zur Erzwingung von **Fremdbefruchtung**, für die während der Evolution der Blütenpflanzen aus Vorläufern mit selbständigen Gametophyten- und Sporophytengenerationen viele verschiedene Strategien entwickelt wurden. Eine wichtige Rolle spielen hier die Mechanismen für **genetische Inkompatibilität** zwischen Pollen und Narbe bzw. Pollenschlauch und Stylargewebe durch multiallelische Selbstinkompatibilitätsgene.

22.1 Autonome Induktion des Blütenmeristems – die oberste Ebene der Blühkontrollgene

Bei manchen Pflanzen, so z. B. bei der Gartenerbse (*Pisum sativum*), ist die Umstimmung des Vegetationspunktes vom unbegrenzten vegetativen Wachstum zum begrenzten, generativen Wachstum eine **autonome**, im Entwicklungsprogramm festgelegte **Umsteuerung**. Der Zeitpunkt dieser Umsteuerung ist genetisch fixiert und das Blühverhalten der früh- oder spätblühenden Sorten wird mendelnd vererbt. Nur in einem relativ engen Rahmen kann dieser Zeitpunkt durch Umweltfaktoren verschoben werden. Die Blütenbildung wird hier durch das Alter bzw. den Entwicklungszustand, also vom inneren Programm, festgelegt. Bei einigen Spezies scheint für die Auslösung dieser Umsteuerung ein **Schwellenwert**, z. B. die Abhängigkeit von einer bestimmten Anzahl an vegetativen Internodien, beteiligt zu sein. Ein anderes Beispiel für die Bedeutung von Alter und Größe einer Pflanze für die Auslösung der Blütenbildung ist die Blühinduktion bei vieljährigen Pflanzen, z. B. bei Bäumen. Bekanntlich beginnen Bäume, z. B. Obstbäume, erst nach einigen Jahren mit der Bildung von Blüten, d. h. nachdem sie einer mehrfachen Folge von ähnlichen Umweltänderungen wie Kurz- und Langtagen oder Sommer und Winter ausgesetzt waren.

Die Umschaltung des Vegetationspunktes vom vegetativen zum generativen Wachstum erfolgt durch eine Aktivierung der **Heterochroniegene** lange bevor morphologische Veränderungen im Sprossmeristem zu erkennen sind (Abbildung 22.1). Diese Gene bilden die oberste Ebene in der Hierarchie der Blühgene; sie schalten alle weiteren, nachgeordnet exprimierten Blühgene kaskadenartig an (Abbildung 22.2). Eines der Heterochroniegene des autonomen Induktionsweges ist das *FLOWERING-CONTROL-ARABIDOPSIS (FCA)*-Gen, unter dessen Einfluss bei Erbsen, wie auch bei vielen spätblühenden Ökotypen von *Arabidopsis* unter nichtinduktiven Umweltbedingungen, das vegetative Meristem nach einer bestimmten Zeit in ein Blütenmeristem umgewandelt wird. *FCA* codiert für ein RNA-bindendes Protein, das die mRNAs von nachgeschalteten Blühkontrollgenen posttranskriptional reguliert. Auch die *FCA*-mRNA wird posttranskriptional reguliert. Das Gen wird in der ganzen Pflanze aktiv transkribiert, aber die Transkripte werden in verschiedenen Geweben zu verschiedenen Entwicklungszeiten unterschiedlich gespleißt und es entstehen so unterschiedliche Proteine. Von diesen ist nur

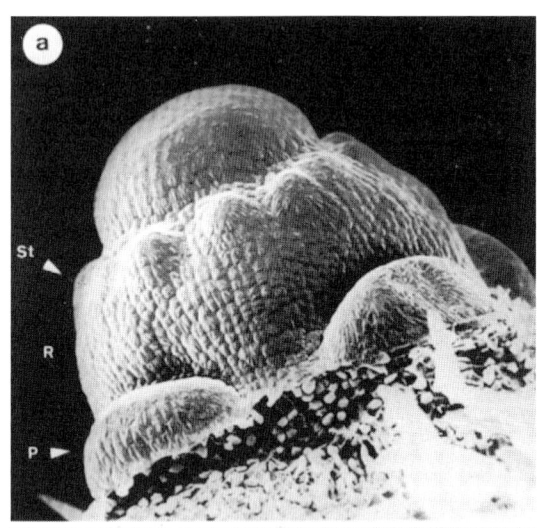

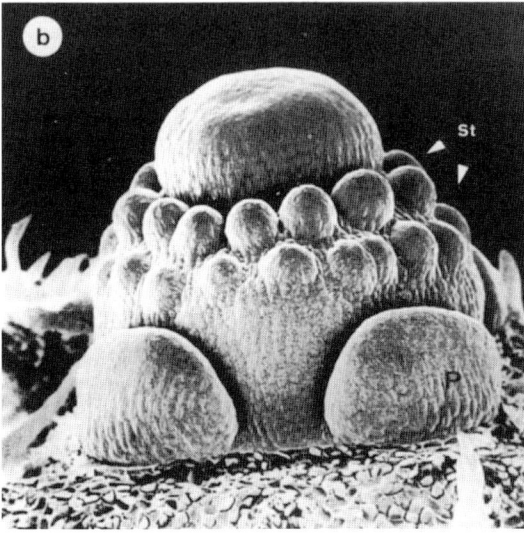

Abb. 22.1 a, b. Entwicklungsstadien der Blütenknospe von *Capparis spinosa* var. Inermis. **a** Bildung des androecealen Ringwalls mit dem ersten Stockwerk der Stamenanlagen; **b** Bildung des zweiten Stockwerks der Stamenanlagen. Am apikalen Kegel erkennt man bereits die Andeutung von Karpellprimordien. *P*, Petalen; *R*, androecealer Ringwall; *St*, Stamina. (Nach Leins und Metzenauer 1979)

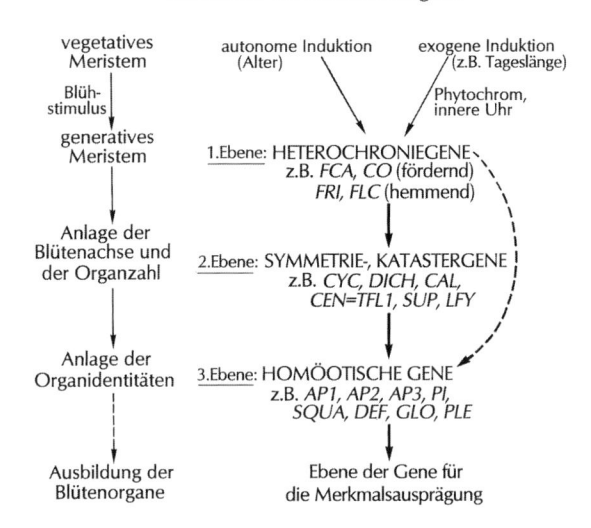

Abb. 22.2. Die drei Ebenen in der Hierarchie der Blühgene (vereinfachtes Schema, basierend vorwiegend auf Mutantenstudien mit *Arabidopsis*). Um im vegetativen Sprossmeristem die Ausbildung von generativen Organen zu induzieren, müssen zunächst die Gene der *1. Ebene* angeschaltet werden, die **Heterochroniegene**. Auf dieser Ebene wird entschieden, ob die Blütenbildung stattfindet oder nicht. Die Gene dieser Ebene können entweder durch endogene (autonome) Faktoren (z. B. bei *FCA*) oder exogene (umweltabhängige) Faktoren (z. B. bei *CO*) aktiviert werden. Der wichtigste exogene Faktor ist die **Tageslänge**, die über den Lichtsensor **Phytochrom** registriert wird und nach Abgleich mit der **inneren Uhr** die Aktivierung von Heterochroniegenen bewirkt. Diese wirken wiederum fördernd oder hemmend auf die *2. Ebene*, die Ebene der **Symmetrie- und Katastergene**, welche vor allem die Blütensymmetrie und die Anzahl der Blüten und Blütenorgane festlegen. Sie bestimmen auch die Areale (Blütenorgankreise), in denen die Gene der *3. Ebene* wirksam werden. Auf dieser Ebene (**homöotische Gene**) wird die spezifische Organidentität in den Blütenorgankreisen fixiert. Die Zuordnung der Gene zu den verschiedenen Hierarchieebenen ist nicht immer eindeutig zu treffen. Einzelne Gene der 1. Ebene können auch direkt Gene der 3. Ebene beeinflussen.

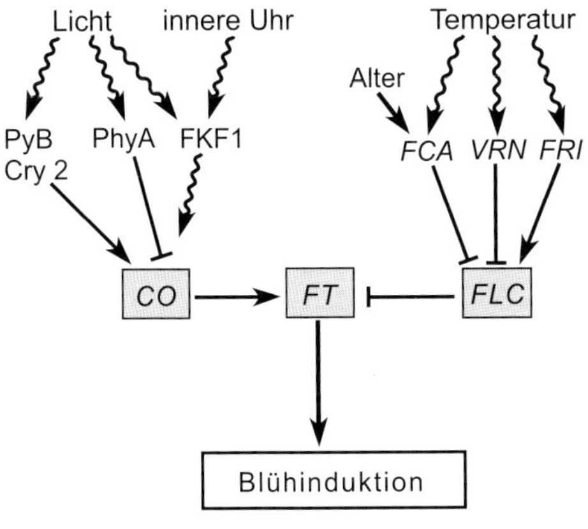

Abb. 22.3. Bei den meisten Pflanzen sind äußere Signale die Auslöser der Blühinduktion. Dabei stehen das Licht, vor allem über die Photoperiode, und die Temperatur im Vordergrund. Bei einigen Spezies überwiegt die Bedeutung der inneren, autonomen Signale wie Zahl der Phytomere und Alter die Beeinflussung von außen. Alle Signale sind in einem komplexen Netzwerk von Genaktivitäten verknüpft, das unter anderem sicherstellen muss, dass sporadische Änderungen wie ein Kälteeinbruch im Sommer nicht richtig interpretiert und als Rauschen ignoriert wird. In diesem vereinfachten, für die Langtagpflanze Arabidopsis erarbeiteten Schema zeigt → eine Aktivierung an, ⊣ bedeutet eine Inaktivierung. Das Genprodukt von FLC z. B. unterdrückt die Blütenbildung. Das Gen VRN wiederum inhibiert die Bildung von FLC-Protein. Wird also das Gen VRN durch Kältebehandlung (Vernalisation) aktiviert, so blockiert es das Gen für das FLC-Protein und dessen Konzentration sinkt unter die kritische Schwelle für die Blockade der Blühinduktion. Folglich wird dann das vegetative Meristem auf das generative Meristem umgestellt und die Pflanze blüht. (Nach Casal et al. 2004, verändert)

eines als funktionelles FCA-Protein aktiv, d. h. es kann an mRNAs von nachgeschalteten Blühkontrollgenen binden. Zerstörung des FCA-Gens durch Mutation beeinflusst erwartungsgemäß nicht die vegetative Entwicklung der Pflanze, stört aber die autonome Blütenbildung.

Eine ganze Anzahl weiterer, an der Blühinduktion beteiligter Gene konnte auf ähnliche Weise durch Selektion geeigneter Mutanten und molekulare Analyse der betroffenen DNA-Abschnitte aufgeklärt werden. Man fand z. B. das Gen FRIGIDA (FRI), das antagonistisch zu FCA als Repressor der Blühinduktion wirkt. Defekte in diesem Gen führen bei den entsprechenden Mutanten zu einer verstärkten Akkumulation von FCA-Genprodukten und fördern so die Bildung von Blüten. Das Gen VERNALISATION (VRN) wiederum wirkt parallel zu FCA auf das nachgeschaltete, integrierende Gen FLOWERING LOCUS C (FLC), das die Blütenbildung negativ beeinflusst (Abbildung 22.3). Erst wenn der Pegel von FLC-Proteinen unter eine kritische Menge abgesunken ist, wird die Inhibition der Blütenbildung aufgehoben. Die Antagonisten FRI und VRN der autonomen Blühinduktion sind ihrerseits in vielen Spezies durch Kälteperioden (Vernalisation) beeinflussbar (→ S. 510). Bei den meisten Pflanzen scheint irgendwann der Pegel an aktivem FLC-Genprodukt soweit abgesunken zu sein, dass die autonome Umstimmung ausgelöst wird. Es kommt dann auch unter nicht-induktiven Umweltbedingungen zur Blütenbildung, selbst wenn dies viel weniger effektiv geschieht als unter den induktiven Bedingungen, die im Normalfall durch einen exogenen Blühstimulus ausgelöst werden.

22.2 Exogene Induktion der Blütenbildung – ebenfalls auf der obersten Ebene der Blühkontrollgene

22.2.1 Photoperiode und Kälte als exogene Auslöser

In den meisten Pflanzen wird der genaue Zeitpunkt der Blühinduktion durch äußere Faktoren festgelegt. In einigen Pflanzen sind bestimmte Umweltbedingungen sogar absolut notwendige Voraussetzungen für die Blütenbildung. Dabei integrieren einige Schlüsselgene, z. B. CO, FT und FLC, die äußeren Signale mit den inneren, wobei verschiedene Pflanzenspezies den einzelnen Stimuli unterschiedliche Wichtigkeiten zuordnen (Abbildung 22.3). Die wichtigsten hierbei beteiligten Faktoren sind die **Tageslänge** (tägliche Photoperiode) und **Kälteperioden** von mehreren Tagen bis Wochen, **Vernalisation**. Auch hier kennt man einige beteiligte Gene der 1. Ebene, z. B. das Gen CONSTANS (CO; Abbildung 22.4). Die Aktivität dieses Gens ist, ähnlich wie diejenige von FCA im autonomen Induktionsweg, hinreichend, um das Meristem zur generativen Entwicklung umzusteuern. In transgenen Pflanzen künstlich aktiviertes CO-Gen löst unabhängig vom Alter der Pflanze die Blütenbildung aus und kann so die Wirkung von FCA oder VRN usw. ersetzen. Wir wenden uns nun der Frage zu, über welche physiologischen Mechanismen Umweltfaktoren, insbesondere die Tageslänge, auf der Ebene der Heterochroniegene wirksam werden können.

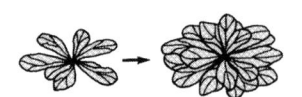

Abb. 22.4. Genetische Steuerung der Blühinduktion. Das Gen *CONSTANS (CO)* in der obersten Ebene der Blühgene ist notwendig für die Induktion der Blütenbildung durch die Tageslänge bei der Langtagpflanze *Arabidopsis*. Im Langtag bilden Wildtyppflanzen *(CO)* ungefähr drei Wochen nach der Keimung Blüten *(oben)*. Im Kurztag bilden diese Pflanzen nach 3 Wochen noch keine Blüten, sondern immer mehr Rosettenblätter *(unten)*. Bei Pflanzen mit mutiertem *CO*-Gen *(co)* unterbleibt die Blütenbildung auch im Langtag. (Nach Ma 1997)

Abb. 22.5. Die Blütenbildung als Funktion der Tageslänge. Objekt: *Pharbitis hederacea*, cv. Scarlett O'Hara. Beide Pflanzen erhielten eine Hauptlichtperiode von 8 h Tageslicht pro Tag. Die Pflanze auf der rechten Seite erhielt anschließend 8 h schwaches Glühlampenlicht (400 lx) pro Tag, also eine Photoperiode von 16 h. Das Zusatzlicht verhindert **spezifisch** die Blütenbildung. Die vegetative Entwicklung verläuft ungestört. (Nach einer Photographie von Borthwick aus der Pionierzeit der Photoperiodismusforschung)

22.2.2 Kritische Tageslängen

Unter **Photoperiodismus** versteht man die Erscheinung, dass bei vielen Pflanzen die Länge der täglichen Belichtungszeit, die **Tageslänge** oder **Photoperiode**, darüber entscheidet, ob die Vegetationspunkte auf Blütenbildung umschalten oder nicht (Abbildung 22.5). Man kann **Kurztagpflanzen** (KTP) und **Langtagpflanzen** (LTP) unterscheiden. Außerdem gibt es **tagneutrale Pflanzen**, bei denen die Photoperiode keinen spezifischen Einfluss auf die Blütenbildung hat. Wir betrachten hier nur obligatorische KTP und obligatorische LTP, neben denen auch fakultative KTP und LTP und komplizierte Typen wie KT-LT-Pflanzen und LT-KT-Pflanze vorkommen. Die Phänomenologie des Photoperiodismus ist überhaupt sehr mannigfaltig. Es ist auf diesem Gebiet besonders schwierig, die Gesetzmäßigkeiten herauszustellen und gleichzeitig den erheblichen Unterschieden zwischen den einzelnen Pflanzensippen gerecht zu werden.

Eine KTP blüht nur dann, wenn eine kritische Tageslänge (15 h Licht pro Tag bei der KTP *Pharbitis nil*) **unterschritten** wird (Abbildung 22.6). Andererseits blüht eine LTP nur dann, wenn eine bestimmte kritische Tageslänge (z. B. 12 h Licht pro Tag bei der LTP *Sinapis alba*) **überschritten** wird. Die kritischen Tageslängen der beiden Typen können sich natürlich überlappen, z. B. blühen sowohl *Sinapis alba* als auch *Pharbitis nil* bei einer Tageslänge von 14 h. Im Unterschied zu Senf blüht aber *Pharbitis nil* nicht mehr, wenn die tägliche Photoperiode länger ist als 15 h. Die kritische Tageslänge (und damit der Reaktionstyp KTP oder LTP) ist genetisch festgelegt. Auch nahe verwandte Sippen können sich grundlegend unterscheiden (Abbildung 22.7). Bei *Chenopodium rubrum* kennt man beispielsweise eine ganze Reihe photoperiodischer Rassen. Allerdings können Umweltfaktoren, vor allem die Temperatur, die kritische Tageslänge etwas verschieben. Auch das Alter der Pflanze ist von Einfluss: Die kritische Tageslänge von *Pharbitis nil* liegt z. B. bei adulten Pflanzen höher als bei Keimpflanzen. Bei manchen Pflanzensippen ist die Präzision der photoperiodischen Reaktion erstaunlich. Ein Experiment mit der KTP *Xanthium strumarium* ergab, dass bei einer Photoperiode von 15,75 h alle Pflanzen der Population vegetativ bleiben, während bei einer Photoperiode von 15,00 h alle Pflanzen blühen. Wie die Abbildung 22.6 zeigt, ist bei anderen Pflanzensippen der Übergang viel kontinuierlicher: Bei der LTP *Sinapis alba* bleiben bei einer 12-h-Photoperiode alle Pflanzen vegetativ; man

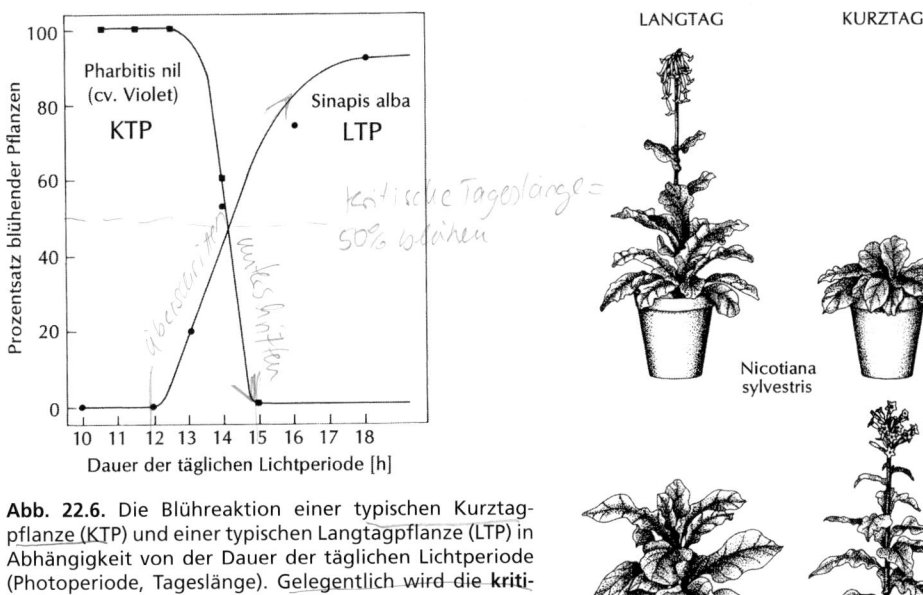

Abb. 22.6. Die Blühreaktion einer typischen Kurztagpflanze (KTP) und einer typischen Langtagpflanze (LTP) in Abhängigkeit von der Dauer der täglichen Lichtperiode (Photoperiode, Tageslänge). Gelegentlich wird die **kritische Tageslänge** definiert als jene Tageslänge, bei der 50 % der Pflanzen einer Population blühen. Für unsere Zwecke genügt es, die kritische Tageslänge aufzufassen als jene Tageslänge, unterhalb oder oberhalb der die Blütenbildung einer Pflanzensippe ausgelöst wird. (Nach Vince-Prue 1975)

Abb. 22.7. *Nicotiana sylvestris* (eine Langtagpflanze) und *Nicotiana tabacum*, cv. Maryland Mammoth (eine Kurztagpflanze) im Kurz- bzw. Langtag. (In Anlehnung an Bünning 1953)

muss die Photoperiode jedoch auf 18 h anheben, um alle Pflanzen der Population zum Blühen zu bringen.

22.2.3 Blätter als Receptororgane des Photoperiodismus

Der Vegetationspunkt selbst braucht für eine photoperiodische Blühinduktion nicht belichtet zu werden; eine Belichtung von Blättern genügt (Abbildung 22.8). Experimente dieser Art haben bereits früh zum Postulat eines „Blühhormons" geführt, das den Namen „Florigen" erhielt. Das Florigen ist wahrscheinlich das Protein FLOWERING LOCUS T (FT, → Abbildung 22.3), das unter dem Einfluss von CO in den Leitbündeln der Blätter gebildet und von dort im Phloem zum Sprossmeristem transportiert wird. Bei den KTP *Chenopodium rubrum* und *Pharbitis nil* sind bereits die Kotyledonen hochempfindlich für das photoperiodische Signal; bei der KTP *Xanthium strumarium* hingegen sind die Kotyledonen unempfindlich. Erst die Primärblätter reagieren, nachdem sie sich zur Hälfte entfaltet haben, auf die photoperiodische Situation. Die Pflanzensippen unterscheiden sich nicht nur in der Kompetenz der Blätter für das photoperiodische Signal, sondern auch in der Zahl der photoperiodischen Cyclen, die für eine Blühinduktion erforderlich sind. Im Extremfall genügt ein einziger Tag mit der „richtigen" Photoperiode, um Blütenbildung auszulösen. Dies ist z. B. der Fall bei den KTP *Xanthium strumarium* und *Pharbitis nil* und bei der LTP *Lolium temulentum*. Diese Arten werden deshalb in der Forschung viel benützt. Auch wenn man die Pflanzen anschließend wieder in die „falsche" Photoperiode bringt, setzt doch die Blütenbildung ein. In diesen Fällen liegt eine echte, nicht mehr revertierbare Blühinduktion vor. Andere Pflanzen brauchen mehrere oder viele photoperiodische Cyclen für eine erfolgreiche Blühinduktion, z. B. die Chrysanthemen (KTP). Außerdem beobachtet man hier eine Reversion der Blühinduktion, insofern als die Blütenanlagen (Blütenknospen) abortieren, wenn die induktiven Kurztagbedingungen zu früh durch Langtage ersetzt werden.

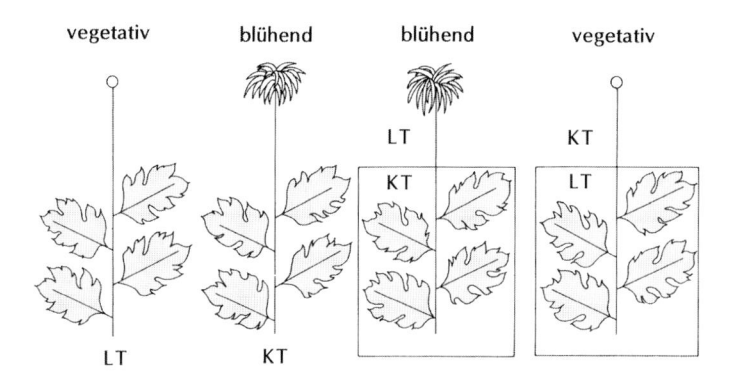

Abb. 22.8. Die Wirkung einer unterschiedlichen photoperiodischen Behandlung von Blättern und Apex (endständiger Vegetationspunkt) auf die Blühreaktion von *Chrysanthemum morifolium* (KTP). Die Pflanzen wurden entweder komplett (*links*) oder getrennt nach Blättern und Sprossspitzen (*rechts*) im Langtag (*LT*) oder Kurztag (*KT*) gehalten. Man weiß heute, dass die Pflanzen generell das photoperiodische Signal über die Blätter aufnehmen und dass es keine Rolle spielt, ob die Vegetationspunkte (die Zielorgane für den photoperiodischen Stimulus) ebenfalls den induktiven Bedingungen ausgesetzt werden. (Nach Chailakhyan 1937)

Die wichtige Frage, ob der Blühstimulus in KTP mit demjenigen von LTP funktionell identisch ist, konnte mit Hilfe von Propfexperimenten geklärt werden. Propft man z. B. von der KTP *Nicotiana tabacum* cv. Maryland Mammoth (→ Abbildung 22.7) auch nur ein einziges Blatt auf die LTP *Nicotiana sylvestris*, so kommt die LTP auch im Kurztag zum Blühen. Umgekehrt blüht die KTP im Langtag, wenn sie mit einem Blatt der LTP *N. sylvestris* bepfropft wurde.

22.2.4 Blütenbildung und Gibberelline

Man hat gefunden, dass die Applikation von Gibberellinen (besonders gut untersucht wurde die Wirkung von GA$_3$) bei vielen LTP die Blütenbildung auch im Kurztag auslösen kann. Besonders wirksam ist Gibberellin bei solchen LTP, die im vegetativen Zustand eine Rosette bilden, z. B. *Hyoscyamus niger* oder *Daucus carota* (→ Abbildung 22.15). Auch der Befund, dass Mutationen in Gibberellinresponsiven Genen die Blütenbildung hemmen, deutet auf eine Funktion dieses Hormons bei der Blühinduktion. Die Applikation von Gibberellin induziert aber nicht die Blütenbildung obligatorischer KTP im Langtag. Da durch Pfropfversuche gezeigt ist, dass KTP und LTP auf den gleichen Blühstimulus reagieren, kann der Informationsträger der Blühinduktion beim Photoperiodismus nicht mit Gibberellin identisch sein. Es ist wohl so, dass Gibberellin primär das Längenwachstum (Schossen) der Rosettenpflanzen auslöst. Bei manchen LTP scheint das rasche Schossen eine Aktivierung der Blühgene mit sich zu bringen. Beim Vergleich verschiedener Gibberelline hat sich allerdings herausgestellt, dass die Wirkungen auf das Schossen und die Aktivität des Blühstimulus nicht korreliert sind. Dieser Befund weist darauf hin, dass es bestimmte Gibberelline gibt, die ausschließlich mit der Blühinduktion zu tun haben.

22.2.5 Molekulare Receptoren beim Photoperiodismus

In manchen Fällen kann die photoperiodische Wirkung eines Langtags durch einen Kurztag plus Zusatzlicht („Störlicht") ersetzt werden (Abbildung 22.9). Zusätzlich zu einem Kurztag (Hauptlichtperiode mit hohem Lichtfluss zur Saturierung der Photosynthese) gibt man, am besten etwa in der Mitte der zugehörigen Dunkelperiode, einen Lichtpuls, z. B. ein paar Minuten Weißlicht mittleren Lichtflusses. Damit hat man für die Pflanze Langtagbedingungen simuliert. Die Wirkungsspektren für das Störlicht stimmen bei KTP und LTP überein. Sie zeigen klar die Charakteristika eines Phytochromwirkungsspektrums (→ Abbildung 19.13, Induktion). Man kann also bei beiden photoperiodischen Reaktionstypen mit einem Hellrotpuls (zusätzlich zu einer Kurztaghauptlichtperiode) einen Langtageffekt erzielen, und man kann in beiden Fällen den Hellroteffekt durch einen unmittelbar nachfolgenden Dunkelrotpuls revertieren (Abbildung 22.10). Wie erklärt man sich diese Reaktion?

Abb. 22.9. In vielen Fällen kann das tägliche Belichtungsprogramm „Kurztag plus Zusatzlicht" einen Langtag bezüglich der Blühinduktion völlig ersetzen. Dies gilt sowohl für KTP als auch für LTP. Bei LTP ist aber meist ein längeres Störlicht erforderlich, um die Langtagwirkung zu erzielen.

Abb. 22.10. Die regulierende Wirkung von Phytochrom auf die Blütenbildung der KTP *Kalanchoe blossfeldiana*. *Links*: Pflanze im Kurztag (8 h Weißlicht pro Tag). *Mitte*: Pflanze im Kurztag plus 1 min hellrotes Störlicht in der Mitte der Dunkelphase. *Rechts*: Pflanze im Kurztag plus 1 min Hellrot plus 1 min Dunkelrot in der Mitte der Dunkelphase. (Nach Hendricks und Siegelmann 1967)

In der Dunkelzeit nach der Hauptlichtperiode verlieren die Pflanzen das im Licht im PhyB-System gebildete P_{fr} durch Dunkelreversion ($P_{fr} \to P_r$; → S. 457). Wenn der Hellrotpuls die Pflanzen in der Mitte der Dunkelperiode trifft, wird wieder P_{fr} aus P_r gebildet. Der anschließend gegebene Dunkelrotpuls bewirkt die Photoreversion ($P_{fr} \to P_r$). Die 100%ige Reversion des Hellroteffekts durch den Dunkelrotpuls zeigt an, dass eine Wirksamkeitsschwelle für P_{fr} vorliegt. Das Dunkelrot stellt nämlich ein Photogleichgewicht des Phytochromsystems $\varphi_{fr} = [P_{fr}]/[P_{tot}]$ mit mehreren Prozent P_{fr} ein (→ S. 454). Wie die Experimente zeigen, liegt die Wirksamkeitsschwelle für P_{fr} bei den *Kalanchoe*-Pflanzen offenbar höher als der P_{fr}-Pegel, den Dunkelrotlicht einstellt.

Die Unterschiede zwischen KTP und LTP lassen sich nunmehr auf einen einfachen Nenner bringen:

LTP: Kurztag + ausreichend P_{fr}
(in der Mitte der Dunkelperiode)
→ Blühinduktion

KTP: Kurztag + ausreichend P_{fr}
(in der Mitte der Dunkelperiode)
→ keine Blühinduktion

Dieser qualitative Unterschied in der Reaktion auf ein und dasselbe P_{fr}-Signal ist genetisch festgelegt (→ Abbildung 22.7).

22.2.6 Photoperiodismus und circadiane Rhythmik

Bereits die klassischen Experimente zum Photoperiodismus haben gezeigt, dass die Empfindlichkeit der Pflanzen für Störlicht während der Dunkelperiode durch ein Maximum geht, d. h. in der Mitte der Dunkelperiode besitzt Störlicht die höchste Wirksamkeit (Abbildung 22.11). Es ist sehr wahrscheinlich, dass die rhythmische Änderung der Empfindlichkeit der Pflanzen für P_{fr} (operational, für hellrotes Störlicht) darauf zurückzuführen ist, dass die Pflanzen endogene circadian-rhythmische Aktivitätsänderungen durchmachen, die durch eine „innere Uhr" gesteuert werden (→ S. 489). Diese Auffassung wird durch den folgenden Befund nahegelegt: Die Empfindlichkeitsänderung setzt sich in rhythmischer Weise über mehrere Tage hinweg fort, auch wenn die Pflanze unter konstanten Umweltbedingungen im Dauerdunkel gehalten wird (Abbildung 22.12). Die periodischen Änderungen der Störlichtempfindlichkeit werden auf eine **endogene, circadiane** (d. h. etwa 24stündige)

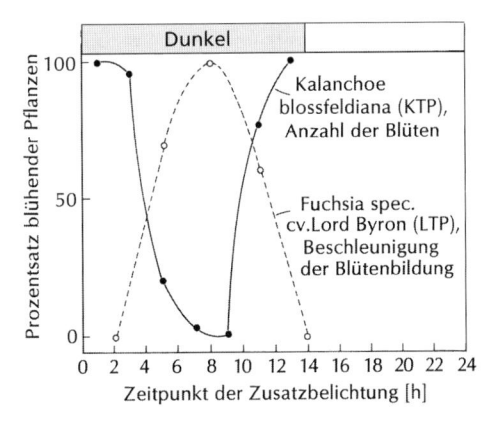

Abb. 22.11. Die Wirkung von Störlicht, zu verschiedenen Zeiten während der 14stündigen Dunkelperiode verabreicht, auf die Blütenbildung einer typischen Kurztag- bzw. Langtagpflanze. (Nach Hart 1988)

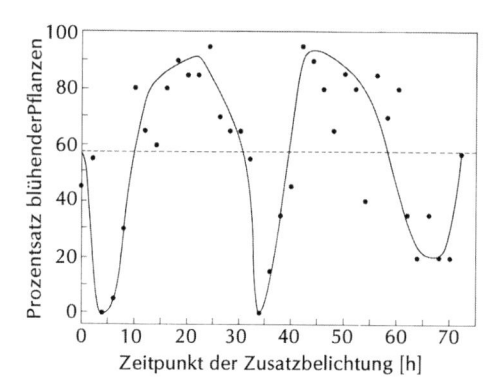

Abb. 22.12. Die Wirkung eines Störlichts (4 min Hellrot) auf die Blühreaktion der Kurztagpflanze *Chenopodium rubrum*. Das Störlicht wurde zu verschiedenen Zeitpunkten (im 2-h-Abstand) während einer 72-h-Dunkelperiode gegeben. Vor und nach der 72-h-Dunkelperiode wurden die Pflanzen im Dauerweißlicht gehalten. *Gestrichelte Linie*: Die Blühreaktion jener Pflanzenpopulation, die nur die 72-h-Dunkelperiode (ohne Störlicht) erhielt (57 % Blütenbildung). (Nach Cumming et al. 1965)

Rhythmik zurückgeführt. In dieser endogenen Rhythmik manifestiert sich der Gang einer inneren Uhr. Diese Uhr erlaubt der Pflanze eine Zeitmessung unabhängig von den Periodizitäten der Umwelt (→ S. 490). Wie wirken Phytochrom und die innere Uhr beim Photoperiodismus zusammen? Darauf gibt ein an Mutanten der LTP *Arabidopsis* erarbeitetes Funktionsmodell eine Antwort. Es erklärt die LT-Induktion der Blütenbildung damit, dass das Blühgen *CO* nur im LT stabiles CO-Protein bilden kann. Dies geschieht über eine Vernetzung von Regulationen auf der Ebene der *CO*-RNA und auf der Ebene des CO-Proteins:

1. Die Transkription von *CO* wird von der inneren Uhr so gesteuert, dass 10–12 h nach dem Sonnenaufgang die *CO*-mRNA-Synthese drastisch ansteigt.
2. Das CO-Protein wird im Dunkeln abgebaut, im Tageslicht ist es stabil.
3. Im KT fällt der abendliche Anstieg der *CO*-Transkription bereits in die Dunkelphase, das synthetisierte CO-Protein wird abgebaut.
4. Im LT beginnt die *CO*-mRNA-Synthese noch in der Lichtphase, sodass das gleichzeitig gebildete CO-Protein stabilisiert wird. Dieses induziert jetzt die Transkription von *FT* und damit die Synthese von Florigen, dem FT-Protein, das zum Sprossmeristem wandert und dort die Blütenbildung auslöst.

An der Regulation von Synthese und Stabilität des CO-Proteins ist eine Vielzahl von Faktoren beteiligt, die miteinander, mit *CO*-Gen, *CO*-mRNA und mit dem CO-Protein interagieren. Dadurch wird sichergestellt, dass das CO-Protein nur zum „richtigen" Zeitpunkt vorliegt.

So wird z. B. das CO-Protein morgens unter dem Einfluss von PhyB degradiert. An diesem Abbau ist ein Komplex aus den Proteinen SUPPRESSOR OF PHYA (SPA) und CONSTITUTIVE PHOTOMORPHOGENESIS1 (COP1) beteiligt. Die Transkription der SPA-Proteine wird ebenfalls durch die innere Uhr gesteuert. COP1 ist eine Ubiquitinligase, die auch bei der Unterdrückung der Photomorphogenese im Dunkeln eine zentrale Rolle spielt (→ S. 461). Bei der circadian gesteuert erhöhten *CO*-Transkription am Abend, d. h. 10–12 h nach dem Sonnenaufgang, reagieren PhyA und Cry2 auf die Lichtverhältnisse. Sie stabilisieren im Licht das neu synthetisierte CO-Protein, während sie im Dunkeln den Abbau fördern.

Einer der Vermittler zwischen der inneren Uhr und der Blühinduktion ist das Gen *FLAVIN-BINDING, KELCH REPEAT, F-BOX (FKF1)*. Dieses auch selbst Uhr-gesteuerte Gen ist essenziell für den circadian kontrollierten Anstieg der *CO*-Transkription am frühen Abend. Das Protein FKF1 enthält eine sogenannte LOV-Domäne (**light, oxygen, voltage**), an die, ähnlich wie beim Phototropin, der Chromophor Flavinmononucleotid gebunden ist (→ S. 451). Damit kann FKF1 Licht wahrnehmen und erweitert die Gruppe der Photoreceptoren bei Pflanzen.

Weitere Verbindungen zwischen Photoperiodismus und innerer Uhr werden auch durch andere Gene und ihre Proteinprodukte vermittelt. Mutanten in dem Gen *EARLY FLOWERING 3 (ELF3)* z. B. blühen früh und unabhängig von der Tageslänge. Das Gen ist für die Verknüpfung des Phytochromsignals mit der inneren Uhr notwendig und in dieser Funktion auch an anderen circadian gesteuerten Reaktionen wie der Blattbewegung beteiligt (→ S. 489).

22.2.7 Photoperiodische Phänomene unabhängig von der Blütenbildung

Neben der Blütenbildung stehen eine Reihe weiterer physiologischer Prozesse unter photoperiodischer Kontrolle, z. B. Verzweigung, Kambiumaktivität, Knospenbildung, Zwiebel- und Knollenbildung, photosynthetische CO_2-Fixierung, Crassulaceensäurestoffwechsel (→ S. 291). Ein auch für den Pflanzenanbau wichtiges Beispiel ist die photoperiodische Steuerung der Bildung von Knollen bei der Kartoffel. Bei manchen Kartoffelsorten setzt die Knollenbildung erst ein, wenn Kurztage und relativ niedrige Nachttemperaturen herrschen. Im Langtag werden zwar Stolone und Blüten gebildet, die Entstehung von Knollen bleibt aber aus. Das photoperiodische Signal wird von den ausgewachsenen Blättern aufgenommen. Manche Forscher glauben, dass die Knollenbildung an der Spitze der Stolone durch ein spezifisches knollenbildendes Hormon ausgelöst wird, das in den Blättern unter Kurztagbedingungen und bei relativ niedriger Temperatur gebildet wird. Die Steuerung der Knollenbildung dürfte aber komplizierter sein. Zum Beispiel hat man festgestellt, dass Knollen auch unter nichtinduktiven Tageslängen gebildet werden, falls man die jungen Blätter und die apikalen Vegetationspunkte im Sprosssystem entfernt. Man vermutet deshalb, dass an der Steuerung der Knollenbildung neben dem knollenbildenden Hormon noch mindestens ein Inhibitor beteiligt ist. Untersuchungen mit isolierten Stolonen unterstützen diese Auffassung. An Stolonen, die *in vitro* auf einem Nährmedium kultiviert werden, kann man die Bildung von Knollen durch Cytokinin auslösen. Gibberellinsäure wirkt dagegen hemmend auf diesen morphogenetischen Prozess.

22.2.8 Selektionsvorteil des Photoperiodismus

Der Photoperiodismus, weit verbreitet bei Pflanzen und Tieren, muss als eine **genetische Anpassung** an den Gang der Jahreszeiten aufgefasst werden. Es handelt sich also um eine Anpassung der Pflanzen und Tiere an die für ihr Biotop **normalen**, jahreszeitlichen Umweltveränderungen. Die Kurztagpflanzen z. B. kommen zu ihrem Vorteil erst dann zum Blühen, wenn an ihrem natürlichen Standort Kurztagbedingungen eintreten. Man kann sich die „selektionistische Wertfunktion" des Photoperiodismus jeweils plausibel machen. Beispielsweise sind die Fichten an die geographische Breite ihres Standorts durch eine genetisch fixierte Nachtlängenreaktion bezüglich der Knospenbildung im Herbst angepasst. Arktische Bäume beenden ihr Wachstum, wenn die Dauer der täglichen Dunkelperiode (Nachtlänge) 2 h übersteigt, während zentraleuropäische Fichten erst dann zur Knospenbildung übergehen, wenn die Nachtlänge über 8 h hinausgeht.

Die Studien zum Photoperiodismus haben auch eine grundsätzliche Bedeutung für die Theorie der Entwicklung gewonnen. Wir heben einen Aspekt heraus: die Phänotypisierung genetischer Informationen als Mehrstufenprozess. Mit diesem Ausdruck bezeichnen wir das Phänomen, dass die Umsetzung von Information in Merkmale über mehrere Stufen erfolgt, wobei sich umweltoffene Phasen mit Phasen der programmierten Entwicklung abwechseln. Bei der Blütenbildung einer obligatorischen KTP bestimmt die Umwelt – das Lichtprogramm – darüber, ob Blüten gebildet werden oder nicht (→ Abbildung 22.5). Das Licht hat aber keinerlei Einfluss auf die **Spezifität** der Blütenentwicklung, nachdem die Blühinduktion einmal erfolgt ist.

22.2.9 Thermoperiodismus

Man hat häufig beobachtet, dass Pflanzen bei konstanter Temperatur schlechter wachsen als bei einem periodischen Wechsel der Temperatur (relativ kühl während der Dunkelperiode, relativ warm während der Photoperiode). Die Abbildung 22.13 zeigt am Beispiel einer Tomatensorte, dass unter den

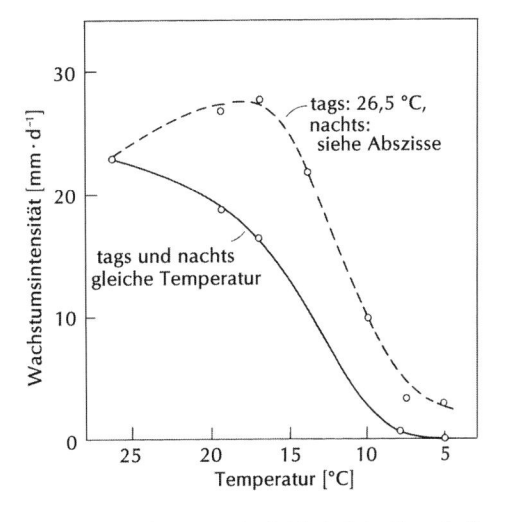

Abb. 22.13. Thermoperiodizität bei der Tomate (*Lycopersicon esculentum*). Die ausgezogene Linie gibt die Wachstumsintensität der Sprossachse in Abhängigkeit von der konstanten Temperatur wieder; die gestrichelte Linie erhält man bei täglichem Temperaturwechsel. Man erkennt, dass das Wachstum bei 26,5 °C (tags)/17 °C (nachts) deutlich stärker ist als bei 26 °C (tags und nachts). (Nach Went 1944)

vorgegebenen Lichtbedingungen das beste Wachstum – gemessen als Zunahme der Sprossachsenlänge pro Tag – dann erzielt wird, wenn bei Tag 26,5 °C, bei Nacht 17–20 °C herrschen. Der positive Effekt der tieferen Temperatur tritt nur auf, wenn sie während der Nacht einwirkt. Die günstige Wirkung einer tagesperiodisch wechselnden Temperatur auf die Tomatenpflanzen kommt auch beim Fruchtansatz zum Vorschein. Die beste Fruchtentwicklung beobachtet man bei Nachttemperaturen von 15–20 °C.

Offensichtlich haben die während der Lichtphase und die während der Dunkelphase ablaufenden Vorgänge verschiedene Temperaturoptima. Man spricht von einem **Thermoperiodismus**. Es gibt Hinweise, dass die tagesperiodisch sich ändernden Temperaturoptima Manifestationen einer endogenen Rhythmik sind, gesteuert von der inneren Uhr (→ S. 490). Für die Auslösung der Blütenbildung dürfte dem Thermoperiodismus keine wesentliche, spezifische Bedeutung zukommen.

22.2.10 Vernalisation

Eine Vernalisation liegt dann vor, wenn eine mehr oder minder ausgedehnte Kältebehandlung (experimentell i. a. mit Temperaturen etwas über dem Gefrierpunkt) die Blütenbildung einer Pflanze spezifisch und positiv beeinflusst. Gute Beispiele liefern monokarpische Pflanzen, z. B. winterannuelle Pflanzen oder biannuelle Rosettenpflanzen.

Beim Wintergetreide wird die Blütenbildung stark beschleunigt, wenn die Pflanzen aus kältebehandelten Karyopsen heranwachsen. Der Angriffsort der Vernalisation ist das Sprossmeristem im Embryo. Die Prägung, welche diese Zellen erfahren, wird bei der Keimung und beim Heranwachsen der Getreidepflanze über zahllose Zellteilungen weitergegeben, z. B. auch über die Verzweigungen des Achsensystems hinweg. Die ontogenetischen Nachkommen der vernalisierten Zellen behalten diese durch die Kältebehandlung geschaffene spezifische Prägung bei. Eine beschleunigte Blütenbildung ist die Folge.

Vernalisation ermöglicht bei biannuellen Rosettenpflanzen überhaupt erst die Blütenbildung. Eine biannuelle Rasse vom Bilsenkraut, *Hyoscyamus niger*, z. B. benötigt eine längere Kältebehandlung im Rosettenstadium, damit die Blütenbildung erfolgen kann. Die Blütenbildung ist aber auch dann nur im Langtag möglich (Abbildung 22.14). In der Natur

Abb. 22.14. Der Zusammenhang zwischen Vernalisation und Photoperiodismus bei einer biannuellen Rasse der Langtagpflanze *Hyoscyamus niger*, dem Bilsenkraut. (In Anlehnung an Kühn 1955)

bilden diese Pflanzen im ersten Jahr eine vegetative Rosette mit Speicherwurzel, die überwintert. Im zweiten Jahr entsteht dann, nach Eintritt von Langtagbedingungen, die verlängerte Sprossachse mit dem Blütenstand. Die biannuellen Pflanzen kann man nicht bereits im Samen- oder Keimlingszustand vernalisieren. Die Kältebehandlung hat erst dann Erfolg, wenn die vegetative Rosette angelegt ist. Erst in diesem Entwicklungszustand sind die Vegetationspunkte kompetent für den Kältereiz. Gibberelline (z. B. GA_3) vermögen die Kältebehandlung zu ersetzen (Abbildung 22.15).

Das Umweltsignal „Kälteperiode" (Vernalisation) wird über verschiedene Gene in das regulatorische Netzwerk der Blühkontrollgene eingeschaltet. Bei dikotylen Pflanzen wie *Arabidopsis* ist das Gen *FRIGIDA (FRI)* der erste bisher bekannte „Sensor" für Kältebehandlung (→ Abbildung 22.3). Seine Aktivität wird durch Kälte gesenkt, so dass weniger FRI-Protein vorliegt. Dadurch wird die Menge des nachgeschalteten FLC-Proteins abgesenkt, die dann nicht mehr ausreicht, die Blühinduktion zu unterdrücken. In annuellen Ökotypen von *Arabidopsis*, die ohne Kältebehandlung noch im gleichen Sommer blühen, ist entweder das Gen

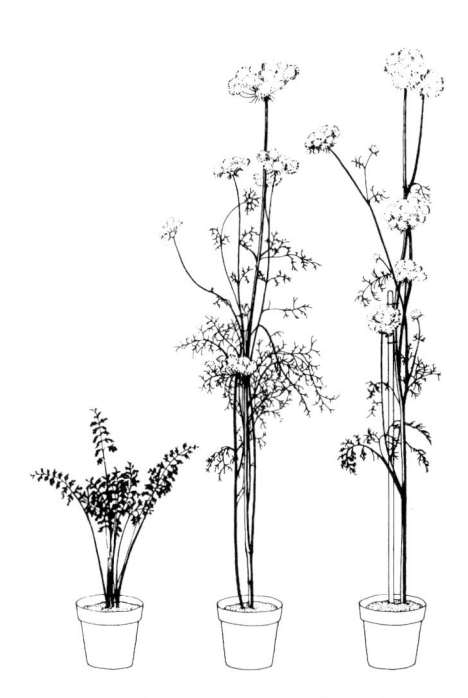

Abb. 22.15. Die Wirkung von Gibberellin auf die Blütenbildung. Objekt: frühblühende Karottenvarietät (*Daucus carota*). Die Anzucht erfolgte im Langtag. *Links*: Kontrolle (weder Kältebehandlung noch Gibberellin); *Mitte*: keine Kältebehandlung, aber Gibberellin (10 µg · d^{-1} über 4 Wochen hinweg auf den Sprossvegetationspunkt geträufelt); *rechts*: 6 Wochen Kältebehandlung, kein Gibberellin. (Nach Lang 1957)

FRI so mutiert, dass es seine Funktion verloren hat, oder das Gen *FLC* hat sich verändert und kann nicht mehr durch das FRI-Protein stimuliert werden.

In Winterweizen und anderen Wintergetreiden sind die Gene *VRN1* und *VRN2* Schaltstellen für das Signal der Vernalisation (→ Abbildung 22.3). Dabei sind die Proteine VRN1 für Sommergetreide und VRN2 für die Wintergetreidesorten charakteristisch. *VRN1* gehört zu der Familie der Gene mit Ähnlichkeiten zu dem Meristemidentitätsgen *APETALA 1* (*AP1*), das an der Umstellung vom vegetativen zum reproduktiven Meristem beteiligt ist. *VRN2* gehört zu der Klasse von Genen mit Ähnlichkeiten zu *CO* (→ S. 503), evolvierte aber nur in den Gräsern und auch bei diesen nur in gemäßigten Klimazonen. Das tropische Getreide Reis z. B. enthält keine homologen Gene zu *VRN2*.

Diese unterschiedlichen genetischen Lösungen des Problems, das Signal „Kälte" als Auslöser für die Blüteninduktion zu integrieren, zeigen die Flexibilität im integrierenden Netzwerk der Blühkontrollgene. Die Möglichkeit, sich in wenigen Generationen auf räumliche Veränderungen mit entsprechendem Klimawechsel anpassen zu können, ist ein wichtiger Vorteil im Überlebenskampf und bei der Eroberung neuer Standorte.

Die molekulare Wirkung langer Kälteperioden bei der Vernalisation beinhaltet u. a. eine Demethylierung der DNA im Zellkern (→ Abbildung 6.15). Generell werden bei Eukaryoten bestimmte Gene des Zellkerns durch Methylierung an der Transkription gehindert. Ein Vergleich der Methylierungsrate der Kern-DNA vor und nach Vernalisation zeigt, dass der Methylierungsgrad vermindert wird. Im Rahmen der damit einhergehenden, verstärkten Genaktivität wird auch das Gen für die Kaurenoxygenase stärker exprimiert (→ Abbildung 18.12). Die Aktivierung dieses Schlüsselenzyms der Gibberellinbiosynthese dürfte an der Förderung der Blütenbildung durch Kälteeinflüsse beteiligt sein.

22.3 Steuerung der Blütensymmetrie, der Blütenzahl und der Abgrenzung der Blütenorgankreise – die 2. Ebene der Blühkontrollgene

Die endogen oder exogen gesteuerten Gene der ersten Kontrollebene legen fest, ob – und wenn ja, wann – Blüten gebildet werden oder nicht. Ihre Aktivierung bewirkt das Anschalten einer Kaskade weiterer Genaktivitäten, an deren Ende schließlich die Ausbildung funktionsfähiger Blüten steht. In der komplexen, bisher nur in Umrissen bekannten Hierarchie der Blühgene lässt sich eine 2. Ebene von Genen aufzeigen, die oft unter der Kontrolle der Heterochroniegene stehen und ihrerseits weiter „flussabwärts" liegende Genfunktionen beeinflussen. Diese Gene werden als **Symmetriegene** oder **Katastergene** bezeichnet (→ Abbildung 22.2). Sie werden am Ort ihrer Wirkung exprimiert und legen die großräumige Struktur der Blüte und ihre Symmetrieebenen fest, aber auch z. B. die Anzahl der Blüten und Blütenorgane. Mutationen auf dieser Genebene verändern meist nicht den Blühzeitpunkt, sondern die allgemeine **Architektur** der Blüten bzw. des Blütenstands (Infloreszenz). Auch hier ist zu beachten, dass sich die Namen einzelner Gene in der Regel vom Phänotyp der entsprechen-

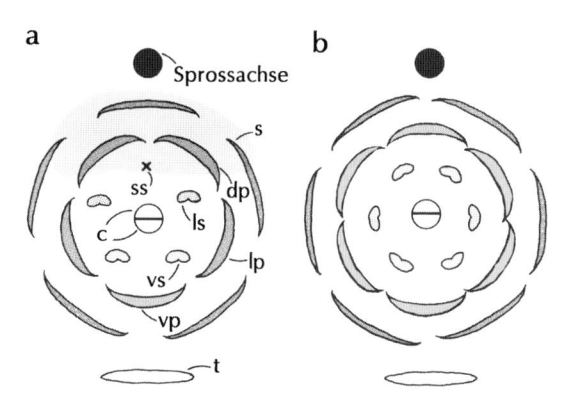

Abb. 22.16 a, b. Blütendiagramm des Löwenmäulchens *(Antirrhinum majus)* und seine Abänderung durch Mutation von Blütensymmetriegenen. **a** Zygomorphe Blüte des Wildtyps. Die markierte, der Sprossachse zugekehrte Fläche zeigt das Expressionsareal des Gens *CYC*, das für die dorsiventrale Symmetrie der Blüte verantwortlich ist. *t*, Tragblatt; *s*, Sepale; *dp*, dorsale Petale; *lp*, laterale Petale; *vp*, ventrale Petale; *ls*, lateraler Stamen; *vs*, ventraler Stamen; *ss*, steriler Stamen (Staminodium); *c*, Carpelle. **b** Radiärsymmetrische Blüte einer Pflanze, bei der die Gene *CYC* und *DICH* mutiert sind. Hier sind alle Blütenorgane zu den normalerweise ventral angeordneten Strukturen *vs* und *vp* geworden; außerdem ist ihre Zahl erhöht. (Nach Running 1997)

Abb. 22.17. Blütenstände des Leinkrauts (*Linaria vulgaris*). *Links*: Die Normalform mit zygomorphen Blüten; *rechts*, eine Mutante mit radiärsymmetrischen Blüten.

den Mutanten ableiten, d. h. die Funktion des Gens im Wildtyp besteht darin, den mutanten Phänotyp zu **verhindern**.

Bei den dorsiventralen Blüten des Löwenmäulchens *(Antirrhinum majus*, Scrophulariaceae) führen z. B. Mutationen in den Genen *CYCLOIDEA* (*CYC*) und *DICHOTOMA* (*DICH*) zur Aufhebung der Dorsiventralität. Anstelle des zygomorphen „Löwenmauls" entstehen radiärsymmetrische Blüten mit einer Vielzahl von Symmetrieachsen (Abbildung 22.16). Abbildung 22.17 zeigt eine entsprechende Mutation bei der nahe verwandten Art *Linaria vulgaris*. Durch *in-situ*-Hybridisierung konnte gezeigt werden, dass das *CYC*-Gen nur im dorsalen Teil der *Antirrhinum*-Blüte exprimiert wird und dort zusätzliche Zellteilungen und Wachstum anregt (→ Abbildung 22.16a). Ein weiteres Gen dieses Typs, *CENTRORADIALES* (*CEN*) ist ebenfalls für die Ausbildung dorsiventraler Blüten bei *Antirrhinum* notwendig. Auch seine Inaktivierung führt zu radiärsymmetrischen Blüten, allerdings erst relativ spät im Verlauf der generativen Entwicklung. Während die frühen Blüten noch den normalen Wildtypphänotyp zeigen, kommt es später zur Bildung einer einzigen, den Blütenstand abschließenden radiärsymmetrischen Blüte. Diese Mutation tritt auch in der Natur gelegentlich auf, z. B. beim Fingerhut *(Digitalis purpurea)*, und wird als **Pelorie** bezeichnet. Das zu *CEN* homologe *Arabidopsis*-Gen *TERMINALFLOWER 1* (*TFL1*) hat eine ähnliche Wirkung; seine Inaktivierung führt bei dieser Pflanze zur Hemmung der Verzweigung im Blütenstand und im Extremfall zur Begrenzung auf lediglich eine terminale Blüte am Sprossapex (Abbildung 22.18).

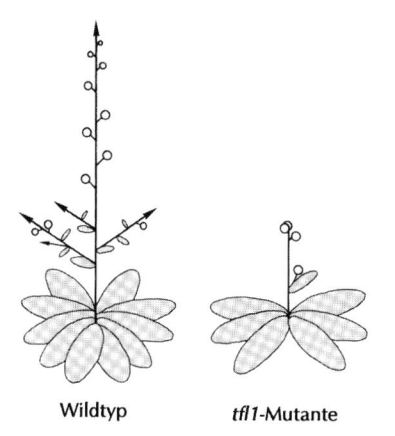

Abb. 22.18. Die Mutante *terminalflower* (*tfl1*) von *Arabidopsis*. *Links*: Das Gen *TERMINALFLOWER 1* (*TFL1*) ist im Wildtyp dafür verantwortlich, dass eine vielfach verzweigte Infloreszenz mit vielen Blüten (*Kreise*) entsteht. Die auswachsenden Blütenmeristeme sind durch *Pfeilspitzen* symbolisiert. *Rechts*: Unter den gleichen Bedingungen bildet die Mutante am Apex und in den Hochblattachseln jeweils nur eine endständige Blüte. (Nach Bradley et al. 1997)

22.3 Steuerung der Blütensymmetrie, der Blütenzahl und der Abgrenzung der Blütenorgankreise

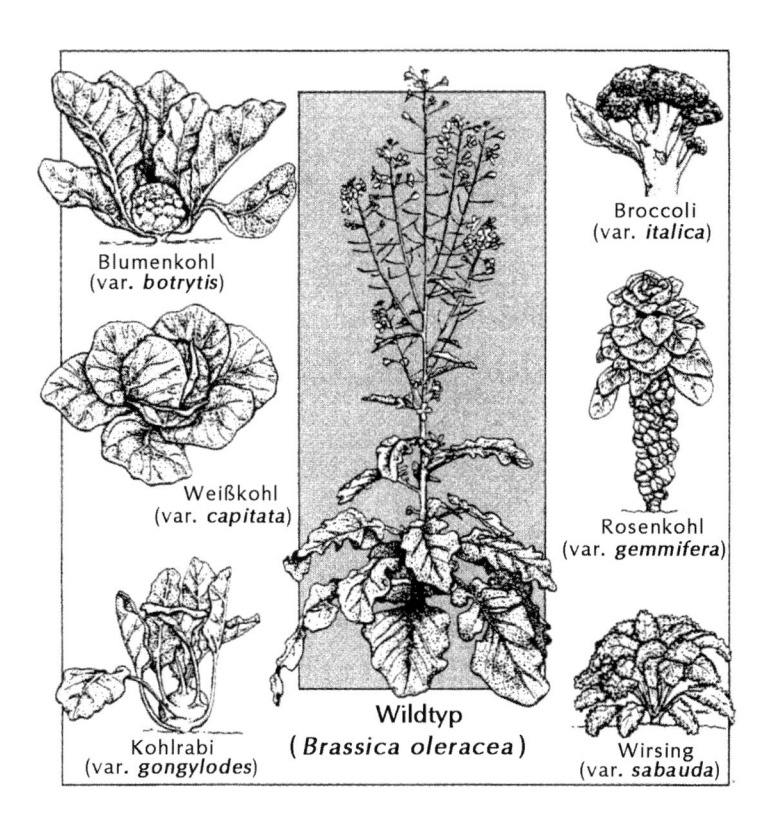

Abb. 22.19. Verschiedene Gemüsekohlsorten, die durch Züchtung aus der Ausgangsform *Brassica oleracea* erzeugt wurden. Diese Varietäten sind wahrscheinlich alle durch wenige Mutationen in entwicklungssteuernden Genen entstanden. Die Wuchsform des Blumenkohles (*links oben*) ist gekennzeichnet durch Mutation des Gens *CAULIFLOWER (CAL)*. Eine ähnliche Wuchsform wird bei *Arabidopsis* durch gleichzeitige Mutation von *CAL* und *AP1* erhalten. Bei beiden Pflanzen entsteht der typische Phänotyp durch eine nahezu unbegrenzte Vermehrung von Blütenmeristemen, wobei deren Ausdifferenzierung unterbleibt. (Nach Smyth 1995)

Ein gegensätzliches Beispiel ist die Mutation des Gens *CAULIFLOWER (CAL)* bei *Arabidopsis*. Die alleinige Ausschaltung dieses Gens hat keine phänotypischen Auswirkungen. Wird aber gleichzeitig durch eine Mutation das Gen *APETALA 1 (AP1)*, und damit die Bildung von Sepalen und Petalen gestört (→ S. 514), so ergeben sich dramatische Veränderungen bei der Morphogenese des Blütenmeristems. Dieses verzweigt sich fortlaufend in viele Seitenmeristeme, ohne dass sich funktionsfähige Blütenorgane bilden können. Der Phänotyp dieser Doppelmutante von *Arabidopsis* sieht aus wie eine Miniaturausgabe des Blumenkohls (*cauliflower*). Wahrscheinlich liegt auch bei dem von uns als Gemüse verzehrten Blumenkohl (*Brassica olerceae* var. *botrytis*) eine Mutation des *CAL*-Gens vor. Auch andere Gemüseformen des Kohls leiten sich durch Mutationen in wenigen Kontrollgenen der Organbildung von der Wildform ab (Abbildung 22.19). Das Genpaar *TFL1/CAL* belegt den Sachverhalt, dass häufig **Wechselwirkungen** zwischen Genen die Ausprägung von Blüten- bzw. Infloreszenzmerkmalen bestimmen. Im Wildtyp wirken das die Verzweigung fördernde Gen *TFL1* und das die Verzweigung hemmende Gen *CAL* in antagonistischer Weise zusammen, um die normale, mäßig verzweigte Infloreszenz der Pflanze mit 10–50 Blüten zu erzeugen.

Am Beispiel von *CYC* und *TFL1* lässt sich zeigen, dass die Blühkontrollgene nicht immer eindeutig einer regulatorischen Ebene zugeordnet werden können. So hängt die Aktivität dieser Gene u. a. auch von der Tageslänge ab; sie können daher in diesem Zusammenhang auch zur 1. Kontrollebene gestellt werden. Während *CEN* in *Anthirrhinum* ausschließlich an der Blütenarchitektur beteiligt ist und erst nach der Induktion des Blütenmeristems aktiviert wird, ist das homologe *TFL1*-Gen bei *Arabidopsis* bereits im vegetativen Sprossmeristem schwach aktiv und kann in diesem Stadium durch die Tageslänge angeschaltet werden. Ist dieses Gen defekt, so verzögert sich bei dieser Pflanze die Blühinduktion durch die Tageslänge.

Weitere Blühkontrollgene der 2. Ebene sind bei *Arabidopsis SUPERMAN (SUP)* und *LEAFY (LFY)*, bei deren Ausfall Änderungen in der Ausbildung der Blütenorgankreise auftreten. Bei *sup*-Mutanten sind die weiblichen Organe (Carpelle) zu männlichen Organen (Stamina) umgewandelt, während bei *lfy*-Mutanten Petalen und Stamina durch sepalenähnliche Organe ersetzt sind. Bei diesen Mutanten sind also die Grenzen zwischen bestimmten Organwirteln aufgehoben, d. h. die entsprechenden Wildtypgene sind für die korrekte Einhaltung dieser Grenzen verantwortlich und kontrollieren auf diese Weise die Gene der nachfolgenden Ebene, auf der die spezifische Ausprägung der Organidentitäten in den einzelnen Wirteln erfolgt.

22.4 Die Identität der Blütenorgane – die 3. Ebene der Blühkontrollgene

Die Blüte der höheren Pflanze besteht im typischen Fall aus 4 eng aufeinander folgenden Wirteln spezifischer Blattorgane: **Sepalen** (Kelchblätter), **Petalen** (Kronblätter), **Stamina** (Staubblätter) und **Carpelle** (Fruchtblätter), wobei durch Verwachsungen innerhalb der Wirtel komplexere Formen entstehen können. Die **Identität** der Blütenorgane, d. h. ihre spezifische Ausprägung als Sepalen, Petalen, Stamina oder Carpelle, wird auf der 3. Ebene der Blühgene festgelegt (→ Abbildung 22.2). Diese Gene werden bei der Anlage der Blütenorgankreise im Meristem spezifisch in den von ihnen kontrollierten Organen bzw. Organanlagen aktiviert. Anschließend setzt die phänotypisch sichtbare Differenzierung des Blütenmeristems ein. Insofern als durch diese Gene die Organidentität festgelegt wird, spricht man auch von **homöotischen Genen**. Defektmutanten auf dieser Ebene der Blühkontrollgene führen zu typischen Veränderungen in der Ausbildung der 4 Organkreise.

Viele Zuchtformen von Zierpflanzen zeichnen sich durch Blüten mit einer abnorm veränderten Zahl von Blütenorganen aus, z. B. gefüllte Rosen mit einer Vielzahl von Kronblättern. Es handelt sich hierbei um **homöotische Mutanten** der Wildformen (Wildrosen besitzen 5 Kronblätter), bei denen die Musterbildung im Blütenmeristem gestört ist. Bei *Arabidopsis* und der in diesem Zusammenhang ebenfalls gut untersuchten Art *Antirrhinum major* konnten experimentell zahlreiche homöotische Mutanten und Mehrfachmutanten erzeugt werden, bei denen einzelne Blütenorgane durch andere ersetzt sind. Diese Störungen folgen einfachen Regeln, die zur Aufstellung des **ABC-Modells** der Blütenorganidentitätsgene geführt haben (Abbildung 22.20). Nach diesem formalen Modell gibt es drei Gentypen *A*, *B*, und *C*, welche die Spezifität der Or-

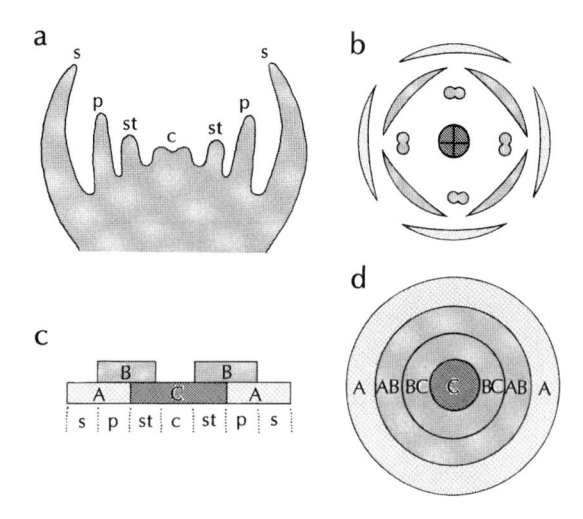

Abb. 22.20 a–d. Schema zum ABC-Modell der Blütenorganidentitätsgene am Beispiel von *Arabidopsis*. **a** Längsschnitt durch das Blütenmeristem mit den Organanlagen *s* (Sepalen), *p* (Petalen), *st* (Stamina) und *c* (Carpelle). **b** Anordnung der Blütenorgane im Querschnitt (Blütendiagramm). **c** Zuordnung der Organidentitäten zu den Genaktivitäten *A*, *B* und *C*. **d** Expression der *A*-, *B*- und *C*-Gene in den 4 Blütenorganwirteln. (Nach Baum 1998)

gane in den 4 Blütenwirteln festlegen, und zwar nach folgendem kombinatorischen Prinzip:
- Sind nur die *A*-Gene aktiv, so entstehen **Sepalen.**
- Sind nur die *A*- und *B*-Gene aktiv, so entstehen **Petalen**.
- Sind nur die *B*- und *C*-Gene aktiv, so entstehen **Stamina**.
- Sind nur die *C*-Gene aktiv, so entstehen **Carpelle**.
- *A*- und *C*-Gene zeigen eine **antagonistische Wechselwirkung**: Fällt *A* aus, so wird *C* wirksam; fällt *C* aus, so wird *A* wirksam.

Im typischen Fall wird das durch in-situ-Hybridisierung darstellbare Expressionsmuster dieser Gene in den Organanlagen durch die übergeordneten Gene der 2. Ebene organspezifisch festgelegt, d. h. im Wildtyp wird in den Sepalen *A*, in den Petalen *A* und *B*, in den Stamina *B* und *C* und in den Carpellen *C* wirksam. Damit werden also die räumlichen Grenzen der Expressionsareale von *A*-, *B*- und *C*-Genen fixiert. Bei Mutationen in den einzelnen Gentypen treten charakteristische Änderungen der Organidentität in benachbarten Wirteln auf, die sich mit den obigen Regeln erklären lassen (Abbildung 22.21). Fällt z. B. die *A*-Funktion aus, so werden im 1. (äußersten) Wirtel Carpelle anstelle von

22.4 Die Identität der Blütenorgane – die 3. Ebene der Blühkontrollgene

Sepalen und im 2. Wirtel Stamina anstelle von Petalen ausgebildet. Dieser Fall ist bei den Mutanten *apetala 1 (ap1)* und *apetala 2 (ap2)* bei *Arabidopsis* bzw. *squamosa (squa)* bei *Antirrhinum* realisiert. Bei einem Ausfall der *B*-Funktion ändert sich die Organidentität in den Wirteln 2 (Sepalen anstelle von Petalen) und 3 (Carpelle anstelle von Stamina). Dieser Fall ist bei den Mutanten *apetala 3 (ap3)* und *pistillata (pi)* bei *Arabidopsis* bzw. *deficiens (def)* und *globosa (glo)* bei *Antirrhinum* realisiert. Fehlt die *C*-Funktion, so beobachtet man Änderungen in den Wirteln 3 (Petalen anstelle von Stamina) und 4 (Sepalen anstelle von Carpellen). Dieser Fall ist bei den Mutanten *agamous (ag)* bei *Arabidopsis* bzw. *plena (ple)* bei *Anthirrhinum* realisiert. Eine Dreifachmutante von *Arabidopsis*, der alle drei Gentypen fehlen, bildet Blüten, die nur aus vegetativen Blättern bestehen (Abbildung 22.21e). Dies zeigt, dass die *ABC*-Gene grundsätzlich notwendig sind, um Blütenorgane anstelle von vegetativen Blättern zu bilden. Die Grundform der Blüte wird jedoch unabhängig von diesen Genen angelegt.

Die biochemischen Funktionen der mit genetischen Methoden indirekt identifizierten *ABC*-Gene sind bisher noch unbekannt. Die molekularbiologische Analyse der entsprechenden DNA-Sequenzen zeigte, dass diese oft für sogenannte **MADS-Box-Proteine** codieren, die als Homo- oder Heterodimere an bestimmte DNA-Motive (*MADS*-Box-spezifische Promotorregionen anderer Gene) binden können und daher als Transkriptionsfaktoren anzusprechen sind. Für die vollständige Determinierung der Blütenorgane sind aber noch weitere *MADS*-Box-Gene notwendig. Insbesondere die Gruppe der *SEPALLATA (SEP)*-Gene ist zusammen mit den eigentlichen *ABC*-Genen für die positive Induktion der verschiedenen Blütenteile erforderlich.

Die *ABC*-Gene und *SEP*-Gene sind also Regulatorgene für die Steuerung nachgeschalteter Gene, deren Produkte (Proteine) für die spezifische Entwicklung der jeweiligen Blütenorgane notwendig sind. Diese unterste Genebene und die dort produzierten Genprodukte (Enzyme) sind noch weitgehend unbekannt.

Auch in diesem Zusammenhang hat man die Erfahrung gemacht, dass die organspezifisch aktivierten Gene nur einen kleinen Anteil der insgesamt in den Zellen aktiven Gene ausmachen, auch wenn sich die Organe in ihrer Entwicklung phänotypisch stark unterscheiden. Daher ist die Identifizierung

a. Wildtyp (Aktivitäten *A, B, C* vorhanden)

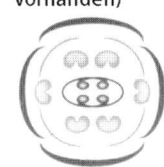

b. *apetala 2* (Aktivität *A* fehlt)

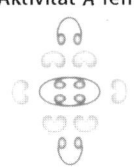

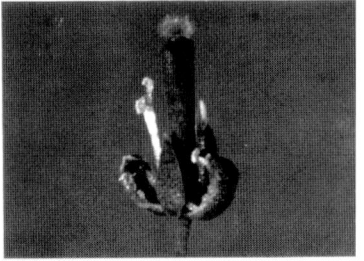

c. *apetala 3* (Aktivität *B* fehlt)

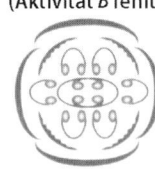

d. *agamous* (Aktivität *C* fehlt)

e. Dreifach-Mutante (Aktivitäten *A, B, C* fehlen)

Abb. 22.21 a – e. Blütenphänotypen einiger homöotischer Mutanten von *Arabidopsis*, bei denen durch Ausfall einer der Genfunktionen *A*, *B* oder *C* die Organidentität in den Blütenwirteln abgeändert ist (**a – d**). Bei einer Dreifachmutante, der alle drei Genfunktionen fehlen, besteht die Blüte aus Laubblättern mit den hierfür charakteristischen Epidermishaaren (**e**). (Nach Meyerowitz 1994)

und biochemische Funktionsanalyse der bei der Blütenbildung beteiligten Gene, im Gegensatz zu genetischen Ansätzen mit Mutanten, außerordentlich schwierig. Differenzielle Expressionsstudien, bei denen man die unterschiedlichen mRNA-Mengen einzelner Gene als Maß für deren Aktivität in zwei verschiedenen Geweben oder Organen bestimmt, liefern meist nur Informationen über nachgeschaltete Gene relativ hoher Aktivität. Die Transkripte von schwach oder nur kurzzeitig exprimierten Genen, wie z. B. die der homöotischen Gene, lassen sich auf diese Weise kaum erfassen. Im Gegensatz dazu wirken sich Defekte in solchen Genen phänotypisch meist stark aus und bieten daher eine relativ einfache Möglichkeit für deren nähere Untersuchung. Dies setzt allerdings voraus, dass geeignete (nichtletale) Mutanten zur Verfügung stehen. Wurden früher ungerichtete Mutationen durch sättigende Behandlung mit chemischen Mutagentien oder ionisierender Strahlung erzeugt und diese nach interessanten Phänotypen abgesucht, so wird heute oft zu diesem Zweck die Insertion eines Transposon oder einer T-DNA zur Markierung des dadurch gestörten Gens durchgeführt (→ Exkurs 6.3, S. 126).

Die Inaktivierung von Genen durch den Einbau eines Transposons sollte theoretisch ebenfalls zufallsmäßig über das ganze Genom verteilt auftreten; die betroffenen Gene können durch den leicht auffindbaren Marker, das Transposon oder die eingebaute T-DNA aus modifizierten Agrobakterien, identifiziert und isoliert werden (→ Exkurs 29.3, S. 637). Auf diese Weise ist es möglich, das durch den Einbau von Transposons oder T-DNA inaktivierte Gen zu fassen und seine Struktur mit molekularbiologischen Methoden aufzuklären. Dies ist bei den durch konventionelle Mutagenese erzeugten Mutanten sehr viel schwieriger. Um hier die mutierten Gene zu finden, sind aufwändige Verfahren (viele Generationen der Rückkreuzung und Analyse der Cosegregation mit chromosomalen Markern) erforderlich. Andererseits ist es oft schwieriger als bei den konventionellen Verfahren Transposon- oder andere Insertionsmutagenese wirklich zufallsmäßig im Genom zu induzieren.

Eine wichtige Voraussetzung für die Identifizierung der an der Blütenbildung beteiligten Gene ist, dass dieser morphogenetische Prozess wie kaum ein anderer streng durch organismuseigene Entwicklungsprogramme gesteuert ist und nach seiner Induktion praktisch nicht mehr durch die Umwelt beeinflusst werden kann. Wegen der hochgradigen Übereinstimmung zwischen Phänotyp und Genotyp im Bereich der Blüten gehören Blütenmerkmale zu den zuverlässigsten diagnostischen Kriterien für die systematische Gliederung des Pflanzenreichs.

22.5 Befruchtung bei den Blütenpflanzen

Sexualität ist intuitiv ein sehr aufwändiges Prinzip, dessen Selektionsvorteil sich erst aus der langfristigen Perspektive der Evolution erschließt. Die Vermischung von Erbgut bei der Verschmelzung von vorher physisch getrennt lebenden Gameten eröffnet die Möglichkeit zur Neukombination von unterschiedlichen genetischen Informationen. Im Pflanzenreich entwickelten sich verschiedene Strategien, um diese Durchmischung zu gewährleisten. Bei den im Wasser lebenden Algen ist es z. B. wichtig, sicherzustellen, dass sich die unterschiedlichen Gameten auch tatsächlich finden (→ Exkurs 22.1). Bei den Landpflanzen haben sich komplexe Systeme entwickelt, die diese Durchmischung der Gene beider Eltern fördern. Die Vorteile der Neukombination von unterschiedlichem Erbgut werden in der Landwirtschaft bei sogenannten Hybridzüchtungen genutzt (→ Exkurs 22.2). Das heute kommerziell im Handel vertriebene Saatgut von diversen Getreidesorten bis hin zu Gemüsesamen für Kleingärtner besteht oft aus Hybriden genetisch relativ weit entfernter Ökotypen.

Ausgenommen von der ständigen Neukombination des Erbgutes durch sexuelle Paarungen sind im Allgemeinen die Genome in den Plastiden und Mitochondrien. Diese werden jeweils nur von einem Elternteil beigetragen und haben daher keine Möglichkeit zur Rekombination bei der Verschmelzung der Gameten (→ Exkurs 22.3).

22.5.1 Selbstinkompatibilität

Der weibliche Gametophyt (Inhalt des Embryosacks) und der männliche Gametophyt (Pollenschlauch) entwickeln sich bei den höheren Pflanzen innerhalb des Sporophyten. Der männliche Gametophyt erscheint morphologisch von einfacher Gestalt und existiert im Prinzip nur als auswachsender Pollenschlauch, d. h. als Teil des gekeimten Pollenkorns. Molekulare Studien zeigen aber, dass eine

22.5 Befruchtung bei den Blütenpflanzen

EXKURS 22.1. Gametenlockstoffe bei Braunalgen

Die Lockstoffe, mit denen sich die Gameten von Braunalgen im freien Wasser finden, die **Sirenine**, werden von weiblichen (–)Gameten abgegeben und locken die männlichen (+)Gameten an. Sirenine sind im Wasser schwer lösliche, leicht flüchtige Substanzen. Die Lockstoffe sind ihrer Funktion nach **Pheromone**. Darunter versteht man Substanzen, die chemischen Wechselwirkungen zwischen Sexualpartnern dienen. Die Reaktion der (+)Gameten ist eine chemotaktische Reaktion (→ S. 552). Es lassen sich zwei Reaktionstypen unterscheiden, die in Abbildung **A** schematisch dargestellt sind (nach Jaenicke 1975): Bei der eigentlichen **Chemotopotaxis** ① schwimmt der (+)Gamet (♂) mehr oder minder direkt auf den Lockstoff-produzierenden (–)Gameten (♀) zu. Bei der **chemophobotaktischen Reaktionsweise** ② reagiert der (+)Gamet mit einer **Schreckreaktion** (Änderung der Bewegungsrichtung) auf eine **Abnahme** der Konzentration des Lockstoffs. Diese Art von Reaktion führt ebenfalls zu einer Annäherung an den (–)Gameten. Die Abbildung **B** zeigt Ausschnitte aus Gametophyten und Sporophyten der marinen Braunalge *Ectocarpus siliculosus* (Ectocarpales; Herkunft Neapel). *Oben*: Teil des diploiden Sporophyten mit plurilokulären Sporangien. *Unten*: Teil des haploiden Gametophyten mit plurilokulären Gametangien. Da sich Sporophyten und Gametophyten im Verzweigungsmodus unterscheiden, liegt ein **heterothallischer Generationswechsel** vor. Es gibt männliche und weibliche Gametophyten, die sich aber dem Aussehen nach nicht unterscheiden. Auch ihre Gameten sehen völlig gleich aus, **Isogamie**. Der Geschlechtsunterschied ist nur am Verhalten der Gameten festzustellen. Die weiblichen Gameten verlieren rasch ihre Beweglichkeit, setzen sich am Substrat fest und senden ein Pheromon aus. Die männlichen Gameten schwimmen längere Zeit mit Hilfe ihrer Geißeln umher und sammeln sich in großer Zahl um einen festgehefteten weiblichen Gameten. (Nach Müller 1972). Abbildung **C** gibt einen Eindruck von diesem Prozess: Männliche (+)Gameten haben Kontakt mit einem festgesetzten weiblichen (–)Gameten (*Mitte*) aufgenommen. Mit der langen Geißel verankern sich die (+)Gameten an dem (–)Gameten. Die erfolglosen (+)Gameten lösen sich nach einigen Minuten wieder. Nach Beginn der Verschmelzung des (–)Gameten mit dem erfolgreichen (+)Gameten hört die Pheromonbildung auf. Das vorher freigesetzte Pheromon wird von den (+)Gameten völlig abgebaut. (Nach Oltmanns 1899; Jaenicke 1975). Bei Arten, die männliche und weibliche Gametophyten ausbilden („diözisch"), muss gewährleistet sein, dass die auf verschiedenen

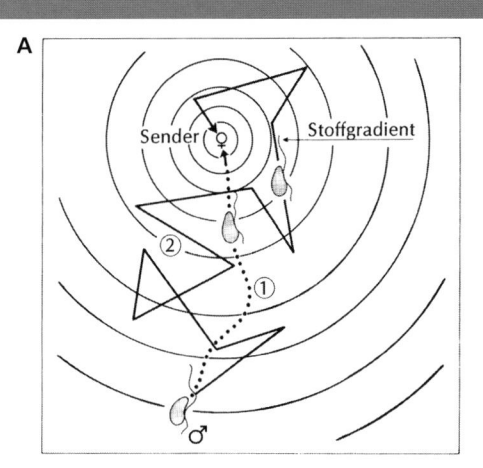

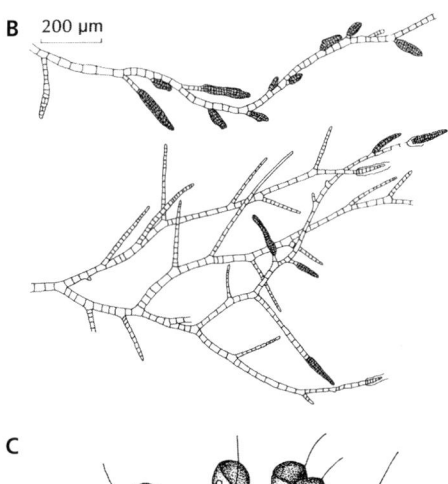

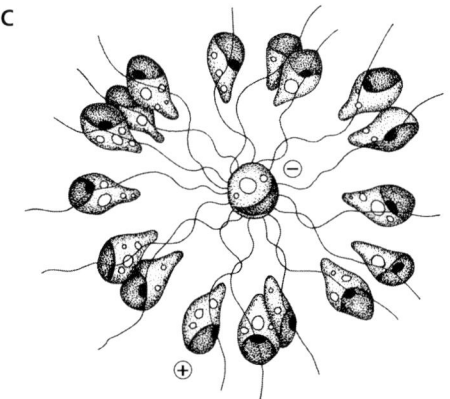

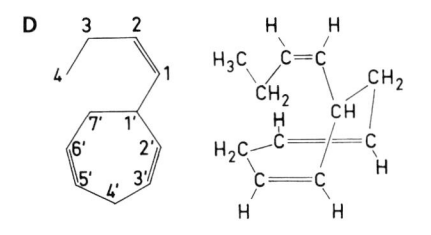

Pflanzen entstehenden (+)- und (–)Gameten in genügend großer Zahl zueinander finden. Auch *Ectocarpus siliculosus* ist auf diesen Gesichtspunkt hin optimiert, z. B. wird die Freisetzung der Gameten tagesperiodisch gesteuert und erfolgt in der Regel kurz nach Lichtbeginn. Durch diese Synchronisation wird die Wahrscheinlichkeit, dass die beiden Gametentypen aufeinandertreffen, wesentlich erhöht. Der entscheidende Punkt ist aber, dass die (+)Gameten auf die (–)Gameten zuschwimmen, und zwar in einer immer enger werdenden Kreisbahn.

Männliche und weibliche Gametophyten lassen sich am Geruch erkennen: Von den fertilen weiblichen Pflanzen sowie von den (–)Gameten geht ein charakteristischer, fruchtartiger Duft aus. Die (–)Gameten produzieren eine leicht flüchtige Substanz, auf die (+)Gameten in der bereits geschilderten Weise chemophobotaktisch reagieren. Der Lockstoff wurde in seiner Konstitution aufgeklärt. Er hielt den Namen **Ectocarpen**, dessen Struktur in Abbildung **D** planar und räumlich dargestellt ist. Es handelt sich um All-*cis*-1-(cycloheptadien-2′,5′-yl)-buten-1. Ectocarpen ist optisch aktiv, da sich an der Ansatzstelle der Seitenkette (1′) ein asymmetrisches C-Atom befindet. Die natürlich gebildete Substanz ist rechtsdrehend. (Nach Müller 1972)

Wie wirkt das Pheromon? Im Prinzip hat man zur Zeit folgende Vorstellung: In der Plasmamembran des (+)Gameten gibt es in begrenzter Zahl Proteine mit hoher Affinität für das Pheromon, **Receptoren**. Nach der Bindung des Pheromons an den Receptor kommt es zu einer Strukturänderung des Receptorproteins, durch welche die Membraneigenschaften (Permeabilität für Ionen) verändert werden. Die resultierende Potenzialänderung kann die Zelle registrieren und daraufhin reagieren. Ein wichtiger Punkt bei dieser Hypothese ist, dass die Pheromonmoleküle nur eine kurze Verweilzeit an der Membran haben. Das Pheromon muss rasch abgebaut und desorbiert werden. Nur auf diese Weise ist gewährleistet, dass ein Gamet die jeweilige Konzentration des Lockstoffs genau messen und chemotopotaktisch oder chemophobotaktisch reagieren kann.

---

relativ große Zahl von Genen (20.000–40.000) benötigt wird, damit die Entwicklung des männlichen Gametophyten normal ablaufen kann. Allerdings erweist sich nur ein kleiner Bruchteil dieser Gene (vielleicht 5 %) als pollenspezifisch; die meisten der aufgrund ihrer Genprodukte (mRNAs, Isoenzyme) postulierten Gene werden sowohl im männlichen Gametophyten als auch im Sporophyten exprimiert. Obgleich einige der pollenspezifischen Gene bereits isoliert wurden, ist ihre Funktion bei der Pollenschlauchentwicklung noch offen.

Die physiologische Erforschung der Befruchtung hat sich auf die wichtigen Fragen konzentriert, wie eine „falsche" Befruchtung verhindert wird und wie bei der **Siphonogamie** der Pollenschlauch mit den Spermazellen seinen Weg zum Eiapparat findet. Die einfachsten Mechanismen die Selbstbefruchtung und die damit verbundene Inzuchtdepression bei Zwitterblüten zu verhindern, nutzen räumliche und/oder zeitliche Trennung bei der Reifung der männlichen und weiblichen Blütenorgane. Viele Blüten bilden räumliche Strukturen so aus, dass befruchtende Insekten, die von einer anderen Blüte mit Pollen beladen ankommen, diesen zuerst auf der Narbe abstreifen und erst beim Verlassen dieser Blüte in Kontakt mit den Antheren kommen und deren Pollen mitnehmen. Bei zwittrigen Blüten, in denen Pistille und Stamina gleichzeitig reifen, haben viele Pflanzen raffinierte genetische Systeme entwickelt, um Selbstbefruchtung zu verhindern, **Selbstinkompatibilität** (SI).

Mehr als die Hälfte der Angiospermen besitzen genetische Mechanismen, um die zur Inzuchtdepression führende Selbstbefruchtung wirkungsvoll zu verhindern. Die Selbstinkompatibilität wird durch den **S-Genlocus** mit multiplen (bis zu 40) Allelen bewirkt. Das Prinzip ist einfach: Im Pollen oder Pollenschlauch bzw. im Narben- oder Griffelgewebe werden Genprodukte (Inkompatibilitätsfaktoren) gebildet, welche das Wachstum des Pollenschlauches hemmen, wenn sie beiderseits vom gleichen Allel des S-Locus herstammen. Homozygotie für ein S-Allel ist bei Selbstbestäubung stets, bei Fremdbestäubung jedoch wegen der Vielzahl der S-Allele nur sehr selten gegeben. Dabei ist die Wirkung der SI-Systeme der Blütenpflanzen und der Pilze unterschiedlich. Bei Pilzen, z. B. in dem MAT-System von *Saccharomyces*, interagieren die verschiedenen *MAT*-Allele durch Komplementation und führen so zur Akzeptanz des Nichtselbst. Bei den SI-Systemen der Blütenpflanzen dagegen führen die Interaktionen der S-Allelprodukte zu einer Unverträglichkeit mit dem Selbst. Man hat zwei Reaktionstypen unterschieden: Beim ersten Typ kommt es zur Hemmung der Pollenkeimung oder des Pollenschlauchwachstums auf oder in der Narbe (Stigma; Abbildung 22.22). Diesen Typ, der besonders bei Brassicales und Asterales vorkommt,

22.5 Befruchtung bei den Blütenpflanzen

EXKURS 22.2. Männliche Sterilität

Viele der modernen kommerziellen Hochleistungssorten von Getreiden, Gemüsen und Zierblumen erreichen ihren optimalen Ertrag durch Ausnutzung des **Heterosiseffektes** in der ersten Hybridgeneration. Der Heterosiseffekt ist das Gegenteil der **Inzuchtdepression** und bewirkt, dass mit der Durchmischung des Erbgutes in der F1-Generation von genetisch relativ unterschiedlichen Linien einer Spezies die Individuen sehr viel größer, kräftiger und damit ertragreicher werden. Dieser Effekt tritt aber in voller Stärke nur in der F1-Generation auf und geht bei Selbstbefruchtung in den folgenden Generationen sehr rasch wieder verloren. Daher ist es von großer Bedeutung, darauf zu achten, dass für die Herstellung von optimalem Hybridsaatgut im großen Maßstab für den kommerziellen Einsatz 100 % des erzeugten Saatguts aus der Kreuzung der beiden Eltern entstanden ist. Dazu muss die Bestäubung innerhalb der Elternpopulationen verhindert werden. Dies lässt sich am besten durch männliche Sterilität bei einem der Eltern erreichen (→ S. 659).

Beim Mais hat man schon vor Jahrzehnten eine maternal vererbte männliche Sterilität etabliert, die auf einem ungewöhnlichen mitochondrialen Mosaikgen beruht (*T-URF13*), das für ein 13-kDa-Polypeptid (URF13) codiert. Diese erwünschte Eigenschaft ist aber untrennbar mit einer hohen Empfindlichkeit gegenüber einer gefürchteten Pilzkrankheit (*southern corn blight*) verknüpft. Es kommt zu einer Interaktion zwischen Pilztoxinen und URF13, wodurch die innere Mitochondrienmembran durchlässig wird. Deshalb musste man bei der Erzeugung von Hybridsaatgut zu der alten, enorm aufwändigen Technik der mechanischen Entfernung von Antheren (Kastration) zurückkehren.

Neuerdings ist es gelungen, transgene Tabakpflanzen zu erzeugen, bei denen die Pollenbildung unterbleibt, während die Ausbildung der weiblichen Gametophyten normal verläuft (→ S. 666). Ein Promotor, der nur im Tapetum aktiv ist, wurde mit einem synthetischen RNase-Gen fusioniert und in die Tabakpflanzen eingebracht – mit dem Resultat, dass die Antheren der transgenen Pflanzen keinen funktionsfähigen Pollen mehr bildeten. Da sich wichtige Kulturpflanzen wie Raps (*Brassica napus*) mit entsprechendem Resultat transformieren ließen, deutet sich die praktische Nutzung dieser Technik an.

EXKURS 22.3. Maternale und paternale Vererbung

Von **reciproken Kreuzungen** spricht man, wenn Pflanze A durch Pollen der Pflanze B und Pflanze B durch Pollen der Pflanze A befruchtet werden. Dadurch entstehen Nachkommen, die bei gleichem genetischen Ausgangsmaterial die jeweils andere Pflanze als „Vater" (Pollenspender) und „Mutter" (Spender der Eizelle) haben. Die Gültigkeit der Mendelgesetze hat zur Voraussetzung, dass reciproke Kreuzungen dasselbe Ergebnis liefern. Fast gleichzeitig mit der Wiederentdeckung der Mendelschen Gesetze wurde von Correns (1909) gefunden, dass gewisse Mutationen, die die Blattergrünung betreffen, nicht nach Mendel vererbt werden, sondern nur mütterlicherseits, das heißt **maternal**.

Die maternale Vererbung von Chloroplasten- und Mitochondrienmerkmalen ließ sich einfach damit erklären, dass das extranucleäre Plasma der Eizelle sehr viel mehr Proplastiden und Mitochondrien enthält als die männlichen Geschlechtszellen. Die männlichen Organellen würden, so glaubte man, einfach von der Zahl her untergehen. Die neuerdings beschriebenen Beispiele für **paternale** Vererbung sind damit allerdings nicht zu erklären. Reciproke Kreuzungen bei Nadelbäumen (Sequoiden, Zedern) ergaben eine weite Verbreitung paternaler Vererbung von Chloroplasten und Mitochondrien. Bei Kiefern scheinen die Chloroplasten paternal, die Mitochondrien aber maternal vererbt zu werden. Die Frage, wie in der befruchteten Eizelle darüber entschieden wird, welches Erbgut bewahrt und welches ausgeschaltet wird, lässt sich derzeit nicht beantworten.

nennt man **sporophytische Selbstinkompatibilität**, da die Reaktion durch den Genotyp des Pollenspenders, also des diploiden Sporophyten, bestimmt wird. In den sporophytischen Systemen enthalten die Pollen Genprodukte von beiden S-Allelen ihrer diploiden Vorläuferzellen. Bei *Brassica* konnten diese Genprodukte als kleine allelspezifische Proteine (9 kDa) in der Pollenwand identifiziert werden, die den Pollenzellen bei der Reifung vom Tapetum mitgegeben werden. Im einfachsten

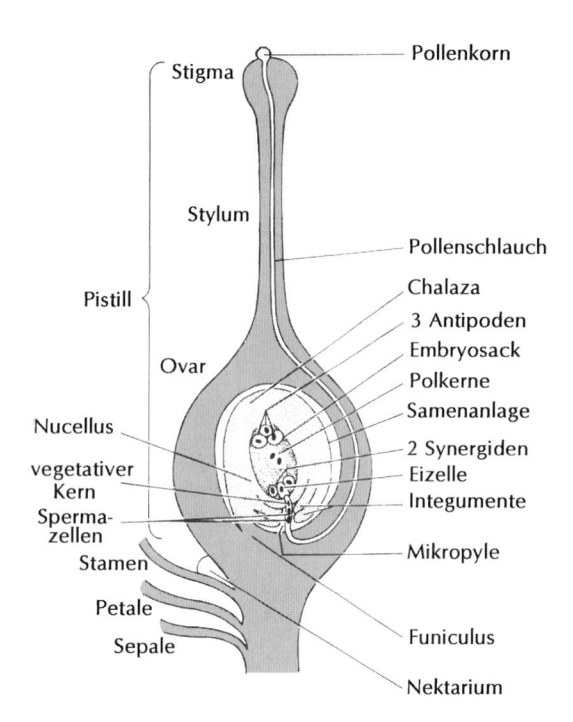

Abb. 22.22. Schematischer Längsschnitt durch den pistillaten Teil einer zwittrigen Blüte. Unser Augenmerk gilt dem Weg des Pollenschlauchs von der Oberfläche des Stigmas bis hin zur Eizelle. Das *Stigma* (Narbe) ist die expandierte Spitze des *Stylums* (Griffel), an dem die Pollenkörner haften bleiben. In der Regel ist die Oberfläche des Stigmas mit Papillen besetzt und mit einer Cuticula überzogen. Meist liegt über der Cuticula noch ein dünner Proteinfilm. In vielen Fällen sezerniert die Stigmaoberfläche eine Flüssigkeit, welche die rasche Hydratisierung der Pollenkörner ermöglicht und die Pollenkeimung fördert. Nach der Befruchtung hört die Sekretion dieser Flüssigkeit auf. Im *Stylum* findet man oft eine Zone drüsenähnlichen Gewebes, die das Stigma mit dem Ovar verbindet: das stigmatoide Gewebe. Wenn das Stylum hohl ist, z. B. bei der viel untersuchten Lilie, kleidet das stigmatoide Gewebe den Stylarkanal aus. Bei kompakten Styla wachsen die Pollenschläuche durch die Interzellularen ebenfalls in Kontakt mit dem sekretorisch aktiven, stigmatoiden Gewebe. Einige Forscher vertreten die These, dass das stigmatoide Gewebe auch für die Orientierung des Pollenschlauchwachstums maßgebend ist. (Nach Linskens 1969)

Fall wird das Auswachsen des Pollenschlauches dann verhindert, wenn eines der beiden Allele des Pollenelter auch im Pistill vorhanden ist. Die Unverträglichkeitsreaktion spielt sich also zwischen Genprodukten ab, welche einerseits im Pistill und andererseits in den Pollenzellen **vor der Meiose** gebildet werden (Abbildung 22.23a). Diese Genprodukte (Proteine) sind in verschiedenen Genen des S-Locus codiert. In den Epidermiszellen des Stigmas werden zwei Genprodukte des S-Locus gebildet: eine spezifische **Serin/Threonin-Receptorkinase**, die durch eine transmembrane Helix in der Plasmamembran verankert ist, und ein sekretorisches **Glycoprotein**, das teilweise Ähnlichkeiten mit der aus der Membran herausragenden Domäne der Receptorkinase hat. Wahrscheinlich sind diese beiden Teilbereiche der Proteine evolutionär auseinander hervorgegangen. Durch Interaktionen zwischen diesen beiden Proteinen kommt es zur Aktivierung der Kinase. Diese Aktivierung kann durch S-Genprodukte des Pollens allelspezifisch gefördert oder gehemmt werden.

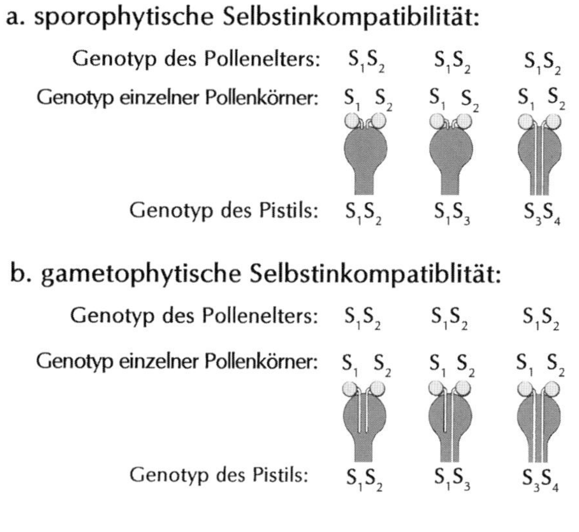

a. sporophytische Selbstinkompatibilität:

Genotyp des Pollenelters:	S_1S_2	S_1S_2	S_1S_2
Genotyp einzelner Pollenkörner:	S_1 S_2	S_1 S_2	S_1 S_2
Genotyp des Pistils:	S_1S_2	S_1S_3	S_3S_4

b. gametophytische Selbstinkompatiblität:

Genotyp des Pollenelters:	S_1S_2	S_1S_2	S_1S_2
Genotyp einzelner Pollenkörner:	S_1 S_2	S_1 S_2	S_1 S_2
Genotyp des Pistils:	S_1S_2	S_1S_3	S_3S_4

Abb. 22.23 a, b. Sporophytische und gametophytische Selbstinkompatibilität bei Angiospermen.
a Bei der sporophytischen Selbstinkompatibilität wird das Wachstum des Pollenschlauches auf der Narbe kurz nach der Keimung blockiert, wenn ein Allel (z. B. Allel S_1) des S-Gens sowohl im diploiden **Pollenelter (Sporophyt)** als auch im Pistill vorkommt. (Im mittleren Fall wird Dominanz oder Codominanz von S_1 über S_2 und S_3 angenommen.) Pollenkörner mit dem Genotyp S_2 (aber phänotypisch geprägt vom Genotyp S_1) keimen daher auf dem Pistill S_1S_3 nicht. **b** Bei der gametophytischen Selbstinkompatibilität wird das Wachstum des Pollenschlauchs im Stylargewebe blockiert, wenn ein bestimmtes S-Allel sowohl im haploiden **Pollenkorn (Gametophyt)** als auch im Pistill vorkommt. (Nach McClure et al. 1990; verändert)

EXKURS 22.4. Gerichtetes Wachstum des Pollenschlauches

Bei seinem Wachstum durch das Griffelgewebe wird der Pollenschlauch, dessen Wachstumszone auf die vorderen 5–10 µm der Spitze beschränkt ist, zum Embryosack hin gesteuert (→ Abbildung 22.22). Diese gerichtete Wachstumsbewegung ist eine chemotopotaktische Reaktion.

An der Spitze des Pollenschlauches befinden sich Pollen-spezifische Receptorkinasen, die durch die Plasmamembran mit einer Leucin-reichen Domäne nach außen ragen und eine Kinase-Domäne in die Zelle strecken. Dieser intrazelluläre Teil leitet das Signal an die Wachstumsfaktoren weiter und beeinflusst das Zellwandwachstum. Die extrazelluläre Receptordomäne interagiert mit einem kleinen, Cystein-reichen Protein, das vom Pollenschlauch in das umgebende Griffelgewebe sezerniert wird. Beide Proteine sind essenziell, wie Mutanten in den Genen für diese Proteine beweisen, bei denen der Pollenschlauch in den Stylus einwächst, aber mit erratischen Wachstumsrichtungsänderungen die Eizelle nicht erreicht. Die vom Stylus und/oder der Eizelle abgegebenen Signalmoleküle sind noch nicht identifiziert, aber entsprechende Zellpräparationen regulieren die Assoziation der beiden Proteine miteinander. Die vom Stylus abgegebenen Faktoren müssen daher nicht unbedingt Proteine sein, da die Interaktion auch durch Gradienten anderer Stoffe gesteuert werden kann.

Bei den meisten anderen Pflanzen kommt ein zweiter Typ von Inkompatibilität vor: Eine inhibitorische Wechselwirkung zwischen dem Griffelgewebe (Stylargewebe) und dem Pollenschlauch. Dieser Typ wird **gametophytische Selbstinkompatibilität** genannt, da er vom Genotyp des Pollenkorns bzw. des männlichen Gametophyten abhängt (Abbildung 22.23b). Das S-Gen wird in den Pollenzellen erst **nach der Meiose** exprimiert. In diesem Fall kommt es zu keiner Hemmung der Pollenkeimung und der Pollenschlauch durchdringt die Narbe ungestört. Erst wenn der Pollenschlauch das Stylargewebe erreicht, manifestiert sich die Inkompatibilität: Das Wachstum des Pollenschlauchs vermindert sich und hört auf. Das Stylum von *Nicotiana alata* besitzt ein zentrales Leitgewebe mit großen schleimgefüllten Interzellularen, durch welche die Pollenschläuche in Richtung zur Samenanlage wachsen (→ Exkurs 22.4). Der extrazelluläre Schleim besteht aus Arabinogalactanprotein (→ Tabelle 2.1). Im mittleren Bereich des reifen Stylums enthält dieser Schleim sezernierte Glycoproteine mit einer Molmasse von etwa 30 kDa, welche in Kreuzungsexperimenten jeweils mit einem bestimmten S-Allel cosegregieren und die dazugehörigen Genprodukte, **S-Proteine**, sind. Im unreifen Stylum liegen noch keine S-Proteine vor. Dies stimmt mit der Beobachtung überein, dass man die Selbstinkompatibilität in vielen Fällen durch Handbestäubung unreifer Pistille umgehen kann. Die Aminosäuresequenzen von einigen dieser Proteine sind aufgeklärt worden. Die S-Proteine stim-

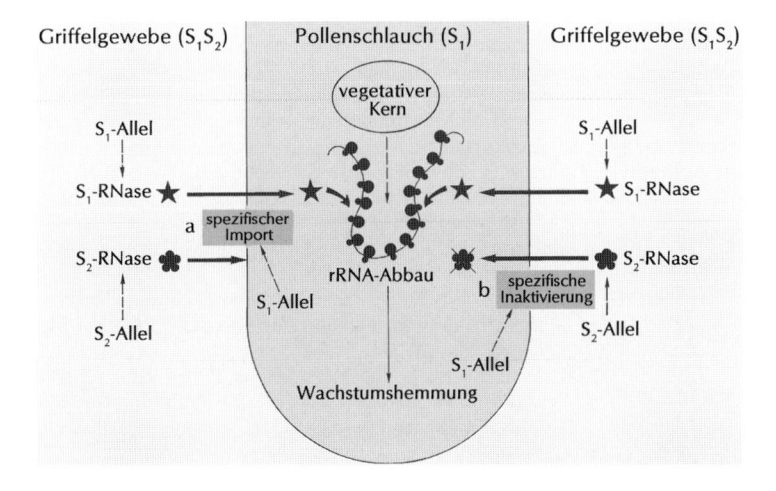

Abb. 22.24. Zwei alternative Modelle werden derzeit zur Erklärung der gametophytischen Selbstinkompatibilität herangezogen. Das Pistillgewebe bildet allelspezifische RNasen, die in den Pollenschlauch eindringen, und dort die RNA (vorwiegend rRNA) abbauen können. Im ersten Modell *(a)* entscheidet das S-Allel des Pollenschlauches über Erfolg oder Nichterfolg des Imports der allelspezifischen RNasen, während im zweiten Modell *(b)* die RNasen nicht selektiv importiert, sondern in der Zelle allelspezifisch inaktiviert werden. (Nach Dodds et al. 1996; verändert)

men in etwa 70 % der Aminosäurepositionen überein, weisen jedoch spezifische Unterschiede in einigen „hypervariablen" Bereichen auf. Durch Sequenzvergleiche fand man weiterhin eine gute Übereinstimmung zwischen einem Abschnitt im homologen Bereich der S-Proteine und einer von Pilzen sezernierten RNase. In der Tat besitzen die S-Proteine des Stylums **RNase-Aktivität**. Diese Moleküle können in die wachsende Pollenschlauchspitze eindringen und dort die RNA der Ribosomen zerstören. Auf diese Weise ist der cytotoxische Effekt der vom **Pistill** gebildeten Produkte des S-Locus zu erklären (Abbildung 22.24).

Das für die Interaktion zwischen Stylarschleim und Pollenschlauch verantwortliche Produkt des S-Locus in **Pollen** konnte vor kurzem identifiziert werden. Es handelt sich um ein Protein mit Ähnlichkeit zu F-Box-Proteinen, welche am selektiven Abbau von Proteinen beteiligt sind (→ S. 93). Dies spricht für die Vorstellung, dass die allelspezifischen RNasen unkontrolliert in den Pollenschlauch importiert werden und dort anschließend selektiv durch spezifische Allelprodukte abgebaut und somit inaktiviert werden (→ Abbildung 22.24, Modell b). Die RNase-Aktivität ist eindeutig an der Inkompatibilitätsreaktion beteiligt, da Mutationen, die die RNase-Aktivität hemmen, auch die Inkompatibilitätsreaktion unterbinden. Diese RNasen wirken wahrscheinlich *in vivo* wie auch *in vitro* unspezifisch und bauen alle vorhandenen RNAs gleichermaßen ab. Insbesondere die im wachsenden Pollenschlauch in großen Mengen vorhandene rRNA wird so stark vermindert, dass das Wachstum gestört wird. Dies erklärt auch die große Menge an RNase, die notwendig ist, um das Wachstum des Pollenschlauchs zu verlangsamen oder zu stoppen.

Entsprechend der weiten Verbreitung des gametophytischen Systems in mehr als 60 Familien von mono- und dikotylen Pflanzen haben sich verschiedene Modifikationen herausgebildet. Neben diesem oben erläuterten System in *Nicotiana alata* wurde im Mohn (*Papaver rhoeas*) eine schneller reagierende Signalkaskade über Veränderungen im freien cytosolischen Ca^{2+}-Spiegel weitgehend aufgeklärt. Diese Änderungen in der Ca^{+}-Konzentration lösen Umorientierungen im Actin-Cytoskelett aus, dessen Depolymerisierung das Wachstum des Pollenschlauches schnell arretiert.

Für beide Selbstinkompatibilitätssysteme gilt, dass der S-Locus im Pollen und im Pistill zur Bildung verschiedener allelspezifischer Proteine führt.

Die Sequenzierung des S-Locus hat neuerdings gezeigt, dass das sich genetisch einheitlich verhaltende „S-Gen" als Gruppe benachbarter Gene aufzufassen ist, in der die beiden S-Genprodukte getrennt codiert sind. Der hier nicht mehr eindeutige Begriff „S-Allel" wird daher heute auch durch den Begriff „S-Haplotyp" ersetzt.

Weiterführende Literatur

– (2004) Plant reproduction. Supplement Plant Cell 16: S1–S169
Boland W (1987) Chemische Kommunikation bei der sexuellen Fortpflanzung mariner Blaualgen. Biologie in unserer Zeit 17: 176–185
Bastow R, Dean C (2003) Deciding when to flower. Science 302: 1695–1697
Correns C (1909) Vererbungsversuche mit blass(gelb)grünen und buntblättrigen Sippen bei *Mirabilis*, *Urtica* und *Lunaria*. Z Abst u Vererbungsl 1: 291–329
De Bodt S, Raes J, Van de Peer Y, Theißen G (2003) And then there were many: *MADS* goes genomic. Trends Plant Sci 8: 475–483
Dodds PN, Clarke AE, Newbigin E (1996) A molecular perspective on pollination in flowering plants. Cell 85: 141–144
Fornara F, Coupland G (2009) Plant phase transitions make a SPLash. Cell 138: 625–627
Franklin-Tong N, Franklin FCH (2003) Gametophytic self-incompatibility inhibits pollen tube growth using different mechanisms. Trends Plant Sci 8: 598–605
Giakountis A, Coupland G (2008) Phloem transport of flowering signals. Curr Opin Plant Biol 11: 687–694
Hyama R, Coupland G (2004) The molecular basis of diversity in the photoperiodic flowering response of *Arabidopsis* and rice. Plant Physiol 135: 677–684
Hiscock SJ, Kües U, Dickinson HG (1996) Molecular mechanisms of self-incompatibility in flowering plants and fungi – different means to the same end. Trends Cell Biol 6: 421–427
Hiscock SJ, McInnis J (2003) Pollen recognition and rejection during the sporophytic self-incompatibility response: Brassica and beyond. Trends Plant Sci 8: 606–613
Imaizumi T, Tran HG, Swartz TE, Briggs WR, Kay SA (2003) FKF1 is essential for photoperiodic-specific light signalling in *Arabidopsis*. Nature 426: 302–306
Jackson SD (2009) Plant responses to photoperiod. New Phytol 181: 517–531
Johnson MA, Preuss D (2003) On your mark, get set, GROW! LePRK2-LAT52 interactions regulate pollen tube growth. Trends Plant Sci 8: 97–99
Jürgens G (1997) Memorizing the floral ABC. Nature 386: 17
Klejnot J, Lin C (2004) A *CONSTANS* experience brought to light. Science 303: 965–966
Komeda Y (2004) Genetic regulation of time to flower in *Arabidopsis thaliana*. Annu Rev Plant Biol 55: 521–535
Lagercranz U (2009) At the end of the day: a common molecular mechanism for photoperiod responses in plants? J Exp Bot 60: 2501–2515
Laubinger S et al. (2006) Arabidopsis SPA proteins regulate photoperiodic flowering and interact with the floral inducer CONSTANS to regulate its stability. Development 133: 3213–3222

Levings CS (1990) The Texas cytoplasm of maize: Cytoplasmic male sterility and disease susceptibility. Science 150: 942–947

Márton ML, Cordts S, Broadhvest J, Dresselhaus T (2005) Micropylar pollen tube guidance by egg apparatus 1 of maize. Science 307: 573–576

McCubbin AG (2005) Lessons on signalling in plant self-incompatibility systems. In: Fleming AJ (ed) Intercellular communication in plants. Annu Plant Rev Vol 16, Blackwell, Oxford, pp 240–275

Michaels SD (2009) Flowering time regulation produces much fruit. Curr Opin Plant Biol 12: 75–80

Schwarz-Sommer Z et al. (1990) Genetic control of flower development by homeotic genes in *Antirrhinum majus*. Science 250: 931–936

Simpson GG, Dean C (2002) *Arabidopsis*, the Rosetta Stone of flowering time? Science 296: 285–289

Sung S, Amasino RM (2005) Rembering winter: Toward a molecular understanding of vernalization. Annu Rev Plant Biol 56: 491–508

Takayama S, Isogai A (2005) Self-incompatibility in plants. Annu Rev Plant Biol 56: 467–489

Taylor LP, Hepler PK (1997) Pollen germination and tube growth. Annu Rev Plant Physiol Plant Mol Biol 48: 461–491

Waffenschmidt S, Jaenicke L (1991) Glykoproteine und Pflanzen-Zellkommunikation. Chemie in unserer Zeit 25: 29–43

Weigel D, Jürgens G (2002) Stem cells that make stems. Nature 415: 751–754

Yan L, Loukoianov A, Blechl A, Tranquilli G, Ramakrishna W, SanMiguel P, Bennetzen JL, Echenique V, Dubcovsky J (2004) The wheat *VRN2* gene is a flowering repressor down-regulated by vernalization. Science 303: 1640–1644

Zhang Y, Zhao Z, Xue Y (2009) Roles of proteolysis in plant self-incompatibility. Annu Rev Plant Biol 60: 21–42

In Abbildungen und Tabellen zitierte Literatur

Baum DA (1998) Curr Opin Plant Biol 1: 79–86

Bradley D, Ratcliffe O, Vincent C, Carpenter R, Coen E (1997) Science 275: 80–83

Bünning E (1953) Entwicklungs- und Bewegungsphysiologie der Pflanze. Springer, Berlin

Casal JJ, Fankhauser C, Coupland G, Blázquez MA (2004) Trends Plant Sci 9: 309–313

Chailakhyan MK (1937) Hormonal theory of plant development. Akad Naukk SSSR, Moscow

Cumming BG, Hendricks SB, Borthwick HA (1965) Can J Bot 43: 825–853

Dodds PN, Clarke AE, Newbigin E (1996) Cell 85: 141–144

Hart JW (1988) Light and plant growth. Unwin Hyman, London

Hendricks SB, Siegelman HW (1967) In: Florkin M, Stotz EH (eds) Comprehensive biochemistry, Vol XXVII. Elsevier, Amsterdam, pp 211–235

Jaenicke L (1975) Chemie in unserer Zeit 9: 50–58

Kühn A (1995) Vorlesungen über Entwicklungsphysiologie. Springer, Berlin

Lang A (1957) Proc Natl Acad Sci USA 43: 709–717

Leins P, Metzenauer G (1979) Bot Jahrb Syst 100: 542–554

Linskens HF (1969) In: Metz CB, Monroy A (eds) Fertilization. Academic Press, New York, pp 189–253

Ma H (1997) The on and off of floral regulatory genes. Cell 89: 821–824

McClure BA, Haring V, Ebert PR, Anderson MA, Bacic A, Clarke AE (1990) Austr J Plant Physiol 17: 345–353

Meyerowitz EM (1994) Sci Amer 271 November: 40–47

Müller DG (1972) Ber Deutsch Bot Ges 85: 363–369

Oltmanns F (1899) Flora Allg Bot Ztg 86: 86–99

Running MP (1997) Curr Biol 7: 89–91

Smyth DR (1995) Curr Biol 5: 361–363

Went FW (1944) Amer J Bot 31: 135–150

Vince-Prue D (1975) Photoperiodism in plants. McGraw-Hill, London

23 Regulation von Altern und Tod

Pflanzliche Zellen sind potenziell unsterblich. Trotzdem machen sich die Spuren der Zeit und des Gebrauchs auch auf molekularer, zellulärer und organismischer Ebene bemerkbar. Viele Moleküle (z. B. Proteine) müssen laufend ausgetauscht werden, um bestimmte Zellfunktionen aufrechtzuerhalten, da die akkumulierenden Schäden zu einer Inaktivierung führen. Entsprechend können bei Pflanzen einzelne Zellen, ganze Organe oder bei Populationen Individuen eliminiert und ständig erneuert werden. Der **Lebenscyclus** einer einjährigen Pflanze ist in distinkte Phasen unterteilbar, in denen die Pflanze wächst, blüht, fruchtet, altert und stirbt. Dabei ist die **irreversible Alterung** der gesamten Pflanze, **Seneszenz**, oft ursächlich mit der Bildung von Samen und Früchten verknüpft. Der Alterungsprozess von Zellen und Organen ist in Pflanzen wie in Tieren nicht nur eine Zunahme von Fehlern bis über einen bestimmten Schwellenwert hinaus, sondern ein streng regulierter, programmierter Entwicklungsprozess. Anders als bei einjährigen Pflanzen ist bei **perennierenden Pflanzen** wie Sträuchern und Bäumen das **Absterben von Organen** wie Blättern eine physiologische Notwendigkeit; die Alterung der Gesamtpflanze, ebenso wie die Blüten- und Samenbildung, wird hiervon nicht beeinflusst. In der Natur werden die meisten Bäume eher durch äußere Einwirkungen getötet, als dass sie aus inneren Ursachen sterben. Auf der zellulären Ebene ist das Überleben der einzelnen Zelle gegenüber der Einleitung des **programmierten Zelltodes** ein diffiziler Balanceakt.

23.1 Seneszenz von Molekülen

Die verschiedenen Moleküle haben in der lebenden Zelle, bedingt durch ihre Struktur, ihre Funktion und die jeweilige Exposition gegenüber Radikalen und anderen zerstörerischen Einflüssen, eine unterschiedliche Lebensdauer, gemessen als ihre Halbwertszeit oder mittlere Lebensdauer. Besonders gefährdet sind Moleküle, die oxidativem Stress oder Stress durch energiereiche Strahlung ausgesetzt sind, darunter vor allem die Komponenten des Photosyntheseapparats im Chloroplasten (→ S. 604). So werden einzelne Proteine der Photosystemkomplexe, die besonders stark dem Energiefluss ausgesetzt sind, sehr schnell zerstört und müssen deshalb in großer Menge nachgeliefert werden. Auf der molekularen Ebene macht sich dies z. B. in der verstärkten Neusynthese einiger Genprodukte im Photosystem II durch erhöhte Transkription und Translation deutlich bemerkbar (→ S. 607). Schäden, insbesondere durch Radikale und energiereiche Strahlung, akkumulieren aber auch in den Molekülen der Informationsspeicherung, der DNA. Da diese nicht beliebig *de novo* ersetzt werden können, hat sich im Laufe der Evolution ein ausgeklügeltes System der **DNA-Reparatur** ausgebildet, bei dem beschädigte Molekülteile, wie z. B. die strahlungsinduzierten Basendimere, repariert werden, ohne dass der Informationsgehalt verloren geht (→ S. 609). Im Vergleich zu der molekularen Seneszenz, die im wesentlichen durch den Austausch (*turnover*) von Molekülen kompensiert wird, finden sich bei Pflanzen auf der Zell- und Organebene sehr viel komplexere, physiologisch regulierte Alterungserscheinungen.

23.2 Seneszenz von Zellen

23.2.1 Programmierter Zelltod während der Entwicklung der vielzelligen Pflanze

Auf der Ebene der Zellen stoßen wir zum ersten Mal auf das Phänomen des **programmierten Zelltods** (PCD = *programmed cell death*), das sich nicht nur bei Pflanzen, Tieren und anderen vielzelligen Organismen findet, sondern sogar schon bei Populationen von Einzellern evolutionär etabliert ist. Die ersten Zellen, die vor 400 Jahren von Menschen beobachtet wurden, waren Korkzellen, die ihre Funktion im Organismus erst durch den PCD erhalten haben.

In Tieren werden solche Formen von PCD, die hauptsächlich dazu dienen, den Organismus von unerwünschten Zellen oder Zellinhalten zu befreien, als **Apoptose** bezeichnet. Auch bei Pflanzen finden wir Zellen, die den apoptotischen Weg einschlagen, da sie dem Organismus als Ganzem nicht mehr nützlich, sondern störend sind (Abbildung 23.1). Zum Sterben determinierte Pflanzenzellen zeigen oft ähnliche molekulare Veränderungen wie die tierischen Zellen auf dem Weg der Apoptose. Dazu gehört eine endonucleolytische Prozessierung der nucleären DNA, die zu einer Fragmentierung und damit zu einem Zusammenbruch der genetischen Information der Zelle führt. Andererseits werden bei Pflanzen programmiert abgestorbene Zellen meist nicht wie bei Tieren von den Nachbarzellen aufgenommen und verdaut, sondern oft als Struktur- und Gerüstelemente für wichtige Funktionen in der Pflanze weiter genutzt.

23.2.2 Programmierter Zelltod bei der Xylogenese

Ein besonders deutliches Beispiel für eine solche Nutzung programmgemäß abgestorbener Zellen findet sich bei der **Xylogenese,** der Entwicklung des wasserleitenden Xylemsystems. Um aus Parenchymzellen die Xylemelemente zu bilden (→ Abbildung 17.34), strecken sich die Zellen, lagern in den Seitenwänden verstärkt Cellulose und Lignin ein und sterben dann innerhalb weniger Stunden ab. Dieser Zelltod ist ein aktiver Prozess, bei dem die

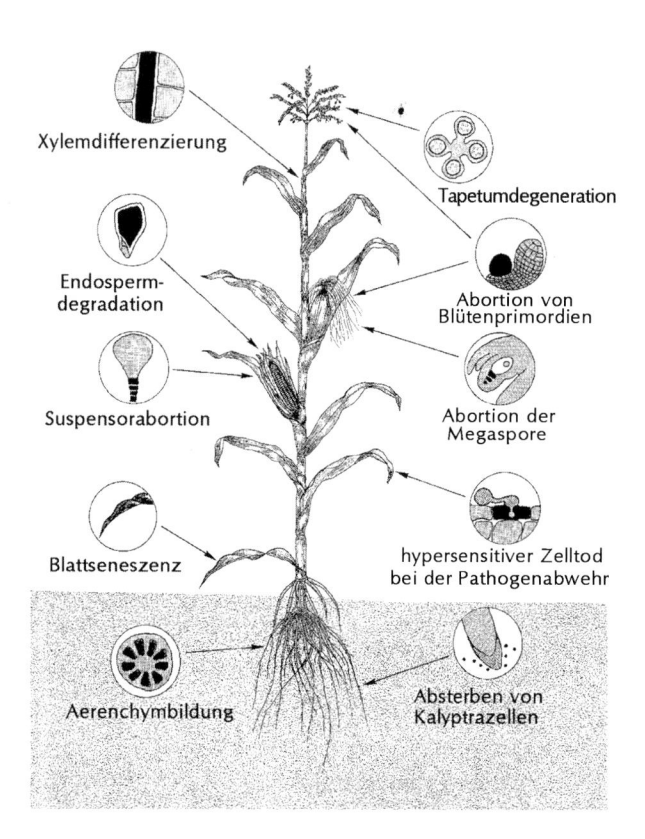

Abb. 23.1. Programmierter Zelltod (PCD) findet in vielen verschiedenen Organen und Geweben einer Pflanze statt. Hier sind einige Beispiele von PCD an einer Maispflanze aufgezeigt, die entweder in der Entwicklung vorprogrammiert sind, wie z.B. die Xylemdifferenzierung, oder durch äußere Einwirkungen induziert werden, wie die hypersensitive Reaktion auf Pathogenbefall. (Nach Buckner et al. 1998; verändert)

Synthese von spezifischen RNAs und Proteinen erforderlich ist. Zu den während der Xylogenese neu eingeschalteten Genen gehört auch eine einzelstrangspezifische DNA-abbauende Nuclease. Diese ist mitverantwortlich für die graduell zunehmende Fragmentierung der Kern-DNA zuerst zu ca. 20 kB großen Fragmenten, dann auf Nucleosomlänge von 0,3 kB und schließlich in kleinere Stücke bis hin zu einzelnen Nucleotiden. Diese können dann, wahrscheinlich über den Umbau in Glutamin, in den lebenden Teil der Pflanze transportiert und dort als Stickstoffquelle weiter verwendet werden. Die Differenzierung von Xylemelementen kann sowohl durch endogene Faktoren (Hormone) gesteuert, als auch durch äußere Faktoren induziert werden. Dass der PCD während der Xylementwicklung ein gesteuerter Prozess ist, zeigt auch die Umorganisation des Zellhaushaltes, bei der alle Organellen wie Zellkern, Plastiden, Dictyosomen, Mikrotubuli, Mitochondrien und Ribosomen sowie andere plasmatische Zellbestandteile allmählich abgebaut werden. Die Bruchstücke werden in Transportvesikeln zur Vacuole geschafft. Sie werden dort weiterverdaut bis zu den niedermolekularen Transportformen der einzelnen Substanzklassen (z. B. Aminosäuren aus den Proteinen), die dann von den umgebenden Zellen resorbiert werden.

23.2.3 Programmierter Zelltod der Suspensorzellen während der Embryonalentwicklung

Das organisierte Absterben von einzelnen Zellen während der Entwicklung der Fortpflanzungsformen wird bei allen Pflanzen beobachtet. Die erste Zellteilung des befruchteten Eies begründet zwei Zelllinien, von denen die eine den eigentlichen Embryo bildet und die andere zum Suspensorapparat wird (→ Abbildung 17.14). Der Suspensor und die von ihm ausgehenden Signale steuern die Entwicklung des Embryos, etablieren und erhalten die Polarität, leisten die Versorgung mit Nahrungsstoffen und geben dem Embryo mechanischen Halt. Sobald der Embryo das Herzstadium erreicht hat, ist die Aufgabe des Suspensors abgeschlossen und er wird durch PCD eliminiert. Im Gegensatz zu der Entwicklung der Xylemelemente werden die Suspensorzellen fast vollständig abgebaut und bis auf wenige funktionslose Reste entsorgt. Beim Einsetzen des PCD bilden sich hier spezialisierte Organellen mit hydrolytischer Aktivität heraus, die an der basalen Zelle des Suspensors, am weitesten vom Embryo entfernt, beginnen, die einzelnen Zellen abzubauen. Der Zusammenbruch des Tonoplasten entlässt dann die hydrolytischen Enzyme aus der Vacuole, die schließlich die gesamten intrazellulären Strukturen auflösen und die Wertstoffe für Abtransport und Wiederverwendung aufbereiten.

23.2.4 Programmierter Zelltod zur Bildung von Aerenchym

Interzellularenreiche **Aerenchymgewebe** entstehen z. B. in Wurzeln von vielen Pflanzen und werden besonders durch niedrige Sauerstoffkonzentration im Boden induziert (Abbildung 23.2). Auch die Stängel und Blattstiele submers wachsender Pflanzen bilden Aerenchyme aus (→ Abbildung 9.23). Die luftgefüllten Hohlräume dieser Gewebe dienen dazu, den Gasaustausch zwischen den oberirdischen Organen und den Wurzeln zu erleichtern. Sie entstehen durch schnelles, kontrolliertes Absterben definierter Zellgruppen. Nach dem induzierten und programmgemäß ablaufenden Tod dieser Zellen werden alle Strukturen und Bausteine einschließlich der Zellwände restlos beseitigt. Wie bei den anderen Fällen von PCD werden verstärkt Hydrolasen, z. B. Cysteinproteinasen, lokal aktiviert, um die Zellbestandteile der Wiederverwertung zuzuführen. Wahrscheinlich gibt es über die mechanische Abgrenzung durch die Zellwände der Nachbarzellen hinaus noch weitere chemische oder strukturel-

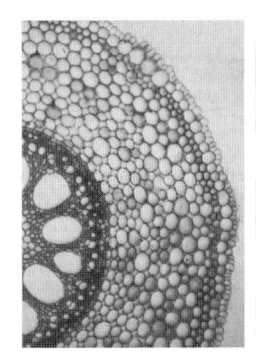

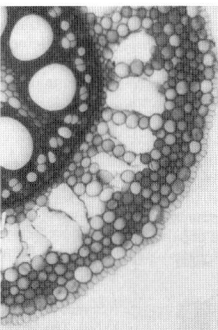

Abb. 23.2. Aerenchymbildung in Wurzeln, induziert durch Sauerstoffmangel in der Rhizosphäre. Objekt: 7 d alte Maiskeimlinge (*Zea mays*), die mit ihrer Wurzel für 4 d in einer Nährlösung kultiviert wurden, welche entweder mit normaler Luft (21 Vol% O_2, *links*) oder einem Luft/O_2-Gemisch mit 4 Vol% O_2 (*rechts*) begast wurde. Die Wurzelquerschnitte wurden zur Hervorhebung der Zellwände mit Toluidin Blau angefärbt. (Nach He et al. 1996)

le Schutzmechanismen, um den PCD auf die gewünschten Zellen bzw. Zellgruppen zu beschränken.

23.3 Seneszenz von Organen

23.3.1 Physiologische Steuerung der Organseneszenz

Die Vorgänge bei der Seneszenz während der Ontogenese der Pflanze sind hinsichtlich Umfang und zeitlichem Ablauf je nach Pflanzentyp sehr unterschiedlich ausgeprägt (Tabelle 23.1). Bei monokarpischen Pflanzen hat die Blütenbildung einen entscheidenden Einfluss auf die Seneszenz des gesamten Organismus (Abbildung 23.3a). In ganz ähnlicher Weise lässt sich eine Abfolge von Seneszenzstadien innerhalb der Blüte verfolgen. Einzelne Phasen, wie die der Bestäubung, kontrollieren den Abschluss des vorhergehenden und die Einleitung des nächsten Entwicklungsstadiums, z. B. das Absterben und den Abwurf der Blütenblätter. Die bei der Blattseneszenz beteiligten Regulationsprozesse sollen im Folgenden am Beispiel laubabwerfender Bäume näher betrachtet werden.

23.3.2 Anatomie des Blattfalles

Der jahresperiodische Laubwechsel ist ein Charakteristikum der Laubbäume der gemäßigten Breiten. Dieses Verhalten ist in erster Linie eine genetische Anpassung an die schwierige Wasserversorgung während der kalten Jahreszeit. Der herbstliche Blattfall wird durch einen präzisen Alterungsprozess vorbereitet, der darauf abzielt, die mobilisierbaren Kohlenhydrate und die für die Pflanze wichtigen phloemmobilen Elemente (in erster Linie N, S, Fe, P, K, Mg, Mn) in das Speichergewebe des Stammes und der Zweige zurückzuführen und die mit dem Blattverlust verbundene Verwundung minimal zu halten (Abbildung 23.3b). Die auffälligsten biochemischen Vorgänge bei der Blattalterung sind der Abbau von Stärke, Protein, Chlorophyll und Nucleinsäuren sowie die Synthese von Anthocyan. Anatomisch wird die Blattalterung bei vielen Holzpflanzen von der Ausbildung einer Trennschicht an der Basis des Blattstiels begleitet (Abbildung 23.4). Die komplizierten anatomischen Veränderungen bei der Ausbildung der Trennschicht (sie erfolgen gelegentlich bereits am noch voll aktiven Blatt) stellen eine hohe Entwicklungsleistung dar, die Zellteilungen und Zelldifferenzierung einschließt. Nachdem die Ablösung, **Abscission**, des Blattes erfolgt ist, kommt es an der Blattnarbe zu erneuten Zellteilungen und zur Suberinisierung der an der Oberfläche gelegenen Zellen und Interzellularen. Auf diese Weise schützt sich die Pflanze gegen Wasserverlust und gegen die Invasion pathogener Keime.

23.3.3 Abbau der Plastiden und des Chlorophylls

Die Blattalterung geht einher mit einem Abbau der Chloroplasten. Dabei kommt es zu einer Gestaltsänderung dieser Organellen (oval → rund) und zu einem Zerfall der Ultrastruktur. Der Abbau ist in-

Tabelle 23.1. Die verschiedenen Seneszenz-Typen

Typ	Beschreibung
Monokarpische Seneszenz	Die Pflanze stirbt als Ganzes nach der Bildung von Samen und Früchten ab (z. B. annuelle Pflanzen).
Polykarpische Seneszenz	Unter diesen Typ fallen die perennierenden Stauden, Sträucher und Bäume mit einem periodischen und in der Regel synchronen Blattfall (z. B. Laubbäume mit herbstlichem Blattfall).
Sequenzielle Seneszenz der Blattorgane	Zu diesem Typ gehört die Blattalterung unserer Nadelbäume, aber auch die von Modul zu Modul fortschreitende Seneszenz der älteren Blattorgane bei monokarpischen Pflanzen („Stockwerk-Seneszenz").
Seneszenz der oberirdischen Pflanzenteile	Zu diesem Typ rechnet man die Kryptophyten, die ihre Erneuerungsknospen unter der Erdoberfläche tragen (Rhizomgeophyten, Zwiebelgeophyten).

23.3 Seneszenz von Organen

Abb. 23.3 a, b. Nährstoffverschiebungen in der Pflanze während der Blattseneszenz. **a** Die Wiederverwertung von Wertstoffen (*N*, insbesondere stickstoffhaltige Metabolite), die bei monocarpischen Pflanzen aus den unteren, alternden Blättern freigesetzt und in die oberen, jüngeren Blätter, Blüten und Früchte transportiert werden. **b** Birkenblätter in unterschiedlichen Stadien der Seneszenz. Der Abbau des Chlorophylls und der Chloroplasten beginnt in solchen Laubblättern am Blattrand. Von dort werden die Bausteine zu den Leitbündeln transportiert. Um eine optimale Rückführung zu ermöglichen, altern zuerst die am weitesten von den Leitbündeln entfernt liegenden Zellen. Durch den Abbau des Chlorophylls und das damit verbundene Verschwinden der Grünfärbung kommt die gelbe Farbe der Carotinoide zum Vorschein. (Nach Gan und Amasino 1997)

ums in Betracht gezogen. Der Abbau des Chlorophylls zu ungefärbten Verbindungen lässt sich nicht vom Abbau der Apoproteine trennen. Dies ist teleonomisch verständlich: Das photodynamisch gefährliche Chlorophyll muss mit dem Apoprotein zusammen abgebaut werden, um zu verhindern, dass freie Porphyrine entstehen (→ S. 606).

23.3.4 Genaktivierung während der Seneszenz

Die Beobachtung, dass der Stoffwechsel in einem alternden Blatt nicht nur generell heruntergefahren wird, sondern dass bestimmte Gene während der verschiedenen Stadien der Seneszenz stärker exprimiert werden, belegt, dass die Seneszenzvorgänge aktiv gesteuerte Prozesse sind. Die meisten während der Seneszenz aktivierten Gene sind allerdings nicht seneszenzspezifisch angeschaltet, sondern auf einem niedrigeren Niveau der Transkription und Translation auch in anderen Entwicklungsstadien nachzuweisen. Bisher sind mehr als 100 solcher Seneszenz-assoziierter Gene (*SAGs*) in verschiedenen Pflanzenspezies identifiziert. Verschiedene Studien an diesen Genen zeigen, dass z. B. die Alterung von Blättern ein definiertes Programm darstellt, das eben keine unorganisierte Katastrophe ist, sondern ein Teil der normalen Entwicklung.

Die Vielzahl von *SAGs* zeigt kaum gemeinsame Steuerelemente in den Promotorregionen. Dieser Befund deutet bereits darauf hin, dass diese Gene

sofern spezifisch, als die verschiedenen Komponenten unterschiedlich rasch einbezogen werden. Der Antennenkomplex von Photosystem II (→ S. 183) wird z. B. schon früh abgebaut. Da der Komplex relativ viel Chlorophyll *b* enthält, äußert sich dies in einer starken Verschiebung des Chlorophyll-*a/b*-Verhältnisses zugunsten von Chlorophyll *a*.

Der für das rasche Verschwinden des Chlorophylls in den alternden Blättern verantwortliche biochemische Mechanismus – jeden Herbst werden weltweit etwa $9 \cdot 10^9$ t Chlorophyll abgebaut – ist immer noch ein Rätsel. Während die Abfolge der biochemischen Einzelschritte bei der Synthese der Porphyrine wohlbekannt ist (→ Abbildung 16.8), haben sich die *in-vivo*-Abbauprodukte des Chlorophylls bislang dem analytischen Nachweis entzogen. Die **Chlorophyllase**, die das Phytol vom Chlorophyll abspaltet, ist das einzige Enzym, dessen Beteiligung am Chlorophyllabbau *in vivo* gesichert erscheint. Das Chlorophyll wird allem Anschein nach noch im Verband des Holokomplexes dephytyliert. Als nächster Schritt des Chlorophyllid-Abbaus wird die enzymatische Entfernung des Magnesi-

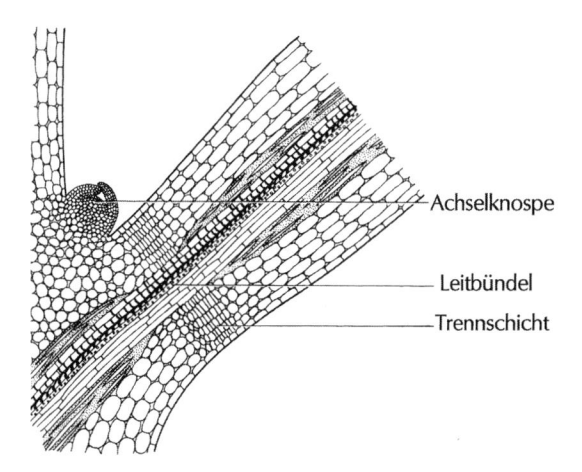

Abb. 23.4. Eine schematische Darstellung jener Zone des Blattstiels, in der die Trennschicht ausgebildet wird. Man beachte die kleinen Zellen und das Fehlen von Fasern im Bereich der Trennschicht. (Nach Addicott 1965)

über verschiedene Signalkaskaden angeschaltet werden. In der Tat wirken Änderungen der absoluten und relativen Hormonkonzentrationen unterschiedlich auf einzelne *SAGs*, insbesondere bei Ethylen und Cytokinin. Andere Induktoren für diverse *SAGs* kommen aus dem metabolischen Bereich, z. B. ist ein Abfall der photosynthetischen Aktivität unter eine bestimmte Schwelle ein Auslöser für die Blattseneszenz durch Aktivierung einzelner *SAGs*. Auch die Bildung von Sauerstoffradikalen induziert Gruppen von *SAGs*. Es besteht offensichtlich eine Verbindung zwischen der Seneszenz, dem programmierten Zelltod und der Reaktion auf Pathogene: Die gleichen *SAGs* werden von verschiedenen Auslösern geschaltet. Dabei scheint die verstärkte Expression dieser Gene über einen Schwellenwert hinauszugehen, der die Grenze von „normaler" Entwicklung zur Seneszenz darstellt. Parallel ist aber auch ein Zeitfenster wichtig, in dem mehrere Parameter (Auslöser) zusammenkommen müssen, um die Seneszenz einzuleiten. So wird z. B. ein während der Seneszenz stark aktiviertes Gen für ein Metallothionein (→ S. 308) im Blütenmeristem angeschaltet. Auch die stark vermehrt synthetisierten RNasen, die für die Rückgewinnung des Stickstoffs aus Nucleinsäuren dienen, sind, wenn auch sehr viel schwächer, in anderen Teilen der Pflanze aktiv. Der Anstieg der RNase-Aktivität, der auf eine *de novo*-Synthese zurückgeht, dient häufig als Indikator einsetzender Blattseneszenz. Aber auch im Fall der RNA sind weder die Abbauprodukte noch die Transportformen des Purin- und Pyrimidin-Stickstoffs sicher bekannt. Man vermutet, dass mit Hilfe einer cytosolischen Glutaminsynthetase, die bei einsetzender Seneszenz verstärkt auftritt, die gängige N-Transportform Glutamin gebildet wird. Beim Vergleich der Promotorregionen von verschiedenen, seneszenzaktivierten Genen finden sich keine gemeinsamen Sequenzmotive, die auf die Schaltung durch einen einzelnen Transkriptionsfaktor schließen lassen. Die Promotoren scheinen also in ihrer Gesamtheit erst durch die Interaktion verschiedener Transkriptionsfaktoren seneszenzspezifisch aktiviert zu werden.

23.3.5 Physiologie der Blattalterung

An der **Regulation** der Alterungsprozesse bei Blättern sind endogene Faktoren mit Fernwirkung beteiligt (Hormone, → S. 407). Man kann experimentell zeigen, dass die Alterung eines Blattes nicht auf der Anhäufung zufallsmäßiger Defekte beruht; die Seneszenz wird vielmehr vom Gesamtorganismus kontrolliert, **systemische Reaktion**. Man weiß z. B. seit langem, dass die in der Regel rasche Alterung abgeschnittener Blätter oder Zweige revertiert wird, wenn es zur Regeneration von Wurzeln kommt. Dies wird bei der Herstellung von Stecklingen in der gärtnerischen Praxis ausgenutzt. Auch durch eine optimale Zufuhr von **Cytokininen** (Kinetin, Benzyladenin, Benzimidazol, → S. 422) lässt sich die Seneszenz abgetrennter Blätter verhindern oder zumindest hinausschieben.

Die entscheidende Beteiligung von Cytokininen an der Seneszenz wurde auch in einem Experiment mit transgenen Tabakpflanzen gezeigt. Während der fortschreitenden Seneszenz fällt die endogene Cytokininkonzentration im Blatt drastisch ab. Eine biologische Methode, die Konzentration von Cytokinin in der Pflanze zu erhöhen, ist die Verstärkung seiner Synthese. Der limitierende Schritt in der Cytokininbiosynthese wird durch das Enzym Isopentenyltransferase (IPT) katalysiert (→ S. 425). Die Erhöhung der IPT-Aktivität durch die zusätzliche Einfügung eines aktiven *IPT*-Gens in das Genom führt daher zu einer verstärkten Cytokininproduktion in der transgenen Pflanze. Um eine stadienspezifische Expression zu erreichen, wurde das *IPT*-Gen mit einem seneszenzspezifischen Promotor gekoppelt, der ausschließlich in alternden Geweben aktiv ist. Mit zunehmender Seneszenz und dem damit einhergehenden Abfallen der Cytokininkonzentration im Blatt wird dieser Promotor aktiviert. Dadurch wird zusätzliche IPT synthetisiert, die wiederum die Cytokininproduktion erhöht und so der Seneszenz entgegenwirkt. Durch diesen *feedback-loop* wird tatsächlich das Altern von Blättern deutlich hinausgezögert (Abbildung 23.5).

In die Prozesse der Blattalterung und Abscission (Blattfall) sind mehrere Hormone verwickelt. Außerdem verhalten sich verschiedene Arten recht unterschiedlich. Ein klassisches Experiment, das die komplizierte Beteiligung des **Auxins** belegt, zeigt die Abbildung 23.6. Licht hemmt den Abscissionsprozess über Phytochrom. Es gibt Hinweise, dass das Lichtsignal ($P_r \rightarrow P_{fr}$) von der Lamina aufgenommen wird und über die verstärkte Bereitstellung von Auxin wirkt. Die stimulierende Wirkung von **Ethylen** auf den Blattfall, insbesondere auf die Ausbildung der Trennschicht, ist vielfach gezeigt worden (→ S. 429).

23.3 Seneszenz von Organen

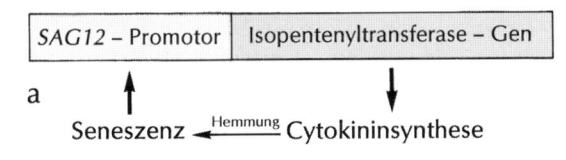

Abb. 23.5 a, b. Hemmung der Blattalterung durch Erhöhung der Cytokininkonzentration in transgenen Tabakpflanzen *(Nicotiana tabacum)*. **a** Experimenteller Ansatz: Ein während der Seneszenz spezifisch angeschalteter Promotor (SAG12) wird vor das Gen eines Schlüsselenzyms der Cytokininbiosynthese, die Isopentenyltransferase *(IPT)*, gesetzt. Dieses Konstrukt wird durch Gentransfer in Zellen eingebracht, und erfolgreich transformierte Zellen werden zu ganzen Pflanzen regeneriert. In diesen wird der Promotor bei einsetzender Seneszenz aktiviert und fördert die Synthese von Cytokininen. Dadurch wird dem Abfall des Cytokininspiegels während der Seneszenz entgegenwirkt. **b** Der Vergleich einer derart erzeugten transgenen Pflanze *(rechts)* mit einer Kontrollpflanze *(links)* zeigt, dass die Seneszenz der Blätter (in diesem Fall der „Stockwerk-Seneszenz", d. h. das Altern der unteren Blätter) durch die Einführung des *IPT*-Gens aufgehalten wird. Bei der normalen Tabakpflanze beginnen die unteren (älteren) Blätter sehr bald zu vergilben und reichern das von der Tabakindustrie genutzte Nikotin an. (Nach Gan und Amasino 1997)

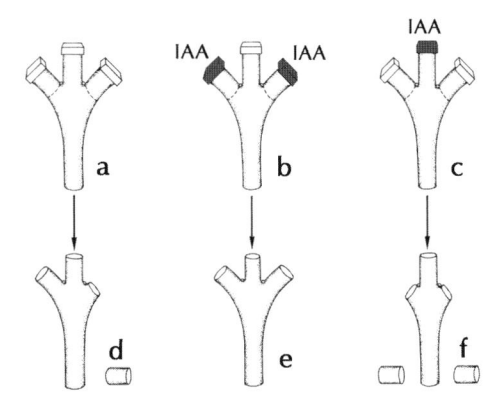

Abb. 23.6. Auxin (Indol-3-essigsäure, IAA) kann bei getrimmten Baumwollkeimlingen (*Gossypium hirsutum*) den Abfall der Blattstiele hemmen oder beschleunigen, je nachdem, von welcher Seite das Hormon auf die Trennschicht *(gestrichelte Linie)* trifft. Man entfernt von Baumwollkeimlingen die Wurzel, die Spross-Spitze und die Laminae (Blattflächen) der Kotyledonen. Am Restsystem kann man, in einer feuchten Kammer, Agarblöckchen mit IAA auf die Schnittstellen setzen *(obere Reihe)* und den Abfall der Petioli der Kotyledonen beobachten. Diese lösen sich an der Trennschicht von der Achse. Wenn die Agarblöckchen keine IAA enthalten, setzt der Abfall nach einer bestimmten Zeit ein (a → d). Enthalten die Agarblöckchen auf den Petiolistümpfen IAA, so wird der Abfall lange hinausgezögert (b → e). Gibt man die IAA aber in das Agarblöckchen, das den Epikotylstumpf bedeckt, so wird der Abfall gegenüber der Kontrolle stark beschleunigt (c → f). Das Beispiel zeigt, dass ein und dasselbe Hormon gegenteilige Effekte hervorbringen kann, je nachdem, von welcher Seite es auf das Erfolgsgewebe (die Trennschicht) trifft. Es ist offensichtlich, dass der **Zustand des Erfolgsgewebes** (in diesem Fall die Zell- und Gewebepolarität) darüber entscheidet, welche Wirkung das Hormon auszuüben vermag. (Nach Addicott et al. 1955)

Die **Abscisinsäure** (ABA) trägt ihren Namen deshalb, weil die Substanz den Blattfall (Abscission) bei einer Reihe von Pflanzenarten stimuliert. Außerdem stimuliert ABA auch die Seneszenz der Blattlamina bei vielen Arten. ABA fungiert hier (zumindest im Experiment) als Antagonist der Cytokinine. Das **Hormonsystem**, die funktionelle Integration der verschiedenen Regulatorsubstanzen, ist zur Zeit noch nicht zu durchschauen. Eine monokausale Betrachtungsweise erscheint aber auf jeden Fall zu einfach (→ S. 408).

23.3.6 Wirkung von Außenfaktoren

Der Alterungsprozess in Blättern wird durch Außenfaktoren (Licht, Temperatur) stark beeinflusst. Unter Langtagbedingungen (künstliches Zusatzlicht zu der natürlichen Hauptlichtperiode) verzögert sich die Blattalterung bei Holzpflanzen. Diese Lichtwirkung beobachtet man in der Nähe von Straßenlaternen, die die herbstliche Verfärbung und den Blattfall ganz lokal verzögern. Auch bei isolierten Blättern von Getreide (Hafer, Weizen, Reis) verzögert eine Belichtung die Seneszenz. Die Lichtwirkung erfolgt über **Phytochrom**. Andererseits beschleunigen Stickstoffmangel, Trockenheit und ein versalzter Wurzelraum die Alterung. Der Einfluss der **Temperatur** auf die Seneszenzphänomene ist jedem Naturbeobachter geläufig. Eine rasche Blattalterung und die damit verbundene intensive Herbstfärbung erfolgen nur bei höheren Temperaturen. Am wirksamsten ist die Kombination: niedere Nacht- und relativ hohe Tagestemperaturen. Dies hängt damit zusammen, dass Blattalterung und Herbstfärbung von der Gesamtpflanze her gesteuerte, **aktive** Prozesse sind, die eine hohe allgemeine Stoffwechselaktivität und **spezifische** biogenetische Leistungen der Blätter einschließen. Eine Behandlung von Blättern mit Atmungsgiften oder mit Inhibitoren der Proteinsynthese verhindert deshalb die Blattalterung.

23.3.7 Herbstfärbung

Die leuchtend roten Farben der alternden Blätter gehen auf **Anthocyane** zurück (→ Abbildung 16.5). Die Bildung des Anthocyans wird durch höhere Tagestemperaturen und durch Licht gefördert. Die Anthocyanbildung in den alternden Blättern hat keinen erkennbaren „biologischen Sinn". Man muss diese Syntheseleistung als ein Nebenprodukt des auf hohen Touren laufenden klimakterischen Stoffwechsels ansehen (→ Abbildung 23.9). Das Ziel dieses Stoffwechsels ist die rasche und möglichst vollständige Rückführung der leicht mobilisierbaren Kohlenhydrate und der für die Pflanzen schwierig zu beschaffenden Elemente N, S, Mg, Fe, P, K, Mn in den Stamm. Dies impliziert einen effektiven Abbau der Proteine, Nucleinsäuren und Porphyrine. Die nur aus C, H und O bestehenden **Carotinoide** werden nicht (oder unvollständig) abgebaut. Die gelben Herbstfarben gehen auf Carotinoide in den seneszenten Plastiden zurück, deren Eigenfarbe nach dem Verschwinden der Chlorophylle zum Vorschein kommt (→ Abbildung 23.3). Die Ursachen für die auf Anthocyane und Carotinoide zurückgehende Farbenpracht des nordamerikanischen Indianersommers kann man sich damit verständlich machen. Maßgebend sind einmal günstige Umweltbedingungen: relativ hohe Tagestemperaturen, hohe Lichtflüsse. Anderseits zeigen aber auch die in Europa angepflanzten nordamerikanischen Laubholzarten eine prächtigere Färbung als die bei uns heimischen Arten. Eine Erklärung für die genetische Komponente der intensiven Herbstfärbung lautet: Unter den Bedingungen im östlichen Nordamerika (rascher Übergang vom warmen, sonnenreichen Klima auf winterliche Witterung) hatten solche Sippen einen Selektionsvorteil, die in der Lage waren, die Blattalterung möglichst lange hinauszuzögern, sie aber dann rasch (z. B. innerhalb von zwei Wochen) durchzuführen. Auf diese Weise kann die Photosynthese lange aufrechterhalten werden, ohne dass Gefahr besteht, dass der hereinbrechende Winter die Blätter zum Erfrieren bringt, bevor die wichtigen chemischen Elemente in den Stamm zurück transportiert sind. Die rasche Blattalterung geht mit einer besonders hohen klimakterischen Stoffwechselintensität einher: Entsprechend hoch ist die Syntheseleistung für Anthocyan.

23.3.8 Alterung der Blütenblätter

Das Verblühen ist ein besonders auffälliger, bei manchen Sippen rasch ablaufender, präzis kontrollierter Prozess. Blüten sind auf relativ rasche Seneszenz programmiert. Ihr Alterungsprozess ist von der Gesamtpflanze weitgehend unabhängig. **Ethylen** scheint bei der Seneszenz der Blüten (ähnlich wie bei der Reifung der Früchte) eine wesentliche Rolle zu spielen. Ein Beispiel (Abbildung 23.7): Die Blüten der Prachtwinde öffnen sich am frühen Morgen und verblühen am Nachmittag des selben Tages. Die Seneszenz (gemessen als Einkrümmung und Verfall der Blütenkrone und Zunahme der RNase-Aktivität) kann durch eine Behandlung mit Ethylen vorverlegt werden. Andererseits lässt sich der Alterungsprozess durch eine Behandlung mit CO_2 oder durch eine Absorption des endogen produzierten Ethylens mit Quecksilberperchlorat hinauszögern. Bei den unbehandelten Blüten fällt das Verblühen der Blütenkrone mit einem scharfen Anstieg der endogenen Ethylensynthese zusammen. Die endogene Ethylenbildung wird nach Art einer autokatalytischen Reaktion gesteigert, **positive Rückkopplung**: Ethylen steigert die Ethylensynthese. Auch bei der Reifung von Früchten (Äpfel, Bananen, Tomaten), die durch Ethylen gefördert wird, dürfte eine derartige positive Rückkoppelung vorkommen, die man vertriebstechnisch ausnutzt (→ S. 431). Die zeitliche Veränderung der DNA-, RNA- und Protein-Gehalte (Abbildung 23.8, *oben*) weist darauf hin, dass in der welkenden Blüte dramatische katabolische Prozesse ablaufen, die mit dem Auftreten der Hydrolasen für den Abbau von DNA und RNA korreliert sind

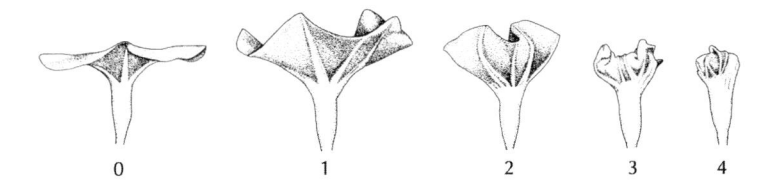

Abb. 23.7. Der Verwelkungsprozess bei der Blüte der Prachtwinde (*Ipomoea tricolor, cv. rubro-coerulea praecox*). Stadium 0 repräsentiert die voll geöffnete Krone, die Stadien *1–4* geben die progressive Seneszenz wieder. Unter natürlichen Lichtbedingungen öffnen sich die Blüten morgens um 6 Uhr und bleiben bis etwa 15 Uhr geöffnet (*0*). Dann krümmt sich die Krone aufwärts und ändert ihre Farbe von Blau nach Purpur. Die Stadien *1–4* werden in wenigen Stunden durchlaufen. (Nach Kende und Baumgartner 1974)

(Abbildung 23.8, *unten*). Der Proteinabbau hingegen wird offensichtlich nicht durch die Menge an proteolytischer Enzymaktivität kontrolliert, sondern dadurch ausgelöst, dass das lytische Kompartiment zusammenbricht (Zerreißen des Tonoplasten) und sich die Hydrolasen des Zellsaftes mit dem Rest des Cytoplasmas mischen. Diese Endstufe der Seneszenz wird **Autolyse** genannt. Sie geht mit dem Zelltod einher.

23.4 Seneszenz von Organismen

Die geordnete und evolutionär „gewollte" Seneszenz von ganzen Organismen ist insbesondere bei den einjährigen Pflanzen, **monokarpischen Pflanzen**, zu beobachten. Für das Überleben der Spezies ist nach der Produktion der Fortpflanzungseinheiten (Samen, Früchten oder Knollen) die Funktion des Individuums erfüllt und dieses kann absterben. Entfernt man bei solchen Pflanzen die Blüten oder die jungen Früchte, so kann die Seneszenz hinausgezögert werden. Wie bei der Seneszenz der Blätter ist auch bei der ganzen Pflanze die Seneszenz ein geordneter Vorgang. Untersuchungen zum Schicksal einzelner Proteine während des Einsetzens der Seneszenz zeigen, dass die Chloroplastenproteine (z. B. Ribulosebisphosphatcarboxylase/oxygenase) schneller als die cytoplasmatischen Proteine abgebaut werden. Damit korreliert ist der rasche Abfall der **Photosyntheseleistung** im alternden Blatt (Abbildung 23.9). Hinsichtlich der **Zellatmung** findet man im typischen Fall die in Abbildung 23.9 dargestellte Kinetik: Die Atmungsintensität bleibt zunächst ziemlich konstant; erst gegen Ende der Seneszenzperiode erfolgt ein scharfer Anstieg, der vom endgültigen Abfall gefolgt ist. Dieser **klimakterische Gipfel** der Atmungsintensität wird häufig auch bei der Fruchtreife beobachtet (→ S. 431). Es scheint, dass die Blüten und Früchte ihren die Seneszenz fördernden Einfluss nicht nur auf die Blätter, sondern auch auf die Meristeme ausüben. Auf jeden Fall geht die monokarpische Pflanze in den Prozess der Seneszenz als eine Einheit ein. Der einsetzende Tod ist ein organismisches, autonomes Phänomen, eine **Systemeigenschaft**. Früher übli-

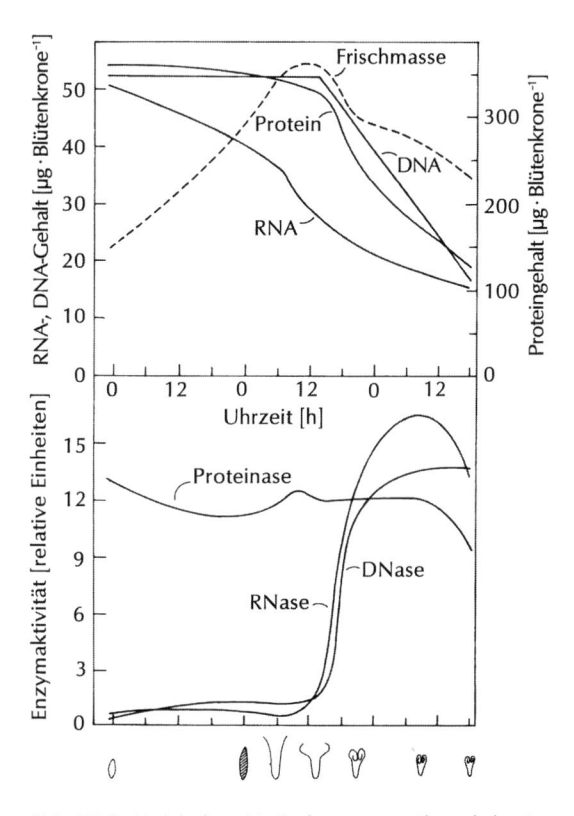

Abb. 23.8. Molekulare Veränderungen während der Seneszenz der Blütenblätter der Prachtwinde (*Ipomea tricolor*). Die Skizzen unterhalb der Zeitachse deuten die jeweilige Gestalt der Krone an (→ Abbildung 23.7). Die starke Zunahme der **RNase- und DNase-Aktivität** ist typisch für die Blütenseneszenz. (Nach Matile und Winkenbach 1971)

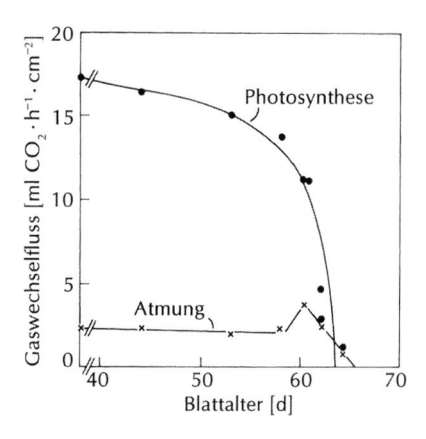

Abb. 23.9. Photosynthese- und Atmungsintensität in Blättern in Abhängigkeit von Blattalter. Objekt: *Perilla frutescens*. Zu Beginn der Alterung steigt die Atmungsaktivität zum so genannten klimakterischen Gipfel an, wie er auch bei der Fruchtreifung beobachtet wird. Die Blätter befinden sich an der Pflanze. (Nach Woolhouse 1967)

che Auffassungen, der Tod der Pflanze sei die allmähliche Folge einer nachlassenden photosynthetischen Aktivität der Blätter, ausgelöst durch den Übergang von einer *source* zu einem *sink* für Photosyntheseprodukte oder die Folge der *sink*-Wirkung der sich entwickelnden Samen für Aminosäuren, werden dem tatsächlichen Sachverhalt nicht gerecht. Man muss vielmehr davon ausgehen, dass von den reifenden Früchten (Samen) ein **Seneszenzsignal** ausgeht, das sich über die Pflanze verbreitet und Blätter, Vegetationspunkte und Wurzelspitzen auf „Tod" umprogrammiert, sobald es die Organe erreicht.

Weiterführende Literatur

Fukuda H (1996) Xylogenesis: Initiation, progression and cell death. Annu Rev Plant Physiol Plant Mol Biol 47: 299–325
Gan S (ed) (2007) Senescence processes in plants. Annu Plant Rev Vol 26. Blackwell, Oxford
Gan S, Amasino RM (1997) Making sense of senescence. Plant Physiol 113: 313–319
Gray J (ed) (2004) Programmed cell death in plants. Blackwell, London
Greenberg JT (1996) Programmed cell death: A way of life for plants. Proc Natl Acad Sci USA 93: 12094–12097
Jansson S, Thomas H (2008) Senescence: Developmental program or timetable? New Phytol 179: 575–579
Jing H-C, Hille J, Dijkwel (2003) Ageing implants: Conserved strategies and novel pathways. Plant Biol 5: 455–464
Jones AM, Dangl JL (1996) Logjam at the styx: Programmed cell death in plants. Trends Plant Sci 1: 114–119
Lam E, Fukuda H, Greenberg J (eds) (2000) Programmed cell death in higher plants. Plant Mol Biol 44: 245–453
Lim PO, Kim HJ, Nam HG (2006) Leaf senescence. Annu Rev Plant Biol 58: 115–136
Sakamoto W (2006) Protein degradation machineries in plastids. Annu Rev Plant Biol 57: 599–621
Susheng G (2007) Senescence processes in plants. Blackwell, Oxford
Ougham HJ, Morris P, Thomas H (2005) The colors of autumn leaves as symptoms of cellular recycling and defenses against environmental stresses. Curr Top Devel Biol 66: 135–160
Taylor JE, Whitelaw CA (2001) Signals in abscission. New Phytol 151: 323–339
Thomas H, Huang L, Young M, Ougham H (2009) Evolution of plant senescence. BMC Evol Biol 9: 163
Van Doorn WG, Woltering EJ (2004) Senescence and programmed cell death: Substance or semantics? J Exp Bot 55: 2147–2153

In Abbildungen und Tabellen zitierte Literatur

Addicott FT (1965) In: Encycl Plant Physiol, Vol XV (2). Springer, Berlin, pp 1094–1126
Addicott FT, Lynch RS, Carns HR (1955) Science 121: 644–645
Buckner B, Janick-Buckner D, Gray J, Johal GS (1998) Trends Plant Sci 3: 218–223
Gan S, Amasino RM (1997) Plant Physiol 113: 313–319
He C-J, Morgan PW, Drew MC (1996) Plant Physiol 112: 463–472
Kende H, Baumgartner B (1974) Planta 116: 279–289
Matile P, Winkenbach F (1971) J Exp Bot 22: 759–771
Woolhouse HW (1967) Symp Soc Exp Biol 21: 179–214

24 Physiologie der Regeneration und Transplantation

Mit dem Begriff **Regeneration** bezeichnet man das Phänomen, dass sich ein Organismus wieder vervollständigt, nachdem ihm Teile verloren gegangen sind. Der Begriff wird auch dann gebraucht, wenn sich aus isolierten Teilen eines Organismus wieder ein ganzer Organismus entwickelt. Die isolierten Teile können ganze Organe, aber auch somatische **Einzelzellen** oder **Protoplasten** sein. Regeneration ist bei Pflanzen weit verbreitet. Sie spielt in der Landwirtschaft, im Gartenbau und in der Forstwirtschaft seit jeher eine hervorragende Rolle (z. B. Stecklingsvermehrung und andere Formen der Klonierung, Niederwaldbetrieb). Die Bedeutung von Regenerationsexperimenten für die theoretische und praktische Pflanzenphysiologie kann man kaum überschätzen. So belegen Regenerationsexperimente, dass bei der Zelldifferenzierung in Pflanzen bis auf wenige Ausnahmen (z. B. Siebröhren) die genetische Information im Prinzip unverändert bleibt, **Omnipotenz**. Für die **Gentechnik** mit Pflanzen ist die somatische Regeneration aus Einzelzellen eine wichtige Voraussetzung.

24.1 Untersuchungen mit Organkulturen

Zum Anlegen einer Organkultur entnimmt man differenzierte Teile einer Pflanze und versucht, sie isoliert wachsen zu lassen (Abbildung 24.1). Eine **Organkultur** kann in zweierlei Hinsicht Information liefern: 1. Man kann feststellen, ob jedes Organ einer autotrophen Pflanze alle organischen Moleküle, die es braucht, selbst bilden kann oder ob eine mehr oder minder ausgeprägte **Heterotrophie** besteht. 2. Man kann feststellen, inwieweit die einzelnen Organe bezüglich ihrer Entwicklungsleistung autonom sind. Eine isolierte Wurzelspitze kann *in vitro* nur wachsen, wenn ihr außer Nährsalzen und einer Energie- und Kohlenstoffquelle (z. B. Saccharose) noch gewisse Vitamine in ausreichenden Mengen zur Verfügung gestellt werden. Die Erbsenwurzel z. B. benötigt Thiamin und Nicotinsäure. Dies bedeutet, dass ihr Enzyme für die Synthese dieser Vitamine fehlen, obgleich die Wurzelzellen die genetische Information für diese Enzyme besitzen. Die Erbsenpflanze als Ganzes ist ja autotroph. In der intakten Pflanze werden die von der Wurzel benötigten Vitamine in den Blättern synthetisiert und über die Siebröhren in die Wurzel transportiert. **Morphogenetisch** hingegen ist die Wurzel autonom (Abbildung 24.1). Isolierte Wurzelspitzen bilden artgemäße Wurzelsysteme. Diese Sequenz (Wurzelspitze → Wurzel) lässt sich über beliebig viele Passagen wiederholen. Bei manchen Pflanzen (z. B. *Convovulus*-Arten) bilden die isolierten Wurzeln auch adventive Sprossknospen, aus denen schließlich normale ganze Pflanzen entstehen. Dies bedeutet, dass die Wurzelzellen noch die gesamte genetische Information der Pflanze besitzen, obgleich in der Organkultur in der Regel aus Wurzeln lediglich Wurzeln entstehen. Auf alle Fälle ist die Wurzelspitze morphogenetisch autonom. Dasselbe gilt für den apikalen Vegetationspunkt, der im isolierten Zustand zuerst Wurzeln und dann eine normale Pflanze regeneriert. Auch Blattprimoridien sind morphogenetisch autonom. Isoliert man sie und hält sie in Organkultur, so wachsen sie in der Regel zu zwar kleinen, aber durchweg artgemäßen Blättern heran. Man hat z. B. Blattanlagen verschiedener Größe aus Vegetationspunkten von Farnsporophyten (*Osmunda*- und *Dryopteris*-Arten) herausoperiert und in Sterilkultur auf einem komplexen Medium zu normalen Trophophyllen heranwachsen lassen (Abbildung 24.2). Aus diesen Befunden geht hervor, dass bereits die jungen Blattanlagen hinsichtlich der Differenzierung autonome Systeme sind. Der korrelative Zusammenhang mit der Sprossachse ist ähnlich locker wie bei der Wurzel. Wenn man sehr junge Primordien isoliert, erhält man häufig keine Blätter, sondern radiärsymmetrische Regenerate, die Sprossachsen und schließlich ganze Pflanzen bilden. Die jüngsten Primordien verhalten sich im Regenerationsexperiment also weitgehend wie isolierte Vegetationspunkte. Wenn man junge Farnblattprimordien median längs spaltet, regeneriert jede Spalthälfte ein ganzes Blatt. Handelt es sich um sehr junge Primordien, so entstehen in der Organkultur jedoch zwei Sprossachsen und schließlich zwei ganze Pflanzen. Aus diesen Beobachtungen kann man Folgendes lernen: Die jüngsten Blattprimordien regenerieren wie Vegetationspunkte; sie sind also noch nicht auf den Differenzierungsablauf „Blatt" determiniert. Die älteren Blattprimordien hingegen bilden normale Blätter; der autonome Differenzierungsablauf ist also bereits programmiert. Die Regeneration von zwei ganzen Blättern nach media-

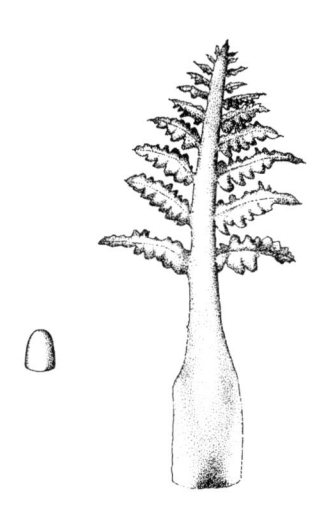

Abb. 24.2. Das explantierte Blattprimordium (*links*, vergrößert) entwickelt sich auf einem komplexen Agarmedium zu einem typischen Farnblatt (*rechts*). Objekt: Zimtfarn (*Osmunda cinnamonmea*). (In Anlehnung an Steeves und Sussex 1957)

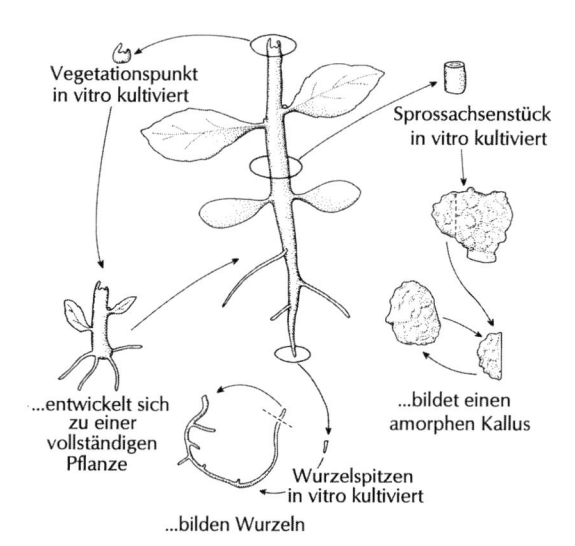

Abb. 24.1. Zusammenfassung der prinzipiellen Resultate von Organkulturen. Man isoliert die Pflanzenteile aseptisch und studiert ihr Verhalten (insbesondere Wachstum und Morphogenese) auf einem vollsynthetischen, sterilen Medium. Auf diese Weise gewinnt man Informationen über das Ausmaß an **morphogenetischer Autonomie**, das die einzelnen Pflanzenteile besitzen. (Nach Torrey 1967)

ner Längsspaltung der Primordien zeigt, dass das autonome Differenzierungssystem nicht als starr angesehen werden darf. Und schließlich bleiben alle lebenden Zellen der untersuchten Farnblätter omnipotent. Diese Blätter sind nämlich potenzielle Sporophylle, und die Omnipotenz der Sporenmutterzellen kann nur dadurch gewährleistet werden, dass generell Omnipotenz besteht. Isolierte Blütenteile entwickeln sich *in vitro* normal; bestäubte isolierte Blüten entwickeln sich *in vitro* zu normalen ganzen Früchten. Die hormonale und morphogenetische Autonomie der einzelnen Organe ist also erstaunlich groß. Offenbar müssen wir das Problem der Integration der einzelnen Organe beim vegetativen Wachstum in erster Linie unter dem Gesichtspunkt einer **quantitativen Koordination** sehen, die man – zumindest bei geeigneten Systemen – mit relativ einfachen Formeln beschreiben kann (z. B. mit der allometrischen Gleichung; → Exkurs 5.2, S. 110).

24.2 Gewebekulturen und Zelldifferenzierung

Entnimmt man ein Stück der Sprossachse, an dem sich keine organisierte meristematische Struktur (also kein Vegetationspunkt) befindet, so erhält man – unter geeigneten Ernährungsbedingungen –

eine amorphe Gewebekultur, aus der man wiederholt Subkulturen gewinnnen kann (→ Abbildung 24.1). Im Gegensatz zu den Organkulturen benötigen die Gewebekulturen für ihr Wachstum neben Zucker, Nährsalzen und Vitaminen auch ein oder mehrere Hormone (z. B. Auxin und ein Cytokinin). Lässt man die Hormone weg, kommt kein Wachstum zustande (→ Abbildung 18.20). Die Erklärung für diesen Sachverhalt lautet: Bei den Organkulturen werden organisierte meristematische Zentren (Vegetationspunkte) weitergegeben. Diese sind Zentren der Hormonproduktion. Die isolierten Organe sind deshalb bezüglich der Hormonversorgung autonom (hormonautotroph). Den Gewebekulturen fehlen die organisierten meristematischen Zentren. Sie sind deshalb hormonheterotroph. Dies darf nicht so verstanden werden, als hätten die Zellen in der Gewebekultur die genetische Information für die Hormonsysteme verloren. Die Zellen sind lediglich nicht darauf programmiert, diese genetische Information zu benützen.

Man unterscheidet heutzutage **Kalluskulturen** und **Zellsuspensionskulturen** (Abbildung 24.3). In den Suspensionskulturen findet man außer Einzelzellen häufig auch Zellhaufen. Trotzdem lassen sich die Zellsuspensionskulturen in der Regel sowohl praktisch als auch theoretisch wie Bakterien- oder Hefekulturen behandeln. Weitgehend synchronisierte Suspensionskulturen eignen sich zum Studium der Vorgänge beim Zellcyclus. *Steady-state*-Kulturen eignen sich besonders für eine **Faktorenanalyse von Regulationsvorgängen** (→ S. 6) oder für das Studium vom **Biotransformationen**. Hierzu ein Beispiel: Suspensionskulturen von *Digitalis lanata* bilden bei Zugabe geeigneter Vorstufen bestimmte Glycoside, die medizinisch wichtig und deshalb von der pharmazeutischen Industrie besonders begehrt sind. Die Zellsuspensionskultur kann als Transformator für die Umsetzung der Vorstufen in die gewünschte Verbindung eingesetzt und industriell genutzt werden. Die enormen Unkosten der sterilen Zellzucht haben jedoch bisher eine kommerzielle Nutzung in dieser Richtung verhindert. Zudem verändern bzw. verlieren Kulturzellen oft die Fähigkeit zur Metabolitproduktion durch instabile Differenzierung, so dass die Produktion von Sekundärstoffen unkontrolliert abnimmt.

Der kompakten Gewebekultur (Kallus) kommt dagegen eine erhebliche praktische Bedeutung zu. Viele Ziergewächse, Nutzpflanzen und Schnittblumen werden inzwischen routinemäßig über Gewebekulturen vermehrt. Ein einziges, besonders marktgerechtes Pflanzenexemplar genügt, um daraus in einem Gewebelabor in kurzer Zeit je nach Bedarf Tausende (oder Millionen) gleicher Tochterpflanzen zu klonieren. Die Kloniertechnik wird auch für wertvolle Holzpflanzen, besonders Laubbäume, genutzt. Als Ausgangsmaterial dienen häufig Sprossspitzen aus Knospen. Aus ihnen entsteht – bei geeigneter Versorgung mit Hormonen – ein Kallus, an dem sich neue Knospen oder somatische Embryonen bilden (→ Abbildung 18.20). Diese lassen sich ablösen und zu ganzen Pflanzen regenerieren. Im Idealfall erhält man auf diesem Weg Klone, d. h. genetisch identische Pflanzen. Für die praktische Nutzung ist es ein großer Vorteil, dass bei dem Gang durch die Gewebekultur viele Zellen die sonst oft problematischen Infektionen mit Viren, Bakterien und Pilzen verlieren. Es hat sich allerdings gezeigt, dass man generell bei Gewebekulturen mit genetischen Änderungen rechnen muss, vor allem mit Änderungen der Chromosomenzahl. Dies steht im krassen Gegensatz zu der genetischen Stabilität der Meristeme und ihrer Stammzellen (→ S. 389). Bislang gibt es keine Möglichkeit, Kalli genetisch zu stabilisieren. Die aus der cytogenetischen Instabilität resultierende **somaklonale Variation** kann unter günstigen Voraussetzungen als Grundlage für Neuzüchtungen positiv genutzt werden.

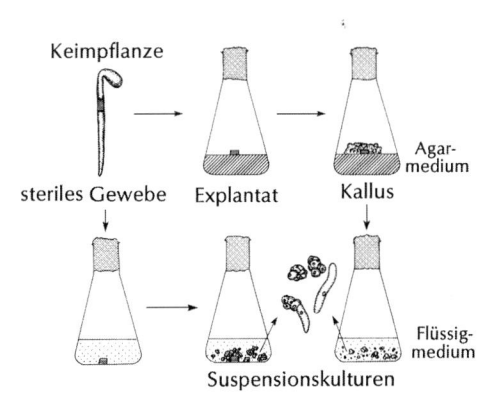

Abb. 24.3. Entstehung der verschiedenen Typen pflanzlicher Gewebekulturen. Entscheidend für das Gelingen einer Gewebekultur ist steriles Arbeiten. *Oben*: Auf einem festen Agarmedium entsteht ein mehr oder minder kompakter Kallus; *unten*: In einem flüssigen Kulturmedium entsteht eine Zellsuspensionskultur (Einzelzellen und Zellaggregate). (Nach Steck und Constabel 1974)

24.3 Beweisführung für die Omnipotenz spezialisierter Pflanzenzellen

Die Befunde, die in diesem Abschnitt dargestellt werden, gehören zu den wichtigsten Resultaten der Entwicklungsbiologie. Wenn man zeigen kann, dass bei der Differenzierung die **Omnipotenz** (d. h. die volle Reaktionsbreite, auch als Totipotenz bezeichnet) der betreffenden Zellen erhalten bleibt, scheidet eine ganze Reihe von zunächst möglichen Modellen der Differenzierung aus der generellen Betrachtung aus, z. B. alle Vorstellungen, die eine inäquale Teilung der genetischen Information bei inäqualen Zellteilungen annehmen, oder jene Mechanismen, die Gensegregation, Genverlust oder irreversible Genblockierung postulieren. Es ist ferner für jedwede Theorie über die Wirkungsweise der determinierenden Faktoren von entscheidender Bedeutung, ob der Nachweis gelingt, dass die Omnipotenz bei der Bildung spezialisierter Zellen erhalten bleibt. Wir besprechen zunächst einige Beispiele, aus denen folgt, dass sowohl bei den Thallophyten als auch bei den Kormophyten die Erhaltung der Omnipotenz die Regel ist. Bei Tieren konnte bisher aus technischen Gründen nur die Omnipotenz von Zellkernen experimentell geprüft werden.

24.3.1 Regenerationsexperimente an Farnprothallien

Ein Farnprothallium (= Farngametophyt) ist ein haploider Thallus von relativ einfacher Organisation. Er entsteht aus einer Gonospore über ein Protonemastadium (→ Abbildung 17.5). Wir fragen uns, ob die Assimilationsparenchymzellen des Prothalliums noch omnipotent sind, ob sie also noch die gesamte genetische Information der Farnspore besitzen. Man isoliert einzelne Zellen, indem man alle Nachbarzellen mit feinen Glasnadeln abtötet. Die isolierten Zellen bilden auf einem geeigneten Medium zuerst ein Rhizoid, dann teilt sich die Zelle inäqual. Es entsteht zunächst ein fädiges Chloronema und bald ein zweidimensionales Prothallium (Abbildung 24.4). Nach einigen Wochen ist das herzförmige **Regenerationsprothallium** fertig. Es bildet Archegonien und Antheridien. Von dem ursprünglichen Prothallium unterscheidet es sich nicht. Man lernt aus diesem Experiment, dass bei

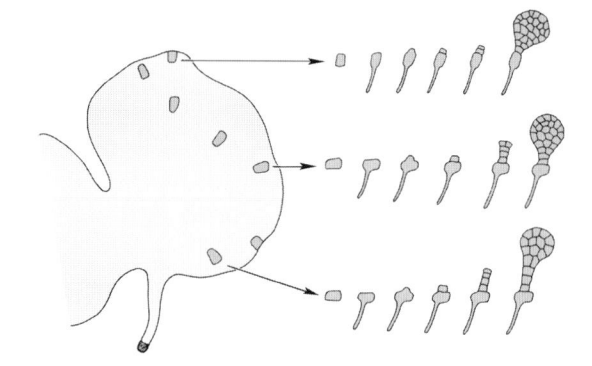

Abb. 24.4. Beliebige Zellen im marginalen und mittleren Teil eines Prothalliumlappens wurden nach Abtötung ihrer Nachbarn isoliert. Einige Tage nach der Operation beginnen die isolierten Einzelzellen mit der Regeneration. Die Zellen verhalten sich dabei ähnlich wie eine keimende Gonospore (Rhizoidbildung, Protonemabildung, zweidimensionales Prothallium). Objekt: Prothallien von *Pteris vittata*. (Nach Ito 1962)

den Zelldifferenzierungen im Verband eines Prothalliums die Omnipotenz erhalten bleibt.

24.3.2 Regenerationsexperimente an Begonienblättern

Es handelt sich hierbei um das Paradebeispiel für Regeneration bei Kormophyten. Dieses Beispiel zeigt, dass auch extrem spezialisierte Zellen – in diesem Fall Epidermiszellen – omnipotent geblieben sind. Schneidet man ein Begonienblatt ab und legt es auf ein feuchtes Substrat, kommt es zur Bildung von Adventivwurzeln und Adventivknospen. Diese entstehen nicht nur an der Basis der Lamina, sondern auch am äußeren Schnittrand durchtrennter Leitbündel (Abbildung 24.5). Aus den Adventivknospen können normale Begonienpflanzen hervorgehen. Wie die histologische Untersuchung zeigt, lassen sich die Regenerate auf eine einzige Epidermiszelle zurückführen, die eine Entspezialisierung und Reembryonalisierung durchmacht und unter vielfachen Teilungen einen Adventivembryo bildet.

24.3.3 Regeneration *in vitro* aus isolierten Einzelzellen

Ein klassisches Experiment: Man entnimmt Gewebestücke, z. B. aus der Speicherwurzel von *Daucus carota*, am besten aus einem Bereich des sekundären Phloems, der bereits so weit vom Kambium

24.3 Beweisführung für die Omnipotenz spezialisierter Pflanzenzellen

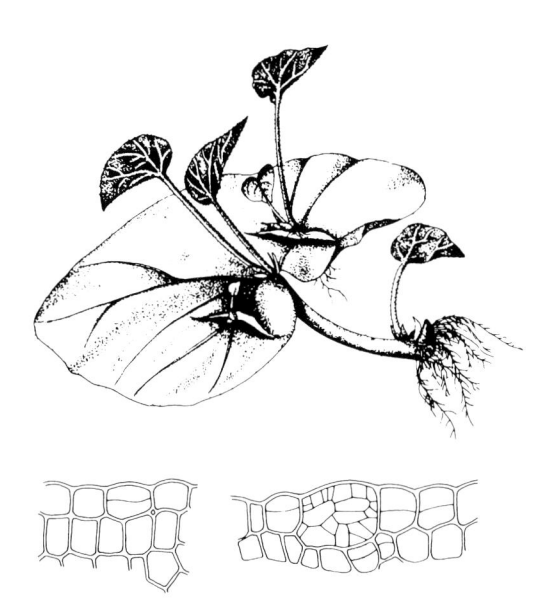

Abb. 24.5. Ein Blattsteckling von *Begonia spec.* mit Regeneraten (*oben*). *Unten*: Anfang der Bildung eines Adventivsprosses aus einer Epidermiszelle. *Links*: Die betreffende Epidermiszelle hat sich geteilt; *rechts*: Aus der Epidermiszelle ist ein embryonales Gewebe (Meristemoid) entstanden. (Nach Schumacher 1962)

entfernt ist, dass sich die Phloemparenchymzellen normalerweise nicht mehr teilen. Man bringt nun diese Explantate in ein flüssiges Medium. Unter diesen Bedingungen fangen die Zellen wieder an, sich zu teilen, und es beginnt eine starke Proteinsynthese. Man erhält eine rasch wachsende Gewebekultur. Lässt man die Kulturbehälter langsam rotieren, lösen sich häufig Einzelzellen von dem Gewebe (Abbildung 24.6). Sie schwimmen frei in der Suspension und können sich teilen. Nicht selten entstehen dabei organisierte Zellverbände (Embryoide), die wurzelähnliche Strukturen ausbilden.

Bringt man diese Gebilde auf ein geeignetes festes Agarmedium, so wächst die Wurzel positiv gravitropisch in den Agar hinein und es bildet sich ein Sprossvegetationspunkt. Die jungen „Keimpflanzen" werden ausgetopft. Sie wachsen zu normalen Karottenpflanzen heran, die sich nicht von der Mutterpflanze unterscheiden.

Aus isolierten, vegetativen Tabakzellen lassen sich normale Tabakpflanzen heranziehen, wenn man der in den Abbildungen 24.7 und 24.8 angedeuteten Prozedur folgt. Man kann also die Entstehung normaler Kormophyten aus isolierten vegetativen Zellen unter völlig durchschaubaren Kulturbedingungen ablaufen lassen. Dieses Ergebnis ist nicht nur für die Theorie der Entwicklung von größter Bedeutung, sondern es ergeben sich aus diesen Resultaten auch praktische Konsequenzen, z. B. für die Klonierung und Züchtung. Aus der Abbildung 24.8 geht unmittelbar hervor, wie man eine durch Kreuzung oder Mutation erzielte, für die Belange des Menschen geeignete Genkombination rasch und praktisch unbegrenzt vermehren kann. Man gewinnt auf diese elegante Art genetisch identische Populationen (Klone), ohne dass man auf die Organe der vegetativen Fortpflanzung oder auf die traditionelle Stecklingsvermehrung angewiesen wäre. Die Fähigkeit, aus einer einzelnen Zelle eine ganze Pflanze zu regenerieren, ist von entscheidender Bedeutung für die Erzeugung transgener Pflanzen (→ Abbildung 24.7). Die Einschleusung von genetischer Information in einzelne Zellen oder Protoplasten lässt sich relativ leicht durchführen. Diese werden dann durch spezifische Selektion von anderen, nicht transformierten Zellen abgetrennt und zu ganzen Pflanzen mit der neuen genetischen Zusammensetzung regeneriert (→ Abbildung 28.12).

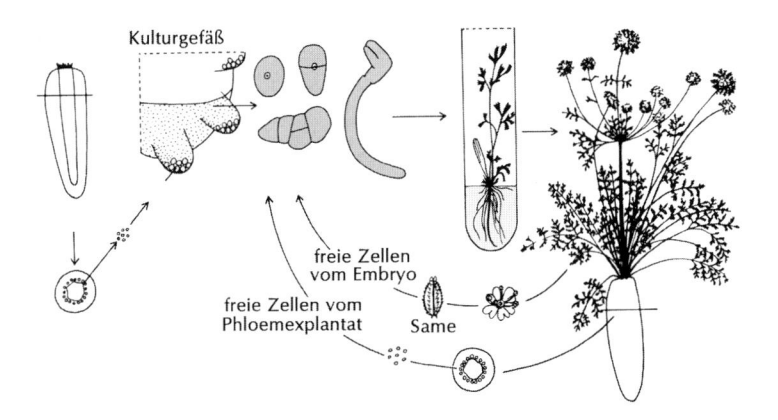

Abb. 24.6. Der Weg vom Phloemexplantat aus einer Rübe der Karotte (*Daucus carota*) führt über freie Einzelzellen und daraus entstehende Embryoide zu einer in jeder Hinsicht normalen Pflanze. Man kann die Einzelzellen auch aus Embryonen (junge Sporophyten) herstellen. Nähere Erläuterung im Text. (Nach Steward et al. 1964)

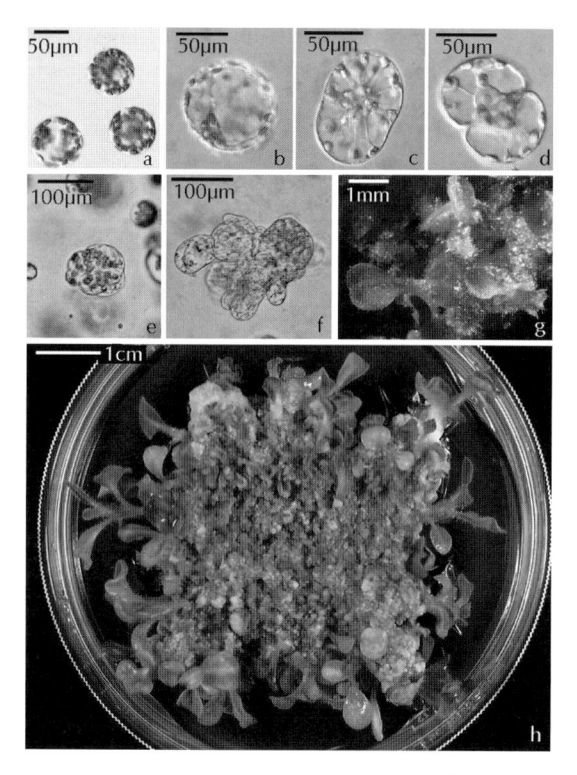

Abb. 24.7 a–h. Regeneration von ganzen Pflanzen aus einzelnen Blattprotoplasten von *Nicotiana tabacum* cv. *Petit Havanna*. Frisch isolierte Protoplasten (**a**) regenerieren in einem geeigneten Medium eine neue Zellwand (**b**), wobei sich langsam eine ovale Zellform ausbildet (Kulturzeit 1 d). Kurz vor der ersten Teilung der Zelle ordnen sich Zellkern und Plastiden im Zentrum an (**c**), das durch ausstrahlende Plasmastränge mit der Zellwand verbunden ist (Kulturzeit 2 d). Durch Einziehen der neuen Zellwand wird die erste Zellteilung am gleichen Tag abgeschlossen (**d**). Nach einer Kulturzeit von 5 d hat sich eine Mikrokolonie gebildet (**e**), nach 8 d ist ein Mikrokallus herangewachsen (**f**). Nach 3–4 Wochen Kultur (**g, h**) sind Sprossregenerate erkennbar, die in geeignetem Medium bewurzelt und anschließend in Erde überführt werden können. (Experimente und Aufnahmen von H.-U. Koop)

24.3.4 Differenzierung und Regeneration

Die Plastizität des jeweiligen Differenzierungszustandes (→ S. 388) zeigt sich auch bei Regenerationsexperimenten. Ein besonders eindrucksvolles Regenerationsexperiment, in dem die biogenetische Kapazität für sekundäre Pflanzenstoffe über die Sequenz Ausgangspflanze → Kallus → Regenerationspflanze verfolgt wurde, ist in Abbildung 24.9 dargestellt. Die Resultate zeigen, dass es im Zuge der Differenzierung von Sprossachse und Blatt zu einem partiellen oder totalen Verlust der biogenetischen Kapazität für bestimmte Alkaloide kommt. Die Fähigkeit zur Bildung der Alkaloide tritt jedoch wieder in Erscheinung, sobald man aus den Blatt- oder Sprossachsenzellen Gewebekulturen herstellt.

24.3.5 Bildung („Regeneration") haploider Sporophyten aus Pollenkörnern

Die Pollenkörner der Spermatophyten sind Mikrosporen homolog. Normalerweise entsteht aus einem Pollenkorn ein haploider männlicher Gametophyt. Unter bestimmten experimentellen Bedingungen gelingt es, aus abgetrennten Antheren haploide Sporophyten hervorgehen zu lassen, **Androgenese**. Der Ausgangspunkt für die Androgenese sind (unreife) Pollenkörner. Aus Antheren von *Nicotiana*-Arten (z. B. *N. tabacum, N. sylvestris*) angezogene haploide Tabakpflanzen wachsen wie normale Sporophyten. Erwartungsgemäß bilden sie keine Samen. In der Regel sind die haploiden Pflanzen und ihre Blüten etwa um ein Drittel kleiner als die diploiden Kontrollen. Im Prinzip ist die Erzeugung der haploiden Sporophyten nicht schwierig (Abbildung 24.10, *oben*). Man entnimmt die Antheren aseptisch aus der Blüte zu einem Zeitpunkt, zu dem sich die Mikrosporen zwar bereits aus der Gonentetrade freigemacht haben, aber noch stärkefrei sind. Die Regeneration erfolgt in der Regel aus der vegetativen Zelle, während die generative Zelle degeneriert. Eine Stressbehandlung (Kälte, Chemikalien, Hitzeschock) fördert die Androgenese. Wenn man die isolierten Antheren auf ein relativ einfaches, mit Agar verfestigtes Nährmedium bringt, treten nach drei bis vier Wochen Embryonen und Keimlinge auf, die man nun einzeln weiter kultivieren kann. Während der ersten Regenerationsstadien spielen Antherensubstanzen (Aminosäuren, Glutamin) eine wesentliche Rolle bei der Entwicklung der Regenerate. Sobald sich aber ein Wurzelsystem gebildet hat, lassen sich die Jungpflanzen in Blumentöpfe versetzen und wie normale Tabakpflanzen heranziehen. Chromosomenzählungen (sie werden in erster Linie an Präparaten von Wurzelspitzen durchgeführt) zeigen, dass die experimentell gewonnenen Pflanzen haploid sind. Gelegentlich treten zwar auch höhere Ploidiegrade auf, aber in der Regel bleiben die Produkte der Antherenkultur haploid.

Die eben skizzierten Resultate sind aus mehreren Gründen wichtig:

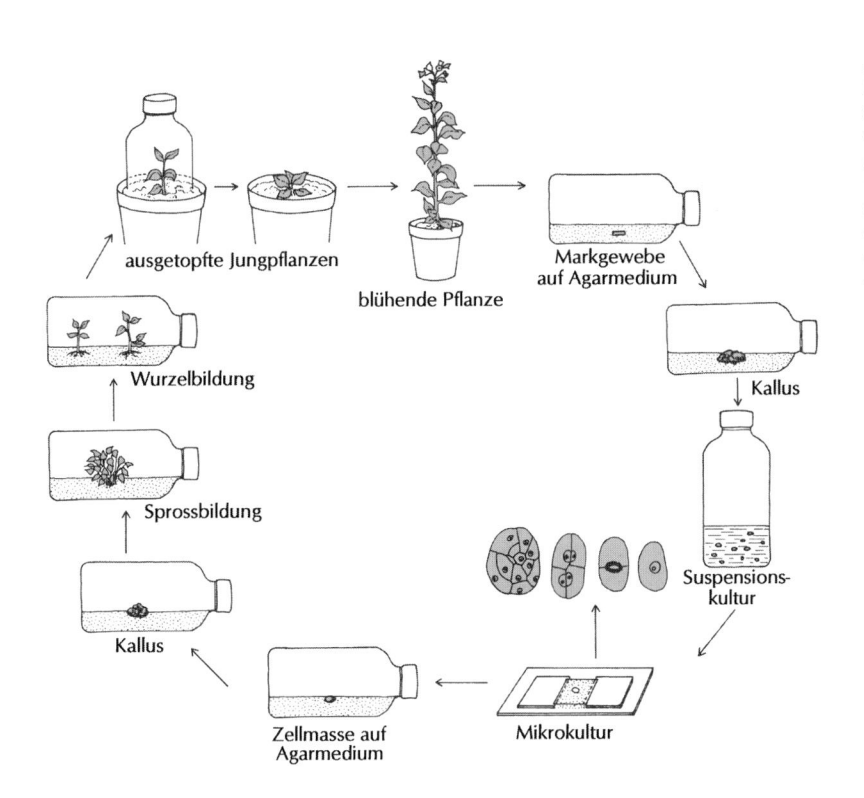

24.3 Beweisführung für die Omnipotenz spezialisierter Pflanzenzellen

Abb. 24.8. Diagrammatische Darstellung der Entwicklung einer normalen Tabakpflanze (Hybride aus *Nicotiana glutinosa x N. tabacum*) aus einer isolierten Einzelzelle. Als Ausgangsmaterial diente frisch entnommenes Markgewebe der Sprossachse (*oben rechts*). (Nach Vasil und Hildebrandt 1967)

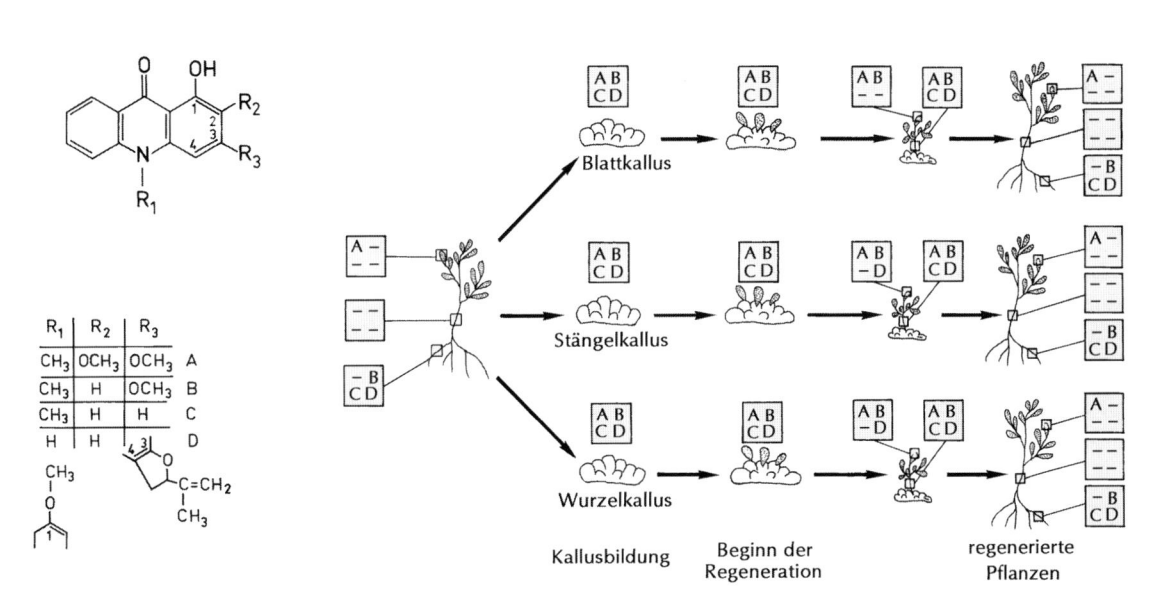

Abb. 24.9. Experimente mit intakten Pflanzen, Kalluskulturen und Regenerationspflanzen von *Ruta graveolens*. Angegeben ist die qualitative Zusammensetzung der **Acridin-Alkaloide** (*A, B, C, D*) in Blatt, Sprossachse und Wurzel, in aus diesen Organen angelegten Kalluskulturen und in aus diesen Kalli regenerierten Pflanzen. Das Symbol – bedeutet, dass die entsprechenden Alkaloide (*links*) nicht nachweisbar sind. Besonders wichtig sind folgende Befunde: 1. Kalli stimmen in ihrer Alkaloidzusammensetzung völlig überein, unabhängig vom Ausgangsorgan. 2. Die Regenerationspflanzen aus Wurzel-, Stängel- und Blattkalli stimmen in ihrer Alkaloidzusammensetzung mit der Ausgangspflanze, nicht mit dem Ausgangsorgan überein. *A*, Aborinin (wird nur im Licht gebildet); *B*, 1-Hydroxy-3-methoxy-N-methylacridon; *C*, 1-Hydroxy-N-methylacridon; *D*, Rutacridon. (Nach Czygan 1975)

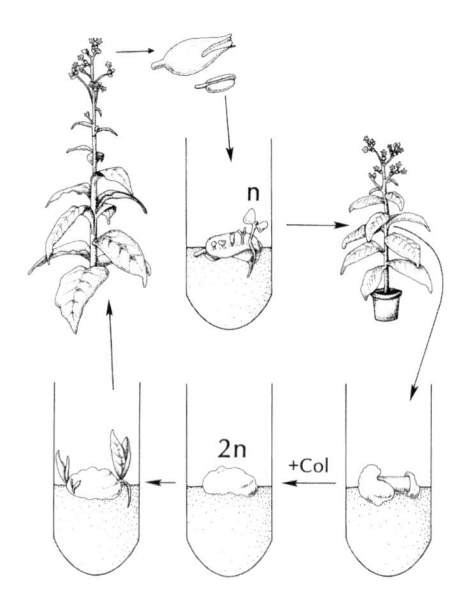

Abb. 24.10. *Oben*: Herstellung haploider *Nicotiana*-Sporophyten aus unreifen Pollenkörnern (Androgenese); *unten*: Herstellung diploider, völlig homozygoter Pflanzen über eine Kallusbildung. Die haploide Kalluskultur wird mit Colchicin (*+ Col*) behandelt. Dies führt (bei manchen Zellen) zur Diploidisierung und zur Regeneration diploider Sporophyten. (Nach einer Vorlage von Nitsch)

▶ Sie beweisen die Omnipotenz der Pollenkörner und damit, *cum grano salis*, die Omnipotenz der Sporophylle, Pollensäcke usw. Sie beweisen gleichzeitig, dass der männliche Gametophyt in den ersten Phasen seiner Entwicklung (vor der Stärkebildung im Pollenkorn) durchaus in der Lage ist, auch einen Sporophyten hervorzubringen (Androgenese). Die Sporophyten der Spermatophyten müssen also nicht notwendigerweise diploid sein und aus einer befruchteten Eizelle hervorgehen (→ S. 471).

▶ Es ist wahrscheinlich, dass die Androgenese von Sporophyten auch in der normalen (d. h. experimentell nicht beeinflussten) Ontogenese zuweilen vorkommt. Auf diese Weise erklären sich die bereits Jahrzehnte alten Befunde, wonach bei gewissen Kreuzungen (z. B. *N. diguta* x *N. tabacum*) haploide Pflanzen entstehen, die ausschließlich Merkmale des pollenliefernden Elters zeigen.

▶ Auch solche Mutationen, die bei diploiden Systemen recessiv sind, treten an den haploiden Sporophyten phänotypisch in Erscheinung, sodass man züchterisch geeignete Pflanzen ohne Umwege selektionieren kann.

▶ Durch Verdoppelung der Chromosomenzahl, etwa mit einer Colchicinbehandlung, gelangt man direkt zu völlig homozygoten, diploiden Pflanzen (Abbildung 24.10, *unten*).

Seit der Entdeckung der Androgenese hat man sich die Frage gestellt, wie und wann darüber bestimmt wird, ob Pollenkörner die sporophytische oder die gametophytische Entwicklungsrichtung einschlagen, d. h. das sporophytische oder das gametophytische Genprogramm einschalten. Bei Tabak ist nur ein kleiner Teil des Pollens – er kann im Färbetest erkannt werden – zur Androgenese fähig. Da sich die vier Pollenkörner einer Tetrade stets gleich verhalten, kann die entsprechende Determination (Festlegung auf das sporophytische oder gametophytische Genprogramm) allem Anschein nach bereits bei der Bildung der Mikrosporenmutterzelle erfolgen, vermutlich verursacht durch unterschiedliche Versorgung mit Nährstoffen. Auch im Stadium der Mikrospore kann die Entwicklungsrichtung noch durch die Wahl des Kulturmediums beeinflusst werden: Auf einem nährstoffreichen Medium mit Saccharose bilden sich Pollenkörner, auf einem nährstoffarmen Medium ohne Saccharose hingegen wird die Entwicklung zu somatischen Embryonen angelegt.

24.3.6 Regeneration aus Protoplasten und Cybridisierung

Protoplasten sind durch die fehlende Zellwand flexibler zu handhaben und zugänglicher für experimentelle Eingriffe als die ganze Pflanzenzelle (Abbildung 24.11). Um 1970 gelang es erstmals, aus somatischem Gewebe (Mesophyll) des Tabaks mit Enzymen (Pektinase, Cellulase) Protoplasten zu isolieren und aus ihnen ganze Pflanzen zu regenerieren. Ähnliche Erfolge wurden inzwischen auch mit zahlreichen anderen Pflanzengattungen (z. B. Möhre, Petunien, Stechapfel, Raps) erzielt. Über die Fusion von Protoplasten können genetische Informationen von Pflanzen miteinander kombiniert werden, ohne dass sexuelle Vorgänge stattfinden, **Cybridisierung** (Abbildung 24.12).

Parasexuelle Bildung von Hybridzellen und deren Regeneration über einen Kallus zu Pflanzen lässt sich auch mit Pflanzensippen erzielen, die sich sexuell nicht kreuzen lassen. Als bereits klassische Beispiele können die intergenerischen Bastarde von Kartoffel (*Solanum tuberosum*) und Tomate (*Ly-*

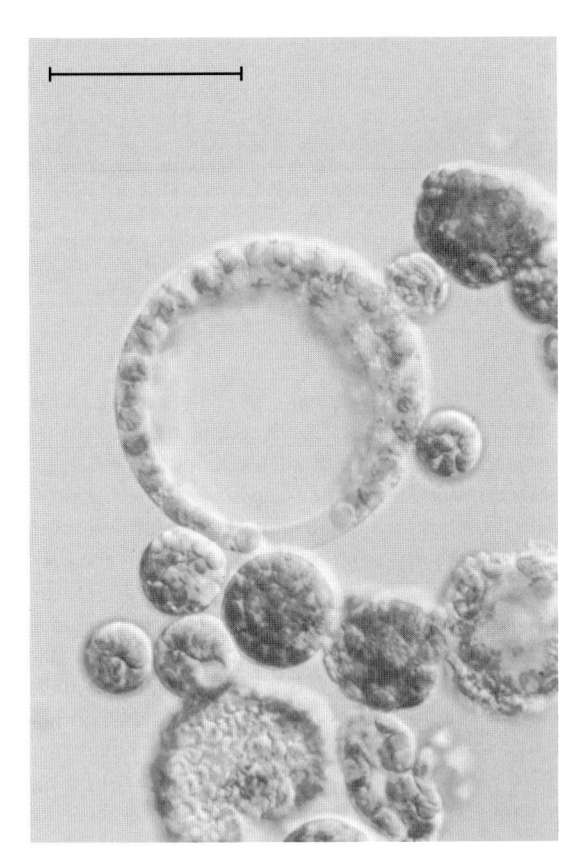

Abb. 24.11. Protoplasten aus Mesophyllzellen von *Arabidopsis*. Bei Mesophyllzellen von grünen Blättern wurde durch enzymatische Auflösung die Zellwand entfernt. In Suspension bilden die nun nicht mehr miteinander verbundenen Protoplasten sofort dreidimensionale Strukturen mit der kleinstmöglichen Oberfläche; sie kugeln sich ab. In dem großen Protoplasten sieht man, dass die zentrale Vacuole den größten Teil des Volumens einnimmt und die Chloroplasten an den Rand drängt. *Strich*: 20 µm. (Aufnahme von K. Harter)

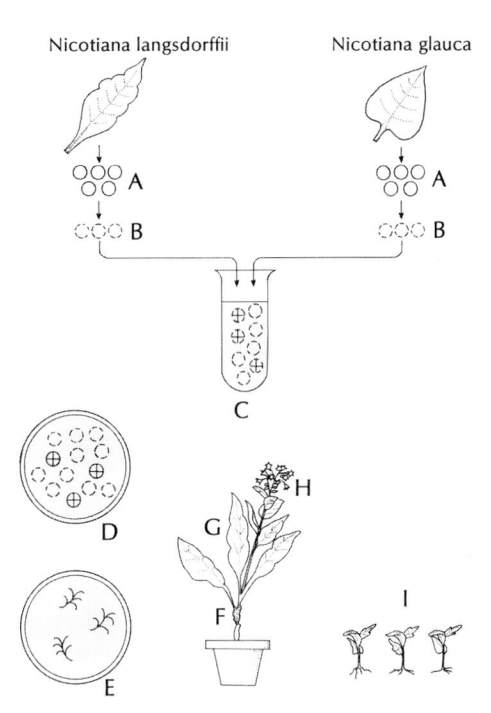

Abb. 24.12. Schematische Darstellung der Verfahren, die zur parasexuellen Hybridisierung, **Cybridisierung**, führen. Mesophyllzellen (*A*) der beiden Ausgangsarten (*Nicotiana glauca* und *N. langsdorffii*) werden mit Enzymen behandelt, die die Zellwand verdauen; die resultierenden Protoplasten (*B*) werden in einem polyethylenglycolhaltigen Medium suspendiert und zusammen zentrifugiert (*C*); die Suspension wird auf ein Agarmedium ohne Auxinzusatz ausplattiert (*D*); nur die durch Fusion entstandenen, auxinautotrophen Hybridzellen (⊕) wachsen („regenerieren") zu Pflänzchen heran (*E*, → Abbildung 24.7); diese Regenerationspflänzchen werden auf eine Elternpflanze gepfropft (*F*); das „Hybridreis" (*G*) wächst heran und bildet fertile Blüten (*H*) und Samen; die Samen keimen und es bilden sich Keimpflanzen (*I*), die in jeder Hinsicht mit solchen übereinstimmen, die aus Samen eines sexuell hergestellten Amphidiploiden hervorgehen. (Nach Smith 1974) Melchers und Mitarbeiter haben den Selektionsfaktor **Auxinautotrophie** der Tabakhybriden durch den Selektionsfaktor **Lichtempfindlichkeit** ersetzt. Sie konnten von zwei Tabakvarietäten, die beide chlorophylldefekt und lichtempfindlich sind, zum Wildtyp komplementierte **Fusionshybriden** gewinnen, die den **sexuellen Hybriden** in jeder Hinsicht entsprechen.

copersicon esculentum) sowie Acker-Schmalwand (*Arabidopsis thaliana*) und Feldkohl (*Brassica campestris*) gelten. Die Regenerationsprodukte wurden *Tomoffel* bzw. *Arabidobrassica* genannt. In beiden Fällen kommt es bei der Entwicklung der Hybridpflanzen zu Entwicklungsstörungen. Offensichtlich ist die Inkompatibilität der beiden Genome so stark, dass morphogenetische Anomalien, z. B. falsche Muster, entstehen. Für die Pflanzenzüchtung erscheinen diese Hybriden wenig attraktiv, da mit der Gentechnik erwünschte genetische Informationen viel subtiler und zielgerichteter transferiert werden können (→ S. 659).

24.4 Wundheilung

Rasche Heilung von Wunden ist für die Pflanze lebenswichtig, da die meisten Pathogene über Wundstellen eindringen können (→ S. 627). Wir wählen als experimentelles System die Kartoffelknolle. Schneidet man die Knolle in Scheiben, so führen die spezialisierten, normalerweise nicht mehr teilungs-

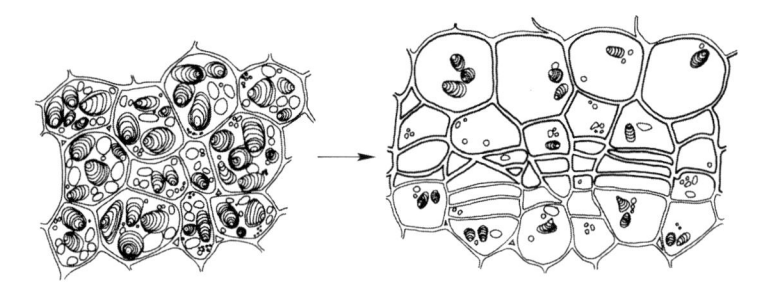

Abb. 24.13. Cytologische Vorgänge an der Schnittfläche von Kartoffelscheiben bei der Regeneration eines Abschlussgewebes. *Links*: Stärkespeicherzellen aus der intakten Knolle; *rechts*: Zellteilung und Suberinisierung der peripheren Zellwände 4 d nach der Verletzung. Die Suberinisierung ist durch die verdickte Linienführung angedeutet. (Nach Kahl 1973)

bereiten Stärkespeicherzellen, die an den Schnittflächen liegen, wieder Zellteilungen durch. Außerdem kommt es zu einer Umdifferenzierung in Zellen mit Abschlussfunktion (Abbildung 24.13). Die ersten Anzeichen einer physiologischen Aktivierung (Erhöhung der Enzymaktivitäten, Stärkeabbau, Anstieg der Zellatmung) lassen sich bereits 2–3 h nach dem Zerschneiden messen; die mikroskopisch erfassbaren Änderungen (Verkorkung der wundnahen Zellwände, Mitosen) beginnen etwa 12–15 h nach der Verwundung und sind nach 6–8 d abgeschlossen. Die Regeneration geht nur dann vonstatten, wenn die RNA- und Protein-Synthesewege intakt sind.

ventivwurzeln. Zusätzlich wird **Phytochrom** (P_{fr}) benötigt, um die Adventivwurzelbildung auszulösen. Der Lichteffekt tritt auch auf, wenn die Belichtung vor der Abtrennung der Kotyledonen erfolgt. Alle Daten deuten darauf hin, dass unter dem Einfluss von Phytochrom in den Kotyledonen ein hormonaler Faktor (**„Bewurzelungshormon"**) entsteht, der sich erst manifestiert, wenn eine Regenerationsleistung tatsächlich erforderlich ist. Das Bewurzelungshormon kann durch exogenes Auxin, Gibberellin, Kinetin oder Ethylen nicht ersetzt werden.

24.5 Regeneration ohne Kallusbildung

24.5.1 Bildung von Adventivwurzeln

Die Regeneration von Wurzeln an abgeschnittenen Sprosssegmenten („Stecklingsbewurzelung") ist ein weit verbreitetes Phänomen, das sich z.B. an Keimpflanzen gut demonstrieren lässt (Abbildung 24.14). Ähnlich wie bei der normalen Seitenwurzelbildung entstehen die Adventivwurzeln durch Anlage neuer Meristeme aus Pericykelzellen des Zentralzylinders ohne Einschaltung eines Kallusgewebes. Der Übergang spezifisch differenzierter Zellen in einen anderen Differenzierungszustand (hier: Pericycelzelle → Meristemzelle) erfordert also nicht notwendigerweise die Löschung des ursprünglichen Differenzierungszustandes durch das Zwischenstadium ungeordneter Zellteilungen.

Das in Abbildung 24.14 dargestellte experimentelle System eignet sich auch für eine Faktorenanalyse der Regeneration. Die Isolierung der Kotyledonen ist eine notwendige, aber keineswegs hinreichende Bedingung für die Regeneration von Ad-

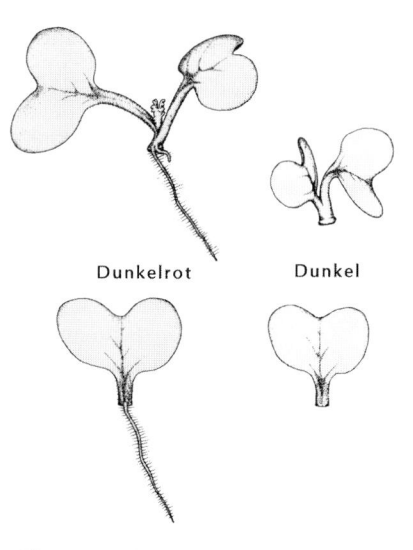

Abb. 24.14. Bildung von Adventivwurzeln an Restkeimlingen (*oben*) oder an isolierten Kotyledonen (*unten*) vom Weißen Senf (*Sinapis alba*). Die Restkeimlinge bestehen aus Kotyledonen, Kotyledonarknoten und Plumula. Die Keimlinge wurden im Dunkeln angezogen. 36 h nach der Aussaat erfolgt die Isolierung der Kotyledonen bzw. Restkeimlinge. Die Isolate wurden im Dunkeln (*rechts*) bzw. im Dauer-Dunkelrot-Licht (*links*) zur Regeneration gebracht. Das Dunkelrot wirkt ausschließlich über Phytochrom (P_{fr}; → S. 453). (Nach Pfaff und Schopfer 1974)

24.5.2 Blütenbildung

Die Regenerationsleistung kleiner Gewebestücke (direkte Organogenese ohne Kallusbildung) wurde an Explantaten (3 – 6 Zelllagen dick, stets mit Epidermis) aus der Oberfläche der Sprossachse von Tabakpflanzen untersucht. Nach Übertragung auf ein Agarmedium (mit Auxin und Kinetin; → Abbildung 18.20) konnte die Regenerationsleistung in Abhängigkeit von der ursprünglichen Lage der Explantate im Gesamtorganismus festgestellt werden. Dabei ergaben sich die in Abbildung 24.15 dargestellten, faszinierenden Resultate, die in dreifacher Hinsicht von besonderem Interesse sind: 1. Sie zeigen, dass die spezifische Regenerationsleistung eines Gewebes von seiner Herkunft im Gesamtsystem abhängen kann. 2. Die Explantate aus dem Infloreszenzbereich stellen eine relativ kleine, homogene Zellpopulation dar, die cytologisch aus extrem spezialisierten Zellen besteht. Diese Zellen sind in der Lage, direkt (d.h. ohne die Vermittlung eines Kallus) das komplexe Organ Blüte zu bilden. 3. Der Determinationszustand von Zellen und Geweben kann eine Regenerationsleistung überdauern. Es kommt bei Regeneration also nicht notwendigerweise zur völligen Reembryonalisierung und Entspezialisierung der Zellen; man muss vielmehr damit rechnen, dass beim Regenerationsgeschehen auch der bereits einmal erreichte Determinations- oder Differenzierungszustand eine maßgebende Rolle spielen kann.

24.6 Transplantation

24.6.1 Pfropfen

Mit dem Ausdruck **Transplantation** bezeichnet man jede künstliche Vereinigung und darauf folgende Verwachsung eines Teils eines Organismus mit einem anderen. Die wichtigste Technik der Transplantation bei Pflanzen ist das **Pfropfen.** Davon spricht man, wenn mit Knospen besetzte Teile einer Pflanze abgetrennt und auf eine andere Pflanze übertragen werden und dort zur Verwachsung gelangen. Es sind zahlreiche Techniken entwickelt worden, um das **Pfropfreis** mit der **Unterlage** in Verbindung zu bringen. Diese Techniken spielen vor allem bei der „Veredelung" von Kulturpflanzen eine entscheidende Rolle (Abbildung 24.16); sie sind aber auch für die theoretische Pflanzenphysio-

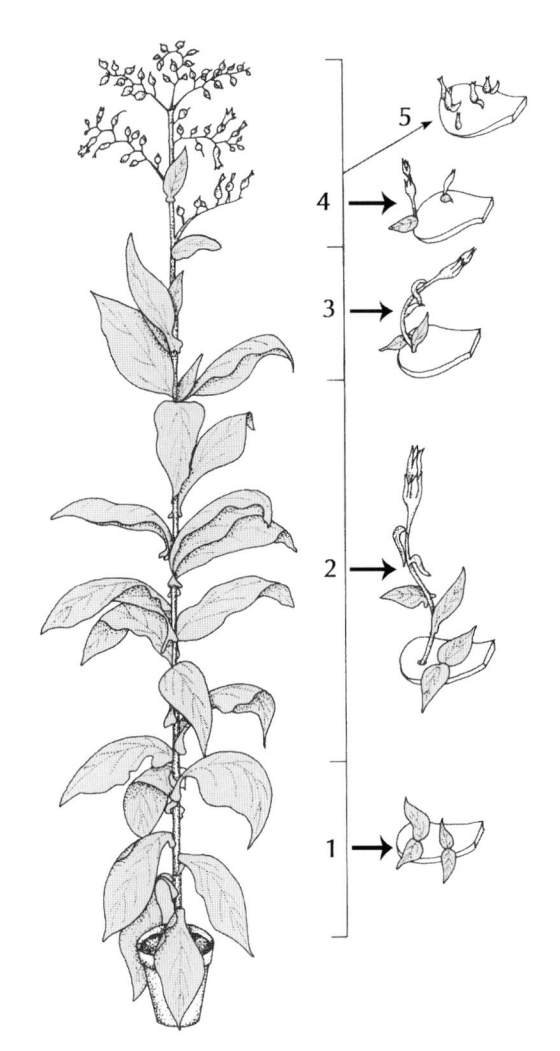

Abb. 24.15. Regenerationsleistung kleiner Explantate (3 – 6 Zelllagen dick) in Abhängigkeit von der Entnahmestelle an der Sprossachse. Objekt: *Nicotiana tabacum*, cv. Wisconsin 38. Man findet: 100 % vegetative Knospen, wenn die Explantate aus der Zone *1* stammen; 75 % vegetative Knospen und 25 % Knospen, die zu blühenden Sprossen mit vier Internodien auswachsen, falls die Explantate aus der Zone *2* stammen; 60 % vegetative Knospen und 40 % Knospen, die zu blühenden Sprossen mit drei Internodien auswachsen, falls die Explantate aus der Zone *3* stammen; 38 % vegetative Knospen und 62 % Knospen, die zu blühenden Sprossen mit zwei Internodien auswachsen, falls die Explantante aus der Zone *4* stammen. Werden die Explantate aus den Achsen der Infloreszenz entnommen, so bilden sich 100 % Blütenknospen direkt an der Oberfläche des Explantats aus Epidermiszellen (*5*). (Nach Tran Thanh Van 1973)

logie (von *Acetabularia* bis *Nicotiana*; → Exkurs 17.6, S. 404; S. 506) unentbehrlich. Sowohl das Reis als auch die Unterlagen bilden Wundkallus, d. h. ein zunächst amorphes Gewebe aus ziemlich großen, locker miteinander verbundenen, parenchymatischen Zellen. Dieses Kallusgewebe entsteht aus den Kambien der Pfropfpartner. Es lassen sich deshalb bei den Kormophyten nur solche Pflanzen mit Erfolg pfropfen, die ein Kambium besitzen. Die beiden Kallusgewebe verwachsen allmählich miteinander, insbesondere bilden sich durchgehende Leitbahnen zwischen Unterlage und Reis aus. Hierzu ist ein ausreichend großer Anpressdruck erforderlich, der durch feste Bandagierung der Pfropfzone erzeugt werden muss. Die Pfropfpartner arbeiten zwar soweit zusammen, dass beide existieren können, die Wechselwirkung zwischen Reis und Unterlage ist aber unerwartet gering. Obwohl sich Plasmodesmen zwischen den Partnern ausbilden können, werden im allgemeinen nur xylem- oder/und phloembürtige Stoffe wie Wasser, Ionen (Nährsalze), Assimilate (besonders Saccharose), gewisse sekundäre Pflanzenstoffe und Hormone von einem Pfropfpartner in den anderen befördert. Als Differenzierungssysteme bleiben die Pfropfpartner strikt getrennt. Jeder entwickelt sich gemäß seiner eigenen genetischen Information. Darauf beruht die praktische Verwendung der Pfropfung in Landwirtschaft und Gartenbau.

Erfolgreiche Pfropfungen sind im allgemeinen nur zwischen relativ nahe verwandten Sippen möglich. Meist gelingen nur Pfropfungen innerhalb einer Familie. Wahrscheinlich müssen die Pfropfpartner hormonal und vielleicht auch hinsichtlich des sekundären Stoffwechsels ausreichend fein aufeinander abgestimmt sein. Mit Hilfe von Pfropfexperimenten zwischen *Nicotiana*-Arten wurde bewiesen, dass Lang- oder und Kurztagspflanzen zumindest funktionell dasselbe Muster der Blüten-

induktion besitzen (→ S. 506). Man kann ohne weiteres auch zwei oder noch mehr genetisch verschiedene Reiser auf ein und dieselbe Unterlage pfropfen. Sofern die allgemeine Verträglichkeit gewährleistet ist (z. B. gleiche Familienzugehörigkeit der Pfropfpartner), pflegen die genetisch verschiedenen Teile miteinander zu kooperieren. Sie bleiben aber als Entwicklungssysteme strikt verschieden, z. B. hinsichtlich der Spezifität der Morphogenese.

24.6.2 Chimären

Chimären sind Organismen, die, obgleich sie aus genetisch verschiedenen Zellen (bzw. Geweben) bestehen, sich zu einem einheitlichen, harmonischen Individuum entwickeln. Die Chimärenbildung zeigt, dass auch genetisch verschiedenartige Zellen und Gewebe im Prinzip derart harmonisch miteinander zu kooperieren vermögen, dass ein einheitlicher Organismus entsteht. Da die höheren Pflanzen kein auf die Abstoßung fremder Zellen gerichtetes Immunsystem besitzen, kann man bei ihnen die Chimärenbildung relativ leicht studieren.

Das klassische Beispiel für die Entstehung einer Sektorialchimäre ist in Abbildung 24.17 dargestellt. Wenn man auf eine Tomatenunterlage (*Lycopersicon esculentum*) ein Reis des Nachtschattens (*Solanum nigrum*) pfropft und die Verwachsungsstelle in der angedeuteten Weise durchschneidet, so bilden sich an der Verwachsungsstelle Adventivsprosse, von denen ein kleiner Teil Chimärencharakter hat. Die in Abbildung 24.17d dargestellte Sektorialchimäre kommt dadurch zustande, dass ein Teil (ein Sektor) des Adventivvegetationspunktes aus Zellen des Nachtschattens, das übrige Gewebe aus Zellen der Tomate besteht.

Aus dem Studium der Chimären ergeben sich zwei grundlegend wichtige Resultate:
1. Zellen und Gewebe, die sich genetisch erheblich unterscheiden, können auch bei der Entwicklung komplizierter Organe harmonisch kooperieren.
2. Ein Austausch genetischer Informationen zwischen den genetisch verschiedenartigen Zellen einer Chimäre erfolgt nicht.

24.6.3 Intrazelluläre Chimären

Intrazelluläre Chimären enthalten innerhalb einer Zelle Kern-, Plastiden- und Mitochondriengenome

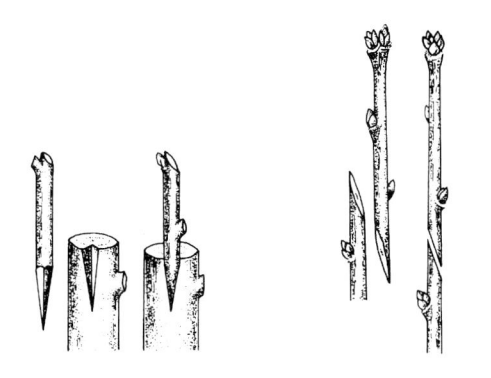

Abb. 24.16. Zwei häufig verwendete Propftechniken. *Links*: Pfropfen mit dem Geißfuß (Unterlage mit dreieckigem Einschnitt; Reis entsprechend zugespitzt); *rechts*: Kopulieren. (Nach Molisch 1918)

Problem besonders stark in Erscheinung, da von den Fusionspartnern meist ähnliche Kopienzahlen an Organellen-DNAs weitergegeben werden. Die hierbei auftretenden Inkompatibilitäten zwischen Organellengenomen und Kerngenom können bei der genetischen Analyse und Züchtung benützt werden, wenn, wie z. B. bei *Oenothera*, bestimmte Plastiden-Kern-Kombinationen letal sind und daher in der Mendelschen Verteilung nicht als F1-Generation auftauchen. Besonders bei mitochondrialen Genomen werden auch in Cybriden verschiedener Spezies Rekombinationen und damit Vermischungen der DNAs beobachtet.

Weiterführende Literatur

Grisebach H, Hahlbrock K (1970) Pflanzliche Zellkulturen zur Aufklärung von Biosynthesewegen. Biologie in unserer Zeit 7: 170–177

Melchers G, Labib G (1970) Die Bedeutung haploider höherer Pflanzen für Pflanzenphysiologie und Pflanzenzüchtung. Ber Dtsch Bot Ges 83: 129–150

Molisch H (1918) Pflanzenphysiologie als Theorie der Gärtnerei. Fischer, Jena

Reynolds TL (1997) Pollen embryogenesis. Plant Mol Biol 33: 1–10

Steward FC, Mapes MO, Kent AE, Holsten RD (1964) Growth and development of cultured plant cells. Science 143: 20–27

Zimmermann JL (1993) Somatic embryogenesis: A model for early development in higher plants. Plant Cell 5: 1411–1423

In Abbildungen und Tabellen zitierte Literatur

Bünning E (1953) Entwicklungs- und Bewegungsphysiologie der Pflanze. Springer, Berlin
Czygan FC (1975) Planta medica 28: Suppl 169–185
Ito M (1962) Bot Mag Tokyo 75: 19–27
Kahl G (1973) Bot Rev 39: 274–299
Molisch H (1918) Pflanzenphysiologie als Theorie der Gärtnerei. Fischer, Jena
Pfaff W, Schopfer P (1974) Planta 117: 269–278
Schumacher W (1962) In: Lehrbuch der Botanik für Hochschulen, 28. Aufl. Fischer, Stuttgart
Smith HH (1974) Bio Science 24: 269–276
Steck W, Constabel F (1974) Lloydia 37: 185–191
Steeves TA, Sussex JM (1957) Amer J Bot 44: 665–673
Steward FC, Mapes MO, Kent AE, Holstein RD (1964) Science 143: 20–27
Torrey JG (1967) Development in flowering plants. Macmillan, New York
Tran Thanh Van M (1973) Planta 115: 87–92
Vasil V, Hildebrandt AC (1967) Planta 75: 139–151

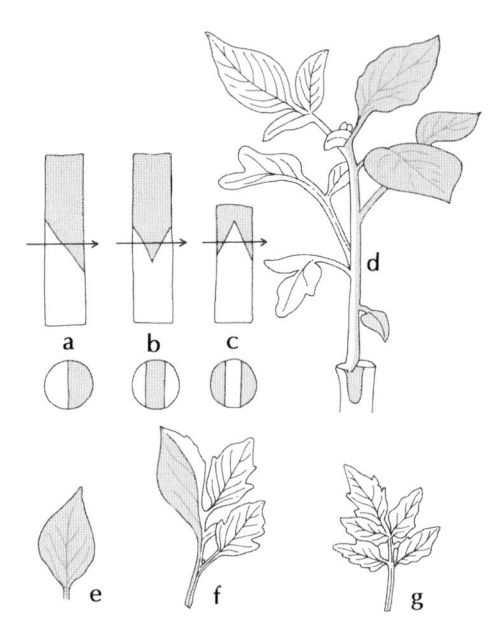

Abb. 24.17 a–g. Chimärenbildung durch Pfropfung. **a–c** Verschiedene Pfropfungsarten mit den dazugehörigen Querschnitten der Pfropfstellen in Höhe der *Pfeile*. *Grau*: das Pfropfreis, *Solanum nigrum* (Nachtschatten); *weiß*: die Unterlage, *Lycopersicon esculentum* (Tomate); **d** eine Sektorialchimäre; **e** Blatt vom Nachtschatten; **g** Blatt der Tomate; **f** Chimärenblatt. (Aus Bünning 1953)

verschiedener Spezies. Die Organellen verschiedener Eltern können entweder durch normale sexuelle Kreuzung, oder durch experimentelle Zellverschmelzung (z. B. Protoplastenfusion) zusammengebracht werden. Inkompatibilitäten zwischen den Organellengenomen verschiedener Herkunft können zu Entwicklungsstörungen bis hin zur Letalität führen. Chimäre Individuen mit einem Muster genetisch verschiedener Zellen treten auf, wenn sich die herkunftsverschiedenen Organellen durch somatische Segregation wieder entmischen. Bei Kreuzungen richtet sich das Auftreten solcher chimärer Pflanzen nach der Stringenz der maternalen bzw. paternalen Vererbung. Werden Organellengenome von beiden Eltern weitergegeben (biparental), so kommt es in der Zygote zu einer Vermischung der Plastiden bzw. Mitochondrien unterschiedlicher Herkunft. Diese entmischen sich wegen ihrer großen Zahl erst wieder nach einer Vielzahl von Zellteilungen. Als Folge treten dann z. B. durch Plastiden-Kern-Inkompatibilitäten verursachte weiße Sektoren in der Pflanze auf. Bei der experimentell induzierten Verschmelzung von Protoplasten verschiedener Spezies (Cybridisierung) tritt dieses

25 Aktive Bewegungen von Zellen, Organen und Organellen

In diesem Kapitel betrachten wir die aktiven Bewegungsvorgänge bei Pflanzen. Die zunächst verwirrend vielfältige Phänomenologie der Bewegungen lässt sich auf wenige Grundprinzipien zurückführen: Die freilebenden Zellen motiler Algen sind zu **Schwimmbewegungen** mit **Geißelmotoren** befähigt. Die sessilen, vielzelligen Pflanzen bewegen ihre Organe durch gerichtete **Wachstumsreaktionen** oder durch hydraulisch arbeitende **Motorgewebe**. Diese Bewegungen werden meist durch spezifische Umweltfaktoren ausgelöst und oft auch ausgerichtet, z. B. durch **Schwerkraft, Licht, Berührungsreize** oder **chemische Gradienten**. Gesteuerte Bewegungen, auch intrazellulärer Art, ermöglichen den Pflanzen eine funktionelle Orientierung im Raum. Sie sind Teil der umfassenden Optimierungsprozesse bei der Anpassung an die Umwelt. Darüber hinaus sind Pflanzen zu endogen gesteuerten, rhythmischen Bewegungen befähigt, die bereits im Zusammenhang mit der „inneren Uhr" in Kapitel 21 behandelt wurden und daher hier ausgeklammert bleiben. Die Registrierung von Umweltreizen und ihre Umsetzung in Bewegungsreaktionen ist ein zentrales Forschungsgebiet der **pflanzlichen Sinnesphysiologie.** Im Gegensatz zu Tieren besitzen Pflanzen keine sensorischen Nervenzellen und keine Sinnesorgane, haben aber analoge Reiz-Reaktions-Systeme entwickelt, um sich durch Bewegungen in ihrer Umwelt zu orientieren. Die Mechanismen der Reizaufnahme, Signalleitung und Umsetzung in Bewegungsreaktionen sind bei Pflanzen noch wenig erforscht. Die bisherigen, fragmentarischen Kenntnisse zeigen jedoch, dass es bei Pflanzen eine Vielzahl verschiedener Mechanismen zur Steuerung und Durchführung von Bewegungsprozessen auf der zellulären und organismischen Ebene gibt.

25.1 Freie Ortsbewegungen

25.1.1 Phototaxis freilebender Algen

Unter dem Begriff **Taxis** fasst man diejenigen Bewegungsvorgänge zusammen, die es motilen Organismen erlauben, sich in ihrem Milieu aktiv fortzubewegen. Taxien dienen in der Regel dazu, Orte ungünstiger Umweltverhältnisse zu verlassen bzw. Orte günstiger Umweltverhältnisse aufzusuchen. Die einfachste Form taktischer Bewegungen findet man bei manchen Cyanobakterien und Kieselalgen, welche sich durch gerichteten Schleimausstoss auf ihrer Unterlage fortbewegen können. Die Plasmodien von Schleimpilzen kriechen durch lokale Kontraktionen eines einfachen Actomyosinsystems auf ihrem Substrat. Wir konzentrieren uns im Folgenden auf die Taxis einzelliger eukaryotischer Algen, welche sich mit Hilfe von **Geißeln** schwimmend fortbewegen können.

Wenn man in einer Kultur des Flagellaten *Euglena* einen Lichtgradienten erzeugt, so sammeln sich die Zellen nach wenigen Minuten in einer bestimmten Zone des Gradienten an (Abbildung 25.1, *links*). Die **Phototaxis** dieser autotrophen Organismen dient dazu, optimale Lichtbedingungen für die Photosynthese zu finden.

Bei der **photokinetischen** und **photophobischen** Reaktion müssen die Zellen lediglich die Fähigkeit besitzen, Änderungen des Lichtflusses zu registrieren (Abbildung 25.1, *rechts*). Im Fall der Phototaxis muss die Zelle hingegen auch die **Lichtrichtung** feststellen, ein viel schwierigeres Problem. Daher kommt dem Studium der Phototaxis eine allgemei-

Grundsätzlich kann die Akkumulation motiler Zellen in bevorzugten Zonen des Lichtraums über drei verschiedene Reaktionstypen zustande kommen:

➤ **Photokinese.** Darunter versteht man eine lichtabhängige Änderung der **Bewegungsintensität**. Wenn die Zellen bei niedrigem Lichtfluss schneller schwimmen als bei hohem Lichtfluss, so werden sie sich im hellsten Teil eines Lichtfeldes anreichern, **negative photokinetische Reaktion**. Im Fall einer **positiven Photokinese** bewegen sich die Zellen bei hohem Lichtfluss schneller und verbringen daher im Schnitt mehr Zeit im dunkleren Teil ihres Lebensraumes.

➤ **Photophobische Reaktion.** Hierbei kommt es zu einer Änderung der **Bewegungsrichtung**, die durch einen plötzlichen Wechsel des Lichtflusses zustande kommt. Ändern die Zellen ihre Richtung, wenn sie auf eine Dunkelzone stoßen, so werden sie sich im hellen Teil des Lichtfeldes ansammeln („Lichtfalleneffekt", Abbildung 25.1, rechts). Erfolgt die Richtungsänderung beim Eintritt in eine Lichtzone, so meiden die Zellen den hellen Teil des Lichtfeldes.

➤ **Phototaxis.** In diesem Fall orientiert sich die Bewegung an der **Lichtrichtung**. Wenn die Zellen auf die Lichtquelle zu schwimmen, **positive Phototaxis**, so werden sie sich im helleren Bereich eines Lichtfeldes ansammeln. Kommt es bei überoptimalen Lichtfluss zu einer Umkehrung der Schwimmrichtung, **negative Phototaxis**, so sammeln sich die Zellen in einem Indifferenzbereich an (Abbildung 25.1, links). Dieser Reaktionstyp tritt, neben der photophopischen Reaktion, vor allem bei Flagellaten und motilen Grünalgen auf.

kurze Geißel ragt nicht aus dem Reservoir heraus und spielt für die Bewegung keine Rolle. Der Schlag der lokomotorischen Geißel ist schraubenförmig und veranlasst die Zelle zu einer Rotation um die Längsachse (1–2 Umdrehungen pro Sekunde). Darüber hinaus verursacht der Geißelschlag einen unsymmetrischen Schub nach vorne, so dass die Zelle leicht gegen die Bewegungsrichtung geneigt ist. Deshalb bewegt sich die rotierende Zelle in einer schraubenförmigen Bahn durch das Wasser. Der Lichtsensorapparat befindet sich im vorderen Teil der Zelle, seitlich neben dem Reservoir. Dies wird durch Versuche mit Stroboskoplichtblitzen variabler Frequenz belegt: Die rotierende Zelle reagiert nur auf Licht, wenn diese Seite dem Licht zugekehrt ist. Der Lichtsensorapparat besteht aus dem **Photoreceptor** (paraflagellare Schwellung) und dem **Stigma** („Augenfleck"). Der Photoreceptor ist eine Verdickung in der Nähe der Geißelbasis, die Flavine in dichroitischer Anordnung enthält (→ S. 568). Das Stigma besteht aus einer unter dem Mikroskop gut sichtbaren Ansammlung extraplastidärer Lipidtröpfchen mit einem hohem Gehalt an orangeroten Carotinoiden. Die Registrierung der Lichtrichtung kommt durch ein Zusammenspiel von Photoreceptor und Stigma zustande: Wenn das Licht von der Seite auf den Photoreceptor fällt, wird dieser wegen der Rotation der Zelle durch das Stigma periodisch abgeschattet. Es entsteht ein rhythmisch moduliertes Signal. Die Geißel reagiert auf dieses Signal, indem sie eine leichte Kurskorrektur zur stigmahaltigen Seite hin auslöst (→ Abbildung 25.3). Eine rasche Folge solcher Kursänderungen führt zur Ausrichtung der Bahn auf die Lichtquelle hin, **positive Phototaxis**. Trifft das Licht direkt von vorne auf die Zelle, so unterbleibt die rhythmische Modulation des Signals und die Kurskorrekturen werden eingestellt.

Eine **negative phototaktische Reaktion** kommt zustande, wenn der von vorne kommende Lichtfluss über dem für die Zelle optimalen Niveau liegt. Oberhalb eines vom Adaptationszustand abhängigenden Schwellenwertes führt die Zelle eine photophobische Reaktion durch, d. h. sie ändert ihre Schwimmrichtung ungerichtet so lange, bis sich der Photoreceptor ständig in einem relativ beschatteten Zustand befindet. Dies ist dann der Fall, wenn der mit Chloroplasten angefüllte Zellinhalt zwischen Photoreceptor und Lichtquelle liegt, d. h. wenn die Zelle vom Licht wegschwimmt. Das Stigma spielt also bei der negativen Phototaxis keine Rolle.

ne, über die Aufklärung des speziellen Problems hinausgehende Bedeutung für die pflanzliche Sinnesphysiologie zu. Die Reiz-Reaktions-Kette der Phototaxis wurde insbesondere bei den Modellorganismen *Euglena* (Flagellatae) und *Chlamydomonas* (Chlorophyta) analysiert.

Bei *Euglena* sind die Elemente des Apparates für die Umsetzung des Lichtsignals in eine gerichtete Schwimmbewegung (Signalaufnahme, Signaltransduktion und Signalantwort) auf der strukturellen und photobiologischen Ebene gut analysiert (Abbildung 25.2, 25.3). Der Motor des Systems ist eine **lokomotorische Geißel**, welche in einer Einbuchtung (Reservoir) der Zelle inseriert ist. Eine zweite,

25.1 Freie Ortsbewegungen

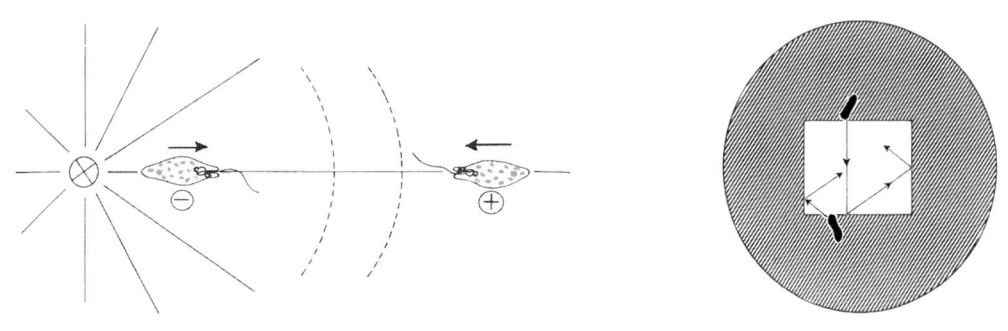

Abb. 25.1. Eine prinzipielle Darstellung der Phototaxis (Beispiel: *Euglena*, links) und der photophobischen Reaktion (Beispiel: *Rhodospirillum*, rechts). Bei der **Phototaxis** wird die Richtung der Ortsbewegung durch die **Lichtrichtung** bestimmt. Man kann eine **positive** (auf die Lichtquelle zu) und eine **negative** (von der Lichtquelle weg) gerichtete Phototaxis unterscheiden. Der Indifferenzbereich, in dem sich die Flagellaten schließlich ansammeln werden, ist gestrichelt angedeutet. Die Einstellung der Bewegungsrichtung in die Lichtrichtung erfolgt durch entsprechende Änderungen des Geißelschlags. Bei der **photophobischen Reaktion** schwimmen die Zellen glatt vom Dunklen in den Lichtfleck hinein. Beim Übergang Licht → Dunkel kommt es jedoch zu einer „Schreckreaktion". Die Zellen ändern ihre Schwimmrichtung. Das Resultat ist eine Ansammlung der Zellen in der „Lichtfalle". Bei der Auslösung der phobischen Reaktion der Purpurbakterien scheinen alle photosynthetisch wirksamen Pigmente beteiligt zu sein. Bei den begeißelten Algen hingegen besteht kein unmittelbarer Zusammenhang zwischen der Lichtabsorption in den Photosynthesepigmenten und der phototaktischen oder photophobischen Reaktion (Rotlicht ist als Stimulus unwirksam; die Zellen reagieren nur auf kürzerwelliges Licht und UV).

Soweit bis heute untersucht, funktioniert auch die Phototaxis der mit zwei (gleichen oder verschiedenartigen) Geißeln ausgestatteten Algengruppen nach einem ähnlichen Prinzip, wobei allerdings charakteristische Unterschiede im Detail auftreten. So wird z. B. bei der mit zwei gleichartigen Geißeln ausgestatteten Grünalge *Chlamydomonas* das Stigma von einer speziellen Region des Chloroplasten gebildet, in der eine oder mehrere Lagen carotinoidreicher Globuli konzentriert sind. Als Photoreceptorpigment dient in diesem Fall nicht ein Flavoprotein, sondern ein **Retinal-**

Abb. 25.2. Die Struktur einer Zelle von *Euglena gracilis*. Die Flagellaten der Gattung *Euglena* wurden für viele sinnesphysiologische Experimente verwendet. Sie sind typische Repräsentanten der monadoiden Organisationsstufe der Algen. (Nach Diehn 1973)

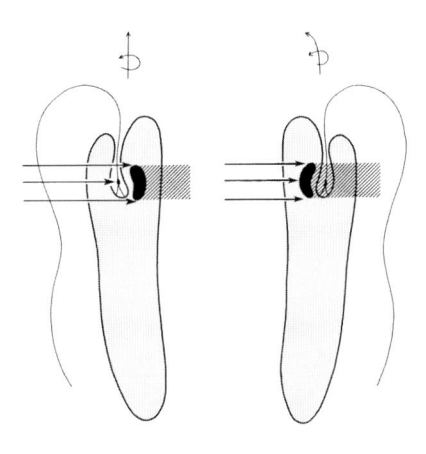

Abb. 25.3. Zum Mechanismus der positiven Phototaxis. Eine *Euglena*-Zelle wird von links beleuchtet. Infolge der Rotation der Zelle um die Längsachse wird der Photoreceptor (*Verdickung in der Nähe der Geißelbasis*) durch den „Augenfleck" (Stigma), der im Bild nierenförmig dargestellt ist, periodisch beschattet (*rechts*). Ergebnis: Kursabweichung nach *links*. (Nach Haupt 1965)

protein (Rhodopsin). Man muss davon ausgehen, dass phototaktische Lichtsensorsysteme während der Evolution verschiedener Organismengruppen mehrfach unabhängig voneinander entstanden sind.

Über die Signaltransduktion zwischen Photoreceptor und Geißel weiß man bis heute noch sehr wenig. Man vermutet, dass hierbei Konzentrationsverschiebungen von Ca^{2+} im Cytoplasma und damit einhergehende elektrische Potenzialänderungen an Membranen eine Rolle spielen.

25.1.2 Chemotaxis von Geschlechtszellen

Motile Organismen sind oft in der Lage, sich in einem Konzentrationsgradienten bestimmter chemischer Substanzen zu bewegen, z. B. in Richtung auf eine erhöhte Konzentration an Nährstoffen, H^+ oder O_2. Diese bereits bei den mit einfachen Flagellen ausgestatteten Bakterien weit verbreitete Fähigkeit wird als **positive Chemotaxis** bezeichnet. Bei **negativer Chemotaxis** bewegen sich die Organismen in einem chemischen Gradienten in Richtung abfallender Konzentration. Im Bereich der Eukaryoten tritt positive Chemotaxis regelmäßig bei begeißelten Geschlechtszellen (Zoogameten) auf, welche sich im Gradienten eines spezifischen, vom komplementären Geschlechtspartner ausgeschiedenen Lockstoffs, **Pheromon**, zu diesem hin bewegen können (→ Exkurs 22.1, S. 517). Wie bei der Phototaxis benötigen diese Zellen einen spezifischen Receptor zur Erkennung des chemischen Signals und eine Vorrichtung zur Registrierung von Unterschieden in der Signalstärke im Gradienten.

Genauere Einzelheiten des chemotaktischen Bewegungsapparates sind bisher erst für prokaryotische Organismen bekannt. Mit genetischen Methoden wurden im Periplasma motiler Bakterien, vor allem bei *Escherichia coli*, mehrere Chemoreceptorproteine (Zweikomponentensysteme; → S. 95) identifiziert, welche spezifisch z. B. bestimmte Aminosäuren oder Zucker als Liganden reversibel binden. Die Verstärkung des Signals und seine Transduktion zum Bewegungsapparat geschieht über eine enzymatische Kaskade von Proteinmethylierungs- und Proteinphosphorylierungsreaktionen, deren einzelne Elemente (Proteine) ebenfalls durch die Analyse von Mutanten aufgeklärt werden konnten. Um die Richtung eines chemischen Gradienten direkt festzustellen, müsste die Zelle kleine Konzentrationsunterschiede im Raum vergleichend messen können. Dies ist jedoch innerhalb der Dimensionen einer Bakterienzelle (1–2 µm) praktisch ausgeschlossen. Die schwimmende Zelle erzeugt vielmehr einen **zeitlichen Gradienten**, der als Basis für die Messung von Konzentrationsunterschieden dient. Bakterien können wahlweise Taumelbewegungen in rasch und zufällig wechselnden Richtungen oder länger anhaltende, geradlinige Bewegungen durchführen. Wird mehr „vorteilhafter" Ligand an dem Receptor gebunden (oder „nachteiliger" Ligand abgespalten), so verändert sich das Verhältnis zugunsten der geradlinigen Bewegung. Diese wird also begünstigt, wenn die Zelle die „richtige" Richtung einschlägt. Weicht sie von dieser Richtung ab, so setzt wieder vermehrte Taumelbewegung ein und die Zelle „tritt auf der Stelle". Die Richtungserkennung erfolgt also bei der Chemotaxis nach einem ähnlichen Prinzip wie bei der photophobischen Reaktion.

25.1.3 Feinstruktur und Funktion von Geißeln

Geißeln sind strukturell und funktionell hochgradig konservierte Organellen eukaryotischer Zellen, die allerdings bei der Evolution der Samenpflanzen verloren gegangen sind. Die Flagellen der Prokaryoten sind sehr viel einfacher gebaut und mit den Geißeln der Eukaryoten nicht vergleichbar. Die Geißeln sind im Cytoplasma mit einem Basalkörper verankert und von der Plasmamembran umgeben. Im Längsschnitt erkennt man ein Septum in der Übergangszone zwischen freier Geißel und Basalkörper (Geißelbasis, Abbildung 25.4a). Im Querschnitt zeigen die Geißeln aller Pflanzen und Tiere einen einheitlichen, bilateral-symmetrischen Aufbau aus längsorientierten Elementen des Cytoskeletts: **2 zentrale Mikrotubuli** werden von **9 äußeren Doppelmikrotubuli** konzentrisch umgeben (Abbildung 25.4 b,c). Die äußeren Doppelmikrotubuli stehen über Verbindungselemente, **Nexine**, in Kontakt und sind mit einem kontraktilen Protein, **Dynein,** assoziiert, welches als ATP-verbrauchendes **Motorprotein** die Geißelbewegung bewirkt (Abbildung 25.4d).

Die Geißelbewegung treibt die Zelle vorwärts. Sowohl die Mechanik ihrer Bewegung, als auch die resultierende Bewegung des Zellkörpers sind ungeheuer vielfältig und kompliziert. Manche Geißeln führen einen peitschenartigen Schlag in einer Ebene

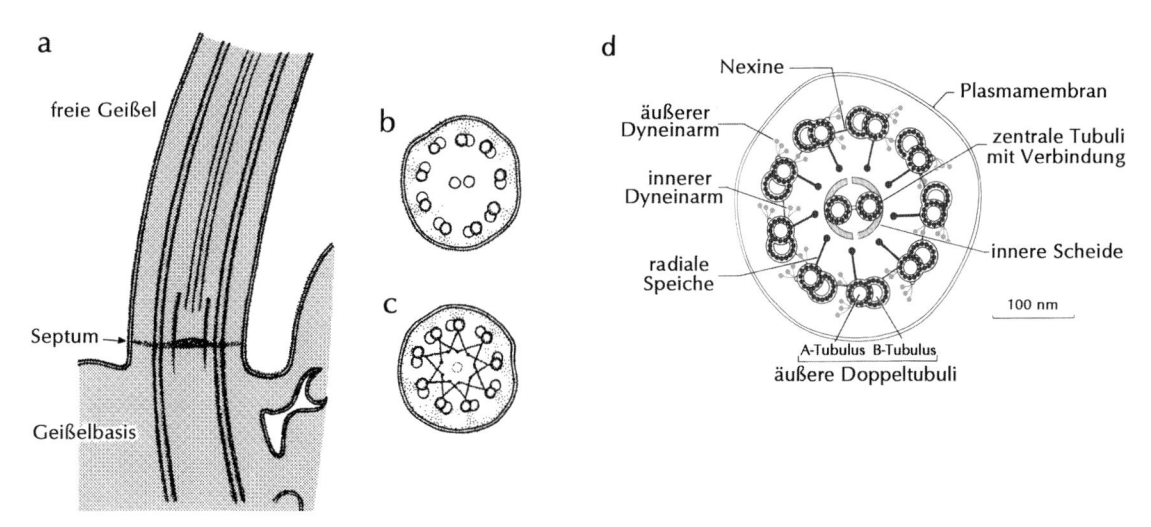

Abb. 25.4 a–d. a Medianer Längsschnitt durch Geißel und Geißelbasis der Zoospore von *Stigeoclonium* (Chlorophyceae). **b** Querschnitt durch eine Geißel im freien Bereich. **c** Querschnitt durch eine Geißel im Übergangsbereich zwischen freier Geißel und Geißelbasis. (Nach Manton 1963). **d** Schema eines Geißelquerschnitts mit den im Elektronenmikroskop erkennbaren Strukturen. Man erkennt 9 periphere (äußere) **Doppelmikrotubuli**, 2 zentrale **Einzelmikrotubuli** und verschiedene verbindende Strukturen. Die Querschnitte durch die Protofilamente innerhalb der Tubuli sind dunkel gehalten. Die beiden *verzweigten Arme* an den A-Tubuli bestehen aus **Dynein** (ATPase). Die permanenten Verbindungsstücke zwischen den Doppeltubuli nennt man **Nexine**. Das Schlagen der Geißel kommt durch cyclisches Binden und Lösen der Dyneinarme an die – und von den – benachbarten Doppeltubuli unter ATP-Verbrauch zustande. Die Analogie zum Actomyosinsystem ist offensichtlich; allerdings ist das Dynein komplexer gebaut als das Myosin. Dies ist verständlich, da die Geißel Kontraktion in Biegung umsetzen muss. Der Geißelschlag kommt nach der gängigen Auffassung durch Gleiten der Doppeltubuli relativ zueinander zustande (*sliding-filament*-Mechanismus). Dies setzt natürlich deren feste Verankerung an der Geißelbasis voraus. Die *radialen Speichen* scheinen einem reinen Aneinandervorbeigleiten der Doppeltubuli entgegenzuwirken und die Bewegung in Biegung umzusetzen. Ihre Verbindung zum zentralen Zylinder (*innere Scheide*) kann wahrscheinlich gelöst und wieder geknüpft werden. Die Nexine dagegen verbinden benachbarte **Doppeltubuli** permanent; sie sind aber offenbar elastisch und erlauben dadurch ein gewisses, aber nicht zu weites Gleiten. (Nach Kleinig und Sitte 1992; Taylor 1989)

aus, z. B. alle Cilien (kurze Geißeln von Flimmerepithelien). Andere Geißeln, z. B. diejenigen von *Euglena* und *Chlamydomonas*, bewegen sich in einem komplizierten, dreidimensionalen Schwingungsraum, wobei Schwingungsgeometrie und Schlagfrequenz von der Zelle reguliert werden können.

25.2 Orientierungsbewegungen von Organen

25.2.1 Grundphänomene

Vielzellige Pflanzen sind in aller Regel durch eine ortsgebundene (sessile) Lebensweise ausgezeichnet und daher zu keinen nennenswerten aktiven Wanderungsbewegungen befähigt. Die räumliche Bindung an einen bestimmten Lebensraum erfordert jedoch eine aktive Anpassung an die oft stark wechselnden Umweltbedingungen, wobei die **Orientierung** der Organe im Raum durch gerichtete oder ungerichtete Bewegungen eine wichtige Rolle spielt. Bei festgewachsenen Pflanzen hat sich daher eine Vielzahl verschiedener Bewegungsmechanismen herausgebildet, die sich nur schwer generalisierend darstellen lässt. Wir beschränken uns auf einige repräsentative Beispiele.

25.2.2 Gravitropismus des *Chara*-Rhizoids

Wachstumsbewegungen, die durch die **Schwerkraft** ausgerichtet werden, bezeichnet man als **Gravitropismen** (früher auch „Geotropismen" genannt). Die Orientierung des Wachstums durch die Erdanziehung ($\mathbf{g}$ = 9,81 m · s^{-2}) lässt sich eindrucksvoll an dem Rhizoid der sessilen Grünalge *Chara foetida* beobachten. Dieses einzellige, 30 µm breite und mehrere Zentimeter lange Organ kann sich mit einer Intensität von 100–200 µm · h^{-1} durch Spitzenwachstum in die Länge strecken und

> Mechanistisch gesehen kann man die Bewegungsvorgänge bei sessilen Pflanzen in zwei Kategorien einteilen:
> ▶ **Tropismen** sind gerichtete Bewegungen, die durch ungleiche Streckung (**differenzielles Wachstum** oder **differenzielle elastische Dehnung**) in verschiedenen Bereichen des Organs bewirkt werden. Sie werden durch vektorielle Umweltfaktoren ausgelöst und ausgerichtet.
> ▶ **Nastien** sind gerichtete Bewegungen, die in der Regel durch **hydraulische Motorgewebe** in **Organgelenken** zustande kommen. Sie werden ebenfalls durch Umweltfaktoren ausgelöst. Ihre Richtung ist jedoch unabhängig von der Richtung des auslösenden Faktors; sie wird vielmehr durch die Mechanik des Gelenks festgelegt.

zwar strikt orthogravitropisch, d. h. in Richtung auf den Erdmittelpunkt, **positiver Gravitropismus**. Wird ein Rhizoid horizontal orientiert, so führt es innerhalb von 2–3 h eine differenzielle Wachstumsbewegung nach unten aus, bis die Zellspitze wieder zum Erdmittelpunkt weist (Abbildung 25.5). Diese rasche, gravitropische Reaktion ist ein relativ einfaches System zur Analyse der zugrunde liegenden Reiz-Reaktions-Kette. Die Aufnahme des Schwerereizes und die Änderung des Wachstums erfolgt in der vordersten Zellspitze. Dort befindet sich eine auffällige Ansammlung von etwa 50 membranumgebenen, mit $BaSO_4$-Kristalliten angefüllten Vacuolen („Glanzkörper", etwa 2 μm Durchmesser). Diese im Cytoskelett der Zelle aufgehängten Partikel sedimentieren im horizontal gelegten Rhizoid auf die untere Zellflanke (→ Abbildung 25.5). Ihre Funktion als Schwerkraftsensoren, **Statolithen**, wird dadurch experimentell belegt, dass ihre Entfernung aus dem Zellapex vermittels Zentrifugation die Gravireaktion unterbindet, ohne das Wachstum an sich zu beeinträchtigen. Die Verlagerung der Statolithen hat tiefgreifende Veränderungen in der Anordnung anderer, normalerweise radiärsymmetrisch verteilter Zellorganellen in der Zellspitze zur Folge: Golgi-Vesikel reichern sich an der oberen Zellflanke an und führen dort zu einer verstärkten Exocytose von Zellwandmaterial und daher zu verstärkter Zellstreckung. Dieses differenzielle Flankenwachstum (oben stärker als unten) ist reversibel, wenn der Apex nach vollständiger

Krümmung nach unten zeigt und die Statolithen wieder in ihre zentrale Position sedimentieren. Aufgrund dieser Befunde wurde das folgende Konzept für die Reiz-Reaktions-Kette entwickelt:

1. **Perception des Schwerereizes** durch Verlagerung der Statolithen,
2. **Transduktion des Schwerereizes** durch Umlenkung des exocytotischen Vesikelstroms,
3. **Reaktion auf den Schwerereiz** durch lokale Umverteilung des Zellwandwachstums.

Neuere Untersuchungen im extraterrestrischen, weitgehend schwerefreien Raum haben ergeben, dass der Statolithenkomplex bei Ausschaltung der Schwerkraft seine Form ändert und nach oben verlagert wird (Abbildung 25.6). Er übt also unter dem Einfluss der Schwerkraft eine Zugkraft auf seine aus Actinfilamenten bestehende Aufhängung aus. Es erscheint möglich, dass eine Dehnung von Cytoskelettelementen eine Rolle bei der Transduktion

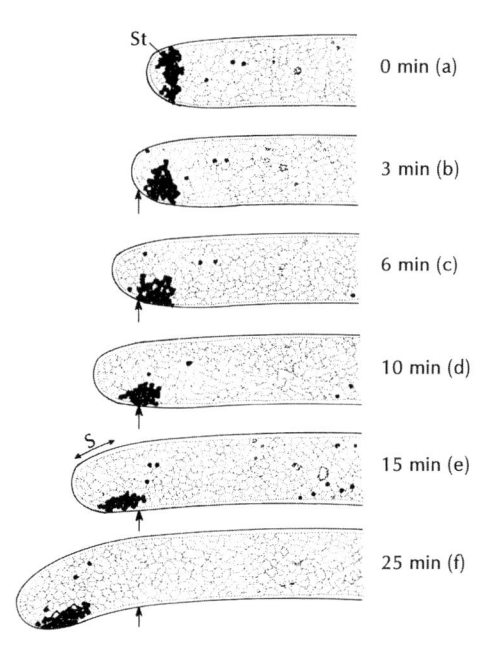

Abb. 25.5 a–f. Serienaufnahmen eines Rhizoids der Armleuchteralge *Chara foetida* nach Horizontallegung zum Zeitpunkt t = 0 (**a**). Gezeigt sind die Initialphase und der Beginn der Krümmungsbewegung. Die *Pfeile* weisen auf einen bestimmten Punkt der Zellwand hin. Die Krümmung erfolgt im Zuwachsbereich an der Zellspitze. Der Beginn der Reaktion wird durch eine Wachstumshemmung der unteren Flanke (**d, e**) markiert. Die obere Flanke (**e**, Bereich *S*) flacht zu Beginn der Krümmungsbewegung ab und zeigt verstärkte Streckung. *St*, Statolithen. (Nach Sievers und Schröter 1971)

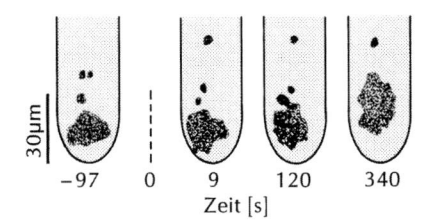

Abb. 25.6. Bewegung des Statolithenkomplexes in der Spitze eines *Chara*-Rhizoids beim Verlassen des terrestrischen Schwerefelds. Schemazeichnungen nach einer Videoaufzeichnung während eines Raketenfluges, bei dem 76 s nach dem Start (t = 0 s) eine minimale Schwerkraft von $10^{-4} \cdot g$ erreicht wurde. Man erkennt, dass der Statolithenkomplex nach oben verlagert wird und von einer ursprünglich linsenförmigen zu einer mehr längsgestreckten Gestalt übergeht. Eine ähnliche, basipetale Verlagerung konnte auch bei den Statolithen (Amyloplasten; → Abbildung 25.7 b, c) in der Wurzelhaube von Kressekeimlingen unter Mikrogravitationsbedingungen beobachtet werden. (Nach Volkmann et al. 1991)

des Schwerereizes spielt. Untersuchungen im schwerefreien Raum bestätigen die hohe Empfindlichkeit der **g**-Perception. Bereits $1,5 \cdot 10^{-4} \cdot g$ werden von den Gravireceptoren wahrgenommen und veranlassen die Pflanze zu einer Reaktion. Die bei Weltraumflügen gemessenen Werte stimmen exakt mit den bereits vor 50 Jahren mit genial einfachen **Klinostaten** gemessenen Werten überein. Im Klinostat wird die Pflanze um ihre Wachstumsachse senkrecht zur Richtung der Erdanziehung rotiert und diese so über jede volle Umdrehung kompensiert.

25.2.3 Gravitropismus bei Keimwurzeln und Sprossorganen

Phänomenologisch weist die positive gravitropische Reaktion der Radicula höherer Pflanzen viele Ähnlichkeiten mit derjenigen des *Chara*-Rhizoids auf. Ein grundsätzlicher Unterschied besteht jedoch darin, dass alle Zellen der Wurzel demselben Schwerereiz ausgesetzt sind und daher zusätzliche Mechanismen notwendig werden, um eine differenzielle Wachstumsreaktion der Organflanken zu bewerkstelligen. Außerdem zeigt die nähere Analyse, dass bei der Wurzel Reizperception und -reaktion in verschiedenen Geweben stattfinden. Die sensorischen Prozesse spielen sich in den zentralen **Columellazellen** der Wurzelhaube, **Kalyptra**, ab, welche große, sedimentierende **Amyloplasten** enthalten (Abbildung 25.7). Diese Statolithen lagern auf einem mehrschichtigen, immobilen Polster aus ER-Membranen und werden bei Horizontalstellung der Wurzel von ihrer symmetrischen Position in eine asymmetrische Position umgelagert (Abbildung 25.8). Man nimmt heute an, dass Änderungen in der mechanischen Belastung der ER-Unterlage durch die Statolithen für die weitere Verarbeitung des Schwerereizes verantwortlich sind. Die anschließenden Schritte der Reiztransduktion sind jedoch noch ungeklärt. Auch hier deuten neuere Befunde auf eine Beteiligung von Actinfilamenten hin. Wenn man (bei günstigen Objekten, z. B. der Primärwurzel von Maiskeimlingen; Abbildung 25.7 a) die Kalyptra entfernt, ohne das Wachstum der Wurzel zu beeinträchtigen, so unterbleibt die gravitropische Reaktion. Mutanten mit stärkearmen Amyloplasten und Pflanzen, welche durch eine Hormonbehandlung an Stärke verarmt wurden, reagieren deutlich schwächer oder gar nicht mehr auf den Schwerereiz. Durch diese Befunde ist die Statolithenfunktion der Amyloplasten in den gravisensorischen Zellen der Kalyptra experimentell gut belegt.

Die zur Abwärtskrümmung einer horizontal orientierten Maiswurzel führende, asymmetrische Wachstumsreaktion findet nicht nur in der für das gerade Längenwachstum verantwortlichen Streckungszone statt (Zentrum 4–5 mm hinter der Spitze; → Exkurs 5.3, S. 115), sondern beginnt in einer näher am Apex liegenden, normalerweise noch nicht stark wachsenden Zone vor der eigentlichen Streckungszone (2–3 mm hinter der Spitze). Genaue Messungen zeigen, dass in dieser Zone auf der Wurzeloberseite eine starke Zellstreckung einsetzt, wodurch die Wachstumszone selektiv auf der Oberseite nach vorne verlagert wird. Gleichzeitig wird das Wachstum in der eigentlichen Wachstumszone auf der Unterseite gehemmt. Es kommt also vorübergehend zu einem **Wachstumsgradienten** quer zur Längsachse der Wurzel. Einige Zeit später, wenn die Spitze nach unten weist, erlischt das gravitropische Wachstumssignal; die gekrümmte Zone liegt nun hinter der Wachstumszone und die Wurzel wächst fortan wieder gerade. Wegen der eng begrenzten Wachstumszone hinterlässt die Gravireaktion einen relativ scharfen Knick.

Bei der Wurzel ist also die Gravireaktion von der Graviperception räumlich getrennt. Folglich muss die Transduktionskette nicht nur den Aufbau eines zellübergreifenden Wachstumsgradienten (Querpolarisierung der Wachstumszone), sondern auch

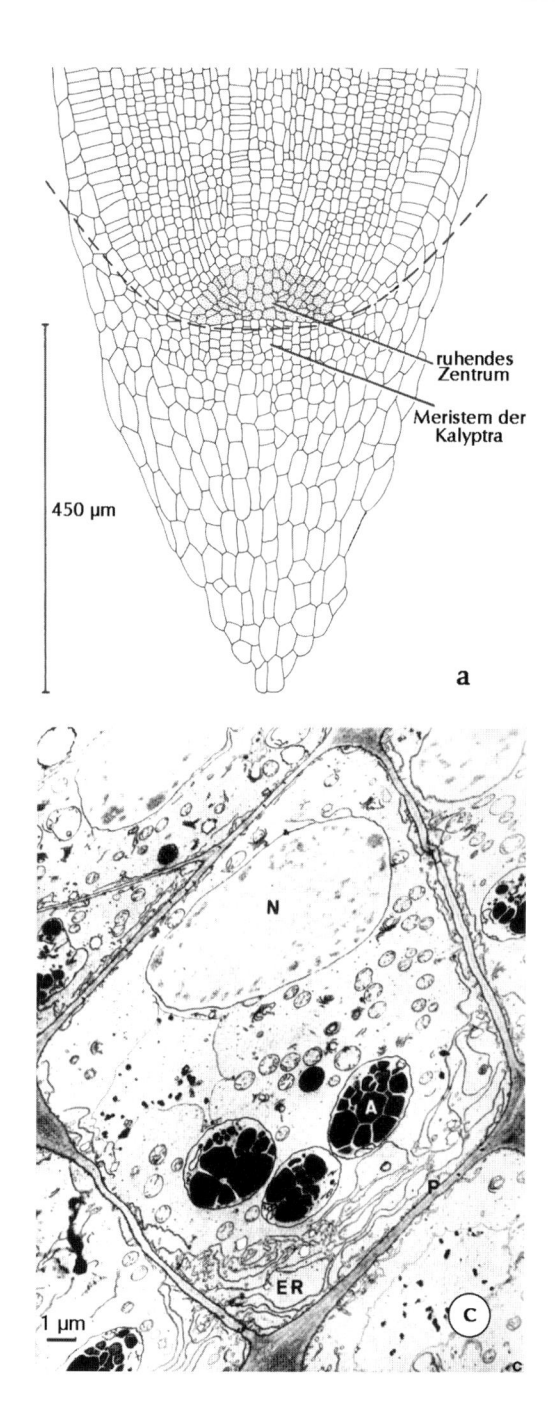

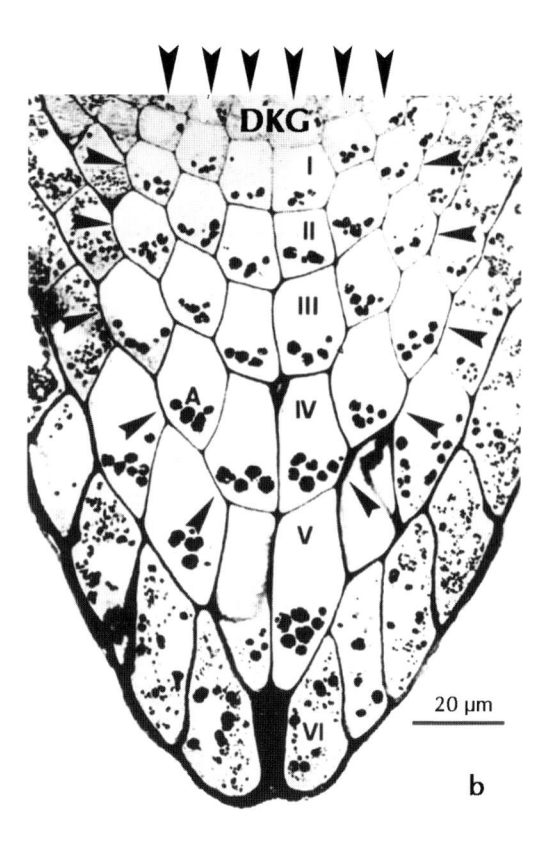

Abb. 25.7 a–c. Struktur des gravisensorischen Gewebes in der Kalyptra (Wurzelhaube). **a** Medianer Längsschnitt durch die Wurzelspitze eines Maiskeimlings (*Zea mays*). Die gestrichelte Linie gibt an, wo sich die Kalyptra bei der experimentellen Entfernung ablöst. (Nach Juniper et al. 1966). **b** Lichtmikroskopische Aufnahme eines Längsschnitts durch die Kalyptra an der Wurzelspitze eines Kressekeimlings (*Lepidium sativum*). Das **Statenchym** besteht aus den oberen 4 Etagen (*I–IV*) der 6 vom Dermatokalyptrogen (*DKG*) abgegliederten Columellazellreihen mit je drei **Statocyten** beiderseits der Wurzellängsachse (*Pfeilspitzen*). Die **Statolithen** (Amyloplasten, *A*) sind als dunkle Partikel erkennbar. (Nach Sievers 1984). **c** Elektronenmikroskopische Aufnahme einer Statocyte mit drei Amyloplasten (*A*) auf einer Ansammlung von ER-Membranen. Der Zellkern (*N*) befindet sich in der oberen Zellhälfte. (Nach Volkmann und Sievers 1979)

den Transport eines Signals von den Sensorzellen der Kalyptra zur Zone des asymmetrischen Wachstums beinhalten. Manche Experimente sprechen dafür, dass Auxin, das über die Phloembahn akropetal zur Wurzelspitze gelangt, in der Kalyptra umverteilt und in einem Konzentrationsgradienten wieder an die Wachstumszone zurückgegeben werden kann („Springbrunnenmodell" des Auxintransports). Im Gegensatz zum Spross wird das Streckungswachstum der Wurzel durch Auxin nicht gefördert, sondern gehemmt; daher führt eine Anreicherung von Auxin auf der Unterseite einer horizontal orientierten Wurzel zu einer mehr oder minder starken Krümmung nach unten. Dies

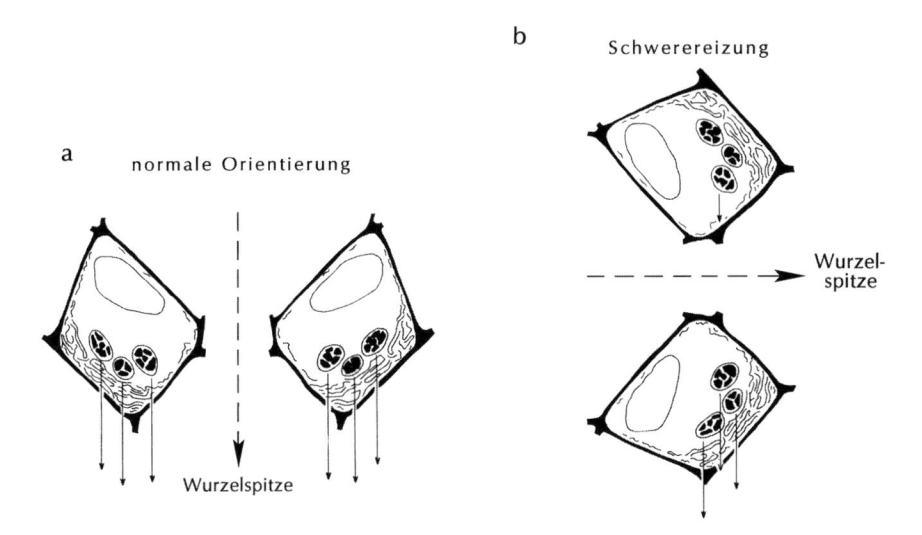

Abb. 25.8 a,b. Modellvorstellung für die Graviperception im Statenchym einer Primärwurzel der Kresse (*Lepidium sativum*). Es sind zwei periphere Statocyten dargestellt, die sich bezüglich der geometrischen Lage (Radiärsymmetrie) entsprechen. Es wird angenommen, dass der Kontakt zwischen Amyloplasten und distalem ER-Komplex die Perception des Schwereizes ermöglicht. **a** Normales, vertikales Wachstum der Wurzel. Es herrscht ein labiles Gleichgewicht, da sich die Signale, die von der Gesamtheit der ER-Komplexe ausgehen, gerade aufheben. Jede Abweichung von der Senkrechten verursacht ein Ungleichgewicht. **b** In der horizontalen Lage ist das Ungleichgewicht besonders groß: Auf der physikalischen Unterseite bleibt der Druck, den die Amyloplasten auf das ER ausüben, erhalten; auf der physikalischen Oberseite hört der Druck völlig auf. Ein an Ober- und Unterseite unterschiedliches Signal ist die Folge. (Nach Sievers und Volkmann 1972)

erklärt, warum die Wurzel einen positiven, der Spross hingegen einen negativen Gravitropismus durchführt.

Wenn die Keimwurzel zur Bildung von Seitenwurzeln übergeht, so wachsen diese zunächst horizontal oder leicht nach unten geneigt. Diese bisher kaum untersuchte Form des Gravitropismus wird als **Plagiogravitropismus** bezeichnet.

Die **Sprossachse** der höheren Pflanze zeigt einen meist stark ausgeprägten **negativen Gravitropismus**, d. h. ihr Längenwachstum wird entgegen der Schwerkraftrichtung orientiert und sie wächst vom Erdmittelpunkt weg (Abbildung 25.9). Die Reiz-Reaktions-Kette dieser Aufrichtungsbewegung wurde vor allem am Beispiel der Koleoptile (einem blatthomologen Organ; → Abbildung 18.3) gut untersucht. Wird die Koleoptile eines Haferkeimlings horizontal gelegt, so krümmt sie sich innerhalb von etwa 3 h nach oben, wobei die Krümmungszone wie beim Hypokotyl des Dikotylenkeimlings (Abbildung 25.9b) zur Basis wandert. Die oberen Zonen des Organs machen also eine vorübergehende Phase asymmetrischen Wachstums durch, dessen Ergebnis, die Krümmung, anschließend durch asymmetrisches Wachstum in der Gegenrichtung wieder rückgängig gemacht wird. Gravitropismus ist also eine komplexe, integrale Reaktion des Organs, nicht eine Reaktion der einzelnen Zellen.

Beim negativen Gravitropismus der Koleoptile konnte die Beteiligung von Auxin als Auslöser des asymmetrischen Wachstums gut belegt werden. Ein vielfach reproduziertes Experiment, das die Querverschiebung von appliziertem Auxin in einem horizontal gelegten Koleoptilsegment zeigt, ist in Abbildung 25.10 dargestellt. Neuere Experimente zur Verteilung des endogenen Auxins in intakten Pflanzen haben diese Resultate bestätigt (→ Exkurs 25.1). Auxin wird in der Koleoptilspitze produziert und polar zur Organbasis transportiert (→ Abbildung 2.23). Dabei kommt es entlang der Transportstrecke zu einer Ablenkung des Auxinstroms zur Unterseite und zu entsprechenden Veränderungen der Wachstumsintensitäten (oben Hemmung, unten Förderung). Dies ist der wesentliche Inhalt der bereits 1928 formulierten **Cholodny-Went-Theorie**, welche das gravi- und phototropische Krümmungswachstum der Koleoptile mit einer lateralen Verschiebung des basipetalen Auxinstroms erklärt. Die prinzipielle Richtigkeit dieser Vorstellung ist

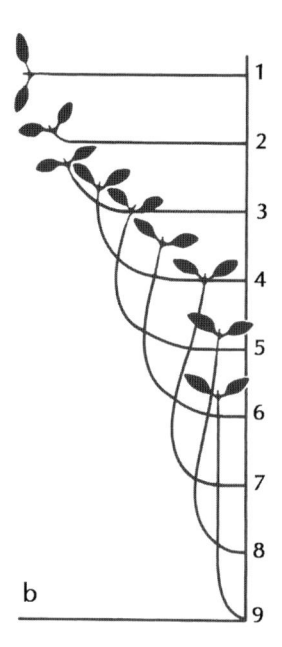

Abb. 25.9 a,b. Gravitropische Reaktion der Sprossachse bei einer Lärche (*Larix decidua*) und dem Hypokotyl eines Kressekeimlings (*Lepidium sativum*). **a** Der am Hang stehende Baum kann die durch langsame Abwärtsbewegung des Untergrunds verursachte Schrägstellung durch verstärktes Wachstum auf der hangabgewandten Seite der basalen Stammregion ausgleichen. Das differenzielle Wachstum kommt durch lokale Ausbildung von **Reaktionsholz** („Druckholz", → S. 584) zustande. **b** Das Hypokotyl des horizontal gestellten Kressekeimlings krümmt sich nach etwa 30 min durch asymmetrisches Wachstum in der apikalen Wachstumszone nach oben (Stadium *2*). Anschließend wandert die Krümmung zur Organbasis und die apikale Zone streckt sich wieder gerade (Stadien *3–9*). Dabei tritt vorübergehend eine deutliche Überkrümmung (überschießende Reaktion) auf (Stadien *5–8*). (Nach Noll, aus Schumacher 1958)

heute experimentell gut belegt (Abbildung 25.11). Manche Daten deuten darauf hin, dass eine 1987 von Macdonald und Hart vorgeschlagene, verfeinerte Cholodny-Went-Theorie die Vorgänge bei der Auslösung des Krümmungswachstums genauer beschreibt. Nach dieser Vorstellung wird der durchgängige laterale Auxingradient durch kurze, lokale Auxingradienten zwischen Epidermis und subepidermalem Gewebe ersetzt (Abbildung 25.12).

Wie das Statolithensignal in eine Querverschiebung von Auxin im Sinne der klassischen oder der verfeinerten Cholodny-Went-Theorie umgesetzt werden kann, ist noch weitgehend unklar. Neue Befunde an *Arabidopsis*-Mutanten mit gehemmtem Gravitropismus legen nahe, dass hierbei Auxin-Effluxtransporter beteiligt sind (→ Exkurs 25.2).

Die in Abbildung 25.13 dargestellten Experimente zeigen, dass sich die Perception des Schwereizes und die Gravireaktion zeitlich trennen lassen. Bei 4 °C kann das Hypokotyl den Schwerereiz aufnehmen und speichern; die Reaktion findet aber erst nach Überführung in 22 °C statt. Dekapitation (Entfernung der Auxinquelle) wirkt sich ähnlich wie eine Kältebehandlung aus. Diese Experimente führen zu drei wichtigen Einsichten:

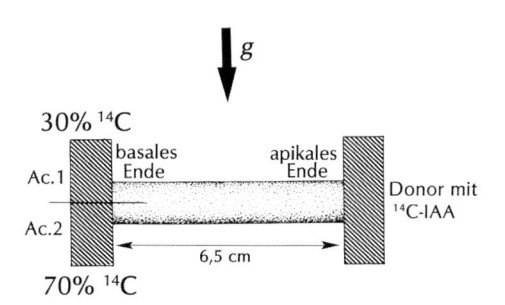

Abb. 25.10. Klassisches Experiment zum Beleg der schwerkraftinduzierten Querverschiebung von Auxin in der Koleoptile. Radioaktiv markierte IAA (*14C-IAA*) wird in einem Donoragarblock am apikalen Ende eines horizontal orientierten Koleoptilsegments appliziert. Am basalen Ende wird die transportierte ^{14}C-IAA durch zwei Acceptorblöcke (*Ac.1, Ac.2*) aufgefangen, welche durch eine Scheidewand von einander isoliert sind. Die Messung der Radioaktivität in Ac.1 und Ac.2 zeigt eine Abreicherung auf der Oberseite und eine Anreicherung auf der Unterseite. (Nach Gillespie und Thimann 1963)

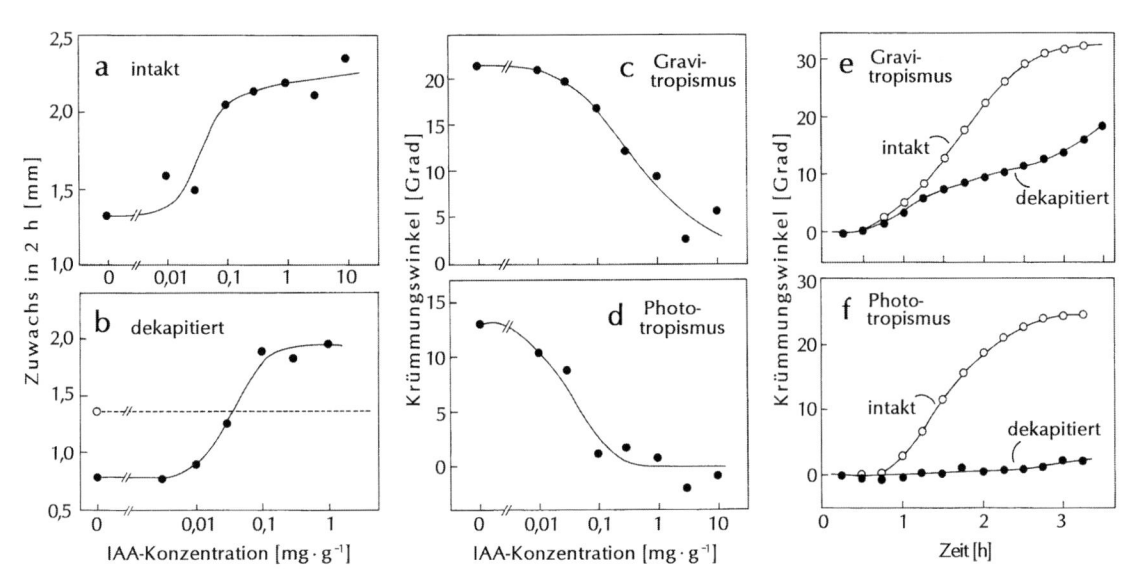

Abb. 25.11 a–f. Experimentelle Verifizierung der Cholodny-Went-Theorie. Objekt: Koleoptilen intakter Maiskeimlinge (*Zea mays*). Diese Experimente prüfen folgende Voraussage: **Wenn** die gravi- oder phototropische Krümmung durch einen lateralen, in der Koleoptilspitze erzeugten Auxingradienten verursacht wird, **dann** muss sie durch Zufuhr allseitig wachstumssättigender Auxinkonzentrationen oder durch Entfernung der Koleoptilspitze gehemmt werden. Dieses Resultat ist jedoch **nicht** zu erwarten, wenn die Krümmung durch andere Faktoren als Auxin verursacht wird. Die Zufuhr von Auxin erfolgte durch Anbringung eines Lanolinrings mit verschiedenen Konzentrationen an Indol-3-essigsäure (IAA) 5 mm unter der Koleoptilspitze bei gravitropisch (Horizontalstellung) oder phototropisch (Blaulichtpuls, 1. positive Krümmung) gereizten Pflanzen. Ergebnisse: Das Streckungswachstum der *intakten* (a) und der *dekapitierten* (b), nicht gereizten Koleoptile kann durch exogene IAA im Bereich von 0,01 – 1 mg · g^{-1} reguliert werden, d. h. das endogene Auxin ist nicht sättigend für die Organstreckung. Im gleichen Konzentrationsbereich führt die allseitige Zufuhr von IAA zu einer Aufhebung der gravitropischen (c) oder phototropischen (d) Krümmung intakter Koleoptilen. Dekapitation (2 mm) führt zu einer vollständigen Hemmung des Phototropismus (f) und zu einer unvollständigen Hemmung des Gravitropismus (e). Dies deutet darauf hin, dass die wirksame Querverschiebung des Auxins beim Phototropismus nur in der Spitze, beim Gravitropismus hingegen auch weiter unten im Organ erfolgt. Die gestrichelte Linie in **b** markiert das Wachstum der intakten Koleoptile ohne IAA-Zufuhr. (Nach Iino 1995)

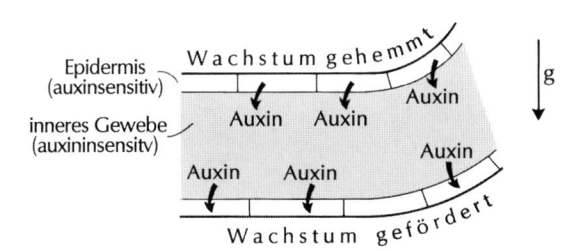

Abb. 25.12. Schema zu einer verfeinerten Cholodny-Went-Theorie. Nach dieser Vorstellung kommt es unter dem Einfluss der Schwerkraft zum **lokalen Export** von Auxin aus den Epidermiszellen der Oberseite und zum **lokalen Import** von Auxin in die Epidermiszellen der Unterseite des Organs. Da bevorzugt die Epidermiszellen auf Auxin mit Wachstum reagieren, kommt es zum Krümmungswachstum. Diese Hypothese berücksichtigt die wachstumskontrollierende Funktion der Epidermis bei der Organstreckung (→ Abbildung 5.12). Sie steht weiterhin im Einklang mit dem Befund, dass Messungen der Auxinkonzentrationen in der oberen und der unteren Organhälfte nur relativ bescheidene Unterschiede ergaben (→ Abbildung 25.10). (Nach Macdonald und Hart 1987)

▶ Die Perception erfolgt auch bei niedriger Temperatur.
▶ Das hierbei erzeugte Signal bleibt auch in der Wärme über viele Stunden stabil.
▶ Auxin ist zur Signalspeicherung nicht erforderlich. Es wird erst zur Umsetzung des Signals in einen Wachstumsgradienten benötigt.

Die **Internodien der Gräser** zeigen keinerlei gravitropische Reaktionsfähigkeit. Flach gelegte Grashalme richten sich vielmehr durch Krümmungsbewegungen ihrer **Nodien** auf. Diese knotenförmigen Organe, **Pulvini**, sind bei entsprechender Reizung zu einem starken Streckungswachstum auf der Unterseite befähigt. Auch hier treten Amyloplasten als Statolithen auf; die weitere Signalverarbeitung bis zur Auslösung des asymmetrischen Wachstums ist jedoch noch wenig erforscht.

EXKURS 25.1: Nachweis der asymmetrischen Auxinverteilung beim Gravitropismus mit einer gentechnischen Methode

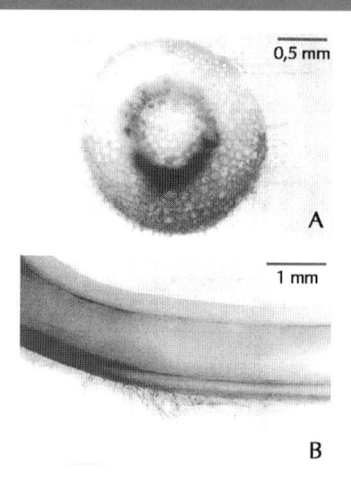

Die laterale Umverteilung von Auxin zur stärker wachsenden Flanke von Sprossorganen ist ein Kernbestandteil der Cholodny-Went-Theorie der tropischen Krümmungsreaktion. Transportexperimente mit Organsegmenten und radioaktiv markiertem Auxin zum Beleg dieser Theorie (→ Abbildung 25.10) wurden immer wieder angezweifelt, nicht zuletzt, weil das ermittelte Ausmaß der Querverteilung niedriger war als erwartet. Dieses Problem wurde in neueren Experimenten mit einem gentechnischen Ansatz erneut aufgerollt, nachdem Auxin-induzierbare Proteine bekannt waren, die sich als biologische Sonden für die Anwesenheit von aktivem Auxin im Gewebe anboten. In der im Folgenden geschilderten Studie wurde der Promotor des Auxin-induzierbaren GH3-Proteins mit dem bakteriellen β-Glucuronidasegen (*GUS*) verknüpft und das *GH3/GUS*-Fusionsgen als **Reportergen** für Auxin in das Tabakgenom eingeführt (→ Exkurs 6.6, S. 134). Die transgenen Tabakpflanzen exprimierten das GUS-Protein, das sich mit einem Farbtest im Gewebe lokalisieren lässt, spezifisch und dosisabhängig in Anwesenheit von Auxin. Die Abbildungen zeigen GUS-angefärbte Schnitte (A: Querschnitt, B: Längsschnitt) aus der Wachstumszone des Stängels von Pflanzen, die zuvor einige Stunden horizontal gelegt waren. Die durch GUS erzeugte blaue (hier dunkel abgebildete) Anfärbung des Gewebes auf der Unterseite des Stängels ist ein *in vivo*-Indikator für die asymmetrische Auxinverteilung als Folge der Gravistimulation. In vertikalen, oder dekapitierten horizontalen Kontrollpflanzen war die GUS-Aktivität symmetrisch über den Querschnitt verteilt. Ähnliche Resultate wurden bei der phototropischen Krümmung erhalten. (Nach Li et al. 1999)

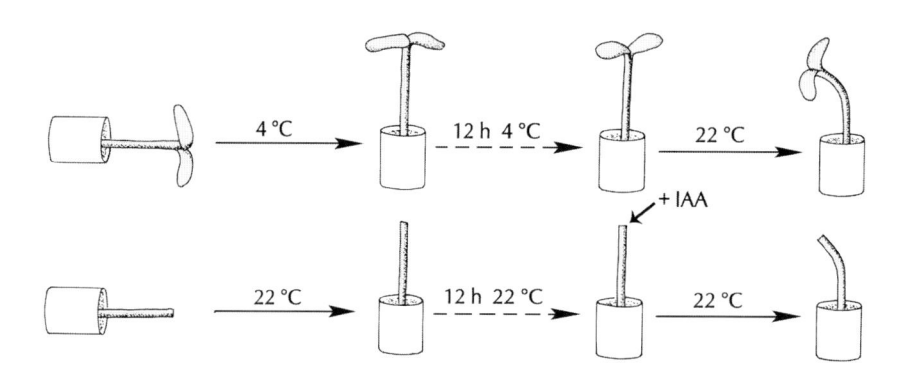

Abb. 25.13. Gravitropische Experimente mit Sonnenblumenkeimlingen (*Helianthus annuus*). *Oben:* Konservierung einer bei 4 °C durchgeführten gravitropischen Induktion über einen langen Zeitraum hinweg (*12 h bei 4 °C*). *Unten:* Durch Dekapitierung (Entfernen von Kotyledonen und Plumula) an Auxin verarmte Hypokotyle können gravitropisch induziert werden. Sie krümmen sich aber erst nach Auxinzugabe (+ *IAA*). Die gravitropische Induktion kann auch in diesem Fall über viele Stunden hinweg gespeichert werden. (Nach Brauner und Hager 1958)

EXKURS 25.2: Wird die asymmetrische Auxinverteilung beim Gravitropismus durch Auxineffluxtransporter erzeugt?

Am polaren Zell-zu-Zell-Transport des Auxins durch die Pflanze sind **Auxineffluxtransporter** maßgeblich beteiligt. Dies geht z. B. aus dem Befund hervor, dass Effluxinhibitoren, z. B. Naphthylphtalamsäure (NPA) die gravitropische Reaktion sehr effektiv hemmen. Die seit langem postulierte einseitige Anreicherung der Effluxtransporter in der Plasmamembran auf der Effluxseite auxintransportierender Zellen (→ Abbildung 18.8) konnte inzwischen durch immunologische Markierung der Proteine zweifelsfrei gezeigt werden. Ihre mögliche Funktion bei der Verteilung und Lenkung der Auxinströme in der Pflanze wurde erforschbar, nachdem *Arabidopsis*-Mutanten mit Defekten beim Auxintransport isoliert worden waren. Die Gruppe der ***pin*-Mutanten** ist in diesem Zusammenhang besonders interessant. Man konnte 4 verschiedene *PIN*-Gene unterscheiden, deren Inaktivierung in den jeweiligen Defektmutanten zu charakteristischen Ausfallserscheinungen führen. Die ***pin1*-Mutante** besitzt nadelförmige, nackte Sprosse mit gehemmter gravitropischer Reaktionsfähigkeit (Abbildung A). Der Defekt geht auf das Fehlen eines Proteins zurück, das im Wildtyp spezifisch an der abwärts (d. h. zum Wurzelpol) gerichteten Seite in der Plasmamembran auxintransportierender Zellen in den Leitbündeln von Spross und Wurzel lokalisiert ist und die molekularen Merkmale eines Auxineffluxtransporters besitzt. Bei der ***pin2*-Mutante** mit stark gehemmter Gravireaktion der Wurzel fehlt ein anderes Mitglied der PIN-Familie, das im Wildtyp an den aufwärts (d. h. zur Wurzelbasis) gerichteten Zellseiten von Epidermis und Cortex angereichert vorliegt. Eine weitere Mutation (***pin3***, ebenfalls mit reduzierter Gravireaktion) betrifft ein Protein, das in der Wurzel vor allem in den zentralen Columellazellen der Kalyptra, gleichmäßig verteilt an allen Zellflanken, exprimiert wird. In diesen Zellen findet die Perception des Schwerereizes durch Statolithen statt (→ Abbildung 25.7). Bei *pin4* ist ein Protein ausgeschaltet, das im Wildtyp in den Zellen um das ruhende Zentrum konzentriert vorliegt und für den Transport von Auxin in die Kalyptra notwendig ist. Abbildung B zeigt einen Längsschnitt durch die Spitze einer *Arabidopsis*-Wurzel, in den die Lokalisierung von PIN1, PIN2, PIN3, PIN4 (*hell hervorgehobene Zellflanken*) und die durch sie festgelegte Richtung des Auxintransports eingetragen sind. Für die Umverteilung des Auxinstroms bei der gravitropischen Krümmungsreaktion ist offenbar PIN3 von zentraler Bedeutung: Wenn man eine Wurzel von der vertikalen in die horizontale Lage bringt, kann man bereits nach 2 min eine Anreicherung des PIN3-Proteins an der lateralen, jetzt nach unten weisenden Seite der Columellazellen beobachten. Mit einem empfindlichen Biosensor für Auxin (→ Exkurs 25.1) konnte außerdem gezeigt werden, dass Auxin unter diesen Bedingungen in den benachbarten, darunter liegenden Cortex- und Epidermiszellen angereichert wird.

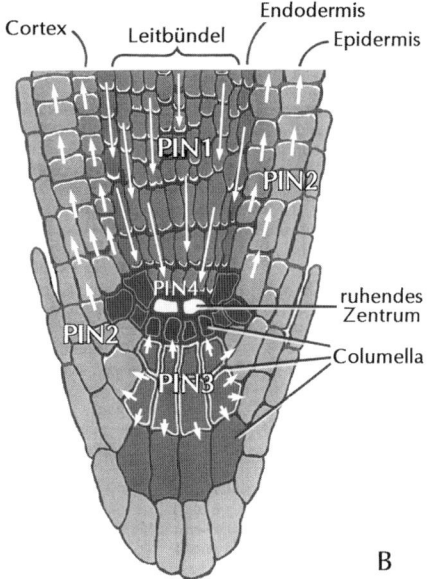

> Diese Resultate stehen im Einklang mit dem Konzept, dass in der horizontal gelegten Wurzel unter dem Einfluss der Schwerkraft in den Statocyten der Columella eine Umorientierung des Auxinstroms, vermittelt durch die Umorientierung von Effluxtransportern, auf die nach unten orientierte Seite der Kalyptra stattfindet. Das asymmetrisch basipetal strömende Auxin kann dann in der Wachstumszone eine Hemmung der Zellstreckung auf die Wurzelunterseite, d. h. eine Krümmung nach unten, bewirken. Außerdem sind diese Befunde eine Stütze für das „Springbrunnenmodell" des Auxintransports in der Wurzelspitze: Zur Spitze gerichteter Transport im Leitbündel – Umkehr in der Kalyptra – zur Basis gerichteter Transport im peripheren Wurzelgewebe. (Nach Abbildungsvorlagen von K. Palme)

25.2.4 Weitere tropische Reaktionen

Die Wachstumsrichtung von Wurzeln im Boden wird nicht nur durch die Schwerkraft, sondern auch durch eine Reihe weiterer vektorieller Umweltfaktoren beeinflusst, z. B. durch den mechanischen Widerstand des Substrats, **Thigmotropismus**, Wärmegradienten, **Thermotropismus**, und Feuchtegradienten, **Hydrotropismus**. Die hydrotropische Wachstumsorientierung ist von entscheidender Bedeutung, wenn die Wurzel durch Wachstum feuchtere Bodenregionen für ihre Wasserversorgung erschließen muss. Diese „Wassersuchbewegung" kann man besonders elegant an einer gravitropisch insensitiven Mutante der Gartenerbse studieren. An diesem Objckt ließ sich zeigen, dass die Wurzel bereits auf Wasserpotenzialgradienten von 0,5 MPa · mm^{-1} mit asymmetrischem Wachstum reagiert (→ Exkurs 25.3).

Auch das Wachstum vieler anderer Zellen oder Organe kann durch chemische Signale aus der Umwelt orientiert werden. **Chemotropismus** findet man z. B. beim Wachstum der Pollenschläuche nach der Pollenkeimung auf der Narbe (→ Exkurs 22.4, S. 521). Das Spitzenwachstum des Pollenschlauchs wird in den Interzellularen des stigmatoiden Gewebes im Griffel zielsicher zur Samenanlage ausgerichtet (→ Abbildung 22.22). *In vitro* wachsende Pollenschläuche reagieren sehr empfindlich auf einen experimentell erzeugten Gradienten der Ca^{2+}-Konzentration indem sie ihr Wachstum in Richtung auf die Ca^{2+}-Quelle ausrichten. Dabei kommt es zu einer Akkumulation von Ca^{2+} am Wachstumspol des Zellapex. Ob diese chemotropische Reaktion auch für die Orientierung des Wachstums im Griffel eine Rolle spielt, ist noch offen.

25.2.5 Phototropismus bei höheren Pflanzen

Die Grundphänomene des Phototropismus bei einer dikotylen Keimpflanze sind in Abbildung 25.14 dargestellt. Das Hypokotyl reagiert **positiv phototropisch**, krümmt sich also zum Licht hin. Die Blätter orientieren ihre Spreiten senkrecht zur Lichtrichtung, **Diaphototropismus**. Die Wurzel reagiert, wenn überhaupt, **negativ phototropisch**. Diese Orientierungsbewegungen kommen durch asymmetrische Zellstreckung in den Wachstumszonen von Hypokotyl, Blattstielen und Wurzel zustande. Wie beim Gravitropismus handelt es sich auch hier um integrale Reaktionen von Organen, nicht um eine Reaktion von einzelnen Zellen. Um diese Reaktion auszulösen, ist ein **Photoreceptor** erforderlich, der einen Gradienten an wachstumssteuerndem **Photoprodukt** in Richtung des Lichteinfalls erzeugt. Es stellen sich daher drei prinzipielle Fragen:

1. Welcher Photoreceptor ist für die Lichtabsorption verantwortlich?

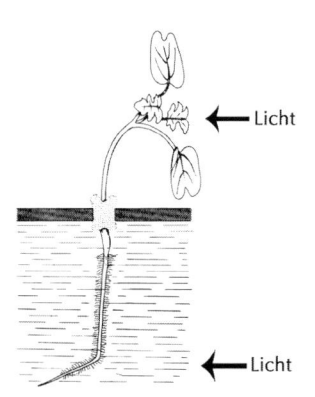

Abb. 25.14. Die phototropischen Wachstumsbewegungen einer repräsentativen, dikotylen Keimpflanze (Weißer Senf, *Sinapis alba*). Das Hypokotyl reagiert **positiv phototropisch**, die Wurzel reagiert **negativ phototropisch**. Mit **Diaphototropismus** bezeichnet man eine senkrecht zur Lichtrichtung orientierende Krümmungsbewegung. Im vorliegenden Fall zeigen die Blattflächen eine diaphototropische Einstellung, die auf asymmetrische Wachstumsreaktionen der Blattstiele zurückgeht (→ S. 572). (Nach Boysen-Jensen 1939)

EXKURS 25.3: Hydrotropische Wachstumsorientierung im Boden, analysiert mit einer agravitropen Mutante

Wurzeln wachsen den Wasserreserven im Boden nach (→ S. 313). Bereits um 1872 wurde von Sachs gezeigt, dass Wurzeln durch „feuchte Körper" von ihrer normalen Wachstumsrichtung abgelenkt werden. Hierbei ergibt sich eine Überlagerung von Gravitropismus und Hydrotropismus, welche die genaue Messung der hydrotropischen Reaktion erschwert. Dieses Problem wurde in neueren Experimenten durch Verwendung der gravitropisch inaktiven *ageotropum*-Mutante der Erbse (*Pisum sativum*) umgangen. Die in der Abbildung dargestellten Resultate stammen von Wurzeln in feuchter Luft, bei denen an der Spitze (Kalyptra) zwei gegenüberliegende Agarblöckchen angeheftet wurden, eines mit Wasser und eines mit einer osmotischen Lösung (1 MPa Sorbit). Die Skizze zeigt *links* eine derart behandelte Wurzel (Sorbitblöckchen dunkel) im Vergleich zur Kontrolle (Wasser auf beiden Seiten) nach 8 h. Das Diagramm zeigt den Verlauf der durch die Wasserpotenzialdifferenz $\Delta\psi = 1$ MPa induzierten Krümmungsreaktion zur Seite ohne Sorbit. Weitere Versuche ergaben folgende zusätzliche Befunde: Die hydrotropische Krümmung erfolgt bei einem $\Delta\psi \geq 0{,}5$ MPa quer zur Wurzel (ca. 1 mm). Wurzeln, denen die Kalyptra entfernt worden war, oder denen die Agarblöckchen auf die Wachstumszone platziert wurden, zeigten keine Krümmung; d. h. der ψ-Gradient wird ähnlich wie der Gravistimulus von einem Sensor in der Kalyptra registriert und erfordert eine Signalleitung zur ausführenden Wachstumszone. Weder die Natur des Sensors noch die des Signals konnten bisher aufgeklärt werden. Auxin scheint in diesem Fall keine Rolle zu spielen. Da jedoch *Arabidopsis*-Mutanten mit defekter Abscisinsäuresynthese eine verminderte hydrotropische Empfindlichkeit aufweisen, vermutet man, dass dieses Hormon an der Signalleitung beteiligt ist. An der Wurzel von *Arabidopsis*-Keimlingen konnte gezeigt werden, dass der ψ-Gradient die Gravireaktion durch Abbau der Statolithenstärke in den Columellazellen der Kalyptra unterdrückt. (Nach Takano et al. 1995; Takahashi et al. 2002)

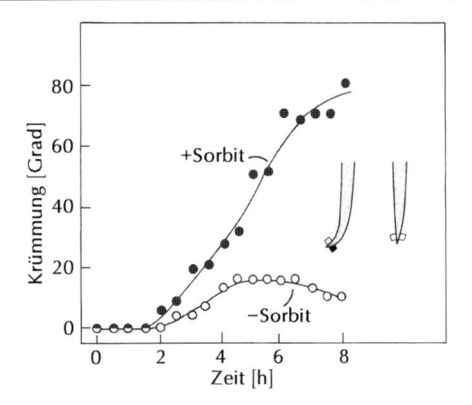

---

2. Wie kommt es zu einem Gradienten an Photoprodukt?
3. Wie wird der Photoproduktgradient in einen Wachstumsgradienten umgesetzt?

Wir wenden uns zunächst den beiden ersten Fragen zu. Ein erster wichtiger Befund wird durch die Halbseitenbeleuchtung erbracht (Abbildung 25.15): Die Krümmungsrichtung einer Koleoptile wird nicht eigentlich durch die Lichtrichtung, sondern durch die ungleiche Verteilung der Lichtabsorption im Gewebe, d. h. durch den **Lichtgradienten** bestimmt. Optische Messungen an der Koleoptilspitze haben ergeben, dass das Licht beim Durchtritt durch das Gewebe durch Absorption und Streuung kontinuierlich von 100 % (Lichtseite) auf etwa 25 % (Schattenseite) abgeschwächt wird.

Der für die phototropische Reaktion höherer Pflanzen verantwortliche Photoreceptor ist das **Phototropin**, ein Blaulicht absorbierendes Pigment, dessen Struktur und photochemische Eigenschaften erst vor kurzem aufgeklärt werden konnten. Die Wirkungsspektren der bisher untersuchten phototropischen Organbewegungen zeigen einen dreigliedrigen Hauptgipfel bei 400 bis 500 nm und einen Nebengipfel bei etwa 270 nm im langwelligen UV (Abbildung 25.16). Man hat schon lange vermutet, dass sich hinter diesem bisher nur physiologisch charakterisierten UV/Blaulichtreceptor ein Flavoprotein verbirgt. Ausgehend von Experimenten mit der phototropisch inaktiven *Arabidopsis*-Mutante *nph1* (***n**on-**ph**ototropic **h**ypocotyl **1***) konnte diese Vermutung bestätigt und das *NPH1*-Gen des Wildtyps sequenziert werden. Es codiert für ein Protein mit zwei **Flavinmononucleotid(FMN)-bindenden Domänen** und einer autophosphorylierenden **Serin/Threonin-Proteinkinase-Domäne** (→ Abbildung 19.7). Die Anregung der FMN-

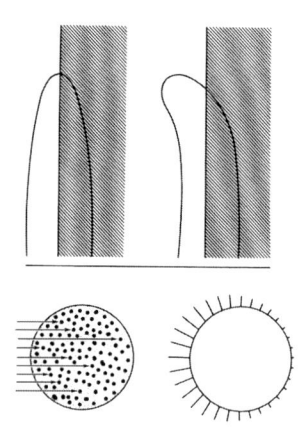

Abb. 25.15. *Oben*: Prinzip der Halbseitenbeleuchtung und der entsprechenden Reaktion der Haferkoleoptile (*Avena sativa*). Bei Beleuchtung **senkrecht zur Zeichenebene** krümmt sich die Koleoptilspitze in der Zeichenebene in das Lichtfeld. *Unten*: Prinzip der Lichtrichtungsmessung. *Punkte*: Photoreceptormoleküle, *Pfeile*: Strahlengang. Die radialen Striche (*rechte Seite*) repräsentieren die Intensität der Absorption rings um den Querschnitt. (Nach Haupt 1965)

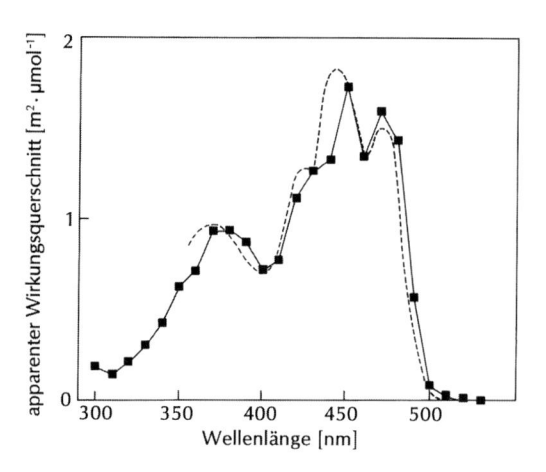

Abb. 25.16. Wirkungsspektrum für den Lichtpuls-induzierten Phototropismus des Hypokotyls. Objekt: Luzerne-Keimpflanzen (*Medicago sativa*). Auf der Ordinate ist der Kehrwert der Photonenfluenz aufgetragen, die für die Induktion einer bestimmten Reaktion (13° Krümmung) benötigt wird. Die gestrichelte Linie repräsentiert das Wirkungsspektrum für die 1. positive Krümmung beim Phototropismus der Haferkoleoptile (→ Abbildung 25.17). (Nach Briggs und Baskin 1988)

Chromophoren führt zur Aktivierung der Kinasedomäne, welche bis zu 8 Serinreste im Protein mit ATP phosphoryliert. In der Dunkelphase nach einer Belichtung findet eine Dephosphorylierung statt, die etwa 20 min in Anspruch nimmt. Diese Zeitspanne stimmt mit der Dauer der Erholungsphase überein, die verstreichen muss, damit das Organ auf eine weitere Belichtung phototropisch reagiert. Die Phototropin-Proteine PHOT1 und PHOT2 besitzen keine Transmembrandomänen, sind aber fest an die Innenseite der Plasmamembran gebunden. PHOT1 wurde vor allem in den mutmaßlich Auxin transportierenden Geweben von Achsenorganen lokalisiert, und zwar an den apikalen und basalen Zellflanken. Einseitige, nichtsättigende Belichtung solcher Organe induziert einen von der Licht- zur Schattenseite abfallenden Gradienten der PHOT1-Phosphorylierung, der parallel zum Lichtgradienten verläuft. Damit ist im Prinzip geklärt, wie das vom Organ aufgenommene, gerichtete Lichtsignal in einen mittelfristig stabilen Gradienten an Photoprodukt umgesetzt werden kann.

Die Entdeckung der Phototropine als neuartige UV/Blaulichtphotoreceptoren hat das Verständnis der regulatorischen Lichtwirkungen auf Pflanzen enorm vorangebracht. Wir wissen heute, dass die Phototropine nicht nur phototropische Reaktionen steuern, sondern auch bei einer Reihe anderer Blaulicht-abhängiger Bewegungsreaktionen beteiligt sind, die man früher den Cryptochromen (→ S. 449) zugeschrieben hat, z. B. die Öffnungsbewegung der Stomata (→ S. 273) und die Orientierungsbewegungen der Chloroplasten (→ S. 576). Im *Arabidopsis*-Genom finden sich neben *PHOT1* und *PHOT2* noch drei weitere Gene für Proteine mit LOV-Domänen, wie sie für Phototropine charakteristisch sind. Obwohl sie sonst keine Ähnlichkeit mit Phototropinen aufweisen, könnte es sich hier um weitere Photoreceptoren mit noch unbekannter Funktion handeln.

Phototropische Krümmungsreaktionen lassen sich sowohl mit Dauerlicht, als auch mit kurzen Lichtpulsen auslösen. Die Abhängigkeit der Reaktionsstärke von der eingestrahlten Dosis an Blaulicht wurde vor allem am Beispiel der Haferkoleoptile genauer untersucht. Die in Abbildung 25.17 dargestellte, mehrphasige Fluenz-Effekt-Kurve konnte mit kleineren Abweichungen auch bei anderen Pflanzen reproduziert werden. Bei niedrigen Fluenzen (0,01 bis 10 µmol · m^{-2}) krümmt sich die Koleoptile zum Licht („1. positive Krümmung"), bei mittleren Fluenzen (10 bis 300 µmol · m^{-2}) vom Licht weg („negative Krümmung") und bei noch höheren Fluenzen zum Licht hin („2. positive Krümmung"). Im Bereich der 1. positiven Krümmung gilt das Reziprozitätsgesetz (Reizmengengesetz; → S. 446), d. h. die Wirkung des Lichts hängt nur von der Fluenz ab, unabhängig davon, in welcher Zeit diese Fluenz appliziert wird. Unter diesen Bedingungen besteht ein einfacher Zusammenhang zwischen der Zahl an absorbierten Lichtquanten, der Menge an produziertem Photoprodukt und der physiologischen Reaktion. Die Optimumskurve im Bereich der 1. positiven Krümmung wird damit erklärt, dass der Lichtgradient im Gewebe beim Überschreiten einer optimalen Fluenz wieder eingeebnet wird, da nun auch auf der lichtabgewandten Seite der Photoreceptor zunehmend lichtgesättigt vorliegt. Größere Schwierigkeiten bereitet die Deutung der negativen und der 2. positiven Krümmung. Diese Reaktionen gehorchen nicht dem Reziprozitätsgesetz, sondern zeigen eine starke Abhängigkeit vom Lichtfluss bzw. der Bestrahlungszeit, mit der eine bestimmte Fluenz appliziert wird (→ Abbildung 25.17). Die negative Krümmung, die bisher nur bei der Haferkoleoptile gefunden wurde, könnte z. B. auf einer Hemmung oder Desensibilisierung der Phototropinaktivität auf der lichtzugewandten Seite beruhen. Als Komplikation kommt hinzu, dass die Koleoptile im Spitzenbereich und im unteren Bereich unterschiedlich reagiert. Die 1. positive Krümmung und die negative Krümmung werden durch Lichtabsorption in der Phototropin-reichen Organspitze ausgelöst; sie unterbleiben, wenn der oberste Millimeter der Koleoptile während der Belichtung verdunkelt vorliegt. Die 2. positive Krümmung wird durch Lichtabsorption im unteren Teil der Koleoptile bewirkt, der sich offenbar hinsichtlich der photochemischen Eigenschaften oder der Wirksamkeit des Photosensorsystems von der Spitze unterscheidet. Für experimentelle Zwecke, z. B. für Wirkungsspektren, wird meist im Fluenzbereich der 1. positiven Krümmung gearbeitet. Unter natürlichen Bedingungen dürfte allerdings in erster Linie die 2. positive Krümmung für das Wachstum der Pflanzen zum Licht verantwortlich sein.

Normalerweise ist die phototropische Reaktion von einer gravitropischen Reaktion überlagert, welche der Krümmung entgegenwirkt. Dies führt z. B. dazu, dass eine phototropische Krümmung nach Beendigung einseitiger Belichtung meist wieder vollständig rückgängig gemacht werden kann. Um im Experiment die Schwerkraft unwirksam zu ma-

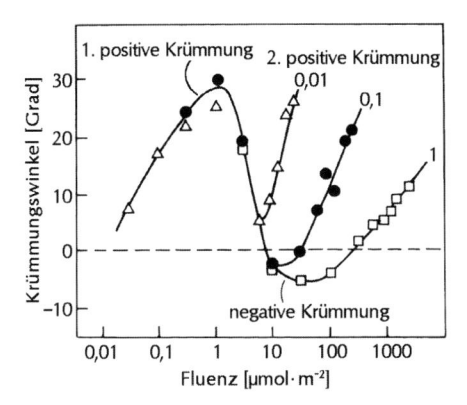

Abb. 25.17. Fluenz-Effekt-Kurven des Phototropismus. Objekt: Koleoptile des Haferkeimlings (Avena sativa) nach Anzucht im Hellrotlicht. Die Krümmungsreaktion wurde durch einseitige Bestrahlung mit Blaulicht bei Lichtflüssen von 0,01, 0,1 und 1 µmol · m^{-2} · s^{-1} induziert. Um die gewünschten Fluenzwerte zu erreichen, wurde die Bestrahlungszeit im Bereich von 3 s bis 40 min variiert. Die Messung der induzierten Krümmungswinkel (Endwerte) erfolgte 120 min nach Bestrahlungsbeginn. Im Bereich der 1. positiven Krümmung gilt das Reziprozitätsgesetz (bis zu einer Bestrahlungszeit von 40 min). Bei höheren Fluenzen hängt die Wirkung von der Lichtfluss/Zeit-Kombination ab, mit der eine bestimmte Fluenz verabreicht wird. (Nach Iino 2001)

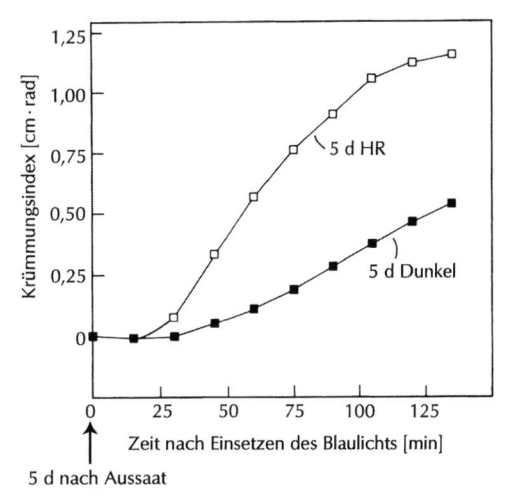

Abb. 25.18. Der Verlauf der phototropischen Krümmung des Hypokotyls im einseitigen Blaulicht (8 mW · m^{-2}; 2. positive Krümmung). Objekt: Sesamkeimpflanzen (Sesamum indicum). Der Krümmungsindex ist ein besonders sensitives Maß für den Krümmungsverlauf einer Achse. Das einseitige Blaulicht setzte 5 d nach der Aussaat ein. Bis zu diesem Zeitpunkt wurden die Keimlinge entweder im Dunkeln oder im schwachen, allseitigen Hellrot (HR) gehalten. Weder Blaulicht noch HR hatten einen Einfluss auf das Längenwachstum des Hypokotyls. Man sieht, dass die Vorbehandlung mit HR einen fördernden Einfluss auf die phototropische Krümmung hat. Ganz ähnlich kann auch die Gravireaktion des Hypokotyls durch Phytochrom verstärkt werden. (Nach Woitzik und Mohr 1988)

chen, bedient man sich eines **Klinostaten**, auf dem die Pflanze in horizontaler Position um ihre Längsachse gedreht wird. Bei ausreichend hoher Drehzahl (z. B. 1 Umdrehung pro Minute) kann auf diese Weise die Sedimentation der Statolithen auf eine Zellflanke verhindert werden.

Obwohl rotes Licht keinen Phototropismus auslöst, ist Phytochrom bei vielen Pflanzen als stimulierender Faktor beteiligt. Dunkeladaptierte Pflanzen reagieren meist nur relativ schwach auf einseitiges Blaulicht. Wird jedoch mit einer phytochromanregenden Hellrotbestrahlung vorbehandelt, so reagieren die Keimlinge sehr viel stärker auf einseitiges Blaulicht (Abbildung 25.18). Phytochrom verstärkt also die phototropische Reaktionsfähigkeit, ohne selbst phototropisch wirksam zu sein.

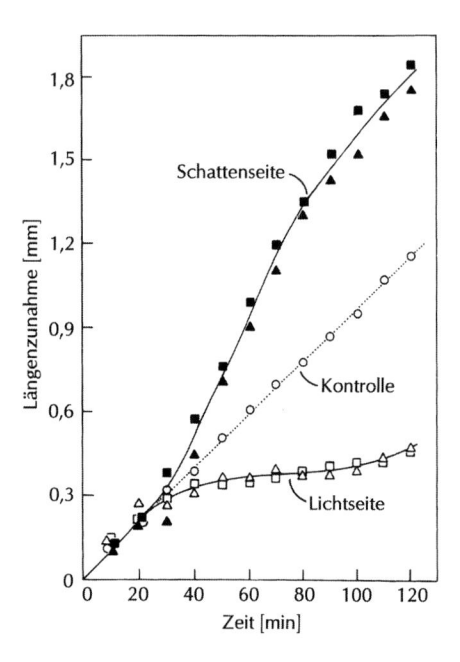

Abb. 25.19. Kinetik des Streckungswachstums auf der Licht- und Schattenseite während der phototropischen Krümmung der Koleoptile. Objekt: Maiskeimlinge (*Zea mays*) nach Anzucht im Hellrotlicht. Der Tropismus wurde durch seitliche Bestrahlung der Koleoptilspitze (1 mm; ▲, △ oder der ganzen Koleoptile (■, □) mit 5 µmol · m^{-2} Blaulicht (30 s) induziert. Nicht bestrahlte Koleoptilen dienten als Kontrolle. Das Wachstum der beiden Organflanken in der obersten 15-mm-Zone wurde photographisch im unwirksamen Rotlicht verfolgt. Man erkennt, dass 20–30 min nach der Stimulation eine Hemmung auf der Lichtflanke und eine komplementäre Förderung auf der Schattenflanke einsetzt. Bestrahlung der Organspitze hat die gleiche Wirkung wie die Bestrahlung des ganzen Organs. (Nach Iino und Briggs 1984)

Wie kann der durch den Lichtgradienten aufgebaute Photoproduktgradient in Krümmungswachstum umgesetzt werden? Die phototropische Lichtperception für die 1. positive Krümmung findet in der äußersten Koleoptilspitze statt. Durch Partialbeleuchtungsexperimente konnte man zeigen, dass die Lichtempfindlichkeit unterhalb einer Zone von etwa 250 µm rasch abnimmt. Entfernt man die Koleoptilspitze, so entfällt die phototropische Reaktion (→ Abbildung 25.11f). Die Reaktion, das nach etwa 20 min einsetzende asymmetrische Wachstum der Organflanken, erfolgt in der subapikalen Organzone, welche selbst keine erhebliche Lichtempfindlichkeit aufweist. Die Reiz-Reaktions-Kette schließt also eine Signaltransduktion vom Perceptionsort zum Reaktionsort ein. Ein weiteres wichtiges Experiment ist in Abbildung 25.19 dargestellt: Die phototropische Krümmungsreaktion beruht nicht, wie früher angenommen, auf einer selektiven Wachstumshemmung auf der lichtzugewandten Seite, sondern auf einer **Umverteilung des Wachstums** von der Licht- zur Schattenseite. Diese Befunde sind starke Indizien für die Anwendung der **Cholodny-Went-Theorie** auch auf die phototropische Wachstumsreaktion: Der laterale Lichtgradient erzeugt in der Organspitze eine laterale Verschiebung des basipetalen Auxinstroms. Dies führt in der subapikalen Wachstumszone zu einer relativen Verminderung der Auxinkonzentration auf der Lichtflanke und zu einer relativen Erhöhung der Auxinkonzentration auf der Schattenflanke der Koleoptile, gefolgt von entsprechenden Änderungen der Wachstumsintensitäten. Ähnlich wie beim Gravitropismus ist die Cholodny-Went-Theorie auch beim Phototropismus durch physiologische Daten heute gut untermauert (→ Abbildung 25.11). Die von dieser Theorie geforderte Querverschiebung von Auxin in der Koleoptilspitze konnte experimentell verifiziert werden (Abbildung 25.20). Dieses klassische Experiment zeigt, dass ein „Wuchsstoff", der sich im Biotest wie Indol-3-essigsäure (IAA) verhält, von der Licht- und der Schattenflanke einer einseitig belichteten Koleoptilspitze in ungleichen Mengen sezerniert wird. Neuere Experimente, bei denen IAA mit analytisch-chemischen Methoden gemessen wurde, haben die Identität des „Wuchsstoffes" mit Auxin bestätigt (Abbildung 25.21).

Obwohl der Schritt vom Photoprodukt (phosphoryliertes Phototropin) zum Auxintransport noch nicht geklärt ist, hat sich die Cholodny-Went-

25.2 Orientierungsbewegungen von Organen

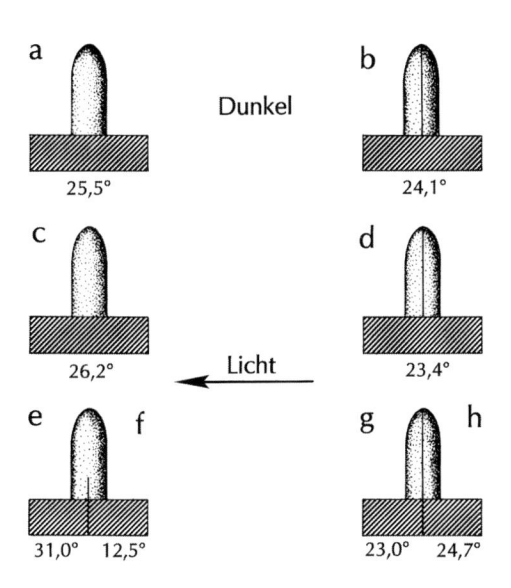

Abb. 25.20 a–h. Diffusionsexperiment zum Nachweis der Auxinquerverschiebung beim Phototropismus, ausgeführt mit Koleoptilspitzen auf Agarblöckchen. Objekt: Maiskeimlinge (*Zea mays*). Die Diffusionszeit war 3 h. **a** Intakte Spitze, Dunkel; **b** gespaltene Spitze, Dunkel; **c** intakte Spitze, Licht; **d** gespaltene Spitze, Licht; **e** teilweise gespaltene Spitze, Schattenflanke; **f** teilweise gespaltene Spitze, Lichtflanke; **g** völlig gespaltene Spitze, Schattenflanke; **h** völlig gespaltene Spitze, Lichtflanke. Die Zahlen (Krümmungswinkel im Koleoptilkrümmungstest; → Abbildung 18.4) repräsentieren die Auxinmenge, die in die Agarblöckchen diffundiert ist. In den Fällen e–h wurde die doppelte Zahl von Spitzen verwendet. (Nach Briggs et al. 1957)

Theorie in den letzten Jahren als tragfähiges Konzept zur Erklärung der gravitropischen und phototropischen Reaktionen von Pflanzenorganen erwiesen, zu dem es derzeit keine ernsthafte Alternative gibt.

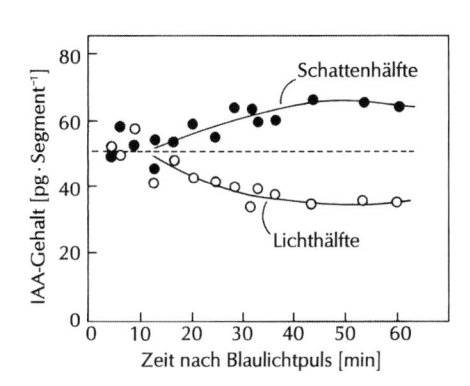

Abb. 25.21. Kinetik des Auxingehalts in der lichtzugewandten und lichtabgewandten Hälfte während der phototropischen Krümmung der Koleoptile. Objekt: Maiskeimlinge (*Zea mays*) nach Anzucht im Hellrotlicht. Die Krümmung wurde durch seitliche Bestrahlung der ganzen Koleoptile mit 2,6 µmol · m^{-2} Blaulicht (8 s) induziert. Der Gehalt an Auxin (*IAA*) wurde in Extrakten aus den Organhälften im Bereich 2 bis 7 mm unter der Spitze mit einer fluorimetrischen Methode bestimmt. Die asymmetrische Auxinverteilung nach seitlicher Bestrahlung konnte bei Tabakkeimlingen auch mit der Reportergen-Nachweismethode gezeigt werden (→ Exkurs 25.1). (Nach Iino 1991)

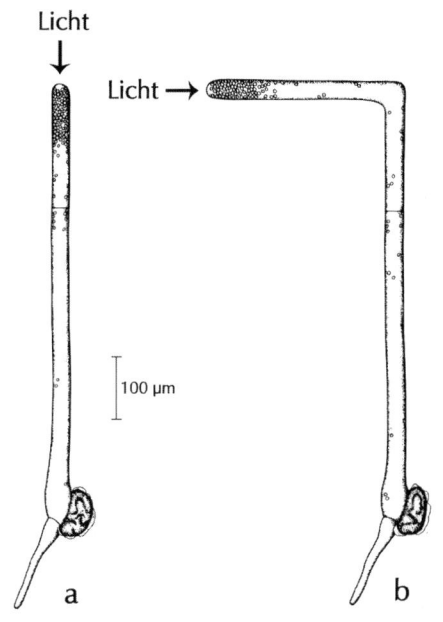

Abb. 25.22 a,b. Phototropismus von Farnchloronemen. Objekt: Sporenkeimlinge des Wurmfarns (*Dryopteris filix-mas*), 5 d nach der Keimung (**a**) bzw. 2 d später, nachdem die Lichtrichtung um 90° geändert wurde (**b**). Die phototropische Krümmung des Chloronemas erfolgt mit einem scharfen Knick. Der aus der haploiden Gonospore entstehende Sporenkeimling besteht aus dem chloroplastenhaltigen Chlonema und dem farblosen Rhizoid. (Nach Mohr 1956)

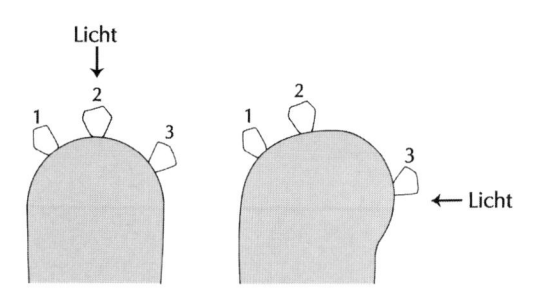

Abb. 25.23. Die Position von Reisstärkekörnchen als Marken auf den Chloronemaspitzen des Wurmfarns (*Dryopteris filix-mas*) vor (*links*) und nach (*rechts*) dem Einsetzen der phototropischen Krümmung. Es ist offensichtlich, dass die phototropische Krümmung mit einer Verlagerung des Wachstumszentrums von der Spitze an die lichtzugewandte Flanke der apikalen Kalotte zusammenhängt. (Nach Etzold 1965)

25.2.6 Phototropismus des Farnsporenkeimlings

Im längerwelligen Licht (Rotlicht) wachsen die jungen Gametophyten vieler Farne als Zellfäden (Chloronemen) mit **Spitzenwachstum** (→ Abbildung 17.8). Sie zeigen einen ausgeprägten **positiven Phototropismus**, d. h. sie wachsen auf die Lichtquelle zu (Abbildung 25.22). Die Umorientierung der Wachstumsrichtung erfolgt durch verstärkte Vorwölbung der Zellwand auf der dem Licht zugewandten Seite, nicht durch Förderung des Wachstums auf der lichtabgewandten Seite. Dies lässt sich durch die Beobachtung von Markierungspunkten auf dem halbkugeligen Zellapex zeigen (Abbildung 25.23).

Die Entdeckung, dass die Chloronemen **polarotropisch** reagieren, hat die photobiologische Analyse der phototropischen Reaktion entscheidend gefördert. Verabreicht man horizontal wachsenden Farnchloronemen linear polarisiertes hellrotes Licht von oben, so wachsen sie strikt senkrecht zur Schwingungsebene des E-Vektors. Dreht man die Schwingungsebene, so stellen die Spitzenzellen ihre Wachstumsrichtung rasch auf die neue Lage des E-Vektors um (Abbildung 25.24). Wie ist dieses Verhalten zu deuten? Reaktionen auf polarisiertes Licht, **Wirkungsdichroismus**, kommen nach der Theorie dadurch zustande, dass die wirksame Strahlung von Photoreceptormolekülen absorbiert wird, die im peripheren Plasma (nahe der Plasmamembran) in einer geordneten (dichroitischen) Struktur, in diesem Fall oberflächenparallel, angeordnet sind, **Absorptionsdichroismus** (Abbil-

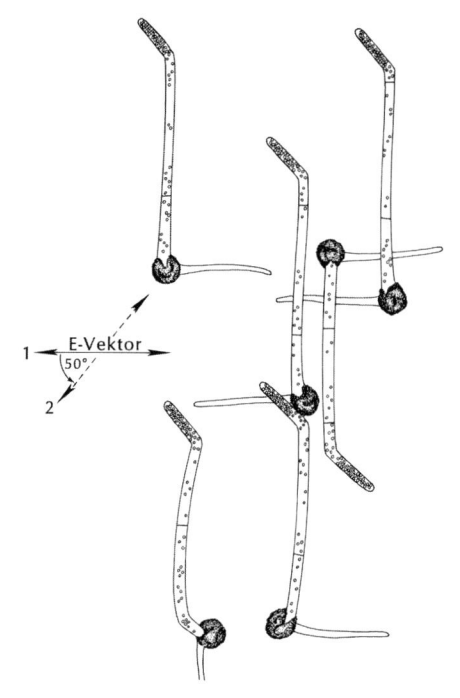

Abb. 25.24. Grundphänomene des Polarotropismus. Objekt: Sporenkeimlinge des Wurmfarns (*Dryopteris filix-mas*). Linear polarisiertes Licht (↔, elektrischer Vektor, E) von oben – also senkrecht auf die Zeichenebene – eingestrahlt, bestimmt die Wachstumsrichtung des Chloronemas in der Zeichenebene. Die Chloronemen wachsen senkrecht zur Schwingungsebene des E-Vektors. Eine Drehung des E-Vektors um 50° (*1 → 2*) führt zu einer entsprechenden Umorientierung der Wachstumsrichtung. (Nach Etzold 1965)

dung 25.25, *links*). Die Photoreceptormoleküle absorbieren bevorzugt dasjenige Licht, dessen E-Vektor parallel zu ihrer Absorptionsachse (Dipolachse) schwingt, die durch die Richtung des konjugierten Doppelbindungssystems festgelegt ist (Stabantennenprinzip). Bei Orientierung des E-Vektors senkrecht zur langen Zellachse ist Parallelität zwischen E-Vektor und Molekülachse nur an der äußersten Zellspitze gegeben und bewirkt dort maximale Zellstreckung. Dreht man den E-Vektor, so wandert der Punkt maximaler Absorption, und damit der Wachstumsschwerpunkt, von der Spitze zur Flanke der Zelle.

Die polarotropische Reaktion der Farnchloronemen auf Hellrotlicht geht auf die Lichtabsorption durch **Phytochrom** zurück (→ S. 453), welches in diesen Zellen dichroitisch nahe der Plasmamembran angeordnet vorliegt. Der Wachstumsschwerpunkt der Zellspitze liegt stets dort, wo maximale Absorptionsbedingungen für P_r und minimale Ab-

25.2 Orientierungsbewegungen von Organen

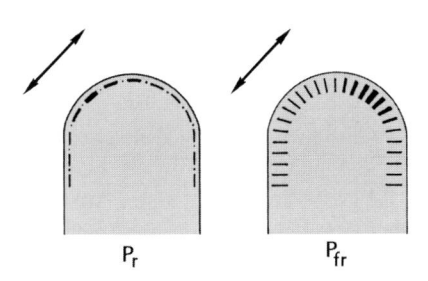

Abb. 25.25. Dieses Modell (Spitze eines Farnchloronemas im Längsschnitt) soll die Orientierung der Achsen maximaler Absorption (Dipolachsen) der dichroitischen Photoreceptormoleküle illustrieren. Die Photoreceptormoleküle sind mit Phytochrom zu identifizieren. *Links*: Nur P_r vorhanden. Die Photoreceptormoleküle sind zwar strikt **oberflächenparallel**, innerhalb der dichroitischen Schicht aber zufallsmäßig angeordnet. Dieser Verteilung wird durch die Anordnung vom Strichen und Punkten Rechnung getragen. Der Bereich stärkster Absorption (Parallelität zum E-Vektor, ↔) ist durch die Strichdicke angedeutet. *Rechts*: Nur P_{fr} vorhanden. Die Photoreceptormoleküle (genauer: ihre Achse maximaler Absorption) stehen im Fall von P_{fr} **senkrecht zur Oberfläche** der Zelle. Der Übergang $P_r \rightleftharpoons P_{fr}$ ist somit mit einer Drehung der Absorptionsachse um 90° verbunden. Wir werden später sehen, dass eine entsprechende Umorientierung dichroitischer Phytochrommoleküle auch in den Zellen der Grünalge *Mougeotia* entdeckt wurde (→ Exkurs 25.4). (Nach Etzold 1965)

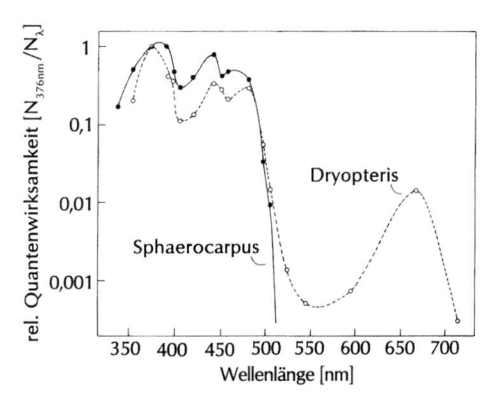

Abb. 25.26. Wirkungsspektren für den Polarotropismus bei Sporenkeimlingen des Wurmfarns (*Dryopteris filixmas*) und eines Lebermooses (*Sphaerocarpus donnellii*). Das Wirkungsspektrum wurde bei *Dryopteris* für den Reaktionswinkel 17,5°, bei *Sphaerocarpus* für den Reaktionswinkel 22,5° berechnet. Beide Winkel repräsentieren 50 % des maximalen Reaktionswinkels. Wellenlängen oberhalb 520 nm haben bei *Sphaerocarpus* keine polarotropische oder phototropische Wirkung. (Nach Steiner 1967)

sorptionsbedingungen für P_{fr} herrschen und daher eine maximale P_{fr}-Konzentration zustande kommt. Beim normalen Phototropismus im nicht-polarisierten Licht ist dies die senkrecht zur Lichtrichtung orientierte Oberfläche der Zellspitze. Experimente mit polarisiertem, dunkelrotem Licht führten zu dem Schluss, dass die Dipolachse des P_{fr} senkrecht zur Zelloberfläche orientiert ist. Die Photokonversion des Phytochroms führt also nicht nur zu einer Änderung der spektralen Absorptionseigenschaften, sondern auch zu einer Änderung der dichroitischen Orientierung. An der lokalen P_{fr}-Maximierung am Wachstumsschwerpunkt sind beide Phänomene beteiligt (Abbildung 25.25, *rechts*).

Wirkungsspektren der phototropischen Wachstumsreaktion bei höheren Farnen (z. B. *Adiantum*, *Dryopteris*) zeigen, dass neben hellrotem Licht auch **langwelliges UV** und **Blaulicht** eine hohe Wirksamkeit besitzen (Abbildung 25.26). Neuere Untersuchungen an phototropisch inaktiven Defektmutanten und Sequenzanalysen der betroffenen Wildtypgene haben ergeben, dass in diesen Pflanzen neben den UV/Blaulichtreceptoren **Phototropin 1** und **Phototropin 2** (→ S. 450) ein neuartiger Hybridphotoreceptor vorliegt, der die Eigenschaften von Phytochrom und Phototropin 1 in sich vereinigt. Es handelt sich um ein Fusionsprotein (bzw. Fusionsgen), das aus der Chromophor-bindenden Domäne des Phytochroms und einer Phototropindomäne tandemartig zusammengesetzt ist und sowohl Phytochromobilin als auch FMN (an zwei LOV-Domänen) bindet. Es wird als „Phytochrom 3" (Phy3) bezeichnet. Mutagene Zerstörung des *PHY3*-Gens eliminiert die Wirkung von hellrotem Licht, während blaues Licht weiter wirksam bleibt, allerdings mit deutlich verminderter Wirksamkeit. An der Blaulichtwirkung sind also offenbar auch die einfachen Phototropine beteiligt.

Die Chloronemen des Lebermooses *Sphaerocarpus donnellii* zeigen ebenfalls das Phänomen des Polarotropismus und eine entsprechende phototropische Orientierung des Wachstums. In diesem Fall zeigt das Wirkungsspektrum keine Reaktion auf Rotlicht; die wirksame Strahlung ist vielmehr auf den blauen Spektralbereich (< 520 nm) beschränkt (Abbildung 25.26). Die Details des Wirkungsspektrums lassen vermuten, dass hier Phototropin als alleiniger dichroitischer Photoreceptor fungiert. Der Vergleich von Farn- und Lebermooschloronemen liefert ein weiteres Beispiel für physiologische Konvergenz während der Evolution: Ein und dasselbe Problem wird von verschiedenen Organismen mit Hilfe teilweise unterschiedlicher Elemente in sehr ähnlicher Weise gelöst.

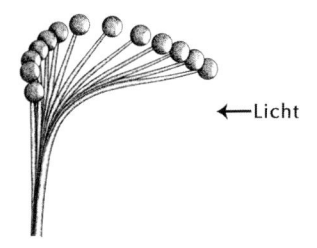

Abb. 25.27. Ablauf der positiv phototropischen Krümmung einer Sporangiophore von *Phycomyces blakesleeanus* im Blaulicht. Die einzelnen Stadien liegen 5 min auseinander. Die 30 mm lange Sporangiophore wächst mit 3 mm · h^{-1} in die Länge. Sie ist fast durchsichtig und trägt ein kugeliges Sporangium von 0,5 mm Durchmesser an ihrer Spitze. Der Bereich 0,5 bis 3 mm unterhalb des Sporangiums ist lichtempfindlich. Auch die Wachstumsreaktionen spielen sich in dieser Zone ab. Reiz- und Reaktionsort fallen also zusammen. (Nach Shropshire 1974)

25.2.7 Phototropismus der *Phycomyces*-Sporangiophore

Die einzelligen Sporangiophoren des Phycomyceten *Phycomyces blakesleeanus* reagieren durch asymmetrische Zellstreckung in der subapikalen Wachstumszone positiv phototropisch auf einseitiges Blaulicht (Abbildung 25.27). Die Zellstreckung ist dort am stärksten, wo die meisten Lichtquanten pro Zeiteinheit absorbiert werden. Dies kann mit Hilfe der Halbseitenbeleuchtung eindeutig belegt werden (Abbildung 25.28, *oben*): Die Krümmung erfolgt vom Licht weg. Weshalb krümmt sich die Sporangiophore bei seitlicher Belichtung dann dem Licht zu (→ Abbildung 25.27)? Der scheinbare Widerspruch löst sich auf, wenn man berücksichtigt, dass die größtenteils von einer Vacuole ausgefüllte Zelle die Eigenschaften einer Zylinderlinse besitzt. Der **Linseneffekt** führt zu einem maximalen Quantenfluss in der Mitte der Schattenflanke (Abbildung 25.28, *unten*). Die Photoreceptor-Moleküle sitzen in einer dichroitischen Schicht in der Zellperipherie; es handelt sich auch in diesem Fall um einen UV/Blaulichtreceptor.

25.2.8 Osmotische Bewegungen von Zellen und Organen

Das Musterbeispiel für eine osmotische Zellbewegung ist die Öffnungsbewegung der Schließzellen in der Blattepidermis, die in Kapitel 10 ausführlich behandelt wurde. Diese durch Wasseraufnahme und elastische Zellwanddehnung verursachte Bewegung ist in ihrer Geometrie durch den anatomischen Bau der Zellen und ihre Fixierung im umgebenden Epidermisgewebe vorgegeben und daher in die Kategorie der **Nastien** einzuordnen. Es gibt im Pflanzenreich eine Vielzahl ähnlicher, z. T. recht auffälliger Bewegungsvorgänge, welche ebenfalls

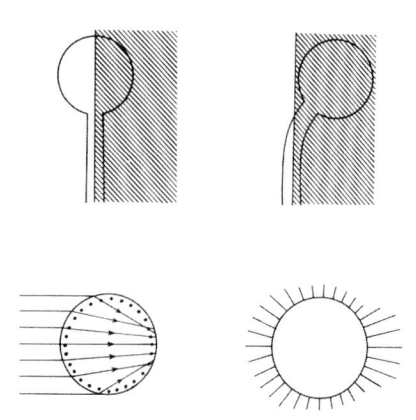

Abb. 25.28. *Oben*: Halbseitenbeleuchtung einer *Phycomyces*-Sporangiophore. Bei Belichtung **senkrecht zur Zeichenebene** krümmt sich die Sporangiophore in der Zeichenebene zur Schattenflanke. *Unten*: Linseneffekt. Auf der *linken* Seite ist der Strahlengang in der Sporangiophore im einseitigen Blaulicht dargestellt. Die Punkte repräsentieren die Photoreceptormoleküle. Auf der *rechten* Seite stellen die Striche das Ausmaß der Absorption rings um den Sporangiophorenquerschnitt dar. (Nach Haupt 1965)

Abb. 25.29. Ein Spross von *Mimosa pudica*. *Links*: Zwei Blätter im ungereizten Zustand; *rechts*: ein Blatt nach erfolgter seismonastischer Reaktion im Zustand des „Kollaps". (Nach Pfeffer, aus Schumacher 1958)

25.2 Orientierungsbewegungen von Organen

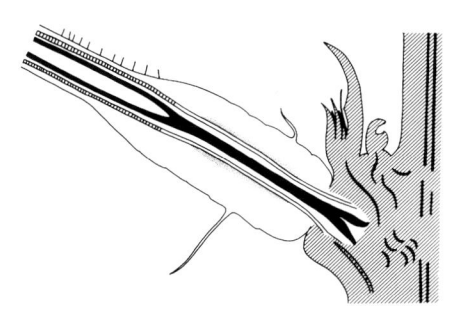

Abb. 25.30. Schematischer, medianer Längsschnitt durch das Blattstielgelenk von *Mimosa pudica*. Die sklerenchymatischen Leitbündel sind *schwarz* eingetragen. Die motorischen Zellen (*weiß*) umgeben als zartwandiges Parenchym den steifen Leitbündelstrang. Das jeweilige Wasservolumen der motorischen Zellen an der Ober- bzw. Unterseite des Gelenks bestimmt die Lage des Blatts. (Nach Schumacher 1958)

auf Wasserverschiebungen zwischen Zellen oder Geweben beruhen und oft sehr schnell ablaufen können. Wir behandeln drei weitere repräsentative Beispiele:

1. *Die **Seismonastie** von Mimosa pudica*. Die doppelt gefiederten Blätter dieser Pflanze führen bei Berührung, Erschütterung oder Temperaturschock in Sekundenschnelle Klappbewegungen aus, wobei sich der Blattstiel senkt und die Fiederblättchen zusammenlegen (Abbildung 25.29). Nach einer Erholungsphase von 20–30 min nimmt das Blatt wieder die ursprüngliche, ausgebreitete Form an. Diese Bewegungen werden durch Wasserverschiebungen in Gelenken, **Pulvini**, verursacht, welche sich an der Basis von Blattstiel und Fiederblättchen befinden (Abbildung 25.30). Die Abwärtsbewegung des Blattstielgelenks kommt dadurch zustande, dass aus den dünnwandigen, sehr elastischen Cortexzellen der Gelenkunterseite, **Flexorzellen**, Ionen (vor allem K^+ und Cl^-) und Wasser austreten und so eine rasche Volumenabnahme eintritt. Auf der Oberseite spielen sich komplementäre Prozesse ab: Ionen und Wasser werden aufgenommen und das Gewebe dehnt sich aus, **Extensorzellen**. Bei der Wiederaufrichtung laufen diese Prozesse in umgekehrter Richtung ab. Die Scharnierbewegungen des Gelenks werden also von zwei antagonistisch arbeitenden **Motorgeweben** bewerkstelligt, die nach einem ähnlichen hydraulischen Prinzip wie die Schließzellen funktionieren. Die Regulation der zugrunde liegenden Ionenflüsse erfolgt durch Öffnung/Schließung von spezifischen **Ionenkanälen** in der Plasmamembran der Motorzellen.

Wird das Gelenk eines endständigen Fiederblättchens mechanisch gereizt, so pflanzt sich der Stimulus mit einer Geschwindigkeit von bis zu $10 \text{ cm} \cdot \text{s}^{-1}$ zur Blattbasis fort und führt so schließlich zur vollständigen Reaktion des Blattes. Bei der Reizleitung spielen elektrische Signale eine Rolle, welche sich, ähnlich wie bei der Nervenleitung, als **Aktionspotenziale** messen lassen (Abbildung 25.31). Die Potenzialwelle pflanzt sich in den **Siebröhren** fort (Abbildung 25.32).

2. *Die **Photonastie** von Mimosa pudica*. Die Klappbewegung der Fiederblättchen der Mimose wird auch durch Licht reguliert. Die Fiederblättchen 2. Ordnung, die während des Tages im Licht ausgebreitet sind, falten sich bei Verdunkelung innerhalb von 30 min über der Blattachse,

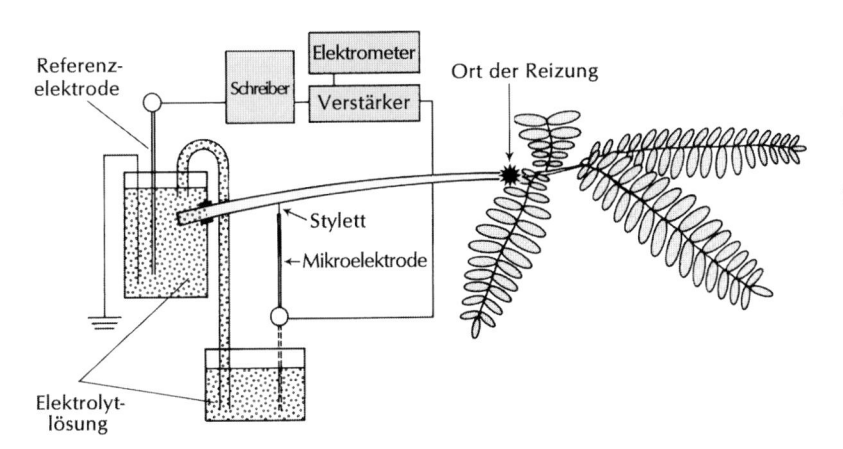

Abb. 25.31. Anordnung zur Messung von Aktionspotenzialen im Blattstiel von *Mimosa pudica*. Die *Mikroelektrode* steht über das durch einen Laserstrahl abgetrennte *Stylett* einer Blattlaus mit dem Inneren einer Siebröhre in elektrischem Kontakt (→ Abbildung 14.6). Zur Eichung des *Elektrometers* wird die Mikroelektrode über die *Elektrolytlösung* kurzgeschlossen. (Nach Eschrich 1989)

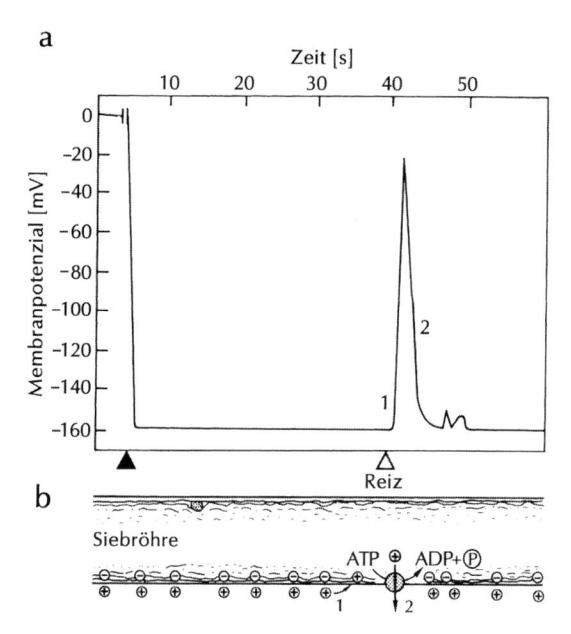

Abb. 25.32 a,b. Ein mit der Versuchsanordnung in Abbildung 25.31 gemessenes Aktionspotenzial. **a** die plötzliche Abkühlung der Blattrachis (*schwarzer Stern* in Abbildung 25.31) bewirkt nach 3 s eine Depolarisierung (*1*) gefolgt von einer Repolarisierung (*2*) des Siebröhrenmembranpotenzials am Ort des Aphidenstyletts. Der Kältereiz wurde zum Zeitpunkt △ verabreicht. Die Messung begann beim Zeitpunkt ▲. **b** Verantwortliche Ionenflüsse durch die Plasmamembran der Siebröhre: Passiver Influx von positiven Ladungsträgern (*1*) gefolgt von einer aktiven Ausschleusung positiver Ladungsträger durch eine Kationenpumpe (ATPase; *2*). (Nach Eschrich 1989; verändert)

Rachis, wie bei der seismonastischen Reaktion zusammen. Ähnliche photonastische Blattbewegungen („Schlafbewegungen") findet man auch bei vielen anderen Pflanzen (z. B. bei *Trifolium, Oxalis*). Bei *Mimosa pudica* und den verwandten Arten *Albizzia julibrissin* und *Samanea saman* konnte die Beteiligung eines Phytochroms an der Steuerung der Photonastie gezeigt werden: P_{fr} führt nach Verdunkelung zur Schließbewegung (Abbildung 25.33). Offensichtlich ist der Einfluss des Lichts in diesem System aber komplizierter. Man fragt sich beispielsweise, weshalb die Fiederblättchen während der Photoperiode offen bleiben, obwohl im Licht ja stets P_{fr} vorhanden ist. Offenbar ist im Licht ein weiteres Photoreaktionssystem aktiv, welches die Blättchen auch in Gegenwart von P_{fr} offen hält. Die genauere photobiologische Analyse zeigte, dass es sich hierbei um eine **Blaulichtreaktion** handelt. Die lichtabhängigen Reaktionen spielen sich lokal in den reagierenden Pulvini ab; eine Fortleitung des Stimulus findet nicht statt. Dies ist ein wichtiger Unterschied gegenüber der Seismonastie.

Die Blätter oder Blüten mancher Pflanzen führen **diaphototropische** Bewegungen aus, mit deren Hilfe sie dem Sonnenstand im Tagesgang folgen und dabei z. B. die Blattflächen senkrecht zur Lichtrichtung orientieren, *solar tracking*. Während der Nacht erfolgt eine Ausrichtung zur später aufgehenden Sonne, d. h. nach Osten. Dieses Phänomen wurde besonders an den Blättern von Malvaceen und Fabaceen

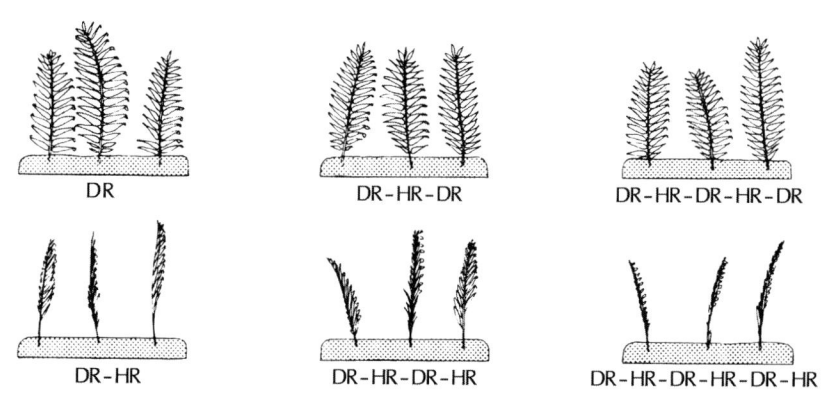

Abb. 25.33. Abgeschnittene Fiederblättchen 1. Ordnung von *Mimosa pudica* 30 min nach dem Übergang vom intensiven Weißlicht zu Dunkelheit. Unmittelbar nach Abschalten des Lichts wurden die Fiederblättchen für jeweils 2 min mit einer Folge von Dunkelrot (*DR*) und Hellrot (*HR*) bestrahlt, um das Phytochrom bevorzugt in die P_r- oder P_{fr}-Form zu bringen (→ S. 454). Die Fiederblättchen 2. Ordnung bleiben offen, wenn praktisch nur P_r vorliegt (nach *DR*). Sie schließen sich, wenn viel P_{fr} vorhanden ist (nach *HR*). (Nach Fondeville et al. 1966)

genauer studiert. So können z. B. die Blattfiedern der Lupine neben photonastischen Faltbewegungen in einer Ebene auch Drehbewegungen ausführen, wobei die basalen Pulvini wie **Kugelgelenke** funktionieren. Hierbei kommt es zwangsläufig zur Torsion des Motorgewebes, das hier eine rotierende Bewegung durch differenzielle Zellvolumenänderungen auf gegenüberliegenden Flanken ausführt. Während das photonastisch wirksame Licht wie bei der Mimose im Pulvinus selbst absorbiert wird, erfolgt die Perception des diaphototropisch wirksamen Lichts im unteren Bereich der Blattlamina und wird durch ein noch unbekanntes Signal zum Pulvinus geleitet. Durch separate Bestrahlung von Pulvinus oder Blatt lassen sich die beiden Photoreaktionssysteme, die beide mit einem Blaulichtreceptor arbeiten, vollständig trennen. Beim Blatt der Mimosaceenart *Lavatera cretica* konnte eine dichroitische Anordnung der diaphototropischen Photoreceptormoleküle entlang der radial an der Blattbasis zusammenlaufenden Leitbündel nachgewiesen werden: Im polarisierten Licht orientieren sich die Blätter so, dass ihre Leitbündel parallel zum E-Vektor verlaufen (→ S. 568).

3. *Die* **Turgorschleuderbewegung** *von Pilobolus crystallinus.* Der Turgordruck kann für Schleuderbewegungen von Samen, Früchten oder anderen Fortpflanzungskörpern ausgenützt werden. Ein bekanntes Beispiel ist die Spritzgurke (*Ecballium elaterium*), die ihre ganzen Früchte nach dem Raketenprinzip meterweit abschießen kann. Ein weniger gut bekanntes Beispiel ist die Sporangiophore des Phycomyceten *Pilobolus*, die auch wegen ihres positiven Phototropismus und ihrer Sporulationsrhythmik (→ S. 490) für die Pflanzenphysiologie interessant ist. Die reifende, einzellige Sporangiophore bildet unter dem Apex eine subsporangiale Blase aus, die beim Überschreiten eines bestimmten Turgordrucks an einer vorgegebenen Linie aufplatzt und das Sporangium nach dem ballistischen Prinzip abschießt, wobei Weiten bis zu 2 m erreicht werden (Abbildung 25.34).

25.2.9 Rankbewegungen

Die Bewegungen von **Ranken**, die man an vielen Kletterpflanzen beobachten kann, sind auffällige, von der klassischen Pflanzenphysiologie häufig untersuchte Phänomene. Es gibt viele Typen von Ranken; sie können Sprossachsen, Wurzeln, Blättern oder Blattteilen homolog sein. Wir greifen als repräsentatives Modellsystem die Blattranken der Zaunrübe (*Bryonia dioica*) heraus (Abbildung

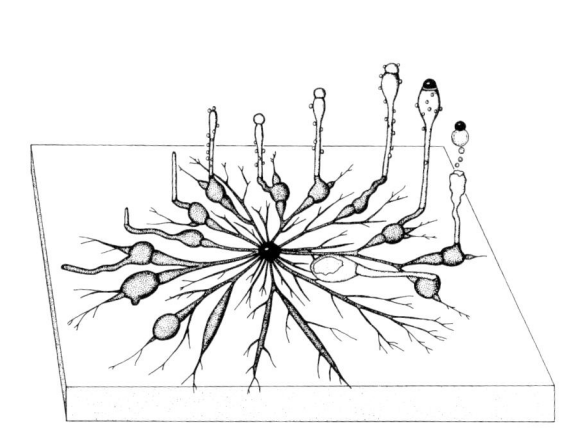

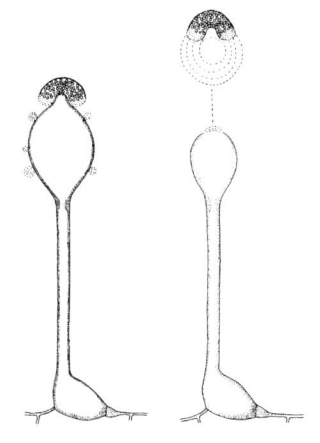

Abb. 25.34. *Links*: Stadien der ungeschlechtlichen Ontogenie von *Pilobolus crystallinus*, einem Repräsentanten der Phycomyceten. Die Trophocysten und Sporangien entwickeln sich in dem Modell im Uhrzeigersinn an Hyphen, die von einem Sporangium ausgehen. (Nach Page 1962). *Rechts*: Der Abschussvorgang für das Sporangium bei *Pilobolus kleinii*. Die Spitze der Sporangiophore (Columella) wird von dem becherförmigen Sporangium fest umschlossen. Deswegen wird nur der darunter liegende Bereich der Zelle vom Turgor (0,6 MPa) elastisch aufgetrieben (subsporangiale Blase). Zwischen Sporangium und Columellabasis befindet sich ein schmaler starrer Streifen. An diesem Wandring reißt die Blase auf. Der mit Überdruck austretende Zellsaft schleudert Columella und Sporangium weg. Das Sporangium platzt durch Quellung auf, so dass während des Fluges Sporen ausgestreut werden. Die phototropische Ausrichtung der Sporangiophore lenkt den Schuss in den freien Luftraum. (Nach Ingold 1963)

25.35). Die wie die Blätter im oberen Teil dorsiventral gebauten Ranken dieser Pflanze führen während ihrer Entwicklung eine Sequenz verschiedener Bewegungen aus:

1. Die zunächst eingerollten jungen Ranken strecken sich und beginnen mit kreisenden Bewegungen („Suchbewegungen"). Diese z. B. auch bei wachsenden Sprossachsen zu beobachtende, autonome Bewegung wird als **Circumnutation** bezeichnet. Sie kommt dadurch zustande, dass eine Zone erhöhter Wachstumsintensität entlang einer Schraubenlinie im Organ wandert. Die Details der Wachstumsmechanik sind sehr komplex. Die Rankenspitze beschreibt eine elliptische Bahn, wobei die Geschwindigkeit am Schnittpunkt mit der kurzen Achse maximal ist.
2. Sobald die Ranke anstößt (oder sich an einem rauhen Gegenstand reibt) erfolgt eine nastische **Kontakteinrollungsbewegung**. Die Ranke krümmt sich innerhalb weniger Minuten gegen die morphologische Unterseite und umfasst die Stütze. Diese relativ schnelle Bewegung ist nach Entfernung der Stütze wieder voll reversibel und beruht vermutlich auf osmotischen Wasserverschiebungen im Organ.
3. Bei andauerndem Kontakt mit der Stütze beginnt nach 1–2 h eine langsamere, irreversible **Umfassungsbewegung** durch verstärktes Streckungswachstum der morphologischen Oberseite der Ranke, **Haptotropismus**. Die Stütze wird innerhalb von 24 h mehrfach schlingenförmig umwachsen.
4. Nach erfolgter Befestigung (nach etwa 5 h) setzt im basalen Rankenteil, ebenfalls durch einseitiges Streckungswachstum, eine freie **Einrollbewegung** ein. Es bilden sich Schraubenfedern aus, wobei zur Vermeidung übermäßiger Torsionen Umkehrpunkte eingelegt werden (→ Abbildung 25.35). Die sklerenchymatische **Bianconi-Platte** (→ Abbildung 25.35) wird entlang der ganzen Ranke stark lignifiziert. Auf diese Weise kann die Pflanze fest, aber federnd verankert werden. Diese Reaktion erfordert die Transmission eines Signals vom tastsensitiven Bereich zum frei einrollenden Bereich des Organs.
5. Wenn die nutierende Ranke keine Stütze zu fassen bekommt, rollt sie sich in einer autonomen „**Altersbewegung**" ein und stirbt ab.

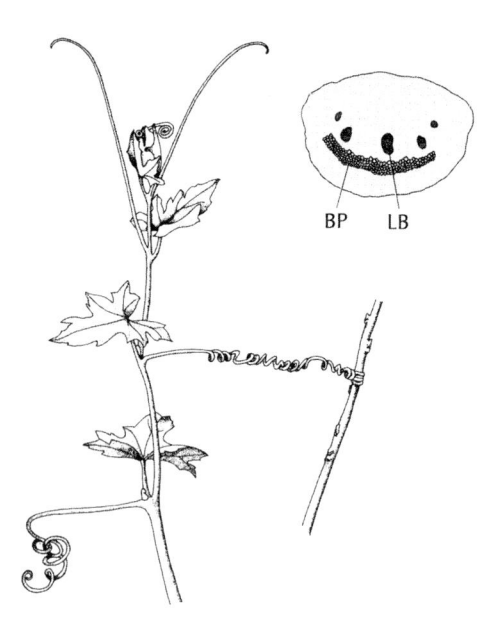

Abb. 25.35. Ein Spross der Zaunrübe (*Bryonia dioica*) mit Blattranken in verschiedenen Entwicklungsstadien. Die oberste Ranke ist noch eingerollt. Die nächsten Ranken sind im Stadium der autonomen **Circumnutationsbewegungen**. In der *Mitte* hat eine Ranke eine geeignete Stütze gefasst. Die Ranke *unten links*, die nicht an die Stütze gelangte, hat bereits **Alterseinrollung** durchgeführt. *Rechts oben*: Querschnitt durch die dorsiventrale Ranke (Ventralseite unten) mit 5 Leitbündeln (*LB*) und der darunter liegenden, sklerenchymatischen **Bianconi-Platte** (*BP*).

Die reversible Kontaktreaktion der Ranke kann durch Berührung mit einem rauhen Stäbchen induziert werden. Als Tastsensoren dienen spezielle Differenzierungen der Epidermiszellen, die als **Fühltüpfel** bezeichnet werden. Es handelt sich um blasenförmige Ausbuchtungen des Protoplasten in die dicke, äußere epidermale Zellwand, die, von einer dünnen Wandschicht überlagert, als warzenförmige Erhebungen sichtbar sind und eine auffällige Ähnlichkeit mit den Hoftüpfeln der Tracheiden besitzen (Abbildung 25.36). Die Plasmablase enthält neben Mitochondrien und ER-Membranen einen auffälligen Cytoskelettring aus Mikrotubuli und Actinfilamenten, der mit dem corticalen Cytoskelett der Zelle in Verbindung steht. Die Fühltüpfel reagieren nicht auf Druck, sondern auf streifende Berührung mit einer rauhen Oberfläche („Streichelreizung"), d. h. auf einen zeitabhängigen, vektoriellen Reiz. Man vermutet, dass der Stimulus über den Cytoskelettring aufgenommen und weitergeleitet wird. Auch hier scheint Ca^{2+} im weiteren Verlauf der Signalkette eine Rolle zu spielen; jedenfalls beobachtet man nach mechanischer Reizung (während der Kontakteinrollung, Reaktion 2)

25.3 Aktive intrazelluläre Bewegungen

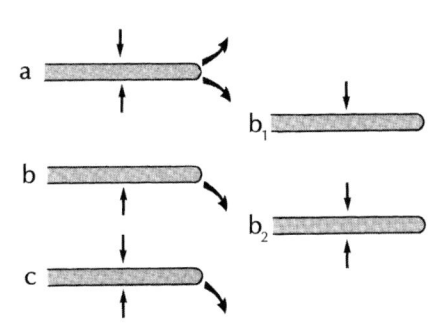

Abb. 25.37. Drei verschiedene Rankentypen (**a, b, c**), die sich bezüglich des Zusammenhangs zwischen Reizort und Reaktionsort unterscheiden. *Gerade Pfeile* bezeichnen den Reizort; *gekrümmte Pfeile* markieren die Richtung der Krümmung. Weitere Erläuterungen im Text.

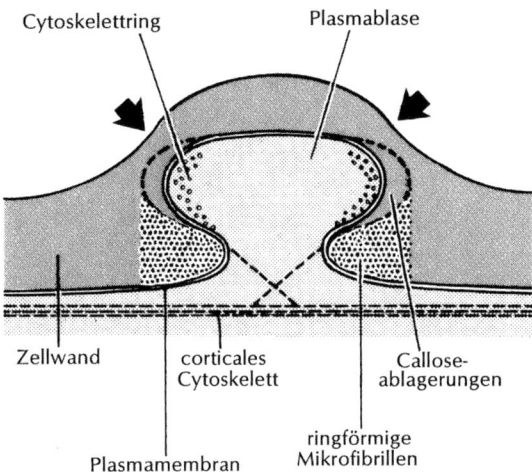

Abb. 25.36. Fühltüpfel auf der Oberfläche der Ranken von *Bryonia dioica*. *Oben*: Rasterelektronenmikroskopische Aufnahme der berührungsempfindlichen epidermalen Oberfläche. *Unten*: Hypothetisches Modell eines Fühltüpfels (Querschnitt) mit den für die Tastsensorfunktion wichtigen Strukturen. Die Richtung größter Empfindlichkeit für mechanische Reizung ist durch *Pfeile* angedeutet. Die in die Zellwand eingebettete *Plasmablase* ist von einem Ring aus *Callose* (→ S. 28) umgeben und enthält innen einen *Cytoskelettring* (Mikrotubuli und Actinfilamente), der mit dem *corticalen Cytoskelett* der Zelle in Verbindung steht (*gestrichelte Linien*). Fühltüpfel sind keine absolute Voraussetzung für die Registrierung von Berührungsreizen; die Ranken anderer Pflanzen können ähnliche Reaktionen auch ohne diese Strukturen durchführen. (Nach Engelberth et al. 1995; verändert)

die Aktivierung einer Ca^{2+}-transportierenden ATPase in der Ranke.

Die freie Rankeneinrollung (Reaktion 4) kann bei *Bryonia* auch mit chemischen Faktoren ausgelöst werden, z. B. mit dem Phytohormon **Jasmonsäure** und seinen Vorstufen (**Octadecanoide**; → S. 436). Die Ranke zeigt eine hohe Empfindlichkeit für exogene Jasmonate und es kommt, wie bei der mechanisch induzierten Reaktion, nach etwa 5 h zu den gleichen histologischen Veränderungen, z. B. zur Lignifizierung der Bianconi-Platte. Dies macht es sehr wahrscheinlich, dass zumindest eine dieser Verbindungen an der Induktion der freien Einrollbewegung beteiligt ist. Besonders wirksam ist die 12-oxo-Phytodiensäure. Der Pegel dieser Substanz steigt in der mechanisch stimulierten Ranke während der Krümmungsreaktion stark an.

Die Ranken höherer Pflanzen lassen sich verschiedenen Reaktionstypen zuordnen. Die drei wichtigsten sind in Abbildung 25.37 skizziert:

▶ **Typ a**: Die Ranke ist allseitig reiz- und krümmungsfähig. Es erfolgt stets eine **positive haptotropische Reaktion**.

▶ **Typ b**: Die Ranke ist nur auf der morphologischen Unterseite reizbar und kann sich nur gegen diese krümmen, **positive haptonastische Reaktion**. Unter b_1 und b_2 ist angedeutet, dass dieser Typ etwas komplizierter aufgefasst werden muss: Ein Reiz von oben bewirkt zwar selbst keine Reaktion (b_1), hebt aber die Wirkung eines Reizes von unten auf (b_2). Die Ranken von *Bryonia* gehören zu diesem Typ.

▶ **Typ c**: Die Ranke reagiert auf Reizung der Unter- und Oberseite mit einer **haptonastischen Krümmung** nach unten.

25.3 Aktive intrazelluläre Bewegungen

Auch innerhalb der Pflanzenzelle treten häufig aktive Bewegungsvorgänge auf. Sie können zu einer Umverteilung plasmatischer Bestandteile und zu

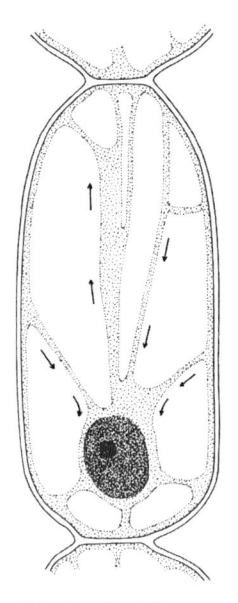

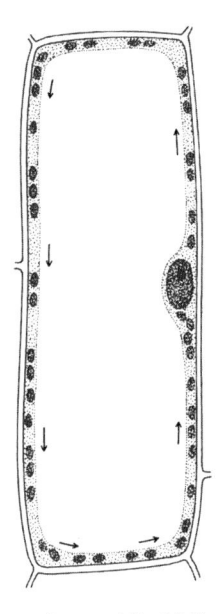

Abb. 25.38. Phänomene der Plasmaströmung (die *Pfeile* deuten die Bewegungsrichtung an). *Links*: Eine Zelle aus einem Staubfadenhaar von *Tradescantia virginiana* (**Zirkulation**); *rechts*: Eine Blattzelle (Assimilationsparenchym) von *Vallisneria spiralis* (**Rotation**).

gezielten Umorientierungen von Organellen führen. Wir beschränken uns hier auf die Interphasezelle; die Bewegungen der Chromosomen bei der Kernteilung wurden bereits im Kapitel 2 behandelt.

25.3.1 Plasmaströmung

Viele Eukaryotenzellen zeigen eine rotierende oder zirkulierende Bewegung der mit dem Lichtmikroskop erkennbaren cytoplasmatischen Strukturen, die auf ein geordnetes Strömen des Grundplasmas entlang bestimmter Bahnen zurückgeht. Die größeren Partikel (Kern, Mitochondrien, Plastiden) werden häufig passiv mitgetragen (Abbildung 25.38). Die Geschwindigkeit dieser Strömung liegt im Bereich von mehreren Millimetern pro Minute. Folgende Charakteristika sind besonders wichtig:

▶ Plasma relativ geringer Viscosität strömt auf mehr oder minder breiten Bahnen, die von Plasmasträngen höherer Viscosität gebildet werden.
▶ Trotz der Plasmaströmung bleibt die spezifische Struktur des Protoplasten, z. B. seine Polarität, erhalten. Man nimmt an, dass die plasmamembrannahen Bereiche des Grundplasmas (Ectoplasma) an der Bewegung nicht teilnehmen.
▶ Die Plasmaströmung ist energieabhängig. Sie wird von allen Faktoren gestoppt, welche die ATP-Bildung hemmen.
▶ Die Plasmaströmung kann oft durch exogene Faktoren beeinflusst werden, z. B. durch Licht (vor allem UV/Blau-Strahlung) oder chemische Stoffe (z. B. L-Histidin oder Auxin). Bei den Mesophyllzellen von *Valisneria gigantea* erwies sich Phytochrom (P_{fr}) als regulierender Faktor. Eine induzierte Erniedrigung des cytosolischen Ca^{2+}-Pegels wird hier als Glied in der Signaltransduktionskette angesehen.

Die Plasmaströmung geht auf die Aktion **kontraktiler Proteinfibrillen** zurück. Auch in Pflanzenzellen treten Actinfilamente auf, welche, zusammen mit myosinähnlichen Proteinen, die Voraussetzung für Kontraktionsbewegungen schaffen (→ S. 23). Die Energie für die Kontraktion des Actomyosinsystems wird wie bei Muskelfasern durch ATP geliefert. Wie es zu einer koordinierten, regulierbaren Aktivität dieser intrazellulären Motoren kommt, ist bisher nicht bekannt. Ihre ursächliche Beteiligung an der Plasmaströmung ist jedoch experimentell durch den Befund erwiesen, dass **Cytochalasin**, ein spezifischer Hemmstoff der Actinfunktion, diese Bewegung innerhalb von Sekunden zum Stillstand bringen kann.

25.3.2 Chloroplastenbewegungen

Die photoautotrophen Pflanzen sind anatomisch und funktionell angepasst, ihren Chloroplasten möglichst günstige Voraussetzungen für die Photosynthese zu bieten. Die hierbei wirksamen Optimie-

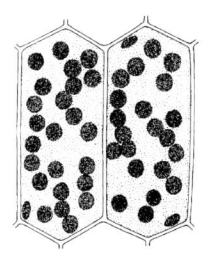

Abb. 25.39. Schwachlichtstellung (*links*) und Starklichtstellung (*rechts*) der Chloroplasten in den Zellen eines Moosblättchens (*Funaria hygrometrica*). *Links* sind die Zellen in Aufsicht, *rechts* im optischen Schnitt gezeichnet. Lichtrichtung senkrecht zur Zeichenebene. Die jeweilige Anordnung ist streng lokalisiert: Bestrahlt man eine Zelle zur Hälfte mit Schwach- und zur Hälfte mit Starklicht, so reagieren die beiden Hälften unabhängig voneinander.

25.3 Aktive intrazelluläre Bewegungen

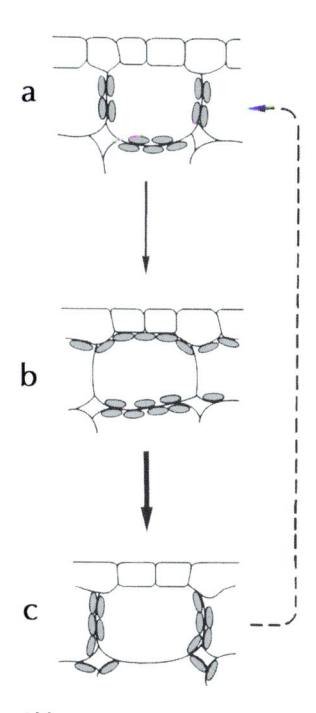

Abb. 25.40 a–c. Querschnitte durch Epidermis und subepidermale Mesophyllzellen im Blatt einer Wasserlinse (*Lemna trisulca*). Die Anordnung der Chloroplasten im Dunkeln (**a**), Schwachlicht (**b**) und Starklicht (**c**) ist dargestellt. *Dünner Pfeil*: Schwachlichtbewegung; *dicker Pfeil*: Starklichtbewegung; *unterbrochener Pfeil*: Rückkehr zur Anordnung im Dunkeln. (Nach Haupt und Scheuerlein 1990)

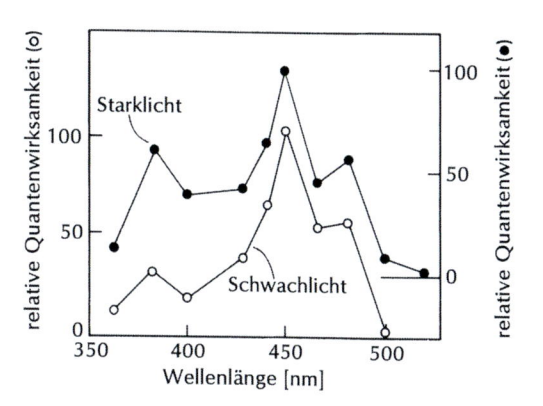

Abb. 25.41. Wirkungsspektren für die Orientierungsreaktionen der Chloroplasten in den Mesophyllzellen von *Lemna trisulca* (→ Abbildung 25.40). Die Ähnlichkeit der Spektren weist darauf hin, dass derselbe Blaulichtphotoreceptor, das Phototropin, die wirksame Strahlung sowohl für die Starklicht- als auch für die Schwachlichtreaktion absorbiert. (Nach Zurzycki 1962)

rungsprozesse schließen neben Photomorphogenese, Phototropismen, Photonastien auch lichtabhängige Orientierungsbewegungen der Chloroplasten ein. Die aktive, spezifische Ausrichtung der Chloroplasten durch den Lichtfluss lässt sich z. B. an einem Moosblättchen oder im Mesophyll der Wasserlinse (*Lemna trisulca*) sehr schön beobachten (Abbildung 25.39). Man kann eine **Schwachlichtstellung** (erhöhte Lichtabsorption durch eine **Ansammlungsreaktion**) und eine **Starklichtstellung** (verringerte Lichtabsorption durch eine **Meidungsreaktion**) unterscheiden. Bringt man ein Moosblättchen vom Schwachlicht ins Starklicht und umgekehrt, so wandern die Chloroplasten innerhalb von 30–60 min in die entsprechenden Positionen (Abbildung 25.40). Der Anpassungswert dieser Bewegungen ist offensichtlich: Die Starklichtstellung wird oberhalb photosynthetisch sättigender Lichtflüsse eingenommen, um hier die Chloroplasten vor Lichtschäden zu schützen (→ S. 606). Im Gegensatz zur funktionellen ist die kausale Erklärung dieser Reaktion noch nicht weit fortgeschritten. Es ist jedoch klar, dass sich die Chloroplasten nicht selbst bewegen, sondern durch plasmatische, ATP-betriebene Motoren (Actomyosin) in ihre jeweilige Lage transportiert werden. Die für den Transport maßgebliche Lichtabsorption geschieht im Cytoplasma, **nicht** in den Chloroplasten.

Bei allen bisher untersuchten Samenpflanzen ist Blaulicht sowohl für die Ansammlungs- als auch für die Meidungsreaktion verantwortlich (Abbildung 25.41). Bei *Arabidopsis* gelang der Nachweis, dass die Ansammlungsreaktion durch **Phototropin 1 + 2** gemeinsam, die Meidungsreaktion hingegen nur durch **Phototropin 2** gesteuert wird (→ S. 450).

Bei Grünalgen, Laubmoosen und manchen Farnen ist bei den Orientierungsbewegungen der Chloroplasten auch rotes Licht wirksam. Ein gut untersuchtes Beispiel sind die zylindrischen Zellen der fädigen Grünalge *Mougeotia* mit ihren großen, plattenförmigen Chloroplasten, die im Schwachlicht mit der Fläche, im Starklicht mit der Kante zum Licht orientiert werden (Abbildung 25.42). Die Schwachlichtbewegung lässt sich mit Lichtpulsen induzieren (z. B. 1 min) und läuft anschließend innerhalb von 15–30 min im Dunkeln ab. Inaktivierung des Actomyosinsystems durch Cytochalasin hemmt die Bewegung. Die wirksame Strahlung wird durch **Phytochrom** absorbiert, wie man mit Hellrot-Dunkelrot-Reversionsexperimenten leicht zeigen kann (Abbildung 25.43). Wie kann die Zelle die Richtung des Lichts mit Hilfe von Phytochrom registrieren? Eine Antwort auf diese Frage geben

EXKURS 25.4: Experimente zur dichroitischen Anordnung und regionalen Wirkung des Phytochroms bei der lichtinduzierten Chloroplastenorientierung in der *Mougeotia*-Zelle

Unter **Dichroismus** versteht man die Abhängigkeit der Lichtabsorption eines Pigments – und der daraus resultierenden Wirkung – von der Schwingungsrichtung des elektrischen Lichtvektors, E (→ S. 568): Polarisiertes Licht wird von einem Pigment mit dichroitischen Eigenschaften optimal absorbiert, wenn der E-Vektor dieses Lichts parallel zur Absorptionsachse des Pigments gerichtet ist. Infolgedessen lässt sich unter Verwendung von polarisiertem Licht aus der biologischen Wirkung auf die Ausrichtung solcher strukturgebundener Pigmentmoleküle bzw. ihres Chromophors schließen.

Dieser theoretische Zusammenhang kann an einer Reihe von Experimenten zur Schwachlichtorientierung des *Mougeotia*-Chloroplasten verdeutlicht werden. Abbildung A zeigt schematisch den Ausschnitt einer Zelle, deren Cytoplasmasaum unter dem Mikroskop mit einem Mikrostrahl an der linken oberen Flanke bestrahlt wurde (senkrecht zur Zeichenebene, durch *Kreis* markiert). Die Doppelpfeile zeigen die Orientierung des E-Vektors des polarisierten hellroten oder dunkelroten Lichts (*HR* bzw. *DR*, Pulse von je 1 min). Die lokale Drehbewegung des Chloroplasten war nach 30 min Dunkelheit abgeschlossen. In der Ausgangslage (dunkeladaptierte Zelle) ist der Chloroplast parallel zur Zeichenebene (senkrecht zur Lichtrichtung) orientiert (*links*).

Experimente a und b: Der Chloroplast dreht sich nur, wenn der E-Vektor des HR-Lichts parallel zur langen Zellachse schwingt. Schlussfolgerungen: Die P_r-Form des Phytochroms (genauer: ihre Absorptionsachse) ist parallel zur Zelloberfläche angeordnet. Der Chloroplast bewegt sich weg vom gebildeten P_{fr}.

Experimente c und d: DR revertiert die HR-Wirkung nur, wenn sein E-Vektor senkrecht zur langen Zellachse schwingt. Schlussfolgerung: Die P_{fr}-Form des Phytochroms ist senkrecht zur Zelloberfläche orientiert.

Experiment e: DR revertiert die HR-Wirkung nur dann, wenn es auf die selbe Stelle platziert wird. Dies bestätigt den bereits aus den vorigen Experimenten zu ziehenden Schluss, dass die einzelnen Zellregionen autonom auf Licht reagieren. (Nach Haupt 1970; verändert)

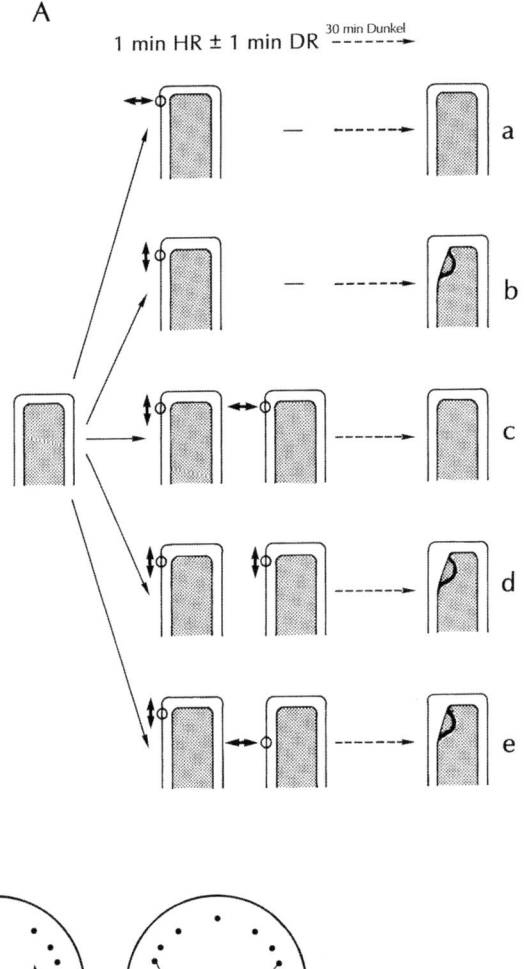

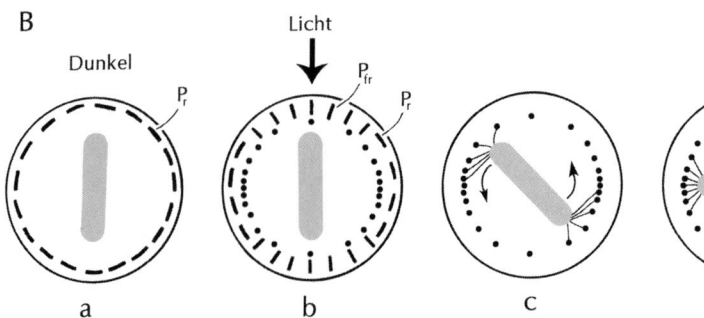

Das aus diesen und anderen Experimenten abgeleitete Modell der Photoreceptoranordnung im peripheren Cytoplasma der *Mougeotia*-Zelle und ihre Bedeutung für die Chloroplastenorientierung ist in Abbildung B skizziert. Im Dunkeln (**a**) sind die P_r-Moleküle mit ihrer Absorptionsachse oberflächenparallel in der dichroitischen Schicht des Zellzylinders orientiert und besitzen daher an den Eintritt- und Austrittstellen des Lichts (*oben* und *unten*) eine höhere Absorptionswahrscheinlichkeit als an den Flanken. Hellrotes (unpolarisiertes) Licht (**b**) führt deshalb zu einem **tetrapolaren P$_{fr}$-Gradienten** mit relativ viel P$_{fr}$ *oben/unten* und relativ wenig P$_{fr}$ an den Flanken. Die Umwandlung von P$_r$ in P$_{fr}$ führt zum Umklappen der Absorptionsachse um 90°, wodurch die Absorptionswahrscheinlichkeit des P$_{fr}$ für die Revertierung nach P$_r$ an den Flanken erhöht wird. Im Dauerlicht stellt sich daher ein stabiler P$_{fr}$-Gradient mit viel P$_{fr}$ oben/unten und wenig P$_{fr}$ an den Flanken ein. Der Chloroplast orientiert sich senkrecht zur Lichtrichtung indem er sich im P$_{fr}$-Gradienten von den Zonen mit viel P$_{fr}$ weg bewegt. Die Zelle übersetzt den tetrapolaren P$_{fr}$-Gradienten in einen tetrapolaren Ankergradienten für Actomyosinfilamente. Die Actomyosin-„Beinchen" laufen den Ankergradienten entlang (**c**) und ziehen den Chloroplasten in seine neue Position (**d**). Dunkelrotbestrahlung löscht den P$_{fr}$-Gradienten und verhindert dadurch die Umorientierung. (Nach Grolig und Wagner 1988, Haupt und Scheuerlein 1990; verändert)

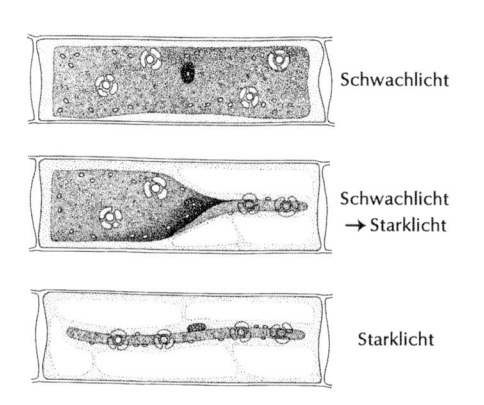

Abb. 25.42. Zellen von *Mougeotia spec.* *Oben*: Chloroplast in Schwachlichtstellung; *Unten*: Chloroplast in Starklichtstellung; *Mitte*: Übergang von der Schwachlicht- in die Starklichtstellung (oder umgekehrt). Lichtrichtung senkrecht zur Zeichenebene. (Nach Oltmanns 1922)

Bei der Drehung des Chloroplasten in die Kantenstellung durch starkes Weißlicht (Starklichtbewegung) ist zusätzlich **Blaulicht** beteiligt. Im starken Blaulicht ändert sich die Polarität der Bewegung; der Chloroplast wird unter diesen Bedingungen zu den Zonen mit relativ **hoher P$_{fr}$-Dichte** bewegt.

Im Prothallium (Gametophyt) des Farns *Adianthum capillus-veneris* kann die Ansammlungsreaktion sowohl durch Hellrotlicht als auch durch Blaulicht induziert werden, während die Meidungsreaktion nur auf Blaulicht anspricht. Mutantenanalysen ergaben, dass auch hier das **Phytochrom 3**, der chimäre Photoreceptor mit einer Phytochrom- und einer Phototropindomäne aktiv ist und für die Hellrotwirkung auf die Ansammlungsreaktion verantwortlich ist. Diese Reaktion kann mit einem Hell-

Experimente mit polarisiertem Licht (→ Exkurs 25.4). Aus diesen Experimenten lassen sich folgende Schlüsse ableiten:
▶ Die wirksamen Phytochrommoleküle sind im peripheren Cytoplasma (wahrscheinlich an der Plasmamembran) lokalisiert.
▶ Das Phytochrom liegt dort in dichroitischer Anordnung vor.
▶ Wie beim Polarotropismus des Farnchloronemas (→ Abbildung 25.25) sind die P$_r$-Moleküle mit ihrer Dipolachse oberflächenparallel angeordnet und machen bei der Umwandlung zu P$_{fr}$ eine Umorientierung um 90° (senkrecht zur Oberfläche) durch. Nach Hellrotbestrahlung entsteht ein P$_{fr}$-Gradient mit relativ hoher P$_{fr}$-Dichte an der Vorder- und Hinterfront der Zelle. Die Kanten des Chloroplasten werden zu den seitlichen Zonen mit relativ niedriger P$_{fr}$-Dichte bewegt.
▶ Die Zelle reagiert nicht als Ganzes, sondern nur lokal in der bestrahlten Zone.

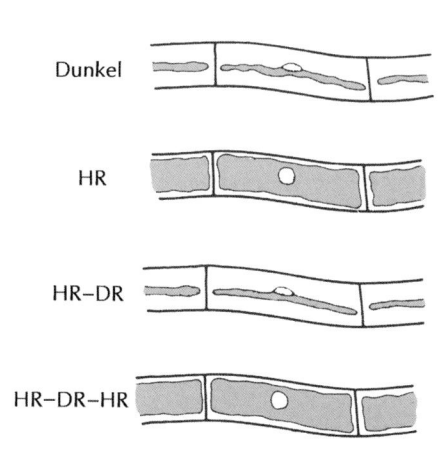

Abb. 25.43. Ein Experiment, das die Beteiligung des **Phytochroms** an der Schwachlichtbewegung (Kantenstellung → Flächenstellung) des *Mougeotia*-Chloroplasten demonstriert. *Dunkel*, Ausgangsposition; *HR, HR-DR, HR-DR-HR*, Orientierung des Chloroplasten etwa 30 min nach Lichtpulsen (je 1 min) mit hellrotem und dunkelrotem Licht. Lichtrichtung senkrecht zur Zeichenebene. (Nach Haupt 1970)

rotpuls zusammen mit einem Blaupuls ausgelöst werden, welche alleine zu schwach sind, um wirksam zu sein. Der Photoreceptor kann also zwei unterschwellige Signale in den jeweiligen Chromophoren aufnehmen und zu einem wirksamen Signal addieren. Im UV/Blaulicht-Bereich sind neben diesem Doppelpigment auch Phototropin 1 und 2 wirksam.

Auch bei dem Moos *Physcomitrella patens* können die Chloroplastenbewegungen sowohl durch Blaulicht (über Phototropine) als auch durch Rotlicht (über Phytochrom) ausgelöst werden. In diesem Fall sind die Photoreceptoren nicht in einem Molekül vereinigt, sondern interagieren in einer Reaktionskette. Wenn man die Phototropine durch Mutationen ausschaltet, ist auch die Phytochromwirkung auf die Chloroplastenbewegung gehemmt; d. h. Phototropine sind notwendig, damit die Phytochromwirkung eintreten kann, auch wenn sie selbst nicht durch Licht aktiviert werden.

Weiterführende Literatur

a. Freie Ortsbewegung begeißelter Zellen

Adler J (1988) Chemotaxis: Old and new. Bot Acta 101: 93–100
Borkovich KA, Simon MI (1990) The dynamics of protein phosphorylation in bacterial chemotaxis. Cell 63: 1339–1348
Cosson J, Huitorel P, Barsanti L, Walne PL, Gualtieri P (2001) Flagellar movements and controlling apparatus in flagellates. Crit Rev Plant Sci 20: 297–308
Kreimer G (1994) Cell biology of phototaxis in flagellate algae. Int Rev Cytol 148: 229–310
Silflow CD, Lefebvre PA (2001) Assembly and motility of eucaryotic cilia and flagella. Lessons from *Chlamydomonas reinhardtii*. Plant Physiol 127: 1500–1507

b. Tropismen

Bergman K, Burke PV, Cerdá-Olmedo E et al. (1969) Phycomyces. Bacteriol Rev 33: 99–157
Blancaflor EB, Masson PH (2003) Plant gravitropism. Unraveling the ups and downs of a complex process. Plant Physiol 133: 1677–1690
Briggs WR, Christie JM, Swartz TE (2005) Phototropins. In: Schaefer E, Nagy F (eds) Photomorphogenesis in plants and bacteria: Function and signal transduction mechanisms. Springer, Dordrecht, pp 225–254
Chen R, Rosen E, Masson PH (1999) Gravitropism in higher plants. Plant Physiol 120: 343–350
Christie JM (2007) Phototropin blue light receptors. Annu Rev Plant Biol 58: 21–45
Eapen D, Barroso ML, Ponce G, Campos ME, Cassab I (2005) Hydrotropism: Root growth responses to water. Trends Plant Sci 10: 44–50
Hart JW (1990) Plant tropisms and other plant movements. Unwin Hyman, London
Iino M (2001) Phototropism in higher plants. In: Häder D-P, Lebert M (eds) Photomovement. Elsevier, Amsterdam, pp 659–811
Kawai H, Kanegae T, Christensen S, Kiyosue T, Sato Y, Imaizumi T, Kadota A, Wada M (2003) Responses of ferns to red light mediated by an unconventional photoreceptor. Nature 421: 287–290
Kiss JZ (2002) Mechanisms of the early phases of plant gravitropism. Crit Rev Plant Sci 19: 551–573
Konings H (1995) Gravitropism of roots: An evaluation of progress during the last three decades. Acta Bot Neerl 44: 195–223
Palme K, Dovzhenko A, Ditengon FA (2006) Auxin transport and gravitational research: Perspectives. Protoplasma 229: 175–181
Parker KE (1991) Auxin metabolism and transport during gravitropism. Physiol Plant 82: 477–482
Sack FO (1991) Plant gravity sensing. Int Rev Cytol 127: 193–252
Sievers A, Buchen B, Hodick D (1996) Gravity sensing in tip-growing cells. Trends Plant Sci 1: 273–279

c. Weitere Bewegungsvorgänge

Braam J (2005) In touch: Plant responses to mechanical stimuli. New Phytol 165: 373–389
Bünning E (1953) Entwicklungs- und Bewegungsphysiologie der Pflanze. Springer, Berlin
Coté GG (1995) Signal transduction in leaf movement. Plant Physiol. 109: 729–734
Darwin C (1880) The power of movements in plants. Murray, London
Fleurat-Lessard P (1988) Structural and ultrastructural features of cortical cells in motor organs of sensitive plants. Biol Rev 63: 1–22
Fromm J, Lautner S (2007) Electrical signals and their physiological significance in plants. Plant Cell Environ 30: 249–257
Jaffe MJ, Leopold AC, Staples R (2002) Thigmo responses in plants and fungi. Amer J Bot 89: 375–382
Kagawa T, Wada M (2002) Blue light-induced chloroplast relocation. Plant Cell Physiol 43: 367–371
Koller D (1990) Light-driven leaf movements. Plant Cell Environ 13: 615–632
Raschke K (1979) Movements of stomata. In: Haupt W, Feinleib ME (eds) Physiology of movements. Springer, Berlin (Encycl Plant Physiol NS, Vol VII), pp 383–441
Uehlein N, Kaldenhoff (2008) Aquaporins and plant movements. Ann Bot 101: 1–4
Wada M, Kagawa T, Sato Y (2003) Chloroplast movement. Annu Rev Plant Biol 54: 455–468
Werker E, Shak T, Koller D (1991) Photobiological and structural studies of light-driven movements in the solar-tracking leaf of *Lupinus palaestinus* Bioss. (*Fabaceae*). Bot Acta 104: 144–156

d. Sammelwerke

Haberlandt G (1909) Physiologische Pflanzenanatomie. Engelmann, Leipzig
Häder D-P, Lebert M (eds) (2001) Photomovement. Elsevier, Amsterdam
Haupt W, Feinleib ME (eds) (1979) Physiology of movements. Springer, Berlin (Encycl Plant Physiol NS, Vol VII)
Hensel W (1983) Pflanzen in Aktion. Spektrum, Heidelberg

Koller D (2000) Plants in search of sunlight. Adv Bot Res 33: 35–131

In Abbildungen und Tabellen zitierte Literatur

Boysen-Jensen P (1939) Die Elemente der Pflanzenphysiologie. Fischer, Jena
Brauner L, Hager A (1958) Planta 51: 115–147
Briggs WR, Baskin TI (1988) Bot Acta 101: 133–139
Briggs WR, Tocher RD, Wilson JF (1957) Science 126: 210–212
Diehn B (1973) Science 181: 1009–1015
Engelberth J, Wanner G, Groth B, Weiler E (1995) Planta 196: 539–550
Eschrich W (1989) Stofftransport in Bäumen. Sauerländer, Frankfurt a.M.
Etzold H (1965) Planta 64: 254–280
Fondeville JC, Borthwick HA, Hendricks SB (1966) Planta 69: 357–364
Gillespie B, Thimann KV (1963) Plant Physiol 38: 214–225
Grolig F, Wagner G (1988) Bot Acta 101: 2–6
Haupt W (1965) Naturwiss Rdsch 18: 261–267
Haupt W (1970) Physiol vég 8: 551–563
Haupt W, Scheuerlein R (1990) Plant Cell Environ 13: 595–614
Iino M (1991) Plant Cell Environ 14: 279–286
Iino M (1995) Plant Cell Environ 36: 361–367
Iino M (2001) In: Häder D-P, Lebert M (eds) Photomovement. Elsevier, Amsterdam, pp 659–811
Iino M, Briggs WR (1984) Plant Cell Environ 7: 97–104
Ingold CT (1963) Dispersal of fungi. Clarendon, Oxford
Juniper BE, Groves S, Landau-Schachar B, Andus LJ (1966) Nature 209: 93–94
Kleinig H, Sitte P (1999) Zellbiologie. 4. Aufl. Fischer, Stuttgart
Li Y, Wu YH, Hagen G, Guilfoyle T (1999) Plant Cell Physiol 40: 675–682
Macdonald IR, Hart JW (1987) Plant Physiol 84: 568–570
Manton I (1963) J Roy Microscop Soc 82: 279–285
Mohr H (1956) Planta 47: 127–158
Oltmanns F (1922) Morphologie und Biologie der Algen. Fischer, Jena
Page RM (1962) Science 138: 1238–1245
Schumacher W (1958) In: Lehrbuch für Botanik. (Strasburger et al.), 27. Aufl. Fischer, Stuttgart
Shropshire W (1974) In: Schenk GO (ed) Progress in Photobiology. Dt Ges Lichtforsch, Frankfurt a.M. (paper No 024)
Sievers A (1984) Rheinisch-Westfälische Akademie der Wissensch, Vorträge. N 335, Westdeutscher Verlag, Opladen
Sievers A, Schröter K (1971) Planta 96: 339–353
Sievers A, Volkmann D (1972) Planta 102: 160–172
Steiner AM (1967) Naturwiss 54: 497–498
Takahashi N, Goto N, Okada K, Takahashi H (2002) Planta 216: 203–211
Takano M, Takahashi H, Hirsawa T, Suge H (1995) Planta 197: 410–413
Taylor EW (1989) Nature 340: 354–355
Volkmann D, Buchen B, Hejnowicz Z, Tewinkel M, Sievers A (1991) Planta 185: 153–161
Volkmann D, Sievers A (1979) In: Encycl Plant Physiol NS, Vol VII. Springer, Berlin, pp 573–600
Woitzik F, Mohr H (1988) Plant Cell Environ 11: 653–661
Zurzycki J (1962) Acta Soc Bot Polon 31: 489–538

26 Stress und Stressresistenz

Nichtoptimale Umweltbedingungen bewirken auch bei Pflanzen **Stress**. Die physiologischen Grundlagen der Stresserscheinungen und der Mechanismen, welche die Pflanzen gegen die störenden oder schädigenden Einflüsse von **Stressfaktoren** entwickelt haben, sind ein zentrales Thema der derzeitigen Forschung. Die Beschäftigung mit diesem Gebiet ist nicht zuletzt deswegen von großer Bedeutung, weil die Fähigkeit zur Stressbewältigung die klimatischen Anbaugrenzen von Kulturpflanzen festlegt. Die wichtigsten abiotischen Stressfaktoren für Pflanzen sind: **mechanische Belastung, Wassermangel, Salzbelastung, Hitze, Kälte, Frost, Sauerstoff, Licht** und **UV-Strahlung**. Auch die biotischen Stressfaktoren, insbesondere parasitäre Mikroorganismen und Viren, die als Krankheitserreger, **Pathogene**, wirksam sind, stellen hohe Anforderungen an die pflanzliche Stressabwehr (dieser Aspekt wird im Zusammenhang mit den Interaktionen von Pflanzen mit anderen Organismen im folgenden Kapitel behandelt). Pflanzen überleben in der freien Natur nur deshalb, weil sie ein umfangreiches Arsenal von speziellen, hochwirksamen Mechanismen besitzen, die ihnen eine relative **Resistenz gegen Stress** verleihen. In vielen Fällen zeigt sich, dass der Verlust solcher Resistenzmechanismen, z. B. durch Mutation, zum Verlust der Lebensfähigkeit führt. Umgekehrt kann durch Einbau von geeigneten Fremdgenen in das Pflanzengenom die Resistenz gegen bestimmte Stressfaktoren gesteigert werden. Für die Physiologie sind insbesondere diejenigen Resistenzmechanismen von Interesse, welche erst unter dem Einfluss von Stressfaktoren induziert werden und zur Abhärtung, **Stressakklimatisation**, führen. Dieses Kapitel liefert einen Einblick in die Vielfalt und Komplexität der Wechselwirkungen zwischen der Pflanze und ihrer Umwelt, die sich im Verlauf der Evolution herausgebildet haben und die Besiedelung von Räumen mit stark variierenden, meist suboptimalen, Lebensbedingungen ermöglichen.

26.1 Grundlegende Begriffe

Die Begriffe **Stress** und **Stressresistenz** werden bei Pflanzen ähnlich wie bei Mensch und Tier verwendet. Als **Stress** (= Anspannungszustand) bezeichnet man demnach die Folgen einer Belastung des Organismus durch die Einwirkung äußerer Faktoren (**Stressfaktoren** oder **Stressoren**), welche zu einer Beeinträchtigung des Stoffwechsels oder der Entwicklung führen. Der Unterschied zwischen Stress und Stressfaktor wird im allgemeinen Sprachgebrauch häufig missachtet; im folgenden verwenden wir den Begriff **Stress** stets im Sinn eines (komplexen) Syndroms, das im Organismus von einem oder mehreren Stressfaktoren **erzeugt** wird.

Bei optimaler Anpassung an die Umwelt – welche im Verlauf der Evolution in aller Regel nur näherungsweise erreicht wurde – tritt theoretisch kein Stress auf. Wenn jedoch der meist eng begrenzte Bereich optimaler Anpassung verlassen wird, gerät der Organismus unter mehr oder minder starke physiologische Belastungen, die sich als Stress äußern (Abbildung 26.1). Diese Situation tritt z. B. ein, wenn eine Pflanze unter Umweltbedingungen gebracht wird, an die sie genetisch nicht angepasst ist. Aber auch am natürlichen Standort kann Stress auftreten, etwa wenn der Zustand optimaler Anpassung für die wachsende Pflanze nur über einen begrenzten Zeitraum eingehalten werden kann oder wenn Konkurrenzdruck durch andere Pflanzen auftritt. Ein Stressfaktor erzeugt fast immer eine Vielzahl einzelner Stressreaktionen, d. h. ein **Stresssyndrom**. Sehr komplexe, schwer analysierbare Verhältnisse treten beim Zusammenkommen

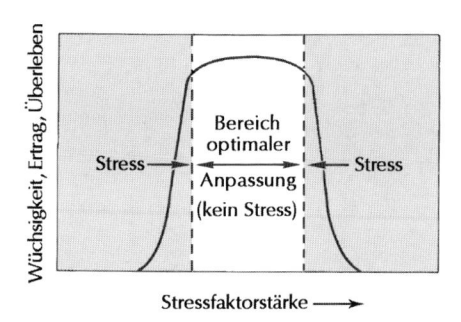

Abb. 26.1. Formales Schema zur Begriffsbestimmung von Stress. Die Abhängigkeit zentraler physiologischer Eigenschaften der Pflanze (z. B. Wüchsigkeit, Überleben, Ertrag) von Umweltfaktoren (= **potenzielle Stressfaktoren**, z. B. Temperatur) verläuft im Prinzip in Form einer Optimumkurve. Stress tritt dann auf, wenn die auf der Abszisse aufgetragene Stärke des potenziellen Stressfaktors außerhalb des Bereichs optimaler Anpassung liegt. Die Grenzen zwischen Stress und Nichtstress können sich bei verschiedenen Pflanzen stark unterscheiden und durch Adaptation verschoben werden.

mehrerer Stressfaktoren auf, da sich deren Wirkungen meist nicht einfach additiv überlagern, sondern in nicht ohne weiteres vorhersehbarer Weise miteinander verrechnet werden.

Die Pflanze begegnet den potenziellen Stressfaktoren durch die Ausbildung von **Stressresistenz**. Darunter versteht man alle morphologischen und physiologischen Vorkehrungen, welche dazu geeignet sind, Stress zu verhindern oder zu mildern. Im Gegensatz zu den Tieren haben die sessilen Pflanzen meist keine Möglichkeit zum aktiven Ausweichen vor Stressfaktoren. Es ist daher verständlich, dass sich gerade im Pflanzenreich besonders vielfältige Mechanismen der Stressresistenz ausgebildet haben. Hierbei kann man grundsätzlich drei Strategien unterscheiden:

▶ **Toleranz** gegenüber dem Stressfaktor (die Pflanze erträgt Stress ohne gravierende Schäden zu erleiden),
▶ **Abwehr** des Stressfaktors durch geeignete Schutzmechanismen,
▶ **Revertierung** der Stressfolgen durch Reparatur der eingetretenen Schäden.

Diese drei Typen von Resistenzmechanismen sind entweder **konstitutiv**, d. h. aufgrund genetischer Anpassung vorhanden, oder **adaptiv**, d. h. sie werden erst unter dem Einfluss von Stress- oder anderen Umweltfaktoren ausgebildet. Die Aufrechterhaltung erhöhter Widerstandskraft gegen Stressfaktoren ist in der Regel mit einem erhöhten Energiebedarf und Einbußen bei anderen Leistungen verbunden, z. B. mit einem reduzierten Wachstum oder mit verminderter Nachkommenschaft. Andererseits führt Stress auch zu manchen positiven Auswirkungen, vor allem durch die Stimulation der Abwehrkräfte gegen Belastungen, **Abhärtung**. Im Einzelfall hängt die Stressresistenz von der spezifischen Reaktionsbreite der betroffenen Zellfunktionen ab, welche bei verschiedenen Pflanzenarten in weitem Umfang variieren kann. Zwischen „normalen" Anpassungsreaktionen an Umweltfaktoren und Stressadaptation bestehen fließende Übergänge; die Abgrenzung ist in vielen Fällen willkürlich. Zum Beispiel könnten die in Kapitel 10 behandelten Modifikationen des Photosyntheseapparates im Prinzip auch als Stressadaptationen aufgefasst werden. In den folgenden Abschnitten werden die wichtigsten Stressfaktoren und die zugehörigen Resistenzmechanismen behandelt, welche bei den höheren Landpflanzen eine Rolle spielen. Eine genaue Kenntnis der Stressphysiologie ist nicht zuletzt deswegen von großer Bedeutung, weil Ertrag und Anbaugrenzen der für den Mensch wichtigen Kulturpflanzen durch deren Stressresistenz festgelegt werden (→ Kapitel 28).

26.2 Mechanischer Stress

Höhere Landpflanzen sind vielfachen mechanischen Belastungen ausgesetzt und haben, im Rahmen ihrer Anpassung an die Umwelt, zweckdienliche Mechanismen entwickelt, um auf diese Belastungen angemessen zu reagieren. So wird z. B. dem Wachstum der Wurzel im Boden ein oft erheblicher mechanischer Widerstand entgegengesetzt, der durch einen entsprechend großen „Wachstumsdruck" überwunden werden muss. Ähnliches gilt für die Sprossachse von Keimpflanzen nach der Keimung des Samens im Boden (Abbildung 26.2). Die Äste eines ausladenden Baumes stehen unter starker Belastung durch die Schwerkraft, welche wegen der Hebelwirkung vor allem an der Astbasis angreift. Coniferen stabilisieren ihre Seitenäste durch die Ausbildung von „Druckholz" auf der Unterseite der Astbasis (Druckzone), während die Angiospermenbäume „Zugholz" auf der Oberseite der Astbasis (Zugzone) anlegen. In beiden Fällen spricht man von **Reaktionsholz**, obwohl die anatomischen Eigenschaften sehr verschieden sind. Das

26.2 Mechanischer Stress

Druckholz kommt durch lokal induzierte, exzentrische Kambiumaktivität zustande. Es werden kurze, dickwandige Tracheiden mit erhöhtem Lignin/Cellulose-Verhältnis ausgebildet. Im Zugholz treten besonders Holzfaserzellen mit verdickten Wänden auf. Hier ist das Lignin/Cellulose-Verhältnis niedriger als im normalen Holz. Lässt man einen Baum auf einem vertikal rotierenden Klinostaten wachsen, so wird kein Reaktionsholz ausgebildet. Es ist also die einwirkende **Schwerkraft**, welche die Bildung von Reaktionsholz induziert. Auch die gravitropische Wachstumsreaktion von Bäumen ist auf eine durch die Schwerkraft induzierte Ausbildung von Reaktionsholz zurückzuführen (→ Abbildung 25.9 a).

Die Schwerkraft ist auch bei krautigen Pflanzen ein wichtiger morphogenetischer Faktor. Hypergravität, die z. B. in einer Zentrifuge erzeugt werden kann, bewirkt bei Keimpflanzen Hemmung des Längenwachstums und eine Verdickung und verstärkte Lignifizierung der Zellwände. Hierzu ein aufschlussreiches Experiment: Die apikale Belastung einer *Arabidopsis*-Pflanze mit einer Last von 2,5 g – dies entspricht dem Gewicht eines 25 cm hohen Sprosses – induziert an der Stängelbasis sekundäres Dickenwachstum und die damit verbundene Bildung von lignifiziertem Xylem (Holz). Als Signalüberträger des mechanischen Reizes dient Auxin, das im Stängel die Expression zahlreicher Gene auslöst. Dieses Beispiel ist ein eindrücklicher Beleg dafür, dass Pflanzen die durch ihr Gewicht erzeugte mechanische Belastung registrieren und darauf mit versteifenden Wachstumsprozessen reagieren können.

Im Experiment lässt sich zeigen, dass Pflanzen auch auf **Berührungen** (z. B. wenige Minuten pro Tag Streicheln, Bürsten oder Reiben) mit einer Wachstumshemmung reagieren können. Diese Phänomene werden unter dem Begriff **Thigmomorphogenese** zusammengefasst. Eine besonders auffällige thigmomorphogenetische Reaktion ist die Antwort von **Ranken** auf Berührungsreize (→ S. 574).

In der Natur werden variable mechanische Belastungen von Sprossachse und Blättern in der Regel durch Wind oder Regen hervorgerufen. Getreidehalme, die durch Wind unter wechselnden Biegestress gesetzt werden, reagieren mit einer Hemmung des Längenwachstums und einer Verdickung und Versteifung des Halms, **Seismomorphogenese**. Aus Feldexperimenten hat man gelernt, dass Windbelastung den Ertrag bei Getreide spürbar vermindern kann.

Die Mechanismen bei der Registrierung von mechanischer Belastung und ihrer Umsetzung in geeignete physiologische Gegenreaktionen sind noch wenig erforscht. Nach einer noch weitgehend spekulativen Vorstellung werden mechanische Belastungen auf der Zellebene als mechanische Deformationen der Plasmamembran mit Hilfe von **dehnungsaktivierbaren Ionenkanälen** wahrgenommen. Solche, durch *patch-clamp*-Experimente (→ Abbildung 4.9) an Membranfragmenten nachweisbaren Kanäle für Ca^{2+} sind auch bei Pflanzen gefunden worden. Andere Experimente haben gezeigt, dass dynamische Biegebelastung durch Wind mit einem schnellen Anstieg der cytoplasmatischen Ca^{2+}-Konzentration einhergeht (Abbildung 26.3).

In *Arabidopsis*-Keimlingen wird durch mechanischen Stress innerhalb von 10–30 min eine Familie von 5 *TCH*-Genen (***touch-induced genes***) exprimiert, von denen eines als Calmodulingen, und

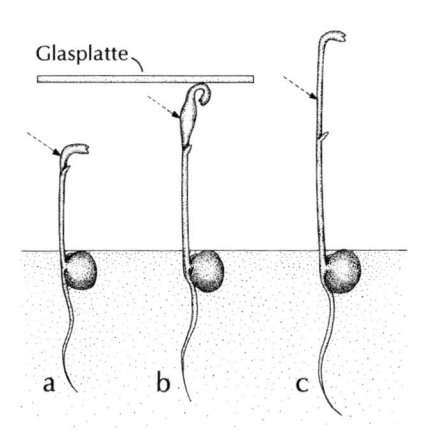

Abb. 26.2 a–c. Wirkung einer mechanischen Belastung auf das Sprossachsenwachstum. Objekt: etiolierte Erbsenkeimlinge (*Pisum sativum*). Die Darstellung zeigt wachsende Keimlinge vor (**a**), nach (**b**) bzw. ohne (**c**) Auftreffen auf ein unbewegliches Hindernis. Ähnliche Bedingungen treten z. B. nach der Keimung in tieferen Erdschichten auf. Die *Pfeile* zeigen auf eine Zone im 2. Internodium, die im Zustand (**a**) markiert wurde. Der mechanische Stress (**b**) führt im Apex zu einer starken Erhöhung der Ethylensynthese. In der Wachstumszone der Sprossachse wird das Längenwachstum der Zellen gehemmt und gleichzeitig das Dickenwachstum gefördert. Dies ist eine typische **ethylenabhängige Wachstumsreaktion**, wie sie z. B. durch Begasung mit dem Hormon erzeugt werden kann (→ Abbildung 18.25). Eine Behandlung mit hohen Konzentrationen an Auxin induziert eine ganz ähnliche Umorientierung der Wachstumsrichtung. Man konnte zeigen, dass dieser Effekt auf eine Induktion der Ethylenbildung durch Auxin zurückgeht. (Nach Osborne 1977)

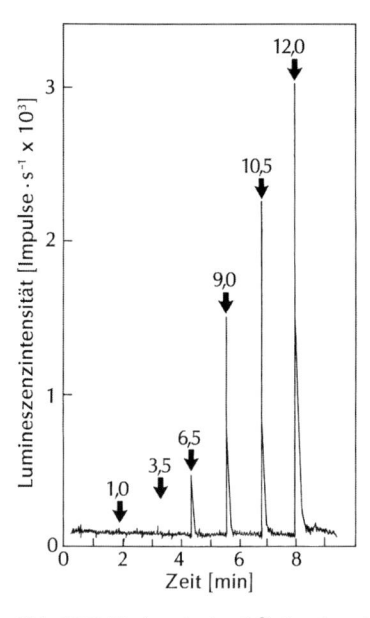

Abb. 26.3. Nachweis des Ca^{2+}-Anstiegs im Cytoplasma mechanisch gestresster Pflanzen. Objekt: Tabakkeimlinge (*Nicotiana plumbaginifolia*), in die durch experimentellen Gentransfer über *Agrobacterium* das Gen für das Protein **Apoaequorin** aus der Coelenterate *Aequoria victoria* übertragen und dort exprimiert wurde. In dieser Quallenart ist **Aequorin** (Apoaequorin + Coelenterazin als Luminophor) für Ca^{2+}-induzierte Lumineszenz verantwortlich. In den Zellen der Tabakkeimlinge konnte durch äußerliche Zufuhr von Coelenterazin funktionsfähiges Aequorin rekonstituiert werden, das auf einen Anstieg der Ca^{2+}-Konzentration mit einem messbaren Aufleuchten reagiert. Derartig mit einem leuchtenden Ca^{2+}-Indikator versehene Keimlinge wurden mit kurzen Windpulsen verschiedener Stärken (1–12 N Windkraft, *Pfeile*) aus ihrer vertikalen Position abgelenkt. Sie reagierten ab einem Schwellenwert zwischen 3,5 und 6,5 N mit einer deutlichen Lichtemission. Eine ähnliche Reaktion konnte durch Berührungsreiz, Kälteschock und Pathogeneinfluss ausgelöst werden. (Nach Knight et al. 1992)

zwei weitere als calmodulinähnliche Gene identifiziert wurden. **Calmodulin** ist ein Ca^{2+}-bindendes Regulatorprotein, das in der Zelle als Glied von Ca^{2+}-abhängigen Signalkaskaden fungiert (→ Exkurs 4.5, S. 97).

Möglicherweise ist auch das **Cytoskelett** an der mechanosensorischen Signalübertragung beteiligt. Bei Maiskoleoptilen konnte man zeigen, dass Stauchungsstress in den Epidermiszellen eine Umorientierung der corticalen **Mikrotubuli** bewirkt (→ Exkurs 26.1). Setzt man teilungsfähiges, meristematisches Gewebe (Kallusgewebe) unter Kompressionsstress, so wird die Ebene der Zellteilungen senkrecht zur einwirkenden Kraft, d. h. parallel zur erzeugten Zugspannung, ausgerichtet. Auch hier dürften Mikrotubuli maßgeblich an der Registrierung der mechanischen Belastung und an der richtungsabhängigen Reaktion des Gewebes beteiligt sein (→ S. 34).

Aus vielen Untersuchungen weiß man, dass mechanisch gestresste Pflanzen oft eine erhöhte Ethylenausscheidung zeigen („Stressethylen"; → S. 431). Äußere Applikation von Ethylen hemmt bei vielen Pflanzen das Längenwachstum und fördert das Dickenwachstum (Triple-Reaktion; → Abbildung 18.25). Dies hat zu der Annahme geführt, dass das gasförmige Hormon bei Phänomenen, wie z. B. in Abbildung 26.2 dargestellt, für die Umorientierung der Wachstumsallometrie verantwortlich ist. Eine generelle Funktion von Ethylen bei der Reaktion auf mechanischen Stress ist jedoch unwahrscheinlich; z. B. reagieren ethyleninsensitive *Arabidopsis*-Mutanten (→ S. 441) auf mechanische Belastung mit einer Induktion der *TCH*-Gene und den morphologischen Merkmalen der Thigmomorphogenese genau so wie der Wildtyp.

26.3 Trockenstress

26.3.1 Konstitutive Trockenstressresistenz

Bei den höheren Landpflanzen tritt **Wasserstress** auf, wenn die Wurzeln von zu viel oder zu wenig Wasser umgeben sind. Ein Überangebot an Wasser (Überflutung, Staunässe) verhindert die Durchlüftung des Bodens und hemmt dadurch die stark O_2-bedürftige Wurzelatmung. Es handelt sich also hierbei eigentlich um eine hauptsächlich durch Hypoxie erzeugte Stresssituation (→ S. 243). Der Begriff **Wasserstress** wird meist im Zusammenhang mit Wassermangel verwendet und ist dann bedeutungsgleich mit **Trockenstress**. Die durch genetische Anpassung entstandene Stressresistenz wird besonders bei den vielfältigen morphologischen und physiologischen Vorkehrungen der Xerophyten gegen Wasserverlust deutlich (z. B. Transpirationsschutz durch dicke Cuticula und eingesenkte Stomata, Sukkulenz, hoher Wasserökonomiequotient durch C_4-Photosynthese; → S. 264, 325). Diese Eigenschaften sind typische konstitutive Schutzmechanismen zur Stressabwehr, die es den Xerophyten erlauben, in Trockengebieten zu gedeihen, welche anderen Pflanzen aufgrund mangelnder Resistenz verschlossen bleiben.

26.3 Trockenstress

> **EXKURS 26.1: Umorientierung der corticalen Mikrotubuli wachsender Zellen durch Biegestress**
>
> Während des Streckungswachstums sind die corticalen Mikrotubuli (MT) senkrecht zur Wachstumsrichtung (quer) orientiert (→ S. 106). Eine Hemmung des Wachstums führt zu einer raschen Umorientierung der MT um 90°, d. h. parallel zur Wachstumsrichtung (längs). Eine mögliche Deutung dieses Befundes ist, dass die MT auf die mechanische Dehnung der Zellen beim Wachstum mit einer Querausrichtung reagieren und auf diese Weise als Mechanosensoren funktionieren.
>
> Diese Hypothese wurde in einer experimentellen Studie mit wachsenden und nicht-wachsenden Segmenten aus der Koleoptile von Maiskeimlingen (*Zea mays*) überprüft. Die Orientierung der MT unter der äußeren Zellwand der Epidermis konnte durch die Bindung eines fluoreszierenden Antitubulin-Antikörpers sichtbar gemacht werden. Die Abbildung zeigt Diagramme mit der Häufigkeitsverteilung der MT-Winkel (0°/180°: *quer* zur Längsrichtung, 90°: *längs* zur Längsrichtung) bei jeweils etwa 500 ausgemessenen Zellen. Im Ausgangszustand (*links*) ergibt sich eine Zufallsverteilung (alle Richtungen sind etwa gleich häufig). Hemmung des Streckungswachstums durch Auxinverarmung führt zu bevorzugt längs ausgerichteten MT, (*Mitte, oben*), während die in Anwesenheit von Auxin (IAA) wachsenden Zellen eine Querausrichtung zeigen (*Mitte, unten*). Künstlich erzeugter Biegestress führt – nur in den wachsenden Zellen (+ IAA) – zu einer Längsorientierung auf der komprimierten Seite, und zu einer Querausrichtung auf der gedehnten Seite der Segmente (*rechts*). Die Umorientierung ist nach 30 min abgeschlossen.
>
> Diese Resultate zeigen, dass die MT sowohl auf mechanische Zelldehnung, als auch auf wachstumsbedingte Zelldehnung mit einer Querorientierung reagieren. Nur im Fall der nicht-wachsenden Zellen reicht die mechanische Dehnung nicht aus, um die Querstellung auszulösen. Mechanische Stauchung oder Wachstumshemmung führt zur Längsorientierung. Diese richtungsabhängigen Reaktionen der MT auf mechanische Einflüsse könnten über entsprechende Veränderungen des Cellulosemikrofibrillenmusters in der benachbarten Zellwand zu einer Veränderung der Wachstumsallometrie führen. Die Daten bestätigen eine mögliche Funktion der MT als Mechanosensoren. (Nach Fischer und Schopfer 1997)

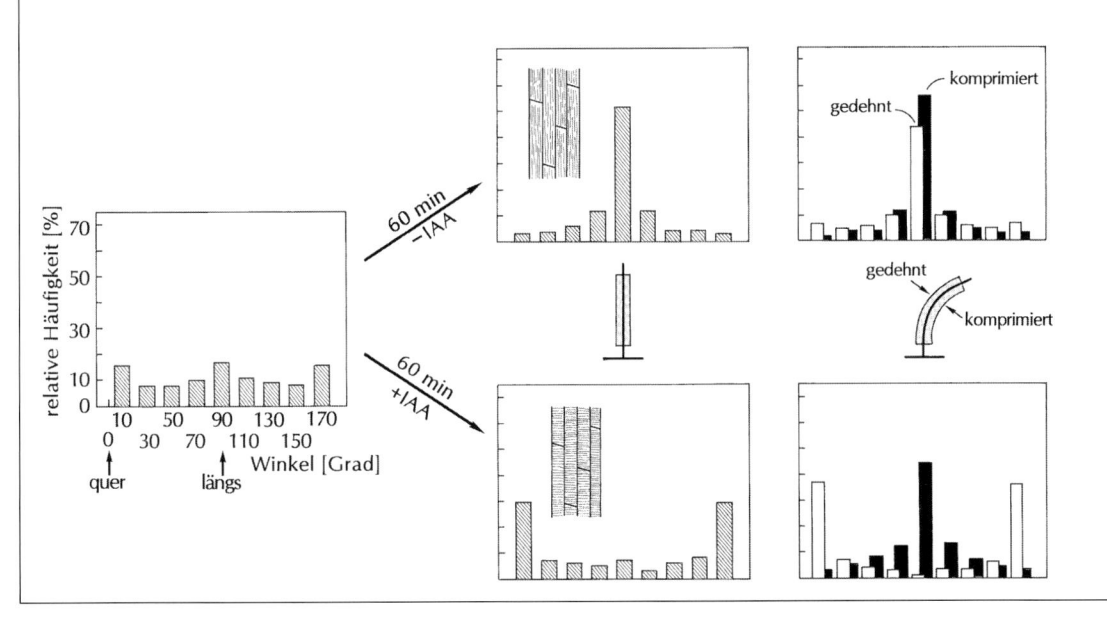

Eine Anpassung an wechselfeuchte Umgebung ist die konstitutive **Austrocknungstoleranz** (z. B. bei vielen Flechten und Moosen, aber auch bei manchen Blütenpflanzen, z. B. den „Auferstehungspflanzen", → S. 487). Diese **poikilohydren** Pflanzen sind in der Lage, eine Reduktion ihres Wassergehalts durch Austrocknung um mehr als 95 % ohne Schaden in einem metabolischen Ruhezustand, **Dormanz** (→ S. 475), zu überdauern und durch Wasseraufnahme rasch wieder zu normaler Stoffwechselaktivität zurückzukehren. Für eine durchschnittliche mesophytische Pflanze ist hingegen ein Wasserverlust von > 30 % in aller Regel tödlich. Die funktionellen und strukturellen Besonderheiten austrocknungstoleranter Zellen wurden im Zusammenhang mit der Samenreifung besprochen (→ S. 473).

Bei anderen Bewohnern arider Gebiete hat sich eine **Meidungsstrategie** herausgebildet: Diese stets kurzlebigen (ephemerischen) Arten führen ihren Vegetationscyclus – von der Keimung bis zur Produktion neuer Samen – während einer Zeitspanne von wenigen Wochen nach einem ausgiebigen Regen durch und überdauern die restliche Trockenzeit in Form austrocknungstoleranter Samen. Derartige genetische Anpassungen, deren Fülle hier nicht im einzelnen dargestellt werden kann, verleihen den Pflanzen an ihrem natürlichen Standort eine weitgehende Resistenz gegen Trockenstress.

26.3.2 Adaptative Trockenstressresistenz bei Mesophyten

Die krautigen Landpflanzen bestehen zu 85–90 Gewichtsprozent aus Wasser mit einem relativ hohen (= wenig negativen) Wasserpotenzial ($\psi_{Pflanze} \geq -1,5$ MPa). Ihr Spross ist von einem Luftraum umgeben, dessen Wasserpotenzial bis zu 100 MPa unter diesem Wert liegt (→ Abbildung 13.2). Die hieraus resultierende starke Saugspannung zwischen Pflanze und Atmosphäre ($-\Delta\psi$) ist die treibende Kraft für eine spontane Wasserabgabe der Pflanze durch Transpiration (→ S. 312). Bei den Mesophyten, zu denen praktisch alle Kulturpflanzen zählen, treten auch am natürlichen Standort regelmäßig Bedingungen auf, unter denen die Transpiration gegenüber der Wasseraufnahme durch die Wurzel überwiegt (z. B. bei starker Sonneneinstrahlung). Dieser Pflanzentyp ist daher in besonderem Maße darauf eingerichtet, während kurzzeitiger Trockenperioden eine adaptive Resistenz auszubilden. Bei guter Wasserversorgung stellt sich in der Pflanze im Fließgleichgewicht ein Wasserpotenzial ein, welches nur knapp unter dem Wasserpotenzial bei Vollturgeszenz ($\psi_{Pflanze} = 0$) liegt. Wenn jedoch der Transpirationsverlust nicht durch eine entsprechende Wasseraufnahme aus dem Boden ausgeglichen werden kann, fällt $\psi_{Pflanze}$ rasch ab; es entsteht ein Wasserdefizit, das zu Trockenstress führt. Die Entwicklung der Stresssymptome lässt sich z. B. an einer mesophytischen Pflanze verfolgen, bei der nach einer längeren Periode optimaler Versorgung die Wasseraufnahme der Wurzel durch langsame Austrocknung des Bodens zunehmend behindert wird (Abbildung 26.4). Neben den Änderungen der Wasserzustandsgrößen (ψ, P, π; → Abbildung 3.7) lassen sich an solchen Pflanzen charakteristische **Stresssymptome** beobachten (Abbildung 26.5), wobei man passive Reaktionen (z. B. Hemmungen der Photosynthese) von aktiven Stressabwehrreaktionen (z. B. Akkumulation von Osmotica) unterscheiden kann. Bereits bei einem Wasserverlust von 15–20 % tritt bei typischen Mesophyten **Grenzcytorrhyse** ($P_{Zelle} = 0$; → Abbildung 3.7) ein, äußerlich erkennbar an starken Welkesymptomen.

Denjenigen Grenzwert von ψ_{Boden}, der es der Pflanze nicht mehr erlaubt, einen positiven Turgor aufrechtzuerhalten (und daher zu einer dauerhaften Erschlaffung der Blätter führt), bezeichnet man als den **permanenten Welkepunkt** (→ S. 326). Er liegt bei mesophytischen Pflanzen meist um −1,5 MPa, bei Xerophyten jedoch oft wesentlich tiefer. Dieser Zustand kann in der Regel nur eine begrenzte Zeit ohne irreversible Schäden überdauert werden. Milder Trockenstress, insbesondere wenn die Austrocknung des Bodens langsam fortschreitet, ermöglicht bei vielen Pflanzen eine adaptive Erhö-

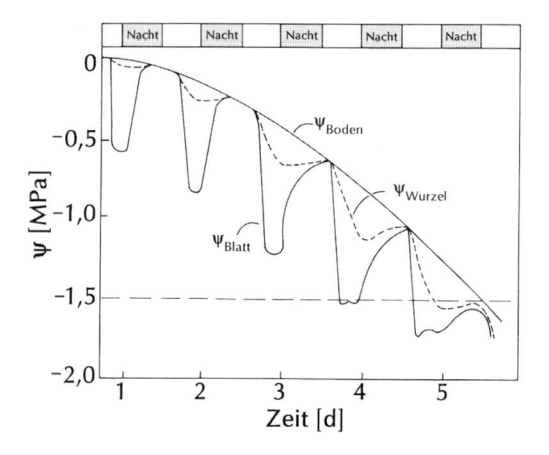

Abb. 26.4. Die Veränderung der Wasserzustandsparameter in einer Pflanze als Folge einer langsamen Austrocknung des Bodens (Reduktion von ψ_{Boden}), wie sie z. B. nach dem Einstellen der Bewässerung auftritt (schematische Darstellung). Während sich bei Nacht, bei minimaler Transpiration, ein Gleichgewichtszustand zwischen Pflanze und Boden ($\psi_{Blatt} = \psi_{Wurzel} = \psi_{Boden}$) einstellt, sinkt ψ_{Blatt} (und in vermindertem Umfang auch ψ_{Wurzel}) während des Tages aufgrund starker Transpiration vorübergehend ab. Die abfallende Kurve für ψ_{Boden} bildet stets die obere Begrenzung dieser tagesperiodischen Änderungen. Am 4. Tag erreicht der tägliche ψ-Abfall in der Pflanze kurzzeitig den **permanenten Welkepunkt** bei −1,5 MPa. Die Pflanze gerät am 5. Tag unter massivem Trockenstress, der u. a. zu einer verzögerten Schließung der Stomata am Ende des Tages führt. (Nach Slatyer 1967; verändert)

26.3 Trockenstress

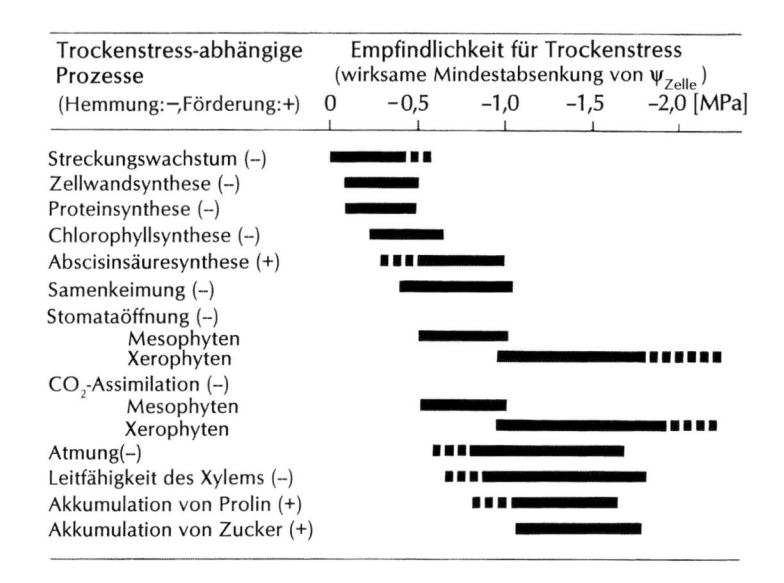

Trockenstress-abhängige Prozesse (Hemmung:−, Förderung:+)	Empfindlichkeit für Trockenstress (wirksame Mindestabsenkung von ψ_{Zelle}) 0 −0,5 −1,0 −1,5 −2,0 [MPa]
Streckungswachstum (−)	▬▬▬ ▪▪
Zellwandsynthese (−)	▬▬▬
Proteinsynthese (−)	▬▬▬
Chlorophyllsynthese (−)	▬▬▬
Abscisinsäuresynthese (+)	▬ ▪▪▪ ▬▬▬
Samenkeimung (−)	▬▬▬▬▬
Stomataöffnung (−) Mesophyten Xerophyten	▬▬▬▬ ▬▬▬▬▬ ▪▪▪▪▪
CO$_2$-Assimilation (−) Mesophyten Xerophyten	▬▬▬▬ ▬▬▬▬▬▬ ▪▪▪▪
Atmung (−)	▪▪▪ ▬▬▬▬▬▬
Leitfähigkeit des Xylems (−)	▪▪▪ ▬▬▬▬▬▬
Akkumulation von Prolin (+)	▪▪▪ ▬▬▬
Akkumulation von Zucker (+)	▬▬▬▬

Abb. 26.5. Empfindlichkeit einiger physiologischer Prozesse gegenüber Trockenstress (Zusammenfassung von Messungen an verschiedenen Pflanzen). Die Balken bezeichnen jeweils den Bereich von ψ_{Zelle}, in dem erste Anzeichen der betreffenden Stressreaktion bei verschiedenen Arten beobachtet wurden. (Nach Hsiao et al. 1976; verändert)

hung der Resistenz gegen Trockenstress, welche die Aufrechterhaltung wichtiger physiologischer Funktionen oder, bei sehr starkem Stress, zumindest das Überleben ermöglicht. Eine optimale Adaptation setzt eine ausreichend langsame Steigerung der Stressstärke voraus; eine schnelle Austrocknung führt daher häufig zu irreparablen Schäden.

Die stressinduzierten adaptiven Veränderungen in der Pflanze sind äußerst komplex und äußern sich in vielen Fällen als **systemische Reaktion**. So induziert z. B. milder Trockenstress eine Hemmung des Sprosswachstums bei gleichzeitiger Förderung des Wurzelwachstums (Abbildung 26.6). Auf diese Weise wird die Transpiration vermindert, während die Wurzel durch Vordringen in tiefere Bodenzonen zusätzliche Wasserreserven erschließen kann. Eine zentrale Rolle bei der Adaptation mesophytischer Pflanzen an Trockenheit spielt das „Stresshormon" **Abscisinsäure** (ABA; → S. 426). Bereits bei mittlerem Trockenstress hat man in vielen Pflanzen einen starken Anstieg des ABA-Gehaltes beobachtet, der auf eine Induktion der Hormonsynthese zurückgeht (→ Abbildung 18.22). Nach Beendigung der Stressperiode fällt der ABA-Gehalt durch Abbau rasch wieder ab. Auch die Wurzel ist zu einer trockenstressinduzierten ABA-Synthese befähigt; das dort synthetisierte Hormon wird zum Teil in den Spross transportiert und ist dort an der Regulation des Wasserhaushalts und des Wachstums beteiligt. Eine experimentelle Zufuhr von ABA bewirkt in allen Teilen der Pflanze charakteristische

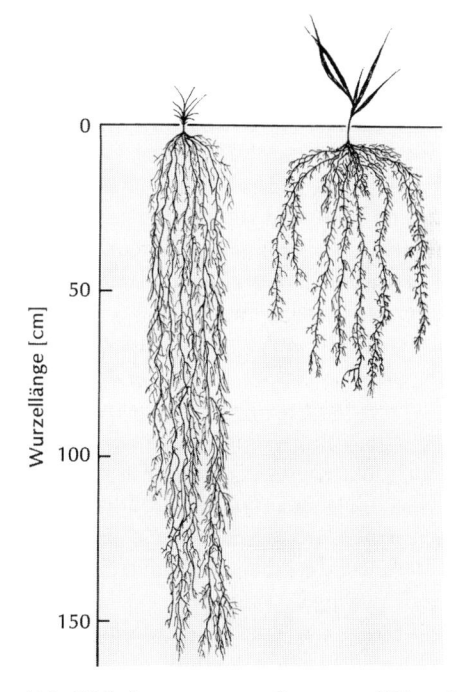

Abb. 26.6. Anpassung von Spross- und Wurzelwachstum an Trockenstress, der durch Bodentrockenheit bewirkt wird. Objekt: Quecke (*Agropyron smithii*). *Links:* Pflanze von einem relativ trockenen Standort. *Rechts:* Pflanze von einem relativ feuchten Standort. Anmerkung: Bei Maiskeimlingen konnte gezeigt werden, dass durch Trockenstress induzierte Abscisinsäure für die Verschiebung des Wachstumsverhältnisses zugunsten der Wurzel verantwortlich ist (→ Abbildung 12.5; Exkurs 12.1, S. 304). (Nach Fitter und Hay 2002; verändert)

Reaktionen, z. B. beim Spross Hemmung des Streckungswachstums, der Proteinsynthese und Veränderungen im Ionen- und Assimilattransport. Diese Effekte dürften auch durch die endogen synthetisierte ABA bewirkt werden. Langfristig erhöhte ABA-Pegel beschleunigen die Fruchtreife und führen zur Bildung kleinerer Samen oder zum vorzeitigen Blatt- und Fruchtabwurf (Abscission). Besonders gut untersucht ist der ABA-induzierte Verschluss der Stomata (→ S. 273), eine der augenfälligsten physiologischen Reaktionen im Blatt, durch die die Transpiration schnell und wirksam gedrosselt werden kann. Die physiologische Bedeutung der ABA als Signalstoff für die Auslösung von resistenzerzeugenden, adaptiven Reaktionen auf Trockenstress wird eindrucksvoll durch Mutanten belegt, bei denen die ABA-Synthese durch einen Enzymdefekt blockiert ist, z. B. bei der *flacca*-Mutante der Tomate. Diese Pflanzen sind bei Wasserknappheit nicht in der Lage, ihre Stomata zu schließen und zeigen daher bereits bei relativ geringem Wasserdefizit massive Welkesymptome, welche jedoch durch eine Behandlung mit ABA verhindert werden können. Auch die bei manchen Pflanzen beobachtbare **adaptive Austrocknungstoleranz** steht unter der Kontrolle von ABA. In diesem Fall kommt es bei langsamer Austrocknung (oder bei Behandlung mit ABA) zur Aktivierung von „Trockenstressgenen" und zur Synthese der zugehörigen Stressproteine, **Dehydrine**, denen eine Funktion bei der Vermeidung von Schäden in dehydratisierten Zellen zugeschrieben wird.

Eine entscheidende Frage ist in diesem Zusammenhang, welche der mit dem Wasserentzug einhergehenden Veränderungen in der Zelle als Auslöser der stressinduzierten Reaktionen dient. Hierzu eine theoretische Überlegung: Aus dem osmotischen Zustandsdiagramm (→ Abbildung 3.7) folgt, dass ein ψ-Abfall in der Zelle zu einem steilen Abfall des Turgors (P_{Zelle}) führt, begleitet von einer vergleichsweise geringen Zunahme des osmotischen Drucks (π_{Zelle}) und einer minimalen Abnahme der Wasserkonzentration. Wenn ψ_{Zelle} vom Zustand der Vollturgeszenz ($\psi = 0$ MPa) bis zur Grenzcytorrhyse ($\psi \approx -1{,}5$ MPa) sinkt, fällt P_{Zelle} von 100 auf 0 % während π_{Zelle} um 20 % ansteigt und die Wasserkonzentration um 1 % abnimmt. Der Turgor ist demnach der bei weitem empfindlichste physikalische Indikator für ψ-Veränderungen in der Zelle. Es gibt in der Tat gute Hinweise, dass viele Stressreaktionen direkt oder indirekt durch den Abfall des Turgors ausgelöst werden.

Ein unmittelbarer Bezug zum Turgor ist beim Zellwachstum gegeben. Aus der allgemeinen Gleichung des Zellvolumenwachstums (→ Gleichung 5.2) folgt, dass das Wachstum direkt vom Turgor abhängt; es ist daher verständlich, dass das Wachstum ganz besonders empfindlich auf eine ψ-Absenkung anspricht (→ Abbildung 26.5). Für die Auslösung anderer Stressreaktionen müssen tiefere Turgorgrenzwerte erreicht werden. Als Beispiel ist in Abbildung 26.7 die Induktion der ABA-Synthese in Blättern dargestellt. Hier konnte ein Grenzwert bei $P_{Zelle} = 0$ MPa (Grenzcytorrhyse) ermittelt werden. Es ist offensichtlich, dass in diesem Fall nicht der ψ-Abfall oder der π-Anstieg, sondern der P-Abfall von der Pflanze als auslösendes Signal registriert wird. Diese Resultate dürfen allerdings nicht verallgemeinert werden. So hat man z. B. bei Hemmung der Photosynthese durch Trockenstress (bei sättigender CO_2-Versorgung) gefunden, dass in diesem Fall ein deutlicher Effekt erst einsetzt, wenn der **relative Wassergehalt** den Wert 75 % unterschreitet und dann parallel mit der weiteren Verminderung des Wassergehalts (bzw. mit dem Anstieg von π_{Zelle}) zunimmt.

Mittlerer bis starker Trockenstress induziert in vielen Pflanzen einen Anstieg von π_{Zelle} durch aktive Akkumulation osmotisch wirksamer Substanzen im Zellsaft und im Cytoplasma. Diese **osmotische Adaptation** kommt durch eine vermehrte Aufnahme oder Freisetzung von Metaboliten (z. B. Zucker, Aminosäuren) und Ionen (z. B. K^+, Cl^-, NO_3^-) zustande und darf nicht mit der rein passiven Erhöhung von π_{Zelle} durch Wasserabgabe (→ Abbildung 3.7) verwechselt werden. Neben einer unspezifischen Konzentrationserhöhung der normalerweise in der Zelle dominierenden Osmotica findet man häufig eine spezifische Akkumulation der Aminosäure **Prolin** oder der quaternären Ammoniumverbindung **Glycinbetain**, denen eine Schutzwirkung auf dehydratisierungsempfindliche Cytoplasmabestandteile zugeschrieben wird. Die osmotische Adaptation erlaubt theoretisch eine Erniedrigung von ψ_{Zelle} bei gleich bleibendem Turgordruck (Abbildung 26.8, *rechts*) mit den damit verbundenen Konsequenzen für alle turgorabhängigen Prozesse (z. B. Zellwachstum, Stomataöffnung). Darüber hinaus wird der ψ-Gradient zwischen Pflanze und Boden verstärkt und damit die Wasseraufnahme durch die Wurzel potenziell gefördert. Die in Abbil-

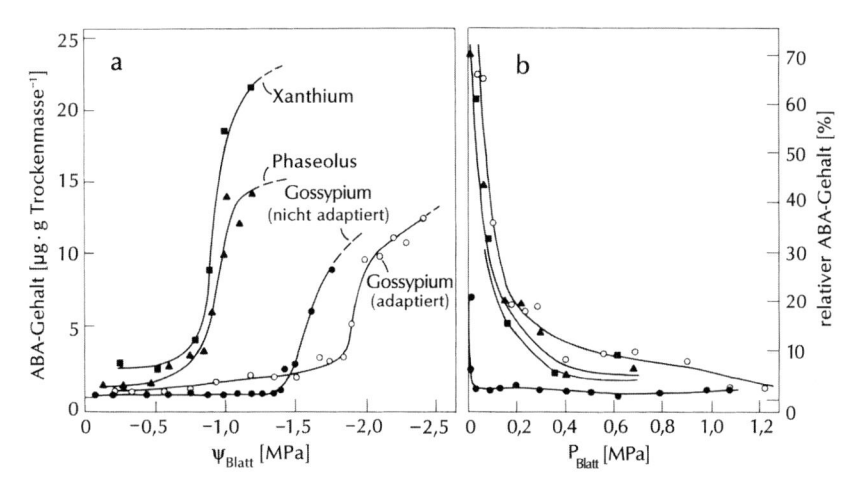

Abb. 26.7 a, b. Zusammenhang zwischen ψ-Absenkung durch Austrocknung und Induktion der Abscisinsäuresynthese. Objekte: isolierte Blätter der Spitzklette (*Xanthium strumarium*), Gartenbohne (*Phaseolus vulgaris*) und Baumwolle (*Gossypium hirsutum*). **a** Das Wasserpotenzial der Blätter wurde um definierte Beträge (Abszisse) abgesenkt und die dadurch hervorgerufene Erhöhung des ABA-Gehaltes in den drei Arten gemessen. Bei *Gossypium* wurden Blätter von zwei Gruppen von Pflanzen verwendet: täglich gut gewässerte Pflanzen (*nicht adaptiert*) und zuvor unter Wassermangel gehaltene Pflanzen (3 d Trockenheit gefolgt von 3 d guter Wasserversorgung, *adaptiert*). Es wird deutlich, dass sich die verschiedenen Objekte hinsichtlich des ψ-Grenzwerts für die Induktion der ABA-Synthese deutlich unterscheiden. **b** Die selben Daten als Funktion des **Turgors** (P_{Blatt}) aufgetragen, der jeweils durch die ψ-Absenkung in den Pflanzen eingestellt wurde. Man erkennt, dass die ABA-Synthese in allen Fällen dann einsetzt, wenn der Turgor sich dem Wert Null nähert (**Grenzcytorrhyse**). Die Unterschiede zwischen der verschiedenen Pflanzen in **a** beruhen also auf unterschiedlichen Werten von π im Zustand der Grenzcytorrhyse. Auch der durch die Akklimatisation erzeugte Unterschied bei der Baumwolle lässt sich auf eine Erhöhung von π (**osmotische Adaptation**) zurückführen (→ Abbildung 26.9). (Nach Pierce und Raschke 1980; verändert)

dung 26.8 dargestellten experimentellen Daten führen zu der wichtigen Einsicht, dass ein Abfall von ψ_{Zelle} allein kein zuverlässiger Indikator für Trockenstress ist.

Die osmotische Adaptation spielt eine besonders wichtige Rolle in der apikalen Wachstumszone der Wurzel. Selbst bei starkem ψ-Abfall im Boden kann in diesem Gewebe der Turgor – und damit das Wachstum – durch Akkumulation osmotisch wirksamer Substanzen aufrechterhalten werden (→ Exkurs 5.3, S. 115). In ABA-Mangelmutanten unterbleibt diese Adaptation, ein Hinweis, dass ABA auch hier an der Regulation beteiligt ist.

Neben der Turgorregulation durch osmotische Adaptation besitzen manche Pflanzen die Fähigkeit zur Turgorregeneration durch aktives Schrumpfen. Dieses erstaunliche Phänomen wird im Exkurs 26.2 näher erläutert.

26.3.3 Abhärtung gegen Trockenstress

Die adaptive Resistenz gegen Wassermangel ist meist kurzfristig reversibel, wenn Wasser wieder ausreichend zur Verfügung steht (→ Abbildung 26.8). Dies ist allerdings nicht immer so. Viele Pflanzen bewahren ihre während einer längeren Stressperiode erworbene Resistenz für mehrere Tage oder Wochen, d. h. sie zeigen **Akklimatisation** an Trockenstress. Dieser mittelfristig stabile Anpassungsprozess kann sich z. B. in einem erniedrigten ψ-Schwellenwert für die stressinduzierte ABA-Synthese äußern (→ Abbildung 26.7). Wie zu erwarten, beobachtet man bei akklimatisierten Pflanzen auch einen veränderten ψ-Schwellenwert für den Stomataverschluss (Abbildung 26.9). Daneben

> **Osmotische Adaptation** darf nicht verwechselt werden mit **Osmoregulation**. Zur Erinnerung (→ S. 60):
> ▸ **Osmotische Adaptation** findet statt, wenn eine Zelle durch aktive **Erhöhung/Erniedrigung** der Konzentration an osmotisch wirksamen Substanzen einem Abfall/Anstieg des Turgors entgegenwirkt.
> ▸ **Osmoregulation** findet statt, wenn eine Zelle die Konzentration an osmotisch wirksamen Substanzen bei der Aufnahme/Abgabe von Wasser **konstant** hält.

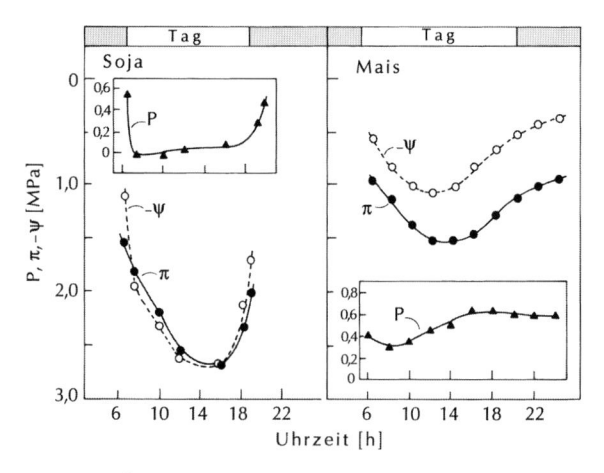

Abb. 26.8. Änderung der Wasserzustandsgrößen ψ, π und P im Blatt von Pflanzen mit oder ohne osmotischer Adaptation. Objekte: Soja (*Glycine max*, links), Mais (*Zea mays*, rechts). Die Pflanzen waren während der Wachstumsperiode im Freiland (ohne Bewässerung) dem sich unter Sonneneinstrahlung entwickelnden Wasserdefizit ausgesetzt (Transpiration überwiegt gegenüber Wasseraufnahme aus dem Boden). In beiden Arten stellt sich daher um die Mittagszeit eine maximale Absenkung von ψ ein. Bei Soja fällt der Turgor (*P*) bereits am frühen Morgen auf Null (**Grenzcytorrhyse**). Anschließend fallen ψ-Abfall und π-Anstieg zusammen (P = 0). Gegen Abend erfolgt wieder ein gemeinsamer Anstieg von ψ und ein Abfall von π bis zum Zustand der Grenzcytorrhyse; erst dann kann eine weitere Erhöhung von ψ eine Regeneration des Turgors bewirken. In diesem Fall ist die ψ-Absenkung also von rein **passiven** Änderungen von P und π begleitet (→ Abbildung 3.7). Im Gegensatz dazu findet bei Mais **osmotische Adaptation** statt: Der ψ-Abfall wird, mit leichter Zeitverschiebung, von einer nahezu gleichstarken, reversiblen Erhöhung von π weitgehend kompensiert; der Turgor [P = π − (−ψ)] bleibt daher während des ganzen Tages relativ konstant. (Nach verschiedenen Autoren; aus Hanson und Hitz 1982)

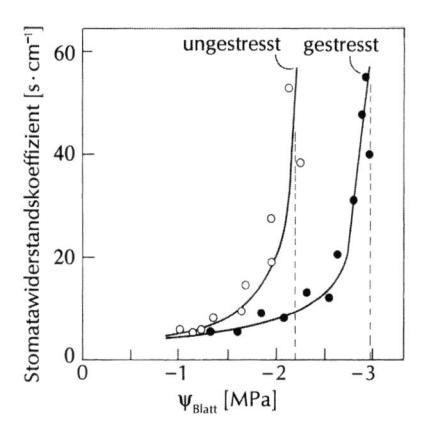

Abb. 26.9. Akklimatisation des Wasserpotenzialschwellenwertes für die trockenstressinduzierte Schließung der Stomata. Objekt: Blatt der Baumwolle (*Gossypium hirsutum*). Die Pflanzen wurden im Freiland entweder bei guter Wasserversorgung (*ungestresst*) oder bei reduzierter Wasserversorgung (*gestresst*) für 40 d vorbehandelt. Anschließend wurden sie während einer Periode von 28 d langsam ausgetrocknet und der Öffnungszustand der Stomata in der unteren Blattepidermis (porometrische Messung des Diffusionswiderstandes für Luft) als Funktion des fortschreitenden Abfalls von ψ_{Blatt} bestimmt. Man erkennt, dass die Vorbehandlung den Schwellenwert der Stomataschließung von −2,2 auf −3,0 MPa vermindert. Diese Verschiebung lässt sich mit einer Erhöhung von π um 0,8 MPa erklären (→ Abbildung 26.7). (Nach Thomas et al. 1976)

werden bei diesem Abhärtungsprozess viele weitere Funktionen der wachsenden Pflanze beeinflusst, z. B. der osmotische Druck des Zellsafts und die für das Streckungswachstum bedeutsame Dehnbarkeit der Zellwände (→ Exkurs 26.2). Eine in diesem Zusammenhang interessante Studie wird im Exkurs 26.3 vorgestellt.

26.3.4 Salzstress

Der hohe, vor allem durch NaCl bedingte Salzgehalt mancher Böden führt zu einer Verminderung des Wasserpotenzials im Wurzelraum (0,1 mol · l^{-1} NaCl vermindert ψ um 0,5 MPa). Dieser Effekt erzeugt in der Pflanze einen entsprechenden Trockenstress mit allen oben beschriebenen Folgen. Darüber hinaus bewirkt NaCl zusätzliche, spezifische Stoffwechselbelastungen, wenn es in die Pflanze aufgenommen und in toxischen Mengen im Cytoplasma angehäuft wird. Insbesondere der photosynthetische Elektronentransport wird durch einen Anstieg der NaCl-Konzentration empfindlich gestört. Salzresistente Arten, **Halophyten**, besitzen häufig spezielle Einrichtungen zur Entfernung von NaCl aus dem Cytoplasma, z. B. durch Kompartimentierung in der Vacuole oder durch Exkretion

EXKURS 26.2: Turgorregulation durch Zellschrumpfung

Die Welke von Blättern geht auf einen Abfall der Zellwandspannung zurück, der durch einen Abfall des Turgors erzeugt wird. Eine Revertierung der Welke ist daher nur durch eine Steigerung des Turgors zu erreichen. Der Turgor einer Zelle steigt an, wenn ihr Volumen durch Wasseraufnahme zunimmt, oder durch aktive Kontraktion der Zellwand abnimmt. Dass bei der Bewältigung von Trockenstress auch diese zweite Möglichkeit genutzt werden kann, zeigt das folgende Beispiel.

In Abbildung A ist die Änderung des Wassergehalts in abgeschnittenen Blättern des Weißkohls (*Brassica oleracea* var. *capitata*) dargestellt, die zunächst bis zur deutlichen Welke an der Luft getrocknet wurden (10 % Wasserverlust nach 2,5 h, *temporäre Welke*). Nachdem man die welken Blätter in eine Kammer mit knapp 100 % Luftfeuchtigkeit überführte, erreichten sie nach 70 h wieder den turgeszenten Zustand, obwohl ihr Wassergehalt langsam weiter abfiel. Erst bei weiterem Wasserverlust unter 66 % trat *permanente Welke* ein. Während der Turgorregeneration stieg π_{Zelle} deutlich an. Dies ist jedoch wegen der fehlenden Wasseraufnahme nicht für die Entstehung von Turgor verantwortlich zu machen. Vielmehr kann dieser Effekt unter den gegebenen Bedingungen nur durch eine Reduktion des Zellvolumens, verursacht durch aktive Zellwandkontraktion, erklärt werden. Abbildung B zeigt die Rehydratisierungskinetik der Blätter vor und nach einer 4tägigen Akklimatisierungsperiode bei 75–80 % Wassergehalt. In den nicht akklimatisierten Blättern wird eine Austrocknung auf 80 % Wassergehalt innerhalb kurzer Zeit vollständig rückgängig gemacht, wenn man sie in Wasser legt (*Pfeil*). Bei den akklimatisierten Blättern erfolgt die Wasseraufnahme unter diesen Bedingungen sehr viel langsamer, ein Anzeichen dafür, dass die Zellwände eine stark verminderte Dehnbarkeit erworben haben. (Nach Levitt 1986)

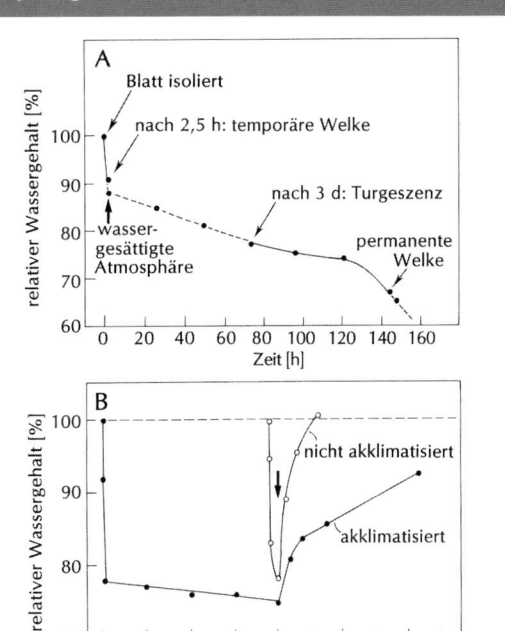

Man muss aus diesen Resultaten den Schluss ziehen, dass pflanzliche Zellen auf Trockenstress mit einer Volumenkontraktion, d. h. mit „negativem Wachstum", reagieren können, und dass dies mit einer Veränderung der mechanischen Eigenschaften der Zellwände verbunden ist.

---

aus Salzdrüsen und sind daher in der Lage, auf salzreichen Böden, im Extremfall bei 0,5 mol · l⁻¹ NaCl, zu gedeihen. Die Erforschung der hierbei wirksamen Resistenzmechanismen ist von entscheidender Bedeutung für die Nutzung von Salzböden für die Landwirtschaft (→ S. 645).

26.4 Temperaturstress

26.4.1 Resistenz gegen Hitzestress

Die Temperatur in der **poikilothermen** Pflanze wird weitgehend von der Umgebungstemperatur diktiert. Es ist daher nicht verwunderlich, dass sich auch bezüglich dieses Umweltfaktors eine ausgeprägte konstitutive Anpassung an den natürlichen Wuchsort ausgebildet hat. In Abbildung 26.10 werden zwei Arten von verschiedenen Standorten in Hinsicht auf die Temperaturabhängigkeit des Wachstums, der Photosynthese und der Atmung verglichen. Beide Arten sind an die Temperaturbedingungen ihres natürlichen Standorts gut angepasst, aber unfähig, unter den jeweils für die andre Art optimalen Temperaturen zu leben. Für die Resistenz gegen hohe Temperaturen (im physiologischen Bereich bis etwa 50 °C) ist vor allem die thermische Stabilität des Photosyntheseapparats

> **EXKURS 26.3: Osmotische Adaptation von Zellen an Trockenstress**
>
> Die Erzeugung von Stresshärte bei Kulturpflanzen ist ein wichtiges Züchtungsziel. Dies gilt insbesondere für den Stressfaktor Wassermangel, der den Anbau von mesophytischen Pflanzen in weiten Teilen der Welt verhindert. In diesem Zusammenhang hat man auch versucht, konstitutiv dürreresistente Pflanzen (Mutanten) zu isolieren, z. B. indem man Zellkulturen dem Selektionsdruck einer subletalen Trockenstressbehandlung aussetzte. Das im Folgenden geschilderte Beispiel zeigt, dass pflanzliche Zellen in der Tat eine erstaunliche Fähigkeit zur Abhärtung gegen Trockenstress (negatives Wasserpotenzial, $-\psi$) entwickeln können, allerdings – zumindest in diesem Fall – auf der Basis von **Akklimatisation** und nicht durch konstitutive (genetische) Anpassung.
>
> Eine Tomaten-Zellkultur (*Lycopersicon esculentum*) wurde in einem Nährmedium kultiviert ($\psi_{Medium} = -0,4$ MPa), dem zur Erzeugung von Trockenstress 250 g · l^{-1} Polyethylenglycol 6.000 (PEG, ein inertes, hochmolekulares Osmoticum, das nicht in die Zellen eindringt) zugefügt war. Hierdurch wurde ψ_{Medium} auf $-2,2$ MPa erniedrigt. Obwohl die Zellteilung unter diesen Bedingungen stark gehemmt war, konnte die Kultur für 25 bzw. 100 Generationen weiter geführt werden. Abbildung A zeigt das Teilungswachstum dieser Zellen nach Überführung in frische Medien mit abgestufter PEG-Konzentration (π_{Medium}). Es wird deutlich, dass die Stressvorbehandlung die Zellen befähigte, bei hohen PEG-Konzentrationen gut zu wachsen, während die Wachstumsfähigkeit in PEG-freiem Medium gehemmt war. Die Ursache für diese Verschiebung des Wachstumsoptimums zu höherem π_{Medium} geht aus Abbildung B hervor: Die Messung des osmotischen Drucks (π_{Zelle}) durch Grenzplasmolyse ($\rightarrow$ Abbildung 3.8) ergab für nicht behandelte Kontrollzellen 0,9 MPa und nach 100 Generationen Stressbehandlung 2,6 MPa. Nach der Bezeichnung $P = \psi + \pi$ liegt der Turgor von Kontrollzellen bei 0,5 MPa und von behandelten Zellen bei 0,4 MPa; d. h. die Zellen konnten auch bei $\psi_{Medium} = -2,2$ MPa noch einen nahezu normalen Turgor aufrecht erhalten: **Turgorregulation durch osmotische Adaptation**. 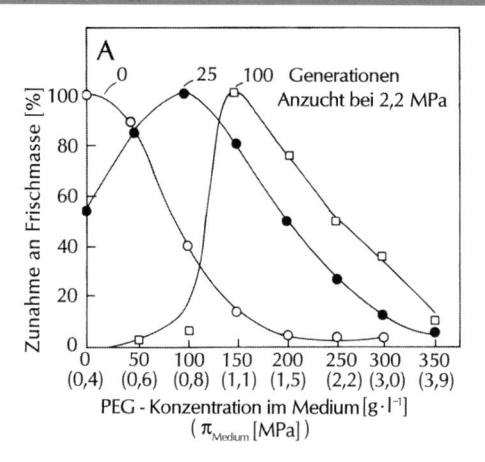
>
> Diese Veränderungen der Wachstumsfähigkeit bei negativem ψ_{Medium} wurden nach Überführung der bei $\pi = 2,2$ MPa selektionierten Zellen in PEG-freies Kulturmedium wieder vollständig rückgebildet. (Nach Handa et al. 1982)
>
> Fazit: Die Experimente lieferten zwar keine dürreresistente Tomatensorte, aber einen instruktiven Beleg für die enorme Akklimatisationsfähigkeit von pflanzlichen Zellen durch osmotische Adaptation.

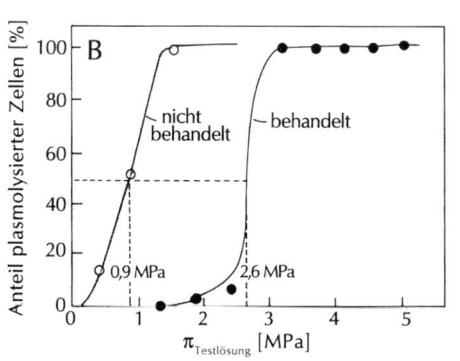

maßgebend. In den in Abbildung 26.10 dargestellten Beispielen geht der steile Abfall der Temperaturkurve bei höheren Temperaturen mit einer irreversiblen Inaktivierung wärmeempfindlicher Komponenten des Photosystems II und des Calvin-Cyclus einher, wobei charakteristische Empfindlichkeitsunterschiede zwischen den verschieden angepassten Arten auftreten.

Pflanzen aus Klimazonen mit starken jahreszeitlichen Temperaturschwankungen sind häufig zu einer weitgehenden **Akklimatisation** befähigt, die sich z. B. in einer Anpassung des Temperaturoptimums der Photosynthese an die herrschenden Verhältnisse äußert (Abbildung 26.11). Die biochemischen Ursachen der Temperaturakklimatisation sind noch wenig erforscht. Beim Oleander lässt sich

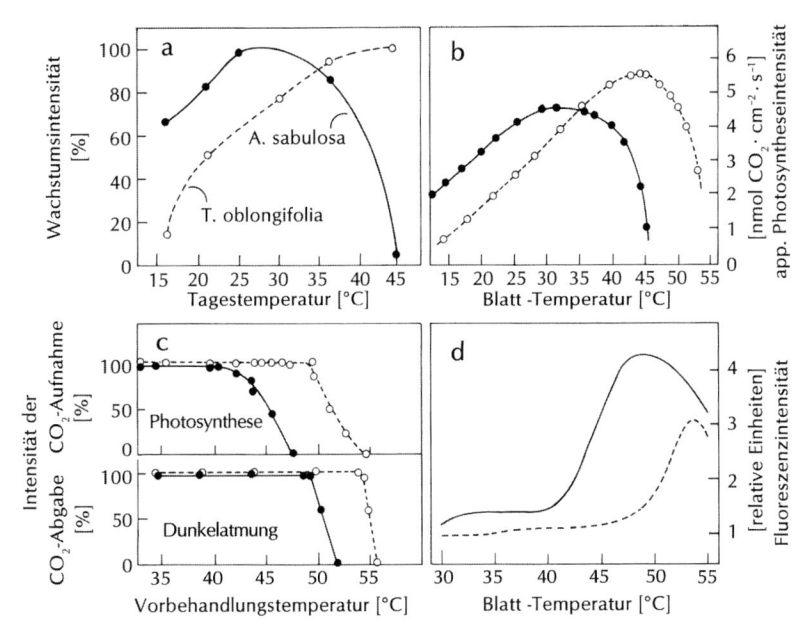

Abb. 26.10 a–d. Konstitutive Anpassung einiger physiologischer Eigenschaften an die Umgebungstemperatur (Vergleich zweier verschieden angepasster Arten). Objekte: *Atriplex sabulosa* (Heimat: kühle Küstenregionen) und *Tidestromia oblongifolia* (Heimat: heiße Wüstenregionen; → Abbildung 11.2). **a** Wachstum, gemessen als Zunahme der Trockenmasse (bezogen auf den maximal erreichbaren Wert) als Funktion der Tagestemperatur. **b** Apparente Photosyntheseintensität bei Licht- und CO_2-Sättigung als Funktion der Blatt-Temperatur. *A. sabulosa* wurde bei 25 °C/15 °C (Tag/Nacht) und *T. oblongifolia* bei 45 °C/32 °C (Tag/Nacht) unter guter Wasserversorgung angezogen. **c** Irreversible Hemmung von Photosynthese und Atmung durch eine Wärmevorbehandlung (Anzucht wie bei **b**). Die Pflanzen wurden für 15 min einem Hitzeschock mit den auf der Abszisse angegebenen Temperaturen ausgesetzt; anschließend wurde bei 30 °C der CO_2-Gaswechsel bei sättigender CO_2-Konzentration gemessen. **d** Induktion der Chlorophyll-Fluoreszenz (als Indikator für die Hemmung des Photosystems II) bei Erhöhung der aktuellen Blatt-Temperatur (Anzucht wie bei **b**). (Nach Björkman et al. 1980)

die Temperaturkurve der apparenten Photosynthese durch eine geeignete Wärmebehandlung um etwa 10 °C verschieben (Abbildung 26.12). Erste Messungen an diesem Objekt haben auch hier Anhaltspunkte für Veränderungen in der thermischen Stabilität enzymatischer Prozesse ergeben. Es ist darüber hinaus wahrscheinlich, dass die Akklimatisation der apparenten Photosyntheseintensität nicht nur photosynthetische Funktionen betrifft, sondern auch mit einer Veränderung des Verhältnisses zwischen reeller Photosynthese und Photorespiration verbunden ist (→ S. 259).

26.4.2 Hitzeschockproteine

Im kritischen Temperaturbereich um 30 °C führt eine abrupte Erwärmung um 8–10 °C in Mikroorganismen, Tieren und Pflanzen zur Aktivierung einer in der Evolution konservierten Gruppe von Genen und zur Synthese der zugehören Proteine. Gleichzeitig erwerben diese Organismen eine erhöhte Resistenz gegen Hitzebelastung, z. B. eine erhöhte Überlebensfähigkeit bei 40–50 °C. Die etwa 30 in Pflanzen induzierbaren **Hitzeschockproteine** (HSPs) weisen in verschiedenen Arten einen hohen Grad an Übereinstimmung auf. Alle *HSP*-Gene werden über Hitzeschockelemente im Promotor geschaltet. Die HSPs besitzen in der Regel die Funktion von **Chaperonen**; sie sind als solche in der Lage, die Denaturierung von Proteinen durch falsche Faltung oder Aggregation zu verhindern (→ Abbildung 7.5). Es ist daher verständlich, dass die Induktion dieser Proteine durch Hitzestress auch für andere Stresssituationen hilfreich ist, z. B. bei Trocken-, Salz- und Sauerstoffstress. Auch das für den regulierten Abbau von Proteinen wichtige **Ubiquitin** (→ S. 93) gehört zu den HSPs. Hitzeschockproteine können in allen Geweben bereits wenige Minuten nach dem Einsetzen der Wärmebehandlung gebildet werden. Nach Rückkehr zur Ausgangstemperatur stoppt ihre Synthese; die vorhandenen Proteine verschwinden aber erst nach

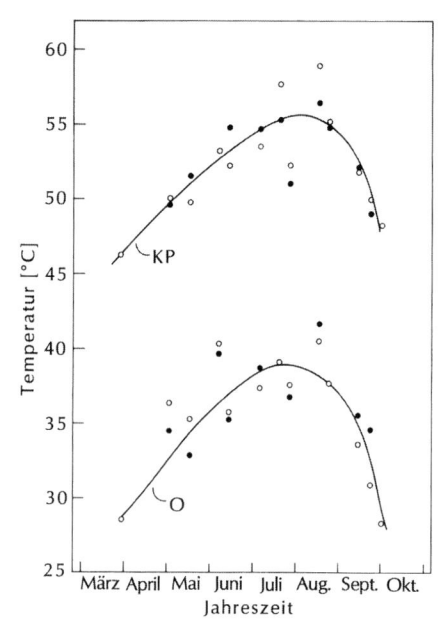

Abb. 26.11. Anpassung der Temperaturabhängigkeit der apparenten Photosynthese an die Jahreszeit. Objekt: *Hammada scoparia (Chenopodiaceae)*. Sowohl das **Temperaturoptimum** (O) als auch der obere **Temperaturkompensationspunkt** (KP; → Abbildung 10.15) zeigen einen maximalen Wert im Juli bis August. Eine Bewässerung der Pflanzen (●) ergibt keinen Unterschied gegenüber den natürlichen, sehr trockenen Bedingungen (○). Die Daten wurden im Jahr 1971 in der Negev-Wüste (Israel) gewonnen. (Nach Lange et al. 1975)

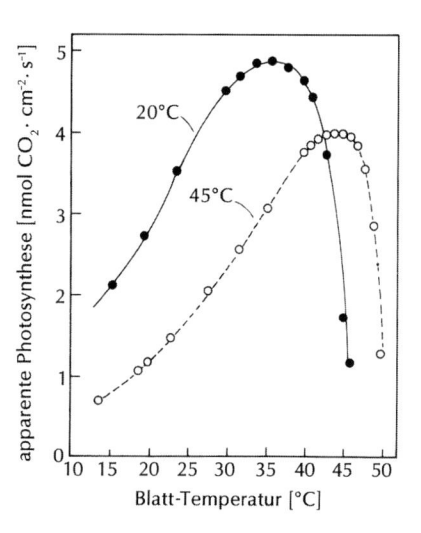

Abb. 26.12. Anpassung der Temperaturkurve der Photosynthese an die Anzuchttemperatur. Objekt: Blätter von Oleander (*Nerium oleander*). Die Pflanzen wurden für mehrere Wochen bei Tagestemperaturen von 20 oder 45 °C angezogen; die Nachttemperaturen lagen jeweils 5–7 °C tiefer. Anschließend wurde die apparente Photosynthese der Blätter als Funktion der Temperatur bei sättigender CO_2-Konzentration (d. h. unabhängig vom Öffnungszustand der Stomata) gemessen. Die Daten zeigen, dass die bei 20 °C angezogenen Pflanzen bei 20 °C, und die bei 45 °C angezogenen Pflanzen bei 45 °C gegenüber den nicht an die jeweilige Temperatur akklimatisierten Pflanzen weit überlegen sind. (Nach Björkman et al. 1980)

vielen Stunden oder Tagen. Parallel dazu verschwindet auch die erworbene Resistenz gegen Hitze.

26.4.3 Resistenz gegen Kältestress

Unter **Kälte** versteht man in diesem Zusammenhang den Temperaturbereich von 0 bis etwa 15 °C. Die in den kühleren Klimazonen beheimateten Pflanzen sind an diese Temperaturen meist gut angepasst und werden daher, abgesehen von einer allgemeinen Verlangsamung des Stoffwechsels und des Wachstums, durch Kälteperioden nicht wesentlich beeinträchtigt. Im Gegensatz dazu geraten wärmeliebende (tropische oder subtropische) Arten bei Temperaturen unter 15 °C häufig unter massiven **Kältestress**. Zu diesen kälteempfindlichen Arten gehören auch viele Kulturpflanzen, die in Mitteleuropa nur in der wärmeren Jahreszeit mit Erfolg angebaut werden können, z. B. Mais, Tomate, Gurke und viele Fabaceen. Unterhalb einer kritischen Durchschnittstemperatur stellen diese Pflanzen ihr Wachstum ein, verlieren ihren Turgor und sterben nach einiger Zeit ab. Bei subletalem Kältestress werden in erster Linie die Fruchtreife und die Samenkeimung stark gehemmt.

Für die **Kälteempfindlichkeit** physiologischer Funktionen macht man heute vor allem temperaturabhängige Veränderungen in der Struktur von Biomembranen verantwortlich. Darauf deutet der Befund, dass Kälte in empfindlichen Pflanzen zu einem pathologischen Ausströmen von Ionen und Metaboliten (z. B. K^+, Aminosäuren, Zucker) durch die Plasmamembran führt. Die funktionellen Störungen bestimmter Membranfunktionen, z. B. von Ionenpumpen, werden möglicherweise durch Veränderungen in der stark temperaturabhängigen Fluidität der Lipidkomponenten bewirkt. Membranlipide machen bei einer bestimmten Temperatur (meist im Bereich von 0 bis 15 °C) einen Phasenübergang (fest ⇌ flüssig) durch, der zu abrupten Änderungen der Permeabilität und der Aktivität von Membranenzymen führen kann. Elektronenspinresonanzmessungen haben ergeben,

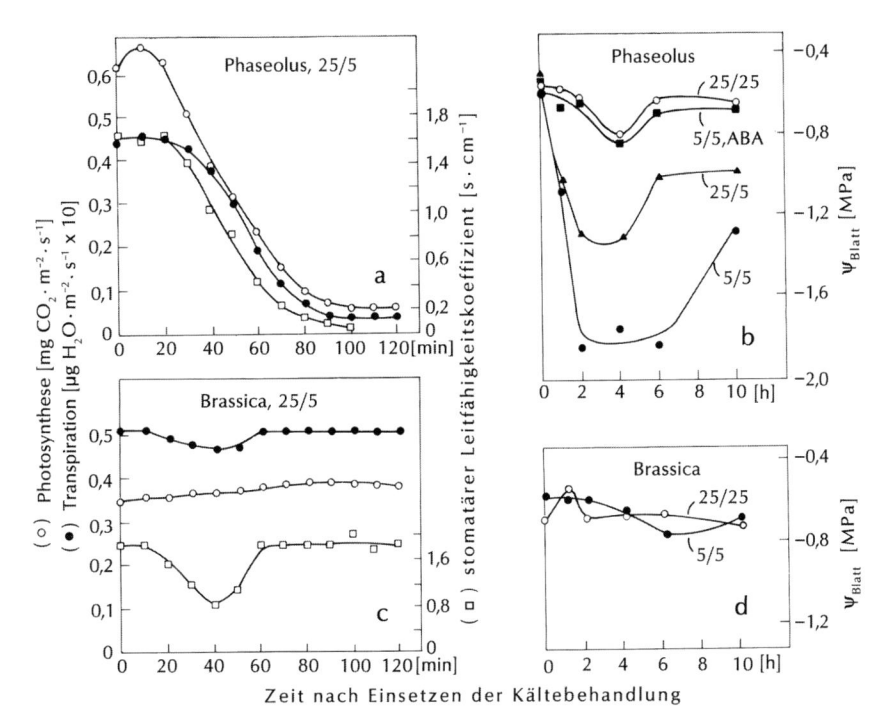

Abb. 26.13 a–d. Erzeugung von Trockenstress in den Blättern durch Bodenkälte; Vergleich zwischen einer kälteempfindlichen und einer kälteresistenten Art. Objekte: Junge Pflanzen von Gartenbohne (*Phaseolus vulgaris*) und Kohl (*Brassica oleracea*). Die Pflanzen wurden bei 25 °C angezogen und dann einer Kältebehandlung bei optimaler Wasserversorgung unterworfen. *5/5*: Spross und Wurzel bei 5 °C, *25/25*: Spross und Wurzel bei 25 °C, *25/5*: Spross bei 25 °C, Wurzel bei 5 °C. **a** Die kälteempfindlichen Bohnenpflanzen zeigen nach dem **Abkühlen der Wurzel** im warmen Spross einen langsamen Verschluss der Stomata und eine damit einher gehende, langsame Hemmung von Photosynthese und Transpiration. **b** Das Wasserpotenzial der Blätter fällt in den ersten 2 h stark ab und erholt sich nach völligem Stomataverschluss wieder etwas. Abkühlung von Wurzel und Spross führt zu einem verstärkten ψ-Abfall. Ein Stomataverschluss durch Vorbehandlung der Blätter mit **Abscisinsäure** (*ABA*) verhindert den kälteinduzierten ψ-Abfall. **c, d** Bei den kälteresistenten Kohlpflanzen treten unter den selben Bedingungen keine Trockenstresssymptome im Blatt auf. (Nach McWilliam et al. 1982; verändert)

dass die Übergangstemperatur (die u. a. vom Gehalt an ungesättigten Fettsäuren abhängt) bei kälteempfindlichen Arten deutlich höher als bei kälteresistenten Arten liegt (10–17 °C gegenüber 0–2 °C).

Das erste Anzeichen von Kältestress ist bei vielen empfindlichen Arten eine auffällige Welke der Blätter trotz optimaler Wasserversorgung im Boden. Dieses Phänomen geht im Prinzip auf drei Ursachen zurück, welche meist zusammenwirken dürften:

▶ Die Wasserleitfähigkeit der kritischen Membranen, welche bei der Wasseraufnahme in der Wurzel passiert werden müssen, nimmt bei niedrigen Temperaturen stark ab (→ Abbildung 13.19).
▶ Gleichzeitig nimmt die Viskosität des Wassers zu.
▶ Der hydroaktive Stomataverschluss (→ S. 273) wird in der Kälte verhindert oder stark verzögert.

Es ist offensichtlich, dass sich unter diesen Bedingungen in der Pflanze **Trockenstress** einstellen muss. Dies lässt sich experimentell eindeutig demonstrieren (Abbildung 26.13). Insbesondere tritt bei Nadelbäumen im Winter regelmäßig Trockenstress durch stark erhöhten Wassertransportwiderstand in der Wurzel auf. Dieser Stress wird noch verstärkt durch Frosttrocknis, die auftritt, wenn das Wasser im Boden und/oder Stamm gefriert.

Wenn Kälte indirekt über die Erzeugung von Trockenstress auf die Pflanze wirkt, sollte man erwarten, dass eine Akklimatisation an Wassermangel auch die Resistenz gegen Kälte erhöht. Dieser Zusammenhang konnte an vielen Beispielen nachgewiesen werden. Sowohl Kälte als auch Trockenheit induzieren, z. B. bei *Phaseolus vulgaris*, Abhärtung gegen beide Stressformen. Hierbei treten die zu erwartenden zellulären Adaptationen auf, z. B. eine

Erhöhung von π_{Zelle} (→ Abbildung 26.8 b). Darüber hinaus konnte mehrfach gezeigt werden, dass Abscisinsäure auch die Resistenz gegen Kältestress erhöhen kann. Abkühlung der Wurzel auf 10 °C führt bei *Phaseolus* zu einem Anstieg des Abscisinsäuregehalts auch in den (nicht gekühlten) Blättern.

26.4.4 Resistenz gegen Froststress

Frost, d. h. der Temperaturbereich unter 0 °C, führt zu Stresserscheinungen, welche nicht direkt mit der niedrigen Temperatur, sondern mit dem Gefrieren des Wassers in der Pflanze zusammenhängen. In diesem Temperaturbereich ist der Zellstoffwechsel auf ein Minimum reduziert; daher sind auch die wesentlichen physiologischen Funktionen praktisch stillgelegt. Resistenz bezieht sich in diesem Fall auf die **Toleranz** gegen Frost, d. h. auf die Fähigkeit des Organismus, tiefe Temperaturen ohne Schaden zu überleben, **Frosthärte**. Hierbei treten bei Pflanzen krasse konstitutive und adaptive Unterschiede auf. Während z. B. alle Kartoffelsorten beim Unterschreiten von −3 °C abgetötet werden, können bestimmte Winterweizensorten bis −37 °C überleben.

Wenn die Temperatur in der Pflanze langsam unter den Nullpunkt abfällt, gefriert zunächst die wässrige Phase im Apoplasten, insbesondere in den großen Gefäßen. Da die osmotische Konzentration dieser Lösung meist relativ gering ist (< 0,05 osmolal), kann das apoplastische Wasser bereits unmittelbar unterhalb 0 °C gefrieren. Es entstehen Eiskristalle in den Interzellularen und in den Zellwänden, ohne dass dies zunächt mit tiefgreifenden Folgen für den Symplasten verbunden wäre. Selbst wenn das gesamte Apoplastenwasser gefroren ist (erkennbar an der Brüchigkeit und dem glasigen Aussehen des Gewebes), können sich frosttolerante Pflanzen bei Erwärmung aus diesem Zustand wieder vollständig erholen. Wenn jedoch die Eisbildung vom Apoplast auf den Symplast übergreift, treten irreversible Schäden auf (z. B. die mechanische Zerstörung der Membranen durch wachsende Eiskristalle), die in aller Regel zum Zelltod führen. Frostresistenz kommt grundsätzlich dadurch zustande, dass die Eisbildung im Symplasten verhindert wird.

Ein wichtiger Mechanismus zur Verhinderung oder Verzögerung der symplastischen Eisbildung ist die **Frostplasmolyse**. Da der Übergang vom flüssigen zum festen Wasser ein spontaner (exergonischer) Prozess ist ($\Delta G = -6$ kJ · mol^{-1} bei 0 °C), wachsen die Eiskristalle im Apoplasten bei konstanter Temperatur (z. B. bei −3 °C) auf Kosten des flüssigen Wassers. Es entsteht ein Wasserpotenzialgefälle, welches dem Protoplasten beständig flüssiges Wasser entzieht und schließlich zu dessen Kollabieren führt, ganz ähnlich wie bei der osmotisch bewirkten Plasmolyse (→ Abbildung 3.7). Auf diesem Umweg führt also auch Frost zu einer Situation, wie sie im Prinzip für **Trockenstress** charakteristisch ist. An dieser Stelle setzen bei frosttoleranten Pflanzen entsprechende Resistenzmechanismen an. So besitzt z. B. der Zellsaft solcher Pflanzen häufig eine erhöhte Konzentration an osmotisch wirksamen Substanzen, wodurch das ψ-Gefälle zum Apoplasten reduziert und der Gefrierpunkt des Protoplasmas geringfügig herabgesetzt werden (etwa 2 °C pro 1 mol · l^{-1}). Wenig hydratisierte, an Trockenstress akklimatisierte Pflanzen zeigen erwartungsgemäß auch eine gesteigerte Frosthärte. Entscheidend ist in dieser Situation vor allem das Ausmaß der **Austrocknungstoleranz** (→ S. 587), welche auch hier ein begrenzender Faktor der Überlebensfähigkeit sein kann. Extrem austrocknungstolerante Pflanzen, z. B. die Embryonen ausgereifter Samen, können ohne Schaden bei −200 °C lebendig konserviert werden. Bereits wenige Stunden nach der Keimung geht diese Frosttoleranz zusammen mit der Austrocknungstoleranz wieder verloren (→ Abbildung 20.6). Die Frostplasmolyse setzt voraus, dass die Abkühlung des Gewebes relativ langsam erfolgt (z. B. −1 °C · h^{-1}). Schneller Temperaturabfall (z. B. −10 °C · h^{-1}) kann unter sonst gleichen Bedingungen letal sein, wenn nämlich die Eisbildung den Symplasten schneller erfasst als dies die Dehydratisierung durch Frostplasmolyse verhindern kann. Eine hohe Wasserleitfähigkeit der Plasmagrenzmembranen wirkt sich daher günstig auf die Frosttoleranz aus.

Das symplastische Wasser gefriert in frostharten Pflanzen selbst dann nicht, wenn der Gefrierpunkt deutlich unterschritten wird. Auch viele Arten der gemäßigten Klimazonen verdanken ihre Frosthärte im Winter dem Umstand, dass das symplastische Wasser langfristig im thermodynamisch instabilen Zustand einer **unterkühlten Flüssigkeit** gehalten werden kann (Abbildung 26.14). Die Verfestigung einer Lösung unterhalb des Gefrierpunktes findet bekanntlich nur dann statt, wenn geeignete Keime für die Kristallisation des Wassers zur Verfügung

26.4 Temperaturstress

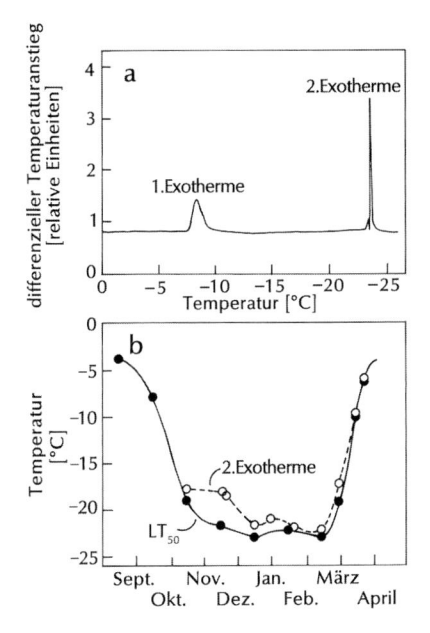

Abb. 26.14 a, b. Bestimmung der kritischen Temperatur für die symplastische Eisbildung (Nucleationstemperatur) im unterkühlten Gewebe und ihre Änderung während der Entwicklung von Frosthärte im Winter. Objekt: Blütenknospen der Forsythie (*Forsythia viridissima*; Freilandpflanzen). **a** Bei der **Differenzialthermoanalyse** wird das biologische Material (isolierte Knospen) in einem Kalorimeter kontinuierlich abgekühlt (um 2 °C · h^{-1}) und die bei der Wasserkristallisation erzeugte **exotherme Reaktion** gemessen. Man beobachtet zwei Reaktionen: Beim 1. Gipfel (−8 °C) gefriert das Wasser in der Knospenhülle, beim 2. Gipfel (−23 °C) gefriert das unterkühlte, symplastische Wasser in den inneren Blütenorganen (Knospen vom Januar). **b** Die Position des 2. Gipfels verändert sich während der kalten Jahreszeit parallel zur gleichzeitig gemessenen Frostresistenz (LT$_{50}$ = Temperatur, bei der 50 % der Knospen abgetötet werden). (Nach Asworth 1990)

stehen. Völlig reines Wasser kann bis −38 °C abgekühlt werden, bevor sich solche Keime durch geordnete Zusammenlagerung von H$_2$O-Molekülen spontan bilden (homogene Nucleation). Rauhe Oberflächen oder Partikel bestimmter Struktur führen zur Auslösung der Eisbildung bei sehr viel höheren Temperaturen (heterogene Nucleation). Bei geeigneter Zusammensetzung einer Lösung kann die kritische Temperatur der Wasserkristallisation jedoch bis in den Bereich von −50 °C erniedrigt werden (*supercooling*). In den meisten Pflanzen liegt der Schwellenwert für die symplastische Eisbildung im Bereich von −2 bis −12 °C; er kann aber bei subarktischen Baumarten bis −47 °C betragen und ist damit die entscheidende Voraussetzung für deren extreme Frostresistenz. Neuerdings hat man entdeckt, dass bei einigen besonders frostharten

Baumarten das Protoplasma bei tiefen Temperaturen verglasen kann, **Vitrifikation** (Übergang in den Zustand einer Flüssigkeit mit der Viscosität eines Festkörpers). Die Glasbildung wird durch hohe Konzentrationen an Saccharose und anderer Zucker gefördert. In diesem relativ stabilen Zustand können Zellen bis in die Nähe des absoluten Temperaturnullpunktes ohne Zerstörung abgekühlt werden.

Winterharte Pflanzen zeigen in aller Regel eine ausgeprägte Fähigkeit zur **Frostakklimatisation**, die im Herbst unter dem Einfluss sinkender Durchschnittstemperaturen und kurzer Lichtperioden stattfindet und im Frühjahr wieder aufgehoben wird (Abbildung 26.14b). Bei Bäumen geht die Entwicklung von Frosthärte meist mit einem Übergang zur **Dormanz** einher. Unter experimentellen Bedingungen kann man zeigen, dass bereits relativ milde Kälteperioden von einigen Tagen oberhalb des Gefrierpunktes Frostresistenz induzieren können (Abbildung 26.15). Eine Behandlung mit **Abscisinsäure** (ABA) hat in vielen Fällen eine ähnliche Wirkung wie eine Kältebehandlung. Es besteht offenbar ein direkter Zusammenhang zwischen der dormanzauslösenden Wirkung dieses Hormons (→ S. 475) und der Induktion von Frostresistenz.

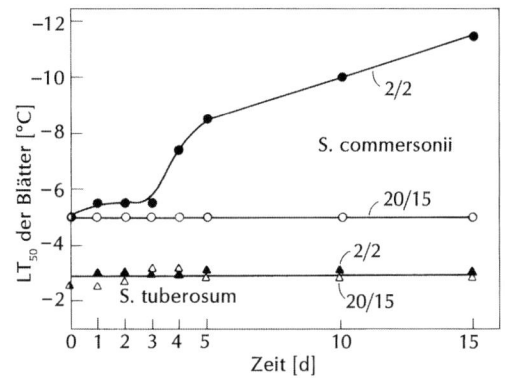

Abb. 26.15. Frostakklimatisation durch Kältebehandlung. Objekte: Pflanzen von *Solanum commersonii* und *Solanum tuberosum* (Kartoffel). Die Versuchspflanzen wurden bei 20 °C/15 °C (Tag-/Nachttemperatur) angezogen und am Tag Null in 2 °C/2 °C umgesetzt. Die Abtötungstemperatur (LT$_{50}$ = Temperatur, auf die eine Stichprobe von Blättern abgekühlt werden muss, um 50 % davon abzutöten) wurde anschließend während einer Periode von 15 d verfolgt. Man erkennt, dass der LT$_{50}$-Wert bei *S. commersonii* nach 3 d Kältebehandlung kontinuierlich von −5 bis −12 °C abfällt. Im Gegensatz hierzu zeigt *S. tuberosum* unter diesen Bedingungen keinerlei Akklimatisation. Interessanterweise zeigt *S. commersonii*, nicht aber *S. tuberosum*, während der Kältebehandlung einen Anstieg des ABA-Gehalts in den Blättern. (Nach Chen et al. 1983; verändert)

Die für die Frostakklimatisation verantwortlichen intrazellulären Veränderungen sind im einzelnen noch wenig bekannt; man vermutet, dass auch hier adaptive Veränderungen in Membranen eine maßgebliche Rolle für die Begünstigung der Frostplasmolyse und die Herabsetzung der Temperaturschwelle für die symplastische Eisbildung spielen.

Bei vielen frostsensitiven, im Freiland wachsenden Pflanzen (z. B. bei Mais) setzt die apoplastische (und symplastische) Eisbildung bei Abkühlung auf −3 bis −8 °C ein. Unter sterilen Bedingungen angezogene Pflanzen gefrieren hingegen erst bei etwa −12 °C. Dieser Unterschied geht auf **epiphytische Bakterien** (z. B. *Pseudomonas syringae*) zurück, die auf ihrer Oberfläche ein **Eisnucleationsprotein** besitzen. Besprüht man sterile Pflanzen bei −5 °C mit einer Suspension dieser Bakterien, so werden sie durch die induzierte Eisbildung sofort abgetötet. Dieses Beispiel zeigt, dass die Stressempfindlichkeit einer Pflanze auch entscheidend von der Wechselwirkung mit anderen Organismen abhängen kann.

EXKURS 26.4: Frostschutzproteine hemmen die Vereisung des Apoplasten

Viele wärmeliebende Kulturpflanzen (z. B. Reis, Kartoffel, Citrusarten) besitzen eine sehr geringe Toleranz gegen Frost. Bereits wenige Grad unter dem Nullpunkt führen bei diesen Pflanzen zu massiven Frostschäden. In diesen Fällen können die Ernterisiken durch Frühjahrsfröste erheblich reduziert werden, wenn es gelingt, die LT_{50} um wenige Grad zu erniedrigen. Dies ist daher ein wichtiges Ziel der konventionellen – und neuerdings auch der gentechnischen – Pflanzenzüchtung. In diesem Zusammenhang sind die **Frostschutzproteine** (*antifreeze proteins*, AFPs) von Bedeutung, die zuerst bei Fischen polarer Gewässer, überwinternden Insektenlarven und Bakterien, später auch bei vielen winterharten Pflanzen entdeckt wurden (z. B. bei Roggen, Weizen, Gerste, Kohl, Spinat, Karotte). Es handelt sich hierbei um eine Gruppe von hydrophilen Proteinen ohne Sequenzähnlichkeiten, aber mit der gemeinsamen Eigenschaft, irreversibel an Eiskristalle zu binden und deren Wachstum im unterkühlten Wasser zu hemmen. Außerdem senken sie den Gefrierpunkt von Wasser geringfügig (≤ 1 °C) gegenüber dem Schmelzpunkt (thermische Hysterese). Ihre Aktivität als Frostschutzproteine geht vor allem auf die Fähigkeit zurück, die Umwandlung kleiner Eiskristalle in größere (Umkristallisation) zu verhindern. Überraschenderweise fand man, dass die pflanzlichen AFPs eine weitgehende Ähnlichkeit mit bestimmten Abwehrproteinen gegen Pathogene, z. B. zu 1,3-β-Glucanasen und Chitinasen aufweisen und auch als solche wirken können (PR-Proteine; → S. 633).

AFPs kommen nur bei winterharten Pflanzen vor und werden erst während der Kälteakklimatisation im Herbst induziert. Ihre Bildung und Funktion konnte vor allem beim Winterroggen (*Secale cereale*) genauer analysiert werden. In den Blättern dieser Pflanze kommt es während einer Kältebehandlung (5 °C) von mehreren Tagen zur Synthese von 6 verschiedenen AFPs (16 – 35 kDa), die in den Apoplasten sezerniert werden. Ethylen, das unter diesen Bedingungen gebildet wird, ist als Signalvermittler bei der Induktion beteiligt, während ABA keine Rolle spielt. Ein Zusammenhang zwischen AFP-Akkumulation im Apoplasten und induzierter Frosttoleranz ergab sich aus Experimenten mit Roggen-Zellkulturen, welche bei Kältebehandlung AFPs ins Medium ausscheiden. Abbildung A zeigt den Anstieg der Frosttoleranz dieser Zellen nach 1 (●) und 3 (▲) Wochen Kälteakklimatisation bei 4 °C gegenüber der nicht akklimatisierten Kontrolle bei 20 °C (○): Die LT_{50} fällt von −5,5 °C auf −8,0 °C bzw. −12,0 °C ab. Inkubiert man nicht akklimatisierte Zellen mit einem Apoplastenproteinextrakt aus akklimatisierten Blättern (▲), so bewirkt dies eine Absenkung der LT_{50} von −5,5 °C auf −8,0 °C (Abbildung B). (Nach Pihakaski-Maunsbach et al. 2003)

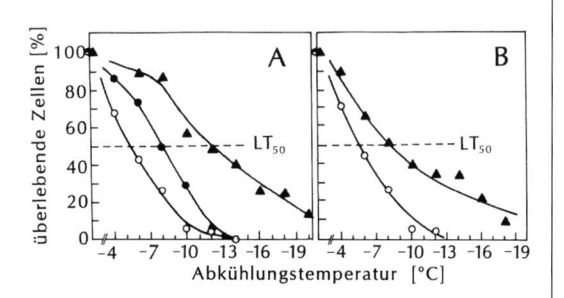

In den Blättern von Roggenpflanzen kann die LT_{50} durch Akklimatisation von −5 °C auf −30 °C erniedrigt werden. AFPs sind sicher nicht alleine für diese hohe Frosttoleranz verantwortlich. Ihre besondere Bedeutung besteht vor allem darin, dass man nun Proteine – und damit Gene – kennt, welche eine direkte Funktion als Frostschutzmittel in Pflanzen besitzen. Dies eröffnet eine relativ einfache Möglichkeit, auf gentechnischem Weg die Frosthärte von Kulturpflanzen zu verbessern.

Die Analyse von Mutanten hat in den letzten Jahren zur Identifikation einer großen Zahl von Genen geführt, die an der Frosttoleranz von Pflanzen beteiligt sind, z. B. das Gen *ESKIMO 1*, das in *Arabidopsis*-Pflanzen eine konstitutive Reduktion der LT_{50} von $-5{,}5\,°C$ auf $-10{,}6\,°C$ bewirkt. Gleichzeitig ist der Gehalt an freiem Prolin 30fach erhöht. Prolin ist ein sehr wirksames Frostschutzmittel *in vitro*. Daneben fand man auch in Pflanzen induzierbare **Frostschutzproteine**, die im Apoplasten das Wachstum von Eiskristallen hemmen können (→ Exkurs 26.4).

26.5 Oxidativer Stress

26.5.1 Warum ist O_2 giftig?

Der durch die Photosynthese der grünen Pflanzen entstandene **Disauerstoff** (O_2) in der Erdatmosphäre bildet die Grundlage des oxidativen Energiestoffwechsels der autotrophen und heterotrophen Organismen. Diese nutzen O_2 als Elektronenacceptor für die energieliefernden Redoxreaktionen in der Atmungskette (→ S. 219). Es erscheint daher zunächst paradox, dass O_2 neben dieser grundlegenden Rolle im Energiestoffwechsel auch als hochwirksames Zellgift in Erscheinung tritt und in diesem Zusammenhang **oxidativen Stress** erzeugen kann. Die toxische Wirkung von O_2 zeigt sich z. B. drastisch bei bestimmten obligat anaeroben Bakterien, welche an der Luft rasch abgetötet werden. Auch alle aeroben Organismen, einschließlich des Menschen, besitzen nur eine **relative Unempfindlichkeit** gegen O_2; z. B. kann auch bei ihnen eine Erhöhung der O_2-Konzentration in der Atemluft zu schweren Schäden führen. Tatsächlich können die aeroben Organismen nur deswegen in Luft (21 Vol % O_2) überleben, weil sie über sehr wirksame Schutzmechanismen zur Vermeidung von oxidativem Stress verfügen.

Um die toxischen Eigenschaften von O_2 zu verstehen, ist ein kurzer Blick auf die chemischen Eigenschaften dieses Moleküls erforderlich. O_2 ist wegen seiner starken Elektronegativität grundsätzlich ein außerordentlich reaktives Molekül. Allerdings liegen im energetischen Grundzustand (Triplettzustand) zwei der sechs mal zwei Außenelektronen im **ungepaarten Zustand** (auf verschiedenen Schalen) mit **parallelem Spin** vor ($^3O_2 = \cdot\overline{\underline{O}}-\overline{\underline{O}}\cdot$, **Biradikalstruktur**). Eine Reaktion mit organischen Molekülen (Elektronendonatoren) setzt jedoch in aller Regel gepaarte Elektronen mit antiparallelem Spin voraus. Diese **Spinrestriktion** ist dafür verantwortlich, dass organische (reduzierte) Moleküle in Anwesenheit von O_2 **metastabil** sind, d. h. nur unter Zufuhr eines hohen Betrages an Aktivierungsenergie zu CO_2 oxidiert werden können. Die Aktivierung von O_2 kann z. B. durch Absorption eines Lichtquants in einer farbstoffsensibilisierten Reaktion geschehen:

$$^3O_2 \xrightarrow[\text{Farbstoff}]{h\nu} {}^1O_2 \qquad (26.1)$$
(Triplett) (Singulett)

Bei dieser Reaktion, die einen Energiebetrag von $90\ kJ\cdot mol^{-1}$ erfordert, findet eine **Spinumkehr** statt; es entsteht **angeregter (Singulett-)Sauerstoff** mit gepaarten Elektronen ($^1O_2 = |\overline{\underline{O}}-\overline{\underline{O}}|$). Als Farbstoff für die Übertragung der Anregungsenergie kann z. B. Chlorophyll dienen. Im krassen Gegensatz zu $^3O_2$ ist $^1O_2$ ein extrem reaktives Molekül, das praktisch alle organischen Moleküle oxidativ zerstören kann und daher ein tödliches Zellgift darstellt.

Eine andere Möglichkeit zur Umgehung der Spinrestriktion ist die Reduktion durch stufenweise Addition einzelner Elektronen an das O_2-Molekül:

1. $O_2 + e^- \rightarrow \dot{O}_2^-\quad (|\overline{\underline{O}}-\overline{\underline{O}}\cdot)$
= **Superoxidanion-Radikal**. (26.2)

2. $\dot{O}_2^- + e^- \rightarrow O_2^{2-}\quad (|\overline{\underline{O}}-\overline{\underline{O}}|)$
= **Peroxidanion**. (26.3)

$(O_2^{2-} + 2\,H^+ \rightarrow H_2O_2$
= **Wasserstoffperoxid**). (26.4)

3. $H_2O_2 + e^- + H^+ \rightarrow H_2O + \dot{O}H\quad (\cdot\overline{\underline{O}}-H)$
= **Hydroxylradikal**. (26.5)

4. $\dot{O}H + e^- + H^+ \rightarrow H_2O\quad (H-\overline{\underline{O}}-H)$
= **Wasser**. (26.6)

Summe von 1–4:
$O_2 + 4\,e^- + 4\,H^+ \rightarrow 2\,H_2O.$ (26.7)

Gleichung 26.7 beschreibt die tetravalente Reduktion von O_2 zu H_2O, wie sie von der **Cytochromoxidase** in der Atmungskette durch Übergangsmetallkatalyse (Fe, Cu) ohne Bildung von

Zwischenstufen ermöglicht wird. Bei vielen anderen Elektronentransportreaktionen in der Zelle entstehen jedoch die teilreduzierten Moleküle $\dot{O}_2^-$, H_2O_2 und $\dot{O}H$. So können z. B. Peroxidasen und viele flavinhaltige Oxidasen O_2 zu H_2O_2 (oder $\dot{O}_2^-$) reduzieren (→ Tabelle 9.2). H_2O_2 ist daher ein Endprodukt bestimmter oxidativer Stoffwechselwege, die in der Regel in den **Peroxisomen** zusammengefasst sind (→ S. 163). $\dot{O}_2^-$ entsteht vor allem als Nebenprodukt bei Einelektronenübergängen im photosynthetischen und respiratorischen Elektronentransport, insbesondere, wenn dort Störungen vorliegen (z. B. Überbelastung mit Elektronen). Das Enzym **Superoxiddismutase** beschleunigt die Umsetzung von $\dot{O}_2^-$ zu H_2O_2:

$$\dot{O}_2^- + \dot{O}_2^- + 2\,H^+ \rightarrow H_2O_2 + O_2. \quad (26.8)$$

Aus H_2O_2 kann in Anwesenheit von Fe^{2+} das Hydroxylradikal gebildet werden (Fenton-Reaktion); gleichzeitig anwesendes $\dot{O}_2^-$ (ein Reduktionsmittel!) regeneriert dabei Fe^{2+}:

$$\begin{array}{c} H_2O_2 \longrightarrow \dot{O}H + OH^- \\ Fe^{2+} \quad Fe^{3+} \\ O_2 \longleftarrow \dot{O}_2^- \end{array} \quad (26.9)$$

Abbildung 26.16 zeigt eine Übersicht über die verschiedenen Reduktionsschritte zwischen O_2 und H_2O. Die Moleküle $^1O_2$, $\dot{O}_2^-$, H_2O_2 und $\dot{O}H$ werden unter dem Sammelbegriff **reaktive Sauerstoffspezies** (*reactive oxygen species*, ROS) zusammengefasst und oft gemeinsam als Ursache für oxidativen Stress angesehen. Die direkt wirksamen Komponenten sind jedoch vor allem $^1O_2$ und $\dot{O}H$, welche eine sehr viel höhere Reaktivität gegen organische Moleküle besitzen als $\dot{O}_2^-$ und H_2O_2. $^1O_2$, $\dot{O}H$ und $\dot{O}_2^-$ sind sehr kurzlebige Moleküle (Lebensdauer im Bereich von Nano- bzw. Mikrosekunden); lediglich H_2O_2 ist so stabil, dass es sich in der Zelle anreichern kann.

Singulettsauerstoff ist ein extrem starkes Oxidationsmittel, das sich z. B. an C = C-Bindungen anlagert. Es entstehen Hydroperoxide, die in komplizierten Folgereaktionen zerfallen oder sich unkontrolliert vernetzen können.

Das **Hydroxylradikal** wirkt über Hydroxylierung oder H-Abstraktion von C-Atomen, wobei organische Radikale (R·) entstehen, die ihrerseits mit anderen Molekülen weiterreagieren können. Bei der Reaktion mit O_2 entstehen Peroxidradikale (ROO·), welche bei der Reaktion mit einem weiteren Molekül (RH) ein instabiles Hydroperoxid (ROOH) und wieder R· liefern:

$$\dot{O}H + RH \xrightarrow[H_2O]{} R \cdot \xrightarrow{O_2} ROO \cdot \xrightarrow{RH} ROOH + R \cdot . \quad (26.10)$$

Dies ist der Startpunkt einer **Radikalkettenreaktion**, wie sie vor allem bei ungesättigten Fettsäuren bekannt ist, **Lipidperoxidation**. Beim Zerfall des Hydroperoxids entstehen als charakteristische Bruchstücke Malondialdehyd, Ethan und Ethylen, die zur Messung der Lipidoxidation herangezogen werden können. Die Zerstörung von Membranlipiden ist eine sehr empfindliche Indikatorreaktion für oxidativen Stress. Darüber hinaus werden aber potenziell auch alle anderen organischen Moleküle in der Zelle durch $^1O_2$ und $\dot{O}H$ zerstört (z. B. Chlo-

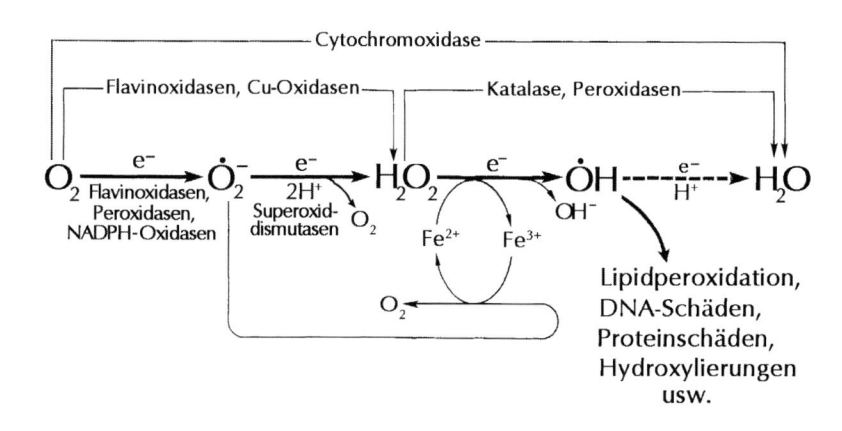

Abb. 26.16. Die vierstufige univalente Reduktion von O_2 zu H_2O und die biologisch wichtigen Reaktionen, mit denen verschiedene Abschnitte dieser Sequenz übersprungen werden können (→ Gleichungen 26.2–26.9).

rophyll, Proteine, Nucleinsäuren). Oxidative Schäden an der DNA können zu **Mutationen** führen. Falls die Akkumulation dieser multiplen molekularen Schäden nicht verhindert wird, führt oxidativer Stress unweigerlich zum Tod der Zelle. Auch wenn der vielzellige Organismus das Absterben einzelner Zellen überlebt, äußert sich oxidativer Stress in vielfältigen, z. T. drastischen Stoffwechsel- und Entwicklungsstörungen, z. B. in der Bildung von Tumoren oder der Einleitung vorzeitiger Seneszenz.

Auch die toxische Wirkung von Ozon (O_3), das in einer photochemischen Reaktion aus O_2 und Stickoxiden gebildet werden kann, beruht darauf, dass es in der Zelle zu ROS umgesetzt wird und auf diese Weise oxidativen Stress erzeugt. ROS-Bildung ist oft eine indirekte Folge anderer abiotischer oder biotischer Belastungen, z. B. bei der Einwirkung von Hitze, Trockenheit, Starklicht oder Pathogenbefall, und spielt daher eine zentrale Rolle als Vermittler und Indikator für Stress.

26.5.2 Entgiftungsreaktionen für reaktive Sauerstoffformen

Die Aktivierung von O_2 ist eine unabwendbare Begleiterscheinung der Redoxprozesse in der Zelle. Produktionsorte für ROS sind insbesondere die Chloroplasten, Mitochondrien, Peroxisomen und, in geringerem Umfang, auch das endoplasmatische Reticulum und das Cytosol. Man geht z. B. davon aus, dass in der Atmungskette etwa 5 % des verbrauchten O_2 nicht zu H_2O, sondern zu $\dot{O}_2^-$ und H_2O_2 reduziert wird. Außerdem produzieren die peroxisomalen Oxidasen erhebliche Mengen an H_2O_2 als Abfallprodukt bei der Photorespiration und dem Fettsäureabbau (→ S. 228, 234). Da Biomembranen relativ gut permeabel für H_2O_2 sind, ist die Zelle potenziell in allen Bereichen dem destruktiven Einfluss der ROS ausgesetzt. Dass normalerweise keine erheblichen Schäden auftreten, beruht auf der Existenz von hochwirksamen, biochemischen **Abfangreaktionen**, die den intrazellulären Pegel an ROS normalerweise unter einem kritischen Grenzwert halten. Oxidativer Stress kommt in aller Regel dadurch zustande, dass die Kapazität dieser Abfangreaktionen nicht mehr ausreicht, um in einer bestimmten Stoffwechselsituation den Anstieg der ROS zu verhindern. Als universell wirksame **Radikalfänger** und **$^1O_2$-Fänger** dienen in der Zelle eine Reihe von Redoxsubstanzen, vor allem **Ascorbat** (Vitamin C), **reduziertes Glutathion** und **α-Tocopherol** (Vitamin E), die auch unter dem Begriff **Antioxidantien** zusammengefasst werden. Sie werden in der Zelle in relativ großen Mengen produziert und im reduzierten Zustand akkumuliert. Zur enzymatischen Eliminierung von ROS dienen **Superoxiddismutase**, welche $\dot{O}_2^-$ zu H_2O_2 umsetzt (→ Gleichung 26.8), und die in den Peroxisomen lokalisierte **Katalase**, welche H_2O_2 zu H_2O reduziert (→ Abbildung 9.15, 9.19). Peroxisomen sind daher nicht nur ein Produktionsort, sondern auch ein wichtiger Entgiftungsort für H_2O_2. Schäden an der DNA können durch **Reparaturenzyme** behoben werden (→ S. 609).

In der autotrophen Pflanze ist die **lichtabhängige Bildung von ROS** in den Chloroplasten der bei weitem wichtigste Ausgangspunkt für oxidativen Stress. Der Grund hierfür ist leicht einzusehen: Aktive Photosynthese erzeugt eine hohe O_2-Konzentration im Chloroplasten; gleichzeitig werden beim Elektronentransport energiereiche Reduktanten produziert. Bei hohen Lichtflüssen, vor allem im Sättigungsbereich der photosynthetischen Lichtkurve (→ Abbildung 10.10), wird mehr Lichtenergie im Photosyntheseapparat absorbiert, als für die biochemischen Dunkelreaktionen (z. B. die Reduktion von $NADP^+$) nutzbar gemacht werden kann. Dieser Rückstau führt zwangsweise zur Energieübertragung auf andere Acceptoren, insbesondere auf das im Überfluss vorliegende O_2. Zwei solcher photosynthetischer „Überlaufreaktionen" für Elektronen sind besonders wichtig:

▶ Die Übertragung von einzelnen Elektronen von der reduzierenden Seite des Photosystems I und vom Ferredoxin auf O_2, wobei $\dot{O}_2^-$ und H_2O_2 entstehen (Mehler-Reaktion, → S. 194):

$$O_2 + e^- \rightarrow \dot{O}_2^-$$
$$(E_0 = -330 \text{ mV}).[1]$$

$\dot{O}_2^-$ dismutiert spontan zu H_2O_2; diese Reaktion wird durch Superoxiddismutase beschleunigt (→ Gleichung 26.8).

---

[1] Gilt für Standardbedingungen (0,1 MPa O_2/1 mol $\dot{O}_2^- \cdot l^{-1}$). Für 1 mol $O_2 \cdot l^{-1}$/1 mol $\dot{O}_2^- \cdot l^{-1}$ ergibt sich $E_m = -160$ mV.

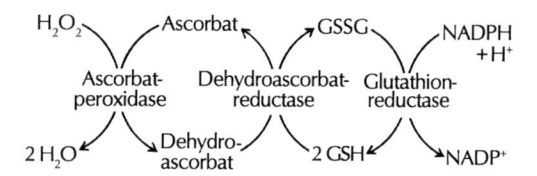

Abb. 26.17. Abbau von Wasserstoffperoxid über die Ascorbat-Glutathion-Redoxkette im Chloroplasten. Ascorbat, Glutathion (reduzierte Form: *GSH*, oxidierte Form: *GSSG*) und die beteiligten Enzyme liegen im Chloroplasten in hoher Konzentration vor und halten die H_2O_2-Konzentration auf einem sehr niedrigen Pegel. (Nach Halliwell und Glutteridge 2006; verändert)

▶ Energieübertragung vom angeregten Chlorophyll auf O_2, wobei $^1O_2$ entsteht:

$$^3O_2 \xrightarrow{Chl^* \quad Chl} {}^1O_2.$$

Bei dieser Reaktion reagiert Chlorophyll vom relativ langlebigen **Triplettzustand** aus, der erst bei Lichtübersättigung der Antennenpigmente in den Photosystemen auftritt (→ Abbildung 8.13).

Zur Vernichtung dieser beim Photosyntheseprozess anfallenden ROS besitzen die Chloroplasten mehrere **Desaktivierungsmechanismen**, die normalerweise, d.h. bei angepassten Pflanzen, ausreichen, um die photooxidative Schädigung dieser Organellen zu verhindern.

H_2O_2 wird sehr effektiv von der **Ascorbat-Glutathion-Redoxkette** unter Verbrauch von NADPH zu H_2O reduziert (Abbildung 26.17). Außerdem enthalten Chloroplasten α-Tocopherol als wirksamen Radikalfänger.

Ein bereits auf der Stufe der Pigmentanregung in der Thylakoidmembran angreifender Lichtschutzmechanismus geht auf die **Carotinoide** in den Antennenkomplexen der beiden Photosysteme zurück. Die Carotinoide können entweder als akzessorische Lichtsammelpigmente dienen (→ S. 180), oder überschüssige Anregungsenergie vom Chlorophyll übernehmen und durch Überführung in harmlose Wärme entfernen. Letzteres geschieht durch eine schnelle Desaktivierung von **Singulett-O_2** und **Triplettchlorophyll** (Abbildung 26.18). Diese strahlungslose Löschung energiereicher, angeregter Zustände ist 3–4mal effektiver als die im Prinzip zum gleichen Ergebnis führende Chlorophyllfluoreszenz, die allenfalls einen Beitrag von 5–10 % zur Beseitigung von überschüssiger Energie im Photosyntheseapparat leisten kann. Daneben wirken Carotinoide auch direkt als Schirmpigmente im UV-Blau-Bereich, insbesondere in der carotinoidhaltigen Hüllmembran der Chloroplasten.

Untersuchungen der letzten Jahre haben neues Licht auf die Rolle der Carotinoide als Lichtschutzpigmente geworfen. Es ist schon lange bekannt, dass die in der Thylakoidmembran neben β-Carotin, Lutein und Neoxanthin vorkommenden Xan-

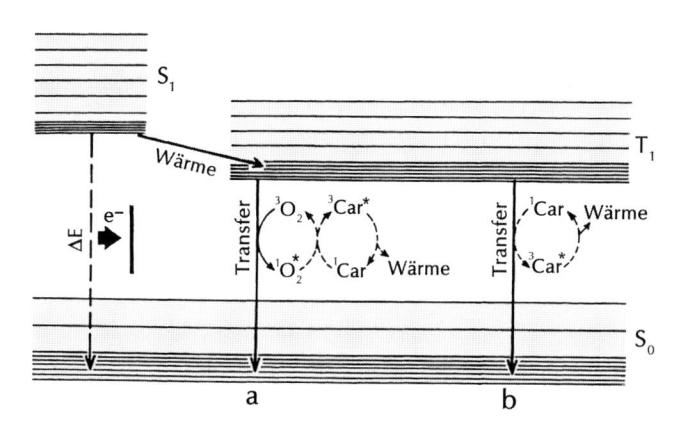

Abb. 26.18. Desaktivierung überschüssiger Anregungsenergie im Photosyntheseapparat durch β-Carotin. Bei Übersättigung der photosynthetischen Reaktionszentren mit Lichtenergie treten bei den Antennenchlorophyllen Übergänge vom Singulett- zum Triplettzustand auf ($S_1 \to T_1$; → Abbildung 8.13). **a** Bei der Desaktivierung von Triplettchlorophyll kann angeregter Singulettsauerstoff ($^1O_2^*$) entstehen, der über die reversible Bildung von angeregtem Triplettcarotin ($^3Car^*$) in den Grundzustand ($^3O_2$) zurückgeführt wird. **b** Triplettchlorophyll kann unter Bildung von angeregtem Triplettcarotin desaktiviert werden (direkter Energietransfer zwischen den eng benachbarten Pigmenten; bei anderen Carotinoiden erfolgt die Anregung auf einen relativ energiearmen Singulettzustand). Diese Reaktion ist hauptsächlich für die Ableitung überschüssiger Lichtenergie in unschädliche Wärmeenergie im Chloroplasten verantwortlich.

26.5 Oxidativer Stress

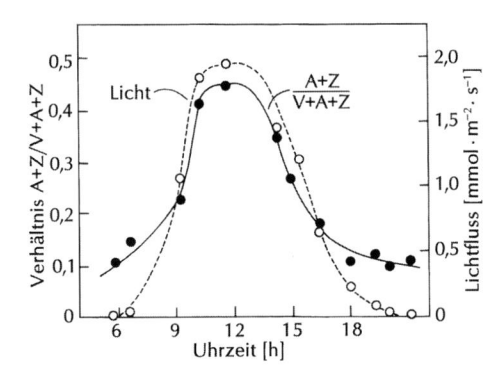

Abb. 26.19. Änderung des relativen Gehalts an Zeaxanthin (Z) + Antheraxanthin (A) mit dem Lichtfluss während der täglichen Lichtperiode. Objekt: Blätter der Sonnenblume (*Helianthus annuus*). Die Pflanzen wurden im Freiland im vollen Sonnenlicht gehalten. Der Gehalt an A + Z wurde als Anteil der Summe V+A+Z (V = Violaxanthin) bestimmt. (Nach Demmig-Adams et al. 1996)

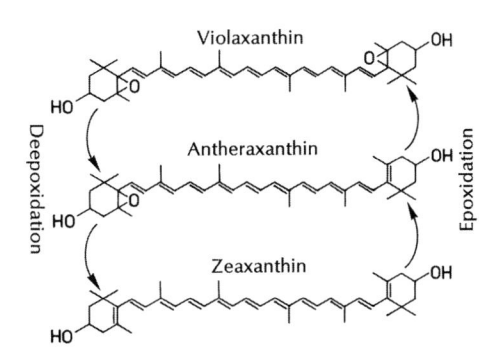

Abb. 26.20. Reaktionen des Xanthophyllcyclus. Das Diepoxid **Violaxanthin** wird in einer durch photosynthetisch wirksames Licht indirekt aktivierten Reaktion in zwei Stufen deepoxidiert, wobei sich die Anzahl der konjugierten Doppelbindungen von 9 auf 11 erhöht. Erhöhung des Lichtflusses führt zu einer reversiblen Verschiebung des stationären Gleichgewichts zugunsten von **Zeaxanthin** (und **Antheraxanthin**). Die Deepoxidationsreaktion verläuft unter Beteiligung von Ascorbat; die Epoxidationsreaktion benötigt O_2 und NADPH.

thophylle **Violaxanthin, Antheraxanthin** und **Zeaxanthin** in einem lichtabhängigen Gleichgewicht stehen, das sich parallel zum Lichtfluss während des Tages ändert (Abbildung 26.19). Das Diepoxid Violaxanthin wird im Licht in einer schnellen Reaktion (Minuten) über das Monoepoxid Antheraxanthin in Zeaxanthin umgewandelt; im Dunkeln findet eine langsamere Rückreaktion (Minuten bis Stunden) durch Epoxidation statt, **Xanthophyllcyclus** (Abbildung 26.20). Es handelt sich um enzymatische Reaktionen, die in der Thylakoidmembran ablaufen. Das wirksame Licht für die Hinreaktion wird nicht vom Violaxanthin, sondern vom Chlorophyll absorbiert. Die Deepoxidase wird durch niedrigen pH aktiviert und reagiert somit auf die pH-Absenkung im Thylakoidinnenraum, d.h. auf den photosynthetischen **Protonengradienten**, der so als Maß für die Gleichgewichtslage zwischen Energiezufuhr und -entnahme in der Membran genutzt wird. Die Epoxidase benötigt hingegen einen neutralen pH. Der S_1-Zustand von Violaxanthin ist energiereicher als der von Chlorophyll, d.h. Energietransfer Chl → Car ist nicht möglich. Carotinoide mit mehr als 9 konjugierten Doppelbindungen, also z.B. Zeaxanthin und Antheraxanthin, können jedoch einen energieärmeren S_1-Zustand einnehmen, der auch einen Energietransfer vom S_1-Zustand des Chlorophylls erlaubt (→ Abbildung 8.13). Dieser **Singulettenergietransfer** wurde durch den Nachweis der Chlorophyllfluoreszenzlöschung (nicht-photochemisches *quenching*, → S. 211) durch Zeaxanthin experimentell untermauert.

Zeaxanthin (und Antheraxanthin) kann also offenbar bereits vor der Bildung von Triplettchlorophyll Anregungsenergie aus den Antennenkomplexen des Photosystem II ableiten, und zwar in einer flexiblen, durch den photosynthetischen Prozess selbst gesteuerten Reaktion.

Die Pflanze besitzt demnach ein vielseitiges Arsenal an Schutzmechanismen gegen oxidativen Stress. Diese Mechanismen unterliegen einer adaptiven Kontrolle durch die ROS. Ein z.B. durch Ozon oder Starklicht ausgelöster Anstieg in der ROS-Produktion wird durch einen Anstieg in der Kapazität der Schutzmechanismen beantwortet, z.B. durch vermehrte Synthese von Superoxiddismutase und den Enzymen der Ascorbatredoxkette. ROS besitzen in diesem Zusammenhang auch eine Funktion als Signalgeber für die Aktivierung von Transkriptionsfaktoren, welche die Expression von Stressabwehrgenen steuern. Angepasste Pflanzen sind aufgrund ihrer Fähigkeit zur stressinduzierten Stressabwehr normalerweise weitgehend resistent gegen die toxischen Wirkungen der ROS. Dies gilt nicht mehr, wenn der Aufbau der Schutzmechanismen durch natürliche oder künstliche Eingriffe beeinträchtigt ist. So weisen z.B. Katalase-defiziente Pflanzen (Mutanten) eine stark erhöhte Empfindlichkeit gegen ROS, bis hin zur Letalität, auf. Ähnliches gilt für chemische Eingriffe durch ROS-erzeugende Substanzen, die als Herbizide Verwendung finden.

Die essenzielle Bedeutung der Carotinoide für die Vermeidung von destruktiven Photooxidationsprozessen im Chloroplasten wird durch die Wirkung bestimmter **Bleichherbizide** besonders drastisch illustriert. Verbindungen wie z. B. Norflurazon, Fluridon oder Difunon (→ Abbildung 28.10) hemmen die Synthese gefärbter Carotinoide und verhindern damit die Ausbildung von Schutzmechanismen gegen lichtabhängigen oxidativen Stress. Die behandelten Pflanzen zeigen, ähnlich wie Mutanten mit defekter Carotinoidbiosynthese („Albinomutanten"), im Dunkeln (und im Dämmerlicht) keine Schäden, bleichen jedoch im stärkeren Licht in den nachwachsenden Teilen rasch aus und sterben ab. In O_2-freier Atmosphäre unterbleiben diese Folgen. Andere Bleichherbizide, wie z. B. Paraquat (Methylviologen; → Abbildung 8.21), führen zu ähnlichen Symptomen, indem sie die Reduktion von O_2 zu $\dot{O}_2^-$ durch den photosynthetischen Elektronentransport katalysieren. Photosensibilisierende Herbizide, z. B. Acifluorfen, verursachen eine Anhäufung von Chlorophyllvorstufen (z. B. Protoporphyrin IX), welche die Anregung von $^3O_2$ zu $^1O_2$ im Licht vermitteln (→ Gleichung 26.1). Die toxische Wirkung dieser Substanzen auf grüne Pflanzen beruht also jeweils auf der lichtabhängigen Auslösung von oxidativem Stress in einem Ausmaß, das die Kapazität der vorhandenen Schutzmechanismen übersteigt. In einer Reihe neuerer Arbeiten konnte gezeigt werden, dass die Überexpression von Superoxiddismutase durch Einpflanzung eines entsprechenden bakteriellen Gens in Tabakpflanzen zu erhöhter Resistenz gegen oxidativen Stress, und damit auch gegen das Herbizid Paraquat führt.

26.6 Licht- und UV-Stress

26.6.1 Photoinhibition der Photosynthese

Die Photosynthese ist selbst bei Starklichtpflanzen meist bereits bei 20–30 % des vollen Sonnenlichts mit ihrem Substrat Licht gesättigt (→ Abbildung 10.5, 10.6). Da die Lichtabsorption linear mit dem eingestrahlten Lichtfluss ansteigt, entsteht im Sättigungsbereich der Photosynthese ein erheblicher Überschuss an nicht nutzbarer Lichtenergie, der zu destruktiven Reaktionen führen kann (Abbildung 26.21). Lichtstress durch überoptimale Einstrahlung von Tageslicht wirkt sich in der Pflanze in erster Linie in den **Chloroplasten** aus. Unter hohen Lichteinflüssen beobachtet man bei nicht angepassten Pflanzen eine mehr oder minder starke Reduktion der Photosyntheseintensität, die mit einer Verschlechterung der Quantenausbeute einhergeht. Lichtempfindliche Arten zeigen darüber hinaus nach kurzer Zeit gravierende Lichtschäden, die zum Ausbleichen oder gar Absterben der Blätter führen können. Dieses Stressphänomen wird als **Photoinhibition** bezeichnet. Es tritt insbesondere bei konstitutiven Schattenpflanzen auf, aber auch bei Sonnenpflanzen, welche nach einer Schwachlichtperiode abrupt hohen Lichteinflüssen ausgesetzt werden. In diesem Fall ist die Photoinhibition jedoch meist reversibel, d. h. die Pflanzen besitzen die Fähigkeit zur **Lichtakklimatisation** durch Ausbildung von Resistenzmechanismen.

Das Wirkungsspektrum der Photoinhibition zeigt, dass dieser Prozess durch Lichtabsorption im Chlorophyll bewirkt wird. Alle Stressfaktoren, die zu einer Hemmung des biochemischen Bereichs der Photosynthese führen, verstärken die Photoinhibition massiv (z. B. Stomataverschluss bei Trockenheit, Enzyminaktivierung durch Hitze oder Kälte). Eine besonders kritische Situation ist z. B. für Nadelbäume die Kombination niedriger Temperaturen mit hoher Sonneneinstrahlung im Winter, welche zu starker Chlorophyllausbleichung in den Nadeln führen kann. Diese Befunde deuten

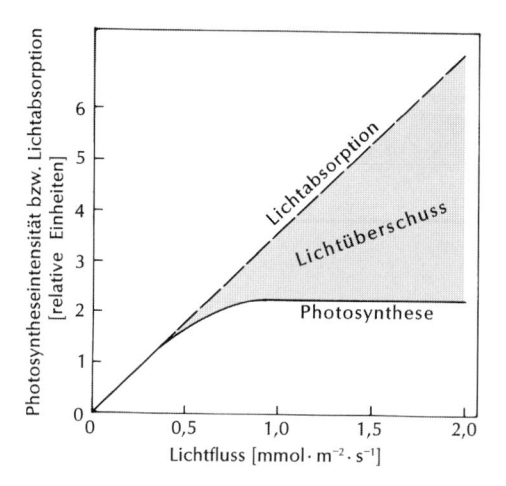

Abb. 26.21. Die Beziehung zwischen im Blatt absorbierter und photosynthetisch genutzter Energie bei steigendem Lichtfluss (schematisch). Sonnenlicht erreicht maximal einen Wert von etwa 2 mmol · m^{-2} · s^{-1} (0,4 kW · m^{-2}) photosynthetisch nutzbare Strahlung (PAR, 400 bis 700 nm).

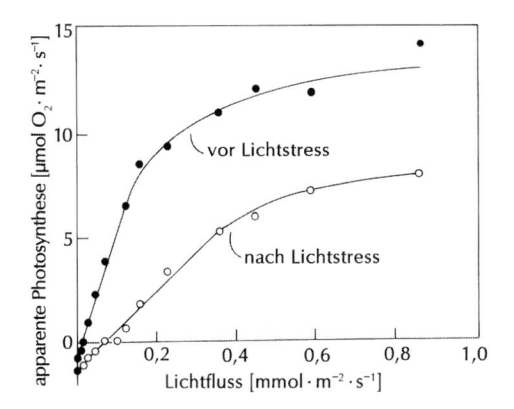

Abb. 26.22. Photoinhibition der Photosynthese. Objekt: Blatt von Spinat (*Spinacia oleracea*). Die Pflanzen wurden im Schwachlicht (0,12 mmol · m^{-2} · s^{-1}) angezogen. Die beiden Lichtkurven der Photosynthese wurden vor bzw. nach einer vierstündigen Starklichtbehandlung (1,8 mmol · m^{-2} · s^{-1}) gemessen. Die Photoinhibition führt zu einer Reduktion der Photosyntheseintensität bei Lichtsättigung und zu einer Verminderung der Quantenausbeute (Steigung im linear ansteigenden Ast der Lichtkurven). (Nach Anderson und Osmond 1987)

darauf hin, dass es sich bei der Photoinhibition um die destruktiven Folgen einer Übersättigung des Photosyntheseapparats mit Lichtenergie und den daraus resultierenden photooxidativen Prozessen handelt. Unter anderem trifft diese Destruktion auch die Pigmentkomplexe. Veränderungen der Fluoreszenzemission zeigen, dass hiervon insbesondere das Photosystem II betroffen ist.

Zur Vermeidung der destruktiven Folgen überschüssiger Anregungsenergie im Photosyntheseapparat stehen mehrere Schutzmechanismen zur Verfügung, die bereits im Abschnitt über oxidativen Stress dargestellt wurden. Besondere Bedeutung besitzen hierbei die Dissipation der Anregungsenergie von Triplett-Chlorophyll und Singulett-O_2 über **Carotinoide** und die Entgiftung von Sauerstoffradikalen über spezielle **Radikalabfangreaktionen**. Diese Mechanismen sind jedoch bei starkem Lichtstress, der zu einer massiven Überbelastung der Thylakoidmembran mit Energie führt, oft nicht ausreichend, um photooxidative Zerstörung völlig zu verhindern. Man hat vielmehr in einigen Pflanzen gefunden, dass Lichtstress zu einem erhöhten Umsatz von kritischen Bestandteilen des Photosyntheseapparats führt; d. h. die lichtinduzierten Destruktionsprozesse werden nicht verhindert, jedoch von einem aktiven Reparatursystem ausgeglichen (z. B. Neusynthese von Enzymproteinen und Pigmenten). Die Fähigkeit zur Reparatur eingetretener Schäden im Chloroplasten dürfte besonders bei Starklichtpflanzen eine wesentliche Grundlage der Resistenz gegen Lichtschäden sein.

Vor allem viele Schwachlichtpflanzen verfügen außerdem über einen wirksamen **Meidungsmechanismus** für Starklicht. Gesteuert durch Blaulichtphotoreceptoren können die Chloroplasten beim Überschreiten eines kritischen Lichtflusses von der Flächenstellung in die Kantenstellung wechseln (→ S. 576). Diese **phototaktische Orientierungsbewegung** führt zu einer deutlich verminderten Lichtexposition der Photosynthesepigmente und zum Schutz vor Lichtschäden in den Chloroplasten.

26.6.2 Resistenz gegen UV-Schäden

Als Ultraviolett(UV)-Strahlung bezeichnet man den an den sichtbaren Bereich (Licht) grenzenden kürzerwelligen Spektralbereich der elektromagnetischen Strahlung von 200 bis 400 nm. Die UV-Strahlung wird in der Medizin in drei Abschnitte untergliedert: UV-A (320 bis 400 nm), UV-B (280 bis 320 nm) und UV-C (200 bis 280). Weniger als 7% der auf die Erdoberfläche auftreffenden Sonnenstrahlung fallen in den UV-Bereich, und zwar ausschließlich in den Abschnitt von etwa 295 bis 400 nm (Abbildung 26.23). Der kürzerwellige UV-Anteil der Sonnenstrahlung wird durch die Ozonschicht der Stratosphäre in 15 bis 30 km Höhe herausgefiltert. Die Pflanzen haben sich an den natürlichen UV-Anteil der Strahlung (UV-A plus langwelliger Teil von UV-B) ähnlich gut wie an den sichtbaren Spektralbereich angepasst. Wichtige Pigmente, z. B. Chlorophylle, Carotinoide und Flavine absorbieren sowohl sichtbares Licht als auch langwelliges UV, d. h. die beiden Spektralbereiche müssen in diesem Zusammenhang als photobiologisch einheitlich wirksamer Ausschnitt des elektromagnetischen Spektrums angesehen werden (→ Kapitel 19). Im Gegensatz dazu umfasst das kurzwellige UV (UV-C plus kurzwelliger Teil von UV-B, 200 bis 295 nm) einen Spektralbereich, der in der natürlichen, auf die Erdoberfläche gelangenden Strahlung nicht enthalten ist und somit auch keine genetische Anpassung der Organismen bewirken konnte. Es ist daher verständlich, dass UV-Strahlung von < 295 nm aus künstlichen Strahlungsquellen (z. B. Quecksilberniederdrucklampen, Emissionsmaximum: 254 nm) in der Regel unphysio-

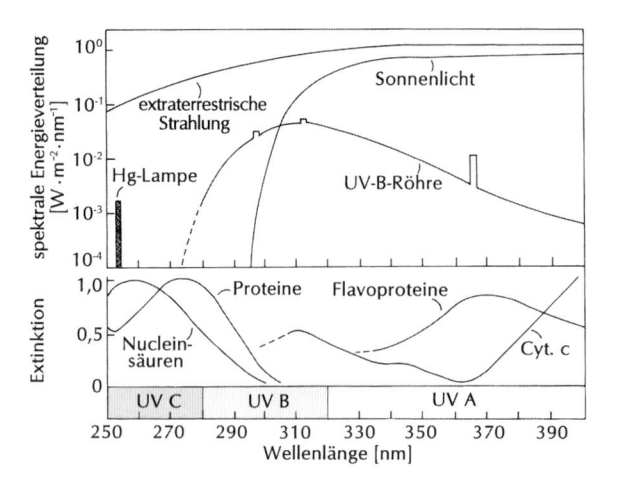

Abb. 26.23. Emissionsspektren von UV-Quellen und Extinktionsspektren einiger UV-absorbierender Moleküle. *Oben*: Spektrale Energieverteilung (logarithmisch geteilte Skala) des *Sonnenlichts* auf der Erdoberfläche und im extraterrestrischen Raum. Außerdem sind die Emissionsspektren von zwei künstlichen UV-Strahlungsquellen eingetragen (*Hg-Niederdrucklampe*, welche bevorzugt eine Spektrallinie bei 253,7 nm emittiert, und eine *UV-B-Röhre*, in der die Hg-Linien in einem speziellen Belag die Emission von Fluoreszenzstrahlung anregen). *Unten*: Extinktionsspektren von *Nucleinsäuren* (DNA, RNA), *Proteinen*, *Flavoproteinen* und *Cytochrom c* (reduziert). (Nach Caldwell 1981; verändert)

logische (destruktive) Wirkungen besitzt. In Bezug auf Stresserscheinungen unterscheidet man zwischen dem **kurzwelligen UV** (200 bis 295 nm) und dem **langwelligen UV** (295 bis 400 nm).

Kurzwelliges UV (200 bis 295 nm) wird in der Zelle von einer Vielzahl funktionell wichtiger Moleküle absorbiert, z. B. von allen aromatischen Verbindungen. Die Aminosäuren **Phenylalanin, Tyrosin** und **Tryptophan** (in geringem Umfang auch **Cystein**) sind für die UV-Absorptionsbande der **Proteine** bei 280 nm verantwortlich (Abbildung 26.24). **Purine** und **Pyrimidine** absorbieren stark bei 260 nm und verursachen einen entsprechenden Gipfel im Extinktionsspektrum der **Nucleinsäuren** (Abbildung 26.24). Die elektronische Anregung solcher Moleküle durch UV-Quanten kann in einer photochemischen Reaktion zum Aufbrechen und zur Neuknüpfung von covalenten Bindungen in der DNA führen, z. B. zur Bildung von intra- und intermolekularen **Thymin-** oder **Cytosindimeren** (Abbildung 26.25): Ein durch Absorption eines UV-Quants angeregter Thyminrest reagiert mit einem benachbarten Thyminrest unter Ausbildung einer Cyclobutanstruktur (Abbildung 26.26). Diese Veränderung im Molekül verursacht naturgemäß Störungen bei der Transkription und Replication der DNA. Falls codierende Sequenzen betroffen sind, kommt es zu **Genmutationen** und den damit möglicherweise verbundenen Ausfallserscheinungen bei lebenswichtigen Proteinen. In einer haploiden Zelle kann also auf diese Weise die Absorption eines einzigen UV-Quants zur Inaktivierung einer zentralen Zellfunktion führen. Diese inaktivierende Wirkung wird z. B. bei der Abtötung von Bakterien und anderen Mikroorganismen („Sterilisation")

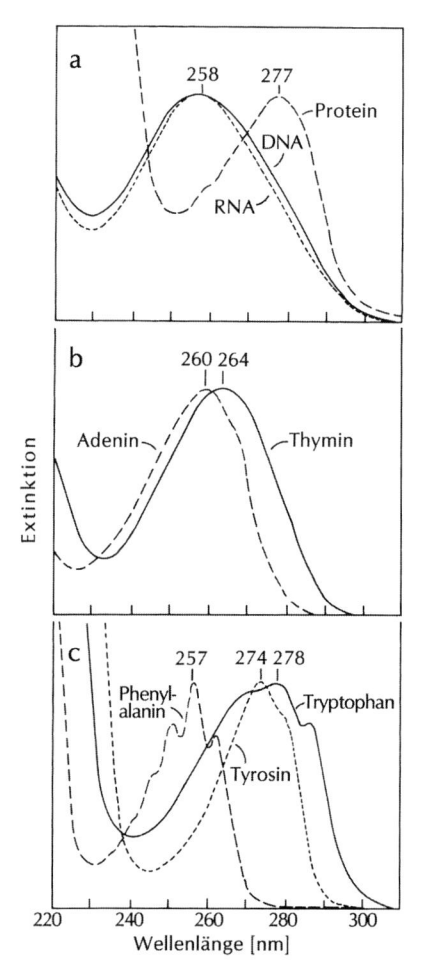

Abb. 26.24 a–c. Extinktionsspektren (bei pH 7) von *DNA*, *RNA* und *Protein* (a) sowie deren UV-absorbierenden Bausteinen *Thymin* (Pyrimidinbase, b) und *Adenin* (Purinbase, b) bzw. den Aminosäuren *Phenylalanin, Tyrosin* und *Tryptophan* (c). Die Spektren sind auf gleiche Maximalextinktion normiert.

26.6 Licht- und UV-Stress

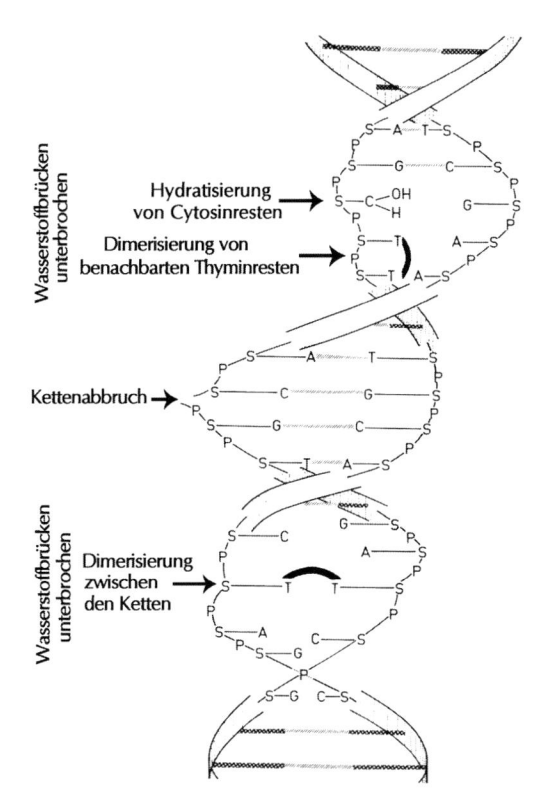

Abb. 26.25. Modell des DNA-Doppelstranges mit den durch Absorption von UV-Quanten bewirkten photochemischen Reaktionen: Bildung von **Thymindimeren** (*T-T*) innerhalb eines oder zwischen den beiden Strängen, Hydratisierung von Cytosin und Kettenbruch zwischen Desoxyribose (*S*) und Phosphatrest (*P*). Für UV-induzierte DNA-Schäden in der Zelle wird vor allem die Dimerenbildung durch Pyrimidinreste verantwortlich gemacht. (Nach Deering 1962)

durch kurzwellige UV-Strahlung (z. B. 254 nm) ausgenützt. Vermutlich treten auch in der RNA bei der Absorption von UV-Quanten ähnliche photodestruktive Veränderungen auf, die jedoch wegen der im Vergleich zur DNA viel größeren Zahl gleicher Moleküle erst bei viel höherer Trefferzahl ins Gewicht fallen. Dies gilt auch für die Photodestruktion von Proteinen, bei der vor allem die Disulfidbrücken zwischen Cysteinresten gesprengt werden. Wirkungsspektren der Photoinaktivierung von Mikroorganismen zeigen in der Regel einen ausgeprägten Gipfel um 260 nm (Abbildung 26.27). Dies ist ein deutlicher Hinweis darauf, dass vor allem Nucleinsäureschäden (insbesondere in der DNA) für die abtötende Wirkung kurzwelliger UV-Strahlung verantwortlich sind.

Bestrahlt man eine Bakterienkultur nach einer letalen UV-Fluenz bei 254 nm kurz mit UV-A oder Blaulicht, so wird diese Inaktivierung rückgängig gemacht. Dieses erstaunliche Phänomen wird als **Photoreaktivierung** bezeichnet. Es geht auf die Existenz des Enzyms **DNA-Photolyase** zurück, das in einer durch Strahlung im Bereich von 330 bis 500 nm sensibilisierten Reaktion (Flavin als Photoreceptor) Thymin- und Cytosindimere in der DNA spaltet und somit die ursprüngliche, intakte Struktur des Makromoleküls wieder herstellt (Abbildung 26.26). Das Enzym bindet in einem lichtunabhängigen Schritt an die Cyclobutanstruktur. Nach Absorption eines UV-A/Blau-Quants durch den Chromophor ($FADH_2$) spaltet es den Cyclobutanring und stellt die Pyrimidinreste wieder frei. Anschließend dissoziiert das Enzym von der reparierten DNA ab. Dieser Reparaturmechanismus wurde nicht nur bei Bakterien, sondern auch bei Eukaryoten (Pilze, Algen, höhere Pflanzen) nachgewiesen und besitzt daher offensichtlich weite Verbreitung. Die Bildung des Enzyms wird in Pflanzen durch Licht induziert, wobei Phytochrom als Photoreceptor nachgewiesen werden konnte. Die Ausbildung des Reparatursystems für UV-Schäden wird auf

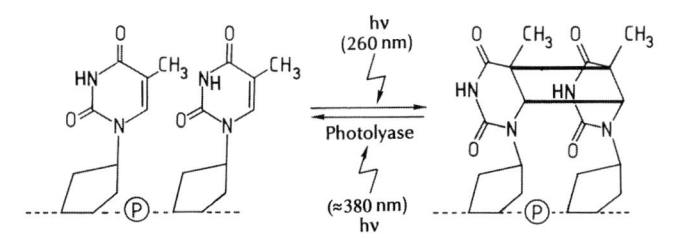

Abb. 26.26. Dimerisierung von zwei benachbarten Thyminresten in der DNA. Die Hinreaktion wird durch Anregung eines Thyminrestes (Absorptionsmaximum bei etwa 260 nm, → Abbildung 26.24) ausgelöst. Es entsteht eine Cyclobutan-*cis-syn*-Pyrimidin-Struktur. Die Rückreaktion wird durch UV-A/Blaulicht-aktivierte **Photolyase** katalysiert (Absorptionsbereich 350 bis 500 nm). Die Rückreaktion kann auch (nicht-enzymatisch) durch Absorption von UV-C-Quanten (Maximum bei 240 nm) ausgelöst werden. Bei UV-Bestrahlung stellt sich ein photochemisches Gleichgewicht zwischen Hin- und Rückreaktion ein, das bei etwa 260 nm eine maximale Dimerbildung bewirkt.

diese Weise der Regulation durch Licht unterstellt. Darüber hinaus unterliegt die Photolyase der direkten Aktivitätskontrolle durch UV-A-Strahlung. Ein in diesem Zusammenhang besonders intensiv untersuchtes Objekt ist der Flagellat *Euglena gracilis*, dessen lichtabhängige Chloroplastendifferenzierung ein sehr empfindliches Testsystem für die Inaktivierung durch kurzwelliges UV darstellt (Abbildung 26.28). Das Wirkungsspektrum für die Reaktivierung (Abbildung 26.29) zeigt einen breiten Gipfel um 380 nm, der auf die Absorption durch die DNA-Photolyase zurückgeht. Die theoretische Bedeutung dieser Experimente ist groß. Im landläufigen Sinn ist eine Zelle, die mit 260 nm massiv bestrahlt wurde, „tot". Durch das reaktivierende Licht wird sie wieder „lebendig". „Abtötung" und „Wiederbelebung" lassen sich in diesem Fall auf der molekularen Ebene verstehen. Weiterhin zeigen diese Experimente, dass Pflanzen (und andere Organismen) durch den UV-A/Blau-Anteil des Tageslichts wirksam vor bleibenden DNA-Schäden durch kurzwelliges UV bewahrt werden. Die DNA-Photolyase dürfte auch bei niedrigen Lichtflüssen voll aktiviert vorliegen. Erst wenn die UV-induzierte Pyrimidindimerenbildung die Kapazität des Reparaturenzyms übersteigt (oder wenn das Reparaturenzym in UV-geschädigten Zellen nicht mehr gebildet werden kann), ist mit gravierenden Schäden zu rechnen. Dieser Gesichtspunkt ist insbesondere auch bei der Abschätzung der Folgen einer Verminderung des Ozonschutzmantels der Erde durch anthropogene Schadstoffe (vor allem Fluorchlorkohlenwasserstoffe) zu berücksichtigen. Bei entsprechenden Experimenten mit höheren Pflanzen konnten bisher keine Anhaltspunkte dafür gewonnen werden, dass eine befürchtete 5- bis 10prozentige Steigerung des natürlichen UV-Anteils der Sonnenstrahlung auf der Erdoberfläche zu erheblichen irreparablen Schäden führt (Abbildung 26.30a). Dies setzt allerdings voraus, dass die Beseitigung von DNA-Schäden durch die Photolyase und andere Reparaturenzyme uneingeschränkt funktioniert. Eine *Arabidopsis*-Mutante mit defektem Photoreparatursystem zeigte deutliche Schäden durch UV-B unter Bedingungen, wo Wildtyppflanzen noch keine Defekte aufwiesen.

Die erste Beschreibung der Photoreaktivierung bei Pflanzen, allerdings mit einer heute überholten

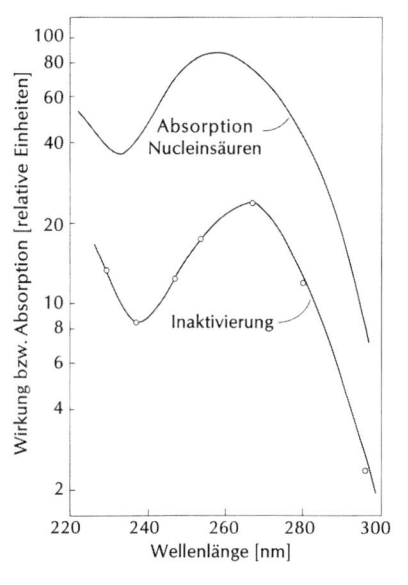

Abb. 26.27. Wirkungsspektrum für die Inaktivierung von Bakterienzellen durch kurzwellige UV-Strahlung. Objekt: Kultur von *Escherichia coli*. Die Inaktivierung (Hemmung der Zellteilung) durch eine bestimmte UV-Fluenz im Bereich von 220 bis 300 nm ist in relativen Einheiten auf einer logarithmischen Skala aufgetragen. Zum Vergleich ist das Absorptionsspektrum von Nucleinsäuren eingezeichnet. (Nach Rupert 1960)

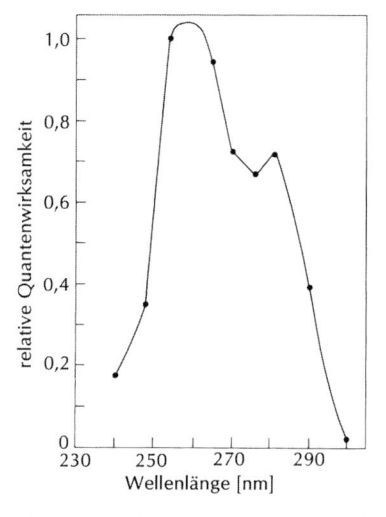

Abb. 26.28. Wirkungsspektrum für die Inaktivierung der Ergrünungsfähigkeit (Chloroplastenbildung) durch kurzwelliges UV. Objekt: dunkeladaptierte Zellen von *Euglena gracilis* var. *bacillaris*. Die Ausbildung chlorophyllhaltiger Chloroplasten ist bei diesem fakultativ autotrophen Organismus (ähnlich wie bei den Angiospermen; → S. 368) nur im Licht möglich. Dieser Prozess kann durch geringe Menge kurzwelliger UV-Strahlung sehr empfindlich gehemmt werden. Das Wirkungsspektrum für die Verhinderung der Ergrünung zeigt einen Hauptgipfel bei 260 nm, der auf die UV-Absorption durch Nucleinsäuren (DNA) zurückgeht. (Nach Lyman et al. 1961)

26.6 Licht- und UV-Stress

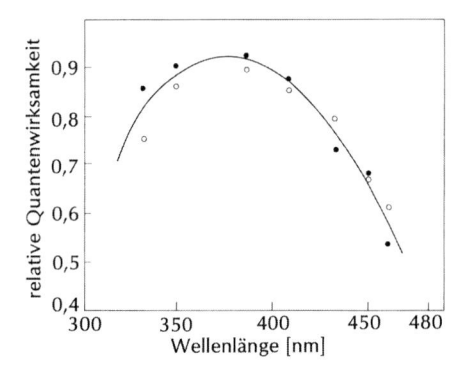

Abb. 26.29. Wirkungsspektrum für die Reaktivierung der Ergrünungsfähigkeit (Chloroplastenbildung) von *Euglena*-Zellen nach einer inaktivierenden Bestrahlung mit kurzwelligem UV (→ Abbildung 26.28) durch nachfolgende Bestrahlung mit UV-A/Blaulicht. Die beiden Symbole repräsentieren zwei Versuchsserien. (Nach Lyman et al. 1961)

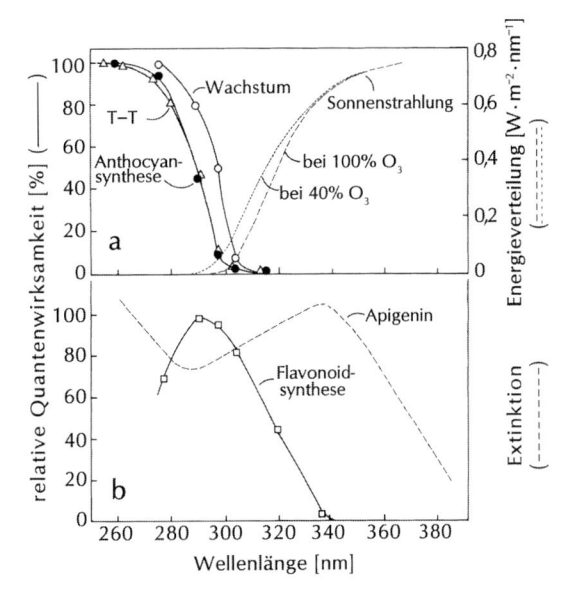

Abb. 26.30 a, b. Wirkungsspektren von hemmenden und fördernden UV-Effekten. **a** Die Wirkungsspektren für die Thymindimerenbildung (*T-T*) in der DNA bei Bestrahlung einer DNA-Lösung, die Hemmung der *Anthocyansynthese* (Objekt: etiolierte Senfkeimlinge, *Sinapis alba*) und die Hemmung des *Längenwachstums* (Objekt: Hypokotyl und Wurzel etiolierter Kressekeimlinge, *Lepidium sativum*) zeigen maximale Effekte im kurzwelligen UV und fallen gegen 310 nm steil ab. Die Hemmung der Anthocyansynthese kann durch UV-A-Nachbestrahlung wieder aufgehoben werden und ist daher auf eine UV-induzierte Pyrimidindimerenbildung zurückzuführen, während die Wachstumshemmung andere Ursachen haben dürfte. Zum Vergleich ist die kurzwellige Kante des Sonnenspektrums (nach Filterung durch die natürliche Ozonschicht und nach weiterer Reduktion der Ozonschicht um 60 %) eingetragen. **b** Das Wirkungsspektrum für die Induktion der *Flavonoidsynthese* in einer Zellkultur von Petersilie (*Petroselinum hortense*) zeigt einen maximalen Effekt im langwelligen UV (der Abfall bei < 290 nm geht zumindest teilweise auf die schädigende Wirkung im kürzerwelligen Spektralbereich zurück). Außerdem ist das Extinktionsspektrum von *Apigenin* eingetragen, einem Hauptbestandteil des von *Petroselinum* gebildeten Gemisches von **Flavonoidglycosiden** (→ Abbildung 16.5). Diese Verbindung eignet sich aufgrund ihrer relativ hohen Extinktion im gesamten UV-Bereich sehr gut als Schirmpigment gegen UV-Strahlung. Die Flavonoide werden in der intakten Pflanze bevorzugt in der Epidermis akkumuliert. (Nach Wellmann 1983; Green et al. 1980; Matsugana et al. 1991)

Interpretation, erfolgte bereits 1932, als sich Forscher am Kaiser-Wilhelm-Institut für medizinische Forschung in Heidelberg die Frage stellten, warum Bananen keinen Sonnenbrand bekommen (→ Exkurs 26.5).

Durch UV verursachte Schäden an der DNA können auch unabhängig von photoreaktivierendem Licht repariert werden. Am besten untersucht ist die Eliminierung intramolekularer Pyrimidindimere durch **Endonucleasen**. Diese Enzyme erkennen die Schadstelle im DNA-Strang und schneiden den defekten Abschnitt heraus. Durch die **DNA-Polymerase I** („Reparaturenzym") und eine **Ligase** wird der defekte Abschnitt durch ein DNA-Fragment ersetzt, das komplementär zum Partnerstrang neu aufgebaut wird.

Langwelliges UV (295 bis 400 nm) hat neben vielen positiven Wirkungen auf die pflanzliche Entwicklung (Photomorphogenese; → S. 452) auch schädigende oder hemmende Effekte, die zu UV-Stress führen können. Diese Form der Strahlenbelastung tritt bei Pflanzen im Hochgebirge besonders deutlich in Erscheinung. Der UV-Anteil des Sonnenlichts ist z. B. wesentlich an der **Photoinhibition** des Photosyntheseapparats beteiligt (→ S. 606). Da Nucleinsäuren noch bis etwa 310 nm messbar absorbieren, ist auch starkes Sonnenlicht in der Lage, DNA-Schäden zu erzeugen. Dies lässt sich an geeigneten Objekten leicht demonstrieren, z. B. an Bakterien, die durch intensives Sonnenlicht abgetötet werden. Auch in Dunkelheit oder in UV-freiem (schwachem) Weißlicht angezogene Pflanzen reagieren sehr empfindlich auf langwelliges UV. Darauf beruht z. B. der „Auspflanzungsschock", den unter (UV-undurchlässigem) Glas gehaltene Jungpflanzen bei Überführung ins Freiland häufig erleiden (vorübergehende Welke, Ausbleichung und Entwicklungsstillstand). Die Pflanzen erholen sich in der Regel nach einiger Zeit und werden UVresistent. Diese Resistenz hat zumindest zwei Ursachen: die Induktion der **Photoreaktivierung** und die Induktion der **Synthese von Schirmpigmenten** (Flavonoide und andere phenolische Substanzen, z. B. Cutin). Viele Pflanzen besitzen die Fähigkeit zur lichtinduzierten Synthese von UV-B-absorbierenden Flavonoiden und anderen Phenylpropanen, welche bevorzugt in den Vacuolen der Epidermiszellen der Blätter akkumulieren und auf diese Weise einen wirksamen Schutzfilter für das Assimilationsparenchym bilden (→ Exkurs 26.6). Messungen an intakten Blättern ergaben, dass 90–99 % der auftreffenden UV-Strahlung in der Epidermis absorbiert werden kann. Wie das Wirkungsspektrum (Abbildung 26.30 b) zeigt, kann die Synthese dieser Pigmente durch UV-B-absorbierende

---

EXKURS 26.5: UV-induzierte Bräunung der Bananenschale – historisch interessante Experimente zur Photoreaktivierung

Die Untersuchung von UV-Stress (Sonnenbrand) bei der menschlichen Haut ist seit langem ein wichtiges Thema der medizinisch orientierten Photobiologie. Im Jahr 1933 publizierten Haußer und von Oehmke in der Zeitschrift *Strahlentherapie* Ergebnisse von Bestrahlungsversuchen mit unreifen Bananenfrüchten, die sie als Modellsysteme für die schädigende UV-Wirkung auf die Haut einsetzten. Sie beschrieben ihre Resultate wie folgt:

„Entwirft man auf der Oberfläche einer grünen Bananenschale mit einem lichtstarken Quarzspektralapparat das sichtbare und ultraviolette Spektrum einer Quarz-Quecksilber- oder Quarz-Kadmiumlampe und bestrahlt einige Minuten, so bilden sich gewisse Spektrallinien nach einigen Stunden oder Tagen als tief gebräunte Linien ab, wie das auf Bild 1 zu sehen ist. [............] Überraschend war, dass in der Natur bei der Sonnenbestrahlung diese starke Bräunung nicht entsteht, obwohl man sich ausrechnen kann, dass das Sonnenultraviolett weitaus ausreichen müsste, um diese Bräunung hervorzurufen. [............] Dieser scheinbare Widerspruch ließ sich aufklären durch Versuche folgender Art. Bestrahlt man eine Banane extrem lange (mehrere Stunden), dann breitet sich die Bräunung auch zwischen den Linien und bis in den sichtbaren Teil des Spektrums aus. Diese Bräunung ist aber auf spektrale Unreinheit zurückzuführen; bei so langer Bestrahlung erhält die ganze Fläche das zur Bräunung notwendige Ultraviolett. An den Stellen aber, an denen die Linien 366, 405 und 435 eingestrahlt sind, kommt die Bräunung nicht zustande. Dies zeigt, dass zusätzliche Bestrahlung mit Licht aus der Gegend der Grenze zwischen sichtbarem und ultraviolettem Licht die Pigmentbildung verhindert. Bestätigt wird diese Erklärung durch folgenden Versuch. Bestrahlt man eine große Fläche einer Banane mit spektralreinem Ultraviolett und solcher Intensität, dass sich nach 24 Stunden eine Bräunung ergeben würde, und bestrahlt man zusätzlich dieses vorbestrahlte Feld unmittelbar nach der Vorbestrahlung für längere Zeit im Spektrum des Quarzspektralapparats, so ergibt sich natürlich eine zusätzliche Bräunung im kurzwelligen Ultraviolett. Bei den Quecksilberlinien 366, 405 und 435 zeigt sich aber jetzt eine starke Aufhellung, d. h. während die ganze Umgebung schön gebräunt ist, wird durch die Einstrahlung dieses Spektralbereiches die Ausbildung der Bräunung verhindert".

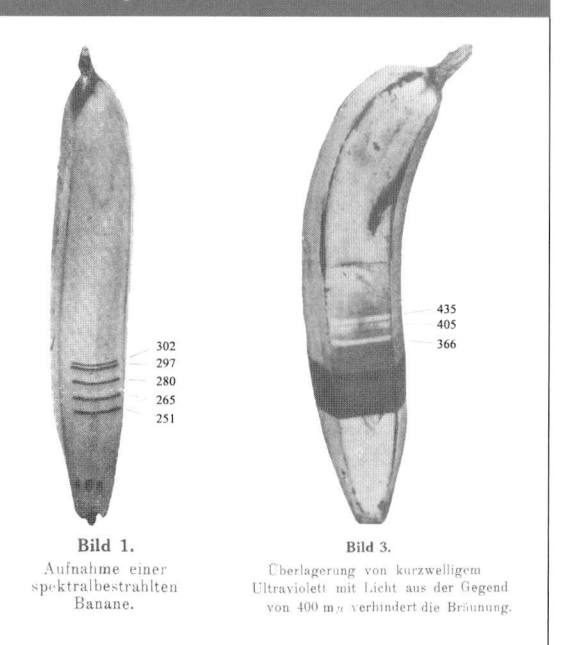

Dieser in Bild 3 der Arbeit wiedergegebene Versuch wurde von den Autoren seinerzeit damit erklärt, dass längerwelliges UV die an der Pigmentbildung (Melaninkondensation) beteiligten Enzyme (Peroxidasen) zerstört. Nach unserem heutigen Kenntnisstand handelt es sich jedoch um einen frühen experimentellen Beleg für Photoreaktivierung. (Abbildungen und Zitat aus Haußer und v. Oehmke, 1933)

Bild 1. Aufnahme einer spektralbestrahlten Banane.

Bild 3. Überlagerung von kurzwelligem Ultraviolett mit Licht aus der Gegend von 400 mµ verhindert die Bräunung.

26.6 Licht- und UV-Stress

Photoreceptoren induziert werden. In vielen Pflanzen ist die Flavonoidsynthese von einer Koaktion mehrerer Photoreceptoren (UV-, Blaulichtphotoreceptoren, Phytochrom) abhängig. Im allgemeinen kann man davon ausgehen, dass (adaptierte) höhere Pflanzen, im Gegensatz zu vielen Mikroorganismen, weitgehend vor Stress durch natürliche UV-Strahlung geschützt sind. Pflanzen, bei

---

EXKURS 26.6: Die Schutzwirkung von UV-absorbierenden Pigmenten gegen UV-Stress

Farblose, gelbe oder rote Flavonoide und weitere UV-absorbierende phenolische Substanzen kommen in der Blattepidermis vieler Pflanzen vor, insbesondere, wenn diese hohen Lichtflüssen ausgesetzt sind. Bestrahlungsexperimente mit solchen Pflanzen ergaben, dass die Akkumulation dieser Substanzen in der Vacuole der Epidermiszellen durch Blaulicht und/oder UV-Strahlung induziert werden kann. Man hat schon lange vermutet, dass diese Substanzen als Filter für kurzwellige Strahlung dienen, um die empfindlichen Mesophyllzellen im Blatt vor UV- und Lichtstress zu schützen. Obwohl es für eine derartige Funktion viele indirekte Indizien gibt, konnte der definitive Nachweis einer solchen Schutzwirkung erst kürzlich an *Arabidopsis*-Mutanten mit veränderter Empfindlichkeit gegen UV-B-Strahlung erbracht werden.

Für diese Experimente wurden 13 d alte *Arabidopsis*-Pflanzen im Weißlicht zusätzlich für 21 h mit UV-B bestrahlt (280 bis 360 nm, 0,17 W · m^{-2}). Der Wildtyp zeigt unter diesen Bedingungen eine mittlere Empfindlichkeit für UV-B-Strahlung: Es treten zwar Blattnekrosen auf, die Pflanzen erholen sich aber anschließend wieder und bilden neue, nicht geschädigte Blätter. Durch geeignete Selektion mutagenisierter Pflanzen wurden eine UV-hypersensitive Mutante (*uvs*, wird durch UV-B stark geschädigt) und eine UV-insensitive Mutante (*uvt*, überlebt die UV-Bestrahlung ohne Schaden) isoliert. Zur Analyse der Pigmentgehalte wurden aus den Blättern UV-B-bestrahlter und nicht bestrahlter Pflanzen vergleichbare Pigmentextrakte hergestellt, deren Extinktionsspektren in den Abbildungen A–C abgebildet sind. Die hier wesentlichen Unterschiede betreffen den Bereich von etwa 300 bis 400 nm (UV-B + UV-A), in dem Flavonoide, z.B. das im Wildtyp gebildete Flavonol Kaempferol, absorbieren (→ Abbildung 16.5). Außerdem wurden in den Extrakten Anthocyan und Sinapinsäure nachgewiesen. Die Gipfel bei 400 bis 700 nm gehen auf Chlorophyll und Carotinoide zurück. Aus diesen Spektren lässt sich ablesen:

1. Die UV-hypersensitive *uvs*-Mutante besitzt einen niedrigen Gehalt an UV-absorbierenden Substanzen (Gipfel bei 330 nm), der durch UV-B-Bestrahlung nicht beeinflusst wird (Abbildung A).

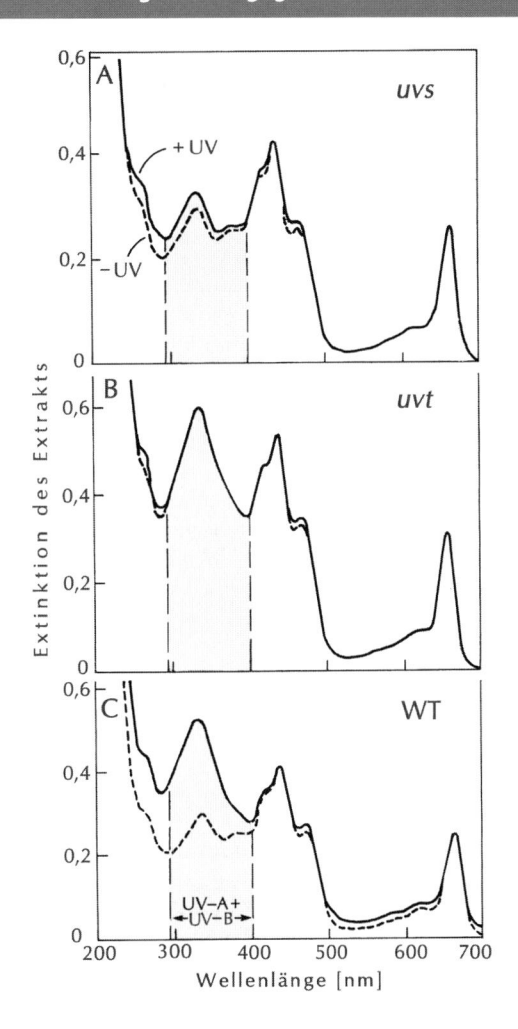

2. Die UV-insensitive *uvt*-Mutante besitzt – mit oder ohne UV-B-Bestrahlung, d.h. **konstitutiv** – einen hohen Gehalt solcher Substanzen (Abbildung B).

3. Beim Wildtyp ist der Gehalt zunächst niedrig, wird aber durch die Bestrahlung adaptiv stark erhöht (Abbildung C). Es ergibt sich also eine perfekte Übereinstimmung zwischen dem Grad der UV-Resistenz dieser Pflanzen und ihrer Fähigkeit zur Bildung UV-absorbierender Pigmente. (Nach Bieza et al. 2001)

denen durch Defektmutationen oder andere experimentelle Eingriffe die Synthese von Flavonoiden und anderen Phenylpropanen unterbunden wurde, zeigen jedoch massive UV-Schäden. Auch bei Kulturpflanzen, bei denen, z. B. aus geschmacklichen Gründen, phenolische Inhaltsstoffe weggezüchtet wurden, besteht eine größere UV-Empfindlichkeit, die sich bei einer Erhöhung des UV-Anteils im Sonnenlicht auswirken kann.

26.7 Stress durch ionisierende Strahlung

Viele der im letzten Abschnitt beschriebenen Beobachtungen über die destruktive Auswirkung von kurzwelliger UV-Strahlung auf Pflanzen treffen auch für die **ionisierende Strahlung** zu. Unter diesem Sammelbegriff versteht man einerseits **elektromagnetische Strahlung** mit sehr kurzer Wellenlänge (< 200 nm, Röntgen- und Gammastrahlen) und andererseits **Korpuskularstrahlung** (Alphateilchen = Heliumkerne, Betateilchen = Elektronen, Neutronen, Protonen). Gamma-, Alpha- und Betastrahlung sind in variablen Anteilen in der sogenannten **radioaktiven Strahlung** enthalten, die beim Zerfall instabiler Atomkerne entsteht. Alle diese Strahlenformen sind durch einen hohen Energiegehalt ausgezeichnet und besitzen daher massive Wirkungen auf Atome und Moleküle als die UV-Strahlung. Während die Absorption von UV-Strahlung in der Regel zur Anhebung eines Elektrons auf ein höheres Energieniveau führt (elektronische Anregung; → S. 176), schlägt die energiereichere ionisierende Strahlung Elektronen aus dem Atom- bzw. Molekülverband heraus und führt so primär zur Bildung von radikalischen Ionen. In der Zelle wird hiervon in erster Linie das H_2O betroffen, aus dem $H_2\dot{O}^+ + e^-$ und aus $H_2\dot{O}^+$ die Radikale $\dot{H}$ und $\dot{O}H$ entstehen. Diese extrem reaktionsfähigen Radikale reagieren mit fast allen Biomolekülen (z. B. mit der DNA) und führen zu ihrer Zerstörung.

Bei der Messung der ionisierenden Strahlung bezieht man sich meist auf die physikalische Bestimmung der Energie der **ausgesandten Strahlung** oder der Zahl der zerfallenden Atome (z. B. Becquerel = Anzahl der Zerfälle pro Sekunde bei der radioaktiven Strahlung). Die Messung der in der Pflanze **absorbierten Strahlung** ist erheblich schwieriger, da sie von den spezifischen Eigenschaften des bestrahlten Materials abhängt. Die **Energiedosis** beschreibt die absorbierte Strahlungsenergie pro Masseneinheit absorbierender Materie (Einheit Gray [Gy], 1 Gy = 1 J · kg^{-1}).

Die direkte, schnelle Wirkung ionisierender Strahlung auf Pflanzen und Tiere beruht meist auf der Störung essenzieller biochemischer Vorgänge durch Zerstörung von Proteinen und Membranen, wobei insbesondere die relativ großen Alphateilchen zu massiven Schäden führen können. Diese Auswirkungen sind allerdings nur bei hohen Strahlendosen von Bedeutung und können meist kurzfristig wieder beseitigt werden. Viel gravierendere Effekte treten durch Langzeitwirkungen von Schäden der Erbinformation in der DNA auf. Die in Abbildung 26.25 dargestellten Brüche und Addukte im DNA-Molekül durch Absorption von UV-Quanten treten im wesentlichen auch als Produkte der ionisierenden Strahlung auf. Finden diese Veränderungen in einem Gen statt, so ergibt sich eine Mutation. Die mutagene Wirkung ionisierender Strahlung wird in der Forschung genutzt, um Mutationen künstlich zu erzeugen. Die natürliche ionisierende Strahlung, die hauptsächlich auf die Hintergrundstrahlung aus dem Weltraum und die Strahlung natürlicher radioaktiver Elemente wie z. B. Uran zurückgeht, löst selbstverständlich auch Mutationen aus. Diese haben, neben der UV-Strahlung, wesentlich dazu beigetragen, die Evolution der Lebewesen durch Veränderung des Erbguts zu ermöglichen. Wie alle anderen Organismen haben auch die Pflanzen Reparaturmechanismen entwickelt, um Schäden an der DNA rückgängig zu machen. Dieser aktive Schutz sichert ihnen das Überleben unter der natürlichen Strahlenbelastung und beschränkt bleibende Mutationen auf relativ seltene Ereignisse. Inwieweit dieser Schutz auch bei künstlich erhöhter Radioaktivität wirksam ist, ist schwierig quantitativ abzuschätzen. Grenzwerte für die „Unbedenklichkeit" niedriger Strahlendosen hängen davon ab, wie hoch die tolerierbare Mutationshäufigkeit angesetzt wird.

Weiterführende Literatur

a. Übergreifende Monographien

Alscher RG, Cumming JR (eds) (1990) Stress reponses in plants: Adaptation and acclimation mechanisms. Wiley-Liss, New York

Brunold C, Rüegsegger A, Brändle R (Hrsg) (1996) Stress bei Pflanzen. Haupt, Bern

Hirt H, Shinozaki K (eds) (2003) Plant responses to abiotic stress. Topics in current genetics Vol 4, Springer, Berlin

Hock B, Elstner EF (Hrsg) (1995) Schadwirkungen auf Pflanzen. 3. Aufl. Spektrum, Heidelberg

Scheel D, Wasternack C (eds) (2002) Plant signal transduction. Oxford University Press, Oxford

Smallwood MF, Calvert CM, Bowles DJ (eds) (1999) Plant responses to environmental stress. Bios Scientific, Oxford

Smirnoff N (ed) (1995) Environment and plant metabolism. Flexibility and acclimation. Bios Scientific, Oxford

b. Mechanischer Stress

Braam J, Davis RW (1990) Rain-, wind-, and touch-induced expression of calmodulin and calmodulin-related genes in *Arabidopsis*. Cell 60: 357–364

Ding JP, Pickard BG (1993) Mechanosensory calcium-selective cation channels in epidermal cells. Plant J 3: 83–110

Jaffe MJ, Leopold AC, Staples RC (2002) Thigmo responses in plants and fungi. Amer J Bot 89: 375–382

Mitchell CA, Myers PN (1995) Mechanical stress regulation of plant growth and development. Horticult Rev 17: 1–42

c. Trocken- und Salzstress

Bailey-Serres J, Voesenek LACJ (2008) Flooding stress: Acclimations and genetic diversity. Annu Rev Plant Biol 59: 313–339

Black M, Pritchard HW (eds) (2002) Desiccation and survival in plants. CABI Publ, Wallingford

Bray EA (1997) Plant responses to water deficit. Trends Plant Sci 2: 48–54

Davies WJ, Mansfield TA, Hetherington AM (1990) Sensing of soil water status and the regulation of plant growth and development. Plant Cell Environ 13: 709–719

Hasegawa PM, Bressan RA, Zhu J-K, Bohnert HJ (2000) Plant cellular and molecular responses to high salinity. Annu Rev Plant Physiol Plant Mol Biol 51: 463–499

Hoekstra FA, Golovina EA, Buitink J (2001) Mechanisms of plant desiccation tolerance. Trends Plant Sci 6: 431–438

Munns R, Tester M (2008) Mechanisms of salinity tolerance. Annu Rev Plant Biol 59: 651–681

Schachman DP, Goodger JQD (2008) Chemical root to shoot signaling under drought. Trends Plant Sci 13: 281–287

Voesenek LACJ, van der Veen R (1994) The role of phytohormones in plant stress: Too much or too little water. Acta Bot Neerl 43: 91–127

Zhu J-K (2002) Salt and drought stress signal transduction in plants. Annu Rev Plant Biol 53: 247–273

d. Temperaturstress

Griffith M, Yaish WF (2004) Antifreeze proteins in overwintering plants: A tale of two activities. Trends Plant Sci 9: 399–405

Iba K (2002) Acclimative response to temperature stress in higher plants: Approaches of gene engineering for temperature tolerance. Annu Rev Plant Biol 53: 225–245

Li PH, Chen TTH (eds) (1997) Plant cold hardiness. Molecular biology, biochemistry, and physiology. Plenum, New York

Pearce RS (2001) Plant freezing and damage. Ann Bot 87: 417–424

Sakai A, Larcher W (1987) Frost survival of plants. Responses and adaptation to freezing stress. Springer, Berlin (Ecological Studies, Vol LXII)

Thomashow MF (1998) Role of cold-responsive genes in plant freezing tolerance. Plant Physiol 118: 1–7

Thomashow MF (1999) Plant cold acclimation: Freezing tolerance genes and regulatory mechanisms. Annu Rev Plant Physiol Plant Mol Biol 50: 571–599

Turner NC, Kramer PJ (eds) (1980) Adaptation of plants to water and high temperature stress. Wiley, New York

Wang W, Vinocur B, Shoseyov O, Altman A (2004) Role of plant heat-shock proteins and molecular chaperones in the abiotic stress response. Trends Plant Sci 9: 244–252

e. Oxidativer Stress

Apel K, Hirt H (2004) Reactive oxygen species: Metabolism, oxidative stress, and signal transduction. Annu Rev Plant Biol 55: 373–399

Asada K (2006) Production and scavenging of reactive oxygen species in chloroplasts and their function. Plant Physiol 141: 391–396

Dat JF, Inzé D, Van Breusegem F (2001) Catalase-deficient tobacco plants: Tools for *in planta* studies on the role of hydrogen peroxide. Redox Reports 6: 37–42

Halliwell B (2006) Reactive species and antioxidants. Redox biology is a fundamental theme of aerobic life. Plant Physiol 141: 312–322

Halliwell B, Gutteridge JMC (2006) Free radicals in biology and medicine. 4. ed, Clarendon Press, Oxford

Mittler R (2002) Oxidative stress, antioxidants and stress tolerance. Trends Plant Sci 7: 405–410

Møller IM (2001) Plant mitochondria and oxidative stress: Electron transport, NADPH turnover, and metabolism of reactive oxygen species. Annu Rev Plant Physiol Plant Mol Biol 52: 561–591

Møller IM, Jensen PE; Hansson A (2007) Oxidative modifications to cellular components in plants. Annu Rev Plant Biol 58: 459–481

Smirnoff N (ed) (2006) Antioxidants and reactive oxygen species in plants. Blackwell, Oxford

Triantaphylidès C, Havaux M (2009) Singlet oxygen in plants: Production, detoxification and signaling. Trends Plant Sci 14: 219–228

f. Licht- und UV-Stress

Asada K (1996) Radical production and scavenging in the chloroplast. In: Baker NR (ed) Photosynthesis and the environment. Kluwer, Dordrecht, pp. 123–150

Demmig-Adams B, Adams WW, Mattoo A (2005) Photoprotection, photoinhibition, gene regulation and environment. Advances in photosynthesis and respiration, Vol 21, Springer, Berlin

Eskling M, Arvidsson P-O, Akerlund H-E (1997) The xanthophyll cycle, its regulation and compounds. Physiol Plant 100: 806–816

Jansen MAK, Gaba V, Greenberg BM (1998) Higher plants and UV-B radiation: Balancing damage, repair and acclimation. Trends Plant Sci 3: 131–135

Li Z, Wakao S, Fischer BB, Niyogi KK (2009) Sensing and responding to excess light. Annu Rev Plant Biol 60: 239–260

Müller P, Li X-P, Niyogi KK (2001) Non-photochemical quenching. A response to excess light energy. Plant Physiol 125: 1558–1566

Niyogi KK (1999) Photoprotection revisited: Genetic and molecular approaches. Annu Rev Plant Physiol Plant Mol Biol 50: 333–359

Ort DR, Baker NR (2002) A photoprotective role for O_2 as an alternative electron sink in photosynthesis? Curr Opin Plant Biol 5: 193–198

Owens TG (1996) Processing of excitation energy by antenna pigments. In: Baker NR (ed) Photosynthesis and the environment. Kluwer, Dordrecht, pp 1–23

Steyn WJ, Wand SJE, Holcroft DM, Jacobs G (2002) Anthocyanins in vegetative tissues: A proposed unified function in photoprotection. New Phytol 155: 349–361

Vonarx EJ, Mitchell HL, Karthikeyan R, Chatterjee I, Kunz BA (1998) DNA repair in higher plants. Mutat Res 400: 187–200

In Abbildung und Tabellen zitierte Literatur

Anderson JM, Osmond CB (1987) In: Kyle DJ, Osmond CB, Arntzen CJ (eds) Photoinhibition. Elsevier, Amsterdam, pp 1–38

Asworth EN (1990) Plant Physiol 92: 718–725

Bieza K, Lois R (2001) Plant Physiol 126: 1105–1115

Björkman O, Badger MR, Armond PA (1980) In: Turner NC, Kramer PJ (eds) Adaptation of plants to water and high temperature stress. Wiley, New York, pp 233–249

Caldwell MM (1981) In: Encycl Plant Physiol NS, Vol XIIA. Springer, Berlin, pp 169–197

Chen H-H, Li PH, Brenner ML (1983) Plant Physiol 71: 362–365

Deering GA (1962) Sci Amer 207/12: 135–144

Demmig-Adams B, Gilmore AM, Adams WW (1996) FASEB J 10: 403–412

Fischer K, Schopfer P (1997) Protoplasma 196: 108–116

Fitter A, Hay R (2002) Environmental physiology of plants. 3. ed, Academic Press, San Diego

Green AES, Cross KR, Smith LA (1980) Photochem Photobiol 31: 59–65

Halliwell B, Gutteridge JMC (2006) Free radicals in biology and medicine. 4. ed, Clarendon Press, Oxford

Handa AK, Bressan RA, Handa S, Hasegawa PM (1982) Plant Physiol 69: 514–421

Hanson AD, Hitz WD (1982) Annu Rev Plant Physiol 33: 163–203

Haußer KW, von Oehmke H (1933) Strahlentherapie 48: 223–229

Hsiao TC, Acevedo E, Fereres E, Henderson DW (1976) Phil Trans R Soc London (B) 273: 479–500

Knight MR, Smith SM, Trewavas AJ (1992) Proc Natl Acad Sci USA 89: 4967–4971

Lange OL, Schulze E-D, Kappen L, Buschbom U, Evenari M (1975) In: Gates DM, Schmerl RB (eds) Ecological Studies, Vol XII. Springer, Berlin, pp 121–143

Lewitt J (1986) Plant Physiol 82: 147–153

Lyman H, Epstein HT, Schiff JA (1961) Biochim Biophys Acta 50: 301–309

Matsugana T, Hiedak K, Nikaido O (1991) Photochem Photobiol 54: 403–410

McWilliam JR, Kramer PJ, Musser RL (1982) Aust J Plant Physiol 9: 343–352

Osborne D (1977) Sci Progr Oxford 64: 51–63

Pierce M, Raschke K (1980) Planta 148: 174–182

Pihakaski-Maunsbach K, Tamminen I, Pietiäinen M, Griffith M (2003) Physiol Plant 118: 390–398

Rupert CS (1960) In: Burton M, Kirby-Smith JS, Magee JL (eds) Comparative effects of radiation. Wiley, New York, pp 49–71

Slatyer RO (1967) Plant-water relationships. Academic Press, London

Thomas JC, Brown KW, Jourdan RW (1976) Agron J 68: 706–708

Wellmann E (1983) In: Encycl Plant Physiol NS, Vol XVI B. Springer, Berlin, pp 745–756

27 Interaktionen mit anderen Organismen

Pflanzen können mit Vertretern von praktisch allen anderen Organismengruppen physiologische Interaktionen eingehen. Diese habe sich bereits sehr früh während der Entwicklung der Landpflanzen herausgebildet und führten durch Coevolution der Partner zu oft komplizierten Kooperations- und Abhängigkeitsverhältnissen im Stoffwechsel- und Entwicklungsgeschehen. Die Interaktionen reichen von Ernährungsgemeinschaften, aus denen beide Partner Vorteile ziehen, **Symbiosen**, bis zur einseitigen Ausnützung des einen durch den anderen Partner, **Parasitismus**, wobei dies Grenzfälle eines weiten Spektrums unterschiedlich gestalteter Wechselwirkungssysteme darstellen. Gemeinsame Merkmale solcher Systeme sind spezifische Mechanismen zur gegenseitigen Erkennung der Partner und zur gegenseitigen Beeinflussung ihrer Entwicklung, z. B. bei der Ausbildung neuer, kooperativ erzeugter Gewebe und Organe. Zur Steuerung der vielschichtigen Wechselwirkungen dient der Austausch von genetisch programmierten chemischen Signalen, die über die Kompatibilität oder Inkompatibilität der Interaktionen entscheiden. Dieses Kapitel handelt von einigen wichtigen Interaktionen höherer Pflanzen mit prokaryotischen Organismen (**Wurzelknöllchen**, *Agrobacterium*-**Tumoren**), Pilzen (**Mykorrhiza, Krankheitserreger**), Insekten (**Gallen**), und höheren Pflanzen (**Schmarotzerpflanzen**). Die in diesen Interaktionen wirksamen, bisher erst teilweise aufgeklärten Mechanismen zur wechselseitigen Beeinflussung von Entwicklungs- und Stoffwechselprozessen und ihrer genetischen Hintergründe liefern einen Einblick in die Vielfalt an chemischen Signalen, mit denen Organismen untereinander kommunizieren können.

27.1 Symbiosen

In Gesellschaften mit anderen Organismen zum gegenseitigen Nutzen, den **Symbiosen**, tragen Pflanzen normalerweise die chemische Energie bei, die sie durch Photosynthese gewinnen. Die Energie wird meist in Form von Kohlenhydraten (Zucker) übergeben, die in den Stoffwechsel des Symbiosepartners übergehen. Der Vorteil, den Pflanzen besonders nützen können, ist die Zulieferung von anorganischen Rohstoffen, die andere Organismen manchmal besser erreichen können als die Pflanze. Zu den klarsten und gleichzeitig wichtigsten Beispielen unter diesen Ernährungsgemeinschaften, die Pflanzen mit anderen Organismen eingehen, zählen die Vergesellschaftungen mit Mykorrhiza-Pilzen und mit stickstofffixierenden Bakterien. Beide Symbiosen sind intrazellulär, d. h. die Symbionten leben innerhalb der Pflanzenzelle, jedoch außerhalb des pflanzlichen Cytoplasmas. Die Mykorrhiza-Symbiose ist die evolutionär ältere und hat sich vor etwa 450 Millionen Jahren parallel mit der Entstehung der Wurzeln bei Landpflanzen herausgebildet. Die Wurzelknöllchen der Leguminosen sind sehr viel später entstanden, wobei viele der molekularen Signalwege der Mykorrhiza genutzt wurden. Dagegen ist die Gemeinschaft zwischen Algen- und Pilzzellen in den Flechten stets eine extrazelluläre Symbiose.

27.1.1 Pflanzen und Pilze: Mykorrhiza

Während der Coevolution von Pflanzen und Pilzen haben sich stabile Wechselwirkungssysteme herausgebildet, bei denen sich beide Partner ernährungsphysiologisch ergänzen und daher wesentlich voneinander profitieren können. Eine dieser Lebensgemeinschaften bezeichnet man als **Mykorrhiza**, die Symbiose zwischen einem Pilz und einer Pflanzenwurzel. Mykorrhizen sind unter den terrestrischen Pflanzen fast universell verbreitet.

Die bei weitem häufigste Form ist die **vesikulär-arbuskuläre Mykorrhiza** (VAM), die in mehr als 80 % aller Pflanzenfamilien vorkommt. Hierbei dringt das Pilzmycel in das Cortexgewebe der Pflanzenwurzel ein und bildet von dort aus ein fein verzweigtes Hyphengeflecht, das in die Zellen einwächst und sich in die Protoplasten einstülpt (Abbildung 27.1). Pilz und Pflanzenzelle bleiben dabei durch ihre Grenzmembranen und die dazwischen liegenden Zellwände beider Partner getrennt. Dieses Hyphengeflecht dient dem Stoffaustausch und wird als **Arbuskel** bezeichnet. Darüber hinaus bildet der Pilz **Vesikel**, charakteristisch aufgeblähte Endhyphen mit Speicherfunktion. Diese Art der intrazellulären Mykorrhiza entstand wahrscheinlich bereits während der Entwicklung der ersten Landpflanzen; die fossilen Dokumente reichen mehr als 400 Millionen Jahre zurück. Die hohe Konservierung während der Evolution belegt die physiologischen Vorteile dieser Ernährungsgemeinschaft und die Fähigkeit der Pflanzen, zwischen „nützlichen" und pathogenen Pilzen zu unterscheiden, d. h. ein Abwehrsystem zu entwickeln, das nur gegen letztere gerichtet ist ($\rightarrow$ S. 627).

Im Gegensatz zur weiten Verbreitung im Pflanzenreich finden sich lediglich 6 Arten von Pilzen bei der VAM, die alle zur Ordnung der Glomales innerhalb der Zygomyceten gehören. Die Interaktion zwischen Pilz und Pflanze beginnt mit dem Kontakt einer aus einer Spore auswachsenden Hyphe mit der Wurzeloberfläche. Die Hyphe heftet sich mit einem Appressorium fest, das anschließend eine Infektionshyphe in die tieferen Schichten der Wurzelrinde aussendet. Es entsteht ein apoplastisch wachsendes Pilzmycel, von dem schließlich die haustorialen Arbuskeln in den Pflanzenzellen gebildet werden. Die dadurch geschaffene große Kontaktfläche ermöglicht einen intensiven Stoffaustausch zwischen den Partnern, wobei die Pflanze vor allem Wasser und anorganische Nährelemente, der Pilz vor allem organische Nährstoffe (Kohlenhydrate, Aminosäuren) übernimmt. Die Lebensdauer der Arbuskeln beträgt mehrere Tage. Das Wachstum der Wurzeln ist von einer parallel fortschreitenden Kolonisation und Bildung neuer Arbuskeln durch den Pilz begleitet, die nach einer Periode aktiven Stoffaustauschs degenerieren.

Auf der biochemischen Ebene sind die Interaktionen zwischen Pilz und Pflanze bei der VAM

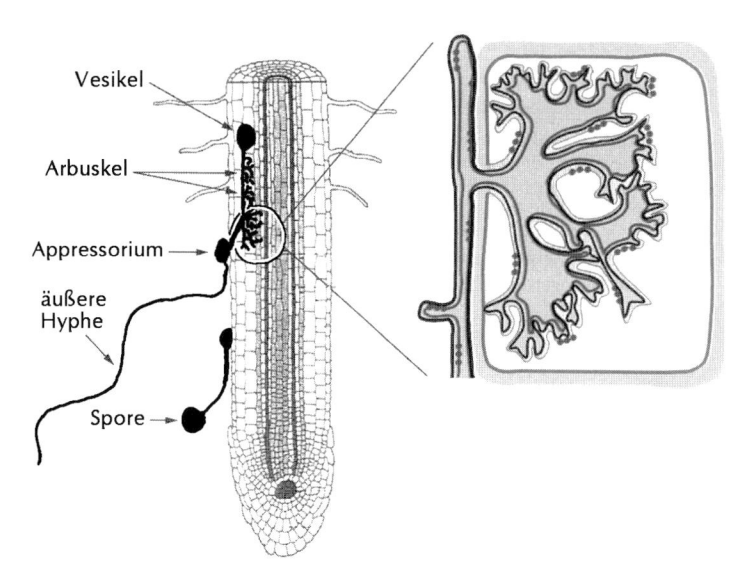

Abb. 27.1. Vesikular-arbuskuläre Mykorrhiza (schematisch). Die aus der keimenden Pilzspore auswachsende Hyphe bildet auf der Wurzeloberfläche ein Appressorium, von dem aus Infektionshyphen in den apoplastischen Raum des Wurzelcortex eindringen und dort Vesikel und Arbuskeln bilden *(links)*. Bei der Arbuskelbildung *(rechts)* durchbricht eine Seitenhyphe die pflanzliche Zellwand und stülpt sich in die Zelle unter Ausbildung eines verzweigten Hyphengeflechts ein, dessen vergrößerte Oberfläche dem Stoffaustausch dient. Hierbei bleiben das pilzliche und das pflanzliche Cytoplasma durch eine Grenzschicht getrennt, die aus den Plasmamembranen und den (dünnen) Zellwänden der beiden Partner hervorgeht. An der pflanzlichen Plasmamembran lässt sich ein hoher ATP-Umsatz nachweisen, der vermutlich an transmembranen Transportprozessen beteiligt ist. (Nach Harrison 1997)

schwierig zu untersuchen, da sich die meisten der beteiligten Pilze bisher nicht auf künstlichem Nährmedium längerfristig kultivieren ließen und offenbar obligat auf die Symbiose mit einer Pflanze angewiesen sind. Ähnlich wie bei der Wurzelknöllchensymbiose zwischen *Rhizobium* und Fabaceen (→ Exkurs 27.2) wird auch hier die Beteiligung von Flavonoiden und anderen phenolischen Verbindungen als Signalmoleküle für die Erkennungsreaktion diskutiert. Möglicherweise dienen hierzu auch Oligosaccharide aus den Zellwänden, wie sie für die Erkennung pathogener Pilze eine Rolle spielen (→ S. 629). An der Identifizierung der Pilzpartner sind Proteinkinasen beteiligt, die wahrscheinlich zur Klasse der Zweikomponentensysteme gehören (→ S. 95). Die den Stoffaustausch an der Grenzfläche zwischen pflanzlichem Symplast und Pilzmycel vermittelnden Transportmechanismen wurden bisher noch nicht näher aufgeklärt. Die experimentell belegte Fähigkeit zur Aufnahme von Glucose deutet darauf hin, dass der Pilz über ein aktives Hexoseimportsystem verfügt. Der Vorteil der VAM für die Pflanze besteht vor allem in dem durch das Außenmycel gewaltig vergrößerten Einzugsbereich der Wurzel für die Aufnahme von Wasser und Bodennährstoffen, der sich z. B. in einer erhöhten Photosyntheseleistung und besserem Wachstum niederschlagen kann. In Feldversuchen mit Getreidearten konnte insbesondere auf nährstoffarmen Böden eine bis zu 4fache Wachstumssteigerung durch Beimpfung mit geeigneten *Glomus*-Arten erzielt werden.

Eine abgewandelte Form der intrazellulären Mykorrhiza, **Endomykorrhiza**, findet man bei den Orchideen. Die Gastpilze dieser Pflanzen sind häufig Basidiomyceten der Ordnung Tulasnellales, die normalerweise Parasiten stellt, aber auch Saprophyten einschließt, die komplexe C-Quellen wie Cellulose nützen können. Orchideensämlinge zeigen hinsichtlich ihrer Nahrungsaufnahme und ihres Wachstums eine totale Abhängigkeit von ihrem saprophytischen Pilzpartner, der vor allem Kohlenhydrate in das Orchideenprotokorm transferiert. Die Pilzhyphen dringen in die Pflanzenzelle ein und wachsen dort zu einem dichten Knäuel heran, bleiben aber stets von der Plasmamembran des Wirts umschlossen. Nach ihrer Bildung werden die intrazellulären Hyphen durch pflanzliche Exoenzyme verdaut und die Abbauprodukte bis auf das unverdauliche Chitin der pilzlichen Zellwand resorbiert. Mit dem Auftreten von Chloroplasten und dem Einsetzen der Photosynthese tritt der Import von Kohlenhydraten zurück. Adulte grüne Orchideen gelten hinsichtlich der Kohlenhydratversorgung als autotroph. Ihre Wachstumsintensität bleibt aber vom Kontakt mit einem metabolisch aktiven Mycel abhängig. Vor allem die Aufnahme von Phosphat erfolgt weiterhin über den Pilz. Das Verhältnis zwischen Pflanze und Pilz ist metastabil, d. h. der delikate Gleichgewichtszustand der mutualistischen Symbiose kann jederzeit zu einem parasitischen Verhalten des Pilzes und anschließenden Tod der Pflanze umschlagen. Andererseits werden zu „schwache" Symbiosepilze von der Orchidee durch Verdauung eliminiert. Ein Beispiel für diese Form des Zusammenlebens ist in Exkurs 27.1 näher illustriert.

In manchen Fällen stehen bei der Symbiose nicht die Ernährungsgemeinschaft, sondern andere vorteilhafte Wechselwirkungen zwischen den Partnern im Vordergrund. Bei der Endomykorrhiza zwischen Pilzen der Gattungen *Epichloe* oder *Neotyphodium* und verschiedenen Arten von Gräsern (z. B. *Lolium*, *Festuca*) produziert der pilzliche Partner Alkaloide (Loline, Peramine, Ergotamine), welche die Pflanze gegen Fraßfeinde schützen und ihr so einen Wettbewerbsvorteil verschaffen. Die Symbiose ist hier besonders eng; sie schließt z. B. auch die vegetative Verbreitung des Pilzes über infizierte Samen der Wirtspflanze ein. Die vom Pilz synthetisierten Alkaloide sind sowohl für Insekten als auch für Wirbeltiere (z. B. Rinder) sehr giftig und besitzen daher eine Breitbandwirkung gegen pflanzenfressende Tiere.

Unsere meisten Waldbäume, sowohl die Koniferen als auch die Laubbäume wie Buche und Eiche, bilden eine ectotrophe Mykorrhiza, **Ectomykorrhiza**, aus, eine Symbiose der Baumwurzeln mit den Hyphen gewisser Bodenpilze (besonders Basidiomyceten). Diese Form der Mykorrhiza ist dadurch gekennzeichnet, dass sich die sonst fadenförmigen, dünnen Saugwurzeln durch die Verbindung mit dem geeigneten Pilzpartner in verdickte bis korallenförmig verzweigte Wurzelenden verformen (Abbildung 27.2). Die Pilzhyphen dringen nicht in die Wurzelzellen ein (daher „ectotroph"), sondern wachsen zwischen die äußeren Rindenzellen, die sie fingerartig umspinnen (**Hartigsches Netz**). Auf der Wurzeloberfläche bildet sich ein Pilzmantel, der die Wurzel vor den Angriffen pathogener Organismen aus der Rhizosphäre schützt, und von dem aus Hyphen weit in den Boden ausstrahlen (Abbildung

EXKURS 27.1: Endomykorrhiza bei einer chlorophyllfreien Orchideenart

Ein extremes Beispiel für Endomykorrhiza bietet die Moderorchidee *Neottia nidus-avis* (Nestwurz). Die Pilzhyphen dringen anfangs aus dem perirhizalen Raum in die Zellen der Wurzelrinde ein und breiten sich über einige Zelllagen aus. In diesen Pflanzenwirtszellen bleibt der Pilz offenbar ungestört. Sein weiteres Vordringen wird jedoch in den angrenzenden Zellschichten der Wurzelrinde aufgehalten, da diese Pilzverdauungszellen die Fähigkeit besitzen, die Hyphen bis auf kleine Chitinreste abzubauen. Es bildet sich schließlich ein Fließgleichgewicht aus, in dem die Intensität, mit der das Mycel in die Verdauungszone vorrückt, der Verdauungsintensität die Waage hält. Man spricht zwar auch bei Orchideen von einer Symbiose, wenn beide Partner aus dem Zusammenleben einen Vorteil ziehen. Bei der völlig heterotrophen *Neottia nidus-avis* ist indessen an die Stelle einer Symbiose eher ein Schmarotzertum getreten: Die Blütenpflanze lebt ausschließlich von jenen Stoffen, die ihr der Pilz über die Endomykorrhiza zuführt.

Die Abbildung zeigt einen Ausschnitt aus einem Querschnitt durch eine Pilzwurzel der Nestwurz. Der Name dieser Orchidee rührt daher, dass die kurzen, dicken Wurzeln, die ihre ursprüngliche Funktion fast völlig verloren haben, einen dichten Knäuel bilden, der an ein Vogelnest erinnert. *Links* sind die Pilzwirtszellen der Wurzelrinde getroffen, in denen der Pilz ungestört bleibt; *rechts* sieht man Pilzverdauungszellen, in denen das eindringende Mycel bis auf Chitinreste abgebaut wird. In den Verdauungszellen sind die Zellkerne stark vergrößert.

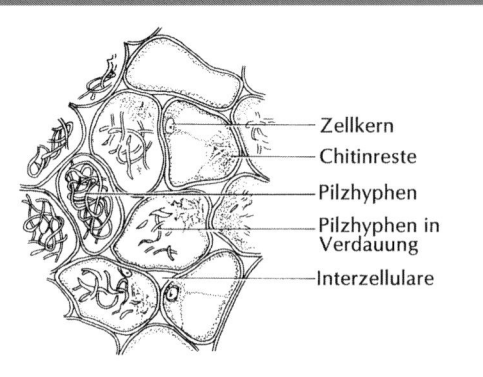

27.3). Zwischen den Wurzelzellen und den Pilzhyphen besteht ein enger Stoffaustausch: Der Pilz bezieht vom Baum lösliche Kohlenhydrate, die an das Hartigsche Netz übergeben werden. Im Gegenzug erhält der Baum von dem Pilzgeflecht im Boden Wasser und Nährsalze, vor allem stickstoff- und phosphorhaltige Verbindungen, aber auch Kationen. Die Mykorrhiza hat für den Baum also die Bedeutung eines weit ausgebreiteten, reich verästelten Absorptionssystems für Wasser und essenzielle Ionen, das ungleich leistungsfähiger ist als ein normales Wurzelsystem. Der Pilz andererseits ist vom Baum derart abhängig, dass er Fruchtkörper nur bei intakter Mykorrhiza bildet. Unter normalen Bedingungen erscheinen die Fruchtkörper des Pilzpartners im Herbst über der Erdoberfläche. Zu ihnen gehören zahlreiche bekannte Blätterpilze und Röhrlinge, die auch als Speisepilze gesammelt werden.

Im Experiment – bei aseptischer Kultur auf einem Bodensubstitut mit Nährlösung – bilden auch die Bäume Saugwurzeln mit Wurzelhaaren. Am natürlichen Standort hingegen erscheint die Mykorrhiza unverzichtbar. Erfahrungsgemäß besitzen die zur Mykorrhiza fähigen Bäume unter den Bedingungen des Waldstandortes einen erheblichen Prozentsatz (> 50 %) mykorrhizierter Wurzelspitzen. Es besteht eine Art Arbeitsteilung zwischen den nichtmykorrhizierten Wurzelspitzen, die die unmittelbare Nachbarschaft der Baumwurzeln „abweiden" und den mykorrhizierten Wurzeln, die mit Hilfe der Pilzhyphen dem Baum ein viel weiteres Einzugsgebiet für Nährsalze und Wasser erschließen.

Das harmonisch und stabil erscheinende symbiontische Gleichgewicht zwischen Pilz und Baum ist durch Umwelteinflüsse, z. B. durch ein Überangebot an Ammonium, leicht zu stören. Wird die Mykorrhiza geschädigt, zeigt der Baum Wachstumsstörungen und Wurzelfäule. Experimente mit Jungpflanzen von Waldbäumen ergaben, dass diese bei fehlender Mykorrhiza auch dann kümmern oder absterben, wenn die Bodenanalyse einen ausreichenden Nährstoffgehalt anzeigt.

Messung der Kohlenstoffassimilation von Bäumen im Wald ergab, dass benachbarte Individuen organische Kohlenstoffverbindungen austauschen können, wobei das gemeinsam genutzte Mycel von Mykorrhizapilzen als Verbindungsglied dient. Auf diese Weise können ältere Bäume die „Brutpflege"

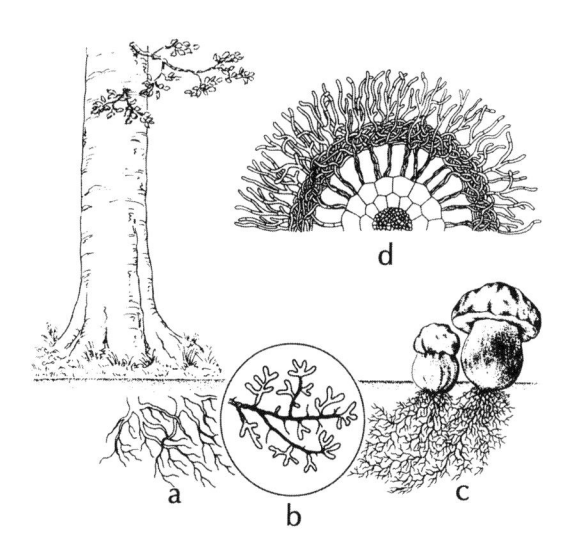

Abb. 27.2 a–d. Bei der **Ectomykorrhiza** (ectotrophe Mykorrhiza) der Waldbäume umspinnt das Pilzmycel die kurz und dick bleibenden Saugwurzeln mit einem dichten Geflecht. Die Funktion der Wurzelhaare wird durch Hyphen übernommen, die die Verbindung zwischen dem Pilzmantel und dem Mycel im Boden herstellen. Teilweise wachsen die Hyphen in die Interzellularräume der äußeren Wurzelschichten und bilden hier das Hartigsche Netz. In der schematischen Darstellung fungiert eine Buche (*Fagus sylvatica*) **a**, als Symbiosepartner des Steinpilzes **c**, der als Fruchtkörper und als reich verzweigtes unterirdisches Mycel dargestellt ist. Das Lupenbild **b** zeigt die Ausbildung der Mykorrhiza an den Wurzelspitzen. Der mikroskopische Ausschnitt aus dem Querschnitt einer Wurzelspitze **d** zeigt schematisch die Organisation einer ectotrophen Mykorrhiza. (Nach Butin 1989)

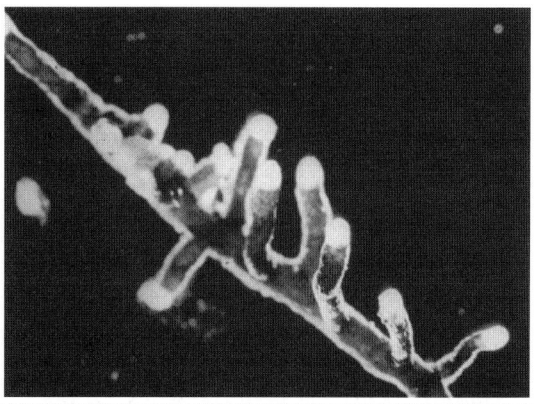

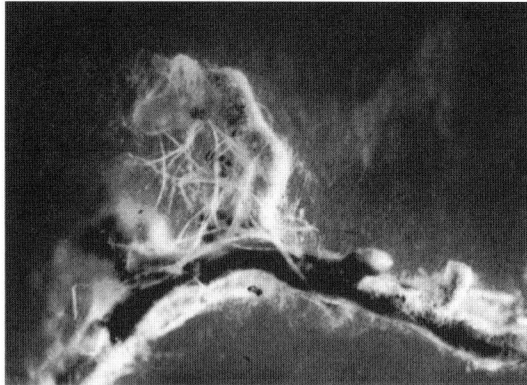

Abb. 27.3. Mykorrhizawurzel bei der Fichte (*Picea abies*). Die Dunkelfeldaufnahme (*oben*) lässt den Umfang des Pilzmantels (weiß) erkennen. (Nach Hock und Elstner 1988). Die Hellfeldaufnahme (*unten*) zeigt eine typische „weiße Ectomykorrhiza" mit langen abziehenden Hyphen und Hyphenbündeln (Rhizomorphen). (Aufnahme von Meyer)

jüngerer Bäume übernehmen. Dabei wird nicht zwischen verschiedenen Spezies unterschieden, da ein Pilzmycel im Boden auch mit verschiedenen Baumarten, z. B. Birke und Fichte, in symbiontischem Kontakt stehen kann. Bis zu 10 verschiedene Pilzarten können in einem komplexen Symbiosesystem Bäume zu funktionellen Ernährungseinheiten (Gilden) verbinden. Die Verbindung zwischen alten und jungen Bäumen erfüllt vermutlich eine wichtige Aufgabe im Ökosystem des Waldes, da auf diese Weise die im Schatten der größeren Bäume stehenden Jungbäume auch bei unzureichender Photosyntheseleistung heranwachsen können. Nebenbei werden auf diesem Weg auch mykorrhizierte Waldbodenpflanzen mit organischen Stoffen versorgt, die im Extremfall (z. B. *Neottia nidus-avis*; → Exkurs 27.1) selbst keine Photosynthese mehr durchführen, sondern ernährungsmäßig über die Verbindung der Pilzhyphen völlig auf die Versorgung durch die Bäume angewiesen sind. Durch die Mykorrhiza können größere Waldregionen ernährungsmäßig zu einem „Superorganismus" integriert werden.

27.1.2 Pflanzen und Bakterien: Biologische N_2-Fixierung in Wurzelknöllchen

Der Gehalt an pflanzenverfügbarem Stickstoff im Boden ist in vielen Teilen der Welt der begrenzende Faktor für den Ertrag (→ Abbildung 28.3). N-haltige Düngemittel sind deshalb eine wesentliche Voraussetzung für akzeptable Erträge (→ Abbildung 28.4). Der Stickstoff in den Düngemitteln stammt heutzutage aus dem N_2 in der Luft. Der Beitrag der Salpeterlagerstätten zur N-Versorgung der Landwirtschaft fällt nicht mehr ins Gewicht. Es gibt zwei

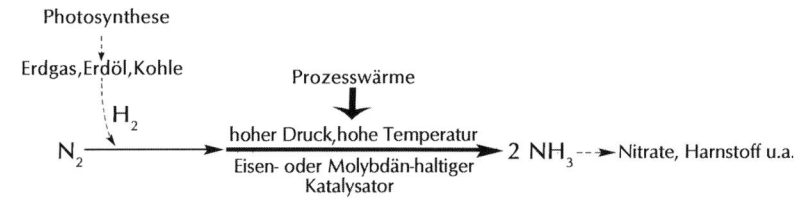

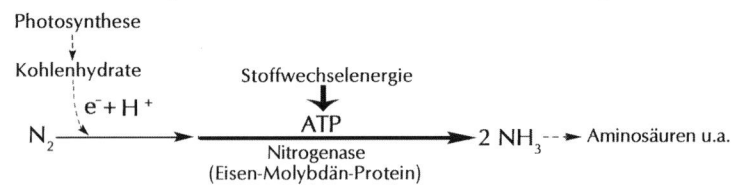

Abb. 27.4. Eine Gegenüberstellung von technischer und biologischer Stickstofffixierung. In beiden Fällen ist der Aufwand an arbeitsfähiger Energie sehr hoch. Der benötigte Wasserstoff leitet sich in beiden Fällen von Photosyntheseprodukten (fossil oder rezent) ab. Sowohl an der technischen als auch an der biologischen Katalyse sind Eisen- und/oder Molybdänatome beteiligt. Die katalytische Leistungsfähigkeit des Enzyms ist allerdings sehr viel besser als die des technischen Katalysators. Während das Haber-Bosch-Verfahren extreme Reaktionsbedingungen benötigt (20 MPa, 500 °C), arbeitet das Metalloenzym Nitrogenase bei den in der Natur herrschenden Normalbedingungen (0,1 MPa, 20–30 °C).

Verfahren, das N_2 das Luft in die Biosphäre einzubeziehen: Das großtechnisch angewandte Haber-Bosch-Verfahren und die natürliche Nitrogenasereaktion, die in manchen Prokaryoten abläuft. Das Industrieverfahren und der natürliche Prozess sind sich sehr ähnlich (Abbildung 27.4). Das Haber-Bosch-Verfahren benötigt große Mengen an Energie, da es Wasserstoffgas und extreme Reaktionsbedingungen erfordert. In diesem Prozess reagiert 1 mol N_2 mit 3 mol H_2 bei relativ hoher Temperatur (etwa 500 °C) und hohem Druck (etwa 20 MPa) zu 2 mol NH_3. Um 1 kg N in Düngerform zu bringen, benötigt man den Energieinhalt von 1 l Erdöl. Das natürliche Verfahren ist entsprechend aufwändig: Um 2 mol NH_3 (+ 1 mol H_2) zu gewinnen, müssen von der Nitrogenase unter optimalen Reaktionsbedingungen 8 mol H^+, 8 mol e^- und 16 mol ATP eingesetzt werden (→ Gleichung 8.20).

Um 1888 entdeckten Hellriegel und Wilfahrt die Bindung des freien N_2 durch die Knöllchenbakterien der Gattungen *Rhizobium* und *Bradyrhizobium* in den Wurzelknöllchen von Fabaceen (Abbildung 27.5). Die N_2-Fixierung im Rahmen der *Rhizobium*-Fabaceen-Symbiose ist bis heute die wichtigste Alternative zum Haber-Bosch-Verfahren geblieben. Sie leistet weltweit etwa die Hälfte der gesamten biologischen N_2-Fixierung. Außer der endosymbiontischen N_2-Fixierung kennt man die assoziative N_2-Fixierung und die N_2-Fixierung durch freilebende Bakterien und Cyanobakterien (Tabelle 27.1).

Die einzelnen Fabaceenarten sind jeweils mit bestimmten *Rhizobium*- bzw. *Bradyrhizobium*-Stämmen assoziiert. Diese erstaunliche Spezifität ist unter anderem darauf zurückzuführen, dass die Bakterien von der Oberfläche der Wurzelhaare ihrer prospektiven Wirtspflanze spezifisch erkannt werden. Komplizierte Wechselwirkungen setzen zwischen Genprodukten von Wirt und Gast ein, die in Exkurs 27.2 beschrieben werden.

Das Schlüsselmolekül bei der biologischen N_2-Fixierung ist die molybdänhaltige **Nitrogenase**, ein komplexes Enzymsystem, das offenbar in allen Bakterien, die bislang als N_2-Fixierer erkannt wurden, sehr ähnlich aufgebaut ist. Die Nitrogenase besteht aus zwei Komponenten, dem Eisen-Protein (Fe-Protein) und dem Eisen-Molybdän-Protein (FeMo-Protein). Das FeMo-Protein wird auch als **Dinitrogenase** bezeichnet. Es stellt die „eigentliche" Nitrogenase dar, während das Fe-Protein als Dinitrogenasereduktase bezeichnet wird, entsprechend seiner Funktion als Elektronenüberträger zum FeMo-Protein. Jedes der beiden Enzyme besteht aus mehreren Untereinheiten.

Die zur N_2-Fixierung notwendigen Gene werden als *NIF*-Gene (***ni**trogen **fi**xing genes*) bezeichnet. Bei

EXKURS 27.2: Kommunikation zwischen Bacterium *(Rhizobium meliloti)* und Wurzel einer Wirtspflanze (Luzerne, *Medicago sativa*) über chemische Signalstoffe

Die wichtigsten Schritte in diesem System von Wechselwirkungen sind in der Abbildung zusammengestellt. (Nach Hirsch 1992; verändert)

Die ersten chemischen Wechselwirkungen zwischen Wirtspflanze und Bakterien setzen bereits vor dem physischen Kontakt zwischen den beiden Partnern ein. Die Bakterien reagieren positiv chemotaktisch auf Lockstoffe, die von der Pflanzenwurzel, bei manchen Arten auch von der Samenschale, ausgeschieden werden. Es handelt sich hierbei um artspezifische Gemische von *Flavonoiden*, die hier die Funktion von chemischen Signalüberträgern besitzen ($\rightarrow$ S. 408). Unter ihrem Einfluss werden in den Zellen des kompatiblen *Rhizobium*-Stammes (z.B. bei *R. trifolii* durch die Lockstoffe aus der Wurzel von *Trifolium*-Arten) die **Nodulationsgene** (*NOD*-Gene; nodule = Knöllchen) aktiviert. In diesen Genen sind Proteine codiert, die für die Wirtsspezifität bzw. den weiteren Ablauf der Infektion bis hin zur Ausbildung von Knöllchen wichtig sind. Bei *Rhizobium* sind diese Gene in einem großen Plasmid *(Sym-Plasmid)*, bei *Bradyrhizobium* im Chromosom lokalisiert. Produkte der von den *NOD*-Genen codierten Enzyme sind die **NOD-Faktoren (NOD C, E, F** usw.), Lipooligosaccharide mit einem Chitinrückgrat und einer ungesättigten Fettsäureseitenkette. Sie veranlassen die Induktion von ersten Zellteilungen im Wurzelcortex lange bevor die Bakterien selbst dort anwesend sind. Außerdem steuern die NOD-Faktoren viele Einzelschritte beim Fortgang der Knöllchenbildung. Dabei treten sie in Wechselwirkung mit den Produkten einer Gruppe von etwa 30 pflanzlichen Genen, **Nodulingene**, die auf der Seite des Wirts an der Knöllchenbildung beteiligt sind.

Die hohe Sicherheit bei der Unterscheidung von potenziell schädlichen Bakterien und den nützlichen Rhizobien wird durch spezifische Receptormoleküle in den Pflanzen gewährleistet. Dabei ist die Erkennung der von den Bakterien ausgeschiedenen NOD-Faktoren in mehrere Stufen von Sicherheitskontrollen geteilt: Der erste Receptor ist das *Nod factor perception*-Protein

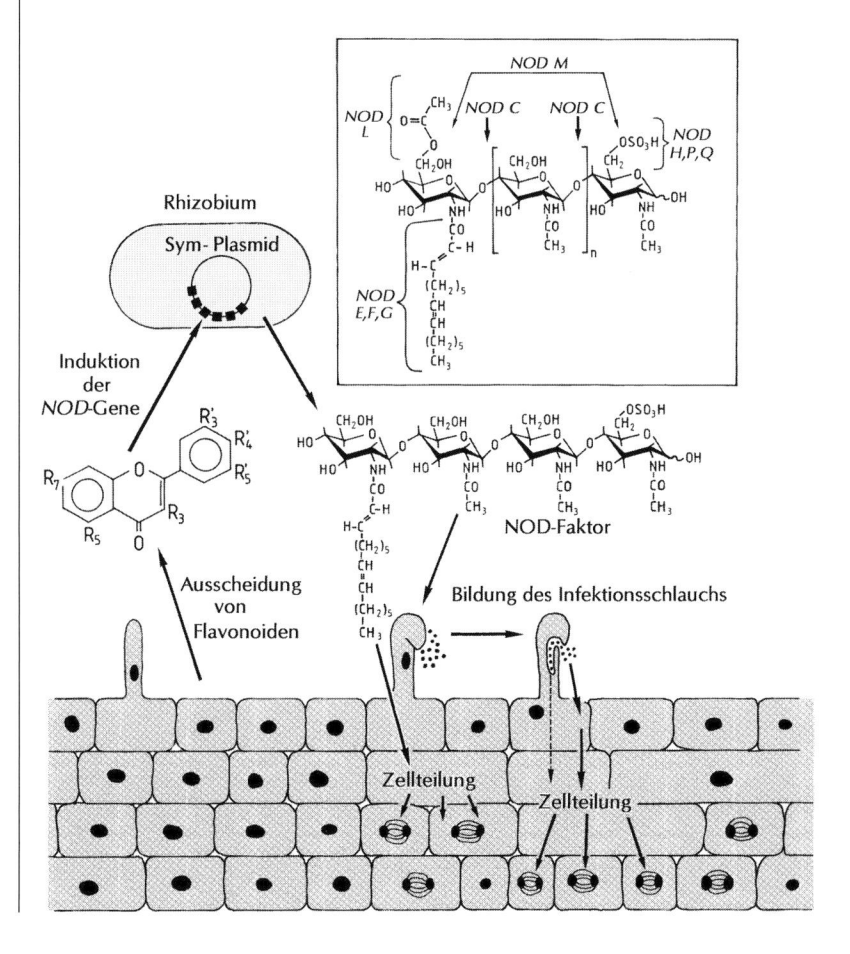

NFP, das, durch den Kontakt mit einem NOD-Faktor aktiviert, die ersten vorbereitenden Schritte am Wurzelhaar einleitet. Das Wurzelhaar krümmt sich durch den Kontakt mit Bakterien und bildet eine Tasche für die Besiedelung. Dabei ist die Erkennung eines bakteriellen Oberflächenproteins durch einen weiteren spezifischen Receptor an den Wurzelhaaren wichtig. Der dritte und wahrscheinlich stringenteste Sicherheitscheck findet beim Eindringen der Bakterien in die Wurzelzellen statt. Hier überprüft ein weiterer Receptor die Struktur der NOD-Faktoren mit großer Empfindlichkeit, sodass bereits das Fehlen einer Acetat-Substitution oder die Veränderung einer Seitenkette im NOD-Faktor das Einstülpen der Plasmamembran in die Wurzelzellen verhindert. Diese Erkennung sichern spezifische Receptorkinasen (→ S. 95), die Kontaktdomänen durch die Plasmamembran nach außen strecken, die sogenannten Lys-M-Regionen. Diese sind aus Chitinaseenzymen evolviert und haben sich dabei hochgradig spezialisiert. In die Zelle hinein ragt eine Kinase-Domäne, die über Phospho-Relays den Kontakt mit dem richtigen NOD-Faktor an die Wurzelzellen meldet. Erst jetzt bildet sich durch eine fingerförmige Einstülpung der Zellwand ein **Infektionsschlauch**, in den die Bakterien einwandern. Dieser wächst auf das Knöllchenmeristem im Wurzelcortex zu, wobei die im Wege stehenden Zellwände durchdrungen werden, ohne dass es zum Austritt der sich weiter vermehrenden Bakterien kommt. Die erfolgreiche Infektion führt zu weiteren Zellteilungen und zum Wachstum des Knöllchens, das mit einem Leitbündel an das Leitgewebe des Zentralzylinders angeschlossen wird (→ Abbildung 27.5). In seinem Zentrum dringen die Bakterien in das Innere der Wirtszellen in einem endocytoseähnlichen Prozess ein. Sie sind als **Bacteroide** von einer **Peribacteroidmembran** umgeben, die auf die eingestülpte Plasmamembran der Wirtszellen zurückgeht (mit zusätzlichen bakteriellen Proteinen), und machen charakteristische morphologische und physiologische Veränderungen durch, die mit ihrer Funktion als **Endosymbionten** in Verbindung stehen.

Klebsiella pneumoniae handelt es sich um 20 Gene, die auf dem Chromosom direkt hintereinander liegen und als 7 oder 8 Operons organisiert sind. (Ein Operon ist eine Gruppe von Genen, die gemeinsam abgelesen werden; → Abbildung 6.7.) Die *NIF*-Gene von *Klebsiella pneumoniae* lassen sich zu verschiedenen funktionalen Gruppen zusammenfassen (Tabelle 27.2).

Der an der Nitrogenase ablaufende Prozess, die Reduktion $N_2 \rightarrow NH_3$, erfordert Energie in Form von ATP und die Bereitstellung von Wasserstoff (e^- + H^+). Die Elektronen stammen (abgesehen von N_2-fixierenden, photosynthetischen Bakterien; → S. 202), letztlich aus Kohlenhydraten. Als Elektronenüberträger zur Dinitrogenasereductase fungieren bei *Klebsiella* Flavoproteine, die von Pyruvat re-

Tabelle 27.1. Die Hauptgruppen der N_2-fixierenden Bakterien. (Nach Erfkamp und Müller 1990)

Art der N_2-Fixierung	Lebensweise der Bakterien	Organismen
symbiotische N_2-Fixierung: endosymbiotische N_2-Fixierung	in speziell von der Wirtspflanze ausgebildeten Strukturen: z. B. Fabaceen/ Knöllchenbakterien *Azolla*/Cyanobakterien	*(Brady)-Rhizobium spec. Anabaena azollae*
assoziative N_2-Fixierung	Bakterien leben auf oder in der Nähe von Wurzeln oder in enger Gemeinschaft mit anderen Bakterien	*Azospirillum lipoferum*
N_2-Fixierung durch freilebende Organismen:	obligat aerobe Bodenbakterien mikroaerophile Bodenbakterien fakultativ anaerobe Bakterien (N_2-Fixierung nur anaerob) strikt anaerobe Bodenbakterien Cyanobakterien mit Heterocysten (auf N_2-Fixierung spezialisierte Zellen innerhalb der Filamente) Cyanobakterien, die Photosynthese (O_2-Produktion!) und N_2-Fixierung zeitlich trennen	*Azotobacter vinelandii Xanthobacter autotrophicus Klebsiella pneumoniae* *Clostridium pasteurianum* z. B. *Anabaena variabilis* z. B. *Nostoc spec.*

duziert werden. Der Energiebedarf der biologischen N_2-Fixierung ist sehr hoch. Für die Reduktion eines N_2-Moleküls (bei gleichzeitiger Bildung von 1 H_2) werden etwa 16 ATP-Moleküle gebraucht. Der energetische Wirkungsgrad ist demgemäß niedrig. Vermutlich liegt dies an den Eigenschaften der Nitrogenase (hohe Aktivierungsenergie für die Spaltung von N_2).

Eine bemerkenswerte Eigenschaft der Nitrogenase besteht darin, dass beide Proteinkomponenten durch O_2 irreversibel inaktiviert werden. Aus diesem Grund sind freilebende Rhizobien nicht zur N_2-Fixierung befähigt. Erst unter den mikroaeroben Bedingungen, die von der Wirtspflanze im

Tabelle 27.2. Funktion der durch Mutantenanalysen identifizierten *NIF*-Gene in den knöllcheninduzierenden, endosymbiontischen Rhizobien. (Nach Erfkamp u. Müller 1990)

NIFA, NIFL	Regulation der *NIF*-Gene; *NIFA* ist ein Aktivator der Transkription; *NIFL* ist ein negativer Regulator, der *NIFA* entsprechend dem Redox-Status im FAD-Cofaktor moduliert
NIFB	Synthese von NIFB-co, einem Vorläufer des FeMo-Cofaktors
NIFD, NIFK	Dinitrogenase, MoFe-Protein, Komponente I für die eigentliche Distickstoffreduktion; NIFD und NIFK transferieren Elektronen von der Dinitrogenasereduktase zum FeMo-Cofaktor
NIFE, NIFN	Cofaktoren für den Zusammenbau des FeMo-Cofaktors
NIFH	Dinitrogenasereduktase, Fe-protein, Komponente II; NIFH hydrolysiert ATP und reduziert die Dinitrogenase
NIFQ	integriert Mo bei der Biosynthese des FeMo-Cofaktors
NIFS, NIFU	S- und Fe-Donor für die Synthese der [Fe·S]-Zentren
NIFV	Homocitratsynthase, integriert Homocitrat in den FeMo-Cofaktor
NIFX, NIFY, NAFY	FeMo-bindende Proteine; NIFX und NIFY sind wahrscheinlich auch negative Regulatoren, die *NIFDK*-mRNAs destabilisieren.

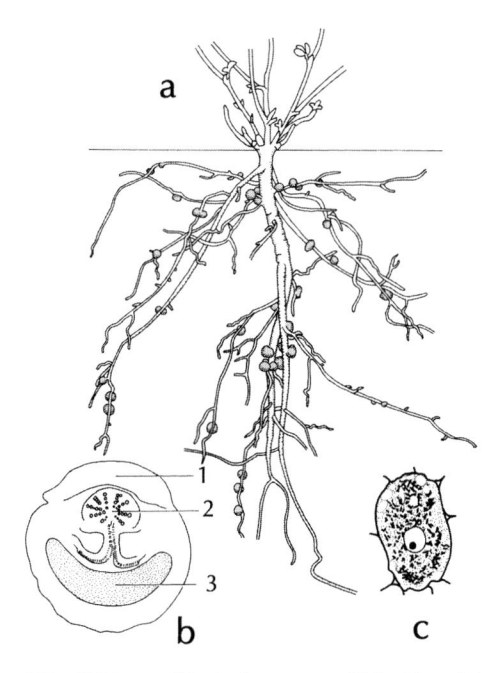

Abb. 27.5 a–c. Illustrationen zur *Rhizobium*-Fabaceen-Symbiose. **a** Wurzelknöllchen am Wurzelsystem der Fabacee *Tetragonolobus maritimus*. **b** Schematischer Querschnitt durch ein Wurzelknöllchen von *Lupinus luteus*: *1*, Wurzelrinde; *2*, Zentralzylinder; *3*, bakterienhaltiges Gewebe. **c** Einzelne Zelle aus einem Wurzelknöllchen der Mimosacee *Neptunia oleracea* mit zahlreichen Bakterien (Bacteroide) im Cytoplasma. (Nach Schumacher 1962)

Zentrum der Wurzelknöllchen eingestellt werden, kommt es zur Bildung aktiver Nitrogenase. Das bei allen N_2-fixierenden Organismen existierende Problem der hohen O_2-Empfindlichkeit der Nitrogenase wird auf verschiedene Weise gelöst ($\rightarrow$ S. 203). In den infizierten Zellen der Wurzelknöllchen wird eine sehr niedrige, für die Versorgung der Atmungskette der obligat aeroben Bakterien gerade ausreichende, O_2-Konzentration (um 10 nmol · l^{-1}) aufrecht erhalten. Der Zutritt von O_2 wird zunächst durch die suberinisierten äußeren Gewebe der Knöllchen begrenzt. Darüber hinaus produziert die Pflanze im Cytoplasma der infizierten Zellen große Mengen an **Leghämoglobin**, ein dem Hämoglobin sehr ähnliches, O_2-bindendes Protein, das als O_2-Puffer wirkt und den aeroben Stoffwechsel der aktiv atmenden Bacteroide bei niedriger O_2-Konzentration befriedigt. Das Beispiel der zur Endosymbiose mit Bakterien befähigten Fabaceen zeigt, dass auch Pflanzen in der Lage sind, ein O_2-bindendes Hämoprotein zu bilden. Ähnlich wie die Uratoxidase ($\rightarrow$ Abbildung 13.22) geht das Leghämoglobin auf ein evolutionär altes Gen zurück, das in leicht abgewandelter Form auch im Genom von Tieren und Pflanzen vorliegt.

Man unterscheidet im Prinzip zwei Typen von Wurzelknöllchen, die entweder eine potenziell unbegrenzte meristematische Aktivität besitzen (Abbildung 27.6) oder nur im jungen Stadium (vor der intrazellulären Besiedelung mit Bakterien) Zellteilungen durchführen. Beide Typen bleiben in der Regel über die gesamte Vegetationsperiode der Pflanze aktiv. Im Inneren weisen Wurzelknöllchen eine Differenzierung in infizierte, meist aktiv N_2-fixierende Gewebe und periphere, nicht infizierte Gewebe auf, die von einem wasserdichten Abschlussgewebe umgeben sind, das gleichzeitig eine Barriere für den Durchtritt von O_2 darstellt. Beim unbegrenzt meristematischen Knöllchentyp kann man die Abfolge der Entwicklungsstadien von den noch nicht infizierten bis zu den seneszenten, absterbenden Zellen gut verfolgen (Abbildung 27.6). Die entweder zwischen den besiedelten Zellen eingestreuten oder in einem Mantel darum liegenden nicht infizierten Zellen sind für die biochemische Weiterverarbeitung der gebildeten N-Verbindungen (hauptsächlich Asparagin oder Ureide; → Abbildung 13.22) zuständig, die das Knöllchen über die Leitbahnen des **Xylems** in Richtung Pflanze verlassen.

Wahrscheinlich ist es auf die O_2-Empfindlichkeit der Nitrogenase und auf den geringen energetischen Wirkungsgrad des Gesamtprozesses zurückzuführen, dass die biologische N_2-Fixierung im Verlauf der Evolution auf relativ wenige Taxa beschränkt blieb.

Man hat tropische Gräser gefunden, z. B. *Digitaria decumbens*, die mit N_2-fixierenden Bakterien (*Azospirillum lipoferum*) eine Symbiose bilden (→ Tabelle 27.1). Die Spirillen leben in der Wurzelrinde in der Nähe des Leitbündels. Sie bilden aber keine Wurzelknöllchen und fixieren N_2 auch außerhalb des Wirts. Dieses Beispiel zeigt, dass die von den Fabaceen her bekannte Symbiose im Prinzip auch bei Gramineen (Poaceen) vorkommt. Es erscheint deshalb möglich, Bakterien zu züchten, die als N_2-fixierende Symbionten für die etablierten Getreidepflanzen geeignet wären. Das wissenschaftliche Nahziel ist, N_2-fixierende Azospirillen in einen engen Kontakt (Symbiose, Assoziation in der Rhizosphäre) mit Mais- oder Weizenpflanzen zu bringen. Man versucht ferner, die für N_2-Fixierung notwendigen *NIF*-Gene (→ Tabelle 27.2) in Bodenbakterien zu transferieren, die sie von Natur

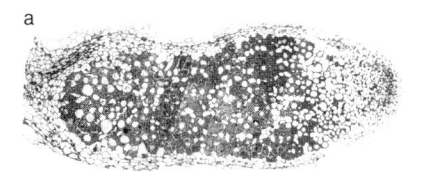

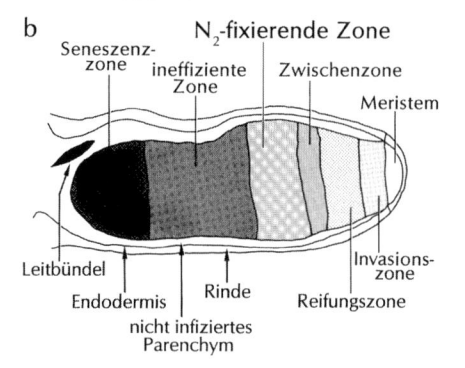

Abb. 27.6 a, b. Differenzierung verschiedener Gewebe in einem 21 d alten Knöllchen an der Wurzel der Luzerne *(Medicago sativa).* Dieser Knöllchentyp zeigt ein potenziell unbegrenztes Wachstum und einen **Differenzierungsgradienten** zwischen dem jüngsten Teil *(rechts)* und dem ältesten Teil *(links).* **a** Mikroskopischer Querschnitt. **b** Funktionelle Zonierung der Gewebe. Das Knöllchen wächst von seinem *Meristem* aus beständig weiter. Die vom Meristem abgegebenen Zellen werden von Bakterien besiedelt und durchlaufen eine Phase intensiver N_2-Fixierungsaktivität. In der *ineffizienten Zone* lässt diese Aktivität nach und erlischt in der *Seneszenzzone.* Durch diese Zonen verläuft der Abtransport der organischen Stickstoffverbindungen zur Pflanze. Die infizierten Zellen sind von einer Schicht nicht infizierter Parenchymzellen umgeben und durch eine Knöllchenendodermis nach außen gegen die Rinde abgegrenzt. Außen ist das Knöllchen von einem suberinisierten Periderm umgeben. (Nach Hirsch 1992)

aus nicht besitzen. Ein solcher Gentransfer ist auf dem Weg der Konjugation von *Klebsiella pneumoniae* auf *Escherichia coli* gelungen. Das Darmbacterium *E. coli* erwarb auf diese Weise die Fähigkeit, den Nitrogenasekomplex zu bilden. Einige Forscher spekulieren, sie könnten in absehbarer Zeit mit Hilfe von **Plasmiden** die *NIF*-Gene auch direkt in Protoplasten höherer Pflanzen einführen. Von solchen Vorstellungen bis zur Ertragssteigerung ist aber noch ein weiter Weg. Selbst wenn es gelingen sollte, den ganzen Satz der *NIF*-Gene (→ Tabelle 27.2) in den Zellen einer Maispflanze zu verankern, bliebe beispielsweise das Problem, die Nitrogenase gegen O_2 zu schützen. Außerdem würde eine Umstellung des Stoffwechsels der Maispflanze auf effiziente N_2-Fixierung auch andere Gene tangieren, nicht nur die *NIF*-Gene. Erfolgversprechender sind wahrscheinlich Studien mit Mutanten des im Boden frei lebenden Bacteriums *Azotobacter*, die selbst in Gegenwart von Nitrat N_2 fixieren und sogar NH_3 ausscheiden können. Es wird versucht, diese Stämme genetisch so zu adaptieren, dass sie im Boden in der Nähe von Mais- oder Weizenwurzeln gedeihen. Die Getreidearten müssen ebenfalls züchterisch abgewandelt werden, damit sie reichlich organisches Material (Kohlenhydrate) aus dem Wurzelsystem ausscheiden, das den Bakterien als Kohlenstoffquelle dienen kann.

27.2 Pathogenese

Ähnlich wie Mensch und Tier werden auch Pflanzen von Parasiten aus den Bereichen der Viren, Bakterien und Pilze befallen, welche spezifische Krankheitssymptome und damit **biogenen Stress** erzeugen (→ S. 583). Die phytopathogenen Organismen haben häufig raffinierte Mechanismen zur Infektion und Besiedelung von Wirtspflanzen entwickelt. Im Gegenzug haben die Pflanzen im Verlauf einer Coevolution mit den Parasiten ähnlich komplexe Abwehrmechanismen ausgebildet, welche ihnen in vielen Fällen eine relative Resistenz gegen Krankheiten verleihen („evolutionäres Wettrüsten"). Der Kampf zwischen Parasit und Wirt wird letztlich durch die Schlagkraft und Schnelligkeit entschieden, mit der die chemischen Waffen der beiden Gegner zum Einsatz gelangen.

Die Infektion der Pflanze mit phytopathogenen Mikroorganismen erfolgt häufig durch die natürlichen oder künstlichen Öffnungen im Kormus (z. B. Stomata, Lenticellen, Wunden). Bereits auf dieser Stufe kommt es zu spezifischen Wechselwirkungen (Interaktionen) zwischen Wirt und Parasit (Pathogen), welche über den weiteren Verlauf der Krankheit (Pathogenese) entscheiden. Ist die Pflanze **suszeptibel** und das Pathogen **aggressiv**, so kommt es zu einer **kompatiblen Interaktion** und die Krankheit wird **virulent**. Von einer **inkompatiblen Interaktion** spricht man, wenn das Pathogen die Pflanze zwar infiziert, jedoch vor – oder nach schwacher – Symptomausprägung in seinem Wachstum gehemmt bzw. abgetötet wird. In diesem Fall ist die Pflanze **resistent** gegen den betreffenden **avirulenten** Erreger. Die Kompatibilität der Wirt-Pathogen-Beziehung hängt also gleichermaßen von beiden Partnern ab und ist häufig auf beiden Seiten durch eine hochgradige, genetisch determinierte Spezifität gekennzeichnet. Nicht selten hängt die Suszeptibilität einer Wirtspflanze von einem einzigen Gen ab. Umgekehrt ist vielfach nur ein bestimmter Stamm eines phytopathogenen Organismus in der Lage, mit einem bestimmten Wirt eine kompatible Interaktion einzugehen. Während der Coevolution von Pathogen und Wirt haben sich komplementierende **Avirulenz-Resistenz-Gensysteme** entwickelt, welche in einer **Gen-für-Gen-Interaktion** zusammenwirken (Tabelle 27.3). Die bisher molekularbiologisch aufgeklärten Resistenzgene in Pflanzen codieren für eine Gruppe strukturell ähnlicher Membranproteine mit einer nach außen ragenden leucinreichen Domäne, die wahrscheinlich Receptorfunktion für Avirulenzgenprodukte des Pathogens besitzt. Eine Pflanze, die durch Mutation die Fähigkeit zur Bindung eines vom Pathogen ausgeschiedenen Stoffes an diese Domäne erwirbt und daraufhin ihre Abwehr aktivieren kann, wird dadurch resistent; der Stoff wird zum **Elicitor**, zum Auslöser der Abwehrreaktion in der Pflanze (→ S. 629). Wenn das Pathogen das Avirulenzgen durch Mutation verliert, verliert die Pflanze ihre Resistenz. Der Besitz von Avirulenzgenen ist auf den ersten Blick für den Parasiten von Nachteil, erklärt sich jedoch durch den Umstand, dass die Avirulenzgenprodukte benötigt werden, um die Pathogenität gegen Wirtspflanzen ohne Resistenzgene zu stärken. Die bei kompatibler Interaktion auftretenden Krankheitssymptome (Chlorosen, Nekrosen, Welke, Schorf, Wurzel- oder Fruchtfäule) sind meist erregerspezifisch und erlauben daher eine erste Diagnose der Krankheit.

Tabelle 27.3. Gen-für-Gen-Komplementationssystem der Interaktion zwischen Pathogen und Wirt bei der Pathogenese. Das Gen des Pathogens kann als dominantes Avirulenz (*AVR*)-Allel oder recessives Virulenz (*VIR*)-Allel vorliegen, das Wirtsgen als dominantes Resistenz(*RES*)-Allel oder recessives Suszeptibilitäts(*SUS*)-Allel. Wenn ein Pathogen mit *AVR*-Allel auf einen Wirt mit *RES*-Allel trifft, erkennt der Wirt das Pathogen und aktiviert seine Abwehr (inkompatible Interaktion, –). In allen anderen Fällen kommt es zur kompatiblen Interaktion (+). (Nach Simms 1996)

Genotyp des Pathogens	Genotyp des Wirts		
	RES/RES	RES/SUS	SUS/SUS
AVR/AVR	–	–	+
AVR/VIR	–	–	+
VIR/VIR	+	+	+

Die folgende Darstellung der komplizierten „chemischen Kriegsführung" zwischen Wirtspflanze und Pathogen ist hauptsächlich auf Pflanzenkrankheiten beschränkt, welche durch obligat biotrophe, pilzliche Erreger, z. B. aus dem Bereich der **Ustilaginales** (Brandpilze) und **Uredinales** (Rostpilze), verursacht werden. Die Bekämpfung dieser Pilze bei Kulturpflanzen mit biologischen und chemischen Methoden ist ein wichtiger Aspekt der Ertragsphysiologie (→ S. 647).

27.2.1 Infektionsabwehr durch konstitutive Barrieren und ihre Überwindung

Die erste Barriere der Pflanze gegen eine Infektion durch phytopathogene Pilze ist ihr oberflächliches Abschlussgewebe (**Borke, Periderm**) bzw. bei krautigen Pflanzen die mit einer widerstandsfähigen **Cuticula** bedeckte epidermale Zellwand. Diese Barriere kann vom Pilz nur unter erheblichem Aufwand überwunden werden. Bei einigen pathogenen Pilzen (z. B. beim echten Mehltaupilz *Erysiphe*) bahnt sich die nach der Keimung einer Spore oder Konidie aus dem Keimschlauch hervorgehende **Penetrationshype** ihren Weg durch die Epidermiswand vermittels lokal an der Hyphenspitze sezernierter Hydrolasen (z. B. Cutinase, Cellulase, Pektinase). Andere Arten (z. B. die Uredosporen des Rostpilzes *Puccinia*) meiden die Epidermisbarriere, indem der Keimschlauch auf der Blattoberfläche bis zur nächsten Spaltöffnung wächst, sich dort mit einem speziellen Haftorgan, **Appressorium**, verankert und eine **Infektionshyphe** in die Atemhöhle aussendet. Dieser Prozess verläuft ohne chemische Wechselwirkung mit der Unterlage; der Keimschlauch findet und penetriert eine Spaltöffnung auch auf einem Kunststoffmodell. Die Deformation der Hyphenspitze beim Kontakt mit der scharfen Lippe der Spaltöffnung löst die Appressoriumbildung aus. In der Pflanze breitet sich das Mycel in vielen Fällen zunächst unter lokaler Auflösung der pflanzlichen Zellwand nur im Apoplasten aus. Erst nachdem die Besiedelung des Wirts fortgeschritten ist, bildet der Pilz Saugorgane, **Haustorien**, aus, welche sich in die Protoplasten des Wirts einsenken und dort Nahrungsstoffe entziehen. Hierbei bleibt die pflanzliche Plasmamembran erhalten und stülpt sich in das Cytoplasma ein (Abbildung 27.7). Der Parasit zerstört die befallenen Zellen, wenn überhaupt, erst am Ende seiner Entwicklung. In diesem Stadium treten normalerweise die ersten makroskopisch erkennbaren Krankheitssymptome auf (z. B. chlorotische Verfärbungen des Blattes). Bei kompatibler Interaktion zwischen Wirt und Pathogen breitet sich die Krankheit von den Infektionsstellen ausgehend weiter aus, bis sie das ganze Organ (seltener die ganze Pflanze) befallen

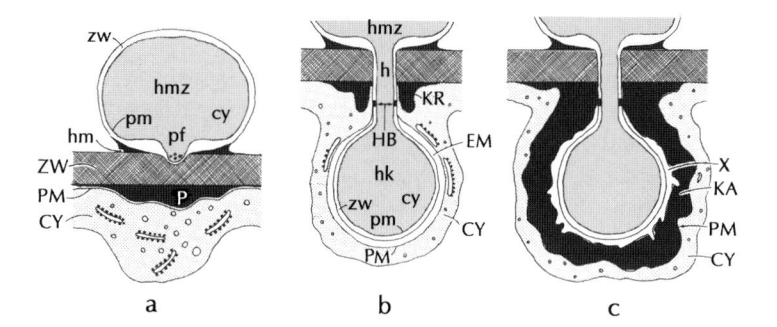

Abb. 27.7 a–c. Haustorienbildung bei Rostpilzen (schematisch): Penetration der Wirtszellwand, Bildung des Haustoriums aus einer interzellulären Hyphe und die Abwehrreaktionen der Pflanze. **a** Die Haustorienmutterzelle (*hmz*; mit Zellwand, *zw*; Plasmamembran, *pm*; Cytoplasma, *cy*) ist mit einer Haftmatrix (*hm*) auf der Wirtszellwand (*ZW*) fixiert und bildet einen dünnwandigen Penetrationsfortsatz (*pf*). Die Wirtszelle mit Cytoplasma (*CY*) und Plasmamembran (*PM*) lagert callosehaltiges Zellwandmaterial (Papille, *P*) an der Penetrationsstelle ab. **b** Bei erfolgreicher Penetration bildet der Pilz ein funktionsfähiges Haustorium, bestehend aus Haustorienhals (*h*) und Haustorienkopf (*hk*), dessen Zellwand durch eine extrahaustoriale Matrix (*EM*) unbekannter Herkunft gegen die eingestülpte Plasmamembran der Wirtszelle abgegrenzt ist. In der Zellwand des Haustorienhalses bildet sich ein ringförmiges Halsband (*HB*) aus impermeablem Material aus, das eine ähnliche Funktion wie der Caspary-Streifen der Endodermis besitzt (→ Abbildung 13.1). Das Papillenmaterial bildet einen Kragen (*KR*) um den Haustorienhals. **c** Haustorium, das durch eine Kapsel (*KA*) aus Papillenmaterial vom Protoplasten der Wirtszelle isoliert und dadurch inaktiviert wurde (*X*, Schicht aus Resten der extrahaustorialen Matrix). (Nach Bracker und Littlefield 1973; verändert)

hat. Die Pathogenese wird in der Regel durch die Bildung von Verbreitungseinheiten des Pilzes (Sporen, Konidien) abgeschlossen.

In aller Regel verläuft die Krankheitsentwicklung nicht unbehindert ab, da die Pflanze dem Eindringling neben physikalischen Barrieren eine Vielzahl chemischer Abwehrstoffe entgegensetzen kann. Gespeicherte **Gerbstoffe, Alkaloide, Terpene, cyanogene Glycoside, Senfölglycoside** und andere fungitoxische Stoffe können bei ihrer Freisetzung bzw. enzymatischen Spaltung das Wachstum des Mycels hemmen. Bei manchen Pflanzen scheiden Drüsenzellen an den Spitzen von Blatthaaren Lösungen dieser Gifte aus, die an den Haaren ablaufen und die Blattoberfläche beschichten. Die Epidermis vieler Pflanzen ist mit fungitoxischen **Phenolen** imprägniert. Auch die Einlagerung von **Lignin** ist ein wirksamer Schutz gegen das apoplastische Mycelwachstum. Die vergleichsweise hohe Krankheitsanfälligkeit unserer Kulturpflanzen beruht nicht zuletzt darauf, dass diese chemischen Abwehrstoffe aus ernährungsphysiologischen Gründen durch Züchtung eliminiert wurden. Bei Wildpflanzen sind jedoch die vorhandenen mechanischen und chemischen Abwehrbarrieren meist so gut entwickelt, dass eine Erkrankung eher die Ausnahme als die Regel darstellt.

27.2.2 Induzierte Abwehr, hypersensitive Reaktion

Neben konstitutiven Abwehrbarrieren besitzt die Pflanze ein umfangreiches Arsenal von induzierbaren Schutzmechanismen gegen Pathogene. So begegnen viele Pflanzen dem durch Exoenzyme unterstützten Eindringen einer Penetrationshyphe durch die induzierte Ablagerung von neuem Zellwandmaterial (Abbildung 27.7). Es entstehen lokale Wandverdickungen, **Papillen**, welche das gegen pilzliche Hydrolasen resistente Polysaccharid **Callose** (1,3-β-Glucan) und häufig auch **Lignin** und **hydroxyprolinreiches Glycoprotein** (HRGP; → S. 27) enthalten. Der Pilz kann den Wettlauf nur gewinnen, wenn das Hyphenwachstum schneller als die Ablagerung des Papillenmaterials erfolgt. Ausgebildete Haustorien können durch entsprechende Abkapselungsreaktionen inaktiviert werden (Abbildung 27.7).

Eine ganz anders geartete Strategie der induzierten Pathogenabwehr liegt bei der **hypersensitiven Reaktion** vor. Hierbei kommt es zunächst zu einer lokalen Infektion. Bevor sich jedoch der Pilz weiter ausbreiten kann, sterben die Wirtszellen an der Infektionsstelle ab und bilden einen Hof toten Gewebes um den Eindringling, **Abwehrnekrose**. Der induzierte Zelltod erfolgt sehr schnell. Zum Beispiel sterben bei der inkompatiblen Interaktion zwischen *Phytophthora infestans* (Erreger der Kartoffelfäule) und *Solanum tuberosum* die Wirtszellen 10–60 min nachdem ihre Plasmamembran mit einer Hyphe in Kontakt gekommen ist. Dagegen dringen die Hyphen kompatibler Stämme des gleichen Pilzes ohne erkennbare Reaktion bis zur Plasmamembran der Wirtszellen vor und lassen deren Protoplasten noch mehrere Tage am Leben. Man hat daraus den Schluss gezogen, dass die kompatiblen *Phytophthora*-Stämme die hypersensitive Reaktion der Wirtszellen durch einen Suppressor hemmen können.

Bei der hypersensitiven Reaktion wird gleichzeitig mit dem lokal begrenzten Zelltod in den umgebenden (lebenden) Zellen der Pflanze die Bildung antimikrobieller Substanzen induziert. Die Auslösung dieser Prozesse erfolgt durch chemische Signalstoffe, die als **Elicitoren** bezeichnet werden. Es handelt sich dabei um spezifische Zellwandfragmente (z. B. Oligogalacturonane), Peptide oder andere Ausscheidungsprodukte, die bei der Infektion vom Pathogen (oder von der Pflanze selbst) freigesetzt und von Receptoren der Wirtszellen erkannt werden. Die Bindung des Elicitors startet eine Signalkette zur Aktivierung von Abwehrreaktionen. Diese Signalperzeption und -übertragung benutzt ähnliche Moleküle wie die Erkennung von Symbionten, meist Receptorkinasesysteme, aus den Klassen der Zweikomponentensysteme oder der MAP-Kinase-Kaskaden (→ S. 96). Diese Beobachtung belegt einmal mehr die enge evolutionäre Verwandtschaft zwischen Symbiose und Parasitismus. Bei der hypersensitiven Reaktion entstehen kleine, durch kondensierte Phenole (Melanine) meist dunkel gefärbte Nekrosen, in denen der Pilz abgekapselt und schließlich getötet wird. Auch hier kann das Pathogen nur dann erfolgreich sein (kompatible Interaktion), wenn seine Ausbreitung im Wirt schneller erfolgt, als dieser seine Abwehr aufbauen kann.

Durch geeignete Selektionsverfahren konnten in den letzten Jahren mehrere *Arabidopsis*-Mutanten isoliert werden, bei denen einzelne Reaktionen der Pathogenabwehr defekt sind. Ein solcher Defekt ist z. B. die fehlende Kapazität zur Synthese von Salicylsäure. Dabei fand man auch überempfindliche Mutanten, d. h. Pflanzen, die bereits ohne Pathogeneinwirkung auf vergleichsweise harmlose Umweltänderungen (z. B. eine Erhöhung der Tageslänge) mit einer hypersensitiven Reaktion antworten. Solche Mutanten eignen sich besonders gut zur Aufklärung der biochemischen Mechanismen der Pathogenabwehr.

27.2.3 Der *oxidative burst*: Abwehr und Alarmsignal der Pflanze

Die für die Pathogenabwehr im Blut der Säuger zuständigen Leukocyten (z. B. neutrophile Phagocyten) reagieren auf die Anwesenheit von Bakterien mit einer Ausschüttung von $\dot{O}_2^-$ und H_2O_2; diese reaktiven Sauerstoffformen werden gezielt zur Bekämpfung von Krankheitserregern eingesetzt. Entzündungssymptome und Fieber sind Folgen dieser Abwehrreaktionen, bei denen (bei heftigem Verlauf) auch der befallene Organismus durch oxidativen Stress geschädigt werden kann. Dieser *oxidative burst* wird durch einen aktivierbaren NADPH-Oxidase-Komplex in der Plasmamembran der Leukocyten katalysiert, der Elektronen von NADPH (innen) über ein Flavoprotein und ein Cytochrom *b* auf O_2 (außen) überträgt und über $\dot{O}_2^-$ zur H_2O_2-Produktion führt ($\rightarrow$ Abbildung 26.16).

Einen ganz ähnlichen oxidativen *burst* kann man beobachten, wenn man eine pflanzliche Zellkultur mit einem pathogenen Organismus oder einem entsprechenden Elicitor versetzt. Die Reaktion gliedert sich im typischen Fall in zwei Phasen: einen nach etwa 3 min einsetzenden, kurzen Ausstoß von H_2O_2, der nach 2–3 h von einer länger anhaltenden H_2O_2-Ausscheidung gefolgt wird (Abbildung 27.8).

Während die erste Phase bei kompatibler und inkompatibler Interaktion auftritt, ist die zweite Phase auf die inkompatible Interaktion beschränkt. Es gibt viele Hinweise dafür, dass der pathogeninduzierte *oxidative burst* in mehrfacher Hinsicht für die Abwehr der Pflanze von Bedeutung ist. Die erste, schnelle Phase hat vermutlich die Funktion, das Wachstum des Pathogens im Apoplasten durch oxidativen Stress zu hemmen und gleichzeitig die pflanzliche Zellwand an der Infektionsstelle durch oxidative Quervernetzung von Phenolen und Strukturproteinen zu verstärken. Die zweite Phase hat darüber hinaus eine Signalfunktion für die Auslösung nachfolgender Abwehrreaktionen, insbesondere der Induktion der Verteidigungsproteine,

der Phytoalexine und der hypersensitiven Reaktion. Es ließ sich zeigen, dass diese Teilprozesse der pflanzlichen Pathogenabwehr auch durch H_2O_2 in Abwesenheit eines Elicitors ausgelöst werden können. Ein eleganter Beweis für die Funktion von H_2O_2 als Auslöser von Resistenzreaktionen gelang durch den Einsatz von transgenen Kartoffelpflanzen, denen das Gen einer pilzlichen Glucoseoxidase eingepflanzt worden war. Das in den Pflanzen exprimierte Enzym reduziert O_2 zu H_2O_2 unter Verbrauch von Glucose; die Pflanzen zeigen daher eine 2- bis 3fach erhöhte H_2O_2-Produktion in Blättern und Knollen, verbunden mit einer stark erhöhten Resistenz gegen *Phytophthora infestans* und andere Krankheitserreger.

Für die Aktivierung der NADPH-Oxidase in der pflanzlichen Plasmamembran scheint eine durch Elicitoren ausgelöste Signalkette verantwortlich zu sein, an der G-Proteine, Proteinkinasen und cytosolische Ca^{2+}-Verschiebungen beteiligt sind.

27.2.4 Schwächung der Wirtspflanze durch Phytotoxine

Phytopathogene Pilze und Bakterien produzieren häufig toxische Stoffwechselprodukte, welche in

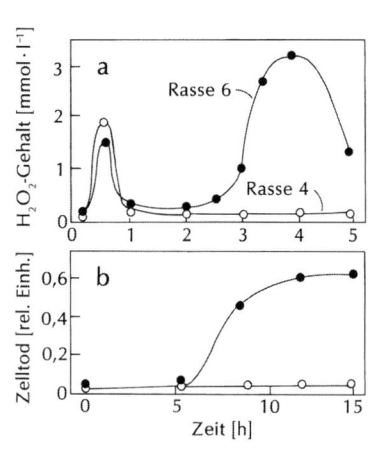

Abb. 27.8 a, b. Kinetik der pathogeninduzierten H_2O_2-Ausscheidung (**a**) und der hypersensitiven Reaktion (**b**) bei der kompatiblen und inkompatiblen Reaktion zwischen Pflanze und Pathogen. Objekt: Zellsuspensionskultur von Soja (*Glycine max*, cv. Mandarin). Der Kultur wurden zur Zeit Null Bakterien [*Pseudomonas syringae* pv. *glycineae*, *Rasse 4* (kompatibel) oder *Rasse 6* (inkompatibel)] zugesetzt. Nur *Rasse 6* löst die zweite Phase des oxidativen *burst* aus und bewirkt den hypersensitiven Zelltod. (Nach Baker und Orlandi 1995; verändert)

sehr niedriger Konzentration pflanzliche Zellen schädigen oder abtöten können, aber keine entsprechende Wirkung auf das Pathogen besitzen. Die Funktion dieser Toxine in der Wirt-Pathogen-Beziehung ist zweifach: Einmal wird die Widerstandskraft der Pflanze, d. h. ihre Kapazität zum Aufbau von Abwehrbarrieren, vermindert. Zum zweiten bewirken viele Toxine einen Efflux von Ionen und anderen Zellinhaltsstoffen an der pflanzlichen Plasmamembran und erleichtern dadurch die Nährstoffaufnahme des Parasiten. Von den mehr als 120 bis heute bekannten **Phytotoxinen** werden im folgenden einige Beispiele behandelt.

Fusicoccin ist ein Vertreter der wirtsunspezifischen Pilztoxine. Es ist ein Diterpenglucosid (Abbildung 27.9), das von *Fusicoccum amygdali*, dem Erreger einer Welkekrankheit bei Mandel- und Pfirsichbäumen gebildet wird. Das Toxin, das aus dem Kulturfiltrat des Pilzes gewonnen werden kann, induziert auch bei anderen Pflanzen Welkesymptome; die Wirkung setzt bei $10^{-8} - 10^{-7}$ mol·l^{-1} ein. Dieser Effekt geht primär darauf zurück, dass die Stomata weit geöffnet werden und nicht mehr auf endogene Schließsignale reagieren (→ S. 272). Der biochemische Wirkmechanismus des Fusicoccins ist weitgehend aufgeklärt. Das Toxin induziert, nach Bindung an ein spezifisches Receptormolekül, in der pflanzlichen Plasmamembran die Sekretion von Protonen durch Aktivierung von Protonenpumpen. Dieser Effekt kann z. B. anhand der mit dem H$^+$-Austritt aus der Zelle einhergehenden Hyperpolarisierung der Membran verfolgt werden. In den Schließzellen wird auf diese Weise die Aufnahme von K$^+$ und damit die Öffnungsbewegung ausgelöst (→ S. 276). Da der Fusicoccinreceptor offenbar in der Plasmamembran aller höheren Pflanzen vorkommt, bewirkt das Toxin auch bei anderen Zellen eine pathologische Protonensekretion und greift dadurch indirekt in viele Transportprozesse ein (z. B. in den H$^+$-Zucker-Cotransport; → S. 339). Die durch Protonensekretion bewirkte Ansäuerung der Apoplastenlösung (bis unter pH 4) führt zu einer säureinduzierten Lockerung der Zellwandstruktur. Fusicoccin fördert auf diesem Weg Wachstumsprozesse, z. B. die Samenkeimung oder das Streckungswachstum (→ Exkurs 18.2, S. 416). Aufgrund seiner spezifischen Wirkung auf die Protonenpumpen der pflanzlichen Plasmamembran ist Fusicoccin heute ein wichtiges pharmakologisches Hilfsmittel der Membranphysiologie.

Victorin (Abbildung 27.9) ist im Gegensatz zum Fusicoccin durch eine extreme Wirtsspezifität ausgezeichnet. Es wird von dem Pilz *Cochliobolus (Helminthosporium) victoriae* produziert, der beim Hafer (*Avena sativa*), und zwar spezifisch bei der Sorte *Victory*, eine Brandkrankheit auslöst. Die Suszeptibilität dieser Sorte beruht auf einem einzigen, dominanten Gen; alle Hafersorten, die dieses Gen nicht besitzen, sind resistent gegen den Pilz und gegen das Toxin. Bei der Sorte *Victory* löst eine Zufuhr des Toxins die charakteristischen Symptome der Krankheit aus. Alle Stämme des Pilzes, die das Toxin nicht bilden können, sind nicht virulent; sie werden jedoch virulent, wenn man sie zusammen mit dem Toxin auf die Pflanze bringt. Damit ist gezeigt, dass die Fähigkeit zur Toxinbildung die entscheidende Ursache der Virulenz ist. Victorin bewirkt Krankheitssymptome bereits ab einer Konzentration von 10^{-10} mol·l^{-1} (etwa 100 Moleküle pro Zelle). Die suszeptiblen Zellen besitzen also einen Victorinreceptor mit extrem hoher Affinität für das Toxin. Nach neuen Befunden handelt es sich hierbei um eine Untereinheit des Glycindecarboxylasekomplexes in den Mitochondrien (→ Abbil-

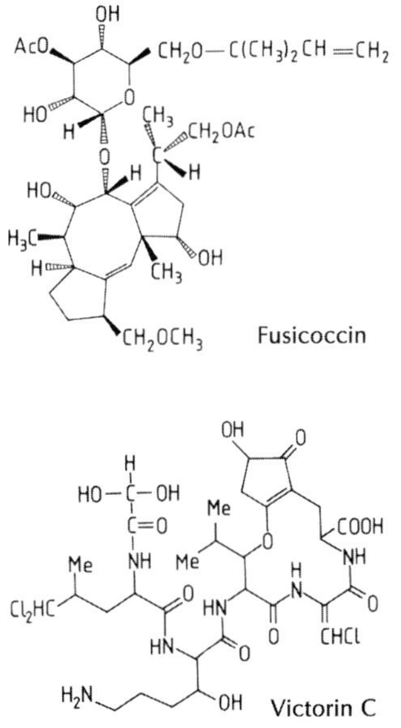

Abb. 27.9. Chemische Struktur zweier Phytotoxine, welche von pilzlichen Krankheitserregern produziert werden. **Fusicoccin** ist ein von *Fusicoccum amygdali* gebildetes Diterpenglucosid. **Victorin C**, ein cyclisches Pentapeptid, ist die Hauptkomponente des aus *Cochliobolus victoriae* isolierbaren Toxins. (Nach Marrè 1979; Wolpert und Macko 1989)

dung 9.15). Die Bindung des Toxins an den Receptor verursacht einen Zusammenbruch des Membranpotenzials und den Austritt von Zellinhaltsstoffen.

Der eng verwandte Pilz *Cochliobolus (Helminthosporium) maydis* produziert ein ähnliches Toxin, das mit einem anderen mitochondrialen Protein (T-URF13) interagiert und zum Zusammenbruch des mitochondrialen Membranpotentials führt. Diese Wirkung ist auf Maispflanzen mit T-Cytoplasma beschränkt, in denen das T-URF13-Protein in den Mitochondrien synthetisiert wird. Die intensive Nutzung des T-Cytoplasmas in der Hybridzüchtung zur Ertragssteigerung bei Mais führte 1971/1972 durch massive Infektionen mit *C. maydis* in den USA zu Ernteausfällen von 30 %.

Der auf Mais, Zuckerrüben und anderen Kulturpflanzen parasitierende Pilz *Cercospora* schädigt seinen Wirt durch Ausscheidung des Toxins **Cercosporin**, das als hochwirksamer Photosensibilisator die Bildung von Singulett-O_2 in der Pflanze bewirkt (→ S. 601).

In diesem Zusammenhang muss erwähnt werden, dass manche Erreger während der Pathogenese auch fördernd in die Entwicklung der Pflanze eingreifen, und zwar durch Abgabe von **Phytohormonen**. Ein bekanntes Beispiel ist der Pilz *Gibberella fujikuroi*, der seine Wirtspflanze Reis durch Gibberellinsäure zu einer auffälligen Halmverlängerung veranlasst. Diese Bakanae-Krankheit hat zur Entdeckung der Hormonklasse der Gibberelline durch japanische Forscher geführt (→ S. 418). Andere Erreger stimulieren Zellteilung und Stoffwechsel ihres Wirts durch die Induktion der Synthese von Cytokininen oder Auxinen (z. B. *Agrobacterium tumefaciens*, der Erreger von Wurzelhalstumoren; → S. 636).

27.2.5 Pflanzliche Antibiotica: Phytoalexine und fungitoxische Proteine

Um 1940 entdeckten Müller und Börger, dass der Erreger der Kartoffelfäule (*Phytophthora infestans*) in Kartoffelpflanzen einige Zeit nach der Infektion die Bildung eines Stoffes induziert, der das Wachstum des Pathogens hemmt. Sie nannten diesen Abwehrstoff **Phytoalexin**. Es handelt sich hierbei hauptsächlich um das **Rishitin** (Abbildung 27.10), das 1968 aus infizierten Kartoffeln isoliert werden konnte. Seither wurden ähnlich wirksame Substanzen in vielen anderen Pflanzen entdeckt. Die Phytoalexine sind eine chemisch heterogene Gruppe von Verbindungen, welche im Verlauf der Pathogen-Wirt-Beziehung im pflanzlichen Stoffwechsel induziert werden und das Wachstum von Mikroorganismen beeinträchtigen. Sie haben daher die Funktion von Antibiotica. Inzwischen wurden aus verschiedenen Pflanzengruppen mehr als 200 Substanzen (sekundäre Pflanzenstoffe; → S. 355) isoliert, welche eine Funktion als Phytoalexine besitzen. Charakteristisch für alle diese Verbindungen ist, dass sie unspezifisch das Wachstum von (pathogenen und nicht-pathogenen) Mikroorganismen hemmen können. Sie dienen zur postinfektionellen Isolierung von Krankheitsherden, insbesondere in Kombination mit der hypersensitiven Reaktion. Die Synthese der Phytoalexine wird durch Elicitoren ausgelöst, welche nach der Infektion vom Pilz oder von der Pflanze gebildet werden. In manchen Fällen kann die Phytoalexinsynthese auch durch abiogene Stressfaktoren (z. B. Schwermetallsalze, UV-Strahlung, Verwundung) ausgelöst werden.

Die Induktion des Phytoalexins **Glyceollin** (Abbildung 27.10) bei der Interaktion zwischen *Phytophthora megasperma* f. sp. *glycinea* und der Sojabohne (*Glycine max*) ist besonders intensiv untersucht worden. Bei kompatibler Interaktion tritt in Sojakeimlingen eine Stamm- und Wurzelfäule auf, die zum Absterben der Pflanzen führt. Bei Inokulation mit einer wenig aggressiven Rasse des Pilzes dringen die Hyphen nur wenige Zellschichten weit in die Pflanze ein und werden dort von einer hypersensitiven Reaktion gestoppt, die mit einer im Vergleich zur kompatiblen Reaktion stark erhöhten Synthese von Glyceollin in den Nachbarzellen einhergeht (Abbildung 27.11a). Glyceollin ist ein **Isoflavonoid**, das über den Flavonoidbiosyntheseweg gebildet wird (→ Abbildung 16.5). Die Schlüsselenzyme dieses Weges (z. B. Phenylalaninammoniaklyase) werden etwa 3 h nach der Inokulation induziert (Abbildung 27.11b). Die Synthese dieser Enzyme erfolgt durch Induktion der entsprechenden mRNAs (Genaktivierung). Aus der Zellwand des Pilzmycels konnte ein Oligosaccharid, ein verzweigtes 1.3,1.6-β-Glucan, isoliert werden, das (ab einer Konzentration von 10^{-9} mol · l^{-1}) in nicht-infizierten Pflanzen eine Glyceollinsynthese auslöst, d. h. die Funktion eines Elicitors besitzt. Die Plasmamembran der Sojazellen besitzt ein spezifisches Bindungsprotein für das β-Glucan. Daneben wirken auch bestimmte pektische Oligosaccharid-

Abb. 27.10. Chemische Struktur zweier Phytoalexine, welche in Pflanzen als Abwehrstoffe gegen pathogene Pilze produziert werden können. *Rishitin* ist ein Sesquiterpenabkömmling, der aus infizierten Kartoffelpflanzen isoliert wurde. *Glyceollin* ist ein Pterocarpanderivat (Isoflavonoid), das in Soja (*Glycine max*) gebildet wird. Ähnliche Moleküle wirken als Phytoalexine in *Pisum* (Pisatin) und *Phaseolus* (Phaseollin).

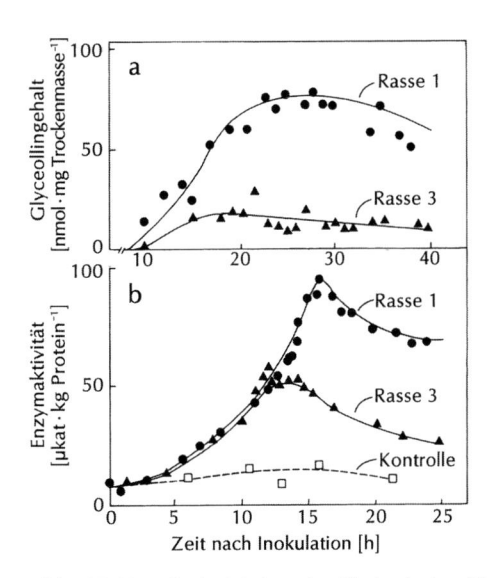

Abb. 27.11 a, b. Induktion des Phytoalexins Glyceollin nach Infektion mit einer avirulenten und einer virulenten Pilzrasse. Objekt: Sojakeimlinge (*Glycine max* cv. Harosoy) infiziert mit Mycel der Rasse 1 (avirulent) bzw. Rasse 3 (virulent) von *Phytophthora megasperma* f. sp. *glycinea* durch eine epidermale Wunde. **a** Anstieg des Glyceollingehaltes im Gewebe. Im Fall der inkompatiblen Interaktion (*Rasse 1*) erreicht die lokale Glyceollinkonzentration in unmittelbarer Nähe der Infektionsstelle 25 h nach der Infektion etwa 3 mg · ml^{-1} und beträgt damit das 10fache des EC$_{90}$-Wertes (= Konzentration, die im Biotest das Pilzwachstum zu 90 % hemmt). Bei der kompatiblen Interaktion (*Rasse 3*) wird zwar ebenfalls Phytoalexin gebildet; die lokale Konzentration erreicht jedoch nur etwa 160 µg · ml^{-1}. **b** Anstieg der Phenylalaninammoniaklyaseaktivität (PAL) nach Infektion mit den beiden Pilzrassen. Kontrolle: Verwundung ohne Infektion. (Nach Grisebach und Ebel 1983; verändert)

fraktionen aus der pflanzlichen Zellwand als Elicitoren. Sowohl Stoffe aus der Zellwand des Pilzes, als auch Abbauprodukte der pflanzlichen Zellwand, die unter dem Einfluss des Pilzes freigesetzt werden, induzieren die Phytoalexinsynthese.

In vielen Pflanzenspezies hat man diverse Proteine entdeckt, welche in Zusammenhang mit der Pathogenabwehr stehen. Sie werden als **PR-Proteine** (*pathogenesis-related proteins*) bezeichnet. Diese Proteine werden nach der Infektion von der Pflanze gebildet und zumindest teilweise im Zellwandraum akkumuliert. Dazu gehören neben anderen Chitinase und 1,3-β-Glucanase und zwei Hydrolasen, die spezifisch gegen das Chitin und die Callose pilzlicher Zellwände gerichtet sind. In Bohnenblättern kann die Synthese dieser Proteine durch **Ethylen** ausgelöst werden (→ Abbildung 18.23). Eine Infektion induziert die Synthese von Ethylen, das hier also die Rolle eines Signalüberträgers hat.

27.2.6 Induzierte Resistenz durch Immunisierung

Pflanzen besitzen kein dem tierischen Immunsystem direkt vergleichbares Abwehrsystem für Pathogene. Das Phänomen der aktiven Immunisierung ist jedoch im Prinzip auch bei Pflanzenkrankheiten oft beobachtet worden. Inokulation einer Pflanze mit einem inkompatiblen Pathogen erzeugt nach einigen Tagen Resistenz gegen ein zuvor kompatibles Pathogen. Diese **erworbene Resistenz** beruht auf der Aktivierung pflanzlicher Abwehrstoffe, z. B. der Synthese von PR-Proteinen. Da solche Abwehrstoffe eine begrenzte Lebensdauer besitzen, ist diese Form der Immunität meist nur von kurzer Dauer. Häufig bleibt die induzierte Resistenz auf die unmittelbare Umgebung der Infektionsstelle (z. B. auf das behandelte Blatt) begrenzt. In einigen Fällen, z. B. bei Cucurbitaceen und Solanaceen, konnte man jedoch auch eine **systemische Immunisierung** nachweisen. Wenn man z. B. das erste (unterste) Blatt einer Kürbispflanze mit *Colletotrichum lagenarium* infiziert, erkrankt dieses Blatt, ohne dass sich der Pilz in der Pflanze weiter ausbreitet. Alle in der Folgezeit gebildeten Blätter der Pflanze besitzen eine lang anhaltende Resistenz gegen spätere Infektionen mit denselben oder anderen Erregern. Die Resistenz bleibt auch nach der Entfernung des kranken Blattes erhalten. Offensichtlich wird von dem kranken Blatt ein Transmitter in die weiter oben gelegenen Bereiche des Sprosses ausgesandt, der dort die Ausbildung von Schutzmechanismen ermöglicht. Bei der Suche nach der chemischen Natur dieser Transmittersubstanz stieß man auf ein einfaches phenolisches Molekül, die **Salicylsäure** (→ S. 435). Der Pegel dieser Substanz steigt 2–3 h nach der Infektion sowohl in infizierten als auch in nichtinfizierten Blättern einer Gurken- oder Tabakpflanze stark an, gefolgt von einer Expression der PR-Gene. Besprühen mit Salicylsäure löst auch in der gesunden Pflanze die Bildung der PR-Proteine aus. Durch Isotopenmarkierung ließ sich ein Salicylsäuretransport (im Phloem) von infizierten zu nichtinfizierten Blättern nachweisen. Tabakpflanzen, in denen Salicylsäure durch eine gentechnisch eingeführte Salicylathydroxylase zum inaktiven Catechol abgebaut wird, zeigen eine abgeschwächte lokale und keinerlei systemische Resistenz. Salicylsäure ist also offenbar ein essenzieller Faktor für die Aktivierung der Pathogenabwehr in diesen Pflanzen. Trotz dieser positiven Evidenz bestehen jedoch erhebliche Zweifel, ob es sich wirklich um den eigentlichen Transmitter der systemischen Resistenz handelt. Ein kritisches Experiment: Wenn man einen Tabakwildtypspross auf eine Tabakunterlage mit transgen exprimierter Salicylathydroxylase pfropft und ein Blatt der Unterlage infiziert, so wird die Bildung, und damit der Export, von Salicylsäure unterbunden. In den Wildtypblättern werden aber trotzdem die PR-Gene aktiviert. Im umgekehrten Fall (Wildtypunterlage wird infiziert) zeigt der aufgepfropfte, transgene Spross keine Aktivierung der PR-Gene, da die Salicylsäure abgebaut wird. Die Salicylsäure ist also notwendig für die Induktion dieser Gene; sie ist aber wohl nicht der Signalüberträger bei der Vermittlung von systemischer Resistenz in dieser Pflanze.

Methylsalicylsäure, eine flüchtige Substanz, wird von mit Tabakmosaikvirus infizierten Tabakpflanzen an die Luft abgegeben. Sie kann in benachbarten Pflanzen aufgenommen und zu Salicylsäure umgesetzt werden, welche dann die Pathogenabwehr durch PR-Proteine mobilisiert.

Die systemische Resistenz von Tomatenpflanzen gegen Fraßfeinde wird durch das Peptidhormon **Systemin** vermittelt (→ S. 436).

27.2.7 Abwehr von Viren/Viroiden: RNAi

Infektionen mit **Viren** oder **Viroiden** stören das Pflanzenwachstum und führen zu spezifischen Krankheitsbildern. An Viren von Pflanzen wurde zum ersten Mal bewiesen, dass auch RNA als genetisches Material dienen kann. Bereits 1935 wurde das **T**abak**m**osaik**v**irus (TMV) kristallisiert und 20 Jahre später wurde nachgewiesen, dass reine TMV-RNA Pflanzen infizieren kann (→ Abbildung 6.13). Die meisten Pflanzenviren bestehen aus RNA und Proteinen. Einige wenige Viren enthalten DNA anstelle von RNA. In manchen Fällen können Viren kristalline Form annehmen, wobei die Proteine, die die Nucleinsäuremoleküle umgeben, eine Ikosaederstruktur bilden. Dazu gehören z. B. das **Blumenkohlmosaikvirus** (CaMV = *cauliflower mosaic virus*), das eine doppelsträngige DNA enthält, und **Geminiviren**, die aus zwei einzelsträngigen DNA-Molekülen, eingepackt in die gleichen Proteine, bestehen. In den Nucleinsäuren der meisten RNA- und DNA-Viren sind drei Proteine codiert: ein für die Replication notwendiges Protein, ein Bewegungsprotein, das den Transport innerhalb der Pflanze vermittelt, und ein Hüllprotein, das meist erst im letzten Stadium der Infektion gebildet wird und die Nucleinsäuremoleküle verpackt.

Viroide sind sehr kleine, meist zirkuläre RNA-Moleküle ohne Proteinhülle, die in einer Sequenz von nur 300 Nucleotiden die Information für oft schwerwiegende Krankheiten enthalten. Auf dieser RNA ist keinerlei Information für Proteincodierung zu erkennen; die RNA als solche reicht aus, um die Pflanzenzelle zu schädigen. Verblüffend für das Verständnis der Stresssituation in der Pflanze ist die Beobachtung, dass der gleiche Infektionsgrad, d. h. die gleiche Anzahl von Viren pro Zelle, bei der einen Pflanze starke Krankheitssymptome auslöst, während bei einem anderen Individuum überhaupt keine Reaktion zu erkennen ist.

Zur **systemischen Infektion** der Pflanze nutzen die meisten Viren zwei Transportmechanismen. Von einer Zelle zur nächsten gelangen die Viren durch die **Plasmodesmen**, durch die sie im „Huckepackverfahren" auf den interzellulären Bewegungselementen (Actin- und Myosinfilamente) mitreiten. Sie benutzen also die Transportmechanismen, die normalerweise zur Verbreitung von Proteinen und RNAs, z. B. die des Gens *KNOTTED*, in den Zellen des Meristems dienen (→ S. 394). Das virale Bewegungsprotein spielt eine entscheidende

Rolle, da es zur Anheftung der Viruspartikel an den pflanzlichen Bewegungsapparat notwendig ist und die Permeabilität der Plasmodesmen so stark erhöht, dass sie auch für Makromoleküle passierbar werden. Der zweite Transportweg führt durch das **Phloemsystem.** Die Viren gelangen über die Geleitzellen in die Siebröhren und werden dort vom Assimilatstrom weitergetragen (→ S. 338). Beim Betreten und Verlassen des Phloems wird wieder der Weg durch Plasmodesmen benützt.

Einige Viroide und Virosoide (akzessorische RNAs mancher RNA-Viren) können sich als RNA in einer autokatalytischen Reaktion selbst in Einzelstränge spalten. Diese **Ribozymaktivität** ist möglicherweise für die Replication der meist zirkulären Moleküle wichtig.

Die mosaikartige Störung der Ergrünung durch Virusbefall wird bei der Erzeugung gescheckter Zierpflanzen benutzt. Lokale Unterschiede in der Reaktion auf eine Infektion ergeben in Blättern oder Blüten ein ornamentales Muster unterschiedlicher Farbintensitäten. In der Regel überwiegen jedoch die negativen Folgen eines Virusbefalls. Die wirtschaftliche Bedeutung selbst so kleiner Moleküle wie die der Viroide ist enorm. So kann z. B. das palmenspezifische Virus Cadang-Cadang in kürzester Zeit ganze Kokosnussplantagen zerstören.

Werden Pflanzen mit einem Virus infiziert, so breitet sich dieses zunächst in vielen Zellen und meist auch systemisch in der ganzen Pflanze aus. Das hochwirksame **RNA-Interferenz(RNAi)-System** unterdrückt jedoch oft nach einigen Tagen die weitere Vermehrung der Virus-RNA und verhindert so das weitere Infektionsgeschehen. Die Abwehrreaktion bleibt in der Pflanze über längere Zeit erhalten und kann Neuinfektionen meist in einem sehr frühen Stadium unterdrücken. Das RNAi-System erkennt die fremde RNA (ebenso wie auch *antisense*-RNA und zu viel synthetisierte eigene RNA, Cosuppression, → S. 665), synthetisiert eine komplementäre RNA durch eine RNA-abhängige RNA-Polymerase (Abbildung 27.12). Diese doppelsträngigen RNA-Moleküle werden durch das Enzym „Dicer" in kleine, meist 21 Nucleotide lange Bruchstücke zerschnitten. Diese wiederum erkennen alle ähnlichen RNAs, z. B. neu infizierende Viren oder Viroide und markieren sie für den Abbau. Das Einbringen von entsprechenden RNA- oder den codierenden DNA-Fragmenten in eine Pflanze mit gentechnischen Methoden kann wirksam gegen Virusinfektionen schützen.

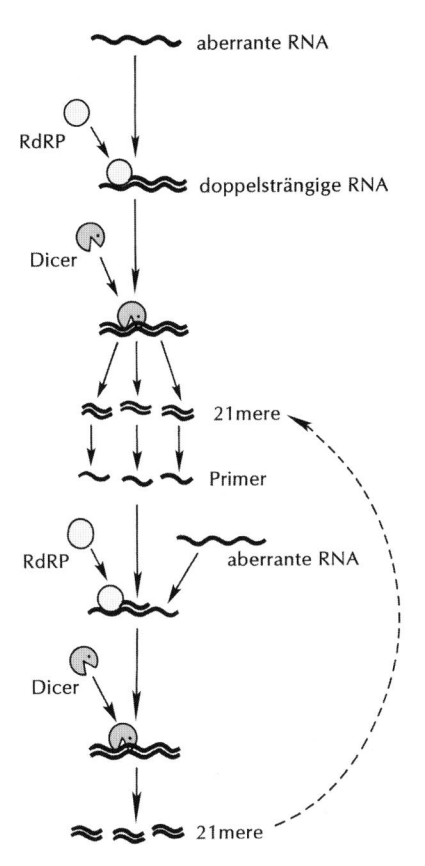

Abb. 27.12. Teilweise hypothetisches Modell der RNAi-Maschinerie für den Abbau von fremder RNA im Cytoplasma der Pflanzen. Dieses System ist für die Eliminierung von verschiedenen Formen aberranter RNA (z. B. Virus-RNA, *antisense*-RNA, überschüssige RNA bei Überexpression von Transgenen, Cosuppression) verantwortlich. Die *aberrante RNA* wird von einer RNA-abhängigen RNA-Polymerase (*RdRP*) auf noch unbekannte Weise erkannt. Diese synthetisiert einen komplementären RNA-Strang. Die nun doppelsträngige RNA wird von einer RNase (*Dicer*) erkannt und in 21 Nucleotide lange Fragmente (*21mere*) gespalten. Durch Trennung in Einzelstränge entstehen *Primer*, welche an die komplementären Domänen aberranter RNA-Moleküle binden und eine weitere Abbaurunde mit Hilfe von RdRP und Dicer einleiten. Durch dieses Rückkoppelungssystem kann Fremd-RNA sehr effektiv abgebaut werden. Der für diesen Mechanismus oft verwendete Begriff „*gene silencing*" ist insofern irreführend, als die Transkription nicht betroffen ist. (Nach Kuhlmann und Nellen 2004; verändert)

27.3 Tumorbildung durch *Agrobacterium tumefaciens*

Die Infektion von Pflanzen mit dem Bodenbacterium *Agrobacterium tumefaciens* führt zur **Tumorbildung.** Als maligne Tumoren (Krebsgeschwülste) bezeichnet man in der Biologie und Medizin neoplastische Gewebe, die **ungeordnet** und potenziell **unbegrenzt** wachsen. Die Fähigkeit zur geordneten Entwicklung, d. h. zur Differenzierung und Morphogenese, ist diesen Geweben verloren gegangen. In Pflanzen kann die Tumorbildung durch spezifische genetische Konstellationen (→ Abbildung 27.14) oder durch parasitäre Viren und Bakterien ausgelöst werden. Die durch *Agrobacterium tumefaciens* hervorgerufenen Tumoren lassen sich bei dikotylen Pflanzen insbesondere im Übergangsbereich vom Spross zur Wurzel beobachten und werden daher auch als „Wurzelhalsgallen" (*crown galls*) bezeichnet (Abbildung 27.13). Dieser Begriff ist insofern irreführend, als es sich hier nicht um wohlorganisierte Gallen (→ S. 640), sondern um echte maligne Tumoren handelt.

Im Experiment lassen sich durch Infektion mit *A. tumefaciens* an allen Teilen dikotyler Pflanzen Tumoren erzeugen. Die durch Wunden eindringenden Bakterien gelangen nicht in die Zellen der infizierten Pflanze, sondern geben vom Interzellularraum aus ein „tumorinduzierendes Prinzip" an die Zellen ab, das bei Zellteilungen an die Nachkommen weitergegeben wird und den Differenzierungszustand „Tumorzelle" dauerhaft determiniert. Dabei handelt es sich um ein Stück bakterielle, auf dem **Ti-Plasmid** lokalisierte DNA, die als **T-DNA** (*transferred DNA*) bezeichnet wird. Die Tumorbildung wird also durch **genetische Transformation** der Pflanzenzellen an der Infektionsstelle bewirkt. Die Übertragung der T-DNA in die Pflanzenzelle und ihr stabiler Einbau in deren Genom führt zu spezifischen Veränderungen im Stoffwechsel der transformierten Zellen. Die T-DNA codiert zum einen für eine Reihe von Genen, welche in der Pflanze die Synthese von **Auxin** (→ Abbildung 18.7) und **Cytokinin** auslösen. Zum anderen enthält die T-DNA Gene, welche in den Pflanzenzellen die Synthese von neuartigen Aminosäuren, **Octopin, Nopalin,** bewirken. Diese Stoffwechselprodukte werden von den Zellen ausgeschieden und dienen den Bakterien als Nährstoffquelle.

Die Basensequenz der T-DNA mit der in die Pflanzenzelle zu übertragenden Information spielt keine Rolle für die Effizienz des Gentransfers, die alleine durch die ebenfalls vorliegenden ***VIR*-Gene** bestimmt wird. Daher ist es möglich, in die T-Region beliebige andere DNA-Sequenzen einzufügen und, nach Entfernung der tumorerzeugenden Gene, mit Hilfe von *Agrobacterium* in pflanzliche Zellen einzuschleusen (→ Abbildung 28.14). Die komplizierten Vorgänge bei der Übertragung der T-DNA von der Bakterienzelle in die Pflanzenzelle sind im Exkurs 27.3 dargestellt.

Die unmittelbare Ursache der Tumorbildung an der Pflanze ist eine durch die genetische Transformation ausgelöste Expression von Genen für die Biosynthese von zellteilungs- und zellwachstumsfördernden Hormonen (Cytokinin und Auxin), die zu einer dauerhaften Reembryonalisierung der Zellen führen. Der heranwachsende Tumor ist erwartungsgemäß nicht mehr auf die Anwesenheit der Bakterien angewiesen, sondern kann nach steriler

Abb. 27.13. Pathologische morphogenetische Effekte, die durch Infektion mit *Agrobacterium*-Arten bei Tabakpflanzen *(Nicotiana tabacum)* ausgelöst werden. *Links:* Die Einschleusung der T-DNA (*ONC*-Gene) von *Agrobacterium tumefaciens* in das Pflanzengenom bewirkt die Ausbildung eines Tumors („Wurzelhalsgalle"). *Rechts:* Die Einschleusung der T-DNA (*ROL*-Gene) von *Agrobacterium rhizogenes* in das Pflanzengenom bewirkt die Ausbildung eines Wurzelbüschels (*hairy root*-Syndrom; → S. 426). (Nach Palme et al. 1991)

27.3 Tumorbildung durch *Agrobacterium tumefaciens*

EXKURS 27.3: DNA-Transfer in eine Pflanzenzelle durch *Agrobacterium tumefaciens*

Damit der Parasit *Agrobacterium tumefaciens* die Pflanzenzelle erfolgreich transformieren kann, muss die T-DNA aus dem Ti-Plasmid des Bacteriums in das Kerngenom der Pflanze übertragen und dort stabil eingebaut werden. Die bisher bekannten Einzelschritte dieses Weges lassen sich folgendermaßen zusammenfassen (Abbildung A; nach Sheng und Citovsky 1996):

➤ Zunächst binden die Bakterien unspezifisch an Bindestellen der pflanzlichen Zellwand, die durch Verwundung offengelegt wurden (*1*).

➤ Die T-DNA liegt im Bacterium auf einem großen Plasmid (**Ti-Plasmid**, 100–200 kB). Neben der T-DNA enthält das Ti-Plasmid die *VIR*-Region mit Genen, die für den Transfer der T-DNA in die Pflanzenzelle verantwortlich sind. Die hierbei beteiligten Bakteriengene sind in der Tabelle (→ S. 638) zusammengestellt (Nach Sheng und Citovski 1996). Zu den von den *VIR*-Genen codierten **Virulenzproteinen** gehören VIRA und VIRG (*2*), welche einen **Zweikomponentensignalreceptor** (→ S. 95) für die Wahrnehmung von phenolischen Substanzen (z. B. Acetosyringon) bilden, die aus Wunden der Pflanze austreten. VIRA besitzt die Aktivität einer autophosphorylierenden Proteinkinase, die den Phosphatrest anschließend auf VIRG überträgt (→ Abbildung 4.16). Auch hier besteht die erste Wechselwirkung zwischen den beiden Partnern in einer **Erkennungsreaktion** über Signalmoleküle.

➤ Der durch Phenole aktivierte Signalreceptor schaltet durch Wechselwirkung mit den entsprechenden Promotoren eine Batterie weiterer *VIR*-Gene an (*3*), welche dafür verantwortlich sind, dass eine freie, einzelsträngige Kopie der T-DNA von 22 kB gebildet wird (*4*). Dabei wird zunächst im Ti-Plasmid ein Strang der T-DNA durch Endonucleasen (VIRD1, VIRD2) ausgeschnitten und anschließend das fehlende Stück wieder zum Doppelstrang ergänzt. Die freigesetzte T-DNA wird mit Proteinen (VIRD2, VIRE2) zu einem gegen DNase resistenten Transportkomplex (T-Komplex, 50 MDa) verknüpft.

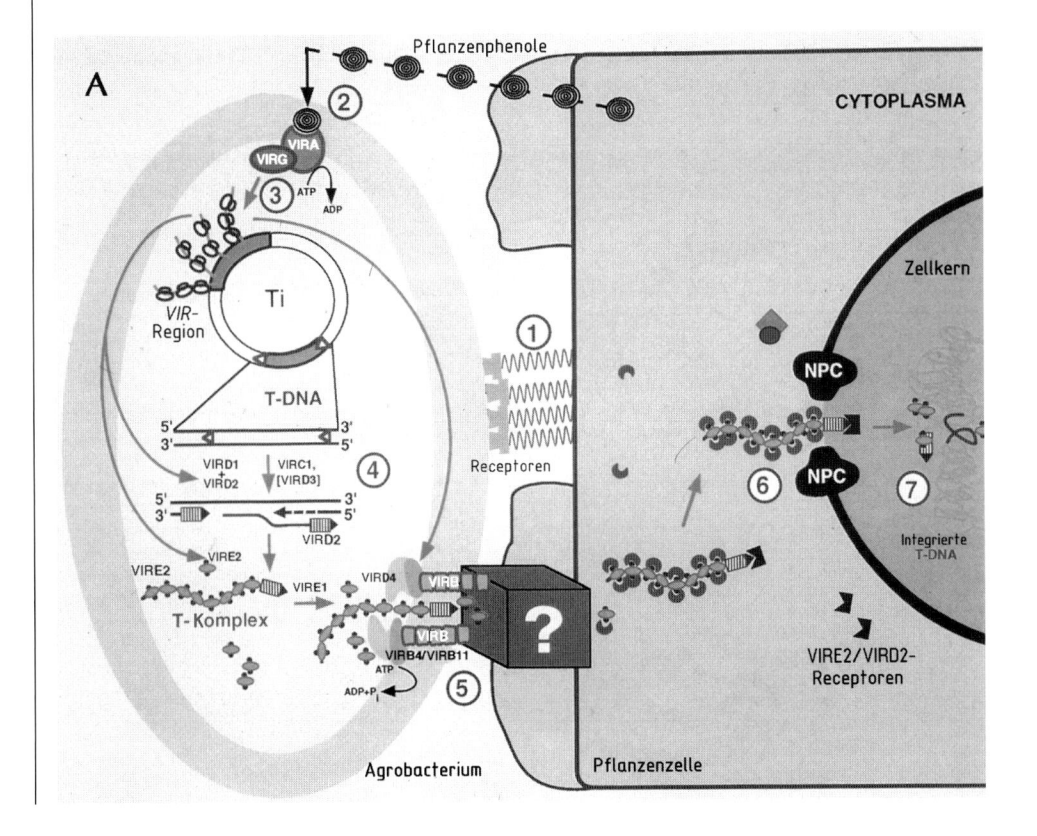

➤ Der Transportmechanismus, mit dem die T-DNA aus dem Bacterium in die Pflanzenzelle transportiert wird, hat sich aus dem Mechanismus der Konjugation entwickelt, durch die Bakterienzellen untereinander DNA austauschen können (*5*). Es bildet sich eine dem Sexpilus ähnliche Struktur, durch die die T-DNA von der Donor- in die Empfängerzelle gelangt. Der Pilus wird, ebenso wie der Kanal durch die bakterielle Cytoplasmamembran, an seiner Basis aus Produkten der *VIR*-Gene gebildet (Abbildung B; nach Baron und Zambryski 1996).

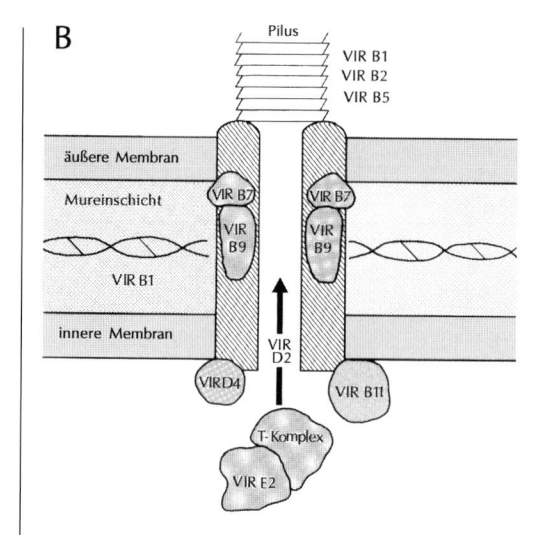

► Die VIRD2- und VIRE2-Proteine im T-Komplex enthalten Signalsequenzen, mit deren Hilfe der Transport in den Zellkern bewerkstelligt wird (6). Dort wird die T-DNA zum Doppelstrang ergänzt und durch DNA-Ligasen (Reparaturenzyme) in ein Chromosom integriert. Der T-Komplex verhält sich in der Pflanzenzelle ähnlich wie ein Viruspartikel, das durch die Interaktion von eigenen und pflanzlichen Proteinen aktiv zu seinem Zielort transportiert wird. Der Einbau der T-DNA in das Genom erfolgt unter dem Einfluss der bakteriellen VIR-Proteine durch pflanzliche Ligasen.

Der Transformationsprozess ist abgeschlossen, sobald die T-DNA stabil in transkribierbarer Form in die pflanzliche DNA integriert ist. Für den erfolgreichen Ablauf der Genübertragung vom Bacterium in die Pflanze werden Mechanismen sowohl prokaryotischer als auch eukaryotischer Herkunft benützt. Die biochemischen und molekularen Reaktionen bei der Wirtserkennung, der Registrierung der pflanzlichen Signale, der Aktivierung des bakteriellen genetischen Apparats und der Herstellung und Ausschleusung einer Transportform der DNA sind typische prokaryotische Prozesse, die in ähnlicher Form auch bei der Konjugation stattfinden. Beim Weitertransport der bakteriellen DNA in der Pflanzenzelle und der Integration im Kerngenom werden eukaryotische Mechanismen einbezogen, welche jedoch der Kontrolle durch mitgeführte bakterielle Proteine unterliegen. Dies ist ein besonders eindrucksvolles Beispiel für eine Coevolution auf molekularer Ebene. Aus bisher nicht verstandenen Gründen war diese Coevolution nur bei dikotylen Pflanzen erfolgreich. Bei monokotylen Pflanzen, z. B. Weizen oder Mais, verlaufen zwar die Infektionsprozesse bis hin zur Übertragung der T-DNA in die Wirtszelle in ähnlicher Weise, jedoch unterbleibt ihre Integration in das pflanzliche Genom. Dies beruht offenbar darauf, dass die VIRD2- und VIRE2-Proteine bei Monokotylen keinen Einbau der Fremd-DNA bewirken.

Zelluläre Prozesse	Spezifische Schritte	Beteiligte Gene in *Agrobacterium*
Zell-Zell-Erkennung	Anheftung der Bakterienzelle an die Pflanzenoberfläche	CHVA, CHVB, PSCA, ATT
Signaltransduktion	Erkennung der Signalmoleküle und Aktivierung des T-DNA-Transporters	CHVE, VIRA, VIRG [P21, P10]
Transkriptionelle Aktivierung	Expression der *VIR*-Gene durch den Aktivator	VIRG
DNA-Metabolismus	Mobilisierung der Einzelstrangkopie der T-DNA	VIRD1, VIRD2, VIRC1, [VIRD3]
Interzellulärer Transport	Bildung des Protein-T-DNA-Komplexes und des Transmembrankanals, Export des Komplexes in die Pflanzenzelle	VIRE2, VIRE1, VIRD2, VIRD4, VIRB4, VIRB7, VIRB9, VIRB10, VIRB11, [VIRB1, andere VIRB-Gene]
Import in den Zellkern	Interaktion mit der Kernimportmaschinerie der Pflanzenzelle und Transport des T-Komplexes durch Kernporen	VIRD2, VIRE2
Integration der T-DNA	Integration in das Pflanzengenom, Synthese des zweiten DNA-Stranges	[VIRD2, VIRE2]

Entnahme auch in einem hormonfreien Kulturmedium als potenziell unsterbliche Zelllinie weitergeführt werden. Je nach Aktivität der bei der Transformation eingebrachten Gene können neben völlig amorphen Kalluskulturen auch mehr oder weniger organisierte, bzw. missgestaltete Organe, **Teratome,** gebildet werden. Hierbei zeigt sich, dass das normale Differenzierungsmuster der Pflanzen wieder zum Vorschein kommen kann, wenn die Überproduktion von Hormonen weniger stark ausfällt.

Tumoren bzw. Teratome können bei bestimmten Pflanzen auch ohne Infektion mit *Agrobacterium* auftreten. Ein für die Entwicklungsphysiologie interessanter Fall ist die Außerkraftsetzung der natürlichen Differenzierungsprozesse in der Pflanze durch die Kombination von „unverträglichen" Genomen bei interspezifischen Kreuzungen. Solche als **genetische Tumoren** bezeichneten Missbildungen treten z. B. bei bestimmten interspezifischen Hybriden (Artbastarden) innerhalb der Gattungen *Nicotiana, Brassica, Datura* und *Lilium* auf (Abbildung 27.14). Auch hier scheinen Störungen im Hormonhaushalt für die Tumorbildung verantwortlich zu sein. Die Pflanzen wachsen zunächst völlig normal heran, gehen aber bei Belastung mit Stressfaktoren (z. B. Verwundung, Trockenheit, Röntgenbestrahlung) zur Tumorbildung in den betroffenen Organen über. Die Pflanzen haben also eine **genetische Disposition** zur Tumorbildung, die erst durch unspezifische Stressbedingungen ausgelöst wird. Die hierfür verantwortlichen Gene bzw. Genkombinationen sind nicht bekannt. Dieses Beispiel zeigt jedoch, dass es in bestimmten genetischen Konstellationen zur unkontrollierten Expression von Entwicklungsgenen kommen kann, ohne dass sich direkt an der genetischen Information etwas ändert. Es kommt zu einer instabilen Entwicklungssteuerung, die durch Umweltfaktoren (Stress) irreversibel außer Kraft gesetzt werden kann. Dabei werden **Protooncogene** (potenzielle Tumorgene) zu **Oncogenen** umfunktioniert. Eine ganz ähnliche, genetisch bedingte Disposition zur Tumorbildung hat man auch bei Tieren (z. B. *Drosophila*, Zahnkarpfen) beobachtet; sie dürfte auch bei manchen Formen von Tumoren beim Menschen beteiligt sein.

27.4 Interaktionen zwischen Pflanzen und Insekten

27.4.1 Symbiosen zwischen Pflanzen und Carnivoren

Viele Insekten besitzen eine herbivore Lebensweise, d. h. sie leben parasitisch auf oder in Pflanzen. Zur Abwehr solcher Fraßfeinde sind manche Pflanzen eine symbiontische Interaktion mit Feinden ihrer Fraßfeinde eingegangen, welche durch spezifische, leichtflüchtige Lockstoffe herbeigerufen werden können (Abbildung 27.15). Die Zusammenarbeit zwischen der angegriffenen Pflanze und den Schädlingsvertilgern kann so weit gehen, dass die Pflanze durch die Zusammensetzung der ausgesandten Lockstoffe signalisiert, von welchem Insekt sie gerade angegriffen wird und dadurch gezielt bestimmte Feinde dieser Insekten zu Hilfe rufen kann. Diese Lockstoffe, die chemisch ganz verschiedenen Stoffklassen zugeordnet werden können, sind bereits in

Abb. 27.14. Genetische Tumoren an amphidiploiden Tabakbastarden, welche durch Verwundungen am Spross (*links, Nicotiana suaveolens* x *langsdorffii*) oder an der Wurzel (*rechts, N. glauca* x *langsdorffii*) erzeugt wurden.

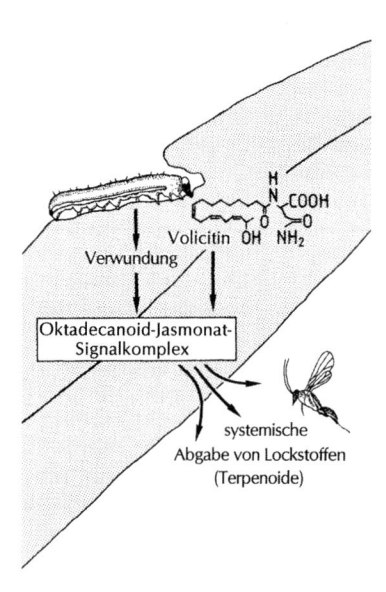

Abb. 27.15. Ein Beispiel für die Anlockung von Feinden pflanzenfressender Insekten durch Signalstoffe, die als Reaktion auf den Fraßangriff von der Pflanze ausgesandt werden. Der Speichel der sich von Maispflanzen ernährenden Schmetterlingsraupe (*Spochoptera exigna*) enthält *Volicitin*, ein Linolensäureabkömmling, der in der Maispflanze die Bildung einer Mischung von flüchtigen Terpenoiden (→ S. 369) und Indolen auslöst. Ähnlich wirken Wundsignale. Diese dienen als Lockstoffe für bestimmte Schlupfwespen *(Cotesia marginiventris)*, die ihre Eier in die Raupen ablegen. Die sich entwickelnden Wespenlarven ernähren sich parasitisch von der Raupe, die schließlich aufgefressen wird. Die Terpenoidbildung kann experimentell nicht nur mit Volicitin, sondern auch mit Jasmonat ausgelöst werden, einem Phytohormon, das außerdem an der Induktion der chemischen Abwehr der Pflanze gegen Fraßfeinde beteiligt ist (→ S. 435). Man nimmt daher an, dass der zum Jasmonat führende Octadecanoidweg auch an der Terpenoidinduktion beteiligt ist. (Nach Farmer 1997; verändert)

sehr verdünnter Form wirksam. Auch der vom Menschen registrierbare Kohlgeruch ist ein durch Verletzung bzw. Insektenfraß hervorgerufenes Alarmsignal für parasitische Wespen.

27.4.2 Gallenbildung als pathologische Morphogenese

Neben den direkten Fraßfeinden gibt es unter den Insekten Arten, welche die Pflanzen in subtilerer Form zur Aufzucht ihrer Larven benützen und zu diesem Zweck die Bildung neuer Organe veranlassen. Diese als Brutkammern dienenden Pflanzenorgane nennt man **Gallen**. Bei der Bildung von Gallen handelt es sich, im Gegensatz zur Tumorbildung, um einen hochgeordnet ablaufenden morphogenetischen Prozess, der durch große Spezifität sowohl von Seiten der Pflanze als auch von Seiten des Insekts ausgezeichnet ist. Das Produkt dieser **pathologischen Morphogenese** entsteht unter dem Einfluss von genetischen Informationen beider Partner, welche in harmonischer Form zusammenwirken.

Die Abbildung 27.16 zeigt einige Typen histoider Gallen auf einem Buchenblatt. Diese Gallen entstehen unter dem Einfluss von Insekten; in erster Linie sind Gallwespen und Gallmücken beteiligt. Das Insekt legt ein Ei in das Blattgewebe. Die Galle entsteht als Reaktion des pflanzlichen Gewebes auf jene Einflüsse (determinierende Faktoren), die vom stechenden Insekt, vom Ei und von der Larve ausgehen. Auffällig ist die **Spezifität der Gallen**; je nach Insekt entsteht eine spezifische, detailliert organisierte Galle, die der Kenner leicht von anderen unterscheiden kann. Die Gallenbildung ist ein großartiges Naturexperiment. Wir können daraus z. B. Folgendes lernen: 1. Die Pflanzenzelle ist zu mehr Differenzierungszuständen (= Zellphänotypen) fähig, als die normale Entwicklung hervorbringt. Die determinierenden Faktoren, die von den Insekten ausgehen, können anstelle normaler Epidermis- oder Mesophyllzellen ganz **bestimmte**, andersartige Differenzierungszustände einstellen. 2. Unter dem Einfluss der vom Insekt stammenden morphogenetischen Faktoren kommt es zu einer völlig anderen Morphogenese, als sie im normalen „Entwicklungsplan" der Pflanze vorgesehen ist.

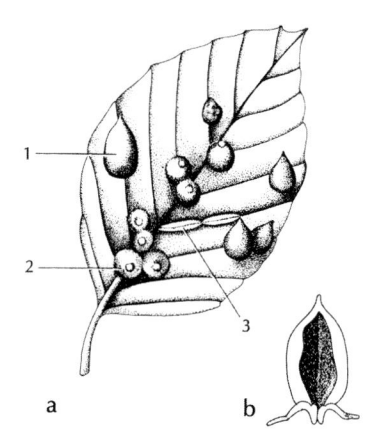

Abb. 27.16 a, b. Morphogenese von Gallen. **a** Drei verschiedene Beutelgallen auf einem Buchenblatt. Die unterschiedlichen Gebilde werden von verschiedenen Insekten verursacht (*1*, von der Buchengallmücke *Mikiola faga*; *2*, von der Gallmücke *Hartigiola annulipes*; *3*, von der Milbe *Eriophyes nervisequens*). **b** Längsschnitt durch eine Beutelgalle. (Nach Schumacher 1962)

Das Resultat ist ein harmonisches, funktionell optimiertes Gebilde mit spezifischer Organisation, nicht etwa ein Torso oder ein Teratom. 3. Die Auslösung einer Gallenbildung hat nicht den Charakter einer Induktion. Es wird vielmehr die vom Parasit ausgehende morphogenetische Wirkung beständig gebraucht. Nimmt man im Experiment den Parasiten ab, so dominiert wieder die normale Morphogenese. Die beteiligten molekularen Interaktionen und Mechanismen der chemischen Beeinflussung sind bisher noch völlig unverstanden.

27.5 Interaktionen zwischen Pflanzen und Pflanzen

Pflanzen treten in der Natur nicht nur in Wechselwirkung mit Mikroorganismen und Tieren, sondern auch mit ihresgleichen. Da es in einer natürlichen Pflanzengemeinschaft immer zu einem Konkurrenzkampf um Licht, Wasser oder Nährstoffe kommt, haben viele Pflanzen Mechanismen entwickelt, um ihre fremd- oder gleichartigen Konkurrenten auf Distanz zu halten. Dazu dient die Abgabe von Hemmstoffen im Boden oder in der Luft, die die Ansiedelung von anderen Pflanzen behindern. Dieses Phänomen nennt man **Allelopathie**.

Eine weit intimere Interaktion ist der Parasitismus von Pflanzen auf Pflanzen. Wenn sich die Gastpflanze autotroph ernähren kann, und ihrem Wirt hauptsächlich Wasser und Nährsalze aus dem Xylem entzieht, spricht man von **Halbschmarotzern** (z. B. bei der auf Bäumen siedelnden Mistel *Viscum album* und vielen Scrophulariaceen; Abbildung 27.17). **Vollschmarotzer** (z. B. die *Orobanche*- und *Cuscuta*-Arten) haben die Fähigkeit zur Photosynthese verloren und beziehen auch ihre organischen Nährstoffe von der Wirtspflanze. Hierzu zapfen sie durch besondere Saugorgane, **Haustorien**, die Siebröhren der Wirtspflanze über spezielle Transferzellen an und entwickeln eine hohe *sink*-Kapazität, die den Assimilatstrom in die Leitbahnen des Parasiten umlenkt. Zu den Vollschmarotzern gehören etwa 3.000 Arten (etwa 1%) der Angiospermen, die verschiedene Wege benützen, um in die Wurzeln oder Sprosse von Wirtspflanzen einzudringen. Auch hier findet man eine ausgeprägte **Wirtsspezifität**, die sich auf der genetischen Ebene etabliert hat. Über die molekularen Mechanismen der Erkennungsreaktionen und die anschließenden biochemischen Wechselwirkungen bei der erfolgreichen Infektion und Kolonisation der Wirtspflanzen ist bisher sehr wenig bekannt. In einigen Fällen hat man gefunden, dass die Ausscheidung von Dihydrochinonen und ähnlichen Substanzen durch die Wurzeln potenzieller Wirtspflanzen die Samenkeimung von Schmarotzerpflanzen stimuliert. Andere Signalstoffe des Wirts (z. B. Flavonoide, Cytokinine) vermitteln die Ausbildung von Haustorien und das Eindringen in den Wirt. Um seine Verbreitung zu sichern, produziert der Parasit meist eine große Zahl von Samen mit relativ hoher Lebensdauer.

Einige der pflanzlichen Parasiten haben spürbare Auswirkungen in der Land- und Forstwirtschaft. So kann z. B. ein Massenbefall von Waldbäumen mit Misteln durch Verminderung der Wachstumsleistung und Krüppelwuchs zu erheblichen Verlusten bei der Holzernte führen. Die als „Hexenkraut" bekannten *Striga*-Arten (Scrophulariaceae, Halbschmarotzer) befallen Wurzeln von Mais, Hirse und Reis und haben inzwischen etwa 2/3 der An-

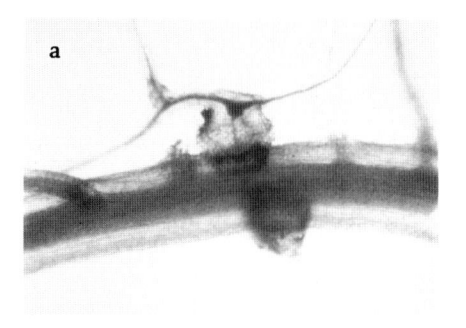

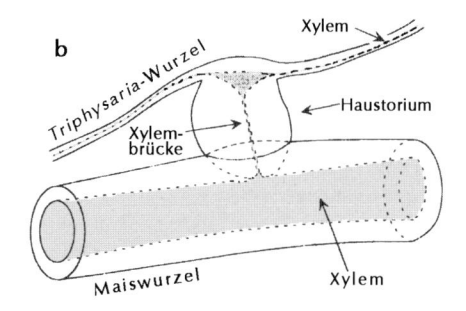

Abb. 27.17 a, b. Verbindung zwischen der parasitischen Pflanze *Triphysaria spec.* und der Wirtspflanze Mais *(Zea mays)*. Der Halbschmarotzer bildet an seiner Wurzel Auswüchse *(Haustorien)*, welche sich an die Wurzel der Wirtspflanze anheften und in diese eindringen. Im Zentrum bildet sich eine *Xylembrücke* zu dem Leitbündel der Maiswurzel aus, durch die Xylemsaft in die Schmarotzerpflanze umgeleitet wird. **a** mikroskopisches Bild mit einem Haustorium an der Oberseite und einem zweiten Haustorium an der Unterseite, **b** schematische Darstellung. (Nach Estabrook und Yoder 1998)

baufläche dieser Getreidearten in Afrika besiedelt. Bei starkem Befall erreicht der Ernteverlust 100 %; eine Weiterführung des Getreideanbaus ist auf solchen Flächen nicht mehr möglich. Wirkungsvolle Resistenzmechanismen gegen parasitische Pflanzen wurden bisher noch nicht gefunden. Ein Ansatzpunkt für die Aufklärung solcher Mechanismen wäre die Erforschung von Inkompatibilitäten, die bewirken, dass ein Parasit bei einer Nichtwirtspflanze erfolglos bleibt. Die Identifizierung der hierfür verantwortlichen Gene würde die Chance bieten, auf gentechnischem Weg Resistenz gegen einen Parasiten zu erzeugen.

Weiterführende Literatur

Atkins CA, Smith PMC (2007) Translocation in legumes: Assimilates, nutrients, and signaling molecules. Plant Physiol 144: 550–561
Baulcombe D (2004) RNA silencing in plants. Nature 431: 356–363
Boller T, Felix G (2009) A renaissance of elicitors: Perception of microbe-associated molecular patterns and danger signals by pattern-recognition receptors. Annu Rev Plant Biol 60: 379–406
Escobar MA, Dandekar AM (2003) *Agrobacterium tumefaciens* as an agent of disease. Trends Plant Sci 8: 380–386
Estabrook EM, Yoder JI (1998) Plant-plant communications: Rhizosphere signaling between parasitic angiosperms and their hosts. Plant Physiol 116: 1–7
Fitter A (2003) Making allelopathy respectable. Science 301: 1337–1338
Hématy K, Cherk C, Somerville S (2009) Host-pathogen warfare at the plant cell wall. Curr Opin Plant Biol 12: 406–413
Imaizumi-Anraku H, Takeda N, Charpentier M, Perry J, et al. (2005) Plastid proteins crucial for symbiotic fungal and bacterial entry into plant roots. Nature 433: 527–531
Jones JDG, Dangl JL (2006) The plant immune system. Nature 444: 323–329
Kroon H de (2007) How do roots interact? Science 318: 62–63
Kuhlmann M, Nellen W (2004) RNAinterferenz: Gen sei still! Biologie in unserer Zeit 34: 142–150
Limpens E (2003) LysM domain acceptor kinases regulating rhizobial Nod-factor induced infection. Science 302: 630–633
MacLean AM, Finan TM, Sadowsky MJ (2007) Genomes of the symbiotic nitrogen-fixing bacteria of legumes. Plant Physiol 144: 615–622
Martin F, Nehls U (2009) Harnessing ectomycorrhizal genomics for ecological insights. Curr Opin Plant Biol 12: 508–515

Möbius N, Hertweck C (2009) Fungal phytotoxins as mediators of virulence. Curr Opin Plant Biol 12: 390–398
Nürnberger T, Scheel D (2001) Signal transmission in the plant immune response. Trends Plant Sci 6: 372–379
Samac DA, Graham MA (2007) Recent advances in legume-microbe interactions: Recognition, defense response and symbiosis from a genomic perspective. Plant Physiol 144: 582–587
Sawers RJH, Gutjahr C, Paszkowski U (2008) Cereal mycorrhiza: An ancient endosymbiosis in modern agriculture. Trends Plant Sci 13: 93–97
Shah J (2009) Plants under attack: Systemic signals in defence. Curr Opin Plant Biol 12: 459–464
Sprent JI, James EK (2007) Legume evolution: Where do modules and mycorrhizas fit in? Plant Physiol 144: 575–581
Tabler A, Tsagris M (2003) Viroids: Petite RNA pathogens with distinguished talents. Trends Plant Sci 9: 339–348
Unsicker SB, Kunert G, Gershenzon J (2009) Protective perfumes: The role of vegetative volatiles in plant defense against herbivores. Curr Opin Plant Biol 12: 479–485
White J, Prell J, James EK, Poole P (2007) Nutrient sharing between symbionts. Plant Physiol 144: 604–614

In Abbildungen und Tabellen zitierte Literatur

Baker CJ, Orlandi EW (1995) Annu Rev Phytopathol 33: 299–321
Baron C, Zambryski PC (1996) Curr Biol 6: 1567–1569
Bracker CE, Littlefield LJ (1973) In: Byrde RJW, Cutting CV (eds) Fungal pathogenicity and the plant's response. Academic Press, London, pp 159–313
Butin H (1989) Krankheiten der Wald- und Parkbäume: Diagnose, Biologie, Bekämpfung, 2. Aufl, Thieme, Stuttgart
Erfkamp J, Müller A (1990) Chemie in unserer Zeit 24: 267–279
Estabrook EM, Yoder JL (1998) Plant Physiol 116: 1–7
Farmer EE (1997) Science 276: 912–913
Grisebach H, Ebel J (1983) Biologie in unserer Zeit 13: 129–136
Harrison MJ (1997) Trends Plant Sci 2: 54–60
Hirsch AM (1992) New Phytol 122: 211–237
Kuhlmann M, Nellen W (2004) Biologie in unserer Zeit 34: 142–150
Marrè E (1979) Annu Rev Plant Physiol 30: 273–288
Palme K, Hesse T, Moore I et al. (1991) Mech Dev 33: 97–106
Schumacher W (1962) In: Lehrbuch der Botanik für Hochschulen. 28. Aufl, Fischer, Stuttgart
Sheng J, Citovsky V (1996) Plant Cell 8: 1699–1710
Simms EL (1996) BioScience 46: 136–145
Wolpert TJ, Macko V (1989) Proc Natl Acad Sci USA 86: 4092–4096

28 Ertragsbildung: Physiologie und Gentechnik

Um die wachsende Zahl von Menschen auf der Erde sowie deren steigende Ansprüche in Bezug auf Qualität und Diversität der Nahrungsmittel zu befriedigen, ist es auch weiterhin erforderlich, die landwirtschaftlichen Erträge zu steigern. Da die für die Nahrungsmittelproduktion geeignete Fläche auf der Erde limitiert und weitgehend ausgeschöpft ist, wird dies nur über eine **Ertragssteigerung auf gleicher Fläche** möglich sein. Besondere Bedeutung besitzen in diesem Zusammenhang Fortschritte bei der bedarfsgerechten **Mineraldüngung**, beim umweltschonenden **Pflanzenschutz** und bei der **Züchtung** leistungsfähiger, **stressresistenter Nutzpflanzen**. Wie bei allen bisherigen Erfolgen ist zur Bewältigung dieser Aufgaben ein tieferes Verständnis der Physiologie von Pflanzen unabdingbar. Mit gentechnischen Verfahren kann man heute gezielt in bestimmte Funktionen der Pflanze eingreifen und mit physiologisch fundierten Ansätzen vorteilhafte Veränderungen im Erbgut von Nutzpflanzen herbeiführen, die mit konventioneller Züchtung nicht gelingen. Die bisherigen Erfahrungen mit kontrollierter **Schädlings-** und **Herbizidresistenz**, gesteuerter **Sterilität** für die Hybridzüchtung, gezielter **Umlenkung von Biosynthesebahnen** und vielen anderen pflanzlichen Eigenschaften belegen eindrucksvoll die Notwendigkeit für eine intensive Zusammenarbeit von Pflanzenphysiologie, Molekularbiologie, Biochemie, Genetik und landwirtschaftlichen Disziplinen zur Optimierung der Pflanzenproduktion für die Bedürfnisse des Menschen.

28.1 Grundlegende Gesichtspunkte

28.1.1 Zur Situation

Zur Zeit werden etwa 14 Millionen km^2 der Erdoberfläche (rund 10 %) landwirtschaftlich genutzt. Dieser Prozentsatz lässt sich ohne massive ökologische Risiken und ohne gewaltige Investitionen an Kapital, technischer Innovation und Energie nicht mehr erheblich steigern. Die riesigen Areale, die von Tundren, Wüsten, Savannen, Buschwäldern und tropischen Regenwäldern eingenommen werden, eignen sich kaum für ertragfähiges Ackerland. Darüber hinaus werden überall auf der Welt beträchtliche Flächen potenziellen Agrikulturlandes den menschlichen Siedlungen und den Einrichtungen der Infrastruktur (Straßen, Eisenbahnlinien) geopfert. Noch größere Flächen gehen durch falsche Behandlung (Entwaldung, Überweidung, Versalzung, Kontamination, Erosion) für die Land- und Forstwirtschaft irreversibel verloren. Da die Erdbevölkerung immer noch zunimmt (1830: 1 Milliarde (Mia), 1930: 2 Mia, 1960: 3 Mia, 1990: 5,4 Mia, 2000: 6,5 Mia, 2010: ≈ 7,7 Mia), nimmt die landwirtschaftliche Nutzfläche pro Kopf ständig ab (1960: 0,45 ha · Kopf^{-1}, 1980: 0,30 ha · Kopf^{-1}, 2000: 0,22 ha · Kopf^{-1}, 2020: ≈ 0,19 ha · Kopf^{-1}). Der Bedarf der wachsenden Erdbevölkerung an Nahrungsmitteln, Holz und anderen pflanzlichen Rohstoffen muss also im wesentlichen durch **Ertragssteigerung** befriedigt werden. Obwohl hierbei in den letzten 60 Jahren große Fortschritte erzielt wurden („grüne Revolution"), sind der Ertragssteigerung jedoch natürliche Grenzen gesetzt. Auch aus diesem Grunde gibt es keine **technische** Lösung für die Schwierigkeiten, die eine dauernde Vermehrung der Erdbevölkerung mit sich bringt.

28.1.2 Zur Terminologie

Unter **biologischem Ertrag** versteht man die gesamte, pro Flächeneinheit und pro Vegetationsperiode gebildete, wasserfreie Pflanzenmasse einschließlich der Wurzeln, **Biomasse** (Tabelle 28.1). Der **ökonomische Ertrag** zieht nur jene Pflanzenorgane oder Inhaltsstoffe in Betracht, um derentwegen die Pflanze angebaut wird, **Ertragsgut** (z. B. Körner, Knollen, Drogen). In der Regel ist ein hoher biologischer Ertrag die Grundlage für einen hohen ökonomischen Ertrag.

Tabelle 28.1. Die verschiedenen Formen des Ertrags.

Biologischer Ertrag (Flächenertrag)	Biomasse · ha^{-1} · a^{-1}
Ökonomischer Ertrag (Flächenertrag)	Ertragsgut · ha^{-1} · a^{-1}
Finanzieller Ertrag	Geld · ha^{-1} · a^{-1}
Finanzieller Nettoertrag = Ertrag minus Kosten (Rentabilität)	Geld · ha^{-1} · a^{-1} oder Geld · Person^{-1} · a^{-1}

Der ökonomische und der finanzielle Ertrag hängen natürlich von den jeweiligen Interessen des Menschen ab. Ein Beispiel: Mit dem irreversiblen Abbau und Verbrauch der Erdölreserven sollte das Interesse an verbrennbarer Biomasse zur Substitution für Erdöl zunehmen. Eine Alternative zu fossilen Energieträgern wäre es, aus der Biomasse von besonders leistungsfähigen C$_4$-Pflanzen ($\rightarrow$ S. 279) ebenso billig Nutzenergie zu erzeugen wie aus dem teuer gewordenen Erdöl oder aus der Kohle. Das Pflanzenmaterial wird vor der Verbrennung trocken destilliert, wobei wertvolle Nebenprodukte gewonnen und der aktuelle Heizwert gesteigert werden. Die Beheizung von Kraftwerken mit Pflanzenmaterial hätte den Vorteil, dass hierbei der Umsatz CO$_2$-neutral ist (es wird nicht mehr CO$_2$ freigesetzt als vorher fixiert wurde). Allerdings müsste man für eine rationelle Produktion die Biomasse auf großen Arealen erzeugen, die für die Gewinnung von konventionellem Ertragsgut (z. B. Nahrungsmitteln) verloren wären. Bei der Bewertung der gesamten CO$_2$- und Energiebilanz bei Produktion und Einsatz von Biomasse als Energieträger sind eine Vielzahl von offensichtlichen wie auch versteckten Parametern zu berücksichtigen.

28.1.3 Ertrag und Energie

Der moderne, ertragreiche Pflanzenbau benötigt viel terrestrische Energie, um solare Energie im Ertragsgut zu binden. Der **energetische Umsetzungsfaktor r** (Abbildung 28.1) ist je nach Rahmenbedingungen und Ertragsgut auch bei den Feldfrüchten sehr unterschiedlich (zur Zeit am günstigsten beim Mais, r = 4,7). Zur terrestrischen Energie gehören u. a. Dieselkraftstoff, beim Bau von Maschinen und Geräten und bei der Produktion von Pflanzenschutzmitteln und Dünger investierte Energie, Elektrizität, menschliche Arbeitskraft usw. Auf Nahrung bezogen ist der Umsetzungsfaktor stets < 1, beim Weißbrot z. B. 0,2. Faustregel: Um 1 kg Weißbrot herzustellen, braucht man das terrestrische Energieäquivalent von 1 l Erdöl. Die Steigerung der Flächenerträge senkt sehr oft den energetischen Umsetzungsfaktor, besonders auf marginalen Böden und dann, wenn Bewässerung notwendig wird. Der Bodennutzungswandel zugunsten der Nahrungswirtschaft (Wald, Ödland, Steppe usw. zu Agrarland) ist deshalb von billiger Energieversorgung abhängig.

28.1.4 Zielsetzung der Ertragsphysiologie

Ziel ist die verstärkte Erzeugung von Biomasse (Ertragsgut) bei Erhaltung stabiler, anthropogener Ökosysteme (Felder, Wiesen, Gärten, Plantagen usw.). Voraussetzung ist die Kenntnis jener Prozesse, auf denen die Bildung nutzbarer Biomasse beruht. Aufgabe der Ertragsphysiologie ist es insbesondere, den hohen Energiebedarf der landwirtschaftlichen Produktion abzubauen. Hier spielt die **Züchtung** eine besonders wichtige Rolle, da eine Verbesserung des Erbguts mit den heutigen Verfahren energetisch billig ist, im Gegensatz etwa zu einer Verbesserung der Bodenfruchtbarkeit (Tabelle

$$\text{Umsetzungsfaktor } r = \frac{\text{Energie im Ertragsgut}}{\text{terrestrischer Energieeinsatz}}$$

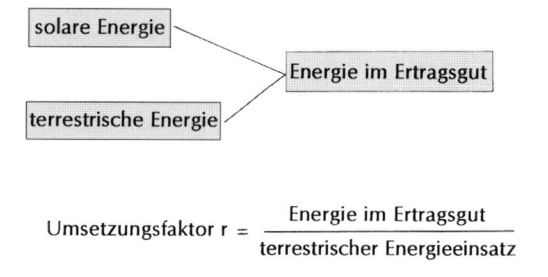

Abb. 28.1. Schema zur Definition des energetischen Umsetzungsfaktors r.

Tabelle 28.2. Limitierende Faktoren des Ertrags. Die nicht fixen Faktoren sind nach den Energiekosten gereiht, die unter Feldbedingungen aufzuwenden sind, um diese günstiger zu gestalten (Ergebnisse eines Oberseminars zum Thema „Landwirtschaft und Energie").

Fixe Faktoren:
CO_2-Partialdruck (390 μl · l^{-1})
Licht (gesamte Sonnenscheindauer)
Temperatur (Länge der Vegetationsperiode)
Bodentyp

Variable Faktoren, teuer:
Bodenfeuchtigkeit (Bewässerung)
Bodenfruchtbarkeit (Düngung)
Pflanzenkrankheiten (Pflanzenschutzmittel)
Unkräuter, Ungräser (Bodenbearbeitung, Herbizide)
Speicherung nach der Ernte
Nährwert
Vermarktung

Variable Faktoren, billig:
Pflanzdichte
Aussaattermin
Äußere Qualität des Ertragsguts (frei von Krankheiten, Uniformität)
Genotyp

28.2). Eine Linie der gentechnisch orientierten Züchtungsforschung zielt demgemäß darauf ab, Kulturpflanzen zu entwickeln, die mit einem niedrigen Angebot an Makroelementen (N, K, P, Ca) auskommen. Für den Einsatz in der Praxis kommt es natürlich darauf an, einen günstigen Kompromiss zwischen Ertrag und Nährstoffbedürfnis zu finden.

Ein weiteres Maß für die Leistungsfähigkeit eines Wirtschaftszweiges ist die **Produktivität**, die in der Landwirtschaft danach zu bemessen ist, wie viele Menschen ein Landwirt zusätzlich ernähren kann. Die Steigerung der Produktivität in der Landwirtschaft kann sich neben den entsprechenden Zahlen aus Industrie und gewerblicher Wirtschaft sehen lassen. Während um 1850 noch die meisten Deutschen bei einer minimalen Rentabilität (→ Tabelle 28.1) in der Landwirtschaft tätig waren, arbeiteten 1950 nur noch 23 % der Erwerbstätigen im Agrarbereich. Heute sind es rund 4 %. Auf der anderen Seite ernährt ein deutscher Landwirt heute – unter Anwendung monetär und energetisch teurer Produktionshilfen – 67 Personen gegenüber 10 im Jahre 1950. Vergleichsweise billig sind heute die Lebensmittel: Der Bundesbürger verbraucht derzeit im Schnitt rund 16 % seines Einkommens für den breitesten Nahrungskorb, den es je gab, im Vergleich zu 35 % um die Mitte der 50er Jahre. In früheren Phasen der Menschheitsgeschichte waren bis in das 19. Jahrhundert auch in den heute reichen (industrialisierten) Ländern viele, häufig die meisten Menschen aus finanziellen Gründen nicht in der Lage, ihren Bedarf an Nahrungsmitteln angemessen zu decken.

28.1.5 Systemsynthese, Produktsynthese

Unter **Systemsynthese** verstehen wir die Bildung des Ertragsgut bildenden Systems, unter **Produktsynthese** die Bildung des eigentlichen Ertragsguts. Ein Beispiel (→ Abbildung 17.2): Das Ertragsgut beim Senf (*Sinapis alba*) sind die Senfkörner (Samen); die Systemsynthese umfasst die vegetative Entwicklung und die Blütenbildung. Der Proteingehalt (Protein pro Trockenmasse) gilt als Maß für die Leistungsfähigkeit des Systemsynthese betreibenden Systems. Es ist evident, dass in der Regel eine hohe Systemsynthese die Voraussetzung für eine hohe Produktsynthese ist; die Zusammenhänge sind aber nicht einfach und müssen individuell (d. h. für jede Pflanzensippe) erforscht werden. Generell gilt, dass die Syntheseleistung des Systems für das **System** im Verlauf der Ontogenese abnimmt, während die Syntheseleistung des Systems für das **Produkt** eine Optimumkurve durchläuft. Die Umsteuerung des systemproduzierenden Stoffwechsels auf einen produktproduzierenden Stoffwechsel, die in der Regel mit dem Übergang von der vegetativen in die reproduktive Entwicklung zusammenfällt, ist gekennzeichnet durch ein rapides Absinken des Proteingehalts in den vegetativen Organen der Pflanze (Abbildung 28.2).

Der Zeitpunkt der Umsteuerung kann durch Außenfaktoren beeinflusst werden, z. B. bewirkt beim Sommerweizen eine Erhöhung der Stickstoffversorgung eine Verzögerung. Die Aufnahme von Ionen (z. B. NO_3^-, HPO_4^{2-}, K^+, Ca^{2+}, Mg^{2+}) ist mit der Systemsynthese gekoppelt, nicht mit der Produktsynthese. Bei manchen Pflanzen führt ein hohes Stickstoffangebot im Boden zu einer exzessiven Systemsynthese (vegetatives Wachstum) mit wenig Produktsynthese (Samen, Früchte, Knollen). Die Düngung hat in diesen Fällen so früh wie möglich zu erfolgen, um das Systemwachstum (und damit die Photosynthesekapazität und die anabolische Kapazität insgesamt) zu fördern. Beim Übergang zur Produktsynthese muss der Stickstoffpegel im

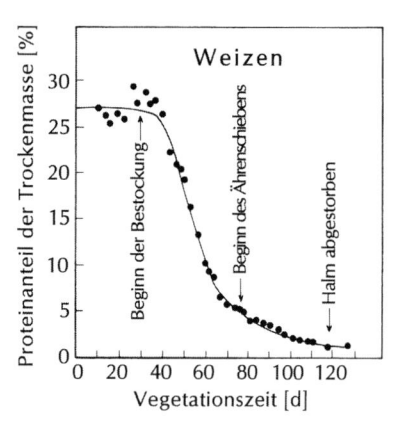

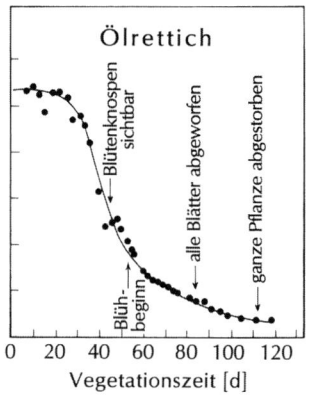

Abb. 28.2. Die Änderung des relativen Proteingehalts in den vegetativen Organen von Weizen (*Triticum aestivum*; links) und Ölrettich (*Raphanus sativus* var. *oleiformis*; rechts) im Verlauf der Vegetationsperiode (6. April bis 4. August). (Nach Linser et al. 1968)

Boden soweit erniedrigt sein, dass ein hemmender Effekt auf die Produktsynthese nicht mehr auftritt.

28.1.6 Bildung von Speicherstoffen

Ein integraler Bestandteil der Produktsynthese ist die zur Speicherung führende Translocation organischen Materials (→ Abbildung 14.1). Maßgebend für die Richtung und für die Intensität der Translocation von Assimilaten ist der „Sog", der von den Verbrauchern (*sinks*) ausgeht (z. B. Meristeme, junge Blätter, Samen, Früchte, vegetative Speichergewebe). Die diversen Verbraucher konkurrieren um das organische Material der Quellen (*sources*, photosynthetisch aktive Blätter). Eine Verkürzung der Halme beim Getreide durch die Anwendung von Wachstumsretardanzien (→ S. 656) hat den Nebeneffekt, dass sich die *sink*-Kapazität der Halmregion verringert und deshalb mehr Material für die Produktsynthese (Getreidekorn) zur Verfügung steht.

Die **Assimilationsintensität** während der Periode der Speicherung ist der entscheidende Faktor für das Ausmaß der Speicherung. Diese Größe (gemessen als mol CO_2 assimiliert pro Zeiteinheit und pro Einheit Trockenmasse) hängt maßgeblich vom Ausmaß der Systemsynthese ab, insbesondere von der Ausbildung der Blattmasse während der vegetativen Phase. Es ist darüber hinaus notwendig, dass die einmal erreichte Assimilationsintensität während der Periode der Speicherung möglichst lange erhalten bleibt. Ein Beispiel: Bei reichlichem Stickstoffangebot bleiben die vegetativen Pflanzenteile der Getreidepflanzen, besonders der obere Teil des Halms (Fahnenblatt und Ähre), länger grün. Die in diesen Teilen während der Kornausbildung synthetisierten Kohlenhydrate werden zum großen Teil für die Stärkebildung im Endosperm der Körner verwendet. Deshalb hat eine reichliche Stickstoffgabe einen positiven Effekt auf das Korngewicht (Trockenmasse). Wahrscheinlich ist der Stickstoffeffekt auch indirekter Natur. Es gibt Hinweise darauf, dass die Synthese von Cytokininen (→ S. 422) und ihr Transport aus der Wurzel in die oberirdischen Pflanzenteile von der Stickstoffernährung der Pflanzen abhängen. Das Grünbleiben von Fahnenblatt und Ähre dürfte primär mit dem Antiseneszenzeffekt, den die Cytokinine auf die Blätter ausüben, zusammenhängen (→ Abbildung 23.5).

Der beim Getreide nachgewiesene Zusammenhang zwischen Stickstoffangebot und Produktsynthese gilt nicht generell. Bei Hackfrüchten, z. B. bei der **Kartoffel**, reduziert ein hohes Stickstoffangebot das Knollenwachstum und damit den ökonomischen Ertrag. Offenbar werden in diesem Fall die Assimilate von den oberirdischen Pflanzenteilen bevorzugt für die Ausbildung weiterer Blatt- und Stengelmasse verwendet und nicht in die Stolone transportiert. Bei **Zuckerrüben** hat man ähnliche Beobachtungen gemacht. Eine reichliche Stickstoffversorgung in den letzten Wochen vor der „technischen Reife" stimuliert das Blattwachstum, hält die Blätter länger grün und behindert die Translocation der Assimilate in den Rübenkörper. Bei der Zuckerrübe ist der Zuckergehalt des Speichergewebes umgekehrt proportional dem zum Zeitpunkt der Produktsynthese im Boden verfügbaren Nitratgehalt.

28.1.7 Produktionsfaktoren

Der Ertrag hängt im Sinn der Tabelle 28.2 von vielen **Produktionsfaktoren** ab, falls sich nicht ein begrenzender Faktor im absoluten Minimum befindet. Die wichtigsten Produktionsfaktoren sind: Genotyp, Makroelemente, Mikroelemente, Bodenstruktur (Bodenbearbeitung), pH-Wert des Bodens, Wasser, Licht, Temperatur, CO_2-Konzentration. In der Praxis sind die klimatischen Faktoren (Licht, Temperatur, CO_2-Konzentration) und der Bodentyp am wenigsten zu beeinflussen (Parameter, fixe Faktoren). Eine Ausnahme machen Sonderkulturen in Gewächshäusern (künstliches Zusatzlicht, Warmhäuser, CO_2-Düngung). Die Voraussetzung für rentable Gewächshauskultur ist aber sehr billige Primärenergie.

Als wichtigste **Antagonisten der Produktionsfaktoren** gelten **Schädlinge** (d. h. Lebewesen, die den gewünschten Ertrag durch Befall reduzieren), **Unkräuter** (d. h. Pflanzen, die mit den Kulturpflanzen konkurrieren und deren Ertragsleistung mindern) und **Stressfaktoren** (Trockenstress, Salzstress, atmogene Schadstoffe, Lichtstress, UV-Stress; → S. 583). Der Unterschied zwischen den **üblichen** und den **möglichen** Erträgen ist in der Regel erheblich.

Der Beitrag der Pflanzenphysiologie zur Ertragsphysiologie betrifft in erster Linie die folgenden Punkte:

▶ Formulierung von Ertragsgesetzen, einschließlich der Formulierung theoretischer Modellsysteme zur Mehrfaktorenanalyse (→ S. 6),
▶ neue, insbesondere gentechnische Verfahren der Pflanzenzüchtung,
▶ empirische Untersuchungen zur Ertragssteigerung über die Optimierung einzelner oder mehrerer Produktionsfaktoren,
▶ Verbesserung der Herbizide über einen besseren Einblick in ihren Wirkmechanismus,
▶ Physiologie der Bildung von Speicherorganen. Dieser Aspekt hängt eng zusammen mit der Physiologie des Stofftransports (→ S. 333).

28.2 Ertragsgesetze

Ursprünglich ging die Ertragsphysiologie davon aus, dass der Ertrag von einem **Minimumfaktor** bestimmt wird, d. h. von dem in ungenügender Menge vorhandenen Faktor (Liebig, um 1850). Dieses „Minimumgesetz" erwies sich als unbefriedigend, da sich in vielen Experimenten ergab, dass bei höheren Faktordosen der Ertrag nicht mehr linear mit dem Minimumfaktor ansteigt (→ S. 262). Das Minimumgesetz wurde deshalb von Liebscher 1895 zum „Optimumgesetz" modifiziert: Der Minimumfaktor ist um so stärker ertragswirksam, je mehr die anderen Faktoren im Optimum sind. Mitscherlich schließlich formulierte 1906 das **Gesetz vom abnehmenden Ertragszuwachs**: Der Pflanzenertrag ist abhängig von einem jeden Wachstumsfaktor (heute besser: Produktionsfaktor) mit einer dem Faktor eigenen Intensität, und zwar ist der Ertragszuwachs pro Zunahme des Wachstumsfaktors proportional zu dem am Höchstertrag fehlenden Ertrag. In dieser Formulierung werden zwei wichtige Gesichtspunkte klar herausgestellt: 1. Jeder Produktionsfaktor begrenzt den Ertrag. 2. Die Zunahme eines jeden Produktionsfaktors steigert grundsätzlich den Ertrag, falls das jeweilige Optimum nicht erreicht ist. Das Mitscherlich-Ertragsgesetz lässt sich für einen bestimmten Wachstumsfaktor (Testfaktor), z. B. für ein Makroelement, folgendermaßen formulieren:

$$\frac{dy}{dx} = c(A-y), \qquad (28.1)$$

wobei: A, Höchstbetrag (Testfaktor optimal); y, aktueller Ertrag (Testfaktor suboptimal); A−y, Differenz zum Höchstertrag; x, Dosis des Testfaktors; c, Wirkungskoeffizient. Diese Funktion passt sich den experimentell gefundenen Daten in der Regel recht gut an (Abbildung 28.3). Je größer c, um so steiler steigt die exponentielle Funktion an. Der **Wirkungskoeffizient** ist eine empirische Größe, die z. B. für einen gegebenen Boden und gegebene klimatische Faktoren für verschiedene Makroelemente vergleichend festgestellt werden kann. Bei einer genauen Kenntnis des Höchstertrags A erhält man gemäß Gleichung 28.1, die gelöst $y = A(1-e^{-cx})$ oder $\ln(A-y)/A = -cx$ ergibt, bei einer halblogarithmischen Auftragung von $(A-y)/A$ gegen x eine Gerade. Aus der Steigung der Geraden lässt sich direkt der Wirkungskoeffizient ablesen. Man findet dann in der Regel ein kleines c für Stickstoff, ein großes für Schwefel; die anderen wichtigen Makroelemente liegen dazwischen ($c_N < c_K < c_P < c_{Mg} < c_S$).

Die prinzipielle Schwierigkeit bei der Interpretation der für einzelne Produktionsfaktoren aufgestellten Ertragsfunktionen (als Prototyp → Abbildung 28.3) rührt daher, dass man die (möglicherweise dosisabhängige) **Wechselwirkung** (Interaktion) zwischen den verschiedenen Produktionsfaktoren theoretisch nicht im Griff hat (→ S. 6). Andererseits darf man nicht davon ausgehen, dass die einzelnen Faktoren unabhängig voneinander den Ertrag bestimmen. Die Annahme einer

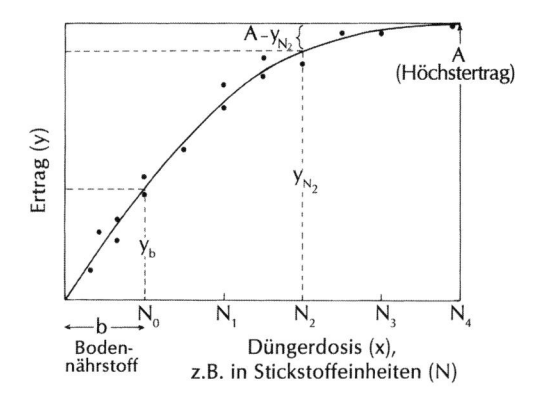

Abb. 28.3. Der Ertrag (y) als Funktion der Düngerdosis (x). Die experimentell gefundene Punkteschar (●) wird durch die theoretische Funktion hervorragend repräsentiert. Die Angabe in *Stickstoffeinheiten* (N) soll illustrieren, wie sich eine Erhöhung dieses Faktors über den im Boden bereits vorhandenen Pegel hinaus auswirkt. Der Ertrag y_b ist auf die Bodennährstoffe zurückzuführen, der Ertrag y_{N_2} auf die Düngerdosis N_2. (Nach Finck 1976)

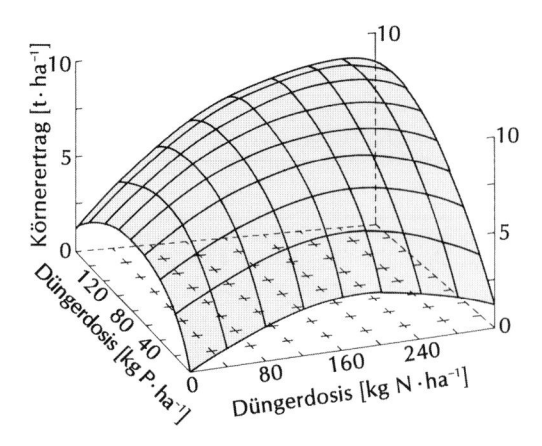

Abb. 28.4. Der ökonomische Ertrag (Maiskörner pro Fläche) als Funktion der Stickstoff- und Phosphatdüngung. Für zwei Faktoren ist eine anschauliche Darstellung der erhaltenen Daten als „Ertragsoberfläche" möglich. (Nach Finck 1976)

Nicht-Wechselwirkung in der Theorie muss empirisch begründet werden.

Das empirische Resultat eines Zweifaktorenexperiments lässt sich als (gekrümmte) **Ertragsoberfläche** anschaulich darstellen (Abbildung 28.4). Die empirischen Ergebnisse von Mehrfaktorenexperimenten lassen sich zwar nicht mehr bildlich wiedergeben, aber mit Hilfe von Computern nach den Verfahren multifaktorieller statistischer Analyse verhältnismäßig leicht auswerten. Man darf nicht erwarten, dass man bei diesen Analysen auf Gesetzmäßigkeiten stösst, da die Wechselwirkung zwischen den Produktionsverfahren (zumal im Freiland) für die jeweilige Situation spezifisch ist.

Bisher sind wir davon ausgegangen, dass Ertragskurven im Prinzip **exponentielle Funktionen** sind, die sich mit steigender Faktordosis asymptotisch einem Grenzwert nähern (→ Abbildung 28.3). Diese Annahme ist nicht immer berechtigt. Nicht selten müssen wir mit **Optimumkurven** rechnen, z. B. führt die **Überdüngung** mit einer bestimmten Ionensorte in der Regel zu einer relativen Minderung des Ertrags (Abbildung 28.5). Da die optimale Menge eines Faktors in der Regel von den Mengen, in denen die anderen Produktionsfaktoren vorhanden sind, abhängt, ergeben sich für die theoretische und praktische Ertragsphysiologie schwierige Probleme, die nur näherungsweise zu lösen sind.

Düngemittel sind für den Landwirt Faktoren der Ertragssteigerung. Hierbei muss man sowohl den **ökonomischen Ertrag** (Menge an Ertragsgut pro Fläche) als auch die **Rentabilität** (Ertrag pro Arbeitskraft oder Ertrag pro eingesetzter Kapitalmenge) in Betracht ziehen. In der Abbildung 28.6 ist die Rentabilitätsfunktion für den Ertragsfaktor **Dün-**

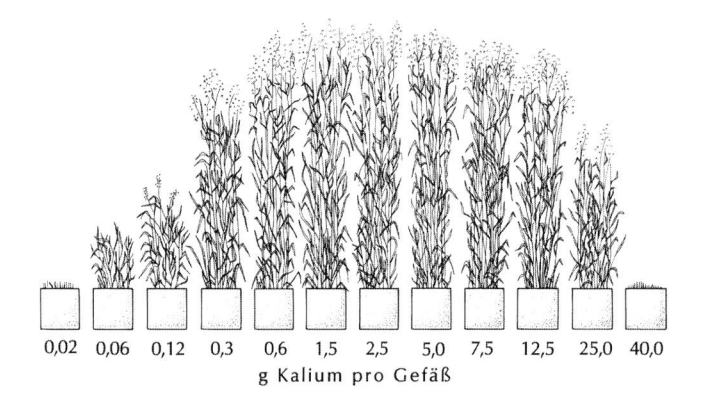

Abb. 28.5. Illustration einer Optimumkurve für die Düngung. Objekt: Haferpflanzen (*Avena sativa*), die mit verschiedenen Kaliummengen gedüngt wurden. Jedes Kulturgefäß erhielt als Grunddüngung 1,34 g Stickstoff. Man sieht, dass bei einer Steigerung der Kaliumdüngung über das Optimum hinaus Wachstum und Ertrag zurückgehen. Diese Depression beobachtet man regelmäßig dann, wenn Produktionsfaktoren in stark überhöhter Dosis angeboten und damit zum Stressfaktor werden (→ Abbildung 26.1). (Nach Ruge 1966)

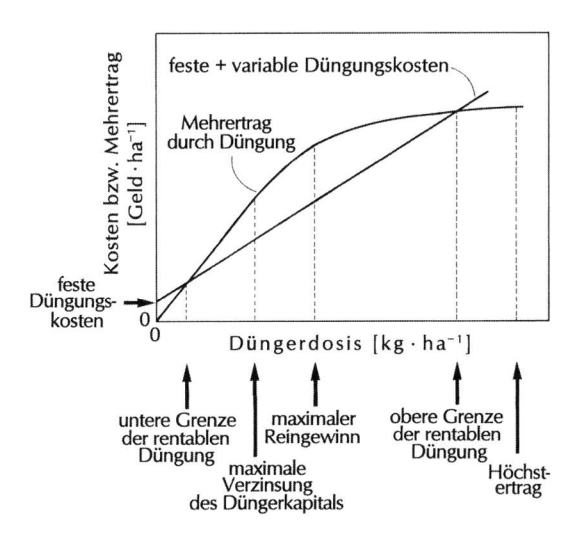

Abb. 28.6. Eine prinzipielle Darstellung der Rentabilitätsfunktion für den Ertragsfaktor Düngung. Die *Pfeile* bezeichnen die für den Praktiker besonders wichtigen Düngerdosen, beispielsweise jene Düngungsdosis, die einen maximalen Reingewinn verspricht. Diese für einen wirtschaftlichen Ertrag günstige Düngedosis liegt stets niedriger als die für den Höchstertrag erforderliche Dosis. Die weitere Erklärung erfolgt im Text. (Nach Finck 1976; verändert)

gung im Prinzip dargestellt. Düngung verursacht fixe Kosten (Maschinen und Arbeitslohn für die Ausbringung) und variable Kosten (Düngemittel) und führt im Normalfall zu einem Gewinn (Geld pro Fläche) durch Mehrertrag. Zu geringe Düngerausgaben sind auf alle Fälle unrentabel, da die Kosten höher sind als der Gewinn (untere Grenze der Rentabilität); aber auch bei hohen Düngergaben können die Kosten den Mehrertrag übersteigen. Im Bereich rentabler Düngung hängt es von den Gegebenheiten eines Betriebs ab, ob der Landwirt oder Gärtner die Düngung auf eine **maximale Kapitalverzinsung** (bei Geldknappheit) oder auf einen **maximalen Reingewinn** (bei Bodenknappheit) anlegt.

28.3 Praktische Optimierung von Produktionsverfahren

28.3.1 Versorgung mit Stickstoff

In der Biosphäre ist der pflanzenverfügbare Stickstoff stets knapp gewesen. Deshalb herrschte während der Evolution ein starker Selektionsdruck in Richtung Einsparung und Recycling. Die Natur – die Evolution – hat auf diese Rahmenbedingungen mit der Etablierung eines Kreislaufs reagiert ($\rightarrow$ Abbildung 15.5). Höhere Pflanzen nehmen unter natürlichen Verhältnissen nur anorganischen Stickstoff auf, und zwar meist in Form von Nitrat (Abbildung 28.7). Nitrat entsteht im Boden aus Ammonium unter der Einwirkung nitrifizierender Bakterien; Ammonium (oder primär Ammoniak, NH_3) entsteht bei der Mineralisation, d. h. beim Endabbau N-haltiger organischer Substanz durch heterotrophe Mikroorganismen. Die organische Substanz stammt letztlich immer von autotrophen grünen Pflanzen.

Der terrestrische Stickstoffkreislauf ist, wie alle biologischen Kreisläufe, auch unter naturnahen Verhältnissen nicht geschlossen ($\rightarrow$ Abbildung 15.5). Gravierende Verluste entstehen ständig durch Auswaschung von Nitrat – letztlich ins Meer – und über die Denitrifikation durch aerobe Bodenbakterien und -pilze, die bei O_2-Mangel im Boden Nitrat an Stelle von O_2 verwenden ($\rightarrow$ S. 351). Diese Nitratatmung ist für einen Teil der Bodenmikroben als eine ökologische Alternative zur Sauerstoffatmung zu verstehen. Die Voraussetzungen für intensive Denitrifikationsverluste ($NO_3^- \rightarrow N_2$, N_2O, NO) sind dann gegeben, wenn ein relativ hohes Angebot an leicht mineralisierbarer organischer Substanz mit relativ hoher Bodenfeuchte, Temperatur und Nitratkonzentration zusammentrifft. Die Denitrifikationsverluste unserer Böden dürften derzeit in der Größenordnung von 20–30 kg N · ha^{-1} · a^{-1} liegen.

Eine Zufuhr in den Kreislauf erfolgt unter natürlichen Bedingungen vor allem durch die biologische Fixierung des N_2 der Luft. Gewisse Bakterien und Cyanobakterien leisten – zum Teil in Symbiose mit bestimmten höheren Pflanzen, z. B. Fabaceen – diese biologische N_2-Fixierung ($\rightarrow$ S. 621). Da die Überführung von N_2 in organische Bindung sehr energieaufwändig ist, hat sich die N_2-Fixierung während der Evolution nicht generell durchgesetzt.

Auf den Agrarflächen ist eine N-Düngung unerlässlich (Abbildung 28.7). Eine Ersatzdüngung, d. h. ein Ersatz der mit dem Ertragsgut entzogenen Nährstoffe, ist eine Voraussetzung für gleichmäßige, verlässliche Erträge. Deshalb findet man auch in den primitivsten Landbausystemen zumindest eine einfache Form der Düngung, z. B. mit Fäkalien oder Stallmist. Die N-Düngung soll die natürliche N-Anlieferung aus dem Boden ergänzen, d. h. zusammen mit dem bodenbürtigen Nitrat/Ammo-

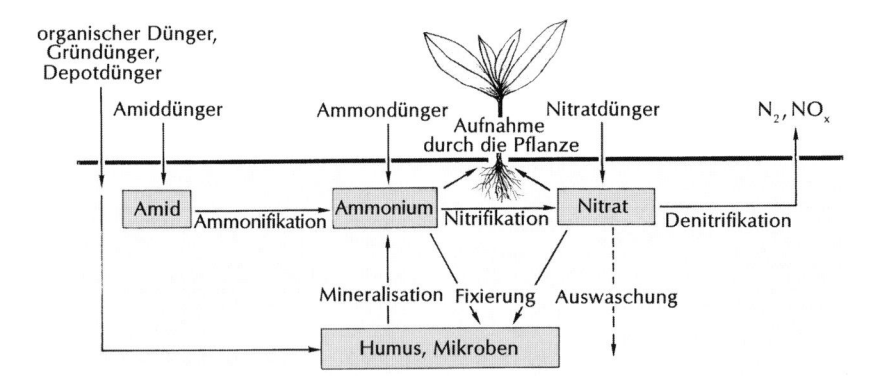

Abb. 28.7. Stickstoffdüngung und Umsetzung der Dünger im Boden. N-Dünger sind chemische Stoffe, die das Nährelement N in aufnehmbarer Form (Ammonium, Nitrat) enthalten oder die nach Umsetzung durch Mikroorganismen solche Formen liefern. (Nach Finck 1979)

nium ein dem Bedarf der Kulturpflanzen angepasstes Angebot bewirken.

„Ziel des Düngereinsatzes ist die Erzielung hoher und hochwertiger Erträge durch Verbesserung der Nährstoffversorgung unter Erhaltung oder Verbesserung der Bodenfruchtbarkeit ohne nachteilige Auswirkungen auf die Welt" (Finck 1989). Da die Proteinversorgung der Menschheit besonders problematisch ist, spielt die N-Düngung weltweit eine zentrale Rolle. Bei einem Verzicht auf N-Düngung kommt es zu schweren Ertragseinbußen. Hierzu ein repräsentatives Beispiel: Bei einem 20jährigen Dauerversuch mit Roggenanbau auf einem sandigen Lehmstandort im Weser-Ems-Gebiet fiel der Flächenertrag ohne N-Düngung schließlich auf 10–15% des bei optimaler Düngung (1,50 kg N · ha^{-1} · a^{-1}) möglichen Ertrags (8,8 dt · ha^{-1} gegenüber 60,7 dt · ha^{-1}).

Während der Evolution der Landpflanzen war der den Pflanzen zugängliche Stickstoff (NO_3^-, NH_4^+) ein Mangelfaktor. Das Angebot war knapp und schwankend; es herrschte eine rigorose Konkurrenz um die in der Regel eng begrenzte Ressource. Entsprechend subtil sind die Strategien, die die Pflanzen im Laufe der Evolution entwickelt haben, um an das wertvolle Element zu gelangen. Dies gilt sowohl für die strukturelle als auch für die biochemisch-molekulare Ebene.

Das Nitrat wird von der Pflanzenwurzel über wenigstens zwei (vielleicht drei) diskrete Transportsysteme aufgenommen (Abbildung 28.8; → Exkurs 4.2, S. 89). Unterhalb von 1 mmol · l^{-1} erfolgt die Aufnahme über ein Transportsystem, das bereits bei einer externen Nitratkonzentration von 0,1 mmol · l^{-1} saturiert ist; oberhalb von etwa 1 mmol · l^{-1} tritt ein zweites Transportsystem in Aktion, das nur bei einem hohen Nitratangebot arbeitet und nicht saturierbar erscheint. Je nach Nitratangebot werden von der Pflanzenwurzel also verschiedene Transportsysteme eingesetzt: Bei niedrigem Angebot ein System mit hoher Affinität für Nitrat, aber entsprechend kleinen Flüssen, bei einem in aller Regel zeitlich eng begrenzten, massiven Angebot ein System mit geringer Affinität für Nitrat, das aber hohe Flüsse zulässt. Experimente mit transgenen Pflanzen, bei denen die Nitrattransporter-Gene überexprimiert waren, deuten darauf hin, dass die Kapazität zur Aufnahme von Nitrat keinen limitierenden Faktor der N-Assimilation darstellt (→ Exkurs 28.1).

Der ohnehin labile Kreislauf des N in der Natur ist auf den Ertragsflächen nachhaltig gestört. Durch

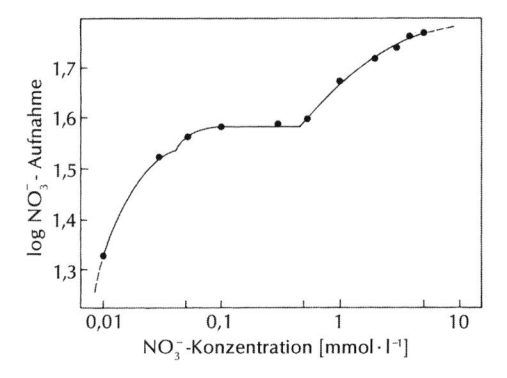

Abb. 28.8. Eine doppellogarithmische Darstellung der Aufnahmeintensität für Nitrat als Funktion des Nitratangebots. Objekt: Wurzeln der Gartenbohne (*Phaseolus vulgaris*). Die Aufnahmeintensität wurde als µmol NO_3^- · h^{-1} · g Frischmasse^{-1} gemessen. Solche Daten haben zu dem Konzept multipler Transportsysteme geführt. (Nach Breteler und Nissen 1982; verändert)

> **EXKURS 28.1: Transgene Ansätze zur Optimierung der Stickstoff-Verwertung**
>
> Die Düngung mit Stickstoff (N) ist einer der größten Kostenfaktoren in der Landwirtschaft, zu hoch für viele Kleinbauern in Entwicklungsländern. Dabei werden bis zu 50 % des ausgebrachten N-Düngers gar nicht von den Pflanzen verwertet. Ein auch wirtschaftlich interessantes Ziel sowohl der traditionellen als auch der gentechnischen Züchtung ist die Verbesserung der N-Verwertung in der Pflanze. Hierzu wurden der Reihe nach alle Gene der N-Verwertung untersucht:
>
> Die Gene für die beiden **NO_3^--Transporter** (Nitrataufnahme) wurden in transgenen Pflanzen stark exprimiert – jedoch ohne Effekt auf die N-Aufnahme und N-Verwertung oder das Wachstum der Pflanze. Die Überexpression der Gene für **Nitrat- und Nitritreductase** veränderte zwar die N-Aufnahmerate, aber nicht die Nutzung in der Pflanze und verbesserte auch nicht das Wachstum bei verschiedenen N-Angeboten im Boden.
>
> Erst die verstärkte Expression der nachgeschalteten Enzyme **Glutaminsynthetase** (GS) und **Glutamatsynthase** (GOGAT; → Abbildung 8.28) ergab positive Effekte auf das Wachstum: die produzierte Biomasse ist dabei direkt korreliert mit den Aktivitäten von GS und GOGAT in den transgenen Pflanzen. Überexpression einer bestimmten GOGAT in Reis führte zu 80 % Steigerung der Kornmasse und kann so möglicherweise für die Ertragssteigerung genutzt werden. Ein großes Problem dabei ist die Redundanz der Gene für GS und GOGAT, die jeweils von kleinen Genfamilien codiert werden.
>
> Manipulation weiterer nachgeschalteter Enzyme wie der Glutamatdehydrogenase oder der Aspartataminotransferase zeigte ähnliche Effekte in transgenen Pflanzen: Wird der fixierte N aus dem Glutamat in andere Aminosäuren (z. B. Aspartat) abgezogen, so wird mehr N aufgenommen. Diese Ergebnisse zeigen, dass der N-Stoffwechsel am effektivsten an den *sinks*, d. h. am Ende der Syntheseketten, manipuliert werden kann. Die vorgeschaltete Enzymkaskade reagiert darauf regulatorisch und bewirkt indirekt eine erhöhte N-Aufnahme. Obwohl bei der Manipulation des N-Stoffwechsels schon viele Erkenntnisse gewonnen wurden, steht eine praktische Nutzung zur Verbesserung von Kulturpflanzen und des Wirkungsgrades bei der N-Düngung auf dem Feld noch aus.

den Abtransport von Ertragsgut gehen den Agrarflächen große Mengen an N und anderen Nährstoffen verloren, die durch Ersatzdüngung wieder bereitgestellt werden müssen, um die künftigen Erträge zu sichern. Bei der Anwendung von Mineraldünger ist eine genaue Dosierung der Nährstoffe möglich, da sie in unmittelbar pflanzenverfügbarer Form ausgebracht werden (→ Abbildung 28.4). Außerdem können die Nährstoffe in der Zeitspanne, in der sie für die Systemsynthese gebraucht und demgemäß rasch aufgenommen werden, gezielt angeboten werden.

Durch den intelligenten Einsatz von Mineraldünger konnte die Effizienz der N-Verwertung in der Pflanzenproduktion deutlich verbessert werden (Tabelle 28.3). Bei der Verwendung von Stallmist liegt der Ausnutzungsgrad niedriger (bei 20–30 %). Eine Nitratauswaschung kann durch keine Bewirtschaftungsform (Mineraldünger, organischer Dünger, Fabaceenanbau) völlig verhindert werden. Bei der sogenannten alternativen Landbewirtschaftung, die auf Mineraldünger verzichtet, liegt das Problem darin, dass der N aus dem organischen Material auch mineralisiert wird, wenn kein oder nur ein geringer Bedarf von Seiten der Pflanzen vorliegt. Der damit verbundenen Nitratauswaschungsgefahr muss durch den Anbau einer Nach- oder Zwischenfrucht entgegengewirkt werden.

Bei der Tierproduktion ist die N-Effizienz vergleichsweise niedrig, sodass sich für die Landwirtschaft insgesamt eine bescheidene Bilanz ergibt (→ Tabelle 28.3).

Verglichen mit dem Einsatz an mineralischem N-Dünger tritt die Bedeutung der biologischen N_2-Bindung zurück (→ Tabelle 28.3). Dies hat gute Gründe: Um die Agrarflächen in Deutschland ausreichend mit N zu versorgen, müssten ca. 40 % der landwirtschaftlichen Nutzfläche mit Fabaceen bebaut werden. Bei Fabaceen als Hauptfruchtform (Erbsen, Ackerbohnen) ist der ökonomische Ertrag gegenüber Weizen wesentlich geringer. Diese Diskrepanz gilt auch beim Vergleich von Soja (C_3-Pflanze) und Mais (C_4-Pflanze) (Abbildung 28.9). Die Nettoassimilation bei starkem Licht ist beim Mais mindestens zweimal so hoch wie bei der Sojabohne. Dies spiegelt sich entsprechend im ökonomischen Ertrag wider. Die Durchschnittserträge beim Mais haben sich zwischen 1950 und 1970 verdreifacht, während die Durchschnittserträge bei

Tabelle 28.3. Verwertung des in die Landwirtschaft in Deutschland pro Jahr eingebrachten Stickstoffs (Werte für 1986; Zahlenangaben in kg N · ha^{-1} landwirtschaftlich genutzte Fläche). (Nach Isermann 1990)

Eintrag:	
total	218
davon:	
Mineraldünger	126
Importierte Futtermittel	47
Atmosphäre	30
biologische N$_2$-Bindung	12
Klärschlamm	3
Verwertung:	
Pflanzenproduktion total	138
davon:	
Nahrungsmittel	23
Futtermittel	115
Tierproduktion	28
Effizienz der N-Verwertung:	
Pflanzenproduktion	73%
Tierproduktion	17%
Landwirtschaft insgesamt	23%

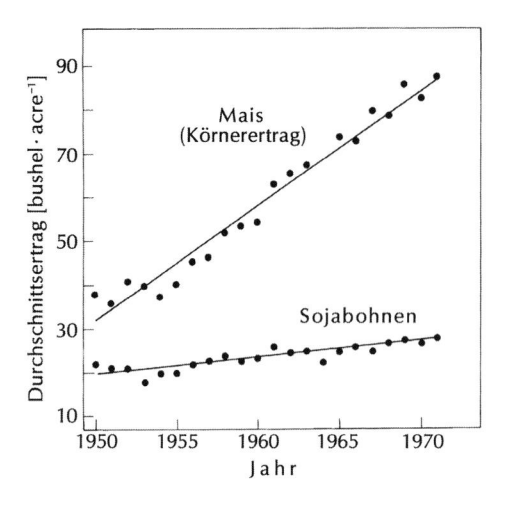

Abb. 28.9. Die durchschnittlichen ökonomischen Erträge von Mais und Soja in den USA zwischen 1950 und 1971. *Bushel* ist das im Getreidegeschäft in den USA noch immer übliche Hohlmaß. Ein *standard bushel* entspricht 35.239 cm^3. Ein *acre* ist das in England, USA und Kanada übliche Flächenmaß. Ein Hektar (10^4 m^2) entspricht 2,47 *acres*. (Nach Zelitch 1975)

Soja nur um rund 20 % gestiegen sind. Wie kommt das? Es wurden Maissorten gezüchtet, die auf eine starke N-Düngung mit hohen Erträgen reagieren. Offenbar halten diese Varietäten eine hohe Nettoassimilation auch während der Kornbildung aufrecht. Sojabohnen andererseits, die das N$_2$ der Luft mit Hilfe der Knöllchenbakterien fixieren ($\rightarrow$ S. 621), reagieren auf Nitrat mit einer Hemmung der Knöllchenbildung und der N$_2$-Fixierung. Selbst die Anwendung der zur Zeit besten Agrikulturtechnik hat die Sojaerträge nicht wesentlich steigern können, da die relativ niedrige Nettoassimilationsrate der C$_3$-Pflanze und – vor allem – der hohe Energieaufwand für die biologische N$_2$-Fixierung dem ökonomischen Ertrag enge biologische Grenzen setzen.

28.3.2 Dämpfung von Antagonisten der Ertragsbildung: Herbizide

Herbizide sind Substanzen, die auf Agrarflächen ausgebracht werden, um unerwünschte, den Ertrag mindernde Pflanzen (die jeweiligen „Unkräuter" und „Ungräser") auszuschalten. Herbizide sind für die moderne Landwirtschaft unentbehrlich. Die wesentlichen Zielsetzungen der landwirtschaftlichen Praxis sind durch ca. 350 Wirkstoffe abgedeckt, welche jedoch zum Teil mit heute unerwünschten Nebenwirkungen auf die Umwelt behaftet sind. Hier Ersatz durch neue Produkte zu schaffen, ist ein wesentliches Forschungsmotiv. Man unterscheidet aus praktischen Gründen zwischen nicht-selektiven **Vorauflauf-Herbiziden** (VAH) und selektiven **Nachauflauf-Herbiziden** (NAH). VAHs müssen vor dem Auflaufen der jungen Kulturpflanzen (d.h. vor der Keimung und dem Sichtbarwerden der ersten Blätter) alle auflaufenden Unkräuter/-gräser vernichten, weil die VAHs als nicht-selektive Totalherbizide sonst auch die Kulturpflanzen schädigen würden. Im Gegensatz dazu können NAHs wegen ihrer selektiven Wirkung auf bestimmte Pflanzen nach dem Auflaufen der Kulturpflanzen gegen Unkräuter/-gräser eingesetzt werden. Demgemäß besitzen selektive Herbizide eine hohe Wirksamkeit gegen bestimmte Pflanzen, Totalherbizide eine hohe Wirksamkeit gegen alle Pflanzen (außer resistenten Sorten). Beide Kategorien von Herbiziden müssen leicht abbaubar und in den anzuwendenden Konzentrationen für Mensch und Tier unschädlich sein. Zur Überprüfung dieser Forderungen dienen Lysimeterversuche, wie in Exkurs 28.2 beschrieben.

Totalherbizide haben in der Landwirtschaft eine enorme Bedeutung erlangt, da sie arbeitswirtschaftliche Probleme lösen helfen. Die meisten die-

EXKURS 28.2: Optimierung von Vorlaufherbiziden bei dem Anbau von Zuckerrüben

Bis in die 1970er Jahre war die Zuckerrübe die klassische Hackfrucht. Sehr viel menschliche Arbeitskraft (und Mühsal!) war notwendig, um die auflaufenden jungen Rübenpflanzen vor der Konkurrenz schneller wachsender Unkräuter/-gräser zu schützen. Mit rübenspezifischen Vor- und Nachlaufherbiziden (VAH und NAH) lässt sich heute ein Großteil der menschlichen Arbeitsleistung einsparen. Der Fortschritt bei den Rübenherbiziden vom ersten VAH **Chloridazon**, das seinerzeit den Rübenanbau revolutionierte, bis zu dem speziellen, gegen Gräser gerichteten NAH **Cycloxydim**, das 1987 auf den Markt kam, spiegelt sich eindrucksvoll im Rückgang der Wirkstoff-Aufwandmengen von ca. 2 auf ca. 0,2 kg · ha^{-1} wider.

Ein derzeit besonders wichtiges Rüben-VAH ist **Metamitron**. Im praxisnahen **Lysimeterversuch** hat man u.a. die Verlagerung und den Abbau des ^{14}C-markierten Wirkstoffs im Boden erforscht. Abbildung A zeigt einen Querschnitt durch eine Lysimeter-Anlage. Lysimeter sind Ausschnitte aus dem Agrarökosystem. Ungestörte Bodenblöcke mit 110 cm Profiltiefe, die mit einem Edelstahlzylinder aus dem Boden ausgestanzt werden, stehen in dichten Edelstahlbehältern, die fest im Boden eingebaut sind. Die Lysimeter sind von Kontrollflächen umgeben, die mit der gleichen Kultur bestellt werden. Besonders wichtig ist natürlich die Messung jener Substanzen, die bis in das Sickerwasser gelangen und somit als potenziell grundwassergefährdend anzusehen sind. Abbildung B zeigt die Radioaktivitätsverteilung in verschiedenen Tiefen im Boden (Parabraunerde) von Freilandlysimetern nach Vorlaufspritzung von [3-^{14}C]Metamitron zu Zuckerrüben. Applizierte Radioaktivität = 100 %. Die Tiefenangaben beziehen sich auf die Basislinie in 80 cm Tiefe = 0 cm. (Nach Führ et al. 1989). Die Radioaktivitätsbilanzen belegen, dass zum Zeitpunkt der Rübenernte, 160 d nach der Metamitron-Spritzung, bereits die Hälfte der applizierten Substanz zu CO_2 abgebaut worden war. Danach verlangsamte sich allerdings der Verlust an ^{14}C aus dem System, vermutlich wegen der Wurzelaufnahme von Metaboliten und der lokalen Reassimilation des $^{14}CO_2$. Besonders wichtig ist der Befund, dass der Wirkstoff und seine organischen Abbauprodukte nur wenig in die tieferen Bodenschichten verlagert werden

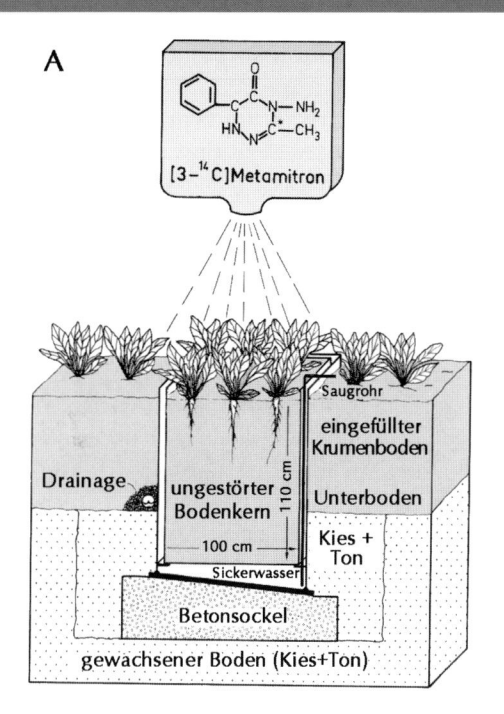

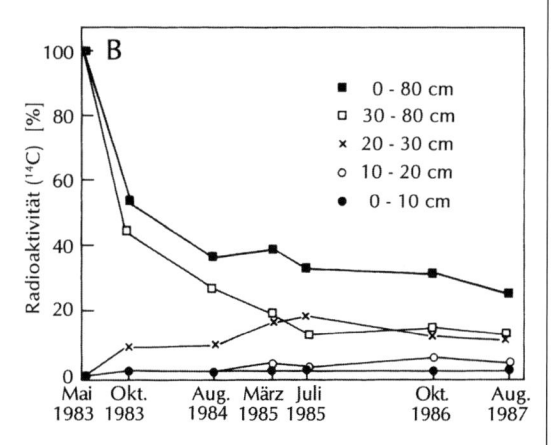

(< 0,5 % der applizierten Radioaktivität landen über einen Zeitraum von 4 Jahren im Sickerwasser, ein erheblicher Teil davon als [^{14}C]$CaCO_3$) und dass sich zum Erntezeitpunkt keine Rückstände des Wirkstoffs oder des Hauptmetaboliten Desamino-Metamitron im Ertragsgut finden lassen.

---

ser Herbizide üben ihre Wirkung dadurch aus, dass sie Zielproteine (üblicherweise Enzyme) inaktivieren, die für vitale Funktionen wie Photosynthese oder Biosynthesebahnen essenziell sind (Tabelle 28.4). Da Kulturpflanzen und Unkräuter/-gräser auf diese Stoffwechselleistungen gleichermaßen angewiesen sind, wirken Totalherbizide notwendigerweise nichtselektiv. Gentechnik bietet eine

Chance, die Kulturpflanzen durch einen passenden Gentransfer resistent gegen bestimmte Totalherbizide zu machen. Dadurch wird aus dem Totalherbizid ein selektives Herbizid. Derzeit gibt es hierfür drei Verfahren:

▶ Man modifiziert das Zielprotein so, dass es gegenüber dem Herbizid unempfindlich wird. Beispiel: **Atrazin**-Resistenz kann bereits durch den Austausch einer Aminosäure in dem Zielprotein (B-Protein von Photosystem II = 32-kDa-Protein) bewirkt werden.
▶ Man veranlasst die Überproduktion des unmodifizierten Zielproteins und erzielt dadurch einen normalen Metabolismus auch in Gegenwart des Herbizids. Beispiel: **Phosphinothricin**, ein Analogon des Glutamats, ist ein sehr wirksamer Inhibitor der Glutaminsynthetase (GS). Transgene Tabakpflanzen, die ein GS-Gen aus Luzerne überexprimieren, zeigen einen 5fachen Anstieg der spezifischen GS-Aktivität und einen 20fachen Anstieg der Resistenz gegenüber Phosphinothricin.
▶ Man führt in die Kulturpflanzen Enzyme oder Enzymsysteme ein, die das Herbizid abbauen oder detoxifizieren. Beispiel: Gene aus herbizidabbauenden Mikroorganismen, die in Pflanzen übertragen und dort exprimiert werden, bewirken Resistenz gegenüber manchen Herbiziden (Tabelle 28.5). Hier wird die Resistenz, z. B. bei transgenem Tabak gegenüber Phosphinothricin, dadurch bewirkt, dass mit Hilfe des Enzyms aus *Streptomyces* das Herbizid sehr effektiv acetyliert und damit entgiftet wird.

Eine weitere Linie moderner Totalherbizide geht auf die Beobachtung zurück, dass das Chlorophyll nur dann Lichtstabilität zeigt, wenn es mit Carotinoiden vergesellschaftet ist (→ S. 606). Fehlen die Carotinoide, zerstört das angeregte Chlorophyll in Gegenwart von O_2 sich selbst und seine Umgebung photooxidativ. Substanzen, welche die Bildung gefärbter Carotinoide auf dem Niveau der Phytoendesaturase spezifisch hemmen, z. B. **Norflurazon** und **Difunon**, wirken demgemäß als „Bleichherbizide" (Abbildung 28.10). Ein anderes, viel benütztes Totalherbizid ist das strukturell einfache **Paraquat** (1,1'-Dimethyl-4,4'-dipyridiniumdichlorid), welches in belichteten Chloroplasten die Freiset-

Tabelle 28.4. Wichtige Totalherbizide und ihre Zielproteine. (Nach Stalker 1991)

Verbindung (Trivial- bzw. Handelsname)		Gehemmte Stoffwechselbahn	Zielprotein
Glyphosat (Roundup)	HO–P(=O)(OH)–CH$_2$–NH–CH$_2$–COOH	Synthese aromatischer Aminosäuren	5'-Enolpyruvylshikimat-3'-phosphat-synthase
Chlorsulphuron (Glean)	[Strukturformel]	Synthese verzweigter Aminosäuren	Acetolactatsynthase
AC 243, 997 (Arsenal)	[Strukturformel]	Synthese verzweigter Aminosäuren	Acetolactatsynthase
Phosphinothricin (Basta)	CH$_3$–P(=O)(OH)–CH$_2$–CH$_2$–CH(NH$_2$)–COOH	Nitrat/Ammonium-Assimilation	Glutaminsynthetase
Atrazin (Lasso)	[Strukturformel]	Photosynthese	32-kDa-Protein (Photosystem II)

28.3 Praktische Optimierung von Produktionsverfahren

Tabelle 28.5. Abbau bzw. Umbau von Herbiziden durch bakterielle Enzyme. (Nach Stalker 1991)

Verbindung	Enzym	Produkt	Organismus
Bromoxynil (Buctril) — 3,5-Dibromo-4-hydroxybenzonitril	Nitrilase	3,5-Dibromo-4-hydroxybenzoesäure	*Klebsiella ozaenae*
Phosphinothricin (Basta) — $CH_3-P(=O)(OH)-CH_2-CH_2-CH(NH_2)-COOH$	Acetyltransferase	$CH_3-P(=O)(OH)-CH_2-CH_2-CH(NH-CH_2-COOH)-COOH$	*Streptomyces hydroscopicus*
2,4-Dichlorphenoxyessigsäure (2,4-D)	Monooxygenase	2,4-Dichlorphenol	*Alcaligenes eutrophus*

zung von Sauerstoffradikalen, besonders $\dot{O}_2^-$, bewirkt (→ S. 601). Eine rasche Zerstörung der Chloroplasten ist die Folge.

Selektivität von Herbiziden beruht entweder auf relativ groben Mechanismen wie unterschiedliche Benetzbarkeit von Blattflächen und unterschiedliche Schnelligkeit der Aufnahme und Translocation oder auf der unterschiedlichen Fähigkeit der Pflanzen, das Herbizid abzubauen.

Das synthetische Auxin **2,4-Dichlorphenoxyessigsäure** (2,4-D; → Abbildung 18.6, Tabelle 28.5) bewirkt eine Steigerung der DNA-, RNA- und Proteinsynthese besonders im meristematischen Gewebe. Die unspezifische Steigerung der anabolischen Aktivität stört das ausbalancierte System des Stoffwechsels und führt zusammen mit einer Wachstumshemmung durch induzierte Ethylenbildung zum Tod der Pflanzen. Das 2,4-D hat eine selektive Wirkung: Breitblättrige Pflanzen (Dikotylen) sind in der Regel sehr empfindlich; die schmalblättrigen Gräser sind hingegen ziemlich resistent. Deshalb können Pflanzen wie *Bellis perennis, Taraxacum officinale, Plantago major, Trifolium spec.* mit 2,4-D selektiv abgetötet werden, ohne dass Gräser Schaden erleiden. Die Gründe für diese Selektivität sind nicht befriedigend bekannt. Sie hängt vermutlich auch hier in erster Linie mit der verschiedenar-

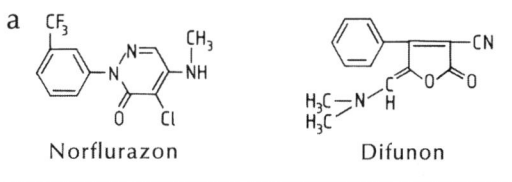

Abb. 28.10. a Die chemischen Strukturen zweier Bleichherbizide, die über eine Hemmung der Phytoendesaturase (→ S. 369) ihre Wirkung entfalten. **b** Die Wirkung von Norflurazon auf Maiskeimlinge. Den Pflanzen wurde das Herbizid von der Aussaat an über die Wurzeln zugeführt (*rechts*). Durch Hemmung der Carotinoidsynthese kommt es im Licht zu einer photooxidativen Zerstörung der Chloroplasten. Das Wachstum erfolgt so lange normal, wie die Pflanzen noch von den Reservestoffen im Korn zehren können. In den grünen Blattspitzen liegen noch Reste von Carotinoiden vor, welche bereits vor der Keimung gebildet wurden. Die nichtbehandelten Kontrollpflanzen (*links*) zeigen keine Ausbleichung im Licht.

tigen Aufnahme, Translocation und Entgiftung durch empfindliche bzw. von Natur aus resistente Pflanzensippen zusammen. Natürlich ist die Selektivität nicht absolut. Bei relativ hohen Konzentrationen tötet 2,4-D auch Weizen und Mais. Die Vorteile von 2,4-D sind die folgenden: Es wirkt auf sensitive Pflanzen bereits bei niedrigen Konzentrationen toxisch. Es wird in der Pflanze ähnlich schnell und polar transportiert wie das native Auxin (IAA). Dies hat zur Folge, dass auch die Wurzeln der Unkräuter absterben, **systemisches Herbizid**. Es wird durch Bodenbakterien leicht abgebaut. Es ist harmlos für Mensch und Tier. Diese Aussage wird zwar gelegentlich angezweifelt, es gibt aber bislang keinen Nachweis dafür, dass 2,4-D bei den üblichen Konzentrationen schädliche Wirkungen auf Tier oder Mensch ausübt. Auch im Fall von 2,4-D besteht die Chance, mit Hilfe der Gentechnik resistente Pflanzensippen zu schaffen. In einem Ansatz gelang es, das Gen für eine Monooxygenase, die 2,4-D abbaut, aus einem Mikroorganismus zu isolieren und in transgenem Tabak zur Expression zu bringen (→ Tabelle 28.5).

Selektivität der Herbizidwirkung kann auch mit Hilfe der sogenannten *safener* erreicht werden. Darunter versteht man organische Substanzen, die in der Lage sind, die Toleranz von Kulturpflanzen gegenüber Herbiziden zu erhöhen. Die *safener* werden entweder als Saatbeize verwendet oder als Mischung mit dem Herbizid ausgebracht. Bislang wurden nur *safener* gegen Herbizidschäden bei Mais, Hirse, Weizen und Reis entwickelt. Für dikotyle Kulturpflanzen sind noch keine *safener* bekannt. Die Wirkung dieser Substanzen beruht darauf, dass sie den Herbizidabbau in der Kulturpflanze dramatisch beschleunigen. Dabei spielt die Erhöhung des Pegels an Glutathion-S-Transferase eine wesentliche Rolle. Dieses Enzym katalysiert die Verknüpfung (Konjugation) der fraglichen Herbizide mit der SH-Gruppe des Tripeptids Glutathion. Diese Konjugate, von denen dann der Abbau der Herbizide ausgeht, sind nicht mehr phytotoxisch.

28.3.3 Synthetische Wachstumsretardanzien

Eine Reihe synthetischer Substanzen (also Produkte der organischen Chemie) spielen als **Wachstumsretardanzien** in der Pflanzenphysiologie sowie in Horti- und Agrikultur eine erhebliche Rolle. Besonders wichtig sind für die Praxis solche Substanzen geworden, die das Achsenwachstum ohne Schädigung der Pflanze hemmen und somit die Standfestigkeit von Kulturpflanzen oder die Dauerhaftigkeit und das Aussehen von Zierpflanzen verbessern. Seit langem spielen **substituierte Choline**, die das Längenwachstum von Getreidepflanzen beeinflussen, in der Praxis eine große Rolle. Die Substanzen werden auf die Pflanzen gesprüht. Sie bewirken bereits in geringen Konzentrationen eine Halmverdickung und -verkürzung und damit eine erhöhte Standfestigkeit. Dadurch wird dem Umfallen („Lagern") der Getreidepflanzen (besonders beim Weizen) entgegengewirkt. Als wichtigste Verbindung in dieser Hinsicht gilt das **Chlorcholinchlorid (CCC)**. Auch **quartenäre Ammoniumsalze** sind als Wachstumsretardanzien im Gebrauch. Ein wichtiger Vertreter dieser Gruppe ist das 2-Isopropyl-4-dimethylamino-5-methylphenyl-1-piperidincarboxylatmethylchlorid (**AMO 1618**).

Neben den klassischen Verbindungen spielen heute eine Reihe von hochaktiven Wirkstoffen eine Rolle, die mit Cytochrom-P450-abhängigen Monooxygenasen interagieren (→ Abbildung 18.12). Diese Wachstumsretardanzien hemmen die Zellteilung und Zellstreckung in den apikalen Meristem- und Wachstumsbereichen der Pflanze. Als Ursache gilt eine Hemmung der Gibberellinbiosynthese (→ S. 419). Die in der Praxis erfolgreichen Wachstumsretardanzien wirken sich nicht nur auf Morphologie und Aussehen der Pflanzen aus; sie fördern auch eine Reihe physiologischer Funktionen, die für die Ertragsleistung von Bedeutung sind (Tabelle 28.6).

Die hohe Ertragssteigerung bei Weizen (bis 100 % höherer Körnerertrag bei reduzierter Strohproduktion) während der „grünen Revolution" geht auf die Einführung von Kurzhalmsorten zurück, bei denen die Empfindlichkeit für Gibberellin reduziert ist. Dies beruht auf Mutationen in *REDUCED HEIGHT* (*RHT*)-Genen, die vor kurzem als Orthologe von *GAI* oder *RGA* bei *Arabidopsis* identifiziert werden konnten, wo sie für Elemente in der Signaltransduktion für Gibberellin codieren (→ S. 438).

28.4 Verbesserung des Erbguts

28.4.1 Die Tradition

Der Mensch hat seit der Erfindung der Landwirtschaft im Neolithikum die Erbeigenschaften von

Tabelle 28.6. Modifikation des Pflanzenwachstums durch Wachstumsretardanzien. (Nach Grossmann et al. 1989).

Wirkungen auf das Wachstum:
Hemmung des Sprosswachstums (Wuchshöhe, Internodienstreckung, Blattfläche)
– bei unveränderter Internodien- und Blattanzahl
– bei intensivierter grüner Blattpigmentierung
Förderung des Wurzelwachstums und des Wurzel/Spross-Verhältnisses

Vorteile für die landwirtschaftliche Praxis:
u. a. Erhöhung der Standfestigkeit der Kulturpflanze, Verbesserung der Nährstoffversorgung

Wirkungen auf andere physiologische Größen:
Verzögerung der Seneszenz
Förderung des Assimilattransports in die Samen
Verminderung des Wasserverbrauchs
Förderung der Widerstandsfähigkeit gegen Stressbedingungen (Kälte, Hitze, SO_2, Pilzinfektion)

Ökonomischer Vorteil:
Optimierung der Ertragsleistung

Pflanzen und Tieren nach seinen Bedürfnissen und Wünschen modifiziert. Die dabei verwendete Strategie war die Auslese („Züchtung") geeigneter Individuen und Sippen, insbesondere die absichtliche innerartliche und – selten – zwischenartliche Kreuzung und die Selektion der Nachkommen. Auf diese Weise entstanden Kulturpflanzen – vom Menschen angebaute und der Auslese oder Kreuzung unterworfene Pflanzenarten – und entsprechend Haustiere. Der Pflanzenbau (Anbau, Pflege und Vermehrung von Kulturpflanzen) stellt seit dem Neolithikum die Grundlage der menschlichen Nahrungsmittelversorgung dar. Es werden entweder unmittelbar über das von der Pflanze gebildete Ertragsgut Nahrungsmittel erzeugt oder aber organisches Material, das als Futter die Viehhaltung ermöglicht und damit die Produktion von Nahrungsmitteln tierischer Herkunft erlaubt. Nur ein geringer Anteil der Nahrungsmittelversorgung geht heute noch auf die Quellen unserer Sammler- und Jägervorfahren zurück (z. B. Fischfang). Auch die Ernährung der domestizierten Tiere erfolgt vorrangig über den Pflanzenbau. Neben Nahrungsmitteln beziehen wir auch technisch nutzbare **nachwachsende Rohstoffe** von der Pflanze. Hierzu gehören Holz, Fasern, technische Öle, Naturkautschuk, thermisch nutzbare Biomasse. Sekundäre Pflanzenstoffe (z. B. Alkaloide) haben eine besondere Bedeutung für den Menschen, vor allem die in der Heilkunde oder als Genussmittel gebräuchlichen Drogeninhaltsstoffe. Von den rund 500.000 Pflanzenarten, die gegenwärtig die Lebensräume der Erde bevölkern, werden durch den Menschen vielleicht 20.000 in irgendeiner Weise in Anspruch genommen, **Nutzpflanzen**. Aber davon haben allenfalls 120 Arten mehr als nur lokale Bedeutung erlangt. Die eigentlichen Feldfrüchte der Ackerbauern stammen von ein paar Dutzend Arten ab (Getreidearten, Hülsenfrüchte, Knollen- und Rübenpflanzen). Derzeit liefern uns die Zuchtsorten von weniger als einem Dutzend Kulturpflanzen mehr als 90 % des pflanzlichen Ertragsguts. Die „sieben Säulen", auf denen die Versorgung der Menschheit hauptsächlich beruht, sind: **Weizen, Reis, Mais, Kartoffel, Batate** und **Yam, Zuckerrohr** und **Zuckerrübe, Soja**. Nur ständige Züchtung gewährleistet die notwendige Produktivität der Hochleistungssorten.

28.4.2 Klassische Züchtung

Heute werden als klassische Züchtung alle Verfahren außer der Gentechnik zusammengefasst. Dabei darf nicht vergessen werden, dass viele heute als traditionell entstanden angesehene Kulturpflanzenlinien durch künstlich herbeigeführte Mutagenese und anschließende Selektion erzeugt wurden. Alle kommerziell angebauten Erdbeersorten sind durch mutagene Behandlung mit Röntgen- oder radioaktiver Strahlung entstanden. Durch Kreuzung und Auslese wurden die gesuchten Wachstumsparameter über mehrere Generationen angereichert. Welche weiteren Mutationen durch die harte Strahlung im Genom ausgelöst wurden, wurde nie analysiert. Auch die meisten ertragreichen Getreidesorten sind durch solche mutagene Behandlung entstanden. Selektion auf Umverteilung der Biomasse aus den Stängeln in die Körner in Zwergmutanten führte zur Auslese der heute identifizierten Mutationen in Hormonreceptoren oder Hormonsynthesewegen (→ S. 410).

Der große Aufwand an Zeit und Arbeitseinsatz in der konventionellen Züchtung entsteht durch die ungerichtete Durchmischung aller Gene bei der Kreuzung zweier Linien mit unterschiedlichen Vorteilen. Alle Experimente, die seit vielen Jahren zur Einkreuzung von Resistenzgenen gegen Pilzbefall aus Wildkartoffeln in ertragreiche Kulturkartoffeln unternommen werden, haben noch zu keinem befriedigenden Ergebnis geführt. Die Auskreuzung der unerwünschten Eigenschaften der Wildkartoffeln (klein, ungenießbar, langsames Wachstum) dauert viele Generationen, also viele Jahre. Bei der induzierten Mutagenese durch Strahlung oder Chemikalien entsteht ein entsprechend hoher Züchtungsaufwand aus der ungerichteten Wirkung dieser Agenzien, die auch viele andere, darunter auch wichtige Gene zerstören. So hat es sehr lange gedauert, bis aus ungerichtet chemisch mutierten Rapslinien solche ausgelesen waren, die fast keine giftige Erucasäure und nur wenige der ungenießbaren Glucosinolate enthalten. Die kanadischen Canola-Sorten entsprechen den europäischen 00-Rapslinien und sind als konventionell erzeugte Linien zugelassen. Nach mehreren Jahrzehnten intensiver Selektion und aufwendiger Züchtung wurde 1974 die erste 0-Linie auf den Markt gebracht, die keine Erucasäure mehr enthält. Erst 11 Jahre später waren die 00-Rapslinien erhältlich, die zusätzlich kaum noch Glucosinolate enthalten und heute Tierfutter und Speiseöl liefern.

Mutanten auszulesen, in denen Gene zerstört sind wie bei den Zwergmutanten oder den Rapssorten mit defekten Synthesewegen für Giftstoffe, die ursprünglich dem Schutz vor Fraßfeinden dienten, ist mit traditioneller Mutagenese und anschließender Auslese machbar, aber extrem langwierig. Nicht möglich ist dagegen die Erzeugung neuer, erwünschter Biosynthesewege. Diese können nur durch gezielten Einbau von Genen mit gentechnischen Methoden erhalten werden. Die Bildung von Laurinsäure und Myristinsäure ist in üblichen Rapssorten nicht möglich, da die entsprechenden Enzyme fehlen. Durch gentechnischen Einbau eines Gens aus dem kalifornischen Lorbeer wurden Rapslinien erhalten, die bis zu 40 % ihrer Fettsäuren als Laurinsäure in den Samen speichern. Dieses Öl kann bei vielen Anwendungen die natürlich Laurinsäure enthaltenen Öle aus Palmkernen oder Kokosnüssen ersetzen (→ S. 359).

Die für die Hybridzüchtung wichtige kontrollierte männliche Sterilität wurde bei Raps als natürliche Mutationen in den mitochondrialen und kernkodierten Genen bisher noch nicht stabil gefunden. Die gentechnische Konstruktion über den Einbau von kontrollierbaren RNase-Genen aus Bakterien war dagegen schnell erfolgreich (→ S. 667).

Unter den klassischen Verfahren zur Verbesserung des Erbguts von Kulturpflanzen (Auslesezüchtung, Kreuzungszüchtung, Heterosiszüchtung) spielt die **Inzucht-Heterosis-Züchtung** (Herstellung von Hybridsaatgut) eine besonders wichtige Rolle. Im Prinzip ist das Verfahren einfach. Eine Population von fremdbefruchtenden Pflanzen, z. B. Mais oder Roggen, enthält eine große Zahl von heterozygoten Genen. Bei der (erzwungenen) Selbstbefruchtung ist für jedes dieser Gene die Wahrscheinlichkeit, homozygot zu werden, 50 % (Selbstung von *Aa* führt zu *AA : 2 Aa : aa*). Das Ausmaß an Heterozygotie halbiert sich also bei jeder Selbstungsgeneration. Aus einer in vielen Genen heterozygoten Ausgangspopulation lassen sich durch fortgesetzte Selbstung einzelner Individuen viele Inzuchtstämme gewinnen, die mehr und mehr homozygot werden, **reine Linien**. Jeder dieser Stämme ist homozygot für die meisten Gene, aber natürlich besitzen verschiedene Selbstungsstämme Homozygotie für verschiedene Kombinationen von Allelen der ursprünglichen heterozygoten Gene, z. B.:

(I)   aa   BB   cc   dd   ee   FF   GG .....
(II) aa   bb   CC   DD   ee   ff   GG .....
(III) AA   bb   cc   dd   EE   FF   GG .....
(IV) AA   BB   CC   dd   ee   ff   gg .....

Letalitätsgene werden im homozygoten Zustand wirksam und ihre Träger daher ausgemerzt.

Bei der Inzucht zeigte sich außerdem, dass mit fortschreitender Homozygotie die Vitalität der Pflanzen, z. B. Größe, Länge der Maiskolben, Kornzahl, stark abnahm und sich erst auf einem niedrigen Niveau wieder stabilisierte, **Inzuchtdepression**. Offensichtlich war die ursprüngliche Heterozygotie von Vorteil für die Pflanzen. Den Beweis dafür lieferte die Fremdbefruchtung der praktisch homozygoten Stämme untereinander: Die wieder weitgehend heterozygote F1 lieferte Pflanzen von hoher Wachstumsleistung und hohem Ertrag. Auf diesem **Heterosiseffekt** („Luxurieren der Bastarde") beruht heute die Züchtung bei fremdbefruchtenden Pflanzen wie Mais und Roggen. Bei normalerweise selbstbefruchtenden Pflanzen, z. B. Weizen und Hafer, hat man damit keinen Erfolg, da bei ihnen bereits alle Defektallele ausgemerzt sind und genetisch optimale Bedingungen vorliegen. Das praktische Vorgehen des Züchters ist in Abbildung 28.11 dargestellt.

Bei Mais ist die Kastration einer Inzuchtlinie durch mechanisches Entfahnen zwar möglich, aber sehr arbeits- (und entsprechend kosten-)intensiv. Bei anderen Kulturpflanzen mit zwittrigen und

28.4 Verbesserung des Erbguts

kleinen Blüten (z. B. Roggen, Raps) ist die praktische Verwendung der Heterosis nur dann möglich, wenn man pollensterile Linien hat (→ S. 666). Allele für Pollensterilität (*ms*, **male sterility**) wirken sich nur auf die Funktion des Pollens aus; die Eizellen und Samenanlagen funktionieren normal und können nach Fremdbefruchtung keimfähige Samen bilden. Zur Herstellung des Heterosissaatguts verwendet man eine pollensterile Linie *ms/ms*, die man mit einer pollenfertilen Linie kreuzt. Die F1 ist dann normal fertil. Um den pollensterilen Elter zu erhalten, muss er ständig mit einer Hybride *ms/ms* rückgekreuzt werden. Kommerziell genutzt werden besonders cytoplasmatisch vererbte männliche Sterilitätssysteme (*cms*), bei denen Mutationen im Genom der Mitochondrien die Reifung von Pollen unterbinden (→ S. 146, 632). Die Pflanze wächst hierbei zunächst phänotypisch völlig normal, so dass auch ganz normale Erträge erzielt werden. Erst bei der Reifung der Pollen, wenn die volle Aktivität der Mitochondrien erforderlich ist, macht sich der Gendefekt bemerkbar und verhindert die Bildung funktionsfähiger Pollen.

Die Entwicklung von *ms*- und *cms*-Systemen in Hochleistungssorten der wichtigsten Feldfrüchte ist ein sehr elegantes genetisches Verfahren, das allerdings eine langwierige und kostenintensive Züchtungsarbeit erfordert. Wie für viele andere Eigenschaften unserer Kulturpflanzen bieten die modernen Methoden der gezielten Veränderung des Erbguts auch für die Hybridzüchtung eine Möglichkeit, solche Sterilitätssysteme mit geringerem Aufwand zu etablieren. Bevor wir uns aber mit der direkten Strategie der gentechnischen Erzeugung restaurierbarer Sterilitätslinien befassen, wollen wir uns die Grundlagen und theoretischen Möglichkeiten der modernen Gentechnik kurz vergegenwärtigen.

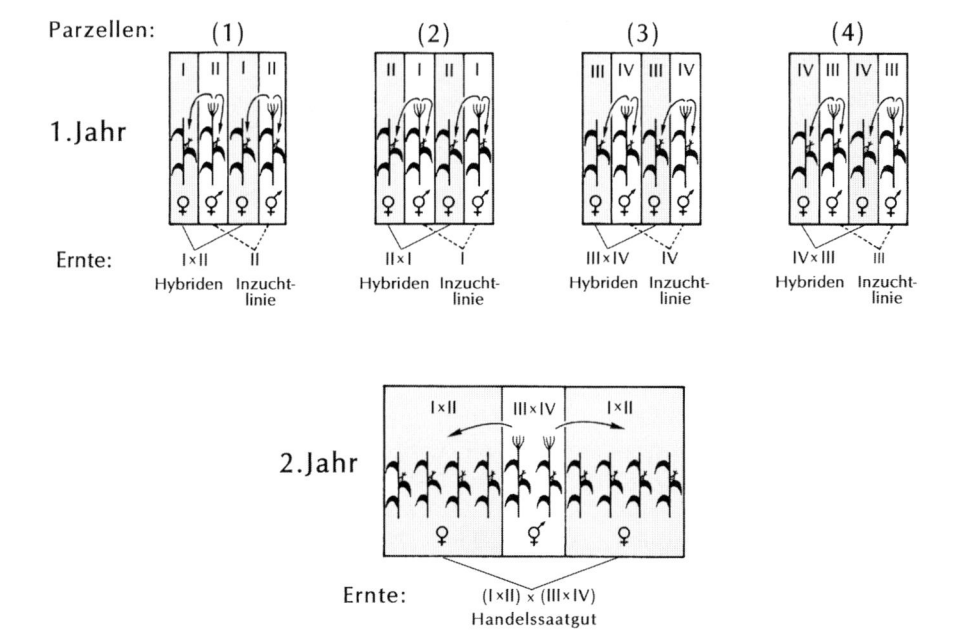

Abb. 28.11. Schema für die Inzucht-Heterosis-Züchtung (Einfachkreuzung und Doppelkreuzung) beim Mais (*Zea mays*). Auf der Parzelle (1) wird die Inzuchtlinie I entfahnt (die männlichen Blütenstände entfernt), Inzuchtlinie II nicht; auf der Parzelle (2) wird umgekehrt verfahren. Auf diese Weise erntet man auf der Parzelle (1) wieder das Saatgut der Inzuchtlinie II, das man für die Erhaltungszüchtung braucht, auf der Parzelle (2) das Saatgut der Inzuchtlinie I. Außerdem wird auf der Parzelle (1) von I und auf der Parzelle (2) von II das Hybridsaatgut geerntet. Dieses Verfahren wird als Einfachkreuzung (*single cross*) bezeichnet. Es hat den Nachteil, dass die Ernte der Körner an Inzuchtpflanzen erfolgt, die infolge der Inzuchtdepression nur einen geringen Ertrag bringen. Das aus Einfachkreuzungen stammende Hybridsaatgut ist deshalb teuer. Eine Doppelkreuzung (*double cross*) umgeht die Schwierigkeit. Hier werden parallel auf zwei weiteren Parzellen (3) und (4) die Inzuchtlinien III und IV erhalten und aus ihnen Hybridsaatgut hergestellt. Im zweiten Jahr werden dann die Hybridstämme (I × II) und (III × IV) gekreuzt. Erst das dabei anfallende Saatgut wird in den Handel gebracht. Der Heterosis-Effekt wird in der Regel durch *double cross* nicht verstärkt; die Herstellungskosten pro Einheit Saatgut verringern sich aber entscheidend. (Nach Günther 1969)

28.4.3 Gentechnik und Transformationsmethoden

Als **Gentechnik** im engeren Sinn bezeichnet man alle Verfahren für den gezielten Einbau von Fremdgenen in Organismen. Hierzu werden bestimmte Gene aus geeigneten Spenderorganismen isoliert, *in vitro* mit zusätzlichen DNA-Sequenzen mit Hilfsfunktionen für die erfolgreiche Übertragung und Expression versehen und, nach Vervielfältigung, **Klonierung**, in Bakterien, in das Genom des Empfängers übertragen, **Transformation**. DNA, die durch eine *in-vitro*-Verknüpfung gebildet wird, nennt man **rekombinante DNA**. Gentechnik umfasst somit alle Experimente, bei denen rekombinante DNA zur Erzeugung genetisch veränderter Organismen, **transgene Organismen**, eingesetzt wird. Die Voraussetzungen für erfolgversprechende Gentechnik bei Pflanzen sind:

▶ Herstellung rekombinanter DNA,
▶ Einschleusung rekombinanter DNA in Pflanzenzellen und deren Integration in das Genom, **transgene Zellen**,
▶ Regeneration **transgener Pflanzen** aus transgenen Zellen,
▶ Expression der eingeschleusten Gene, d. h. Bildung der Genprodukte (RNA, Protein).

Zum Einbau rekombinanter DNA in das Genom pflanzlicher Zellen stehen verschiedene Methoden zur Verfügung (Tabelle 28.7). Die ersten transgenen Pflanzen, die fremde Gene exprimierten, waren Tabakpflanzen, die mit Hilfe von Vektoren aus *Agrobacterium tumefaciens* hergestellt worden waren (→ Exkurs 28.3). Der eigentliche Vorteil der Gentransfertechnik – als Alternative zur Kreuzung – liegt darin, dass man gezielt **einzelne Gene** übertragen kann, und dies auch aus **artfremden Genspendern**. Wenn man eine züchterisch schon weitgehend optimierte Kulturpflanze weiter verbessern will, geht es darum, einzelne Merkmale zu verändern, ohne die restlichen wertvollen Eigenschaften der Pflanze zu gefährden. Ein Beispiel: Die Gene für die Krankheitsresistenz einer Wildpflanze sollen auf eine Kulturpflanze übertragen werden, unter Beibehaltung aller anderen Gene und Genkombinationen der Kulturpflanze. Bei der konventionellen Kreuzung ist dies sehr schwierig, denn bei der Befruchtung werden nicht nur die wenigen „nützlichen" Gene der Wildpflanze mit dem Erbgut der Kulturpflanze vereinigt, sondern auch unzählige andere Gene. Es bedarf deshalb jahrelanger An-

zucht und Auslese, um – vielleicht – eine Pflanze mit der gewünschten Merkmalskombination zu isolieren. Deswegen ist man an Verfahren zur Einführung einzelner Gene ins Erbgut einer Pflanze so sehr interessiert.

Die erste erfolgreich eingesetzte Methode nutzt die Ti-Plasmide von *Agrobacterium tumefaciens* als quasi-natürliche Genfähren (→ S. 636). Die in das Genom eingebaute „natürliche" T-DNA „zwingt" die Pflanzenzelle, ungewöhnliche Stoffe – **Opine** – zu synthetisieren, die den Bakterien als Nahrung dienen. Parallel dazu veranlasst die T-DNA, die synchron mit dem Genom der Wirtszellen repliziert wird, die Bildung von Tumoren (→ Abbildung 27.13). Der quasi-natürliche Gentransfer kann mit Hilfe von Agrobakterien erfolgen, die eine abge-

Tabelle 28.7. Derzeit erprobte Methoden, um rekombinante DNA in Pflanzenzellen einzuschleusen.

1. **Ti-Plasmide aus Agrobakterien** als quasi-natürliche Genfähren. Bei Dikotylen die bei weitem erfolgreichste Methode.

2. **Vacuum-Infiltration** ganzer Pflanzen und auch der Meristeme. Bei *Arabidopsis thaliana* eine Standardmethode, bei der später von der reifen Pflanze transgene Samen geerntet werden können.

3. **DNA-Injektion mit Mikroprojektilen** hoher Geschwindigkeit. Kleine Metallpartikel (0,5 – 5 μm) werden mit DNA ummantelt und mit hoher Geschwindigkeit (mehrere hundert m · s^{-1}) durch die Zellwand in das Cytoplasma geschossen („*Gene gun*"). Hiermit ist auch die Transformation von Plastiden möglich.

4. Chemisch vermittelte **Aufnahme von DNA in Protoplasten** (→ Abbildung 24.7). Durch Polyethylenglykol, Polyvinylalkohol, Ca^{2+} bei hohem pH werden Protoplasten zur Aufnahme nackter DNA veranlasst. Erfolge auch bei Plastidentransformation.

5. **Elektroporation**. Durch Stromstöße wird die Zellmembran der Protoplasten für DNA permeabel gemacht. Problem: oft nur transiente Genexpression.

6. **Mikroinjektion**. Einspritzen von DNA in Zelle und/oder Zellkern. Problem: geringe Größe der Objekte.

7. **DNA-Injektion in Infloreszenzen**. Einfache Methode, aber sehr geringe Erfolgsquote.

8. **Gurkenmosaikvirus** als quasi-natürliche Genfähre. Infektion einfach, aber schmales Wirtsspektrum und problematischer Einbau der DNA.

28.4 Verbesserung des Erbguts

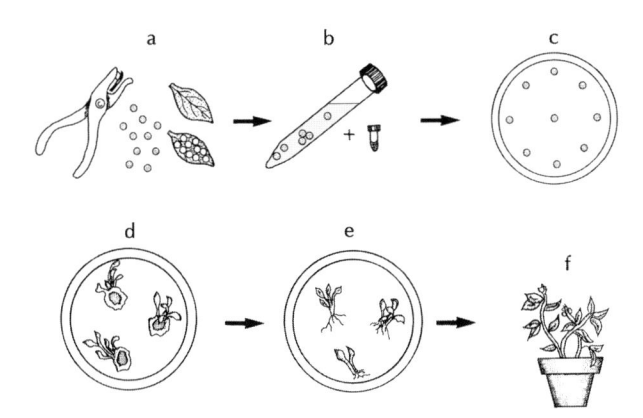

Abb. 28.12 a–f. Schema für ein experimentelles System, bei dem Blattscheibchen (z. B. vom Tabak) für die Transformation verwendet werden. **a** Herstellung von Blattscheibchen aus sterilen Blättern. **b** Inokulation mit *Agrobacterium tumefaciens* in einer Flüssigkultur. **c** Auslegen der Blattstücke auf Nähragar für 2 d. **d** Transfer auf ein Medium, das Kanamycin enthält (tötet alle nicht-transformierten Zellen, 2–3 Wochen). Abschneiden der gebildeten Sprosse und Selektion für Bewurzelung in Gegenwart von Kanamycin. **f** Transgene Pflanzen. (Nach Horsch et al. 1985)

wandelte T-DNA enthalten (→ Exkurs 28.3). Übertragen werden alle DNA-Sequenzen, die zur T-Region gehören, d. h. innerhalb der *border*-Sequenzen (= Grenzsequenzen) des Ti-Plasmids liegen. Da Gentransfer nur dann sinnvoll ist, wenn die transformierten Zellen normales Wachstum zeigen, ist es notwendig, die Gene für die Synthese von Opinen und Pflanzenhormonen aus der T-Region zu entfernen. Eine derart amputierte („entschärfte") T-DNA löst keine Tumorbildung mehr aus; die restliche T-Region wird aber mitsamt der Fremd-DNA normal übertragen und in das Wirtsgenom eingebaut.

Das weiterentwickelte sogenannte **binäre Vektorsystem** (→ Exkurs 28.3) hat folgende Vorteile: Man kann eine veränderte T-Region, definiert durch die *border*-Sequenzen, in einen binären Vektor einbauen, der sich in der *E. coli*-Zelle zu vielen Kopien vermehrt. Aus dem intermediären Vektorplasmid, das in das *Agrobacterium* eingeschleust wird, wird dann die T-Region mit Hilfe der VIR-Region des Ti-Plasmids in das Pflanzengenom übertragen. Für die Infektion genügt es, Agrobakterien, die das Ti-Plasmid und das Vektorplasmid enthalten, zusammen mit Pflanzenzellen in einer Zellsuspension zu halten oder ein Stück kompetentes Pflanzengewebe, z. B. von einem Tabakblatt, in einer Flüssigkultur von infektiösen Agrobakterien zu baden (Abbildung 28.12). Einige Erfahrungen, die man mit der T-DNA-Gentechnik gemacht hat, zeigen Vorzüge und Grenzen des Verfahrens:

▶ Die Stabilität des Einbaus ist bei den meisten Genen, die man mit Hilfe der T-DNA übertragen hat, ausgezeichnet.
▶ Gezielte Insertion in das Genom ist bisher nicht möglich (keine homologe Rekombination bei Blütenpflanzen; bei dem Moos *Physcomitrella* ist Integration in das Kerngenom über homologe Rekombination möglich).
▶ Vektorsequenzen und selektierbare Gene werden mit in die Pflanze übertragen.
▶ Bakterien halten sich bis zu 12 Monate an der Pflanzenoberfläche und können so in das Freiland gelangen.
▶ Obwohl nur wenige monokotyle Pflanzen natürliche Wirte für Agrobakterien sind, ist die Methode auch bei den wichtigsten Getreidepflanzen (Reis, Mais, Weizen) unter bestimmten Bedingungen erfolgreich.

Eine andere, insbesondere für die Transformation von monokotylen Nutzpflanzen wie Reis, Mais und Weizen benutzte Methode führt die rekombinante DNA durch ballistischen Beschuss mit kleinen Metallpartikeln in die Pflanzenzellen ein. Diese Methode wurde, neben der *Agrobacterium*-vermittelten Transformation bereits in vielen Fällen erfolgreich angewandt (Tabelle 28.8). Hierbei werden winzige mit DNA beschichtete Gold- oder Wolframpartikel mit einer „Partikelkanone" in Zellen, Protoplasten oder ganze Gewebestücke geschossen. Die in den Zellen hängen bleibende DNA wird mit einer gewissen Wahrscheinlichkeit intakt in das Genom eingebaut. Neben der gewünschten DNA-Sequenz, die in das Pflanzengenom eingeschleust werden soll, trägt der Vektor ein selektierbares Markergen, meist für eine Resistenz gegen ein Antibioticum, das auch auf Pflanzenzellen toxisch wirkt (z. B. Kanamycin). Auf einem Antibioticumhaltigen Medium lassen sich die transformierten Zellen selektiv zu Pflanzen regenerieren. Diese Methode wurde auch für die Transformation von Chloroplasten erfolgreich angewandt. Natürlich erzeugen die in die Zellen geschossenen Metallparti-

Tabelle 28.8. Einige mit Partikelbeschuss bzw. *Agrobacterium*-Infektion durchgeführte Genübertragungen bei Nutzpflanzen, deren Erfolg im Feldversuch getestet wurde. (Nach Christou 1996; Agbios.com 2009; transgen.de 2009)

Spezies	Transformationsmethode	im Feldversuch getestete Eigenschaften
Banane	Partikelbeschuss/*Agrobacterium*	
Gerste	Partikelbeschuss	Virusresistenz
Bohne	Partikelbeschuss	
Raps	Partikelbeschuss/*Agrobacterium*	Herbizidtoleranz, Bestäubungskontrolle
Cassava	Partikelbeschuss/*Agrobacterium*	
Mais	Partikelbeschuss/*Agrobacterium*	Insektenresistenz, Herbizidtoleranz
Baumwolle	Partikelbeschuss/*Agrobacterium*	Insektenresistenz, Herbizidtoleranz
Papaya	Partikelbeschuss/*Agrobacterium*	Virusresistenz
Erdnuss	Partikelbeschuss/*Agrobacterium*	Virusresistenz
Pappel	Partikelbeschuss/*Agrobacterium*	Herbizidtoleranz
Kartoffel	*Agrobacterium*	Insektenresistenz, Virusresistenz, Herbizidtoleranz
Reis	Partikelbeschuss/*Agrobacterium*	Herbizidtoleranz
Soja	Partikelbeschuss/*Agrobacterium*	Herbizidtoleranz
Melone	Partikelbeschuss/*Agrobacterium*	Virusresistenz
Zuckerrübe	*Agrobacterium*	Herbizidtoleranz
Zuckerrohr	Partikelbeschuss	
Sonnenblume	Partikelbeschuss/*Agrobacterium*	
Tomate	*Agrobacterium*	verzögerte Reifung, Virusresistenz
Weizen	Partikelbeschuss	
Linse	*Agrobacterium*	Enzymmutante
Flachs, Leinsamen	*Agrobacterium*	Enzymmutante
Nelke	*Agrobacterium*	Blütenfarbe
Chicorée	*Agrobacterium*	Bestäubungskontrolle
Pflaume	*Agrobacterium*	Virusresistenz
Pfefferminze	*Agrobacterium*	Herbizidtoleranz, Ölzusammensetzung
Orange	*Agrobacterium*	Insekten-, Pilz-, Virusresistenz
Kaffee	*Agrobacterium*	Resistenzen, Koffeingehalt
Kohl	*Agrobacterium*	Resistenzen, Bestäubungskontrolle

kel Schäden an Membranen und anderen Zellstrukturen, die aber in der Regel wieder ausheilen. Diese Methode, mit der ebenfalls nur einzelne Zellen innerhalb größerer Zellverbände, wie z. B. Embryonen, transformiert werden, umgeht die mit der Spezifität für bestimmte Pflanzenspezies verbundenen Probleme anderer Verfahren (→ S. 660). Da viele Arten, insbesondere in Form ihrer in der Landwirtschaft genutzten Hochleistungssorten, oft nur sehr schwer aus Gewebekulturen regenerierbar sind und zudem längere *in-vitro*-Kultur von Zellen zu unerwünschten Genomveränderungen führen

28.4 Verbesserung des Erbguts

kann, ist eine möglichst kurze *in-vitro*-Kulturzeit ein wichtiger Faktor. Für die praktische Anwendung liefert diese direkte Transformationsmethode außerdem die Möglichkeit, sofort Hochleistungspflanzen zu transformieren und so dem Züchter aufwändige und langwierige Einkreuzungsprogramme zu ersparen. Ein Nachteil dieses Verfahrens ist die fehlende Kontrolle über den Integrationsort der eingebrachten DNA, was oft dazu führt, dass mehrere Kopien der gewünschten Information in das Pflanzengenom eingebaut werden und dadurch die genaue Expressionssteuerung schwierig wird.

In der Forschung, insbesondere am Modellorganismus *Arabidopsis thaliana*, findet inzwischen die Methode der **Vacuuminfiltration** wegen ihrer Einfachheit und Effizienz breite Anwendung. Dabei werden ganze Pflanzen durch Eintauchen in eine Lösung der einzubringenden DNA bei Unterdruck dazu gebracht, während des engen Zellkontaktes mit der Fremd-DNA diese aufzunehmen und in das Genom zu integrieren. Die infiltrierte Pflanze wird bis zur vollen Reife angezogen, wobei mit einer gewissen Wahrscheinlichkeit auch transformierte Gameten, und daraus transformierte Samen entste-

---

EXKURS 28.3: Nutzung der natürlichen Gentransformation von Pflanzen mit *Agrobacterium tumefaciens*

Die bei der Übertragung des Ti-Plasmids von *Agrobacterium* in das Pflanzengenom wirksamen Mechanismen (→ Exkurs 27.3, S. 637) sind auch geeignet, rekombinante DNA zu transferieren. Die Abbildung A zeigt, in generalisierter Form, einen hierfür geeigneten Transformationsvektor. Das Plasmid enthält eine Startstelle für die Replication in *Agrobacterium* (*Ori-Agro*) und eine Startstelle für die Replication in *E. coli* (*Ori-E.coli*, binärer Vektor). Letztere gestattet eine leichte und schnelle Produktion (hohe Kopienzahl) der manipulierten Plasmide bevor diese in *Agrobacterium* übertragen werden. Das Vektorplasmid trägt üblicherweise zwei Resistenzgene, eines für die Selektion der Bakterien (im vorliegenden Beispiel das Gen für Spectinomycin-Resistenz, *Spc^r*) und ein zweites (im vorliegenden Fall das Gen für Kanamycin-Resistenz, *Kan^r*), das erst in der Pflanze zur Expression kommt. Das Plasmid enthält ferner Platz für ein oder mehrere eingefügte Gene (*inserted genes, IG*) und gerichtete *border*-Sequenzen, welche die T-DNA-Region definieren, die vom Transfer-System der Agrobakterienzelle erkannt und in die Pflanzenzelle übertragen wird.

In der Abbildung B ist das Schema für den eigentlichen Transformationsprozess dargestellt. Das in *E. coli* vermehrte Vektorplasmid wird auf *Agrobacterium* übertragen (*mating*). Das *Agrobacterium* enthält ein „entschärftes" Ti-Plasmid (*D-Ti*), dem die Gene für Pathogenität entfernt wurden. Die *VIR*-Region auf dem D-Ti-Plasmid interagiert in *trans* mit den *border*-Sequenzen auf dem Vektorplasmid. Dadurch wird die Region zwischen den *border*-Sequenzen mobilisiert, in die Pflanzenzelle transferiert und in deren Genom eingebaut. Die Kanamycin-Resistenz, die das *Kan^r*-Gen auf die Pflanze übertragen hat, erlaubt die Selektion der transformierten Pflanzen während der Regeneration. (Nach Gasser und Fraley 1989).

Anmerkung: **Kanamycin** ist ein Antibiotikum aus der Kulturflüssigkeit von *Streptomyces kanamyceticus*. Es stört auch in der Eukaryotenzelle die Proteinsynthese durch fehlerhafte Ablesung der genetischen Information in der mRNA. Der dadurch erfolgende Einbau „falscher" Aminosäuren in die Polypeptidketten führt zu funktionell inaktiven Proteinmolekülen. **Spectinomycin** ist ein Antibiotikum (substituiertes Pyranobenzodioxinon) aus der Kulturflüssigkeit von *Streptomyces spectabilis*. Es hat ein breites Wirkungsspektrum gegen Bakterien, wobei die (reversible) bakteriostatische Wirkung ebenfalls auf einer Störung der Proteinsynthese beruht.

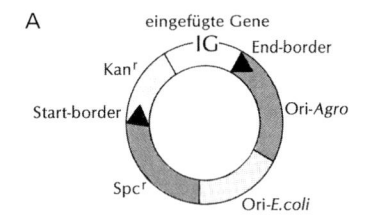

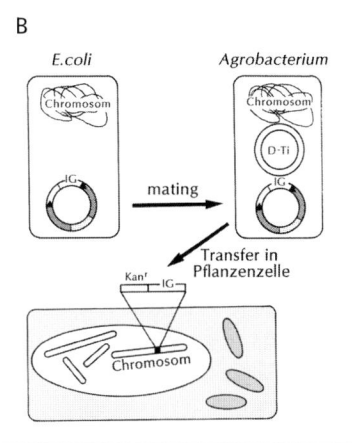

hen. Diese können auf Selektionsmedium mit Antibioticum-Zusatz ausgelesen werden. Mit dieser Methode lassen sich bei *Arabidopsis* mit den entsprechenden Rückkreuzungen sehr schnell homozygote transgene Linien erzeugen.

Die anderen in Tabelle 28.7 angeführten Transformationsmethoden und Vektorkonstruktionen eignen sich meist nur für bestimmte Spezies, die z. B. durch Infektionsspezifitäten für die dabei genutzten Viren festgelegt sind. Die Methode der **Elektroporation**, bei der durch eine plötzliche Veränderung des Membranpotentials Moleküle in die Zelle eingeschleust werden, eignet sich nur für Protoplasten und ist daher auf Pflanzen beschränkt, die sich problemlos aus Protoplasten regenerieren lassen.

28.4.4 Strategien zur Nutzung der gentechnischen Manipulation

Bei allen im vorigen Abschnitt näher ausgeführten Methoden zur Transformation ist es notwendig, transformierte von nichttransformierten Zellen zu unterscheiden und die meist nur in sehr geringer Zahl vorhandenen transformierten Zellen selektiv zu vermehren. Die bisher gängige Methode hierfür ist die Cotransformation von Resistenzgenen, die die transformierte Pflanze unempfindlich für bestimmte toxische Substanzen machen. Am häufigsten verwendet werden Resistenzgene gegen Antibiotica, wie z. B. **Kanamycin** und **Hygromycin**, oder auch gegen metabolische Inhibitoren, z. B. die Herbizide **Phosphinotricin** (Basta), **Bialafos** oder **Glufosinat**. Für die kommerzielle Nutzung, insbesondere für die Erzeugung von Nahrungsmitteln aus genetisch veränderten Pflanzen, ist es wünschenswert, dass die von diesen Genen produzierten Proteine nicht gebildet und die Gene nicht in der Natur verbreitet werden (wo sie potenziell für unerwünschte Rekombinationen zur Verfügung stehen). Daher wird nach Selektionsverfahren gesucht, die entweder ohne Resistenzgene auskommen, oder bei denen diese Gene nach der Transformation abgeschaltet oder entfernt werden können.

In einem alternativen Ansatz wird zum Beispiel getestet, ob ökologisch unbedenklichere Gene, z. B. das Gen für die Isopentenyltransferase (IPT), das auch auf dem natürlichen Ti-Plasmid von *Agrobacterium tumefaciens* in Pflanzenzellen transferiert wird, zur Selektion eingesetzt werden kann (Abbildung 28.13). Dieses Enzym bewirkt in der Pflanze die Synthese von **Cytokininen**, welche für die Zellteilung notwendig sind (→ Abbildung 18.20). Transformierte Zellen mit konstitutiv exprimierter IPT vermehren sich daher auch auf cytokininfreiem Medium. Die Selektion ist aber nicht einfach, da die transformierten Zellen auch Cytokinine abgeben und damit die nichttransformierten Nachbarzellen zur Teilung anregen. Um die regenerierten transgenen Pflanzen später zu einem normalen, nicht durch Cytokinin-Überproduktion

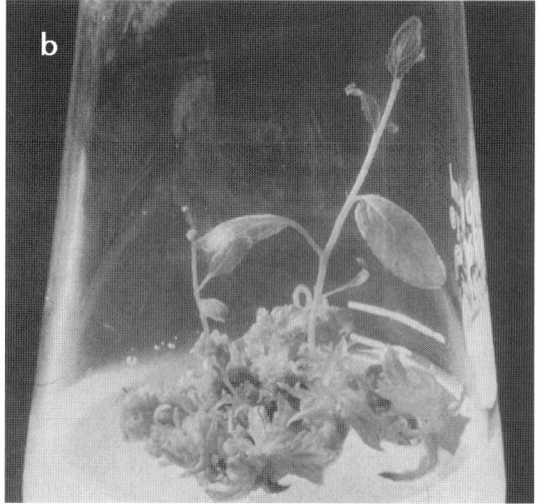

Abb. 28.13 a, b. Regeneration transformierter Pappelpflanzen aus Kallusgewebe unter dem Einfluss des Selektionsmarkergens *IPT*. Auch für verschiedene Laubbaumarten wurden inzwischen Transformationsmethoden entwickelt. Bei Pappeln wurden Selektionsansätze verwendet, bei denen als Marker nicht die Resistenz gegen ein Antibioticum genutzt wird, sondern das Gen für das Enzym Isopentenyltransferase (IPT), das für die Biosynthese von Cytokininen wichtig ist. Bei erfolgter Transformation mit dem Vektor wird die Synthese des Hormons induziert. Unter seinem Einfluss entwickeln sich selektiv aus den einzelnen transformierten Zellen des Kallus eine Vielzahl von Sprossen (**a**). Aus diesen kann durch Aktivierung der transposablen DNA-Sequenzen, die das *IPT*-Gen flankieren, letzteres herausgeschnitten werden und es entstehen morphologisch normale Setzlinge (**b**). (Nach Ebinuma et al. 1997)

veränderten Wachstum zu bringen, muss das *IPT*-Gen anschließend wieder entfernt werden, wie es auch für Antibiotika- bzw. Herbizid-Resistenzgene wünschenswert ist.

Strategien zur späteren Entfernung technischer Hilfsgene machen sich z. B. bimolekulare, transposable DNA-Elemente zunutze. Dabei werden die zu entfernenden Gene zwischen abgeänderte Transposonfragmente eingebaut, unter deren Einfluss sie wieder aus der DNA herausgeschnitten werden können. Dabei muss die Wahrscheinlichkeit für ein solches Ereignis ausreichend groß sein, um bei einer begrenzten Anzahl von Pflanzen entsprechende Individuen zu finden, da jetzt keine Selektion mehr möglich ist. Solche Methoden sind auch wichtig für die Transformation von Pflanzen mit langer Generationszeit, z. B. von Bäumen (→ Abbildung 28.13).

Für die Nutzung der Gentechnik bei Pflanzen in der Forschung ist die Einschleusung leicht nachweisbarer **Reportergene** von entscheidender Bedeutung (→ Exkurs 6.6, S. 134). Dabei haben sich bisher hauptsächlich drei Gene bewährt: das **GUS-Gen** (*GUS* für β-Glucuronidase aus *E. coli*), das **Luciferasegen** aus Leuchtkäfern und das **GFP-Gen** (für *green fluorescence protein* aus Quallen) (→ S. 134).

Die sehr empfindlichen Aktivitätsnachweise für diese Proteine erlauben eine präzise Dokumentation der räumlichen und zeitlichen Aktivität der Promotoren, die gekoppelt an ein solches Reportergen, in die Pflanze eingebracht werden (→ Exkurs 6.6, S. 134). Darüber hinaus lassen sich mit dieser Methode regulatorische Elemente von Promotoren und ihre Wechselwirkung mit Transkriptionsfaktoren studieren (→ Abbildung 6.1). Neben Promotor-Reportergen-Fusionen spielen in der Forschung Fusionen zwischen Signalsequenzen (für den Import eines Proteins in bestimmte Zellorganellen) und Reportergenen (oder beliebigen anderen Genen) eine wichtige Rolle. Mit solchen maßgeschneiderten DNA-Konstrukten kann die Wirksamkeit eines Transgens auf der biochemischen Ebene gezielt in ein bestimmtes Zellkompartiment verlegt werden, z. B. in die Chloroplasten oder in den Zellkern.

Eine offensichtliche, durch die Gentechnik eröffnete Möglichkeit ist die allgemeine Verstärkung bestimmter enzymatischer Reaktionen durch Einschleusen zusätzlicher genetischer Information, z. B. eines Gens in Koppelung an einen starken, konstitutiv aktiven Promotor, wie er etwa in Form des 35S-Promotors aus dem Blumenkohlmosaikvirus zur Verfügung steht. Durch Koppelung an einen gewebespezifisch gesteuerten Promotor lässt sich die Aktivität eingeschleuster Gene auf bestimmte Teile der Pflanze eingrenzen, z. B. auf die Wurzel oder auf die Samen. Experimentell induzierbare Promotoren, die durch zugebene Aktivatoren wie Ethanol, Glucocorticoide, Tetracyclin, oder einen Hitzeschock angeschaltet werden, erlauben die Untersuchung von sonst letalen Genfunktionen durch die gezielte Schaltung des Transgens in einem bestimmten Entwicklungsstadium. Diese vielfältigen Möglichkeiten zur konstitutiven, induzierten oder gewebespezifischen Expression eingebrachter Gene werden nicht nur zur Aufklärung der physiologischen Funktion dieser Gene bzw. Enzyme eingesetzt, sondern eröffnen auch ein breites Spektrum an Anwendungsmöglichkeiten für gezielte Syntheseleistungen durch Pflanzen.

Um die Funktion eines Genproduktes zu analysieren, ist es oft auch wünschenswert, die Aktivität eines Gens zu verringern oder ganz abzuschalten. Bei der Einschleusung zusätzlicher Kopien eines in der Pflanze bereits vorhandenen Gens hat sich in vielen Fällen gezeigt, dass sich die endogenen und die fremden Genkopien gegenseitig bei der Expression behindern oder sogar ganz ausschalten können. Dieses Phänomen der **Cosuppression** beruht auf der posttranskriptionalen Kontrolle durch das **RNAi-System**, mit dem unerwünschte RNAs oder auch zu große Mengen an RNA sehr effizient abgebaut werden (→ S. 635). Durch Einschleusung der DNA für bestimmte RNAi-Konstrukte können so, ähnlich wie mit microRNAs, gezielt einzelne mRNA-Spezies in einer transgenen Pflanze ausgeschaltet werden (→ Exkurs 17.5, S. 398). Eine andere methodische Variante um Genaktivitäten in der Pflanze zu unterdrücken ist die **antisense-Technik**, bei der das Gen hinter einem anderen (oder dem gleichen) Promotor in umgekehrter Orientierung in das Genom eingebaut wird (Abbildung 28.14). Durch die bei der Transkription entstehende *antisense*-RNA wird die Aktivität der nativen *sense*-mRNA in vielen Fällen verringert oder sogar ganz unterdrückt. Aber auch bei dieser Technik spielen, ähnlich wie bei der Cosupression, Positionseffekte und andere Eigenschaften der beteiligten Gene eine große, oft nicht genau vorhersagbare Rolle, so dass meist ein sorgfältiges *screening* der transformierten Pflanzen erforderlich ist, um das gewünschte Resultat zu erhalten. Die Störungen bei der *antisense*-

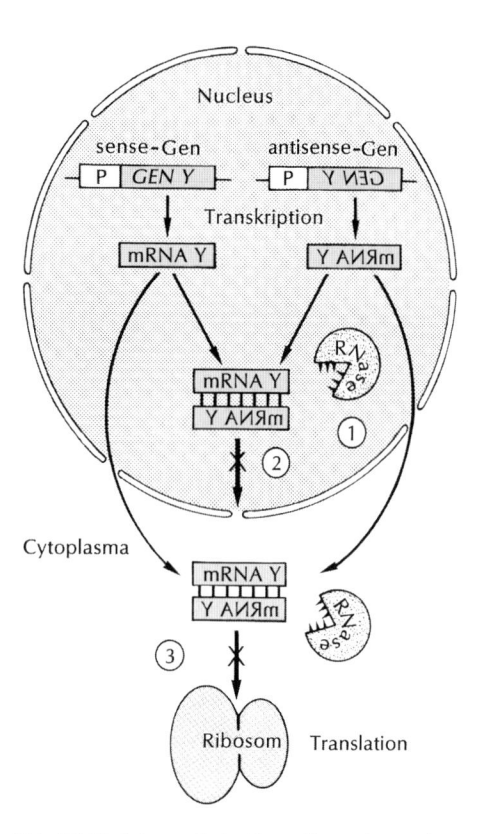

Abb. 28.14. Schematische Darstellung der *antisense*-Technik zur Unterdrückung einer bestimmten Genaktivität auf der mRNA-Ebene. Zusätzlich zu dem natürlicherweise im Zellkern vorhandenen Originalgen (*Gen Y*) wird hinter dem gleichen Promotor (*P*) die codierende Region in umgekehrter Orientierung (*antisense*-Gen) in das Genom eingebaut. Bei der Transkription entsteht zum einen die normale mRNA Y und zum anderen die *antisense*-mRNA, in der die komplementäre, zur Basenpaarung befähigte Sequenz vorliegt. Bisher ist noch nicht genau geklärt, an welcher Stelle die *antisense*-mRNA hemmend auf die Translation der *sense*-mRNA wirkt. Folgende Möglichkeiten werden diskutiert: *1.* Bereits im Zellkern können sich sense- und antisense-mRNA zu einem Duplex zusammenlegen und von einer doppelstrangspezifischen RNase abgebaut werden. *2.* Die doppelsträngige mRNA kann nicht aus dem Zellkern heraustransportiert werden. *3.* Die doppelsträngige mRNA bildet sich erst im Cytoplasma und kann am Ribosom nicht abgelesen werden. Sie wird durch cytoplasmatische RNase abgebaut. (Nach Bourque 1995)

Genexpression beruhen wahrscheinlich vor allem auf posttranskriptionalen Prozessen. Die *antisense*-mRNA kann offenbar direkt im Zellkern die Stabilität der *sense*-mRNA verringern, und/oder im Cytoplasma durch Doppelstrangbildung mit der *sense*-mRNA das RNAi-System induzieren und so zur selektiven Degradation der *sense*-mRNA führen, bzw. durch die Duplexbildung die Translation im Ribosom verhindern (→ Abbildung 27.12).

28.5 Gentechnische Ansätze in der molekularen Pflanzenphysiologie

28.5.1 Grundsätzliche methodische Einschränkungen

Die Identifizierung von Regulationsstrukturen (Promotoren) vieler Gene und die Aufklärung ihrer Sequenzen ermöglicht zusammen mit der Transformationstechnik die gezielte Expression genetischer Information in ganzen Pflanzen, ausgewählten Geweben oder einzelnen Zellen. Dieses methodische Potenzial hat in der Pflanzenphysiologie ganz neue Forschungsansätze eröffnet. Theoretisch erlauben diese Methoden die Einführung, Verstärkung oder Verringerung nahezu beliebiger biochemischer Leistungen. Die dadurch bewirkten Veränderungen in Biosynthesewegen und Transportprozessen können Informationen über das Stoffwechselgeschehen liefern, die auf anderem Weg oft nicht zu erhalten sind. Gleichzeitig erlauben solche gezielten Eingriffe in den Stoffwechsel potenziell auch gezielte Verbesserungen der Leistungsfähigkeit von Nutzpflanzen.

Von diesen theoretischen Überlegungen her klar und einfach, führen gentechnische Eingriffe in den pflanzlichen Stoffwechsel jedoch oft nicht zu dem erwünschten Ergebnis oder sind von unerwarteten Nebenwirkungen begleitet. Nicht selten erweist sich der Stoffwechsel als so flexibel, dass selbst massive Veränderungen in der Menge eines Enzyms durch **metabolische Regelprozesse** wieder ausgeglichen werden können. Hinderlich ist auch, dass viele Gene in mehrfacher Ausfertigung vorliegen, **Genfamilien**, und daher z. B. die Funktion eines ausgeschalteten Gens von einem verwandten Gen übernommen werden kann, **Redundanz**. Aus diesen Gründen ist es keineswegs sicher, dass eine erfolgreich transformierte Pflanze auch den erwarteten Phänotyp zeigt. Man muss vielmehr damit rechnen, dass das Stoffwechselgeschehen gegen Veränderungen einzelner, essenzieller Enzymaktivitäten regulatorisch gut gepuffert ist. Für erfolgreiche molekularbiologische Eingriffe in Pflanzen ist daher ein gründliches Verständnis der Stoffwechselwege, der Translocationsprozesse und der Speichermechanismen für nutzbare Inhaltsstoffe von entscheidender Bedeutung.

Ohne eine umfassende Kenntnis der biochemischen, physiologischen und genetischen Grund-

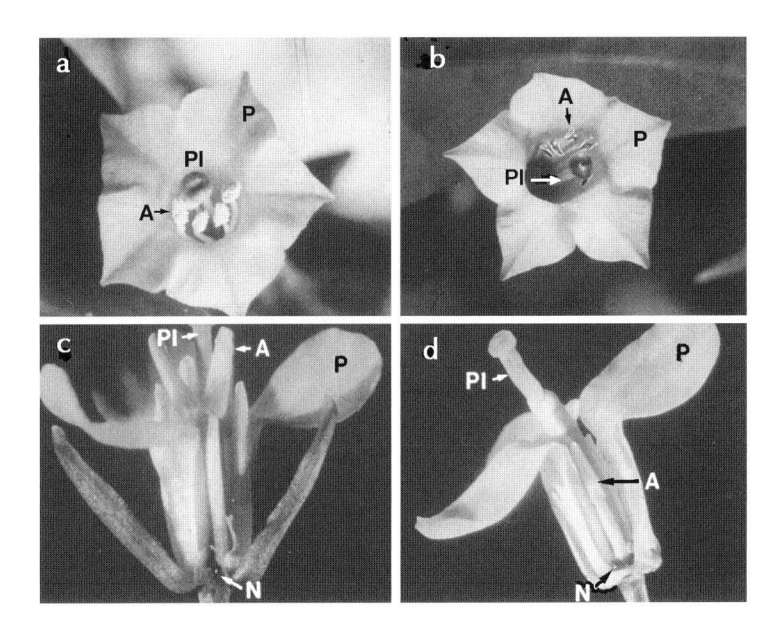

Abb. 28.15 a–d. Verhinderung der Pollenbildung zur Erzeugung männlicher Sterilität bei Tabak (*Nicotiana tabacum*; **a, b**) und Raps (*Brassica napus*; **c, d**) durch Transformation mit einem bakteriellen RNase-Gen, das von einem Antheren-spezifischen Promotor gesteuert wird. Die Blüten untransformierter Pflanzen zeigen normale Antheren (*A*), Petalen (*P*), Pistill (*Pl*) und Nektarbildung (*N*) (**a, c**). Die Blüten der mit dem RNase-Gen transformierten Pflanzen zeigen abnorme Antheren, in denen kein Pollen mehr produziert wird (**b, d**). (Nach Mariani et al. 1990)

lagen bleibt jegliche Anwendung von Gentechnik auch in der Landwirtschaft ein wenig erfolgreiches Glücks- und Ratespiel. Die oft sehr kurzsichtige, politisch opportune Konzentration von Forschungsgeldern auf angewandte Projekte führt daher häufig zu Fehlinvestitionen. Innovative, umsichtige und kreative Grundlagenforschung erfordert die enge Verbindung zur Pflanzenphysiologie, Genetik und Biochemie, um zu substanziellen Fortschritten zu kommen. Im Folgenden sind einige Beispiele dargestellt, bei denen dieser Sachverhalt deutlich wird.

28.5.2 Hemmung der Pollenreifung für die Hybridzüchtung

In der klassischen Pflanzenzüchtung wurde mit der Etablierung des Hybridsaatguts, z. B. bei Mais, ein Quantensprung der Ertragssteigerung erreicht (→ S. 658). Eine Hauptschwierigkeit bei der Erzeugung von Elternlinien für die Ausnutzung des Heterosiseffektes ist jedoch die aufwändige Suche nach männlich sterilen Mutanten und den entsprechenden einkreuzbaren Restorergenen, die notwendig sind, um in der Folgegeneration die Befruchtung für die Produktion von Samen und Früchten wieder zu ermöglichen.

Mit der Aktivierung von zerstörerisch wirksamer Information exklusiv bei der Pollenreifung sollte es möglich sein, männliche Sterilität zu induzieren, ohne dass das übrige Wachstum der Pflanze gestört wird. Dieses Ziel ist mit antherenspezifischen Promotoren erreichbar. Aus Tabak- und Tomatenpflanzen wurden Gene isoliert, die nur in den Tapetumzellen der Antheren aktiv sind. Die Promotoren dieser Gene wurden an das Gen für eine RNase aus *Bacillus amyloliquefaciens* (BaRNase) gekoppelt und in Tabak und Raps eingebaut. Bei den transformierten Pflanzen ist das vegetative Wachstum nicht verändert. Die BaRNase wird selektiv in den Tapetumzellen exprimiert und verhindert die Ausbildung des reifen Pollens (Abbildung 28.15).

Die auf diese Weise erzeugte männliche Sterilität lässt sich im Prinzip bei allen Pflanzen anwenden, bei denen das Ertragsgut nicht die Samen oder Früchte sind, z. B. bei Salat, Karotten, Kartoffeln und Kohl. Bei Reis, Mais oder Tomate ist es dagegen notwendig, im Hybridsaatgut die Fertilität wieder herzustellen, um erntebare Früchte zu erhalten. Dies gelingt z. B. durch die genetische Einführung des RNase-Inhibitors Barstar, der spezifisch die BaRNase inaktiviert und mit dem sich *B. amyloliquefaciens* vor dem Eigenverdau seiner RNA schützt. Koppelung des Barstar-Gens an den gleichen tapetumspezifischen Promotor und Einführung in Pflanzen führte in der Tat zu einer Linie, die bei Kreuzung mit der BaRNase-exprimierenden Pflanze die Pollenreifung wieder ermöglicht.

Andere transgene Ansätze zur Manipulation der männlichen Fertilität nutzen die Empfindlichkeit der reifenden Pollen für Störungen der mitochondrialen Aktivität. Wird mit der *antisense*-Technik die Transkriptmenge für Mitochondrienproteine, z. B. die kerncodierten Untereinheiten des Komplex I der Atmungskette (→ Abbildung 9.7) verringert, so ist dies mit einem Verlust der Pollenreifung korreliert. Die Abänderung der Basensequenz mitochondrialer Gene und die Expression der fehlerhaften Proteine in den Mitochondrien transgener Pflanzen führt ebenfalls zu männlicher Sterilität. In der Hybridgeneration kann dieser Defekt durch Einführung eines *antisense*-Gens unterdrückt werden, so dass dort die Befruchtung wieder möglich ist.

28.5.3 Manipulationen im Kohlenhydratmetabolismus

Für kontrollierte Steigerung des Anteils von erwünschten Pflanzeninhaltsstoffen wie Zucker, Stärke, Fett oder Protein an der Biomasse ist eine möglichst genaue Kenntnis der komplexen metabolischen Netzwerke erforderlich, mit denen die Bildung und Kanalisierung dieser Stoffwechselprodukte reguliert wird. Ein Ziel ist es dabei, den Fluss von Metaboliten in erntebare Speicherorgane wie Knollen oder Samen auf Kosten des Flusses in Stängel und Wurzeln zu erhöhen. Die Ausbeute an Ertragsgut soll gesteigert werden, ohne zu Mangelerscheinungen im restlichen Teil der Pflanze zu führen, die sich negativ auf andere wichtige Funktionen auswirken. Es leuchtet ein, dass Erfolge hier nur in dem Maß möglich sind, wie die Pflanzen nicht bereits natürlicherweise (oder durch Züchtung) in Hinsicht auf dieses Ziel genetisch optimiert sind. Daher sind erhebliche Fortschritte der genetischen Ertragssteigerung bei unseren wichtigsten Kulturpflanzen wie Weizen, Reis, Mais usw. nicht ohne weiteres zu erwarten. Größere Bedeutung besitzen wahrscheinlich Stoffwechselsteuerungen mit dem Ziel einer **qualitativen Veränderung** des Ertragsguts, z. B. durch Umleitung des metabolischen Flusses in die Fett- oder Proteinsynthese auf Kosten der Stärkeproduktion. In der Kartoffelknolle kann man z. B. das Verhältnis von Amylose zu Amylopektin in die eine oder andere Richtung verschieben, um ein homogenes Produkt zu erhalten (→ S. 237).

Eingriffe in metabolische Flüsse sind mit verschiedenen technischen Ansätzen möglich. Zum einen lassen sich zusätzliche Enzymaktivitäten für Synthesereaktionen einbringen, die nicht mehr der Kontrolle durch das pflanzeneigene Rückkopplungsnetzwerk unterliegen. Zum anderen können aus bestimmten metabolischen Gleichgewichten Produkte entfernt werden, so dass die Reaktion in eine andere Richtung gelenkt wird. Ein dritter Ansatzpunkt sind zentrale Schaltstellen im metabolischen Netzwerk, an denen die Kanalisierung zu bestimmten Produkten erfolgt. Solche Schaltstellen sind z. B. viele **Transportproteine**, durch die Metaboliten von einem Zellkompartiment in ein anderes (oder von einem Organ in ein anderes) geleitet werden. Ein Beispiel: Die Verstärkung der Kohlenstoffassimilation während der Photosynthese führt im Chloroplasten zur Zwischenspeicherung von Kohlenhydrat als Stärke oder zum Export von Triosephosphat in das Cytoplasma, wo es zum Exportmolekül **Saccharose** umgesetzt wird (→ Abbildung 9.27). Die Bedeutung des Triosephosphatexports aus den Chloroplasten wird an transgenen Pflanzen deutlich, bei denen durch *antisense*-Expression die Bildung des Phosphattransporters unterdrückt wird. In diesen Pflanzen wird 2- bis 3mal soviel Stärke in den Chloroplasten abgelagert wie beim Wildtyp. Ein zweites Beispiel: Ein wichtiger regulierter Schritt bei der Umwandlung von Triose zu Saccharose ist die Gleichgewichtsreaktion zwischen **Fructose-1,6-bisphosphat** und **Fructose-6-phosphat** (→ Abbildung 9.27). Eine Verschiebung des Gleichgewichts in Richtung zur Bildung von Fructose-6-phosphat sollte die Synthese von Saccharose begünstigen. Dies gelingt z. B. durch transgene Expression einer Diphosphatase aus *E. coli* in Tabak oder Kartoffel. Das Enzym spaltet das für die Rückreaktion notwendige Diphosphat (PP) und hemmt so den Abbau von Fructose-6-phosphat. Die hierdurch bewirkte Erhöhung der Saccharosekonzentration in den Blättern führt aber auch zu einer Hemmung des Saccharoseimportes in das Phloem, so dass die Pflanzen kränkeln und nicht mehr gut wachsen, ein unerwarteter Nebeneffekt.

Ähnliche gentechnische Manipulationen wurden in den letzten Jahren an vielen Stellen des pflanzlichen Stoffwechsels durchgeführt und hinsichtlich ihrer wirtschaftlichen Nutzung getestet. Je nach Pflanzenart kann das wirtschaftliche Interesse zu ganz verschiedenen Vorgaben führen. Während es z. B. in den Blättern einer Weizenpflanze wünschenswert ist, den Abtransport des Assimilats zu steigern, um die negative Rückkoppelung auf die Photosynthese zu lockern, kann es in der Kartoffelknolle vorteilhaft sein, die Deponierung des Assimilats in Form von Stärke zu fördern. **Kartoffel-**

stärke ist nicht nur ein wichtiger Rohstoff für die Lebensmittelindustrie, sondern auch für viele technische Anwendungen, z. B. als Schmierstoff. Natürliche Stärke (α-Glucan) besteht aus der linearen **Amylose** und dem verzweigten **Amylopektin** (→ S. 237). Amylose wird hauptsächlich von einer membrangebundenen Stärkesynthase gebildet, während das Amylopektin von löslichen Stärkesynthasen und Verzweigungsenzymen aufgebaut wird. Das Verhältnis zwischen den beiden Polymeren sowie die Kettenlängen und Verzweigungshäufigkeiten bestimmen die physikochemischen Eigenschaften der Stärke, die nicht nur für verschiedene Anforderungen bei der Herstellung von Pommes frites, Kartoffelbreipulver oder Kartoffelchips wichtig sind, sondern auch für den Einsatz als Kleb- oder Schmierstoff. Die Unterdrückung der Amylosesynthese zugunsten der Amylopektinsynthese gelang durch *antisense*-Expression des Gens für die membrangebundene Stärkesynthease. Auch der Verzweigungsgrad des Amylopektins konnte durch Einbau geeigneter *sense*- bzw. *antisense*-Gensequenzen verändert werden. Eine generelle Erhöhung der Stärkeproduktion in Kartoffelknollen wurde durch den Einbau eines ADP-Glucosediphosphorylase-Gens aus *E. coli* erreicht, das im Gegensatz zum entsprechenden pflanzlichen Enzym nicht durch anorganisches Phosphat allosterisch gehemmt wird. Dies führte zu einer Erhöhung des Stärkegehaltes der Knollen um bis zu 35 % gegenüber dem Wildtyp.

28.5.4. Manipulationen zur Synthese neuer Produkte

Die Massenproduktion von organischen Stoffen ist in Pflanzen bisher immer noch deutlich billiger als in allen anderen Organismen. Theoretische Überlegungen und entsprechende experimentelle Ansätze zur Produktion nützlicher Substanzen in Pflanzen reichen von Antikörpern über Medikamente und Impfstoffe bis hin zu Massenwaren wie Plastikstoffen. Beispielsweise konnte durch transgene Expression eines geeigneten Gens aus *Bacillus subtilis* in Kartoffelpflanzen die Synthese von **Fructan** bewirkt werden, das sich in den Blättern bis zu 30 % der Trockenmasse anreichern kann. Dabei wird das Enzym im Cytoplasma gebildet, aber das Fructan in der Vacuole abgelagert. Erfolgt der Einbau des Enzyms in die Zellwand, so zeigen die Pflanzen starke Nekrosen und sind nicht überlebensfähig. **Trehalose**, ein industriell genutzter Lebensmittelzusatz zur Geschmacksverstärkung von konservierten Nahrungsmitteln, konnte bisher zwar in transgenem Tabak, aber noch nicht in billiger anbaubaren Pflanzen produziert werden. **Polyhydroxybutyrate** (PHBs) sind zu einem Musterbeispiel für **Bioplastik** geworden, das umweltschonend hergestellt, verarbeitet und wieder abgebaut werden kann. **Polyhydroxyalkanoate** (PHAs), zu denen die PHBs gehören, sind Polyester, die als Reservesubstanzen in vielen Bakterien gebildet werden (→ Abbildung 28.16). Die Eigenschaften dieser Polymere variieren von festen bis hin zu gummiähnlichen Materialien.

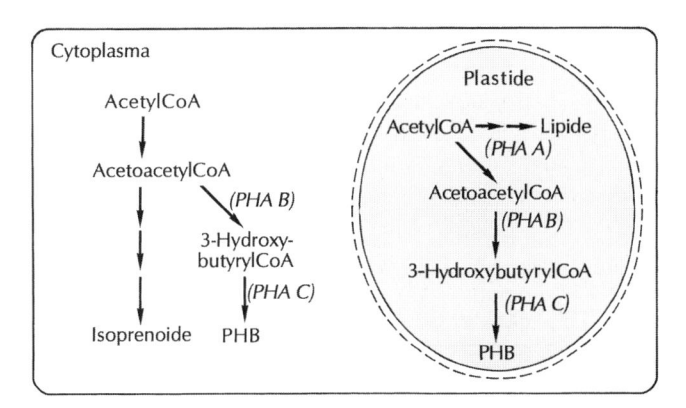

Abb. 28.16. Biosynthese von Plastikpolymeren in transgenen Pflanzen. Die Synthese von Polyhydroxybutyrat (*PHB*) ist sowohl im Cytoplasma als auch in den Plastiden transgener Tabakpflanzen möglich. Hierzu müssen im Cytoplasma zwei und in den Plastiden drei Gene aus dem Bacterium *Alkaligenes eutrophus* exprimiert werden (*PHA A-C*). Während es im Cytoplasma zu geringen Ausbeuten und Unverträglichkeitsreaktionen kommt, steigert die Etablierung des PHB-Synthesewegs in den Plastiden die PHB-Produktion in den transgenen Pflanzen etwa 100fach. Die drei beteiligten Enzyme sind: 3-Ketothiolase (*PHA A*), Acetoacetyl-CoA-Reductase (*PHA B*) und Polyhydroxyalkanoatsynthase (*PHA C*). (Nach Poirier et al. 1995)

Technisch werden diese Stoffe derzeit durch Fermentation von Bakterien wie z. B. *Alcaligenes eutrophus* produziert. Allerdings machen die hohen Produktionskosten dieses Verfahren deutlich teurer als „klassische" Syntheseprodukte aus Mineralöl. Die Isolierung und Klonierung der bei der PHB-Synthese beteiligten Gene und ihre Expression in transgenen Pflanzen könnten zu einer wesentlich kostengünstigeren Biopolymerproduktion im Rahmen der Landwirtschaft führen. Die Einführung der für die Synthese von PHB aus Acetyl-CoA benötigten bakteriellen Enzyme in Pflanzen führte in der Tat zur Bildung von PHB im Cytoplasma, allerdings nur in geringen Mengen und unter toxischen Nebenwirkungen. Erst der zusätzliche Einbau von Signalsequenzen für den Import der Enzyme in Chloroplasten brachte einen deutlichen Anstieg der akkumulierenden PHB-Menge (bis 14 % der Trockenmasse; Abbildung 28.16).

Ob Bioplastik günstiger in Ölpflanzen wie z. B. Soja, Raps und Sonnenblume oder in Stärkepflanzen wie Kartoffel zu produzieren ist, hängt entscheidend von den jeweiligen Produktionskosten ab.

28.5.5 Transgene Ansätze zur Virusresistenz

Im Jahr 1986 wurde zum ersten Mal berichtet, dass die transgene Expression eines viralen Gens oder Genteils Pflanzen vor dem Befall mit diesem Virus bewahrt. Der Einbau eines solchen Schutzes ist von großem Interesse, da Viren zu beträchtlichen Ernteverlusten führen können (→ S. 634). In den letzten Jahren hat sich bei vielen Ansätzen mit transgenen Pflanzen herausgestellt, dass die Expression eines **Virushüllproteins** einen wirkungsvollen Schutz vor Infektionen mit diesem Virustyp vermitteln kann (Exkurs 28.4). Der hier verantwortliche Mechanismus ist allerdings bisher noch unverstanden, ebenso wie auch die molekularen Grundlagen der Resistenz durch die Expression viraler *movement*-Proteine, die, zusammen mit pflanzeneigenen Proteinen, die Verbreitung von Viren durch Plasmodesmata ermöglichen (→ S. 635). Die hohe Mutationsrate der Viren und die daraus resultierende Variabilität und Anpassungsfähigkeit birgt das Risiko, dass infektiöse Virus-DNA- oder Virus-RNA-Moleküle mit den in der Pflanze exprimierten, abgeänderten Virushüllproteinen verpackt werden. Dadurch könnten, insbesondere in landwirtschaftlichen Monokulturen, Infektionen mit diesen Virusstämmen provoziert werden. Um solche Risiken zu vermeiden, werden derzeit auch verschiedene alternative Ansätze getestet, um durch transgene Eingriffe Abwehrmechanismen gegen Pathogene zu etablieren. Als eine Möglichkeit zur Abwehr von Viren, aber auch von bakteriellen und pilzlichen Erregern, wird die Expression von spezifischen **Antikörpern** in Pflanzen erprobt. Da gezeigt werden konnte, dass monoklonale Antikörperfragmente, z. B. aus Mauszellen, in transgenem

---

EXKURS 28.4: Papaya und Virus

Der Papaya-Baum (*Carica papaya*) stammt ursprünglich aus Mittelamerika. Inzwischen wird er weltweit in den tropischen und subtropischen Regionen aller Kontinente als eine wichtige Kulturpflanze kommerziell angebaut. Mit dem Baum ist aber auch ein spezifisches Virus gewandert, das *papaya ringspot virus* (PRSV). An vielen Stellen ist inzwischen der Boden so hoch mit dem Virus verseucht, dass dort die Papaya-Plantagen aufgegeben werden mussten, so in Teilen von Indien, Thailand, Taiwan und in Queensland in Australien. In Brasilien wandern die Papaya-Gärten quer durch das Land, ein vergeblicher Versuch, das Virus abzuhängen. In Hawaii hat das Virus zwischen 1940 und 1950 die Anzucht von Papaya auf Oahu beendet und auf der großen Insel zwischen 1993 und 1997 die Hälfte der Ernten vernichtet.

Transgene Papaya-Bäume mit dem Hüllprotein des PRSV (oder Teilen davon) zeigten sich weitgehend resistent gegen den Virusbefall. Im Jahr 1998 wurde eine solche transgene Papaya für den kommerziellen Anbau zugelassen. Seitdem hat die Produktion in Hawaii wieder stark zugenommen. Die transgene Papaya ist vielleicht ein Idealfall:
▶ direkter Nutzen ist offensichtlich,
▶ keine Auskreuzung, da unverträglich mit den meisten wilden *Carica*-Spezies,
▶ das Hüllprotein des Virus wird seit Jahrzehnten mit infizierten Früchten von vielen Menschen ohne beobachtete Nachteile aufgenommen.

Diese Erfolgsgeschichte einer transgenen Frucht kann aber abrupt zu Ende sein, wenn ein neues Virus mit einem veränderten Hüllprotein evolviert ...

Abb. 28.17a–d. Erzeugung neuer Blütenformen bei Zierpflanzen. Einige der Blütenformen, die durch Mutationen zum Beispiel in Blütenorganidentitätsgenen entstehen, sind als Zierblumen von Interesse. **a** Wildtypblüte von *Petunia hybrida,* var. Roter Vogel. **b** Abgewandelte Blüte mit teilweise nicht verwachsenen Petalen (Mutante *choripetalus*). **c** Abgewandelte Blüte mit sepaloiden Petalen. **d** Abgewandelte Blüte mit antheroiden Petalen. (Nach Mol et al. 1989)

Tabak synthetisiert und zusammengefügt werden können, erscheint dieser Ansatz durchaus machbar. Die Stabilität der Expression von vollständigen Immunglobulinketten ist allerdings in vielen transformierten Pflanzenlinien noch sehr variabel und erreicht nicht die notwendige Konzentration, um virale Infektionen effektiv zu verhindern. Eine starke Expression solcher Antikörperproteine belastet andererseits die Syntheseleistung der Pflanze, insbesondere, wenn sie nicht stabilisiert werden können.

Eine andere Strategie zur Virusbekämpfung besteht darin, hinter einem viralen Promotor, der erst in der späten Infektionsphase angeschaltet wird, ein **cytotoxisches Gen** in der transgenen Pflanze zur Expression zu bringen. Bei einer Virusinfektion wird dieser Promotor aktiviert, das Toxin (z. B. Diphteriatoxin-Fragment A oder Rhizin) wird gebildet und tötet die befallene Zelle ab, bevor sich das Virus weiter vermehren kann (induzierter Zelltod, → S. 526).

Die große Vielfalt und Variabilität der Pathogene mit ihren spezifischen Infektions- und Ausbreitungsmechanismen erfordert eine entsprechende Vielfalt an Abwehrstrategien, um der Pflanze eine umfassende Resistenz zu verleihen. Dies erfordert ein breites Spektrum an gentechnischen Eingriffen. Von der Entwicklung genereller Resistenzmechanismen, die gegen Viren, Bakterien, Pilze und Nematoden gleichermaßen wirksam werden, sind wir noch weit entfernt. Auch die bisher nicht befriedigend aufgeklärte genetische Variabilität der Pathogene stellt hohe Anforderungen an die zukünftige Forschung.

28.5.6 Gezielte Beeinflussung von ökonomisch interessanten Merkmalen

Das wirtschaftliche Interesse an Pflanzen umfasst neben dem großflächigen Anbau der wichtigsten Massenprodukte wie Weizen, Mais, Reis, Soja und Kartoffel auch die Kultur einer Vielzahl von Pflanzenspezies, die wegen spezifischer Eigenschaften, z. B. der Produktion bestimmter Inhaltsstoffe, eine hohe Wertschöpfung in der Landwirtschaft erreichen. In diesem Zusammenhang sind auch gentechnische Veränderungen der **Blütenstruktur** und **-farbe** bei Schnittblumen oder der **Alkaloidzusammensetzung** bei Drogenpflanzen ein Ziel der molekularbiologisch gestützten Züchtungsforschung. Insbesondere in den Niederlanden, die weltweit 60 % der Schnittblumen und 50 % der Topfpflanzen produzieren, werden zunehmend gentechnische Ansätze zur Erzeugung neuer Sorten eingesetzt. Einige der bei Pflanzen mit Mutationen in Kontrollgenen der Blütenentwicklung identifizierten Gendefekte (→ S. 513) führen zu neuartigen, möglicherweise kommerziell verwertbaren Blütenformen (Abbildung 28.17). Bei Zierpflanzen sind solche Mutationen zwar bisher erst für *Petunia* und *Anthirrinum* charakterisiert, lassen sich aber wegen des hohen Konservierungsgrades der betroffenen Gene sicher auch auf andere Arten übertragen. Entsprechende Veränderungen sind durch gentechnische Eingriffe möglich. Die dafür notwendigen Voraussetzungen, z. B. erfolgreiche Transformationsverfahren, sind bereits für Nelken, Rosen und Chrysanthemen etabliert.

Mit der Aufklärung von Genen im Syntheseweg der **Flavonoide** (→ Abbildung 16.5) ist auch die gezielte Veränderung von **Blütenfarben** möglich geworden. Durch gewebespezifische Expressionskontrolle mit Hilfe eingeschleuster *antisense*-Sequenzen, z. B. für die **Chalkonsynthase,** lassen sich nicht nur die Grundfarbe der Blüte ändern, sondern auch interessante Farbmuster erzeugen. Neue Farbtöne lassen sich erreichen, indem Gene von einer anderen Art eingebracht werden, wie dies z. B. für das Dihydroflavonol-4-reductase-Gen aus Mais gezeigt wurde. Die Integration dieses Gens in Petunien führt zu natürlicherweise nicht vorkommenden roten Blütenfarben. Vielleicht lassen sich durch solche Eingriffe auch die seit Jahrhunderten gesuchten schwarzen Tulpen oder blauen Rosen kreieren (→ Exkurs 28.5).

Auch die gesamte Wuchsform, der Habitus einer Pflanze, kann durch genetische Eingriffe verändert werden. Dies geschieht z. B. durch Änderungen im Hormonhaushalt, ausgelöst durch den Einbau von bakterieller DNA aus *Agrobacterium rhizogenes* (→ Abbildung 27.13). Durch Infektion mit diesem Bacterium wurde bei Duftgeranien die Bildung von langen Internodien verhindert, welche, besonders im Winter, ein wenig attraktives Wachstumsbild entstehen lassen (Abbildung 28.18). Die transformierten Pflanzen haben mehr und kürzere Triebe und sind dichter beblättert. Außerdem bilden sie mehr Duftstoffe und sind besser aus Stecklingen regenerierbar, erwünschte Nebeneffekte der Transformation.

Auch die Syntheseleistungen von Pflanzen für bestimmte Alkaloide lassen sich durch Gentechnik verändern. Das Tropanalkaloid **Scopolamin** ist ein medizinisch wichtiger anticholinergischer Drogeninhaltsstoff, der von einigen Solanaceen synthetisiert wird, z. B. vom Bilsenkraut (*Hyoscyamus niger*). Die Tollkirsche (*Atropa belladonna*) ist nur in der Lage, die Vorstufe Hyoscyamin zu bilden, da ihr das Enzym Hyoscyamin-6-β-hydroxylase fehlt (Abbildung 28.19). Der Einbau des Gens für dieses Enzym aus dem Bilsenkraut in die Tollkirsche führt dazu, dass in der transformierten Pflanze das Hyoscyamin fast vollständig in Scopolamin umgewandelt wird. Auf diesem Weg lassen sich im Prinzip Alkaloide oder andere pharmakologisch wichtige Naturstoffe aus seltenen, schwer kultivierbaren Arten in schnell wachsenden, leichter handhabaren Pflanzen in größeren Mengen erzeugen.

EXKURS 28.5: Die Probleme mit den blauen Rosen

Blaue Rosen zu züchten sollte gar nicht so schwierig sein: Es sind nur zwei Gene, die den Rosen fehlen, um blaue Farbstoffe in den Blütenblättern synthetisieren zu können, die Flavonoidhydroxylase und die Dihydroflavonolreductase (→ Abbildung 16.5). Diese Gene wurden aus Petunien isoliert, kloniert und in weißblühende Rosen eingebaut. Diese sollten damit in der Lage sein, Delphinidin, den blauen Farbstoff des Rittersporns, herzustellen. Das taten die Rosenblütenblätter auch ganz brav – alle synthetisierten Delphinidin und lagerten es in die Vacuolen ein. Aber die Rosen blühten nicht blau, sondern waren rosa! Wie langweilig, rosa Rosen gibt es bereits in allen Schattierungen. Die Erklärung ist so einfach wie trivial: Das Anthocyanidin Delphinidin ändert seine Farbe abhängig vom pH-Wert – im alkalischen Vacuolensaft der Petunie ist es blau, im sauren Vacuolensaft der Rose dagegen rosa. Das gleiche Phänomen liegt dem Unterschied zwischem dem norddeutschen Rotkohl und dem süddeutschen Blaukraut zu Grunde: Je nach Zugabe von Essig ändert das Anthocyan wie ein pH-Indikator seine Farbe – ein seit Jahrhunderten bekanntes Phänomen, das die Gentechniker erst mühsam für sich wieder entdecken mussten.

Einmal verstanden konnte das Problem der blauen Blüten rationaler angegangen werden: Von den (alkalische Vacuolen in ihren Blütenblättern enthaltenden) Nelken gibt es inzwischen kommerziell erhältliche Farbschattierungen von blassrosa bis zu (fast) blau. Natürlich noch nicht in Deutschland – bei uns werden diese transgenen Nelken wohl noch als „gefährlich" eingestuft.

Abb. 28.18. Veränderung der Wuchsform bei Zierpflanzen. Die Transformation von Duftgeranien mit *Agrobacterium rhizogenes* führt zu gestauchten, stärker verzweigten Sprossen (*rechts*) anstelle der langen, instabilen Stiele (*links*) und damit zu einer ansprechenden Wuchsform. (Nach Pellegrineschi et al. 1994)

28.5.7 Gentechnisch veränderte Nahrungsmittel

Die vielfältigen Anwendungsmöglichkeiten der Gentechnik führen zwangsläufig auch dazu, dass nicht nur einzelne Produkte wie Stärke, Protein oder bestimmte Wirkstoffe aus gentechnisch veränderten Pflanzen gewonnen, sondern auch Teile solcher Pflanzen direkt zu Nahrungsmitteln verarbeitet werden. Das Beispiel des „*Golden Rice*" haben wir bereits kennengelernt (→ S. Exkurs 16.2, S. 371).

Ein weiteres Beispiel hierfür ist die *Flavr-Savr*-Tomate, bei der durch *antisense*-Repression der **Polygalacturonidase** der Pektinabbau in der Zellwand während der Reife verzögert und damit eine erhöhte Festigkeit der reifen Tomate erzielt wird. Daher ist es möglich, die Früchte vor der Ernte am Strauch voll ausreifen zu lassen und so ihre Qualität erheblich zu verbessern. Für die maschinelle Verpackung ist besonders die stabilere Form von Vorteil. Eine Verlangsamung der Reife von Tomaten kann erzielt werden, indem die Bildung des Reifehormons **Ethylen** durch *antisense*-Repression der ACC-Oxidase gehemmt wird (→ Abbildung 18.23). Eine entsprechende Ausschaltung der ACC-Synthase stoppt die Fruchtreifung bei der Tomate vollständig. Die geernteten Früchte bleiben unreif, bis sie durch Ethylenbegasung kontrolliert gereift werden.

In wachsendem Umfang werden seit einigen Jahren transgene Sorten von Mais, Soja, Raps und Sonnenblume mit Resistenzgenen gegen bestimmte Herbizide (z. B. Glyphosat, → Tabelle 28.4) angebaut. Bei diesen Sorten kann der Einsatz von Herbiziden zur Unkrautbekämpfung wesentlich billiger und umweltschonender durchgeführt werden. Dasselbe gilt im Prinzip auch für die transgenen Maissorten, die ein spezifisch für Schmetterlingsraupen toxisches Protein aus *Bacillus thuringensis* exprimieren und daher gegen den Maiszünsler resistent sind.

Die aus solchen Pflanzen erzeugten Nahrungsmittel enthalten die eingebrachten Transgene in dem Maß, wie die DNA aus dem Erntegut in die

Abb. 28.19. Biosyntheseweg von Scopolamin aus Hyoscyamin. Mit dem Einbau des Gens für die Hyoscyamin-6-β-hydroxylase aus *Hyoscyamus niger* in die hyoscyaminreiche Art *Atropa belladonna* kann in letzterer das pharmakologisch wichtige Scopolamin mit höherer Ausbeute gewonnen werden. (Nach Yun et al. 1992)

daraus hergestellten Produkte gelangt und können dort mit hochempfindlichen Analysemethoden (nach Amplifizierung mit der Polymerasekettenreaktion, PCR) nachgewiesen werden. Es gibt bisher keine wissenschaftlich begründbaren Bedenken gegen die Aufnahme der Transgene mit der Nahrung; diese verhalten sich hier nicht anders als die vielen Gene aus Bakterien, Pflanzen und Tieren, die wir täglich ohne Bedenken in großen Mengen mit Milch-, Gemüse- und Fleischprodukten zu uns nehmen.

28.6 Ökologische Auswirkungen transgener Veränderungen bei Pflanzen

Die Freisetzung gentechnisch veränderter Pflanzen bei Freilandversuchen oder beim landwirtschaftlichen Anbau hat die Befürchtung geweckt, dass hierdurch Transgene auf andere Organismen übertragen werden und zu nicht mehr kontrollierbaren Eingriffen in die natürlichen Ökosysteme führen könnten. Dabei stehen zwei konkrete Bedenken im Vordergrund: 1. Ein in Massenkultur durch transgene Pflanzen stark vermehrtes Gen, z. B. für die Resistenz gegen ein Herbizid oder ein Antibioticum, könnte in Bakterien oder Insekten eingebaut und von diesen weiterverbreitet werden ("horizontaler Gentransfer"). 2. Solche Resistenzgene können durch Pollenverbreitung auch auf Wildpflanzen übertragen werden und diese mit der entsprechenden Resistenz ausstatten ("vertikaler Gentransfer").

Aus biologischer Sicht ist hier zunächst festzustellen, dass diese Möglichkeiten in der Tat nicht auszuschließen sind. Die Wahrscheinlichkeit für solche Ereignisse ist allerdings nicht größer als für die Übertragung beliebiger anderer Gene der Pflanze, z. B. für ein Resistenzgen, das durch konventionelle Züchtung in das Pflanzengenom eingebracht wurde. Die jahrzehntelange Erfahrung mit solchen Pflanzen zeigt, dass hier kein ernsthaftes Risiko für die Natur besteht.

Der Austausch von Genen zwischen genetisch veränderten Kulturpflanzen und ihren nahe verwandten (kreuzbaren) Wildformen findet statt, seitdem es Pflanzenzüchtung gibt, also seit dem ersten Übergang von der Jäger- und Sammlergesellschaft zum Ackerbau, ohne dass es hierdurch zu Umweltproblemen gekommen ist. In Fällen, wo die transgene Kulturpflanze in ihrem Einzugsbereich keine kreuzbaren Verwandten besitzt, ist eine Verbreitung von Genen durch Hybridisierung von vornherein ausgeschlossen (in Europa z. B. bei Mais, Kartoffel, Tomate). In anderen Fällen, z. B. bei Raps, ist ein interspezifischer Gentransfer möglich und auch im Feldversuch nachgewiesen worden, z. B. die Übertragung einer transgenen Herbizidresistenz vom Ölraps (*Brassica napus*) auf das Unkraut *Brassica campestris*. Der Selektionsvorteil dieser sekundär transgenen Wildpflanzen ist jedoch auf das mit Herbizid behandelte Feld beschränkt. In der freien Natur dürfte diese Eigenschaft rasch wieder verschwinden. Ähnliches gilt z. B. auch für Antibiotica-Resistenzen bei Bakterien.

Bevor eine neu erzeugte transgene Pflanze in den Handel gebracht werden darf, durchläuft sie ein aufwändiges und langwieriges Genehmigungsverfahren. Dort muss der Nachweis geführt werden, dass sie tatsächlich die gewünschten Eigenschaften besitzt und keine sachlichen Bedenken hinsichtlich der Eignung für die Lebensmittelerzeugung und der Umweltverträglichkeit vorliegen. Weltweit sind seit 1986 viele tausend Feldversuche zur Überprüfung dieser Anforderungen durchgeführt und für verschiedene Nutzpflanzen erfolgreich abgeschlossen worden, die daher für den landwirtschaftlichen Anbau zugelassen sind oder kurz vor der Zulassung stehen.

Die Gentechnik bietet nicht zuletzt auch Möglichkeiten, die Herstellung transgener Nutzpflanzen weiter zu optimieren und Einwände gegen ihre Produktion zu entkräften. Zum einen können Anbiotica-Resistenzgene, die als Hilfsgene für die Selektion transgener Pflanzen in das Genom mit eingebaut werden, nach erfolgter Transformation wieder entfernt werden (→ S. 664). Zum anderen ist die Verbreitung von Transgenen durch Pollen dadurch verringerbar, dass sie in das Plastiden- oder Mitochondriengenom eingebaut werden. Bei allen landwirtschaftlich in Frage kommenden Pflanzenarten wird bei der Befruchtung nur der generative Kern von Pollen auf die Eizelle übertragen, so dass die extranukleären Erbträger unwirksam bleiben.

Die „grüne Gentechnik" bietet ein umfangreiches Potenzial an neuartigen Möglichkeiten zur Verbesserung der menschlichen Lebensbedingungen unter Schonung der natürlichen Ökosysteme.

Seit der Einführung von *Agrobacterium tumefaciens* als Überträger genetischer Information von Bakterien in Pflanzen hat die daraus entwickelte Gentechnik weltweite, exponentiell wachsende

Anwendung in der Agrikultur gefunden. Hierbei spielen bisher Pflanzen mit transgen erzeugter Insekten- oder Herbizidresistenz eine dominierende Rolle. Derzeit wird bereits etwa die Hälfte der weltweit produzierten Baumwolle von transgenen *Gossypium*-Sorten gewonnen. Ähnliches gilt für die Produktion von Sojabohnen (2008 weltweit 70 % transgene Sojabohnen), Mais (24 % transgen) und Raps (20 % transgen) in Nord- und Südamerika. Dieser Trend wird nicht zuletzt durch die Nachfrage nach erneuerbaren Rohstoffen (z. B. Biotreibstoffen) stark gefördert. Nur gezielt als Energieträger optimierte Pflanzen können mit einer sinnvollen Ökobilanz angebaut werden.

In China zeigten sich auch andere Vorteile durch den Einsatz transgener *Oryza*-Sorten für die Reisgewinnung. Gerade bei den Kleinbauern ist die Krankheitsrate durch den unsachgemäßen Einsatz von Pestiziden sehr hoch. Insektenresistenter Reis senkt bei diesen Bauern den Krankenstand deutlich. Insektenresistente transgene *Gossypium*-Sorten zur Erzeugung von Baumwolle verringern die Schädlinge insgesamt und führen nicht zu deren Ausweichen auf andere Pflanzen, die bei den Kleinbauern oft kleinflächig nebeneinander angebaut werden.

Wie jeder technische Fortschritt stößt die Gentechnik zunächst auf Widerstände, die aber auch in diesem Fall durch die praktische Bewährung rasch abgebaut werden können.

Weiterführende Literatur

Avise JC (2004) The hope, hype, and reality of genetic engineering. Oxford University Press, Oxford

Benning Ch, Pichersky E (2008) Harnessing plant biomass for biofuels and biomaterials. Special issue, Plant J 54: 533–784

Birchler JA, Yao H, Chudalayandi S (2006) Unraveling the genetic basis for hybrid vigor. Proc Natl Acad Sci USA 103: 12957–12958

Brandt P (2004) Transgene Pflanzen. 2. Auflage, Birkhäuser, Basel

Chapman MA, Burke JM (2006) Letting the gene out of the bottle: The population genetics of genetically modified crops. New Phytol 170: 429–443

Good AG, Shrawat AK, Muench DG (2004) Can less yield more? Is reducing nutrient input into the environment compatible with maintaining crop production? Trends Plant Sci 9: 597–605

Hahlbrock K (1991) Kann unsere Erde die Menschen noch ernähren? Piper, München

Heller KJ (2003) Genetically engineered food. Wiley-VCH, Weinheim

Kempken F, Kempken R (2006) Gentechnik bei Pflanzen. 3. Aufl. Springer, Berlin

Maliga P (2004) Plastid transformation in higher plants. Annu Rev Plant Biol 55: 289–313

Perez-Prat E, van Lookeren Campagne MM (2002) Hybrid seed production and the challenge of propagating male-sterile plants. Trends Plant Sci 7: 199–203

Potrykus I (1991) Gene transfer to plants: Assessment of published approaches and results. Annu Rev Plant Physiol Mol Biol 42: 205–225

Qui B, Fraser T, Mugford S, Dobson G, Sayanova O, Butler J, Napier JA, Stobart AK, Lazarus CM (2004) Production of very long chain polyunsaturated omega-3 and omega-6 fatty acids in plants. Nature Biotech 22: 739–745

Renneberg R (2006) Biotechnologie für Einsteiger. 2. Aufl. Spektrum, Heidelberg

Schouten HJ, Krens F, Jacobsen E (2006) Cisgenic plants are similar to traditionally bred plants. EMBO Rep 7: 750–753

Sonnewald U, Willmitzer L (1992) Molecular approaches to sink-source interactions. Plant Physiol 99: 1267–1270

In Abbildungen und Tabellen zitierte Literatur

Bourque JE (1995) Plant Sci 105: 125–149

Breteler H, Nissen P (1982) Plant Physiol 70: 754–759

Christou P (1996) Trends Plant Sci 1: 423–431

Ebinuma H, Sugita K, Matsunaga E, Yamakado M (1997) Proc Natl Acad Sci USA 94: 2117–2121

Finck A (1976) Pflanzenernährung in Stichworten. Hirt, Kiel

Finck A (1979) Dünger und Düngung. Verlag Chemie, Weinheim

Führ F, Steffens W, Mittelstaedt W, Brumhard B (1989) Pflanzenschutzmittel: Gift in Boden und Grundwasser. Jahresbericht 1988/89 der Kernforschungsanlage Jülich, 11–21

Gasser CS, Fraley RT (1989) Science 244: 1293–1299

Grossmann K, Sauerbrey E, Jung J (1989) Biologie in unserer Zeit 19: 112–120

Günther E (1969) Grundriß der Genetik. Fischer, Jena

Horsch RB, Rogers SG, Fraley RT (1985) Science 227: 1229–1233

http://biotechpflanzen. de

Isermann K (1990) Die Stickstoff- und Phosphor-Einträge in Oberflächengewässer der Bundesrepublik Deutschland durch verschiedene Wirtschaftsbereiche unter besonderer Berücksichtigung der Stickstoff- und Phosphor-Bilanz der Landwirtschaft und der Humanernährung. DLG-Forschungsberichte zur Tierernährung

Linser H, Lach G, Titze L (1968) Z Pflanzenernähr Bodenk 121: 199–211

Mariani C, Beuckeleer de M, Truettner J, Leemans J, Goldberg RB (1990) Nature 347: 737–741

Mol J, Stuitje A, Gerats A, Krol van der A, Jorgensen R (1989) Trends Biotech 7: 148–153

Pellegrineschi A, Damon J-P, Valtorta N, Paillard N, Tepfer D (1994) Bio/Technol 12: 64–68

Poirier Y, Nawrath C, Somerville C (1995) Bio/Technol 13: 142–150

Ruge U (1966) Angewandte Pflanzenphysiologie. Ulmer, Stuttgart

Stalker DM (1991) In: Grierson D (ed) Plant genetic engineering. Blackie, London, pp 82–104

www.agbios.com

www.transgen.de/datenbank/pflanzen

Yun DJ, Hashimoto T, Yamada Y (1992) Proc Natl Acad Sci USA 89: 11799–11803

Zelitch I (1975) Science 1988: 626–633

Anhang

Physikalische Messgrößen, Maßeinheiten, Umrechnungsfaktoren, Konstanten

Basisgrößen, Basiseinheiten und Einheitenzeichen des SI (Système Internationale d'Unités)

Länge (l):	Meter [m]	*Supplementeinheiten*:
Masse (m):	Kilogramm [kg]	ebener Winkel: Radiant [rad]
Zeit (t):	Sekunde [s]	Raumwinkel: Steradiant [sr]
elektrischer Strom (I):	Ampere [A]	
Temperatur (T):	Kelvin [K]	
Lichtstärke (L):	Candela [cd]	
Stoffmenge (n):	Mol [mol]	

Wichtige abgeleitete SI-Einheiten (eine Auswahl)

Kraft (F): Newton [N]; $1\,N = 1\,kg \cdot m \cdot s^{-2}$
Energie (E): Joule [J]; $1\,J = 1\,W \cdot s = 1\,N \cdot m = 1\,kg \cdot m^2 \cdot s^{-2}$
Leistung: Watt [W]; $1\,W = 1\,kg \cdot m^2 \cdot s^{-3}$
Druck (P): Pascal [Pa]; $1\,Pa = 1\,N \cdot m^{-2} = 1\,kg \cdot m^{-1} \cdot s^{-2}$
elektrische Ladung (Q): Coulomb [C]; $1\,C = 1\,A \cdot s = 1\,J \cdot V^{-1}$
elektrische Spannung (E): Volt [V]; $1\,V = 1\,J \cdot A^{-1} \cdot s^{-1} = 1\,W \cdot A^{-1}$
elektrischer Widerstand (R): Ohm [Ω]; $1\,\Omega = 1\,V \cdot A^{-1} = 1\,kg \cdot m^2 \cdot s^{-3} \cdot A^{-2}$
Radioaktivität (Zerfälle): Becquerel [Bq]; $1\,Bq = 1\,s^{-1}$
Lichtstrom (I): Lumen [lm]; $1\,lm = 1\,cd \cdot sr$
Lichtfluss (J) (= Beleuchtungsstärke): Lux [lx]; $1\,lx = 1\,lm \cdot m^{-2}$
Energiedosis (ionisierende Strahlung): Gray [Gy]; $1\,Gy = 1\,J \cdot kg^{-1}$

Außerdem werden in diesem Buch folgende Einheiten für **photochemisch wirksame** Strahlung verwendet:
Lichtmenge [$lm \cdot s$]
Lichtfluenz [$lm \cdot m^{-2} \cdot s$] (englisch: *light fluence*)
Quanten-(Photonen-)menge [mol]
Quanten-(Photonen-)strom [$mol \cdot s^{-1}$] (englisch: *quantum (photon) flow*)
Quanten-(Photonen-)fluenz [$mol \cdot m^{-2}$] (englisch: *quantum (photon) fluence*)
Quanten-(Photonen-)fluss [$mol \cdot m^{-2} \cdot s^{-1}$] (englisch: *quantum (photon) fluence rate*)
Energiemenge [J]
Energiestrom [$J \cdot s^{-1}$] (englisch: *energy flow*)
Energiefluenz [$J \cdot m^{-2}$] (englisch: *energy fluence*)
Energiefluss [$J \cdot m^{-2} \cdot s^{-1}$] = [$W \cdot m^{-2}$] (englisch: *energy fluence rate*)

Transportvorgänge werden charakterisiert durch den Strom (I) [mol · s^{-1}] oder [m^3 · s^{-1}] bzw. den Fluss (J) [mol · m^{-2} · s^{-1}] oder [m^3 · m^{-2} · s^{-1}] = [m · s^{-1}].
In diesem Zusammenhang ist es wichtig, zu unterscheiden zwischen dem **Widerstand** [s · m^{-3}] oder [s · Pa · m^{-3}] = **Leitfähigkeit**$^{-1}$ [m^3 · s^{-1}]$^{-1}$ oder [m^3 · Pa^{-1} · s^{-1}]$^{-1}$ und dem **Widerstandskoeffizienten** [s · m^{-1}] oder [s · Pa · m^{-1}] = **Leitfähigkeitskoeffizient**$^{-1}$ [m · s^{-1}]$^{-1}$ oder [m · Pa^{-1} · s^{-1}]$^{-1}$.
Der **Widerstand** korrespondiert mit dem **Strom I** (Ohmsches Gesetz), der **Widerstandskoeffizient** mit dem **Fluss J**.
Sonstige Prozesse (z. B. chemische Reaktionen, Wachstum) werden charakterisiert durch die **Intensität**, z. B. [mol · s^{-1}], [m · s^{-1}] (bei Enzymreaktionen: **katalytische Aktivität** [mol · s^{-1}] = [kat]; bei Bewegungsvorgängen: **Geschwindigkeit** [m · s^{-1}]).

Weiterhin werden folgende, in der Physiologie aus praktischen Gründen kaum ersetzbare (jedoch im SI nicht enthaltene) Einheiten verwendet:

Volumen (V):	Liter [l]; 1 l = 10^{-3} m^3
Masse (m):	Tonne [t]; 1 t = 10^3 kg
Zeit (t):	Minute [min]; Stunde [h]; Tag [d]; Jahr [a]
Temperatur (T):	Grad Celsius [°C]; 0 °C ≙ 273,15 K
Energie (E):	Elektronenvolt [eV] = 1,602 · 10^{-19} J
Sedimentationskonstante:	Svedberg [S]; 1 S = 10^{-13} s
Molmasse („Molekulargewicht"):	Gramm pro Mol [10^{-3} kg · mol^{-1}]
Numerisch äquivalent ist die Teilchenmasse:	Dalton [Da]; 1 Da = 1/12 der Masse von ^{12}C = 1,6605 · 10^{-27} kg (Häufig wird auch das Vielfache dieser Einheit als M$_r$ [ohne Dimension] angegeben.)
Stoffmengenkonzentration (c):	Mol pro Liter [mol · l^{-1}] (anstelle der SI-Einheit mol · m^{-3})

Bei Konzentrationsangaben von Lösungen sind folgende Unterscheidungen wichtig:

Molarität (M):	Mol pro Liter Lösung
Molalität (M′):	Mol pro kg Lösungsmittel
Osmolalität (OsM):	Mol osmotisch wirksamer Teilchen pro kg Lösungsmittel (Wasser)
Extinktion (E):	log J$_0$/J (J$_0$, auffallender Quantenfluss; J, transmittierter Quantenfluss) (englisch: *absorbance*, A)
Absorption (A):	(J$_0$ − J)/J$_0$ (englisch: *absorptance*)

Der Begriff „Absorption" wird häufig auch als Überbegriff für E und A verwendet.

Umrechnungsfaktoren für bisher gebräuchliche, jedoch nicht mehr zulässige Einheiten

1 Kalorie [cal]	= 4,1868 J
1 Angström [Å]	= 0,1 nm = 10^{-10} m = 10^{-1} nm
1 Micron [μ]	= 1 μm = 10^{-6} m
1 erg	= 0,1 μJ = 10^{-7} J
1 Torr = 1 mm Hg	= 1,333 mbar = 133,3 Pa
1 Atmosphäre [at] (= 760 mm Hg)	= 1,013 bar = $1,013 \cdot 10^5$ Pa
1 Bar [bar]	= 10^5 Pa
1 Curie [Ci]	= $3,77 \cdot 10^{10}$ Bq = $3,77 \cdot 10^{10}$ s^{-1}
1 Röntgen [R]	$2,58 \cdot 10^{-4}$ C · kg^{-1}
1 Rad [rd]	= 0,01 Gy = 0,01 J · kg^{-1}
1 Einstein [E]	= 1 mol Photonen (Quanten)

Dezimale Erweiterung von Einheiten, ausgedrückt durch Vorsetzen von Vorsilben

10^{-1}:	Dezi- (d), z.B. dm	–	
10^{-2}:	Zenti- (c), z.B. cm	–	
10^{-3}:	Milli- (m), z.B. mm	10^{3}:	kilo- (k), z.B. km
10^{-6}:	Mikro- (μ), z.B. μm	10^{6}:	Mega- (M), z.B. Mm
10^{-9}:	Nano- (n), z.B. nm	10^{9}:	Giga- (G), z.B. Gm
10^{-12}:	Pico- (p), z.B. pm	10^{12}:	Tera- (T), z.B. Tm

Einige Naturkonstanten (Nach Cordes 1972)

Lichtgeschwindigkeit (im Vacuum)	$c = 2,998 \cdot 10^8$ m · s^{-1}
Avogadro-Konstante	$N = 6,022 \cdot 10^{23}$ mol^{-1}
*Planck*sche Konstante	$h = 6,626 \cdot 10^{-34}$ J · s
Gaskonstante	$R = k \cdot N = 8,314$ J · mol^{-1} · K^{-1} (Pa · m^3 · mol^{-1} · K^{-1})
Boltzmann-Konstante	$k = R \cdot N^{-1} = 1,381 \cdot 10^{-23}$ J · K^{-1}
Faraday-Konstante	$F = e \cdot N = 9,649 \cdot 10^4$ C · mol^{-1} (A · s · mol^{-1} = J · V^{-1} · mol^{-1})
elektrische Elementarladung	$e = F \cdot N^{-1} = 1,602 \cdot 10^{-19}$ C (A · s = J · V^{-1})
Gravitationsbeschleunigung (Meeresniveau, 45° Breite)	$g = 9,806$ m · s^{-2}

Weitere wichtige Konstanten (bezogen auf Normaldruck = 0,1013 MPa)

Molarität von Wasser:	55,509 mol · l^{-1} (0 °C)
normales Molvolumen von Wasser:	18,015 ml · mol^{-1} (0 °C); 18,05 ml · mol^{-1} (25 °C)
normales Molvolumen idealer Gase:	22,415 l · mol^{-1} (0 °C); 24,79 l · mol^{-1} (25 °C)

Weiterführende Literatur

Bender D, Pippig E (1973) Einheiten Maßsysteme SI. Vieweg & Sohn, Braunschweig
Cordes JF (1972) Das neue internationale Einheitensystem. Naturwiss 59: 177–182
Rotter F (1979) Das Internationale Einheitensystem in der Praxis. Physik in unserer Zeit 10: 43–51
Salisbury FB (1991) Système internationale: The use of SI units in plant physiology. J Plant Physiol 139: 1–7

Index

A
ABA, siehe Abscisinsäure
ABA-Receptor 273
ABA Receptorprotein 427
ABC-Gene 515
ABC-Modell 514
abgeschlossenes System 48
Abhärtung 584
Abies balsamea 322
Aborinin 541
Abscisin 426
Abscisinsäure (ABA) 117, 273, 275f, 304, 327, 369, 407, 426 – 428, 429, 471, 475 – 477, 481f, 486 – 488, 531, 589, 597, 600
    Biogenese 427
    Dormanz 478f
    Gilberelline 478f
    Rezeptor 427
    Synthese 427, 591
Abscission 432, 528, 530f
Absorption 177
Absorptionsdichroismus 568
Abwehr, induzierte 629f
Abwehrnekrose 629
ACC-Oxidase 429
ACC-Synthase 429, 431
Acer 486
    saccharum 324
Aceraceen 330
Acetabularia 63, 495
    crenulata 404
    mediterranea 63, 404f
Acetobacter 219
Acetolactatsynthase 654
Acetosyringon 637
Acetyl-CoA-Carboxylase 359
O-Acetylserin(thiol)lyase 201
Acidose 248
Aciflurofen 606
Acridin-Alkaloide 541
acropetal 333
Actinfilamente 23, 576
Acyl-ACP-Thioesterase 359
Acyl-CoA-Oxidase 235
Adaptation
    chromatische 189
    genetische 264, 266
    morphogenetische 265
    osmotische 61, 594

adaptive Heterophyllie 428
Adeninnucleotidantiporter 225
Adenosintriphosphat, siehe ATP
Adenylatsystem 66f
Adenylattransporter 237
Adhäsion 298, 321
Adianthum capillus-veneris 579
    Wachstum 112
Adventivwurzeln 417, 544
Aequorin 586
Aerenchym 243, 433, 527
Aerobacter 351
aerobe Dissimilation 216
aerobe Fermentation 219
    Induktion durch Temperaturerhöhung 244
Agave deserti 293
A-Gene 514
Agrobacterium 371
    Genübertragungen 662
    rhizogenes 425, 672f, 673
    Ti-Plasmide 663
    tumefaciens 126, 415, 425, 632, 636 – 639, 660
Agropyron smithii 589
Agrostemma 473
Ahorn, siehe *Acer*
air seeding 322
Akklimatisation 591, 594
    Frost- 599f
    Licht- 606
Aktivatorproteine 145
aktives Zentrum 73
Aktivierungsenergie 72f, 267
Alanin 217
Albinomutanten 606
Albizzia julibrissin 572
Albumine 239
Alcaligenes eutrophus 655, 669f
Aldolase 198
Aleuron 421
Aleuronkörper (*protein bodies*) 239
Algen 368
    Phototaxis 549 – 552
Alkaloide 357, 360f, 629
Alkoholoxidase 250
Allantoin 329f
Allelopathie 641
Alles-oder-nichts-Mechanismus 76
Allium cepa 244

Epidermiszelle 24
Allometrie 382
allometrischer Quotient 107, 110
Allophycocyan 186
allopolyploide Pflanzen 376
allosterische Aktivierung 75
allosterische Enzyme 75f
allosterische Hemmung 75
allosterische Modulatoren 94
allosterisches Zentrum 75
Allsätze
    der Chemie 3
    der Physik 3
    eingeschränkte (partikuläre) 1f
Alocasia macrorrhiza 272
    Photosynthese 259
Alsophila australis 378
Alterseinrollung 574
Aluminium 308
Amanita muscaria 356
Amidpflanzen 330
Aminocyclopropan-1-carboxylsäure 429
Aminopeptidase 239
Aminosäure, aromatisch, Biosynthese 359 – 361
D-Aminosäureoxidase 250
Aminosäureproduktion 209
Aminosäuretransporter 339
α-Amylase 237f, 421
β-Amylase 237f
α-Amylase2-Genfamilie 421
Amylopektin 237, 669
Amyloplasten 161, 237, 555
Amylose 237, 669
Amytal 222
Anabaena 352
    azollae 203
    variabilis 624
Anacystis nidulans 200, 260
anaerobe Dissimilation 216
Ananas comosus 280
Anaphase 31
Androgenese 540, 542
Anelektrolyte, Aufnahme 88f
Aneuploidie 376
Angiospermen 123, 161, 317, 319, 334, 365, 368, 391, 452, 471, 520, 584, 641
    Embryonalentwicklung 375
Anionenefflux 276
Anioneneffluxkanäle 276

anisotrope Dehnbarkeit, Zellwand 107
Anoxie 244
antagonistische Wirkung 6
Antennenpigmente 179
Antennenpigmentkomplexe, lichtab-
  hängige Umverteilung 204
Antheraxanthin 605
Antherenkultur 540
Anthocyan 356, 532, 613, 672
Anthocyanidin 362, 532
Anthocyansynthese 357, 455, 464, 469
  Unterdrückung 135
antiklin 391
Antikörper 670
  zur Lokalisierung von Membranbe-
    standteilen 173
Antimycin 193, 222
Antioxidantien 603
Antiport (Gegentransport) 80
Antirrhinum 513
  Blütendiagramm 512
  major (Löwenmäulchen) 512, 514f
antisense
  – Hemmung 141
  – Konfiguration 412
  – Pflanze 411
  – Prosystemingen 436
  – Repression 417, 431
  – Technik 134, 665 – 668
AOX-*antisense*-Gen 224
APETALA1 394
Apfel 532
  Fruchtentwicklung 484
Apfelsäure 277
Aphanocapsa 188
Apiaceae 357
Apigenin 361f
apikale Dominanz 403, 414, 426, 437, 487
Apoaequorin 586
Apogamie, obligatorische 377
Apomixis 471
Apoplast 37, 45, 311f
  Frostschutzproteine 600
apoplastische Phloembeladung 338, 340
Apoptose 526
apparent free space (AFS) 37, 85f
apparent freier Diffusionsraum, siehe
  apparent free space
apparente Photosynthese 258f
  begrenzende Faktoren 261 – 264
  Einfluss von Sauerstoff 269f
  Lichtfluss-Effekt-Kurve 260, 262
  Temperaturabhängigkeit 267 – 269
  Temperaturkurven 267
Apposition 105
Appressorium 628
Aquaporine 82, 299, 311, 327
Arabidopsis 577, 585, 601, 613
Arabidopsis thaliana 120, 128f, 134, 141, 145, 147, 308, 338f, 359, 385, 387f, 390, 398 – 400, 411, 418, 432, 434, 438, 459, 474, 495, 502, 510, 514f, 543
  ABC-Modell 514
  als Modellpflanze 142
  Cyclinüberexpression 33
  Embryogenese 386
  – Genom 96
  Hormonmutanten 410
  Induktion der Keimung 478
  Insertionsmutanten 126
  Mangelmutanten 420
  mitochondriales Genom 131
  – -Mutanten 394, 420, 427, 429, 440, 449, 453, 457, 461, 475, 480, 496f, 513, 515, 558, 561, 563, 610, 629f
  Mutation im Gen *KNOLLE* 32
  photomorphogenetische
    Mutanten 449
  Photosynthesedefektmutante 208
  Sprossmeristem 393
  transgene Pflanzen 450
  Vacuumfiltration 663
  Wurzelhaare 392
Arabinane 24
Arabino-Galactan-Proteine (AGPs) 26
Araceeninfloreszenz 435
Arbuskel 618
ARGONAUTE-ähnliche Proteine 398
Aristolochia spec., Sprossachse 316
Aroxylradikale 365
Arrhenius-Diagramm 72, 267
Arrhenius-Gleichung 71, 268
Arsenal 654
Arum maculatum (Aronstab) 160, 248
  Atmungsintensität 241
Ascorbat 603
Ascorbat-Glutathion-Redoxkette 604
Ascorbatoxidase 250
Ascorbatperoxidase 235
Aspartat 284
assimilate partitioning 344
Assimilationsintensität 646
Assimilationsparenchymzelle 36
Assimilationsstärke 199
Assimilattransport 333
Assimilatstrom 344
assimilatorischer Quotient 257
Asteraceen 471
Asterales 518
Atmung (Respiration) 216, 241f
  Bestimmung 241
  CN-resistente 435
  cyanidresistente 223f
  klimakterische 249
Atmungsintensität, verschiedener
  Pflanzen 241
Atmungskette 216, 219 – 223
  Modell 222
ATP (Adenosintriphosphat) 66
  – Hydrolyse 66
  – Sulfurylase 201
  – -Synthase 169, 195, 225
  Komplex 84
  Messung der Aktivität 206
  plastidäre 206
  Strukturmodell 81
  – Synthase/ATPase 204, 225
  – -Synthase, energietransformierende
    Biomembranen 84
ATPase 80
  Ca^{2+}-pumpende 81
Atrazin 654
Atrichoblasten 392
Atriplex 268, 279, 289
  arosea 268
  glabriuscula 281
  patula 268, 281
  patula ssp. hastata 272, 288
  rosea 268, 281
  sabulosa 281, 595
  spongiosa 288, 307
  Ionenpumpe 90
Atropa belladonna (Tollkirsche) 673
Auferstehungspflanze 487
Austrocknungstoleranz 299, 487f, 587, 598
autochthone Signalübertragung 408
Autophosphorylierung 95
Aux/IAA-Genfamilie 437
Aux/IAA-Protein 437
Auxin 32f, 42, 274, 388, 396, 407f, 412, 418, 424, 437, 484f, 530f, 556, 558 – 562, 567, 587, 636, 639
  Biotest 113, 413
  Repressorprotein 437
Auxineffluxtransporter 414, 561, 563
Auxingradient 390
Auxininfluxtransporter 414
Auxin-Response-Faktoren (ARF) 437
Auxinrezeptor 437f
Auxintransport 42
Avena sativa (Hafer) 329, 412f, 416f, 423, 454, 562
  Brandkrankheit 631
  Düngung 648
  Koleoptile 412f, 416f, 564f
  Phototropismus 565
  Phytochrom (PhyA) 454
  Primärwand 28
Avicennia 307
Avirulenz-Resistenz-Gensysteme 627
Axialität 39
Azid 222
Azolla caroliniana 203
Azospirillum 306
  lipoferum 624, 626
Azotobacter 306, 352, 627
  vinelandii 624

B

BAC (*bacterial artificial chromosome*) 120
Bacillus 351

Index

amyloliquefaciens 667
subtilis 669
thuringensis 673
Bacteriochlorophyll 211
Bacteriorhodopsin 167, 169, 171
photochemische Bleichung 170
BAK1 (*BRI1-associated receptor kinase-1*) 434f
Bakanae-Krankheit 418, 632
Bakterien 140, 350, 366, 368
N_2-fixierende 624
nitrifizierende 351
obligat anaerobe 218
phototrophe 211
Proteinexport 150
Bakterienzelle 8, 42
Ball 334
ballistischer Beschuss 661
Banane 532, 612, 662
BaRNase 667f
Barstar 667
Basen, Methylierung 123
Basenpaarung 9
basipetal 333
Bast 328, 335
Baumfarn 378
Baumwolle, siehe *Gossypium hirsutum*
Befruchtung 501, 516 – 522
Begasungsexperimente 429
Begonia spec. 539
Bellis perennis 655
6-Benzyladenin 423
Beobachtungsdaten 4
Beta vulgaris 356
Saccharoseakkumulation 91
Betacyan 356
Betalaine 356, 361
Struktur 356
Bewegungen, osmotische 568 – 571
Bewurzelungshormon 544
Bezugsgrößen 13f
B-Gene 514
Bialafos 664
Bianconi-Platte 574
Bierhefe 246
bifaciales Blatt, Querschnitt 339
Biliproteine 186f
Extinktionsspektren 187
Fluoreszenzemissionsspektren 187
biochemische Reaktionen, Energetik 64 – 66
Bioenergetik 47
biologische Gesetze 2
biologische Katalyse 71 – 76
Biolumineszenz 491 – 493
circadianer Rhythmus 493
Biomasse 348
Biomembran 18
dreidimensionales Modell 19
Transportmechanismen 77 – 83
Bioplastik 669
Biosynthese 669

Biosphäre 347
neutrale 349
oxidative 349
reduktive 349
Biosynthesemangelmutanten 419
Biotest 412
biparentale Vererbung 123
Birke 486
Blatt
amphistomatisches 270
bifaciales, Querschnitt 339
hypostomatisches 270
morphogenetische Adaptation 365
photosynthetisches System 255 – 278
Polarität 397
thermische Belastung 268
Blattalterung 530
Blattanlage 400
Blattaufbau 282
Blattbewegung, tagesperiodische 489f
Blattchlorose 302
Blattdimorphismus 428
Blattentwicklung 397
Blattfall 528
Blattformen 399
Blattgestalt 397
Blattinduktion 395 – 397
Blattlaus 337
Blattnervatur 339
Blattperoxisom 36, 164f, 228f
Blattprimordium 400f, 536
Blattseneszenz 429, 432
Blattstellung, siehe Phyllotaxis
Blatttemperatur 267f
Blaualgen, siehe Cyanobakterien
blaue Rosen 671
Blaulicht 563, 566, 569, 579
Blaulicht-Receptor 273, 277, 497
Bleichherbizide 606
Blinks-Effekt 184
Blitzlichtspektroskopie, repetitive 182
Blühgene 486
Blühhormon 407
Blühinduktion 503f
Blühkontrollgene 501 – 516
1. Ebene 503 – 511
2. Ebene 511
3. Ebene 514 – 516
Blumenkohlmosaikvirus (CaMV = *cauliflower mosaic virus*) 634
Blüte, schematischer Längsschnitt 520
Blütenbildung 419, 501 – 523, 545
Blütenblätter
Alterung 532f
tagesperiodische Bewegung 490
Blütenfarben 672
Blütenformen 671
Blütenorgane 514 – 516
Blütenpflanzen 516 – 522
Blütensymmetrie 511 – 513
Blütenzahl 511 – 513
Blutungssaft 329

Bodenbakterien 306
Bohne, siehe *Phaseolus vulgaris*
Boraginaceen 330
border-Sequenzen 661
Borszczowia aralocaspica 285
Botenstoffe 408
Brackwasseralgen 63
Bradyrhizobium 622
Brassica 130, 432, 474, 639
campestris (Feldkohl) 543, 674
napus (Ölraps) 359, 519, 662, 667, 674
Atmung des Samens 481
Keimung 477
oleracea
Gemüsesorten 513
var. *botrytis* 513
-var. *capitata*, Induktion des Internodienwachstums 421, 593
rapa (Rübsen) 419f
Mutante 421
Brassicaceen 232, 341, 359, 473
Brassicales 518
Brassinolid 369, 432
Brassinosteroide 407, 432, 434f
Braunalgen 517
Braunalgensporophyten 334
BR-insensitive Mutante 434
BRI-Protein 434
Bromoxynil 655
Bruttophotosynthese 257 – 260
Bryonia dioica 573f
Fühltüpfel 575
Buche, siehe *Fagus*
Buchenholzlignin, Konstitutionsschema 39
Buchner, E. 218

C
CAAT-Box 132
Cadang-Cadang-Virus 635
Calcium
/Calmodulin-abhängiger Signalweg 497
cytosolischer Spiegel 97
Freisetzung 98
Gradient 111f
Callose 28, 337, 629
Calmodulin 97, 586
Calorigen 248, 435
Calvin-Cyclus 198, 230
Enzyme 208
Regulation der CO_2-Assimilation 207f
Translocation der gebildeten Produkte 199
CAM (*Crassulacean Acid Metabolism*) 291 – 293
CAM-Pflanzen 279 – 296, 426
CO_2-Fixierung 292
Canavalia ensiformis (Schwertbohne) 493f

Candida boidinii 164
Cap-bindendes Protein 138
Cap-Struktur 132
Capparis spinosa, Blütenknospe 502
Capsella bursa-pastoris, Embryonalentwicklung 473
Ca^{2+}-pumpende ATPase 81
Carbamylierungsreaktion 208
Carboanhydrase 284, 289
Carboxypeptidase 239
Carica papaya (Papaya-Baum) 670
Carnivoren 639f
β-Carotin 369, 604
Carotinoid 465
    Bildung 465
Carotinoide 175, 180, 426, 465, 532, 550, 604f, 607, 613
    Biosynthese 368 – 371
Carotinoidträgerstrukturen 162
Carpelle 513
Caryophyllales 356
Caspary-Streifen 11, 38, 307, 312, 314, 326
Cassava 662
Catalpa bignonioides 485
CAULIFLOWER (CAL)-Gen 513
C_2-Cyclus 228 – 231
    oxidativer photorespiratorischer 231
C_4-Dicarboxylatcyclus (Hatch-Slack-Cyclus) 283 – 286
cDNA-Sequenzanalyse 125
Cellobiose 27
Cellulose 27
    Modelle zur Molekülstruktur 27
    Synthese 28
Cellulosefibrillen 23, 106
    Anordnung 28
    Orientierung 101, 108
Cellulosesynthese, Hemmung 108
Cellulosesynthesekomplex 106
Centaurium erythraea 402
Ceratodon purpureus 459
Cercospora 632
Cercosporin 632
C-Gene 514
cGMP-GMP-Signalweg 497
Chalconisomerase 363
Chalconsynthase 361, 363, 462
Chalkonsynthetase 135
Chaperone 152 – 154, 595
    deskriptives Modell 153
Chara
    corallina 63, 88
    foetida 553 – 555
chemiosmotische Hypothese 170
    siehe auch Mitchell-Hypothese
chemisches Potenzial 47, 50 – 53, 181, 183
    von Ionen 61f
    Wasser 51 – 53
Chemophobotaxis 517
Chemosynthese 350

Chemotaxis
    negative 552
    positive 552
    von Geschlechtszellen 552
Chemotaxonomie 356
Chemotopotaxis 517
Chemotropismus 562
Chenopodiaceen 307
Chenopodium
    album, Dormanz 478
    amaranticolor 493
    rubrum 504f
chimäre DNA-Konstrukte, schematische Darstellung 144
Chimären 546
    intrazelluläre 546
Chlamydomonas 550f, 553
    reinhardtii 159, 490
    Translationseffizienz 145
Chlorcholinchlorid (CCC) 656
Chlorella 178f, 180, 196, 255f
    pyrenoidosa 183, 197, 228
        Atmungsintensität 241
        -Kinetik des zellulären ATP-Gehaltes 194
        photosynthetische Sauerstoffproduktion 177
    vulgaris 176, 373, 382
        Ontogenie 374
Chloridazon 653
Chlorobiaceae 211
Chlorobium 352
Chloronema 567f
Chlorophyll 167, 181, 273, 277, 424, 465 – 466, 604, 606f, 613, 654
    Abbau 528
Chlorophyll *a* 175, 181, 189, 529
    Anregungsschema 177
    Termschema 178
Chlorophyll-*a*/*b*-bindende Proteine (CABs) 496f
Chlorophyll *b* 175, 529
    Biosynthese 366 – 368
Chlorophyllase 529
Chlorophyllfluoreszenz 210
Chlorophyll-Protein-Komplexe 175
    spektroskopischer Nachweis 176
Chlorophyllsynthese 365 – 368, 452
Chlorophylltypen 179
Chloroplasten 10, 22, 36, 138, 161, 357, 398, 424, 464 – 466, 519
    Abbau 529
    ATP-Synthese 84f
    elektronenmikroskopisches Abbild 172
    Energiewandlung 171 – 185
    Schwachlichtstellung 576f
    Seneszenz 424
    Starklichteinstellung 576f
    Stoffwechselleistung 195f
    Struktur 171f
    Strukturmodell 36

Chloroplastenbewegungen 576 – 580
Chloroplastendimorphismus 281f, 289
Chloroplastenentwicklung 162
Chloroplastengenese 464
Chloroplastengenom 464
Chloroplastenhülle 172
Chloroplastenrhythmik 495
Chlorose 432, 627
Chlorsilberelektrode 68
Chlorsulphuron 654
Choline, substituierte 656
Cholodny-Went-Theorie 557, 559, 566
Chromatiaceae 211
Chromatin 20
Chromatinkondensation 124
chromatische Adaptation 189
Chromatium 352
Chromoplasten 22, 161, 368
    Typen 162
Chromoproteine 454, 459f
Chromosomen 31, 123
    Monosomie 376
    Replikation 31
    Trisomie 376
Chromosomensatz 376f
Chrysanthemum morifolium 506
CINCINNATA-Gen 398
CINCINNATA-Protein 398
circadiane Rhythmik 491, 507f
circadiane Uhr 490, 498
circadianer Oscillator 495
Circumnutation 574
cis-Element 132
    Nachweis 144
Cisterne 172
Citratcyclus 216, 219 – 223
Citratsynthase 220
Citronellal 369
4-Cl-Indol-3-essigsäure 413
Cladonia rangifera, Atmungsintensität 241
Clathrin 152
CLAVATA1-3 (CLV1-3) 394f
Claviceps purpurea 357
Clostridium 352
    pasteurianum 624
CN^--resistenter Elektronentransportweg 223
CO_2
    – Austausch, Regulation 270 – 277
    – Fixierung, Isotopeneffekt 294 – 296
    – Kompensationspunkt 257f, 281
    – Konzentration 261, 348 – 350
    – Konzentrations-Effekt-Kurve 261f
    – Konzentrationsgradient 270
    – -Konzentrierungsmechanismus 287, 290
    – pools 347
    – Regelkreis 273
    – Transport, Modell 271
coated vesicles 152
Cobalamin 300
Cocain 357

Index

Cochliobolus (*Helminthosporium*)
   victoriae 631f
Cocosnussmilch 423
Cocospalme 473
Colchicin 31
   antimitotische Wirkung 23
   Mikrotubulizerstörung 106, 108
   Störung des allometrischen
      Organwachstums 110
Colchicinbehandlung 542
Coleus
   blumei 335
   spec., Sprossspitzenlängsschnitt 380
Colletotrichum lagenarium 633
Columella 389, 555
Commelina communis 275
Coniferen 123, 368, 584
Coniferylalkohol 38, 363f
CONSTANS-Gen 503
constitutive photomorphogenesis1 (COP 1) 508
constitutive photomorphogenetic (cop)-
   Mutante 461
Convovulus 535
Cornus mas 13
Corpus 392
Cortex 385
Cosuppression 135, 412, 665
Cotesia marginiventris 640
C_3-Pflanzen 282
   Blattaufbau 282
   CO_2-Konzentrations-Effekt-
      Kurven 281
   – C_4-Pflanzen 279 – 295
   $\delta^{13}C$-Wert 295
C_4-Pflanzen 279, 296
   Blattaufbau 282
   Blattquerschnitt 281
   CO_2-Konzentrations-Effekt-
      Kurven 281
   $\delta^{13}C$-Wert 295
Crassulaceae 294
Craterostigma plantagineum 487
Cristae 22
Cryptochrom 445, 449f, 468
Cryptochrom CRY1 450
C_4-Syndrom 280 – 283, 285
   genphysiologische Aspekte 289
   ökologische Aspekte 286f
C-terminale Signalsequenz 156f
Cucumis 165
   anguria, Fruchtwachstum 484
Cucurbita pepo (Kürbis) 342
   Fruchtwachstum 383
Cucurbitaceen 633
4-Cumarat-CoA-Ligase 363f
Cumarsäure 363
Cumarylalkohol 38, 363f
Cumöstrol 362
Cuscuta 641
Cuticula 38, 312, 318
Cutin 38

$\delta^{13}C$-Wert 294f
Cyanidin 362
Cyanidioschyzon merolae 159
Cyanobakterien 122, 231, 352, 366, 649
   Antennenpigmente 188
   Nitratreductase 200
   Pigmentsysteme 186 – 189
   Stickstofffixierung 203
cyanogene Glycoside 629
Cybridisierung 542f, 547
Cyclin 33
   CYC1 33
Cyclin-abhängige Proteinkinasen
   (CDKs) 33
cyclischer Elektronentransport 193f
Cycloxydim 653
Cystein 608
Cytochalasin 576
Cytochrom 153, 221
Cytochrom *a* 153
Cytochrom *b* 153
Cytochrom b_6 193
   /f-Komplex 190
Cytochrom *c* 222f
   als Redoxsonde 223
   – Oxidase 222
   – Oxidoreductase 222
Cytochrom *f* 192
Cytochromoxidase 84, 160, 222, 250, 601
   -CO-Komplex 224
Cytochromoxidaseaktivität, Messung 223
Cytochromoxidasegen 146f
Cytokinese 30
Cytokinin 32, 96, 338, 369, 388, 407,
   422 – 426, 486, 530, 636, 639, 664
   chemische Struktur 424
Cytokininoxidase 423
Cytokininrezeptor 426, 440
Cytoplasma 17f, 36
Cytorrhyse 58, 474
Cytosindimere 608
Cytoskelett 22f, 586
Cytosol, siehe Cytoplasma

D

Darwin, C. 412
Datendarstellung 14
   logarithmische 15
Datura 639
   Trisomie 376
Daucus carota (Karotte) 247, 506, 539, 667
   Blütenbildung 511
   Induktion der Sauerstoffaufnahme 88
   Phloemexplantat 538
Dauerlicht 456
DCMU (Dichlorophenyldimethylharn-
   stoff) 193
DCPIP (Dichlorphenolindophenol) 193
Deduktion 4

de-etiolated (det)-Mutante (Deetiolement-
   mutante) 434, 461
Defolianten 429
Dehydratisierung 486f
Dehydrine 590
Dekapitation 403
Deletionsanalyse 143
DELLA-Proteine 438f
Dendrometer 322
Denitrifikation, siehe Nitratreduktion,
   dissimilatorische
Deplasmolyse 57
Depolarisierung 89
Desiccation 474f
Desmotubulus 28
Diaphototropismus 562, 572
Diaspore 471
2,4-Dichlorphenoxyessigsäure (2,4-D)
   414, 655
Dichroismus 568, 578
Dichtegradient 236
Dictyosomen 21, 151
   räumliches Modell 21
differentielle Genexpression 421
Differenzialthermoanalyse 597
Differenzierung 375, 384 – 406
Differenzierungszone 115
Differenzspektrum 182
diffuses Wachstum 106
Diffusion 77 – 79
Diffusionsfluss 270
Diffusionsgesetz 78
Diffusionskoeffizient 78
Diffusionspotenzial 62
Diffusionswiderstand 270
Difunon 654
Digitalis (Fingerhut)
   lanata 537
   purpurea 512
Digitaria decumbens 626
Dihydrophaseinsäure 426
Dikotyledonen, Embryo 385
Dinitrogenase 622
Dinoflagelaten 491f
   Luciferin 492
Dissimilation 215 – 254
   aerobe 216
   Energieprofil 218
   anaerobe 216, 244
   Energieprofil 218
   Energiefreisetzung 216f
   Energiegewinnung 215f
   Energietransformation 216f
diurnaler Säurerhythmus 291
Divergenzbruch 396
DNA 119, 121, 123
   Absorptionsspektrum 609f
   Doppelhelix 9
   Modell 609
   Extinktionsspektren 609
   Herkunftnachweis 122
   inaktive Regionen 123

komplementäre 121
Mengenvergleich verschiedener Spezies 124
Methylierung 141, 143
nicht repetitive 124
repetitive 124
Sequenzanalyse 120
UV-Schäden 610f
Verpackung 140f
Watson-Crick-Modell 9
DNA/DNA-Hybridisierung 130
DNA-Photolyase 609f
DNA-Polymerase I 611
DNA-Reparatur 525
DNA-Reparaturenzyme 450
DNA/RNA-Hybridisierung 133
DNA-Schäden 614
DNA-Transfer 637
DNase 421
Donnan-Potenzial 63
Donnan free space (DFS) 37
Doppelhelixstruktur 9, 607
Dormanz 472, 473f, 477f, 487, 599
Induktion 477
sekundäre 478
Dormin 426
Douglasie 324
Drosophila 388, 498, 639
melanogaster 124
Druck
Definition 321
negativer 321
negativer absoluter 323
osmotischer 54f, 57, 59
positiver 323
Wurzel- 323
Druckholz 584
Druckpotenzial 51
Druckstromtheorie 343f
Drüsenzellen 123
Dryopteris 535
filix-mas 379, 478
Ontogenie 377
Phototropismus 567f
Sporenkeimlinge 379
Dunaliella spec., osmotische Adaptation 61
Düngung 648f
Stickstoff 649 – 652
Dunkelatmung 227, 260
Dunkelpflanzen 401
Durchlasszellen 314
Dynamine 159
Dynein 552f

E

Ecballium elaterium 573
Ectocarpus siliculosus, Pheromone 517
Ectomykorrhiza 619, 621
Effluxtransporter 415
Eiche 325
Einelektronenübergänge 69

Einfaktorenanalyse 6
Ein-Gen-Mutante 411
Eisnucleationsprotein 600
Eizelle, Polarität 375
Elastizitätsmodul ε 55
Elatine alsinastrum, Aerenchymquerschnitt 243
elektrochemischer H^+-Gradient 81
elektrochemisches Potenzial 61, 67
elektromagnetische Strahlung 614
Elektronenpumpe 179
lichtgetriebene 183
Elektronentransport 170
an der Plasmamembran 226
cyclischer 193f
Inhibition 193
offenkettiger 189 – 193
photosynthetischer 84, 164, 189 – 194
pseudocyclischer 194
vektorieller 84
Elektronentransportkette 167, 208
Elektronentransportweg, CN^--resistenter 223
Elektroporation 664
Elementarmembran 18
siehe auch Biomembran
Eleocharis vivipara 289
ELF3-Gen 508
Elicitor 627, 629
Embden-Meyerhof-Weg 219
Embryo 387, 482
Musterbildung 384
Nachreife 479f
somatischer 393
Embryogenese 384
Embryonalentwicklung 473
Genexpression 484
Emerson-Effekt 184
Encelia
californica 256
farinosa 256
endergonische Reaktion 49, 65
Endocytose 151f
Endodermis 11, 314, 385
endogene Rhythmik 508
Endomembransystem 20, 151
Endomykorrhiza 619f
Endonuclease 611
Endopeptidase 239
endoplasmatisches Reticulum (ER) 19f
glattes 20
Proteintransport 151f
raues 20
Endopolyploidie 123, 376
Endosomen 151
Endosperm 233, 422, 471f
Endospermreißfestigkeit 483
Endospermspeicherung 232
Endosymbiontentheorie 42f, 119f
Endosymbiose 459
sekundäre 129

Endprodukthemmung 98
energetischer Umsetzungsfaktor (r) 644
Energie 47
innere 47f
Energiedosis 614
Energiefalle 181
Energieladung 67
Energiestrom 169, 353
Energietransfer 181
enhancer 119
– Elemente 143
Enolpyruvylshikimatphosphatsynthase 360
Enoyl-ACP-Reductase 359
Enoylhydratase 235
ent-Gilberellans 418
Entgiftungskompartimente 22
Entgiftungsreaktionen 603 – 606
Entgiftungssystem 308
Enthalpie 47, 49
freie 49f
Enthalpiewerte 65
ent-Kauren 418
Entkoppler 195, 224
Entropie 3, 47
Entropiezunahme 48
Entwicklungsphysiologie 373f
Entwicklungsplastizität 35
Enzymaktivität
Messung 74f
Modulation 75, 94
enzymatische Katalyse 71 – 73
Enzyme 72f, 304f
Abbau 92f
allosterische 75f
GTPasen 97
Halbwertszeit 92
Kompartimentierung 76f
Lebensdauer 92
phytochromregulierte 462f
Prozessierungs- 153
Steuerung 96
zellwandauflösende 483
Enzymgehalt, Regulation 92 – 94
Enzymkaskade 94
Enzymkinetik 73f
Epichloe 619
Epidermis 385
Epidermiswand 112 – 114
epiphytische Bakterien 600
Equisetum, Sporenteilung 40
ER, siehe endoplasmatisches Reticulum
Erbse, siehe *Pisum sativum*
Erdbeere, siehe *Fragaria*
Erdnuss 662
Eriophyes nervisequens (Milbe) 640
Erkenntnisprozess der Wissenschaft 5
Erkennungsreaktionen zwischen Zellen 96
Ertrag 644
biologischer 644
limitierende Faktoren 645

ökonomischer 644, 648f
Ertragsgesetze 647 – 649
Ertragsphysiologie 302, 643 – 674
Erucasäure 359
Erucoylat 359
erworbene Resistenz 633
Erysiphe (Mehltaupilze) 628
Esche 479f
Escherichia coli 124, 552, 610, 626
Eschrich 344
essentielle Mikroelemente 301f
Ethanol 217
Ethephon 429
Ethylen 249, 392, 407, 428 – 432, 530, 532, 633, 673
    Biosynthese 431
Ethylenreceptor 440f
Etiolement 452, 468f
Etioplasten 162f, 464
    Bildung aus Proplastiden 163
Eucyte 10, 17f, 42
    Kompartimentierung 19
Euglena 159, 231, 366, 549f, 551, 553, 611
    gracilis 610
        Phototaxis 551
        var. *bacillaris* 608
        Zellstruktur 551
Eukaryoten 10, 17, 122
    Evolution 122
Eukaryotenzelle 8
Euphorbia 280
Evolution 17, 122
    der Pflanzenzelle 42f
exergonische Reaktion 49, 65
Exkrete 17
Exocytose 21, 151
Exodermis 314
Exon 121
Exopeptidasen 239
Expansine 116, 416
experimentelle Daten 4
exponentielle Wachstumsgleichung 382
Extensibilitätskoeffizient 104
Extensibilitätsverteilung 107
Extensine 27
Extensiometer 25
Extensorzellen 571
Extinktion 177
Extinktionspunkt 244

F

Fabaceen 232, 306, 330, 341, 361, 473, 619, 625f, 649
Fabaceenarten 622
Fagus (Buche) 325, 486, 640
    sylvatica 621
Faktorenanalyse 5
Falsifikation 5
Falveria 289f
Farne 368, 378
    Generationswechsel 377f

Farnesol 369
Farngametophyten 111
Farnprothallium 538
F_1-ATPase 153
F-Box-Protein 93, 437
Fe-Mangel 307
Fenton-Reagenz 417
Fermentation 216 – 219, 243
    aerobe 219, 244
    Extinktionspunkt 246
    Induktion 246 – 248
    Tee 250
    siehe auch Gärung
Ferredoxin 181, 189, 193, 202
    – $NADP^+$-Oxidoreductase 189, 200
Ferulasäure 363f
Ferulat-5-Hydroxylase 365
Festuca 619
Fette
    Energiedichte 232
    Kohlenhydrat-Transformation 232 – 237
    siehe auch Triacylglycerole
Fettsäureabbau 165
Fettsäure
    Biosynthese 357 – 359
    β-Oxidation 235
Feuerbohne, siehe *Phaseolus coccineus*
F_0F_1-ATPase 80
    Funktionsmodell 81
Fibonacci-Reihe 396
Fibrillenorientierung 107
Fichte 325
1. Ficksches Diffusionsgesetz 77
2. Ficksches Diffusionsgesetz 78
FKF1-Gen 508
FKF1-Protein (*flavin-binding, Kelch repeat, F-box-protein*) 498
Flagellaten 547, 551
    präkambrische 17
Flavanone 361
Flaveria 280
Flavone 361
Flavonoide 356, 360f
    Biosynthese 361 – 363
Flavonole 362
Flavr-Savr-Tomate 673
FLC-Gen 503
Flexorzellen 571
Fliegenpilz, siehe *Amanita muscaria*
Fließgleichgewicht 3, 49f, 71, 456
Florigen 407, 505
FLOWERING-CONTROL-ARABIDOPSIS (FCA)-Gen 502
fluid-mosaic-Modell 19
Fluoreszenzausbeute 177
Fluoreszenzlöschung 210f
Fluridon 476
Fragaria
    Fruchtentwicklung 484
    magna, Induktion der Fruchtentwicklung 485

spec., Guttation 323
Fraktion-I-Protein 196
Fraxinus excelsior 480
freie Enthalpie 49f
freie Standardenthalpie 65
freier Diffusionsraum 37
FRI-Gen 503
Frostakklimatisation 599f
Frostplasmolyse 598
Frostschutzproteine (*antifreeze proteins*, AFPs) 600f
Froststress 598
Frosttoleranz 600
Frostresistenz 598 – 601
Früchte, parthenokarpe 484
Fruchtentwicklung 414, 484f
    Induktion durch Auxin 485
Fruchtfäule 627
Fruchtreife 429
Fructan 237, 669
Fructose-1,6-bisphosphat 668
Fructose-2,6-bisphosphat 251f
Fructose-1,6-bisphosphatase 207, 251f
Fructose-6-phosphat 668
Fructose-6-phosphat-2-kinase 251
Frühjahrsbluten 324
Fucus 40, 384
    serratus, Polaritätsinduktion 41
Fühltüpfel 574f
Fumarathydratase 220
Funaria hygrometrica 574
Funiculus 471
6-(2-Furfuryl)-aminopurin, siehe Kinetin
Fusarium aquaeductuum 449
Fusicoccin 276, 369, 631
Fusicoccum amygdali 631

G

GA-insensitive Mutanten 438
GA-konstitutive Mutanten 438
Galactane 24
Galactomannane 37, 237
Gallenbildung 640f
Gametenlockstoffe 517f
Gametophyten 377, 516, 518
gap junctions 45
Gartenbohne, siehe *Phaseolus vulgaris*
Gartenerbse, siehe *Pisum sativum*
Gärung 215
    alkoholische 217 – 219
    Milchsäure- 217 – 219
Gaswechsel, dissimilatorischer 241 – 251
Gauß-Glockenkurve 12f
Gauß-Verteilung, siehe Normalverteilung
Gefäßradius 317
Gefäßzahl 317
Gefrierbuch- und Gefrierätztechnik 173
Geißel 549 – 551
    Feinstruktur 552f
Geleitzellen 123, 333, 337
Geminiviren 634
Genaktivität, Steuerung 143

Genamplifikation 124, 144
Genbank 130
Gene
    Blühkontrolle 501
    cytotoxische 671
    Definition 119
    homöotische 387f, 502, 514
    Identifizierung 120
    Isolierung 120f
    über Mutagenese 126
    Master- 388
    nucleäre, Regulation 140 – 144
    Operonstruktur 129
    Redundanz 666
    schematische Darstellung 121
    Sequenzvergleich 130
gene silencing 635
gene tagging 126
Generationswechsel
    Farne 377
    heterophasischer 377
    heterothallischer 517
genetische Adaptation 264, 266
genetische Redundanz 411
genetische Transformation 636
genetischer Code 121
Genexpression 119, 409, 462, 490
    Analyse 133
    differentielle 421
    entwicklungsspezifische 125
    Kontrolle 140
    Regulation 146
    Regulationsstellen 141, 144
    Vergleich zwischen Prokaryoten und Eukaryoten 140
    während der Embryonalentwicklung 484
    zuckerregulierte 345
Genfähren 660
Genfamilien 124, 666
Gen-für-Gen-Interaktion 627
Genkartierung 126
Genmutationen 608
Genom
    Definition 122
    mitochondriales 119f, 129f
    nucleäres 119f
    Organisation 122 – 131
    plastidäres 119f, 126 – 129
Genomstruktur 123 – 126
Genotyp 375f, 402
Gentechnik 643, 660 – 664, 674
Gentiana campestris 402
Gentransfer 123, 146
    horizontaler 674
    intrazellulärer 44, 146
    Stadien vom Mitochondrium zum Kern 147
    vertikaler 674
Genübertragung 661f
Geotropismen 553
Geraniol 369

Geranylgeraniol 369
Geranylgeranyldiphosphat 419
Gerbstoffe 629
Gerste, siehe *Hordeum vulgare*
geschlossene Systeme 47
Gesetze
    in der Biologie 2, 11
    Hagen-Poiseuille'sche 317
    Hooke'sche 55
    Lambert-Beer'sche 256
    Mendel'sche 519
    physikalische 2
Getreide 475, 585
Geum urbanum 375
Gewebe 11
Gewebekulturen 422, 536f
    circadiane Rhythmik 491
Gewebespannungen 112
GFP-Gen 664
GFP-Protein (*green fluorescent protein*) 134
Gibberella fujikuroi (*Fusarium moniliforme*) 418, 632
ent-Gibberellan 418
Gibberelline 236, 338, 407, 418 – 428, 433, 438 – 440, 471, 476, 478 – 480, 483f, 486, 506, 511, 656
    Grundgerüst 419
    Signaltransduktionskette 438
Gilberellinrezeptor 422, 438
Gibberellinsäure (GA_3) 369, 418
Gibbs free energy, siehe freie Enthalpie
Gleditsia triacanthos, Wurzelsystem 316
Gleichgewichtskonstante 65
Gleichgewichtszentrifugation 236
Globuline 239
Glucanase 117
1,3-β-Glucanase 421
1,3-β-1,4-β-Glucane 237
1,6-α-Glucanase 237
α-Glucane 232, 237
β-Glucane 26
Glucomannane 37
Gluconeogenese 230, 234f, 251f
Glucoseoxidase 250
Glucosephosphatdehydrogenase 207
Glucose-6-phosphatdehydrogenase 199, 207, 227
Glucosephosphatisomerase 227
β-Glucuronidase (GUS) 134
Glufosinat 664
Glühwürmchen, siehe *Photinus pyralis*
Glutamat 231, 366
Glutamatdehydrogenase 201
Glutamatsynthase 201, 651
Glutaminsynthetase 201, 651, 654
Glutathion 308, 337, 361, 603
Glutathion-S-Transferase 361, 656
Gluteline 239
Glutenin 239
Glyceollin 632
Glyceratphosphat 197, 280

Glyceratphosphatkinase 198
Glycerinaldehydphosphatdehydrogenase 198, 207
Glycin 230, 290
Glycinbetain 590
Glycindecarboxylase 230, 290
Glycindecarboxylasekomplex 290
Glycine max (Soja) 125, 147, 229, 269, 283, 320, 592, 630, 632f, 662
    ökonomische Erträge 652
Glycokalyx, siehe extrazelluläre Matrix
Glycolat 230f
    Entgiftungsmechanismus 231
    Metabolisierung 228 – 231
    Synthese 228
Glycolatabbau 165
Glycolatoxidase 165, 229f, 250, 269
Glycolatphosphatsynthese 269
Glycolatproduktion 231
Glycolatstoffwechsel bei Grün- und Blaualgen 231
Glycolipide 357
Glycolyse 216f, 219, 247, 251f
Glycoproteine 21, 26, 520
Glyoxylat 230
Glyoxylatcyclus 233, 235
Glyoxysomen 164f, 233f, 236
Glyphosat 360, 654
gnom-Mutante 387
Golden Rice 673
Goldman-Gleichung 62
Golgi-Apparat 20f, 151
Golgi-Cisterne 19, 21
Golgi-Vesikel 21, 152
Gonospore 377
Gonyaulax polyedra 491f
    Biolumineszenz 493
Gossypium hirsutum (Baumwolle) 304, 432, 531, 591f, 662
G_1-Phase 30
    Dauer 33
G_2-Phase 30
G-Proteine
    heterotrimere 97
    kleine 97
    siehe auch GTPasen 97
ψ-Gradient 52
graduierte Reaktion 463
Gramineen 365, 626
Grana 172
Granathylakoide 172
Gräser 323, 473, 559
Gravitationspotenzial 51
Gravitropismus 555 – 562
    asymmetrische Auxinverteilung 560f
    negativer 557
    positiver 554
Grenzcytorrhyse 588, 590
Grenzplasmolyse 57f
Grünalgen 159, 180, 231, 237, 374
Grundplasma 17
Grundstoffwechsel 355

grüne Schwefelbakterien 211
GTPase 97, 159
GTP-bindende Proteine 31
Guajacyl-Syringyl-Hydroxyphenyl-Lignin 365
Guajacyl-Syringyl-Lignin 365
Guanosintriphosphat (GTP)-spaltende Enzyme (GTPasen) 97
Gurke 338
GUS-Gen 664
    auxinabhängige Expression 144
    in-situ-Nachweis 134
Guttapercha 369
Guttation 323, 325
Gymnospermen 161, 317, 334, 368, 391, 452, 471

H
Haber-Bosch-Verfahren 622
Hafer, siehe *Avena sativa*
Hagen-Poiseuillesches Gesetz 317
hairy-root-Syndrom 425, 636
Hakenregion 463
Halbschmarotzer 641
Halicystis ovalis 63
Halobacterium halobium 168, 170
    Lichtwandler 171
Halophyten 306, 592
Hammada scoparia 596
haptonastische Reaktion 575
haptotropische Reaktion 575
Hartigiola annulipes (Gallmücke) 640
Hartigsches Netz 619
Haustorien 628, 641
Hefe 159
    Pasteur-Effekt 247
    siehe auch *Saccharomyces cerevisiae*
Hefezellen 218
Helianthus annuus (Sonnenblume) 165, 325–329, 605, 662
    frühes Entwicklungsstadium der Infloreszenz 114
    Gravitropismus 560
    osmotischer Druck 326
    osmotisches Zustandsdiagramm 58
    Samenreifung 476
    Transpiration und Wasseraufnahme 325
    Wassertransportmodell 326
    Wurzelsystem 316
    Wurzelwiderstand 327
helicoidale Fibrillenordnung 29
Hemicellulase 26
Hemicellulose 37, 105
Herbizide 360, 369, 652–656, 673
    Abbau durch bakterielle Enzyme 655
    Nachauflauf- 652
    systemische 656
    Vorauflauf- 652f
Herbizidresistenz 674
Herbstfärbung 530
Heterochroniegene 502

Heterosiseffekt 519, 658
heterotroper Effekt 76
Heterotrophie 215, 535
Heteroxylane 26
Hexenbesen 424
Hexokinase 247
Hill-Reaktion 184, 193
Hippuris vulgaris 428
Hirse 641
Histidinkinasen 94, 426, 432, 440
Histidin-Phosphotransferprotein (HP) 95
Histodifferenzierung 385, 472
Histon 31, 123
Hitzeschockproteine 595f
    Hsp70 153f
Hitzestress 593
    Resistenz 593–595
H_2O, Regelkreis 273
H_2O_2 274
Hoaglandsche Nährlösung 300
Hochintensitätsreaktion (HIR) 456
Höfler-Diagramm 57
Holz 328
Holzfaserzelle, Querschnitt 38
Holzpflanzen 485f
Homogalacturonan 24
homogene Systeme 8
Homöostasis 91, 98
homöotische Gene 387f, 502, 514
homöotische Mutanten 514
homotroper Effekt 75
Hookesches Gesetz 55
Hordeum vulgare (Gerste) 315, 329, 422, 662
    Chloridaufnahme 87
    Eisenaufnahme 307
    Lactatdehydrogenasesynthese 246
    Speicherstoffabbau 422
horizontaler Gentransfer 673
Hormone 338, 388, 407–443, 471
    Ethylen 249
    Kompetenz 409
    limitierende Faktoren 409
    multiple Wirksamkeit 409
    Receptor-Komplex 409f
Hormonkonzentration 409
Hormonmangelmutanten 410
Hormonmutanten 410
Hyazinthe, Zugwurzeln 114
Hybridhistidinkinase 440
Hybridhistidinkinase-System 95
Hybridzüchtung 667f
Hydathoden 323
hydraulisches Wachstum 481
hydraulisches Zellwachstum 101–104
Hydrilla verticillata 285
hydroaktiver Regelkreis 273
Hydrodictyon africanum 63
Hydrogenase 202
Hydrolase 298
hydropassive Rückkopplung 273

hydroponische Kultur 299f
Hydrotropismus 562
Hydroxyacyl-ACP-Dehydratase 359
Hydroxylradikale 117, 327, 417, 438
Hydroxymethyltransferase 230
hydroxyprolinreiche Glycoproteine (HRGPs) 26f
Hydroxypyruvatreductase 165, 230
Hygromycin 664
Hyoscyamus niger (Bilsenkraut) 506, 510, 673
hyperbolische Sättigungskurve 74
Hyperpolarisierung 89
hypersensitive Reaktion 629f
Hyphen 618f, 628
Hypokotyl 381, 385
Hypokotyllänge, Häufigkeitsverteilung 12
Hypokotylwachstum 381
Hypophyse 389
Hypothesenbildung 4
Hypoxie 243, 433
Hypoxieakklimatisation 243
Hysteresis 25

I
IAA, siehe Indol-3-essigsäure
IAA-Bindeprotein 417
Immunisierung 633f
Impatiens 329
Importine 157
Indol-3-acetamid 415
Indol-3-acetonitril 415
Indol-3-buttersäure 413
Indol-3-carboxylsäure 415
Indol-3-essigsäure (IAA) 412–414, 425, 566
    Bindeprotein 417
    Biosynthese 415
Indol-3-proprionsäure 414
Induktion 4
induzierte Abwehr 629f
Infektionsabwehr 628f
Infektionsschlauch 624
Infektionshyphe 628
Influxtransporter 415
inkompatible Interaktion 627
innere Energie 47f
innere Uhr 502, 508
Inositol-1,4,5-triphosphat (IP_3) 98
Insekten 639f
Insertion 661
Insertionsmutanten 126
in-situ-Hybridisierung 133, 343
Interferenz-RNA-Maschine (RNAi) 135
Intermediärstoffwechsel 355
Internodien 402, 559
Internodienwachstum 109, 433
Interphase 30f
Interphasechromosom 123
Interphasekern 124
intrazellulärer Gentransfer 44

Intron   132
Intussuszeption   105
inverted repeat   127f
Inzucht   658
Inzuchtdepression   519, 658
Inzucht-Heterosis-Züchtung   658
Ionenaufnahme   85 – 88, 315
Ionenauswaschkinetik   86
Ionenbalance   301
Ionenkanäle   71, 80 – 82, 571, 585
    spannungsabhängige   275
Ionenpumpe   63, 71, 80 – 82
    Lichtabhängigkeit   88, 90
Ionenwanderung   62
ionisierende Strahlung   614
Ipomoea tricolor, cv. rubro-coerulea praecox
    (Prachtwinde)   533
Isocitratdehydrogenase   220
Isocitratlyase   165, 235
Isoenzyme   77
Isoetes   293
Isoflavon   361
Isoflavonoide   362
Isogamie   517
Isopentenyldiphosphat   426
Isopentenyltransferase   423, 425, 530
Isopren   369
Isoprenoide   369
isosorting   156
Isotopeneffekt   294
isotrope Dehnbarkeit, Zellwand   107

J

Jasmonat   274, 407, 640
Jasmonat-induzierte Proteine (JIPs)   436
Jasmonsäure   434, 434 – 436, 530, 575
JAW-Locus   398
JAZ-Protein   436
Juniperus virginiana   322

K

Kaempferol   362
Kaffeat-O-Methyltransferase   365
Kaffeesäure   364
Kalanchoe   507
    blossfeldiana   293 – 295, 507
    daigremontiana   491
    tubiflora, CO_2-Gaswechsel   291
Kaliumkanal   82
Kallus   32, 424
Kalluskultur   537
Kalomelelektrode   68
Kälteempfindlichkeit   596
Kälteperiode (Stratifikation)   478, 486,
    503, 511
Kältestress   596
    Resistenz   596 – 598
Kalyptra   389, 555
Kambium   391
Kampfer   369
Kanalproteine   18
Kanamycin   663f

Kapillarkraft   316
Karotte, siehe *Daucus carota*
Kartoffel   333f, 337, 340, 342, 344, 376,
    400f, 420, 598, 662
    siehe auch *Solanum tuberosum*
Kartoffelfäule   629, 632
Kartoffelstärke   668f
Karyokinese   30
Katalase   165, 229, 234, 603
Katalysator   72f
Katastergene   502, 511
ent-Kauren   418
Kaurenoxigenase   419
kausale Verknüpfung   7f
Kausalitätsprinzip   5, 7
Kautschuk   369
Kautsky-Effekt   210
Kavitation   321f
Keimblätter   388
Keimfähigkeit   475
    Steigerung   480
Keimlingsentwicklung   165
Keimrate   482
Keimung   472, 475 – 483
    Rolle des Lichts   478f
Keimwurzel, Gravitropismus   555 – 560
Kernhülle   20
Kernphase   377
Kernphasenwechsel   378
Kern-Plasma-Beziehung   404 – 406
Kernporen   20
Kerntransplantation   404
Ketoacyl-ACP-Reductase   359
Ketoacyl-ACP-Synthase   359
Kiefer, siehe *Pinus*
Kinetin   32, 422f, 424
K^+-Kanäle   275, 277
Klebsiella
    ozaenae   655
    pneumoniae   624, 626
klimakterischer Gipfel   533
Klimakterium   249
Klinostat   555, 565
klonale Analyse   389, 395
Klonbank (Klonbibliothek)   120f
Klonierung   120
    Technik   537
Knallgasbakterien   350
knock-out-Mutanten   411
Knöllchenbakterien, siehe *Rhizobium*
Knopsche Nährlösung   299f
Knospen   485
Knospendormanz   430, 486
    Induktion   430
Knospenkeimung   485 – 487
Knospenruhe   430, 485 – 487
    siehe auch Knospendormanz
KNOTTED-Gen   399f
KNOTTED (KNOX)   394
Koaktion   7
    additive   7
    kompetitive   7f

kooperative   7f
multiplikative   7
Kohäsion   298, 321
Kohäsionstheorie   320f
Kohlendioxid   196
    siehe auch CO_2
Kohlenhydratabbau, Regulation durch
    Sauerstoff   243 – 246
Kohlenhydrate   237, 337
    Biosynthese   196
    Dissimilation   216 – 227
    Metabolismus, Manipulation   668f
    Produktion   209
    Stoffwechsel   251 – 254
Kohlenstoffassimilation   209
Kohlenstofffixierung   155
Kohlenstoffkreislauf   347 – 350
Kohlenstoffspeicherung   155
Kok-Effekt   260
Kok-Joliot-Cyclus   191
Koleoptile   413
Koleoptilkrümmungstest   413
Kompartimentanalyse   86
Kompartimente   20, 76, 149
    Entstehung   19
    nichtplasmatische   19
    plasmatische   19
Kompartimentierung   8, 19, 42
    metabolische   76f
kompatible Interaktion   627
Kompetenz   464
Kompetenzmuster   464
kompetitiver Inhibitor   74f
Konformationsänderung   76
Koniferen   619
Kontakteinrollungsbewegung   574
Konzentrationspotenzial   51
Koppelungsfaktor   195
Kormus   44f, 377
Korpuskularstrahlung   614
Kotyledonen   165, 232f, 385
Kotyledonenspeicherung   232
Kranztyp   281f
Krebs-Cyclus, siehe Citratcyclus
Kreuzung, reciproke   519
Kryptobiose   299
Kryptophyten   528
Küchenzwiebel, siehe *Allium cepa*
Kulturpflanzen   328, 480
Kürbis   383
Kurztag   486, 506f
Kurztagpflanzen   294f, 430, 504f, 507
Kycopin   369

L

Lactat   217
Lactatdehydrogenase   246
Lactatdehydrogenasesynthese, reversible
    Induktion   246
Lactobacillus   218
Lactuca
    – Achänen   481

Index

sativa 375
    Induktion der Keimung 478f
Ladungspotenzial 51
lag-Phase 382
Lambert-Beersches-Gesetz 256
Landpflanzen 298, 305, 312, 317, 352
    hydroponische Kultur 300
Langtag 486, 506f
Langtagpflanzen 430, 504f, 507
Larix europaea, Gravitropismus 558
Larrea divaricata 288
Lathyrus
    angulatus 124
    sylvestris 124
Laubbäume 323, 619
Laubblatt, Querschnitt 319
Lavatera cretica 573
LEA (*late embryogenesis abundant*)-Proteine 474, 487
LEAFY (LFY)-Gen 394, 513
Leghämoglobin 625
Legumin 239
Leitbündel 289
Leitbündelscheide 282
Leitfähigkeit 270
Lemna
    Ionenaufnahme 89
    minor 12
    trisulca 577
Lepidium sativum 557
    Gravitropismus 558
Leseraster 119f
Leukoplasten 22, 161
LHCI 183
LHCII 183, 203
    – Antennenkomplex 185
Lichtabsorption 256
    Messung 177
    quantenmechanische Grundlagen 176
Lichtakklimatisation 604
Lichtatmung 227, 260
    siehe auch Photorespiration
Lichtfluss 261
Lichtfluss-Effekt-Kurven 259, 261f
    der apparenten Photosynthese 260, 262
    quantitative Analyse 263
Lichtgradient 563
Lichtkompensationspunkt (LK) 258f
Lichtmessung 169
Lichtpflanzen 401
Lichtschutzpigmente 448, 450
Lichtstress 606 – 614
Lichtstreuung 255
Lichtstrom 169
Lichtwandlersystem 168
Ligase 611
light-harvesting-Komplexe, siehe LHCI und II
light-responsive elements (LREs) 461f
Lignin 26 – 28, 38, 314, 360f, 629

Biosynthese 363
    Konstitutionsschema 39
    Zusammensetzung 38
Lilium 639
    spec., Atmungsintensität 241
Limitdivergenzwinkel 396
Limonium 307
Linaria vulgaris (Leinkraut) 512
    Blütenstände 512
Lineweaver-Burk-Diagramm 74
Linolein 359
Linolenat 359
Linseneffekt (Phototropismus) 570
Lipase 233
Lipiddoppelschicht 18f
Lipid-Filter-Theorie 79
Lipidperoxidation 602
Lipidsynthese 155
Lipolyse 235
Lipoxygenase (LOG) 250, 463
Lithium 497
Lockhartsche Wachstumsgleichung 103
logarithmische Phase, Wachstum 382
logistische Wachstumsfunktion 383
log-Phase 382
Lolium 619
longitudinale Achse 385
longitudinale Gewebespannung, schematische Illustration 113
LOV (*light, oxygen, voltage*)-Domäne 451
LRR-RLKs (*leucine rich repeat-receptor like kinases*) 434
Luciferase 492f
Luciferasegen 664
Luciferin 492
Lupinus albus 306, 329, 330
Lutein 175
Luteolin 306
Lycopersicon lycopersicum (esculentum) (Tomate) 371, 399f, 436, 480, 532, 542f, 594, 662
    Auslösung der Keimung 483
    flacca-Mutante 590
    Flavr-Savr- 673
    Hormonmutanten 410
    Mutanten 410, 475, 587
    Thermoperiodizität 509
Lysin 361

M

MADS-Box-Proteine 515
Mais, siehe *Zea mays*
Maiskaryopsen 423
Maiskeimlinge 655
Maiskoleoptile 416
Maiszünsler 673
Makroelemente 297, 299, 302 – 304
Malat 280, 283, 291
Malatdehydrogenase 207f, 220, 230, 235, 283f, 292
Malatenzym 285

Maltose 199, 238
Maltosetransporter 239, 251
Mammutbaum 324
Mangelmutanten 419f
Mangelsymptome 302, 304f
Mangrovebaum 374
Mangrovepflanzen 307
Mannit 337
MAP-Kinasekaskaden 96
Marchantia 120, 128f
    Gentransfer 146
    polymorpha 154
    Genkarte des Plastidengenoms 128
Massenwirkungsgesetz 64
Mastergene 388
maternale Vererbung 123
mating 663
Matrix, extrazelluläre 23
Matrixpolymere 23
Matrixpotenzial 56
Matrixprozessierungsproteinase (MPP) 154
Maus 124
Median 14f
Medicago sativa (Luzerne) 626
    Phototropismus 564
Meeresalgen 63
Mehler-Reaktion 603
Mehrfaktorenanalyse 6
Meiose 377
Meiospore 378f
Melanin 250, 629
Melaninpigmente 361
Melone 662
Membranfluss 21, 151
Membranpotenzial 62 – 64
    Einfluss der Nitrataufnahme 89
    Einfluss von Licht 90
Membranproteine 19, 79
Membrantransport 79
Membranvesikel 150f
Mendelsche Gesetze 519
Mensch 124
Menthol 369
Meristem 30, 385, 388f, 392
    primäres 384
Meristemerhaltung 394
Meristemfunktion 393
Meristeminduktion 394
MERISTEMLESS-Gen 399f
Merkmale 6
    gleitende 13
Mesembryanthemum crystallinum 293, 426
Mesophyllwiderstand 271
Mesophyllzellen 286
Mesophyten 328, 588 – 591
Mesotaenium cladariolus 459
metabolische Kompartimentierung 76f
metabolische Regulation, Prinzipien 91 – 99
Metabolitenabbau in Peroxisomen 163f

Metabolitenakkumulation 89 – 91
Metallothionein 308, 530
Metamitron 653
Metaphase 31
Metaphasechromosom 123
Methionin 429
3-Methylenoxindol 415
Methylerythriolphosphatweg 369f
Methylsalicylsäure 634
Methylthioadenosin 431
Mevalonatweg 369
Michaelis-Konstante 73f
Michaelis-Menten-Formalismus 73, 75, 79
Microbodies, siehe Peroxisomen
Micrococcus 351
micro-RNA 397f
Mikiola faga (Buchengallmücke) 640
Mikrodrucksonde 60
Mikroelemente 297, 300f, 304f
    essenzielle 301f
    Mangel 302
Mikrofibrillenorientierung 29
Mikrotubuli 22, 552, 586f
    corticale 31, 101, 106, 108
    Orientierung 108
    Strukturmodell 23
    Umorientierung beim Wachstum 112
Mikrotubulicytoskelett 31
Mikrotubuligifte 106
Milchsäuregärung 217 – 219
Mimosa pudica 570f
    Photonastie 571
    Seismonastie 570
Mineraldüngung 302
Mineralernährung 299 – 301
mistargeting 156
Mitchell-Hypothese 84f, 224
mitochondriale Gene, Regulation 146
Mitochondrien 10, 19, 22, 122, 290, 519
    ATP-Synthese 85
    dreidimensionale Struktur 22
    Entwicklung 158 – 161
    Evolution 42f, 122
    Genom 129f
    in Tapetummutterzellen 160
    prokaryotische Eigenschaften 43
    Proteinabbau 140
    Proteinimport 150
    Proteintransport 152
    Protein-*turnover* 140
    Ribosomen 140
    RNA-*editing* 137, 146
    RNA-Import 154
    Transkription 137
    Translation 140
    Vermehrung 159
Mitochondrienmembran 222, 224
    Elektronentransportkette 221
    innere 225
    shuttle-Transportmechanismus 83

Mitochondrienpolymorphismus 160
mitogenaktivierte Serin-Threonin-Proteinkinase (MAP-Kinase) 96
Mitose
    Definition 31
    Kontrollpunkte 33
    Zyklen 30
Mitoseaktivität 414
Mitscherlich 647
Mittellamelle 10, 24
Mittelpunktpotenzial 70
Mittelwert 13f
Mn-Mangel 302
Modelle 10
Modus 14f
Molalvolumen 51
molarer Extinktionskoeffizient 177
molekularbiologische Analytik 120
Molfraktion 51
Mo-Mangel 302, 304
Monodehydroascorbatreductase 235
Monogalactosyllipid 8
Monokotyledonen 398, 638
Moose 368
Moricandia 289
Morphin 357
Morphogenese 149, 375, 384 – 406
morphogenetische Adaptation 265
Motorgewebe 571
Motorprotein 552
Mougeotia 577f
movement-Proteine 670
M-Phase 30
Muginsäure 305, 307
Multinetzhypothese 107f
multiple Wirksamkeit (Hormone) 409
Musterbildung 375, 384 – 387
Musterfortpflanzung 114, 392f
Mustermutanten 387, 392
Mutagene 614
Mutagenese 126, 411
Mutanten
    Ein-Gen- 411
    GA-konstitutive 438
    GA-sensitive 438
    homöotische 514
    hormoninsensitive 432
    hormonkonstitutive 410, 432
    Hormonmangel 410
    hormonsensitive 410
    hormonüberproduzierende 410
    hormonübersensitive 410
    knock-out- 411
Mutantenpflanzen 427, 434
Mutation 160, 603
    recessive 411
    somatische 374
Mutterkornpilz 357
Mykorrhiza (VAM) 617 – 621
    vesikulär-arbuskuläre 618
myo-Inositol-IAA-Komplex 414

N

Nachauflauf-Herbizide 652
Nachreife 479f
NAD^+-Malatenzym-Typ 285
$NADP^+$-Malatenzym-Typ 285
NADPH-abhängige Glycerinaldehydphosphatdehydrogenase (GAPDG) 207
Nährelemente 299, 302 – 305
Nährgewebe 471
Nährlösung 299
    Hoaglandsche 300
    Knopsche 300
1-Nophtalenessigsäure 414
Narzisse, Zugwurzeln 114
Nastie 274, 554, 570
Nebenzellen 274
Nekrose 627
Nelken, transgene 672
Nelumbo nucifera 475
    Thermogenese 249
Neottia nidus-avis 620
Neotyphodium 619
Neoxanthin 175
Nerium oleander 596
Nernst-Faktor 62
Nernst-Kriterium 86
Nernst-Potenzial 88
Nernstsche Gleichung 62, 68f
Nettophotosynthese 257 – 260
Neurospora crassa 498
Nexin 552f
N_2-Fixierung 306, 621 – 627
Nicht-Histon 123
Nicotiana 639
    alata 521f
    diguta 542
    glauca 543
    x *langsdorffii* 639
    glutinosa 541
    langsdorffii 543
    plumbaginifolia 586
    suaveolens x *langsdorffii* 639
    sylvestris 505
    tabacum (Tabak) 415, 425, 505, 531, 539, 541f, 545, 634, 636, 667
        Blattperoxisomen 229
        Regeneration aus Protoplasten 540
Nicotin 357
Nicotinadeninucleotide 69
NIF-Gene (*nitrogen fixing genes*) 622f, 626f
    Funktion 625
Nitella 63
    axillaris, Wachstum der Internodienzellen 109
    clavata, Ionenkonzentration im Vacuolensaft 87
    flexilis 63, 88
    Internodienzellen 107
    translucens 63, 88
Nitrat, Reduktion und Fixierung 200 – 202

Nitratreductase   200f, 209
Nitratreduktion
    assimilatorische   350
    dissimilatorische   351
Nitrifikation   350
Nitritreductase   200f
Nitrobacter   350
Nitrogenase   202, 330, 622f
Nitrosomas   350
N-Mangelsymptom   304
NOD-Faktoren   623
Nodien   559
Nodulationsgene (*NOD*-Gene)   623
Nopalin   636
Nord factor perception Protein   623
Norflurazon   654
Normalverteilung   13f
northern-Analyse   133
Nostoc   352
    spec.   624
Nucellus   471, 473
nuclear encoded polymerase   136
Nucleoplasma   20f
Nucleoporine   20
Nucleosom   123
Nucleosomenstruktur   124
Nucleus, siehe Zellkern
nukleäre Lokalisationssequenz NLS (*nuclear localisation sequence*)   157

O

oberirdische Pflanzenteile, Seneszenz   528
Obstbäume   486
Occam, W.   5
Octopin   636
Oedogonium spec.   494
Oenothera   123, 147, 547
    Gentranslokation   131
offene Systeme   2f, 49f
Oleosin   233
Oleosomen   233f
O_2-Mangel   433
omnipermeabel   54
Omnipotenz   35, 44, 389, 535f, 538
Oncogene   639
Ontogenie   373 – 379
open reading frame (ORF)   119f
Operon   129
Operonstruktur   129
Opine   660
optische Auflösung   11
Opuntia basilaris   293, 325
Organanlage   392
Organe   11
Organellen   17
organismische Theorie   45
Organkultur   535
Organpolarität   39 – 42
    bei Regenerationsleistung   40
Organprimordien   392
Organwand   45

Ornithin   361
Orobanche   641
Ortsbewegungen, freie   549 – 553
Oryza sativa (Reis)   120, 160, 371, 433, 632, 641, 662
    fermentative Energieversorgung   245
    Sauerstoffmangeltoleranz   245
Oscillator, molekularer   489
Osmolalität   54
Osmometermodell   54f
osmopriming   480
Osmoregulation   60, 116, 591
Osmose   53, 298
osmotische Adaptation (*osmotic adjustment*)   61, 117, 590, 594
osmotische Bewegungen   570 – 573
osmotische Systeme   53f
osmotischer Druck   52, 54f, 57, 59
Osmunda   535
    cinnamonmea (Zimtfarn)   536
Oxalatoxidase   250
Oxalis   572
Oxidant   67
Oxidasen   250f
β-Oxidation   233
    der Fettsäuren   235
oxidative burst   630
oxidativer Stress   601 – 606
Oxidoreductase   69
Oxygenase   250
Oxygenasereaktion   229

P

P_{680} 183
P_{700} 181f
Palmitinsäure   357
Panicum   289
Papaver rhoeas (Mohn)   522
Papaveraceae   357
Papaya   662
papaya ringspot virus (PRSV)   670
Papillen   629
Pappel, siehe *Populus*
Paprika   371
Paralleltextur   28
Paraquat   654f
Parasiten   129
Parasitismus   617
Parastiche   396
Parenchymtransport   414
Parthenoicissus tricuspidata   339
Passiflora caerulea   336
Pasteur-Effekt   246
patchclamp-Technik   82
paternale Vererbung   123
Pathogenese   627 – 639
Pektin   24, 26
Pektinfraktionen   24
Pelargonidin   362
Pelorie   512
Penetrationshyphe   628
Pentose, Produktion   226

Pentosephosphatcyclus   216
    oxidativer (dissimilatorischer)   226f
    siehe auch Calvin-Cyclus
Pentosephosphatisomerase   198
PEP-Carboxykinase   285
    – Typ   285
perennierende Pflanzen   525
Peribacteroidmembran   624
Pericarp   471
Pericykel   11, 385
periklin   391
Periklinalchimäre   395
Perilla   329
    frutescens   534
Periodenlänge   489f, 495f
    endogene   490
Perisperm   232, 473
permanenter Welkepunkt   326, 588
Permeabilität
    Omni-   54
    Semi-   54
Permeation   77 – 79
    freie   80
    katalysierte   80
Peroxidase   365, 417
Peroxisomen (Microbodies)   21f, 602
    Blatt-   228f
    Entwicklung   163 – 166
    Proteinimport   150, 156f
Peroxisomenenzyme, Entwicklung   165
Peroxisomentypen   164
Petalen   513
Petroselinum hortense (Petersilie)   450, 611
Petunie   356, 672
Pfeffersche Zelle   54
pflanzliche Hormone, Definition   408
Pflanzen
    Amid-   330
    Kurztag-   430
    Langtag-   430
    monokarpische   533
    parasitäre   129
    perennierende   525
    poikilohydre   299
    semiaquatische   428
    transgene   366, 371, 467, 497
    Ureid-   330
Pflanzenviren   138
Pflanzenzelle   11
    elektronenmikroskopische Aufnahme   18
    Evolution   42f
    meristematische   19 – 29
    verholzte   37
    Volumen-Druck-Kurve   56
    zweidimensionales Modell   10
Pfropfen   545f
Pfropftechniken   546
PHABULOSA   397f
Phänotyp   375f
phänotypische Modifikation   264

PHANTASTICA 397
Pharbitis
  hederacea 504
  nil 504f
Phaseinsäure 426
Phaseollin 633
Phaseolus 320, 328, 330, 633
  coccineus 489
    diurnaler Rhythmus 490
  radicata 29
  vulgaris (Bohne) 147, 283, 325, 455, 591, 662
    Nitrataufnahme 650
    Phytochromfunktion 467
    Trockenstress 597
PHAVOLUTA 398
Phenol 629
Phenoloxidase 250
Phenylalanin 360f, 608
Phenylalaninammoniaklyase (PAL) 93, 363, 365, 463
Phenylessigsäure 413
Pheromon 517f, 552
pH-Gradient 195
Phloem 27, 328f, 333 – 336, 342, 385
  Längsschnitt 336
  Sammel- 338
  Transport- 338
Phloemanastomose 335
Phloembeladung 340f
Phloementladung, differentielle 345
Phloemsaft 329, 337f
Phloemtransport 334, 338 – 344
Phloemzellen 417
Phosphat-Dikinase 292
Phosphattransporter 199, 251, 668
Phosphatübertragung 66f
Phosphat-Zucker-Rückgrat 9
Phosphinotricin (Basta) 654f, 664
Phosphoadenosinphosphosulfat 202
Phosphoenolpyruvatcarboxykinase 292
Phosphoenolpyruvatcarboxylase (PEP)-Carboxylase) 210, 277, 283f, 292
Phosphofructokinase 200, 247, 251f
Phosphoglycolatphosphatase 230
Phospholipide 357
Phosphorylierung
  oxidative 224 – 226
  Potenzial 194f
  reversible 203, 248
Phosphorylierungskaskade 96
Phosphorylierungspotenzial 66f
Phosphotransferprotein 440
Photinus pyralis (Glühwürmchen) 492
photoaktive Rückkopplung 273
photochemischer Cyclus 169
  Totzeitbestimmung 180
Photoinhibition 606, 611
Photokinese 550
Photolyase 450
Photolyse 170

Photomorphogenese 376, 400f, 445 – 469
  Historie 452
  konstitutive 453
  obligatorische 379
Photonenfluenz 447
Photonenfluenz-Effekt-Kurven 447
Photonenwirksamkeit 447
Photoperiode 503f
  siehe auch Tageslänge
Photoperiodismus 467, 504f, 507f
  molekulare Receptoren 506
  Selektionsvorteil 509
photophobische Reaktion 550f
Photophosphorylierung 171
  Kinetik 170
  Mechanismus 194f
Photoreaktivierung 609, 610f, 612
  historische Experimente 612
Photoreceptor 550, 563f
Photorespiration 227 – 231, 260, 269
Photosensor 446
  Koaktion 468f
  Rotlichtbereich 452 – 468
  UV-Blau-Bereich 449 – 451
Photosynthese 167 – 213, 347
  als Energiewandlung 167 – 171
  anoxygene 211
  Anpassung an Standortverhältnisse 266
  apparente 258f, 261 – 264, 267, 269f
  Brutto- 257 – 260
  Effektivität 210
  funktionelle Bereiche 171
  Kohlenstofffixierung 196 – 200
  negative apparente 282
  ökologische Anpassung 264 – 266
  oxygene 167
  Photoinhibition 606f
  reelle 258f
  Regulation der Teilprozesse 203
  Stickstofffixierung 202
  von Glycolat 228
  Wasserspaltung 191
Photosyntheseintensität 263
  Messung 257
Photosynthesepigmente 175f
  spektroskopische Eigenschaften 176
Photosynthesewirkungsspektrum 256
photosynthetisch aktive Strahlung 169
photosynthetische Intermediärprodukte 197, 281
photosynthetische Quantenausbeute 183, 257
photosynthetische Reaktionszentren
  Identifizierung 182
  lichtabhängiger Umbau 205
photosynthetische Wasserstoffbildung 202
photosynthetischer Elektronentransport 164, 189 – 194
  schematische Übersicht 190

Z-Schema 192
Photosystem I 182f
Photosystem II 182f, 185, 654
Photosysteme
  funktionelle Verknüpfung 183 – 185
  molekulare Strukturmodelle 185
  Wirkungsspektren 184
Phototaxis 549 – 552
  negative 550f
  positive 550f
phototrophe Bakterien 211
Phototropin 273, 445f, 450f, 468, 563f
Phototropin-1 (*PHOT1*) 451, 569, 577
Phototropin-2 (*PHOT2*) 451, 569, 577
Phototropismus
  Auxinquerverschiebung 567
  bei höheren Pflanzen 562 – 568
  Farnsporenkeimling 568 – 570
  Photoreceptor 450f
  Phycomyces-Sporangiophore 570
  positiver 568
Phragmoplast 31f
PhyA, siehe Phytochrom A
PhyB, siehe Phytochrom B
PhyC, siehe Phytochrom C
Phycobilin 186
Phycobiliproteine 188
Phycobilisomen 186
  Modell 187
Phycocyan 186f
Phycocyanobilin, Strukturformel 187
Phycoerythrin 186
Phycoerythrobilin, Strukturformel 187
Phycomyces blakesleeanus 570
PhyD, siehe Phytochrom D
Phyllotaxis 388, 395 – 397
Physcomitrella 661
  patens 580
physikalische Gesetze 2
Physiologie 3
  allgemeine 2, 4
  Grundlagen und Zielsetzung 1 – 15
  Kausalitätsprinzip 5 – 8
Phytoalexin 361, 630, 632f
Phytochelatin 308
Phytochrom 96, 124, 130, 162 – 165, 238, 242f, 368f, 445 – 447, 453, 467, 479, 497, 502, 507f, 531, 544, 566, 577f
  Evolution 458f, 459
  molekulare Eigenschaften 459f
  photobiologische Eigenschaften 454 – 456
Phytochrom-3 569, 579
Phytochrom A (PhyA) 453, 456 – 459
  – Gen 457
Phytochrom B (PhyB) 453, 456 – 459, 467
  – Gen 457f
Phytochrom C (PhyC) 467
Phytochrom D (PhyD) 467
Phytochromobilin 460
  Struktur 459f

Phytochromsystem 486
    Fließgleichgewicht 456
    Photogleichgewicht 454
Phytoen 369
Phytohormone 32f, 392, 412 – 437, 476, 632, 640
    siehe auch Hormone
Phytol 369
Phytomer 379, 401
Phytophthora
    infestans 629f, 632
    megasperma f. sp. *glycinea* 632f
Phytosiderophor 305
Phytotoxin 274, 276, 630f
Picea abies (Fichte) 124, 621
PiF-Protein 462
Pigmente 168, 446
    Funktion 178 – 180
    UV-absorbierende 613
Pigmentkollektive 179
    Energietransfer 180f
    Modell 179
Pigmentsysteme 186 – 189
Pilobolus 490
    crystallinus 573
    sphaerosporus 490f
Pilze 617 – 621
Pilzspore 618
PIN 396
Pinen 369
pin-Mutanten 561
Pinus (Kiefer) 325, 472
    nigra, Spaltöffnungen 264
Pisatin 633
Pisum 232, 329, 330 633
    sativum (Erbse) 147, 338, 401, 419, 501, 535
        Atmungsintensität 241
        Blattprimordien 401
        gravitropisch inaktive Mutante 563
        Hormonmutanten 410
        Längenwachstum 113
        mechanischer Stress 585
        Stressrelaxationskinetik 105
        Triple-Reaktion 432
Plagiogravitropismus 557
Plantago major 395f, 655
Plasmamembran (Plasmalemma) 18
    -ATPasen 80
    Elektronentransport 226
Plasmaströmung 576f
Plasmide 120, 663
Plasmodesmen 10, 27, 30, 337f, 635
    primäre 28
    sekundäre 28
Plasmolyse 57
plastid encoded polymerase 136
plastidäre Gene, Regulation 144f
Plastiden 19, 22, 122, 140, 357, 359, 369, 464f
    Abbau 528f

ATP-Synthase 206
    Beteiligung von Kern- und Plastidengenen an Synthesen 155
    Evolution 42f
Gene 136
Genexpression 144f
Genom 126 – 129
Gentranskription 136f
Morphogenese 161 – 163
Operon 136
Pro- 22
prokaryotische Eigenschaften 43
Proteinabbau 145
Proteinimport 155
Proteinsortierung 155
Proteintransport 150
Protein-*turnover* 138f
Transkripte 137
Transkriptionsaktivität 145
Translation 138f
Vermehrung 159
Plastidendifferenzierung, phytochromregulierte 464f
Plastochinon 189f, 203 – 205
Plastochron-Index 399
Plastocyan 189f
P-Mangel 306
Poaceen 420, 471
poikilohydre Pflanzen 299, 587
point of no return 477
Poiseuille-Fluss 343
polare Zellorganisation 111
Polarität 39, 375, 384
Polaritätsachse 39, 385
    Determinierung 40
Polaritätsinduktion bei Zygotenkeimung 41
Polarotropismus 568
Pollen 521f, 540
Pollenbildung 160
Pollenreifung, Hemmung 667f
Pollenschlauch 521f
    Wachstum 521f
Pollensterilität 659
Poly(A)-bindendes Protein 138
Polyadenylierung 143
Poly(A)-Kette 132
Polygalacturonidase 673
Polygalacturonsäure, Vernetzungsmodell 24
Polyhydroxyalkanoate (PHAs) 669
Polyhydroxybutyrate (PHBs) 669
polylamellate Wand 28f
Polymerase III 131
Polymerisation, oxidative 365
Polyploidie 31, 123, 376
Polysaccharide, Transport 152
Polysom 20, 138
Polytänie 31
pool 76f
O_2-*pool* 349
N_2-*pool* 351

Populationen, Definition 12
Populus (Pappel) 662, 665
    spec., Tracheengeflecht 317
P/O-Quotient 225
Porine 22, 219, 222
Porphyridium cruentum 186, 188
Porter, G., Sir 11
Positionseffekt 388, 390, 392f
posttranskriptionale Regulation 145
Potenzial
    chemisches 47, 50 – 53, 61
    Donnan- 63
    Diffusions- 62
    elektrochemisches 61, 67
    Matrix- 56
    Membran- 62 – 64
    osmotisches 52
    Wasser- 52, 57
Potenzialdifferenz 68
P-Protein (Phloem-Protein) 338
PPR-Protein (Pentatrico-Petide-Pepeat-Protein) 137
Präprophaseband 31
Präproteine 151
Prenyllipide 369
Prigogine 3
prigonisches Theorem 3
Primärthylakoide 162
Primärtranskripte (pre-mRNAs) 132f
Primärwand 10, 105
    Aufsicht 28
    elektronenmikroskopische Aufnahme 24
    strukturelle Dynamik 105f
    Zusammensetzung 26f
Primordienmuster 113f
Primordium 398
Prinzip
    der Substrataktivierung 66
    des gemeinsamen Zwischenprodukts 66
    des limitierenden (begrenzenden) Faktors 262
    des Multienzymkomplexes 22
    wissenschaftlichen Arbeitens 4f
Prochloron 122
Produktionsfaktoren 646f
Produktivität 645
Produktsynthese 645
Proembryo 385, 389
Proenzym ⌀ Enzym-Konversion 94
programmierter Zelltod 526f
Prokaryoten 10, 42
prokaryotische Zelle, elektronenmikroskopische Aufnahme 10
Prolamine 239
Prolin 590
Promotor 119f, 132
    cis-Elemente 132
Promotordeletionsanalyse 461
Promotor-Elemente 141
Prophase 30f

Proplastiden 22, 161
Prosystemin 436
Proteasomen 437
Proteinabbau 92f
Proteinase 144, 421
    Inhibitoren 436
Proteinaseinhibitorgene
    systemisch induziert 436
Proteine 338
    fungitoxische 632f
    GTP-bindende 32
    mitochondriale 153
    movement- 670
    Phosphorylierung 97
    Prozessierung 154
    sekretorische 151f
    Signalsequenzen 150
    Speicher- 152
14-3-3-Proteine 97
Proteinexport aus der Zelle 151f
Proteinfibrillen 576
Proteinkinase 94
Protein P10 157
Proteinphosphatase 94, 204
Proteinsortierung 149 – 158
    Modell 155
    Prinzipien 149 – 151
    Signal und Bestimmungsort 158
Proteinsynthese 138 – 140
Proteintransport 147, 150
    in den Zellkern 157
    in die Mitochondrien 152 – 154
    in die Peroxisomen 156f
    in die Plastiden 155f
Proteintransportapparat 149
    Modell 154
Proteintransportsysteme, Evolution 156
Protein-*turnover* 137 – 140
    im Cytoplasma 137f
    in Mitochondrien 140
    in Plastiden 138f
Proteoglycane 27
Proteoidwurzeln 306
Protochlorophyllid 161, 465
    -Oxidoreductase 368
Protocyte 10, 42
Protofilamente 23
Protonema 377
Protonengradient 81
Protonenkanal 81
Protonenpotenzial (*proton motive force, pmf*) 84, 195
Protonenpumpe 80, 85, 169, 171, 276
Protonentransport 81
Protooncogen 639
Protoplasma 36
    Gliederung 17
Protoplasmasack 10
Protoplast 17f, 23, 36, 393, 542f
    elektronenmikroskopische
        Aufnahme 19
    Prozessierung 132

Prozessierungsenzyme 153
Prozessierungsrate 145
PR-Proteine (*pathogenesis-related proteins*) 633f
Pseudomonas syringae 600
    pv. *glycineae* 630
Pseudotsuga douglasii (Douglasie) 324
PSI 203
    – Kernkomplex 183, 189f
PSII 203
    – Kernkomplex 183, 189f
Pteridophyt 391
Pteris vittata 538
Puccinia 628
Pulvinus 489, 559, 573
Purin 330, 608
Purpurbakterien 211
Purpurmembran 169, 171
Pyrimidin 608
Pyruvatdecarboxylase 247
Pyruvatdehydrogenase 220, 247
Pyruvatkinase 247

Q

Quantenausbeute 255
    photosynthetische 178, 257
Quantenenergie 168
Quantenfluss-Effekt-Kurven 260
Quantenstrom 169
quarternäre Ammoniumsalze 656
Quellungsphase, Keimung 476f, 481
quenching 178, 210f
    nichtphotochemisches 211
    photochemisches 211
Quercetin 362
Quieszenz 472, 477

R

radiale Achse 385
Radicula 385
Radikale 530
Radikalfänger 603
Radikalkettenreaktion 602
radioaktive Strahlung 614
Raffinose 337
RAN-GTPase 157
Rankbewegungen 573 – 575
Ranken 573, 585
Rankentypen 575
Ranunculus flabellaris 428
Raphanus 329, 474
    sativus 482
        Keimung 481
        var. *oleiformis*, Proteingehalt 646
Raps, siehe *Brassica napus*
Reaktion
    endergonische 49, 65
    exergonische 49, 65
    gekoppelte 65
    hypersensitive 629f
Reaktionsholz 584
Reaktionsnorm 402f

Receptaculum 484f
Receptor 141, 409
Receptorkinase 96, 520
receptor-like kinases (RLKs), siehe Receptorkinase
reciproke Kreuzung 519
Redoxenzyme 222
Redoxpotenzial 67 – 70
Redoxreaktion 67
    photochemische 181
Redoxsysteme 67 – 70
Reduktant 67
Reduktionismus 4
Reduktionsäquivalent 67
Redundanz 666
reelle Photosynthese 258f
Reembryonalisierung 34f, 393
Reflexkoeffizient 55
Regelkreis 98
Regeneration 393, 404, 535 – 547
    aus Protoplasten 542f
    Begonienblätter 538
    Farnprothallien 538
    isolierte Einzelzellen 538 – 540
    ohne Kallusbildung 544f
Regenerationsprothallium 538
Regenwald 323
Regulation
    des Wasserzustands 60
    Osmo- 60
    Turgor- 61
    Volumen- 61
Regulationsentwicklung 388
Regulationsstellen 141, 144
Regulator 95
    negativer 438f, 441
Regulatorgene 394
Reibungswiderstand 316
Reifungsenzyme 431
Reifungshormon 429
Reis, siehe *Oryza sativa*
rekombinante DNA 660
relative Wachstumsintensität 103
Rentabilität 648
Reparaturenzyme 603
Reportergen 134, 423, 664f
Reportergenanalyse 134
Reproduzierbarkeit experimenteller
    Daten 4
Resistenz
    erworbene 633
    gegen UV-Schäden 607 – 614
Resistenzgene 674
respiratorischer Quotient (RQ) 242
Restriktionsfragmentlängenpoly-
    morphismen (RFLP) 126
Retinal 169, 371
Retinalprotein 551f
Retrotransposon 122, 127
Rettich 481
reverse Transkriptase 121

reversibles Hellrot/Dunkelrot-Photo-
    reaktionssystem, siehe Phytochrom
Rhamnogalacturonan   24
Rheologie   25
Rhizobium (Knöllchenbakterien)   306,
    352, 619, 622, 624, 652
    – Fabaceen-Symbiose   626
    trifolii   623
    meliloti   623
Rhizodeposition   306
Rhizodermis   11
Rhizomfarn   378
Rhizophora mangle   374
Rhizosphäre   297
Rhodobacter   352
    capsulatus   10
Rhodococcus fascians   424
Rhodomonas salina   32
Rhodophyta   159
    Photosyntheseapparat   186
    Pigmentsysteme   186 – 189
Rhodopsin   371, 552
Rhodospirillaceae   211
Rhodospirillum, photophobische Reaktion
    551
Rhythmik
    circadiane   489 – 493, 498, 508
    diurnale   489f
    endogene   489, 491 – 493, 499, 508
    inverse   292
    Sporulation   494
Ribosephosphatisomerase   227
Ribosomen   20, 138
    in Mitochondrien   140
    plastidäre   138
Ribosomenrezeptor   151
Ribozymaktivität   635
Ribulosebisphosphat   198
Ribulose-1,5-bisphosphatcarboxylase
    196, 208
Ribulosebisphosphatcarboxylase/
    oxygenase, siehe RUBISCO
Ribulosephosphat   197
Ribulosephosphat-3-epimerase   227
Ribulosephosphatkinase   198, 207
Ricinoleinat   359
Ricinoleinsäure   359
Ricinus   232, 338, 343, 473
    communis
        Endosperm   233f, 236
        Keimung   233f
        RQ (respiratorischer Quotient)   242
Riesenchromosomen   30
RISC-RNase-Komplex   397f
Rishitin   632f
RNA
    Absorptionsspektrum   609f
    Extinktionsspektren   609
    Steuerung der Lebensdauer   143
RNA-*editing*   137
RNAi   635f, 665f
RNA-Import in Mitochondrien   154

RNA interference silencing complex   398
RNA-Interferenz, siehe RNAi
RNA-Polymerase   131 – 139
    kerncodierte   135
    prokaryotische   132
RNA-Polymerase I   131
RNA-Polymerase II   131
RNA-Reifung   131 – 139
RNase   421, 522, 530
    – Aktivität   533
    – Inhibitor   667
RNA-Viren   635
Roggen   658
ROL-Gen   425f
Röntgenbeugung   173
Röntgenstrukturanalyse   185
Rosen, blaue   672
Rosettenpflanzen   510
    Internodienwachstum   421
Rostpilze, Haustorienbildung   628
Rotalgen, siehe *Rhodophyta*
Rotationsterme   178
Roteiche   399
Rotenon   222
Rotlicht   568, 580
Rotor   81
RUBISCO   124, 145, 208, 228 – 231, 267,
    270, 283, 285, 466
    Einfluss von O_2 auf die CO_2-fixierende
        Aktivität   229
Rübsen, siehe *Brassica rapa*
Rückkopplung (*feedback*)   6, 96
    hydroaktive   273
    hydropassive   273
    metabolische   247
    photoaktive   273
Ruellia, Spaltöffnung   264
ruhendes Zentrum   389
Ruhezustand, siehe Dormanz
Ruta graveolens   541
Rutacridon   541

S
Saatgut, Keimung   480
Saccharomyces   218, 518
    cerevisiae   124, 159, 246
        Atmungsintensität   241
Saccharose   251 – 253, 337f, 340, 342,
    359, 474, 668
    Akkumulation in der Vacuole   91
    H^+-Cotransporter   339f, 343, 345
Saccharosephosphatsynthase   210, 251
Saccharosesynthese   199
Saccharosetransporter SUT 1   337
safener   656
Saftstrom, Geschwindigkeitsverteilung
    319
Salamander salamander   124
Salicin   435
Salicylhydroxamat   222
Salicylsäure   249, 407, 434f, 634
Salix   435

viminalis, Knospendormanz   430
Salsola   289
Salzatmung   88, 241
Salzdrüsen   90, 307
    Querschnitt   307
Salzexkretion   306
Salzhaare   307
Salzstress   592
Samanea saman   572
Samen
    Aufbau   471
    Entwicklung   472 – 476
    Keimung   419, 472, 476
    Reifung   472
        Abscisinsäure   476
    Steuerung der Fruchtentwicklung
        484
Samenkeimung   419
Samenreifung   161
Sammelphloem   338
Saponin   369
SARs (*scaffold attachment regions*)   141
Sauerstoff   601 – 603
    Biradikalstruktur   601
Sauerstoffaufnahme   88
Sauerstoffkreislauf   347 – 350
Sauerstoffmangeltoleranz   245
Sauerstoffproduktion   170
Sauerstoffspezies, reaktive   417
Säugetiere, Körpermasse und Atmungs-
    intensität   14f
Säureexsudation   305f
Säurewachstumshypothese   416
Sauromatum guttatum (*voodoo lily*)   249
SCF-Komplex   437
Scenedesmus obliquus   197
Schattenmeidungsreaktion
    (*shade avoidance*)   468
Schattenpflanze   265
Scheidenzellen   286, 289f
Schließzellen   29, 82, 274 – 277
    Ionentransportprozesse   277
    Morphogenese   109
Schmarotzer   641
Schorf   627
Schwachlicht   265
Schwachlichtpflanzen   265, 607
Schwefelbakterien   351
Schwellenwert   76
Schwellenwertsreaktion   463
Schwerkraft   585
Schwermetalle, Entgiftungssystem   308
Schwermetalltoleranz   308f
Scintillonen   492
Scopolamin   672
    Biosyntheseweg   673
Secale   377
    cereale   600
second messenger   97
Sedoheptulosebisphosphatase   207
Seerose   243
Segregationsanalyse   411

Seismomorphogenese   585
Seismonastie   571
Sekretionsapparat (SEC)   150
sekundäre Pflanzenstoffe   355 – 357
sekundäres Dickenwachstum   391
Sekundärwand   37f
Selaginella serpens   494
   Chloroplasten   494
Selbstinkompatibilität   516 – 522
   gametophytische   520f
   sporophytische   519f
Selbstorganisation (*self assembly*)   3
selektiv permeabel   54
selektive Autolyse   336
semiaquatische Pflanzen   428
semipermeabel, siehe selektiv permeabel
Senecio   375
Seneszenz   283, 424, 429, 525 – 534
   – assoziierte Gene (*SAGs*) 529f
   dunkelinduzierte   467
   Genaktivierung   529
   monokarpische   528
   polykarpische   528
   sequentielle   528
   von Molekülen   525
   von Organen   528 – 533
   von Organismen   533f
   von Zellen   526f
Senf, siehe *Sinapis alba*
Senfölglycoside   629
Sensordomäne   95
Sensor-Histidinkinase   95
Sensorpigmente   446
Sepalen   513
SEPALLATA (SEP)-Gene   515
Sequenzierung   120
Sequoia sempervirens (Mammutbaum)   320, 324
Serin   230f
Serin-Glyoxylat-Aminotransferase   230f
Serinhydroxymethyltransferase   230
Serin/Threonin
   – Kinase   94, 96
   – Proteinkinase   203, 442
   – Proteinphosphatase   475
Sesamum indicum, Phototropismus   565
Sesquiterpene   369
Shikimat-Arogenat-Weg   360f
shoot-meristemless   394
SHOOT-Gen   399f
shuttle-Transport   83
Siebporen   336
Siebröhren   333 – 338
   Beladung   338 – 341
   Entladung   342
Siebröhren-Geleitzellen-Komplex   337f
   elektronenmikroskopischer Querschnitt   342
Siebröhrenglieder   336f
Siebschläuche   334
Siebzellenstränge   334
signal recognition particles (SRPs)   150

Signalabgabedomäne   95
Signalaufnahmedomäne   439
Signalerkennungspartikel (*signal recognition particle*, SRP)   151
Signalhypothese   151
Signalkette   141
Signalleitung, siehe Signaltransduktion
Signalpeptidase   151
Signalperception   95
Signalsequenz   150f
   bei verschiedenen Pflanzen   157
   C-terminale   152
   mitochondriale   154
   N-terminale (NPIR)   152, 154 – 156
   prokaryotische   153
Signaltransduktion   94 – 96, 408, 437, 438 – 440, 442f, 454, 460f
   hormonelle   437
   intrazelluläre   97
Signaltransduktionsketten   97, 409
   Gilberelline   437
Signaltransmitter   97
silencer   119f
Sinapinsäure   363f, 613
Sinapis   165
   alba   12, 160, 205, 374, 380, 453, 455, 504, 544, 611, 645
      Anthocyanakkumulation   455f
      Anthocyansynthese   464
      Atmung   242
      Atmungsintensität   241
      -Chlorophyllbildung und -abbau   466
      Embryowachstum   474
      -funktionelle Adaptation des Photosyntheseapparats   263
      Lipoxygenaseaktivität   463
      Ontogenie   374
      Phenylalaninammoniaklyase   462
      -phototropische Wachstumsbewegungen   562
      Regulation des Enzymgehalts   93
      Samenreifung   475
      Schwachlichtmodifikation   265
      Speicherproteine   240
      Starklichtmodifikation   265
      Wurzelspitze   21
Sinapylalkohol   38, 363f
Singulettenergietransfer   605
Singulettsauerstoff   602
Singulettzustände   177f
sink   333, 338, 342, 344f, 641, 646
Siphonogamie   518
Skotomorphogenese   376, 401, 435, 445, 452f, 459
sliding-filament-Mechanismus   553
SNORKEL-Gen   433
Soja, siehe *Glycine max*
Solanaceen   341, 357, 436, 633
Solanum
   andigenum   403

   commersonii, Frostakklimatisation   599
   dulcamara, Licht-Effekt-Kurven   266
   nigrum (Nachtschatten)   546f
   tuberosum (Kartoffel)   333f, 337, 340 – 342, 344, 376, 400f, 419, 542f, 596, 629, 632, 662, 667
      Atmungsintensität   241
      Frostakklimatisation   599
      Stärkeproduktion   668
      Steuerung der Knollenbildung   509
      Stickstoffangebot   646
somaklonale Variation   537
somatische Mutation   374
somatischer Embryo   393
Sonnenblume, siehe *Helianthus annuus*
Sonnenenergie   352
Sonnenspektrum   167f
Sorbit   337
Sorghum   279, 365
   bicolor   468f
source   333, 344, 646
Southern-Analyse   130
southern corn blight   519
Southern, E.   130
Spadix   248
Spaltöffnungen, siehe Stomata
Spaltöffnungsmutterzelle, Bildung   40
spannungsabhängige Ionenkanäle   275
Spectinomycin   663
Speicherlipide, Biosynthese   357 – 359
Speicherpolysaccharide, Metabolismus   237 – 239
Speicherproteine   152, 232, 484
   Metabolismus   239f
Speicherstoffe   232, 473, 480, 646
   Lokalisierung   232
   Mobilisierung   232 – 240
Spermatophyt, Chromoplastentypen   162
Sphaerocarpus donnellii, Polarotropismus   569
S-Phase   30
S-Proteine   521f
Spinacia oleracea   176
   Atmungsintensität   241
Spindelapprat   31
Spindelcyclus   31
Spinrestriktion   601
Spitzenwachstum   109, 111
Spliceosomen   132
splicing   121, 132
Spochoptera exigna   640
Sporangien   490
   Abschussrhythmik   491
Sporophyt   373, 378, 402, 540, 542
Sporophytenbildung, apogame   378
Sporopollenin   39
Sporulationsrhythmik   494
Sprossachse   401f
Sprossmeristem   388f, 391 – 394
Sprossorgane, Gravitropismus   555 – 560

Spross-Wurzel-Verhältnis   304
S-Proteine   521
Squalen   369
Stachyose   337
Stamina   513
Stammzellen   35, 389f, 393
Standardabweichung   13
Standardredoxpotenziale   70
Stärke   237, 252f, 277, 473
    transitorische   199, 252
Stärkeabbau   238
Stärkekörner, Abbau   275
Stärkephosphorylase   238
Stärkesynthase   237
Stärkesynthese   199
Starklicht   265
Starklichtpflanze   265
Statenchym   556f
stationäre Phase, Wachstum   382
Statocyt   556
Statolith   554f
Stator   81
steady-state
    – Kulturen   537
    siehe auch Fließgleichgewicht
Stearinsäure   357
Stearoyl-ACP-Desaturase   359
Stellaria   329
Sterilität, männliche   160, 519, 659, 667
Steroide   369, 432
Stickstoff   304, 330, 350
    Düngung   649 – 652
    Kreislauf   350 – 352
Stickstoffassimilation   209
Stickstofffixierung, photosynthetische   202
Stigeoclonium   553
Stigma   520, 550f
STM   394
Stoffwechsel   71
    primärer   355 – 357
    sekundärer   355 – 357
Stomapparat   274
    genetische Anpassung   264
Stomata   270f, 273, 323, 328
    Hydraulik   274
    Verschluss   304
    Widerstand   270
Stomaweite   320
    lichtabhängige Steuerung   272f
Störlicht   506
    Wirkung auf Blühreaktion   508
    Wirkung auf Blütenbildung   507
Strahlung
    elektromagnetische   614
    ionisierende   614
    radioaktive   614
Strahlungsenergie   614
Streckungswachstum   113 – 115, 416, 424
    Regulation   116f
Streptococcus   218

Streptomyces   654
    hydroscopicus   655
    kanamyceticus   663
    spectabilis   663
Stress   525, 583 – 614, 639
    biogener   627
    durch ionisierende Strahlung   614
    Ethylen   431
    mechanischer   584 – 586
    oxidativer   601 – 606
    Salz-   592
    Syndrom   583
    Temperatur-   593 – 601
    Trocken-   586 – 593
Stressreaktion   431
Stressfaktoren   583f
Stresshormon   426
    Abscisinsäure   117
Stressrelaxation   103
Stressrelaxationskinetik   105
Stressresistenz   583 – 614
Streutextur   28
Striga   641
Strigolactone   407, 426, 436f
Stroma   172
Stromathylakoide   172
    idealisiertes Modell   174
Stromulus   159
Strychnin   357
Stylum   520
Suberin   39, 314
Substratkettenphosphorylierung   217
Succinatdehydrogenase   221
Sukkulente   294
    diurnaler Säurerhythmus   291
Sulfat, Reduktion und Fixierung   200 – 202
Sulfitreductase   201f
Sulfolipide   357
Sulfotransferase   201
Sumpfpflanzen   245
SUPERMAN (SUP)-Gen   513
Superoxiddismutase   602f
Suspensor   385
Suspensorzellen, programmierter Zelltod   527
Süßwasseralgen   63
Symbiose   617 – 627, 639f
Symmetriegene   502, 511
Symplast   37, 45
symplastische Einheit   44
symplastische Phloembeladung   338, 340
Symport (Cotransport)   80
Synechocystis   459
synergistische Wirkung   6
Syringa vulgaris, Aufhebung der Knospenruhe   486
Systeme
    abgeschlossene   48
    geschlossene   47
    homogene   8
    lebendige   1f, 8, 11

    nichtlebendige   1
    offene   2f, 11, 49f
    osmotische   53f
Systemeigenschaften   3f
Systemin   407, 436, 634
Systemsynthese   645
Systemtheorie   3f
    allgemeine   3

T

Tabak, siehe *Nicotiana tabacum*
Tabakmosaikvirus (TMV)   138, 634
    Struktur der genomischen RNA   139
Tageslänge   294, 486, 502 – 505
tagneutrale Pflanzen   504
Taphrina   424
Taraxacum officinale   655
targeting-Prozess   151
TATA-Box   132
Taxis   549
T-DNA   516, 636f
    – Insertionsmutagenese   126
Teilungsebene, Determination   33f
Teilungszone   115
Telophase   31
Temperaturkompensationspunkt   267
Temperaturquotient   72
Temperaturstress   593 – 601
Teratom   639
TERMINALFLOWER1-Gen   512
Terminologie   2
Terpene   369, 629
Terpenoidfamilie, Übersicht   369
Terpenoidsynthese   155
    Stammbaum   369
Testa   471
Testaruptur   477
Tetcyclacis   419, 433
Tetrapyrrolsynthese   155
TFL1-Gen   513
Thallus   377
TCH-Gene (*touch-induced genes*)   585
Theorien   5
thermische Belastung   267
Thermodynamik   3, 47
    1. Hauptsatz   47f
    2. Hauptsatz   48f
thermodynamisches Gefälle   48
thermodynamisches Gleichgewicht   3, 48f, 52
Thermogenese   248f
Thermographie   268
Thermoperiodismus   509f
Thermoregulation   249
Thermotropismus   562
Thigmomorphogenese   585
Thigmotropismus   562
Thiobacilli   351
Thioredoxine   205, 208
    Regulation der Schlüsselenzyme des Calvin-Cyclus   207
Thylakoide   156, 162

Primär- 162
Struktur 172 – 175
Strukturmodelle 173
Thylakoidmembran 205
Gefrierbuchprofile 174
Pigmente 175
Thyllen 322
Thymindimere 608f
Tidestromia oblongifolia 281, 288, 595
apparente Photosynthese 287
Photosynthese 259
Tillandsia usneioides 280
Ti-Plasmid 126, 636f, 660f, 663
α-Tocopherol 369, 603
Tomate, siehe *Lycopersicon lycopersicum (esculentum)*
Tonoplastenmembran 18
Torpedostadium (Embryo) 385, 472
Torula utilis 224
Totalherbizide 652f
Totipotenz, siehe Omnipotenz
T4-Phagen 124
Tracheen 316f
Tracheiden 316f
Tradescantia virginiana, Plasmaströmung 576
trans-Faktoren 119f
Transferzellen 341
Transformation 661
Transformationsmethoden 659 – 663
transgene Organismen 660
transgene Pflanzen 134, 366, 371, 407, 410, 412, 415, 458, 467, 497, 671f
Biosynthese von Plastikpolymeren 669
ökologische Auswirkungen 674
Transitsequenzen 150f
Transketolase 198, 227
Transkription 131
mitochondrialer Gene 137
nucleärer Gene 131f
plastidärer Gene 132
Transkription-Promotoren 131 – 139
Transkriptionsfaktoren 132, 141, 388, 442, 461
Transkriptions-Translations-Systeme 133
Translation 137 – 140
im Cytoplasma 137
in Mitochondrien 140
in Plastiden 138f
schematische Übersicht 139
Translationsfaktoren 138
Translationsstartcodon 121
Translationsstoppcodon 121
Transpiration 312f, 317f, 324
cuticuläre 318
stomatäre 320
Transpirationssog 318
Transplantation 545f
Transport
aktiver 82f, 339

basipetal gerichteter 415
organischer Moleküle 333 – 345
passiver 82f
Phloem- 338 – 344
shuttle- 83
stoffwechselabhängiger 83
Zucker- 335
Transporter (*carrier*, Translokatoren) 71, 79 – 83
Transportkatalysatoren 71
Transportkatalyse 79
Transportmechanismen 77
Transportmoleküle 337f
Transportphloem 338
Transportproteine 668
Transposon 122, 127
Transposonmutagenese 126
Transposon-*tagging* 126
trans-splicing 136f
Trehalose 474, 669
Triacylglycerole 232, 357, 359
Tricarbonsäurecyclus, siehe Citratcyclus
Trichoblasten 392
Trifolium 329, 572
spec. 655
Triosephosphat 198, 252f
Triosephosphatisomerase 198
Triphysaria spec. 641
Triple-Reaktion 431f
Triplettchlorophyll 604
Triplettzustand 177f
Trisomie 376
Trisomie-21 376
Triterpene 369
Triticum (Weizen) 147, 377
aestivum/vulgare 287, 325, 335, 376f, 423, 510, 596, 638, 656, 662
-cv. Schirokko, Anthocyanakkumulation 468
Gentranslokation 131
Proteingehalt 646
Sauerstoffmangeltoleranz 245
Wurzelsystem 316
Zellwachstum 111
Trockenstress 426, 586 – 592, 597
Abhärtung 591
Trockenstressresistenz
adaptative 588 – 591
konstitutive 586 – 588
Tropismen 554
Tryptamin 415
Tryptophan 360f, 413f, 608
Tubuli 22
Tubulin 22
Tumorbildung 425, 635 – 639
Tunica 392
– Corpus-Organisation 391
Tunnelproteine 18
Tüpfelfeld 28
T-URF13-Gen 519
Turgor 55f, 58, 60, 101, 105, 117, 275
Messung 60

Regulation 61, 593
Rolle beim Zellwachstum 101 – 104
Schleuderbewegung 490f, 573
turnover 50, 71
Tyrosin 360f, 608
Tyrosinammoniaklyase 365
Tyrosin-Kinase 94, 96

U
Überdüngung 648f
Überflutung 433
Ubichinon 222
Ubichinonoxidase 223
Ubichinon-Oxidoreductase 222
Ubiquitin 93, 138, 437, 440, 595
Umdifferenzierung 34f, 388, 403 – 406
Umweltfaktoren 375, 402
Uniport 80
Unkraut 652f
Urat (Harnsäure)-Abbau 165
Uratoxidase 250, 330
Uredinales (Rostpilze) 628
Ureidpflanzen 330
Uricosomen 164, 330
Ustilaginales (Brandpilze) 628
UV
– -Absorptionsspektren von Molekülen 608
– Licht 569, 607 – 614
– Quellen, Emissionsspektren 608
– Schäden, Resistenz 607 – 614
– Stress 606 – 614
UV-A 445, 449, 607
– Blau-Photoreceptor 449f
UV-B 448f, 607
– Photoreceptor 446
UV-C 607

V
Vacuole 19
Akkumulation von Metaboliten und anorganischen Ionen 89 – 91
– ATPase 80
Proteinimport 151f
Vacuolenpotenzial, Messung 63
Vacuumfiltration 663
Valinomycin, Proteinimporthemmung 154
Valisneria
gigantea 576
spiralis, Plasmaströmung 576
Valonia ventricosa 63, 88
Variabilität (Variation) 12
Vektor 661
Verbascose 337
Vererbung
maternale 519
paternale 519
Vergeilen, siehe Etiolement
vergleichende Biologie 12
Verholzung 38
Verifikation 5

Vernalisation 486, 503, 510f
Verteilungsfunktion 13
    asymmetrische 13f
    symmetrische 13
vertikaler Gentransfer 673
Verzweigung 487
Vesikel 618
    endocytotisches 152
Vesikeltransport 21, 32, 149–151
Vibrationsterme 178
Vicia 329
    faba 133, 147, 275f, 418
        CO_2-Gaswechsel 291
        Ferntransport 345
        Schließzellen 274
Vicilin 239
Victorin 631
Vigna radiata 147
Vinca minor, apikaler Vegetationspunkt 389
Violaxanthin 175, 427, 605
Viren 634f
    Abwehr 634f
VIR-Gen 636f
Viroide 634f
Virushüllprotein 670
Virusresistenz 670f
Viscoelastizität 25
Viscum album (Mistel) 641
Vitrifikation 473
Viviparie 427, 475f
Volicitin 640
Vollschmarotzer 641
vollturgeszent 57
Volumenregulation 61
Volumenstromtheorie 344
Vorauflauf-Herbizide 652f
VRN-Gen 503

W

Wachstum 101, 105–112, 375, 379–383
    allometrisches 110, 381–383
    Calciumgradient 111f
    einer Zellsuspension 382
    hydraulisches 101–104
    exponentielles 11
    logarithmische Phase 382
    log-Phase 382
    photoautotrophes 237
    photoheterotrophes 237
    stationäre Phase 382
    Streckungs- 113
Wachstumsanisotropie, Aufhebung 109
Wachstumsfaktor 408
Wachstumsfunktion, logistische 383
Wachstumsintensität 104
Wachstumskoeffizient 103, 482
Wachstumsmessung 380f
Wachstumsmodus 17
Wachstumsphase, Keimung 477
Wachstumspotenzial 103f, 481f

Wachstumsprofil 115
Wachstumsregulator 408
Wachstumsretardanzien 419, 656f
Wachstumszone 115
Wandspannung 102, 106
Warburg-Effekt 269
Wasser 297f
    Photolyse 170
    Transportgeschwindigkeit 318
    Zerreißfestigkeit 320
Wasseraufnahme 325
Wasserbilanz 324–326
Wassergehalt, relativer 590
Wasserlinse, Wachstumsverlauf 12
Wasserökonomiequotient 274, 325
Wasserpflanzen 287, 433
Wasserpotenzial 52, 57, 299, 313
    Bestimmung 59
Wasserpotenzialdifferenz 60
Wasserpotenzialkonzept 53–61
Wasserstoff, aktiver 67
Wasserstoffbildung, photosynthetische 202
Wasserstoffbrückenbindung 297f
Wasserstoffperoxid 165, 601
Wasserstoffübertragung 67
Wasserstress 586
Wassertransport 311–330
    Analogiemodell 326, 328
    apoplastischer 313f
    symplastischer 312, 314
    transzellulärer 314
Wassertransportgleichung 102
water free space (WFS) 37
Watson-Crick-Modell 9
Weißlicht 579
Weizen, siehe *Triticum vulgare*
Welke 58, 627
Welkekrankheit 631
Welkepunkt, permanenter 326
Welwitschia mirabilis 280
Western-Analyse 133
Widerstand
    äußerer 270
    Mesophyll- 271
    Stomata- 270
Wilfahrt 622
Wintergetreide 510
Winterweizen 511, 598
Wirkungsdichroismus 568
Wirkungskoeffizient, Ertragsgesetze 647
Wirkungsspektrum 175, 179, 446
    Photosynthese 175f, 188
Wirkstoff 407, 412
Wundheilung 543
Wurmfarn, siehe *Dryopteris filix-mas*
Wurzel 297, 305f, 313, 391, 535
    Aerenchymbildung 527
    Differenzierungszone 115
    Histodifferenzierung 390
    Kontraktionswachstum 114f
    Querschnitt 11

Streckungswachstum 114
Teilungszone 115
Verletzung 34
Wachstumszone 115
Wurzeldruck 315, 323
Wurzelfäule 627
Wurzelhaare 313f, 392
Wurzelhaarzone 313
Wurzelhalsgallen (*crown galls*) 636
Wurzelhalstumore 632
Wurzelknöllchen 330, 621–627
    Zonierung 626
Wurzelmeristem 389
Wurzelspitze 390
    elektronenmikroskopische Aufnahme 21
WUS 394f
wuschel 394

X

Xanthium 329
    strumarium 398f, 427, 504f, 589
Xanthobacter autotrophicus 624
Xanthophyll 175, 369, 604f
Xanthophyllcyclus 605
Xanthophyllsynthese 427
Xanthoxal 427
Xerophyt 328, 586
XSRP-Receptor 151
Xylem 27, 316, 328f, 363, 385
Xylemsaft 329, 337f
Xylemtransport 311
Xylemzellen 417
Xylogenese 526f
Xyloglucan 28

Y

YAC (*yeast artificial chromosome*) 120

Z

Zea mays (Mais) 147, 283, 287, 305, 319, 323, 325, 329, 365, 376, 381, 394, 398f, 416f, 419, 448, 458, 519, 559, 567, 587, 592, 638, 640f, 659, 662, 672
    Aerenchymbildung 527
    allometrisches Wachstum 110
    Atmungsintensität 241
    Blattform 397
    Chloroplastendimorphismus 282
    Epidermiszelle 19
    Gravitropismus 555
    Hormonmutanten 410
    Ionenaustauschkinetik 86
    Karyopsen 423
    Keimlinge 655
    Koleoptile 416
    Mangelmutanten 420
    Mutanten 475
    ökonomische Erträge 652
    Phototropismus 566
    Polysomenfeld 20
    Rubidiumaufnahme 87

Stomaweite 272
Trisomie 376
Verteilung des G+C-Gehalts in der DNA 127
Wurzelwachstum 115
Zünsler 671
Zeatin 423
Zeaxanthin 605
Zellcyclus
   autosynthetischer 30
   Regulation 32f
Zelldifferenzierung 10, 34 – 39, 384, 387, 394, 536f
Zelldifferenzierungszone 391
Zelle
   adulte 36f
   als energetisches System 47 – 70
   als gengesteuertes System 119 – 148
   als metabolisches System 71 – 99
   als morphologisches System 17 – 46
   als Osmometeranalogon 55f
   als regulatorisches Netzwerk der Genexpression 140 – 148
   als wachstumsfähiges System 101 – 118
   Definition 8
   Differenzierung 17
   embryonale 35
   eukaryotische 8f, 17
   mehrkernige 31
   Organellen 17
   osmotisches Zustandsdiagramm 57f
   Pffersche 54
   pflanzliche 17
   Proteinexport 151f
   selektiv funktionelle 44
   Stoffaufnahme 85 – 91
   tierische 17, 23
Zellformen 109
Zellfunktionen 17

Zellkern 20
   Genomstruktur 123 – 126
   Proteinimport 157
Zellkompartimente 18f
Zelllinie, Definition 34f
Zellmodell, physikalisches 103
Zellorganellen 42
Zellplatte 31
   Entstehung 32
Zellpolarität 39 – 42
   als Grundlage für inäquale Zellteilung 40
Zellreplication 30
Zellsaft 36
Zellsaftraum 17
Zellstreckungszone 391
Zellstruktur 17
Zellsuspension 382
Zellsuspensionskultur 32, 537
Zellteilung 30 – 34, 116
   formative 387
   inäquale 39f
Zellteilungsmuster 391
Zellteilungszone 391
Zelltheorie 44
Zellwachstum 36, 116
   biophysikalische Grundlagen 101 – 104
   Zusammenhang zwischen Zellform und Mikrotubulianordnung 111
Zellwand 17, 23
   Aufbau 105 – 112
   anisotrope Dehnbarkeit 107
   Bestandteile 24
   Bildung 117
   Dehnbarkeit 416, 482f
   diffuses Wachstum 106 – 109
   Extensibilität 105, 107, 117
   helicoidale 29
   isotrope Dehnbarkeit 107

   Lockerung 103
   lokales Wachstum 109 – 112
   Poren 37
   rheologische Eigenschaften 25
   Spannung 105f
Zellwandlockerung 483
Zellwandwachstum 117
   Apposition 105
   Intussuszeption 105
Zentralvacuole 36, 240
Zentralzylinder 11, 315
Zimtalkoholdehydrogenase 365
Zimtsäure 356, 361, 363
   – CoA-Reductase 365
   – 4-Hydroxylase 363, 365
Zinnia elegans 342, 403f
Zn-Mangel 302
Z-Schema 192f
Züchtung 644, 657
   klassische 657 – 659
Zuckerrohr 662
Zuckerrübe 662
   Stickstoffangebot 646
Zuckerrübenanbau 653
Zuckertransport 335
Zugholz 582
Zugwurzeln 114
Zweifaktorenanalyse 6 – 8
Zweikomponenten-Histidinkinase 432, 440f
Zweikomponentensignalreceptor 637
Zweikomponentensystem für die Signaltransduktion 95
Zwergwuchs 302, 419f
ZWILLE (ZLL) 394
Zwille-Mutanten 394
Zygote 373, 472
   inäquale Teilung 40
Zymase 218